BOSCH

Kraftfahrtechnisches Taschenbuch
24. Auflage

Autoren der 24. Auflage [1])

Größen, Einheiten
Dipl.-Ing. G. Brüggen

Schwingungen
Dipl.-Ing. J. Bohrer

Mechanik
Dipl.-Ing. G. Brüggen

Festigkeitsrechnung, FEM
Prof. Dr.-Ing. L. Issler, FH Esslingen;
Prof. Dipl.-Ing. P. Groth, FH Esslingen

Akustik
Dr. rer. nat. W. Keiper

Wärme
Dipl.-Ing. W. Daniel

Elektrotechnik
Dr. rer. nat. W. Draxler;
Dipl.-Ing. B. Wörner

Elektronik
Dr. rer. nat. U. Schaefer;
Dr. rer. nat. P. Egelhaaf;
Dr. rer. nat. U. Goebel;
Dr.-Ing. F. Piwonka; Dr.-Ing. J. Marek;
Dr. rer. nat. A. Zeppenfeld;
Dipl.-Ing. F. Raichle

Sensoren
Dr.-Ing. E. Zabler

Aktoren
Dr.-Ing. R. Heinz

Elektrische Maschinen
Dr.-Ing. R. Schenk

Technische Optik
Dr.-Ing. F. Prinzhausen;
Dr. rer. nat. H. Sautter

Mathematik
Dipl.-Ing. G. Brüggen

Qualität
Dipl.-Ing. M. Graf

[1]) Soweit nichts anderes angegeben, handelt es sich um Mitarbeiter der Robert Bosch GmbH

Technische Statistik, Messtechnik
Dipl.-Math. H.-P. Bartenschlager

Zuverlässigkeit
Dr. rer. nat. E. Dilger; Dr. rer. nat. H. Weiler

Regelungs- und Steuerungstechnik
Dr. techn. R. Karrelmeyer

Stoffkunde
Dr. rer. nat. J. Ullmann;
Dr. rer. nat. W. Draxler; Dr.-Ing. D. Wicke;
Dipl.-Ing. D. Weidemann,
DaimlerChrysler AG, Sindelfingen;
Dr. rer. nat. H.-J. Spranger;
Dr. rer. nat. H. P. Koch;
Dipl.-Ing. R. Mayer;
Dipl.-Ing. G. Lindemann;
Dipl.-Ing. (FH) W. Hasert; R. Schäftlmeier;
Dipl.-Ing. H. Schneider;
Dipl.-Chem. Dr. W. Reckordt,
BASF Coatings AG, Münster;
Dr. rer. nat. G. Dornhöfer;
Dr. rer. nat. B. Blaich; Dr. rer. nat. D. Welting

Korrosion
Dipl.-Chem. B. Moro

Wärmebehandlung, Härte
Dr.-Ing. D. Liedtke

Toleranzen
Ing. (grad.) J. Pfänder

Gleit- und Wälzlager
Dr.-Ing. R. Heinz

Federn
Dipl.-Ing. O. Krickau

Zahnräder und Verzahnungen
Dipl.-Ing. U. v. Ehrenwall

Riementriebe
C. Hansen

Verschraubungstechnik
Dipl.-Ing. O. Krickau; Dipl.-Ing. M. Nöcker

Verbindungstechnik
Dr.-Ing. M. Witt,
Volkswagen AG, Wolfsburg

Schnappverbindungen
Dipl.-Ing. R. Bald

Blechbearbeitung
Ing. W. Gertler, Volkswagen AG, Wolfsburg; Dr.-Ing. M. Witt, Volkswagen AG, Wolfsburg

Tribologie, Verschleiß
Dipl.-Ing. H. Schorr

Anforderungen an Straßenfahrzeuge
Prof. Dr. K. Binder, DaimlerChrysler AG, Stuttgart; Dipl.-Ing. G. Moresche, DaimlerChrysler AG, Stuttgart

Dynamik der Kraftfahrzeuge
Dipl.-Ing. G. Moresche, DaimlerChrysler AG, Stuttgart; Prof. Dr.-Ing. habil. E.-C. v. Glasner, DaimlerChrysler AG, Stuttgart; Dr.-Phys. H. Böckenhoff, DaimlerChrysler AG, Stuttgart; Dr.-Ing. H. Steinkampf, Institut für Betriebstechnik der FAL, Braunschweig

Klimabeanspruchung
Dipl.-Ing. G. Adalbert

Verbrennungsmotoren
Prof. Dr. K. Binder, DaimlerChrysler AG, Stuttgart; Dr.-Ing. H. Hiereth, DaimlerChrysler AG, Stuttgart

Motorkühlung
Dipl.-Ing. (FH) J. Wolf, Behr GmbH & Co, Stuttgart

Kraftstoff- und Luftfilter
Dr.-Ing. G.-M. Klein, Filterwerk Mann + Hummel, Ludwigsburg; Dr.-Ing. M. Tumbrink, Filterwerk Mann + Hummel, Ludwigsburg

Aufladegeräte
Dipl.-Ing. A. Förster, AG 3K-Warner Turbosystems GmbH, Frankenthal

Abgasableitung
Dipl.-Ing. W. Steinle, J. Eberspächer GmbH & Co. KG, Esslingen

Motorsteuerung Ottomotoren
Dipl.-Ing. J. Gerhardt

Zündung
Dipl.-Ing. R. Schleupen; Dipl.-Ing. D. Betz; Dipl.-Ing. E. Breuser; Dipl.-Ing. W. Häming

Kraftstoffförderung, Gemischbildung
Dipl.-Ing. A. Gerhard; Dipl.-Ing. J. Gerhardt

Vergaser
Dr.-Ing. D. Großmann, Neuss

Benzin-Einspritzsysteme
Dipl.-Ing. G. Felger; Dipl.-Ing. M. Lembke; Ing. (grad.) L. Seebald; Dipl.-Ing. H. Deichsel

Kombiniertes Zünd- und Einspritzsystem Motronic
Dipl.-Ing. J. Gerhardt

Ottomotoren für Alternativkraftstoffe
J. van der Weide, TNO Road-Vehicles Research Institute, Delft, Niederlande; Dipl.-Ing. (FH) T. Allgeier; Ing. (grad.) L. Seebald; Dipl.-Ing. M. Klenk

Motorsport
Dipl.-Red. U. Michelt; Dipl.-Ing. T. Nickels, MAN Nutzfahrzeuge AG, München

Schadstoffminderung Ottomotor
Dr. rer. nat. M. Streib; Dr.-Ing. G. König; Dipl.-Ing. E. Schnaibel

Motorsteuerung Dieselmotoren
Dr.-Ing. L. Schulze, Otto-von-Guericke-Universität (IMKO), Magdeburg; Dipl.-Ing. K. Hummel; Dr.-Ing. W. Fuchs; Dr.-Ing. R. Maier; Dr.-Ing. H. Stutzenberger

Schadstoffminderung Dieselmotor
Priv.-Doz. Dr.-Ing. J. K. Schaller

Schadstoffemission, Abgasgesetzgebung Otto- und Dieselmotor
Dr. rer. nat. M. Streib; Dr.-Ing. G. König; Dipl.-Ing. E. Schnaibel; Dr.-Ing. M. Eggers; Dr.-Ing. S. Becher; Dr.-Ing. T. Eggert

Abgas-Messtechnik
Dr.-Ing. G. König; Dipl.-Ing. A. Kreh; Dipl.-Ing. (FH) H.-G. Weißhaar; L. Vogel

Starthilfsanlagen
Dipl.-Ing. C. Kern; Dr. rer. nat. H.-P. Bauer

Startanlage
Dipl.-Ing. (FH) W. Rühle

Elektrische Antriebe, Antriebsbatterien
Dr.-Ing. R. Schenk; Dipl.-Ing. D. Übermeier VB Autobatterie GmbH, Hannover; Dr. rer. nat. U. Köhler, NBT GmbH, Hannover

Hybridantriebe
Prof. Dr.-Ing. C. Bader, DaimlerChrysler AG, Stuttgart

Brennstoffzellen
Dr. rer. nat. U. Alkemade; Dr. rer. nat. A. Häbich

Triebstrang
Dipl.-Ing. P. Köpf, Zahnradfabrik Friedrichshafen AG; Dr. rer. nat. M. Schwab, Zahnradfabrik Friedrichshafen AG; Dr.-Ing. G. Schmidt; Dr.-Ing. H. Schramm, Knorr-Bremse SfN, Schwieberdingen

Federung, Radaufhängung
Dipl.-Ing. P. Dick, Bayerische Motoren Werke AG, München; Dipl.-Ing. J. Wimberger, Bayerische Motoren Werke AG, München; Dipl.-Ing. A. Mrotzek, Bayerische Motoren Werke AG, München; Dipl.-Ing. H. Stein, Bayerische Motoren Werke AG, München

Räder
Dipl.-Ing. R. Braun, DaimlerChrysler AG, Stuttgart; Prof. Dr.-Ing. habil. E.-C. v. Glasner, DaimlerChrysler AG, Stuttgart

Reifen
Dipl.-Ing. B. Meiß, Continental AG, Hannover; Prof. Dr.-Ing. habil. E.-C. v. Glasner, DaimlerChrysler AG, Stuttgart

Lenkung
Ing. (grad.) D. Elser, Zahnradfabrik Friedrichshafen AG, Schwäbisch Gmünd

Bremssysteme
Dr. rer. nat. J. Bräuninger; Prof. Dr.-Ing. habil. E.-C. v. Glasner, DaimlerChrysler AG, Stuttgart; Dipl.-Ing. (FH) K.-H. Röß, DaimlerChrysler AG, Stuttgart; Dr.-Ing. G. Schmidt; Dipl.-Ing. W. Brühmann; Dipl.-Ing. (FH) R. Klement, Knorr-Bremse SfN, Schwieberdingen

Elektronisches Stabilitäts-Programm (ESP)
Dr.-Ing. A. van Zanten; Dipl.-Ing. G. Pfaff; Dr.-Ing. R. Erhardt; Dr.-Ing. F. Hecker, Knorr-Bremse SfN, Schwieberdingen

Adaptive Cruise Control (ACC)
Dr. rer. nat. H. Winner; Dr. rer. nat. H. Olbrich; Dr.-Ing. H. Schramm, Knorr-Bremse SfN, Schwieberdingen

Systematik der Straßenfahrzeuge
Dipl.-Ing. D. Weidemann, DaimlerChrysler AG, Sindelfingen

Fahrzeugaufbau Pkw
Dipl.-Ing. D. Weidemann, DaimlerChrysler AG, Sindelfingen

Fahrzeugaufbau Nkw
Dr.-Phys. H. Böckenhoff, DaimlerChrysler AG, Stuttgart

Lichttechnik
Dr.-Ing. M. Hamm, Automotive Lighting Reutlingen GmbH; Dipl.-Ing. D. Boebel, Automotive Lighting Reutlingen GmbH; Dipl.-Ing. T. Spingler, Automotive Lighting Reutlingen GmbH

Signal- und Alarmanlagen
Dipl.-Betriebsw. C. Giek; Dipl.-Ing. (FH) H. Hennrich

Scheibenreinigungsanlagen
Dr.-Ing. J.-G. Dietrich, Dipl.-Ing. (FH) A. Geis

Glasscheiben
Dr. rer. nat. D. Linnhöfer,
SAINT-GOBAIN SEKURIT, Aachen

Heizung und Klimatisierung
Dipl.-Ing. G. Schweizer,
Behr GmbH & Co, Stuttgart;
J. Fath, Freudenberg Vliesstoffe KG,
Weinheim;
Dipl.-Ing. P. Reiser, J. Eberspächer
GmbH & Co. KG, Esslingen

Instrumentierung
Prof. Dr. P. Knoll; Dr.-Ing. B. Herzog

Autoradio, DAB
S. Rehlich; Dipl.-Ing. G. Spreitz

Einparksysteme
Dipl.-Ing. (FH) H. Arnold

Fahrtschreiber
Mannesmann Kienzle GmbH,
PR-Abteilung, Villingen-Schwenningen

Navigationssysteme, Verkehrstelematik
Dipl.-Ing. E. P. Neukirchner

Mobilfunk
Dr.-Ing. J. Wazeck

Kfz-Informationssysteme
Dr. rer. nat. D. Elke

Sicherheits- und Komfortsysteme
Dipl.-Ing. B. Mattes;
Prof. Dr. P. Knoll;
Dipl.-Ing. R. Kurzmann;
Dr.-Ing. G. Hartz; A. Walther;
Dr.-Ing. B. Kordowski;
Dr.-Ing. J. Lichtermann

Fahrzeughydraulik
Dipl.-Ing. H. Lödige; Dipl.-Ing. K. Griese;
Ing. (grad.) D. Bertsch;
Dipl.-Ing. W. Kötter; Dipl.-Ing. M. Bing;
Dipl.-Ing. (FH) W. Steudel;
Dipl.-Ing. G. Bredenfeld

Fahrzeugpneumatik
Ing. (grad.) P. Berg, Knorr-Bremse SfN,
Schwieberdingen

Bordnetze
Ing. (grad.) R. Leunig

Starterbatterien
Dr.-Ing. G. Richter, VB Autobatterie
GmbH, Hannover

Drehstromgenerator
Dr.-Ing. H.-P. Gröter

Schaltzeichen und Schaltpläne
Redaktion

Leitungsdimensionierung
Dipl.-Ing. A. Kerber, DST Dräxlmaier
Systemtechnik GmbH, Vilsbiburg;
Dipl.-Ing. M. Gentzsch, DST Dräxlmaier
Systemtechnik GmbH, Vilsbiburg

Steckverbindungen
Dipl.-Ing. W. Gansert

Datenverarbeitung und Kommunikationsnetze
Dr. phil. nat. D. Kraft;
S. Rehlich; Dipl.-Ing. G. Spreitz

Elektromagnetische Verträglichkeit (EMV)
Dr.-Ing. W. Pfaff

Prüftechnik
Dr. rer. nat. W. Stöffler; R. Heinzmann;
L. Vogel; Dipl.-Ing. (FH) F. Zauner

Alphabete und Zahlen
Redaktion

Nationalitätszeichen
Redaktion

Größen und Einheiten

SI-Einheiten

SI bedeutet „Système International d'Unités" (Internationales Einheitensystem). Das System ist festgelegt in ISO 31 und ISO 1000 (ISO: International Organization for Standardization) und für Deutschland in DIN 1301 (DIN: Deutsches Institut für Normung).

SI-Einheiten sind die sieben SI-Basiseinheiten und die aus ihnen kohärent, d.h. mit dem Zahlenfaktor 1 abgeleiteten Einheiten.

SI-Basiseinheiten

Basisgröße und Formelzeichen		SI-Basiseinheit Name	Zeichen
Länge	l	Meter	m
Masse	m	Kilogramm	kg
Zeit	t	Sekunde	s
elektrische Stromstärke	I	Ampere	A
thermodynamische Temperatur	T	Kelvin	K
Stoffmenge	n	Mol	mol
Lichtstärke	I	Candela	cd

Aus den Basisgrößen und Basiseinheiten werden sämtliche anderen Größen und Einheiten abgeleitet. So erhält man die internationale Einheit der Kraft, wenn man in das Newton'sche Gesetz

Kraft = Masse × Beschleunigung
$F = m \cdot a$

m = 1 kg und a = 1 m/s² einsetzt, zu $F = 1\ \text{kg} \cdot 1\ \text{m/s}^2 = 1\ \text{kg} \cdot \text{m/s}^2 = 1\ \text{N}$ (Newton).

Definition der SI-Basiseinheiten

1 Meter ist die Länge der Strecke, die Licht im Vakuum während der Zeit von 1/299 792 458 Sekunden durchläuft, 17. CGPM, 1983.[1]) Das Meter wird damit durch die Lichtgeschwindigkeit im Vakuum c = 299 792 458 m/s definiert und nicht mehr durch die Wellenlänge der Strahlung des Krypton-Nuklids ^{86}Kr. Ursprünglich war das Meter definiert als vierzigmillionster Teil eines Erdmeridians (Urmeter Paris, 1875).

1 Kilogramm ist die Masse des Internationalen Kilogrammprototyps, 1. CGPM, 1889 und 3. CGPM, 1901.[1])

1 Sekunde ist das 9 192 631 770fache der Periodendauer der dem Übergang zwischen den beiden Hyperfeinstrukturniveaus des Grundzustandes von Atomen des Nuklids ^{133}Cs entsprechenden Strahlung, 13. CGPM. 1967.[1])

1 Ampere ist die Stärke eines zeitlich unveränderlichen elektrischen Stromes, der, durch zwei im Vakuum parallel im Abstand von 1 m voneinander angeordnete, geradlinige, unendlich lange Leiter von vernachlässigbar kleinem, kreisförmigem Querschnitt fließend, zwischen diesen Leitern je 1 m Leiterlänge die Kraft $2 \cdot 10^{-7}$ N hervorrufen würde, 9. CGPM, 1948.[1])

1 Kelvin ist der 273,16te Teil der thermodynamischen Temperatur des Tripelpunktes[2]) des Wassers, 13. CGPM, 1967.[1])

1 Mol ist die Stoffmenge eines Systems, das aus ebensoviel Einzelteilchen besteht, wie Atome in 12/1000 Kilogramm des Kohlenstoffnuklids ^{12}C enthalten sind. Bei Verwendung des Mol müssen die Einzelteilchen des Systems spezifiziert sein und können Atome, Moleküle, Ionen, Elektronen sowie andere Teilchen oder Gruppen solcher Teilchen genau angegebener Zusammensetzung sein, 14. CGPM, 1971.[1])

1 Candela ist die Lichtstärke in einer bestimmten Richtung einer Strahlungsquelle, die monochromatische Strahlung der Frequenz 540 · 1012 Hertz aussendet und deren Strahlstärke in dieser Richtung (1/683) Watt durch Steradiant beträgt, 16. CGPM, 1979.1)

Dezimale Teile und Vielfache der SI-Einheiten

Dezimale Teile und Vielfache der SI-Einheiten werden durch Vorsätze vor den

[1]) CGPM: Conférence Générale des Poids et Mesures (Generalkonferenz für Maße und Gewichte).

[2]) Fixpunkt der internationalen Temperaturskala. Der Tripelpunkt ist der einzige Zustand, bei dem alle drei Aggregatzustände (fest, flüssig, gasförmig) miteinander im Gleichgewicht stehen (bei 1013,25 hPa). Er liegt mit 273,16 K um 0,01 K über dem Eispunkt des Wassers (273,15 K).

Namen der Einheit bzw. Vorsatzzeichen vor dem Einheitenzeichen bezeichnet. Das Vorsatzzeichen wird ohne Zwischenraum vor das Einheitenzeichen gesetzt und bildet mit diesem eine eigene Einheit, also z. B. Milligramm (mg). Zusammengesetzte Vorsätze, z. B. Mikrokilogramm (µkg), dürfen **nicht** verwendet werden.

Bei den Winkeleinheiten Grad, Minute, Sekunde, den Zeiteinheiten Minute, Stunde, Tag, Jahr und der Temperatureinheit Grad Celsius sind keine Vorsätze zu verwenden.

Vorsatz	Vorsatzzeichen	Faktor	Name des Faktors
Atto	a	10^{-18}	Trillionstel
Femto	f	10^{-15}	Billiardstel
Piko	p	10^{-12}	Billionstel
Nano	n	10^{-9}	Milliardstel
Mikro	µ	10^{-6}	Millionstel
Milli	m	10^{-3}	Tausendstel
Zenti	c	10^{-2}	Hundertstel
Dezi	d	10^{-1}	Zehntel
Deka	da	10^{1}	Zehn
Hekto	h	10^{2}	Hundert
Kilo	k	10^{3}	Tausend, Tsd.
Mega	M	10^{6}	Million, Mio.
Giga	G	10^{9}	Milliarde, Mrd.[1])
Tera	T	10^{12}	Billion, Bio.[1])
Peta	P	10^{15}	Billiarde
Exa	E	10^{18}	Trillion

Gesetzliche Einheiten

Das Gesetz über Einheiten im Messwesen vom 2. Juli 1969 und die Ausführungsverordnung dazu vom 26. Juni 1970 legen fest, dass in Deutschland im geschäftlichen und amtlichen Verkehr die „gesetzlichen Einheiten" anzuwenden sind.[2])

Gesetzliche Einheiten sind
– die SI-Einheiten,
– dezimale Teile und Vielfache der SI-Einheiten,
– weitere zugelassene Einheiten, siehe Übersicht auf den folgenden Seiten.

Im Bosch Kraftfahrtechnischen Taschenbuch werden die gesetzlichen Einheiten verwendet. Soweit es erforderlich erschien, sind in manchen Abschnitten die Werte in Einheiten des Technischen Maßsystems zusätzlich (z. B. in Klammern) angegeben.

[1]) In den USA: 10^9 = 1 Billion, 10^{12} = 1 Trillion.

[2]) Ebenso: „Gesetz zur Änderung des Gesetzes über Einheiten im Messwesen" vom 6. 7. 73; „Verordnung zur Änderung der Ausführungsverordnung . . ." vom 27. 11. 73; „Zweite Verordnung zur Änderung der Ausführungsverordnung . . ." vom 12.12. 77.

Nicht mehr anzuwendende Einheitensysteme

Das Physikalische Maßsystem

Das Physikalische Maßsystem verwendete wie das SI die Basisgrößen Länge, Masse und Zeit, benützte aber dafür die Basiseinheiten Zentimeter (cm), Gramm (g) und Sekunde (s) (CGS-System).

Das Technische Maßsystem

Das Technische Maßsystem verwendete folgende Basisgrößen und Basiseinheiten

Basisgröße	Basiseinheit Name	Zeichen
Länge	Meter	m
Kraft	Kilopond	kp
Zeit	Sekunde	s

Die Verbindung zwischen dem Internationalen Einheitensystem und dem Technischen Maßsystem bildet das Newton'sche Gesetz

$$F = m \cdot a,$$

wobei für F die Gewichtskraft G und für a die Fallbeschleunigung g einzusetzen ist.

Die Fallbeschleunigung und damit die Gewichtskraft sind – im Gegensatz zur Masse – ortsabhängig. Als Normwert der Fallbeschleunigung (Normfallbeschleunigung) ist festgelegt g_n = 9,80665 m/s² (DIN 1305). In technischen Berechnungen meist ausreichender Näherungswert

$$g = 9{,}81 \text{ m/s}^2.$$

1 kp ist die Kraft, mit der die Masse von 1 kg an einem Ort der Erde auf ihre Unterlage drückt. Mit

$$G = m \cdot g$$

ist also

$$1 \text{ kp} = 1 \text{ kg} \cdot 9{,}81 \text{ m/s}^2 = 9{,}81 \text{ N}.$$

Größen und Einheiten

Übersicht (aus DIN 1301)

Die folgende Tabelle gibt eine Übersicht über die wichtigsten physikalischen Größen mit den genormten Formelzeichen und eine Auswahl der für diese Größen festgelegten gesetzlichen Einheiten. Weitere gesetzliche Einheiten können durch Vorsätze (S. 15) gebildet werden. In der Spalte „weitere Einheiten" sind deshalb nur die dezimalen Vielfachen und Teile der SI-Einheiten aufgeführt, die eigene Namen haben. Nicht mehr anzuwendende Einheiten und ihre Umrechnung sind in der letzten Spalte aufgeführt. Seitenzahlen weisen auf Umrechnungstabellen hin.

Größe und Formelzeichen	gesetzliche Einheiten SI	weitere	Name	Beziehung	Bemerkungen sowie nicht mehr anzuwendende Einheiten und ihre Umrechnung
1. Länge, Fläche, Volumen (S. 21 ... 22)					
Länge l	m		Meter		1 µ (Mikron) = 1 µm 1 Å (Ångström) = 10^{-10} m 1 X.E. (X-Einheit) ≈ 10^{-13} m 1 p (typograph. Punkt) = 0,376 mm
		sm	Seemeile	1 sm = 1852 m	
Fläche A	m²		Quadratmeter		
		a	Ar	1 a = 100 m²	
		ha	Hektar	1 ha = 100 a = 10^4 m²	
Volumen V	m³		Kubikmeter		
		l, L	Liter	1 l = 1 L = 1 dm³	
2. Winkel (S. 23)					
(ebener) Winkel α, β usw.	rad[1]		Radiant	$1 \text{ rad} = \frac{1 \text{ m Bogen}}{1 \text{ m Radius}}$	
		°	Grad	1 rad = 180°/π = 57,296° ≈ 57,3° 1° = 0,017453 rad 1° = 60′ = 3600″ 1 gon = (π/200) rad	1 ∟ (Rechter Winkel) = 90° = (π/2) rad = 100 gon 1^g (Neugrad) = 1 gon 1^c (Neuminute) = 1 cgon 1^{cc} (Neusekunde) = 0,1 mgon
		′	Minute		
		″	Sekunde		
		gon	Gon		
Raumwinkel Ω	sr		Steradiant	$1 \text{ sr} = \frac{1 \text{ m}^2 \text{ Kugeloberfläche}}{1 \text{ m}^2 \text{ Kugelradius}^2}$	
3. Masse (S. 24 ... 25)					
Masse (Gewicht)[2] m	kg		Kilogramm		1 γ (Gamma) = 1µg 1 dz (Doppelzentner) = 100 kg 1 Kt (Karat) = 0,2 g
		g	Gramm		
		t	Tonne	1 t = 1 Mg = 10^3 kg	

[1]) Die Einheit rad (S. 23) kann beim Rechnen durch die Zahl 1 ersetzt werden.

[2]) Der Begriff „Gewicht" ist im Sprachgebrauch doppeldeutig; er wird sowohl zur Bezeichnung der Masse als auch zur Bezeichnung der Gewichtskraft verwendet (DIN 1305).

Größe und Formelzeichen		gesetzliche Einheiten SI	weitere	Name	Beziehung	Bemerkungen sowie nicht mehr anzuwendende Einheiten und ihre Umrechnung
Dichte	ϱ	kg/m³			1 kg/dm³ = 1 kg/l = 1 g/cm³ = 1000 kg/m³	Wichte γ (kp/dm³ bzw. p/cm³). Umrechnung: Der Zahlenwert der Wichte in kp/dm³ ist angenähert gleich dem Zahlenwert der Dichte in kg/dm³
			$\frac{kg}{dm^3}$			
			kg/l			
			g/cm³			
Trägheitsmoment (Massenmoment 2. Grades)	J	kg·m²			$J = m \cdot i^2$ i = Trägheitshalbmesser	Schwungmoment $G \cdot D^2$, Umrechnung: Zahlenwert von $G \cdot D^2$ in kp · m² = 4 x Zahlenwert von J in kg · m²

4. Zeitgrößen (S. 30)

Zeit Zeitdauer, Zeitspanne	t	s		Sekunde[1]		In der Energiewirtschaft rechnet das Jahr zu 8760 Stunden
			min	Minute[1]	1 min = 60 s	
			h	Stunde[1]	1 h = 60 min	
			d	Tag	1 d = 24 h	
			a	Jahr		
Frequenz	f	Hz		Hertz	1 Hz = 1/s	
Drehzahl (Umdrehungsfrequenz)	n	s^{-1}			1 s^{-1} = 1/s	U/min (Umdrehungen in der Minute) für Drehzahlangaben weiterhin zulässig, aber besser durch min^{-1} ersetzen (1 U/min = 1 min^{-1})
			min^{-1} 1/min		1 min^{-1} = 1/min = (1/60)s^{-1}	
Kreisfrequenz $\omega = 2\pi f$	ω	s^{-1}				
Geschwindigkeit	v	m/s	km/h		1 km/h = (1/3,6) m/s	
			kn	Knoten	1 kn = 1 sm/h = 1,852 km/h	
Beschleunigung	a	m/s²			Fallbeschleunigung g S.13	
Winkelgeschwindigkeit	ω	rad/s[2]				
Winkelbeschleunigung	α	rad/s²[2]				

5. Kraft, Energie, Leistung (S. 26 ... 27)

Kraft Gewichtskraft	F G	N N		Newton [njuten]	1 N = 1 kg · m/s²	1 p (Pond) = 9,80665 mN 1 kp (Kilopond) = 9,80665 N ≈ 10 N 1 dyn (Dyn) = 10^{-5} N

[1]) Uhrzeitangaben: h, min, s erhöht, Beispiel: $3^h\ 25^m\ 6^s$.
[2]) Die Einheit rad kann beim Rechnen durch die Zahl 1 ersetzt werden.

Größe und Formelzeichen	gesetzliche Einheiten SI	weitere	Name	Beziehung	Bemerkungen sowie nicht mehr anzuwendende Einheiten und ihre Umrechnung
Druck, allg. p	Pa		Pascal	1 Pa = 1 N/m²	1 at (techn. Atmosphäre) = 1 kp/cm² = 0,980665 bar ≈ 1 bar 1 atm (physikal. Atmosphäre) = 1,01325 bar[1]) 1 mm WS (Wassersäule) = 1 kp/m² = 0,0980665 hPa ≈ 0,1 hPa 1 Torr = 1 mm Hg (Quecksilbersäule) = 1,33322 hPa dyn/cm² = 1 µbar
absoluter Druck p_{abs} Atmosphärendruck p_{amb}		bar	Bar	1 bar = 10^5 Pa = 10 N/cm² 1 µbar = 0,1 Pa 1 mbar = 1 hPa	
Überdruck p_e $p_e = p_{abs} - p_{amb}$	Überdruck usw. wird nicht mehr beim Einheitenzeichen angegeben, sondern beim Formelzeichen. Unterdruck wird als negativer Überdruck angegeben. Beispiele: bisher — jetzt 3 atü — p_e = 2,94 bar ≈ 3 bar 10 ata — p_{abs} = 9,81 bar ≈ 10 bar 0,4 atu — p_e = −0,39 bar ≈ −0,4 bar				
mechanische Spannung σ, τ	N/m²			1 N/m² = 1 Pa	1 kp/mm² = 9,81 N/mm² ≈ 10N/mm² 1 kp/cm² ≈ 0,1 N/mm²
		N/mm²		1 N/mm² = 1 MPa	
Härte (S. 310)	Als Einheit bei Brinell- und Vickershärte wird nicht mehr kp/mm² angegeben. Statt dessen wird hinter den bisherigen Zahlenwert das Kurzzeichen der betr. Härte (gegebenenfalls mit Angabe der Prüfkraft usw.) als Einheit geschrieben.				Beispiele: bisher — jetzt HB = 350 kp/mm² — 350 HB HV30 = 720 kp/mm² — 720 HV30 HRC = 60 — 60 HRC
Energie, Arbeit E, W	J		Joule [dschul]	1 J = 1 N · m=1 W · s = 1 kg m²/s²	1 kp · m (Kilopondmeter) = 9,81 J ≈ 10J 1 PS · h (PS-Stunde) = 0,7355 kW · h ≈ 0,74 kW · h 1 erg (Erg) = 10^{-7} J 1 kcal (Kilokalorie) = 4,1868 kJ ≈ 4,2 kJ 1 cal (Kalorie) = 4,1868 J ≈ 4,2 J
Wärme, Wärmemenge Q (S. 27)		W · s	Wattsekunde		
		kW · h	Kilowattstunde	1 kW · h = 3,6 MJ	
		eV	Elektronvolt	1 eV = 1,60219 · 10^{-19} J	
Drehmoment M	N · m		Newtonmeter		1 kp · m (Kilopondmeter) = 9,81 N · m ≈ 10 N · m
Leistung P Wärmestrom $\dot{Q}$, Φ (S. 27)	W		Watt	1 W = 1 J/s = 1 N · m/s	1 kp · m/s = 9,81 W ≈ 10 W 1 PS (Pferdestärke) = 0,7355 kW ≈ 0,74 kW 1 kcal/s = 4,1868 kW ≈ 4,2 kW 1 kcal/h = 1,163 W

6. Viskosimetrische Größen (S. 29)

dynamische Viskosität η	Pa · s		Pascalsekunde	1 Pa · s = 1 N s/m² = 1 kg/(s · m)	1 P (Poise) = 0,1 Pa · s 1 cP (Zentipoise) =1 mPa · s
kinematische Viskosität ν	m²/s			1 m²/s = 1 Pa · s/(kg/m³)	1 St (Stokes) = 10^{-4} m²/s = 1 cm²/s 1 cSt (Zentistokes) = 1 mm²/s

[1]) 1,01325 bar = 1013,25 hPa = 760 mm Quecksilbersäule ist der Normwert des Luftdrucks.

Größe und Formelzeichen		gesetzliche Einheiten SI	weitere	Name	Beziehung	Bemerkungen sowie nicht mehr anzuwendende Einheiten und ihre Umrechnung

7. Temperatur und Wärme (S. 28)

Temperatur	T	K	Kelvin		$t = (T - 273{,}15\ \text{K})\ \frac{°\text{C}}{\text{K}}$	
	t		°C	Grad Celsius		
Temperaturdifferenz	ΔT	K		Kelvin	1 K = 1 °C	
	Δt		°C	Grad Celsius		
		Temperaturdifferenzen bei zusammengesetzten Einheiten in K angeben, z. B. kJ/(m · h · K); Schreibweise bei Toleranzangaben für Celsiustemperaturen z. B. t = (40 ± 2) °C oder t = 40 °C ± 2 °C oder t = 40 °C ± 2 K.				

Wärmemenge und Wärmestrom siehe unter 5.

spezifische Wärmekapazität (spez. Wärme)	c	$\frac{\text{J}}{\text{kg} \cdot \text{K}}$				1 kcal/(kg · grd) = 4,187 kJ/(kg · K) ≈ 4,2 kJ/(kg · K)
Wärmeleitfähigkeit	λ	$\frac{\text{W}}{\text{m} \cdot \text{K}}$				1 kcal/(m · h · grd) = 1,163 W/(m · K) ≈ 1,2 W/(m · K) 1 cal/(cm · s · grd) = 4,187 W/(cm · K) 1 W/(m · K) = 3,6 kJ/(m · h · K)

8. Elektrische Größen (S. 100)

elektrische Stromstärke	I	A		Ampere		
elektrische Spannung	U	V		Volt	1 V = 1 W/A	
elektrischer Leitwert	G	S		Siemens	1 S = 1 A/V = 1/Ω	
elektrischer Widerstand	R	Ω		Ohm	1 Ω = 1/S = 1 V/A	
Elektrizitätsmenge	Q	C		Coulomb	1 C = 1 A · s	
			A · h	Amperestunde	1 A · h = 3600 C	
elektrische Kapazität	C	F		Farad	1 F = 1 C/V	
elektrische Flussdichte, Verschiebung	D	C/m^2				
elektrische Feldstärke	E	V/m				

Größe und Formelzeichen	gesetzliche Einheiten SI	weitere	Name	Beziehung	Bemerkungen sowie nicht mehr anzuwendende Einheiten und ihre Umrechnung

9. Magnetische Größen (S. 100)

Größe und Formelzeichen	SI	weitere	Name	Beziehung	Bemerkungen
magnetischer Fluss Φ	Wb		Weber	1 Wb = 1 V · s	1 M (Maxwell) = 10^{-8} Wb
magnetische Flussdichte, Induktion B	T		Tesla	1 T = 1 Wb/m^2	1 G (Gauß) = 10^{-4} T
Induktivitat L	H		Henry	1 H = 1 Wb/A	
magnetische Feldstärke H	A/m			1 A/m = 1 N/Wb	1 Oe (Oersted) = $10^3/(4\pi)$ A/m = 79,58 A/m

10. Lichttechnische Größen (S. 177)

Größe und Formelzeichen	SI	weitere	Name	Beziehung	Bemerkungen
Lichtstärke I	cd		Candela[1])		
Leuchtdichte L	cd/m^2				1 sb (Stilb) = 10^4 cd/m^2 1 asb (Apostilb) = $1/\pi$ cd/m^2
Lichtstrom Φ	lm		Lumen	1 lm = 1 cd · sr (sr = Steradiant)	
Beleuchtungsstärke E	lx		Lux	1 lx = 1 lm/m^2	

11. Atomphysikalische u. a. Größen

Größe und Formelzeichen	SI	weitere	Name	Beziehung	Bemerkungen
Energie W		eV	Elektronvolt	1 eV= 1,60219 · 10^{-19}J 1 MeV= 10^6 eV	
Aktivität einer radioaktiven Substanz A	Bq		Becquerel	1 Bq = 1 s^{-1}	1 Ci (Curie) = 3,7 · 10^{10} Bq
Energiedosis D	Gy		Gray	1 Gy = 1 J/kg	1 rd (Rad) = 10^{-2} Gy
Äquivalentdosis Dq	Sv		Sievert	1 Sv = 1 J/kg	1 rem (Rem) = 10^{-2} Sv
Energiedosisrate $\dot{D}$				1 Gy/s = 1 W/kg	
Ionendosis J	C/kg				1 R (Röntgen) = 258 · 10^{-6}C/kg
Ionendosisrate $\dot{J}$	A/kg				
Stoffmenge n	mol		Mol		

[1]) Betonung auf der zweiten Silbe: die Candela.

Umrechnung von Einheiten

Längeneinheiten

Einheit		X. E.	pm	Å	nm	µm	mm	cm	dm	m	km
1 X.E.	≈	1	10^{-1}	10^{-3}	10^{-4}	10^{-7}	10^{-10}	10^{-11}	10^{-12}	10^{-13}	—
1 pm	=	10	1	10^{-2}	10^{-3}	10^{-6}	10^{-9}	10^{-10}	10^{-11}	10^{-12}	—
1 Å	=	10^{3}	10^{2}	1	10^{-1}	10^{-4}	10^{-7}	10^{-8}	10^{-9}	10^{-10}	—
1 nm	=	10^{4}	10^{3}	10	1	10^{-3}	10^{-6}	10^{-7}	10^{-8}	10^{-9}	10^{-12}
1 µm	=	10^{7}	10^{6}	10^{4}	10^{3}	1	10^{-3}	10^{-4}	10^{-5}	10^{-6}	10^{-9}
1 mm	=	10^{10}	10^{9}	10^{7}	10^{6}	10^{3}	1	10^{-1}	10^{-2}	10^{-3}	10^{-6}
1 cm	=	10^{11}	10^{10}	10^{8}	10^{7}	10^{4}	10	1	10^{-1}	10^{-2}	10^{-5}
1 dm	=	10^{12}	10^{11}	10^{9}	10^{8}	10^{5}	10^{2}	10	1	10^{-1}	10^{-4}
1 m	=	–	10^{12}	10^{10}	10^{9}	10^{6}	10^{3}	10^{2}	10	1	10^{-3}
1 km	=	–	–	–	10^{12}	10^{9}	10^{6}	10^{5}	10^{4}	10^{3}	1

X.E. (X-Einheit) und Å (Ångström) nicht mehr anwenden

Einheit		in	ft	yd	mile	n mile	mm	m	km
1 in	=	1	0,08333	0,02778	–	–	25,4	0,0254	–
1 ft	=	12	1	0,33333	–	–	304,8	0,3048	–
1 yd	=	36	3	1	–	–	914,4	0,9144	–
1 mile	=	63 360	5280	1760	1	0,86898	–	1609,34	1,609
1 n mile¹)	=	72 913	6076,1	2025,4	1,1508	1	–	1852	1,852
1 mm	=	0,03937	$3,281 \cdot 10^{-3}$	$1,094 \cdot 10^{-3}$	–	–	1	0,001	10^{-6}
1 m	=	39,3701	3,2808	1,0936	–	–	1000	1	0,001
1 km	=	39 370	3280,8	1093,6	0,62137	0,53996	10^{6}	1000	1

in = inch, ft = foot, y = yard, mile = statute mile, n mile = nautical mile

Weitere anglo-amerikanische Einheiten
1 µin (microinch) = 0,0254 µm,
1 mil (milliinch) = 0,0254 mm,
1 link = 201,17 mm,
1 rod = 1 pole = 1 perch = 5,5 yd = 5,0292 m,
1 chain = 22 yd = 20,1168 m,
1 furlong = 220 yd = 201,168 m,
1 fathom = 2 yd = 1,8288 m.

Astronomische Einheiten
1 Lj (Lichtjahr) = $9,46053 \cdot 10^{15}$ m (von elektromagnetischen Wellen in 1 Jahr zurückgelegte Strecke),
1 AE (astronomische Einheit) = $1,496 \cdot 10^{11}$ m (mittlere Entfernung Erde – Sonne),
1 pc (Parsec, Parallaxensekunde) = 206 265 AE = $3,0857 \cdot 10^{16}$ m (Entfernung, von der aus die AE unter einem Winkel von einer Sekunde erscheint).

Nicht mehr anwenden
1 Linie (Uhrenindustrie) = 2,256 mm,
1 p (typographischer Punkt) = 0,376 mm,
1 deutsche Landmeile = 7500 m,
1 geographische Meile = 7420,4 m (≈ 4 Bogenminuten des Äquators).

¹) 1 n mile = 1 sm = 1 internationale Seemeile ≈ 1 Bogenminute des Längengrads. 1 Knoten = 1 n mile/h = 1,852 km/h.

Flächeneinheiten

Einheit		in^2	ft^2	yd^2	acre	$mile^2$	cm^2	m^2	a	ha	km^2
1 in^2	=	1		–	–	–	6,4516	–	–	–	–
1 ft^2	=	144	1	0,1111	–	–	929	0,0929	–	–	–
1 yd^2	=	1296	9	1	–	–	8361	0,8361	–	–	–
1 acre	=	–	–	4840	1	0,16	–	4047	40,47	0,40	–
1 $mile^2$	=	–	–	–	6,40	1	–	–	–	259	2,59
1 cm^2	=	0,155	–	–	–	–	1	0,01	–	–	– –
1 m^2	=	1550	10,76	1,196	–	–	10000	1	0,01	–	–
1 a	=	–	1076	119,6	–	–	–	100	1	0,01	–
1 ha	=	–	–	–	2,47	–	–	10000	100	1	0,01
1 km^2	=	–	–	–	247	0,3861	–	–	10000	100	1

in^2 = square inch (sq in),
ft^2 = square foot (sq ft),
yd^2 = square yard (sq yd),
$mile^2$ = square mile (sq mile).

Papierformate
(DIN 476)

Maße in mm

A 0	841 x 1189	**A 6**	105 x 148
A 1	594 x 841	**A 7**	74 x 105
A 2	420 x 594	**A 8**	52 x 74
A 3	297 x 420	**A 9**	37 x 52
A 4	210 x 297[1])	**A 10**	26 x 37
A 5	148 x 210		

Volumeneinheiten

Einheit		in^3	ft^3	yd^3	gal (UK)	gal (US)	cm^3	dm^3(l)	m^3
1 in^3	=	1	–	–	–	–	16,3871	0,01639	–
1 ft^3	=	1728	1	0,03704	6,229	7,481	–	28,3168	0,02832
1 yd^3	=	46656	27	1	168,18	201,97	–	764,555	0,76456
1 gal (UK)	=	277,42	0,16054	–	1	1,20095	4546,09	4,54609	–
1 gal (US)	=	231	0,13368	–	0,83267	1	3785,41	3,78541	–
1 cm^3	=	0,06102	–	–	–	–	1	0,001	–
1 dm^3 (l)	=	61,0236	0,03531	0,00131	0,21997	0,26417	1000	1	0,001
1 m^3	=	61023,6	35,315	1,30795	219,969	264,172	10^6	1000	1

in^3 = cubic inch (cu in),
ft^3 = cubic foot (cu ft),
yd^3 = cubic yard (cu yd),
gal = gallon.

Weitere Volumeneinheiten

Großbritannien (UK)
1 fl oz (fluid ounce) = 0,028413 l
1 pt (pint) = 0,56826 l,
1 qt (quart) = 2 pt = 1,13652 l,
1 gal (gallon) = 4 qt = 4,5461 l,
1 bbl (barrel) = 36 gal = 163,6 l,

für Trockengüter:
1 bu (bushel) = 8 gal = 36,369 l.

[1]) In USA gebräuchliches Format: 216 mm x 279 mm

Vereinigte Staaten (US)
1 fl oz (fluid ounce) = 0,029574 l
1 liq pt (liquid pint) = 0,47318 l
1 liq quart = 2 liq pt = 0,94635 l
1 gal (gallon) = 231 in³ = 4 liq quarts = 3,7854 l
1 liq bbl (liquid barrel) = 119,24 l
1 barrel petroleum[1]) = 42 gal = 158,99 l

für Trockengüter:
1 bushel = 35,239 dm³

Schiffsvolumen
1 RT (Registerton) = 100 ft³ = 2,832 m³; BRT (Brutto-RT) = gesamter Schiffsinnenraum, Netto-Registerton = Laderaum eines Schiffes.
BRZ (Bruttoraumzahl) = gesamter Schiffsraum (Außenhaut) in m³.
1 ocean ton = 40 ft³ = 1,1327 m³.

Winkeleinheiten

Einheit[2])		°	′	″	rad	gon	cgon	mgon
1°	=	1	60	3600	0,017453	1,1111	111,11	1111,11
1′	=	0,016667	1	60	–	0,018518	1,85185	18,5185
1″	=	0,0002778	0,016667	1	–	0,0003086	0,030864	0,30864
1 rad	=	57,2958	3437,75	206265	1	63,662	6366,2	63662
1 gon	=	0,9	54	3240	0,015708	1	100	1000
1 cgon	=	0,009	0,54	32,4	–	0,01	1	10
1 mgon	=	0,0009	0,054	3,24	–	0,001	0,1	1

Geschwindigkeiten

1 km/h = 0,27778 m/s,
1 mile/h = 1,60934 km/h,
1 kn (Knoten) = 1,852 km/h,
1 ft/min = 0,3048 m/min

1 m/s = 3,6 km/h,
1 km/h = 0,62137 mile/h,
1 km/h = 0,53996 kn,
1 m/min = 3,28084 ft/min,

x km/h $\mathrel{\hat{=}} \frac{60}{x}$ min/km $\mathrel{\hat{=}} \frac{3600}{x}$ s/km,

x mile/h $\mathrel{\hat{=}} \frac{37{,}2824}{x}$ min/km $\mathrel{\hat{=}} \frac{2236{,}9}{x}$ s/km.

x s/km $\mathrel{\hat{=}} \frac{3600}{x}$ km/h.

Die **Machzahl** Ma gibt an, wievielmal schneller ein Körper sich bewegt als der Schall (ca. 333 m/s in Luft). Ma = 1,3 bedeutet also 1,3fache Schallgeschwindigkeit.

Kraftstoffverbrauch

1 g/PS · h = 1,3596 g/kW · h,
1 lb/hp · h = 608,277 g/kW · h,
1 liq pt/hp · h = 634,545 cm³/kW · h,
1 pt (UK)/hp · h = 762,049 cm³/kW · h,

1 g/kW · h = 0,7355 g/PS · h,
1 g/kW · h = 0,001644 lb/hp · h,
1 cm³/kW · h = 0,001576 liq pt/hp · h,
1 cm³/kW · h = 0,001312 pt (UK)/hp · h,

x mile/gal (US) $\mathrel{\hat{=}} \frac{235{,}21}{x}$ l/100 km,

x mile/gal (UK) $\mathrel{\hat{=}} \frac{282{,}48}{x}$ l/100 km.

x l/100 km $\mathrel{\hat{=}} \frac{235{,}21}{x}$ mile/gal (US),

x l/100 km $\mathrel{\hat{=}} \frac{282{,}48}{x}$ mile/gal (UK).

---

1) für Rohöl.
2) Es ist zweckmäßig, in jeder Winkelangabe nur eine der genannten Einheiten zu benutzen, also z. B. nicht α = 33° 17′ 27,6″ zu schreiben, sondern α = 33,291° oder α = 1997,46′ oder α = 119847,6″.

Masseneinheiten
(in der Umgangssprache auch „Gewichtseinheiten“ genannt)

Avoirdupois-System (in UK und US allgemein gebräuchliches Handelsgewicht)

Einheit		gr	dram	oz	lb	cwt (UK)	cwt (US)	ton (UK)	ton (US)	g	kg	t
1 gr	=	1	0,03657	0,00229	1/7000	–	–	–	–	0,064799	–	–
1 dram	=	27,344	1	0,0625	0,00391	–	–	–	–	1,77184	–	–
1 oz	=	437,5	16	1	0,0625	–	–	–	–	28,3495	–	–
1 lb	=	7000	256	16	1	0,00893	0,01	–	0,0005	453,592	0,45359	–
1 cwt (UK)[1])	=	–	–	–	112	1	1,12	0,05	–	–	50,8023	–
1 cwt (US)[2])	=	–	–	–	100	0,8929	1	0,04464	0,05	–	45,3592	–
1 ton (UK)[3])	=	–	–	–	2240	20	22,4	1	1,12	–	1016,05	1,01605
1 ton (US)[4])	=	–	–	–	2000	17,857	20	0,8929	1	–	907,185	0,90718
1 g	=	15,432	0,5644	0,03527	–	–	–	–	–	1	0,001	–
1 kg	=	–	–	35,274	2,2046	0,01968	0,02205	–	–	1000	1	0,001
1 t	=	–	–	–	2204,6	19,684	22,046	0,9842	1,1023	10^6	1000	1

Troy-System (in UK und US für Edelsteine und Edelmetalle) und
Apothecaries-System (in UK und US für Drogen)

Einheit		gr	s ap	dwt	dr ap	oz t = oz ap	lb t = lb ap	Kt	g
1 gr	=	1	0,05	0,04167	0,01667	–	–	0,324	0,064799
1 s ap	=	20	1	0,8333	0,3333	–	–	–	1,296
1 dwt	=	24	1,2	1	0,4	0,05	–	–	1,5552
1 dr ap	=	60	3	2,5	1	0,125	–	–	3,8879
1 oz t = 1 oz ap	=	480	24	20	8	1	0,08333	–	31,1035
1 lb t = 1 lb ap	=	5760	288	240	96	12	1	–	373,24
1 Kt	=	3,086	–	–	–	–	–	1	0,2000
1 g	=	15,432	0,7716	0,643	0,2572	0,03215	0,002679	5	1

UK = Großbritannien, US = Vereinigte Staaten von Amerika.
gr = grain, oz = ounce, lb = pound, cwt = hundredweight,
1 slug = 14,5939 kg = Masse, die von einer Kraft von 1 lbf um 1 ft/s^2 beschleunigt wird,
1 st (stone) = 14 lb = 6,35 kg (nur UK),
1 qr (quarter) = 28 lb = 12,7006 kg (nur UK, selten verwendet),
1 quintal = 100 lb = 1 cwt (US) = 45,3592 kg,
1 tdw (ton dead weight) = 1 ton (UK) = 1,016 t.
In tdw wird die Tragfähigkeit von Frachtschiffen (Ladung + Ballast + Brennstoff + Verpflegung) angegeben.
s ap = apothecaries' scruple,
dwt = pennyweight,
dr ap = apothecaries' drachm (US: apothecaries' dram),
oz t (UK: oz tr) = troy ounce,
oz ap (UK: oz apoth) = apothecaries' ounce,
lb t = troy pound,
lb ap = apothecaries' pound,
Kt = metrisches Karat, nur für Edelsteine[5]).

[1]) Auch „long cwt (cwt l)",
[2]) auch „short cwt (cwt sh)",
[3]) auch „long ton (tn l)",
[4]) auch „short ton (tn sh)".
[5]) Bei Goldlegierungen wurde früher „Karat" in anderer Bedeutung zur Kennzeichnung des Goldgehalts verwendet: Reines Gold (Feingold) = 24 Karat; 14-karätiges Gold 14/24 = 585/1000 Massenanteil Feingold.

Längenbezogene Masse
SI-Einheit kg/m
1 lb/ft = 1,48816 kg/m, 1 lb/yd = 0,49605 kg/m
Einheiten in der Textiltechnik (DIN 60 905 und 60 910):
1 tex = 1 g/km, 1 mtex = 1 mg/km,
1 dtex = 1 dg/km, 1 ktex = 1 kg/km
Frühere Einheit (nicht mehr anwenden):
1 den (Denier) = 1 g/9 km = 0,1111 tex, 1 tex = 9 den

Dichte
SI-Einheit kg/m^3
1 kg/dm^3 = 1 kg/l = 1 g/cm^3 = 1000 kg/m^3
1 lb/ft^3 = 16,018 kg/m^3 = 0,016018 kg/l
1 ib/gal (UK) = 0,099776 kg/l, 1 lb/gal (US) = **0,11983** kg/l

°Bé (Baumégrad) ist ein Maß für die Dichte von Flüssigkeiten, die schwerer (+°Bé) oder leichter (–°Bé) sind als Wasser (bei 15 °C). °Bé nicht mehr anwenden.

$\varrho = 144{,}3/(144{,}3 \pm n)$

ϱ Dichte in kg/l, n Aräometergrade in °Bé.

°API (American Petroleum Institute) wird in den USA für Dichteangaben von Kraftstoffen und Ölen verwendet.

$\varrho = 141{,}5/(131{,}5 + n)$

ϱ Dichte in kg/l, n Aräometergrade in °API.

Beispiele:
–12 °Bé = 144,3/(144,3 + 12) kg/l = 0,923 kg/l
+34 °Bé = 144,3/(144,3 – 34) kg/l = 1,308 kg/l
28 °API = 141,5/(131,5 + 28) kg/l = 0,887 kg/l

Krafteinheiten

Einheit	N	kp	lbf
1 N (Newton) =	1	0,101972	0,224809
Nicht mehr anwenden 1 kp (Kilopond) =	9,80665	1	2,204615
1 lbf (pound-force) =	4,44822	0,453594	1

1 pdl (poundal) = 0,138255 N = Kraft, die eine Masse von 1 lb um 1 ft/s² beschleunigt.
1 sn (sthène)* = 10^3 N

Druck- und Spannungseinheiten

Einheit[1]	Pa	µbar	hPa	bar	N/mm²	kp/mm²	at	kp/m²	Torr	atm	lbf/in²	lbf/ft²	tonf/in²
1 Pa = 1 N/m² =	1	10	0,01	10^{-5}	10^{-6}	–	–	0,10197	0,0075	–	–	–	–
1 µbar =	0,1	1	0,001	10^{-6}	10^{-7}	–	–	0,0102	–	–	–	–	–
1 hPa = 1 mbar =	100	1000	1	0,001	0,0001	–	–	10,197	0,7501	–	0,0145	2,0886	–
1 bar =	10^5	10^6	1000	1	0,1	0,0102	1,0197	10197	750,06	0,9869	14,5037	2088,6	–
1 N/mm² =	10^6	10^7	10000	10	1	0,10197	10,197	101972	7501	9,8692	145,037	20886	0,06475
Nicht mehr anwenden													
1 kp/mm² =	–	–	98066,5	98,0665	9,80665	1	100	10^6	73556	96,784	1422,33	–	0,63497
1 at = 1 kp/cm² =	98066,5	–	980,665	0,98066	0,0981	0,01	1	10000	735,56	0,96784	14,2233	2048,16	–
1 kp/m² = 1 mmWS =	9,80665	98,0665	0,0981	–	–	10^{-6}	10^{-4}	1	–	–	–	0,2048	–
1 Torr = 1 mmHg =	133,322	1333,22	1,33322	–	–	–	0,00136	13,5951	1	0,00132	0,01934	2,7845	–
1 atm =	101325	–	1013,25	1,01325	–	–	1,03323	10332,3	760	1	14,695	2116,1	–
Anglo–amerikanische Einheiten													
1 lbf/in² =	6894,76	68948	68,948	0,0689	0,00689	–	0,07031	703,07	51,715	0,06805	1	144	–
1 lbf/ft² =	47,8803	478,8	0,4788	–	–	–	–	4,8824	0,35913	–	–	1	–
1 tonf/in² =	–	–	–	154,443	15,4443	1,57488	157,488	–	–	152,42	2240	–	1

lbf/in² = pound–force per square inch (psi), lbf/ft² = pound–force per square foot (psf), tonf/in² = ton–force (UK) per square inch
1 pdl/ft² (poundal per square foot) = 1,48816 Pa
1 barye* = 1µbar; 1 pz (pièce)* = 1 sn/m² (sthène/m²)* = 10^3 Pa
Normen: DIN 66034 Umrechnungstabellen Kilopond – Newton, Newton – Kilopond, DIN 66037 Umrechnungstabellen Kilopond/cm² – Bar, Bar – Kilopond/cm², DIN 66038 Umrechnungstabellen Torr – Millibar, Millibar – Torr

[1]) Namen der Einheiten S. 17 und 18. * französische Einheiten.

Energieeinheiten
(Arbeitseinheiten)

Einheit[1])	J	kW · h	kp · m	PS · h	kcal	ft · lbf	Btu
1 J =	1	$277{,}8 \cdot 10^{-9}$	0,10197	$377{,}67 \cdot 10^{-9}$	$238{,}85 \cdot 10^{-6}$	0,73756	$947{,}8 \cdot 10^{-6}$
1 kW · h =	$3{,}6 \cdot 10^{6}$	1	367098	1,35962	859,85	$2{,}6552 \cdot 10^{6}$	3412,13
Nicht mehr anwenden							
1 kp · m =	9,80665	$2{,}7243 \cdot 10^{-6}$	1	$3{,}704 \cdot 10^{-6}$	$2{,}342 \cdot 10^{-3}$	7,2330	$9{,}295 \cdot 10^{-3}$
1 PS · h =	$2{,}6478 \cdot 10^{6}$	0,735499	270000	1	632,369	$1{,}9529 \cdot 10^{6}$	2509,6
1 kcal[2]) =	4186,8	$1{,}163 \cdot 10^{-3}$	426,935	$1{,}581 \cdot 10^{-3}$	1	3088	3,9683
Anglo-amerikanische Einheiten							
1 ft · lbf =	1,35582	$376{,}6 \cdot 10^{-9}$	0,13826	$512{,}1 \cdot 10^{-9}$	$323{,}8 \cdot 10^{-6}$	1	$1{,}285 \cdot 10^{-3}$
1 Btu[3]) =	1055,06	$293{,}1 \cdot 10^{-6}$	107,59	$398{,}5 \cdot 10^{-6}$	0,2520	778,17	1

ft lbf = foot pound-force, Btu = British thermal unit,
1 in ozf (inch ounce-force) = 0,007062 J, 1 in lbf (inch pound-force) = 0,112985 J,
1 ft pdl (foot poundal) = 0,04214 J,
1 hph (horsepower hour) = $2{,}685 \cdot 10^{6}$ J = 0,7457 kW · h,
1 thermie (franz.) = 1000 frigories (franz.) = 1000 kcal = 4,1868 MJ,
1 kg SKE (Kilogramm Steinkohleneinheiten)[4]) = 29,3076 MJ = 8,141 kWh,
1 t SKE (Tonne Steinkohleneinheiten)[4]) = 1000 kg SKE = 29,3076 GJ = 8,141 MWh.

Leistungseinheiten

Einheit[1])	W	kW	kp m/s	PS	kcal/s	hp	Btu/s
1 W =	1	0,001	0,10197	$1{,}3596 \cdot 10^{-3}$	$238{,}8 \cdot 10^{-6}$	$1{,}341 \cdot 10^{-3}$	$947{,}8 \cdot 10^{-6}$
1 kW =	1000	1	101,97	1,35962	$238{,}8 \cdot 10^{-3}$	1,34102	$947{,}8 \cdot 10^{-3}$
Nicht mehr anwenden							
1 kp · m/s =	9,80665	$9{,}807 \cdot 10^{-3}$	1	$13{,}33 \cdot 10^{-3}$	$2{,}342 \cdot 10^{-3}$	$13{,}15 \cdot 10^{-3}$	$9{,}295 \cdot 10^{-3}$
1 PS =	735,499	0,735499	75	1	0,17567	0,98632	0,69712
1 kcal/s =	4186,8	4,1868	426,935	5,6925	1	5,6146	3,9683
Anglo-amerikanische Einheiten							
1 hp =	745,70	0,74570	76,0402	1,0139	0,17811	1	0,70678
1 Btu/s =	1055,06	1,05506	107,586	1,4345	0,2520	1,4149	1

hp = horsepower,
1 ft · lbf/s = 1,35582 W,
1 ch (cheval vapeur) (franz.) = 1 PS = 0,7355 kW,
1 poncelet (franz.) = 100 kp · m/s = 0,981 kW,
Menschliche Dauerleistung ≈ 0,1 kW.

Normen: DIN 66 035 Umrechnungstabellen Kalorie – Joule, Joule – Kalorie,
DIN 66 036 Umrechnungstabellen Pferdestärke – Kilowatt, Kilowatt – Pferdestärke,
DIN 66 039 Umrechnungstabellen Kilokalorie – Wattstunde, Wattstunde – Kilokalorie.

---
[1]) Namen der Einheiten S. 18.
[2]) 1 kcal ≈ Wärmemenge, die nötig ist, um 1 kg Wasser von 15 °C um 1 °C zu erwärmen.
[3]) 1 Btu ≈ Wärmemenge, die nötig ist, um 1 lb Wasser um 1 °F zu erwärmen. 1 therm = 10^5 Btu.
[4]) Den Energieeinheiten kg SKE und t SKE lag ein spezifischer Heizwert H_u von 7000 kcal/kg Steinkohle zugrunde.

Temperatureinheiten

°C = Grad Celsius, K = Kelvin,
°F = Grad Fahrenheit, °R = Grad Rankine.

Temperaturpunkte

$$T_K = (273{,}15\ °C + t_C)\,\frac{K}{°C} = \frac{5}{9}\,T_R$$

$$T_R = (459{,}67\ °F + t_F)\,\frac{°R}{°F} = 1{,}8\,T_K$$

$$t_C = \frac{5}{9}\,(t_F - 32\ °F)\,\frac{°C}{°F} = (T_K - 273{,}15\ K)\,\frac{°C}{K}$$

$$t_F = (1{,}8\,t_C + 32\ °C)\,\frac{°F}{°C} = (T_R - 459{,}67\ °R)\,\frac{°F}{°R}$$

t_C, t_F, T_K und T_R bedeuten die Temperaturpunkte in °C, °F, K und °R.

Temperaturdifferenz

1 K = 1 °C = 1,8 °F = 1,8 °R

Nullpunkte: 0 °C ≙ 32 °F, 0 °F ≙ – 17,78 °C.
Absoluter Nullpunkt der Temperatur:
0K ≙ – 273,15 °C ≙ 0 °R ≙ – 459,67 °F.

Internationale praktische Temperaturskala: Siedepunkt des Sauerstoffs –182,97 °C, Tripelpunkt des Wassers 0,01 °C[1]), Siedepunkt des Wassers 100 °C, Siedepunkt des Schwefels 444,6 °C, Erstarrungspunkt des Silbers 960,8 °C, Erstarrungspunkt des Goldes 1063 °C.

[1]) Temperaturpunkt des reinen Wassers, bei dem gleichzeitig Eis, Wasser und Dampf miteinander im Gleichgewicht auftreten (bei 1013,25 hPa). Siehe auch Fußnote [2]) auf S. 14.

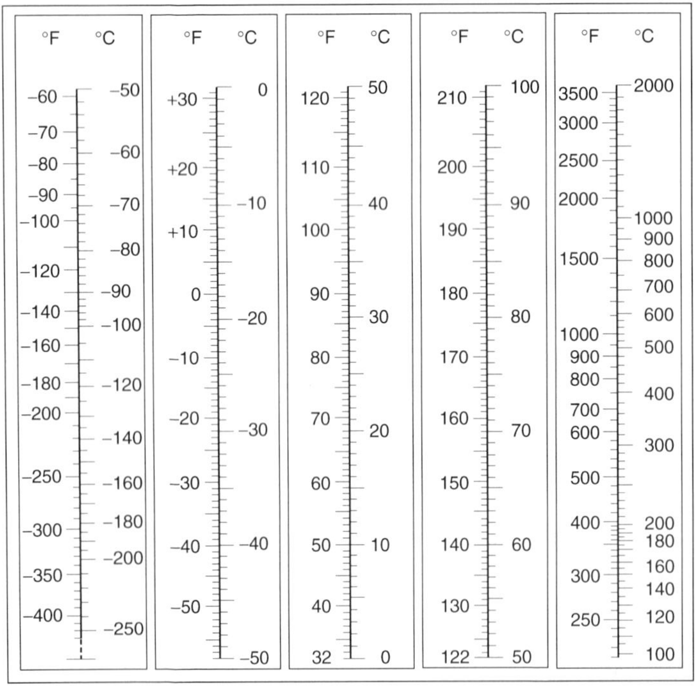

Viskositätseinheiten

Gesetzliche Einheiten der kinematischen Viskosität ν
$1\ m^2/s = 1\ Pa \cdot s/(kg/m^3) = 10^4 cm^2/s$
$= 10^6\ mm^2/s$.

Anglo-amerikanische Einheiten:
$1\ ft^2/s = 0{,}092903\ m^2/s$,
RI-Sekunden = Auslaufzeit aus Redwood-I-Viskosimeter (UK),
SU-Sekunden = Auslaufzeit aus Saybolt-Universal-Viskosimeter (US).

Nicht mehr anwenden:
St (Stokes) = cm^2/s, cSt = mm^2/s.

Konventionelle Einheiten
E (Englergrad) = relative Auslaufzeit aus Engler-Gerät DIN 51 560.
Für $\nu > 60\ mm^2/s$ ist $1\ mm^2/s = 0{,}132$ E.

Englergrade geben unter 3 E kein richtiges Bild vom wahren Viskositätsverlauf, da z. B. eine Flüssigkeit mit 2 E nicht die doppelte, sondern die 12fache kinematische Viskosität hat wie eine Flüssigkeit mit 1 E.

A-Sekunden = Auslaufzeit aus Auslaufbecher DIN 53 211.

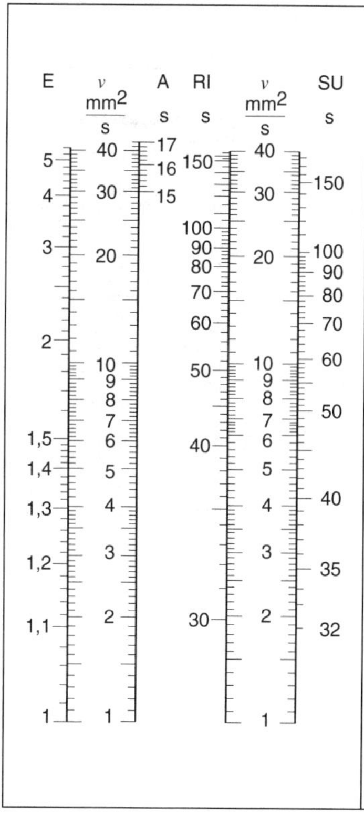

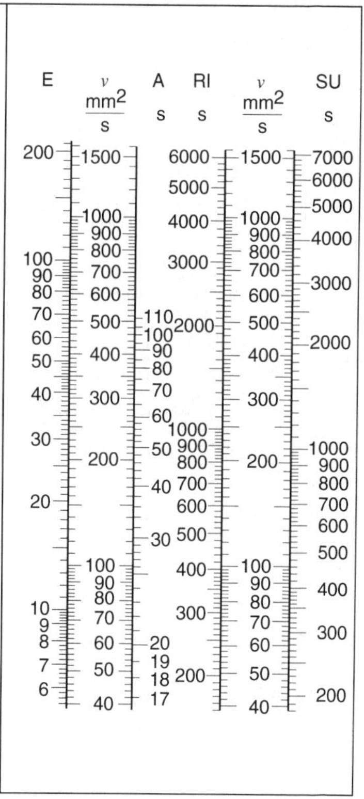

Zeiteinheiten

Einheit[1])		s	min	h	d
1 s[2]) (Sekunde)	=	1	0,01667	$0{,}2778 \cdot 10^{-3}$	$11{,}574 \cdot 10^{-6}$
1 min (Minute)	=	60	1	0,01667	$0{,}6944 \cdot 10^{-3}$
1 h (Stunde)	=	3600	60	1	0,041667
1 d (Tag)	=	86 400	1440	24	1

1 bürgerliches Jahr = 365 (bzw. 366) Tage = 8760 (8784) Stunden (für Zinsberechnungen im Bankwesen 1 Jahr = 360 Tage),
1 Sonnenjahr[3]) = 365,2422 mittlere Sonnentage = 365 d 5 h 48 min 46 s,
1 Sternjahr[4]) = 365,2564 mittlere Sonnentage.

Uhrzeiten

Um 12 Uhr MEZ haben die Zeitzonen folgende Uhrzeiten[5]):

Uhrzeit	Zeitzonenmeridian	Länder (Beispiele)
	westl. Länge	
1.00	150°	Alaska.
3.00	120°	Westküste von Kanada u. USA.
4.00	105°	Westl. Zentralzone von Kanada und USA.
5.00	90°	Zentralzone von Kanada und USA, Mexiko, Mittelamerika.
6.00	75°	Kanada zw. 68° und 90°, östl. USA, Ecuador, Kolumbien, Panama, Peru.
7.00	60°	Kanada östl. 68°, Bolivien, Chile, Venezuela.
8.00	45°	Argentinien, Brasilien. Grönland, Paraguay, Uruguay.
11.00	0°	**Westeuropäische Zeit (WEZ)**[6]): Großbritannien, Irland, Kanarische Inseln, Portugal, Westafrika.

Uhrzeit	Zeitzonenmeridian	Länder (Beispiele)
	östl. Länge	
12.00	15°	**Mitteleuropäische Zeit (MEZ):** Belgien, Dänemark, Deutschland, Frankreich, Italien, Luxemburg, Niederlande, Norwegen, Österreich, Polen, Schweden, Schweiz, Spanien, Ungarn; Algerien, Israel, Libyen, Nigeria, Tunesien, Zaire.
13.00	30°	**Osteuropäische Zeit (OEZ):** Bulgarien, Finnland, Griechenland, Rumänien; Ägypten, Libanon, Jordanien, Sudan, Südafrika, Syrien.
14.00	45°	Westl. Russland, Türkei, Irak, Saudi-Arabien, östl. Afrika.
14.30	52,5°	Iran.
16.30	82,5°	Indien, Sri Lanka.
18.00	105°	Indonesien, Kambodscha, Laos, Thailand, Vietnam.
19.00	120°	Chinesische Küste, Philippinen, Westaustralien.
20.00	135°	Japan, Korea.
20.30	142,5°	Nord- und Südaustralien.
21.00	150°	Ostaustralien.

[1]) Siehe auch S. 17.

[2]) Basiseinheit des SI, Definition S. 14.

[3]) Zeit zwischen zwei aufeinanderfolgenden Durchgängen der Erde durch den Frühlingspunkt.

[4]) Wahre Umlaufzeit der Erde um die Sonne.

[5]) In Ländern mit Sommerzeit wird in den Sommermonaten die Uhr gegenüber der Zonenzeit um 1 Stunde vorgestellt (nördl. des Äquators etwa von April bis Sept., südl. des Äquators etwa von Okt. bis März).

[6]) = Weltzeit UT (Universal Time), mittlere Sonnenzeit des Nullmeridians von Greenwich, bzw. Koordinierte Weltzeit UTC, definiert durch die unveränderliche Sekunde des Internationalen Einheitensystems (S. 14). Da sich die Erdrotation im Laufe der Jahre verlangsamt, wird die UTC ab und zu durch Einfügen einer Schaltsekunde an die UT angepasst.

Schwingungen

Formelzeichen und Einheiten

Größe		Einheit
a	Speicherkoeffizient	
b	Dämpfungskoeffizient	
c	Speicherkoeffizient	
c	Federkonstante	N/m
c_α	Drehsteife	N · m/rad
C	Kapazität	F
f	Frequenz	Hz
f_g	Resonanzfrequenz	Hz
Δf	Halbwertsbreite	Hz
F	Kraft	N
F_Q	Erregungsfunktion	
I	Strom	A
J	Trägheitsmoment	kg · m²
L	Selbstinduktion	H
m	Masse	kg
M	Drehmoment	N · m
n	Drehzahl	1/min
Q	Ladung	C
Q	Resonanzschärfe	
r	Dämpfungskonstante	N · s/m
r_α	Drehdämpfungskonstante	N · s · m
R	Ohm'scher Widerstand	Ω
t	Zeit	s
T	Periodendauer	s
U	elektr. Spannung	V
v	Schwinggeschwindigkeit	m/s
x	Weg	
y	Augenblickswert	
$\hat{y}$	Amplitude	
$\dot{y}$ ($\ddot{y}$)	einfache (zweifache) Ableitung nach der Zeit	
y_{rec}	Gleichrichtwert	
y_{eff}	Effektivwert	
α	Winkel	rad
δ	Abklingkoeffizient	1/s
Λ	Logarithmisches Dekrement	
ω	Winkelgeschwindigkeit	rad/s
ω	Kreisfrequenz	1/s
Ω	Erregerkreisfrequenz	1/s
ϑ	Dämpfungsgrad	
ϑ_{opt}	optimaler Dämpfungsgrad	

Indizes:	
0	ungedämpft
d	gedämpft
T	Tilger
U	Unterlage
G	Gerät

Begriffe

(siehe auch DIN 1311)

Schwingung
Änderung einer physikalischen Größe, die sich mehr oder weniger regelmäßig zeitlich wiederholt und deren Richtung mit ähnlicher Regelmäßigkeit wechselt.

Schwingungsdauer
Schwingungsdauer ist die Zeit, in der eine einzelne periodische Schwingung abläuft (Periode).

Amplitude
Amplitude ist der maximale Augenblickswert (Scheitelwert) einer sinusförmigen Größe.

Frequenz
Frequenz ist die Anzahl der Schwingungen pro Sekunde, Kehrwert der Schwingungsdauer.

Kreisfrequenz
Kreisfrequenz ist das 2π-fache der Frequenz.

Schwinggeschwindigkeit
Schwinggeschwindigkeit oder Schnelle ist der Augenblickswert der Wechselgeschwindigkeit eines Teilchens in seiner Schwingrichtung (nicht zu verwechseln mit der Ausbreitungsgeschwindigkeit einer fortschreitenden Welle, z. B. der Schallgeschwindigkeit).

Fourier-Reihe
Jede periodische, stückweise monoton und stetige Funktion lässt sich als Summe von sinusförmigen Teilschwingungen darstellen.

Schwebungen
Schwebungen entstehen durch Überlagerung zweier Sinusschwingungen, deren Frequenzen nicht sehr voneinander verschieden sind. Sie sind periodisch. Ihre Grundfrequenz ist die Differenz der Frequenzen der überlagerten Sinusschwingungen.

Eigenschwingungen
Ihre Frequenz (Eigenfrequenz) hängt nur von den Eigenschaften des schwingenden Systems ab.

Dämpfung
Dämpfung beschreibt den Energieverlust in einem Schwingungsgebilde bei der Umwandlung in eine andere Energieform.

Logarithmisches Dekrement
Natürlicher Logarithmus des Verhältnisses zweier um eine Periodendauer auseinander liegender Extremwerte einer Eigenschwingung.

Dämpfungsgrad
Maß für die Dämpfung.

Erzwungene Schwingungen
Erzwungene Schwingungen entstehen unter Einwirkung einer äußeren physikalischen Größe (Erregung), welche die Eigenschaften des Schwingers nicht verändert. Ihre Frequenz wird von der Frequenz der Erregung bestimmt.

Übertragungsfunktion
Betrag der Übertragungsfunktion ist der Quotient der Amplitude der beobachteten Zustandsgröße durch die Amplitude der Erregung, aufgetragen über der Erregerfrequenz.

Resonanz
Resonanz tritt auf, wenn die Übertragungsfunktion bei der Annäherung der Erregerfrequenz an die Eigenfrequenz sehr große Werte annimmt.

Resonanzfrequenz
Resonanzfrequenz ist die Erregerfrequenz, bei der die Zustandsgröße des Schwingers ihren Größtwert annimmt.

Halbwertsbreite
Halbwertsbreite ist die Differenz zwischen den Frequenzen, bei denen der Betrag der Zustandsgröße auf $1/\sqrt{2} \approx 0{,}707$ des Größtwertes gesunken ist.

Resonanzschärfe
Resonanzschärfe oder Gütefaktor ist der Maximalwert der Übertragungsfunktion.

Kopplung
Werden zwei Schwingungssysteme miteinander gekoppelt – mechanisch durch Masse oder Elastizität, elektrisch durch induktive oder kapazitive Beeinflussung –, so findet ein periodischer Energieaustausch zwischen den Systemen statt.

Welle
Räumliche und zeitliche Zustandsänderung eines Kontinuums, die sich als einsinnige örtliche Verlagerung eines bestimmten Zustandes mit der Zeit beschreiben lässt. Es gibt Transversalwellen (z. B. Seilwellen, Wasserwellen) und Longitudinalwellen (z. B. Schallwellen in Luft).

Interferenz
Prinzip der ungestörten Überlagerung von Wellen. In jedem Raumpunkt ist der Augenblickswert der resultierenden Welle gleich der Summe der Augenblickswerte der Einzelwellen.

Stehende Wellen
Stehende Wellen entstehen durch Interferenz gegenläufiger Wellen gleicher Frequenz, Wellenlänge und Amplitude. Im Gegensatz zur fortschreitenden Welle bleibt die Amplitude der stehenden Welle an jedem Ort konstant; es treten „Bäuche“ (maximale Amplitude) und „Knoten“ (Amplitude null) auf. Stehende Wellen treten dann durch Reflexion eines Wellenzuges in sich auf, wenn der Wellenwiderstand des Mediums vom Widerstand des reflektierenden Mittels sehr verschieden ist.

Gleichrichtwert
Arithmetischer, zeitlich linearer Mittelwert der Beträge eines periodischen Signals.

$$y_{rec} = (1/T) \int_0^T |y| \, dt$$

Für eine Sinuskurve ist
$y_{rec} = 2\hat{y}/\pi \approx 0{,}637\,\hat{y}$.

Effektivwert
Zeitlich quadratischer Mittelwert eines periodischen Signals.

$$y_{eff} = \sqrt{(1/T) \int_0^T y^2 \, dt}$$

Für eine Sinuskurve ist
$y_{eff} = \hat{y}/\sqrt{2} \approx 0{,}707\,\hat{y}$.

Sinusförmige Schwingung.

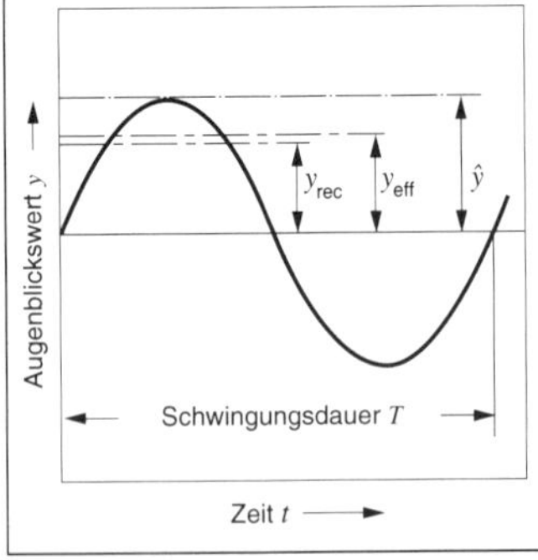

Formfaktor = $y_{\text{eff}}/y_{\text{rec}}$
Für eine Sinuskurve ist
$y_{\text{eff}}/y_{\text{rec}} \approx 1{,}111$.

Scheitelfaktor = $\hat{y}/y_{\text{eff}}$
Für eine Sinuskurve ist
$\hat{y}/y_{\text{eff}} = \sqrt{2} \approx 1{,}414$.

Gleichungen
Die Gleichungen gelten für folgende einfache Schwinger, wenn man die allgemeinen Größenbezeichnungen in den Formeln durch die zugehörigen physikalischen Größen ersetzt.

Einfache Schwingungssysteme

	mechanisch		elektrisch
	translatorisch	drehend	
	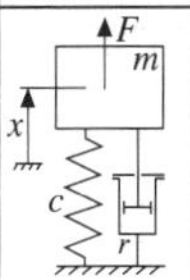	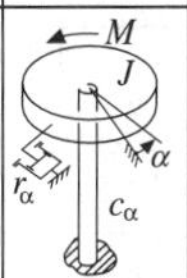	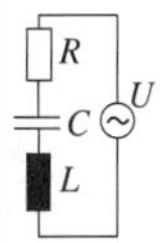
allg. Bez.	Physikalische Größe		
y	x	α	Q
$\dot{y}$	$\dot{x} = v$	$\dot{\alpha} = \omega$	$\dot{Q} = I$
$\ddot{y}$	$\ddot{x} = \dot{v}$	$\ddot{\alpha} = \dot{\omega}$	$\ddot{Q} = \dot{I}$
F_Q	F	M	U
a	m	J	L
b	r	r_α	R
c	c	c_α	$1/C$

Freie Schwingung und Dämpfung.

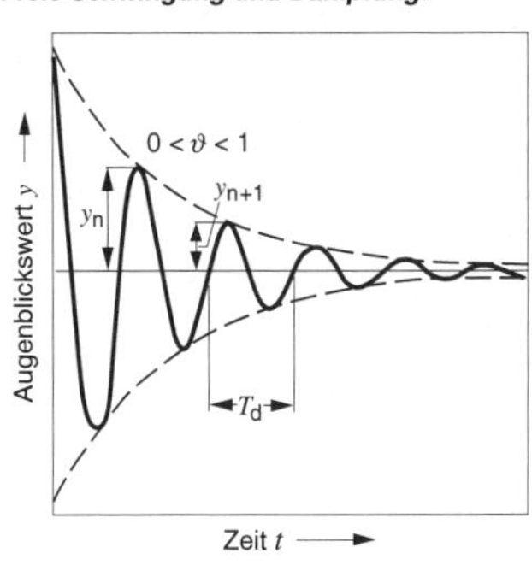

Differenzialgleichung
$a\ddot{y} + b\dot{y} + cy = F_Q(t) = \hat{F}_Q \sin \Omega t$
Schwingungsdauer $T = 1/f$
Kreisfrequenz $\omega = 2\pi f$
Sinusförmige Schwingung
(z. B. Schwingweg) $y = \hat{y} \sin \omega t$

Freie Schwingungen ($F_Q = 0$)
Logarithmisches Dekrement
$\Lambda = \ln(y_n/y_{n+1}) = \pi b/\sqrt{ca - b^2/4}$
Abklingkoeffizient $\delta = b/(2a)$
Dämpfungsgrad $\vartheta = \delta/\omega_0 = b/(2\sqrt{ca})$
$\vartheta = \Lambda/\sqrt{\Lambda^2 + 4\pi^2} \approx \Lambda/(2\pi)$
(kleine Dämpfung)
Kreisfrequenz der ungedämpften Schwingung ($\vartheta = 0$) $\omega_0 = \sqrt{c/a}$
Kreisfrequenz der gedämpften Schwingung ($0 < \vartheta < 1$) $\omega_d = \omega_0\sqrt{1 - \vartheta^2}$
Für $\vartheta \geq 1$ keine Schwingungen, sondern Kriechvorgang.

Erzwungene Schwingungen
Betrag der Übertragungsfunktion

$\hat{y}/\hat{F}_Q = 1/\sqrt{(c - a\Omega^2)^2 + (b\Omega)^2}$
$= (1/c)/\sqrt{(1 - (\Omega/\omega_0)^2)^2 + (2\vartheta\Omega/\omega_0)^2}$
Resonanzfrequenz $f_g = f_0\sqrt{1 - 2\vartheta^2} < f_0$
Resonanzschärfe $Q = 1/(2\vartheta\sqrt{1 - \vartheta^2})$
schwach gedämpfte Schwinger ($\vartheta \leq 0{,}1$):
Resonanzfrequenz $f_g \approx f_0$
Resonanzschärfe $Q \approx 1/(2\vartheta)$
Halbwertsbreite $\Delta f = 2\vartheta f_0 = f_0/Q$

Schwingungsminderung

Schwingungsdämpfung
Kann die Dämpfung nur zwischen Gerät und einem ruhenden Punkt erfolgen, muss sie groß sein (vgl. Bild „Normierte Übertragungsfunktion“).

Schwingungsisolierung

Aktive Schwingungsisolierung
Geräte sind so zu befestigen, dass die auf die Unterlage übertragenen Kräfte klein

Normierte Übertragungsfunktion.

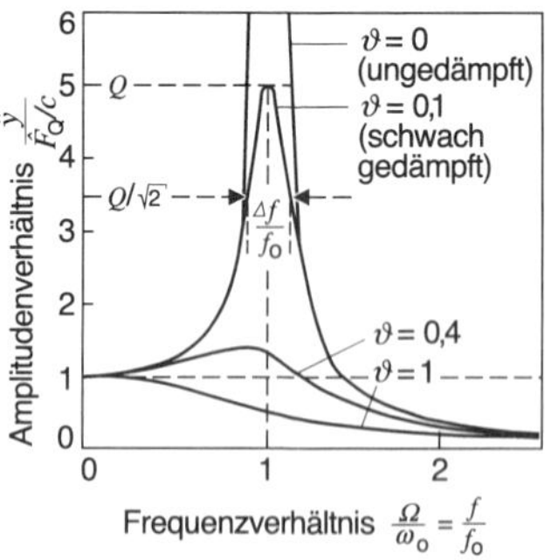

Schwingungsisolierung.
a Übertragungsfunktion.
b Tiefe Abstimmung.

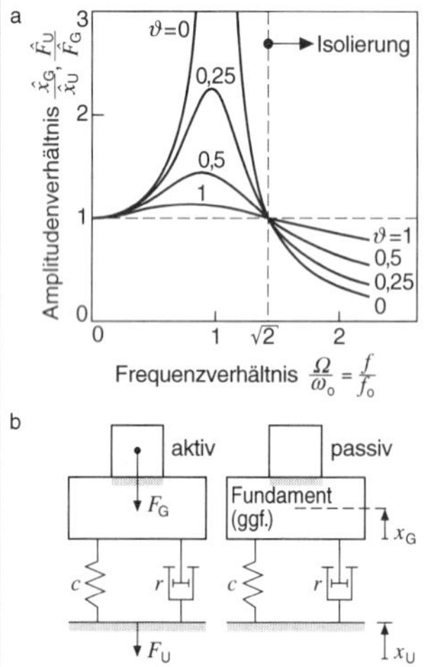

sind. Maßnahme: Tiefe Abstimmung der Lagerung, damit die Eigenfrequenz unterhalb der niedrigsten Erregerfrequenz liegt. Dämpfung verschlechtert die Isolierung. Kleine Werte können beim Hochlauf während des Durchfahrens des Resonanzbereiches zu unzulässig hohen Schwingungen führen.

Passive Schwingungsisolierung
Geräte sind so zu befestigen, dass Erschütterungen der Unterlage in geringem Maß auf sie übertragen werden. Maßnahmen: Wie bei aktiver Isolierung.

In vielen Fällen ist eine weiche Aufhängung oder extreme Bedämpfung nicht realisierbar. Damit keine Resonanz auftritt, sollte die Befestigung so steif ausgebildet sein, dass die Eigenfrequenz in hinreichendem Abstand oberhalb der höchsten auftretenden Erregerfrequenz liegt.

Schwingungstilgung

Tilger mit fester Eigenfrequenz
Durch Abstimmung der Eigenfrequenz ω_T einer elastisch, verlustfrei angekoppelten Tilgermasse auf die Frequenz der Erregung werden die Schwingungen des Gerätes vollständig getilgt. Nur die Tilgermasse schwingt noch. Die Tilgerwirkung verschlechtert sich bei sich ändernder Erregerfrequenz. Dämpfung verhindert vollständige Tilgung. Aber geeignete Abstimmung der Tilgerfrequenz und optimaler Dämpfungsgrad führen zu breitbandiger Schwingungsminderung, die bei Änderung der Erregerfrequenz wirksam bleibt.

Tilger mit veränderlicher Eigenfrequenz
Drehschwingungen mit drehzahlproportionaler Erregerfrequenz (z. B. Ordnungen von Motoren mit veränderlicher Drehzahl, S. 437f.) können durch Tilger mit drehzahlproportionaler Eigenfrequenz (Pendel im Fliehkraftfeld) getilgt werden. Die Tilgung ist bei jeder Drehzahl wirksam.

Tilgung ist auch bei Schwingern mit mehreren Freiheitsgraden, Kontinua und unter Verwendung mehrerer Tilgermassen möglich.

Schwingungstilgung.
a Übertragungsfunktion des Gerätes.
b Prinzipaufbau.

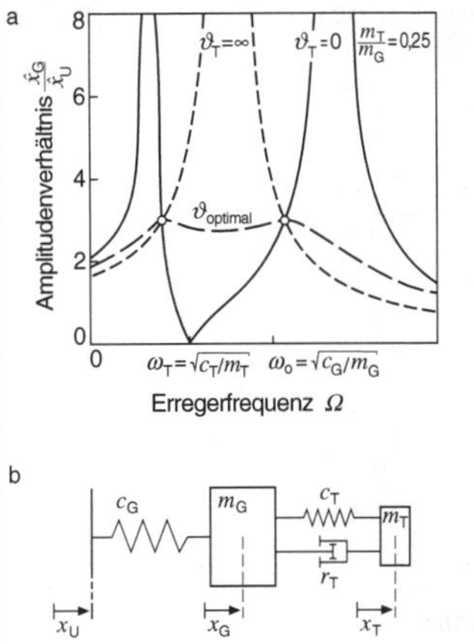

Modalanalyse

Das dynamische Verhalten (Schwingungsverhalten) einer mechanischen Struktur kann mit Hilfe eines mathematischen Modells vorausgesagt werden. Die Modalanalyse ermittelt die Modellparameter des modalen Modells. Vorausgesetzt wird eine zeitinvariante und linear-elastische Struktur. Die Schwingungen werden nur an einer begrenzten Zahl von Punkten in den möglichen Schwingungsrichtungen (Freiheitsgrade) und in einem definierten Frequenzintervall beobachtet. Die kontinuierliche Struktur wird auf eindeutige Art und Weise durch eine endliche Zahl von Einmassenschwingern ersetzt. Jeder Einmassenschwinger wird vollständig und eindeutig durch einen Eigenvektor und einen Eigenwert festgelegt. Der Eigenvektor (Mode, Eigenschwingungsform) beschreibt die relativen Amplituden und Phasen aller Freiheitsgrade, der Eigenwert das zeitliche Verhalten (gedämpfte harmonische Schwingung). Jede Schwingung der Struktur kann aus den Eigenvektoren und -werten synthetisiert werden.

Das modale Modell beschreibt nicht nur den Istzustand, sondern bildet auch die Grundlage für Simulationsrechnungen: Bei der Responserechnung wird die Antwort der Struktur auf eine definierte Anregung berechnet, die z. B. Prüffeldbedingungen entspricht. Durch Strukturmodifikationen (Änderung von Masse, Dämpfung oder Steifigkeit) lässt sich das Schwingungsverhalten auf die Einsatzbedingungen optimieren. Die Substrukturkopplung fasst z. B. modale Modelle verschiedener Strukturen zu einem Gesamtmodell zusammen. Das modale Modell kann analytisch ermittelt werden. Wenn die modalen Modelle beider Verfahren aufeinander abgeglichen werden, dann ist aufgrund der größeren Zahl von Freiheitsgraden das modale Modell aus einer analytischen Modalanalyse genauer als das aus einer experimentellen Modalanalyse. Dies gilt insbesonders für die auf dem Modell basierenden Simulationsrechnungen.

Analytische Modalanalyse

Geometrie, Materialdaten und Randbedingungen müssen bekannt sein. Mehrkörpersystem- oder Finite-Elemente-Modelle liefern Eigenwerte und Eigenvektoren. Die analytische Modalanalyse kommt ohne Muster aus, kann also in einem frühen Entwicklungsstadium angewendet werden. Oftmals fehlen aber exakte Kenntnisse wesentlicher Eigenschaften der Struktur (Dämpfung, Randbedingungen), so dass das modale Modell sehr ungenau sein kann. Der Fehler ist zudem unbekannt. Abhilfe kann der Abgleich des Modells auf die Ergebnisse einer experimentellen Modalanalyse schaffen.

Experimentelle Modalanalyse

Kenntnisse über die Struktur sind nicht erforderlich, aber ein Muster. Die Analyse beruht auf Messungen der Übertragungsfunktionen eines Anregungspunktes zu mehreren Antwortpunkten bzw. umgekehrt im interessierenden Frequenzbereich. Aus der Matrix der Übertragungsfunktionen (sie beschreibt das Responsemodell) wird das modale Modell abgeleitet.

Grundgleichungen der Mechanik

Namen der Einheiten S. 16...20

Formelzeichen	Größe	SI-Einheit
A	Fläche	m^2
a	Beschleunigung	m/s^2
a_{cf}	Zentrifugalbeschleunigung	m/s^2
d	Durchmesser	m
E	Energie	J
E_k	kinetische Energie	J
E_p	potenzielle Energie	J
F	Kraft	N
F_{cf}	Zentrifugalkraft	N
G	Gewichtskraft	N
g	Fallbeschleunigung (g = 9,81 m/s^2, S. 13)	m/s^2
h	Höhe	m
i	Trägheitshalbmesser	m
J	Trägheitsmoment (Massenmoment 2. Grades)	$kg \cdot m^2$
L	Drehimpuls, Drall	$N \cdot s \cdot m$
l	Länge	m
M	Drehmoment	$N \cdot m$

Formelzeichen	Größe	SI-Einheit
m	Masse (Gewicht)	kg
n	Drehzahl	s^{-1}
P	Leistung	W
p	Impuls	$N \cdot s$
r	Halbmesser	m
s	Weglänge	m
T	Periodendauer, Umlaufzeit	s
t	Zeit	s
V	Körperinhalt	m^3
v	Geschwindigkeit v_1 Anfangs-, v_2 Endgeschwindigkeit, v_m mittlere Geschwindigkeit	m/s
W	Arbeit, Energie	J
α	Winkelbeschleunigung	rad/s^2 [1])
ε	Umschlingungswinkel	rad[1])
μ	Reibungszahl	–
ϱ	Dichte	kg/m^3
φ	Drehwinkel	rad[1])
ω	Winkelgeschwindigkeit	rad/s[1])

Größengleichungen und Zahlenwertgleichungen

Die folgenden Gleichungen sind, wenn nichts anderes angegeben, Größengleichungen, d. h. die Größen können in beliebigen Einheiten eingesetzt werden (z. B. in den oben angegebenen SI-Einheiten). Die Einheit der auszurechnenden Größe ergibt sich aus den gewählten Einheiten der Gleichungselemente.

In einigen Fällen sind zusätzlich Zahlenwertgleichungen für gebräuchliche Einheiten (z. B. Zeit in s, aber Geschwindigkeit in km/h) aufgenommen. Sie sind durch die Wortangabe „Zahlenwertgleichung" gekennzeichnet und gelten nur mit den jeweils unter der Gleichung angegebenen Einheiten.

Geradlinige Bewegung

gleichförmige geradlinige Bewegung

Geschwindigkeit
$v = s/t$

gleichförmig beschleunigte geradlinige Bewegung

mittlere Geschwindigkeit
$v_m = (v_1 + v_2)/2$

Beschleunigung
$a = (v_2 - v_1)/t = (v_2^2 - v_1^2)/(2s)$

Zahlenwertgleichung:
$a = (v_2 - v_1)/(3{,}6\, t)$
a in m/s^2, v_2 und v_1 in km/h, t in s

Weg nach der Zeit t

$s = v_m \cdot t = v_1 \cdot t + (a \cdot t^2)/2 = (v_2^2 - v_1^2)/(2a)$

Endgeschwindigkeit

$v_2 = v_1 + a \cdot t = \sqrt{v_1^2 + 2a \cdot s}$

Anfangsgeschwindigkeit

$v_1 = v_2 - a \cdot t = \sqrt{v_2^2 - 2a \cdot s}$

Bei der gleichförmig verzögerten Bewegung (v_2 kleiner als v_1) ist a negativ.

Bei Beschleunigung aus der Ruhe ist $v_1 = 0$ einzusetzen. Bei Verzögerung bis zur Ruhe ist $v_2 = 0$ einzusetzen.

[1]) Die Einheit rad (= m/m) kann durch 1 ersetzt werden.

Kraft
$F = m \cdot a$

Arbeit, Energie
$W = F \cdot s = m \cdot a \cdot s = P \cdot t$

Potenzielle Energie (Lageenergie)
$E_p = G \cdot h = m \cdot g \cdot h$

Kinetische Energie (Bewegungsenergie)
$E_k = m \cdot v^2/2$

Leistung
$P = W/t = F \cdot v$

Hubleistung
$P = m \cdot g \cdot v$

Impuls
$p = m \cdot v$

Drehbewegung

gleichförmige Drehbewegung
Umfangsgeschwindigkeit
$v = r \cdot \omega$
Zahlenwertgleichungen:
$v = \pi \cdot d \cdot n/60$
v in m/s, d in m, n in min^{-1}
$v = 6 \cdot \pi \cdot d \cdot n/100$
v in km/h, d in m, n in min^{-1}

Winkelgeschwindigkeit
$\omega = \varphi/t = v/r = 2\pi \cdot n$
Zahlenwertgleichung:
$\omega = \pi \cdot n/30$
ω in s^{-1}, n in min^{-1}

gleichförmig beschleunigte Drehbewegung

Winkelbeschleunigung
$\alpha = (\omega_2 - \omega_1)/t$
Zahlenwertgleichung:
$\alpha = \pi\,(n_2 - n_1)/(30t)$
α in $1/s^2$, n_1 und n_2 in min^{-1}, t in s

Endwinkelgeschwindigkeit
$\omega_2 = \omega_1 + \alpha \cdot t$

Anfangswinkelgeschwindigkeit
$\omega_1 = \omega_2 - \alpha \cdot t$

Bei der gleichförmig verzögerten Drehbewegung (ω_2 kleiner als ω_1) ist α negativ.

Zentrifugalkraft (Fliehkraft)
$F_{cf} = m \cdot r \cdot \omega^2 = m \cdot v^2/r$

Zentrifugalbeschleunigung
$a_{cf} = r \cdot \omega^2$

Drehmoment
$M = F \cdot r = P/\omega$
Zahlenwertgleichung:
$M = 9550 \cdot P/n$
M in N · m, P in kW, n in min^{-1}

Trägheitsmoment (S. 40)
$J = m \cdot i^2$

Arbeit
$W = M \cdot \varphi = P \cdot t$

Leistung
$P = M \cdot \omega = M \cdot 2\pi \cdot n$
Zahlenwertgleichung:
$P = M \cdot n/9550$ (Diagramm S. 42)
P in kW, M in N · m (= W · s),
n in min^{-1}

Drehenergie
$E_{rot} = J \cdot \omega^2/2 = J \cdot 2\pi^2 \cdot n^2$
Zahlenwertgleichung:
$E_{rot} = J \cdot n^2/182{,}4$
E_{rot} in J (= N · m), J in kg · m², n in min^{-1}

Drehimpuls, Drall
$L = J \cdot \omega = J \cdot 2\pi \cdot n$
Zahlenwertgleichung:
$L = J \cdot \pi \cdot n/30 = 0{,}1047\,J \cdot n$
L in N · s · m, J in kg · m², n in min^{-1}

Pendelbewegung

(Mathematisches Pendel, d. h. punktförmige Masse an masselosem Faden)

Ebenes Pendel
Schwingungsdauer (Hin- und Hergang)
$T = 2\pi \cdot \sqrt{l/g}$
Genau nur für kleine Ausschläge α aus der Ruhelage (bei $\alpha = 10°$ Fehler etwa 0,2 %).

Kegelpendel
Umlaufzeit
$T = 2\pi \cdot \sqrt{(l \cos \alpha)/g}$
Zentrifugalkraft
$F_{cf} = m \cdot g \cdot \tan \alpha$
Zugkraft am Faden
$F_z = m \cdot g/\cos \alpha$

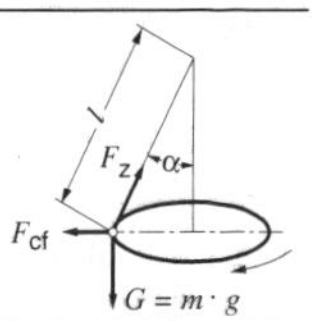

Wurf und Fall

(Formelzeichen S. 36)

Wurf senkrecht nach oben (ohne Luftwiderstand). Gleichförmig verzögerte Bewegung, Verzögerung $a = g = 9{,}81\ \text{m/s}^2$	Steiggeschwindigkeit $v = v_1 - g \cdot t = v_1 - \sqrt{2g \cdot h}$ Steighöhe $h = v_1 \cdot t - 0{,}5\, g \cdot t^2$ Steigzeit $t = \dfrac{v_1 - v}{g} = \sqrt{\dfrac{2 \cdot h}{g}}$ Im Umkehrpunkt ist $v_2 = 0;\quad h_2 = \dfrac{v_1^2}{2g};\quad t_2 = \dfrac{v_1}{g}$
Wurf schräg nach oben (ohne Luftwiderstand). Wurfwinkel α; Überlagerung von geradliniger gleichförmiger Bewegung und freiem Fall	Wurfweite (Größtwert bei $\alpha = 45°$) $s = \dfrac{v_1^2 \cdot \sin 2\alpha}{g}$ Wurfdauer $t = \dfrac{s}{v_1 \cdot \cos\alpha} = \dfrac{2v_1 \cdot \sin\alpha}{g}$ Wurfhöhe $h = \dfrac{v_1^2 \cdot \sin^2\alpha}{2g}$ Wurfenergie $E = G \cdot h = m \cdot g \cdot h$
Freier Fall (ohne Luftwiderstand). Gleichförmig beschleunigte Bewegung, Beschleunigung $a = g = 9{,}81\ \text{m/s}^2$	Fallgeschwindigkeit $v = g \cdot t = \sqrt{2g \cdot h}$ Fallhöhe $h = \dfrac{g \cdot t^2}{2} = \dfrac{v^2}{2g} = \dfrac{v \cdot t}{2}$ Fallzeit $t = \dfrac{2h}{v} = \dfrac{v}{g} = \sqrt{\dfrac{2h}{g}}$
Fall mit Berücksichtigung des Luftwiderstandes Ungleichförmig beschleunigte Bewegung, Anfangsbeschleunigung $a_1 = g = 9{,}81\ \text{m/s}^2$, Endbeschleunigung $a_2 = 0$	Die Fallgeschwindigkeit strebt einer Grenzgeschwindigkeit v_0 zu, bei der der Luftwiderstand $F_L = \varrho \cdot c_w \cdot A \cdot v_0^2/2$ so groß ist wie die Gewichtskraft $G = m \cdot g$ des fallenden Körpers. Daraus: Grenzgeschwindigkeit $v_0 = \sqrt{2m \cdot g/(\varrho \cdot c_w \cdot A)}$ (ϱ Luftdichte, c_w Luftwiderstandszahl, A Querschnittsfläche des Körpers). Fallgeschwindigkeit $v = v_0 \cdot \sqrt{1 - 1/\varkappa^2}$ Zur Abkürzung ist eingesetzt: $\varkappa = e^{g\,h/v_0^2};\ e = 2{,}718$ Fallhöhe $h = \dfrac{v_0^2}{2g} \ln \dfrac{v_0^2}{v_0^2 - v^2}$ Fallzeit $t = \dfrac{v_0}{g} \ln\left(\varkappa + \sqrt{\varkappa^2 - 1}\right)$

Beispiel: Ein schwerer Körper (Masse $m = 1000$ kg, Querschnittsfläche $A = 1\ \text{m}^2$, Luftwiderstandszahl $c_w = 0{,}9$) fällt aus großer Höhe herunter. Im ganzen Bereich seien Luftdichte $\varrho = 1{,}293\ \text{kg/m}^3$ und Fallbeschleunigung $g = 9{,}81\ \text{m/s}^2$ wie am Boden.

Fallhöhe	Ohne Luftwiderstand wäre am Ende der angegebenen Fallhöhe			Mit Luftwiderstand ist am Ende der angegebenen Fallhöhe		
	Fallzeit	Fallgeschw.	Energie	Fallzeit	Fallgeschw.	Energie
m	s	m/s	kJ	s	m/s	kJ
10	1,43	14,0	98	1,43	13,97	97
50	3,19	31,3	490	3,2	30,8	475
100	4,52	44,3	980	4,6	43	925
500	10,1	99	4900	10,6	86,2	3690
1000	14,3	140	9800	15,7	108	5850
5000	31,9	313	49 000	47,6	130	8410
10 000	45,2	443	98 000	86,1	130	8410

Luftwiderstandszahlen c_w

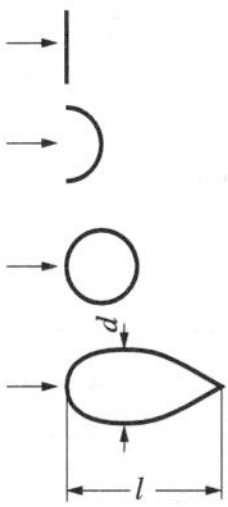
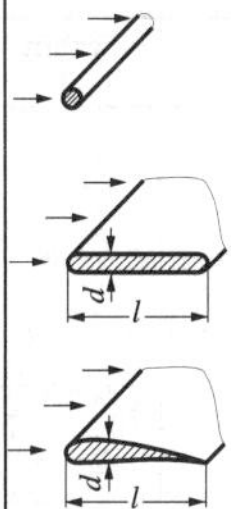

Körperform	c_w	Körperform	c_w
Scheibe Platte	1,1	langer Zylinder $Re < 200\,000$ $Re > 450\,000$	 1,0 0,35
offene Schale, Fallschirm	1,4	lange Platte $l : d = 30$ $Re \approx 500\,000$ $Re \approx 200\,000$	 0,78 0,66
Kugel $Re < 200\,000$ $Re > 250\,000$	 0,45 0,20	lang. Tragflügel $l : d = 18$ } $Re \approx 10^6$ $l : d = 8$ } $l : d = 5$ } $l : d = 2$ $Re \approx 2 \cdot 10^5$	 0,2 0,1 0,08 0,2
schlanker Rotationskörper $l : d = 6$	0,05		

Reynolds-Zahl

$Re = (v + v_0) \cdot l/\nu$

v Körpergeschwindigkeit in m/s,
v_0 Luftgeschwindigkeit in m/s,
l Körperlänge in m (in Strömungsrichtung),
d Körperdicke in m,
ν kinematische Viskosität in m²/s.

Für Luft mit $\nu = 14 \cdot 10^{-6}$ m²/s (Jahresmittel 200 m über NN) ist

$Re \approx 72\,000\,(v + v_0) \cdot l$ mit v und v_0 in m/s
$Re \approx 20\,000\,(v + v_0) \cdot l$ mit v und v_0 in km/h

Die Ergebnisse von Strömungsmessungen zweier geometrisch ähnlicher, aber verschieden großer Körper sind nur vergleichbar, wenn in beiden Fällen die Reynolds-Zahl gleich groß ist (wichtig bei Modellversuchen!).

Gravitation

Anziehungskraft zweier Massen
$F = f\,(m_1 \cdot m_2)/r^2$
r Abstand der Massenmittelpunkte
f Gravitationskonstante
$= 6{,}67 \cdot 10^{-11}$ N · m²/kg²

Luftaustritt aus Düsen

Die untenstehenden Kurven geben nur Richtwerte. Die ausströmende Luftmenge ist außer vom Druck und vom Düsenquerschnitt abhängig von Oberfläche und Länge der Düsenbohrung und der Zuleitung und von der Rundung der Kanten der Austrittsöffnung.

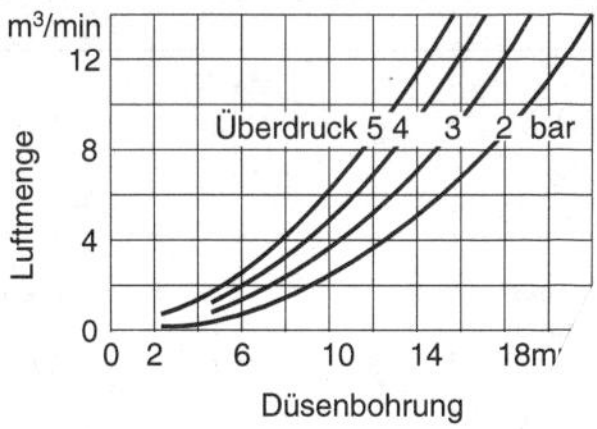

Hebelgesetz

$F_1 \cdot r_1 = F_2 \cdot r_2$

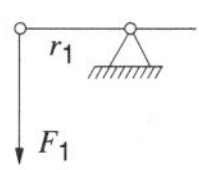

Trägheitsmomente

Formelzeichen S. 36, Masse $m = V \cdot \varrho$, Körperinhalte V S. 149, Dichte ϱ S. 17, 222, Flächenträgheitsmomente S. 50.

Art des Körpers		Trägheitsmomente J_x um die x-Achse[1]), J_y um die y-Achse[1])
Recht- kant, Quader	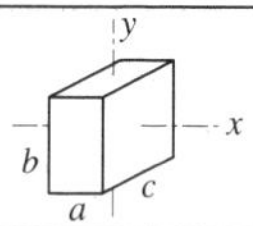	$J_x = m\,\frac{b^2 + c^2}{12}$ $J_y = m\,\frac{a^2 + c^2}{12}$ Würfel mit Seitenlänge a: $J_x = J_y = m\,\frac{a^2}{6}$
Kreis- zylinder	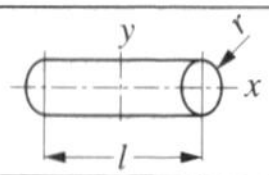	$J_x = m\,\frac{r^2}{2}$ $J_y = m\,\frac{3\,r^2 + l^2}{12}$
hohler Kreis- zylinder	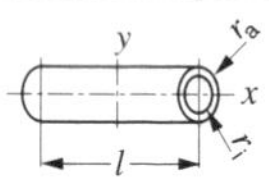	$J_x = m\,\frac{r_a^2 + r_i^2}{2}$ $J_y = m\,\frac{r_a^2 + r_i^2 + l^2/3}{4}$
Kreis- kegel	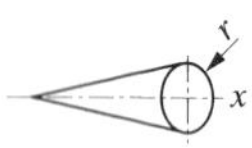	$J_x = m\,\frac{3\,r^2}{10}$ Kegelmantel (ohne Grundfläche) $J_x = m\,\frac{r^2}{2}$
Kreis- kegel- stumpf	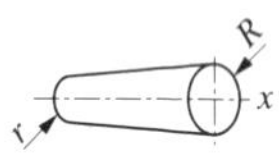	$J_x = m\,\frac{3\,(R^5 - r^5)}{10\,(R^3 - r^3)}$ Kegelmantel (ohne Endflächen) $J_x = m\,\frac{R^2 + r^2}{2}$
Pyramide	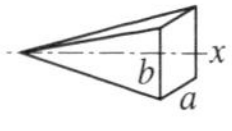	$J_x = m\,\frac{a^2 + b^2}{20}$
Kugel und ·Halbkugel	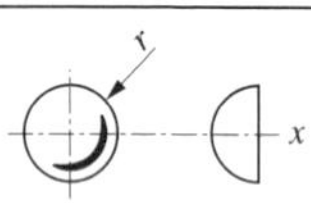	$J_x = m\,\frac{2\,r^2}{5}$ Kugeloberfläche $J_x = m\,\frac{2\,r^2}{3}$
hl- 'el	r_a äußerer Kugelhalbmesser r_i innerer Kugelhalbmesser	$J_x = m\,\frac{2\,(r_a^5 - r_i^5)}{5\,(r_a^3 - r_i^3)}$
'- r	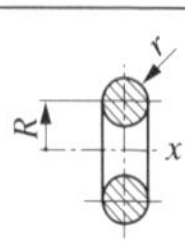	$J_x = m\left(R^2 + \frac{3}{4}r^2\right)$

ןheitsmoment für eine zur x-Achse bzw. y-Achse im Abstand a parallel verlaufende Achse $m \cdot a^2$ bzw. $J_A = J_y + m \cdot a^2$.

Reibung

Reibung in waagrechter Ebene
Reibungskraft (Reibwiderstand):
$F_R = \mu \cdot m \cdot g$

Reibung in schiefer Ebene
Reibungskraft (Reibwiderstand):
$F_R = \mu \cdot F_n = \mu \cdot m \cdot g \cdot \cos \alpha$

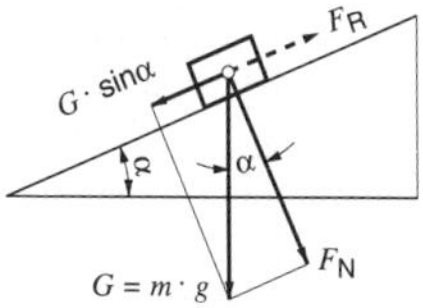

Kraft in Richtung der schiefen Ebene[1])
$F = G \cdot \sin \alpha - F_R = m \cdot g (\sin \alpha - \mu \cdot \cos \alpha)$
Beschleunigung in Richtung der schiefen Ebene[1])
$a = g (\sin \alpha - \mu \cdot \cos \alpha)$

Geschwindigkeit nach Weg s (bzw. Höhe $h = s \cdot \sin \alpha$)
$v = \sqrt{2g \cdot h (1 - \mu \cdot \cot \alpha)}$

[1]) Wenn $(\sin \alpha - \mu \cdot \cos \alpha)$ negativ oder 0 ist, bleibt der Körper in Ruhe.

Reibungszahl
Die Reibungszahl μ kennzeichnet immer eine System- und nicht eine Materialeigenschaft. Reibungszahlen sind u. a. abhängig von Materialpaarung, Temperatur, Oberflächenbeschaffenheit, Gleitgeschwindigkeit, Umgebungsmedium (z. B. Wasser oder CO_2, welches von der Oberfläche adsorbiert werden kann) oder vom Zwischenstoff (z. B. Schmierstoff). Die Haftreibungszahl ist oftmals größer als Gleitreibungszahl. In Sonderfällen kann die Reibungszahl größer als 1 werden (z. B. bei sehr glatten Oberflächen, bei denen Kohäsionskräfte überwiegen oder z. B. bei Rennreifen mit Klebe- bzw. Saugeffekt).

Reibung bei Umschlingung
Spannkräfte:
$F_1 = F_2 \cdot e^{\mu\varepsilon}$

Übertragbare Umfangskraft:
$F_u = F_1 - F_2 = F_1 (1 - e^{-\mu\varepsilon}) = F_2 (e^{\mu\varepsilon} - 1)$
e = 2,718 (Grundzahl der natürlichen Logarithmen)

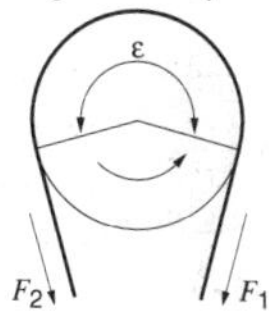

Leistung und Drehmoment

Gleichungen S. 37

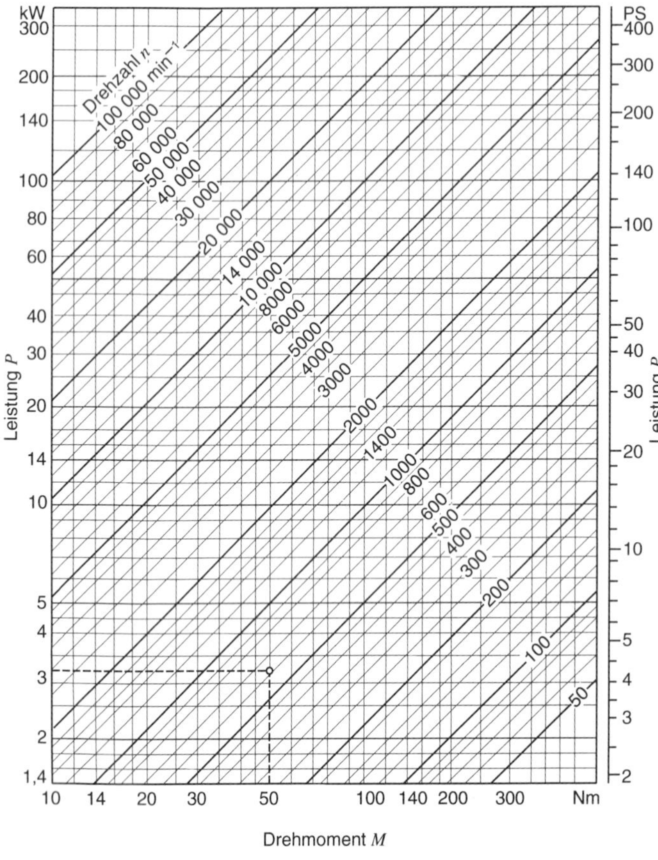

Einem Vielfachen von M oder von n entspricht dasselbe Vielfache von P.

Beispiele: Für M = 50 N · m und n = 600 min^{-1} ist P = 3,15 kW (4,3 PS)
Für M = 5 N · m und n = 600 min^{-1} ist P = 0,315 kW (0,43 PS)
Für M = 5000 N · m und n = 60 min^{-1} ist P = 31,5 kW (43 PS)

Mechanik der Flüssigkeiten

Formelzeichen	Größe	SI-Einheit
A	Querschnittsfläche	m^2
A_b	Bodenfläche	m^2
A_s	Seitenfläche	m^2
F	Kraft	N[1])
F_a	Auftriebskraft	N
F_b	Bodenkraft	N
F_s	Seitenkraft	N
G	Gewichtskraft	N
g	Fallbeschleunigung $g = 9{,}81\ m/s^2$	m/s^2
h	Flüssigkeitshöhe	m

Formelzeichen	Größe	SI-Einheit
m	Masse	kg
p	Flüssigkeitsdruck	Pa[2])
	$p_1 - p_2$ Druckunterschied	Pa
p_e	Überdruck gegenüber Atmosphärendruck	Pa
Q	Flussmenge	m^3/s
V	Volumen	m^3
v	Durchflussgeschwindigkeit	m/s
ϱ	Dichte	kg/m^3
	Dichte des Wassers[3]) $\varrho_w = 1\ kg/dm^3 = 1000\ kg/m^3$	

Ruhende Flüssigkeit in einem offenen Gefäß

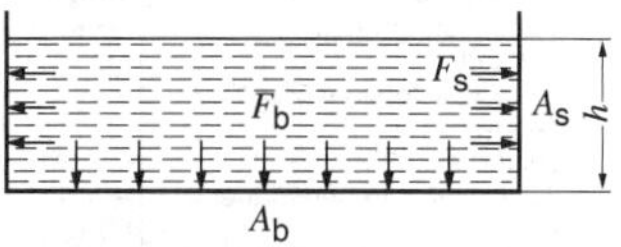

Bodenkraft $F_b = A_b \cdot h \cdot \varrho \cdot g$
Seitenkraft $F_s = 0{,}5\, A_s \cdot h \cdot \varrho \cdot g$
Auftriebskraft $F_a = V \cdot \varrho \cdot g$
= Gewichtskraft des verdrängten Flüssigkeitsvolumens. Körper schwimmt, wenn $F_a \geq G$.

Hydraulische Presse

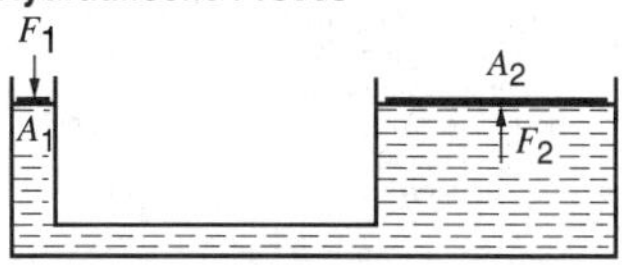

Flüssigkeitsdruck $p = \frac{F_1}{A_1} = \frac{F_2}{A_2}$

Kolbenkräfte $F_1 = p \cdot A_1 = F_2 \cdot \frac{A_1}{A_2}$

$F_2 = p \cdot A_2 = F_1 \cdot \frac{A_2}{A_1}$

Strömung mit Querschnittsänderung

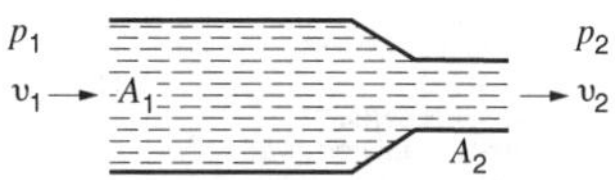

Durchflussmenge

$$Q = A_1 \cdot v_1 = A_2 \cdot v_2 = \sqrt{\frac{2}{\varrho} \cdot \frac{p_1 - p_2}{1/A_2^2 - 1/A_1^2}}$$

Ausfluss aus Gefäßen

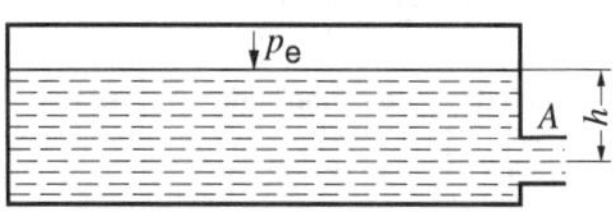

Ausflussgeschwindigkeit
$v_a = \psi \cdot \sqrt{2\, g \cdot h + 2p_e/\varrho}$

Ausflussmenge
$Q_a = \varkappa \cdot A \cdot v_a$
$= \varkappa \cdot \psi \cdot A \cdot \sqrt{2\, g \cdot h + 2p_e/\varrho}$

Einschnürzahl $\varkappa$ bei scharfer Kante 0,62 ... 0,64, bei leicht gebrochener Kante 0,7 ... 0,8, bei schwach gerundeter Kante 0,9, bei stark gerundeter, glatter Kante 0,99.
Ausflusszahl $\psi = 0{,}97 \ldots 0{,}998$.

[1]) 1 N = 1 kg m/s^2 (S. 14).
[2]) 1 Pa = 1 N/m^2; 1 bar = 10^5 Pa;
1 at (= 1 kp/cm^2) = 0,981 bar ≈ 1 bar (Druckeinheiten S. 26).
[3]) Dichte anderer Flüssigkeiten S. 226.

Festigkeitsrechnung

Formelzeichen und Einheiten

Größe		Einheit
A	Querschnittsfläche	mm^2
B	Beanspruchung (allgemein)	N, N · mm, MPa
C_G	Größenfaktor	–
C_L	Lastfaktor	–
C_{Lb}	Lastfaktor Biegung	–
C_{Lt}	Lastfaktor Torsion	–
C_M	Mittelspannungsfaktor	–
C_O	Oberflächenfaktor	–
C_R	Randschichtfaktor	–
C_T	Temperaturfaktor	–
C_U	Umgebungsfaktor	–
C_W	Werkstofffaktor	–
D	Schädigungssumme	–
D_c	Kritische Schädigungssumme	–
d	Durchmesser	mm
d_{eff}	Effektiver Durchmesser	mm
E	Elastizitätsmodul	MPa
F	Kraft	N
F_K	Knickkraft	N
F_Q	Querkraft	N
G	Schub- oder Gleitmodul	MPa
H	Statisches Flächenmoment 1. Ordnung	mm^3
I_a	Axiales Flächenmoment 2. Ordnung	mm^4
I_{min}	Kleinstes Flächenmoment	mm^4
I_p	Polares Flächenmoment	mm^4
I_t	Torsions-Flächenmoment	mm^4
K_f	Kerbwirkungszahl	–
K_t	Formzahl	–
$K_{t\sigma}$	Formzahl Normalspannung	–
$K_{t\tau}$	Formzahl Schubspannung	–
K_σ	Kennwert entsprechend dem zeitlichen Verlauf der Normalspannung	MPa
K_τ	Kennwert entsprechend dem zeitlichen Verlauf der Schubspannung	MPa
k	Neigungsexponent der Zeitfestigkeitsgeraden	–
k_S	Querschnitts-Formfaktor für Schubverformung	–
k_R	Neigungsexponent für rissbehaftete Bauteile	–
l	Stablänge	mm
l_K	Knicklänge (Euler)	mm
M_b	Biegemoment	N · mm
M_t	Torsionsmoment	N · mm
M_σ	Mittelspannungsempfindlichkeit (Normalspannung)	
M_τ	Mittelspannungsempfindlichkeit (Schubspannung)	
N	Schwingspielzahl	–
N_D	Grenzschwingspielzahl	–
N_R	Referenzschwingspielzahl	–

Größe		Einheit
N_{10}	Schwingspielzahl 10 % Ausfallwahrscheinlichkeit	–
N_{90}	Schwingspielzahl 90 % Ausfallwahrscheinlichkeit	–
n	Anzahl Schwingspiele	–
n_χ	Dynamische Stützziffer (Stützzahl)	–
n_{pl}	Statische Stützziffer	–
q	Zähigkeitsparameter für semiduktile Werkstoffe	
P_A	Ausfallwahrscheinlichkeit	%
$P_Ü$	Überlebenswahrscheinlichkeit	%
p	Innendruck	bar
R	Widerstandsfähigkeit (allgemein)	N, N · mm, MPa
R	Spannungsverhältnis	
R_e	Streckgrenze (allgemein)	MPa
R_m	Zugfestigkeit	MPa
R_{mk}	Kerbzugfestigkeit	MPa
$R_{p0,01}$	Technische Elastizitätsgrenze	MPa
$R_{p0,02}$	0,2 %-Dehngrenze	MPa
R_z	Rautiefe	µm
r	Verhältnis Torsions-Zug/Druck-Kennwert	– –
S	Sicherheitsfaktor	–
S_N	Sicherheit in Lebensdauer	–
T	Temperatur	°C
T_N	Streuspanne (Lebensdauer)	
T_S	Streuspanne (Spannungen)	
W_b	Widerstandsmoment gegen Biegung	mm^3
W_t	Widerstandsmoment gegen Torsion	mm^3
w	Durchbiegung	mm
x,y,z	Koordinaten	mm
χ^*	Bezogener Spannungsgradient	mm^{-1}
γ	Schiebung (Winkelverzerrung)	
ε	Dehnung	
ε_{max}	Maximaldehnung (Kerbgrund)	
φ	Drehwinkel	rad
λ	Schlankheitsgrad	–
λ_G	Grenz-Schlankheitsgrad	–
μ	Querkontraktionszahl	–
ϱ	Kerbradius	mm
σ	Normalspannung	MPa
σ_a	Spannungsamplitude	MPa
σ_A	Ertragbare Spannungsamplitude	MPa
σ_{AD}	Dauerfestigkeitsamplitude	MPa
σ_{AR}	Referenzamplitude	MPa
σ_{Astat}	Statische Begrenzung der Wöhlerlinie	MPa
σ_b	Biegespannung	MPa
σ_{bW}	Biege-Wechselfestigkeit	MPa
σ_{dP}	Druck-Proportionalitätsgrenze	MPa
σ_{max}	Maximalspannung (Kerbgrund)	MPa
σ_m	Mittelspannung	MPa
σ_n	Nennspannung	MPa
σ_{nB}	Nennbruchspannung (Kerbzugfestigkeit)	MPa
σ_{nk}	Nennspannung im Kerbquerschnitt	MPa

Größe		Einheit
σ_{npl}	Nennspannung bei überelastischer Beanspruchung	MPa
σ_o	Oberspannung	MPa
σ_{Sch}	Schwellfestigkeit (Schwingbreite)	MPa
σ_u	Unterspannung	MPa
σ_v	Vergleichsspannung	MPa
σ_{zdW}	Zug-Druck-Wechselfestigkeit	MPa
$\sigma_{H1,H2,H3}$	Hauptspannung (ungeordnet)	MPa
$\sigma_{1,2,3}$	Hauptspannung (algebraisch geordnet)	MPa
σ_{10}	Spannungsamplitude für 10 % Ausfallwahrscheinlichkeit	MPa
σ_{90}	Spannungsamplitude für 90 % Ausfallwahrscheinlichkeit	MPa
τ	Schubspannung	MPa
τ_a	Schubspannungsamplitude	MPa
τ_m	Mittel-Schubspannung	MPa
τ_n	Nenn-Schubspannung	MPa
τ_t	Torsionsspannung	MPa
τ_{tB}	Schubfestigkeit (Torsion)	MPa
τ_{tW}	Torsions-Wechselfestigkeit	MPa

Literatur:

Assmann, B.: Technische Mechanik. Band 2: Festigkeitslehre. 14. Auflage, München: Oldenbourg-Verlag, 1999.

FKM-Richtlinie: Rechnerischer Sicherheitsnachweis für Maschinenbauteile. VDMA-Verlag, Frankfurt: 3. Auflage, 1998.

Holzmann, G., Meyer, H. und Schumpich, G.: Technische Mechanik. Teil 3: Festigkeitslehre. 7. Auflage, Stuttgart: Teubner-Verlag, 1990.

Issler, L., Ruoß. H. und Häfele, P.: Festigkeitslehre - Grundlagen. 2. Auflage, Berlin Heidelberg New York: Springer-Verlag, 1997.

Leitfaden für eine Betriebsfestigkeitsrechnung, Empfehlung zur Lebensdauerabschätzung von Maschinenbauteilen. Verein Deutscher Eisenhüttenleute (VDEh). 4. Auflage, Düsseldorf: Verlag Stahleisen, 2000.

Radaj, D.: Ermüdungsfestigkeit. Berlin: Springer-Verlag, 1995.

Roark's Formulas for Stress and Strain. Young, W.C. (ed.). 6th Edition, New York: McGraw-Hill, 1989.

Wittenburg, J. und Pestel, E.: Festigkeitslehre. Ein Lehr- und Arbeitsbuch. 3. Auflage, Springer-Verlag: Berlin-Heidelberg, 2001.

Grundlagen der Festigkeitsrechnung

Aufgabe und Prinzip der Festigkeitsrechnung

Die Festigkeitsrechnung ist das technisch/wissenschaftliche Fachgebiet, das sich mit der optimalen Gestaltung, Dimensionierung und Auslegung von technischen Bauteilen befasst. Sie dient der Quantifizierung und Bewertung der Betriebssicherheit von Bauteilen und ist somit die wesentliche Grundlage zur Sicherstellung der Integrität und Verfügbarkeit von technischen Anlagen während des gesamten Auslegungszeitraums.

Eine weitere wichtige Aufgabe der Festigkeitsrechnung ist die Auswahl geeigneter Werkstoffe, Bearbeitungs- und Qualitätssicherungsverfahren sowie die Kontrolle und Optimierung der Betriebsabläufe.

Das Grundprinzip zur Erfüllung dieser Aufgaben besteht darin, die auftretende Beanspruchung an den höherbeanspruchten Stellen des Bauteils („Hot Spots") im Vergleich mit der zum Versagen führenden Grenzbeanspruchung zu begrenzen. Zur Sicherstellung der Funktionsfähigkeit des Bauteils sind außerdem die integralen und lokalen Verformungen zu begrenzen.

Versagensarten

Durch fachgerechte Auslegung soll ein Versagen von Bauteilen im Betrieb mit angemessener Sicherheit verhindert werden. Unter Versagen ist hier der Verlust bzw. der in naher Zukunft drohende Verlust der Funktionsfähigkeit zu verstehen. Die möglichen Versagensarten sind vor allem:

- Unzulässig große elastische oder plastische Verformung (z. B. Fließen),
- Instabilität (Erschöpfung des Traglastvermögens, z. B. Kollaps, Knicken) und
- Anrissbildung und Bruch (z. B. Dauerbruch).

Einen maßgeblichen Einfluss auf das Versagen haben einerseits der zeitliche Verlauf der Belastung (statisch, schwingend, schlagartig) und andererseits die Umgebungsbedingungen, wie Temperatur (z. B. Zeitstandversagen, Kriechermüdung), Korrosion (z. B. Spannungsrisskorrosion,

Korrosionsermüdung) und Bestrahlung (z. B. Neutronenversprödung).

Eine nicht zu unterschätzende Bedeutung für das Versagen besitzt die Werkstoffzähigkeit, obwohl die Zähigkeitskennwerte meist nicht direkt in die Festigkeitsrechnung eingehen. Die inhärente Sicherheit eines zähen Bauteils leitet sich im Wesentlichen von der mit der Zähigkeit verbundenen Kerbunempfindlichkeit (hohes Traglastvermögen, Fehlertoleranz), der dem Bruch vorausgehenden Verformung (Zwangsdehnungen, Vorwarnung) und der hohen Brucharbeitsaufnahme (dynamische Belastung) sowie der Fähigkeit des Rissstopps („Leck vor Bruch") ab.

Sicherheitsbegriff

Die Sicherheit eines Bauteils ergibt sich grundsätzlich aus dem Vergleich der im Betrieb unter Normal-, Prüf- und Störfallbedingungen auftretenden Beanspruchung B mit der Widerstandsfähigkeit R des Werkstoffs bzw. des Bauteils. Durch geeignete Wahl des Sicherheitsabstands sollen Abweichungen vom Mittelwert z. B. durch Werkstoffimperfektionen, Beanspruchungsschwankungen und Schwächen in der Methodik, aber auch durch menschliche Unzulänglichkeiten, abgedeckt werden. Da es sich bei R und B meist um Größen mit erheblicher Streuung handelt, ist eine statistische Betrachtung erforderlich (s. Bild).

In neueren Regelwerken ist ein spezifischer Sicherheitsfaktor sowohl für die Beanspruchung als auch die Widerstandsfähigkeit vorgesehen (z. B. Stahlbauten, DIN 18800 und Eurocode 3). Die FKM-Richtlinie (Rechnerischer Sicherheitsnachweis für Maschinenbauteile. VDMA Verlag, Frankfurt, 3. Auflage, 1998) enthält z. B. erforderliche Sicherheitsfaktoren, die von sicheren Lastannahmen und Überlebenswahrscheinlichkeiten der Festigkeitskennwerte von 97,5 % ausgehen. Außerdem hängt in dieser Richtlinie die Größe des Sicherheitsfaktors von der Werkstoffgruppe und Zähigkeit, von vorgesehenen Qualitätssicherungsmaßnahmen und Inspektionen während des Betriebs sowie den möglichen Schadensfolgen ab (siehe Tabelle S. 70).

Statistische Behandlung der Bauteilsicherheit.

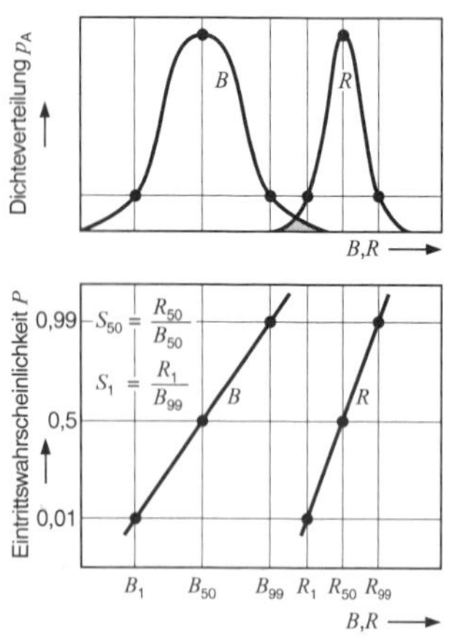

Auslegungskonzepte

Für die zeitgemäße Auslegung von Bauteilen stehen folgende Konzepte zur Verfügung, die sich von der Art der Versagensgröße und deren Verlauf über den Querschnitt ableiten:

- Nennspannungskonzept,
- Strukturspannungskonzept,
- Örtliches (Dehnungs-) Konzept und
- Bruchmechanikkonzept.

Bei dem in der Praxis meist verwendeten Nennspannungskonzept wird die im höchstbeanspruchten Bauteilquerschnitt wirkende Nennspannung der zum Versagen führenden Nennspannung gegenübergestellt. Die Versagensspannung, die sich aus der Rechnung oder Bauteilversuchen ergibt, ist unter Berücksichtigung sämtlicher versagensbestimmender Parameter zu ermitteln.

Das Strukturspannungskonzept wird vor allem für Schweißkonstruktionen verwendet. Dieses Konzept bezieht die aus der Geometrie resultierenden Sekundär-Biegespannungen (Strukturspannungen) mit ein.

Das wissenschaftlich konsequenter fundierte Örtliche Konzept baut auf den im höchstbeanspruchten Kerbgrund auftretenden elastisch-plastischen Spannungs-Dehnungs-Pfaden auf und vergleicht diese mit der aus dehnungskontrollierten Schwingversuchen an glatten Proben ermittelten Dehnungswechselkurve (LCF-Kurve).

Das Bruchmechanikkonzept geht von realen oder hypothetischen rissartigen Fehlstellen im Bauteil aus und bezieht diese in die Festigkeitsrechnung ein. Für das Versagen mit geringer Verformung (Sprödbruch) eignet sich die Linear Elastische Bruchmechanik. Bei einem Versagen mit größerer plastischer Verformung (stabile Risseinleitung, Zähbruch) ist die Fließbruchmechanik (COD-Konzept, J-Integral-Konzept) heranzuziehen. Zu beachten ist, dass bruchmechanische Analysen von einem rissspitzenkontrollierten Versagen ausgehen. Daher muss zusätzlich die Gefahr des ligamentkontrollierten Versagens (Kollaps) überprüft werden („Zweikriterien-Methode").

Belastungs- und Spannungskomponenten an Bauteilen.

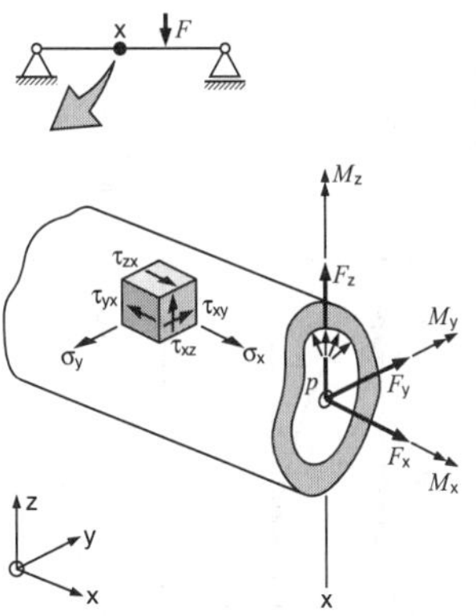

Beanspruchung von Bauteilen

Grundbelastungsfälle

Grundlage der Beanspruchungsermittlung bilden die aus der äußeren Belastung resultierenden Schnittgrößen (Kräfte, Momente) und Verformungen in einem Bauteil. Das Bild (S. 48/49) enthält die aus der Balkenstatik resultierenden Lagerkräfte, Momentenverläufe und Biegeverformungen für einige wichtige Lastfälle.

Ein stabförmiges Bauteil kann prinzipiell durch drei translatorische und drei rotatorische Komponenten belastet werden (Bild links). Dies führt zu einer allgemeinen Belastung durch Längs- und Querkräfte sowie durch Torsions- und Biegemomente und zu den Grundbelastungsfällen „Zug/Druck", „Scherung", „Torsion" und „Biegung". Dieses Bild enthält außerdem eine Belastung durch Innendruck, die eine zusätzliche Beanspruchung in y-Richtung verursacht. Eine weitere Ursache für eine solche Quer-Beanspruchung können z. B. Querdehnungsbehinderungen sein.

Nennspannungen

Zur Berechnung der durch die Schnittlasten hervorgerufenen Nennspannungen im Querschnitt ist die Kenntnis der Flächeneigenschaften des Querschnitts erforderlich. Es handelt sich um die Flächenmomente 0. Ordnung A (Flächeninhalt), Flächenmomente 1. Ordnung H („statische Flächenmomente") und die axialen und polaren Flächenmomente 2. Ordnung („Trägheitsmomente"). Die Berechnungsformeln für die Fläche A für wichtige Querschnitte sind im Abschnitt Mathematik (S. 188) aufgeführt.

Zur Berechnung der Biege-Nennspannungen an einer beliebigen Stelle des Querschnitts und der Verformungen sind die axialen Flächenmomente I_y und I_z zu verwenden. Das Bild (S. 50) enthält die I-Werte für einige wichtige technische Querschnitte.

Die maximale Spannung an dem von der Biegeachse entferntesten Punkt lässt sich mit dem Widerstandsmoment W_{by} oder W_{bz} ermitteln, wobei definiert wird:

$$W_{by} = \frac{I_y}{z_{max}}, \quad W_{bz} = \frac{I_z}{y_{max}}$$

Grundbelastungsfälle Biegefall und Momentenverlauf	Lagerreaktionen F_A	F_B	Maximalmoment M_{bmax}	Biegelinie $\left(\alpha = \frac{x}{l}\right)$	Durchbiegung	Neigung
A 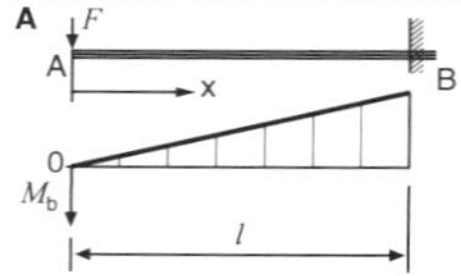	–	F	$F \cdot l$	$\frac{F \cdot l^3}{6 \cdot E \cdot I} \; (2 - 3 \cdot \alpha + \alpha^3)$	$w_A = \frac{F \cdot l^3}{3 \cdot E \cdot I}$	$\varphi_A = \frac{F \cdot l^2}{2 \cdot E \cdot I}$
B 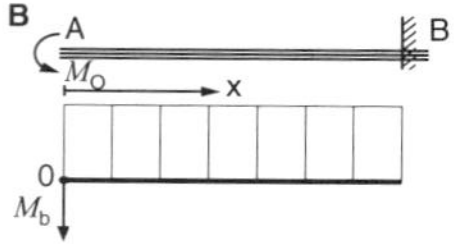	–	O	M_0	$\frac{M_0 \cdot l^2}{2 \cdot E \cdot I} \; (\alpha - 1)^2$	$w_A = \frac{M_0 \cdot l^2}{2 \cdot E \cdot I}$	$\varphi_A = \frac{M_0 \cdot l}{E \cdot I}$
C 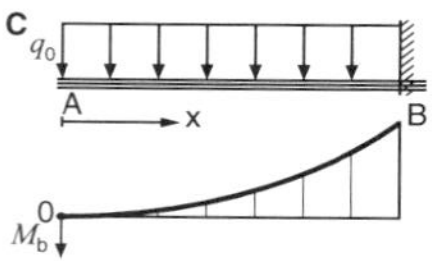	–	$q_0 \cdot l$	$\frac{q_0 \cdot l^2}{2}$	$\frac{q_0 \cdot l^4}{24 \cdot E \cdot I} \; (3 - 4 \cdot \alpha + \alpha^4)$	$w_A = \frac{q_0 \cdot l^4}{8 \cdot E \cdot I}$	$\varphi_A = \frac{q_0 \cdot l^3}{6 \cdot E \cdot I}$
D 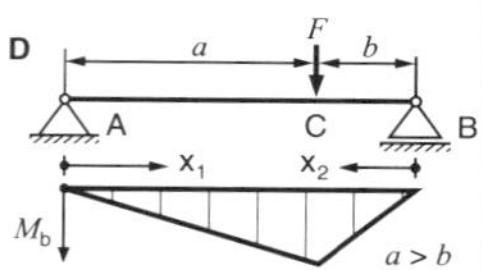	$F \cdot \frac{b}{l}$	$F \cdot \frac{a}{l}$	$F \cdot \frac{a \cdot b}{l}$	$0 \le x_1 \le a$: $\frac{F \cdot l^3}{6 \cdot E \cdot I} \cdot \frac{b}{l} \cdot \frac{x_1}{l} \left[1 - \left(\frac{b}{l}\right)^2 - \left(\frac{x_1}{l}\right)^2\right]$ $0 \le x_2 \le b$: $\frac{F \cdot l^3}{6 \cdot E \cdot I} \cdot \frac{a}{l} \cdot \frac{x_2}{l} \left[1 - \left(\frac{a}{l}\right)^2 - \left(\frac{x_2}{l}\right)^2\right]$	$w_C = \frac{F \cdot a^2 \cdot b^2}{3 \cdot E \cdot I \cdot l}$ $w_m = \frac{F \cdot b \sqrt{(l^2 - b^2)^3}}{9 \cdot \sqrt{3} \cdot E \cdot I \cdot l}$ bei $x_m = \sqrt{\frac{1}{3}(l^2 - b^2)}$	$\varphi_A = \frac{F \cdot a \cdot b}{6 \cdot E \cdot I \cdot l} \; (l + b)$ $\varphi_B = \frac{F \cdot a \cdot b}{6 \cdot E \cdot I \cdot l} \; (l + a)$ $\varphi_C = \frac{F \cdot a \cdot b}{3 \cdot E \cdot I \cdot l} \; (a - b)$

E 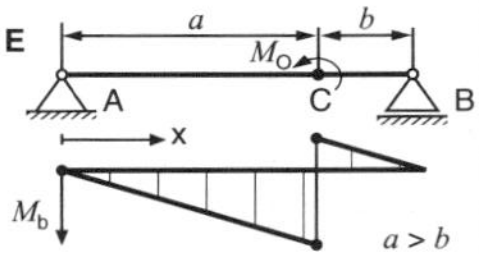	$\frac{M_0}{l}$	$-\frac{M_0}{l}$	a > b: $\frac{M_0 \cdot a}{l}$ a < b: $\frac{M_0 \cdot b}{l}$	$0 \le x \le a$: $\frac{M_0 \cdot l^2}{6 \cdot E \cdot I} \cdot \alpha\left(1-3\left(\frac{b}{l}\right)^2-\alpha^2\right)$ $a \le x \le l$: $\frac{M_0 \cdot l^2}{6 \cdot E \cdot I} \cdot (1-\alpha)(3 \cdot (\alpha)^2 - 2 \cdot \alpha + \alpha^2)$	$w_C = \frac{M_0 \cdot a \cdot b}{3 \cdot E \cdot I \cdot l}(a-b)$ $w_m = \frac{M_0 \cdot z_m^3}{3 \cdot E \cdot I \cdot l}$ bei $z_m = l\sqrt{\frac{1}{3}-\left(\frac{b}{l}\right)^2}$	$\varphi_A = -\frac{M_0}{6 \cdot E \cdot I \cdot l}(l^2-3 \cdot b^2)$ $\varphi_C = +\frac{M_0}{3 \cdot E \cdot I \cdot l}(l^2-3 \cdot a \cdot b)$ $\varphi_B = -\frac{M_0}{6 \cdot E \cdot I \cdot l}(l^2-3 \cdot a^2)$
F 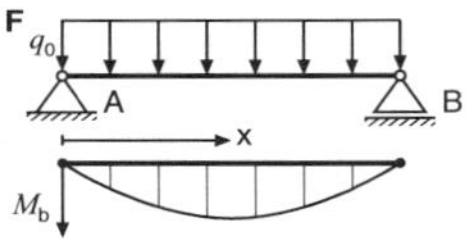	$\frac{q_0 \cdot l}{2}$	$\frac{q_0 \cdot l}{2}$	$\frac{q_0 \cdot l^2}{8}$	$\frac{q_0 \cdot l^4}{24 \cdot E \cdot I} \cdot \alpha\left(1-2\alpha^2+\alpha^3\right)$	$w_m = \frac{5}{384} \cdot \frac{q_0 \cdot l^4}{E \cdot I}$	$\varphi_A = -\varphi_B = \frac{q_0 \cdot l^3}{24 \cdot E \cdot I}$
G 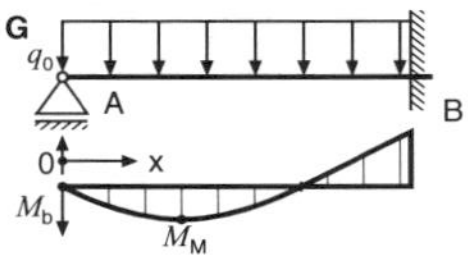	$\frac{3}{8} \cdot q_0 \cdot l$	$\frac{5}{8}\, q_0 \cdot l$	$M_b = -\frac{1}{8} \cdot q_0 \cdot l^2$ $M_M = \frac{9}{128} \cdot q_0 \cdot l^2$ bei $x_m = \frac{3}{8} \cdot l$	$\frac{q_0 \cdot l^4}{48 \cdot E \cdot I} \cdot \alpha\left(1-3\alpha^2+2\alpha^3\right)$	$w_m = \frac{q_0 \cdot l^4}{185 \cdot E \cdot I}$ bei $x_m = 0{,}422 \cdot l$	$\varphi_A = -\frac{q_0 \cdot l^3}{48 \cdot E \cdot I}$
H 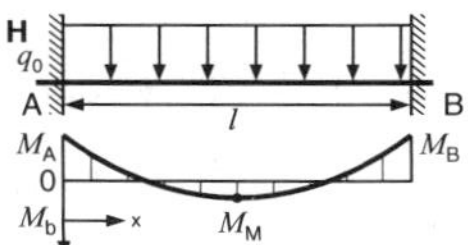	$\frac{q_0 \cdot l}{2}$	$\frac{q_0 \cdot l}{2}$	$M_A = M_B$ $= -\frac{1}{12} \cdot q_0 \cdot l^2$ $M_M = \frac{1}{24} \cdot q_0 \cdot l^2$	$\frac{q_0 \cdot l^4}{24 \cdot E \cdot I} \cdot \alpha^2\left(1-\alpha\right)^2$	$w_m = \frac{q_0 \cdot l^4}{384 \cdot E \cdot I}$	—

Widerstandsmomente und Flächenmomente 2. Ordnung.
NL = „Neutrale Faser" (Nulllinie)

Querschnitt	**Widerstandsmoment** W_b bei Biegung W_t bei Torsion	**Flächenmomente 2. Ordnung** I_a axial, bezogen auf NL I_p polar, bezogen auf den Schwerpunkt
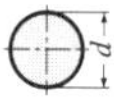	$W_b = 0{,}098\, d^3$ $W_t = 0{,}196\, d^3$	$I_a = 0{,}049\, d^4$ $I_p = 0{,}098\, d^4$
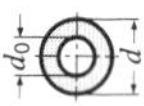	$W_b = 0{,}098\, (d^4 - d_0^4)/d$ $W_t = 0{,}196\, (d^4 - d_0^4)/d$	$I_a = 0{,}049\, (d^4 - d_0^4)$ $I_p = 0{,}098\, (d^4 - d_0^4)$
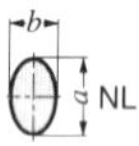	$W_b = 0{,}098\, a^2 \cdot b$ $W_t = 0{,}196\, a \cdot b^2$	$I_a = 0{,}049\, a^3 \cdot b$ $I_p = 0{,}196\, \frac{a^3 \cdot b^3}{a^2 + b^2}$
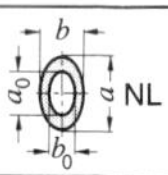	$W_b = 0{,}098\, (a^3 \cdot b - a_0^3 \cdot b_0)/a$ $W_t = 0{,}196\, (a \cdot b^3 - a_0 \cdot b_0^3)/b$	$I_a = 0{,}049\, (a^3 \cdot b - a_0^3 \cdot b_0)$ $I_p = 0{,}196\, \frac{n^3\,(b^4 - b_0^4)}{n^2 + 1}$ für $\frac{a_0}{b_0} = \frac{a}{b} = n \geq 1$
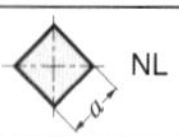	$W_b = 0{,}118\, a^3$ $W_t = 0{,}208\, a^3$	$I_a = 0{,}083\, a^4$ $I_p = 0{,}141\, a^4$
$h : b$ / x / η: 1 / 0,208 / 0,140 1,5 / 0,231 / 0,196 2 / 0,246 / 0,229 3 / 0,267 / 0,263 4 / 0,282 / 0,281 10 / 0,312 / 0,312 ∞ / 0,333 / 0,333 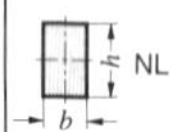	$W_b = 0{,}167\, b \cdot h^2$ $W_t = x \cdot b^2 \cdot h$ (Bei Torsion bleiben ursprünglich ebene Stabquerschnitte nicht eben.)	$I_a = 0{,}083 \cdot b \cdot h^3$ $I_p = \eta \cdot b^3 \cdot h$
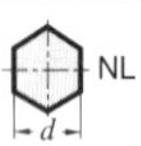	$W_b = 0{,}104\, d^3$ $W_t = 0{,}188\, d^3$	$I_a = 0{,}060\, d^4$ $I_p = 0{,}115\, d^4$
	$W_b = 0{,}120\, d^3$ $W_t = 0{,}188\, d^3$	$I_a = 0{,}060\, d^4$ $I_p = 0{,}115\, d^4$
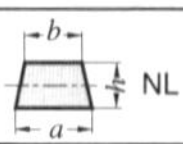	$W_b = \frac{h^2\,(a^2 + 4a \cdot b + b^2)}{12\,(2a + b)}$	$I_a = \frac{h^3\,(a^2 + 4a \cdot b + b^2)}{36\,(a + b)}$
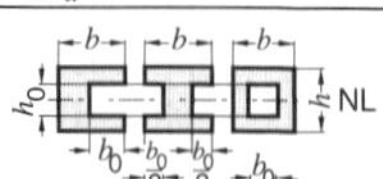	$W_b = \frac{b \cdot h^3 - b_0 \cdot h_0^3}{6\,h}$	$I_a = \frac{b \cdot h^3 - b_0 \cdot h_0^3}{12}$
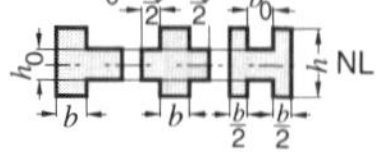	$W_b = \frac{b \cdot h^3 + b_0 \cdot h_0^3}{6\,h}$	$I_a = \frac{b \cdot h^3 + b_0 \cdot h_0^3}{12}$

Bei zusammengesetzten Flächen muss auf die Grundbeziehungen für Flächenmomente zurückgegriffen werden, die eine Parallelverschiebung („Satz von Steiner") und eine Drehung des Koordinatensystems beinhalten (s. Bild).

Die Nennspannungen im Querschnitt ergeben sich aus den Lastkomponenten und den Flächeneigenschaften gemäß den im Bild (nächste Seite) eingetragenen Beziehungen. Hierbei ist zu beachten, dass es sich bei den Bezugsachsen y und z jeweils um Hauptachsen des Querschnitts handelt, in denen das gemischte Flächenmoment I_{yz} verschwindet. Bei der Berechnung der Torsionsspannungen ist zwischen offenen und geschlossenen dünnwandigen Querschnitten zu unterscheiden, wobei der offene Querschnitt bei torsionsbeanspruchten Bauteilen möglichst zu vermeiden ist.

Die Gesamt-Normalspannung in einem Flächenelement mit dem Schwerpunktsabstand y und z ergibt sich durch algebraische Addition der Membranspannung und der Biegespannungen um die y- und z-Achse:

$$\sigma_{x,ges} = \sigma_m + \sigma_{by}(z) + \sigma_{bz}(y)$$

Die Gesamt-Schubspannung entsteht aus den vektoriell aufgespaltenen Scher- und Torsionsanteilen in y- und z-Richtung und lässt sich wie folgt berechnen:

$$\tau_{x,ges} = \sqrt{\tau_{xy}^2 + \tau_{xz}^2}$$

Operationen mit Flächenmomenten.

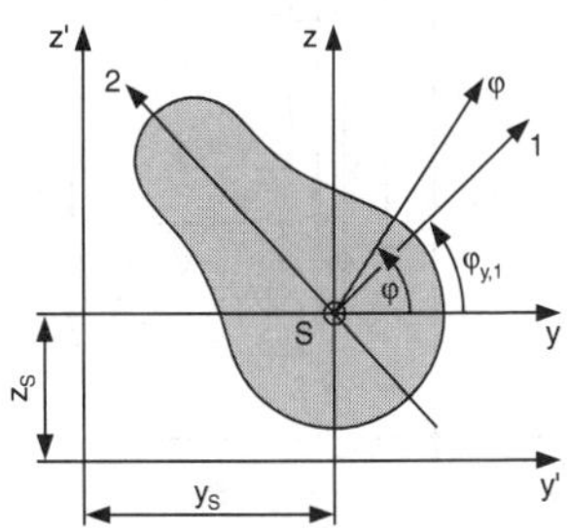

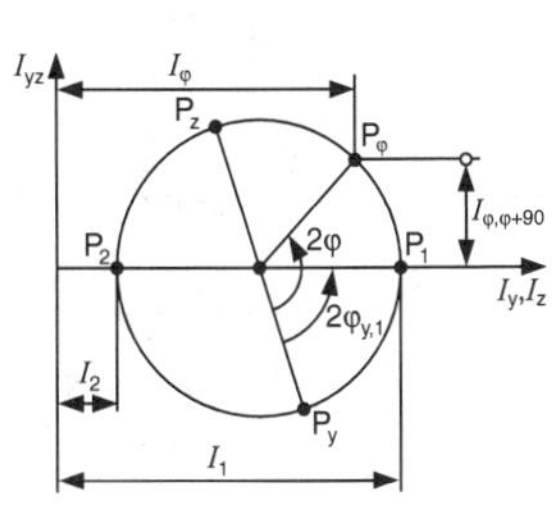

- Parallelverschiebung des Koordinatensystems (Satz von Steiner)

$$I_y' = I_y + z_S^2 \cdot A$$
$$I_z' = I_z + y_S^2 \cdot A$$
$$I_{yz}' = I_{yz} + y_S \cdot z_S \cdot A$$

- Drehung des Koordinatensystems

$$I_\varphi = \frac{I_y + I_z}{2} + \frac{I_y - I_z}{2} \cdot \cos 2\varphi - I_{yz} \cdot \sin 2\varphi$$

$$I_{\varphi,\varphi+90} = \frac{I_y - I_z}{2} \cdot \sin 2\varphi + I_{yz} \cdot \cos 2\varphi$$

- Hauptflächenmomente

$$I_{1,2} = \frac{I_y + I_z}{2} \pm \sqrt{\left(\frac{I_y - I_z}{2}\right)^2 + I_{yz}^2}$$

$$\varphi_{y,1} = \frac{1}{2} \arctan\left(\frac{-2\, I_{yz}}{I_y - I_z}\right),$$

für
$I_y \geq I_z$ (sonst $\varphi_{z,1}$)

Ermittlung der Nennspannung.

	Nennspannung Allgemein	Nennspannung Maximalwert	Spannungsverteilung
F_x Zug/Druck	$\sigma_{xx} = \frac{F_x}{A}$	$\sigma_{xx} = \frac{F_x}{A}$	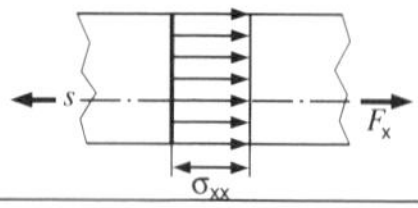
F_y Scherung y-Richtung	$\tau_{xy} = \frac{F_y}{I_z} \cdot \frac{H_z(y)}{b(y)}$	Schwerpunktachse $\tau_{xy}(O) = \frac{F_y}{I_z} \cdot \frac{H_z(O)}{b(O)}$	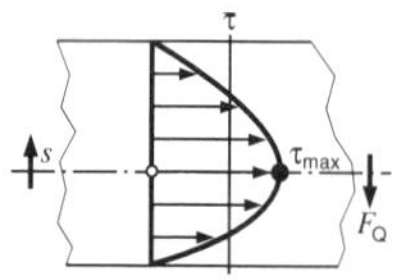
F_z Scherung z-Richtung (F_Q)	$\tau_{xz} = \frac{F_z}{I_y} \cdot \frac{H_y(z)}{b(z)}$	$\tau_{xz}(O) = \frac{F_z}{I_y} \cdot \frac{H_y(O)}{b(O)}$	
M_x Torsion	kreisförmig: $\tau_t(r) = \frac{M_x}{I_p} \cdot r$	Außenrand: $\tau_t(R) = \frac{M_t}{W_t}$	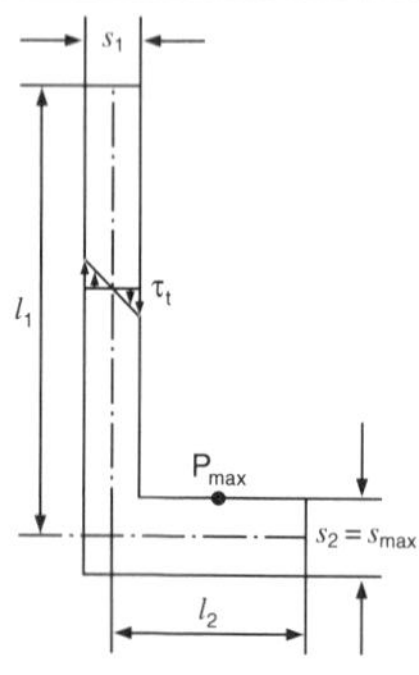
	dünnwandig offen: $\tau_t(s) = \frac{M_x}{I_t} \cdot b$ $I_t = \frac{\eta}{3} \cdot \Sigma\,(l_i \cdot s_i^3)$	Mitte der breitesten Seite (P_{max}): $\tau_t(s_{max}) = \frac{M_t}{W_t}$ $W_t = \frac{I_t}{s_{max}} = \frac{\eta}{3 \cdot s_{max}} \Sigma(l_i \cdot s_i^3)$ $\eta \approx 1$	
	dünnwandig geschlossen: $\tau_t(s) = \frac{M_x}{2 \cdot A_{ein} \cdot s}$	Dünnste Wand (P_{min}): $\tau_t(s_{min}) = \frac{M_x}{2 \cdot A_{ein} \cdot s_{min}}$	
M_y Biegung y-Achse	$\sigma_{by}(z) = \frac{M_y}{I_y} \cdot z$	MaximalerAbstand von y-Achse $\sigma_{by}(z_{max}) = \frac{M_y}{I_y} \cdot z_{max}$	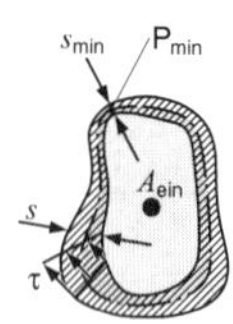
M_z Biegung z-Achse	$\sigma_{bz}(y) = \frac{M_z}{I_z} \cdot y$	Maximaler Abstand von z-Achse $\sigma_{bz}(y_{max}) = \frac{M_z}{I_z} \cdot y_{max}$	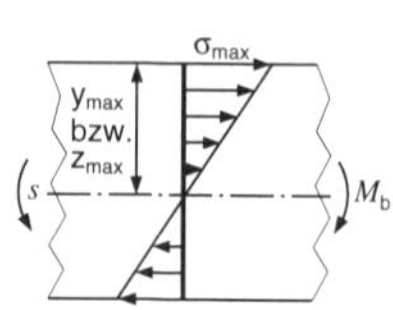

Verformungsgrößen

Aus der Beanspruchung eines Bauteils resultieren elastische oder plastische Verformungen. Die Axialkraft verursacht eine Verlängerung (oder Stauchung) Δl. Die Querkräfte und Biegemomente verursachen eine Durchbiegung w_s und w_b relativ zu den Lagern. Die Torsion führt zu einer Verdrehung der Querschnitte gegeneinander (Drehwinkel φ). Die Grundgleichungen zur Berechnung dieser Größen bei linear elastischem Verhalten sind im Bild unten zusammengestellt.

Die nur bei hoher Querkraftbelastung zu berücksichtigende Verformung durch Scherung ist durch Integration des Querkraftverlaufs mithilfe des Formfaktors k_S zu berechnen. Die Biegeverformung wird über die Differentialgleichung der Balkenstatik ermittelt, womit eine doppelte Integration des Biegemomentenverlaufs erforderlich ist. Die jeweiligen Integrationskonstanten ergeben sich aus den Lager-Randbedingungen.

Allgemeiner zweiachsiger Spannungszustand

Den technisch wichtigsten Fall des Spannungszustands stellt der zweiachsige Spannungszustand dar, der an allen lastfreien Oberflächen auftritt. Da an der Oberfläche (z-Normalenvektor) die Normal- und Schubspannungen Null sind, treten nur die Normalspannungen σ_x und σ_y sowie die Schubspannungen $\tau_{xy} = -\tau_{yx}$ auf (s. Bild S. 47).

Die Normalspannung $\sigma(\varphi)$ und die Schubspannung $\tau(\varphi)$ in einer beliebigen Richtung φ zur x-Achse ergeben sich gemäß den im Bild S. 54 enthaltenen Beziehungen. Die zeichnerische Darstellung des Zusammenhangs $\sigma(\varphi)$ und $\tau(\varphi)$ führt zu der darin wiedergegebenen Kreisdarstellung („Mohrscher Spannungskreis").

Berechnung elastischer Verformungen.

Last-komponente	Belastungs-art	Verformungs-beziehung	Verformgröße
F_x	Zug/Druck	$\Delta l = \frac{F_x}{A \cdot E} \cdot l$	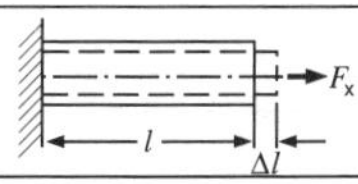
F_y F_z (F_Q)	Scherung	$\frac{dw_s(x)}{dx} = k_s \cdot \frac{F_Q(x)}{G \cdot A}$ $w_s(x) = \frac{k_s}{G \cdot A}\int F_Q(x) \cdot dx$ $= \frac{k_s}{G \cdot A} M_b(x) + w_0$ | | ● | ■ | | k_s | 1,1 | 1,2 |	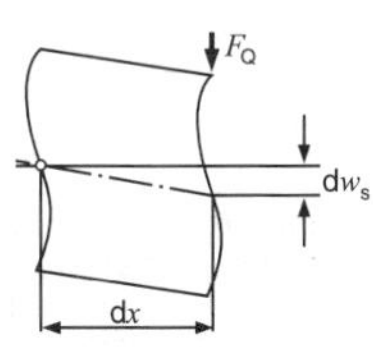
M_x (M_t)	Torsion	$\varphi(x) = \frac{M_t \cdot x}{G \cdot I_t}$	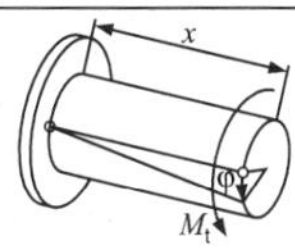
M_y M_z (M_b)	Biegung	$w_b''(x) = \frac{-M_b(x)}{E \cdot I_a}$	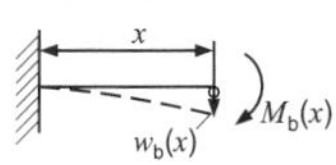

Mohrscher Spannungskreis *(Zweiachsiger Spannungszustand).*

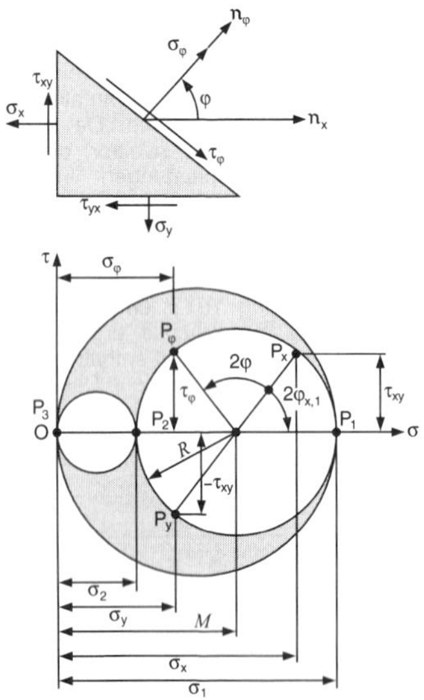

- Schnittspannungen in Richtung φ:

$$\sigma_\varphi = \frac{\sigma_x + \sigma_y}{2} + \frac{\sigma_x - \sigma_y}{2} \cdot \cos 2\varphi - \tau_{xy} \cdot \sin 2\varphi$$

$$\tau_\varphi = \frac{\sigma_x - \sigma_y}{2} \cdot \sin 2\varphi + \tau_{xy} \cdot \cos 2\varphi$$

- Mittelpunkt des Mohr'schen Kreises:

$$M = \frac{\sigma_x + \sigma_y}{2}$$

- Radius des Mohr'schen Kreises:

$$R = \sqrt{\left(\frac{\sigma_x - \sigma_y}{2}\right)^2 + \tau_{xy}^2}$$

- Hauptspannungen:

$$\sigma_1 = \frac{\sigma_x + \sigma_y}{2} + \sqrt{\left(\frac{\sigma_x - \sigma_y}{2}\right)^2 + \tau_{xy}^2} = M + R$$

$$\sigma_2 = \frac{\sigma_x + \sigma_y}{2} - \sqrt{\left(\frac{\sigma_x - \sigma_y}{2}\right)^2 + \tau_{xy}^2} = M - R$$

$$\sigma_3 = 0$$

- Richtung 1 gegen x:

$$\varphi_{x,1} = \frac{1}{2} \arctan\left(\frac{-2\,\tau_{xy}}{\sigma_x - \sigma_y}\right),$$

wenn
$\sigma_x > \sigma_y$ (sonst $\varphi_{y,1}$)

Hauptspannungen
In jedem beliebig belasteten Bauteil lassen sich Schnittrichtungen finden, in denen die Schubspannungen verschwinden und in denen gleichzeitig die Normalspannungen extreme Werte annehmen (siehe Punkte P_1, P_2 und P_3 im Bild). Diese Richtungen werden Hauptrichtungen genannt, die darin wirkenden extremen Normalspannungen heißen Hauptspannungen.

In einem Bauteil existieren grundsätzlich drei Hauptspannungen σ_{H1}, σ_{H2} und σ_{H3}. Die Anzahl der Hauptspannungen ungleich Null legt den Spannungszustand fest, der einachsig (zwei Hauptspannungen Null), zweiachsig (eine Hauptspannung Null) oder dreiachsig (keine Hauptspannung Null) sein kann.

Den technisch überragenden Fall stellt der zweiachsige Spannungszustand mit der lastfreien Oberfläche als nicht beanspruchter Hauptspannungsfläche dar ($\sigma_z = \tau_{zx} = \tau_{zy} = 0$). Die Berechnungsgleichungen für die Hauptspannungen für den zweiachsigen Spannungszustand sind im Bild angegeben.

Für die Anwendung der nachfolgend beschriebenen Festigkeitshypothesen ist eine Ordnung der Hauptspannungen in algebraisch aufsteigender Reihenfolge wichtig. Das Ergebnis der Eingruppierung kann wie folgt beschrieben werden:

$$\sigma_1 = \max\{\sigma_{H1}, \sigma_{H2}, \sigma_{H3}\}$$

$$\sigma_3 = \min\{\sigma_{H1}, \sigma_{H2}, \sigma_{H3}\}$$

Vergleichsspannungen
Bei der Festigkeitsrechnung von Bauteilen ist die Beanspruchung des Bauteils mit beliebig mehrachsigem Spannungszustand mit den (meist) unter einachsiger Beanspruchung ermittelten Werkstoffkennwerten zu vergleichen. Zur Lösung dieser Problemstellung stehen Festigkeitshypothesen zur Verfügung, die den mehrachsigen Spannungszustand im Bauteil auf einen äquivalent einachsigen Spannungszustand zurückführen. Dies geschieht mit Hilfe der Vergleichsspannung σ_V.

Die Definition der Vergleichsspannung hat den Nachteil, dass die Vergleichsspannung als skalare Größe definiert ist. Aus vorzeichenbehafteten Einzelspannungen wird demnach eine nicht gerichtete Größe ohne Vorzeichen gebildet. Dies bedeutet einen unzulässigen Informationsverlust, der sich besonders bei mehrachsiger Schwingbelastung auswirkt. Der Grund dafür ist, dass dort eine zeitliche Drehung des Hauptspannungsgerüsts im Bauteil auftritt (siehe Richtung der größten Hauptspannung im Bild S. 54), was die unmodifizierte Anwendung der klassischen Festigkeitshypothesen verbietet.

Die Wahl der Hypothese hängt in erster Linie vom Bauteilverhalten ab, bei dem prinzipiell in sprödes und zähes Verhalten zu unterscheiden ist.

Bei sprödem Bauteilverhalten wird üblicherweise die Normalspannungshypothese (NH) angewandt. Ein Versagen durch spröden Gewaltbbruch tritt demnach ein, wenn die größte Hauptspannung σ_1 die Zugfestigkeit des Werkstoffs R_m erreicht.

Für die Beschreibung des zähen Bauteilverhaltens bzw. Versagens (Fließen, Zähbruch) stehen grundsätzlich zwei Festigkeitshypothesen zur Auswahl:
- Schubspannungshypothese (SH) und
- Gestaltänderungsenergiehypothese (GH), „von Mises".

Erfahrungsgemäß eignet sich die SH in erster Linie für die Beschreibung des Zähbruchs, während die GH bevorzugt zur

Vergleichsspannung.

Bauteilverhalten	Spröd	Zäh	
Festigkeitshypothese	Normalspannungshypothese (NH)	Schubspannungshypothese (SH)	Gestaltänderungsenergiehypothese (GH)
Spannungszustand dreiachsig $\sigma_1, \sigma_2, \sigma_3$ [1]	σ_1 [2]	$\sigma_1 - \sigma_3$ [1]	$\frac{1}{\sqrt{2}}\sqrt{(\sigma_1-\sigma_2)^2+(\sigma_2-\sigma_3)^2+(\sigma_3-\sigma_1)^2}$
Spannungszustand zweiachsig $\sigma_x, \sigma_y, \tau_{xy}$	$\frac{\sigma_x+\sigma_y}{2}+\sqrt{\left(\frac{\sigma_x-\sigma_y}{2}\right)^2+\tau_{xy}^2}$ [2]	$\sqrt{(\sigma_x-\sigma_y)^2+4\cdot\tau_{xy}^2}$ wenn R [3] ≥ M [4] $\frac{\sigma_x+\sigma_y}{2}+\sqrt{\left(\frac{\sigma_x-\sigma_y}{2}\right)^2+\tau_{xy}^2}$ wenn R [3] < M [4]	$\sqrt{\sigma_x^2-\sigma_x\cdot\sigma_y+\sigma_y^2+3\tau_{xy}^2}$
σ_x, τ_{xy}	$\frac{\sigma_x}{2}+\sqrt{\frac{\sigma_x^2}{4}+\tau_{xy}^2}$	$\sqrt{\sigma_x^2+4\cdot\tau_{xy}^2}$	$\sqrt{\sigma_x^2+3\cdot\tau_{xy}^2}$

[1] $\sigma_1 \geq \sigma_2 \geq \sigma_3$, [2] $\sigma_1 > 0$ (sonst Kontrolle mit SH), [3] $R = \sqrt{\left(\frac{\sigma_x-\sigma_y}{2}\right)^2+\tau_{xy}^2}$, [4] $M = \frac{\sigma_x+\sigma_y}{2}$

Absicherung des Fließens und des Dauerbruchs herangezogen werden sollte. Grundsätzlich liefert die Anwendung der SH die größere Vergleichsspannung (max. 15 %) gegenüber der GH, was einer konservativen Auslegung bei Anwendung der SH gleichkommt. Die Vergleichsspannung nach der SH entspricht dem Durchmesser des größten der drei Mohrschen Kreise. Eine Zusammenstellung der Vergleichsspannungsbeziehungen für technisch wichtige Lastfälle findet sich im Bild S. 55.

Bei semiduktilen Werkstoffen bietet sich ein kontinuierlicher Übergang der NH zur GH an, der zähigkeitsabhängig über das Verhältnis r von Schub-Kennwert K_τ zu Normalspannungs-Kennwert K_σ zu steuern ist. In der FKM-Richtlinie wird ein Verfahren vorgeschlagen, bei dem die Vergleichsspannung mit Hilfe der im Bild unten angegebenen Beziehungen berechnet wird. Für ideal zähe Werkstoffe ergibt sich mit $r = 1/\sqrt{3}$ ($q = 0$) die GH und für spröde Werkstoffe entsteht mit $r = 1$ ($q = 1$) die NH.

Zähigkeitsabhängige Vergleichsspannung.

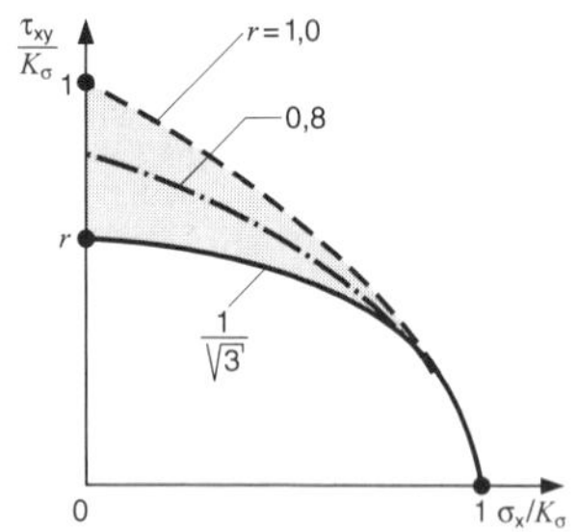

Vergleichsspannung:

$$\sigma_v = q \cdot \sigma_{v,NH} + (1 - q) \cdot \sigma_{v,GH}$$

Zähigkeitsparameter:

$$q = \frac{\sqrt{3} - \frac{1}{r}}{\sqrt{3} - 1}$$

Werkstoff	Stahl GS	GGG	GT	GG	Al-Leg. Knet	Al-Leg. Guss
$r = \frac{K_\tau}{K_\sigma}$	0,58	0,65	0,75	0,85	0,58	0,75

Zusammenhang zwischen Spannungen und Verformungen bei linear-elastischem Verhalten

Im linear elastischen Bereich gilt eine Proportionalität zwischen Belastungen und Verformungen. Für den Zusammenhang zwischen der Längsdehnung ε_x und der Spannung σ_x gilt nach dem Hooke'schen Gesetz für den einachsigen Spannungszustand:

$$\sigma_x = E \cdot \varepsilon_x$$

Die Querdehnung ε_y ergibt sich gemäß der Beziehung:

$$\varepsilon_y = -\mu \cdot \varepsilon_x$$

In diesen Beziehungen sind als elastizitätstheoretische Konstanten der Elastizitätsmodul E und die Querkontraktionszahl μ enthalten. Einige Werte für E für wichtige Werkstoffgruppen finden sich im Kapitel „Werkstoffe" (ab S. 229).

Für den zweiachsigen Spannungszustand ($\sigma_z = 0$) gelten die im Bild S. 57 links zusammengestellten Zusammenhänge zwischen Spannungen und Dehnungen.

Auswertung 0°–45°–90°–DMS-Rosette
(zweiachsiger Spannungszustand).

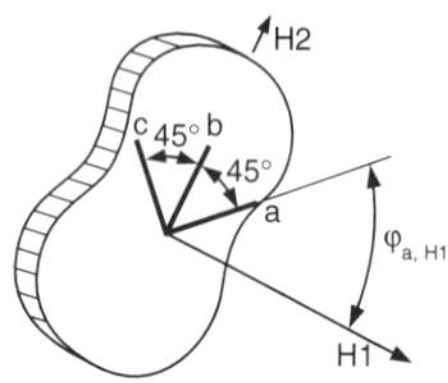

- Spannungen in DMS-Richtung

$$\sigma_a = \frac{E}{1-\mu^2}(\varepsilon_a + \mu \cdot \varepsilon_c), \quad \sigma_c = \frac{E}{1-\mu^2}(\varepsilon_c + \mu \cdot \varepsilon_a)$$

$$\tau_{ac} = \frac{E}{2(1+\mu)}(\varepsilon_a + \varepsilon_c - 2 \cdot \varepsilon_b)$$

- Hauptspannungen

$$\sigma_{H1,H2} = \frac{\sigma_a + \sigma_c}{2} \pm \sqrt{\left(\frac{\sigma_a - \sigma_c}{2}\right)^2 + \tau_{ac}^2}$$

$$\sigma_{H3} = 0$$

- Richtung σ_{H1} gegen a-Richtung

$$\varphi_{a,H1} = \frac{1}{2} \arctan\left(\frac{-2\,\tau_{ac}}{\sigma_a - \sigma_c}\right),$$

wenn $\sigma_a \geq \sigma_c$, (sonst $\varphi_{c,H1}$)

Hooke'sches Gesetz für zweiachsigen Spannungszustand.

Verformungen	Spannungen
$\varepsilon_x = \frac{1}{E}(\sigma_x - \mu \cdot \sigma_y)$	$\sigma_x = \frac{E}{1-\mu^2}(\varepsilon_x + \mu \cdot \varepsilon_y)$
$\varepsilon_y = \frac{1}{E}(\sigma_y - \mu \cdot \sigma_x)$	$\sigma_y = \frac{E}{1-\mu^2}(\varepsilon_y + \mu \cdot \varepsilon_x)$
$\varepsilon_z = -\frac{\mu}{E}(\sigma_x + \sigma_y)$	$\sigma_z = 0$
$\gamma_{xy} = -\gamma_{yx} = \frac{\tau_{xy}}{G}$	$\tau_{xy} = -\tau_{yx} = G \cdot \gamma_{xy}$
wobei $G = \frac{E}{2(1+\mu)}$	

Definition der Formzahl.

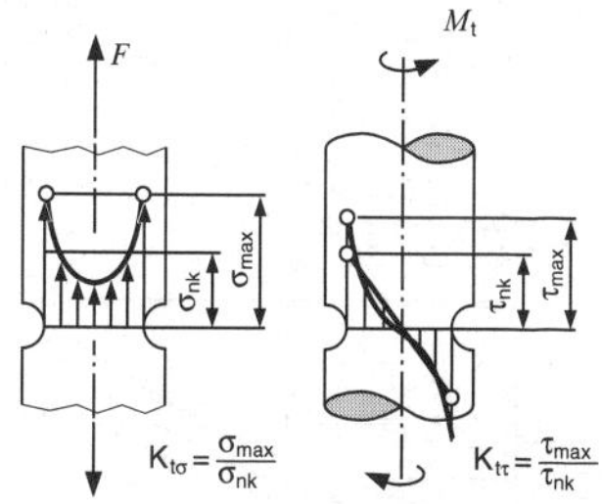

Für eine auf die unbelastete Bauteiloberfläche unter einem beliebigen Winkel φ zur x-Richtung applizierte 0°-45°-90°-DMS-Rosette mit den DMS-Richtungen a, b und c (mathematisch positiv gedreht) gelten die im Bild S. 56 rechts aus dem Hooke'schen Gesetz abgeleiteten Beziehungen.

Kerbwirkung

Bauteile weisen mehr oder weniger starke Störstellen für den inneren Kraftfluss auf. Die Umlenkung des Kraftflusses führt zu einer örtlichen Überhöhung der Spannung und der Verformung. Dieser Effekt wird in der Festigkeitsrechnung pauschal als „Kerbwirkung" bezeichnet. Solche Störstellen sind z.B. geometrische Kerben (Absätze, Nuten, Gewinde), Fügestellen (Schweißnähte, Nieten, Klebungen) oder Einspannstellen (Presspassungen). Als (Mikro-)Kerben wirken aber auch Oberflächenrauheiten und Fehlstellen (Poren, Risse) in Bauteilen.

Durch Kerben werden häufig die versagensrelevanten höchstbeanspruchten Stellen eines Bauteils („Hot Spot") bestimmt, weshalb die Ausgangsstelle von Rissen und Brüchen (Sprödbruch, Dauerbruch) meist in einem Kerbgrund liegt.

Die Spannungsüberhöhung durch eine Kerbe wird durch die Formzahl K_t (früher α_k) quantifiziert. Die Formzahl ist als Verhältnis der im Kerbgrund auftretenden Spannungsspitze σ_{max} bzw. τ_{max} und der auf den Kerbquerschnitt bezogenen Nennspannung σ_{nk} bzw. τ_{nk} definiert, siehe Bild.

Die Formzahl hängt von der Kerbgeometrie (Kerbradius, Kerbtiefe) und der Belastungsart (Zug z, Biegung b, Torsion t) ab, wobei gilt:

$$K_{tt} < K_{tb} < K_{tz}$$

Beispiele für Formzahldiagramme für gekerbte Flach- und Rundstäbe sind im Bild S. 58 zusammengestellt.

Für einzelne Fälle können auch geschlossene analytische Lösungen zur Berechnung der Formzahl angegeben werden. Im allgemeinsten Fall ist jedoch eine Finite-Elemente-Rechnung erforderlich (S. 74). Durch Applikation von sehr kleinen Dehnungmessstreifen im Kerbgrund kann die lokale Beanspruchung auch experimentell bestimmt werden.

Im Bereich des Kerbgrunds entsteht durch die Querdehnungsbehinderung im Kerbquerschnitt („Constraint") ein dreiachsiger Zug-Spannungszustand, der umso ausgeprägter ist, je schärfer die Kerbe und je dickwandiger das Bauteil ist. Dieser dreiachsige Spannungszustand führt bei sehr zähen Werkstoffen im Vergleich zur ein- und zweiachsigen Beanspruchung zu einer Erhöhung der Bruchnennspannung im Kerbquerschnitt (jedoch nie der Belastbarkeit!). Allerdings begünstigt das mit dem Constraint-Effekt verbundene verminderte Verformungsvermögen die Sprödbruchgefahr.

Formzahldiagramme *(Flachstäbe, Rohr mit Querbohrung und Rundstäbe).*

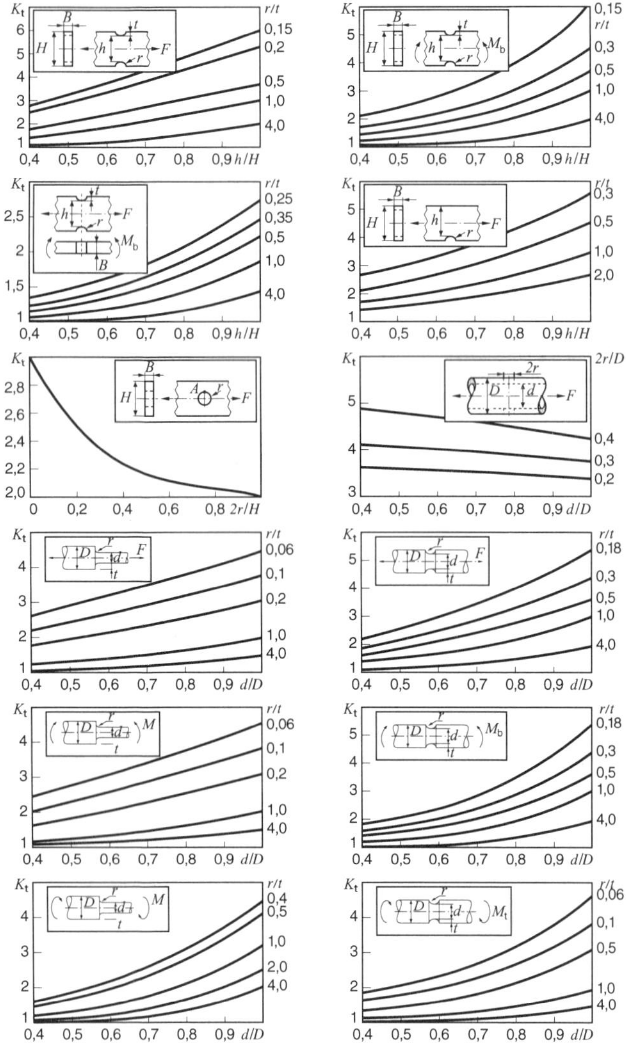

Sicherheitsnachweis bei statischer Belastung

Sprödbruch

Bei ideal sprödem Verhalten tritt Versagen durch Sprödbruch ein, wenn die maximale Vergleichsspannung nach der Normalspannungshypothese (NH) $\sigma_{v,max,NH}$ die Zugfestigkeit des Werkstoffs R_m erreicht. Die Sicherheit gegen Sprödbruch beträgt demnach:

$$S_B = \frac{R_m}{\sigma_{v,max,NH}}$$

Für einen zugbelasteten Kerbstab ergibt sich die Versagensnennspannung σ_{nB} („Kerbzugfestigkeit" R_{mk}) aus der Formzahl K_t:

$$R_{mk} = \sigma_{nB} = \frac{R_m}{K_t}$$

Da bei sprödem Versagen sämtliche Spannungsanteile (Sekundär-Biegespannungen, Spannungsspitzen, Eigenspannungen) zum Versagen beitragen, ist die Vergleichsspannung aus sämtlichen Spannungskategorien zu bilden. Dies bedeutet auch, dass unter ungünstigen Umständen die zum Versagen führende Nennspannung σ_{nB} oft weit unter der Zugfestigkeit liegt. Das kann zu den gefürchteten und unerwarteten „Brüchen niedriger Nennspannung" führen.

Der Sicherheitsfaktor gegen Sprödbruch muss relativ hoch sein, da die Kerb- und Schlagempfindlichkeit sowie die fehlende Vorwarnung viele Unsicherheiten mit sich bringen. Übliche Sicherbeiwerte liegen zwischen 3 und 5 (in Einzelfällen bis 10).

Versagen zäher Bauteile

Das Versagen verformungsfähiger Bauteile durch Fließen, Kollaps und Zähbruch fasst das Bild unten zusammen.

Fließbeginn

Bei einem verformungsfähigen Bauteil tritt Fließbeginn ein, wenn die maximale Vergleichsspannung $\sigma_{v,max}$ im Bauteil die Streckgrenze (R_e, $R_{p0,01}$) erreicht. Die Vergleichsspannung $\sigma_{v,max}$ lässt sich sowohl nach der SH oder (besser) nach der GH errechnen.

Für die Sicherheit gegen Fließen gilt:

$$S_F = \frac{R_e}{\sigma_{v,\,max}}$$

Für die zum Fließen führende Nennspannung gilt beim Kerbstab:

$$\sigma_{nF} = \frac{R_e}{K_t}$$

Versagensstadien zäher Bauteile.

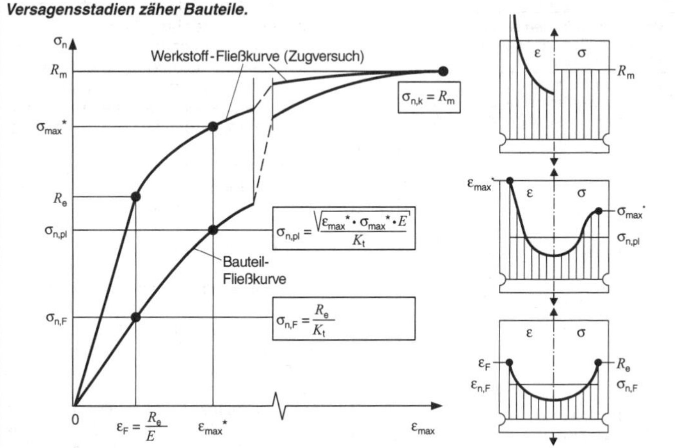

Der Fließbeginn zieht keine schwerwiegenden Folgen nach sich und das Fließen beschränkt sich meist auf eng begrenzte, hoch beanspruchte Bauteilbereiche. Deshalb genügt es in der Regel, die Sicherheitsfaktoren gegen Fließen auf Werte zwischen 1,0 und 1,5 festzulegen (siehe Tabelle) oder gar begrenztes Fließen zuzulassen. Das macht eine effektive Nutzung des Werkstoffs durch seine Zähigkeitsreserven möglich.

Begrenzte plastische Verformung

Für vorwiegend ruhend belastete zähe Bauteile kann in vielen Anwendungsfällen eine begrenzte plastische Verformung im Kerbgrund zugelassen werden. Der Zusammenhang zwischen der Nennspannung im Kerbgrund $\sigma_{n,pl}$ und der im Kerbgrund induzierten Maximaldehnung $\varepsilon_{max}{}^*$ und Maximalspannung $\sigma_{max}{}^*$ kann über die von Neuber hergeleitete Beziehung erfolgen:

$$\sigma_{n,pl} = \frac{\sqrt{\sigma_{max}{}^* \cdot \varepsilon_{max}{}^* \cdot E}}{K_t}$$

Die Korrelation zwischen Kerbgrund-Dehnung und Kerbgrund-Spannung liefert das Spannungs-Dehnungs-Diagramm des Zugversuchs (Bild S. 59).

Als Anhaltspunkt für die Auslegung kann eine zulässige Gesamtdehnung im Kerbgrund $\varepsilon_{max} = 0{,}5\,\%$ (bei sehr zähen Werkstoffen, z. B. austenitischen Stählen, bis 1 %) dienen.

Das Verhältnis $\sigma_{n,\,pl}/\sigma_{nF}$ wird als statische Stützziffer (Stützzahl) n_{pl} bezeichnet.

***Sicherheitsfaktoren** gegen Fließen und Bruch für duktile Eisenwerkstoffe (FKM-Richtlinie).*

Werkstoff	Zerstörungsfreie Prüfung	Wahrscheinlichkeit des Auftretens der Spannung	Schadensfolgen	Sicherheitsfaktor Fließen	Sicherheitsfaktor Zähbruch
Stahl	–	Groß	Groß	1,5	2,0
			Gering	1,3	1,75
		Gering	Groß	1,35	1,8
			Gering	1,2	1,6
Duktiler Eisenguss GS, GGG (Bruchdehnung $A_5 \geq$ 12,5%)	Nein	Groß	Groß	2,1	2,8
			Gering	1,8	2,45
		Gering	Groß	1,9	2,55
			Gering	1,65	2,2
	Ja	Groß	Groß	1,9	2,5
			Gering	1,65	2,2
		Gering	Groß	1,7	2,25
			Gering	1,5	2,0

Kollaps (Zähbruch)

Bei extremer Überlastung von zähen Bauteilen tritt Versagen durch Traglasterschöpfung (Kollaps) und damit letztlich auch durch Zähbruch ein. Der Werkstoff ist im höchstbeanspruchten Versagensquerschnitt nun nicht mehr in der Lage, der ansteigenden Belastung durch weitere Spannungsumlagerung und Verfestigung das innere Gleichgewicht zu halten. Der Kollaps äußert sich im Kraft-Verformungs-Diagramm in einer waagrechten Tangente im Höchstlastpunkt.

Die Kollapslasten lassen sich mit Hilfe der Fließlinientheorie unter der Annahme eines ebenen Spannungszustands (Querdehnung unbehindert) oder eines ebenen Dehnungszustands (Querdehnung vollkommen behindert) errechnen.

Im einfachsten Fall und ohne Berücksichtigung des Constraint-Effekts kann die zum Kollaps führende Nennspannung im Kerbquerschnitt eines zugbelasteten gekerbten Bauteils gemäß folgender Beziehung errechnet werden:

$$\sigma_{nk} = R_m$$

Entscheidend ist, dass sich jetzt die Spannungserhöhung durch Kerben nicht mehr traglastmindernd auswirkt. Außerdem werden sekundäre Biegespannungen und Eigenspannungen durch Fließen zunehmend abgebaut, was letztlich auch die Sicherheitsrelevanz der Zähigkeit begründet.

Die erforderlichen Sicherheitsfaktoren für Zähbruch nach der FKM-Richtlinie enthält die nebenstehende Tabelle.

Knicken von Stäben

Ein weiteres Versagenskriterium, das bei druckbelasteten Stäben bzw. biegebelasteten Scheiben zusätzlich zum Fließen und Bruch zu beachten ist, ist das Versagen durch Instabilität (Knicken schlanker Stäbe, Kippen schmaler Biegeträger, Beulen dünner Schalen).

Ein schlanker druckbelasteter Stab weicht bei Erreichen einer kritischen Druckkraft plötzlich seitlich aus. Falls der

Stab nicht geführt wird, erfolgt dies über die Achse mit dem geringsten axialen Flächenmoment 2. Ordnung $I_{min} = I_2$.

In dem im Bild dargestellten Knickspannungsdiagramm wird die Knick-Druckspannung über dem Schlankheitsgrad eines Stabs aufgetragen. Die Knicklast ergibt sich unterschiedlich für den elastischen und plastischen Bereich. Die Grenze zwischen elastischem und plastischem Knicken definiert der Schlankheitsgrad. Der Schlankheitsgrad λ ergibt sich mit Hilfe der Knicklänge l_K, dem axialen Flächenmoment 2. Ordnung I_{min} und der Querschnittsfläche A zu:

$$\lambda = \frac{l_K}{\sqrt{\frac{I_{min}}{A}}}$$

Die Grenze zwischen elastischem und plastischem Knicken wird durch den Grenzschlankheitsgrad λ_G beschrieben, der nur von den Werkstoffkennwerten E und σ_{dP} (Druck-Proportionalitätsgrenze) abhängt. Für den Baustahl S235 (St 37) ergibt sich z. B. ein Grenzschlankheitsgrad von etwa 100. Elastisches Knicken liegt vor, wenn der Schlankheitsgrad über dem Grenzschlankheitsgrad liegt, sonst ist mit plastischem Knicken zu rechnen.

Die Knickbedingung hängt entscheidend von den Einspannbedingungen des Stabs ab. Der Einfluss der Einspannung wird durch die Einführung der Knicklänge l_K des Stabs berücksichtigt. Die für feste und gelenkige Lagerung einzusetzenden Knicklängen sind im unteren Bild für die wichtigen vier Knickfälle („Eulersche Knickfälle") zusammengestellt. Allerdings ist zu beachten, dass ideal starre Einspannungen in der Praxis nicht vorkommen und daher die Rechnung nach Euler unkonservativ sein kann. Dasselbe gilt für die Annahme einer ideal zentrischen Belastung.

Im elastischen Bereich lässt sich die zum Knicken führende Grenzlast F_K durch die Eulerschen Formeln bestimmen. Für die Knicklast nach Euler gilt:

$$F_K = \frac{\pi^2 \cdot E \cdot I_{min}}{l_K^2}$$

Für die Knicklänge sind die im Bild unten aufgezeigten Beziehungen einzusetzen.

Die für das Knickversagen maßgeblichen Randbedingungen sind oft nicht eindeutig zu definieren. Das Versagen tritt zudem plötzlich und meist ohne Vorwarnung ein, und die Folgen können katastrophal sein. Deshalb sind hohe Sicherheitsfaktoren gegen Knicken vorzusehen, die im Bereich zwischen 3 und 6 anzusetzen sind.

Knickspannungsdiagramm.

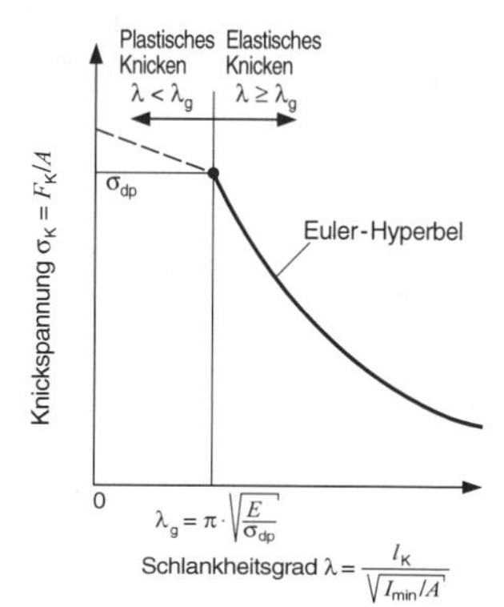

Eulersche Knickfälle.

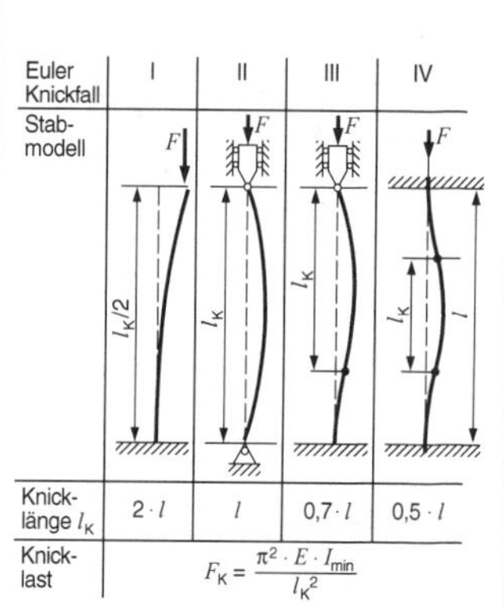

Sicherheitsnachweis bei Schwingbelastung

Nahezu alle technischen Bauteile unterliegen im Betrieb einer zeitlich veränderlichen („schwingenden") Belastung. Der Belastungs-Zeit-Verlauf ist meist unregelmäßig veränderlich. Dies erfordert im allgemeinsten Fall die Auslegung mit den Methoden der Betriebsfestigkeit (nächster Abschnitt).

Diese zeitlich veränderliche Belastung kann an den höchstbeanspruchten Stellen des Bauteils zu den Versagensstadien „Risseinleitung", „zyklischer Rissfortschritt" und schließlich zum „Rest-Gewaltbruch" führen.

Kennzeichnung einer Lastschwingung

Ein Zyklus einer Lastschwingung wird (wie im Bild dargestellt) durch die üblichen Kenngrößen der Schwingungslehre definiert. Aus den Grenzwerten (Oberspannung σ_o und Unterspannung σ_u) werden die Mittelspannung σ_m sowie die Spannungsamplitude σ_a gebildet.

Eine weitere wichtige Kenngröße der Schwingfestigkeit stellt das Spannungsverhältnis R dar, welches das relative Lastniveau definiert. Für die technisch wichtigen Sonderfälle von Schwingungsverläufen gilt:

- $R = -1$: reine Wechselbeanspruchung,
- $R = 0$: reine Zugschwellbeanspruchung,
- $R = -\infty$: reine Druckschwellbeanspruchung,
- $R = +1$: rein statische Beanspruchung.

Durch Umformung ergibt sich der Zusammenhang zwischen den wichtigsten Kenngrößen einer Schwingung:

$$\sigma_m = \frac{1+R}{1-R} \cdot \sigma_a$$

Die Schwingungsform und die Frequenz einer Schwingung spielt bei metallischen Werkstoffen bei Belastung unterhalb der Rekristallisationstemperatur und ohne korrosiven Einfluss keine maßgebliche Rolle.

Wöhlerlinie

Das wichtigste Hilfsmittel zur Beurteilung schwingbelasteter Bauteile ist die Wöhlerlinie. Sie kann auf rechnerischem (synthetischem) Weg oder auf experimentelle Weise in Schwingfestigkeitsversuchen an Proben oder Bauteilen ermittelt werden.

Die Wöhlerlinie stellt den Zusammenhang zwischen der ertragbaren Spannungsamplitude σ_A (oder Lastamplitude F_A) und der Bruchschwingspielzahl N dar. Wie im Bild schematisch gezeigt, lässt

Kenngrößen einer Lastschwingung.

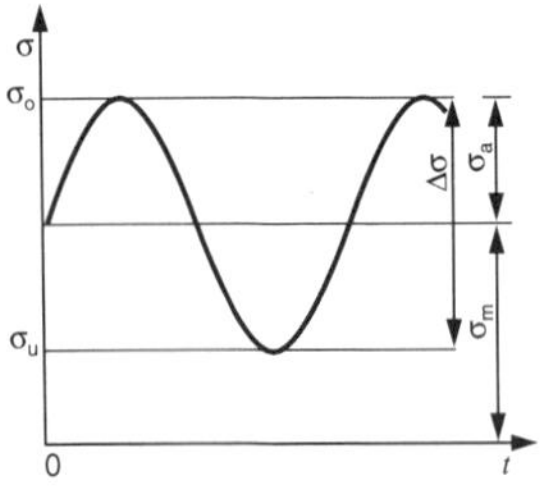

Mittelspannung $\sigma_m = \frac{\sigma_o + \sigma_u}{2}$

Amplitude $\sigma_a = \frac{\sigma_o - \sigma_u}{2}$

Spannungsverhältnis $R = \frac{\sigma_u}{\sigma_o}$

Wöhlerlinie.

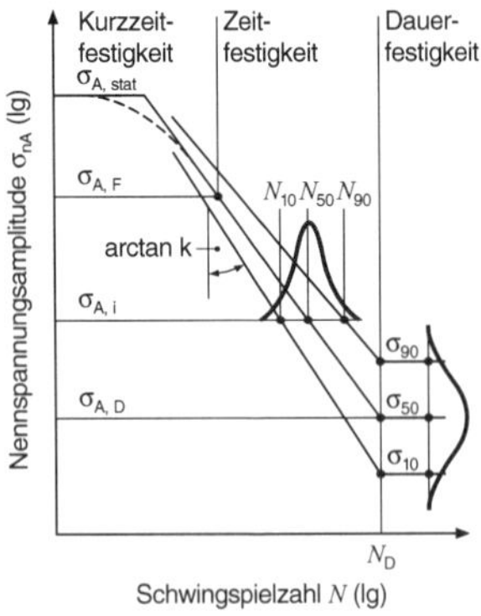

sich die Wöhlerlinie in die Bereiche „Statische Festigkeit" bzw. „Kurzzeitfestigkeit" (Niedrigwechselbereich), „Zeitfestigkeit" und „Dauerfestigkeit" einteilen.

Die statische Amplituden-Begrenzung $\sigma_{A,stat}$ ergibt sich aus der Bedingung Oberspannung = (Kerb-) Zugfestigkeit:

$$\sigma_{A,stat} \frac{1-R}{2} \cdot R_{mk}$$

Der Übergang zwischen Kurzzeitfestigkeit und Zeitfestigkeit ist fließend. Er lässt sich jedoch näherungsweise für rein wechselnde Belastung im Bereich 10^2 bis 10^4 Schwingspiele ansiedeln. Dieser Niedriglastwechselbereich (Low Cycle Fatigue LCF) verursacht plastische Wechselverformungen und ist Gegenstand des Örtlichen Konzepts, das hier nicht behandelt werden soll.

Die Grenzschwingspielzahl N_D, die den Übergang Zeit/-Dauerfestigkeit kennzeichnet, kann ebenfalls nicht eindeutig festgelegt werden, da N_D z. B. vom Werkstoff, der Kerbwirkung und dem R-Verhältnis beeinflusst wird. Es scheint so, dass sich N_D bei scharfen Kerben zu niedrigen Werten verschiebt und sich bei milden Kerben erhöht. Häufig und vereinfachend wird als Grenzschwingspielzahl N_D für Eisenmetalle etwa $5 \cdot 10^5 \ldots 5 \cdot 10^6$, für Nichteisenmetalle $10^7 \ldots 10^8$ gesetzt. Bei Nichteisenmetallen wird der Dauerfestigkeitsbereich neuerdings durch eine weiter abfallende Zeitfestigkeitslinie mit verminderter Steigung angenähert.

Bei einer Schwingbelastung unter korrosiver Umgebung („Korrosionsermüdung") ist ein Lebensdauerverlust im Zeitfestigkeitsbereich und ein stetiger Abfall der Dauer-Schwingfestigkeit mit zunehmender Laufzeit festzustellen. Dadurch kann keine ausgeprägte Dauerfestigkeit, sondern lediglich eine Korrosions-Zeitfestigkeit definiert werden. Ähnlich verhält es sich bei Schwingbeanspruchung unter hohen Temperaturen („Kriechermüdung").

In doppellogarithmischer Darstellung ergibt sich in der Regel für den Zeitfestigkeitsbereich ein linearer Zusammenhang, der sich wie folgt formulieren lässt:

$$\sigma_A = \sigma_{A,R} \cdot \left(\frac{N}{N_R}\right)^{-\frac{1}{k}}$$

Nach der Schwingspielzahl aufgelöst gilt:

$$N = N_R \cdot \left(\frac{\sigma_A}{\sigma_{A,R}}\right)^{-k}$$

Hierbei sind N_R und $\sigma_{A,R}$ die Koordinaten eines beliebigen Referenzpunkts P_R auf der Zeitfestigkeitsgeraden. k ist der Neigungsexponent der Zeitfestigkeitslinie, der sich nach der folgenden Beziehung bestimmen lässt:

$$k = -\frac{lg \frac{N_1}{N_2}}{lg \frac{\sigma_{A1}}{\sigma_{A2}}}$$

Der Neigungsexponent kann als Anhaltspunkt für die Qualität eines schwingend belasteten Bauteils verwendet werden. Für rein wechselnd belastete Bauteile aus Stahl ergibt sich z. B.:

$$k = -\frac{lg \frac{10^6}{10^2}}{lg \frac{\sigma_{AD}}{R_m}} = -\frac{4}{lg \frac{\sigma_{AD}}{R_m}}$$

Für ein optimiertes Bauteil mit einem Verhältnis $\sigma_{AD}/R_m = 0{,}5$ ergibt sich $k = 13$, während sich für eine nicht optimale Konstruktion mit $\sigma_{AD}/R_m = 0{,}05$ ein Neigungsexponent $k = 3$ ergibt.

Experimentelle Bestimmung der Wöhlerlinie

Zur experimentellen Ermittlung der Wöhlerlinie werden lastkontrollierte Schwingfestigkeitsversuche („Wöhler-Versuche") an Proben oder Bauteilen bis zum Bruch (selten bis zum Anriss) durchgeführt. Die Versuche unter sinusförmig schwingender Belastung werden mit unterschiedlichen Lastamplituden entweder mit konstantem R-Verhältnis oder (seltener) mit konstanter Mittelspannung gefahren.

Da die Versuchspunkte (Lebensdauern) eine teils erhebliche Streuung aufweisen, ist eine statistische Belegung und Auswertung erforderlich (siehe Bild S. 62 rechts, vgl. auch Kapitel „Statistik", ab S. 196). Als Verteilungsfunktion kann die Normal-, Logit-, arcsin$\sqrt{p}$ und die Weibull-Verteilung angesetzt werden, die sich allerdings vor allem im Bereich niedriger Ausfallwahrscheinlichkeit erheblich unterscheiden. Das Ergebnis der Auswertung führt zu Wöhlerlinien mit konstanter Ausfallwahrscheinlichkeit P_A bzw. Überlebenswahrscheinlichkeit $P_Ü$. Eine übliche

Auftragung besteht aus Linien für 10%, 50% und 90% Ausfallwahrscheinlichkeit. Mit diesen Linien wird die Streuspanne festgelegt, die folgendermaßen definiert wird: In Schwingspielzahlen

$$T_N = \frac{N_{90}}{N_{10}}$$

bzw. in Spannungen

$$T_S = \frac{\sigma_{90}}{\sigma_{10}}$$

Typische Lebensdauer-Streuspannen liegen zwischen $T_N = 2$ (z. B. sorgfältig spanend hergestellte Bauteile) bis $T_N = 10$ (z. B. Schweißverbindungen). Als Mittelwert kann mit $T_N = 5$ gerechnet werden. In extremen Ausnahmefällen kann die Streuspanne bei inhomogenen und fehlerhaften Bauteilen bis auf Werte über 10^2 ansteigen.

Berechnung der Dauerfestigkeit
Zur synthetischen Ermittlung der Dauerfestigkeit müssen sämtliche die Schwingfestigkeit beeinflussenden Parameter einbezogen werden. Die üblichen Methoden korrelieren die ertragbare Dauerfestigkeits-Nennspannungsamplitude σ_{nA} mit der Zugfestigkeit (vereinzelt auch mit der Streckgrenze). Grundsätzlich wirken sich nachfolgende Einflussgrößen auf die Schwingfestigkeit aus und sind bei der Berechnung über entsprechende Faktoren zu berücksichtigen:

- Werkstoff (Festigkeit, Zähigkeit) C_W,
- Belastungsart (Zug/Druck, Biegung, Torsion) C_L,
- Kerbwirkung K_f,
- Oberfläche (Rautiefe) C_O ,
- Randschicht (Oberflächenbehandlung) C_R,
- Bauteilgröße C_G,
- Umgebung (Temperatur, Korrosion) C_U,
- Mittelspannung C_M.

Bei multiplikativer Verknüpfung der einzelnen Faktoren führt dies zu folgender Beziehung für die ertragbare Dauerfestigkeits-Nennspannungsamplitude:

$$\sigma_{nA} = C_W \cdot C_L \cdot C_O \cdot C_R \cdot C_G \cdot C_U \cdot C_M \cdot \frac{1}{K_f} \cdot R_m$$

Diese Beziehung erklärt einleuchtend, warum bei nichtoptimierten Konstruktionen die Schwingfestigkeit eines Bauteils unter ungünstigen Umständen unter 10% der Zugfestigkeit liegt, während die Dauerfestigkeit optimal gestalteter und gefertigter Bauteile bis 50% der Zugfestigkeit erreichen kann. Die Gleichung gibt auch die entscheidenden Hinweise für die Möglichkeiten zur Steigerung der Schwingfestigkeit, wie Polieren, Randschichthärtung und -verfestigung, Optimierung der Kerbgeometrie sowie Korrosionsschutz.

Zu beachten ist, dass eine Erhöhung der Werkstofffestigkeit R_m nicht notwendigerweise auch zu einer Steigerung der Schwingfestigkeit führt, da (wie nachfolgend gezeigt wird) eine gegenläufige Wechselwirkung zwischen den einzelnen Faktoren C und der Zugfestigkeit R_m besteht (siehe Beispiel im Bild S. 66 links).

Werkstoffeinfluss
Der Einfluss des Werkstoffs auf die Schwingfestigkeit beruht auf der unterschiedlichen chemischen Zusammensetzung, dem Herstellungsprozess, der Wärmebehandlung und der Nachbehandlung. Pauschal und sehr vereinfachend werden diese Einflussgrößen über die Zugfestigkeit R_m und einen werkstoffspezifischen Korrelationsfaktor C_W erfasst. Anhaltswerte für C_W können der Tabelle entnommen werden.

Werkstoff- und Belastungsfaktoren *(FKM-Richtlinie).*

Werkstoff-gruppe	Stahl	Einsatz stahl	Stahl-guss	Sphäro-guss	Temper-guss	Grau-guss	Al-Legierungen Knet-	Al-Legierungen Guss-
C_W	0,45	0,40	0,34	0,34	0,28	0,30	0,30	0,30
C_{Lb}	1,10	1,10	1,15	1,30	1,40	1,50	≈1,1	≈1,5
C_{Lt}	0,58	0,58	0,58	0,65	0,75	0,85	0,58	0,75

Belastungsart

Der Unterschied zwischen der Schwingfestigkeit bei Zug/Druck-Belastung und bei Biegebelastung ergibt sich einerseits aus der Stützwirkung durch den Spannungsgradient bei Biegung, andererseits aus dem günstigen Effekt der Biegedruckspannungen (vor allem bei weniger zähen Werkstoffen). Die Erhöhung der Biegewechselfestigkeit σ_{bW} gegenüber der Zug/Druck-Wechselfestigkeit σ_{zdW} drückt der Lastfaktor C_{Lb} aus (beachte C_{Lb}-Werte in der Tabelle S. 64).

Die Umrechnung der Torsions-Wechselfestigkeit τ_{tW} aus der Zug/Druck-Wechselfestigkeit σ_{zdW} ist grundsätzlich mit Hilfe der Festigkeitshypothesen möglich, die für ideal sprödes Verhalten nach der NH einen Wert $C_{Lt} = \tau_W/\sigma_{zdW} = 1{,}0$, für ideal zähes Verhalten nach der GH $\tau_W/\sigma_{zdW} = 1/\sqrt{3} = 0{,}58$ voraussagen. Die Faktoren für semiduktile Werkstoffe liegen zwischen diesen Grenzen (siehe auch Bild S. 56 links). Die einzusetzenden Werte für C_{Lt} können aus der Tabelle S. 64 entnommen werden.

Berücksichtigung der Kerbwirkung

Die Auswirkung von Kerben bei schwingender Belastung wird durch die Kerbwirkungszahl K_f (früher β_k) berücksichtigt. Die Kerbwirkungszahl ist als Quotient der Dauerfestigkeit des glatten Bauteils $\sigma_{AD,glatt}$ zur Dauerfestigkeit des gekerbten Bauteils $\sigma_{AD,gekerbt}$ definiert:

$$K_f = \frac{\sigma_{AD,\,glatt}}{\sigma_{AD,\,gekerbt}}$$

K_f hängt in erster Linie von der Kerbschärfe (Formzahl K_t), aber auch vom Werkstoff und seinen Eigenschaften (vor allem der Zähigkeit) sowie dem Spannungsgradient im Kerbgrund ab. Die Grenzwerte der Kerbwirkungszahl sind:

- $K_f = K_t$: volle Auswirkung der Kerbe
- $K_f = 1$: keine Auswirkung der Kerbe.

Der Unterschied zwischen K_t und K_f kann durch die von Siebel und Neuber eingeführte dynamische Stützwirkung erklärt werden, die vom Werkstoff (Zähigkeit), von der Größe der Prozesszone und dem Spannungsgradienten abhängt.

Die Berechnung der Kerbwirkungszahl nach Siebel/Stiehler erfolgt mit Hilfe der dynamischen Stützziffer n_χ (Stützzahl) über die Beziehung

$$K_f = \frac{K_t}{n_\chi}$$

Die dynamische Stützziffer wird mithilfe des bezogenen Spannungsgefälle χ^* bestimmt, das näherungsweise aus dem Kerbradius ρ berechnet werden kann:

$$\chi^* = \frac{2}{\rho} \quad \text{für Zug/Druck und Biegung}$$

$$\chi^* = \frac{1}{\rho} \quad \text{für Torsion.}$$

Zur Bestimmung der dynamischen Stützziffer n_χ in Abhängigkeit vom bezogenen Spannungsgefälle χ^* und dem Werkstoff stehen die im Bild dargestellten Diagramme zur Verfügung.

Erfahrungsgemäß unterschätzen die empirischen Siebel-Diagramme, denen 50 Jahre alte Untersuchungsergebnisse zugrunde liegen, das wirkliche dynami-

Dynamische Stützzahl nach Siebel.

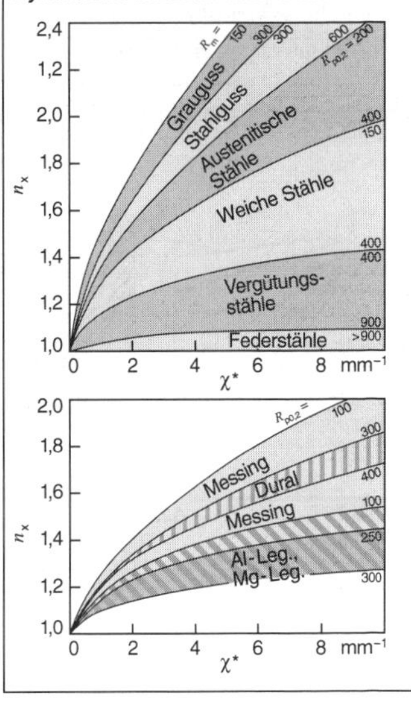

sche Stützvermögen der modernen Werkstoffe (z. B. hochfeste Stähle und Al-Legierungen).

Oberfläche
Eine durch Herstellung, Bearbeitung und Betrieb raue Bauteiloberfläche kann als mikrogekerbter Bereich aufgefasst werden. Entsprechend ist festzustellen, dass die Schwingfestigkeit mit zunehmender Rauheit absinkt. Dieser Effekt ist bei höherfesten Werkstoffen viel ausgeprägter als bei niedrigfesten Werkstoffen.

Als Maß zur Kennzeichnung der Oberflächenrauheit dient üblicherweise die Rautiefe R_z. Der Oberflächenfaktor C_O nimmt für polierte Oberflächen den Wert 1 an. Anhaltswerte für Oberflächenfaktoren C_O in Abhängigkeit der Zugfestigkeit und Rautiefe gibt das Bild wieder.

Randschicht
Da der Dauerbruch an der Oberfläche oder zumindest im oberflächennahen Bereich beginnt, lässt sich die Schwingfestigkeit durch Veränderung der Oberfläche entscheidend negativ oder positiv beeinflussen. Ein Beispiel für eine negative Beeinflussung ist Randentkohlung. Eine positive Wirkung üben die Verfahren aus, mit denen die Oberfläche verfestigt und gleichzeitig Druckeigenspannungen nahe der Oberfläche eingebracht werden (Kugelstrahlen, Rollen, Nitrieren, Einsatzhärten). Anhaltswerte für Randschichtfaktoren C_R enthält die Tabelle.

Bauteilgröße
In Schwingversuchen zeigt sich, dass sich die in Nennspannungen ausgedrückte Schwingfestigkeit von großen Bauteilen niedriger einstellt als die von kleinen Bauteilen. Dieser Größeneinfluss lässt sich in einen statistischen, spannungsmechanischen und technologischen Effekt gliedern. Ursache für den Größeneinfluss ist im Wesentlichen, dass die Wahrscheinlichkeit eines schwingbruchauslösenden Fehlers in großen höherbeanspruchten Bereichen größer

***Oberflächenfaktor** C_O (FKM-Richtlinie).*

$C_O = 1 - a_O \cdot \lg R_z \cdot \lg\left(\frac{R_m}{b_O}\right)$, wobei R_z in µm

Werkstoffgruppe	Stahl	GS	GGG	GT	GG	Al Knet-	Al-Guss
a_O	0,22	0,20	0,16	0,12	0,06	0,22	0,20
b_O (MPa)	200	200	200	175	50	67	67

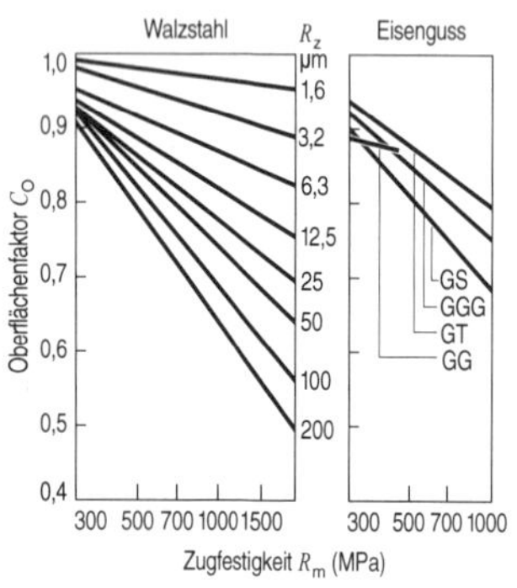

***Randschichtfaktor** C_R (FKM-Richtlinie).*

	Nicht gekerbtes Bauteil Ø 8...15 mm	Nicht gekerbtes Bauteil Ø 30...40 mm	Gekerbtes Bauteil Ø 8...15 mm	Gekerbtes Bauteil Ø 30...40 mm
Stähle Nitrieren (700... 1000 HV, 0,1...0,4 mm)	1,15 ... 1,25	1,10 ... 1,15	1,90 ... 3,00	1,30 ... 2,00
Einsatzhärten (670... 750 HV, 0,2...0,9 mm)	1,20 ... 2,00	1,10 ... 1,50	1,50 ... 2,50	1,20 ... 2,00
Karbonitrieren (min. 670 HV, 0,2...0,4 mm)	–	1,8	–	–
Festwalzen Kugelstrahlen	1,20 ... 1,40	1,10 ... 1,25	1,50 ... 2,20	1,30 ... 1,80
Induktivhärten Flammhärten (51...64 HRC, 0,9...1,5 mm)	1,30 ... 1,60	1,20 ... 1,50	1,60 ... 2,80	1,50 ... 2,50
Eisengusswerkstoffe Nitrieren	1,15	1,10	1,9	1,3
Einsatzhärten	1,2	1,1	1,5	1,2
Festwalzen	1,2	1,1	1,5	1,3
Kugelstrahlen	1,1	1,1	1,4	1,1
Induktivhärten Flammhärten	1,3	1,2	1,6	1,5

ist als in kleinen Volumen. Außerdem stehen bei hohen Spannungsgradienten weniger große Bauteilbereiche unter der Maximalspannung. Zudem sind die mechanisch-technologischen Eigenschaften eines großen Bauteils erfahrungsgemäß schlechter als die eines kleinen Bauteils (Erstarrungsgeschwindigkeit, Seigerungen, Umformgrade).

Die ersten beiden Effekte werden durch den Lastfaktor bei Biegung C_{Lb} und die Reduktion der Formzahl K_t auf die Kerbwirkungszahl K_f berücksichtigt. Der verbleibende technologische Größeneinfluss wird über den Größenfaktor C_G korrigiert. Faktoren für den technologischen Größeneinfluss zeigt folgendes Bild.

Umgebungseinfluss

Die wichtigsten Umgebungseinflüsse auf die Schwingfestigkeit sind hohe Temperaturen und korrosive Umgebung.

Der Abfall der Schwingfestigkeit mit zunehmender Temperatur ist mit der abnehmenden Zugfestigkeit und Streckgrenze zu erklären. Dieser Abfall ist sehr werkstoffspezifisch und ist nicht allgemein zu formulieren. In der FKM-Richtlinie gilt z. B. als Temperatur-Korrekturfaktor für die Wechselfestigkeit von Stählen im Bereich zwischen Raumtemperatur R_T und 500 °C:

$$C_T = 1 - 0{,}0014\,(T\,[°C] - 100)$$

Im Bereich über der Kristallerholungstemperatur ist die zunehmende Kriechneigung der Werkstoffe zu beachten, was in Kombination mit einer Schwingbelastung zum komplexen Schädigungsmechanismus „Kriechermüdung" führt.

Ein korrosiver Angriff auf schwingend belastete Bauteile führt ebenfalls zu einer komplexen Schädigung, die unter dem Begriff „Korrosionsermüdung" zusammengefasst wird. Grundsätzlich führt der korrosive Angriff zu einer Verringerung der Lebensdauer im Zeitfestigkeitsbereich und zu einer kontinuierlichen Verlängerung der Zeitfestigkeitsgeraden und damit zu einem Wegfall der horizontalen Dauerfestigkeit in der Wöhlerlinie.

Bei Kriech- und Korrosionsermüdung hat nicht nur die Schwingspielzahl sondern auch die Versuchsdauer einen Einfluss auf die Lebensdauer, weshalb in diesen Fällen die im Betrieb real vorliegenden Frequenzen bei Versuchen zu simulieren sind. Eine Zeitraffung ist hier nicht mehr erlaubt.

Technologischer Größeneinfluss *(FKM-Richtlinie).*

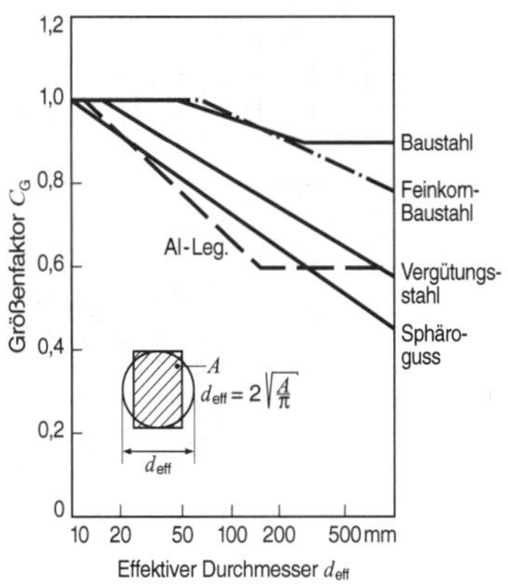

$C_G = 1$ für $d_{eff} < d_{eff,0}$

$$C_G = \frac{1 - 0{,}7686 \cdot a_G \cdot \lg\left(\frac{d_{eff}}{7{,}5\,\text{mm}}\right)}{1 - 0{,}7686 \cdot a_G \cdot \lg\left(\frac{d_{eff,0}}{7{,}5\,\text{mm}}\right)} \quad \text{für } d_{eff,0} \le d_{eff} \le d_{eff,max}$$

$C_G = C_G(d_{eff,max})$ für $d_{eff} \ge d_{eff,max}$

Werkstoff	a_G [mm]	$d_{eff,0}$ [mm]
Baustahl ($d_{eff,max}$ = 250 mm)	0,15	40
Feinkornbaustahl	0,20	70
Vergütungsstahl	0,30	16
Einsatzstahl	0,50	11
Nitrierstahl	0,20	100
Stahlguss	0,15	100
Sphäroguss	0,15	60
Temperguss	0,15	15

Al-Legierungen

$C_G = 1{,}1\,(d_{eff}/7{,}5)^{-0{,}2}$, 12 mm ≤ d ≤ 150 mm

Mittelspannungseinfluss

Der Einfluss einer Mittelspannung bei Schwingbelastung lässt sich grundsätzlich so ausdrücken, dass eine Zugmittelspannung auf der Versagensebene die ertragbare Spannungsamplitude verringert, während eine Druckmittelspannung zu einer Erhöhung der ertragbaren Amplitude führt.

Der Zusammenhang zwischen der ertragbaren Spannungsamplitude σ_A und der Mittelspannung σ_m zeigt das Dauerfestigkeitsschaubild (DFS). Üblich und empfehlenswert ist die Auftragung nach Haigh, bei der die ertragbare Dauerfestigkeitsamplitude σ_A in Abhängigkeit von der Mittelspannung σ_m aufgetragen ist.

Die Grenzlinie für Zug-/Druck- und Biegebelastung wird meist durch eine Gerade dargestellt (siehe Bild). Die Gerade hat als Ordinatenabschnitt die Wechselfestigkeit σ_W und besitzt die Neigung M_σ. Bei hohen R-Werten tritt ein Abknicken der Grenzlinie zu einem flacheren Verlauf auf. M_σ wird als Mittelspannungsempfindlichkeit bezeichnet. Die Mittelspannungsempfindlichkeit bei Metallen steigt erfahrungsgemäß mit der Werkstofffestigkeit (siehe rechtes Bild). Der Mittelspannungsfaktor errechnet sich aus der geradlinigen Begrenzung des DFS:

$$C_M = \frac{\sigma_A}{\sigma_W} = 1 - M\sigma \cdot \frac{\sigma_m}{\sigma_W}$$

Für Torsions- und Scherbelastung muss das DFS (wegen der Identität der positiven und negativen Schubmittelspannungen) eine an der Ordinate gespiegelte Kurve darstellen. Diese Erkenntnis in Verbindung mit der Beobachtung, dass Torsionsmittelspannungen (zumindest innerhalb des elastischen Bereichs) einen relativ geringen Effekt auf die Schwingfestigkeit ausüben, legen den Ansatz einer elliptischen DFS-Grenzkurve nahe.

Mehrachsige Schwingbelastung

Die Behandlung der mehrachsigen Schwingbelastung soll sich auf den technisch wichtigen Sonderfall der zweiachsigen Beanspruchung durch die Normalspannung σ_x und die Schubspannung τ_{xy} (z. B. Überlagerung von Biegung und Torsion) beziehen (s. Bild S. 69).

In Anlehnung an das Vorgehen beim Bach'schen Anstrengungsverhältnis wird ein erweiterter Ansatz beschrieben, der sich gleichermaßen für die synchrone

Dauerfestigkeitsschaubild
(FKM-Richtlinie).

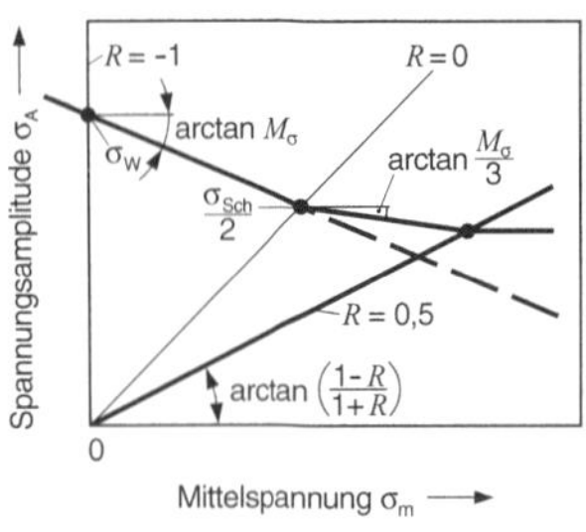

Mittelspannungsempfindlichkeit M_σ
(FKM-Richtlinie).

$M_\sigma = a_M \cdot 10^{-3} \cdot R_m\,[\text{MPa}] + b_M$							
Werkstoffgruppe	Stahl	GS	GGG	GT	GG	Al Knet-	Al-Guss
a_M	0,35	0,35	0,35	0,35	0	1,0	1,0
b_M	−0,1	0,05	0,08	0,13	0,5	−0,04	0,2

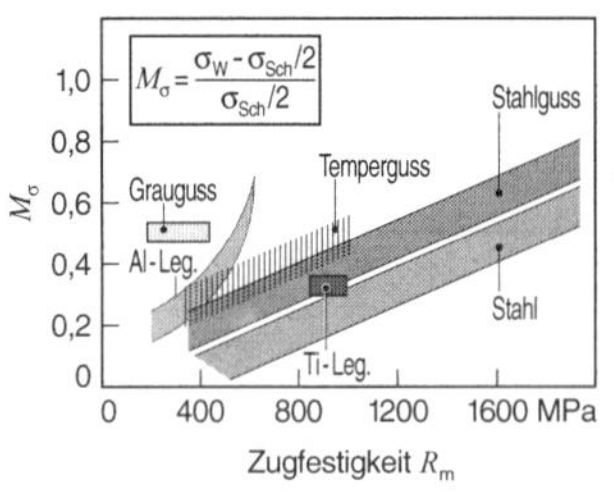

mittelspannungsbehaftete Schwingbelastung als auch für die Überlagerung einer statischen und einer schwingender Lastkomponente eignet.

Grundgedanke dieses Konzepts ist, dass das Versagen durch Grenzkurven beschrieben wird, die in einem σ-τ-Koordinatensystem vom Kennwert K_σ entsprechend dem zeitlichen Verlauf von σ bis zum Kennwert K_τ entsprechend dem zeitlichen Verlauf von τ verlaufen. Für spröde Werkstoffe ergibt sich gemäß der NH eine parabolische Grenzkurve, für zähe Werkstoffe nach der SH/GH ein elliptische Grenzlinie (siehe Bild).

Die Gleichung der Grenzellipse lautet:

$$\tau = K_\tau \sqrt{1 - \left(\frac{\sigma}{K_\sigma}\right)^2}$$

Für den Betriebspunkt B mit den Koordinaten σ und τ ergibt sich die Sicherheit gegen Versagen:

$$S_D = \frac{1}{\sqrt{\left(\frac{\sigma}{K_\sigma}\right)^2 + \left(\frac{\tau}{K_\tau}\right)^2}}$$

Die in diese Gleichung für die unterschiedlichen Lastkombinationen einzusetzenden Größen enthält die Tabelle auf der nächsten Seite.

Die grafische Lösung der Sicherheit ergibt sich (s. Bild rechts) aus dem Vergleich des Betriebspunkt B mit der Grenzlinie G, d. h. aus dem Streckenverhältnis

$$S_D = \frac{\overline{OG}}{\overline{OB}}$$

Erforderliche Sicherheiten gegen Dauerbruch

Die Tabelle auf Seite 70 unten zeigt die in der FKM-Richtlinie vorgeschlagenen Mindestsicherheitsbeiwerte zur Absicherung gegen Dauerbruch. Diese Sicherheitsfaktoren gelten unter der Voraussetzung, dass die Lastannahmen sicher sind und dass die Überlebenswahrscheinlichkeit der Festigkeitskennwerte $P_Ü$ = 97,5 % beträgt.

Mehrachsige synchrone Schwingbelastung.

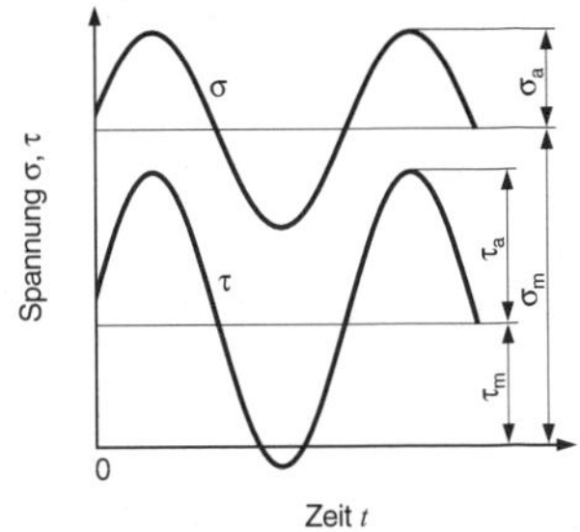

Grenzkurven für Versagen bei mehrachsiger Beanspruchung.

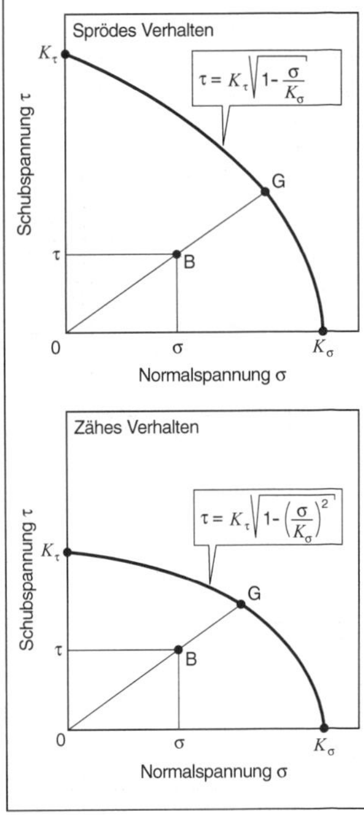

Festigkeitsrechnung bei mehrachsiger synchroner Schwingbelastung.

$$S_D = 1/\sqrt{\left(\frac{\sigma}{K\sigma}\right)^2 + \left(\frac{\tau}{K\tau}\right)^2}$$

Belastungsfall	Beanspruchung σ	τ	Kennwerte K_σ	K_τ
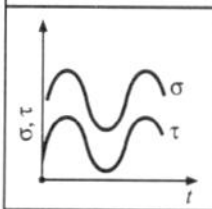	$K_{f\sigma} \cdot \sigma_{an}$	$K_{f\tau} \cdot \tau_{an}$	$C_{M\sigma} \cdot \sigma_w^*$ 1)	$C_{M\tau} \cdot \tau_w^*$ 2)
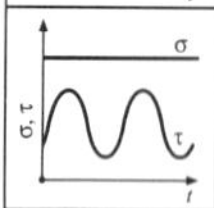	$K_{f\sigma} \cdot \sigma_n$	$K_{f\tau} \cdot \tau_{an}$	R_m	$C_{M\tau} \cdot \tau_w^*$ 2)
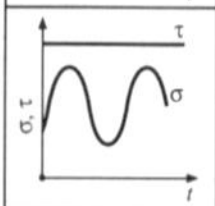	$K_{f\sigma} \cdot \sigma_{an}$	$K_{f\tau} \cdot \tau_n$	$C_{M\sigma} \cdot \sigma_w^*$ 1)	τ_B 3)

1) $\sigma_w^* = C_w \cdot C_o \cdot C_R \cdot C_G \cdot C_u \cdot R_m$
2) $\tau_w^* = C_{Lt} \cdot \sigma_w^*$, 3) $\tau_B = 0{,}8 \cdot R_m$

Sicherheitsfaktoren gegen Dauerbruch *(FKM-Richtlinie).*

Werkstoffgruppe		Bauteil	Inspektionen	Schadensfolgen	Sicherheitsfaktoren bei Dauerfestigkeit S_D
Walzstahl		Grundwerkstoff	Nicht regelmäßig	Groß	1,5
				Gering	1,3
			regelmäßig	Groß	1,35
				Gering	1,2
		Schweißung	Nicht regelmäßig	Groß	1,9
				Gering	1,6
			regelmäßig	Groß	1,7
				Gering	1,5
Duktile Eisen-Gusswerkstoffe ($A_5 \geq 12{,}5\,\%$)	Nicht geprüfte Gussstücke	Grundwerkstoff	Nicht regelmäßig	Groß	2,1
				Gering	1,8
			regelmäßig	Groß	1,9
				Gering	1,7
		Schweißung	Nicht regelmäßig	Groß	2,6
				Gering	2,25
			regelmäßig	Groß	2,4
				Gering	2,1
	Zerstörungsfrei geprüfte Gussstücke	Grundwerkstoff	Nicht regelmäßig	Groß	1,9
				Gering	1,65
			regelmäßig	Groß	1,7
				Gering	1,5
		Schweißung	Nicht regelmäßig	Groß	2,5
				Gering	2,0
			regelmäßig	Groß	2,1
				Gering	1,9

Einführung in die Betriebsfestigkeitsrechnung

Die Betriebfestigkeitsrechnung befasst sich mit der Lebensdauerbestimmung von Bauteilen unter realen Betriebsbelastungen, die sich bei den meisten technischen Bauteilen zeitlich stochastisch verändern. Der Sicherheitsnachweis erfolgt grundsätzlich auf experimenteller Basis oder auf Grundlage einer rechnerischen Bestimmmung durch Anwendung einer Schadensakkumulationshypothese.

Die Betriebsfestigkeitsrechnung erlaubt die gezielte Verlagerung der Beanspruchung in den Zeitfestigkeitsbereich, was eine wirtschaftliche Konstruktion durch gezielten Leichtbau möglich macht.

Ablauf einer Betriebsfestigkeitsrechnung

Der Ablauf eines Betriebsfestigkeitsnachweises auf Grundlage des Nennspannungskonzepts wird aus dem Bild Seite 71 unten deutlich. Der zeitliche Belastungsverlauf wird mit Hilfe von geeigneten Zählverfahren auf eine werkstoffmechanisch sinnvolle Zählgröße zur Charakterisierung und Klassierung von Höhe und Anzahl der Lastschwingungen reduziert. Das so gebildete Nennspannungskollektiv lässt sich mit der ebenfalls in Nennspannungen dargestellten synthetisch oder experimentell ermittelten Wöhlerlinie vergleichen.

Durch Anwendung einer linearen Schadensakkumulationsrechnung ergibt sich eine Schädigungssumme, die zur Formulierung einer Lebensdaueraussage mit der zum Versagen führenden kritischen Schadenssumme zu vergleichen ist.

Zählverfahren

Man unterscheidet einparametrige Zählverfahren mit einer Zählgröße als Ergebnis (häufig verwendet: Klassengrenzenüberschreitungszählung, Bereichspaarzählung) und zweiparametrige Zählverfahren mit zwei resultierenden Zählgrößen (meist Rainflowzählung), siehe DIN 45667.

Das Ergebnis der Klassengrenzenüberschreitungszählung ist die Anzahl der Klassendurchgänge an den aufsteigenden Flanken der Lastschwingung (siehe Beispiel im Bild rechts). Die Zählung von beiden Seiten der Lastgrenzen führt zur Auftragung einer Grenzkurve für Maximal- und Minimalwerte.

Die Bereichspaarzählung liefert die Überschreitungshäufigkeit von zusammengehörigen Schwingbreiten. Ein Bereichspaar besteht aus einer gleich großen aufsteigenden und absteigenden Flanke, die denselben Mittelwert besitzen müssen, aber durch Schwingspiele unterbrochen sein und sich aus Teilstücken zusammensetzen können.

Das Zählergebnis lässt sich bei den einparametrigen Verfahren in Form eines Lastkollektivs abbilden, das die Lastamplitude als Funktion der Häufigkeit darstellt (siehe Bild rechts).

Wegen seiner werkstoffmechanischen Begründung und der Erfassung von Mittelwerten und Amplituden hat sich besonders die Rainflowzählung durchgesetzt. Die Rainflowzählung generiert geschlossene Spannungs-Dehnungs-Hystereseschleifen. Sie entspricht der Bereichspaarzählung mit zusätzlicher Erfassung der Mittelwerte.

Eine anschauliche Deutung des Verfahrens liegt in der Vorstellung des Regenflusses (Beispiel im Bild nächste Seite, links) und in der Konstruktion von Spannungs-Dehnungs-Hystereschleifen (Mitte). Das Ergebnis der Rainflowzählung wird in Form der Rainflow-Matrix dargestellt, welche die Start- und Zielklasse der gezählten Hystereseschleifen angibt (rechts).

Bei Ende der Zählung nicht vollständig geschlossene Schleifen werden als Resi-

Klassengrenzüberschreitungszählung.

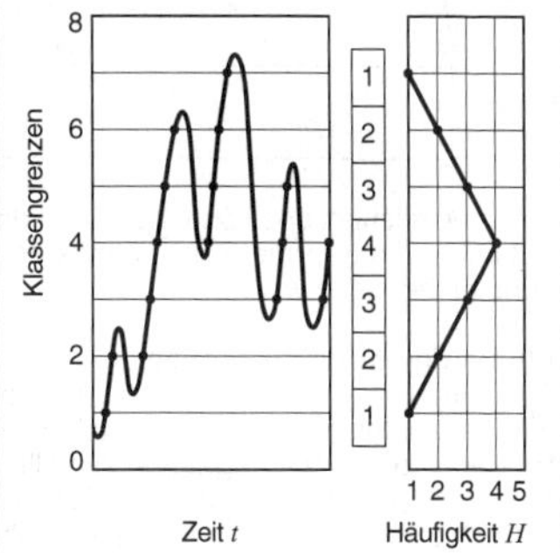

Ablauf einer Betriebsfestigkeitsanalyse nach dem Nennspannungskonzept.

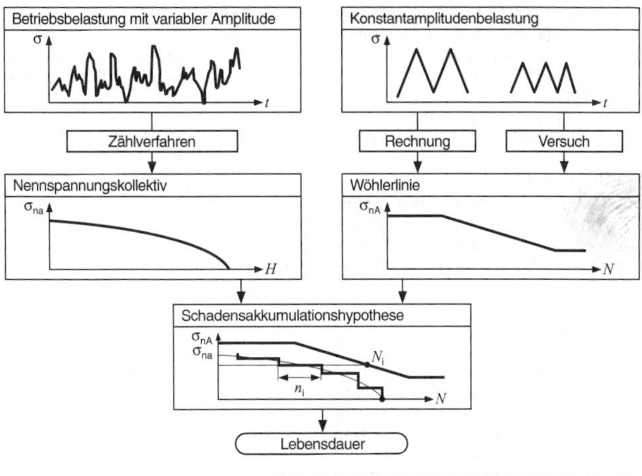

Rainflow-Zählung.

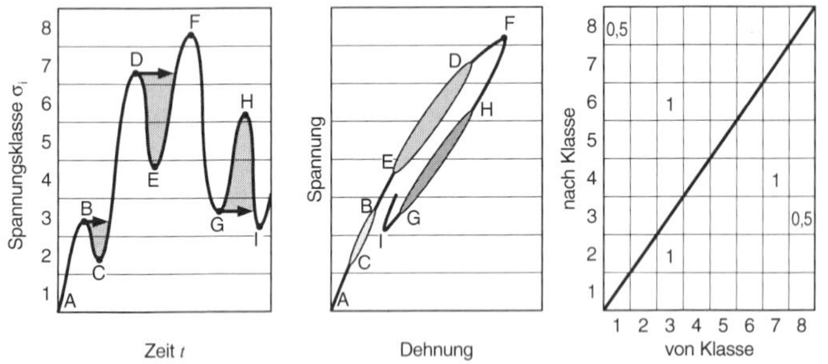

duum bezeichnet und können z. B. mit der Anzahl n = 0,5 in die Schädigungsrechnung einbezogen werden.

Wöhlerlinienmodifikationen

Zur Ermittlung der Schädigung ist das aus der Zählung resultierende Lastkollektiv der Wöhlerlinie gegenüberzustellen. Die Verwendung der ursprünglich für die Schadensakkumulationsrechnung verwendete Wöhlerlinie mit ausgeprägtem Dauerfestigkeitsniveau MO („Miner Original") hat sich nicht bewährt, da bei veränderlichen Amplituden durch die zunehmende Schädigung (d. h. der abnehmenden Dauerfestigkeit) auch die Belastungszyklen unterhalb der Dauerfestigkeit zunehmend zum Versagen beitragen.

Dies hat im Laufe der Zeit zu verschiedenen Modifikationen des Wöhlerlinienverlaufs geführt (siehe Bild Seite 73).

Miner Elementar ME (Corten-Dolan):

Die Zeitfestigkeitsgerade der Wöhlerlinie wird bis zur Spannung Null verlängert. Für den gesamten Zählbereich gilt demnach die Neigung k und somit die Beziehung:

$$N = N_D \cdot \left(\frac{\sigma_a}{\sigma_{AD}}\right)^{-k}$$

Miner Modifiziert MM (Miner Haibach):

Die Zeitfestigkeitsgerade bleibt unverändert. Der Dauerfestigkeitsbereich wird durch eine Winkelhalbierende zwischen der horizontalen Dauerfestigkeitslinie und der verlängerten Zeitfestigkeitsgeraden beschrieben. Für diese Gerade kann die obige Gleichung mit dem Exponenten k_{MM} anstelle von k verwendet werden:

$$k_{MM} = 2 \cdot k - 1$$

Miner Liu/Zenner ML:

Es wird eine neue Wöhlerlinie eingeführt, die an der ursprünglichen Zeitfestigkeitsgeraden auf Höhe des Maximalwerts des Lastkollektiv $\sigma_{a,\,max}$ beginnt und die Neigung k_{ML} aufweist. Die Gleichung dieser Geraden lautet:

$$N = N^* \cdot \left(\frac{\sigma_a}{\sigma_{a,\,max}}\right)^{-k_{ML}}$$

Der Wert N^* ergibt sich aus der ursprünglichen Beziehung für die Zeitfestigkeitsgerade:

$$N^* = N_D \cdot \left(\frac{\sigma_{a,\,max}}{\sigma_{AD}}\right)^{-k}$$

Für den Neigungsexponent k_{ML} gilt:

$$k_{ML} = \frac{k + k_R}{2}$$

Der Neigungsexponent für die Rissfortschritts-Wöhlerlinie liegt im Bereich von 3 und kann für Stähle zu k_R = 3,6 gesetzt werden.

Die Zeitfestigkeitslinie nach Miner Liu/Zenner endet auf dem Niveau der halben Dauerfestigkeit $\sigma_{AD}/2$, womit der Tatsache Rechnung getragen wird, dass Schwingspiele unter dieser Grenze nicht oder nur unwesentlich zur Schädigung beitragen.

Schadensakkumulationshypothese

Nach der von Palmgren und Miner vorgeschlagenen Schadensakkumulations-Hypothese trägt jede einzelne Lastschwingung einen Anteil zum Versagen bei. Dieser Schädigungsanteil D_1 einer Schwingung mit der Amplitude σ_{ai} errechnet sich aus der zum Bruch führenden Schwingspielzahl N_i der Wöhlerlinie:

$$D_1 = \frac{1}{N_i}$$

Treten auf dem Lastniveau i insgesamt n_i Schwingungen auf, so ergibt sich als Schädigung auf diesem Niveau i (s. Bild unten):

$$D_i = \frac{n_i}{N_i}$$

Wöhlerlinien-Modifikationen.

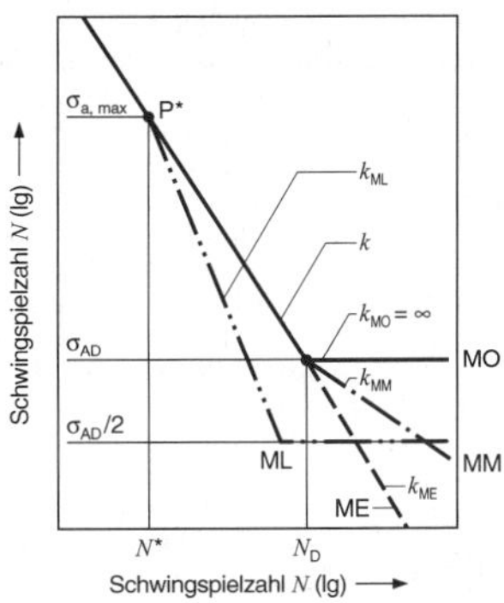

Durch Addition der Schädigungssummen D_i auf allen Lastniveaus m ergibt sich die Gesamtschädigung für den Zählzeitraum:

$$D_{ges} = \sum_{i=1}^{m} D_i = \sum_{i=1}^{m} \frac{n_i}{N_i}$$

Der ursprüngliche Ansatz von Palmgren und Miner ging davon aus, dass sich Rissinitiierung ergibt, wenn die Schadenssumme D_{ges} den Wert 1 annimmt.

Eine Vielzahl von Untersuchungen hat jedoch ergeben, dass die kritische Schadenssumme deutlich unter 1 liegen kann (aber in Einzelfällen auch Werte um 10 beim Versagen erreicht!). Neuere Untersuchungen zeigen, dass zumindest eine Begrenzung auf $D_c \leq 0{,}5$ erforderlich ist.

Die individuelle Anpassung der kritischen Schadenssumme an eigene oder aus der Literatur bekannte Schadenssummen wird als Relative Miner-Regel bezeichnet.

Lebensdauersicherheit

Die Lebensdauersicherheit S_N eines Bauteils ergibt sich unter Verwendung der für den Zählzeitraum mit den Schwingspielen n_{Test} berechneten Schädigungssumme D_{Test} für die Auslegungsschwingspiele n_{EOL} mit Hilfe der zum Versagen führenden Schädigungssumme D_c:

$$S_N = \frac{n_{Test}}{n_{EOL}} \cdot \frac{D_C}{D_{Test}}$$

Schädigungshypothese nach Palmgren/Miner.

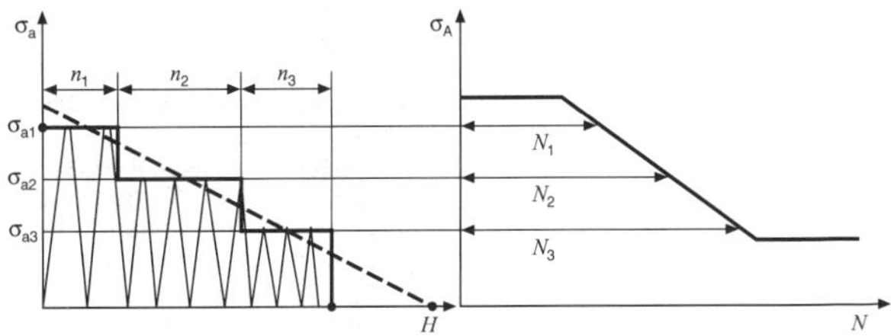

Schädigungssumme: $D = \sum_{i=1}^{m} \left(\frac{n_i}{N_i}\right) = \frac{n_1}{N_1} + \frac{n_2}{N_2} + \frac{n_3}{N_3}$; Versagen: $D = 1$

Finite-Elemente-Methode (FEM)

Was ist FEM?

Der Begriff Finite-Elemente-Methode (FEM) kann einfach als Methode der endlich großen Elemente übersetzt werden. Diese erstmals 1960 von R.W. Clough vorgeschlagene Ausdrucksweise wird seit den 1970er Jahren überall verwendet. Mit der FEM lassen sich nahezu alle Vorgänge der Technik auf dem Computer simulieren. Dabei muss jedoch ein beliebiger Körper (gasförmig, flüssig oder fest) in möglichst kleine Elemente einfacher Form (Linie, Dreieck, Viereck, Tetraeder, Pentaeder oder Hexaeder) zerlegt werden, die an ihren Eckpunkten („Knoten") fest miteinander verbunden sind. Kleine Elemente sind wichtig, weil das näherungsweise über lineare Gleichungen formulierte Verhalten der Elemente nur für das unendlich (infinitesimal) kleine Element gilt, die Rechenzeit jedoch endlich große (finite) Elemente verlangt. Die Annäherung an die Realität ist umso besser, je kleiner die Elemente sind.

Einsatz der FEM

Der Einsatz der FEM in der Praxis begann in den frühen 1960er Jahren in der Luft- und Raumfahrtindustrie und sehr bald auch im Fahrzeugbau. Die Methode basiert hier auf den Arbeiten bei der DaimlerChrysler AG in Stuttgart, die das selbst entwickelte FEM-Programm ESEM einsetzte, lange bevor die computerunterstützte Konstruktion (CAD) Anfang der 1980er Jahre ihren Einzug hielt. Mittlerweile findet die Methode in allen Gebieten der Technik einschließlich Wettervorhersage und Medizintechnik ihre Anwendung, im Fahrzeugbau bei Kleinteilen über Motor und Fahrwerk bis hin zur Karosserieberechnung einschließlich Crash-Verhalten (Fahrzeugaufbau Pkw, s. S. 730; Fahrdynamik für Nkw, s. S. 359).

Anwendungsproblematik

Die FEM ist ein Näherungsverfahren. Die Ursachen der Probleme, auf die ein Anwender stößt, werden im Folgenden beschrieben.

Körper bewegen sich auf Bahnen, die in der Regel Kurven höherer Ordnung sind. Mit dem Grundprinzip der FEM, der Linearisierung aller Vorgänge (d. h. das Verhalten der realen Struktur wird durch lineare Gleichungen beschrieben), beschränkt sich diese Bewegung auf eine gerade Bahn. Da wiederum die linearen Gleichungen das Verhalten der Elementecken (Knoten) beschreiben, bewegen sich diese ebenfalls auf einer Geraden. Die Knoten können somit nur sehr kleine Bewegungen richtig realisieren (Knotenverdrehungen $< 3{,}5°$). Alle nicht linearen Vorgänge, wie die Bewegung auf einer beliebigen Bahn oder nicht lineares Materialverhalten, müssen schrittweise linear gelöst werden.

Ein Element beschreibt nur näherungsweise das Verhalten des äquivalenten realen Bauteilausschnitts. Nur das infinitesimal kleine Element liefert korrekte Ergebnisse. Endlich große (finite) Elemente, wie diese in der Praxis verwendet werden, liefern abhängig von ihrer Ansatzqualität und der Feinheit des Netzes gute oder schlechte Ergebnisse.

Die Formulierung und die Lösung des linearen Gleichungssystems erfolgt mit der eingeschränkten Rechengenauigkeit des Computers. Üblicherweise werden dabei für die zu speichernde Zahl 8 Bytes (= 64 Bit) mit einer Rechengenauigkeit von 13 signifikanten Stellen verwendet. Die 14. und jede weitere Ziffer in dieser Zahl sind Zufallszahlen. Dadurch sind beliebige Steifigkeitsunterschiede in einem Modell nicht möglich. Bei einer Karosserie müssen daher die Federn durch starre Lager ersetzt werden.

Die große Gefahr ist, dass ein von einem Anfänger formal richtig formuliertes Rechenmodell in der Ergebnisdarstellung zwar eindrucksvolle farbige Bilder liefert, die gezeigten Ergebnisse jedoch um Faktoren neben der Realität liegen und damit völlig falsch sind. Werden aber die aus den oben beschriebenen Einschränkungen resultierenden Probleme vom Rechenprogramm erkannt, so kann auch der wenig erfahrene Anwender problemlos richtige Ergebnisse erzielen.

Qualitätssicherung, Modellfehler
Modellbereiche mit einem zu groben Netz kann ein im Programm enthaltener Fehlerschätzer bei Statikproblemen über die Spannungsberechnung, bei Potenzialproblemen entsprechend über die Flussberechnung erkennen und anzeigen. Dabei ergibt sich das Problem, dass der erfahrene Anwender niedrig beanspruchte Bereiche bewusst grob modelliert, um Rechenzeit zu sparen. Der Fehlerschätzer muss daher über die maximale Spannung bzw. über den maximalen Fluss den Fehler relativieren. Zusätzlich ist zu beachten, dass der Fehler abhängig vom Lastfall ist.

Dieser „Modellfehler“ wird meist in Prozent angegeben, wobei es verschiedene Möglichkeiten gibt, die Bezugsgröße zu definieren. Der relative, d. h. gewichtete Modellfehler wird mit Angabe der Knoten- oder Elementnummer in eine Tabelle und meist optional zur grafischen Darstellung ins Ergebnisfile geschrieben. Bei zu großen Fehlern sollte das Netz in den zu grob modellierten Bereichen im Preprozessor verfeinert und die Berechnung wiederholt werden (bei manchen Programmen geschieht das automatisch).

Das FEM-Programmsystem
Die Netzerstellung erfolgt meist auf der Basis einer CAD-Geometrie im Preprozessor weitgehend automatisch. Das FEM-Programm berechnet das so formulierte Rechenmodell und stellt das gefundene Ergebnis im Postprozessor grafisch dar. Somit besteht ein FEM-Programm aus einem Pre- und Postprozessor und dem eigentlichen FEM-Programm.

Einsatzgebiete der FEM

In der Technik wird die Physik allgemein in fünf Bereiche unterteilt: in die Mechanik, die Schwingungslehre, die Wärmelehre, die Elektrizitätslehre und die Optik. Bei der FEM gibt es wegen der Programmfunktionen grundsätzlich eine Unterscheidung zwischen linearen und nichtlinearen Statik- und Dynamikproblemen sowie stationären (zeitlosen) und instationären (zeitabhängigen) Potenzialproblemen (auch mit nichtlinearem Material), die wie die nichtlinearen Probleme gelöst werden. Eine wichtige Funktionalität eines FEM-Programms ist die Kopplung dieser unterschiedlichen Bereiche, z. B. die Berechnung eines Temperaturfelds als Potenzialproblem und die daraus resultierenden Verformungen, Spannungen und Kräfte in der linearen Statik.

FEM-Programmsystem.

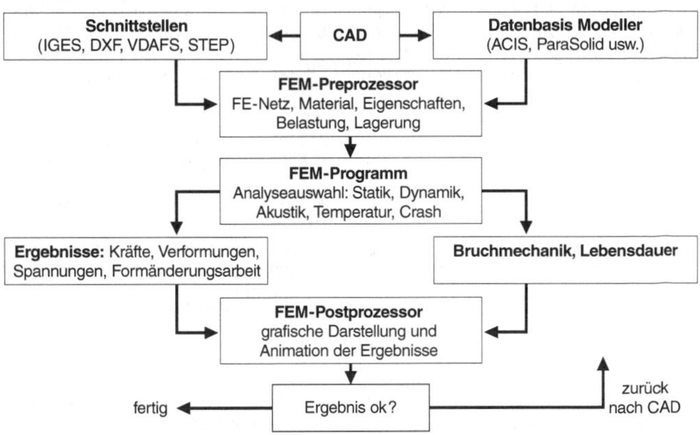

Lineare und nichtlineare Statik
Die Mechanik als Lehre der Kräfte und Bewegungen gasförmiger, flüssiger und fester Körper findet sich in der linearen und nichtlinearen Statik wieder. Die lineare Statik versteht sich als der Problembereich, in dem die Beanspruchungen der zu berechnenden Bauteile im elastischen, d. h. linearen Bereich des Werkstoffgesetzes erfolgen und die lokalen Verschiebungen relativ klein sind, verbunden mit kleinen Knotenverdrehungen.

Die zweite Einschränkung beruht darauf, dass die Verlagerungen der Lastangriffspunkte im Element bei der Formulierung der Gleichgewichtsbedingungen am Knoten vernachlässigt werden. Sind diese Voraussetzungen wegen zu großer Elemente oder zu großer Verformungen aus Starrkörperbewegungen aufgrund elastischer Lagerungen nicht erfüllt, so resultieren daraus nur bedingt brauchbare Ergebnisse.

Das Grundprinzip der nichtlinearen Statik ist die Auflösung in lineare Schritte mit Lösung des linearen Gleichungssystems. Dieses System besteht aus der linear elastischen Steifigkeitsmatrix $\underline{K}_K$ der Struktur, die das elastische Verhalten des Bauteils beschreibt, ergänzt um die geometrische Steifigkeitsmatrix $\underline{K}_L$. Diese berücksichtigt jeweils den Spannungszustand der vorausgegangenen Schritte. Dazu kommt die Addition der Verformungen nach jedem Schritt, und (wenn gewünscht) die Änderung des Materials gemäß der vorgegebenen Materialkurve. Das bedeutet die schrittweise Lösung von

$$\underline{f}_i = [\underline{K}_K + \underline{K}_L]^* \, \underline{v}_i$$

für $i = 1...n$, mit

$\underline{f}_i$ Vektor der Knotenkräfte (max. drei Kräfte F_x, F_y, F_z und drei Momente M_x, M_y, M_z) und

$\underline{v}_i$ Vektor der Knotendeformationen (max. drei Verschiebungen v_x, v_y, v_z und drei Verdrehungen d_x, d_y, d_z) im Schritt i jeweils bezogen auf das globale Koordinatensystem x, y, z.

Der erste Schritt mit $\underline{K}_L = 0$ entspricht damit der linearen Statik, für jeden weiteren Schritt gelten die in der linearen Statik definierten Voraussetzungen.

In der nichtlinearen Statik können sowohl nichtlineares Material als auch geometrische Nichtlinearitäten berücksichtigt werden. Die Gesamtbelastung als Kraft, Moment, Verformung oder Temperaturfeld wird schrittweise durch Lastschritte aufgebracht. Die Summe aller Lastschritte ist somit gleich der Gesamtbelastung. Dabei müssen die Schritte nicht von gleicher Größe sein. In den meisten Programmen erfolgt eine automatische Zerlegung in Lastinkremente, verbunden mit einer Schrittanpassung. Für Crash-Berechnungen werden Spezialprogramme eingesetzt.

Lineare und nichtlineare Dynamik
Die Schwingungslehre als Lehre der zeitabhängigen, wellenförmigen Bewegung gasförmiger, flüssiger und fester Körper als träge Massen und dem Sonderfall des Schalls findet sich in der linearen und nichtlinearen Dynamik und der Akustik wieder. Nichtlineare Dynamikprobleme wie zeitabhängige Dämpfung, nichtlineares Material oder Anschlagprobleme (das Klappern) erfordern in der Regel ein Spezialprogramm.

Für lineare Probleme werden die Eigenwerte und Eigenvektoren (Eigenfrequenzen und Eigenschwingungsformen) der Struktur mit zugehörender Massenmatrix aus Gewichtskräften und möglichen Zusatzmassen für das ungedämpfte elastische System mit dem nachfolgenden Gleichungssystem ermittelt:

$$\underline{M} \cdot \underline{b} + [\underline{K}_K + \underline{K}_L] \cdot \underline{v} = 0$$

mit

$\underline{M}$ Massenmatrix der Gesamtstruktur,

$\underline{b}$ Beschleunigungsvektor an allen Knoten,

$\underline{K}_K$ linear elastische Steifigkeitsmatrix der Struktur,

$\underline{K}_L$ geometrische Steifigkeits- oder Initialspannungsmatrix der Struktur (nur bei Vorspannung),

$\underline{v}$ Vektor aller Knotenbewegungen.

Der Anteil der geometrischen Steifigkeitsmatrix beinhaltet den Vorspannungszustand der Struktur und wird daher nur bei Vorspannung berücksichtigt.

Mit der Lösung der allgemeinen Bewegungsgleichung lassen sich – aufbauend auf eine durchgeführte Modalanalyse unter Berücksichtigung von Dämpfung – verschiedene Sonderfälle der Bewegungsgleichung durchführen. Dazu gehören die harmonische Kraft- und Fußpunkterregung sowie eine Untersuchung der Antwortspektren für Erdbebennachweise.

$$\underline{M} \cdot \underline{b} + [\underline{K}_K + \underline{K}_L] \cdot \underline{v} + \underline{C} \cdot \underline{w} = \underline{f}_r$$

mit

$\underline{C}$ Dämpfungsmatrix der Gesamtstruktur in Diagonalform;

$\underline{w}$ Geschwindigkeitsvektor an allen Knoten;

$\underline{f}_r$ = Erregungsvektor (Kraftvektor).

Stationäre und instationäre Potenzialprobleme

Bei den Potenzialproblemen wird zwischen stationären und instationären Problemen unterschieden. Bei stationären Problemen ist alles im Gleichgewicht, die Zeit spielt somit keine Rolle (z.B. konstanter Wärmefluss). Bei instationären Problemen ist alles zeitabhängig (z.B. Aufheizung eines Körpers).

Analogie der Potenzialprobleme

Die häufigsten Potenzialprobleme sind (siehe Tabelle)

(a) Temperaturverteilung T aus Wärmefluss,
(b) laminare Flüssigkeits- oder Gasströmung s,
(c) Druckverteilung p (z. B. der Schalldruck in der Akustik) sowie
(d) das Magnetfeld Φ und
(e) das elektrische Feld U.

Bei der Lösung instationärer Potenzialprobleme ist folgendes zeitabhängige Gleichungssystem zu lösen:

$$\underline{P} \cdot \underline{T} + \underline{C} \cdot \delta \underline{T}/\delta t + \underline{F} = 0$$

Bezogen auf ein Wärmeleitproblem bedeuten dabei:

$\underline{P}$ Potenzialmatrix;

$\underline{T}$ Vektor der Knotenpotenziale (z. B. Temperaturen),

$\underline{C}$ Kapazitätsmatrix,

$\delta T/\delta t$ Vektor der Potenzialänderungen pro Zeiteinheit,

F Flussvektor (z. B. Wärmefluss, Wärmequellen, Quellen und Senken).

Der Lösung der Gleichung dient meist ein vollimplizites Zeitschrittverfahren.

Entfällt die Kapazitätsmatrix $\underline{C}$ und der Vektor der Potenzialänderungen pro Zeiteinheit $\delta T/\delta t$, so ist das Problem stationär. Das Gleichungssystem lässt sich dann mit dem der linearen Statik vergleichen. Dabei entspricht die Potenzialmatrix $\underline{P}$ der Steifigkeitsmatrix $\underline{K}$, der Vektor der Potenziale $\underline{T}$ der Knotendeformation v und der Vektor der Flussmengen $\underline{F}$ den Knotenkräften.

Eine der vorrangigsten Anwendungen des Programmteils ist die Lösung von Wärmeflussproblemen. Ist die Problemstellung des Wärmeflussproblems erkannt, lassen sich aufgrund der oben beschriebenen Analogie alle gängigen Potenzialprobleme lösen.

Analogie der Potenzialprobleme.

(a)	(b)	(c)	(d)	(e)	
$\underline{T}$	$\underline{s}$	$\underline{p}$	$\underline{\Phi}$	$\underline{U}$	Potenzial
grad $\underline{T}$	grad $\underline{s}$	–	$\underline{H}$	$\underline{E}$	Gradient
$\underline{\lambda}$	$\underline{\lambda} = \underline{1}$	$\underline{\lambda} = \underline{1}$	$\underline{\mu}$	$\underline{\varepsilon}$	Werkstoff
$\underline{a}$	$\underline{a}$	$\underline{a}$	$\underline{B}$	$\underline{D}$	Flussmenge
$\underline{Q}$	$\underline{Q}$	$\underline{Q} = 0$	div $\underline{B} = 0$	$\underline{Q}$	Quellstärke

Elemente der FEM

Die Eigenschaften der vorhandenen Elemente (Bausteine) definieren die wichtigsten Leistungsdaten eines FEM-Programms. Die Elementqualität bestimmt die Ansatzfunktion. Dabei ist zwischen Elementen mit linearem oder quadratischem Ansatz entlang der Elementkante zu unterscheiden. Letzterer ist an den Zwischenknoten zu erkennen. Die Qualität eines Rechenmodells hängt also nicht nur von der Feinheit des verwendeten Netzes ab, sondern ganz wesentlich von der Ansatzfunktion. Die vorhandenen Elemente lassen sich in Flächenelemente mit ebener Erstreckung, Volumenelemente mit räumlicher Erstreckung und Stabelemente mit linearer Erstreckung unterteilen (siehe FEM-Anwendungsbeispiele).

Flächenelemente

Die Flächenelemente haben entweder dreieckige oder viereckige Form – im Idealfall als gleichseitiges Dreieck oder Quadrat. Für ungünstige Seitenverhältnisse bei Elementen ohne Zwischenknoten (linearer Verschiebungsansatz) konnte der durch den Schub hervorgerufene Versteifungseffekt (Shear Locking) weitgehend (max. 30 %) verhindert werden, sodass auch mit den Viereckselementen ohne Zwischenknoten gute Ergebnisse erzielt werden (siehe FEM-Anwendungsbeispiele). Viereckige Schalenelemente können meist leicht (max. 10° zu steif) verwölbt sein. Bei Dreieckselementen sollte der Eckenwinkel nicht kleiner 12° und nicht größer 156° sein, bei Viereckselementen entsprechend nicht kleiner 24° und nicht größer 156°.

Flächenelemente.
a, b Dreieckselemente, c, d Viereckselemente.

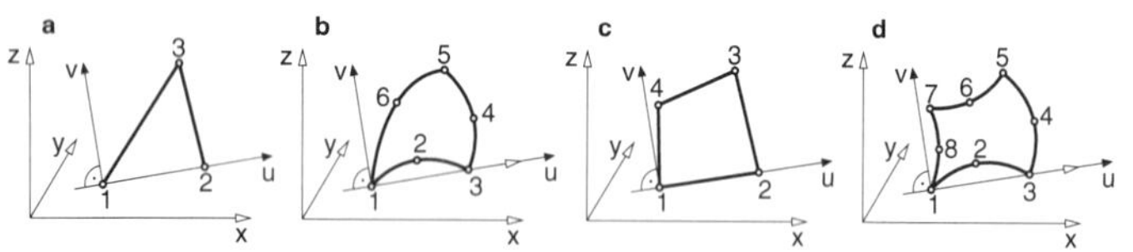

Volumenelemente.
obere Bildreihe lineare Ansatzfunktion, untere Bildreihe quadratische Ansatzfunktion.
a Tetraeder, b Pentaeder, c Hexaeder.

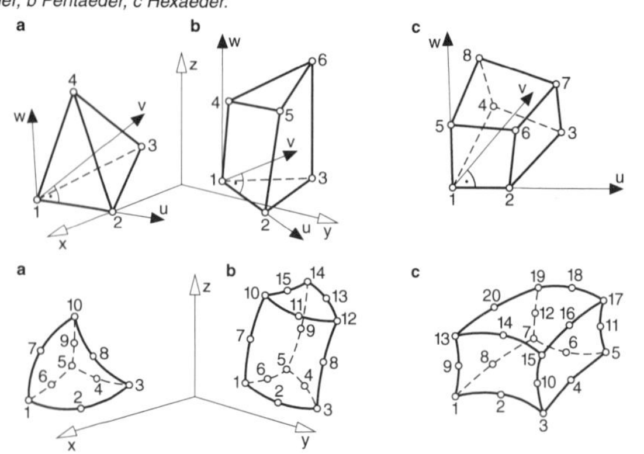

Diese durch Tests gefundenen Grenzen hängen aber von dem verwendeten FEM-Programm ab.

Bei den Flächenelementen wird nach folgenden Beanspruchungen unterschieden, unabhängig von der geometrischen Form und dem Ansatz:

- nur Schnittkräfte in der Elementebene (Scheibe bzw. Membran), ebener Spannungszustand oder ebener Formänderungszustand.
- Rotationssymmetrisch räumlicher Spannungs- und Verformungszustand als zweidimensionales Problem (rotationssymmetrische Belastung) mit Sonderfall allgemeine Belastung (Fourier-Element).
- Nur Schnittmomente in der Elementebene (Platte) mit oder ohne Schubverformung aus senkrechter Querkraft.
- Räumliche Schnittkräfte und -momente (Schale) mit oder ohne Schubverformung.

Volumenelemente

Die Volumenelemente liegen meist als Tetraeder, Pentaeder oder Hexaeder vor. Wenige Programme haben zusätzlich die Pyramide mit viereckiger Grundfläche. Für ungünstige Seitenverhältnisse bei Elementen ohne Zwischenknoten (linearer Ansatz) ist der durch den Schub hervorgerufene Versteifungseffekt (Shear Locking) weitgehend (max. 30 % zu steif) verhindert, sodass insbesondere mit den Hexaederelementen ohne Zwischenknoten bereits gute Ergebnisse erzielt werden. Bei höheren Ansprüchen an die Genauigkeit sind jedoch die Elemente mit quadratischem Verschiebungsansatz zu verwenden. Dies gilt insbesondere bei den Tetraederelementen, die bei automatischer Volumenvernetzung entstehen (siehe Anwendungsbeispiele).

Stabelemente

Wie bei den Flächen- und Volumenelementen bieten die meisten FEM-Programme zwei Elementtypen: das gerade Stabelement mit linearer und das gekrümmte Stabelement mit quadratischer Ansatzfunktion. Das Stabelement wird durch seine zwei Anschlussknoten in der Länge festgelegt. Die Beschreibung der Querschnitte erfolgt durch die Angabe der Zahlenwerte für

- die Querschnittsfläche (A),
- die reduzierten Schubquerschnitte A_{red} (Shear Area),
- die Hauptträgheitsmomente (I_x, I_y),
- das Torsionsträgheitsmoment (I_t) mit dem Torsionswiderstandsmoment (W_t),
- das Sektorträgheitsmoment für Wölbkrafttorsion und
- die Lage der Hauptträgheitsachsen (α)
- sowie der maximal vier Spannungspunkte (S_x, S_y) für die Spannungsberechnung.

Diese Werte sind im Preprozessor bei der Property-Definition einzutragen oder über die Umrissform automatisch zu berechnen (Anwendungsbeispiel 3). Da der Preprozessor die Umrissform zudem grafisch darstellt, ist diese Eingabeform zu bevorzugen.

Zur Definition einer besonderen Funktionalität kann das allgemeine Stabelement als Zug-Druck-Stab, als Biegestab um die 1. oder 2. Hauptträgheitsachse oder als Torsionsstab formuliert werden.

Diese Möglichkeiten lassen sich beliebig kombinieren. Für das Stabelement sind spezielle Stabelement-Randbedingungen vorgesehen, um z. B. Gelenke zu definieren. Stabelemente sind mit allen übrigen Elementtypen gleicher Ansatzfunktion kombinierbar.

Stabelemente.
a Gerade mit linearer Ansatzfunktion,
b gekrümmt mit quadratischer Ansatzfunktion.

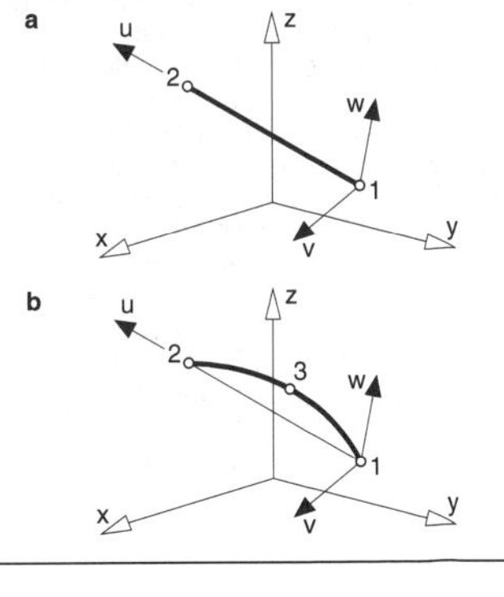

Modellierung und Ergebnisauswertung

Die wichtigste Aufgabe bei der Anwendung eines FEM-Programms ist die Erstellung der Eingabedaten mit dem Preprozessor. Dabei wird, in der Regel basierend auf CAD-Geometrie (hier ist bereits die Längeneinheit festgelegt), das reale Bauteil unabhängig vom Einsatzgebiet in ein Rechenmodell so überführt, dass die geforderte Übereinstimmung mit der Realität und damit die erforderliche Ergebnisgenauigkeit erreicht wird (siehe Anwendungsbeispiele).

Der Anwender sollte versuchen, dieses Ziel mit möglichst wenig Elementen und Knoten (eine Karosserie hat ca. 300 000...400 000 Knoten) zu erreichen und dabei berücksichtigen, dass er eine Näherungsmethode verwendet. Dazu benötigte er eine gewisse Erfahrung, aber in jedem Fall die genaue Kenntnis der Qualität der verwendeten Elemente (siehe Anwendungsbeispiele 1 und 2), die in jedem FEM-Programm unterschiedlich ist.

Der erste Schritt in der Modellierung ist somit die Wahl des Elementtyps und die Festlegung der Feinheit des Netzes, z. B. über die vorgegebene mittlere Elementkantenlänge und die grundsätzliche Überlegung, welcher Teil der Gesamtstruktur zu untersuchen ist. Bei vorhandener Symmetrie wird wegen Zeit- und Kostenersparnis meist nur der erforderliche Teil in Elemente zerlegt. Es ist jedoch allgemein üblich, bei vorhandener Modellsymmetrie ein ganzes Modell zu erstellen, da meist fehlerträchtige Überlegungen die Kosten erhöhen.

Ein weiterer Schritt ist die Festlegung der Lagerbedingungen und Belastungen (die Einheit für Kraft und Energie wird in den Materialdaten definiert). Maßgebend dabei ist, wo ein Modell festgehalten und wo es belastet ist. Bei der Belastung kommt eine sinnvolle Zerlegung in Lastfälle hinzu. Denn ein FEM-Programm hat mit der gleichzeitigen Berechnung sehr vieler Lastfälle und der anschließenden Überlagerung derselben keine Schwierigkeiten.

Alle FEM-Berechnungsergebnisse liegen wahlweise in Listenform und/oder im Format des Postprozessors vor und können damit grafisch dargestellt werden (wie in den Bildern zu den Anwendungsbeispielen gezeigt). Der Postprozessor bietet dazu alle denkbaren Darstellungsmöglichkeiten an, wie z. B.:

- verformte und unverformte Struktur mit Schatteneffekten und Isofarben oder Isolinien, auch als Animation bzw. Videoclip (z. B. gesamter Verformungsverlauf bei nichtlinearer Berechnung),
- Spannungen, Kräfte und Flüsse als farbige Pfeilchendarstellung sowie
- xy-Diagramme.

Für den Berechnungsbericht oder eine Präsentation können die Bilder in allen gängigen Formaten exportiert werden.

FEM-Anwendungsbeispiele

Für alle Beispiele erfolgt die Modellierung auf der Basis einer CAD-Geometrie unter Anwendung des FEM-Programms WTP 2000, das auf CD-ROM als Anlage zu einem FEM-Fachbuch verfügbar ist (Informationen dazu sowie die gesamten Modelleingaben mit farbigen Ergebnissen unter: www.IGFgrothTP2000.de).

In der Realität sind alle Körper dreidimensional. Die Simulation hat jedoch das Ziel, mit einem Minimum an Aufwand ein Maximum an Ergebnisqualität zu erreichen. Wegen Zeit- und Kostenersparnis wird oft eine einfache Lösung gewählt.

Die automatische Vernetzung einer ebenen Fläche in Flächenelemente ist leichter zu realisieren als die eines Körpers in Volumenelemente. Denn das häufig verwendete Tetraedernetz, das mittlerweile nahezu jeder Preprozessor für eine beliebige Volumengeometrie erzeugt, entspricht nicht immer den Erwartungen. Das erste Beispiel zeigt deshalb ein ebenes Membranmodell, gefolgt vom Volumenelementmodell und dem meist verwendeten Schalenmodell im zweiten Beispiel. Auch das im Fahrzeugbau häufig verwendete Stabelement gehört mit dem dritten Beispiel dazu.

Beispiel 1: Lochscheibe mit Membranelementen

Das Ziel ist die Anwendung des Membranelements bei ebenen, zweidimensionalen Problemen (gilt auch für rotationssymmetrische Probleme) und der Vergleich unterschiedlicher Modellqualitäten bei vier verschiedenen FEM-Modellen (A...D). Dabei werden die Einsatzgebiete lineare Statik, lineare Dynamik und Temperaturfeld mit Kopplung zur linearen Statik verwendet.

Die CAD-Geometrie ist eine Lochscheibe mit den Maßen 200 x 200 mm mit 100 mm zentrischem Loch. Um Kosten und Zeit zu sparen, wird nur die vorhandene Viertelsymmetrie genutzt. Das Rechenmodell ist somit nur das dargestellte linke obere Viertel. Die Materialeigenschaften sind:

E-Modul = 210 000 N/mm²,
Poison'sche Konstante = 0,3,
Dichte = 0,00000785 kg/mm³,
Wärmeleitwert = 167 J/mm · sec · °C,
lineare Temperaturausdehnungskoeffizient = 0,00001 mm/°C.

Die Elementeigenschaften werden in den Properties definiert mit Elementtyp „Membran" und mit

- zwei Knotenfreiheitsgraden v_x, v_y, (d_z entfällt bei dem hier verwendeten FEM-Programm),
- konstanter Dicke d = 5 mm und
- linearem Verschiebungsansatz (ohne Zwischenknoten).

Die Vernetzung zeigt die wichtigsten beiden Methoden – das meist verwendete „Freemesh" und das (wenn möglich) bevorzugte „Mapmesh".

Lochscheibe mit Membranelementen.
1 Freemesh fein (Modell A), 2 Mapmesh fein (Modell B), 3 Ergebnis zu 1, 4 Ergebnis zu 2, 5 Ergebnis Freemesh grob (Modell C), 6 Ergebnis Freemesh sehr grob (Modell D). Die Ergebnisse sind Verformungen und Spannungen mit Maximum am unteren Lochrand.

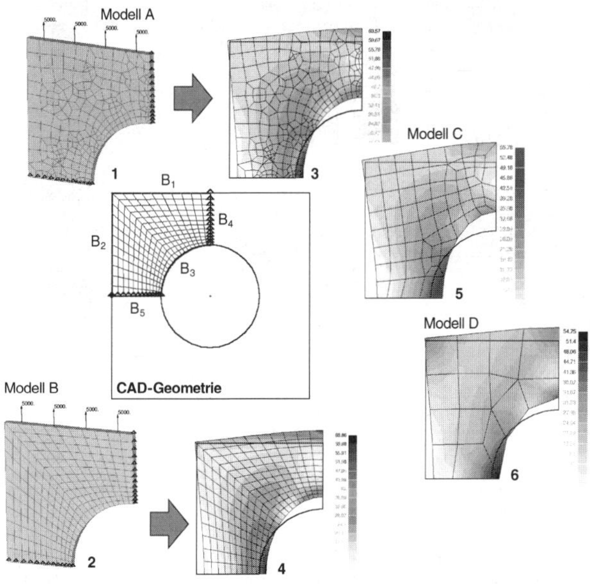

Modell A: Freemesh mit vorgegebener Elementanzahl an den Kanten B_3, B_4, B_5 (die Vorgabe nur einer mittleren Kantenlänge ist ebenfalls möglich), 20 Elemente im 90°-Viertelkreisbogen.

Modell B: Da die jeweils gegenüberliegenden Kanten gleiche Teilung haben (Kanten $B_1 + B_2 = B_3$; $B_4 = B_5$), kann das Mapmesh mit der angestrebten besseren Elementqualität am Lochrand verwendet werden (möglichst gleichmäßige, quadratische Elemente). Die Kantenteilung ist wie bei A.

Modell C: Wie bei A, jedoch nur 6 Elemente statt 20 im Lochrand bei 4 Elementen in B_4 und B_5.

Modell D: Wie Modell C, mit 3 Elementen im Lochrand und nur 2 Elementen in B_4 und B_5.

Lochscheibe mit Membranelementen.
a), b), c), d) Dynamikergebnis
1. – 4. Eigenform mit Spannungsverteilung,
e) Temperaturfeld, f) Wärmefluss,
g) Verformungen und Spannungen aus Temperatur, jeweils für Modell B.

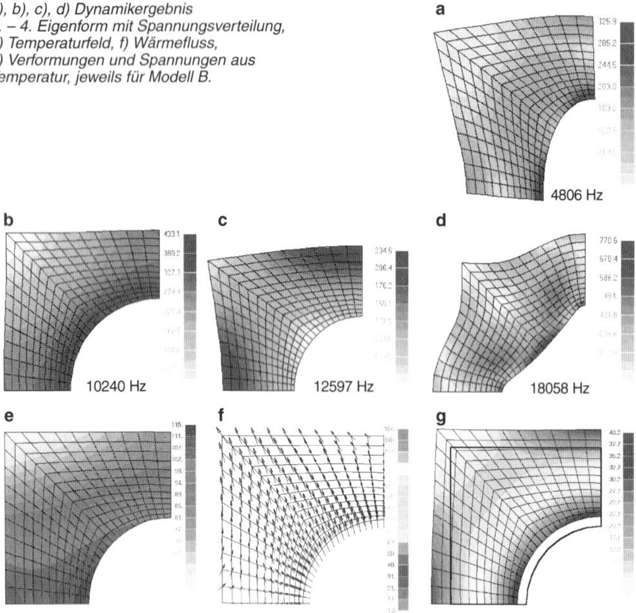

Modell Elem. Ansatz	Knoten	Elem.	Lineare Statik max. Verformg. lin.	quad.	max. Spanng. lin.	quad.	Dynamik Eigen-Frequenz lin. 1.–4.EWHz	Temperaturfeld max. Temp. lin.	quad.	max. Verf. lin.	quad.	max. Spang. lin.	quad.
A	290/842	263	0,0185	0,0189	63,6	64,0	wie B						
B	273/785	240	0,0190	0,0191	63,8	63,9	4806 10240 12597 18058	115	115	–0,1	–0,1	40,0	40,2
C	86/	70	0,0179		55,8								
D	22/ 57	14	0,0154	0,0178	52,0	57,5	5142 10375 12227 18431	114	114	–0,1	–0,1	36,2	40,0

Alle Modelle werden in der linearen Statik ohne und mit Zwischenknoten berechnet. Dies geschieht im verwendeten Programm einfach über eine zu setzende Option.

Lagerbedingungen:
Nur Symmetriebedingungen:
in xz-Ebene $v_y = 0$,
in yz-Ebene $v_x = 0$.

Belastungen:
Lineare Statik bei konstanter Zugkraft als Linienlast mit F = 5000 N verteilt auf 11/9/5 Knoten. Dabei haben die beiden Eckknoten, an denen nur ein Element ankommt, jeweils die halbe Last.
Dynamik: Nur Massen aus Eigengewicht (0,315 kg).
Temperaturfeld aus Wärmeübergang (Konvektion) am Lochrand B_3 (T = 250 °C, Konvektionskonstante = 0,8 J/mm²·sec·°C), am linken Rand B_2 (unten T = 150 °C, oben T = 20 °C,
Konvektionskonstante = 2,0 J/mm²·sec·°C) und am oberen Rand B_1 (T = 20 °C, Konvektionskonstante = 4,0 J/mm²·sec·°C). An den beiden Symmetrieebenen ist der Wärmefluss null (bei allen Programmen keine zusätzliche Eingabe erforderlich).

Fazit:
Liegt der maximale Modellfehler unter 15 %, so ist das Netz fein genug. Die Vernetzungsart (Map- oder Freemesh) spielt dann keine Rolle mehr. Mit Zwischenknoten lässt sich dann außer höheren Rechenzeiten nichts mehr erreichen (siehe Tabelle, Modell A und B mit linearem und quadratischem Ansatz).

Anders bei einem zu groben Netz (D). Hier ergibt sich eine deutliche Ergebnisverbesserung. Ein relativ grobes Netz (C) mit nur 6 Elementen im 90°-Lochrand liefert ohne Zwischenknoten
- die maximale Spannung mit einem Fehler von ca. 13 %,
- die ersten 4 Eigenfrequenzen mit 7/1/-3/2 % Fehler,
- das Temperaturfeld und die Verformungen daraus mit nur 1 % Fehler,
- die zugehörenden Spannungen jedoch mit 10 % Fehler.

Mit Zwischenknoten sind die Ergebnisse wie in Modell B.

Beispiel 2: Stahlgusswinkel als Schalen- und Volumenelementmodell (lineare Statik)

Ziel ist der Vergleich von Schalen- und Volumenelementen in der linearen Statik an einem relativ dickwandigen Stahlgusswinkel. Bei den Volumenelementen werden vier Modelle A, B, C und C´ mit deutlich unterschiedlicher Ergebnisqualität verglichen (C´ entspricht C, jedoch mit Zwischenknoten). Die CAD-Solidgeometrie wird direkt vom Preprozessor übernommen und zusätzlich das Mittelflächenmodell daraus automatisch erzeugt (diese Funktion ist relativ selten vorhanden).

Die Materialeigenschaften sind:
E-Modul = 210 000 N/mm²,
Poison'sche Konstante = 0,3,
Dichte = 0,00000785 kg/mm³.

Die Elementeigenschaften werden in den Properties mit dem Elementtyp „Solid" jeweils mit linearem Verschiebungsansatz (ohne Zwischenknoten) definiert. Mit drei Knotenfreiheitsgraden v_x, v_y und v_z bei Modell A–C´ und „Plate" (so heißt im Preprozessor das „Shell"-Element); mit sechs Knotenfreiheitsgraden v_x, v_y, v_z und d_x, d_y, d_z und konstanter Dicke d = 3,75 mm. Die Solid-Vernetzung zeigt im Modell A die bevorzugte Zerlegung in Hexaeder (nicht für alle Geometrien voll automatisch möglich) und im Modell B und C die automatische Tetraedervernetzung. Die Elementanzahl über die Dicke wird dabei vorgegeben.

Lagerbedingungen:
An der rechteckigen xz-Fläche gilt für alle Knoten $v_y = 0$. Für alle Kanten-Knoten am rechten, langen Schenkel gilt $v_x = 0$ und für die des unteren, kurzen Schenkels gilt $v_z = 0$.

Belastungen:
$\sum F_x$ = 1285 N,
$\sum F_y$ = 2006 N,
$\sum F_z$ = –550 N.
Alle Lasten sind als Flächenlast (Pressure) am kleinen Loch mit F_y = 2006 N und am großen Loch mit F_x = 985 N oder als „von Hand" auf die Knoten verteilte Last an der Aussparung F_x = 300 N und am großen Loch F_z = –550 N definiert.

Stahlgusswinkel als Schalen- und Volumenelementmodell A (Hexaedernetz).
1 CAD-Solidgeometrie, 2 mit feinem Hexaedernetz mit Lagerbedingungen,
3 Ergebnis: Verformungen und Verspannungen, σ_{max} = 175 N/mm² am Rand des kleineren Lochs.

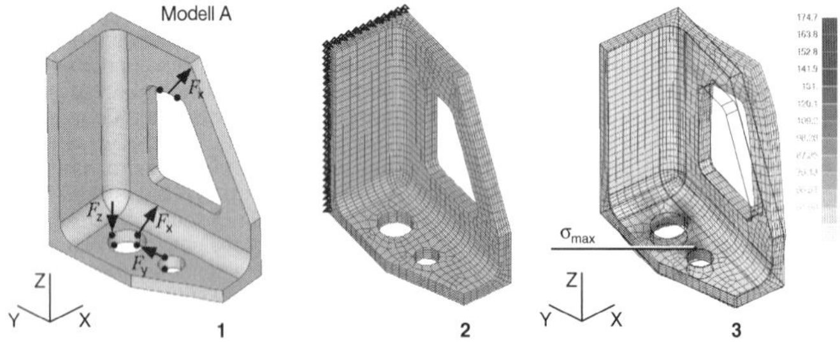

Stahlgusswinkel als Schalen- und Volumenelementmodell B (feines Tetraedernetz).
1 Feines Tetraedernetz mit drei Elementen in der Dicke,
2 Verformungen und Spannungen zu 1, σ_{max} = 119 N/mm² am Rand des kleinen Lochs.

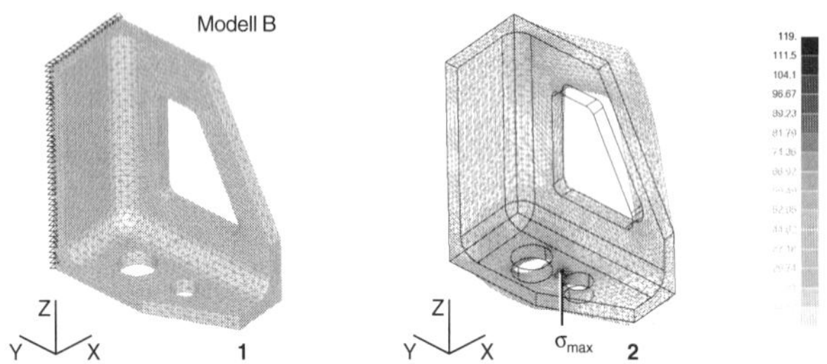

Stahlgusswinkel als Schalen- und Volumenelementmodell C (grobes Tetraedernetz).
1 Grobes Tetraedernetz mit nur zwei Elementen in der Dicke,
2 Verformungen und Spannungen zu 1, σ_{max} = 110 N/mm² am Rand des kleinen Lochs.

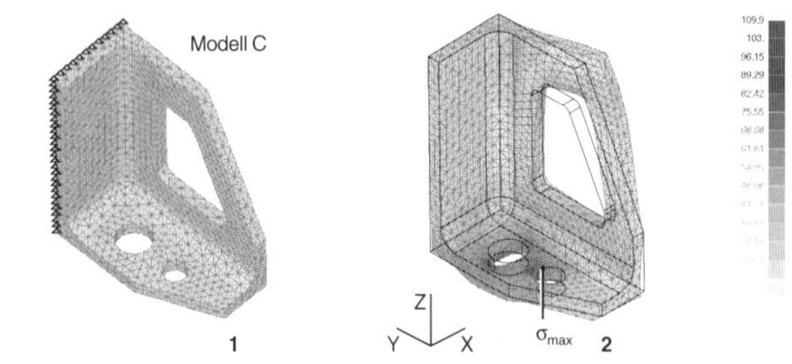

Zu beachten: „einsame" Einzellasten sind nur bei Stabelementen erlaubt.

Die Ergebnisse sind in der Tabelle und den Bildern verformt und unverformt mit Spannungen als Isofarben (im Original) bzw. Grautönen dargestellt.

Fazit:
Volumenelemente sind sehr empfindlich auf falsch angenäherte Lastverteilungen (siehe Modell C´, Zwischenknoten über Option eingeführt). Die „von Hand" auf die Eckknoten verteilten Lasten F_x und F_z sind jetzt falsch, da die wichtigen Zwischenknoten unbelastet bleiben. Als Ergebnis ergeben sich richtige Verformungen aber sinnlose Spannungsspitzen. Daher: Volumenelemente immer nur mit Flächenlasten belasten!

Die Differenz zwischen gemittelter und maximaler Knotenspannung sollte klein sein. Das Modell A liefert gute Ergebnisse, die Differenz beträgt 14 %. Fünf Elemente pro Dicke sind aber überflüssig. Bei nur 2...3 ist sogar ein besseres Ergebnis zu erzielen, denn das Seitenverhältnis liegt näher am Idealelement Würfel. Alle Modellfehler liegen im Bereich der Lasteinleitung. Das Modell B mit drei Tetraedern pro Dicke ist um 34 % zu steif, die Spannungen sind um 30 % zu gering. Das Modell C ist sogar um 58 % zu steif und hat 37 % geringere Spannungen und ist damit kaum verwendbar. Das Modell C´ liefert bei sehr großer Knotenanzahl und hohen Rechenzeiten identische Verformungen aber sinnlose Spannungsspitzen (s. o.). Vorsicht mit Tetraedernetzen!

Das Modell D als Schalenmodell ist viel zu weich (45 %, mit Schubverformung sogar 58 %). Schalenelemente (meist als dünnwandig definiert) mit relativ großen Dicken liefern insbesondere bei sehr kompakten Körpern, wie hier, nur bedingt brauchbare Ergebnisse, denn auch die Spannungen sind um 33 % zu gering.

Stahlgusswinkel als Schalenmodell D.
1 Automatisch erzeugtes Mittelflächenmodell aus Solid (CAD-Flächen),
2 Schalenmodell mit Lagerbedingungen und Belastung,
3 Ergebnis: Verformungen und Spannungen zu 2, σ_{max} = 123 N/mm² am Rand des großen Lochs.

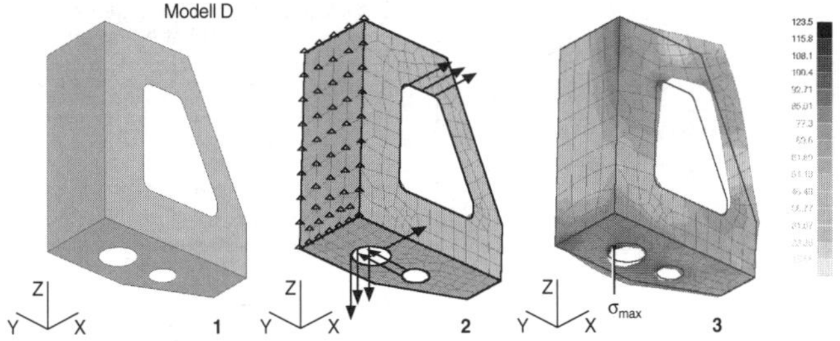

Modell	Typ	Ergebnisse lineare Statik Knoten	Elemente	Gleichg.	Gewicht	max. Verformg.	max.Spanng. gem./max.	Diff.	Modell-fehler	Rechen-zeit
A	Hexaeder	6228	4735	18000	0,119	0,029	173/203	30	34 %	140 sec
B	Tetraeder	5407	18385	15500	0,119	0,019–34 %	119/195	76	24 %	100 sec
C	Tetraeder	2178	6735	6156	0,119	0,012	110/124	14	19 %	20 sec
C'	wie C Zwikn.	12500	6735	37767	0,119	0,029	674/795	121	–	500 sec
D	Schale 4-Eck	279	240	1350	0,114	0,0421	116/123	7	21 %	4 sec

Beispiel 3: Rohrrahmen
Das Ziel ist die FEM-Berechnung einer Karosserie als Rohrrahmen (Spaceframe) ohne Blechbeplankung einschließlich Optimierung von Gewicht und Steifigkeit am Beispiel eines Mini-Pickup (kein reales Fahrzeug). Die Materialeigenschaften sind:
E-Modul = 200 000 N/mm²,
Poisson'sche Konstante = 0,3 und
Dichte = 0,00000785 kg/mm³.

Als Profile werden nur zwei Formen verwendet. Ein Hohlkastenprofil 90 x 120 x 1,5 mm und ein Rohrprofil 70 x 2 mm, die im Preprozessor in den Properties mit ihrer Form direkt mit dem Elementtyp „Bar" definiert werden (konstanter Querschnitt mit linearem Ansatz; unterschiedlicher Anfangs- und Endquerschnitt wäre „Beam"). Dabei ergeben sich die erforderlichen Querschnittswerte wie folgt (in mm² bzw. mm⁴ und mm³).

Profile des Rohrrahmens
a) Hohlkastenprofil, b) Rohrprofil.

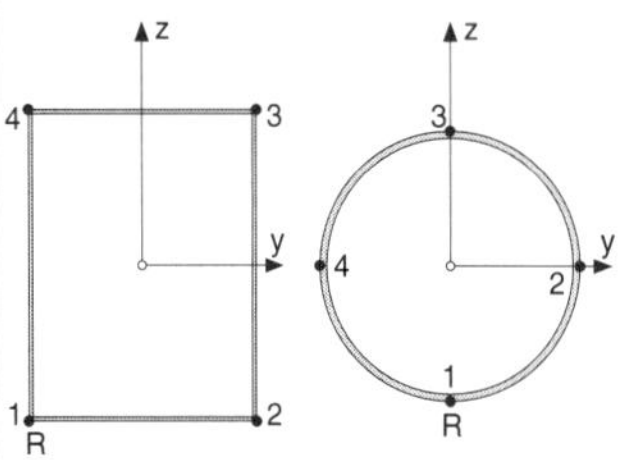

Hohlkasten:
Querschnittsfläche A = 621,
die reduzierten Schubquerschnitte
A_{redI} = Shear Area = 325,
A_{redII} = 219,
die Hauptträgheitsmomente
I_{I} = 1348306,
I_{II} = 869596,
Torsionsträgheitsmoment I_t = 1606083,
Torsionswiderstandsmoment W_t = 7334,
Lage der Hauptträgheitsachsen $\alpha = 0°$,
maximal vier Spannungspunkte
S_x = -45/45/45/-45,
S_y = -60/-60/60/60.

Rohr:
Querschnittsfläche A = 427,
die reduzierten Schubquerschnitte
A_{redI} = Shear Area = A_{redII} = 227,
die Hauptträgheitsmomente
$I_{\text{I}} = I_{\text{II}}$ = 247168,
Torsionsträgheitsmoment I_t = 494261,
Torsionswiderstandsmoment W_t = 2177,
Lage der Hauptträgheitsachsen $\alpha = 0°$,
maximal vier Spannungspunkte
S_x = 0/35/0/-35,
S_y = -35/0/35/0.

Die Hauptabmessungen gemäß Seitenansicht und Draufsicht betragen:
L_1 = 4114 mm (max.),
L_2 = 2650 mm;
W_1 = 1517 mm (max.);
W_2 = 1147 mm (vorn);
W_3 = 1374 mm (hinten);
H_1 = 1402 mm (max.);
H_2 = 1315 mm;
H_3 = 469 mm (Kasten).

Rohrrahmen eines Mini-Pickups.

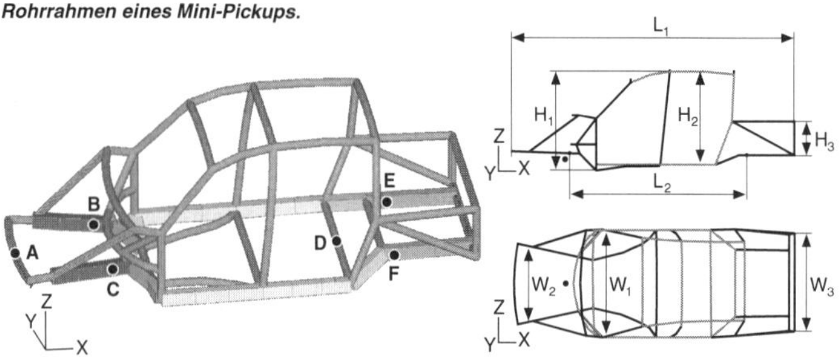

Lagerbedingungen:
Lineare Statik Lastfall Biegung:
A $v_y = 0$; (A...F siehe Bild).
B, C, E, F $v_z = 0$; D $v_x = 0$, $v_y = 0$.
Lineare Statik Lastfall Torsion:
A, B, C = frei;
E, F $v_z = 0$;
D $v_x = 0$, $d_y = 0$, $d_z = 0$.
Frei/frei-Dynamik:
Keine Lager, Karosserie schwingt frei in den Federn.

Aufbau:
Der Rohrrahmen besteht aus 18 Bauteilen die als Layer 2...19 definiert sind:
2 Längsträger,
3 Pedalquertäger,
4 Fahrerquerträger;
5 Querträger hinten,
6 Längsversteifung,
7 Cockpitträger,
8 Längsträger vorn,
9 Stoßfängerträger vorn,
10 Hilfsträger vorn,
11 A-Säule,
12 B-Säule,
13 C-Säule,
14 Dachrahmen seitlich,
15 Dachrahmen quer,
16 Hinterachsträger,
17 Längsträger Lastkasten,
18 Querträger Lastkasten,
19 Stoßfängerträger hinten.

Belastungen:
Lineare Statik Lastfall Biegung:
Je Längsträger 4x375 N (4 Insassen à 75 kg), je Lastkastenecke 300 N aus 120 kg Zuladung, Eigengewicht der Struktur mit 170 kg.
Lineare Statik Lastfall Torsion:
Torsionsmoment 3000000 N·mm als übliche Einheitsbelastung auf Vorderachslager: B = –3593,7 N, C = 3593,7 N.
Frei/frei-Dynamik:
Nur Massen aus Eigengewicht, keine Zusatzmassen.

Ergebnisse:
Lineare Statik:
Verformungen x, y, z an allen Knoten, Reaktionskräfte und -momente an den Lagerknoten, Spannungen (Schub- und Normalspannungen, Vergleichsspannungen nach v. Mises) an allen Elementen, Formänderungsarbeiten je Element und je Bauteil (Layer 2...19 in %), innere Kräfte und Momente auf Wunsch.
Frei/frei-Dynamik:
Die Karosserie kann frei in ihren Federn schwingen, man erhält die unteren Eigenwerte und -formen des ungedämpften, elastischen Systems in aufsteigender Reihenfolge; bei frei/frei beginnend mit mehreren Starrkörperschwingformen (hier 1–6) mit der Eigenfrequenz 0.

Lastfall Biegung: Insassen 4x75 kg + 120 kg Zuladung + 170 kg Eigengewicht.
Maximale Verformung: [mm]:
x-Richtung: 0,487350; y-Richtung: 0,094682; z-Richtung: –0,485419.
Maximale Spannung: 24 N/mm².

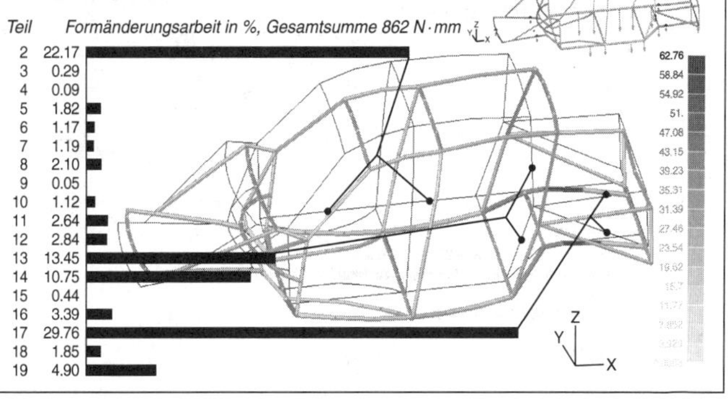

1. Eigenwert = 38 Hz als Torsionsschwingung, 3. Eigenwert = 48 Hz als Biegeschwingung; dazu jeweils die normierten Verformungen x, y, z an allen Knoten (hier auf max. 0,1 mm normiert), die normierten Spannungen (Schub- und Normalspannungen, Vergleichsspannungen nach v. Mises) in allen Elementen, Formänderungsarbeiten je Element und je Bauteil (Layer 2...19 in % als Balkendiagramm = Kraftverlauf in den Bauteilen), innere Kräfte und Momente auf Wunsch. Die Verteilung der Verformungen, Spannungen, Kräfte usw. sind normiert auf eine wählbare maximale Knotenverformung. Absolute Werte ergeben sich nur bei einer Erregungsberechnung.

Lastfall Torsion: 3 000 000 N · mm an Vorderachspunkt A und B.
Maximale Verformung: [mm];
x-Richtung: 0,868459; y-Richtung: 3,071005; z-Richtung: 3,688961.
Maximale Spannung: 64 N/mm².

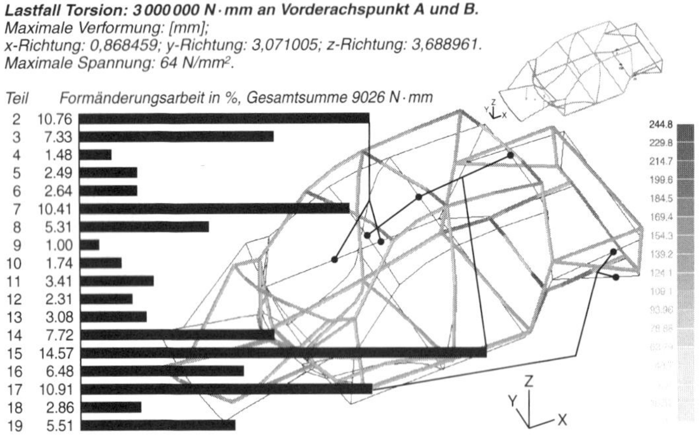

Frei/frei-Schwingungsanalyse: 1. Eigenfrequenz und -form, 38 Hz Torsion.
Maximale Verformung: normiert auf 0,1mm;
Maximale Spannung: keine realen Werte, nur Spannungsverteilung [N/mm²].

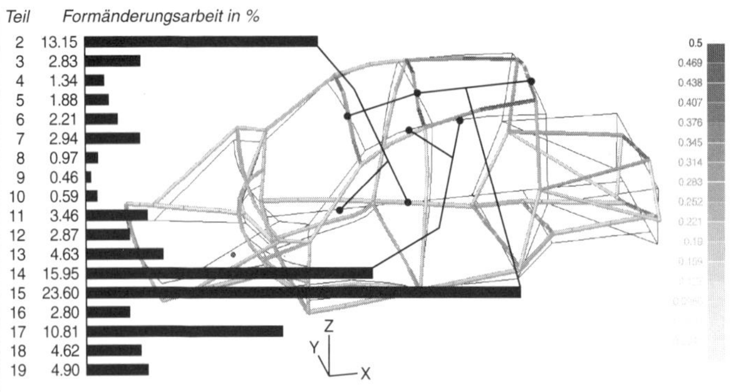

Seit den 1960er Jahren ist die Abschätzformel zur Gewichts-Steifigkeitsoptimierung bekannt (Fehler max. 10 % bei Steifigkeitsverdoppelung). Sie lässt sich für den kritischen Lastfall „Torsion" unter Beachtung der übrigen Lastfälle gezielt zur Optimierung anwenden (Information über den Traganteil aus Längskraft, Torsion und Biegung um beide Achsen sowie das Gewicht sind ebenfalls vorhanden). Damit kann die Struktur über die meist tragenden Bauteile versteift und das Gewicht über die wenig tragenden Bauteile reduziert werden.

Es gilt:
Steifigkeitsänderung der Gesamtstruktur [%] = (Steifigkeitsänderung des Bauteils × Formänderungsarbeitsanteil des Bauteils)/100

<u>Anwendung der Formel</u>:
1. Bauteil (s. Bild Lastfall Torsion).
Lastfall Torsion, Bauteillayer 15 (Dachrahmen quer, G = 11,85 kg) mit 14,57 % Traganteil:
(14,57 x 116)/100 = 16,9 % Änderung (d. h. Reduzierung) der Verwindung zwischen den Achsen, wenn die Steifigkeit (das Flächenträgheitsmoment) dieses Bauteils um den Faktor 2,16 (116 %) erhöht wird. Der Gewichtszuwachs beträgt 3,55 kg. Der Rohrdurchmesser wird dabei von 70 auf 90 mm erhöht.
2. Bauteil (s. Bild Lastfall Torsion).
Lastfall Torsion, Bauteillayer 6 (Längsversteifung, G = 11,14 kg) mit 2,64 % Traganteil:
(2,64 x 250)/100 = 6,6 % Änderung (d. h. Erhöhung) der Verwindung zwischen den Achsen, wenn die Steifigkeit (Trägheitsmoment) dieses Bauteils um den Faktor 3,5 (250 %) reduziert wird. Die Gewichtsreduzierung beträgt 3,34 kg. Der Rohrdurchmesser wird dabei von 70 auf 50 mm reduziert.

Ergebnis:
Mit einer minimalen Gewichtserhöhung von 3,55 – 3,34 = 0,21 kg erhöht sich die Verwindungssteifigkeit um 16,9 – 6,6 = 10,3 % (Die Nachrechnung mit geänderten Profilen ergibt 9 %, das belegt den geringen Fehler in der Abschätzformel.) Ein Blick in die Tragdiagramme der übrigen Lastfälle zeigt, dass dies auch für die Torsionsschwingung gilt und für die Biegung ohne Belang ist. Mit geringem Zeitaufwand lässt sich also die Torsions- und Biegesteifigkeit dieser Karosserie noch erheblich erhöhen und durch Querschnittsverringerung der überdimensionierten Bauteile sicher das Gesamtgewicht reduzieren.

Frei/frei-Schwingungsanalyse: 3. Eigenfrequenz und -form, 49 Hz Biegung.
Maximale Verformung: normiert auf 0,1mm;
Maximale Spannung: keine realen Werte, nur Spannungsverteilung [N/mm²].

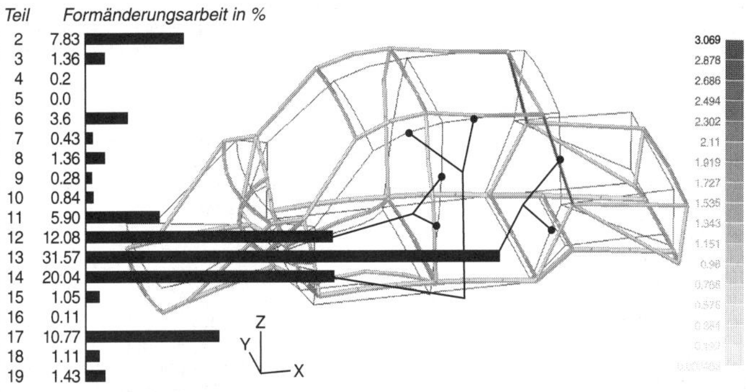

Akustik

Größen und Einheiten
(s. a. DIN 1332)

Größe		SI-Einheit
c	Schallgeschwindigkeit	m/s
f	Frequenz	Hz
I	Schallintensität	W/m^2
L_I	Schallintensitätspegel	dB
L_{Aeq}	äquivalenter Dauerschallpegel, A-bewertet	dB (A)
L_{pA}	Schalldruckpegel, A-bewertet	dB (A)
L_r	Beurteilungspegel	dB (A)
L_{WA}	Schallleistungspegel, A-bewertet	dB (A)
P	Schallleistung	W
p	Schalldruck	Pa
S	Fläche	m^2
T	Nachhallzeit	s
v	Schallschnelle	m/s
Z	spezifische Schallimpedanz	Pa · s/m
α	Schallabsorptionsgrad	1
λ	Wellenlänge	m
ϱ	Dichte	kg/m^3
ω	Kreisfrequenz (= $2\pi f$)	1/s

Allgemeine Begriffe
(s.a. DIN 1320)

Schall
Mechanische Schwingungen und Wellen eines elastischen Mediums, insbesondere im hörbaren Frequenzbereich (16 bis 20 000 Hz).

Ultraschall
Mechanische Schwingungen oberhalb des Frequenzbereiches des menschlichen Hörens.

Schallausbreitung
Der Schall breitet sich im Allgemeinen kugelförmig von der Schallquelle aus. Im freien Schallfeld nimmt der Schallpegeldruck mit der Entfernung von der Schallquelle um 6 dB je Entfernungsverdoppelung ab. Reflektierende Gegenstände beeinflussen das Schallfeld und die Pegelabnahme je Entfernungsverdoppelung wird geringer.

Schallgeschwindigkeit c
Ausbreitungsgeschwindigkeit einer Schallwelle.

Schallgeschwindigkeit und Wellenlänge in unterschiedlichen Materialien.

Stoff	Schallgeschwindigkeit c m/s	Wellenlänge λ m bei 1000 Hz
Luft, 20 °C, 1014 hPa	343	0,343
Wasser, 10 °C	1440	1,44
Gummi (je nach Härte)	60 ... 1500	0,06 ... 1,5
Aluminium (Stab)	5100	5,1
Stahl (Stab)	5000	5,0

Wellenlänge $\lambda = c/f = 2\pi c/\omega$

Schallschnelle v
Wechselgeschwindigkeit eines schwingenden Teilchens. Im freien Schallfeld: $v = p/Z$. Die Vibrationsempfindung ist bei niedrigen Frequenzen annähernd der Schallschnelle proportional.

Schalldruck p
Durch Schallschwingung im Medium hervorgerufener Wechseldruck. Im freien Schallfeld: $p = v \cdot Z$. Er wird meist als Effektivwert gemessen.

Spezifische Schallimpedanz Z
Kennzeichnet die Übertragungseigenschaften eines Mediums für Schallwellen. $Z = p/v = \varrho \cdot c$. Für Luft von 20 °C bei 1013 hPa (760 Torr) ist $Z = 415\ Ns/m^3$, für Wasser von 10 °C ist $Z = 1{,}44 \cdot 10^6\ Ns/m^3 = 1{,}44 \cdot 10^6$ Pa · s/m.

Schallleistung P
Von einer Schallquelle abgegebene Schallleistung. Schallleistung einiger Schallquellen:

Unterhaltungssprache, Mittelwert	$7 \cdot 10^{-6}$ W
Geige, fortissimo	$1 \cdot 10^{-3}$ W
Spitzenleistung der menschlichen Stimme	$2 \cdot 10^{-3}$ W
Klavier, Trompete	0,2 ... 0,3 W
Orgel	1 ... 10 W
Pauke	10 W
Orchester (75 Musiker)	bis 65 W

Schallintensität I
(Schallstärke) $I = P/S$, d. h. Schallleistung durch Fläche senkrecht zur Ausbreitungsrichtung. Im Schallfeld ist $I = p^2/\varrho \cdot c = v^2 \cdot \varrho \cdot c$.

Dopplersches Prinzip
Bei bewegten Schallquellen: Wird die Entfernung Schallquelle – Beobachter kleiner, so erscheint der beobachtete Ton (f') höher als der wirkliche Ton (f); er erscheint tiefer bei zunehmender Entfernung. Bewegen sich Beobachter und Schallquelle auf einer Linie, so ist $f'/f = (c - u')/(c - u)$.
c Schallgeschwindigkeit, u' Geschwindigkeit des Beobachters, u Geschwindigkeit der Schallquelle.

Intervall
Intervall oder Tonstufe ist das Verhältnis der Schwingungszahlen zweier Töne. Bei der „gleichschwebend temperierten Stimmung" unserer Musikinstrumente (eingeführt von J. S. Bach) ist die Oktave (Intervall 2:1) in 12 gleiche Halbtonstufen mit einem Stufensprung $\sqrt[12]{2} = 1{,}0595$ eingeteilt, d. h. eine Folge beliebig vieler temperierter Intervalle führt stets wieder zu einem temperierten Intervall. Bei der „reinen Stimmung" dagegen führt eine Folge reiner Intervalle meist nicht zu einem reinen Intervall (Die reine Stimmung hat die Tonstufen 1, 16/15, 9/8, 6/5, 5/4, 4/3, 7/5, 3/2, 8/5, 5/3, 9/5, 15/8, 2).

Schallspektrum
Die Abhängigkeit des Schalldruckpegels (Luft- oder Körperschall) von der Frequenz wird im Schallspektrum dargestellt, das mittels einer Frequenzanalyse erstellt wird.

Oktavbandspektrum
Die Schallpegel werden in Oktavbandbreite bestimmt und dargestellt. Oktave: Frequenzbereiche mit Eckfrequenzen, die sich wie 1:2 verhalten. Mittlere Frequenz der Oktave $f_m = \sqrt{f_1 \cdot f_2}$.
Empfohlene Mittenfrequenzen: 31,5; 63; 125; 250; 500; 1000; 2000; 4000; 8000 Hz.

Terzbandspektrum
Die Schallpegel werden in Terzband- bzw. Eindrittel-Oktavbandbreite bestimmt und dargestellt. Bandbreite wie beim Oktavbandspektrum zur Mittenfrequenz relativ konstant.

Schalldämmung
Minderung der Schalleinwirkung durch Einfügen einer reflektierenden (dämmenden) Wand zwischen Schallquelle und Einwirkungsort.

Schalldämpfung, Schallabsorption
Verlust an Schallenergie bei der Reflexion an Begrenzungsflächen aber auch bei der Ausbreitung im Medium.

Schallabsorptionsgrad α
Verhältnis der nicht reflektierten zur auffallenden Schallenergie. Bei vollständiger Reflexion ist $\alpha = 0$, bei vollständiger Absorption ist $\alpha = 1$.

Lärmminderung
Reduzierung der Geräuschemission: Verminderung der primären mechanischen oder elektrodynamischen Körperschallanregungen und der Strömungsgeräusche; Dämpfung und Verstimmung von Resonanzschwingungen; Verkleinerung der effektiven Abstrahlflächen; Kapselung.

Lärmarme Konstruktion
Einsatz von Simulationstechniken (Modalanalyse, Modalvariation, Finite-Elemente-Rechnung, Luftschall-Kopplungsrechnung) zur Vorherberechnung und Optimierung des akustischen Verhaltens von Neukonstruktionen.

Messgrößen für Geräusch-Emissionen

Üblicherweise werden Schallfeldgrößen als Effektivwerte und nach einer frequenzabhängigen Bewertung (A-Bewertung) angegeben. Dies wird durch den Index A an dem betreffenden Formelzeichen ausgedrückt.

Schallleistungspegel L_W
Die Schallleistung einer Schallquelle wird durch den Schallleistungspegel L_W beschrieben. Er ist der zehnfache Zehnerlogarithmus des Verhältnisses aus berechneter Schallleistung zur Bezugsschallleistung $P_0 = 10^{-12}$ W. Die Schallleistung ist nicht direkt messbar. Sie wird aus Größen des Schallfelds, das sich um die Quelle herum ausbildet, berechnet. Üblicherweise werden dazu die

Energieäquivalenter Dauerschallpegel L_{Aeq}
Bei zeitlich schwankenden Geräuschen ist der aus den Schalldruckpegeln unter Berücksichtigung ihrer Einwirkungszeit gebildete mittlere A-bewertete Schalldruckpegel gleich dem energieäquivalenten Dauerschallpegel, wenn er die mittlere Einwirkungsenergie in der gesamten Beurteilungszeit beschreibt (s. a. DIN 45 641). Der äquivalente Dauerschallpegel nach dem „Gesetz zum Schutz gegen Fluglärm" wird davon abweichend gebildet (siehe DIN 45 643).

Subjektive Geräuschbewertung

Das menschliche Gehör ist in der Lage, etwa 300 Lautstärkestufen und 3000...4000 Frequenzstufen (Töne) dynamisch in hoher zeitlicher Auflösung zu unterscheiden und nach komplexen Mustern auszuwerten. Lautstärkeempfindungen gehen darum nicht notwendig mit den (energieorientierten) technischen Schallpegeln parallel. A-bewertete Schallpegel, die die Frequenzabhängigkeit der menschlichen Hörempfindlichkeit berücksichtigen, das phon-Maß und die Lautheits-Bestimmung in sone geben näherungsweise Maßzahlen für die subjektive Lautstärkeempfindung an. Lästigkeit und Störpotential von technischen Geräuschen können aber nicht alleine mit Lautstärkemaßen beschrieben werden. Selbst ein in lauter Umgebung kaum hörbares Ticken kann als außerordentlich störend empfunden werden.

Lautstärkepegel L_s
Vergleichsmaß für die Stärke der subjektiven Wahrnehmung eines Schallvorganges, gemessen in phon. Der Lautstärkepegel eines Schalles (Ton oder Geräusch) wird durch Hörvergleich mit dem Standardschall ermittelt. Standardschall ist dabei eine von vorn auf den Kopf des Beobachters treffende ebene Schallwelle der Frequenz 1000 Hz. International wird der Lautstärkepegel mit ‚Loudness Level' bezeichnet. Ein Unterschied von 8 bis 10 phon wird als doppelt bzw. halb so laut empfunden.

phon
Der als gleich laut empfundene Standardschall hat einen bestimmten Wert in dB. Dieser Wert wird als Lautstärkepegel des Testschalles mit der Benennung phon angegeben. Weil das menschliche Schallempfinden frequenzabhängig ist, stimmen z. B. für Töne die dB-Werte des Testschalles nicht mit den dB-Werten des Standardschalles überein (Ausnahme: Bezugsfrequenz 1000 Hz), wohl aber die phon-Zahlen. Kurven gleicher Lautstärke nach Fletcher-Munson (s. Bild).

Lautheit S (Loudness) in sone
Maß für die Größe der subjektiven Schallempfindung, bei der man von der Frage ausging, wieviel lauter oder leiser ein Geräusch empfunden wird, wenn man es mit einem anderen vergleicht.

Festlegung: Lautstärkepegel von L_s = 40 phon entspricht der Lautheit $S = 1$ sone. Verdopplung oder Halbierung der Lautheit ergibt Unterschiede im Lautstärkepegel von ungefähr 10 phon.

Für stationären Schall gibt es ein ISO-genormtes Berechnungsverfahren der Lautheit aus Terzpegeln (nach Zwicker). Es berücksichtigt sowohl die Frequenz-Gewichtung als auch Verdeckungseffekte des Gehörs.

Tonheit, Schärfe
Das Spektrum des hörbaren Schalls kann in 24 gehörorientierte Frequenzgruppen (bark) eingeteilt werden. Sie stellen Tonheiten, Bereiche der Tonhöhenempfindung dar. Aus der Lautheits-Tonheits-Verteilung (ähnlich dem Terzspektrum) lassen sich Maßzahlen für andere subjektive Hörempfindungen, z. B. Schärfe eines Geräusches, ableiten.

Technische Akustik

Messmittel der Akustik
– Schalldruckerfassung mit Kondensator-Mikrophonen, z. B. mittels Pegelmessgeräten in dB(A).
– Kunstkopfaufnahmen mit Ohrmikrophonen für naturgetreue Schallwiedergabe (mit Kopfhörer).
– Messräume für Normschallmessungen

werden in der Regel mit hochabsorbierenden Wänden ausgestattet.
– Schwingungen, Körperschall: Beschleunigungsaufnehmer (Masse z. T. unter 1 g), z. B. nach piezoelektrischem Prinzip; Laser-Vibrometer für berührungslose Schnellemessung nach Dopplerprinzip.

Berechnungsverfahren der Akustik
Schwingungen: FE-Modellierung und Eigenschwingungsberechnung, Abgleich mit experimenteller Modalanalyse. Modellierung von im Betrieb wirkenden Kräften ermöglicht Berechnung der Betriebsschwingformen. Damit Optimierung der Konstruktion bezüglich Schwingungsverhalten.
Luftschall, Fluidschall: Schallfeldberechnung z. B. von Gehäuseabstrahlung oder in Hohlräumen mittels FEM (Finite-Elemente-Methode) oder BEM (Boundary-Elemente-Methode).

Akustische Güteprüfung
Beurteilung der Geräusch- und Störpegel und Klassifikation von Funktionsfehlern aus dem hörbaren Schall oder Körperschall in der Fertigung, z. B. beim Hochlauf von Elektromotoren, überwiegend durch menschliche Prüfer. Prüfautomaten werden für spezielle Prüfaufgaben eingesetzt, erreichen aber die Flexibilität, Selektivität und Lernfähigkeit menschlicher Prüfer derzeit nicht. Fortschritte gibt es durch Einsatz neuronaler Netze und kombinierte Auswertung von Schallmerkmalen.

Geräuschdesign
Gezielte Gestaltung von Betriebsgeräuschen durch konstruktive Maßnahmen; Berücksichtigung von subjektiven Höreindrücken und Psychoakustik. Ziel ist nicht primär die Lärmminderung, sondern allgemeiner Wohlklang ("Sound Quality"), Verkörperung bestimmter Eigenschaften (z.B. sportlicher Auspuff-Sound durch rauen Klang) oder firmenspezifische Geräusche (z.B. ein bestimmtes Pkw-Türschließgeräusch, "Corporate Sound").

***Zuordnung von Geräuschen** zu objektiven und subjektiven Skalen, Kurven gleichen Lautstärkepegels, Bewertungskurve A des Schallpegelmessers.*

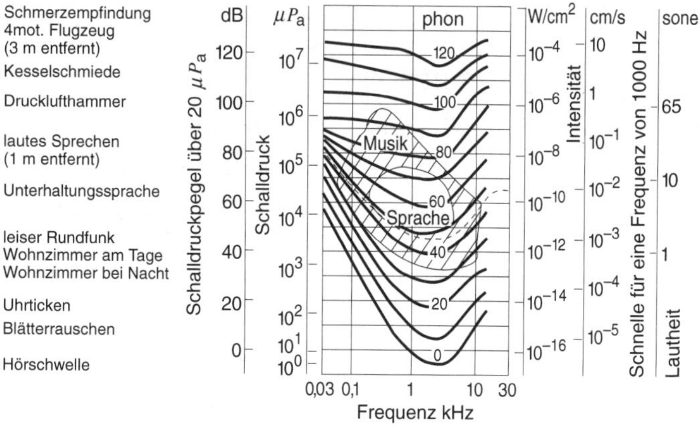

Wärme

Formelzeichen und Einheiten

Namen der Einheiten S. 14 ... 20, Umrechnung von Wärmeeinheiten S. 28, Wärmedehnung, Schmelzwärme, Verdampfungswärme S. 216

Größe		SI-Einheit
A	Fläche, Querschnitt	m^2
c	spez. Wärmekapazität c_p isobare (Druck konst.) c_v isochore (Vol. konst.)	J/(kg · K)
H	Enthalpie (Wärmeinhalt)	J
k	Wärmedurchgangskoeffizient	W/(m^2 · K)
m	Masse	kg
p	Druck	Pa = N/m^2
Q	Wärme	J
$\dot{Q}$	Wärmestrom = Q/z	W
R_m	molare Gaskonstante = 8,3145 J/(mol · K) (für alle Gase gleich)	J/(mol · K)
R_i	spezielle Gaskonstante $R_i = R_m/M$ (M = Molekulargewicht)	J/(kg · K)
S	Entropie	J/K
s	Abstand	m
T	thermodynam. Temperatur $T = t + 273,15$	K
ΔT	Temperaturunterschied $= T_1 - T_2 = t_1 - t_2$ T_1, t_1 höhere Temperatur T_2, t_2 tiefere Temperatur	K
t	Celsius-Temperatur	°C
V	Volumen	m^3
v	spezifisches Volumen	m^3/kg
W	Arbeit	J
z	Zeit	s
α	Wärmeübergangskoeffizient α_a außen, α_i innen	W/(m^2 · K)
ε	Emissionsgrad	–
λ	Wärmeleitfähigkeit (Werte S. 19)	W/(m · K)
ϱ	Dichte	kg/m^3

Umrechnung nicht mehr zugelassener Einheiten (s. auch S. 18 und 19)

1 kcal (Kilokalorie) = 4186,8 J ≈ 4200 J ≈ 4,2 kJ

1 kcal/(m · h · grd) = 1,163 W/(m · K)

Enthalpie (Wärmeinhalt)

$$H = m \cdot c \cdot T$$

Enthalpiedifferenz (ΔH) ist die freiwerdende Wärme (Q) bei Temperaturänderung ($\Delta T = T_1 - T_2$)

$$\Delta H = H_1 - H_2 = Q = m \cdot c \cdot \Delta T = V \cdot \varrho \cdot c \cdot \Delta T$$

Wärmeübertragung

Man unterscheidet drei Formen des Wärmetransportes:

Wärmeleitung: Wärme wird innerhalb eines festen, flüssigen oder gasförmigen Körpers durch Berührung der Teilchen weitergeleitet.

Konvektion: Wärme wird durch die Teilchen eines bewegten flüssigen oder gasförmigen Körpers mitgeführt. Bei freier Konvektion wird der Bewegungszustand durch Auftriebserscheinungen hervorgerufen, bei erzwungener Konvektion wird er künstlich aufrechterhalten.

Strahlung: Wärme wird durch elektromagnetische Wellen ohne stofflichen Träger von einem Körper zum anderen übertragen.

Wärmeleitung

Der in einem Körper von konstantem Querschnitt A zwischen zwei parallelen Querschnittsebenen im Abstand s bei einem Temperaturunterschied ΔT herrschende Wärmestrom ist

$$\dot{Q} = \frac{\lambda}{s} A \cdot \Delta T$$

Wärmestrahlung

Strahlungsdurchlässig sind der leere Raum und Luft. Strahlungsundurchlässig sind feste Körper, die meisten Flüssigkeiten und verschiedene Gase in bestimmten Wellenlängenbereichen.

Die von der Fläche A mit der Temperatur T ausgesandte Wärmestrahlung ist

$$\dot{Q} = \varepsilon \cdot \sigma \cdot A \cdot T^4$$

Dabei ist $\sigma = 5{,}67 \cdot 10^{-8}$ W/(m^2 · K^4) die Strahlungskonstante des Schwarzen Strahlers[1]) und ε der Emissionsgrad der Fläche (s. nebenstehende Tabelle).

Emissionsgrad ε
im Bereich bis 300 °C (573 K)

Schwarzer Strahler[1])	1,00
Aluminium, roh	0,07
Aluminium, poliert	0,04
Eis	0,90
Emaillack, weiß	0,91
Glas	0,93
Gusseisen, rau, oxydiert	0,94
Gusseisen gedreht	0,44
Holz, glatt	0,90
Kalkmörtel, rau, weiß	0,93
Kupfer, oxydiert	0,64
Kupfer, poliert	0,05
Messing, matt	0,22
Messing, poliert	0,05
Nickel, poliert	0,07
Öl	0,82
Papier	0,80
Porzellan, glasiert	0,92
Ruß	0,93
Silber, poliert	0,02
Stahl, matt, oxydiert	0,96
Stahl, poliert, ölfrei	0,06
Stahl, poliert, geölt	0,40
Wasser	0,92
Ziegelsteine	0,93
Zink, matt	0,23
Zink, poliert	0,05
Zinn, poliert	0,06

Wärmedurchgang durch eine Wand
Der durch eine Wand mit der Fläche A und der Dicke s bei einem Temperaturunterschied ΔT gehende Wärmestrom ist

$$\dot{Q} = k \cdot A \cdot \Delta T$$

Der Wärmedurchgangskoeffizient k wird errechnet aus

$$1/k = 1/\alpha_i + s/\lambda + 1/\alpha_a$$

Wärmedurchlasswiderstand
Er setzt sich zusammen aus den Wärmedurchlasswiderständen der einzelnen Wandschichten:

$$s/\lambda = s_1/\lambda_1 + s_2/\lambda_2 + \ldots$$

Wärmeleitfähigkeit λ verschiedener Stoffe S. 222.

[1]) Ein „Schwarzer Strahler" ist dadurch gekennzeichnet, dass er die auf ihn fallende Licht- und Wärmestrahlung restlos verschluckt und daher, wenn er erhitzt wird, das Maximum an Licht aussendet, das ein Körper auszustrahlen vermag. Ein schwarzer Strahler ist z. B. die Öffnung eines Kohlenrohrs.

Wärmeübergangskoeffizienten α
(Konvektion + Strahlung)

Art des Stoffes, der Wandfläche usw.	α_i bzw. α_a W/(m² · K)
Natürliche Luftbewegung in geschlossenem Raum:	
Wandflächen, Innenfenster	8
Außenfenster	11
Fußboden, Decken:	
von unten nach oben	8
von oben nach unten	6
Zwangsbewegte Luft an ebener Wand	
mittl. Windgeschwindigkeit $w = 2$ m/s	15
mittl. Windgeschwindigkeit $w > 5$ m/s	$6{,}4 \cdot w^{0{,}75}$
Wasser an ebener Wand	
ruhend	500 ... 2000
bewegt	2000 ... 4000
siedend	2000 ... 6000

Wärmedurchlasswiderstand von Luftschichten s/λ
(Leitung + Konvektion + Strahlung)

Lage der Luftschicht	Dicke der Luftschicht mm	Wärmedurchlasswiderstand s/λ m²·K/W
Luftschicht senkrecht	10	0,14
	20	0,16
	50	0,18
	100	0,17
	150	0,16
Luftschicht waagerecht Wärmestrom von unten nach oben	10	0,14
	20	0,15
	50	0,16
Luftschicht waagerecht Wärmestrom von oben nach unten	10	0,15
	20	0,18
	50	0,21

Wärmebedarf für die Heizung von Wohnhäusern
Für 1 m² beheizte Wohnfläche benötigt man 50 bis 60 W.

Technische Temperaturmessung

(VDE/VDI-Richtlinie 3511)

Messanordnung	Messbereich	Wirkungsweise	Anwendungsbeispiele
Flüssigkeits-Glasthermometer	–200 ... 1000°C	Wärmedehnung der Flüssigkeit wird in Glasröhrchen angezeigt. Füllung: Pentan (–200 ... 30°C). Alkohol (–100 ... 210°C), Toluol (–90 ... 100°C). Quecksilber (–38 ... 600°C), Gallium (...1000°C).	Für Flüssigkeiten und Gase, zur Überwachung von Dampf-, Heiz- und Trockenanlagen; Kühlanlagen; in Rohrleitungen strömende Medien.
Feder-thermometer	–50 ... 500°C	Eine Flüssigkeit in einem Tauchgefäß betätigt über eine Rohrfeder durch ihren Ausdehnungsdruck (Quecksilber, Toluol) oder Dampfdruck (Äther, Hexan, Toluol, Xylol) einen Zeiger oder ein Schreibgerät.	Zur Temperaturüberwachung und Registrierung (Fernanzeige bis 35 m) in Kraftwerken, Fabriken, Heizungsanlagen, Kühlräumen.
Stab-ausdehnungs-thermometer	0 ... 1000°C	Unterschiedliche Wärmedehnung zweier Metalle (Stab in Rohr).	Temperaturregler.
Bimetall-thermometer	–50 ... 400°C	Krümmung eines aus zwei verschiedenen Metallen bestehenden Streifens.	Temperaturregler.
Widerstands-thermometer	–220 ... 850°C	Widerstandsänderung bei Temperaturunterschied. Pt-Drähte –220 ... 850°C, Ni-Drahte –60 ... 250°C, Cu-Drähte –50 ... 150°C, Halbleiter –40 ... 180°C.	Temperaturmessungen an Maschinen, Wicklungen, Kühlanlagen. Fernübertragung möglich.
Heißleiter (Thermistoren)	0 ... 500°C (2200°)	Starke Verringerung des elektrischen Widerstandes bei steigender Temperatur.	Messung kleiner Temperaturdifferenzen, da hohe Messempfindlichkeit.
Thermoelemente	–200 ... 1800°C	Thermospannung zweier Metalle, deren Verbindungsstellen verschiedene Temperaturen haben.	Temperaturmessungen an und in Maschinen, Fernübertragung möglich.
Strahlungs-thermometer (Pyrometer, Infrarotkamera, Hochgeschwindigkeits-Pyrometer)	–100°C ... 3500°C	Die von einem Körper ausgesandte Strahlung dient als Temperaturmaß. Sie wird mit Thermo- oder Photoelementen oder durch Leuchtdichtevergleich ermittelt. Emissionsgrad muss beachtet werden.	Schmelz- und Glühöfen. Oberflächentemperaturen. Objekte in Bewegung. Thermografimetrie, sehr kurze Ansprechzeit.
Temperatur-messfarben, Temperatur-messstifte	40 ... 1350°C	Farbumschlag bei Überschreiten bestimmter Temperaturen. Es gibt Farben und Stifte mit 1 Umschlag und mit mehreren (bis 4) Umschlägen. Umschlagfarbe bleibt nach Erkalten bestehen.	Temperaturen an umlaufenden Teilen, an unzugänglichen Stellen, bei Zerspanungsvorgängen; Warnung vor Übertemp.; Werkstoffprüfung (Risse).
Absaug-thermometer, -pyrometer	1800 ... 2800°C	Gas wird aus der Flamme abgesaugt.	Flammtemperaturmessung (Anzeige träge).

Andere Temperaturmessmethoden: Spektroskopie, Interferometrie, Quarzthermometrie, Rauschthermometrie, Flüssigkristalle, akustische und magnetische Thermometer.

Thermodynamik

1. Hauptsatz:
Energie kann auf keine Weise aus nichts entstehen oder vernichtet werden. Energiearten können nur umgewandelt werden, z. B. Wärme in mechanische Energie.

2. Hauptsatz:
Wärme lässt sich nie vollständig in eine andere Energieform, z. B. in mechanische Arbeit umwandeln. Alle natürlichen und technischen Energieumwandlungsprozesse sind nicht umkehrbar (irreversibel) und laufen in eine Richtung (nach dem wahrscheinlichen Zustand). Wärme geht freiwillig nur von wärmeren auf kältere Körper über, umgekehrt nur bei Energiezufuhr.

Die **Entropie** S ist das Maß für die nicht mehr arbeitsfähige Wärmeenergie eines Systems. Der arbeitsfähige Energieteil wird auch mit Exergie bezeichnet.

Für umkehrbare (reversible) Vorgänge ist die Summe der Entropieänderungen gleich Null.

Der größtmögliche Nutzeffekt bei der Umwandlung von Wärme in mechanische Arbeit wird mit einem umkehrbaren Prozess erzielt. Dann gilt für den thermischen Wirkungsgrad:

$\eta_{th} = (Q_1 - Q_2)/Q_1 = (T_1 - T_2)/T_1$
(Carnot-Kreisprozess)

Die dabei maximal zu gewinnende Arbeit ist:

$W = Q_1 \, (T_1 - T_2)/T_1$

Zustandsänderungen bei Gasen

(allgemeine Zustandsgleichung: $p \cdot v = R_i \cdot T$)

Zustandsänderung	Kennzeichen	Spez. Wärmekapazität[1]	Gleichungen (k, K = Konstante)[1]	Beispiele
isobar	Druck unveränderlich	c_p	$p = k$ $v = K \cdot T$	„Gleichdruck"-Verbrennung bei Dieselmotor; Erwärmung oder Kühlung in einem Durchlaufkessel.
isochor	Volumen unveränderlich	c_v	$v = k$ $p = K \cdot T$	„Gleichraum"-Verbrennung beim Ottomotor; Erwärmung oder Kühlung in einem abgeschlossenen Kessel.
isotherm	Temperatur unveränderlich	–	$T = k$ $p \cdot v = K$	Langsam verlaufende Zustandsänderung (Wärme strömt durch die Trennwände).
adiabat	Wärme weder zu- noch abgeführt	–	$P \cdot v^{\varkappa} = k$ $T \cdot v^{\varkappa - 1} = k$	Verdichtungs- oder Entspannnungshub ohne Kühlverluste (bei rasch laufenden Maschinen angestrebt und annähernd erreicht).
isentrop	adiabat und reibungsfrei (reversibel)	–	$T^{\varkappa} \cdot p^{1-\varkappa} = k$	Theoretisch optimal erreichbare Vergleichsprozesse.
polytrop	allgemeine Zustandsänderung	$c = \dfrac{c_v \, (n - \varkappa)}{n - 1}$	$P \cdot v^{n} = K$ $T \cdot v^{n-1} = K$ $T^{n} \cdot p^{1-n} = K$	Verdichtungs- und Arbeitshub bei Verbrennungsmotoren, Dampfmaschinen (n = 1,2 ... 1,4).

[1]) c_p, c_v und $\varkappa = c_p/c_v$ s. S. 228, $n = \dfrac{\lg p_2 - \lg p_1}{\lg v_1 - \lg v_2}$

Elektrotechnik

Größen und Einheiten

Größe	SI-Einheit
A Fläche	m^2
a Abstand	m
B magnetische Flussdichte, Induktion	$T = Wb/m^2 = V \cdot s/m^2$
C elektrische Kapazität	F = C/V
D elektrische Flussdichte, Verschiebung	C/m^2
E elektrische Feldstärke	V/m
F Kraft	N
f Frequenz	Hz
G elektrischer Leitwert	$S = 1/\Omega$
H magnetische Feldstärke	A/m
I elektrische Stromstärke	A
J magnetische Polarisation	T
k elektrochemisches Äquivalent[1]	kg/C
L Induktivität	$H = Wb/A = V \cdot s/A$
l Länge	m
M elektrische Polarisation	C/m^2
P Leistung	$W = V \cdot A$
P_s Scheinleistung[2]	$V \cdot A$
P_q Blindleistung[3]	var
Q Elektrizitätsmenge, Ladung	$C = A \cdot s$
q Querschnittsfläche	m^2
R elektrischer Widerstand	$\Omega = V/A$
t Zeit	s
r Radius	m
U elektrische Spannung	V
V magnetische Spannung	A
W Arbeit, Energie	$J = W \cdot s$
w Windungszahl	–
X Blindwiderstand (Reaktanz)	Ω
Z Scheinwiderstand (Impedanz)	Ω
ε Dielektrizitätskonstante	$F/m = C/(V \cdot m)$
ε_0 elektrische Feldkonstante $= 8{,}854 \cdot 10^{-12}$ F/m	
ε_r Dielektrizitätszahl	–
Θ elektrische Durchflutung	A
μ Permeabilität	$H/m = V \cdot s/(A \cdot m)$
μ_0 magnetische Feldkonstante $= 1{,}257 \cdot 10^{-6}$ H/m	

Größe	SI-Einheit
μ_r Permeabilitätszahl	–
ϱ spezifischer elektrischer Widerstand[4]	$\Omega \cdot m$
σ spezifische elektrische Leitfähigkeit $(= 1/\varrho)$	$1/(\Omega \cdot m)$
Φ magnetischer Fluss	$Wb = V \cdot s$
φ Phasenverschiebungswinkel	° (Grad)
φ (P) Potenzial im Punkt P	V
ω Kreisfrequenz $(= 2 \cdot \pi \cdot f)$	Hz

Weitere Formelzeichen und Einheiten im Text

Umrechnung nicht mehr zugelassener Einheiten (S. 19)
- magnetische Feldstärke H:
  1 Oe (Oersted) = 79,577 A/m
- magnetische Flussdichte B:
  1 G (Gauß) = 10^{-4} T
- magnetischer Fluss Φ
  1 M (Maxwell) = 10^{-8} Wb

Elektromagnetische Felder

Elektromagnetische Felder und deren Wirkungen sind Gegenstand der Elektrotechnik. Ursache dieser Felder sind elektrische Ladungen (jeweils ganzzahlige Vielfache der elektrischen Elementarladung). Ruhende Ladungen erzeugen ein elektrisches, bewegte zusätzlich ein magnetisches Feld. Die Verknüpfung der beiden Felder wird durch die Maxwell'schen Gleichungen beschrieben. Der Nachweis der Felder gelingt durch ihre

[1]) Gebräuchliche Einheit ist g/C.
[2]) Scheinleistungen werden statt in W meist in $V \cdot A$ angegeben.
[3]) Blindleistungen werden statt in W meist in var (Voltamperereaktiv) angegeben.
[4]) Gebräuchliche Einheit ist $\Omega mm^2/m$, mit Drahtquerschnitt in mm^2 und Drahtlänge in m; Umrechnung: $1\ \Omega mm^2/m = 10^{-6}\ \Omega m = 1\ \mu\Omega m$.

Kraftwirkung auf andere elektrische Ladungen. Die Kraft zwischen zwei Punktladungen Q_1 und Q_2 beschreibt das Coulomb'sche Gesetz:

$F = Q_1 \cdot Q_2/(4\pi \cdot \varepsilon_0 \cdot a^2)$

Die Kraft auf eine bewegte Ladung im Magnetfeld wird durch die Lorentz-Kraft ausgedrückt:

$F = Q \cdot \upsilon \cdot B \cdot \sin\alpha$

ε_0 elektrische Feldkonstante, Q_1 und Q_2 Ladungen, a Abstand von Q_1 und Q_2, υ Geschwindigkeit der Ladung Q, B magnetische Induktion, α Winkel zwischen Bewegungsrichtung und Magnetfeld.

Elektrisches Feld

Das elektrische Feld lässt sich durch folgende Größen beschreiben:

Elektrisches Potenzial φ (P) bzw. Spannung U

Das elektrische Potenzial φ (P) im Punkt P gibt an, welche Arbeit pro Ladung erforderlich ist, um die Ladung Q von einem Bezugspunkt nach P zu bringen:

$\varphi(P) = W(P)/Q$

Die elektrische Spannung U ist die Potenzialdifferenz (bei gleichem Bezugspunkt) zwischen zwei Punkten P_1, P_2:

$U = \varphi(P_2) - \varphi(P_1)$

Elektrische Feldstärke E

Die elektrische Feldstärke im Punkt P ist abhängig vom Ort P und den umgebenden Ladungen. Sie beschreibt die maximale Steigung des Potenzialgefälles im Punkt P. Für die Feldstärke im Abstand a von einer punktförmigen Ladung Q gilt:

$E = Q/(4\pi \cdot \varepsilon_0 \cdot a^2)$

Auf eine Ladung Q wirkt im Punkt P die Kraft

$F = Q \cdot E$

Elektrisches Feld und Materie

Elektrische Polarisation M und Verschiebungsdichte D

Ein elektrisches Feld erzeugt in einem polarisierbaren Stoff (Dielektrika) elektrische Dipole (positive und negative Ladungen im Abstand a; $Q \cdot a$ heißt Dipolmoment). Das Dipolmoment pro Volumeneinheit heißt Polarisation M.

Die Verschiebungsdichte D gibt die Dichte des elektrischen Verschiebungsflusses an, es gilt:

$D = \varepsilon \cdot E = \varepsilon_r \cdot \varepsilon_0 \cdot E = \varepsilon_0 \cdot E + M$

Dabei ist:

ε: Dielektrizitätskonstante (DK) des Stoffes, $\varepsilon = \varepsilon_r \cdot \varepsilon_0$

ε_0: elektrische Feldkonstante (DK des Vakuums)

ε_r: Dielektrizitätszahl (relative DK) für Luft ist $\varepsilon_r = 1$, für andere Werkstoffe S. 253, 254.

Kapazität C einiger Leiteranordnungen in F

Plattenkondensator mit n parallelen Platten	$C = (n-1)\dfrac{\varepsilon_r \cdot \varepsilon_0 \cdot A}{a}$	ε_r, ε_0 n A a	siehe oben Anzahl der Platten Oberfläche einer Platte in m^2 Plattenabstand in m
Parallele Leiter (Doppelleitung)	$C = \dfrac{\pi \cdot \varepsilon_r \cdot \varepsilon_0 \cdot l}{\ln\left(\frac{a-r}{r}\right)}$	l a r	Länge der Doppelleitung in m Leiterabstand in m Leiterradius in m
Konzentrische Leitung (Zylinderkondensator)	$C = \dfrac{2\pi \cdot \varepsilon_r \cdot \varepsilon_0 \cdot l}{\ln(r_2/r_1)}$	l r_2, r_1	Länge der Leitung in m Leiterradius in m mit $r_2 > r_1$
Leiter gegen Erde	$C = \dfrac{2\pi \cdot \varepsilon_r \cdot \varepsilon_0 \cdot l}{\ln(2\,a/r)}$	l a r	Länge des Leiters in m Abstand des Leiters von der Erde in m Leiterradius in m
Kugel gegen ferne Fläche	$C = 4\pi \cdot \varepsilon_r \cdot \varepsilon_0 \cdot r$	r	Kugelradius in m

Kondensator
Zwei durch ein Dielektrikum getrennte Elektroden heißen Kondensator. Beim Anlegen einer Spannung werden die Elektroden gleich stark, aber ungleichnamig aufgeladen. Für die aufgenommene Ladung Q gilt:

$Q = C \cdot U$

C heißt die Kapazität des Kondensators. Sie ist abhängig von der geometrischen Form der Elektroden, ihrem Abstand und der Dielektrizitätskonstanten des Dielektrikums.
Energieinhalt eines geladenen Kondensators:

$W = Q \cdot U/2 = Q^2/(2\,C) = C \cdot U^2/2$

Anziehungskraft zweier paralleler Platten (Fläche A) im Abstand a beträgt:

$F = E \cdot D \cdot A/2 = \varepsilon_r \cdot \varepsilon_0 \cdot U^2 \cdot A/(2\,a^2)$

Gleichstrom

Bewegte Ladungen bilden einen Strom I, der durch die Stromstärke charakterisiert wird. Sie wird in Ampere angegeben. Beim Gleichstrom sind Richtung und Größe des Stromes unabhängig von der Zeit.

Stromrichtung und Messung
Außerhalb der Stromquelle wird die Richtung vom Pluspol zum Minuspol als positiv bezeichnet (technische Stromrichtung; tatsächlich wandern die Elektronen vom Minus- zum Pluspol).

Die Strommessung erfolgt mit einem Amperemeter (A) im Stromweg, die Spannungsmessung mit einem Voltmeter (V) im Nebenschluss.

Strom- und Spannungsmessung.
R Verbraucher, A Amperemeter im Stromweg, V Voltmeter im Nebenschluss.

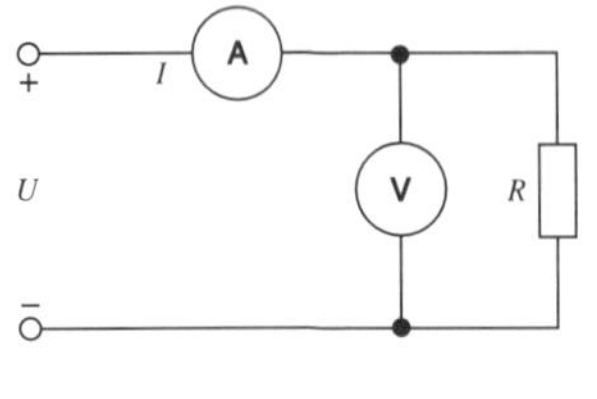

Ohm'sches Gesetz
Es beschreibt den Zusammenhang zwischen Spannung und Strom in festen und flüssigen Elektrizitätsleitern.

$U = R \cdot I$

Die Proportionalitätskonstante R heißt Ohm'scher Widerstand, die Angabe erfolgt in Ohm (Ω). Der Kehrwert des Widerstandes heißt Leitwert G

$G = 1/R$

Ohm'scher Widerstand[1]
Er ist vom Material und seinen Abmessungen abhängig.
Runddraht $R = \varrho \cdot l/q = l/(q \cdot \sigma)$
Hohlleiter $R = \ln (r_2/r_1)/(2\pi \cdot l \cdot \sigma)$
ϱ spezifischer Widerstand in $\Omega mm^2/m$
$\sigma = 1/\varrho$ elektrische Leitfähigkeit
l Drahtlänge in m
q Drahtquerschnitt in mm^2
r_2 und r_1 Drahtradien mit $r_2 > r_1$
In Metallen nimmt der Widerstand mit steigender Temperatur zu:

$R_\vartheta = R_{20}\,[1 + \alpha\,(\vartheta - 20\ °C)]$

R_ϑ Widerstand bei ϑ °C
R_{20} Widerstand bei 20 °C
α Temperaturkoeffizient[2]) in 1/K (= 1/°C)
ϑ Temperatur in °C
In der Nähe des absoluten Nullpunkts (–273 °C) geht der Widerstand vieler Metalle gegen Null (Supraleitfähigkeit).

Arbeit und Leistung
In einem stromdurchflossenen Widerstand gilt für die geleistete Arbeit bzw. für die entwickelte Wärmemenge:

$W = U \cdot I \cdot t = R \cdot I^2 \cdot t$

und damit für die Leistung:

$P = U \cdot I = R \cdot I^2$

Kirchhoff'sche Gesetze
1. Knotenpunktregel
Für jeden Verzweigungspunkt (Knoten) ist die Summe der zufließenden gleich der Summe der abfließenden Ströme.

2. Maschenregel
Für jeden geschlossenen Kreis (Masche) eines Leiternetzes ist die Summe der Teilspannungen an den Widerständen gleich der Gesamtspannung.

---
[1]) Tabelle für ϱ S. 251.
[2]) Tabelle für α S. 251.

Gleichstromkreise

Stromkreis mit Verbraucher

$U = (R_a + R_l) \cdot I$

R_a Verbraucher
R_l Leitungswiderstand

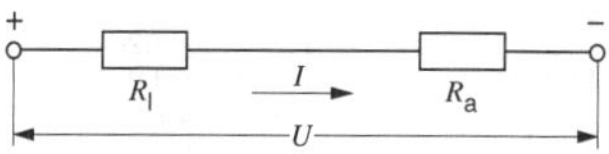

Ladung einer Batterie

$U - U_0 = (R_v + R_i) \cdot I$

U Netzspannung, U_0 Leerlaufspannung (Urspannung)[1]) der Batterie, R_v Vorwiderstand, R_i Innenwiderstand der Batterie. Bedingung beim Laden: Ladespannung > Leerlaufspannung der Batterie.

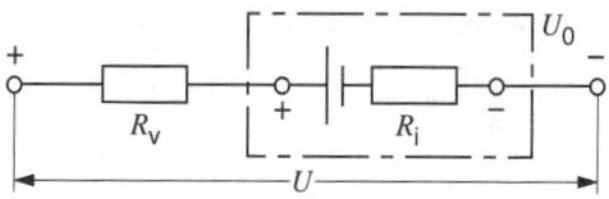

Auf- und Entladen eines Kondensators

Entscheidend für den Lade- und Entladevorgang eines Kondensators ist die Zeitkonstante $\tau = R \cdot C$.

Ladevorgang

$I \;= U/R \cdot \exp(-t/\tau)$

$U_C = U\,[1 - \exp(-t/\tau)]$

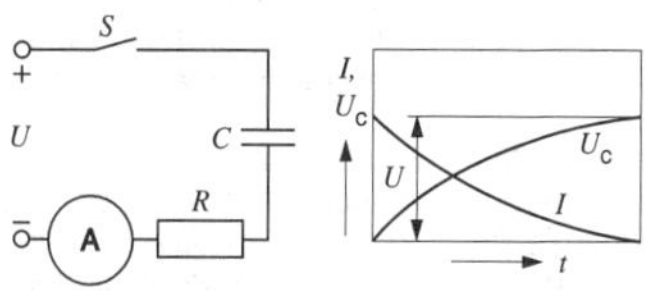

Schaltung, Spannungs- und Stromverlauf

Entladevorgang

$I \;= I_0 \cdot \exp(-t/\tau)$

$U_C = U_0 \cdot \exp(-t/\tau)$

U Ladespannung, I Ladestrom, U_C Kondensatorspannung, I_0 Anfangsstrom, U_0 Spannung bei Entladungsbeginn.

[1]) Früher EMK (Elektromotorische Kraft).

Reihenschaltung von Widerständen

$R_{ges} = R_1 + R_2 + \ldots$

$U = U_1 + U_2 + \ldots$

Gleicher Strom in allen Widerständen.

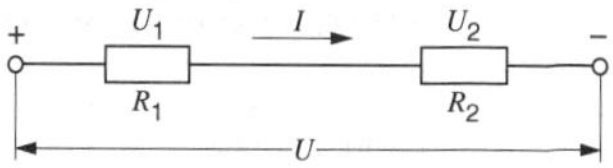

Parallelschaltung von Widerständen

$1/R_{ges} = 1/R_1 + 1/R_2$ oder

$G = G_1 + G_2$

$I = I_1 + I_2;\; I_1/I_2 = R_2/R_1$

An allen Widerständen liegt dieselbe Spannung (2. Kirchhoff'sches Gesetz).

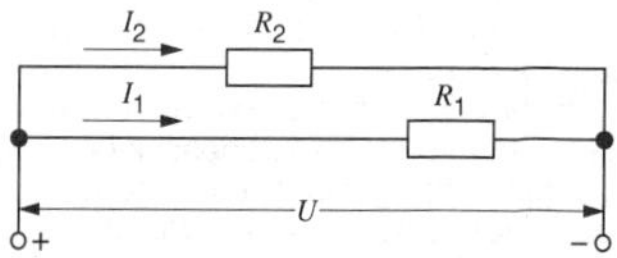

Messung eines Widerstandes

Sie kann durch Strom- und Spannungsmessung, direkt anzeigende Ohmmeter oder Brückenmessmethoden, z. B. Wheatstone'sche Brücke, erfolgen. Wird das Galvanometer A der Wheatstone'schen Brücke durch den Schleifkontakt D stromlos eingestellt, dann gilt:

$I_1 \cdot R_x = I_2 \cdot \varrho \cdot a/q$

$I_1 \cdot R = I_2 \cdot \varrho \cdot b/q$

daraus: $R_x = R \cdot a/b$

Wheatstone'sche Brückenschaltung.
R_x unbekannter Widerstand,
R bekannter Widerstand, AB homogener Messdraht (spezifischer Widerstand ϱ) mit überall gleichem Querschnitt q,
A Galvanometer, D Schleifkontakt.

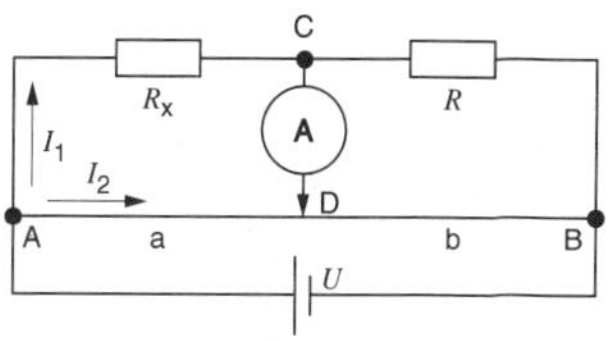

Elektrolytische Stromleitung

Stoffe, deren Lösungen oder Schmelzen (Salze, Säuren, Basen) den Strom leiten, heißen Elektrolyte. Im Gegensatz zur Stromleitung in Metallen ist hier der Stromdurchgang mit einer chemischen Zersetzung an den Elektroden verbunden. Die Zersetzung heißt Elektrolyse, die Elektroden Anode (Pluspol) und Kathode (Minuspol).

Beim Auflösen spaltet sich der Elektrolyt (Dissoziation) in verschiedene Ionen, die frei beweglich sind. Wird eine Spannung angelegt, wandern die positiven Ionen (Kationen) zur Kathode und die negativen (Anionen) zur Anode. Kationen sind z. B. alle Metallionen, aber auch Ammoniakionen (NH_4^+) und Wasserstoffionen (H^+). Anionen sind die Ionen der Nichtmetalle, Sauerstoff, Halogene, Säurerest- und OH-Ionen (Anwendung bei Batterie S. 937).

An den Elektroden neutralisieren sich die Ionen und werden abgeschieden. Der Zusammenhang zwischen abgeschiedener Stoffmenge und transportierter Ladung wird durch die Faraday'schen Gesetze beschrieben:

1. Die abgeschiedene Masse ist proportional zur Stromstärke und Zeit

$$m = k \cdot I \cdot t$$

m Masse in g, I Strom in A, t Zeit in s, k elektrochemisches Äquivalent in g/C. Das elektrochemische Äquivalent k gibt an, wieviel g der Ionen von 1 Coulomb abgeschieden werden:

$$k = A/(F \cdot w) = 1{,}036 \cdot 10^{-5}\, A/w$$

A Atomgewicht S. 212, w Wertigkeit (s. Tabelle), F Faradaysche Konstante mit dem Wert F = 96485 C/g-Äquivalent. g-Äquivalent ist die Menge in g, die dem Äquivalentgewicht A/w entspricht.

2. Die durch gleiche Elektrizitätsmengen abgeschiedenen Massen verschiedener Elektrolyte verhalten sich entsprechend der Äquivalentgewichte.

Elektrolytische Polarisation

Für die Stromleitung in Elektrolyten gilt in guter Näherung das Ohm'sche Gesetz. Bei der Elektrolyse scheiden sich jedoch die sog. inkonstanten Elemente an den Elektroden ab und bauen eine Spannung U_z auf, die der angelegten entgegengerichtet ist. Für den Strom in der Zelle mit dem Widerstand R gilt:

$$I = (U - U_z)/R$$

Die Veränderung der Elektroden wird als galvanische oder elektrolytische Polarisation bezeichnet. Sie kann durch oxydierende Chemikalien (sog. Depolarisatoren), z. B. Braunstein für H_2-Abscheidungen, weitgehend vermieden werden.

Elektrochemisches Äquivalent k

Stoff	Wertigkeit w	elektrochemisches Äquivalent k 10^{-3} g/C
Kationen		
Aluminium Al	3	0,0932
Blei Pb	2	1,0735
Chrom Cr	3	0,1796
Cadmium Cd	2	0,5824
Kupfer Cu	1	0,6588
	2	0,3294
Natrium Na	1	0,2384
Nickel Ni	2	0,3041
	3	0,2027
Silber Ag	1	1,1180
Wasserstoff H	1	0,01044
Zink Zn	2	0,3387
Anionen		
Chlor Cl	1	0,3675
Sauerstoff O	2	0,0829
Hydroxyl OH	1	0,1763
Chlorat ClO_3	1	0,8649
Chromat CrO_4	2	0,6011
Karbonat CO_3	2	0,3109
Manganat MnO_4	2	0,6163
Permanganat MnO_4	1	1,2325
Nitrat NO_3	1	0,6426
Phosphat PO_4	3	0,3280
Sulfat SO_4	2	0,4978

Galvani'sche Elemente

wandeln chemische in elektrische Energie um und bestehen aus zwei verschiedenen Metallen in einer oder zwei elektrolytischen Lösungen. Die Leerlaufspannung ist abhängig vom Elektroden- und Elektrolytmaterial.

Beispiele:

Weston-Normalelement
Elektroden: Cd + Hg(–) und Hg_2SO_4 + Hg(+)
Elektrolyt: $CdSO_4$
Spannung: 1,0187 V bei 20 °C

Leclanché-Element (Trockenbatterien)
Elektroden: Zn(–) und C(+)

Depolarisator: MnO_2
Elektrolyt: NH_4Cl
Spannung: 1,5 V

Akkumulator bzw. Batterie (S. 937)

Wechselstrom

Ein Strom, der sich periodisch (häufig sinusförmig) in Größe und Richtung ändert, heißt Wechselstrom. Die besondere technische Bedeutung liegt in seinen günstigen Eigenschaften für die Energie-Fernübertragung, weil er durch Transformatoren auf hohe Spannungswerte transformiert werden kann.
Übliche Frequenzen für Wechselstromnetze:
Afrika 50 Hz, Asien meist 50 Hz, Australien 50 Hz, Europa 50 Hz, Nordamerika 60 Hz, Südamerika 50/60 Hz.
Bahnnetz: Deutschland, Norwegen, Österreich, Schweden, Schweiz 16 $^2/_3$ Hz, USA 20 Hz.

Elektrolytischer (galvanischer) Mittelwert des sinusförmigen Wechselstroms.
Er ist das arithmetische Mittel, d. h.

$$I_{galv} = 2\,\hat{i}/\pi = 0{,}64\,\hat{i}$$
$$U_{galv} = 2\,\hat{u}/\pi = 0{,}64\,\hat{u}$$

Wechselstrom-Darstellung.
T Dauer einer ganzen Schwingung (Periode) in s, f Frequenz in Hz ($f = 1/T$),
$\hat{i}$ Scheitelwert (Amplitude) des Stroms,
$\hat{u}$ Scheitelwert (Amplitude) der Spannung,
ω Kreisfrequenz in 1/s ($\omega = 2\pi \cdot f$),
φ Phasenverschiebungswinkel (phasenverschoben heißt: Strom und Spannung erreichen zu verschiedener Zeit ihren Scheitelwert bzw. ihren Nulldurchgang) zwischen Strom und Spannung.

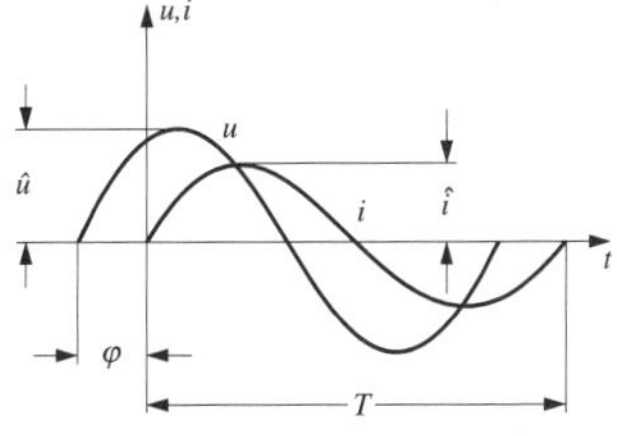

und entspricht in seinen elektrolytischen Wirkungen einem Gleichstrom dieser Größe.

Effektivwerte des sinusförmigen Wechselstroms:

$$I\,(= I_{eff}) = \hat{i}/\sqrt{2} = 0{,}71\,\hat{i}$$
$$U\,(= U_{eff}) = \hat{u}/\sqrt{2} = 0{,}71\,\hat{u}$$

Sie geben an, mit welchen Gleichstromwerten die gleiche Wärmemenge erzeugt werden kann.

Im Wechselstromkreis wird zwischen drei Leistungsangaben unterschieden:

Wirkleistung $P = U \cdot I \cdot \cos\varphi$
Blindleistung $P_q = U \cdot I \cdot \sin\varphi$
Scheinleistung $P_s = U \cdot I$

Der Leistungsfaktor $\cos\varphi$ gibt an, welcher Teil der Scheinleistung effektiv verwertbar ist. Der Rest, die Blindleistung, pendelt nutzlos zwischen Stromquelle und Verbraucher hin und her, belastet jedoch die Leitungen.

Um die Leitungen nicht unnötig groß dimensionieren zu müssen, wird deshalb der Phasenwinkel φ meist mit Hilfe von Phasenschiebern (z. B. Kapazitäten) möglichst klein gehalten.

Wechselstromkreise

Wechselstromkreis mit Spulen

Eine Spule mit der Induktivität L (S. 113) wirkt wie ein Widerstand der Größe $R_L = \omega \cdot L$ (induktiver Widerstand). Da er keine Energie verbraucht, heißt er auch Blindwiderstand. Die induzierte Gegenspannung U_L (Induktionsgesetz S. 112) hinkt dem Strom um 90° und dieser der angelegten Spannung um 90° hinterher.

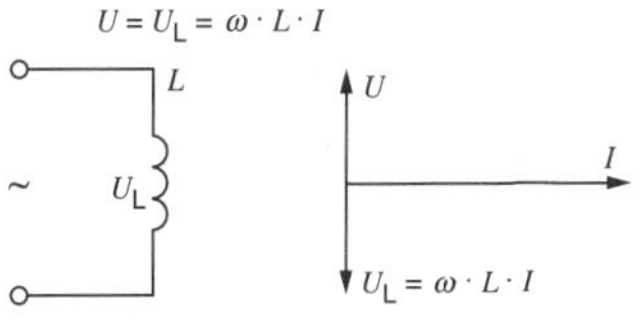

Für die Induktivität zusammengeschalteter Spulen gilt:

Spulen in Reihenschaltung	Spulen in Parallelschaltung
$L_{ges} = L_1 + L_2$	$\frac{1}{L_{ges}} = \frac{1}{L_1} + \frac{1}{L_2} + \ldots$

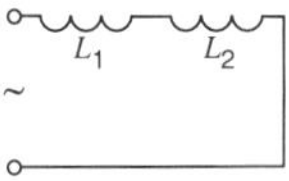

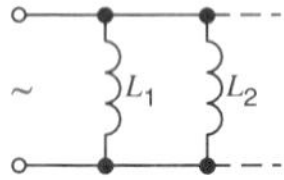

Wechselstromkreis mit Kondensator
Ein Kondensator mit der Kapazität C wirkt wie ein Widerstand der Größe $R_C = 1/(\omega \cdot C)$ (kapazitiver Widerstand); auch er verbraucht keine Leistung (Blindwiderstand). Die Gegenspannung U_C am Kondensator läuft dem Strom um 90° und dieser der angelegten Spannung U um 90° voraus.

$U = U_C = I/(\omega \cdot C)$

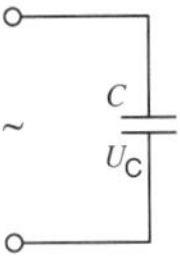

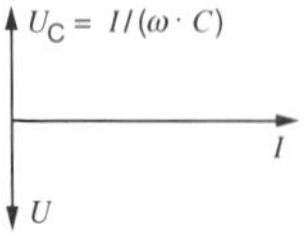

Für die Kapazität zusammengeschalteter Kondensatoren gilt:

Kondensator in Reihenschaltung	Kondensator in Parallelschaltung
$1/C_{ges} = 1/C_1 + 1/C_2$	$C_{ges} = C_1 + C_2 + \ldots$

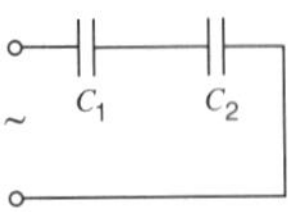

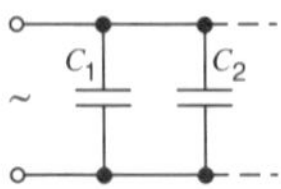

Ohm'sches Gesetz für Wechselstrom
Im Wechselstromkreis mit Ohm'schem Widerstand (R), Spule (Induktivität L) und Kondensator (Kapazität C) gelten für die elektrischen Kenngrößen Widerstand, Spannung und Strom die gleichen Gesetze wie im Gleichstromkreis.

Bei der Berechnung des Gesamtwiderstandes, der Spannung und des Stromes im Kreis ist jedoch deren Phasenlage zu berücksichtigen, d. h. die Werte müssen vektoriell addiert werden. Häufig geschieht dies mit Hilfe von Vektordiagrammen.

Reihenschaltung

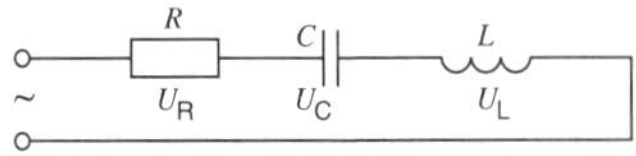

Vektordiagramme zur Bestimmung von U, Z, φ

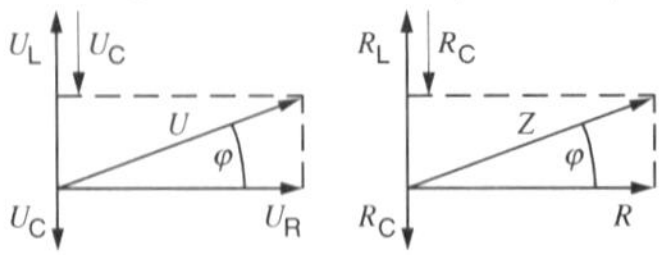

Das Ohm'sche Gesetz lautet: $U = Z \cdot I$

Z heißt Impedanz oder Scheinwiderstand und ist die Vektorsumme der Einzelwiderstände.

$$Z = \sqrt{R^2 + X^2}$$

R Ohm'scher Widerstand, X Reaktanz oder Blindwiderstand.

$X = \omega \cdot L - 1/(\omega \cdot C)$

$\omega \cdot L$ ist der induktive, $1/(\omega \cdot C)$ der kapazitive Widerstandsanteil.

Für die Phasenverschiebung φ zwischen Strom und Spannung gilt:

$\tan\varphi = [\omega \cdot L - 1/(\omega \cdot C)]/R$

Im Resonanzfall fließt der maximal mögliche Strom ($I = U/R$), die Bedingung hierfür lautet:

$\omega^2 \cdot L \cdot C = 1$ (d. h. $X = 0$)

Parallelschaltung

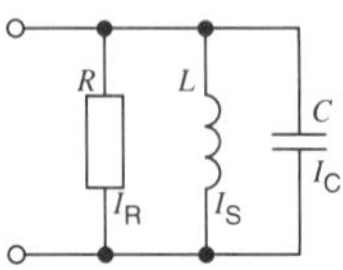

Vektordiagramme zur Bestimmung von I, Y, φ

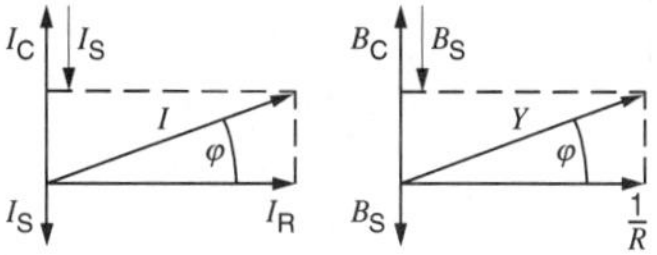

Für den Strom gilt: (Ohm'sches Gesetz)

$I = U \cdot Y$

Y ist der komplexe Scheinleitwert

$Y = \sqrt{G^2 + B^2}$

G (= $1/R$) Wirkleitwert
B [= $\omega \cdot C - 1/(\omega \cdot L)$] Blindleitwert

Für die Phasenverschiebung zwischen Strom und Spannung gilt:

$\tan\varphi = R \cdot [\omega \cdot C - 1/(\omega \cdot L)]$

Die Resonanzbedingung (minimaler Strom in der Hauptleitung) lautet wie bei der Reihenschaltung:

$\omega^2 \cdot L \cdot C = 1$ (d. h. $B = 0$)

Drehstrom

Drehstrom nennt man ein System von drei um 120° gegeneinander verschobenen Wechselströmen: Zur Erzeugung dienen Drehstromgeneratoren mit drei voneinander unabhängigen Wicklungen, die um zwei Drittel einer Polteilung (120°) gegeneinander versetzt sind.

Zur Verringerung der Leiterzahl beim Spannungstransport von sechs auf drei bzw. vier werden die Teilspannungen verkettet, üblich sind die Dreieck- und Sternschaltung.

Sternschaltung

$I = I_p$
$U = \sqrt{3} \cdot U_p$

Dreieckschaltung

$I = \sqrt{3} \cdot I_p$
$U = U_p$

I Leiterstrom, I_p Phasen-(Strang-)Strom, U Leiterspannung, U_p Phasen-(Strang-)Spannung.

Die übertragene Leistung ist unabhängig von der Schaltung, für sie gilt:

Scheinleistung:

$P_s = \sqrt{3} \cdot U \cdot I = 3U_p \cdot I_p$

Wirkleistung:

$P = P_s \cdot \cos\varphi = \sqrt{3} \cdot U \cdot I \cdot \cos\varphi$

Sternschaltung

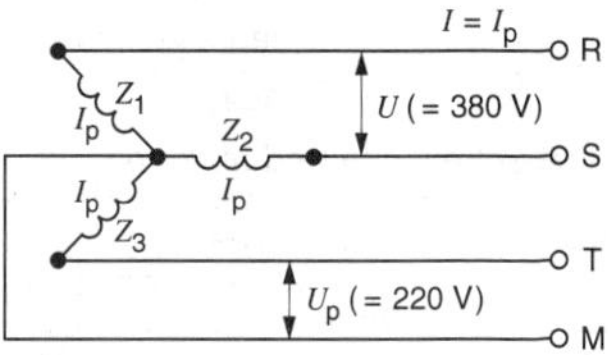

Dreieckschaltung

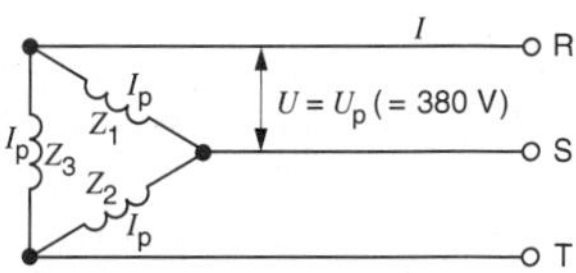

Magnetisches Feld

Magnetische Felder werden durch bewegte elektrische Ladungen, stromführende Leiter, magnetisierte Körper oder durch ein elektrisches Wechselfeld erzeugt.

Der Nachweis erfolgt über die Kraftwirkung auf bewegte elektrische Ladungen (Lorentz-Kraft) oder magnetische Dipole (gleichnamige Pole stoßen sich ab, ungleichnamige Pole ziehen sich an).

Zur Charakterisierung des magnetischen Feldes dient der Vektor der magnetischen Flussdichte B (Induktion). Die Bestimmung kann durch eine Kraftmessung oder durch eine Spannungsmessung erfolgen, weil durch ein sich änderndes Magnetfeld in einer Leiterschleife eine Spannung induziert wird (Induktionsgesetz S. 112).

$U = \Delta (B \cdot q)/t$

$\Delta (B \cdot q)$ Änderung des Produkts aus magnetischer Induktion (in T) und Fläche der Leiterschleife (in m^2), t Zeit (in s). Die Induktion B hängt mit den übrigen Feldgrößen wie folgt zusammen:

Magnetischer Fluss Φ

$$\Phi = B \cdot q$$

q Querschnitt in m^2

Magnetische Feldstärke H

Im Vakuum gilt:

$$B = \mu_0 \cdot H$$

$\mu_0 = 1{,}257 \cdot 10^{-6}$ H/m, magnetische Feldkonstante

Magnetisches Feld und Materie

Die Induktion B setzt sich in der Materie formal aus einem Beitrag des angelegten Feldes ($\mu_0 \cdot H$) und aus einem Beitrag der Materie (J) zusammen (siehe auch Zusammenhang zwischen elektrischer Verschiebungsdichte und elektrischer Feldstärke).

$$B = \mu_0 \cdot H + J$$

J ist die magnetische Polarisation und beschreibt den Beitrag der Materie zur Flussdichte. Physikalisch bedeutet J das magnetische Dipolmoment je Volumeneinheit und ist im Allgemeinen eine Funktion der Feldstärke H. Für viele Werkstoffe ist $J \ll \mu_0 \cdot H$ und proportional zu H, dann gilt:

$$B = \mu_r \cdot \mu_0 \cdot H$$

μ_r Permeabilitätszahl, im Vakuum hat sie den Wert $\mu_r = 1$.

Entsprechend dem Wert für die Permeabilitätszahl werden die Werkstoffe in 3 Gruppen unterteilt:

Diamagnetische Stoffe $\mu_r < 1$

(z. B. Ag, Au, Cd, Cu, Hg, Pb, Zn, Wasser, organische Stoffe, Gase)

μ_r ist unabhängig von der magnetischen Feldstärke und kleiner als 1, die Werte liegen im Bereich

$$(1 - 10^{-11}) > \mu_r > (1 - 10^{-5})$$

Paramagnetische Stoffe $\mu_r > 1$

(z. B. O_2, Al, Pt, Ti)

μ_r ist unabhängig von der magnetischen Feldstärke und größer als 1, die Werte liegen im Bereich

$$(1 + 4 \cdot 10^{-4}) > \mu_r > (1 + 10^{-8})$$

Hysteresekurve *(z. B. Hartferrit).*

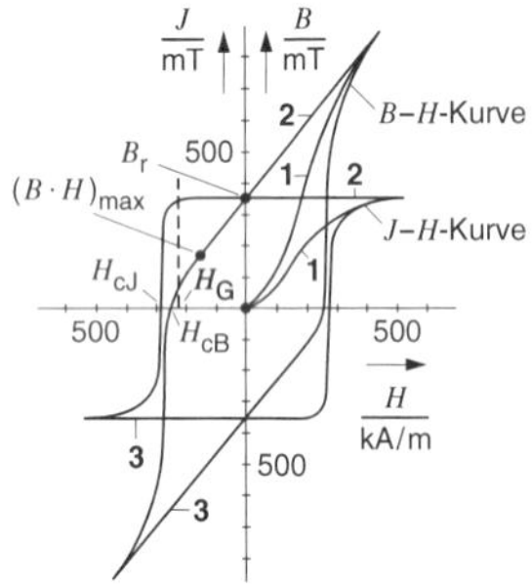

Die wichtigsten Kennwerte der Hysteresekurve sind:
- Sättigungspolarisation J_s,
- Remanenz B_r (bleibende Induktion für $H = 0$),
- Koerzitivfeldstärke H_{cB} (entmagnetisierende Feldstärke, bei der $B = 0$ wird) bzw.
- Koerzitivfeldstärke H_{cJ} (entmagnetisierende Feldstärke bei der $J = 0$ wird; nur für Dauermagnete von Bedeutung),
- Grenzfeldstärke H_G (bis zu dieser Feldstärke ist ein Dauermagnet stabil),
- μ_{max} (maximale Steigung der Neukurve, nur für Weichmagnete wichtig),
- Hystereseverlust (Energieverlust im Werkstoff bei einem Ummagnetisierungszyklus, entspricht der Fläche der B–H-Hysteresekurve; nur für Weichmagnete wichtig).

Ferromagnetische Stoffe $\mu_r \gg 1$

(z. B. Fe, Co, Ni, Ferrite)

Bei diesen Werkstoffen erreicht die Polarisation sehr große Werte und ändert sich nicht linear mit der Feldstärke H; außerdem ist sie abhängig von der Vorgeschichte (Hysterese). Wählt man trotzdem, wie in der Elektrotechnik üblich, die Darstellung $B = \mu_r \cdot \mu_0 \cdot H$, so ist μ_r eine Funktion von H und zeigt Hysterese; die Werte für μ_r liegen im Bereich $5 \cdot 10^5 > \mu_r > 10^2$

Die Hysteresekurve, die den Zusammenhang zwischen B und H bzw. J und H zeigt, wird wie folgt durchlaufen:

Befindet sich der Werkstoff im unmagnetischen Zustand ($B = J = H = 0$), wird er beim Anlegen eines Feldes H entlang seiner Neukurve (1) magnetisiert. Ab einer bestimmten, materialabhängigen Feldstärke sind alle magnetischen Dipole gerichtet und J erreicht den Wert der Sättigungspolarisation (materialabhängig), der nicht mehr erhöht werden kann. Wird H vermindert, nimmt J entlang dem Kurventeil (2) ab und schneidet bei $H = 0$ die B- bzw. J-Achse im Remanenzpunkt B_r bzw. J_r (es gilt $B_r = J_r$). Erst durch Anlegen eines Gegenfeldes der Feldstärke H_{cB} bzw. H_{cJ} wird die Flussdichte bzw. die Polarisation zu Null; diese Feldstärke heißt Koerzitivfeldstärke. Bei weiterer Erhöhung der Feldstärke wird die Sättigungspolarisation in der Gegenrichtung erreicht. Wird die Feldstärke wieder reduziert und das Feld umgekehrt, so wird die zu Kurventeil 2 symmetrische Kurve (3) durchlaufen.

Ferromagnetische Werkstoffe

Die ferromagnetischen Werkstoffe werden in weich- und dauermagnetische Werkstoffe aufgeteilt. Die Grafik auf S. 247 zeigt im Vergleich den Bereich der magnetischen Kennwerte, den die technisch gebräuchlichen, kristallinen Werkstoffe überdecken, und in welche Richtung die Werkstoffe entwickelt werden. Hervorzuheben ist der immense Bereich von 8 Zehnerpotenzen, den die Koerzitivfeldstärke überdeckt.

Dauermagnetwerkstoffe

Dauermagnetwerkstoffe haben hohe Koerzitivfeldstärken; die Werte liegen im Bereich

$$H_{cJ} > 1\,\frac{\text{kA}}{\text{m}}$$

Damit können hohe entmagnetisierende Felder H auftreten, ohne dass der Werkstoff seine magnetische Polarisation verliert. Der magnetische Zustand und Arbeitsbereich eines Dauermagneten liegt im 2. Quadranten der Hysteresekurve, auf der sogenannten Entmagnetisierungskurve. In der Praxis liegt der Arbeitspunkt eines Dauermagneten nie im Remanenzpunkt, weil aufgrund der inneren Eigenentmagnetisierung immer ein entmagnetisierendes Feld vorliegt, das den Arbeitspunkt nach links verschiebt.

Der Punkt auf der Entmagnetisierungskurve, in dem das Produkt $B \cdot H$ den höchsten Wert erreicht, $(B \cdot H)_{max}$, ist ein Maß für die maximal erreichbare Luftspaltenergie. Dieser Wert ist neben der Remanenz und der Koerzitivfeldstärke wichtig zur Charakterisierung von Dauermagneten.

Die z. Z. technisch bedeutsamen Dauermagnete sind die AlNiCo-, Ferrit-, FeNdB (REFe)- und SeCo-Magnete; die Entmagnetisierungskurven zeigen die typischen Merkmale der einzelnen Sorten. (Kenngrößen für Dauermagnetwerkstoffe S. 245)

Weichmagnetische Werkstoffe

Weichmagnetische Werkstoffe haben eine niedrige Koerzitivfeldstärke ($H_C <$ 1000 A/m), d. h. eine schmale Hysteresekurve. Die Flussdichte nimmt bereits für kleine Feldstärken hohe Werte an (große μ_r-Werte), so dass bei üblichen Anwendungen $J \gg \mu_0 \cdot H$ ist, d. h. in der Praxis braucht nicht zwischen $B(H)$- und $J(H)$-Kurven unterschieden zu werden (Kenngrößen S. 239).

Wegen der hohen Induktion bei niedrigen Feldstärken werden weichmagnetische Werkstoffe als Leiter für den magnetischen Fluss verwendet. Für den Einsatz in magnetischen Wechselfeldern eignen sich besonders Werkstoffe mit niedriger Koerzitivfeldstärke, da bei ihnen die Ummagnetisierungsverluste (Hystereseverluste) klein bleiben.

Die Eigenschaften der weichmagnetischen Werkstoffe hängen weitgehend von der Vorbehandlung ab. Durch mechanische Bearbeitung (z. B. spanabhebend) steigt die Koerzitivfeldstärke an, d. h. die Hysteresekurve wird breiter. Mit einer werkstoffspezifischen Glühung bei höheren Temperaturen (magnetisches Schlussglühen) können diese Einflüsse wieder rückgängig gemacht werden. Für einige wichtige weichmagnetische Werkstoffe sind die Magnetisierungskurven, d.h. der B–H-Zusammenhang, angegeben.

Ummagnetisierungsverluste
In der folgenden Tabelle geben P1 und P1,5 den Ummagnetisierungsverlust bei einer Aussteuerung von 1 bzw. 1,5 Tesla mit 50 Hz bei 20 °C an. Die Verluste setzen sich aus den Hysterese- und Wirbelstromverlusten zusammen. Die Wirbelstromverluste werden durch Spannungen verursacht, die in den weichmagnetischen Kreisteilen bei der Wechselfeldmagnetisierung durch Flussänderungen induziert werden (Induktionsgesetz). Mit folgenden Maßnahmen, die die elektrische Leitfähigkeit verringern, können die Wirbelstromverluste klein gehalten werden:

– Blechung des Kerns,
– Verwendung legierter Werkstoffe (z.B. Siliziumeisen),
– im Bereich höherer Frequenzen durch Unterteilung in isolierte Pulverteilchen (Pulverkerne),
– Verwendung keramischer Werkstoffe (Ferrite).

Der magnetische Kreis

Neben den Materialgleichungen sind für die Auslegung solcher Kreise folgende Gleichungen bestimmend:
1. Das Durchflutungsgesetz (magnetische Spannungsgleichung).
Bei einem geschlossenen Umlauf im magnetischen Kreis ist

$$\sum_i H_i \cdot l_i = V_1 + V_2 + ... + V_i = I \cdot w \text{ oder } 0,$$

Blechsorte	Nenndicke mm	Ummagnetisierungsverlust W/kg P1	P1,5	B (für H = 10 kA/m) T
M 270 – 35 A	0,35	1,1	2,7	1,70
M 330 – 35 A	0,35	1,3	3,3	1,70
M 400 – 50 A	0,5	1,7	4,0	1,71
M 530 – 50 A	0,5	2,3	5,3	1,74
M 800 – 50 A	0,5	3,6	8,1	1,77

Magnetisierungskurven für Weichmagnete.
1 Reineisen *2 78 NiFe (Permalloy)* *3 36 NiFe* *4 Ni-Zn-Ferrit* *5 50 CoFe* *6 V360-50A (Elektroblech)* *7 Baustahl* *8 Gusseisen* *9 Fe-Pulverkern*

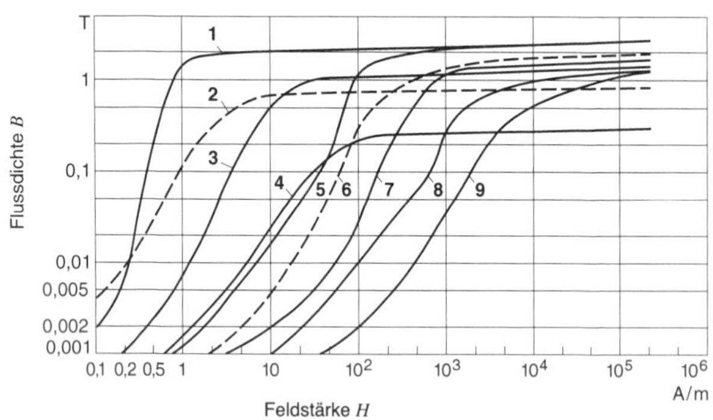

Entmagnetisierungskurven verschiedener Dauermagnetwerkstoffe.

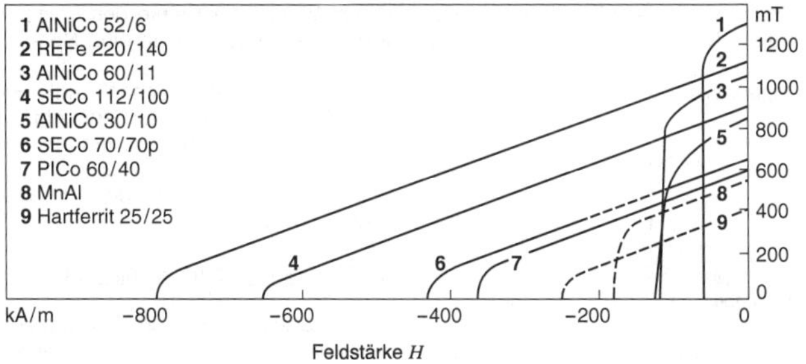

je nachdem, ob eine Stromquelle im Kreis ist oder nicht.

$I \cdot w = \Theta$ Durchflutung (Amperewindungszahl),

$H_i \cdot l_i = V_i$ magnetische Spannung ($H_i \cdot l_i$ ist für Teilstrecken zu berechnen, in denen H_i konstant ist).

2. Das Kontinuitätsgesetz (magnetische Flussgleichung).
In den einzelnen Teilgebieten des Kreises fließt der gleiche magnetische Fluss

Φ (= $B \cdot A$):

Φ = const oder $\Phi_1 = \Phi_2 = ... = \Phi_i$

Entscheidend für die Güte eines Kreises ist, wieviel Fluss im Arbeitsluftspalt zur Verfügung steht. Dieser Fluss wird Nutzfluss genannt; sein Verhältnis zum Gesamtfluss (Fluss des Dauer- bzw. Elektromagneten) heißt Streufaktor σ (praktische Werte für σ liegen zwischen 0,2 und 0,9). Der Streufluss, die Differenz zwischen Gesamt- und Nutzfluss, schließt sich außerhalb des Arbeitsluftspaltes und trägt nichts zur Arbeitsleistung des magnetischen Kreises bei.

Magnetisches Feld und elektrischer Strom

Bewegte Ladungen erzeugen ein Magnetfeld, d. h. stromdurchflossene Leiter sind von einem Magnetfeld umgeben. Die Stromrichtung (⊗ Strom nach hinten, ⊙ Strom nach vorne gerichtet) und die Richtung der magnetischen Feldstärke bilden eine Rechtsschraube. Für das Magnetfeld H verschiedener Leiteranordnungen siehe Tabelle S. 113.

Zwei parallele Leiter, die in gleicher Richtung vom Strom durchflossen werden, ziehen sich an; fließt der Strom entgegengesetzt, stoßen sie sich ab. Für die Kraft zwischen zwei Leitern im Abstand a und der Länge l, die von den Strömen I_1 bzw. I_2 durchflossen werden, gilt:

$$F = \frac{\mu_0 \cdot \mu_r \cdot I_1 \cdot I_2 \cdot l}{2\pi \cdot a}\ ^{1)}$$

und in Luft näherungsweise

$$F \approx 0{,}2 \cdot 10^{-6} \cdot I_1 \cdot I_2 \cdot l/a\ ^{1)}$$

In einem Magnetfeld B wird auf einen Strom führenden Leiter (Strom I) der Länge l eine Kraft ausgeübt; für diese gilt, wenn der Stromleiter und das Feld den Winkel α miteinander bilden:

$$F = B \cdot I \cdot l \cdot \sin\alpha\ ^{1)}$$

[1]) F Kraft in N, I_1, I_2 und I Strom in A, l und a Länge in m; B Induktion in T.

Die Richtung der Kraft kann mit Hilfe der Dreifingerregel der rechten Hand gefunden werden (Daumen in Stromrichtung, Zeigefinger in Richtung des Magnetfeldes, dann zeigt der Mittelfinger in die Richtung der Kraft).

Drei-Finger-Regel.

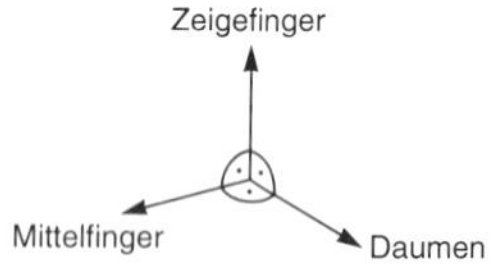

Stromleiter und zugehörige Feldlinien *(H). a) Einzelner stromdurchflossener Leiter mit Magnetfeld. b) Parallele Leiter ziehen sich an, wenn der Strom in gleiche Richtung fließt. c) Parallele Leiter stoßen sich ab, wenn der Strom in entgegengesetzte Richtung fließt. d) Ein Magnetfeld (B) übt Kraft auf einen Strom führenden Leiter aus. Die Richtung der Kraft wird mit der Drei-Finger-Regel bestimmt.*

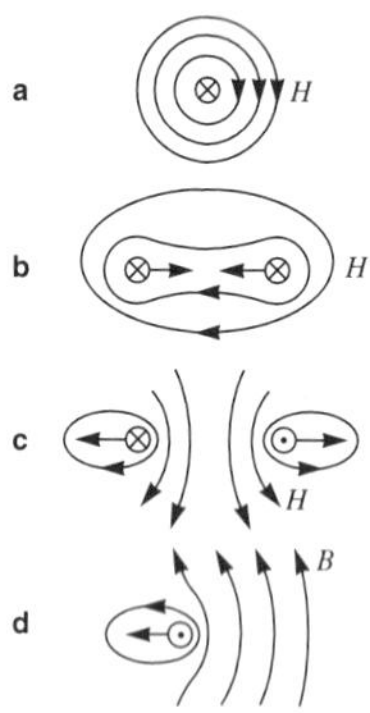

Induktion. *B Magnetfeld, C Richtung des bewegten Leiters, U_i induzierte Spannung.*

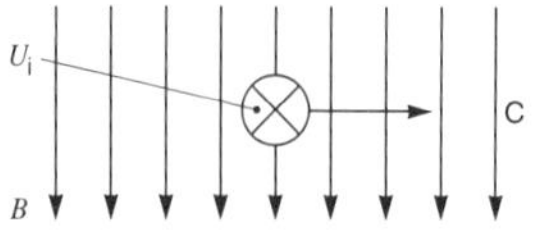

Induktionsgesetz

Ändert sich der von einer Leiterschleife umfasste magnetische Fluss Φ, beispielsweise durch Bewegen der Schleife oder durch Ändern der Stärke des Feldes, so wird in der Leiterschleife eine Spannung U_i induziert.

In einem im magnetischen Feld in Richtung C bewegten Leiter entsteht eine nach hinten gerichtete Spannung U_i:

$$U_i = B \cdot l \cdot v$$

U_i in V, B in T, l Leiterlänge in m, v Geschwindigkeit in m/s.

Bei der Gleichstrommaschine ist

$$U_i = p \cdot n \cdot z \cdot \Phi/(60a)$$

U_i in V, Φ von der Erregerwicklung (Feldwicklung) herrührender magnetischer Fluss in Wb, p Polpaarzahl, n Drehzahl in min^{-1}, z Drahtzahl auf der Ankeroberfläche, a halbe Anzahl der parallelen Ankerzweige.

Bei der Wechselstrommaschine ist

$$U_i = 2{,}22 f \cdot z \cdot \Phi$$

U_i in V, Φ von der Erregerwicklung herrührender magnetischer Fluss in Wb, f Frequenz des Wechselstroms in Hz = $p \cdot n/60$, p Polpaarzahl, n Drehzahl in min^{-1}, z Drahtzahl auf der Ankeroberfläche.

Beim Transformator ist

$$U_1 = 4{,}44 f \cdot w \cdot \Phi$$

U_1 in V, Φ magnetischer Fluss in Wb, f Frequenz in Hz, w Windungszahl der Spule, die den Fluss Φ umfasst.

Die Klemmenspannung U ist um den Ohm'schen Spannungsverlust in der Wicklung (etwa 5 %) kleiner (Generator) bzw. größer (Motor) als U_i. Bei Wechselspannung ist U_i der Effektivwert.

Selbstinduktion

Das magnetische Feld eines stromdurchflossenen Leiters oder einer Spule ändert sich bei Änderung des Leiterstroms. Im Leiter selbst wird dadurch eine der Stromänderung proportionale Spannung induziert, die der erzeugenden Stromänderung entgegenwirkt:

$$U_s = -L \frac{dI}{dt}$$

Feldstärke H einiger Leiteranordnungen

Kreisförmig gebogener Leiter	Im Kreismittelpunkt ist $H = I/(2a)$	H Feldstärke in A/m I Stromstärke in A a Leiterkreishalbmesser in m
Langer, gerader Leiter	Außerhalb des Leiters ist $H = I/(2\pi \cdot a)$ innerhalb des Leiters ist $H = I \cdot a/(2\pi \cdot r^2)$	a Entfernung von der Leiterachse in m r Leiterhalbmesser in m
Zylinderspule (Solenoid)	$H = I \cdot w/l$	w Windungszahl der Spule l Länge der Spule in m

Induktivität L einiger Leiteranordnungen

Zylinderspule	$L = \frac{1{,}257\,\mu_r}{10^6} \cdot \frac{w^2 \cdot q}{l}$	L Induktivität in H μ_r Permeabilitätszahl w Windungszahl q Spulenquerschnitt in m^2 l Spulenlänge in m
Doppelleitung (in Luft, $\mu_r = 1$)	$L = \frac{4l}{10^7} \cdot \ln(a/r)$	l Länge der Leitung in m a Leiterabstand in m r Leiterhalbmesser in m
Leitung gegen Erde (in Luft, $\mu_r = 1$)	$L = \frac{2l}{10^7} \cdot \ln(2a/r)$	l Länge der Leitung in m a Abstand des Leiters von der Erde in m r Leiterhalbmesser in m

Die Induktivität L ist abhängig von der Permeabilitätszahl μ_r, die für die meisten Werkstoffe praktisch gleich 1 und konstant ist, mit Ausnahme der ferromagnetischen Werkstoffe (S. 109). Für Spulen mit Eisenkern hängt deshalb L stark von den Betriebsbedingungen ab.

Energie des magnetischen Feldes

$W = L \cdot I^2/2$

Kontaktspannungen

Werkstoffpaarung	Kontaktspannung
Zn/Pb	0,39 V
Pb/Sn	0,06 V
Sn/Fe	0,30 V
Fe/Cu	0,14 V
Cu/Ag	0,08 V
Ag/Pt	0,12 V
Pt/C	0,13 V
Zn/Pb/Sn/Fe	0,75 V
Zn/Fe	0,75 V
Zn/Pb/Sn/Fe/Cu/Ag	0,97 V
Zn/Ag	0,97 V
Sn/Cu	0,44 V
Fe/Ag	0,30 V
Ag/Au	– 0,07 V
Au/Cu	– 0,09 V

Elektrische Effekte in metallischen Leitern

Kontaktspannung zwischen Leitern
Analog zur Reibungs- oder Kontaktelektrizität bei Isolatoren (z. B. Glas, Hartgummi) treten bei Leitern Kontaktspannungen auf. Verbindet man zwei verschiedene Metalle (gleicher Temperatur) leitend miteinander und trennt sie anschließend, so herrscht zwischen ihnen eine Kontaktspannung. Ursache sind verschieden hohe Austrittsarbeiten der Elektronen. Die Höhe der Spannung ist abhängig von der Stellung der Elemente in der Volta'schen Spannungsreihe. Verbindet man mehrere Leiter, so setzt sich die resultierende Kontaktspannung additiv aus den Einzelspannungen zusammen.

Thermoelektrizität

Aufgrund verschieden hoher Elektronenaustrittsarbeiten bildet sich an der Berührungsstelle zweier Leiter eine Potenzialdifferenz, die Galvani-Spannung. In einem geschlossenen Leiterkreis (mit überall gleicher Temperatur) ist die Summe der Galvani-Spannungen Null. Eine Messung ist nur indirekt über ihre Temperaturabhängigkeit (thermoelektrischer Effekt, Seebeck-Effekt) möglich. Die Werte der Thermospannung zeigen starke Abhängigkeit von Verunreinigungen und der Vorbehandlung der Stoffe. Für kleine Temperaturdifferenzen gilt näherungsweise:

$$U_{th} = \Delta T \cdot a + \Delta T^2 \cdot b/2 + \Delta T^3 \cdot c/3$$

mit U_{th} Thermospannung

$\Delta T = T_1 - T_2$ Temperaturdifferenz

a, b, c Materialkonstanten

In der thermoelektrischen Spannungsreihe sind die differenziellen Thermokräfte gegen ein Bezugsmetall (meist Platin, Kupfer oder Blei) angegeben. An der erwärmten Lötstelle fließt der Strom vom Leiter mit der niedrigeren zu dem mit der höheren differenziellen Thermokraft. Die Thermokraft η für ein beliebiges Paar (Thermoelement) ist gleich der Differenz der differenziellen Thermokräfte.

Die Umkehrung des Seebeck-Effekts ist der Peltier-Effekt, bei dem durch elektrische Energie eine Temperaturdifferenz erzeugt wird (Wärmepumpe).

Thermoelektrische Spannungsreihe
(bezogen auf Platin)

Werkstoff	Thermospannung 10^{-6} V/°C
Selen	1003
Tellur	500
Silizium	448
Germanium	303
Antimon	47 ... 48,6
Nickelchrom	22
Eisen	18,7 ... 18,9
Molybdän	11,6 ... 13,1
Cer	10,3
Kadmium	8,5 ... 9,2
Stahl (V2A)	7,7
Kupfer	7,2 ... 7,7
Silber	6,7 ... 7,9
Wolfram	6,5 ... 9,0
Iridium	6,5 ... 6,8
Rhodium	6,5
Zink	6,0 ... 7,9
Manganin	5,7 ... 8,2
Gold	5,6 ... 8,0
Zinn	4,1 ... 4,6
Blei	4,0 ... 4,4
Magnesium	4,0 ... 4,3
Aluminium	3,7 ... 4,1
Platin	±0
Quecksilber	–0,1
Natrium	–2,1
Kalium	–9,4
Nickel	–19,4 ... –12,0
Kobalt	–19,9 ... –15,2
Konstantan	–34,7 ... –30,4
Wismut ⊥ Achse	–52
Wismut ∥ Achse	–77

Gebräuchliche Thermoelemente[1]

Werkstoffpaarung	Temperatur
Kupfer-Konstantan	bis 600 °C
Eisen-Konstantan	bis 900 °C
Nickelchrom-Konstantan	bis 900 °C
Nickelchrom-Nickel	bis 1200 °C
Platinrhodium-Platin	bis 1600 °C
Platinrhodium-Platinrhodium	bis 1800 °C
Iridium-Iridiumrhodium	bis 2300 °C
Wolfram-Wolframmolybdän[2]	bis 2600 °C
Wolfram-Tantal[2]	bis 3000 °C

[1]) Außer zur Temperaturmessung wird das Thermoelement auch als Thermogenerator verwendet. Bisher erreichte Wirkungsgrade: ca. 10% (Anwendung in Satelliten).
[2]) in reduzierender Atmosphäre.

Hall-Effekt.
B Magnetfeld, I_H Hallstrom, I_V Versorgungsstrom, U_H Hallspannung, d Dicke des Leiters.

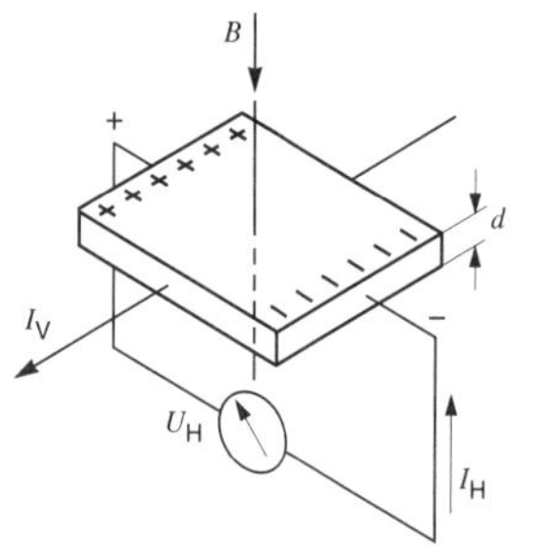

Schickt man Strom durch eine Leiterfolge A-B-A, so kühlt sich eine Lötstelle ab; die andere erwärmt sich, mehr als es der Joule'schen Wärmeentwicklung entspricht. Für die erzeugte Wärmemenge gilt:

$$\Delta Q = \pi \cdot I \cdot \Delta t$$

π Peltier-Koeffizient
I Stromstärke, Δt Zeitintervall

Zwischen dem Peltier-Koeffizienten und der Thermokraft η besteht der Zusammenhang

$$\pi = \eta \cdot T$$

mit T Temperatur

Die Wärmeerzeugung durch Strom ist auch im homogenen Leiter möglich, wenn man darin ein Temperaturgefälle $\Delta T/l$ aufrechterhält (Thomson-Effekt). Während die Joule-Leistung proportional zu I^2 ist, gilt für die durch den Thomson-Effekt erzeugte Leistung

$$P = -\sigma \cdot I \cdot \Delta T$$

σ Thomson-Koeffizient, I Stromstärke,
ΔT Temperaturdifferenz

Die Umkehrung des Thomson-Effekts ist der Benedicks-Effekt, bei dem durch unsymmetrische Temperaturverteilung eine elektrische Spannung erzeugt wird (besonders an Stellen mit starker Querschnittsänderung).

Galvano- und thermomagnetische Effekte

Darunter versteht man Änderungen der elektrischen oder thermischen Durchströmung eines Leiters, die durch ein Magnetfeld hervorgerufen werden. Es gibt 12 Effekte dieser Art. Die bekanntesten sind der Hall-, Ettingshausen-, Righi-Leduc- und Nernst-Effekt.

Von besonderer technischer Bedeutung ist der Hall-Effekt (Hallsensor S. 139). Legt man an einen Leiter eine Spannung und senkrecht dazu ein Magnetfeld an, entsteht senkrecht zur Stromrichtung und zum Magnetfeld eine Spannung, die Hall-Spannung U_H:

$$U_H = R \cdot I_V \cdot B/d$$

R Hall-Konstante, I_V Versorgungsstrom, B Magnetfeld, d Dicke des Leiters

Aus der Hall-Konstanten kann die Teilchenzahldichte und Beweglichkeit der Elektronen bzw. Defektelektronen bestimmt werden. Bei ferromagnetischen Stoffen ist die Hall-Spannung von der Magnetisierung abhängig (Hysterese).

Gas- und Plasmaentladung

Gasentladung ist der Durchgang des elektrischen Stromes durch einen von Gasen oder Dämpfen gefüllten Raum.

Im Gas vorhandene freie Ladungsträger beschleunigen im Feld zwischen zwei geladenen Elektroden und erzeugen durch Stoßionisation Ladungsträgerlawinen und damit den Durchschlag, der abhängig von der Gasart, dem Druck und dem Abstand der Elektroden bei Zündspannungen von wenigen Volt bis zu 100 Millionen Volt (atmosphärischer Blitz) erfolgt. Setzt die Anregungsenergie aus dem Entladungsvorgang an der Kathode Elektronen frei, entsteht die selbständige Entladung, in der die weit geringere Brennspannung den Strom aufrechterhält. Die Glimmentladung bildet sich vorzugsweise bei niederem Gasdruck aus.

Ihre charakteristischen Leuchterscheinungen beruhen auf Transport- und Reaktionszonen, die durch Feldkräfte und Ionendiffusion bei kleinen Stromdichten entstehen. Bei höheren Stromstärken konzentriert thermische Ionisation im Plasma den Stromfluss, d. h. die Entladung schnürt sich ein.

Die thermische Elektronenemission aus der Kathode führt zum Übergang in die Bogenentladung. Die Stromstärke steigt, soweit dies der äußere Stromkreis erlaubt. Bei Temperaturen bis 10^4 K erfolgt eine intensive Lichtabgabe im Bereich der Elektroden und aus der dazwischen liegenden konvektionsbedingt bogenförmigen Plasmasäule. Die Brennspannung fällt auf wenige Volt. Bei Unterschreiten der für den momentanen Zustand charakteristischen Löschspannung endet die Entladung.

Technische Anwendungen: Funkenstrecke als Schaltelement, Lichtbogenschweißen, Funkenzündung für die Verbrennung von Gasen, Entladungslampen, Hochdruck-Bogenlampen.

Elektronik

Grundlagen der Halbleitertechnik

Elektrische Leitfähigkeit von Festkörpern

Zahl und Beweglichkeit der freien Ladungsträger in den verschiedenen Stoffen bestimmen ihre spezifische Eignung zur Stromleitung. Die elektrische Leitfähigkeit fester Körper hat bei Raumtemperatur die Variationsbreite von 24 Zehnerpotenzen. Das führt zur Einteilung in drei elektrische Stoffklassen (Beispiele):

Leiter Metalle	Halbleiter	Nichtleiter Isolatoren
Silber Kupfer Aluminium	Germanium Silizium Gallium-arsenid	Teflon Quarzglas Aluminium-oxid

Metalle, Isolatoren, Halbleiter

Alle Festkörper haben je cm^3 rund 10^{22} Atome, die durch elektrische Kräfte zusammengehalten werden.

In Metallen ist die Zahl der freien Ladungsträger sehr groß (je Atom ein bis zwei freie Elektronen), ihre Beweglichkeit ist mäßig, die elektrische Leitfähigkeit hoch. Leitfähigkeit guter Leiter: 10^6 Siemens/cm.

In Isolatoren ist die Zahl der freien Ladungsträger praktisch Null und dementsprechend die elektrische Leitfähigkeit verschwindend klein. Leitfähigkeit guter Isolatoren: 10^{-18} Siemens/cm.

Die elektrische Leitfähigkeit der Halbleiter liegt zwischen der von Metallen und Isolatoren. Sie ist – im Gegensatz zur Leitfähigkeit von Metallen und Isolatoren – stark abhängig von Druck (beeinflusst Beweglichkeit der Ladungsträger), Temperatur (Zahl und Beweglichkeit der Ladungsträger), Belichtung (Zahl der Ladungsträger) und zugefügten Fremdstoffen (Zahl und Art der Ladungsträger).

Druck-, Temperatur- und Lichtempfindlichkeit der Halbleiter macht sie als Sensoren geeignet.

Durch Dotieren (kontrollierter Einbau von elektrisch wirksamen Fremdstoffen) lässt sich die Leitfähigkeit von Halbleitern definiert und lokalisiert einstellen. Dies bildet Grundlage der Halbleiterbauelemente von heute. Die durch Dotieren sicher zu fertigende elektrische Leitfähigkeit von Silizium reicht von 10^4 bis 10^{-2} Siemens/cm.

Elektrische Leitfähigkeit von Halbleitern

Im Folgenden wird von Silizium gesprochen. Silizium bildet im festen Zustand ein Kristallgitter, in dem jedes Siliziumatom jeweils vier gleich weit entfernte Nachbaratome hat. Jedes Siliziumatom hat 4 Außenelektronen. Die Bindung mit den Nachbaratomen erfolgt durch je zwei gemeinsame Elektronen. In diesem Idealzustand besitzt das Silizium keine freien Ladungsträger, ist also ein Nichtleiter. Das ändert sich gundlegend durch geeignete Zusätze und bei Energiezufuhr.

N-Dotierung:
Einbau von Fremdatomen mit 5 Außenelektronen (z. B. Phosphor) liefert freie Elektronen; denn zur Bindung in das Siliziumgitter werden nur 4 Elektronen benötigt. Jedes eingebaute Phosphoratom liefert also ein freies, negativ geladenes Elektron. Das Silizium wird N-leitend: N-Silizium.

P-Dotierung:
Einbau von Fremdatomen mit 3 Außenelektronen (z.B. Bor) erzeugt Elektronenlücken („Löcher"); denn zur vollständigen Bindung in das Siliziumgitter fehlt dem Boratom ein Elektron. Diese Bindungslücke heißt Loch oder Defektelektron.

Löcher (Defektelektronen) sind im Silizium beweglich; in einem elektrischen Feld wandern sie in entgegengesetzter Richtung wie die Elektronen. Löcher verhalten sich wie freie positive Ladungsträger. Jedes eingebaute Boratom liefert also ein freies, positiv geladenes Defektelektron (Loch). Das Silizium wird P-leitend: P-Silizium.

Eigenleitung
Durch Wärmezufuhr oder Lichteinstrahlung werden auch im undotierten Silizium freie bewegliche Ladungsträger erzeugt: Elektron-Loch-Paare, die zu einer Eigen-

leitfähigkeit des Halbleiters führen. Sie ist im Allgemeinen klein gegenüber der durch Dotieren erzeugten Leitfähigkeit. Mit steigender Temperatur nimmt die Zahl der Elektron-Loch-Paare exponentiell zu und verwischt schließlich die durch Dotieren erzeugten elektrischen Unterschiede zwischen P- und N-Gebieten. Dadurch ergeben sich Grenzen für die maximale Betriebstemperatur von Halbleiterbauelementen:

Germanium	90 ... 100 °C
Silizium	150 ... 200 °C
Galliumarsenid	300 ... 350 °C

Im N- wie im P-Halbleiter sind stets eine kleine Zahl von Ladungsträgern entgegengesetzter Polarität vorhanden. Diese Minoritätsladungsträger sind für die Arbeitsweise fast aller Halbleiterbauelemente wesentlich.

PN-Übergang im Halbleiter
Der Grenzbereich zwischen einer P-leitenden Zone und einer N-leitenden Zone im selben Halbleiterkristall wird PN-Übergang genannt. Seine Eigenschaften sind grundlegend für die meisten Halbleiterbauelemente.

PN-Übergang ohne äußere Spannung
Im P-Gebiet sind sehr viele Löcher (○), im N-Gebiet extrem wenige; im N-Gebiet sind sehr viele Elektronen (●), im P-Gebiet extrem wenige. Dem Konzentrationsgefälle folgend diffundieren die beweglichen Ladungsträger ins jeweils andere Gebiet (Diffusionsströme).

Durch den Verlust an Löchern lädt sich das P-Gebiet negativ auf; durch den Verlust an Elektronen lädt sich das N-Gebiet positiv auf. Dadurch bildet sich zwischen P- und N-Gebiet eine Spannung aus (Diffusionsspannung), die der Ladungsträgerwanderung entgegenwirkt. Der Ausgleich von Löchern und Elektronen kommt hierdurch zum Stillstand.

Ergebnis: Am PN-Übergang entsteht eine an beweglichen Ladungsträgern verarmte, elektrisch schlecht leitende Zone, die Raumladungszone oder Sperrschicht. In ihr herrscht ein starkes elektrisches Feld.

PN-Übergang mit äußerer Spannung
Sperrfall: Minuspol am P-Gebiet und Pluspol am N-Gebiet verbreitert die Raumladungszone. Infolgedessen ist der Stromfluss gesperrt bis auf einen geringen Rest (Sperrstrom), der von den Minoritätsladungsträgern herrührt.

PN-Übergang mit äußerer Spannung.
1 Sperrfall, 2 Durchlassfall.

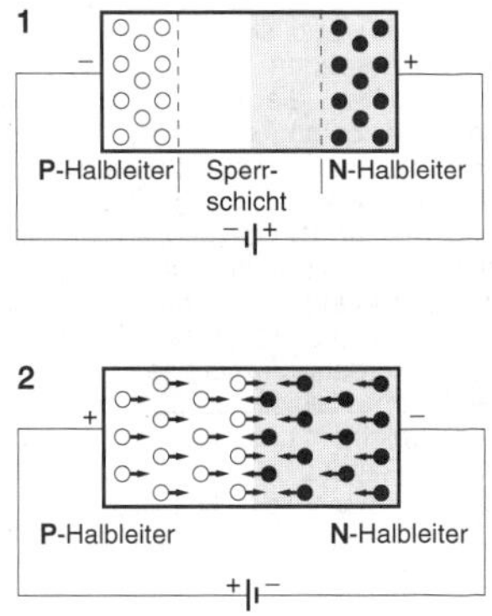

Durchlassfall:
Pluspol am P-Gebiet und Minuspol am N-Gebiet baut die Sperrschicht ab, Ladungsträger überschwemmen den PN-Übergang, und es fließt ein großer Strom in Durchlassrichtung.

Durchbruchspannung:
Spannung in Sperrichtung, von der ab eine geringe Spannungserhöhung einen steilen Anstieg des Sperrstroms hervorruft.

Ursache: Herauslösen gebundener Elektronen aus dem Kristallgitter in der Raumladungszone infolge hoher Feldstärke (Zenerdurchbruch) oder infolge von Stößen beschleunigter Elektronen, die andere Elektronen aus ihren Bindungen schlagen, was zu lawinenartiger Ladungsträgervermehrung führt (Lawinendurchbruch).

Diskrete Halbleiterbauelemente

Die Eigenschaften des PN-Übergangs und die Kombination mehrerer PN-Übergänge im gleichen Halbleiterkristall-Plättchen (Chip) sind die Basis einer immer noch wachsenden Fülle von Halbleiterbauelementen, die klein, robust, zuverlässig und kostengünstig sind.

Ein PN-Übergang führt zu Dioden, zwei PN-Übergänge führen zu Transistoren, drei und mehr PN-Übergänge zu Thyristoren. Die durch Planartechnik mögliche Zusammenfassung einer Vielzahl solcher Funktionselemente auf einem Chip führt zu der außerordentlich wichtigen Familie der integrierten Halbleiterschaltungen; diese sind Bauelement und Schaltung zugleich.

In der Regel sind die wenige Quadratmillimeter messenden Halbleiter-Chips in genormte Gehäuse (Metall, Keramik, Plastik) montiert.

Dioden

Halbleiterbauelemente mit einem PN-Übergang. Das spezifische Verhalten wird durch den jeweiligen Verlauf der Dotierungskonzentration im Kristall bestimmt. Dioden mit mehr als 1 A Durchlassstrom heißen Leistungsdioden.

Gleichrichterdiode
Sie wirkt wie ein Stromventil und ist deshalb das geeignete Bauelement zur Gleichrichtung von Wechselströmen. Der Strom in Sperrrichtung (Sperrstrom) kann etwa 10^7 mal kleiner sein als der Durchlassstrom. Er wächst mit steigender Temperatur stark an.

Gleichrichter für hohe Sperrspannung
Hohe Sperrspannung erfordert, dass mindestens eine Zone niedrige Leitfähigkeit hat (hoher Widerstand in Durchlassrichtung und damit zu starke Erwärmung). Durch Einschalten einer sehr schwach dotierten Zone (I) zwischen hoch dotierten P- und N-Zonen entsteht ein PIN-Gleichrichter, der hohe Sperrspannung, aber niedrigen Durchlasswiderstand hat (Leitfähigkeitsmodulation).

Schaltdiode
Vorzugsweise für rasches Umschalten von hoher auf niedrige Impedanz und umgekehrt. Die Schaltzeit wird durch zusätzliche Diffusion von Gold verkürzt (begünstigt die Rekombination von Elektronen und Löchern).

Z-Diode
Halbleiterdiode, bei der im Fall wachsender Spannung in Rückwärtsrichtung von einer bestimmten Spannung ab ein steiler Anstieg des Stroms infolge Zener- oder/und Lawinendurchbruchs eintritt. Z-Dioden sind für Dauerbetrieb im Bereich dieses Durchbruchs konstruiert.

Kapazitätsdiode
Die Raumladungszone am PN-Übergang wirkt wie ein Kondensator; Dielektrikum ist das von Ladungsträgern entblößte Halbleitermaterial. Erhöhung der angelegten Spannung verbreitert die Sperrschicht und verkleinert die Kapazität; Spannungserniedrigung vergrößert die Kapazität.

Schottky-Diode
Halbleiterdiode mit einem Metall-Halbleiter-Übergang. Weil Elektronen leichter aus N-Silizium in die Metallschicht gelangen als umgekehrt, entsteht im Halbleiter eine an Elektronen verarmte Randschicht: Schottky-Sperrschicht. Ladungstransport erfolgt ausschließlich durch Elektronen; dadurch extrem schnelles Umschalten, weil keine Minoritäten-Speichereffekte auftreten.

Fotodiode
Halbleiterdiode, bei der der Sperrschichtfotoeffekt ausgenutzt wird. Am PN-Übergang liegt Sperrspannung. Einfallendes Licht löst Elektronen aus der Gitterbindung. Es entstehen dadurch zusätzlich freie Elektronen und Löcher. Sie erhöhen den Sperrstrom (Fotostrom) proportional zur Lichtintensität.

Fotoelement
(Siehe Solarzelle).

Leuchtdiode
Siehe „Technische Optik“, S. 183.

Transistoren

Zwei eng benachbarte PN-Übergänge führen zum Transistoreffekt und zu Bauelementen, die elektrische Signale verstärken oder als Schalter wirken.

Bipolare Transistoren
Bipolare Transistoren bestehen aus drei Zonen unterschiedlicher Leitfähigkeit: PNP oder NPN. Die Zonen (und ihre Anschlüsse) heißen: Emitter E, Basis B und Kollektor C.

Nach Einsatzgebieten unterscheidet man: Kleinsignaltransistoren (bis 1 Watt Verlustleistung), Leistungstransistoren, Schalttransistoren, NF-Transistoren, HF-Transistoren, Mikrowellentransistoren, Fototransistoren usw. Sie heißen bipolar, weil Ladungsträger beider Polaritäten (Löcher und Elektronen) beteiligt sind. Im NPN-Transistor steuern positive Ladungsträger (Löcher) des Basisstroms etwa die 100fache Menge von negativen Ladungsträgern (Elektronen), die vom Emitter zum Kollektor fließen.

Wirkungsweise eines Bipolartransistors (erklärt für NPN-Transistor)
Der Emitter-Basis-Übergang (EB) wird in Durchlassrichtung gepolt. Dadurch werden Elektronen in die Basiszone injiziert.

Der Basis-Kollektor-Übergang (BC) wird in Sperrrichtung gepolt. Dadurch bildet sich eine Raumladungszone mit einem starken elektrischen Feld aus. Eine merkliche Kopplung (Transistoreffekt) tritt ein, wenn die beiden PN-Übergänge sehr nahe beieinander liegen (im Silizium ≈ 10 μm). Dann diffundieren die bei EB injizierten Elektronen durch die Basis zum Kollektor. Sobald sie in die Reichweite des elektrischen Feldes von BC kommen, werden sie ins Kollektorgebiet hinein beschleunigt und fließen als Kollektorstrom weiter. Das Konzentrationsgefälle in der Basis bleibt also bestehen und damit auch die Ursache für weitere Elektronenwanderungen vom Emitter zum Kollektor. Bei üblichen Transistoren geraten 99% und mehr aller vom Emitter ausgehenden Elektronen in die Raumladungszone und werden zum Kollektorstrom. Die wenigen fehlenden Elektronen sind beim Durchwandern der P-dotierten Basis in die dort befindlichen Elektronenlücken geraten. Sofern nichts anderes geschieht, laden sie die Basis negativ auf, und durch Abstoßungskräfte würde binnen kürzester Zeit (50 ns) das Nachfließen weiterer Elektronen überhaupt verhindert. Ein kleiner Basisstrom aus positiven Ladungs-

Bipolarer NPN-Transistor *(Schema).*

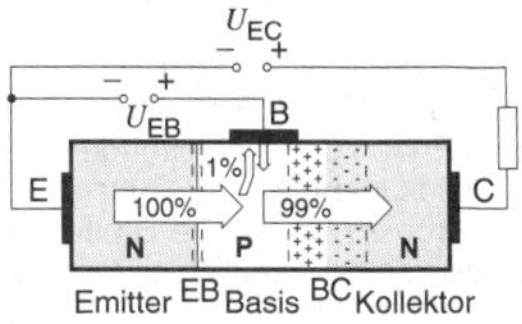

Sperrschicht-Feldeffekt-Transistor *(Schema).*

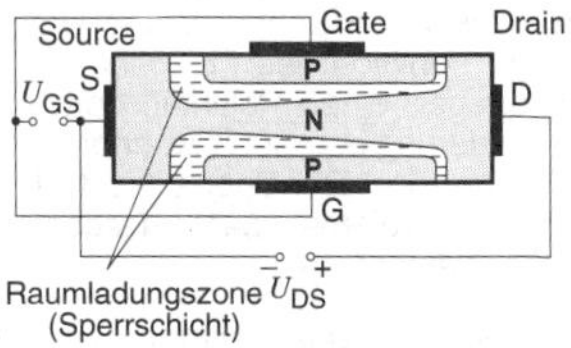

trägern (Löchern) kompensiert beim Transistor diese negative Aufladung ganz oder teilweise. Kleine Änderungen im Basisstrom bewirken somit große Änderungen im Emitter-Kollektor-Strom. Der NPN-Transistor ist ein bipolares, stromgesteuertes, verstärkendes Halbleiterbauelement.

Feldeffekt-Transistoren (FET)
Bei ihnen wird der Strom in einem leitenden Kanal im Wesentlichen durch ein elektrisches Feld gesteuert, das durch eine über eine Steuerelektrode angelegte Spannung entsteht. Im Gegensatz zum bipolaren Transistor arbeiten Feldeffekt-Transistoren nur mit Ladungsträgern einer Sorte (Elektronen oder Löcher), daher auch die Bezeichnung Unipolartransistoren. Sie unterscheiden sich in:
– Sperrschicht-Feldeffekt-Transistoren (Junction-FET, JFET).
– Isolierschicht-Feldeffekt-Transistoren, insbesondere MOS-Feldeffekt-Transistoren (MOSFET), kurz: MOS-Transistoren.

MOS-Transistoren eignen sich gut für hochintegrierte Schaltungen. Leistungs-FET sind für viele Anwendungen ernstzunehmende Konkurrenten zu bipolaren Leistungstransistoren. Anschlüsse: Gate G, Source S, Drain D.

Wirkungsweise eines Sperrschicht-FET
(erklärt für N-Kanal-Typ)
An den Enden eines N-leitenden Kristalls liegt Gleichspannung. Elektronen fließen von Source zu Drain. Die Breite des Kanals wird von zwei seitlich eindiffundierten P-Zonen und der an diesen anliegenden negativen Spannung bestimmt. Erhöht man die negative Gate-Spannung, dehnen sich die Raumladungszonen stärker in den Kanal hinein aus und schnüren die Strombahn ein. Die Spannung an der Steuerelektrode G steuert somit den Strom zwischen Source S und Drain D. Für die Funktion des FET sind nur Ladungsträger einer Polarität notwendig. Die Steuerung des Stromes erfolgt nahezu leistungslos. Der Sperrschicht-FET ist also ein unipolares, spannungsgesteuertes Bauelement.

Wirkungsweise eines MOS-Transistors
(für P-Kanal-Anreicherungstyp)
MOS steht für die typische Schichtenfolge: Metal-Oxide-Semiconductor. Ohne Spannung an der Gate-Elektrode fließt zwischen Source und Drain kein Strom: die PN-Übergänge sperren. Durch eine negative Spannung am Gate werden im N-Gebiet unter dieser Elektrode die Elektronen in das Kristallinnere verdrängt und Löcher – die ja als Minoritätsladungsträger auch im N-Silizium immer vorhanden sind – an die Oberfläche gezogen. Es entsteht eine schmale P-leitende Schicht unter der Oberfläche: ein P-Kanal. Zwischen beiden P-Gebieten (Source und Drain) kann jetzt Strom fließen. Er besteht nur aus Löchern. Da die Gate-Spannung über eine isolierende Oxidschicht wirkt, fließt kein Strom im Steuerkreis: die Steuerung erfolgt leistungslos. Der MOS-Transistor ist also ein unipolares, spannungsgesteuertes Bauelement.

PMOS-, NMOS-, CMOS-Transistoren
Neben dem P-Kanal-MOS-Transistor, kurz PMOS-Transistor, gibt es durch Vertauschen der Dotierung den NMOS-Transistor. NMOS-Transistoren sind wegen der höheren Beweglichkeit der

PMOS-Transistor *(Schema).*

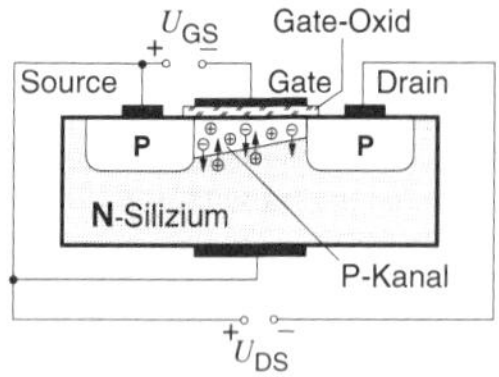

CMOS-Transistorpaar *(Schema).*

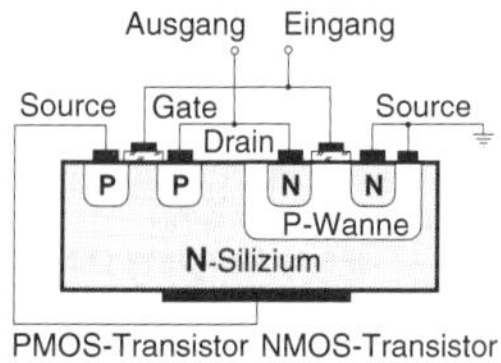

Elektronen schneller als PMOS-Transistoren, die aus physikalischen Gründen leichter herstellbar und daher zuerst verfügbar waren.

Wenn PMOS- und NMOS-Transistoren paarweise im selben Silizium-Chip hergestellt werden, so spricht man von komplementärer MOS-Technik oder Complementary MOS-Transistoren, kurz CMOS-Transistoren. Besondere Vorteile von CMOS-Transistoren: sehr niedrige Verlustleistung, hohe Störsicherheit, unkritische Versorgungsspannung, Eignung für Analogsignalverarbeitung und Hochintegration.

BCD-Mischprozess
Steigende Bedeutung gewinnen integrierte Leistungsstrukturen. Sie werden auf einem Silizium-Chip mit Bipolar- und MOS-Bauelementen realisiert und können damit die Vorteile beider Techniken nutzen. Ein für die Automobilelektronik wichtiger Herstellungprozess, der auch MOS-Leistungsbauelemente (DMOS) ermöglicht, ist der BCD-Mischprozess (Bipolar/CMOS/DMOS).

Thyristoren
Drei aufeinanderfolgende PN-Übergänge führen zum Thyristoreffekt und zu Bauelementen, die – durch elektrische Signale getriggert – wie Kippschalter wirken. Die Benennung „Thyristor" wird als Oberbegriff für alle Arten von Bauelementen benutzt, die von einem Sperrzustand in einen Durchlasszustand (oder umgekehrt) umgeschaltet werden können. Einsatzgebiet in der Leistungselektronik: Drehzahl- und Frequenzsteuerung; Gleichrichtung und Umrichtung; Schalter. Im speziellen Sprachgebrauch bezeichnet „Thyristor" die rückwärtssperrende Thyristortriode.

Vierschichtdiode
Nach DIN: rückwärtssperrende Thyristordiode. Bauelement mit zwei Anschlüssen (Anode A, Katode K) und mit Schaltereigenschaften. Sie hat vier Schichten wechselnder Dotierung. Ihr elektrisches Verhalten lässt sich verstehen, wenn man sich die Vierschichtstruktur als zwei Transistorstrecken T_1 und T_2 vorstellt. Wird die Spannung zwischen A und K erhöht, so steigen die Sperrströme beider Transistoren. Bei einem bestimmten Spannungswert von U_{AK} (Schaltspannung) wird schließlich der Sperrstrom des einen Transistors so groß, dass er den anderen ein wenig aufsteuern kann; umgekehrt erfolgt das gleiche. Beide Transistoren steuern sich so gegenseitig sehr schnell auf, und die Vierschichtdiode wird leitend: Thyristoreffekt.

Thyristoren mit Steueranschluss
Nach DIN: Thyristortrioden (auch SCR Silicon Controlled Rectifier), steuerbare Bauteile mit Schaltereigenschaften. Sie bestehen aus vier Zonen wechselnden Leitfähigkeitstyps und haben wie die Vierschichtdiode zwei stabile Zustände (hochohmig und niederohmig). Das Umschalten von einem Zustand in den anderen ist über einen Steueranschluss G (Gate) steuerbar.

GTO-Thyristor
Nach DIN: Abschaltthyristor (GTO Gate Turn Off), der sich durch einen positiven Steuerimpuls zünden und mit einem negativen Steuerimpuls am gleichen Gate wieder löschen lässt.

Triac
Nach DIN: Zweirichtungs-Thyristortriode (Triac Triode alternating current switch), ein steuerbarer Thyristor mit drei Anschlüssen. Er hat zwei Schaltrichtungen, in denen er im Wesentlichen gleiche Eigenschaften hat.

Solarzellen-Fotovoltaik
Fotovoltaik bezeichnet die direkte Umwandlung von Lichtenergie in elektrische Energie.

Die Bauelemente der Fotovoltaik sind die Solarzellen, die im Wesentlichen aus Halbleitermaterialien bestehen. Bei Lichteinwirkung entstehen aufgrund des „Inneren Fotoeffekts" im Halbleiter freie Ladungsträger (Elektron/Loch-Paare). Befindet sich im Halbleiter ein PN-Übergang, so werden in dessen elektrischem Feld die Ladungsträger getrennt und zu den Metallkontakten an den Oberflächen des Halbleiters geleitet. Es entsteht je nach Halbleitermaterial eine elektrische Gleich-

Vierschichtdiode und Thyristoreffekt.
1 Vierschichtstruktur, 2 aufgelöst in zwei Transistorstrecken.

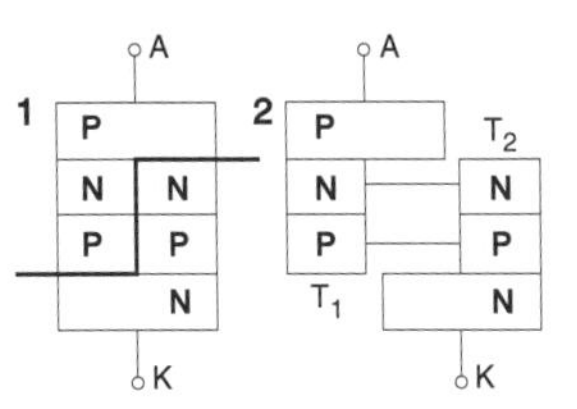

Solarzelle.
1 Lichteinwirkung, 2 elektrisches Feld, 3 Metallkontakt.

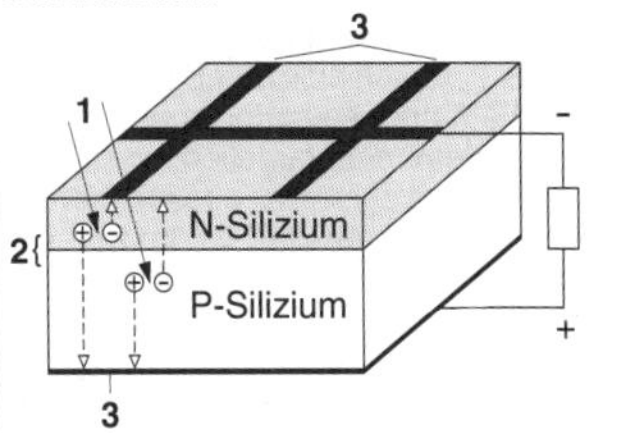

spannung (Fotospannung) zwischen den Kontakten von 0,5 ... 1,2 V. Bei Anschluss eines Verbrauchswiderstands fließt ein Strom (Fotostrom) z.B. 2,8 A für eine 100 cm^2 große Si-Solarzelle bei 0,58 V.

Der Wirkungsgrad der Umwandlung von eingestrahlter Lichtenergie in elektrische Energie (Angaben in Prozent) hängt davon ab, wie gut die Halbleitereigenschaften zur spektralen Verteilung des Lichtes passen und wie gut die entstandenen freien Ladungsträgerpaare getrennt und zu den entsprechenden Kontakten an der Oberfläche geleitet werden.

Damit die freien Ladungsträgerpaare nicht wieder rekombinieren, sollten die Wege im Halbleiter kurz sein (dünne Schichten von einigen µm bis 300 µm) und das Material möglichst wenig störende Kristallgitterfehler und Verunreinigungen aufweisen. Die Herstellprozesse umfassen Verfahren, wie sie auch z.T. bei der Mikroelektronik-Fertigung eingesetzt werden. Das am meisten verwendete Material für Solarzellen ist Silizium. Es wird in einkristalliner, polykristalliner oder amorpher Modifikation verwendet. Beispiele für die im Labormaßstab erreichten Wirkungsgrade sind für:

Silizium	– einkristallin	24 %
	– polykristallin	19 %
	– amorph	13 %
CdTe		16 %
$CuInSe_2$		18 %
GaAs[1])		28 %
Si/GaAs-Tandem[1])		37 %.

[1]) konzentriertes Sonnenlicht.

Soweit diese Solarzellentypen in Serie hergestellt werden, sind die erzielten Wirkungsgrade durchschnittlich um ca. ein Drittel niedriger. Die hohen Wirkungsgrade der „Tandemzellen" ergeben sich durch zwei hintereinander geschichtete Solarzellen aus verschiedenen Materialien, die Licht aus unterschiedlichen Spektralbereichen in Ladungsträger umwandeln.

Die einzelnen Solarzellen werden zu Solar-Modulen zusammengeschaltet. Die abgegebene Spannung ist immer eine Gleichspannung, die sich durch Wechselrichter in Wechselspannung umwandeln lässt (z.B. für Netzeinspeisung). Die Kenndaten eines Moduls sind dessen Ausgangsspannung und die Leistung in W_P bezogen auf volle Sonneneinstrahlung (≈ 1000 W/m^2).

Ziel der Solarzellenherstellung sind großflächige, in kostengünstigen Prozessen herstellbare Bauelemente. Neben den erprobten Verfahren wie Kristallziehen aus der Schmelze oder Kristallgießen mit anschließendem Sägen der Kristallstäbe bzw. Blöcke in einzelne Scheiben, werden Bandziehen, Foliengießen und Abscheiden dünner Halbleiterschichten untersucht. Sind die Kosten von fotovoltaisch erzeugter Energie heute noch höher als bei konventionellen Kraftwerken, so werden durch Verbessern der Zellenherstellung, Anhebung der Wirkungsgrade und Massenproduktion weitere Kostenreduzierungen möglich sein. Für manche Anwendungsfälle wie Inselbetrieb (Verbraucher ohne Netzanschluss) oder bei kleinen Leistungen (Uhren, Taschenrechnern) ist die Fotovoltaik heute schon die günstigste Lösung. Bei einer weltweit installierten Leistung von 1 GW_P wächst der Fotovoltaikmarkt derzeit jährlich um 16 %.

Monolithische integrierte Schaltungen

Monolithische Integration

Die Planartechnik beruht darauf, dass sich Siliziumscheiben (Wafer) leicht oxidieren lassen und dass Dotierstoffe um viele Zehnerpotenzen langsamer ins Oxid als ins Silizium eindringen: nur wo Öffnungen in der Oxidhaut sind, erfolgt Dotierung. Diese durch die IC-Konstruktion bestimmten geometrischen Muster werden mit fotolithografischen Verfahren auf die Wafer übertragen. Alle Prozessschritte (Oxidieren, Abtragen, Dotieren, Abscheiden) erfolgen nacheinander von einer Oberflächenebene her (planar).

Die Planartechnik ermöglicht die Herstellung aller Komponenten einer Schaltung (Widerstände, Kondensatoren, Dioden, Transistoren, Thyristoren) einschließlich der leitenden Verbindungen in einem gemeinsamen Fertigungsprozess auf einem einzigen Siliziumplättchen (Chip). Aus Halbleiterkomponenten werden monolithische integrierte Halbleiterschaltungen: IS Integrierte Schaltung, IC Integrated Circuit.

Im Allgemeinen umfasst diese Integration ein Teilsystem der elektronischen Schaltung, zunehmend mehr auch das Gesamtsystem: System on a Chip.

Integrationsgrad
Anzahl der Funktionselemente oder der Transistoren oder der Gatter je Chip. Nach Integrationsgrad (und Chipfläche) unterscheidet man
– SSI (Small Scale Integration).
Bis etwa 100 Funktionselemente pro Chip, mittlere Chipfläche 3 mm², kann bei Schaltungen mit hohen Leistungen aber auch sehr viel größer sein (z. B.: Smart Power Transistors).
– MSI (Medium Scale Integration).
Etwa 100 bis 1000 Funktionselemente pro Chip, mittlere Chipfläche 8 mm².
– LSI (Large Scale Integration).
Bis zu 100 000 Funktionselemente pro Chip, mittlere Chipfläche 20 mm².
– VLSI (Very Large Scale Integration).
Bis zu 1 Million Funktionselemente pro Chip, mittlere Fläche 30 mm².
– ULSI (Ultra Large Scale Integration).
Über 1 Million Funktionselemente pro Chip, Fläche bis zu 300 mm², kleinste Strukturgrößen 0,25 µm.

Für die Konstruktion integrierter Schaltungen sind rechnergestützte Simulations- und Entwurfsmethoden (CAE/CAD) unerlässlich. Bei VLSI und ULSI werden ganze Funktionsblöcke eingesetzt, da sonst der zeitliche Aufwand und das Fehlerrisiko die Entwicklung unmöglich machen würde.

Einteilung der integrierten Schaltungen
– Nach Transistortechnik:
Bipolar, MOS, gemischt (bipolar/MOS, BiCMOS, BCD).
– Nach Schaltungstechnik:
Analog, digital, gemischt (analog/digital, Mixed Signal).
– Nach Bauelementfamilien:
Analog, Mikrokomponenten, Speicher, Logikschaltungen.
– Nach Verwendungszweck:
Standard IC, anwendungsspezifische IC (ASIC).

Integrierte Analogschaltungen
– Grundstrukturen:
Konstantspannungsquellen, Konstantstromquellen, Differenzverstärkerstufen, Koppelschaltungen, Potenzialverschiebungen, Ausgangsstufen.
– Anwendungsorientierte Klassen:
Operationsverstärker (OP: Operational Amplifier), Spannungsregler, Komparatoren, Zeitgeber, Wandler, Interfaceschaltungen.
– Spezielle Analog-IC:
Spannungsreferenzen, Breitbandverstärker, Analog-Multiplier, Funktionsgeneratoren, Phasenregelschaltkreise, Analogfilter, Analogschalter.

Integrierte Digitalschaltungen
Die Skala reicht von LSI (Logikbausteine) bis ULSI (Speicher, Mikrokomponenten). Logikbausteine lassen sich nur dann zu einem System zusammenschalten, wenn Versorgungsspannungen, Logikpegel

Einfache monolithische Schaltung (bipolar). *Schaltung und Ausführung. 1 ... 5 Anschlüsse.*

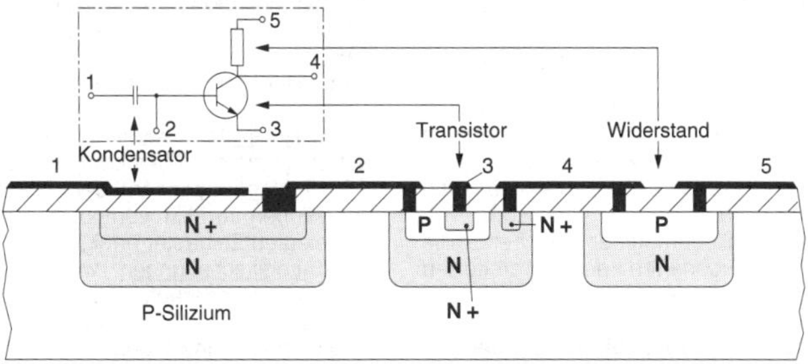

und die Größenordnung der Schaltzeiten und Signallaufzeiten übereinstimmen. Diese Forderung wird jeweils innerhalb einer Schaltkreisfamilie erfüllt. Die wichtigsten sind:
– Diverse Bipolartypen: TTL (Transistor-Transistor-Logic), Schottky TTL, Low Power Schottky TTL, ECL (Emitter Coupled Logic) und I^2L (Integrated Injection Logic),
– MOS-Logik, insb. CMOS-Logik.
MOS- und CMOS-Bausteine haben einen Anteil von 97% (mit weiter steigender Tendenz) an der Produktion integrierter Digitalschaltungen.

Halbleiterspeicher
Speichern umfasst Aufnahme (Schreiben, Einschreiben), dauerhaftes Aufbewahren (das eigentliche Speichern), Wiederauffinden und Abgabe (Lesen, Auslesen) von Informationen. Speicher lassen sich durch Ausnutzung solcher physikalischer Effekte realisieren, die zwei verschiedene Zustände (binäre Information) eindeutig und leicht erzeugen und erkennen lassen. In Halbleiterspeichern erzeugt man entweder schaltungstechnisch die Zustände „leitend/nicht leitend" oder (durch Ausnutzung spezieller Effekte in der Grenzschicht Silizium/Siliziumoxid bzw. Siliziumnitrid/Metall) die Zustände „geladen/ungeladen".

Die Halbleiterspeicher gliedern sich in die beiden Hauptgruppen „flüchtige und nichtflüchtige Speicher". Sie sind nahezu alle in CMOS-Technik hergestellt.
– Flüchtige Speicher (Kurzzeitspeicher) sind nahezu beliebig häufig auslesbar und beschreibbar und werden daher als RAM (Random Access Memories) bezeichnet; ihr Informationsinhalt geht beim Abschalten der Versorgungsspannung verloren.
– Nichtflüchtige Speicher (Langzeitspeicher) halten ihren Informationsinhalt auch nach Abschalten der Versorgungsspannung und werden auch als Festwertspeicher bezeichnet.

Eine Aufgliederung der Speicherfamilie und die Eigenarten der verbreiterten Speichertypen zeigt die Grafik.

Mikroprozessoren, Mikrocomputer
Der Mikroprozessor ist die Integration der Zentraleinheit eines Rechners auf einem Chip. Die Konzeption des Mikroprozessors vermeidet Individualisierung trotz Großintegration und ermöglicht die Anpassung an die vielfältigen Anforderungen der Praxis durch Programmierung. Unterschieden werden zwei Hauptgruppen von Prozessoren:
– Für den Einsatz in PC (Personal Computer) werden CISC-Prozessoren eingesetzt (CISC: Complete Instruction Set Computing). Sie sind sehr vielseitig und frei programmierbar.
– In WS (Work Station) werden üblicherweise RISC-Prozessoren benutzt (RISC: Reduced Instruction Set Computing). Sie sind für bestimmte Aufgaben, wie sie beim Einsatz von WS häufig vorkommen, sehr viel schneller; für alle anderen Aufgaben deutlich langsamer.

Ein Mikroprozessor ist für sich allein nicht funktionsfähig: er ist stets Teil eines Mikrocomputers.
Der Mikrocomputer besteht aus:
– Mikroprozessor als Zentraleinheit (CPU: Central Processing Unit). Der Mikroprozessor enthält seinerseits Steuerwerk und Rechenwerk. Das Rechenwerk führt arithmetische und logische Operationen aus; das Steuerwerk sorgt für die Ausführung der Befehle aus dem Programmspeicher.
– Ein- und Ausgabeeinheiten (E/A oder I/O: Input/Output), die den Datenverkehr mit der Peripherie abwickeln.
– Programmspeicher, in dem das Arbeitsprogramm (Anwenderprogramm) unverlierbar untergebracht ist, daher ROM, PROM oder EPROM.
– Datenspeicher mit den sich momentan in Arbeit befindlichen Daten. Diese Informationen ändern sich dauernd, daher RAM.
– Taktgenerator und Stromversorgungssystem.

Das Bussystem verbindet die einzelnen Elemente des Mikrocomputers.

Ein Taktgenerator sorgt dafür, dass alle Operationen im Mikrocomputer in einem festgelegten Zeitraster erfolgen.

Als Logikschaltungen werden Bausteine mit Sonderaufgaben bezeichnet, wie z. B. Unterbrechung (Interrupt) eines Programms, Einschieben eines Zwischenprogramms, u.ä.

Überblick Halbleiterspeicher.

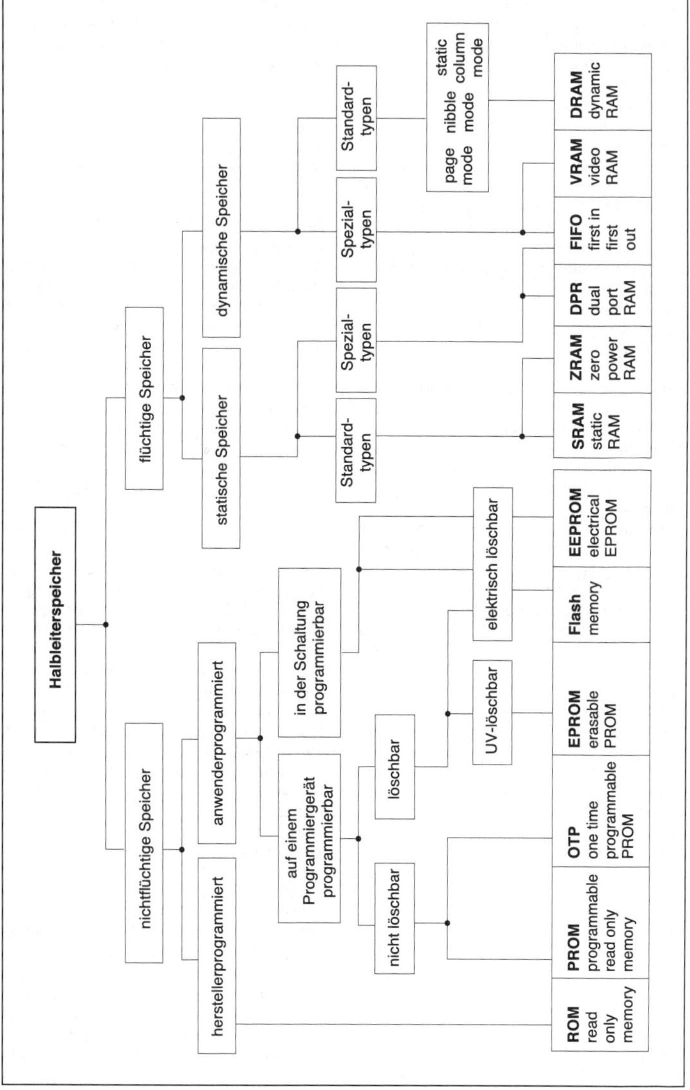

Zur Peripherie zählen Ein- und Ausgabegeräte und externe Speicher.

Die Hauptkomponenten eines Mikrocomputers sind normalerweise als getrennte Bauelemente auf Leiterplatten vereinigt. Für einfachere Aufgaben, wie sie z. B. beim Internetzugriff in der drahtlosen Kommunikation zunehmend mehr gebraucht werden, werden zunehmend Single Chip Computer eingesetzt, die die oben genannten Funktionen auf einem Siliziumplättchen integrieren (System on a Chip). Begrenzt wird die Leistungsfähigkeit dieser hochintegrierten Systeme durch die relativ geringe Menge an RAM, die sich mit vertretbarem Aufwand auf dem Chip unterbringen lässt.

Der Mikrocontroller enthält die CPU-Funktion, Festwertspeicher (als ROM, EPROM oder EEPROM), Eingabe-/Ausgabe-Fähigkeit (I/O) und Schreib-Lese-Speicher (RAM) auf einem Chip. Im Gegensatz zum Mikrocomputer reagiert der Controller mit einem fest vorgegebenen Programm, das abhängig von der Eingangsinformation bestimmte Ausgabewerte bereitstellt. Er wird für die Steuerung von selbstregelnden Systemen, wie z. B. einer Motorsteuerung, eingesetzt.

Der Transputer ist ein spezieller Mikroprozessor, der besonders für den Aufbau von Parallelrechnernetzen geeignet ist. Neben den üblichen Komponenten eines Mikroprozessors verfügt er über Kommunikations- und Prozessverarbeitungs-Hardware auf dem Chip.

Er besitzt mindestens vier serielle bidirektionale Übertragungskanäle (Links), mit denen er sehr schnell (500 MBit/s je Link) mit entsprechend vielen anderen Transputern kommunizieren kann. Die Kommunikation erfolgt völlig asynchron, so dass keine gemeinsame Taktleitung durch ein verteiltes Rechnernetz geführt werden muss. Jeder Link besitzt einen eigenen DMA-Controller, der nach seiner Initialisierung durch die CPU die Datenübertragung autonom ausführen kann. Rechnung und Kommunikation verlaufen so weitgehend parallel. Besonders hervorzuheben sind die extrem kurzen Prozessumschalt- und Interrupt-Antwortzeiten von $\ll 1\,\mu s$. Der Transputer benötigt hierzu kein Echtzeit-Betriebssystem, sondern hat die erforderlichen Befehle zur Prozessverarbeitung direkt in seinem Befehlssatz.

Als Knoten in einem Parallelrechnernetz liefert jeder Transputer nicht nur Rechen- sondern auch Kommunikationsleistung. Somit lässt sich der prinzipielle Nachteil vieler Parallelrechnersysteme, die sich einen gemeinsamen Bus teilen müssen, vermeiden. Aus Transputern werden deshalb Höchstleistungscomputer aufgebaut.

Anwendungsspezifische IC

Anwendungsspezifische IC (ASIC: Application Specific Integrated Circuits) sind im Unterschied zu Standard-IC nur für einen Anwendungsfall bestimmt. Sie sind das Ergebnis einer erfolgreichen Zusammenarbeit zwischen Anwendern mit spezieller Systemerfahrung und Herstellern, die über geeignete Technologien verfügen. Wesentliche Vorteile beim Einsatz von ASIC: weniger Bauelemente, niedrigere Systemkosten, höhere Zuverlässigkeit, erhöhte Nachbauschwelle.

Die übliche Einteilung der ASIC-Familie orientiert sich an der gewählten Entwicklungsmethodik: Die Schaltung auf dem Chip, aus Funktions-Einzelelementen konstruiert („Vollkundenschaltung“: full custom IC), liefert optimale Ergebnisse bezüglich Funktion und Packungsdichte, eignet sich aber nur für hohe Stückzahlen (Zeit, Kosten).

Ein Schritt zur Rationalisierung des Entwicklungsverfahrens bilden standardisierte Grundfunktionen einer Schaltung (vorab entwickelt und erprobt) als Zellen mit variabler Größe (ROM, RAM, Rechnerkerne oder unterschiedliche anwendungsspezifische Schaltungsgruppen). Abhängig von der verfügbaren Sammlung solcher anwendungsspezifischer Zellen lassen sich günstige Entwicklungszeiten bei noch guter Ausnutzung der Chipfläche erzielen.

Der nächste Schritt ist die Verwendung von standardisierten, mehr oder weniger komplexen logischen Grundfunktionen, vorab entwickelt in Standardzellen gleicher Höhe und variabler Breite. Sie stehen in Form von Zellenbibliotheken zur Verfügung. Diese Standard-Zellen werden automatisch in Reihe platziert und dann wiederum mit Polysilizium- und

Aluminiumbahnen automatisch verbunden. Noch bessere Flächenausnutzung lässt sich mit einer Zweischicht- oder Dreischicht-Metallisierung erreichen.

Gate-Arrays sind bis zur Verbindung der Transistoren zu Gattern vorentwickelt und bis auf die letzten Maskenschritte bereits vorgefertigt. Die Verbindung zur anwendungsspezifischen Schaltung erfolgt automatisch. Zur Rationalisierung sind im Rechner immer wiederkehrende, vorverdrahtete Grundfunktionen (ähnlich einer Zellenbibliothek) gespeichert. Vorteile haben spezielle, auf Anwendungen abgestimmte Gate-Arrays (z. B. reine rechnerorientierte Digitalschaltungen unter den für Rechner üblichen Randbedingungen).

Programmierbare Logikbausteine (PLD Programmable Logic Devices) – schon komplett vorgefertigte Transistorarrays – werden, ähnlich einem PROM für eine spezielle Anwendung, durch den Anwender programmiert. Damit bietet sich dem Systementwickler die Möglichkeit, kurzfristig selbst eine „Brettschaltung in Silizium" darzustellen. Die praxisnahe Realisierung von komplexen Systemen in Silizium während der Entwicklungsphase gewinnt an Bedeutung.

Smart Power-IC

In Systemen der Kfz- und Industrie-Elektronik müssen viele Stellglieder oder sonstige Lasten elektronisch gesteuert werden. Dazu müssen entsprechende Leistungsschalter außer Leistung weitere Zusatzfunktionen erfüllen: Treiberschaltungen zum Ansteuern der Schaltransistoren, Schutzschaltungen gegen Überstrom, Überspannung, Übertemperatur, Fehlerrückmeldungen bei nicht ordnungsgemäßer Funktion. Solche Leistungs-IC in Bipolar- oder MOS-Technik haben die Sammelbezeichnung Smart Power IC.

Schicht- und Hybridschaltungen, MCM

Schichtschaltungen

Bei einer integrierten Schichtschaltung sind passive Schaltungselemente – vorzugsweise Leiterbahnen, Isolierungen und Widerstände, aber auch Kondensatoren und Induktivitäten – in Schichten auf einen Träger (Substrat) aufgebracht. Von den Schichtdicken, ursprünglich das wesentliche Unterscheidungsmerkmal, leiten sich die Bezeichnungen „Dünnschicht-" und „Dickschichtschaltung" ab. Die Trennung erfolgt heute durch die unterschiedlichen Herstellungsverfahren.

Dünnschichtschaltungen
Integrierte Schichtschaltungen, bei denen die Schichten vorzugsweise mit Vakuumbeschichtungsverfahren auf Trägern aus Glas oder Keramik aufgebracht werden. Vorteile: hohe Schaltungselementedichte durch feine Strukturen (bis ca. 10 µm), sehr gute HF-Eigenschaften und rauscharme Widerstände. Demgegenüber stehen relativ hohe Herstellungskosten.

Dickschichtschaltungen
Integrierte Schichtschaltungen, bei denen die Schichten vorzugsweise im Siebdruckverfahren auf keramischen Trägern aufgebracht und anschließend eingebrannt werden. Vorteile: hohe Schaltungselementedichte durch Mehrlagenaufbau, gute HF-Eigenschaften und weitgehend automatisierte Herstellbarkeit bei großen Stückzahlen.

Keramische Multilayersubstrate
Ausgangsmaterial keramischer Multilayersubstrate sind ungebrannte keramische Folien, auf die mit Siebdrucktechnik Leiterbahnen aufgebracht werden. Mehrere dieser Folien werden dann zu einem Multilayer zusammenlaminiert und anschließend bei hohen Temperaturen (850 ... 1600 °C) zu einem festen Keramikkörper mit integrierten Leiterzügen versintert. Die elektrische Verbindung zwischen den einzelnen Ebenen wird durch mit Metallpaste gefüllte Löcher in den Einzelfolien hergestellt. Mit geeigneten Materialsystemen lassen sich auch Widerstände und Kondensatoren integrieren. Im Vergleich zu den Dickschichtschaltungen lassen sich erheblich höhere Verdrahtungsdichten erreichen.

Hybridschaltungen

Integrierte Schichtschaltungen mit zusätzlichen diskreten Bauelementen wie Kondensatoren und integrierten Halbleiterschaltungen (IC), die durch Löten oder Kleben aufgebracht werden. Die Verwen-

Leiterplattentechnik, Aufbau-Varianten.
a) Einsteckmontage (konventionell),
b) SMD-Bestückung auf Keramiksubstrat (Hybridtechnik), c) gemischte Bestückung.
1 Bedrahtete Bauelemente, 2 Leiterplatte, 3 Chips, 4 Keramiksubstrat, 5 Kleber.

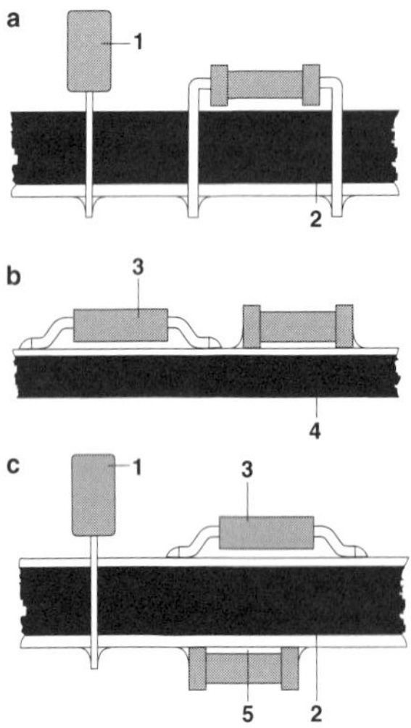

dung von unverpackten Halbleiterchips, die durch „Bonden" kontaktiert werden, oder SMD-Bauelementen (SMD Surface Mounted Device) ermöglicht eine hohe Bauelementedichte. Mit keramischem Multilayersubstrat lassen sich extrem kleine Hybridsteuergeräte realisieren (Mikrohybride). Vorteile: hohe zulässige Einbautemperaturen wegen guter Wärmeableitung, gute Schüttelfestigkeit durch kleine, kompakte Bauweise sowie gute HF-Tauglichkeit. Hybridschaltungen eignen sich besonders für den Einsatz im Kraftfahrzeug und in der Nachrichtentechnik.

MCM

Mit MCM (Multi Chip Modul) bezeichnet man ein elektronisches Bauelement, das aus mehreren „unverpackten" integrierten Halbleitern (IC) besteht. Die Basis ist ein Trägersubstrat, das die interne Verdrahtung enthält. Die IC sind unverpackt und durch Bonden, TAB- oder Flip-chip-Lötung kontaktiert. Bei Bedarf enthält ein MCM auch Widerstände und Kondensatoren.

Abhängig von der Wahl des Substratmaterials werden unterschieden:
- MCM-C keramisches Multilayersubstrat,
- MCM-D Dünnschicht meist auf Silizium,
- MCM-L organisches Multilayerlaminat.

Die MCM werden meist aus funktionellen Gründen eingesetzt, z.B. wegen schnellen Schaltzeiten in Rechnerkernen, günstigem EMV-Verhalten oder sehr kleinen Baugrößen. Oft werden mit MCM elektrische Funktionen realisiert, die mit den derzeitigen IC-Techniken noch nicht oder nicht wirtschaftlich erreicht werden können.

Leiterplattentechnik, SMT

Die Schaltungen eines elektronischen Systems lassen sich prinzipiell in Halbleitertechnik, Hybridtechnik und Leiterplattentechnik realisieren. Die Wahl hängt jeweils von Gesichtspunkten der Wirtschaftlichkeit (Kosten, Stückzahl), der Zeit (Entwicklungszeit, Lebensdauer) und den Umgebungsbedingungen (elektrisch, thermisch, mechanisch) ab.

Die Leiterplattentechnik bildet die klassische Form der Realisierung einer elektronischen Schaltung. In ihrer einfachsten Ausführung benutzt sie eine Hartpapierplatte oder eine glasfaserverstärkte Kunstharzplatte als Träger für die elektronischen Bauelemente. Die Leiterbahnen (Kupferfolie) werden durch ein Druckverfahren (daher auch: gedruckte Schaltung) auf die Platte gebracht oder aus einer kupferbeschichteten Platte herausgeätzt. Die Kontaktdrähte der Bauelemente werden durch Bohrungen gesteckt und auf den Leiterbahnen festgelötet.

Ausgelöst durch die mit steigendem Integrationsgrad der IC rasch wachsende

Größe	Einheit	Silizium	Stahl (max.)	Rostfreier Stahl
Zugbelastung	10^5 N/cm^2	7,0	4,2	2,1
Knoop-Härte	kg/mm^2	850	1500	660
E-Modul	10^7 N/cm^2	1,9	2,1	2,0
Dichte	g/cm^3	2,3	7,9	7,9
Wärmeleitfähigkeit	W/cm · K	1,57	0,97	0,33
Therm. Ausdehnung	10^{-6}/K	2,3	12,0	17,3

Zahl der Anschlusspole (pins) begann der Übergang von der herkömmlichen Technik der Einsteckmontage zur Technik der Oberflächenmontage (SMT Surface Mount Technology). Inzwischen gibt es eine sehr breite Palette von oberflächenmontierbaren Bauelementen (SMD Surface Mounted Devices), die flach auf die Leiterplatte aufgelötet werden. Diese SMD-Bauelemente und deren Gehäusebauformen (SOT, PQFP, PLCC, Flat Pack usw.) eignen sich besonders gut für die Verarbeitung in automatischen Bestückungsmaschinen.

Die wichtigsten anwendungstechnischen Vorteile beim Einsatz der Oberflächenmontagetechnik (SMT) sind:

- Rationelle Baugruppen-Fertigung (hohe Bestückungsleistung und -sicherheit),
- geringerer Flächenbedarf bei gleichem Funktionsinhalt auch durch beidseitiges Bestücken,
- Verwendung normaler Leiterplatten (z.B. Epoxid-Glasfaserhartgewebe FR4),
- Wegfall bzw. Reduzierung von Bohrungen je Leiterplatte,
- kombinierbar mit bedrahteten Bauelementen,
- Erhöhung der Zuverlässigkeit durch Reduzieren der Verbindungsstellen,
- günstiger Schaltungsaufbau, Verkoppelung und Reproduzierbarkeit,
- bessere HF-Eigenschaften.

Bei der Technik der Oberflächenmontage spielt der Gesamtkomplex der Bearbeitungstechnik eine viel größere Rolle als bei der herkömmlichen Einsteckmontage. Der Vorteil der Oberflächenmontage ist umso größer, je besser Bauelemente, Leiterplatten-Layout, automatische Bestückung, Verbindungstechnik, Prüfen, Reparieren usw. aufeinander abgestimmt sind.

Mikromechanik

Als „Mikromechanik" bezeichnet man die Herstellung von mechanischen Bauelementen aus Halbleitern (im Regelfall aus Silizium) unter Zuhilfenahme der Halbleitertechniken, d.h. es werden nicht nur die halbleitenden, sondern auch die mechanischen Eigenschaften des Siliziums ausgenutzt. Erste mikromechanische Drucksensoren aus Silizium wurden im Kfz zu Beginn der 1980er Jahre eingesetzt. Die typischen mechanischen Dimensionen bewegen sich bis in den Bereich von Mikrometern.

Die mechanischen Eigenschaften des Siliziums (z.B. Festigkeit, Härte und E-Modul, siehe Tabelle) lassen sich mit Stahl vergleichen. Das Silizium ist jedoch wesentlich leichter und hat eine größere Wärmeleitfähigkeit als Stahl. Die verwendeten Scheiben („Wafer") aus Si-Einkristallen haben fast perfekte mechanische Eigenschaften: Hysterese und Kriechen sind vernachlässigbar. Wegen der Sprödigkeit des einkristallinen Materials zeigt das Spannungs-Dehnungs-Diagramm keinen plastischen Bereich; beim Überschreiten des elastischen Bereichs bricht das Material.

Zur Herstellung von mikromechanischen Strukturen in Silizium haben sich zwei Techniken etabliert: die Bulk-Mikromechanik und die Oberflächenmikromechanik.

Beide Techniken verwenden die üblichen Verfahren der Mikroelektronik (z. B. Epitaxie, Oxidation, Diffusion und Photolithographie) und zusätzlich einige spezielle Verfahren: Für den Materialabtrag werden bei der Bulk-Mikromechanik das anisotrope Ätzen mit oder ohne elektrochemischen Ätzstopp und bei der Ober-

Elektrochemisches Ätzen.
a) Isotrop (in sauren Ätzmedien), b) anisotrop (in alkalischen Ätzmedien).
1 Ätzmaske (z.B. Oxid oder Nitrid), 2 (100)-Silizium.

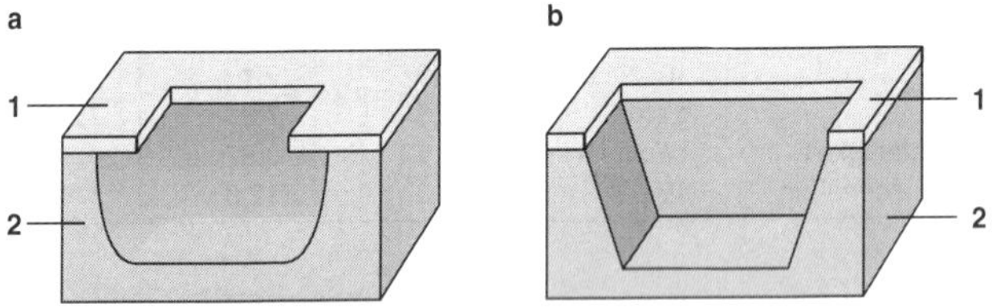

flächenmikromechanik das Gasphasenätzen und das Tieftrenchen benötigt. Zum hermetischen Verbinden zweier Wafer (Verkappen, Einschluss von Referenzvakuum) wird das anodische Bonden und das Sealglasbonden eingesetzt.

Bulk-Mikromechanik (BMM)
Bei dieser Technik wird der gesamte Wafer von der Rückseite her geätzt, um die gewünschte Struktur herzustellen. Der Ätzprozess erfolgt in alkalischen Medien (Kalilauge), in denen das Ätzverhalten von Silizium eine ausgeprägte Anisotropie, also eine starke Abhängigkeit der Ätzgeschwindigkeit von der Kristallrichtung, besitzt. Dadurch wird eine sehr genaue Strukturabbildung in die Tiefe möglich. Bei Verwendung von Siliziumwafern mit (100)-Orientierung verbleiben z.B. die (111)-Flächen nahezu unangegriffen. Beim anisotropen Ätzen bilden sich daher (111)-Flächen aus, die mit der (100)-Oberfläche einen charakteristischen Winkel von 54,74° bilden.

Im einfachsten Fall wird der Ätzprozess unter Berücksichtigung von Waferdicke und Ätzrate nach einer bestimmten Zeit gestoppt (Zeitätzen). Meistens wird jedoch ein elektrochemischer Ätzstopp eingesetzt, bei dem die Ätzung an der Grenzfläche eines PN-Übergangs zum Erliegen kommt. Mit der BMM lassen sich dünne Membranen mit typischen Dicken zwischen 5 und 50 µm für Anwendungen wie Druck- und Luftmassensensoren herstellen.

Oberflächen-Mikromechanik (OMM)
Im Unterschied zur Bulk-Mikromechanik verwendet die OMM den Siliziumwafer lediglich als Träger-Material. Bewegliche

Mit der Bulk-Mikromechanik herstellbare Strukturen.
1 Membranen, 2 Öffnungen, 3 Balken, Stege.

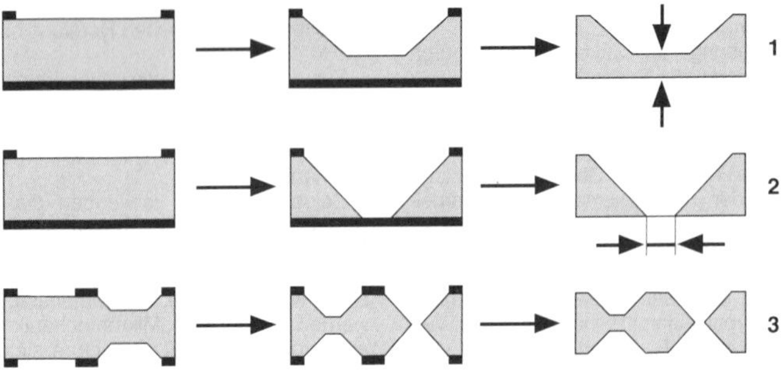

Strukturen werden aus polykristallinen Siliziumschichten gebildet, die ähnlich wie bei einem Herstellungsprozess für integrierte Schaltungen auf der Oberfläche des Siliziums durch Epitaxie abgeschieden werden.

Bei der Herstellung eines OMM-Bauelementes wird zunächst eine „Opferschicht" aus Siliziumoxid aufgebracht und mit Standard-Halbleiterprozessen strukturiert. Anschließend wird bei hohen Temperaturen in einem Epitaxiereaktor eine ca. 10 µm dicke Polysilizium-Schicht (Epipoly-Schicht) aufgebracht. Das Epipoly erhält die gewünschte Struktur mit Hilfe einer Lackmaske und einer anisotropen, d.h. senkrechten Ätzung (Tieftrenchen). Die senkrechten Seitenwände werden durch einen Wechsel von Ätzzyklen und Passivierzyklen erzielt. Nach einem Ätzzyklus wird der geätzte Seitenwandabschnitt bei der Passivierung mit einem Polymer als Schutz versehen, so dass er beim darauffolgenden Ätzen nicht angegriffen wird. Auf diese Weise entstehen senkrechte Seitenwände mit hoher Abbildungsgenauigkeit. Im letzten Prozessschritt wird die Opferoxidschicht unterhalb der Polysiliziumschicht mit gasförmigem Fluorwasserstoff entfernt, um die Strukturen freizulegen.

Die OMM dient u. a. zur Herstellung von kapazitiven Beschleunigungssensoren mit beweglichen und festen Elektroden zur kapazitiven Auswertung und Drehratensensoren mit quasi-rotatorischen Schwingern.

Prozessschritte der Oberflächenmikromechanik.
1 Abscheiden und Strukturieren der Opferschicht, 2 Abscheiden des Polysiliziums, 3 Strukturieren des Polysiliziums, 4 Entfernen der Opferschicht und dadurch Erzeugen frei beweglicher Strukturen an der Oberfläche.

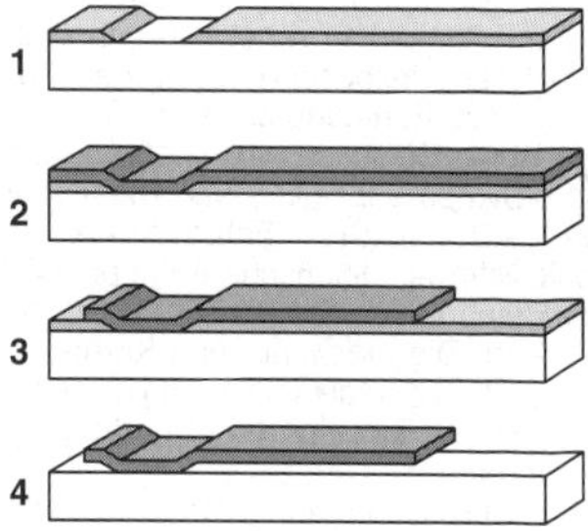

Anodisches Waferbonden.
1 Pyrex-Glas, 2 Silizium, 3 Heizplatte (T = 400 °C).

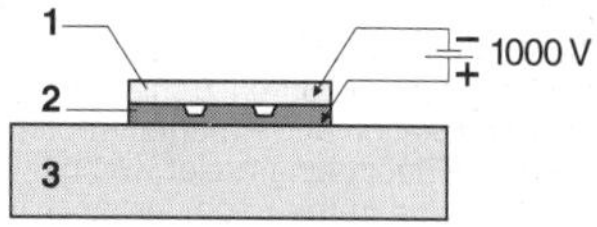

Wafer-Bonden

Neben dem Strukturieren des Siliziums stellt das Verbinden zweier Wafer eine weitere wesentliche Aufgabe der mikromechanischen Fertigungstechnik dar. Die Verbindungstechnik wird benötigt, um beispielsweise Hohlräume hermetisch zu verschließen (z. B. Einschluss von Referenzvakuum in Drucksensoren), um empfindlichen Strukturen durch Aufbringen von Kappen zu schützen (z. B. bei Beschleunigungs- und Drehratensensoren) oder um den Siliziumwafer mit Zwischenschichten zu verbinden, die thermische und mechanische Spannungen minimieren (z. B. Glassockel bei Drucksensoren).

Beim anodischen Bonden wird ein Pyrexglaswafer mit einem Siliziumwafer bei einer Spannung von einigen 100 V und einer Temperatur von ca. 400 °C verbunden. Bei diesen Temperaturen sind die alkalischen Ionen im Pyrexglas beweglich. Es entsteht eine Verarmungszone an der Grenzfläche zum Silizium, über die die angelegte Spannung abfällt. Eine starke elektrostatische Anziehung und eine elektrochemische Reaktion (anodische Oxidation) führen zu einer festen hermetischen Verbindung zwischen Glas und Silizium.

Beim Sealglasbonden werden zwei Siliziumwafer über eine im Siebdruckverfahren aufgebrachte Glaslotschicht bei ca. 400 °C und unter Druckeinwirkung kontaktiert. Das Glaslot schmilzt bei dieser Temperatur und geht mit dem Silizium eine hermetisch dichte Verbindung ein.

Mechatronik

Mechatronik ist eine Ingenieur-Wissenschaft, die die Funktionalität eines technischen Systems durch eine enge Verknüpfung mechanischer, elektronischer und datenverarbeitender Komponenten erzielt. Mechatronische Systeme spielen in Form komplexer regelungstechnischer Strukturen, insbesondere in der Fahrzeug- und Fertigungstechnik eine wichtige Rolle. Beispiele sind Motormanagement-Systeme für Otto- und Dieselmotoren, ABS, ASR, Fahrdynamik und Lenksysteme, elektrische Antriebe, CNC-Werkzeugmaschinen und Handhabungssysteme. Die mechanischen Komponenten dieser Systeme sind häufig nichtlinear und haben eine große Übertragungsbandbreite.

Die Entwicklung mechatronischer Systeme erfordert eine in ganzheitlichen Vorstellungen fachübergreifende Arbeitsweise, die Modellierung auf unterschiedlichen Abstraktionsebenen, domänenübergreifende, modellgestützte Entwurfsverfahren und Software-Engineering zusammenfasst. Dabei werden klassische Analyse- und Entwurfsverfahren der Regelungstechnik durch Echtzeitsimulation, Identifikation und Parameteroptimierung unter Einbindung realer Komponenten (Hardware-in-the-Loop) ergänzt und zum Teil ersetzt.

Die Mikrosystemtechnik strebt eine Miniaturisierung mechatronischer Systeme in Form der Integration von Mikroelektronik und Mikromechanik an.

Verknüpfungen der Mechatronik.

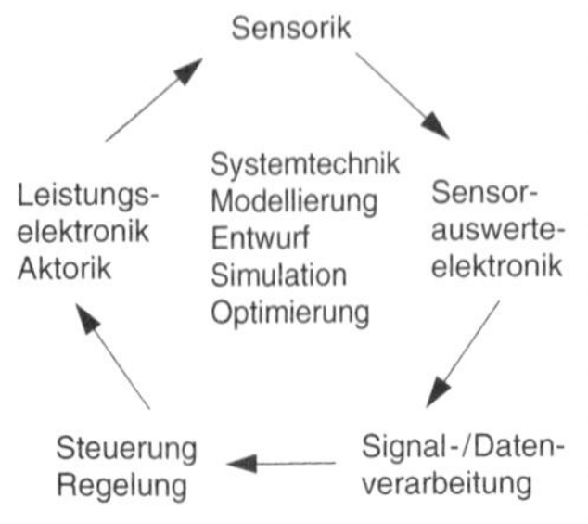

Analog/Digital-Wandlung

Analoge Signale sind elektrische Größen, deren Amplitude, Frequenz oder Phase Informationen über technische Vorgänge oder physikalische Größen enthalten. Sie können dabei zu jedem Zeitpunkt (zeitkontinuierlich) innerhalb gewisser Grenzen beliebige Zwischenwerte annehmen (wertkontinuierlich). In der Analogtechnik werden diese elektrischen Signale weiterverarbeitet. Neben einer Aufbereitung durch Verstärkung und Filterung lassen sich dabei auch mathematische Operationen wie Addition, Multiplikation sowie Integration über der Zeit usw. durchführen. Der Operationsverstärker (OP) als wichtiges Bauelement in der Analogtechnik ist eine integrierte Verstärkerschaltung, deren Eigenschaften sich im Idealfall (unendliche Verstärkung, kein Eingangsstrom) durch eine relativ einfache externe Beschaltung bestimmen lassen.

Die Analogtechnik hat den Nachteil, dass sich die Kennwerte (Eigenschaften) der Bauelemente durch Alterungsprozesse verändern, Temperaturänderungen die Genauigkeit beeinflussen und bei der Fertigung im allgemeinen Abgleichvorgänge nötig sind.

Beim Übergang zu digitalen Signalen erfolgt eine Diskretisierung in Wert und Zeit, d.h. es werden zu bestimmmten Zeiten (Abtastzeitpunkt) Proben aus den analogen Signalen entnommen; diesen Proben wird ein Zahlenwert zugeordnet, wobei die Anzahl der Werte und damit die Auflösung begrenzt ist (Quantisierung).

Zur Darstellung solcher Zahlenwerte wird in der Digitaltechnik nicht das Dezimalsystem, sondern das von Rechnern einfacher handhabbare Dualsystem verwendet.

Beispiel: 101 (dual) =
$1 \cdot 2^2 + 0 \cdot 2^1 + 1 \cdot 2^0 = 5$ (dezimal).

Das höchstwertige Bit (Position) wird als MSB (Most Significant Bit), das niedrigstwertige als LSB (Least Significant Bit) bezeichnet. Bei der Darstellung als Zweierkomplement gibt das MSB das Vorzeichen der Dezimalzahl an (1 $\triangleq$ negativ, 0 $\triangleq$ positiv). Durch ein 3-bit-Wort lassen sich die Werte von -4 bis $+3$ darstellen.

Beispiel: 101 =
$-1 \cdot 2^2 + 0 \cdot 2^1 + 1 \cdot 2^0 = -3$.

Operationsverstärker (OP).
a) Invertierender Verstärker,
b) Differenzverstärker.

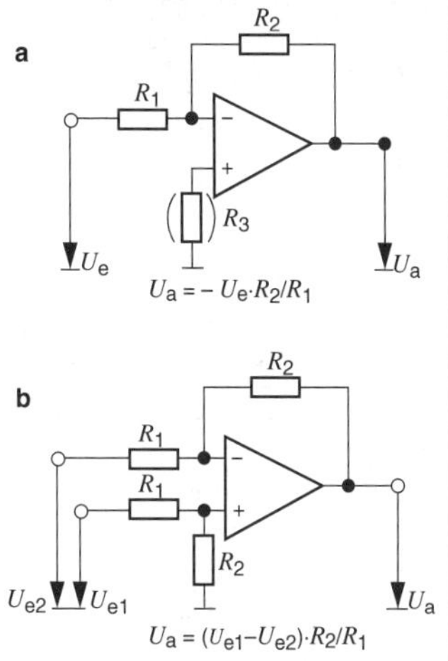

Digitalisierung eines Analogsignals.
F Filter, S/H Abtast-Halteglied,
A/D Analog/Digital-Wandler.

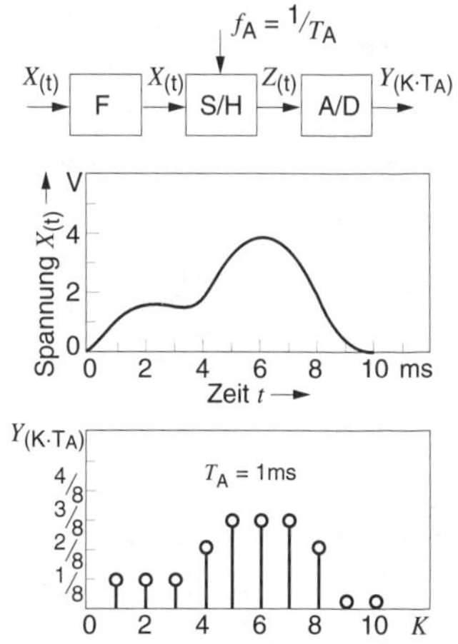

Durch ein n-bit-Wort lassen sich 2^n verschiedene Werte darstellen. Bei 8 bit sind dies 256, bei 16 bit 65 536. Bei einer analogen Eingangsspannung von ± 5 V (FSR Full Scale Range) führt das zu einer Auflösung (Wert des LSB) von 39 mV bei 8 bit und 0,15 mV bei 16 bit.

Die Bandbreite des abzutastenden Zeitsignals muss begrenzt werden (Antialiasingfilter). Die höchste Signalfrequenz f_g muss kleiner als die halbe Abtastfrequenz f_A sein ($f_A > 2 \cdot f_g$). Wird kein Abtast-Halte-Glied (sample and hold) verwendet, darf sich das Eingangssignal während der Wandelzeit (Aperturzeit) des A/D-Wandlers um höchstens ein LSB ändern.

Die Transferfunktion zeigt, dass verschiedenen Eingangsspannungen derselbe digitale Wert zugeordnet wird. Die maximale Amplitude des Quantisierungsfehlers ist $Q/2$ (Rundungsfehler) mit $Q = \text{FSR}/(2^n) \triangleq \text{LSB}$.

Die Quantisierung führt zu dem Quantisierungsrauschen, das sich dem eigentlichen Nutzsignal überlagert. Ist der A/D-Wandler durch ein sinusförmiges Signal voll ausgesteuert, ergibt sich ein Signal-/Rauschverhältnis, das sich für jedes zusätzliche Bit Auflösung um etwa 6 dB erhöht. Der reale A/D-Wandler zeigt Abweichungen von der idealen Transferkennlinie durch Offset-, Verstärkungs- und Linearitätsfehler (statische Fehler) sowie Aperturunsicherheit und endliche Einschwingzeit (dynamische Fehler).

Transferfunktion eines idealen 3-bit A/D-Wandlers.

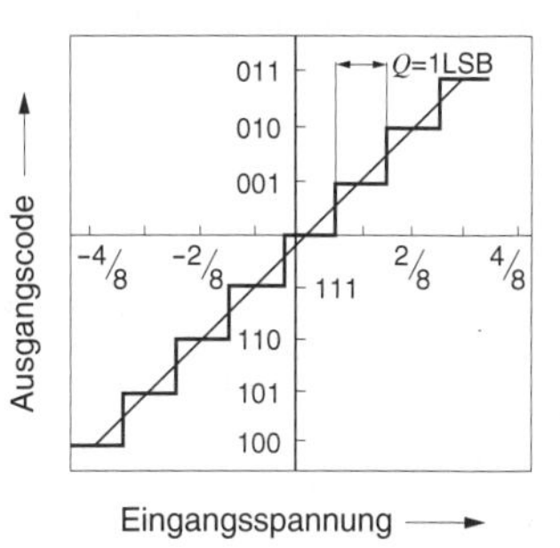

Sensoren

Grundlagen

Aufgabe

Sensoren setzen eine physikalische oder chemische (meist nicht elektrische) Größe in eine elektrische Größe um (eventuell über nicht elektrische Zwischenstufen).

Klassifikationen

1. Aufgabe und Anwendung
- Funktion (Steuerung, Regelung),
- Sicherheit und Sicherung,
- Überwachung und Information.

2. Kennlinienart
- Stetig linear: Steuerungsaufgaben über einen weiten Messbereich,
- stetig nicht linear: Regelung einer Messgröße in engerem Messbereich,
- unstetig mehrfach gestuft: Überwachung eines Grenzwertes, dessen Erreichen frühzeitig gemeldet werden muss,
- unstetig zweistufig (evtl. mit Hysterese): Überwachung eines Grenzwertes, bei dessen Erreichen eine leichte Abhilfe möglich oder erst später erforderlich ist.

3. Art des Ausgangssignals

Ausgangssignal analog zu:
- Strom/Spannung, Amplitude,
- Frequenz/Periodendauer und
- Pulsdauer/Tastverhältnis.

Diskretes Ausgangssignal:
- zweistufig (binär),
- mehrstufig (ungleich gestuft) und
- mehrstufig (äquidistant) bzw. digital.

Einsatz im Kraftfahrzeug

Sensoren und Aktoren bilden als Peripherie die Schnittstelle zwischen dem Fahrzeug mit seinen komplexen Antriebs-, Brems-, Fahrwerk- und Karosseriefunktionen (auch Leit- und Navigationsfunktionen) und dem meist digitalen elektronischen Steuergerät als Verarbeitungseinheit. In der Regel bringt eine Anpassschaltung die Sensorsignale in die für das Steuergerät erforderliche, standardisierte Form (Messkette, Messwerterfassungssystem).

Kennlinienarten.
S Ausgangssignal, X Messgröße.
a) Stetig linear, b) stetig nicht linear, c) unstetig mehrfach gestuft, d) unstetig zweistufig.

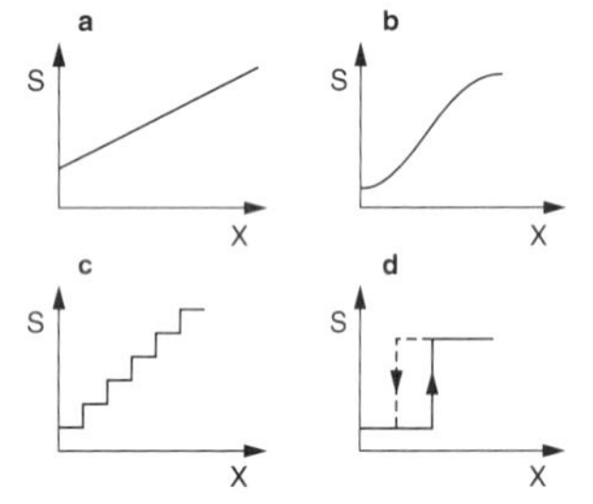

***Signalformen** (Beispiele).*
Ausgangssignal U: a) Frequenz f, b) Pulsdauer T_P.

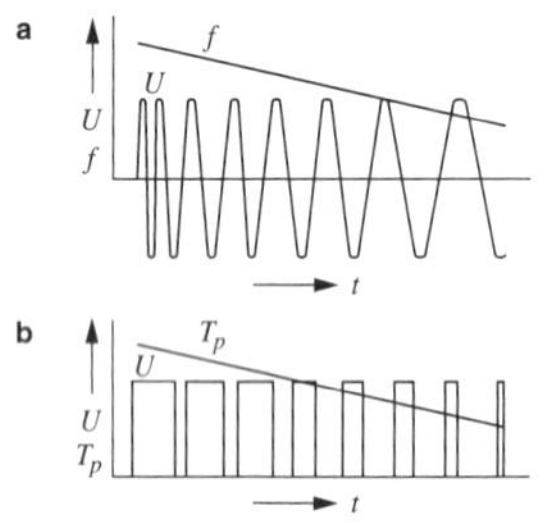

Auch können Sensorinformationen anderer Verarbeitungseinheiten ebenso wie der Fahrer über einfache Bedienschalter Einfluss auf den Prozess nehmen.

Anzeigeeinheiten informieren ihn über Stand und Verlauf des Gesamtprozesses „Fahrzeug“.

Hauptanforderungen, Trends

Die jeweils am Anbauort herrschenden Betriebsbedingungen (mechanische, klimatische, chemische, elektromagnetische Einflüsse) bestimmen die Belastung eines Sensors (gebräuchliche Schutzarten siehe DIN 40050 Blatt 9).

Entsprechend der Aufgabe und Anforderung lassen sich Kfz-Sensoren drei Zuverlässigkeits-Klassen zuordnen:

1. Lenkung, Bremse, Passagierschutz,
2. Motor, Triebstrang, Fahrwerk, Reifen,
3. Komfort, Information/Diagnose, Diebstahlsicherung.

Um geringe Baugrößen zu ermöglichen, gibt es verschiedene Verfahren zur Miniaturisierung.
– Schicht- und Hybridtechnik (Druck-, Temperatursensoren),
– Halbleitertechnik (Drehzahlmessung z.B. durch Hall-Sensoren),
– Mikromechanik (Druck- und Beschleunigungssensoren) und
– Mikrosystemtechnik (Kombination von Mikromechanik, Mikroelektronik und evtl. Mikrooptik).

Integrierte, „intelligente" Sensoren
Die hybride oder monolithische Integration von Sensor und Signalelektronik an der Messstelle bis hin zu komplexen digitalen Schaltungen wie A/D-Wandler und Mikrocomputer (Mechatronik) nutzt die im Sensor steckende Genauigkeit voll aus und bietet folgende Möglichkeiten:
– Entlastung des Steuergerätes,
– einheitliche, flexible und busfähige Schnittstelle,
– Mehrfachnutzung von Sensoren,
– Multisensorstrukturen,
– Nutzung von kleinen Messeffekten sowie HF-Messeffekten (Verstärkung, Demodulation vor Ort) und
– Korrektur von Sensorabweichungen an der Messstelle sowie gemeinsamer Abgleich und Kompensation von Sensor und Schaltung, vereinfacht und verbessert durch Speicherung der individuellen Korrekturinformation in PROM.

Sensor im Kraftfahrzeug.
Φ Physikalische Größe, E elektrische Größe, Z Störgrößen, AK *Aktor,* AZ *Anzeige,* SA *Schalter,* SE *Sensor(en),* SG *Steuergerät. 1 Messwertaufnehmer, 2 Anpassschaltung, 3 Treiber, 4 Stellglieder.*

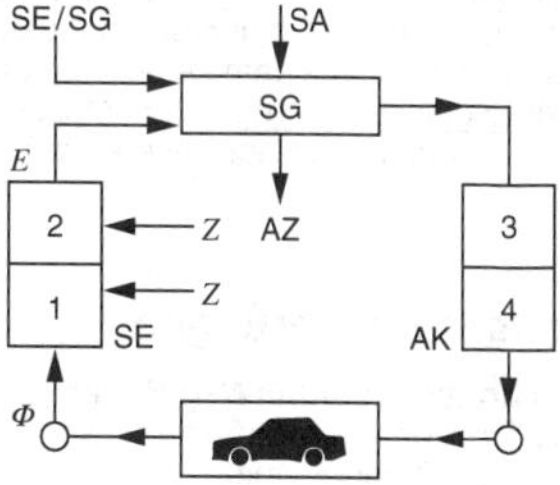

Faseroptische Sensoren
Das in optischen Fasern geführte Licht lässt sich von verschiedenen physikalischen Größen in Intensität, Phase (kohärentes Licht eines Lasers) und Polarisation beeinflussen. Faseroptische Sensoren sind unempfindlich gegen elektromagnetische Störungen, jedoch empfindlich gegen mechanische Drücke (intensitätsmodulierende Sensoren), teilweise gegen Verschmutzung und Alterung. Die kostengünstigen Plastikfasern

Integrationsstufen von Sensoren.
SE *Sensor(en),* SA *Signalaufbereitung (analog),* A/D *Analog-Digital-Wandler,* SG *Steuergerät (digital),* MC *Mikrocomputer.*

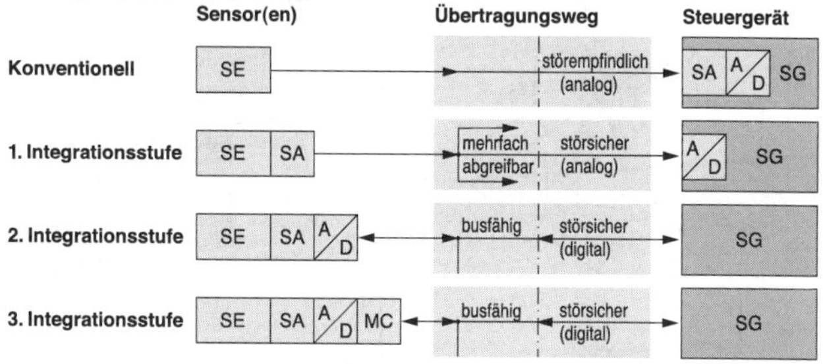

eignen sich schon teilweise für den im Kfz auftretenden Temperaturbereich. Diese Sensoren erfordern spezielle Koppelelemente und Steckverbindungen.

Extrinsische Sensoren: Der Lichtleiter führt das Licht meist nur zu; es muss zur Beeinflussung aus dem Leiter austreten.
Intrinsische Sensoren: Der Messeffekt findet nur im Innern der Fasern statt.

Sensorausführungen

Positionssensoren (Weg/Winkel)

Positionssensoren erfassen Weg- und Winkelpositionen mit über Kontakte schleifenden als auch kontakt- und berührungslosen Messverfahren.

Direkte Messgrößen:
- Drosselklappenstellung,
- Fahrpedalstellung,
- Sitz- und Spiegelposition,
- Regelstangenweg, -position,
- Tankstand,
- Hub des Kupplungsstellers,
- Abstand Fahrzeug – Fahrzeug bzw. Fahrzeug – Hindernis,
- Lenk(rad)winkel,
- Neigungswinkel,
- Fahrtrichtungswinkel,
- Bremspedalstellung.

Indirekte Messgrößen:
- Auslenkung einer Stauklappe (Durchfluss),
- Auslenkung eines Feder-Masse-Systems (Beschleunigung),
- Auslenkung einer Membran (Druck),
- Einfederweg (Leuchtweite) und
- Torsionswinkel (Drehmoment).

Schleif- oder Schichtpotenziometer
Das Schleifpotenziometer nutzt die Analogie zwischen der Länge eines Drahtwiderstandes oder eines Schichtwiderstandes (Leiterbahn) zu seinem Widerstandswert für Messzwecke. Es ist derzeit der kostengünstigste Weg/Winkelsensor.

Zum Schutz gegen Überlastung liegt die Spannung meist über kleinere Vorwiderstände R_V (auch für Nullpunkts- und Steigungsabgleich) an der Messbahn an. Die Konturierung der Messbahnbreite (auch abschnittsweise) beeinflusst die Kennlinienform.

Der Schleiferanschluss erfolgt meist über eine zweite Kontaktbahn mit gleicher Oberfläche, jedoch unterlegt mit niederohmigem Leiterbahnmaterial. Verschleiß und Messwertverfälschung lassen sich durch einen möglichst wenig belasteten Abgriff (I_A < 1 mA) und staubdichte Kapselung vermeiden.

Kurzschlussringsensoren
Kurzschlussringsensoren bestehen aus einem weichmagnetischen, geblechten

Schleifpotenziometer.
1 Schleifer, 2 Widerstandsbahn, 3 Kontaktbahn. U_0 Versorgungs-, U_A Messspannung, R Widerstand, α Messwinkel.

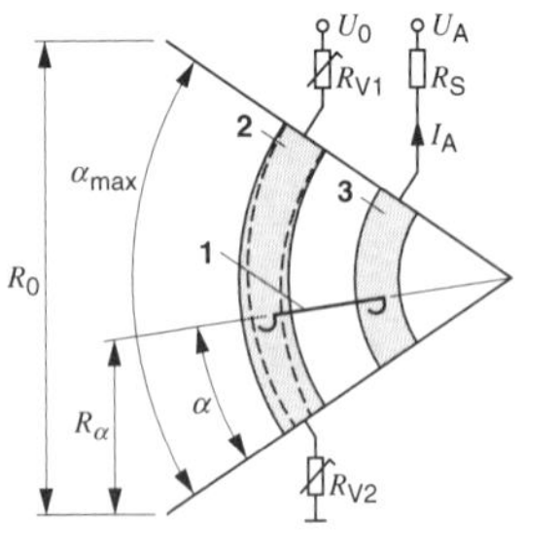

Kurzschlussringsensor.
1 Kurzschlussring (beweglich), 2 weichmagnetischer Kern, 3 Spule. I Strom, I_W Wirbelstrom, $L(x)$ Induktivität und $\Phi(x)$ magnetischer Fluss beim Weg x.

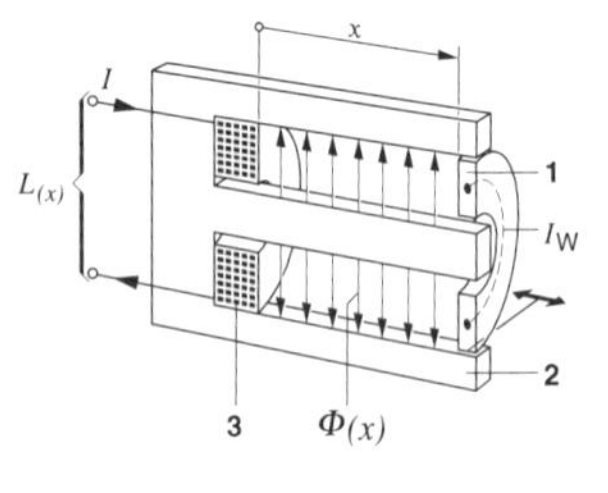

Kern (gerade/gekrümmte U- oder E-Form), einer Spule und einem beweglichen, gut leitenden Kurzschlussring aus Kupfer oder Aluminium.

Beim Anlegen einer Wechselspannung an die Spule entsteht ein Strom I, der von der Induktivität der Spule abhängt. Die dabei entstehenden Wirbelströme im Kurzschlussring begrenzen die Ausdehnung des magnetischen Flusses auf den Raum zwischen Spule und Kurzschlussring. Die Position des Kurzschlussrings beeinflusst die Induktivität und damit den Spulenstrom. Der Strom I ist somit ein Maß für die Position des Kurzschlussrings. Nahezu die gesamte Baulänge des Sensors lässt sich zur Messung ausnutzen. Die zu bewegende Masse ist sehr gering. Eine Konturierung des Schenkelabstandes beeinflusst die Kennlinienform: eine Verjüngung des Schenkelabstandes zum Messbereichsende hin verbessert die gegebene, gute Linearität nochmals. Je nach Material und Bauform erfolgt der Betrieb meist im Bereich 5...50 kHz.

Halb-Differentialsensoren mit beweglichem Mess- und festem Referenzkurzschlussring erfüllen hohe Genauigkeitsansprüche (Regelwegsensor für Diesel-Reiheneinspritzpumpen, Winkelsensor im Mengenstellwerk für Diesel-Verteilereinspritzpumpen); ihre Auswertung erfolgt als

- induktive Spannungsteiler (Auswertung L_1/L_2 bzw. $(L_1-L_2)/(L_1+L_2)$) oder als
- frequenzbestimmendes Glied einer Schwingschaltung zur Erzeugung eines frequenzanalogen Signals (sehr störsicher, leicht digitalisierbar).

Der Messeffekt ist relativ groß, typisch $L_{max}/L_{min} = 4$.

Weitere Sensoren

Tauchanker-, Differenzialdrossel- und Differenzialtrafosensoren beruhen auf der Variation der Induktivität einer Einzelspule bzw. des Teilerverhältnisses bei direkt oder über magnetische Kopplung gespeisten Spannungsteilern mit beweglichen Kernen. Die Baulänge überschreitet den Messweg oft erheblich. Eine in ungleiche Kammern gestufte Wicklung vermeidet diese Nachteile. Zur Winkelmessung muss der Drehwinkel mechanisch in einen Weg umgesetzt werden.

HF-Wirbelstromsensoren (Elektronik an der Messstelle) eignen sich z. B. zum berührungslosen Messen des Drosselklappenwinkels und der Fahrpedalstellung. Hierbei wird die Induktivität meist eisenfreier Spulen durch Annähern von leitfähigen Formteilen (Spoilern) oder durch variable Überdeckung mit diesen geändert. Wegen der oft hohen Betriebsfrequenz (MHz-Bereich) wird die Signalelektronik meist direkt am Sensor angebracht. Dies ist zum Beispiel bei zwei räumlich auf einen Zylinderkörper gewickelten Spulen (Differenzialsensor) zur Messung des Drosselklappenwinkels der Fall. Dasselbe trifft bei einem mit wesentlich tieferen Frequenzen (ca. 7,5 kHz) betriebenen Sensor mit einfacher längli-

Halb-Differenzialsensor.
1 Referenz- (fest), 2 Messkurzschlussring (beweglich). A/D *Analog-Digital-Wandler,* SA *Signalaufbereitung,* SG *Steuergerät.*

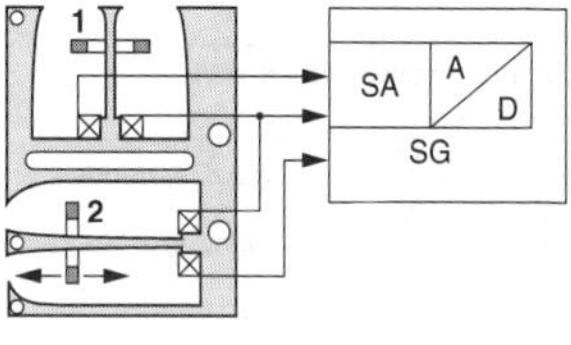

Wirbelstrom-Pedalwertsensor.
1 Spoiler. φ Drehwinkel,
L_1, L_2 *Induktivitäten der Halbzylinderspulen.*

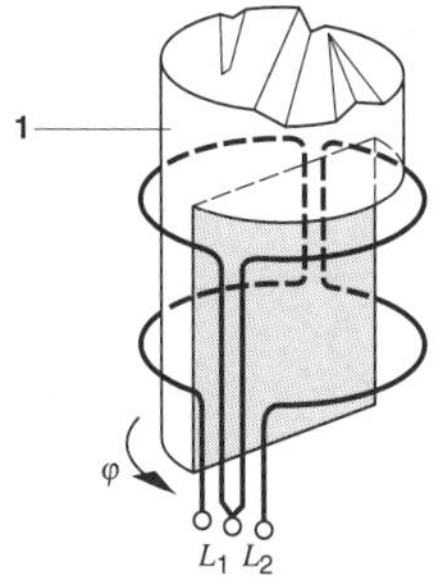

cher Spule zur Erfassung der Kupplungsstellung (Messbereich 70 mm) zu. Während im ersten Beispiel ein zylindrisch geformter, mit geeigneten Aussparungen versehener Spoiler (aus Aluminium) mehr oder weniger über die Spulenwicklung geschwenkt wird, führt man im zweiten Fall ein einfaches Kurzschlussrohr aus Aluminium mehr oder weniger tief in das Innere der Messspule ein.

Integrierte Hall-IC

Der Halleffekt gehört zu den galvanomagnetischen Effekten und wird vor allem mittels dünner Halbleiterplättchen ausgewertet. Wird ein solches stromdurchflossenes Plättchen senkrecht von einer magnetischen Induktion B durchsetzt, kann quer zur Stromrichtung eine zum Feld proportionale Spannung U_H abgegriffen werden (Hall-Effekt), während sich gleichzeitig der Plättchenwiderstand nach einer etwa parabelförmigen Kennlinie vergrößert (Gauß-Effekt, Feldplatte). Im Falle von Si als Grundmaterial kann man gleichzeitig eine Signal-Aufbereitungsschaltung auf das Plättchen integrieren, wodurch solche Sensoren sehr kostengünstig werden.

Nachteilig war bisher die gleichzeitige Empfindlichkeit gegen mechanische Spannungen, die durch das Packaging unvermeidbar sind und zu einem ungünstigen Temperaturgang des Offsets führten. Durch Anwendung des „Spinning-Current-“Prinzips wurde dieser Nachteil überwunden. Die Hall-ICs erhielten erst danach eine gute Eignung für analoge Sensoranwendungen. Durch schnelle, elektronisch gesteuerte Rotation der Elektroden bzw. zyklisches Vertauschen der Elektroden und Mittelung des Ausgangssignals werden mechanische Störeinflüsse (piezoresistive Effekte) unterdrückt.

Solche integrierten Hall-ICs eignen sich vorwiegend für die Messung kleiner Wege, indem sie die schwankende Feldstärke eines sich mehr oder weniger annähernden Dauermagneten erfassen. Größere Winkel bis zu 360° (z. B. zur Erfassung der Nockenwellenposition) las-

Galvanomagnetische Effekte.
a) Schaltung,
b) Verlauf der Hall-Spannung U_H,
c) Zunahme des Plättchenwiderstandes R (Gauß-Effekt).
B Induktion, U_R Längsspannung.

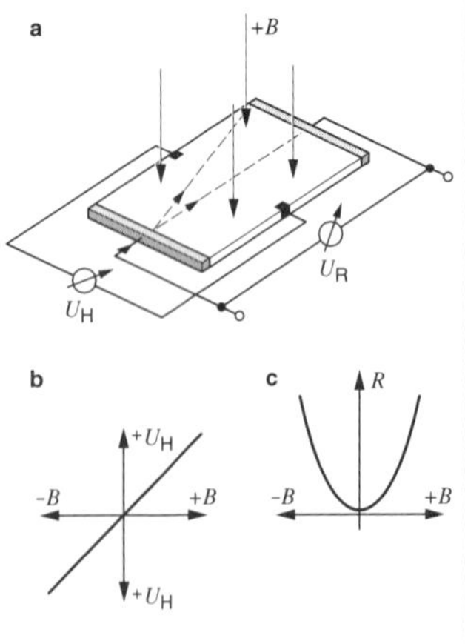

Hallsensor nach dem Spinning-Current-Prinzip.
a) Drehphase φ_1, b) Drehphase $\varphi_2 = \varphi_1 + 45°$.
1 Halbleiterplättchen, 2 aktive Elektrode, 3 passive Elektrode.
I Speisestrom, U_H Hall-Spannung.

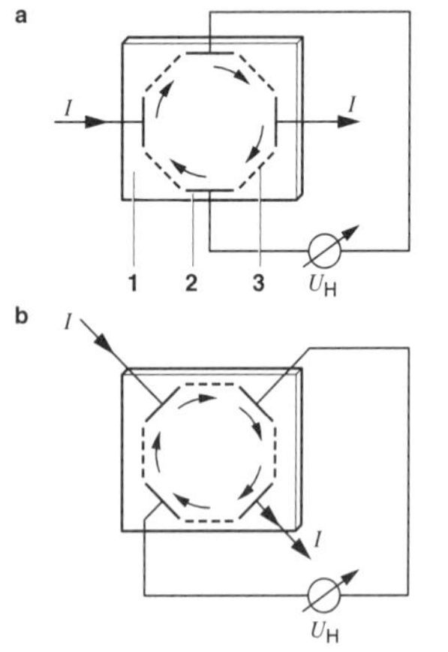

sen sich z. B. mit einer Anordnung gemäß Abbildung erfassen: Die beiden rechtwinklig angeordneten Hallsensoren liefern sinus-/cosinus-förmige Signale, die sich über die arctan-Funktion in den Drehwinkel φ umrechnen lassen. Die Anordnung ist mit VHDs (Vertical Hall Devices) prinzipiell auch planar integrierbar.

Mit einem drehbaren Magnetring sowie einigen feststehenden weichmagnetischen Leitstücken kann man auch für größere Winkelbereiche ohne Umrechnung direkt ein lineares Ausgangssignal erhalten. Hierbei wird das bipolare Feld des Magnetringes durch einen zwischen halbkreisförmigen Flussleitstücken angeordneten Hall-Sensor geleitet. Der wirksame magnetische Fluss durch den Hall-Sensor ist abhängig vom Drehwinkel φ.

Nachteil ist hier die verbleibende Abhängigkeit von geometrischen Toleranzen des Magnetkreises und Intensitätsschwankungen des Dauermagneten.

Einfachste Hall-ICs („Hall-Schalter“) erlauben – in Verbindung mit einem kleinen Arbeitspunktmagneten – auch den Aufbau von digitalen Winkelsensoren bis zu 360°. Hierzu werden für eine n-bit-Auflösung n Hallschalter äquidistant auf einem Kreis angeordnet. Eine weichmagnetische Codescheibe sperrt das Feld der einzelnen darüberliegenden Dauer-

Analoger Hallsensor für 360°-Winkel.
a) Aus diskreten Hall-ICs aufgebaut,
b) aus planar integrierten Hall-ICs aufgebaut.
1 Signalelektronik, 2 Nockenwelle,
3 Steuermagnet.
B Induktion, I Strom, U Spannung,
U_A Messspannung.

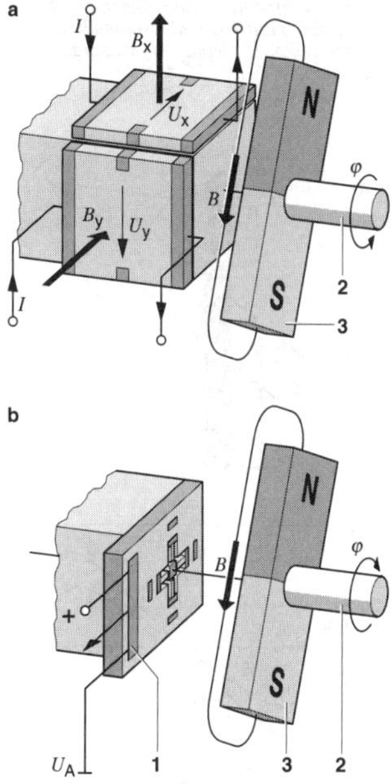

Analoger Hall-Winkelsensor mit linearer Kennlinie für Winkel bis ca. 180°.
a) Position a, b) Position b,
c) Ausgangssignal.
1 Eisenrückschluss, 2 Stator (1, 2 Weicheisen), 3 Rotor (Permanentmagnet),
4 Luftspalt, 5 Hall-Sensor. φ Drehwinkel.

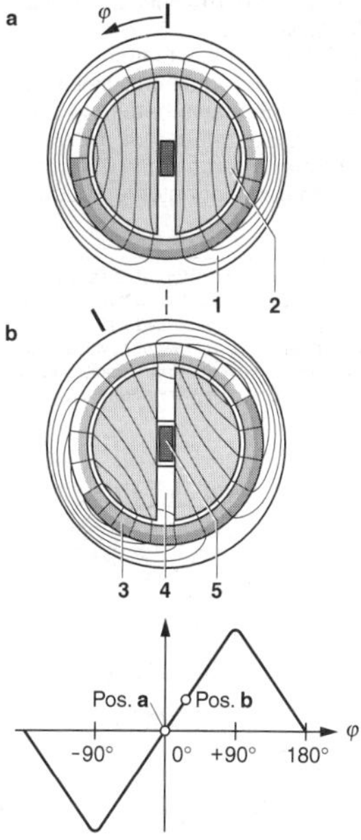

magneten oder gibt es frei, so dass die Hallschalter beim Weiterdrehen der Scheibe nacheinander n verschiedene Codeworte erzeugen. Zur Vermeidung großer Anzeigefehler in Zwischenzuständen, verwendet man zweckmäßig den Graycode. Zur Realisierung eines Lenkradwinkelsensors wird z. B. die Codescheibe mit der Lenkspindel und der Rest des Sensors mit dem Chassis verbunden. Mehrfachumdrehungen können mit einer zusätzlichen, einfachen 3-bit-Anordnung erfasst werden, deren Codescheibe über ein Untersetzungsgetriebe bewegt wird. Die Auflösung solcher Anordnungen ist meist nicht besser als 2,5°.

Künftige Sensoren

Magnetoresistive NiFe-Dünnschichtsensoren (AMR Anisotrop magnetoresistive, dünne NiFe-Schichten, Permalloy) ermöglichen einen sehr kompakten, kontakt- und berührungslosen Aufbau von Winkelsensoren.

Als Trägermaterial dienen oxidierte Siliziumscheiben, in die prinzipiell auch Elektronik zur Signalaufbereitung integriert sein kann. Das steuernde Magnetfeld B wird meistens durch einen über dem Sensor drehbaren Magneten erzeugt.

Digitaler 360°-Hall-Winkelsensor mit einer kreisförmigen, äquidistanten Anordnung von einfachen Hall-Schaltern.
1 Gehäusedeckel mit Permanentmagneten, 2 Codescheibe (weichmagnetisches Material), 3 Leiterplatte mit Hall-Schaltern.

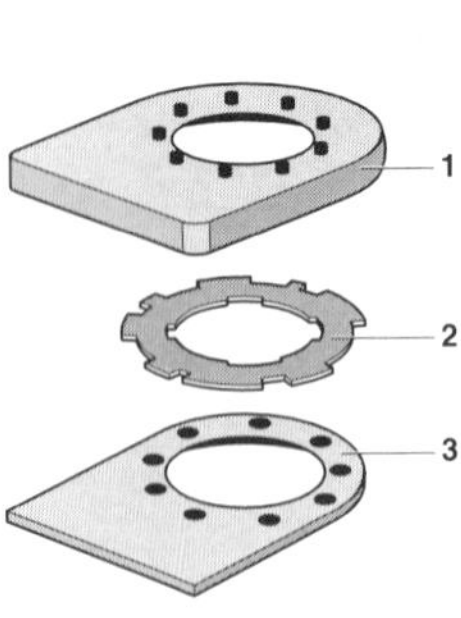

Magnetoresistive Winkelsensoren in der Version „Barberpol" mit sehr begrenzter Genauigkeit und eingeschränktem Messbereich (max. ±15°) nutzen die Verstimmung eines magnetoresistiven Spannungsteilers, bestehend aus länglichen Permalloy-Widerständen mit hochleitfähigen Querstreifen aus Gold.

Magnetoresistive Winkelsensoren in der Version „Pseudohall" nutzen die hochgetreue Sinusform des Signals, das man an den Ausgangsklemmen einer vierpoligen, planaren Sensorstruktur abgreift. Mit einem zweiten, um 45° gedrehten Element wird zusätzlich ein Cosinussignal erzeugt. Aus dem Verhältnis der beiden Signalspannungen kann (z. B. unter Benutzung

Magnetoresistiver Winkelsensor (Version „Barberpol").
1 AMR, anisotropes magnetoresistives Element (Barberpol), 2 drehbarer Dauermagnet mit Steuerinduktion B, 3 Kennlinie für niedrige, 4 für höhere Betriebstemperatur. a Linearer, b nutzbarer Messbereich. α Messwinkel, U_A Mess-, U_0 Versorgungsspannung.

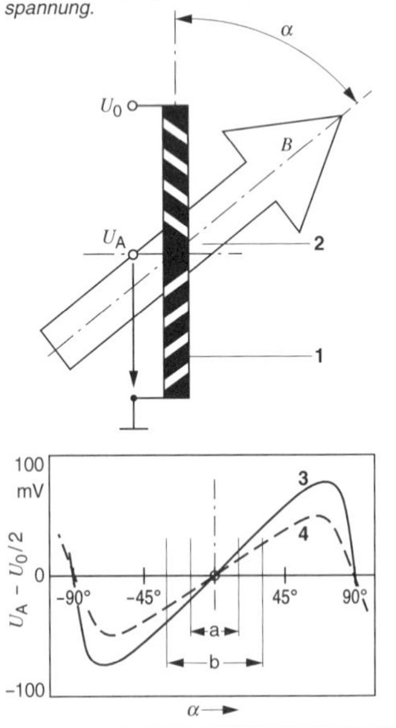

der Arctan-Funktion) mit hoher Genauigkeit über einen Bereich von 180°, weitestgehend unabhängig von Temperaturänderungen und Intensitätsschwankungen des Magnetfeldes (Abstand, Alterung), der Winkel α bestimmt werden (z. B. mit Mikrocontroller oder ASIC).

Die Aufgabe, mehrere Umdrehungen eines drehbaren Teils (z. B. Lenkspindel) zu messen, lässt sich mit einer Doppelanordnung von „Pseudohall-Drehwinkelsensoren" lösen. Hierbei werden die beiden zugehörigen Dauermagnete über ein hoch übersetzendes Zahnradgetriebe vom rotierenden Teil bewegt. Da sich jedoch die beiden abtreibenden kleineren Zahnräder um einen Zahn unterscheiden, ist ihre gegenseitige Phasenlage ein eindeutiges Maß für die absolute Winkelstellung. Jeder Einzelsensor bietet darüber hinaus eine nicht eindeutige Feinauflösung des Drehwinkels. Mit einer solchen Anordnung lässt sich z. B. der gesamte Lenkwinkelbereich von vier vollen Umdrehungen genauer als 1° auflösen.

Magnetoresistiver Winkelsensor (Version „Pseudohall").
a) Meßprinzip, b) Sensoraufbau.
1 Dünne NiFe-Schicht (AMR-Sensor), 2 drehbarer Dauermagnet mit Steuerinduktion B, 3 Hybrid, 4 ASIC, 5 elektrischer Anschluss.
I_V Speisestrom, U_{H1}, U_{H2} Messspannungen, α Messwinkel.

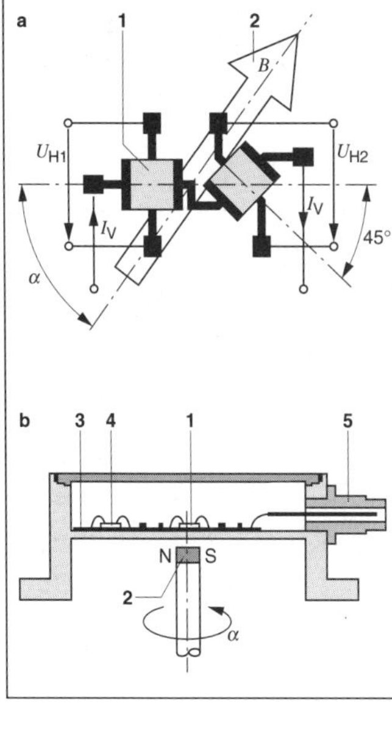

Für die Fahrzeug-Abstandsmessung eignen sich Ultraschall-Laufzeitverfahren (Nahbereich 0,5...5 m), Laufzeit- oder Triangulationsverfahren mit Licht des nahen Infrarotbereichs (Lidar; Mittelbereich bis 50 m) und elektromagnetischer Radar (Fernbereich bis 150 m).

ACC-Systeme (Adaptive Cruise Control) mit einem solchen weitreichenden Radarsensor sind Fahrgeschwindigkeitsregler mit automatischer Erkennung von Fahrzeugen, die in der Fahrspur vorausfahren und evtl. ein Abbremsen erfordern. Die Arbeitsfrequenz von 76...77 GHz (Wellenlänge ca. 3,8 mm) ermöglicht den für den Fahrzeugeinsatz erforderlichen kompakten Aufbau. Ein Gunnoszillator (Gunndiode in Hohlraumresonator) speist parallel drei nebeneinander angeordnete Patch-Antennen, die gleichzeitig auch zum Empfang der reflektierten Signale dienen. Eine vorgesetzte Kunststofflinse (Fresnel) bündelt den Sendestrahl, bezogen auf die Fahrzeugachse, horizontal in einen Winkel von

AMR-Lenkwinkelsensor.
1 Lenkspindel, 2 Zahnrad mit $n > m$ Zähnen, 3 Zahnrad mit m Zähnen, 4 Zahnrad mit m+1-Zähnen, 5 Magnete.
φ, ψ, θ Drehwinkel.

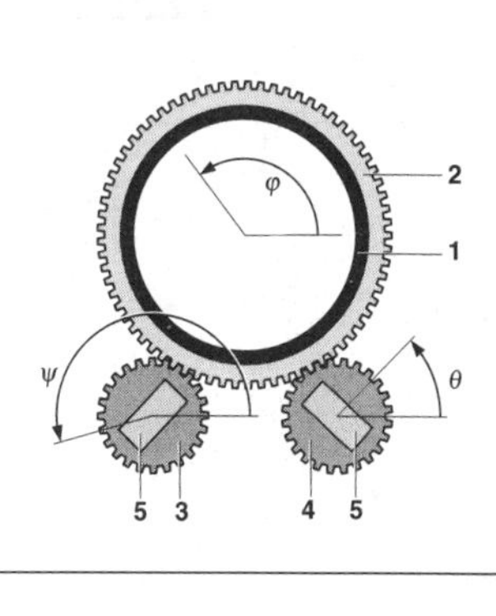

±5°, vertikal von ±1,5°. Durch den seitlichen Versatz der Antennen zeigt ihre Empfangscharakteristik (6-dB-Breite 4°) in unterschiedliche Richtungen. Neben der Entfernung vorausfahrender Fahrzeuge und deren Relativgeschwindigkeit kann somit auch die Richtung ermittelt werden, unter der sie detektiert werden. Richtungskoppler trennen gesendete und empfangene Reflexionssignale. Drei nachgeschaltete Mischer transponieren die Empfangsfrequenz durch Zumischung der Sendefrequenz nahezu auf null herunter (0...300 kHz). Die niederfrequenten Signale werden zur weiteren Auswertung digitalisiert und zur Frequenzbestimmung einer schnellen Fourier-Analyse unterzogen.

Die Frequenz des Gunnoszillators wird ständig mit der eines stabilen Referenzoszillators DRO (Dielectric Resonance Oscillator) verglichen und auf einen vorgegebenen Sollwert geregelt. Hierbei wird die Speisespannung der Gunndiode solange verändert, bis sie wieder dem Sollwert entspricht. Über diese Regelschleife wird zur Messung die Frequenz des Gunnoszillators alle 100 ms kurzzeitig sägezahnförmig um 300 MHz erhöht und erniedrigt (FMCW Frequency Modulated Continuous Wave). Das an einem vorausfahrenden Fahrzeug reflektierte Signal ist entsprechend der Laufzeit verzögert (d.h. in der ansteigenden Rampe von niedrigerer Frequenz, in der abfallenden Rampe von einer um den gleichen Betrag höheren Frequenz). Die Frequenzdifferenz Δf ist direkt ein Maß für den Abstand (z.B. 2 kHz/m). Besteht jedoch zwischen beiden Fahrzeugen zusätzlich eine bestimmte Relativgeschwindigkeit, so wird die Empfangsfrequenz f_e wegen des Dopplereffekts sowohl in der aufsteigenden als auch in der abfallenden Rampe um einen bestimmten, proportionalen Betrag Δf_d erhöht (z.B. 512 Hz pro m/s), d.h. es ergeben sich zwei unterschiedliche Differenzfrequenzen Δf_1 und Δf_2. Ihre Addition ergibt den Abstand, ihre Differenz die Relativgeschwindigkeit der

Entfernungs- und Geschwindigkeitsmessung mit FMCW-Radar.
f_s Sendefrequenz, f_e/f_e' Empfangsfrequenz ohne/mit Relativgeschwindigkeit, Δf_d Frequenzerhöhung durch Dopplereffekt (Relativgeschwindigkeit), Δf_s /$\Delta f_{1,2}$ Differenzfrequenz ohne/mit Relativgeschwindigkeit.

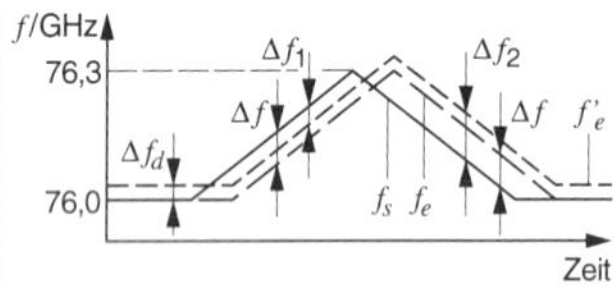

***ACC-Sensor-Steuergerät** (Blockschaltbild).*

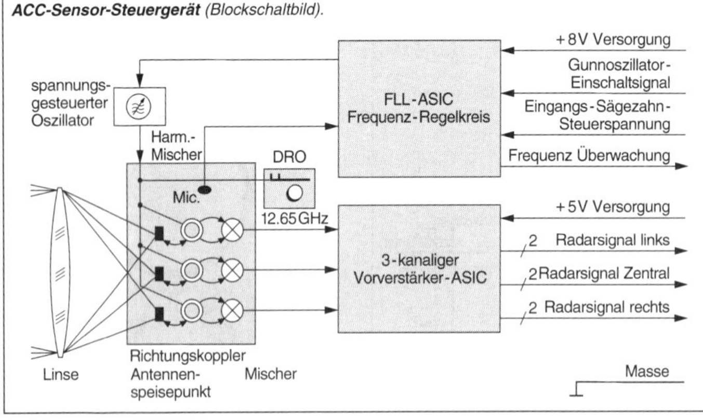

Fahrzeuge. Mit dieser Methode lassen sich auch mehrere (bis zu 32) Fahrzeuge detektieren und verfolgen.

Für Orientierungshilfen und Navigationssysteme lässt sich die vom Fahrzeug eingeschlagene Himmelsrichtung mit Magnetfeldsensoren (Sättigungskernsonden) messen.

Drehzahl-/Geschwindigkeitssensoren
Zu unterscheiden ist zwischen der absoluten Drehgeschwindigkeit im Raum und der relativen Drehgeschwindigkeit zwischen zwei Teilen.

Ein Beispiel für die absolute Drehgeschwindigkeit ist die Drehrate des Fahrzeuges um die Hochachse („Giergeschwindigkeit"); sie wird für die Fahrdynamikregelung benötigt. Beispiele für die relative Drehgeschwindigkeit sind die Kurbel- und Nockenwellendrehzahl, die Raddrehzahl (für ABS/ASR) und die Drehzahl der Dieseleinspritzpumpe. Die Messung geschieht meist mit Hilfe eines inkrementalen Aufnehmersystems, bestehend aus Zahnrad und Drehzahlsensor.

Neuere Anwendungen:
- Lagerintegrierte Drehzahlsensoren (Radlager, Simmeringmodul an der Kurbelwelle),
- Geschwindigkeit über Grund,
- Fahrzeugdrehrate um die Längsachse („Rollgeschwindigkeit" für Überrollschutz).

Induktive Sensoren
Induktive Sensoren bestehen aus einem Stabmagneten mit weichmagnetischem Polstift, der die Induktionsspule mit zwei Anschlüssen trägt. Dreht sich vor diesem Aufnehmer ein ferromagnetisches Zahnrad (oder ähnlich strukturierter Rotor), so wird in der Spule eine der zeitlichen Änderung des Magnetflusses proportionale Spannung induziert. Einer gleichmäßigen Zahnstruktur entspricht ein sinusähnlicher Spannungsverlauf. Die Drehzahl ergibt sich aus dem Abstand der Nulldurchgänge dieser Spannung, doch ist auch ihre Amplitude drehzahlproportional.

Die Signalamplitude hängt sehr stark (exponentiell) vom Luftspalt und der Zahngröße ab. Zähne können bis zu Luftspaltbreiten von der Hälfte oder dem Drittel eines Zahnabstandes noch einwandfrei detektiert werden. Mit den üblichen Kurbelwellen- und ABS-Zahnrädern werden Luftspalte bis zu 0,8 bzw. 1,5 mm abgedeckt. Die für die Zündung erforderliche Bezugsmarke ergibt sich durch Auslassen eines Zahns oder Schließen einer Zahnlücke. Sie wird an dem weiteren Abstand der Nulldurchgänge erkannt und bewirkt auch (entsprechend einem scheinbar größeren Zahn) eine weit höhere Signalspannung.

Hall-Sensoren/Hall-Schranken
Halbleitersensoren nutzen den Hall-Effekt (Seite 115) in Form von Hall-Schranken,

Induktiver Drehzahlsensor.
1 Dauermagnet, 2 Gehäuse, 3 Weicheisenkern, 4 Spule, 5 Zahnrad (Eisen) mit Bezugsmarke.

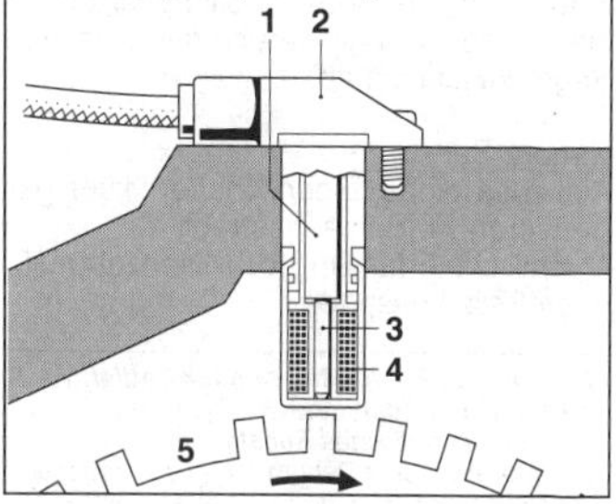

Hall-Schranke (Zündverteiler).
1 Blende mit Breite b, 2 weichmagnetische Leitstücke, 3 Hall-IC, 4 Luftspalt. U_0 Versorgungs-, U_S Sensorspannung.

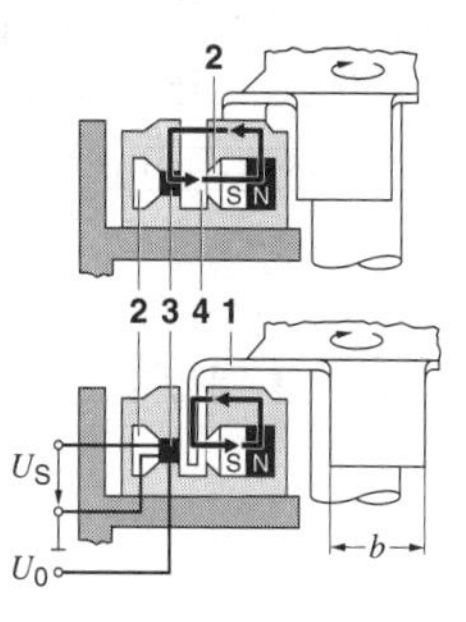

z. B. als Zündauslösesensoren im Zündverteiler (Seite 530). Sensor und zugehörige Elektronikschaltkreise zur Versorgung und Signalauswertung sind direkt auf den Sensorchip integriert.

Dieser „Hall-IC" (in Bipolartechnik für Dauertemperaturen bis zu 150 °C und direkten Bordnetzanschluss) befindet sich in einem nahezu geschlossenen magnetischen Kreis, bestehend aus Dauermagnet und Polstücken. Den noch verbleibenden Luftspalt durchläuft ein weichmagnetischer Blendenrotor (z. B. von der Nockenwelle angetrieben). Eine eingeführte Blende schließt den Magnetfluss kurz (d. h. führt ihn am Sensor vorbei), eine Lücke des Blendenrotors lässt ihn ungehindert durch den Sensor hindurch.

Der Differenzial-Hall-Sensor eines Systems mit elektronischer Zündverteilung greift die Nockenwellenposition an einer speziellen, weichmagnetischen Segmentscheibe ab.

Neuere Sensoren

Als zusätzliche Eigenschaften künftiger Sensoren werden angestrebt:
- statische Erfassung (d. h. Drehzahl null),
- größere Luftspalte,
- Unabhängigkeit von Luftspaltschwankungen (temperaturbeständig ≤ 200 °C).

Differenzial-Feldplattensensor (radial).
1 Feldplattenwiderstand R_1, R_2,
2 weichmagnetisches Substrat,
3 Dauermagnet, 4 Zahnrad. U_0 Versorgungs-, $U_A(\varphi)$ Messspannung bei Drehwinkel φ.

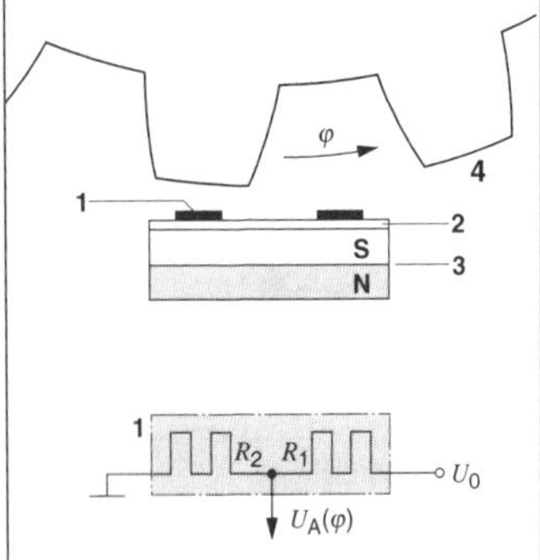

Gradienten-Sensoren

Gradienten-Sensoren (z. B. auf der Basis von Differenzial-, Hall- oder Differenzial-Feldplattensensoren) haben einen Dauermagneten, dessen dem Zahnrad zugewandte Polfläche durch ein dünnes ferromagnetisches Plättchen homogenisiert wird. Darauf sitzen jeweils zwei galvanomagnetische Elemente (Sammelbezeichnung für Hall-Sensoren und Feldplatten) etwa im halben Zahnabstand an der Sensorspitze. Damit befindet sich das eine Element genau gegenüber einer Zahnlücke, wenn das andere gegenüber einem Zahn steht. Der Sensor misst den Feldstärkeunterschied an zwei in Umfangsrichtung eng benachbarten Punkten; das Ausgangssignal entspricht etwa der Ableitung der Feldstärke nach dem Umfangswinkel und ist damit bezüglich Vorzeichen luftspaltunabhängig.

Feldplatten nach dem Gaußeffekt sind magnetisch steuerbare, zweipolige Halbleiter-Widerstände (Indiumantimonid) und ähnlich aufgebaut wie Hall-Sensoren. Ihr Widerstand hängt im Anwendungsbereich annähernd quadratisch von der Feldstärke ab. Die beiden Widerstände eines Differenzialsensors sind elektrisch als Spannungsteiler geschaltet und kompensieren einen großen Teil des Temperaturganges. Der hohe Messeffekt erübrigt eine Verstärkungselektronik an der Messstelle (Ausgangssignal 0,1...1 V). Feldplatten für Kfz-Anwendungen halten Temperaturen ≤ 170 °C (kurzzeitig ≤ 200 °C) stand.

Tangential-Sensoren

Im Gegensatz zu den Gradienten-Sensoren reagieren Tangential-Sensoren auf Vorzeichen und Intensität der zum Rotorumfang tangentialen Magnetfeldkomponente. Sie können in AMR-Dünnschichttechnik als Barberpole oder auch als einfache Permalloywiderstände in Voll- oder Halbbrückenschaltung ausgeführt sein. Im Gegensatz zum Gradienten-Sensor sind sie nicht auf die jeweilige Zahnteilung anzupassen und können quasi punktförmig ausgeführt sein. Sie bedürfen der Verstärkung vor Ort, wenn auch ihr Messeffekt um ca. 1...2 Größenordnungen über dem von Silizium-Hall-Sensoren liegt.

Bei einem lagerintegrierten Kurbelwellen-Drehzahlsensor (Simmering-Modul) ist der AMR-Dünnschichtsensor zusammen mit einem Auswerte-IC auf einem gemeinsamen Leadframe montiert. Zur Platzersparnis und zum Temperaturschutz ist der Auswerte-IC um 90° abgekröpft und weiter von der Sensorspitze entfernt angeordnet.

Schwingungsgyrometer

Schwingungsgyrometer messen die absolute Drehrate Ω in der Fahrzeug-Hochachse (Gierachse), z. B. in Systemen zur Fahrdynamikregelung (ESP, Stabilisierung von Schleudervorgängen) und Navigation. Sie gleichen im Prinzip mechanischen Kreiseln und nutzen die bei Drehbewegungen in Verbindung mit einer Schwingbewegung auftretenden Coriolis-Beschleunigungen zur Messung aus.

Piezoelektrische Drehratensensoren

Ein schwingungsfähiger metallischer Hohlzylinder wird durch zwei diametral aufgebrachte Piezokeramiken 1-1′ zu einer

Piezoelektrischer Drehratensensor.
Messprinzip.
1 ... 4 Piezoelemente, 8 Schaltkreis (phasenstarr), 9 Bandpassfilter, 10 Phasenreferenz, 11 Gleichrichter (phasenselektiv).
U_A Messspannung, Ω Drehrate, $U_{ref} = 0$ (Normalbetrieb), $U_{ref} \neq 0$ („Built-in"-Test).

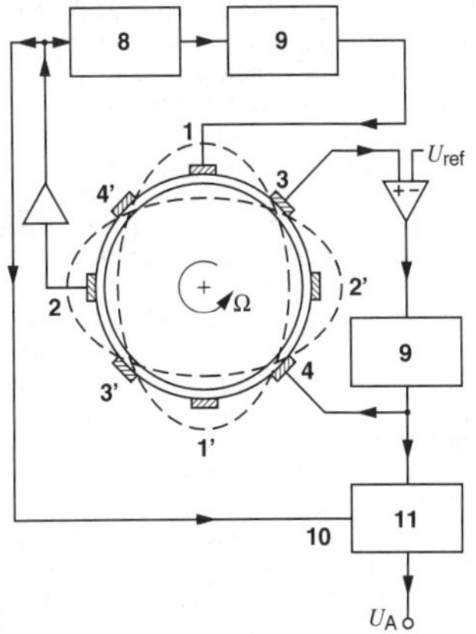

AMR-Sensor (tangential).
1 Zahnrad (Fe), 2 Dauermagnet, 3 Sensor.
B Steuerfeldstärke mit Tangentialkomponente B_t und Radialkomponente B_r (B′ Ruhestellung, $B_t = 0$), R_1, R_2 Permalloy-Dünnschichtwiderstände (AMR), φ Drehwinkel, U_0 Versorgungs-, U_A Messspannung.

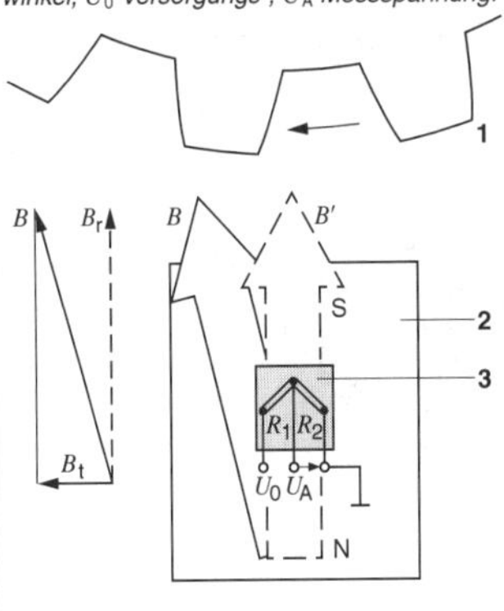

Piezoelektrischer Drehratensensor.
Aufbau.
1 ... 4 Piezoelementpaare, 5 Schwingzylinder, 6 Grundplatte, 7 Anschlussstifte.
Ω Drehrate.

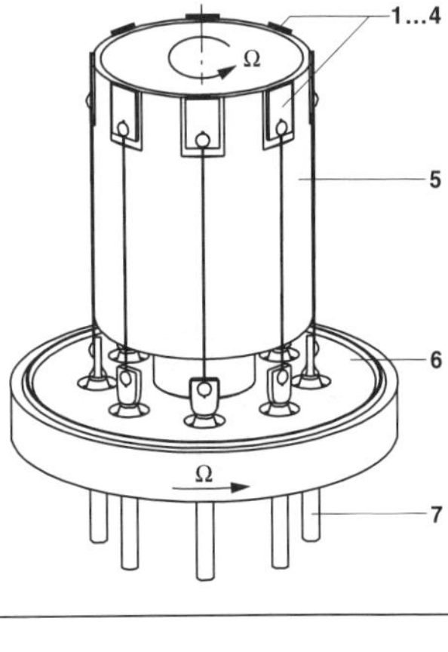

radialen Resonanzschwingung angeregt und mit einem weiteren Piezopaar 2-2′ auf eine konstante Schwingamplitude geregelt, die vier axial ausgerichtete Schwingungsknoten aufweist (45° zur Anregungsrichtung versetzt).

Bei Rotation mit der Drehrate Ω um die Zylinderachse verschieben sich die Knoten geringfügig am Umfang, so dass in den sonst kraftfreien Knoten drehzahlproportionale Kräfte auftreten, welche mit einem dritten Piezopaar 3-3′ detektiert werden. Sie werden jedoch mit einem vierten, anregenden Paar 4-4′ in einer geschlossenen Schleife auf einen Referenzwert $U_{ref} = 0$ zurückgeregelt. Die hierfür erforderliche Stellgröße dient nach sorgfältiger Filterung durch phasensynchrone Gleichrichtung als hochgenaues Ausgangssignal. Durch gezielte, vorübergehende Änderung des Sollwertes auf $U_{ref} \neq 0$ lässt sich leicht das gesamte Sensorsystem überprüfen („Built-in“-Test).

Der Temperaturgang dieses Sensors erfordert eine komplexe Kompensationsschaltung, die materialbedingte Alterung der Piezokeramikelemente eine sorgfältige Voralterung.

Mikromechanische Silizium-Drehratensensoren sind dabei, als kostengünstige, kompakt bauende Sensoren die bisher üblichen feinmechanischen Sensoren abzulösen. Zur Erzielung der für Fahrdynamiksysteme erforderlichen hohen Genauigkeit wird eine Mischtechnologie eingesetzt: zwei dickere, mittels Bulk-Mikromechanik (Seite 130) aus dem Wafer herausgearbeitete Masseplatten schwingen im Gegentakt in ihrer Resonanzfrequenz, die durch ihre Masse und ihre Koppelfedersteife bestimmt ist (>2 kHz). Sie tragen jede einen oberflächenmikromechanischen, kapazitiven Beschleunigungssensor kleinster Abmessung, der Coriolisbeschleunigungen in der Waferebene senkrecht zur Schwingrichtung erfassen kann, wenn sich der Sensorchip mit der Drehrate Ω um seine Hochachse dreht. Sie sind proportional zum Produkt aus der Drehrate und der elektronisch auf einen konstanten Wert geregelten Schwinggeschwindigkeit. Zum Antrieb dient eine einfache, stromführende Leiterbahn auf der jeweiligen Schwingplatte, die in einem dauermagnetischen Feld senkrecht zur Chipfläche eine Lorentzkraft erfährt. Mittels eines

Mikromechanischer Drehratensensor mit elektrodynamischem Antrieb in gemischter Technologie *(Bulk- und OMM-Mikromechanik).*
1 Schwingrichtung, 2 Schwingkörper, 3 Coriolis-Beschleunigungssensor, 4 Halte-/Führungsfeder, 5 Richtung der Coriolisbeschleunigung, Ω Drehrate, υ Schwinggeschwindigkeit.

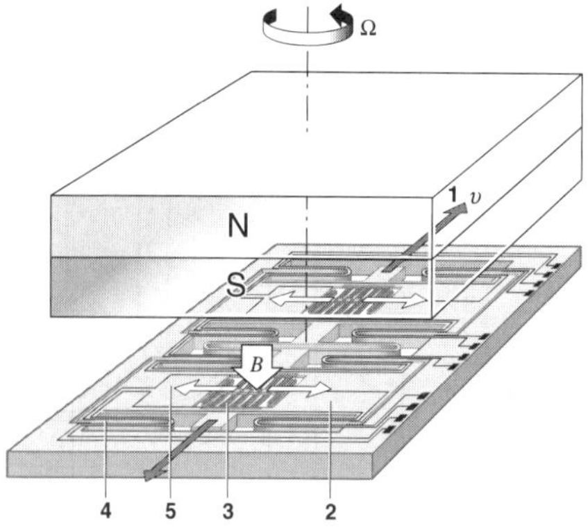

ebenso einfachen, Chipfläche sparenden Leiters wird mit dem gleichen Magnetfeld auf induktive Weise direkt die Schwinggeschwindigkeit gemessen. Die unterschiedliche physikalische Natur von Antrieb und Sensorsystem vermeidet unerwünschtes Übersprechen zwischen beiden Teilen. Die beiden gegenläufigen Sensorsignale werden zur Unterdrückung externer Fremdbeschleunigungen (Gleichtaktsignal) voneinander subtrahiert (durch Summenbildung kann man jedoch vorteilhafterweise auch die äußere Fremdbeschleunigung messen). Der präzise mikromechanische Aufbau hilft, den Einfluss hoher Schwingbeschleunigung gegenüber der um mehrere Zehnerpotenzen niedrigeren Coriolisbeschleunigung zu unterdrücken (Querempfindlichkeit weit unter 40 dB). Antriebs- und Messsystem sind hier mechanisch und elektrisch strengstens entkoppelt.

Stellt man den Si-Drehratensensor ganz in Oberflächenmikromechanik OMM (S. 130) her und ersetzt gleichzeitig das magnetische Antriebs- und Regelsystem durch ein elektrostatisches, so lässt sich diese Entkopplung weniger konsequent verwirklichen: Ein zentral gelagerter Drehschwinger wird mittels Kammstrukturen elektrostatisch zu einer Schwingung angetrieben, deren Amplitude mittels eines gleichartigen, kapazitiven Abgriffs konstant geregelt wird. Corioliskräfte erzwingen eine gleichzeitige „Out-of-Plane"-Kippbewegung, deren Amplitude zur Drehrate Ω proportional ist und die mittels unter dem Schwinger liegender Elektroden kapazitiv detektiert wird. Um diese Bewegung nicht zu sehr zu bedämpfen, muss der Sensor in Vakuum betrieben werden. Zwar führt die geringere Chipgröße und der einfachere Herstellprozess zu einer deutlichen Kostenreduktion, doch verringert die Verkleinerung auch den ohnehin nicht großen Messeffekt und damit die erzielbare Genauigkeit. Sie stellt höhere Anforderungen an die Elektronik. Der Einfluss von Fremdbeschleunigungen ist hier bereits mechanisch unterdrückt.

Radarsensoren

Für die Messgröße „Fahrgeschwindigkeit über Grund" werden einfache (Low Cost) Doppler-Radar-Systeme untersucht.

Beschleunigungs-/Vibrationssensoren

Diese Sensoren eignen sich zum Auslösen von Passagierschutzsystemen (Airbag, Gurtstraffer, Überrollbügel), zur Klopfregelung bei Verbrennungsmotoren und zur Erfassung von Kurvenbeschleunigungen und Geschwindigkeitsänderungen bei vierradgetriebenen ABS-Fahrzeugen.

Hall-Beschleunigungssensor

Fahrzeuge mit ABS und Allradantrieb oder auch neuere Fahrzeuge mit Fahrdynamikregelung verfügen zusätzlich zu

Beispiele für typische Werte im Kfz:

Anwendung	Bereich
Klopfregelung	1...10 g
Passagierschutz	
Airbag, Gurtstraffer	50 g
Überrollbügel	4 g
Gurtblockierung	0,4 g
ABS, Fahrdynamikregelung	0,8...1,2 g
Fahrwerkregelung	
Aufbau	1 g
Achse	10 g

Hall-Beschleunigungssensor.
1 Hall-Sensor, 2 Dauermagnet (seismische Masse), 3 Feder, 4 Dämpferplatte (Cu).
a Beschleunigung, I_W Wirbelströme, U_H Hall-Spannung, U_0 Versorgungsspannung, Φ magnetischer Fluss.

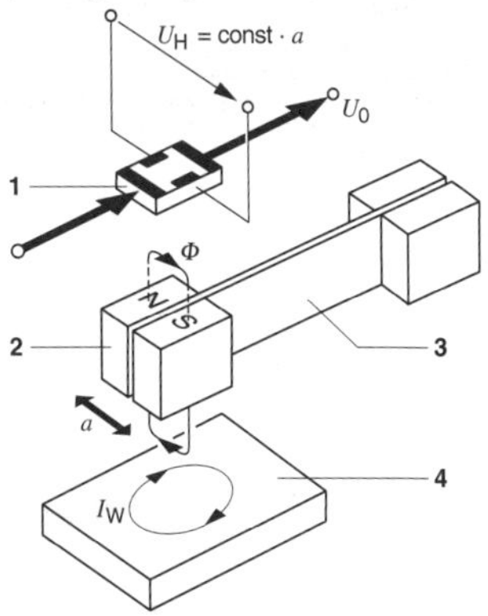

den Radsensoren über einen Hall-Beschleunigungssensor zur Messung der Fahrzeuglängs- und -querbeschleunigungen. Die Auslenkung des hierfür verwendeten Feder-Masse-Systems wird mit einem aufgesetzten Magneten und einem Hall-Sensor erfasst (Messbereich 1 g). Der Sensor ist für eine geringe Bandbreite (einige Hz) ausgelegt und ist elektrodynamisch gedämpft.

Piezoelektrische Sensoren

Piezoelektrische Bimorph-Biegeelemente bzw. Zweischicht-Piezokeramik als Sensoren für Rückhaltesysteme zum Auslösen von Gurtstraffer, Airbags und Überrollbügel verbiegen sich schon aufgrund ihrer Eigenmasse bei Beschleunigungseinwirkung so weit, dass sie ein gut auswertbares dynamisches (kein gleichspannungsmäßiges) Signal abgeben (Grenzfrequenz typisch 10 Hz).

Das Sensorelement sitzt, manchmal durch ein Gel mechanisch geschützt, zusammen mit einer ersten Signalverstärkerstufe in einem dichten Gehäuse.

Das Sensorprinzip lässt sich auch aktorisch umkehren: Mit einer zusätzlichen Aktorenelektrode kann der Sensor leicht überprüft werden („On-Board-Diagnose").

Longitudinal-Elemente (Klopfsensoren)
Longitudinal-Elemente werden als Klopfsensoren (Beschleunigungssensoren) für Zündsysteme mit Klopfregelung (Seite 536) eingesetzt. Sie messen (wenig richtungsselektiv) den am Motorblock auftretenden Körperschall (Messbereich ca. 10 g bei typischer Vibrationsfrequenz 5...20 kHz). Ein nicht gekapseltes piezokeramisches Ringelement misst die auf eine seismische Masse gleicher Form wirkenden Trägheitskräfte.

Piezoelektrischer Sensor.
a) Im Ruhezustand, b) bei Beschleunigung a.
1 Piezokeramisches Bimorph-Biegeelement.
U_A Messspannung.

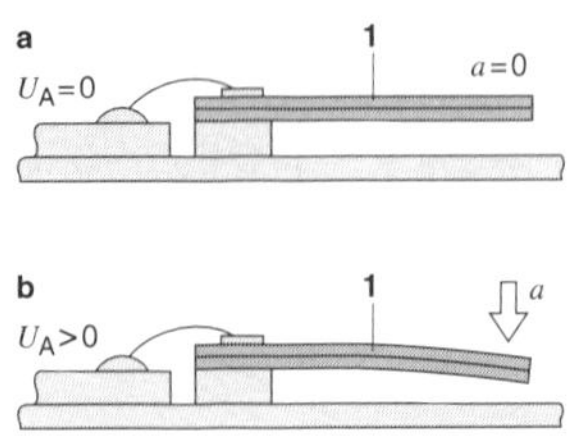

Neue Sensorprinzipien

Kapazitive Silizium-Beschleunigungssensoren
Bei einer ersten Generation von mikromechanischen Sensoren wurden das erforderliche Feder-Masse-System mit anisotroper und selektiver Ätztechnik aus dem vollen Wafer herausgearbeitet (Bulk-Silizium-Mikromechanik) und die Federstege ausgedünnt.

Zur besonders fehlerarmen Messung der Auslenkung dieser Masse haben sich kapazitive Abgriffe bewährt. Diese benötigen über und unter der federgefesselten Masse eine weitere waferdicke Platte aus Silizium oder Glas mit Gegenelektroden und damit einen Dreischichtaufbau. Hierbei dienen die Platten mit den Gegenelektroden zusätzlich als Überlastschutz.

Eine genau dosierte Luftfüllung des hermetisch verschlossenen schwingfähigen Systems bewirkt eine sehr raumsparende, aber wirksame und kostengünstige Dämpfung und einen geringen Temperaturgang. Die drei Siliziumplatten werden heute fast ausschließlich direkt nach dem „Fusionbonding"-Verfahren verbunden.

Entscheidenden Einfluß auf die Messgenauigkeit hat wegen der unterschiedlichen Temperaturdehnung auch die Montage auf dem Gehäuseboden mit einer nahezu linienförmigen, im sensitiven Bereich freitragenden Befestigung.

Diese Sensorart ist vorwiegend bei niedrigeren Beschleunigungsbereichen im Einsatz ($\leq 2g$) und erfordert ein Drei-Chip-Konzept: (Sensorchip + CMOS-Auswertechip + bipolarer Schutz-IC). Eine Umstellung auf eine erweiterte Signalauswertung bewirkt eine automatische Rückstellung der seismischen Masse in die Nullage und liefert das Stellsignal als Ausgangsgröße.

Im Bereich hoher Beschleunigungen (Passagierschutzsysteme) sind bereits oberflächenmikromechanische Sensoren mit weit geringeren Abmessungen (Kantenlänge typisch ca. 100 µm) im Einsatz. Das Feder-Masse-System wird mit einem additiven Verfahren auf der Oberfläche des Siliziumwafers aufgebaut.

Oberflächenmikromechanischer Beschleunigungssensor.
1 Elementarzelle, 2, 3 feststehende, 4 bewegliche Platten, 5 seismische Masse, 6 Federsteg, 7 Verankerung. a Beschleunigung, C Messkapazitäten.

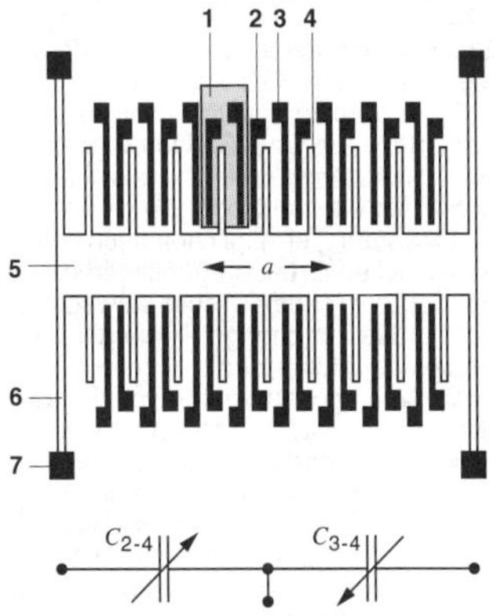

Bulk-Silizium-Beschleunigungssensor.
1 Si-Oberplatte, 2 Si-Mittelplatte (seismische Masse), 3 Si-Oxid, 4 Si-Unterplatte, 5 Glassubstrat. a Beschleunigung. C Messkapazitäten.

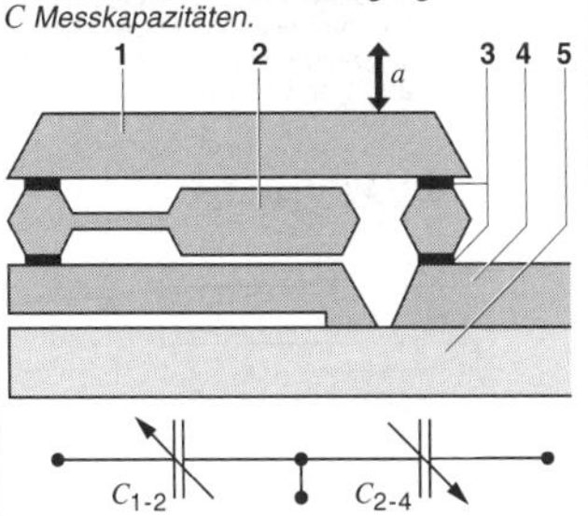

Im Gegensatz zu den Bulk-Silizium-Sensoren mit Kapazitäten von 10...20 pF haben diese Sensoren nur noch eine Kapazität von typisch 1 pF. Die Auswertelektronik ist deshalb zusammen mit dem Sensor auf dem gleichen Chip (meist lagegeregelte Systeme).

Drucksensoren

Die Druckmessung erfolgt direkt, über Membranverformung oder durch Kraftsensor. Anwendungsbeispiele:

– Saug- bzw. Laderohrdruck (1...5 bar),
– Bremsdruck (10 bar), elektropneumatische Bremsen,
– Luftfederdruck (16 bar), luftgefederte Fahrzeuge,
– Reifendruck (5 bar absolut), Reifendruck-Kontrolle bzw. -Regelung,
– Hydraulikvorratsdruck (ca. 200 bar), ABS, Servolenkung,
– Stoßdämpferdruck (+200 bar), Fahrwerkregelung,
– Kühlmitteldruck (35 bar), Aircondition-Systeme,
– Modulationsdruck (35 bar), Getriebeautomat,
– Bremsdruck in Haupt- und Radbremszylinder (200 bar), automatische Giermomentkompensation, elektronisch gesteuerte Bremse,
– Über/Unterdruck der Tankatmosphäre (0,5 bar), „On-Board-Diagnose",
– Brennraumdruck (100 bar, dynamisch), Zündaussetzer- und Klopferkennung,

Druckmessung.
a) Direkt, druckabhängiger Widerstand (3), b) durch Kraftsensor (1), c) über Membranverformung/DMS (2). p Druck.

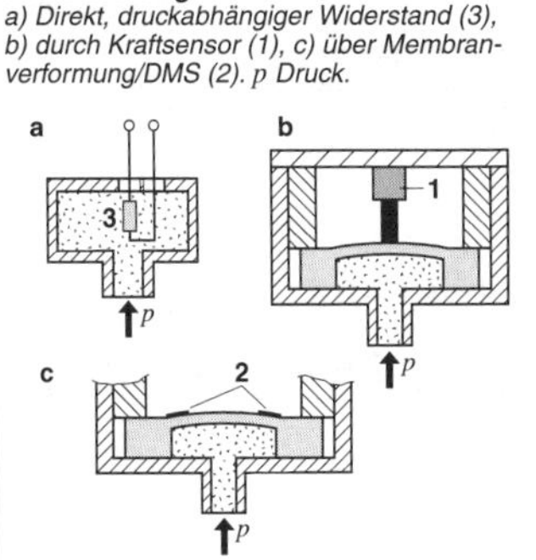

– Elementdruck Dieseleinspritzpumpe (1000 bar, dynamisch), elektronische Dieseleinspritzung,
– Common-Rail-Druck Diesel (1500 bzw. 1800 bar), und
– Common-Rail-Druck Benzin (100 bar).

Dickschicht-Drucksensor
Die Messmembran mit ihren Dehnwiderständen (DMS), jeweils in Dickschichttechnik hergestellt, misst Absolutdrücke bis ca. 20 bar bei einem K-Faktor (relative Widerstandsänderung/Dehnung) von K = 12...15.

Bei geeigneten Ausdehnungskoeffizienten von Keramiksubstrat und Keramikdeckschicht wölbt sich die Membran beim Abkühlen nach dem Einbrennvorgang kuppelartig auf und lässt einen etwa 100 µm hohen Hohlraum („Blase") entstehen (Durchmesser 3...5 mm). Nach Aufbringen von Dickschicht-Dehnwiderständen wird diese mit einem weiteren Glaskeramiküberzug hermetisch geschlossen. Das in der „Blase" verbleibende Restgas kompensiert teilweise den Temperaturgang des Sensors.

Die Bauelemente zur Signalverstärkung und -korrektur sitzen, vom Messmedium getrennt, in unmittelbarer Nähe des Sensors auf demselben Substrat.

Das Prinzip des „Blasensensors" lässt sich nicht für beliebig hohe oder niedrige Drücke anwenden. Entsprechende Ausführungen verfügen über ebene Keramikmembranen.

Halbleiter-Drucksensoren
Der Druck wirkt auf eine Si-Membran mit druckabhängigen Widerständen, hergestellt nach den Methoden der Mikromechanik. Der K-Faktor der in das monokristalline Silizium eindiffundierten Widerstände ist besonders hoch, typisch K = 100. Bei bisher üblichen Ausführungen sind Sensor und Schaltungshybrid für die Signalaufbereitung gemeinsam in einem Gehäuse. Abgleich und Kompensation des Sensors erfolgen kontinuierlich oder in Stufen entweder auf einem beigefügten Hybridbaustein (ein zweiter, der Signalverstärkung und -korrektur dienender Si-Chip) oder auf dem gleichen Chip. Werte, z.B. für Nullpunkt- und Steigungskorrektur, werden neuerdings digital in einem PROM abgelegt.

Die extrem kompakte Bauweise von integrierten Ein-Chip-Sensoren mit vollelektronischem Abgleich, als Lastsensoren für elektronische Zünd- und Einspritzsysteme, ermöglichen auch den aus funktionellen Gründen günstigeren direkten Saugrohranbau (bisher entweder Einbau in das zugehörige Steuergerät oder Anbau im Motorraum). Hierbei wird oft auch die umgekehrte Montage angewendet, bei welcher der Messdruck auf der elektronisch passiven, als Kaverne ausgehöhlten Seite des Sensorchips eingeleitet wird. Die wesentlich empfindlichere Seite des Chips befindet sich mit seiner Kontaktierung in dem zwischen Gehäuseboden und aufgeschweißter Metallkappe eingeschlossenen Referenzvakuum und ist dort optimal geschützt.

Dickschicht-Drucksensor.
1 Piezoresistive Messbrücke, 2 Dickschichtmembran, 3 Referenzdruckkammer („Blase"), 4 Keramiksubstrat. p Druck.

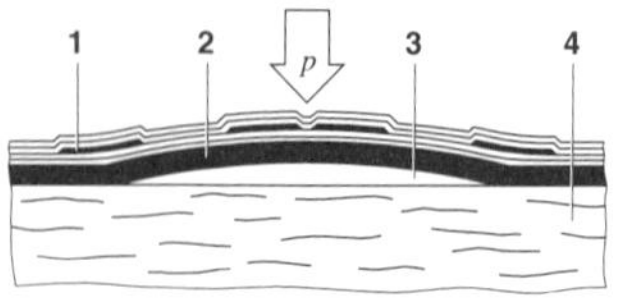

Halbleiter-Drucksensor.
1 Silizium, 2 Vakuum, 3 Glas (Pyrex). p Druck, U_0 Versorgungs-, U_A Messspannung, Dehnmesswiderstände R_1 (gedehnt) und R_2 (gestaucht) in Brückenschaltung.

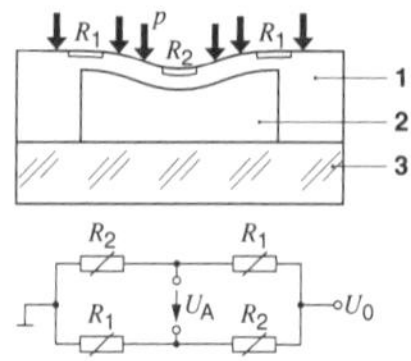

Integrierter Silizium-Saugrohrdruck-sensor.
1 Bondanschlüsse, 2 Referenzvakuum, 3 eingeglaste elektrische Durchführung, 4 Sensorchip, 5 Glassockel, 6 Kappe, 7 Druckanschluss. p Druck.

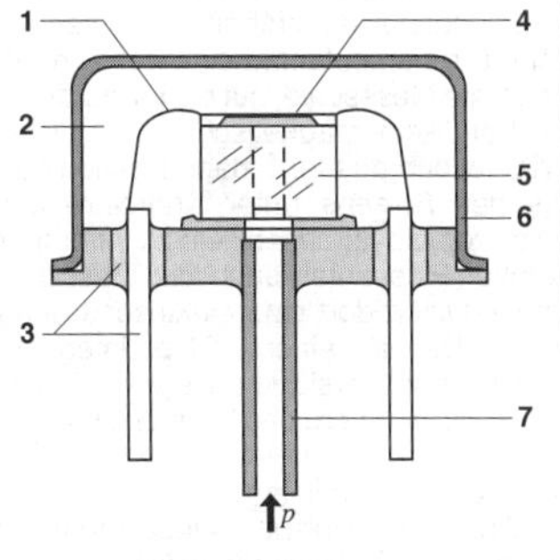

Integrierter Silizium-Brennraumdruck-sensor.
1 Übertragungsstößel, 2 Si-Podest (Krafteinleitung), 3 integrierter Si-Druck-sensor, 4 Pyrex, 5 Keramikzwischenträger, 6 Stahlmontageplatte, 7 Anschlussstifte. F Brennraumdruckkraft.

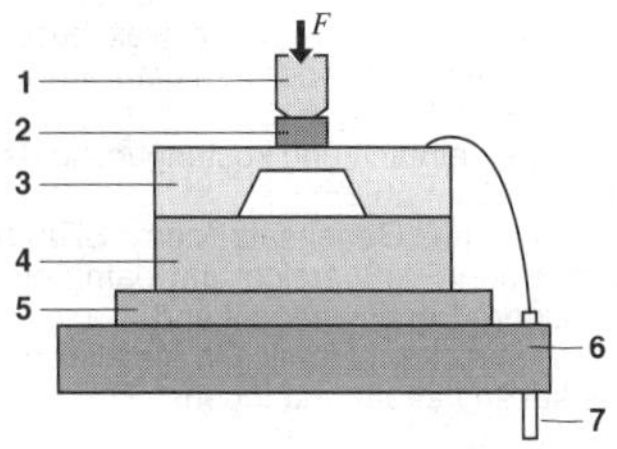

Solche Sensoren können künftig auch in Reifendruck-Kontrollsysteme eingesetzt werden. Die Messung erfolgt kontinuierlich und berührungslos (transformatorisch). Ein nahezu identischer Sensor-Chip kann auch als Brennraumdrucksensor verwendet werden. Voraussetzung ist, dass der Si-Chip nicht unmittelbar den hohen Temperaturen ausgesetzt ist (max. 600 °C). Dies geschieht mit Hilfe einer metallischen Trennmembran und einem angeschweißten Stößel ausreichender Länge (einige mm). Durch mikromechanisches Aufbringen eines winzigen Podests in der Membranmitte wird der Sensor zum Kraftsensor. Die von der Frontmembran aufgenommenen Druckkräfte werden über den Stößel mit nur geringer zusätzlicher Verfälschung über das Podest in den Sensorchip eingeleitet. Dieser ist in der zurückgezogenen Montageposition nur noch Betriebstemperaturen unterhalb 150 °C ausgesetzt.

Neue Sensorprinzipien

Piezoelektrische Sensoren

Piezoelektrische Sensoren messen den Druck dynamisch. Zum Feststellen des Förderbeginns und des Förderendes in elektronisch gesteuerten Dieseleinspritzpumpen wird der Elementdruck nur dynamisch erfasst. Der Druck wird dazu entweder direkt oder indirekt durch Zwischen-schalten einer dünnen Trennmembran auf eine zylindrische oder quadratische Pille aus Piezokeramik geleitet. Bei den hier gegebenen geringen Genauigkeitsanforderungen spielen die auftretenden Abweichungen durch Hysterese, Temperatureinfluss und Alterung eine untergeordnete Rolle. Zur Vermeidung verfälschender Nebenschlüsse wird das Signal meist direkt vor Ort durch einen in das gut abgedichtete Gehäuse integrier-

Piezoelektrischer Drucksensor.
1 Metallisierung, 2 Piezoscheibe, 3 Isolation, 4 Gehäuse. p Druck, U_A Messspannung.

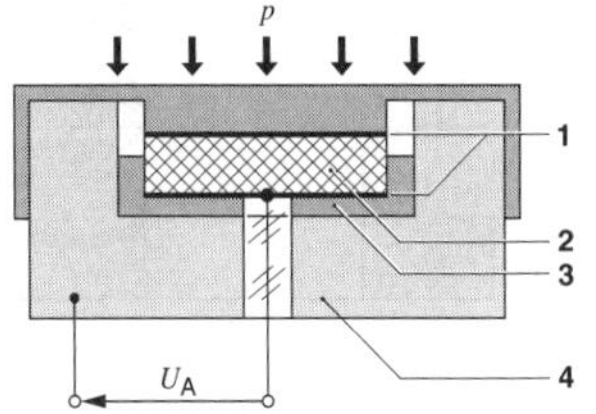

ten Verstärker mit hochohmigem Eingang entkoppelt.

Metallmembran-Hochdrucksensoren

Bei sehr hohen Drücken, wie sie z. B. in der gemeinsamen Versorgungsschiene (Common Rail) eines Dieseleinspritzsystems für Regelzwecke gemessen werden müssen, eignen sich im Gegensatz zur Saugrohrdruckmessung weit besser Membranen aus hochwertigem Federstahl mit DMS-Abgriff. Sie

– trennen einfach und kostengünstig das Messmedium ab,
– haben im Gegensatz zum Silizium noch einen Fließbereich und damit eine günstigere Berstsicherheit und
– lassen sich problemlos in metallischen Gehäusen haltern und fügen.

Isoliert aufgesputterte (aufgedampfte) metallische Dünnschicht-DMS (K = 2) oder auch Poly-Si-DMS (K = 40) bieten eine dauerhaft hohe Genauigkeit des Sensors. Verstärkungs-, Abgleich- und Kompensationselemente können in nur einem ASIC zusammengefasst werden, der zusammen mit dem erforderlichen EMV-Schutz auf kleinem Träger in das Sensorgehäuse integriert wird.

Kraft-/Momentsensoren

Anwendung: Lastmessbolzen an Ackerschleppern zur Pflugkraftregelung.

Magnetoelastischer Lastmessbolzen

Der Lastmessbolzen arbeitet nach dem magnetoelastischen Prinzip. Der hohle Kupplungsbolzen enthält eine magnetische Erregerspule und eine dazu um 90° gedrehte Messspule, auf die im kraftfreien Zustand kein magnetischer Fluss wirkt. Wird jedoch das ferromagnetische Material des Bolzens unter Krafteinwirkung anisotrop, so durchsetzt ein zu ihr proportionaler Flussanteil auch die Messspule und induziert dort eine elektrische Spannung. Die in einem Chip integrierte Speise- und Verstärkungselektronik sitzt ebenfalls im Innern des Lastbolzens.

Neue Sensorprinzipien

– Wirbelstrom-Prinzip: Wirbelstrom-Torsionssensor, radiale oder axiale Torsionsmessfeder, radiale oder axiale Schlitzscheiben- und Spulenanordnung.
– Messung mit Dehnwiderständen (DMS-Prinzip): Einpress- bzw. Einschweißsensor, Einpresselemente.
– Magnetoelastischer Kraftsensor.
– Kraftmessringe in Dickschichttechnik: Kraftmessung mit orthogonal belasteten, druckempfindlichen Widerständen.
– Hydrostatische Druckmessung im kolbenbelasteten hydrostatischen, vorwie-

Metallmembran-Hochdrucksensor (Messelement, Pos. 1...4 stark überhöht).
1 SiNx-Passivierung, 2 Goldkontakt, 3 Poly-Si-DMS, 4 SiO_2-Isolierung, 5 Stahlmembran. p Druck.

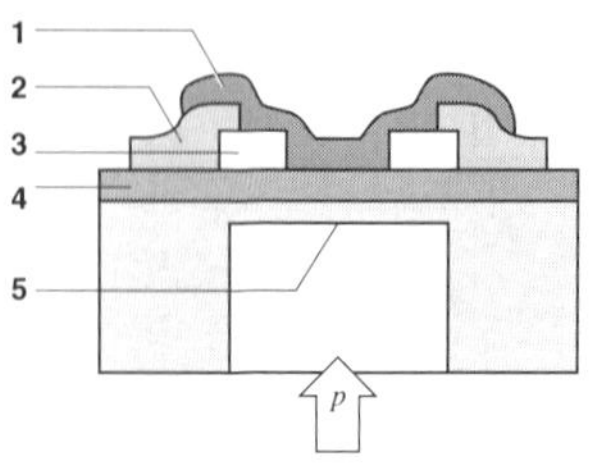

Magnetoelastischer Lastmessbolzen.
1 Primärspule (Einspeisung), 2 Sekundärspule (Messsignal), 3 Primärpolfläche, 4 Sekundärpolfläche.

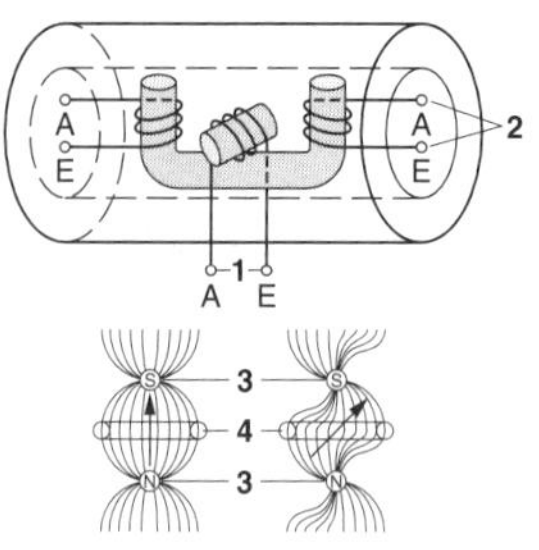

gend mit Gummi oder Kautschuk gefüllten Zylinder (keine Leckgefahr).
– Mikrobending Effekt: faseroptischer Druckspannungssensor.

Neue Anwendungen:
– Messung der Koppelkraft bei Nutzfahrzeugen zwischen Zugfahrzeug und Anhänger/Auflieger für geregelte, kraftfreie Bremsung.
– Messung der Dämpferkraft für elektronische Fahrwerksregelung.
– Messung der Achslast bei Nutzfahrzeugen für elektronisch gesteuerte Bremskraftverteilung.
– Messung der Pedalkraft bei elektronisch geregelten Bremssystemen.
– Messung der Bremskraft bei elektrisch betätigten und elektronisch geregelten Bremssystemen.
– Berührungslose Messung des Antriebs- und Bremsmoments.
– Berührungslose Messung des Lenk-/Lenkservomoments.
– Einklemmschutz bei elektrisch betätigten Fensterhebern und Schiebedächern.

Bei dem an magnetoelastischen Zug-Druckkraftsensoren angewandten Kreuzduktorprinzip wird auf Grund des rechtwinkligen Versatzes im Ruhezustand ($F = 0$) keine Spannung in die sekundäre, transformatorisch angekoppelte Spule induziert. In ihr entsteht erst eine Spannung, wenn unter Krafteinwirkung die relative Permeabilität des verwendeten magnetoelastischen Sensormaterials (spezieller Stahl) anisotrop wird. Dieses Sensorprinzip ist auch für höhere Betriebstemperaturen (bis 300 °C) einsetzbar (z. B. zum Einbau in Bremsnähe).

Magnetoelastischer Zug-Druckkraftsensor nach dem Kreuzduktorprinzip.
1 Speisespule, 2 Messspule, 3 Eisenrückschluss, 4 magnetoelastischer Kraftmesskörper, 5 phasenselektiver Gleichrichter. F Kraft.

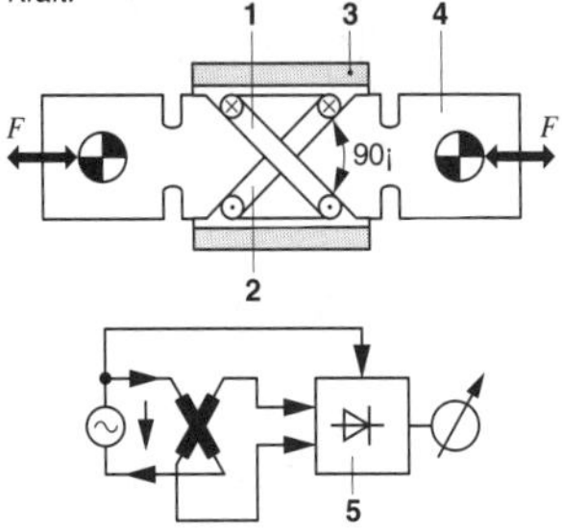

Drehmomentmessung:
Die Drehmomentmessung unterscheidet grundsätzlich winkel- und spannungsmessende Verfahren. Im Gegensatz zu spannungsmessenden Verfahren (DMS, magnetoelastisch) benötigen winkelmessende (z. B. Wirbelstrom) eine gewisse Länge der Torsionswelle, über die der Torsionswinkel (ca. 0,4...4°) abgegriffen werden kann. Die zum Drehmoment proportionale mechanische Spannung σ ist unter 45° zur Wellenachse gerichtet.

Grundprinzipien der Drehmomentmessung.
1 Torsionsstab. ϕ Torsionswinkel, σ Torsionsspannung, M Drehmoment, r Radius, l Stablänge.

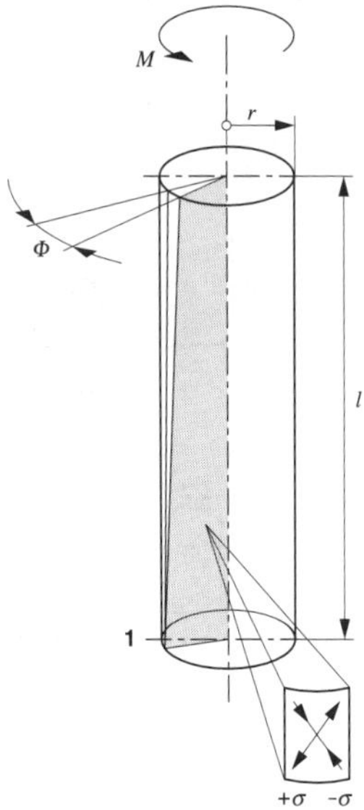

Spannungsmessender Drehmomentsensor: Die mechanische Spannung wird mit einer DMS-Brücke erfasst. Die Brückenspeisung erfolgt transformatorisch und ist durch eine auf der Welle befindliche Gleichrichter- und Regelelektronik luftspaltunabhängig. Weitere elektronische Komponenten vor Ort auf der Welle ermöglichen die Verstärkung des Messsignals und seine Umsetzung in eine luftspaltinvariante Wechselstromform (z. B. frequenzanalog), die ebenfalls transformatorisch ausgekoppelt wird. Für größere Stückzahlen kann die erforderliche Elektronik auf der Welle in einen einzigen Chip integriert werden. Die Dehnwiderstände können auf einer vorgefertigten Stahlronde (z. B. in Dünnschichttechnik, S. 127) kostengünstig aufgebracht und anschließend mit der Ronde auf die Welle aufgeschweißt werden. Mit einer solchen Anordnung lassen sich trotz günstiger Herstellkosten hohe Genauigkeiten erzielen.

Winkelmessender Drehmomentsensor: Über einer ausreichend langen Strecke der Messwelle sind an jedem Ende Schlitzhülsen angeflanscht, die konzentrisch ineinander stecken. Sie besitzen zwei Reihen von Schlitzen, die so angebracht sind, dass unter Tordierung der Welle in der einen Reihe ein zunehmend größerer Durchblick auf die Welle freigegeben, in der anderen Reihe der Durchblick mehr und mehr versperrt wird. Zwei über jeder Reihe feststehend angebrachte Hochfrequenzspulen (ca. 1 MHz) werden dadurch zunehmend bzw. abnehmend bedämpft, bzw. in ihrem Induktivitätswert variiert. Um eine ausreichende Genauigkeit zu erzielen, müssen die

DMS-Drehmomentsensor mit berührungslosem, transformatorischem Abgriff.
1 Drehmoment-Anzeigegerät. σ Torsionsspannung, U_0 Versorgungsspannung, $R_1...R_4$ Dehnmesswiderstände.

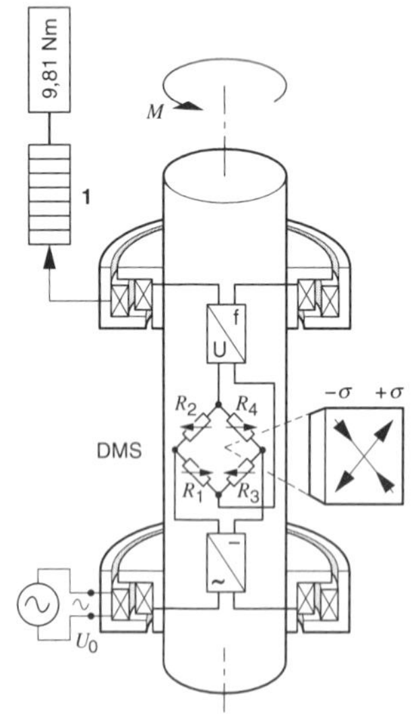

Wirbelstrom-Drehmomentsensor.
1 Schlitzhülsen, 2 Luftspalt, 3 Hochfrequenzspulen.

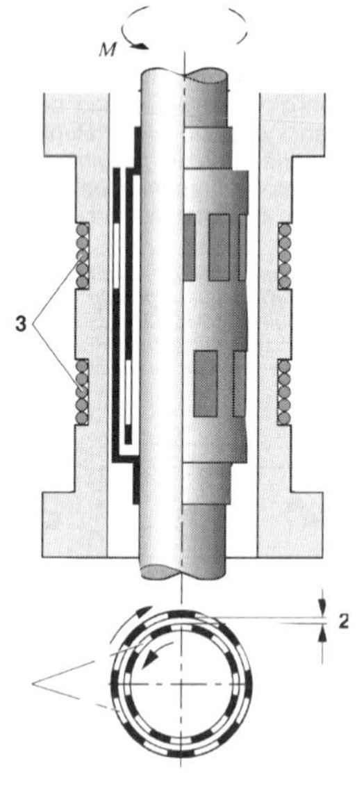

Schlitzhülsen präzise gefertigt und montiert sein. Die zugehörige Elektronik ist zweckmäßig sehr nahe an den Spulen angebracht.

Durchflussmesser

Durchflussgrößen im Kfz:

– Kraftstoffdurchsatz des wirklich vom Motor verbrauchten Kraftstoffes entsprechend der Differenz von Vor- und Rücklauf.

Er liegt bei Ottomotoren mit luftgeführten, elektronisch gesteuerten Zumesssystemen als berechnete Zumessgröße bereits vor, so dass zur Steuerung des Verbrennungsvorganges auf eine Messung verzichtet werden kann. Messungen des Kraftstoffdurchsatzes sind allenfalls zur Ermittlung und Anzeige des Verbrauchs bei nicht elektronisch gesteuerten Motoren erforderlich.

– Luftdurchsatz im Ansaug- bzw. Ladetrakt des Motors: Da es bei dem chemischen Vorgang der Verbrennung auf die Massenverhältnisse ankommt, ist der Massendurchfluss der Ansaug-/Ladeluft zu messen, wenngleich hierfür z.T. auch volumen- oder staudruckmessende Verfahren zur Anwendung kommen.

Der maximal zu messende Luftmassenfluss liegt je nach Motorleistung im Bereich von 400...1000 kg/h. Aufgrund des niedrigen Leerlaufbedarfs moderner Motoren beträgt das Verhältnis von minimalem zu maximalem Luftdurchsatz 1 : 90 ... 1 : 100.

Durchflussmessung

Ein Rohr mit konstantem Querschnitt A wird von einem Medium der überall gleichen Dichte ϱ mit einer im Rohrquerschnitt nahezu gleichen Geschwindigkeit durchströmt („turbulente“ Strömung):

– Volumendurchfluss $Q_V = v \cdot A$ und
– Massendurchfluss $Q_M = \varrho \cdot v \cdot A$

Sitzt zur Durchflussmessung im Strömungskanal eine Blende als Verengung, dann tritt nach dem Bernoullischen Gesetz ein Druckunterschied Δp auf, der einem Zwischenwert von Volumen- und Massendurchfluss entspricht:

$\Delta p = const \cdot \varrho \cdot v^2 = const \cdot Q_V \cdot Q_M$

Festeingestellte Blenden ermöglichen nur die Abdeckung einer Messgrößenvariation von 1 : 10; variable Blenden ermöglichen weit höhere Variationsverhältnisse.

Volumendurchflussmesser

Nach dem Prinzip der Karmann'schen Wirbelstraße lösen sich an einem Strömungshindernis strömungsabwärts gesehen in einem konstanten Abstand Wirbel ab. Mit dem vom Rand der Strömung (Rohrwand) aus gemessenen zeitlichen Abstand der Wirbelfolge (z. B. Druck- oder Schallmessung) ergibt sich die Wirbelfrequenz als Signalbeziehung:

$f = 1/T = \text{const} \cdot Q_V$.

Nachteil: Mögliche Messfehler bei pulsierenden Strömungen.

Mit Hilfe des Ultraschall-Durchflussmessverfahrens lässt sich die Laufzeit t eines Schallimpulses durch ein Messmedium (z. B. Luft) unter dem Schrägwinkel α (siehe Bild) mit derselben Messstrecke l einmal strömungsaufwärts und einmal strömungsabwärts messen. Die resultierende Laufzeitdifferenz ist dem Volumendurchfluss proportional.

Ultraschall-Durchflussmessung.
1, 2 Sender/Empfänger 1 und 2, l Messstrecke, S Sendebefehl, t Laufzeit, Q_V Volumendurchfluss, α Schrägwinkel.

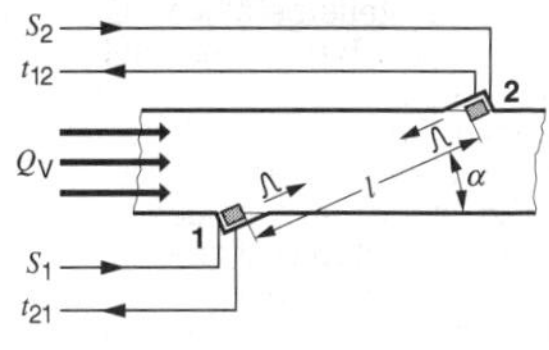

Staudruck-Durchflussmesser

Bewegliche Stauklappen bilden eine variable Blende und geben einen variablen, vom Durchsatz selbst abhängenden Strömungsquerschnitt frei. Ein Potenziometer greift die für den jeweiligen Durchsatz charakteristische Klappenposition ab. Die logarithmische Abhängigkeit des Ausgangssignals vom Durchfluss (bei sehr geringem Durchfluss wesentlich stärkere Spannungsänderung bezogen auf die Durchflussänderung als bei großem

Durchfluss) ergibt sich aus der mechanischen und elektrischen Auslegung des Luftmengenmessers z. B. für die L-Jetronic (Seite 511). Andere Kfz-Luftmengenmesser sind auf lineare Charakteristik ausgelegt (KE-Jetronic, S. 509). Messfehler können entstehen, wenn die Stauklappe wegen ihrer mechanischen Trägheit einem schnell pulsierenden Luftstrom nicht mehr folgen kann (Volllastzustand bei höherer Drehzahl).

Massen-Durchflussmesser

Massen-Durchflussmesser arbeiten nach dem Hitzdraht- bzw. Heißfilmprinzip ohne mechanisch bewegte Teile. Die Regelschaltung im Sensorgehäuse hält einen feinen Pt-Draht (oder Pt-Dick- oder Dünnschichtwiderstand) gegenüber der Lufttemperatur auf einer konstanten Übertemperatur. Der erforderliche Heizstrom bildet ein sehr genaues, wenn auch nicht lineares Maß für den Luftmassen-Durchsatz. Linearisierung und andere Schritte zur Signalauswertung nimmt meist das zugehörige Steuergerät vor. Durchflussmesser dieses Typs können aufgrund der Regelung auch schnellen Durchflussänderungen im Millisekundenbereich folgen. Sie erkennen jedoch nicht die Strömungsrichtung und zeigen daher bei starken Saugrohrpulsationen teilweise erhebliche Abweichungen.

Der Pt-Draht des Hitzdraht-Luftmassen-Durchflussmessers ist sowohl Heizelement als auch Temperatursensor für das Heizelement. Der Hitzdraht muss zur Erhaltung langzeitstabiler Messeigenschaften nach jeder Betriebsphase (nach Abschalten der Zündung) von allen Schmutzablagerungen auf seiner Oberfläche freigeglüht werden (ca. 1000 °C).

Der Heißfilm-Luftmassen-Durchflussmesser vereinigt sämtliche Messelemente und Regelelektronik auf einem Substrat. Der Heizwiderstand befindet sich bei der derzeitigen Ausführung auf der Rückseite des Trägerplättchens, der zugehörige Temperatursensor auf der Vorderseite. Dadurch treten gegenüber dem Hitzdrahtsensor etwas höhere Verzögerungseffekte auf. Temperatur-Kompensationssensor (R_K) und Heizelement sind durch einen Laserschnitt im Keramiksubstrat thermisch entkoppelt. Das beim Hitzdraht erforderliche Freiglühen kann hier aufgrund der besseren Strömungsverhältnisse entfallen.

Nach thermischem Prinzip arbeiten auch mikromechanische Heißfilm-Luftmassen-Durchflussmesser kleinster Abmessung. Heiz- und Messwiderstände sind hier als dünne Pt-Schichten auf einen Si-Chip als Träger aufgesputtert (aufgedampft). Der Si-Chip ist im Bereich des Heizwiderstandes H zur thermischen Entkopplung von seiner Halterung auf einem mikromechanisch ausgedünnten Bereich des Trägers (ähnlich einer Drucksensormembran) untergebracht. Der Heizwiderstand H wird durch den eng benachbarten Heiztemperatursensor S_H sowie den Luft-

Staudruck-Durchflussmesser.
1 Stauklappe, 2 Kompensationsklappe, 3 Dämpfungsvolumen. Q Durchfluss.

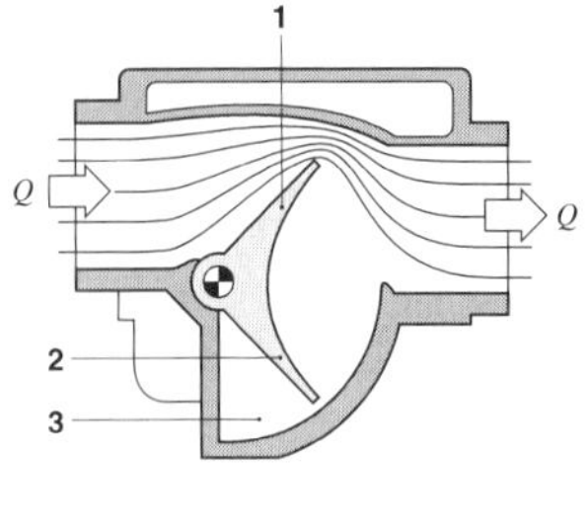

Hitzdraht-Luftmassen-Durchflussmesser.
Q_M Massendurchfluss, U_m Messspannung, R_H Hitzdraht-, R_K Kompensations-, R_M Mess-, R_1, R_2 Abgleichwiderstand.

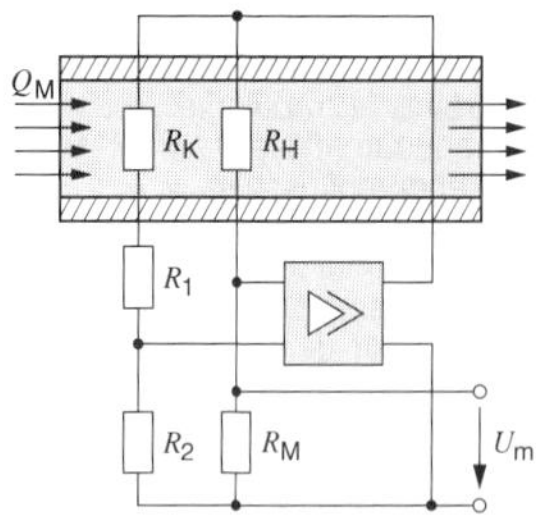

Mikromechanischer Heißfilm-Luftmassen-Durchflussmesser.
1 Dielektrische Membran, H Heizwiderstand, S_H Heizungstemperatursensor, S_L Lufttemperatursensoren, S_1, S_2 Temperatursensoren (strömungsaufwärts, -abwärts), Q_{LM} Luftmassenstrom, s Messort, t Temperatur.

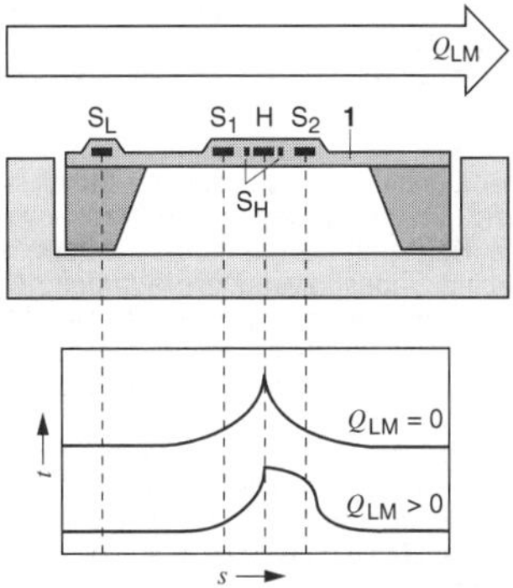

temperatursensor S_L (auf dem dicken Rand des Si-Chips) auf konstante Übertemperatur geregelt. Im Gegensatz zu bisherigen Techniken wird hier jedoch nicht der Heizstrom als Ausgangssignal genutzt, sondern die von den beiden Temperatursensoren S_1 und S_2 festgestellte Temperaturdifferenz des Messmediums (Luft). Ein Temperatursensor liegt vor und einer hinter dem Heizwiderstand H in der Strömung. Im Gegensatz zum Heizstrom gibt diese Ausgangsgröße den Durchfluss vorzeichenrichtig wieder, wenn auch (wie die bisherigen Verfahren) in ebenfalls nicht-linearer Weise.

Konzentrationssonden

Nahezu alle chemischen Konzentrationssonden laufen Gefahr, beim notwendigen direkten Kontakt mit dem Messmedium durch schädliche Fremdstoffe vergiftet, d. h. irreversibel zerstört zu werden. Elektrolytische Sauerstoffkonzentrationssonden (Lambda-Sonden) können z. B. durch evtl. im Kraftstoff bzw. Abgas enthaltenes Blei unbrauchbar gemacht werden.

Kennlinie der Lambda-Sonde.
λ Luftzahl, U_S Sondenspannung.

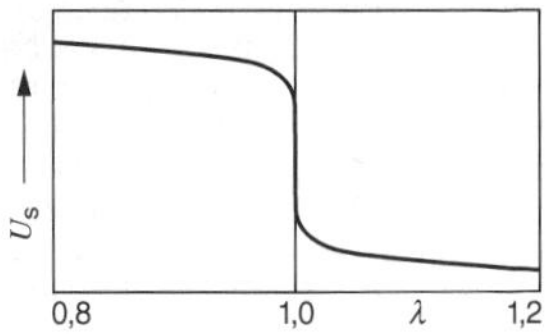

Sauerstoffkonzentrations-Sensor (Lambda-Sonde)

Mit dem von der Lambda-Sonde gemessenen Restsauerstoffgehalt des Abgases regelt das Kraftstoff-Zumesssystem das Luft-Kraftstoff-Gemisch für die Verbrennung sehr genau auf den Wert λ (Lambda) = 1 (stöchiometrische Verbrennung, S. 498).

Der hierfür verwendete Festkörper-Elektrolyt aus ZrO-Keramik hat bei höheren Temperaturen eine elektrische Leitfähigkeit, so dass sich an den Anschlüssen der Sonde eine für den Sauerstoffgehalt charakteristische galvanische Spannung einstellt. Sie variiert gerade bei λ = 1 am meisten.

Elektrisch beheizbare Sonden eignen sich insbesondere für Messungen im Magerbereich und wirken auch bereits in der Warmlaufphase.

Lambda-Sonde im Abgasrohr.
1 Sondenkeramik, 2 Elektroden, 3 Kontakt, 4 Gehäusekontaktierung, 5 Abgasrohr, 6 Keramikschutzschicht (porös).

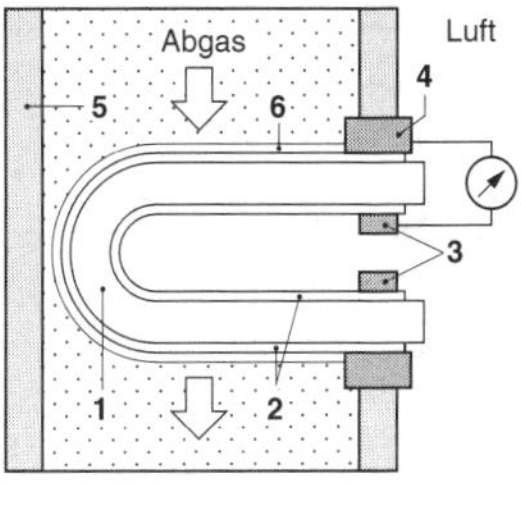

Für den weiten Magerbereich werden flache und kleinere „Plättchensonden" in Mehrschichtkeramik (Breitband-Lambda-Sonden) eingesetzt, die sich auch in Dieselmotoren verwenden lassen. Sie bestehen im Wesentlichen aus einer Kombination von herkömmlicher, als galvanische Zelle wirkender Konzentrationssonde (Nernst-Sonde) sowie einer Grenzstrom- oder „Pump"zelle. An die Pumpzelle, die von gleicher Art ist wie die übliche Konzentrationszelle, wird lediglich von außen eine Spannung angelegt. Ist die Spannung groß genug, stellt sich ein „Grenzstrom" ein, der proportional dem Unterschied der Sauerstoffkonzentration auf beiden Seiten der Sonde ist. Mit dem Strom werden – polaritätsabhängig – Sauerstoffatome transportiert. Eine elektronische Regelschaltung bewirkt, dass der Konzentrationssonde von der Pumpzelle über einen sehr engen Diffusionsspalt immer genau so viel Sauerstoff aus dem Abgas zugeführt wird, dass an ihr der Zustand $\lambda = 1$ herrscht. D. h., bei Luftüberschuss im Abgas (Magerbereich) wird Sauerstoff abgepumpt, bei geringem Restsauerstoffgehalt des Abgases (fetter Bereich) wird durch Umkehrung der Pumpspannung Sauerstoff zugeführt. Der jeweilige Pumpstrom bildet das Ausgangssignal.

Breitband-Lambda-Sonde *(Aufbau).*
1 Nernst-Konzentrationszelle, 2 Sauerstoff-Pumpzelle, 3 Diffusionsspalt, 4 Referenzluftkanal, 5 Heizer, 6 Regelschaltung.
I_P Pumpstrom, U_H Heizspannung, U_{ref} Referenzspannung.

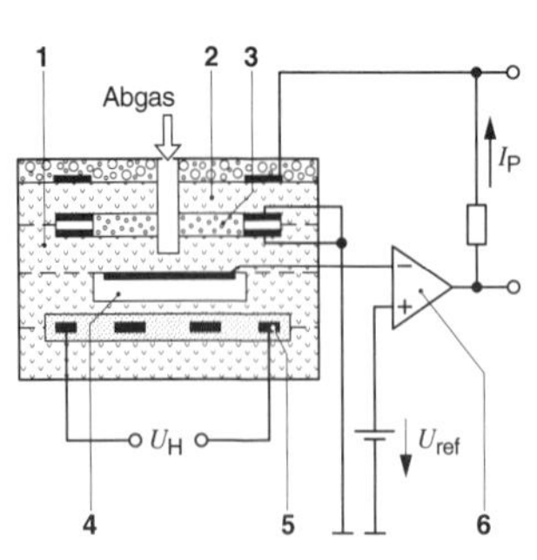

Feuchtesensoren:
Anwendungsbereiche:
- Überwachung Lufttrockner bei Druckluftbremsen,
- Überwachung Außenluftfeuchte für Glatteiswarnung,
- Berechnung des Taupunktes im Fahrzeuginnenraum (Luftgütesensierung, Klimaregelung, Beschlag der Fahrzeugfenster).

Zur Bestimmung der relativen Feuchte kommen meist kapazitive Sensoren zum Einsatz. Sie bestehen aus einem Polymer-Dünnfilm mit beidseitiger Metallisierung. Durch Adsorption von Wasser wird die Kapazität dieses Kondensators erheblich, aber reversibel verändert. Die Zeitkonstante liegt typisch bei ca. 30 s. Durch zusätzliche Messung der Lufttemperatur (NTC) kann auch der Taupunkt bestimmt werden.

Beim Einbau z. B. in ein Luftgütesteuergerät (LGS) wird der Sensor durch eine Teflonmembran vor schädlichen Substanzen geschützt. Das LGS enthält im Allgemeinen vor allem auch CO- und NO_X-Sensoren, die – meist als Dickschichtwiderstände (SnO_X) ausgebildet – durch Anlagerung der betreffenden Messstoffe ihren elektrischen Widerstand in einem weiten Bereich ändern (z. B. 1...100 kΩ).

Sensorsignal der Breitband-Lambda-Sonde *(Messstrom).*

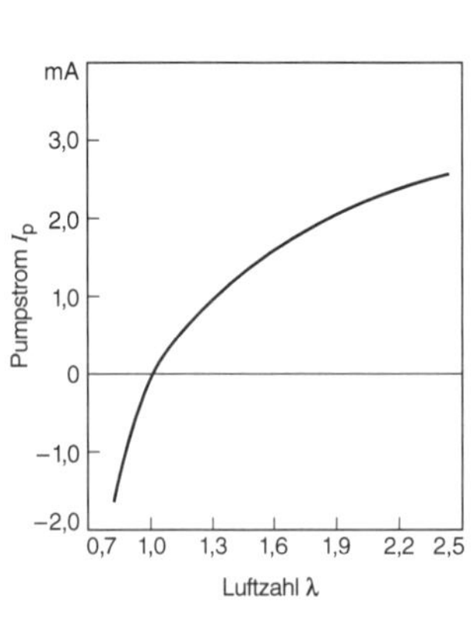

Temperatursensoren
Die Temperaturmessung im Kfz nutzt fast ausschließlich die Temperaturabhängigkeit von elektrischen Widerstandsmaterialien mit positivem (PTC) oder negativem (NTC) Temperaturkoeffizienten als Berührungsthermometer. Die Umsetzung der Widerstandsänderung in eine analoge Spannung erfolgt überwiegend durch Ergänzung eines temperaturneutralen oder gegensinnig abhängigen Widerstandes zu einem Spannungsteiler (auch linearisierende Wirkung). Neuerdings wird für den Insassenschutz (Insassenbeobachtung für Airbagauslösung), aber auch für den Komfort (Klimaregelung, Verhinderung von Scheibenbeschlag) eine berührungslose (pyrometrische) Temperatursensierung in Betracht gezogen, die erst durch den Einsatz der Mikrosystemtechnik in einen kostengünstigen Bereich gerückt ist. Im Fahrzeug treten folgende Temperaturen auf:

Messpunkt	Bereich	°C
Ansaug-/Ladeluft	−40...	170
Außenwelt	−40...	60
Innenraum	−20...	80
Ausblasluft/Heizung	−20...	60
Verdampfer (Klimaanlage)	−10...	50
Kühlwasser	−40...	130
Motoröl	−40...	170
Batterie	−40...	100
Kraftstoff	−40...	120
Reifenluft	−40...	120
Abgas	100...	1000
Bremssattel	−40...	2000

An vielen Stellen wird die Temperatur auch als Hilfsgröße gemessen, um sie als Fehlerursache oder unerwünschte Einflussgröße zu kompensieren.

Sinterkeramische Widerstände (NTC)
Sinterkeramische Widerstände (Heißleiter, Thermistoren) aus Schwermetalloxiden und oxidierten Mischkristallen (in Perlen- oder Scheibenform gesintert) zählen zu den halbleitenden Materialien mit exponentiell fallender Temperaturkennlinie. Die starke Temperaturabhängigkeit lässt den Einsatz nur über ein „Fenster" von etwa 200 K zu; diese Spanne kann jedoch im Bereich von −40 ... ca. 850 °C gewählt werden.

Temperatursensoren (Beispiele).
1 NTC-, 2 PTC-Widerstand.
t Temperatur, R Widerstand.

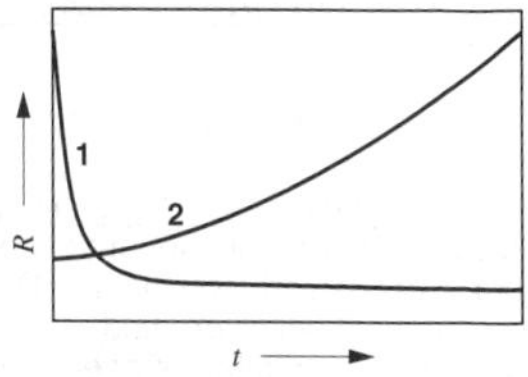

Metallfilm-Temperaturwiderstand.
1 Hilfskontakte, 2 Brücke, R_{Ni} Nickel-Schichtwiderstand, $R(t)$ auf Temperatur t bezogener Widerstand, R_1, R_2 temperaturunabhängige Abgleichwiderstände.

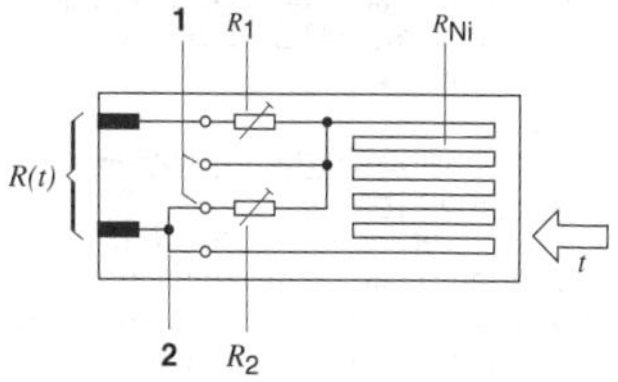

Dünnschicht-Metallwiderstände (PTC)
Die zusammen mit zwei zusätzlichen, temperaturneutralen Abgleichwiderständen auf einem gemeinsamen Substratplättchen integrierten Dünnschicht-Metallwiderstände weisen eine besonders hohe Genauigkeit auf, da sie sich bezüglich ihrer Kennlinie eng toleriert und langzeitstabil fertigen und durch Laserschnitte zusätzlich „trimmen" lassen. Die angewandte Schichttechnik ermöglicht es, das Trägermaterial (Keramik, Glas, Kunststofffolien) und die Abdeckschichten (Kunststoffverguss bzw. Lackabdeckung, Folienverschweißung, Glas- und Keramiküberzug) zum Schutz gegen das Messmedium an die jeweilige Messaufgabe anzupassen. Gegenüber oxidkeramischen Halbleitersensoren weisen metallische Schichten zwar eine geringere Temperaturabhängigkeit auf, jedoch eine günstigere Charakteristik bezüglich Linearität und Reproduzierbarkeit:

Sensor-material	Temperatur-koeffizient TK	Messbereich
Ni	$5{,}1 \cdot 10^{-3}$/K	−60...320 °C
Cu	$4{,}1 \cdot 10^{-3}$/K	−50...200 °C
Pt	$3{,}5 \cdot 10^{-3}$/K	−220...850 °C

Mit
$TK = [R(100\,°C) - R(0\,°C)]/[R(0\,°C) \cdot 100\,K]$

Dickschicht-Widerstände (PTC/NTC)
Dickschichtpasten mit höherem spezifischem Widerstand (geringer Flächenbedarf) sowie positiven und negativen Temperaturkoeffizienten dienen vorwiegend als Temperatursensoren für Kompensationszwecke. Sie haben eine nicht lineare Charakteristik (jedoch nicht so extrem gekrümmt wie die der massiven NTC-Widerstände) und lassen sich mit Laserstrahl trimmen. Zur Erhöhung des Messeffekts können Spannungsteilerschaltungen aus NTC- und PTC-Material gebildet werden.

Monokristalline Silizium-Halbleiter-Widerstände (PTC)
Bei Temperatursensoren aus monokristallinen Halbleitermaterialien wie Si lassen sich grundsätzlich weitere aktive und passive Schaltungselemente auf dem Sensorchip integrieren (erste Signalaufbereitung an der Messstelle möglich).

Ihre Herstellung erfolgt wegen der engeren Tolerierbarkeit nach dem „Spreading-Resistance"-Prinzip. Der Strom fließt durch den Messwiderstand über einen Oberflächenpunktkontakt in das Bulk-Material des Si und dort breit aufgefächert zu einer den Boden des Sensorchips überdeckenden Gegenelektrode. Die hohe Stromdichte hinter dem Kontaktpunkt (hohe Genauigkeit durch fotolithografische Herstellung) bestimmt neben der sehr gut reproduzierbaren Materialkonstanten fast ausschließlich den Widerstandswert des Sensors.

Die Messempfindlichkeit ist annähernd doppelt so groß wie die eines Pt-Widerstandes (TK = $7{,}73 \cdot 10^{-3}$/K). Die Temperaturkennlinie ist stärker gekrümmt als bei einem metallischen Sensor.

Thermopile-Sensoren
Zur berührungslosen Messung der Temperatur eines Körpers wird die von ihm ausgehende Strahlung gemessen, die vorzugsweise im Infrarot(IR)-Bereich (Wellenlänge: 5...20 µm) liegt. Genau genommen wird das Produkt aus Strahlungsleistung und Emissionskoeffizient des Körpers gemessen. Letzterer ist materialabhängig, liegt jedoch für technisch interessante Stoffe (auch für Glas) meist nahe bei 1. Für spiegelnde oder IR-durchlässige Stoffe (z. B. Luft, Si) ist er jedoch << 1. Die Messstelle wird auf ein strahlungsempfindliches Element abgebildet, das sich dadurch gegenüber seiner Umgebung etwas erwärmt (typisch 0,01...0,001 °C). Dieser kleine Tempera-

Si-Halbleiter-Widerstand (Spreading-Resistance-Prinzip).
1 Kontakte, 2 Passivierung (Nitrid, Oxid), 3 Si-Substrat, 4 Gegenelektrode ohne Anschluss. $R(t)$ temperaturabhängiger Widerstand.

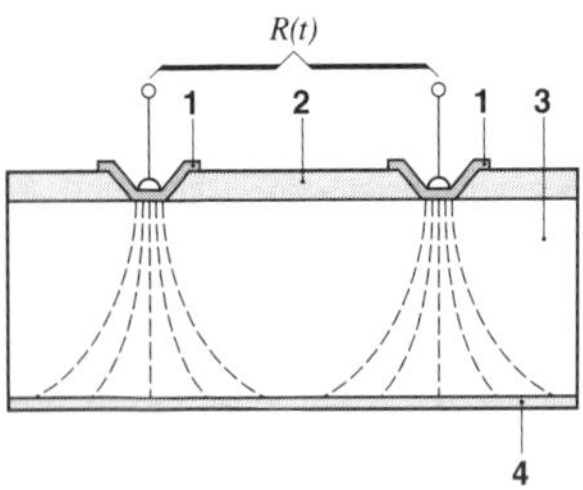

Mikromechanischer Thermopile-Infrarotsensor.
1 Si-Chip, 2 hintereinandergeschaltete Thermoelemente, 3 SiN-Membran, 4 Thermopileanschlüsse, 5 Absorberschicht.

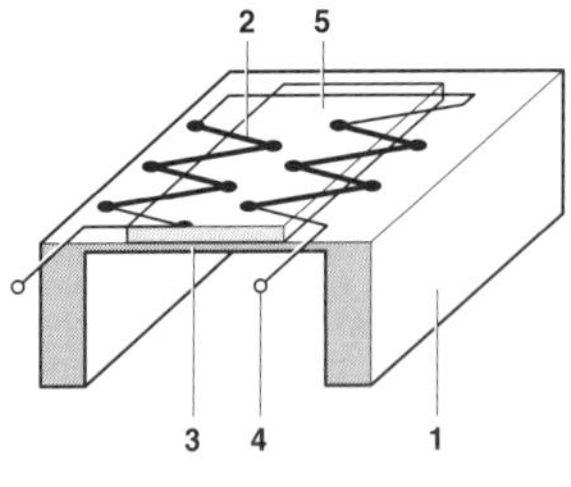

turunterschied lässt sich zweckmäßig mit Thermoelementen messen, von denen zur Erhöhung des Messeffekts viele hintereinander geschaltet sind (Thermopile). Ein solcher Thermopilesensor lässt sich mikromechanisch kostengünstig realisieren. Alle „heißen" Punkte liegen auf einer thermisch gut isolierten, dünnen Membran, alle kalten Punkte auf dem dickeren Chiprand (Temperatursenke). Die Einstellzeit des Sensors beträgt typisch ca. 20 ms. Mit einem solchen „Single-Pixel-Sensor" lässt sich z. B. sehr gut die Oberflächentemperatur der Frontscheibe bestimmen, um einen möglichen Beschlag bei Unterschreitung des Taupunkts zu vermeiden.

Werden mehrere Pixel auf einem Chip zu einem Array (z. B. 4 x 4) angeordnet, so ist damit bereits eine grobe Bilderfassung möglich. Zwischen den Pixeln darf jedoch nicht zu viel insensitive Fläche liegen und die Pixel müssen thermisch gut gegeneinander isoliert sein. Da alle Pixel elektrisch wahlfrei ansprechbar sind, hat der Chip eine hohe Anschlusszahl. Für ein TO5-Gehäuse muss z. B. der ASIC zur Vorverstärkung und Serialisierung des Signals neben dem Sensor untergebracht werden. Zur Ermittlung der absoluten Temperatur der Pixel enthält dieser ASIC meist auch einen Referenz-Temperatursensor, mit dem sich Objekttemperaturen mit einer Genauigkeit von ca. ±0,5 K bestimmen lassen.

Um eine Szene thermisch auf dem Sensorarray abzubilden, bedarf es einer IR-Abbildungsoptik. Der sehr kostengünstige gekrümmte Spiegel scheidet meist aus Platzgründen dafür aus. Linsen aus Glas sind für IR-Licht undurchlässig, und Kunststofflinsen genügen nur für Betriebstemperaturen bis ca. 85 °C. Linsen aus Si eignen sich jedoch sehr gut für Wärmestrahlung und sind kostengünstig mikromechanisch als Beugungs- (Fresnel)- oder Brechungslinse bis zu ca. 4 mm Durchmesser herstellbar. In den Deckel eines TO5-Gehäuses eingesetzt, bilden sie gleichzeitig einen Schutz des Sensors gegen direkte Beschädigung. Eine Füllung des Gehäuses mit Schutzgas begünstigt zwar etwas das Übersprechen zwischen den Pixeln, erniedrigt aber andererseits ihre Reaktionszeit.

Sensoren für weitere Messaufgaben

Schmutzsensor

Der Sensor erkennt den Verschmutzungsgrad der Scheinwerferstreuscheiben und ermöglicht eine eigenständige automatische Reinigung.

Die Reflexlichtschranke des Sensors besteht aus Lichtquelle (LED) und Lichtempfänger (Fototransistor). Sie sitzt auf der Innenseite der Streuscheibe innerhalb des Reinigungsbereiches, jedoch nicht im direkten Strahlengang des Fahrlichts. Bei sauberer oder auch von Re-

Mikromechanisches Thermopile-Array.
1 Si-Chip, 2 Pixel, 3, 4 Pixelanschlüsse.

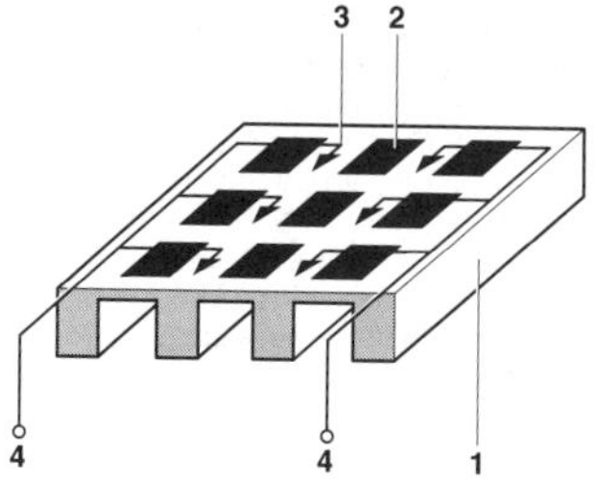

IR-Bildsensor.
1 Si-IR-Linse, 2 TO5-Gehäuse, 3 Anschlussstifte, 4 Sensorchip, 5 Auswerte-ASIC. α Sichtwinkel.

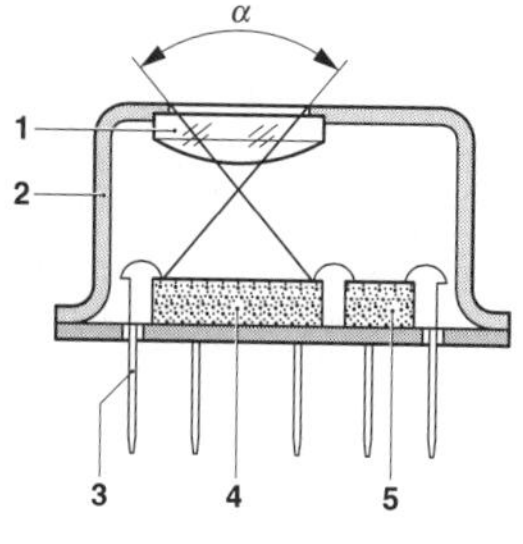

gentropfen bedeckter Streuscheibe tritt das im nahen IR-Bereich strahlende Messlicht ungehindert ins Freie. Nur ein verschwindend geringer Teil reflektiert in den Lichtempfänger. Trifft das Messlicht jedoch an der äußeren Oberfläche der Streuscheibe auf Schmutzpartikel, so streut es proportional dem Verschmutzungsgrad in den Empfänger zurück und löst ab einer bestimmten Höhe die Reinigungsanlage automatisch aus.

Regensensor

Ein Regensensor erkennt Wassertropfen auf der Windschutzscheibe und ermöglicht die automatische Betätigung des Scheibenwischers. Der Fahrer wird dadurch von vielen, bisher bei konventionellen Wischersteuerungen erforderlichen Handgriffen entlastet und kann sich besser auf seine Fahraufgaben konzentrieren. Die manuelle Steuerung bleibt ihm vorläufig jedoch als zusätzlicher Eingriff erhalten; er muss die Automatik – falls gewünscht – nach dem Starten des Fahrzeuges erst aktivieren.

Der Sensor besteht aus einer optischen Sende-Empfangsstrecke (ähnlich Schmutzsensor). Das jedoch unter einem Winkel in die Windschutzscheibe eingekoppelte Licht reflektiert an der trockenen äußeren Grenzfläche (Totalreflexion) und trifft in den ebenfalls in einem Winkel ausgerichteten Empfänger. Stehen Wassertropfen auf der Außenfläche, bricht ein erheblicher Teil des Lichts nach außen weg und schwächt das Empfangssignal. Ab einem bestimmten Grad schaltet der Wischer auch bei Schmutz automatisch ein.

Regensensor.
1 Windschutzscheibe, 2 optische Ankoppelung, 3 Heizung, 4 Regentropfen, 5 Lichtleiter, 6 Leuchtdiode, 7 Elektronik, 8 Fotodiode, 9 Blende.

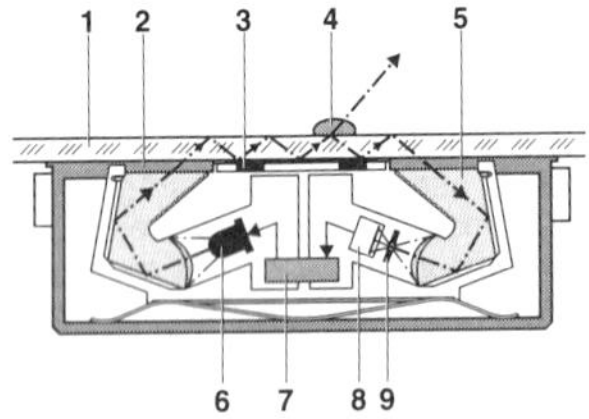

Bildsensoren

Mit Bildsensoren versucht man, die überlegene Fähigkeit des menschlichen Auges und der damit verbundenen mentalen Erkennung nachzubilden (vorerst in recht bescheidenem Maße). Es gilt als sicher, dass in absehbarer Zeit die Kosten der Bildsensoren und der zur Interpretation einer Szene erforderlichen, sehr leistungsstarken Prozessoren in den für Kfz-Anwendungen interessanten Bereich kommen werden. Gängige Bildsensoren sind im Gegensatz zum menschlichen Auge auch im nahen IR-Bereich (Wellenlänge ca. 1 µm) empfindlich, so dass für alle im Auto denkbaren Anwendungen durch eine entsprechende, unsichtbare IR-Ausleuchtung ohne weiteres auch ein Nachtbetrieb möglich ist. Bildsensoren könnten in Zukunft vielfältigen Einsatz im Kfz für die Beobachtung des Innenraums (Sitzposition, Vorverlagerung bei Crash usw.) und der Fahrzeugumgebung (Spurführung, Kollisionsvermeidung, Einpark- und Rückfahrhilfe, Verkehrszeichenerkennung usw.) finden.

Bildsensoren sind ein spezieller Fall von „Multisensorstrukturen" aus lichtempfindlichen Elementen (Bildpunkten, bzw. Pixeln), die in Zeilen- oder Matrixform angeordnet sind und ihr Licht aus einer üblichen Abbildungsoptik erhalten. Bei den heute verfügbaren Si-Bildsensoren (CCD Charge-Coupled Devices) werden durch das über eine transparente Elektrode einfallende Licht proportional zur Intensität und Belichtungszeit Ladungsträger erzeugt, die in einem „Potenzialtopf" (Si-SiO_2-Grenzschicht) gesammelt werden. Mit weiteren Elektroden werden diese Ladungen in eine lichtundurchlässige Zone verschoben und in „analogen" Schieberegistern (Eimerkettenprinzip) zeilenweise in ein Ausgangsregister weitertransportiert, das mit hoher Taktrate seriell ausgelesen wird.

Während CCD-Sensoren wegen ihrer begrenzten Hell-/Dunkel-Dynamik (50 dB), ihrer Auslesezeit und ihres Temperaturbereichs (< 50 °C) nur sehr beschränkt im

Auto einsetzbar sind, erscheinen neuere („smarte"), auf CMOS-Technik beruhende Bildsensoren voll fahrzeugtauglich. Die hier mögliche logarithmische Helligkeit/Signal-Kennlinie entspricht dem menschlichen Auge und weist eine Dynamik von 120 dB auf. Dies erübrigt z. B. eine Blendensteuerung und liefert konstante Kontrastauflösung im ganzen Helligkeitsbereich. Diese Sensoren erlauben einen wahlfreien Zugriff auf die einzelnen Pixel bei gleichzeitig höherer Empfindlichkeit (höhere Ausleserate). Auch erste Signalvorverarbeitungsprozesse sind bereits auf dem Bildsensorchip möglich.

Künftige Messaufgaben
- Lenkmomentsensierung (Elektromotorische Servolenkung, System „Steer by Wire"),
- Antriebsmomentsensierung (Zündaussetzererkennung, Lastsignal),
- Passagierschutz: AOS (Automotive Occupancy Sensing, Out-of-Position Sensing),
- Erfassung der Radkräfte und des Reibwertpotenzials,
- Flüssigkeitssensoren,
- Sensoren zur Beobachtung der Fahrzeugumgebung (Bildsensorik usw.) für autonomes Fahren und Erkennen eines bevorstehenden Aufpralls.

CCD-Prinzip (Charge-Coupled Devices).
1 Fotodiode, 2 Licht, 3 Speicherelektrode, 4 Shift-Gate, 5 Transferelektrode, 6 optische Abdeckung.

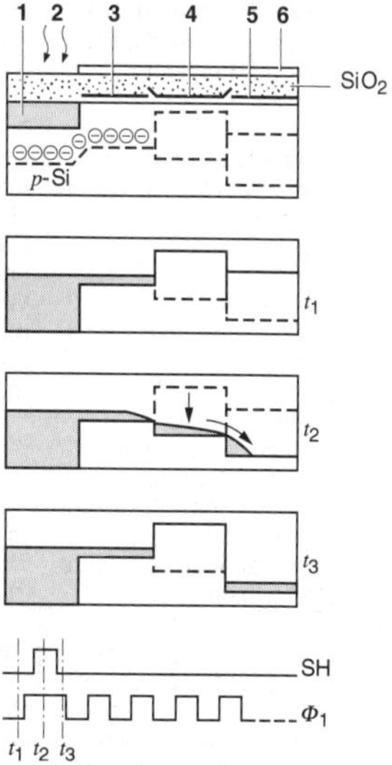

Bildsensorstruktur.
1 Spaltentakt A_1/A_2, 2 Fotosensoren, 3 CCD-Array, 4 Zeilentakt B_1/B_2, 5 Ausgangsregister, 6 Videoausgang.

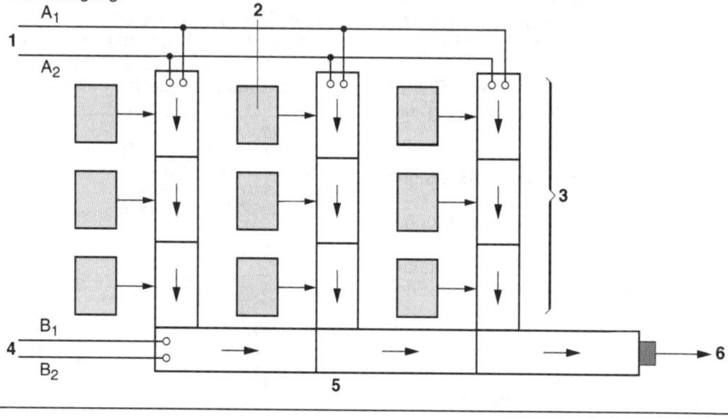

Aktoren

Größen und Einheiten

Größe		Einheit
A	Polfläche; Kolbenfläche	mm^2
B	magnetische Induktion oder magnetische Flussdichte	T
F	Kraft	N
I	elektrische Stromstärke	A
l	Länge des Leiters im Feld	mm
M	Drehmoment	N · m
p	Druck	Pa
Q	Volumenstrom	l/min
$Q_{\text{Wärme}}$	Wärmestrom	W
s	Weg, Kolbenweg	mm
V	Volumen	mm^3
V_{th}	verdrängtes Volumen je Umdrehung	mm^3
α	Winkel zwischen der Stromrichtung und den magnetischen Kraftlinien	°
δ	Luftspaltlänge	mm
μ_0	Permeabilitätskonstante	
φ	Drehwinkel	°

Aktoren bilden die Schnittstelle zwischen elektrischer Signalverarbeitung (Informationsverarbeitung) und Prozess (Mechanik). Sie setzen die Stellinformation tragenden Signale geringer Leistung in leistungsbehaftete Signale einer zur Prozessbeeinflussung notwendigen Energieform um. Signalwandler kombiniert mit Verstärkerelementen nutzen die physikalischen Wandlungsprinzipien zwischen verschiedenen Energieformen (elektrisch – mechanisch – fluidisch – thermisch).

Steller: Glied mit elektronischem Steuersignaleingang, Hilfsenergieeingang und Energieausgang.

Stellglied: wie Steller, aber Steuersignal kann auch nichtelektrisch sein.
Steller + Stellglied = Stelleinrichtung.

Wandler: Glied ohne Steuersignaleingang, nur mit Energiezufuhr und Energieabgabe.

Aktor: Kette aus Steller und Wandler.
Im allgemeinen werden auch Stellglied oder Wandler alleine als Aktor bezeichnet.

Elektromechanische Aktoren

Die elektromechanischen Aktoren können z. B. nach Art der Energieumwandlung klassifiziert werden. Die Energie einer Quelle wird, wie dargestellt, in magnetische oder elektrische Feldenergie oder Wärmeenergie umgesetzt. Aus diesen Energieformen resultieren verschiedene Prinzipien der Krafterzeugung, die entweder auf den Feldkräften oder auf bestimmten Materialeigenschaften beruhen. Magnetostriktive Materialien eröffnen der Aktorik Anwendungsgebiete im Mikrostellbereich. Hierzu zählen auch die piezoelektrischen Aktoren, welche in Multilayer-Bauform, ähnlich den Keramikkondensatoren aufgebaut, potenzielle Aktoren für schnellschaltende Einspritzventile sind. Thermische Aktoren nutzen direkt die Eigenschaften bestimmter Materialien.

Aktoren im Kfz sind meistens elektromagneto-mechanische Wandler und daraus abgeleitet elektrische Stellmotoren (S. 172) sowie translatorische und rotatorische Magnetsteller. Eine Ausnahme bildet z. B. das pyrotechnische Airbagsystem (S.885). Die Magnetsteller sind selbst Stellglied oder dienen als Betätigungselement eines nachgeschalteten Verstärkers (z. B. mechanisch-fluidisch).

Krafterzeugung im magnetischen Feld

Nach der Art der Krafterzeugung im magnetischen Feld unterscheidet sich das elektrodynamische vom elektromagnetischen Aktorprinzip. Beiden Prinzipien ist der magnetische Kreis aus weichmagnetischem Material und eine Spule zur Erregung des magnetischen Feldes gemein-

Aktorkette.
1 Information, 2 Steller, 3 Wandler,
4 Stellglied, 5 Verluste,
6 elektrische Fremdenergie,
7 hydraulische Fremdenergie.

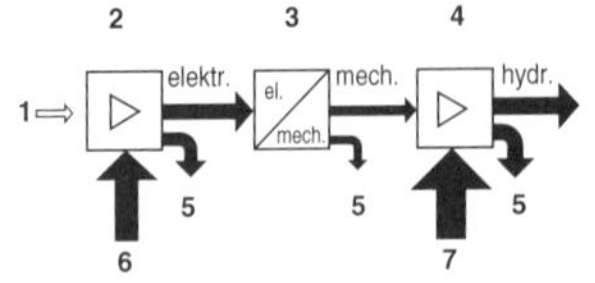

Elektromechanische Wandler (Systematik).

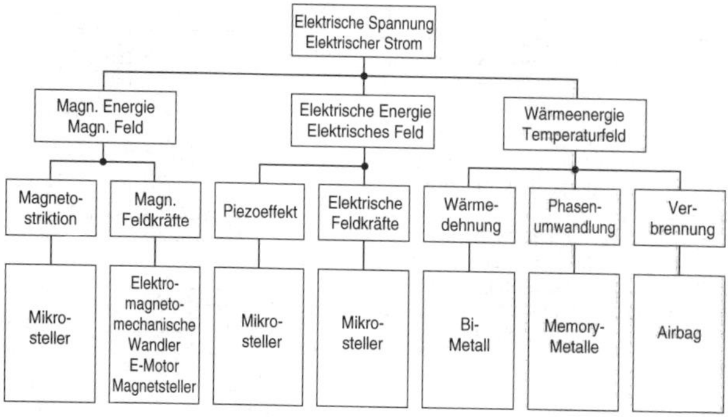

sam. Ein wesentlicher Unterschied der beiden Prinzipien liegt in der unter technisch realisierbaren Bedingungen erreichbaren Kraftwirkung. Sie ist unter gleichen Bedingungen beim elektromagnetischen Prinzip um den Faktor 40 größer. Die elektrische Zeitkonstante dieser Steller liegt in der Größenordnung der mechanischen Zeitkonstanten. Beide Krafterzeugungsprinzipien kommen in Hub- und Drehantrieben zum Einsatz.

Elektrodynamisches Prinzip

Das elektrodynamische Prinzip basiert auf der Kraft auf bewegte Ladungen bzw. auf stromdurchflossene Leiter im magnetischen Feld (Lorentz-Kraft). Eine Erregerspule oder ein Permanentmagnet erzeugen ein Gleichfeld. Die zu wandelnde elektrische Energie wird durch die beweglich angeordnete Ankerspule (Tauchspule) zugeführt. Die mit geringer Masse und kleiner Induktivität ausgeführte Ankerspule ermöglicht eine hohe Stelldynamik. Die zwei Energiespeicher (je einer auf dem festen und bewegten Teil) erzeugen durch Stromrichtungsumkehr in der Anker- bzw. Erregerspule zwei aktive Kraftrichtungen.

Das Sekundärfeld, hervorgerufen durch den Ankerstrom, verläuft in einem offenen magnetischen Kreis. Dadurch mindert sich der Einfluss der Sättigung. Bei elektrodynamischen Aktoren ist in erster Näherung die Kraft (Drehmoment) über dem Stellbereich Strom proportional und Weg unabhängig.

Elektrodynamischer und elektromagnetischer Wandler.

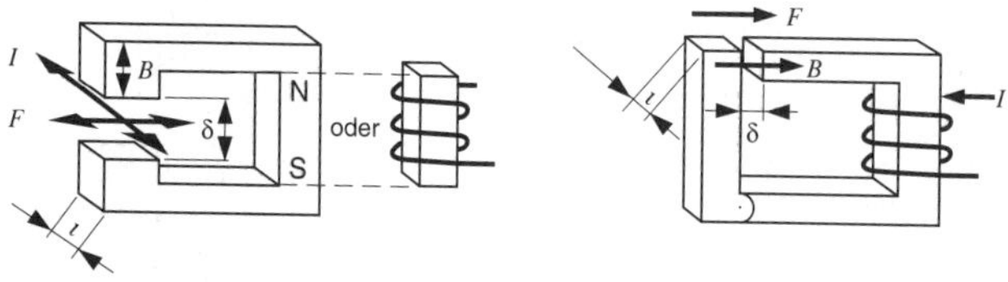

Elektrodynamisches Prinzip
Kraft auf bewegte Ladung $F = B \cdot I \cdot l \cdot \sin\alpha$

Elektromagnetisches Prinzip
Kraft zwischen den Polflächen $F = B^2 \cdot A / 2\mu_0$

Elektromagnetisches Prinzip
Das elektromagnetische Prinzip nutzt die Anziehungskraft zwischen Weicheisenteilen unter dem Einfluss des magnetischen Feldes. Der elektromagnetische Steller hat nur eine Spule, die sowohl die Feldenergie als auch die zu wandelnde Energie liefert. Die Erregerspule hat prinzipbedingt einen Eisenkern und dadurch eine höhere Induktivität. Aus der quadratischen Abhängigkeit von der magnetischen Flussdichte folgt jedoch nur eine aktive Wirkrichtung. Der elektromagnetische Steller benötigt deshalb ein Rückstellelement (z.B. eine mechanische Feder oder eine magnetische Rückstelleinrichtung).

Dynamik
Die Dynamik eines elektromechanischen Aktors, d.h. der Ein- und Ausschaltvorgang, wird durch die mechanische Bewegungsgleichung, durch die Differenzialgleichung des elektrischen Kreises und durch die Maxwell'schen Gleichungen der Dynamik beschrieben. Die strom- und positionsabhängige Kraft folgt aus den Maxwell'schen Gleichungen.

Der elektrische Kreis besteht in seiner einfachsten Form aus einer Induktivität mit einem Ohm'schen Widerstand. Eine Maßnahme zur Erhöhung der Dynamik ist die Übererregung zum Zeitpunkt des Einschaltens. Der Ausschaltvorgang kann z.B. durch eine Z-Diode beschleunigt werden. In jedem Fall bedeutet eine Erhöhung der Dynamik des elektrischen Kreises einen Mehraufwand und eine Zunahme der Verluste bei der Ansteuerelektronik des Aktors.

Ein schwer zu beeinflussender Verzögerungseffekt bei hochdynamischen Aktoren ist die Felddiffusion. Bei schnellen Schaltvorgängen werden durch die hohe Feldänderungsgeschwindigkeit im weichmagnetischen Material des magnetischen Kreises eines Aktors Wirbelströme induziert, die ihrer Ursache (Feldaufbau und -abbau) entgegenwirken. Die hierdurch verursachte Verzögerung des Kraftanstieges bzw. -abfalls kann nur durch eine entsprechende Materialwahl mit niedriger elektrischer Leitfähigkeit und Permeabilität vermindert werden.

Schaltmagnet.
1 Anker, 2 Spule, 3 magnetischer Rückschluss.

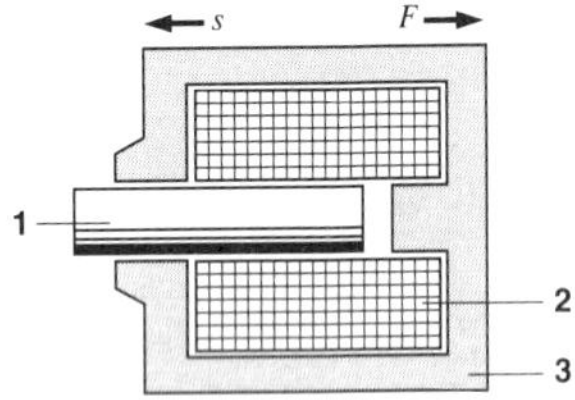

Schaltmagnet (Kennlinien).
1 Tauchanker, 2 Konusanker, 3 Zylinderanker.

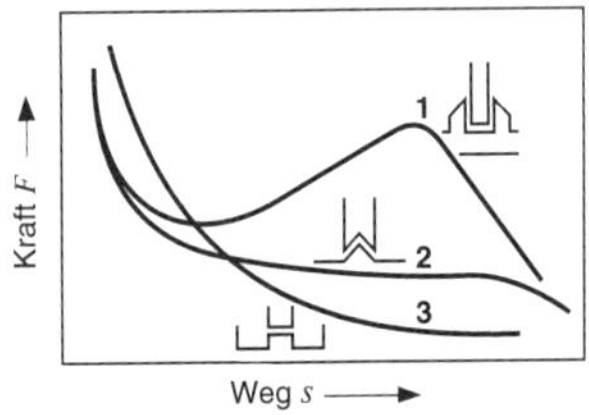

Elektromagnetischer Einwicklungsdrehsteller.
1 Spule, 2 Stator, 3 Anker.

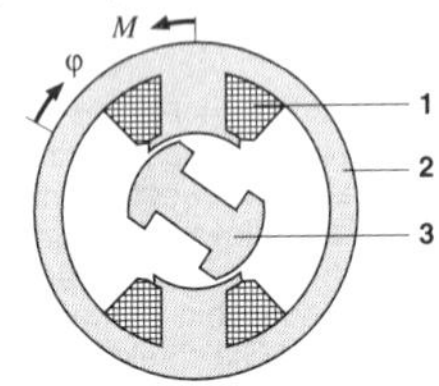

Torquemotor.
1 Magnete, 2 Anker, 3 Steuerspulen.

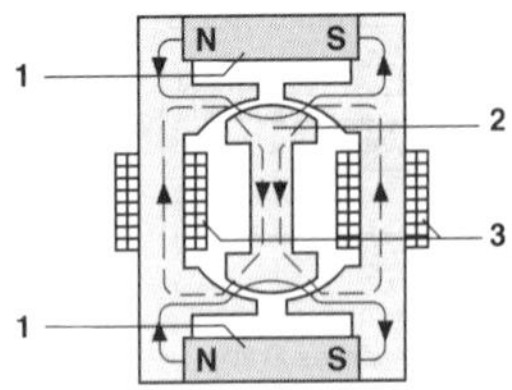

Bauform
Die Bauform ergibt sich im wesentlichen durch die Einsatzbedingungen (d. h. Einbauraum, geforderte Kraft-Weg-Kennlinie und notwendige Dynamik).

Elektromagnetische Aktoren
Eine typische Bauform der translatorischen elektromagnetischen Aktoren ist der Schaltmagnet mit einer quadratisch über dem Stellweg abfallenden Kraft-Weg-Kennlinie. Die Form des Arbeitsluftspaltes (z. B. Konus- oder Tauchanker) bestimmt den Kennlinienverlauf.

Rotatorische elektromagnetische Aktoren haben eine definierte Anordnung der Pole in Stator und Rotor. Bei Bestromung der entsprechenden Spule ziehen sich Rotor- und Statorpol gegenseitig an, so dass ein Drehmoment entsteht.

Der Einwicklungsdrehsteller hat je ein Polpaar in den beiden Hauptteilen und eine Spule im Stator. Sein maximaler Stellbereich beträgt ca. 45°.

Der Torquemotor ist ein bidirektionaler elektromagnetischer Drehsteller mit stabilem Arbeitspunkt ohne Gegenkraft. Das Erregerfeld der Permanentmagnete im Stator halten den Rotor in einer stabilen Lage. Das magnetische Feld einer bzw. zweier Statorspulen kompensiert einseitig das Erregerfeld und erzeugt ein Drehmoment. Eine solche Anordnung ist für Stellaufgaben mit hohen Momentanforderungen bei kleinen Stellwinkeln geeignet. Das Drehmoment des Torquemotors ist angenähert linear von der Stromstärke abhängig. Das Prinzip des Torquemotors findet auch bei translatorischen Aktoren Anwendung.

Elektrodynamische Aktoren
Bei dem Topfmagnet (Tauchspulensteller) wird die zylinderförmige Tauchspule (Ankerspule) in einem Arbeitsluftspalt bewegt. Der Stellbereich ist durch die axiale Länge von Ankerspule und Luftspalt begrenzt.

Kurzhub-Linearmotor ist die Bauform eines Stellers mit angenähert kreisförmiger Flachspule.

Elektromagnetische Drehsteller (Kennlinien).
1 Einwicklungsdrehsteller, 2 Torquemotor.

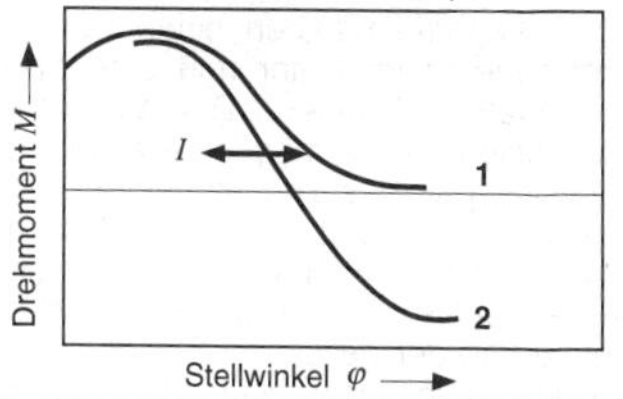

Elektrodynamischer Tauchspulensteller.
1 Tauchspule, 2 Permanentmagnet, 3 magnetischer Rückschluss.

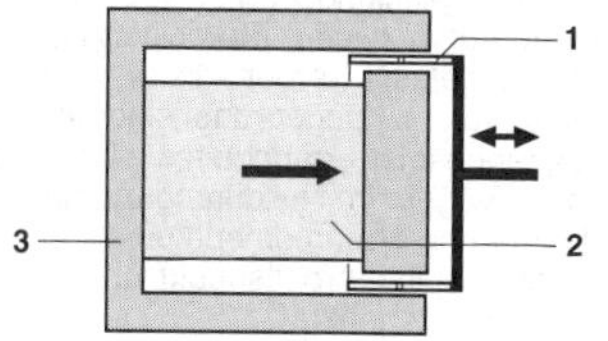

Elektrodynamischer Kurzhub-Linearmotor.
1 Spule, 2 Permanentmagnet, 3 magnetischer Rückschluss.

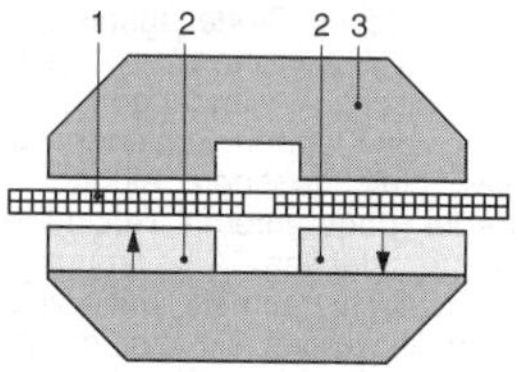

Elektrodynamische Drehsteller.
a) Einwicklungs-, b) Zweiwicklungsdrehsteller. 1 Spule 1, 2 Spule 2, 3 Stator, 4 Permanentmagnet, 5 Welle.

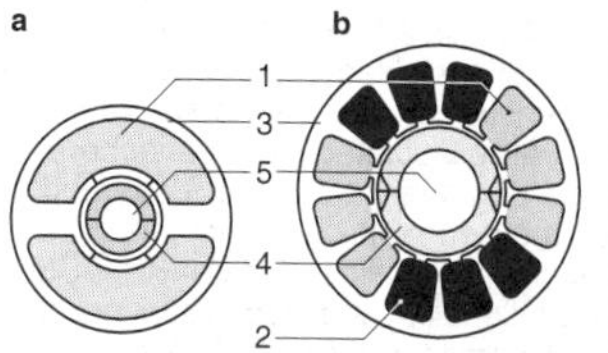

Als rotatorische Steller werden Ein- und Zweiwicklungsdrehsteller unterschieden.

Beide Bauformen haben einen Permanentmagneten im Rotor und eine bzw. zwei Statorwicklungen. Der zweipolig magnetisierte Rotormagnet erzeugt im Arbeitsluftspalt des Drehmagneten eine magnetische Flussdichte, die mit dem Ankerstrom ein Drehmoment bildet. Der Stellbereich ist kleiner als ± 45° ausgehend von der gezeigten Stellung. Der Stellbereich des Einwicklungsdrehstellers hängt außerdem von der Höhe des geforderten Drehmomentes und von dem Winkelbereich ab, in dem die erforderliche Flussdichte bereitgestellt werden kann.

Der Zweiwicklungsdrehsteller kann als Überlagerung zweier Einwicklungsdrehsteller aufgefasst werden, die um 90° am Umfang versetzt angeordnet sind und ein entgegengesetzt gerichtetes Drehmoment erzeugen. Im Nulldurchgang der resultierenden Drehmomentkurve ergibt sich ein stabiler Arbeitspunkt ohne eine zusätzliche Gegenkraft.

Elektrodynamische Drehsteller (Kennlinien).
a) Einwicklungsdrehsteller,
b) Zweiwicklungsdrehsteller.
1 Spule 1, 2 Spule 2, 3 Spulen 1+2.

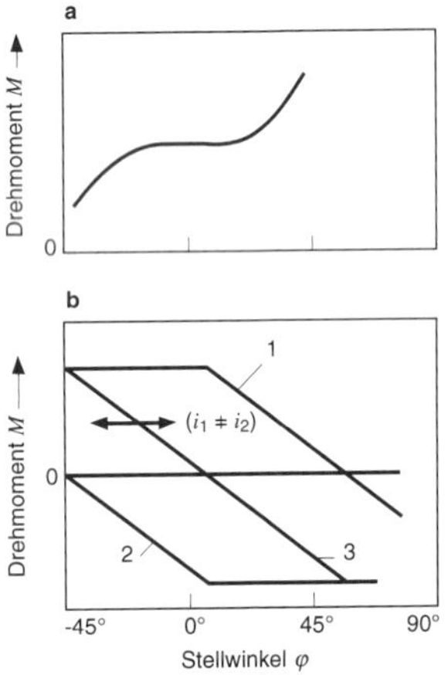

Anwendung

Elektromechanische Aktoren sind Direktsteller, die ohne eine Bewegungsumsetzung durch ein Getriebe die Energie eines elektrischen Steuersignals in eine mechanische Stellgröße bzw. Arbeit umsetzen. Typische Anwendungen sind das Verstellen von Klappen, Schiebern, Ventilen. Die beschriebenen Aktoren sind Stellglieder ohne interne Rückführung, d.h. ohne stabilen Arbeitspunkt. Zu einem Positionierantrieb mit stabilem Arbeitspunkt werden sie erst durch die Berücksichtigung einer Last (z.B. einer Rückstellfeder und der elektrischen Ansteuerung).

Bei einem Tauchankermagnet ergibt sich ein stabiler statischer Arbeitspunkt durch die Überlagerung seiner Kraft-Weg-Kennlinie mit der Charakteristik einer Rückstellfeder. Eine Variation des Spulenstroms im Magneten verschiebt den Arbeitspunkt. Eine einfache Positionierung wird durch eine Steuerung des Stromes erreicht. Zu beachten sind hier jedoch die Nichtlinearität der Kraft-Strom-Charakteristik und die Empfindlichkeit des Stellsystems gegen Störkräfte (z.B.

Arbeitspunkte (A) eines Hubmagneten.
1, 2, 3 Kennlinien bei verschiedenen Strömen, 4 Kennlinie einer Rückstellfeder.

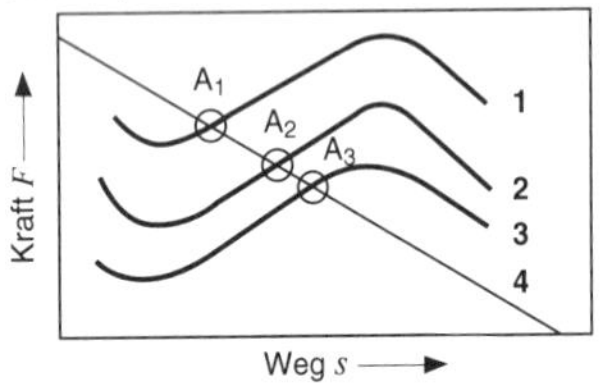

mechanische Reibung, pneumatische und hydraulische Kräfte). Die Temperaturabhängigkeit des Spulenwiderstandes führt zu Positionsfehlern, die durch eine Stromregelung vermieden werden. Ein Stellsystem hoher Genauigkeit und Dynamik benötigt einen Sensor zur Positionsmessung und einen Regler.

	Hydraulische Steller	Pneumatische Steller
Medium	– Flüssigkeit, meist Öl – Bereitstellung aus Tank, Ölsumpf – nahezu inkompressibel – selbstschmierend – Viskosität stark temperaturabhängig	– Gas, meist Luft – Bereitstellung durch Umgebungsluft – kompressibel – Fremdschmierung notwendig – Viskositätsänderungen praktisch ohne Relevanz
Druck-bereich	– bis ca. 30 MPa (200 MPa bei Diesel-Einspritzventilen)	– bis ca. 1 MPa bzw. größer (ca. 0,05 MPa bei Unterdruckstellern)
Leitungs-anschlüsse	– Zu- und Rücklauf- (eventuell Leck-)Anschluss	– nur Druckanschluss, Rücklauf direkt in Umgebung
Anwendung	– Stellaufgaben mit hoher Laststeifigkeit, gehobene Anforderungen an Gleichlaufverhalten und Positioniergenauigkeit im geschlossenen Regelkreis	– Steller mit geringerem Kraftbedarf, Positionierung durch mechanische Anschläge, in offener Steuerkette

Fluidmechanische Aktoren

Die Energiesteuer- und -wandlerprinzipien hydraulischer und pneumatischer Stellglieder sind ähnlich („Fahrzeughydraulik" Seite 908; „Fahrzeugpneumatik" Seite 924). Die Tabelle zeigt die Unterschiede in Eigenschaften und Anwendung.

Als fluidmechanische Stellantriebe werden vorwiegend hydrostatische Energiewandler verwendet. Sie arbeiten nach dem Verdrängungsprinzip. Sie formen die Druckenergie des Fluids in mechanische Arbeit um und umgekehrt.

Hydrodynamische Wandler dienen dagegen zur Umformung der Strömungsenergie (kinetische Energie bzw. Geschwindigkeitsenergie des bewegten Fluids) in mechanische Arbeit (Beispiel: hydrodynamische Kupplung, Seite 655).

Verluste bei der Energiewandlung entstehen durch Leckage und Reibung. Fluidisch-thermische Verluste entstehen durch Strömungswiderstände, die die fluidische Energie durch Drosselung in Wärme wandeln. Diese wird teils an die Umgebung abgegeben, teils von dem Fluid selbst aufgenommen und abtransportiert.

$Q_{\text{Wärme}} = Q_1 \cdot p_1 - Q_2 \cdot p_2$

Bei inkompressiblen Fluiden

$Q_{\text{Wärme}} = Q_1 \cdot (p_1 - p_2)$

An scharfen Engstellen (z.B. Blenden) bildet sich die Strömung turbulent aus. Der Fluiddurchsatz ist dann weitgehend viskositätsunabhängig. Bei laminarer Strömung in engen Röhren oder Spalten wird der Fluidstrom dagegen durch dessen Viskosität beeinflusst (siehe „Fahrzeughydraulik".

Fluidmechanische Verstärker übernehmen die Steuerung der Energiewandlung zwischen fluidischer und mechanischer Energie. Dazu werden Mechanismen benötigt, deren zur Betätigung erforderlicher Energiebedarf um ein Vielfaches geringer ist als der zu steuernde Energiefluss.

Fluidmechanische Steller.

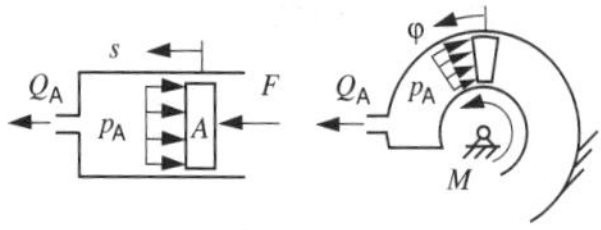

Linearsteller
$F = p_A \cdot A$
$s = Q_A / A$

Drehsteller
$M = (p_A \cdot V_{th}) / 2\pi$
$\varphi = (Q_A / V_{th}) \cdot 2\pi$

Energiesteuerung mit zwei 2/2-Wege-Schaltventilen.

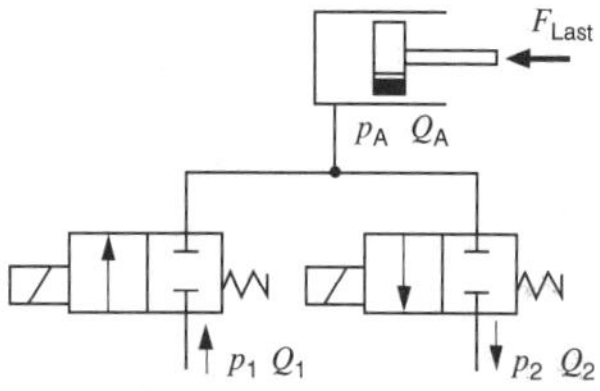

Schaltventile öffnen/schließen eine Durchlassöffnung, die einen Fluidstrom von/zu einem fluidmechanischen Energiewandler freigibt/sperrt. Bei hinreichender Öffnungsweite des Steuerelements im geöffneten Zustand sind die hier auftretenden Drosselverluste vernachlässigbar. Durch pulsbreiten-moduliertes Öffnen/Schließen kann die fluid-mechanische Energiewandlung weitgehend verlustfrei quasikontinuierlich gesteuert werden. Nachteilig wirken sich dabei in der Praxis jedoch durch die Druckschwankungen und durch mechanisches Anschlagen der Ventilelemente hervorgerufene Vibrationen und Lärm aus.

Kenndaten von Aktoren

Die Kenndaten von neun unterschiedlichen Aktoren werden aufgeführt und miteinander verglichen.

Sie wurden an Bauteilen mit Längen von 50 ... 100 mm und mit Durchmessern von 20 ... 50 mm ermittelt.

Für die rotierenden Motoren wurde zum Vergleich mit den Hub-Aktoren eine mechanische Spindel mit Mutter (1 mm Steigung) angenommen. Die Spindellänge entspricht der Motorlänge.

Dehnung
Die Dehnung ist der Hub bezogen auf die energieerzeugende innere Aktorlänge, z. B. Piezostapellänge, Spulenlänge, Hydraulikzylinder-Innenlänge. Bei rotierenden Motoren wird der wirksame Hub (70% der vorgegebenen Spindellänge) als Dehnung angenommen.

Mechanische Spannung
Die mechanische Spannung ist die Hubkraft bezogen auf die krafterzeugende Fläche, z. B. Piezoquerschnittsfläche, Spulenspaltfläche (Stirnfläche oder Mantelfläche), Hydraulikzylinder-Innenfläche. Bei Elektromotoren wird aus der Umfangskraft am Läufer und der Läufermantelfläche die Schubspannung berechnet.

Geschwindigkeit
Die Geschwindigkeit ist der Stellhub dividiert durch die Stellzeit. Bei rotierenden Motoren ist es die Umfangsgeschwindigkeit des Läufers.

Mittlere Stellleistungsdichte
Die mittlere Stellleistungsdichte ist die thermisch zulässige Stellleistung bezogen auf das Bauvolumen.

Kenndaten

Nr.	Aktorenart	Dehnung %	Mechanische Spannung N/mm²	Geschwindigkeit m/s	Stellleistungsdichte je Hub W/cm³	Mittlere Stellleistungsdichte mW/cm³	Wirkungsgrad %
1	Hydraulikzylinder	30	21	0,25	9	3020	92
2	Pneumatikzylinder	76	1	1	3,5	1180	88
3	DC-Motor	70	0,007 [2])	6 [3])	0,8	791	50
4	Ultraschall-Motor	70	0,06 [2])	0,35 [3])	0,13	133	16
5	Piezoaktor	0,09	30	2 [4])	15,6	61	7
6	Memory-Draht	4	50	0,002	0,32	53	0,3
7	Ventil-Hubmagnet [1])	0,8	2,2	0,5	8	44	5
8	Magnetostriktions-Aktor	0,09	22	1,5	1,6	5,4	5
9	Hubmagnet 5 % ED	21	0,1	0,16	0,12	4,1	5

[1]) Kraftstoffgekühlt, [2]) Schubspannung im Rotorluftspalt bzw. Reibspalt,
[3]) Rotor-Umfangsgeschwindigkeit, [4]) theoretische Grenze.

Stellleistungsdichte je Hub

Die Stellleistungsdichte je Hub ist die kurzzeitig abgebbare maximale Stellleistung für einen Hub bezogen auf das Bauvolumen. Bei Motoren wird wieder eine Spindel (Steigung 1 mm) mit einer Länge entspechend der Motorlänge vorgegeben.

Wirkungsgrad

Der Wirkungsgrad ist die abgegebene Energie dividiert durch die dem Aktor zugeführte Energie ohne die Verluste der elektronischen Ansteuerung oder sonstiger Ansteueraggregate. Die Möglichkeiten der Energierückgewinnung wie z. B. beim Piezoaktor werden nicht betrachtet.

Merkmale

Hydraulische Aktoren sind für hohe Dauerleistungen vorteilhaft anzuwenden, da in Dehnung, mechanischer Spannung und Geschwindigkeit hohe Werte erreichbar sind.

Elektromotoren erreichen durch ihre hohe Umfangsgeschwindigkeit, trotz geringer magnetischer Feldkräfte, hohe Dauerleistungsdichten.

Piezoaktoren sind (trotz kleiner Dehnung) aufgrund ihrer großen Kraft für kurzzeitig hohe Energien gut geeignet.

Hubmagnete haben durch die Spule hohe Wärmeverluste und erreichen bei guter Kühlung mittlere Leistungsdichten, ähnlich Festkörperaktoren.

Mittlere Stellleistungsdichte ausgewählter Aktoren.
1 Hydraulik-Zylinder, 2 Pneumatik-Zylinder, 3 DC-Motor, 4 Ultraschall-Motor, 5 Piezoaktor, 6 Memory-Draht, 7 Ventil-Hubmagnet, 8 Magnetostriktions-Aktor, 9 Hubmagnet 5 % ED.

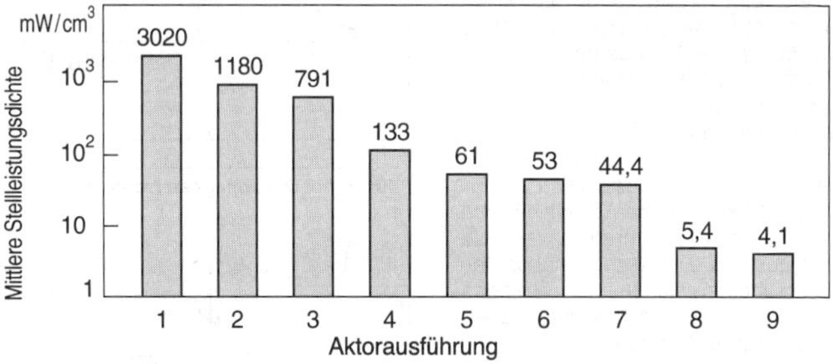

Stellleistungsdichte je Hub ausgewählter Aktoren.
1 Hydraulik-Zylinder, 2 Pneumatik-Zylinder, 3 DC-Motor, 4 Ultraschall-Motor, 5 Piezoaktor, 6 Memory-Draht, 7 Ventil-Hubmagnet, 8 Magnetostriktions-Aktor, 9 Hubmagnet 5 % ED.

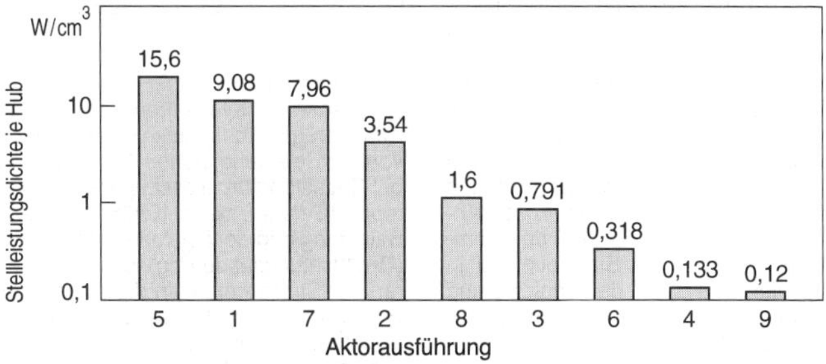

Elektrische Maschinen

Wirkungsweise

Elektrische Maschinen dienen zur Wandlung von elektrischer und mechanischer Energie. Bei Betrieb als Motor wird elektrische Energie in mechanische umgesetzt; im Generatorbetrieb verläuft die Umwandlung in entgegengesetzter Richtung. Die Maschinen bestehen aus einem feststehenden Teil (Ständer) und einem rotierenden Teil (Läufer). Davon abweichend gibt es Sonderbauarten wie z. B. Linearmaschinen, die eine translatorische Bewegung erzeugen. Im Ständer und Läufer werden entweder durch Dauermagnete und/oder durch mehrere elektrische Spulen (Wicklung) magnetische Felder erzeugt, die zwischen den beiden Maschinenteilen eine Kraft und damit ein Drehmoment bewirken. Zur Führung der magnetischen Felder bestehen Ständer und Läufer aus Eisen. Bei zeitveränderlichen magnetischen Flüssen muss dieses Eisen aus einzelnen Blechen aufgebaut sein, die gegeneinander isoliert sind. Die räumliche Anordnung der Spulen und die Wahl des Stromsystems (Gleich-, Wechsel- oder Drehstrom) führen zu verschiedenen Bauarten elektrischer Maschinen. Sie unterscheiden sich in ihrem Betriebsverhalten und haben daher unterschiedliche Anwendungsbereiche.

Gleichstrommaschinen

Der Ständer einer Gleichstrommaschine enthält einzelne Pole, die durch Gleichstrom-Erregerwicklungen magnetisiert werden. Im Läufer (hier auch Anker genannt) sind die Spulen in den Nuten des geblechten Eisenpaketes verteilt und an einen Kommutator angeschlossen. Im Ständergehäuse schleifen Kohlebürsten auf dem Kommutator (Stromwender) und übertragen einen Gleichstrom in den Anker. Durch die Drehbewegung des Kommutators wechselt die Stromrichtung in den Spulen. Die Wahl der Verschaltung von Erregerwicklung und Anker ergibt unterschiedliche Drehzahl-Drehmoment-Charakteristik:

Reihenschlussmaschine.

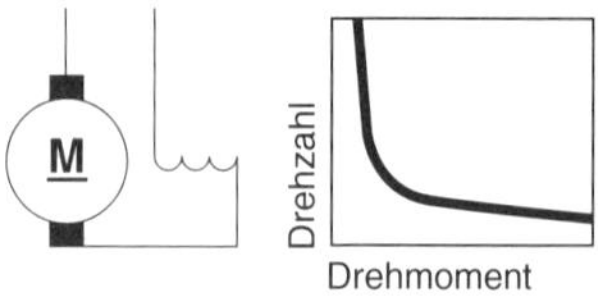

Nebenschlussmaschine.

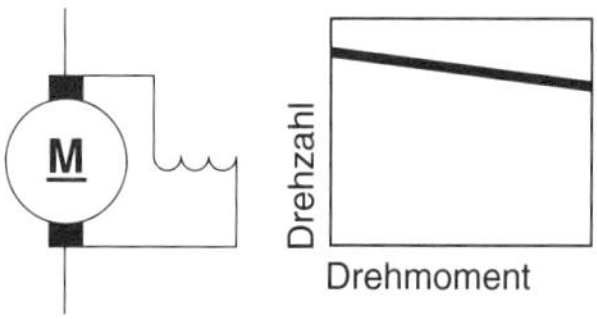

Motor mit Dauermagneterregung.

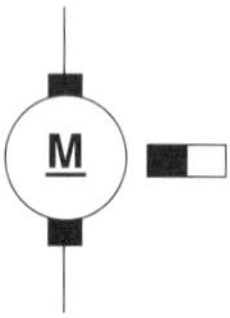

Reihenschaltung (Reihenschlussverhalten)
Ausgeprägte Abhängigkeit der Drehzahl von der Belastung; hohes Anlaufmoment; bei Entlastung unzulässig hohe Drehzahl möglich, daher starre Kupplung mit der Belastung erforderlich; Momentenumkehr (Drehrichtungsänderung) durch Umkehren der Stromrichtung in der Anker- oder Erregerwicklung; Anwendung z. B. als Fahrzeug-Antriebsmotor oder Starter für Verbrennungsmotoren.

Parallelschaltung (Nebenschlussverhalten)
Drehzahl ändert sich bei Belastung nur wenig; Drehrichtungsänderung durch Umkehren der Stromrichtung in Anker- oder Erregerwicklung; Anwendung z. B. als Antriebsmotor für Werkzeugmaschinen oder Gleichstrom-Generator. Bei Speisung der Erregerwicklung durch eine weitere Stromversorgung (Fremderregung) oder bei permanent magnetischer Erregung im Ständer erhält man ebenfalls eine Nebenschlusscharakteristik. Anwendung für permanenterregte Motoren im Kfz: Starter-, Wischer- und Kleinmotoren für verschiedene Antriebe. Bei Einbau von Reihen- und Nebenschlusserregerwicklungen (Doppelschluss bzw. Compound) lassen sich Zwischenstufen in der Drehzahl-Drehmoment-Charakteristik erreichen; Anwendung: z. B. große Startermotoren.

Mit geringem Aufwand sind bei allen Gleichstrommaschinen große Drehzahlveränderungen möglich. Wenn durch den Einsatz von Stromrichtergeräten eine einstellbare Ankerspannung zur Verfügung steht, kann das Drehmoment und damit die Drehzahl stufenlos eingestellt werden. Eine Verkleinerung des Erregerstromes (Feldschwächung) ermöglicht bei Erreichen der Ankernennspannung eine weitere Drehzahlerhöhung. Ein Nachteil der Gleichstrommaschinen ist der Verschleiß der Kohlebürsten und des Kommutators, was eine regelmäßige Wartung erforderlich macht.

Drehstrommaschinen

Im Ständer einer Drehstrommaschine ist eine dreisträngige Wicklung in Nuten verteilt. Die drei Phasen des Drehstroms erzeugen ein drehendes Magnetfeld (Drehfeld). Die Drehzahl n_0 (in 1/min) des Drehfeldes errechnet sich aus

$$n_0 = 60 \cdot f / p$$

f = Frequenz (in Hz), p = Polpaarzahl.
Drehstrommaschinen teilen sich wegen unterschiedlicher Läuferausführungen in Asynchron- und Synchronmaschinen auf.

Asynchronmaschinen
Der geblechte Läufer enthält entweder eine Drehstromwicklung wie im Ständer oder eine Stabwicklung. Die Drehstromwicklung ist an Schleifringe angeschlossen, die direkt oder über Vorwiderstände kurzgeschlossen sind. Bei der Stabwicklung sind die Stäbe durch zwei Kurzschlussringe miteinander verbunden (Käfigläufer). Solange die Läuferdrehzahl von n_0 abweicht, induziert das Ständerdrehfeld in den Läuferwicklungen Ströme, wodurch ein Drehmoment entsteht. Die Abweichung der Läuferdrehzahl n von der Synchrondrehzahl n_0 kennzeichnet man durch den Schlupf s:

$$s = (n_0 - n) / n_0$$

Wirtschaftlicher Dauerbetrieb ist nur in der Nähe von n_0 möglich, da die Verluste mit steigendem Schlupf wachsen (Nennschlupf $\leq$ 5%). In diesem Bereich hat die Asynchronmaschine Nebenschlussverhalten. Für $n < n_0$ arbeitet die Maschine als Motor, für $n > n_0$ als Generator. Die Drehrichtung wird durch Vertauschen zweier Phasen geändert.

Die Asynchronmaschine ist der am häufigsten verwendete Elektromotor in der Antriebstechnik. Mit Käfigläufer ist sie leicht zu bedienen und erfordert nur geringe Wartung.

Drehstrom-Asynchronmotor mit Käfigläufer.
Ständerwicklung
in Sternschaltung *in Dreieckschaltung*

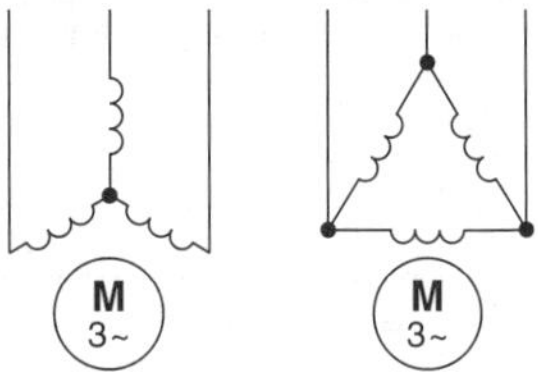

Beispiele für Drehfeld-Drehzahlen

Polzahl (2 p)	Frequenz 50 Hz	150 Hz	200 Hz
	Drehfelddrehzahl in min^{-1}		
2	3000	9000	12000
4	1500	4500	6000
6	1000	3000	4000
8	750	2250	3000
10	600	1800	2400
12	500	1500	2000

Synchronmaschinen

Im Läufer (hier auch Polrad genannt) werden Pole mit Gleichstromspulen magnetisiert. Der Erregerstrom wird in der Regel über zwei Schleifringe auf den Läufer übertragen. Das Polrad kann aus massivem Stahl gebaut sein, da der magnetische Fluss zeitlich konstant ist. Sofern der Läufer mit n_0 dreht, entsteht ein konstantes Drehmoment. Andernfalls ergibt sich ein periodisch zwischen einem positiven und einem negativen Maximalwert schwankendes Drehmoment mit unzulässig großen Strömen.

Daher kann eine Synchronmaschine nicht ohne Hilfseinrichtungen anlaufen. Weiterhin unterscheidet sich die Synchronmaschine dadurch von der Asynchronmaschine, dass die Blindleistungsaufnahme bzw. -abgabe einstellbar ist. Die häufigste Verwendung findet die Synchronmaschine als Kraftwerksgenerator in der Energieversorgung. Synchronmotoren werden eingesetzt, wenn bei Speisung mit konstanter Netzfrequenz eine unveränderliche Drehzahl gewünscht wird oder besondere Anforderungen an den Blindleistungsbedarf bestehen. Der Kfz-Drehstromgenerator ist eine Sonderbauart der Synchronmaschine.

Die Drehzahl aller Drehstrommaschinen wird durch die Frequenz im Ständer festgelegt. Stromrichtergeräte, die die Frequenz verändern, ermöglichen daher eine weite Drehzahlverstellung.

Drehstrom-Synchrongenerator in Sternschaltung.
Schleifringläufer mit Erregerwicklung.

EC-Motor.
1 Elektrische Maschine mit Rotorpositionssensor, 2 Steuer- und Leistungselektronik, 3 Eingang.

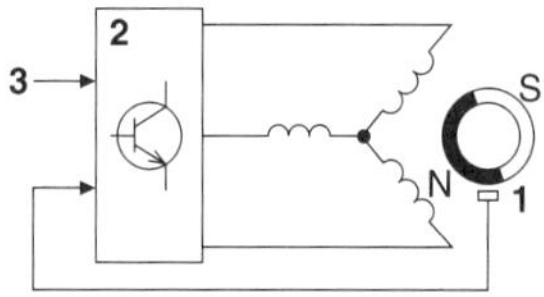

EC-Motoren

Zunehmend Verbreitung findet der sogenannte „elektronisch kommutierte Gleichstrommotor“ oder EC-Motor. Von der Ausführung her handelt es sich um eine permanentmagnetisch erregte, also schleifringlose, Synchronmaschine. Sie ist mit einem Rotorpositionssensor versehen und wird von einer Steuer- und Leistungselektronik aus einem Gleichspannungsnetz versorgt. Durch das läuferstellungsabhängige elektronische Weiterschalten der Ströme in der Ständerwicklung – die den Erregerfluss bildenden Magnete sind am Läufer befestigt – ergibt sich die Drehzahl-Drehmoment-Abhängigkeit einer fremderregten Gleichstrommaschine. Gegenüber der klassischen Ausführung der Gleichstrommaschine sind die magnetischen Funktionen von Ständer und Läufer gegeneinander vertauscht.

Einsatzgebiete von EC-Motoren resultieren aus den Vorteilen dieses Antriebsprinzips: Kommutator und Kohlebürsten werden durch Elektronik ersetzt, es treten weder Bürstengeräusche noch -verschleiß auf. EC-Motoren sind wartungsfrei (hohe Lebensdauer) und können in einer hohen Schutzart (s.u.) ausgeführt werden. Dank der elektronischen Steuerung können Antriebe mit EC-Motoren problemlos Zusatzfunktionen übernehmen, wie stufenlose Drehzahlregelung, Drehrichtungsumkehr, Sanftanlauf und Blockierschutz.

Im Kfz liegen Einsatzgebiete in den Bereichen Lüftung/Klima sowie bei Pumpen- und Verstellantrieben. Im Bereich der Produktionsgüter finden EC-Motoren bevorzugt Verwendung als hochgenaue Servoantriebe für Vorschubachsen von Werkzeugmaschinen. Neben der Wartungsfreiheit kommt es hier besonders auf hohe Dynamik sowie eine möglichst geringe Welligkeit des abgegebenen Drehmoments an.

Einphasen-Wechselstrommaschinen

Universalmotoren

Der Gleichstrom-Reihenschlussmotor kann mit Wechselstrom betrieben werden, wenn auch der Ständer aus geblechtem Eisen aufgebaut ist. Er wird dann Universalmotor genannt.

Bei Wechselstrombetrieb ist dem konstanten Anteil des Drehmoments ein Anteil mit der doppelten Frequenz des Stromes überlagert.

Einphasen-Asynchronmotoren mit Käfigläufer

Die einfachste Ausführung eines Einphasen-Asynchronmotors ergibt sich, wenn eine Drehstrom-Asynchronmaschine mit nur zwei Ständersträngen an Wechselstrom angeschlossen wird. Bei etwa gleichem Betriebsverhalten sind jedoch Leistung und maximales Drehmoment vermindert. Außerdem kann die einphasig gespeiste Asynchronmaschine nicht selbständig anlaufen.

Maschinen, die nur für Einphasenbetrieb vorgesehen sind, erhalten im Ständer eine einphasige Hauptwicklung und Hilfsschaltungen für den Anlauf. Dazu wird im Ständer parallel zur Hauptwicklung eine Hilfswicklung eingebaut. Die notwendige Phasenverschiebung des Hilfswicklungsstroms kann durch vergrößerten Wicklungswiderstand (geringes Anzugsmoment) oder durch einen Kondensator in Reihe zur Hilfswicklung (etwas größeres Anzugsmoment) erzielt werden.

Nach dem Anlauf wird die Hilfswicklung abgeschaltet. Eine Drehrichtungsänderung wird durch Vertauschen der zwei Hilfs- oder Hauptwicklungsanschlüsse erreicht. Der Motor mit Kondensator in der Hilfswicklung wird Kondensatormotor genannt. Kondensatormotoren mit Anlauf- und Betriebskondensator arbeiten auch im Dauerbetrieb mit Hilfswicklung und Kondensator. Durch richtige Wahl des Kondensators kann für einen Betriebspunkt ein optimales Betriebsverhalten erreicht werden. Zur Erhöhung des Anlaufmoments wird häufig ein Zusatzkondensator verwendet, der nach dem Anlauf wieder abgeschaltet wird.

Kondensatormotor mit Anlauf- und Betriebskondensator.

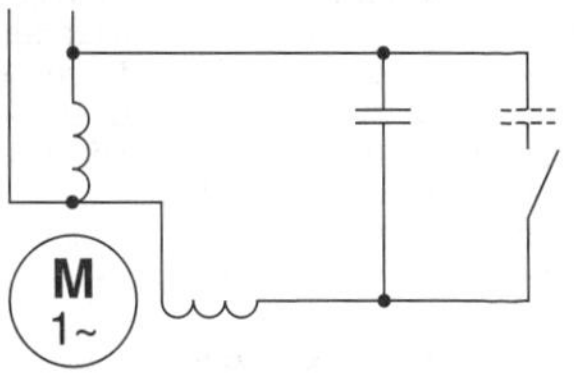

Nennbetriebsarten elektrischer Maschinen

(VDE 0530)

Dauerbetrieb S1

Betrieb mit konstantem Belastungszustand (Nennleistung), dessen Dauer ausreicht, um den thermischen Beharrungszustand zu erreichen.

Kurzzeitbetrieb S2

Der Betrieb mit konstantem Belastungszustand ist so kurz, dass der thermische Beharrungszustand nicht erreicht wird. Die Pause ist so lang, dass die Maschine sich auf die Temperatur des Kühlmittels abkühlt.

Empfohlene Werte für die Dauer des Kurzzeitbetriebs: 10, 30, 60 und 90 min.

Aussetzbetrieb S3 bis S5

Dauernde Folge von Belastungszeiten und Stillstandszeiten. Innerhalb eines Spiels wird der thermische Beharrungszustand weder während der Belastungszeit noch während der Abkühlzeit erreicht.

S3 Aussetzbetrieb ohne Einfluss des Anlaufs auf die Temperatur.

S4 Aussetzbetrieb mit Einfluss des Anlaufs auf die Temperatur.

S5 Aussetzbetrieb mit Einfluss des Anlaufs und der Bremsung auf die Temperatur.

Durchlaufbetrieb S6

Betrieb mit Aussetzbelastung. Dauernde Folge von Belastungszeiten und Leerlaufzeiten, sonst wie S3.

Ununterbrochener Betrieb S7

Betrieb mit Anlauf und Bremsung.

Ununterbrochener Betrieb S8
Betrieb mit Polumschaltung.
Bei S3 und S6 Spieldauer, falls nicht anders vereinbart, 10 min; empfohlene Werte für die relative Einschaltdauer 15, 25, 40 und 60% . Bei S2, S3 und S6 ist hinter dem Kurzzeichen die Betriebsdauer oder die Spieldauer und die relative Einschaltdauer anzugeben; die Spieldauer nur, wenn sie von 10 min abweicht. Beispiel: S2 –60 min, S3 – 25 %.

Relative Einschaltdauer
Relative Einschaltdauer ist das Verhältnis aus der Dauer des Laufs unter Last, einschließlich Anlauf und Bremsen, und der Spieldauer.

Wicklungstemperatur
Die mittlere Temperatur t_2 der Wicklung elektrischer Maschinen kann aus der Widerstandsmessung (R_2) gegenüber einem Ausgangswert R_1 bei Temperatur t_1 bestimmt werden:

$$t_2 = \frac{R_2 - R_1}{R_1} (\tau + t_1) + t_1$$

mit

$$\tau = \frac{1}{\alpha} - 20 \text{ K}$$

α = Temperaturkoeffizient.

Schutzarten elektrischer Maschinen
(DIN 40 050)

Beispiele:

Schutzart IP 00
Kein Berührungsschutz, kein Schutz gegen fremde Festkörper, kein Wasserschutz.

Schutzart IP 11
Schutz gegen großflächige Berührung mit der Hand, Schutz gegen große, feste Fremdkörper, Schutz gegen Tropfwasser.

Schutzart IP 23
Schutz gegen Berührung mit den Fingern, Schutz gegen mittelgroße, feste Fremdkörper, Schutz gegen Sprühwasser aus senkrechter und schräger Richtung bis zu 60° zur Senkrechten.

Schutzart IP 44
Schutz gegen Berührung mit Werkzeugen oder ähnlichem, Schutz gegen kleine, feste Fremdkörper, Schutz gegen Spritzwasser aus allen Richtungen.

Schutzart IP 67
Vollständiger Berührschutz, staubdicht, Schutz gegen Eindringen schädlicher Mengen Wasser beim Eintauchen in Wasser unter festgelegten Druck- und Zeitbedingungen.

Explosionsschutz Ex
(VDE 0170/0171)

Kurzzeichen d:	Druckfeste Kapselung;
Kurzzeichen f:	Fremdbelüftung;
Kurzzeichen e:	Erhöhte Sicherheit;
Kurzzeichen s:	Sonderschutz, z. B. für Maschinen, die in brennbaren Flüssigkeiten laufen.

Technische Optik

Lichttechnische Größen und Einheiten

Namen der Einheiten S. 20

Größe		Einheit
A	Fläche A_1 strahlende Fläche A_2 angestrahlte Fläche	m^2
E	Beleuchtungsstärke	$lx = lm/m^2$
I	Lichtstärke	cd
L	Leuchtdichte	cd/m^2
M	spezifische Lichtausstrahlung	lm/m^2
P	Leistung	W
Q	Lichtmenge	$lm \cdot s$

Größe		Einheit
r	Entfernung	m
t	Zeit	s
ε_1	Winkel, einfallender Strahl (gegen Flächennormale)	°
ε_2	Winkel, gebrochener Strahl	°
ε_3	Winkel, reflektierter Strahl	°
η	Lichtausbeute	lm/W
Φ	Lichtstrom	lm
Ω	Raumwinkel	sr
λ	Wellenlänge	nm

Elektromagnetische Strahlung

Ausbreitung mit Lichtgeschwindigkeit. Wellennatur. Keine Ablenkung durch elektrische oder magnetische Felder. Wellenlänge $\lambda = c/f$, c = Lichtgeschwindigkeit $\approx 3 \cdot 10^8$ m/s = 300 000 km/s, f = Frequenz in Hz.

Bezeichnung	Wellenlängenbereich	Entstehung und/oder Erzeugung	Beispiele für Anwendung
Höhenstrahlung	< 0,1 pm	Beschuss der Erdatmosphäre mit kosmischen Elementarteilchen.	Kernphysikalische Versuche.
Gammastrahlung	0,1...10 pm	Radioaktiver Zerfall.	Kernphysik, Isotopentechnik.
Röntgenstrahlung	10 pm...10 nm	Röntgenröhre (Auftreffen hochenergetischer Elektronen auf Antikatode).	Materialuntersuchung, medizinische Diagnose.
Ultraviolett-Strahlung	10...380 nm	Gasentladungslampe, Laser.	Hauttherapie, Fotolithografie bei IC-Fertigung.
Sichtbare Strahlung	380...780 nm	Gasentladungslampe, Glühlampe, Laser.	Technische Optik, Fotografie, Lichttechnik im Kfz.
Infrarot-Strahlung	780 nm...1 mm	Thermische Strahler, Infrarotdiode, Laser.	Therapie, Abstandmessung bei Kfz.
EHF-Wellen	1...10 mm	Laufzeitröhre, Schwingkreis, Quarzoszillator.	Satellitenfunk, Mikrowellenerwärmung, Verkehrsradar, Fernsehen, Rundfunk, Funkdienste.
SHF-Wellen	10...100 mm		
UHF-Wellen	100 mm...1 m		
VHF-Wellen	1...10 m		
HF-Wellen	10...100 m		
MF-Wellen	100 m...1 km		
LF-Wellen	1...10 km		
VLF-Wellen	10...100 km		

Geometrische Optik

In vielen Fällen sind die geometrischen Abmessungen der Medien, in denen sich die optische Strahlung ausbreitet, groß im Vergleich zur Wellenlänge. Dann kann die Strahlungsausbreitung durch „Lichtstrahlen" erklärt und durch einfache geometrische Gesetze beschrieben werden.

An der Grenzfläche zweier Medien wird ein einfallender Strahl in einen gebrochenen und einen reflektierten Strahl aufgeteilt.

Für den gebrochenen Strahl gilt das Brechungsgesetz:

$$n_1 \cdot \sin \varepsilon_1 = n_2 \cdot \sin \varepsilon_2$$

Für Vakuum und die dielektrischen Medien (z. B. Luft, Glas, Kunststoffe) sind die Brechzahlen n_1 und n_2 reelle, sonst komplexe Zahlen. Die Brechzahlen von Medien sind von der Wellenlänge abhängig (Dispersion). In den meisten Fällen nehmen sie mit steigender Wellenlänge ab.

Für die Richtung des reflektierten Strahls gilt:

$$\varepsilon_3 = \varepsilon_1$$

Das Intensitätsverhältnis von reflektierter zu einfallender Strahlung (Reflexionsgrad) hängt vom Einfallswinkel und von den Brechzahlen der aneinandergrenzenden Medien ab. Beim Übergang von Luft (n_1 = 1,00) nach Glas (n_2 = 1,52) wird bei senkrechtem Strahleinfall (ε_1 = 0) 4,3 % der Strahlenenergie reflektiert.

Falls der Strahl aus dem optisch dichteren Medium kommt, ($n_1 > n_2$), kann Totalreflexion auftreten, falls der Einfallswinkel ε_1 den Grenzwinkel der Totalreflexion ε_{1max} erreicht oder überschreitet. Laut Brechungsgesetz ist:

$$\sin \varepsilon_{1max} = n_2/n_1$$

Brechung und Reflexion.
a Medium 1, Brechzahl n_1, b Medium 2, Brechzahl n_2. 1 Einfallender Strahl, 2 gebrochener Strahl, 3 reflektierter Strahl.

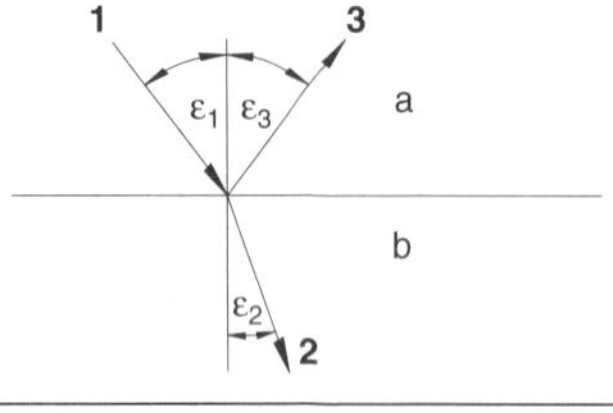

Brechzahlen n_D (für gelbes Natriumlicht der Wellenlänge λ = 589,3 nm).

Medium	n_D
Vakuum, Luft	1,00
Eis (0 °C)	1,31
Wasser (+20 °C)	1,33
Quarzglas	1,46
Standardglas für Optik (BK 7)	1,51673
Fensterglas, Glas für Scheinwerferstreuscheiben	1,52
Polymethylmethacrylat	1,49
Polyvinylchlorid	1,54
Polycarbonat	1,58
Polystyrol	1,59
Epoxidharz	1,60
Galliumarsenid (je nach Dotierung)	ca. 3,5

Komponenten

Zylinderlinsen

Parallele Strahlen werden durch eine Zylinderlinse in einer Brennlinie vereinigt.

Prismen

Diese Elemente werden zur Strahlablenkung um einen gewünschten Winkel eingesetzt. Parallel verlaufende Strahlen verlaufen auch nach der Ablenkung durch ein Prisma parallel.

Im Kfz-Scheinwerfer werden Elemente aus Zylinderlinsen und Prismen eingesetzt, um die aus dem Reflektor kommende Strahlung günstig zu beeinflussen (Streuscheiben).

Reflektoren

Die Aufgabe von Reflektoren für Kraftfahrzeugscheinwerfer ist, möglichst viel Licht von der Scheinwerferlampe zu erfassen, eine möglichst hohe Reichweite zu erzielen und die Verteilung des Lichts auf der Straße so zu beeinflussen, dass die gesetzlichen Bestimmungen erfüllt werden. Zusätzliche Anforderungen an die Scheinwerfer werden durch das Design gestellt (z. B. beim Einbau in den Stoßfänger).

Während früher fast ausschließlich Paraboloide als Reflektoren verwendet wurden, lassen sich heute die oben erwähnten zum Teil widersprüchlichen Forderungen manchmal nur durch Stufenreflektoren, Freiformflächen oder neue Scheinwerferkonzepte (PES) realisieren.

Generell kann eine um so größere Reichweite eines Scheinwerfers erzielt werden, je größer die Lichtaustrittsfläche ist. Andererseits ist die Lichtausbeute um so höher, je größer der vom Reflektor erfasste Raumwinkel ist.

Farbfilter

Für Leuchten am Kfz müssen je nach Verwendungszweck (Blinkleuchte, Bremsleuchte) genaue Vorschriften bezüglich des Farborts eingehalten werden. Durch Verwendung von Farbfiltern, die die Strahlung bestimmter Spektralbereiche abschwächen, kann die Anpassung an die Zulassungsvorschriften erreicht werden.

Lichtquellen

Die Elektronen der äußeren Atomschale bestimmter Stoffe können durch Anregung (Energiezufuhr) ein höheres Energieniveau annehmen. Beim „Zurückfallen" zum niedrigeren (Ausgangs-)Niveau wird die zugeführte Energie in Form von elektromagnetischer Strahlung wieder frei.

Die verschiedenen Lichtquellentypen unterscheiden sich im wesentlichen durch die Art der Elektronenanregung (Energiezufuhr).

Zylindrisches Streuelement einer Scheinwerferstreuscheibe.

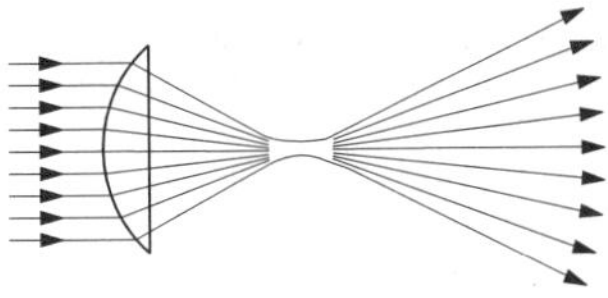

Temperaturstrahler

Bei dieser Lichtquelle wird das Energ niveau durch Zufuhr von Wärme erhö Die Ausstrahlung erfolgt kontinuierlic über einen breiten Wellenlängenbereich. Die gesamte Strahlungsleistung ist proportional zur vierten Potenz der absoluten Temperatur (Stefan-Boltzmann'sches Gesetz) und das Maximum der Verteilungskurve verschiebt sich mit steigender Temperatur zu kürzeren Wellenlängen (Wien'sches Verschiebungsgesetz).

Glühlampe

Zu den Temperaturstrahlern gehört die Glühlampe, deren Glühwendel aus Wolfram (Schmelztemperatur 3660 K) besteht. Die Verdampfung des Wolframs und die Schwärzung des Lampenkolbens begrenzen die Lebensdauer dieser Lampe.

Halogenlampe

Eine Halogenfüllung (Jod oder Brom) in der Lampe lässt eine Wendeltemperatur bis nahe an den Schmelzpunkt des Wolframs zu. In der Nähe der heißen Kolbenwand verbindet sich verdampftes Wolfram mit dem Füllgas zum gasförmigen, lichtdurchlässigen Wolframhalogenid. Dieses ist im Temperaturbereich von 500...1700 K stabil. Durch Konvektion gelangt es zur Wendel, zersetzt sich dort infolge der hohen Wendeltemperatur und bildet auf der Wendel eine gleichmäßige Wolframablagerung. Um diesen Kreisprozess aufrechtzuerhalten, ist eine Außentemperatur des Lampenkolbens von ca. 300 °C erforderlich. Dazu muss der aus Quarzglas bestehende Kolben die Wendel eng umschließen. Dies hat den weiteren Vorteil, dass man mit höherem Fülldruck arbeiten und damit der Verdampfung des Wolframs entgegenwirken kann. Nachteil dieser Lampen ist unter anderem die geringe Lichtausbeute.

Gasentladungslampen

Gasentladungslampen zeichnen sich durch höhere Lichtausbeute aus. In einem abgeschlossenen, gasgefüllten Lampenkolben wird durch Anlegen einer Spannung zwischen zwei Elektroden eine Gasentladung aufrechterhalten. Die An-

…ome des strahlenden Gases …h Stöße zwischen Elektronen …atomen. Die so angeregten … geben ihre Energie in Form von …strahlung ab.

…eispiele für Gasentladungslampen sind …atriumdampflampen (Straßenbeleuchtung) Leuchtstofflampen (Innenraumbeleuchtung), und Kfz-Lampen („Litronic“, S. 818).

Licht und Physiologie des Sehens

Da der Empfindlichkeitsbereich für sichtbare Strahlung individuell unterschiedlich ist, gibt es für lichttechnische Rechnungen und Messungen eine allgemeine Hellempfindlichkeitsfunktion, deren Verlauf z.B. in Tabellenform in DIN 5031, Teil 3, festgelegt ist. Diese Funktion $V(\lambda)$ wurde mit Versuchspersonen unter Tageslichtbedingungen („helladaptiertes Auge“) ermittelt. Mit ihr können die lichttechnischen Werte aus den objektiven physikalischen Werten eindeutig berechnet werden (s. Bild).

Definition der lichttechnischen Größen und Einheiten:

Lichtstrom Φ
Von einer Lichtquelle ausgestrahlte, mit der spektralen Hellempfindlichkeit bewertete Strahlungsleistung

$$\Phi = K_m \cdot \int P_\lambda \cdot V(\lambda) d\lambda$$

K_m Maximalwert des photometrischen Strahlungsäquivalents für Tagessehen K_m = 683 lm/W

Relative spektrale Augenempfindlichkeit $V(\lambda)$ des helladaptierten Auges.

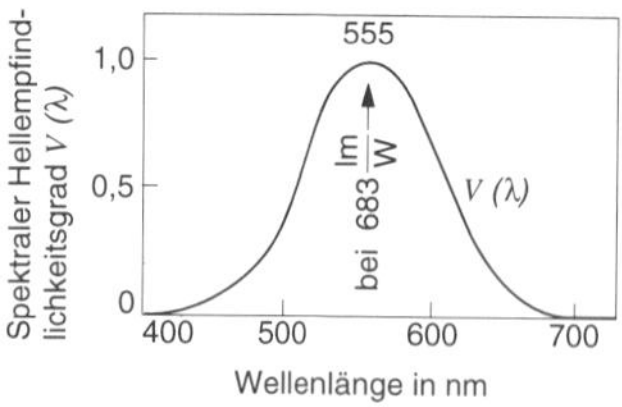

$V(\lambda)$ spektraler Hellempfindlichkeitsgrad für 2°-Gesichtsfeld nach DIN 5031, Teil 3
P_λ spektrale Strahlungsleistung

Lichtmenge Q
Die mit $V(\lambda)$ bewertete spektrale Strahlungsenergie. Für zeitlich konstanten Lichtstrom gilt:

$$Q = \Phi \cdot t$$

Lichtstärke I
Verhältnis von Lichtstrom zu durchstrahltem Raumwinkel.

$$I = \Phi / \Omega$$

Beleuchtungsstärke E
Verhältnis von auffallendem Lichtstrom zur Größe der beleuchteten Fläche.

$$E = \Phi / A_2$$

Leuchtdichte L
Verhältnis der Lichtstärke zur scheinbaren (projektiven) Größe der Fläche, von der sie angestrahlt wird.

$$L = I/(A_1 \cdot \cos \alpha)$$

α Winkel zwischen Strahlrichtung und Flächennormale.

Spezifische Lichtausstrahlung M
Verhältnis des von einer leuchtenden Fläche ausgestrahlten Lichtstroms zur Größe der Fläche.

$$M = \Phi / A_1$$

Lichtausbeute η
Verhältnis des ausgestrahlten Lichtstroms zur aufgenommenen Leistung.

$$\eta = \Phi / P$$

Die Lichtausbeute kann den Höchstwert des „Photometrischen Strahlungsäquivalents“ K_m = 683 lm/W bei der Wellenlänge λ = 555 nm nicht übersteigen.

Raumwinkel Ω
Verhältnis des durchstrahlten Stückes der Kugeloberfläche einer zur Strahlungsquelle konzentrischen Kugel zum Quadrat des Kugelhalbmessers. Der volle Raumwinkel ist

$$\Omega = 4\pi \cdot \text{sr} \approx 12{,}56 \cdot \text{sr}$$

sr Steradiant

Kontrast
Leuchtdichteverhältnis zweier benachbarter Flächen.

Lasertechnik

Der Laser hat gegenüber anderen Lichtquellen folgende charakteristische Eigenschaften:

- Hohe Leuchtdichte, Konzentration der Strahlung auf einen Durchmesser von wenigen Lichtwellenlängen,
- geringe Strahlaufweitung,
- monochromatische Strahlung,
- verwendbar für kohärente Messtechnik (große Kohärenzlänge der Strahlung),
- hohe Leistungen (bei Bearbeitungslasern).

Die Lichterzeugung im Laser erfolgt durch die induzierte Emission in einem spezifischen Lasermaterial, das durch Energiezufuhr (meist Licht) in einen angeregten Zustand gebracht wird. Ein Resonator beeinflusst die Strahlgeometrie in der gewünschten Weise. Die Laserstrahlung tritt an einem Resonatorende über einen teildurchlässigen Spiegel aus.

Beispiele für gebräuchliche Laser sind:

Lasertyp	Wellenlänge	Anwendungsbeispiele
Helium-Neon-Laser	633 nm	Messtechnik
CO_2-Laser	10,6 µm	Materialbearbeitung
YAG-Laser	1064 nm	Materialbearbeitung
Halbleiter-Laser	z. B. 670 nm z. B. 1300 nm	Messtechnik Nachrichtentechnik

Laserprinzip.
1 Pumplichtquelle, 2 Resonatorspiegel, 3 laseraktives Material, 4 teildurchlässiger Spiegel, 5 Laserstrahl.

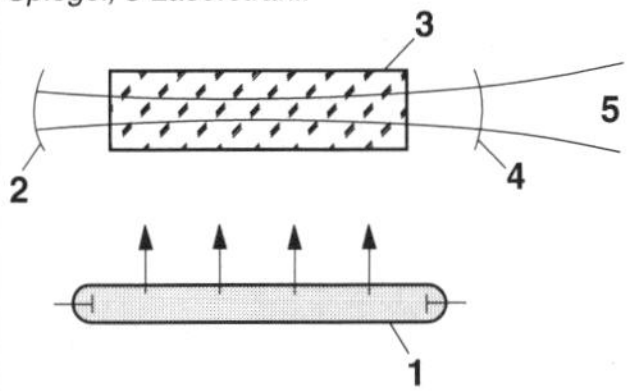

Mit der Lasermesstechnik lassen sich Fertigungstoleranzen von feinstbearbeiteten Oberflächen (z. B. Einspritzventile) berührungs- und rückwirkungsfrei überprüfen. Mit interferometrischen Methoden werden Auflösungen im nm-Bereich erzielt. Weitere Anwendungen des Lasers in der Technik sind Holografie (räumliche Bildinformationen), automatische Zeichenerkennung (Bar-Code-Leser), Informationserfassung (CD-Abtastung), Materialbearbeitung, Mikrochirurgie und Sender für Datenübertragung auf Lichtwellenleitern.

Für den Umgang mit Lasereinrichtungen sind spezielle Vorschriften zu beachten. Lasereinrichtungen sind im Hinblick auf potenzielle Gefährdungen in Klassen eingeteilt. Einzelheiten siehe DIN 0837, „Strahlungssicherheit von Lasereinrichtungen".

Lichtwellenleiter

Aufbau

Lichtwellenleiter (LWL) dienen der Übertragung elektromagnetischer Wellen im ultravioletten (UV), sichtbaren und infraroten (IR) Spektralbereich. Sie bestehen aus Quarz, Glas oder Polymeren, in Form von Fasern oder in transparenten Materialien erzeugten Kanälen mit einem Kern, dessen Brechzahl höher liegt als die des Mantels. Dadurch wird in die Kernzone einfallendes Licht durch Brechung bzw. Totalreflexion in diesem Bereich festgehalten. Bei den Fasern unterscheidet man 3 Typen, je nach Brechzahlprofil (siehe Abbildung):
- Die Stufenfaser mit scharfer Grenze zwischen Kern und Mantel,
- die Gradientenfaser mit parabolischem Brechzahlverlauf in der Kernzone,
- die Einmodenfaser mit sehr kleinem Kerndurchmesser.

Stufen- und Gradientenfasern sind Mehrmodenfasern (MM), d.h. in ihnen können sich Lichtwellen auf verschiedenen, im allgemeinen schräg zur Faserachse verlaufenden Bahnen ausbreiten. In der Einmodenfaser (EM) ist nur der Grundmodus ausbreitungsfähig.
Polymerfasern (Kunststoffe) sind stets Stufenfasern.

Lichtausbreitung in Lichtwellenleitern.
a Fasern schematisch, b Brechzahlprofil.
1 Stufenfaser, 2 Gradientenfaser,
3 Einmodenfaser.

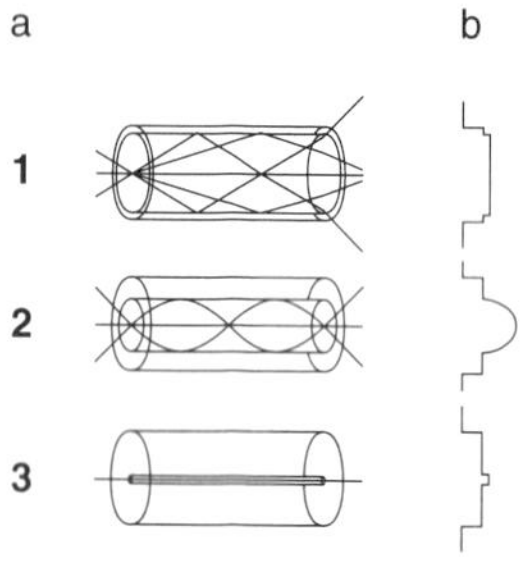

Eigenschaften
LWL aus Glas besitzen eine gute Transparenz im Bereich vom UV bis IR. Besonders gering ist ihre Dämpfung bei den Wellenlängen 850 nm, 1300 nm und 1550 nm. Fasern aus Kunststoff absorbieren oberhalb 850 nm und unterhalb von 450 nm.

Sie können Licht nur aus einem begrenzten Winkelbereich Θ aufnehmen. Als Maß dafür dient die numerische Apertur NA = SIN (Θ/2) (siehe Tabelle).

Dispersion und Laufzeitunterschiede der Moden verursachen eine mit der Faserlänge zunehmende Verbreiterung von Lichtimpulsen und begrenzen so die Bandbreite.

LWL sind in einem Temperaturbereich von –40...135 °C, Spezialausführungen sogar bis 800 °C einsetzbar.

Anwendungsgebiete
Hauptanwendungsgebiet ist die Datenübertragung. Kunststofffasern werden vorzugsweise im LAN-Bereich (Local Area Network) eingesetzt. Für mittlere Entfernungen eignen sich am besten Gradientenfasern. Zur Datenfernübertragung werden ausschließlich Einmodenfasern verwendet. In faseroptischen Netzen dienen planar hergestellte LWL-Strukturen als Verteiler, Filter oder Schalter („integrierte Optik") sowie erbiumdotierte Fasern als optische Verstärker. Zunehmende Bedeutung haben LWL im Bereich der Sensorik. Faseroptische Sensoren erzeugen weder Streufelder noch Funken und sind selbst unempfindlich gegen derartige Störungen. Sie werden derzeit in explosionsgefährdeter Umgebung, in der Medizin und in Hochgeschwindigkeitsbahnen (ICE) eingesetzt.

Der Energietransport steht bei der Materialbearbeitung mit Laserstrahlen, in der Mikrochirurgie und in der Beleuchtungstechnik im Vordergrund.

Holografie

Bei der konventionellen Bildaufzeichnung (Fotografie, Videokamera) wird eine dreidimensionale Information auf eine zweidimensionale Darstellung reduziert. Die räumliche Information geht bei der Speicherung verloren. Räumliche Eindrücke beim Betrachten beruhen auf Sinnestäuschungen.

Mit der Holografie lassen sich dreidimensionale Informationen speichern und auch wieder darstellen. Zur Aufzeichnung sind kohärente Lichtwellenzüge erforderlich. Bei der Hologrammaufnahme teilt ein Strahlteiler den Laserstrahl in einen Objekt- und einen Referenzstrahl auf. Die dadurch entstandenen Objekt- und Referenzwellen bilden ein Interferenzmuster auf dem Aufzeichnungsmedium (Hologrammplatte), wo dieses als Beugungsgitter gespeichert wird.

Kenndaten von Lichtwellenleitern.

Fasertyp	Durchmesser Kern µm	Durchmesser Mantel µm	Wellenlänge nm	Numerische Apertur NA	Dämpfung dB/km	Bandbreite MHz · km
Stufenfaser						
Quarz/Glas	50...1000	70...1000	250...1550	0,2...0,87	5...10	10
Polymer	200...>1000	250...2000	450...850	0,2...0,6	100...500	<10
Gradientenfaser	50...150	100...500	450...1550	0,2...0,3	3...5	200...1000
Einmodenfaser	3...10	100...500	850...1550	0,12...0,21	0,3...1	2500...15000

Die aufgeweitete Strahlung eines Lasers beleuchtet die Hologrammplatte und rekonstruiert das Hologramm. Das Beugungsgitter auf dem Hologramm deformiert die Laserwelle derart, dass der Beobachter den Eindruck hat, das holografierte Objekt sei hinter der Hologrammplatte vorhanden.

Hologrammwiedergabe.
1 Rekonstruktionswelle, 2 Hologramm, 3 deformierte Welle, 4 Betrachter, 5 virtuelles Bild.

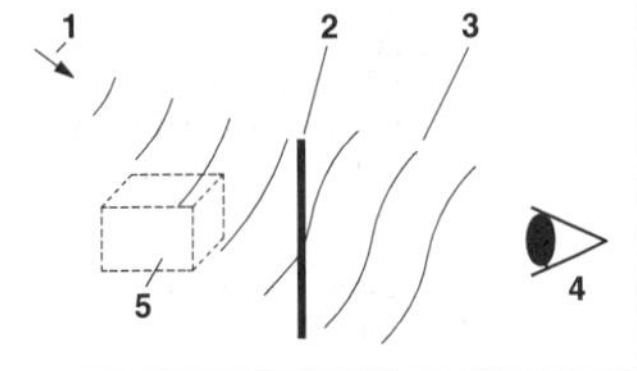

Anwendungsbeispiele:
- Registrierung kleinster Wegverschiebungen,
- Vermessung von Deformationen und Schwingungsamplituden weit unterhalb der Wellenlänge des Lichts mit der holografischen Interferometrie,
- holografische Mess- und Untersuchungsmethoden in der Präzisionsfertigung (z. B. Komponenten der Einspritztechnik),
- Erstellen von fälschungssicheren Dokumenten,
- Verwendung holografischer Elemente für Abbildungszwecke.

Anzeigeelemente

Weit verbreitete optische Informationsanzeigen sind die Flüssigkristall- und Leuchtdiodenanzeigen.

Flüssigkristallanzeige

Die Flüssigkristallanzeige oder LCD (Liquid Crystal Display) ist ein passives Anzeigenelement. Die erzeugten Kontrastunterschiede werden durch Zusatzbeleuchtung sichtbar gemacht. Der am häufigsten verwendete LCD-Typ ist die Drehzelle oder TN-Zelle.

Zwischen zwei Glasplatten befindet sich die Flüssigkristallsubstanz. Im Anzeigebereich sind die Glasplatten mit einer transparenten leitfähigen Schicht bedeckt, an die eine Spannung angeschlossen werden kann: zwischen den Schichten entsteht ein elektrisches Feld. Eine zusätzliche Orientierungsschicht bewirkt eine Drehung der Polarisationsebene des durch die Zelle strahlenden Lichts. Durch Aufbringen von gekreuzten Polarisatoren an den beiden Außenseiten ist die Zelle zunächst lichtdurchlässig. Im Bereich der zwei gegenüberliegenden Elektroden werden die Flüssigkristallmoleküle bei angelegter Spannung in Richtung des elektrischen Feldes ausgerichtet. In diesem Fall wird die Polarisationsebene nicht gedreht und der Anzeigebereich wird lichtundurchlässig.

Mit getrennt ansteuerbaren Segmentbereichen werden Ziffern, Buchstaben und Symbole dargestellt.

Funktionsweise einer Flüssigkristallanzeige (Drehzelle).
1 Polarisator, 2 Glas, 3 Orientierung und Isolierung, 4 Elektrode, 5 Polarisator (und Reflektor). a Segmentbereich.

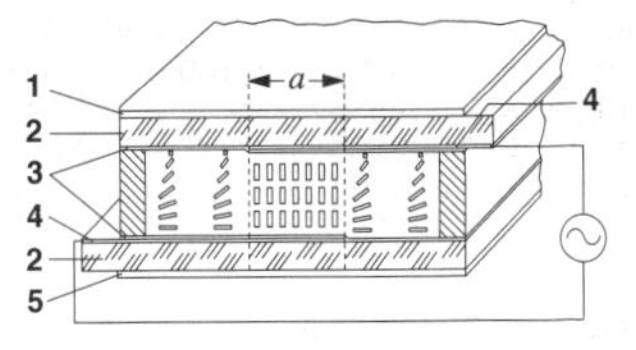

Leuchtdioden (LED)

Die Leuchtdiodenanzeige oder LED (Light Emitting Diode) ist eine aktive (selbstleuchtende) Anzeige. Die Leuchtdiode besteht aus einem Halbleiterelement mit PN-Übergang. Beim Betrieb in Durchlassrichtung rekombinieren die Ladungsträger (freie Elektronen und Löcher). Der dabei frei werdende Energiebetrag wird bei bestimmten Halbleitermaterialien in elektromagnetische Strahlungsenergie umgewandelt.

Häufig verwendete Halbleiterwerkstoffe sind: Galliumarsenid (infrarot), Galliumarsenidphosphid (rot bis gelb), Galliumphosphid (grün).

Mathematik

Mathematische Zeichen

$\approx$	ungefähr gleich
$\ll$	klein gegen
$\gg$	groß gegen
$\triangleq$	entspricht
$\ldots$	und so weiter, bis
$=$	gleich
$\neq$	nicht gleich
$<$	kleiner als
$\leq$	kleiner oder gleich
$>$	größer als
$\geq$	größer oder gleich
$+$	plus
$-$	minus
$\cdot$ oder ★ oder $\times$	mal
– oder / oder :	geteilt durch
Σ	Summe
Π	Produkt
$\sim$	proportional
$\sqrt{\ }$	Wurzel aus ($\sqrt[n]{\ }$ n-te Wurzel aus)
$n!$	n Fakultät (z. B. $3! = 1 \cdot 2 \cdot 3 = 6$)
$\lvert x \rvert$	Betrag von x
$\to$	nähert sich, strebt nach
∞	unendlich
i oder j	imaginäre Einheit, $i^2 = -1$
$\perp$	rechtwinklig zu
$\parallel$	parallel zu
$\sphericalangle$	Winkel
$\triangle$	Dreieck
lim	limes (Grenzwert)
Δ	Delta (Differenz zweier Werte)
d	vollständiges Differenzial
δ	partielles Differenzial
$\int$	Integral
ln	Logarithmus zur Basis e[1])
lg	Logarithmus zur Basis 10

Häufig gebrauchte Zahlen

e	= 2,718282[1])	$\sqrt{\pi}$	= 1,77245
e^2	= 7,389056	$1/\pi$	= 0,31831
1/e	= 0,367879	π^2	= 9,86960
lg e	= 0,434294	$180/\pi$	= 57,29578
$\sqrt{e}$	= 1,648721	$\pi/180$	= 0,017453
1/lg e	= 2,302585	$\sqrt{2}$	= 1,41421
ln 10	= 2,302585	$1/\sqrt{2}$	= 0,70711
1/ln10	= 0,434294	$\sqrt{3}$	= 1,73205
π	= 3,14159		

Zahlensysteme

Zahlensysteme dienen zur Bildung von Zahlen, in denen die Anzahl von Zahlzeichen (Ziffern) geringer ist als die Anzahl der zu beschreibenden Mengenelemente. Notwendig ist dazu die gebündelte Darstellung von mehreren Elementen durch ein Symbol (Zahlzeichen).

Die im Gegensatz zu Additionssystemen heute verwendeten Positionssysteme enthalten Bündelungen einheitlicher Abstufung. Die Position des Zahlzeichens in der Zahl bestimmt die zugehörige Bündelungsgröße (Stellenwert). Die Anzahl, die zur ersten Bündelung führt, ist gleich der Basis oder Grundzahl eines Positionssystems. Sie ist gleich der maximalen Anzahl unterschiedlicher Zahlzeichen. Am gebräuchlichsten ist das Dezimalsystem mit der Basis 10. In der Informatik werden auch das Dualsystem mit der Basis 2 und den Zahlzeichen 0 und 1 sowie das Hexadezimalsystem mit der Basis 16 und den Zahlzeichen 0 bis 9 und A bis F verwendet. Eine reelle Zahl a wird im Positionssystem dargestellt durch

$$a = \pm \sum_{i=-\infty}^{\infty} Z_i \cdot B^i$$

i Position, B Basis, Z_i natürliche Zahlen ($0 \leq Z_i < B$) in der Position i. Zwischen den Positionen $i<0$ und $i=0$ wird ein Komma eingefügt.

Römisches Zahlensystem (Additionssystem)	Dezimalsystem (Basis 10)	Dualsystem (Basis 2)
I	1	1
X	10	1010
C	100	1100100
M	1000	1111100110
II	2	10
V	5	101
L	50	110010
D	500	111110010
MIM oder MDCCCCLXXXXIX	1999	11111001111

(Steht im römischen Zahlensystem ein kleineres Zahlzeichen vor einem größeren, so wird es subtrahiert.)

[1]) e = 1 + 1/1! + 1/2! + 1/3! + ...
(Basis der natürlichen Logarithmen).

Normzahlen

Normzahlen sind gerundete Glieder geometrischer Reihen mit den Stufensprüngen (Verhältnis eines Glieds zum vorhergehenden):

Reihe	R 5	R 10	R 20	R 40
Stufensprung	$\sqrt[5]{10}$	$\sqrt[10]{10}$	$\sqrt[20]{10}$	$\sqrt[40]{10}$

Sie werden für die Wahl und Stufung von Größen und Abmessungen verwendet.

Außer den Grundreihen enthält DIN 323 noch die Ausnahmereihe R 80 und Rundwertreihen.

Nennwerte elektrischer Bauelemente wie Widerstände und Kondensatoren werden nach E-Reihen gestuft:

Reihe	E 6	E 12	E 24
Stufensprung	$\sqrt[6]{10}$	$\sqrt[12]{10}$	$\sqrt[24]{10}$

Normzahlen (DIN 323)

Grundreihen				Genauwerte	lg
R 5	**R 10**	**R 20**	**R 40**		
1,00	**1,00**	**1,00**	1,00	1,0000	0,0
			1,06	1,0593	0,025
		1,12	1,12	1,1220	0,05
			1,18	1,1885	0,075
	1,25	**1,25**	1,25	1,2589	0,1
			1,32	1,3335	0,125
		1,40	1,40	1,4125	0,15
			1,50	1,4962	0,175
1,60	**1,60**	**1,60**	1,60	1,5849	0,2
			1,70	1,6788	0,225
		1,80	1,80	1,7783	0,25
			1,90	1,8836	0,275
	2,00	**2,00**	2,00	1,9953	0,3
			2,12	2,1135	0,325
		2,24	2,24	2,2387	0,35
			2,36	2,3714	0,375
2,50	**2,50**	**2,50**	2,50	2,5119	0,4
			2,65	2,6607	0,425
		2,80	2,80	2,8184	0,45
			3,00	2,9854	0,475
	3,15	**3,15**	3,15	3,1623	0,5
			3,35	3,3497	0,525
		3,55	3,55	3,5481	0,55
			3,75	3,7584	0,575
4,00	**4,00**	**4,00**	4,00	3,9811	0,6
			4,25	4,2170	0,625
		4,50	4,50	4,4668	0,65
			4,75	4,7315	0,675
	5,00	**5,00**	5,00	5,0119	0,7
			5,30	5,3088	0,725
		5,60	5,60	5,6234	0,75
			6,00	5,9566	0,775
6,30	**6,30**	**6,30**	6,30	6,3096	0,8
			6,70	6,6834	0,825
		7,10	7,10	7,0795	0,85
			7,50	7,4989	0,875
	8,00	**8,00**	8,00	7,9433	0,9
			8,50	8,4140	0,925
		9,00	9,00	8,9125	0,95
			9,50	9,4409	0,975
10,0	**10,0**	**10,0**	10,0	10,0000	1,0

E-Reihen (DIN 41 426)

E 6	**E 12**	**E 24**
1,0	1,0	1,0
		1,1
	1,2	1,2
		1,3
1,5	1,5	1,5
		1,6
	1,8	1,8
		2,0
2,2	2,2	2,2
		2,4
	2,7	2,7
		3,0
3,3	3,3	3,3
		3,6
	3,9	3,9
		4,3
4,7	4,7	4,7
		5,1
	5,6	5,6
		6,2
6,8	6,8	6,8
		7,5
	8,2	8,2
		9,1
10,0	10,0	10,0

Winkelfunktionen

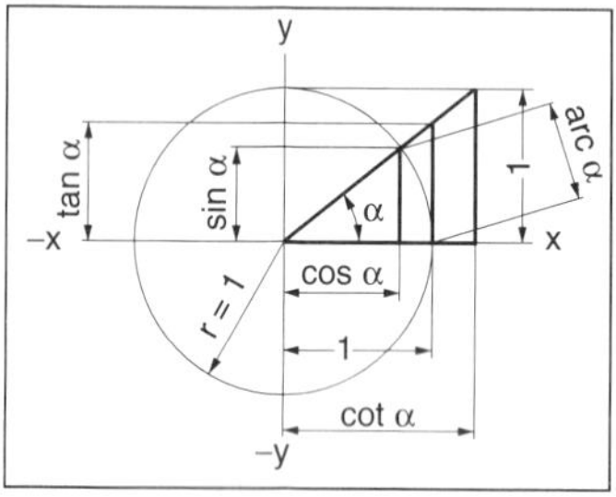

φ =	$\pm\alpha$	$90 \pm \alpha$	$180 \pm \alpha$	$270 \pm \alpha$
$\sin\varphi$ =	$\pm \sin\alpha$	$\cos\alpha$	$\mp \sin\alpha$	$-\cos\alpha$
$\cos\varphi$ =	$\pm \cos\alpha$	$\mp \sin\alpha$	$-\cos\alpha$	$\pm \sin\alpha$
$\tan\varphi$ =	$\pm \tan\alpha$	$\mp \cot\alpha$	$\pm \tan\alpha$	$\mp \cot\alpha$
$\cot\varphi$ =	$\pm \cot\alpha$	$\mp \tan\alpha$	$\pm \cot\alpha$	$\mp \tan\alpha$

Sinus α	Gegenkathete/Hypotenuse
Cosinus α	Ankathete/Hypotenuse
Tangens α	Gegenkathete/Ankathete
Cotangens α	Ankathete/Gegenkathete
Arcus $\alpha = \widehat{\alpha}$	Bogenmaß von α im Kreis von Radius 1
inv α	Evolventenfunktion

$\sin 0° = \cos 90° = 0$
$\cos 0° = \sin 90° = 1$
$\tan 0° = \cot 90° = 0$
$\cot 0° = \tan 90° = \infty$
$\sin 30° = \cos 60° = 0{,}5$
$\cos 30° = \sin 60° = 0{,}5\sqrt{3}$
$\tan 30° = \cot 60° = \sqrt{3}/3$
$\cot 30° = \tan 60° = \sqrt{3}$

$\sin 2\alpha = 2 \sin\alpha \cdot \cos\alpha$
$\cos 2\alpha = \cos^2\alpha - \sin^2\alpha$
$\tan 2\alpha = 2/(\cot\alpha - \tan\alpha)$
$\cot 2\alpha = (\cot\alpha - \tan\alpha)/2$
$\sin 3\alpha = 3\sin\alpha - 4\sin^3\alpha$
$\cos 3\alpha = 4\cos^3\alpha - 3\cos\alpha$

$$\widehat{\alpha} = \text{arc}\,\alpha = \frac{\pi \cdot \alpha}{180°}\ \text{rad} = \frac{\alpha}{57{,}3°}$$

$$\widehat{1°} = \text{arc}\,1° = \frac{\pi}{180} = 0{,}017453$$

$\text{arc}\,57{,}3° = 1$

$\text{inv}\,\alpha = \tan\alpha - \text{arc}\,\alpha$

$$\sin(\alpha \pm \beta) = \sin\alpha \cdot \cos\beta \pm \cos\alpha \cdot \sin\beta$$
$$\cos(\alpha \pm \beta) = \cos\alpha \cdot \cos\beta \mp \sin\alpha \cdot \sin\beta$$

$$\tan(\alpha \pm \beta) = \frac{\tan\alpha \pm \tan\beta}{1 \mp \tan\alpha \tan\beta}$$

$$\cot(\alpha \pm \beta) = \frac{\cot\alpha \cdot \cot\beta \mp 1}{\cot\beta \pm \cot\alpha}$$

$\cos^2\alpha + \sin^2\alpha = 1$

$$\tan\alpha = \frac{\sin\alpha}{\cos\alpha} = \frac{1}{\cot\alpha}$$

$$1 + \tan^2\alpha = \frac{1}{\cos^2\alpha}$$

$$1 + \cot^2\alpha = \frac{1}{\sin^2\alpha}$$

$$\sin\alpha \pm \sin\beta = 2\sin\frac{\alpha \pm \beta}{2} \cdot \cos\frac{\alpha \mp \beta}{2}$$

$$\cos\alpha + \cos\beta = 2\cos\frac{\alpha + \beta}{2} \cdot \cos\frac{\alpha - \beta}{2}$$

$$\cos\alpha - \cos\beta = -2\sin\frac{\alpha + \beta}{2} \cdot \sin\frac{\alpha - \beta}{2}$$

$$\tan\alpha \pm \tan\beta = \frac{\sin(\alpha \pm \beta)}{\cos\alpha \cdot \cos\beta}$$

$$\cot\alpha \pm \cot\beta = \frac{\sin(\beta \pm \alpha)}{\sin\alpha \cdot \sin\beta}$$

$$\sin\alpha \approx \widehat{\alpha} - \frac{\widehat{\alpha}^3}{6}$$

Fehler < 1% bei $\alpha < 58°$

$\sin\alpha \approx \widehat{\alpha}$
Fehler < 1% bei $\alpha < 14°$

$$\cos\alpha \approx 1 - \frac{\widehat{\alpha}^2}{2}$$

Fehler < 1% bei $\alpha < 37°$

$\cos\alpha \approx 1$
Fehler < 1% bei $\alpha < 8°$

Euler'sche Formel
(Grundlage der symbolischen Rechnung):

$$e^{\pm ix} = \cos x \pm i \sin x$$

$$\sin x = \frac{e^{ix} - e^{-ix}}{2i};\ \cos x = \frac{e^{ix} + e^{-ix}}{2}$$

wobei $i = \sqrt{-1}$

Gleichungen für das ebene und sphärische Dreieck

Ebenes Dreieck

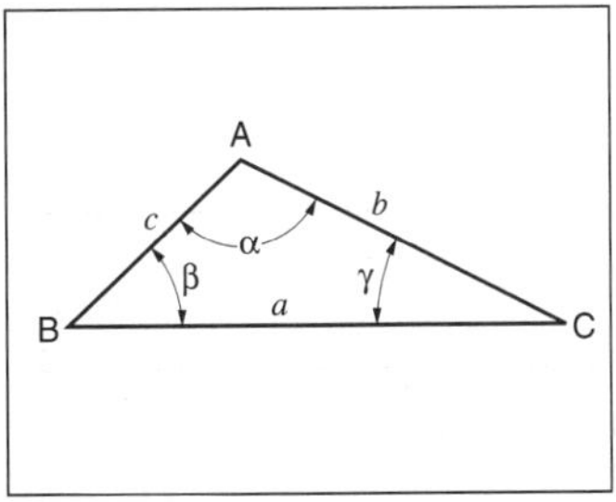

$\alpha + \beta + \gamma = 180°$

Sinussatz
$a : b : c = \sin\alpha : \sin\beta : \sin\gamma$

Satz des Pythagoras (Kosinussatz)
$a^2 = b^2 + c^2 - 2\,bc \cos a$
für das rechtwinklige Dreieck
$a^2 = b^2 + c^2$

Sphärisches Dreieck

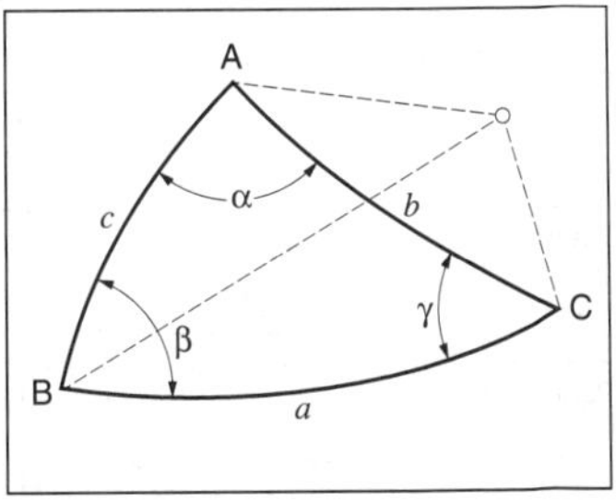

Sinussatz
$\sin a : \sin b : \sin c = \sin\alpha : \sin\beta : \sin\gamma$

Kosinussatz für die Seiten
$\cos a = \cos b \cos c + \sin b \sin c \cos\alpha$

Kosinussatz für die Winkel
$\cos\alpha = -\cos\beta \cos\gamma + \sin\beta \sin\gamma \cos a$

Häufig gebrauchte Gleichungen

Lösung der quadratischen Gleichung
$ax^2 + bx + c = 0$

$$x = \frac{-b \pm \sqrt{b^2 - 4\,ac}}{2a}$$

Goldener Schnitt (stetige Teilung)

$1 : x = x : (1 - x)$, daraus $x = 0{,}618$

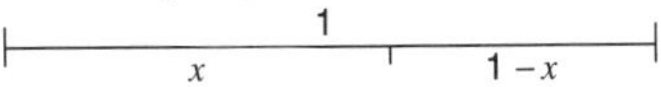

Umrechnung von Logarithmen

$\lg N = 0{,}434294 \cdot \ln N$
$\ln N = 2{,}302585 \cdot \lg N$

Geometrische Reihe
$a + aq + aq^2 + aq^3 + \ldots$

n-tes Glied $= aq^{n-1}$

für $q > 1$: $\sum_n = a\,(q^n - 1)/(q - 1)$

für $q < 1$: $\sum_n = a\,(1 - q^n)/(1 - q)$

für $n \to \infty$ wird $q^n = 0$
$$\sum_{n \to \infty} = a/(1 - q)$$

Arithmetische Reihe

$a + (a + d) + (a + 2d) + (a + 3d) + \ldots$
n-tes Glied $= a + (n - 1)\,d$

$$\sum_n = \frac{n}{2}\,[2a + (n - 1)\,d]$$

Inhalt von Flächen

Art der Fläche		Flächeninhalt A $\pi \approx 3{,}1416$
Dreieck	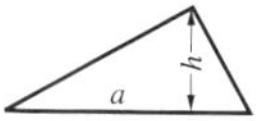	$A = \frac{a \cdot h}{2}$
Trapez	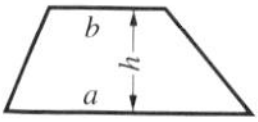	$A = \frac{a + b}{2}\,h$
Parallelogramm	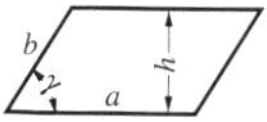	$A = a \cdot h = a \cdot b \cdot \sin\gamma$
Kreis	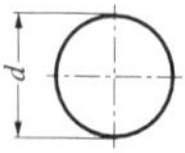	$A = \frac{\pi \cdot d^2}{4} = 0{,}785\,d^2$ Umfang $U = \pi \cdot d$
Kreisring	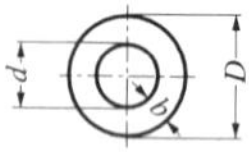	$A = \frac{\pi}{4}(D^2 - d^2) = \frac{\pi}{2}(D + d)\,b$
Kreisausschnitt	 φ in Grad	$A = \frac{\pi \cdot r^2 \cdot \varphi}{360°} = 8{,}73 \cdot 10^{-3} \cdot r^2 \cdot \varphi$ Bogenlänge $l = \frac{\pi \cdot r \cdot \varphi}{180°} = 1{,}75 \cdot 10^{-2} \cdot r \cdot \varphi$
Kreisabschnitt	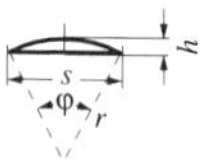 φ in Grad	$A = \frac{r^2}{2}\left(\frac{\pi \cdot \varphi}{180°} - \sin\varphi\right) \approx h \cdot s\left[0{,}667 + 0{,}5\left(\frac{h}{s}\right)^2\right]$ Sehnenlänge $s = 2\,r \cdot \sin\frac{\varphi}{2}$ Bogenhöhe $h = r\left(1 - \cos\frac{\varphi}{2}\right) = \frac{s}{2}\tan\frac{\varphi}{4} = 2\,r \cdot \sin^2\frac{\varphi}{4}$
Sechseck	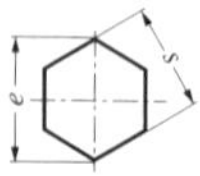	$A = \frac{\sqrt{3}}{2}\,s^2 = 0{,}866\,s^2$ Eckenmaß $e = \frac{2s}{\sqrt{3}} = 1{,}155\,s$
Ellipse	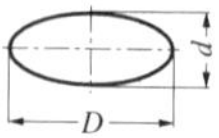	$A = \pi \cdot D \cdot d/4 = 0{,}785\,D \cdot d$ Umfang $U \approx 0{,}75\,\pi\,(D + d) - 0{,}5\,\pi\sqrt{D \cdot d}$
Guldin'sche Regel für Umdrehungsflächen	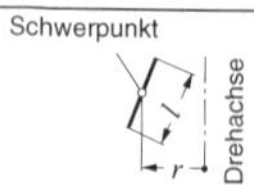	Der Inhalt einer Umdrehungsfläche ist gleich der Länge l der erzeugenden Linie mal dem Weg des Schwerpunkts $A = 2\pi \cdot r \cdot l$

Inhalt und Oberfläche von Körpern

Art des Körpers	**Inhalt V, Oberfläche S, Mantelfläche M** $\pi \approx 3{,}1416$
Kreiszylinder 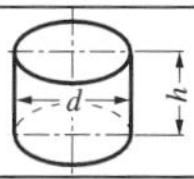	$V = \frac{\pi \cdot d^2}{4} h = 0{,}785\, d^2 \cdot h$ $M = \pi \cdot d \cdot h,\quad S = \pi \cdot d\, (d/2 + h)$
Pyramide A Grundfläche h Höhe 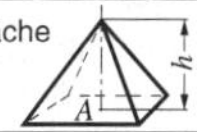	$V = \frac{1}{3} A \cdot h$
Kreiskegel 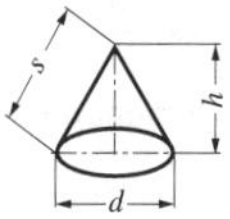	$V = \frac{\pi \cdot d^2 \cdot h}{12} = 0{,}262\, d^2 \cdot h$ $M = \frac{\pi \cdot d \cdot s}{2} = \frac{\pi \cdot d}{4} \sqrt{d^2 + 4h^2} = 0{,}785\, d \cdot \sqrt{d^2 + 4h^2}$
Kegelstumpf 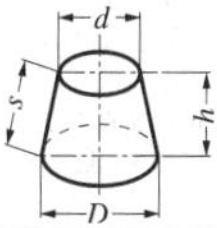	$V = \frac{\pi \cdot h}{12} (D^2 + D \cdot d + d^2) = 0{,}262\, h\, (D^2 + D \cdot d + d^2)$ $M = \frac{\pi\, (D + d)\, s}{2} \quad s = \sqrt{\frac{(D - d)^2}{4} + h^2}$
Kugel 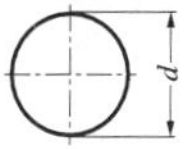	$V = \frac{\pi \cdot d^3}{6} = 0{,}524\, d^3$ $S = \pi \cdot d^2$
Kugelabschnitt (Kalotte) 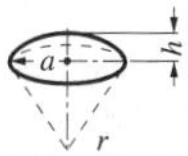	$V = \frac{\pi \cdot h}{6} (3\, a^2 + h^2) = \frac{\pi \cdot h^2}{3} (3r - h)$ $M = 2\, \pi \cdot r \cdot h = \pi\, (a^2 + h^2)$
Kugelausschnitt (Kugelsektor) 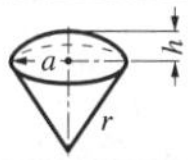	$V = \frac{2\, \pi \cdot r^2 \cdot h}{3} = 2{,}094\, r^2 \cdot h$ $S = \pi \cdot r\, (2h + a)$
Kugelzone (Kugelschicht) 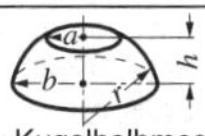 r Kugelhalbmesser	$V = \frac{\pi \cdot h}{6} (3\, a^2 + 3b^2 + h^2)$ $M = 2\, \pi \cdot r \cdot h$
zylindrischer Ring 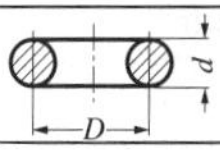	$V = \frac{\pi^2}{4} D \cdot d^2 = 2{,}467\, D \cdot d^2$ $S = \pi^2 \cdot D \cdot d = 9{,}870\, D \cdot d$
Ellipsoid d_1, d_2, d_3 Länge der Achsen	$V = \frac{\pi}{6} d_1 \cdot d_2 \cdot d_3 = 0{,}524\, d_1 \cdot d_2 \cdot d_3$
kreisrundes Fass D Durchmesser am Spund d Durchmesser am Boden h Abstand der Böden	$V \approx \frac{\pi \cdot h}{12} (2\, D^2 + d^2) \approx 0{,}26\, h\, (2\, D^2 + d^2)$
Guldin'sche Regel für Umdrehungskörper Schwerpunkt 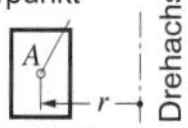	Der Inhalt eines Umdrehungskörpers ist gleich der erzeugenden Fläche A mal dem Weg des Schwerpunkts $V = 2\, \pi \cdot r \cdot A$.

Qualität

Qualität ist das Maß, in dem die Kundenerwartungen erfüllt oder gar übertroffen werden. Den Sollwert für die Qualität setzt der Kunde. Er bestimmt durch seine Forderungen und Erwartungen, was Qualität ist – sowohl bei Erzeugnissen als auch bei Dienstleistungen. Da Wettbewerb zu steigenden Kundenerwartungen führt, ist Qualität eine dynamische Größe. Zur Beschreibung der Qualität dienen erzeugnis- und dienstleistungsbezogene Kenngrößen, die sich quantitativ oder qualitativ fassen lassen. Voraussetzungen zur Erzielung hoher Qualität sind:
Qualitätspolitik: Unternehmerischer Wille, Qualität als eines der obersten Unternehmensziele festzulegen,
Mitarbeiterführung: Maßnahmen zur Motivation der Mitarbeiter,
Qualitätssicherung.

Qualitätsmanagement

Qualitätsmanagementsystem

Alle Elemente eines Qualitätsmanagementsystems und alle Qualitätssicherungsmaßnahmen müssen systematisch geplant werden. Die jeweiligen Aufgaben, Kompetenzen und Verantwortlichkeiten sind schriftlich festzulegen (QM-Handbuch). Auch internationale Normen, z.B. DIN-ISO 9001 bis 9004, beschreiben Qualitätssicherungssysteme.

Gestiegene Anforderungen an die Fehlerfreiheit der Produkte (Null-Fehler-Zielsetzung) und wirtschaftliche Überlegungen (Fehler vermeiden statt auslesen und nacharbeiten oder verschrotten) zwingen zur Anwendung vorbeugender Maßnahmen der Qualitätssicherung.

Diese haben folgende Ziele:
– Produkte entwickeln, die unempfindlich gegen Fertigungsschwankungen sind.
– Fertigungsprozesse einrichten, die Qualitätsanforderungen mit Sicherheit innerhalb der zulässigen Grenzen erfüllen.
– Methoden anwenden, die Fehlerquellen frühzeitig erkennen und rechtzeitig regelnd in den Fertigungsprozess eingreifen.

Zur regelmäßigen Überwachung aller Elemente eines Qualitätsmanagementsystems dienen drei Arten von „Audits“:
– Systemaudit: Beurteilung der Wirksamkeit eines Qualitätsmanagementsystems hinsichtlich seiner Vollständigkeit und der praktischen Anwendung der einzelnen Elemente.
– Verfahrensaudit: Beurteilung der Wirksamkeit von QM-Elementen, Bestätigung der Qualitätsfähigkeit, der Einhaltung und Zweckmäßigkeit bestimmter Verfahren und die Ermittlung von Verbesserungsmaßnahmen.
– Produktaudit: Beurteilung der Wirksamkeit von QM-Elementen durch die Untersuchung von Endprodukten oder deren Teile.

Qualitätsmanagement in der Entwicklung

Am Anfang eines neuen Produkts, das die vom Kunden erwarteten Anforderungen an Qualität und Zuverlässigkeit erfüllen muss, steht ein Pflichtenheft.

Ausgehend von seinem Inhalt werden schon in der Definitionsphase alle erforderlichen Mustererprobungen und Dauerläufe geplant, die zum Nachweis der Funktionstüchtigkeit und Zuverlässigkeit des neuen Produkts erforderlich sind.

Qualitätsbewertung
Nach Abschluss bestimmter Entwicklungsschritte werden sämtliche bis dahin verfügbaren Informationen über Qualität und Zuverlässigkeit einer Qualitätsbewertung unterzogen und notwendige Korrekturmaßnahmen eingeleitet. Mit dieser Qualitätsbewertung werden Mitarbeiter der Entwicklung, der Fertigungsvorbereitung und der Qualitätssicherung beauftragt, unterstützt durch Spezialisten aus Fachabteilungen.

Fehlermöglichkeits- und Fehlereinfluss-Analyse (FMEA)

Dieses Verfahren zur Risikovermeidung und Kostenminderung eignet sich zur Untersuchung der Fehlerarten von Systemkomponenten und deren Auswirkungen auf das System (Einzelheiten siehe „Zuverlässigkeit“, S. 205).

Qualitätsmanagement bei der Beschaffung

Sie darf sich nicht nur auf die Eingangsprüfung beschränken, sondern stellt ein ganzes System dar. Es muss sicherstel-

Beispiel für Fehlermöglichkeits- und Fehlereinfluss-Analyse (FMEA).

BOSCH QUALITÄTSSICHERUNG		FMEA Stellglied 9 319 150 342 Teil 6: Teilefertigung und Montage Büchsenhalter						ABT. FMEA SEITE DATUM		FVB 75 1289940001 10 10.10.88		
NR.	KOMPONENTE PROZESS	FUNKTION ZWECK	FEHLER-ART	FEHLER-AUSWIRKUNG	FEHLER-URSACHEN	FEHLER-VERMEIDUNG	FEHLER-ENTDECKUNG	S S	– A	E E	SxE RZ	MASSNAHMEN V:/T:
1110	Büchsen-halter montieren	Teile für Lötprozess vorbereiten	Beschädigung der Dichtflächen	Stellglied undicht nach außen → Benzin-dämpfe im Motorraum	Späne und Flitter in Montagevorrichtung	Waschen vor der Montage, regelmäßige Reinigung der Werkzeuge	100%-Sichtprüfung der Lötung; Oberflächenprüfung; 100%-Sichtprüfung vor Verpacken	10	2	1	20	
1180	Büchsen-halter löten	Teile zusammen halten	Teil nicht gelötet		Lot fehlt	Abfrage Lotvorschub	100%-Sichtprüfung der Lötung; 100%-Sichtprüfung der Oberfläche; 100%-Dichtheitsprüfung	10 (10	2 2	2 1	40 20)	100%-Dichtheitsprüfung der Baugruppe Büchsenhalter V: FVB2 T: 01.89
		Dichtheit gewährleisten	Teil undicht (Lunker)		Zu wenig Lot	Abfrage Lotvorschub	100%-Sicht-Prüfung der Lötung	10 (10	4 3	6 2	240 60)	100%-Dichtheitsprüfung V: FVB2 T: 01.89 + Konstruktive Verbesserung Lötstelle V: EVA3 T: 03.89

S = Schwere des Fehlers
V = Verantwortlichkeit
A = Auftretenswahrscheinlichkeit
T = Einführungstermin
E = Entdeckungswahrscheinlichkeit
Risikozahl RZ = S x A x E

len, dass die von Lieferanten bezogenen Komponenten dazu beitragen, vereinbarte Technische Spezifikationen für das Fertigerzeugnis zuverlässig zu erfüllen.

Dabei muss die Qualitätsfähigkeit der Zulieferer durch moderne Techniken der vorbeugenden Qualitätssicherung (z. B. Statistische Prozessregelung SPC oder FMEA) gewährleistet sein. Damit der Zulieferer selbst die Qualitätsforderungen vollständig erfüllen und eine Beurteilung der Produkte zweifelsfrei vornehmen kann, sind alle Einzelforderungen an ein Produkt eindeutig zu spezifizieren. Dies geschieht in der Regel in Zeichnungen, Bestellvorschriften, Normen, Rezepturen usw.

Eine Erstmusterprüfung wird z. B. zunächst vom Hersteller eines Lieferprodukts selbst vorgenommen. Sie ist jedoch vom Abnehmer des Produkts (vor allem im Zusammenspiel mit seinen Fertigungsprozessen und mit dem Fertigerzeugnis) nachzuvollziehen und durch Wareneingangsprüfung zu bestätigen.

Die End- oder Ausgangsprüfung eines Zulieferers kann an die Stelle der Eingangsprüfung des Abnehmers treten, wenn der Hersteller Spezialkenntnisse besitzt und nur er die Qualitätsprüfung aufgrund seiner technischen Ausrüstung vornehmen kann. Der Zulieferer bestätigt in Qualitätsprüfzertifikaten nach DIN 55 350 oder Bescheinigungen über Materialprüfungen nach DIN 50049 die entsprechenden Qualitätsprüfungen an den Produkten. Die erzielten Prüfergebnisse sollen dem Abnehmer mitgeteilt werden.

Qualitätsmanagement in der Fertigungsvorbereitung

Die Fertigungsplanung schafft die Voraussetzungen für die Herstellung einer gesicherten Qualität. Folgende Punkte müssen erfüllt werden:

- Planung des Fertigungsablaufs und Materialflusses.
- Planung des Betriebsmittelbedarfs.
- Auswahl und Beschaffung geeigneter Fertigungsverfahren und Fertigungseinrichtungen sowie der zugehörigen Messplätze (z. B. für SPC).
- Untersuchung der Fertigungsverfahren, Fertigungseinrichtungen und Maschinen auf Maschinen- und Prozessfähigkeit.
- Dokumentation des Fertigungsablaufs im Arbeitsplan.
- Festlegung der notwendigen Mitarbeiterqualifikation.
- Bereitstellung der Zeichnungsunterlagen und Stücklisten.

Mögliche Fehler im Fertigungsprozess können mittels einer Prozess-FMEA methodisch vorausgedacht und ihre Auswirkungen auf die Qualität des Merkmals oder Erzeugnisses beurteilt werden. Die Prozess-FMEA ist zum Erkennen von Fehlerquellen und zum Vermeiden der Fehler oder zum Mindern der Fehleraus-

FMEA-Arbeitsgruppe.

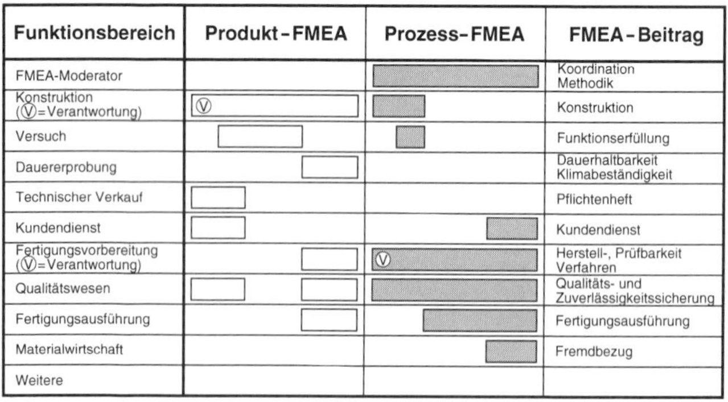

wirkungen geeignet. Somit lassen sich notwendige fertigungs- und prüftechnische Maßnahmen zur Fehlervermeidung einleiten.

Die Prüfplanung umfasst folgende Punkte:
- Analyse der zu prüfenden Funktionen.
- Festlegung der Prüfmerkmale.
- Auswahl geeigneter Prüfmethoden und -mittel.
- Festlegung des Prüfumfangs und der Prüfhäufigkeit.
- Dokumentation des Prüfablaufs im Prüfplan.
- Planung der Erfassung und Dokumentation von Qualitätsdaten (z.B. in Qualitätsregelkarten für SPC).
- Planung der Prüfmittelüberwachung.
- Eventuelle Planung einer Dokumentation von Qualitätsdaten.

Grundsätzlich sollten die festgelegten Prüfkriterien alle Merkmale der gefertigten Produkte erfassen.

Zur Beurteilung der Qualität von Erzeugnissen oder Teilen davon und zur Steuerung der Fertigungsprozesse ist eine geeignete Erfassung und Auswertung der Prüfergebnisse vorzusehen. Die Prüfdaten sollten so aufbereitet werden, dass sie zur Prozessregelung oder -steuerung, Fehleranalyse und Fehlerabstellung geeignet sind.

Maschinen- und Prozessfähigkeit

Die Untersuchung der Maschinenfähigkeit soll folgende zwei Nachweise erbringen:
- Die zu untersuchende Maschine muss mit erkennbarer Gesetzmäßigkeit fertigen. Diese Gesetzmäßigkeit ist gegebenenfalls mit Hilfe statistischer Kenngrößen zu formulieren, z.B. als Normalverteilung mit Mittelwert $\bar{x}$ und Standardabweichung s.
- Die Maschine muss in der Lage sein, innerhalb vorgegebener Toleranzen zu fertigen. Dieser Nachweis kann nur über die oben erwähnte Gesetzmäßigkeit erbracht werden.

Die Maschinenfähigkeit ist eine kurzfristige Untersuchung; es sollen nur maschinenbedingte Einflüsse auf den Fertigungsprozess untersucht werden. Dabei ist jedoch zu beachten, dass eine vollständige Trennung von maschinenbedingten und nicht maschinenbedingten Einflüssen (z.B. Einflüssen von Material oder Methoden) im allgemeinen nicht möglich ist. Im Einzelnen wird untersucht, ob
- ungewöhnliche Ergebnisfolgen zu erkennen sind,
- Mittellage und Streuung der Messreihe stabil sind (bei dieser Untersuchung kommen die Kontrollgrenzen der statistischen Prozessregelung zur Anwendung).

Liegen keine ungewöhnlichen Ergebnisfolgen vor und sind Mittellage und Streuung stabil, so ist der Prozess beherrscht; die Fähigkeit der Maschine wird dann über die bekannten statistischen Kennwerte c_m bzw. c_{mk} beschrieben. Der Wert c_m berücksichtigt nur die Streuung der Maschine und berechnet sich nach folgender Formel:

$$c_m = (OGW - UGW)/(6 \cdot \hat{\sigma})$$

Demgegenüber berücksichtigt der Kennwert c_{mk} neben der Streuung der Maschine zusätzlich auch die Lage des Mittelwerts innerhalb der Toleranz. Seine Berechnung ist bei Fertigungseinrichtungen, die nicht oder nur schlecht einstellbar sind, unentbehrlich. Er berechnet sich wie folgt:

$$c_{mk} = (\bar{\bar{x}} - UGW)/(3 \cdot \hat{\sigma}) \text{ bzw.}$$
$$c_{mk} = (OGW - \bar{\bar{x}})/(3 \cdot \hat{\sigma})$$

wobei der kleinere Wert gilt. Hierbei bedeuten:

$\bar{\bar{x}}$ Gesamtmittelwert
UGW unterer Grenzwert der Toleranz
OGW oberer Grenzwert der Toleranz
$\hat{\sigma}$ Schätzwert für die Prozesssteuerung

Bosch bezeichnet eine Fertigungseinrichtung nur dann als fähig, das geforderte Merkmal eines Produkts sicher zu fertigen, wenn c_{mk} mindestens 1,67 beträgt.

Liegen ungewöhnliche Ergebnisfolgen vor oder sind Mittellage oder Streuung instabil, so ist der Prozess nicht beherrscht. In diesem Fall wirken nicht zufällige Einflüsse (Störungen) auf den Prozess ein. Sie müssen beseitigt oder kompensiert werden. Danach wird die Maschinenfähigkeitsuntersuchung wiederholt.

Verläuft die Maschinenfähigkeitsuntersuchung positiv, so folgt anschließend die Untersuchung der Prozessfähigkeit. Das Ziel dieser Untersuchung ist der Nachweis, dass der zu untersuchende Fertigungsprozess in der Lage ist, die an ihn gestellten Qualitätsanforderungen dauerhaft zu erfüllen.

Die Prozessfähigkeitsuntersuchung ist eine längerfristige Untersuchung. Sämtliche Änderungen des Prozesses (z.B. Materialwechsel, Werkzeugwechsel oder methodische Änderungen) werden durch geeignete Festlegung des Stichprobenumfangs und der Prüfintervalle berücksichtigt und in die Untersuchung miteinbezogen.

Die gewonnenen Daten werden ähnlich wie bei der Maschinenfähigkeit statistisch untersucht. Insbesondere wird geprüft, ob Prozessmittellage und Prozesssteuerung stabil sind, d.h. ob der Prozess beherrscht ist. Ist der Prozess beherrscht, so wird über die bekannten statistischen Kennwerte c_p und c_{pk} seine Prozessfähigkeit nachgewiesen. Die Berechnung dieser Kennwerte erfolgt in gleicher Weise wie die von c_m und c_{mk}, wobei die Werte $\bar{\bar{x}}$ und $\hat{\sigma}$ aus der Prozessuntersuchung eingesetzt werden.

Ist der Prozess nicht beherrscht, so ist eine Berechnung von c_p und c_{pk} nicht zulässig. In diesem Fall müssen die Ursachen für die Instabilität des Prozesses beseitigt oder kompensiert werden. Anschließend wird die Prozessfähigkeitsuntersuchung wiederholt.

Bosch bezeichnet einen Prozess, in dessen Ablauf das geforderte Merkmal eines Produkts sicher gefertigt wird, nur dann als fähig, wenn c_{pk} mindestens 1,33 beträgt.

Maschinen- und Prozessfähigkeitsuntersuchungen sind notwendige Voruntersuchungen bei der Einführung der SPC. Beide Untersuchungen sind aber auch bei nicht SPC-geführten Prozessen wichtig, da die entsprechende Fähigkeit bei jedem Prozesstyp nachgewiesen werden muss.

Statistische Prozessregelung (SPC)
SPC ist ein Prozessregelsystem, das mithelfen soll, Fehler und zugehörige Kosten zu vermeiden. SPC wird in der Fertigung eingesetzt und für funktionswichtige Merkmale angewendet (Einzelheiten siehe „Technische Statistik", S. 200).

Prüfmittel

Mit Prüfmitteln muss beurteilt werden können, ob die Prüfmerkmale der gefertigten Produkte die vorgegebenen Spezifikationen erfüllen. Prüfmittel werden überwacht, kalibriert und instand gehalten. Bei Benutzung der Prüfmittel ist deren Messunsicherheit zu beachten. Sie muss klein sein gegenüber der Toleranz des Prüfmerkmals. Für Prüfmittel ist zu beachten:
– Festlegen der durchzuführenden Messungen, der geforderten Genauigkeit und der geeigneten Prüfmittel.
– Sicherstellen der notwendigen Präzision der Prüfmittel, d.h. sie dürfen in der Regel eine Messunsicherheit von 10% der Toleranz nicht überschreiten.
– In einem Prüfplan müssen alle für die Produktqualität notwendigen Prüfmittel

Prozessregelsystem.

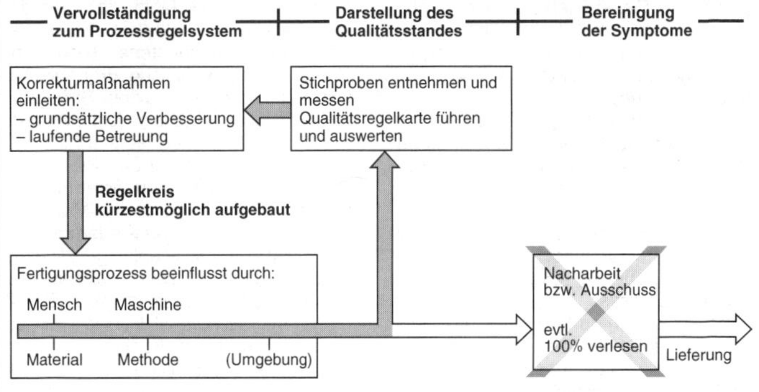

und Messeinrichtungen vorgeschrieben sein, sie müssen gekennzeichnet und in vorgeschriebenen Prüfintervallen kalibriert und justiert werden.

– Festlegen von Kalibrierverfahren mit Einzelheiten über Gerätetyp, Kennzeichnung, Einsatzort, Kalibrierintervall sowie von durchzuführenden Maßnahmen im Fall nicht zufriedenstellender Ergebnisse.

– Versehen der Prüfmittel mit einer geeigneten Kennzeichnung zum Nachweis des Kalibrierzustands.

– Anfertigen von Aufzeichnungen (Historie) über die Kalibrierung.

– Sicherstellen von geeigneten Umgebungsbedingungen für die durchzuführenden Kalibrierungen, Prüfungen und Messungen.

– Sicherstellen von gleichbleibender Genauigkeit und Gebrauchsfähigkeit der Prüfmittel durch geeigneten Schutz und zweckmäßige Lagerung.

– Sichern der Prüfmittel und der Software für die Prüfung gegen jegliche Veränderungen, die das Kalibrierergebnis ungültig machen könnten.

Art und Umfang der Prüfmittelüberwachung

Eine ausreichende Überwachung der Prüfmittel erstreckt sich auf alle Messsysteme, die in der Entwicklung, Fertigung, Montage und im Kundendienst benutzt werden. Sie umfasst Lehren, Maßverkörperungen, Instrumente, Messwertaufnehmer, spezielle Prüfeinrichtungen und zugehörige Rechnersoftware. Zusätzlich werden Vorrichtungen, Spannmittel und Instrumente überwacht, die zur Prozesslenkung eingesetzt werden.

Zur Kontrolle der Beherrschung eines Messvorgangs dienen Verfahren, welche die Ausrüstung und die Fertigkeiten der Bediener einschließen. Messabweichungen werden mit den Qualitätsforderungen verglichen. Geeignete Abhilfemaßnahmen sind dann zu ergreifen, wenn die Anforderungen bezüglich der Präzision und Funktionalität der Prüfmittel nicht mehr erfüllt werden.

Eichpflichtige Messgeräte

Nach dem Eichgesetz sind im „geschäftlichen Verkehr“ bestimmte Messgeräte dann eichpflichtig, wenn ihre Messergebnisse bei der Lieferung von Waren oder Energie maßgebend für die Festlegung des Preises sind. Dazu gehören unter anderem Messgeräte zur Bestimmung von Länge, Fläche, Volumen, Masse und thermischer oder elektrischer Energie. Liegen solche Verhältnisse vor, müssen die entsprechenden Messgeräte amtlich geeicht sein und durch amtliche oder amtlich zugelassene Dienststellen laufend überwacht werden.

Zusammenhang zwischen Messergebnissen, statistischer Auswertung und Prozessfähigkeit.

Vorgang	←Toleranz T→	Status	Prozessfähigkeit
Einzelwerte	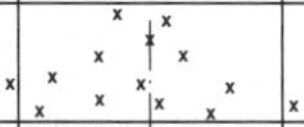	unsicher	nicht berechnet
Statistische Auswertung	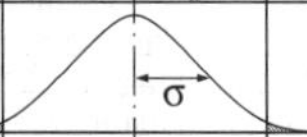	Ergebnis schlecht, da Streuung zu groß	$C_p = \frac{T}{6\sigma} = 0{,}67$ 4,6% außerhalb von T
Mindest-anforderung	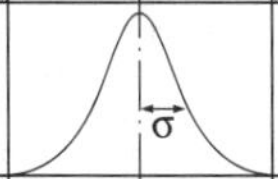	Ergebnis in Ordnung, kleine Streuung Mitte eingehalten	$C_p = 1{,}33$ 63 ppm außerhalb von T
Toleranzmitte verfehlt	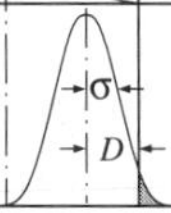	Ergebnis schlecht trotz kleiner Streuung	$C_p = 2{,}0$ aber $C_{pk} = \frac{D}{3\sigma} = 0{,}67$ d.h. 2,3% außerhalb von T

Technische Statistik

Aufgabe der Statistik

Beschreibende Statistik
Beschreibung von Mengen gleichartiger Einheiten mit bestimmten, unterschiedlichen Merkmalswerten durch statistische Kennwerte, die objektive Vergleiche und Bewertungen ermöglichen.

Beurteilende Statistik
Aussagen über statistische Kennwerte größerer Mengen (Grundgesamtheiten) auf Grund von relativ wenigen Einzeldaten (Stichproben).

Da sich solche Aussagen auf Zufallsgesetze und die Wahrscheinlichkeitsrechnung stützen, gelten sie mit einer vorgegebenen Sicherheitswahrscheinlichkeit. In der Technik sind 95 % üblich.

Beispiele für Grundgesamtheiten:
– Alle Erzeugnisse gleichen Typs bei einheitlichen Fertigungsbedingungen,
– Menge aller unter gleichen Bedingungen denkbaren Ergebnisse einer Messung.

Bei den Merkmalen unterscheidet man:
– Variablenmerkmale, z. B. physikalische Messgrößen („Messwerte"),
– Attributmerkmale, z. B. „gut"/ „schlecht" (nachfolgend „Prüfergebnis" genannt).

Statistische Methoden sind ein wichtiges Hilfsmittel für die Sicherung und Verbesserung der Qualität industrieller Produkte. Ohne ihre Anwendung wäre die heutige Zuverlässigkeit von Kraftfahrzeugen nicht möglich.

Darstellung von Messwerten

N Umfang der Grundgesamtheit: Menge aller Einheiten, die der statistischen Betrachtung zugrunde liegen
n Anzahl der Messwerte in der Stichprobe
P_A Aussagewahrscheinlichkeit
x Einzelner Messwert
R Spannweite: $R = x_{max} - x_{min}$
k Anzahl der Klassen, in die R aufgeteilt wird. $k = \sqrt{n}$ (mind. 5)
w Klassenbreite
i Ordnungszahl der Messwerte (als Index)
j Ordnungszahl der Klassen (als Index)
x_j Klassenmitte der Klasse Nr. j
n_j Besetzungszahl der Klasse Nr. j: Zahl der Messwerte in der Klasse Nr. j
h_j Häufigkeit in der Klasse Nr. j, $h_j = n_j/n$
h_j/w Häufigkeitsdichte
G_j Kumulierte Besetzungszahl: bis zu einer bestimmten Klasse aufsummierte Besetzungszahl

$$G_j = \sum_{r=1}^{j} n_r$$

H_j Häufigkeitssumme = G_j/n
$F(x)$ Verteilungsfunktion: Wahrscheinlichkeit für Werte $\leq x$
$f(x)$ Häufigkeitsdichtefunktion $\frac{\mathrm{d}\,F(x)}{\mathrm{d}\,x}$
μ Mittelwert der Grundgesamtheit
$\overline{x}$ Mittelwert einer Stichprobe

$$\overline{x} = \sum_{i=1}^{n} x_i/n$$

$\overline{\overline{x}}$ Mittelwert von mehreren $\overline{x}$-Werten
σ Standardabweichung der Grundgesamtheit
s Standardabweichung einer Stichprobe

$$s = \sqrt{\sum_{i=1}^{n} (x_i - \overline{x})^2 / (n-1)}$$

V Variationskoeffizient $V = s/\overline{x}$
u Streufaktor
X, Y, Z Zufallsvariable

Häufigkeitsschaubild und Summenkurve einer empirischen Verteilung
Das einfachste Verfahren zur übersichtlichen Darstellung einer größeren Anzahl der Merkmalswerten ist das Häufigkeitsschaubild (Histogramm). Bei Attributmerkmalen oder Variablen mit wenigen diskreten Werten werden dazu über den Merkmalswerten Säulen gezeichnet, deren Höhe proportional der relativen Häufigkeit der Werte ist, d. h. der Häufigkeit h_j vom Merkmal j im Verhältnis aus Gesamtzahl aller Werte $\sum_j h_j$.

Bei Variablenmerkmalen mit kontinuierlichem Wertebereich wird dieser in k Klassen eingeteilt und die Säulen werden über den Klassenmitten aufgetragen.

Empirische Verteilung.

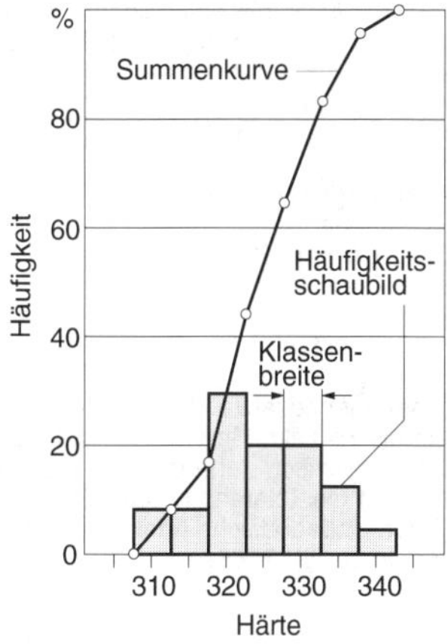

Gauß'sche Normalverteilung.

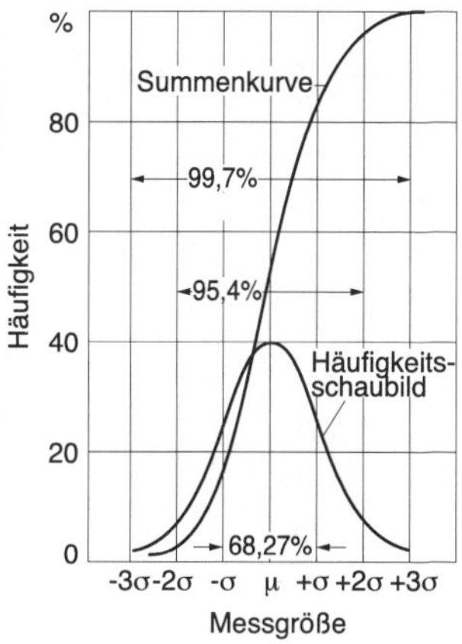

Sind die Klassen nicht alle gleich groß, werden aus den Säulen Rechtecke, deren Flächen proportional den relativen Häufigkeiten der Klassen sind. Dadurch sind auch in diesen Fällen die Höhen der Rechtecke proportional der Häufigkeitsdichte.

Will man aus dieser beschreibenden Darstellung der Stichprobe Schlüsse auf die Grundgesamtheit ziehen, ist darauf zu achten, die Klassen so festzulegen, dass in jeder Klasse mindestens fünf Werte liegen.

Eine andere Darstellung der Verteilung von Merkmalen ist die Summenkurve. Sie bietet bei Variablenmerkmalen den Vorteil, dass für jeden Wert bzw. jedes Intervall leicht abgelesen werden kann, wie viel Prozent der Messwerte darunter oder darüber liegen (Abschätzung von Fehleranteilen außerhalb der Toleranz). Die Summenkurve kann aus dem Histogramm durch Aufsummieren der relativen Häufigkeiten bis zum jeweiligen Wert bzw. Intervall ermittelt werden. Für die Grundgesamtheit stellt sie damit das Integral über der Dichtefunktion dar.

Verteilungen und statistische Kennwerte

Eine Zufallsvariable X ist gekennzeichnet durch ihre Verteilung. Die Verteilungsfunktion $F(x)$ beschreibt den Zusammenhang zwischen dem Variablenwert x und der Häufigkeitssumme oder Wahrscheinlichkeit für Werte $\leq x$. Bei empirischen Verteilungen entspricht sie der Summenkurve. Dem Histogramm entspricht die Dichtefunktion $f(x)$.

Die wichtigsten Kennwerte einer Verteilung sind der Mittelwert μ und die Standardabweichung σ.

Die Gauß'sche Normalverteilung

Die Gauß'sche Normalverteilung ist der mathematisch idealisierte Grenzfall, der sich immer dann einstellt, wenn sich viele voneinander unabhängige Zufallseinflüsse addieren. Die Wahrscheinlichkeitsdichtefunktion der durch μ und σ eindeutig bestimmten Gaußverteilung ist glockenförmig symmetrisch.

Die gesamte Fläche unter der Glockenkurve entspricht 1 = 100 %. Durch die Standardabweichung σ und ihr Vielfaches lassen sich bestimmte Bereiche mit den Grenzen $\mu \pm u\sigma$ abgrenzen, in

Wahrscheinlichkeitsnetz.

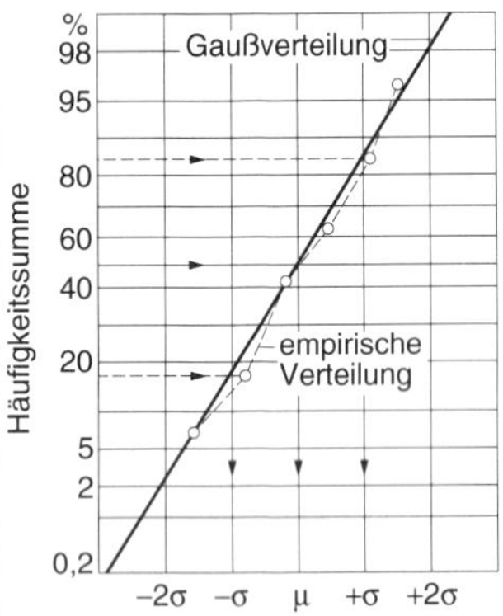

denen P% der Werte liegen (Tabelle 1). Auf jeder Seite außerhalb dieser Bereiche liegen die Anteile
$\alpha = (100 - P)/2$.

Empirische Verteilung und Gaußverteilung im Wahrscheinlichkeitsnetz
Im „Wahrscheinlichkeitsnetz" wird die Ordinate so verzerrt, dass die S-förmige Summenkurve in eine Gerade übergeht.

Bestimmung von μ und σ aus dem Wahrscheinlichkeitsnetz:
1. Bei 50 %-Häufigkeitssumme μ ablesen.
2. Bei 16 % und 84 % Abszissenwerte ablesen.
Differenz entspricht 2σ.

Summen von Zufallsvariablen
Für Mittelwert und Standardabweichung einer Zufallsvariablen
$Z = a \cdot X + b \cdot Y$, die durch lineare Kombination von 2 unabhängig verteilten Zufallsvariablen X und Y entsteht, gilt:

$$\mu_z = a \cdot \mu_x + b \cdot \mu_y$$
$$\sigma_z^2 = a^2 \cdot \sigma_x^2 + b^2 \cdot \sigma_y^2$$

Anwendungsbeispiele:
1. Passungen.
Durchmesser der Bohrung: x.
Durchmesser der Welle: y.
Spiel: $z = x - y$.
Für $\sigma_x = \sigma_y$ gilt: $\sigma_z^2 = 2 \cdot \sigma_x^2$

2. Zusammengesetzte Maße.
Wenn die Einzelmaße um ihre Toleranzmitten statistisch unabhängig verteilt sind, kann die Toleranz für das Gesamtmaß durch quadratische Addition gebildet werden (vgl. DIN 7186).

Auswertung von Messreihen

Zufallsbereich für $\bar{x}$ und s
(direkter Schluss)
Entnimmt man aus ein und derselben Grundgesamtheit mit dem Mittelwert μ und der Standardabweichung σ viele Stichproben von je n Werten, so streuen die Mittelwerte $\bar{x}_1$, $\bar{x}_2$ ... der Stichproben mit der Standardabweichung

$$\sigma_{\bar{x}} = \frac{\sigma}{\sqrt{n}} \quad \text{um den wahren Wert } \mu.$$

In ähnlicher Weise kann man für s und R Zufallsbereiche definieren.

Tabelle 1. Wertehäufigkeit P innerhalb und α außerhalb $\pm u\sigma$.

u	1,00	1,28	1,64	1,96	2,00	2,33	2,58	3,00	3,29
P%	68,27	80	90	95	95,4	98	99	99,7	99,9
α%	15,86	10	5	2,5	2,3	1	0,5	0,15	0,05

Größe	Zufallsbereich untere Grenze	obere Grenze
$\bar{x}$	$\mu - u\dfrac{\sigma}{\sqrt{n}}$	$\mu + u\dfrac{\sigma}{\sqrt{n}}$
S	$D_u \cdot \sigma$	$D_o \cdot \sigma$
R	$D_u \cdot \sigma \cdot d_n$	$D_o \cdot \sigma \cdot d_n$

D_u und D_o in Abhängigkeit von n und P aus Tabelle 1 und Tabelle 2.

Tabelle 2. Hilfszahlen zur Auswertung von Messreihen.

n	d_n	t-Werte für P = 90%	95%	99%	D_u für P = 95%	D_o für P = 95%
2	1,13	6,31	12,7	63,7	0,03	2,24
3	1,69	2,92	4,30	9,92	0,16	1,92
5	2,33	2,13	2,78	4,60	0,35	1,67
10	3,08	1,83	2,26	3,25	0,55	1,45
20	3,74	1,73	2,09	2,86	0,68	1,32
50	–	1,68	2,01	2,68	0,80	1,20
∞	–	1,65	1,96	2,58	1,00	1,00

Vertrauensbereich für μ und σ
(Rückschluss)
Wenn nur Stichproben mit x und s bekannt sind und eine Aussage über den bei unendlich vielen Messungen sich einstellenden wahren Mittelwert μ gemacht werden soll, so kann ein sogenannter Vertrauensbereich angegeben werden, in dem μ mit P_A% Wahrscheinlichkeit liegt. Entsprechendes gilt für σ.

Größe	Vertrauensbereich untere Grenze	obere Grenze
μ	$\bar{x} - t\dfrac{s}{\sqrt{n}}$	$\bar{x} + t\dfrac{s}{\sqrt{n}}$
σ	$\dfrac{s}{D_o}$	$\dfrac{s}{D_u}$

t, D_o und D_u aus Tabelle 2.

Vertrauensgrenzen für Überschreitungsanteile.

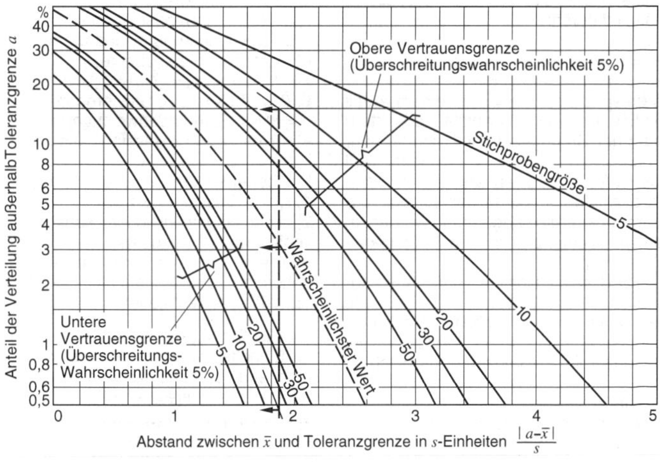

Vergleich von Mittelwerten
Zwei Stichproben mit n_1 bzw. n_2 Werten haben gleiche Standardabweichungen $s_1 = s_2$, aber unterschiedliche Mittelwerte $\bar{x}_1 \neq \bar{x}_2$. Der Vertrauensbereich für die Differenz $\mu_1 - \mu_2 = 0$ ist:

$\pm t \cdot s_A \cdot \sqrt{1/n_1 + 1/n_2}$ mit

$s_A{}^2 = \left((n_1 - 1)\, s_1{}^2 + (n_2 - 1)\, s_2{}^2\right)/(n' - 1)$

$n' = n_1 + n_2 - 1$ bestimmt t in Tabelle 2.

Liegt die Differenz $x_1 - x_2$ außerhalb dieses Vertrauensbereichs, stammen die beiden Stichproben mit der Sicherheitswahrscheinlichkeit P aus verschiedenen Grundgesamtheiten (z. B. unterschiedliche Fertigungssbedingungen).

Abschätzung von Überschreitungsanteilen
Auf Grund von $\bar{x}$ und s einer Probeserie sollen Anteile außerhalb einer Toleranzgrenze a geschätzt werden.

Rechnungsgang:
Wenn μ und σ bekannt sind, ist der Anteil außerhalb a in Tabelle 1 oder im Bild „Vertrauensgrenzen für Überschreitungsanteile" (Kurve „Wahrscheinlichster Wert") bestimmt durch:

$u = |\, a - \mu \,| / \sigma.$

Es entspricht z. B. $u = 1{,}65$ einem Anteil von 5 %. Nun sind aber nicht die Werte μ und σ der Grundgesamtheit, sondern nur $\bar{x}$ und s der Stichprobe bekannt. Weil diese Werte zufallsabhängig sind, kann für den Überschreitungsanteil nur der Vertrauensbereich angegeben werden, in dem er mit einer bestimmten Wahrscheinlichkeit liegt.

Im Bild lassen sich die Vertrauensgrenzen in Abhängigkeit von $|a - \bar{x}| / s$ ablesen, die nur mit 5 % Wahrscheinlichkeit überschritten werden. Diese Betrachtung ist für beide Toleranzgrenzen erforderlich.

Beispiel:
Vorgeschriebene Toleranz für geschliffene Rollen $14^{-0{,}016}_{-0{,}043}$ mm.

Geprüft 14 Teile mit 13,961 bis 13,983 mm. $\bar{x} = 13{,}972$ mm; $R = 0{,}022$ mm.

Schätzung von s aus R mit d_n aus Tabelle 2:
$s = 0{,}022/3{,}5 = 0{,}0063$

Überschreitung obere Toleranzgrenze:

$$\frac{|\, a - \bar{x} \,|}{s} = \frac{13{,}984 - 13{,}972}{0{,}0063} = \frac{0{,}012}{0{,}0063} = 1{,}9$$

somit aus dem Bild:
größtmöglicher Wert ≈ 15 %
wahrscheinlichster Wert ≈ 3,1%
kleinstmöglicher Wert ≈ 0,5%

Überschreitung untere Toleranzgrenze:

$$\frac{|\, a - \bar{x} \,|}{s} = \frac{|13{,}957 - 13{,}972|}{0{,}0063} = \frac{0{,}015}{0{,}0063} = 2{,}38$$

somit aus dem Bild:
größtmöglicher Wert ≈ 9 %
wahrscheinlichster Wert ≈ 1 %
kleinstmöglicher Wert < 0,5%

Statistische Prozessregelung (SPC)
Qualitätsregelkarten werden zur Sicherstellung gleichbleibender Qualität im Fertigungsprozess verwendet. In festgelegten Zeitabständen werden kleine Stichproben geprüft und bei Messwerten die Werte $\bar{x}$ und R, bei Attributprüfungen die Fehler eingetragen.
T_{un}, T_{ob} untere/obere Toleranzgrenze,
T Differenz aus oberer und unterer Toleranzgrenze (Toleranzbreite),
$T = T_{un} - T_{ob}$, $T_m = (T_{un} + T_{ob})/2$,
$\bar{\bar{x}}$, $\bar{R}$ Werte aus ≥ 20 Stichproben,
$\sigma = \bar{R}/d_n$ = Standardabweichung,
$c_p = T/(6 \times \sigma)$ = Prozessfähigkeit.

Ein „beherrschter" Prozess liegt vor, wenn
1) $c_p > 1$ (besser: $c_p \geq 1{,}33$),
2) kein ungewöhnlicher Kurvenverlauf vorliegt (keine Trends usw.),
3) $\bar{x}$ und R innerhalb der durch die zugehörigen Zufallsbereiche bestimmten „Eingriffsgrenzen" liegen.

Tabelle 3 zeigt die angenäherten Werte für Eingriffsgrenzen in Prozent von T, errechnet unter folgenden Annahmen: 99,7 %-Zufallsbereiche und $c_p = 1$.

Tabelle 3. Eingriffsgrenzen in % von T.

n	3	4	5	6	7	8	10	12	15
R/T < %	72	78	82	84	86	88	91	93	95
$(\bar{x} - T_m)$ < %	29	25	22	20	19	18	16	14	13

Die Weibull-Verteilung von Lebensdauern

Für die Untersuchung von Lebensdauern technischer Erzeugnisse hat sich die Weibull-Verteilung als Standard eingeführt. Ihre Verteilungsfunktion (Wahrscheinlichkeit für Lebensdauern $\leq t$) ist:

$F(t) = 1 - e^{-(t/T)^b}$

Überlebenswahrscheinlichkeit (Zuverlässigkeit)

$R(t) = 1 - F(t)$

Ausfallrate (Ausfall je Zeiteinheit bezogen auf Restbestand)

$\lambda(t) = f(t) / R(t)$

mit

T Charakteristische Lebensdauer, zugehöriger Summenausfall 63,2 %.

b Ausfallsteilheit,

$b < 1$: fallend (Frühausfälle)

$b = 1$: konstant (Zufallsausfälle)

$b > 1$: steigend (Verschleiß)

Im Weibull-Netz mit Abszisse ln t, Ordinate ln (–ln $R[t]$), wird $F(t)$ eine Gerade.

Auswertung eines Dauerversuchs mit n Prüflingen:

Das Bild zeigt die Auswertung eines Dauerversuchs mit $n = 19$ Schaltern, von denen $r = 12$ ausgefallen sind. Über den der Größe nach geordneten Lebensdauern t wird als Summenausfall

$H = (i - 0{,}5)/n$

aufgetragen.

Man erhält:

$T = 83 \cdot 10^3$ Schaltungen

$b = 3{,}2$ (Verschleiß).

T und b sind wie $\bar{x}$ und s Zufallsgrößen. Vertrauensbereiche für die „wahren Werte" liefern näherungsweise ($n \geq 50$) die Formeln:

$T \pm (u/\sqrt{n}) \cdot (T/b)$

$b - 0{,}5 \cdot (u/\sqrt{n'}) \cdot b \; ... \; b + (u/\sqrt{n'}) \cdot b$

u aus Tabelle 1.

Auswertung eines Dauerversuchs mit n = 19 Schaltern im Weibull-Netz.

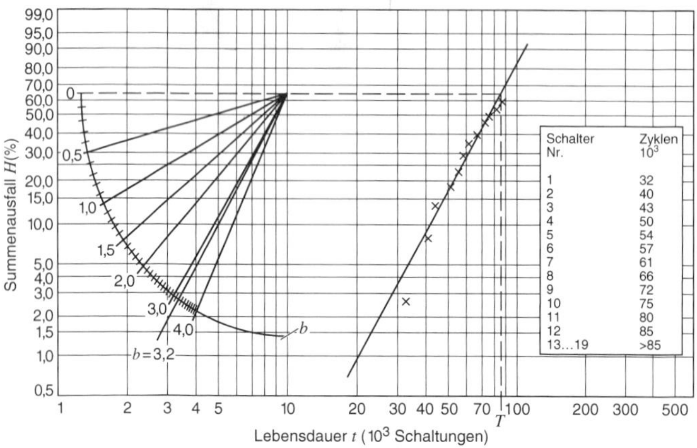

Bei unvollständigen Beobachtungen ($r < n$) gilt:

$$n' \approx r \cdot \left(1 + (r/n)\right)/2$$

T, b sind also durch r Ausfälle bei $r < n$ weniger genau bestimmt als bei $r = n$. Der Anteil, der eine bestimmte Lebensdauer überschreitet, wird im folgenden Abschnitt geschätzt.

Statistische Auswertung von Prüfergebnissen

N Umfang der Grundgesamtheit (Los). Ein Attributmerkmal teilt das Los in 2 Klassen, z. B. „Ausgefallen" und „Gut".

n Anzahl Einheiten der Stichprobe

I Anzahl Ausfälle im Los

i Anzahl Ausfälle in der Stichprobe

p Ausfallanteil in der Stichprobe
$p = i/n$

p' Ausfallanteil im Los
$p' = I/N$.

Zufalls- bzw. Vertrauensgrenze für Ausfallanteile *(Binomialverteilung).*
Überschreitungswahrscheinlichkeit für jede Grenze α = 10 %.

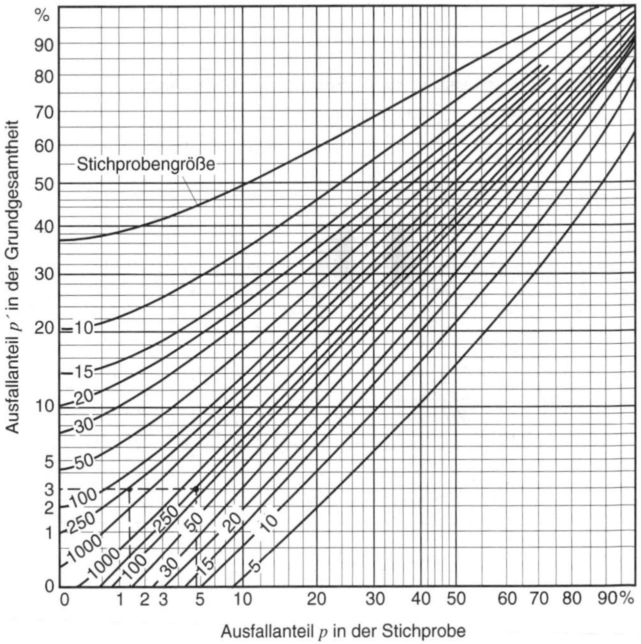

Verteilung des Ausfallanteils p in Stichproben

Die Ausfallzahl i der Stichprobe ist eine Zufallsgröße. Für große Lose ($N > 10 \cdot n$) gilt die Binomialverteilung, Erwartungswert: $E(i) = n \cdot p'$,

Standardabweichung:

$\sigma_i = \sqrt{n \cdot p'(1 - p')}$.

Zufallsbereiche für p (p' bekannt) und Vertrauensbereiche für p' (p bekannt) liefert Bild S. 202 abhängig von n mit Überschreitungs-Wahrscheinlichkeit $\alpha = 10\,\%$ für jede Grenze.

Für den in der Praxis häufigen Bereich $p' < 5\,\%$ geht die Binomialverteilung in das nur noch von $n \cdot p'$ abhängige Gesetz der seltenen Ereignisse von Poisson über mit $E(i) = n \cdot p'$, $\sigma_i = \sqrt{n \cdot p'}$.

Beispiele:

1. Binomialverteilung (Bild S. 202)

Beim Dauerversuch mit $n = 20$ Einheiten sind nach längerer Belastungsdauer $i = 2$ Einheiten ausgefallen.

Welcher Anteil p' der Serie wird die entsprechende Lebensdauer T nicht erreichen?

Anteil in Stichprobe $p = 2/20 = 10\,\%$.

Bild unten liefert mit $p = 10\%$, $n = 20$:

$p_u' = 2{,}8\,\%$, $p_o' = 24\,\%$.

In diesem Bereich wird bei gleichbleibender Qualität der Anteil mit Lebensdauer $< T$ liegen.

2. Poisson-Verteilung (Tabelle 4)

Bei einer Eingangsprüfung wurde in einer Stichprobe von $n = 500$ Teilen $i = 1$ Teil mit Toleranzüberschreitung gefunden.

Welcher Anteil fehlerhafter Teile ist mit 90 % Wahrscheinlichkeit höchstens im Los?

Tabelle 4 liefert mit $i = 1$, $\alpha = 10\,\%$:

$np_o' = 3{,}89$

$p_o' = 3{,}89/500 = 7{,}78\,‰$.

Näherungsformel für Poisson-Gesetz

Für größere $i > 10$ gilt näherungsweise:

$$n \cdot p' = i + u \cdot \sqrt{i} + k$$

(u, k siehe Tabelle 4).

Beispiel für Poisson-Näherung:

In einer Vorserie mit $n = 10\,000$ Einheiten kamen $i = 17$ Garantiefälle vor. Welche Grenze wird der Anteil Garantiefälle in der Serie mit 97,5% Wahrscheinlichkeit unter gleichen Bedingungen nicht überschreiten?

Nach der o. a. Näherungsformel mit Werten der Tabelle 4 gilt:

$np_o' = 17 + 1{,}96 \cdot \sqrt{17} + 2 = 27{,}08$

$p_o' = 27{,}08/10\,000 = 2{,}7\,‰$.

Tabelle 4. Vertrauensgrenzen für seltene Ereignisse.

Beob. Anzahl i	Unt. Grenze $n\,p_u'$ Überschreitungswahrscheinlichkeit 2,5%	10%	Ob. Grenze $n\,p_o'$ 10%	2,5%
0	—	—	2,30	3,69
1	0,025	0,105	3,89	5,57
2	0,242	0,532	5,32	7,22
3	0,619	1,10	6,68	8,77
4	1,09	1,74	8,00	10,24
5	1,62	2,43	9,27	11,67
6	2,20	3,15	10,53	13,06
7	2,81	3,89	11,77	14,42
8	3,45	4,66	12,99	15,76
9	4,12	5,43	14,21	17,08
10	4,80	6,22	15,41	18,39
u	− 1,96	− 1,28	+ 1,28	+ 1,96
k	+ 1,0	+ 0,2	+ 1,2	+ 2,0

Grundbegriffe der Messtechnik

Messungen können erst dann die Grundlage sinnvoller Entscheidungen bilden, wenn Angaben über die Fehlergrenzen vorliegen. Dazu werden Begriffe der Statistik verwendet.

Begriffsdefinitionen (nach DIN 1319):

Messgröße
Physikalische Größe, die gemessen wird (Länge, Dichte, ...).

Messwert
Spezieller Wert der Messgrößen, z. B. 3 m.

Messergebnis
Aus einem oder mehreren Messwerten berechneter Wert, z. B. Mittel $\overline{x}$.

Messfehler $F = x_a - x_r$
x_a angezeigter Messwert
x_r „richtiger" Messwert
Ursachen: Messgegenstand, Messgerät, Messverfahren, Umwelt, Beobachter.

Relativer Messfehler
normalerweise: F/x_r
Bei Kennzeichnung von Messgeräten F/x_e, hierbei x_e = Endausschlag des Messgeräts.

Systematische Messfehler
Messfehler, die unter gleichen Bedingungen gleiche Größe und Vorzeichen haben.
Erfassbare systematische Fehler sind durch eine Berichtigung $B = -F$ zu korrigieren, andernfalls ist das Messergebnis unrichtig. Nicht erfassbare systematische Fehler sind abzuschätzen (f).

Zufällige Messfehler
Messfehler, die in Größe und Vorzeichen zufällig streuen. Abschätzung durch die Standardabweichung s.

Ergebnis einer Messreihe
Wenn n Messwerte x_i unter gleichen Bedingungen gemessen wurden, dann sollte als Messergebnis angegeben werden:
$y = \overline{x}_E \pm u$ Vertrauensgrenzen für den richtigen Messwert, dabei:
$\overline{x}_E = \overline{x} + B$ berichtigter Mittelwert
$u = t \cdot s/\sqrt{n} + |f|$ Messunsicherheit.
Berechnung von s S. 196,
Tabelle 2 für t S. 199,
f nicht erfasste systematische Fehler.

Trennung von Mess- und Fertigungsgenauigkeit
An n Erzeugnissen wird ein Merkmal x_i mit Messfehler f_{ik} je 2mal gemessen:
$y_{ik} = x_i + f_{ik}$ ($i = 1, \ldots n$; $k = 1,2$)

Die Differenzen zwischen den 2 Messwerten vom selben Erzeugnis enthalten 2 Messfehler:

$$z_i = y_{i1} - y_{i2} = f_{i1} - f_{i2}$$
$$\sigma_z^2 = 2\,\sigma_f^2$$
$$\sigma_y^2 = \sigma_x^2 + \sigma_f^2$$

Aus den letzten 2 Beziehungen kann die Standardabweichung σ_f der Messfehler und die bereinigte Standardabweichung σ_x des Erzeugnismerkmals x ermittelt werden.

Normen
DIN 55303 Statistische Auswertung von Daten
DIN 53804 Statistische Auswertungen
DIN 55350 Begriffe der Qualitätssicherung und Statistik
DIN 40080 Vorschriften, Tabellen für Attribut-Stichprobenprüfung
DIN 7186 Statistische Tolerierung
DIN/ISO 9000 Qualitätssicherungssysteme
DQG-11-04 Begriffe und Formelzeichen der Qualitätssicherung (Beuth)

Literatur
Graf, Henning, Stange: Formeln und Tabellen der Statistik (Springer-Verlag, Berlin 1956);
Rauhut: Berechnung der Lebensdauerverteilung (Glückauf-Verlag, Essen 1982).

Zuverlässigkeit

Zuverlässigkeit (DIN 40041) ist die Gesamtheit derjenigen Eigenschaften einer Betrachtungseinheit, welche sich auf die Eignung zur Erfüllung gegebener Erfordernisse unter vorgegebenen Bedingungen für ein gegebenes Zeitintervall beziehen. Zuverlässigkeit ist ein Unterbegriff der Qualität („Zuverlässigkeit ist Qualität auf Zeit“).

Das Wort Verlässlichkeit ist der Versuch einer Übersetzung des Begriffs Dependability. Verlässlichkeit beinhaltet die Begriffe Zuverlässigkeit (reliability), Verfügbarkeit (availability), Sicherheit (safety), Vertraulichkeit (security) und Wartbarkeit (maintainability). Verlässlichkeit entspricht also dem gesetzten Vertrauen in eine Dienstleistung, die von einem System erbracht werden soll.

Die Verfügbarkeit quantifiziert die Zuverlässigkeit; sie ist die Wahrscheinlichkeit, ein System zu einem vorgegebenen Zeitpunkt in einem funktionsfähigen Zustand anzutreffen. Die Ausfallrate ist die bedingte Wahrscheinlichkeitsdichte dafür, dass ein Bauteil bis zum Zeitpunkt $t+dt$ ausfällt, vorausgesetzt, es hat den Zeitpunkt t überlebt. Sie hat im allgemeinen den Verlauf einer „Badewannenkurve“, die sich als Überlagerung dreier Weibull-Verteilungen mit verschiedenen Ausfallsteilheiten beschreiben lässt (s. Kapitel „Technische Statistik“).

Elektronische Bauteile fallen in der Regel unvorhersehbar und spontan aus. Dies wird durch eine konstante Ausfallrate beschrieben (mittlerer Bereich der Kurve). Weder Qualitätskontrollen noch vorbeugende Wartung können solche Ausfälle verhindern. Durch falsche Bauteilewahl, Überbeanspruchung oder Fertigungsmängel hervorgerufene Ausfälle zeigen ein „burn-in-Verhalten“, beschrieben durch eine mit der Zeit abnehmende Ausfallrate, während Altern eines Bauteils durch eine wachsende Ausfallrate dargestellt wird (linker bzw. rechter Teil der Kurve).

Ausfallphasen.
a Frühausfälle, b zufallsbedingte Ausfälle, c alterungsbedingte Ausfälle.

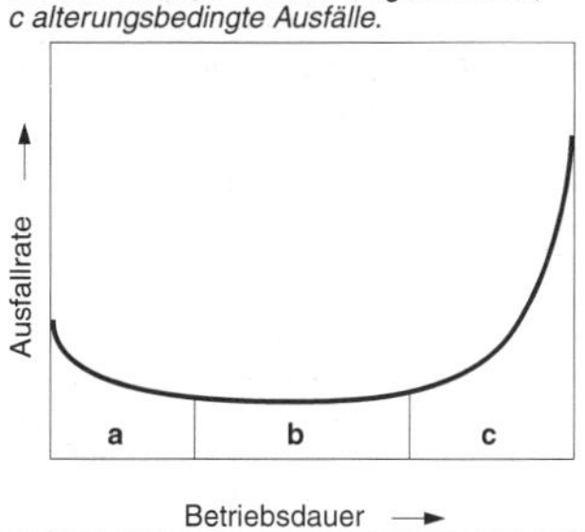

Zuverlässigkeitsanalyse und -vorhersage

Um das Gefährdungspotential eines Erzeugnisses zu ermitteln, also alle möglichen Auswirkungen sowohl der Funktion als auch interner Fehler und von außen einwirkender Störungen (z. B. Fehlbedienung) aufzudecken, werden einander ergänzende Analysemethoden herangezogen, die bei verschiedenen Phasen des Produktlebenszyklus eingesetzt werden. In der Kfz-Entwicklung sind vor allem FMEA und Fehlerbaumanalyse verbreitet.

FMEA (DIN 25448, IEC 812)

Die FMEA (Failure Mode and Effects Analysis) ist eine „bottom-up“-Analyse. Ausgehend von vorstellbaren Fehlern auf der untersten Ebene der Systemhierarchie (bei der Konstruktions-FMEA in der Regel Komponenten, bei der System-FMEA Funktionsblöcke, bei der Prozess-FMEA Arbeitsschritte) wird deren Fortpflanzung auf höhere Ebenen untersucht. So werden alle von Einzelfehlern hervorgerufenen kritischen Systemzustände aufgedeckt und außerdem relativ zueinander bewertet. FMEA kann in verschiedenen Phasen der Entwicklung und Fertigung angewandt werden.

Konstruktions-FMEA: unter der Voraussetzung, dass die Teile zeichnungsgerecht gefertigt sind, wird die pflichtenheftgerechte Auslegung der Erzeugnisse/Komponenten zur Vermeidung von Systemauslegungsfehlern und zur Erkennung von Feldrisiken untersucht.

Prozess-FMEA: unter der Voraussetzung, dass die Spezifikationen korrekt sind, wird die zeichnungsgerechte Fertigungsaus-

führung der Erzeugnisse zur Vermeidung von Fertigungsfehlern untersucht.
System-FMEA: untersucht wird das funktionsgerechte Zusammenwirken der Systemkomponenten zur Vermeidung von Systemauslegungsfehlern und zur Erkennung von Feldrisiken.

Fehlerbaumanalyse (DIN 25 424)
Die Fehlerbaumanalyse (Fault Tree Analysis, FTA) ist eine „top-down"-Analyse, die quantitative Aussagen über Wahrscheinlichkeiten erlaubt. Ausgehend vom unerwünschten Ereignis (top event) werden alle vorstellbaren Ursachen aufgezählt, auch Kombinationen von Einzelfehlern. Bei bekannten Auftretenswahrscheinlichkeiten der Einzelfehler lässt sich die Auftretenswahrscheinlichkeit des unerwünschten Ereignisses berechnen. Dazu gibt es vor allem für elektrische Bauteile Datensammlungen von Ausfallraten wie Mil-Hdbk 217E oder SAE 870050. Ihre Einsetzbarkeit für Kfz ist jedoch im Einzelfall kritisch zu prüfen.

Zuverlässigkeitserhöhung

Prinzipiell lässt sich die Zuverlässigkeit eines Systems durch Fehlervermeidung oder durch Fehlertoleranz verbessern. Vermeidende Maßnahmen sind z. B. die Auswahl zuverlässigerer Bauelemente mit höheren zulässigen Beanspruchungen oder (bei elektronischen Systemen) die Verringerung der Zahl der Komponenten und damit der Verbindungen durch höhere Integration, da die Verfügbarkeit von Systemen mit wachsender Anzahl der Bauteile stark abnimmt. Als Faustregel tragen rein elektronische Bauelemente wie Transistoren oder integrierte Schaltkreise 10 %, Sensoren und Stellglieder 30 %, die Verbindungen der Bauteile untereinander und mit der Außenwelt jedoch 60 % zu Ausfällen bei. Wenn Vermeidungsmaßnahmen nicht ausreichen, müssen durch Fehlertoleranzmaßnahmen (z. B. Mehrkanaligkeit, Selbstüberwachung) die Auswirkungen eines Fehlers maskiert werden.

Zuverlässigkeitsplanung
Das Verfahren des Reliability-Growth-Management (RG, Mil-Hdbk 189) bietet bei neu zu entwickelnden Erzeugnissen eine Planungsgrundlage für den zur Erreichung eines Zuverlässigkeitsziels benötigten Testaufwand in Abhängigkeit von der anfänglich vorhandenen Zuverlässigkeit.
Im Verlauf der Entwicklung eines Produktes verbessert sich dessen Zuverlässigkeit dadurch, dass die Ursachen beobachteter Fehler analysiert und so weit wie möglich beseitigt werden. Eine statistische Messung der Zuverlässigkeit des Produkts in seiner endgültigen Version kann streng genommen erst am Ende der Entwicklung begonnen werden. Bei den in der Automobilindustrie geforderten Lebensdauern benötigt eine solche Messung aber so viel Zeit, dass der Serienanlauf verzögert würde. Unter gewissen Voraussetzungen erlaubt die RG-Methode eine Abschätzung der Zuverlässigkeit des Produkts zu jedem Zeitpunkt der Entwicklung. Diese Abschätzung beruht auf den Daten früherer Versionen des Produkts und der Wirksamkeit der eingeführten Fehlerkorrekturmaßnahmen. Somit wird einerseits die benötigte Zeit bis zum Serienanlauf verkürzt und zum anderen die verfügbare Datenmenge und damit die statistische Aussagesicherheit erhöht.
Trägt man die augenblickliche mittlere Lebensdauer MTTF (Mean Time To Failure) in doppelt logarithmischem Maßstab gegen die kumulierte Laufzeit (Summe der Testzeiten aller Prüflinge) auf, so zeigt die Erfahrung, dass im Mittel dieser MTTF-Wert entlang einer Geraden wächst. Deren Steigung liegt je nach Produkt und betriebenem Aufwand zwischen 0,35 und 0,5. Dieser empirische Zusammenhang zwischen Testaufwand und erreichter Zuverlässigkeit kann für die Planung verwendet werden.
Ein Vergleich zwischen Planung und aktuellem Stand ist jederzeit möglich. Zu bestimmten Meilensteinen gesetzte Zuverlässigkeitszwischenziele gilt es im Verlauf des RG-Programms einzuhalten. Bei der Planung des Versuchsprogramms muss man sowohl einen gangbaren Weg zwischen Zeitaufwand, Testaufwand und verfügbaren Mitteln finden als auch die möglichen Zuverlässigkeitsgewinne realistisch einschätzen.

Regelungs- und Steuerungstechnik

Begriffe und Definitionen (nach DIN 19226)

Regeln	Steuern
Regeln, Regelung Das Regeln – die Regelung – ist ein Vorgang, bei dem eine Größe, die zu regelnde Größe (Regelgröße x) fortlaufend erfasst, mit einer anderen Größe, der Führungsgröße w_1 verglichen und abhängig vom Ergebnis dieses Vergleichs im Sinne einer Angleichung an die Führungsgröße beeinflusst wird. Der sich dabei ergebende Wirkungsablauf findet in einem geschlossenen Kreis, dem Regelkreis statt. Die Regelung hat die Aufgabe, trotz störender Einflüsse den Wert der Regelgröße an den durch die Führungsgröße vorgegebenen Wert anzugleichen, auch wenn dieser Angleich im Rahmen gegebener Möglichkeiten nur unvollkommen geschieht.	**Steuern, Steuerung** Das Steuern – die Steuerung – ist der Vorgang in einem System, bei dem eine oder mehrere Größen als Eingangsgrößen andere Größen als Ausgangsgrößen auf Grund der dem System eigentümlichen Gesetzmäßigkeit beeinflussen. Kennzeichen für das Steuern ist der offene Wirkungsablauf über das einzelne Übertragungsglied oder die Steuerkette. Die Benennung Steuerung wird vielfach nicht nur für den Vorgang des Steuerns, sondern auch für die Gesamtanlage verwendet, in der die Steuerung stattfindet.
Regelkreis Der Regelkreis wird gebildet durch die Gesamtheit aller Glieder, die an dem geschlossenen Wirkungsablauf der Regelung teilnehmen. Der Regelkreis ist ein in sich geschlossener Wirkungsweg mit einsinniger Wirkungsrichtung. Die Regelgröße x wirkt in einer Kreisstruktur im Sinne einer Gegenkopplung auf sich selbst zurück. **Im Gegensatz zur Steuerung berücksichtigt eine Regelung den Einfluss aller Störgrößen (z_1, z_2) im Regelkreis.** Der Regelkreis wird unterteilt in Regelstrecke und Regeleinrichtung.	**Steuerkette** Eine Steuerkette ist eine Anordnung von Gliedern (Systemen), die in Kettenstruktur aufeinander einwirken. Eine Steuerkette als Ganzes kann innerhalb eines übergeordneten Systems mit weiteren Systemen in beliebigem wirkungsmäßigem Zusammenhang stehen. Durch eine Steuerkette kann nur die Auswirkung der Störgröße bekämpft werden, die von dem Steuergerät gemessen wird (zum Beispiel z_1); andere Störgrößen (zum Beispiel z_2) wirken sich ungehindert aus. Die Steuerkette wird unterteilt in Steuereinrichtung und Steuerstrecke.

Steuer- und Regeleinrichtung
Die Steuereinrichtung, Regeleinrichtung ist derjenige Teil des Wirkungsweges, welcher die aufgabengemäße Beeinflussung der Strecke über das Stellglied bewirkt.

Gerätetechnische Abgrenzung
Zur Steuereinrichtung, Regeleinrichtung gehören diejenigen Geräte, die unmittelbar für die aufgabengemäße Beeinflussung der Strecke benötigt werden.

Regelkreis

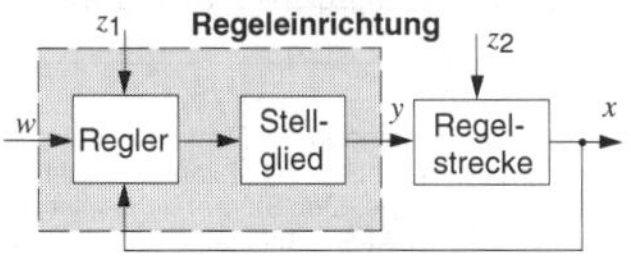

Eingangsgrößen und Ausgangsgröße der Regeleinrichtung
Eingangsgrößen der Regeleinrichtung sind die Regelgröße x, die Führungsgröße w und die Störgröße(n) z_1. Ausgangsgröße der Regeleinrichtung ist die Stellgröße y.

Steuerkette

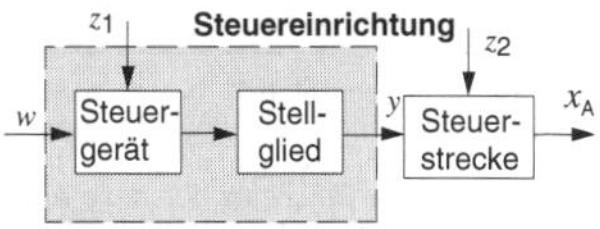

Eingangsgrößen und Ausgangsgröße der Steuereinrichtung
Eingangsgrößen der Steuereinrichtung sind die Führungsgröße w und die Störgröße(n) z_1. Ausgangsgröße der Steuereinrichtung ist die Stellgröße y.

Regeln	Steuern

Strecke (Steuer- und Regelstrecke)
Die Strecke (Steuerstrecke, Regelstrecke) ist derjenige Teil des Wirkungsweges, welcher den aufgabengemäß zu beeinflussenden Bereich der Anlage darstellt.

Eingangsgrößen und Ausgangsgröße der Regelstrecke	**Eingangsgröße und Ausgangsgröße der Steuerstrecke**
Eingangsgrößen der Regelstrecke sind die Stellgröße y und die Störgrößen z_2. Ausgangsgröße der Regelstrecke ist die Regelgröße x.	Die Eingangsgröße ist die Stellgröße y. Ausgangsgröße ist die Aufgabengröße x_A oder eine Ausgangsgröße, welche die Aufgabengröße in vorbestimmter Weise beeinflusst.

Glieder, Übertragungs- und Bauglieder
Regelungen und Steuerungen lassen sich längs des Wirkungsweges in Glieder aufteilen.

Bei der gerätetechnischen Betrachtung spricht man von Baugliedern, bei der wirkungsmäßigen Betrachtung von Übertragungsgliedern.

Bei der wirkungsmäßigen Betrachtung einer Regelung oder Steuerung beschreibt man allein den Zusammenhang der Größen und ihrer Werte, die im System miteinander in Beziehung treten.

Wirkungsweg, Wirkungsrichtung
Die Steuerkette und der Regelkreis stellen die Zusammenschaltung einzelner Glieder (oder Systeme) zu einem Wirkungsweg dar.

Der Wirkungsweg ist der Weg, längs dessen die einen Vorgang des Regelns oder Steuerns bestimmenden Wirkungen übertragen werden. Die Wirkungsrichtung ist die Richtung der Übertragung dieser Wirkungen.

Weg und Richtung der Wirkungen müssen nicht mit Weg und Richtung zugehöriger Energieflüsse und Massenströme übereinstimmen.

Stellglied, Stellort
Das Stellglied ist das am Eingang der Strecke liegende Glied, das dort in einen Massenstrom oder Energiefluss eingreift. Der Ort des Eingriffs heißt Stellort.

Störort
Störort ist der Angriffspunkt einer von der Anlage nicht beeinflussten Größe am Wirkungsweg, die den aufgabengemäß einzuhaltenden Zustand stört.

Stellgröße y, Stellbereich Y_h
Die Stellgröße y ist die Ausgangsgröße der Steuer- oder Regeleinrichtung und zugleich Eingangsgröße der Strecke. Sie überträgt die steuernde Wirkung der Einrichtung auf die Strecke.

Der Stellbereich Y_h ist der Bereich, innerhalb dessen die Stellgröße einstellbar ist.

Führungsgröße w, Führungsbereich W_h
Die Führungsgröße w einer Steuerung oder Regelung ist eine von der betreffenden Steuerung oder Regelung unmittelbar nicht beeinflußte Größe, die der Steuerkette oder dem Regelkreis von außen zugeführt wird und der die Ausgangsgröße der Steuerung oder Regelung in vorgegebener Abhängigkeit folgen soll.

Der Führungsbereich W_h ist der Bereich, innerhalb dessen die Führungsgröße w einer Steuerung oder Regelung liegen kann.

Störgrößen z, Störbereich Z_h
Störgrößen z in Steuerungen und Regelungen sind alle von außen wirkenden Größen, soweit sie die beabsichtigte Beeinflussung in einer Steuerung oder Regelung beeinträchtigen. In vielen Fällen ist die Belastung oder der Durchsatz durch die Anlage die wichtigste Störgröße. Der Störbereich Z_h ist der Bereich, innerhalb dessen die Störgröße liegen darf, ohne dass die Funktionsfähigkeit der Steuerung oder Regelung beeinträchtigt wird.

Aufgabengröße x_A, Aufgabenbereich X_{Ah}
Die Aufgabengröße x_A einer Steuerung oder Regelung ist die Größe, die zu beeinflussen Aufgabe der Steuerung oder Regelung ist.

Der Aufgabenbereich X_{Ah} bei einer Steuerung oder Regelung ist der Bereich, innerhalb dessen die Aufgabengröße bei voller Funktionsfähigkeit der Steuerung oder Regelung liegen kann.

Regelungsverfahren

Übertragungsglieder
Übertragungsglieder sind die Grundbausteine und Kernstücke der regelungstechnischen Analyse und Synthese dynamischer Systeme. Sie beinhalten jeweils eine Abbildungsvorschrift, die es erlaubt, in eindeutiger Weise jeder für das entsprechende Übertragungsglied zulässigen Eingangsgröße eine Ausgangsgröße zuzuordnen. Die allgemeine grafische Darstellung eines Übertragungsgliedes ist die Blockdarstellung (s. Abbildung).

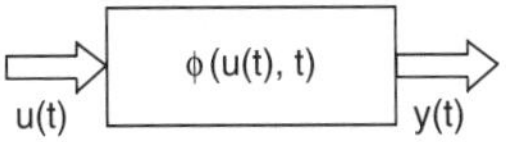

Die Abbildungsvorschrift ϕ wird oftmals auch mit Operator bezeichnet. Mit dem Operator ϕ kann die Funktionalbeziehung zwischen Eingangs- und Ausgangsgröße eines Übertragungsgliedes durch

$$y(t) = \phi(u(t), t)$$

beschrieben werden. Eine Zusammenstellung der einfachsten Übertragungsglieder findet man in der angefügten Tabelle.

Eine besondere Stellung unter den allgemeinen Übertragungsgliedern nehmen die linearen zeitinvarianten Übertragungsglieder ein. Für sie gilt das Superpositionsprinzip

$$\phi(u_1(t) + u_2(t)) = \phi(u_1(t)) + \phi(u_2(t))$$

und die Bedingung der Zeitinvarianz

$$y(t) = \phi(u(t)) \rightarrow y(t-T) = \phi(u(t-T)),\ T>0.$$

Mit den durch die Wirkungslinien miteinander verbundenen Übertragungsgliedern lassen sich komplexe dynamische Systeme wie z. B. ein Gleichstrommotor, Hydrauliksysteme, mechatronische Stellsysteme usw. darstellen.

Reglerentwurf
In der Regelungstechnik sind eine Reihe von leistungsfähigen Analyse- und Syntheseverfahren verfügbar. Der Regelungstechniker unterscheidet hier zwischen Zeitbereichs- und Frequenzbereichsverfahren. Ein klassischer und mächtiger Vertreter der Frequenzbereichsverfahren ist der Reglerentwurf mittels Bode-Diagramm. Ein effizientes Zeitbereichsverfahren ist der Entwurf eines Zustandsreglers mittels Polvorgabe oder der Riccati-Regler.

Viele regelungstechnische Probleme werden mit Reglertypen gelöst, die sich weitgehendst aus folgenden vier Übertragungsgliedern aufbauen lassen:

- P-Glied (proportional wirkendes Übertragungsglied),
- I-Glied (integrierend wirkendes Übertragungsglied),
- D-Glied (differenzierend wirkendes Übertragungsglied),
- P-T_1-Glied (Verzögerungsglied 1. Ordnung).

Durch eingangsseitige Parallelschaltung und Addition der Ausgangsgrößen der drei Übertragungsglieder P, I, D sowie durch Nachschaltung des P-T_1-Gliedes lassen sich die Reglertypen P, I, PI, PP, PD, PID, PPD erzeugen. Kenngrößen und Systemverhalten der Reglertypen siehe DIN 19226.

Unterteilung der Regelungsverfahren
In der regelungstechnischen Praxis wird zwischen den einzelnen Regelungsverfahren nach den Attributen zeitkontinuierlich/wertekontinuierlich, zeitkontinuierlich/wertediskret, zeitdiskret/wertekontinuierlich und zeitdiskret/wertediskret unterschieden. Von diesen vier Attributen sind lediglich die Fälle der zeitkontinuierlichen/wertekontinuierlichen und der zeitdiskreten/wertediskreten Regelung von Bedeutung.

<u>Zeitkontinuierliche/wertekontinuierliche Regelung</u>
Bei der zeitkontinuierlichen/wertekontinuierlichen Regelung wird die Regelgröße ununterbrochen erfasst und mit der Führungsgröße verglichen. In Abhängigkeit von diesem Vergleich wird die Stellgröße zeitkontinuierlich und wertekontinuierlich generiert.

Zeitkontinuierliche/wertekontinuierliche Regelungen werden auch als analoge Regelungen bezeichnet.

Tabelle: Zusammenstellung einiger Übertragungsglieder

Benennung	Funktionalbeziehung	Übertragungsfunktion	Verlauf der Sprungantwort	Symbol
P-Glied	$y = \mathrm{K}u$	K	K	K
I-Glied	$y = \mathrm{K}\int_0^t u(\tau)\,d\tau$	$\frac{\mathrm{K}}{s}$	K, 1	K
D-Glied	$y = \mathrm{K}\dot{u}$	Ks	Fläche = K	K
TZ-Glied T_t-Glied	$y(t) = \mathrm{K}u(t-T_t)$	$\mathrm{K}e^{-T_t s}$	K, T_t	K T_t
S-Glied	$y = u_1 \pm \ldots \pm u_p$			u_1, $-u_2$
P-T_1-Glied, VZ_1-Glied	$T\dot{y} + y = \mathrm{K}u$	$\frac{\mathrm{K}}{1 + Ts}$	K, T	K T
P-T_2-Glied VZ_2-Glied	$T^2\ddot{y} + 2dT\dot{y} + y = \mathrm{K}u$	$\frac{\mathrm{K}}{1 + 2dTs + T^2s^2}$	Periodischer Fall: $d < 1$ K, T Aperiodischer Grenzfall: $d \geqq 1$ K	K T d

Zeitdiskrete/wertediskrete Regelung

Bei der zeitdiskreten/wertediskreten Regelung wird die Regelgröße nur zu vorgegebenen Abtastzeitpunkten erfasst, quantisiert und von der quantisierten Führungsgröße subtrahiert. In Abhängigkeit der so erzeugten Regeldifferenz wird die Stellgröße berechnet. In der Regel wird hierzu ein Algorithmus verwendet, der in Form eines Softwareprogramms auf einem Mikrocontroller implementiert ist. Als Prozessschnittstellen werden A/D- bzw. D/A-Konverter eingesetzt. Zeitdiskrete/wertediskrete Regelungen werden auch als digitale Regelungen bezeichnet.

Wirkungsplan einer digitalen Regelung.
*T Abtastzeit, * digitale Signalwerte*

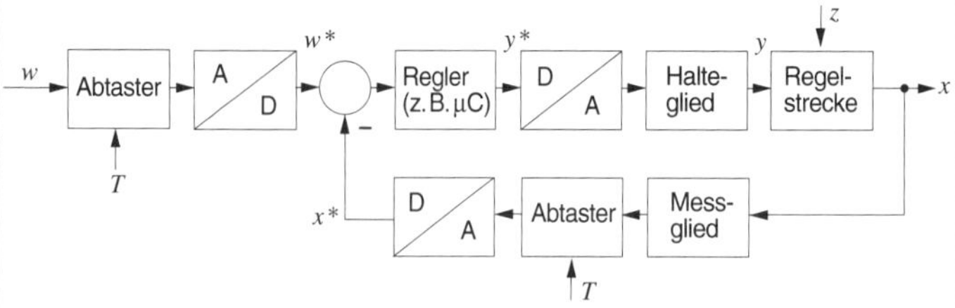

Beispiele für Regelsysteme am Kfz (vereinfacht)

Regelsystem	Größen: Aufgabengröße (x_A)	Regelgröße (x)	Führungsgröße (w)	Stellgröße (y)	Störgrößen (z)	Glieder: Regeleinrichtung	Stellglied	Regelstrecke
Lambda-Regelung	Luft-Kraftstoff-Verhältnis (λ)	O_2-Gehalt im Abgas	λ = 1,0 (Festwertregelung)	Einspritzmenge	Ungenaue Vorsteuerung, Undichtheit, Kurbelgehäuseentlüftung	Lambda-Regelgerät und Lambda-Sonde	Einspritzventile	Brennraum; Teil v. Saugtrakt und Abgassystem bis λ-Sonde
Drehzahl-Regelung bei Dieselmotoren	Motordrehzahl		Solldrehzahl (Folgeregelung)	Einspritzmenge	Last	Drehzahlregler	Einspritzpumpe	Gemischbildungsbereich im Motor
Anti-Blockier-System (ABS-Regelung)	Radschlupf	Radschlupf	Schlupfgrenze (Adaptiv)	Bremsdruck	Straßen- und Fahrzustand	Regler im ABS-Steuergerät	Drucksteuerventil	Reifen, Straße
Temperaturregelung (Innenraum)	Innenraumtemperatur	Innenraum-Ausblas-, Außenlufttemperatur	Soll-Temperatur (Folgeregelung)	Heißwasserdurchfluss oder Mischungsverhältnis Warm-/Kaltluft	Motor-, Außentemperatur; Wärmeeinstrahlung; Fahrgeschwindigkeit; Motordrehzahl	Temperaturregelgerät und Temperatursensor	Elektromagnetisches Heizungsventil bzw. Luftklappe	Innenraum

Beispiele für Steuersysteme am Motor

Steuersystem	Größen: Aufgabengrößen (x_A)	Führungsgrößen (w)	Eingangsgrößen der Steuereinrichtung	Störgrößen (z)	Stellgröße (y)	Glieder: Steuereinrichtung	Stellglied	Steuerstrecke
Jetronic Benzineinspritzung	Luft-Kraftstoff-Verhältnis	Luft-Kraftstoff-Verhältnis (Soll)	Motordrehzahl, Motortemperatur, Bordnetzspannung, Luftmenge, Lufttemperatur, Drosselklappenstellung	Kraftstofftemperatur, Wandfilmbildung	Einspritzdauer	Jetronic-Steuergerät mit verschiedenen Messgliedern	Einspritzventile	Gemischbildungsbereich
Elektronische Zündsysteme	Entflammungszeitpunkt	Entflammungszeitpunkt (Soll)	Motordrehzahl KW-Stellung, Saugrohrdruck, Drosselklappenstellung, Motortemperatur, Bordnetzspannung	Zustand der Zündkerzen, Luft-Kraftstoff-Verhältnis, Kraftstoffqualität, mechanische Toleranzen	Zündzeitpunkt	Zündsteuergerät	Zündendstufe	Verbrennungsraum im Motor

Chemische Elemente

Element	Zeichen	Art[1])	Ordnungszahl	Relative Atommasse	Wertigkeit	Jahr der Entdeckung	Entdecker
Actinium	Ac	m	89	227	3	1899	Debierne
Aluminium	Al	m	13	26,9815	3	1825	Oersted
Americium[2])	Am	m	95	243	2; 3; 4; 5; 6	1944	Seaborg u. a.
Antimon	Sb	m	51	121,760	3; 5	Altertum	
Argon	Ar	g	18	39,948	0	1894	Ramsay, Rayleigh
Arsen	As	n	33	74,9216	3; 5	13. Jhdt.	Magnus
Astat	At	n	85	210	1; 3	1940	Corson, MacKenzie, Segré
Barium	Ba	m	56	137,327	2	1808	Davy
Berkelium[2])	Bk	m	97	247	3; 4	1949	Seaborg u. a.
Beryllium	Be	m	4	9,0122	2	1797	Vauquelin
Bismut	Bi	m	83	208,9804	1; 3; 5	15. Jhdt.	unbekannt
Blei	Pb	m	82	207,2	2; 4	Altertum	
Bohrium[2])	Bh	m[3])	107	262	–[4])	1981	Armbruster, Münzenberg u. a.
Bor	B	n	5	10,811	3	1808	Gay-Lussac, Thénard, Davy
Brom	Br	n	35	79,904	1; 3; 4; 5; 7	1826	Balard
Cadmium	Cd	m	48	112,411	1; 2	1817	Strohmeyer
Cäsium	Cs	m	55	132,9054	1	1860	Bunsen, Kirchhoff
Calcium	Ca	m	20	40,078	2	1808	Davy
Californium[2])	Cf	m	98	251	2; 3; 4	1950	Seaborg u. a.
Cer	Ce	m	58	140,116	3; 4	1803	Berzelius u. a.
Chlor	Cl	g	17	35,4527	1; 3; 4; 5; 6; 7	1774	Scheele
Chrom	Cr	m	24	51,9961	1; 2; 3; 4; 5; 6	1780	Vauquelin
Cobalt	Co	m	27	58,9332	1; 2; 3; 4; 5	1735	Brandt
Curium[2])	Cm	m	96	247	2; 3; 4	1944	Seaborg u. a.
Dubnium[2])	Db	m[3])	105	262	5 (?)	1967/70	umstritten (Flerov oder Ghiorso)
Dysprosium	Dy	m	66	162,50	2; 3; 4	1886	Lecoq de Boisbaudran
Einsteinium[2])	Es	m	99	252	3	1952	Ghiorso u. a.
Eisen	Fe	m	26	55,845	2; 3; 6	Altertum	
Erbium	Er	m	68	167,26	3	1842	Mosander
Europium	Eu	m	63	151,964	2; 3	1901	Demarcay
Fermium[2])	Fm	m[3])	100	257	3	1952	Ghiorso u. a.
Fluor	F	g	9	18,998	1	1887	Moissan
Francium	Fr	m	87	223	1	1939	Perey
Gadolinium	Gd	m	64	157,25	2; 3	1880	de Marignac
Gallium	Ga	m	31	69,723	1; 2; 3	1875	Lecoq de Boisbaudran
Germanium	Ge	m	32	72,61	2; 4	1886	Winkler
Gold	Au	m	79	196,9665	1; 3; 5; 7	Altertum	
Hafnium	Hf	m	72	178,49	4	1923	Hevesey, Coster
Hassium[2])	Hs	m[3])	108	265	–[4])	1984	Armbruster, Münzenberg u. a.
Helium	He	g	2	4,003	0	1895	Ramsay, Cleve, Langlet
Holmium	Ho	m	67	164,9303	3	1878	Cleve, Delafontaine, Soret

[1]) m Metall, n Nichtmetall, g Gas.
[2]) Künstlich hergestellt, kommt in der Natur nicht vor.
[3]) Unbekannt. Vermutlich sind die Elemente 100...112 Metalle.
[4]) Unbekannt.

Element	Zeichen	Art[1])	Ordnungszahl	Relative Atommasse	Wertigkeit	Jahr der Entdeckung	Entdecker
Indium	In	m	49	114,818	1; 2; 3	1863	Reich, Richter
Iod	I	n	53	126,9045	1; 3; 5; 7	1811	Courtois
Iridium	Ir	m	77	192,217	3; 4	1803	Tennant
Kalium	K	m	19	39,0983	1	1807	Davy
Kohlenstoff	C	n	6	12,011	2; 4	Altertum	
Krypton	Kr	g	36	83,80	0; 2	1898	Ramsay
Kupfer	Cu	m	29	63,546	1; 2; 3	Altertum	
Lanthan	La	m	57	138,9055	3	1839	Mosander
Lawrencium[2])	Lr	m[3])	103	262	3	1961	Ghiorso u. a.
Lithium	Li	m	3	6,941	1	1817	Arfvedson
Lutetium	Lu	m	71	174,967	3	1907	Urbain, James
Magnesium	Mg	m	12	24,3050	2	1755	Black
Mangan	Mn	m	25	54,9380	2; 3; 4; 6; 7	1774	Grahn
Meitnerium	Mt	m[3])	109	266	–[4])	1982	Armbruster, Münzenberg u. a.
Mendelevium[2])	Md	m[3])	101	258	2; 3	1955	Seaborg, Ghiorso u. a.
Molybdän	Mo	m	42	95,94	2; 3; 4; 5; 6	1781	Hjelm
Natrium	Na	m	11	22,9898	1	1807	Davy
Neodym	Nd	m	60	144,24	2; 3; 4	1885	Auer von Welsbach
Neon	Ne	g	10	20,1797	0	1898	Ramsay, Travers
Neptunium[2])	Np	m	93	237	3; 4; 5; 6	1940	McMillan, Abelson
Nickel	Ni	m	28	58,6934	2; 3	1751	Cronstedt
Niob	Nb	m	41	92,9064	3; 4; 5	1801	Hatchett
Nobelium[2])	No	m[3])	102	259	2; 3	1958	Ghiorso, Seaborg
Osmium	Os	m	76	190,23	2; 3; 4; 5; 7; 8	1803	Tennant
Palladium	Pd	m	46	106,42	2; 4	1803	Wollaston
Phosphor	P	n	15	30,9738	3; 5	1669	Brandt
Platin	Pt	m	78	195,078	2; 4; 5; 6	Altertum	(Mayas)
Plutonium[2])	Pu	m	94	244	3; 4; 5; 6	1940	Seaborg u. a.
Polonium	Po	m	84	209	2; 4; 6	1898	M. Curie
Praseodym	Pr	m	59	140,9076	3; 4	1885	Auer von Welsbach
Promethium	Pm	m	61	145	3	1945	Marinsky u. a.
Protactinium	Pa	m	91	231,0359	4; 5	1917	Hahn, Meitner, Fajans
Quecksilber	Hg	m	80	200,59	1; 2	Altertum	
Radium	Ra	m	88	226	2	1898	P. u. M. Curie
Radon	Rn	g	86	222	0; 2	1900	Dorn
Rhenium	Re	m	75	186,207	1; 2; 3; 4; 5; 6; 7	1925	Noddack
Rhodium	Rh	m	45	102,9055	1; 2; 3; 4; 5; 6	1803	Wollaston
Rubidium	Rb	m	37	85, 4678	1	1861	Bunsen, Kirchhoff
Ruthenium	Ru	m	44	101,07	1; 2; 3; 4; 5; 6; 7; 8	1808	Klaus
Rutherfordium[2])	Rf	m[3])	104	261	4 (?)	1964/69	umstritten (Flerov oder Ghiorso) →

[1]) m Metall, n Nichtmetall, g Gas.
[2]) Künstlich hergestellt, kommt in der Natur nicht vor.
[3]) Unbekannt. Vermutlich sind die Elemente 100...112 Metalle.
[4]) Unbekannt.

Chemische Elemente (Fortsetzung)

Element	Zeichen	Art[1])	Ordnungszahl	Relative Atommasse	Wertigkeit	Jahr der Entdeckung	Entdecker
Samarium	Sm	m	62	150,36	2; 3	1879	Lecoq de Boisbaudran
Sauerstoff	O	g	8	15,9994	1; 2	1774	Priestley, Scheele
Scandium	Sc	m	21	44,9559	3	1879	Nilson
Schwefel	S	n	16	32,066	1; 2; 3; 4; 5; 6	Altertum	
Seaborgium[2])	Sg	m[3])	106	263	–[4])	1974	Ghiorso u. a.
Selen	Se	n	34	78,96	2; 4; 6	1817	Berzelius
Silber	Ag	m	47	107,8682	1; 2	Altertum	
Silizium	Si	n	14	28,0855	2; 4	1824	Berzelius
Stickstoff	N	g	7	14,0067	2; 3; 4; 5	1772	Rutherford
Strontium	Sr	m	38	87,62	2	1790	Crawford
Tantal	Ta	m	73	180,9479	1; 3; 4; 5	1802	Eckeberg
Technetium	Tc	m	43	98	4; 5; 6; 7	1937	Perrier, Segré
Tellur	Te	m	52	127,60	2; 4; 6	1783	Müller
Terbium	Tb	m	65	158,9253	3; 4	1843	Mosander
Thallium	Tl	m	81	204,3833	1; 3	1861	Crookes
Thorium	Th	m	90	232,0381	2; 3; 4	1829	Berzelius
Thulium	Tm	m	69	168,9342	2; 3	1879	Cleve
Titan	Ti	m	22	47,87	2; 3; 4	1791	Gregor
Ununbium[2])[5])	Uub	m[3])	112	277	–[4])	1996	Armbruster, Hofmann
Ununnilium[2])[5])	Uun	m[3])	110	270	–[4])	1994	Armbruster, Hofmann
Unununium[2])[5])	Uuu	m[3])	111	272	–[4])	1994	Armbruster, Hofmann
Uran	U	m	92	238,0289	3; 4; 5; 6	1789	Klaproth
Vanadium	V	m	23	50,9415	2; 3; 4; 5	1801	del Rio
Wasserstoff	H	g	1	1,0079	1	1766	Cavendish
Wolfram	W	m	74	183,84	2; 3; 4; 5; 6	1783	Elhuijar
Xenon	Xe	g	54	131,29	0; 2; 4; 6; 8	1898	Ramsay, Travers
Ytterbium	Yb	m	70	173,04	2; 3	1878	de Marignac
Yttrium	Y	m	39	88,9059	3	1794	Gadolin
Zink	Zn	m	30	65,39	2	Altertum	
Zinn	Sn	m	50	118,710	2; 4	Altertum	
Zirconium	Zr	m	40	91,224	3; 4	1789	Klaproth

[1]) m Metall, n Nichtmetall, g Gas.
[2]) Künstlich hergestellt, kommt in der Natur nicht vor.
[3]) Unbekannt. Vermutlich sind die Elemente 100...112 Metalle.
[4]) Unbekannt.
[5]) Vorläufige IUPAC-Nomenklatur.

Periodensystem der Elemente

Ia	IIa	IIIb	IVb	Vb	VIb	VIIb	VIIIb			Ib	IIb	IIIa	IVa	Va	VIa	VIIa	VIIIa
1 **H** 1,008																	2 **He** 4,003
3 **Li** 6,941	4 **Be** 9,012											5 **B** 10,811	6 **C** 12,011	7 **N** 14,007	8 **O** 15,999	9 **F** 18,998	10 **Ne** 20,180
11 **Na** 22,990	12 **Mg** 24,305											13 **Al** 26,982	14 **Si** 28,086	15 **P** 30,974	16 **S** 32,066	17 **Cl** 35,453	18 **Ar** 39,948
19 **K** 39,098	20 **Ca** 40,078	21 **Sc** 44,956	22 **Ti** 47,87	23 **V** 50,942	24 **Cr** 51,996	25 **Mn** 54,938	26 **Fe** 55,845	27 **Co** 58,933	28 **Ni** 58,693	29 **Cu** 63,546	30 **Zn** 65,39	31 **Ga** 69,723	32 **Ge** 72,61	33 **As** 74,922	34 **Se** 78,96	35 **Br** 79,904	36 **Kr** 83,80
37 **Rb** 85,468	38 **Sr** 87,62	39 **Y** 88,906	40 **Zr** 91,224	41 **Nb** 92,906	42 **Mo** 95,94	43 **Tc** (98)	44 **Ru** 101,07	45 **Rh** 102,906	46 **Pd** 106,42	47 **Ag** 107,868	48 **Cd** 112,411	49 **In** 114,818	50 **Sn** 118,710	51 **Sb** 121,760	52 **Te** 127,60	53 **I** 126,904	54 **Xe** 131,29
55 **Cs** 132,905	56 **Ba** 137,327	57 **La*** 138,906	72 **Hf** 178,49	73 **Ta** 180,948	74 **W** 183,84	75 **Re** 186,207	76 **Os** 190,23	77 **Ir** 192,217	78 **Pt** 195,078	79 **Au** 196,967	80 **Hg** 200,59	81 **Tl** 204,383	82 **Pb** 207,2	83 **Bi** 208,980	84 **Po** (209)	85 **At** (210)	86 **Rn** (222)
87 **Fr** (223)	88 **Ra** (226)	89 **Ac**** (227)	104 **Rf** (261)	105 **Db** (262)	106 **Sg** (263)	107 **Bh** (262)	108 **Hs** (265)	109 **Mt** (266)	110 **Uun** (269)	111 **Uuu** (272)	112 **Uub** (277)						

*	58 **Ce** 140,116	59 **Pr** 140,908	60 **Nd** 144,24	61 **Pm** (145)	62 **Sm** 150,36	63 **Eu** 151,964	64 **Gd** 157,25	65 **Tb** 158,925	66 **Dy** 162,50	67 **Ho** 164,930	68 **Er** 167,26	69 **Tm** 168,934	70 **Yb** 173,04	71 **Lu** 174,967
**	90 **Th** 232,038	91 **Pa** 231,036	92 **U** 238,029	93 **Np** (237)	94 **Pu** (244)	95 **Am** (243)	96 **Cm** (247)	97 **Bk** (247)	98 **Cf** (251)	99 **Es** (252)	100 **Fm** (257)	101 **Md** (258)	102 **No** (259)	103 **Lr** (262)

Sämtliche Elemente sind nach steigender Ordnungszahl (Protonenzahl) geordnet. Die waagerechten Zeilen werden als Perioden (oder Schalen), die senkrechten Spalten als Gruppen bezeichnet. Unter den Elementsymbolen ist die relative Atommasse angegeben. Eingeklammerte Werte sind die Massenzahlen (Nukleonenzahlen) der stabilsten Isotope künstlich hergestellter radioaktiver Elemente.

Stoffliche Begriffe[1])

Aggregatzustand
Je nach dem Ordnungsgrad der Elementarbausteine (Atome, Moleküle, Ionen) von Stoffen unterscheidet man die drei klassischen Aggregatzustände, d. h. Grundtypen des Stoffzustands: Festkörper, Flüssigkeit, Gas. Hinzu kommt das Plasma (ionisiertes Gas mit hoher elektrischer Leitfähigkeit), das oft als vierter Aggregatzustand bezeichnet wird.

Lösung
Lösung ist ein homogenes Gemisch verschiedener Stoffe mit atomarer bzw. molekularer Verteilung der Komponenten.

Verbindung
Verbindung ist eine Vereinigung chemischer Elemente in bestimmten Massenverhältnissen. Verbindungen mit metallischen Eigenschaften nennt man intermetallische Verbindungen.

Dispersion
Dispersion oder disperses System besteht aus mindestens zwei Stoffen, wobei in dem einen Stoff, dem Dispersionsmittel, die anderen Stoffe, die disperse Phase, fein verteilt sind.

Suspension
Suspension oder Aufschlämmung ist ein disperses System, in dem feste Teilchen in einer Flüssigkeit verteilt sind. Beispiele: Graphit in Öl, Ton in Wasser.

Emulsion
Emulsion ist ein disperses System, in dem Flüssigkeitströpfchen in einer zweiten Flüssigkeit verteilt sind. Beispiele: Bohröl, Milchfett in der Milch.

Kolloid
Kolloid ist ein disperses System, in dem die Teilchen der dispersen Phase lineare Abmessungen von etwa 10^{-9} bis 10^{-6} m haben. Beispiele: Rauch, Latex, Goldrubinglas.

[1]) Hier sind die wichtigsten stofflichen Begriffe und Kenngrößen, die in den folgenden Stofftabellen vorkommen und nicht an anderer Stelle definiert sind, aufgeführt.

Stoffkenngrößen[1])

Dichte
Dichte ist der Quotient aus der Masse und dem Volumen einer bestimmten Stoffmenge.

Spezielle Dichtebenennungen siehe DIN 1306, Ausgabe 1984.

Radiale Bruchfestigkeit
Radiale Bruchfestigkeit ist eine Festigkeitskenngröße, die insbesondere bei Sintermetallen für Gleitlager angegeben wird. Man ermittelt sie aus dem Druckversuch beim Zerdrücken eines Hohlzylinders.

Näheres siehe „Technische Lieferbedingungen für Sinterteile (Sint 03)", Ausgabe August 1981.

0,2-%-Dehngrenze
0,2-%-Dehngrenze ist diejenige Zugspannung, die in einem festen Körper eine bleibende (plastische) Dehnung von 0,2 % hervorruft; sie wird aus der σ-ε-Kurve eines Zugversuchs mit definierter Spannungszunahme-Geschwindigkeit bestimmt.

Bei zyklischer Beanspruchung einer Probe durch Zug-Druck-Spannungen mit steigender Amplitude erhält man die zyklische σ-ε-Kurve und daraus die zyklische 0,2-%-Dehngrenze. Sie ist, im Vergleich zur zügigen 0,2-%-Dehngrenze, ein Maß für die eventuelle Ent- oder Verfestigung bei zyklischer Überlastung.

Das Dehngrenzenverhältnis ist der Quotient aus zyklischer und zügiger 0,2-%-Dehngrenze. $\gamma > 1$ bedeutet zyklische Verfestigung, $\gamma < 1$ zyklische Entfestigung.

Bruchzähigkeit
Bruchzähigkeit oder K_{Ic}-Faktor ist eine Werkstoffkenngröße der Bruchmechanik. Der K_{Ic}-Faktor ist diejenige Spannungsintensität vor der Spitze eines Risses, die zur instabilen Ausbreitung des Risses und damit zum Bruch des Bauteils führt. Bei bekanntem K_{Ic}-Faktor eines Werkstoffs kann man entweder aus der gegebenen Risslänge die kritische Bruchlast oder aus der gegebenen äußeren Belastung die kritische Risslänge berechnen.

Spezifische Wärmekapazität
Spezifische Wärmekapazität (spezifische Wärme) ist diejenige Wärmemenge in J, die erforderlich ist, um 1 kg eines Stoffes um 1 K zu erwärmen. Sie ist von der Temperatur abhängig.

Bei Gasen muss man zwischen der spezifischen Wärmekapazität bei konstantem Druck und bei konstantem Volumen unterscheiden (Formelzeichen c_p bzw. c_V). Bei festen und flüssigen Stoffen ist der Unterschied meist vernachlässigbar.

Spezifische Schmelzwärme
Spezifische Schmelzwärme ist diejenige Wärmemenge in J, die erforderlich ist, um 1 kg eines festen Stoffes bei der Schmelztemperatur in den flüssigen Zustand zu überführen.

Spezifische Verdampfungswärme
Spezifische Verdampfungswärme ist diejenige Wärmemenge in J, die erforderlich ist, um 1 kg einer Flüssigkeit bei der Siedetemperatur zu verdampfen. Sie hängt stark vom Druck ab.

Wärmeleitfähigkeit
Wärmeleitfähigkeit ist diejenige Wärmemenge in J, die in 1 s durch eine Stoffprobe von 1 m² Fläche und 1 m Dicke strömt, wenn der Temperaturunterschied zwischen den beiden Stirnflächen der Probe 1 K beträgt.

Die Wärmeleitfähigkeit ist bei Flüssigkeiten und Gasen oft stark temperaturabhängig, bei festen Stoffen im Allgemeinen nur wenig.

Wärmeausdehnungskoeffizient
Der lineare oder Längen-Ausdehnungskoeffizient gibt die relative Längenänderung eines Stoffes bei einer Temperaturänderung um 1 K an. Bei einer Temperaturänderung ΔT beträgt die Längenänderung $\Delta l = l \cdot \alpha \cdot \Delta T$. Analog ist der kubische oder Volumen-Ausdehnungskoeffizient definiert. Er beträgt bei Gasen etwa 1/273; bei festen Stoffen ist er etwa dreimal so groß wie der Längen-Ausdehnungskoeffizient.

Permeabilität
Die Permeabilität μ bzw. die Permeabilitätszahl oder relative Permeabilität μ_r beschreibt die Abhängigkeit der magnetischen Induktion vom angelegten Feld:

$$B = \mu_r \cdot \mu_0 \cdot H$$

Je nach Einsatzgebiet des magnetischen Werkstoffes definiert man etwa 15 verschiedene Permeabilitäten, abhängig vom Aussteuerungsbereich und von der Beanspruchung (Gleich- oder Wechselfeldbeanspruchung). Beispiele:

<u>Anfangspermeabilität μ_a</u>
Neigung der Neukurve für $H \to 0$. Meist wird jedoch nicht dieser Grenzwert, sondern die Steigung für eine bestimmte Feldstärke (in mA/cm) angegeben. Schreibweise: μ_4 ist die Steigung der Neukurve für H = 4 mA/cm.

<u>Maximalpermeabilität μ_{max}</u>
Maximale Steigung der Neukurve.

<u>Permanente Permeabilität μ_p oder μ_{rec}</u>
Mittlere Neigung einer rückläufigen Magnetisierungsschleife, deren Fußpunkt meist auf der Entmagnetisierungskurve liegt.

$$\mu_p = \Delta B / (\Delta H \cdot \mu_0)$$

Temperaturkoeffizient der magnetischen Polarisation $TK(J_s)$
Er gibt die relative Änderung der Sättigungspolarisation mit der Temperatur in % pro Kelvin an.

Temperaturkoeffizient der Koerzitivfeldstärke $TK(H_c)$
Er gibt die relative Änderung der Koerzitivfeldstärke mit der Temperatur in % pro Kelvin an.

Curie-Punkt (Curie-Temperatur) T_c
Er gibt an, bei welcher Temperatur die Magnetisierung ferro- und ferrimagnetischer Werkstoffe null wird und sie sich wie Paramagnetika verhalten (gelegentlich auch anders definiert, Eigenschaftswerte Weichferrite S. 244).

Werkstoffgruppen

Die heute in der Technik eingesetzten Werkstoffe können in vier Werkstoffgruppen eingeteilt werden. Die einzelnen Gruppen enthalten Untergruppen:
- Metalle: Erschmolzene Metalle, Sintermetalle,
- Nichtmetallische anorganische Werkstoffe: Keramik, Gläser,
- Nichtmetallische organische Werkstoffe: Naturstoffe, Kunststoffe,
- Verbundwerkstoffe.

Magnetwerkstoffe als wichtige Werkstoffgruppe mit besonderen Eigenschaften werden gesondert beschrieben.

Metalle

Die Metalle haben i. Allg. einen kristallinen Aufbau. Die Atome sind regelmäßig im Kristallgitter angeordnet. Die äußeren Elektronen der Atome sind nicht an diese gebunden, sondern können sich frei im Metallgitter bewegen (metallische Bindung).

Die Besonderheit des Aufbaus erklärt die charakteristischen Eigenschaften der Metalle: die große, mit zunehmender Temperatur sich verringernde elektrische Leitfähigkeit, die gute Wärmeleitfähigkeit, die geringe Lichtdurchlässigkeit, das große optische Reflexionsvermögen (metallischer Glanz), die Duktilität und die daraus folgende gute Verformbarkeit. Legierungen sind Metalle, die aus zwei oder mehreren Komponenten bestehen, von denen mindestens eine ein Metall ist.

Erschmolzene Metalle

Diese enthalten, abgesehen von kleinen Fehlstellen wie Lunkern und nichtmetallischen Einschlüssen, keine Hohlräume. Bauteile werden durch Gießen gefertigt, entweder direkt (z. B. Grauguss, Al-Druckguss) oder über Halbzeug (spanlos oder spangebend verarbeitet).

Sintermetalle

Sie werden im Allgemeinen durch Pressen von Pulver oder durch Spritzgießen von Mischungen aus Metallpulver und Kunststoff geformt. Nach dem Entfernen von Gleit- und Bindemitteln erhalten die Formkörper beim Sintern, einer Wärmebehandlung im Bereich von 800 bis 1300 °C, ihre charakteristischen Eigenschaften. Neben der chemischen Zusammensetzung bestimmt der Porenanteil wesentlich die Eigenschaften und auch die Anwendung. Aus Sintermetallen können kompliziert geformte Bauteile entweder einbaufertig oder mit nur geringer Nachbearbeitung oft besonders wirtschaftlich hergestellt werden.

Nichtmetallische anorganische Werkstoffe

In diesen Werkstoffen gibt es Ionenbindung (z. B. Keramik), gemischte (hetero-/homöopolare) Bindung (z. B. Glas) oder homöopolare Bindung (z. B. Kohlenstoff). Diese Art der Bindung ist wiederum bestimmend für einige charakteristische Eigenschaften: im Allgemeinen schlechte Wärme- und elektrische Leitfähigkeit (letztere nimmt mit steigender Temperatur zu), schlechtes Lichtreflexionsvermögen, Sprödigkeit und damit praktisch nicht vorhandene Kaltverformbarkeit.

Keramik

Keramische Werkstoffe enthalten mindestens 30 % kristalline Anteile; hinzu kommen in den meisten Fällen amorphe Anteile und Poren. Sie werden – ähnlich wie die Sintermetalle – jedoch aus nichtmetallischen Pulvern oder Pulvermischungen geformt und erhalten durch Sintern bei Temperaturen von allgemein höher als 1000 °C ihre charakteristischen Eigenschaften. Gelegentlich geschieht auch die Formgebung bei hoher Temperatur oder gar über den Schmelzfluss mit anschließender Kristallisation.

Gläser

Gläser sind als unterkühlte eingefrorene Flüssigkeiten anzusehen. In ihnen besteht nur eine Nahordnung der Atome. Sie werden als amorph bezeichnet. Bei der Transformationstemperatur T_g (T_g ist von der früheren Bezeichnung Glasbildungstemperatur abgeleitet) bildet sich aus der Schmelze das feste Glas. T_g ist von verschiedenen Parametern abhängig und daher nicht eindeutig bestimmt (besser: Transformationsbereich).

Nichtmetallische organische Werkstoffe

Diese Werkstoffe bestehen im wesentlichen aus Verbindungen der Elemente Kohlenstoff und Wasserstoff, wobei Stickstoff, Sauerstoff und andere Elemente vielfach mit eingebaut sind. Diese Stoffe haben i. Allg. eine geringe Wärme- und elektrische Leitfähigkeit und sind brennbar.

Naturstoffe
Die bekanntesten Naturstoffe sind Holz, Leder, Harz, Naturkautschuk, Fasern aus Wolle, Baumwolle, Flachs, Hanf und Seide. Zum größten Teil werden die Naturstoffe in bearbeiteter oder vergüteter Form eingesetzt oder dienen als Rohstoffe für Kunststoffe.

Kunststoffe
Die Kunststoffe haben als wesentliches Kennzeichen eine makromolekulare Struktur. Man unterscheidet Thermoplaste, Duroplaste und Elastomere. Bei Thermoplasten und Duroplasten liegt die Einfriertemperatur T_E oberhalb der Anwendungstemperatur, bei den Elastomeren darunter. Unter T_E (vergleichbar mit der Transformationstemperatur T_g der Gläser) versteht man die Temperatur, unterhalb der die Eigenbewegung der Moleküle einfriert. Die überragende Bedeutung der thermo- und duroplastischen Kunststoffe liegt in ihrer Formgebungsmöglichkeit durch spanlose Verarbeitung.

Thermoplaste
Die Thermoplaste verlieren oberhalb T_E ihre Formbeständigkeit durch Erweichen. Ihre Festigkeitseigenschaften sind stark temperaturabhängig. Durch Mischungen von thermoplastischen Polymeren lässt sich diese Abhängigkeit etwas reduzieren.

Duroplaste
Die Duroplaste erhalten durch eine engmaschige Vernetzung bei der Verarbeitung eine bis in die Nähe der Verarbeitungstemperatur reichende Formstabilität. Ihre mechanischen Eigenschaften sind weniger temperaturabhängig als die der Thermoplaste. Wegen ihrer Sprödigkeit werden den duroplastischen Harzen allgemein Füllstoffe zugesetzt.

Elastomere
Elastomere werden wegen ihrer Gummielastizität, die nur oberhalb T_E vorhanden ist, eingesetzt. Um den Zusammenhalt des Molekülverbandes zu gewährleisten, werden die Elastomere vulkanisiert (weitmaschige Vernetzung).

Verbundwerkstoffe

Verbundwerkstoffe bestehen aus mindestens zwei physikalisch oder chemisch verschiedenen Komponenten. Diese müssen über eine Grenzschicht fest miteinander verbunden sein. Ihre Bildung muss ohne negative Veränderung der miteinander verbundenen Komponenten ablaufen. Unter diesen beiden Bedingungen besteht die Möglichkeit, viele Werkstoffe miteinander zu kombinieren. Die Verbundwerkstoffe besitzen Kombinationen von Eigenschaften, die keine der Komponenten allein aufweist. Einteilung:
Teilchenverbundwerkstoffe: (z. B. pulvergefüllte Harze, Hartmetalle, Kunststoff gebundene Magnete, Cermets),
Schichtverbundwerkstoffe: (z. B. Sandwichplatten, Hartgewebe),
Faserverbundwerkstoffe: (z. B. mit Glas-, Kohlenstoff- oder Baumwollfasern verstärkte Kunststoffe).

Magnetwerkstoffe

Stoffe mit ferro- oder ferrimagnetischen Eigenschaften werden als Magnetwerkstoffe bezeichnet. Sie gehören entweder zur Gruppe der Metalle oder der nicht metallischen anorganischen Werkstoffe. Charakteristisch sind das Speichervermögen für magnetische Energie (Dauermagnete) oder die guten Leiteigenschaften für den magnetischen Fluss (Weichmagnete). Neben den Ferro- und Ferrimagneten gibt es noch dia-, para- und antiferromagnetische Stoffe. Die Unterscheidung erfolgt entweder über den Wert der Permeabilität μ (S. 108) oder über die Temperaturabhängigkeit der Suszeptibilität $\varkappa$.[1])

$$\mu_r = 1 + \varkappa$$

[1]) Verhältnis der Magnetisierung einer Substanz zur magnetischen Feldstärke oder Erregung.

Diamagnete: Suszeptibilität $\varkappa_{Dia}$ ist unabhängig von der Temperatur.
Beispiele S. 108.
Paramagnete: Suszeptibilität $\varkappa_{Para}$ sinkt mit steigender Temperatur. Curie'sches Gesetz: $\varkappa_{Para} = C/T$

C Curie-Konstante, T Temperatur in K. Beispiele S. 108.
Ferro- und Ferrimagnete: Beide zeigen spontane Magnetisierung, die im Curie-Punkt (Curie-Temperatur T_c) verschwindet. Oberhalb der Curie-Temperatur verhalten sie sich paramagnetisch. Für die Suszeptibilität $\varkappa$ gilt bei $T > T_c$ das Curie-Weiß'sche-Gesetz: $\varkappa = C/(T-T_c)$

Ferromagnete haben höhere Sättigungsinduktionen als Ferrimagnete, da bei ihnen alle Momente parallel gerichtet sind. Bei Ferrimagneten sind dagegen die Momente der beiden Untergitter antiparallel gerichtet. Da die Momente der beiden Untergitter ungleich groß sind, resultiert trotzdem eine nach außen wirksame Magnetisierung.

Antiferromagnete: Beispiele: MnO, MnS, $FeCl_2$, FeO, NiO, Cr, V_2O_3, V_2O_4.
Wie bei den Ferrimagneten stehen benachbarte Momente antiparallel. Da sie gleich groß sind, resultiert keine nach außen wirksame Magnetisierung.
Oberhalb des Néel-Punktes (Néel-Temperatur T_N) verhalten sie sich paramagnetisch. Für die Suszeptibilität gilt bei $T > T_N$: $\varkappa = C/(T+\Theta)$
Θ Asymptotische Curie-Temperatur

Weichmagnetische Werkstoffe
Die angegebenen Zahlenwerte sind aus den jeweiligen DIN-Normen entnommen.
Weichmagnetische metallische Werkstoffe (DIN-IEC 60 404-8-6).
Die in dieser Norm definierten Stoffqualitäten betreffen z. T. die Stoffe in DIN 17 405 (Gleichstromrelais) und DIN-IEC 740-2 (Transformatoren und Drosseln).
Bezeichnung (Zusammensetzung):
Kennbuchstabe Zahl 1 Zahl 2 – Zahl 3.
Der „Kennbuchstabe“ gibt den Hauptlegierungsbestandteil an:
„A“ Reineisen, „C“ Silizium, „E“ Nickel „F“ Kobalt.
Die „Zahl 1“ dient der Unterscheidung, wie hoch der Gehalt des Hauptlegierungselementes ist.
Die „Zahl 2“ unterscheidet zwischen den Kurvenformen: 1: runde Hystereseschleife, 2: rechteckige Hystereseschleife.
Die „Zahl 3“ nach dem Bindestrich hat für die einzelnen Legierungen unterschiedliche Bedeutung. Im Falle der Nickellegierungen gibt sie die minimale Anfangspermeabilität $\mu_a/1000$ an, bei den übrigen Legierungen die maximale Koerzitivfeldstärke in A/m. Die Eigenschaften dieser Stoffe sind stark geometrieabhängig und in hohem Maße anwendungsspezifisch. Die aus der Norm auszugsweise zitierten Stoffwerte können deshalb nur einen sehr groben Überblick über die Eigenschaften dieser Werkstoffe geben. Stoffwerte S. 239.

Elektroblech und -band [EB] (ehemals in DIN 46 400).
Bezeichnung: Kennbuchstabe 1 Zahl 1 – Zahl 2 Kennbuchstabe 2.
Der „Kennbuchstabe 1“ lautet für alle Sorten „M“ (kennzeichnet metallische Werkstoffe). Die „Zahl 1“ gibt das Hundertfache des Höchstwertes für den Ummagnetisierungsverlust bei 1,5 T bzw. 1,7 T und 50 Hz in W/kg an. Die „Zahl 2“ ist das Hundertfache der Nenndicke des Erzeugnisses in mm.
Der „Kennbuchstabe 2“ unterscheidet zwischen den Typen:
„A“ kaltgewalztes, nicht kornorientiertes EB im schlussgeglühten Zustand (DIN-EN 10 106).
Kornorientiertes EB im schlussgeglühten Zustand (DIN-EN 10 107): „N“ normale Ummagnetisierungsverluste, „S“ eingeschränkte Ummagnetisierungsverluste, „P“ niedrige Ummagnetisierungsverluste, „D“ kaltgewalztes EB aus unlegierten Stählen im nicht schlussgeglühten Zustand (DIN-EN 10 126), „E“ kaltgewalztes EB aus legierten Stählen im nicht schlussgeglühten Zustand (DIN-EN 10 165). Stoffwerte S. 240.

Werkstoffe für Transformatoren und Drosseln (DIN-IEC 740-2).
Diese Werkstoffe umfassen die Legierungsklassen C21, C22, E11, E31 und E41 aus der Norm für weichmagnetische Werkstoffe (DIN-IEC 60 404-8-6). Die

Norm enthält im wesentlichen für vorgegebene Kernblechschnitte (YEI, YED, YEE, YEL, YUI und YM) die Mindestwerte für die Kernblechpermeabilität. Stoffwerte S. 241.

Werkstoffe für Gleichstromrelais (DIN 17405), Stoffwerte S. 242.
Bezeichnung:
a) Kennbuchstabe „R" (Relaiswerkstoff).
b) Kennbuchstaben für die kennzeichnenden Legierungsbestandteile: „Fe" unlegiert, „Si" Siliziumstähle, „Ni" Nickelstähle oder -legierung.
c) Kennzahl für den Höchstwert der Koerzitivfeldstärke.
d) Kennbuchstabe für gewünschten Lieferzustand: „U" unbehandelt, „GB" biegbar vorgeglüht, „GT" tiefziehbar vorgeglüht, „GF" fertiggeglüht.

In der DIN-IEC 60404-8-10 sind im wesentlichen die Grenzabmaße für magnetische Relaiswerkstoffe aus Eisen und Stahl angegeben. Die Bezeichnung in dieser Norm ist wie folgt aufgebaut:
- Kennbuchstabe „M".
- Zulässiger Höchstwert der Koerzitivfeldstärke in A/m.
- Kennbuchstabe für die Stoffzusammensetzung: „F" Reineisen, „T" legierter Stahl, „U" unlegierter Stahl.
- Kennbuchstabe für den Lieferzustand: „H" warmgewalzt, „C" kaltgewalzt oder kaltgezogen.

Beispiel: M 80 TH.

Sintermetalle für weichmagnetische Bauteile (DIN-IEC 60404-8-9)
Bezeichnung:
- Kennbuchstabe „S" für Sinterwerkstoffe.
- Bindestrich, gefolgt von den kennzeichnenden Legierungselementen, d.h. Fe plus zusätzlich ggf. P, Si, Ni oder Co.
- nach einem weiteren Bindestrich folgt die maximal zulässige Koerzitivfeldstärke in A/m. Stoffwerte S. 243.

Weichmagnetische Ferritkerne (DIN 41 280)
Weichmagnetische Ferrite sind Formteile aus einem Sinterwerkstoff der allgemeinen Formel $MO \cdot Fe_2O_3$, wobei M eines oder mehrere der bivalenten Metalle Cd, Co, Ca, Mg, Mn, Ni, Zn ist.

Bezeichnung: Die Sorten sind nach dem Nennwert der Anfangspermeabilität in Hauptgruppen unterteilt, Kennzeichnung durch Großbuchstaben. Durch Zusatzzahlen erfolgt evtl. Aufteilung in Untergruppen; sie stellen keine Qualitätsbewertung dar.

Die Koerzitivfeldstärke H_c der Weichferrite liegt üblicherweise im Bereich 4...500 A/m. Die Induktion B liegt bei einer Feldstärke von 3000 A/m im Bereich 350...470 mT. Stoffwerte S. 244.

Dauermagnetwerkstoffe
(DIN 17410, ersetzt durch DIN-IEC 60404-8-1)
Soweit chemische Symbole in den Kurznamen der Werkstoffe verwendet werden, weisen sie auf die hauptsächlichen Legierungsbestandteile hin. Die Zahlen in Kurznamen vor dem Schrägstrich bezeichnen den $(BH)_{max}$-Wert in kJ/m³ und nach dem Schrägstrich ein Zehntel des H_{cJ}-Wertes in kA/m (gerundete Werte). Dauermagnete mit Bindemittel werden durch ein nachgesetztes p gekennzeichnet.

Bezeichnung durch Kurzname oder Werkstoffnummer[1])
DIN: Werkstoffnummer nach DIN 17 007, Teil 2 und Teil 4.
IEC: Aufbau der Werkstoffnummern:
Kennbuchstabe:
R – Metallische Dauermagnetwerkstoffe
S – Keramische Dauermagnetwerkstoffe
1. Zahl
   kennzeichnet Materialart, z.B.
   1 AlNiCo, 5 RECo
2. Zahl
   0: isotropes Material
   1: anisotropes Material
   2: isotropes Material mit Binder
   3: anisotropes Material mit Binder.
3. Zahl
   kennzeichnet die verschiedenen Qualitätsstufen

Stoffwerte S. 245.

[1]) Das Bezeichnungssystem für die Dauermagnetwerkstoffe wird derzeit grundlegend überarbeitet. Da die Diskussion hierüber noch nicht abgeschlossen ist, konnten zum Zeitpunkt des Redaktionsschlusses hierzu noch keine Angaben gemacht werden.

Eigenschaftswerte fester Stoffe[9])

Stoff		Dichte g/cm³	Schmelztemperatur[1]) °C	Siedetemperatur[1]) °C	Wärmeleitfähigkeit[2]) W/(m·K)	Mittlere spezif. Wärmekapazität[3]) kJ/(kg·K)	Schmelzenthalpie ΔH[4]) kJ/kg	Längenausdehnungskoeffizient[3]) x10⁻⁶/K
Aluminium	Al	2,70	660	2467	237	0,90	395	23,0
Aluminiumlegierungen		2,60...2,85	480...655	–	70...240	–	–	21...24
Antimon	Sb	6,69	630,8	1635	24,3	0,21	172	8,5
Arsen	As	5,73	–	613[5])	50,0	0,34	370	4,7
Asbest		2,1...2,8	≈1300	–	–	0,81	–	–
Asphalt		1,1...1,4	80...100	≈300	0,70	0,92	–	–
Barium	Ba	3,50	729	1637	18,4	0,28	55,8	18,1...21,0
Bariumchlorid		3,86	963	1560	–	0,38	108	–
Basalt		2,6...3,3	–	–	1,67	0,86	–	–
Bernstein		1,0...1,1	≈300	zerfällt	–	–	–	–
Beryllium	Be	1,85	1278	2970	200	1,88	1087	11,5
Beton		1,8...2,2	–	–	≈1,0	0,88	–	–
Bismut	Bi	9,75	271	1551	8,1	0,13	59	12,1
Bitumen		1,05	≈90	–	0,17	1,78	–	–
Blei	Pb	11,3	327,5	1749	35,5	0,13	24,7	29,1
Bleioxid, -glätte	PbO	9,3	880	1480	–	0,22	–	–
Bor	B	2,34	2027	3802	27,0	1,30	2053	5
Borax		1,72	740	–	–	1,00	–	–
Bronze CuSn 6		8,8	910	2300	64	0,37	–	17,5
Cadmium	Cd	8,65	321,1	765	96,8	0,23	54,4	29,8
Calcium	Ca	1,54	839	1492	200	0,62	233	22
Calciumchlorid		2,15	782	>1600	–	0,69	–	–
Celluloseacetat		1,3	–	–	0,26	1,47	–	100...160
Chrom	Cr	7,19	1875	2482	93,7	0,45	294	6,2
Chromoxid	Cr_2O_3	5,21	2435	4000	0,42[6])	0,75	–	–
Cobalt	Co	8,9	1495	2956	69,1	0,44	268	12,4
Dachpappe		1,1	–	–	0,19	–	–	–
Diamant	C	3,5	3820	–	–	0,52	–	1,1
Duroplaste								
Phenolharz o. Füllstoff		1,3	–	–	0,20	1,47	–	80
Phenolharz m. Asbestfaser		1,8	–	–	0,70	1,25	–	15...30
Phenolharz m. Holzmehl		1,4	–	–	0,35	1,47	–	30...50
Phenolharz m. Gewebeschnitzel		1,4	–	–	0,35	1,47	–	15...30
Melaminharz m. Cellulosefaser		1,5	–	–	0,35	–	–	≈60
Eis (0 °C)		0,92	0	100	2,33[7])	2,09[7])	333	51[8])
Eisen, rein	Fe	7,87	1535	2887	80,2	0,45	267	12,3
Germanium	Ge	5,32	937	2830	59,9	0,31	478	5,6
Gips		2,3	1200	–	0,45	1,09	–	–
Glas, Fenster-		2,4...2,7	≈700	–	0,81	0,83	–	≈8
Glas, Quarz-		–	–	–	–	–	–	0,5
Glimmer		2,6...2,9	zerfällt bei 700 °C		0,35	0,87	–	3
Gold	Au	19,32	1064	2967	317	0,13	64,5	14,2
Granit		2,7	–	–	3,49	0,83	–	–
Grafit, rein	C	2,24	≈3800	≈4200	168	0,71	–	2,7
Grauguss		7,25	1200	2500	58	0,50	125	10,5

1) Bei 1,013 bar. 2) Bei 20 °C. ΔH der chemischen Elemente bei 27 °C (300 K).
3) Bei 0...100 °C, s. auch S. 217. 4) Bei Schmelztemperatur und 1,013 bar. 5) Sublimiert.
6) pulverförmig. 7) Bei –20...0 °C. 8) Bei –20...–1 °C. 9) Werkstoffe, S. 229 ... 263.

Stoff		Dichte g/cm³	Schmelztemperatur[1]) °C	Siedetemperatur[1]) °C	Wärmeleitfähigkeit[2]) W/(m·K)	Mittlere spezif. Wärmekapazität[3]) kJ/(kg·K)	Schmelzenthalpie ΔH[4]) kJ/kg	Längenausdehnungskoeffizient[3]) x10⁻⁶/K
Hartgewebe, -papier		1,3...1,4	–	–	0,23	1,47	–	10...25[8])
Hartgummi		1,2...1,5	–	–	0,16	1,42	–	50...90[8])
Hartmetall K 20		14,8	>2000	≈4000	81,4	0,80	–	5...7
Hartschaum, luftgefüllt[5])		0,015......0,06	–	–	0,036......0,06	–	–	–
Hartschaum, frigengefüllt		0,015......0,06	–	–	0,02...0,03	–	–	–
Heizleiterlegierung NiCr 8020		8,3	1400	2350	14,6	0,50[6])	–	–
Holz[7]) Ahorn		0,62	–	–	0,16		–	
Balsa		0,20	–	–	0,06		–	
Birke		0,63	–	–	0,14		–	
Buche		0,72	–	–	0,17		–	
Eiche		0,69	–	–	0,17		–	
Esche		0,72	–	–	0,16	2,1...2,9	–	in Faserrichtung 3...4, quer zur Faser 22...43
Fichte, Tanne		0,45	–	–	0,14		–	
Kiefer		0,52	–	–	0,14		–	
Nussbaum		0,65	–	–	0,15		–	
Pappel		0,50	–	–	0,12		–	
Holzkohle		0,3...0,5	–	–	0,084	1,0	–	–
Holzwolle-Leichtbauplatten		0,36...0,57	–	–	0,093	–	–	–
Indium	In	7,29	156,6	2006	81,6	0,24	28,4	33
Iod	I	4,95	113,5	184	0,45	0,22	120,3	–
Iridium	Ir	22,55	2447	4547	147	0,13	137	6,4
Kalium	K	0,86	63,65	754	102,4	0,74	61,4	83
Kautschuk, roh		0,92	125	–	0,15	–	–	–
Kesselstein		≈2,5	≈1200	–	0,12...2,3	0,80	–	–
Kochsalz		2,15	802	1440	–	0,92	–	–
Koks		1,6...1,9	–	–	0,18	0,83	–	–
Kolophonium		1,08	100...130	zerfällt	0,32	1,21	–	–
Kork		0,1...0,3	–	–	0,04...0,06	1,7...2,1	–	–
Kreide		1,8...2,6	zerfällt in CaO und CO_2		0,92	0,84	–	–
Kupfer	Cu	8,96	1084,9	2582	401	0,38	205	–
Leder, trocken		0,86...1	–	–	0,14...0,16	≈1,5	–	
Linoleum		1,2	–	–	0,19	–	–	–
Lithium	Li	0,534	180,5	1317	84,7	3,3	663	56
Magnesium	Mg	1,74	648,8	1100	156	1,02	372	26,1
Magnesiumlegierungen		≈1,8	≈630	1500	46...139	–	–	24,5
Mangan	Mn	7,47	1244	2100	7,82	0,48	362	22
Marmor	$CaCO_3$	2,6...2,8	zerfällt in CaO und CO_2		2,8	0,84	–	–
Mennige, Blei-	Pb_3O_4	8,6...9,1	bildet PbO		0,70	0,092	–	–
Messing CuZn37		8,4	900	1110	113	0,38	167	18,5
Molybdän	Mo	10,22	2623	5560	138	0,28	288	5,4
Monelmetall		8,8	1240......1330	–	19,7	0,43	–	–
Mörtel, Kalk		1,6...1,8	–	–	0,87	–	–	–
Mörtel, Zement		1,6...1,8	–	–	1,40	–	–	–

[1]) Bei 1,013 bar. [2]) Bei 20 °C. ΔH der chemischen Elemente bei 27 °C (300 K). [3]) Bei 0...100 °C, [4]) Bei Schmelztemperatur und 1,013 bar. [5]) Hartschaum aus Phenolharz, Polystyrol, Polyäthylen u. ä. Werte abhängig vom Zelldurchmesser und vom Füllgas. [6]) Bei 0...1000 °C. [7]) Mittlere Werte für lufttrockenes Holz (Feuchtigkeit etwa 12 %). Wärmeleitfähigkeit radial; axial etwa doppelt so groß. [8]) Bei 20...50 °C.

Eigenschaftswerte fester Stoffe[10] (Fortsetzung)

Stoff		Dichte g/cm³	Schmelztemperatur[1] °C	Siedetemperatur[1] °C	Wärmeleitfähigkeit[2] W/(m·K)	Mittlere spezif. Wärmekapazität[3] kJ/(kg·K)	Schmelzenthalpie ΔH[4] kJ/kg	Längenausdehnungskoeffizient[3] x10⁻⁶/K
Natrium	Na	0,97	97,81	883	141	1,24	115	70,6
Neusilber CuNi12Zn24		8,7	1020	–	48	0,40	–	18
Nickel	Ni	8,90	1455	2782	90,7	0,46	300	13,3
Niob	Nb	8,58	2477	4540	53,7	0,26	293	7,1
Osmium	Os	22,57	3045	5027	87,6	0,13	154	4,3...6,8
Palladium	Pd	12,0	1554	2927	71,8	0,24	162	11,2
Papier		0,7...1,2	–	–	0,14	1,34	–	–
Paraffin		0,9	52	300	0,26	3,27	–	–
Pech		1,25	–	–	0,13	–	–	–
Phosphor (weiß)	P	1,82	44,1	280,4	–	0,79	20	–
Platin	Pt	21,45	1769	3827	71,6	0,13	101	9
Plutonium	Pu	19,8	640	3454	6,7	0,14	11	55
Polyamid		1,1	–	–	0,31	–	–	70...150
Polycarbonat		1,2	–	–	0,20	1,17	–	60...70
Polyethylen		0,94	–	–	0,41	2,1	–	200
Polystyrol		1,05	–	–	0,17	1,3	–	70
Polyvinylchlorid		1,4	–	–	0,16	–	–	70...150
Porzellan		2,3...2,5	≈1600	–	1,6[5]	1,2[5]	–	4...5
Quarz		2,1...2,5	1480	2230	9,9	0,80	–	8[6]/14,6[7]
Radium	Ra	5	700	1630	18,6	0,12	32	20,2
Rhenium	Re	21,02	3160	5762	150	0,14	178	8,4
Rotguss CuSn5ZnPb		8,8	950	2300	38	0,67	–	–
Rubidium	Rb	1,53	38,9	688	58	0,33	26	90
Ruß		1,7...1,8	–	–	0,07	0,84	–	–
Sand, Quarz, trocken		1,5...1,7	≈1500	2230	0,58	0,80	–	–
Sandstein		2...2,5	≈1500	–	2,3	0,71	–	–
Schamotte		1,7...2,4	≈2000	–	1,4	0,80	–	–
Schaumgummi		0,06...0,25	–	–	0,04...0,06	–	–	–
Schlacke, Hochofen-		2,5...3	1300...1400	–	0,14	0,84	–	–
Schwefel (α)	S	2,07	112,8	444,67	0,27	0,73	38	74
Schwefel (β)	S	1,96	119,0	–	–	–	–	–
Selen	Se	4,8	217	684,9	2,0	0,34	64,6	37
Silber	Ag	10,5	961,9	2195	429	0,24	104,7	19,2
Silizium	Si	2,33	1410	2480	148	0,68	1410	4,2
Siliziumcarbid		2,4	zerfällt über 3000 °C		9[8]	1,05[8]	–	4,0
Sillimanit		2,4	1820	–	1,51	1,0	–	–
Sinterstahl		–	–	–	–	–	–	11,5
Sinterkorund		–	–	–	–	–	–	6,5[9]
Stahl, unlegiert u. niedr. leg.		7,9	1460	2500	48...58	0,49	205	11,5
Stahl, rostbest. (18Cr, 8Ni)		7,9	1450	–	14	0,51	–	16
Stahl, Wolframstahl (18 W)		8,7	1450	–	26	0,42	–	–
Stahl, Chromstahl		–	–	–	–	–	–	11
Stahl, Dynamoblech		–	–	–	–	–	–	12
Stahl, Magnetst. AlNiCo12/6		–	–	–	–	–	–	11,5
Stahl, Schnellarbeitsstahl		–	–	–	–	–	–	11,5
Stahl, Nickelst. 36% Ni (Invar)		–	–	–	–	–	–	1,5

[1] Bei 1,013 bar. [2] Bei 20 °C. ΔH der chemischen Elemente bei 27 °C (300 K). [3] Bei 0...100 °C.
[4] Bei Schmelztemperatur und 1,013 bar. [5] Bei 0...100 °C. [6] Parallel zur Kristallachse.
[7] Senkrecht zur Kristallachse. [8] Bei 1000 °C. [9] Bei 20...1000 °C. [10] Werkstoffe, S. 229...263.

Stoff		Dichte g/cm³	Schmelztemperatur[1]) °C	Siedetemperatur[1]) °C	Wärmeleitfähigkeit[2]) W/(m·K)	Mittlere spezif. Wärmekapazität[3]) kJ/(kg·K)	Schmelzenthalpie ΔH[4]) kJ/kg	Längenausdehnungskoeffizient[3]) x10⁻⁶/K
Steatit		2,6...2,7	≈1520	–	1,6[6])	0,83	–	8...9[5])
Steinkohle (Anthrazit)		1,35	–	–	0,24	1,02	–	–
Talg, Rinder-		0,9...0,97	40...50	≈350	–	0,87	–	–
Tantal	Ta	16,65	2996	5487	57,5	0,14	174	6,6
Tellur	Te	6,24	449,5	989,8	2,3	0,20	106	16,7
Thorium	Th	11,72	1750	4227	54	0,14	<83	12,5
Titan	Ti	4,51	1660	3313	21,9	0,52	437	8,3
Tombak CuZn 20		8,65	1000	≈1300	159	0,38	–	–
Ton, trocken		1,5...1,8	≈1600	–	0,9...1,3	0,88	–	–
Torfmull, lufttrocken		0,19	–	–	0,081	–	–	–
Uran	U	18,95	1132,3	3677	27,6	0,12	65	12,6
Vanadium	V	6,11	1890	3000	30,7	0,50	345	8,3
Vulkanfiber		1,28	–	–	0,21	1,26	–	–
Wachs		0,96	60	–	0,084	3,4	–	–
Watte		0,01	–	–	0,04		–	–
Weichgummi		1,08	–	–	0,14......0,24	–	–	–
Widerstandsleg. CuNi 44		8,9	1280	≈2400	22,6	0,41	–	15,2
Wolfram	W	19,25	3422	5727	174	0,13	191	4,6
Zement, abgebunden		2...2,2	–	–	0,9...1,2	1,13	–	–
Ziegelmauerwerk		>1,9	–	–	1,0	0,9	–	–
Zink	Zn	7,14	419,58	907	116	0,38	102	25,0
Zinn (weiß)	Sn	7,28	231,97	2270	65,7	0,23	61	21,2
Zirconium	Zr	6,51	1852	4377	22,7	0,28	252	5,8

[1]) Bei 1,013 bar. [2]) Bei 20 °C. ΔH der chemischen Elemente bei 27 °C (300 K). [3]) Bei 0...100 °C.
[4]) Bei Schmelztemperatur und 1,013 bar. [5]) Bei 20...1000 °C. [6]) Bei 100...200 °C.

Eigenschaftswerte flüssiger Stoffe

Stoff		Dichte²) g/cm³	Schmelz-temperatur¹) °C	Siede-temperatur¹) °C	Wärme-leitfähigkeit²) W/(m·K)	Spezifische Wärme-kapazität²) kJ/(kg·K)	Schmelz-enthalpie ΔH³) kJ/kg	Ver-dampfungs-enthalpie⁴) kJ/kg	Volumenaus-dehnungs-koeffizient x10⁻³/K
Aceton	$(CH_3)_2CO$	0,79	–95	56	0,16	2,21	98,0	523	–
Benzin (Ottokraftstoff)		0,72...0,75	–50...–30	25...210	0,13	2,02	–	–	1,0
Benzol	C_6H_6	0,88	+5,5⁶)	80	0,15	1,70	127	394	1,25
Dieselkraftstoff		0,81...0,85	–30	150...360	0,15	2,05	–	–	–
Ethanol	C_2H_5OH	0,79	–117	78,5	0,17	2,43	109	904	1,1
Ethylether	$(C_2H_5)_2O$	0,71	–116	34,5	0,13	2,28	98,1	377	1,6
Ethylchlorid	C_2H_5Cl	0,90	–136	12	0,11⁵)	1,54⁵)	69,0	437	–
Ethylenglykol	$C_2H_4(OH)_2$	1,11	–12	198	0,25	2,40	–	–	–
Gefrierschutzmittel-Wasser-Gemisch									
23 Vol.-%		1,03	–12	101	0,53	3,94	–	–	–
38 Vol.-%		1,04	–25	103	0,45	3,68	–	–	–
54 Vol.-%		1,06	–46	105	0,40	3,43	–	–	–
Glycerin	$C_3H_5(OH)_3$	1,26	+20	290	0,29	2,37	200	828	0,5
Heizöl EL		≈0,83	–10	> 175	0,14	2,07	–	–	–
Kochsalzlösung 20%		1,15	–18	109	0,58	3,43	–	–	–
Leinöl		0,93	–15	316	0,17	1,88	–	–	–
Methanol	CH_3OH	0,79	–98	65	0,20	2,51	99,2	1109	–
Methylchlorid	CH_3Cl	0,99⁷)	–92	–24	0,16	1,38	–	406	–
m-Xylol	$C_6H_4(CH_3)_2$	0,86	–48	139	–	–	–	339	–
Paraffinöl		–	–	–	–	–	–	–	0,764
Petrolether		0,66	–160	> 40	0,14	1,76	–	–	–
Petroleum		0,76...0,86	–70	> 150	0,13	2,16	–	–	1,0
Quecksilber⁸)	Hg	13,55	–38,84	356,6	10	0,14	11,6	295	0,18
Rüböl		0,91	±0	300	0,17	1,97	–	–	–

¹) Bei 1,013 bar. ²) Bei 20 °C. ³) Bei Schmelztemperatur und 1,013 bar. ⁴) Bei Siedetemperatur und 1,013 bar. ⁵) Bei 0 °C. ⁶) Erstarrungstemperatur 0 °C.
⁷) Bei –24 °C. ⁸) Für Umrechnung von Torr in Pa-Wert 13,5951 g/cm³ (bei 0 °C) verwenden.

Stoff		Dichte[2]) g/cm³	Schmelz-temperatur[1]) °C	Siede-temperatur[1]) °C	Wärme-leitfähigkeit[2]) W/(m·K)	Spezifische Wärme-kapazität[2]) kJ/(kg·K)	Schmelz-enthalpie ΔH[3]) kJ/kg	Ver-dampfungs-enthalpie[4]) kJ/kg	Volumenaus-dehnungs-koeffizient x10⁻³/K
Salpetersäure, konz.	HNO_3	1,51	–41	84	0,26	1,72	–	–	–
Salzsäure 10 %	HCl	1,05	–14	102	0,50	3,14	–	–	–
Schmieröl		0,91	–20	> 300	0,13	2,09	–	–	–
Schwefelsäure, konz.	H_2SO_4	1,83	+10,5[5])	338	0,47	1,42	–	–	0,55
Silikonöl		0,76...0,98	–	–	0,13	1,09	–	–	–
Spiritus 95 %[6])		0,81	–114	78	0,17	2,43	–	–	–
Teer, Koksofen-		1,2	–15	300	0,19	1,56	–	–	–
Terpentinöl		0,86	–10	160	0,11	1,80	–	293	1,0
Toluol	C_7H_8	0,87	–93	111	0,14	1,67	74,4	364	–
Transformatorenöl		0,88	–30	170	0,13	1,88	–	–	–
Trichlorethylen	C_2HCl_3	1,46	–85	87	0,12	0,93	–	265	1,19
Wasser		1,00[7])	±0	100	0,60	4,18	332	2256	0,18[8])

Wasserdampf

Absoluter Druck bar	Siede-temperatur °C	Verdampfungs-enthalpie kJ/kg
0,1233	50	2382
0,3855	75	2321
1,0133	100	2256
2,3216	125	2187
4,760	150	2113
8,925	175	2031
15,55	200	1941

Absoluter Druck bar	Siede-temperatur °C	Verdampfungs-enthalpie kJ/kg
25,5	225	1837
39,78	250	1716
59,49	275	1573
85,92	300	1403
120,5	325	1189
165,4	350	892
221,1	374,2	0

[1]) Bei 1,013 bar.
[2]) Bei 20 °C.
[3]) Bei Schmelztemperatur und 1,013 bar.
[4]) Bei Siedetemperatur und 1,013 bar.
[5]) Erstarrungstemperatur 0 °C.
[6]) Ethanol vergällt.
[7]) Bei 4 °C.
[8]) Volumenausdehnung beim Gefrieren: 9 %.

Eigenschaftswerte gasförmiger Stoffe

Stoff		Dichte[1])	Schmelztemperatur[2])	Siedetemperatur[2])	Wärmeleitfähigkeit[3])	Spezifische Wärmekapazität[3]) kJ/(kg·K)			Verdampfungsenthalpie[2])
		kg/m³	°C	°C	W/(m·K)	c_p	c_v	c_p/c_v	kJ/kg
Acetylen	C_2H_2	1,17	–84	–81	0,021	1,64	1,33	1,23	751
Ammoniak	NH_3	0,77	–78	–33	0,024	2,06	1,56	1,32	1369
Argon	Ar	1,78	–189	–186	0,018	0,52	0,31	1,67	163
n-Butan	C_4H_{10}	2,70	–138	–0,5	0,016	–	–	–	–
i-Butan	C_4H_{10}	2,67	–145	–10,2	0,016	–	–	1,11	–
Chlor	Cl_2	3,21	–101	–35	0,009	0,48	0,37	1,30	288
Chlorwasserstoff	HCl	1,64	–114	–85	0,014	0,81	0,57	1,42	–
Cyan (Dicyan)	$(CN)_2$	2,33	–34	–21	–	1,72	1,35	1,27	–
Dichlordifluormethan (= Frigen F 12)	CCl_2F_2	5,51	–140	–30	0,010	–	–	1,14	–
Erdgas		≈0,83	–	–162	–	–	–	–	–
Ethan	C_2H_6	1,36	–183	–89	0,021	1,66	1,36	1,22	522
Ethanoldampf		2,04	–114	+78	0,015	–	–	1,13	–
Ethylen	C_2H_4	1,26	–169	–104	0,020	1,47	1,18	1,24	516
Fluor	F_2	1,70	–220	–188	0,025	0,83	–	–	172
Gichtgas		1,28	–210	–170	0,024	1,05	0,75	1,40	–
Helium	He	0,18	–270	–269	0,15	5,20	3,15	1,65	20
Kohlenoxid	CO	1,25	–199	–191	0,025	1,05	0,75	1,40	–
Kohlendioxid	CO_2	1,98	–57[4])	–78	0,016	0,82	0,63	1,30	368
Krypton	Kr	3,73	–157	–153	0,0095	0,25	0,15	1,67	108
Luft		1,293	–220	–191	0,026	1,005	0,716	1,40	209
Methan	CH_4	0,72	–183	–164	0,033	2,19	1,68	1,30	557
Methylchlorid	CH_3Cl	2,31	–92	–24	–	0,74	0,57	1,29	446
Neon	Ne	0,90	–249	–246	0,049	1,03	0,62	1,67	86
Ozon	O_3	2,14	–251	–112	0,019	–	–	1,29	–
Propan	C_3H_8	2,00	–182	–42	0,018	–	–	1,14	
Propylen	C_3H_6	1,91	–185	–47	0,017	–	–	–	468
Sauerstoff	O_2	1,43	–218	–183	0,0267	0,92	0,65	1,41	213
Schwefeldioxid	SO_2	2,93	–73	–10	0,010	0,64	0,46	1,40	402
Schwefelkohlenstoff	CS_2	3,41	–112	+46	0,0073	0,67	0,56	1,19	–
Schwefelwasserstoff	H_2S	1,54	–86	–61	–	0,96	0,72	1,34	535
Stadtgas		0,56...0,61	–230	–210	0,064	2,14	1,59	1,35	–
Stickstoff	N_2	1,24	–210	–196	0,026	1,04	0,74	1,40	199
Wasserdampf bei 100 °C[5])		0,60	±0	+100	0,025	2,01	1,52	1,32	–
Wasserstoff	H_2	0,09	–258	–253	0,181	14,39	10,10	1,42	228
Xenon	Xe	5,89	–112	–108	0,0057	0,16	0,096	1,67	96

[1]) Bei 0 °C und 1,013 bar.
[2]) Bei 1,013 bar.
[3]) Bei 20 °C und 1,013 bar.
[4]) Bei 5,3 bar.
[5]) Bei Sättigung und 1,013 bar, s. a. Tabelle „Eigenschaftswerte flüssiger Stoffe".

Eigenschaftswerte metallischer Werkstoffe

Werkstoff	Norm	Kurzname Auswahl einiger Sorten	Wesentliche Legierungsbestandteile, Mittelwerte Massenanteil in %	R_m [1]) N/mm²	R_e [2]) N/mm²	A_5 [3]) %	σ_{bW} [4]) Anhaltswert N/mm²	Probestab-Ø [5]) mm	Eigenschaften, Verwendungsbeispiele

Gusseisen und Temperguss[6]) E[7]) in 10^3 N/mm²: GG 78...143 [8]); GGG 160...180; GTW und GTS 175...195

Werkstoff	Norm	Kurzname	Legierungsbestandteile	R_m	R_e	A_5	σ_{bW}	Probestab-Ø	Eigenschaften, Verwendungsbeispiele
Gusseisen mit Lamellengrafit (Grauguss)	DIN EN 1561	EN-GJL-200	nicht genormt	200...300	–	–	90	30	spröde, sehr gut zerspanbar.
Gusseisen mit Kugelgrafit	DIN EN 1563	EN-GJS-400-15	nicht genormt	≥ 400	≥ 250	≥ 15	200	25	duktiler als Grauguss, gut zerspanbar.
Temperguss Weißer Temperguss Schwarzer Temperguss	DIN EN 1569	GTW-40-05 GTS-35-10	nicht genormt	≥ 400 ≥ 350	≥ 220 ≥ 200	≥ 5 (A_3) ≥ 10 (A_3)	– –	12 12	Duktilität ähnlich GGG, gut zerspanbar.
Stahlguss E[7]) wie Stahl	DIN 1681	GS-45	nicht genormt	≥ 450	≥ 230	≥ 22	210	–	vergütbar.

Stahl E[7]) in 10^3 N/mm²: unlegierte und niedrig legierte Stähle 212, austenitische Stähle ≥ 190, hochlegierte Werkzeugstähle ≤ 230

Werkstoff	Norm	Kurzname	Legierungsbestandteile	R_m	R_e	A_5	σ_{bW}	Probestab-Ø	Eigenschaften, Verwendungsbeispiele
Baustahl unbehandelt (Ø 16...40 mm)	DIN EN 10 025	S 235 JR E 360	≤ 0,19 C	340...510 670...830	≤ 225 ≥ 355	≥ 26 ≥ 11	≥ 170 ≥ 330	– –	gering beanspruchte Teile. höher beanspruchte Teile.
Kaltband aus weichen unlegierten Stählen	DIN EN 10 139	DC 05 LC	nicht genormt	270...330	≤ 180	≥ 40 (A_{80})	≥ 130	–	schwierige Tiefziehteile.
Feuerverzinktes Band und Blech	DIN EN 10 142	DX 53 D	nicht genormt	≤ 380	≤ 260	≥ 30 (A_{80})	≥ 190	–	korrosionsbeanspruchte, schwierige Tiefziehteile.
Automatenstahl (Ø 16 ... 40 mm)	DIN EN 10 087	11 SMn30 35 S 20	≤ 0,14 C; 1,1 Mn; 0,30 S 0,35 C; 0,9 Mn; 0,20 S	380...570 520...680	– –	– –	≥ 190 ≥ 260	– –	Weichautomatenstahl. Automaten-Vergütungsst.

Stahl (Fortsetzung)

Werkstoff Werkstoffzustand	Norm	Kurzname Auswahl einiger Sorten	Wesentliche Legierungsbestandteile, Mittelwerte Massenanteil in %	R_m 1) N/mm²	R_e 2) N/mm²	A 3) %	σ_{bW} 4) Anhaltswert N/mm²	Probestab-Ø 5) mm	Eigenschaften, Verwendungsbeispiele
Vergütungsstahl vergütet (Ø ≤ 16 mm)	DIN EN 10 083	C 45 E 34 Cr 4 42 CrMo 4 30 CrNiMo 8	0,45 C 0,34 C; 1,1 Cr 0,42 C; 1 Cr; 0,2 Mo 0,3 C; 2 Cr; 0,4 Mo; 2 Ni	700...850 900...1100 1100...1300 1250...1450	≥ 490 ≥ 700 ≥ 900 ≥ 1050	≥ 14 ≥ 12 ≥ 10 ≥ 9	≥ 280 ≥ 360 ≥ 440 ≥ 500	– – – –	↓ zunehmende Härtbarkeit.
				Härte HV (Anhaltsw.) Oberfl.	Kern				
Einsatzstahl einsatzgehärtet und angelassen (Ø ≤ 11 mm)	DIN EN 10 084	C 15 E 16 MnCr 5 17 CrNi 6-6 18 CrNiMo 7-6	0,15 C; 0,16 C; 1 Cr 0,17 C; 1,5 Cr; 1,5 Ni 0,18 C; 1,6 Cr; 1,5 Ni; 0,3 Mo	700...850 700...850 700...850 700...850	200...450 300...450 400...550 400...550	Bei harten Stählen – gehärtet und angelassen, einsatzgehärtet, nitriert usw. – sind die im Zugversuch gemessenen Werkstoffkennwerte für eine Dimensionierung der harten Bauteile ungeeignet.			hoher Verschleißwiderstand, hohe Schwingfestigkeit. ↓ zunehmende Härtbarkeit.
Nitrierstahl vergütet und nitriert	DIN EN 10 085	31 CrMoV 9 34 CrAlMo 5	0,31 C; 2,5 Cr; 0,2 Mo; 0,15 V 0,34 C; 1,0 Al; 1,15 Cr; 0,2 Mo	700...850 850...1100	250...400 250...400				hoher Verschleißwiderstand, hohe Schwingfestigkeit.
Wälzlagerstahl gehärtet und angelassen	DIN EN ISO 683-17	100 Cr 6	1 C; 1,5 Cr	Härte 60...64 HRC					hoher Verschleißwiderstand.
Werkzeugstahl Unlegierter Kaltarbeitsstahl gehärtet und angelassen	DIN EN ISO 4957	C 80 U	0,8 C	Übliche Härte 60...64 HRC					Wasserhärter.
Legierter Kaltarbeitsstahl gehärtet und angelassen	DIN EN ISO 4957	90 MnCrV 8 X 153 CrMoV 12 X 210 Cr 12 2,1 C; 12 Cr	0,9 C; 2 Mn; 0,3 Cr; 0,1 V 1,53 C; 12 Cr; 0,8 Mo; 0,8 V 2,1 C; 12 Cr	60...64 HRC 60...64 HRC 60...64 HR					Wasser-Öl-Härter. Ölhärter. ↓ Zunehmender Verschleißwiderstand.

Warmarbeitsstahl gehärtet und angelassen	DIN EN ISO 4957	X 40 CrMoV 5-1	0,4 C; 5 Cr; 1,3 Mo; 1 V	43...45 HRC		Bei harten Stählen – gehärtet und angelassen, einsatzgehärtet, nitriert usw. – sind die im Zugversuch gemessenen Werkstoffkennwerte für eine Dimensionierung der harten Bauteile ungeeignet.			warmverschleißfest.
Schnellarbeitsstahl gehärtet und angelassen	DIN EN ISO 4957	HS 6-5-2	0,85 C; 6 W; 5 Mo; 2 V; 4 Cr	61...65 HRC					
Nicht rostende Stähle -ferritischer Stahl geglüht	17 440	X 6 Cr 17	≤ 0,08 C; 17 Cr	450...600 Härte < 185 HV	≥ 270	≥ 20	200...315		nicht härtbar.
-martensitischer Stahl gehärtet und angelassen	DIN EN 10 088	X 20 Cr 13 X 46 Cr 13 X 90 CrMoV 18	0,20 C; 13 Cr 0,46 C; 13 Cr 0,9 C; 18 Cr; 1,1 Mo; 0,1 V	Härte ca. 40 HRC Härte ca. 45 HRC Härte ≥ 57 HRC					↓ zunehmender Verschleißwiderstand.
-austenitischer Stahl abgeschreckt	17 440	X 5 CrNi 18-10 X 8 CrNiS 18-10	≤ 0,07 C; 18 Cr; 9 Ni ≤ 0,07 C; 18 Cr; 9 Ni; 0,3 S	500...700 500...700	≥ 190 ≥ 190	≥ 45 ≥ 35	–	–	unmagnetisch, nicht härtbar.
Hartmetalle E = 440 000...550 000	–	–	W (Ti, Ta)-Karbid + Co	800...1900 HV			Sinterwerkstoffe, äußerst druck- und verschleißfest, aber spröde; Zerspanungs-, Schnitt-, Umformwerkzeuge.		
Schwerstmetalle E = 320 000...380 000	–	–	> 90 W; Ni u.a.	≥ 650 240...450 HV	≥ 560	≥ 2	Dichte 17...18,5 g/cm³; Reglergewichte, Schwung- und Ausgleichmassen.		

[1]) Zugfestigkeit.
[2]) Streckgrenze (oder $R_{p0,2}$).
[3]) Bruchdehnung.
[4]) Biegewechselfestigkeit; genauere Festigkeitswerte sind nach FMK-Richtlinie „Rechnerischer Festigkeitsnachweis für Maschinenbauteile“ zu berechnen.
[5]) Die angegebenen Festigkeitswerte gelten für den getrennt gegossenen Probestab.
[6]) Die Festigkeitsgrößen aller Eisengusssorten sind abhängig von Gewicht und Wanddicke der Guss-Stücke.
[7]) Elastizitätsmodul.
[8]) E sinkt bei Grauguss mit wachsender Zugbeanspruchung und bleibt mit steigender Druckbeanspruchung nahezu konstant.

Stahl (Fortsetzung)

Federstahl

Werkstoff	DIN	Wesentliche Legierungsbestandteile, etwa Massenanteil in %; E und G in N/mm²	Durchmesser mm	R_m [1] mind. N/mm²	Z [2] %	σ_b [3] N/mm²	τ_{kh} [4] N/mm²	τ_{zul} [5] N/mm²	Eigenschaften, Verwendungsbeispiele
Federstahldraht D patentiert und federhart gezogen [6]	17 223 Bl. 1	0,8 C; 0,6 Mn; < 0,35 Si E = 206 000 G = 81 500	1 3 10	2230 1840 1350	40 40 30	1590 1280 930	380 [7] 360 [7] 320	1115 920 675	für hohe Oberspannungen (S. 330).
Nicht rostender Federstahldraht	17 224	< 0,12 C; 17 Cr; 7,5 Ni E = 185 000 G = 73 500	1 3	2000 1600	40 40	1400 1130	– –	1000 800	rostbeständige Federn.
Vergüteter Ventilfederstahldraht [6]	17 223 Bl. 2	0,65 C; 0,7 Mn; ≤ 0,30 Si E = 206 000 G = 80 000	1 3 8	1720 1480 1390	45 45 38	1200 1040 930	380 [8] 380 [8] 360 [8]	860 740 690	für große Dauerschwingbeanspruchung.
Vergüteter, legierter Ventilfederstahldraht VD Si Cr [6]	–	0,55 C; 0,7 Mn; 0,65 Cr; 1,4 Si E = 200 000 G = 79 000	1 3 8	2060 1920 1720	50 50 40	– – –	430 [8] 430 [8] 380 [8]	1030 960 860	für höchste Dauerschwingbeanspruchung und höhere Temperaturen.
Vergüteter, legierter Ventilfederstahldraht VD Cr V [6]	–	0,7 C; 0,7 Mn; 0,5 Cr; 0,15 V; ≤ 0,30 S E = 200 000 G = 79 000	1 3 8	1860 1670 1420	45 45 40	– – –	470 [8] 470 [8] 400 [8]	930 835 710	für höchste Dauerschwingbeanspruchung.
Federstahlband Ck 85	17 222	0,85 C; 0,55 Mn; 0,25 Si E = 206 000	h ≤ 2,5	1470	–	1270	σ_{bh} = 640	–	hoch beanspruchte Blattfedern.
Nicht rostendes Federstahlband	17 224	< 0,12 C; 17 Cr; 7,5 Ni E = 185 000	h ≤ 1	1370	–	1230	σ_{bh} = 590	–	rostbeständige Blattfedern.

[1]) Zugfestigkeit.
[2]) Brucheinschnürung.
[3]) zulässige Biegespannung.
[4]) zulässige Hubspannung für Lastspielzahlen $N \geq 10^7$.
[5]) zulässige Oberspannung für Temperaturen bis ca. 30 °C und 1...2% Relaxation in 10 h; für höhere Temperaturen s. S. 294.
[6]) Dauerfestigkeitsschaubilder S. 294 und 295.
[7]) bei gestrahlten Federn 480 N/mm².
[8]) bei gestrahlten Federn ca. 40% größer.

Karosseriebleche

Werkstoff Kurzname	übliche Materialdicken mm	$R_{p\,0,2}$ [1] N/mm²	R_m [2] N/mm²	A_{80} [3] %	Eigenschaften Verwendungsbeispiele
St 12	0,6...2,5	≈ 280	270...410	≈ 28	Für einfache Ziehteile.
St 13		≈ 250	270...370	≈ 32	Für schwierige Ziehteile.
St 14		≈ 240	270...350	≈ 38	Für sehr schwierige Tiefziehteile, Außenhautteile (Dach, Türen, Kotflügel usw.; 0,75...1,0 mm); siehe auch DIN 1623.
ZE 260	0,75...2,0	260...340	≈ 370	≈ 28	Für hochbeanspruchte Trägerteile, deren Verformungsgrad nicht zu schwierig ist.
ZE 340		340...420	≈ 420	≈ 24	
ZE 420		420...500	≈ 490	≈ 20	
AlMg 0,4 Si 1,2	0,8...2,5	≈ 140	≈ 250	≈ 28	Für Außenhautteile wie Vorderkotflügel, Türen, Motorhaube, Heckdeckel u. a.; meist 1,25 mm; siehe DIN 1745.
AlMg 4,5 Mn 0,3	0,5...3,5	≈ 130	≈ 270	≈ 28	Für Innenversteifungen von Klappen; für Teile, die nicht im Sichtbereich liegen; Fließfiguren toleriert.

[1]) Streckgrenze.
[2]) Zugfestigkeit.
[3]) Bruchdehnung.

Nichteisenmetalle, Schwermetalle

Werkstoff Beispiele	Kurzname Beispiele	Zusammensetzung, Mittelwerte, Massenanteil in %	E[1]) N/mm²	R_m[2]) min. N/mm²	$R_{p0,2}$[3]) etwa N/mm²	σ_{bW}[4]) etwa N/mm²	Eigenschaften Verwendungsbeispiele
Kupfer-Knetlegierungen (DIN EN 1652 ... 1654, 1758, 12163 ... 12168)							
Leitkupfer	EN CW-Cu-FRTP	99,90 Cu	$128 \cdot 10^3$	200	120[5])	70	sehr gute elektrische Leitfähigkeit
Messing	EN CW-CuZn 28 R370 EN CW-CuZn 37 R440 EN CW-CuZn 39 Pb3 R430	72 Cu; 28 Zn 63 Cu; 37 Zn 58 Cu; 39 Zn; 3 Pb	$114 \cdot 10^3$ $110 \cdot 10^3$ $96 \cdot 10^3$	370 440 430	320 400 250	120 140 150	tiefziehbar. gut kaltumformbar. Automatenteile.
Neusilber	EN CW-CuNi 18 Zn 20 R500	62 Cu; 20 Zn; 18 Ni	$135 \cdot 10^3$	500	300		korrosionsbeständig.
Zinnbronze	EN CW-CuSn 6 R400	94 Cu; 6 Sn	$118 \cdot 10^3$	410	300	175	gute Laufeigenschaften; Lagerbuchsen, Stecker.
Kupfer-Gusslegierungen (DIN 1705)							
Guss-Zinnbronze	G-CuSn 10 Zn	88 Cu; 10 Sn; 2 Zn	$100 \cdot 10^3$	260[6])	140[6])	90	korrosionsbeständig, verschleißfest; Zahnräder, Lager.
Rotguss	GC-CuSn 7 ZnPb	85 Cu; 7 Sn; 4 Zn; 6 Pb	$95 \cdot 10^3$	270	130	80	
Sonstige Legierungen							
Zinn-Legierung (DIN ISO 4381)	SnSb 12 Cu 6 Pb	80 Sn; 12 Sb; 6 Cu; 2 Pb	$30 \cdot 10^3$	–	60	28	Gleitlager.
Zink-Druckguss (DIN 1743)	GD-ZnAl 4 Cu 1	96 Zn; 4 Al	$85 \cdot 10^3$	280[6])	230[6])	80	maßgenaue Gussteile.
Heizleiterlegierung (DIN 17470)	NiCr 80 20 NiCr 60 15	80 Ni; 20 Cr 60 Ni; 22 Fe; 17 Cr	– –	650 600	– –	– –	hoher elektrischer Widerstand (S. 251).
Widerstandslegierung (DIN 17471)	CuNi 44 CuNi 30 Mn	55 Cu; 44 Ni; 1 Mn 67 Cu; 30 Ni; 3 Mn	– –	420 400	– –	– –	

[1]) Elastizitätsmodul, Richtwerte. [2]) Zugfestigkeit. [3]) 0,2%-Dehngrenze. [4]) Biegewechselfestigkeit. [5]) höchstens.
[6]) am gesondert gegossenen Probestab.

Nichteisenmetalle, Leichtmetalle

Werkstoff Beispiele	Zusammensetzung, Mittelwerte Massenanteil in %	R_m[1]) min. N/mm²	$R_{p0,2}$[2]) min. N/mm²	σ_{bW}[3]) etwa N/mm²	Eigenschaften Verwendungsbeispiele
Aluminum-Knetlegierungen (DIN EN 458, 485, 515, 573, 754 ...), Elastizitätsmodul E = 65 000 ... 73 000 N/mm²					
ENAW-Al 99,5 O	99,5 Al	65	20	40	weich, sehr gut leitend, eloxierbar, polierbar.
ENAW-AlMg 2 Mn 0,8 O	97 Al; 2 Mg; 0,8 Mn	190	80	90	meerwasserbeständig, eloxierbar.
ENAW-AlSiMgMn T 6	97 Al; 0,9 Mg; 1 Si; 0,7 Mn	310	260	90	warm ausgehärtet, meerwasserbeständig.
ENAW-AlCu 4 MgSi (A) T 4	94 Al; 4 Cu; 0,7 Mg; 0,7 Mn; 0,5 Si	390	245	120	kalt ausgehärtet, gutes Zeitstandverhalten.
ENAW-AlZn 5,5 MgCu T 651	90 Al; 6 Zn; 2 Mg; 2 Cu; 0,2 Cr	525	460	140	höchste Festigkeit.
Aluminum-Gusslegierungen[5]) (DIN EN 1706), Elastizitätsmodul E = 68 000 ... 80 000 N/mm²					
ENAC-AlSi 7 Mg 0.3 KT 6	89 Al; 7 Si; 0,4 Mg; 0,1 Ti	290	210	80	warm ausgehärtet; hoch beanspruchte schwingungsfeste Teile.
ENAC-AlSi 6 Cu 4 KF	89 Al; 6 Si; 4 Cu; 0,3 Mn; 0,3 Mg	170	100	60	vielseitige Verwendung, warmfest.
ENAC-AlCu 4 Ti KT 6	95 Al; 5 Cu; 0,2 Ti	330	220	90	warm ausgehärtet; einfache Teile mit höchsten Festigkeits- und Zähigkeitsansprüchen.
ENAC-AlSi 12 Cu 1 (Fe) DF	88 Al; 12 Si; 1 Cu; 1 Fe	240	140	70	dünnwandige, schwingungsfeste Teile.
ENAC-AlSi 9 Cu 3 (Fe) DF	87 Al; 9 Si; 3 Cu; 0,3 Mn; 0,3 Mg	240	140	70[6])	warmfest; kompliziert gestaltete Druckgussteile.
ENAC-AlMg 9 DF	90 Al; 9 Mg; 1 Si; 0,4 Mn	200	130	60[6])	meerwasserbeständig; mittelbeanspruchte Teile.
Magnesium-Legierungen (DIN 1729, 9715), Elastizitätsmodul E = 40 000 ... 45 000 N/mm²					
MgAl 6 Zn F 27	93 Mg; 6 Al; 1 Zn; 0,3 Mn	270	195	–	mittel bis hoch beanspruchte Teile. Späne brennbar.
GK-MgAl 9 Zn 1 wa	90 Mg; 9 Al; 0,6 Zn; 0,2 Mn	240	150	80	warm ausgehärtet.
GD-MgAl 9 Zn 1	90 Mg; 9 Al; 0,6 Zn; 0,2 Mn	200	150	50	kompliziert gestaltete Druckgussteile.
Titan-Legierungen (DIN 17 850, 17 851, 17 860 ... 17 864), Elastizitätsmodul $E \approx$ 110 000 N/mm²					
Ti 1	99,7 Ti	290	180	–	korrosionsbeständig.
TiAl 6 V 4 F 89	90 Ti; 6 Al; 4 V	890	820	–	korrosionsbeständig, höchste Festigkeitsansprüche.

[1]) Zugfestigkeit. [2]) 0,2%-Dehngrenze. [3]) Umlauf-Biegewechselfestigkeit. [4]) höchstens. [5]) Festigkeitswerte gelten für Kokillen- und Druckguss für gesondert gegossene Probestäbe. Sandguss hat etwas geringere Werte als Kokillenguss. [6]) Flach-Biegewechselfestigkeit.

Sintermetalle[1]) für Gleitlager

Werkstoff	Kurzzeichen	Zulässige Bereiche					Repräsentative Beispiele					
		Dichte ϱ	Porosität $(\Delta V/V)\cdot 100$	Chemische Zusammensetzung Massenanteil	Rad. Bruchfestigkeit K[2])	Härte	Dichte ϱ	Chemische Zusammensetzung Massenanteil	Rad. Bruchfestigkeit K[2])	Stauchgrenze $\delta_{d\,0,2}$	Härte	Wärmeleitfähigkeit λ
	Sint-	g/cm³	%	%	N/mm²	HB	g/cm³	%	N/mm²	N/mm²	HB[2])	W/mK
Sintereisen	A 00 B 00 C 00	5,6...6,0 6,0...6,4 6,4...6,8	25 ± 2,5 20 ± 2,5 15 ± 2,5	< 0,3 C; < 1,0 Cu; < 2 andere; Rest Fe	> 150 > 180 > 220	> 25 > 30 > 40	5,9 6,3 6,7	< 0,2 andere; Rest Fe	160 190 230	130 160 180	30 40 50	37 43 48
Sinterstahl Cu-haltig	A 10 B 10 C 10	5,6...6,0 6,0...6,4 6,4...6,8	25 ± 2,5 20 ± 2,5 15 ± 2,5	< 0,3 C; 1 ... 5 Cu; < 2 andere; Rest Fe	> 160 > 190 > 230	> 35 > 40 > 55	5,9 6,3 6,7	2,0 Cu; < 0,2 andere; Rest Fe	170 200 240	150 170 200	40 50 65	36 37 42
Sinterstahl Cu- und C-haltig	B 11	6,0...6,4	20 ± 2,5	0,4 ... 1,0 C; 1 ... 5 Cu; < 2 andere; Rest Fe	> 270	> 70	6,3	0,6 C; 2,0 Cu; < 0,2 andere; Rest Fe	280	160	80	28
Sinterstahl höher Cu-haltig	A 20 B 20	5,8...6,2 6,2...6,6	25 ± 2,5 20 ± 2,5	< 0,3 C; 15 ... 25 Cu; < 2 andere; Rest Fe	> 180 > 200	> 30 > 45	6,0 6,4	20 Cu; < 0,2 andere; Rest Fe	200 220	140 160	40 50	41 47
Sinterstahl höher Cu- und C-haltig	A 22 B 22	5,5...6,0 6,0...6,5	25 ± 2,5 20 ± 2,5	0,5...2,0 C; 15 ... 25 Cu; < 2 andere; Rest Fe	> 120 > 140	> 20 > 25	5,7 6,1	2,0 C[3]); 20 Cu; < 0,2 andere; Rest Fe	125 145	100 120	25 30	30 37
Sinterbronze	A 50 B 50 C 50	6,4...6,8 6,8...7,2 7,2...7,7	25 ± 2,5 20 ± 2,5 15 ± 2,5	< 0,2 C; 9 ... 11 Sn; < 2 andere; Rest Cu	> 120 > 170 > 200	> 25 > 30 > 35	6,6 7,0 7,4	10 Sn; < 0,2 andere; Rest Cu	140 180 210	100 130 160	30 35 45	27 32 37
Sinterbronze grafithaltig[4])	A 51 B 51 C 51	6,0...6,5 6,5...7,0 7,0...7,5	25 ± 2,5 20 ± 2,5 15 ± 2,5	0,5 ... 2,0 C; 9 ... 11 Sn; < 2 andere; Rest Cu	> 100 > 150 > 170	> 20 > 25 > 30	6,3 6,7 7,1	1,5 C[4]); 10 Sn; < 0,2 andere; Rest Cu	120 155 175	80 100 120	20 30 35	20 26 32

[1]) Nach „Sintermetall Werkstoff-Leistungsblätter": DIN 30 910, Ausgabe 1990.
[2]) Gemessen an kalibrierten Lagern 10/16 ∅ · 10.
[3]) C liegt vorwiegend als freier Grafit vor.
[4]) C liegt als freier Grafit vor.

Sintermetalle[1]) für Formteile

		Zulässige Bereiche				Repräsentative Beispiele						
Werkstoff	Kurzzeichen Sint-	Dichte ϱ g/cm³	Porosität $(\Delta V/V)\cdot 100$ %	Chemische Zusammensetzung Massenanteil %	Härte HB	Dichte ϱ g/cm³	Chemische Zusammensetzung Massenanteil %	Zugfestigkeit R_m N/mm²	Streckgrenze $R_{p\,0,1}$ N/mm²	Bruchdehnung A %	Härte HB	E-Modul $E \cdot 10^3$ N/mm²
Sintereisen	C 00 D 00 E 00	6,4...6,8 6,8...7,2 > 7,2	15 ± 2,5 10 ± 2,5 < 7,5	< 0,3 C; < 1,0 Cu; < 2 andere; Rest Fe	> 35 > 45 > 60	6,6 6,9 7,3	< 0,5 andere; Rest Fe	130 190 260	60 90 130	4 10 18	40 50 65	100 130 160
Sinterstahl C-haltig	C 01 D 01	6,4...6,8 6,8...7,2	15 ± 2,5 10 ± 2,5	0,3...0,6 C; < 1,0 Cu; < 2 andere; Rest Fe	> 70 > 90	6,6 6,9	0,5 C; < 0,5 andere; Rest Fe	260 320	180 210	3 3	80 100	100 130
Sinterstahl Cu-haltig	C 10 D 10 E 10	6,4...6,8 6,8...7,2 > 7,2	15 ± 2,5 10 ± 2,5 < 7,5	< 0,3 C; 1...5 Cu; < 2 andere; Rest Fe	> 40 > 50 > 80	6,6 6,9 7,3	1,5 Cu; < 0,5 andere; Rest Fe	230 300 400	160 210 290	3 6 12	55 85 120	100 130 160
Sinterstahl Cu- und C-haltig	C 11 D 11	6,4...6,8 6,8...7,2	15 ± 2,5 10 ± 2,5	0,4...1,5 C; 1...5 Cu; < 2 andere; Rest Fe	> 80 > 95	6,6 6,9	0,6 C; 1,5 Cu; < 0,5 andere; Rest Fe	460 570	320 400	2 2	125 150	100 130
	C 21	6,4...6,8	15 ± 2,5	0,4...1,5 C; 5...10 Cu; < 2 andere; Rest Fe	> 105	6,6	0,8 C; 6 Cu; < 0,5 andere; Rest Fe	530	410	<1	150	100
Sinterstahl Cu-, Ni- und Mo-haltig	C 30 D 30 E 30	6,4...6,8 6,8...7,2 > 7,2	15 ± 2,5 10 ± 2,5 < 7,5	< 0,3 C; 1...5 Cu; 1...5 Ni; < 0,8 Mo; < 2 andere; Rest Fe	> 55 > 60 > 90	6,6 6,9 7,3	0,3 C; 1,5 Cu; 4,0 Ni; 0,5 Mo; < 0,5 andere; Rest Fe	390 510 680	310 370 440	2 3 5	105 130 170	100 130 160
Sinterstahl P-haltig	C 35 D 35	6,4...6,8 6,8...7,2	15 ± 2,5 10 ± 2,5	< 0,3 C; < 1,0 Cu; 0,3...0,6 P; < 2 andere; Rest Fe	> 70 > 80	6,6 6,9	0,45 P; < 0,5 andere; Rest Fe	310 330	200 230	11 12	85 90	100 130
Sinterstahl Cu- und P-haltig	C 36 D 36	6,4...6,8 6,8...7,2	15 ± 2,5 10 ± 2,5	< 0,3 C; 1...5 Cu; 0,3...0,6 P; < 2 andere; Rest Fe	> 80 > 90	6,6 6,9	2,0 Cu; 0,45 P; < 0,5 andere; Rest Fe	360 380	290 320	5 6	100 105	100 130
Sinterstahl Cu-, Ni-, Mo-, und C-haltig	C 39 D 39	6,4...6,8 6,8...7,2	15 ± 2,5 10 ± 2,5	0,3...0,6 C; 1...3 Cu; 1...5 Ni; < 0,8 Mo; < 2 andere; Rest Fe	> 90 > 120	6,6 6,9	0,5 C; 1,5 Cu; 4,0 Ni; 0,5 Mo; < 0,5 andere; Rest Fe	520 600	370 420	1 2	150 180	100 130

[1]) Nach „Sintermetall Werkstoff-Leistungsblätter": DIN 30 910, Ausgabe 1990.

Sintermetalle[1]) für Formteile (Fortsetzung)

Werkstoff	Kurzzeichen Sint-	Zulässige Bereiche: Dichte ϱ g/cm³	Porosität $(\Delta V/V)\cdot 100$ %	Chemische Zusammensetzung Massenanteil %	Härte HB	Repräsentative Beispiele: Dichte ϱ g/cm³	Chemische Zusammensetzung Massenanteil %	Zugfestigkeit R_m N/mm²	Streckgrenze $R_{p\,0,1}$ N/mm²	Bruchdehnung A %	Härte HB	E-Modul $E\cdot 10^3$ N/mm²
Rostfreier Sinterstahl AISI 316	C 40 D 40	6,4...6,8 6,8...7,2	15 ± 2,5 10 ± 2,5	< 0,08 C; 10 ... 14 Ni; 2 ... 4 Mo; 16 ... 19 Cr; < 2 andere; Rest Fe	> 95 > 125	6,6 6,9	0,06 C; 13 Ni; 2,5 Mo; 18 Cr; < 0,5 andere; Rest Fe	330 400	250 320	1 2	110 135	100 130
AISI 430	C 42	6,4...6,8	15 ± 2,5	< 0,08 C; 16 ... 19 Cr; < 2 andere; Rest Fe	> 140	6,6	0,06 C; 18 Cr; < 0,5 andere; Rest Fe	420	330	1	170	100
AISI 410	C 43	6,4...6,8	15 ± 2,5	0,1 ... 0,3 C; 11 ... 13 Cr; < 2 andere; Rest Fe	> 165	6,6	0,2 C; 13 Cr; < 0,5 andere; Rest Fe	510	370	1	180	100
Sinterbronze	C 50 D 50	7,2...7,7 7,7...8,1	15 ± 2,5 10 ± 2,5	9...11 Sn; < 2 andere; Rest Cu	> 35 > 45	7,4 7,9	10 Sn; < 0,5 andere; Rest Cu	150 220	90 120	4 6	40 55	50 70
Sinteraluminium Cu-haltig	D 73 E 73	2,45...2,55 2,55...2,65	10 ± 2,5 6 ± 1,5	4...6 Cu; < 1 Mg; < 1 Si; < 2 andere; Rest Al	> 45 > 55	2,5 2,6	4,5 Cu; 0,6 Mg; 0,7 Si; < 0,5 andere; Rest Al	160 200	130 150	1 2	50 60	50 60

[1]) Nach „Sintermetall Werkstoff-Leistungsblätter": DIN 30910, Ausgabe 1990.

Weichmagnetische metallische Werkstoffe

Magnetsorte	Legierungsbestandteile Masseanteile %	Statische magnetische Eigenschaften: Koerzitivfeldstärke $H_{c(max)}$ in A/m, Dicke in mm 0,4...1,5	> 1,5	Minimale magnetische Polarisation in Tesla (T) bei Feldstärke H in A/m: 20	50	100	300	500	800	1600	4000	8000	Wechselstrommessung, 50 Hz¹): Messpunkt $\hat{H}$ in A/m	Mindestamplitudenpermeabilität μ_r, Blechdicke in mm 0,30...0,38	0,15...0,20
A – 240	100 Fe	240	240				1,15	1,30			1,60		Nicht geeignet für Wechselstromanwendungen.		
A – 120	100 Fe	120	120				1,15	1,30			1,60				
A – 60	100 Fe	60	60				1,25	1,35			1,60				
A – 12	100 Fe	12	12			1,15	1,30	1,40			1,60				
C1 – 48	0...5 Si (typisch 2...4,5)	48	48			0,60	1,10	1,20			1,50				
C1 – 12	0...5 Si (typisch 2...4,5)	12	12			1,20	1,30	1,35			1,50				
C21 – 09	0,4...5 Si (typisch 2...4,5)												1,60	900	750
C22 – 13	0,4...5 Si (typisch 2...4,5)												1,60	1300	–
E11 – 60	72...83 Ni	2	4	0,50	0,65	0,70		0,73			0,75		0,40	40000	40000
E21	54...68 Ni	ungeeignet für diese Dicke												Nach Vereinbarung	
E31 – 06	45...50 Ni	10	10	0,50	0,90	1,10		1,35			1,45		0,40	6000	6000
E32	45...50 Ni	ungeeignet für diese Dicke												Nach Vereinbarung	
E41 – 03	35...40 Ni	24	24	0,20	0,45	0,70		1,00			1,18		1,60	2900	2900
F11 – 240	47...50 Co		240				1,40		1,70	1,90	2,06	2,15	Wie zwischen Hersteller und Abnehmer vereinbart.		
F11 – 60	47...50 Co	60					1,80		2,10	2,20	2,25	2,25			
F21	35 Co	300							1,50	1,60	2,00	2,20			
F31	23...27 Co	300									1,85	2,00			

¹) Angaben gelten für laminierte Ringe.

Weichmagnetische metallische Werkstoffe

Elektroblech und -band

Blechsorte		Nenn-dicke	Dichte ϱ	max. Ummagnetisierungsverlust (50 Hz) in W/kg bei Aussteuerung			Magnetische Polarisation in Tesla (T) min. bei Feldstärke H in A/m			Statische Koerzitivfeldstärke H_c in A/m	Permeabilität μ max	Eigenschaften, Verwendungsbeispiele
Kurzname	Werkstoff-nummer	mm	g/cm³	P 1,0	P 1,5	P 1,7	(B25) 2500	(B50) 5000	(B100) 10000			
M 270–35A	1.0801	0,35	7,60	1,10	2,70	–	1,49	1,60	1,70			
M 330–35A	1.0804	0,35	7,65	1,30	3,30	–	1,49	1,60	1,70			
M 330–50A	1.0809	0,50	7,60	1,35	3,30	–	1,49	1,60	1,70			
M 530–50A	1.0813	0,50	7,70	2,30	5,30	–	1,56	1,65	1,75			Ummagnetisierungsverluste.
M 800–50A	1.0816	0,50	7,80	3,60	8,00	–	1,60	1,70	1,78			
M 400–65A	1.0821	0,65	7,65	1,70	4,00	–	1,52	1,62	1,72			
M1000–65A	1.0829	0,65	7,80	4,40	10,0	–	1,61	1,71	1,80			
M 800–100A	1.0895	1,00	7,70	3,60	8,00	–	1,56	1,66	1,75			
M1300–100A	1.0897	1,00	7,80	5,80	13,0	–	1,60	1,70	1,78	≈ 100	≈ 5000	
M 660–50D	1.0361	0,50	7,85	2,80	6,60	–	1,62	1,70	1,79	...300		Bau magnetischer Kreise mit Wechselmagnetisierung (z. B. Motoren).
M1050–50D	1.0363	0,50	7,85	4,30	10,50	–	1,57	1,65	1,77			
M 800–65D	1.0364	0,65	7,85	3,30	8,00	–	1,62	1,70	1,79			
M1200–65D	1.0366	0,65	7,85	5,00	12,00	–	1,57	1,65	1,77			
							bei Feldstärke H 800 A/m (B8)					
M 097–30N	1.0861	0,30	–	–	0,97	1,50	1,75					
M 140–30S	1.0862	0,30	–	–	0,92	1,40	1,78			≈ 1	≈ 30000	
M 111–30P	1.0881	0,30	–	–	–	1,11	1,85					
M 340–50E	1.0841	0,50	7,65	1,42	3,40	–	1,54	1,62	1,72			
M 560–50E	1.0844	0,50	7,80	2,42	5,60	–	1,58	1,66	1,76	≈ 100	≈ 5000	
M 390–65E	1.0846	0,65	7,65	1,62	3,90	–	1,54	1,62	1,72	...300		
M 630–65E	1.0849	0,65	7,80	2,72	6,30	–	1,58	1,66	1,76			

Werkstoffe für Transformatoren und Drosseln

Kernblechpermeabilität für die Legierungsklassen C21, C22, E11, E31 und E41 für den Kernblechschnitt YEI1.

Mindestkernblechpermeabilität μ_{lam} (min)

IEC-Bezeichnung		C21-09 Dicke in mm		C22-13 Dicke in mm	E11-60 Dicke in mm			
		0,3...0,38	0,15...0,2	0,3...0,38	0,3...0,38	0,15...0,2	0,1	0,05
YEI 1	–10	630	630	1000	14000	18000	20000	20000
	13	800	630	1000	18000	20000	22400	20400
	14	800	630	1000	18000	22400	22400	22400
	16	800	630	1000	20000	22400	25000	22400
	18	800	630	1000	22400	25000	25000	22400
	20	800	630	1120	22400	25000	25000	25000
	22	800	630	1120				
	25	800	630	1120				

IEC-Bezeichnung		E11-100 Dicke in mm				E31-04 Dicke in mm				E31-06 Dicke in mm			
		0,3...0,38	0,15...0,2	0,1	0,05	0,3...0,38	0,15...0,2	0,1	0,05	0,3...0,38	0,15...0,2	0,1	0,05
YEI 1	–10	18000	25000	31500	31500	2800	2800	3150	3150	3550	4000	4500	5000
	13	20000	28000	35500	35500	2800	3150	3150	3550	4000	4500	5000	5000
	14	22400	28000	35500	35500	2800	3150	3150	3550	4000	4500	5000	5000
	16	25000	31500	35500	35500	2800	3150	3150	3550	4500	4500	5000	5000
	18	25000	31500	40000	35500	3150	3150	3550	3550	4500	4500	5000	5000
	20	28000	35500	40000	40000	3150	3150	3550	3550	4500	5000	5000	5000

IEC-Bezeichnung		E31-10 Dicke in mm				E41-02 Dicke in mm				E41-03 Dicke in mm			
		0,3...0,38	0,15...0,2	0,1	0,05	0,3...0,38	0,15...0,2	0,1	0,05	0,3...0,38	0,15...0,2	0,1	0,05
YEI 1	–10	5600	6300	5600	6300	1600	1800	1800	2000	2000	2240	2500	2240
	13	6300	7100	6300	6300	1800	1800	2000	2000	2240	2240	2500	2240
	14	6300	7100	6300	7100	1800	1800	2000	2000	2240	2240	2500	2240
	16	6300	7100	6300	7100	1800	1800	2000	2000	2240	2500	2500	2240
	18	7100	7100	6300	7100	1800	1800	2000	2000	2240	2500	2500	2240
	20	7100	7100	6300	7100	1800	2000	2000	2000	2240	2500	2500	2240

Werkstoffe für Gleichstromrelais

Werkstoffsorte Kurzname	Werkstoffsorte Werkstoffnummer	Legierungsbestandteile Massenanteil %	Dichte[1] ϱ g/cm³	Härte[1] HV	Remanenz[1] T (Tesla)	Permeabilität[1] μ_{max}	spez. el. Widerstand[1] $\frac{\Omega \cdot mm^2}{m}$	Koerzitivfeldstärke A/m max.	Magnetische Polarisation T (Tesla) min. bei Feldstärke H in A/m: 20	50	100	200	300	500	1000	4000	Eigenschaften, Verwendungsbeispiele
Unlegierte Stähle																	
RFe 160	1.1011				–	–	0,15	160	–	–	–	–	1,15	1,30	–	1,60	Geringe Koerzitivfeldstärke.
RFe 80	1.1014				1,10	–	0,15	80	–	–	–	1,10	1,20	1,30	1,45	1,60	
RFe 60	1.1015	–	7,85	max. 150	1,20	–	0,12	60	–	–	–	1,15	1,25	1,35	1,45	1,60	
RFe 20	1.1017				1,20	≈ 20 000	0,10	20	–	–	1,15	1,25	1,30	1,40	1,45	1,60	
RFe 12	1.1018				1,20		0,10	12	–	–	1,15	1,25	1,30	1,40	1,45	1,60	
Siliziumstähle																	Gleichstromrelais und ähnliche Zwecke.
RSi 48	1.3840	2,5	7,55	130	0,50	–	0,42	48	–	–	0,60	–	1,10	1,20	–	1,50	
RSi 24	1.3843	–	–	–	1,00	≈ 20 000	–	24	–	–	1,20	–	1,30	1,35	–	1,50	
RSi 12	1.3845	4 Si	7,75	200	1,00	≈ 10 000	0,60	12	–	–	1,20	–	1,30	1,35	–	1,50	
Nickelstähle und -legierungen																	
RNi 24	1.3911	≈ 36 Ni	8,2	130...180	0,45	≈ 5000	0,75	24	0,20	0,45	0,70	–	0,90	1,0	–	1,18	
RNi 12	1.3926	≈ 50 Ni	8,3	130...180	0,60	≈ 30 000	0,45	12	0,50	0,90	1,10	–	1,25	1,35	–	1,45	
RNi 8	1.3927	≈ 50 Ni	8,3	130...180	0,60	30000...100000	0,45	8	0,50	0,90	1,10	–	1,25	1,35	–	1,45	
RNi 5	2.4596	70 ... 80 Ni kleine Mengen Cu, Cr, Mo	8,7	120...170	0,30	≈ 40 000	0,55	5	0,50	0,65	0,70	–	–	–	–	0,75	
RNi 2	2.4595		8,7	120...170	0,30	≈ 100 000	0,55	2	0,50	0,65	0,70	–	–	–	–	0,75	

1) Richtwerte.

Sintermetalle für weichmagnetische Bauelemente

Werkstoff Kurzname	Charakteristische Legierungselemente (außer Fe) Masseanteile %	Sinterdichte ϱ_s g/cm³	Porosität p_s %	Maximale Koerzitivfeldstärke $H_{c(max)}$ A/m	Magnetische Polarisation in Tesla (T) bei Feldstärke H in A/m: 500	5000	15000	80000	Maximale Permeabilität $\mu_{(max)}$	Vickers Härte HV5	Spezifischer elektrischer Widerstand ϱ $\mu\Omega m$
S-Fe-175	–	6,6	16	175	0,70	1,10	1,40	1,55	2 000	50	0,15
S-Fe-170	–	7,0	11	170	0,90	1,25	1,45	1,65	2 600	60	0,13
S-Fe-165	–	7,2	9	165	1,10	1,40	1,55	1,75	3 000	70	0,12
S-FeP-150	≈0,45 P	7,0	10	150	1,05	1,30	1,50	1,65	3 400	95	0,20
S-FeP-130	≈0,45 P	7,2	8	130	1,20	1,45	1,60	1,75	4 000	105	0,19
S-FeSi-80	≈3 Si	7,3	4	80	1,35	1,55	1,70	1,85	8 000	170	0,45
S-FeSi-50	≈3 Si	7,5	2	50	1,40	1,65	1,70	1,95	9 500	180	0,45
S-FeNi-20	≈50 Ni	7,7	7	20	1,10	1,25	1,30	1,30	20 000	70	0,50
S-FeNi-15	≈50 Ni	8,0	4	15	1,30	1,50	1,55	1,55	30 000	85	0,45
S-FeCo-100	≈50 Co	7,8	3	100	1,50	2,00	2,10	2,15	2 000	190	0,10
S-FeCo-200	≈50 Co	7,8	3	200	1,55	2,05	2,15	2,20	3 900	240	0,35

Weichmagnetische Ferrite

Ferritsorte	Anfangs-permeabilität[1]) μ_i ± 25 %	Bezogener Verlustfaktor tan δ/μ_i[2]) 10^{-6}	MHz	Bezogene Verlustleistung[3]) mW/g	Amplitudenpermeabilität[4]) μ_a	Curie-Temperatur[5])[6]) Θ_c °C	Frequenz für $0{,}8 \cdot \mu_i$[6]) MHz	Eigenschaften, Verwendungsbeispiele
Werkstoffe in weitgehend offenen magnetischen Kreisen								
C 1/12	12	350	100	–	–	> 500	400	Anfangspermeabilität. Im Vergleich zu metallischen magnetischen Werkstoffen hoher spez. Widerstand (10^0 ... 10^5 Ω · m, Metalle 10^{-7} ... 10^{-6} Ω · m), deshalb geringe Wirbelstromverluste. Nachrichtentechnik (Spulen, Übertrager).
D 1/50	50	120	10	–	–	> 400	90	
F 1/250	250	100	3	–	–	> 250	22	
G 2/600	600	40	1	–	–	> 170	6	
H 1/1200	1200	20	0,3	–	–	> 150	2	
Werkstoffe in weitgehend geschlossenen magnetischen Kreisen								
E 2	60 ... 160	80	10	–	–	> 400	50	
G 3	400 ... 1200	25	1	–	–	> 180	6	
J 4	1600 ... 2500	5	0,1	–	–	> 150	1,5	
M 1	3000 ... 5000	5	0,03	–	–	> 125	0,4	
P1	5000 ... 7000	3	0,01	–	–	> 125	0,3	
Werkstoffe für Leistungsanwendungen								
W 1	1000 ... 3000	–	–	45	1200	> 180	–	
W 2	1000 ... 3000	–	–	25	1500	> 180	–	

1) Nennwerte.
2) tan δ/μ_i kennzeichnet die frequenzabhängigen Werkstoffverluste bei kleiner Flussdichte (B < 0,1 mT).
3) Verluste bei großer Flussdichte. Messung vorzugsweise bei: f = 25 kHz, B = 200 mT, Θ = 100 °C.
4) Permeabilität bei stärkerer, sinusförmiger Aussteuerung. Messung bei: $f \leq$ 25 kHz, $\hat{B}$ = 320 mT, Θ = 100 °C.
5) Curie-Temperatur Θ_c ist hier diejenige Temperatur, bei der die Anfangspermeabilität μ_i unter 10 % ihres Wertes bei 25 °C sinkt.
6) Richtwerte.

Dauermagnetwerkstoffe

Werkstoff			Chemische Zusammensetzung[1])							Dichte ϱ[1])	$(BH)_{max}$[2])	Remanenz B_r[2])	Koerzitivfeldstärke[2]) der Flussdichte H_{CB}	der Polarisation H_{CJ}	Rel. permanente Permeabilität[1]) μ_p	Curie-Temp.[1]) T_C	Temp.-Koeff. der Polar. $TK(J_s)$ [1])[3])	Temp. Koeff. der Koerzit. $TK(H_c)$ [1])[3])	Herstellung, Bearbeitung, Verwendung
Kurzname	Werkstoffnummer DIN	IEC	Gewichts-% Al	Co	Cu	Nb	Ni	Ti	Fe	g/cm³	kJ/m³	mT	kA/m	kA/m		K	% K	% K	
Metallische Magnete																			
Isotrop																			
AlNiCo 9/5	1.3728	R 1-0-3	11 ... 13	0 ... 5	2 ... 4	–	21 ... 28	0 ... 1		6,8	9,0	550	44	47	4,0 ... 5,0	1030		+ 0,03	
AlNiCo 18/9	1.3756	–	6 ... 8	24 ... 34	3 ... 6	–	13 ... 19	5 ... 9	Rest	7,2	18,0	600	80	86	3,0 ... 4,0	...	– 0,02	...	
AlNiCo 7/8p	1.3715	R 1-2-3	6 ... 8	24 ... 34	3 ... 6	–	13 ... 19	5 ... 9		5,5	7,0	340	72	84	2,0 ... 3,0	1180		– 0,07	
Anisotrop																			
AlNiCo 35/5	1.3761	–	8 ... 9	23 ... 26	3 ... 4	0 ... 1	13 ... 16	–		7,2	35,0	1120	47	48	3,0 ... 4,5				Herstellung: Gießen oder Sintern. Bei Magneten mit Binder Pressen oder Spritzen. Bearbeitung: Schleifen. Verwendung: max. 400... 500 °C.
AlNiCo 44/5	1.3757	R 1-1-2	8 ... 9	23 ... 26	3 ... 4	0 ... 1	13 ... 16	–		7,2	44,0	1200	52	53	2,5 ... 4,0	1030		+ 0,03	
AlNiCo 52/6	1.3759	–	8 ... 9	23 ... 26	3 ... 4	0 ... 1	13 ... 16	–	Rest	7,2	52,0	1250	55	56	1,5 ... 3,0	...	– 0,02	...	
AlNiCo 60/11	1.3763	R 1-1-6	6 ... 8	35 ... 39	2 ... 4	0 ... 1	13 ... 15	4 ... 6		7,2	60,0	900	110	112	1,5 ... 2,5	1180		– 0,07	
AlNiCo 30/14	1.3765	–	6 ... 8	38 ... 42	2 ... 4	0 ... 1	13 ... 15	7 ... 9		7,2	30,0	680	136	144	1,5 ... 2,5				
			Pt	Co															
PtCo 60/40	2.5210	R2-0-1	77...78	20...23						15,5	60	600	350	400	1,1	800	– 0,01 ... – 0,02	– 0,35	
			V	Co	Cr	Fe													
FeCoVCr 11/2	2.4570	R 3-1-3	8 ... 15	51 ... 54	0 ... 4	Rest				–	11,0	800	24	24	2,0 ... 8,0	1000	– 0,01	≈ 0	
FeCoVCr 4/1	2.4571	–	3 ... 15	51 ... 54	0 ... 6					–	4,0	1000	5	5	9,0 ... 25,0				
RECo – Magnete vom Typ $RECo_5$																			
RECo 80/80	–	R 5-1-1	typisch $MMCo_5$ (MM = Cer-Mischmetall)							8,1	80	650	500	800	1,05	1000	– 0,05	– 0,3	
RECo 120/96	–	R 5-1-2	typisch $SmCo_5$							8,1	120	770	590	960	1,05	1000	– 0,05	– 0,3	
RECo 160/80	–	R 5-1-3	typisch (SmPr) Co_5							8,1	160	900	640	800	1,05	1000	– 0,05	– 0,3	
RECo – Magnete vom Typ RE_2Co_{17}																			
RECo 165/50	–	R 5-1-11								8,2	165	950	440	500	1,1	1100	0,03	– 0,02	
RECo 180/90	–	R 5-1-13								8,2	180	1000	680	900	1,1	1100	0,03	– 0,02	
RECo 190/70	–	R 5-1-14								8,2	190	1050	560	700	1,1	1100	0,03	– 0,02	
RECo 48/60p	–	R 5-3-1								5,2	48	500	360	600	1,05	1000	– 0,05	– 0,3	

[1]) Richtwerte. [2]) Mindestwerte. [3]) Im Bereich 273 ... 373 K.

Metallische Magnete (Fortsetzung)

Werkstoff Kurzname	Werkstoff-nummer DIN	 IEC	Chemische Zusammensetzung[1]) Gewichts-% Al	 Co	 Cu	 Nb	 Ni	 Ti	 Fe	Dichte ϱ[1]) g/cm³	$(BH)_{max}$[2]) kJ/m³	Remanenz B_r[2]) mT	Koerzitivfeldstärke[2]) der Flussdichte H_{CB} kA/m	Koerzitivfeldstärke[2]) der Polarisation H_{CJ} kA/m	Rel. permanente Permeabilität[1]) μ_p	Curie-Temp.[1]) T_C K	Temp.-Koeff. der Polar. $TK\ (J_s)$[1])[3]) % K	Temp. Koeff. der Koerzit. $TK\ (H_c)$[1])[3]) % K	Herstellung, Bearbeitung, Verwendung
CrFeCo 12/4	–	R 6-0-1	(keine Angaben)							7,6	12	800	40	42	5,5 ... 6,5	1125	– 0,03	– 0,04	
CrFeCo 28/5	–	R 6-1-1								7,6	28	1000	45	46	3 ... 4	1125	– 0,03	– 0,04	
REFe 165/170	–	R 7-1-1	(keine Angaben)							7,4	165	940	700	1700	1,07	583	– 0,1	– 0,8	
REFe 220/140	–	R 7-1-6								7,4	220	1090	800	1400	1,05	583	– 0,1	– 0,8	
REFe 240/110	–	R 7-1-7								7,4	240	1140	850	1100	1,05	583	– 0,1	– 0,8	
REFe 260/80	–	R 7-1-8								7,4	260	1180	750	800	1,05	583	– 0,1	– 0,8	

Werkstoff Kurzname	Werkstoffnummer DIN	 IEC	Dichte[1]) ϱ g/cm³	$(BH)_{max}$[2]) kJ/m³	Remanenz[2]) B_r mT	Koerzitivfeldstärke[2]) der Flussdichte H_{CB} kA/m	Koerzitivfeldstärke[2]) der Polarisation H_{CJ} kA/m	Rel. permanente Permeabilität[1]) μ_p	Curie-Temp.[1]) T_c K	Temp.-Koeff. der Polarisation[1]) $TK(J_s)$ % K	Temp. Koeff. der Koerzit.[1]) $TK(H_c)$ % K	Herstellung, Bearbeitung
Keramische Magnete												
Isotrop												
Hartferrit 7/21	1.3641	S 1-0-1	4,9	6,5	190	125	210	1,2	723	– 0,2	0,2 ... 0,5	Herstellung: Sintern. Kunststoff-gebundene Magnete durch Pressen, Spritzen, Walzen, Extrudieren. Bearbeitung: Schleifen.
Hartferrit 3/18p	1.3614	S 1-2-2	3,9	3,2	135	85	175	1,1				
Anisotrop												
Hartferrit 20/19	1.3643	S 1-1-1	4,8	20,0	320	170	190	1,1	723	– 0,2	0,2 ... 0,5	
Hartferrit 20/28	1.3645	S 1-1-2	4,6	20,0	320	220	280	1,1				
Hartferrit 24/23	1.3647	S 1-1-3	4,8	24,0	350	215	230	1,1				
Hartferrit 25/22	1.3651	S 1-1-5	4,8	25,0	370	205	220	1,1				
Hartferrit 26/26	–	S 1-1-8	4,7	26,0	370	230	260	1,1				
Hartferrit 32/17	–	S 1-1-10	4,9	32,0	410	160	165	1,1				
Hartferrit 24/35	–	S 1-1-14	4,8	24,0	360	260	350	1,1				
Hartferrit 9/19p	1.3616	S 1-3-1	3,4	9,0	220	145	190	1,1				
Hartferrit 10/22p	–	S 1-3-2	3,5	10,0	230	165	225	1,1				

[1]) Richtwerte. [2]) Mindestwerte. [3]) Im Bereich 273...373 K.

Dauermagnetwerkstoffe (Fortsetzung)

Bosch-Qualitäten [BTMT] (nicht genormt)

Werkstoff Kurzname	Dichte¹) ϱ g/cm³	$(BH)_{max}$²) kJ/m³	Remanenz²) B_r mT	Koerzitivfeldstärke²) der Flussdichte H_{CB} kA/m	der Polarisation H_{CJ} kA/m
RBX HC 370		25	360	270	390
RBX HC 380		28	380	280	370
RBX 380K		28	380	280	300
RBX 400		30	400	255	260
RBX 400 K	4,7...4,9	31	400	290	300
RBX HC 400		29	380	285	355
RBX 420		34	420	255	270
RBX 410 K		33	410	305	330
RBX HC 410		30	395	290	340
RBX 420 S		35	425	260	270
RBX HC 400 N		28	380	280	390

¹) Richtwerte. ²) Mindestwerte.

Vergleich von Dauer- und Weichmagneten

Bereich der magnetischen Kennwerte einiger gebräuchlicher kristalliner Werkstoffe.

Magnetwerkstoff	Koerzitiv-feldstärke H_C A/m	Sättigungs-polarisation J_S T	Remanenz B_r T	μ
Weichmagnete	klein 0,3...400	hoch 0,9...2,4	je nach Anwendung	hoch <500000
Dauermagnete	hoch $5\cdot10^4...2\cdot10^6$	hoch 0,45...1,4	hoch 0,4...1,25	hoch 1,1...5

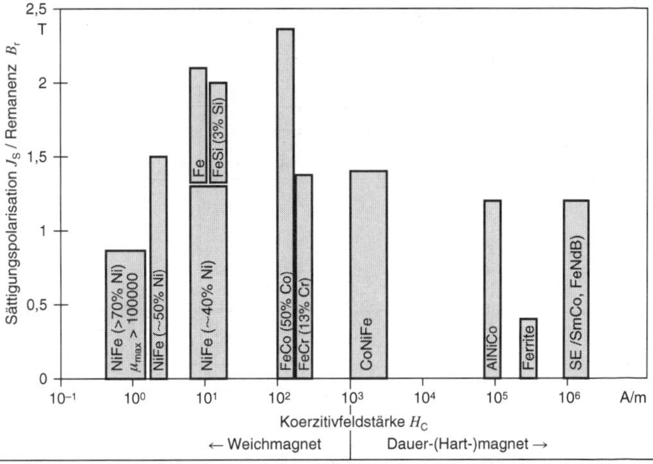

Lote

Lotart	Kurzname	wesentliche Legierungsbestandteile Mittelwerte Massenanteil in %	Schmelzbereich des Lotes °C	Mindesttemperatur am Werkstück °C	Eigenschaften, Verwendungsbeispiele
Weichlote (Auswahl aus DIN 1707)					
Blei-Zinn-weichlote	L-PbSn 20 Sb 3 L-PbSn 12 Sb	20 Sn; max. 3 Sb; Rest Pb 12 Sn; max. 0,7 Sb; Rest Pb	186 ... 270 250 ... 295	270 295	Weichlöten im Karosseriebau. Weichlöten von Kupfer im Kühlerbau.
	L-PbSn 40 (Sb) L-PbSn 8 (Sb)	40 Sn; max. 0,5 Sb; Rest Pb 8 Sn; max. 0,5 Sb; Rest Pb	183 ... 235 280 ... 305	235 305	Verzinnen; Weichlöten von Feinblechpackungen. Weichlöten von Elektromotoren; Kühlerbau.
Zinn-Blei-weichlote	L-Sn 63 Pb L-Sn 60 Pb	63 Sn; Rest Pb 60 Sn; Rest Pb	183 183 ... 190	183 190	Wellenlöten von gedruckten Schaltungen. Verzinnen von Kupfer und -legierungen in der Elektroindustrie.
Zinn-Blei-weichlote mit Ag-, Cu- oder P-Zusatz	L-Sn 63 PbAg	63 Sn; max. 1,5 Ag; Rest Pb	178	178	Wellenlöten von gedruckten Schaltungen.
	L-Sn 60 PbCu 2	60 Sn; max. 2 Cu; Rest Pb	183 ... 190	190	Kolbenlöten von Kupfer und -legierungen in der Elektroindustrie.
	L-Sn 60 PbCuP	60 Sn; max. 0,2 Cu; max. 0,004 P; Rest Pb	183 ... 190	190	Tauchlöten von Kupfer und -legierungen in der Elektroindustrie.
Sonder-weichlote	–	57 Bi; 26 In; Rest Sn	79	79	Weichlöten von wärmeempfindlichen Teilen; Schmelzsicherungen.
	L-SnIn 50	50 Sn; Rest In	117 ... 125	125	Weichlöten von Glas/Metall.
	L-SnAg 5	max. 5 Ag; Rest Sn	221 ... 240	240	Weichlöten von Kupfer in der Elektroindustrie und bei der Wasserinstallation.
	L-SnSb 5	max. 5,5 Sb; Rest Sn	230 ... 240	240	Weichlöten von Kupfer in der Kältetechnik und bei der Wasserinstallation.
	L-SnCu 3	max. 3,5 Cu; Rest Sn	230 ... 250	250	Weichlöten von Kupfer bei der Wasserinstallation.
	L-SnZn 10 L-ZnAl 5	max. 15 Zn; Rest Sn max. 6 Al; Rest Zn	200 ... 250 380 ... 390	250 390	Ultraschall-Weichlöten von Aluminium und Kupfer ohne Flussmittel.

Lotart	Kurzname	wesentliche Legierungsbestandteile Mittelwerte Massenanteil in %	Schmelzbereich des Lotes °C	Mindesttemperatur[1]) am Werkstück °C	Eigenschaften, Verwendungsbeispiele
Hart- und Hochtemperaturlote (Auswahl aus DIN 8513 bzw. ISO 3677)					
Aluminium-basislote	L-AlSi 12 L-AlSi 10 L-AlSi 7,5	12 Si; Rest Al 10 Si; Rest Al 7,5 Si; Rest Al	575 ... 590 575 ... 595 575 ... 615	590 595 615	Hartlöten von Al und Al-Legierungen mit ausreichend hohem Schmelzpunkt.
silberhaltige Lote Ag < 20 %	BCu 75AgP 643 L-Ag 15 P	18 Ag; 7,25 P; Rest Cu 15 Ag; 5 P; Rest Cu	643 650 ... 800	650 710	Hartlöten von Cu/Cu ohne Flussmittel.
	L-Ag 5	5 Ag; 55 Cu; 0,2 Si; Rest Zn	820 ... 870	860	Hartlöten von Stahl, Cu, Ni und -legierungen mit Flussmittel.
silberhaltige Lote Ag ≥ 20 %	L-Ag55Sn L-Ag44	55 Ag; 22 Cu; 5 Sn; Rest Zn 44 Ag; 30 Cu; Rest Zn	620 ... 660 675 ... 735	650 730	Hartlöten von Stahl, Cu und Cu-Legierungen, Ni und Ni-Legierungen mit Flussmittel.
	L-Ag49	49 Ag; 16 Cu; 7,5 Mn; 4,5 Ni; Rest Zn	625 ... 705	690	Hartlöten von Hartmetall, Stahl, W, Mo, Ta mit Flussmittel.
	BAg 60 CuIn 605-710 BAg 60 CuSn 600-700 L-Ag 72 BCu 58 AgNi 780-900	60 Ag; 13 In; Rest Cu 60 Ag; 10 Sn; Rest Cu 72 Ag; Rest Cu 40 Ag; 2 Ni; Rest Cu	605 ... 710 600 ... 720 780 780 ... 900	710 720 780 900	Hartlöten von Cu, Ni, Stahl im Vakuum oder unter Schutzgas.
	BAg 68 CuPd 807-810 BAg 54 PdCu 901-950 BAg 95 Pd 970-1010 BAg 64 PdMn 1180-1200	68 Ag; 5 Pd; Rest Cu 54 Ag; 21 Pd; Rest Cu 95 Ag; Rest Pd; 64 Ag; 3 Mn; Rest Pd	807 ... 810 901 ... 950 970 ... 1010 1180 ... 1200	810 950 1010 1200	Hartlöten von Stahl, Ni- und Co-Legierungen, Mo, W, Ti im Vakuum oder unter Schutzgas.
	L-Ag 56 InNi L-Ag 85	56 Ag; 14 In; 4 Ni; Rest Cu 85 Ag; Rest Mn	620 ... 730 960 ... 970	730 960	Hartlöten von Cr- und Cr/Ni-Stählen im Vakuum oder unter Schutzgas.
Kupfer-basislote	BCu 86 SnP 650-700	6,75 P; 7 Sn; Rest Cu	650 ... 700	690	Hartlöten von Cu und Cu-Legierungen mit Flussmittel. Nicht für Fe- und Ni-Legierungen oder S-haltige Medien.

[1]) Abhängig vom Verfahren.

Hart- und Hochtemperaturlote (Fortsetzung)

Lotart	Kurzname	wesentliche Legierungsbestandteile Mittelwerte Massenanteil in %	Schmelzbereich des Lotes °C	Mindesttemperatur[1]) am Werkstück °C	Eigenschaften vorzugsweise Verwendung
Kupferbasislote (Fortsetzung)	L-CuP 8	8 P; Rest Cu	710 ... 740	710	Hartlöten von Cu/Cu ohne Flussmittel. Nicht für Fe- und Ni-Legierungen oder S-haltige Medien.
	L-CuZn 40	60 Cu; 0,2 Si; Rest Zn	890 ... 900	900	Hartlöten von Stahl, Cu, Ni und -legierungen mit Flussmittel.
	L-CuSn 6 L-SFCu	6 Sn max; 0,4 P; Rest Cu 100 Cu	910 ... 1040 1083	1040 1100	Hartlöten von Stahl im Vakuum oder unter Schutzgas.
	BCu 86 MnNi 970-990 BCu 87 MnCo 980-1030 BCu 96,9 NiSi 1090-1100	2 Ni; 12 Mn; Rest Cu 3 Co; 10 Mn; Rest Cu 0,6 Si; 2,5 Ni; Rest Cu	970 ... 990 980 ... 1030 1090 ... 1100	990 1020 1100	Hartlöten von Hartmetall, Stahl, W, Mo, Ta im Vakuum mit Schutzgas-Partialdruck.
Nickelbasislote	L-Ni6 L-Ni1 L-Ni5	11 P; Rest Ni 3 B; 14 Cr; 4,5 Fe; 4,5 Si; Rest Ni 19 Cr; 10 Si; Rest Ni	880 980 ... 1040 1080 ... 1135	925 1065 1150	Hartlöten von Ni, Co und ihren Legierungen, unlegierten, niedrig und hoch legierten Stählen im Vakuum oder Wasserstoff-Schutzgas.
Goldbasislote	BAu 80 Cu 910	20 Cu; Rest Au	910	910	Hartlöten von Cu, Ni, Stahl im Vakuum oder unter Schutzgas.
	BAu 82 Ni 950	18 Ni; Rest Au	950	950	Hartlöten von W, Mo, Co, Ni, Stähle im Vakuum oder unter Schutzgas.
titanhaltige Aktivlote	– – –	72,5 Ag; 19,5 Cu; 5 In; Rest Ti 70.5 Ag; 26,5 Cu; Rest Ti 96 Ag; Rest Ti	730 ... 760 780 ... 805 970	850 850 1000	Direkthartlöten von nicht metallisierter Keramik unter sich oder kombiniert mit Stahl im Vakuum oder unter Argon-Schutzgas.

[1]) Abhängig vom Verfahren.

Elektrotechnische Werkstoffe

Spezifischer elektrischer Widerstand bei 20 °C
(Widerstand eines Drahtes von 1 m Länge mit 1 mm^2 Querschnitt)

Spez. Widerstand stark abhängig von der Reinheit der Metalle. Der mittlere Temperaturkoeffizient α bezieht sich, soweit möglich, auf Temperaturen zwischen 0 und 100 °C. Spez. Widerstand bei Temperatur t °C ist $\varrho_t = \varrho_{20}\,[1 + \alpha\,(t - 20\,°C)]$. Berechnung der Temperatur einer Wicklung aus der Widerstandszunahme s. S. 176.

1 Ω mm^2/m = 1 μΩ m, 1 S m/mm^2 = 1 MS/m (S = Siemens)

Werkstoff	Spezifischer elektr. Widerstand ϱ μΩm	Elektr. Leitfähigkeit $\gamma = 1/\varrho$ MS/m	Mittlerer Temperaturkoeffizient α x 10^{-3} 1/°C	Obere Anwendungstemperatur etwa °C
Aluminium, Al 99,5 (weich)	0,0265	35	3,8	–
Aluminiumlegierung E-AlMgSi	< 0,0328	> 30,5	3,8	–
Bismut	1,07	0,8	4,54	–
Blei Pb 99,94	0,206	4,8	4	–
Bronze CuBe 0,5, ausgehärtet	0,04 ... 0,05	20 ... 25	–	300
Cadmium	0,068	13	–	–
Elektroblech I	0,21	4,76	–	–
Elektroblech IV	0,56	1,79	–	–
Gold (Feingold)	0,023	45	4	–
Gold-Chrom-Legierung Cr2,05	0,33	3,03	± 0,001	–
Grauguß	0,6 ... 1,6	0,62 ... 1,67	1,9	–
Heizleiterlegierung[1]) CrAl 20 5	1,37	0,73	0,05	1200
NiCr 30 20	1,04	0,96	0,35	1100
NiCr 60 15	1,13	0,88	0,15	1150
NiCr 80 20	1,12	0,89	0,05	1200
Kohlebürsten, nicht gefüllt	10 ... 200	0,1 ... 0,05	–	–
metallgefüllt	0,05 ... 30	20 ... 0,03	–	–
Kupfer, weich	0,01754	57	3,9	–
hart (kalt gereckt)	0,01786	56	3,9	–
Messing CuZn 39 Pb 3	0,0667	15	2,33	–
CuZn 20	0,0525	19	1,60	–
Molybdän	0,052	18,5	4,7	1600[3])
Neusilber CuNi 12 Zn 24	0,232	4,3	–	–
Nickel Ni 99,6	0,095	10,5	5,5	–
Platin	0,106	10,2	3,923	–
Quecksilber	0,941	1,0386	0,9	–
Silber (Feinsilber)	0,016	66,5	4,056	–
Stahl C 15	0,14 ... 0,16	7,15	–	–
Tantal	0,124	8,06	3,82	–
Widerstandslegierung[2]) CuMn 12 Ni	0,43	2,33	± 0,01	140
CuNi 30 Mn	0,40	2,50	0,14	500
CuNi 44	0,49	2,04	± 0,04	600
Wolfram	0,056	18,2	4,82	–
Zink	0,06	16,67	4,17	–
Zinn	0,114	8,82	4,4	–

[1]) DIN 17 470. [2]) DIN 17 471. [3]) Unter Schutzgas bzw. Vakuum.

Isolierstoffe

Elektrische Eigenschaftswerte

Eigenschaften stark abhängig von Reinheit, Homogenität, Weiterverarbeitung und Alterung des Isolierstoffs, von Feuchtigkeitsgehalt und Temperatur. Nachfolgend Richtwerte für nicht gealterte Probekörper bei Raumtemperatur und mittlerem Feuchtigkeitsgehalt. 1 min Prüfspannung bei 50Hz; Proben 3 mm dick.
Verlustfaktor tan δ = Wirkleistung/Blindleistung; in USA: Lossfactor = $\varepsilon_r \cdot \tan\delta$.

Isolierstoff	Dielektrizitätszahl bei 800 Hz (Luft = 1) ε_r	Verlustfaktor tan δ bei 800 Hz x 10^{-3}	Verlustfaktor tan δ bei 10^6 Hz x 10^{-3}	Spezifischer Durchgangswiderstand 10^n Ωm Werte von n	Durchschlagfestigkeit kV_{eff}/mm	Kriechstromfestigkeit nach DIN 53 480 Stufe
Celluloseacetate	4,7 ... 5,8	17 ... 24	48 ... 66	11 ... 13	32	–
Epoxidgießharze und -pressmassen	3,2 ... 5	2 ... 30	2 ... 60	10 ... 15	6 ... 15	KA 3 b, KA 3 c
Glimmer	5 ... 8	0,1 ... 1	0,2	13 ... 15	60	KA 3 c
Hartporzellan	5 ... 6,5	≈ 15	6 ... 12	> 9	30 ... 40	KA 3 c
Paraffine	1,9 ... 2,3	< 0,3	< 0,3	13 ... 16	10 ... 30	–
Phenolharzpressmassen anorganisch gefüllt	5 ... 30	30 ... 400	50 ... 200	6 ... 11	5 ... 30	KA 1
Phenolharzpressmassen organisch gefüllt	4 ... 9	50 ... 500	50 ... 200	6 ... 10	5 ... 20	KA 1
Polyamide	8 ... 14	20 ... 200	20 ... 200	6 ... 12	10 ... 50	KA 3 b, KA 3 c
Polyethylen	2,3	0,2 ... 0,6	0,2 ... 0,6	> 15	≈ 80	KA 3 c
Polycarbonate	3	1,0	10	14 ... 16	25	KA 1
Polyestergießharze und -pressmassen	3 ... 7	3 ... 100	6 ... 60	8 ... 14	6 ... 25	KA 3 c
Polymethylmethacrylat	3,1 ... 3,4	40	20	> 13	30	KA 3 c
Polypropylen	2,3	< 0,5	< 0,5	> 15	–	KA 3 b
Polystyrol	2,5	0,1	0,1	14	40	KA 2, KA 1
Polytetrafluorethylen	2	0,1 ... 0,5	0,1 ... 0,5	13 ... 15	50	KA 3 c
Polyvinylchlorid	3,3 ... 6,5	15 ... 150	10 ... 100	10 ... 14	15 ... 50	KA 3 b
Quarzglas	3,5 ... 4,2	0,5	0,2	14 ... 16	25 ... 40	KA 3 c
Silikone	5 ... 8	≈ 4	≈ 4	10 ... 14	20 ... 60	KA 3 c
Steatit	5,5 ... 6,5	1 ... 3	0,3 ... 2	10 ... 12	20 ... 45	KA 3 c
Titankeramik	12 ... 10 000	–	0,05 ... 100	–	2 ... 30	–
Transformatorenöl, trocken	2 ... 2,7	≈ 1	≈ 10	11 ... 12	5 ... 30	–
Weichgummi	2 ... 14	0,2 ... 100	–	2 ... 14	15 ... 30	KA 1 ... KA 3 c

Eigenschaftswerte nichtmetallischer Werkstoffe

Keramische Werkstoffe

Werkstoffe	Zusammen-setzung	ϱ¹) g/cm³	σ_{bB}²) MN/m²	σ_{dB}³) MN/m²	E⁴) GN/m²	α_t⁵) 10^{-6}/K	λ⁶) W/mK	c⁷) kJ/kg · K	ϱ_D⁸) Ω · cm	ε_r⁹)	tan ϱ¹⁰) 10^{-4}
Aluminiumnitrid	AlN > 97 %	3,3	250 ... 350	1100	320 ... 350	5,1	100 ... 220	0,8	$> 10^{14}$	8,5 ... 9,0	3 ... 10
Aluminiumoxid	Al_2O_3 > 99 %	3,9 ... 4,0	300 ... 500	3000 ... 4000	380 ... 400	7,2 ... 8,6	20 ... 40	0,8 ... 0,9	$> 10^{11}$	8 ... 10	2
Aluminiumtitanat	$Al_2O_3 \cdot TiO_2$	3,0 ... 3,2	20 ... 40	450 ... 550	10 ... 20	0,5 ... 1,5	< 2	0,7	$> 10^{11}$	–	–
Berylliumoxid	BeO > 99 %	2,9 ... 3,0	250 ... 320	1500	300 ... 340	8,5 ... 9,0	240 ... 280	1,0	$> 10^{14}$	6,5	3 ... 5
Borkarbid	B_4C	2,5	300 ... 500	2800	450	5,0	30 ... 60	–	10^{-1} ... 10^{2}	–	–
Cordierit z. B. KER 410, 520	$2MgO \cdot 2Al_2O_3 \cdot 5SiO_2$	1,6 ... 2,1	40 ... 200	300	70 ... 100	2,0 ... 5,0	1,3 ... 2,3	0,8	$> 10^{11}$	5,0	70
Grafit	C > 99,7 %	1,5 ... 1,8	5 ... 30	20 ... 50	5 ... 15	1,6 ... 4,0	100 ... 180	–	10^{-3}	–	–
Porzellan z. B. KER 110 – 2 (unglasiert)	Al_2O_3 30 ... 35 % Rest SiO_2 + Glasphase	2,2 ... 2,4	45 ... 60	500 ... 550	50	4,0 ... 6,5	1,2 ... 2,6	0,8	10^{11}	6	120
Siliziumkarbid drucklos gesintert SSiC	SiC > 98 %	3,1 ... 3,2	400 ... 450	> 1200	400	4,0 ... 4,5	90 ... 120	0,8	10^{3}	–	–
Siliziumkarbid heiß gepresst HPSiC	SiC > 99 %	3,1 ... 3,2	450 ... 650	> 1500	420	4,0 ... 4,5	100 ... 120	0,8	10^{3}	–	–
Siliziumkarbid reaktionsgesintert SiSiC	SiC > 90 % + Si	3,0 ... 3,1	300 ... 400	> 2200	380	4,2 ... 4,3	100 ... 140	0,8	10 ... 100	–	–
Siliziumnitrid gasdruckgesintert GPSN	Si_3N_4 > 90 %	3,2	800 ... 1400	> 2500	300	3,2 ... 3,5	30 ... 40	0,7	10^{12}	–	–

Keramische Werkstoffe (Fortsetzung)

Werkstoffe	Zusammen-setzung	ϱ [1] g/cm³	σ_{bB} [2] MN/m²	σ_{dB} [3] MN/m²	E [4] GN/m²	α_t [5] 10^{-6}/K	λ [6] W/mK	c [7] kJ/kg · K	ϱ_D [8] $\Omega \cdot$ cm	ε_r [9]	tan δ [10] 10^{-4}
Siliziumnitrid heißgepresst HPSN	Si_3N_4 > 95 %	3,2	600 ... 900	> 3000	310	3,2 ... 3,5	30 ... 40	0,7	10^{12}	–	–
Siliziumnitrid reaktionsgesintert RBSN	Si_3N_4 > 99 %	2,4 ... 2,6	200 ... 300	< 2000	140 ... 160	2,9 ... 3,0	15 ... 20	0,7	10^{14}	–	–
Steatit z. B. KER 220, 221	SiO_2 55...65 % MgO 25 ... 35 % Al_2O_3 2 ... 6 % Alkalioxid < 1,5 %	2,6 ... 2,9	120 ... 140	850 ... 1000	80 ... 100	7,0 ... 9,0	2,3 ... 2,8	0,7 ... 0,9	> 10^{11}	6	10...20
Titankarbid	TiC	4,9	–	–	320	7,4	30	–	$7 \cdot 10^{-5}$	–	–
Titannitrid	TiN	5,4	–	–	260	9,4	40	–	$3 \cdot 10^{-5}$	–	–
Titandioxid	TiO_2	3,5 ... 3,9	90 ... 120	300	–	6,0 ... 8,0	3 ... 4	0,7 ... 0,9	–	40 ... 100	8
Zirkondioxid teilstabilisiert, PSZ	ZrO_2 > 90 % Rest Y_2O_3	5,7 ... 6,0	500 ... 1000	1800 ... 2100	200	9,0 ... 11,0	2 ... 3	0,4	10^8	–	–
Normen		DIN EN 623 Teil 2	DIN EN 843 Teil 1	pr EN 993 Teil 5	DIN EN 843 Teil 2	DIN EN 821 Teil 1	DIN EN 821 Teil 2	DIN EN 821 Teil 3	DIN VDE 0335 Teile 2 und 3		

Je nach Rohstoff, Zusammensetzung und Herstellverfahren variieren die Eigenschaftswerte der einzelnen Werkstoffe in weiten Grenzen.
Die Werkstoffdaten beziehen sich auf die Angaben verschiedener Hersteller.
Die Bezeichnung ‚KER' entspricht DIN EN 60 672-1.

1) Dichte.
2) Biegefestigkeit.
3) Kaltdruckfestigkeit.
4) Elastizitätsmodul.
5) Thermische Längenänderung RT ... 1000 °C.
6) Wärmeleitfähigkeit bei 20 °C.
7) Spezifische Wärme.
8) Spezifischer elektrischer Widerstand bei 20 °C und 50 Hz.
9) Dielektrizitätszahl.
10) Dielektrizitätsverlustfaktor bei 25 °C und 10 MHz.

Schichtpressstoffe

Typ	Harzart	Füllstoff	ϑ_G [1] °C	σ_{bB} [2] mind. N/mm²	$a_{k\,10}$ [3] mind. kJ/m²	CTI [4] mind. Stufe	Eigenschaften, Verwendungsbeispiele
Hartpapier (DIN 7735, Teil 2 / VDE 0318, Teil 2)							
Hp 2061	Phenolharz	Papierbahnen	120	150	5	CTI 100	für mechanische Beanspruchung.
Hp 2063	Phenolharz	Papierbahnen	120	80	2,5	CTI 100	für elektrische Beanspruchung; Leiterplatten-Basismaterial FR 2.
Hp 2262	Melaminharz	Papierbahnen	90	100	–	CTI 600	besonders kriechstromfest; Dekorplatten.
Hp 2361.1	Epoxidharz	Papierbahnen	90	120	2	CTI 100	gute elektrische und mechanische Eigenschaften; flammwidrig; Leiterplatten-Basismaterial FR 3.
Hartgewebe (DIN 7735, Teil 2 / VDE 0318, Teil 2)							
Hgw 2072	Phenolharz	Glasfilamentgewebe	130	200	40	CTI 100	hohe mechanische, elektrische und thermische Festigkeit.
Hgw 2082	Phenolharz	Baumwollfeingewebe	110	130	10	CTI 100	gut zu verarbeiten, gutes Gleit- und Verschleißverhalten; insbesondere für Zahnräder, Lager.
Hgw 2083	Phenolharz	Baumwollfeinstgewebe	110	150	12	CTI 100	
Hgw 2372.1	Epoxidharz	Glasfilamentgewebe	120	350	50	CTI 200	beste mechanische und elektrische Eigenschaften; Leiterplatten-Basismaterial FR 4.
Hgw 2572	Silikonharz	Glasfilamentgewebe	180	125	25	CTI 400	für hohe Gebrauchstemperatur.
Hartmatte (DIN 7735, Teil 2 / VDE 0318, Teil 2)							
Hm 2472	ungesättigtes Polyesterharz	Glasfilamentmatte	130	200	60	CTI 500	mechanisch und elektrisch hochwertig, besonders kriechstromfest.

[1]) Grenztemperatur nach VDE 0304, Teil 2, für 25 000 h Gebrauchsdauer.
[2]) Biegefestigkeit nach DIN 53 452.
[3]) Kerbschlagzähigkeit nach DIN 53 453.
[4]) Kriechstromfestigkeit nach DIN IEC 112 Verfahren zur Bestimmung der Vergleichszahl und Prüfzahl der Kriechwegbildung (CTI).

Kunststoff-Formmassen

Chemische Bezeichnung	Kurzzeichen (ISO 1043/ DIN 7728)	t_G 1) °C	E 2) N/mm²	a_{k10} 3) mind. kJ/m²	Beständigkeit bei 20° gegen 4) Benzin	Benzol	Dieselkraftstoff	Alkohol	Mineralöl	Eigenschaften, Verwendungsbeispiele
Thermoplaste (Auswahl aus DIN 7740 ... 7749; DIN 16 771 ... 16 781)										
Acrylnitril-Butadien-Styrol	ABS	80	2000	5 ... 15	0	–	×	+	+	Hoher Glanz, auch transparente Sorten; schlagzähe Gehäuseteile.
Fluorierte Kohlenwasserstoffe	FEP PFA	250/205 260	600 650	6) 6)	+ +	+ +	+ +	+ +	+ +	Starke Abnahme der Steifigkeit mit zunehmender Temperatur, chemikalienbeständig; Beschichtungen, Gleitteile, Dichtungen.
Polyamid 11, 12	PA 11, 12	140/120	1500	20 ... 40	+	+	+	0	+	Zähhart und abriebfest, kleiner Reibungskoeffizient, gute Schalldämpfung, etwa 1 ... 3 % Wasseraufnahme für gute Zähigkeit erforderlich, PA 11/12 wesentlich kleinere Wasseraufnahme.
Polyamid 6	PA 6	170/120	2500	40 ... 90	+	+	+	×	+	
Polyamid 66	PA 66	190/120	2800	10 ... 20	+	+	+	×	+	
Polyamid 6 + GF5)	PA 6-GF	190/120	5000	8 ... 14	+	+	+	×	+	Schlagfeste Maschinengehäuse.
Polyamid 66 + GF5)	PA 66-GF	200/120	6000	6 ... 12	+	+	+	×	+	
Polyamid 6T/6I/66 + GF45	PA 6T/6I/ 66 + GF45	285/185	14 000	8 ... 12	+	+	+	×	+	Steife Maschinengehäuse/Bauteile, auch bei erhöhten Temperaturen (Teile im Motorraum). Geringere Wasseraufnahme als Standard PA.
Polyamid 6/6T + GF5)	PA6/6 T-GF	250/170	10 000	6 ... 12	+	+	+	×	+	
Polyamid MXD6 + GF50	PA MXD6 + GF50	240/170	15 000	8 ... 12	+	+	+	×	+	
Polybutylenterephthalat	PBT	160/120	1700	2 ... 4	+	+	+	+	+	Verschleißfest, chemisch unempfindlich, ab 60 °C Abnahme der Steifigkeit, in Wasser über 70 °C hydrolitischer Abbau.
Polybutylenterephthalat + GF5)	PBT-GF	180/120	5000	5 ... 9	+	+	+	+	+	Gegenüber PBT ohne GF erhöhte Steifigkeit.
Polycarbonat	PC	130/125	2500	20 ... 30	+	–	+	0	+	Zäh u. steif üb. weiten Temp.-Bereich, transp.
Polycarbonat + GF5)	PC-GF	130	4500	6 ... 15	+	–	+	0	+	Bauteile hoher Steifigkeit.
Polyethylen	PE	80	1000	6)	×	0	+	+	+	Säurefeste Behälter und Rohre, Folien.

Polyethylenterephthalat	PET	180/120	2000	2 ... 7	+	+	+	+	+	Verschleißfest, chemisch unempfindlich, ab 60 °C Abnahme der Steifigkeit, in Wasser über 70 °C hydrolitischer Abbau.
Cycloolefincopolymere	COC	160	3000	1,7 ... 2	–	–	–	+	–	hohe Transparenz, witterungsstabil.
Flüssigkristalline Polymere + GF[5]) (Liquid cristal polymers)	LCP-GF	300/240	15 000	8 ... 16	+	+	+	+	+	Hohe Wärmeformbeständigkeit und Schlagzähigkeit, geringe Bindenahtfestigkeit, extrem dünnwandige Bauteile.
Polyethersulfon + GF[5])	PES-GF	220/180	9000	6 ... 10	+	0	+	+	+	Hohe Dauergebrauchstemperatur, geringe Abhängigkeit der Eigenschaften von der Temperatur.
Polyether-Etherketon + GF[5])	PEEK	320/250	9000	6,5 ... 10	+	+	+	+	+	Hochfeste Bauteile für hohe Temperaturen, gute Gleiteigenschaften bei geringem Verschleiß.
Polyethylenterephthalat + GF[5])	PET-GF	200/120	7000	5 ... 12	+	+	+	+	+	Gegenüber PETP ohne GF erhöhte Steifigkeit.
Polymethylmethacrylat	PMMA	80	3000	1,5 ... 2,5	+	–	×	0	+	Glasklar und in allen Farben, witterungsbeständig; Streuscheiben, Linsen.
Polyoxymethylen	POM	125/120	2000	5 ... 7	+	0	+	+	+	Empfindlich gegen Spannungsrissbildung bei Säureeinwirkung; genaue Formteile.
Polyoxymethylen + GF	POM-GF	140/120	6000	3 ... 5	+	0	+	+	+	
Polyphenylenether + SB[7])	(PPE+S/B)	120/100	2500	4 ... 14	0	–	0	0	+	Heißwasserbeständig, flammwidrig.
Polyphenylensulfid + GF 40	PPS-GF	270/240	13 000	4 ... 7	+	+	+	+	+	Hochwärmebeständig, Teile unter der Motorhaube, inhärenter Flammschutz.
Polypropylen	PP	130/110	1500	6 ... 10	×	0	+	×	+	Haushaltartikel, Batteriekästen, Abdeckhauben.
Polypropylen + GF[5])	PP-GF	130/110	4000	4 ... 8	×	0	+	×	+	Lüfterräder.
Polystyrol	PS	80	2500	2 ... 3	–	–	0	0	×	Formteile, transp. u. gedeckt in allen Farben.
Polyvinylchlorid weichmacherhaltig	PVC-P	80/70	200	[6])	–	–	0	0	+	Kunstleder, elastische Hauben, Kabelisolierungen, Schläuche, Dichtungen.
Polyvinylchlorid weichmacherfrei	PVC-U	70/60	3000	2 ... 30	+	–	+	+	+	Witterungsbeständige Außenteile, Rohrleitungen, galvanische Einrichtungen.

[1]) maximale Gebrauchstemperatur, kurzzeitig (1 h)/langzeitig (5000 h).
[2]) Elastizitätsmodul, ungefähre Richtwerte.
[3]) Kerbschlagzähigkeit nach DIN 53 453.
[2]) u. [3]) Polyamide luftfeucht gesättigt bei 23 °C und 50 % rel. F.
[4]) + gut beständig, × bedingt beständig, 0 wenig beständig, – unbeständig.
[5]) GF Glasfaser (25 ... 35 Gew. %).
[6]) kein Bruch.
[7]) Polymergemisch aus Polyphenylenether und Styrol/Butadien.

Chemische Bezeichnung	Kurzzeichen (ISO 1043/ DIN 7728)	t_G 1) °C	E 2) N/mm²	a_{k10} 3) mind. kJ/m²	Beständigkeit bei 20° gegen 4) Benzin	Benzol	Dieselkraftstoff	Alkohol	Mineralöl	Eigenschaften, Verwendungsbeispiele
Styrol-Acrylnitril	SAN	90	3000	1,5 ... 2,5	0	–	×	0	+	Formteile, chem. gut beständig, auch transp.
Styrol-Butadien	S/B	60	1500	4 ... 14	–	–	–	×	+	Schlagzähe Gehäuseteile für viele Bereiche.
Nur durch Pressen und Sintern verarbeitbare unvernetzte Kunststoffe										
Polyimid	PI	320/290	3100	2	+	+	+	+	+	Hochwärme- und strahlenbeständig, hart.
Polytetrafluoräthylen	PTFE	300/240	400	13 ... 15	+	+	+	+	+	Starke Abn. d. Steifigk. mit wachsender Temp., hohe Wärme-, Alterungs- u. Chemikalienbeständigk., niederer Reibungskoeff., Gleitteile.

1) maximale Gebrauchstemperatur, kurzzeitig (1 h)/langzeitig (5000 h).
2) Elastizitätsmodul, ungefähre Richtwerte.
3) Kerbschlagzähigkeit nach DIN 53 453.
2) u. 3) Polyamide luftfeucht gesättigt bei 23 °C und 50 % rel. F.
4) + gut beständig, × bedingt beständig, 0 wenig beständig, – unbeständig.

Typ	Harzart	Füllstoff	t_G 1) °C	σ_{bB} 2) mind. N/mm²	a_n 3) mind. kJ/m²	CTI 4) mind. Stufe	Eigenschaften, Verwendungsbeispiele
Duroplaste (Auswahl aus DIN 7708, 16 911, 16 912)							
11.5	Phenol	Gesteinsmehl	200/170	50	3,5	CTI 150	Thermisch beanspruchte Teile, hohe Glutfestigkeit, gute Wärmeableitung, geringe Maßänderungen in feuchter Atmosphäre. Gute elektrische Eigenschaften bei Typ 11.5 und 13.5.
13.5 13)		Glimmer	200/170	50	3,0	CTI 150	
31 und 31.5		Holzmehl	160/140	70	6	CTI 125	Typ 30.5 und 31.5 für elektrisch hoch beanspruchte Teile.

1) maximale Gebrauchstemperatur, kurzzeitig (100 h)/dauernd (20 000 h).
2) Biegefestigkeit.
3) Schlagzähigkeit.
4) Kriechstromfestigkeit nach DIN IEC 112 Verfahren zur Bestimmung der Vergleichszahl und Prüfzahl der Kriechwegbildung (CTI).
13) Wird bei Neuteilen nicht mehr verwendet (Asbestverbot).

Typ	Harzart	Füllstoff	t_G 1) °C	σ_{bB} 2) mind. N/mm²	a_n 3) mind. kJ/m²	CTI 4) mind. Stufe	Eigenschaften, Verwendungsbeispiele
Duroplaste (Auswahl aus DIN 7708, 16 911, 16 912)							
51	Phenol	Zellstoff 5)	160/140	60	5	CTI 150	Etwas höhere Wasseraufnahme als bei den Typen 11 ... 16. Für Teile mit guter Isolierfähigkeit im Niederspannungsbereich. Typ 74 schlagzäh.
71		Baumwollfasern 5)	160/140	60	6	CTI 150	
74		B. gewebeschnitzel 5)	160/140	60	12	CTI 150	
83		Baumwollfasern 6)	160/140	60	5	CTI 150	Zäher als Typ 31.
–		Glasfasern, kurz	220/180	110	6	CTI 150	Hohe mechan. Festigkeit, glutbeständig.
–		Glasfasern, lang	200/180	120	7,5	CTI 150	
150	Melamin	Holzmehl	160/140	70	6	CTI 600	Glutfest, elektr. hochwertig, hohe Nachschwindung.
181	Melamin-Phenol	Zellstoff	160/140	80	7	CTI 250	Für elektrisch und mechanisch beanspruchte Teile.
801 und 803	Polyester	Glasfasern, anorganische Füllstoffe	220/170	60	22	CTI 600	Typ 801, 804 geringer Pressdruck nötig (großflächige Teile möglich); Typ 803, 804 glutbeständig.
802 und 804			220/170	55	4,5	CTI 600	
870	Epoxid	Gesteinsmehl	240/200	50	5	CTI 500	Typ 870 und 871 als Niederdruckmasse zum Ummanteln von Metallteilen und elektronischen Bauteilen. Niedrige Erweichungstemperaturen, schwundarm.
871		Glasfasern, kurz	230/200	80	8	CTI 500	
872		Glasfasern, lang	220/190	90	15	CTI 500	
–	Silikon	Glasfasern, kurz	340/180	55	2	CTI 600	Hochtemperaturbeständig, elektrisch hochwertig.

1) maximale Gebrauchstemperatur, kurzzeitig (100h)/dauernd (20 000h).
2) Biegefestigkeit.
3) Schlagzähigkeit.
4) Kriechstromfestigkeit nach DIN IEC 112 Verfahren zur Bestimmung der Vergleichszahl und Prüfzahl der Kriechwegbildung (CTI).
5) mit oder ohne Zusatz anderer organischer Füllstoffe.
6) und/oder Holzmehl.

Werkstoff	Kurzzeichen[7]	Anwendungsbereich[8]) °C	Shore-A-Härte	Reißfestigkeit[9]) N/mm²	Reißdehnung[9]) %	Beständigkeit gegen[11]) Witterung	Ozon	Ottokraftstoff	Dieselkraftstoff	Mineralöl	Schwerentflammbare Hydraulikflüssigkeiten HF[12]) A	B	C	D
Elastomere														
Acrylat-Kautschuk	ACM	– 20 ... + 150	55 ... 90	5 ... 13	100 ... 350	×	+	–	×	+	+	×	×	–
Acrylnitril-Butadien-K.	NBR	– 30 ... + 120	35 ... 100	10 ... 25	100 ... 700	× [10])	– [10])	×	×	+	×	×	+	–
Butyl-Kautschuk	IIR	– 40 ... + 125	40 ... 85	7 ... 17	300 ... 600	× [10])	× [10])	–	–	–	–	–	+	×
Chloropren-Kautschuk	CR	– 40 ... + 110	20 ... 90	7 ... 25	100 ... 800	×	× [10])	×	×	×	0	0	+	–
Chlorpolyethylen-K.	CM	– 30 ... + 140	50 ... 95	10 ... 20	100 ... 700	+	+	0	0	×	×	×	+	–
Chlorsulfoniertes Polyethylen	CSM	– 30 ... + 140	50 ... 85	15 ... 25	200 ... 500	+	+	–	0	0	×	×	+	–
Epichlorhydrin-K.	ECO	– 40 ... + 135	50 ... 90	6 ... 15	150 ... 500	+	+	×	×	+	×	×	–	–
Ethylen-Acrylat-K.	EAM	– 40 ... + 185	50 ... 75	7 ... 14	200 ... 500	+	+	0	0	0	+	×	×	–
Ethylen-Propylen-K.	EPDM	– 50 ... + 150	20 ... 85	7 ... 17	150 ... 500	+	+	–	–	–	–	–	+	+
Fluorkautschuk	FKM	– 25 ... + 250	40 ... 90	7 ... 17	100 ... 350	+	+	+	+	+	+	+	–	+
Fluorsilikon-Kautschuk	FMQ	– 60 ... + 200	40 ... 70	4 ... 9	100 ... 400	+	+	×	+	+	+	+	–	+
Hydrierter Nitril-K.	HNBR	– 20 ... + 150	45 ... 90	15 ... 35	100 ... 600	+	+	×	+	+	+	+	+	–
Naturkautschuk	NR	– 55 ... + 90	20 ... 100	15 ... 30	100 ... 800	0[10])	– [10])	–	–	–	–	–	+	–
Polyurethan-Kautschuk	AU EU	– 25 ... + 80	50 ... 98	20 ... 50	300 ... 700	×	×	–	–	0	–	–	–	–
Silikon-Kautschuk	VMQ	– 60 ... + 200	20 ... 80	4 ... 9	100 ... 400	+	+	–	0	×	+	+	+	+
Styrol-Butadien-K.	SBR	– 50 ... + 110	30 ... 100	7 ... 30	100 ... 800	0[10])	– [10])	–	–	–	–	–	+	–

[7]) DIN ISO 1629.
[8]) keine Dauertemperatur.
[9]) je nach Mischungs-Zusammensetzung.
[10]) kann durch Zugabe von Schutzmitteln verbessert werden.
[11]) + gut beständig, × bedingt beständig, 0 wenig beständig, – unbeständig.
[12]) A Öl-in-Wasser-Emulsion; B Wasser-in-Öl-Emulsion;
C Polyglycol-Wasser-Lösung; D synthetische Flüssigkeiten.

Werkstoff	Kurzzeichen[7])	Anwendungsbereich[8]) °C	Shore-A-Härte (D)	Reißfestigkeit[9]) N/mm²	Reißdehnung[9]) %	Beständigkeit gegen[11]) Witterung	Ozon	Otto-kraftstoff	Diesel-kraftstoff	Mineralöl
Thermoplastische Elastomere										
Blend/Olefin mit un- bis vollvernetztem Kautschuk	TPE-O[14])	– 40 ... + 100 (120)	45A ... 50D	3 ... 15	250 ... 600	+	+	0	0	0
Blend/Styrol-Block-Polymere	TPE-S[14])	– 60 ... + 60 (100)	30A ... 90A	3 ... 12	500 ... 900	+	+	–	–	–
Polyesterelastomer	TPE-E[14])	– 50 ... + 150	40D ... 80D	9 ... 47	240 ... 800	0 [10])	×	×	+	+
Polyesterurethan	TPE-U[14])	– 40 ... + 100	70A ... 70D	15 ... 55	250 ... 600	0 [10])	+	0	×	+
Polyetherblockamid	TPE-A[14])	– 40 ... + 80	75A ... 70D	30 ... 60	300 ... 500	0 [10])	+	×	+	×

[7]) DIN ISO 1629.
[8]) keine Dauertemperatur.
[9]) je nach Mischungs-Zusammensetzung.
[10]) kann durch Zugabe von Schutzmitteln verbessert werden.
[11]) + gut beständig, × bedingt beständig, 0 wenig beständig, – unbeständig.
[14]) noch keine Normung in ISO.

Kunststoff-Kurzzeichen mit chemischer Bezeichnung und Handelsnamen[3])

Kurzzeichen	Chemische Bezeichnung	Handelsnamen
ABS	Acrylnitril-Butadien-Styrol	Cycolac, Novodur, Ronfalin, Terluran
ACM	Acrylat-Kautschuk	Cyanacryl, Hycar
EAM[1])	Ethylen-Acrylat-Kautschuk	Vamac
APE[1])	Aromatischer Polyester	Arylef, APEC
ASA	Acrylnitril-Styrol-Acrylester	Luran S
AU	Polyurethan-Kautschuk	Urepan
CA	Celluloseacetat	Bergacell, Tenite
CAB	Celluloseacetobutyrat	Cellidor, Tenite
CM	Chlorpolyethylen-Kautschuk	Bayer CM, CPE
CR	Chloropren-Kautschuk	Baypren, Neoprene
CSM	Chlorsulfoniertes Polyethylen	Hypalon
ECO	Epichlorhydrin-Kautschuk	Herclor, Hydrin
EP	Epoxid	Araldite
EPDM	Ethylen-Propylen-Kautschuk	Buna AP, Dutral, Keltan, Nordel, Vistalon
EU	Polyurethan-Kautschuk	Adiprene C
FKM	Fluorkautschuk	DAI-EL, Fluorel, Tecnoflon, Viton
HNBR[1])	Hydrierter NBR	Therban, Zetpol
IR	Isopren-Kautschuk	Cariflex IR, Natsyn
MF	Melamin-Formaldehyd	Bakelite, Resinol, Supraplast, Resopal
MPF	Melamin/Phenol-Formaldehyd	Supraplast, Resiplast
MVQ	Silikon-Kautschuk	Rhodorsil, Silastic, Silopren
NBR	Acrylnitril-Butadien-Kautschuk	Buna N, Chemigum, Hycar, Perbunan
PA 46[1])	Polyamid 46	Stanyl
PA 6-3-T	Polyamid amorph	Trogamid T
PA 6	Polyamid 6 (Polymere aus ε-Caprolactam)	Akulon, Durethan B, Grilon. Nivionplast, Perlon, Renyl, Sniamid, Technyl, Ultramid B, Wellamid
PA 66	Polyamid 66 (Polymere aus Hexamethylendiamid und Adipinsäure)	Akulon, Durethan A, Minlon, Nivionplast, Nylon, Sniamid, Technyl, Ultramid A, Wellamid, Zytel
PA X[1])	X = teilaromatische Polyamide	Ultramid T[4]), Amodel 1 ...[5]), Amodel 4 ...[6]), Grivory GV[7]), Grivory HTV[8]), Zytel HTN[9]), IXEF[10])
PA 11	Polyamid 11 (Polymere aus 11-Aminoundecansäure)	Rilsan B
PA 12	Polyamid 12 (Polymere aus Laurinlactam)	Grilamid, Rilsan A, Vestamid
PAI	Polyamid-Imid	Torlon
PAN	Polyacrylnitril	Dralon, Orlon
PBT	Polybutylenterephthalat	Crastin, Pocan, Ultradur, Vestodur, Celanex
PC	Polycarbonat	Makrolon, Orgalan, Sinvet, Lexan
PA 612	Polyamid 612 (Polymere aus Hexamethylendiamin und Dodecandisäure	Zytel
COC[1])	Cycloolefincopolymere	Topas
LCP	Flüssigkristalline Polymere (Liquid cristal polymers)	Vectra, Zenite
PA 6/66	Copolyamid 6/66	Ultramid C, Technyl, Grilon TSV
SPS[1])	syndiotaktisches Polystyrol	Questra, Xarec

Kurzzeichen	Chemische Bezeichnung	Handelsnamen
PK [1])	Polyketon	Carilon
LFT [1])	Langfaserverstärkte Thermoplaste	Celstran
(PC + ABS)	Blend aus Polycarbonat + ABS	Bayblend, Cycoloy
(PC + ASA)	Blend aus Polycarbonat + ASA	Terblend S
(PC-PBT)	Blend aus Polycarbonat + PBT	Xenoy
PE	Polyethylen	Hostalen, Lupolen, Stamylan, Vestolen
PEEK	Polyether-Etherketon	Victrex „PEEK"
PEI	Polyetherimid	Ultem
PES	Polyethersulfon	Victrex „PES", Ultrason E
PETFE[1])	Polytetrafluorethylen-Ethylen-Copolymer	Hostaflon ET, Tefzel
PETP	Polyethylenterephthalat	Arnite, Crastin, Mylar, Rynite, Impet
PF	Phenol-Formaldehyd	Bakelite, Supraplast, Vyncolite
PFA	Perfluoralkoxy	Teflon PFA
PFEP[1])	Tetrafluorethylen-Hexafluorpropylen-Copolymer	Teflon FEP
PI	Polyimid	Kapton, Kerimid, Kinel, Vespel
PMMA	Polymethylmethacrylat	Degalan, Diakon, Lucryl, Perspex, Plexiglas, Vedril
POM	Polyoxymethylen, Polyformaldehyd (ein Polyacetal)	Delrin, Hostaform, Ultraform
PP	Polypropylen	Daplen, Hostalen PP, Moplen Stamylan P, Starpylen, Vestolen
(PPE + SB)	Blend aus Polyphenylenether + SB	Noryl, Luranyl
(PPE + PA)	Blend aus Polyphenylenether + PA	Noryl GTX, Ultranyl, Vestoblend
PPS	Polyphenylensulfid	Fortron, Ryton, Tedur
PS	Polystyrol	Edistir, Hostyren, Polystyrol, Vestyron
PSU	Polysulfon	Udel, Ultrason S
PTFE	Polytetrafluorethylen	Fluon, Hostaflon, Teflon
PUR	Polyurethan	Lycra, Vulkollan
PVC-P	Polyvinylchlorid, weichmacherhaltig	Trosiplast, Vestolit, Vinoflex
PVC-U	Polyvinylchlorid, weichmacherfrei	Trovidur, Hostalit, Vinidur, Vestolid
PVDF	Polyvinylidenfluorid	Dyflor, Kynar, Solef
PVF	Polyvinylfluorid	Tedlar
SAN	Styrol-Acrylnitril	Kostil, Luran, Tyril
SB	Styrol-Butadien	Hostyren, Lustrex
SBR	Styrol-Butadien-Kautschuk	Buna Hüls, Buna S, Cariflex S
TPE-A [1])	Polyetherblockamid	Pebax, Vestamid E
TPE-E[1])	TPE[2]) Polyesterbasis	Arnitel, Hytrel, Riteflex
TPE-O[1])	TPE[2]) Olefinbasis	Leraflex, Santoprene
TPE-S[1])	TPE[2]) Styrolbasis	Cariflex, Evoprene, Kraton
TPE-11 [1])	Polyesterurethan	Desmopan, Elastollan
UF	Harnstoff-Formaldehyd	Bakelite, Pollopas
UP	Ungesättigte Polyester	Keripol, Leguval, Palatal

[1]) Stoffkurzzeichen noch nicht genormt.
[2]) TPE: Thermoplastisches Elastomer.
[3]) ISO 1043/DIN 7728 (Thermoplaste, Duroplaste), ISO 1629 (Elastomere).
Stoffkennzeichen [4]) – [10]) sind genormt
[4]) PA 6/6T
[5]) PA 6T/6I/66
[6]) PA 6T/66
[7]) PA 66+PA 6I/6T
[8]) PA 6I/6T
[9]) PA 6T/MPMDT
[10]) PA MXD 6

Fahrzeuglacke, Lackaufbau mit UNI-Lackierung

Schicht	Schichtdicke in µm	Lackaufbau	Zusammensetzung: Bindemittel	Lösemittel	Pigmente	Füllstoffe	Additive und FK	Applikation
1	20...25	KTL	Epoxidharze Polyurethan	Wasser, geringe Anteile wassermischbarer organischer Lösungsmittel	anorganisch (organisch)	anorganische Füllstoffe	oberflächenaktive Substanzen, Antikratermittel, FK 20%	ET
2a	ca. 35	Füller	Polyester-, Melamin-, Harnstoff-, Epoxidharze	Aromaten, Alkohole	anorganisch und organisch	anorganische Feststoffe	z.B. Netzmittel, oberflächenaktive Substanzen FK 58...62%	PZ ESTA-HR
2b	ca. 35	Wasserfüller	wasserverdünnbare Polyester-, Polyurethan-, Melaminharze	Wasser, geringe Anteile wassermischbarer organischer Lösungsmittel			FK 43...50%	PZ ESTA-HR
2c	ca. 20	Dünnschicht Wasserfüller	wasserverdünnbare Polyurethan-, Melaminharze	Wasser, geringe Anteile wassermischbarer organischer Lösungsmittel		anorganische Füllstoffe	z.B. Netzmittel, oberflächenaktive Substanzen FK 32...45%	PZ ESTA-HR
3a	40...50	UNI-Decklack	Alkyd-, Melaminharze	Ester, Aromaten, Alkohole		–	z.B. Verlaufs-, Netzmittel	PZ ESTA-HR
3b	10...35 (farbtonabhängig)	wasserverdünnbarer UNI-Basislack	wasserverdünnbare Polyester-, Polyurethan-, Polyacrylat-, Melaminharze	geringe Anteile wassermischbarer Kosolventen		–	Netzmittel FK 20...40%	PZ ESTA-HR
4a	40...50	Klarlack konv.	Acryl-, Melaminharz	Aromaten, Alkohole, Ester	–	–	z.B. Verlaufs-, Lichtschutzmittel FK 45%	PZ ESTA-HR
4b	40...50	2K-HS	HS-Acrylatharz-Polyisocyanate	Ester, Aromaten	–	–	z.B. Verlaufs-, Lichtschutzmittel FK 58%	
4c	40...50	Pulverslurry-Klarlack	Urethanmodifiziertes Epoxy/Carboxysystem	–	–	–	z.B. Lichtschutzmittel FK 38%	

Lackaufbau mit Metallic-Lackierung

Schicht	Schichtdicke in µm	Lackaufbau	Zusammensetzung Bindemittel	Lösemittel	Pigmente	Füllstoffe	Additive und FK	Applikation
1	20...25	KTL	Epoxidharze Polyurethan	Wasser, geringe Anteile wassermischbarer organischer Lösungsmittel	anorganisch (organisch)	anorganische Füllstoffe	oberflächenaktive Substanzen, Antikratermittel, FK 20%	ET
2a	ca. 35	Füller Melamin-, Harnstoff-, Epoxidharze	Polyester-, Alkohole	Aromaten, Alkohole	anorganisch und organisch	anorganische Füllstoffe	z.B. Netzmittel, oberflächenaktive Substanzen FK 58...62%	PZ ESTA-HR
2b	ca. 35	Wasserfüller	wasserverdünnbare Polyester-, Polyurethan-, Melaminharze	Wasser, geringe Anteile wassermischbarer organischer Lösungsmittel			FK 43...50%	PZ ESTA-HR
2c	ca. 20	Dünnschicht Wasserfüller	wasserverdünnbare Polyurethan-, Melaminharze	Wasser, geringe Anteile wassermischbarer organischer Lösungsmittel			z.B. Netzmittel, oberflächenaktive Substanzen FK 32...45%	PZ ESTA-HR
3a	10...15	Metallic-, Basislack	CAB, Polyester-, Melaminharze	Ester, Aromaten	Alu-Plättchen, Mica-Plättchen	–	FK 15...30%	PZ ESTA-HR
3b	10...15	wasserverdünnbarer Metallic-Basislack	wasserverdünnbare Polyester-, Polyurethan-, Polyacrylat-, Melaminharze	geringe Anteile wassermischbarer Kosolventen	Alu-Mica-Plättchen organische und anorganische Pigmente	–	Netzmittel	PZ ESTA-HR
4a	40...50	Klarlack konv.	Acryl-, Melaminharz	Aromaten, Alkohole, Ester	–	–	z.B. Verlaufs-, Lichtschutzmittel FK 45%	PZ ESTA-HR
4b	40...50	2K-HS	HS-Acrylatharz Polyisocyanate	Ester, Aromaten	–	–	z.B. Verlaufs-, Lichtschutzmittel FK 58%	
4c	40...50	Pulver-slurry-Klarlack	Urethanmodifiziertes Epoxy/Carboxysystem	–	–	–	z.B. Lichtschutzmittel FK 38%	

Abkürzungen: DS Dickschicht, ESTA-HR Elektrostatische Hochrotation, ET Elektrotauchen, FK Festkörper, KTL Kathodische Tauchlackierung, PZ Pneumatische Zerstäubung, 2K-HS 2-Komponenten-Highsolid (festkörperreich).

Schmierstoffe

Begriffe und Definitionen

Schmierstoffe dienen als Trennmittel zwischen zwei relativ gegeneinander in Bewegung stehenden Reibpartnern. Ihre Aufgabe ist es, den direkten Kontakt zwischen diesen zu verhindern und dadurch zum einen Verschleiß herabzusetzen und zum anderen Reibung zu mindern bzw. zu optimieren. Zusätzlich kann der Schmierstoff kühlen, die Reibstelle abdichten, Korrosion verhindern oder auch Laufgeräusche verringern. Es gibt feste, konsistente, flüssige und gasförmige Schmierstoffe. Die Auswahl richtet sich nach der konstruktiven Begebenheit, der Materialpaarung, den Umgebungsbedingungen und den Beanspruchungen an der Reibstelle.

Additive
Wirkstoffe, die zur Verbesserung bestimmter Eigenschaften dem Schmierstoff zugesetzt werden. Die Wirkstoffe verändern die physikalischen Eigenschaften des Schmierstoffes (z.B. VI-Verbesserer, Pourpointerniedriger) oder die chemischen Eigenschaften (z.B. Oxidationsinhibitoren, Korrosionsinhibitoren). Sie können ferner eine Oberflächenveränderung der Reibpartner bewirken, verursacht z.B. durch Reibungsveränderer (Friction Modifier), durch Verschleißschutzwirkstoffe (Anti-Wear) oder durch Fressschutzadditive (Extreme Pressure). Zur Vermeidung antagonistischer Effekte müssen die Additive sehr genau aufeinander bzw. auf den Schmierstoff abgestimmt sein.

ATF (Automatic Transmission Fluid)
Spezialschmierstoffe, die den hohen Anforderungen in automatischen Getrieben angepasst sind.

Asche (DIN 51575, 51803)
Der mineralische Rückstand, der nach Oxid- bzw. Sulfatveraschung zurückbleibt.

Ausblutung
(Ölabscheidung, DIN 51817)
Trennung von Grundöl und Verdicker in Schmierfetten.

Bingham-Körper
Stoffe, deren Fließverhalten von dem Newton'scher Flüssigkeiten abweicht.

Brennpunkt/Flammpunkt
(DIN ISO 2592)
Niedrigste Temperatur (bezogen auf 1013 hPa), bei der die Gasphase eines Mineralerzeugnisses erstmals aufflammt (Flammpunkt) bzw. mindestens 5 s weiterbrennt (Brennpunkt).

Cloudpoint (DIN ISO 3015)
Temperatur, bei der Mineralöl bedingt durch Paraffinkristallbildung oder Ausscheidung anderer fester Stoffe trübe wird.

EP-Schmierstoffe (Extreme Pressure)
Siehe Hochdruckschmierstoffe.

Fließdruck (DIN 51805)
Nach Kesternich der Gasdruck, der zum Herauspressen eines konsistenten Schmierstoffes aus einer genormten Prüfdüse erforderlich ist. Der Fließdruck liefert Informationen über das Start-Fließverhalten eines Schmierstoffes, insbesondere bei tiefen Temperaturen.

Fließgrenze (DIN 13342)
Kleinste Schubspannung, bei der ein Stoff zu fließen beginnt. Oberhalb der Fließgrenze verhält sich ein plastischer Stoff rheologisch wie eine Flüssigkeit.

Friction Modifier
Polare Schmierstoffadditive, die durch Adsorption auf der Metalloberfläche die Reibung im Mischreibungsgebiet verringern sowie das Lasttragevermögen erhöhen. Sie verringern auch das Entstehen von Ruckgleiten (Stick-Slip).

Gelfette
Schmierstoffe mit anorganischen Konsistenzgebern (z.B. Bentonite, Aerosile, Kieselgele).

Gleitlack (AFC: Anti-Friction-Coating)
Festschmierstoffkombinationen, die mit Hilfe eines Bindemittels an der Reibstelle fixiert werden.

Grafit
Festschmierstoff mit Schichtgitterstruktur. Grafit schmiert sehr gut in Kombination mit Wasser (z.B. feuchte Luft) sowie in Kohlendioxidatmosphäre oder in Kombination mit Ölen. Im Vakuum wirkt es nicht reibungsmindernd.

Hochdruckschmierstoffe
Enthalten Additive zur Erhöhung des Lasttragevermögens, zur Verringerung der Verschleißbildung und zur Verringerung von Fresserscheinungen (in der Regel bei Stahl-Stahl- oder Stahl-Keramik-Paarungen wirksam).

Induktionszeit
Zeitraum, der bis zum Beginn einer stärkeren Veränderung eines Schmierstoffes (z. B. Alterung eines Öls, das einen Oxidationsinhibitor enthält) vergeht.

Inhibitoren
Schmierstoff schützende Wirkstoffe (z. B. Oxidations-, Korrosionsinhibitoren).

Kaltschlamm
Ölabbauprodukte, die sich im Kurbelgehäuse von Motoren durch Teilverbrennung und Kondenswasser bei geringer Belastung des Motors bilden. Kaltschlamm erhöht den Verschleiß und kann Motorschäden verursachen. Moderne Qualitäts-Motorenöle verringern die Neigung zur Kaltschlammbildung.

Konsistenz (DIN ISO 2137)
Maß für die Verformbarkeit von Schmierfetten und Pasten.

Legierte Schmierstoffe
Schmierstoffe, die Additive zur Verbesserung bestimmter Eigenschaften enthalten (z. B. Alterungsstabilität, Verschleißschutz, Korrosionsschutz, Viskositäts-Temperatur-Verhalten).

Mehrbereichsöle
Motoren- und Getriebeöle mit geringer Viskositäts-Temperatur-Abhängigkeit (großer Viskositätsindex VI). Diese Öle sind für den ganzjährigen Einsatz in Kraftfahrzeugen gedacht und überdecken mehrere SAE-Klassen.

Metallseifen
Umsetzungsprodukte von Metallen bzw. deren Verbindungen mit Fettsäuren. Sie dienen als Dickungsmittel für Fette oder auch als Friction Modifier.

Mineralöle
Mineralöle sind die aus Erdöl oder Kohle gewonnenen Destillations- und Raffinationsprodukte. Sie bestehen aus zahlreichen Kohlenwasserstoffen verschiedener chemischer Zusammensetzung. Je nachdem, welche Anteile überwiegen, spricht man von paraffinbasischen (kettenförmige gesättigte Kohlenwasserstoffe), naphthenbasischen (ringförmige gesättigte Kohlenwasserstoffe, meist mit 5 bzw. 6 Kohlenstoffatomen im Ring) oder aromatenreichen Ölen (z. B. Alkylbenzole). Diese unterscheiden sich u. U. stark in ihren chemisch-physikalischen Eigenschaften.

Molybdändisulfid (MoS_2)
Ein Festschmierstoff mit Schichtgitter-Struktur. Zwischen den einzelnen Schichten bestehen nur geringe Bindungskräfte, so dass ein Verschieben der Schichten gegeneinander mit relativ geringen Scherkräften möglich ist. Eine Reibungsverringerung wird nur erreicht, wenn MoS_2 in geeigneter Form auf eine Metalloberfläche aufgebracht wird (z. B. auch in Kombination mit einem Bindemittel (MoS_2-Gleitlack).

Penetration (DIN ISO 2137)
Eindringtiefe (in 10^{-1} mm) eines genormten Kegels in einen konsistenten Schmierstoff bei definierter Temperatur und Zeit. Je größer dieser Wert ist, um so weicher ist der Schmierstoff.

Polare Stoffe
Moleküle mit Dipolcharakter werden leicht auf Metalloberflächen adsorbiert. Sie erhöhen die Haftung und das Lasttragevermögen und wirken daher auch reibungs- und verschleißmindernd. Hierzu zählen z. B. Esteröle, Ether, Polyglykole oder Fettsäuren.

Pourpoint (DIN ISO 3016)
Die Temperatur, bei welcher ein Öl eben noch fließt, wenn es unter definierten Bedingungen abgekühlt wird.

Rheologie
Lehre vom Fließverhalten von Stoffen. Die Darstellung erfolgt üblicherweise in Form von Fließkurven.
Auftragung:
Schubspannung $\tau = F/A$ ($N/m^2 = Pa$)
F Kraft, A Fläche gegen
Geschwindigkeitsgefälle $D = v/y$ (s^{-1})
(lineares Geschwindigkeitsgefälle)
v Geschwindigkeit, y Schmierfilmdicke.

Dynamische Viskosität
$\eta = \tau/D$ (Pa · s)
Die früher benutzte Einheit „Centipoise" (cP) entspricht der Einheit (mPa · s).

Kinematische Viskosität
$\nu = \eta/\varrho$ (mm^2/s)
ϱ Dichte (kg/m^3).
Die früher benutzte Einheit „Centistokes" (cSt) entspricht der Einheit (mm^2/s).

Newton'sche Flüssigkeiten
zeigen eine lineare Abhängigkeit zwischen τ und D in Form einer Geraden durch den Nullpunkt mit viskositätsabhängiger Steigung.
Alle von diesem Fließverhalten abweichenden Stoffe zählen zu den Nicht-Newton'schen Flüssigkeiten.

Strukturviskosität
Viskositätsabnahme mit zunehmendem Geschwindigkeitsgefälle (z. B. Fließfette, Mehrbereichsöle mit VI-Verbesserern).

Dilatanz
Viskositätserhöhung mit zunehmendem Geschwindigkeitsgefälle.

Plastizität
Formbarkeit einer strukturviskosen Flüssigkeit mit zusätzlicher Fließgrenze (z. B. Schmierfette).

Thixotropie
Eigenschaft von Nicht-Newton'schen Flüssigkeiten, deren Viskosität scherzeitabhängig abnimmt und nach Ende der Scherung ihre ursprüngliche Viskosität nur zeitverzögert zurückgewinnt.

Rheopexie
Eigenschaft von Nicht-Newton'schen Flüssigkeiten, deren Viskosität scherzeitabhängig zunimmt und nach Ende der Scherung ihre ursprüngliche Viskosität zeitverzögert zurückgewinnt.

Tropfpunkt (DIN ISO 2176)
Die Temperatur, bei der ein Schmierfett unter festgelegten Prüfbedingungen ein bestimmtes Fließvermögen erreicht.

Stribeck-Kurve
Darstellung des Reibungsverlaufes bei flüssig- oder fettgeschmierten Tribosystemen mit sich verengendem Spalt (z. B. geschmiertes Gleit- oder Kugellager) als Funktion der Gleitgeschwindigkeit.

Fließkurven.
1 Rheopex, 2 thixotrop, 3 newtonsch, 4 plastisch, 5 dilatant, 6 strukturviskos, 7 Fließgrenze.

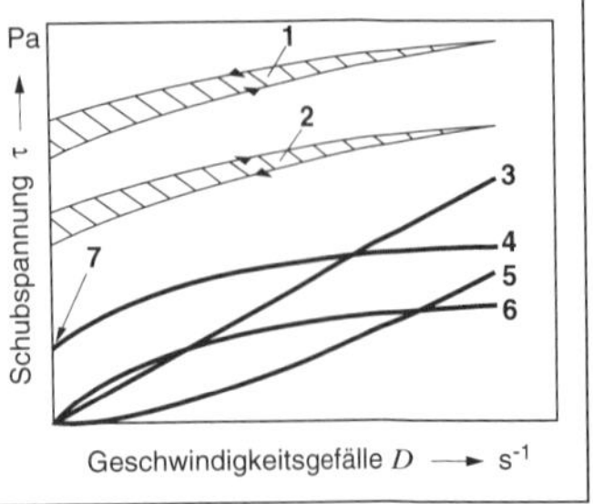

Stribeck-Kurve.
R Oberflächenrauigkeit, F_N Normalkraft, d Abstand zwischen Grund- und Gegenkörper. Bereich a Festkörperreibung, viel Verschleiß, Bereich b Mischreibung, mäßiger Verschleiß, Bereich c Hydrodynamik, kein Verschleiß.

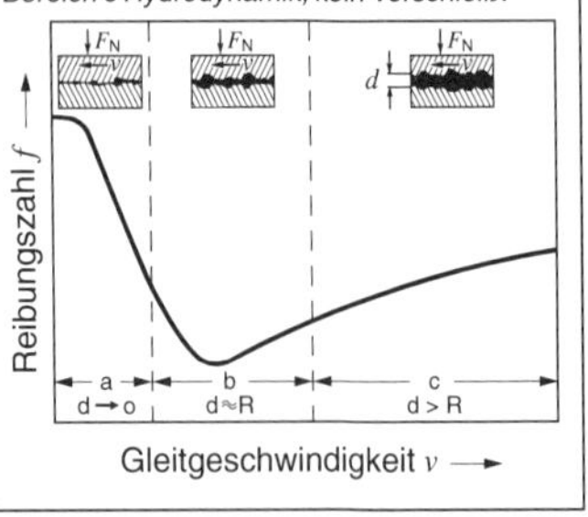

Festkörperreibung
Schmierfilm ist dünner als die Höhe der Oberflächenrauigkeitsspitzen.

Mischreibung
Schmierfilm ungefähr so dick wie die Höhe der Rauigkeitsspitzen.

Hydrodynamik
Vollständige Trennung von Grund- und Gegenkörper (nahezu verschleißfreies Gebiet).

Viskosität (DIN 1342, DIN 51550)
Maß für die innere Reibung von Stoffen. Es ist der Widerstand (innere Reibung) den die Stoffteilchen der Kraft beim Verschieben entgegensetzen (s. auch Rheologie).

Viskositätsindex (VI) (DIN ISO 2909)
Der VI ist eine rechnerisch ermittelte Zahl, die die Viskositätsänderung eines Mineralölerzeugnisses bei Temperaturänderung charakterisiert. Je größer der VI, desto geringer ist der Einfluss der Temperatur auf die Viskosität.

Viskositätsklassen
Klassifizierung von Ölen innerhalb bestimmter Viskositätsbereiche. ISO-Viskositätsklassen (DIN 51519, s. Tabelle 1).
SAE-Viskositätsklassen (DIN 51511,

Tabelle 1. Viskositätsklassen Industrieschmieröle nach ISO 3448 (DIN 51519).

Viskositätsklasse ISO	Mittelpunktsviskosität bei 40 °C mm²/s	Grenzen der kinematischen Viskosität bei 40 °C mm²/s min.	max.
ISO VG 2	2,2	1,98	2,42
ISO VG 3	3,2	2,88	3,52
ISO VG 5	4,6	4,14	5,06
ISO VG 7	6,8	6,12	7,48
ISO VG 10	10	9,00	11,0
ISO VG 15	15	13,5	16,5
ISO VG 22	22	19,8	24,2
ISO VG 32	32	28,8	35,2
ISO VG 46	46	41,4	50,6
ISO VG 68	68	61,2	74,8
ISO VG 100	100	90,0	110
ISO VG 150	150	135	165
ISO VG 220	220	198	242
ISO VG 320	320	288	352
ISO VG 460	460	414	506
ISO VG 680	680	612	748
ISO VG 1000	1000	900	1100
ISO VG 1500	1500	1350	1650

Tabelle 2. SAE-Viskositätsklassen für Motoren-/Getriebeöle (SAE J300, Dez. 95).

SAE-Viskositätsklasse	Viskosität (ASTM D 5293) mPa·s bei °C max.	Grenzpumpviskosität (ASTM D 4684) ohne Fließgrenze mPa·s bei °C max.	Kinematische Viskosität (ASTM D 445) mm²/s bei 100 °C min.	max.	Viskosität bei hoher Scherung (ASTM D 4683, CEC L-36-A-90, ASTM D 4741) mPa·s bei 150 °C und 10^6 s^{-1} min.
0 W	3250 bei –30	60000 bei –40	3,8	–	–
5 W	3500 bei –25	60000 bei –35	3,8	–	–
10 W	3500 bei –20	60000 bei –30	4,1	–	–
15 W	3500 bei –15	60000 bei –25	5,6	–	–
20 W	4500 bei –10	60000 bei –20	5,6	–	–
25 W	6000 bei –5	60000 bei –15	9,3	–	–
20	–	–	5,6	<9,3	2,6
30	–	–	9,3	<12,5	2,9
40	–	–	12,5	<16,3	2,9 (0W–40, 5W–40, 10W–40)
40	–	–	12,5	<16,3	3,7 (15W–40, 20W–40, 25W–40, 40)
50	–	–	16,3	<21,9	3,7
60	–	–	21,9	<26,1	3,7

Tabelle 3. SAE-Viskositätsklassen für Getriebeöle (SAEJ306c, März 85)

SAE Visko-sitäts-klasse	Maximale Temperatur °C für die dynamische Viskosität bei 150.000 mPa·s (ASTM D2983)	Kinematische Viskosität mm²/s bei 100 °C (ASTM D 445)	
		min.	max.
70 W	-55	4,1	-
75 W	-40	4,1	-
80 W	-26	7,0	-
85 W	-12	11,0	-
90	-	13,5	24,0
140	-	24,0	41,0
250	-	41,0	-

SAE J300, DIN 51512, SAE J306c, s. Tabelle 2 und 3).

Walkpenetration (DIN ISO 2137)
Penetration einer Fettprobe nach Temperierung auf 25 °C und Behandlung in einem Fettkneter.

Motorenöle

Die Motorenöle dienen vorrangig zur Schmierung der relativ gegeneinander bewegten Teile in Verbrennungskraftmaschinen. Zusätzlich werden Reibungswärme abgeführt, Verschleißpartikel von der Reibstelle wegtransportiert, Verunreinigungen ausgewaschen und vom Öl in der Schwebe gehalten und Metallteile vor Korrosion geschützt. Die gebräuchlichsten Motorenöle sind additivierte Mineralöle (HD-Öle: Heavy Duty für schwere Betriebsbedingungen). Aufgrund der steigenden Beanspruchung der Öle und längerer Ölwechselintervalle werden zunehmend auch synthetische oder teilsynthetische Öle, z.B. Hydrocracköle, verwendet. Die Qualität der Öle hängt von der Herkunft, der Raffination des Grundöls (entfällt bei synthetischen Ölen) und der Additivierung ab.

Entsprechend ihrer Aufgabe unterscheidet man folgende Additivtypen:
- Viskositätsindexverbesserer,
- Stockpunktverbesserer,
- Oxidations-, Korrosionsinhibitoren,
- Detergent- und Dispersant-Zusätze,
- Hochdruckzusätze (EP-Additive),
- Friction Modifier,
- Schaumdämpfer.

Im Verbrennungsmotor wird das Öl thermisch und mechanisch hoch beansprucht. Die physikalischen Daten der Motorenöle geben Hinweise zu den Einsatzgrenzen, erlauben aber keine Aussage zur Leistungsfähigkeit.

Es gibt daher eine ganze Anzahl von Prüfmethoden für Motorenöle (s. Motorenöl-Leistungskennzeichnung im Vergleich):
- ACEA-(Association des Constructeurs Européens de l'Automobile) Normen ersetzen seit Anfang 1996 alle bestehenden CCMC-Normen (Comité des Constructeurs d'Automobiles du Marché Commun),
- API-Klassifikation (American-Petroleum-Institute)
- MIL-Spezifikationen (Military),
- Firmenspezifikationen.

Kriterien für eine Zulassung sind unter anderem:
- Sulfatasche,
- Zinkgehalt,
- Motorart (Otto- oder Dieselmotor bzw. Saug- oder Lademotor),
- Belastung der Motor-Triebwerksteile und -Lager,
- Verschleißschutzwirkung,
- Betriebstemperatur des Öls (Sumpftemperatur),

Viskositäts-Temperatur-Verlauf von Mehr- bzw. Einbereichs-Motorenölen.

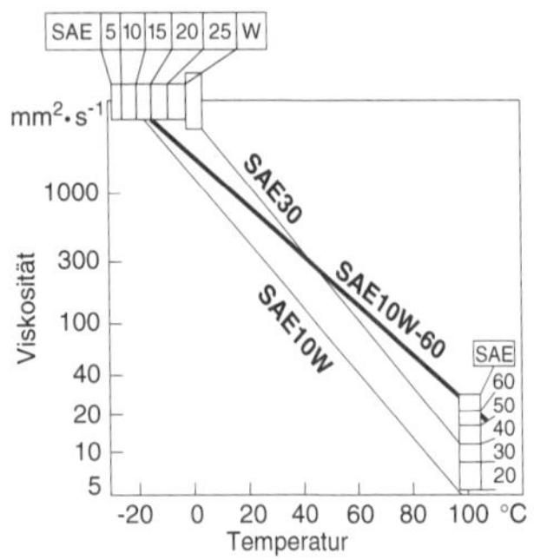

– Verbrennungsschmutzanfall, chemische Belastung des Öls durch saure Verbrennungsrückstände,
– Reinigungs- und Schmutztragevermögen des Motorenöls,
– Dichtungsverträglichkeit.

ACEA-Spezifikationen

Motorenöle für Ottomotoren

A1-98: Spezielle-Leichtlauföle mit abgesenkter Viskosität bei hohen Temperaturen und starker Scherung.

A2-96: Konventionelle und Leichtlaufmotorenöle ohne Beschränkung der Viskositätsklassen. Höhere Anforderungen als bisher bei CCMC G4 bzw. API SH.

A3-98: Öle dieser Kategorie übertreffen A2-96 und bisher CCMC G4 und G5.

Motorenöle für Pkw-Dieselmotoren

B1-98: Entsprechend A1-98 für geringe Reibungsverluste und damit Kraftstoffersparnis.

B2-98: Konventionelle und Leichtlauf-Motorenöle, erfüllen die heutigen Minimalanforderungen (höhere Forderungen als bisher CCMC PD2).

B3-98: Übertrifft B2-98.

B4-98: entspricht B2-98 mit besonderer Eignung für VW-TDI-Motoren.

Motorenöle für Nfz-Dieselmotoren

E1-96: Öle für freisaugende bzw. aufgeladene Motoren mit normalen Wechselintervallen.

E2-96: Abgeleitet aus MB-Spezifikation Blatt 228.1. Hauptsächlich für Motorentechnologie vor Euro-II-Norm.

E3-96: Für Motoren, die die Euro-II-Norm erfüllen, abgeleitet aus MB-Spezifikation Blatt 228.3. Im Vergleich zur Vorgängerkategorie CCMC D5 zeigen diese Öle ein deutlich verbessertes Rußdispergiervermögen mit deutlich geringerer Öleindickung.

E4-98: Zur Zeit höchste Qualitätsstufe für Dieselmotoren mit Euro-I- und Euro-II-Norm und hohen Anforderungen insbesondere verlängerten Ölwechselintervallen (gemäß Herstellerangabe). Basiert weitestgehend auf MB 228.5.

API-Klassifikationen

S-Klassen (Service) für Ottomotoren.
C-Klassen (Commercial) für Dieselmotoren.

SF: Für Motoren der 80iger Jahre

SG: Für Motoren ab 1989 mit verschärftem Schlammtest, verbessertem Oxidations- und Verschleißschutz.

SH: Seit Mitte 1993 wie Qualitätsniveau API SG, jedoch mit verschärften Anforderungen bei der Öl-Qualitätsprüfung.

SJ: Seit Oktober 1996, zusätzliche Tests gegenüber API SH.

CC: Motorenöle für Saugdieselmotoren bei niedriger Beanspruchung.

CD: Motorenöle für Saug- und Turbo-Dieselmotoren, 1994 von API CF abgelöst.

CD-2: Anforderungen gemäß API CD mit zusätzlichen Anforderungen von 2-Takt-Dieselmotoren.

CF-2: Öle mit besonderen 2-Takt-Eigenschaften (seit 1994).

CE: Öle mit Leistungsvermögen wie CD mit zusätzlichen Testläufen in amerikanischen Mack- und Cummins-Motoren.

CF: Ersetzt seit 1994 die Spezifikation API CD. Insbesondere für indirekte Einspritzung, auch wenn der S-Gehalt im Kraftstoff > 0,5% ist.

CF-4: Wie API CE, aber mit verschärftem Test im Einzylinder-Caterpillar-Turbo-Dieselmotor.

CG-4: Für höchstbeanspruchte Dieselmotoren. Übertrifft API CD, CE. Kraftstoff-Schwefelgehalt < 0,5%. Erforderlich für Motoren mit Abgasvorschriften nach 1994.

SAE-Viskositätsklassen

(DIN 51511, SAE J300, DIN 51512, SAE J306c)

Die international gültige SAE-Klassifizierung (Society of Automotive Engineers) dient der Viskositätskennzeichnung. Über die Qualität des Öles sagt sie nichts aus. Man unterscheidet zwischen Ein- und Mehrbereichsölen. Allgemein haben sich heute die Mehrbereichsöle durchgesetzt. Die Kennzeichnung erfolgt durch zwei Serien (s. Tabelle 2), wobei der Buchstabe „W“ (Winter) ein definiertes Kältefließverhalten beschreibt. Die Viskositätsklasse mit dem Buchstaben „W“ wird nach der maximalen Tieftemperaturviskosität, der maximalen Grenzpumptemperatur und der Mindestviskosität bei 100 °C klassifiziert, die Viskositätsklasse ohne den Buchstaben „W“ wird nur nach der Viskosität bei 100 °C klassifiziert.

Mehrbereichsöle
Mehrbereichsöle sind Öle mit geringer Temperaturabhängigkeit der Viskosität. Sie verringern Reibung und Verschleiß, sind ganzjährig einsetzbar und sorgen bei Kaltstart für eine schnelle Durchölung aller Motorenteile.

Leichtlauföle
Schmieröle mit Mehrbereichscharakteristik, niedriger Kälteviskosität und speziellen reibungsmindernden Zusatzstoffen. Der besonders reibungsarme Motorlauf unter allen Betriebsbedingungen verringert den Kraftstoffverbrauch.

Getriebeöle

Die Art des Getriebes und dessen Beanspruchung unter allen Betriebsbedingungen bestimmen die Qualität des Getriebeöls. Die Anforderungen (hohes Druckaufnahmevermögen, geringe Temperaturabhängigkeit der Viskosität, hohe Alterungsbeständigkeit, geringe Neigung zur Schaumbildung, Verträglichkeit mit Dichtungsmaterialien) können nur durch additivierte Öle erreicht werden. Typische Getriebeschäden durch ungeeignetes oder qualitativ minderwertiges Öl sind Lager- und Zahnflankenschäden.

Auch die Viskosität muss dem Anwendungsfall angepasst sein. Für Kfz-Getriebe gibt die DIN 51 512 bzw. SAE J 306 die Viskositätsklassen an (s. Tabelle 3).

Für Sonderanforderungen werden zunehmend Syntheseöle (z. B. Poly-α-olefine) verwendet. Diese weisen Vorteile im Viskositäts-Temperatur-Verhalten auf und sind im Vergleich zu Mineralölen alterungsbeständiger.

API-Klassifikation von Getriebeölen
GL1-GL3: Heutzutage keine besondere praktische Bedeutung.
GL4: Getriebeöle für mäßig beanspruchte Hypoidgetriebe sowie Getriebe, die unter Betriebsbedingungen mit hohen Geschwindigkeiten und Stoßbeanspruchungen, hoher Drehzahl und niedrigem Drehmoment bzw. niedriger Drehzahl und hohem Drehmoment arbeiten.
GL5: Getriebeöle für hochbeanspruchte Hypoidgetriebe in Pkw und anderen Fahrzeugen unter stoßartiger Belastung bei hoher Drehzahl sowie hoher Drehzahl und niedrigem Drehmoment bzw. niedriger Drehzahl und hohem Drehmoment.
MT-1: Unsynchronisierte Schaltgetriebe in amerikanischen Nkw.

Öle für automatische Getriebe
(ATF: Automatic Transmission Fluid)
Da in automatischen Getrieben im Gegensatz zu Handschaltgetrieben neben der hydrodynamischen und formschlüssigen zusätzlich die kraftschlüssige Kraftübertragung vorherrscht, ist das Reibungsverhalten bei Verwendung der ATF-Öle von großer Bedeutung. Die Anwendungsbereiche werden vorrangig durch unterschiedliches Reibungsverhalten unterteilt:

General Motors: Nicht mehr gültig sind: Type A, Suffix A, DEXRON®, DEXRON®B, DEXRON®IIC, DEXRON® II D. DEXRON® II E (gültig bis Ende 1994).
DEXRON® III. Gültig seit 1.1.1994 mit verschärften Anforderungen bzgl. Oxidationsstabilität und Reibwertkonstanz.
Ford: MERCON® (gültig seit 1987).
Andere Hersteller: Gemäß Betriebsstoffvorschriften.

Schmierfette

Schmierfette sind verdickte Schmieröle. Gegenüber den Ölen besitzen sie den großen Vorteil, dass sie von der Reibstelle nicht weglaufen. Aufwendige konstruktive Maßnahmen zur Abdichtung werden damit überflüssig (z. B. Einsatz in Radlagern, bewegten Systemen wie ABS, Generator, Zündverteiler, Scheibenwischermotor, Kleingetriebemotoren). Einen groben Überblick über den Aufbau eines konsistenten Schmierstoffes, der aus den drei Basiskomponenten Grundöl, Verdicker und Additiv besteht, zeigt Tabelle 4.

Als Grundöl werden vorrangig Mineralöle eingesetzt, die in letzter Zeit jedoch zunehmend durch vollsynthetische Öle ersetzt werden (z. B. aufgrund gestiegener Anforderungen hinsichtlich Alterungsstabilität, Tieftemperaturfließverhalten, Viskositäts-Temperatur-Verhalten).

Der Verdicker dient dazu, das Grundöl zu binden. Es werden meist Metallseifen verwendet. Sie binden das Öl in einem schwammartigen Seifengerüst (Mizellen) durch Einschlüsse und Wechselwirkungskräfte. Je höher der Verdickeranteil (verdickertypabhängig) im Fett ist, umso höher ist die Konsistenz (Eindringtiefe eines Prüfkonus in die Fettprobe) bzw. die NLGI-Klasse (s. Tabelle 5).

Die Additive (Wirkstoffe) dienen der gezielten physikalisch-chemischen Veränderung des Schmierfettes in eine gewünschte Richtung (z.B. zur Verbesserung der Oxidationsbeständigkeit, zur Erhöhung der Tragfähigkeit (EP-Additive) oder der Reibungs- und Verschleißverringerung).

Auch Festschmierstoffe (z. B. MoS_2) werden den Schmierfetten zugesetzt (z. B. zur Schmierung der Antriebsgelenkwellen im Kfz).

Die Auswahl eines speziellen Schmierfettes erfolgt unter Berücksichtigung seiner physikalischen Eigenschaften, der Auswirkungen auf die Reibstelle und der geringstmöglichen Wechselwirkung mit den Kontaktmaterialien.

Beispiel:
Wechselwirkung mit Polymerwerkstoffen:
- Spannungsrissbildung,
- Festigkeitsveränderung,
- Polymerabbau,
- Quellung, Schrumpfung, Versprödung.

So dürfen z. B. Mineralölfette oder Fette auf Basis synthetischer Kohlenwasserstoffe nicht mit Elastomeren in Kontakt kommen, die in Verbindung mit Bremsflüssigkeiten (auf Polyglykolbasis) verwendet werden (starke Quellung).

Weiterhin sollen Mischungen unterschiedlich aufgebauter Schmierfette vermieden werden (Veränderung der physikalischen Eigenschaften, Fettverflüssigung durch Tropfpunktabsenkung).

Durch richtige Schmierfettauswahl läßt sich die Leistungsfähigkeit von Erzeugnissen mit relativ gegeneinander bewegten Reibpartnern erheblich steigern (z. B. Getriebe, Gleit- bzw. Wälzlagerungen, Verstellsysteme).

Tabelle 5. Konsistenzeinteilung für Schmierfette (DIN 51 818).

NLGI-Klasse	Walkpenetration nach DIN ISO 2137 in Einheiten (0,1 mm)
000	445 ... 475
00	400 ... 430
0	355 ... 385
1	310 ... 340
2	265 ... 295
3	220 ... 250
4	175 ... 205
5	130 ... 160
6	85 ... 150

Tabelle 4. Schmierfett-Aufbau.

Grundöle	Verdicker	Additive
Mineralöle – paraffinisch – naphthenisch – aromatisch Poly-α-olefine Alkylaromaten Esteröle Polyole Silikone Phenyletheröle Perfluorpolyether	Metallseifen (Li,Na,Ca,Ba,Al) Normal- Hydroxi- Komplex- Polyharnstoffe PE Bentonite Kieselgele	Oxidationsinhibitoren Fe-,Cu-Ionen, Komplexbildner Korrosionsinhibitoren Hochdruckzusätze (EP-Additive) Verschleißschutzzusätze (Anit-Wear Additive) Reibungsminderer (Friction Modifier) Haftungsverbesserer Detergents, Dispersants VI-Verbesserer Festschmierstoffe

Für jede Reibpaarung kann aus der Vielzahl der Schmierstoffkomponenten ein Hochleistungsschmierstoff entwickelt werden.

Kraftstoffe

Kenngrößen

Heizwert, Brennwert

Der spezifische Heizwert H_u (früher „unterer Heizwert“) und der spezifische Brennwert H_o (früher „oberer Heizwert“ oder „Verbrennungswärme“) sind Größen für den Energieinhalt von Brennstoffen. Bei Kraftstoffen, in deren Verbrennungsprodukten Wasser auftritt, hat nur der spezifische Heizwert H_u („Verbrennungswasser“ dampfförmig) eine Bedeutung.

Sauerstoffhaltige Kraftstoffkomponenten („oxygenates“) wie Alkohole, Ether, Fettsäuremethylester haben einen geringeren Heizwert als reine Kohlenwasserstoffe, weil der in ihnen gebundene Sauerstoff nicht an der Verbrennung teilnimmt. Um eine mit üblichen Kraftstoffen vergleichbare Leistung zu erreichen, steigt damit der Verbrauch.

Gemischheizwert

Der Heizwert des brennbaren Luft-Kraftstoff-Gemisches bestimmt die Leistung des Motors. Er ist bei gleichem stöchiometrischem Verhältnis für alle flüssigen Kraftstoffe und Flüssiggase nahezu gleich groß (etwa 3500 ... 3700 kJ/m³).

Ottokraftstoffe

Verschiedene nationale bzw. überregionale Normen legen die Mindestanforderungen für Ottokraftstoffe fest. EN 228 (Europäische Norm) beschreibt das in Europa eingeführte unverbleite Benzin („Euro-Super“). In der nationalen Ausgabe DIN EN 228 sind darüber hinaus noch die unverbleiten Normal- und „Super Plus“-Kraftstoffe beschrieben. In den USA sind Ottokraftstoffe in ASTM D4814 (American Society for Testing and Materials) spezifiziert. Ottokraftstoffe bestehen aus Kohlenwasserstoffen, die Zusätze von sauerstoffhaltigen, organischen Komponenten sowie Additive zur Verbesserung ihrer Eigenschaften enthalten können.

Es wird zwischen Normal- und Super-Kraftstoff unterschieden. Super-Kraftstoff weist eine höhere Klopffestigkeit zum Betreiben höher verdichteter Motoren auf. Außerdem gelten für Sommer und Winter sowie für verschiedene Regionen unterschiedliche Flüchtigkeitsmerkmale.

Unverbleites Benzin (EN 228)

Der Einsatz von Katalysatoren zur Abgasnachbehandlung setzt den Betrieb mit bleifreiem Benzin voraus, denn Blei würde die Edelmetallbeschichtung (z. B. Platin) der Katalysatoren sowie die zur Regelung der Katalysatoren eingesetzten Lambda-Sonden schädigen und damit inaktiv machen.

Bleifreie Kraftstoffe bilden ein Gemisch aus besonders hochwertigen, hochoktanigen Komponenten (z. B. Platformate, Alkylate und Isomerisate). Als metallfreie Zusätze zur Erhöhung der Klopffestigkeit können mit guter Wirkung Ether, z. B. Methyltertiärbutylether (MTBE), in Konzentrationen von 3 ... 15 % sowie Alkoholgemische (Methanol 2 ... 3 %, höhere Alkohole) zugegeben werden. Der Bleigehalt ist ab dem Jahr 2000 auf maximal 5 mg/l begrenzt.

Verbleites Benzin

Verbleite Ottokraftstoffe sind in Europa ab dem Jahr 2000 nicht mehr zugelassen bzw. dürfen nur in Ausnahmefällen für eine Übergangszeit vertrieben werden.

Weltweit sind aber in einzelnen Ländern noch verbleite Kraftstoffe im Handel; ihr Anteil geht jedoch ständig zurück.

Dichte

Die zulässige Dichtespanne für Kraftstoffe ist in der EN 228 auf 720 ... 775 kg/m³ begrenzt. Super-Kraftstoffe haben wegen des i. a. höheren Aromatengehalts eine höhere Dichte als Normal-Kraftstoffe und in diesem Fall auch einen geringfügig höheren Heizwert.

Klopffestigkeit (Oktanzahl)

Die Oktanzahl kennzeichnet die Klopffestigkeit eines Ottokraftstoffs. Je höher die Oktanzahl, desto klopffester ist der Kraftstoff. International gibt es zwei verschiedene Verfahren zur Bestimmung der Oktanzahl: die Research-Methode (ROZ) und die Motor-Methode (MOZ).

Tabelle 1. Wichtige Eigenschaften von Ottokraftstoffen, unverbleit, EN 228 (gültig ab 1.1.2000).

Anforderungen	Einheit	Kenngröße
Klopffestigkeit		
Super, min.	ROZ/MOZ	95/85
Normal, min. [1])	ROZ/MOZ	91/82,5
Super Plus [1])	ROZ/MOZ	98/88
Dichte	kg/m^3	720 ... 775
Schwefel, max.	mg/kg	150
Benzol, max.	Vol.-%	1
Blei, max.	mg/l	5
Flüchtigkeit		
Dampfdruck im Sommer, min./max.	kPa	45/60
Dampfdruck im Winter, min./max.	kPa	60/90 [1])
verdampfte Menge bei 70 °C im Sommer, min./max.	Vol.-%	20/48
verdampfte Menge bei 70 °C im Winter, min./max.	Vol.-%	22/50
verdampfte Menge bei 100 °C, min./max.	Vol.-%	46/71
verdampfte Menge bei 150 °C, min./max.	Vol.-%	75/–
Siedeende, max.	°C	210
VLI Übergangszeit [3]), max. [2])		1150 [1])

[1]) Nationale Werte für Deutschland, [2]) VLI = Vapour Lock Index, [3]) Frühjahr und Herbst.

ROZ, MOZ

ROZ (Research-Oktanzahl) nennt man die nach der Research-Methode bestimmte Oktanzahl. Sie kann als maßgeblich für das Beschleunigungsklopfen angesehen werden.

MOZ (Motor-Oktanzahl) nennt man die nach der Motor-Methode bestimmte Oktanzahl. Sie beschreibt vorwiegend die Eigenschaften hinsichtlich des Hochgeschwindigkeitsklopfens.

Die Motor-Methode unterscheidet sich von der Research-Methode durch Gemischvorwärmumg, höhere Drehzahl und veränderliche Zündzeitpunkteinstellung, wodurch sich eine höhere thermische Beanspruchung des zu untersuchenden Kraftstoffs ergibt. Die MOZ-Werte sind niedriger als die ROZ-Werte.

Der Zahlenwert der Oktanzahl bis 100 gibt an, wieviel Volumenprozent iso-Oktan C_8H_{18} (Trimethylpentan) sich in einem Gemisch mit n-Heptan C_7H_{16} befindet, das in einem Prüfmotor gleiches Klopfverhalten zeigt wie der zu prüfende Kraftstoff. Dem sehr klopffesten iso-Oktan wird dabei die Oktanzahl 100 ROZ bzw. MOZ, dem sehr klopffreudigen n-Heptan die Oktanzahl 0 zugeordnet.

Erhöhung der Klopffestigkeit

Normales Destillat-Benzin hat eine niedrige Klopffestigkeit. Erst durch Vermischen verschiedener, klopffester Raffinerie-Komponenten ergibt sich ein Kraftstoff mit für moderne Motoren ausreichenden Oktanzahlen. Dabei muss ein möglichst hohes Oktanzahlniveau über den ganzen Siedebereich vorliegen. Kohlenwasserstoffe mit ringförmigem Molekülaufbau (Aromaten) und verzweigten Ketten (iso-Paraffine) sind klopffester als geradkettige Moleküle (n-Paraffine).

Zusätze von sauerstoffhaltigen Komponenten (Methanol, Ethanol, Methyltertiärbutylether) wirken sich positiv auf die Oktanzahl aus, können aber zu anderen Schwierigkeiten führen (Alkohole erhöhen die Flüchtigkeit und können Materialprobleme verursachen).

Flüchtigkeit

Um ein gutes Fahrverhalten zu gewährleisten, müssen die Flüchtigkeitsmerkmale von Ottokraftstoffen hohe Anforderungen erfüllen. Auf der einen Seite sollen genügend leichtflüchtige Komponenten enthalten sein, um einen sicheren Kaltstart zu gewährleisten. Auf der anderen Seite darf die Flüchtigkeit nicht so hoch sein, dass es bei höheren Temperaturen zu Heißstart- und Fahrproblemen („vapour-lock") kommt. Außerdem sollen die Verdampfungsverluste zum Schutz der Umwelt gering gehalten werden. Zur Beschreibung der Flüchtigkeit gibt es verschiedene Kenngrößen.

In der EN 228 sind 10 verschiedene Flüchtigkeitsklassen spezifiziert, die sich in Dampfdruck, Siedeverlauf und dem VLI (Vapour-Lock-Index) unterscheiden. Die einzelnen Nationen können, jeweils nach den spezifischen klimatischen Gegebenheiten, einzelne dieser Klassen in ihrer nationalen Norm übernehmen.

Siedeverlauf

Für das Betriebsverhalten sind einzelne Bereiche der Siedekurve wichtig. Sie lassen sich durch den bei drei Temperaturen verdampften Anteil kennzeichnen. Das verdampfte Volumen bis 70 °C soll für leichtes Anspringen des kalten Motors groß (v. a. wichtig bei alten Vergaserfahrzeugen), zur Vermeidung von Dampfblasen bei heißem Motor aber nicht zu groß sein. Der bei 100 °C verdampfte Kraftstoffanteil bestimmt neben dem Anwärmverhalten v. a. Betriebsbereitschaft und Beschleunigungsverhalten des warmen Motors. Das verdampfte Volumen bis 150 °C soll nicht zu niedrig liegen, um Schmierölverdünnung besonders bei kaltem Motor zu vermeiden.

Dampfdruck

Der bei 38 °C (100 °F) nach EN 13016-1 gemessene Dampfdruck von Kraftstoffen ist in erster Linie eine sicherheitstechnische Kenngröße für die Handhabung im Fahrzeugtank. Ein anderes Verfahren zur Messung des Dampfdrucks ist das nach Reid. Der Dampfdruck wird in allen Spezifikationen limitiert, er beträgt z. B. für Deutschland im Sommer maximal 60 kPa und im Winter maximal 90 kPa. Für moderne Einspritzmotoren ist aber zur Beschreibung von Fahrstörungen infolge von Gasblasen die Kenntnis des Dampfdrucks bei höheren Temperaturen (80, 100 °C) wichtiger. Bestimmungsverfahren hierfür sind entwickelt; eine Normung ist in Vorbereitung. Besonders Zumischungen von Methanol zum Kraftstoff bewirken einen starken Anstieg des Dampfdrucks bei höheren Temperaturen.

Dampf-Flüssigkeits-Verhältnis

Diese Kenngröße ist ein Maß für die Neigung eines Kraftstoffs zur Dampfblasenbildung. Sie ist das aus einer Kraftstoffeinheit entstandene Dampfvolumen bei definiertem Gegendruck und bei einer bestimmten Temperatur. Sinkt der Gegendruck (z. B. bei Bergfahrten) und erhöht sich die Temperatur, so steigt das D/F-Verhältnis, was zu vermehrten Fahrstörungen führt. In der ASTM D4814 wird z. B. ein D/F-Verhältnis als Anforderung für Ottokraftstoffe spezifiziert.

„Vapour-Lock-Index" (VLI)

Diese Kenngröße ist die rechnerisch ermittelte Summe des Dampfdruckes (in kPa x 10) und der siebenfachen Menge des bis zu einer Temperatur von 70 °C verdampften Kraftstoffanteils (aus dem Siedeverlauf) – jeweils als absolute Beträge. Der VLI beschreibt die Eigenschaften des Kraftstoffs im Hinblick auf das Heißstart- und Heißfahrverhalten besser als andere konventionelle Größen.

Der VLI und das Dampf-Flüssigkeits-Verhältnis zeigen für Kraftstoffe ohne Alkoholzusätze eine gute Korrelation.

Schwefel

Kraftstoffe für Benzin-Direkteinspritzsysteme (BDE, GDI) müssen wegen der hierfür erforderlichen Abgas-Nachbehandlungsverfahren einen niedrigen Schwefelgehalt haben. Die eingesetzten Katalysatoren werden durch die Schwefel-Verbrennungsprodukte inaktiviert. Deswegen und wegen der angestrebten Minderung der SO_2-Emissionen müssen die Schwefelgehalte in den zukünftigen Kraftstoffen weiter reduziert werden; erforderlich sind Schwefelgehalte < 10 ppm („schwefelfreie Kraftstoffe").

Additive

Additive (Zusätze) bestimmen neben der Zusammensetzung der Kohlenwasserstoffe (Raffinerie-Komponenten) ganz wesentlich die Qualität von Kraftstoffen. Eingesetzt werden meist Pakete aus Einzelkomponenten mit verschiedenen Wirkungen.

Additive müssen in ihrer Konzentration sehr sorgfältig abgestimmt und erprobt sein und dürfen auch keine negativen

Nebenwirkungen haben. Sie werden deshalb zweckmäßigerweise vom Kraftstoffhersteller dosiert und beigemischt; dies geschieht markenspezifisch beim Befüllen der Tankwagen in der Raffinerie. Eine nachträgliche Zugabe von Additiven in den Fahrzeugtank durch den Betreiber sollte dann unterbleiben.

Alterungsschutz
Alterungsschutzmittel, die den Kraftstoffen zugesetzt werden, erhöhen deren Lagerstabilität, vor allem beim Einsatz von Crack-Komponenten. Sie verhindern eine Oxidation durch Luftsauerstoff und unterbinden eine katalytische Einwirkung von Metallionen (Metalldeaktivatoren).

Einlasssystem-Reinhaltung
Die Reinhaltung des gesamten Einlasssystems (Einspritzventile, Einlassventile) ist die Voraussetzung für die Erhaltung der im Neuzustand optimierten Gemischeinstellung und -aufbereitung und somit für einen störungsfreien Fahrbetrieb und die Schadstoffminimierung im Abgas. Aus diesem Grund sollten dem Kraftstoff wirksame Reinigungsadditive zugesetzt sein („detergent"-Additive).

Korrosionsschutz
Das „Einschleppen" von Wasser kann im Kraftstoffsystem zu Korrosion führen. Ein Zusatz von Additiven für den Korrosionsschutz, die den Wasserfilm unterwandern, kann die Korrosion sehr wirksam unterbinden.

Umweltfreundliche Ottokraftstoffe

Umweltbehörden und Gesetzgeber fordern zunehmend strengere Auflagen für Kraftstoffe, die niedrige Verdampfungs- und Schadstoffemissionen gewährleisten („Öko-Benzin", „reformulated gasoline"). Hierfür werden z.B. niedrige Werte für Dampfdruck, Aromaten-, Benzol- und Schwefelgehalt sowie für das Siedeende vorgeschrieben. Die Zugabe von Additiven zur Einlasssystem-Reinhaltung wird in den USA für diese Kraftstoffe zwingend gefordert.

Dieselkraftstoffe

Dieselkraftstoffe bestehen aus einer Vielzahl einzelner Kohlenwasserstoffe, die etwa zwischen 180 °C und 370 °C sieden. Sie werden durch stufenweise Destillation aus Rohöl gewonnen. Die Raffinerien setzen in zunehmendem Maß den Dieselkraftstoffen auch Konversionsprodukte (Crack-Komponenten) zu, die aus Schwerölen durch Aufspalten der großen Moleküle gewonnen werden. Nationale Normen enthalten die Anforderungen an die Dieselkraftstoffe. Für Europa gilt für Dieselkraftstoffe EN 590. Die wichtigsten Kenngrößen gemäß dieser Norm sind in Tabelle 2 aufgeführt.

Zündwilligkeit, Cetanzahl, Cetanindex

Da der Dieselmotor ohne Fremdzündung arbeitet, muss sich der Kraftstoff nach dem Einspritzen in die heiße, komprimierte Luft im Brennraum nach einer möglichst kurzen Zeit (Zündverzug) von selbst entzünden. Zündwilligkeit ist die Eigenschaft eines Kraftstoffs, in einem Dieselmotor die Selbstzündung einzuleiten. Die Cetanzahl (CZ) drückt die Zündwilligkeit aus. Sie liegt um so höher, je leichter sich der Kraftstoff entzündet. Dem sehr zündwilligen n-Hexadekan (Cetan) wird dabei die Cetanzahl 100, dem zündträgen Methylnaphthalin die Cetanzahl 0 zugeordnet. Gemessen wird die Cetanzahl in einem Prüfmotor. Für den optimalen Betrieb moderner Motoren (Laufruhe, Schadstoffemission) sind Cetanzahlen größer als 50 wünschenswert. Hochwertige Dieselkraftstoffe enthalten einen hohen Anteil an Paraffinen mit hohen CZ-Werten. Dagegen verschlechtern Aromaten, wie sie in Crack-Komponenten vorkommen, die Zündwilligkeit.

Eine weitere Kenngröße für die Zündwilligkeit ist der Cetanindex, der aus der Dichte und Punkten der Siedekennlinie errechnet werden kann. Er läßt im Gegensatz zur gemessenen Cetanzahl den positiven Einfluss von „Zündverbesserern" auf die Zündwilligkeit nicht erkennen.

Kälteverhalten, Filtrierbarkeit

Wegen der Ausscheidung von Paraffinkristallen kann es bei tiefen Temperaturen zur Verstopfung des Kraftstofffilters und dadurch zu einer Unterbrechung der Kraftstoffzufuhr kommen. Der Beginn der Paraffinausscheidung kann in ungünstigen Fällen schon bei ca. 0 °C oder darüber einsetzen. Daher müssen Winter-Dieselkraftstoffe für einen störungsfreien Betrieb bei Kälte besonders ausgewählt bzw. aufbereitet werden. Im Normalfall erhalten sie in der Raffinerie einen Zusatz von „Fließverbesserern", die zwar die Ausscheidung der Paraffine nicht verhindern, aber deren Kristallwachstum sehr stark einschränken. Die dabei entstehenden Kriställchen sind so klein, dass sie die Filterporen noch passieren können. Ein Zusatz weiterer Additive kann bewirken, diese Kriställchen in Schwebe zu halten, so dass sich die Grenze der Filtrierbarkeit weiter senken läßt.

Gemessen wird die Kältefestigkeit mit einem genormten Verfahren zur Bestimmung des „Grenzwertes der Filtrierbarkeit" („CFPP, Cold Filter Plugging Point"). In der EN 590 ist dieser Wert in verschiedenen Klassen festgelegt, die von den einzelnen Nationen je nach klimatischen Bedingungen (z. B. Sommer/ Winter) beansprucht werden können.

Zur Verbesserung der Kältefestigkeit wurden früher dem Dieselkraftstoff häufig im Fahrzeugtank Petroleum bzw. Normalbenzin zugemischt. Dies ist heute bei Vorliegen normgerechter Kraftstoffe nicht mehr notwendig und wird von den Fahrzeugherstellern nicht mehr empfohlen.

Flammpunkt

Unter Flammpunkt versteht man die Temperatur, bei der eine brennbare Flüssigkeit gerade so viel Dampf an die sie umgebende Luft abgibt, dass eine Zündquelle das über der Flüssigkeit stehende Luft-Dampf-Gemisch entflammen kann. Aus Sicherheitsgründen (Transport, Lagerung) soll der Dieselkraftstoff der Gefahrklasse A III angehören (Flammpunkt > 55 °C). Bereits ein Anteil von weniger als 3 % Ottokraftstoff im Dieselkraftstoff kann den Flammpunkt so stark herabsetzen, dass eine Entflammung bei Zimmertemperatur möglich ist.

Siedebereich

Die Lage des Siedebereichs beeinflusst die für das Betriebsverhalten des Dieselkraftstoffs wichtigen Eigenschaften. Eine Ausweitung des Bereichs nach tieferen Temperaturen führt zwar zu einem kältegeeigneten Kraftstoff, doch dessen Cetanzahl sinkt dabei ab. Vor allem verschlechtern sich dann die Schmiereigenschaften, so dass sich die Verschleißgefahr für die Einspritzaggregate erhöht. Wird auf der anderen Seite die Temperatur für den Endpunkt des Siedevorgangs erhöht, was wegen der besseren Rohölausnutzung wünschenswert wäre, kann dies zu erhöhter Rußbildung und Düsenverkokung (Anlagerung von Verbrennungsrückständen) führen.

Dichte

Der Heizwert des Dieselkraftstoffes hängt in guter Näherung von seiner Dichte ab; er erhöht sich mit steigender Dichte. Wenn also bei gleichbleibender Einstellung der Einspritzpumpe (konstante Volumenzumessung) Kraftstoffe mit stark verschiedenen Dichten gefahren werden, führt dies wegen der Heizwertschwankungen zu Gemischverschiebungen. Dies hat bei hohen Dichten erhöhte Rußemission zur Folge; geringe Dichten führen zur Leistungsminderung.

Viskosität

Eine zu niedrige Viskosität führt zu Leckverlusten in der Einspritzpumpe und damit zu Leistungsmangel, eine zu hohe Viskosität verschlechtert andererseits die Strahlaufbereitung. Daher sollte sich die Viskosität der Dieselkraftstoffe möglichst in engen Grenzen bewegen.

Schmierfähigkeit, „lubricity"

Die hydrodynamische Schmierfähigkeit der Dieselkraftstoffe ist gegenüber der im Mischreibungsbereich von untergeordneter Bedeutung. Bei der Einführung umweltfreundlicher, durch Hydrierung entschwefelter Kraftstoffe kam es im Feld zu massiven Verschleißproblemen bei Verteilereinspritzpumpen. Um diese Schäden zu vermeiden, müssen die Kraftstoffe mit Schmieradditiven versetzt werden. Die Schmierfähigkeit wird in einem Schwingverschleiß-Test (HFRR) gemessen. EN590 schreibt eine Mindestschmierfähigkeit vor.

Schwefel
Abhängig von der Rohölqualität und den zu seiner Aufmischung eingesetzten Komponenten enthalten Dieselkraftstoffe Schwefel in chemisch gebundener Form. Besonders Crack-Komponenten haben meist hohe Schwefelgehalte, die sich aber in der Raffinerie durch eine Behandlung mit Wasserstoff (Hydrierung) reduzieren lassen. Da bei der Verbrennung im Motor eine Umsetzung von Schwefel zu Schwefeldioxid (SO_2) erfolgt (dieser Stoff ist wegen seiner sauren Reaktion umweltschädlich), hat der Gesetzgeber den maximal zulässigen Schwefelgehalt begrenzt. Er wurde in den letzten Jahren in mehreren Stufen gesenkt und darf ab 1. Januar 2000 in Europa nur noch maximal 350 mg/kg betragen. Ein niedriger Schwefelgehalt ist bei Fahrzeugen mit Oxidationskatalysatoren auch wegen der Reduzierung der emittierten Partikelmasse (am Ruß angelagertes Sulfat) erforderlich. Er ist außerdem notwendig, um eine Schädigung der Entstickungskatalysatoren (NO_x-Nachbehandlung) zu vermeiden. Schwefelgehalte < 10 ppm sind wünschenswert.

Verkokungsneigung (Koksrückstand)
Die Verkokungsneigung gibt ein Maß an für die Tendenz der Kraftstoffe zum Verkoken der Einspritzdüsen. Die Vorgänge bei der Verkokung sind komplex und lassen sich nicht einfach beschreiben.

Komponenten, die der Dieselkraftstoff im Siedeende (besonders aus Crackanteilen) enthält, beeinflussen nicht unerheblich die Verkokung.

Additive
Die Zugabe von Additiven zur Qualitätsverbesserung hat sich auch bei Dieselkraftstoffen weitgehend durchgesetzt. Dabei kommen meist Additivpakete zur Anwendung, die eine vielfältige Wirkung haben. Die Gesamtkonzentration der Additive liegt i. a. < 0,1 %, so dass die physikalischen Kenngrößen der Kraftstoffe wie Dichte, Viskosität und Siedeverlauf nicht verändert werden.

Fließverbesserer: Fließverbesserer bestehen aus polymeren Stoffen, die im allgemeinen nur im Winter zugesetzt werden (siehe Kälteverhalten).

Zündverbesserer (cetane improver): Bei Zündverbesserern handelt es sich um Salpetersäureester von Alkoholen, die den Brennverlauf des Dieselkraftstoffs mit positiver Auswirkung auf die Geräusch- und Partikelemission beeinflussen.

Reinigungsadditive: Reinigungsadditive sollen die Einlasssystem-Reinhaltung zur besseren Gemischaufbereitung gewährleisten und die Verkokung der Einspritzdüsen reduzieren bzw. verhindern.

Korrosionsinhibitoren: Sie vermeiden (bei einer Einschleppung von Wasser in das Kraftstoffsystem) die Korrosion metallischer Teile.

Antischaummittel: Sie verhindern das Schäumen der Kraftstoffe und erleichtern so den Betankungsvorgang.

Umweltfreundliche Dieselkraftstoffe

In einzelnen Ländern (u. a. Schweden, Kalifornien) wird wegen der Reduzierung der Schadstoffemissionen der Einsatz „umweltfreundlicher“ Kraftstoffe vorgeschrieben oder steuerlich gefördert. Bei diesen sind das Ende des Siedevorganges und der Aromatengehalt herabgesetzt sowie der Schwefel weitgehend eliminiert. Bei der Einführung dieser Kraftstoffe gab es z. T. erhebliche Probleme mit dem Verschleiß an Einspritzaggregaten und dem Angriff auf Elastomermaterialien. Besondere Additive sind zur Vermeidung solcher Schäden notwendig.

Alternativkraftstoffe

Kohleverflüssigung
Ausgangsstoffe sind im Wesentlichen Kohle und Koks. Diese werden zunächst in Wassergas (H_2 + CO) umgewandelt und anschließend katalytisch zu Kohlenwasserstoffen umgesetzt. Hieraus lassen sich Benzin und Dieselkraftstoff gewinnen. Nebenprodukte sind Flüssiggas und Paraffin. Die Fischer-Tropsch-Synthese hat vor allem in Südafrika Bedeutung erlangt, wo großindustrielle Anlagen nach diesem Verfahren arbeiten.

Stoffwerte flüssiger Kraftstoffe und Kohlenwasserstoffe

Stoff		Dichte kg/*l*	Hauptbestandteile Gewichts-%	Siedetemperatur °C	Spezif. Verdampfungswärme kJ/kg¹)	Spezif. Heizwert MJ/kg¹)	Zündtemperatur °C	Luftbedarf, theoretisch kg/kg	Zündgrenze untere Vol.-% Gas in Luft	Zündgrenze obere Vol.-% Gas in Luft
Ottokraftstoff,										
Normal		0,720...0,775	86 C, 14 H	25...210	380...500	42,7	≈ 300	14,8	≈ 0,6	≈ 8
Super		0,720...0,775	86 C, 14 H	25...210	–	43,5	≈ 400	14,7	–	–
Flugbenzin		0,720	85 C, 15 H	40...180	–	43,5	≈ 500	–	≈ 0,7	≈ 8
Kerosin		0,77...0,83	87 C, 13 H	170...260	–	43	≈ 250	14,5	≈ 0,6	≈ 7,5
Dieselkraftstoff		0,820...0,845	86 C, 13 H	180...360	≈ 250	42,5	≈ 250	14,5	≈ 0,6	≈ 7,5
Erdöl (Rohöl)		0,70...1,0	80...83 C, 10...14 H	25...360	222...352	39,8...46,1	≈ 220	–	≈ 0,6	≈ 6,5
Braunkohlenteeröl		0,850...0,90	84 C, 11 H	200...360	–	40,2...41,9	–	13,5	–	–
Steinkohlenteeröl		1,0...1,10	89 C, 7 H	170...330	–	36,4...38,5	–	–	–	–
Pentan	C_5H_{12}	0,63	83 C, 17 H	36	352	45,4	285	15,4	1,4	7,8
Hexan	C_6H_{14}	0,66	84 C, 16 H	69	331	44,7	240	15,2	1,2	7,4
n-Heptan	C_7H_{16}	0,68	84 C, 16 H	98	310	44,4	220	15,2	1,1	6,7
iso-Oktan	C_8H_{18}	0,69	84 C, 16 H	99	297	44,6	410	15,2	1	6
Benzol	C_6H_6	0,88	92 C, 8 H	80	394	40,2	550	13,3	1,2	8
Toluol	C_7H_8	0,87	91 C, 9 H	110	364	40,6	530	13,4	1,2	7
Xylol	C_8H_{11}	0,88	91 C, 9 H	144	339	40,6	460	13,7	1	7,6
Ether	$(C_2H_5)_2O$	0,72	64 C, 14 H, 22 O	35	377	34,3	170	7,7	1,7	36
Aceton	$(CH_3)_2CO$	0,79	62 C, 10 C, 28 O	56	523	28,5	540	9,4	2,5	13
Ethanol	C_2H_5OH	0,79	52 C, 13 H, 35 O	78	904	26,8	420	9	3,5	15
Methanol	CH_3OH	0,79	38 C, 12 H, 50 O	65	1110	19,7	450	6,4	5,5	26

Viskosität bei 20 °C in mm^2/s (= cSt, S. 29): Benzine ≈ 0,6; Ethanol ≈ 1,5; Methanol ≈ 0,75.

¹) Werte je *l* = Werte je kg x Dichte in kg/*l*. Umrechnungen S. 27.

Stoffwerte gasförmiger Kraftstoffe und Kohlenwasserstoffe

Stoff		Dichte bei 0 °C und 1013 mbar	Hauptbestandteile	Siedetemp. bei 1013 mbar	Spezifischer Heizwert Kraftstoff	Spezifischer Heizwert Kraftstoff-Luft-Gemisch	Zündtemperatur	Luftbedarf, theoretisch	Zündgrenze untere	Zündgrenze obere
		kg/m³	Gewichts-%	°C	MJ/kg[1])	MJ/m³ [1])	°C	kg/kg	Vol.-% Gas in Luft	Vol.-% Gas in Luft
Flüssiggas (Autogas)		2,25[2])	C_3H_8, C_4H_{10}	–30	46,1	3,39	≈ 400	15,5	1,5	15
Stadtgas		0,56...0,61	50 H, 8 CO, 30 CH_4	–210	≈ 30	≈ 3,25	≈ 560	10	4	40
Erdgas		≈ 0,83	76 C, 24 H	–162	47,7	–	–	–	–	–
Wassergas		0,71	50 H, 38 CO	–	15,1	3,10	≈ 600	4,3	6	72
Hochofengichtgas		1,28	28 CO, 59 N, 12 CO_2	–170	3,20	1,88	≈ 600	0,75	≈ 30	≈ 75
Klärgas (Faulgas) [3])		–	46 CH_4, 54 CO_2	–	27,2[3])	3,22	–	–	–	–
Wasserstoff	H_2	0,090	100 H	–253	120,0	2,97	560	34	4	77
Kohlenoxid	CO	1,25	100 CO	–191	10,05	3,48	605	2,5	12,5	75
Methan	CH_4	0,72	75 C, 25 H	–162	50,0	3,22	650	17,2	5	15
Acetylen	C_2H_2	1,17	93 C, 7 H	–81	48,1	4,38	305	13,25	1,5	80
Ethan	C_2H_6	1,36	80 C, 20 H	–88	47,5	–	515	17,3	3	14
Ethen	C_2H_4	1,26	86 C, 14 H	–102	14,1	–	425	14,7	2,75	34
Propan	C_3H_8	2,0[2])	82 C, 18 H	–43	46,3	3,35	470	15,6	1,9	9,5
Propen	C_3H_6	1,92	86 C, 14 H	–47	45,8	–	450	14,7	2	11
Butan	C_4H_{10}	2,7[2])	83 C, 17 H	–10; +1[4])	45,6	3,39	365	15,4	1,5	8,5
Buten	C_4H_8	2,5	86 C, 14 H	–5; +1[4])	45,2	–	–	14,8	1,7	9
Dimethylether	C_2H_6O	2,05[5])	52 C, 13 H, 35 O	–25	28,8	3,43	235	9,0	3,4	18,6

[1]) Werte je m³ = Werte je kg x Dichte in kg/m³. Umrechnungen S. 27.
[2]) Dichte für flüssiges Flüssiggas 0,54 kg/*l*, Dichte für flüssiges Propan 0,51 kg/*l*, Dichte für flüssiges Butan 0,58 kg/*l*.
[3]) Gereinigtes Klärgas enthält 95% CH_4 (Methan) und hat einen Heizwert von 37,7 MJ/kg.
[4]) Erster Wert für iso-, zweiter für n-Butan bzw. -Buten.
[5]) Dichte des verflüssigten Dimethylethers 0,667 kg/*l*.

Tabelle 2. Wichtige Eigenschaften von Dieselkraftstoffen, EN 590 (gültig ab 1.1.2000).

Anforderungen	Einheit	Kenngröße
Flammpunkt, min.	°C	>55
Wasser, max.	mg/kg	200
Schwefelgehalt, max.	mg/kg	350
Schmierfähigkeit, „wear scardiameter" max.	µm	460
Für gemäßigtes Klima:		
Dichte (bei 15 °C), min./max.	kg/m³	820/845
Viskosität (bei 40 °C), min./max.	mm²/s	2/4,5
Cetanzahl, min.	–	51
Cetanindex, min.	–	46
bei 250 °C aufgefangene Menge	Vol.-%	<65
bei 350 °C aufgefangene Menge	Vol.-%	85
bei 360 °C aufgefangene Menge	Vol.-%	95
CFPP[1]) in 6 Klassen A ... F, max.	°C	+5 ... –20
Für arktisches Klima (in 5 Klassen 0 ... 4):		
Dichte (bei 15 °C), min./max.	kg/m³	800/845 ... 800/840
Viskosität (bei 40 °C), min./max.	mm²/s	1,5/4...1,2/4
Cetanzahl, min.	–	49 ... 47
Cetanindex, min.	–	46 ... 43
bis 180 °C, destilliert, max.	Vol.-%	10
bis 340 °C destilliert, min.	Vol.-%	95
CFPP[1]), max.	°C	–20 ... –44

[1]) Grenzwert der Filtrierbarkeit.

Flüssiggas (Autogas)
Dieses auch als LPG (Liquified Petroleum Gas) bezeichnete Gemisch aus den Hauptkomonenten Propan und Butan wird in geringem Umfang auch für den Betrieb von Kfz eingesetzt. Es fällt bei der Gewinnung von Rohöl sowie bei Raffinerieprozessen an und lässt sich unter Druck verflüssigen. LPG zeichnet sich durch eine hohe Oktanzahl aus (ROZ > 100).

CNG (Compressed Natural Gas)
Hierbei handelt es sich überwiegend um komprimiertes Methan, es lässt sich besonders schadstoffarm im Motor verbrennen. CNG bildet außerdem bei der Verbrennung, wegen des größeren H/C-Verhältnisses (relativ zu anderen Kraftstoffen), weniger CO_2. CNG wird versuchsweise sowohl in Diesel- als auch in Ottomotoren eingesetzt. Bei der Verbrennung im Dieselmotor wird dabei die Rußbildung fast vollständig vermieden. Die Fahrzeuge müssen für den Betrieb mit diesem alternativen Kraftstoff besonders angepasst werden.

Alkohole
Als alternative Kraftstoffe für Ottomotoren werden vor allem Methanol und Ethanol sowie daraus abgeleitete Produkte (z. B. Ether) diskutiert und auch angewandt. Methanol lässt sich aus reichlich vorhandenen kohlenstoffhaltigen Rohstoffen wie Kohle, Erdgas, Schweröl usw. herstellen. Ethanol wird in bestimmten Ländern (z. B. Brasilien, aber auch in den USA) durch Vergären aus Biomasse (Zuckerrohr, Getreide) gewonnen und als Kraftstoff bzw. Kraftstoffzusatz eingesetzt.

Methanolzusätze ≤ 3 Vol% sind in vielen Ländern zugelassen. Methanol sollte aber nur zusammen mit Lösevermittlern eingesetzt werden. Tests von Treibstoffen mit höheren Gehalten (15 ... 85 %) wurden in Großversuchen durchgeführt („flexible fuel").

Ethanol-Kraftstoffmischungen sind in Ländern mit landwirtschaftlicher Überproduktion im Handel (z. B. E22 in Brasilien).

Heizwert und andere, von herkömmlichen Kraftstoffen unterschiedliche Eigenschaften machen zum Teil spezifische

Änderungen oder Anpassungen an den Fahrzeugen notwendig.

Dimethylether (DME)
Bei dieser Verbindung handelt es sich um ein synthetisches Produkt mit einer hohen Cetanzahl, das im Dieselmotor rußarm und mit reduzierter Stickoxidbildung verbrannt werden kann. Aufgrund seiner geringen Dichte und des hohen Sauerstoffanteils hat es einen geringen Heizwert. Außerdem erfordert es wegen seines gasförmigen Zustands eine Anpassung der Einspritzausrüstung. Andere Ether (Dimethoxymethan, di-n-Pentylether, andere) werden ebenfalls untersucht.

Emulsionen
Emulsionen von Wasser, aber auch von Alkoholen in Dieselkraftstoffen werden von verschiedenen Stellen getestet. Wasser und Alkohole (vor allem Methanol) sind in Diesel nicht oder nur schlecht löslich. Zur Stabilisierung dieser Mischungen benötigt man wirksame Emulgatoren, die eine Demulgierung bleibend verhinden. Außerdem sind Maßnahmen zum Korrosionsschutz notwendig. Mit den Emulsionen können Ruß- und Stickoxidemissionen herabgesetzt werden. Eine Anwendung erfolgt bisher aber nur in begrenzten Flotten, eine breite Erprobung für verschiedene Einspritzsysteme ist noch nicht erfolgt.

Fettsäuremethylester (FAME)
Unter Fettsäuremethylester versteht man alle mit Methanol umgeesterten pflanzlichen und tierischen Öle und Fette, z.B. Raps- (RME), Soja-, Sonnenblumenmethylester usw. Wegen der Nutzung von Agrarflächen zur Erzeugung regenerativer Energien wird der Einsatz von Pflanzenölen zur Verbrennung in Dieselmotoren untersucht. Bei reinen Pflanzenölen entstehen erhebliche Probleme, vorwiegend wegen zu hoher Viskosität und sehr starker Düsenverkokungen; diese treten bei den mit Methanol umgeesterten Ölen nicht auf.

Fettsäuremethylester sollen in reiner Form und als Zumischung zum Dieselkraftstoff (≤ 5 %) eingesetzt werden. Bereits in einer Konzentrationen von 1...2 % erhöhen sie die Schmierfähigkeit der Kraftstoffe. Eine endgültige Norm dieser Stoffe ist derzeit auf europäischer Ebene in Arbeit. Darin müssen Eigenschaften, Stabilität und maximal zulässige Verunreinigungen genau beschrieben werden, damit ein störungsfreier Betrieb der Einspritzaggregate und Motoren sichergestellt werden kann. FAME sind gegenüber üblichen Kraftstoffen nicht wirtschaftlich, ihr Einsatz muss subventioniert werden.

Betriebsstoffe

Bremsflüssigkeiten

Die Bremsflüssigkeit dient als hydraulisches Medium zur Kraftübertragung in Bremssystemen. Sie muss für eine sichere Funktion der Bremsen sehr hohe Anforderungen erfüllen. Bremsflüssigkeiten sind in verschiedenen, im Inhalt sehr ähnlichen Normen (SAE J1703, FMVSS 116, ISO 4925) in ihren Eigenschaften festgelegt. Die in FMVSS 116 beschriebenen Merkmale haben in USA Gesetzeskraft erlangt und gelten weltweit als maßgebend. Vom Departement of Transportation (DOT) wurden bezüglich der wichtigsten Eigenschaften verschiedene Güteklassen definiert (Tabelle 1).

Anforderungen

Gleichgewichtssiedepunkt
Der Gleichgewichtssiedepunkt ist ein Maß für die thermische Belastbarkeit der Bremsflüssigkeit. Die Belastung kann besonders an den Radbremszylindern (mit den höchsten Temperaturen im Bremssystem) sehr hoch sein. Bei Temperaturen über dem aktuellen Siedepunkt der Bremsflüssigkeit kommt es zu Dampfblasenbildung. Ein Betätigen der Bremsen ist dann nicht mehr möglich.

Nasssiedepunkt
Der Nasssiedepunkt ist der Gleichgewichtssiedepunkt der Bremsflüssigkeit, nachdem diese unter definierten Bedingungen Wasser aufgenommen hat (ca. 3,5 %). Vor allem bei hygroskopischen Flüssigkeiten (Glykolbasis) ergibt sich dadurch ein starkes Absinken des Siedepunktes. Die Prüfung des Nasssiede-

Tabelle 1. Bremsflüssigkeiten.

Prüfung nach	FMVSS 116			SAE J1703
Anforderungen/Stand	DOT3	DOT4	DOT5	11. 1983
Trockensiedepunkt in °C (mindestens)	205	230	260	205
Nasssiedepunkt in °C (mindestens)	140	155	180	140
Kälteviskosität bei −40 °C in mm^2/s	1500	1800	900	1800

punktes soll die Eigenschaften der gebrauchten Bremsflüssigkeit beschreiben, die hauptsächlich über Diffusion durch die Bremsschläuche Wasser aufnehmen kann. Dieser Effekt macht im wesentlichen den Wechsel der Bremsflüssigkeit im Kfz nach 1 ... 2 Jahren erforderlich. Der Abfall des Siedepunktes bei Wasseraufnahme ist im Bild als Beispiel für zwei verschiedene Bremsflüssigkeiten dargestellt.

Viskosität

Die Temperaturabhängigkeit der Viskosität sollte möglichst gering sein, um über den weiten Einsatzbereich (−40 °C ... +100 °C) eine sichere Funktion der Bremsen zu gewährleisten. Besonders bei ABS/ASR/ESP-Systemen ist eine möglichst niedrige Tieftemperaturviskosität von Vorteil.

Kompressibilität

Sie sollte gering und möglichst wenig temperaturabhängig sein.

Korrosionsschutz

Nach FMVSS 116 dürfen Bremsflüssigkeiten gegenüber den in Bremsanlagen üblichen Metallen keine Korrosivität aufweisen. Nur Additive gewährleisten den notwendigen Korrosionsschutz.

Siedetemperatur von Bremsflüssigkeiten in Abhängigkeit vom Wassergehalt.

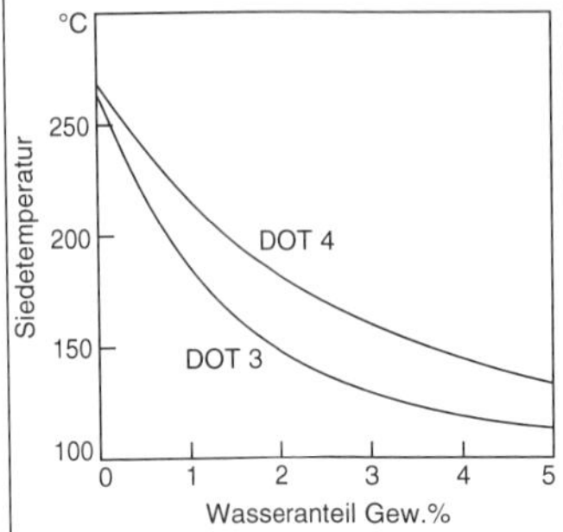

Elastomerquellung

Der jeweilige Bremsflüssigkeitstyp erfordert ein Anpassen der in der Bremsanlage eingesetzten Elastomere. Eine geringe Quellung der Elastomere ist erwünscht. Sie darf aber keinesfalls größer als ca. 10 % sein, da sonst die Festigkeit dieser Bauteile abnimmt. Bei der Verunreinigung einer Glykol-Bremsflüssigkeit mit geringen Anteilen eines Mineralöls (z. B. Mineralöl-Bremsflüssigkeit, Lösemittel) können Gummiteile (wie Dichtelemente) zerstört werden, was einen Ausfall der Bremse zur Folge haben kann.

Chemischer Aufbau

Glykoletherflüssigkeiten

Glykoletherflüssigkeiten sind die am häufigsten eingesetzten Bremsflüssigkeiten. Es handelt sich dabei hauptsächlich um Monoether niedriger Polyethylenglykole. Mit diesen Komponenten lassen sich Bremsflüssigkeiten herstellen, die den Anforderungen von DOT3 entsprechen. Von Nachteil ist, dass sie aufgrund der hygroskopischen Eigenschaften relativ schnell Wasser aufnehmen und dadurch der Siedepunkt sinkt.

Werden die freien OH-Gruppen dieser Glykolether teilweise oder weitgehend mit Borsäure verestert, so entstehen Komponenten zur Herstellung wesentlich besserer DOT4- (bzw. „DOT4+“, „Super DOT4“, „DOT5.1“) Flüssigkeiten. Sie binden wegen der Reaktionsfähigkeit mit Wasser dieses chemisch ab. Dabei fällt der Siedepunkt gegenüber DOT3-Flüssigkeiten deutlich langsamer ab, so dass sich die Gebrauchsdauer erhöht.

Mineralölflüssigkeiten (ISO 7308)
Mineralölflüssigkeiten haben den großen Vorteil, dass sie nicht hygroskopisch sind und daher ihren Siedepunkt nicht durch Wasseraufnahme verändern. Die hierfür verwendeten Mineralöl- bzw. Syntheseölprodukte müssen sorgfältig ausgesucht sein. Im Allgemeinen erfolgt ein Zusatz von „Verbesserern" für den Viskositätsindex, um ein günstiges Viskositäts-/Temperaturverhalten zu erreichen.

Additive zur Verbesserung weiterer Eigenschaften sind aus der Mineralöltechnik vielfältig bekannt. Um die jeweiligen Elastomere nicht zu zerstören, dürfen aber keinesfalls Mineralölflüssigkeiten in Bremsanlagen mit Glykolether gelangen (oder umgekehrt).

Silikonölflüssigkeiten (SAE J1705)
Silikonöle kamen in der Vergangenheit schon als Bremsflüssigkeit zum Einsatz, da sie wie die Mineralöle kein Wasser aufnehmen. Nachteilig sind bei diesen Produkten die deutlich höhere Kompressibilität und die schlechtere Schmiereigenschaft, weshalb sie sich als Hydraulikflüssigkeit für viele Systeme weniger gut eignen. Kritisch ist bei Silikonöl- und Mineralölflüssigkeiten die Aufnahme von freiem, flüssigem Wasser, da dieses bei einer Erwärmung über 100 °C zu Dampfblasen führt und beim Abkühlen unter 0 °C gefriert.

Kühlerflüssigkeiten

Anforderungen
Die bei der motorischen Verbrennung entstehende Wärme, die nicht in mechanische Energie umgesetzt werden kann, muss über das Motorkühlersystem abgeführt werden. Dies geschieht über einen Flüssigkeits-Kühlkreislauf, der die im Zylinderkopf aufgenommene Wärme über einen Wärmetauscher (Kühler) an die Luft abgibt. Die eingesetzte Flüssigkeit unterliegt einer hohen thermischen Beanspruchung; außerdem darf sie die im Kühlsystem verwendeten Materialen nicht angreifen (korrodieren).

Wegen seiner hohen spezifischen Wärme und der damit verbundenen großen Wärmeaufnahmefähigkeit eignet sich Wasser sehr gut als Kühlerflüssigkeit. Nachteile sind die korrosiven Eigenschaften sowie die mangelnde Kältetauglichkeit (Einfrieren).

Deshalb müssen dem Wasser für einen störungsfreien Betrieb Additive zugesetzt werden.

Tabelle 2. Eisflocken- und Siedepunkte für Glykol-Wasser-Gemische.

Glykol Vol.-%	Eisflockenpunkt °C	Siedepunkt °C
10	–4	101
20	–9	102
30	–17	104
40	–26	106
50	–39	108

Frostschutz
Zur Herabsetzung des Gefrierpunktes wird das Kühlwasser mit Ethylenglykol („Glykol") gemischt. Mischungen von Glykol und Wasser frieren nicht mehr bei einer diskreten Temperatur ein, vielmehr beginnt bei dem „Eisflockenpunkt" die Ausscheidung von Eiskristallen in der Flüssigkeit. Bei dieser Temperatur kann das Kühlmedium aber noch durch das Kühlersystem gepumpt werden. Zusätzlich wird der Siedepunkt des Wassers durch das Glykol angehoben (Tabelle 2).

I. Allg. setzen die Automobilhersteller fest eingestellte Gemische ein, die bis zu den in den Betriebsanleitungen angegebenen Temperaturen kältetauglich sind.

Additive
Die Kühlerflüssigkeit muss wirksame Additive enthalten, um das Glykol vor Oxidation (dabei werden sehr korrosive Produkte gebildet) und die im Kühlersystem verwendeten Metalle vor Korrosion zu schützen. Gebräuchliche Additive sind
- Korrosionsinhibitoren: Silikate, Nitrate, Nitrite, Alkalisalze organischer Säuren, Benzthiazolderivate,
- Puffer: Borate,
- Entschäumer: Silkone.

Manche dieser Additive können während des Gebrauchs abgebaut werden, wodurch die Qualität der Kühlerflüssigkeit sinkt. Die Automobilhersteller achten deshalb in der Regel auf eine hohe Stabilität der von ihnen freigegebenen Kühlerflüssigkeiten.

Benennung von Chemikalien

Gefahrensymbole: E = explosionsgefährlich, O = brandfördernd, F = leicht entzündlich, F_+ = hoch entzündlich, C = ätzend, X_n = minder giftig, X_i = reizend, T = giftig, T_+ = sehr giftig.

Gewerbliche Benennung deutsch (Gefahrensymbol)	englisch	französisch	Chemische Benennung	Chemische Formel
Aerosil®	Aerosil (fumed silica)		Siliciumdioxid in feinst verteilter Form	SiO_2
Alaun, Kali-	Potash alum	Alun de potassium	Kaliumaluminiumsulfat	$KAl(SO_4)_2 \cdot 12H_2O$
Anon (X_n)	Anon; pimelic ketone	Anone	Cyclohexanon	$C_6H_{10}O$
Ätzkali (C)	Caustic potash	Potasse caustique	Kaliumhydroxid	KOH
Ätznatron (C)	Caustic soda	Soude caustique	Natriumhydroxid	$NaOH$
Bisphenol A; Diphenylol-propan	Diane		2.2-Bis-(p-hydroxyphenyl)-propan	$(CH_3)_2C(C_6H_4(OH)\text{-}4)_2$
Bittermandelöl (T)	bitter almond oil	Essence d'amandes amères	Benzaldehyd	C_6H_5CHO
Bittersalz (Magnesiumvitriol)	epsomite, bitter salt	Epsomite	Magnesiumsulfat	$MgSO_4 \cdot 7H_2O$
Blaugel (Silicagel)	silica gel with indicator	Gel bleu	poröses Siliciumdioxid mit Feuchteindikator	SiO_2 mit Kobaltverbindung
Bleiessig (X_n)	Lead vinegar	Eau blanche; vinaigre de plomb	wässrige Lösung von Blei-acetat und -hydroxid	$Pb(CH_3COO)_2 \cdot Pb(OH)_2$
Bleizucker (X_n)	Lead sugar	Sel de Saturne	Bleiacetat	$Pb(CH_3COO) \cdot 3H_2O$
Blutlaugensalz, gelbes; Kaliumferrocyanid	Yellow prussiate of potash	Ferrocyanure de potassium	Kaliumhexacyanoferrat (II)	$K_4[Fe(CN)_6]$
Blutlaugensalz, rotes; Kaliumferricyanid	Red prussiate of potash	Ferricyanure de potassium	Kaliumhexacyanoferrat (III)	$K_3[Fe(CN)_6]$
Borax (Tinkal)	Borax (tincal)	Borax (tincal)	Natriumtetraborat	$Na_2B_4O_7 \cdot 10H_2O$
Braunstein (X_n)	Pyrolusite	Pyrolusite	Mangandioxid	MnO_2
Bullrichsalz®; Natron (Natriumbicarbonat)	Vichy salt; baking soda	Sel de Vichy	Natriumhydrogencarbonat	$NaHCO_3$
Butoxyl®	Butoxyl		(3-Methoxybutyl)acetat	$CH_3COO(CH_2)_2CH(OCH_3)CH_3$

Carbitol®[1]; Dioxitol®	Carbitol™ (solvent)	Carbitol	Diethylenglykolmonoethylether	$HOCH_2CH_2OCH_2CH_2OC_2H_5$
Carbitolacetat®[1]	Carbitol acetate™		Diethylenglykolethyletheracetat	$CH_3COOCH_2CH_2OCH_2CH_2OC_2H_5$
Cellosolve®[1]; Oxitol®	Cellosolve™ (solvent)		Ethylenglykolmonoethylether	$HOCH_2CH_2OC_2H_5$
Cellosolveacetat®[1]	Cellosolve™ acetate		Ethylenglykolethyletheracetat	$CH_3COOCH_2CH_2OC_2H_5$
Chloramin T (X_i)	Chloramine-T	Chloramine-T	Natriumsalz des p-Toluolsulfonsäurechloramids	$Na[CH_3C_6H_4SO_2NCl] \cdot 3H_2O$
Chlorkalk (C)	Bleach Chlorid of Lime	Chlorure de chaux	Calciumchloridhypochlorit	$Ca(OCl)Cl$
Chloropren (F, X_n)	Chloroprene	Chloroprène	2-Chlor-1,3-butadien	$CH_2{=}CClCH{=}CH_2$
Chlorothene®; („1.1.1“); (X_n) „Methylchloroform“	Chlorothene™ „Methylchloroform“	Chlorothène	1.1.1-Trichlorethan	Cl_3CCH_3
Chromsäure (C, O, X_i)	Chromic anhydride	Anhydride chromique	Chromtrioxid (Chromsäureanhydrid)	CrO_3
Dekalin	Decalin	Décaline	Dekahydronaphthalin	$C_{10}H_{18}$
Diisobutylen (F)	Diisobutylene	Diisobutylène	2,4,4-Trimethyl-1-penten und -2-penten	$(CH_3)_3CCH_2C(CH_3){=}CH_2$ und $(CH_3)_3C{-}CH{=}C(CH_3)_2$
DMF (X_n)	DMF	DMF	N,N-Dimethylformamid	$HCON(CH_3)_2$
DMSO	DMSO	DMSO	Dimethylsulfoxid	$(CH_3)_2SO$
Eisenvitriol	Green vitriol	Vitriol vert; couperose verte	Eisen(II)-sulfat	$FeSO_4 \cdot 7H_2O$
Eisessig (Essigessenz) (C)	(Glacial) acetic acid	Acide acétique glacial	Essigsäure	CH_3COOH
Essigester (Essigäther) (F)	Acetic ether; vinegar naphtha	Ether acétique	Ethylacetat	$CH_3COOC_2H_5$
Fixiersalz („Antichlor“)	Fixing salt; (hypo)	Sel fixateur	Natriumthiosulfat	$Na_2S_2O_3 \cdot 5H_2O$
Flüssiggas (F)	Liquid gas	Gaz liquéfié	Propan, n- und i-Butan	$C_3H_8 + C_4H_{10}$
Flusssäure (T, C)	Hydrofluoric acid	(Acide fluorhydrique)	wässrige Lösung von Fluorwasserstoff	HF in H_2O

[1]) Methyl-, Propyl-, i-Propyl-, Butyl-C.: Bezeichnungen für analoge Ether, die statt Ethyl- die angegebene Gruppe (Methyl-, Propyl- etc.) enthalten.

Benennung von Chemikalien (Fortsetzung)

Gewerbliche Benennung deutsch	englisch	französisch	Chemische Benennung	Chemische Formel
Flussspat; Fluorit	Fluorspar; fluorite	Spath fluor; fluorine	Calciumfluorid	CaF_2
Formalin® (T)	Formalin	Formol	wässrige Lösung von Formaldehyd	H_2CO in H_2O
Freon®(e); Frigen®(e)	Freon™(es)	Fréon(es); Frigène(s)	Verbindungen aus C, H, F, Cl, (Br)	Ziffernkennzeichnung[2])
GB-Ester; Polysolvan O®			Glykolsäurebutylester (Hydroxyessigsäurebutylester)	$HOCH_2COOC_4H_{10}$
Glaubersalz	Glauber's salt; mirabilite	Sel de Glauber	Natriumsulfat	$Na_2SO_4 \cdot 10H_2O$
Glysantin®; Glykol (X_i)	Glycol	Glycol	1,2-Ethandiol	$HOCH_2CH_2OH$
Goldschwefel	Golden antimony sulphide	Soufre doré d'antimoine	Antimon(V)-sulfid	Sb_2S_5
Grubengas; Sumpfgas (F)	Mine gas	Grisou; gaz des marais	Methan	CH_4
Halon(e)	Halone(s)	Halon(s)	Verbindungen aus C, F, Cl, Br	Ziffernkennzeichnung[3])
Halon®	Halon™		Tetrafluorethylen-Polymer	$(C_2F_4)_n$
Halothan	Halothane		2-Brom-2-chlor-1,1,1-trifluorethan	$F_3CCHClBr$
Harnstoff	Urea	Urée	Kohlensäurediamid	$CO(NH_2)_2$
Hexalin®	Hexalin	Hexaline	Cyclohexanol (auch: Hexahydronaphthalin)	$C_6H_{11}OH$ ($C_{10}H_{14}$)
Hexon; MIBK (F)	Hexone		4-Methyl-2-pentanon (Methylisobutylketon)	$(CH_3)_2CHCH_2COCH_3$
Hirschhornsalz	Hartshorn salt	Sel volatil d'Angleterre	Ammoniumhydrogencarbonat + Ammoniumcarbonat	$(NH_4)HCO_3 + (NH_4)_2CO_3$
Höllenstein; „lapis infernalis" (C)	Lunar caustic	Pierre infernale	Silbernitrat	$AgNO_3$
Kaliummetabisulfit	Potassium metabisulphite	Métabisulfite de potassium	Kaliumdisulfit	$K_2S_2O_5$
Kalk, gebrannter	Quicklime; burnt lime; caustic lime	Chaux vive	Calciumoxid	CaO

Kalk, gelöschter	Slaked lime	Chaux éteinte	Calciumhydroxid	$Ca(OH)_2$
Kalkstickstoff	Nitrolim; lime nitrogen	Chaux azotée	Calciumcyanamid	$CaCN_2$
Kalomel (X_n)	Calomel	Calomel	Quecksilber(I)-chlorid	Hg_2Cl_2
Karbid (F)	Calcium carbide	Carbure de calcium	Calciumcarbid	CaC_2
Karbolsäure (T)	Carbolic acid	Acide carbolique	Phenol	C_6H_5OH
Kleesalz	Sorrel salt; potassium binoxalate	Sel d'oseille	Kaliumtetraoxalat	$(HOOCCOOK) \cdot (COOH)_2 \cdot 2H_2O$
Kleesäure (X_n)	Oxalic acid	Acide oxalique	Oxalsäure	$(COOH)_2 \cdot 2H_2O$
Knallsalz (O, X_n)	Potassium chlorate	Sel de Berthollet	Kaliumchlorat	$KClO_3$
Kolophonium	Colophony; rosin	Colophane	natürliche Abietinsäure	$C_{19}H_{29}COOH$
Königswasser (C, T_+)	Aqua regia	Eau régale	Salpeter- und Salzsäure	$HNO_3 + HCl$ (1 + 3)
Kreide	Chalk	Craie	Calciumcarbonat	$CaCO_3$
Kryolith (X_n)	Cryolite	Cryolite	Natriumhexafluoroaluminat	$Na_3[AlF_6]$
Kupfervitrol	Blue vitriol	Vitriol bleu	Kupfersulfat	$CuSO_4 \cdot 5H_2O$
Lachgas („Stickoxydul") (O)	Laughing gas	Gaz hilarant	Distickstoffoxid	N_2O
Marmor	Marble	Marbre	Calciumcarbonat	$CaCO_3$
Mennige	Minium	Minium	Blei(II)-orthoplumbat	Pb_3O_4 (Pb_2PbO_4)
Meta® (X_n)	Mota	Alcool solidifié	Tetramethyltetroxacyclooctan (Metaldehyd)	$(CHCH_3)_4O_4$

[2]) Nummerncodes für „Freone"/„Frigene" (Fluorchlorderivate von Methan (CH_4) und Ethan (C_2H_6)):
Hunderterziffer = Anzahl der C-Atome – 1
Zehnerziffer = Anzahl der H-Atome + 1
Einerziffer = Anzahl der F-Atome
Differenz zur Valenzabsättigung ergibt die Anzahl der Cl-Atome Beispiele: F 113 = $C_2F_3Cl_3$; F 21 = $CHFCl_2$

[3]) Nummerncodes für „Halone":
Tausenderziffer = Anzahl der C-Atome
Hunderterziffer = Anzahl der F-Atome
Zehnerziffer = Anzahl der Cl-Atome
Einerziffer = Anzahl der Br-Atome
Beispiele: Halon 1211 = CF_2ClBr; Halon 2402 = $C_2F_4Br_2$

Benennung von Chemikalien (Fortsetzung)

Gewerbliche Benennung deutsch	englisch	französisch	Chemische Benennung	Chemische Formel
Mohr'sches Salz	Mohr's salt	Sel de Mohr	Eisen(II)-ammoniumsulfat	$(NH_4)_2[Fe(SO_4)_2] \cdot 6H_2O$
Muthmann's Flüssigkeit	Muthmann's liquid		1,1,2,2-Tetrabromethan	$Br_2CHCHBr_2$
Nitroglycerin (E, F)	Nitroglycerin	Nitroglycérine	Glycerintrinitrat	$CHONO_2(CH_2ONO_2)_2$
Oleum („Vitriolöl") (C)	Oleum	Oléum	Schwefelsäure + Dischwefelsäure	$H_2SO_4 + H_2S_2O_7$
Per (X_n)	Tetrachloroethylene	Tétrachloroéthylène	Tetrachlorethylen (Perchlorethylen)	$Cl_2C{=}CCl_2$
Perhydrol®	Hydrogen peroxyde	Eau oxygénée	Wasserstoffperoxid	H_2O_2
Phosgen (T)	Phosgene	Phosgène	Kohlensäuredichlorid	$COCl_2$
Phosphin (T_+)	Phosphine	Phosphine (sel de phosphore)	Phosphorwasserstoff	PH_3
Phosphorsalz	Microcosmic salt		Natriumammoniumhydrogen-phosphat	$NH_4NaHPO_4 \cdot 4H_2O$
Pikrinsäure (T, E)	Picric acid	Acide picrique	2,4,6-Trinitrophenol	$C_6H_2(NO_2)_3OH$
Polierrot	English red	Rouge d'Angleterre	Eisen(III)-Oxid	Fe_2O_3
Pottasche	Potash	Potasse	Kaliumcarbonat	K_2CO_3
Salmiak (Salmiaksalz) (X_n)	Sal ammoniac	salmiac	Ammoniumchlorid	NH_4Cl
Salmiakgeist (X_i, C)	Ammonia liquor	Ammoniaque hydroxide	wässrige Lösung von Ammoniumhydroxid	NH_4OH in H_2O
Salpeter, Ammon-	Norway saltpeter	Nitrate d'ammonium	Ammoniumnitrat	NH_4NO_3
Salpeter, Chile; Natronsalpeter	Soda niter; Chile saltpeter	Salpêtre du Chili	Natriumnitrat	$NaNO_3$
Salpeter, Kali-	Saltpeter	Saltpêtre	Kaliumnitrat	KNO_3

Salpeter, Kalk-; Norge-	Lime saltpeter	Salpêtre	Calciumnitrat	$Ca(NO_3)_2 \cdot 4H_2O$
Salzsäure (C)	(Hydrochloric acid)	Esprit de sel	wässrige Lösung von Chlorwasserstoff	HCl in H_2O
Scheidewasser (C)	Aqua fortis	Eau forte	Salpetersäure (50%ige wässrige Lösung)	HNO_3 in H_2O
Schwefelether (F)	Sulphuric ether	Ether sulfurique	Diethylether	$C_2H_5OC_2H_5$
Seignettesalz (Natronweinstein)	Rochelle salt; salt of Seignette	Sel de Seignette	Kaliumnatriumtartrat	$(CHOH)_2COOKCOONa$
Soda (Kristall-)	Soda crystals	Soude (cristaux de)	Natriumcarbonat	$Na_2CO_3 \cdot 10H_2O$
Spiritus fumans Libavii (C)	Libavius' fuming spirit		Zinn(IV)-chlorid	$SnCl_4$
Stanniol	Tin foil	Papier d'étain	Zinnfolie	Sn
Sublimat (T)	Corrosive sublimate	Sublimé corrosif	Quecksilber (II)-chlorid	$HgCl_2$
Tetra („Tetraform") (T)	Tetrachloromethane	Tetrachlorométhane	Tetrachlorkohlenstoff	CCl_4
Tetralin (O, C)	Tetralin	Tétraline	1,2,3,4-Tetrahydronaphthalin	$C_{10}H_{12}$
TNT (E)	TNT; trotyl	TNT; tolite	2,4,6-Trinitrotoluol	$C_6H_2(NO_2)_3CH_3$
Tonerde, essigsaure[4])	Mordant rouge; mordant salt	Mordant d'alun	basisches Aluminiumacetat	$(CH_3COO)_2AlOH$
Tri (X_n)	Trichlorethylene	Trichloréthylène	Trichlorethen	$Cl_2C{=}CHCl$
Trockeneis	Dry ice	Carboglace	(festes) Kohlendioxid	CO_2
Urotropin	Urotropine	Urotropine	1,3,5,7-Tetraazaadamantan	$(CH_2)_6N_4$
Wasserglas (Kali- bzw. Natron-)	Waterglass	Verre soluble	wässrige Lösung von Kalium- bzw. Natriumsilikaten	$M_2SiO_3 + M_2Si_2O_5$ (M = K bzw. Na)
Zinnbutter (C)	Butter of tin	Beurre d'étain	Zinntetrachlorid	$SnCl_4 \cdot 5H_2O$
Zinnober	Cinnabar	Cinabre; vermillon	Quecksilber(II)-sulfid	HgS
Zinnsalz	Tin salt	Sel d'étain	Zinn(II)-chlorid	$SnCl_2 \cdot 2H_2O$

[4]) Beizmittel, u. a. f. Rotfärbung von Textilien. Vgl. z. B.: Hawley's Condensed Chemical Dictionary, 11th ed. 1987 unter „Aluminum acetate".

Korrosion und Korrosionsschutz

Unter Korrosion versteht man den von der Oberfläche ausgehenden Abtrag eines Metalls infolge elektrochemischer Reaktion mit Partnern aus der Umgebung. Dabei gehen die Metallatome aus dem metallischen in den nichtmetallischen Zustand über; sie werden oxidiert. Dieser Vorgang entspricht, thermodynamisch betrachtet, einem Übergang vom geordneten, energiereicheren Zustand in den weniger geordneten, energieärmeren und somit stabileren Zustand.

Korrosionsvorgänge sind stets Phasengrenzreaktionen. Zu ihnen gehört beispielsweise auch das Zundern der Metalle, d.h. die Oxidation in heißen Gasen. Hier soll jedoch ausschließlich die Korrosion an der Phasengrenze Metall/wässrige Phase behandelt werden, die allgemein als elektrochemische Korrosion bezeichnet wird.

Korrosiver Angriff

Bei jedem korrosiven Angriff laufen zwei prinzipiell verschiedene Reaktionen ab: im anodischen Teilprozess, dem unmittelbar erkennbaren Korrosionsvorgang, geht das Metall infolge der auftretenden Potentialdifferenz unter Zurücklassung einer äquivalenten Zahl von Elektronen gemäß der Reaktionsgleichung

$$Me \rightarrow Me^{n+} + ne^-$$

in den oxidierten Zustand über. Die gebildeten Metallionen können entweder gelöst in den Elektrolyten übergehen oder aber sich nach Reaktionen mit Bestandteilen des angreifenden Mediums auf dem Metall niederschlagen.

Dieser anodische Teilprozess kann nur so lange ablaufen, wie die gebildeten Elektronen in einem zweiten Prozess verbraucht werden. Bei diesem Prozess handelt es sich um eine kathodische Teilreaktion. In neutralen oder alkalischen Medien wird dabei Sauerstoff gemäß

$$O_2 + 2\,H_2O + 4\,e^- \rightarrow 4\,OH^-$$

zu Hydroxylionen reduziert, die ihrerseits beispielsweise mit den Metallionen reagieren können, während in sauren Medien die Wasserstoffionen unter Bildung von freiem Wasserstoff reduziert werden, der gasförmig entweicht:

$$2\,H^+ + 2\,e^- \rightarrow H_2$$

Stehen zwei verschiedenartige Metalle, die beide von demselben Medium benetzt sind, miteinander in elektrischem Kontakt, so wird der kathodische Teilprozess am edleren und der anodische Teilprozess am unedleren Metall ablaufen. Man spricht in diesem Fall von Kontaktkorrosion.

Beide Reaktionen können aber auch an ein und demselben Metall stattfinden. Man spricht dann von „freier Korrosion". Kathodische und anodische Teilvorgänge können an der Grenzfläche Metall/Lösung in ständigem Wechsel mit statistisch ungeordneter Verteilung von Ort und Zeitpunkt des Einzelvorganges aufeinanderfolgen.

Jeder der beiden Teilreaktionen entspricht eine Teil-Strom-Spannungskurve. Der Gesamtstrom setzt sich additiv aus den beiden Teilströmen I_a und I_k zusammen:

$$I_{gesamt} = I_a + I_k$$

Die beiden Teil-Strom-Spannungskurven addieren sich zur Summen-Strom-Spannungskurve.

Freie Korrosion an der Phasengrenze Metall/korrosives Medium.
Im aggressiven Medium wird am korrodierenden Metall Sauerstoff reduziert unter gleichzeitiger Bildung der Korrosionsprodukte.

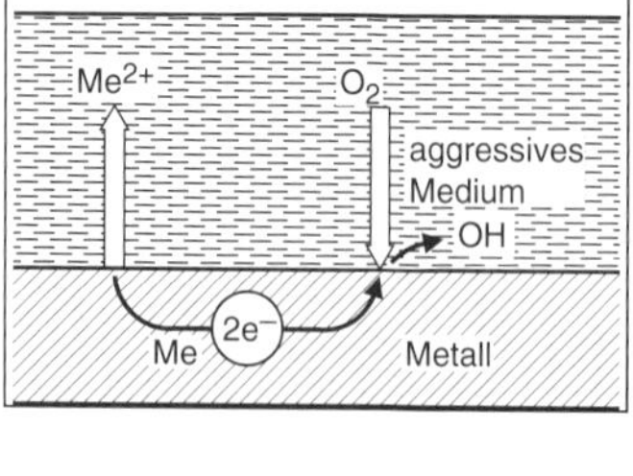

Teil- und Summen-Strom-Spannungskurven für freie Korrosion (links) und Kontaktkorrosion (rechts).

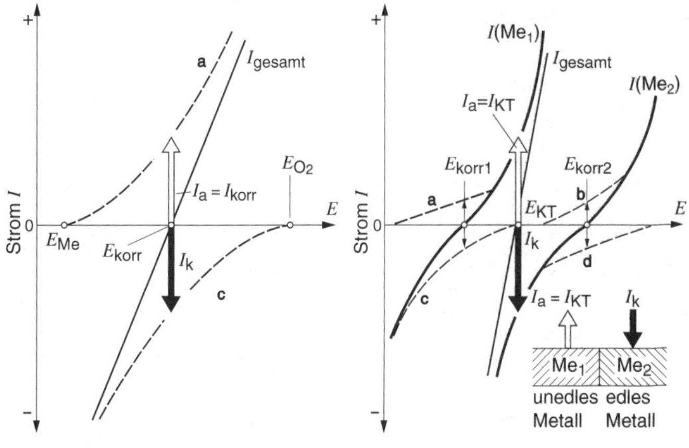

a $Me_1 \longrightarrow Me_1^{++}+2e$ c $\frac{1}{2}O_2+H_2O+2e \longrightarrow 2OH^-$(an Me_1)

b $Me_2 \longrightarrow Me_2^{++}+2e$ d $\frac{1}{2}O_2+H_2O+2e \longrightarrow 2OH^-$(an Me_2)

Bei Abwesenheit einer von außen aufgeprägten Spannung, also bei freier Korrosion, nimmt das System denjenigen Zustand ein, bei dem sich der anodische und der kathodische Teilstrom gerade kompensieren:

$$I_a = -I_k = I_{korr}$$

Man bezeichnet den anodischen Teilstrom in diesem Fall als den Korrosionsstrom I_{korr}. Das zugehörige Potenzial, bei dem diese Kompensation der Teilströme eintritt, nennt man das „Freie Korrosionspotenzial" oder auch kurz das „Ruhepotenzial" E_{korr}.

Das Ruhepotenzial ist ein Mischpotenzial, bei dem kein Gleichgewicht herrscht, da hier ständig ein Stoffumsatz gemäß folgender Bruttogleichung

$$O_2 + 2\,H_2O + \frac{4}{n}\,Me \rightarrow \frac{4}{n}\,Me^{n+} + 4OH^-$$

stattfindet.

Sinngemäß das gleiche gilt auch für die Kontaktkorrosion, doch sind hier die Verhältnisse komplizierter, da neben den jeweils zwei Teil-Strom-Spannungskurven an jedem der beiden Metalle und den daraus resultierenden zwei Summen-Strom-Spannungskurven auch die resultierende Gesamt-Strom-Spannungskurve des Gesamtsystems als nach außen in Erscheinung tretende Größe zu berücksichtigen ist.

Spannungsreihen

Häufig werden die Metalle nach steigenden Werten des „Normalpotenzials" als „elektrochemische Spannungsreihe" angeordnet. Der Begriff „Normalpotenzial" besagt dabei, dass die betreffenden Werte für Standardbedingungen gelten, insbesondere also für die Aktivitäten (elektrochemisch wirksamer Anteil der Konzentrationen) der gelösten Metallionen sowie des Wasserstoffs von jeweils 1 mol/*l*, für einen Wasserstoffdruck von 1 bar bei 25 °C. Derartige Bedingungen sind in der Praxis äußerst selten gegeben, insbesondere liegen unter praxisnahen Bedingungen Lösungen vor, die von Ionen des betrachteten Metalls praktisch frei sind.

Es muss betont werden, dass die Aufstellung rein thermodynamische Werte angibt. Einflüsse der Korrosionskinetik, etwa infolge der Ausbildung schützender Deckschichten, sind hier nicht berücksichtigt. So erscheint hier beispielsweise das Blei als unedles Metall, das sich in Schwefelsäure auflösen müsste. „Praktische" oder „technische" Spannungsreihen weisen diesen Nachteil zwar nicht auf, können jedoch trotzdem nur sehr eingeschränkt benutzt werden. Elektrochemische Korrosionsmessungen liefern dagegen eindeutige Ergebnisse.

Als Anhaltspunkt kann für Metalle, die unter keiner äußeren elektrischen Spannung stehen, folgender Zusammenhang zwischen Potenzial und Korrosionsempfindlichkeit gegeben werden, vorausgesetzt, dass keine Sekundärreaktionen wie etwa Komplexbildungsreaktionen oder Ausbildung von Deckschichten das Verhalten beeinflussen:

Normalpotenziale der Metalle.

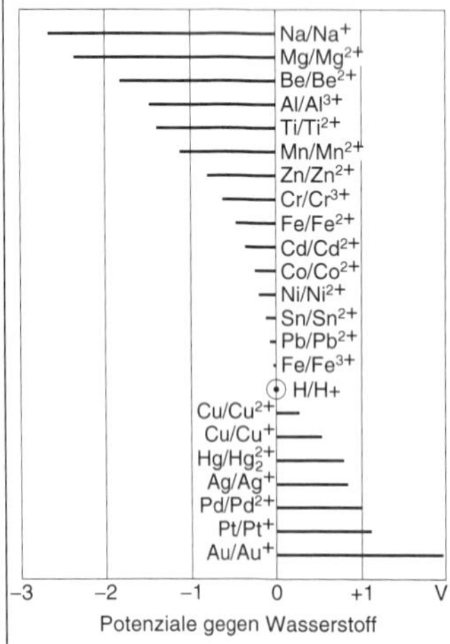

sehr unedle Metalle (Potenzial unter − 0,4 V), z. B. Na, Mg, Be, Al, Ti und Fe, korrodieren in neutralen wässrigen Lösungen auch bei Abwesenheit von Sauerstoff.

unedle Metalle (Potenzial zwischen − 0,5 und 0 V), z. B. Cd, Co, Ni, Sn und Pb, können in neutralen wässrigen Lösungen bei Gegenwart von Sauerstoff, in Säuren auch bei Abwesenheit von Sauerstoff unter Wasserstoffentwicklung korrodieren.

halbedle Metalle (Potenzial zwischen 0 und + 0,7 V). z. B. Cu, Hg und Ag, können in allen Lösungen nur bei Gegenwart von Sauerstoff korrodieren.

Edelmetalle (Potenziale über + 0,7 V), z. B. Pd, Pt und Au, sind im Allgemeinen stabil.

Stehen die betreffenden Metalle unter äußerer elektrischer Spannung, so können sie sich erheblich anders verhalten als oben angegeben. Davon wird beim elektrochemischen Korrosionsschutz Gebrauch gemacht (vgl. Abschnitt „Elektrochemischer Korrosionsschutz").

Phänomenologie der Korrosion

Flächenkorrosion

Gleichmäßiger Abtrag von der gesamten Grenzfläche Werkstoff/angreifendes Medium. Sehr häufig auftretende Korrosionsart, bei der sich aus dem Korrosionsstrom der Dickenabtrag pro Zeiteinheit berechnen lässt.

Lochfraßkorrosion

Punktförmiger Angriff des korrosiven Mediums auf den Werkstoff, so dass Löcher entstehen, die meist tiefer sind als ihr Durchmesser. Außerhalb der Lochfraßstellen erfolgt praktisch kein Flächenabtrag. Lochfraßkorrosion wird häufig durch Halogenidionen verursacht.

Spaltkorrosion

Bevorzugter korrosiver Angriff in engen Spalten, bedingt durch Konzentrationsunterschiede im korrosiven Medium, beispielsweise infolge langer Diffusionswege für den Sauerstoff. Zwischen Anfang und Ende des Spalts entstehen dann Potenzialunterschiede, die eine erhöhte Korrosion an den weniger belüfteten Stellen verursachen.

Spannungsrisskorrosion

Korrosion bei gleichzeitiger Einwirkung von korrosivem Medium und mechanischer Zugspannung, die auch eine Eigenspannung im Werkstück sein kann. Die Risse bilden sich inter- oder transkristallin, wobei oft keine sichtbaren Korrosionsprodukte entstehen.

Schwingungsrisskorrosion

Korrosion bei gleichzeitiger Einwirkung von korrosivem Medium und mechanischer Wechselbeanspruchung, etwa durch Schwingungen. Es kommt zu transkristallinen Rissen, häufig, ohne dass Verformungen beobachtet werden.

Reibkorrosion

Korrosion, verursacht durch gleichzeitige Einwirkung von korrosivem Medium und mechanischer Reibung, wird gelegentlich auch als Reiboxidation bezeichnet.

Interkristalline und transkristalline Korrosion

Korrosionsarten, bei denen die Korrosion selektiv entlang den Korngrenzen bzw. annähernd parallel zur Verformungsrichtung durch das Innere der Körner verläuft.

Entzinkung

Aus dem Messing wird selektiv das Zink herausgelöst, wobei ein poröses Kupfergerüst zurückbleibt. Analog spricht man auch von Entnickelung und Entaluminierung.

Rostbildung

Entstehung oxidischer und hydroxidischer, eisenhaltiger Korrosionsprodukte auf Eisen und Stahl.

Korrosionsprüfungen

Elektrochemische Korrosionsprüfverfahren

Bei den elektrochemischen Korrosionsprüfverfahren werden neben der Potenzialabhängigkeit der korrodierenden Werkstoffe während der Korrosionsreaktion vor allem die Korrosionsströme bestimmt. Aus diesen lässt sich bei gleichmäßiger Flächenkorrosion sowohl der Gewichts- als auch der Dickenabtrag pro Zeiteinheit exakt berechnen. Die entsprechenden Umrechnungsfaktoren sind in Tabelle 2 zusammengestellt.

Die elektrochemischen Verfahren sind eine wertvolle Ergänzung der nicht elektrochemischen Methoden.

Im Falle freier Korrosion bestimmt man die Korrosionsgeschwindigkeit aus dem Polarisationswiderstand (Neigung der Summen-Strom-Spannungskurve) und durch kleine anodische und kathodische Impulse, die abwechselnd auf das Metall gegeben werden.

Zur Aufklärung von Korrosionsmechanismen wird die Elektrochemische Impedanzspektroskopie (EIS) angewandt. Diese ist eine Wechselstromtechnik, die den Wechselstromwiderstand (Impedanz) und den Phasenwinkel eines elektrochemischen Messobjektes in Abhängigkeit von der Frequenz bestimmt. Dazu wird dem Potenzial der Arbeitselektrode eine sinusförmige Wechselspannung geringer Amplitude überlagert und die Stromantwort gemessen. Nach der Messung wird das System durch ein Ersatzschaltbild näherungsweise beschrieben. Die Abbildung „Auswertung von EIS-Daten" zeigt als Beispiel ein Ersatzschaltbild für das System Metall/Beschichtung/Medium.

Auswertung von EIS-Daten.
1 Metall, 2 Beschichtung, 3 aggressives Medium.

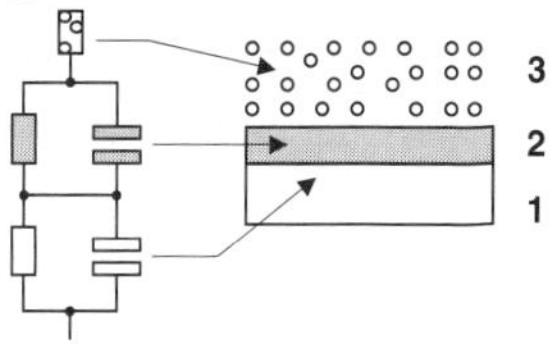

Tabelle 1. Übersicht über einige genormte nicht elektrochemische Korrosionsprüfverfahren.

Norm	Art des Korrosionsprüfverfahrens
DIN EN ISO 196 (Ers. DIN 50911)	Prüfung von Kupfer und Kupferlegierungen; Quecksilbernitratversuch
DIN EN ISO 3651 (Ers. DIN 50914)	Prüfung nicht rostender Stähle gegen interkristalline Korrosion
DIN EN ISO 4628-3 (Entw.) DIN 53210	Beurteilung von Beschichtungsschäden, Teil 3: Bewertung des Rostgrades Bezeichnung des Rostgrades von Anstrichen und ähnlichen Beschichtungen (soll durch DIN EN ISO 4628-3 ersetzt werden)
DIN EN ISO 8565 (Ers. DIN 50917-1)	Korrosionsversuche in der Atmosphäre; Freibewitterungsversuche
DIN EN ISO 11306 (Ers. DIN 50917-2)	Auslagerung von Metallen in oberflächennahem Meerwasser
DIN 50016	Beanspruchung im Feucht-Wechselklima
DIN 50017	Kondenswasser-Prüfklimate
DIN 50018	Prüfung im Kondenswasser-Wechselklima mit schwefeldioxidhaltiger Atmosphäre
DIN 50021	Sprühnebelprüfungen mit verschiedenen Natriumchloridlösungen
DIN 50900 -1...3	Allgemeine Begriffe, Elektrochemische Begriffe, Begriffe der Korrosionsuntersuchung
DIN 50905 -1...4	Korrosionsuntersuchungen; Grundsätze, gleichmäßige Flächenkorrosion, ungleichmäßige Korrosion ohne mechanische Beanspruchung
DIN 50915	Prüfung von unlegierten und niedriglegierten Stählen gegen interkristalline Spannungsrisskorrosion
DIN 50919	Korrosionsuntersuchungen der Kontaktkorrosion in Elektrolytlösungen
DIN 50920 -1	Korrosionsuntersuchungen in strömenden Flüssigkeiten
DIN 50922	Untersuchung der Beständigkeit von metallischen Werkstoffen gegen Spannungsrisskorrosion
DIN 50928	Prüfung und Beurteilung des Korrosionsschutzes beschichteter metallischer Werkstoffe bei Korrosionsbelastung durch wässrige Korrosionsmedien
DIN 51213	Prüfung metallischer Überzüge auf Drähten (Zinn, Zink)
N42AP 206	Klimaprüfungen; Prüfung im Kondenswasser-Konstantklima
N42AP 209	Klimaprüfungen; Feucht-Wechselprüfung
N42AP 213	Klimaprüfungen; Industrieklimaprüfung

Mit Hilfe der Parameter-fit-Methode werden die Ersatzschaltbilder an die experimentellen Daten angepasst. Den Impedanzelementen (Widerstände, Kapazitäten, Induktivitäten) werden physikalische Eigenschaften zugeordnet. Aus ihnen können dann unmittelbare Rückschlüsse auf verschiedene Eigenschaften gezogen werden wie z. B. Korrosionsschutzwirkung, Porosität, Dicke, Wasseraufnahmefähigkeit einer Beschichtung, Inhibitorenwirksamkeit, Korrosionsgeschwindigkeit des Basismetalls, usw.

Zur Früherkennung und Untersuchung lokaler Korrosionsvorgänge dient die Scanning Reference Electrode Technique (SRET).

Die Loch-, Spalt- und interkristalline Korrosion sind Beispiele für lokal verlaufende Prozesse, die zu einer erheblichen Verminderung der mechanischen Eigenschaften und in extremen Fällen zum Totalausfall führen können. Typisch für diese Prozesse ist eine hohe lokale Korrosionsrate sowie die Änderung des lokalen Potenzials.

In der Abbildung „SRET-Prinzip" ist schematisch dargestellt, wie die Äquipotenziallinien an einer lokalen aktiven Stelle verlaufen. Zur Erfassung des Signals wird eine Sonde benutzt, die aus zwei zueinander versetzten Platinspitzen besteht und die Mikropotenzialänderungen über einer drehenden Probe misst.

Die Datenaufnahme erfolgt automatisch über einen PC mit geeigneter Software, die sowohl die Auswertung als auch die grafische 2D-Darstellung ermöglicht.

SRET-Prinzip.
1 Kathode, 2 Anode, 3 Elektronen, 4 Metallionen, 5 Äquipotentiallinien, 6 Platinspitzen.

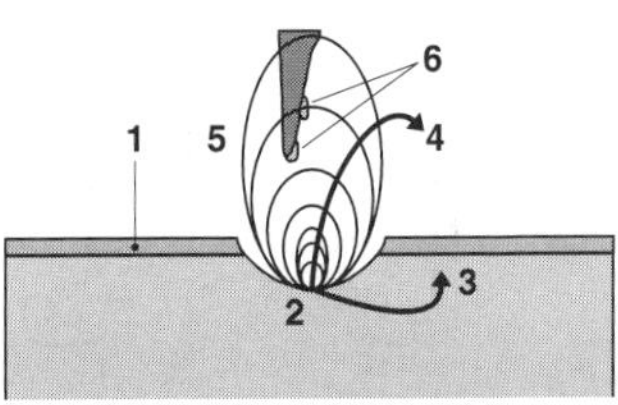

Einsatzbereiche der SRET sind die Untersuchung von Lochkorrosion, Aktivierung und Repassivierung, die Früherkennung von Defekten in organischen Beschichtungen und an Schweißnähten, Verfolgung der Delamination der Schicht, usw.

Bei der Messung der Kontaktkorrosion wird der Strom, der zwischen den beiden Metallpartnern fließt, direkt gemessen, wenn sich beide in demselben korrosiven Medium befinden.

Die aus elektrochemischen Messungen erhaltenen Abtragsraten stimmen sehr gut mit den Ergebnissen von Feldversuchen überein. Neben geringen erforderlichen Mengen an korrosivem Prüfmedium besitzen sie gegenüber nicht elektrochemischen Verfahren den Vorteil, dass sie quantitative Abtragsraten liefern.

Tabelle 2. Masseverlust und Dickenabtrag bei der flächenhaften Korrosion verschiedener Metalle mit einer Korrosionsstromdichte von 1 µA/ cm².

Metalle	Relative Atommasse	Dichte g/cm³	Masseverlust mg/ (cm² · Jahr)	Dickenabtrag µm/Jahr
Fe	55,8	7,87	9,13	11,6
Cu	63,5	8,93	10,40	11,6
Cd	112,4	8,64	18,40	21,0
Ni	58,7	8,90	9,59	10,8
Zn	65,4	7,14	10,70	15,0
Al	27,0	2,70	2,94	10,9
Sn	118,7	7,28	19,40	26,6
Pb	207,2	11,30	33,90	30,0

Tabelle 3. Rostgrad und Anteil der Rostdurchbrüche und sichtbaren Unterrostung an der Oberfläche nach DIN EN ISO 4628-3.

Rostgrad	Rostfläche in %
R_i0	0
R_i1	0,05
R_i2	0,5
R_i3	1
R_i4	8
R_i5	40...50

Nicht elektrochemische Korrosionsprüfverfahren

Bei den nicht elektrochemischen Verfahren wird entweder der Gewichtsverlust durch Wägung oder aber der Rostgrad bestimmt. Gemäß DIN EN ISO 4628-3 (Ers. DIN 53210) wird zwischen 5 verschiedenen Rostgraden unterschieden, die entsprechend der rostbedeckten bzw. durchgerosteten Fläche definiert sind (Tabelle 3).

Die entsprechenden Korrosionstests wurden aus den Anforderungen im praktischen Betrieb abgeleitet. Neben den nach DIN genormten Korrosionsprüfverfahren (Tabelle 1) haben sich in der Praxis Prüfverfahren durchgesetzt, die an die speziellen Anforderungen, beispielsweise im Kraftfahrzeug, angepasst sind und die infolge verschärfter Bedingungen in verkürzter Zeit auf die Lebensdauer im praktischen Betrieb schließen lassen (z.B. Freibewitterung im Fahrbetrieb, Schwallwassertests zur Prüfung von Gemischaufbereitungssystemen).

Korrosionsschutz

Die vielfältigen Erscheinungsformen und Mechanismen der Korrosion erlauben es, sehr unterschiedliche Methoden zum Schutz von Metallen gegen Korrosion einzusetzen. Korrosionsschutz bedeutet den Eingriff in den Korrosionsvorgang mit dem Ziel, die Geschwindigkeit der Korrosion zu vermindern, um die Nutzungsdauer der Bauteile zu verlängern.

Korrosionsschutz lässt sich mit Hilfe von vier Grundprinzipien erreichen:

- Maßnahmen bei Planung und Konstruktion durch die Auswahl geeigneter Werkstoffe und die geeignete Gestaltung von Bauteilen,
- Maßnahmen, die in die Korrosionsreaktion auf elektrochemischen Wege eingreifen,

Günstige und ungünstige Einbaulagen von Profilen.

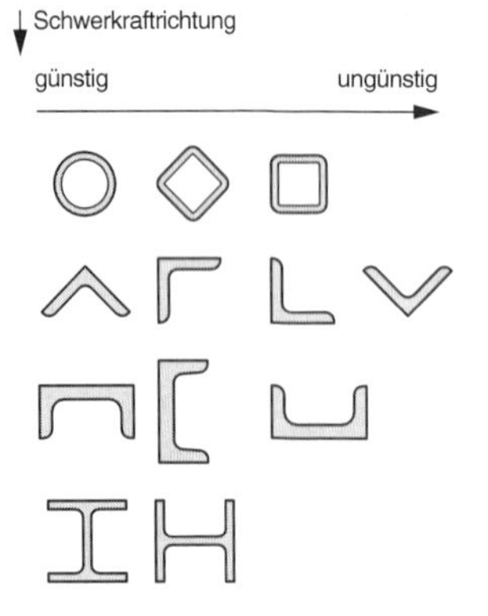

Gestaltung von Sicken und Falzen.
1 Geneigte Flächen (Verunreinigungen gleiten ab), 2 breiter Spalt mit Ablauföffnung, 3 Ablagerungen von Schmutz und Feuchtigkeit.

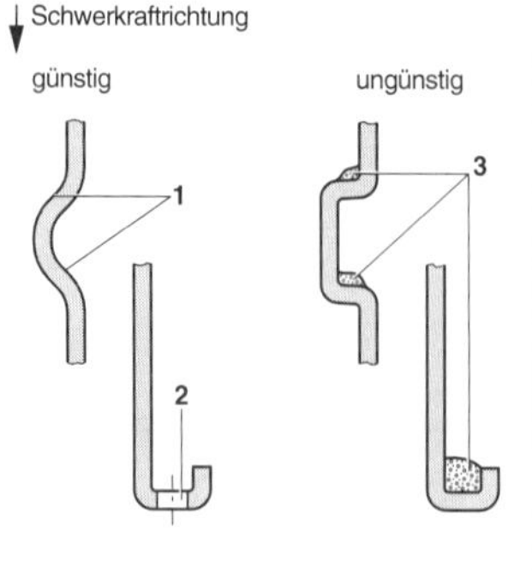

- Maßnahmen zur Trennung des Metalls vom angreifenden Medium durch Überzüge oder Beschichtungen und
- Maßnahmen im angreifenden Medium, z. B. durch Zusatz von Inhibitoren.

Korrosionsschutz durch geeignete Bauteilgestaltung
Die Auswahl geeigneter Werkstoffe, die unter den zu erwartenden Korrosionsbelastungen optimale Beständigkeit zeigen, kann ein wesentlicher Schritt zur Vermeidung von Korrosionsschäden sein. Oft kann ein teureres Material unter Berücksichtigung der andernfalls entstehenden Sanierungs- und Instandsetzungskosten im Endeffekt preisgünstiger sein.

Konstruktive Maßnahmen spielen bei der Gestaltung von Bauteilen eine erhebliche Rolle. Die Gestaltung, vor allem die Auslegung von Verbindungen zwischen Werkstücken aus gleichem oder unterschiedlichem Material, erfordert große Fachkenntnis.

Ecken und Kanten von Profilen sind Ansatzpunkte der Korrosion, die schwer geschützt werden können. Durch eine günstige Einbaulage kann die Korrosion vermindert werden.

Auch Sicken und Falze enthalten die Gefahr der Ablagerung von Schmutz und Feuchtigkeit. Durch geneigte Flächen und Ablauföffnungen kann dieser Nachteil vermieden werden.

Ein anderer Schwerpunkt sind Schweißverbindungen, durch welche das Gefüge in meist nachteiliger Weise verändert wird. Um Spaltkorrosion zu vermeiden, müssen bei solchen Verbindungen glatte Flächen ohne Spalte entstehen.

Kontaktkorrosion kann durch Verbindung gleicher oder ähnlicher metallischer Partner, oder durch komplette elektrische Isolierung beider Metalle in Form von Unterlegscheiben, Muffen oder Hülsen vermieden werden.

Elektrochemische Verfahren

Die Wirkungsweise dieser Verfahren lässt sich an der schematischen Strom-Spannungs-Kurve eines passivierbaren Metalls darstellen. Die auf der Ordinatenachse nach oben aufgetragenen Stromdichten entsprechen dabei anodischen Strömen, die gemäß

$$Me \rightarrow Me^{n+} + ne^{-}$$

einer Korrosionsreaktion entsprechen. Die nach unten aufgetragenen Stromdichten entsprechen dagegen kathodischen Strömen, für die die Reaktionsgleichung von rechts nach links zu lesen ist.

Konstruktiv bedingte Spalten an Schweißverbindungen und ihre Vermeidung.

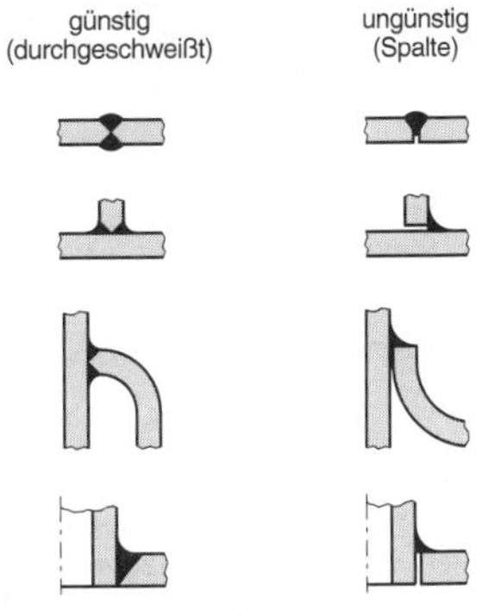

Vermeidung von Kontaktkorrosion durch elektrische Isolierungen.
1 Isolierende Unterlegscheibe,
2 isolierende Muffe.

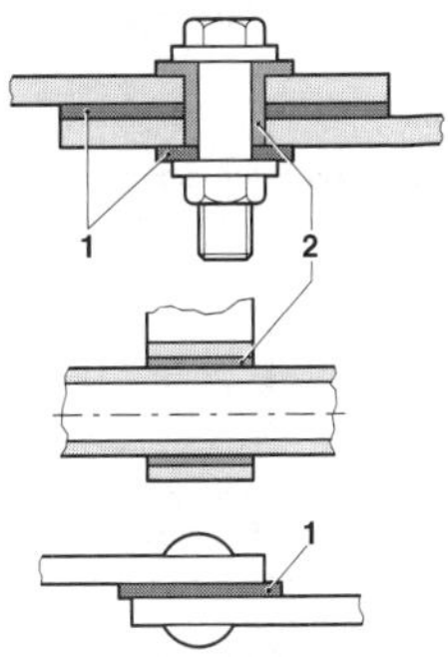

Wie aus dem Schema ersichtlich ist, kann die Korrosion durch Anlegen einer äußeren Spannung unterdrückt werden. Dazu bieten sich prinzipiell zwei Möglichkeiten:

Beim kathodischen Schutz wird das Potenzial so weit nach links verschoben, dass keine anodischen Ströme fließen, also $U < U_a$ wird. Außer durch Anlegen einer äußeren Spannung kann die Potenzialverschiebung auch durch Einbringen eines unedlen Metalls erfolgen, das dadurch zur „Opferanode" wird.

Das Potenzial der zu schützenden Elektrode kann aber auch in den Passivbereich verschoben werden, also in den Potenzialbereich zwischen U_p und U_d. Man spricht dann von anodischem Schutz. Die im Passivbereich fließenden anodischen Ströme liegen je nach Art des Metalls und der korrosiven Flüssigkeit um 3 ... 6 Zehnerpotenzen unter den Strömen des aktiven Bereichs, so dass das betreffende Metall sehr gut geschützt ist.

Das Potenzial darf jedoch nicht größer als U_d sein, da in diesem transpassiven Bereich Sauerstoff entwickelt wird und u. U. zusätzlich Metall oxidiert wird. Beide Effekte bedingen den Anstieg des Stroms.

Schematische Strom-Spannungs-Kurve eines passivierbaren Metalls.
U_a freies Korrosionspotenzial des Metalls im aktiven Zustand,
U_p Passivierungspotenzial,
U_d Durchbruchspotenzial.

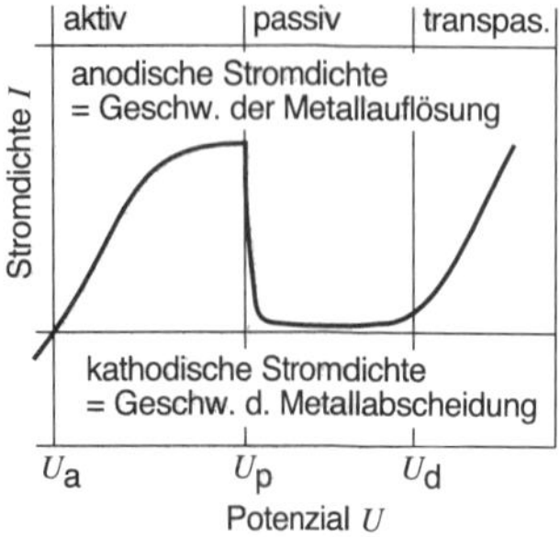

Beschichtungen

Das Prinzip dieser Art von Korrosionsschutz ist es, Schutzschichten zu bilden, die direkt auf dem zu schützenden Metall aufliegen und auf diese Weise dem Angriff des korrosiven Mediums Widerstand entgegensetzen. Diese Schutzschichten dürfen nicht porös und nicht leitend sein und müssen eine genügend große Dicke haben. In Systemen, die Maßhaltigkeit erfordern, ergeben sich deshalb häufig Schwierigkeiten.

Anorganische nichtmetallische Beschichtungen

Schutzschichten können unter Beteiligung des zu schützenden Werkstoffs ausgebildet werden. So kann beispielsweise die Bildung stabiler oxidischer Deckschichten verbessert werden, wenn man manchen Metallen kleine Mengen fremder Metalle zulegiert, so z. B. Silizium bei Gusseisen oder Molybdän bei Chromnickelstählen. Deckschichten können sich auch in der Gegenwart von Phosphaten, Chromaten oder Silikaten ausbilden. Davon macht man häufig, beispielsweise in der Kraftfahrzeugindustrie für Karosserien („Phosphatieren") oder aber in Kühlsystemen, Gebrauch.

Diffusionsverfahren
Die Oberflächenbehandlung kann gezielt mit einer Oberflächenhärtung verbunden werden, indem mit dem Diffusionsverfahren thermochemisch aufgekohlt, karbonitriert, boriert, chromiert oder vanadiert wird. Ohne Härten kann auch oxidiert, nitriert oder sulfidiert werden.

Brünieren
Durch Brünieren können Deckschichten erzeugt werden, die kurzzeitig einen gewissen Schutz bieten. Der eisenhaltige Werkstoff wird dazu in heiße konzentrierte $NaNO_2$-haltige Natronlauge getaucht.

Eloxieren
Das Eloxieren ist auf Aluminium beschränkt. Diese anodische Oxidation in schwefel-, chrom- oder oxalsäurehaltigen Elektrolyten ergibt meist sehr beständige Deckschichten, die ihrerseits durch Chro-

matieren weiter stabilisiert und verschiedenfarbig eingefärbt werden können. Auch Cadmium- und Magnesiumoberflächen können chromatiert werden.

Emaillieren

Emaillieren bringt einen hohen Korrosionsschutz, vor allem auf unlegiertem Stahl. Andererseits sind Emailüberzüge jedoch spröde und daher besonders bei Schlagbeanspruchung sowie bei thermischen Schocks gefährdet. Sie müssen außerdem stets Druckeigenspannungen aufweisen, da Zugspannung (z. B. bei Überschreiten der Fließgrenze des Trägermaterials) wegen mangelnder Zähigkeit des Emails zu Rissen führt. Bei der Herstellung wird, zum Verbessern der Haftfestigkeit, zunächst als Zwischenschicht ein Grundmaterial aufgeschmolzen, das dann seinerseits mit der eigentlichen Schutzschicht auf Silikatbasis beschichtet wird.

Glaskeramik

Glaskeramiken haben nicht die Nachteile des Emails bei mechanischer oder thermischer Beanspruchung. Zu ihrer Herstellung erhält der Werkstoff durch gesteuertes Kristallisieren thermodynamisch instabiler Gläser einen teilkristallinen Überzug mit etwa 50 % Kristallisationsgrad, der durch eine nachgeschaltete Wärmebehandlung eingestellt wird.

Metallische Beschichtungen

Die Möglichkeiten, fremde Metalle oder Metallverbindungen auf das Grundmaterial aufzubringen, sind vielfältig. Häufig ist dabei die Aufgabe des Korrosionsschutzes mit dem Schutz vor Verschleiß oder mit der Bildung dekorativer Oberflächen verknüpft. Die üblichen Verfahren, die dafür geeigneten Metalle und ihr Anwendungsbereich sind in Tabelle 4 zusammengestellt. Dabei ist nicht jedes Metall für jede Art von Schutz geeignet (z. B. bietet thermisch aufgespritztes Aluminium keinen Verschleißschutz).

Galvanische (elektrolytische) Abscheidung

Durch Elektrolyse scheiden Metalle aus Lösungen ionisierter Metallsalze auf leitfähigen Unterlagen kathodisch ab. Bei entsprechenden Bedingungen lassen sich auch Legierungen oder Dispersionsschichten (Schichten mit fein verteilten Einlagerungen von Zusatzstoffen) herstellen, die schmelzmetallurgisch nicht zugänglich sind. Die meisten Metalle werden aus wässrigen Lösungen abgeschieden. Das besonders unedle Aluminium lässt sich dagegen nur aus wasserfreien organischen Lösungen oder Salzschmelzen aufbringen.

Tabelle 4. Anwendung anorganischer Schutzüberzüge.

Auftragsverfahren	Art der Metalle	Vorwiegend eingesetzt für
Außenstromlose (chemische) Abscheidung	Ni (NiB, NiP, NiPCu), Cu, Dispersionsschichten (NiB + SiC, NiP + SiC).	Korrosionsschutz, Verschleißschutz, dekorative Oberflächen.
Bedampfen	Al, Au, Ta.	Korrosionsschutz.
Galvanische Abscheidung (mit Fremdstrom)	Ag, Al, Au, Cd, Cr, Ni, Sn, Zn, ZnNi, ZnNiP.	Korrosionsschutz, dekorative Oberflächen.
Plattieren	Al, Cu, Ni, Pb, Ti, Zr und deren Legierungen, Edelstähle.	Korrosionsschutz.
Schmelztauchen (u. a. „Feuerverzinken")	Al, Pb, Sn, Zn.	Korrosionsschutz.
Thermisches Spritzen	Al und Legierungen, Cr, Ni, NiCr, NiCrBSi, Ti, Boride, Carbide, Oxide.	Korrosionsschutz, Verschleißschutz.

Außenstromlose (chemische) Abscheidung

Es ist im Prinzip der gleiche Prozess wie bei der galvanischen Abscheidung, wobei jedoch die zur Reduktion notwendigen Elektronen nicht von einer äußeren Stromquelle, sondern von einem zugesetzten Reduktionsmittel (meist Natrium-Hypophosphit oder Natrium-Boranat) geliefert werden. Deshalb werden häufig die Elemente Phosphor oder Bor in die am meisten erzeugten Nickelschichten eingebaut.

Schmelztauchverfahren

Unter den Schmelztauchverfahren wird das Feuerverzinken von Eisen und Stahl am häufigsten (auch in der Kraftfahrzeugindustrie) angewandt. Dabei wird das vorbehandelte (gebeizte, flussmittelbenetzte) Beschichtungsgut in die flüssige Metallschmelze getaucht, so dass an der Phasengrenze entsprechend den Löslichkeitsverhältnissen der Zustandsdiagramme Legierungsschichten entstehen, die die Haftung zwischen Grundlage und Deckmetall vermitteln. So können erheblich dickere Schichten als durch galvanische Abscheidung erzielt werden.

Bedampfung

Aus Kostengründen werden Bedampfungen nur für spezielle Aufgaben eingesetzt, vor allem für dünne Schichten auf kleinflächigen Gegenständen (Substrat). Häufig müssen derartig dünne Schichten noch ihrerseits durch einen anorganischen oder organischen Überzug zusätzlich geschützt werden (Beispiel: Scheinwerferspiegel). Das Beschichtungsmaterial (Metall) wird im Hochvakuum durch elektrischen Strom erhitzt und zum Verdampfen gebracht. Es kondensiert am Substrat und bildet so eine feine Metallschicht.

Thermisches Spritzen

Beim thermischen Spritzen wird das Beschichtungsmaterial, das meist als Pulver vorliegt, beim Austritt aus der Spritzpistole durch das Plasma („Plasmaspritzen") oder den Lichtbogen aufgeschmolzen. Durch das Verfahren bedingt, bilden sich Inhomogenitäten und eine gewisse Porosität, so dass große Schichtdicken (150 bis 200 µm) aufgebracht werden müssen, um einen guten Korrosionsschutz zu erreichen.

Plattieren

Unter Plattieren versteht man eine bei normalen Beanspruchungen nicht trennbare, durch erhöhte Temperatur und/oder Druck erzeugte Vereinigung zweier oder mehrerer Metallschichten. Man unterscheidet zwischen Walz-, Sprung- und mechanischem Plattieren. Die Verzahnung der Partner entsteht durch Diffusionsprozesse, verbunden mit Legierungsbildung, oder aber durch mechanische Verzahnung. Die Auflagewerkstoffe sind einige Millimeter dick.

Organische Beschichtungen

Als Schutzschichten kommen hier vor allem Thermo-, Elasto- und Duroplaste in Frage, die in Form von Lacken, Wirbelsintermassen, Auskleidungsfolien, faserverstärkten Harzen und Spachtelmassen auch in der Kraftfahrzeugtechnik eingesetzt werden. Die Schutzwirkung ist dabei außer vom Plasttyp auch vom Bindemittel, vom Alterungsschutzmittel, von UV-Stabilisatoren sowie vom verwendeten Füllstoff und Pigment abhängig. Die entsprechenden Beschichtungen können entweder für sich allein oder aber in Verbindung mit einer bereits erwähnten anorganischen Beschichtung eingesetzt werden.

Lackieren

Das Lackieren kann je nach den Bedingungen durch konventionelles Streichen, durch Walzenauftrag, durch Druckluft- und Hochdruckspritzen, Tauchlackieren (auch unter Anwendung von Elektrophorese) und durch elektrostatisches Spritzlackieren erfolgen. Auf die vorbehandelte Metalloberfläche wird ein haftvermittelnder Grundanstrich und darauf der eigentlich korrosionsschützende Deckanstrich aufgebracht. Durch Verdunsten der Lösungsmittel oder durch Aufnahme von Sauerstoff bildet sich ein geschlossener Film.

Pulverbeschichten

Kunststoffpulver, die bei Raumtemperatur nur schwierig in eine flüssige Phase zu bringen sind, können durch Pulverbeschichten aufgebracht werden. Das Pulver kann dabei entweder auf die vorgeheizten Teile aufgesintert oder flammgespritzt oder elektrostatisch aufgespritzt werden, wobei gegebenenfalls durch eine Wärmebehandlung homogene und dichte Schichten erzielt werden können. Die Pulverbeschichtungsverfahren sind gegenüber den Lackierverfahren meist wirtschaftlicher und umweltfreundlicher und erfordern einen geringeren Sicherheitsaufwand.

Gummieren und Auskleiden

Durch Gummieren und Auskleiden werden häufig Transport- und Lagertanks, Apparate und Rohrleitungen geschützt. Eingesetzt werden sowohl vorvernetzte Folien auf der Basis von Natur- und Synthesekautschuken als auch vorbehandelte Thermoplastfolien unter Verwendung vernetzender Kleber, die nach dem Aufbringen auf die blanken Trägerwerkstoffe thermisch oder katalytisch endvernetzt werden.

Plasmapolymerisation

Bei der Plasmapolymerisation werden organische Monomere unter der Wirkung eines Gasentladungsplasmas auf dem zu beschichtenden Werkstoff polymerisiert. Mit einem solchen Polymerfilm können alle Metalle überzogen werden. Man erhält bläschenfreie organische Filme ohne die üblichen flüchtigen Komponenten, wie man sie häufig in Massivpolymeren findet.

Inhibitoren

Inhibitoren sind Substanzen, die in geringen Konzentrationen (bis maximal einige 100 ppm) dem angreifenden Medium zugesetzt und an den Metallen adsorbiert werden und dann die Korrosionsraten drastisch herabsetzen, indem sie entweder den anodischen oder den kathodischen Teilprozess (häufig auch beide gleichzeitig) blockieren. Als Inhibitoren werden vor allem organische Amine sowie Amide organischer Säuren eingesetzt. Im Kraftfahrzeug sind Inhibitoren beispielsweise Bestandteile der Kraftstoffadditive; sie werden außerdem den Frostschutzmitteln zugesetzt, um Korrosionsschäden im Kühlmittelkreislauf auszuschließen.

Dampfphaseninhibitoren gewähren nur einen temporären Schutz während der Lagerung und des Transports von metallischen Gütern. Sie müssen leicht aufzubringen und wieder zu entfernen sein.

Ihr Nachteil liegt in den möglichen gesundheitlichen Nebenwirkungen.

Bei Dampfphaseninhibitoren, die auch die Bezeichnung VCI (Volatile Corrosion Inhibitors) oder VPI (Vapour Phase Inhibitors) tragen, handelt es sich um organische Substanzen mittleren Dampfdrucks. Sie sind häufig in speziellen Verpackungsmaterialien eingebracht oder gelöst in wässrigen oder ölhaltigen Medien enthalten. Sie verdampfen oder sublimieren allmählich und werden in monomolekularer Belegung auf dem Metall adsorbiert, wo sie entweder den anodischen oder kathodischen Teilschritt der Korrosion oder auch beide inhibieren (verlangsamen oder unterbinden). Ein typischer Vertreter ist Dicyclohexylaminnitrit.

Voraussetzung für die Wirksamkeit dieser Inhibitoren sind eine möglichst große Oberfläche der Substanz und eine gute geschlossene Umhüllung. Deshalb sind sie auch i. Allg. in Verpackungsmaterialien wie spezielle Papiere oder Polyethylenfolie eingebracht. Ein luftdichtes Verschweißen ist nicht erforderlich; die Verpackung kann kurzfristig für Inhaltskontrollen geöffnet werden. Die Wirkungsdauer hängt von der Dichtheit der Verpackung und von der Temperatur ab (normalerweise ca. zwei Jahre; Verkürzung bei Temperaturen wesentlich oberhalb der Zimmertemperatur).

Handelsübliche Dampfphaseninhibitoren enthalten in der Regel Mischungen mehrerer Komponenten, die gleichzeitig mehrere Metalle oder Legierungen schützen, ausgenommen Cadmium, Blei, Wolfram und Magnesium.

Wärmebehandlung metallischer Werkstoffe

Das Wärmebehandeln verleiht Bauteilen und Werkzeugen aus metallischen Werkstoffen fertigungsgerechte Verarbeitungseigenschaften und funktionsgerechte Gebrauchseigenschaften. Es besteht aus einer (oder mehreren) Zeit-Temperatur-Folge(n), in deren Verlauf auf zweckentsprechende Temperatur erwärmt und nach ausreichend langem Halten mit zweckentsprechender Geschwindigkeit wieder auf Raumtemperatur (gegebenenfalls auch darunter) abgekühlt wird.

Dadurch entstehen Gefügezustände, die durch beanspruchungsgerechte Härte, Festigkeit, Verformbarkeit, Verschleißwiderstandsfähigkeit usw. bei statischer oder dynamischer Belastung gekennzeichnet sind. Die industriell wichtigsten Verfahren sind in Tabelle 1 zusammengestellt (Begriffe s. DIN EN 10052).

Härten

Härten dient dazu, bei Eisenwerkstoffen (Stahl, Gusseisen) den als Martensit bezeichneten Gefügezustand einzustellen, der sich durch besonders hohe Härte und Festigkeit auszeichnet.

Hierzu wird auf Austenitisier- oder Härtetemperatur erwärmt und solange gehalten, bis der Gefügezustand Austenit entsteht und in ihm eine ausreichende Menge Kohlenstoff gelöst ist, der aus dem Zerfall von Karbiden (bzw. Grafit bei Gusseisen) freigesetzt wird. Dann wird so rasch auf Raumtemperatur abgekühlt bzw. abgeschreckt, dass eine möglichst vollständige Umwandlung in den Gefügezustand Martensit erfolgt (Anhaltswerte für die erforderliche Abkühlgeschwindigkeit siehe ZTU-Schaubild des jeweiligen Stahls).

Tabelle 2. Übliche Härtetemperaturen.

Stahlart	Gütenorm	Härtetemperatur °C
Unlegierte und niedrig legierte Stähle < 0,8 Masse-% C	DIN EN 10083-1 DIN 17 211 DIN 17 212	780...950
≥ 0,8 Masse-% C	–	780...820
Kaltarbeits- und Warmarbeitsstähle	DIN 17 350	950...1100
Schnellarbeitsstähle		1150...1230
Gusseisen	–	850...900

Die Härtetemperatur richtet sich nach der Werkstoffzusammensetzung (genaue Daten siehe DIN-Technische Lieferbedingungen von Stählen); in Tabelle 2 sind Anhaltswerte angegeben. Hinweise für die praktische Durchführung des Härtens von Bauteilen und Werkzeugen siehe DIN 17022 Teil 1 und 2.

Tabelle 1. Übersicht über die Wärmebehandlungsverfahren.

Härten	Bainitisieren	Anlassen	Thermochemische Behandlung	Glühen	Aushärten
Härten über den ganzen Querschnitt Randschichthärten Härten aufgekohlter Teile (Einsatzhärten)	Isothermisches Umwandeln in der Bainit-Stufe	Anlassen gehärteter Teile Anlassen oberhalb 550 °C zum Vergüten	Aufkohlen Carbonitrieren Nitrieren Nitrocarburieren Borieren Chromieren	Spannungsarmglühen Rekristallisationsglühen Weich-, GKZ-Glühen Normalglühen Diffusionsglühen	Lösungsbehandeln und Auslagern

Zum Härten eignen sich nur die härtbaren Stähle und Gusseisensorten. Die erreichbare Härte bei vollständig martensitischem Gefüge kann mit nachstehender Beziehung für die Aufhärtbarkeit für unlegierte und legierte Stähle mit Kohlenstoff-Massenanteilen zwischen 0,15 und 0,60% abgeschätzt werden:

Höchsthärte = 35 + 50 · (%C) ± 2 HRC

Besteht das Gefüge nicht vollständig aus Martensit, wird die Höchsthärte nicht erreicht.

Bei Kohlenstoffgehalten über 0,6 Masse-% ist damit zu rechnen, dass das Gefüge außer Martensit noch Anteile an nicht umgewandeltem Austenit (Restaustenit) enthält. Dadurch wird die mögliche Höchsthärte nicht erreicht und der Verschleißwiderstand ist geringer. Außerdem ist Restaustenit metastabil, d.h. es kann sich bei Temperaturen unterhalb der Raumtemperatur oder infolge der Beanspruchung zu einem späteren Zeitpunkt in Martensit umwandeln, wodurch sich das spezifische Volumen und die Eigenspannung ändern können. Sofern sich Restaustenit beim Härten nicht vermeiden lässt, kann ein anschließendes Tiefkühlen oder Anlassen bei Temperaturen über 230 °C zweckmäßig sein.

Bei Bauteilen mit einer Wanddicke bis ca. 10 mm sind Oberflächen- und Kernhärte nahezu gleich. Bei größeren Querschnitten ist dagegen die Kernhärte niedriger, es liegt ein Härteverlauf vor. Der Gradient ergibt sich aus der von der Werkstoffzusammensetzung (Mo, Mn, Cr) abhängenden Härtbarkeit (Prüfung nach DIN 50191). Dies muss besonders bei geringer Abkühlwirkung (große Querschnitte und/oder zwecks Verringerung des Verzugs- und/oder Rissrisikos langsamer oder gestufter Abkühlung) beachtet werden.

Aus der Härte kann nach DIN 50150 die Zugfestigkeit R_m abgeschätzt werden, vorausgesetzt, Oberflächen- und Kernhärte sind nahezu gleich hoch:

$R_m \approx$ (34...37,7) · Rockwell-C-Härte in N/mm² bzw.
$R_m \approx$ (3,2...3,35) · Vickershärte in N/mm².

Das spezifische Volumen des martensitischen Gefügezustands ist gegenüber dem Ausgangszustand um ca. 1,0% größer. Außerdem entstehen infolge der Gefügeumwandlung und der Kontraktion beim Abkühlen Spannungen. Da dies nicht gleichzeitig im gesamten Werkstückquerschnitt eintritt, entstehen Maß- und Formänderungen und im Normalfall im Randbereich Zug- und im Kernbereich Druckeigenspannungen.

Randschichthärten

Das Verfahren eignet sich besonders für die Großserienfertigung und kann in den Takt einer Fertigungsstraße eingeordnet werden.

Die Werkstücke werden nur am Rand erwärmt und gehärtet, woraus geringe Maß- und Formänderungen resultieren. Das Erwärmen erfolgt meist durch Elektroinduktion mit hoch- oder mittelfrequentem Wechselstrom („Induktionshärten") oder mit einem Gasbrenner („Flammhärten"). Die zum Austenitisieren erforderliche Wärme kann auch durch Reibung („Reibhärten") oder mit Hochenergiestrahlen (z.B. Elektronen- oder Laserstrahl) übertragen werden. Tabelle 3 zeigt eine Übersicht über die spezifische Wärmeenergie der einzelnen Verfahren.

Es können linien- oder flächenförmige Bereiche erfasst werden, was mit einem Erwärmen im Stand oder unter Bewegung des Werkstücks oder der Wärmequelle im Vorschub erfolgen kann. Rotationssymmetrische Werkstücke lässt man zweckmäßigerweise rotieren, um eine konzentrische Einhärtung zu gewährleis-

Tabelle 3. Vergleich der Leistungsdichte beim Erwärmen mit verschiedenen Wärmequellen.

Energiequelle	Übliche Leistungsdichte W/cm²
Laserstrahl	$10^3...10^4$
Elektronenstrahl	$10^3...10^4$
Induktion (MF, HF, HF-Impuls)	$10^3...10^4$
Brennerflamme	$10^3...6 \cdot 10^3$
Plasmastrahl	10^4
Salzschmelze (Konvektion)	20
Luft/Gas (Konvektion)	0,5

ten. Abgeschreckt wird durch Tauchen oder Spritzen mit einem flüssigen Abschreckmittel.

Wegen der sehr raschen Erwärmung muss auf 50...100 °C höhere Temperaturen als in Öfen erwärmt werden, um die geringere Einwirkdauer zu kompensieren. Meist werden niedrige oder unlegierte Stähle mit 0,35...0,60 Massenanteilen Kohlenstoff in % benutzt (geeignete Stähle siehe DIN 17212). Jedoch ist es durchaus üblich, auch legierte Vergütungsstähle, Wälzlagerstähle oder Gusseisen randschichtzuhärten. Bei vergüteten Bauteilen kann eine hohe Grundfestigkeit mit hoher Randhärte an besonders hoch beanspruchten Stellen (Einstichkanten, Lagerstellen, Querschnittsübergänge) kombiniert werden.

Durch das Randschichthärten entstehen im Normalfall am Rand Druckeigenspannungen, was insbesondere bei Wechselschwingbelastung eine höhere Beanspruchung (besonders bei gekerbten Bauteilen) ermöglicht (s. Bild).

Die erreichbare Oberflächenhärte kann mit Hilfe der oben angegebenen Beziehung abgeschätzt werden. Von der Werkstückoberfläche aus nimmt die Härte zum nicht gehärteten Kernbereich hin deutlich ab. Aus der Härteverlaufskurve kann die Einhärtungstiefe R_{ht}, das ist der Abstand von der Oberfläche, an dem die Härte noch 80 % der Oberflächenhärte in Vickers beträgt, entnommen werden (vgl. DIN 50190 Teil 2).

Bainitisieren

Bei diesem Verfahren ist der angestrebte Gefügezustand Bainit, der durch eine etwas geringere Härte als Martensit, andererseits jedoch durch größere Zähigkeit und geringere spezifische Volumenänderung gekennzeichnet ist.

Zum Bainitisieren wird nach dem Austenitisieren (vgl. Härten) je nach Werkstoffzusammensetzung auf eine Temperatur im Bereich von 200...350 °C mit einer ausreichenden Geschwindigkeit abgekühlt und so lange auf dieser Temperatur gehalten, bis die Gefügeumwandlung in Bainit mehr oder weniger vollständig abgeschlossen ist. Anschließend kann beliebig auf Raumtemperatur abgekühlt werden.

Zyklisch wechselnde Beanspruchung nach Randschichtverfestigung.
+σ Zug, −σ Druck; 1 Einhärtungsschicht, 2 Biegespannung, 3 Verringerung der Zugspannung, 4 resultierende Spannung, 5 Eigenspannung, 6 Erhöhung der Druckspannung.

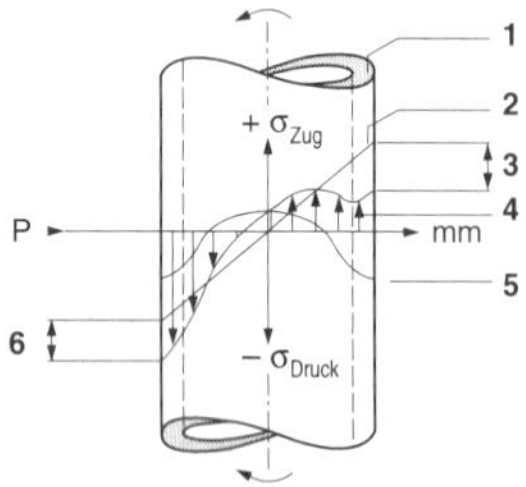

Das Bainitisieren ist eine optimale Alternative für solche Bauteile, die durch ihre ungünstige Formgeometrie verzugs- und/oder rissgefährdet sind, bei denen eine große Zähigkeit bei hoher Härte erforderlich ist oder die im harten Zustand niedrige Restaustenitgehalte aufweisen sollen.

Anlassen

Anlassen dient dazu, dem gehärteten und spröden Werkstoff eine höhere Zähigkeit zu verleihen, so dass das Risiko eines verzögerten Reißens nach dem Härten oder beim Schleifen infolge zu hoher Eigenspannungen vermindert wird. Dies wird durch Ausscheiden von Karbiden erreicht, wodurch jedoch die Härte und die Festigkeit ab- und die Zähigkeit zunehmen.

Anlassen ist Erwärmen auf Temperaturen zwischen 180 und 650 °C mit mindestens einstündigem Halten und Abkühlen auf Raumtemperatur. Je nach Werkstoffzusammensetzung wird durch Anlassen oberhalb 230 °C auch eventuell vorhandener Restaustenit in Bainit und/oder Martensit umgewandelt.

Bei niedrig- und unlegierten Stählen nimmt die Härte bereits durch Anlassen bei 180 °C um etwa 1...5 HRC ab. Bei höheren Temperaturen stellt sich ein für die Werkstoffzusammensetzung charakteristischer Härteabfall ein. Im Bild rechts ist dieses Verhalten für einige typische

Stahlsorten mit charakteristischen Anlasskurven dargestellt. Daraus wird ersichtlich, dass bei hochlegierten Stählen die Härte erst bei Temperaturen über 550 °C abfällt.

Der Zusammenhang zwischen Anlasstemperatur einerseits und Härte, Festigkeit, Streckgrenze, Brucheinschnürung, Bruchdehnung oder Zähigkeit andererseits, kann für die verschiedenen Stähle aus so bezeichneten Anlassschaubildern entnommen werden (vgl. z. B. DIN EN 10 083).

Durch das Anlassen gehärteter Werkstücke verringert sich deren spezifisches Volumen wieder. Je nach Anlasswirkung kann sich auch der Gradient der Eigenspannungen im Werkstückquerschnitt verändern.

Zu beachten ist, dass Stähle, die mit Mangan, Chrom, Mangan und Chrom, Chrom und Vanadin, Chrom und Nickel legiert sind, nicht im Bereich von 350...500 °C angelassen werden sollten, da sie dabei verspröden können. Beim Abkühlen von höheren Anlasstemperaturen muss dementsprechend rasch abgekühlt werden (weitere Hinweise siehe DIN 17 022 Teil 1 und 2).

Charakteristische Anlasskurven verschiedener Stähle.
1 Unlegierter Vergütungsstahl (C45),
2 unlegierter Kaltarbeitsstahl (C80W2),
3 niedriglegierter Kaltarbeitsstahl (105WCr6),
4 legierter Kaltarbeitsstahl (X165CrV12),
5 Warmarbeitsstahl (X40CrMoV51),
6 Schnellarbeitsstahl (S6-5-2).

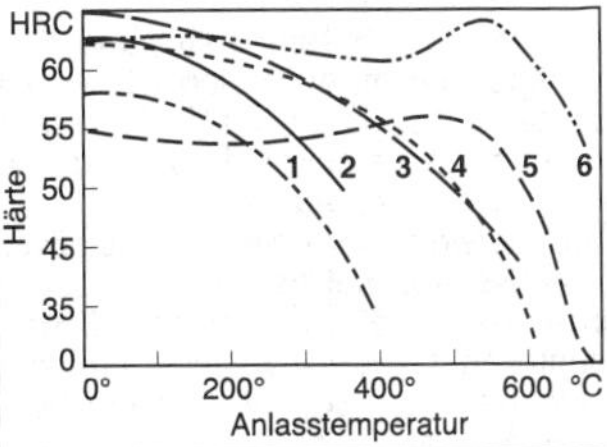

Vergüten

Die Kombination aus Härten und Anlassen bei Temperaturen oberhalb 500 °C wird als Vergüten bezeichnet. Es soll ein optimales Verhältnis zwischen Festigkeit und Zähigkeit herbeiführen und wird dann angewendet, wenn eine besonders große Zähigkeit oder Verformbarkeit erforderlich ist.

Beim Vergüten ist auf die Versprödungsgefahr zu achten (s. oben).

Thermochemische Behandlungen

Thermochemische Behandlungen bestehen aus einem Glühen in Mitteln, die Elemente abgeben, die in die Werkstückrandschicht eindiffundieren sollen, um deren Zusammensetzung zu ändern. Hieraus ergeben sich ganz spezifische Funktionseigenschaften. Von besonderem Interesse sind dabei die Elemente Kohlenstoff, Stickstoff und Bor.

Aufkohlen, Carbonitrieren, Einsatzhärten

Beim Aufkohlen wird die Randschicht mit Kohlenstoff, beim Carbonitrieren mit Kohlenstoff und Stickstoff angereichert. Dies geschieht üblicherweise im Temperaturbereich von 850...1000 °C in Gas, Granulat oder Salzschmelzen. Das Härten erfolgt daran anschließend entweder direkt von der Aufkohlungs-/Carbonitriertemperatur (Direkthärten) oder nach Abkühlen auf Raumtemperatur (Einfachhärten) oder eine geeignete Zwischentemperatur (Härten nach isothermischem Umwandeln, z. B. bei 620 °C) und Wiedererwärmen auf Härtetemperatur. Dabei entstehen eine martensitische Randschicht und je nach Härtetemperatur, Härtbarkeit und Werkstückquerschnitt ein mehr oder weniger vollständig martensitischer Kern.

Die Härtetemperatur kann auf den höher C-haltigen Rand (Härten von Randhärtetemperatur) oder den nicht aufgekohlten Kern (Härten von Kernhärtetemperatur) abgestimmt werden (vgl. DIN 17 022 Teil 3).

Das Aufkohlen oder Carbonitrieren führt zu einer von der Werkstückoberfläche zum Kern hin abnehmenden Kohlenstoffkonzentration (Kohlenstoffverlauf). Üblicherweise wird der Abstand von der Oberfläche bis zu dem Punkt, an dem noch 0,35 Massenanteile Kohlenstoff in % vorhanden sind, als Aufkohlungstiefe $At_{0,35}$ definiert.

Die Dauer des Aufkohlens oder Carbonitrierens richtet sich nach der erforderlichen Aufkohlungstiefe und hängt von der Temperatur und der Wirkung des Kohlenstoffspenders ab. Sie kann näherungsweise abgeschätzt werden:

$$At = K \cdot \sqrt{t} - D/\beta \text{ in mm}$$

K beträgt je nach Temperatur und Kohlenstoffpegel beim Aufkohlen z. B. in Gas zwischen 0,3 und 0,6; das Korrekturglied D/β beträgt allgemein 0,1...0,3 mm; die Zeit t ist in h einzusetzen.

Üblicherweise wird ein Kohlenstoffverlauf angestrebt, bei dem am Rand eine Konzentration von mindestens 0,6 Massenanteilen C in % vorliegt, um eine Randhärte von 750 HV (entsprechend 65 HRC) zu erzielen. Ein höherer C-Gehalt kann zu Restaustenit und/oder Karbidausscheidungen führen, was die Gebrauchseigenschaften einsatzgehärteter Werkstücke beeinträchtigen kann. Der Steuerung des Kohlenstoffangebots über den C-Pegel kommt deshalb besondere Bedeutung zu.

Entsprechend dem Kohlenstoffverlauf ergibt sich nach dem Härten ein Gradient der Härte über den Werkstückquerschnitt. Aus diesem kann die Einsatzhärtungstiefe *Eht* entnommen werden. Dies ist nach DIN 50 190 Teil 1 derjenige Abstand von der Oberfläche bis zu dem Punkt, an dem die Härte noch mindestens 550 HV beträgt.

Im Normalfall weist ein einsatzgehärtetes Werkstück am Rand Druck- und im Kern Zugeigenspannungen auf, woraus, wie bei randschichtgehärteten Bauteilen, eine höhere Belastbarkeit bei schwingender Beanspruchung hervorgeht.

Der beim Carbonitrieren aufgenommene Stickstoff verbessert die Härtbarkeit und die Anlassbeständigkeit der Randschicht sowie deren Verschleißwiderstand. Dies wirkt sich besonders bei unlegierten Stählen positiv aus. Weitere Hinweise zur praktischen Durchführung des Einsatzhärtens siehe DIN 17022 Teil 3 sowie Merkblatt 452 des Stahl-Informationszentrums, Düsseldorf.

Nitrieren und Nitrocarburieren

Nitrieren (Aufsticken) ist eine thermische Behandlung, bei der die Randschicht von nahezu allen Eisenwerkstoffen bei Temperaturen im Bereich 500...600 °C mit Stickstoff angereichert werden kann. Beim Nitrocarburieren diffundiert simultan zum Stickstoff etwas Kohlenstoff ein.

Die Stickstoffanreicherung bewirkt eine Randschichtverfestigung infolge einer Ausscheidungshärtung, woraus ein höherer Widerstand gegen Verschleiß und Korrosion sowie eine höhere Dauerschwingfestigkeit resultieren.

Wegen der relativ niedrigen Behandlungstemperatur findet keine mit volumetrischen Änderungen verbundene Gefügeumwandlung statt, so dass Maß- und Formänderungen außerordentlich gering sind.

Die Nitrierschicht besteht aus einer äußeren, wenige Mikrometer dicken und je nach Werkstoffzusammensetzung 700 bis über 1200 HV harten Verbindungsschicht aus Nitriden. Darunter liegt eine einige Zehntel Millimeter dicke, etwas weniger harte Diffusionsschicht. Die Schichtdicke ergibt sich aus Dauer und Temperatur der Behandlung. Dabei stellt sich über den Werkstückquerschnitt ein Härteverlauf ein (ähnlich wie nach einem Randschicht- oder Einsatzhärten), aus dem die Nitrierhärtetiefe *Nht* ermittelt werden kann. Dies ist nach DIN 50190 Teil 3 derjenige Abstand von der Oberfläche bis zu dem Punkt, an dem die Härte noch 50 HV über der Kernhärte liegt.

Maßgebend für das Verschleiß- und Korrosionsverhalten ist hauptsächlich die bis zu 10 Massenanteile Stickstoff in % enthaltende Verbindungsschicht, für die Dauerschwingfestigkeit die Nitrierhärtetiefe und die Randhärte (weitere Einzelheiten siehe DIN 17022 Teil 4 bzw. Merkblatt 447 des Stahl-Informationszentrums, Düsseldorf).

Borieren

Bei dieser thermochemischen Behandlung wird die Randschicht von Eisenwerkstoffen mit Bor angereichert. Es entsteht je nach Dauer und Temperatur (üblicherweise 850...1000 °C) der Behandlung unter der Werkstückoberfläche eine 30 µm ... 0,2 mm dicke Verbindungsschicht mit einer Härte von 2000...2500 HV. Sie besteht aus Eisenboriden.

Das Borieren ist besonders wirksam gegen Abrasionsverschleiß. Wegen der relativ hohen Behandlungstemperatur und den dadurch verursachten relativ großen Maß- und Formänderungen lässt es sich jedoch nur dort erfolgreich anwenden, wo größere Maßtoleranzen akzeptabel sind.

Glühen

Durch Glühen lassen sich sowohl bestimmte Gebrauchs- wie auch Verarbeitungseigenschaften optimieren. Es besteht in einem Erwärmen auf zweckgeeignete Temperatur, ausreichend langem Halten und zweckentsprechendem Abkühlen auf Raumtemperatur. Je nach den geforderten Eigenschaftsänderungen werden die in Tabelle 1 angegebenen Verfahren unterschieden.

Spannungsarmglühen

Dieses wird je nach Werkstoffzusammensetzung bei Temperaturen zwischen 450...650 °C durchgeführt, um in Bauteilen, Werkzeugen oder Rohlingen vorhandene Eigenspannungen möglichst weitgehend durch Auslösen plastischer Verformungen zu reduzieren.

Nach einer Glühdauer von 0,5...1 h muss möglichst langsam auf Raumtemperatur abgekühlt werden, damit keine neuen Spannungen entstehen.

Rekristallisationsglühen

Rekristallisationsglühen wird bei spanlos umgeformten Werkstücken durchgeführt, um eintretende Verfestigungen aufzuheben, eine Kornneubildung des verformten Gefüges herbeizuführen und dadurch weitere Verformungen zu ermöglichen bzw. zu erleichtern.

Die erforderliche Temperatur richtet sich nach der Werkstoffzusammensetzung und dem Verformungsgrad; bei Stahl liegt sie zwischen 550...730 °C.

Weich-, GKZ-Glühen

Das Weichglühen soll die spanlose und spangebende Bearbeitung durch Verformung oder Wärmebehandlung verfestigter Werkstoffe erleichtern.

Die erforderliche Temperatur richtet sich nach der Werkstoffzusammensetzung. Bei Stahl liegt sie zwischen 650 und 720 °C, bei Nichteisenmetallen darunter.

Soll eine Gefügeausbildung mit einer körnigen Einformung der Karbide erreicht werden, dann wird ein „Glühen auf körnigen Zementit“ (GKZ-Glühen) durchgeführt. Ist das Ausgangsgefüge Martensit oder Bainit, ergibt sich dadurch eine besonders homogene Verteilung der Karbide.

Normalglühen

Das Normalglühen ist Erwärmen auf Austenitisiertemperatur und langsames Abkühlen auf Raumtemperatur. Dabei entsteht bei niedrig- und unlegierten Stählen ein aus Ferrit und Perlit bestehendes Gefüge. Es wird hauptsächlich angewendet, um grobkörnige Gefüge zu verfeinern, Grobkornbildung gering verformter Werkstoffe zu vermeiden und eine möglichst homogene Verteilung von Ferrit und Perlit zu erreichen.

Aushärten, Ausscheidungshärten

Dieses Verfahren besteht aus Lösungsbehandeln und Auslagern. Durch Erwärmen und Halten werden ausgeschiedene Gefügebestandteile in feste Lösung und durch Abschrecken auf Raumtemperatur in übersättigte Lösung gebracht. Das Auslagern besteht in ein- oder mehrmaligem Erwärmen und Halten auf Temperaturen oberhalb Raumtemperatur („Warmauslagern“), wodurch eine oder mehrere Phasen, d. h. metallische Verbindungen bestimmter Legierungselemente, gebildet und in der Matrix ausgeschieden werden.

Die ausgeschiedenen Teilchen erhöhen Härte und Festigkeit des Grundgefüges. Die erreichten Eigenschaften werden durch Temperatur und Dauer (Austauschbeziehung) des Auslagerns bestimmt, wobei meist nach Durchschreiten eines Maximums Härte und Festigkeit wieder abnehmen.

Das Aushärten wird hauptsächlich bei Nichteisenmetall-Legierungen angewendet, kann aber auch bei aushärtbaren (martensitaushärtenden) Stählen durchgeführt werden.

Härte

Härtemessung

Härte ist eine Eigenschaft fester Stoffe und definiert als der Widerstand, der einer Verformung entgegengesetzt wird. Bei metallischen Werkstoffen wird die Härte zur Abschätzung mechanischer Eigenschaften wie z. B. Festigkeit, Zerspanbarkeit, Umformbarkeit oder Verschleißwiderstand herangezogen. Nach DIN 50150 kann die Härte in Zugfestigkeit umgewertet werden. Das Messen ist nahezu zerstörungsfrei.

Zur Ermittlung eines Kennwertes wird meist der mit einem definierten Prüfkörper unter definierter Belastung durch Verformung erzeugte Eindruck nach Größe oder Tiefe ausgemessen.

Es wird zwischen statischer und dynamischer Messung unterschieden. Bei der statischen Messung wird der bleibende Eindruck des Prüfkörpers gemessen. Genormte oder weit verbreitete Verfahren sind das Rockwell-, Vickers- und Brinell-Verfahren. Bei dynamischer Messung wird die Rückprallhöhe eines Prüfkörpers, der auf die Oberfläche des zu messenden Körpers beschleunigt wird, ermittelt.

Eine weitere Möglichkeit ist das Verformen durch Ritzen mit einem härteren Prüfkörper und Ausmessen der Riefenbreite als Maß für die Härte. Im Bild (rechts) sind die Anwendungsbereiche der Härtemessung nach den Rockwell-, Vickers- und Brinell-Verfahren gegenübergestellt.

Rockwellhärte (DIN EN 10109)

Dieses Verfahren eignet sich besonders für Vielzahlmessungen beim Prüfen metallischer Werkstücke. Der Prüfkörper aus Stahl oder Diamant wird mit einer festgelegten Vorlast senkrecht auf die Oberfläche des zu prüfenden Werkstücks aufgesetzt und dann mindestens weitere 30 s mit einer festgelegten höheren Last beaufschlagt. Die Tiefe des nach dem Entlasten bleibenden Eindrucks e in mm ergibt den Zahlenwert der Rockwellhärte (vgl. Tabelle 1).

Die zu prüfende Oberfläche sollte glatt (je nach Härte $R_{max} \leq 1{,}2...3{,}4$ µm) und möglichst eben sein. Ist der Krümmungsradius der Oberfläche, auf der die Messung vorgenommen wird, kleiner als 20 mm, muss der Messwert in Abhängigkeit von der Härte korrigiert werden.

Die Anwendbarkeit der in Tabelle 1 angegebenen Verfahren hängt von der Dicke des Prüflings bzw. der „harten" Randschicht ab (vgl. Bilder A.1...A.3 in DIN EN 10109). Bei der Angabe von Härtewerten ist dem Zahlenwert das Kurzzeichen des Messverfahrens anzuhängen, z. B.: 65 HRC, 76 HR 45 N usw. Die Messunsicherheit bei Messungen nach dem Rockwell-C-Verfahren beträgt ca. ±1 HRC.

Tabelle 1. Übersicht über die Rockwell-Verfahren.

Kurzbezeichnung	Prüfkörper	Vorlast N	Gesamt-Prüflast N	Zahlenwerte der Härte (e Prüfkörper-Eindringtiefe)	
HRC	Diamantkegel	98 ± 2	1471 ± 9	$100 - e / 0{,}002$	20...70
HRA			588 ± 5		60...881
HRB	Stahlkugel		980 ± 6,5	$130 - e / 0{,}002$	35...100
HRF			588 ± 5		60...100
HR15N HR30N HR45N	Diamantkegel	29,4 ± 0,6	147 ± 1 294 ± 2 441 ± 3	$100 - e / 0{,}001$	66...92 39...84 17...75
HR15T HR30T HR45T	Stahlkugel	3 ± 0,06	15 ± 0,1 30 ± 0,2 45 ± 0,3		50...94 10...84 0...75

Als Vorteil der Rockwellverfahren erweist sich, dass der Prüfling mit geringem Aufwand vorbereitet und die Messung schnell durchgeführt und vollständig automatisiert werden kann.

Erschütterungen des Messgerätes oder eine Verlagerung der Probe und des Eindringkörpers während des Messens, eine unebene Auflage des Prüflings oder Beschädigungen des Diamant-Eindringkörpers können zu Messfehlern führen.

Brinellhärte (DIN EN 10003)

Das Verfahren wird für wenig bis mittelharte metallische Werkstoffe angewendet. Der Prüfkörper ist eine Kugel aus Hartmetall oder gehärtetem Stahl. Er wird mit unterschiedlicher Belastung F mindestens 15 s lang[1]) auf die Oberfläche des zu messenden Teils gedrückt. Der Durchmesser d des nach dem Entlasten der Kugel zurückbleibenden Eindrucks wird mit einer Messlupe ausgemessen und ist das Maß für die Brinellhärte, deren Wert aus Tabellen abgelesen oder berechnet werden kann:

$$\text{Brinellhärte} = \frac{0{,}204 \cdot F}{\pi \cdot D \cdot (D - \sqrt{D^2 - d^2})} \quad \text{HB}$$

F Belastung in N
D Kugeldurchmesser in mm
d Eindruckdurchmesser in mm

[1]) bei Blei, Zink usw. mindestens 30 s.

Vergleich der Härtebereiche der verschiedenen Messverfahren.
Die Zahlen an den Bereichsgrenzen sind Härtewerte der betreffenden Verfahren.

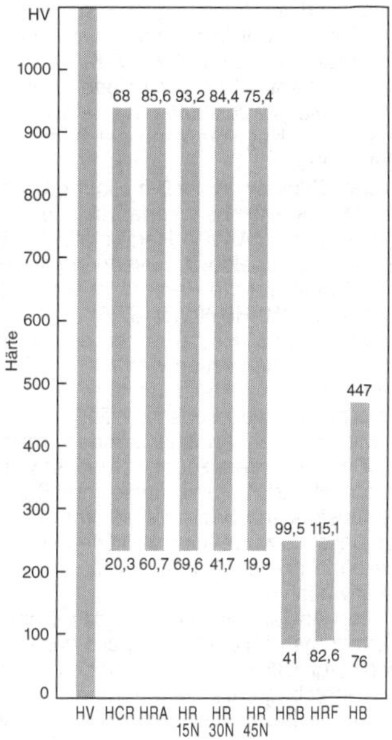

Tabelle 2. Anwendung der Brinell-Härteprüfung.

Werkstoff	Brinellhärte	Belastungsgrad 0,102 F/D^2
Stahl; Nickel- und Titanlegierungen		30
Gusseisen [1])	< 140 ≥ 140	10 30
Kupfer und Kupferlegierungen	< 35	5
	35 bis 200	10
	< 200	30
Leichtmetalle und ihre Legierungen	< 35	2,5
	35 bis 80	5 10 15
	> 80	10 15
Blei und Zinn		1
Sintermetalle	siehe EN 24498-1	

[1]) Für die Prüfung von Gusseisen muss der Nenndurchmesser der Kugel 2,5, 5 oder 10 mm betragen.

Die Prüflasten reichen von 9,81 bis 29420 N. Messwerte, die mit verschieden großen Kugeln ermittelt werden, sind nur bedingt vergleichbar, wenn sie mit gleichem Belastungsgrad gemessen wurden. Grundsätzlich sollte die größtmögliche Kugel und der Belastungsgrad so gewählt werden, daß der Durchmesser des Kugeleindrucks zwischen (0,24...0,6) $\cdot D$ liegt. Tabelle 2 enthält für verschiedene Werkstoffe die zweckmäßigen Belastungsgrade und Kugeldurchmesser nach DIN EN 10003.

Dem Zahlenwert der Brinellhärte ist das Kurzzeichen für das Verfahren, der Kugelwerkstoff (W für Hartmetall, S für Stahl), der Kugeldurchmesser und die mit 0,102 multiplizierte Prüflast in N anzufügen, z. B.: 250 HBW 2,5/187,5.

Oberhalb 450 HB darf nur mit einer Hartmetallkugel gemessen werden, um Fehlmessungen mit einer durch eine Messung deformierten Kugel auszuschließen.

Mit höherer Prüflast können relativ große Eindrücke erzeugt werden, so dass auch Werkstoffe mit ungleichmäßigem Gefügezustand prüfbar sind. Von Vorteil ist, dass die Korrelation zwischen der Brinellhärte und der Zugfestigkeit von Stahl relativ hoch ist.

Der Anwendungsbereich des Brinellverfahrens wird durch die Dicke des Prüflings (vgl. DIN EN 10003) und den Kugelwerkstoff begrenzt. Der erforderliche Aufwand für das Vorbereiten und Messen ist größer als bei den Rockwellverfahren. Das visuell erforderliche Ausmessen der Eindruckdiagonalen sowie ungleichförmige Eindrücke können zu Fehlmessungen führen.

Vickershärte (DIN 50 133)

Dieses Verfahren kann für alle metallischen Werkstoffe jeglicher Härte, für besonders kleine und dünne Teile sowie speziell für randschicht- oder einsatzgehärtete, nitrierte oder nitrocarburierte Werkstücke angewendet werden.

Als Prüfkörper dient eine vierseitige Diamantpyramide mit 136° Spitzenwinkel, die mit unterschiedlicher Belastung F auf die Oberfläche des zu prüfenden Teils aufgesetzt wird.

Die Diagonale d des rautenförmigen, nach Entlasten des Prüfkörpers zurückbleibenden Eindrucks, wird mit einer Messlupe ausgemessen und ist ein Maß für die Vickershärte, die aus Tabellen entnommen oder berechnet wird:

$$\text{Vickershärte} = 0{,}189 \cdot F/d^2 \text{ HV}$$

F Belastung in N
d Eindruckdiagonale in mm

In DIN 50 133 sind die in Tabelle 3 angegebenen Belastungsstufen festgelegt.

Dem Zahlenwert der Vickershärte sind das Kurzzeichen HV sowie die mit 0,102 multiplizierte Belastung in N und, getrennt durch einen Schrägstrich, die eventuell vom Regelfall (= 15 s) abweichende Belastungsdauer in s angefügt, z. B.: 750 HV 10/25.

Die zu prüfende Oberfläche sollte glatt ($R_{max} \leq 0{,}005 \cdot d$) und eben sein. Der Einfluss gekrümmter Oberflächen auf den Messwert ist nach DIN 50 133 durch einen Korrekturwert auszugleichen. Die Prüflast richtet sich nach der Dicke des zu prüfenden Werkstücks bzw. der „harten" Randschicht (vgl. Bild 2 in DIN 50 133). Nach praktischen Erfahrungen beträgt die Messunsicherheit ± 25 HV. Die Härtewerte sind, obwohl geometrisch ähnlich, abhängig von der Belastung.

Großer Vorteil des Verfahrens ist die nahezu unbegrenzte Anwendbarkeit auch auf dünne Teile oder Schichten. Auch die Härte einzelner Gefügebestandteile lässt sich mit sehr geringer Belastung noch ermitteln. Bis etwa 350 HV besteht zahlenmäßige Übereinstimmung mit der Brinellhärte.

Zur Vermeidung von Messfehlern muss jedoch die Oberfläche des Prüflings ausreichend geglättet werden. Für die Genauigkeit gelten im Prinzip dieselben Ge-

Tabelle 3. Übersicht über die Belastungsstufen bei der Vickershärte.

Kurzbezeichnung	HV0,2	HV0,3	HV0,5	HV1	HV2	HV3	HV5	HV10	HV20	HV30	HV50	HV100
Belastung N	1,96	2,94	4,9	9,8	19,6	29,4	49	98	196	294	490	980

Umwertungsvergleich Härte-Festigkeit nach DIN 50 150.

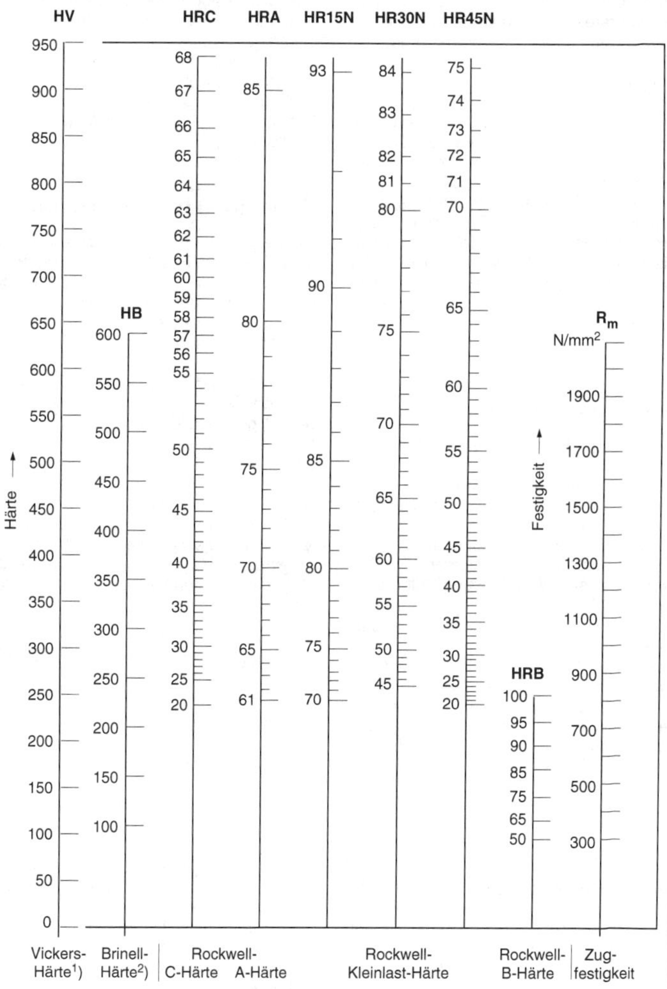

¹) Belastung ≥ 98 N. ²) Belastungsgrad 30.

sichtspunkte wie für das Brinellverfahren, allerdings reagiert die Messung sehr empfindlich auf Erschütterungen des Messgerätes. Die Prüfkörper sind teurer als die Kugeln des Brinellverfahrens.

Knoophärte

Dieses Verfahren ist dem Vickersverfahren sehr ähnlich. Es wird bevorzugt in den angelsächsischen Ländern zum Prüfen dünner Schichten angewendet.

Der Prüfkörper ist so geformt, dass ein schmaler Rhombus als Eindruck entsteht. Die lange Diagonale d ist siebenmal länger als die schmale. Ausgemessen wird nur die lange Diagonale. Die Belastung liegt unter 9,8 N. Der Härtewert wird aus einer Tabelle entnommen oder berechnet:

$$\text{Knoophärte} = 1{,}451 \cdot F/d^2 \text{ HK}$$

F Belastung in N
d lange Diagonalel in mm

Gegenüber dem Vickersverfahren kann die etwa 2,8 mal längere Diagonale mit geringerer Messunsicherheit visuell ausgemessen werden. Die Eindringtiefe ist um 1/3 geringer als beim Vickersverfahren, so dass auch die Oberflächenhärte dünner Teile oder Schichten ermittelt werden kann. Werden Knoop-Eindrücke in verschiedener Richtung angebracht, lassen sich sogar Werkstoffanisotropien erkennen.

Als Nachteil ist anzusehen, dass die Oberfläche des Prüflings sehr sorgfältig und senkrecht zur Belastungsachse ausgerichtet werden muss. Das Verfahren ist in Deutschland nicht genormt und es können nur Belastungen bis 9,8 N verwendet werden. Es besteht kein genormter Bezug zur Vickershärte.

Shorehärte

Dieses Verfahren wird hauptsächlich zur Prüfung von Gummi oder weichen Kunststoffen benutzt. Der Prüfkörper ist ein Stahlstift mit 1,25 mm Durchmesser, der durch Federkraft auf die Oberfläche des Prüflings gedrückt wird. Die dabei veränderte Länge der Feder (Federweg) ist ein Maß für die Shorehärte.

Beim Verfahren Shore D wird eine Federvorlast von 0,55 N aufgebracht; der Stahlstift weist einen Kegelstumpf auf (Prüfung von Hartgummi). Die Federrate c beträgt 4 N/mm.

Beim Verfahren Shore A wird ohne Federvorlast mit einem abgerundeten kegelförmigen Stahlstift gemessen. Die Federrate c beträgt 17,8 N/mm. Jeweils 0,025 mm Federweg entsprechen 100 Shore-Einheiten.

Kugeldruckhärte (DIN 53 456)

Dieses Verfahren ist die übliche Methode zum Messen der Härte von Plastomeren, aber auch von Hartgummi. Der Prüfkörper ist eine gehärtete Stahlkugel mit 5 mm Durchmesser. Sie wird auf die Oberfläche des Prüflings, der mindestens 4 mm dick sein muss, mit einer Vorlast von 9,81 N gedrückt. Danach wird weiter mit einer Belastung von 49, 132, 358 oder 961 N gedrückt und nach 30 s die Eindringtiefe gemessen und analog angezeigt. Die Prüfkraft F sollte so gewählt werden, dass sich Eindringtiefen h von 0,15...0,35 mm ergeben.

Die Kugeldruckhärte ist definiert als Verhältnis zwischen der Prüflast und der Oberfläche des gemessenen Eindrucks. Sie wird aus Tabellen entnommen oder berechnet:

$$\text{Kugeldruckhärte} = \frac{0{,}21 \cdot F}{1{,}25 \cdot \pi \cdot (h - 0{,}04)} \text{ N/mm}^2$$

F Belastung in N
h Eindringtiefe in mm

Skleroskophärte

Es handelt sich hierbei um ein dynamisches Verfahren speziell für große schwere Teile aus metallischen Werkstoffen. Das Messprinzip besteht darin, dass die Rückprallhöhe (Rückstoßenergie) eines Prüfkörpers aus Stahl mit Diamant- oder Hartmetallspitze, der aus einer festgelegten Höhe auf die Oberfläche des Prüflings fällt, ermittelt und als Maß für die Härte angesehen wird.

Das Verfahren ist nicht genormt und es bestehen keine Korrelationen zu anderen Härtemessverfahren.

Toleranzen

Zusammenhänge

In Zeichnungen, denen DIN-Normen über Toleranzen und Passungen zu Grunde liegen und in denen keine anderslautenden Festlegungen enthalten sind (z. B. Unabhängigkeitsprinzip nach ISO 8015), gilt grundsätzlich die Hüllbedingung für alle einzelnen Formelemente. Grundlage der Hüllbedingung ist die Lehrenprüfung nach Taylor. Danach darf die geometrische Hülle vom Maximum-Material-Maß der Maßtoleranz nicht durchbrochen werden.

Es ist nicht möglich, geometrisch ideale Werkstücke herzustellen; deshalb werden der Fertigung Grenzmaße (Maßtoleranzen) vorgegeben.

Innerhalb der Maßtoleranzen liegen nach DIN 7167 alle Formtoleranzen sowie die Parallelitäts-, Positions- und Planlauftoleranz. Die Formtoleranz kann beliebig innerhalb der Maßtoleranz liegen (siehe Bild).

Für die folgenden Lagetoleranzen ist das Hüllmaß bei Maximum-Material-Maß nicht definiert:

Rechtwinkligkeits-, Neigungs-, Symmetrie-, Koaxialitäts- und Rundlauftoleranz. Für diese Lagetoleranzen sind direkte Zeichnungsangaben oder die Allgemeintoleranzen notwendig.

Zwischen Maßtoleranz und Rautiefe besteht kein allgemein gültiger Zusammenhang (Richtwert: $R_z \leq 0{,}5 \cdot T$).

ISO **I**nternational **O**rganization for **S**tandardization.

Toleranzlage.
1 Istform.
a Formtoleranz, b Maßtoleranz.

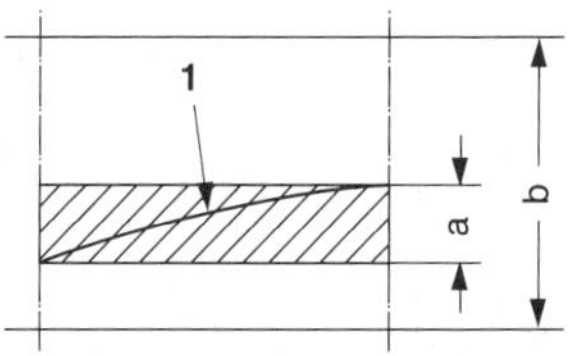

ISO-System für Grenzabmaße und Passungen

Die ISO-Toleranzklassen werden mit Buchstaben (für Grundabmaße) und Zahlen (für Grundtoleranzgrade) bezeichnet. Es bedeuten:

– **Buchstaben** A bis Z die Lage des Toleranzfeldes zur Nullinie; Kleinbuchstaben für Wellen; Großbuchstaben für Bohrungen.

– **Zahlen** 01 bis 18 die Größe des Toleranzgrades.

Die ISO-Toleranzfelder von Wellen und Bohrungen können beliebig zu Passungen zusammengesetzt werden. Bevorzugt werden die Passungssysteme Einheitsbohrung und Einheitswelle.

Einheitsbohrung: Die Grundabmaße aller Bohrungen sind gleich; die verschiedenen Passungen erhält man durch entsprechende Wahl der Abmaße der Wellen.

Einheitswelle: Die Grundabmaße aller Wellen sind gleich; die verschiedenen Passungen erhält man durch entsprechende Wahl der Abmaße der Bohrungen.

Mit ISO-Abmaßen aus ISO 286 können die gebräuchlichsten Spiel-, Übergangs- und Übermaßpassungen gebildet werden.

Beispiel für Toleranzklasse: H7
Grundabmaß (H)
Toleranzgrad (7)

Form- und Lagetoleranzen

Form- und Lagetoleranzen sollen nur dann vorgeschrieben werden, wenn sie erforderlich sind (z. B. auf Grund der funktionellen Anforderungen, der Austauschbarkeit und möglicher Fertigungsumstände).

Eine Form- und Lagetoleranz eines Elementes definiert eine Zone, innerhalb der dieses Element (Fläche, Achse oder Mantellinie) liegen muss.

Das tolerierte Element kann innerhalb der Toleranzzone jede beliebige Form und jede beliebige Richtung haben. Die Toleranz gilt für die gesamte Länge oder Fläche des tolerierten Elementes.

Der Eintrag in Zeichnungen erfolgt durch Symbole (s. Tabelle).

Symbole für tolerierte Eigenschaften.

Eigenschaften		Symbole
Geradheit	1)	⏤
Ebenheit		⏥
Rundheit (Kreisform)		○
Zylindrizität		⌭
Profil, beliebige Linie		⌒
Profil, beliebige Fläche		⌓
Parallelität	2)	//
Rechtwinkligkeit		⊥
Neigung		∠
Position	3)	⌖
Konzentrizität/Koaxialität		◎
Symmetrie		⌯
Lauf	4)	↗
Gesamtlauf		⌰

1) Formtoleranzen, 2) Richtungstoleranzen,
3) Ortstoleranzen, 4) Lauftoleranzen.

Zusätzliche Symbole.

Beschreibung		Symbole
Kennzeichnung des tolerierten Elements	direkt	(Pfeil auf Fläche)
	mit Buchst.	A
Kennzeichnung des Bezuges	direkt	(Bezugsdreieck)
	mit Buchst.	A A
Bezugsstelle		Ø2 / A1
Theoretisch genaues Maß		50
Projizierte Toleranzzone		Ⓟ
Maximum-Material-Bedingung		Ⓜ

Gestaltsabweichungen

Der Begriff „Gestaltsabweichungen" umfasst die Gesamtheit aller Abweichungen der Istoberfläche von der geometrisch idealen Gestalt.

Je nach dem Verwendungszweck einer technischen Oberfläche können für das Funktionsverhalten nur die Formabweichungen, nur die Rauheit und Welligkeit oder die Gesamtheit aller Gestaltsabweichungen von besonderer Bedeutung sein. Zur Unterscheidung der verschiedenen Gestaltsabweichungen enthält DIN 4760 ein Ordnungssystem mit Beispielen für die Art der Abweichungen und für die Entstehungsursache:

Gestaltsabweichungen 1. Ordnung
Formabweichungen sind Gestaltsabweichungen 1. Ordnung, die bei der Betrachtung einer Fläche in deren ganzer Ausdehnung feststellbar sind. Das Verhältnis der Formabweichungsabstände zur Tiefe ist im Regelfall > 1000 : 1.

Gestaltsabweichungen 2. bis 5. Ordnung
Welligkeiten sind Gestaltsabweichungen 2. Ordnung. Als überwiegend periodisch auftretende Gestaltsabweichungen der Istoberfläche werden sie an einem repräsentativen Ausschnitt der Istoberfläche eines Formelementes ermittelt.
Rauheiten sind Gestaltsabweichungen 3. bis 5. Ordnung mit regelmäßig oder unregelmäßig wiederkehrenden Gestaltsabweichungen, deren Abstände nur ein relativ geringes Vielfaches ihrer Tiefe betragen.

Oberflächenkenngrößen

Das Tastschnittverfahren erfasst das Profil einer Oberfläche vertikal, horizontal und unter Berücksichtigung beider Komponenten. Die Kenngrößen werden aus dem ungefilterten Primärprofil (P-Profil), dem gefilterten Rauheitsprofil (R-Profil) bzw. dem gefilterten Welligkeitsprofil (W-Profil) ermittelt. Rauheit und Welligkeit werden mittels Profilfilter getrennt.

Gesamthöhe des Profils P_t, R_t, W_t
Summe aus der Höhe der größten Profilspitze Z_p und der Tiefe des größten Profiltales Z_v innerhalb der Messstrecke l_n.

Die Messstrecke l_n kann eine oder mehrere Einzelmessstrecken l_r umfassen. Der Wert einer Kenngröße wird aus den Messdaten einer Einzelmessstrecke ermittelt. Im Regelfall werden fünf Einzelmessstrecken für die Berechnung der Rauheits- und Welligkeitskenngrößen zugrunde gelegt. Ausgehend von der maximalen Rauheitsprofilhöhe gelten die genormten Messbedingungen (z. B. Grenzwellenlänge λ_c, Einzelmessstrecke l_r, Messstrecke l_n, Taststrecke l_t, Tastspitzenradius $r_{SP\ max}$ und Digitalisierungsabstand Δx_{max}). Für die industrielle Praxis zur funktionsrelevanten Beschreibung von Oberflächen gelten im Regelfall folgende Kenngrößen:

Arithmetischer Mittenrauhwert R_a
Arithmetisches Mittel der Absolutbeträge der Ordinatenwerte des Rauheitsprofil.

Maximale Rauheitsprofilhöhe R_z
Summe aus der Höhe der größten Profilspitze R_p und der Tiefe des größten Profiltales R_v innerhalb einer Einzelmessstrecke. Als senkrechter Abstand vom höchsten zum tiefsten Profilpunkt ist R_z ein Maß für die Streubreite der Rauheitsordinatenwerte.

Materialanteil des Rauheitsprofils $R_{mr(c)}$
Die Materialanteilkurve gibt den Materialanteil als Funktion der Schnitthöhe c an. Der Kennwert wird durch ein prozentuales Verhältnis der Summe der Materiallängen Ml(c) der Profilelemente in einer vorgegebenen Schnitthöhe c zur Messstrecke l_n gebildet.

Kenngrößen der Materialanteilkurve R_k, R_{pk}, R_{vk}, Mr_1, Mr_2
Die aus dem gefilterten Rauheitsprofil gebildete Materialanteilkurve wird in drei Profilbereiche eingeteilt, die mit Kenngrößen charakterisiert werden (Kernrautiefe R_k, reduzierte Spitzenhöhe R_{pk} und reduzierte Riefentiefe R_{vk}). Die Kenngrößen Mr_1 und Mr_2 geben den Materialanteil an den Grenzen des Rauheitskernprofils an.

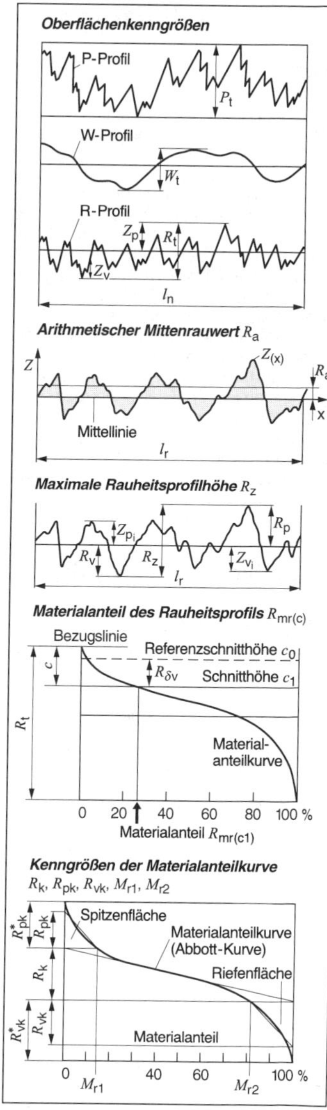

Gleit- und Wälzlager

Gleitlager

Die Palette der Gleitlager reicht von den Lagern mit meist vollständiger Trennung der Gleitflächen durch einen Schmierfilm (Flüssigkeitsreibung) über die selbstschmierenden Lager, die überwiegend im Bereich der Mischreibung laufen (d. h. die Tragkräfte werden teilweise durch Festkörperkontakte der Gleitflächen übernommen), bis zu den Trockengleitlagern, welche im Bereich der Festkörperreibung (d.h. völlig ohne wirksamen flüssigen Schmierfilm) laufen, aber noch eine ausreichende Lebensdauer erreichen.

Die im Kraftfahrzeug verwendeten hydrodynamischen Gleitlagertypen sind überwiegend kreiszylindrische Radialgleitlager (oft mit Zitronenspiel) zur Lagerung von Kurbel- und Nockenwellen und Turboverdichterlager. Axiallager dienen meist nur zur axialen Führung ohne hohe Kräfte.

Hydrodynamische Gleitlager

Formelzeichen (DIN 31 652)

Benennung	Formelzeichen	Einheit
Lagerbreite, tragend	B	m
Lagerinnendurchmesser (Nennmaß)	D	m
Wellendurchmesser (Nennmaß)	d	m
Exzentrizität (Verlagerung der Wellenachse gegenüber der Lagerachse)	e	m
Lagerkraft (Last)	F	N
Minimale Schmierfilmdicke	h_0	m
Örtlicher Schmierfilmdruck	p	Pa = N/m²
Spezifische Lagerbelastung $\bar{p} = F/(B \cdot D)$	$\bar{p}$	Pa
Lagerspiel $s = (D - d)$	s	m
Sommerfeldzahl	So	–
Relative Exzentrizität $2\,e/s$	ε	–
Effektive dynamische Viskosität des Schmierstoffs	η_{eff}	Pa · s
Relatives Lagerspiel $\psi = s/D$	ψ	–
Verlagerungswinkel	β	°
Hydrodynamisch effektive Winkelgeschwindigkeit	ω_{eff}	s^{-1}

Ein hydrodynamisches Gleitlager ist betriebssicher, wenn es eine ausreichende Sicherheit gegenüber folgenden Beanspruchungen aufweist:
– Verschleiß (ausreichende Trennung der Gleitpartner durch den Schmierstoff),
– mechanische Beanspruchung (ausreichender Abstand zur Festigkeit des Lagerwerkstoffes),
– thermische Beanspruchung (Beachtung von Warmfestigkeit des Lagerwerkstoffes und Viskosität-Temperatur-Abhängigkeit des Schmierstoffes).

Für die Tragfähigkeit, d.h. zur Beurteilung der Schmierfilmbildung, ist die dimensionslose Sommerfeldzahl So kennzeichnend:

$$So = F \cdot \psi^2/(D \cdot B \cdot \eta_{eff} \cdot \omega_{eff})$$

Mit größer werdender Sommerfeldzahl So steigt die relative Exzentrizität ε und damit sinkt die minimale Schmierfilmdicke h_0:

$$h_0 = (D - d)/2 - e = 0{,}5\,D \cdot \psi \cdot (1 - \varepsilon)$$

Relative Exzentrizität

$$\varepsilon = 2e/(D - d)$$

Tabelle 1. Größenordnung der Reibungszahlen bei unterschiedlichen Reibungsarten.
Die angegebenen Reibungszahlen sind ungefähre Werte und dienen lediglich zum Vergleich der unterschiedlichen Reibungsarten.

Reibungsart	Reibungszahl f
Festkörperreibung	0,1 ... > 1
Mischreibung	0,01 ... 0,1
Flüssigkeitsreibung	0,01
Wälzreibung bei Wälzlagern	0,001

Tabelle 2. Erfahrungswerte für höchstzulässige spezifische Lagerbelastung. (Höchstwerte nur bei sehr geringen Gleitgeschwindigkeiten)

Lagerwerkstoffe	Höchstzulässige spez. Lagerlast $\bar{p}_{lim}$
Pb- und Sn-Legierungen (Weißmetalle)	5 ... 15 N/mm²
Bronze auf Basis Blei	7 ... 20 N/mm²
Bronze auf Basis Zinn	7 ... 25 N/mm²
AlSn-Legierungen	7 ... 18 N/mm²
AlZn-Legierungen	7 ... 20 N/mm²

Die Sommerfeldzahl dient auch zur Bestimmung der Reibungszahl im Lager und damit zur Berechnung von Reibleistung und thermischer Beanspruchung (vgl. DIN 31 652; VDI-Richtlinie 2204).

Da auch hydrodynamische Lager zeitweise im Mischreibungsgebiet laufen, einen gewissen Grad an Verschmutzung ohne Funktionsverlust ertragen müssen und insbesondere in Kolbenmotoren zusätzlich dynamisch und thermisch hoch belastet sind, muss der Lagerwerkstoff eine ganze Reihe teilweise entgegengesetzter Anforderungen erfüllen:

- Schmiegsamkeit (Abbau von Kantenträgern durch plastische Deformation ohne Lebensdauerverlust),
- Schmierstoffbenetzbarkeit,
- Einbettfähigkeit (Aufnahme von Schmutzteilchen in die Lagerfläche darf dem Lager- bzw. Wellenverschleiß keinen Vorschub leisten),
- Verschleißwiderstand (bei Mischreibung),
- Widerstand gegen Fressen (Widerstand gegen Verschweißen mit dem Wellenwerkstoff bei hoher Flächenpressung und Gleitgeschwindigkeit),
- Notlaufeigenschaften (Verschweißwiderstand),
- Einlaufvermögen (Komplex von Schmiegsamkeit, Verschleißwiderstand, Einbettfähigkeit),
- Mechanische Belastbarkeit,
- Ermüdungsfestigkeit (unter wechselnder Belastung, insbesondere bei hoher thermischer Beanspruchung).

Liegen für eine Lagerung (z.B. Kolbenbolzenbuchsen) hohe Belastungen bei gleichzeitig niedrigen Gleitgeschwindigkeiten vor, so sind möglichst hohe Werte bezüglich Ermüdungsfestigkeit und Verschleißwiderstand vorrangig gegenüber dem Fresswiderstand. Die hierfür eingesetzten Lagerwerkstoffe sind harte Bronzen, z.B. Zinn-Blei-Bronzen (Tabelle 3).

Besonders vielseitige Anforderungen werden an die Pleuel- und Kurbelwellenlager von Verbrennungsmotoren mit ihren hohen instationären Belastungen bei großen Gleitgeschwindigkeiten gestellt. Dafür haben sich die **Mehrschichtlager**, vor allem die Dreistofflager, gut bewährt.

Eine weitere Steigerung der Lebensdauer von Kurbelwellenlagern erreicht man mit Hilfe von **Rillenlagern**, bei denen feine Rillen in Umfangsrichtung der Lauffläche mit einer weichen Laufschicht aufgefüllt sind (galvanische Schicht ähnlich der beim Dreistofflager). Daneben liegen Kämme aus härterem Leichtmetall.

Geringe Verschleißraten und eine hohe Ermüdungsfestigkeit bei gleichzeitig guten Einbettfähigkeiten von Schmierstoffverunreinigungen werden erreicht.

Mehrschichtlager
(Aufbau eines Dreistofflagers).
1 Stahlstützschale, 2 gegossene Bleibronze (0,4 mm), 3 Nickeldamm zwischen Bleibronze und Weißmetall (1 ... 2 µm), 4 galvanisch aufgebrachte Weißmetallschicht (Overlay, z.B. 20 µm).

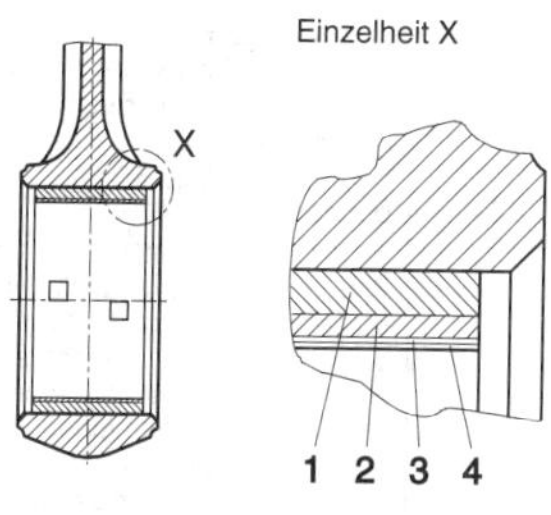

Schnitt durch ein Rillenlager
(MIBA-Patent). Lauffläche mit feinsten Rillen in Laufrichtung v_G.
1 verschleißfestes Leichtmetall, 2 weiche Laufschicht, 3 Nickeldamm.

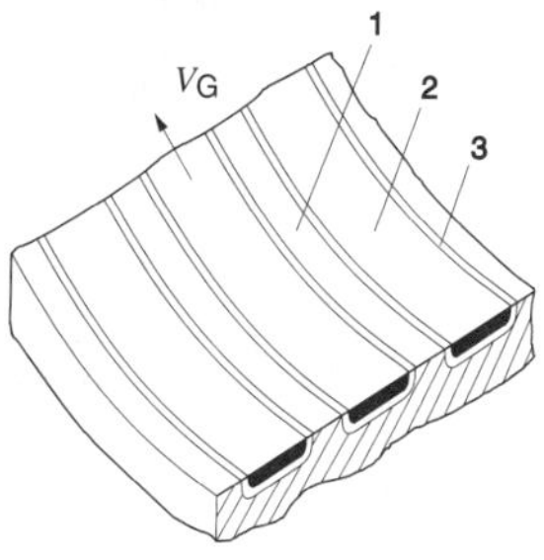

Tabelle 3. Werkstoffauswahl für hydrodynamische Gleitlager.

Werkstoff	Legierungs-bezeichnung	Zusammen-setzung in %	Härte HB 20 °C	Härte HB 100 °C	Bemerkung Verwendungsbeispiel
Weißmetall auf Basis Zinn	LgPbSn 80 (WM 80)	80 Sn; 12 Sb; 6 Cu; 2 Pb	27	10	Sehr weich, gute Anpassung der Gleitflächen bei Verkanten, sehr gute Notlaufeigenschaften.
Weißmetall auf Basis Blei	LgPbSn 10 (WM 10)	73 Pb; 16 Sb; 10 Sn; 1 Cu	23	9	Stützkörper notwendig, z. B. als Stahlverbundguss oder mit Ni-Zwischenschicht auf Bleibronze.
Bronze auf Basis Blei	G-CuPb 25	74 Cu; 25 Pb; 1 Sn	50	47	Sehr weich, sehr gute Notlaufeigenschaften, gegen Verschleiß weniger beständig.
	G-CuPb 22	70 Cu; 22 Pb; 6 Sn; 3 Ni	86	79	
Bronze auf Basis Blei-Zinn	G-CuPb 10 Sn	80 Cu; 10 Pb; 10 Sn	75	67	Durch Pb bessere Notlaufeigenschaften. Gegen Verkanten unempfindlicher als reine Zinnbronzen, daher hochbelastbare Pb-Sn-Bronzen bevorzugt bei Kurbeltrieben. Verbundlager in Verbrennungsmotorenbau, Kolbenbolzenbüchsen. $\overline{p}$ bis 100 N/mm².
	G-CuPb 23 Sn	76 Cu; 23 Pb; 1 Sn	55	53	Verbundguss für Lagerstellen mit geringerer Belastung (70 N/mm²). Auch dickwandige Lagerschalen. Besonders gute Notlaufeigenschaften. Kurbelwellenlager, Nockenwellen, Pleuellager.
Bronze auf Basis Zinn	G-CuSn 10 Zn	88 Cu; 10 Sn; 2 Zn	85		Harter Werkstoff. Gleitlagerschalen mäßig belastbar mit niedriger Gleitgeschwindigkeit. Schneckenräder.
	CuSn 8	92 Cu; 8 Sn	80 ... 220		Hochwertige Knetlegierung. Günstig bei hoher Belastung und Mangelschmierung, Achsschenkellagerungen. Besonders für dünnwandige Gleitlagerbuchsen.
Rotguss	G-CuSn7 ZnPb	83 Cu; 6 Pb; 7 Sn; 4 Zn	75	65	Zinn teilweise durch Zink und Blei ersetzt. Ersatz für Zinnbronze, aber nur für mittlere Beanspruchungen (40 N/mm²). Gleitlager für allgemeinen Maschinenbau. Kolbenbolzen, Buchsen, Kurbel- und Kniehebellager.

Werkstoff	Legierungsbezeichnung	Zusammensetzung in %	Härte HB 20 °C	Härte HB 100 °C	Bemerkung Verwendungsbeispiel
Messing	CuZn 31 Si	68 Cu: 31 Zn; 1 Si	90 ... 200		Zn-Gehalt bei höheren Lagertemperaturen ungünstig. Ersatz für Zinnbronze, geringe Beanspruchung.
Al-Bronze	CuAl 9 Mn	88 Cu; 9 Al; 3 Mn	110 ... 190		Vergleichbare Wärmeausdehnung wie Leichtmetall, gut für Presssitz in Leichtmetallgehäusen. Verschleißfester als Zinnbronze, aber höhere Reibung.
Al-Legierung	AlSi 12 Cu NiMn	1 Cu; 85 Al; 12 Si; 1 Ni; 1 Mn	110	100	Kolbenlegierung für geringe Gleitgeschwindigkeiten.
Al-Walz-Plattierung	AlSn 6	1 Cu; 6 Sn; 90 Al; 3 Si	40	30	Zinnseigerung durch Walzen gestreckt, dadurch hohe Belastbarkeit, gute Gleiteigenschaften. Verbesserung durch galvanische Schicht.
Galvanische Schichten	PbSn 10 Cu	2 Cu; 88 Pb; 10 Sn	50 ... 60		Für moderne Dreistofflager 10 ... 30 µm dick galvanisch aufgebracht, sehr feines Korn. Ni-Zwischenschicht am Lagermetall.

Werkstoffe s. a. DIN 1703, 1705, 1716, 17 660, 17 662, 17 665, 1494, 1725, 1743.
ISO 4381, 4382, 4383.

Tabelle 4. Werkstoffe für Sintermetalllager.
Sint-B bedeutet 20 % PV (Porenvolumen) (Sint-A: 25 % PV; Sint-C: 15 % PV).

Werkstoffgruppe	Bezeichnung Sint- ...	Zusammensetzung	Bemerkungen
Sintereisen	B 00	Fe	Standardwerkstoff bei nicht zu hohen Anforderungen an Belastung und Geräusch.
Sinterstahl, Cu-haltig	B 10	< 0,3 C 1 ... 5 Cu Rest Fe	Gute Verschleißfestigkeit, höher belastbar als reine Fe-Lager.
Sinterstahl, höher Cu-haltig	B 20	20 Cu Rest Fe	Preisgünstiger als Sinterbronze, gutes Geräuschverhalten und $p \cdot v$-Werte.
Sinterbronze	B 50	< 0,2 C 9 ... 10 Sn Rest Cu	Standardwerkstoff auf Cu-Sn-Basis, gutes Geräuschverhalten.

Sintermetall-Gleitlager

Sintermetall-Gleitlager bestehen aus gesinterten Metallen mit einem verbleibenden Porenvolumen, das mit flüssigen Schmierstoffen imprägniert wird. Für viele Hilfsaggregate im Kraftfahrzeugbau (Kleinmotoren) stellt dieser Lagertyp einen guten Kompromiss von Präzision, Einbau, Wartungsfreiheit, Lebensdauer und Kosten dar. Der Anwendungsschwerpunkt liegt bei Wellendurchmessern von 1,5 ... 12 mm. Für Kraftfahrzeuge werden Sintereisenlager und Sinterstahllager (preisgünstig, geringere Wechselwirkung mit dem Schmierstoff) gegenüber Sinterbronzelagern bevorzugt (Tabelle 4). Vorteile der Sinterbronzelager sind höhere Belastbarkeit, geringeres Geräusch und geringere Reibungszahlen (für Phonogeräte, Büro- und Datenanlagen, Kameras).

Die Leistungsfähigkeit der Sinterlager über längere Laufzeiten ist eng mit dem Einsatz des optimalen Schmierstoffs gekoppelt.

Mineralöle: ungenügende Kältefließfähigkeit, mäßige Alterungsbeständigkeit.

Syntheseöle: (z.B. Ester, Poly-α-olefine) gute Kältefließfähigkeit, hohe thermische Belastbarkeit, geringe Verdampfungsneigung.

Synthetische Fettöle: (Öle, die mit Metallseifen versehen sind) geringe Anlaufreibung, geringer Verschleiß.

Trockengleitlager

(s. Tabelle 5, S. 324)

Vollpolymerlager aus Thermoplasten

Vorteile: kostengünstig, kein Fressen auf Metallen.

Nachteile: geringe Wärmeleitfähigkeit, relativ niedrige Betriebstemperaturen, Quellen durch Feuchtigkeit möglich, geringe Belastbarkeit, großer Wärmeausdehnungskoeffizient.

Die am häufigsten benutzten Polymerwerkstoffe sind: Polyoximethylen (POM, POM-C), Polyamide (PA), Polyethylen- und Polybutylenterephtalat (PET, PBT), Polyetheretherketon (PEEK).

Durch Zusatz von Schmierstoffen und Verstärkungen im thermoplastischen Grundwerkstoff lassen sich die tribologischen Eigenschaften und auch die mechanischen Kenngrößen in weiten Grenzen variieren.

Schmierstoffzusätze: Polytetrafluorethylen (PTFE), Graphit (C), Silikonöl und andere flüssige Schmierstoffe.

Verstärkungszusätze: Glasfaser (GF), Kohlefaser (CF).

Anwendungsbeispiele: Scheibenwischerlager (PA und Glasfaser), Leerlaufsteller (PEEK + Kohlefaser, PTFE und andere Zusätze).

Polymerlager aus Duroplasten und Elastomeren

Diese Werkstoffe mit hoher Eigenreibung werden in Kfz als Lagermaterial wenig eingesetzt. Duroplaste sind: Phenolharze (hohe Reibung, z. B. Resitex), Epoxidharze (Zusätze von PTFE oder C erforderlich, wegen Eigensprödigkeit Verstärkung meist durch Fasern notwendig), Polyimid (thermisch und mechanisch hoch belastbar).

Anwendungsbeispiel: axialer Anlaufpilz im Wischermotor aus Polyimid.

Verbundlager

Verbundlager sind Kombinationen von Polymerwerkstoffen, Fasern und Metallen. Durch den jeweiligen Aufbau ergeben sich gegenüber den reinen bzw. gefüllten Polymergleitlagern Vorteile bezüglich Belastbarkeit, Lagerspiel, Wärmeleitung und Montage (Eignung bei oszillierenden Bewegungen).

Aufbaubeispiel: Stahlrücken (wenige Millimeter) galvanisch verzinnt oder kupferplattiert, darüber 0,2 ... 0,35 mm dicke Bronzekugelschicht mit 30 ... 40% Porenvolumen aufgesintert, darin eingewalzt ein reibungsarmer Polymerwerkstoff als Gleitschicht. Gleitschicht aus a) Acetalharz, ölimprägniert oder mit Schmiernäpfchen bzw. b) PTFE + Pb oder MoS_2-Zusatz.

Verbundlager gibt es in vielfältiger Form und Zusammensetzung. Besonders hoch belastbar und geeignet für Kugelgelenke sind Verbundlager mit eingewebten PTFE-Fasern.

Anwendungsbeispiele für Kfz: Kolbenstangenlager von Federbeinen, Ausrückhebellager von Kupplungsdruckplatten, Bremsbackenlagerung von Trommelbremsen, Kugelgelenklager, Türscharnierlager, Lager von Sicherheitsgurt-Aufwickelwellen, Achsschenkellager, Zahnradpumpenlager.

Kunstkohlelager

Kunstkohlelager zählen aufgrund des Herstellungsverfahrens und der Materialeigenschaften zu den keramischen Lagern. Basismaterialien sind pulverförmige Kohlenstoffe; als Binder dienen Peche oder Kunstharze.

Vorteile: Temperaturbeständigkeit bis 350 °C (Hartbrandkohle), bis 500 °C (Elektrografit), gutes Reibverhalten, gute Korrosionsbeständigkeit, gute Wärmeleitfähigkeit, gute Thermoschockbeständigkeit. Zu beachten ist die hohe Sprödigkeit.

Anwendungsbeispiele für Kunstkohlelager: Lager von Kraftstoffpumpen, Lager in Trockenöfen, verstellbare Leitschaufeln von Turboverdichtern.

Metallkeramische Lager

Metallkeramische Lager bestehen aus pulvermetallurgisch hergestelltem Material, das neben der metallischen Matrix feinverteilte Festschmierpartikel enthält.

Matrix: z. B. Bronze, Eisen, Nickel.

Schmierstoff: z. B. Grafit, MoS_2.

Diese Werkstoffe eignen sich für besonders hohe Belastungen bei gleichzeitiger Selbstschmierung.

Anwendungsbeispiel: Achsschenkellager.

Schnitt durch ein selbstschmierendes Verbundlager.
1 Polymergleitschicht, 2 Bronzekugelschicht, 3 Kupferschicht, 4 Stahlrücken, 5 Zinnschicht.

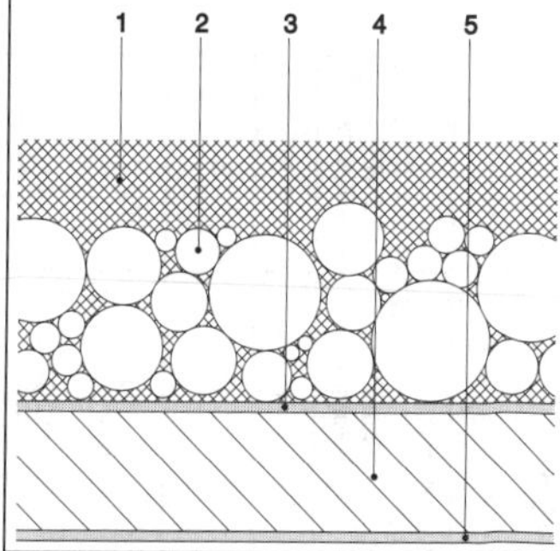

Schnitt durch Verbundlager mit Gewebe aus PTFE-Fasern und Glasfasern.
1 PTFE-Fasergewebe, 2 Klebefäden, 3 Harz, 4 Glasfaserstützgewebe, 5 Kleber, 6 Stahlrücken.

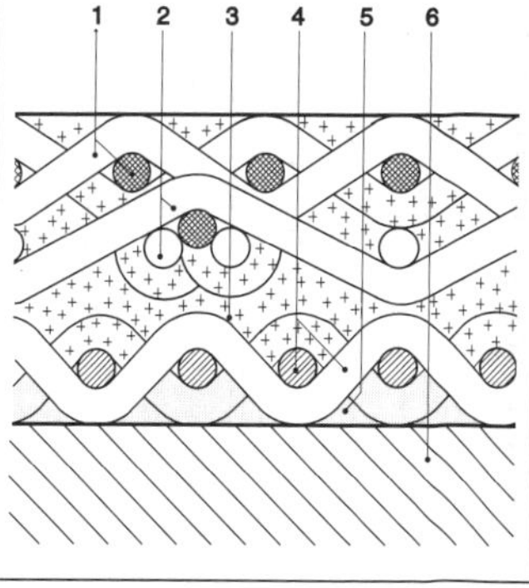

Tabelle 5. Eigenschaften wartungsfreier, selbstschmierender Gleitlager.

	Sinterlager ölgetränkt		Polymerlager		Verbundlager Laufschicht		Kunstkohle
	Sintereisen	Sinterbronze	Thermoplast Polyamid	Duroplast Polyimid	PTFE + Zusatz	Acetalharz	
Druckfestigkeit N/mm²	80 ... 180		70	110	250	250	100 ... 200
Max. Gleitgeschwindigkeit m/s	10	20	2	8	2	3	10
Typische Belastung N/mm²	1 ... 4 (10)		15	50 (bei 50 °C) 10 (bei 200 °C)	20 ... 50	20 ... 50	50
Zul. Betriebstemp. °C Kurzzeitig	– 60 ... 180 (ölabhängig) 200		– 130 ... 100 120	– 100 ... 250 300	– 200 ... 280	– 40 ... 100 130	– 200 ... 350 500
Reibungszahl ohne Schmierung	mit Schmierung 0,04 ... 0,2		0,2 ... 0,4 (100 °C) 0,4 ... 0,6 (25 °C)	0,2 ... 0,5 (ungefüllt) 0,1 ... 0,4 (gefüllt)	0,04 ... 0,2	0,07[1]) ... 0,2 [1]) PTFE gefüllt	0,1 ... 0,35
Wärmeleitfähigkeit W/(m · K)	20 ... 40		0,3	0,4 ... 1	46	2	10 ... 65
Korrosionsbeständigkeit	weniger gut	gut	sehr gut		gut	gut	sehr gut
Chem. Beständigkeit	nein		sehr gut		bedingt	bedingt	gut
Max. $p \cdot v$ (N/mm²) · (m/s)	20		0,05	0,2	1,5 ... 2		0,4 ... 1,8
Einbettfähigkeit von Schmutz und Abrieb	weniger gut		gut	gut	weniger gut	gut	weniger gut

Wälzlager

Bei Wälzlagern erfolgt die Kraftübertragung durch Wälzkörper (Kugeln oder Rollen). Wälzen ist eine aus Rollen und Gleiten zusammengesetzte Bewegungsart. Auch bei Wälzlagern tritt praktisch stets neben dem reinen Rollen ein Mikroschlupf (d. h. ein Gleiten) auf, der bei Mischreibung zu verstärktem Verschleiß führt.

Vorteile:
niedriger Anfahrreibungszahl (0,001...0,002), daher besonders geeignet für häufiges Anfahren,
geringer Wartungsaufwand,
geeignet für Dauerschmierung,
geringer Schmierstoffverbrauch,
kleine Lagerbreite,
hohe Genauigkeit.

Nachteile:
empfindlich gegen stoßartige Belastung,
schmutzempfindlich,
Lagergeräusche für manche Anwendungsfälle zu hoch,
Standardlager nur einteilig.

Lagerwerkstoffe
Lagerringe und Wälzkörper bestehen aus chromlegiertem Sonderstahl (100 Cr6H) mit hohem Reinheitsgrad und Härten von 58 ... 65 HRC.

Die Käfige bestehen je nach Einsatzfall aus gepresstem Stahl- oder Messingblech. Neuerdings werden wegen einfacherer Fertigung, besserer Anpassung an die Lagergeometrie und weiterer tribologischer Vorteile (z. B. Gleiteigenschaften) Käfige aus Polymerwerkstoffen eingesetzt. Polymerwerkstoffe aus glasfaserverstärktem Polyamid 66 können bis 120 °C Dauertemperatur betrieben werden, kurzzeitig bis 140 °C.

Statische Tragfähigkeit (ISO 76-1987)
Als Maß für die Tragfähigkeit bei sehr langsam laufenden oder stillstehenden Wälzlagern wird die statische Tragzahl C_0 benutzt. C_0 ist die Belastung, bei der die gesamte bleibende Verformung von Wälzkörpern und Laufbahnen an der höchstbeanspruchten Berührstelle 0,0001 des Wälzkörperdurchmessers beträgt. Die Belastung in Höhe dieser Tragzahl C_0 erzeugt z. B. in der Mitte des am höchsten belasteten Rollenkörpers von Rollenlagern eine maximale Flächenpressung von 4000 N/mm^2.

Dynamische Tragfähigkeit
Für die Berechnung der Lebensdauer beim rotierenden Wälzlager wird die dynamische Tragzahl C verwendet. C gibt die Lagerbelastung an, bei der sich eine nominelle Lebensdauer von einer Million Umdrehungen ergibt. Nach ISO 281:

Lebensdauergleichung $L_{10} = \left(\frac{C}{P}\right)^p$

L_{10} nominelle Lebensdauer in Millionen Umdrehungen, die von 90 % einer größeren Menge gleicher Lager erreicht oder überschritten wird,
C dynamische Tragzahl in N (aus Versuchen),
P äquivalente dynamische Lagerbelastung in N,
p experimentell ermittelter Exponent der Lebensdauergleichung: Kugellager $p = 3$, Rollenlager $p = 10/3$

Modifizierte nominelle Lebensdauer

$$L_{na} = a_1 \cdot a_2 \cdot a_3 \cdot \left(\frac{C}{P}\right)^p$$

L_{na} modifizierte nominelle Lebensdauer in Millionen Umdrehungen,
a_1 Beiwert für die Erlebenswahrscheinlichkeit, z. B. 90 %: $a_1 = 1$; 95 %: $a_1 = 0{,}62$,
a_2 Beiwert für den Werkstoff,
a_3 Beiwert für die Betriebsbedingungen (Lagerschmierung).

Die Beiwerte a_2 und a_3 sind nicht unabhängig voneinander, daher wird der Beiwert a_{23} benutzt.

Bei Wälzlagern gibt es eine Ermüdungsgrenzbelastung. Sie wird mit weiteren Einflussfaktoren, wie z. B. Verunreinigungen, in der Lebensdauerrechnung berücksichtigt (siehe Kataloge der Wälzlagerhersteller).

Federberechnung

Namen der Einheiten S. 16 ... 18

Größe		Einheit
b	Breite des Federblattes	mm
c	Federrate (Federkonstante): für Blatt- und Schraubenfedern Federkraftzunahme je mm Federweg;	N/mm
	für Drehstabfedern, Schenkel- und Spiralfedern Federmomentzunahme je Grad Drehwinkel	N · mm/°
d	Drahtdurchmesser	mm
D	Mittlerer Windungsdurchmesser	mm
E	Elastizitätsmodul für Federstahl = 206 000 N/mm², für andere Werkstoffe S. 232	N/mm²

Größe		Einheit
F	Federkraft	N
G	Schubmodul: für warmgeformte Federn ≈ 78 500 N/mm² für kaltgeformte Federn ≈ 81 400 N/mm²	N/mm²
h	Höhe des Federblattes	mm
n	Anzahl federnde Windungen	–
M	Federmoment	N · mm
s	Federweg	mm
α	Drehwinkel	°
σ_b	Biegespannung	N/mm²
τ	Torsionsspannung	N/mm²

Umrechnung nicht mehr zugelassener Einheiten:
1 kp = 9,81 N ≈ 10 N, 1 kp/mm ≈ 10 N/mm, 1 kp mm ≈ 10 N mm,
1 kp mm/° ≈ 10 N mm/°, 1 kp/mm² ≈ 10 N/mm².

Auf Biegung beanspruchte Federn

Federart	Biegespannung	Federrate
Einfache gerade Blattfeder, gleichbleibender Querschnitt 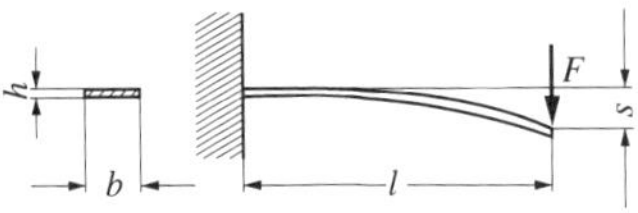	$\sigma_b = \frac{6\,l}{b \cdot h^2}\,F$	$c = \frac{F}{s} = \frac{E \cdot b \cdot h^3}{4 \cdot l^3}$
	Dauerfestigkeitsschaubild S. 327	
Einblattfeder, parabolisch ausgewalzt (Fahrzeugfeder) 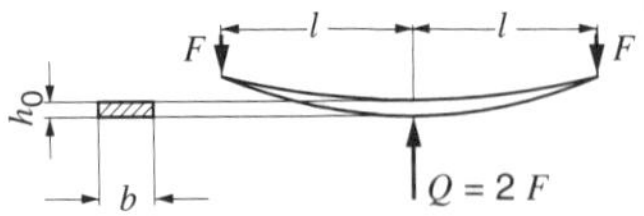	$\sigma_b = \frac{3\,l}{b \cdot h_0^2}\,Q$	$c = \frac{Q}{s} = \frac{E \cdot b \cdot h_0^3}{4 \cdot l^3}$
Geschichtete Blattfeder, gleichbleibender Querschnitt der Einzelblätter (Fahrzeugfeder) 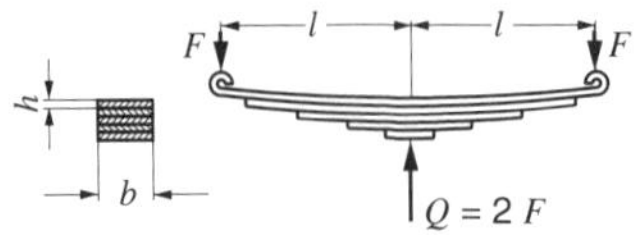	$\sigma_b = \frac{3\,l}{n \cdot b \cdot h^2}\,Q$	$c = \frac{(2 + n'/n)\,E \cdot n \cdot b \cdot h^3}{6 \cdot l^3}$
	n = Anzahl der Federblätter n' = Anzahl der Blätter an den Federenden	

Federart	Biegespannung	Federrate
Drehfeder, Schenkelfeder (DIN 2088) 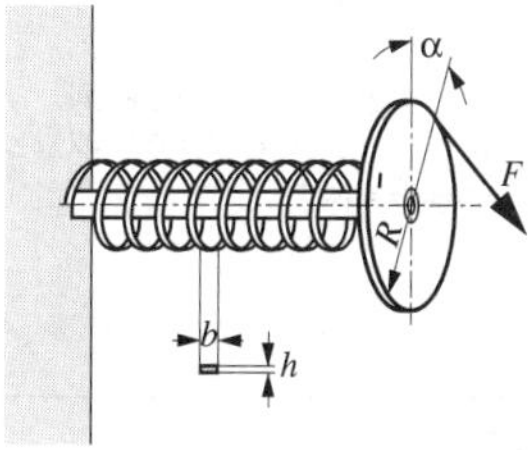	Für Dreh- und Spiralfedern werden die selben Gleichungen verwendet. Rechteckquerschnitt $\sigma_b = \frac{6}{b \cdot h^2} M$	$c = \frac{M}{\alpha} = \frac{E \cdot b \cdot h^3}{57{,}3 \cdot 12 \cdot l}$
	Kreisquerschnitt $\sigma_b = \frac{32}{\pi \cdot d^3} M$	$c = \frac{M}{\alpha} = \frac{E \cdot \pi \cdot d^4}{57{,}3 \cdot 64 \cdot l}$
	wobei $M = F \cdot R$	
	l = gestreckte Materiallänge = $2\,\pi \cdot r \cdot n$ (r mittlerer Windungshalbmesser)	
Spiralfeder (beide Enden fest eingespannt) 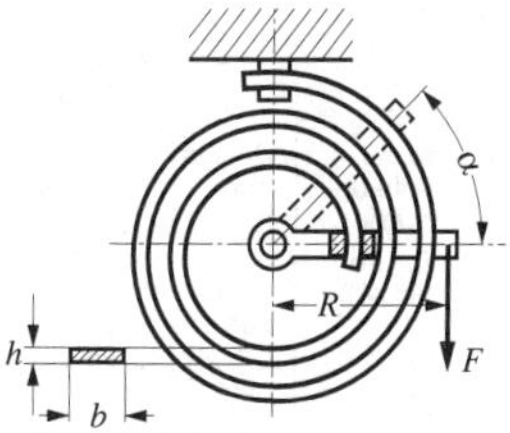	Bei schwingender Belastung Spannungserhöhung infolge Krümmung berücksichtigen	

Dauerfestigkeitsschaubild
für poliertes Federstahlband (nicht für Fahrzeugfedern) nach DIN 17 222 Ck 75 und Ck 85 vergütet auf 430 ... 500 HV[1]) sowie Ck 85 und Ck 101 vergütet auf 500 ... 580 HV.

Beispiel (eingezeichnete Strichlinie):
Für eine Blattfeder mit 430 ... 500 HV ist bei einer Unterspannung von

$\sigma_U = 600$ N/mm²

die zulässige Hubspannung

$\sigma_{hzul} = 480$ N/mm²

und die Oberspannung

$\sigma_O = \sigma_U + \sigma_{hzul} = 1080$ N/mm².

Aus Sicherheitsgründen Hubspannung etwa 30 % kleiner wählen. Beschädigungen der Oberfläche (Rostnarben, Riefen) setzen die Dauerfestigkeit stark herab.

Biegung.

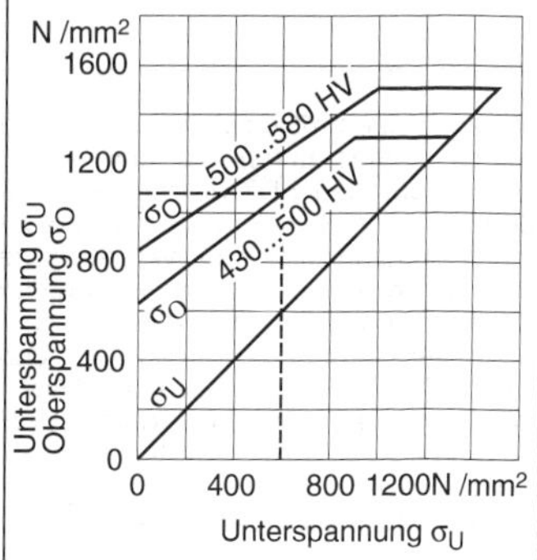

1) Vickers-Härte, S. 312.

Auf Torsion beanspruchte Federn

Federart	Torsionsspannung	Federrate
Drehstabfeder mit Kreisquerschnitt (DIN 2091) 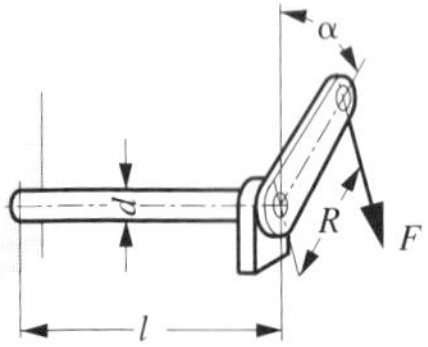 	$\tau = \frac{16}{\pi \cdot d^3} M$ wobei $M = F \cdot R$	$c = \frac{M}{\alpha} = \frac{G \cdot \pi \cdot d^4}{57{,}3 \cdot 32 \cdot l}$
Schraubenfedern aus Runddraht (DIN 2089) Druckfeder 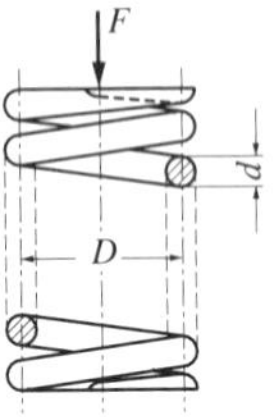 Zugfeder  oben: halbe „deutsche" Öse, unten: hifo®-Haken (S. 331)	a) bei ruhender bzw. selten wechselnder Belastung braucht der Einfluß der Drahtkrümmung nicht berücksichtigt zu werden: $\tau = \frac{8 \cdot D}{\pi \cdot d^3} F$ b) bei schwingender Belastung muß die ungleichmäßige Verteilung der Torsionsspannungen in Ansatz kommen: $\tau_k = k \cdot \tau = \frac{8\, k \cdot D}{\pi \cdot d^3} F$	$c = \frac{F}{s} = \frac{G \cdot d^4}{8 \cdot n \cdot D^3}$ Bei Druckfedern mit nur 1 ... 3 Windungen ist die Federkennlinie keine Gerade mehr; die Federrate c ist zuerst kleiner, später größer als die errechnete.

Der Beiwert k hängt vom Wickelverhältnis D/d ab:

D/d	3	4	6	8	10	20
k	1,55	1,38	1,24	1,17	1,13	1,06

D/d < 3 und > 20 vermeiden.

Die zulässigen maximalen Spannungen τ_{k0} für Temperaturen bis etwa 40 °C können aus den RDZ-Schaubildern auf den nächsten Seiten an den senkrechten Begrenzungslinien für verschiedene Drahtdurchmesser entnommen werden (Zwischenwerte interpolieren). Für höhere Temperaturen Kurven für den Kraftverlust (Relaxation) beachten! Nach 300 h sind die Relaxationen etwa 1,5mal so groß wie nach 10 h. Werte für andere Stoffe S. 232.

Für Zugfedern mit eingewundener Vorspannung sind die zulässigen max. Spannungen auf 90 % der Diagrammwerte zu reduzieren, da das sog. Setzen hier nicht möglich ist.

Erläuterung zur Leitertafel auf der nächsten Seite

Die Leitertafel gilt für zylindrische, auf Zug oder Druck beanspruchte Schraubenfedern mit kreisförmigem Drahtquerschnitt aus Stahldraht (Schubmodul G = 81400 N/mm²) . Bei Werkstoffen mit anderem Schubmodul G' ist der Federweg mit G/G' zu multiplizieren.

Die Leitertafel ergibt den Federweg s' einer Windung. Den Gesamtfederweg s erhält man, indem man s' mit der Zahl der federnden Windungen (n) multipliziert: $s = n \cdot s'$.

Leitertafel zur Schraubenfederberechnung

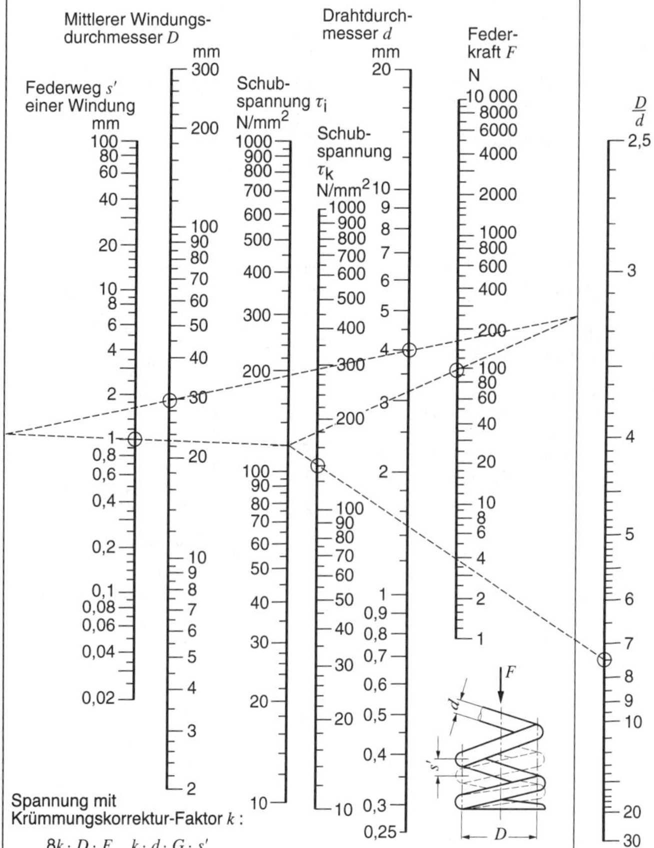

Spannung mit Krümmungskorrektur-Faktor k:

$$\tau_k = \frac{8k \cdot D \cdot F}{\pi \cdot d^3} = \frac{k \cdot d \cdot G \cdot s'}{\pi \cdot D^2}$$

k siehe S. 328.

Beispiel: gegeben: D = 30 mm, d = 4 mm, F = 100 N.
gefunden: τ_i = 120 N/mm², τ_k = 140 N/mm², s'= 1,02 mm.

Dauerfestigkeitsschaubild für Drehfedern

Federstahldraht Sorte C DIN 17 223 Blatt 1. Drehfedern ungestrahlt.
Beispiel (eingezeichnete Strichlinie): Für eine Drehfeder mit $d = 2$ mm Draht-∅ ist bei einer Unterspannung von $\sigma_U = 800$ N/mm² die zulässige Hubspannung, die über 10^7 Lastspiele und mehr ohne Bruch ertragen wird $\sigma_{bh} = 500$ N/mm².
Die Oberspannung ist dann

$$\sigma_O = \sigma_U + \sigma_{bh} = 1300 \text{ N/mm}^2.$$

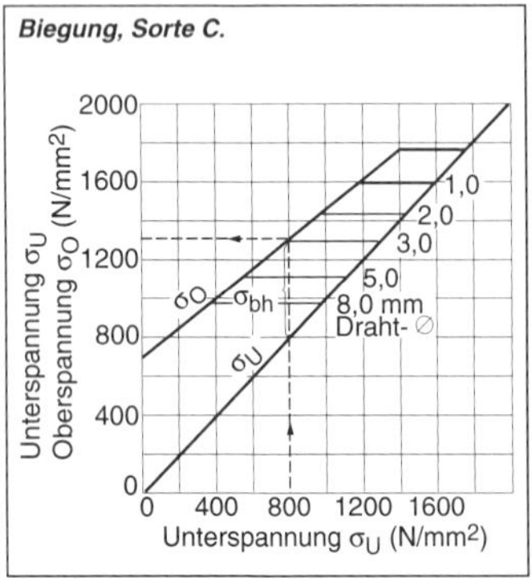

Schaubilder für Relaxation, Dauer- und Zeitfestigkeit

Federstahldraht Sorte C DIN 17 223 Blatt 1. Schraubendruckfedern ungestrahlt, kaltgesetzt.
Beispiel (eingezeichnete Strichlinie): Eine Schraubendruckfeder mit 3 mm Draht-∅ zeigt bei einer Oberspannung von $\tau_{kO} = 900$ N/mm² nach 10 h und 80 °C Betriebstemperatur einen Kraftverlust von

$$\Delta F_{10} = 5{,}5\ \%.$$

Wenn eine Lastspielzahl bis zum Bruch $N = 4 \times 10^5$ gefordert wird, kann mit einer Hubspannung von

$$\tau_{kh} = \tau_{kO} - \tau_{kU} = 900 - 480 = 420 \text{ N/mm}^2$$

gerechnet werden.

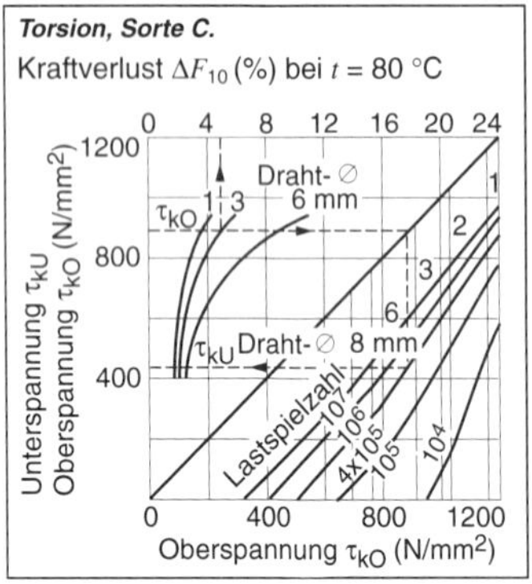

Ventilfederstahldraht VD DIN 17 223 Blatt 2. Schraubendruckfedern ungestrahlt, kaltgesetzt.
Beispiel (eingezeichnete Strichlinie): Eine Schraubendruckfeder mit 3 mm Draht-∅ zeigt bei einer Oberspannung von $\tau_{kO} = 700$ N/mm² nach 10 h und 80 °C Betriebstemperatur einen Kraftverlust von $\Delta F_{10} = 5$ %.

Bei Dauerbeanspruchung ($N \geq 10^7$ Lastspiele) darf eine Hubspannung von

$$\tau_{kh} = 700 - 320 = 380 \text{ N/mm}^2$$

zugelassen werden.

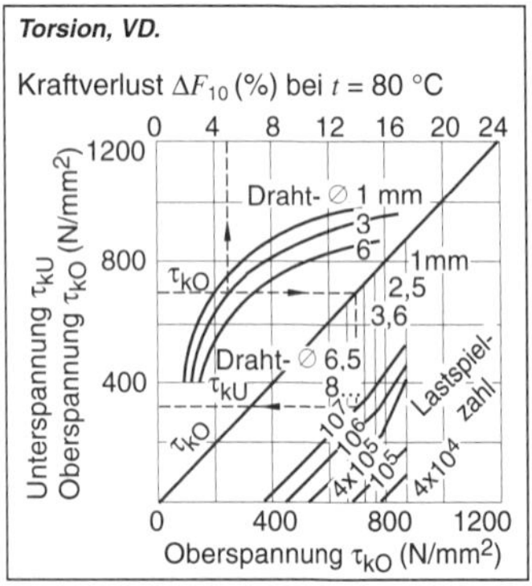

Ventilfederstahldraht VD CrV.[1]
Schraubendruckfedern ungestrahlt, kaltgesetzt.
Beispiel (eingezeichnete Strichlinie): Eine Schraubendruckfeder mit 3 mm Draht-∅ zeigt bei einer Oberspannung von τ_{kO} = 700 N/mm² nach 10 h und 160 °C Betriebstemperatur einen Kraftverlust von ΔF_{10} = 6 %.

Bei Dauerbeanspruchung ($N \geq 10^7$ Lastspiele) darf eine Hubspannung von

τ_{kh} = 700 – 240 = 460 N/mm²

zugelassen werden.

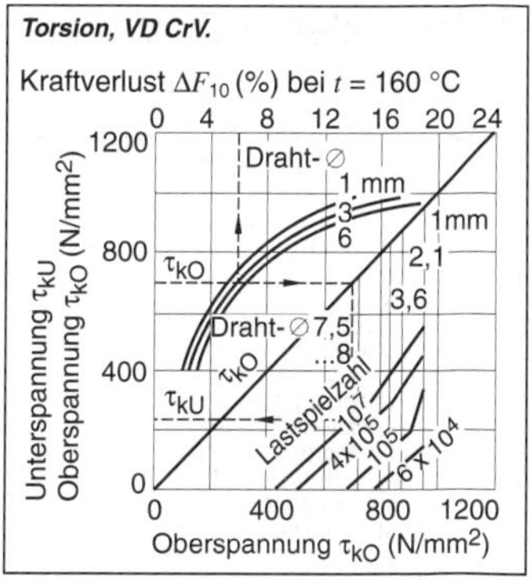

Ventilfederstahldraht VD SiCr.[1]
Schraubendruckfedern ungestrahlt, kaltgesetzt.
Beispiel (eingezeichnete Strichlinie): Eine Schraubendruckfeder mit 3 mm Draht-∅ zeigt bei einer Oberspannung von τ_{kO} = 900 N/mm² nach 10 h und 160 °C Betriebstemperatur einen Kraftverlust von ΔF_{10} = 3,5 %.

Bei Dauerbeanspruchung ($N \geq 10^7$ Lastspiele) darf eine Hubspannung von

τ_{kh} = 900 – 510 = 390 N/mm²

zugelassen werden.

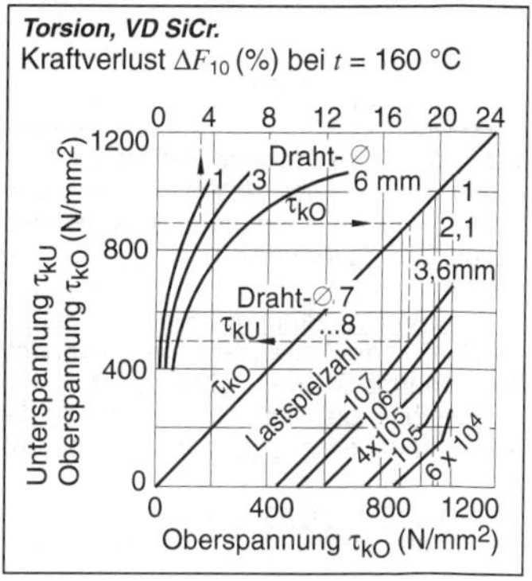

Bei Gefahr von Eigenschwingungen und anderen zusätzlichen Beanspruchungen sollte die Hubspannung etwa 30 % kleiner gewählt werden. Kugelstrahlen erhöht die zulässige Hubspannung um etwa 40 %.

Bei **Druckfedern** wird für möglichst geringe Kraftexzentrizität an jedem Ende das Drahtende an der nächsten Windung anliegend gewickelt und senkrecht zur Federachse plangeschliffen (Drahtende ≈ $d/4$). Es ist dann:
Gesamtwindungszahl $n_t = n + 2$.
Länge Gang auf Gang $\leq (n + 2)\, d$.

Schrauben-Zugfedern sind an normalen Haken und Ösen etwa 50 % überbeansprucht, wenn der Federkörper mit zulässigen Hubspannungen beansprucht wird. hifo®-Haken (DB Patent u. a.) sind infolge hoher innerer Vorspannkraft F_O dauerschwingfest.

Drillgewickelte Zugfedern können infolge günstiger Eigenspannungen gleich hoch wie Druckfedern beansprucht werden und haben kleinere Relaxationen als diese. Bei **h**ohen **i**nneren Vorspannungen $\boldsymbol{F_O}$ (= hifo) kann bis zu 50 % des Bau-raumes normaler Zugfedern bei F_1 eingespart werden.

[1]) Nach DIN 17 223, Teil 2.

Zahnräder und Verzahnungen

(mit evolventischen Flanken)

Größen und Einheiten (DIN 3960)

Größe		Einheit
a	Achsabstand	mm
b	Zahnbreite	mm
c	Kopfspiel	mm
d	Teilkreisdurchmesser	mm
d_a	Kopfkreisdurchmesser	mm
d_b	Grundkreisdurchmesser	mm
d_f	Fußkreisdurchmesser	mm
d_w	Wälzkreisdurchmesser	mm
h_a	Zahnkopfhöhe = $m \cdot h^{*}_{aP}$	mm
h_f	Zahnfußhöhe = $m \cdot h^{*}_{fP}$	mm
i	Übersetzungsverhältnis = z_2/z_1	–
j_n	Normalflankenspiel	mm
m	Modul $m = d/z$	mm
n	Drehzahl	min^{-1}
p	Teilung $p = \pi \cdot m$	mm
s	Zahndicke	mm
W	Zahnweite	mm
x	Profilverschiebungsfaktor	–
z	Zähnezahl	–

Größe		Einheit
α	Eingriffswinkel	°
β	Schrägungswinkel	°
ε	Überdeckung	°
*	spezifischer Wert, mit m zu multiplizieren	
Indizes		
1	bezogen auf Rad 1	
2	bezogen auf Rad 2	
a	bezogen auf Zahnkopf	
b	bezogen auf Grundkreis	
f	bezogen auf Zahnfuß	
n	bezogen auf Normalschnitt	
t	bezogen auf Stirnschnitt	
w	bezogen auf Betriebswälzkreis	
F	bezogen auf Zahnfußbeanspruchung	
P	bezogen auf Bezugsprofil	
W	bezogen auf Wälzpressung	

Die Form und Art der Zahnräder wird durch die Lage der Wellen, die zur Übertragung von Kräften oder Bewegungen durch Zahnräder verbunden werden, bestimmt.

Zykloidenverzahnung: Sie wird hauptsächlich in der Uhrenindustrie verwendet. Sie erlaubt kleine Zähnezahlen ohne Unterschnitt bei kleiner Wälzpressung, ist aber empfindlich gegen Achsabstandsänderungen.

Evolventenverzahnung: Sie ist dagegen unempfindlich gegen Achsabstandsänderungen. Sie lässt sich mit verhältnismäßig einfachen Werkzeugen im Wälzverfahren herstellen. Im Kraftfahrzeugbau ist fast ausschließlich die Evolventenverzahnung üblich. Auf diese beschränken sich auch die folgenden Ausführungen.

Alle Stirnräder mit gleichem Modul (und gleichem Eingriffswinkel) können unabhängig von Zähnezahl und Profilverschiebung mit dem gleichen Wälzwerkzeug hergestellt werden. Um die Zahl dieser Werkzeuge und der zur Verzahnungs-

Bestimmungsgrößen am Stirnrad *(Evolventenverzahnung).*

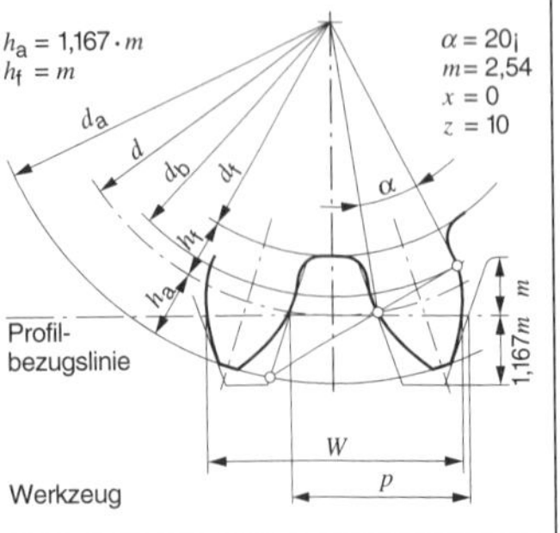

Einfluss der Profilverschiebung am Stirnrad *(Evolventenverzahnung).*

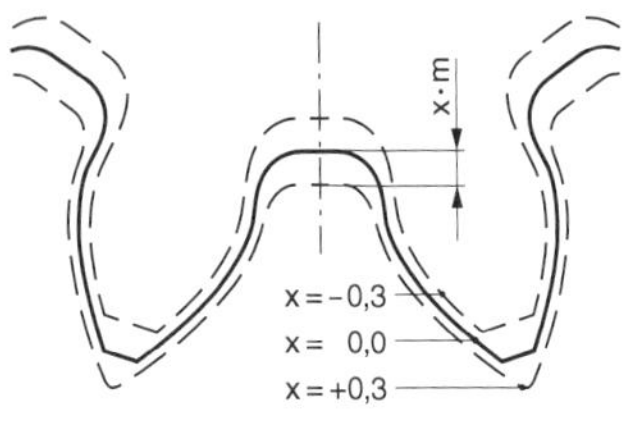

Definitionen

Tabelle 1. Getriebearten.

Lage der Wellen	Getriebeart	Eigenschaften	Anwendungsbeispiele aus dem Kraftfahrzeug
parallel	Außen- oder Innenstirnradgetriebe mit Gerad- oder Schrägverzahnung	Schrägverzahnung laufruhiger, jedoch Axialschub	Gangschaltgetriebe
sich schneidend	Kegelradgetriebe mit Gerad-, Schräg- oder Bogenverzahnung	empfindlich gegen Winkel- und Achsabstandsabweichungen	Ausgleichsgetriebe
sich kreuzend	Versetzte Kegelradgetriebe mit Schräg- oder Bogenverzahnung		Hinterachsantrieb
	Schraubenradgetriebe	für kleine Leistungen	Zündverteilerantrieb
	Schneckengetriebe	große Übersetzungen in einer Stufe	Scheibenwischergetriebe
gleichachsig	Zahnwelle und Zahnnabe	verschiebbare Wellenverbindung	Starter (Steilgewindewelle und -nabe)

prüfung notwendigen Lehrzahnräder zu beschränken, ist eine Reihe von Moduln genormt:

Modul für Stirn- und Kegelräder DIN 780 (s. Tabelle auf S. 335), Modul für Schnecken und Schneckenräder DIN 780, Modul für Zahnwellen und Zahnnaben DIN 5480. Der Modul im Normalschnitt für Schraubenräder wird in den meisten Fällen auch nach DIN 780 gewählt. Für bogenverzahnte Kegelräder wird meist eine dem Herstellungsverfahren angepasste Modulreihe verwendet.

Zahnform

Bezugsprofil für Stirnräder DIN 867, DIN 58 400, Bezugsprofil für Kegelräder DIN 3971, Bezugsprofil für Schnecken und Schneckenräder DIN 3975, Bezugsprofil für Zahnwellen und Zahnnaben DIN 5480.

Die Zahnform für Schraubenräder kann ebenfalls nach dem Bezugsprofil DIN 867 ausgeführt werden. Außer den genormten Eingriffswinkeln (20° für Laufgetriebe und 30° für Zahnwellen und -naben) werden auch noch Eingriffswinkel von 12°, 14°30', 15°, 17°30', 22°30' und 25° verwendet.

Tabelle 2. Übersicht Normen.

Norm	Benennung
DIN 3960	Begriffe und Bestimmungsgrößen für Stirnräder und Stirnradpaare mit Evolventenverzahnung
DIN 3961...4	Zulässige Abweichungen für Zylinderradverzahnungen
DIN 3990/1...5	Tragfähigkeitsberechnungen von Stirnrädern
DIN 58 405/1...4	Stirnradgetriebe der Feinwerktechnik
DIN 3971	Begriffe und Bestimmungsgrößen für Kegelräder und Kegelradpaare
DIN 5480	Zahnwellen-Verbindungen mit Evolventenflanken
DIN 3975	Begriffe und Bestimmungsgrößen für Zylinderschneckengetriebe mit Achswinkel 90°

Tabelle 3. Grundgleichungen für Stirnräder.

Benennung	Geradverzahnung ($\beta = 0$)	Schrägverzahnung ($\beta \neq 0$)
Teilkreisdurchmesser	$d = z \cdot m$ Modul m S. 332	$d = \dfrac{z \cdot m_n}{\cos\beta}$ Modul m_n S. 332
	Bei Innenverzahnung ist z negativ einzusetzen; Achsabstand a wird negativ.	
Grundkreisdurchmesser	$d_b = d \cdot \cos\alpha_n$	$d_b = d \cdot \cos\alpha_t$ α_t aus $\tan\alpha_t = \dfrac{\tan\alpha_n}{\cos\beta}$
Achsabstand, spielfrei; wenn Normalflankenspiel $j_n = 0$	$a = m\dfrac{z_1 + z_2}{2} \cdot \dfrac{\cos\alpha}{\cos\alpha_w} = \dfrac{d_{b1} + d_{b2}}{2 \cdot \cos\alpha_w}$ nach DIN 867 ist $\alpha = 20°$ α_w aus: $\text{inv}\,\alpha_w = \dfrac{2\,(x_1 + x_2)\sin\alpha + j_n/m}{(z_1 + z_2)\cos\alpha} + \text{inv}\,\alpha$	$a = m_t\dfrac{z_1 + z_2}{2} \cdot \dfrac{\cos\alpha_t}{\cos\alpha_{wt}} = \dfrac{d_{b1} + d_{b2}}{2 \cdot \cos\alpha_{wt}}$ $m_t = \dfrac{m_n}{\cos\beta}$ $\cos\beta_b = \dfrac{\sin\alpha_n}{\sin\alpha_t}$ $\text{inv}\,\alpha_{wt} = \dfrac{m_n \cdot 2(x_1 + x_2)\sin\alpha_n + j_n/\cos\beta_b}{m_t(z_1 + z_2)\cos\alpha_t} + \text{inv}\,\alpha_t$
Involute	$\text{inv}\,\alpha = \tan\alpha - \text{arc}\,\alpha$ S. 186. für $\alpha = 20°$ ist $\text{inv}\,\alpha = 0{,}014904$	
Wälzkreisdurchmesser	$d_w = d_b/\cos\alpha_w$	$d_w = d_b/\cos\alpha_{wt}$
Fußkreisdurchmesser	$d_f = d + 2\,xm - 2\,h^*_{fP} \cdot m$	$d_f = d_b + 2\,xm_n - 2\,h^*_{fP} \cdot m_n$
	mit Profilfußhöhe $h^*_{fP} \cdot m$ ($h^*_{fP} = 1{,}167$ oder $1{,}25$ nach DIN 3972)	
Kopfkreisdurchmesser	$d_a = d + 2\,xm + 2\,h^*_{aP} \cdot m$	$d_a = d \cdot 2\,xm_n + 2\,h^*_{aP} \cdot m_n$
	bei Profilkopfhöhe $h^*_{aP} \cdot m$ ($h^*_{aP} = 1{,}0$ nach DIN 867)	
Kopfspiel	$c_1 = a_{min} - d_{a1}/2 - d_{f2}/2$; $c_2 = a_{min} - d_{a2}/2 - d_{f1}/2$ $c \geq 0{,}15\,m_n$	
Zahndicke im Teilkreis (Bogenmaß)	$s = m\,(\pi/2 + 2\,x \cdot \tan\alpha)$	Normalschnitt $s_n = m_n(\pi/2 + 2\,x \cdot \tan\alpha_n)$ Stirnschnitt $s_t = s_n/\cos\beta = m_t\,(\pi/2 + 2 \cdot x \cdot \tan\alpha_n)$
Ideelle Zähnezahl	$z_i = z$	$z_i = z\dfrac{\text{inv}\,\alpha_t}{\text{inv}\,\alpha_n}$
Messzähnezahl	$k \approx z_i\dfrac{\alpha_{nx}}{180} + 0{,}5$ α_{nx} aus $\cos\alpha_{nx} \approx \dfrac{z_i}{z_i + 2x}\cos\alpha_n$ für k nächstliegende ganze Zahl wählen	
Zahnweite über k Zähne	$W_k = \{[(k' - 0{,}5)\,\pi + z_i\,\text{inv}\,\alpha_n]\cos\alpha_n + 2x \cdot \sin\alpha_n\}\,m_n$	
Rückrechnung von x aus der Zahnweite	$x = \dfrac{(W/m_n) - [(k - 0{,}5) \cdot \pi + z_i \cdot \text{inv}\,\alpha_n] \cdot \cos\alpha_n}{2 \cdot \sin\alpha_n}$	
Profilüberdeckung für Räder ohne Berücksichtigung des Unterschnitts	$\varepsilon_\alpha = \dfrac{\sqrt{d_{a1}^2 - d_{b1}^2} + \frac{z_2}{\lvert z_2\rvert}\sqrt{d_{a2}^2 - d_{b2}^2} - (d_{b1} + d_{b2})\tan\alpha_w}{}$ (Geradverzahnung) $\varepsilon_\alpha = \dfrac{\sqrt{d_{a1}^2 - d_{b1}^2} + \frac{z_2}{\lvert z_2\rvert}\sqrt{d_{a2}^2 - d_{b2}^2} - (d_{b1} + d_{b2})\tan\alpha_{wt}}{2 \cdot \pi \cdot m_t \cdot \cos\alpha}$ (Schrägverzahnung)	
Sprungüberdeckung	–	$\varepsilon_\beta = \dfrac{b \cdot \sin\lvert\beta\rvert}{m_n \cdot \pi}$
Gesamtüberdeckung	$\varepsilon_\gamma = \varepsilon_\alpha$	$\varepsilon_\gamma = \varepsilon_\alpha + \varepsilon_\beta$
	Bedingung: $\varepsilon_\gamma > 1$ bei $d_{a\,min}$ und a_{max}	

Profilverschiebung
Profilverschiebung (s. Bild) wird angewendet, um Unterschnitt bei kleinen Zähnezahlen zu vermeiden, um die Zahnfußfestigkeit zu vergrößern, um einen bestimmten Achsabstand zu erreichen.

V-Null-Getriebe
Profilverschiebungen an Ritzel und Rad gleich groß, aber entgegengesetzt. Dadurch ändert sich der Achsabstand nicht. Wird vorzugsweise bei Schraubenrad- und Kegelradgetrieben angewendet.

V-Getriebe
Profilverschiebungen von Ritzel und Rad heben sich nicht auf, deshalb Änderung des Achsabstandes.

Bestimmungsgrößen und Fehler
Erläuterung in folgenden Normen: Stirnräder DIN 3960, DIN 58 405, Kegelräder DIN 3971, Schnecken und Schneckenräder DIN 3975.

Die vorstehenden Formeln ergeben mit $j_n = 0$ ein flankenspielfreies Getriebe. Die zur Flankenspielerzeugung notwendigen Abmaße für Zahndicke bzw. Zahnweite können nach DIN 3967, DIN 58 405 unter Berücksichtigung der Qualität der Zahnräder festgelegt werden. Dabei ist darauf zu achten, dass das Kleinstflankenspiel so groß bemessen ist, dass Verzahnungsfehler (wie Wälzabweichungen, Flankenlinienabweichungen, Achsabstandsabmaße usw.) aufgefangen werden können, ohne dass das Flankenspiel gleich null wird oder gar Klemmen eintritt. Darüber hinaus müssen noch die zulässigen Werte für (Zweiflanken-)Wälzabweichungen und (Zweiflanken-)Wälzsprung nach DIN 3963, DIN 58 405, Flankenlinienabweichungen nach DIN 3962 T2, DIN 3967, DIN 58 405 und Achsabstandsab-

DIN-Zahnradqualitäten (DIN 3961 bis DIN 3964)

Tabelle 4. Verwendung und Herstellung.

Qualität	Verwendungsbeispiele	Herstellung
2	Urlehrzahnräder	Formschleifen (50 ... 60% Ausschuss)
3	Lehrzahnräder für den Messraum	Form- und Wälzschleifen
4	Lehrzahnräder für den Betrieb, Messgetriebe	
5	Getriebe von Werkzeugmaschinen, Turbinen, Messgeräten	
6	wie 5, ferner obere Gänge von Pkw- und Omnibusgetrieben	
7	Getriebe von Kraftfahrzeugen (obere Gänge), Werkzeugmaschinen, Schienenfahrzeuge, Hebe- und Fördermitteln, Turbinen, Büromaschinen	nicht gehärtete Räder (bei genügender Sorgfalt) durch Wälzfräsen, -stoßen, -hobeln (nachfolgendes Schaben ist zweckmäßig); bei gehärteten Rädern ist zusätzliches Schleifen notwendig
8 und 9	Getriebe von Kraftfahrzeugen (mittlere und untere Gänge), Schienenfahrzeugen, Werkzeug- und Büromaschinen	Wälzfräsen, -stoßen, -hobeln (nicht geschliffene gehärtete Räder)
10	Getriebe von Ackerschleppern, Landmaschinen, untergeordnete Getriebe des allgemeinen Maschinenbaus, Hebezeuge	alle gebräuchlichen Verfahren anwendbar, auch Fließpressen und Sintern, bei Kunststoffrädern Spritzen
11 und 12	allgemeiner Landmaschinenbau	

maß nach DIN 3964, DIN 58 405 festgelegt werden.

Modulreihe für Stirn- und Kegelräder in mm (Auszug aus DIN 780)

0,3	**1**	**3**	**10**	**32**
0,35	1,125	3,5	11	36
0,4	**1,25**	**4**	**12**	**40**
0,45	1,375	4,5	14	45
0,5	**1,5**	**5**	**16**	**50**
0,55	1,75	5,5	18	55
0,6	**2**	**6**	**20**	**60**
0,65	2,25	7	22	70
0,7	**2,5**	**8**	**25**	
0,75	2,75	9	28	
0,8				
0,85				
0,9				
0,95				

Fettgedruckte Moduln bevorzugen.

Profilverschiebungsfaktor x

Tabelle 5. Profilverschiebungsfaktor x für Geradverzahnung, $\alpha = 20°$, Bezugsprofil I DIN 3972 ($h_{fP} = 1{,}167 \cdot m$)

1	2	3	4
Zähnezahl z, bei Schrägverzahnung z_i	Zahn unterschnittfrei, wenn $x \geq$	Kopfdicke $0{,}2 \cdot m$, wenn $x \approx$	Zahn spitz, wenn $x \geq$
7	+ 0,47	–	+ 0,49
8	+ 0,45	–	+ 0,56
9	+ 0,4	+ 0,4	+ 0,63
10	+ 0,35	+ 0,45	+ 0,70
11	+ 0,3	+ 0,5	+ 0,76
12	+ 0,25	+ 0,56	+ 0,82
13	+ 0,2	+ 0,62	+ 0,87
14	+ 0,15	+ 0,68	+ 0,93
15	+ 0,1	+ 0,72	+ 0,98
16	0	+ 0,76	+ 1,03

Bei größeren Zähnezahlen als $z = 16$ sollte x nicht kleiner als $x = (16 - z)/17$, bei Schrägverzahnung $x = (16 - z_i)/17$ sein.

Starterverzahnungen

Das im Maschinenbau übliche, in DIN 3961 festgelegte Zahnradpassungssystem „Einheitsachsabstand", bei dem das benötigte Flankenspiel durch negative Zahndickenabmaße erzeugt wird, lässt sich bei Starterverzahnungen nicht anwenden. Starterverzahnungen brauchen wegen des Einspurvorgangs ein wesentlich größeres Flankenspiel als dauernd im Eingriff stehende Zahnräder. Dieses wird zweckmäßigerweise durch Vergrößern des Achsabstands erzeugt.

Das zum Starten notwendige große Drehmoment erfordert ein hohes Übersetzungsverhältnis ($i = 10 \dots 20$). Damit ist eine kleine Zähnezahl des Starterritzels verbunden ($z = 8 \dots 12$). Das Ritzel weist meist eine positive Profilverschiebung auf. Im Ausland wird bei Pitch-Verzahnungen diese Profilverschiebung durch folgende Schreibweise ausgedrückt: Zähnezahl z. B. = 9/10.

Das bedeutet, dass auf einem Radkörper mit einem Durchmesser für 10 Zähne nur 9 Zähne geschnitten werden, was einem Profilverschiebungsfaktor von + 0,5 entspricht; geringfügige Abweichungen von $x = +0{,}5$ sind dabei durchaus üblich, dies ändert an der Schreibweise Zähnezahl = 9/10 nichts. (Nicht zu verwechseln mit Schreibweise P 8/10, siehe unten und nächste Seite.)

Tabelle 6. Gebräuchliche Starterverzahnungen.

Modul m mm	Diametral Pitch P 1/inch	Eingriffswinkel des Bezugsprofils	Amerikanische Norm	Europäische Norm
2,1167	12	12°	SAE J 543 c	ISO 8123 1991 E
2,5	–	15°		ISO 9457–1 1991 E
2,54	10	20°	SAE J 543 c	ISO 8123 1991 E
3	–	15°		ISO 9457–1 1991 E
3,175	8	20°	SAE J 543 c	ISO 8123 1991 E
3,5	–	15°		ISO 9457–1 1991 E
4,233	6	20°	SAE J 543 c	ISO 8123 1991 E

Amerikanische Zahnräder

Anstelle des Moduls ist die Zahl der Zähne auf 1 inch Teilkreisdurchmesser = Diametral Pitch (P) der Normung zu Grunde gelegt.

$P = z/d$

Für die Umrechnung gilt
Modul m = 25,4 mm/P

Die Zahnteilung im Teilkreis wird mit Circular Pitch (CP) bezeichnet:

$$CP = \frac{1\ \text{inch}}{P} \cdot \pi$$

Teilung t = 25,4 mm $\cdot\ CP = \pi \cdot m$

Normalzähne (full-depth teeth)
haben Zahnkopfhöhe $h_a = m$ wie deutsche Norm, dagegen oft eine etwas abweichende Zahnfußtiefe.

Stumpfzähne (stub teeth)
Die Formeln sind dieselben wie bei Normalzähnen, für die Berechnung der Zahnhöhe wird aber ein anderer Modul zu Grunde gelegt als für die übrigen Abmessungen. Schreibweise (Beispiel)

P 5/7 —— P 7 für Berechnung der Zahnhöhe
└—— P 5 für Berechnung aller anderen Abmessungen

Begriffe mit Umrechnung:

Outside Diameter:
$OD = d_a$
d_a Kopfkreisdurchmesser

Pitch Diameter:
$PD = z/P = d$ in inch
d Teilkreisdurchmesser

Root Diameter:
$RD = d_f$
d_f Fußkreisdurchmesser

Layout Diameter:
$LD = (z + 2x)/P$ in inch
$LD = (z + 2x) \cdot m$ in mm
$LD \approx d_w$
d_w Wälzkreisdurchmesser

Measurement over D_M-pins:
M_d = Rollenmaß über D_M-Rollen

Tabelle 7. Diametral Pitches P und daraus errechnete Moduln.

Diametral Pitch P 1/inch	entspricht Modul m mm	Diametral Pitch P 1/inch	entspricht Modul m mm	Diametral Pitch P 1/inch	entspricht Modul m mm
20	1,27000	**6**	4,23333	**2**	12,70000
18	1,41111	5,5	4,61818	1,75	14,51429
16	1,58750	**5**	5,08000	**1,5**	16,93333
14	1,81429	4,5	5,64444	**1,25**	20,32000
12	2 11667	**4**	6,35000	**1**	25,40000
11	2,30909	3,5	7,25714	0,875	29,02857
10	2,54000	**3**	8,46667	**0,75**	33,86667
9	2,82222	2,75	9,23636	**0,625**	40,64000
8	3,17500	**2,5**	10,16000	**0,5**	50,80000
7	3,62857	2,25	11,28889		

Tragfähigkeitsberechnung

Parallel zu DIN 3990 „Tragfähigkeitsberechnung von Stirnrädern“ wird die nachfolgende Rechnungsweise als Überschlagsrechnung beibehalten. Sie gilt für eine einfache Radpaarung mit 2 Zahnrädern als Standgetriebe.
In den nachstehenden Formeln sind die Größen in folgenden Einheiten einzusetzen:

Größe		Einheit
P	Leistung	kW
P_{PS}	Leistung	PS
M	Drehmoment	N · m
n	Drehzahl	min^{-1}
F	Umfangskraft	N
u	Zähnezahlverhältnis	–

Größe		Einheit
φ	Lebensdauerfaktor	–
HB	Brinell-Härte	
HRC	Rockwell-Härte	
b_N	nutzbare Zahnbreite	mm
k	Wälzpressung	N/mm^2
L_h	Lebensdauer	h

Tabelle 8. Tragfähigkeitsberechnung von Stirnrädern.

Leistung	$P = 0{,}736 \cdot P_{PS}$ $P = M \cdot n/9549$ $P = F_t \cdot d \cdot n/(19{,}1 \cdot 10^6)$	
Umfangskraft im Wälzkreis	$F_{tw} = 2000 \cdot M/d_w = 19{,}1 \cdot 10^6\ P/(d_w \cdot n)$	
im Teilkreis	$F_t = 2000 \cdot M/d = 19{,}1 \cdot 10^6\ P/(d \cdot n)$	
Zähnezahlverhältnis	$u = z_2/z_1 = n_1/n_2$	bei Hohlradpaarungen $u < -1$
Lebensdauerfaktor	$\varphi = \sqrt[6]{5000/L_h}$	oder aus Tabelle S. 339
Wälzpressung für das kleine Rad	$k_{zul} = \dfrac{(HB)^2}{2560 \cdot \sqrt[6]{n}} = \dfrac{(HRC)^2}{23{,}1 \cdot \sqrt[6]{n}}$	oder aus Tabelle S. 339
Geradverzahnung	$k_{IST} = \dfrac{F_{tw}}{b_N \cdot d_{w1}} \cdot \dfrac{4\,(u+1)}{u \cdot \sin 2\,\alpha_w}$	
Schrägverzahnung	$k_{IST} = \dfrac{F_{tw}}{b_N \cdot d_{w1}} \cdot \dfrac{4\,(u+1) \cdot \cos^2 \beta}{u \sin 2\,\alpha_{wt}}$	$\cos^2 \beta$ nur bei vollem Tragbild, sonst = 1
Sicherheit gegen Grübchenbildung	$S_w = \varphi \cdot k_{zul} / k_{IST} \geq 1$	

Sicherheit gegen Grübchenbildung und Verschleiß infolge zu hoher Wälzpressung ist vorhanden, wenn die Gleichungen für S_w für das kleinere Rad (Rad 1) einen Wert gleich oder größer als 1 ergeben. Bei Räderpaarungen mit $z_1 < 20$ wegen der größeren Wälzpressung am inneren Einzeleingriffspunkt $S_w \geq 1{,}2 \dots 1{,}5$ wählen. Da die Wälzpressung k für Rad <u>und</u> Gegenrad gleich groß ist, kann für Rad 2 aus Tabelle für k_{zul} ein Werkstoff gewählt werden, der bei Drehzahl n_2 mindestens die gleiche Wälzpressung wie Rad 1 hat.

Die k_{zul}-Werte der Tabelle gelten für den Fall, dass beide Räder aus Stahl sind. Für Guss auf Stahl oder Bronze auf Stahl sind etwa 1,5mal größere Werte anzunehmen, für Guss auf Guss oder Bronze auf Bronze etwa 1,8mal größere. Für das Rad mit nicht gehärteten Oberflächen können 20% höhere k_{zul}-Werte zugelassen werden, wenn es gegen ein Rad mit gehärteten Zahnflanken läuft. Die Tabellenwerte gelten für eine Lebensdauer von 5000 Stunden. Eine andere Lebensdauer wird in der Gleichung Sicherheit S_w durch den Lebensdauerfaktor φ berücksichtigt.

Tabelle 9. Zulässige Wälzpressung k_{zul} in N/mm² bei Lebensdauer L_h = 5000 h.

Härte der Zähne		Drehzahl min^{-1} (bei 1 Lastwechsel je Umdrehung)											
HB	HRC	10	25	50	100	250	500	750	1000	1500	2500	5000	10000
90		2,2	1,9	1,7	1,5	1,3	1,1	1,05	1,0	0,94	0,86	0,77	0,68
100		2,7	2,3	2,0	1,8	1,6	1,4	1,3	1,2	1,15	1,06	0,94	0,84
120		3,8	3,3	2,9	2,6	2,2	2,0	1,9	1,8	1,66	1,53	1,36	1,21
140		5,2	4,5	4,0	3,6	3,0	2,7	2,5	2,4	2,26	2,08	1,85	1,65
170		7,7	6,6	5,9	5,2	4,5	4,0	3,75	3,6	3,34	3,06	2,73	2,43
200		10,7	9,1	8,1	7,3	6,2	5,6	5,2	4,9	4,6	4,24	3,78	3,37
230		14,1	12,1	10,8	9,6	8,2	7,3	6,9	6,5	6,1	5,61	5,0	4,45
260		18,0	15,4	13,8	12,2	10,5	9,4	8,8	8,4	7,8	7,17	6,39	5,69
280		20,9	17,9	16,0	14,2	12,2	10,9	10,2	9,7	9,0	8,31	7,41	6,6
300		24,0	20,6	18,3	16,3	14,0	12,5	11,7	11,1	10,4	9,54	8,5	7,6
330		29,0	24,9	22,2	19,8	17,0	15,1	14,1	13,5	12,6	11,6	10,3	9,2
400		42,6	36,6	32,6	29,0	24,9	22,2	20,7	19,8	18,5	17,0	15,1	13,5
	57	96,0	82,3	73,3	65,3	56,0	49,9	46,7	44,5	41,6	38,2	34,0	30,3
	≥ 62	112	96,5	86,0	76,6	65,8	58,6	54,8	52,2	48,8	44,8	39,9	35,6

Entsprechende Werkstoffe in Tabelle „Festigkeitswerte“ S. 341 wählen.

Tabelle 10. Lebensdauerfaktor φ.
Faktor zum Umrechnen der Tabellenwerte bei Lebensdauer von 5000 Stunden für eine andere Lebensdauer.

Lebensdauer in Betriebsstunden L_h	10	50	150	312	625	1200	2500	5000	10 000	40 000	80 000	150 000
Lebensdauerfaktor φ	2,82	2,15	1,79	1,59	1,41	1,27	1,12	1	0,89	0,71	0,83	0,57

Richtlinien für die Wahl der Lebensdauer: vollbelastete Dauergetriebe 40 000 ... 150 000 Betriebsstunden, nur zeitweise eingeschaltete oder nur zeitweise vollbelastete Getriebe 50 ... 5000 Betriebsstunden.

Berechnung der Zähne auf Biegung bzw. Zahnbruch

Tabelle 11. Formeln zur Festigkeitsrechnung bei Stirnrädern.

Umfangsgeschwindigkeit $v_1 = v_2$ m/s	$v_1 = \frac{\pi \cdot d_1 \cdot n_1}{60\,000}$ d_1 in mm, n_1 in min^{-1}	
Geschwindigkeitsfaktor f_v	aus Tabelle unten entnehmen oder berechnen.	
zul. Zahnfußspannung $\sigma_{F\,zul}$ N/mm²	$\sigma_{F\,lim}$ und Y_{NT} aus Tabelle S. 341 entnehmen, Zwischenwerte abschätzen. $\sigma_{F\,zul} = \sigma_{F\,lim} \cdot Y_{NT} \cdot Y_L$ $Y_L = 1$ bei Schwellbeanspruchung $Y_L = 0{,}7$ bei Wechsellast.	
Zahnformfaktor Y_{Fa}	aus untenstehendem Diagramm entnehmen.	
Zahnfußspannung $\sigma_{F\,IST}$ N/mm²	bei Geradverzahnung $\sigma_{F\,IST} = \frac{F_t}{b \cdot m} \cdot \frac{Y_{Fa}}{f_v \cdot \varepsilon_\alpha}$ ε_α S. 334 m, m_n, b in mm, F_t in N S. 338	bei Schrägverzahnung $\sigma_{F\,IST} = \frac{F_t}{b \cdot m_n} \cdot \frac{Y_{Fa}}{f_v \cdot \varepsilon_\alpha}\left(1 - \frac{\varepsilon_\beta \cdot \beta}{120°}\right)$ wobei $(1 - \varepsilon_\beta \cdot \beta/120°) \geq 0{,}75$ sein muß. ε_β S. 334, β in °
Sicherheit gegen Zahnbruch S_F	$S_F = \sigma_{F\,zul}/\sigma_{F\,IST} \geq 1$	

Sicherheit gegen Zahnbruch ist vorhanden, wenn die Gleichungen für S_F für das kleinere Rad (Rad 1) einen Wert gleich oder größer als 1 ergeben.

Falls für Rad 1 ein besserer Werkstoff als für Rad 2 gewählt wird, so ist die Berechnung auf Biegung auch für Rad 2 durchzuführen.

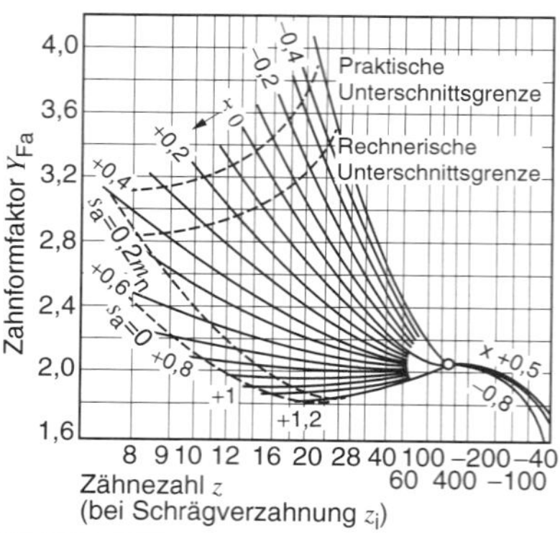

Zahnformfaktor *Y_{Fa} ($\alpha = 20°$) in Abhängigkeit von Zähnezahl z und Profilverschiebungsfaktor x.*
Bei Innenverzahnung ist $Y_{Fa} \leq 2{,}07$ (siehe Diagramm).

$$Y_{Fa} = \frac{6 \cdot h_{FA} \cdot \cos \alpha_{Fan} / m_n}{(s_{Fn}/m_n)^2 \cdot \cos \alpha_n}$$

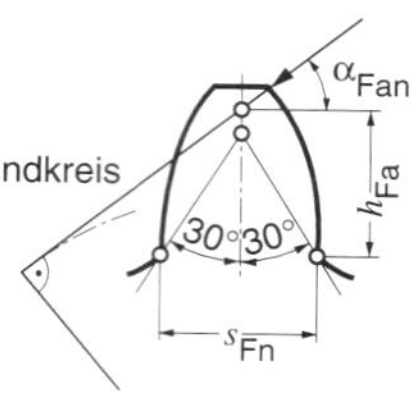

Tabelle 12. Geschwindigkeitsfaktor f_v.

Werkstoffe	Umfangsgeschwindigkeit v m/s 0,25	0,5	1	2	3	5	10	zugrunde gelegte Gleichung
Stahl und andere Metalle	Geschwindigkeitsfaktor f_v 0,96	0,93	0,86	0,75	0,67	0,55	0,38	$f_v = \frac{A}{A + v}$ [1])
Hartgewebe und andere Nichtmetalle	0,85	0,75	0,62	0,5	0,44	0,37	0,32	$f_v = \frac{0{,}75}{1 + v} + 0{,}25$

Zahnrad-Werkstoffe

Tabelle 13. Werkstoffkennwerte.

	Werkstoff	Zustand	Zug-festigk. R_m N/mm² mind.	Biege-wechsel-festigk. σ_{bW} N/mm² mind.	Härte HB bzw. HRC mind.	Zul. Zahnfuß-spannung[2]) $\sigma_{F\,lim}$ N/mm²	Lebensdauerfaktor Y_{NT}[3]) bei Lastwechselzahl $N_L = L_h \cdot 60 \cdot n$: $\geq 3 \cdot 10^6$	10^6	10^5	10^4	10^3
Vergütungsstahl	St 60-2, C 45	geglüht	590	255	170 HB	160					
		vergütet	685	295	200 HB	185					
		vergütet	980	410	280 HB	245					
	St 70-2, C 60	geglüht	685	295	200 HB	185					
		vergütet	785	335	230 HB	209					
		vergütet	980	410	280 HB	245	1	1,25	1,75	2,5	2,5
	50 Cr V 4	geglüht	685	335	200 HB	185					
		vergütet	1130	550	330 HB	294					
		vergütet	1370	665	400 HB	344					
	37 Mn Si 5	geglüht	590	285	170 HB	160					
		vergütet	785	355	230 HB	200					
		vergütet	1030	490	300 HB	270					
Einsatzstahl	RSt 34-2, C 15	geglüht	335	175	100 HB	110	1	1,25	1,75	2,5	2,5
		ofl'geh. [4])	590	255	57 HRC	160	1	1,2	1,5	1,9	2,5
	16 Mn Cr 5	geglüht	800	–	150 HB	–	–	–	–	–	–
		ofl'geh. [4])	1100	–	57 HRC	300	1	1,2	1,5	1,9	2,5
	20 Mn Cr 5	geglüht	590	275	170 HB	172	–	–	–	–	–
		ofl'geh. [4])	1180	590	57 HRC	330	1	1,2	1,5	1,9	2,5
	18 Cr Ni 8	geglüht	640	315	190 HB	200	–	–	–	–	–
		ofl'geh. [4])	1370	590	57 HRC	370	1	1,2	1,5	1,9	2,5
Guss	GG-18	–	175		200 HB	50	1	1,1	1,25	1,4	1,6
	GS-52.1	–	510		140 HB	110	1	1,25	1,75	2,5	2,5
	G-SnBz 14		195		90 HB	100	1	1,25	1,75	2,5	2,5
	Polyamid PA 66	bei 60 °C	–	40	–	27	1	1,2	1,75	–	–
	Pa 66 + 30% GF		140	43	–	29					
	Hartgewebe fein		–	–	–	75	1	1,15	1,4	1,65	2,0
	grob		–	–	–	50	1	1,2	1,6	2,1	2,8

Bei den Vergütungsstählen sind für den vergüteten Zustand jeweils zwei Werte angegeben. Bei kleineren Rädern bis etwa Modul 3 kann der größere der beiden Werte vorgeschrieben werden. Bei sehr großen Rädern ist dagegen mit Sicherheit nur der kleinere Wert erreichbar.

[1]) Werte gelten für $A = 6$ (entspricht mittlerer Verzahnungsqualität). Für gegossene Zahnräder gilt $A = 3$, für Zahnräder höchster Genauigkeit gilt $A = 10$.

[2]) Für schwellende Beanspruchung bei Dauerfestigkeit von $N_L \geq 3 \cdot 10^6$. Bei wechselnder Beanspruchung (Zwischenräder) Wechselfaktor Y_L berücksichtigen.

[3]) Im Gebiet der Zeitfestigkeit wird die Zahnfußbiegespannung je nach Lastwechselzahl $N_L = L_h \cdot 60 \cdot n$ mit dem Faktor Y_{NT} multipliziert.

[4]) Oberflächengehärtet.

Riementriebe

Kraftschlüssige Riementriebe

Größen und Einheiten

Größe		Einheit
A	Profilquerschnitt	mm^2
F	Anpresskraft	N
F_1	Trumkraft im Lasttrum	N
F_2	Trumkraft im Leertrum	N
F_F	Fliehkraft des Riemens	N
F_f	Fliehkraft je Trum	N
F_R	Reibungskraft	N
F_u	Umfangskraft	N
F_v	Vorspannkraft	N
F_w	Wellenspannkraft	N
P	geforderte Leistungsübertragung	kW
k_1	Vorspannungsfaktor, berücksichtigt Betriebsbedingungen und Umschlingungswinkel	–
k_2	Fliehkraftfaktor	–
v	Riemengeschwindigkeit	m/s
z	Anzahl der Riemen (bei Keilriementrieben) bzw. der Keilrippen (bei Keilrippenriemen)	–
α	Keilwinkel	°
β	Umschlingungswinkel	°
μ	Reibbeiwert	–
μ'	Keilreibbeiwert	–
ϱ	mittl. Dichte Riemenwerkstoff	g/cm^3

Kraftübertragung

Aus der allgemeinen Reibungsgleichung

$F_R = \mu \cdot F$

folgt für Keilriemenscheiben (s. Bild)

$F_R = \mu \cdot 2 \cdot F'$

oder $F_R = \mu' \cdot F$

mit $\mu' = \mu/\sin(\alpha/2)$

Grenzbeziehung für den Übergang von Haftreibung in Gleitreibung ist die Eytelwein'sche Gleichung:

$F_1/F_2 = e^{\mu'\beta}$

mit $\mu' \approx 0{,}5 \pm 0{,}15$

nach Angaben der Keilriemenhersteller unter Einbeziehung verschiedener Sicherheitsfaktoren.

Solange das Trumkraftverhältnis

$F_1/F_2 \leq e^{\mu'\beta}$

ist, rutscht der Riemen bei der Übertragung der Umfangskraft

$F_u = F_1 - F_2 = P \cdot 1020/v$

nicht durch.

Zur Übertragung der Umfangskraft F_u wird die Vorspannkraft F_v benötigt; bei hohen Drehzahlen muss außerdem der Fliehkraftanteil F_F des Riemens berücksichtigt werden. Die Vorspannkraft ist

$F_v = F_w \cdot F_F$

mit $F_w = F_u \cdot [(e^{\mu'\beta} + 1)/(e^{\mu'\beta} - 1)] \cdot \sin(\beta/2)$

$F_F = 2 \cdot z \cdot F_f \cdot \sin(\beta/2)$

$F_f = \varrho \cdot A \cdot v^2 \cdot 10^{-3}$

oder vereinfacht

$F_F = 2 \cdot z \cdot k_2 \cdot v^2 \cdot \sin(\beta/2)$

In der Praxis genügt zur Berechnung der Vorspannkraft häufig das Näherungsverfahren (nach Fa. Continental):

$F_v = (k_1 \cdot F_u + 2 \cdot z \cdot k_2 \cdot v^2) \cdot \sin(\beta/2)$

oder bei Antrieben mit 2 Scheiben die Faustformel

$F_v = (1{,}5 \ldots 2) \cdot F_u$

Zur Kontrolle der Riemenvorspannung wird die statische Trumkraft je Riemen

$F_s = F_v/[2z \cdot \sin(\beta/2)]$

mit dem über die Eindrücktiefe ermittelten Wert verglichen.

Die Berechnung des Riementriebs erfolgt nach DIN 2218 bzw. nach den von den Riemenherstellern herausgegebenen Unterlagen. Den Leistungswerten der Keilriemen liegt dabei eine theoretische Lebensdauer von 25000 h zu Grunde. Für Lebensdauerberechnungen werden Rechnerprogramme verwendet. Bei richtig ausgelegten Trieben liegt der Schlupf unter 1% und die Keilriemen arbeiten mit einem Wirkungsgrad von 94...97 %.

Die Lebensdauer der Riemen wird durch Überschreiten der max. zulässigen Riemengeschwindigkeit und Biegefrequenz, durch Unterschreitung der kleinsten zulässigen Scheibendurchmesser und bei Keilriemen durch Anbringung von Spannrollen auf dem Riemenrücken negativ beeinflusst.

Kräfte am Keilriemen.

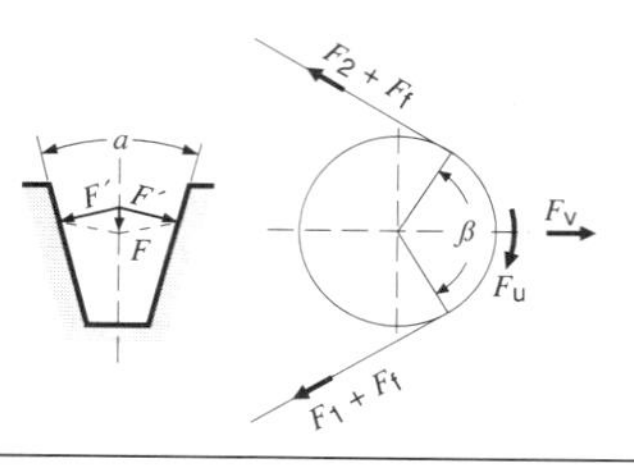

Ermittlung der statischen Trumkraft F_S über die Eindrücktiefe t_e beim Eindrücken mit der Prüfkraft F_e.

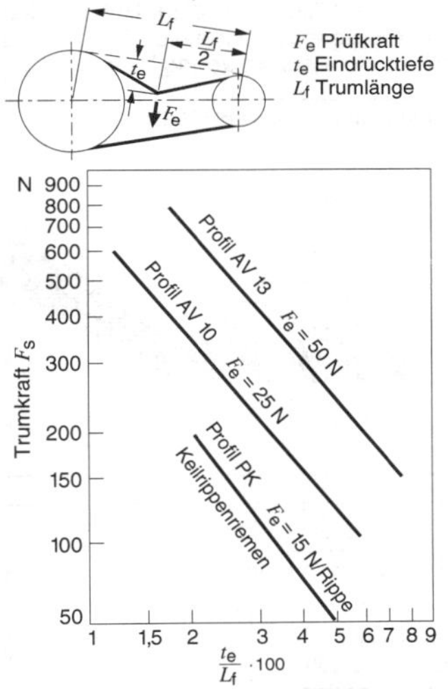

Vorspannungsfaktor k_1				
Riemen	β	Antrieb		
		leichte konstante Belastung	mittlere Belastung	schwere Stoßbelastung
Keilriemen	180°	1,5	1,7	1,9
	90°	2,6	2,8	3,0
Keilrippenriemen	180°	1,8	2,0	2,2
	90°	3,3	3,5	3,7

Zwischenwerte für andere Umschlingungswinkel interpolieren.

Riemen	Profil	Fliehkraftfaktor k_2
Keilriemen	SPZ	0,07
	SPA	0,12
Keilrippenriemen	K	0,02

Riemengeschwindigkeit bis 30 m/s und Biegefrequenz bis 40 s^{-1} zulässig. Zugehörige Riemenscheibenmaße s. DIN 2217.

Normalkeilriemen
(klassische Keilriemen)
Nach DIN 2215, für Haushaltsgeräte, Landmaschinen, Schwermaschinenbau. Verhältnis obere Breite zu Höhe: 1,6. Ausführungen mit Kabelcord- und Paketfaden-Zugstrang übertragen wesentlich geringere Leistungen als gleich breite Schmalkeilriemen. Sie sind wegen hoher Zugfestigkeit und Quersteifigkeit für rauhen und stoßhaften Betrieb geeignet.

Keilriemenarten.
1 Ummantelte Normalkeilriemen,
2 ummantelter Schmalkeilriemen,
3 flankenoffener Schmalkeilriemen.

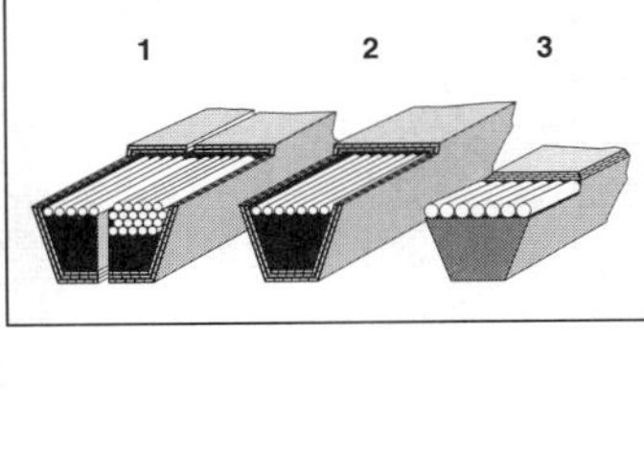

Schmalkeilriemen
Nach DIN 7753 Teil 1, Maschinenbau, Kfz der 1960er und 1970er Baujahre. Verhältnis obere Breite zu Höhe: 1,2. Aus Normalkeilriemen entwickelt durch Weglassen des an der Leistungsübertragung weniger beteiligten mittleren Teils. Höheres Leistungsvermögen als Normalkeilriemen gleicher Breite. Gezahnte Ausführung für geringere Walkarbeit bei Biegung über kleine Scheiben. Riemengeschwindigkeit bis 42 m/s und Biegefrequenz bis 100 s^{-1} zulässig (Riemenscheibenmaße s. DIN 2211).

Flankenoffene Keilriemen
Flankenoffene Normalkeilriemen nach DIN 2215 und flankenoffene Schmalkeilriemen für den Kraftfahrzeugbau nach DIN 7753 Teil 3 (Entwurf). Quer zur Laufrichtung ausgerichtete Fasern im Riemenunterbau ergeben hohe Flexibilität bei gleichzeitig extremer Quersteifigkeit und großer Abriebfestigkeit. Außerdem wird der besonders präparierte Zugstrang sehr gut abgestützt. Damit ergibt sich vor allem bei kleinem Riemenscheibendurchmesser ein höheres Leistungsvermögen und eine höhere Lebensdauer als bei ummantelten Schmalkeilriemen.

Weiterentwicklung
Neuere Entwicklung sind Keilriemen mit Kevlar als Zugstrangmaterial. Kevlar hat eine sehr hohe Zugfestigkeit bei sehr geringer Dehnung und eine höhere thermische Beständigkeit.

Keilrippenriemen (Poly-V-Riemen)
Nach DIN 7867. Sehr flexibel, Riemenscheibenlauf auch auf dem Riemenrücken möglich. Dadurch ist Antrieb mehrerer Aggregate (Generator, Ventilator, Wasserpumpe, Klimakompressor, Lenkhilfpumpe usw.) in einem Trieb mit jeweils ausreichendem Umschlingungswinkel möglich. Von den Profilen PH, PJ, PK, PL und PM fand in den letzten Jahren das Profil PK Eingang beim Kfz. Kleinere Scheibendurchmesser ($d_{b\,min} \approx$ 45 mm) als bei Schmalkeilriemen (Profil AVX 10) möglich. Für gleiche Leistungsübertragung wird bei gleicher Riemenbreite wie Schmalkeilriemen eine etwa 20 % höhere Vorspannung empfohlen. Bei einer Breite von über 6 Rippen wird zur Ruhigstellung des Riemens z. T. eine bis 10-fache Kraft zur Leistungsübertragung benötigt.

Keilrippenriemen *(Poly-V-Riemen).*

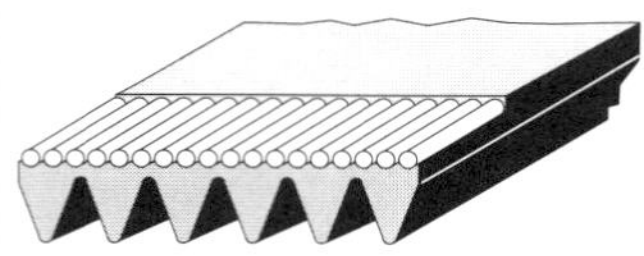

Schmalkeilriemen für Kfz nach DIN 7753 Teil 3.
Bezeichnungsbeispiel: Schmalkeilriemen DIN 7753 AVX 10 × 750 La, flankenoffen, gezahnt mit Riemenprofil-Kurzzeichen AVX 10 L_a = 750 mm.

Schmalkeilriemen		ummantelt		flankenoffen Vollprofil		flankenoffen gezahnt	
Riemenprofil	Kurzzeichen	9,5	12,5	AVP10	AVP13	AVX10	AVX13
	ISO-Kurzz.	AV 10	AV 13	AV 10	AV 13	AV 10	AV 13
Obere Riemenbreite	$b_0 \approx$	10	13	10	13	10	13
Riemenhöhe	$h \approx$	8	10	7,5	8,5	8	9
Bezugsliniendifferenz	h_b	1,8	2,6	0,9			
Riemenüberstand	$h_{a\,max}$	–		2,4			
Bezugslänge	L_a	500 bis 2550: gestuft um 25 mm					

Maße in mm

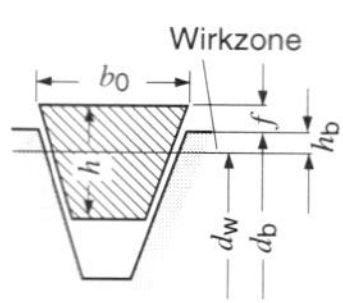

Rillenprofil Kurzzeichen		AV 10		AV 13	
Bezugsdurchmesser	d_b	< 57	≥ 57	< 70	≥ 70
Rillenwinkel	$\alpha \pm 0{,}5°$	34°	36°	34°	36°
Bezugsbreite	b_b	9,7		12,7	
Rillentiefe	t_{min}	11		14	
Rundungsradius	r	0,8			
Rillenabstand	e_{min}	12,6		16	

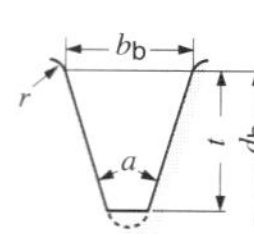

Formschlüssige Riementriebe

Zahnriemen nach DIN/ISO 5296
Anwendung im Kfz als Nockenwellenantrieb und vereinzelt als Zündverteilerantrieb.

Zahnriemen mit trapezförmigem oder abgerundetem Zahnprofil verbinden die Vorteile eines Riementriebs (beliebiger Achsabstand, geräuscharmer Lauf, geringe Wartung) mit den Vorteilen der formschlüssigen Kraftübertragung (synchroner Lauf, Schonung der Lager durch geringe Achslast).

Zahnriemen müssen auf beiden Seiten geführt werden, um ein Ablaufen zu verhindern. Dafür werden entweder eine Zahnscheibe mit zwei Bordscheiben oder zwei Zahnscheiben mit je einer Bordscheibe wechselseitig verwendet.

Zugehörige Zahnscheibenmaße s. DIN/ISO 5294.

Zahnriemen.
1 Mit trapezförmigem Zahnprofil,
2 mit abgerundetem Zahnprofil.

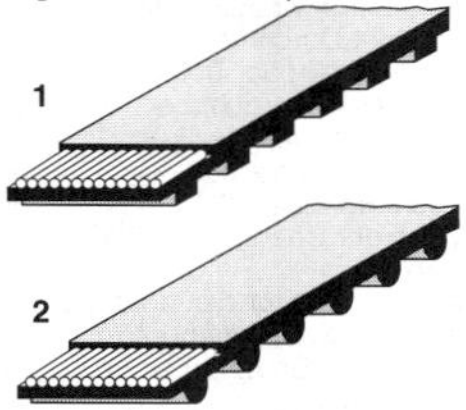

Keilrippenriemen und Keilrippenscheiben nach DIN 7867.

Bezeichnung eines Keilrippenriemens mit 6 Rippen des Profilkurzzeichens PK und der Bezugslänge 800 mm:
Keilrippenriemen DIN 7867-6 PK 800.

Bezeichnung der entsprechenden Keilrippenscheibe mit Bezugsdurchmesser 90 mm:
Keilrippenscheibe DIN 7867-6 Kx 90.

Abmaße in mm	Riemen	Profilrillen
Profilkurzzeichen	PK	K
Rippen- bzw. Rillenabstand s bzw. e	3,56	3,56
zul. Abweichung von s bzw. e	± 0,2	± 0,05
Summe zul. Abweichung von s bzw. e	± 0,4	± 0,30
Rillenwinkel α		40° ± 0,5°
r_k an Rippen- bzw. r_a an Rillenkopf	0,50	0,25
r_g an Rippen- bzw. r_i an Rillengrund	0,25	0,50
Riemenhöhe h	6	
Prüfstift-Nenndurchmesser d_s		2,50
$2 \cdot h_s$ Nennmaß		0,99
$2 \cdot \delta$ (s. Abbildung)		2,06
f (s. Abbildung)		2,5

Riemenquerschnitt

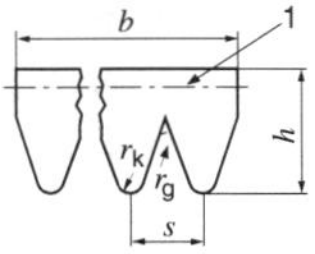

Rillenquerschnitt

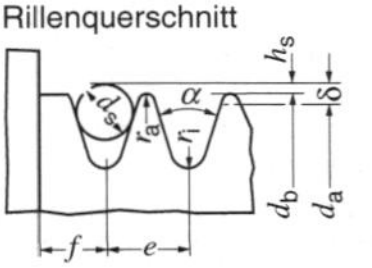

Bestimmung des Wirkdurchmessers

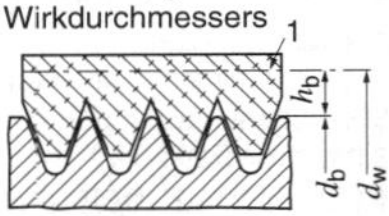

1 Lage des Zugstrangs

Riemenbreite $b = n \cdot s$
mit n = Zahl der Rippen

Wirkdurchmesser $d_w = d_b + 2\,h_b$
für Profil K h_b = 1,6 mm

Verschraubungstechnik

Größen und Einheiten

Größe		Einheit
A_s	Spannungsquerschnitt des Schraubengewindes S. 348	mm²
D_{Km}	Wirksamer Durchmesser für das Reibmoment in der Schraubenkopf- oder Mutterauflage	mm
F_M	Montagespannkraft (allg.)	N
F_{sp}	(Axiale) Montagespannkraft der Schraube bei 90%iger Ausnutzung der Streck- bzw. Dehngrenze	N
M_M	Anziehmoment für die Montage	N · m
M_{sp}	Spannmoment (Anziehdrehmoment zum Spannen einer Schraube auf F_{sp})	N · m
P	Steigung des Schraubengewindes	mm
d	Schraubendurchmesser (Gewindeaußendurchmesser)	mm
d_2	Mittlerer Flankendurchmesser des Schraubengewindes	mm
d_3	Kerndurchmesser des Schraubengewindes	mm
μ_G	Reibungszahl im Gewinde (Reibbeiwert, Reibkoeffizient)	–
μ_{ges}	Mittlere Reibungszahl für Gewinde- und Kopf- bzw. Mutterauflage	–
μ_K	Reibungszahl für die Kopf- bzw. Mutterauflage	–
$\sigma_{0,2}$	0,2 %-Dehngrenze des Schraubenwerkstoffes (bei Schrauben geringer Festigkeiten gilt statt dessen die Streckgrenze σ_s; siehe Anm.[1]) S. 45)	N/mm²

Grundregeln

Schrauben sollen die zu verbindenden Teile mit so großen Kräften zusammenspannen, daß auch bei den höchsten Betriebskräften keine gegenseitige Verschiebung der Teile eintreten kann. Auf Scherung dürfen Schrauben nicht beansprucht werden.

Von den etwa in Richtung der Schraubenachse auf die verspannten Teile einwirkenden und in ihrer Größe meist wechselnden Betriebskräften muß die Schraube bei richtiger Vorspannung nur einen Bruchteil aufnehmen. Möglichst starre zu verbindende Teile und elastische, d. h. lange und im Schaft auf d_3 reduzierte Schrauben (Güten 8.8...12.9 mit optimaler Spannkraft) ergeben die kleinsten Dauerschwingbeanspruchungen der Schrauben; das Erzeugen großer Spannungen ist auch die beste Maßnahme gegen Lockern (nachträgliches Setzen in den Fugen) und Losdrehen. Als Faustregel kann mit einer Verminderung der Montagespannkraft einer 8.8-Schraubenverbindung durch Setzen von 10...20% gerechnet werden, wenn die Temperatur max. 100 °C beträgt und die verspannten Teile aus Metallen mit mindestens 300 N/mm² Zugfestigkeit bestehen.

Der gespannte Teil der Schraube soll eine freie Gewindelänge von mindestens 0,5 d, möglichst jedoch 1,0 d enthalten.

Die Federkraft von Sicherungselementen (Federringe u. ä.) soll im plangespannten Zustand so groß wie die Spannkraft der Schraube sein! Bei Schrauben der Festigkeitsklassen ≥ 8.8 und freien Schraubendehnlängen > 2,5 d sowie metallischen Bauteilen sind Federringe meist nachteilig (da $F \ll F_{sp}$ und zusätzliche Setzfuge). Bei 4.8- und 5.6/5.8-Schrauben sind Federringe bei Dehnlängen ≥ 5 d im allgemeinen überflüssig.

Die Flächenpressungen unter Kopf und Mutter dürfen die Quetschgrenze (entspricht mindestens der Streck- bzw. 0,2%-Dehngrenze) des Werkstoffes der verspannten Teile nicht überschreiten (ggf. große Unterlegscheiben oder Sechskant-Flanschschrauben).

Flanschbefestigungen mit 4 Schrauben sind wesentlich sicherer als solche mit nur 3 Schrauben im Winkel von je 120° (hier bei Bruch einer Schraube Totalausfall).

Festigkeitsklassen

Das Bezeichnungssystem für Schrauben besteht aus zwei durch einen Punkt getrennten Zahlen. Die erste Zahl gibt ≈ 1/100 der Mindestzugfestigkeit in N/mm² an, die zweite das 10fache des Verhältnisses Mindeststreckgrenze (bzw. 0,2 %-Dehngrenze) zu Mindestzugfestigkeit.

Tabelle 1. Festigkeitswerte und Kennzeichnung von Schrauben.
Schrauben aus borlegierten Stählen mit niedrigem C-Gehalt haben bei Festigkeitsklasse 10.9 unter dem Kennzeichen einen Strich: 10.9 (s. a. DIN-EN 20 898, Teil 1).

Festigkeitsklasse		3.6	4.6	4.8	5.6	5.8	6.8	8.8	10.9	12.9
Zugfestigkeit σ_B N/mm²	min	330	400	420	500	520	600	800	1040	1220
	max ≈	490	550		700		800	1000	1200	1400
Untere Streckgrenze R_{el} N/mm²	min	180	240	320	300	400	480	–	–	–
0,2%-Dehngrenze $\sigma_{0,2}$	min	–	–	–	–	–	–	640	900	1080
Vickers-Härte HV30	min	95	120	130	155	160	190	250	320	385
	max	250						320	380	435

Die Festigkeitsklassen normaler Muttern (mit Nennhöhen ≥ 0,8 d und Schlüsselweiten ≥ 1,45 d) werden mit einer Zahl entsprechend 1/100 der Prüfspannung in N/mm² bezeichnet. Die Prüfspannung entspricht der Mindestzugfestigkeit einer Schraube mit gleicher Festigkeitsklasse. Das Ertragen der Prüfspannung wird mit einem Schraubengewinde größerer Festigkeit (mind. 45 HRC) geprüft; nach Entlasten muß die Mutter auf dem Gewinde noch beweglich sein.

Festigkeitsklassen für Muttern:

4	5	6	8	10	12

für Muttern mit eingeschränkter Belastbarkeit:

04	05

(z. B. flache Muttern)

Ab 5 mm Gewindedurchmesser müssen

- Schrauben der Festigkeitsklasse 8.8 und größer sowie
- Muttern aller Festigkeitsklassen

auf dem Schraubenkopf bzw. der Mutterstirnfläche mit der Festigkeitsklasse gekennzeichnet sein. Bei kleinen Schrauben kann der Punkt zwischen den Zahlen entfallen; bei Muttern kann auch nach einem Codesystem mit Kerben und Punkten auf den Fasen gekennzeichnet werden.

Tabelle 2. Dehngrenzen für Schrauben aus anderen Werkstoffen.

Werkstoff	Kennzeichnung	Gewinde	0,2%-Dehngrenze N/mm²
X5CrNi 1911	A2-70	≤ M20	450
CuZn37	Cu2	≤ M6	340
		M8 ... M39	250
CuSn6	Cu4	≤ M12	340
		M14 ... M39	200
AlMgSi1	Al3	≤ M39	250

Die Dauerhaltbarkeit kaltgeformter Stahlschrauben bis M12 beträgt $\sigma_D = \sigma_m \pm 50 ... 60$ N/mm² (bezogen auf Kernquerschnitt), und zwar bis zu Mittelspannungen $\sigma_m = 0{,}6 \cdot \sigma_{0,2}$ und für alle Güten von 4.8 bis 12.9. Schlußgerollte Schrauben (Gewinde nach dem Vergüten gerollt) bis M8 können $\sigma_D = 450 \pm 100$ N/mm², bei GG- und Al-Muttergewinden ± 120 N/mm² erreichen.

Anziehen von Schraubverbindungen

Von Hand können die erforderlichen Anziehdrehmomente mit Schraubendrehern bis M5–8.8, mit Innensechskantschlüsseln bis max. M8–10.9 und mit Ringschlüsseln bis max. M12–10.9 erreicht werden (für $\mu = \mu_G = \mu_K = 0{,}14$ ermittelt).

Beim Anziehen von Schraubverbindungen mit der (konventionellen) Drehmomentmessung treten in der Spannkraft Streuungen auf, und zwar ca. 1:2 wegen

– Streuungen der Reibungszahlen μ_K und μ_G (für Kopf- bzw. Mutter-Auflagefläche und Gewinde),

– Streuungen des Anziehdrehmomentes (bei Handmontage und bei Schraubern).

Bei $\mu_G = \mu_K = 0{,}1$ beträgt das Nutzmoment zur Erzeugung der Spannkraft 17 %, bei $\mu_G = \mu_K = 0{,}2$ nur 9,5% des Anziehdrehmomentes.

Mit der Winkelanzugsmethode und dem streckgrenzgesteuerten Anziehen können die höchstmöglichen Spannkräfte von Schraubverbindungen mit sehr kleinen Streuungen erreicht werden! Für diese Verfahren, die vorzugsweise ab 8.8-Güten verwendet werden, sind jedoch Vorberechnungen und Versuche bzw. elektronisch gesteuerte Spezialschrauber notwendig. Für streckgrenzgesteuertes Anziehen sollte die Klemmlänge (Gesamtdicke der verspannten Teile ohne Muttergewinde) mindestens dem Nenndurchmesser der Schraube entsprechen und der Schraubendurchmesser sollte ≥ M4 sein.

Grundformeln für Anziehen mit Drehmomentmessung

Es wird maximal eine Montagespannkraft zugelassen, die eine Vergleichsspannung von 0,9 x Mindestdehngrenze ergibt; diese Montagespannkraft wird F_{sp} genannt. Die Vergleichsspannung wird für den Spannungsquerschnitt

$$A_s = \frac{\pi}{4} \cdot \left(\frac{d_2 + d_3}{2}\right)^2$$

errechnet, mit dem die statischen, axialen Zugspannungen und die Torsionsspannungen (von der Gewindereibung herrührend) so betrachtet werden können, als wäre ein glattes Bauteil vorhanden (A_s ist wegen der Verformungsbehinderung durch die Gewindegänge größer als der Kernquerschnitt). Damit wird

$$F_{sp} = \frac{0{,}196\,(d_2 + d_3)^2 \cdot 0{,}9 \cdot \sigma_{0,2}}{\sqrt{1 + 4{,}86\left(\frac{P + \mu_G \cdot 3{,}63\,d_2}{d_2 + d_3}\right)^2}}$$

Mit dieser Formel wurden für verschiedene Gewindereibungszahlen μ_G die Montagespannkräfte F_{sp} in Tabelle 5 errechnet.

Zur Bestimmung der Anziehdrehmomente war es früher üblich, $\mu_G = \mu_K = \mu_{ges}$ anzunehmen, um zu der vereinfachten Formel

$$M_{sp} = F_{sp}\left[0{,}16\,P + \mu_{ges}\left(0{,}58\,d_2 + \frac{D_{Km}}{2}\right)\right]$$

bzw. entsprechenden Diagrammen zu gelangen. Bei unterschiedlichen Kopf und Gewindereibungszahlen (siehe Beispiel am Kapitelende) können mit dieser Formel die notwendigen Anziehdrehmomente jedoch nicht richtig festgelegt werden (siehe auch Anmerkung über Tabelle 4).

Eine einfache, praktikable Art zur Berechnung der Anziehdrehmomente mit verschiedenen Reibungszahlen μ_G und μ_K ist die K-Methode (von Gill vorgeschlagen, in USA in Gebrauch, in VDI-Richtlinie 2230, Ausg. 1977, enthalten):

Das Montageanziehdrehmoment ist danach

$$M_M = K \cdot F_M \cdot d$$

und für 90%ige Dehngrenzenausnutzung

$$M_{sp} = K \cdot F_{sp} \cdot d$$

wobei

$$K = \frac{0{,}16 \cdot P + \mu_G \cdot 0{,}58 \cdot d_2 + \mu_K \cdot D_{Km}/2}{d}$$

Für verschiedene Reibungszahlen μ_G und μ_K und einen großen Schrauben-Abmessungsbereich kann K unabhängig von d in Tabellenform angegeben werden (s. Tabelle 4).

Reibungszahlen

Mit der folgenden Tabelle 3 werden getrennt voneinander und nacheinander die beiden Reibungszahlen für Kopf- bzw. Mutterauflage (μ_K) und Gewindereibung (μ_G) bestimmt.

Sperrzahnschrauben, Zwischenscheiben mit scharfen, etwa radial verlaufenden Kanten und Sicherungsmuttern können die Reibungszahlen stark erhöhen; solche Schraubenverbindungen müssen nach besonderen Vorschriften angezogen werden.

Anziehen von Schraubverbindungen.

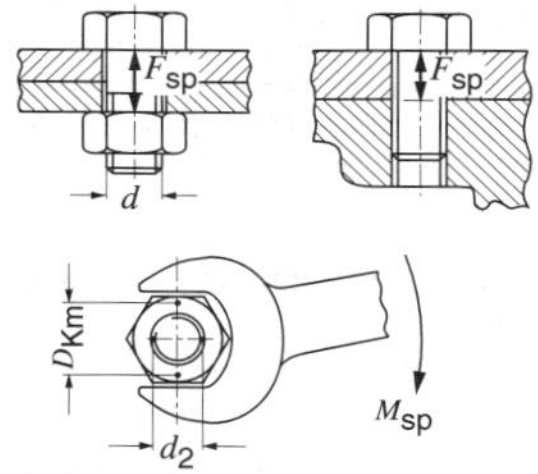

Tabelle 3.
Reibungszahlen μ_K und μ_G für verschiedene Oberflächen- und Schmierzustände.
Mit $\mu_{G\,min}$ (kleinerer Wert aus Tabelle 3) wird die Spannkraft F_{sp} in Tabelle 5 ermittelt.

Oberflächen am Gegenbauteil: Auflagefläche am Bauteil (μ_K) bzw. *Muttergewinde* (μ_G)	Schmierzustand	**Oberflächen an der Schraube:** Schraubenkopf- oder Mutterunterseite (μ_K) bzw *Schraubengewinde* (μ_G) Stahl, geschwärzt oder Zn-phosph. gepreßt gerollt	Stahl, geschwärzt oder Zn-phosph. gedreht geschnitten	Stahl verzinkt 6 µm
Stahl, gewalzt	leicht geölt	0,13...0,19	0,10...0,18	0,10...0,18
Stahl, gedreht, geschnitten gehobelt, gefräst	leicht geölt	0,10...0,18	–	0,10...0,18
Stahl, geschliffen	leicht geölt	0,16...0,22	0,10...0,18	0,10...0,18
GG gehobelt, gefräst gedreht, geschnitten	leicht geölt	0,10...0,18	–	0,10...0,18
GTS, geschliffen	leicht geölt	0,16...0,22	0,10...0,18	0,10...0,18
Stahl, verkadmet 6 µm	leicht geölt	0,08...0,16	0,08...0,16	–
Stahl, verzinkt 6 µm	leicht geölt	0,10...0,18	0,10...0,16	0,16...0,20
Stahl, verzinkt, Innengewinde	leicht geölt	–	–	0,10...0,18
Stahl, geschliffen, gewalzt, phosphatiert	leicht geölt	0,12...0,20	–	–
Stahl, spanend bearbeitet, phosphatiert	leicht geölt	0,10...0,18	–	–
Al-Mg-Legierung, bearbeitet, geschnitten	leicht geölt	0,08...0,20	–	–
Stahl, verkadmet 6 µm	trocken	0,08...0,16	–	–
Stahl, verkadmet, Innengewinde	trocken	0,08...0,14	–	–
Stahl, verzinkt 6 µm	trocken	0,10...0,18	–	0,20...0,30
Stahl, verzinkt, Innengewinde	trocken	0,08...0,16	–	0,12...0,20

Tabelle 4. K-Werte.
Die K-Werte gelten für Regelgewinde von M1,4...M42 und für Kopf- bzw. Muttergrößen entsprechend Sechskantschrauben DIN 931, 933; Zylinderschrauben mit Schlitz DIN 84, Innensechskantschrauben DIN 912, 6912, 7984; Muttern DIN 934.
Für Gewinde M16...M42 ist der K-Wert um 5% zu verringern, da zwischen M14 und M16 ein deutlicher Sprung der Gewindefeinheit d/P vorliegt.
Zwischenwerte können mit ausreichender Genauigkeit interpoliert werden.
Anmerkung: Wenn in Sonderfällen bisher nur μ_{ges} ermittelt wurde, wird der K-Wert mit $\mu_K = \mu_G = \mu_{ges}$ bestimmt (siehe Abschnitt „Anziehen von Schraubverbindungen").

Reibungszahl für Gewinde μ_G	Reibungszahl für Schraubenkopf- bzw. Mutterauflage μ_K										
	0,04	0,06	0,08	0,10	0,12	0,14	0,16	0,18	0,20	0,24	0,28
0,08	0,094	0,108	0,120	0,134	0,148	0,162	0,176	0,190	0,204	0,232	0,260
0,10	0,104	0,118	0,132	0,146	0,158	0,172	0,186	0,200	0,214	0,242	0,270
0,12	0,114	0,128	0,142	0,156	0,170	0,184	0,196	0,210	0,224	0,252	0,280
0,14	0,124	0,138	0,152	0,166	0,180	0,194	0,208	0,222	0,234	0,262	0,290
0,16	0,134	0,148	0,162	0,176	0,190	0,204	0,218	0,232	0,246	0,272	0,300
0,18	0,146	0,160	0,172	0,186	0,200	0,214	0,228	0,242	0,256	2,284	0,312
0,20	0,156	0,170	0,184	0,198	0,210	0,224	0,238	0,252	0,266	0,294	0,322
0,24	0,176	0,190	0,204	0,218	0,232	0,246	0,260	0,274	0,286	0,314	0,342
0,28	0,198	0,212	0,224	0,238	0,252	0,266	0,280	0,294	0,308	0,336	0,362

Axiale Spannkräfte von Schraubverbindungen

Geltungsbereich der Tabelle 5 für die Montagespannkräfte F_{sp}
Tabelle 5 gilt nur für
- Schrauben mit Regelgewinde und

$$\frac{\text{Schaftdurchmesser } d_1}{\text{Kerndurchmesser } d_3} \geq 1{,}05$$

- festigkeitsmäßig richtige Paarung von Schraube und Mutter bzw. Gewinde in Gehäusen;
- Mutterhöhe mind. 0,8 x Gewindedurchmesser bzw. ausreichend lange Gewinde in Gehäusen u. ä.

Korrekturfaktoren für Spannkräfte und Reibungszahlen (Auswahl)
Flache Muttern mit einer Höhe von $0{,}5 \cdot d$ und gleicher Festigkeit (Härte) wie die Schraube erlauben nur eine Spannkraft der Verbindung von 80 % der Tabellenwerte; bei flachen Muttern niedriger Festigkeit (04) auf 12.9-Schrauben ist nur 33 % von F_{sp} zulässig.

Bei Schraubenköpfen und Muttern mit kleineren oder größeren Auflageflächen sowie bei Stell- und Fixierschrauben, die nicht mit dem Kopf aufliegen, muss der μ_K-Wert in dem Verhältnis verkleinert oder vergrößert werden, in dem der mittlere Reibdurchmesser ihrer Auflageflächen zum mittleren Reibdurchmesser der oben genannten normmäßigen Sechskant- usw. -schrauben und -muttern steht. Erst mit diesem korrigierten, fiktiven μ_K-Wert wird dann der K-Wert bestimmt (deshalb in Tabelle 4 μ_K ab 0,04).

Bei Senkschrauben muss zusätzlich die Konuswirkung des Senkwinkels, aber auch die größere Elastizität des Kopfaußenrandes berücksichtigt werden; bei normgemäßen Senkschrauben (Senkwinkel 90°) erhöht sich daher μ_K fiktiv um den Faktor 1,25.

Tabelle 5. Spannkräfte F_{sp} in 10^3 N für Regelgewinde und Reibungszahlen μ_G im Gewinde (bei 90% Ausnutzung von $\sigma_{0,2}$ bzw. σ_s).

Abmessung (Steigung)	Festigkeitsklasse	F_{sp} (10^3 N) bei Reibungszahlen μ_G im Gewinde 0,06	0,08	0,10	0,12	0,14	0,16	0,18	0,20	0,24	0,28
	4.8	2,3	2,2	2,1	2,0	1,9	1,9	1,8	1,7	1,6	1,4
	5.8	2,8	2,7	2,6	2,5	2,4	2,3	2,2	2,1	2,0	1,8
M 4	8.8	4,5	4,4	4,2	4,1	3,9	3,7	3,6	3,4	3,2	2,9
	10.9	6,4	6,2	5,9	5,7	5,5	5,3	5,0	4,8	4,4	4,1
(0,7)	12.9	7,7	7,4	7,1	6,9	6,6	6,3	6,0	5,8	5,3	4,9
	4.8	3,7	3,6	3,5	3,3	3,2	3,1	2,9	2,8	2,6	2,4
	5.8	4,6	4,5	4,3	4,2	4,0	3,8	3,6	3,5	3,2	3,0
M 5	8 8	7,4	7,2	6,9	6,6	6,4	6,1	5,9	5,6	5,2	4,8
	10.9	10,4	10,1	9,7	9,4	9,0	8,6	8,3	7,9	7,3	6,7
(0,8)	12.9	12,5	12,1	11,7	11,2	10,8	10,3	9,9	9,5	8,7	8,1
	4.8	5,2	5,1	4,9	4,7	4,5	4,3	4,1	4,0	3,7	3,4
	5.8	6,6	6,3	6,1	5,9	5,6	5,4	5,2	5,0	4,6	4,2
M 6	8.8	10,5	10,1	9,8	9,4	9,0	8,6	8,3	7,9	7,3	6,7
	10.9	14,7	14,2	13,7	13,2	12,7	12,1	11,7	11,2	10,3	9,5
(1,0)	12.9	17,7	17,1	16,5	15,8	15,2	14,6	14,0	13,4	12,3	11,4
	4.8	9,6	9,3	8,9	8,6	8,3	7,9	7,6	7,3	6,7	6,2
	5.8	12,0	11,6	11,2	10,8	10,3	9,9	9,5	9,1	8,4	7,7
M 8	8.8	19,2	18,6	17,9	17,2	16,5	15,7	15,2	14,6	13,4	12,4
	10.9	27,0	26,1	25,2	24,2	23,2	22,3	21,4	20,5	18,9	17,4
(1,25)	12.9	32,4	31,3	30,2	29,0	27,9	26,8	25,7	24,6	22,6	20,9
	4.8	15,3	14,8	14,2	13,7	13,2	12,6	12,1	11,6	10,7	9,9
	5.8	19,0	18,5	17,8	17,1	16,5	15,9	15,1	14,5	13,4	12,3
M 10	8.8	30,5	29,5	28,5	27,4	26,3	25,3	24,2	23,2	21,4	19,7
	10.9	42,9	41,5	40,1	38,5	37,0	35,5	34,1	32,7	30,1	27,7
(1,5)	12.9	51,5	49,8	48,1	46,2	44,4	42,6	40,1	39,2	36,1	33,2
	4.8	22,2	21,5	20,8	20,0	19,2	18,4	17,7	16,9	15,6	14,4
	5.8	27,8	26,9	25,9	25,0	24,0	23,0	22,1	21,2	19,5	18,0
M 12	8.8	44,5	43,0	41,5	40,0	38,4	36,8	35,3	33,9	31,2	28,7
	10.9	62,5	60,5	58,4	56,2	54,0	51,8	49,7	47,7	43,8	40,4
(1,75)	12.9	75,0	72,6	70,0	67,4	64,8	62,2	59,6	57,2	52,6	48,5
	4.8	30,5	29,6	28,5	27,4	26,4	25,3	24,3	23,3	21,4	19,7
	5.8	38,1	36,9	35,6	34,3	32,9	31,6	30,3	29,1	26,8	24,7
M 14	8.8	61,0	59,1	57,0	54,9	52,7	50,6	48,5	46,5	42,8	39,5
	10.9	85,8	83,1	80,1	77,1	74,1	71,2	68,3	65,5	60,2	55,5
(2,0)	12.9	103	99,7	96,2	92,6	89,0	85,4	81,9	78,5	72,3	66,6
	4.8	41,8	40,5	39,2	37,7	36,3	34,8	33,4	32,1	29,5	27,2
	5.8	52,3	50,7	48,9	47,2	45,4	43,6	41,8	40,1	36,9	34,0
M 16	8.8	83,6	81,1	78,3	75,5	72,3	69,7	66,9	64,2	59,0	54,4
	10.9	118	114	110	106	102	98,0	94,1	90,2	83,0	76,5
(2,0)	12.9	141	137	132	127	122	118	113	108	99,6	91,9
	4.8	65,3	63,3	61,2	59,0	56,7	54,5	52,2	50,1	46,1	42,5
	5.8	81,7	79,2	76,5	73,7	70,9	68,1	65,3	62,7	57,7	53,2
M 20	8.8	131	127	122	118	113	109	105	100	92,3	85,1
	10.9	184	178	172	166	159	153	147	141	130	120
(2,5)	12.9	220	214	206	199	191	184	176	169	156	144

Gegenüber 5.8-Schrauben sind die Spannkräfte F_{sp} bei Schrauben anderer (auch NE-) Festigkeitsklassen gemäß deren Streck- bzw. Dehngrenzen umzurechnen; z. B. für M6-Cu2-Schraube und $\mu_G = 0{,}10$ ist $F_{sp} = (340/400) \cdot 6{,}1 \cdot 10^3 \approx 5{,}2 \cdot 10^3$N.

Vorteile der K-Methode gegenüber bisheriger Anziehdrehmoment-Bestimmung

– Berücksichtigung von verschiedenen Reibungszahlen μ_K und μ_G ist ohne großen Aufwand möglich.
Dadurch sind eine sicherere Auslegung bzw. größere minimale Montagespannkraft erzielbar (Beispiel unten mit $\mu_{ges} = \mu_K$ gerechnet, ergibt unzulässige Erhöhung der max. Spannkraft bis knapp an die Dehngrenze. Würde mit $\mu_{ges} = \mu_G$ gerechnet, wären die Anziehdrehmomente kleiner und die minimale Spannkraft nur 68 % von 14 800 N).

– Um die in Tabelle 3 aufgeführten Werte als μ_{ges}-Werte anzugeben, wären umfangreiche Tabellenwerke erforderlich. Die Tabelle 3 beansprucht nur einen Bruchteil davon.

– Die K-Methode dient der genauen Festlegung der Anziehdrehmomente beim Anziehen mit Drehmomentschlüsseln und ist ein vorteilhafter Ersatz für bisherige Tabellen bzw. etwas unübersichtliche Diagramme.

– Mit streckgrenz- oder winkelgesteuertem Anziehen werden nach wie vor noch bessere Ausnutzungsgrade von Verschraubungen erzielt, siehe Abschnitt „Anziehen von Schraubverbindungen"

Bestimmung der Spannkräfte und Anziehdrehmomente

Die maximal erreichbare Montagespannkraft $F_{sp\,max}$ wird mit der kleinsten Gewindereibungszahl μ_G und Tabelle 5 bestimmt. Von dem in den Schraubenschaft eingeleiteten Drehmoment wird der größte Teil zur Überwindung der Gewindereibung verbraucht, und nur der Rest wandelt sich gemäß der Gewindesteigung in Spannkraft um; beim Größtwert dieses Drehmoments und dem kleinsten μ_G darf die max. zulässige Spannkraft nicht überschritten werden.

Das max. zulässige Montageanziehdrehmoment $M_{sp\,max}$ wird mit dem K-Wert aus den niedrigsten Werten für μ_K und μ_G berechnet (denn beim Zusammentreffen des größten Anziehdrehmomentes mit den kleinsten Reibungszahlen darf die max. zulässige Spannkraft nicht überschritten werden).

$$M_{sp\,max} = K_{min} \cdot F_{sp\,max} \cdot d$$

Das kleinste Montageanziehdrehmoment $M_{sp\,min}$ ergibt sich aus der Güte des Anziehverfahrens bzw. der verwendeten Geräte. Bei guten Schraubern bzw. aufmerksamem Anziehen von Hand mit Drehmomentschlüsseln ist eine Streuung von ±10 % des Nennmoments üblich. Damit wird das kleinste Montageanziehdrehmoment

$$M_{sp\,min} \approx 0{,}8 \cdot M_{sp\,max}$$

Die möglicherweise auftretende kleinste Montagespannkraft $F_{sp\,min}$ wird mit dem K-Wert aus den beiden höchsten Reibungszahlen μ_K und μ_G dann

$$F_{sp\,min} = M_{sp\,min}/(K_{max} \cdot d)$$

***Beispiel:** Eine M10-8.8-Schraube (gepresst und gerollt, phosphatiert) verspannt ein geschliffenes Stahlteil auf einem AlMg-Gehäuse mit Gewindesacklöchern; die Teile sind leicht geölt.*

Aus Tabelle 3: μ_K = 0,16 . . . 0,22

μ_G = 0,08 . . . 0,20 → mit μ_G = 0,08 wird nach Tabelle 3: $F_{sp\,max}$ = 29 500 N

Aus Tabelle 4: K_{min} = 0,176 | K_{max} = 0,280

→ $M_{sp\,max}$ = 0,176 · 29 500 · 0,010 = 51,9 N · m

$M_{sp\,min}$ = 0,8 · $M_{sp\,max}$ = 41,5 N · m

→ $F_{sp\,min}$ = 41,5/(0,280 · 0,010) = 14 800 N

(mit d in m)

Gewinde (Auswahl)

Metrisches ISO-Gewinde

(DIN 13, ISO 965); Nennmaße

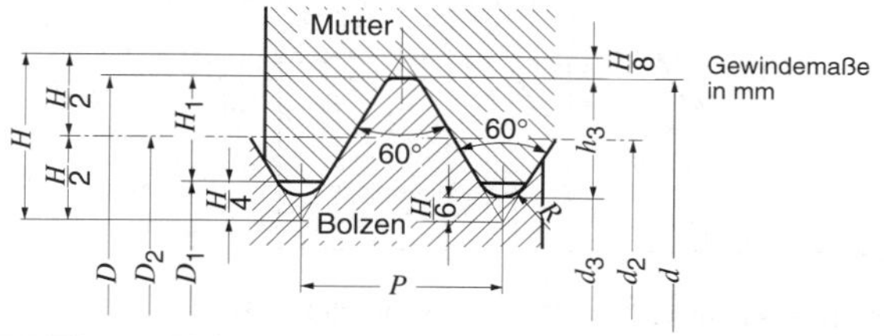

Metrisches Regelgewinde

Bezeichnungsbeispiel: M8 (Gewinde-Nenn-∅ 8 mm)

Gewinde-Nenn-∅ $d = D$	Steigung P	Flanken-∅ $d_2 = D_2$	Kern-∅ d_3	Kern-∅ D_1	Gewindetiefe h_3	Gewindetiefe H_1	Spannungsquerschnitt A_s in mm²
3	0,5	2,675	2,387	2,459	0,307	0,271	5,03
4	0,7	3,545	3,141	3,242	0,429	0,379	8,78
5	0,8	4,480	4,019	4,134	0,491	0,433	14,2
6	1	5,350	4,773	4,917	0,613	0,541	20,1
8	1,25	7,188	6,466	6,647	0,767	0,677	36,6
10	1,5	9,026	8,160	8,376	0,920	0,812	58,0
12	1,75	10,863	9,853	10,106	1,074	0,947	84,3
14	2	12,701	11,546	11,835	1,227	1,083	115
16	2	14,701	13,546	13,835	1,227	1,083	157
20	2,5	18,376	16,933	17,294	1,534	1,353	245
24	3	22,051	20,319	20,752	1,840	1,624	353

Metrisches Feingewinde

Bezeichnungsbeispiel: M8 x 1 (Gewinde-Nenn-∅ 8 mm und Steigung 1 mm)

Gewinde-Nenn-∅ $d = D$	Steigung P	Flanken-∅ $d_2 = D_2$	Kern-∅ d_3	Kern-∅ D_1	Gewindetiefe h_3	Gewindetiefe H_1	Spannungsquerschnitt A_s in mm²
8	1	7,350	6,773	6,917	0,613	0,541	39,2
10	1,25	9,188	8,466	8,647	0,767	0,677	61,2
10	1	9,350	8,773	8,917	0,613	0,541	64,5
12	1,5	11,026	10,160	10,376	0,920	0,812	88,1
12	1,25	11,188	10,466	10,647	0,767	0,677	92,1
16	1,5	15,026	14,160	14,376	0,920	0,812	167
18	1,5	17,026	16,160	16,376	0,920	0,812	216
20	2	18,701	17,546	17,835	1,227	1,083	258
20	1,5	19,026	18,160	18,376	0,920	0,812	272
22	1,5	21,026	20,160	20,376	0,920	0,812	333
24	2	22,701	21,546	21,835	1,227	1,083	384
24	1,5	23,026	22,160	22,376	0,920	0,812	401

Rohrgewinde für nicht im Gewinde dichtende Verbindungen

(DIN ISO 228-1); zylindrisches Innen- und Außengewinde; Nennmaße

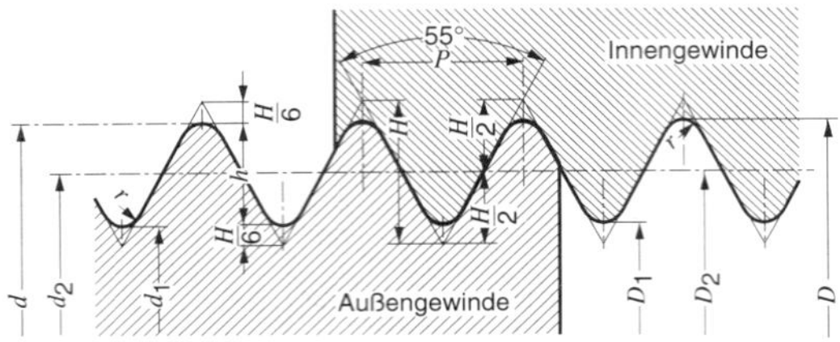

Bezeichnungsbeispiel: G1/2 (Gewinde-Nenngröße 1/2)

Gewinde-Nenngröße	Gangzahl auf 25,4 mm	Steigung P mm	Gewindetiefe h mm	Außendurchmesser $d = D$ mm	Flankendurchmesser $d_2 = D_2$ mm	Kerndurchmesser $d_1 = D_1$ mm
1/4	19	1,337	0,856	13,157	12,301	11,445
3/8	19	1,337	0,856	16,662	15,806	14,950
1/2	14	1,814	1,162	20,955	19,793	18,631
3/4	14	1,814	1,162	26,441	25,279	24,117
1	11	2,309	1,479	33,249	31,770	30,291

Whitworth-Rohrgewinde für Gewinderohre und Fittings

(DIN 2999); zylindrisches Innen- und kegeliges Außengewinde; Nennmaße (in mm)

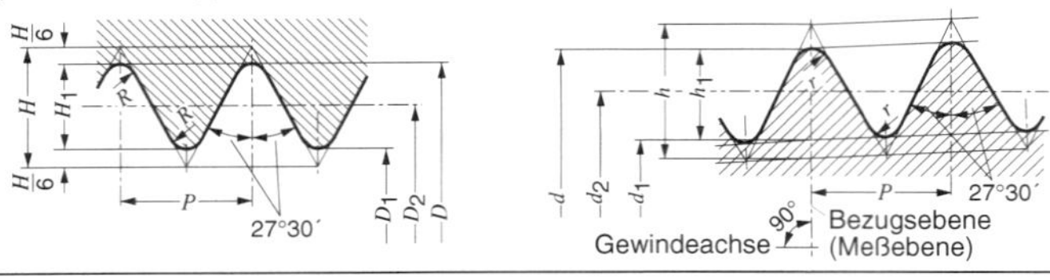

Kurzzeichen		Außendurchmesser	Flankendurchmesser	Kerndurchmesser	Steigung	Gangzahl auf 25,4 mm
Außengewinde	Innengewinde	$d = D$	$d_2 = D_2$	$d_1 = D_1$	P	Z
R 1/4	**Rp 1/4**	13,157	12,301	11,445	1,337	19
R 3/8	**Rp 3/8**	16,662	15,806	14,950	1,337	19
R 1/2	**Rp 1/2**	20,955	19,793	18,631	1,814	14
R 3/4	**Rp 3/4**	26,441	25,279	24,117	1,814	14
R 1	**Rp 1**	33,249	31,770	30,291	2,309	11

Anwendungsgebiete: Verbindungen von zylindrischen Innengewinden an Armaturen, Fittings, Gewindeflanschen usw. mit kegeligen Außengewinden.

Verbindungstechnik

Schweißtechnik

Zum Fügen von Bauteilen und Untergruppen aus dem Automobilbau kommen die unterschiedlichsten Schweiß- und Fügeverfahren zur Anwendung. Zu den am häufigsten eingesetzten Schweißverfahren gehören das Widerstandspress- und das Schmelzschweißen. Die Übersicht zeigt die im wesentlichen produktionstechnisch angewendeten Widerstandsschweißverfahren (Verfahrensarten und Kurzzeichen nach DIN 1910, Teil 5).

Widerstandsschweißen

Widerstandspunktschweißen

Beim Widerstandspunktschweißen werden die zu verbindenden Fügeteile an der Berührungsfläche durch elektrischen Strom örtlich bis zum teigigen oder schmelzflüssigen Zustand erwärmt und unter Druck miteinander verbunden. Die Zuführung des Schweißstromes erfolgt über die Punktschweißelektroden, die gleichzeitig die Elektrodenkraft auf die zu verbindenden Werkstücke übertragen. Für die zur Erzeugung der Schweißlinse benötigte Wärmemenge gilt die Beziehung $Q = I^2 \cdot R \cdot t$ (Joule'sches Gesetz).

Die erforderliche Wärmemenge ist eine Funktion von Strom, Widerstand und Zeit. Ein einwandfreier und ausreichend großer Schweißlinsendurchmesser d_1 lässt sich durch das aufeinander Abstimmen folgender Faktoren erzielen:
- Schweißstrom I,
- Elektrodenkraft F und
- Schweißzeit t.

Je nach Art der Stromzuführung unterscheidet man:
- zweiseitiges direktes Widerstandspunktschweißen und
- einseitiges indirektes Widerstandspunktschweißen.

Die Auswahl der Punktschweißelektroden erfolgt entsprechend der Fügeaufgabe nach Form, Außendurchmesser sowie Spitzendurchmesser. Da die Fügeteile in jedem Fall frei von Zunder, Oxiden, Farben, Fett und Ölen sein müssen, erhalten sie (bei Bedarf) vor dem Schweißen eine entsprechende Oberflächenbehandlung.

Buckelschweißen

Das Buckelschweißen ist ein Schweißverfahren, bei dem großflächige Elektroden den Schweißstrom und die Elektrodenkraft auf das Werkstück übertragen. Die in das (im allgemeinen) dickere Fügeteil eingeprägten Buckel bewirken eine Stromkonzentration an den Berührungsflächen und werden während des Schweißvorganges durch die Elektrodenkraft ganz oder teilweise wieder zurückgedrückt. Es entsteht eine an den Schweiß-/Berührungsstellen nicht lösbare Verbindung. Je nach Ausführung der Buckel (Rund- bzw. Ringbuckel) und Leistung der Schweißeinrichtung lassen

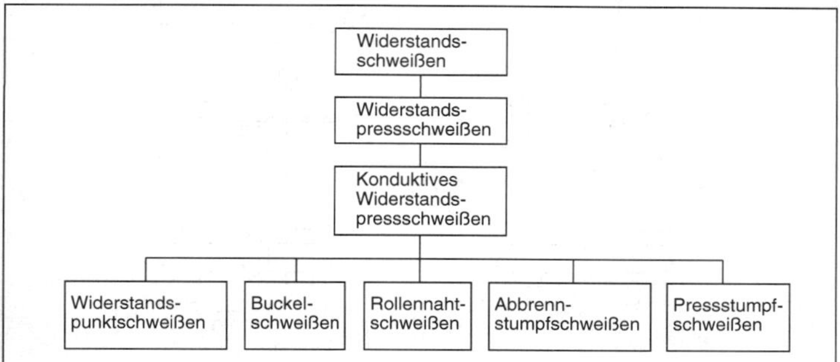

sich ein oder mehrere Buckel gleichzeitig verschweißen.

Nach der Anzahl der erzeugten Verbindungen unterscheidet man nach
- Einzelbuckelschweißung und
- Vielbuckelschweißung.

Dieses Verfahren erfordert hohe Schweißströme bei kurzer Schweißzeit.
Anwendung:
- Fügen von unterschiedlich dicken Teilen,
- Verschweißen mehrerer Buckel innerhalb eines Arbeitsgangs.

Rollennahtschweißen

Bei diesem Verfahren werden die vom Widerstandspunktschweißen her bekannten Punktschweißelektroden durch Rollenelektroden ersetzt. Das Rollenpaar berührt das Werkstück nur auf einer sehr kleinen Fläche. Die Zuführung des Schweißstromes und der Elektrodenkraft erfolgt über die Rollenelektroden. Die Rollen drehen sich entsprechend der Weiterbewegung des Werkstücks.
Anwendung:
Herstellung von Dichtnähten oder Rollenpunktnähten (z. B. Kraftstoffbehälter).

Abbrennstumpfschweißen

Beim Abbrennstumpfschweißen werden die Werkstückenden an den Stoßflächen unter leichtem Druck verbunden und durch den Stromdurchgang an den Kontaktflächen durch Bildung von Schmorstellen (hohe Stromdichte) erwärmt. Schmelzflüssiger Werkstoff schleudert durch den Metalldampfdruck aus dem Stoßflächenbereich heraus (Abbrennen) und verschweißt durch Anwendung von Kraft mit Stauchen. Die Stoßflächen sollen nahezu parallel und senkrecht zur Stauchrichtung stehen. Glatte Oberflächen sind nicht erforderlich. Der beim Abbrennstumpfschweißen entstehende Längenverlust muss durch Längenzugabe ausgeglichen werden.
Ergebnis:
Schweißnaht mit charakteristischer Nahtausbildung (Grat).

Pressstumpfschweißen

Bei diesem Verfahren wird der Schweißstrom über Kupferbacken den zu verbindenden Werkstückenden zugeführt. Nach Erreichen der Schweißtemperatur schaltet der Strom ab, und unter Anwen-

Schweißverfahren.
a) Zweiseitiges Widerstandspunktschweißen, b) einseitiges Widerstandspunktschweißen, c) Buckelschweißen, d) Rollennahtschweißen, e) Abbrennstumpfschweißen, f) Pressstumpfschweißen.

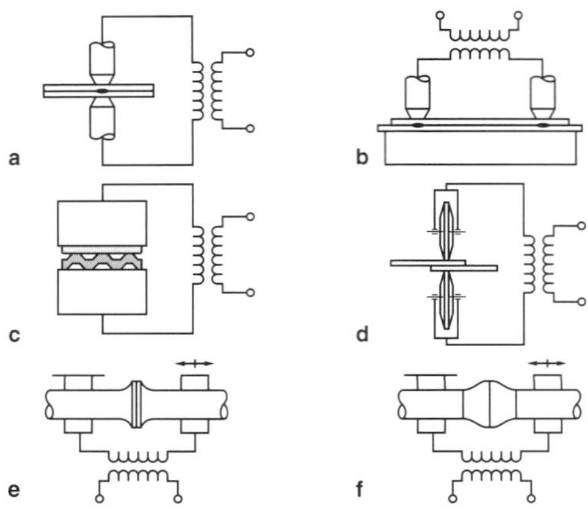

dung stetiger Kraft werden beide Werkstoffenden aufeinandergepresst und miteinander verschweißt (Voraussetzung: sauber bearbeitete Stoßflächen). Dabei bildet sich ein gratfreier Wulst aus. An den Stoßstellen eventuell vorhandene Verunreinigungen werden nicht vollständig verdrängt.

Schmelzschweißen
Schmelzschweißen bezeichnet das Verbinden von Werkstoffen mit Hilfe eines örtlich begrenzten Schmelzflusses unter Anwendung von Wärme ohne Druck.

Das Schutzgasschweißen gehört zu der Gruppe der Schmelzschweißverfahren. Als Wärmequelle dient der elektrische Lichtbogen. Er brennt zwischen der Elektrode und dem Werkstück. Dabei deckt ein „Schutzgasmantel" den Lichtbogen und das Schmelzbad gegen die Atmosphäre ab. Die Elektrodenart bestimmt die Einteilung nach folgenden Verfahren:

Wolfram-Inertgas-Schweißen
Bei diesem Verfahren zündet ein Lichtbogen zwischen einer nicht abschmelzenden Wolframelektrode und dem Werkstück. Als Schutzgas dienen Argon oder Helium. Die Zuführung des Zusatzmaterials erfolgt (wie beim Gasschmelzschweißen) von der Seite.

Metall-Schutzgasschweißen
Bei diesem Verfahren zündet ein Lichtbogen zwischen dem abschmelzenden Ende der Drahtelektrode (Zusatzmaterial) und dem Werkstück. Der Schweißstrom fließt über Schleifkontakte im Halter des Schweißbrenners zur Drahtelektrode. Beim Einsatz von inerten Gasen (reaktionsträges Gas, z. B. Edelgas wie Argon, Helium oder Gemische aus beiden Gasen) als Schutzgas handelt es sich um Metall-Inertgas-Schweißen. Beim Einsatz von aktivem Gas (z. B. CO_2 bzw. Mischgase, die CO_2, Argon und zum Teil Sauerstoff enthalten) handelt es sich um Metall-Aktivgasschweißen. Gebräuchlich ist auch die Bezeichnung CO_2-Schweißen.

Dieses Verfahren wird zum Schweißen von unlegierten und niedrig legierten Stählen eingesetzt.

Ferner kommen folgende Schweißverfahren im Automobilbau zur Anwendung:
- Elektronenstrahlschweißen,
- Reibschweißen,
- Lichtbogenpressschweißen (Bolzenschweißen),
- Kondensator-Entladungsschweißen (Impulsschweißen).

Löttechnik

Löten ist ein Verfahren zum Herstellen einer nicht lösbaren Verbindung von zwei oder mehr Werkstücken aus gleichen oder verschiedenen metallischen Werkstoffen unter Verwendung eines schmelzenden Zusatzmaterials (Lot). Zusätzlich kommen Flussmittel und/oder Lötschutzgas zur Anwendung. Die Schmelztemperatur des Zusatzmaterials liegt unterhalb der Schmelztemperatur der zu verbindenden Werkstücke. Die Verbindung entsteht durch feste Benetzung des Lotes an den Fügeflächen, ohne dass die zu verbindenden Werkstoffe geschmolzen werden.

Die Einteilung des Lötverfahrens erfolgt nach der Arbeitstemperatur. Es ist die niedrigste Oberflächentemperatur des Werkstücks an der Fügestelle, bei der das Lot sich benetzen, ausbreiten und am Werkstück binden kann.

Weichlötungen
Weichlötungen bilden unlösbare Verbindungen mit Loten unter 450 °C Schmelztemperatur (z. B. Lötzinn). Weichlote mit einer Schmelztemperatur bis 200 °C werden auch als Schnelllote oder Sickerlote bezeichnet.

Hartlötungen
Hartlötungen sind unlösbare Verbindungen mit Loten über 450 °C Schmelztemperatur (z. B. Kupfer/Zink, Kupfer/Zink- und Silberlegierungen, d. h. Silberlot). Weitere Angaben über Lote enthalten die DIN-Blätter 1707, 8512, 8513 und 8516.

Flussmittel (nichtmetallische Stoffe) sollen nach entsprechender Reinigung der Lötflächen vorhandene Oberflächenfilme (Oxid) beseitigen sowie ihre

Neubildung verhindern, damit das Lot die Fügeflächen benetzen kann. Angaben über Flussmittel enthält DIN 8511.

Bei Lotverbindungen kann die Verbindungsfestigkeit die Festigkeit des Grundwerkstoffes erreichen. Ursache hierfür ist eine Verformungsbehinderung des Lotes durch den angrenzenden, höherfesten Grundwerkstoff.

Ein weiteres Kriterium zur Einteilung der Lötverfahren ist die Art der Erwärmung. Die beiden wichtigsten sind: Flamm- und Kolbenlötung.

Flammlötung
Die Erwärmung erfolgt durch einen von Hand geführten Brenner oder in einer gasbeheizten Anlage. Je nach Art der Lötung kommen die vom Gasschweißen her bekannten Acetylen-Sauerstoff-Brenner oder Lötlampen zur Anwendung.

Kolbenlötung
Die Erwärmung erfolgt durch von Hand oder maschinell geführte Lötkolben. Die Kolbenlötung lässt sich auch bei vorverzinnten Fügeflächen einsetzen.

Weitere Verfahren sind: Ofen-, Salzbad-, Tauch-, Widerstands- sowie Induktionslöten.

Klebtechnik

Kleben ist ein Fügeverfahren zur Herstellung einer festen, nicht lösbaren Verbindung zweier Werkstücke aus metallischem und/oder nichtmetallischem Werkstoff mit Hilfe organischer oder anorganischer Klebstoffe unter Druck, bei Raumtemperatur oder unter mäßiger Erwärmung. Die Bindung erfolgt unter Adhäsion, d. h. durch physikalisch-chemische Bindekräfte im Molekularbereich der beiden Oberflächen. Nach dem Anlieferungszustand unterscheidet man Einkomponenten- und Zweikomponentenklebstoffe.

Einkomponentenklebstoffe
Klebstoffe, die alle zum Kleben notwendigen Bestandteile enthalten.

Zweikomponentenklebstoffe
Klebstoffe, die als zweite Komponente einen Härter enthalten, der die Vernetzungsreaktion einleitet. Dem Härter kann noch ein Beschleuniger zugeführt werden. Metallkleber sind in der Regel Zweikomponentenkleber. Die Härtung (Vernetzung) erfolgt unter Einwirkung von Temperatur und/oder Zeit als Polymerisation, Polykondensation bzw. Polyaddition. Dabei entstehen räumlich vernetzte Makromoleküle. Nach den Aushärtetemperaturen lassen sich Kaltkleber (Aushärtung bei Raumtemperatur, verhältnismäßig geringer Aufwand) und Warmkleber (Aushärtung bei 100 ... 200 °C) unterscheiden.

Konstruktive Ausführungen von Klebeverbindungen sind so auszuführen, dass reine Zugscherbelastungen auftreten. Es kommen praktisch nur reine Überlappverbindungen in Frage. Auf Zug beanspruchte Stumpfstöße sowie Schälbeanspruchung sind zu vermeiden.

Kombinationen von Metallklebern und Punktschweißen können miteinander ausgeführt werden. Der Kleber verhindert ein vorzeitiges Aufwölben der Bleche zwischen den widerstandsgeschweißten Punkten. Ferner lassen sich Spannungsspitzen an den Schweißpunkträndern abbauen und die Zahl der Schweißpunkte reduzieren. Bei dynamisch beanspruchten Konstruktionen erhöht sich die dynamische Festigkeit, Steifigkeit sowie Dämpfung. Geschweißt wird, wenn der Kleber noch in viskoser Form vorliegt; sonst wirkt der Kleber isolierend.

Die wichtigsten Metallkleber sind: Epoxid-, Polyester- und Acrylharze, Vinylacetat, Metallkitt u. a.

Anwendung im Automobilbau
Das Fügeverfahren Kleben hat im Automobilbau seinen festen Stellenwert eingenommen. Teilbereiche, in denen Klebeverfahren eingebunden werden, lassen sich wie folgt aufteilen.

- Rohbau: Bördelnaht- und Strebenverklebung an Anbauteilen.
- Lackierstraße: Anbinden von Versteifungen.
- Montagelinie: Einkleben von Dämm-

material, Dekorfolien, Zierleisten, Spiegelfuß auf Frontscheibe.
– Teilefertigung: Verkleben von Bremsbelägen, Zweischeiben-Sicherheitsglas, Gummi-Metall-Verbindungen als Schwingungsdämpfer.

Niettechnik

Nieten ist ein Verfahren zum Herstellen einer unlösbaren Verbindung von zwei oder mehreren Bauteilen aus gleichen oder verschiedenen Werkstoffen. Hinsichtlich ihrer Verwendung und konstruktiven Ausbildung unterteilen sich die Nietverbindungen in:
– feste Verbindungen (Kraftverbindungen, z.B. im allgemeinen Maschinenbau, Anlagenbau),
– feste und dichte Verbindungen (z.B. Kessel- und Druckbehälterbau) und
– extrem dichte Verbindungen (z.B. Rohrleitungen, Vakuumanlagen u. a.).

Das Nieten ist jedoch sowohl im allgemeinen Maschinenbau als auch im Behälterbau vielfach durch das Schweißen verdrängt worden. Je nach Temperatur, mit der Niete geschlagen werden, unterscheidet man zwischen Warm- und Kaltnietung. Kaltgenietet werden Niete bis zu einem Durchmesser von 10 mm aus Stahl, Kupfer, Kupferlegierungen, Aluminium und dergleichen. Niete mit einem Durchmesser von mehr als 10 mm werden warm geschlagen.

Die gebräuchlichsten Nietformen sind Halbrund-, Senk-, Linsenkopf-, Hohl- und Rohrniete. Ferner gibt es noch einige genormte Sonderniete, zum Beispiel Sprengniete oder Blindniete. Bei den Blindnieten handelt es sich um Hohlniete, die durch Dorne oder Stifte aufgetrieben werden. Die für die einzelnen Nietarten vorgesehenen Werkstoffe sind in DIN-Blättern angegeben. Die Festigkeitseigenschaften und die chemische Zusammensetzung der Nietwerkstoffe sind nach DIN 17 111 festgelegt. Für Niete und Bauteil sollen möglichst gleichartige Werkstoffe verwendet werden, wenn eine Zerstörung durch elektrochemische Korrosion zu erwarten ist.

Vorteile/Nachteile gegenüber anderen Verbindungstechniken

– keine Werkstoffbeeinflussung wie Aushärtung oder Gefügeumwandlung wie beim Schweißen,
– kein Verziehen der Bauteile,
– ungleichartige Werkstoffe lassen sich verbinden,
– Bauteile werden durch Nietung geschwächt,
– Stumpfstöße lassen sich nicht herstellen und
– Nietungen in Werkstätten sind meist teurer als das Schweißen.

Druckfügen.
a) Clinchen, b) Toxen; 1 Stempel, 2 Fügeteile, 3 Matrize.

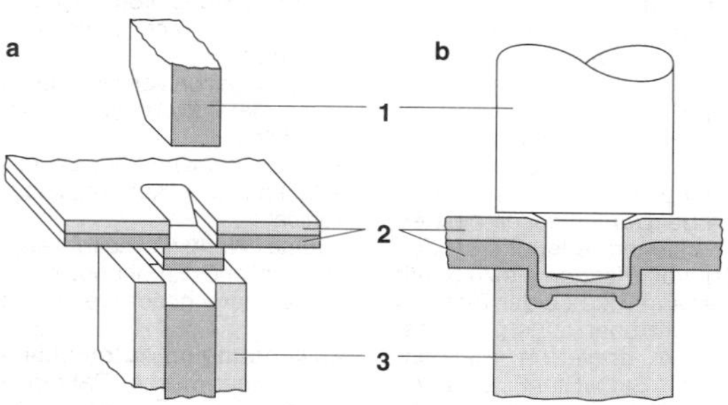

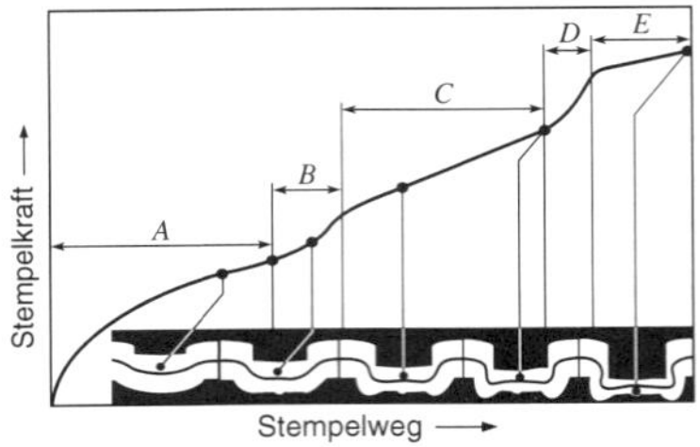

Stempelkraft-Stempelweg-Verlauf.
A kombiniertes Einsenken und Durchsetzen.
B Stauchen und Breiten.
C Ausfüllen der oberen Kontur der Gravur.
D Ausfüllen des Ring-Kanals.
E Napf-Rückwärts-Fließpressen.

Anwendung im Automobilbau
- Nieten von Gelenkstiften (Fensterheber, Scheibenwischergestelle),
- Nieten von Verstärkungsblechen (Reparaturlösung).

Haft- und Klemmtechnik (Druckfügen)

Das Druckfügen ist ein mechanisches Verbindungsverfahren des Durchsetzfügens, bei dem Schneiden, Durchsetzen und Kaltstauchen einstufig in einem einzigen, ununterbrochenem Fügeschritt ohne Wärmeeinwirkung vorgenommen werden. Dem Prinzip nach kann es dem Fügen durch Umformen zugerechnet werden. In der DIN 8593, Teil 5, Ausgabe Sept. 1985, wird erstmals im Rahmen des umformenden Fügens von Blechen darauf hingewiesen.

In den letzten Jahren ist „Toxfügen“ bzw. „Toxen“ als ein weiteres Fügeverfahren hinzugekommen, das dem Durchsetzfügen ähnelt, jedoch keinen Schneidvorgang umfasst. Die zum Toxfügen verwendeten Werkzeuge haben relativ kleine Abmessungen. Je nach Anwendungsfall lassen sich unterschiedlich große Durchmesser herstellen. Das Druckfügen erlaubt zur Zeit das Verbinden von Platinen bis zu 3 mm Dicke. Die Gesamtdicke beider Platinen sollte 5 mm nicht übersteigen. Es lassen sich sowohl artgleiche Platinenwerkstoffe (z. B. Stahl/Stahl) als auch artverschiedene Platinenwerkstoffe (z. B. Stahl/NE-Metall) verbinden. Ferner können beschichtete Bleche, lackierte Teile sowie verklebte Teile nach dem Druckfügeverfahren verarbeitet werden. Ferner lassen sich in einem Arbeitsgang (z. B. pro Pressenhub) mehrere Druckfügeelemente (bis zu 50) gleichzeitig herstellen (Mehrfach-Druckfügen). Der für das Toxfügen typische Stempelkraft-Stempelweg-Verlauf lässt sich in fünf charakteristische Phasen (A...E) einteilen.

Vorteile/Nachteile des Druckfügens
- Keine Lärmschutzkapselung erforderlich,
- beim Toxen bleibt der Korrosionsschutz erhalten,
- beim Druckfügen mit Schneidvorgang geht der Korrosionsschutz teilweise verloren,
- kein Verzug durch Wärmespannung,
- Verarbeitung von lackierten, konservierten (Öl, Wachs) und geklebten Blechen möglich,
- Kombination von Blechen unterschiedlicher Materialien möglich (z. B. Stahl/Kunststoff)
- Energieeinsparung, da kein Schweißnetz und kein Kühlwassersystem erforderlich,
- eine Werkstückseite zeigt eine nietkopfähnliche Erhöhung, die Gegenseite eine entsprechende Vertiefung.

Anwendung im Automobilbau
- Scheibenwischer-Rahmenträger,
- Befestigung Türinnenblech,
- Positionierung von Einzelteilen.

Stanznieten

Die Verbindung der Werkstücke beim Stanznieten wird ohne Vorlochen durch einen Niet-Schneidvorgang mit Stanznietelementen (Vollniet oder Halbhohlniet) hergestellt.

Das sonst notwendige Vorlochen bzw. Vorbohren der Fügeteile entfällt.

Stanznieten mit Vollniet
Beim Stanznieten mit einem Vollniet wird die Fügestelle der zu verbindenden Bauteile auf die Matrize gelegt.

Der obere Teil der Nieteinheit einschließlich Niederhalter fährt nach unten und der Nietstempel drückt den Niet in einem Stanzvorgang durch die zu verbindenden Bauteile.

Stanznieten mit Halbhohlniet
Beim Stanznieten mit einem Halbhohlniet wird die Fügestelle der zu verbindenden Bauteile auf die (untere) Matrize gelegt. Der Nietstempel fährt nach unten und drückt den Halbhohlniet in einem Stanzvorgang durch die obere Blechlage in das untere Blech. Er verformt bei gleichzeitiger Verspreizung den Nietfuß zu einem Schließkopf. In der Regel wird die untere Blechlage nicht durchtrennt.

Einrichtungen
Zur Herstellung der Verbindung werden hydraulische Fügeeinrichtungen mit hoher Steifigkeit eingesetzt. Die Zuführung der Niete zum Setzwerkzeug kann lose oder über magazinierte Gurtbänder erfolgen.

Werkstoffe
Die Nietwerkstoffe müssen härter sein als die zu fügenden Teile. Üblich sind Werkstoffe aus Stahl, Edelstahl, Kupfer und Aluminium mit verschiedensten Oberflächenbeschichtungen.

Merkmale
– Verbinden von artgleichen und artverschiedenen Werkstoffen (z.B. Stahl, Kunststoff oder Aluminium), von Werkstücken mit unterschiedlichen Dicken und Festigkeiten und von lackierten Blechen.
– Nicht erforderlich sind Vorlochen oder Vorbohren, Strom oder eine Absaugvorrichtung.
– Gesamte nietbare Werkstoffdicke: Stahl 6,5 mm; Aluminium 11 mm.
– Wärme- und geräuscharmes Fügeverfahren.
– Lange Lebensdauer der Setzwerkzeuge (ca. 300 000 Nietungen) und über einen langen Zeitraum gleich bleibende Qualität der Fügeverbindungen.
– Prozesssicherheit durch Überwachung der Prozessparameter.
– Hohe Kräfte sind erforderlich.
– Größere Zangenausladung ist nur eingeschränkt möglich.

Anwendungen
Stanznieten mit Vollniet: Verbinden von Blechen im Kfz-Bereich, z.B. Pkw-Fensterantrieb.
Stanznieten mit Halbhohlniet: Verbindungen im Pkw-Karosserierohbau und bei weißer Ware (Haushaltsgeräten) sowie bei Komponenten aus Metallen und Verbundwerkstoffen (Hitzeschild).

Fügeverbindung mit Stanzniet.
a) Vollniet, b) Halbhohlniet.

a

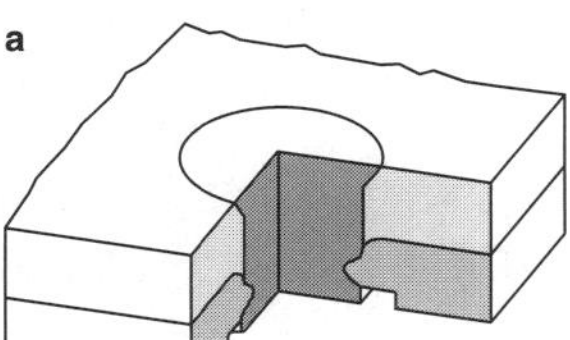

b

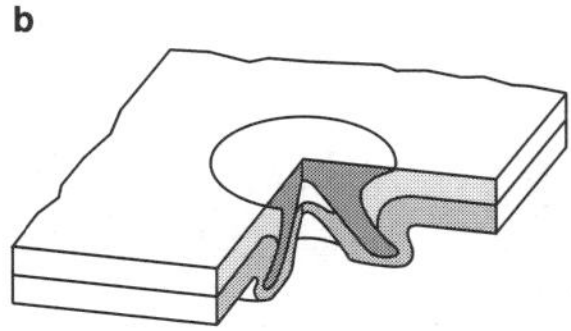

Schnappverbindungen an Kunststoffteilen

Merkmale

Schnappverbindungen sind eine rationelle und kostengünstige Montagetechnik für Bauteile aus Kunststoffen. Sie werden zur Verbindung von Gehäusehälften, bei Steckverbindern und der Fixierung von Einbauteilen in Kunststoffgehäusen eingesetzt. Dabei wird die hohe Dehnfähigkeit der Kunststoffe bei relativ geringer Steifigkeit genutzt.

Merkmal aller Schnappverbindungen ist die kurzzeitige Auslenkung eines elastisch federnden Elements beim Fügevorgang, bevor es hinter einer Rastnase einschnappt. Je nach Ausführung der Fügewinkel an den Schnappelementen lassen sich zerstörungsfrei lösbare und nicht lösbare Verbindungen gestalten (Bild).

Grundformen von Schnappverbindungen sind (Tabelle 1, unten):
- Federnde Schnapphaken (einseitig eingespannte Biegefedern),
- federnde Laschen,
- ringförmige Schnappverbindungen, auch segmentiert (längs geschlitzt),
- kugelförmige Schnappverbindungen, auch segmentiert und
- Torsionsschnapphaken.

Schnappverbindung *(Prinzip).*
a) Maßgebliche Größen, b) Füge- und Lösewinkel (lösbare Verbindung: $\alpha_2 < 90°$, nicht lösbare Verbindung: $\alpha_2 \geq 90°$).
1 Federelement, 2 Rastnase.
f Federweg (Hinterschnitt), l Länge, h Dicke am Einspannquerschnitt, F Fügekraft, Q Auslenkkraft, α_1 Fügewinkel, α_2 Lösewinkel.

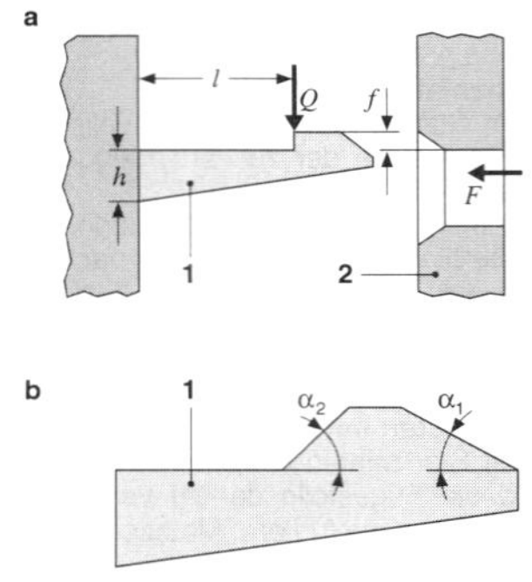

Auslegungsrichtlinien und Gestaltung

Die Federelemente werden auf die zulässige Dehnung des Kunststoffs beim Fügevorgang ausgelegt. Dabei ist der ungünstigste Zustand des Werkstoffs zu berücksichtigen (z. B. trockenes Polyamid).

Tabelle 1. Grundformen und Ausführungen von Schnappverbindungen.

Form	Hakenform			Ringform		
				Ringwulst/ Ringnut	Ringwulst, segmentiert/ Ringnut	Hohlkugel-abschnitt
Federelement	Biegefeder	Torsionsfeder (+ Biegefeder)	Schnapp-feder	Ringfeder	Ringfeder segmentiert	Ringfeder
Bezeichnung	(Biege-) Schnapphaken	Torsions-Schnapphaken	federnde Lasche	Ringschnapp-element	Ringschnapp-verbindung	Kugelschnapp-element
Ausführung			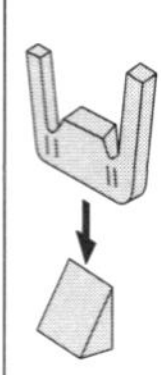	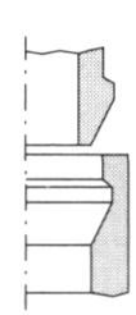	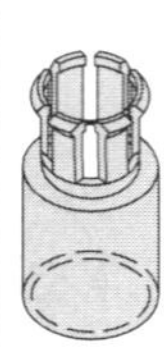	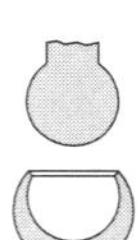

Als Elastizitätsmodul kommt der dehnungsabhängige Sekantenmodul
$E_s = \sigma_1/\varepsilon_1$
zur Anwendung (Diagramm).

Die Modulwerte der verschiedenen Kunststoffe können der Bosch-Werkstoffdatenbank MATIS oder der von den Rohstoffherstellern angebotenen Datenbank CAMPUS (http://www.campusplastics.com) entnommen werden.

Um eine gleichmäßige Spannungsverteilung und eine gute Werkstoffausnutzung im Biegebereich der Federelemente zu erreichen, sollte die Dicke von der Wurzel zum freien Ende auf die Hälfte abnehmen. Stattdessen kann auch die Breite zum Hakenende auf ein Viertel reduziert werden.

Durch Radien an der Anbindung des Federelements zum Bauteil lassen sich Spannungskonzentrationen vermeiden.
Im gefügten Zustand muss das Federelement vollständig in seinen Ausgangszustand zurückgekehrt sein, um ein Kriechen unter Last und damit eine bleibende Verformung zu verhindern.
Zugspannungen im Schnappelement infolge von Betriebskräften sind zulässig.

Zulässiger Federweg (Auslenkung)
Die Tabelle 2 (S. 364) enthält die Formeln für einige Grundformen von Schnapphaken. Die zulässige Auslenkung (Federweg) f beim Fügen hängt von der Geometrie des Schnapphakens und der zulässigen Dehnung ε des Kunststoffs ab, siehe Tabelle 3.
Formeln für andere Querschnittsformen sind der Fachliteratur zu entnehmen oder werden von speziellen Berechnungsprogrammen (siehe Abschnitt „Berechnungsprogramme“) bereitgestellt.

Auslenkkraft
In die Berechnung der Auslenkkraft Q gehen die Steifigkeit des Kunststoffs als Sekantenmodul E_s und die Geometrie als (Biege-)Widerstandsmoment W ein.

Bestimmung des Sekantenmoduls E_s.
$E_{S1} = \sigma_1/\varepsilon_1$, E_0 E-Modul.

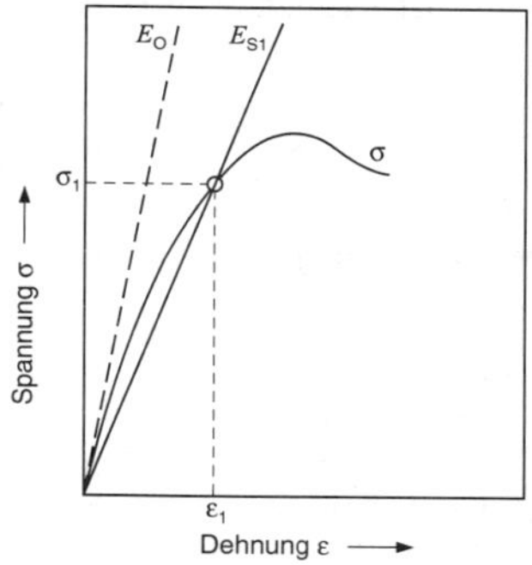

Fügekraft
Die Fügekraft F ergibt sich aus der Auslenkkraft Q, dem Fügewinkel α_1 (meist 30°) und dem Reibungskoeffizient μ (Tabelle 4, S. 325d) zwischen den Fügepartnern nach der Formel

$$F = \frac{Q \cdot (\mu + \tan\alpha_1)}{(1 - \mu \cdot \tan\alpha_1)}$$

Lösekraft
Die Lösekraft einer Schnappverbindung wird nach der gleichen Formel wie für die Fügekraft berechnet, wobei der Lösewinkel α_2 des Schnapphakens (meist 60°) einzusetzen ist.
Bei einer nicht lösbaren Verbindung ($\alpha_2 \geq 90°$) begrenzt die axiale Belastbarkeit der Schnapparme die Festigkeit.

Berechnungsprogramme
Verschiedene Kunststoff-Hersteller stellen als Kundenservice einfach zu bedienende Berechnungsprogramme zur Verfügung (z. B. „Snaps“ von BASF, „FEAsnap“ von Bayer und „Fitcalc“ von Ticona). In diesen Programmen sind meist die notwendigen Werkstoffdaten für das Kunststoffsortiment des Herstellers integriert.

Tabelle 2. Geometrie und Berechnung von Schnapphaken (Auswahl).

Querschnittsform ▶ / ▼ Ausführung		**A:** Rechteck	**B:** Trapez
		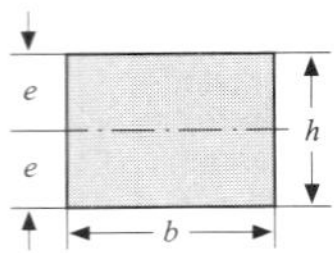	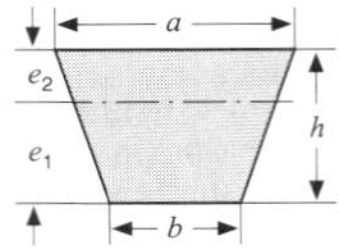
(zulässige) Auslenkung	**1** 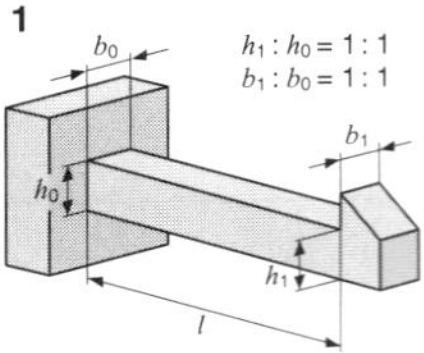 $h_1 : h_0 = 1:1$, $b_1 : b_0 = 1:1$	$f = 0{,}67\,\frac{\varepsilon \cdot l^2}{h_0}$	$f = \frac{a + b^{1)}}{2a + b} \cdot \frac{\varepsilon \cdot l^2}{h_0}$
	2 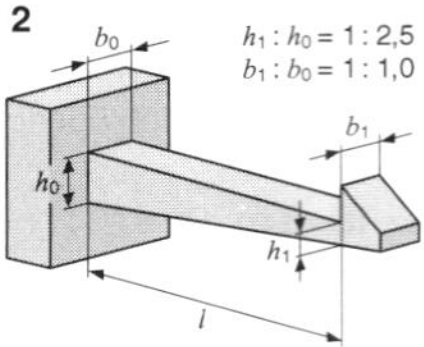 $h_1 : h_0 = 1:2{,}5$, $b_1 : b_0 = 1:1{,}0$	$f = 1{,}20\,\frac{\varepsilon \cdot l^2}{h_0}$	$f = 1{,}79\,\frac{a + b^{1)}}{2a + b} \cdot \frac{\varepsilon \cdot l^2}{h_0}$
	3 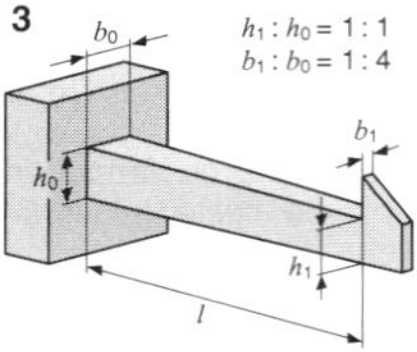 $h_1 : h_0 = 1:1$, $b_1 : b_0 = 1:4$	$f = 0{,}82\,\frac{\varepsilon \cdot l^2}{h_0}$	$f = 1{,}22\,\frac{a + b^{1)}}{2a + b} \cdot \frac{\varepsilon \cdot l^2}{h}$
Auslenkkraft	**1** **2** **3** 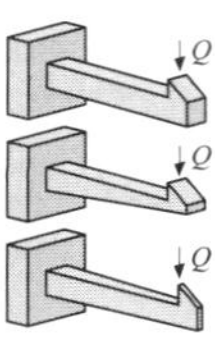	$Q = \overbrace{\frac{b \cdot h_0^2}{6}}^{W^{1)}} \cdot \frac{E_s \cdot \varepsilon}{l}$	$Q = \overbrace{\frac{h_0^2}{12} \cdot \frac{a^2 + 4ab + b^2}{2a + b}}^{W^{1)}} \cdot \frac{E_s \cdot \varepsilon}{l}$

Federnde Schnapphaken
(Anwendungsbeispiel: Verbindung von Pneumatik-Modulen).
1 Schnapphaken, 2 Pneumatik-Modul.

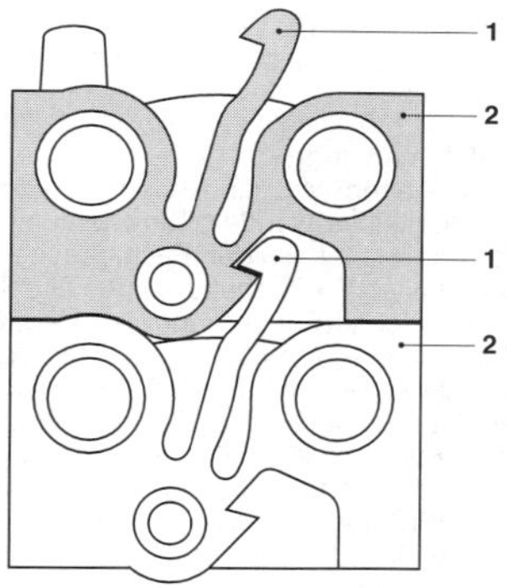

Erläuterungen zu Tabelle 2:

a,b *Breiten am Einspannquerschnitt*
e *Randfaserabstand von der neutralen Faser (Schwerpunkt)*
f *zulässige Auslenkung (Federweg)*
h *Dicke am Einspannquerschnitt*
l *Armlänge*
E_S *Sekantenmodul*
Q *zulässige Auslenkkraft*
W *axiales Widerstandsmoment* ($W = I/e$)
ε *zulässige Dehnung in der Randfaser der Einspannstelle (als Absolutwert, siehe Tabelle 3)*

[1]) *Die Formeln gelten für den Fall, dass die Breite b auf der Zugseite des Biegeelements liegt. Liegt die Breite a auf der Zugseite, so sind a und b in der jeweiligen Formel zu vertauschen.*

Tabelle 3. Richtwerte für die zulässige Dehnung ε für Schnappverbindungen (kurzzeitig bei einmaligem Fügevorgang, bei häufiger Betätigung ca. 60 % davon).

Werkstoff	ε
Thermoplaste, teilkristallin, ungefüllt	
PE	0,080
PP	0,060
PA konditioniert	0,060
PA trocken	0,040
POM	0,060
PBT	0,050
Thermoplaste, amorph, ungefüllt	
PC	0,030
ABS/SB	0,025
CAB	0,025
PVC	0,020
PS	0,018
Thermoplaste, glasfasergefüllt	
30 % GF-PA konditioniert	0,020
30 % GF-PA trocken	0,015
30 % GF-PC	0,018
30 % GF-PBT	0,015
30 % GF-ABS	0,012

Tabelle 4. Anhaltswerte für Reibungskoeffzient μ.

Werkstoff	Paarung Kunststoff/ Stahl μ	Paarung Kunststoff/ Kunststoff Faktor
PTFE	0,12...0,22	
PE-hart	0,20...0,25	(x2)
PP	0,25...0,30	(x1,5)
POM	0,20...0,35	(x1,5)
PA	0,30...0,40	(x1,5)
PBT	0,35...0,40	
PS	0,40...0,50	(x1,2)
SAN	0,45...0,55	
PC	0,45...0,55	(x1,2)
PMMA	0,50...0,60	(x1,2)
ABS	0,50...0,65	(x1,2)
PE-weich	0,55...0,60	(x1,2)
PVC	0,55...0,60	(x1,0)

Blechbearbeitung

Tiefziehtechnik

Größen und Einheiten

Größen		Einheiten
D	Zuschnittsdurchmesser	mm
d_B	Auflagedurchmesser des Blechhalters	mm
d_1	Stempeldurchmesser beim 1. Zug	mm
d_2	Stempeldurchmesser beim 2. Zug	mm
F	Gesamttiefziehkraft	kN
F_B	Blechhalterkraft	kN
F_Z	Tiefziehkraft	kN
p	Blechhalterdruck	N/mm²
R_m	Zugfestigkeit	N/mm²
s	Blechdicke	mm
β_1, β_2	jeweils durchgeführtes Ziehverhältnis	
β_{max}	Höchstmögliches Ziehverhältnis	

Ziehverfahren

Das Ziehen ist ein Umformen von ebenen Zuschnitten, Platinen oder Ronden unter Verwendung von Ziehring, Stempel und Blechhalter.

Die Einflussgrößen beim Tiefziehen dreidimensionaler Karosserieteile sind äußerst komplex und lassen sich deshalb mit Überschlagsrechnungen nicht hinreichend genau berücksichtigen. Zur Berechnung von Tiefziehvorgängen mit nummerischen Verfahren der Kontinuumsmechanik wird die Finite-Element-Methode (FEM) eingesetzt. Bei der Entwicklung der Software wurde auf die spezifischen Bedingungen des Tiefziehprozesses wie Einfluss der Reibung, des beidseitigen Kontaktes, der unterschiedlichen Materialwerte je nach Walzrichtung und dergleichen eingegangen.

Bei der Auslegung von Ziehwerkzeugen ist die Tiefziehsimulation ein wichtiges Hilfsmittel, um die Anfertigungszeiten des Betriebsmittels zu reduzieren bzw. zu optimieren.

Tiefziehvorgang

Beim Ziehen wird eine ebene Platine in ein Hohlteil verwandelt. Ein Stempel, um den ein Halter (in der Fachsprache mit Blechhalter, Niederhalter und Faltenhalter bezeichnet) angeordnet ist, zieht das Blech in eine Matrize hinein. Der Halter drückt mit der vorher ermittelten Kraft auf die Platine, verhindert die Faltenbildung und ermöglicht eigentlich erst den Zug.

Verschiedene Faktoren beeinflussen das größtmögliche Ziehverhältnis:
- Festigkeit des Werkstoffes,
- Werkzeugabmessungen und Blechdicke,
- Blechhalterkraft,
- Reibung,
- Schmierung,
- Werkstoff und Oberfläche des Werkstücks.

Ziehen auf einfach wirkenden Pressen

Einfach wirkend sind alle Kurbelpressen, bei denen der Stößel die einzige vorkommende Bewegung ausführt.

Tiefziehen.
a) Mit einfach wirkender Presse, b) mit zweifach wirkender Presse; 1 Ziehstößel, 2 Luftkissen, 3 Blechhalter, 4 Ziehmatrize, 5 Stempel, 6 Luftbolzen, 7 Matrizeneinsatz, 8 Blechhalterstößel.

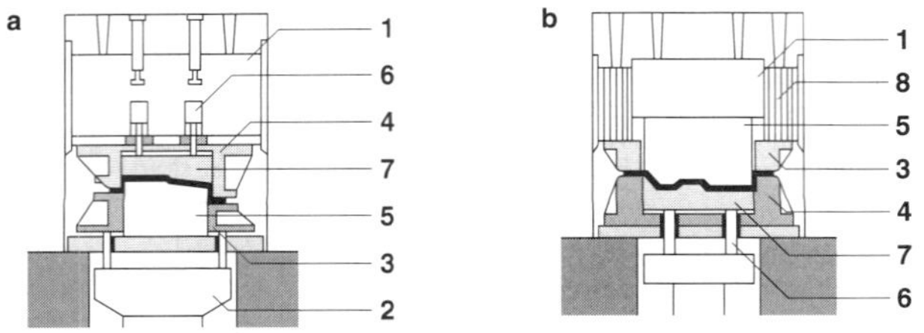

Anwendung: für flache Ziehteile mit einfacher Umformung wie Abschlussstück, Spriegel, Träger.

Ziehen auf doppelt wirkenden Pressen
Bei doppelt wirkenden Ziehpressen übernehmen getrennte Stößel das Halten des Bleches und das Ziehen. Die Betätigung des Blechhalterstößels erfolgt mechanisch durch Kurven oder Kniehebel bzw. hydraulisch.

Anwendung: für Tiefziehteile mit schwieriger Umformung wie Kotflügel, Radhäuser, Heckklappen.

Berechnung des Ziehvorganges

$$F_Z = \pi \cdot (d_1 + s) \cdot s \cdot R_m$$
$$F_B = \frac{\pi}{4} \cdot (D^2 - d_B^2) \cdot p$$
$$F = F_Z + F_B$$
$$\beta_1 = D/d_1;\ \beta_2 = d_1/d_2.$$

Beispiel
D = 210 mm; d_B = 160 mm; d_1 = 140 mm; p = 2,5 N/mm²; R_m = 380 N/mm²; s = 1 mm; β_{max} = 1,9.
Ergebnis
Ziehverhältnis β_1 = 1,5; Tiefziehkraft F_Z = 112,2 kN; Blechhaltekraft F_B = 36,3 kN; Gesamttiefziehkraft F = 148,5 kN.

Das Diagramm zeigt die Bewegungen von Ziehstößel und Blechhalterstößel bei einem Arbeitsgang. Beide Stößel haben verschiedene Hubwege. Der Ziehstößel mit größerem Hub eilt vor; der Blechhalterstößel mit kleinerem Hub eilt nach, setzt aber zuerst auf.

Werkstoff	β_1 max.	β_2 max.	Blechhalterdruck p N/mm²
St 12	1,8	1,2	2,5
St 13	1,9	1,25	
St 14	2,0	1,3	
Kupfer	2,1	1,3	
CuZn 37 w	2,1	1,4	2,0...2,4
CuZn 37 h	1,9	1,2	
CuSn 6 w	1,5	–	
Al 99,5 w	2,1	1,6	
AlMg 1 w	1,85	1,3	1,2...1,5
AlCuMg 1 pl w	2,0	1,5	
AlCuMg 1 pl ka	1,8	1,3	

1) Gültig bis d_1/s = 300; ermittelt für d_1 = 100 mm, s = 1 mm. Für andere Blechdicken und Stempeldurchmesser ändern sich die Werte geringfügig. Grundqualitäten werden auch in verzinkter Oberfläche eingesetzt. Die Verarbeitungsangaben können sich geringfügig ändern.

Kräfte beim Ziehen.

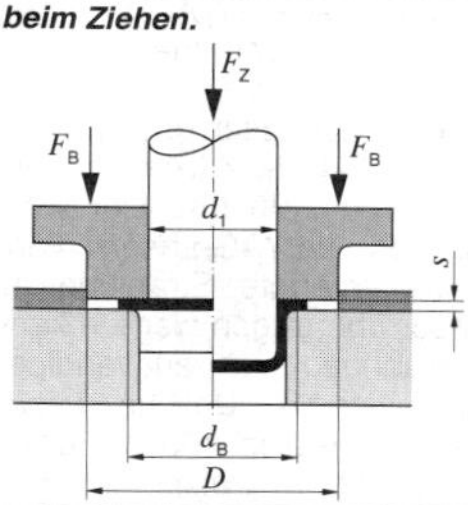

Zeit-Weg-Diagramm für eine doppelt wirkende Ziehpresse.
1 Kurve des Ziehstößels, 2 Kurve des Blechhalterstößels;
h_z Hub des Ziehstößels, h_B Hub des Blechhalterstößels, z_{max} größte Ziehtiefe,
t_Z Dauer des Ziehvorganges, t_{HB} Haltezeit des Blechhalterstößels, a Vorlaufweg des Ziehstößels.

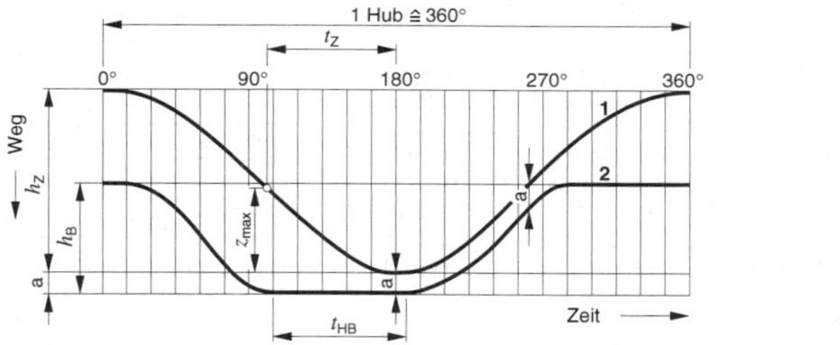

Lasertechnik

Die im Laseraggregat erzeugte kohärente Laserstrahlung wird über ein Spiegelumlenksystem gerichtet und in einer Fokussiereinrichtung konzentriert. Im Fokuspunkt beträgt der Durchmesser des Laser-Brennflecks ca. 0,3...0,5 mm. Dabei lassen sich Intensitäten von mehr als 10^6...10^8 W/cm^2 erreichen. Erfolgt die Fokussierung im Bereich der Werkstückoberfläche, so schmilzt diese und verdampft innerhalb von Millisekunden. Dieser Effekt lässt sich beim Bearbeiten von Werkstoffen mit Lasern ausnutzen. Die Klassifizierung der Laser erfolgt nach dem Aggregatzustand des aktiven Mediums in Festkörper-, Gas-, Halbleiter- und Flüssigkeits-Lasern. In der metallverarbeitenden Industrie sind im Einsatz:

Festkörper-Laser (Nd:YAG)

Neodym ist ein Element aus der Gruppe der seltenen Erden. YAG steht für Yttrium-Aluminium-Granat ($Y_5Al_5O_{12}$). Der Kristall ist mechanisch und thermisch so stabil wie Rubin.

Der Nd:YAG-Laser emittiert im infraroten Bereich des Spektrums mit einer Wellenlänge von 1,06 µm. Der wesentliche Vorteil des Nd:YAG-Lasers liegt darin, dass die erzeugte Strahlung mit einer Lichtfaser übertragen werden kann. Demnach erübrigen sich aufwendige Strahlführungssysteme. Übliche Laserleistungen liegen heute bei 400...1200 W. Es wird hauptsächlich im Pulsbetrieb gearbeitet. Festkörperlaser dienen in erster Linie zum Schweißen von Bauteilen mit hohen Genauigkeitsanforderungen, z. B. in der Feinwerktechnik. Die Schweißtiefen liegen – je nach Leistung und Schweißgeschwindigkeit – im Zehntelmillimeterbereich.

Gas-Laser (CO_2)

Der CO_2-Laser zählt zu den wichtigsten aller Gas-Laser. Als aktives Medium dient molekulares Gas. Die Wellenlänge der emittierten Strahlung liegt im mittleren Infrarot-Bereich und verteilt sich auf eine Anzahl von Spektrallinien zwischen 9,2 und 10,9 µm; das Mittel liegt bei 10,6 µm. Der Betrieb dieser Laser erfolgt in der Regel kontinuierlich. Übliche Laserleistungen liegen heute zwischen 2 und 5 kW. Laboranlagen mit bis zu 20 kW sind in Betrieb.

Merkmale des Laserschneidens

- Saubere, gratfreie Schnittkanten,
- hohe Maß- bzw. Herstellgenauigkeit (keine Nacharbeit notwendig),
- geringere thermische und mechanische Einwirkung auf das Werkstück während des Schneidvorgangs,
- einfache Spannvorrichtung,
- Stahlbleche bis 10 mm sind schneidbar (1 kW), hohe Schneidgeschwindigkeiten (10 m/min bei 1 mm Blechdicke).

Merkmale des Laserschweißens

- Hohes Tiefe/Breite-Verhältnis (z.B. bei 5 mm Nahttiefe ca. 1 mm Nahtbreite),
- geringe thermische Beeinflussung des Grundwerkstoffes und damit verbunden eine schmale Wärmeeinflusszone,
- geringer Verzug,
- Schweißen unter Schutzgas,
- Fügespalte müssen nahezu null sein,
- Schweißen mit Zusatzmaterial ist möglich (zur Spaltüberbrückung und metallurgische Beeinflussung der Schweißnaht),
- hohe Anforderungen an die Spann- und Anlagentechnik.

Anwendungen im Maschinen- und Automobilbau

- Schweißen und Schneiden von Blechen im Karosseriebau,
- Schweißen (Verbinden) von Platinen unterschiedlicher Dicke,
- Schweißen (Verbinden) von rotationssymetrischen Teilen (Getriebeteile, Stößel, Kfz-Teile),
- Bohren und Perforieren,
- Oberflächenhärten z. B. Härten von Ventilsitzen u.a.,
- Oberflächenveredeln, z. B. Gefügeumwandlung im Bereich von Laufbuchsen.

Übersicht Laserverfahren.

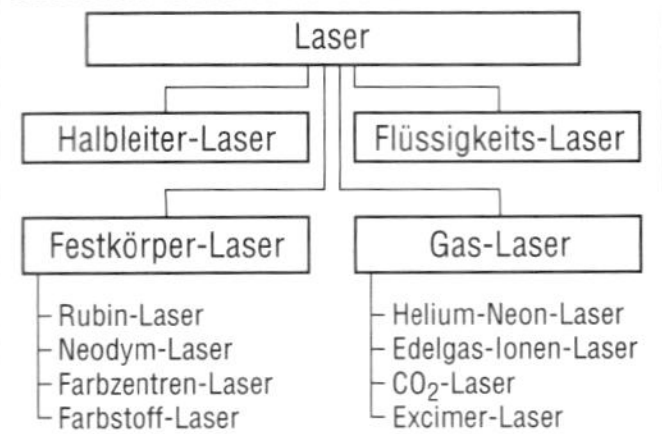

Tribologie

Aufgabe und Zielsetzung

Die Tribologie (wörtlich „Reibungslehre") befasst sich mit Verschleiß-, Reibungs- und Schmierungsvorgängen. Sie soll aus Sicht der Industrieanwendung Hinweise und Kenntnisse zur Lebensdauererhöhung bei sparsamem Umgang mit Ressourcen geben und damit folgende Aufgaben erfüllen:

- Analyse von Reibungs- und Verschleißvorgängen,
- Analyse und Begutachtung von tribologischen Schäden,
- werkstoff-, schmierstoff- und konstruktionstechnische Beratung (bei Schadensabhilfemaßnahmen und bei Neuauslegungen von Bauteilen bzw. Erzeugnissen),
- Qualitätskontrolle,
- Funktionsoptimierung,
- Lebensdauerermittlung und
- Entwicklung und Auswahl neuer Werkstoffe und Schmierstoffe.

Diese komplexe Aufgabenstellung verlangt eine synergistische Denk- und Arbeitsweise, bei der in erster Linie die Gebiete Werkstoffkunde, Physik, Chemie und Maschinenbau mit einbezogen sind.

Definitionen

Reibung (DIN 50281)
Die Reibung wirkt als mechanischer Widerstand der Relativbewegung sich berührender Körper entgegen. Als wichtige physikalische Messgrößen für Reibung gelten:
Reibungskraft: Widerstandskraft, die einer Bewegung entgegenwirkt.
Reibungszahl (Reibungskoeffizient): auf die Normalkraft bezogene Reibungskraft.
Reibungsleistung: Reibungskraft x Gleitgeschwindigkeit.
Klassifizierung der Reibung:
1. nach Reibungszustand (Kontaktart),
2. nach Bewegungsform.

Reibungszustand (Kontaktart)
Gasreibung: Ein gasförmiger Film trennt Grund- und Gegenkörper vollständig voneinander und übernimmt die gesamte Belastung.
Flüssigkeitsreibung (hydrodynamische und hydrostatische Reibung): Ein flüssiger Film trennt Grund- und Gegenkörper vollständig voneinander und übernimmt die gesamte Belastung.
Mischreibung: Grund- und Gegenkörper haben vereinzelt an Rauhigkeitsspitzen Kontakt. Sowohl Flüssigkeits- bzw. Schmierfilm als auch direkt die Kontaktpartner nehmen die Belastung auf.
Grenzreibung: Der Schmierfilm hat keine Tragfähigkeit mehr; vorhandene adsorbierte Schmierstoffreste wirken jedoch noch tribologisch.
Festkörperreibung: Direkter Kontakt von Grund- und Gegenkörper.

Bewegungsform
Die Bewegungsform umfasst u. a. Gleit-, Roll- und Wälzreibung.

In vielen Fällen ist der Effekt der Reibung in Maschinenelementen aufgrund des Energieverbrauches und/oder der damit verknüpften Temperaturerhöhung bzw. Werkstoffveränderung unerwünscht; oft aber ist sie auch funktionsnotwendig wie z. B. bei selbsthemmenden Getrieben, deren Schmierfett für eine definiert hohe Reibungszahl sorgt oder bei Kupplungen, die einen definierten Reibungszustand benötigen.

Begriffe der Tribologie (DIN 50323)
Tribologie ist Wissenschaft und Technik von aufeinander einwirkenden Oberflächen in Relativbewegung. Sie umfasst das Gesamtgebiet von Reibung, Verschleiß und Schmierung und schließt entsprechende Grenzflächenwirkungen sowohl zwischen Festkörpern als auch zwischen Festkörpern und Gasen ein.

Tribotechnik (DIN 50323)
Tribotechnik befasst sich mit der technischen Anwendung der tribologischen Erkenntnisse.

Tribologische Beanspruchung (DIN 50320)
Beanspruchung eines festen Körpers durch Kontakt und Relativbewegung eines festen, flüssigen oder gasförmigen Gegenkörpers.

Tribologischer Schaden
Schaden infolge einer tribologischen Beanspruchung. Im Gegensatz zu dem Begriff Verschleiß oder Verschleißschaden nach DIN 50320, welcher immer einen Materialverlust zur Folge hat, umfasst der Begriff „Tribologischer Schaden" auch viele tribologisch verursachte Oberflächenveränderungen und Funktionsbeeinträchtigungen, die keinen Verschleiß nach DIN 50320 darstellen.

Verschleiß (DIN 50320)
Fortschreitender Materialverlust aus der Oberfläche eines festen Körpers, hervorgerufen durch tribologische Beanspruchung. Verschleiß äußert sich in Form von losgelösten Verschleißpartikeln sowie in Stoff- und Formänderungen der tribologisch beanspruchten Oberfläche. Der normalerweise unerwünschte Verschleiß ist wertmindernd (Ausnahme sind Einlaufvorgänge). Somit gelten wertbildende Bearbeitungsvorgänge nicht als Verschleiß.

Tribologisches System

Verschleiß ist als Systemeigenschaft zu betrachten. Es gibt keine Materialkenngröße „Verschleißfestigkeit" wie z. B. Zugfestigkeit in der Festigkeitslehre. Das tribologische System der interessierenden Kontaktstelle besteht aus den

- stofflichen „Elementen A": Grundkörper, Gegenkörper, Zwischenstoff und Umgebungsmedium (Bild),
- Eigenschaften P der Elemente A und
- Wechselwirkungen R zwischen den Elementen A.

Die Eigenschaften und Wechselwirkungen der Elemente bilden die Struktur des Tribosystems. Das Beanspruchungskollektiv (Kräfte, Bewegungen, Temperaturen) wirkt auf diese Struktur, die das Kollektiv in Nutzgrößen umwandelt. Verlustgrößen sind u. a. Reibung und Verschleiß.

Da die tribologischen Beanspruchungen Oberflächenbeanspruchungen sind, müssen auch die vorgenannten Eigenschaften P als Oberflächeneigenschaften verstanden werden. Bei realen technischen Oberflächen weichen sehr oft die im Grundmaterial ermittelten Stoffwerte deutlich von denen der Oberfläche ab. Bearbeitungs- und Reinigungsvorgänge sowie die Umgebung können unterschiedliche Grenzschichten und folglich verschiedene tribologische Eigenschaften des Werkstoffes bewirken.

Verschleißarten

Eine Gliederung der Verschleißvorgänge nach der Art der Beanspruchung und der beteiligten Stoffe (Systemstruktur) führt zur Einteilung in Verschleißarten (DIN 50320):

Tribologisches System.

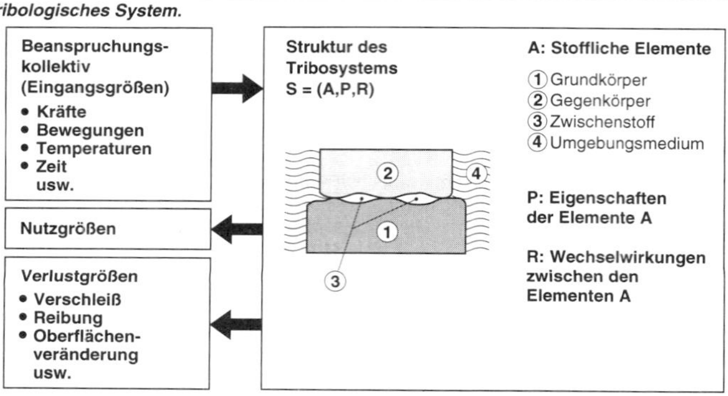

Systemstruktur Festkörper/Festkörper:
Gleiten → Gleitverschleiß
Wälzen → Wälzverschleiß
Oszillieren → Schwingungsverschleiß

Systemstruktur Festkörper/Flüssigkeit:
Strömen/Schwingen → Kavitationserosion

Verschleißerscheinungsform

Nach DIN 50320 umfasst der Begriff Verschleißerscheinungsform (auch Verschleißbild genannt) die durch Verschleiß hervorgerufenen Veränderungen der Werkstoffoberfläche sowie die Art und Form der anfallenden Verschleißpartikel.

Verschleißmechanismen

Adhäsion
Bildung und Trennung von (atomaren) Grenzflächen-Haftverbindungen.

Es kommt zu Materialübertrag, wenn die Trennung nicht exakt in der ursprünglichen Grenzlinie von Grund-/Gegenkörper abläuft.

Die zunächst in atomaren Dimensionen ablaufende Adhäsion kann sich bis zu dem massiven Schadensfall „Fressen" („Festfressen") steigern.

Abrasion
Ritzende Beanspruchung bzw. Mikrozerspanung durch Grund- bzw. Gegenkörper oder Reaktionsprodukte bzw. Feststoffpartikel des Zwischenmediums.

Oberflächenermüdung
Tribologische Wechselbeanspruchung (z. B. Schlag-, Roll-, Gleitbeanspruchung und Kavitation) bewirkt mechanische Spannungen mit Bildung von Rissen, die zu Materialausbrüchen führen (Abtrennen von Verschleißpartikeln).

Tribochemische Reaktion
Tribologische Beanspruchung führt zur Reaktion von Grund- oder Gegenkörper mit dem Zwischenstoff (und dem Umgebungsmedium).

Verschleißmessgrößen

Verschleißmessgrößen kennzeichnen direkt oder indirekt die Änderung der Gestalt oder der Masse eines Körpers durch Verschleiß (Bezeichnungen nach DIN 50 321 verwenden).

Verschleißkoeffizient
Eine Kenngröße für den Verschleiß läßt sich nur als systemspezifische Größe angeben.

Der Verschleißkoeffizient k macht einen Vergleich von Verschleißwerten bei unterschiedlichen Flächenpressungen bzw. Gleitgeschwindigkeiten möglich:

$k = W_v/(F \cdot s)$ in $mm^3/(N \cdot m)$

F Kraft,
W_v volumetrischer Verschleißbetrag,
s Gleitweg.

Tribologische Schadensanalyse

Werden an Bauteilen Schäden oder Veränderungen durch den Betrieb festgestellt, die eine Funktionsveränderung erwarten lassen, müssen gemäß DIN 50 320 alle am tribologischen Kontakt auftretenden Beanspruchungen und Eigenschaften (DIN 50 320, Anhang A) mit ihren Anteilen ermittelt werden.

Die topographische und stoffliche Analyse des tribologischen Kontaktes (Grundkörper, Gegenkörper, Zwischenstoff) gibt Aufschluss über die abgelaufenen Schadens- und/oder Verschleißmechanismen (Adhäsion, Abrasion, Oberflächenermüdung, tribochemische Reaktion) bzw. deren Anteile und über Veränderungen des Schmierstoffes.

Hierzu sind Informationen notwendig bezüglich:
- Struktur der Oberfläche,
- stoffliche Zusammensetzung der Oberfläche,
- Gefügeausbildung,
- Mikrohärte,
- Eigenspannung,
- stoffliche Zusammensetzung bzw. chemisch physikalische Veränderungen des Schmierstoffes.

Tribologische Prüfmethoden

DIN 50322 teilt die Verschleißprüfungen in 6 Kategorien ein:
Kategorie I: Betriebsversuch.
Kategorie II: Prüfstandsversuch mit kompletter Maschine.
Kategorie III: Prüfstandsversuch mit Aggregat oder kompletter Baugruppe.
Kategorie IV: Versuch mit unverändertem Bauteil oder verkleinertem Aggregat.
Kategorie V: Beanspruchungsähnlicher Versuch mit Probekörpern.
Kategorie VI: Modellversuch mit einfachen Probekörpern.

Bei den Kategorien I bis III findet das Originalaggregat Verwendung. Ab Kategorie IV wird die Systemstruktur deutlich verändert. Es ist insbesondere bei wichtigen und sicherheitsrelevanten Produkten sinnvoll, die tribologischen Prüfungen im Rahmen einer tribologischen Prüfkette zu realisieren:
- Modellprüfung (z. B. Stift, Kugel bzw. Scheibe bei Gleit- und Schwingungsverschleiß),
- Bauteilprüfung und
- Erzeugnisprüfung.

Tribologisch beanspruchte Werkstoffschichten im Oberflächenbereich.

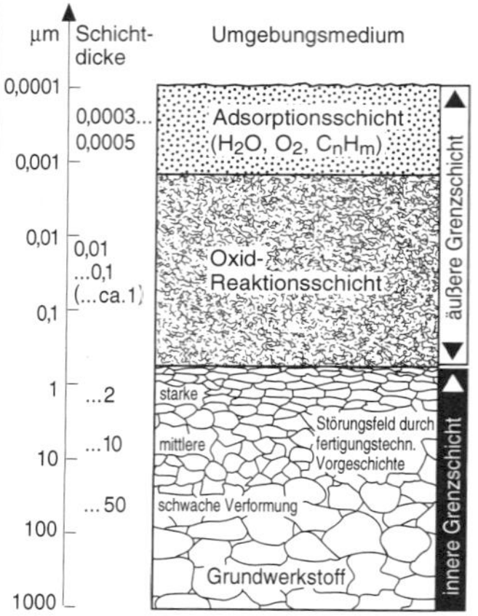

Modellversuche (mit einfachen Prüfkörpern) werden heute im wesentlichen für Grundsatzuntersuchungen eingesetzt, in der Regel jedoch nicht mehr zur Simulation von komplexen tribologischen Systemen. In der tribologischen Prüfkette weist die Erzeugnisprüfung die größte Informationssicherheit auf und stellt den Abschluss der Produktentwicklung dar. Moderne Messverfahren (z. B. Radionuklidmesstechnik) erlauben es, präzise Verschleißaussagen als Funktion des Beanspruchungskollektives zu machen.

Bei der Radionuklidmesstechnik (RNT) werden die zu untersuchenden Bauteile radioaktiv markiert. Entstehender Abrieb lässt sich über die Gammastrahlung „online" detektieren.

Verschleißreduzierung

Das tribologische Verhalten lässt sich durch Variation von Konstruktion, Werkstoff und Schmierstoff verbessern.

Konstruktion

Die Konstruktion verfügt z. B. über folgende Möglichkeiten:
- Verbesserung der Oberflächentopographie,
- Abbau der Flächenpressung durch Erhöhung des Traganteiles,
- Verfestigung der Oberfläche und
- Verbesserung der Schmierbedingungen.

Werkstoff

Werkstofftechnische Möglichkeiten sind zum Beispiel:
- Randschichthärtung,
- Randschichtumschmelzung,
- Umschmelzlegierung der Randschicht,
- thermochemische Verfahren,
- galvanische und chemische Beschichtungsverfahren,
- Auftragschweißen,
- thermisches Spritzen,
- Plattieren,
- PVD/CVD-Schichten (Physical/Chemical Vapor Deposition, z.B. TiN, TiC),
- Ionenstrahltechniken (z. B. Ionenimplantation, Mischung mit Ionenstrahlen, Mischung der Grenzschicht und ionenstrahlunterstützte Beschichtung),

- diamantähnliche (metallhaltige) Kohlenstoffschichten,
- Gleitlacke,
- Einlaufschichten (weiche Metalle verhindern hohe lokale Flächenpressung).

Die Vielzahl von Oberflächenbehandlungs- und -beschichtungsmethoden und deren z. T. auf bestimmte Verschleißarten optimal einstellbaren Prozessparameter bilden ein großes Potenzial, die vielfältigen Anforderungen an ein Produkt mit Hilfe der Tribologie zu erfüllen.

Schmierstoff
Die Auswahl des Tribopartners Schmierstoff (Seite 266) bzw. die konstruktiv richtige Auslegung der Schmierung ermöglicht in vielen Fällen eine sehr große Beeinflussung des tribologischen Verhaltens (oft deutlich größer, als es eine Werkstoffveränderung vermag) und bildet die primäre Maßnahme, unbefriedigendes Funktionsverhalten zu beseitigen.

Schmierfähigkeit
Schmierfähigkeit ist eine Vergleichsgröße für Fluide, die für ein gegebenes tribologisches System, welches das Fluid als Zwischenstoff enthält, geeignete Verschleißmessgrößen beschreibt. Ein Fluid hat eine höhere Schmierfähigkeit als ein anderes, wenn es unter sonst gleichen Bedingungen einen niedrigeren Verschleiß der Tribopartner bewirkt bzw. eine niedrigere Reibenergie entstehen lässt (DIN/ISO 12156).

Schmierfähigkeit ist nicht zu verwechseln mit Viskosität.

Eine Beschreibung und Quantifizierung der Schmierfähigkeit erfolgt bei der Erzeugnisprüfung, Bauteilprüfung oder Modellverschleißprüfung mit festgelegten Beanspruchungsparametern durch Angabe definierter Verschleißmeßgrößen.

Der so ermittelte Wert gilt nur für dieses Tribosystem.

Bei vielen Erzeugnissen stellt das zu fördernde Medium den Zwischenstoff des Tribosystemes dar, wie bei Hydraulik- und Einspritzsystemen.

Zur Erhaltung der Funktionsfähigkeit / Lebensdauer muss das Fluid eine Mindestschmierfähigkeit haben.

Durch spezifische Additive kann die Schmierfähigkeit verbessert werden.

Prüfkette der Tribologie.

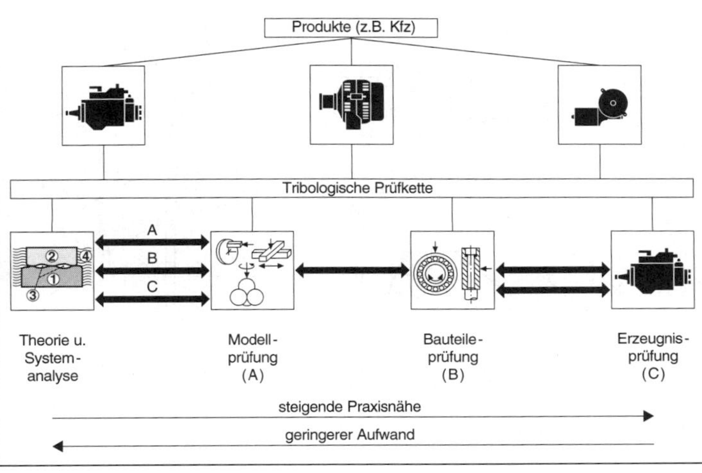

Anforderungen an Straßenfahrzeuge

Fahrbarkeit
Ein Fahrzeug muss aus dem Stillstand anfahrbar sein, Steigungen bewältigen und in angemessener Zeit auf gewünschte Fahrgeschwindigkeit beschleunigen. Das bedeutet im Idealfall, dass in jedem Betriebspunkt des Antriebssystems bei vorgewählter Leistung P das Moment M und die Drehzahl n variabel sind nach $P = M \cdot n$. Das Betriebsfeld ist dann durch die Maximalleistung P_{Nenn} begrenzt, die mit abnehmender Fahrgeschwindigkeit immer höhere Momente ergibt (sog. Zugkrafthyperbel als Grenzlinie).

Leistungsdichte und Speicherdichte
Die Leistungsdichte (W/kg) sowie die Speicherdichte (Wh/kg) des Gesamtsystems Motor/Speicher selbst müssen hoch sein, um die Fahrzeuggröße und damit die zu beschleunigende Masse des Fahrzeugs gering zu halten. Bei niedriger Leistungs- und Speicherdichte würden Größe und zu beschleunigende Masse des Fahrzeugs und damit auch Leistungseinsatz und Energieverbrauch hoch liegen, um gewünschte Fahrleistungen (Beschleunigung, Geschwindigkeit) zu erreichen.

Entladungs- oder Nutzungsdauer des Energiespeichers
Die Nutzungsdauer eines Fahrzeugs und damit seine Reichweite, ohne eine Wiederaufladung des Energiespeichers, hängt neben der Speicherdichte von der benötigten Leistung sowie dem Fahrzeuggewicht und damit auch vom Leistungsgewicht der Antriebsmaschine ab.

***Leistungs- und Speicherdichte von verschiedenen Antriebskonzepten** (Motor und Speicher).[1]*
1 Gasturbine, 2 Verbrennungsmotor, 3 Motor mit äußerer Verbrennung, 4 Elektromotor mit Brennstoffzelle, 5 Elektromotor mit Lithium-Chlor-Batterie, 6 Elektromotor mit Zink-Luft-Batterie, 7 Elektromotor mit Nickel-Cadmium-Batterie, 8 Elektromotor mit Blei-Batterie.

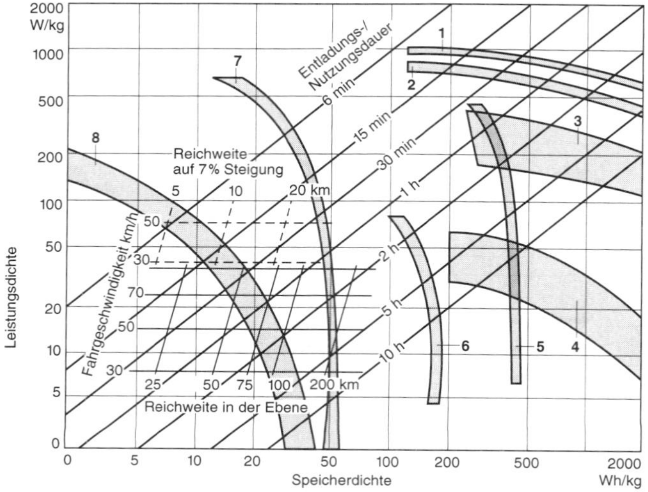

[1]) Nach „The Automobile and Air Pollution", US Dep. of Commerce (Morsebericht); Mahle „Kolben-Handbuch".

Der Zusammenhang der Größen Leistungs- und Speicherdichte mit der Nutzungsdauer hängt von der Art des Antriebs- und Speicherkonzepts ab. Ebenso verhält es sich mit den Drehmoment-Charakteristika. Für den Fahrzeugeinsatz eignen sich Verbrennungskraftmaschinen bezüglich Bauraumleistung und Speicherdichte (Fahrzeit mit einer Tankfüllung) besonders gut, jedoch sind die Drehmomentverläufe der hauptsächlich verwendeten Kolbenkraftmaschinen (Diesel-, Ottomotor) nicht besonders gut geeignet. Sie benötigen deshalb ein Getriebe, das sowohl Drehmoment bei Drehzahlschlupf (Anfahren) überträgt als auch Drehmoment wandelt (Bergsteigefähigkeit oder Geschwindigkeit). Selbst Elektro- und Dampfmotoren sind in ihrem maximalen Moment durch maximalen Strom bzw. maximalen Dampfdruck begrenzt und benötigen ein Getriebe.

Relatives Drehmoment für verschiedene Antriebsmaschinen.
1 Bezugspunkt: Gasturbinen-Auslegungspunkt, Kolbenmotor n_{max}, 2 Dampfmotor, 3 Elektromotor, 4 Begrenzung des max. Druckes bzw. des max. Stromes, 5 Zweiwellen-Gasturbine, 6 Ottomotor, 7 Dieselmotor, 8 Einwellen-Gasturbine.

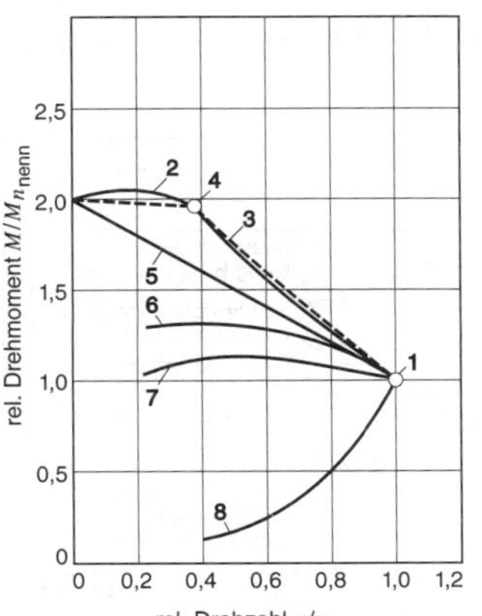

Neben den genannten Hauptforderungen sind noch weitere Forderungen an das Antriebs- und Energiespeicherungssystem zu stellen:

Wirtschaftlichkeit mit niedrigem Kraftstoffverbrauch, niedrigen Herstellungskosten und Wartungskosten, hoher Lebensdauer;

Umweltfreundlichkeit mit niedrigen Schadstoffemissionen, niedrigen Geräuschemissionen, geringem Materialverbrauch;

Betriebsverhalten mit gutem Startverhalten von –30 °C bis +50 °C. Unabhängigkeit von Klima und Höhenlage, gutem Anfahr-, Beschleunigungs- und Bremsverhalten.

Für frei bewegliche Fahrzeuge kommen auch danach in erster Linie Verbrennungsmotoren in Betracht, wobei je nach Einsatzfall die oben genannten Forderungen unterschiedlich gewichtet werden, zum Beispiel:

Pkw: hohe Leistungsdichte, niedrige Schadstoff- und Geräuschemission sowie günstige Herstellungskosten,

Lkw und Bus: höchste Wirtschaftlichkeit und Lebensdauer bei Erfüllung aller Emissions-Grenzwerte.

In Sonderfällen oder bei besonderen Einsatzbedingungen sind Sonderausführungen von Antriebssystemen wie reiner Elektrobetrieb oder hybride Formen (Duo-Bus usw.) sinnvoll und notwendig.

Anforderungen an den Kraftstoff

Die geringsten Anforderungen an den Brenn- oder Kraftstoff stellen Motoren mit äußerer Verbrennung, da hier Brenn- und Arbeitsgas nicht identisch sind und nicht miteinander in Berührung kommen. Bei Verbrennungsmotoren mit innerer Verbrennung muss der Kraftstoff praktisch rückstandsfrei und genügend schnell verbrennen.

Ermittlung des Kraftstoffverbrauchs

Der NEFZ (Neuer Europäischer Fahrzyklus, 93/116/EWG) zur Ermittlung des Kraftstoffverbrauchs ist ein Fahrprofil, das auf einem Abgasprüfstand nachgefahren wird. Es besteht aus vier gleichgearteten City-Zyklen von je 195 s und einem außerstädtischen Teil von 400 s Dauer. Das Abgas wird in einem Beutel gesammelt und anschließend nach seinen Komponenten analysiert. Nach der Kohlenstoffbilanz werden die Komponenten CO, HC und CO_2 in die Berechnung einbezogen.

Der CO_2-Gehalt des Abgases ist proportional zum Kraftstoffverbrauch. Damit lässt sich auf den Kraftstoffverbrauch (Diesel bzw. Benzin) des Fahrzeuges schließen.

Die für das Fahrzeug vorgeschriebene Prüfmasse ergibt sich aus der Fahrzeugleermasse plus 100 kg Zuladung. Da am Prüfstand die Fahrzeugmasse durch endlich fein gestufte Schwungmassen simuliert werden muss, wird der tatsächlichen Fahrzeugprüfmasse eine Schwungmassenklasse (SMK) zugeordnet.

Nach aktueller Gesetzgebung (EU-Stufe 3) beginnt die Messung mit dem Motorstart. Der früher zugelassene Vorlauf von 40 s bis zum Messbeginn ist nicht mehr gestattet.

Neuer Europäischer Fahrzyklus NEFZ (93/116/EWG).

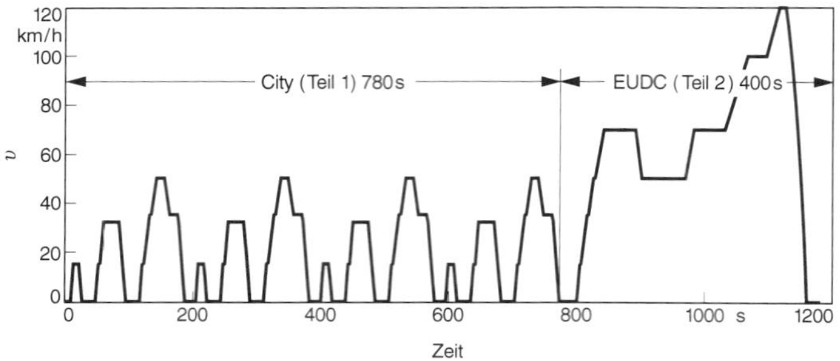

Motor-Verbrauchskennfeld.

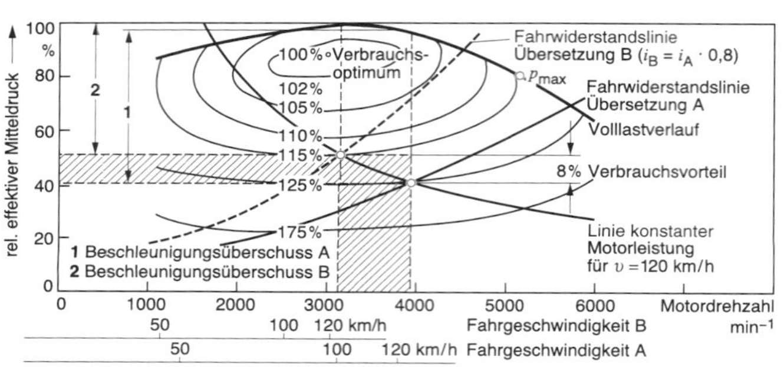

Beeinflussung des Kraftstoffverbrauchs durch Maßnahmen am Fahrzeug

Streckenverbrauch ← Kraftstoffverbrauch →

Triebstrang ← Fahrwiderstände →

Motor | Rollwiderstand | Luftwiderstand | Beschleunigungswiderstand | Steigungswiderstand | Bremswiderstand

$$B_e = \frac{\int b_e \cdot \frac{1}{\eta_{ü}} \left[\left(m \cdot f \cdot g \cdot \cos\alpha + \frac{\varrho}{2} \cdot c_W \cdot A \cdot v^2\right) + m\,(a + g \cdot \sin\alpha) + B_r\right] \cdot v \cdot dt}{\int v \cdot dt}$$

Strecke

Größe		Einheit
B_e	Streckenverbrauch	g/m
$\eta_{ü}$	Übertragungswirkungsgrad des Triebstranges	–
m	Wagenmasse	kg
f	Rollwiderstandsbeiwert	–
g	Erdbeschleunigung	m/s²
α	Steigungswinkel	°
ϱ	Dichte der Luft	kg/m³
c_W	Luftwiderstandsbeiwert	–
A	Stirnfläche	m²
v	Fahrgeschwindigkeit	m/s
a	Beschleunigung	m/s²
B_r	Bremswiderstand	N
t	Zeit	s
b_e	spezifischer Kraftstoffverbrauch	g/kWh

Nach der Verbrauchsformel sind drei Gruppen von Einflussgrößen zu unterscheiden:
- Motor,
- Getriebe und
- äußere Fahrwiderstände.

Getriebe

Der Einfluss des Getriebes beruht zum einen auf den Übertragungsverlusten (die gering zu halten sind), zum anderen auf den gewählten Übersetzungen, durch die für eine bestimmte Fahrgeschwindigkeit der Betriebspunkt im Motor-Verbrauchskennfeld festgelegt wird.

„Längere" Übersetzungen verschieben in der Regel die Betriebspunkte in günstigere Kennfeldbereiche (s. Bild), verringern aber das Beschleunigungsvermögen.

Äußere Fahrwiderstände

Die äußeren Fahrwiderstände können durch Verringerung des Gewichtes, Verbesserung der Aerodynamik und durch Verminderung des Rollwiderstandes reduziert werden.

Bei einem durchschnittlichen Serienfahrzeug führen 10 % Verringerung des Gewichtes, des Luftwiderstandes und des Rollwiderstandes zu etwa 6 %, 3 %, 2 % Verbesserung des Kraftstoffverbrauches.

In der angegebenen Formel wird zwischen Beschleunigungswiderstand und Bremswiderstand unterschieden. Dadurch wird deutlich, dass Beschleunigungsvorgänge vor allem dann verbrauchserhöhend sind, wenn bei einer späteren Verzögerung die Betriebsbremse benutzt wird. Andernfalls wird die kinetische Energie des Fahrzeugs zum Vortrieb ausgenutzt (Verzögerung = negative Beschleunigung) und der Verbrauch teilweise reduziert.

Dynamik der Kraftfahrzeuge

Fahrzeuglängsdynamik

Größe		Einheit
A	Größter Querschnitt des Fahrzeugs [1])	m^2
a	Beschleunigung, Verzögerung	m/s^2
c_w	Luftwiderstandsbeiwert	–
F	Antriebskraft	N
F_{cf}	Fliehkraft	N
F_L	Luftwiderstand	N
F_{Ro}	Rollwiderstand	N
F_{St}	Steigungswiderstand	N
F_w	Fahrwiderstand	N
f	Rollwiderstandsbeiwert	–
G	Gewichtskraft $= m \cdot g$	N
G_B	Summe der Radkräfte auf den angetriebenen oder gebremsten Rädern	N
g	Erdbeschleunigung $= 9{,}81\ m/s^2 \approx 10 m/s^2$	m/s^2

Größe		Einheit
i	Übersetzung zwischen Motor und Antriebsrädern	–
M	Motordrehmoment	N · m
m	Fahrzeugmasse (-gewicht)	kg
n	Motordrehzahl	min^{-1}
P	Leistung	W
P_w	Fahrleistung	W
p	Steigung, Gefälle (= 100 tan α)	%
r	dyn. Reifenradius	m
s	zurückgelegte Strecke, Weg	m
t	Zeit	s
v	Fahrgeschwindigkeit	m/s
v_0	Gegenwindgeschwindigkeit	m/s
W	Arbeit	J
α	Steigungs-, Gefällwinkel	°
μ_r	Haftreibungszahl	–

Weitere Formelzeichen und Einheiten im Text.

Gesamtfahrwiderstand

Der Fahrwiderstand berechnet sich zu:

$$F_W = F_{Ro} + F_L + F_{St}$$

Fahrwiderstandsleistung

Die an den Treibrädern zur Überwindung der Fahrwiderstände aufzuwendende Antriebsleistung ist:

$$P_W = F_W \cdot v$$

oder

$$P_W = \frac{F_W \cdot v}{3600}$$

mit P_W in kW, F_W in N, v in km/h.

[1]) Bei Pkw ist $A \approx 0{,}9 \times$ Spurweite $\times$ Höhe.

Fahrwiderstand.

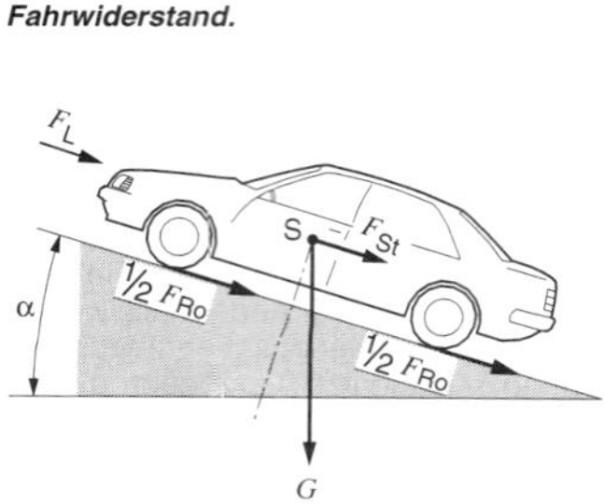

Rollwiderstand

Der Rollwiderstand F_{Ro} entsteht durch Formänderungsarbeit an Rad und Fahrbahn.

$$F_{Ro} = f \cdot G = f \cdot m \cdot g$$

Zur angenäherten Berechnung des Rollwiderstands kann mit den Rollwiderstandsbeiwerten der nachstehenden Tabelle bzw. des Diagramms (S. 379) gerechnet werden.

Der Rollwiderstandsbeiwert f ist um so größer, je kleiner der Reifenradius und je größer die Formänderung ist. Er steigt

Straßendecke	Rollwiderstandsbeiwert f
Pkw-Luftreifen auf	
Großpflaster	0,015
Kleinpflaster	0,015
Beton, Asphalt	0,013
Schotter, gewalzt	0,02
Teermakadam	0,025
Erdweg	0,05
Ackerboden	0,1...0,35
Nfz-Luftreifen auf	
Beton, Asphalt	0,006...0,01
Greiferräder auf	
Ackerboden	0,14...0,24
Kettenschlepper auf	
Ackerboden	0,07...0,12
Rad auf Schiene	0,001...0,002

also mit zunehmender Belastung, zunehmender Geschwindigkeit und abnehmendem Reifenluftdruck.

Bei Fahrt in der Kurve vergrößert sich der Rollwiderstand um den Kurvenwiderstand

$F_K = f_K \cdot G$

Der Kurvenwiderstandsbeiwert f_K ist abhängig von der Fahrgeschwindigkeit, vom Kurvenradius, von der Achskinematik, von der Bereifung, vom Reifenluftdruck und vom Schräglaufverhalten.

Rollwiderstand von Pkw-Radialreifen auf glatter, ebener Fahrbahn bei normaler Belastung und vorgeschriebenem Reifenluftdruck.

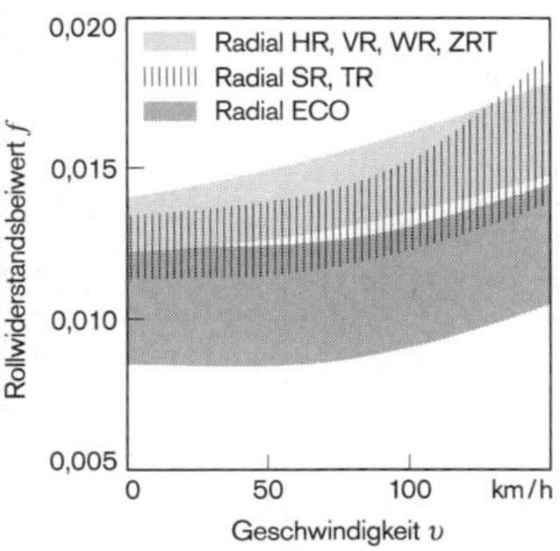

Luftwiderstand

Der Luftwiderstand berechnet sich zu:

$F_L = 0{,}5 \cdot \varrho \cdot c_w \cdot A\,(v + v_0)^2$

Mit v in km/h:

$F_L = 0{,}0386 \cdot \varrho \cdot c_w \cdot A \cdot (v + v_0)^2$

Luftdichte ϱ
(in 200 m Höhe $\varrho = 1{,}202$ kg/m³),
Luftwiderstandsbeiwerte c_w S. 39 und S. 380.

Luftwiderstandsleistung

$P_L = F_L \cdot v = 0{,}5 \cdot \varrho \cdot c_w \cdot A \cdot v \cdot (v + v_0)^2$

oder

$P_L = 12{,}9 \cdot 10^{-6} \cdot c_w \cdot A \cdot v \cdot (v + v_0)^2$

mit P_L in kW, F_L in N, v und v_0 in km/h, A in m², $\varrho = 1{,}202$ kg/m³.

Bestimmung von Luftwiderstands- und Rollwiderstandsbeiwert durch Versuch

Fahrzeug bei Windstille und ausgeschaltetem Gang auf ebener Straße auslaufen lassen. Bei einer großen Geschwindigkeit v_1 und einer kleinen Geschwindigkeit v_2 werden für ein Geschwindigkeitsintervall die Ausrollzeiten gemessen und die mittleren Verzögerungen a_1 und a_2 ermittelt. Rechnungsgang und Beispiel siehe untenstehende Tabelle.

Das Zahlenbeispiel gilt für ein Fahrzeug mit Gewicht $m = 1450$ kg und Querschnitt $A = 2{,}2$ m².

Diese Methode ist für Fahrgeschwindigkeiten unter 100 km/h anwendbar.

	1. Versuch (große Geschwindigkeit)	2. Versuch (kleine Geschwindigkeit)
Anfangsgeschwindigkeit Endgeschwindigkeit Zeit zwischen v_a und v_b	$v_{a1} = 60$ km/h $v_{b1} = 55$ km/h $t_1 = 6{,}5$ s	$v_{a2} = 15$ km/h $v_{b2} = 10$ km/h $t_2 = 10{,}5$ s
mittlere Geschwindigkeit	$v_1 = \frac{v_{a1} + v_{b1}}{2} = 57{,}5$ km/h	$v_2 = \frac{v_{a2} + v_{b2}}{2} = 12{,}5$ km/h
mittlere Verzögerung	$a_1 = \frac{v_{a1} - v_{b1}}{t_1} = 0{,}77\ \frac{\text{km/h}}{\text{s}}$	$a_2 = \frac{v_{a2} - v_{b2}}{t_2} = 0{,}48\ \frac{\text{km/h}}{\text{s}}$
Luftwiderstandsbeiwert	$c_w = \frac{6\,m \cdot (a_1 - a_2)}{A \cdot (v_1^2 - v_2^2)} = 0{,}36$	
Rollwiderstandsbeiwert	$f = \frac{28{,}2\,(a_2 \cdot v_1^2 - a_1 \cdot v_2^2)}{10^3 \cdot (v_1^2 - v_2^2)} = 0{,}013$	

Luftwiderstandsbeiwerte und Luftwiderstandsleistung verschiedener Fahrzeugbauformen

	Luftwiderstandsbeiwert c_W	Luftwiderstandsleistung in kW, mittlere Werte für A = 2 m² und verschiedene Geschwindigkeiten¹)			
		40 km/h	80 km/h	120 km/h	160 km/h
 Offenes Kabriolett	0,5...0,7	1	7,9	27	63
 Kastenaufbau	0,5...0,6	0,91	7,2	24	58
 Pontonform	0,4...0,55	0,78	6,3	21	50
 Keilform, Scheinwerfer u. Stoßstangen im Rumpf integriert, Räder abgedeckt, Unterbodenverkleidung, optimierte Kühlluftdurchströmung.	0,3...0,4	0,58	4,6	16	37
 Scheinwerfer und alle Räder im Rumpf; Boden verkleidet	0,2...0,25	0,37	3,0	10	24
 K-Form (kleiner Abreißquerschnitt)	0,23	0,38	3,0	10	24
 Günstige windschnittige Form	0,15...0,20	0,29	2,3	7,8	18
Lastkraftwagen, Lastzüge	0,8...1,5	–	–	–	–
Motorräder	0,6...0,7	–	–	–	–
Omnibusse	0,6...0,7	–	–	–	–
Omnibusse mit Stromlinienform	0,3...0,4	–	–	–	–

¹) Ohne Gegenwind (v_0 = 0).

Steigungswiderstand, Hangabtriebskraft

Der Steigungswiderstand (F_{St} mit positivem Vorzeichen) oder der Hangabtrieb (F_{St} mit negativem Vorzeichen) errechnen sich zu:

$$F_{St} = G \cdot \sin \alpha$$
$$= m \cdot g \cdot \sin \alpha$$

oder näherungsweise

$$F_{St} \approx 0{,}01 \cdot m \cdot g \cdot p$$

gültig für $p \leq 20$ % Steigung, weil bei kleinen Winkeln $\sin \alpha \approx \tan \alpha$ (Fehler unter 2 %).

Die Steigungsleistung ergibt sich aus:

$$P_{St} = F_{St} \cdot v$$

Steigungswinkel α	Steigung p %	Steigung *Gradient*	Steigungswiderstand bei m = 1000 kg N

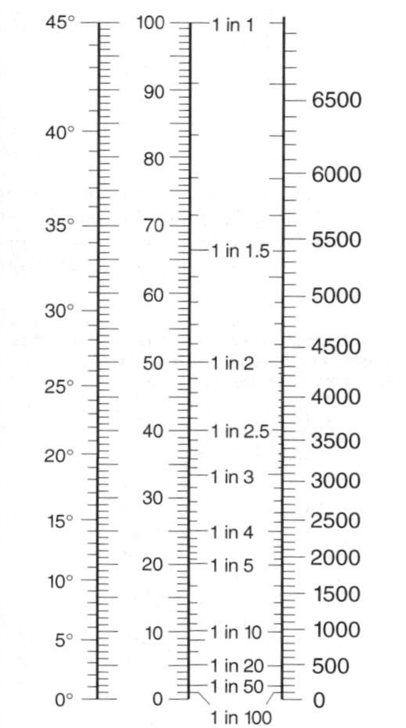

Mit P_{St} in kW, F_{St} in N, v in km/h:

$$P_{St} = \frac{F_{St} \cdot v}{3600} = \frac{m \cdot g \cdot v \cdot \sin \alpha}{3600}$$

oder näherungsweise

$$P_{St} \approx \frac{m \cdot g \cdot p \cdot v}{360\,000}$$

Die Steigung ist:

$p = (h/l) \cdot 100$ % oder

$p = (\tan \alpha) \cdot 100$ %

wobei h die Höhe auf die projizierte Strecke l ist. Im angloamerikanischen Raum rechnet man mit *Gradient*.

Die Umrechnung ist:

Gradient 1 in $100/p$

Beispiel: 1 in 2, gesprochen „one in two".

Werte bei m = 1000 kg

Steigungswiderstand F_{St} N	Steigungsleistung P_{St} in kW bei verschiedenen Geschwindigkeiten 20 km/h	30 km/h	40 km/h	50 km/h	60 km/h
6500	36	54	72	–	–
6000	33	50	67	–	–
5500	31	46	61	–	–
5000	28	42	56	69	–
4500	25	37	50	62	–
4000	22	33	44	56	67
3500	19	29	39	49	58
3000	17	25	33	42	50
2500	14	21	28	35	42
2000	11	17	22	28	33
1500	8,3	12	17	21	25
1000	5,6	8,3	11	14	17
500	2,3	4,2	5,6	6,9	8,3
0	0	0	0	0	0

Beispiel: Zur Überwindung einer Steigung von p = 18 % werden von einem 1500 kg schweren Fahrzeug etwa 1,5 · 1700 N = 2550 N Antriebskraft und bei v = 40 km/h Geschwindigkeit etwa 1,5 · 19 kW = 28,5 kW Steigungsleistung verlangt.

Antriebskraft

Die an den Treibrädern zur Verfügung stehende Antriebskraft F ist um so größer, je größer das Motordrehmoment M, je größer die Gesamtübersetzung i zwischen Motor und Antriebsrädern und je geringer die Übertragungsverluste sind:

$$F = \frac{M \cdot i}{r} \cdot \eta \quad \text{oder} \quad F = \frac{P \cdot \eta}{v}$$

η Wirkungsgrad der Kraftübertragung
(Motorlängseinbau $\eta \approx 0{,}88...0{,}92$)
(Motorquereinbau $\eta \approx 0{,}91...0{,}95$)

Die Antriebskraft F wird zum Teil zur Überwindung der Fahrwiderstände F_W benötigt. Den mit der Steigung stark zunehmenden Fahrwiderständen wird die Antriebskraft durch größere Übersetzungen stufenweise angepasst (Wechselgetriebe).

Geschwindigkeit und Motordrehzahl

$$n = \frac{60 \cdot v \cdot i}{2 \cdot \pi \cdot r}$$

oder mit v in km/h:

$$n = \frac{1000 \cdot v \cdot i}{2 \cdot \pi \cdot 60 \cdot r}$$

Beschleunigung

Die Überschusskraft $F - F_W$ beschleunigt das Fahrzeug (oder verzögert es, wenn F_W größer ist als F).

$$a = \frac{F - F_W}{k_m \cdot m} \quad \text{oder} \quad a = \frac{P \cdot \eta - P_W}{v \cdot k_m \cdot m}$$

Ermittlung des Massenfaktors k_m.

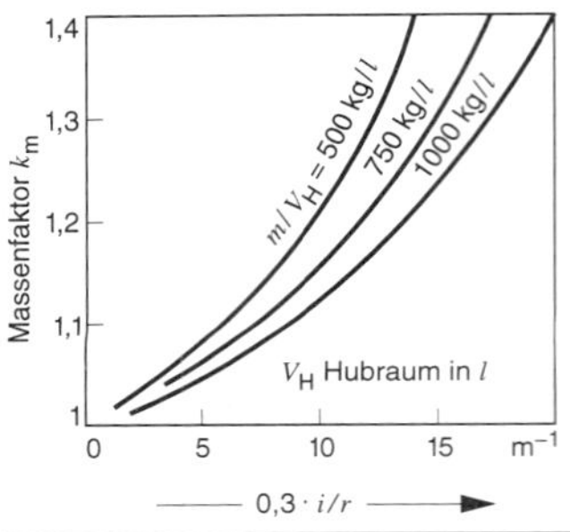

Der Massenfaktor k_m erfasst die scheinbare Vergrößerung der Fahrzeugmasse durch die Drehmassen (Räder, Schwungrad, Kurbelwelle usw.).

Antriebskraft und Geschwindigkeit bei Fahrzeugen mit automatischen Getrieben

Bei automatischen Getrieben mit hydrodynamischem Wandler oder hydrodynamischer Kupplung ist in der Formel für die Antriebskraft an Stelle des Motormomentes M das Moment an der Wandlerturbine und in der Formel für die Motordrehzahl die Drehzahl der Wandlerturbine einzusetzen.

Hydrodynamischer Wandler.
1 Antrieb, 2 Turbine, 3 Pumpe, 4 Leitrad, 5 Freilauf, 6 Abtrieb.

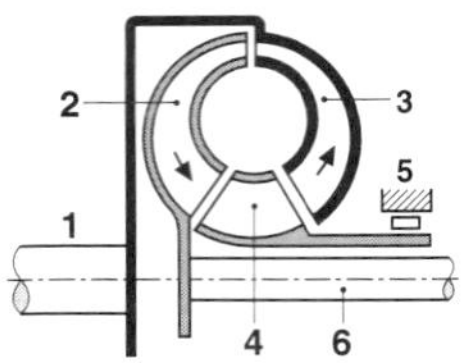

Die Ermittlung des Zusammenhangs $M_{Turb} = f(n_{Turb})$ aus der Motorkennlinie $M_{Mot} = f(n_{Mot})$ erfolgt über die Kennlinien des hydrodynamischen Wandlers (S. 592).

Fahrdiagramm für einen Pkw mit automatischem Getriebe und hydrodynamischem Trilok-Wandler bei Volllast.

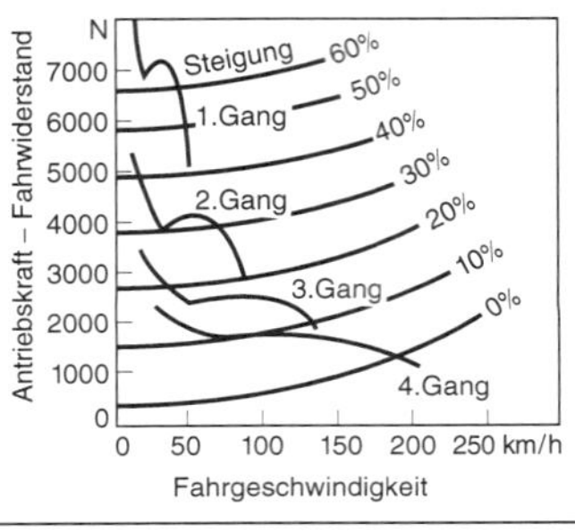

Bodenhaftung

Haftreibungszahlen von Luftreifen auf Straßendecken

Fahrgeschwindigkeit km/h	Reifenzustand	Straßenzustand trocken	nass Wasserhöhe etwa 0,2 mm	starker Regen Wasserhöhe etwa 1 mm	Pfützen Wasserhöhe etwa 2 mm	vereist (Glatteis)
		Haftreibungszahl μ_{HF}				
50	neu	0,85	0,65	0,55	0,5	0,1 und kleiner
	abgenützt[1])	1	0,5	0,4	0,25	
90	neu	0,8	0,6	0,3	0,05	
	abgenützt[1])	0,95	0,2	0,1	0,05	
130	neu	0,75	0,55	0,2	0	
	abgenützt[1])	0,9	0,2	0,1	0	

Die Haftreibungszahl („Kraftschlussbeiwert“) ist abhängig von der Fahrgeschwindigkeit, vom Reifenzustand und vom Straßenzustand (s. obenstehende Tabelle). Die Werte gelten für Straßendecken aus Beton und Teermakadam in gutem Zustand. Die Gleitreibungszahlen (bei blockiertem Rad) sind im Allgemeinen kleiner als die Haftreibungszahlen.

Bei Rennreifen werden spezielle Gummimischungen verwendet, die Haftreibungszahlen bis 1,8 erreichen.

Höchstwerte von Beschleunigung und Steigfähigkeit bzw. Verzögerung und Gefällebremsung S. 385.

Aquaplaning (Wasserglätte)

Besonders stark wird der Fahrbahnkontakt durch das Aquaplaning beeinflusst. Man versteht darunter das Aufschwimmen des Reifens auf dem Wasserfilm einer nassen Fahrbahn. Dabei schiebt sich ein Wasserkeil unter die gesamte Aufstandsfläche des Reifens und hebt diesen vom Boden ab. Das Aquaplaning ist abhängig von der Wasserhöhe auf der Fahrbahn, von der Geschwindigkeit des Fahrzeugs, von der Profilform und von der Abnützung des Reifens und von der Last, mit der der Reifen auf die Fahrbahn gedrückt wird. Breitreifen sind besonders gefährdet. Im Zustand des Aquaplanings ist das Fahrzeug führungs- und bremslos, denn seine Vorderräder drehen sich nicht mehr und weder Bremskräfte noch Lenkbewegungen können auf die Fahrbahn übertragen werden.

Aquaplaning.
1 Reifen, 2 Wasserkeil, 3 Fahrbahn.

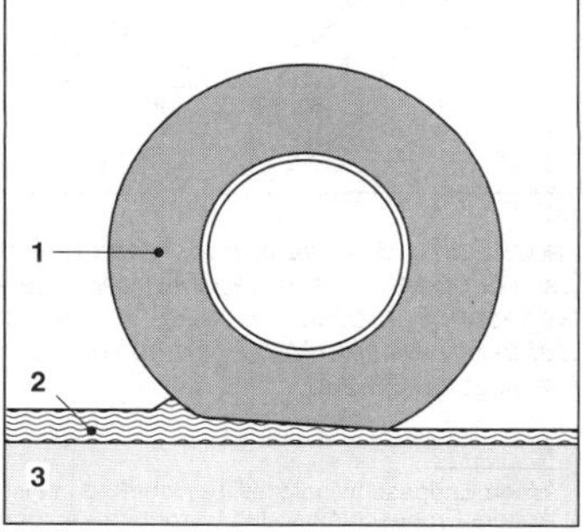

[1]) Abgenützt auf $\geq$1,6 mm Profilhöhe (Mindestwert in Deutschland nach § 36.2 StVZO).

Antreiben und Bremsen

Gleichmäßig beschleunigte oder verzögerte Bewegung liegt vor, wenn a konstant ist. Für Anfangs- bzw. Endgeschwindigkeit = 0 ist:

	Gleichungen für v in m/s	Gleichungen für v in km/h
Beschleunigung oder Verzögerung in m/s²	$a = \frac{v^2}{2 \cdot s} = \frac{v}{t} = \frac{2 \cdot s}{t^2}$	$a = \frac{v^2}{26 \cdot s} = \frac{v}{3{,}6 \cdot t} = \frac{2 \cdot s}{t^2}$
Antriebs- oder Bremszeit in s	$t = \frac{v}{a} = \frac{2 \cdot s}{v} = \sqrt{\frac{2 \cdot s}{a}}$	$t = \frac{v}{3{,}6 \cdot a} = \frac{7{,}2 \cdot s}{v} = \sqrt{\frac{2 \cdot s}{a}}$
Antriebs- oder Bremsweg[1]) in m	$s = \frac{v^2}{2 \cdot a} = \frac{v \cdot t}{2} = \frac{a \cdot t^2}{2}$	$s = \frac{v^2}{26 \cdot a} = \frac{v \cdot t}{7{,}2} = \frac{a \cdot t^2}{2}$

Anhalteweg S. 386.
Formelzeichen und Einheiten S. 17.

Gleichmäßig beschleunigte oder verzögerte Bewegung.

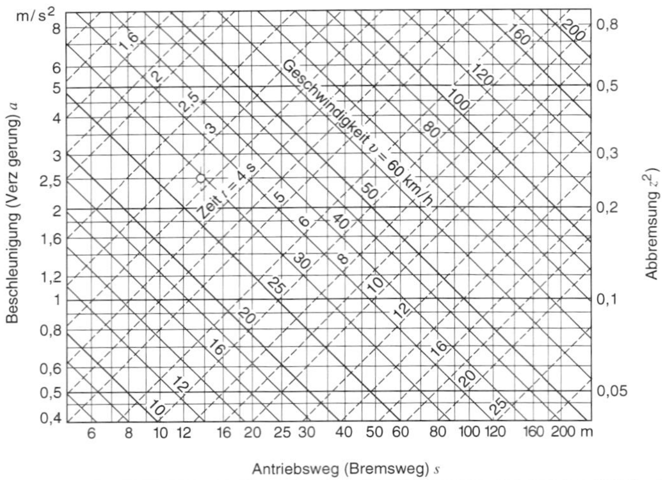

Jeder Punkt des Diagramms verknüpft die Größen v, a bzw. z²), s und t miteinander. Zwei Größen müssen gegeben sein, die anderen Größen ergeben sich.
Gegeben: Fahrgeschwindigkeit v = 30 km/h, Bremsweg s = 13,5 m.
Gefunden: Mittlere Verzögerung a = 2,5 m/s², Abbremsung z = 0,25, Bremszeit t = 3,3 s.

[1]) Wenn Endgeschwindigkeit v_2 nicht 0, dann ist der Bremsweg $s = v_1 \cdot t - at^2/2$ bei v_1 in m/s.
[2]) Auf die Erdbeschleunigung bezogene Verzögerung.

Höchstwerte der Beschleunigung und Verzögerung
Wenn auf Fahrzeugräder Antriebs- oder Bremskräfte von solcher Größe wirken, dass die Räder auf der Fahrbahn gerade noch haften (maximaler Kraftschluss), dann bestehen zwischen Steigungswinkel α, Haftreibungszahl μ_{HF}[1]) und größtmöglicher Beschleunigung oder Verzögerung nachstehende Beziehungen. Die praktisch erreichbaren Werte liegen niedriger, weil nicht bei jeder Beschleunigung (Verzögerung) alle Räder gleichzeitig den maximal möglichen Kraftschluss nutzen. Elektronisch geregelte Antriebs- und Bremssysteme (ASR, ABS, ESP)[2]) regeln im Bereich der größtmöglichen Haftreibungszahl.

k = Verhältnis der Radlasten der angetriebenen oder gebremsten Räder zum Gesamtgewicht. Alle Räder angetrieben oder gebremst: $k = 1$. Bei einer Lastverteilung von 50 % ist $k = 0{,}5$.
Beispiel: $k = 0{,}5$; $g = 10$ m/s², $\mu_{HF} = 0{,}6$; $p = 15$ %
$a_{max} = 0{,}5 \cdot 10 \cdot (0{,}6 \pm 0{,}15)$
bergauf bremsen (+): $a_{max} = 3{,}75$ m/s²,
bergab bremsen (–): $a_{max} = 2{,}25$ m/s²

Arbeit und Leistung
Bei gleichmäßiger Beschleunigung (Verzögerung) ändert sich die dafür nötige Leistung mit der Fahrgeschwindigkeit. Verfügbare Beschleunigungsleistung:

$$P_a = P \cdot \eta - P_W$$

wobei P Motorleistung, η Wirkungsgrad und P_W Fahrleistung.

Beschleunigung und Verzögerung

	Ebene Fahrbahn	Geneigte Fahrbahn $\alpha°$; $p = 100 \cdot \tan\alpha$ %	
Grenzbeschlg. oder -verzög. a_{max} in m/s²	$a_{max} \leq k \cdot g \cdot \mu_r$	$a_{max} \leq k \cdot g\ (\mu_r \cos\alpha \pm \sin\alpha)$ angenähert [3]): $a_{max} \leq k \cdot g\ (\mu_r \pm 0{,}01 \cdot p)$	+ bei bergauf bremsen oder bergab beschleunigen – bei bergauf beschleunigen oder bergab bremsen

Erreichbare Beschleunigung a_e (P_a in kW, v in km/h, m in kg)

Ebene Fahrbahn	Geneigte Fahrbahn	
$a_e = \dfrac{3600 \cdot P_a}{k_m \cdot m \cdot v}$	$a_e = \dfrac{3600 \cdot P_a}{k_m \cdot m \cdot v} \pm g \cdot \sin\alpha$	+ bergab beschleunigen – bergauf beschleunigen für $g \cdot \sin\alpha$ gilt angenähert[3]) $g \cdot p/100$

Arbeit und Leistung

	Ebene Fahrbahn	Geneigte Fahrbahn $\alpha°$; $p = 100 \cdot \tan\alpha$ %	
Antriebs- oder Bremsarbeit W in J[4])	$W = k_m \cdot m \cdot a \cdot s$	$W = m \cdot s\ (k_m \cdot a \pm g \cdot \sin\alpha)$ angenähert[3]): $W = m \cdot s\ (k_m \cdot a \pm g \cdot p/100)$	+ bei bergab bremsen oder bergauf beschleunigen – bei bergab beschleunigen oder bergauf bremsen
Antriebs- oder Bremsleistung bei Geschwindigkeit v in W	$P_a = k_m \cdot m \cdot a \cdot v$	$P_a = m \cdot v\ (k_m \cdot a \pm g \cdot \sin\alpha)$ angenähert[3]): $P_a = m \cdot v\ (k_m \cdot a \pm g \cdot p/100)$	v in m/s. Für v in km/h ist $v/3{,}6$ zu setzen.

[1]) Zahlenwerte S. 383.
[2]) ABS Anti-Blockier-System S. 723, 757.
ASR Antriebsschlupfregelung S. 670.
ESP Elektronisches Stabilitätsprogramm S. 770.
[3]) Gilt bis etwa $p = 20$ % (Fehler unter 2 %).
[4]) J = N · m = W · s, Umrechnungen S. 18.

Anhalteweg

Der Weg, der nach Erkennen eines Hindernisses bis zum Stillstand des Fahrzeugs noch zurückgelegt wird, setzt sich aus den Fahrstrecken während der Reaktionsdauer t_r und Bremsenansprechdauer t_a bei konstanter Fahrgeschwindigkeit v sowie der Strecke während der Bremswirkung t_w zusammen. Die Vollverzögerung a wird in der Bremsenschwellzeit t_s erreicht. Ersatzweise kann die halbe Schwelldauer als vollverzögert betrachtet werden. Die Zeiten ohne Verzögerung werden zur Verlustzeit t_{vz} zusammengefasst

$$t_{vz} = t_r + t_a + t_s/2.$$

Verzögerung und Anhalteweg.

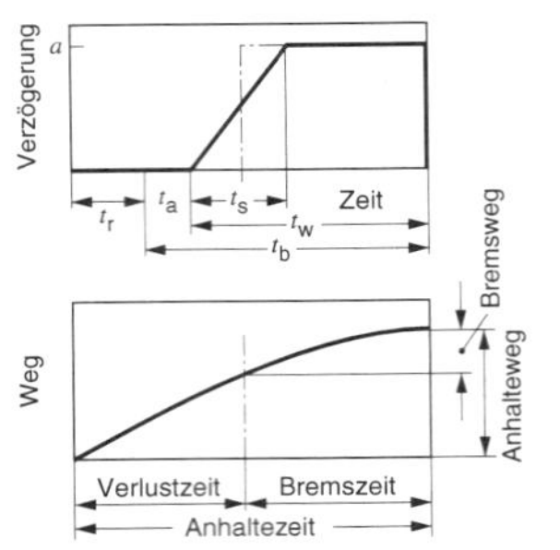

Die Verzögerung ist nach oben durch die Haftreibung zwischen Reifen und Straße (S. 383), nach unten durch die gesetzlichen Mindestwerte (S. 714) begrenzt.

Anhaltezeit und -weg unterscheiden sich von Bremszeit bzw. -weg durch t_{vz} bzw $v \cdot t_{vz}$. Auf Seite 711 schließt die Bremsbetätigungsdauer die Zeiten t_a + $t_s/2$ ein.

Reaktionsdauer

Die Reaktionsdauer umfasst die Zeitspanne zwischen dem Wahrnehmen eines Gegenstandes, der Entscheidung und dem Umsetzen des Fußes bis zum Berühren des Bremspedals. Diese Zeit ist nicht konstant; sie bewegt sich je nach den persönlichen Bedingungen und äußeren Umständen zwischen 0,3 und 1,7 s (S. 387).

Die Bestimmung des individuellen Reaktionsverhaltens erfordert Spezialuntersuchungen (z. B. Medizinisch-Psychologisches Institut für Verkehrssicherheit beim Technischen Überwachungs-Verein Stuttgart e.V.).

	Gleichungen für v in m/s	Gleichungen für v in km/h
Anhaltezeit t_h in s	$t_h = t_{vz} + \frac{v}{a}$	$t_h = t_{vz} + \frac{v}{3{,}6 \cdot a}$
Anhalteweg s_h in m	$s_h = v \cdot t_{vz} + \frac{v^2}{2 \cdot a}$	$s_h = \frac{v}{3{,}6}\, t_{vz} + \frac{v^2}{26 \cdot a}$

Persönliche Bedingungen der Reaktionsdauer

Wahrnehmungsgegenstand (Verkehrszeichen) →

Psychophysische Reaktion			← → Muskuläre Reaktion	
wahrnehmen	erfassen	entscheiden	mobilisieren	bewegen
Optisches Leistungsvermögen	Wahrnehmung und Auffassung	Psychische Verarbeitung	Bewegungsapparat	Persönliches Tempo

→ Handlungsgegenstand (Bremspedal)

Abhängigkeit der Reaktionsdauer von persönlichen und äußeren Faktoren

	Verkürzung bis 0,3 s ←	→ **Verlängerung** bis 1,7 s
A) persönliche Faktoren	eingeübte Reflexhandlungen	Wahlhandlung
	gute Disposition; optimale Leistungsfähigkeit	schlechte Disposition, z. B. Ermüdung
	hohe Fahrbegabung	mindere Fahrbegabung
	Jugendlichkeit	höheres Alter
	Erwartungsspannung	Unaufmerksamkeit, Ablenkung
	körperliche und psychische Gesundheit	krankhafte Störungen im Bereich der Funktionsgruppen
		Schreckwirkung, Alkohol
B) äußere Faktoren Verkehrssituation	einfach, übersichtlich, vorausberechenbar, bekannt	kompliziert, unübersichtlich, unberechenbar, selten
Art des Wahrnehmungsgegenstandes	prägnant auffällig	nicht prägnant unauffällig
Ort des Wahrnehmungsgegenstandes	im Blickfeld	am Rand des Gesichtsfeldes
Art des Handlungsgegenstandes	zweckmäßige Anordnung der Mechanik	unzweckmäßige Anordnung der Mechanik

Bremsenansprech- und Bremsenschwelldauer

Die Betätigungs- und Übertragungseinrichtung sowie die Bremse und deren momentaner Zustand (z. B. nasse Bremsscheiben) bestimmen die Bremsenansprech- und Bremsenschwelldauer t_a und t_s. Gesetzlich zulässige Werte für t_a und t_s bei eng eingestellten Bremsen s. ECE R13. Bei der Prüfung auf Wirksamkeit von Bremsanlagen enthält die Bremsweggleichung der Vorschrift[1]) für $t_a + t_s/2$ Werte von 0,36 s (Fahrzeugklasseneinteilung M_1) und 0,54 s (Fahrzeugklasseneinteilung M_2, M_3, $N_1...N_3$, S. 791). Ein schlechter Zustand der Bremsanlage verlängert die Ansprech- und Schwelldauern. Bei einer Verlustzeit von 1 s beträgt der Anhalteweg (s. Tabelle):

[1]) EU-Ratsrichtlinie 71J320/EWG.

Verzögerung a in m/s²	Fahrgeschwindigkeit vor dem Bremsen in km/h												
	10	30	50	60	70	80	90	100	120	140	160	180	200
	Weg während der Verlustzeit von 1 s (nicht gebremst) in m												
	2,8	8,3	14	17	19	22	25	28	33	39	44	50	56
	Anhalteweg in m												
4,4	3,7	16	36	48	62	78	96	115	160	210	270	335	405
5	3,5	15	33	44	57	71	87	105	145	190	240	300	365
5,8	3,4	14	30	40	52	65	79	94	130	170	215	265	320
7	3,3	13	28	36	46	57	70	83	110	145	185	230	275
8	3,3	13	26	34	43	53	64	76	105	135	170	205	250
9	3,2	12	25	32	40	50	60	71	95	125	155	190	225

Überholen

Größe		Einheit
a	Beschleunigung	m/s²
l_1, l_2	Fahrzeuglänge	m
s_1, s_2	Sicherheitsabstand	m
s_H	relative Fahrstrecke des Überholers	m
s_L	Fahrstrecke des Überholten	m
s_u	Überholweg	m
t_u	Überholzeit	s
v_L	Geschwindigkeit des langsameren Fahrzeugs	km/h
v_H	Geschwindigkeit des schnelleren Fahrzeugs	km/h

Der Überholvorgang setzt sich aus den Vorgängen Ausscheren, Vorbeifahren, Wiedereinscheren zusammen. Er kann sich unter den verschiedensten Verhältnissen und Bedingungen abspielen, die rechnerisch nur schwer zu erfassen sind. Für die rechnerische und grafische Lösung werden deshalb im Folgenden nur zwei Grenzfälle betrachtet: das Überholen mit konstanter Geschwindigkeit und das Überholen mit konstanter Beschleunigung.

Für die grafische Darstellung ist es günstig, den Überholweg s_u aus zwei Teilstücken zusammenzusetzen und den zum Vorbeifahren notwendigen Seitenversatz zu vernachlässigen.

Überholweg

$$s_U = s_H + s_L$$

Die vom schnelleren Fahrzeug gegenüber dem langsameren – ortsfest gehaltenen – relativ zurückzulegende Strecke s_H setzt sich aus den Fahrzeuglängen l_1 und l_2 und den Sicherheitsabständen s_1 und s_2 zusammen.

$$s_H = s_1 + s_2 + l_1 + l_2$$

Während der Überholzeit t_u legt das langsamere Fahrzeug die Strecke s_L zurück, die das schnellere Fahrzeug entsprechend zu fahren hat, damit der Sicherheitsabstand erhalten bleibt.

$$s_L = t_u - v_L/3{,}6$$

Überholweg.

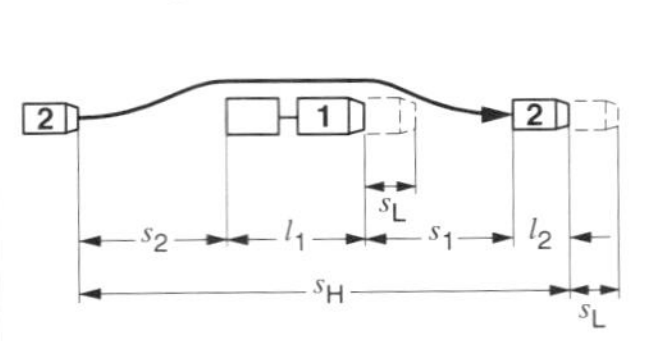

Der Sicherheitsabstand

muss mindestens der während der Verlustzeit t_{vz} (S. 386) zurückgelegten Fahrstrecke entsprechen. Bei einer Verlustzeit von t_{vz} = 1,08 s für Geschwindigkeiten in km/h wären dies (0,3 · v) Meter. Außerhalb geschlossener Ortschaften ist aber mind. 0,5 · v empfehlenswert.

Überholen mit konstanter Geschwindigkeit

Auf Straßen mit mehr als zwei Fahrbahnen hat das überholende Fahrzeug oft schon die erforderliche Geschwindigkeit, wenn es zum Überholen ansetzt. Die Überholzeit (vom Beginn des Ausscherens bis zur Beendigung des Wiedereinscherens) ist dann:

$$t_u = \frac{3{,}6 \cdot s_H}{v_H - v_L}$$

Der Überholweg ist

t in s, s in m, v in km/h

$$s_u = \frac{t_u \cdot v_H}{3{,}6} = \frac{s_H \cdot v_H}{v_H - v_L}$$

Überholen mit konstanter Beschleunigung

Auf schmalen Straßen muss meist zuerst die Geschwindigkeit auf die des vorausfahrenden Fahrzeugs verringert und dann für das Überholen wieder beschleunigt werden. Die erreichbaren Beschleunigungen sind abhängig von Motorleistung, Fahrzeuggewicht, Geschwindigkeit und Fahrwiderstand (S. 385). Sie liegen in der Größenordnung von 0,4...0,8 m/s², in niederen Gängen bis 1,4 m/s², wodurch der Überholvorgang vorteilhaft gekürzt werden kann. Grundsätzlich sollte jeder Überholvorgang innerhalb der halben frei übersehbaren Strecke abgeschlossen werden.

Unter der Voraussetzung, dass eine konstante Beschleunigung während des ganzen Überholvorgangs eingehalten werden kann, wird die Überholzeit

$t_u = \sqrt{2 \cdot s_H / a}$

In dieser Zeit legt das langsamere Fahrzeug die Strecke $s_L = t_u \cdot v_L / 3{,}6$ zurück. Damit ist der Überholweg:

$s_u = s_H + t_u \cdot v_L / 3{,}6$ — t in s, s in m, v in km/h.

Im Diagramm sind im linken Teil die relative Fahrstrecke s_H für verschiedene Geschwindigkeitsunterschiede $v_H - v_L$ bzw. Beschleunigungen a dargestellt, im rechten Teil die Fahrstrecke s_L des überholten, langsameren Fahrzeugs für verschiedene Geschwindigkeiten v_L. Der Überholweg s_u ist jeweils die Summe aus s_H und s_L.

Man errechnet zunächst die Fahrstrecke s_H des Überholers und trägt diese Strecke im linken Teil des Diagramms zwischen der Ordinate und der zugehörigen ($v_H - v_L$)-Linie bzw. Beschleunigungslinie ein. Dann verlängert man die Linie nach rechts bis zur entsprechenden Geschwindigkeitslinie v_L.

Beispiel (eingezeichnete Strichpunktlinie):

$v_L = v_H = 50$ km/h,
$a = 0{,}4$ m/s²,
$l_1 = 10$ m, $l_2 = 5$ m,
$s_1 = s_2 = 0{,}3 \cdot v_L = 0{,}3 \cdot v_H = 15$ m.

Lösung: Schnittpunkt von $a = 0{,}4$ m/s² mit $s_H = 15 + 15 + 10 + 5 = 45$ m in den linken Teil des Diagramms einzeichnen.
Abgelesen $t_u = 15$ s, $s_L = 210$ m.
Damit $s_u = s_H + s_L = 255$ m.

Sichtweite

Damit man gefahrlos überholen kann, muss auf schmalen Straßen die Sichtweite mindestens gleich der Summe aus dem Überholweg und dem von einem entgegenkommenden Fahrzeug während des Überholens zurückgelegten Weg sein. Bei Geschwindigkeiten der begegnenden Fahrzeuge von 90 km/h und des überholten Fahrzeugs von 60 km/h sind dies etwa 400 m.

Grafische Ermittlung des Überholwegs.

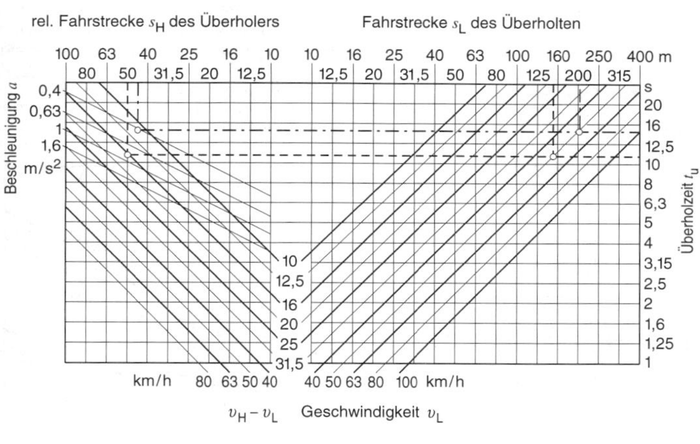

Fahrzeugquerdynamik

Fahrverhalten bei Seitenwind

Durch starken seitlichen Windeinfall wird ein Kraftfahrzeug insbesondere bei höherer Fahrgeschwindigkeit aus seiner Bahn abgelenkt. Bei plötzlich einsetzendem Seitenwind, wie er z. B. beim Herausfahren aus einem Einschnitt auftreten kann, sind bereits innerhalb der Reaktionsdauer (S. 386) bei ungünstig gebauten Fahrzeugen beträchtliche seitliche Versetzungen und Gierwinkeländerungen möglich. Es ist daher notwendig, bereits bei der Konstruktion die entsprechenden Gesichtspunkte zu beachten.

Bei Schräganblasen des Fahrzeugs entsteht neben dem Luftwiderstand auch eine Komponente der Luftkraft in Querrichtung. Man kann sich diese über die ganze Karosserie verteilte Kraft auf eine Einzelkraft, die Seitenwindkraft, reduziert denken. Diese Seitenwindkraft greift im sogenannten Druckpunkt an. Die Lage des Druckpunktes ist abhängig von der Form der Karosserie und vom Anströmwinkel.

Der Druckpunkt liegt im Allgemeinen in der vorderen Wagenhälfte, bei Karosserien mit Stufenheck (Pontonform) jedoch näher an der Wagenmitte als bei Karosserien mit abfallendem Heck („Fastback", Stromlinienkarosserie), bei denen er in Extremfällen sogar vor der Vorderachse liegen kann. Pontonformen sind weitgehend „druckpunktfest", während Stromlinienwagen über dem Anströmwinkel eine stärkere Druckpunktwanderung aufweisen. Die größeren Seitenkräfte treten (bei sonst gleichen Parametern) bei der Pontonform auf.

Um zu einer allgemeinen Darstellung des Seitenwindeinflusses zu gelangen, ist also der Druckpunkt als Bezugspunkt ungeeignet, da er nicht fest im Fahrzeug liegt. Ebenso ist die Lage des Schwerpunktes abhängig vom Beladungszustand. Es erweist sich als zweckmäßig, als Bezugspunkt einen Punkt in Wagenmitte am vordersten Ende der Karosserie zu wählen, so dass die Angaben auch unabhängig von der relativen Lage des Fahrwerks zur Karosserie sind.

Bei Angabe der Seitenwindkraft für einen vom Druckpunkt verschiedenen Bezugspunkt muss noch das Moment der Seitenwindkraft um den jeweiligen Druckpunkt hinzukommen. In der Aerodynamik ist es üblich, an Stelle von Kräften und Momenten dimensionslose Beiwerte anzugeben, die von der Anströmgeschwindigkeit unabhängig sind. Im Diagramm ist der Verlauf von Seitenwindkraft- und Giermomentbeiwerten für ein Fahrzeug mit Pontonform und ein Fahrzeug mit abfallendem Heck dargestellt. Es kann sich bei der Vielfalt der möglichen Karosserieformen hier natürlich nur um Anhaltswerte handeln; für exakte Aussagen über eine

Fahrzeug bei Seitenwind.
$F_S + M_Z$ in O angreifend entspricht F_S in D angreifend
υ_S *Seitenwindgeschwindigkeit,*
υ_W *Fahrtwindgeschwindigkeit,*
υ_r *Anströmungsgeschwindigkeit.*

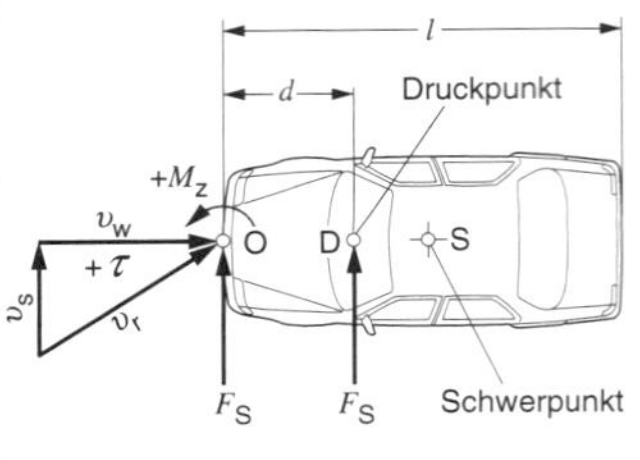

Seitenwindkraftbeiwerte c_S und Giermomentbeiwerte c_{MZ} in Abhängigkeit vom Anströmwinkel.

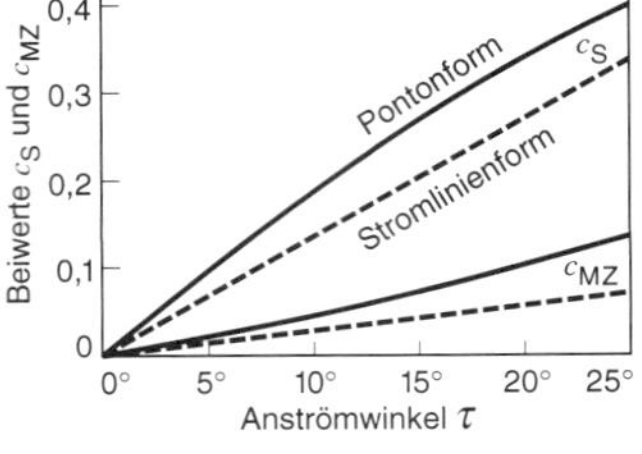

Seitenführungskraft in Abhängigkeit vom Schräglaufwinkel.

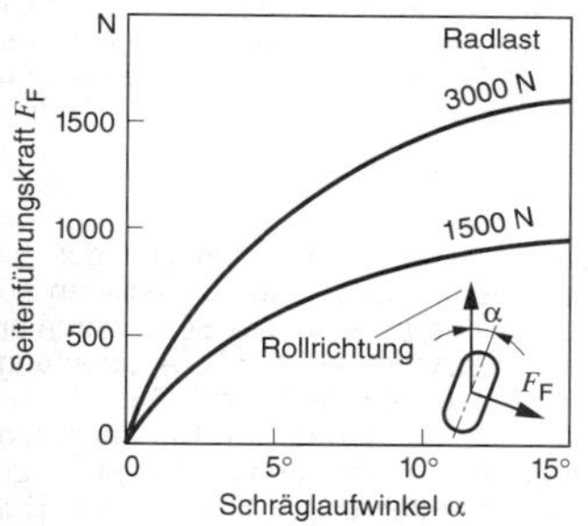

Windangriff im Schwerpunkt, abdrehendes und eindrehendes Verhalten.

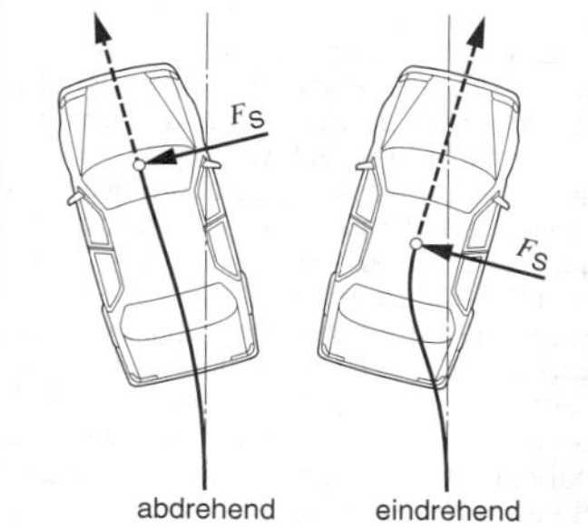

bestimmte Karosserie ist in jedem Fall eine Windkanalmessung erforderlich.

Aus den Beiwerten erhält man Kräfte und Momente nach folgenden Gleichungen:

Seitenwindkraft $F_S = c_S \cdot \varrho \cdot (v_r^2/2) \cdot A_S$

Giermoment $M_Z = c_{MZ} \cdot \varrho \cdot (v_r^2/2) \cdot A_S \cdot l$

ϱ Luftdichte, v_r resultierende Anblasegeschwindigkeit, A_s projizierte Seitenfläche des Fahrzeugs, l Gesamtlänge des Fahrzeugs (in kohärenten Einheiten), c_S Seitenwindkraftbeiwert, c_{MZ} Seitenwind-Giermomentbeiwert.

Den Abstand des Druckpunktes vom Wagenbug erhält man aus

$$d = M_Z/F_S = l \cdot c_{MZ}/c_S$$

Die Seitenwindkraft wird über Seitenführungskräfte an den Rädern abgestützt. Die Seitenführungskraft eines Luftreifens ist neben dem Schräglaufwinkel und der Radlast abhängig von Reifenbauart und -größe, vom Innendruck und von den Reibungseigenschaften der Fahrbahn.

Aufgrund der spezifischen Eigenschaften eines Luftreifens steigt bei Erhöhung der Radlast und konstant gehaltenem Schräglaufwinkel die Seitenführungskraft nicht im selben Maß wie die Radlast. Im Beispiel (Diagramm) steigt bei Verdopplung der Radlast die Seitenführungskraft nur auf das 1,5 ... 1,7fache. Um eine Verdopplung der Seitenführungskraft zu erreichen, muss zusätzlich der Schräglaufwinkel vergrößert werden. Aus diesem Grund nimmt die höher belastete Achse bei gleichem Verhältnis von Seitenkraft zu Aufstandskraft einen größeren Schräglaufwinkel an als die Achse mit der kleineren Aufstandskraft.

Greift die Seitenwindkraft im Schwerpunkt an, so verteilen sich die nötigen Seitenführungskräfte auf Vorder- und Hinterachse im Verhältnis der Radlasten, d. h. es herrscht an beiden Achsen das gleiche Verhältnis von Aufstandskraft zu Seitenkraft. Bei vornliegendem Schwerpunkt wirkt die Seitenwindkraft wegen des an der Vorderachse nötigen höheren Schräglaufwinkels „abdrehend", bei hintenliegendem Schwerpunkt „eindrehend". Der Fahrzeugschwerpunkt bewegt sich dabei in jedem Falle nach der windabgewandten Seite der ursprünglichen Kurslinie. Nach Aufhören der Seitenwindkraft entfernt sich das abdrehende Fahrzeug weiter von der ursprünglichen Kurslinie, das eindrehende Fahrzeug kehrt zur Kurslinie zurück und überschreitet diese.

Nun fällt aber der Angriffspunkt der Seitenwindkraft, der Druckpunkt, im Allgemeinen nicht mit dem Schwerpunkt zusammen, sondern liegt je nach Karosserieform mehr oder weniger weit vor der Wagenmitte. Das bei Windangriff im Schwerpunkt eindrehende Fahrzeug verhält sich daher bei realem Windangriff ebenfalls abdrehend. Wegen des weiter vorn liegenden Druckpunkts weist ein

Fahrzeug mit abfallendem Heck bei Seitenwind eine stärker abdrehende Tendenz auf und ist schwerer zu beherrschen als ein Fahrzeug mit Stufenheck.

Es besteht wohl die Möglichkeit, durch senkrecht stehende Stabilisierungsflossen am Heck den Druckpunkt nach hinten in die Nähe des Schwerpunkts zu verlegen. In der Praxis wurde von dieser Möglichkeit allerdings außer bei Rennfahrzeugen und Spezialkonstruktionen bisher kein Gebrauch gemacht.

Um die Fahrtrichtungsstabilität bei Seitenwind günstig zu beeinflussen, ist eine Lage des Druckpunkts nahe beim Fahrzeugschwerpunkt erwünscht. Minimale Bahnkrümmung ergibt sich beim übersteuernden Fahrzeug, wenn der Druckpunkt vor dem Schwerpunkt liegt. Beim untersteuernden Fahrzeug ist die günstigste Lage des Druckpunktes kurz hinter dem Schwerpunkt.

Da die Seitenwindkraft aber im Allgemeinen klein gegenüber der Aufstandskraft und die Nichtlinearität des Verhältnisses Aufstandskraft/Seitenkraft bei kleinen Seitenkräften nur schwach ausgeprägt ist, sind die Reifeneigenschaften allein nicht bestimmend für das Seitenwindverhalten eines Fahrzeugs. Eine wesentliche Rolle spielen z. B. auch die Elastizitäten in den Radaufhängungen und in der Lenkung. Hier liegt auch eine wirksame Möglichkeit der Einflussnahme auf die Seitenwindeigenschaften durch den Fahrwerkskonstrukteur.

Über- und Untersteuern

Seitenführungskräfte können zwischen Fahrbahn und gummibereiftem Rad nur dann entstehen, wenn das Rad schräg zu seiner Ebene abrollt; es ist ein Schräglaufwinkel nötig.

Als untersteuernd wird ein Fahrzeug bezeichnet, bei dem mit zunehmender Querbeschleunigung der Schräglaufwinkel an der Vorderachse stärker anwächst als der Schräglaufwinkel an der Hinterachse. Das umgekehrte Verhalten wird als übersteuernd bezeichnet.

Es ist nicht notwendigerweise so, dass ein Fahrzeug im ganzen möglichen Bereich der Querbeschleunigung das gleiche Eigenlenkverhalten aufweist. Es gibt neben Fahrzeugen, die immer untersteuernd oder immer übersteuernd sind, auch solche, die bei kleinen Querbeschleunigungen untersteuern, bei höheren Querbeschleunigungen jedoch zum übersteuernden Verhalten wechseln und umgekehrt.

Literatur:

Barth, R.: „Windkanalmessungen an Fahrzeugmodellen und rechteckigen Körpern mit verschiedenem Seitenverhältnis bei unsymmetrischer Anströmung“; Dissertation, TH Stuttgart 1958.

Barth, K.: „Luftkräfte am Kraftfahrzeug“; Deutsche Kraftfahrtforschung und Straßenverkehrstechnik, Heft 184, Düsseldorf. VDI-Verlag 1966.

Mitschke, M.: „Dynamik der Kraftfahrzeuge“, Springer-Verlag 1972.

Kurvenverhalten

Fliehkraft in der Kurve

$$F_{cf} = \frac{m \cdot v^2}{r_K} \quad \text{(S. 37)}$$

oder mit v in km/h und r_K Kurvenhalbmesser in m

$$F_{cf} = \frac{m \cdot v^2}{12{,}96 \cdot r_K}$$

Fliehkraft in der Kurve.
b Spurweite in m
h_S Schwerpunktshöhe in m.

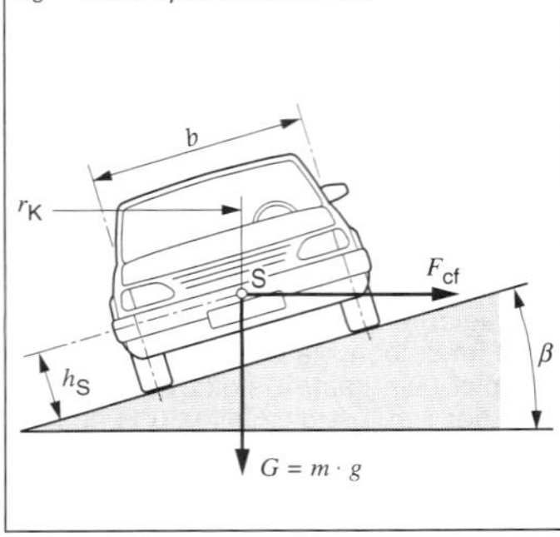

Grenzgeschwindigkeiten

Das Zahlenbeispiel der untenstehenden Tabelle gilt für einen Wagen mit Spurweite b = 1,5 m, Schwerpunkthöhe h_S = 0,6 m; max. Kraftschlussbeiwert μ_r = 0,8, Kurvenhalbmesser r_K = 90 m, Kurvenüberhöhung β = 20 °.

	Nicht überhöhte Kurve	Überhöhte Kurve
Geschwindigkeit, bei der das Fahrzeug die Haftgrenze überschreitet (Schleudern)	$v \leq 11{,}28\sqrt{\mu_r \cdot r_K}$ km/h	$v \leq 11{,}28\sqrt{\dfrac{(\mu_r + \tan\beta)\, r_K}{1 - \mu_r \cdot \tan\beta}}$ km/h
Beispiel:	≤ 96 km/h	≤ 137 km/h
Geschwindigkeit, bei der das Fahrzeug kippt	$v \geq 11{,}28\sqrt{\dfrac{b \cdot r_K}{2 \cdot h_S}}$ km/h	$v \geq 11{,}28\sqrt{\dfrac{\left(\dfrac{b}{2 \cdot h_S} + \tan\beta\right) \cdot r_K}{1 - \dfrac{b}{2 \cdot h_S} \cdot \tan\beta}}$ km/h
Beispiel:	≥ 120 km/h ($\mu_r \geq 1{,}25$)	≥ 184 km/h ($\mu_r \geq 1{,}25$)

Querneigung in der Kurve

Querstabilitätsachse oder Rollachse

Die im Schwerpunkt angreifende Fliehkraft erzeugt beim Durchfahren einer Kurve eine Neigung quer zur Fahrtrichtung. Die Größe der Neigung hängt von der Federrate bei wechselseitiger Einfederung und dem Hebelarm der Fliehkraft (Abstand des Schwerpunkts von der Rollachse) ab. Die Rollachse ist die momentane Schraubachse der Karosserie gegenüber der Fahrbahn. Als starrer Körper im Raum vollführt die Karosserie in jedem Augenblick eine Schraubung, also eine Drehung, verbunden mit einer Schiebung entlang der Momentanachse.

Je höher, d. h. je näher die Rollachse zu einer ihr parallelen Schwerachse liegt, desto höher ist die Querstabilität oder desto geringer die Kurvenneigung. Da hierzu aber in der Regel die Momentanachsen der Räder ebenfalls nach oben wandern müssen, wächst dabei die Spurweitenänderung (ungünstig für die Fahrsicherheit). Man strebt daher Konstruktionen an, die ein hohes Momentanzentrum mit möglichst geringer Spurweitenänderung verbinden, bei denen also die Momentanachsen der Räder gegenüber der Karosserie nicht nur möglichst hoch, sondern auch möglichst weit von der Karosserie entfernt liegen.

Ermittlung der Rollachse

Näherungsweise wird die Rollachse häufig so bestimmt, dass die Drehpole einer Ersatzbewegung der Karosserie in den beiden zur Fahrbahn senkrechten Ebenen durch die Vorder- und Hinterachse ermittelt werden. Die Drehpole sind (gedachte) Punkte der Karosserie, die bei der Drehung in Ruhe bleiben. Die Rollachse ist dann die Verbindungslinie dieser Drehpole (Momentanzentren). Für die grafische Bestimmung der Momentanzentren gilt die Regel, dass die Momentanpole dreier relativ zueinander bewegter Systeme auf der gemeinsamen Polgeraden liegen.

Für eine genauere räumliche Betrachtung bei räumlichen Radführungen empfiehlt es sich jedoch, wegen des Umfangs der auszuführenden Operationen Methoden zu benutzen, die durch Matrizenschreibweise computergestütztes Rechnen zulassen (Vektoralgebra, Liniengeometrie und dergleichen).

Literatur:

E. v. d. Osten-Sacken: „Berechnung allgemein räumlicher, vielgliedriger Gelenkgetriebe“; Diss. TH Aachen 1970.

G. Prigge: „Grundsätzliches der Ermittlung der Rollachse von Kraftfahrzeugen mit räumlichen Radführungen“; Diss. TU Braunschweig 1972.

Untersuchung des Fahrverhaltens nach ISO

In der Fahrdynamik ist das Fahrverhalten allgemein als das Gesamtverhalten des Systems „Fahrer – Fahrzeug – Umwelt" definiert. Der Fahrer als erstes Glied dieser Kette beurteilt aufgrund der Summe seiner subjektiven Eindrücke die Güte des Fahrverhaltens. Fahrverhaltensdaten aus ausgesuchten Fahrmanövern ohne Fahrereinfluss („Open-Loop"-Betrieb) beschreiben objektiv das Fahrverhalten des Fahrzeugs. Dabei wird der bis heute bezüglich seines Verhaltens nicht präzise zu definierende Fahrer durch eine objektiv vorgegebene Störgrößeneinleitung ersetzt und die daraus resultierende Fahrzeugreaktion analysiert und diskutiert.

Folgende, durch die ISO genormte oder sich im Normungsprozess befindende Fahrmanöver (durchgeführt auf trockener Fahrbahn) dienen als anerkannte Verfahren der Fahrzeugbeurteilung [1], [2]:
- Stationäre Kreisfahrt [3],
- Übergangsverhalten [4], [5], [6],
- Bremsen in der Kurve [7],
- Seitenwindempfindlichkeit,
- Geradeauslaufverhalten und
- Lastwechsel bei Kreisfahrt.

Eine objektive Festlegung der fahrdynamischen Eigenschaften im geschlossenen Regelkreis („Closed-Loop"-Betrieb) ist bis heute in der Praxis noch nicht vollständig gelungen, da das genaue Regelverhalten des Menschen noch nicht ausreichend bekannt ist.

Gesamtsystem „Fahrer – Fahrzeug – Umwelt" als Regelkreis.

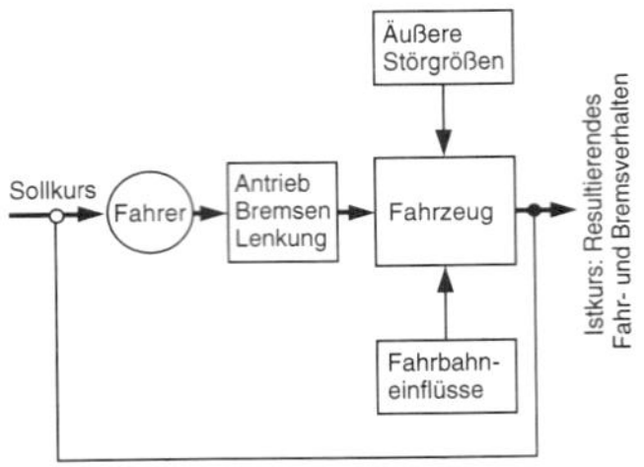

Meßgrößen

Hauptbeurteilungskriterien der Fahrdynamik sind:
- Lenkradwinkel,
- Querbeschleunigung,
- Längsbeschleunigung/-verzögerung,
- Giergeschwindigkeit,
- Schwimm- und Wankwinkel.

Beurteilungskriterien der Fahrdynamik.

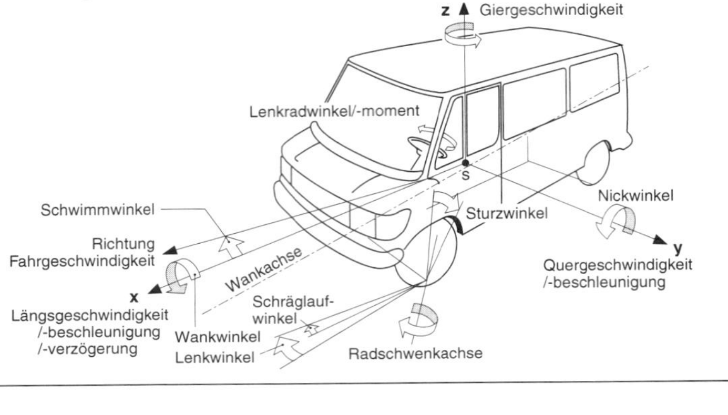

Definition des Kreisfahrverhaltens (nach Mitschke [10]).
i_L Lenkübersetzung, l Radstand, R (= const.) Kurvenradius, i_L (l/R) Ackermann-Anteil.

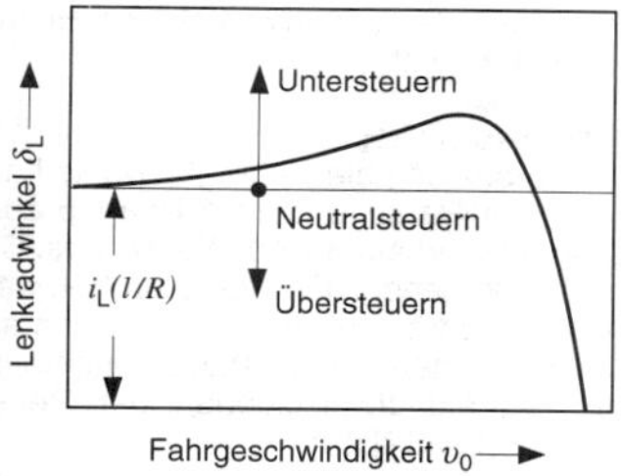

Zusätzliche Informationen dienen der Klärung eines bestimmten Fahrverhaltens als Redundanz zur Überprüfung anderer Messwerte:

- Längs- und Quergeschwindigkeit,
- Lenkwinkel der Vorder-/Hinterräder,
- Schräglaufwinkel an allen Rädern,
- Sturz- und Nickwinkel,
- Lenkradmoment.

Stationäre Kreisfahrt

Bei der stationären Kreisfahrt ist neben der maximal erzielbaren Querbeschleunigung vor allem die Änderung der einzelnen fahrdynamischen Größen in Abhängigkeit von der Querbeschleunigung bis zum Erreichen des Maximalwertes wichtig. Daraus lässt sich das Eigenlenkverhalten des Fahrzeugs beurteilen [2], [3]. Die derzeit gebräuchlichste Definition des Steuerverhaltens berücksichtigt die Elastizitäten im Lenksystem sowie in den Achsaufhängungen und prägt die Begriffe „Unter-, Über- und Neutralsteuern". Die bei dieser Prozedur über der Querbeschleunigung aufgetragenen fahrdynamischen Größen und deren Ableitungen zur Beschreibung des Fahrverhaltens des Fahrzeugs sind z. B. Lenkradwinkel, Wankwinkel und Schwimmwinkel. Weitere aussagefähige Fahrzeugparameter sind Lenkwinkel und Schräglaufwinkel.

Im folgenden sind beispielhaft die Ergebnisse auf trockener Fahrbahn für einen Pkw-ähnlichen Transporter und einen schweren Lkw dargestellt.

Stationäre Kreisfahrt *(Radius 42 m).*
a) Lenkradwinkel, b) Wankwinkel, c) Schwimmwinkel, d) Lenkwinkel Hinterachse (Rollsteuern), e) Schräglaufwinkel Vorderachse, f) Schräglaufwinkel Hinterachse.

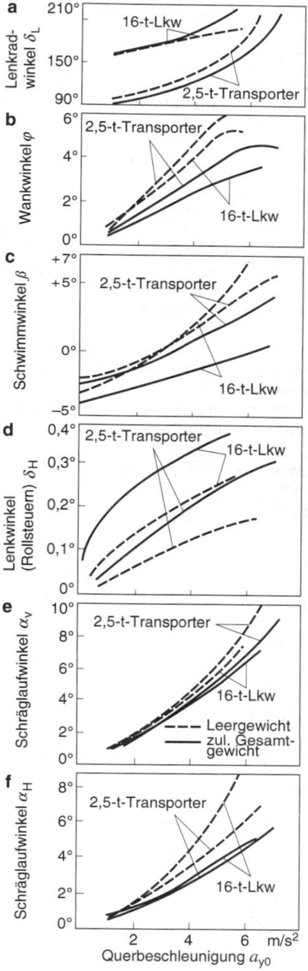

Lenkradwinkel
Kleine Nfz erreichen aufgrund der Verwendung von Pkw-ähnlichen Reifen und der relativ hohen installierten spezifischen Antriebsleistung hohe Querbeschleunigungen. Beide Fahrzeuge untersteuern.

Wankwinkel
Die Eigenlenkbewegungen der Achsen hängen in hohem Maße vom Wankwinkel ab. Mit zunehmender Beladung vergrößert sich der Wankwinkel, da die Fahrzeugmasse und dadurch die wirkende Zentrifugalkraft zunimmt.

Schwimmwinkel
Der Schwimmwinkel bei hoher Querbeschleunigung gilt als Maß für die Beherrschbarkeit von Fahrzeugen. Große Absolutbeträge oder eine Tendenzänderung des Schwimmwinkels werden als besonders ungünstig empfunden [8].

Bei niedrigen Querbeschleunigungen ergibt sich die Größe des Schwimmwinkels aus dem Radius der gefahrenen Bahnkurve und der Schwerpunktlage des Fahrzeugs, die sich mit dem jeweiligen Beladungszustand ändert.

Rollsteuern der Hinterachse
Die Kurve des Lenkwinkels der Hinterachse (Rollsteuerwinkel) in Abhängigkeit von der Querbeschleunigung zeigt, dass mit zunehmender Beladung des Fahrzeugs der Rollsteuerwinkel der Hinterachse abnimmt.

Schräglaufwinkel
Die Darstellung der Schräglaufwinkel der einzelnen Räder erlaubt Aussagen zum Eigenlenkverhalten eines Fahrzeugs. Die mit zunehmender Beladung größer werdenden Schräglaufwinkel lassen sich auf den mit höherer Auslastung zunehmenden Schräglaufwinkelbedarf der Reifen zurückführen [2], [9].

Übergangsverhalten
Neben dem stationären Eigenlenkverhalten ist auch das Übergangsverhalten eines Fahrzeugs von Bedeutung (z.B. für schnelle Ausweichmanöver) [2]. Zwei nach dem Aussehen der Anregungsfunktion definierte Testmethoden haben sich international durchgesetzt und zeigen die

Lenkwinkelsprung *(unbeladen, v_0 = 60 km/h).*
a) Lenkradwinkel δ_L, b) Wankwinkel φ,
c) Querbeschleunigung a_{y0},
d) Giergeschwindigkeit $\dot{\psi}$.

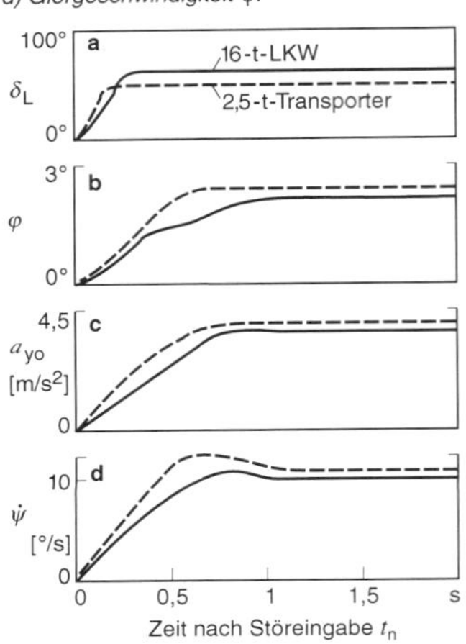

ESV-Grenzkurven für die instationäre Giergeschwindigkeit beim Prüfverfahren „Lenkwinkelsprung“ *(2,5-t-Transporter, leer).*

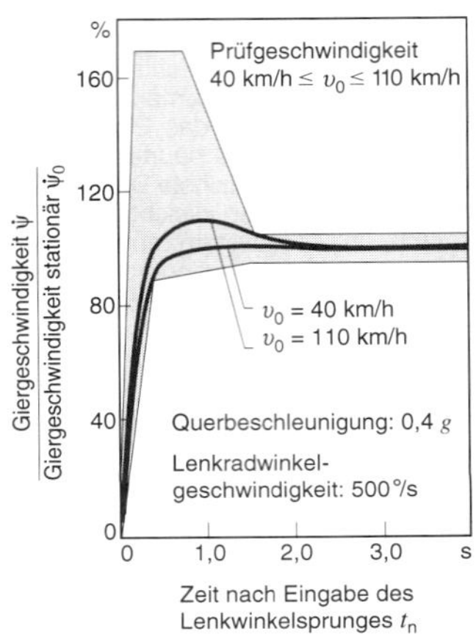

Reaktion des Fahrzeugs sowohl im Zeit- als auch im Frequenzbereich:
- „Step-Input" (Lenkwinkelsprung),
- „Sinusoidal-Input" (sinusförmige Lenkwinkeleingabe).

Lenkwinkelsprung (Zeitverhalten)
Nach anfänglicher Geradeausfahrt wird durch „Anreißen" der Lenkung mit einer ausreichend hohen Lenkradwinkelgeschwindigkeit bis zu einem vorbestimmten Lenkradwinkel eine Fahrzeugreaktion erzeugt, die zu bewerten ist. Die wichtigsten zu messenden Größen sind [5]:
- Lenkradwinkel,
- Giergeschwindigkeit,
- Fahrgeschwindigkeit und
- Querbeschleunigung.

Als Reaktion auf die Eingabe eines „Step-Input" zeigt der leichte Transporter eine schnellere Querbeschleunigungsreaktion und damit verbunden eine höhere Gierreaktion als der schwere Lkw.

US-Gremien haben für Experimental-Sicherheitsfahrzeuge (ESV) eine Forderung für das instationäre Gierverhalten abgeleitet [11]. Pkw-ähnliche Fahrzeuge dürfen in der ersten Phase der Störung (die allerdings nach einer bestimmten Zeit abgeklungen sein muss) ein relativ hohes Überschwingen der Fahrzeugreaktion aufweisen.

Sinusförmige Lenkwinkeleingabe (Frequenzgang)
Die Frequenzgangmessung mit Hilfe von permanent-sinusförmigen Eingangsgrößen am Lenkrad dient ebenfalls als Beurteilungsgrundlage für das Übergangsverhalten eines Fahrzeugs. Dabei ändern sich die Eigenschaften des Fahrzeugs in Betrag und Phase als Funktion der Lenkfrequenz. Für die Beurteilung hauptsächlich aussagefähig sind [6]:
- Lenkradwinkel,
- Querbeschleunigung,
- Giergeschwindigkeit und
- Wankwinkel.

Bremsen in der Kurve
Eines der im täglichen Fahrbetrieb kritischsten und deshalb für die Fahrzeugkonzeption wichtigsten Fahrmanöver ist das Bremsen in der Kurve. Die Reaktionen des Fahrzeugs bei diesem Manöver müs-

Sinusförmige Lenkwinkeleingabe
(16-t-Lkw, v_0 = 60 km/h, δ_L = 60°).
Auf Lenkradwinkel bezogen:
a) Querbeschleunigung a_{y0}/δ_L,
b) Giergeschwindigkeit $\dot{\psi}/\delta_L$ und
c) Wankwinkel φ/δ_L; mit Phasenwinkel φ_s.

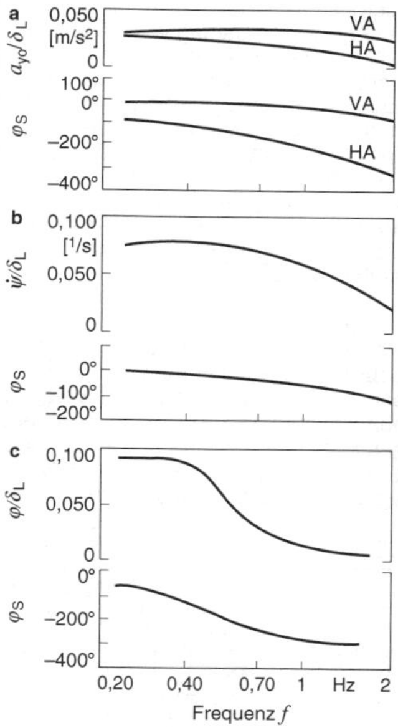

Zeitverläufe beim Bremsen in der Kurve
(7,5-t-Lkw, beladen).
1 Stationäre Kreisfahrt, 2 Bremsbeginn,
3 Auswertzeitpunkt. $\dot{\psi}$ Giergeschwindigkeit,
a_y Querbeschleunigung, β Schwimmwinkel.

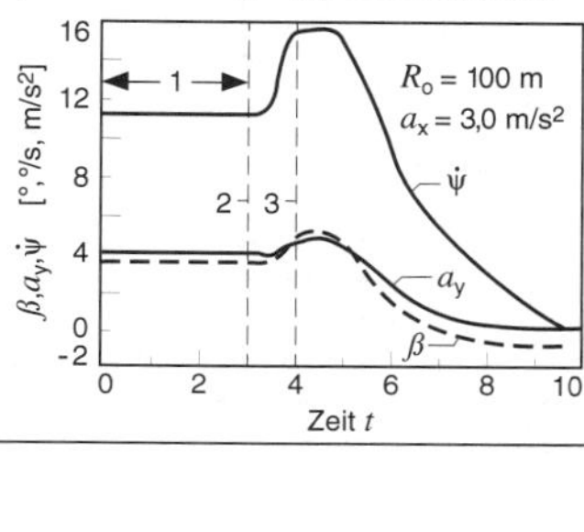

sen nach entsprechender Optimierung des Fahrzeugkonzepts einen optimalen Kompromiss zwischen Lenkfähigkeit, Fahrstabilität und Abbremsung darstellen [2], [7]. Bei festgelegter Ausgangsquerbeschleunigung sind dabei Schwimmwinkel und Giergeschwindigkeit in Abhängigkeit von der Längsverzögerung von Bedeutung.

Aus stationärer Kreisfahrt mit einer festgelegten Querbeschleunigung wird das Fahrzeug mit stufenweise erhöhten Längsverzögerungen abgebremst. Bei jeder Messfahrt werden für Fahrzeuge mit hydraulischen Bremsanlagen aus den Zeitfunktionen die Messwerte „1 s nach Bremsbeginn“ ermittelt (bei schweren Nfz mit Druckluft-Bremsanlagen 1,5...2 s nach Bremsbeginn).

Schwimmwinkel

Mit zunehmender Verzögerung nimmt der Schwimmwinkel aufgrund der Entlastung der Hinterachse und der damit verbundenen Reifenreaktion zu. Bei hohen Verzögerungen in der Nähe der Kraftschlussgrenze dominiert der Einfluss der Bremskraftverteilung auf den sich einstellenden Schwimmwinkel. Dabei wirkt sich die Blockierreihenfolge der einzelnen Achsen bzw. Räder entscheidend auf die Stabilität des Fahrzeugs aus.

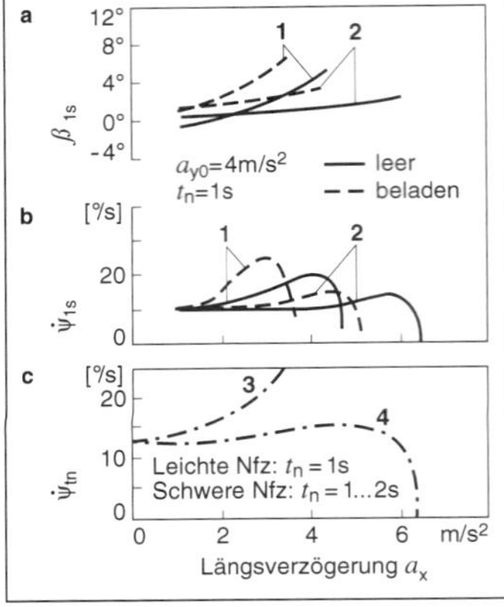

Typische Gierreaktionen beim Bremsen in der Kurve.
a) Schwimmwinkel β_{1s} und b) Giergeschwindigkeit $\dot\psi_{1s}$ 1s nach Bremsbeginn (t_n), c) Giergeschwindigkeit $\dot\psi$ zur Zeit t_n. 1: 16-t-Lkw, 2: 2,5-t-Transporter, 3: Fahrzeug beginnt zu schleudern, 4: Fahrzeug bleibt stabil.

Giergeschwindigkeit

Das Gierverhalten liefert Anhaltswerte für instabiles und stabiles Kurvenbremsverhalten. Im Bild tendiert die Giergeschwindigkeitskurve bei beiden Fahrzeugen mit steigender Verzögerung bis zum vollständigen Blockieren aller Achsen gegen null, was für ein akzeptables Bremsverhalten spricht. Das Fahrzeug bleibt stabil.

Literatur:

[1] Rönitz R.; Braess H.H.; Zomotor A. Verfahren und Kriterien des Fahrverhaltens von Personenkraftwagen. Al 322, 1972, Heft 1.

[2] von Glasner E.C. Einbeziehung von Prüfstandsergebnissen in die Simulation des Fahrverhaltens von Nutzfahrzeugen. Habilitation, Universität Stuttgart, 1987.

[3] ISO. Road Vehicles – Steady State Circular Test Procedure. ISO, 1982, Nr. 4138.

[4] ISO. Road Vehicles – Double Lane Change. ISO, 1975, TR 3888.

[5] ISO. Draft Proposal for an International Standard, Road Vehicles – Transient Response Test Procedure (Step/Ramp Input). ISO/TC 22/SC 9/N 185.

[6] ISO. Draft Proposal for an International Standard, Road Vehicles – Transient Response Test Procedure (Sinusoidal Input). ISO/TC 22/SC 9/N 219.

[7] ISO. Road Vehicles – Braking in a Turn – Open Loop Test Procedure. ISO/DIS 7975.

[8] Zomotor A.; Braess H.H.; Rönitz R. Doppelter Fahrspurwechsel, eine Möglichkeit zur Beurteilung des Fahrverhaltens von Kfz? ATZ 76, 1974, Heft 8.

[9] Mitschke M. Dynamik der Kraftfahrzeuge. Springer Verlag, 1. Auflage 1972, 2. Auflage 1982 und 1984 sowie folgende Auflagen.

[10] Mitschke M. Fahrtrichtungshaltung – Analyse der Theorien. ATZ 70, 1968, Heft 5.

[11] Mischke A.; Göhring E.; Wolsdorf P.; von Glasner E.C. Contribution to the Development of a Concept of Driving Mechanics for Commercial Vehicles. SAE 83 0643.

Spezielle Fahrdynamik für Nkw

Größen und Einheiten

G_V	N	Achslast vorn
G_H	N	Achslast hinten
G_G	N	Gesamtgewicht
G_F	N	gefedertes Gewicht
U_V	N	ungef. Gewicht vorn
U_H	N	ungef. Gewicht hinten
C_{DSt}	N · m/rad	Drehfederkonstante aller Stabilisatoren
$C_{FV,H}$	N/m	Federkonstante der Achsfedern
$C_{RV,H}$	N/m	Federkonstante der Reifen
$S_{FV,H}$	m	Federspur
$S_{RV,H}$	m	Reifenspur
$m_{V,H}$	m	Momentanzentrumshöhe
h_F	m	Schwerpunkthöhe gefedertes Gewicht
h_G	m	Schwerpunkthöhe Gesamtfahrzeug
$C_{QV,H}$	N/m	Reifenquersteifigkeit
r	m	Kurvenradius

Eigenlenkverhalten

Die Fahrzeugabstimmung hinsichtlich Eigenlenkverhalten stellt in der Entwicklung – gestützt auf Mess- und Prüfstandstechnik und rechnerischer Simulation – einen Optimierungsprozess dar. Die Haupteinflussgrößen sind Steifigkeit und Geometrie der Lenkanlage, des Rahmens und der Achsführung.

Zu analysieren sind die Störungen im Geradeaus- bzw. Kurvenlaufverhalten, die sich aus dem Zusammenspiel von Lenkung und Radaufhängung ohne Fahrereingriff ergeben. Betrachtet werden die Eigenlenkbewegungen an Vorder- und Hinterachse bei der stationären Kreisfahrt, der Fahrzeugabbremsung und der einseitigen Einfederung.

Starrachsen mit Blattfederanlenkung führen bei einseitiger Einfederung eine Drehbewegung um die Fahrzeughochachse aus. Dieses Rollsteuern lässt sich durch die Blattfederneigung stark beeinflussen. Das aus Gründen der Fahrsicherheit gewünschte neutrale oder leicht untersteuernde Eigenlenkverhalten wird durch Neigung der Vorderfeder von vorn oben nach hinten unten und der Hinterfeder von vorn unten nach hinten oben erreicht.

Eigenlenkwinkel eines 18-t-Lkw bei Kurvenfahrt mit 3 m/s² Querbeschleunigung.
Der Eigenlenkwinkel ist auf der Ordinate aufgetragen.

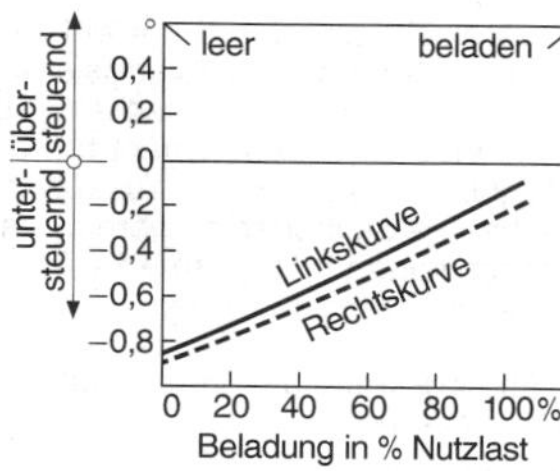

FE-Modell eines Sattelzuges zur Ermittlung des Eigenlenkverhaltens.
Berücksichtigt sind Lenk- und Achsaufhängungskinematik sowie der komplette Rahmen der Sattelzugmaschine.

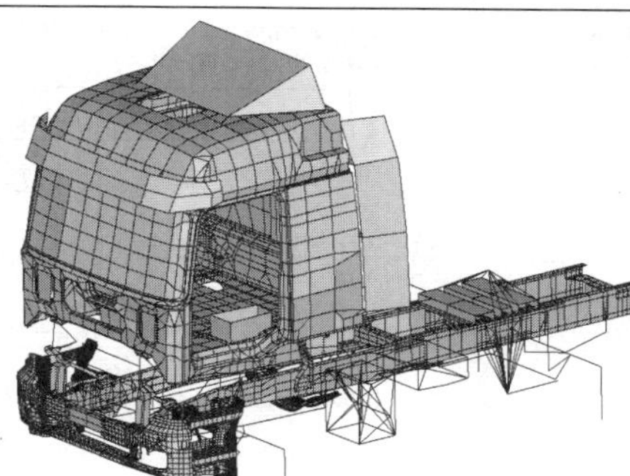

Seitenführungskräfte F_s und Schräglaufwinkel α beim Dreiachsfahrzeug mit nicht gelenkter Doppelachse.

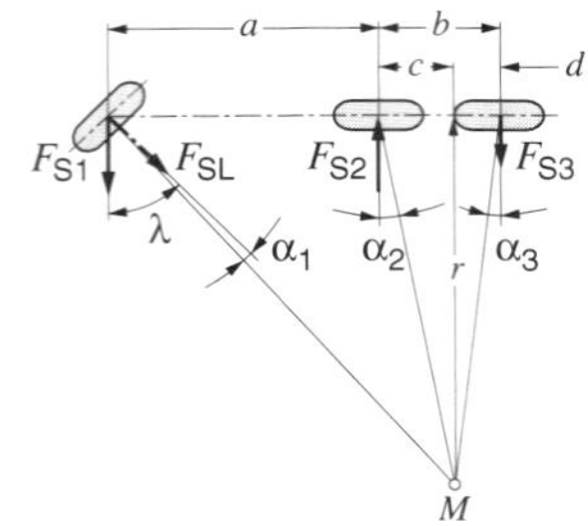

Bedingt durch die großen Radlastunterschiede zwischen leer und beladen an den Hinterachsen der Lastkraftwagen ergibt sich eine Untersteuertendenz mit abnehmender Beladung.

Beim Dreiachsfahrzeug 6 x 4 entsteht durch die Geradeauslaufstabilisierung des nicht gelenkten Doppelachsaggregates ein Verzwängungsmoment um die Fahrzeughochachse. Der zusätzliche Seitenführungskraftbedarf an Vorder- und Hinterachse kann für langsame Fahrt folgendermaßen ermittelt werden:

Seitenführungskräfte aus Verzwängung

$F_{S1} = F_{S2} - F_{S3}$ mit

$F_{S2} = c_{p2} \cdot n_2 \cdot \alpha_2$

$F_{S3} = c_{p3} \cdot n_3 \cdot \alpha_3$

Schräglaufwinkel

$$\alpha_2 = \frac{1}{r} \cdot \frac{c_{p3} \cdot n_3 \cdot b \cdot (a+b)}{c_{p3} \cdot n_3 \cdot (a+b) + c_{p2} \cdot n_2 \cdot a}$$

$$\alpha_3 = (b/r) - \alpha_2$$

c_p Seitenführungsbeiwert aus Reifenkennfeld,
n Anzahl der Reifen pro Achse, übrige Bezeichnung nach Bild.

Kippstabilität

Mit zunehmender Fahrzeuggesamthöhe wächst die Gefahr des seitlichen Kippens bei Kurvenfahrt, bevor die Rutschgrenze erreicht ist. Die genaue Ermittlung der Kippgrenze durch Simulation des Kippvorgangs berücksichtigt die Elastizitäten und die Schwerpunktbewegungen.

Erreichbare Querbeschleunigung an der Kippgrenze:

Transporter	$b = 6$ m/s²,
Lastkraftwagen	$b = 5$ m/s²,
Doppeldeckerbus	$b = 3$ m/s².

Breitenbedarf

Bei Kurvenfahrt haben Kraftfahrzeuge und Züge abhängig von der Art ihrer Lenkung und Zugwagen-Anhängerverbindung einen größeren Breitenbedarf als bei Geradeausfahrt. Als Maß für die Eignung der Fahrzeuge in bestimmten Einsätzen (z. B. enge Ortsdurchfahrten) und zum Nachweis der Einhaltung von

Kippstabilität. Näherungsformel für die Geschwindigkeiten v_{Kipp} eines zweiachsigen Lastkraftwagens (in km/h):

$$v_{Kipp} = 7{,}98 \cdot \sqrt{\frac{r \cdot (G_V \cdot S_{RV} + G_H \cdot S_{RH})}{G_G \cdot h_G + \frac{G_V^2}{C_{QV}} + \frac{G_H^2}{C_{QH}} + \frac{G_F^2 \cdot h_m^2}{C_D - G_F \cdot h_m}}}$$

$$\text{mit } C_D = \frac{C_{DF} \cdot C_{DR} \cdot i^2}{C_{DF} + C_{DR} \cdot i^2}; \quad i = \frac{h_m}{h_m + m};$$

$$h_m = h_m - m; \quad m = \frac{(G_V - U_V) \cdot m_v + (G_H - U_H) m_H}{G_F}$$

$$C_{DF} = 1/2 \cdot (C_{FV} \cdot S_{FV}^2 + C_{FH} \cdot S_{FH}^2) + C_{DSt}$$

$$C_{DR} = 1/2 \cdot (C_{RV} \cdot S_{RV}^2 + C_{RH} \cdot S_{RH}^2)$$

gesetzlichen Vorschriften wird für ausgewählte Fahrmanöver die von den äußersten Kanten bestrichene Fläche dargestellt. Die Ermittlung erfolgt nach dem Schleppkurvenprinzip mit Programmen.

Fahrverhalten

Zur objektiven Beurteilung des Fahrverhaltens werden verschiedene Fahrmanöver wie stationäre Kreisfahrt, Lenkwinkelsprung, Wedeln/Frequenzgang und Bremsen in der Kurve durchgeführt.

Zugkombinationen weisen in der Regel ein anderes querdynamisches Verhalten auf als Solofahrzeuge. Besondere Beachtung finden dabei die Beladungsverhältnisse von Zugwagen und Anhänger sowie Bauart und Geometrie der Verbindung innerhalb einer Kombination.

Die Störungen des Geradeauslaufs durch Drehschwingungen der Fahrzeugmassen um eine Hochachse gegen die Reifen als Federelemente werden eingeleitet durch

- schnelle Lenkbewegungen beim Umfahren von Hindernissen,
- seitliche Windstöße und
- Neigungen, einseitige Hindernisse und Spurrillen in der Fahrbahn.

Für einen stabilen Fahrbetrieb müssen die Pendelschwingungsamplituden schnell abklingen.

Die Giergeschwindigkeits-Frequenzgänge verschiedener Zugwagen-Anhängerkombinationen zeigen im ungünstigsten Fall Lkw-Zugwagen (leer) mit Zentralachsanhänger (beladen) im Verlauf eine Resonanzüberhöhung. Der Betrieb einer solchen Fahrzeugkombination verlangt vom Fahrer eine vorsichtigere Fahrweise.

Sattelzug im BO-Kraftkreis nach der StVZO.

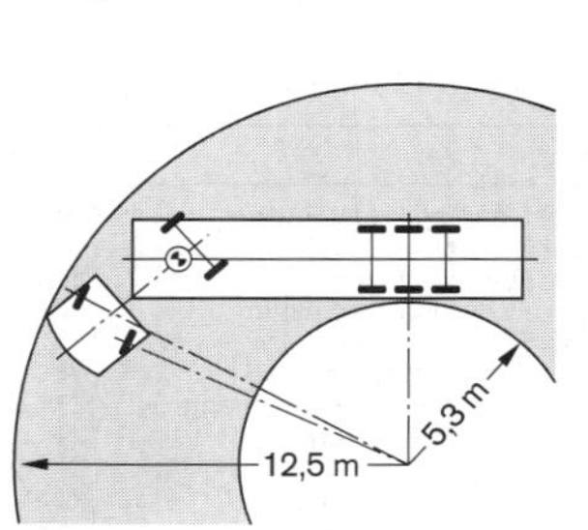

Bei Sattelzügen besteht unter Bremsbedingungen in extremen Situationen die Gefahr des Einknickens (jackknifing).

Dieser Vorgang wird durch Seitenkraftverlust der Zugmaschinenhinterachse bei Überbremsen auf schlüpfriger Fahrbahn oder durch zu hohes Giermoment unter μ-Split-Bedingungen eingeleitet. Die sicherste Methode zur Verhinderung von „jackknifing“ ist der Einbau von Anti-Blockier-Systemen. Diese sind für Zugfahrzeuge >18 t seit 1.10.1991 Vorschrift.

Giergeschwindigkeits-Frequenzgänge.
1 Sattelzug (beladen), 2 Lastzug (leer/beladen), 3 Lastzug (beladen), 4 Lkw (beladen).

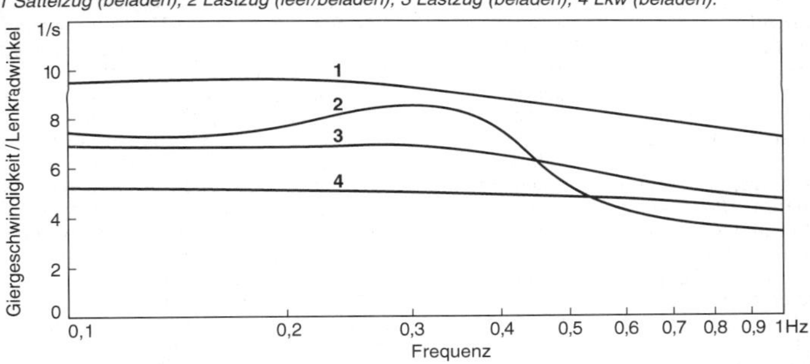

Anforderungen an Ackerschlepper

Größen und Einheiten

Größe		Einheit
F	Gewichtskraft (Radlast) eines Rades	N
F_R	Rollwiderstand	N
F_{Rh}	Rollwiderstand hinten	N
F_{Rv}	Rollwiderstand vorn	N
F_{St}	Steigungswiderstand	N
F_T	Triebkraft am Radumfang	N
F_{Th}	Triebkraft hinten	N
F_{Tv}	Triebkraft vorn	N
F_w	Bodenwiderstand	N
F_Z	Zugkraft des Schleppers	N
$F_{Zerf.}$	Zugkraftbedarf des Gerätes	N
P_e	effektive Motorleistung	kW
$P_{Getr.}$	Getriebeverlustleistung	kW
P_N	Motornennleistung	kW
P_R	Leistung für Eigenfortbewegung	kW
P_S	Schlupfverlustleistung	kW
P_{St}	Steigungsleistung	kW
P_Z	Zugleistung	kW
v	Fahrgeschwindigkeit	km/h
v_0	Umfangsgeschwindigkeit eines Treibrades	km/h
$\eta_{Getr.}$	Getriebewirkungsgrad	–
η_L	Laufwerkwirkungsgrad eines Ackerschleppers	–
η_T	Laufwerkwirkungsgrad eines Treibrades	–
η_Z	Zugwirkungsgrad eines Schleppers	–
λ	Motorauslastungsgrad	–
$\varkappa$	Triebkraftbeiwert	–
ϱ	Rollwiderstandsbeiwert	–
σ	Radschlupf	%

Einsatzbereich

Ackerschlepper werden für Feld-, Transport- und Hofarbeiten eingesetzt. Die Motorleistung wird je nach Gerät über die Treibräder oder zusätzlich auch über die Zapfwelle oder Hydraulikanschlüsse in Nutzleistung umgewandelt. In der Bundesrepublik Deutschland werden Ackerschlepper mit Motorleistungen bis zu etwa 250 kW und Gewichtskräften von über 120 kN eingesetzt.

Mit steigender Motorleistung nehmen die Probleme der Abstützung der Gewichtskräfte über großvolumige Reifen entsprechender Tragfähigkeit auf den Boden sowie der Umwandlung der Motorleistung in Zugleistung bei sinnvollen Fahrgeschwindigkeiten zu.

Wichtige Anforderungen

– Hohe Zugkraft, hoher Zugwirkungsgrad.
– Motor mit hohem Drehmomentanstieg, möglichst Konstantleistungscharakteristik und geringem spezif. Kraftstoffverbrauch.
– Fahrgeschwindigkeit (Bauartgeschwindigkeit) je nach Verwendungszweck und Transportentfernungen bis 25, 32, 40, 50 km/h und bei Spezialschleppern > 60 km/h; vielfach und sinnvoll gestuft, insbesondere bis 12 km/h, möglichst lastschaltbar.
– Antriebsmöglichkeit für Arbeitsgeräte über Zapfwelle und Hydraulikanschlüsse. Möglichkeit auch des Frontanbaues und -antriebes von Geräten.
– Kontrolle und Bedienung von Arbeitsgeräten vom Fahrersitz aus, z. B. über Kraftheber (S. 916).
– Übersichtliche, ergonomisch sinnvolle Anordnung der Betätigungshebel.
– Spurweitenverstellung bei Pflegeschleppern zur Anpassung an den Reihenabstand von Kulturen.
– Schutz des Fahrers vor Erschütterungen, Staub, Lärm, Klimaeinflüssen und bei Unfällen.
– Universelle Verwendbarkeit.

Zugkraftbedarf und Zugleistung bei Feldarbeiten

Die Zugkraft ist in erster Linie abhängig von der Gewichtskraft des Schleppers, der Antriebsart (Hinterrad- oder Allradantrieb) und den Betriebseigenschaften der Schlepperreifen. Die Betriebseigenschaften eines Ackerschlepper-Treibradreifens sind u.a. wieder abhängig von Bodenart und -zustand (Feuchtegehalt, Porenvolumen), den Reifenabmessungen, der Karkassenbauart, dem Reifenprofil und dem Reifenluftdruck. Diesen Betriebseigenschaften entsprechend erreicht ein Ackerschlepper seine maximale Zugkraft erst bei hohem Schlupf, seine maximale Zugleistung jedoch bei relativ kleinem Schlupf und kleiner Zugkraft. Die Zugleistung eines Allradschleppers kann bei einer Motorauslastung von 90% unter günstigen Bedingungen höchstens 60% der Motornennleistung betragen.

Die effektive Motorleistung ist:

$P_e = P_Z + P_R + P_S + P_{Getr.}$
$(+ P_{St}$ bei Steigungen)

Die Zugleistung errechnet sich zu:

$P_Z = F_Z \cdot v$

Die Leistung für Eigenfortbewegung ist bei Hinterradantrieb:

$P_R = F_{Rv} \cdot v + F_{Rh} \cdot v_o$

Die Schlupfverlustleistung ist:

$P_S = F_T \cdot (v_o - v) = F_T \cdot \sigma \cdot v_o$

Die Getriebeverlustleistung entspricht der Gleichung:

$P_{Getr.} = P_e \cdot (1 - \eta_{Getr.})$

Für die Wirkungsgrade gilt:
bei Hinterradantrieb:

$$\eta_L = \frac{F_{Th} - F_{Rv}}{F_{Th} + F_{Rh}} \cdot (1 - \sigma)$$

bei Allradantrieb:

$$\eta_L = \frac{F_{Th} + F_{Tv}}{F_{Th} + F_{Tv} + F_{Rh} + F_{Rv}} \cdot (1 - \sigma)$$

beim Einzelrad:

$$\eta_T = \frac{F_T}{F_T + F_R} \cdot (1 - \sigma) = \frac{\varkappa}{\varkappa + \varrho} (1 - \sigma)$$

beim Schlepper:

$\eta_Z = \eta_{Getr.} \cdot \eta_L = P_Z / P_e$

Die Beiwerte errechnen sich wie folgt:

$\varkappa = F_T / F$
$\varrho = F_R / F$
$\lambda = P_e / P_N$
$\sigma = (v_o - v) / v_o$

Zugkraftbedarf von Geräten und Ackerwagen

Beim Zugkraftbedarf handelt es sich bei unbeschleunigter Fahrt in der Ebene entweder um den Rollwiderstand F_R (z. B. Ackerwagen) oder um den Bodenwiderstand F_W (z. B. Saatbeetkombination) oder um beides gleichzeitig (z. B. gezogener Rübenroder). Der Rollwiderstand

Betriebseigenschaften eines Ackerschlepper-Treibradreifens.
Reifen: 6,9/14-30 AS, Radlast 1582 daN; Innendruck 1,1 bar; Boden: LT, Weizenstoppel scheibengeeggt, Feuchte 17,3...20,8%.

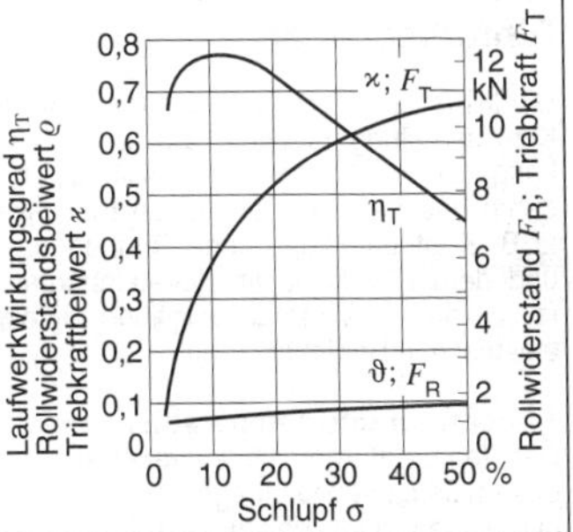

errechnet sich aus dem Rollwiderstandsbeiwert und der Summe der über die Räder abgestützten Gewichtskräfte zu

$F_R = \varrho \cdot \Sigma F$

für Luftreifen auf Asphalt: $\varrho \leq 0{,}03$
für Luftreifen auf Ackerboden:

$\varrho = 0{,}04...0{,}35$

Der Bodenwiderstand ist abhängig von Bodenart, Bodenzustand, Zahl und Form der Werkzeuge, Arbeitstiefe und Fahrgeschwindigkeit. Beim Pflügen kann man mit einem spezifischen Bodenwiderstand von 400...600 N/dm² auf mittlerem und von 600...1000 N/dm² auf schwerem Boden rechnen. Beim Grubbern liegt der Bodenwiderstand je Meter Arbeitsbreite auf mittlerem Boden und Geschwindigkeiten zwischen 6 und 9 km/h bei 5500... 7800 N bzw. 11 000...12 500 N bei Arbeitstiefen von 13...15 cm bzw. 22... 25 cm.

Beispiele zum Leistungsbedarf zapfwellenangetriebener Bodenbearbeitungsgeräte auf mittlerem Boden bei einer Arbeitsbreite von 1 m.

Gerät	erforderliche Motorleistung kW	Arbeitstiefe cm	Arbeitsgeschwindigkeit km/h
Fräse auf lockerem Boden	10,5 ... 25	8	3 ... 7
Rüttelegge	8 ... 22	8	3,5 ... 6,5
Kreiselegge	0 ... 15	8	3,5 ... 6,5

Klimabeanspruchung der Kfz-Ausrüstung

Klimatische Umwelt-Einflussgrößen

Die klimatische Umweltbeanspruchung der Kfz-Ausrüstung resultiert aus der Einwirkung des natürlichen Großklimas, den durch das Fahrzeug erzeugten Einflüssen (z. B. Kraftstoffdampf, hohe Temperaturen) und dem Kleinklima im Geräteinnenraum (z. B. durch Wärmeentwicklung infolge elektrischen Betriebs).

Temperatur und Temperaturwechsel
Der Temperaturbereich erstreckt sich von extrem tiefen Werten (Lagerung, Transport) bis zu den durch den Verbrennungsmotor vorgegebenen hohen Temperaturen.

Luftfeuchtigkeit und Feuchtewechsel
Der Bereich reicht vom trockenen Wüstenklima bis zum Tropenklima, in Sonderfällen auch darüber hinaus (z. B. verursacht durch Spritzwasser am heißen Motorblock). Eine besonders harte Beanspruchung besteht bei feuchter Wärme (hohe Luftfeuchte bei hoher Temperatur). Beim Feuchtewechsel tritt zusätzlich Kondensation an Oberflächen auf, welche atmosphärische Korrosion verursacht.

Korrosive Atmosphäre
Salzsprühnebel bei Fahrzeugbetrieb auf salzgestreuten Straßen und in Küstenregionen bewirkt elektrochemische und atmosphärische Korrosion. Industrieklima-Atmosphäre in Industrie-Ballungsräumen verursacht Säurekorrosion an metallischen Oberflächen. Die in der Atmosphäre vermehrt vorkommenden Schadgase (SO_2, H_2S, Cl_2 und NO_x) bewirken bei entsprechender Konzentration, besonders bei hoher Luftfeuchte, die Bildung von Fremdschichten und damit erhöhte Übergangswiderstände auf Kontaktwerkstoffen.

Wasser
Beanspruchung durch Regen-, Spritz- und Schwallwasser bei regennasser Straße, Wagen- und Motorwäsche und in Sonderfällen durch Untertauchen ergibt unterschiedlich starke Beanspruchungen.

Aggressive chemische Flüssigkeiten
Je nach Einsatzort muss das Erzeugnis gegen die bei Normalbetrieb und -wartung des Fahrzeuges vorkommenden chemischen Flüssigkeiten beständig sein. Im Motorraum sind es Kraftstoff (auch dampfförmig), Motoröl und Kaltreiniger; für spezielle Erzeugnisse kommen weitere Flüssigkeiten hinzu, z. B. für Komponenten des Bremssystems die Bremsflüssigkeit.

Sand und Staub
Beanspruchung durch Sand und Staub bedingt Störungen bei gegeneinander bewegten Teilen. Außerdem führt ein Staubbelag entsprechender Zusammensetzung in Verbindung mit Feuchtigkeit bei elektrischen Schaltkreisen zu Kriechströmen.

Sonnenstrahlung
Sonnenstrahlung lässt Kunststoffe und Elastomere altern (bei außenliegenden Teilen zu berücksichtigen).

Luftdruck
Luftdruckschwankungen beeinflussen Funktion und Zuverlässigkeit von Differenzdruck-Bauelementen, Membranen u. ä.

Simulation im Prüflabor

Die Klima-Umweltsimulation erfolgt z. T. nach standardisierten Prüfverfahren (DIN IEC 68 Umweltprüfungen für die Elektrotechnik), aber auch nach speziell für den Einzelfall entwickelten Praxiserprobungsprogrammen mit dem Ziel, eine möglichst gute Übereinstimmung mit der Praxisbeanspruchung zu erreichen („test tailoring").

Temperatur, Temperaturwechsel und Luftfeuchte
Die Simulation erfolgt in Temperatur- und Klimakammern sowie in begehbaren klimatisierten Räumen.

Prüfung bezüglich trockener Wärme ermöglicht eine Beurteilung der Eignung des Bauteils für Betrieb oder Lagerung bei hoher Temperatur. Dabei soll der Einfluss der Wärme nicht nur auf Funktion, sondern auch auf Stoffeigenschaften festgestellt werden. Die Höhe der Temperatur umfasst je nach Einsatzfall (Karosserieanbau, Motoranbau, Abgasanlage) einen weiten Bereich. Die Beanspruchungszeit beträgt bis zu mehreren hundert Stunden.

Prüfung des Betriebsverhaltens des Erzeugnisses bei Kälte, inbesondere des Startverhaltens sowie Änderungen der Stoffeigenschaften bei tiefen Temperaturen. Der Temperaturbereich reicht für die Überprüfung des Betriebsverhaltens bis −40 °C, für die Lagerung bis −55 °C. Die Beanspruchungszeiten liegen mit weniger als 100 h niedriger als die bei trockener Wärme.

Eine weitere Prüfung simuliert Temperaturwechsel zwischen den in der Praxis auftretenden Extremwerten. Außerdem bestimmt Temperaturgradient und Verweildauer den Grad der Beanspruchung. Die Verweildauer muss mindestens so lang sein, dass völliger Temperaturangleich des Prüflings erfolgt. Der Temperaturwechsel verursacht Werkstoffalterung sowie mechanische Spannungen im Bauteil infolge unterschiedlicher Wärmedehnungen. Eine entsprechende Wahl der Prüfparameter ermöglicht eine erhebliche Zeitraffung.

Die Prüfung bezüglich Luftfeuchte bei konstanter feuchter Wärme (z.B. +40 °C/ 93 % rF) dient der Beurteilung der Eignung eines Erzeugnisses für Betrieb und Lagerung bei hoher relativer Feuchte „rF“

Korrosive Atmosphäre

Salzsprühnebel wird durch Zerstäuben einer 5%igen NaCl-Lösung bei 35 °C Raumtemperatur erzeugt. Je nach Einbauort betragen die Prüfzeiten bis zu mehreren hundert Stunden. Salzsprühnebel zyklisch ist eine Kombinationsprüfung mit den einzelnen Versuchsabschnitten: „Salzsprühnebel, trockene Wärme und feuchte Wärme“. Sie ergibt eine verbesserte Korrelation mit realen Feldergebnissen. Die Industrieklimaprüfung wechselt bis zu 6-mal zyklisch zwischen einer 8-stündigen Lagerung bei 40 °C / 100% rel. Feuchte mit 0,67 % SO_2 und einer 16-stündigen Lagerung bei Raumtemperatur. Die Schadgasprüfung mit SO_2, H_2S, NO_x und Cl_2 wird entweder als Einzelgas- oder Mehrkomponenten-Prüfung durchgeführt, bei 25 °C / 75 % rel. Feuchte mit Konzentrationen im ppm- und ppb-Bereich, Prüfdauer bis zu 21 Tagen.

Prüfprogramm zur Simulation kombinierter Beanspruchungen.
t_V Verweildauer, t_n Temperaturwechselzyklus, T Prüfzyklus.

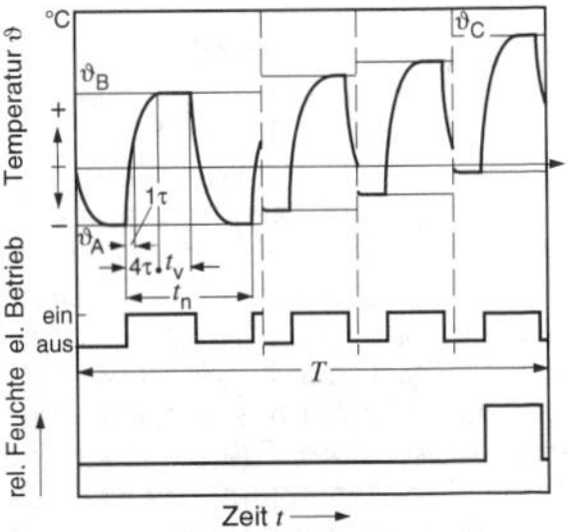

Spritzwasser

Die Simulation von Spritzwasser erfolgt mit einem schwenkbaren Spritzbogen. Über Wasserdruck, Spritzwinkel und Schwenkwinkel lassen sich unterschiedliche Prüfschärfen einstellen. Zur Strahlwasserprüfung werden stärkere Wasserstrahlen und zur Motorreinigung handelsübliche Dampfstrahl-Reinigungsgeräte verwendet.

Aggressive chemische Flüssigkeiten

Der Prüfling wird mit der jeweiligen Flüssigkeit für eine definierte Zeit benetzt. Danach folgt eine 24-stündige Lagerung bei erhöhter Temperatur. Dieser Prüfzyklus wird je nach Einsatzfall mehrmals wiederholt.

Sand und Staub

Zur Staubsimulation dient eine Einrichtung, welche die Staubdichte in bewegter Luft auf 5 g/m³ regelt. Als Staub kommt i.a. eine Mischung aus Kalkstaub und Flugasche zur Anwendung.

Kombinierte Beanspruchungen

Die Kombination von Temperatur, Temperaturwechsel und Feuchte mit überlagertem elektrischen Betrieb des Erzeugnisses gewährleistet eine gute Übereinstimmung mit den unter extremer Praxisbeanspruchung zu erwartenden Alterungseffekten. Der Vorteil dieser Prüfung liegt in deren Praxisnähe, nachteilig ist die Prüfdauer, die im Allgemeinen wesentlich über der entsprechender Einzelprüfungen liegt.

Verbrennungsmotoren

Arbeitsweise und Systematik

Die häufigsten im Kraftfahrzeug angewandten Antriebsmaschinen sind die Verbrennungskraftmaschinen. Sie erzeugen ihre Leistung durch Wandlung der im Kraftstoff gebundenen chemischen Energie in Wärme und durch Umsetzen dieser Wärme in mechanische Arbeit. Die Umwandlung der chemischen Energie in Wärme erfolgt durch Verbrennung, die Umsetzung der Wärmeenergie in mechanische Arbeit durch deren Übertragung auf ein Arbeitsmedium, dessen Druck daraufhin ansteigt und bei der anschließenden Expansion Arbeit leistet.

Als Arbeitsmedien kommen Flüssigkeiten, die durch Phasenumwandlung (Verdampfung) oder Gase, die durch Kompressibilität eine Zunahme des Arbeitsdruckes erreichen, in Frage.

Zur Verbrennung des meist aus Kohlenwasserstoffen bestehenden Kraftstoffs wird Sauerstoff benötigt, der normalerweise mit der Luft zugeführt wird. Findet die Verbrennung im Arbeitsraum selbst statt, nennt man dies innere Verbrennung. Das Brenngas wird in diesem Falle direkt als Arbeitsmedium verwendet. Findet die Verbrennung außerhalb des Arbeitsraumes statt, handelt es sich um äußere Verbrennung.

Soll die Abgabe mechanischer Arbeit fortwährend erfolgen, so kann das nur durch einen entweder zyklischen (Kolbenmotor) oder kontinuierlichen (Strömungsmaschine) Ablauf von Wärmeaufnahme, Expansion (Arbeitsabgabe) und Rückführung des Arbeitsmediums auf seinen Ausgangszustand erfolgen (Kreisprozess).

Wird das Arbeitsmedium bei der Wärmeaufnahme, z. B. durch Verwendung eines Teils seiner Bestandteile als Oxidationsmittel verändert, so ist eine Rückführung auf den Ausgangszustand nur durch Austausch möglich.

Man spricht dann von einer offenen Prozessführung und einem Gaswechsel (Ausschieben der Brenngase und Zuführen von Frischladung) bei zyklischer Arbeitsweise. Die innere Verbrennung bedingt demzufolge immer eine offene Prozessführung.

Bei äußerer Verbrennung bleibt das eigentliche Arbeitsmedium chemisch unverändert, kann also durch geeignete

Tabelle 1. Systematik der Verbrennungskraftmaschine.

<table>
<tr><td colspan="2" rowspan="5">Art der Prozessführung</td><td colspan="4">offener Prozess</td><td colspan="2">geschlossener Prozess</td></tr>
<tr><td colspan="4">innere Verbrennung</td><td colspan="2">äußere Verbrennung</td></tr>
<tr><td colspan="4" rowspan="3">Brenngas ≙ Arbeitsmedium</td><td colspan="2">Brenngas ≠ Arbeitsmedium</td></tr>
<tr><td colspan="2">Phasenumwandlung des Arbeitsmediums</td></tr>
<tr><td>nein</td><td>ja</td></tr>
<tr><td colspan="2">Art der Verbrennung</td><td colspan="3">zyklische Verbrennung</td><td colspan="3">kontinuierliche Verbrennung</td></tr>
<tr><td colspan="2">Art der Zündeinleitung</td><td>Selbstzündg.</td><td colspan="5">Fremdzündung</td></tr>
<tr><td rowspan="2">Art der Maschine</td><td>Motor ≙ arbeitsraumbildende Maschine</td><td>Diesel</td><td>Hybrid</td><td>Otto</td><td>Rohs</td><td>Stirling</td><td>Dampf</td></tr>
<tr><td>Turbine ≙ Strömungsmaschine</td><td>–</td><td>–</td><td>–</td><td>Gas</td><td>Heißdampf</td><td>Dampf</td></tr>
<tr><td colspan="2">Art des Gemisches</td><td colspan="2">heterogen</td><td>homogen</td><td colspan="3" rowspan="2">heterogen
(in kontinuierlicher Flamme)</td></tr>
<tr><td colspan="2"></td><td colspan="3">(im Brennraum)</td></tr>
</table>

Tabelle 2. Darstellung und Definition der Einzel- und Gesamtwirkungsgrade des Hubkolbenmotors.

Arbeitsdiagramm	Bezeichnung	Randbedingungen	Definition	Wirkungsgrade
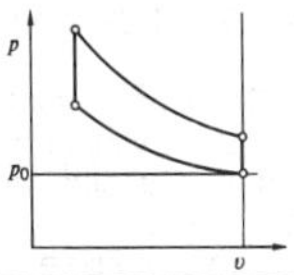	theoretischer Vergleichs-„Gleichraum-prozess“	ideales Gas, konstante spezifische Wärmen, unendlich schnelle Wärmezu- und -abfuhr usw.	$\eta_{th} = 1-\varepsilon^{1-\varkappa}$ theoretischer oder thermischer Wirkungsgrad	η_{th}
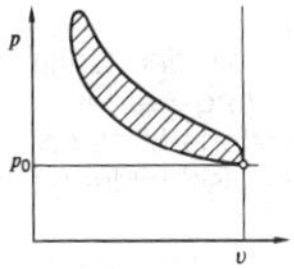	realer Hochdruck-Arbeitsprozess	Wandwärmeverluste, reales Gas, endliche Wärmezu- und -abfuhrgeschwindigkeiten, veränderliche spezifische Wärmen	η_{gHP} Gütegrad des Hochdruckprozesses	η_i η_e
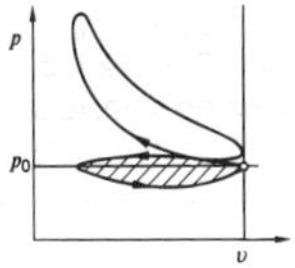	realer Ladungswechsel (4-Takt)	Strömungsverluste, Aufheizung des Gemisches oder der Luft usw.	η_{gLW} Ladungswechselwirkungsgrad	η_g
mechanische Verluste	Verluste wegen Reibung, Kühlung, Nebenaggregate	realer Motor	η_m	η_m η_m

Der indizierte Wirkungsgrad η_i ergibt sich als Verhältnis der indizierten Arbeit des Hochdruckteils zum Wärmeäquivalent des zugeführten Kraftstoffs $\eta_i = W_i/W_B$.

Der Gütegrad η_g enthält alle inneren Verluste sowohl des Hochdruck- als auch des Niederdruckprozesses wie: reales Arbeitsgas, Restgas, Wandwärmeverluste, Gasverluste sowie die Ladungswechselverluste, weshalb η_g besser in η_{gHD} für den Hochdruckanteil und η_{gLW} für den Ladungswechsel aufgeteilt wird. Der Gütegrad zeigt deshalb die Güte, mit der der theoretische Vergleichsprozess angenähert werden kann:

$$\eta_g = \eta_{gHD} \cdot \eta_{gLW} = W_i/W_{th} \text{ mit}$$

W_i indizierte Arbeit,
W_{th} Arbeit des Vergleichsprozesses.

Der mechanische Wirkungsgrad η_m setzt die mechanischen Verluste, insbesondere die Reibverluste vom Triebwerk und den Steuerorganen für den Gaswechsel, von Öl- und Wasserpumpe, Kraftstoff-Förderpumpe, Generator usw. ins Verhältnis zur indizierten Arbeit:

$$\eta_m = W_e/W_i \text{ mit}$$

W_e an der Kupplung effektiv verfügbare Arbeit,
W_i indizierte Arbeit.

Die Wirkungsgradkette sieht demnach wie folgt aus:

$$\eta_e = \eta_B \cdot \eta_{th} \cdot \eta_{gHD} \cdot \eta_{gLW} \cdot \eta_m$$

(Vergleiche Tabelle 2).

Ottomotor

Unter Ottomotor wird ein Kolbenmotor mit äußerer oder innerer Gemischbildung verstanden. Während bei der äußeren Gemischbildung überwiegend homogene Gemische erzeugt werden, liegen bei der inneren Gemischbildung zum Zeitpunkt der Zündeinleitung verstärkt heterogene Gemische an. Der Grad der Homogenisierung bei innerer Gemischbildung hängt dabei stark vom Zeitpunkt der Gemischbildung ab.

In beiden Fällen wird das Gemisch im Kompressionstakt auf ca. 20...30 bar (ε = 8...12) verdichtet. Die dabei entstehende Kompressionsendtemperatur von 400...500 °C liegt noch unter der Selbstzündgrenze der Gemische, so dass sie kurz vor OT durch einen Zündfunken entflammt werden müssen.

Da homogene Luft-Kraftstoff-Gemische nur in einem sehr engen Bereich des Luft-Kraftstoff-Verhältnisses (Luftzahl λ = 0,6...1,6) sicher entflammen und die Flammgeschwindigkeit mit steigender Luftzahl λ stark abnimmt, können Ottomotoren mit homogener Gemischbildung in einem Bereich von λ = 0,8...1,4 betrieben werden (wobei der beste Gesamtwirkungsgrad bei 1,2 < λ < 1,3 erreicht wird). Bei Motoren mit Dreiwegekatalysatoren ist der λ-Bereich auf 0,98...1,02 eingeschränkt.

Wegen des engen λ-Bereichs muss die Lastregelung über die in den Zylinder gelangende Gemischmenge (Quantitätsregelung) erfolgen, was durch Drosselung der einströmenden Gemischmasse in dem Arbeitszylinder bei Teillast erreicht wird (Drosselregelung).

Im Zusammenhang mit der Optimierung des Gesamtwirkungsgrades des Ottomotors werden verstärkt Motoren mit innerer heterogener Gemischbildung entwickelt.

Sowohl bei der homogenen als auch bei der heterogenen Gemischbildung hängen Wirtschaftlichkeit und Rohemissionen von der nach der Zündeinleitung ablaufenden Verbrennung ab. Diese kann wesentlich durch die mittels Einlasskanal-

Gemischbildung.
Unterschiede im Luft-Kraftstoff-Verhältnis der einzelnen Zylinder über Last und Drehzahl.

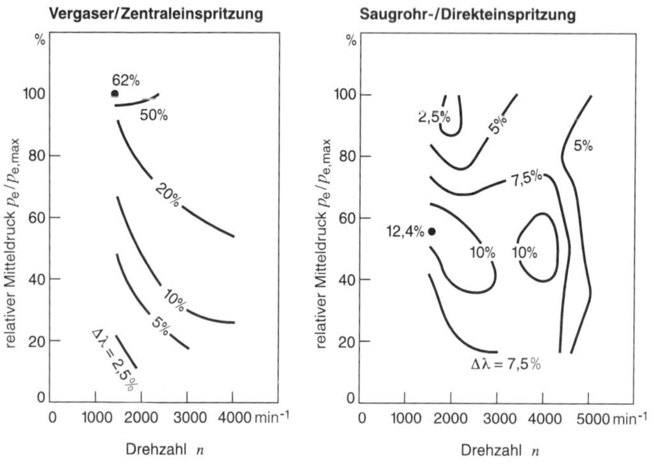

und Brennraumgeometrie zu erzeugenden Strömungen und Turbulenzen im Brennraum beeinflusst werden.

Homogene Gemischbildung

Die zum Zeitpunkt der Zündeinleitung homogen vorliegenden Gemische bedingen eine vollständige Verdampfung des Kraftstoffs, da nur Gas- bzw. Gas/Dampfmischungen einen homogenen Zustand einnehmen können.

Kann der Kraftstoff (z. B. beim Kaltstart) infolge zu niedriger Temperaturen nicht vollständig verdampfen, so muss so viel mehr Kraftstoff zugegeben werden, dass der leicht siedende, verdampfbare Kraftstoffanteil zu einem brennbaren Luft-Kraftstoff-Verhältnis führt (Kaltstart-Gemischanreicherung).

Neben der Gemischhomogenisierung muss das Gemischbildungssystem auch die Lastregelung (Drosselregelung) bewerkstelligen und geringe Abweichungen von Zylinder zu Zylinder, aber auch von Arbeitsspiel zu Arbeitsspiel, garantieren.

Heterogene Gemischbildung

Bei der heterogenen inneren Gemischbildung wird das Ziel verfolgt, den Motor im gesamten Kennfeld ungedrosselt betreiben zu können. Infolge der Innenkühlung durch die direkte Einspritzung können solche Motoren höher verdichtet werden. Beide Maßnahmen, Entfall der Drosselung und höhere Verdichtung, führen zu einer Verbesserung des Wirkungsgrades im Vergleich zu homogenen Gemischen. Die Lastregelung erfolgt über die Masse des eingespritzten Kraftstoffes. Die Weiterentwicklung der Gemischbildungssysteme gab den ab 1970 entwickelten „Hybrid-“ oder „Schichtladeverfahren“ einen neuen Anstoß. Maßgebend dafür waren schnellschaltende Elektromagnet-Einspritzventile, die einen flexiblen Einspritzzeitpunkt und den notwendigen hohen Einspritzdruck zuließen.

Unter dem Begriff BDE (Benzindirekteinspritzung) oder GDI (Gasoline Direct Injection) wurden weltweit die „strahlgeführten“, „wandgeführten“ oder „luftgeführten“ Gemischbildungssysteme entwickelt (s. Bild). Die im Wesentlichen durch die Position von Zündkerze und Einspritzventil festgelegte Gemischbildung wird

Gemischbildungssysteme der Benzindirekteinspritzung BDE *(jeweils unterstützt durch Drall oder Tumble).*
a) Strahlgeführt, b) wandgeführt, c) luftgeführt.
1 Einspritzventil, 2 Zündkerze.

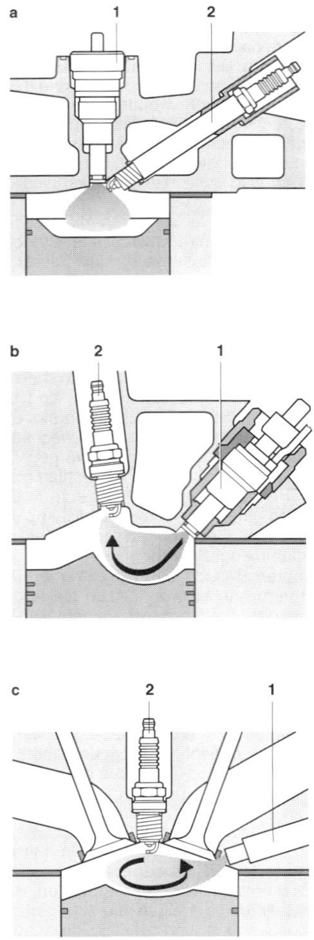

durch die Strömungsvorgänge im Brennraum unterstützt. Während der „Drall" (durch Spiral- oder Tangentenkanäle erzeugt) im wesentlichen eine Rotationsachse parallel zur Zylinderachse aufweist, hat der durch Füllungskanäle erzeugte „Tumble" eine hierzu senkrechte Achse.

Das strahlgeführte Verfahren erfordert eine genaue Positionierung von Zündkerze und Einspritzstrahl des Einspritzventils. Auf die Zündkerze trifft direkt der flüssige Kraftstoff, wodurch sie hoch beansprucht ist. Wand- bzw. luftgeführte Verfahren, bei denen das Gemisch über die Ladungsbewegung an die Zündkerze geführt wird, sind diesbezüglich nicht so empfindlich.

Da heterogene Verfahren mit Luftüberschuss arbeiten (ungedrosselter Betrieb), müssen zur Absenkung der Stickstoffoxidemissionen „Magerkatalysatoren" entwickelt werden.

Zündung

Das Zündsystem muss in der Lage sein, das verdichtete Gemisch auch bei instationären Betriebszuständen, und damit hinsichtlich Gemischbewegung und Luft-Kraftstoff-Verhältnis stark wechselnden Bedingungen, an einem vorgegebenen Zeitpunkt sicher zu entflammen. Durch Anordnung der Zündkerze in Bereichen guter Gemischzugänglichkeit und geordneter Gemischbewegung kann die Entflammungssicherheit vor allem im mageren Bereich und bei extremer Teillast verbessert werden. Auch die Anordnung der Zündkerze in kleinen Nebenkammern, den „Zündkammern", kann diesbezüglich Vorteile bringen.

Die erforderliche Zündenergie hängt vom Luft-Kraftstoff-Verhältnis ab. Bei Benzin-Luft-Gemischen wird im stöchiometrischen Bereich eine Zündenergie von 0,2 mJ benötigt. Dagegen benötigen fette und magere Gemische bis 3 mJ pro Zündung.

Die erforderliche Zündspannung steigt mit dem zum Zeitpunkt der Zündeinleitung herrschenden Gasdruck an. Mit zunehmendem Elektrodenabstand kann die Entflammungssicherheit verbessert werden, allerdings steigen die erforderliche Zündspannung und der Elektrodenverschleiß an.

Minimale Zündenergie für Propan/Luft-Gemische.

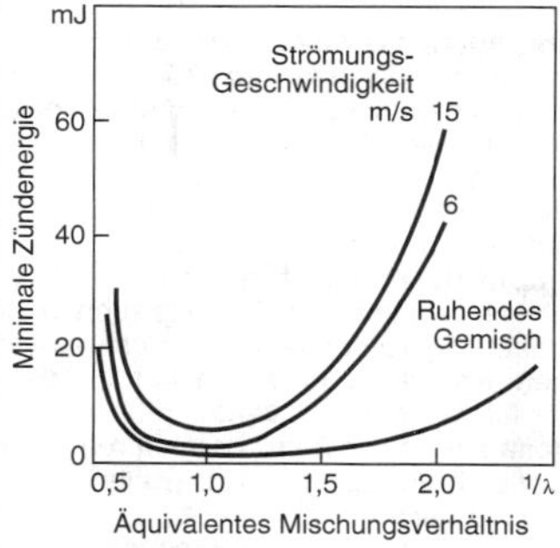

Der Energieinhalt des durch den Zündfunken entflammten Gemisches muss so groß sein, dass die angrenzenden Gemischbereiche entflammen können. Dadurch ist die Magergrenze der Entflammung, aber auch der frühest mögliche Zeitpunkt der Zündeinleitung vorgegeben. Bei mit $\varepsilon = 8...12$ verdichteten Motoren liegt dieser Bereich bei ca. 40...50 °KW vor OT.

Verbrennungsablauf

Die erste thermische Reaktion, die zwischen der Zündenergiezufuhr des Zündfunkens und der exothermen Reaktion des Kraftstoff-Luft-Gemisches abläuft, die „Entflammungsphase", ist ungefähr zeitkonstant und nur von der Gemischzusammensetzung abhängig. Dies bringt einen Zündverzug mit sich, der mit steigender Motordrehzahl – bezogen auf den Kolbenweg (°KW) – anwächst und sich mit der Luftzahl λ ändert.

Mit zunehmender Drehzahl und zunehmender Luftzahl λ muss deshalb der Zündzeitpunkt nach früh verlegt werden. Dabei sind der Frühverstellung durch die abnehmende Energiedichte des Gemisches im Bereich der Elektroden Grenzen gesetzt (siehe oben). Wird diese physikalische Grenze erreicht, kann der Einsatz von zwei Zündkerzen oder von „Zündkammern" weiterhelfen.

Den Verlauf der Wärmefreisetzung bestimmt die Brenngeschwindigkeit, die sich aus der Flammgeschwindigkeit und der von der Flamme erfassten Oberfläche zusammensetzt. Die Flammgeschwindigkeit hängt von Diffusionsvorgängen in der Flammfront ab und hat bei Benzin-Luft-Gemischen bei ca. 10% Luftmangel (λ = 0,9) mit ca. 20...40 $m \cdot s^{-1}$ die höchsten Werte. Sie hängt neben der Luftzahl λ auch von der Gemischtemperatur ab.

Die von der Flamme erfasste Oberfläche kann durch die Brennraumgestaltung und die Lage der Zündkerze beeinflusst werden. Eine wesentliche Bedeutung kommt jedoch auch der Faltung der Flammoberfläche durch Turbulenzen und gezielt erzeugte Strömungen (wie Drall oder Tumble) zu. Die vor allem durch den Einlassvorgang, aber auch durch die Brennraumgeometrie in Verbindung mit dem Kompressionsschub (Quetschströmung, Squish) erzeugten Strömungsvorgänge falten die Flammoberfläche auf und führen somit zu einer Beschleunigung der Energieumsetzung. Da die Strömungen wie Tumble, Drall oder Squish mit der Drehzahl zunehmen, nimmt auch die Faltung der Flammoberfläche zu. Dadurch wird auch verständlich, warum die Wärmefreisetzung mit der Drehzahl beschleunigt wird, obwohl die Flammgeschwindigkeit definitionsgemäß nicht zunehmen kann.

Die durch die Flammausbreitung selbstgenerierte Turbulenz spielt eventuell bei äußerst turbulenzarmen Verfahren oder bei Versuchen in strömungsarmen Druckkammern eine Rolle, nicht aber bei modernen Otto-Brennverfahren.

Die infolge der lokalen Flammausbreitung zu beobachtende Drucksteigerung führt zu einer Temperaturerhöhung im gesamten Gemisch, auch in dem von der Flamme noch nicht erreichten Gemisch, das als „Endgas" bezeichnet wird. Die lokal vorhandene Wärmestrahlung und Wärmeleitung führt jedoch dazu, dass die Temperatur in der Flammfront höher ist als im restlichen Gemisch. Dadurch kann eine geordnete Flammausbreitung garantiert werden. Erst wenn die infolge der Drucksteigerung steigende Temperatur im Endgas dessen Zündgrenzen übersteigt, kommt es zur Anomalie der klopfenden Verbrennung, bei der das Endgas gleichzeitig entflammt wird.

Günstig für niedrigen Kraftstoffverbrauch und somit hohen Wirkungsgrad sind zum einen eine kurze Brenndauer, also eine hohe Brenngeschwindigkeit, und zum anderen – relativ zur Kolbenbewegung – die richtige Lage der Wärmefreisetzung. Der Schwerpunkt der Wärmefreisetzung sollte dabei kurz (ca. 5...10 °KW) nach dem oberen Totpunkt liegen. Zu früher Umsetzungsschwerpunkt erhöht die Wandwärme- und die mechanischen Verluste (hoher Spitzendruck). Zu späte Wärmefreisetzung führt zu ungünstiger Wärmenutzung (Gütegrad) und hohen Abgastemperaturen.

Die richtige Lage der Wärmefreisetzung muss durch die Wahl des Zündzeitpunktes unter Berücksichtigung
- des Gemischzustandes (λ, T),
- der Turbulenzen im Brennraum in Abhängigkeit von den Motorparametern (insbesondere Last und Drehzahl),
- den zeitkonstant ablaufenden Entflammungsvorgängen, also unterschiedlich langer Zündverzüge mit zunehmender Motordrehzahl,

sichergestellt werden.

Probleme und Grenzen der Verbrennung

In der Praxis verbietet eine sichere Flammeinleitung und -ausbreitung bei Motoren mit äußerer Gemischbildung und Fremdzündung ein Abmagern des Gemischs auf Luftzahlen $\lambda > 1{,}3$, obwohl dies zur Verbesserung des theoretischen Wirkungsgrades (Polytropenexponent), des Gaswechselwirkungsgrades (geringe Drosselverluste) und zur Verringerung der Wandwärmeverluste und der Dissoziationsverluste (Senkung der Verbrennungstemperatur) wünschenswert wäre. Versuche in dieser Richtung werden mit den BDE-Motoren (mit Benzindirekteinspritzung oder auch GDI Gasoline Direct Injection) gemacht.

Einer Verbesserung des Teillastwirkungsgrades durch höhere Verdichtung steht die klopfende Verbrennung bei Volllast gegenüber. Von klopfender Verbrennung spricht man, wenn das gesamte

Klopfende Verbrennung im Vergleich zu normaler Verbrennung und Schleppbetrieb im p-α-Diagramm.

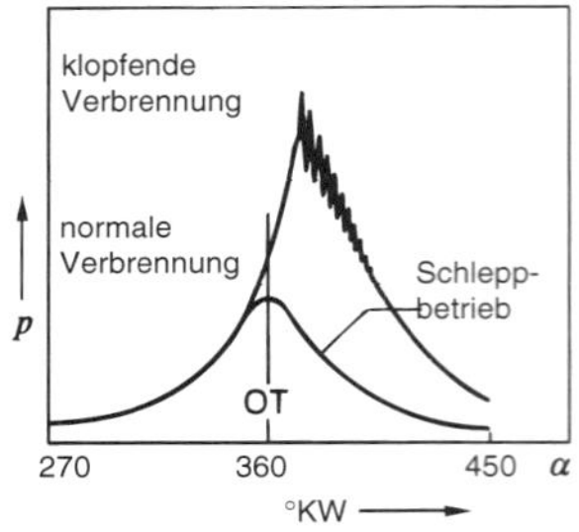

Fahrbarer Mitteldruck an der Klopfgrenze in Abhängigkeit vom Verdichtungsverhältnis und vom Zündwinkel.

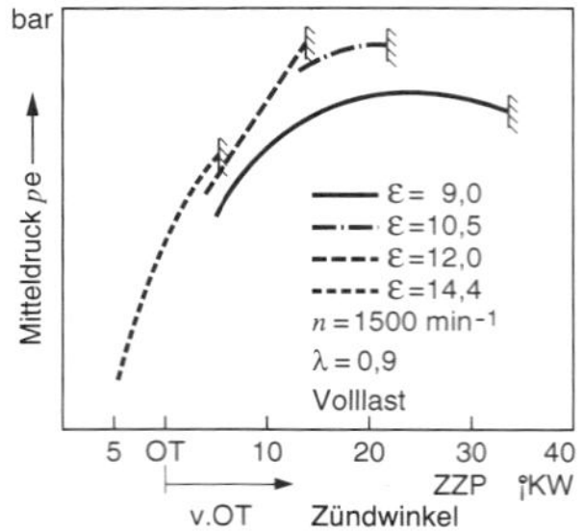

Endgas die Zündtemperatur erreicht und schlagartig ohne geordnete Flammausbreitung verbrennt. Da das hoch komprimierte Endgas eine sehr hohe Energiedichte aufweist, werden bei der klopfenden Verbrennung schlagartig sehr hohe Wärmemengen freigesetzt. Die dadurch bedingten hohen lokalen Temperaturen belasten die Motorbauteile extrem und führen auch zu deren Schädigung. Die hohen Energieumsätze führen auch zu hohen Druckspitzen, die sich mit Schallgeschwindigkeit im Brennraum fortpflanzen und an kritisch ausgelegten Stellen Kolben, Dichtung und Zylinderkopf schädigen können.

Die Gefahr klopfender Verbrennung kann durch Kraftstoffzusätze oder durch Einsatz fetter Gemische (zusätzliche Innenkühlung) verringert werden.

Die heute übliche Zurücknahme des Zündzeitpunktes in Richtung spät zur Vermeidung von klopfender Verbrennung ist vor allem bei hochverdichteten Motoren nicht ganz unproblematisch, da die Zündkennlinie (Mitteldruck in Abhängigkeit vom Zündzeitpunkt) mit zunehmender Verdichtung immer steiler verläuft und damit neben einer Mitteldruckeinbuße extrem hohe Abgastemperaturen erreicht werden. Bei Verdichtungsverhältnissen ε = 11...13 ist deshalb eine sichere Erkennung und Vermeidung klopfender Verbrennung notwendig.

Lastregelung

Während bei ungedrosselten BDE-Motoren mit heterogener Gemischbildung die Lastregelung über die eingebrachte Kraftstoffmenge erfolgt, ist wegen der geringen Abmagerfähigkeit des Ottomotors mit homogener Gemischbildung die Lastregelung über die Beeinflussung des Gemischmassenstroms erforderlich. Dies kann bei den nahezu unbedeutend gewordenen Vergasermotoren durch Drosselung des Gemischmassenstroms oder bei Motoren mit Saugrohreinspritzung durch Drosselung und damit Verringerung der Dichte der Ansaugluft realisiert werden. Da die Ansaugdrosselung die Gaswechselverluste erhöht, sind alternative Lastregelverfahren in der Entwicklung. So kann der Massenstrom auch durch frühzeitiges Schließen der Einlassventile und damit über die Verkürzung der Einlassdauer beeinflusst werden. Diese aufwendige Lastregelung bedingt allerdings voll variable Steuerzeiten und kann zu Kraftstoffkondensation infolge Expansion durch den Kolben bei geschlossenem Einlassventil führen. Dieser Nachteil kann mit der „Rückschubregelung" vermieden werden. Bei dieser Regelung werden die Einlassventile erst dann geschlossen, wenn sich die erforderliche Gemischmasse gerade noch im Zylinder befindet.

Eine weitere Möglichkeit, die Drosselverluste zu verringern oder gar zu vermeiden, ist die Abgasrückführung bei geöffneten Einlassventilen. In weiten Lastbereichen kann die Last durch Variation der Abgasrückführrate angepasst werden.

Bei aufgeladenen Ottomotoren kann die Lastregelung in weiten Kennfeldbereichen durch Vorgabe des Ladedruckes erfolgen.

Verlauf des indizierten Wirkungsgrades eines Ottomotors mit Drosselregelung über Last und Drehzahl.

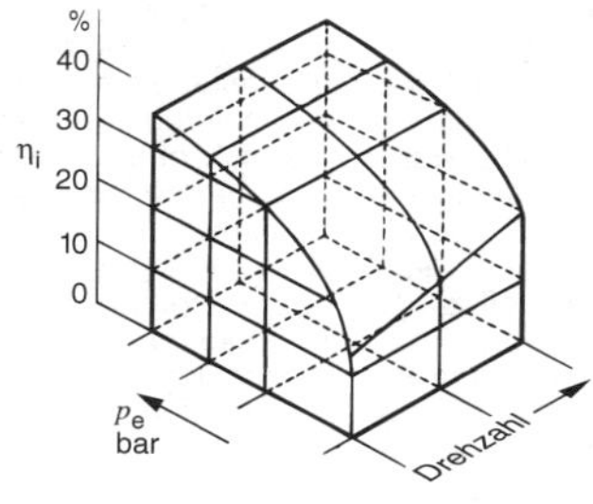

Leistungsausbeute und Wirtschaftlichkeit

Der indizierte Wirkungsgrad eines Motors mit äußerer Gemischbildung und Fremdzündung fällt vor allem im unteren Kennfeldbereich ab (s. Bild). Die Ursachen sind sowohl im Gütegrad der Verbrennung (zu geringe Turbulenz, zu geringe Ladungsdichte) als auch im ungünstigsten Gaswechselwirkungsgrad zu suchen.

Der in diesem Kennfeldbereich ungünstige mechanische Wirkungsgrad bedingt eine weitere Verringerung des effektiven Wirkungsgrades.

Alle Maßnahmen, die geeignet sind, diese unteren Kennfeldbereiche zu vermeiden, verbessern somit den Gesamtwirkungsgrad des Motors.

Durch Kraftstoffabschaltung für einzelne Zylinder werden die „gefeuerten" Zylinder höher ausgelastet, wodurch Gütegrad der Verbrennung und Gaswechselwirkungsgrad verbessert werden. Durch zusätzliche Stilllegung der Gaswechselventile der nicht gefeuerten Zylinder, die „Ventilabschaltung", wird die Gaswechselarbeit weiter verringert. Bei der Zylinderabschaltung wird auch das Triebwerk der nicht gefeuerten Zylinder stillgelegt. Dadurch kann zusätzlich der mechanische Wirkungsgrad verbessert werden.

Während diese Maßnahmen mehr oder weniger aufwendig sind, bewirkt die Senkung der Drehzahl des Motors ebenfalls Verbesserungen des Gütegrades und des Gaswechselwirkungsgrades. Zudem wird der Reibmitteldruck verringert und damit der mechanische Wirkungsgrad verbessert.

Abhängigkeit des Verlust-(Reibungs-) Mitteldruckes von der Motordrehzahl.
5-l-Ottomotor, P_e = 130 kW = konst. bei steigender Motorauslastung, p_e Mitteldruck.

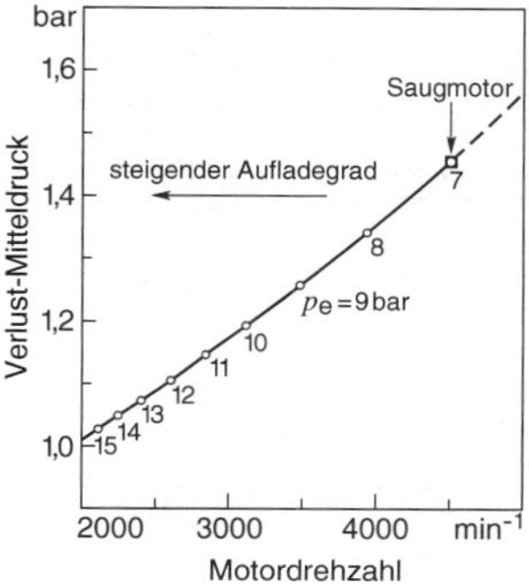

Dieselmotor

Unter Dieselmotor wird ein Hubkolbenmotor mit innerer und damit heterogener Gemischbildung und Selbstzündung verstanden. Im Kompressionstakt wird Luft auf 30...55 bar bei Saugmotoren bzw. 80...110 bar bei Ladermotoren verdichtet und dabei auf 700...900 °C erhitzt. Diese Temperatur reicht aus, um den kurz vor Kompressionsende nahe dem oberen Totpunkt des Kolbens eingespritzten Kraftstoff zur Selbstzündung zu bringen. Der Ablauf der nachfolgenden Verbrennung sowie die Ausnutzung der angesaugten Verbrennungsluft und damit der erzielbare Mitteldruck hängen bei heterogenen Verfahren entscheidend von der Gemischbildung ab.

Gemischbildung

Bei heterogenen Gemischen überdeckt das Luft-Kraftstoff-Verhältnis (Luftzahl) λ den Bereich von reiner Luft in der Strahlaußenzone ($\lambda = \infty$) bis zu reinem Kraftstoff im Strahlkern ($\lambda = 0$).

Das Bild zeigt für einen ruhenden Einzeltropfen schematisch die λ-Verteilung und die zugeordnete Flammzone. Da diese Zone prinzipiell bei jedem Tropfen des Einspritzstrahls auftritt, ist bei heterogener Gemischbildung die Laststeuerung über die eingebrachte Kraftstoffmenge möglich. Man spricht von der „Qualitätsregelung".

Die Verbrennung findet – ähnlich wie bei homogenen Gemischen – in dem relativ engen Bereich von $0{,}3 < \lambda < 1{,}5$ statt. Der für die Erzeugung dieser brennbaren Gemische notwendige Massentransport erfolgt durch Diffusion und Turbulenzen und wird durch die nachfolgend beschriebenen Gemischbildungs-Energieträger, aber auch durch die Verbrennung selbst, bewerkstelligt.

Verlauf des Luft-Kraftstoff-Verhältnisses λ am ruhenden Einzeltropfen.

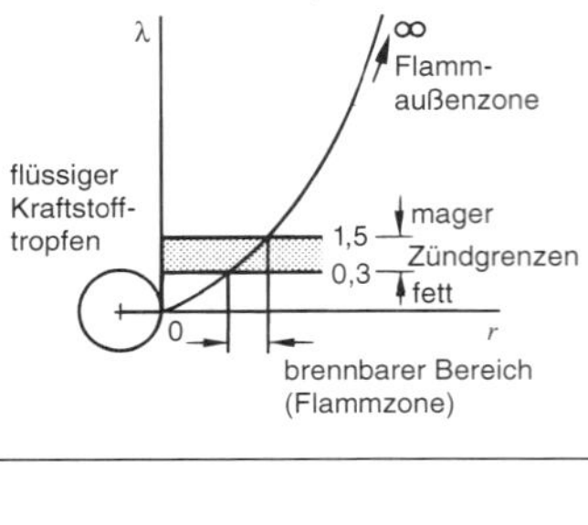

Kinetische Energie des Kraftstoffstrahls
Sie hängt vom Druckgefälle am Spritzloch der Düse ab und bestimmt zusammen mit dem durch die Düsengeometrie festgelegten Strahlkegel und der sich ergebenden Austrittsgeschwindigkeit des Kraftstoffs den Interaktionsraum Luft-Kraftstoff und das Spektrum der Tröpfchengrößen in diesem Raum. Beeinflusst wird die Strahlenenergie durch die Förderrate der Einspritzpumpe und die Durchflussquerschnitte an der Einspritzdüse.

Wärmeenergie
Die Wärmeenergie von den Brennraumwänden und der verdichteten Luft dient dazu, den eingespritzten Kraftstoff (zum einen in der Form eines Kraftstoffwandfilms und zum anderen in der Form eines Kraftstofftropfens) zu verdampfen.

Brennraumform
Die Brennraumform kann bei geeigneter Gestaltung mit Hilfe der Kolbenbewegung zur Turbulenzerzeugung (Quetschströmung) aber auch zur Verteilung flüssigen Kraftstoffs oder des Luft-Kraftstoffdampf-Strahls im Brennraum genutzt werden.

Geordnete Luftbewegung (Drall)
Eine der Verbrennungsluft im Brennraum aufgezwungene Bewegung, meist in Form einer Festkörper-Drehströmung, verbessert die Luftzufuhr zum Kraftstoffstrahl und entfernt die verbrannten Gase aus ihm, wenn Kraftstoffrichtung und Luftdrehrichtung in etwa senkrecht zueinander verlaufen und „Tropfenverdampfung" vorliegt.

Verdampft der Wandfilm, sorgt die Luftdrehbewegung für die Abtragung der Dampfschicht und für eine thermische Trennung von Brenn- und Frischgas. Die der Festkörper-Drehströmung überlagerten Mikroturbulenzen bewirken dabei eine rasche Mischung von Kraftstoff und Luft. Die geordnete „Festkörper-Drehbewegung" der Luft wird entweder durch besondere Gestaltung der Einlasskanalform oder durch Überschieben eines Teils der Zylinderladung in eine rotationssymmetrische Nebenkammer (durch einen tangential mündenden Kanal) erzeugt.

Teilverbrennung in einer Nebenkammer
Die Teilverbrennung von Kraftstoff in einer Nebenkammer bewirkt eine Drucksteigerung in dieser Kammer gegen den Hauptbrennraum, wodurch über einen oder mehrere Verbindungskanäle teiloxidierte Brenngase und verdampfter Kraftstoff in den Hauptbrennraum gedrückt und dort intensiv mit der restlichen Verbrennungsluft vermischt werden.

Die Anwendung einer oder meist mehrerer dieser Möglichkeiten zur Gemischbildung in sinnvoller Kombination führt zu den Diesel-Brennverfahren.

Direkteinspritzverfahren
Dieser Begriff fasst Verfahren zusammen, bei denen auf eine Unterteilung des Brennraumes verzichtet wird.

Drallarme oder Strahleinspritz-Verbrennungsverfahren
Diese Verbrennungsverfahren arbeiten mit sehr niedrigem oder sogar ohne Drall der Zylinder-Luftmasse und nützen größtenteils die Energie der Einspritzstrahlen zur Gemischbildung. Sie wurden früher bei mittelschnell bis langsam laufenden Großmotoren verwendet, die aus thermischen Gründen mit hohen Luftüberschusszahlen betrieben werden mussten.

Der Brennraum wird durch eine weite, meist ω-förmige Brennraummulde gebildet, die zentrisch im Kolben angeordnet ist. Die Einbringung des Kraftstoffs geschieht über eine ebenfalls zentrisch angeordnete, senkrecht stehende Mehrlochdüse mit 5...8 Löchern.

Einerseits erfordern die immer niedriger werdenden Emissions-Grenzwerte für NO_X- und Partikelausstoß ebenfalls höhere Luftzahlen und höhere Einspritzstrahlenergien (durch höhere Einspritzdrücke). Andererseits sind heute auch alle Nkw-Motoren bis herab zu ca. 1 l pro Zylinder aufgeladen und werden wegen des Kraftstoffverbrauchs in ihrem Betriebsdrehzahlband weiter eingeschränkt. Deshalb hat sich das beschriebene Verfahren zwischenzeitlich auch bei Nkw-Motoren weitestgehend durchgesetzt und das umso mehr, weil durch die notwendigen späten Einspritzbeginne zur weiteren NO_X-Reduktion auch immer höhere thermische Belastungen bei Nkw-Motoren auftreten.

Drallunterstützte Mehrlochdüsen-Verbrennungsverfahren
Bei Motoren mit höheren Nenndrehzahlen und größeren Betriebsdrehzahlspannen sowie kleineren Zylinder-Hubvolumen (also vorwiegend Pkw- und Transporter-Motoren) reicht die Gemischbildungsenergie der Einspritzstrahlen alleine für eine ausreichend gute und schnelle Gemischaufbereitung nicht mehr aus. Sie muss durch zusätzliche Luftbewegungen im Brennraum unterstützt werden. Dazu werden deutlich engere Kolbenmulden verwendet. Diese sind zudem an ihrem oberen Rand eingezogen (also zusätzlich

Brennraumform und Düsenanordnung für Strahleinspritzverfahren ohne Luftdrall.

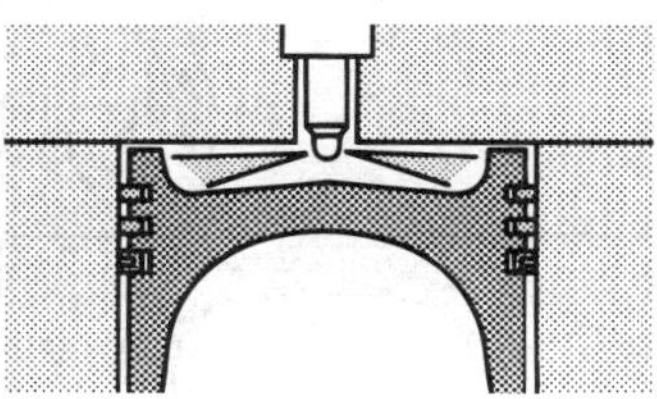

Brennraumform und Düsenanordnung für Mehrlochdüsenverfahren mit Luftdrall.

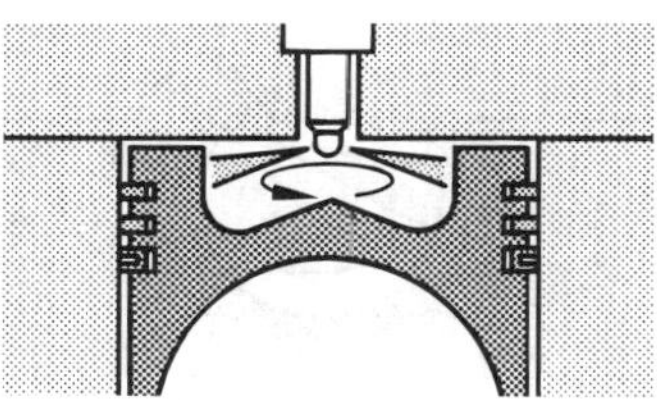

verengt), um einerseits eine hochturbulente Quetschströmung aus dem Kolbenspalt in der Nähe der Einspritzstrahl-Auftreffpunkte zu erzeugen und andererseits die durch geeignete Gestaltung der Einlassorgane (Drall-Einlasskanäle) erzeugte Drehbewegung der Luftladung weiter zu beschleunigen. Die daraus resultierende Gesamt-Drehgeschwindigkeit der Zylinder-Luftmasse wird dabei so gewählt, dass das Luft-Kraftstoff-Gemisch, das sich aus dem aus der Düse austretenden Einspritzstrahl und der senkrecht dazu drehenden Luftwalze über die Einspritzdauer bildet, das stromabwärts liegende Brennraumsegment bis zum folgenden Einspritzstrahl voll ausfüllt und nutzt.

Deshalb ist bei diesem Brennverfahren die Zahl der Düsenlöcher mit 4...6 deutlich geringer. Die Düse wird auch hier möglichst zentrisch zu Kolbenmulde angeordnet.

Wird das Brennraumsegment nicht voll erfasst, leidet die Luftausnutzung und damit die Leistungsausbeute. Überstreicht das Gemisch mehr als den Strahlzwischenraum, tritt durch zu hohe örtliche Kraftstoffanhäufung und damit Luftmangel verstärkte Rußbildung auf.

M-Verfahren

Das wandverteilende Brennverfahren der MAN (M-Verfahren), bei dem der Kraftstoff vorzugsweise auf die Brennraumwand aufgetragen wird, nutzt neben der Einspritzstrahlenergie vor allem die Wärme der Brennraumwand und die Luftdrallströmung zur Gemischbildung. Dabei wird der Kraftstoff mit einer exzentrisch in einem engen Muldenbrennraum angeordneten Einlochdüse in Richtung der Drallströmung auf die Brennraumwand gespritzt. Er bildet dort einen Film, der abdampft und sich dabei sehr intensiv mit der vorbeirotierenden Brennraumluft mischt. Das Verfahren hat eine sehr gute Luftausnutzung und niedrige Abgastrübungswerte (Rußemission).

Da die Verdampfung des Kraftstofffilms von der Brennraumwand langsamer abläuft als die Verdampfung der Tropfen in der verdichteten Luft, sind derartige Brennverfahren in Zusammenhang mit den Anforderungen an Kraftstoffverbrauch und gasförmige Emissionen weniger interessant geworden.

Nebenkammer-Verbrennungsverfahren

Diese Verfahren eignen sich für kleine schnell laufende Dieselmotoren, meist für Pkw. Auf diesem Gebiet werden einerseits sehr hohe Anforderungen an die Geschwindigkeit der Gemischbildung und die Luftausnutzung („fahrbares" λ) gestellt. Andererseits sollen aus Kostengründen teure Einspritzausrüstungen für hohe Einspritzstrahlenenergien vermieden werden.

Darüber hinaus können aus Gründen einer guten Zylinderfüllung Drall-Einlasskanäle hier nicht problemlos angewandt werden.

Die unterteilte Verbrennung mit sehr fettem Gemisch in der Nebenkammer und relativ magerer Verbrennung im Hauptbrennraum ermöglicht sehr niedrige Stickoxid- und Kohlenwasserstoff-Emissionen.

Brennraumform und Düsenanordnung für das MAN-M-Verfahren.

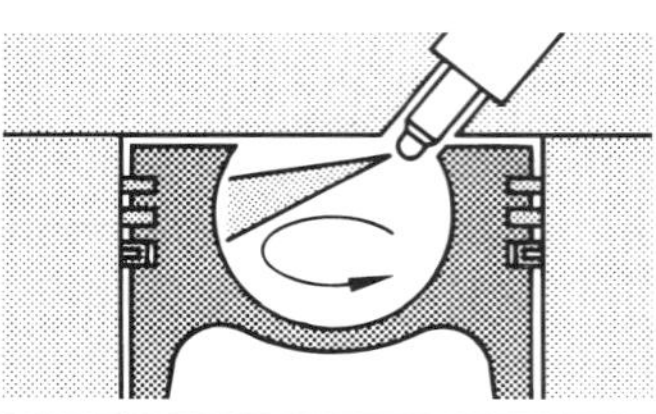

Brennraumform und Düsenanordnung für das Wirbelkammerverfahren.

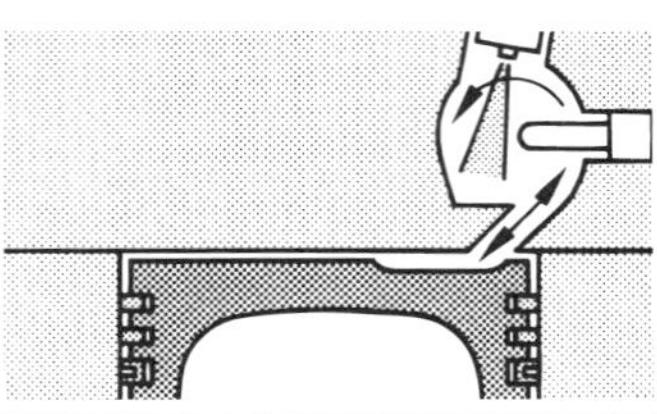

Wirbelkammerverfahren
Dieses Verfahren ist durch eine am Rand des Hauptbrennraums angeordnete, nahezu kugelförmige Nebenkammer von ca. 50% des gesamten Verdichtungsvolumens gekennzeichnet. Die Nebenkammer ist über einen Schusskanal, der tangential in die Kammer mündet und auf die Kolbenmitte gerichtet ist, mit dem Hauptbrennraum verbunden. Sie nimmt auch Düse und Glühkerze (Starthilfe) auf. In der Wirbelkammer entsteht beim Kompressionstakt ein starker Luftwirbel, in den der Kraftstoff – ähnlich dem M-Verfahren – exzentrisch und in Drallrichtung auch auf die Kammerwand eingespritzt wird. Die Gestaltung der Wirbelkammer (mit z. B. zusätzlichen Gemisch-Verdampfungsflächen am Auftreffpunkt des Einspritzstrahles auf der Kammerwand) sowie die Anordnung der Düsen und der Glühkerzen sind kritisch und bestimmen die Güte der Verbrennung. Das Verfahren eignet sich dann für sehr hohe Drehzahlen (> 5000 min^{-1}), zeigt gute Luftausnutzung und weist einen niedrigen Partikelausstoß auf.

Vorkammerverfahren
Das Vorkammerverfahren ist durch eine möglichst zentral zum Hauptbrennraum angeordnete Nebenkammer mit 35...40% Kompressionsanteil gekennzeichnet. Die Vorkammer nimmt ebenfalls Einspritzdüse und Glühkerze (Starthilfe) auf. Sie ist durch mehrere Bohrungen mit dem Hauptbrennraum verbunden, um eine möglichst vollständige Erfassung der Hauptbrennraumluft durch die aus der Kammer austretenden Brenngase zu gewährleisten. Eine optimierte Form der Vorkammer benutzt die unter der Düse liegende Prallfläche („Kugelstift") außer zur raschen Gemischaufbereitung auch (besonders gestaltet) zur Erzeugung einer geordneten Luftbewegung in der Vorkammer. Diese Drallströmung trifft auf den zusätzlich schräg in Drallrichtung gerichteten Einspritzstrahl und führt zusammen mit der ebenfalls im „Abwind" angeordneten Glühkerze zu einer äußerst schadstoffarmen Verbrennung und einem stark reduzierten Partikelausstoß. Das Verfahren hat eine sehr gute Luftausnutzung und ist ebenfalls für hohe Drehzahlen geeignet.

Brennraumform und Düsenanordnung für das Vorkammerverfahren.

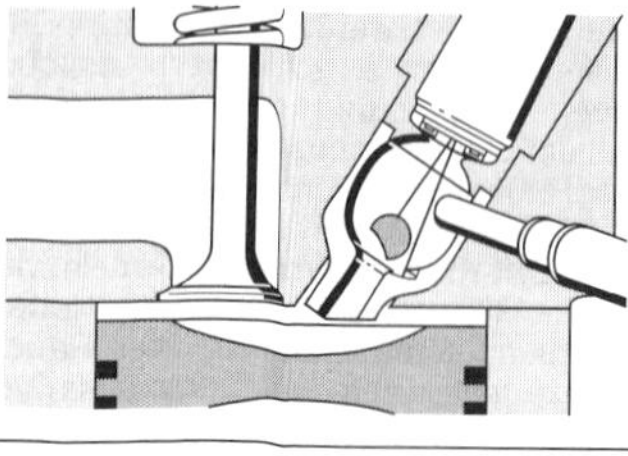

Die Nebenkammerverfahren sind auch für Pkw-Anwendung wegen des Kraftstoffverbrauchs immer weniger interessant. Im Zusammenhang mit dem Speichereinspritzsystem Common Rail (S. 587) und der Weiterentwicklung der Aufladetechnik für kleine Motoren gibt es auch Pkw-Dieselmotoren zunehmend mit direkteinspritzenden Brennverfahren.

Verbrennungsablauf
Zwischen dem Einspritzbeginn (Beginn der Gemischaufbereitung) und dem Beginn der exothermen Reaktion (Zündbeginn) liegt eine gewisse Zeit: der Zündverzug. Er hängt ab von:
– Zündwilligkeit des Kraftstoffs (Cetanzahl),
– Kompressionsenddruck (Verdichtungsverhältnis, Aufladegrad),
– Kompressionsendtemperatur (Verdichtungsverhältnis, Bauteiltemperatur, Ladeluftkühlung) und
– Art der Gemischaufbereitung.
Die mit dem Zündbeginn einsetzende Verbrennung unterteilt man in drei Phasen. In der Phase der „vorgemischten Flamme" wird der bis zum Zündbeginn eingespritzte und mit der Luft gemischte Kraftstoff verbrannt. Der nach Zündbeginn eingespritzte Kraftstoff verbrennt in einer „Diffusionsflamme". Der Anteil der sehr rasch brennenden vorgemischten Flamme an der Gesamtverbrennung ist hauptsächlich verantwortlich für die Drucksteigerung und damit das Verbrennungsgeräusch sowie die entstehende Stickoxidmenge. Die langsamer brennende Diffusionsflamme verursacht vor

allem das Entstehen von Ruß und unverbrannten Kohlenwasserstoffen.

In der nach Spritzende ablaufenden dritten Phase findet die Oxidation des vor allem in der zweiten Phase gebildeten Rußes statt. Diese Phase gewinnt bei modernen Brennverfahren verstärkt an Bedeutung.

Die Wärmefreisetzung eines Dieselmotors hängt neben dem gewählten Brennverfahren entscheidend vom Einspritzzeitpunkt, der Einspritzrate und dem maximalen Einspritzdruck ab. Bei Dieselmotoren mit Direkteinspritzung spielt die Anzahl der Düsenlöcher eine wesentliche Rolle. Eine weitere Anforderung an das Einspritzsystem ist die Voreinspritzfähigkeit zur Verringerung des Brenngeräusches und zur Sicherstellung eines möglichst frühen Spritzbeginns für die Haupteinspritzung. Dies senkt den Kraftstoffverbrauch bei gegebenen Stickstoffoxidemissionen.

Das Diagramm zeigt „Wärmefreisetzungsverläufe" für die verschiedenen Einspritzverfahren. Die zweistufige Verbrennung der Nebenkammerverfahren ermöglicht die Steuerung des Verbrennungsablaufs zusätzlich durch die Wahl der Überströmquerschnitte Nebenkammer/Hauptbrennraum.

Wärmefreisetzungsverläufe.
1 Bei luftverteilender Direkteinspritzung (verbrauchsoptimierter Saugmotor), 2 bei wandverteilender, geräuschoptimierter Direkteinspritzung, 3 bei Nebenkammerverfahren in der Nebenkammer (3a) und im Hauptbrennraum (3b), 4 bei abgasoptimierter Strahleinspritzung (ladeluftgekühlte, aufgeladene Motoren).

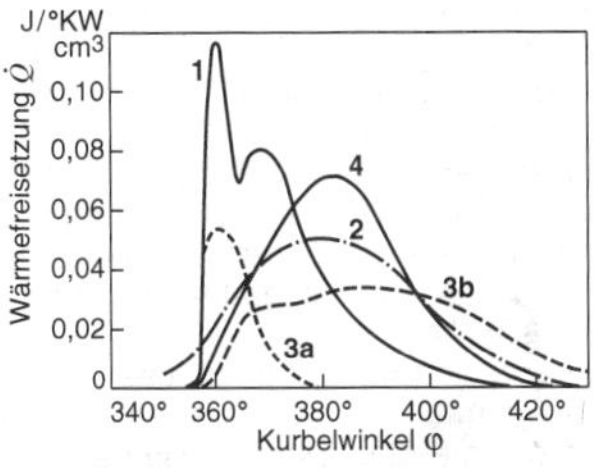

Probleme und Grenzen der Verbrennung

Da bei Dieselmotoren der eingespritzte Kraftstoff durch Selbstzündung entflammt wird, muss vom Kraftstoff gute Zündwilligkeit gefordert werden (CZ ≈ 45...50). Trotz hohem Verdichtungsverhältnis können beim Start – insbesondere beim Kaltstart – Zündprobleme auftreten, da bei der niedrigen Startdrehzahl des Motors die Verdichtung erst nach Schließen der Einlassventile (also deutlich nach UT) beginnt, womit das effektive Verdichtungsverhältnis und damit die Kompressionstemperatur stark gesenkt werden.

Kalte Motorbauteile begünstigen außerdem den Wärmefluss aus der verdichteten Luft (Polytropenexponent $1,1 < n < 1,2$). Die Beziehung $T_1 = T_0 \cdot \varepsilon^{n-1}$ zeigt, dass durch eine Verringerung der effektiven Verdichtung oder des Polytropenexponenten die Kompressionsendtemperatur reduziert wird. Zudem ist bei niedrigen Drehzahlen die Kraftstoffaufbereitung unbefriedigend (niedriger Einspritzdruck, große Kraftstofftropfen) und die Luftbewegung gering. Durch Bereitstellung einer längeren Verdampfungszeit (früherer Einspritzbeginn) und eine Erhöhung der Kraftstoffmenge deutlich über die Volllastmenge hinaus (Bereitstellung einer größeren Menge leichtsiedenden Kraftstoffs) kann das Startproblem nur teilweise gelöst werden, da die schwerer siedenden Bestandteile des Kraftstoffs den Motor in Form von Weißrauch bzw. Blaurauch verlassen. Starthilfen durch Temperaturerhöhung in Form von Glühkerzen oder Flammstartanlagen sind deshalb vor allem bei kleinen Motoren notwendig.

Da bei heterogenen Verfahren ein beträchtlicher Teil der Gemischbildung während der Verbrennung abläuft, muss darauf geachtet werden, dass es in der Diffusionsflamme zu keinen örtlichen Überfettungen und damit schon bei hohem Luftüberschuss zu einem Anstieg der Rußemission kommt. Das an der gesetzlich festgelegten Rauchgrenze fahrbare Luft-Kraftstoff-Verhältnis ist ein Maß für die Güte der Luftausnutzung. Nebenkammermotoren fahren an der Rauchgrenze mit einem Luftüberschuss von 5...15 %, direkteinspritzende Diesel-

motoren von 10...80 %. Dabei ist zu beachten, daß großvolumige Dieselmotoren auch aus Gründen der thermischen Bauteilbelastung mit deutlichem Luftüberschuss fahren müssen.

Da bei heterogener Verbrennung stets Ruß entstehen muss, kann ein rußfreier Dieselmotor nur bedingt realisiert werden, was eine deutliche Verbesserung der Rußoxidation erfordert.

Durch Erhöhung des Einspritzdruckes an der Einspritzdüse und Übergang auf optimierte Strahleneinspritzverfahren mit weiter Brennraummulde und hohen Düsenlochzahlen sowie die Anwendung der Abgasturboaufladung und der Ladeluftkühlung konnte die Rußemission moderner Dieselmotoren jedoch unter die Sichtbarkeitsgrenze verringert werden. Trotzdem erfordern die künftigen Partikelgrenzwerte die Entwicklung von Partikelfiltern mit den notwendigen Regenerationssystemen.

Da bei Verbrennungsverfahren mit Selbstzündung jener Anteil des Kraftstoffs sehr rasch verbrennt, der während des Zündverzuges verdampft und mit Luft vermischt ist, kann bei verschiedenen Lastzuständen, bei denen dieser Anteil sehr hoch ist, eine „harte“ Verbrennung mit negativen Auswirkungen auf das Motorgeräusch die Folge sein. Solche Lastzustände sind z. B.: Leerlauf, niedrige Teillast bei aufgeladenen Motoren und Hochlast bei schnell laufenden Saugmotoren.

Abhilfe kann geschaffen werden, indem der Zündverzug selbst durch Vorwärmung der Ansaugluft, durch Aufladung sowie durch Hochverdichtung verringert wird und/oder die eingebrachte Kraftstoffmenge während des Zündverzuges reduziert wird. Die Reduzierung dieser Kraftstoffmenge wird bei Direkteinspritzverfahren meist mit einer Voreinspritzung erreicht, bei Nebenkammerverfahren mit einer speziellen Düsengestaltung (Drosselzapfendüse).

Nicht zu verwechseln mit dieser verfahrensspezifischen harten Verbrennung ist das „Nageln“, das vor allem bei Nebenkammerverfahren mit Zapfendüse im mittleren und unteren Kennfeldbereich auftritt und durch Unzulänglichkeiten des Gemischbildungssystems (wie z. B. nicht schnarrende oder verkokte Einspritzdüsen) verursacht wird und sich durch ein impulshaltiges, metallisches Geräusch äußert.

Folgende Gründe bedingen die Auslegung eines Dieselmotors auf hohe Spitzendrücke mit der entsprechenden Auswirkung auf Dimensionierung und Materialwahl:

- die aus Start- und Geräuschgründen erforderliche hohe Verdichtung,
- das Verbrennungsverfahren mit möglichst hohem Zündsprung aus Gründen des Kraftstoffverbrauchs und
- die immer häufiger angewandte Aufladung mit steigenden Ladedrücken.

Da Dieselmotoren zudem auch bei Volllast mit Luftüberschuss betrieben werden müssen, haben sie im Allgemeinen niedrigere Leistungsdichten als Ottomotoren.

Hybridverfahren

Hybridmotoren haben Merkmale des Diesel- und des Ottomotors.

Ladungsschichtung

Bei Motoren mit Ladungsschichtung wird das Gemisch im Bereich der Zündkerze so weit angereichert, dass eine sichere Entflammung garantiert ist, die Verbrennung im Mittel aber bei stark abgemagertem Gemisch stattfindet. Dadurch sollen dieselähnliche Teillastverbräuche, vor allem aber niedrige NO_x- und CO-Emissionen erreicht werden.

Bei den „offenen“ Verfahren, die in der Mehrzahl ihrer Merkmale dieselähnlich sind (Qualitätssteuerung, Hochdruckeinspritzung usw.) wird versucht, durch innere Gemischbildung (Texaco TCCS, Ford PROCO, Ricardo, MAN-FM, KHD-AD) ein entzündbares Gemisch an der Zündkerze zu erzeugen, während im übrigen Bereich des Brennraums bis hin zu reiner Luft abgemagert wird.

Die Verfahren mit innerer Gemischbildung liegen hinsichtlich der Luftausnutzung im Bereich von Dieselmotoren.

Bei den Kammerverfahren, die eher ottomotorische Eigenschaften (Drosselsteuerung, Gemischansaugung usw.) aufweisen, wird die Zündkerze in einer kleinen Nebenkammer, der Zündkammer (Volumen etwa 5...25% des Kompressionsvolumens), angeordnet. Die Zündkammer ist durch eine oder mehrere Bohrungen (Schusskanäle) mit dem Hauptbrennraum verbunden.

Dabei wird eine Teilkraftstoffmenge über ein zusätzlich in der Kammer angeordnetes Einspritzventil eingespritzt (VW, Porsche-SKS) oder ein Teil-Luft-Kraftstoff-Gemisch über ein zusätzlich in der Kammer angeordnetes Ventil angesaugt (Honda-CVCC).

Nachteil dieser Verfahren ist ein höherer Bauaufwand und eine höhere HC-Emission aufgrund der niedrigen Abgastemperaturen und der dadurch geringeren bzw. fehlenden Nachreaktionen im Auslasstrakt.

Vielstoffmotoren

Vielstoffmotoren stellen keine oder nur geringe Anforderungen an Zündwilligkeit oder Klopffestigkeit des eingesetzten Kraftstoffes und müssen Kraftstoff unterschiedlicher Qualität ohne Motorschäden verarbeiten können. Da der Kraftstoff geringe Klopffestigkeit aufweisen darf, besteht bei äußerer Gemischbildung die Gefahr von klopfender Verbrennung bzw. Frühzündung. Vielstoffmotoren arbeiten deshalb ausschließlich mit innerer Gemischbildung und spätem (dieselähnlichem) Spritzbeginn. Die Einspritzpumpe für den Vielstoffbetrieb ist mit einem Ringschmierkanal für das Pumpenelement versehen, wodurch die Stempel durch Motorenöl aus der Druckumlaufschmierung geschmiert werden können und ein Hindurchtreten von Kraftstoff in den Nockenwellenraum der Pumpe verhindert wird. Da andererseits die Zündwilligkeit der Kraftstoffe keine oder nur erschwert Selbstzündung garantiert, werden Vielstoffmotoren extrem hoch verdichtet (DB, MTU: $\varepsilon = 25:1$) oder sie werden mit fremden Zündquellen in Form von Zündkerze oder Glühkerze versehen (MAN-FM). Das Verdichtungsverhältnis dieser fremdgezündeten Motoren liegt mit ε = 14...15 zwischen Otto- und Dieselmotoren.

Eine besondere Art der Zündeinleitung ist das von Alkohol- oder Gasmotoren bekannte Zündstrahlverfahren (KHD, MWM), bei dem ein zusätzlich direkt in den Brennraum eingespritzter Dieselstrahl von 5...10% der Dieselvolllastmenge die Entflammung sicherstellt. Der Hauptenergieträger kann dabei durch äußere oder innere Gemischbildung eingebracht werden.

Während die Schichtladeverfahren mit neuen Gemischbildungssystemen im Rahmen der BDE-Entwicklung weiter verfolgt werden, haben die Vielstoffmotoren zur Zeit nahezu keine Bedeutung.

Gaswechsel

Bei Verbrennungskraftmaschinen mit offener Prozessführung und innerer Verbrennung kommen dem Gas- oder Ladungswechsel zwei entscheidende Aufgaben zu:

1. Das Arbeitsgas wird durch Austausch auf den Ausgangszustand des Kreisprozesses gebracht und
2. der zur Kraftstoffverbrennung erforderliche Sauerstoff wird in Form von Frischluft bereitgestellt.

Eine Beurteilung des Gaswechsels ist mit Hilfe der in DIN 1940 festgelegten Kenngrößen möglich. Während beim Luftdurchsatz (Luftaufwand $\lambda_a = m_g/m_{th}$) die gesamte während eines Arbeitsspiels durchgesetzte Ladung m_g auf die durch das Hubvolumen vorgegebene theoretische mögliche Ladung bezogen wird, betrachtet man beim Liefergrad $\lambda_{a1} = m_z/m_{th}$ lediglich die im Zylinder

Darstellung des 4-Takt-Gaswechselverfahrens im p-V-Diagramm.

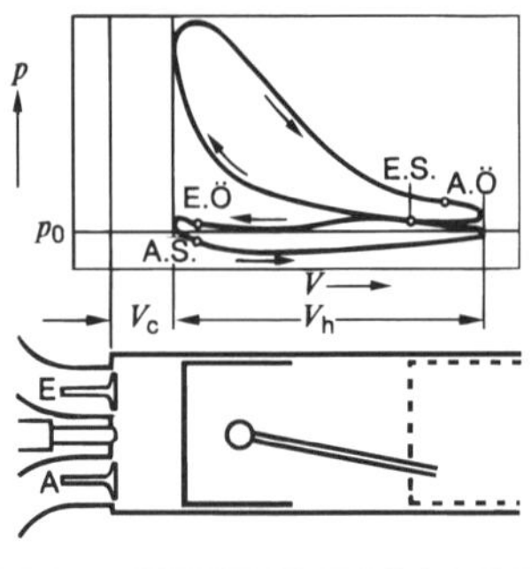

4-Takt-Gaswechselverfahren.

A Auslass,
AÖ Auslass öffnet,
AS Auslass schließt,
E Einlass,
EÖ Einlass öffnet,
ES Einlass schließt,
OT oberer Totpunkt,
ÜOT Überschneidungs-OT,
ZOT Zünd-OT,
UT unterer Totpunkt,
ZZ Zündzeitpunkt.

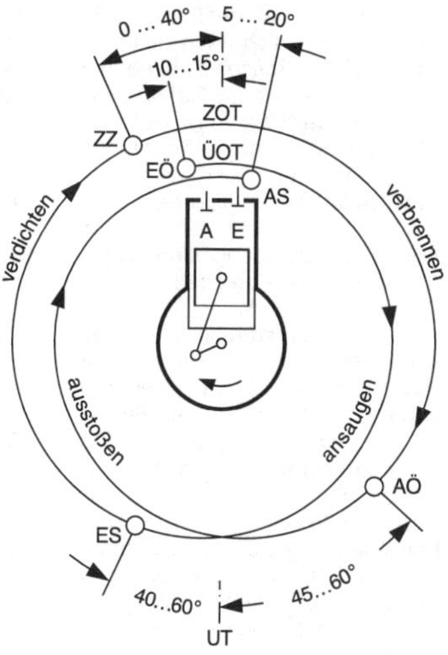

tatsächlich vorhandene bzw. verbleibende Frischladung m_z. Diese unterscheidet sich von der insgesamt durchgesetzten Ladung m_g durch den Anteil, der während der Überschneidungsphase direkt in den Auslass strömt und somit der Verbrennung nicht zur Verfügung steht.

Der Fanggrad

$$\lambda_z = m_z/m_g$$

ist ein Maß für die im Zylinder verbleibende Ladung. Der Spülgrad

$$\lambda_S = m_z/(m_z+m_r)$$

gibt an, wie hoch der Anteil der Frischladung m_z im Vergleich zu der aus Frischladung und Restgasanteil m_r bestehenden Gesamtladung ist. Dabei beschreibt m_r den nach Auslassende im Zylinder verbleibenden Gasrest aus früheren Arbeitsspielen.

Erfolgt der Gaswechsel bei jeder Kurbelwellenumdrehung am Ende der Expansion im Bereich des unteren Totpunktes, spricht man vom 2-Takt-Verfahren. Wird zwischen jedem Verbrennungstakt ein separater Gaswechseltakt, bestehend aus Ausschubhub und Ansaughub, eingeschoben, spricht man vom 4-Takt-Verfahren.

4-Takt-Verfahren

Zur Steuerung des Gaswechsels wird hier eine mit halber Motordrehzahl drehende Steuerwelle (Nockenwelle) von der Kurbelwelle angetrieben. Die Nockenwelle öffnet die für das Ausschieben der verbrauchten Gase und Ansaugen der Frischgase separat ausgelegten Gaswechselventile gegen die Ventilfedern. Kurz vor dem unteren Totpunkt (UT) öffnet das Auslassventil und bei überkritischem Druckverhältnis verlassen während dieses Vorauslassens ca. 50 % der Brenngase den Brennraum. Der sich nach oben bewegende Kolben sorgt während des Ausschubtaktes für eine nahezu vollständige Entfernung der Brenngase aus dem Brennraum.

Kurz vor dem oberen Totpunkt des Kolbens (OT) öffnet das Einlassventil bei noch geöffnetem Auslassventil. Zur Unterscheidung zum Zünd-OT (ZOT), bei dem die Verbrennung abläuft, nennt man diese Stellung der Kurbelwelle den Gaswechsel-OT (GOT) oder auch Überschneidungs-OT (ÜOT), weil sich in diesem Bereich die sonst strikt getrennten Einlass- und Auslassvorgänge überschneiden. Kurz nach GOT schließt das Auslassventil und bei geöffnetem Einlassventil kann der sich nach unten bewegende Kolben Frischluft ansaugen. Dieser zweite Takt des Gaswechsels (Ansaugakt) dauert bis kurz nach UT. Mit Verdichtung und Verbrennung (Expansion) schließen sich die beiden restlichen Takte des 4-Takt-Verfahrens an.

Während der Überschneidungsphase strömen beim drosselgesteuerten Ottomotor – vor allem bei Teillast infolge von hohem Saugrohrunterdruck – Abgase direkt vom Brennraum in den Einlasskanal oder vom Auslasskanal zurück in den Brennraum und dann in den Einlasskanal. Diese „innere" Abgasrückführung wirkt sich besonders im Leerlauf ungünstig aus. Sie kann aber nicht ganz vermieden werden, da ein Kompromiss zwischen befriedigendem Leerlaufverhalten einerseits und ausreichenden Zeitöffnungsquerschnitten der Ventile bei hohen Drehzahlen andererseits gefunden werden muss.

Ein frühes Öffnen des Auslassventils ermöglicht einen großen Vorauslass und garantiert damit geringe Restgasverdichtung durch den nach oben gehenden Kolben, verringert aber die indizierte Arbeit der Brenngase.

Die Steuerzeit „Einlassventil schließt" (ES) beeinflusst entscheidend den Luftaufwandverlauf über der Drehzahl.

Bei frühem Schließen des Einlassventils (ES) wird das Luftaufwandmaximum im unteren Drehzahlbereich liegen, bei spätem Schließen des Einlassventils (ES) im oberen Bereich.

Dies macht deutlich, dass starre Steuerzeiten für die Ventile immer einen Kompromiss für die Auslegung hinsichtlich des erreichbaren Mitteldruck- bzw. Drehmoment-Maximums und dessen Lage im nutzbaren Drehzahlband sowie der erreichbaren Leistung bei Nenndrehzahl darstellen. Je höher die Nenndrehzahl bzw. je breiter das nutzbare Drehzahlband eines Motors, desto unbefriedigender fällt der Kompromiss aus. Diese Tendenz verschärft sich durch große Querschnittsänderungen der Gaswechselorgane über dem Ventilhub, d. h. durch Mehrventilanordnungen.

Andererseits bewirken die Forderungen nach geringsten Abgasemissionswerten und niedrigsten Werten für den Kraftstoffverbrauch, dass gute Drehmomentwerte bereits bei niedrigen Drehzahlen (trotz hoher Leistungsausbeute aus Gründen des Gewichts der Antriebseinheit) an Bedeutung gewinnen und dass niedrige Leerlaufdrehzahlen wichtiger werden. Dies führt zu variablen Steuerzeiten (zumindest bei Einlassventilen), in zunehmendem Maß realisiert durch folgende Bauarten (vor allem bei hochdrehenden Otto-Serienmotoren):

Verdrehung der Einlassnockenwelle.
1 Spät, 2 normal, 3 früh.

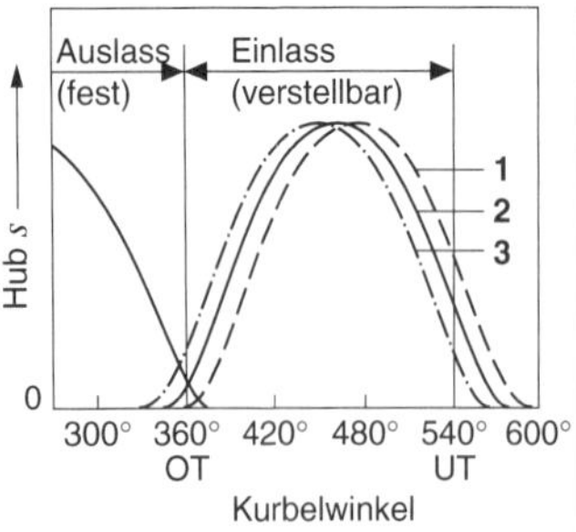

Umschaltung der Nockenwelle.
1 Standardnocken, 2 Zusatznocken.

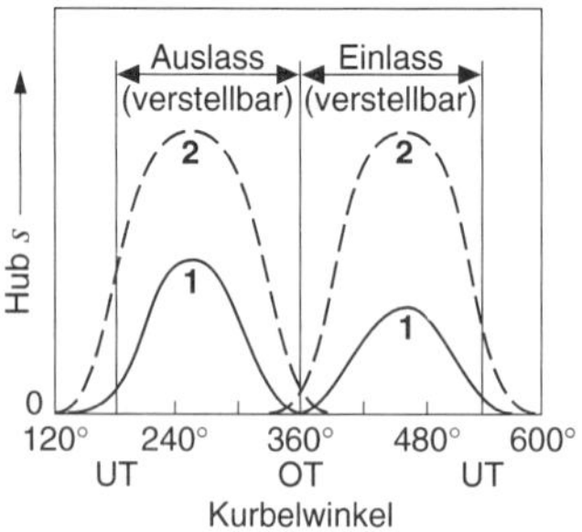

Verdrehung der Nockenwelle: Veränderung der „Einlass-öffnet"- bzw. „Einlass-schließt"-Steuerzeiten durch Verdrehen der Einlassnockenwelle über einen Hydrauliksteller in Abhängigkeit von der Motordrehzahl (Alfa Romeo, Mercedes-Benz).

Bei Leerlauf und bei höheren Drehzahlen wird die Nockenwelle auf einen späten „Einlass-schließt"-Wert gestellt. Dies führt bei Leerlauf zu geringen Ventilüberschneidungen im ÜOT und damit zu stabilem Leerlaufverhalten, bei hoher Drehzahl dagegen zu guter Leistungsausbeute. Im Bereich niedriger bis mittlerer Volllastdrehzahlen führt das Verdrehen der Nockenwelle in Richtung früher „Einlass-schließt"-Wert zu höheren Zylinderfüllungen und damit höheren Drehmomentwerten.

Umschaltung der Nockenwelle: Veränderung der Ventilsteuerzeiten von Ein- und Auslassventilen insgesamt durch Schalten von zwei unterschiedlichen Nockenformen (Honda).

Ein erster Nocken gibt die optimalen Steuerzeiten und Ventilhübe von Ein- und Auslassventilen für den unteren und mittleren Drehzahlbereich vor, während für die höheren Drehzahlen ein zweiter Nocken mit höheren Ventilhubwerten und längeren Ventilöffnungszeiten durch Einkoppeln eines vorher frei schwingenden Schlepphebels auf die Standard-Kipphebel drehzahlabhängig zugeschaltet wird.

Stufenlose Steuerzeit- und Ventilhubänderung: Stufenlose Änderung der Ventilsteuerzeiten in Abhängigkeit von der Drehzahl (Fiat).

Diese optimale (aber auch schwierigste) Lösung mit Hilfe von räumlichen Nockenprofilen und einer längsverschiebbaren Nockenwelle ermöglicht deutliche Drehmomentgewinne im gesamten Drehzahlbereich des Motors.

Da schnellschaltende Elektromagnet-Einspritzventile verfügbar sind, wird an der Entwicklung von elektrohydraulisch betätigten Ventilsteuerungen (EHVS) gearbeitet. Auch wird die Entwicklung von elektromagnetisch betätigten Ventilsteuerungen vorangetrieben. Derartige Lösungsansätze sind allerdings noch nicht in Serienanwendung.

Stufenlose Steuerzeit- und Ventilhubänderung.
a) Minimaler Hub, b) maximaler Hub.

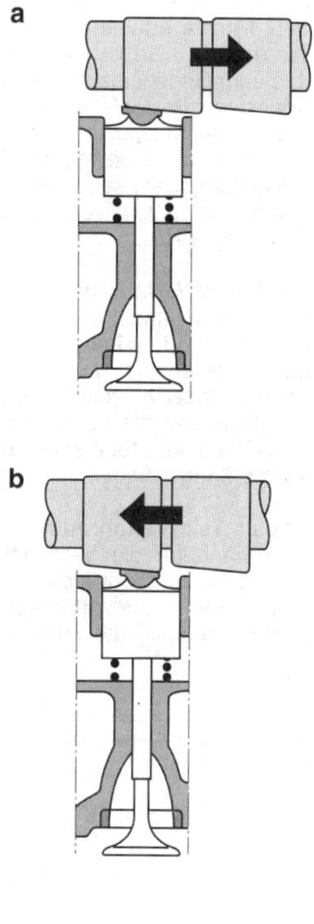

Beurteilung der Gaswechselorgane
Einlass- und Auslasskanäle können mit Hilfe stationärer Durchströmuntersuchungen anhand der Durchflussziffer oder des Kanalwirkungsgrades beurteilt werden. Dabei ist es sinnvoll, die Auslasskanäle im unteren Ventilhubbereich anhand von überkritischen Druckverhältnissen, wie sie beim Vorauslass auftreten, zu bewerten.

Neben der Beurteilung der Durchflusskennziffer kommt der Beurteilung der Strömung im Zylinder mehr und mehr Bedeutung zu. Sie kann ebenso auf der Basis stationärer Durchströmversuche und der daraus abgeleiteten Kenngrößen für Drall und Tumble erfolgen. Verstärkt werden hierzu auch 3-D-Rechenmodelle eingesetzt, die im Gegensatz zu der verfügbaren Messtechnik lokale Informationen über den Strömungszustand ermöglichen. Zur theoretischen Bewertung des gesamten Ladungswechsels werden heute üblicherweise sehr weit entwickelte Motormodelle eingesetzt.

Vorteile des 4-Takt-Verfahrens:
Sehr gute Zylinderfüllung im gesamten Drehzahlbereich, große Unempfindlichkeit gegen Druckverluste im Auspuffsystem sowie relativ gute Beeinflussungsmöglichkeiten des Luftaufwandverlaufs durch Wahl der Steuerzeiten und Anpassung des Saugsystems.

Nachteile des 4-Takt-Verfahrens:
Hoher Bauaufwand für die Ventilsteuerung. Durch die Nutzung nur jeder zweiten Wellenumdrehung zur Arbeiterzeugung wird die Leistungsdichte verringert.

Darstellung des 2-Takt-Gaswechselverfahrens im p-V-Diagramm.

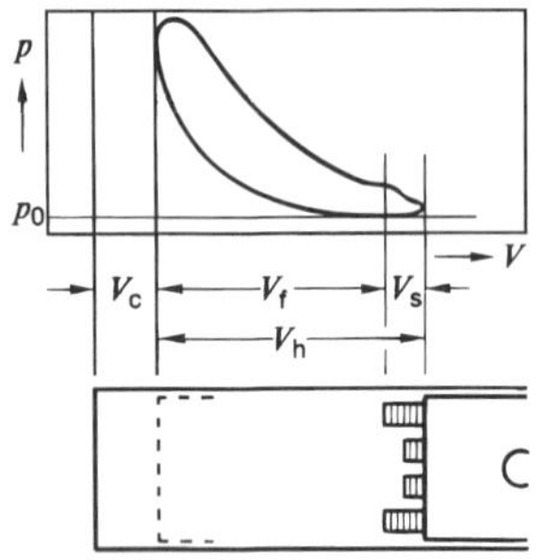

2-Takt-Verfahren
Um den Gaswechsel ohne eine zusätzliche Umdrehung der Kurbelwelle zu erreichen, werden beim 2-Takt-Verfahren die Gase am Ende der Expansion und zu Beginn des Kompressionshubs getauscht. Zur Steuerung der Ein- und Auslasszeitpunkte wird meist der Kolben verwendet, indem dieser im Bereich des unteren Totpunkts die im Zylindergehäuse angeordneten Ein- und Auslassschlitze überfährt. Dies bedingt allerdings symmetrische Steuerzeiten mit dem Problem der Kurzschlussspülung. Außerdem können 15...25 % des Kolbenhubs nicht zur Arbeitsgewinnung genutzt werden, da nur das Füllungsvolumen V_f und nicht das Hubvolumen V_h Arbeit leisten kann. Da ein separater Ansaug- bzw. Ausschubhub fehlt, muss der Zylinder mit Überdruck befüllt bzw. gespült werden. Hierzu sind Spülpumpen erforderlich. Bei einer besonders einfachen und sehr häufig verwendeten Ausführung wird die Kolbenunterseite in Verbindung mit einem hinsichtlich Schadvolumen minimierten Kurbelgehäuse als Spülpumpe verwendet. Die Bilder zeigen den 2-Takt-Motor mit Kurbelkastenspülung bzw. Vorverdichtung im Kurbelgehäuse und dessen steuertechnische Vorgänge. Die Vorgänge auf der Spülpumpenseite sind im Innenkreis dargestellt, die Vorgänge auf der Zylinderseite im Außenkreis. Um eine befriedigende Zylinderspülung zu erreichen, sind Querspülung, Umkehrspülung oder Gleichstromspülung möglich.

Vorteile des 2-Takt-Verfahrens:
Einfacher Motoraufbau, geringes Gewicht, niedrige Herstellungskosten, günstigeres Drehkraftdiagramm.

Nachteile des 2-Takt-Verfahrens:
Höherer Kraftstoffverbrauch und höhere HC-Emission (problematische Zylinderspülung), geringere Mitteldrücke (schlechtere Zylinderfüllung), höhere Wärmebelastung (fehlender Gaswechseltakt), schlechtes Leerlaufverhalten (hoher Restgasanteil).

2-Takt-Gaswechselverfahren mit einer Vorverdichtung in der Kurbelkammer.

A Auslass,
AÖ Auslass öffnet,
AS Auslass schließt,
E Einlass,
EÖ Einlass öffnet,
ES Einlass schließt,
Ü Überströmkanal, schließt,
ÜÖ Überströmkanal
ÜS Überströmkanal öffnet,
OT oberer Totpunkt,
UT unterer Totpunkt,
ZZ Zündzeitpunkt.

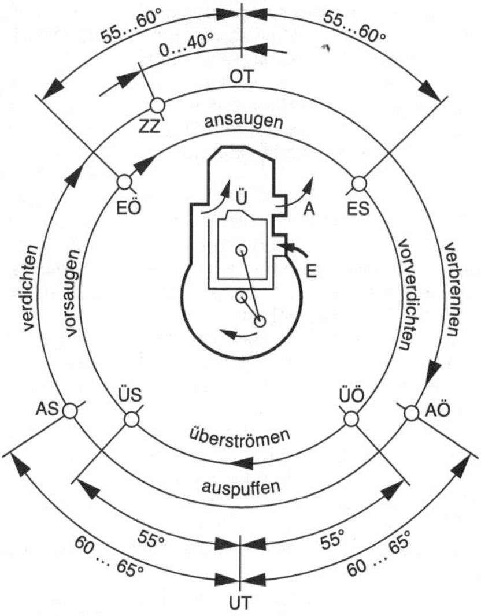

2-Takt-Spülverfahren.
1 Querspülung, 2 Umkehrspülung, 3 und 4 Gleichstromspülung.

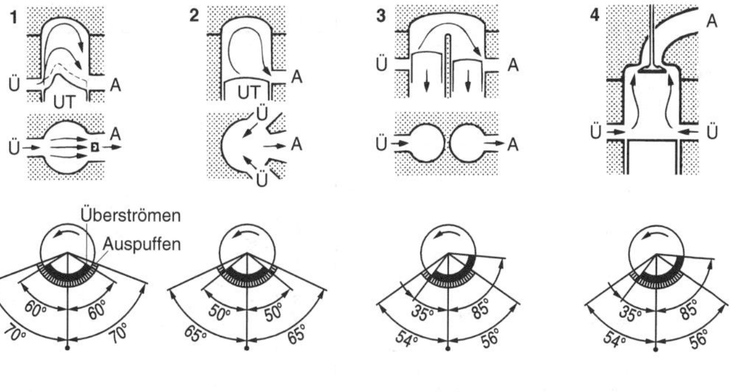

Aufladeverfahren

Die Leistung eines Motors ist proportional dem Luftdurchsatz $\dot{m}_z$. Da dieser proportional der Luftdichte ist, kann die Leistung eines bezüglich Hubvolumen und Drehzahl vorgegebenen Motors durch Vorverdichten der Luft vor Eintritt in den Zylinder, d. h. durch Aufladen, erhöht werden.

Der Aufladegrad gibt die Dichtesteigerung im Vergleich zum Saugmotor an. Er hängt vom verwendeten Aufladesystem ab (realisierbares Druckverhältnis) und ist bei gegebener Druckerhöhung am größten, wenn die Temperatur der verdichteten Luft (Ladeluft) nicht erhöht bzw. durch die Ladeluftkühlung auf ihre Ausgangstemperatur rückgekühlt wird.

Der Aufladegrad wird beim Ottomotor durch klopfende Verbrennung, beim Dieselmotor durch die maximal zulässigen Spitzendrücke begrenzt. Zur Vermeidung dieser Probleme werden aufgeladene Motoren üblicherweise niedriger verdichtet als Saugmotoren.

Dynamische Aufladung

Die einfachste Art der Aufladung besteht in der Ausnutzung der Dynamik der angesaugten Luft.

Schwingsaugrohr-Aufladung

Jeder Zylinder hat ein gesondertes Saugrohr bestimmter Länge, das meist an einem Sammelbehälter angeschlossen ist. Die Energiebilanz ist dadurch gekennzeichnet, dass die Saugarbeit des Kolbens in kinetische Energie der Gassäule vor dem Einlassventil und diese in Verdichtungsarbeit der Frischladung umgewandelt wird.

Resonanzaufladung

Bei der Resonanzaufladung werden Gruppen von Zylindern mit gleichen Zündabständen über kurze Rohre an Resonanzbehälter angeschlossen, die über Resonanzrohre mit der Atmosphäre bzw. einem Sammelbehälter verbunden als Helmholtz-Resonatoren wirken.

Schaltansaugsysteme

Beide Systeme der dynamischen Auf-

Schwingsaugrohraufladung.
Anordnung und Energiebilanz.
Saugarbeit A des Kolbens entspricht der Verdichtungsarbeit B.

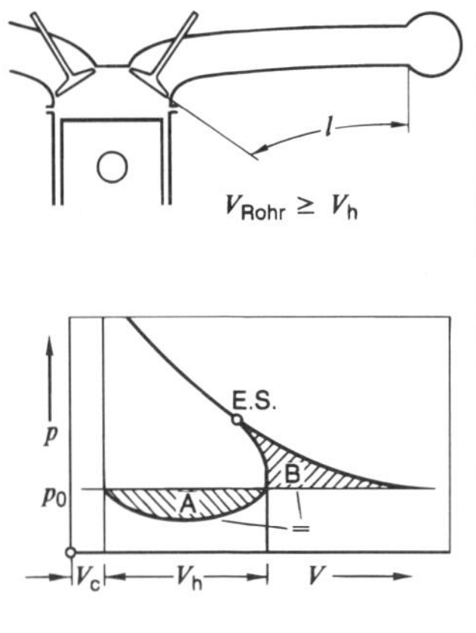

Resonanzaufladung.
Anordnung und Verlauf des Liefergrades.

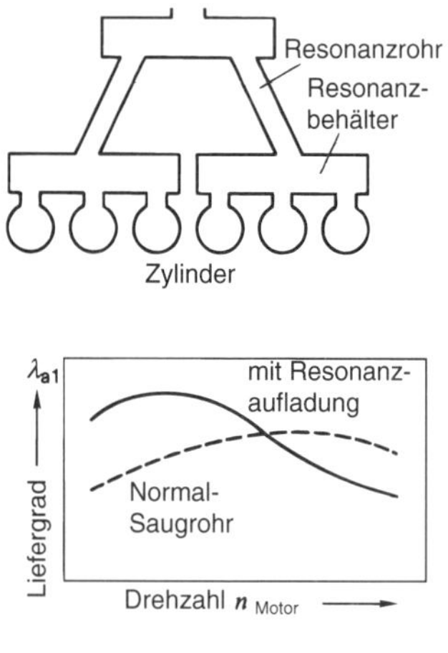

Regelbare Ansaugrohrlänge.
1 Resonanzkammer 1,
2 Schiebevorrichtung,
3 Resonanzkammer 2.

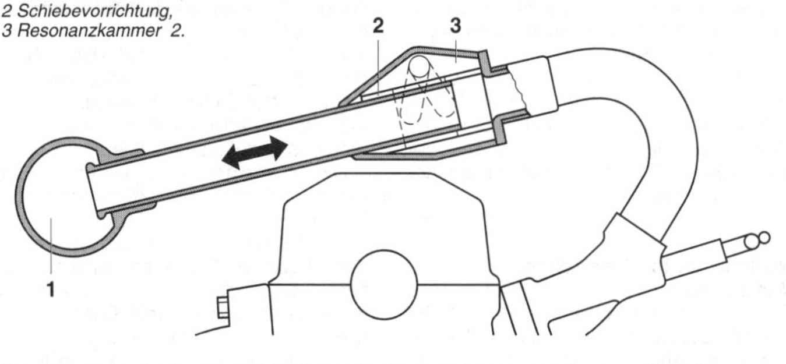

ladung kommen heute (auch in Kombination) bereits bei mehreren Herstellern zur Anwendung (BMW, Citroën, Opel, Ford). Sie erhöhen den erzielbaren Luftaufwand vor allem im unteren Drehzahlbereich.

Zum Umschalten der Schaltansaugsysteme dienen z. B. Klappen, die die zu Zylindergruppen zusammengefassten Systembereiche drehzahlabhängig voneinander trennen bzw. miteinander verbinden.

Die regelbare Ansaugrohrlänge arbeitet mit einer ersten Resonanzkammer bei niedrigen Drehzahlen. Die Ansaugrohrlänge verändert sich schließlich bis zu hohen Drehzahlen, bei denen zusätzlich noch eine zweite Resonanzkammer öffnet.

Mechanische Aufladung

Bei der mechanischen Aufladung wird das Aufladegerät direkt vom Motor angetrieben. Motor und Lader haben dabei meist ein festes Übersetzungsverhältnis zueinander. Mechanische oder elektromagnetische Kupplungen zur Laderzuschaltung werden häufig verwendet.

Das Zusammenwirken von Lader und Motor wird am einfachsten im Druck-Volumenstrom-Kennfeld dargestellt, in dem über dem Volumenstrom $\dot{V}$ das auftretende Druckverhältnis π_c der Aufladegeräte aufgetragen ist.

Bei ungedrosselten 4-Takt-Motoren (Diesel) wird das Diagramm besonders anschaulich, weil sich für konstante Motordrehzahlen mit steigendem Druckverhältnis $\pi_c \triangleq p_2/p_1$ zu wachsenden Luftdurchsätzen hin geneigte Geraden für den Mengenstrom durch den Motor („Schlucklinien") ergeben.

Schaltansaugsysteme.
a) Zwei-, b) dreistufig schaltbar.
A, B Zylindergruppen. 1, 2 Klappen (öffnen drehzahlabhängig).

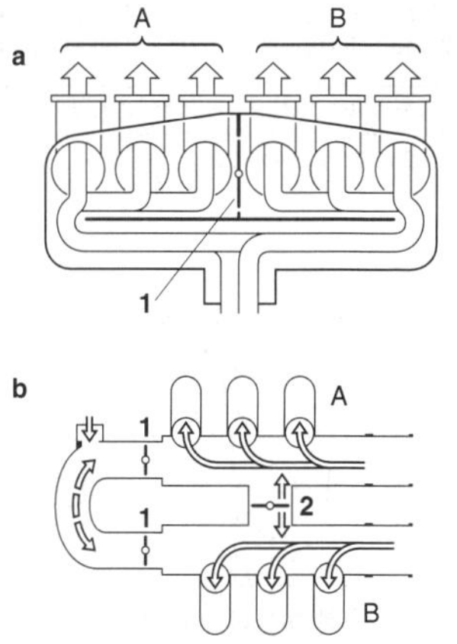

In dieses Kennfeld sind die Druckverhältnisse eingezeichnet, die sich bei zugeordnet konstanten Laderdrehzahlen für einen Verdränger- und einen Strömungsverdichter ergeben.

Für Fahrzeugmotoren sind nur Lader geeignet, deren Fördermenge sich linear mit ihrer Drehzahl ändert, also Verdrängerlader in Kolben-, Vielzellen- oder Roots-Bauart (S. 480). Strömungslader sind nicht geeignet.

Vorteile der mechanischen Aufladung:
Relativ einfache Aufladegeräte auf der „kalten" Seite des Motors. Es ist kein Eingriff in das Abgassystem des Motors notwendig.

Das Aufladesystem spricht verzögerungsfrei auf Laständerungen an.

Nachteil der mechanischen Aufladung:
Die Verdichterleistung muss von der Nutzleistung des Motors abgezweigt werden, was den Kraftstoffverbrauch erhöht.

Abgasturboaufladung

Bei der Abgasturboaufladung wird die Energie zum Antrieb des Laders dem Abgas entnommen. Dabei wird einerseits die Energie genutzt, die bei Saugmotoren infolge des durch den Kurbeltrieb vorgegebenen Expansionsverhältnisses nicht genutzt werden kann. Andererseits wird das Abgas beim Verlassen des Motors höher aufgestaut, um die notwendige Verdichterleistung zu erhalten.

Die Abgasenergie wird dabei heute ausschließlich durch eine Abgasturbine in mechanische Energie umgesetzt, so dass sich Strömungsverdichter zur Vorverdichtung des Frischgases anbieten.

Die Kombination Abgasturbine-Strömungsverdichter heißt „Abgasturbolader" (S. 482).

Üblicherweise erfolgt die Auslegung des Abgasturboladers so, dass sich bereits bei niedriger Motordrehzahl ein hoher Ladedruck einstellt. Dadurch kann allerdings der Ladedruck im oberen Drehzahlbereich so stark ansteigen, dass der Motor überlastet würde. Vor allem bei Motoren mit großer Drehzahlspanne muss deshalb über ein „Waste-Gate" die Turbine umgangen werden, wodurch allerdings Abgasenergie verloren geht. Wesentlich besser wird der Kompromiss zwischen hohem Ladedruck im unteren Drehzahlbereich und Vermeiden von Motorüberlastung im oberen Drehzahlbereich durch die Turbine mit variabler Geometrie (VTG Variable Turbinen-Geometrie) erreicht. Ihre Drehschaufeln oder Axialschieber passen den Strömungsquerschnitt und damit den an der Turbine anstehenden Gasdruck durch Variation der Turbinengeometrie an.

Druck-Volumenstrom-Kennfeld von mechanisch angetriebenen Verdränger- und Strömungsladern.
VL *Verdrängerlader,* SL *Strömungslader.*

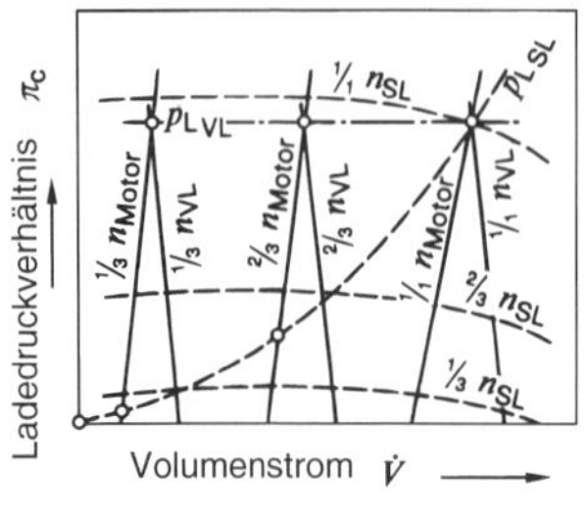

Druck-Volumenstrom-Kennfeld eines Abgasturboladers mit Ladedruck- und Abgasgegendruckverlauf.

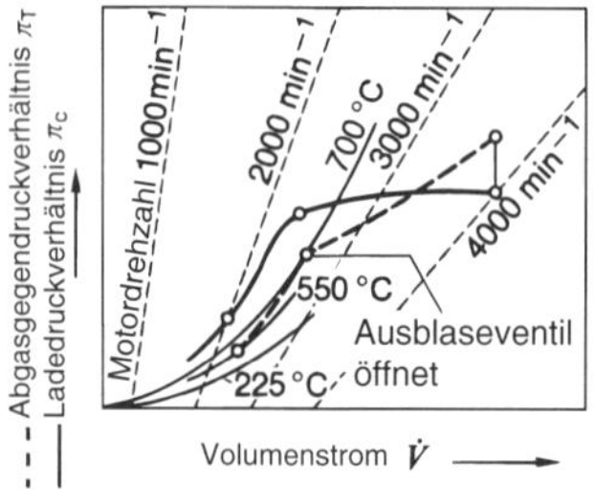

Vorteile der Abgasturboaufladung:
Erhebliche Steigerung der Bau- und Hubraumleistung; besserer Drehmomentverlauf über dem nutzbaren Drehzahlbereich; deutliche Verbesserung des Kraftstoffverbrauchs im Vergleich zu leistungsgleichen Saugmotoren; Verbesserung der Abgasemissionswerte.

Nachteile der Abgasturboaufladung:
Anbau des Laders im heißen Abgasstrang mit der Notwendigkeit, hochwarmfeste Werkstoffe zu verwenden: Bauaufwand und Raumbedarf für Laderanbau und Ladeluftkühler; niedriges Grunddrehmoment bei niedrigen Motordrehzahlen; Lastaufnahmeverhalten von der Güte der Laderadaption abhängig.

Druckwellenaufladung

Ein direkter Energieaustausch zwischen Abgas und Ansaugluft mit dem Zweck, deren Dichte zu erhöhen, wird mit dem Druckwellenlader erreicht. Dabei werden die unterschiedlichen Geschwindigkeiten von Gasteilchen und Druckwellen einerseits und die Reflexionseigenschaften dieser Druckwellen andererseits genutzt (S. 486).

Der Druckwellenlader besteht aus einem Zellenrotor mit an beiden Stirnseiten angeordneten Luft- bzw. Abgasgehäusen mit bestimmten Steuerkanten und Steuertaschenanordnungen.

Vorteile der Druckwellenaufladung:
Schnelle Lastaufnahme bei Lastwechseln, da der Energieaustausch zwischen Abgas und Ladeluft mit Schallgeschwindigkeit vor sich geht; hohe Verdichtung bei niedriger Motordrehzahl.

Nachteile der Druckwellenaufladung:
Eingeschränkte Flexibilität beim Anbau, bedingt durch Riementrieb und Gasführung; erhöhte Abgas- und Spülluftmengen; Geräuschentwicklung; hohe Empfindlichkeit gegen Widerstandserhöhungen auf der Niederdruckseite.

Lkw-Dieselmotor mit Abgasturbo-, Resonanzaufladung und Ladeluftkühlung.
1 Resonanzrohre, 2 Resonanzbehälter für Zylinder 4–5–6, 3 Aufladergruppe, 4 Ausgleichsbehälter, 5 Resonanzbehälter für Zylinder 1–2–3, 6 Wasserkühler, 7 Ladeluftkühler, 8 Lüfter.

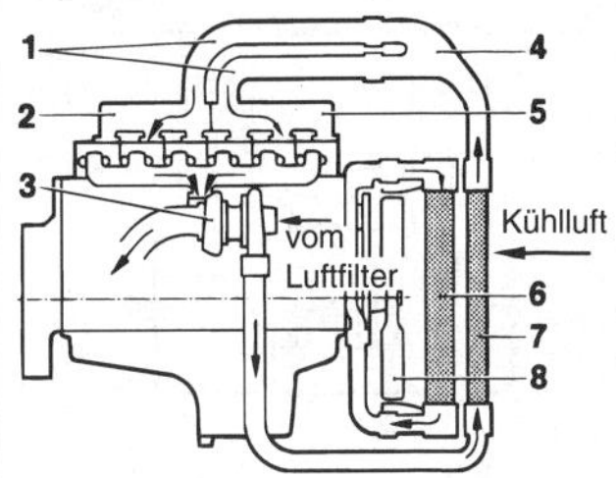

Drehmomentverlauf stationär und instationär für Motoren mit Abgasturbolader im Vergleich zum Saugmotor.

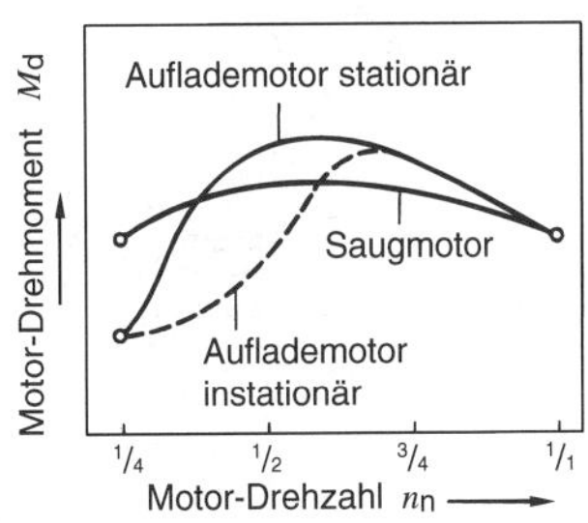

Spezifischer Kraftstoffverbrauch leistungsgleicher Saug- und Auflademotoren bei Teillast.

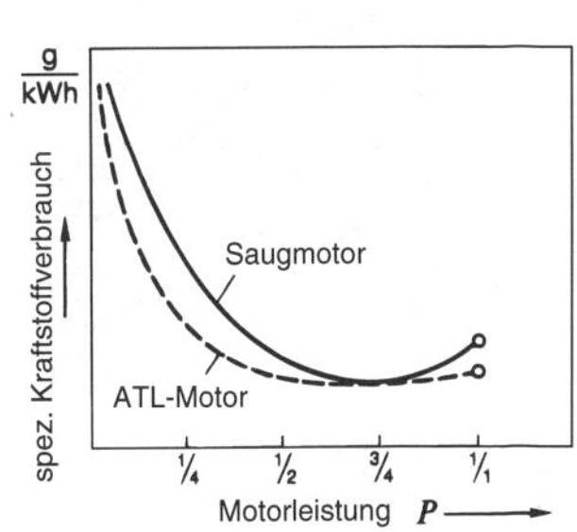

Triebwerk des Hubkolbenmotors

Bauformen

Einkolben-Arbeitseinheit
Der Arbeitsraum wird von Zylinderkopf, Zylinderbüchse und Kolben gebildet.

Reihenmotor (1)
Anordnung der Zylinder in einer Reihe.

V-Motor (2)
Anordnung der Zylinder in zwei Ebenen in V-Form.

Sternmotor (3)
Zylinder sind in einer oder mehreren Ebenen sternförmig angeordnet.

Boxermotor (4)
Zylinder liegen einander gegenüber.

Mehrkolben-Arbeitseinheit
Zu einem gemeinsamen Verbrennungsraum gehören mehrere (meist zwei) Arbeitskolben.

U-Motor (5)
Die Kolben bewegen sich gleichläufig.

Gegenkolbenmotor (6)
Die Kolben bewegen sich gegenläufig.

Bauformen des Hubkolbenmotors.

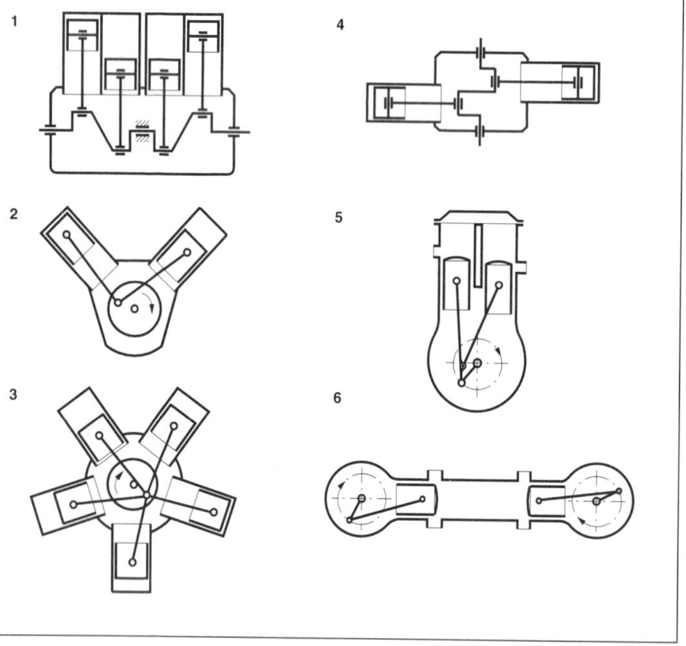

Drehrichtung

(DIN 73 021)[1])

Rechtslauf: in der Drehrichtung des Uhrzeigers, auf die der Kraftabgabe gegenüberliegende Seite gesehen. Englisch: clockwise (cw).

Linkslauf: entgegen der Drehrichtung des Uhrzeigers, auf die der Kraftabgabe gegenüberliegende Seite gesehen. Englisch: counter clockwise (ccw).

Zählrichtung der Zylinder

(DIN 73 021)[1])

Die Zylinder werden mit 1, 2, 3 usw. fortlaufend in der Reihenfolge bezeichnet, wie sie von einer gedachten Bezugsebene getroffen werden, die bei Blickrichtung auf die der Kraftabgabe gegenüberliegende Seite zu Beginn der Zählung waagerecht nach links liegt und in Drehrichtung des Uhrzeigers um die Motorachse bewegt wird (s. untenstehende Bilder). Liegen mehrere Zylinder in einer Bezugsebene, so erhält der dem Beobachter am nächsten liegende Zylinder die Nummer 1 und die weiter entfernten Zylinder die folgenden Nummern. Zylinder 1 ist mit der Zahl 1 zu kennzeichnen.

Zündfolge

Die Zündfolge ist die Reihenfolge, in der die Zylinder nacheinander zünden. Sie ist durch die Bauart des Motors, gleiche Zündabstände, einfach herstellbare Kurbelwellenform, günstige Beanspruchung der Kurbelwelle usw. bestimmt.

Bauform	Zylinderzahl	Übliche Zündfolge (Beispiele)
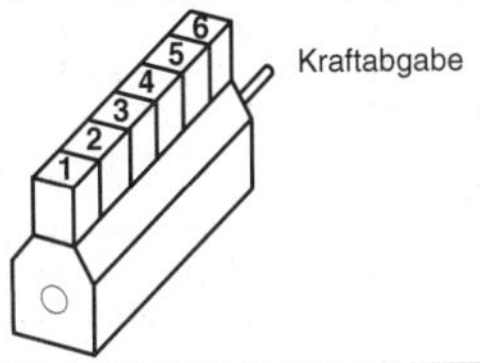	4 5 6 8	1 3 4 2 oder 1 2 4 3 1 2 4 5 3 1 5 3 6 2 4 oder 1 2 4 6 5 3 oder 1 4 2 6 3 5 oder 1 4 5 6 3 2 1 6 2 5 8 3 7 4 oder 1 3 6 8 4 2 7 5 oder 1 4 7 3 8 5 2 6 oder 1 3 2 5 8 6 7 4
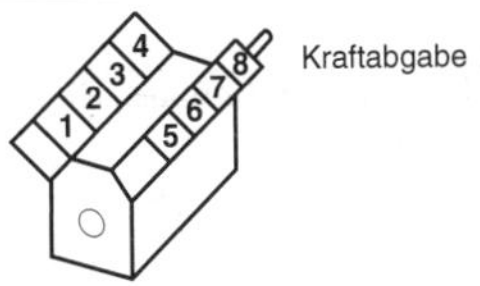	4 6 8	1 3 2 4 1 2 5 6 4 3 oder 1 4 5 6 2 3 1 6 3 5 4 7 2 8 oder 1 5 4 8 6 3 7 2 oder 1 8 3 6 4 5 2 7
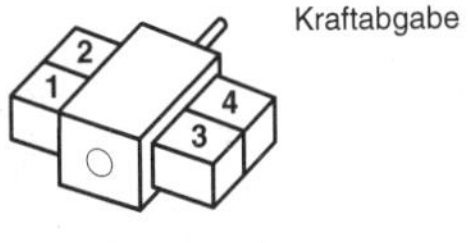	4	1 4 3 2

[1]) Gilt nur für Kraftfahrzeugmotoren. Bei Verbrennungsmotoren für allgemeine Verwendung und bei Schiffsmotoren ist die umgekehrte Richtung (Blick auf die Kraftabgabeseite) genormt (ISO 1204 und 1205, DIN 6265).

Triebwerksfunktion und -dynamik

Das Triebwerk des Hubkolbenmotors dient dazu, die im Arbeitszylinder bei der Verbrennung entstehende Gaskraft in die Hubbewegung eines Kolbens und diese über ein Schubkurbelgetriebe in ein an der Abtriebseite des Motors zur Verfügung stehendes Nutzdrehmoment zu wandeln. Dabei entstehen durch die zyklische Arbeitsweise ungleichförmige Gaskräfte und durch die Beschleunigung und Verzögerung der hin- und hergehenden Triebwerksteile Massenkräfte. Es ist üblich, zwischen inneren und äußeren Wirkungen der Gas- und Massenkräfte zu unterscheiden.

Die äußeren Wirkungen, bestehend aus freien Kräften oder Momenten, zwingen dem Motor Bewegungen auf, die sich auf die Tragkonstruktion in Form von Schwingungen übertragen.

Unter Laufruhe eines Motors wird in diesem Zusammenhang die Freiheit von niederfrequenten Schwingungen verstanden, unter geräuscharmem Lauf die Freiheit von hochfrequenten, hörbaren Schwingungen.

Die inneren Kräfte bewirken periodisch wechselnde Belastungen der Gehäuse-, Triebwerks- und Kraftübertragungsteile, die im Zusammenhang mit deren Dimensionierung und Dauerhaltbarkeit berücksichtigt werden müssen.

Kurbeltrieb und Gaskraft

Der Kurbeltrieb des 1-Zylinder-Triebwerks besteht aus Kolben, Pleuelstange und Kurbelwelle. Auf die genannten Bauteile wirkt einerseits die Gaskraft und andererseits erzeugen diese Bauteile auch Massenkräfte.

Die auf den Kolben wirkende Gaskraft F_G kann in die vom Kolben an der Zylinderwand abzustützende Seitenkraft F_N und in die Stangenkraft F_S zerlegt werden. Die Stangenkraft wiederum bewirkt an der Kröpfung des Kurbelgetriebes die tangential angreifende Kraft F_T, die zusammen mit dem Kurbelradius das Drehmoment der Welle sowie die Radialkraft F_R ergibt.

Mit dem Kurbelwinkel α, dem Schwenkwinkel der Pleuelstange β und dem Pleuelstangenverhältnis λ lassen sich diese Kräfte als Funktion der Gaskraft wie folgt errechnen:

Stangenkraft: $F_S = F_G / \cos\beta$

Kolbenseitenkraft: $F_N = F_G \cdot \tan\beta$

Radialkraft: $F_R = F_G \cdot \cos(\alpha+\beta)/\cos\beta$

Tangentialkraft: $F_T = F_G \cdot \sin(\alpha+\beta)/\cos\beta$

mit $\lambda = r/l$; $\sin\beta = \lambda \cdot \sin\alpha$;

$$\cos\beta = \sqrt{1 - \lambda^2 \cdot \sin^2\alpha}$$

All diese Beziehungen lassen sich auch in Form von Fourier-Reihen darstellen, was für Schwingungsrechnungen sinnvoll sein kann.

Triebwerk des Hubkolbenmotors *(Prinzip).*
1 Ventiltrieb, 2 Kolben, 3 Pleuelstange, 4 Kurbelwelle.

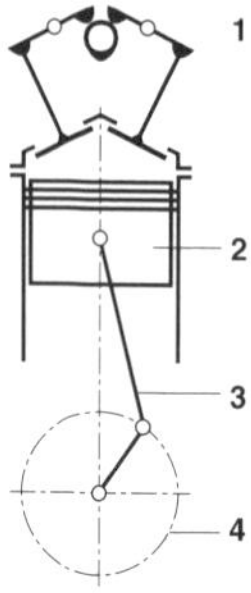

Gaskraftzerlegung am einfachen Kurbeltrieb.

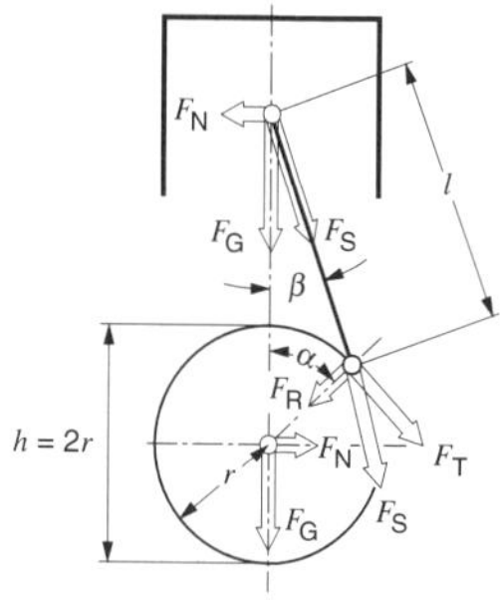

Massenkräfte und -momente

Die Massenwirkungen des Triebwerks setzen sich aus den Kräften der rotierenden Massen der Kurbelwelle um deren Achse (meist x-Achse genannt) und den hin- und hergehenden Massen in Zylinderrichtung (beim Reihenmotor die z-Richtung) zusammen. Bei Mehrzylindermaschinen kommen wegen der verschiedenen Angriffspunkte von Gas- und Massenkräften freie Massenmomente dazu. Die Massenwirkungen des 1-Zylinder-Triebwerks können mit Hilfe der Kolbenmasse m_K (rein oszillierende Masse), der Kurbelwellenmasse m_W (rein rotierende Masse) und den zugehörigen Pleuelmassenanteilen (heute meist mit $1/3$ der Pleuelmasse oszillierend und $2/3$ rotierend angenommen) wie folgt ermittelt werden:

Oszillierende Masse

$$m_o = m_{Pl}/3 + m_K$$

Rotierende Masse

$$m_r = 2\, m_{Pl}/3 + m_W$$

An der Kurbel wirkende rotierende Massenkraft:

$$F_r = m_r \cdot r \cdot \omega^2$$

Oszillierende Massenkraft:

$$F_o = m_o \cdot r \cdot \omega^2 \cdot (\underbrace{\cos\alpha}_{\text{1. Ordnung}} + \underbrace{\lambda \cdot \cos 2\alpha}_{\text{2. Ordnung}} + \ldots)$$

Außerdem gilt näherungsweise:

$$F_y = r \cdot \omega^2 \cdot m_r \cdot \sin\alpha$$

$$F_z = r \cdot \omega^2 \cdot [m_r \cdot \cos\alpha + m_o \cdot (\cos\alpha + \lambda \cdot \cos 2\alpha)]$$

Bezugskoordinaten und Massenkräfte *(1-Zylinder-Triebwerk).*

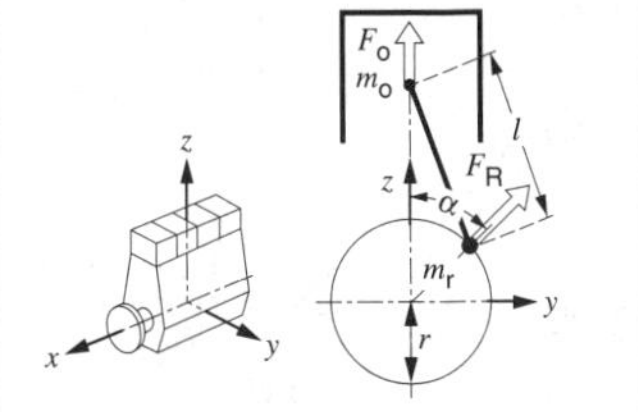

mit $\lambda = r/l$

Die Massenkraftanteile werden dabei entsprechend ihrer Umlauffrequenz im Vergleich zur Motordrehzahl als Massenkräfte 1., 2., 4. ... Ordnung bezeichnet.

Im Allgemeinen sind nur die Anteile der 1. und 2. Ordnung von Bedeutung, höhere Ordnungen können vernachlässigt werden.

Bei mehrzylindrigen Motoren sind dann freie Massenmomente vorhanden, wenn alle Massenkräfte des gesamten Kurbeltriebs ein Kräftepaar an der Kurbelwelle ergeben. Für die Feststellung von freien Massenmomenten ist damit eine räumliche Betrachtung der Kurbelanordnung notwendig, während die Massenkräfte in einem ebenen System ermittelt werden können.

Massenmomente einer dreifach gekröpften Kurbelwelle *(Beispiel).*

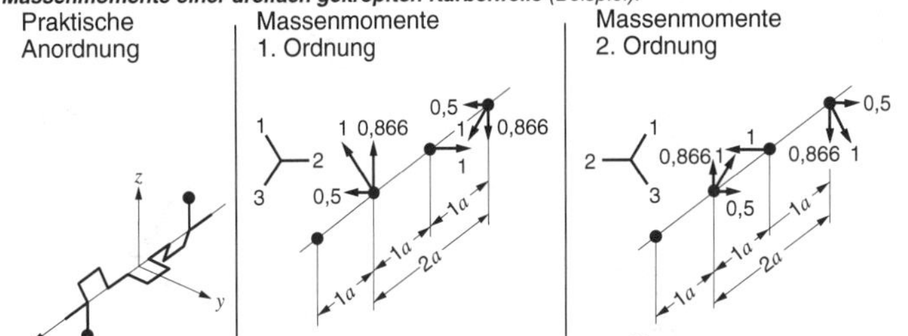

$$\frac{M_1}{(m_r + m_o) \cdot r \cdot \omega^2 \cdot a} = 1{,}732$$

$\bar{M} \updownarrow 0{,}866\,(-1 + 3) = 1{,}732$

$\bar{M} \leftrightarrow = 0{,}5 \cdot 1 - 1 \cdot 2 + 0{,}5 \cdot 3 = 0$

$$\frac{M_2}{m_o \cdot r \cdot \omega^2 \cdot \lambda \cdot a} = 1{,}732$$

Drehkraftdiagramm Einzylinder-Viertaktmotor.
1 Gas- und Massenkräfte, 2 Gaskräfte, 3 Massenkräfte.

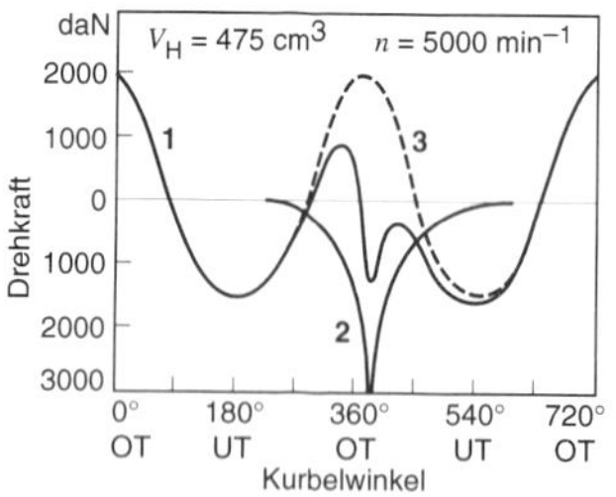

Das Drehkraftdiagramm des Hubkolbenmotors

Fasst man die auf den Kolben wirkende periodisch veränderliche Gaskraft und die periodischen Massenwirkungen der Triebwerksteile zusammen, so erzeugen sie am Kurbelzapfen eine Summe tangential wirkender Kraftkomponenten, die multipliziert mit dem Kurbelradius ein sich periodisch änderndes Drehmoment ergeben. Wird dieses Drehmoment auf die Kolbenfläche und den Kurbelradius bezogen, so ergibt sich ein von der Motorgröße unabhängiger Wert: der Tangentialdruck. Das Tangentialdruckdiagramm zeigt den Verlauf dieses Druckwertes über der Kurbelstellung. Es ist eine der wichtigsten Kennlinien zur Beurteilung des dynamischen Verhaltens von Motoren.

Bei Mehrzylindermotoren sind die Tangentialdruckverläufe der Einzelzylinder mit einer sich aus Zylinderzahl, Zylinderanordnung, Kurbelanordnung und Zündfolge ergebenden Phasenverschiebung einander zu überlagern. Der Summenverlauf ist charakteristisch für die Motorbauart und erstreckt sich über ein volles Arbeitsspiel (beim Viertaktmotor also über 2 Kurbelwellenumdrehungen). Er wird auch Drehkraftdiagramm genannt.

Mit harmonischer Analyse kann das Drehkraftdiagramm durch eine Reihe von Sinusschwingungen mit ganzzahligen Vielfachen der Grundfrequenzen ersetzt werden, die die „Drehkraftharmonischen" ergeben. Bezogen auf die Motordrehzahl nennt man diese Vielfachen auch Ordnungen. Beim Viertaktmotor ergeben sich damit auch halbe Ordnungen, z.B. die 0,5te Ordnung.

In jedem Fall erzeugt die veränderliche Drehkraft von Hubkolbenmotoren über dem Arbeitsspiel eine ungleichförmige Drehgeschwindigkeit am Kurbelwellenende, den sogenannten Ungleichförmigkeitsgrad

$$\delta_s = (\omega_{max} - \omega_{min})/\omega_{min},$$

der durch einen Energiespeicher (Schwungrad) auf ein anwendungsgerechtes Maß zurückgeführt werden muss.

Vollkommener Massenausgleich 1. und 2. Ordnung am Einhubtriebwerk.

Gegengewichte.

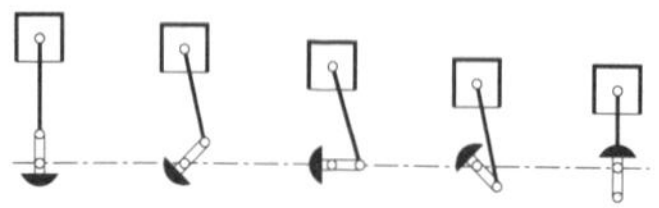

Gegenläufig rotierende Unwuchtsysteme.

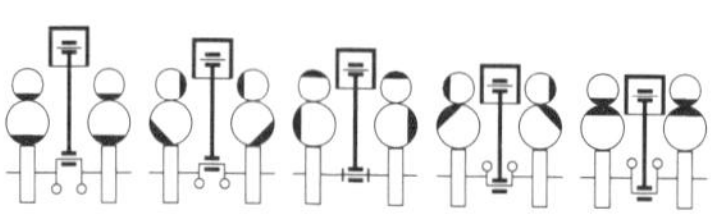

Vektorendarstellung der oszillierenden Massenkräfte.

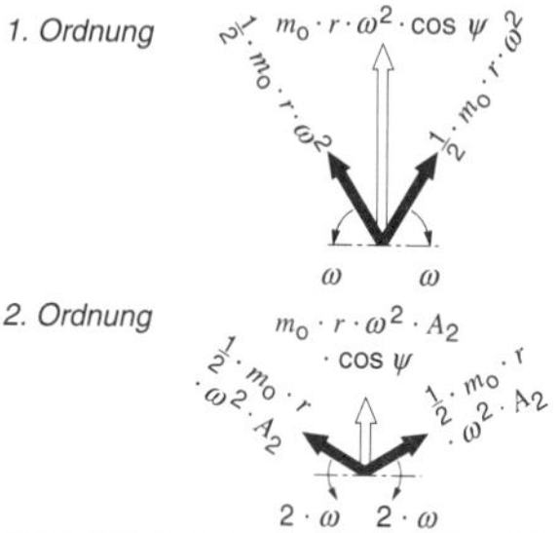

Massenausgleich des Hubkolbenmotors

Mit Massenausgleich bezeichnet man alle Maßnahmen zum teilweisen oder vollständigen Ausgleich der Massenkräfte und -momente von Kurbeltrieben. Treten am Gesamtmotor nach außen keine freien Massenkräfte und -momente auf, liegt ein vollständiger äußerer Massenausgleich vor. Dabei können innerhalb der Motorstruktur noch Kräfte und Momente auftreten, die Lagerung und Motorgehäuse belasten sowie Verformungen und Schwingungen verursachen. Die grundsätzlichen Belastungen aufgrund von Gas- und Massenkräften zeigt Tabelle 3.

Massenkraftausgleich des Einhubtriebwerks

Am einfachsten sind die rotierenden Massen durch Gegengewichte, die eine der Fliehkraft entgegengerichtete gleich große Kraftwirkung haben, auszugleichen. Die oszillierenden Massen verursachen periodisch veränderliche Kräfte,

Tabelle 3. Triebwerksbeanspruchung durch Kräfte und Momente.

Kräfte und Momente am Motor	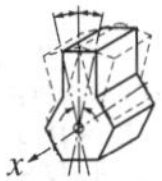	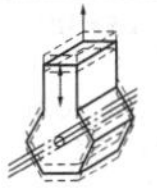	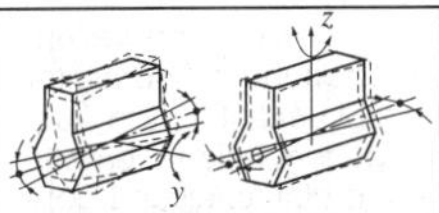	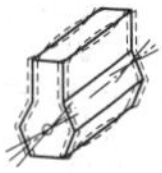
Bezeichnung	Wechseldrehmoment Querkippmoment Rückdrehmoment	Freie Massenkraft	Freies Massenmoment Längskippmoment um y-(Quer)Achse („Galoppierendes" Moment) um z-(Hoch)Achse („Schlingerndes" Moment)	Inneres Biegemoment
Ursache	Gas-Tangentialkräfte sowie Massen-Tangentialkräfte bei den Ordnungszahlen 1, 2, 3 und 4	Nicht ausgeglichene oszill. Massenkräfte 1. Ordnung bei 1- u. 2-Zylinder; 2. Ordnung bei 1-, 2- ,4-Zylinder	Nicht ausgeglichene oszill. Massenkräfte als Kräftepaar 1. und 2. Ordnung	Rotierende und oszillierende Massenkräfte
Einflussgrößen	Zylinderzahl, Zündabstände, Hubvolumen, p_i, ε, p_z, m_0, r, ω, λ	Zylinderzahl, Kurbelstern m_0, r, ω, λ	Zylinderzahl, Kurbelstern, Zylinderabstand, Gegengewichtsgröße beeinflusst Massenmoment-Anteile um y- und z-Achse m_0, r, ω, λ, a	Kröpfungsanzahl, Kurbelstern, Motorlänge, Gehäusesteifigkeit
Abhilfe	Beeinflussung nur in Ausnahmefällen möglich	Beseitigung der freien Massenwirkungen durch rotierende Ausgleichssysteme möglich, jedoch aufwendig und daher selten, Bevorzugung von Kurbelfolgen ohne oder mit nur geringen freien Massenwirkungen		Gegengewichte, steifes Motorgehäuse
	Abschirmung der Umgebung durch elastische Lagerung des Motors (insbesondere Ordnung ≥ 2)			

Tabelle 4. Verbleibende Massenkräfte 1. Ordnung bei unterschiedlichem Ausgleichsgrad.

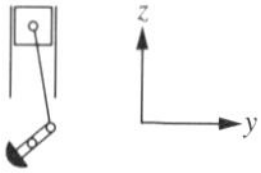		Ausgleichsgrad		
		0 %	50 %	100 %
Gegengewichts-größe	$m_G \triangleq$	m_r	$m_r + 0{,}5 m_0$	$m_r + m_0$
Verbleibende Massenkraft (z) 1. Ordnung	$F_{1z} =$	$m_0 \cdot r \cdot \omega^2$	$0{,}5 \cdot m_0 \cdot r \cdot \omega^2$	0
Verbleibende Massenkraft (y) 1. Ordnung	$F_{1y} =$	0	$0{,}5 \cdot m_0 \cdot r \cdot \omega^2$	$m_0 \cdot r \cdot \omega^2$

die in der 1. Ordnung mit Kurbelwellendrehzahl, in der 2. Ordnung mit doppelter Kurbelwellendrehzahl umlaufen. Ein Ausgleich kann durch gegenläufig rotierende Unwuchtsysteme mit einfacher und doppelter Kurbelwellendrehzahl erreicht werden. Die Unwuchtkräfte müssen dazu die Größe der umlaufenden Massenkraftvektoren haben und diesen entgegengerichtet sein.

Ausgleichsgrad

Die zum Ausgleich der rotierenden Massen ohnehin notwendigen Gegengewichte können um einen bestimmten Betrag der oszillierenden Masse vergrößert werden, so dass die in Zylinderrichtung (z) wirkende oszillierende Kraft abgebaut wird. Dafür erscheint dieser abgebaute Massenkraftbetrag dann in der y-Richtung. Das Verhältnis des in z-Richtung ab-

Tabelle 5. Kurbelsterne 1. und 2. Ordnung für Drei- bis Sechszylinder-Reihenmotoren.

	3-Zylinder	4-Zylinder	5-Zylinder	6-Zylinder
Kurbelfolge	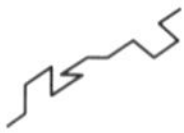	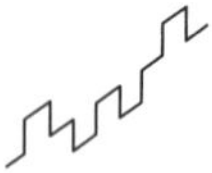	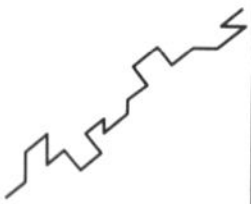	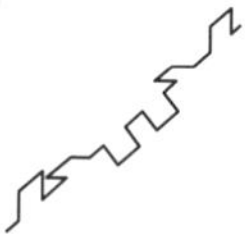
Kurbelstern 1. Ordnung	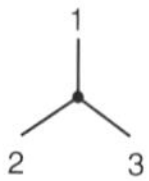		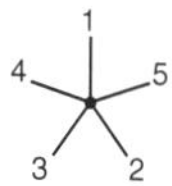	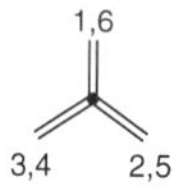
Kurbelstern 2. Ordnung	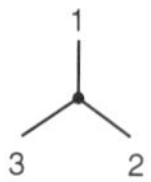		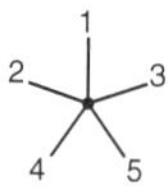	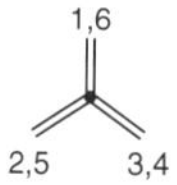

gebauten Anteils zum ursprünglichen Wert der Massenkraft 1. Ordnung wird als Ausgleichsgrad bezeichnet (Tabelle 4).

Massenkraftausgleich des Mehrzylindermotors

Bei Mehrzylindermotoren ist der gegenseitige Ausgleich der Kurbeltriebmassenkräfte ein wesentlicher Gesichtspunkt für die Wahl der Kurbelanordnung (Kröpfungsfolge) und somit für die Bauform von Motoren. Massenkraftgleichgewicht ist vorhanden, wenn der gemeinsame Schwerpunkt der bewegten Triebwerksteile in Kurbelwellenmitte liegt, die Kurbelwelle also – von vorne betrachtet – symmetrisch aufgebaut ist. Man überprüft dies mit den sog. Kurbelsternen 1. und 2. Ordnung. Für den Vierzylinder-Reihenmotor ergibt sich keine Symmetrie beim Kurbelstern 2. Ordnung. Damit sind große freie Massenkräfte für diese Ordnung gegeben. Ihr Ausgleich kann durch zwei mit doppelter Kurbelwellendrehzahl gegenläufig drehende Ausgleichswellen erfolgen (Lanchester-Ausgleich).

Massen- und Gaskraftausgleich

Die tangentialen Gaskräfte liefern zusätzlich ein periodisches Drehmoment, das als Reaktionsmoment des Motorgehäuses feststellbar ist. Bei einem Vierzylinder-Reihenmotor treten insgesamt freie Massenkräfte 2. Ordnung und Wechseldrehmomente aus den tangentialen Massen- und Gaskräften 2. Ordnung auf. Ein Massenausgleich 2. Ordnung und eine Verminderung der Wechselmomente 2. Ordnung kann hier durch zwei versetzt angeordnete Ausgleichswellen erreicht werden.

Ausgleich von Massenkraft und Wechselmoment 2. Ordnung beim Vierzylinder-Reihenmotor durch zwei versetzt angeordnete Ausgleichswellen.

1 nur Massendrehmoment; 2 nur Gasdrehmoment bzw. vollständiger Ausgleich des Massendrehmoments, $z_I - z_{II} = -2\,B_2/A_2 \cdot r$; 3 Gas- und Massendrehmoment ohne Momentenausgleich; 4 Gas- und Massendrehmoment bei Ausgleich des halben Massendrehmomentes, $z_I - z_{II} \approx 0{,}5 \cdot l$.

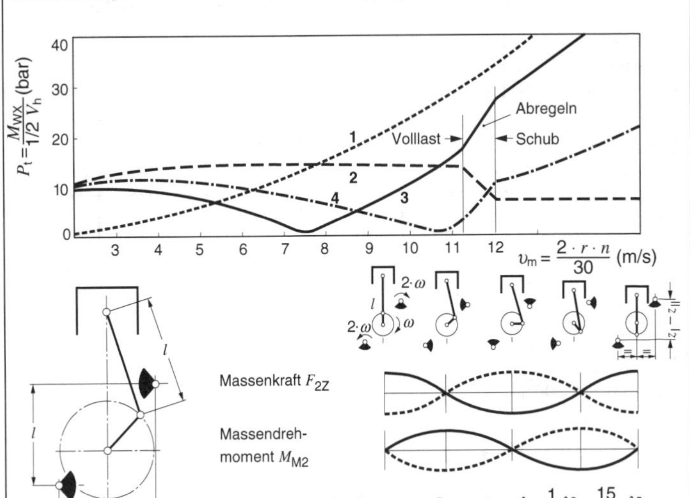

$$F_{2Z} = 4 \cdot m_0 \cdot r \cdot \omega^2 \cdot A_2 \cdot \cos 2\omega t; \quad A_2 = \lambda + \frac{1}{4}\lambda^3 + \frac{15}{128}\lambda^5 + \ldots$$

$$M_{M2} = 4 \cdot m_0 \cdot r^2 \cdot \omega^2 \cdot B_2 \cdot \sin 2\omega t; \quad B_2 = \frac{1}{2} \quad \frac{1}{32} \quad \lambda^4 \frac{1}{32} \quad \lambda^6$$

Tabelle 6. Freie Kräfte und Momente 1. und 2. Ordnung sowie Zündabstände bei den gebräuchlichsten Motorbauarten.

$F_r = m_r \cdot r \cdot \omega^2$ $\quad F_1 = m_0 \cdot r \cdot \omega^2 \cdot \cos\alpha$ $\quad F_2 = m_0 \cdot r \cdot \omega^2 \cdot \lambda \cdot \cos 2\alpha$

Zylinder-anordnung	Freie Kräfte 1. Ordnung[1])	Freie Kräfte 2. Ordnung	Freie Momente 1. Ordnung[1])	Freie Momente 2. Ordnung	Zünd-abstände
3-Zylinder					
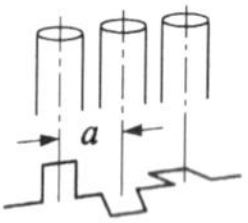 Reihe, 3 Kröpfungen	0	0	$\sqrt{3} \cdot F_1 \cdot a$	$\sqrt{3} \cdot F_2 \cdot a$	240°/240°
4-Zylinder					
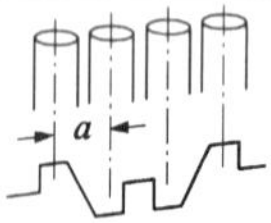 Reihe, 4 Kröpfungen	0	$4 \cdot F_2$	0	0	180°/180°
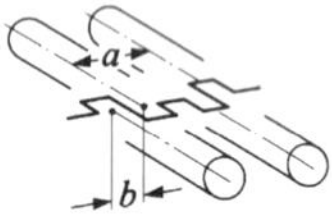 Boxer, 4 Kröpfungen	0	0	0	$2 \cdot F_2 \cdot b$	180°/180°
5-Zylinder					
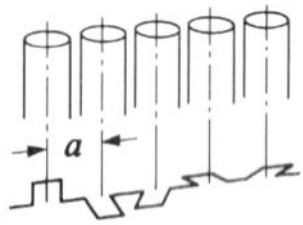 Reihe, 5 Kröpfungen	0	0	$0{,}449 \cdot F_1 \cdot a$	$4{,}98 \cdot F_2 \cdot a$	144°/144°
6-Zylinder					
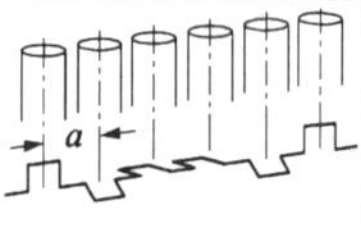 Reihe, 6 Kröpfungen	0	0	0	0	120°/120°

[1]) Ohne Gegengewichte.

Zylinder-anordnung	Freie Kräfte 1. Ordnung[1])	Freie Kräfte 2. Ordnung	Freie Momente 1. Ordnung[1])	Freie Momente 2. Ordnung	Zündabstände
6-Zylinder (Fortsetzung)					
 V 90°, 3 Kröpfungen	0	0	$\sqrt{3} \cdot F_1 \cdot a$ [2])	$\sqrt{6} \cdot F_2 \cdot a$	150°/90° 150°/90°
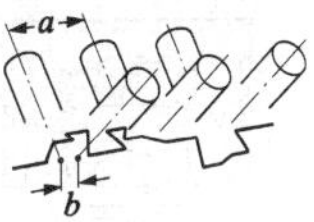 Normalausgleich V 90°, 3 Kröpfungen, 30° versetzte Hubzapfen	0	0	$0{,}4483 \cdot F_1 \cdot a$ 	$(0{,}966 \pm 0{,}256) \cdot \sqrt{3} \cdot F_2 \cdot a$ 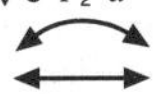	120°/120°
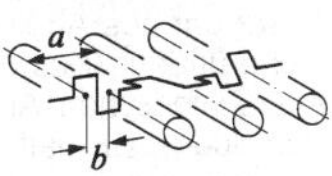 Boxer, 6 Kröpfungen	0	0	0	0	120°/120°
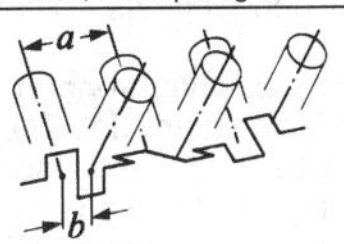 V 60°, 6 Kröpfungen	0	0	$3 \cdot F_1 \cdot a/2$	$3 \cdot F_2 \cdot a/2$	120°/120°
8-Zylinder					
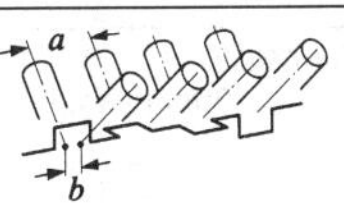 V 90°, 4 Kröpfungen in zwei Ebenen	0	0	$\sqrt{10} \cdot F_1 \cdot a$[2])	0	90°/90°
12-Zylinder					
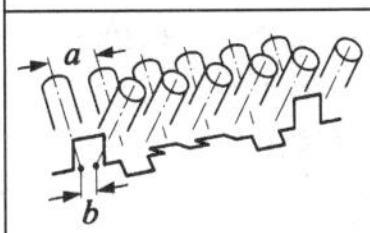 V 60°, 6 Kröpfungen	0	0	0	0	60°/60°

[1]) Ohne Gegengewichte.
[2]) Durch Gegengewichte voll ausgleichbar.

Hauptbauteile des Hubkolbenmotors

Kolbenformen verschiedener Motorbauarten. 1 Dehnungsregelnde Streifeneinlagen.

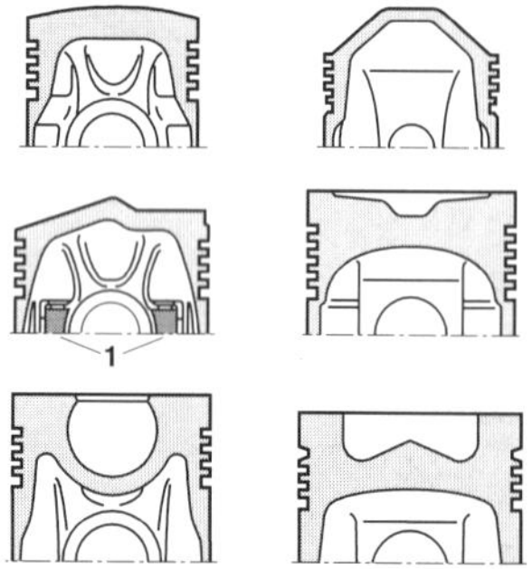

Kolben

Der Kolben muss bei heutigen Kraftfahrzeugmotoren mehrere Aufgaben erfüllen:
- die Gaskräfte des Brenngases auf die Pleuelstange übertragen,
- als Kreuzkopf die Pleuelstange im Zylinder gerade führen,
- die bei der Umsetzung des Zylinderdrucks in die Stangenkraft entstehende Normalkraft am Zylinderrohr abstützen,
- den Verbrennungsraum durch Dichteelemente gegen das Kurbelgehäuse abdichten,
- die auf ihn übertragene Wärme an das Kühlmittel weiterleiten.

Kolbenform und Art der Gaskrafteinleitung über den Kolbenbolzen in die Pleuelstange hängen zudem stark von der Brennraum- und damit von der Kolbenbodenform sowie vom angewendeten Verbrennungsverfahren und dessen maximalen Verbrennungsdrücken ab. Die auftretenden Kräfte, die Forderung nach geringstmöglichem Kolbengewicht und die am Kolben auftretenden Temperaturen, die nahe an die Festigkeitsgrenze des Kolbenwerkstoffes gehen können, erfordern eine sorgfältige Dimensionierung von Kolben, Kolbenbolzen und Kolbenbolzenlagerung.

Die meist angewandten Werkstoffe für Zylinderbuchse und Kolben sind Grauguss und Aluminium. Um das Laufspiel des Kolbens im Zylinderrohr aus Abdichtungs- und Geräuschgründen (Kolbenkippen) trotz der unterschiedlichen Ausdehnungskoeffizienten klein zu halten, werden zum Teil Stahlstreifen o. ä. eingegossen, die die Ausdehnung des Kolbens begrenzen.

Als Dichtelemente des Verbrennungsraums gegen den Kurbelraum des Triebwerks werden Kolbenringe eingesetzt. Die zwei oberen Ringe dienen der Gasabdichtung. Mindestens ein weiterer Ring (Ölabstreifring, meist speziell gestaltet) sorgt für einen ausreichenden Schmierfilm

Betriebstemperaturen an Kolben von Fahrzeugmotoren bei Volllast (schematisch).

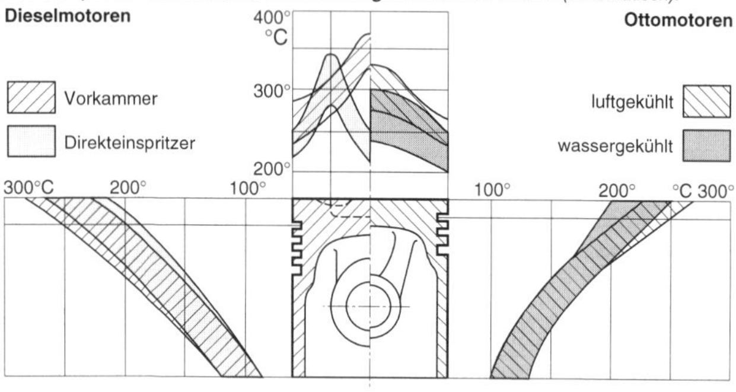

Kolbenringformen und Anordnung.

Dieselmotor: *1 Trapezring, ballig, 2 Minutenring mit Innenfase, 3 Nasenminutenring, 4 Dachfasen-Schlauchfederring.*

Ottomotor: *5 Rechteckring, ballig, 6 Minutenring, 7 Nasenring, 8 Dachfasenring, 9 mehrteiliger Stahlölring.*

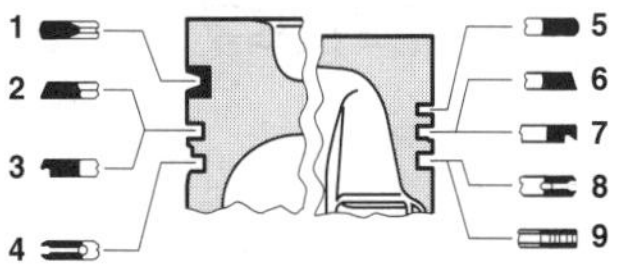

am Kolben und an den Dichtringen. Die Kolbenringe tragen infolge ihrer zum Teil recht hohen Vorspannkräfte erheblich zur Reibleistung des Hubkolbenmotors bei.

Pleuel

Das Pleuel dient der Verbindung des Kolbens mit der Kurbelwelle. Es wird auf Zug, Druck und Biegung sehr hoch beansprucht und trägt die Lager für Kolbenbolzen und Hubzapfen. Die Länge des Pleuels ist durch Kolbenhub und Gegengewichtsradius bestimmt, wenn auf die Bauhöhe des Motors geachtet werden muss (bei Fahrzeugmotoren meist zutreffend).

Kurbelkröpfung.
Hauptbeanspruchungen und -verformungen durch Gasdruck und Massenkräfte.

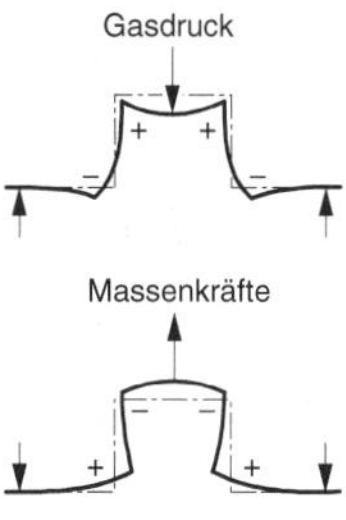

Pleuel eines Pkw-Motors.

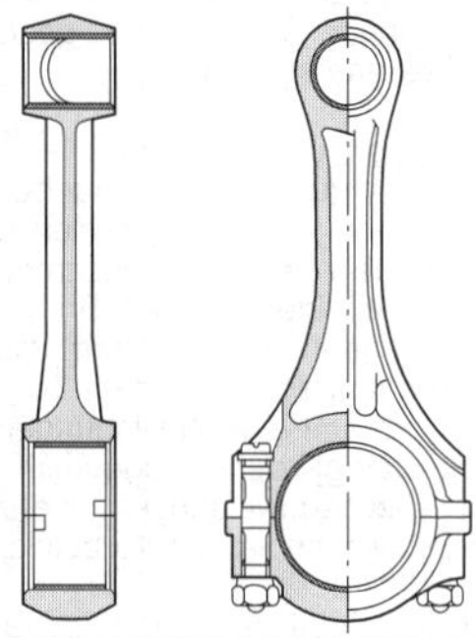

Kurbelwelle

Über die Kröpfungen der Kurbelwelle werden die hin- und hergehenden Bewegungen der Kolben unter Zwischenschaltung der Pleuelstange in eine Drehbewegung mit einem Nutzdrehmoment am Kurbelwellenende umgewandelt. Durch die sie belastenden, sich zeitlich und örtlich stark ändernden Kräfte, Dreh- und Biegemomente sowie die daraus resultierenden Schwingungsanregungen wird die Kurbelwelle hoch und sehr komplex beansprucht. Sie muss deshalb bezüglich ihrer Festigkeit und der auftretenden Schwingungen sehr sorgfältig berechnet und dimensioniert werden. Dies wird durch die statische Überbestimmung infolge der fast immer vorliegenden Mehrfachlagerung erschwert.

Die Anzahl der Kurbelwellenlager richtet sich vor allem nach Auslastungsgrad und Maximaldrehzahl des Motors. Dieselmotoren werden wegen ihrer hohen Arbeitsdrücke in jedem Fall zwischen jeder Kröpfung und an den Enden gelagert, ebenso hoch ausgelastete, schnell laufende Ottomotoren.

Bei kleineren, nicht so hoch ausgelasteten Ottomotoren wird aus Kostengründen vereinzelt nur nach jeder zweiten Kurbelkröpfung gelagert. Auch die Anzahl der Gegengewichte hängt im wesentlichen von obigen Kriterien ab.

Von der Belastung hängen auch Materialwahl und Herstellungsverfahren ab. Hoch belastete Kurbelwellen werden meist gesenkgeschmiedet. Bei kleineren Motoren werden aus Kosten- und Gewichtsgründen zunehmend gegossene Kurbelwellen verwendet.

Kurbelwellenschwingungen
Biegeschwingungen haben nur bei Motoren mit niedrigen Zylinderzahlen Bedeutung, da die Kurbelwelle zusammen mit dem notwendigen großen Schwungrad ein schwingfähiges System niedriger Eigenfrequenz bildet. Ab dem 3-Zylindermotor sind Biegeschwingungen unkritisch. Das gilt demzufolge auch für die durch Biegeschwingungen induzierten Längsschwingungen der Kurbelwelle.

Gefährlich sind hingegen mit zunehmender Zylinderzahl die Drehschwingungen des Schwingsystems Kurbelwelle, Pleuel, Kolben. Dieses System, in dem Pleuel und Kolben mit dem Kurbelwinkel veränderliche Massenträgheitsmomente aufweisen, kann durch Reduktion auf eine glatte, trägheitslose und elastische Welle und darauf angebrachten Ersatzmassen berechnet werden. Mit dem Schwingungs-Reduktionsmodell können

Guss-Kurbelwelle.

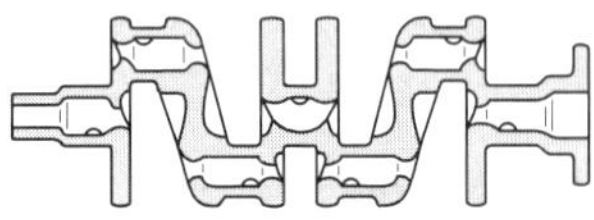

***Schwingungsschema einer 6-Zylinder-Kurbelwelle* (K) *mit Schwungrad* (S) *und Getriebe* (G).**
a Relativausschläge, n Motordrehzahl.

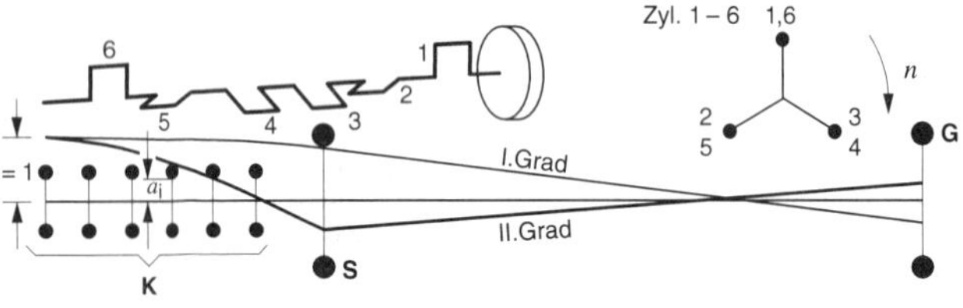

Ordnungsanalyse der Kurbelwellenschwingungen eines 6-Zylindermotors
mit unterschiedlicher Zündfolge, a Relativausschläge.

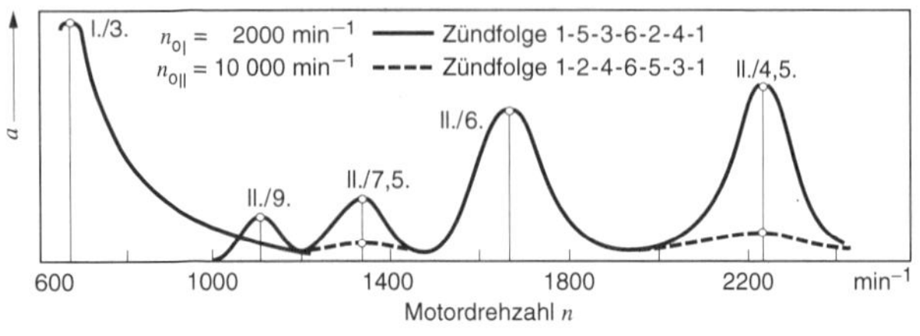

nun dessen Eigenfrequenzen und Schwingungsschläge ermittelt werden. Die Schwingungserregung erfolgt durch die Tangentialkräfte am Kurbelzapfen, die sich aus Gaskräften und oszillierenden Massenkräften zusammensetzen. Die Torsionsschwingungen der Kurbelwelle müssen durch Schwingungsdämpfer (z. B. Gummischwingungs- oder Viskosedämpfer) auf unkritische Werte zurückgeführt werden.

Kurbelgehäuse

Das Kurbelgehäuse hat die Aufgabe, die kraftübertragende Verbindung zwischen Zylinderkopf und Triebwerk herzustellen, die Lagerung des Triebwerks und die Zylinderlaufbahn aufzunehmen sowie einen öl- bzw. wasserdichten Triebwerks- und Kühlmittelraum zu schaffen. Außerdem sind die meisten Anbauteile am Kurbelgehäuse befestigt.

Die Normalausführung aller Kfz-Motoren ist ein gegossenes Kurbelgehäuse, in das die Gaskräfte über Zylinderkopfschrauben eingeleitet und in einem möglichst geradlinigen, biegemomentfreien Kraftfluss über tragende Querwände in die Grundlager weitergeleitet werden. Aus Festigkeitsgründen wird dabei das Gehäuse oft unter die Kurbelwellenmitte heruntergezogen. Die Kolben laufen bei Ottomotoren fast ausschließlich im mitgegossenen Zylinderrohr. Bei Dieselmotoren werden meist trockene oder nasse Laufbuchsen aus verschleißfesten Sondermaterialien verwendet.

Während für Lkw-Motoren das Kurbelgehäuse fast ausschließlich aus Grauguss besteht, werden aus Gewichtsgründen mehr und mehr Kurbelgehäuse für Pkw-Motoren aus Aluminium gefertigt.

Zylinderkopf

Der Zylinderkopf schließt das Kurbelgehäuse bzw. das Zylinderrohr nach oben ab und nimmt die Gaswechselorgane sowie Zündkerze und/oder Einspritzventile auf. Außerdem bildet er zusammen mit dem Kolben die gewünschte Brennraumform. Bei Pkw-Motoren wird auch überwiegend die gesamte Ventilsteuerung im Zylinderkopf untergebracht.

Zylinderkopf-Kennzeichnung nach Ein- und Auslasskanalführung.
1 Querstrom-Kanalführung,
2 Gegenstrom-Kanalführung.

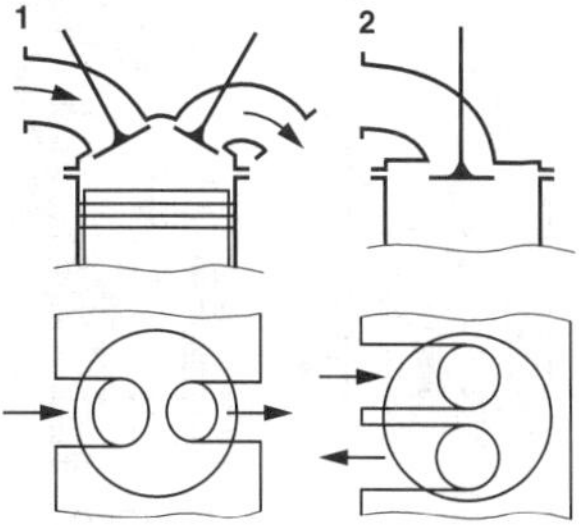

Nach der Gaswechseltechnik unterscheidet man zwei Grundbauformen:

– Gegenstrom-Zylinderkopf: Ansaug- und Auspuffkanal münden auf derselben Zylinderkopfseite. Diese Anordnung beengt die Leitungsführung für Frischluft und Abgas, hat aber für den Aufladebetrieb durch sehr kurze Gaswege erhebliche Vorteile. Auch bei Quereinbau des Motors ins Fahrzeug ergibt sich ein leitungstechnischer Vorteil.

– Querstrom-Zylinderkopf: Ansaug- und Abgasleitungen liegen auf den entgegengesetzten Motorseiten, so dass sich eine diagonale Strömungsrichtung für Frisch- und Abgas ergibt. Diese Anordnung erlaubt eine freiere Rohrführung und erleichtert die Abdichtung.

Bei Lkw- und Großmotoren herrschen sowohl wegen der Dichtkraftverteilung als auch aus Wartungs- und Reparaturgründen, bei luftgekühlten Motoren zusätzlich aus Kühlungsgründen, Einzelzylinderköpfe für jeden Zylinder vor.

Bei Pkw- und Kleinmotoren wird meist ein Zylinderkopf für alle Zylinder verwendet. Die Zylinderköpfe von wassergekühlten Lkw-Dieselmotoren bestehen meist aus Grauguss.

Luftgekühlte Zylinderköpfe sowie die Zylinderköpfe fast aller Pkw-Otto- und Dieselmotoren werden heute aus Wärmeleit- bzw. Gewichtsgründen aus Aluminium gefertigt.

Ventilsteuerungsbauarten (Quelle: Hütten „Motoren“).
1 Stoßstangen-Steuerung, 2 Schlepp- oder Schwinghebel-Steuerung, 3 Kipphebel-Steuerung, 4 Tassenstößel-Steuerung, OHV Overhead valves (hängende Ventile), OHC Overhead camshaft (obenliegende Nockenwelle), DOHC Double overhead camshaft (2 obenliegende Nockenwellen).

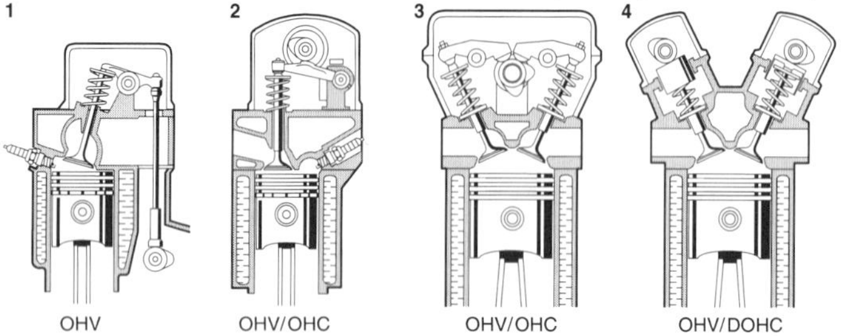

Ventiltrieb

Der Ventiltrieb beim Viertaktmotor hat die Aufgabe, den Gaswechsel des Verbrennungsmotors zu ermöglichen und zu steuern (S. 424). Er besteht aus den Ein- und Auslassventilen, den sie schließenden Ventilfedern, dem Nockentrieb und den Übertragungsgliedern.

Ventilsteuerungsbauarten

Bei im Zylinderkopf angeordneter Nockenwelle gibt es folgende häufig angewendete Bauarten:

– <u>Tassenstößel-Steuerung</u>, bei der eine im Zylinderkopf geführte „Tasse“ die Nockenseitenkraft aufnimmt und mit ihrem Boden die Nockenkraft auf das Ventil überträgt.

– <u>Schlepphebel- oder Schwinghebel-Steuerung</u>, bei der Nocken- und Nockenseitenkraft durch einen zwischen Ventil und Nocken schwingenden, im Zylinderkopf gelagerten Hebel übertragen bzw. aufgenommen werden. Der zwischengeschaltete Schwinghebel kann zusätzlich zur Kraftübertragung und Seitenkraftaufnahme eine Übersetzung des Nockenhubs bewirken.

– <u>Kipphebel-Steuerung</u>, bei der das Übertragungsglied „Kipphebel“ um eine zwischen Nockenwelle und Ventil angeordnete Kipphebelachse schwingt. Dabei findet meist ebenfalls eine Übersetzung des Nockenhubs auf den gewünschten Ventilhub statt.

Bei im Kurbelgehäuse gelagerter Nockenwelle wird der Kipphebel nicht direkt vom Nocken, sondern durch Zwischenschaltung einer Stoßstange und eines Stößels betätigt (Stoßstangen-Steuerung).

Ventilanordnung

Art der Ventilsteuerung und Brennraumform hängen eng zusammen. Heute werden praktisch nur noch im Zylinderkopf angeordnete „hängende“ Ventilanordnungen verwendet. Bei Dieselmotoren und weniger hoch ausgelasteten Ottomotoren sind die Ventile dabei achsparallel zum Zylinder angeordnet und werden vorwiegend durch Kipphebel-, Tassenstößel- oder Schwinghebel-Steuerungen betätigt. Bei leistungsbetonten Ottomotorauslegungen werden heute zunehmend die Ventile gegeneinander geneigt, was bei gegebenem Zylinderdurchmesser größere Ventildurchmesser und eine günstigere Führung der Ein- und Auslasskanäle ermöglicht. Hier findet vor allem die Kipphebel-Steuerung Anwendung. Bei Hochleistungs- und Sportmotoren werden in zunehmendem Maße vier Ventile pro Zylinder und Tassenstößel-Steuerung verwendet.

Das Steuerdiagramm eines Motors zeigt die Öffnungs- und Schließzeiten der Ventile, den Ventilhubverlauf, den maximalen Ventilhub sowie Ventilgeschwindigkeit und -beschleunigung.

Ventil-Steuerdiagramm mit Ventilhub (s), Ventilgeschwindigkeit (s') und Ventilbeschleunigung (s'').

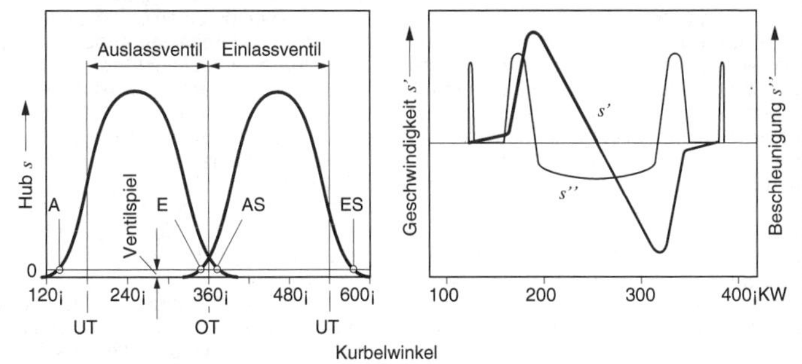

Übliche Ventil-Beschleunigungswerte für Pkw-Ventiltriebe mit obenliegender Nockenwelle:
s'' = 60 ... 65 mm (b/ω^2) ≙ 6400 m/s^2 bei 6000 min^{-1} für Kipp- und Schwinghebel-Steuerungen,
s'' = 70 ... 80 mm (b/ω^2) ≙ 7900 m/s^2 bei 6000 min^{-1} für Tassenstößel-Steuerungen. Für Nfz-Motoren mit unterliegender Nockenwelle:
s'' = 100 ... 120 mm (b/ω^2) ≙ 2000 m/s^2 bei 2400 min^{-1}.

Ventil, Ventilführung und Ventilsitz

Ventile bestehen aus warmfesten und zunderbeständigen Werkstoffen. Der Ventilsitz ist häufig gepanzert. Zur Verbesserung der Wärmeleitfähigkeit hat sich beim Auslassventil eine Füllung des Hohlschaftes mit Natrium bewährt. Zur Verbesserung von Standfestigkeit und Dichtheit werden die Ventile heute sehr oft durch eine Ventildrehvorrichtung (Rotocap) gezielt gedreht.

Bei Hochleistungsmotoren muss die Ventilführung gute Gleiteigenschaften und hohe Wärmeleitfähigkeit aufweisen. Sie wird meist in den Zylinderkopf eingepresst und trägt an ihrem kalten Ende häufig eine Ventilschaftabdichtung zur Senkung des Ölverbrauchs.

Zur Senkung des Sitzverschleißes werden allgemein Ventilsitze aus Guss- oder Sinterwerkstoffen in den Zylinderkopf eingeschrumpft.

Nockenauslegung und Steuerungsdynamik

Der Nocken hat in der Ventilsteuerung die Aufgabe, die Ventile möglichst rasch, möglichst weit und möglichst stoßfrei zu öffnen und zu schließen. Die Schließkraft für die Ventile wird dabei durch die Ventilfedern aufgebracht, die auch für den Kraftschluss zwischen Nocken und Ventil sorgen. Der Nocken- bzw. Ventilerhebung sind wegen der dynamischen Kräfte Grenzen gesetzt.

Der gesamte Ventiltrieb kann durch ein Feder-Masse-System beschrieben werden, bei dem der Wechsel von gespeicherter und frei werdender Energie eine erzwungene Schwingung verursacht. Ventiltriebe mit obenliegender Nockenwelle können dabei hinreichend genau durch ein 1-Massen-System (bestehend aus der bewegten Masse, den Steifigkeiten des Ventiltriebs und die zugehörigen Dämpfungen) beschrieben werden.

Für Systeme mit untenliegender Nockenwelle und Stoßstangen wird in zunehmendem Maße ein 2-Massen-System verwendet.

Der Grenzwert für die Flächenpressung als Grenzwert für Nockenflankensteilheit und Nockenkuppenradius liegt heute (abhängig von den verwendeten Werkstoffpaarungen) zwischen 600 ... 750 N/mm^2.

Kühlung

Um thermische Überbeanspruchung, eine Verbrennung des Schmieröls auf der Kolbengleitbahn und unkontrollierte Verbrennungen durch zu hohe Bauteiltemperaturen zu vermeiden, müssen die den heißen Brennraum umgebenden Bauteile wie Zylinderrohr, Zylinderkopf, Ventile und ggf. Kolben intensiv gekühlt werden.

Direktkühlung
Direktkühlung durch Luft, die eine Wärmeabfuhr direkt aus den Bauteilen durch intensive Umströmung der meist verrippten Oberflächen ermöglicht, wird vor allem bei Motorrad- und Flugmotoren, aber auch bei Pkw- und Lkw-Diesel- und Ottomotoren angewandt. Ihr Hauptvorteil ist die hohe Betriebssicherheit und Wartungsfreiheit. Die notwendige Wärmeabgabe an die Kühlluft verteuert jedoch die Bauteile.

Kühlung mit Zwischenmedium
Da Wasser eine hohe spezifische Wärmekapazität und guten Wärmeübergang zwischen Werkstoff und Kühlmedium aufweist, werden die meisten Fahrzeugmotoren heute mit Wasser gekühlt. Die Luft-Wasser-Umlaufkühlung ist das meist angewandte System. Sie hat einen geschlossenen Kreislauf, der den Zusatz von Schutzmitteln gegen Korrosion und Gefrieren erlaubt. Das Kühlwasser wird mit einer Pumpe durch den Motor und einen Luft-Wasser-Kühler gepumpt. Die Kühlluft wird durch den Fahrtwind oder durch einen Zusatzlüfter durch den Kühler befördert. Die Kühlwassertemperatur wird mit einem Thermostatventil durch Umgehung des Kühlers geregelt.

Schmierung

Aufgaben des Öls im Verbrennungsmotor: Schmierung und Kühlung aller Triebwerksteile, Abtransport von Verunreinigungen und Neutralisierung chemisch wirksamer Verbrennungsprodukte, Übertragung von Kräften und Dämpfung von Schwingungen. Diese Funktionen kann das Öl nur erfüllen, wenn es in ausreichender Menge an die kritischen Stellen des Motors transportiert wird und seine Eigenschaften durch entsprechende Herstellung und Veredelung (Additivierung) den Anforderungen angepasst werden.

Bei Frischölschmierung wird den zu schmierenden Stellen durch eine Dosiereinrichtung eine Schmierölmenge zugeteilt und dort verbraucht. Ein Sonderfall ist die Gemischschmierung, bei der dem Kraftstoff Öl im Verhältnis von 1:20... 1:100 zugemischt oder zudosiert wird (Anwendung vor allem bei kleinen Zweitaktmotoren).

Bei den meisten Fahrzeugmotoren wird die Druckumlaufschmierung in Kombination mit einer Spritz- und Ölnebelschmierung verwendet. Dabei wird allen Lagerstellen das Öl mit einer Pumpe (meist Zahnradpumpe) unter Druck zugeführt, während die Gleitstellen durch Spritz- oder Schleuderöl und Öldunst geschmiert werden.

Wasserkühlsystem mit Kühlwasserkreislauf.
1 Kühler, 2 Thermostat, 3 Wasserpumpe, 4 Wasserkanäle im Zylinderblock, 5 Kühlwasserdurchgänge im Zylinderkopf.

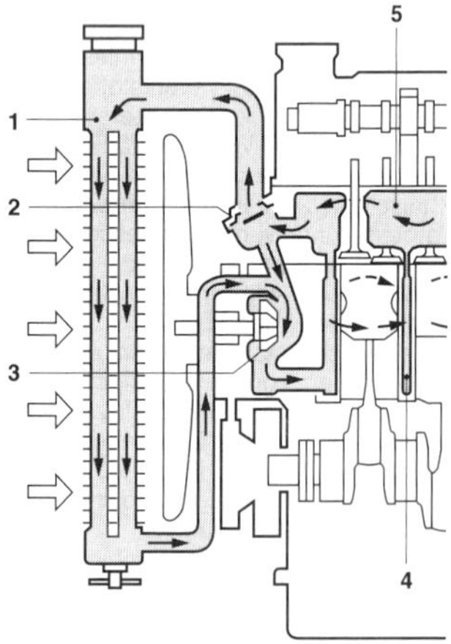

Das Öl sammelt sich nach Durchströmen der Lager- und Gleitstellen unter dem Triebwerk in der Ölwanne, die zur Kühlung des Öls, zur Entschäumung durch Beruhigung und als Vorratsbehälter dient. Bei hoch belasteten Motoren wird zusätzlich ein Ölkühler verwendet. Die Reinigung des Öls hat einen ausschlaggebenden Einfluss auf die Lebensdauer von Motoren.

Ölfilter

Ölfilter entfernen feste Fremdstoffe aus dem Motoröl (Verbrennungsrückstände, Metallabrieb, Staub) und erhalten die Funktionsfähigkeit des Schmieröls innerhalb der Wartungsintervalle aufrecht. Die Bemessung richtet sich nach dem Schmutzanfall im Motor und dem vom Motorhersteller vorgeschriebenen Wartungsintervall. Filterwartung und Ölwechsel sollen zusammen erfolgen.

Hauptstromfilter schützen den gesamten Ölkreislauf, da Verschleiß verursachende Partikel beim ersten Durchlauf abgefangen werden. Als Filterelement haben sich im Hauptstrom Papierfeinfilter bewährt. Sie filtern wesentlich feiner als Sieb- oder Spaltfilter. Hauptstromfilter müssen mit einem Umgehungsventil ausgestattet sein, das bei verstopftem Filter die Ölversorgung des Motors sichert. Sie sollen im Ölkreislauf grundsätzlich hinter dem Druckregulierventil angeordnet werden. Hauptstromfilter werden vorwiegend als „Wechselfilter" ausgeführt.

Nebenstromfilter entnehmen nur 5...10 % der Ölmenge aus dem Drucksystem und lassen diese gereinigt in die Ölwanne zurückfließen. Sie sind vorwiegend in Form von Faserfüllungen (Tiefenfilter) ausgeführt.

Es empfiehlt sich, Nebenstromfilter nur zusätzlich zum Hauptstromfilter zu verwenden. Mit Nebenstromfiltern können vom Hauptstromfilter durchgelassene feinste Partikel (vorwiegend Ruß) ausgefiltert und die Konzentration der Feinstverschmutzung im Öl gesenkt werden.

Druckumlaufschmierung.
1 Überdruckventil, 2 Ölfilter, 3 Zahnradpumpe, 4 vom Hauptlager zum Pleuellager, 5 Ansaugglocke mit Sieb, 6 Hauptdruckölleitung zu den Kurbelwellenlagern, 7 Rückfluss vom Steuer- ins Kurbelgehäuse, 8 zu den Nockenwellenlagern.

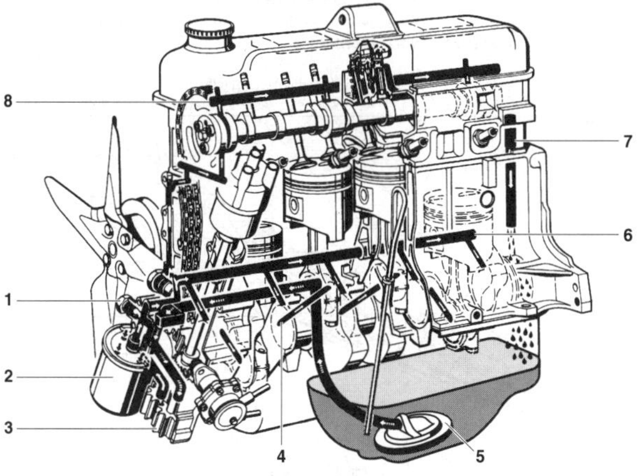

Erfahrungswerte und Berechnungsunterlagen

Vergleiche

Entwicklung von Mitteldruck und Kraftstoffverbrauch[1]) bei Lkw-Motoren.

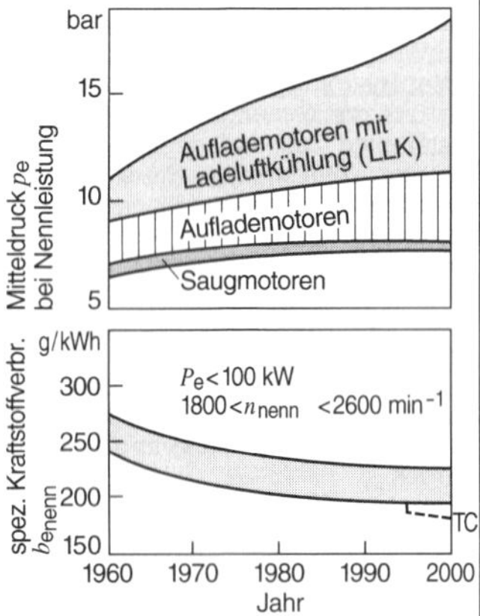

Entwicklung der Hubraumleistung von Diesel- und Ottomotoren für Pkw.

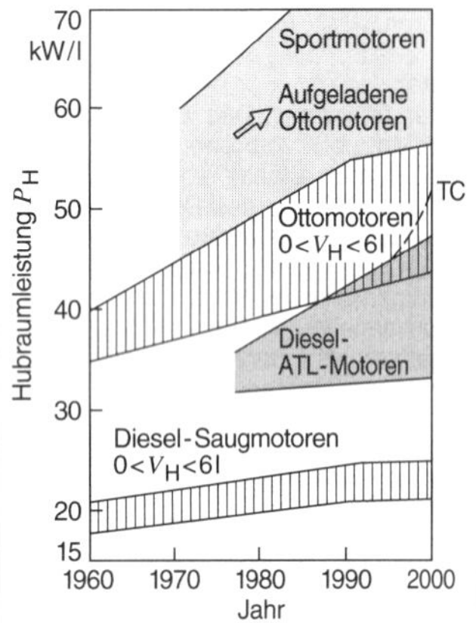

[1]) Beeinflussung des Kraftstoffverbrauchs durch Maßnahmen am Fahrzeug S. 377.
ATL Abgasturbolader, LLK Ladeluftkühlung, TC Turbo Compound.

Kraftstoffverbrauch von Diesel- und Ottomotoren[1]).

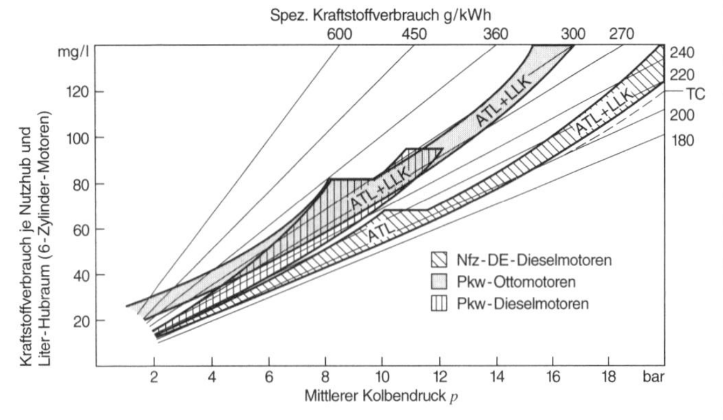

Vergleichsdaten

Motorart		Drehzahl min⁻¹	Verdichtungsverhältnis	Mitteldruck bar	Hubraumleistung kW/l	Leistungsgewicht kg/kW	Kraftstoffverbrauch g/kWh	Drehmomenterhöhung %
Ottomotor für Krafträder	2-Takt	4500...12000	7...9	5...12	40...100	5...0,5	600...350	5...10
	4-Takt	5000...10000	8...11	7...10	30...70	4...0,5	350...270	5...25
Pkw	SM[1])	4500...7500	8...12	8...11	35...65	3...1	350...250	15...25
	AF[2])	5000...7000	7...9	11...15	50...100	3...1	380...280	10...30
Lkw		2500...5000	7...9	8...10	20...30	6...3	380...270	15...25
Dieselmotor für Pkw	SM[1])	3500...5000	20...24	7...9	20...35	5...3	320...240	10...15
	AF[2])	3500...4500	20...24	9...12	30...45	4...2	290...240	15...25
Lkw	SM[1])	2000...4000	16...18	7...10	10...20	9...4	240...210	10...15
	AF[2])	2000...3200	15...17	10...13	15...25	8...3	230...205	15...30
	LLK[3])	1800...2600	14...16	13...18	25...40	5...2,5	225...195	20...40
Sonderbauarten Kreiskolbenmotor		6000...8000	7...9	8...1	35...45	1,5...1	380...300	5...15
Stirlingmotor		2000...4500	4...6	–	–	10...7	300...240	20...40
Gasturbine		8000...70000	4...6	–	–	3...1	1000...300	50...100

[1]) Saugmotor, [2]) mit Aufladung, [3]) mit Ladeluftkühlung.

Leistungs- und Drehmomentverlauf.

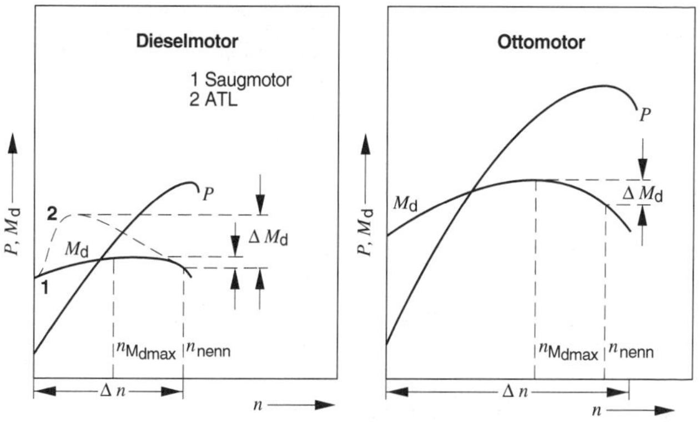

Leistungsverlauf *(Teillastverhalten), Regelweg/Gaspedalstellung vorgegeben.*

Dieselmotor mit konstanter Regelvorgabe. M_d bleibt mit n in etwa konstant.

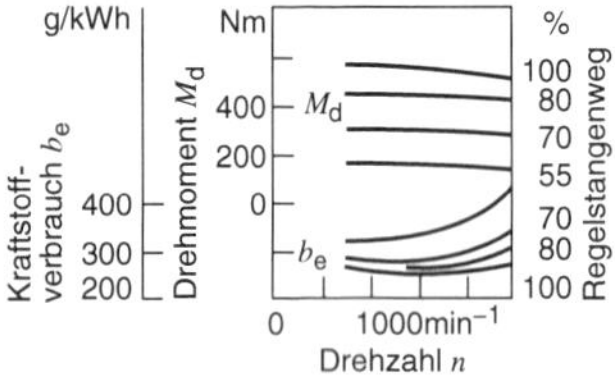

Vergaser-Ottomotor (Viertakt) mit konstanter Drosselklappenstellung. M_d fällt mit n stark ab, P_{eff} bleibt in etwa konstant.

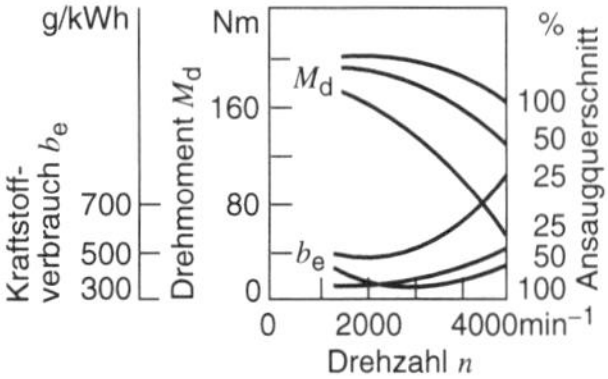

Drehmomentlage
Lage des maximalen Drehmoments im Drehzahlniveau, bezogen auf die Nennleistungsdrehzahl in % ($n_{Mdmax}/n_{nenn} \cdot 100$).

Nutzdrehzahlspanne
(untere Volllastdrehzahl/Nenndrehzahl)

Motorart		Nutzdrehzahlspanne Δn_N	Drehmomentlage %
Dieselmotor	für Pkw	3,5...5	15...40
	für Lkw	1,8...3,2	10...60
Ottomotor		4...7	25...35

Drehmomentanstieg

Motorart		Drehmoment anstieg M_d in %
Dieselmotor Pkw	Saugmotor	15...20
	AF ¹)	20...30
	AF ¹) + LLK ²)	25...35
Dieselmotor Lkw	Saugmotor	10...15
	AF ¹)	15...30
	AF ¹) + LLK ²)	25...40
Ottomotor	Saugmotor	25...30
	AF ¹) + LLK ²)	30...35

¹) mit Aufladung, ²) mit Ladeluftkühlung.

Motorleistung, Luftzustand

Der Wärmeinhalt einer Zylinderfüllung bestimmt im Wesentlichen das Drehmoment eines Verbrennungsmotors und damit auch seine Leistung. Ein unmittelbares Maß für den Wärmeinhalt ist die Luftmenge einer Zylinderfüllung (genauer die Sauerstoffmenge). Die Vollleistungsänderung eines Motors lässt sich aus der Zustandsänderung der Umgebungsluft (Temperatur, Druck, Feuchtigkeit) berechnen, wenn außer der Motordrehzahl auch das Luft-Kraftstoff-Verhältnis, der Zylinderfüllungsgrad, der Verbrennungswirkungsgrad und die Motorverlustleistung gleich bleiben. Das Luft-Kraftstoff-Gemisch wird bei abnehmender Luftdichte fetter. Der Zylinderfüllungsgrad (Druck im Zylinder bei Ansaugende zu Druck der Umgebungsluft) bleibt nur bei voll geöffneten Regelorganen (Vollleistung) für jeden Luftzustand gleich. Der Verbrennungswirkungsgrad sinkt in kalter, dünner Luft wegen geringerer Verdampfung und Durchwirbelung und wegen trägerer Verbrennung. Die Motorverlustleistung (Reibungsverluste + Gaswechselarbeit + Laderleistung) verringert die indizierte Leistung.

Einfluss des Luftzustandes
Je schwerer (dichter und kälter) die den Motor umgebende Luft ist, desto mehr Luft wird angesaugt oder aufgeladen und desto größer ist die Motorleistung. Faustformel: Auf 100 m Höhenzunahme sinkt die Motorleistung um etwa 1 %. Kalte Luft wird in den Ansaugleitungen je nach Motorbauart mehr oder weniger vorgewärmt und damit verdünnt. Luftvorwärmung verringert die Motorleistung. Feuchte Luft enthält weniger Sauerstoff als trockene Luft und ergibt deshalb kleinere Motorleistung. Die Abnahme ist im Allgemeinen vernachlässigbar gering. Bei

feuchtwarmer Luft in den Tropen kann die Luftfeuchte die Motorleistung fühlbar herabsetzen.

Leistungsdefinition

Nutzleistung ist die Leistung eines Motors, die bei entsprechender Drehzahl an der Kurbelwelle oder einer Hilfseinrichtung (z. B. Getriebe) abgenommen wird. Bei Abnahme über ein Getriebe ist dessen Verlustleistung der Motorleistung hinzuzufügen. Nennleistung ist die größte Nutzleistung des Motors unter Volllastbedingungen. Nettoleistung entspricht Nutzleistung.

Um unabhängig von den atmosphärischen Bedingungen über dem Tages- bzw. Jahresgang sowie verschiedenen Herstellern vergleichbare Leistungsangaben zu erhalten, werden die gemessenen Leistungswerte auf bestimmte Bezugswerte umgerechnet, indem man die gemessene Luftdichte und damit die arbeitende Luftmasse im Motor auf eine bei den zugrundegelegten „Normalbedingungen" herrschende Luftmasse umrechnet.

Die folgende Gegenüberstellung erhält die wichtigsten Normen für diese Leistungskorrekturen.

Leistungskorrektur-Normen (Vergleich)

Norm (Veröff.-Datum)	EWG 80/1269 (4/81)	ISO 1585 (5/82)	JIS D 1001 (10/82)	SAE J 1349 (5/85)	DIN 70 020 (11/76)
Barometerdruck beim Prüflauf (* Dampfdruck abgezogen!)					
trocken p_{PT}* kPa	99	99	99	99	–
absolut p_{PF} kPa	–	–	–	–	101,3
Temperatur beim Prüflauf absolut T_p K	298	298	298	298	293
Ottomotoren, Saug- und Aufladebetrieb					
Korrekturfaktor α_a	$\alpha_a = A^{1,2} \cdot B^{0,6}$ $A = 99/p_{PT}$ $B = T_p/298$				$\alpha_a = A \cdot B^{0,5}$ $A = 101,3/p_{PF}$ $B = T/293$
Korrigierte Leistung: $P_0 = \alpha_a \cdot P$ (kW) (P gemessene Leistung)					
Dieselmotoren, Saug- und Aufladebetrieb					
Atmosph. Korrekturfaktor f_a	$f_a = A \cdot B^{0,7}$ ($A = 99/p_{PT}$; $B = T_p/293$) (Saugmotoren und mechanisch aufgeladene Motoren). $f_a = A^{0,7} \cdot B^{1,5}$ ($A = 99/p_{PT}$; $B = T_p/293$) (Turboladermotoren mit/ohne Ladeluftkühlung).				wie α_a bei Ottomotoren
Motorkorrekturfaktor f_m	$40 \le q/r \le 65$: $f_m = 0,036 \cdot (q/r) - 1,14$ $q/r < 40$: $f_m = 0,3$ $q/r > 65$: $f_m = 1,2$				$f_m = 1$
$r = p_L/p_E$ Druckverhalten der Aufladung, mit p_L absoluter Ladedruck, p_E absoluter Druck vor Verdichter, q spez. Kraftstoffverbrauch (SAE J 1349). 4-Takt-Motoren: $q = 120\,000\ F/DN$, 2-Takt-Motoren: $q = 60\,000\ F/DN$, mit F Kraftstoffdurchsatz (mg/s), D Hubvolumen (l); N Motordrehzahl (min^{-1}).					
Korrigierte Leistung: $P_0 = P \cdot f_a^{fm}$ (kW) (P gemessene Leistung).					
Vorgeschriebene Hilfsaggregate					
Lüfter	Ja, bei Elektro-/Viscolüfter mit max. Schlupf				} Nicht definiert
Abgasreinigung	Ja				} Nicht definiert
Generator	Ja, mit Motorstromentnahme belastet				Ja
Servopumpen	Nein				Nein
Klimaanlage	Nein				Nein

Berechnung

Größe		Einheit
a_K	Kolbenbeschleunigung	m/s²
B	Kraftstoffverbrauch	kg/h; dm³/h
b_e	spez. Kraftstoffverbrauch	g/kWh
D	Zylinderdurchmesser $2 \cdot r$	mm
d_v	Ventildurchmesser	mm
F	Kraft	N
F_G	Gaskraft im Zylinder	N
F_N	Kolbenseitenkraft	N
F_o	oszillierende Massenkraft	N
F_r	rotierende Massenkraft	N
F_s	Stangenkraft	N
F_T	Tangentialkraft	N
M	Moment	N · m
M_o	oszillierende Momente	N · m
M_r	rotierende Momente	N · m
M_d	Drehmoment des Motors	N · m
m_p	Leistungsgewicht	kg/kW
n	Motordrehzahl	min⁻¹
n_p	Drehzahl der Einspritzpumpe	min⁻¹
P	Leistung	kW
P_{eff}	Nutzleistung[1])	kW
P_H	Hubraumleistung	kW/dm³
p	Druck	bar
p_c	Verdichtungsenddruck	bar
p_e	mittlerer Kolbendruck (Mitteldruck, mittlerer Arbeitsdruck)	bar
p_L	Ladedruck	bar
p_{max}	Spitzendruck im Zylinder	bar
r	Kurbelhalbmesser	mm
s_d	Einspritzquerschnitt der Düse	mm²
S, s	Hub allgemein	mm
s	Kolbenhub	mm
s_f	Füllungshub eines Zylinders (2-Takt)	mm
s_F	Füllungshub 2-Takt-Motor	mm
S_k	Kolbenabstand v. oberen TP	mm
S_s	Schlitzhöhe bei 2-Takt-Motor	mm
T	Temperatur	°C, K
T_c	Verdichtungsendtemperatur	K
T_L	Ladelufttemperatur	K
T_{max}	Spitzentemperatur im Brennraum	K
t	Zeit	s
V	Volumen	m³

[1]) Nutzleistung P_{eff} ist die vom Verbrennungsmotor abgegebene nutzbare Leistung, wobei die zum Betrieb notwendigen Hilfseinrichtungen (z.B. Zündeinrichtung, Einspritzpumpe, Spül- und Kühlluftgebläse, Kühlwasserpumpe und Lüfter, Lader) vom Verbrennungsmotor angetrieben werden (DIN 1940). In DIN 70 020 wird diese Leistung Nettoleistung genannt (S. 455).

Größe		Einheit
V_c	Verdichtungsraum eines Zylinders	dm³
V_E	Einspritzmenge je Pumpenhub	mm³
V_f	Füllungsvolumen eines Zylinders (2-Takt)	dm³
V_F	Füllungsvolumen des 2-Takt-Motors	dm³
V_h	Hubvolumen eines Zylinders	dm³
V_H	Hubvolumen des Motors	dm³
v	Geschwindigkeit	m/s
v_d	mittl. Geschwindigkeit des Einspritzstrahls	m/s
v_g	Gasgeschwindigkeit	m/s
v_m	mittl. Kolbengeschwindigkeit	m/s
v_{max}	max. Kolbengeschwindigkeit	m/s
z	Zylinderzahl	–
α_d	Einspritzdauer (in ° KW an der Einspritzpumpe)	°
β	Schwenkwinkel der Pleuelstange	°
ε	Verdichtungsverhältnis	–
η	Wirkungsgrad	–
η_e	effektiver Wirkungsgrad	–
η_{th}	thermischer Wirkungsgrad	
ν, n	Polytropenexponent von realen Gasen	–
ϱ	Dichte	kg/m³
φ, α	Kurbelwinkel (φ_o = oberer Totpunkt)	°
ω	Winkelgeschwindigkeit	rad/s
λ	$= r/l$ Pleuelstangenverhältnis	–
λ	Luftverhältnis, Luftzahl	–
$\varkappa$	$= c_p/c_v$ Adiabatenexponent idealer Gase	–

Indizes

0, 1, 2, 3, 4, 5	Prozess-/Eckwerte
o	oszillierend
r	rotierend
1., 2.	1., 2. Ordnung
A	Konstante
′, ″	Unterteilung von Eckwerten, Ableitungen

Umrechnung von Einheiten
(S. 21...30)

1 g/PS · h	= 1,36 g/kW · h
1g/kW · h	= 0,735 g/PS · h
1 kp · m	= 9,81 N · m ≈ 10 N · m
1 N · m	= 0,102 kp · m ≈ 0,1 kp · m
1 PS	= 0,735 kW
1 kW	= 1,36 PS
1 at	= 0,981 bar ≈ 1 bar
1 bar	= 1,02 at ≈ 1 at

Berechnungsgleichungen

Größengleichungen	Zahlenwertgleichungen
Hubraum Hubraum eines Zylinders $V_h = \frac{\pi \cdot d^2 \cdot s}{4}$; $V_f = \frac{\pi \cdot d^2 \cdot s_f}{4}$ (2-Takt) Hubraum des Motors $V_H = V_h \cdot z$; $V_F = V_f \cdot z$ (2-Takt)	$V_H = 0{,}785 \cdot 10^{-6}\, d^2 \cdot s$ V_h in dm³, d in mm, s in mm $V_H = 0{,}785 \cdot 10^{-6}\, d^2 \cdot s \cdot z$ V_h in dm³, d in mm, s in mm
Verdichtung Verdichtungsverhältnis $\varepsilon = \frac{V_h + V_c}{V_c}$ (Diagramm S. 460) Verdichtungsenddruck $p_c = p_o \cdot \varepsilon^{\nu}$ Verdichtungsendtemperatur $T_c = T_o \cdot \varepsilon^{\nu - 1}$	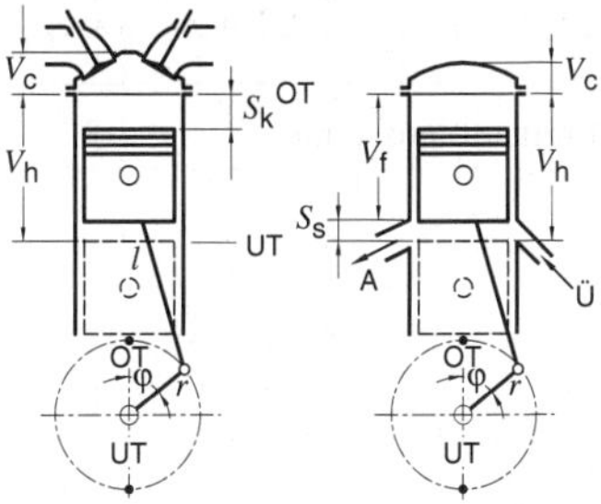 ***4-Takt-Motor*** ***2-Takt-Motor***
Kolbenbewegung (Diagramm S. 461) Kolbenabstand vom oberen Totpunkt $S_k = r\left[1 + \frac{l}{r} - \cos\varphi - \sqrt{\left(\frac{l}{r}\right)^2 - \sin^2\varphi}\right]$ Kurbelwinkel $\varphi = 2 \cdot \pi \cdot n \cdot t$ (φ in rad) Kolbengeschwindigkeit (Näherung) $v \approx 2 \cdot \pi \cdot n \cdot r \left(\sin\varphi + \frac{r}{2l}\sin 2\varphi\right)$ Mittlere Kolbengeschwindigkeit $v_m = 2 \cdot n \cdot s$ Größte Kolbengeschwindigkeit (ungefähr, wenn Pleuelstange den Kurbelkreis tangiert; $a_k = 0$)	$\varphi = 6 \cdot n \cdot t$ φ in °, n in min⁻¹, t in s $v \approx \frac{n \cdot s}{19\,100}\left(\sin\varphi + \frac{r}{2l}\sin 2\varphi\right)$ v in m/s, n in min⁻¹, l, r und s in mm $v_m = \frac{n \cdot s}{30\,000}$ (Diagramm S. 462) v_m in m/s, n in min⁻¹, s in mm

l/r	3,5	4	4,5
v_{max}	$1{,}63 \cdot v_m$	$1{,}62 \cdot v_m$	$1{,}61 \cdot v_m$

(Diagramm S. 462)

Größengleichungen	Zahlenwertgleichungen
Kolbenbeschleunigung (Näherung) $a_k \approx 2 \cdot \pi^2 \cdot n^2 \cdot s \left(\cos\varphi + \frac{r}{l}\cos 2\varphi\right)$	$a_k \approx \frac{n^2 \cdot s}{182\,400}\left(\cos\varphi + \frac{r}{l}\cos 2\varphi\right)$ a_k in m/s², n in min⁻¹, l, r und s in mm

[1]) Definition „Größengleichung" und „Zahlenwertgleichung" S. 36.

Berechnungsgleichungen (Fortsetzung)

Größengleichungen	Zahlenwertgleichungen
Gasgeschwindigkeit Mittlere Gasgeschwindigkeit im Ventilquerschnitt $v_g = \frac{d^2}{d_v^2} \cdot v_m$	$v_g = \frac{d^2}{d_v^2} \cdot \frac{n \cdot s}{30\,000}$ v_g in m/s, d, d_v, und s in mm, n in min^{-1}

Die höchsten Liefergradwerte werden bei mittleren Gasgeschwindigkeiten von 90...110 m/s erzielt (Erfahrungswerte).

Kraftstoffförderung Einspritzmenge je Einspritzpumpenhub $V_E = \frac{P_{eff} \cdot b_e}{\varrho \cdot n_p \cdot z}$	$V_E = \frac{1000 \cdot P_{eff} \cdot b_e}{60 \cdot \varrho \cdot n_p \cdot z}$ V_E in mm^3, P_{eff} in kW, b_e in g/kW · h (oder auch P_{eff} in PS, b_e in g/PS · h), n_p in min^{-1}, ϱ in kg/dm^3 (für Kraftstoffe ist $\varrho \approx 0{,}85\ kg/dm^3$)
Mittlere Geschwindigkeit des Einspritzstrahles $v_d = \frac{2 \cdot \pi \cdot n_p \cdot V_E}{S_d \cdot \alpha_d}$ (α_d in rad)	$v_d = \frac{6\, n_p \cdot V_E}{1000 \cdot S_d \cdot \alpha_d}$ v_d = in m/s, n_p in min^{-1}, V_E in mm^3, S_d in mm^2, α_d in °
Motorleistung $P = M \cdot \omega = 2 \cdot \pi \cdot M \cdot n$	$P = M \cdot n/9549$ P in kW, M in N · m (= W · s),
$P_{eff} = V_H \cdot p_e \cdot n/K$ K = 1 für 2-Takt-Motor K = 2 für 4-Takt-Motor	$P_{eff} = \frac{V_H \cdot p_e \cdot n}{K \cdot 600} = \frac{M_d \cdot n}{9549}$ P_{eff} in kW, p_e in bar, n in min^{-1}. M_d in N · m
Hubraumleistung (Literleistung) $P_H = \frac{P_{eff}}{V_H}$	$P = M \cdot n/716{,}2$ P in PS, M in kp · m, n in min^{-1}
Leistungsgewicht $m_p = \frac{m}{P_{eff}}$	

Berechnungsgleichungen (Fortsetzung)

Größengleichungen		Zahlenwertgleichungen	
Mittlerer Kolbendruck (Mitteldruck, mittlerer Arbeitsdruck)			
4-Takt-Motor	2-Takt-Motor	4-Takt-Motor	2-Takt-Motor
$p = \frac{2 \cdot P}{V_H \cdot n}$	$p = \frac{P}{V_H \cdot n}$	$p = 1200 \frac{P}{V_H \cdot n}$	$p = 600 \frac{P}{V_H \cdot n}$
		p in bar, P in kW, V_H in dm³, n in min⁻¹	
		$p = 833 \frac{P}{V_H \cdot n}$	$p = 441 \frac{P}{V_H \cdot n}$
		p in bar, P in PS, V_H in dm³, n in min⁻¹	
$p = \frac{4 \cdot \pi \cdot M}{V_H}$	$p = \frac{2 \cdot \pi \cdot M}{V_H}$	$p = 0{,}1257 \frac{M}{V_H}$	$p = 0{,}0628 \frac{M}{V_H}$
		p in bar, M in N · m, V_H in dm³	
Drehmoment des Motors			
$M_d = \frac{V_H \cdot p_e}{4\pi}$	$M_d = \frac{V_H \cdot p_e}{2\pi}$	$M_d = \frac{V_H \cdot p_e}{0{,}12566}$	$M_d = \frac{V_H \cdot p_e}{0{,}06284}$
		M_d in N · m, V_H in dm³, p_e in bar	
		$M_d = 9549 \cdot P_{eff}/n$	
		M_d in N · m, P_{eff} in kW, n in min⁻¹	
Kraftstoffverbrauch[1]		B in dm³/h oder kg/h	
B = Messwert in kg/h		V_B = Messvolumen auf dem Prüfstand	
$b_e = B/P_{eff}$		t_B = Stoppzeit für den Messvolumenverbrauch	
$b_e = 1/(H_u \cdot \eta_e)$		$b_e = \frac{V_b \cdot \varrho_B \cdot 3600}{t_B \cdot P_{eff}}$	
		ϱ_B = Dichte des Brennstoffs in g/cm³, t_B in s, V_B in cm³, P_{eff} in kW.	
Wirkungsgrad			
$\eta_{th} = 1 - \varepsilon^{1-\nu}$		$\eta_e = 86/b_e$	
$\eta_e = P_{eff}/(B \cdot H_u)$		mit H_u = spezifischer Heizwert 42 000 kJ/kg	
		b_e in g/(kW · h)	

[1]) Beeinflussung des Kraftstoffverbrauchs durch Maßnahmen am Fahrzeug S. 377.

Hubraum und Verdichtungsraum. *Bild und Gleichung S. 457.*

Das Diagramm gilt für den Hubraum V_h und den Verdichtungsraum V_c des einzelnen Zylinders und für den Gesamthubraum V_H und den Gesamtverdichtungsraum V_C.

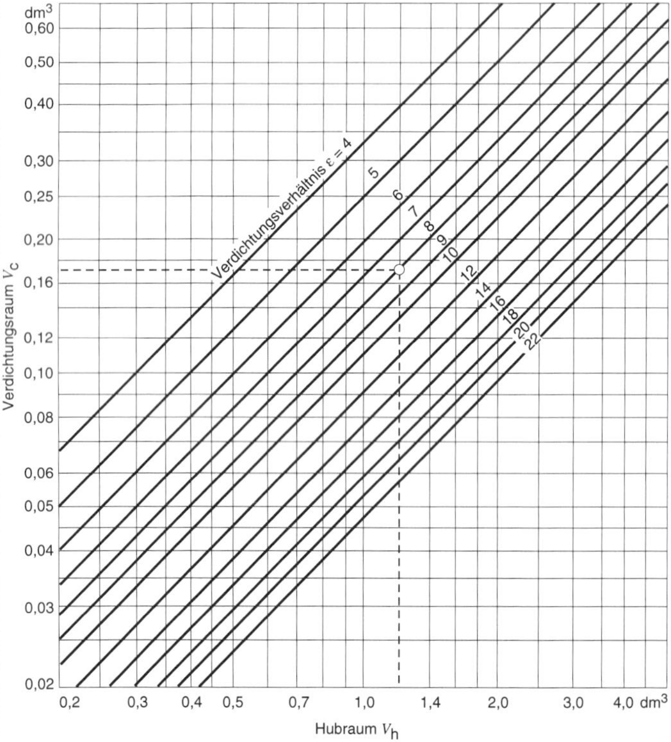

Beispiel:
Ein Motor mit einem Hubraum von 1,2 dm³ und einem Verdichtungsverhältnis $\varepsilon = 8$ hat einen Verdichtungsraum von 0,17 dm³.

Kolbenabstand vom oberen Totpunkt. *Gleichung S. 457.*

Umrechnung von Kurbelwinkelgrad in mm Kolbenweg.

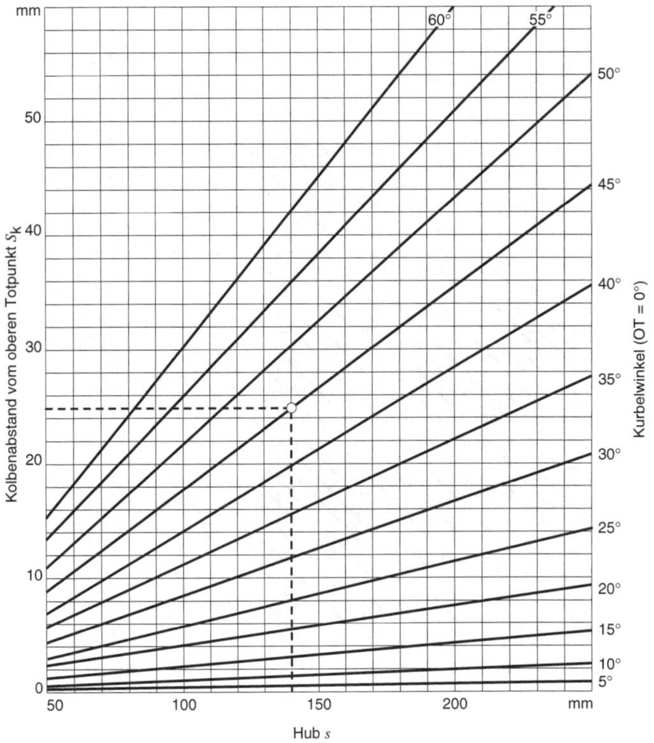

Beispiel:
Für einen Hub von 140 mm ist bei 45° KW der Kolbenabstand vom oberen Totpunkt 25 mm.

Dem Diagramm liegt ein Kurbelverhältnis l/r = 4 zu Grunde (l Pleuelstangenlänge, r halber Hub). Es gilt aber mit guter Annäherung (Fehler kleiner als 2 %) für alle Kurbelverhältnisse l/r zwischen 3,5 und 4,5.

Kolbengeschwindigkeit. *Gleichungen S. 457.*

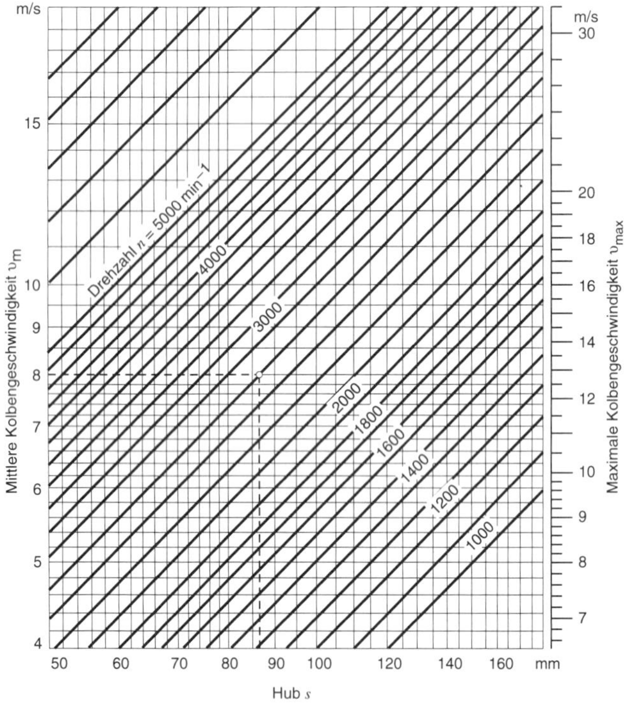

Beispiel:
Für Hub s = 86 mm und bei einer Drehzahl von n = 2800 min^{-1} ist die mittlere Kolbengeschwindigkeit v_m = 8 m/s und die maximale Kolbengeschwindigkeit v_{max} = 13 m/s.

Dem Diagramm ist v_{max} = 1,62 v_m zu Grunde gelegt (S. 457).

Dichtesteigerung der Verbrennungsluft im Zylinder bei Aufladung.

Dichtesteigerung bei Aufladung als Funktion des Druckverhältnisses im Verdichter, des Wirkungsgrades des Verdichters und der Rückkühlrate bei Ladeluftkühlung (LLK).

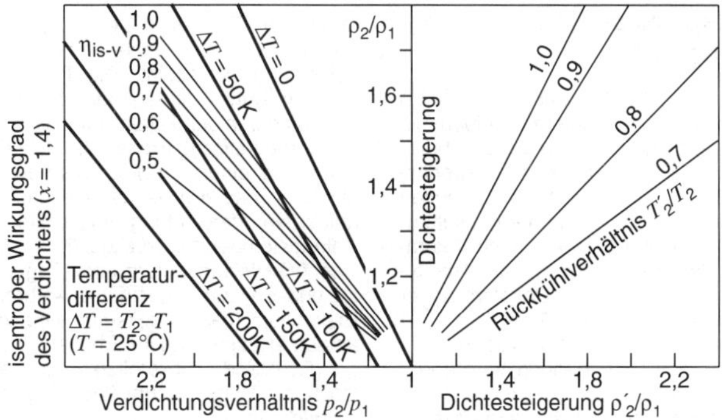

p_2/p_1 = π_c = Druckverhältnis bei der Vorverdichtung
ϱ_2/ϱ_1 = Dichtesteigerung, ϱ_1 = Dichte vor Verdichter, ϱ_2 = Dichte nach Verdichter in kg/m³
T_2'/T_2 = Rückkühlrate, T_2 = Temperatur vor LLK, T_2' = Temperatur nach LLK in K
η_{is-v} = isentroper Wirkungsgrad des Verdichters

Kompressionsenddruck und -endtemperatur.

Kompressionsendtemperatur als Funktion von Verdichtungsverhältnis und Ansaugtemperatur.

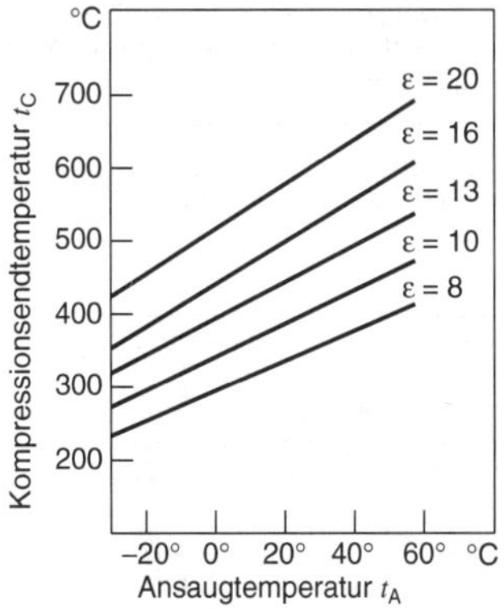

$t_c = T_c - 273{,}15\text{K},\ T_c = T_A \cdot \varepsilon^{n-1},\ n = 1{,}35$

Kompressionsenddruck als Funktion von Verdichtungsverhältnis und Ladedruck.

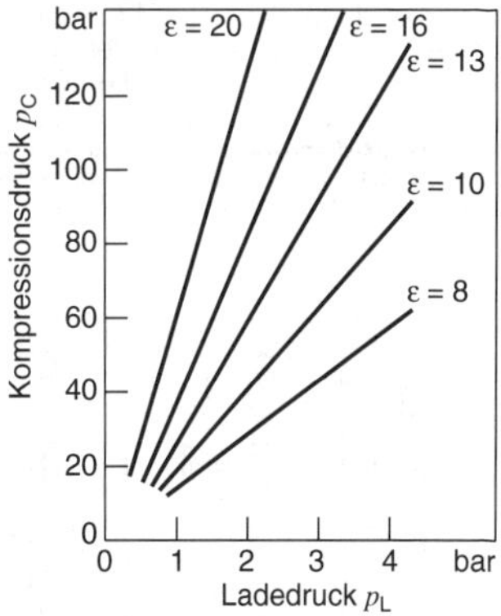

$p_c = p_L \cdot \varepsilon^n,\ n = 1{,}35$

Hubkolbenmotor mit äußerer Verbrennung (Stirlingmotor)

Arbeitsprozess und Wirkungsgrad

Prozessablauf: Im Zustand I befindet sich der Arbeitskolben (unterer Kolben) in tiefster Lage und der Verdränger (oberer Kolben) in höchster Lage; alles Arbeitsgas befindet sich expandiert zwischen Arbeitskolben und Verdränger im „kalten" Raum. Auf dem Weg von I nach II komprimiert der Arbeitskolben das Arbeitsmedium im kalten Raum. Der Verdränger bleibt in höchster Lage. Von II nach III wird das komprimierte Arbeitsmedium durch den abwärtsgehenden Verdränger über den Kühler in den Regenerator (wo es die gespeicherte Wärme aufnimmt) und daran anschließend in den Erhitzer geschoben (wo es auf die höchste Arbeitstemperatur aufgeheizt wird). Da der Arbeitskolben in tiefster Lage bleibt, ändert sich dabei das Volumen nicht.

Das erhitzte Gas gelangt nach dem Erhitzer in den „heißen" Raum über dem Verdränger. Auf dem Weg von III nach IV expandiert das heiße Gas; Kolben und Verdränger werden in ihre tiefste Lage gedrückt und es wird Arbeit geleistet. Der Kreis wird auf dem Weg IV nach I geschlossen, wo wieder durch den aufwärts gehenden Verdränger das Gas durch den Erhitzer in den Regenerator gedrückt wird und dabei einen Großteil seiner Wärme abgibt. Die Restwärme wird im Kühler abgegeben, bevor das Gas wieder in den kalten Raum gelangt.

Der theoretische Prozess besteht demnach aus einer quasi isothermen Verdichtung (das Arbeitsgas wird nach der adiabaten Verdichtung im Kühler auf Anfangstemperatur rückgekühlt), einer isochoren Wärmezufuhr über Regenerator und Erhitzer, einer quasi isothermen Expansion (das Arbeitsgas wird nach adiabater Expansion im Erhitzer auf Ausgangszustand rückerhitzt) und einer isochoren Wärmeabfuhr über Regenerator und Kühler.

Der im p-V- und T-S-Diagramm dargestellte Idealprozess könnte nur erreicht werden, wenn sich – wie beschrieben – Arbeits- und Verdrängerkolben diskontinuierlich bewegten.

Sind beide Kolben z.B. durch einen Rhombentrieb mit einer Welle verbunden, so führen sie phasenverschobene Sinusbewegungen aus, die zu einem abgerundeten Arbeitsdiagramm mit gleichem Prozesswirkungsgrad – ähnlich dem Carnot-Wirkungsgrad –, aber mit Einbußen an Leistung und effektivem Wirkungsgrad, führen.

Ablauf des Arbeitsprozesses beim Stirlingmotor.
Vier Stadien diskontinuierlicher Bewegung von Arbeitskolben und Verdränger. 1 Arbeitskolben, 2 Verdränger, 3 kalter Raum, 4 heißer Raum, 5 Kühler, 6 Regenerator, 7 Erhitzer.

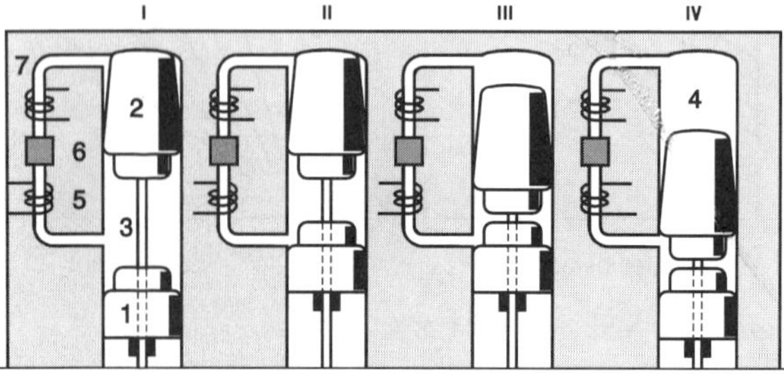

Theoretischer Kreisprozess des Stirlingmotors im** p-V- **und** T-S-**Diagramm.

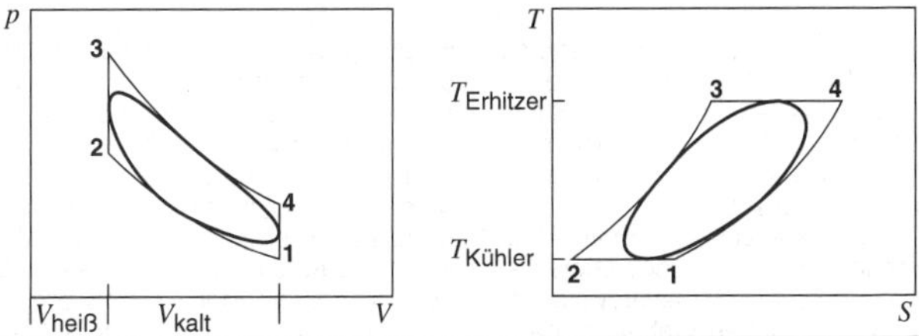

Ausführung und Betriebsverhalten

Moderne Motoren arbeiten als doppelt wirkende Motoren mit z. B. 4 Zylindern, die mit geeigneter Phasenverschiebung arbeiten. Jeder Zylinder hat nur einen Kolben, der mit seiner oberen Seite Arbeitskolben, mit seiner unteren Seite Verdränger für den nachfolgenden Zylinder ist. Kühler, Regenerator und Erhitzer sind zwischen den Zylindern angeordnet.

Um die Hubraumleistung nicht zu gering werden zu lassen, wird mit hohen, zur Lastregelung änderbaren Drücken von 50...200 bar gefahren. Als Arbeitsmedium müssen Gase mit niedrigen Strömungsverlusten und hoher spezifischer Wärme verwendet werden (meist Wasserstoff). Da die gesamte dem Prozess zu entziehende Wärme hier über Kühler an die Umgebungsluft abgeführt werden muss, benötigen Stirlingmotoren erheblich größere Wärmetauscher als Motoren mit innerer Verbrennung.

Vorteile des Stirlingmotors: sehr niedrige Schadstoffkonzentrationen aller limitierten Schadstoffe HC, CO, NO_X; leiser Lauf ohne Verbrennungsgeräusche; Verbrennung verschiedenster Brennstoffe möglich (vielstofffähig); Kraftstoffverbrauchswerte (im Kennfeld) in etwa wie Direkteinspritz-Dieselmotoren bei ähnlichen Drehzahlen.

Nachteile: hohe Fertigungskosten durch aufwendige Bauweise; sehr hohe Arbeitsdrücke bei mäßigen Bauraum-/Baugewichtsleistungen; Lastregelaufwand sehr hoch; große Kühlfläche und ggf. Lüfterleistungen erforderlich.

Doppeltwirkender Stirlingmotor.
1 Erhitzer, 2 Regenerator, 3 Kühler.

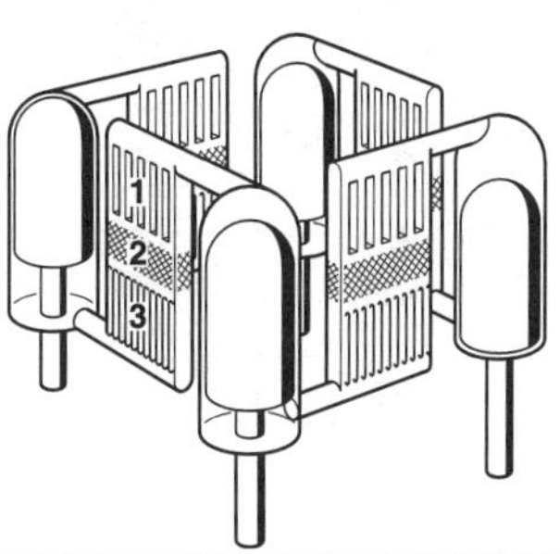

Wärmebilanz des Stirlingmotors.

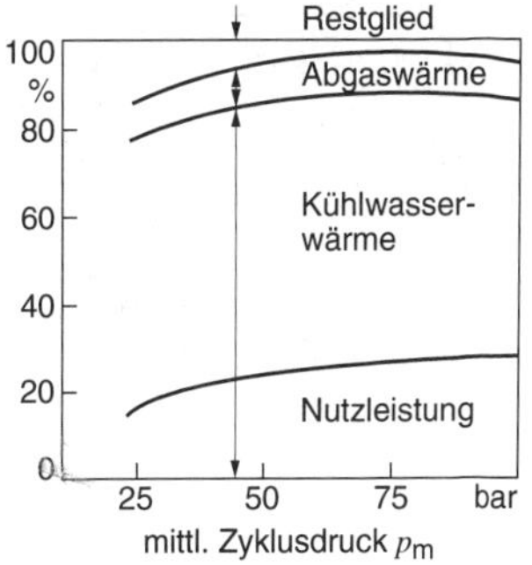

Wankel-Kreiskolbenmotor

Eine besondere Art des Hubkolbenmotors ist der Kreiskolbenmotor, bei dem das Schubkurbelgetriebe durch einen Exzentertrieb und einen in einer Trochoidenform sich bewegenden, arbeitsraumbildenden Läufer ersetzt wird.

Der Kolben des Kreiskolbenmotors hat im Querschnitt die Form eines Dreiecks mit konvexen Seiten. Er bewegt sich in einem wassergekühlten Gehäuse, dessen Innenraum eine ovale, in der Mitte leicht eingeschnürte Kurve (Epitrochoide) bildet. Die drei Ecken des Kolbens folgen bei der Drehung stets der Wand des Gehäuses, so dass drei periodisch kleiner bzw. größer werdende, gegeneinander abgeschlossene und um 120° versetzte Arbeitsräume A, B, C entstehen. In jedem dieser Räume läuft während einer Umdrehung des Kolbens ein Viertakt-Ottoprozess ab, d. h. nach einer vollen Umdrehung des dreieckigen Kolbens um sich selbst hat der Motor dreimal den vollständigen Ablauf des Viertaktprozesses und drei Exzenterwellenumdrehungen ausgeführt.

In die Ecken und die Seitenflächen des Kolbens sind Dichtelemente eingelassen. Konzentrisch im Kolben befindet sich eine Innenverzahnung und die Lagerung für den Exzenter der Motorwelle. Die Innenverzahnung wälzt sich auf einem am seitlichen Gehäuse befestigten zur Exzenterwelle konzentrischen Zahnrad ab. Die Verzahnung dient nicht zur Kraftübertragung, sondern lediglich zur Steuerung des Kolbens in richtiger Bewegungsphase zu den Umdrehungen der Exzenterwelle und zum Umlauf in der Trochoidenbahn.

Die Zähnezahlen der beiden Verzahnungen verhalten sich wie 3 : 2. Der Kolben dreht sich mit zwei Drittel der Winkelgeschwindigkeit der Welle und relativ zu

Aufbau und Arbeitsweise des Wankel-Kreiskolbenmotors.
1 Kolben, 2 Innenverzahnung im Kolben, 3 Zündkerze, 4 feststehendes Ritzel, 5 Lauffläche des Exzenters.
*a) Kammer **A** saugt an, Kammer **B** verdichtet, aus Kammer **C** strömen die verbrannten Gase aus (Der Gasübertritt an der Einschnürung der Trochoide vorbei wird durch Mulden in den Kolbenflanken ermöglicht).*
*b) Kammer **A** ist mit Frischgas gefüllt, in Kammer **B** expandieren die verbrennenden Gase und drehen über den Kolben die Exzenterwelle, aus Kammer **C** werden die verbrannten Gase weiter ausgeschoben. Die nächste Phase entspricht wieder Bildteil a), wobei nur an die Stelle von Kammer **A** die Kammer **C** getreten ist. Der Kolben hat also mit ein Drittel Drehung (120°) an seinen drei Flanken den vollen Ablauf des Viertaktprozesses ausgeführt; die Exzenterwelle hat dabei eine volle Umdrehung gemacht.*

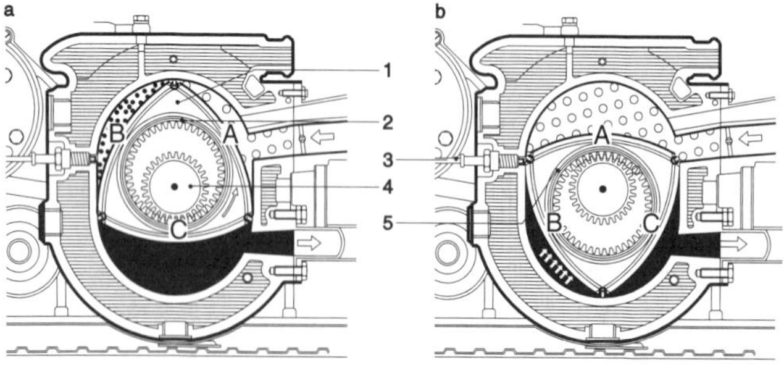

dieser im umgekehrten Drehsinn, so dass die Relativgeschwindigkeit des Kolbens zum Gehäuse nur ein Drittel der Winkelgeschwindigkeit der Welle beträgt.

Der Gaswechsel wird durch einfache Schlitze vom Kolben selbst gesteuert. Statt des in der Trochoidenbahn angeordneten Einlasskanals (Umfangeinlass) kann der Einlass auch durch Öffnungen in den seitlichen Gehäusen erfolgen (Seiteneinlass).

Wegen des Fehlens von verengten Gasquerschnitten und von hin- und hergehenden Massen sind wesentlich höhere Gasgeschwindigkeiten und Drehzahlen möglich geworden. Jeder Kreiskolbenmotor ist mechanisch vollkommen auswuchtbar. Es verbleibt lediglich die bei allen Verbrennungsmotoren auftretende Ungleichförmigkeit der Drehkraft. Allerdings ist der Drehkraftverlauf eines Einscheibenmotors wegen der über 270° Exzenterwelle ablaufenden Arbeitstakte wesentlich gleichförmiger als der eines Einzylindermotors. Der Ungleichförmigkeitsgrad und damit die Laufruhe lassen sich durch Mehrfachanordnung von mehreren Kolben auf einer Welle zusätzlich verbessern. Ein Dreifach-Kreiskolbenmotor entspricht in dieser Beziehung einem Achtzylinder-Hubkolbenmotor. Der Drehmomentverlauf kann wahlweise je nach Steuerzeit und Ansaugquerschnitt der Charakteristik eines Drosselmotors oder eines sportlichen Motors angepasst werden.

Vorteile des Kreiskolbenmotors: vollkommener Massenausgleich; günstiger Drehkraftverlauf; kompakte Bauweise; kein Ventiltrieb; sehr gutes Laufverhalten.

Nachteile: ungünstige Brennraumform mit langen Brennwegen, hohe HC-Emission; höherer Kraftstoff- und Ölverbrauch; höhere Herstellungskosten; kein Dieselmotor möglich; hohe Lage der kraftabgebenden Welle ungünstig.

Ausführung eines Doppel-Kreiskolbenmotors.
1 Kreiskolben, 2 hydraulischer Drehmomentwandler, 3 automatische Kupplung.

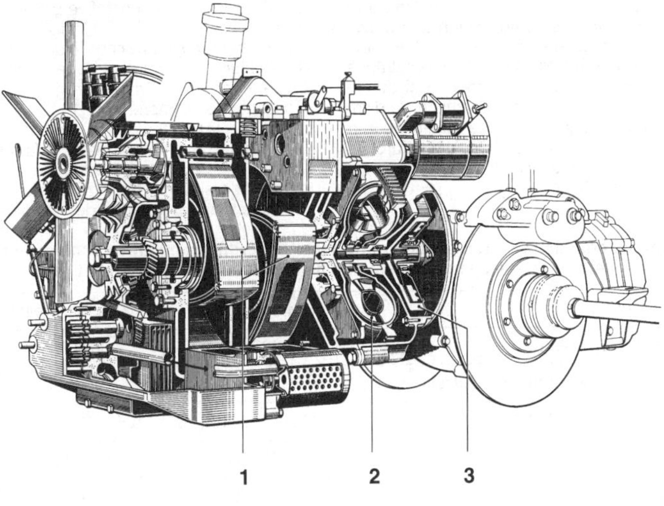

Gasturbine

Bei der Gasturbine erfolgen die einzelnen Zustandsänderungen des Kreisprozesses jeweils in voneinander räumlich getrennten Komponenten (Verdichter, Brennkammer, Turbinen), die durch strömungsführende Teile (Diffusoren, Spiralen u. a.) miteinander verbunden sind. Dadurch laufen die Zustandsänderungen kontinuierlich ab.

Arbeitsweise, Vergleichsprozess und Wirkungsgrad

Bei Fahrzeuggasturbinen wird die durch Filter und Schalldämpfer kontinuierlich angesaugte Luft im Allgemeinen in einem Radialverdichter komprimiert und anschließend in einem Wärmetauscher weiter aufgeheizt. Bei den heute bekannten Fahrzeuggasturbinen ist dieser meist als rotierender Regenerator ausgeführt.

Die verdichtete und vorgewärmte Luft strömt dann in die Brennkammer, wo sie durch Einspritzen und Verbrennen gasförmiger, flüssiger oder emulsiver Brennstoffe direkt aufgeheizt wird. Anschließend wird Energie von den verdichteten und erhitzten Gasen über eine, zwei oder drei Turbinenstufen auf ein bis drei Wellenstränge übertragen. Die radial oder axial durchströmten Turbinen treiben zuerst Verdichter und Hilfsgeräte an. Sie geben die verbleibende Leistung über Arbeitsturbine, Reduzier- und Schaltgetriebe an die Kardanwelle ab.

Zur Verringerung des Teillast- und Leerlaufverbrauchs sowie zur Verbesserung des Beschleunigungsverhaltens ist im Allgemeinen die Arbeitsturbine mit verstellbaren Leitschaufeln ausgestattet. Bei der Einwellenmaschine ist dazu eine Stellmöglichkeit im Getriebebereich erforderlich.

Die in den Turbinen bei der Entspannung teilweise abgekühlten Gase strömen durch die Gasseite des Wärmetauschers, wo der größere Anteil ihrer Restwärme an die Luft übertragen wird. Im Anschluss daran werden sie durch den Abgaskanal ausgeblasen und können dabei noch Wärme an die Fahrzeugheizung abgeben.

Der thermische Wirkungsgrad und damit der Brennstoffverbrauch des Gasturbinentriebwerks ist entscheidend abhängig von der maximal zulässigen Betriebstemperatur (Brennkammer-Austritts-Temperatur). Die durch die Anwendung hochwarmfester Kobalt- oder Nickelbasis-Legierungen erreichbaren Temperaturen ermöglichen keine mit heutigen Kolbenmotoren vergleichbaren Brennstoffverbräuche. Erst der Übergang zu keramischen Werkstoffen kann zu vergleichbaren oder besseren Brennstoffverbräuchen führen.

Der thermodynamische Vergleichsprozess für die Gasturbine ist der Gleichdruck- oder Joule-Prozess. Er besteht aus isentroper Kompression ($1 \rightarrow 2$), isobarer Wärmezufuhr ($2 \rightarrow 3$), isentroper Expansion ($3 \rightarrow 4$) und isobarer Wärmeabfuhr ($4 \rightarrow 1$). Gute thermische Wirkungsgrade sind nur dann zu erreichen, wenn die Wärmezufuhr bei der Tempera-

Charakteristische Betriebstemperaturen (Größenordnungen) an verschiedenen Positionen in metallischen und keramischen Fahrzeuggasturbinen bei Volllast.

Messpunkt	Metallturbine	Keramikturbine
Verdichteraustritt	230 °C	250 °C
Wärmetauscheraustritt (Luftseite)	700 °C	950 °C
Brennkammeraustritt	1000 °C...1100 °C	1250 °C...1350 °C
Wärmetauschereintritt (Gasseite)	750 °C	1000 °C
Wärmetauscheraustritt	270 °C	300 °C

Thermodynamischer Vergleichsprozess im p-V- ***und*** T-S-***Diagramm.***

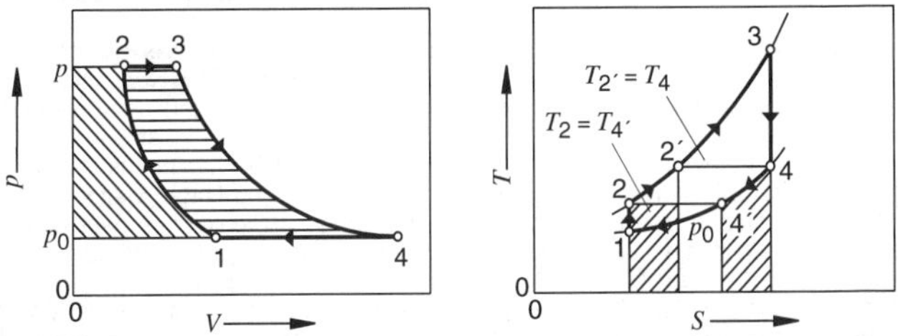

turerhöhung von T_2 auf $T_{2'}$ über einen Wärmetauscher mit der Wärmeabfuhr (4 → 4′) gekoppelt ist. Bei vollständigem Wärmetausch reduziert sich dann die pro Masseneinheit zuzuführende Wärmemenge auf

$$q_{zu} = c_p \cdot (T_3 - T_{2'}) = c_p \cdot (T_3 - T_4)$$

und die abzuführende Wärme ist

$$q_{ab} = c_p \cdot (T_{4'} - T_1) = c_p \cdot (T_2 - T_1)$$

Maximaler thermischer Wirkungsgrad für die Gasturbine mit Wärmetauscher:

$$\eta_{th} = 1 - Q_{ab}/Q_{zu} = 1 - (T_2 - T_1)/(T_3 - T_4)$$

Mit $p_2/p_1 = (T_2/T_1)^{\frac{\chi}{\chi-1}} = (T_3/T_4)^{\frac{\chi}{\chi-1}}$ und $T_4 = T_3 \cdot (T_1/T_2)$ folgt

$$\eta_{th} = 1 - (T_2/T_3)$$

Mit ausgeführten Triebwerken werden heute bereits thermische Wirkungsgrade von 35 % erreicht.

Vorteile der Gasturbine: günstige Emissionswerte ohne Zusatzeinrichtung; extreme Laufruhe; Vielstofffähigkeit; günstiger stationärer Drehmomentenverlauf; lange Wartungsintervalle.

Nachteile: derzeit hohe Herstellungskosten, ungünstiges Ansprechverhalten; höherer Kraftstoffverbrauch; für kleine Leistungsbereiche weniger geeignet.

Gasturbine.
1 Filter und Schalldämpfer, 2 Radialverdichter, 3 Brennkammer, 4 Wärmetauscher, 5 Abgaskanal, 6 Reduziergetriebe, 7 Arbeitsturbine, 8 verstellbare Leitschaufeln, 9 Verdichterturbine, 10 Starter, 11 Hilfsgeräteantrieb, 12 Schmierölpumpe.

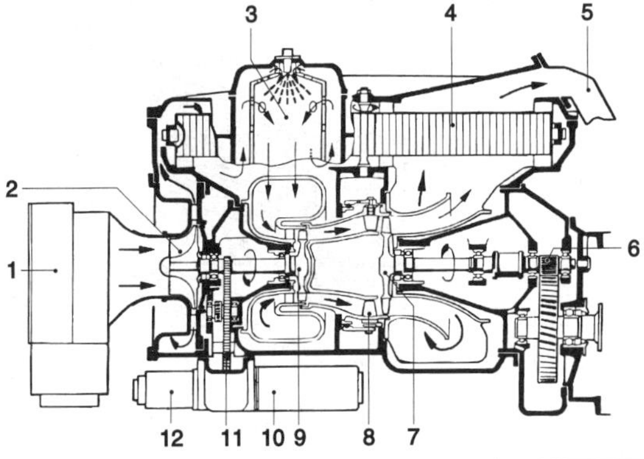

Kühlung des Motors

Luftkühlung

Die Kühlluft wird durch den Staudruck und/oder ein Gebläse über die stark verrippten Zylinderaußenwände geführt. Ihre Menge lässt sich z.B. durch Drosselung oder Drehzahlregelung last- oder temperaturabhängig regeln. Der Leistungsaufwand beträgt 3...4 % der Motorleistung. Durch entsprechende Schalldämpfungsmaßnahmen ist sowohl die Geräuschentwicklung als auch die Konstanz der Motortemperatur den Werten flüssigkeitsgekühlter Motoren gleichwertig. Die vom Motoröl aufgenommene Wärme wird über luftgekühlte Ölkühler abgeführt, die sich günstig im Kühlluftstrom anordnen lassen.

Wasserkühlung

Die Wasserkühlung hat sich sowohl bei Pkw als auch bei Nkw weitgehend durchgesetzt.

Als Kühlmittel dient heute anstatt reinen Wassers eine Mischung aus Wasser trinkbarer Qualität, Frostschutzmittel (meist Ethylenglykol) und fallspezifischen Inhibitoren. Der Frostschutzmittelanteil von 30...50 % erhöht die Siedetemperatur der Mischung und ermöglicht so Kühlmitteltemperaturen bei Pkw bis zu 120 °C bei einem Überdruck von 1,4 bar.

Kühlerbauarten und Werkstoffe

Bei modernen Pkw-Kühlmittelkühlern kommen fast ausschließlich Kühlerblöcke aus Aluminium zum Einsatz, und auch bei Nkw setzen sich Aluminiumkühler immer stärker durch und finden weltweiten Einsatz. Grundsätzlich gibt es zwei verschiedene Ausführungen: hartgelötete und mechanisch gefügte Kühler.

Zur Kühlung leistungsstarker Motoren bzw. bei geringem Raumangebot sind gelötete Hochleistungs-Flachrohr-/Wellenrippensysteme mit möglichst günstigem luftseitigen Strömungswiderstand einzusetzen.

Bei leistungsschwächeren Motoren bzw. niedrigeren Ansprüchen an die Kompaktheit finden vorzugsweise die kostengünstigeren mechanisch gefügten Rohr/Rippensysteme Verwendung.

Das Netz mechanisch gefügter Kühlmittelkühler besteht aus runden, ovalen und flachovalen Rohren und darüber gesteckten gestanzten Rippen. Die Rippen sind quer zur Luftrichtung gewellt und/oder geschlitzt.

Eine Verbesserung des Wärmeübergangs bringen bei allen Kühlerausführungen Turbolatoren auf der Kühlmittelseite (d. h. in den Rohren), sofern es der zulässige Druckverlust erlaubt. Auf der Kühl-

Pkw-Kühlanlage.
1 Kühlmittelkasten,
2 Getriebeölkühler,
3 Dichtung,
4 Kühlmittelkühler,
5 Seitenteil,
6 Boden,
7 Ölkasten,
8 Motorölkühler,
9 VISCO®-Kupplung,
10 Mantellüfter.

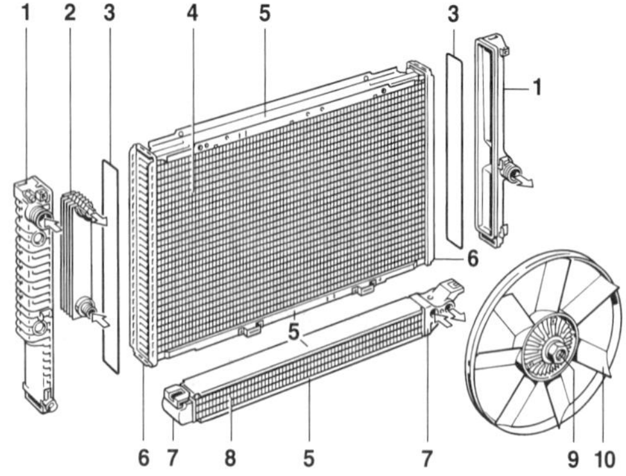

luftseite sorgen Kiemen und Wellungen in den Kühlrippen für einen verbesserten Wärmeübergang.

Kühlerkästen, welche die Verteilung des Kühlmittels auf den gesamten Block gewährleisten, bestehen aus glasfaserverstärktem Polyamid; sie werden einteilig mit allen Anschlüssen und Befestigungselementen spritzgegossen. Die Verbindung mit dem Kühlerblock erfolgt durch eine mechanische Bördelverbindung.

Kühlerauslegung
Die Kühler müssen unter allen möglichen Betriebs- und Umweltbedingungen die im Motor entstehende Abwärme zuverlässig an die Umgebung abführen. Die Bestimmung der Kühlergröße erfolgt entweder empirisch, d.h. die Leistung des Kühlers wird durch Vergleich mit bauartgleichen Referenzkühlern ermittelt, bzw. durch Berechnung mit Hilfe von aus Versuchen gewonnenen Korrelationsgleichungen für Wärmeübergang und Strömungsdruckabfall.

Neben zuverlässiger Kühlung sind niedriger Energieverbrauch des Lüfters und geringer Fahrzeug-Luftwiderstand weitere wichtige Ziele bei der Kühlerauslegung. Große Bedeutung kommt hierbei der durchfließenden Kühlluftmenge zu, denn ein stärkerer Lüfter mit höherem Energieverbrauch führt zu einem kleineren Kühler und umgekehrt. Ferner sollte das Kühlmittel/Luft-Temperaturgefälle möglichst hoch sein, was jedoch eine Maximierung der Kühlmitteltemperatur und einen entsprechenden Überdruck erfordert.

Regelung der Kühlmitteltemperatur
Ein Kraftfahrzeugmotor arbeitet bei sehr unterschiedlichen klimatischen Bedingungen und stark schwankenden Motorbelastungen. Um trotzdem eine in engen Grenzen konstante Kühlmittel- und damit auch Motortemperatur zu erhalten, findet eine Regelung der Kühlmitteltemperatur statt. Als ein von den wechselnden Druckverhältnissen im Kühlsystem unabhängiger Regler empfiehlt sich der Einbau eines temperaturabhängigen Dehnstoffreglers. Er betätigt ein Ventil, das bei sinkender Kühlmitteltemperatur einen zunehmenden Kühlmittelstrom am Kühler vorbeiführt. Damit lassen sich eine konstante Betriebstemperatur, eine gute Heizleistung und eine günstige Abgaszusammensetzung erreichen sowie der Verschleiß reduzieren.

Weitergehende Möglichkeiten erlaubt der Einsatz eines Kennfeld-Thermostaten. Der elektronisch gesteuerte Temperaturregler unterscheidet sich im Vergleich zu den rein dehnstoffgeregelten Thermostaten darin, dass ein größerer logischer Inhalt vorhanden ist. Durch das

Elektronische Regelung der Kühlmitteltemperatur.

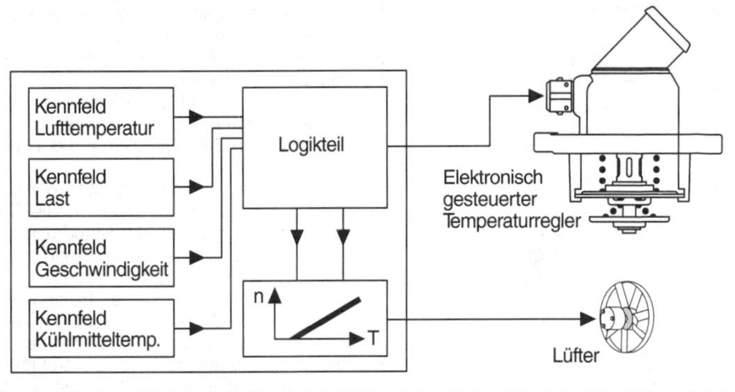

Beheizen des Wachselementes im Kennfeld-Thermostaten, das über das Motormanagement gesteuert werden kann, wird eine erhöhte Kühlmitteltemperatur simuliert, so dass sich ein optimales Temperaturniveau einstellt.

Kühlmittel-Ausgleichsbehälter

Der Ausgleichsbehälter ermöglicht eine zuverlässige Gasabscheidung, wodurch Kavitation im Kühlsystem, die vor allem auf der Saugseite der Pumpe auftritt, vermieden wird. Das Luftvolumen im Ausgleichsbehälter muss so groß sein, dass bei Erwärmung und Ausdehnung des Kühlmittels ein schneller Druckaufbau möglich ist und Kühlmittelauswurf beim Nachkochen verhindert wird.

Visco-Kupplung TE20-K2.
1 Grundkörper, 2 Deckel, 3 Primärscheibe, 4 Magnetlager, 5 Magnetspule, 6 Elektromagnet, 7 Dauermagnet, 8 Anschlagplatte, 9 Zwischenscheibe, 10 Kupplungslager, 11 Flanschwelle, 12 Ventilhebelfeder.

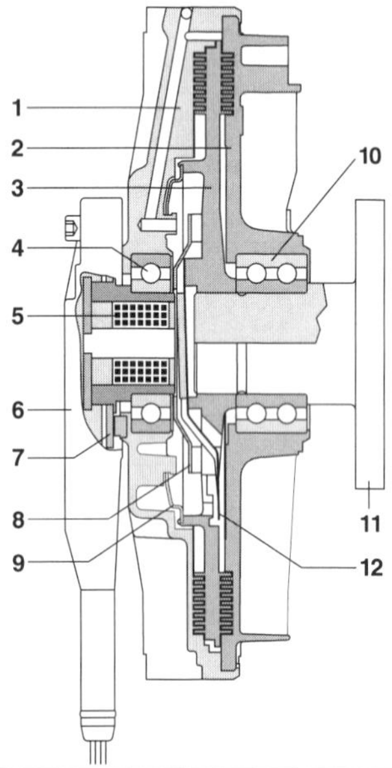

Die Ausgleichsbehälter werden aus Kunststoff (meist Polypropylen) spritzgegossen oder bei einfachen Formen geblasen. Behälter und Wasserkasten können integriert oder durch Anflanschen bzw. Aufstecken miteinander verbunden sein. Der Behälter lässt sich aber auch an anderer Stelle montieren.

Die Lage oder Form des Einfüllstutzens ermöglicht eine Füllbegrenzung und schließt so eine Überfüllung aus. Zur Kontrolle des Kühlmittelstandes ist der Ausgleichsbehälter mit einem Schauglas oder einem elektronischen Füllstandsmelder ausgerüstet. Der Behälter kann aber auch aus naturfarbenem, transparentem Kunststoff hergestellt sein. Ungefärbtes Polypropylen ist allerdings nicht UV-beständig; der Ausgleichsbehälter darf deshalb nicht dem direkten Sonnenlicht ausgesetzt werden.

Kühlluftgebläse

Da in Kraftfahrzeugen auch bei niedrigen Geschwindigkeiten hohe Kühlleistungen zu erbringen sind, ist der Kühler zusätzlich unbedingt zu belüften. Im Pkw sind einteilig gespritzte Kunststofflüfter üblich, bei Nkw haben sich ebenfalls gespritzte Lüfter durchgesetzt, deren Antriebsleistungen bis zu 20 kW betragen. Lüfter mit geringeren Leistungen werden meist elektrisch mittels DC- und EC-Motoren (bis zu 600 W) angetrieben. Obwohl sich solche Lüfter durch geeignete Wahl der Schaufelform und Anordnung relativ geräuscharm auslegen lassen, ist die Schallemission dennoch wegen der konstant hohen Drehzahl beträchtlich. Bereits von mittleren Pkw-Größen an wird der Elektroantrieb zu aufwendig. Der Lüfter wird dann vom Motor direkt über Keilriemen angetrieben. Bei großen Lkw ist er auch ohne Zwischenglied auf der Kurbelwelle montiert.

Besondere Aufmerksamkeit ist der Regelung des Lüfters zu widmen. Die Betriebsarten, bei denen der Staudruck zur Belüftung ganz oder weitgehend ausreicht, machen je nach Fahrzeug- und Einsatzart bis zu 95 % der Betriebszeit aus. In dieser Zeit kann die für die Lüfterenergie aufzuwendende Kraftstoffmenge eingespart werden. Bei Elektrolüftern dient hierzu eine mehrstufige oder kontinuierliche Regelung, d.h. der Lüfter ist nur oberhalb genau definierter Kühlmitteltemperaturen mittels elektrischer Temperaturschalter oder durch die Motorelektronik zugeschaltet.

Für mechanische Antriebe hat sich bei Nkw wie bei Pkw die Flüssigkeitsreibungskupplung (VISCO®-Kupplung) bewährt. Sie besteht im Wesentlichen aus drei Baugruppen: der angetriebenen Primärscheibe, dem getriebenen Sekundärteil und der Regelung.

Die Regelung kann durch zwei Methoden erfolgen:
- Zum einen die reine temperaturabhängige selbstregelnde Kupplung, die ihre Drehzahl durch ein Bimetall, einen Schaltstift und Ventilhebel stufenlos über die Menge des im Arbeitsraum befindlichen Silikonöls regelt. Regelgröße ist die Kühlerablufttemperatur und damit indirekt die Temperatur des Kühlmittels.
- Zum anderen die elektrisch angesteuerte Kupplung, diese wird elektronisch geregelt und elektromagnetisch betätigt. Anstatt nur einer Regelgröße werden viele Eingangsgrößen zur Regelung eingesetzt. Gewöhnlich sind das die Temperaraturgrenzwerte der verschiedenen Kühlmedien.

Der Sekundärteil ist durch eine Zwischenscheibe in einen Vorrats- und einen Arbeitsraum geteilt, durch welche die Arbeitsflüssigkeit zirkuliert. Die Antriebsscheibe läuft ohne jede mechanische Verbindung im Arbeitsraum um. Das Drehmoment wird durch die innere Reibung der hochviskosen Flüssigkeit und deren Haftung an den Wänden übertragen. Zwischen An- und Abtrieb besteht ein gewisser Schlupf.

Ladeluftkühlung

Die Ladeluftkühlung reduziert die thermische Belastung des Motors, die Abgastemperatur und damit die NO_X-Emission sowie den Kraftstoffverbrauch. Außerdem erhöht sie beim Ottomotor die Klopffestigkeit. Grundsätzlich kann die Ladeluft durch das Motorkühlmittel oder durch die Außenluft gekühlt werden. Bei der Kühlmittelkühlung kann die Einbaulage des Ladeluftkühlers annähernd frei gewählt werden, wobei auch das geringe Bauvolumen wassergekühlter Ladeluftkühler von Vorteil ist. Ohne einen zusätzlichen Kühlkreislauf kann die Ladeluft jedoch nur bis in die Nähe der Kühlmitteltemperatur heruntergekühlt werden.

Deshalb hat sich bei Pkw und Nkw die luftgekühlte Variante durchgesetzt. Diese Ladeluftkühler können vor, neben oder über dem Kühlmittelkühler angebracht sein, aber auch an einer gänzlich anderen Stelle. Der separat platzierte Ladeluftkühler kann staudruckbeaufschlagt oder mit einem eigenen Gebläse betrieben werden. Bei vor dem Kühlmittelkühler angeordneten Ladeluftkühlern bereitet die Luftzuführung zum Teil Schwierigkeiten. Der Vorteil dieser Anordnung liegt darin, dass der Ladeluftkühler bei geringer Fahrgeschwindigkeit durch den Lüfter ausreichend mit Kühlluft beaufschlagt wird. Nachteilig wirkt sich die Vorwärmung der Kühlluft aus: Der Kühlmittelkühler muss deshalb für eine höhere Leistung ausgelegt werden.

Die für die Kühlerblöcke der Ladeluftkühler verwendeten Wellrippen-Rohr-Systeme aus Aluminium gleichen denen, die für die Kühlmittelkühler verwendet werden. In der Praxis haben sich breite Rohre, die aus Leistungs- und Festigkeitsgründen innenberippt sind, als vorteilhaft erwiesen. Die Rippendichte auf der Kühlluftseite kann infolge des hohen ladeluftseitigen Wärmeübergangswiderstandes niedrig gehalten werden. Der Austauschgrad Φ ist beim Ladeluftkühler von besonderer Bedeutung. Er beschreibt das Verhältnis der Abkühlung der Ladeluft zum Temperaturgefälle Ladeluft/Kühlluft:

$$\Phi = (t_{1E} - t_{1A}) \,/\, (t_{1E} - t_{2E})$$

Dabei sind
Φ Austauschgrad,
t_{1E} Ladelufteintrittstemperatur,
t_{1A} Ladeluftaustrittstemperatur,
t_{2E} Kühllufteintrittstemperatur.
Für Pkw: $\Phi = 0{,}4...0{,}7$;
für Nkw: $\Phi = 0{,}65...0{,}85$.
Die Luftkästen werden, soweit möglich, einteilig mit allen Anschlüssen und Befestigungselementen aus glasfaserverstärktem Polyamid spritzgegossen. Höher beanspruchte Luftkästen, z.B. die Lade-

lufteintrittsseite werden aus hochtemperaturfestem PPA bzw. PPS spritzgegossen. Die Verbindung mit dem Kühlerblock erfolgt durch Bördeln. Luftkästen mit hinterschnittenen Formen und solche für hohe Temperaturen werden aus Aluminium-Kokillenguss gefertigt und auf den Kühlerblock aufgeschweißt.

Öl- und Kraftstoffkühlung

Bei Kraftfahrzeugen werden sowohl zur Motorenöl- als auch zur Getriebeölkühlung oftmals Ölkühler benötigt. Sie kommen zum Einsatz, wenn die entstehende Verlustwärme des Motors bzw. Getriebes nicht mehr über die Oberfläche der Ölwanne bzw. des Getriebes abgeführt werden kann, so dass die erlaubten Öltemperaturen überschritten werden.

Kraftstoffkühler werden in moderne Dieselaggregate eingebaut, um den beim Einspritzvorgang überschüssigen Dieselkraftstoff aus dem Rücklauf, der sich durch den Einspritzvorgang erwärmt, auf ein zulässiges Maß abzukühlen.

Als Ölkühler kommen vor allem Öl/Luftkühler und Öl/Kühlmittelkühler aus Aluminium zum Einsatz, die neben dem Kühlmittelkühler im Kühlmodul oder getrennt angeordnet werden können. Bei getrennter Anordnung erfolgt der Betrieb des Kühlers entweder staudruckbeaufschlagt oder mit einem Zusatzgebläse.

Öl/Luftkühler bestehen meist aus einem Flachrohr-Wellrippen-System mit hoher Leistungsdichte oder einem Rundrohr-Flachrippen-System. Beim Flachrohrsystem werden aus Festigkeitsgründen (hohe Innendrücke) Turbolenzeinlagen eingelötet.

Als Öl/Kühlmittelkühler wurden bislang vorwiegend Edelstahl/Rundscheibenkühler und Aluminium/Rohrgabelkühler eingesetzt. Seit einigen Jahren setzen sich jedoch weitgehend Aluminium-Stapelkonstruktionen auf dem Markt durch.

Rundscheibenkühler haben ein eigenes Gehäuse und werden zwischen Motorblock und Ölfilter montiert. Rohrgabelkühler sind gehäuselos und müssen deshalb in das Ölfiltergehäuse oder in der Ölwanne integriert werden.

Stapelscheibenölkühler werden aus einzelnen Scheiben zusammengesetzt, die jeweils gedreht aufeinandergesetzt werden. Zwischen die einzelnen Scheiben werden Turbulenzeinlagen gelegt.

Ist nur eine geringe Kühlleistung erforderlich (z. B. Ölkühlung für Automatikgetriebe), können für Pkw und Nkw Aluminium-Flachrohrkühler eingesetzt werden. Sie sind jeweils in den Austrittswasserkasten des Kühlmittelkühlers eingebaut.

Bei leistungsstarken Nkw übernimmt ein Öl/Luftkühler die Kühlung des Getriebeöls. Dieser wird vor dem Kühlmittelkühler montiert, um eine gute Belüftung zu ermöglichen.

Zur Schmierölkühlung bei Nkw dienen meist Edelstahl-Scheibenpakete oder Aluminium-Stapelscheibenkühler, die in einem erweiterten Kühlmittelkanal im Motorblock untergebracht sind. Im günstigsten Fall werden solche Konstruktionen ohne Gehäuse und ohne zusätzliche Leitungen ausgeführt.

Kühlmodultechnik

Kühlmodule sind Baueinheiten, die aus verschiedenen Komponenten zur Kühlung und Klimatisierung eines Automobils bestehen und eine Lüftereinheit mit Antrieb einschließen, zum Beispiel einen Hydrostat- oder Elektromotor oder eine Visco®-Kupplung.

Die Modultechnik bietet prinzipiell mehrere technische und wirtschaftliche Vorteile:
– optimale Auslegung und Abstimmung der Komponenten auf die Leistung des Lüfters,
– dadurch besserer Wirkungsgrad im Automobil oder kleinere und kostengünstigere Komponenten realisierbar.

Die optimale Auslegung der Einzelkomponenten und Abstimmung untereinander wird durch genaue Kenntnisse der Lüfter-, Lüfterantriebs- und Wärmeaustauscherkennlinien ermöglicht. Dadurch werden z. B. Rückströmungen der Kühlluft, die die effektive Kühlerstirnfläche verringern, vermieden.

Intelligentes Thermomanagement

Zukünftige Entwicklungen gehen in Richtung betriebsoptimierter Regelung der verschiedenen Wärmeströme.

Thermomanagement bedeutet eine betriebsoptimierte Kühlung durch eine bedarfsgerechte Regelung und Zuteilung von Stoff- und Wärmeströmen. So muss der Kühlluftstrom durch die Aktoren Lüfter und Kühlerjalousie so geregelt werden, dass nur der Minimaldurchsatz, der für die Wärmeabfuhr erforderlich ist, die Kühlluftführung durchströmt (bedarfsgerechte Regelung). Dieser Minimaldurchsatz muss dann durch geeignete Leitelemente den Wärmeüberträgern zur Verfügung gestellt werden, die einen Kühlluftbedarf haben. Dieses Verfahren ist auf alle Stoffströme wie Kühlmittel, Kühlluft, Motor- und Getriebeöl, Ladeluft und Kraftstoff anzuwenden. Eine Realisierung dieses Konzeptes setzt neuartige Aktoren in Kühlluftführung und Flüssigkeitskreisläufen wie z.B. regelbare Lüfter, Pumpen, Ventile, Klappen, Drossel- und Leitelemente und deren Einbindung in ein mikroprozessorgesteuertes Regelungssystem voraus.

Abgaskühlung

Durch die Einführung neuer, strengerer Abgasvorschriften für Dieselmotoren rücken neue Techniken zur Emissionssenkung ins Blickfeld.

Eine davon ist die gekühlte Abgasrückführung, die eine Emissionssenkung bei nur minimalem Anstieg des Kraftstoffverbrauchs erlaubt.

Das Abgasrückführungssystem wird im Hochdruckbereich des Motors untergebracht. Das zurückzuführende Abgas wird dem Hauptstrom zwischen Zylinder und Turbine entnommen, durch das Motorkühlmittel gekühlt und danach der Frischluft nach dem Ladeluftkühler wieder beigemischt. Das Abgasrückführungssystem besteht aus einem Ventil, das die zurückzuführende Abgasmenge regelt, den Abgasleitungen und dem Abgas-Kühlmittel-Wärmeübertrager.

Durch die Anordnung im Hochdruckbereich unterliegt der Abgaswärmeüberträger extremen Betriebsbedingungen. So kann die Temperatur des Abgases bei Pkw bis zu 400 °C und bei Nkw bis zu 700 °C betragen, was einen hitzebeständigen Werkstoff erfordert.

***Gekühlte Abgasrückführung** (Prinzip).*
1 Motor, 2 Abgaswärmeübertrager, 3 Wasseranschluss, 4 Ladeluftkühler, 5 Abgasrückführventil, 6 Turbine, 7 Verdichter.

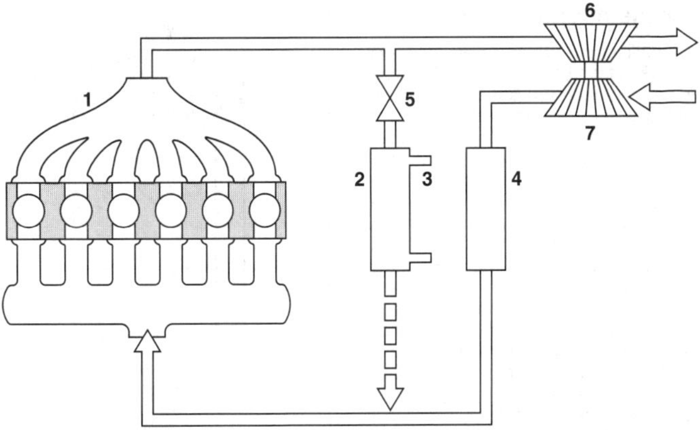

Kraftstofffilter

Einspritzsysteme für Otto- und Dieselmotoren reagieren empfindlich auf kleinste Unreinheiten im Kraftstoff. Schäden können vor allem durch Partikelerosion, Abrasion und Wasserkorrosion entstehen. Die Auslegung der Lebensdauer des Einspritzsystems wird erst durch eine bestimmte Mindestreinheit des Kraftstoffs vor den verschleißgefährdeten Komponenten sichergestellt.

Der Kraftstofffilter hat die Aufgabe, Partikelverunreinigungen zu reduzieren. Die dafür erforderliche Filterfeinheit gibt das Einspritzsystem vor. Neben der Sicherstellung des Verschleißschutzes muss der Kraftstofffilter eine ausreichende Partikelspeicherfähigkeit aufweisen. Filter mit unzureichender Schmutzkapazität können vor Ende des Wechselintervalls verstopfen. In diesem Fall reduziert sich die Kraftstoffférdermenge, und die Motorleistung fällt ab. Der Einbau eines für das jeweilige Einspritzsystem maßgeschneiderten Kraftstofffilters ist unabdingbar. Die Verwendung ungeeigneter Filter hat bestenfalls unangenehme, im schlimmsten Fall aber sehr teuere Konsequenzen (Erneuerung von Komponenten bis hin zum gesamten Einspritzsystem).

Kraftstofffilter für Benzineinspritzsysteme

Kraftstofffilter für Ottomotoren sind zwischen Kraftstoffbehälter und Kraftstoffpumpe und/oder druckseitig hinter der Kraftstoffpumpe angeordnet. Die bevorzugte Bauform ist der Leitungseinbaufilter (Inline-Filter). Daneben werden auf einen Sockel aufgeschraubte Wechselfilter sowie Gehäuse-Kraftstofffilter mit Filterelementen in metallfreier Ausführung verwendet. Komponenten wie das Druckregelventil können in den Filterkopf integriert sein.

Das Filterelement besteht aus sterngefalteten oder gewickelten Filtermedien. Moderne Filtermedien für Ottokraftstoffe bestehen aus Mischungen feinster Zellstoff- und Polyesterfasern. Die Filtermedien sind immer Tiefenfilter, bei denen Partikel überwiegend im Inneren des Mediums zurückgehalten werden. Der Abscheidegrad im Einmaldurchgang für die Partikelfraktion zwischen 3 und 5 µm (ISO/TR 13353: 1994, Teil 1) beträgt je nach Einspritzsystem 20 ... 50 %. Der Aufbau des Mischfasermediums und die Filterfläche bestimmen die Partikelspeicherfähigkeit und damit das Wartungsintervall. Der Trend bei Auslegung neuer Kraftstofffilter für Ottomotoren geht zunehmend zu Lebensdauerkonzepten ohne Wartung (z. B. Filter in Tankeinbaueinheit).

Kraftstofffilter für Dieseleinspritzsysteme

Wegen der wesentlich höheren Einspritzdrücke werden an den Verschleißschutz moderner Dieseleinspritzsysteme im Vergleich zu Benzineinspritzsystemen deutlich höhere Anforderungen gestellt. Damit werden Zuverlässigkeit, geringer Kraftstoffverbrauch und Einhaltung der Emissionsgrenzwerte über die gesamte Fahrzeuglebensdauer (bis zu 1 000 000 km bei Nkw) gewährleistet. Je nach Kraftstoffkontamination und Anwendungsfall sind hierzu Abscheidegrade im Einmaldurchgang für die Partikelfraktion zwischen

Benzin-Kraftstofffilter für Leitungseinbau.
1 Sterngefaltetes Filterelement.

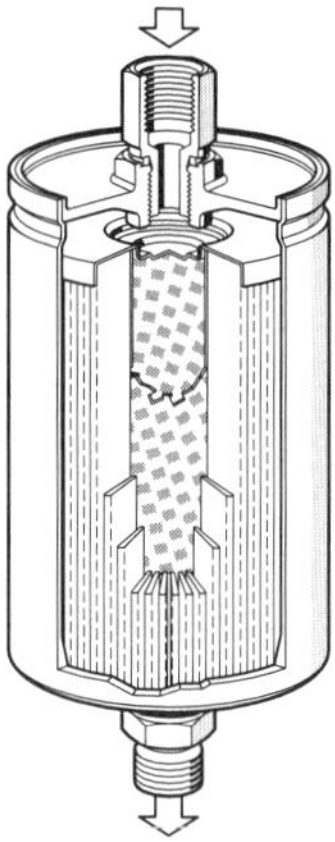

3 und 5 µm von 70...>95% (ISO/TR 13353: 1994, Teil 1) erforderlich. Da Reiheneinspritzpumpen an den Schmierölkreislauf angeschlossen sind, genügen sie geringeren Anforderungen.

Neben der hohen Feinstpartikelabscheidung wird auch eine Partikelspeicherfähigkeit zur Realisierung entsprechender Wartungsintervalle erwartet. Dies gelingt nur bei Verwendung spezieller Filtermedien, z. B. in mehrlagiger Anordnung mit synthetischen Feinstfaserlagen. Diese Filtermedien nutzen einen Vorfeinfiltereffekt aus und garantieren eine maximale Partikelspeicherfähigkeit durch Abscheidung der Partikel innerhalb der jeweiligen Filterlage.

Eine zweite wesentliche Funktion des Diesel-Kraftstofffilters ist die Abscheidung von emulgiertem und freiem Wasser zur Verhinderung von Korrosionsschäden. Eine effektive Wasserabscheidung von >93% bei Nenndurchfluss (ISO 4020) ist für Verteilereinspritzpumpen und Common Rail Systeme zwingend notwendig. Die Wasserabscheidung erfolgt durch Koaleszenz am Filtermedium. Das abgeschiedene Wasser sammelt sich im Wasserraum im unteren Teil des Filtergehäuses. Zur Überwachung des Wasserstandes werden Leitfähigkeitssensoren eingesetzt. Entwässert wird manuell über eine Ablassschraube.

Dieselkraftstoff ist gegenüber Ottokraftstoff stärker verschmutzt (insbesondere durch Alterungsprodukte). Deshalb sind Diesel-Kraftstofffilter als Wechselfilter ausgelegt. Weit verbreitet sind Anschraub-Wechselfilter mit sterngefaltetem oder gewickeltem Filterelement. Zunehmend werden Kraftstofffilter mit Aluminium/Kunststoff- und Vollkunststoffgehäuse verwendet. Als Wechselteil verbleibt lediglich ein metallfreier Filtereinsatz.

Für besonders hohe Anforderungen an den Verschleißschutz und/oder Wartungsintervall gibt es Filtersysteme mit einem auf den Feinfilter angepassten Vorfilter. Moderne Diesel-Kraftstofffilter vereinigen neben den Funktionen „Feinstfiltration" und „Wasserabscheidung" die „Kraftstoffvorwärmung" (elektrisch; Kühlwasser; Kraftstoffrückführung) zur Verhinderung der Verstopfung durch Paraffin im Winterbetrieb, die Wartungsanzeige über eine Differenzdruckmessung sowie Handpumpen zur Befüllung/Entlüftung nach Filterwechsel.

Diesel-Kraftstofffilter mit Wasserablass.
1 Filterdeckel, 2 Kraftstoffzulauf, 3 Papierfiltereinsatz, 4 Gehäuse, 5 Wassersammelraum, 6 Wasserablassschraube, 7 Kraftstoffablauf.

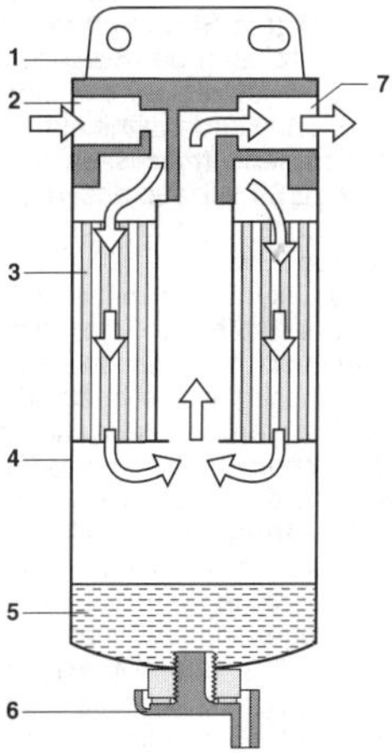

Diesel-Kraftstofffilter als Wechselfilter.

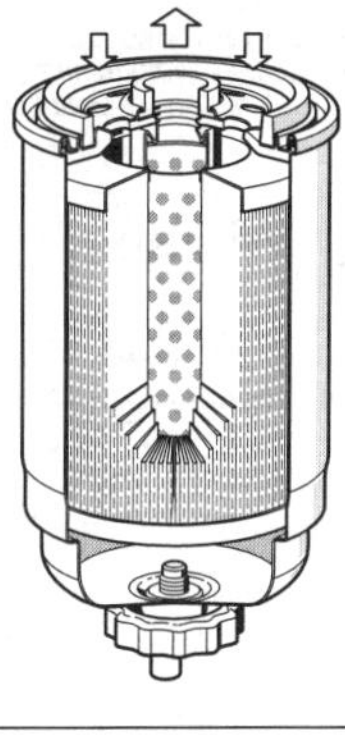

Luftversorgung

Luftfilter

Luftfilter halten den in der Ansaugluft enthaltenen Staub vom Motor fern und verhindern dadurch Motorverschleiß.

Der Staubgehalt der Luft beträgt auf befestigten Straßen im Mittel 1 mg/m³. Auf unbefestigten Straßen oder im Baustellen-Einsatz kann der Staubgehalt bis auf 40 mg/m³ ansteigen. Ein Motor von mittlerer Größe würde damit auf 1000 km je nach Straßenverhältnissen oder Einsatzart bis zu 50 g Staub ansaugen.

Luftfilter für Pkw

Luftfilter für Pkw haben neben der Filterung noch die Aufgaben, die Ansauglufttemperatur vorzuwärmen und zu regeln und das Ansauggeräusch zu dämpfen. Die Regelung der Ansauglufttemperatur ist für das Betriebsverhalten des Fahrzeuges und für die Abgaszusammensetzung wichtig. Bei Teillast und Volllast können die Temperaturen verschieden sein.

Die erforderliche Warmluft wird in Auspuffnähe abgenommen und der angesaugten Kaltluft am Filtereintritt über einen Klappenmechanismus zugeführt. Die Regelung erfolgt überwiegend automatisch, entweder über pneumatisch vom Saugrohrunterdruck betätigte Druckdosen oder durch Dehnstoffelemente. Die geregelte und damit konstante Ansauglufttemperatur beeinflusst durch bessere Gemischaufbereitung und Verteilung des Kraftstoff-Luft-Gemisches die Motorleistung, den Kraftstoffverbrauch und die Abgaswerte positiv. Außerdem wird durch die Ansaugluftvorwärmung die Anwärmphase nach dem Start des Motors, insbesondere bei tiefen Außentemperaturen, verkürzt und die Vergaservereisung verhindert.

Pkw-Luftfilter sind als sogenannte Radkasten- oder Zentralfilter mit Papiereinsatz ausgeführt. Diese haben einen hohen, von der Belastung weitgehend unabhängigen Abscheidegrad. Die Papierpatronen werden in einfacher Weise bei den vom Fahrzeughersteller festgelegten Wartungsintervallen ausgewechselt. Für jeden Motor müssen Pkw-Luftfilter gesondert abgestimmt werden, um Leistung, Kraftstoffverbrauch, Ansauglufttemperatur und Dämpfung zu optimieren.

Zentralfilter für Pkw.
1 Kaltlufteintritt, 2 Warmlufteintritt, 3 Austritt Warmluft-Kaltluft-Gemisch, 4 Druckdose.

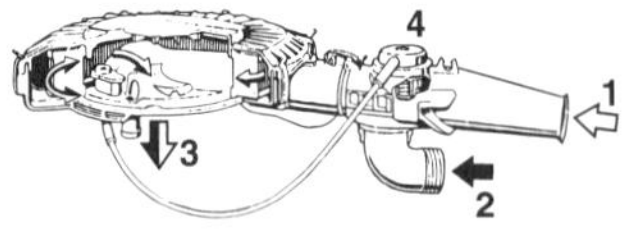

Radkastenfilter für Pkw.
1 Kaltlufteintritt, 2 Warmlufteintritt, 3 Austritt Warmluft-Kaltluft-Gemisch.

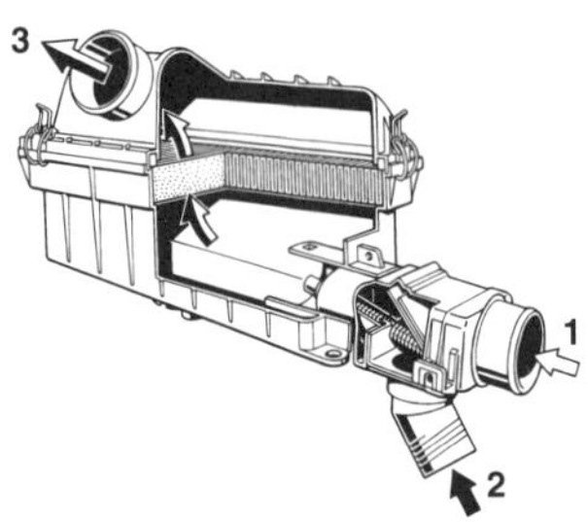

Papierluftfilter mit Zyklon für Nkw.
1 Lufteintritt, 2 Luftaustritt, 3 Zyklonleitschaufeln, 4 Filtereinsatz, 5 Staubsammelbehälter.

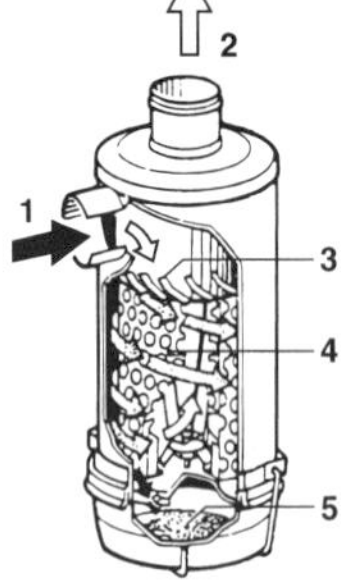

Luftfilter für Nkw

Als Luftfilter für Nkw kommen vorwiegend Papierluftfilter, vereinzelt auch Ölbadluftfilter zum Einsatz. Charakteristisch für Papierluftfilter sind hohe Abscheideleistungen in allen Belastungsbereichen und der Widerstandsanstieg mit zunehmender Verschmutzung. Häufig wird ein Zyklon-Vorabscheider raumsparend in das mit einem Papierelement bestückte Luftfiltergehäuse integriert. Die Wartung erfolgt durch Austausch des Filtereinsatzes bzw. durch Entleeren des Staubsammelbehälters.

Der Wartungszeitpunkt bei Papierluftfiltern wird vielfach durch Wartungsanzeiger signalisiert.

Hierzu sind die Angaben des Fahrzeug- oder Geräteherstellers zu beachten. Zur Wartungsvereinfachung können je nach Stärke der Motorluftpulsation speziell abgestimmte Staubaustragsventile verwendet werden.

Zyklone dienen der Verlängerung der Standzeiten und damit der Wartungsintervalle. Die Luft wird über Leitschaufeln in Rotation versetzt, wobei ein Großteil des Staubes ausgeschieden wird, bevor er das nachgeschaltete Luftfilter erreicht. Zyklone können Papierluftfiltern und Ölbadluftfiltern vorgeschaltet werden. Als Alleinfilter sind sie für Motoren wegen ihres nicht ausreichenden Abscheidegrades ungeeignet.

Ansauggeräuschdämpfung

Das Ansauggeräusch von Pkw- und Nkw-Luftfiltern muss gedämpft werden, damit die gesetzlichen Auflagen für das Gesamtgeräusch des Fahrzeuges erfüllt werden. Die Dämpfung erfolgt fast ausschließlich über die Ausbildung des Luftfilters als Reflexion-Schalldämpfer in der speziellen Form des Helmholtz-Resonators, S. 491.

Bei ausreichender Dimensionierung (als guter Erfahrungswert für Viertaktmotoren gilt der 15- bis 20fache Hubraum eines Zylinders) wird im Allgemeinen eine Dämpfung des Ansauggeräusches um 10 bis 20 dB(A) erreicht. In besonderen Fällen, bei denen spezielle Frequenzen stark störend auftreten, sind Zusatzdämpfer einzusetzen.

Die Resonanz eines Ansaugdämpfers liegt bei

$$f_0 = \frac{c}{2\pi} \cdot \sqrt{\frac{A_m}{l \cdot V}}$$

Dabei ist

c Schallgeschwindigkeit der Luft
l Länge des Ansaugrohres
A_m Mittlerer Querschnitt des Ansaugrohres
V Volumen des Filters

Ansauggeräuschdämpfung.

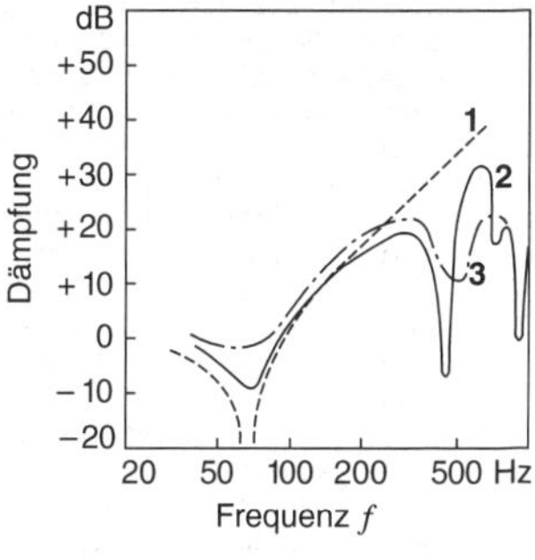

Dämpfungsverlauf eines Ansaugdämpfers
Resonanz des Dämpfers f_0 = 66 Hz.
1 Theoretischer Dämpfungsverlauf ohne Berücksichtigung von Rohrresonanzen.
2 Gemessener Dämpfungsverlauf bei kleiner Schallenergiedichte ohne Gleichströmung (Lautsprecher-Messung).
3 Gemessener Dämpfungsverlauf bei großer Schallenergiedichte mit Gleichströmung (Messung am Motor).

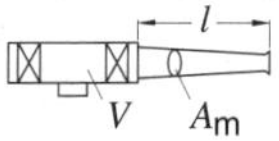

Luftfilter mit Ansaugrohr.
l Länge des Ansaugrohres, A_m mittlerer Querschnitt des Ansaugrohres,
V Volumen des Filters.

Aufladegeräte für Verbrennungsmotoren
(Selbstaufladung)

Aufladegeräte für Verbrennungsmotoren erhöhen durch Verdichtung der zur Verbrennung des Kraftstoffes benötigten Luft den Luftdurchsatz eines Motors bei gleichbleibendem Hubraum und gleichbleibender Motordrehzahl und ermöglichen damit eine höhere Leistungsdichte. Aufladegeräte für Verbrennungsmotoren werden allgemein „Lader" genannt. Man unterscheidet mechanische Lader, Abgasturbolader und Druckwellenlader.

Die erforderliche Verdichtungsleistung wird bei dem mechanischen Lader von der Kurbelwelle des Motors abgezweigt (mechanische Koppelung Motor/Lader). Bei dem Abgasturbolader wird die Verdichtungsleistung aus dem Abgas gewonnen (strömungstechnische Koppelung Motor/Lader).

Bei dem Druckwellenlader wird die Verdichtungsleistung ebenfalls aus dem Abgas gewonnen, doch ist ein zusätzlicher mechanischer Antrieb des Gerätes erforderlich (mechanische und strömungstechnische Koppelung).

Mechanische Lader

Bei mechanischen Ladern unterscheidet man zwischen mechanischen Kreiselladern (MKL) und mechanischen Verdrängerladern (MVL).

Der Verdichter des MKL nach der Strömungsbauart entspricht in der Bauart dem des Abgasturboladers. Er weist sehr hohe Wirkungsgrade auf und hat für einen gegebenen Volumenstrom das kleinste Bauvolumen. Infolge der zur Druckerzeugung erforderlichen hohen Umfangsgeschwindigkeiten sind jedoch die Antriebsdrehzahlen sehr hoch. Da die Ausgangsdrehzahl der Sekundärscheibe (Übersetzung zur Primärscheibe 2:1) für den Betrieb des MKL nicht genügt, wird zum Erreichen der erforderlichen Umfangsgeschwindigkeit des Verdichters ein einstufiges Planetengetriebe mit einer Übersetzung von 15:1 eingesetzt. Um ein annähernd gleiches Druckverhältnis über einen weiten

Mechanischer Kreisellader MKL
(Schema).
1 Variator-Primärscheibe, 2 Variator-Sekundärscheibe, 3 Elektro-Kupplung, 4 Hochtreiber-Planetengetriebe, 5 Verdichter, 6 Lufteintritt, 7 Luftaustritt.

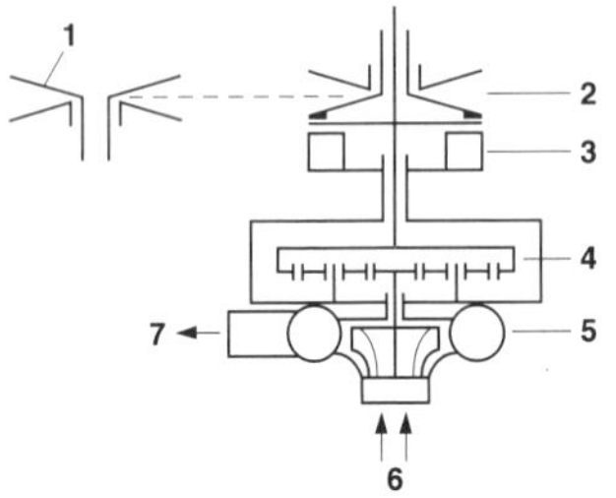

Volumenstrombereich (~ Motordrehzahl) zu gewährleisten, muss außerdem ein Drehzahlvariator eingesetzt werden. Der Anwendungsbereich des MKL ist, bedingt durch die hohen erforderlichen Drehzahlen und technische Begrenzung der übertragbaren Antriebsleistung, auf mittelgroße bis große Diesel- und Ottomotoren für Pkw beschränkt. Diese Laderbauart hat sich bislang bei mechanischen Ladern nicht durchgesetzt.

Lader nach der Verdrängerbauart (MVL) arbeiten mit und ohne innere Verdichtung. Zu den Ladern mit innerer Verdichtung zählen z.B. Hubkolbenverdichter, Schraubenverdichter, Rotationskolbenverdichter und Flügelzellenlader. Ohne innere Verdichtung arbeitet z.B. der Roots-Lader. Alle genannten Lader nach der Verdrängerbauart haben gemeinsame charakteristische Eigenschaften, die beispielhaft am Kennfeld eines Roots-Laders gezeigt werden:

– Die Drehzahllinien n_{LAD} = const im p_2/p_1-$\dot{V}$-Kennfeld sind sehr steil, d. h. der Volumenstrom $\dot{V}$ nimmt mit steigendem Druckverhältnis p_2/p_1 nur gering ab. Die Größe der Volumenstromabnahme hängt hauptsächlich von der Qualität der Spaltdichtung (Rückstromverluste) ab und ist eine Funktion des anliegenden Druckverhältnisses p_2/p_1 und der Zeit, aber nicht von der Drehzahl.

– Das Druckverhältnis p_2/p_1 ist unabhängig von der Drehzahl, d. h. auch bei kleinen Volumenströmen kann ein hohes Druckverhältnis erzeugt werden.
– Der Volumenstrom $\dot{V}$ ist unabhängig vom Druckverhältnis und etwa direkt proportional der Drehzahl.
– Es gibt keinen instabilen Betriebsbereich. Der Lader nach der Verdrängungsbauart ist im gesamten, durch die Abmessungen des Laders gegebenen, p_2/p_1-$\dot{V}$-Kennfeld ausnützbar.

Die beiden zweiflügeligen Drehkolben des Roots-Laders laufen gegenüber dem Gehäuse und gegeneinander berührungslos. Die Größe der dabei entstehenden Dichtspalte wird durch die Konstruktion, die Werkstoffwahl und die Fertigungstoleranzen bestimmt. Die Synchronisierung der beiden Drehkolben erfolgt durch ein außerhalb des Arbeitsraumes laufendes Zahnradpaar.

Beim Flügelzellenlader laufen drei Flügel zentrisch im Gehäuse und werden von dem exzentrisch gelagerten Rotor angetrieben. Durch die Exzentrizität wird eine innere Verdichtung ermöglicht. Die Höhe dieser inneren Verdichtung ist bei gegebener Exzentrizität durch die Lage der Austrittskante A im Gehäuse variierbar.

Beim Spirallader ist der Verdränger exzentrisch gelagert und gehäuseseitig so geführt, dass er bei Drehung der Antriebswelle eine oszillierende Kreisbewegung mit der doppelten Exzentrizität ausführt. Dadurch werden die Arbeitsräume phasenweise zum Füllen geöffnet, zum Transport geschlossen und zum Ausschieben an der Nabe wieder geöffnet. Eine innere Verdichtung ist durch Verlängerung der Spiralen über den dargestellten Verlauf hinaus möglich.

Die Steuerung der Bewegung des Verdrängers erfolgt über die zahnriemengetriebene, fettgeschmierte Nebenwelle. Die Antriebswellenlagerung wird vom Motorölkreis versorgt. Die Abdichtung erfolgt radial durch Spalte, axial durch stirnseitig eingelegte Dichtleisten.

Kennfeld eines Roots-Laders.

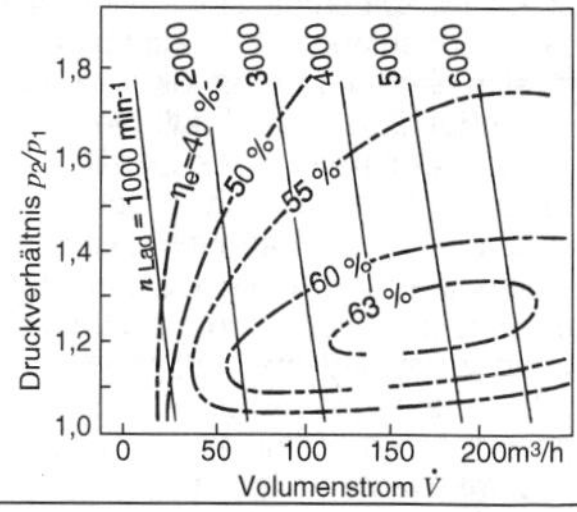

Querschnitt eines Roots-Laders.
1 Gehäuse,
2 Drehkolben.

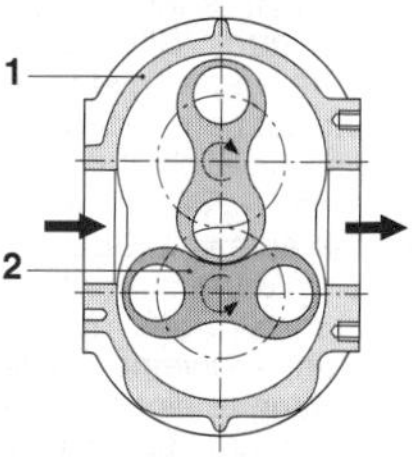

Querschnitt eines Flügelzellenladers.
1 Gehäuse, 2 Rotor, 3 Flügel, 4 Bolzen, 5 Austrittskante A.

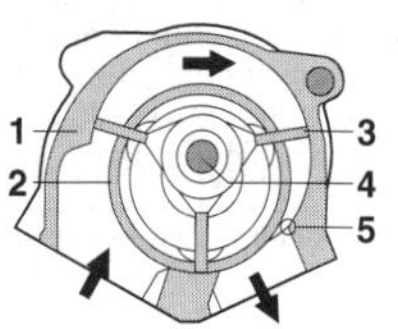

Querschnitt eines Spiralladers.
1 Lufteintritt in den zweiten Arbeitsraum,
2 Antriebswelle,
3 Führung des Verdrängers,
4 Lufteintritt in den ersten Arbeitsraum,
5 Gehäuse,
6 Verdränger.

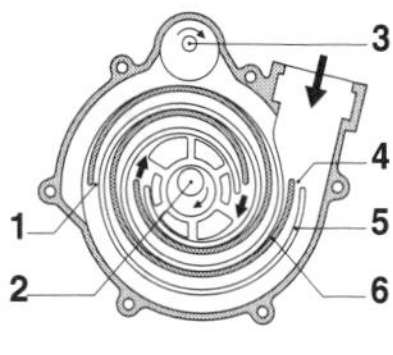

Der Rotationskolbenlader ist eine innenachsige Drehkolbenmaschine. Der angetriebene Innenläufer (Rotationskolben) dreht sich exzentrisch in dem zylindrischen Außenläufer. Das Läuferverhältnis bei ausgeführten Rotationskolbenladern beträgt entweder 2 : 3 oder 3 : 4. Die Läufer drehen gegeneinander und zum Gehäuse berührungslos um raumfeste Achsen. Infolge der Exzentrizität kann ein größtmögliches Volumen (Kammer I) eingefangen, verdichtet und verschoben werden (Kammer III). Die Lage der Austrittskante A legt die Höhe der inneren Verdichtung fest.

Die Synchronisation von Innen- und Außenrotor erfolgt über ein fettdauergeschmiertes Stirnrad-Hohlradgetriebe. Die Wälzlager haben ebenfalls Fettdauerfüllungen. Innen- und Außenrotor sind spaltgedichtet und im Regelfall beschichtet. Kolbenringe dichten den Arbeitsraum vom Getrieberaum ab.

Der Verbrennungsmotor treibt den Lader in der Regel durch einen Riementrieb an (Keilriemen, Zahnriemen). Die Koppelung erfolgt entweder direkt (Dauerbetrieb) oder über eine Kupplung (z. B. Magnetkupplung, Zuschaltbetrieb). Das Übersetzungsverhältnis kann über den Motordrehzahlbereich konstant oder variabel sein.

Mechanische Verdrängerlader (MVL) erfordern für einen gegebenen Volumenstrom ein deutlich größeres Bauvolumen als mechanische Kreisellader (MKL). Der MVL kommt hauptsächlich bei kleinen bis mittelgroßen Motoren für Pkw zur Anwendung, da dafür das Verhältnis von Fördervolumen zu Bauvolumen noch vertretbar ist.

Abgasturbolader

Der Abgasturbolader (ATL) besteht aus zwei Strömungsmaschinen: einer Turbine und einem Verdichter, die auf einer gemeinsamen Welle angebracht sind. Die Turbine nutzt die im Abgas enthaltene Energie zum Antrieb des Verdichters, der Frischluft ansaugt und vorverdichtete Luft in die Zylinder drückt. Der Abgasturbolader ist nur durch den Luft- und Abgasmassenstrom strömungstechnisch mit dem Motor gekoppelt. Seine Drehzahl hängt nicht von der Motordrehzahl ab, sondern von dem Leistungsgleichgewicht zwischen Turbine und Verdichter.

Abgasturbolader werden bei Pkw-, Lkw- und Großmotoren (Schiffs- und Lokomotiv-Antriebe, stationäre Krafterzeugung) eingesetzt.

Der typische Verlauf der Motorbetriebslinien bei diesen Einsatzfällen ist in einem größenunabhängigen Verdichterkennfeld dargestellt. Darin trennt die Pumpgrenze den stabilen Betriebsbereich rechts der Pumpgrenze vom instabilen Bereich ab. Man erkennt, dass der instabile Bereich bei richtiger ATL-Auswahl nicht störend ist, da sich alle denkbaren Betriebspunkte des ATL bei den jeweiligen Anwendungsfällen bei Volllast auf und bei Teillast unter den

Querschnitt eines Rotationskolbenladers.
1 Gehäuse,
2 Außenläufer,
3 Innenläufer,
4 Austrittskante A,
5 Kammer III,
6 Kammer II,
7 Kammer I.

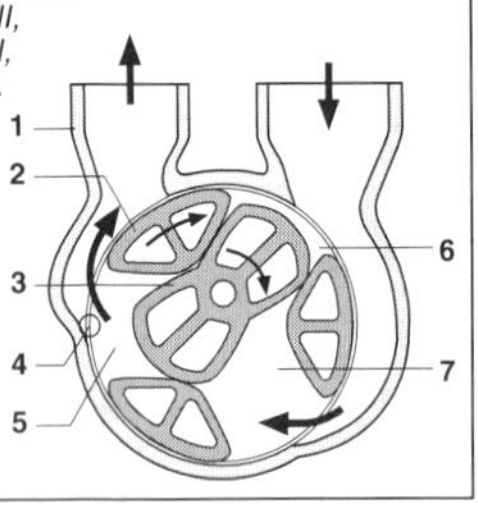

Größenunabhängiges Verdichterkennfeld mit typischen Motorbetriebslinien.

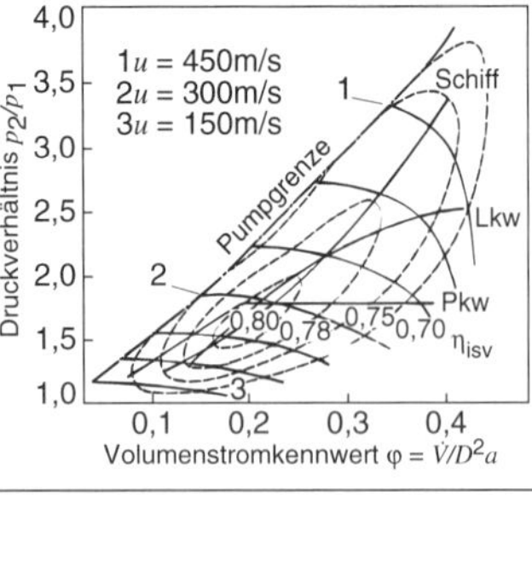

eingezeichneten Motorbetriebslinien befinden.

Die unterschiedlichen Anwendungsfälle erfordern unterschiedliche Bauformen. Allerdings sind bei praktisch allen Abgasturboladern wesentliche Teile gleich: das Laufzeug und das Lagergehäuse des Abgasturboladers, die zusammen die so genannte Rumpfgruppe bilden, sowie das Verdichtergehäuse. Den jeweiligen Anwendungsfällen entsprechend unterschiedlich sind die weiteren Teile: Turbinengehäuse und gegebenenfalls Regelorgane.

Turbinen- und verdichterseitig eingesetzte Kolbenringe dichten den Lagergehäuseölraum zur Luft- und Abgasseite hin ab. In Sonderfällen verbessern Sperrluft oder eine verdichterseitig angebrachte Kohlegleitringdichtung die Dichtwirkung. Als Lagerung überwiegt Gleitlagerung, ausgeführt radial entweder als schwimmende Zweibuchsenlagerung oder als nicht mitdrehende Einbuchsenlagerung und axial als Mehrkeilflächenlager. Die Schmierung erfolgt durch Anschluss des ATL an den Ölkreislauf des Motors. Ölzulauf und Ölrücklauf des ATL liegen zwischen Verdichtergehäuse und Turbinengehäuse. Im Standardfall weist das Lagergehäuse keine zusätzliche Kühlung auf. Mit einem Hitzeschild sowie einer thermischen Entkoppelung des heißen Turbinengehäuses vom Lagergehäuse und geeigneter konstruktiver Maßnahmen am Lagergehäuse selbst lassen sich die Temperaturen auf unkritische Werte senken. Für Abgastemperaturen oberhalb 850 °C gibt es wassergekühlte Lagergehäuse. Die Verdichterrückwand schließt das Lagergehäuse verdichterseitig ab.

Das Verdichtergehäuse des Radialverdichters besteht in der Regel aus Aluminiumguss. Bei besonderen Anwendungsfällen kann hier ein Umluftventil integriert sein. Dieses Umluftventil wird ausschließlich bei der Ottomotorenaufladung eingesetzt und verhindert bei schneller Lastwegnahme des Motors ein verdichterseitiges Pumpen.

Die Turbinengehäuse sind für die einzelnen Anwendungsfälle wesentlich voneinander verschieden. Die Gusswerkstoffe für die Turbinengehäuse reichen vom GGG 40 bis zum NiResist D5 (je nach Abgastemperatur). Das Turbinengehäuse für Lkw-Abgasturbolader ist ein Zwillingsstromgehäuse, bei dem die beiden Fluten erst unmittelbar vor dem Radeintritt vereinigt werden. Mit einem solchen Gehäuse wird die Stoßaufladung (Impulsaufladung) ermöglicht, bei der zusätzlich zur Druckenergie des Abgases auch die kinetische Energie des Abgases genutzt wird.

Abgasturbolader für Lkw mit Zwillingsstromgehäuse.
1 Verdichtergehäuse,
2 Verdichterrad,
3 Turbinengehäuse,
4 Läufer,
5 Lagergehäuse,
6 zuströmendes Abgas,
7 abströmendes Abgas,
8 atmosphärische Frischluft,
9 vorverdichtete Frischluft,
10 Ölzulauf,
11 Ölrücklauf.

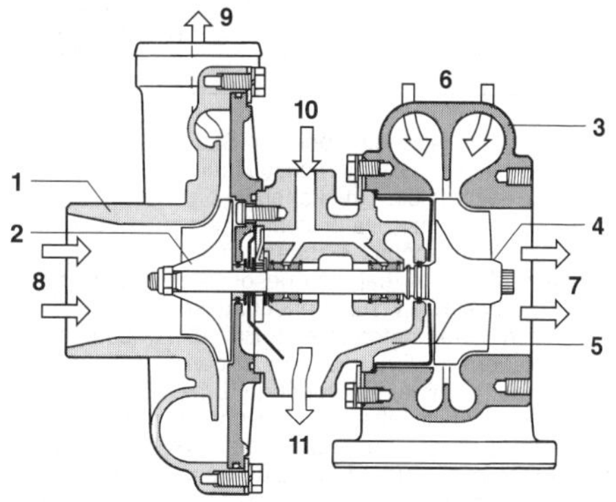

Ladedruckregelung mit abgasseitig angeordnetem Ladedruckregelventil.
1 Motor, 2 Abgasturbolader, 3 Ladedruckregelventil.

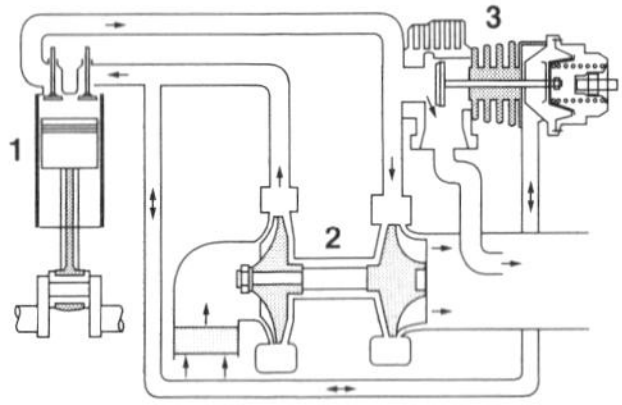

Variable Turbinengeometrie *(Schema).*
1 Turbinengehäuse, 2 Verstellring, 3 Verstellnocken, 4 Drehschaufeln, 5 Drehschaufeln mit Verstellhebel, 6 Lufteintritt.

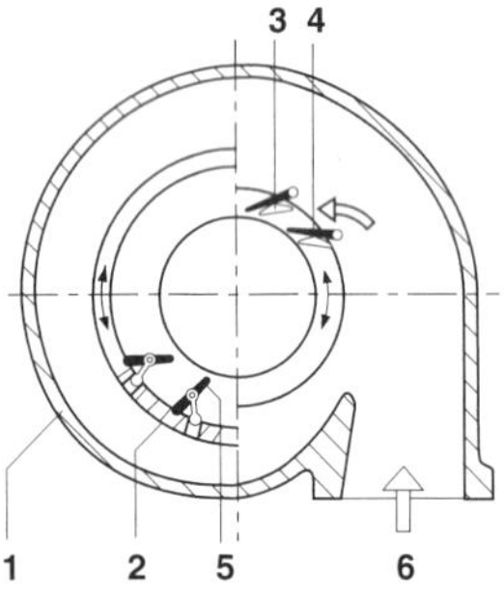

Im Gegensatz dazu wird bei der Stauaufladung, auch Gleichdruckaufladung genannt, lediglich die Druckenergie des Abgases ausgenutzt. Dafür können einflutige Turbinengehäuse eingesetzt werden. Diese Bauform hat sich besonders bei wassergekühlten Turbinengehäusen für Schiffsmotoren durchgesetzt. Bei Abgasturboladern für Großmotoren ist dem Turbinenlaufrad oft ein Düsenring (Turbinenleitrad) vorgeschaltet. Der Düsenring ermöglicht eine besonders gleichmäßige Zuströmung zum Laufrad und eine Feinabstufung des Turbinendurchsatzes.

Bei Pkw-Abgasturboladern werden in aller Regel einflutige Turbinengehäuse verwendet. Wegen des großen Drehzahlbereiches der Pkw-Motoren ist jedoch eine Regelung des Abgasturboladers erforderlich, um einen nahezu konstanten Ladedruck in einem weiten Motordrehzahlbereich zu erzielen. Stand der Technik ist hier die abgasseitige Regelung, bei der ein Teil des Motorabgases um die Turbine herumgeführt wird (Bypass). Das dafür erforderliche Regelorgan kann als Ventil oder Klappe ausgeführt sein.

Das Ladedruckregelorgan wird bei heutigen Serienturboladern pneumatisch, d. h. mit Unter- oder Überdruck betätigt. Dabei wird der erforderliche Stelldruck direkt oder getaktet dem Abgasturbolader oder als getakteter Unterdruck dem Bordnetz des Fahrzeuges entnommen.

Mit geeigneter mikroelektronischer Unterstützung kann die Ladedruckregelung motorkennfeldabhängig erfolgen. Zukünftige Regelorgane werden elektrisch bzw. elektronisch angesteuert.

Eine energetisch günstigere Regelung ermöglicht die variable Turbinengeometrie, mit der das Aufstauverhalten der Turbine kontinuierlich verändert und damit jeweils die gesamte Abgasenergie genutzt werden kann.

Von den dafür denkbaren Ausführungsformen haben sich verstellbare Leitschaufeln wegen ihres großen Regelbereiches bei gleichzeitig guten Wirkungsgraden durchgesetzt.

Durch Drehbewegung eines Verstellringes lässt sich eine einfache Verstellung des Schaufelwinkels vornehmen. Dabei werden die Schaufeln entweder über Verdrehnocken oder direkt über einzelne an den Schaufeln befestigte Verstellhebel auf den gewünschten Winkel eingestellt. Die Ansteuerung erfolgt pneumatisch über eine Stelldose mit Unter- oder Überdruck. Eine mikroelektronische Regelung kann die Vorteile der variablen Turbinengeometrie durch optimales Anpassen des Ladedrucks über das gesamte Motorkennfeld sinnvoll nutzen.

Neben der variablen Turbine mit verstellbaren Leitschaufeln hat sich für kleinvolumige Pkw-Motoren die Turbine mit verstellbarem Regelschieber VST durchgesetzt (siehe Abbildung). Die Funktionsweise der VST sieht vor, dass analog zur Festturbine zunächst ein Strömungskanal das Aufstauverhalten bestimmt (Schieberstellung 1).

Wird der maximal zulässige Ladedruck erreicht, öffnet der Schieber kontinuierlich in axialer Richtung und gibt den zweiten Strömungskanal frei (Stufe 2). Beide Kanäle zusammen werden so ausgelegt, dass der weitaus größte Teil des Abgasmassenstroms über die Turbine geleitet wird. Die Restmenge wird laderintern durch weiteres Verschieben des Regelschiebers an dem Turbinenrad vorbeigeführt (Stufe 3).

Mehrstufige Aufladung

Mit einer mehrstufigen Aufladung können die Leistungsgrenzen gegenüber der einstufigen Aufladung deutlich erweitert werden. Ziel dabei ist es, sowohl stationär als auch instationär die Luftversorgung und gleichzeitig den spezifischen Verbrauch des Motors zu verbessern. Dabei haben sich zwei Aufladeverfahren durchgesetzt.

Registeraufladung

Die Registeraufladung wird vorrangig wegen der aufwendigen Laderschalteinrichtungen bei Schiffs- oder Generatorantrieben eingesetzt. Dabei werden zu der Basisaufladung mit zunehmender Motorlast und -drehzahl ein oder mehrere Turbolader zugeschaltet. Damit können im Vergleich zu einem großen Lader, der auf die Nennleistung ausgelegt ist, zwei oder mehrere Aufladeoptima erreicht werden.

Zweistufig geregelte Aufladung

Dieses Aufladeverfahren wird wegen seines einfachen Regelverhaltens für Fahrzeuganwendungen eingesetzt. Die zweistufig geregelte Aufladung ist eine Reihenschaltung zweier – unterschiedlich großer – Turbolader mit einer Bypassregelung und idealerweise einem zweiten Ladeluftkühler.

Der von den Zylindern kommende Abgasmassenstrom strömt zunächst in die Abgassammelrohrleitung. Von hier aus besteht die Möglichkeit, entweder den gesamten Abgasmassenstrom über die Hochdruckturbine (HD) zu expandieren, oder einen Teilmassenstrom über die

Funktionsweise des VST-Laders mit verstellbarem Schieber.
a) Schieberstellung 1 (nur linker Kanal offen),
b) Schieberstellung 2 (beide Kanäle offen),
c) Schieberstellung 3 (beide Kanäle und Bypass offen).

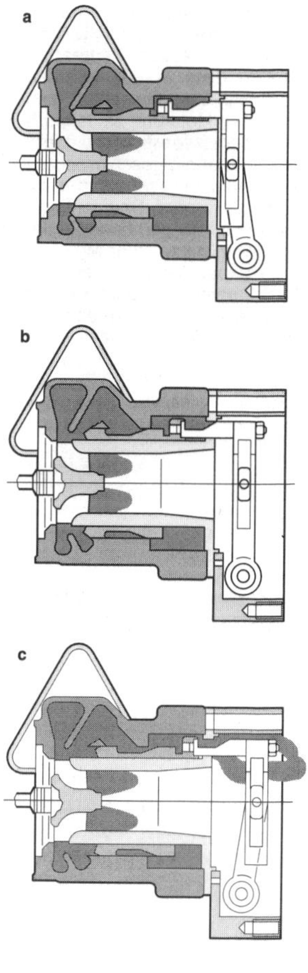

Bypassleitung umzuleiten. Der gesamte Abgasmassenstrom wird dann nochmal von der nachgeschalteten Niederdruckturbine (ND) genutzt.

Der gesamte Frischluftmassenstrom wird zunächst durch die Niederdruckstufe vorverdichtet und idealerweise zwischengekühlt. In der Hochdruckstufe erfolgt anschließend eine weitere Verdichtung und Ladeluftkühlung. Aufgrund der Vorverdichtung arbeitet der relativ kleine HD-Verdichter auf einem höheren Druckniveau, so dass er den erforderlichen Luftmassenstrom durchsetzen kann.

Bei kleinen Motordrehzahlen, d. h. kleinen Abgasmassenströmen, bleibt der Bypass vollständig geschlossen und der gesamte Abgasmassenstrom expandiert über die HD-Turbine. Dadurch ergibt sich ein sehr schneller und hoher Ladedruckaufbau. Mit zunehmender Motordrehzahl wird die Expansionsarbeit kontinuierlich zur ND-Turbine verlagert, indem der Bypassquerschnitt entsprechend vergrößert wird.

Die zweistufig geregelte Aufladung ermöglicht damit eine stufenlose Anpassung auf der Turbinen- und Verdichterseite an die Erfordernisse des Motorbetriebs.

Druckwellenlader

Der Druckwellenlader ist eine gasdynamische Maschine, bei der über Druckwellen ein Energieaustausch vom Abgas zur Frischluft stattfindet. Dieser Austausch findet in den Zellen des Rotors, auch Zellenrad genannt, statt, der zur Steuerung und Aufrechterhaltung des Druckwellenprozesses vom Motor aus über einen Riemenantrieb angetrieben werden muss.

Der Energieaustausch erfolgt im Zellenrad mit Schallgeschwindigkeit. Diese ist eine Funktion der Abgastemperatur und damit im wesentlichen abhängig von dem Motordrehmoment, aber nicht von der Motordrehzahl. Bei konstantem Übersetzungsverhältnis zwischen Motor und Druckwellenlader ist daher der Druckwellenprozess zunächst nur für einen Be-

Prinzipieller Aufbau einer zweistufigen geregelten Aufladung.
1 HD-Stufe (Hochdruck),
2 ND-Stufe (Niederdruck),
3 Saugrohr,
4 Abgassammelrohrleitung,
5 Bypassventil,
6 Bypassleitung.

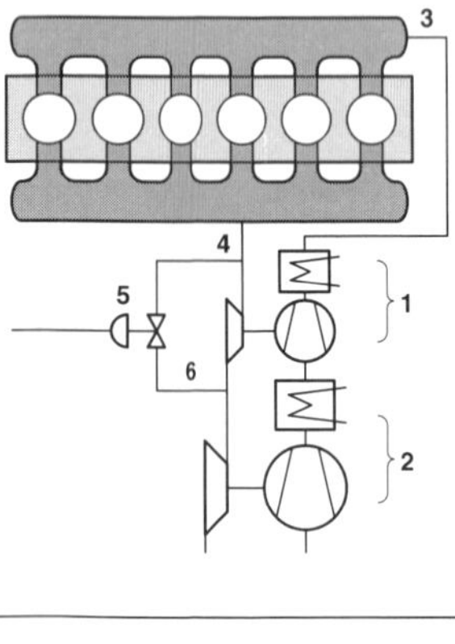

Druckwellenlader.
1 Motor, 2 Zellenrad, 3 Riemenantrieb, 4 Hochdruck Abgas, 5 Hochdruck Luft, 6 Niederdruck Lufteinlass, 7 Niederdruck Gasauslass.

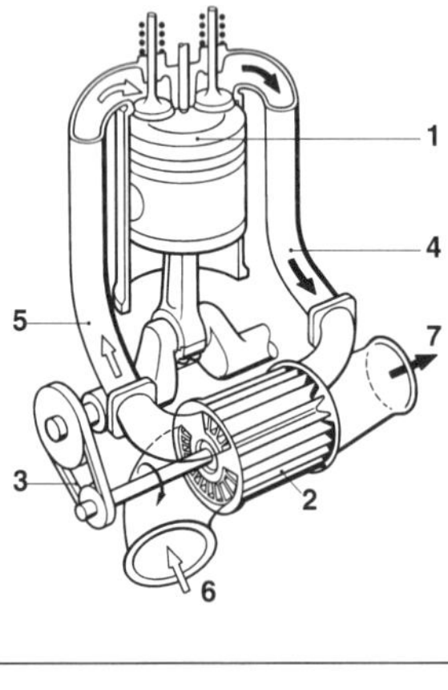

triebspunkt optimal. Durch Anbringen von geeigneten „Taschen" in den stirnseitigen Gehäusen kann jedoch der Bereich guter Wirkungsgrade auf einen relativ großen Betriebsbereich ausgedehnt und damit eine gute Ladedruckcharakteristik erreicht werden.

Infolge des im Rotor mit Schallgeschwindigkeit ablaufenden Energieaustausches reagiert der Druckwellenlader rasch auf Zustandsänderungen. Die Reaktionszeiten sind durch die Füllvorgänge in den Luft- und Abgasleitungen bestimmt.

Das Zellenrad des Druckwellenladers wird über einen Riemenantrieb von der Kurbelwelle des Motors angetrieben. Zur Geräuschreduktion haben die Zellenwände des Zellenrades unterschiedliche Abstände. Das Zellenrad läuft in einem zylindrischen Gehäuse, an dessen Stirnseite die Luftkanäle und die Gaskanäle münden, und zwar Niederdruck-Lufteinlass und Hochdruck-Luft auf der einen Seite, Hochdruck-Abgas und Niederdruck-Gasauslass auf der anderen Seite.

Das abgebildete Lage- und Zustandsdiagramm zeigt den Druckwellenprozess eines einfachen „Comprex" in einem Volllast-Betriebspunkt bei einer mittleren Motorbetriebsdrehzahl. Durch das Abwickeln von Rotor und Gehäuse wird die Rotation zu einer Translation. Das Zustandsdiagramm enthält die Randbedingungskurven für die vier Öffnungen in den Gehäusen entsprechend den dort herrschenden Zuständen. Die Diagramme für den idealisierten verlustlosen Prozess sind mit Hilfe des Charakteristiken-Verfahrens konstruiert.

Der Rotor des Druckwellenladers ist fliegend wälzgelagert und mit einer Fettdauerschmierung versehen. Die Lagerung befindet sich auf der Luftseite des Gerätes. Das Luftgehäuse besteht aus Aluminium-, das Gasgehäuse aus NiResist-Werkstoffen. Der Rotor mit seinen axial durchgehenden Zellen wird im Wachsausschmelzverfahren hergestellt. Ein im Lader integriertes Regelorgan regelt den Ladedruck entsprechend den Anforderungen.

Lagediagramm (a) und Zustandsdiagramm (b) Druckwellenlader.
A Abgasaustritt, B Abgaseintritt, C Lufteintritt, D Luftaustritt, E Restluft, Frischluft, F Rotor-Drehrichtung.

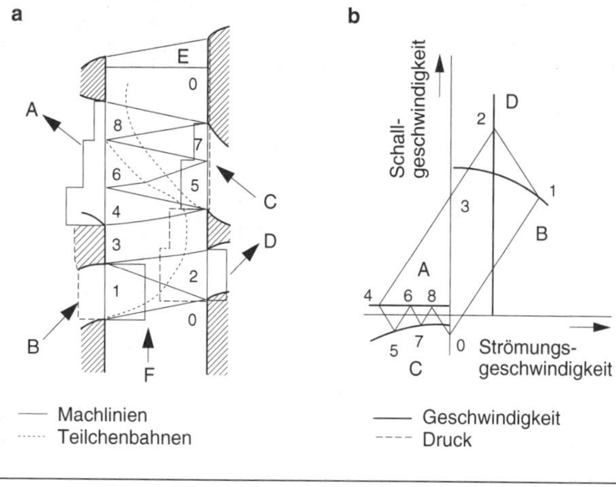

Abgasableitung

Aufgabe der Abgasanlage
Die Abgasanlage baut die Schadstoffanteile der beim Betrieb des Motors entstehenden Abgase ab und leitet die verbleibenden Abgase anschließend an einer für den Gebrauch des Fahrzeugs günstigen Stelle so geräuscharm wie möglich ab. Dabei soll die Leistung des Motors möglichst unvermindert erhalten bleiben.

Aufbau einer Abgasanlage
Als Beispiel dient eine Pkw-Abgasanlage. Sie besteht prinzipiell aus drei Teilen, wobei die eine oder andere Komponente auch bei Nkw zu finden ist:

Der Katalysator dient als Abgasreinigungsgerät beim Ottomotor; der Oxidations-Katalysator beim Dieselmotor. Er wird möglichst motornah eingebaut, damit er rasch seine Betriebstemperatur erreicht und auch im Stadtverkehr eine gute Wirkung zeigt. Als Nachrüstkatalysator wird er anstelle des Vorschalldämpfers eingebaut und übernimmt dann neben der Abgasreinigung dessen akustischen Aufgaben. Die akustischen Veränderungen am Fahrzeug müssen den Auflagen der gesetzlichen Bestimmungen genügen.

Je nach Größe des Fahrzeuges und des Motors kommen ein oder mehrere Schalldämpfer zum Einsatz. Bei V-Motoren werden häufig die linke und rechte Zylinderreihe separat geführt, mit Katalysatoren bzw. Schalldämpfern versehen und erst am Heck des Fahrzeugs in einem großen Schalldämpfer zusammengeführt.

Die Rohre bilden den letzten Teil der Abgasanlage. Sie führen die Abgasaustrittsöffnungen im Zylinderkopf zu einem oder mehreren Rohren zusammen (Krümmer) und verbinden außerdem den (die) Katalysator(en) und die Schalldämpfer miteinander. Die Länge und der Querschnitt der Rohre sowie die Art der Zusammenführung beeinflussen die Leistungscharakteristik und das akustische Verhalten des Motors. Daher werden Abgasanlagen für Fahrzeuge mit größeren Hubvolumen oft mit Doppelrohren ausgestattet. Rohre, Katalysator und Schalldämpfer werden mit Steckverbindungen und Flanschen zur Gesamtanlage verbunden. Manche Erstanlagen sind zur schnelleren Montage komplett verschweißt.

Die gesamte Abgasanlage ist über elastische Aufhängungselemente mit der Unterbodengruppe des Fahrzeugs verbunden. Die Befestigungspunkte müssen sorgfältig ausgewählt sein, da sich sonst Schwingungen auf die Karosserie übertragen und das Innengeräusch der Fahrgastzelle beeinflussen. Das Mündungsgeräusch der Abgasanlage kann ebenfalls Karosserieresonanzen anregen.

Das Gesamtvolumen der Schalldämpferanlage beim Pkw entspricht etwa dem

Abgasanlagen.
a) Ohne, b) mit Katalysator-System.
1 Vorschalldämpfer, 2 Katalysator-System, 3 Mittelschalldämpfer, 4 Nachschalldämpfer.

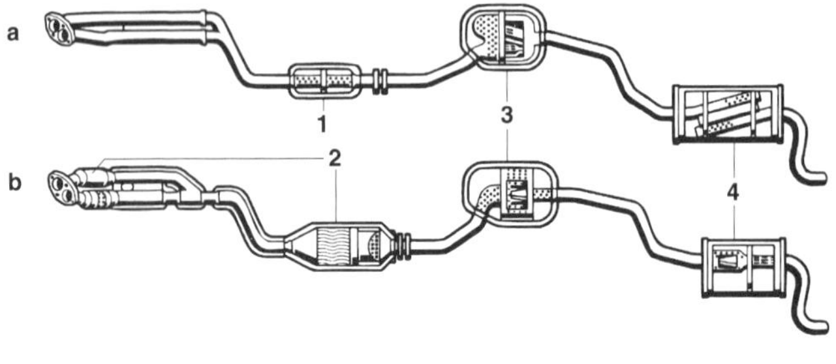

drei- bis achtfachen Hubvolumen des Motors. Je nach Hubvolumen und Schalldämpferart wiegt die Abgasanlage zwischen 8 und 40 kg.

Katalysator

Das Gehäuse des Katalysators besteht aus hitzebeständigem, hochwertigem Stahl. Es enthält aktiv beschichtete keramische Monolithen. Um die unterschiedlichen Ausdehnungskoeffizienten von Stahl und Keramik auszugleichen und den empfindlichen Monolithen gegen Stöße und Schwingungen zu schützen, kommt eine elastische Lagerung zum Einsatz. Hierbei haben sich zwei verschiedenartige Systeme herauskristallisiert:

Die Drahtgestricklagerung aus hochwarmfestem Edelstahl ist unempfindlich gegenüber extremen Abgastemperaturen und starken Gaspulsationen im Hochgeschwindigkeitsbereich. Wegen der schlechten Wärmeisolation dieser Lagerung werden die Rohre und der Katalysatorkörper oft zusätzlich isoliert.

Die Quellmattenlagerung hat sich in der Anwendung durchgesetzt. Sie besteht aus keramischem Faserfilz, der sich aus Aluminium-Silikatfasern und Blähglimmerstückchen zusammensetzt. Beide Substanzen sind durch Acryl-Latex miteinander verbunden. Unter Temperatureinfluss dehnt sich die Matte aus und presst den Monolithen in eine unverrückbare Lage. Da die Quellmatte ein guter Isolator ist, entfällt eine zusätzliche Wärmeisolation. Allerdings kann bei zu hoher Erwärmung durch die Abgase der Druck auf den Monolithen so groß werden, dass Bruchgefahr besteht. Bei zu niedriger Temperatur ist der Anpressdruck der Quellmatte zu gering. Der Monolith kann sich verschieben und dadurch zerstört werden. Abgaspulsation kann zu Erosionserscheinungen in der Quellmatte führen.

Um die Längendehnungen zu begrenzen und um eine bessere Mischung der Abgase zu erreichen, werden häufig mehrere Monolithe in einem Katalysator verwendet. Die Form des Eingangstrichters in den Katalysator muss sorgfältig ausgebildet sein, um eine gleichmäßige Beaufschlagung des Monolithen mit Abgas zu erreichen. Die äußere Form des Keramikkörpers hängt vom vorhandenen Platz unter dem Fahrzeug ab und kann dreieckig, oval oder rund sein.

Eine Alternative zum keramischen Monolithen ist der Metallkatalysator. Er ist aus fein gewellter, 0,05 mm dünner Metallfolie gewickelt und in einem Hochtemperaturprozess verlötet. Die Oberfläche ist wie beim Keramikkatalysator mit katalytisch wirksamem Material beschichtet. Durch die dünnen Wandungen lassen sich mehr Kanäle auf derselben Fläche unterbringen. Das bedeutet geringeren Widerstand für das Abgas, was bei Leistungsoptimierungen von Hochleistungsfahrzeugen Vorteile bringt.

Katalysatoren zeigen auch akustische Wirkung. Durch die engen Keramikröhren

Zweibett-Dreiwegekatalysator.
1 Lambda-Sonde für Lambda-Regelung, 2 Monolith, 3 Drahtgestricklagerung, 4 wärmegedämmte Doppelschale.

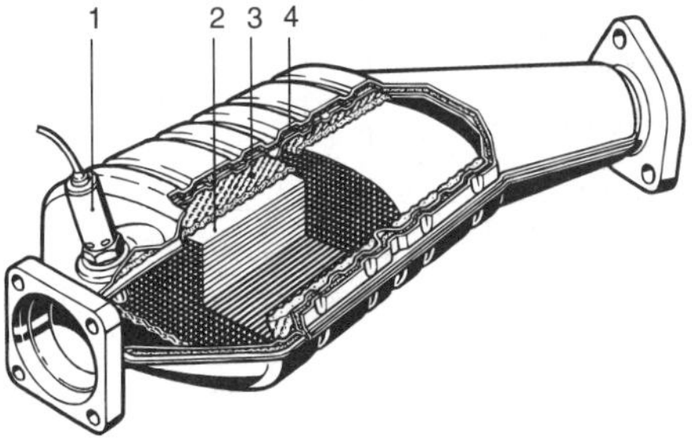

bilden sich eine Vielzahl kleiner Schallquellen. Dabei löschen sich die Schallwellen zum Teil durch Interferenz oder werden durch Reibung bedämpft.

Bei der Auslegung von Abgasanlagen muss der Katalysator sorgfältig abgestimmt sein, da er den Verlauf der Schwingungen in der Anlage und das Leistungsverhalten des Motors durch seinen hohen Strömungswiderstand stark beeinflusst (s. a. „Katalytische Nachverbrennung", S. 565).

Schalldämpfer

Schalldämpfer sollen die Abgasdruckpulsation glätten und dadurch möglichst nicht hörbar machen. Hierfür gibt es im Wesentlichen zwei physikalische Prinzipien: Reflexion und Absorption. Nach diesen Prinzipien unterscheiden sich auch die Schalldämpfer. Meist bestehen sie jedoch aus einer Kombination von Reflexion und Absorption. Da Schalldämpfer mit den Rohren der Abgasanlage ein schwingungsfähiges System mit Eigenresonanzen bilden, ist die Lage der Schalldämpfer für die Güte der Dämpfung von großer Bedeutung. Das Ziel ist, die Anlagen möglichst tief abzustimmen, damit deren Eigenfrequenzen nicht etwaige Resonanzen der Karosserie anregen. Zur Vermeidung von Körperschall und zur Wärmeisolierung gegenüber der Bodengruppe des Fahrzeugs werden Schalldämpfer oft doppelwandig und mit einer Isolationsschicht ausgeführt. Entsprechend den Platzverhältnissen unter dem Fahrzeug werden Schalldämpfer als „Wickeltöpfe" oder aus Halbschalen gefertigt.

Reflexionsschalldämpfer bestehen aus verschieden langen Kammern, welche durch Rohre miteinander verbunden sind. Die Querschnittssprünge zwischen Rohren und Kammern sowie die Umlenkungen des Abgases und die sich aus den Verbindungsrohren mit den Kammern bildenden Resonatoren erzeugen eine besonders für tiefe Frequenzen wirksame Dämpfung. Je mehr solcher Kammern vorhanden sind, desto effizienter wird die Dämpfung des Schalldämpfers.

Reflexionsschalldämpfer verursachen einen höheren Abgasgegendruck, haben in der Regel einen höheren Leistungsverlust und sind schwerer.

Absorptionsschalldämpfer sind aus einer Kammer aufgebaut, durch die ein perforiertes Rohr führt. Die Kammer ist mit Schallschluckstoff gefüllt. Der Schall dringt durch das perforierte Rohr in das Absorptionsmaterial ein und wird durch Reibung in Wärme umgewandelt. Absorptionsmaterial besteht meist aus langfaseriger Mineralwolle (Basalt- oder Steinwolle) mit einer Stopfdichte von 120...150 g/l. Die Dämpfung hängt von der Stopfdichte, dem Schallabsorptionsgrad des Materials, der Länge und der Schichtdicke der Kammer ab. Die Dämpfung ist sehr breitbandig, beginnt jedoch erst bei höheren Frequenzen. Die Formgebung der Perforation und die Führung des Rohres durch die Wolle stellt sicher, dass das Material durch die Pulsation des Abgases nicht ausgeblasen wird. Gelegentlich wird die Mineralwolle durch eine

Schalldämpferprinzipien.
a) Absorptions-Schalldämpfer,
b) Reflexions-Schalldämpfer,
c) Kombination aus a) und b).

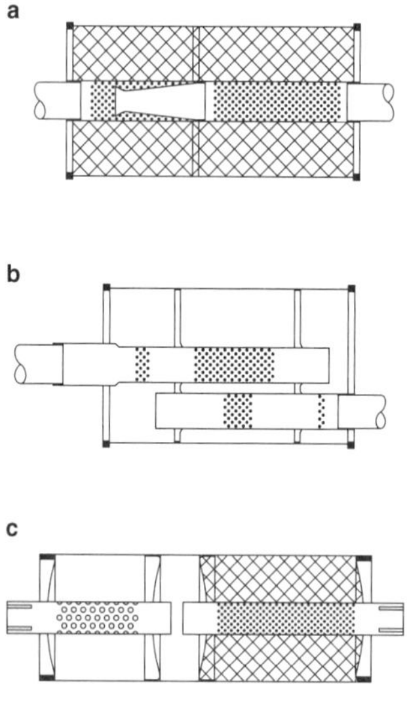

Lage Edelstahlwolle um das perforierte Rohr geschützt.

Absorptionsschalldämpfer dienen vorwiegend als Nachschalldämpfer.

Akustische Abstimmelemente

Zur Beseitigung besonders störender Frequenzanteile im Mündungsgeräusch einer Schalldämpferanlage gibt es verschiedene Bauelemente.

Der Helmholtz-Resonator als Saugresonator dämpft im Bereich seiner Eigenfrequenz. Als durchströmter Resonator verstärkt er bei seiner Eigenfrequenz, hat aber danach einen breiten Dämpfungsbereich.

Lochtraufen sind perforierte Rohre, die ähnlich dem Trichter einer Gießkanne wirken. Aus der großen Schallquelle „Rohr" werden viele kleine Schallpunkte, bestehend aus den Löchern der Perforation. Durch Interferenzen und Verwirbelung des Abgases entsteht eine breitbandige Filterwirkung.

Venturi-Düsen beseitigen tieffrequenten Schall. Sie müssen so ausgelegt sein, dass die Strömungsgeschwindigkeit im Düsenhals immer unter der Schallgeschwindigkeit liegt. Der Winkel des Trichters muss ein bestimmtes Maß haben, da sonst Zischgeräusche auftreten.

Rußfilter

Zur Beseitigung der festen Partikel im Abgas von Dieselmotoren sind Rußfilter in der Entwicklung. Es werden verschiedene Filtersysteme eingesetzt, z.B. Stahlwollefilter, Keramik-Monolith-Filter oder Keramik-Wickel-Filter usw.

Das Keramik-Monolith-Filter stellt zur Zeit den besten Kompromiss bezüglich der an das Filter gestellten Anforderungen dar. Im Gegensatz zu durchgängigen Katalysator-Monolithen sind die Kanäle für das Rußfilter wechselseitig verschlossen, so dass das partikelbeladene Abgas durch die unbeschichteten, porösen Wände des Wabenkörpers strömen muss. Die Partikel lagern sich in den Poren ab. Je nach Porosität des Keramikkörpers schwankt der Wirkungsgrad der Filter zwischen 70 und 90 %.

Um die volle Funktionsfähigkeit der Filter zu gewährleisten, müssen diese in gewissen Zeitabständen regeneriert werden. Für die Reinigung bieten sich zwei Verfahren an; in beiden Fällen werden die Rußpartikel verbrannt:

Im chemischen Verfahren setzen Additive im Kraftstoff die Zündfähigkeit der Rußpartikel auf die übliche Abgastemperatur herab. Nachteilig können sich dabei die durch die Zusätze hervorgerufenden Sekundär-Emissionen auswirken.

Beim thermischen Verfahren wird ein Brennerelement hinzugeschaltet, welches die Abgastemperatur auf ca. 700 °C erhöht. Hierfür werden Brennerelemente mit hoher Leistung benötigt. Die Regenerierung lässt sich im einfachsten Fall bei abgeschaltetem Motor durchgeführen. Der Zeitpunkt der Filterregeneration wird entweder über eine Zeitsteuerung oder über eine Druckmessdose ermittelt. Zur Regeneration des Filters während des Fahrbetriebs bietet sich die Möglichkeit zweier Filter an, welche wechselseitig beaufschlagt bzw. regeneriert werden. Dies ist jedoch sehr kostenintensiv. Eine andere Möglichkeit besteht darin, dass während der Regenerationszeit die Abgase über einen Schalldämpfer umgeleitet werden und dann während ca. 5 % der Fahrstrecke ungereinigt austreten. Es werden auch Brennerelemente entwickelt, welche die Regenerierung bei gleichzeitiger Beaufschlagung des Filters mit dem Motorabgas ermöglichen (Vollstromregenerierung).

Keramischer Rußfilter (Prinzip).
1 Abgaseintritt, 2 Keramikstopfen, 3 Zellzwischenwand, 4 Abgasaustritt.

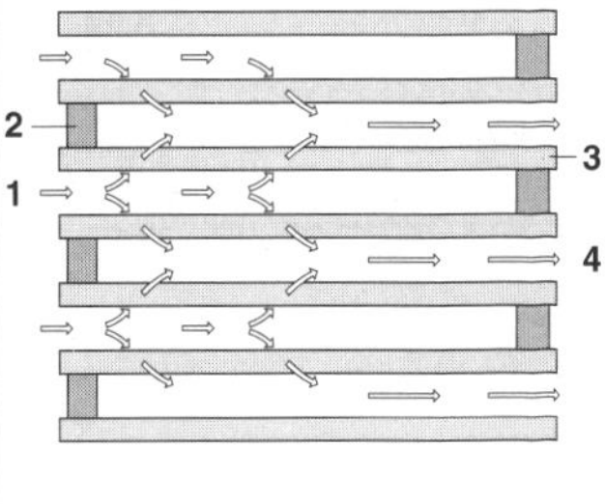

Motorsteuerung bei Ottomotoren

Anforderungen

Drehmomente am Ottomotor

Die von einem Ottomotor abgegebene Leistung P wird durch das verfügbare Kupplungsmoment und die Motordrehzahl bestimmt.

Das Kupplungsmoment ergibt sich aus dem durch den Verbrennungsprozess erzeugten Moment, vermindert um das Reibmoment (Reibungsverluste im Motor) und die Ladungswechselverluste sowie das zum Betrieb der Nebenaggregate benötigte Moment.

Das Verbrennungsmoment wird im Arbeitstakt erzeugt und ist durch die folgenden Größen bestimmt:
- die Luftmasse, die nach dem Schließen der Einlassventile für die Verbrennung zur Verfügung steht,
- die zum gleichen Zeitpunkt verfügbare Kraftstoffmasse und
- der Zeitpunkt, zu dem der Zündfunke die Verbrennung des Luft-Kraftstoff-Gemisches einleitet.

Hauptaufgabe der Motorsteuerung

Die Hauptaufgabe der Motorsteuerung ist, das vom Motor erzeugte Drehmoment einzustellen. Dazu werden in den verschiedenen Teilsystemen der Motorsteuerung alle drehmomentbeeinflussenden Größen gesteuert.

Füllungssteuerung

Bei den Bosch-Motorsteuerungssystemen mit elektronischem Gaspedal (EGAS) wird im Teilsystem „Füllungssteuerung" die erforderliche Füllung der Motorzylinder mit Luft ermittelt und die Drosselklappe entsprechend geöffnet. Bei den konventionellen Einspritzsystemen steuert der Fahrer durch Betätigen des Fahrpedals direkt die Öffnung der Drosselklappe.

Gemischbildung

Im Teilsystem „Gemischbildung" wird die zugehörende Kraftstoffmasse berechnet und daraus die erforderliche Einspritzzeit und der optimale Einspritzzeitpunkt bestimmt.

Zündung

Im Teilsystem „Zündung" wird schließlich der Kurbelwellenwinkel ermittelt, an dem der Zündfunke für die zeitgerechte Entflammung des Gemisches sorgt.

Drehmomente am Antriebsstrang.
1 Nebenaggregate (Generator, Klimakompressor usw.),
2 Motor,
3 Kupplung,
4 Getriebe.

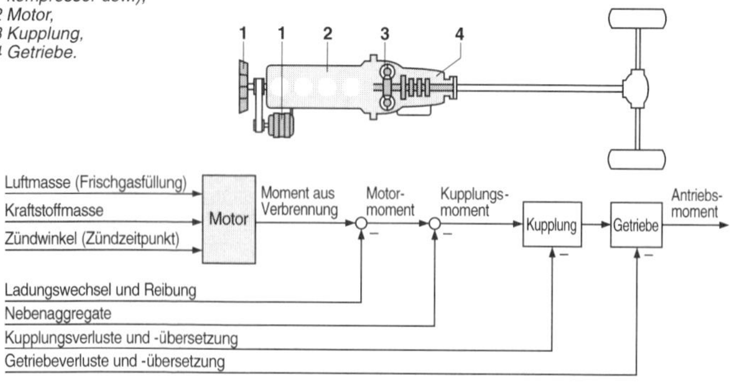

Ziel dieser Steuerung ist, das vom Fahrer geforderte Drehmoment bereitzustellen und gleichzeitig die hohen Anforderungen an Abgasemission, Kraftstoffverbrauch, Leistung, Komfort und Sicherheit zu erfüllen.

Zylinderfüllung

Bestandteile
Das Gasgemisch, das sich nach dem Schließen der Einlassventile im Zylinder befindet, wird als Zylinderfüllung bezeichnet. Sie besteht aus dem zugeführten Frischgas und dem Restgas.

Frischgas
Bestandteile des angesaugten Frischgases sind Frischluft sowie der darin mitgeführte Kraftstoff. Der wesentliche Anteil der Frischluft strömt über die Drosselklappe; zusätzliches Frischgas kann über ein vorhandenes Kraftstoffverdunstungs-Rückhaltesystem angesaugt werden. Die nach dem Schließen der Einlassventile im Zylinder vorhandene, über die Drosselklappe zugeführte Luft ist die entscheidende Größe für die während der Verbrennung am Kolben verrichtete Arbeit und damit für das vom Motor abgegebene Drehmoment. Maßnahmen zur Steigerung von maximalem Drehmoment und maximaler Leistung des Motors bedingen daher fast immer eine Erhöhung der maximal möglichen Füllung. Die theoretische Maximalfüllung ist durch den Hubraum vorgegeben.

Restgas
Der Restgasanteil der Füllung wird gebildet
- durch die Abgasmasse, die im Zylinder verbleibt und nicht während der Öffnungszeit des Auslassventils ausgeschoben wird, sowie
- bei Systemen mit Abgasrückführung durch die Masse des rückgeführten Abgases.

Der Restgasanteil wird durch den Ladungswechsel bestimmt.

Die Restgasmasse nimmt nicht direkt an der Verbrennung teil, beeinflusst jedoch die Entflammung und den Verlauf der Verbrennung. Im Teillastbetrieb des Motors kann dieser Restgasanteil daher durchaus erwünscht sein.

Um ein gefordertes Drehmoment zu erreichen, muss die um das Restgas verringerte Frischgasfüllung über eine größere Drosselklappenöffnung ausgeglichen werden. Damit verringern sich die Pumpverluste des Motors. Ein reduzierter

Zylinderfüllung im Ottomotor.
1 Luft und Kraftstoffdampf,
2 Regenerierventil mit variablem Ventilöffnungsquerschnitt,
3 Verbindung zum Kraftstoffverdunstungs-Rückhaltesystem,
4 Abgas,
5 Abgasrückführventil (AGR-Ventil) mit variablem Ventilöffnungsquerschnitt,
6 Luftmassenstrom (Umgebungsdruck p_U),
7 Luftmassenstrom (Saugrohrdruck p_S),
8 Frischgasfüllung (Brennraumdruck p_B),
9 Restgasfüllung (Brennraumdruck p_B),
10 Abgas (Abgasgegendruck p_A),
11 Einlassventil,
12 Auslassventil.
α Drosselklappenwinkel.

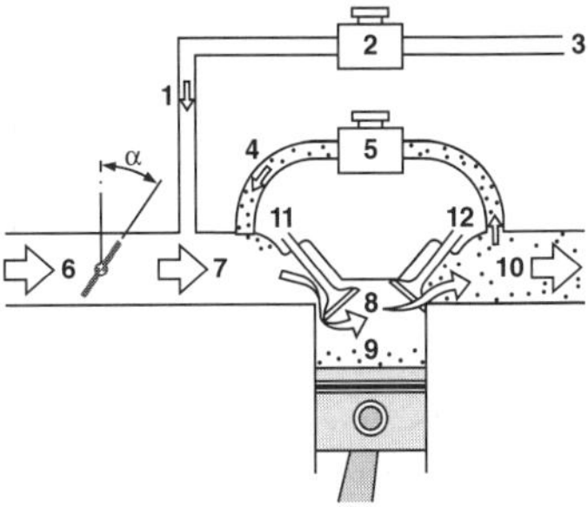

Kraftstoffverbrauch ist die Folge. Ein gezielt eingesetzter Restgasanteil kann ebenfalls die Verbrennung beeinflussen und somit die Emission von Stickoxiden (NO_X) und unverbrannten Kohlenwasserstoffen (HC) reduzieren.

Steuerung

Beim Ottomotor mit äußerer Gemischbildung ist die abgegebene Leistung proportional zum angesaugten Luftmassenstrom. Zukünftig kann der mit mageren Luft-Kraftstoff-Gemischen betriebene Ottomotor mit Direkteinspritzung auch direkt über Variation der eingespritzten Kraftstoffmasse gesteuert werden.

Drosselklappe

Erfolgt die Steuerung der Motorleistung und damit (bei einer bestimmten Drehzahl) die Steuerung des Motormoments über den Luftmassenstrom, so wird dazu die Drosselklappe verwendet. Ist die Drosselklappe nicht vollständig geöffnet, so wird die vom Motor angesaugte Luft gedrosselt und damit das erzeugte Drehmoment reduziert. Diese Drosselwirkung hängt ab von der Stellung und damit vom Öffnungsquerschnitt der Drosselklappe.

Bei voll geöffneter Drosselklappe wird das maximale Moment des Motors erreicht (s. Bild).

Ladungswechsel

Der Ladungswechsel von Frischgas und Restgas geschieht durch geeignetes Öffnen und Schließen der Einlass- und Auslassventile. Die Nocken der Nockenwelle bestimmen die Zeitpunkte des Öffnens und Schließens der Ventile (Steuerzeiten) sowie den Verlauf der Ventilerhebung. Dadurch wird der Ladungswechselvorgang und somit auch die für die Verbrennung verfügbare Frischgasmenge beeinflusst.

Die Ventilüberschneidung, d. h. die Überlappung der Öffnungszeiten von Ein- und Auslassventil, hat entscheidenden Einfluss auf die im Zylinder verbleibende Restgasmasse. In diesem Fall spricht man von „innerer" Abgasrückführung. Die Restgasmasse kann auch durch „äußere" Abgasrückführung vergrößert werden. In diesem Fall verbindet ein zusätzliches AGR-Ventil Saugrohr und Abgasrohr. Bei geöffnetem Ventil saugt der Motor ein Gemisch aus Frischluft und Abgas an.

Aufladung

Das erreichbare Drehmoment ist proportional zur Frischgasfüllung. Daher kann das maximale Drehmoment gesteigert werden, indem die Luft im Zylinder durch dynamische Aufladung, mechanische Aufladung oder Abgasturboaufladung (S. 432) verdichtet wird.

Drosselkennfeld eines Ottomotors.
– – – Zwischenstellung der Drosselklappe.

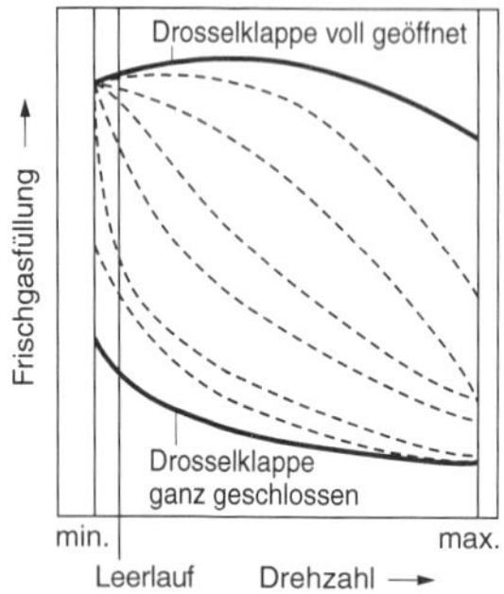

Drehmomentverlauf für Motor mit Abgasturbolader im Vergleich zum Saugmotor bei gleicher Nennleistung.
1 Motor mit Abgasturbolader, 2 Saugmotor.

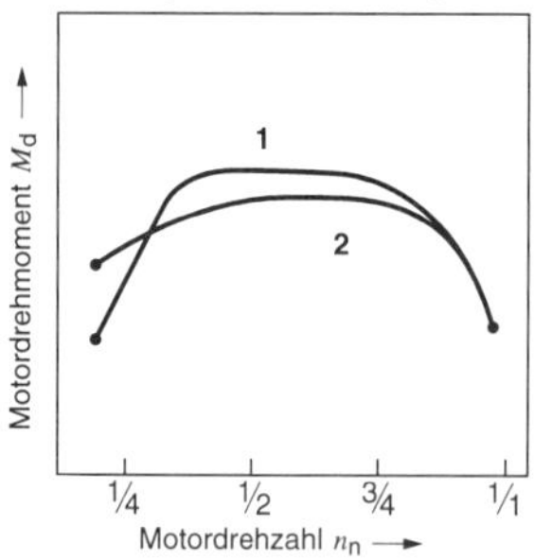

Kraftstoffförderung mit Elektrokraftstoffpumpe

Aufgabe
Die Elektrokraftstoffpumpe (EKP) muss dem Motor bei allen Betriebszuständen ausreichend Kraftstoff mit dem zum Einspritzen nötigen Druck zuführen. Die wesentlichen Anforderungen sind:
- Fördermenge zwischen 60 und 200 l/h bei Nennspannung.
- Druck im Kraftstoffsystem zwischen 300 und 450 kPa.
- Aufbau des Systemdruckes ab 50...60 % der Nennspannung; bestimmend hierfür ist der Betrieb bei Kaltstart.

Außerdem dient die EKP zunehmend als Vorförderpumpe für moderne Direkteinspritzsysteme, sowohl für Benzin- als auch für Dieselmotoren. Für Benzin-Direkteinspritzsysteme sind zumindest zeitweise Drücke bis 700 kPa bereitzustellen. Dies sowie der sehr große Viskositätsbereich bei der Förderung von Diesel bedeuten neue Herausforderungen für das hydraulische und das elektrische System der Elektrokraftstoffpumpe.

Aufbau
Die Elektrokraftstoffpumpe besteht aus:
- Anschlussdeckel mit elektrischen Anschlüssen, Rückschlagventil (gegen Auslaufen des Krafstoffsystems) sowie dem hydraulischen Ausgang. Der Anschlussdeckel enthält üblicherweise auch die Kohlebürsten für den Betrieb des Kommutator-Antriebsmotors und Elemente für die Funkentstörung (Drosselspulen und ggf. Kondensatoren).
- Elektromotor mit Anker und Permanentmagneten (für den Betrieb mit Sonderkraftstoffen mit starker elektrolytischer Wirkung oder anderen Effekten, die das System Kohlebürste/Kommutator negativ beeinflussen, werden elektronisch kommutierte Antriebe für die Elektrokraftstoffpumpe entwickelt).
- Pumpenteil, ausgeführt als Verdränger- oder Strömungspumpe.

<u>Verdrängerpumpe</u>
In einer Verdrängerpumpe werden grundsätzlich Flüssigkeitsvolumina angesaugt und in einem (abgesehen von Undichtheiten) abgeschlossenen Raum durch die Rotation des Pumpelements zur Hochdruckseite transportiert. Für die Elektrokraftstoffpumpe kommen die <u>Rollenzellenpumpe</u> und die <u>Innenzahnradpumpe</u> zur Anwendung. Verdrängerpumpen sind vorteilhaft bei hohen Systemdrücken (400 kPa und mehr) und haben ein gutes Niederspannungsverhalten, d. h. eine relativ „flache" Förderleistungskennlinie über der Betriebsspannung. Der Wirkungsgrad kann bis zu 25 % betragen. Je nach Detailausführung und Einbausituation können die unvermeidlichen Druckpulsationen Geräusche verursachen. Ein weiterer, gelegentlich auftretender Nachteil kann ein Förderleistungsabfall bei heißem Benzin sein (abhängig von der Einbausituation), wenn an Stelle von Flüssigkeit Gasvolumina geför-

Elektrokraftstoffpumpe *(Beispiel).*
1 Laufrad, 2 Pumpenteil, 3 Elektromotor, 4 Anschlussdeckel.

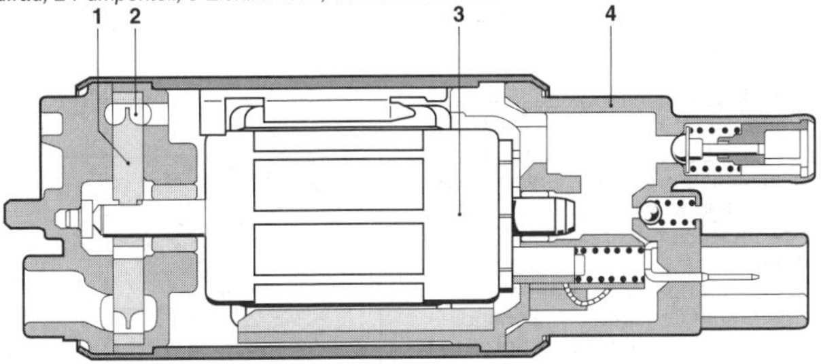

dert werden. Deshalb haben gebräuchliche Verdrängerpumpen Peripheral-Vorstufen zur Entgasung.

Während für die klassische Funktion der Elektrokraftstoffpumpe in elektronischen Benzineinspritzsystemen die Verdrängerpumpe von der Strömungspumpe weitgehend abgelöst wurde, ergibt sich für die Verdrängerpumpe ein neues Anwendungsfeld bei der oben erwähnten Vorförderung für Direkteinspritzsysteme mit ihrem wesentlich erweiterten Druckbedarf bzw. Viskositätsbereich. Dies gilt insbesondere für die Vorförderung von Diesel und Biodiesel.

Pumpenprinzipien für Elektrokraftstoffpumpe.
a) Rollenzellenpumpe,
b) Innenzahnradpumpe,
c) Peripheralpumpe,
d) Seitenkanalpumpe.

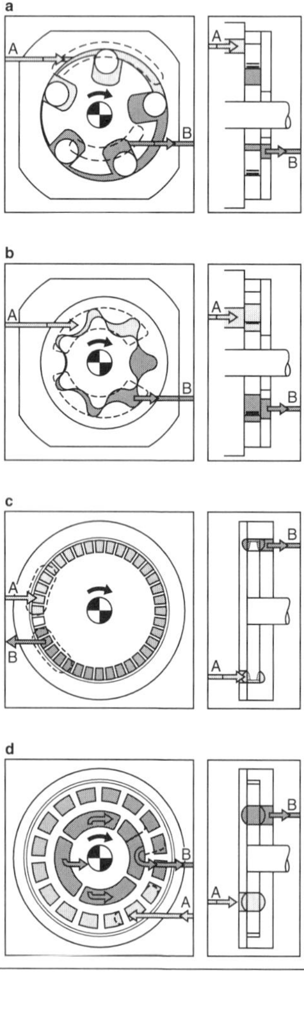

Strömungspumpe

Für die Anwendung der Elektrokraftstoffpumpe haben sich die verwandten Prinzipien der Peripheralpumpe und der Seitenkanalpumpe durchgesetzt, mit leichter Präferenz für die Seitenkanalpumpe, da tendenziell höherer Druck und besserer Wirkungsgrad möglich ist. Ein mit zahlreichen Schaufeln im Bereich des Umfangs versehenes Laufrad dreht sich in einer aus zwei feststehenden Gehäuseteilen bestehenden Kammer. Diese Gehäuseteile weisen im Bereich der Laufradschaufeln jeweils einen Kanal auf. Die Kanäle beginnen in Höhe der Saugöffnung und enden dort, wo der Kraftstoff das Pumpenteil mit Systemdruck verlässt. Zwischen Kanalanfang und -ende befindet sich der „Unterbrecher" zur Unterbindung von innerer Leckage. Zur Verbesserung der Heißfördereigenschaften befindet sich in einem gewissen Winkelabstand von der Ansaugöffnung eine kleine Entgasungsbohrung (nicht notwendig bei Dieselanwendung), die (unter Inkaufnahme einer minimalen Leckage) den Austritt eventueller Gasblasen ermöglicht.

Der Druck baut sich längs des genannten Kanals durch den Impulsaustausch zwischen den Laufradschaufeln und den Flüssigkeitsteilchen auf. Die Folge davon ist eine spiralige Rotation des im Laufrad und in den Kanälen befindlichen Flüssigkeitsvolumens.

Strömungspumpen sind geräuscharm, da der genannte Druckaufbau kontinuierlich und nahezu pulsationsfrei erfolgt. Die Konstruktion ist gegenüber Verdrängerpumpen deutlich vereinfacht. Systemdrücke bis 450 kPa sind auch mit einstufigen Pumpen erreichbar. Noch höhere Systemdrücke, wie sie in Zukunft kurzzeitig für hoch aufgeladene Motoren sowie für Motoren mit Benzin-Direkteinspritzung notwendig sein werden (s.o.) sind möglich, würden jedoch das heute übliche elektrische System (Permanentmagnet-Gleichstrommotor mit konventioneller elektromechanischer Kommutierung) bei Daueranwendung überfordern und zu einer deutlich reduzierten Lebensdauer führen. Als Abhilfe kommen in Betracht:

- Hochdruckbetrieb nur bei Bedarf → Bedarfssteuerung der Elektrokraftstoffpumpe z. B. mit Hilfe eines Taktmoduls oder eines anderen vorgeschalteten Tiefsetzstellers.
- Ausrüstung des EKP-Motors mit einem Kohlekommutator anstelle des konventionellen Kupferkommutators, damit Sicherung der Lebensdauer auch bei hohem Strom und zusätzlich auch bei korrosiven und/oder hochviskosen Kraftstoffen.
- Für besonders hohe Anforderungen an Varianz von Betriebsbedingungen und Kraftstoffen wird an elektronisch kommutierten EKP-Antrieben gearbeitet, mit unbegrenzter Lebensdauer des elektrischen Systems.

Der Wirkungsgrad liegt zwischen 10 und ca. 20 %. Die Kraftstoffsysteme neu konzipierter Fahrzeuge mit Ottomotor enthalten fast ausschließlich Strömungspumpen für die Kraftstoffförderung.

Einbindung der Elektrokraftstoffpumpe in Tank und Einspritzsystem
Während in den Anfängen der elektronischen Benzineinspritzung die Elektrokraftstoffpumpe ausschließlich außerhalb des Tanks („in line") angeordnet war, überwiegt heute, insbesondere bei Neuapplikationen, der Tankeinbau der Elektrokraftstoffpumpe. Dabei ist die Elektrokraftstoffpumpe Bestandteil einer „Tankeinbaueinheit", die eine zunehmende Anzahl weiterer Elemente enthält: Saugfilter, einen Topf als Kraftstoffreservoir für Kurvenfahrt (meist „aktiv" befüllt durch eine Saugstrahlpumpe oder eine separate Vorstufe der Elektrokraftstoffpumpe), einen Tankstandsgeber sowie elektrische und hydraulische Anschlüsse.

Eine weitere Entwicklungsstufe bilden „rücklauffreie Kraftstoffsysteme" (RLFS), meist Tankeinbaueinheiten mit integriertem Druckregler, der für den Rücklauf innerhalb der Tankeinbaueinheit sorgt. Ebenso integrierbar ist auch das druckseitige Kraftstoff-Feinfilter. Künftig werden weitere Funktionen in das Fördermodul integriert werden, beispielsweise Diagnoseeinrichtungen für Tankleck, Taktmodul für EKP-Steuerung.

Tankeinbaueinheit, Komplettlösung für rücklauffreies Kraftstoffsystem.
1 Kraftstofffilter, 2 Elektrokraftstoffpumpe, 3 Strahlpumpe (geregelt), 4 Druckregler, 5 Tankstandgeber, 6 Vorsieb.

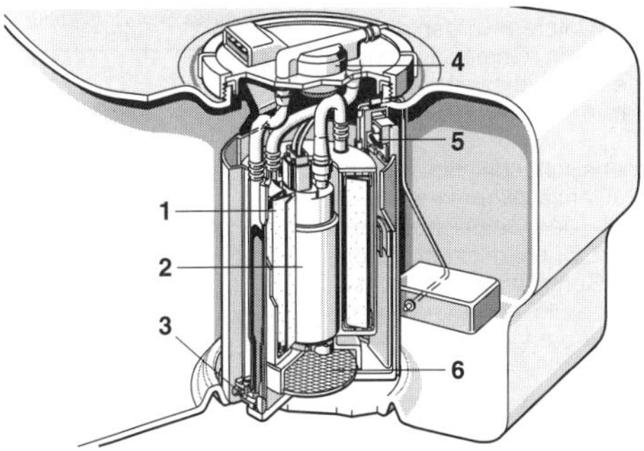

Gemischbildung

Einflussgrößen

Luft-Kraftstoff-Gemisch

Ein Ottomotor benötigt zum Betrieb ein bestimmtes Luft-Kraftstoff-Verhältnis. Die ideale theoretisch vollständige Verbrennung liegt bei einem Massenverhältnis von 14,7:1 vor. Dies wird auch als stöchiometrisches Verhältnis bezeichnet. Das heißt: zur Verbrennung von 1 kg Kraftstoffmasse werden 14,7 kg Luftmasse benötigt. Oder als Volumen ausgedrückt: 1 *l* Kraftstoff verbrennt vollständig mit ungefähr 9500 *l* Luft.

Der spezifische Kraftstoffverbrauch eines Ottomotors ist wesentlich vom Mischungsverhältnis des Luft-Kraftstoff-Gemisches abhängig. Für die reale vollständige Verbrennung und damit für möglichst geringen Kraftstoffverbrauch ist ein Luftüberschuss notwendig, dem jedoch wegen der Entflammbarkeit des Gemisches und der verfügbaren Brenndauer Grenzen gesetzt sind.

Das Luft-Kraftstoff-Gemisch hat außerdem entscheidenden Einfluss auf die Wirksamkeit der Abgasnachbehandlungssysteme. Stand der Technik ist der Dreiwegekatalysator, der bei einem stöchiometrischen Luft-Kraftstoff-Verhältnis seine optimale Wirkung hat. Mit ihm können schädliche Abgaskomponenten um mehr als 98 % reduziert werden.

Heute verfügbare Motoren werden daher mit stöchiometrischem Gemisch betrieben, sobald der Betriebszustand des Motors dies zulässt.

Bestimmte Betriebszustände des Motors erfordern eine Gemischkorrektur. Gezielte Änderungen der Gemischzusammensetzung sind z. B. beim kalten Motor erforderlich. Das Gemischaufbereitungssystem muss daher in der Lage sein, diese variablen Forderungen zu erfüllen.

Luftzahl

Zur Kennzeichnung dafür, wie weit das tatsächlich vorhandene Luft-Kraftstoff-Gemisch vom theoretisch notwendigen Massenverhältnis (14,7:1) abweicht, hat man die Luftzahl bzw. das Luftverhältnis λ (Lambda) gewählt:

λ = Verhältnis von zugeführter Luftmasse zum Luftbedarf bei stöchiometrischer Verbrennung.

$\lambda = 1$: Die zugeführte Luftmasse entspricht der theoretisch erforderlichen Luftmasse.

$\lambda < 1$: Es herrscht Luftmangel und damit fettes Gemisch. Maximale Leistung ergibt sich bei $\lambda = 0{,}85...0{,}95$.

$\lambda > 1$: In diesem Bereich herrscht Luftüberschuss oder mageres Gemisch. Bei dieser Luftzahl sind verringerter Kraftstoffverbrauch und verringerte Leistung zu verzeichnen. Der erreichbare Maximalwert für λ – die sogenannte „Magerlaufgrenze" – ist sehr stark von der Konstruktion des Motors und vom verwendeten Gemischaufbereitungssystem abhängig. An der Magerlaufgrenze ist das Gemisch nicht mehr zündwillig. Es treten Verbrennungsaussetzer auf. Die Laufunruhe des Motors nimmt stark zu.

Ottomotoren mit Saugrohreinspritzung erreichen ihre Höchstleistung bei 5...15 % Luftmangel ($\lambda = 0{,}95...0{,}85$), geringsten Kraftstoffverbrauch bei 10...20 % Luftüberschuss ($\lambda = 1{,}1...1{,}2$).

Einfluss der Luftzahl λ auf Leistung P und spezifischen Kraftstoffverbrauch b_e.
a Fettes Gemisch (Luftmangel),
b mageres Gemisch (Luftüberschuss).

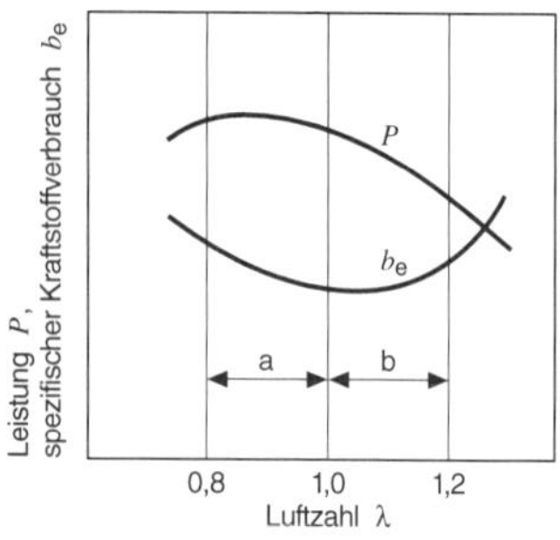

Die Bilder zeigen die Abhängigkeit der Leistung und des spezifischen Kraftstoffverbrauchs sowie der Schadstoffentwicklung von der Luftzahl für einen typischen Motor mit Saugrohreinspritzung. Daraus lässt sich ableiten, dass es kein ideales Luftverhältnis gibt, bei dem alle Faktoren den günstigsten Wert annehmen. Zur Realisierung eines „optimalen" Verbrauchs bei „optimaler" Leistung haben sich für den Motor mit Saugrohreinspritzung Luftzahlen von $\lambda = 0{,}9...1{,}1$ als zweckmäßig erwiesen.

Bei Motoren mit direkter Einspritzung und Ladungsschichtung herrschen andere Verbrennungsverhältnisse, so dass die Magerlaufgrenze bei deutlich höheren Werten liegt. Im Teillastbereich können diese Motoren daher mit wesentlich höheren Luftzahlen (bis zu $\lambda = 4$) betrieben werden.

Zur katalytischen Abgasnachbehandlung durch einen Dreiwegekatalysator ist die exakte Einhaltung von $\lambda = 1$ bei betriebswarmem Motor unbedingt erforderlich. Um dies zu erreichen, muss die angesaugte Luftmasse genau ermittelt und eine exakt dosierte Kraftstoffmasse zugemessen werden.

Bei den heute üblichen Motoren mit Saugrohreinspritzung ist neben der genauen Einspritzmenge auch ein homogenes Gemisch für den optimalen Verbrennungsablauf erforderlich. Dazu ist eine gute Zerstäubung des Kraftstoffs notwendig. Wird diese Voraussetzung nicht erfüllt, schlagen sich große Kraftstofftropfen am Saugrohr oder der Brennraumwand nieder. Diese großen Tropfen können nicht vollständig verbrennen und führen zu erhöhten HC-Emissionen.

Einfluss der Luftzahl λ auf die Schadstoffzusammensetzung im Rohabgas.

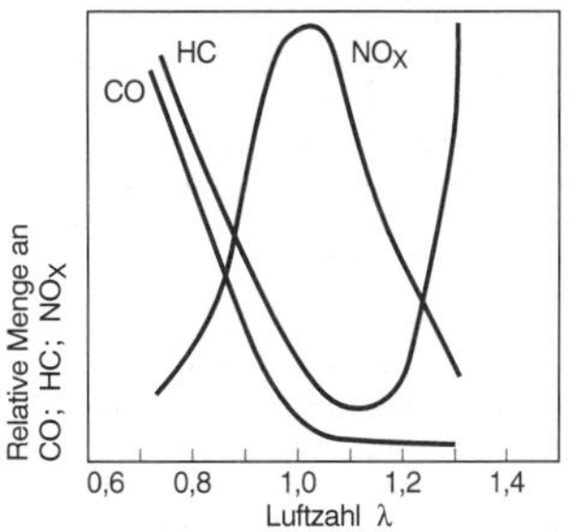

Systeme zur Gemischbildung

Einspritzsysteme oder Vergaser haben die Aufgabe, ein dem jeweiligen Betriebszustand des Motors bestmöglich angepasstes Luft-Kraftstoff-Gemisch bereitzustellen. Einspritzsysteme, insbesondere elektronische Systeme, eignen sich besser zur Einhaltung eng vorgegebener Grenzen für die Gemischzusammensetzung. Daraus ergeben sich Vorteile in Bezug auf Kraftstoffverbrauch, Fahrverhalten und Leistung. Die Anforderungen der immer strenger gewordenen Abgasgesetzgebung haben im automobilen Einsatzbereich dazu geführt, dass heute die Einspritzung den Vergaser vollkommen verdrängt hat.

Heute werden fast ausschließlich Systeme verwendet, bei denen die Gemischbildung außerhalb des Brennraums stattfindet. Systeme mit innerer Gemischbildung, also mit Einspritzung des Kraftstoffs direkt in den Brennraum, waren jedoch bereits Basis für die ersten Benzineinspritzungen. Da sich diese Systeme hervorragend zur weiteren Senkung des Kraftstoffverbrauchs eignen, gewinnen sie zunehmend an Bedeutung.

Schema einer Vergaseranlage.
1 Kraftstoffbehälter, 2 Kraftstoff-Förderpumpe, 3 Kraftstoff-Feinfilter, 4 Vergaser, 5 Saugrohr.

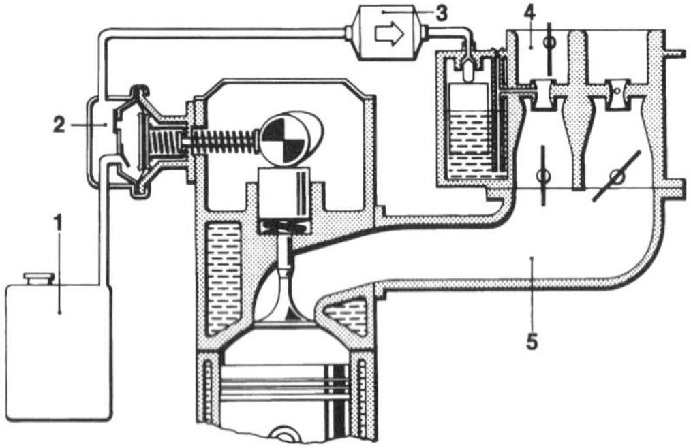

Vergaser

Vergaseranlage

Eine von der Nocken- oder Verteilerwelle angetriebene Kraftstoff-Förderpumpe (normalerweise Membranpumpe) saugt den Kraftstoff vom Kraftstoffbehälter an und fördert ihn zum Vergaser. Eine entsprechende Auslegung begrenzt den maximalen Förderdruck. Im Bedarfsfall kann vor oder nach der Pumpe ein Kraftstoff-Feinfilter eingebaut sein.

Vergaserbauarten

Fallstrom-Vergaser

Fallstrom-Vergaser sind die gebräuchlichsten Vergaser. Durch günstige Anordnungsmöglichkeiten der Schwimmerkammer und der verschiedenen Düsensysteme ergeben sich zweckmäßige Bauformen, die in Verbindung mit entsprechend ausgelegten Saugrohren eine optimale Gemischaufbereitung und -verteilung erzielen.

Flachstrom-Vergaser

Flachstrom-Vergaser (bekannt als Festlufttrichter- und Konstantdruck-Vergaser) bieten Vorteile, wenn die Bauhöhe des Motors besonders niedrig sein muss.

Konstantdruck-Vergaser arbeiten mit veränderlichem Luftquerschnitt und angenähert konstantem Unterdruck am Kraftstoffaustritt. Die Veränderung des Luftquerschnitts erfolgt mit einem pneumatisch betätigten Kolbenschieber, die Anpassung der Kraftstoffmenge durch eine am Kolben befestigte Nadel.

Mischkammeranordnungen

Der Einfachvergaser mit einer Mischkammer ist die kostengünstigste Ausführung.

Vorteile bei der Anpassung bietet der Registervergaser mit zwei Mischkammern, der weitgehend zur Standardbauform für 4-Zylinder-Motoren geworden ist. Die Teillast wird mit der ersten Stufe reguliert, die Drosselklappe der zweiten Stufe wird nur zum Erreichen der vollen Leistung geöffnet.

Für 6-Zylinder-Motoren sind Doppelvergaser geeignet, die zwei Vergasern mit gemeinsamer Schwimmerkammer entsprechen. Es werden auch Doppel-Registervergaser mit vier Mischkammern bei einer gemeinsamen Schwimmerkammer verwendet.

Aufbau und Arbeitsprinzip

Der Fahrer beeinflusst mit der vom Gaspedal verstellten Drosselklappe die vom Motor angesaugte Luftmenge und damit die Leistung. Abhängig von der Luftmenge misst der Vergaser die entsprechende Kraftstoffmenge zu. Der Schwimmer regelt in Verbindung mit dem Schwimmernadelventil den Kraftstoffzulauf zum Vergaser und hält das Kraftstoffniveau in der Schwimmerkammer konstant.

Die Luftmengenmessung erfolgt im Vergaser mit Hilfe des in Venturi-Form gestalteten Lufttrichters. Die Querschnittsverengung erhöht die Luftgeschwindigkeit und erzeugt damit einen entsprechenden Unterdruck im engsten Querschnitt, der sich mit einem Vorzerstäuber noch verstärken lässt. Die so erzeugte Druckdifferenz zur Schwimmerkammer bewirkt die Kraftstoffförderung. Die Anpassung der Kraftstoffmenge an die Luftmenge geschieht mit den Dosiersystemen.

Kraftstoffdosiersysteme

Hauptsystem

Die Hauptdüse dosiert den Kraftstoff. Im Mischrohr wird dem Kraftstoff durch seitliche Bohrungen Korrekturluft als Förderhilfe zugesetzt.

Leerlauf-, Übergangssystem

Bei Leerlauf-Luftdurchsatz spricht das Hauptsystem noch nicht an. Deshalb gibt es ein eigenes Leerlaufsystem, das über den Leerlaufkanal hinter der Drosselklappe im Bereich höchsten Unterdrucks mündet. Leerlauf- und Leerlaufluftdüse dosieren Kraftstoff und Korrekturluft.

Für den Übergang zum Hauptsystem steuert die Drosselklappe eine Reihe von Bohrungen (oder einen Schlitz), die aus dem Leerlaufsystem gespeist werden.

Weitere Systeme

Neben den vorstehenden Basissystemen gibt es weitere Systeme. Sie dienen der besseren Anpassung an das Kennfeld des betriebswarmen Motors (Teillaststeuerung, Volllastanreicherung), dem Kompensieren der Speicherwirkung des Saugrohrs beim Beschleunigen (Beschleunigungspumpe) und der Anpassung an den Bedarf des Motors für Start und Warmlauf. Die über Magnetventile beeinflusste Korrekturluftzugabe der Lambda-Regelung sowie die Schubabschaltung sind weitere Beispiele.

Schema eines Registervergasers.
a) 1. Stufe, b) 2. Stufe.
1 Leerlaufabschaltventil, 2 Beschleunigungspumpe, 3 Leerlaufsystem, 4 Starterklappe, 5 Vorzerstäuber, 6 Hauptsysteme mit Mischrohren, 7 Volllastanreicherung, 8 Schwimmer, 9 Kraftstoffzulauf, 10 Schwimmernadelventil, 11 Bypass-Stopfen, 12 Regulierschraube (Leerlaufgemisch), 13 Drosselklappen, 14 Lufttrichter, 15 Teillaststeuerungsventil, 16 Mischkammer.

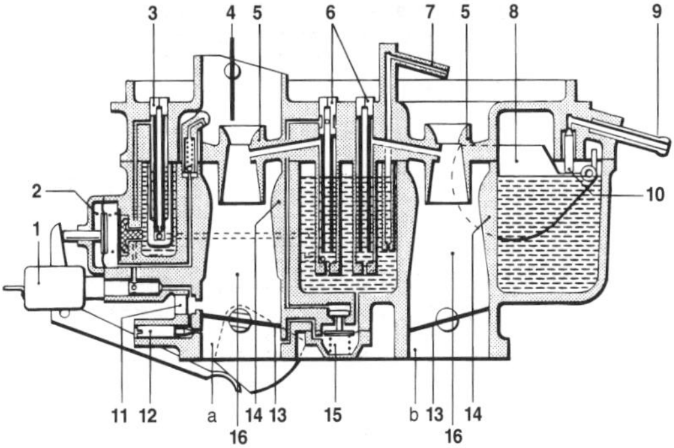

Elektronisch gesteuertes Vergasersystem (ECOTRONIC)

Basisvergaser
Der Basisvergaser beschränkt sich auf Drosselklappe, Schwimmersystem, Leerlauf- und Übergangssystem, Hauptsystem und Vordrossel. Zusätzlich ist eine Korrekturluftsteuerung für den Leerlauf mit einer von der Vordrossel betätigten Nadeldüse vorgesehen.

Anbaukomponenten und Stellglieder
Der Drosselklappenansteller ist ein elektropneumatischer Steller zur Füllungssteuerung. Der Stößel des Stellers betätigt über einen auf der Drosselklappenwelle des Vergasers befindlichen Hebel die Drosselklappe.

Der Vordrosselsteller dient als Stellglied zur Steuerung des Mischungsverhältnisses bei den verschiedenen Betriebsbedingungen des Motors. Beim Schließen der Vordrossel wird das Gemisch durch Erhöhen der Druckdifferenz am Hauptsystem und durch Beeinflussung der Leerluftdüse im Leerlaufsystem angereichert.

Sensoren
Das Drosselklappenpotenziometer nimmt Stellung und Bewegung der Drosselklappe auf. Ein Temperatursensor erfasst die Betriebstemperatur des Motors, gegebenenfalls ein zweiter die Saugrohrtemperatur.

Der Leerlaufschalter dient zur Schuberkennung. Er lässt sich durch Softwaremaßnahmen im elektronischen Steuergerät einsparen.

Elektronisches Steuergerät
Der Eingangsteil des Gerätes digitalisiert die analog vorliegenden Signale der Sensoren. Der Verarbeitungsteil bearbeitet die Eingangsgrößen und berechnet die Ausgabewerte mit den in Kennfeldern gespeicherten Daten. Die Ausgabewerte steuern die Steller zur Betätigung von Vordrossel und Drosselklappe sowie sonstige Ausgaben.

Grundfunktionen
Der Basisvergaser bestimmt die Grundfunktionen des Systems. Eine Abstimmung im Motorkennfeld verläuft mit Hilfe von Leerlauf-, Übergangs- und Hauptsystem. Diese Stationärabstimmung kann bewusst „mager" sein, da Korrekturen in Richtung „fett" mit Hilfe der Vordrosselsteuerung möglich sind.

Elektronische Funktionen
Den Grundfunktionen überlagert sind elektronisch gesteuerte/geregelte Funktionen, die im elektronischen Steuergerät bearbeitet werden. Einige davon sind im Bild angegeben. Hinzukommen können u. a.: Zündungssteuerung, Schaltaufgaben, Verbrauchsanzeige und Diagnosefunktionen.

Schema eines elektronisch gesteuerten Vergasers (ECOTRONIC).
1 Steuergerät, 2 Temperatursensor, 3 Vergaser, 4 Drosselklappenansteller (DKA), 5 Vordrosselsteller, 6 Vordrosselklappe, 7 Leerlaufschalter, 8 Drosselklappe, 9 Drosselklappenpotenziometer.

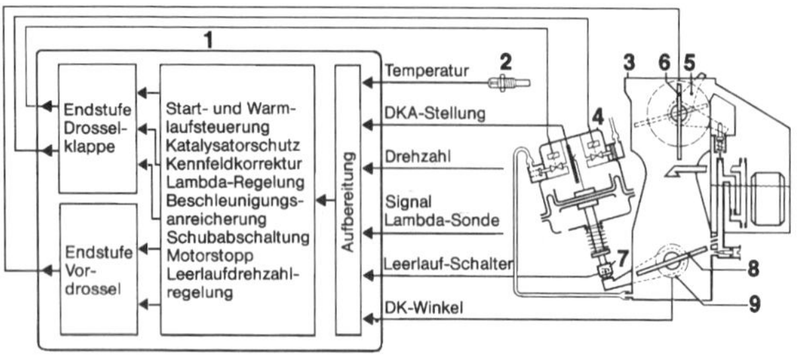

Benzineinspritzsysteme

Systeme zur äußeren Gemischbildung

Benzineinspritzsysteme zur äußeren Gemischbildung sind dadurch gekennzeichnet, dass das Luft-Kraftstoff-Gemisch außerhalb des Brennraums (im Saugrohr) entsteht.

Zentraleinspritzung
Die Zentraleinspritzung ist ein elektronisch gesteuertes Einspritzsystem, bei dem ein elektromagnetisches Einspritzventil an zentraler Stelle vor der Drosselklappe den Kraftstoff intermittierend in das Saugrohr einspritzt. Die Bosch-Zentraleinspritzsysteme werden als Mono-Jetronic bzw. Mono-Motronic bezeichnet.

Einzeleinspritzung
Die Einzeleinspritzung bildet ideale Voraussetzungen, die Anforderungen an ein Gemischaufbereitungssystem zu erfüllen. Bei Einzeleinspritzanlagen ist jedem Zylinder ein Einspritzventil zugeordnet, das den Kraftstoff direkt vor das Einlassventil des Zylinders spritzt. Beispiele hierfür sind die KE- und L-Jetronic mit ihren jeweiligen Varianten.

Mechanisches Einspritzsystem:
Das K-Jetronic-System arbeitet antriebslos und spritzt den Kraftstoff kontinuierlich ein. Die eingespritzte Kraftstoffmasse wird nicht durch das Einspritzventil bestimmt, sondern vom Mengenteiler vorgegeben.

Kombiniert mechanisch-elektronisches Einspritzsystem:
Die KE-Jetronic basiert auf dem mechanischen Grundsystem der K-Jetronic. Sie ermöglicht durch erweiterte Betriebsdatenerfassung elektronisch gesteuerte Zusatzfunktionen, um die Einspritzmenge den verschiedenen Motorbetriebszuständen exakter anzupassen.

Elektronische Einspritzsysteme:
Elektronisch gesteuerte Einspritzsysteme spritzen den Kraftstoff mit elektromagnetisch betätigten Einspritzventilen intermittierend ein. Die eingespritzte Kraftstoffmasse wird durch die Ventilöffnungszeit (bei bekanntem Druckabfall über dem Ventil) bestimmt.

Beispiele: L-Jetronic, LH-Jetronic und Motronic als integriertes Motormanagementsystem.

Zentraleinspritzung.
1 Kraftstoff,
2 Luft,
3 Drosselklappe,
4 Saugrohr,
5 Einspritzventil,
6 Motor.

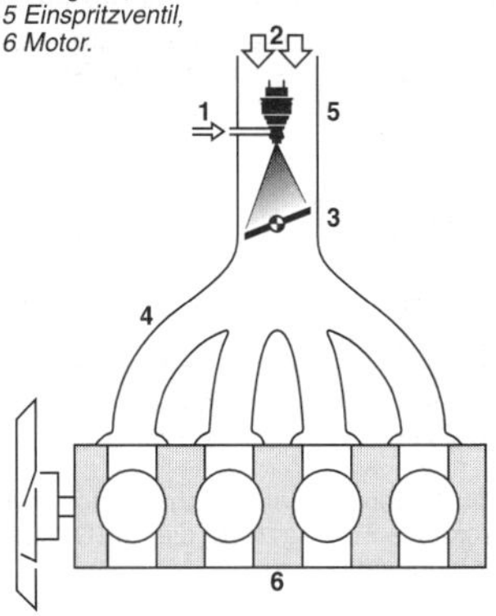

Einzeleinspritzung.
1 Kraftstoff,
2 Luft,
3 Drosselklappe,
4 Saugrohr,
5 Einspritzventile,
6 Motor.

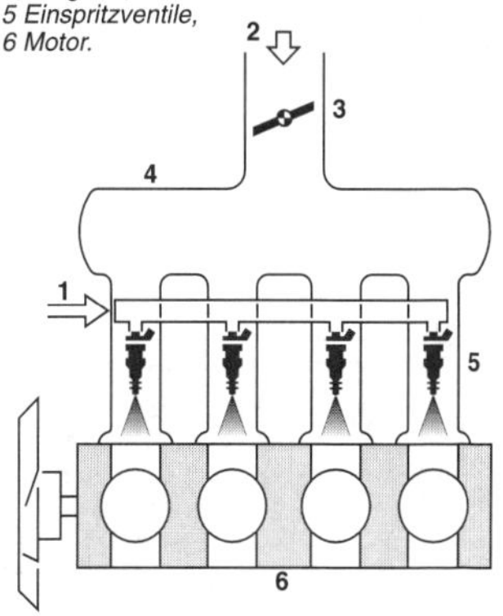

Hohe Ansprüche an Laufkultur und Abgasverhalten eines Fahrzeugs bedingen hohe Anforderungen an die Gemischzusammensetzung jedes Arbeitstaktes. Neben der genauen Dosierung der eingespritzten Kraftstoffmasse entsprechend der vom Motor angesaugten Luft ist auch die zeitgenaue Einspritzung von Bedeutung.

Bei der modernen Einzeleinspritzung ist deshalb nicht nur jedem Motorzylinder ein elektromagnetisches Einspritzventil zugeordnet; dieses Einspritzventil wird darüber hinaus individuell für jeden Zylinder angesteuert. So werden sowohl die zu jedem Zylinder passende Kraftstoffmasse, als auch der richtige Einspritzzeitpunkt vom Steuergerät berechnet. Durch Einspritzung der genau dosierten Kraftstoffmasse direkt vor das (die) Einlassventil(e) des Zylinders zum richtigen Zeitpunkt wird die Gemischbildung verbessert und eine Saugrohrwandbenetzung, die bei instationärem Motorbetrieb zu zeitweisen Abweichungen des gewünschten Lambda-Wertes führen kann, wird dadurch weitgehend vermieden. Die Vorteile der Einzeleinspritzung werden somit in vollem Umfang nutzbar. Die Saugrohre des Motors leiten somit nur die Verbrennungsluft und können deshalb optimal an die gasdynamischen Erfordernisse des Motors angepasst werden.

Direkteinspritzung.
1 Kraftstoff,
2 Luft,
3 Drosselklappe (EGAS),
4 Saugrohr,
5 Einspritzventile,
6 Motor.

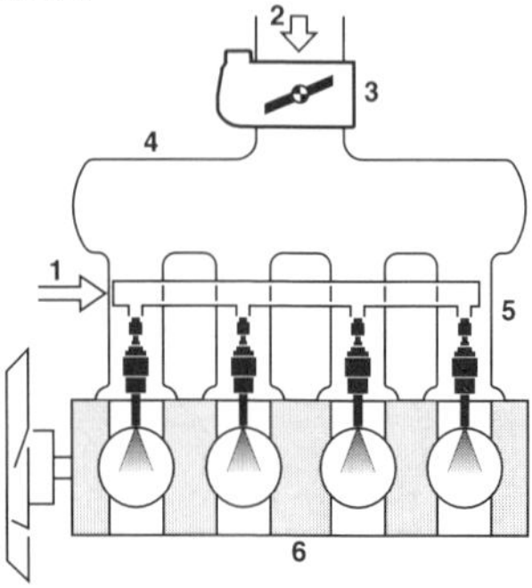

Systeme zur inneren Gemischbildung
Bei Direkteinspritzsystemen zur inneren Gemischbildung wird der Kraftstoff durch elektromagnetisch betätigte Einspritzventile direkt in den Brennraum eingespritzt. Jedem Zylinder ist ein Einspritzventil zugeordnet. Die Gemischbildung findet innerhalb des Zylinders statt. Für eine gute Verbrennung ist eine feine Zerstäubung des Kraftstoffs an den Einspritzventilen Voraussetzung.

Im normalen Betrieb saugt der Motor mit Direkteinspritzung nur noch Luft an und nicht mehr das Luft-Kraftstoff-Gemisch, wie bei den konventionellen Einspritzsystemen. Hier liegt ein Vorteil dieses neuen Systems: im Saugrohr kann sich kein Kraftstoff niederschlagen. Bei der äußeren Gemischbildung liegt das Luft-Kraftstoff-Gemisch im gesamten Brennraum in der Regel homogen im stöchiometrischen Verhältnis vor. Die Gemischbildung im Brennraum hingegen erlaubt zwei völlig unterschiedliche Betriebsarten:

Schichtbetrieb
Im Schichtbetrieb muss das Gemisch nur im Bereich um die Zündkerze zündfähig sein. Im übrigen Teil des Brennraumes befindet sich dann nur Frisch- und Restgas ohne unverbrannten Kraftstoff. Im Leerlauf- und Teillastbereich ergibt das ein insgesamt sehr mageres Gemisch und damit eine Reduzierung des Kraftstoffverbrauchs.

Homogenbetrieb
Im Homogenbetrieb liegt wie bei der äußeren Gemischbildung im gesamten Brennraum homogenes Gemisch vor; die gesamte im Brennraum verfügbare Frischluft nimmt am Verbrennungsvorgang teil. Daher wird diese Betriebsart im Bereich der Volllast verwendet.

Zur Steuerung der Motoren mit Benzindirekteinspritzung wird die MED-Motronic eingesetzt.

Zentraleinspritzsysteme

Die Zentraleinspritzung hat sich vom kompakten Einspritzsystem in Richtung einer umfassenden Motorsteuerung entwickelt.

Die verschiedenen Zentraleinspritzsysteme unterscheiden sich in der Ausführungsform des Einspritzaggregats. Alle Systeme haben das Einspritzventil oberhalb der Drosselklappe angeordnet und arbeiten im Vergleich zu Einzeleinspritzsystemen oft mit Niederdruck (0,7...1 bar gegenüber Atmosphärendruck). Dies ermöglicht den Einsatz einer kostengünstigen, nach dem Strömungsprinzip arbeitenden Elektrokraftstoffpumpe, die meist in den Kraftstoffbehälter eingebaut wird. Ein kraftstoffdurchspültes Einspritzventil, das Dampfblasenbildung vermeidet, ist bei solch einem Niederdrucksystem zwingend notwendig. Der Bezeichnung „Zentraleinspritzung" entsprechen die Begriffe „Single-Point Injection" (SPI), „Central Fuel Injection" (CFI), „Throttle-Body Injection" (TBI) oder „Mono-Jetronic" (Bosch).

Mono-Jetronic

Die Mono-Jetronic ist ein elektronisch gesteuertes Niederdruck-Zentraleinspritzsystem für 4-Zylinder-Motoren mit einem zentral angeordneten elektromagnetischen Einspritzventil. Kernstück des Systems ist das Einspritzaggregat, das mit der Drosselklappe die Ansaugluft zumisst und mit dem Einspritzventil den Kraftstoff intermittierend oberhalb der Drosselklappe einspritzt. Über das Saugrohr verteilt sich der Kraftstoff auf die einzelnen Zylinder. Verschiedene Sensoren ermitteln alle wesentlichen Betriebsgrößen des Motors zur Berechnung der Ansteuersignale für das Einspritzventil und andere Steller im System.

Einspritzaggregat

Um eine homogene Gemischbildung und eine gleichmäßige Gemischverteilung zu erzielen, ist das Einspritzventil im Ansaugluftstrom oberhalb der Drosselklappe angeordnet. Der Spritzstrahl ist so geformt, dass der Kraftstoff unter weitgehender Vermeidung von Wandbenetzung in die sichelförmige Spalte zwischen

Schema einer Mono-Jetronic-Anlage.
1 Kraftstoffbehälter, 2 Elektrokraftstoffpumpe, 3 Kraftstofffilter, 4 Druckregler, 5 Einspritzventil, 6 Lufttemperatursensor, 7 Steuergerät, 8 Drosselklappenansteller, 9 Drosselklappenpotenziometer, 10 Regenerierventil, 11 Aktivkohlebehälter, 12 Lambda-Sonde, 13 Motortemperatursensor, 14 Zündverteiler, 15 Batterie, 16 Zünd-Start-Schalter, 17 Relais, 18 Diagnoseanschluss, 19 Einspritzaggregat.

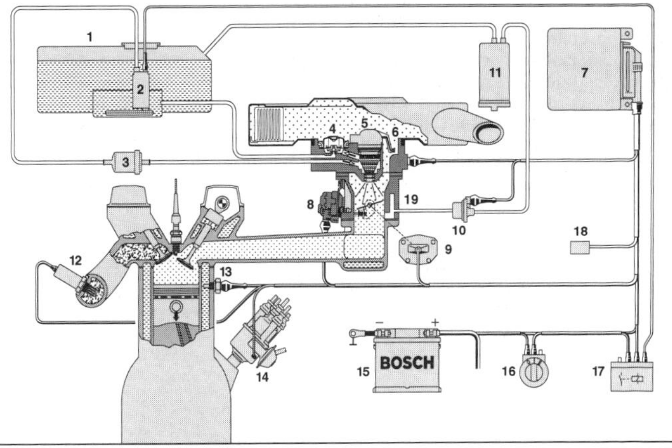

Gehäuse und Drosselklappe trifft und dort durch die hohe Druckdifferenz optimal aufbereitet wird. Die feine Kraftstoffzerstäubung des mit 1 bar Systemdruck (gegenüber Atmosphärendruck) arbeitenden Einspritzventils ermöglicht auch im kritischen Volllastbereich eine gleichbleibend gute Gemischverteilung. Das Einspritzventil wird im Takt der Zündimpulse angesteuert.

Systemsteuerung

Hauptsteuergrößen eines Einspritzsystems können neben der Drehzahl n die Luftmenge bzw. Luftmasse, der Saugrohrabsolutdruck oder die Drosselklappenstellung α sein. Das bei der Mono-Jetronic eingesetzte (α/n)-System erfüllt mit Lambda-Regelung und Dreiwege-Katalysator auch strenge Abgasgrenzwerte. Eine Selbstadaption – wobei das Signal der Lambda-Sonde als Referenz dient – kompensiert Aggregattoleranzen und Motoränderungen und erreicht damit eine hohe Genauigkeit während der Lebensdauer des Systems.

Anpassungsfunktionen

Durch Verlängerung der Einspritzzeit wird bei Kaltstart, Nachstart und Warmlauf zusätzlich Kraftstoff eingespritzt. Um bei kaltem Motor die Leerlaufdrehzahl und Abgasemissionswerte konstant zu halten, steuert ein Drosselklappenansteller die Drosselklappe und führt dem Motor eine zusätzliche Luftmenge zu. Das Drosselklappenpotenziometer erfasst die geänderte Stellung der Drosselklappe und erhöht über das Steuergerät die Kraftstoffmenge. In gleicher Weise steuert das System bei Beschleunigung und Volllast die Anreicherungsrate. Die Schubabschaltung führt zu Kraftstoffeinsparung und geringer Schadstoffemission im Schiebebetrieb. Die adaptive Leerlaufregelung senkt und stabilisiert die Leerlaufdrehzahl. Dazu liefert das Steuergerät dem Stellmotor in Abhängigkeit von Motordrehzahl und -temperatur ein Signal zum Verstellen der Drosselklappe.

Mono-Jetronic-Einspritzaggregat.
1 Druckregler, 2 Lufttemperatursensor, 3 Einspritzventil, 4 Oberteil (Hydraulikteil), 5 Kraftstoffzulauf, 6 Kraftstoffrücklauf, 7 wärmeisolierende Zwischenplatte, 8 Drosselklappe, 9 Unterteil.

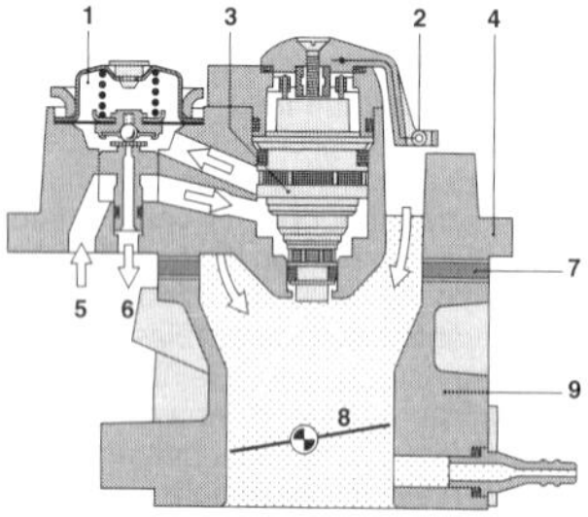

Multec-Einspritzaggregat (Opel).
1 Druckregler, 2 Einpritzventil, 3 Kraftstoffrücklauf, 4 Leerlauffüllungs-Schrittmotor, 5 zum Saugrohr, 6 Drosselklappe, 7 Kraftstoffzulauf.

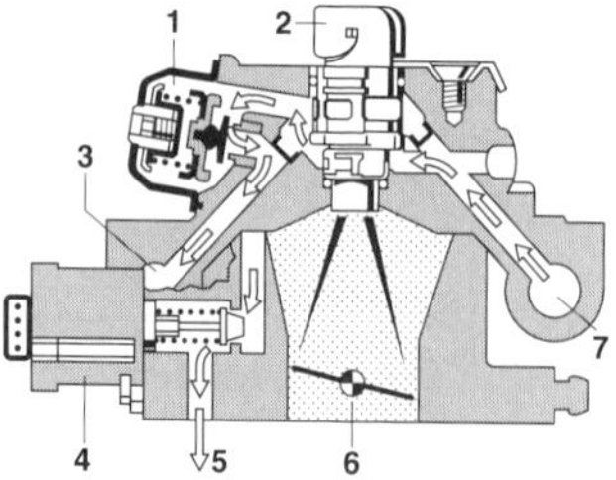

Einzeleinspritzsysteme

K-Jetronic

Arbeitsprinzip
- Kontinuierliche Einspritzung,
- direkte Luftmengenmessung.

Die K-Jetronic ist ein mechanisches, im Gegensatz zu der vom Verbrennungsmotor angetriebenen Einspritzpumpe, antriebsloses System, bei dem der Kraftstoff entsprechend der vom Motor angesaugten Luftmenge kontinuierlich zugemessen wird.

Wegen der direkten Luftmengenmessung berücksichtigt die K-Jetronic auch Veränderungen durch den Motor und gestattet die Verwendung von Einrichtungen zur Abgasreinigung, für die eine genaue Messung der Ansaugluftmenge Voraussetzung ist.

Wirkungsweise
Die angesaugte Luft strömt durch das Luftfilter, den Luftmengenmesser, an der Drosselklappe vorbei in das Sammelsaugrohr, von wo sie den einzelnen Zylindern zugeführt wird.

Der Kraftstoff wird von einer Elektrokraftstoffpumpe (Rollenzellenpumpe) aus dem Kraftstoffbehälter angesaugt und durch den Kraftstoffspeicher und das Kraftstofffilter zum Kraftstoffmengenteiler gefördert. Ein Systemdruckregler im Kraftstoffmengenteiler hält den Kraftstoffdruck konstant. Vom Kraftstoffmengenteiler fließt der Kraftstoff zu den Einspritzventilen. Die überschüssige Kraftstoffmenge, die nicht vom Motor benötigt wird, fließt zurück in den Kraftstoffbehälter.

Gemischregler
Der Gemischregler besteht aus dem Luftmengenmesser und dem Kraftstoffmengenteiler.

Schema einer K-Jetronic-Anlage.
1 Kraftstoffbehälter, 2 Elektrokraftstoffpumpe, 3 Kraftstoffspeicher, 4 Kraftstofffilter, 5 Warmlaufregler, 6 Einspritzventil, 7 Sammelsaugrohr, 8 elektrisches Startventil, 9 Kraftstoffmengenteiler, 10 Luftmengenmesser, 11 Taktventil, 12 Lambda-Sonde, 13 Thermozeitschalter, 14 Zündverteiler, 15 Zusatzluftschieber, 16 Drosselklappenschalter, 17 Steuergerät, 18 Zünd-Start-Schalter, 19 Batterie.

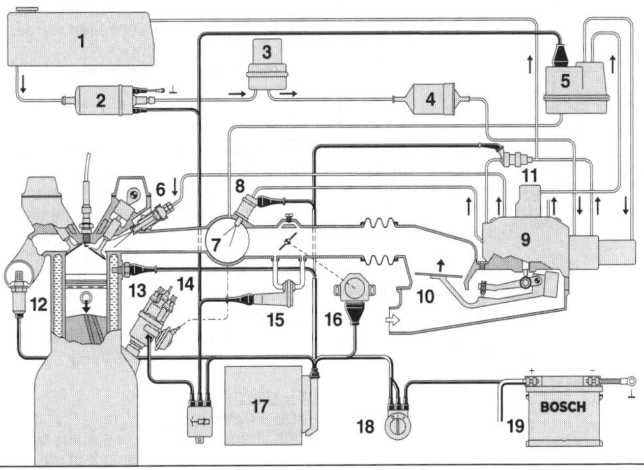

Luftmengenmesser

Der Luftmengenmesser besteht aus einem Lufttrichter und einer an einem Hebel befestigten Stauscheibe. Das Eigengewicht von Hebel und Stauscheibe wird durch ein Gegengewicht kompensiert. Die Stauscheibe wird durch die Kraft, die die strömende Luft auf sie ausübt, ausgelenkt und durch eine hydraulische Gegenkraft auf den Steuerkolben im Mengenteiler im Gleichgewicht gehalten. Die Stellung der Stauscheibe ist ein Maß für die angesaugte Luftmenge; sie wird durch einen Hebel auf den Steuerkolben des Kraftstoffmengenteilers übertragen.

Kraftstoffmengenteiler

Die Kraftstoffzumessung zu den einzelnen Zylindern erfolgt durch eine Querschnittsteuerung der Zumessschlitze im Kraftstoffmengenteiler. Der Schlitzträger hat so viele Zumessschlitze (rechteckige Öffnungen) wie Motorzylinder vorhanden sind. Je nach Stellung des Steuerkolbens wird ein bestimmter Querschnitt der Zumessschlitze freigegeben. Jedem dieser Zumessschlitze wird ein Differenzdruckventil nachgeschaltet, das den Druckabfall an den Schlitzen bei verschiedenen Durchflussmengen konstant hält.

Einspritzventil.
1 Sechskant, 2 Gummiformteil, 3 Feinsieb, 4 Ventilkörper, 5 Ventilnadel.

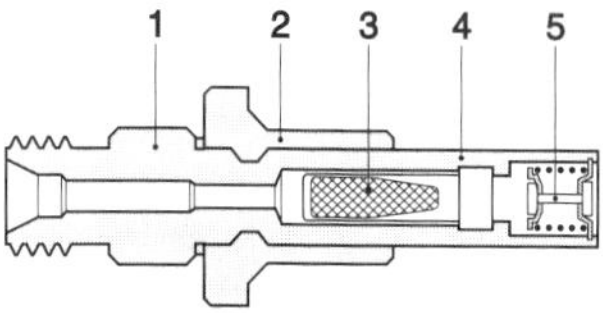

Kraftstoffmengenteiler im Gemischregler.
1 Membran, 2 zum Einspritzventil, 3 Steuerkolben, 4 Zumessschlitz, 5 Differenzdruckventil.

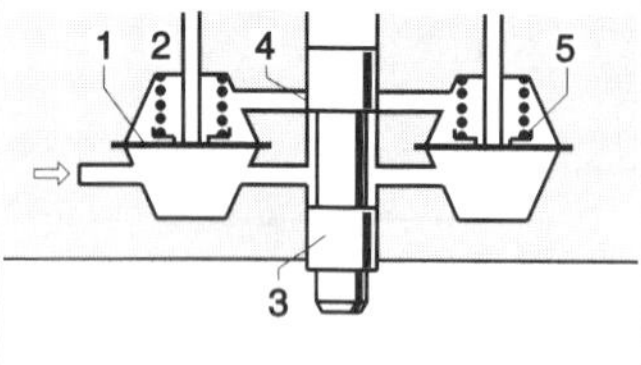

Einspritzventil

Das Einspritzventil öffnet selbsttätig bei etwa 3,8 bar Überdruck; es hat keine Zumessfunktion. Das Einspritzventil öffnet und schließt mit einer Frequenz von ca. 1500 Hz (Schnarren) und bewirkt damit eine gute Kraftstoffaufbereitung.

Zu seiner Befestigung dient ein Gummiformteil. Es wird eingesteckt, nicht eingeschraubt. Der Sechskant dient zum Gegenhalten beim Anschrauben der Kraftstoffzuleitung.

Warmlaufregler

Der Warmlaufregler reichert das Gemisch in der Warmlaufphase an, indem er, gesteuert von einem elektrisch beheizten Bimetall, den Gegendruck auf den Steuerkolben verringert. Das Absenken des Steuerdrucks führt bei gleicher Luftmenge zu einem größeren Hub der Stauscheibe (entsprechend vergrößertem Kraftstoffdurchflussquerschnitt) und damit zur Warmlaufanreicherung.

Bei Bedarf kann der Warmlaufregler um folgende Funktionen erweitert werden:
- Volllastanreicherung,
- Beschleunigungsanreicherung,
- Höhenkorrektur.

Zusatzluftschieber

Der durch eine Bimetallfeder oder ein Dehnstoffelement bewegte Zusatzluftschieber führt dem Motor während der Warmlaufphase (unter Umgehung der Drosselklappe, vom Luftmengenmesser gemessen) eine Mehrluftmenge zu. Diese Mehrluftmenge kompensiert die höheren Reibwerte des kalten Motors bei gleicher Leerlaufdrehzahl oder gestattet höhere Leerlaufdrehzahlen für schnellere Motor- und Abgaserwärmung.

Elektrisches Startventil, Thermozeitschalter

Der Thermozeitschalter steuert abhängig von Motortemperatur und Zeit das elektrische Startventil an, das während des Startvorgangs bei tiefen Temperaturen das Einspritzen einer zusätzlichen Kraftstoffmenge (Kaltstartanreicherung) in das Sammelsaugrohr ermöglicht.

Lambda-Regelung
Zur Einhaltung extrem niedriger Abgasgrenzwerte ist die Steuerung des Luft-Kraftstoff-Verhältnisses nicht genau genug.

Die zum Betrieb eines Dreiwege-Katalysators notwendige Lambda-Regelung bedingt bei der K-Jetronic den Einsatz eines elektronischen Steuergeräts, dessen wesentliche Eingangsgröße das Signal der Lambda-Sonde ist.

Ein elektromagnetisches Taktventil beeinflusst den Differenzdruck an den Steuerschlitzen und variiert so das Luft-Kraftstoff-Verhältnis. Dieses Prinzip lässt sich bei künftiger Verschärfung der Grenzwerte nicht mehr anwenden.

KE-Jetronic

Die KE-Jetronic stellt eine Weiterentwicklung der K-Jetronic dar. Zur Erhöhung der Flexibilität und zur Aufschaltung von weiteren Funktionen wird die K-Jetronic durch ein elektronisches Steuergerät ergänzt. Weitere Komponenten sind:
– der Geber für die vom Motor angesaugte Luftmenge,
– der Drucksteller, der in die Gemischzusammensetzung eingreift und
– der Druckregler, der den Systemdruck konstant hält und beim Abstellen des Motors eine bestimmte Schließfunktion ausübt.

Wirkungsweise
Eine Elektrokraftstoffpumpe erzeugt den Systemdruck. Der Kraftstoff durchströmt den Mengenteiler; ein Membrandruckregler sorgt für konstanten Systemdruck. Im Unterschied zur K-Jetronic, bei der Ge-

Schema einer KE-Jetronic-Anlage.
1 Kraftstoffbehälter, 2 Elektrokraftstoffpumpe, 3 Kraftstoffspeicher, 4 Kraftstofffilter, 5 Kraftstoffdruckregler, 6 Einspritzventil, 7 Sammelsaugrohr, 8 elektrisches Startventil, 9 Kraftstoffmengenteiler, 10 Luftmengenmesser, 11 elektrohydraulischer Drucksteller, 12 Lambda-Sonde, 13 Thermozeitschalter, 14 Motortemperatursensor, 15 Zündverteiler, 16 Zusatzluftschieber, 17 Drosselklappenschalter, 18 Steuergerät, 19 Zünd-Start-Schalter, 20 Batterie.

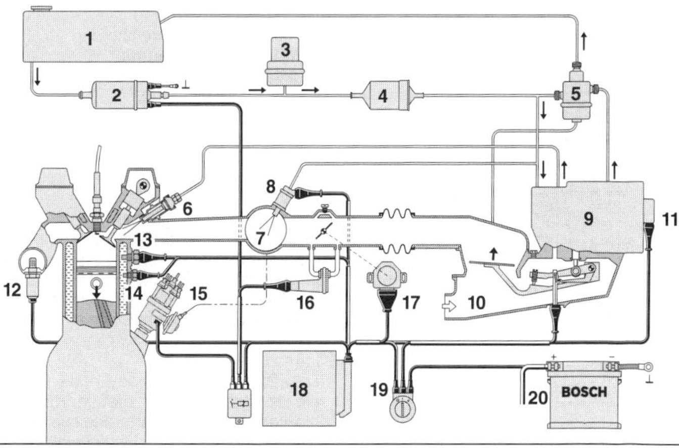

mischkorrekturen durch den Warmlaufregler über den Steuerkreis erfolgen, ist der Druck im System und auf den Steuerkolben gleich. Gemischkorrekturen erfolgen über gleichzeitige Differenzdruckänderung in allen Mengenteilerkammern.

Der Systemdruck wirkt vor den Zumessschlitzen im Kraftstoffmengenteiler und als Gegendruck über dem Steuerkolben. Der Steuerkolben wird wie bei der K-Jetronic durch einen Stauklappen-Luftmengenmesser bewegt. Eine Dämpfungsdrossel verhindert Schwingungen, die durch Stauklappenkräfte angeregt werden könnten. Vom Steuerkolbenanschluss strömt der Kraftstoff über den Drucksteller, die Unterkammern der Differenzdruckventile, eine Festdrossel und den Druckregler zurück zum Kraftstoffbehälter. Das Stellglied bildet zusammen mit der Festdrossel einen Druckteiler, dessen Druck elektromagnetisch verändert werden kann. Dieser Druck steht in den Unterkammern der Differenzdruckventile.

Je nach der Höhe des elektrischen Stroms im Steller fällt zwischen dessen Anschlüssen ein entsprechender Druck ab. Dies führt zu einer Variation des Differenzdrucks über den Zumessschlitzen und damit zu einer Variation der eingespritzten Kraftstoffmenge. Durch Stromumkehr kann eine völlige Absperrung der Kraftstoffzufuhr erreicht werden, was z.B. zur Schubabschaltung oder zur Drehzahlbegrenzung genutzt werden kann.

Elektrohydraulischer Drucksteller.
1 Düse, 2 Ventilplatte, 3 Spule, 4 Magnetpol, 5 Kraftstoffzulauf, 6 Einstellschraube.

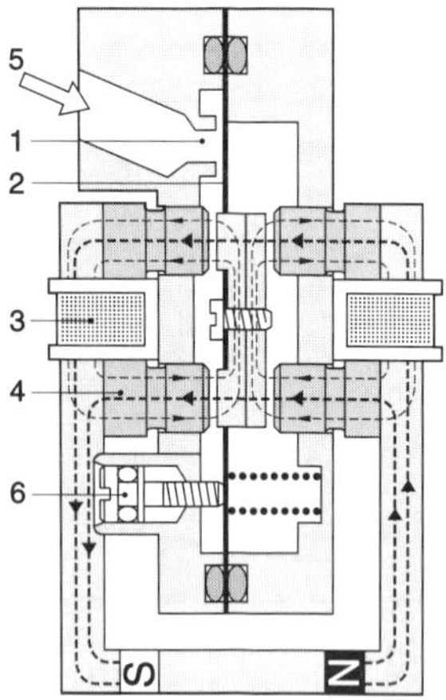

Elektrohydraulischer Drucksteller

Das elektrohydraulische Stellglied ist an den Kraftstoffmengenteiler angeflanscht. Es stellt einen Druckregler dar, der nach Art eines Düse-Prallplatte-Systems arbeitet und durch einen elektrischen Strom gesteuert wird. Von diesem Strom hängt der Gemischanreicherungsfaktor linear ab.

Elektronisches Steuergerät

Im elektronischen Steuergerät werden die Signale von Zündung (Motordrehzahl), Temperatursensor (Motortemperatur), Potenziometer (angesaugte Luftmenge), Drosselklappenschalter (Leerlauf und Schiebebetrieb, Volllast), Starterschalter, Lambda-Sonde, Drucksensor und anderen Sensoren aufbereitet und ausgewertet. Die damit gesteuerten wichtigsten Funktionen sind:
- Start-/Nachstartanreicherung,
- Warmlaufanreicherung,
- Beschleunigungsanreicherung,
- Volllastanreicherung,
- Schubabschaltung,
- Drehzahlbegrenzung,
- Leerlaufdrehzahlregelung,
- Höhenkorrektur,
- Lambda-Regelung.

Mit einem Codierschalter kann zwischen Betrieb mit Lambda-Regelung (mit Katalysator) und Betrieb ohne Lambda-Regelung umgeschaltet werden. Damit ist der Betrieb sowohl mit verbleitem als auch mit unverbleitem Kraftstoff möglich.

Lambda-Regelung

Das Signal der Lambda-Sonde wird im elektronischen Steuergerät der KE-Jetronic verarbeitet. Der erforderliche Regeleingriff erfolgt über den Drucksteller.

L-Jetronic

Arbeitsprinzip
- Luftmengenmessung,
- Hauptsteuergrößen: Luftmenge und Drehzahl,
- intermittierende Einspritzung.

Die L-Jetronic vereinigt in sich die Vorteile der direkten Luftmengenmessung mit den besonderen Möglichkeiten der Elektronik. Wie bei der K-Jetronic werden alle motorischen Veränderungen (Verschleiß, Ablagerungen im Brennraum, Änderung der Ventileinstellung) erfasst. Dadurch ist eine gleichbleibend gute Abgasqualität gewährleistet.

Wirkungsweise
Kraftstoff wird durch elektromagnetisch betätigte Einspritzventile des Motors eingespritzt. Jedem Zylinder ist ein Magnetventil zugeordnet, das je Kurbelwellenumdrehung einmal betätigt wird. Zur Verringerung des Schaltungsaufwands sind alle Ventile elektrisch parallel geschaltet. Der Differenzdruck zwischen Kraftstoffdruck und Saugrohrdruck wird auf 2,5 oder 3 bar konstant gehalten, so dass die eingespritzte Kraftstoffmenge nur von der Öffnungsdauer der Ventile abhängt. Vom elektronischen Steuergerät werden hierfür Steuerimpulse geliefert, deren Dauer von der angesaugten Luftmenge, von der Motordrehzahl und von weiteren Einflussgrößen abhängt. Diese werden von Sensoren erfasst und im Steuergerät verarbeitet.

Kraftstoffversorgung
Eine elektrisch angetriebene Kraftstoffpumpe fördert den Kraftstoff und erzeugt den Einspritzdruck. Der Kraftstoff wird aus dem Kraftstoffbehälter angesaugt und durch Papierfilter in eine Druckleitung gepresst, an deren Ende sich ein Druckregler (federbelastete Membran) befindet. Der Druckregler hält den Differenzdruck über den Zumessspalt unabhängig von der eingespritzten Kraftstoffmenge konstant.

Schema einer L-Jetronic-Anlage.
1 Kraftstoffbehälter, 2 Elektrokraftstoffpumpe, 3 Kraftstofffilter, 4 Steuergerät, 5 Einspritzventil, 6 Kraftstoffdruckregler, 7 Sammelsaugrohr, 8 elektrisches Startventil, 9 Drosselklappenschalter, 10 Luftmengenmesser, 11 Lambda-Sonde, 12 Thermozeitschalter, 13 Motortemperatursensor, 14 Zündverteiler, 15 Zusatzluftschieber, 16 Batterie, 17 Zünd-Start-Schalter.

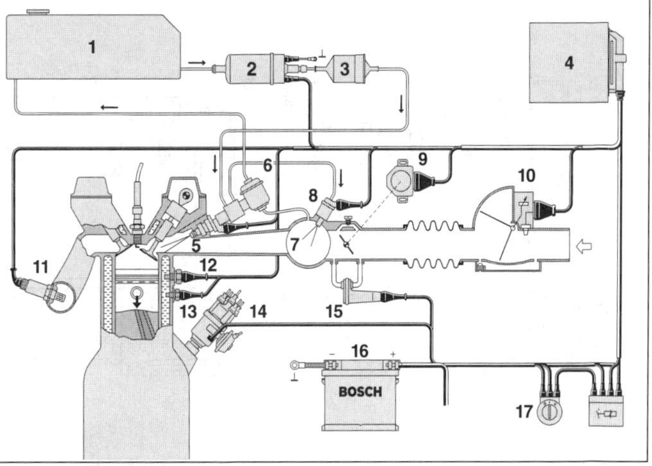

Standardsystem:
Der Kraftstoff fließt über die Druckleitung zu einem am Motor befindlichen Kraftstoffverteiler mit den Einspritzventilen. Der Druckregler ist am Kraftstoffverteiler angebracht. Die vom Verbrennungsmotor nicht benötigte Kraftstoffmenge strömt durch den Kraftstoffverteiler über eine am Druckregler montierte Rücklaufleitung zurück in den Kraftstoffbehälter. Der zurückgeförderte Kraftstoff hat sich auf dem Weg vom Motor zum Kraftstoffbehälter erwärmt. Es kommt zu einem Anstieg der Kraftstofftemperatur im Kraftstoffbehälter.

Abhängig von der Höhe der Kraftstofftemperatur im Kraftstoffbehälter entstehen Kraftstoffdämpfe. Diese werden umweltschonend über ein Tankentlüftungssystem in einem Aktivkohlefilter zwischengespeichert und dem Verbrennungsmotor über das Saugrohr der angesaugten Luft zugeführt.

Rücklauffreies System:
Ein rücklauffreies Kraftstoffversorgungssystem reduziert die Erwärmung des Kraftstoffs im Kraftstoffbehälter. Damit lassen sich die gesetzlichen Auflagen bezüglich der Kraftstoffverdunstung an einem Fahrzeug leichter erfüllen. Der Druckregler befindet sich im Kraftstoffbehälter oder in seiner unmittelbaren Nähe. Dadurch entfällt die Rücklaufleitung vom Motor zum Kraftstoffbehälter. Nur die von den Einspritzventilen abgespritzte Kraftstoffmenge wird dem nicht durchströmten Kraftstoffverteiler zugeführt. Die von der Elektrokraftstoffpumpe geförderte Mehrmenge wird sofort in den Kraftstoffbehälter geleitet, ohne den Umweg über den Motorraum nehmen zu müssen. Bei sonst gleichen Randbedingungen lässt sich die Temperatur des Kraftstoffs im Kraftstoffbehälter fahrzeugspezifisch bis zu ca. 10 K reduzieren und dadurch die verdampfende Kraftstoffmenge auf rund ein Drittel verringern.

Kraftstoffversorgung.
a) Standardsystem, b) rücklauffreies System.
1 Kraftstoffbehälter, 2 Elektrokraftstoffpumpe, 3 Kraftstofffilter, 4 Druckleitung, 5 Druckregler, 6 Einspritzventile, 7 Kraftstoffverteiler (durchströmt), 8 Rücklaufleitung, 9 Kraftstoffverteiler (nicht durchströmt).

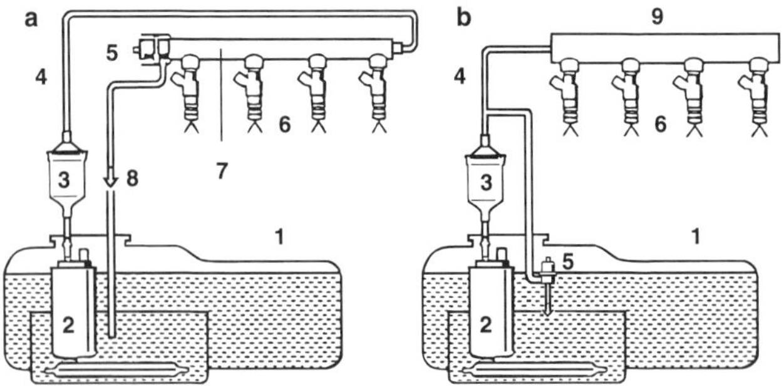

Luftmengenmesser.
1 Gemischeinstellschraube für Leerlaufbereich, 2 Stauklappe, 3 Anschlag, 4 Kompensationsklappe, 5 Dämpfungskammer, 6 Lufttemperatursensor.

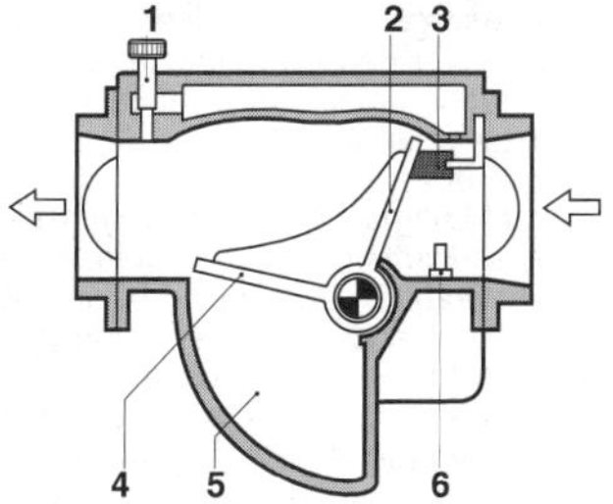

Einspritzventil.
1 Spritzzapfen, 2 Ventilnadel, 3 Magnetanker, 4 Schließfeder, 5 Magnetwicklung, 6 elektrischer Anschluss, 7 Kraftstoffsieb.

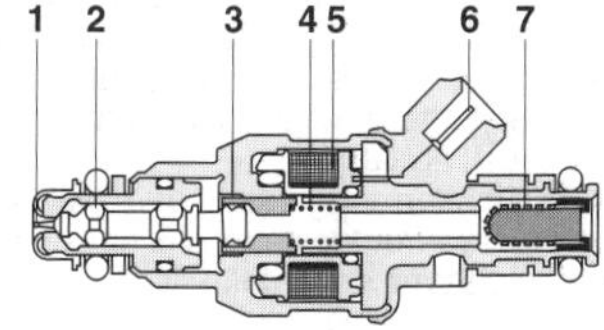

Luftmengenmesser
Der Ansaugluftstrom lenkt eine Stauklappe gegen die konstante Rückstellkraft einer Feder in eine definierte Winkelstellung aus, die durch ein Potenziometer in ein Verhältnis elektrischer Spannungen umgewandelt wird. Dieses Spannungsverhältnis bestimmt die Standzeit eines Zeitgliedes im Steuergerät. Der Temperatursensor im Luftmengenmesser erfasst die Luftdichteänderung infolge Temperaturänderung.

Einspritzventile
Einspritzventile dienen zur Dosierung und Zerstäubung des Kraftstoffs. Bei elektrischer Erregung der Magnetwicklung wird die Düsennadel nur ungefähr 0,05 mm von ihrem Sitz abgehoben.

Drosselklappenschalter
Er gibt bei geschlossener (Leerlauf) oder ganz geöffneter Drosselklappe (Volllast) ein Schaltsignal an das elektronische Steuergerät ab.

Motortemperatursensor
Der Motortemperatursensor ist als temperaturabhängiger Widerstand ausgeführt und steuert die Warmlaufanreicherung.

Zusatzluftschieber, elektrisches Startventil, Thermozeitschalter
Funktion und Ausführung sind ähnlich wie bei der K-Jetronic.

Elektronisches Steuergerät
Dieses wandelt die am Motor aufgenommenen Einflussgrößen in elektrische Impulse um, deren Einsatzpunkt mit dem Zündzeitpunkt übereinstimmt und deren Dauer in erster Linie von der angesaugten Luftmenge und der Drehzahl abhängt. Da alle Einspritzventile gleichzeitig betätigt werden, ist nur eine Leistungsendstufe erforderlich. Die Temperatursensoren bewirken eine mit fallender Motor- bzw. Lufttemperatur ansteigende Einspritzzeit. Schaltsignale vom Drosselklappenschalter ermöglichen eine Gemischänderung bei Leerlauf bzw. Volllast.

Lambda-Regelung
Das Signal der Lambda-Sonde wird im Steuergerät mit einem Sollwert verglichen; damit wird ein Zweipunktregler angesteuert. Der Regeleingriff erfolgt wie bei allen Korrekturfunktionen über die Öffnungsdauer der Einspritzventile.

L 3-Jetronic
Die L3-Jetronic besitzt gegenüber der L-Jetronic mit Analogtechnik einen erweiterten Funktionsumfang. Das digital arbeitende Steuergerät passt das Luft-Kraftstoff-Verhältnis – im Gegensatz zur L-Jetronic – über ein Last-Drehzahl-Kennfeld an. Das Steuergerät ist im Motorraum raumsparend direkt am Luftmengenmesser angebaut und bildet mit diesem eine Mess- und Steuereinheit.

LH-Jetronic

Die LH-Jetronic ist mit der L-Jetronic sehr eng verwandt. Der Unterschied liegt in der Erfassung der vom Motor angesaugten Luftmenge, die hier durch den Hitzdraht-Luftmassenmesser erfolgt. Er misst die vom Motor angesaugte Luftmasse. Das Messergebnis ist damit unabhängig von der Luftdichte, die von Temperatur und Druck abhängt.

Die übrigen Aggregate und die Wirkungsweise der LH-Jetronic sind weitgehend gleich mit der L-Jetronic.

Betriebsdatenverarbeitung im Steuergerät
Die LH-Jetronic hat ein digitales Steuergerät und passt das Luft-Kraftstoff-Verhältnis – im Unterschied zur L-Jetronic – über ein Last-Drehzahl-Kennfeld an. Geringer Kraftstoffverbrauch und geringe Abgasemission stehen dabei im Vordergrund. Das Steuergerät verarbeitet die Eingabesignale der Sensoren und berechnet hieraus die Einspritzzeit als Maß für die einzuspritzende Kraftstoffmenge. Das Steuergerät hat einen Mikrocomputer, einen Programm- und Datenspeicher sowie einen Analog-Digital-Wandler. Der Mikrocomputer hat eine geeignete Spannungsversorgung und einen stabilen Grundtakt, in dessen Zeitraster die Rechenvorgänge ablaufen. Den Takt liefert ein Quarz-Oszillator.

Hitzdraht-Luftmassen-Durchflussmesser
Der Ansaugluftstrom wird an einem beheizten Draht (Hitzdraht) vorbeigeleitet. Dieser Draht ist ein Teil einer elektrischen Brückenschaltung und wird durch den ihn durchfließenden Strom auf konstanter Übertemperatur zur Ansauglufttemperatur gehalten. Durch dieses Prinzip ist der benötigte Heizstrom ein Maß für die vom Motor angesaugte Luftmasse. Der Heizstrom wird in einem Widerstand in ein Spannungssignal umgewandelt, das vom Steuergerät als Haupteingangsgröße neben der Drehzahl verarbeitet wird. Ein im Hitzdraht-Luftmassen-Durchflussmes-

Schema einer LH-Jetronic-Anlage.
1 Kraftstoffbehälter, 2 Elektrokraftstoffpumpe, 3 Kraftstofffilter, 4 Steuergerät, 5 Einspritzventil, 6 Kraftstoffverteiler, 7 Kraftstoffdruckregler, 8 Sammelsaugrohr, 9 Drosselklappenschalter, 10 Hitzdraht-Luftmassen-Durchflussmesser, 11 Lambda-Sonde, 12 Motortemperatursensor, 13 Zündverteiler, 14 Leerlaufdrehsteller, 15 Batterie, 16 Zünd-Start-Schalter.

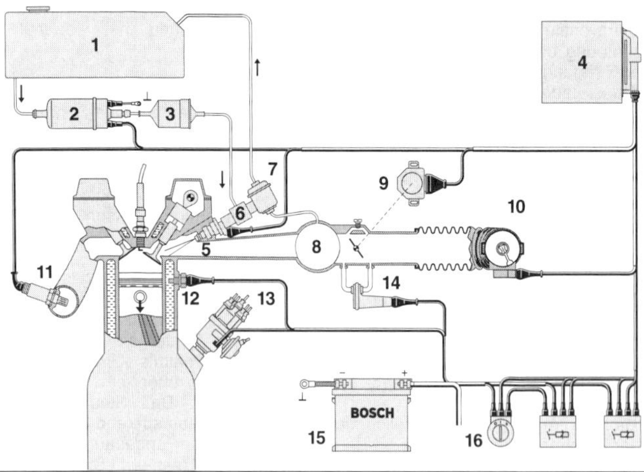

ser eingebauter Temperatursensor sorgt dafür, dass das Ausgangssignal nicht von der Ansauglufttemperatur abhängt. Mit einem Potenziometer lässt sich das Luft-Kraftstoff-Verhältnis im Leerlauf einstellen. Da ein Verschmutzen der Hitzdraht-Oberfläche das Ausgangssignal verändern kann, wird der Hitzdraht nach jedem Abstellen des Motors eine Sekunde lang elektrisch auf erhöhte Temperatur gebracht und dabei von möglichen Verschmutzungen gereinigt. Der Hitzdraht-Luftmassen-Durchflussmesser hat keine beweglichen Teile und verursacht nur geringen Strömungswiderstand im Ansaugkanal.

Heißfilm-Luftmassen-Durchflussmesser

Der Heißfilm-Luftmassen-Durchflussmesser arbeitet nach demselben Prinzip wie der Hitzdraht-Luftmassen-Durchflussmesser. Zur Vereinfachung des Aufbaus sind jedoch wesentliche Teile der elektrischen Brückenschaltung auf einem Keramik-Substrat als dünne Filmwiderstände zusammengefasst. Außerdem muss dieser Luftmassen-Durchflussmesser nicht freigebrannt werden. Das Verschmutzungsproblem wird so gelöst, dass die für den Wärmeübergang entscheidenden Zonen auf dem Sensorelement stromabwärts angeordnet sind. Dadurch werden sie von dem unvermeidlichen Schmutzaufbau an der Sensorelement-Vorderkante nicht beeinflusst.

Kármán-Vortex-Durchflussmesser

Ein weiterer Sensor zur Ansaugluftstrom-Messung ist der den Volumenstrom messende Luftmesser nach dem Kármán-Vortex-Prinzip. Dabei werden durch den Ansaugluftstrom an Körpern Luftwirbel erzeugt, deren Frequenz ein Maß für den Volumenstrom ist. Diese Frequenz wird gemessen, indem Ultraschallwellen quer zum Ansaugluftstrom ausgesandt werden. Die Fortpflanzungsgeschwindigkeit dieser Wellen wird von den Luftwirbeln beeinflusst, was mit einem Ultraschall-Empfänger gemessen und im elektronischen Steuergerät entsprechend ausgewertet wird.

Heißfilm-Luftmassen-Durchflussmesser.
a Gehäuse, b Heißfilmsensor (in Gehäusemitte eingebaut).
1 Kühlkörper, 2 Zwischenplatte,
3 Leistungsbaustein, 4 Hybrid,
5 Sensorelement (Metallfilm).

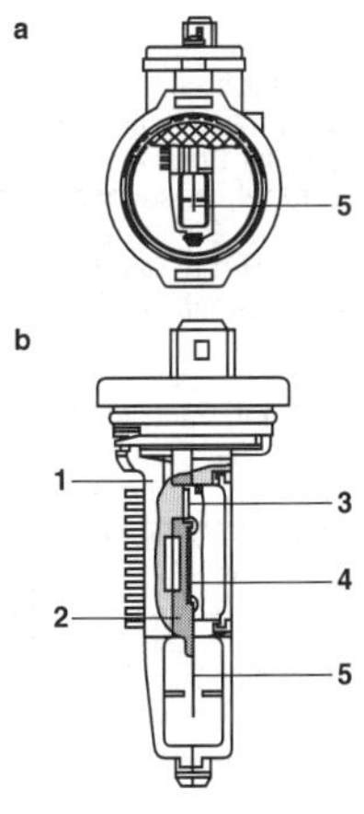

Kármán-Vortex-Durchflussmesser.
1 Oszillator, 2 Wirbelkörper, 3 Sender,
4 Ultraschallwellen, 5 Wirbel, 6 Empfänger,
7 Verstärker, 8 Filter, 9 Impulsformer.

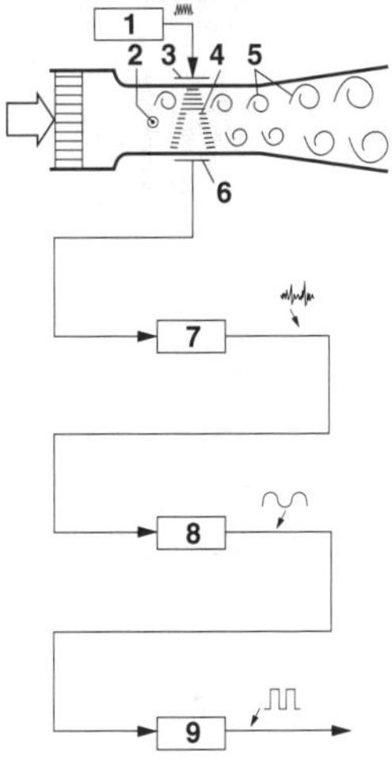

Elektromagnetische Einspritzventile

Aufbau und Funktion
Einspritzventile bestehen im Wesentlichen aus einem Ventilgehäuse mit Stromspule und elektrischem Anschluss, einem Ventilsitz mit Spritzlochscheibe und einer beweglichen Ventilnadel mit Magnetanker.

Ein Filtersieb im Kraftstoffzulauf schützt das Einspritzventil vor Verschmutzung. Zwei O-Ringe dichten das Einspritzventil gegen das Kraftstoffverteilerstück und das Saugrohr ab. Bei stromloser Spule drücken die Feder und die aus dem Kraftstoffdruck resultierende Kraft die Ventilnadel auf den Ventilsitz und dichten das Kraftstoffversorgungssystem gegen das Saugrohr ab (Bild).

Wird das Einspritzventil bestromt, erzeugt die Spule ein Magnetfeld. Durch das Magnetfeld wird der Anker angezogen, die Ventilnadel hebt sich vom Ventilsitz ab, und der Kraftstoff fließt durch das Einspritzventil.

Einspritzventil EV6 *(Beispiel).*
1 O-Ringe, 2 Filtersieb, 3 Ventilgehäuse mit elektrischem Anschluss, 4 Stromspule, 5 Feder, 6 Ventilnadel mit Magnetanker, 7 Ventilsitz mit Spritzlochscheibe.

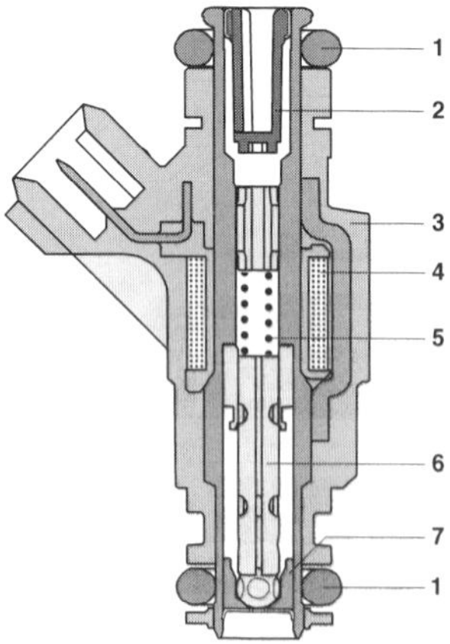

Die abgespritzte Kraftstoffmenge pro Zeiteinheit ist im Wesentlichen vom Systemdruck und dem freien Querschnitt der Spritzlöcher in der Spritzlochscheibe bestimmt. Wird der Erregerstrom abgeschaltet, schließt die Ventilnadel wieder.

Strahlaufbereitung
Die Strahlaufbereitung der Einspritzventile, d.h. Strahlform, Strahlwinkel und Tröpfchengröße, beeinflusst die Bildung des Luft-Kraftstoff-Gemischs. Individuelle Geometrien von Saugrohr und Zylinderkopf machen unterschiedliche Ausführungen der Strahlaufbereitung erforderlich. Um diese Anforderungen erfüllen zu können, stehen verschiedene Varianten der Strahlaufbereitung zur Verfügung.

Kegelstrahl:
Durch die Öffnungen der Spritzlochscheibe treten einzelne Kraftstoffstrahlen aus. Die Summe der Kraftstoffstrahlen bildet einen Strahlkegel. Kegelstrahlen können auch durch einen an der Nadelspitze aus dem Einspritzventil herausragenden Spritzzapfen erzielt werden. Typisches Einsatzgebiet der Kegelstrahlventile sind Motoren mit einem Einlassventil pro Zylinder. Der Kegelstrahl zielt in die Öffnung zwischen Einlassventilteller und Saugrohrwand.

Zweistrahl:
Die Zweistrahlaufbereitung wird bei Motoren mit zwei Einlassventilen eingesetzt. Die Öffnungen der Spritzlochscheibe sind derart angeordnet, dass zwei Kraftstoffstrahlen aus dem Einspritzventil austreten. Jeder dieser beiden Strahlen versorgt ein Einlassventil.

Luftumfassung:
Beim luftumfassten Ventil wird das Druckgefälle zwischen Saugrohrdruck und Umgebungsdruck zur Verbesserung der Gemischaufbereitung genutzt. Luft wird über einen Luftumfassungsvorsatz in den Austrittsbereich der Spritzlochscheibe geführt. In einem engen Luftspalt erhält die Luft eine sehr hohe Geschwindigkeit und der Kraftstoff wird bei der Vermischung mit der Luft fein zerstäubt.

Zündung

Aufgabe der Zündung ist es, das verdichtete Luft-Kraftstoff-Gemisch im richtigen Zeitpunkt zu entflammen und so seine Verbrennung einzuleiten. Im Ottomotor geschieht das durch einen elektrischen Funken, d. h. durch eine kurzzeitige Lichtbogenentladung zwischen den Elektroden der Zündkerze. Eine unter allen Umständen sicher arbeitende Zündung ist Voraussetzung für den einwandfreien Betrieb des Katalysators.

Zündaussetzer führen zur Schädigung oder Zerstörung des Katalysators wegen Überhitzung bei der Nachverbrennung des unverbrannten Gemischs.

Gemischentflammung

Zum Entflammen eines Luft-Kraftstoff-Gemischs durch elektrische Funken ist pro Einzelzündung eine Energie von etwa 0,2 mJ erforderlich, sofern das Gemisch stöchiometrisch zusammengesetzt ist. Fette und magere Gemische brauchen über 3 mJ. Diese Energie ist nur ein Bruchteil der im Zündfunken steckenden Gesamtenergie, der Zündenergie. Steht zu wenig Zündenergie zur Verfügung, so kommt die Zündung nicht zustande; das Gemisch kann nicht entflammen, und es gibt Verbrennungsaussetzer.

Aus diesem Grund muss soviel Zündenergie bereitgestellt werden, dass selbst unter widrigen äußeren Bedingungen das Luft-Kraftstoff-Gemisch mit Sicherheit entflammt. Dabei genügt es, wenn eine kleine entzündbare Gemischwolke am Funken vorbeistreicht.

Die Gemischwolke entflammt, entzündet das übrige Gemisch im Zylinder und leitet so die Kraftstoffverbrennung ein. Gute Aufbereitung und leichter Zutritt des Gemischs zum Zündfunken verbessert die Zündeigenschaft ebenso wie lange Funkendauer und große Funkenlänge bzw. großer Elektrodenabstand.

Funkenlage und Funkenlänge sind durch die Abmessungen der Zündkerze gegeben, die Funkendauer durch Art und Auslegung der Zündanlage sowie durch die augenblicklichen Zündverhältnisse.

Zeitlicher Verlauf der Spannung an der Zündkerze bei ruhendem oder nur wenig bewegtem Gemisch.
1 Zündspannung, 2 Brennspannung, t Funkendauer.

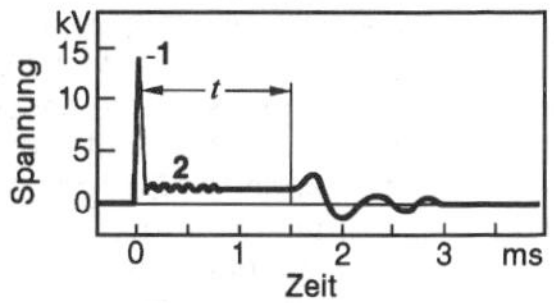

Entstehen des Zündfunken

Ein Funken kann nur dann von einer Elektrode auf die andere überschlagen, wenn ausreichend Hochspannung wirksam ist. Zum Zündzeitpunkt steigt die Spannung an den Elektroden der Zündkerze von Null sprunghaft an, bis die Überschlagspannung (Zündspannung) erreicht ist. Sobald der Funke gezündet hat, sinkt die Spannung an der Zündkerze auf die Brennspannung ab. Während der Brenndauer des Zündfunkens (Funkendauer) hat das Luft-Kraftstoff-Gemisch Gelegenheit zu entflammen. Nach dem Funkenabriss schwingt die Spannung gedämpft aus.

Die an sich gewünschte starke Gemischturbulenz kann zum Ausblasen des Funkens und damit zu unvollständiger Verbrennung führen. Die in der Zündspule gespeicherte Energie sollte deshalb für einen oder (je nach Bedarf) mehrere Folgefunken ausreichen.

Hochspannungserzeugung und Energiespeicherung

Die zur Funkenzündung erforderliche Hochspannung wird bei Batteriezündanlagen meist mit Hilfe einer Zündspule hochtransformiert. Die Zündspule ist als Spartransformator geschaltet. Sie hat aber bei der Spulenzündung die weitere wichtige Funktion, Zündenergie zu speichern. Die Zündspule nimmt primärseitig während der Schließzeit der Zündkontakte elektrische Energie aus dem Bordnetz auf, speichert sie im Magnetfeld und gibt sie im Zündzeitpunkt sekundärseitig als Hochspannungszündimpuls an eine der Zündkerzen des Motors weiter. Die Zündspule ist so ausgelegt, dass die verfügbare Hochspannung ausreichend weit über dem größtmöglichen Zündspannungsbedarf der Zündkerze liegt; das Hochspannungsangebot beträgt 25...30 kV bei einer in der Spule gespeicherten Energie von 60...120 mJ.

Die Funktionsreserve an Hochspannung und Zündenergie ist so bemessen, dass damit alle elektrischen Verluste abgedeckt werden können. Bei der Vernachlässigung der Wartungsarbeiten werden die Hochspannungsreserven abgebaut. Zündstörungen in Form von Zündaussetzern und Verbrennungsaussetzern sind die Folge. Die Motorleistung geht zurück und der Kraftstoffverbrauch steigt. Außerdem kann ein eventuell vorhandener Katalysator beschädigt oder zerstört werden. In krassen Fällen bleibt der Motor stehen oder springt – besonders bei Kaltstart – nicht an.

Für Hochleistungs- und Rennmotoren gibt es auch Zündsysteme mit kapazitivem Energiespeicher. Bei ihnen wird Zündenergie im elektrischen Feld eines Kondensators gespeichert und mit einem besonderen Transformator als hochgespannter Zündimpuls auf die Zündkerze übertragen.

Zündzeitpunkt und seine Verstellung

Vom Augenblick der Gemischentflammung bis zur vollständigen Gemischverbrennung vergehen etwa zwei Millisekunden. Der Zündfunke muss deshalb so frühzeitig überspringen, dass der Verbrennungsdruck in jedem Betriebszustand des Motors optimal ist. Der Zündzeitpunkt soll so gewählt sein, dass folgende Forderungen erfüllt werden können:

- maximale Motorleistung,
- sparsamer Kraftstoffverbrauch,
- Vermeiden des Motorklopfens,
- sauberes Abgas.

Diese Forderungen sind aber nicht gleichzeitig erfüllbar; es müssen von Fall zu Fall Kompromisse geschlossen werden. Der jeweils günstigste Zündzeitpunkt hängt von vielen Faktoren ab, insbesondere von der Motordrehzahl, von der Motorbelastung, von der Motorbauweise, vom Kraftstoff und von besonderen Betriebsbedingungen, z.B. Starten, Leerlauf oder Schiebebetrieb. Für die Anpassung des

Beispiel einer Gesamtzündverstellung aus drehzahlabhängiger Verstellung und saugrohrdruckabhängiger Verstellung.
1 Straßenteillast, 2 Volllast.

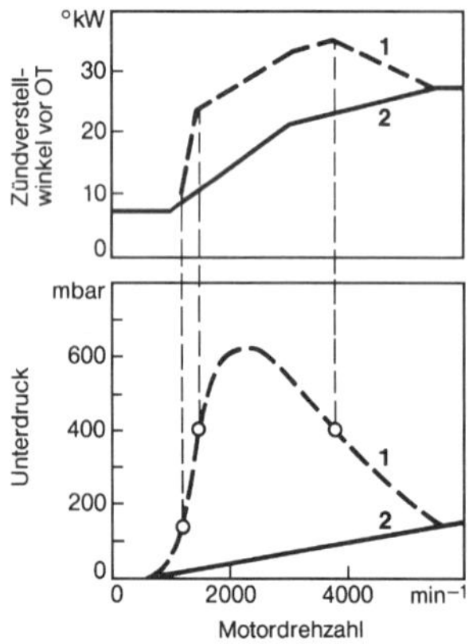

Zündzeitpunktes an den augenblicklichen Betriebszustand des Motors sorgen im einfachsten Fall drehzahlabhängige und saugrohrdruckabhängige Zündverstelleinrichtungen.

In modernen Motorsteuerungen mit erweiterter Funktion können zusätzliche Verstellungen z.B. zur schnellen Drehmomentanpassung oder zum raschen Erwärmen des Katalysators genutzt werden.

Alle Verstellarten können einzeln oder auch zusammen wirksam sein. Wie weit durch sie der Zündzeitpunkt vorverlegt oder zurückgenommen wird, bestimmen die „Zündverstelllinien", die von Motortyp zu Motortyp verschieden sind.

Bei Volllast ist das Gaspedal stark durchgetreten und die Drosselklappe weit geöffnet. Mit steigender Drehzahl setzt die Zündung immer etwas früher ein, damit der Verbrennungsdruck in Bezug auf die Motorleistung optimal bleibt. Bei Teillast ist die Drosselklappe nur wenig geöffnet; das Luft-Kraftstoff-Gemisch ist abgemagert und daher weniger zündfähig. Die Entflammung benötigt längere Zeit und der Zündzeitpunkt muss deshalb noch weiter in Richtung „Frühzündung" gelegt werden. Der Unterdruck als Maß für die notwen-

Druckverlauf im Brennraum bei verschiedenen Zündzeitpunkten.
1 Zündung (Z_a) im richtigen Zeitpunkt,
2 Zündung (Z_b) zu früh,
3 Zündung (Z_c) zu spät.

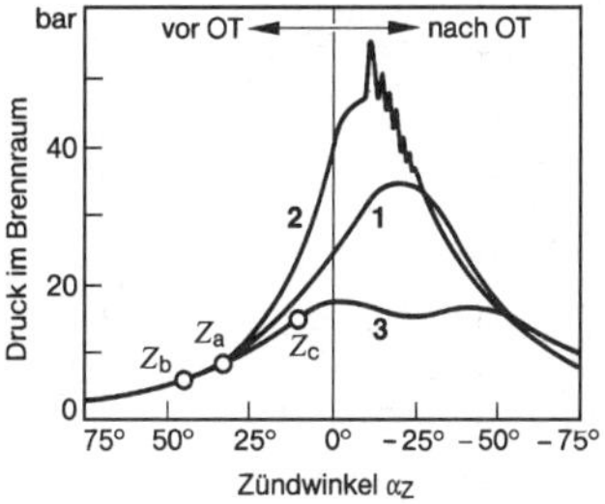

dige Frühverstellung wird in Strömungsrichtung hinter der Drosselklappe abgenommen. Sitzt die Unterdruckbohrung in Drosselklappennähe (S. 529), nimmt er zunächst mit zunehmender Öffnung der Drosselklappe zu und fällt bei Annäherung an die Volllaststellung wieder ab. Da für die Fahrlinie (Straßenteillast) mit zunehmender Drehzahl die Drosselklappe immer weiter geöffnet sein muss, ergibt sich der im Diagramm dargestellte Verlauf des Unterdrucks über der Drehzahl bei Straßenteillast.

Ein weiteres Diagramm zeigt den Druckverlauf im Brennraum eines Viertaktmotors bei richtig und bei falsch gewähltem Zündzeitpunkt. Selbst bei anfänglich richtiger Zündeinstellung kommt es vor, dass der Zündzeitpunkt durch mangelhafte Wartung mehr oder weniger stark wegwandert. Dies hat zur Folge, dass bei Verstellung in Richtung „spät" die Motorleistung allmählich zurückgeht und der Kraftstoffverbrauch ansteigt. Bei Verstellung in Richtung „früh" können in Extremfällen schwere Schäden an Zündkerzen oder am Motor auftreten, wenn der Motor bei zu früher Zündung klopft. Außerdem werden die Abgase „giftiger".

Zündung und Abgas

Die Zündung hat einen wesentlichen Einfluss auf das Abgas, denn sie kann die verschiedenen Abgaskomponenten direkt beeinflussen. Die daraus ableitbaren optimierten Zündwinkel können allerdings nur zum Teil verwirklicht werden, da sich die Optimierungskriterien Abgas, Verbrauch, Fahrbarkeit usw. nicht immer decken.

Der Zündzeitpunkt beeinflusst Kraftstoffverbrauch und Abgasemission in gegenläufiger Weise: Eine frühere Zündung erhöht die Leistung und verringert den Kraftstoffverbrauch, erhöht aber auch die HC-Emission und ganz besonders die Stickoxidemission. Frühe Zündung kann zu klopfendem Motorbetrieb mit der Gefahr von Motorschäden führen. Bei später Zündung steigen die Abgastemperaturen an, was ebenfalls zu Motorschäden füh-

Übersicht über verschiedene Zündsysteme.

Aufgabe	Zündsystem			
	SZ	TZ	EZ[1])	VZ
Bezeichnung	Spulen-Zündanlage	Transistor-Zündanlage	Motorsteuerungen	
			Elektronische Zündanlage	Vollelektronische Zündanlage
Erzeugung der Hochspannung	induktiv			
Zündauslösung	mechanisch	elektronisch		
Zündwinkelbestimmung aus Drehzahl und Lastzustand des Motors	mechanisch		elektronisch	
Verteilung und Übertragung des Zündfunkens in den richtigen Zylinder	mechanisch			elektronisch

[1]) Mit der EZ sind keine beliebigen Zündwinkelverstellungen möglich. Deshalb dominiert die VZ bei integrierten Motorsteuerungen

Einfluss von Luftzahl λ und Zündzeitpunkt α_z auf Schadstoff-Emission.

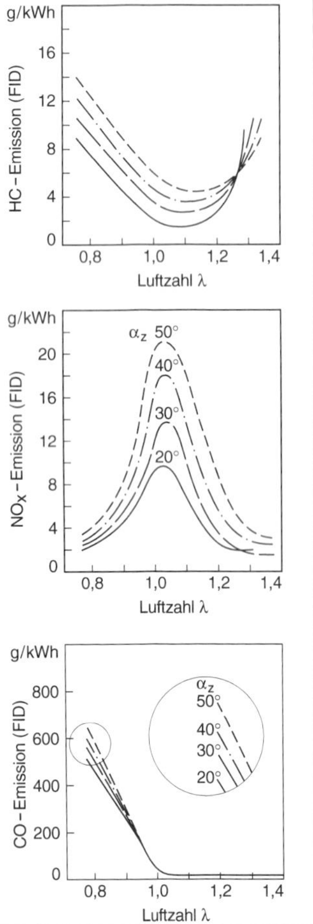

Einfluss von Luftzahl λ und Zündzeitpunkt α_z auf Kraftstoffverbrauch und Drehmoment.

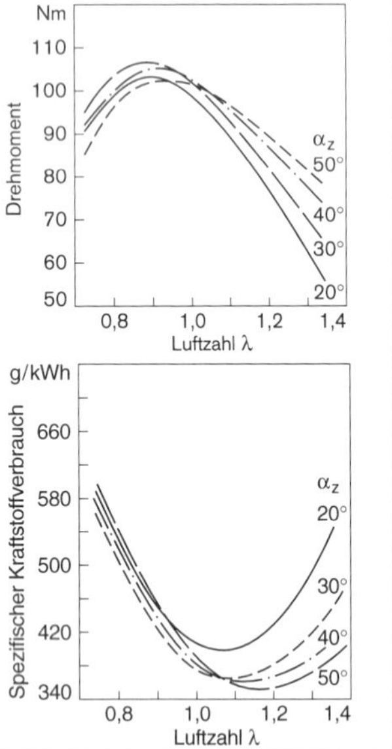

ren kann. Durch ein elektronisches Motormanagement, das den Zündzeitpunkt in Abhängigkeit von Drehzahl, Last, Temperatur usw. optimal steuert, lassen sich diese einander widerstrebenden Forderungen berücksichtigen.

Zündenergie

Die Zündung leitet durch einen Hochspannungsüberschlag an der Zündkerze die Verbrennung ein. Bei stöchiometrischem Gemisch genügt dafür eine Energie im Zündfunken von ca 0,2 mJ, bei fetten und mageren Gemischen ist jedoch eine wesentlich höhere Funkenenergie notwendig. Ein Energieüberschuss, d. h. eine Zündanlage mit hoher Funkenenergie und langer Funkenbrenndauer (Transistor- oder elektronische Zündung) stabilisiert die Entflammung und verringert damit die Schwankungen von Zyklus zu Zyklus. Geringere zyklische Schwankungen führen zu besserer Laufruhe des Motors, geringerem Verbrauch und zu niederer HC-Emission. Auch durch vorgezogene Funkenlage, großen Elektrodenabstand und dünne Elektroden der Zündkerze lassen sich Motorlauf und HC-Emission positiv beeinflussen.

Zündspule
Die Zündspule ist zugleich Energiespeicher als auch Transformator. Gespeist aus dem Gleichspannungsbordnetz liefert sie Zündimpulse für die Zündkerze mit der erforderlichen Hochspannung und Funkenenergie. Sowohl die Zündungsendstufe mit vorgegebenem Abschaltstrom als auch die Primärwicklung mit ihrem Widerstands- und Induktivitätswert bestimmen die im Magnetfeld gespeicherte Energie. Durch die Auslegung der Sekundärwicklung lassen sich Hochspannung, Funkenstrom und Funkendauer nach Bedarf festlegen.

Der Unterbrecherkontakt der Spulenzündung ermöglicht nur Abschaltströme bis ca. 5 A. Die Zündsysteme TZ, EZ und VZ sowie Motronic-Steuergeräte können auch viel höhere Abschaltströme schalten. Die bei der Spulenzündung üblichen Vorwiderstände (beim Kaltstart zur Leistungsanhebung überbrückbar) können bei elektronischen Zündanlagen entfallen. Hier schaltet die Elektronik die Zündspule abhängig von Batteriespannung, Drehzahl und weiteren Einflussgrößen so rechtzeitig ein, dass die volle Energie zum Zündzeitpunkt zur Verfügung steht.

Die Ausführung der Zündspule richtet sich nach dem jeweiligen Einsatz. Um auch bei hohen Motordrehzahlen ausreichende Zündenergie und -spannung zu erreichen, muss die Zündspule schnell aufgeladen werden. Hierzu ist eine niedrige Primärinduktivität und, um genügend Energie zu speichern, ggf. ein erhöhter primärer Abschaltstrom notwendig.

Aufbau und Funktion
Statt der traditionellen Zündspulen mit Asphalt- oder Ölfüllung im Blechgehäuse finden Zündspulen mit Epoxidharzisolation zunehmende Verbreitung. Neben größerer Freiheit in der Wahl der Geometrie, Art und Zahl der elektrischen Anschlüsse weist diese Ausführung außerdem geringeres Gewicht, kleinere Baugröße und höhere Schwingungsfestigkeit auf. Meist wird die Zündspule über den Eisenkern an der Karosserie oder am Motor befestigt. Zündspulen in Stabbauweise nutzen den Schacht im Zylinderkopf oberhalb der Zündkerzen als Einbauraum.

Die verwendeten Kunststoffe ermöglichen eine gute Haftung zwischen allen hochspannungsführenden Teilen und dem Epoxid-Gießharz, das alle Kapillaren sicher ausfüllt. Teilweise werden auch Eisenkerne in das Innere des Kunststoffkörpers einbezogen.

Zündspulen (Schema).
Rotierende Verteilung: a) Einfunken-Zündspule. Ruhende Verteilung:
b) Einzel-, c) Zweifunken-Zündspule.

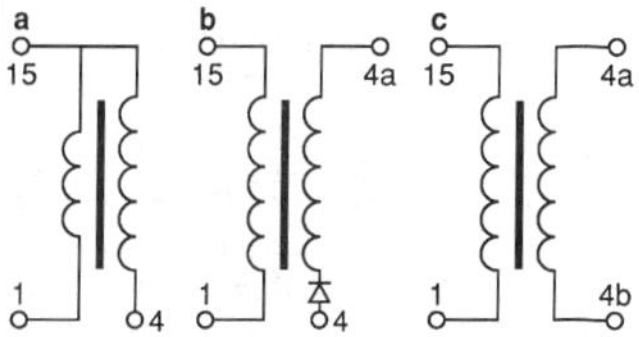

Einzelfunken-Zündspule.
1 Niederspannungsanschluss außen, 2 lammelierter Eisenkern, 3 Primärwicklung, 4 Sekundärwicklung, 5 Hochspannungsanschluss innen über Federkontakt, 6 Zündkerze.

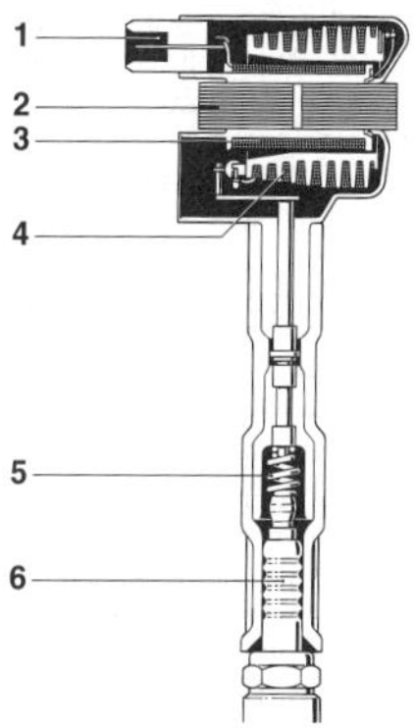

Die Sekundärwicklung ist meist als Scheiben- oder Kammerwicklung ausgeführt, deren Windungen sich auf eine Reihe von Segmenten verteilen. Die gleichmäßige Beanspruchung der Isolierstoffe in allen Kammern bei hoher elektrischer Spannungsfestigkeit ermöglicht geringe Abmessungen und macht Isolierfolien oder Papier zwischen den Drahtlagen überflüssig. Gleichzeitig sinkt die Eigenkapazität der Wicklung.

Wegen der kleineren Durchbruchspannung von – bezogen auf die Motormasse – negativen Zündfunken wird bei Zündspulen für die rotierende Verteilung üblicherweise die Plusseite der Primärwicklung und der positive Anschluss der Sekundärwicklung zusammengefasst.

Für Zündanlagen mit ruhender Verteilung gibt es im Wesentlichen alternativ Einzel- oder Zweifunken-Zündspulen.

Bei je einer Einzelfunken-Zündspule pro Zündkerze wird der Primärstrom so ein- bzw. ausgeschaltet, dass zum richtigen Zeitpunkt an den einzelnen Zündkerzen ein Zündimpuls zur Verfügung steht. Hochspannungsdioden verhindern, dass der beim Einschalten des Primärstroms erzeugte positive Hochspannungsimpuls von 1...2 kV zu unerwünschten Vorentflammungen an der Zündkerze führt.

Bei einer Zweifunken-Zündspule ist die Sekundärwicklung von der Primärwicklung galvanisch getrennt. Die beiden Hochspannungsausgänge sind jeweils mit einer Zündkerze verbunden. Beim Abschalten des Primärstroms entstehen Zündfunken an beiden Zündkerzen. Maßnahmen gegen Einschaltfunken sind hier ebenso wie bei rotierender Hochspannungsverteilung im Allgemeinen nicht erforderlich.

Mehrere Zündspulen, in einem gemeinsamen Gehäuse zu einer Baugruppe zusammengefasst, lassen sich einfacher anschließen und montieren. Von der Funktion her gesehen bleiben diese Zündspulen voneinander unabhängig. Die Integration von Zündendstufen in Zündspulen ermöglicht kurze Primärleitungen (geringer Spannungsfall). Außerdem wird ein Aufheizen des Steuergerätes durch die Verlustleistung der Zündendstufen vermieden.

Zweifunken-Zündspule (ruhende Verteilung).
1 Niederspannungsanschluss, 2 Eisenkern, 3 Primärwicklung, 4 Sekundärwicklung, 5 Hochspannungsanschlüsse.

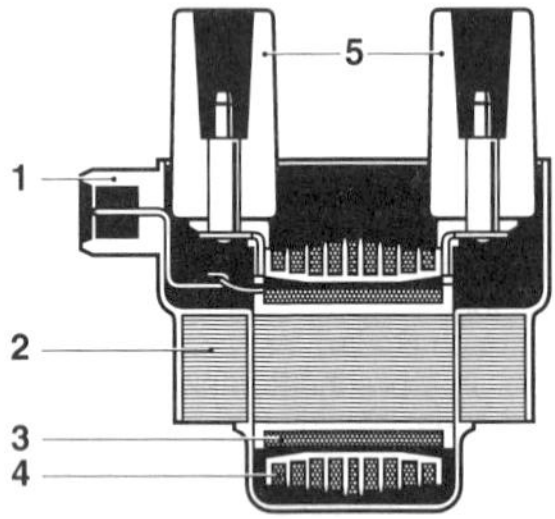

Zündkerze

Aufgabe

Über die Zündkerze wird die von der Zündspule erzeugte Zündenergie in den Brennraum eingeleitet. Durch die angelegte Hochspannung entsteht zwischen den Zündkerzenelektroden ein elektrischer Funke, der das verdichtete Luft-Kraftstoff-Gemisch entflammt. Da diese Funktion auch unter extremen Bedingungen (Kaltstart, Volllast) sichergestellt werden muss, bestimmt die Zündkerze in entscheidendem Maße die optimale Leistung und sichere Funktion des Ottomotors. Diese Forderungen bestehen über die gesamte Lebensdauer der Zündkerze.

Anforderungen

Die Anforderungen an die Zündkerze sind extrem: Sie ist sowohl den periodisch wechselnden Vorgängen im Verbrennungsraum als auch den klimatischen Bedingungen außerhalb des Motors ausgesetzt. Die Abdichtung des Brennraums muss aber immer sichergestellt sein.

Beim Betrieb der Zündkerzen mit elektronischen Zündanlagen können Zündspannungen bis zu 30000 V auftreten, die den Isolator nicht beschädigen dürfen. Diese Isolationsfähigkeit muss auch bei Temperaturen im Bereich von 1000 °C gewährleistet sein.

Mechanisch wird die Zündkerze durch die im Brennraum periodisch auftretenden Drücke (bis 80 bar) beansprucht. Dies erfordert eine hohe Warm- und Dauerschwingfestigkeit der Zündkerzenwerkstoffe. Der in den Verbrennungsraum ragende Teil der Zündkerze ist den bei hohen Temperaturen stattfindenden chemischen Vorgängen ausgesetzt, so dass eine Beständigkeit gegen aggressive Brennraumablagerungen gefordert ist. Eine hohe Anforderung an die thermische Belastbarkeit (Thermoschock) wird an den Zündkerzenisolator gestellt, da er im raschen Wechsel hohen Temperaturen aus den heißen Verbrennungsgasen und kaltem Luft-Kraftstoff-Gemisch ausgesetzt ist. Ein sicherer Betrieb der Zündkerze erfordert eine gute Wärmeableitung der Elektroden und des Isolators.

Aufbau

In einem Isolator aus hochwertiger Sonderkeramik verbindet eine elektrisch leitende Glasschmelze die Mittelelektrode und den Anschlussbolzen. Diese Glasschmelze sorgt neben der mechanischen Verankerung der Teile für eine gleichzeitige Gasabdichtung gegenüber dem hohen Verbrennungsdruck. Mit ihr lassen sich auch Widerstände als Entstör- und Abbrandmaßnahme realisieren.

Zur besseren Schmutzabweisung trägt der Isolator anschlussseitig eine Glasur. Er ist mit dem vernickelten Stahlgehäuse gasdicht verbunden. Die Masseelektrode, wegen der hohen thermischen Belastung wie die Mittelelektrode überwiegend aus einer Mehrstofflegierung auf Nickelbasis hergestellt, ist auf das Gehäuse aufgeschweißt. Zur besseren Wärmeableitung eignen sich sowohl im Fall der Mittel- als auch der Masseelektrode Verbundelektroden mit einem Mantelwerkstoff aus einer Nickelbasislegierung und einem Kupferkern. Für bestimmte Einsatzfälle besteht der Elektrodenwerkstoff aus Silber oder Platin bzw. Platinlegierungen. Je nach Hochspannungsanschluss haben die Zündkerzen entweder ein M4-Gewinde oder einen genormten SAE-Anschluss. Für höchste Entstöransprüche und wasserfeste Anlagen gibt es Zündkerzen mit abschirmendem Metallmantel.

Aufbau der Zündkerze.
1 Anschlussbolzen mit Anschlussmutter,
2 Isolator aus Al_2O_3-Keramik,
3 Gehäuse,
4 Warmschrumpfzone,
5 leitendes Glas,
6 Dichtring,
7 Verbundmittelelektrode Ni/Cu,
8 Masseelektrode.

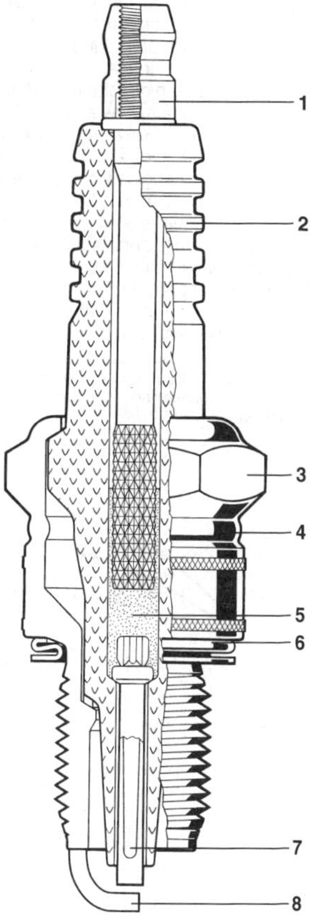

Wärmewert
Die Betriebstemperatur der Zündkerze stellt sich als Gleichgewicht zwischen Wärmeaufnahme und Wärmeabfuhr ein. Ziel ist, dass schon bei geringer abgegebener Motorleistung die Freibrenntemperatur von ca. 500 °C erreicht wird.

Bei Unterschreitung dieser Temperatur besteht die Gefahr, dass sich unverbrannte Kohlenwasserstoffe und Ölreste aus unvollständig ablaufenden Verbrennungen (insbesondere bei nicht betriebswarmem Motor, niedrigen Außentemperaturen und bei Startwiederholungen) an den kalten Teilen der Zündkerzen anlagern. Dadurch kann sich eine leitfähige Verbindung (Nebenschluss) zwischen Mittelelektroden und Zündkerzengehäuse aufbauen, über die die Zündenergie als Kurzschlussstrom abgeleitet wird (Gefahr von Zündaussetzern). Bei höherer Temperatur verbrennen die kohlenstoffhaltigen Rückstände auf dem Isolatorfuß; die Zündkerze „reinigt" sich selbst.

Als obere Temperaturgrenze sind etwa 900 °C einzuhalten, da in diesem Bereich der Verschleiß der Zündkerzenelektroden (infolge Heißgaskorrosion) stark zunimmt und bei deutlicher Überschreitung die Gefahr von Glühzündungen (Entflammung des Luft-Kraftstoff-Gemischs an heißen Oberflächen) steigt. Diese belasten den Motor sehr stark und können ihn in kurzer Zeit zerstören. Die Zündkerze muss daher in ihrem Wärmeaufnahmevermögen dem Motortyp entsprechend angepasst sein. Kennzeichen für die thermische Belastbarkeit der Zündkerze ist der Wärmewert, der mit einer Kennzahl beschrieben und in Vergleichsmessungen mit einem Referenznormal bestimmt wird.

Temperaturverhalten von Zündkerzen.
Mit 1 hoher, 2 mittlerer und 3 niederer Wärmewertkennzahl.

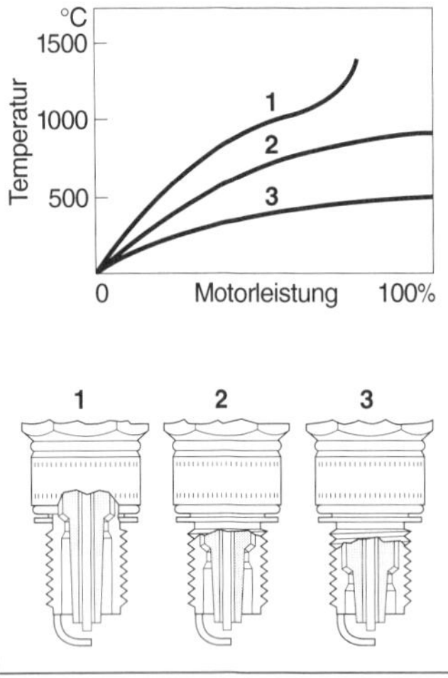

Das Ionenstromverfahren von Bosch bietet Möglichkeiten der Wärmewertanpassung an jeden Motor. Charakteristische Veränderungen im Verbrennungsablauf durch eine höherere thermische Belastung der Zündkerzen können mit dem Ionenstrom detektiert und zur Beurteilung des Selbstentflammungsverhaltens herangezogen werden. Die Anpassung der Zündkerze hat so zu erfolgen, dass keine Vorentflammungen auftreten.

Der Einsatz von Werkstoffen mit höherer Wärmeleitfähigkeit (Silber- oder Nickellegierungen mit Kupferkern) für die Mittelelektroden ermöglicht bei gleicher Wärmewertkennzahl eine deutliche Verlängerung der Isolatorfußlänge und erweitert somit den Arbeitsbereich der Zündkerze zu niedrigerer Wärmebelastung hin, d. h. die Zündkerze neigt weniger stark zum Verrußen. Das ist ein Vorteil aller Bosch Super-Zündkerzen (Thermo-Elastic).

Durch die Verringerung der Gefahr von Verbrennungs- und Zündaussetzern, die die Kohlenwasserstoffemission sprunghaft ansteigen lassen, ergeben sich Vorteile für die Abgaswerte und den Kraftstoffverbrauch in niedrigen Lastbereichen.

Elektrodenabstand und Zündspannung
Der Elektrodenabstand soll einerseits möglichst groß sein, damit der Zündfunke ein großes Volumenelement aktiviert und über eine stabile Flammenkernbildung zu einer sicheren Entflammung des Luft-Kraftstoff-Gemisches führt.

Bei zu kleinen Elektrodenabständen ist in vielen Fällen kein einwandfreier Leerlauf zu erzielen. Andererseits ist der

Funkenstrecke.
a) Luftfunkenstrecke,
b) Luftgleitfunkenstrecke,
c) Gleitfunkenstrecke.

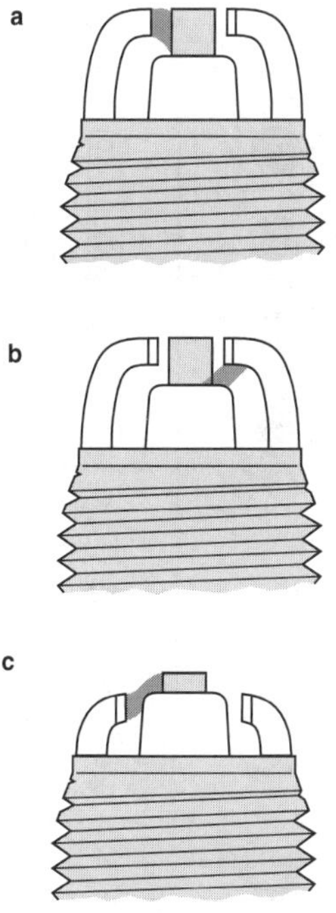

Elektrodenabstand so klein zu wählen, dass im ungünstigsten Betriebsfall auch am Ende der Lebensdauer der Zündkerze die Zündspannung noch zu einem sicheren Überschlag ausreicht.

Die Höhe des Zündspannungsbedarfs wird nicht nur von der Größe des Elektrodenabstands, von der Form, der Temperatur und des Elektrodenwerkstoffes beeinflusst, sondern auch von brennraumspezifischen Parametern wie Gemischzusammensetzung (Lambda-Wert), Strömungsgeschwindigkeit, Turbulenz und Dichte des zu entflammenden Gases.

Bei heute üblichen Motorkonzepten mit hoher Verdichtung und häufig hoher Ladungsbewegung ist eine sorgfältige Applikation des Elektrodenabstandes notwendig, um über die geforderte Lebensdauer eine sichere Entflammung und damit aussetzerfreien Betrieb zu gewährleisten.

Funkenstrecke
Die gegenseitige Anordnung der Elektroden bestimmt den Typ der Funkenstrecke.

Luftfunkenstrecke (a):
Der Zündfunke durchschlägt auf direktem Weg zwischen Mittelelektrode und Masseelektrode das Luft-Kraftstoff-Gemisch, das sich zwischen den Elektroden befindet.

Luftgleitfunkenstrecke (b):
Die Luftgleitfunkenstrecke entsteht durch Anstellung der Masseelektroden (in einem definierten Abstand zur Isolatorstirnseite) seitlich zur Mittelelektrode. Unter bestimmten Bedingungen gleitet der Funke von der Mittelelektrode über die Oberfläche der Isolatorfußspitze und springt dann über einen Gasspalt zur Masseelektrode.

Durch den Anteil der Gleitfunkenstrecke an der Funkenbahn lassen sich bei einem gegebenem Zündspannungsangebot größere Elektrodenabstände überbrücken als bei einer Luftfunkenstrecke.

Der größere Elektrodenabstand verbessert die Entflammungseigenschaften.

Gleitfunkenstrecke (c):
Bei Gleitfunkenkerzen sind die Masseelektroden seitlich zur Keramik angestellt. Dadurch gleiten die Funken immer über die Oberfläche der Isolatorfußspitze und springen durch eine kleine Gasstrecke zur Masseelektrode. Durch die seitliche Anstellung der Masseelektrode an die Keramik lassen sich die Quenchingverluste reduzieren, d. h. der Flammenkern kann sich besser in den Brennraum ausbreiten: damit haben die Zündkerzen bessere Entflammungseigenschaften.

Typformelschlüssel für Bosch-Zündkerzen.

Die Kennzeichnung der Zündkerzentypen wird durch eine Typformel festgelegt. In der Typformel sind alle Zündkerzenmerkmale enthalten – mit Ausnahme des Elektrodenabstandes. Dieser wird zusätzlich auf der Verpackung angegeben. Die für den jeweiligen Motor passende Zündkerze ist vom Motorhersteller und von Bosch vorgeschrieben bzw. empfohlen.

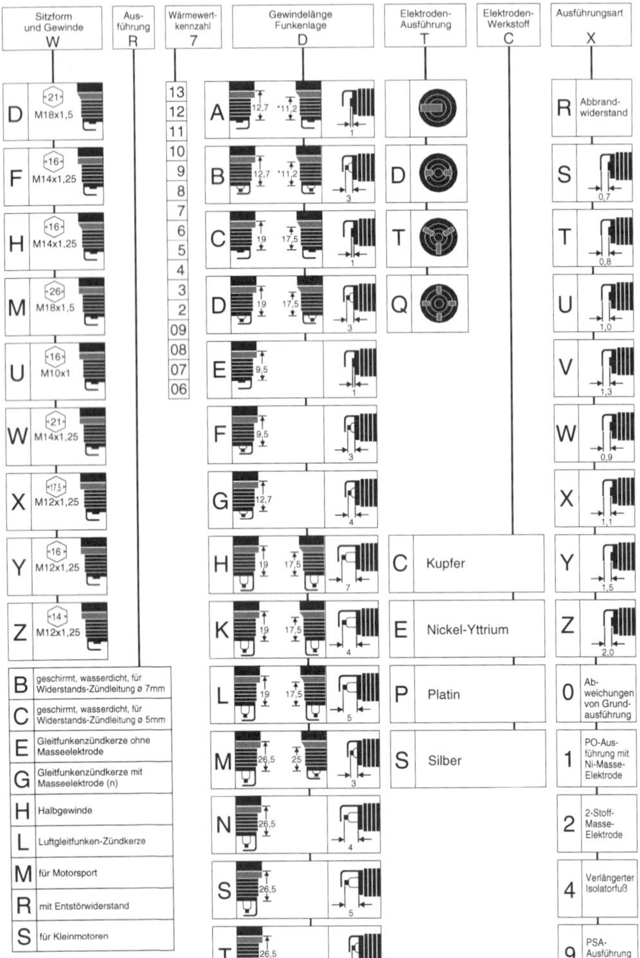

Die Gewindelänge für Zündkerzen mit Sitzform D und Funkenlage A oder B beträgt 10,9 mm

Konventionelle Spulenzündung (SZ)

Viele Kraftfahrzeuge sind noch mit einer konventionellen Spulenzündanlage ausgerüstet. Wenn bei eingeschaltetem Zündschalter der Unterbrecherkontakt geschlossen ist, fließt Strom aus der Batterie bzw. aus dem Generator durch die Primärwicklung der Zündspule und baut zur Energiespeicherung ein starkes Magnetfeld auf. Im Zündzeitpunkt unterbricht der Unterbrecher den Strom, das Magnetfeld verschwindet und induziert in der Sekundärwicklung die zur Zündung notwendige Hochspannung, die über Hochspannungskabel von der Klemme 4 zum Zündverteiler und von dort zu der betreffenden Zündkerze gelangt.

Zwischen der Drehzahl des 4-Takt-Ottomotors und der Funkenzahl je Minute besteht im Allgemeinen der folgende Zusammenhang:

$$f = z \cdot n/2$$

f Funkenzahl, z Zylinderzahl, n Motordrehzahl.

Im Bereich niedriger Drehzahlen ist die Schließzeit des Unterbrechers genügend lang, um die größtmögliche Zündenergie zu speichern. Mit steigender Drehzahl verkürzt sich die Schließzeit und der Primärstrom wird schon bei kleinerer

Hochspannungsangebot in Abhängigkeit von der Funkenzahl.
a Ohne Ohm'sche Nebenschlüsse (R > 10 MΩ),
b Nebenschlusswiderstand 1 MΩ,
c Nebenschlusswiderstand 0,5 MΩ,
d Zündspannungsbedarf.

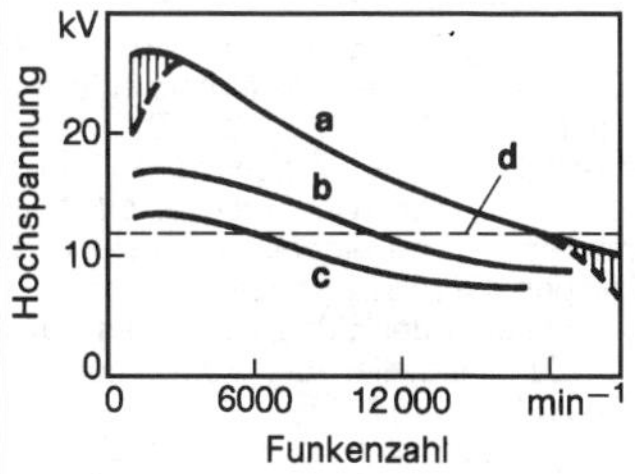

Stromstärke unterbrochen. Verminderte Speicherungsraten haben vermindertes Hochspannungsangebot der Zündspule zur Folge.

Die Zündspule ist jedoch so ausgelegt, dass selbst bei der oberen Grenzdrehzahl des Motors das Hochspannungsangebot wesentlich über dem Zündspannungsbedarf der Zündkerze liegt. Schmutzbelag auf Isolierteilen wirkt als kapazitiver und Ohm'scher Nebenschluss und bedeutet eine besondere Zündbelastung der Anlage. Es treten Verbrennungs- und Zündaussetzer auf.

Zündanlage mit konventioneller Spulenzündung, *links Bauteile, rechts Schaltplan.*
1 Batterie, 2 Zündschalter, 3 Zündspule, 4 Zündverteiler, 5 Zündkondensator, 6 Unterbrecher, 7 Zündkerzen. R_V Vorwiderstand zur Startspannungsanhebung (nicht generell eingebaut).

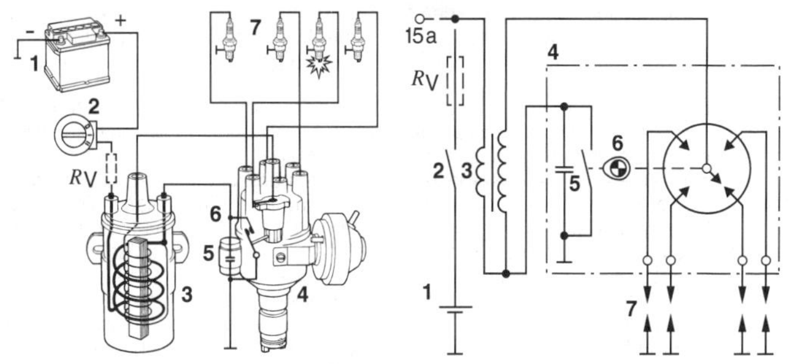

Zündspule
Beschreibung S. 521.

Zündverteiler
Der Zündverteiler ist ein in sich geschlossenes Bauteil der Zündanlage mit folgenden Funktionen:
– Verteilen der Zündspannungsimpulse auf die Zündkerzen des Motors in festgelegter Reihenfolge (SZ, TZ, EZ).
– Auslösen des Zündimpulses durch den Primärstrom-Unterbrecher oder den Impulsgeber bei kontaktlos gesteuerten Anlagen (SZ, TZ, zum Teil EZ).
– Verstellen des Zündzeitpunktes durch die Zündversteller bei konventionellen Zündanlagen (SZ, TZ).

Bei modernen elektronischen Zündanlagen sowie deren Kombination mit der Einspritzung (Motronic) besteht der Zündverteiler meistens nur aus dem mit der Nockenwelle verbundenen Verteilerfinger und dem darüber befestigten Verteilerdeckel mit den Hochspannungsanschlüssen.

Unterbrecher und Zündversteller gehören funktionell nicht zum Zündverteiler. Sie sind mit diesem in einer Baueinheit vereinigt, weil sie einen synchronen Antrieb benötigen.

Der Zündimpuls gelangt über den Mittelanschluss und die Schleifkohle oder die Mitteldomfunkenstrecke zur umlaufenden Verteilerelektrode. Mit den Verteilerfunken wird der Zündimpuls auf die eingepressten Festelektroden übertragen und über die Zündleitungen den Zündkerzen zugeführt. Ein Staubschutzdeckel trennt im Bedarfsfall den Hochspannungsraum vom übrigen Gehäuseteil.

Unterbrecher.
1 Bewegliche Unterbrecherplatte, 2 Unterbrecherhebel, 3 Zündverteilerwelle, 4 Zündnocken.

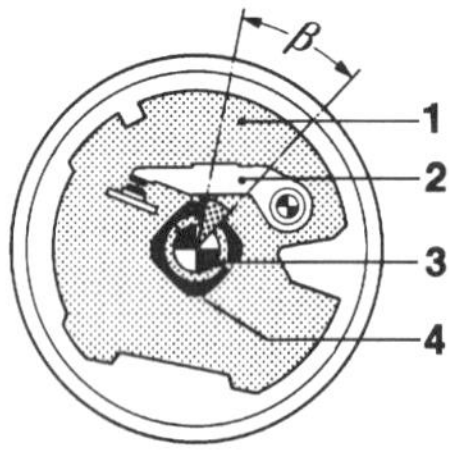

Fliehkraftversteller in Ruhestellung (oben), in Arbeitsstellung (unten).
1 Achsplatte, 2 Zündnocken, 3 Wälzbahn, 4 Fliehgewicht, 5 Zündverteilerwelle, 6 Mitnehmer.

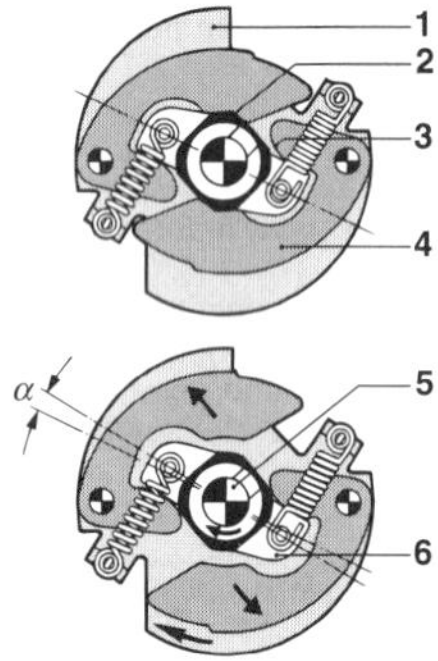

Unterbrecher
Der Unterbrecher hat einen nockenbetätigten Kontakt, der den Primärstrom der Zündspule im Zündzeitpunkt unterbricht. Der Nocken hat so viele Höcker, wie der Motor Zylinder hat. Der Drehwinkel der Zündverteilerwelle, bei dem der Kontakt geschlossen ist, heißt Schließwinkel β.

Am Unterbrecher gibt es drei Ursachen des natürlichen Verschleißes:
– Kontaktabbrand,
– Abrieb am Hebelgleitstück,
– plastische Verformung und lokale Verdichtungen des Kontaktmetalls.

Kontaktabbrand entsteht durch Abreißfunken (Öffnungsfunken) infolge der Induktionsspannung beim Unterbrechen des Primärstromes. Der Zündkondensator hat zwar Funkenlöscheigenschaft, aber völlig unterdrücken kann er die Abreißfunken nicht. Kontaktabbrand und Abrieb wirken sich gegenläufig aus, wobei die Wirkung des Letzteren meist etwas überwiegt und ein Wegwandern des Zündzeitpunktes in Richtung „Spätzündung“ verursacht.

Zündversteller
Zündverteiler haben in der Regel zwei Zündversteller: den drehzahlabhängigen, fliehkraftgesteuerten Versteller (Fliehkraftversteller) und den lastabhängigen, saugrohrdruckgesteuerten Versteller (Unterdruckversteller).

Fliehkraftversteller
Der Fliehkraftversteller verstellt den Zündzeitpunkt in Abhängigkeit von der Motordrehzahl. Die mit der Verteilerwelle umlaufende Achsplatte trägt die Fliehgewichte. Mit steigender Drehzahl bewegen sich die Fliehgewichte nach außen. Sie verdrehen den Mitnehmer über die Wälzbahn gegen die Verteilerwelle in Drehrichtung. Dadurch verdreht sich auch der Zündnocken gegen die Verteilerwelle um den Zündverstellwinkel α. Um diesen Winkel wird der Zündzeitpunkt vorverlegt.

Unterdruckversteller
Der Unterdruckversteller verstellt den Zündzeitpunkt in Abhängigkeit von der Motorleistung bzw. Motorbelastung. Als Maß für diese Zündverstellung dient der Unterdruck im Saugrohr nahe der Drosselklappe. Der Unterdruck wird zwei Membrandosen zugeführt.

Funktion des „Früh"-Verstellsystems
Je kleiner die Belastung, desto früher muss das Luft-Kraftstoff-Gemisch gezündet werden, weil es langsamer verbrennt. Der Anteil verbrannter, aber nicht ausgeschobener Restgase im Brennraum nimmt zu und das Gemisch magert ab. Der Unterdruck für die Frühverstellung wird hinter der geöffneten Drosselklappe abgenommen. Mit abnehmender Motorbelastung steigt der Unterdruck in der Frühdose und bewirkt eine Bewegung der Membran samt Zugstange nach rechts. Die Zugstange verdreht die Unterbrecherplatte entgegen der Drehrichtung der Zündverteilerwelle; der Zündzeitpunkt wird noch mehr vorverlegt, d. h. in Richtung „früh" verstellt.

Funktion des „Spät"-Verstellsystems
Der Unterdruck im Saugrohr wird in diesem Fall hinter der geschlossenen Drosselklappe abgenommen. Mit Hilfe der ringförmigen „Spätdose" wird der Zündzeitpunkt bei bestimmten Motorzuständen (z. B. Leerlauf, Schiebebetrieb) zur Abgasverbesserung zurückgenommen, d. h. in Richtung „spät" verstellt. Die Ringmembran bewegt sich samt Zugstange nach links, sobald Unterdruck herrscht. Die Zugstange verdreht die Unterbrecherplatte einschließlich Unterbrecher in Drehrichtung der Zündverteilerwelle.

Das Spätverstellsystem arbeitet unabhängig vom Frühverstellsystem; es ist jedoch diesem untergeordnet: gleichzeitiger Unterdruck in beiden Dosen bewirkt die erforderliche Teillastverstellung in Richtung „früh".

Unterdruckversteller mit Frühverstellsystem (Frühdose) und Spätverstellsystem (Spätdose).
a Verstellweg „früh" bis zum Anschlag, b Verstellweg „spät" bis zum Anschlag.
1 Zündverteiler, 2 Unterbrecherplatte, 3 Membran, 4 Spätdose, 5 Frühdose, 6 Unterdruckdose, 7 Drosselklappe, 8 Saugrohr.

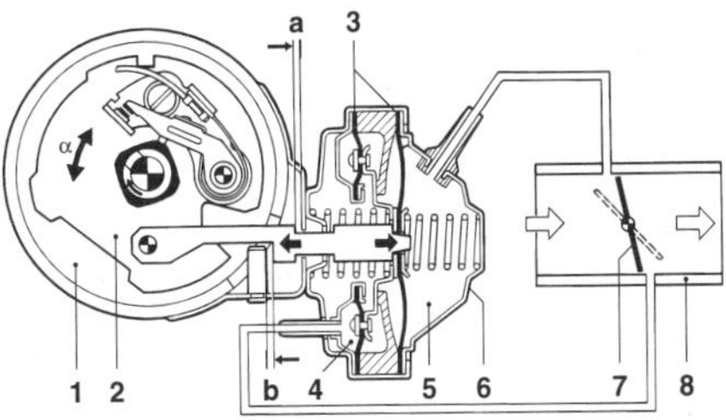

Transistor-Zündung (TZ)

Zündenergie und Hochspannung der konventionellen Spulenzündung sind durch die elektrische und mechanische Schaltleistung des Unterbrechers begrenzt. An die Batteriezündung werden oft Anforderungen gestellt, die der Unterbrecher als Leistungsschalter nicht mehr erfüllen kann. In elektronischen Zündanlagen ist er durch Halbleiterbauelemente entlastet oder durch verschleißfreie Steuervorrichtungen ersetzt. Die Transistor-Spulenzündung bzw. Transistor-Zündung gibt es in kontaktgesteuerter und kontaktlos gesteuerter Ausführung.

Die kontaktgesteuerte Transistor-Spulenzündung (TSZ-K) eignet sich besonders zur Nachrüstung bei konventionellen Spulenzündsystemen (SZ). In der Erstausrüstung wird die kontaktgesteuerte Transistor-Spulenzündung nicht mehr eingesetzt.

Kontaktlos gesteuerte Transistor-Zündung

Bei der kontaktlos gesteuerten Transistor-Spulenzündung tritt an die Stelle des nockenbetätigten Unterbrechers ein „Zündimpulsgeber", der die Elektronik durch kontaktlos erzeugte Spannungs- oder Stromimpulse zum Ansprechen veranlasst und so den Hochspannungs-Zündimpuls auslöst. Der Zündimpulsgeber ist im Zündverteiler untergebracht.

Für derartige Geber gibt es verschiedene Arbeitsprinzipien.

Zündimpulsgeber nach dem Induktionsprinzip (TZ-I)

Der Induktionsgeber ist ein permanent erregter Wechselstromgenerator, bestehend aus Stator und Rotor. Die Anzahl der Zähne oder Zacken entspricht der Zylinderzahl des Motors. Frequenz und Amplitude der erzeugten Wechselspannung hängen von der Motordrehzahl ab. Diese Wechselspannung wird vom Schaltgerät verarbeitet und zur Zündsteuerung benützt.

Zündimpulsgeber nach dem Hall-Prinzip (TZ-H)

Diese Zündimpulsgeber nützen den Hall-Effekt. In einer stromdurchflossenen Halbleiterschicht werden von einem drehzahlabhängigen Magnetfeld Spannungsimpulse erzeugt, die in dem Schaltgerät das Ein- und Ausschalten des Primärstroms bewirken.

Zündimpulsgeber haben dem mechanischen Unterbrecher gegenüber klare Vorteile: Sie arbeiten ohne Verschleiß

Zündanlage mit kontaktlos gesteuerter Transistor-Spulenzündung.
1 Batterie, 2 Zündschalter, 3 Zündspule, 4 elektronisches Schaltgerät, 5 Zündverteiler mit Fliehkraft- und Unterdruckverstellung, 6a Induktionsgeber, 6b Hall-Geber (alternativ), 7 Zündkerzen.

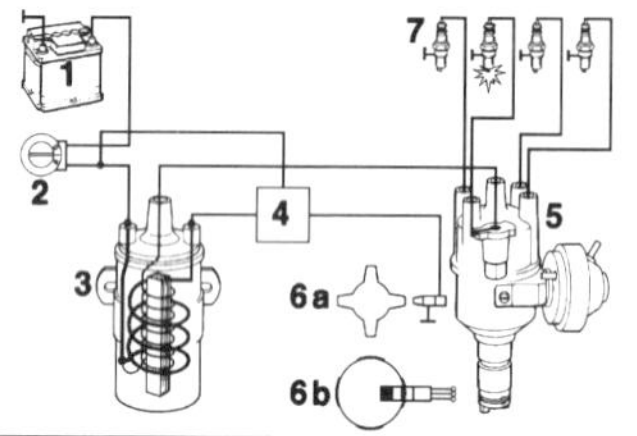

Zündverteiler mit Induktionsgeber.
1 Dauermagnet, 2 Induktionswicklung mit Kern, 3 veränderlicher Luftspalt, 4 Impulsgeberrad.

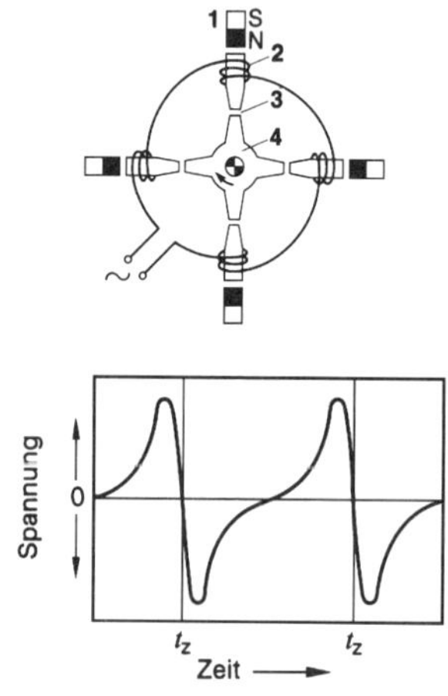

und brauchen daher keine Wartung. Der Zündzeitpunkt lässt sich mit allen damit verbundenen Vorteilen für den Motorbetrieb exakt beherrschen.

Schaltgeräte
Schaltgeräte für Transistor-Zündung verfügen nahezu ausnahmslos über eine Primärstrombegrenzung und eine Schließwinkelregelung.

Die Primärstrombegrenzung begrenzt den Strom zum Schutz der Zündspule und der Endstufe. In Verbindung mit einer Zündspule mit niedrigem Primärwiderstand sorgt sie im Startfall für einen hohen Strom bei niederer Batteriespannung. Damit können Vorwiderstände vor der Zündspule und die Startüberbrückung wegfallen.

Die Schließwinkelregelung sorgt dafür, dass der gewünschte Primärstrom im Regelbereich möglichst im Zündzeitpunkt erreicht wird. Dadurch wird die Verlustleistung im Schaltgerät minimiert. Außerdem gleicht die Schließwinkelregelung die Batteriespannungsschwankungen und die Temperatureffekte der Zündspule aus.

Zündverteiler mit Hallgeber.
1 Blende mit Breite b, 2 weichmagnetische Leitstücke, 3 Hall-IC, 4 Luftspalt, U_G Geberspannung (umgeformte Hallspannung).

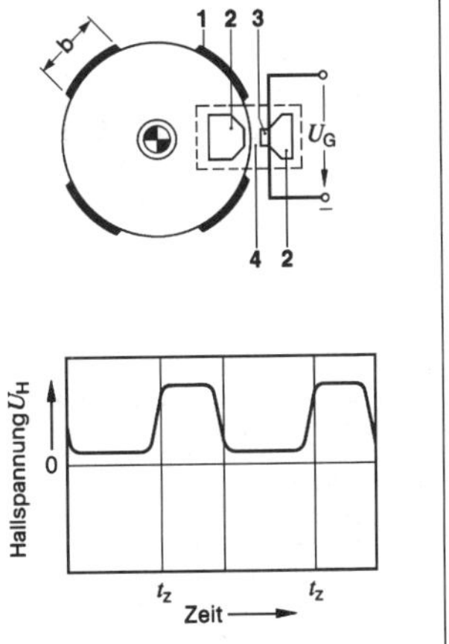

Je nach Systemauslegung wirkt die Schließwinkelregelung bis zu mittleren Drehzahlen. Bei hohen Drehzahlen wird der Schließwinkel durch die für die Funkenbrenndauer notwendige Offenzeit bestimmt. Die in der Zündspule nach Ende der Offenzeit verbleibende Restenergie erleichtert die vollständige Aufladung der Zündspule bei verkürzter Schließzeit.

Die funkenfreie Ruhestromabschaltung schaltet den Primärstrom bei stillstehendem Motor und eingeschalteter Zündung so aus, dass die Sekundärspannung zu keinem Funken an der Kerze führt. Es gibt aber TZ-I (mit Induktionsgeber) mit einer natürlichen Ruhestromfreiheit.

Die TZ wird gelegentlich auch mit Zusatzgeräten betrieben, die einen Einfluss auf die Zündverstellung bewirken. Beispiele dafür sind die zwischen Hall-Geber und TZ-Schaltgerät eingefügte Leerlaufstabilisierung, die mit sinkender Drehzahl unterhalb der Leerlaufdrehzahl den Zündwinkel nach früh verstellt und mit der dadurch verbundenen Drehmomentenerhöhung einem weiteren Drehzahlabfall entgegenwirkt. Die elektronische Spätverstellung (ESV) ermöglicht bei hohen Drehzahlen eine Spätverschiebung des Zündwinkels zur Vermeidung von Klopfen. Die ESV liegt parallel zum TZ-Schaltgerät. Beide letztgenannten Funktionen sind heute in die elektronisch verstellende Zündung innerhalb der Motorsteuerung integriert.

Bei den TZ-Schaltgeräten hat sich das Hybridgerät durchgesetzt, da es eine hohe Packungsdichte mit niedrigem Gewicht und guter Zuverlässigkeit vereinigt. Bei der Hybridtechnik ist die Leiterplatte durch ein Al_2O_3-Substrat ersetzt, auf das im Siebdruckverfahren Leiterbahnen und Widerstände gedruckt sind. Halbleiterbauelemente und Kondensatoren vervollständigen in Chip-Form die Schaltung. Da der Leistungs-Darlington in Chip-Form isoliert auf der metallischen Grundplatte liegt, entsteht eine hervorragende Kühlung, die höhere Temperaturen zulässt.

Zündspulen (Beschreibung S. 521)
Die Zündspulen für SZ sind im Vergleich zu Zündspulen mit elektronischen Leistungsschaltern (ab TZ, s. S. 530) leistungsmäßig anders ausgelegt. Zündspulen für SZ und TZ nicht verwechseln!
Hinweis: Anders als bei der Kontaktzündung darf Kl. 1 der genannten Anlagen (z. B. bei der Kompressionsprüfung) nicht nach Masse kurzgeschlossen werden, weil damit die sehr niederohmige Primärwicklung der Zündspule überlastet wird.

Hochspannungs-Kondensatorzündung (HKZ)

Die HKZ, auch „Thyristorzündung" genannt, arbeitet nach einem anderen Prinzip als die bisher beschriebenen Zündsysteme. Sie wurde für hoch drehende und leistungsstarke Hubkolben-Vielzylindermotoren des Sport- und Rennsektors sowie für Kreiskolbenmotoren entwickelt.

Wesentliches Merkmal der Hochspannungs-Kondensatorzündung ist, dass die Zündenergie im elektrischen Feld eines Kondensators gespeichert wird. Kapazität und Aufladespannung des Kondensators bestimmen die Größe der Speicherenergie. Der Zündtransformator transformiert die durch Kondensatorentladung entstehende Primärspannung auf die erforderliche Hochspannung. Die Hochspannungs-Kondensatorzündung gibt es in kontaktgesteuerter und in kontaktlos gesteuerter Ausführung.

Hauptvorteil der HKZ ist ihre weitgehende Unempfindlichkeit gegen elektrische Nebenschlüsse im Zündkreis, insbesondere an verschmutzten Zündkerzen. Die Funkendauer ist mit 0,1...0,3 ms für viele Anwendungsfälle zu kurz, um ein sicheres Entflammen des Luft-Kraftstoff-Gemisches zu garantieren. Aus diesem Grund ist die HKZ nur für bestimmte Motoren ausgelegt und wird heute nur noch in Sonderfällen eingesetzt, da die Leistungsdaten der Transistor-Zündung inzwischen nahezu gleich sind. Die HKZ ist nicht für den nachträglichen Einbau geeignet.

Ruhende, d. h. verteilerlose Hochspannungsverteilung kann bei der HKZ durch Einsatz von einer Zündspule pro Zylinder und Verteilung der Energie auf der Mittelspannungsebene erfolgen.

Hochspannungs-Kondensatorzündanlage mit Induktionsgeber, Übersichtsschaltplan.

1 Schaltgerät, 2 Ladeteil, 3 Impulsformer, 4 Steuerteil, 5 Zündtransformator, 6 zum Induktionsgeber, 7 zum Zündverteiler.

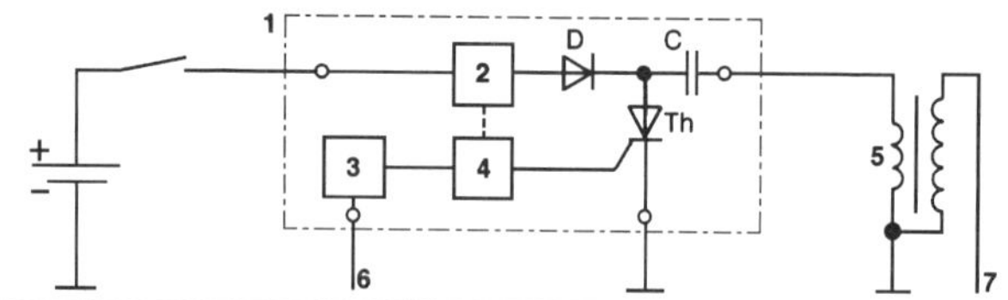

Unfallgefahr

Alle elektronischen Zündanlagen (TZ, HKZ, MHKZ, MTZ, EZ, VZ) sind gefährliche Anlagen. Grundsätzlich ist bei Arbeiten an der Zündanlage die Zündung auszuschalten oder die Spannungsquelle abzuklemmen. Solche Arbeiten sind z. B.:
– Auswechseln von Teilen wie Zündkerze, Zündspule bzw. Zündtransformator, Zündverteiler, Zündleitung usw.
– Anschließen von Motortestgeräten wie Zündlichtpistole, Schließwinkel-Drehzahl-Tester, Zündoszillograph usw.
Bei der Prüfung der Zündanlage mit eingeschalteter Zündung treten an der gesamten Anlage gefährliche Spannungen auf. Prüfarbeiten deshalb nur durch ausgebildetes Fachpersonal.

Elektronische Zündung (EZ, VZ)

Die elektronische Zündung EZ leitet ihre Bezeichnung aus der elektronischen Errechnung des Zündzeitpunktes ab. Das optimierte elektronische Zündwinkelkennfeld ersetzt die Fliehkraft- und Unterdruckkennlinien des Zündverteilers. Bei der EZ erfolgt die Hochspannungsverteilung noch mechanisch. Bei der vollelektronischen Zündung VZ treten statisch arbeitende, elektronisch angesteuerte Komponenten an Stelle der mechanischen, rotierenden Hochspannungsverteilung.

Elektronische Zündsysteme arbeiten genauer als mechanische, insbesondere bei der hier möglichen Auslösung von der Kurbelwelle statt vom Zündverteiler (Wegfall der Antriebstoleranz des Zündverteilers). Beliebige Kennfelder ohne Einschränkungen durch die mechanische Verstellung (Addition von Drehzahl- und Lastlinie mit nur einer Steigung) und ohne prinzipielle Begrenzung der Anzahl der Eingangsgrößen sind möglich. Hierdurch vergrößert sich im allgemeinen der Zündwinkelverstellbereich. Der vom Zündspannungsbedarf des Motors und vom Zündwinkelverstellbereich abhängige, starr gekoppelte Zündverteiler ist mit steigender Zylinderzahl des Motors überfordert und stellt die Verteilung des Zündfunkens nicht mehr sicher. Abhilfe schafft die Aufteilung auf zwei Zündkreise (z.B. beim 8- oder 12-Zylindermotor) oder die ruhende (statische) Spannungsverteilung.

Die Kombination der elektronischen Zündung mit elektronischer Einspritzung (Motronic), Klopfregelung, ASR usw. ermöglicht die gemeinsame Nutzung von Sensoren und/oder von in anderen Geräten aufbereiteten Signalen. Die Kopplung neuerer Anlagen über einen seriellen Bus (CAN, S. 988) reduziert zusätzlich die Zahl der Leitungen und Aufbereitungsschaltungen am Eingang der Schaltgeräte.

Schema einer elektronischen Zündanlage (EZ).
1 Zündspule mit Zündendstufe, 2 Hochspannungsverteiler, 3 Zündkerze, 4 Steuergerät, 5 Motortemperatursensor, 6 Klopfsensor, 7 Drehzahl- und Bezugsmarkensensor, 8 Geberzahnrad, 9 Drosselklappenschalter, 10 Batterie, 11 Zünd-Start-Schalter.

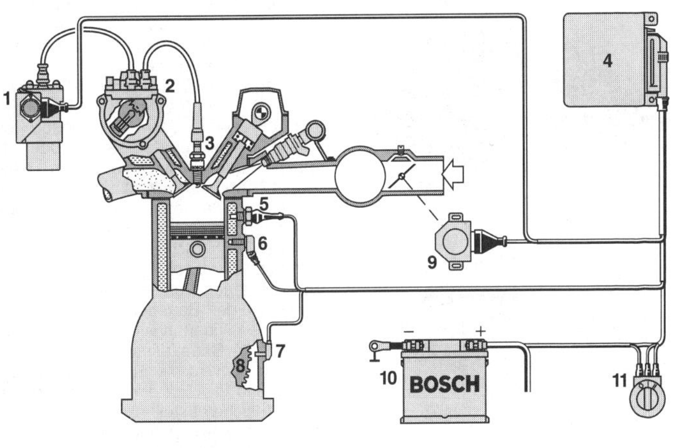

Elektronische Zündung, Signalverarbeitung.
1 Motordrehzahl, 2 Schaltersignale, 3 CAN (serieller Bus), 4 Saugrohrdruck, 5 Motortemperatur, 6 Ansauglufttemperatur, 7 Batteriespannung, 8 Mikrocomputer, 9 Analog-Digital-Wandler, 10 Leistungsstufe.

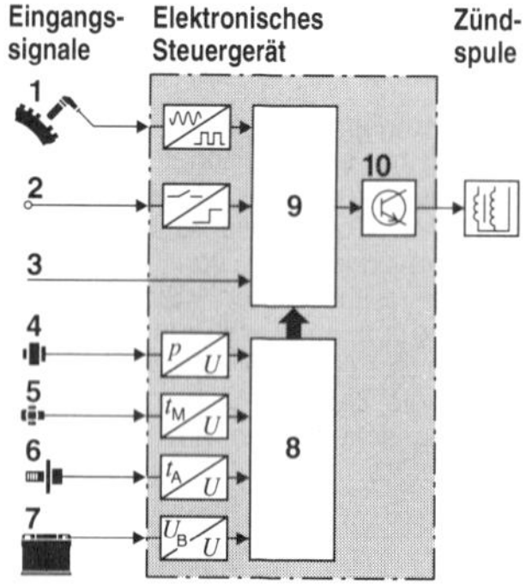

Zündkennfelder.
Oben: elektronisch optimiert, unten: mechanisches Verstellsystem.

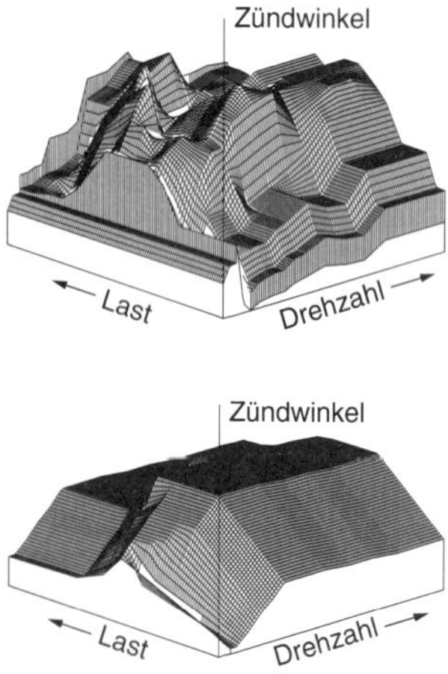

Wirkungsweise
Die Drehzahl und die Stellung der Kurbelwelle werden direkt am Starterkranz, an einer separaten Scheibe oder einer speziellen Stiftfolge mit einem oder bei älteren Anlagen mit zwei induktiven Stabsensoren gemessen. Je nachdem, ob die Information über gleichmäßig auf der Kurbelwelle verteilte Zähne oder ein Kurbelwellensegment pro Zylinderpaar erfolgt, unterscheiden sich Inkrement- und Segmentauslösung:
- Segmentanfang = frühester Zündwinkel,
- Segmentende = Startwinkel.

Beim abgebildeten Inkrement-System gibt die Bezugsmarke (dargestellt als Zahnlücke) eine definierte Kurbelwellenstellung an, von der aus die Zähne des Zahnkranzes eine elektrische Erfassung des Kurbelwellenwinkels erlauben. Es ist auch eine Auslösung mit einem Zündverteiler möglich, der keinen Verstellmechanismus mehr hat. In diesem Fall erfolgt die Auslösung mit einem Hall-Sensor. Die Last misst vorzugsweise ein Absolutdrucksensor im Saugrohr. Damit lässt sich die Zylinderfüllung besser erfassen als an den üblichen Früh- oder Spätbohrungen an der Drosselklappe. Ebenfalls möglich sind Lastschalter, Drosselklappenpotentiometer oder elektronische Lastsignale aus Gemischaufbereitungssystemen. Mit der Drehzahl und Lastinformation berechnet nach vorhergehender Signalaufbereitung der Mikrocomputer im elektronischen Steuergerät den exakten Zündwinkel im Zündkennfeld. Der Rechner kann auch weitere Eingangsgrößen, wie z. B. die Motortemperatur oder die Schub- und Volllastinformation eines Drosselklappenschalters in Form von Korrekturwerten oder eine für das spezielle Fahrzeug notwendige Funktion verarbeiten. Der Schließwinkel zur Aufladung der Zündspule wird ebenfalls durch den Rechner vorgegeben. Durch die Messung der Batteriespannung ist dabei eine Spannungskorrektur möglich. Weicht die Batteriespannung vom Sollwert ab, so wird die Spulenladezeit entsprechend verkürzt oder verlängert. Damit ist sichergestellt, dass immer das maximale Hochspannungsangebot, bei gleichzeitig kleinstmöglicher Erwärmung des Steuergerätes und der Zündspule, vorliegt. Bei Drehzahlen unterhalb der Startdrehzahl schaltet der Rechner den Strom durch die Zündspule aus, um so eine Überhitzung zu vermeiden. Die Leistungsendstufe kann entweder im EZ-Steuergerät mit eingebaut oder extern, z. B. an die Zündspule, angebaut sein.

Signalverarbeitung im Steuergerät
Digitale Signale gelangen nach der Aufbereitung direkt zum Rechner. Analoge Signale werden zuerst in digitale Signale gewandelt. Es gibt aber auch Steuergeräte, die zusätzliche digitale oder analoge Signale ausgeben (z. B. zur Schubabschaltung, Abgasrückführung usw.). Insgesamt gibt es eine Reihe von EZ-Varianten unterschiedlicher Komplexität. Ein Vergleich des Zündkennfeldes mit den Kennlinien eines Zündverteilers zeigt, dass jeder Punkt des Kennfeldes unabhängig von anderen Punkten festgelegt werden kann. Damit ist je nach Betriebsbereich des Motors und je nach Einschränkungen wie Abgas, Klopfgrenze oder Fahrbarkeit eine optimale Festlegung des Zündwinkels (z. B. nach Verbrauch) möglich. Die gesamte Anlage ist völlig wartungsfrei und bedarf keiner Einstellung während der Lebensdauer des Motors.

Rotierende Spannungsverteilung
Ein Hochspannungsverteiler verteilt die Zündspannungsimpulse (wie beschrieben) sicher in den entsprechenden Zylinder. Reicht der Verstellbereich des Zündverteilers bei höherer Zylinderzahl nicht aus, wird über zwei Kreise verteilt, z. B. beim 8-Zylindermotor über zwei 4-Zylinder-Verteiler. Die Synchronisation kann beim „zwei mal 4-Zylinder" von der Kurbelwelle erfolgen, muss jedoch beim „zwei mal 3-Zylinder" mit konstantem Zündwinkelabstand (bisher noch nicht genutzt) von der Nockenwelle ausgehen.

Ruhende Spannungsverteilung (RUV)

Anlage mit Einzelfunken-Zündspule
Jeder Zylinder verfügt über eine direkt über der Zündkerze oder getrennt eingebaute Zündspule mit zugehöriger

Schema einer vollelektronischen Zündanlage (VZ).
1 Zündkerze, 2 Einzelfunken-Zündspule, 3 Drosselklappenschalter, 4 Steuergerät, 5 Motortemperatursensor, 6 Klopfsensor, 7 Drehzahl- und Bezugsmarkensensor, 8 Geberzahnrad, 9 Batterie, 10 Zünd-Start-Schalter.

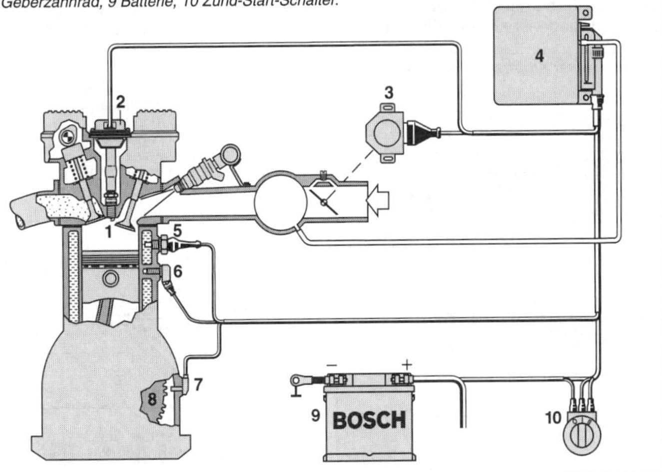

Zündendstufe. Eine Synchronisation mit dem Nockenwellensensor oder ein Detektionsverfahren zur Ermittlung des verdichteten Zylinders ist nötig. Bei Ausfall des Nockenwellensensors erfolgt bei Motoren mit gerader Zylinderzahl Notbetrieb über eine Kurbelwellenauslösung, jedoch dann immer mit gleichzeitiger Ansteuerung von zwei Zündspulen (ein Funke geht in den Auspufftakt). Dieses System für Motoren mit beliebiger Zylinderzahl hat die größten Freiheitsgrade bezüglich Verstellung, da nur ein Funke pro Zyklus entsteht. Die Summe aller Vorteile führt dazu, dass die Einzelfunken-Zündspule zunehmend eingesetzt wird und die Zweifunken-Zündspule trotz höherem Aufwand verdrängt.

Anlage mit Zweifunken-Zündspule
Je zwei Zylinder benötigen eine Zündspule. Die Synchronisation kann von der Kurbelwelle erfolgen. Je ein Ende der einen Hochspannungswicklung geht auf eine Zündkerze von zwei um 360° versetzt arbeitenden Zylindern.

Da im Auspufftakt ein „Stützfunke" entsteht, muss sichergestellt sein, dass keine Entflammung von Restgas oder ausgesaugtem Frischgas erfolgt. Außerdem eignet sich die Zweifunken-Zündspule nur für gerade Zylinderzahlen. Wegen den gegenüber der Einzelfunken-Zündspule geringeren Kosten ist derzeit die Anlage mit Zweifunken-Zündspule die am weitesten verbreitete ruhende Spannungsverteilung.

Klopfregelung

Anwendung

Die elektronische Steuerung des Zündzeitpunktes bietet die Möglichkeit, den Zündwinkel in Abhängigkeit von Drehzahl, Last und Temperatur sehr genau zu steuern.

Dennoch ist ohne Klopfregelung ein deutlicher Sicherheitsabstand zur Klopfgrenze erforderlich. Dieser Abstand ist notwendig, damit auch im klopfempfindlichsten Fall bezüglich Motortoleranzen, Motoralterung, Umgebungsbedingungen und Kraftstoffqualität kein Zylinder die Klopfgrenze erreicht oder überschreitet. Die daraus resultierende konstruktive Motorauslegung führt zu einer niedrigeren Verdichtung mit spätem Zündzeitpunkt und somit zu Einbußen beim Kraftstoffverbrauch und beim Drehmoment.

Diese Nachteile lassen sich durch Verwendung einer Klopfregelung vermeiden. Erfahrungsgemäß kann dadurch die Verdichtung des Motors angehoben sowie der Kraftstoffverbrauch und das Drehmoment deutlich verbessert werden. Der

Schema einer Klopfregelung.

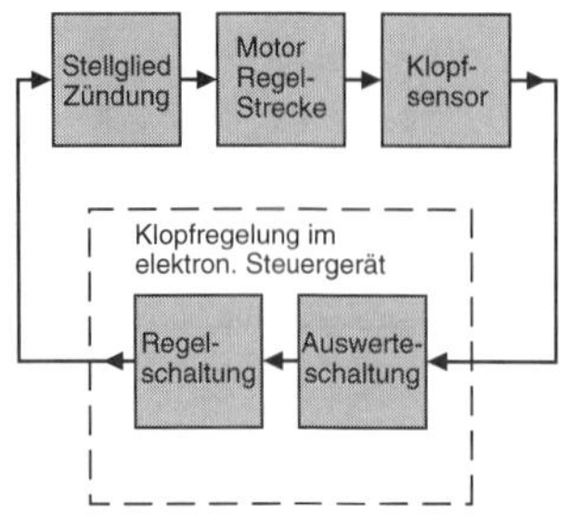

Klopfregelung. *Regel-Algorithmus bei Zündungseingriff an einem 4-Zylinder-Motor.*
$K_{1...3}$ *Auftreten von Klopfen an Zylinder 1...3, bei Zylinder 4 kein Klopfen,*
a Verweilzeit vor Spätverstellung,
b Falltiefe, c Verweilzeit vor Rückverstellung, d Frühverstellung.

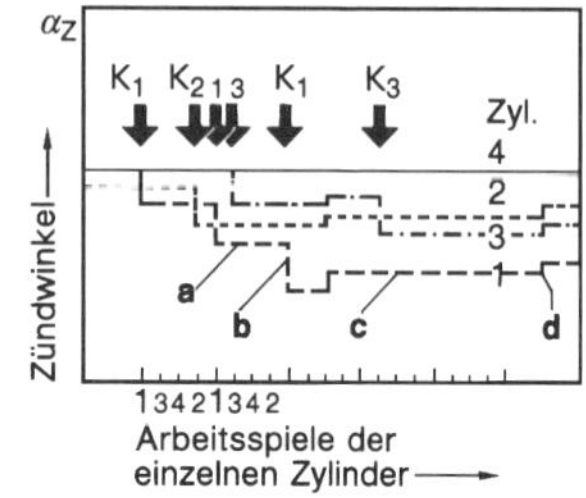

Vorsteuerzündwinkel muss jetzt allerdings nicht mehr für die klopfempfindlichsten, sondern für die unempfindlichsten Bedingungen (z. B. Motorverdichtung an Toleranzuntergrenze, bestmögliche Kraftstoffqualität, klopfunempfindlichster Zylinder) bestimmt werden. Nun kann jeder einzelne Zylinder des Motors während seiner gesamten Nutzungsdauer in nahezu allen Betriebsbereichen an seiner Klopfgrenze und damit mit optimalem Wirkungsgrad betrieben werden.

Voraussetzung für diese Zündwinkelauslegung ist eine sichere Klopferkennung ab einer bestimmten Klopfintensität jedes einzelnen Zylinders im gesamten Betriebsbereich des Motors.

Klopfende Verbrennungen

Die charakteristischen Schwingungen klopfender Verbrennungen werden durch Klopfsensoren aufgenommen, in elektrische Signale umgewandelt und der Motronic zugeführt.

Anzahl und Anbauposition der erforderlichen Klopfsensoren müssen sorgfältig ermittelt werden. Für alle Zylinder und alle Betriebspunkte des Motors, insbesondere bei hohen Drehzahlen und Lasten, muss eine sichere Klopferkennung gewährleistet sein. In der Regel werden 4-Zylinder-Reihenmotoren mit einem, 5- und 6-Zylinder-Motoren mit zwei, 8- und 12-Zylinder-Motoren mit zwei oder mehr Klopfsensoren ausgerüstet.

Klopferkennung, Auswertung

Zur Klopferkennung werden die für das Klopfen charakteristischen Schwingungen durch einen oder mehrere an geeigneter Stelle des Motors angebrachte Körperschallaufnehmer, die Klopfsensoren, in elektrische Signale umgewandelt und der Motronic zur Auswertung zugeführt. Dort erfolgt für jeden Zylinder und jede Verbrennung in einem entsprechenden Auswertealgorithmus die Klopferkennung. Erkannte klopfende Verbrennungen führen am betreffenden Zylinder zu einer Spätverstellung des Zündzeitpunktes um einen programmierbaren Betrag. Tritt kein Klopfen mehr auf, erfolgt wieder eine stufenweise Frühverstellung des Zündzeitpunktes bis zum Vorsteuerwert.

Klopfsensor.
1 Seismische Masse, 2 Vergussmasse, 3 Piezokeramik, 4 Kontaktierung, 5 elektrischer Anschluss.

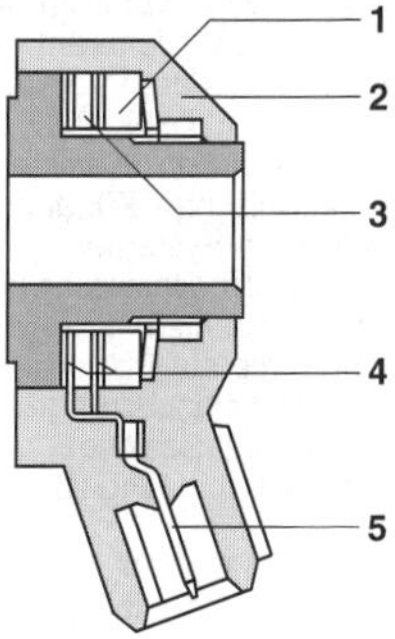

Der Klopferkennungs- und der Klopfregelalgorithmus werden so abgestimmt, dass kein hörbares und motorschädigendes Klopfen auftritt.

Adaption

Im realen Motorbetrieb ergeben sich für die einzelnen Zylinder unterschiedliche Klopfgrenzen und damit auch unterschiedliche Zündzeitpunkte. Zur Adaption der Vorsteuerwerte des Zündzeitpunktes an die jeweilige Klopfgrenze werden die für jeden Zylinder individuellen und vom Betriebspunkt abhängigen Spätverstellungen des Zündzeitpunktes gespeichert. Diese Speicherung erfolgt in nichtflüchtigen Kennfeldern des dauerversorgten RAM über Last und Drehzahl. Dadurch kann der Motor auch bei schnellen Last- und Drehzahländerungen in jedem Betriebspunkt mit optimalem Wirkungsgrad sowie unter Vermeidung von hörbar klopfenden Verbrennungen betrieben werden.

Der Motor kann sogar für Kraftstoffe mit niedrigerer Klopffestigkeit freigegeben werden.

Kombiniertes Zünd- und Einspritzsystem Motronic

Das Motormanagementsystem Motronic hat seit seiner Einführung im Jahr 1979 eine Vielzahl von Weiterentwicklungen erfahren. Die Basis der Integration bildeten dabei zunächst die Grundsysteme der Benzineinspritzung in Kombination mit der Vollelektronischen Zündung, ausgeführt in folgenden Systemen:
- KE-Motronic auf Basis der kontinuierlichen Benzineinspritzung KE (S. 509),
- Mono-Motronic auf Basis der intermittierenden Zentraleinspritzung (S. 505),
- M-Motronic auf Basis der intermittierenden Einzeleinspritzung (S. 511).

Auf Basis der M-Motronic übernahm die Motronic durch weitere Integrationschritte die Steuerung aller drehmomentbeeinflussender Stellgrößen eines Ottomotors:
- ME-Motronic mit elektronischem Gaspedal EGAS zur Steuerung von Benzineinspritzung, Zündung und Frischluftfüllung bei Saugrohreinspritzung (S. 538).
- MED-Motronic mit weiteren eingegliederten Steuer- und Regelfunktionen für den Hochdruckkraftstoffkreislauf bei Direkteinspritzung und Realisierung der unterschiedlicher Betriebsarten dieses Motortyps (S. 547).

Systemübersicht

Das System Motronic umfasst alle Messfühler (Sensoren) zum Erfassen der aktuellen Betriebsdaten von Motor und Fahrzeug (S. 541, Betriebsdatenerfassung) sowie alle Steller (Aktoren) für die am Ottomotor vorzunehmenden Stelleingriffe (S. 543, Betriebsdatenverarbeitung).

Steuergerät

Das Steuergerät erfasst über die Sensoren in sehr kurzen Zeitabständen (Millisekunden) den jeweiligen Zustand von Motor und Fahrzeug.

Eingangsschaltungen entstören die Signale der Sensoren und legen sie in einen einheitlichen Spannnungsbereich. Ein Analog-Digital-Wandler transformiert die aufbereiteten Signale dann in digitale Werte. Weitere Signale werden über eine digitale Schnittstelle empfangen. Der Mikroprozessor erkennt aus diesen Informationen den vom Fahrer gewünschten Betriebszustand und berechnet daraus z. B.:
- das erforderliche Drehmoment,
- die daraus resultierende Zylinderfüllung mit der dazugehörenden Einspritzmenge sowie
- die zeitgerechte Zündung.

Die Leistungsendstufen passen die an den Ausgängen des Mikroprozessors auf niedrigem Leistungsniveau vorliegenden Größen dem an den jeweiligen Stellern erforderlichen Leistungspegel an. Ein Halbleiterspeicher speichert alle Programme und Kennfelder und ermöglicht damit eine eindeutige Reproduzierbarkeit ohne Beeinflussung durch Pegel- oder Bauelementschwankungen.

Die digitale Genauigkeit richtet sich nach der Wortlänge, der Konstanz der Grundtaktfrequenz des Quarzes und der Art der Algorithmen, mit denen die Berechnungen ablaufen. Die Konstanz und Präzision der Referenzspannungen und die in den analogen Eingangskreisen verwendeten Bauelemente beeinflussen die analoge Genauigkeit.

Die Programmgestaltung muss auf die harten Echtzeitanforderungen des Motors Rücksicht nehmen: Bei Maximaldrehzahlen eines 8-Zylinder-Motors stehen zwischen zwei Zündungen weniger als 2,5 ms zur Verfügung. In dieser Zeit müssen alle wesentlichen Berechnungen erfolgen. Neben diesen kurbelwellensynchronen Abläufen gibt es auch zeitsynchrone Abläufe. Beide lassen sich zudem durch Interrupts unterbrechen.

ME-Motronic

Ausführung

Grundfunktion

Um den vom Fahrer gewünschten Betriebszustand einzustellen (Hauptaufgabe), wird im Mikroprozessor die Stellung des Fahrpedals in einen Sollwert für das Motormoment übersetzt und dann unter Berücksichtigung der zahlreichen verfügbaren aktuellen Betriebsdaten der ME-Motronic in die für das Motormoment bestimmende Größen umgerechnet:

Systembild der ME-Motronic.
1 Aktivkohlebehälter, 2 Absperrventil, 3 Regenerierventil, 4 Saugrohrdrucksensor, 5 Kraftstoffzuteiler/Einspritzventil, 6 Zündspule/Zündkerze, 7 Phasensensor, 8 Sekundärluftpumpe, 9 Sekundärluftventil, 10 Luftmassenmesser, 11 Drosselvorrichtung (EGAS), 12 Abgasrückführventil, 13 Klopfsensor, 14 Drehzahlsensor, 15 Temperatursensor, 16 Lambda-Sonde, 17 Steuergerät, 18 Diagnoseschnittstelle, 19 Diagnoselampe, 20 Wegfahrsperre, 21 Tankdrucksensor, 22 Tankeinbaueinheit, 23 Fahrpedalmodul, 24 Batterie.

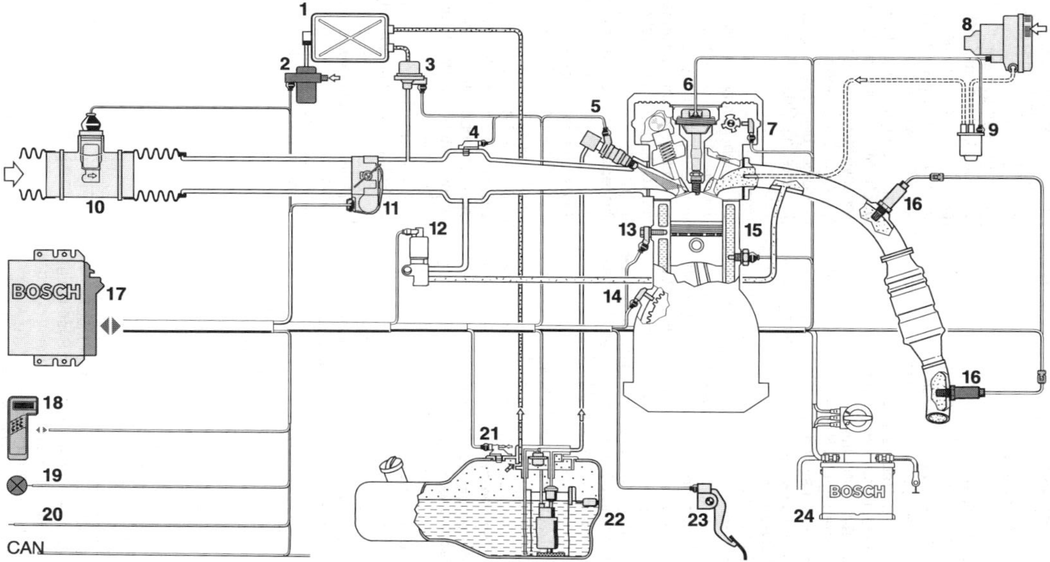

– die Füllung der Zylinder mit Luft,
– die Masse des eingespritzten Kraftstoffes und
– der Zündwinkel.

Zusatzfunktion
Neben den Grundfunktionen verfügt die ME-Motronic über eine große Anzahl zusätzlicher Steuerungs- und Regelungsfunktionen. Beispiele dafür sind:
– Leerlaufdrehzahlregelung,
– Lambda-Regelung,
– Steuerung des Kraftstoffverdunstungs-Rückhaltesystems,
– Abgasrückführung zur Senkung von NO_X-Emissionen,
– Steuerung des Sekundärluftsystems zur Senkung von HC-Emissionen und
– Fahrgeschwindigkeitsregelung.

Die Gesetzgebung zur Senkung der Abgasemissionen, die Forderung nach Minderung des Kraftstoffverbrauchs, aber auch erhöhte Anforderungen an Fahrkomfort und Fahrsicherheit haben diese Funktionen notwendig gemacht.

Zusätzlich kann das System noch durch folgende Funktionen ergänzt sein:
– Steuerung des Turboladers sowie der Saugrohrumschaltung zur Leistungssteigerung des Motors,
– Nockenwellensteuerung zur Senkung der Abgasemissionen bzw. des Kraftstoffverbrauchs und zur Leistungssteigerung,
– Klopfregelung, Drehzahlbegrenzung und Geschwindigkeitsbegrenzung zum Bauteileschutz in Motor und Fahrzeug.

Drehmomentführung
Ziel der Drehmomentführung ist die Entflechtung der vielen, teilweise sehr unterschiedlichen Aufgaben. Nur dann ist es möglich, abhängig vom Motor- oder Fahrzeugtyp die jeweils benötigten Funktionen festzulegen und in die jeweilige Variante der Motronic zu integrieren.

Die meisten der zusätzlichen Steuer- und Regelfunktionen beeinflussen ebenfalls das Drehmoment des Motors. In einem drehmomentgeführten System verhalten sich alle diese Funktionen wie der Fahrer: sie fordern unabhängig voneinander ein Motordrehmoment. Die drehmomentgeführte ME-Motronic kann die oft widersprüchlichen Anforderungen mit der Momentenkoordination sortieren und die wichtigste Anforderung verwirklichen.

Fahrzeugmanagement
Über das Bussystem CAN (S. 990) kann die ME-Motronic mit den Steuergeräten anderer Fahrzeugsysteme kommunizieren. Sie sorgt damit u. a. im Verbund mit dem Steuergerät des Automatikgetriebes durch Momentenreduzierung für einen Schaltvorgang, der das Getriebe schont. Ein ASR-Steuergerät signalisiert der ME-Motronic bei durchdrehenden Rädern, das erzeugte Drehmoment zu reduzieren.

Diagnose
Die durch Komponenten zur On-Board-Überwachung ergänzte ME-Motronic kann zur Erfüllung strenger Abgasgrenzwerte und der Anforderungen an die integrierte Diagnose eingesetzt werden.

Systeme zur Füllungssteuerung

Steuerung der Drosselklappe
Beim Ottomotor mit äußerer Germischbildung ist die Zylinderfüllung die bestimmende Größe für das abgegebene Moment und damit für die Leistung. Die Drosselklappe steuert den vom Motor angesaugten Luftstrom und damit die Zylinderfüllung.

In herkömmlichen Systemen überträgt ein Seilzug oder ein Gestänge die Bewe-

Luftsteuerung mit Bypassluftsteller
(Prinzip).
1 Leerlaufsteller (Bypassluftsteller),
2 Steuergerät, 3 Drosselklappe, 4 Bypass.

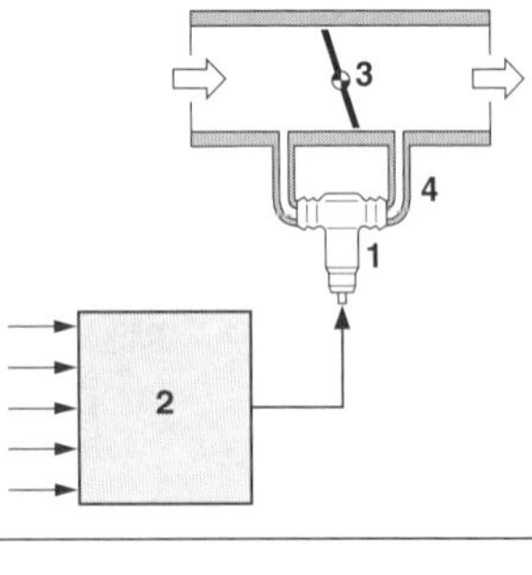

gung des Fahrpedals auf die Drosselklappe. Zusätzlicher Luftbedarf wird gedeckt, indem ein Bypassluftsteller einen zusätzlichen Luftstrom an der Drosselklappe vorbeiführt (Bild) oder ein Drosselklappenansteller den Minimalanschlag der Drosselklappe verändert. Der vom Motor benötigte Luftstrom lässt sich jedoch nur in begrenztem Umfang elektronisch beeinflussen (Leerlaufregelung).

Systeme mit EGAS (elektronische Motorfüllungssteuerung, integriert im Motorsteuergerät für Zündung, Einspritzung und sonstige Zusatzfunktionen) erfassen mit einem Pedalwertgeber (Potenziometer) die Stellung des Fahrpedals.

Das Steuergerät errechnet die erforderliche Öffnung der Drosselklappe unter Berücksichtigung des aktuellen Betriebszustandes des Motors und steuert den Drosselklappenantrieb an (Bild). Ein Drosselklappenwinkelsensor (Potenziometer) überwacht das exakte Einhalten der gewünschten Drosselklappenposition. Die aus Gründen der Redundanz doppelt vorhandenen Potenziometer an Fahrpedal und Drosselvorrichtung sind Bestandteil des EGAS-Überwachungssystems. Es überprüft während des Motorbetriebs ständig alle Sensoren und Berechnungen, die auf die Drosselklappenöffnung einwirken.

EGAS-System.

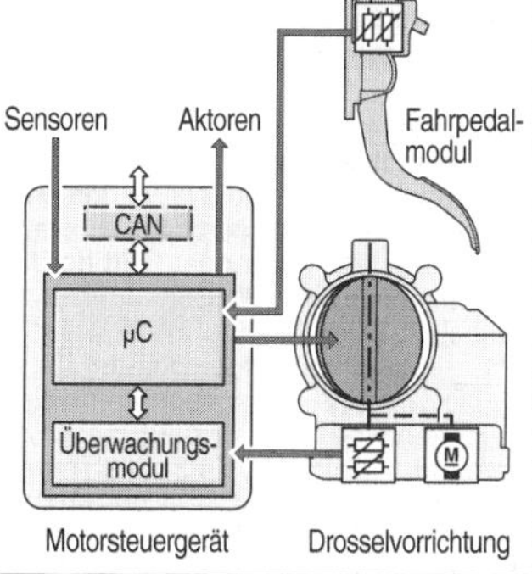

Steuerung des Ladungswechsels

Das Verhalten der in den Zylinder ein- und ausströmenden Gassäulen verändert sich stark, z. B. über der Drehzahl oder der Drosselklappenöffnung. Bei festen Steuerzeiten lässt sich somit der Ladungswechsel nur für einen bestimmten Betriebsbereich optimieren.

Eine Nockenwellenverstellung oder Nockenwellenumschaltung (S. 427) ermöglicht variable Steuerzeiten und damit die Anpassung an verschiedene Drehzahlen sowie die Beeinflussung der im Zylinder verbleibenden Restgasmasse („innere Abgasrückführung").

Die („äußere") Abgasrückführung mindert die temperaturabhängigen NO_X-Emissionen wirkungsvoll. Das Zumischen von bereits verbranntem Abgas zum Luft-Kraftstoff-Gemisch senkt die Verbrennungs-Spitzentemperatur. Dazu steuert die Motronic abhängig vom Betriebspunkt des Motors das Abgasrückführventil an, das ein Teilstrom des Abgases dem Frischgemisch zuführt und bei gleichbleibender Frischluftfüllung die Gesamtfüllung vergrößert. So muss der Motor weniger stark gedrosselt werden, um ein bestimmtes Drehmoment zu erreichen (geringerer Kraftstoffverbrauch).

Das erzielbare Drehmoment, das proportional zur Frischgasfüllung ist, lässt sich durch Verdichten der Luft im Zylinder noch steigern. Diesem Zweck dient die dynamische Aufladung, Abgasturboaufladung oder mechanische Aufladung (S. 430).

Betriebsdatenerfassung

Fahrerwunsch

Bei einer Motorsteuerung mit elektronischer Drosselklappe (EGAS) besteht zwischen Fahrpedal und Drosselklappensteller keine mechanische Verbindung mehr. Statt dessen wird die die Fahrpedalstellung über einen Pedalwertgeber bzw. Fahrpedalmodul erfasst und in ein elektrisches Signal gewandelt. Die Motorsteuerung interpretiert dieses Signal als Fahrerwunsch.

Luftfüllung

Bei Motorkonzepten mit Saugrohreinspritzung besteht ein linearer Zusammenhang

Abgasrückführung *(Beispiel).*
1 Abgasrückführung, 2 elektropneumatischer Wandler, 3 Abgasrückführventil, 4 Steuergerät, 5 Luftmassenmesser, n Drehzahl.

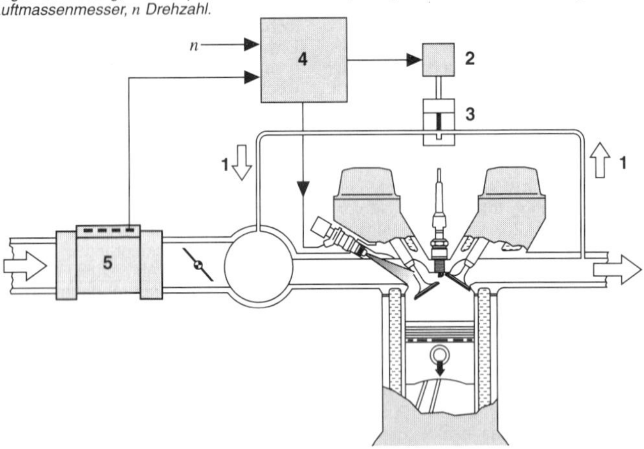

zwischen der Luftfüllung und dem durch die Verbrennung erzeugten Moment. In der drehmomentgeführten ME-Motronic ist die Luftfüllung daher nicht nur eine der Hauptgrößen zur Berechnung von Einspritzmenge und Zündwinkel, sondern sie dient auch zur Berechnung des aktuell vom Motor abgegebenen Drehmoments. Dazu können folgende Sensoren eingesetzt werden:

- Heißfilm-Luftmassenmesser (HFM),
- Saugrohrdrucksensor (DS-S),
- Umgebungsdrucksensor (DS-U),
- Ladedrucksensor (DS-L) und
- Drosselklappengeber (DKG).

Drehzahl, Kurbelwellenstellung und Nockenwellenstellung

Ein Drehzahlsensor an der Kurbelwelle gibt die Kurbelwellenumdrehungen pro Minute (Drehzahl) an und liefert die Information über die Kurbelwellenstellung bzw. Kolbenstellung aller Zylinder als wichtige Eingangsgröße für die ME-Motronic. Die Kolbenstellung eines Zylinders dient z. B. zur Festlegung des Einspritz- und des Zündzeitpunktes.

Die ME-Motronic mit ruhender Spannungsverteilung benötigt zur Ansteuerung der Einzelfunken-Zündspulen außerdem Zusatzinformationen über die Nockenwellenstellung. Diese wird meist mit einem Hall-Sensor ermittelt und als Schaltsignal dem Steuergerät zugeführt.

Gemischzusammensetzung

Die Luftzahl Lambda (λ) ist die Maßzahl für das Luft-Kraftstoff-Massenverhältnis des Gemisches. Bei $\lambda = 1$ arbeitet der Katalysator optimal. Die Lambda-Sonde misst die Sauerstoffkonzetration im Abgas und liefert eine Information über den aktuellen Wert der Luftzahl (S. 498).

Klopfende Verbrennung

Die charakteristischen Schwingungen klopfender Verbrennungen werden durch Klopfsensoren aufgenommen, in elektrische Signale umgewandelt und der ME-Motronic zugeführt (S. 538).

Motor- und Ansauglufttemperatur

Die elektrische Spannung am NTC-Widerstand des Sensors für die Motortemperatur ist von der Kühlmitteltemperatur abhängig. Sie wird über den Analog-Digital-Wandler eingelesen und ist ein Maß für die Temperatur. In gleicher Weise erfasst ein Sensor im Ansaugkanal die Temperatur der angesaugten Luft.

Betriebsdatenverarbeitung

Drehmomentführung
Ein Merkmal der ME-Motronic ist die Drehmomentführung. Zahlreiche Teilsysteme innerhalb der Motronic (z. B. Leerlaufregelung, Drehzahlbegrenzung) sowie die Systeme zur Antriebstrang- (z. B. ASR, Getriebesteuerung) oder Gesamtfahrzeugsteuerung (z. B. Steuerung der Klimaanlage) richten ihre Anforderungen an das Motronic-Basissystem mit dem Ziel, das gerade erzeugte Motordrehmoment zu verändern. Die ME-Motronic wertet und koordiniert diese Anforderungen und setzt das resultierende Sollmoment unter Nutzung der verfügbaren Stellgrößen um (abgas- und verbrauchsoptimaler Betrieb des Motors in jedem Betriebspunkt).

Voraussetzung für die Drehmomentführung ist das elektronische Gaspedal EGAS mit der Steuerung der Drosselklappe unabhängig vom Fahrpedal.

Berechnung des Sollmoments
Die Grundgröße für die Momentenstruktur der ME-Motronic ist das innere Moment aus der Verbrennung. Die Drehmomentführung hat die Aufgabe, durch geeignete Wahl der Motorstellgrößen das innere Moment so einzustellen, dass der Fahrerwunsch erfüllt und sämtliche Verluste sowie Zusatzanforderungen abgedeckt werden. Da die Motronic für jedes gewünschte Sollmoment die optimalen Werte für Füllung, Einspritzzeit und Zündwinkel „kennt", kann sie einen abgas- und verbrauchsoptimalen Betrieb des Motors sicherstellen.

Einstellung des Sollmoments
Für die Einstellung des inneren Moments verfügt der Momentenumsetzer der ME-Motronic über einen langsamen Pfad (Füllungspfad, stationärer Betrieb) durch Ansteuern der Drosselklappe (EGAS) und einen schnellen Pfad (Zündwinkelpfad, dynamischer Betrieb) durch Variation des Zündwinkels und/oder der Einspritzausblendung einzelner Zylinder.

Berechnung der Zylinderfüllung
Die nach Schließen der Einlassventile im Zylinder befindliche Luftmasse wird als Luftfüllung bezeichnet. Bezieht man die tatsächliche Luftfüllung auf die maximal erreichbare Füllung, so ergibt sich eine vom Hubraum des Motors unabhängige

Drehmomentbeeinflussung beim Benzinmotor.

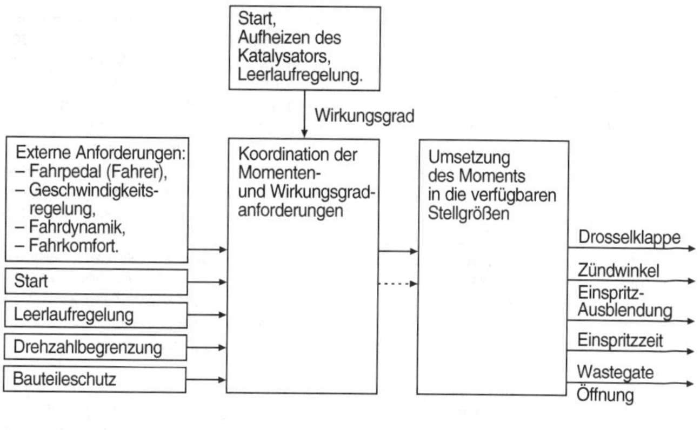

Größe: die „relative (Luft-)Füllung". Aus der relativen Luftfüllung kann die zugehörige Einspritzmenge berechnet werden.

Die relative Füllung kann nicht direkt gemessen werden, sie kann jedoch aus den verfügbaren Messsignalen bestimmt werden. Dazu dient eine Saugrohrmodellrechnung, in der alle Luftmassenströme in das Saugrohr sowie vom Saugrohr zum Brennraum berechnet werden. Wichtigste Messgröße dieses Modells ist entweder der (mit einem Heißfilm-Luftmassenmesser HFM) gemessene, über die Drosselklappe zufließende Luftstrom oder der (mittels Drucksensor) gemessene Saugrohrabsolutdruck.

Ausgehend von diesem Saugrohrmodell kann dann auch die tatsächliche relative Luftfüllung bestimmt werden.

Steuerung der Zylinderfüllung

Beim heutigen Ottomotor ist die relative Zylinderfüllung auch die Hauptgröße zur Beeinflussung des Motormomentes und wird daher in der Drehmomentenstruktur als Stellgröße verwendet. Auch zur Steuerung der Zylinderfüllung über die Drosselklappe wird das Saugrohrmodell eingesetzt: Dazu wird aus dem gewünschten Drehmoment (das von der Drehmomentführung der ME-Motronic errechnet wurde) zunächst eine erforderliche Zylinderfüllung errechnet. Diese wird anschließend in einen zugehörigen Drosselklappenwinkel überführt und schließlich als Sollwert an den Lageregler des Drosselklappenstellers übergeben.

Einspritzzeitberechnung

Aus der Luftfüllung im Zylinder lässt sich die Kraftstoffmasse für ein stöchiometrisches Luft-Kraftstoff-Verhältnis berechnen. Unter Berücksichtigung der Einspritzventilkonstanten (diese ist abhängig von den Eigenschaften der Einspritzventile) ergibt sich daraus die Einspritzdauer.

Die Einspritzdauer hängt auch vom Differenzdruck zwischen Kraftstoffversorgungsdruck (ca. 300 kPa) und Einspritzgegendruck ab. Kraftstoffversorgungssysteme mit Kraftstoffrückführung halten den Versorgungsdruck gegenüber dem Saugrohr konstant. Damit ist gewährleistet, dass trotz wechselndem Saugrohrdruck stets die gleiche Druckdifferenz an den Einspritzventilen anliegt. Demgegenüber halten Kraftstoffsysteme ohne Kraftstoffrückführung den Versorgungsdruck gegenüber der Umgebung konstant. Mit wechselndem Saugrohrdruck ändert sich der Differenzdruck zwischen Kraftstoffversorgung und Saugrohr. Eine Kompensationsfunktion korrigiert diesen Fehler.

Ein weiterer zylinderindividueller Anpassungsfaktor dient zur Berücksichtigung von Kraftstoffdruckpulsationen, die durch sich öffnende und schließende Einspritzventile hervorgerufen werden.

Die so berechnete, effektive Öffnungsdauer gilt unter der Voraussetzung, dass das Einspritzventil bereits geöffnet ist. Sie muss daher um die Öffnungs- und Schließzeit des Ventils verlängert werden. Eine zusätzliche, batteriespannungsabhängige Einspritzdauer, die zur Ventilöffnungsdauer addiert wird, kompensiert diesen Effekt.

Die so berechnete, effektive Öffnungsdauer gilt unter der Voraussetzung, dass das Einspritzventil bereits geöffnet ist. Die Ansteuerung des Einspritzventils muss daher um die Öffnungs- und Schließzeit des Ventils verlängert werden. Diese zusätzliche Einspritzdauer ist batteriespannungsabhängig und wird zur Ventilöffnungsdauer addiert.

Für eine optimale Verbrennung muss neben der exakten Dosierung auch der richtige Einspritzzeitpunkt bestimmt werden. In der Regel wird der Kraftstoff bei noch geschlossenen Einlassventilen in das Saugrohr eingespritzt. Das Einspritzende wird durch den „Vorlagerungswinkel" bestimmt, der in „Grad Kurbelwelle" angegeben wird. Bezugspunkt ist das Schließen des Einlassventils. Aus der Dauer der Einspritzung kann dann über die Drehzahl der Einspritzbeginn als Winkel berechnet werden. Der Vorlagerungswinkel wird unter Berücksichtigung der aktuellen Betriebsbedingungen ermittelt.

Die ME-Motronic steuert für jeden Zylinder ein eigenes Einspritzventil an. Damit kann für jeden Zylinder getrennt der Kraftstoff optimal vorgelagert werden (sequentielle Einspritzung).

Zünd- und Schließwinkelberechnung

Bei Berechnung des Zündwinkels wird zunächst der „Grundzündwinkel" unter

Berücksichtigung der aktuellen Betriebsbedingungen des Motors ermittelt. In bestimmten Betriebszuständen kann eine Anpassung dieses Grundzündwinkel erfolgen.

Zur Berechnung des Schließwinkels wird zunächst die Schließzeit aus einem drehzahl- und batteriespannungsabhängigen Kennfeld berechnet. Nach Berücksichtigung einer temperaturabhängigen Korrektur wird durch eine Zeit/Winkelumrechnung der zugehörige Schließwinkel ermittelt.

Die Differenz von Schließende (ermittelt aus dem resultierenden Zündwinkel) und Schließwinkel bestimmt den Schließbeginn.

Betriebszustand

Bei einigen Betriebszuständen weicht der Kraftstoffbedarf stark vom stationären Bedarf des betriebswarmen Motors ab, so dass korrigierende Eingriffe in die Gemischbildung erforderlich sind.

Start

Während des Startvorgangs werden Luftsteuerung, Einspritzung und Zündung speziell berechnet. Eine erhöhte, an die Motortemperatur angepasste Einspritzmenge dient dem Aufbau eines Kraftstofffilms an der Saugrohr- und Zylinderwand und deckt den erhöhten Kraftstoffbedarf während des Motorhochlaufs ab. Der Zündwinkel wird ebenfalls dem Startvorgang angepasst. Die Luftfüllung des stehenden Motors wird von der Drosselklappe nicht beeinflusst; in Vorbereitung der Nachstartphase wird die Drosselklappe dennoch leicht geöffnet.

Nachstart

In dieser Phase werden die noch erhöhte Füllung und Einspritzmenge in Abhängigkeit von Motortemperatur und Zeit nach Startende weiter reduziert. Der Zündwinkel wird daran angepasst.

Warmlauf

Nach Starts bei niedriger Motortemperatur wird bis zu einer bestimmten Temperaturschwelle der erhöhte Drehmomentbedarf des Motors durch Anpassung der Füllung, Einspritzung und Zündung gedeckt.

Aufheizen des Katalysators

Durch sehr späte Zündwinkel wird sehr heißes Motorabgas erzeugt und damit der Katalysator sehr schnell auf Betriebstemperatur gebracht.

Leerlauf

Im Leerlauf reicht das vom Motor erzeugte Drehmoment gerade aus, um den Selbstlauf des Motors und den Betrieb der Nebenaggregate zu ermöglichen. Mit der Leerlaufdrehzahlregelung bleibt die gewünschte Leerlaufdrehzahl unter allen Bedingungen stabil.

Volllast

Bei Volllast ist die Drosselklappe ganz geöffnet, die Drosselverluste entfallen. Der Motor gibt bezogen auf die aktuelle Drehzahl das größte Moment ab.

Beschleunigung und Verzögerung

Bei starken Beschleunigungen und Verzögerungen ändern sich der Saugrohrdruck und damit die Bedingungen für den im Saugrohr vorhandenen Kraftstoffwandfilm sehr schnell. Um eine Ausmagerung während der Beschleunigung zu verhindern, wird für den Wandfilmaufbau benötigter Kraftstoff zusätzlich eingespritzt und bei der Verzögerung entsprechend vermindert.

Schubabschalten und Wiedereinsetzen

Beim Übergang in den ungefeuerten Schiebebetrieb regelt die ME-Motronic das Motorsollmoment ruckfrei ab und sorgt auch für einen ruckfreien Drehmomentaufbau beim Wiedereinsetzen.

Zusätzliche Regelungs- und Steuerungsfunktionen

Leerlaufdrehzahlregelung

Die Leerlaufdrehzahlregelung gibt ein Moment vor, mit dem die gewünschte Drehzahl bei den gegebenen Betriebsbedingungen gehalten wird. Bei fallender Drehzahl wird dieses Moment vergrößert, bei steigender Drehzahl verringert.

Lambda-Regelung

Die Umwandlung der schädlichen Abgaskomponenten im Dreiwege-Katalysator ist nur in einem sehr engen Bereich möglich („Lambda-Fenster“ mit λ = 0,99...1). Die Einhaltung dieses Fensters erfordert eine Lambda-Regelung (S. 522).

Kraftstoffverdunstungs-Rückhaltesystem
Kraftstoffrückhaltesysteme begrenzen die HC-Emissionen. Sie sind mit einem Aktivkohlebehälter ausgerüstet, in dem die Entlüftungsleitung aus dem Kraftstoffbehälter endet. Ausgasender Kraftstoff wird in der dort vorhandenen Aktivkohle angelagert. Bei Motorbetrieb entsteht im Saugrohr ein Unterdruck. Er bewirkt, dass Luft aus der Umgebung durch die Aktivkohle ins Saugrohr strömt. Diese reißt die zwischengespeicherten Benzindämpfe mit und führt sie der Verbrennung zu. Ein Regenerierventil dosiert diesen Regenerier- bzw. „Spülstrom“.

Klopfregelung
Klopfsensoren wandeln die für das Klopfen charakteristischen Schwingungen in elektrische Signale um, mit denen die Motronic durch Verstellen des Zündzeitpunktes ein hörbares und motorschädigendes Klopfen verhindert (S. 536).

Ladedruckregelung
Bei Motoren mit Abgasturboaufladung wird der Sollwert des gewünschten Ladedrucks von der elektronischen Ladedruckregelung eingeregelt. Dieser wird in einen Sollwert für die gewünschte maximale Füllung und danach über die Drehmomentführung in einen Sollwert für den Drosselklappenwinkel und ein Steuertastverhältnis für das „Waste-Gate“ umgesetzt. Im „Waste-Gate“ führt dieses Signal über eine Änderung des Steuerdrucks und des Hubes zu einer Änderung des Querschnitts am Bypass-Ventil.

Schutz- und Komfortfunktionen
Zu den Schutzfunktionen gehören:
- Drehzahl-/Geschwindigkeitsbegrenzung,
- Drehmoment-/Leistungsbegrenzung,
- Begrenzung der Abgastemperatur,
- Wegfahrsperre.

Zu den Komfortfunktionen gehören:
- Lastwechselschlagdämpfung,
- Antiruckelfunktion,
- Fahrgeschwindigkeitsregelung.

Integrierte Diagnose
Die „On Board Diagnose“ (OBD) gehört zum Grundumfang der ME-Motronic. Sie vergleicht im Normalbetrieb ständig die Reaktionen des Systems mit den Befehlen des Steuergerätes und die Signale

Kraftstoffverdunstungs-Rückhaltesystem.
1 Leitung vom Kraftstoff- zum Aktivkohlebehälter, 2 Aktivkohlebehälter, 3 Frischluft, 4 Regenerierventil, 5 Leitung zum Saugrohr, 6 Drosselvorrichtung mit Drosselklappe.
Δ_p Differenz zwischen Saugrohrdruck p_S und Umgebungsdruck p_u.

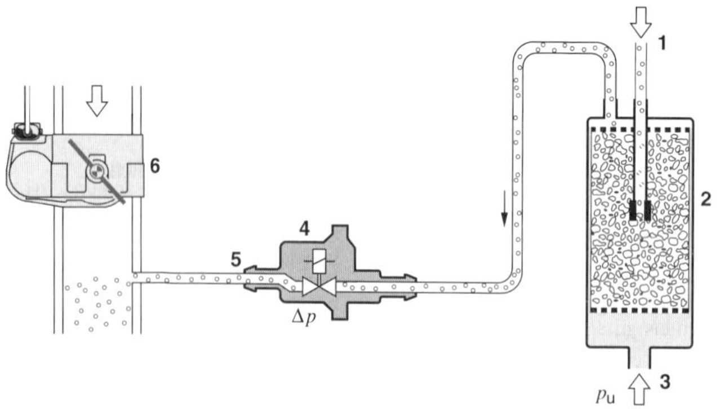

der verschiedenen Sensoren untereinander auf ihre Plausibilität.

Bei der Fahrzeuginspektion lassen sich die gespeicherten Fehler über eine genormte Diagnoseschnittstelle mit einem Tester auslesen und anzeigen. Aufgrund von Forderungen der kalifornischen Umweltbehörde werden mit einer erweiterten Diagnose (OBD II; angepasst für Europa: EOBD) alle Komponenten überwacht, die bei Ausfall zu einer merklichen Erhöhung der schädlichen Emissionen führen können (Fehleranzeige mit Diagnoselampe). Beispiele für Diagnose-Bereiche:

- Luftmassenmesser,
- EGAS-Drosselklappensteller,
- Verbrennungsaussetzer,
- Katalysator,
- Lambda-Sonde,
- Kraftstoffversorgung,
- Tanksystem,
- Sekundärlufteinblasung,
- Abgasrückführung.

Fehlerspeicher

Werden abgasrelevante Fehler erkannt, erfolgt ein Eintrag in den nicht flüchtigen Fehlerspeicher. Außer den behördlich festgelegten Fehlercodes enthält jeder Eintrag einen „Freeze-Frame", der zusätzliche Informationen zu den Randbedingungen enthält, bei denen der Fehler aufgetreten ist (z. B. Drehzahl, Motortemperatur). Es können auch kundendienstrelevante Fehler abgespeichert werden.

Notlauf

Wenn ein Fehler während der Fahrt auftritt (z. B. Ausfall einer Komponente), so führt dies nicht nur zum Eintrag in den Fehlerspeicher. Über Ersatzgrößen und Notfunktionen werden zusätzlich die Füllung, die Einspritzung und die Zündung so weiterberechnet, dass mit eingeschränktem Komfort weitergefahren werden kann.

Der EGAS-Drosselklappensteller hat dazu eine Notlaufposition, in der die Drosselklappe durch Federkraft in ihrer Stellung gehalten wird. Die Motordrehzahl bleibt dann auf niedrige Werte beschränkt, so dass trotz Ausfall dieses wichtigen Stellorgans die Fahrt eingeschränkt möglich ist.

MED-Motronic

Anforderungen

Mit der Benzin-Direkteinspritzung bei Ottomotoren lässt sich der Kraftstoffverbrauch im Vergleich zur herkömmlichen Saugrohreinspritzung um bis zu 20 % senken und die verkehrsbedingte CO_2-Emission nachhaltig verringern.

Um die Direkteinspritzung überhaupt möglich zu machen, bedarf es während des Betriebes exakt abgestimmter Wechsel zwischen der „Ladungsschichtung" bei Teillast und des Betriebes mit einem homogenen Gemisch bei Volllast.

Die Anforderungen, die an das Motorsteuerungssystem MED-Motronic gestellt werden, sind im Wesentlichen:

- die nötige Kraftstoffmenge exakt zuzumessen,
- den nötigen Einspritzdruck zu erzeugen und
- den richtigen Einspritzzeitpunkt zu definieren sowie
- den Kraftstoff direkt und präzise in die Brennräume des Motors einzubringen.

Außerdem muss es die verschiedenen Momentenanforderungen an einen Motor koordinieren, um dann die erforderlichen Stelleingriffe am Motor vorzunehmen.

Eine wesentliche Systemschnittstelle liefert das innere Moment aus der Verbrennung. Die Struktur der Momentensteuerung gliedert sich in die Funktionsbereiche:

- Momentenanforderung,
- Momentenkoordination und
- Momentenumsetzung.

Die wichtigste Momentenanforderung entsteht aus dem Fahrerwunsch durch die Betätigung des Fahrpedals, aus dessen Stellung die Motorsteuerung die Anforderung an den Verbrennungsmotor für ein bestimmtes Drehmoment interpretiert.

Weitere Momentenanforderungen können unter anderem auch von der Getriebesteuerung, der Antriebsschlupfregelung oder des Elektronischen Stabilitäts-Programms für die Fahrdynamikregelung gestellt werden.

Die Momentenkoordination wird zentral in der Motorsteuerung vorgenommen.

Aufbau

Das Hochdruck-Direkteinspritzsystem ist wie die Saugrohreinspritzung als Speichereinspritzsystem ausgeführt. Der Kraftstoff kann damit zu jedem beliebigen Zeitpunkt mit elektromagnetischen Hochdruck-Einspritzventilen direkt in den Zylinder eingespritzt werden. Im Vergleich zu dem ME-Basissteuergerät ist für die Benzin-Direkteinspritzung zusätzlich eine Endstufe zur Ansteuerung der Drucksteuerventile im Steuergerät integriert.

Die angesaugte Luftmasse ist über die elektronisch gesteuerte Drosselklappe (EGAS) frei verstellbar. Zur genauen Erfassung wird ein Heißfilm-Luftmassenmesser eingesetzt. Die Gemischkontrolle ist über universelle Lambda-Sonden LSF und LSU im Abgasstrom vor und nach dem Katalysator gesichert. Sie dienen zur Regelung des $\lambda = 1$-Betriebs, des Magerbetriebs und zur genauen Steuerung der Regenerierung des Katalysators. Wichtig ist die genaue Einstellung der Abgasrückführrate, insbesondere im dynamischen Betrieb.

Arbeitsweise

Kraftstoffförderung und Einspritzung

Das Speichereinspritzsystem der MED-Motronic kann den im Speicher (Rail) unter Druck vorgelagerten Kraftstoff zu jedem beliebigen Zeitpunkt mit einem elektromagnetisch gesteuerten Einspritzventil direkt in den Brennraum einspritzen. Es bietet dadurch folgende Funktionen:
- freie Wahl des Einspritzzeitpunktes,
- variabler Systemdruck.

Niederdruckkreis:

In einem tankseitig angeordneten Niederdruckkreis, bestehend aus Elektrokraftstoffpumpe und parallel geschaltetem mechanischem Druckregler, wird zunächst ein Vordruck von 0,35 MPa (3,5 bar) erzeugt. Damit wird die vom Verbrennungsmotor angetriebene Hochdruckpumpe gespeist.

Hochdruckkreis:

Hochdruckpumpe: Die Hochdruckpumpe hat die Aufgabe, den Kraftstoffdruck von

Direkteinspritzmotor mit Komponenten der MED-Motronic.
1 Kraftstoffzulauf (Hochdruck),
2 Speicher (Rail),
3 Einspritzventil,
4 Zündspule mit Zündkerze,
5 Phasensensor,
6 Drucksensor,
7 Klopfsensor,
8 Drehzahlsensor,
9 Motortemperatursensor,
10 Lambda-Sonde (LSU),
11 Dreiwege-Katalysator,
12 Abgastemperatursensor,
13 NO_X-Katalysator,
14 Lambda-Sonde (LSF).

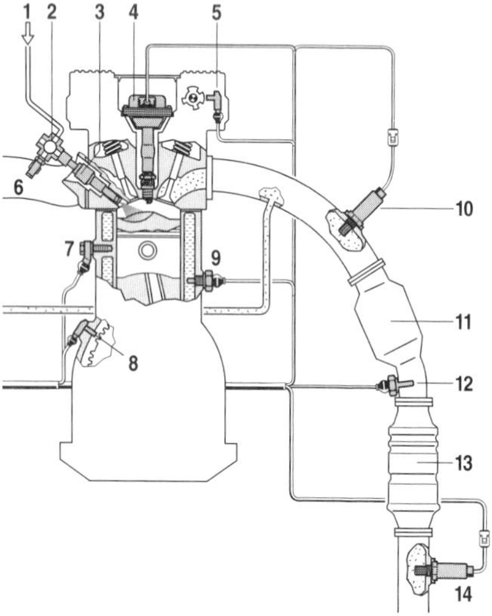

0,35 MPa (3,5 bar) Vordruck auf bis zu 12 MPa (120 bar) zu erhöhen, für geringe Druckschwankungen im Speicher zu sorgen und einen Betrieb ausschließlich mit Kraftstoff (zur Vermeidung einer Vermischung mit Motoröl) zu gewährleisten.
Speicher: Der Speicher (Rail) muss einerseits eine große Elastizität aufweisen, um Druckpulsationen aus den periodischen Entnahmevorgängen und der Förderstrompulsation der Hochdruckpumpe zu dämpfen. Andererseits muss er so steif sein, dass der Raildruck schnell genug den Anforderungen des Motorbetriebs angepasst werden kann.
Drucksensor: Der Drucksensor (eingeschweißte Edelstahlmembran als Sensorelement mit Messwiderständen) dient zur Erfassung des Druckniveaus im Speicher.
Drucksteuerventil: Das Drucksteuerventil hat die Aufgabe, den Systemdruck im gesamten Betriebsbereich des Motors entsprechend den Kennfeldvorgaben unabhängig von Einspritz- und Pumpenfördermenge einzustellen. Die abströmende Überschussmenge wird zur Saugseite der Hochdruckpumpe zurückgeführt.
Einspritzventile: Die Einspritzventile sind die zentralen Komponenten des Benzin-Direkteinspritzsystems. Sie sind direkt an den Speicher angeschlossen. Durch das Ansteuersignal der Einspritzventile werden Einspritzbeginn und Einpritzmenge festgelegt.

Gemischbildung und Verbrennung
Um die Benzin-Direkteinspritzung im Hinblick auf geringen Kraftstoffverbrauch und hohe Motorleistung voll auszuschöpfen, ist eine komplexe Motorsteuerung erforderlich. Dabei wird zwischen zwei grundlegenden Betriebsarten unterschieden:

Unterer Lastbereich
In diesem Bereich wird der Motor mit einer stark geschichteten Zylinderladung und hohem Luftüberschuss betrieben, um einen möglichst niedrigen Kraftstoffverbrauch zu erreichen. Durch eine späte Einspritzung kurz vor dem Zündzeitpunkt wird als Idealzustand eine Aufteilung des Brennraums in zwei Zonen angestrebt: eine brennfähige Luft-Kraftstoff-Gemischwolke an der Zündkerze, die in einer isolierenden Schicht aus Luft und Restgas eingelagert ist. Dadurch lässt sich der Motor unter Vermeidung von Ladungswechselverlusten weitgehend ungedrosselt betreiben. Außerdem steigt der thermodynamische Wirkungsgrad durch Vermeidung von Wärmeverlusten an den Brennraumwänden.

Oberer Lastbereich
Mit steigender Motorlast und damit steigender Einspritzmenge wird die Schichtladewolke zunehmend fetter. Dadurch würden sich Abgasverschlechterungen ergeben, insbesondere bezüglich der Rußemission. In diesem oberen Drehmomentbereich wird der Motor deshalb mit homogener Zylinderladung betrieben.

Die Lambda-Koordination übernimmt die Steuerung zwischen $\lambda = 1$ und Magerbetrieb. Der Kraftstoff wird bereits während des Ansaugvorgangs eingespritzt, um eine gute Durchmischung von Kraftstoff und Luft zu erzielen.

Wechsel der Drehmomentbereiche
Bei einem Wechsel zwischen Homogen- und Schichtbetrieb ist es entscheidend, Kraftstoffmenge, Luftfüllung und Zündwinkel so zu steuern, dass das vom Motor an das Getriebe abgegebene Moment konstant bleibt. Durch die Momentenstruktur wurden auch hier die wesentlichen Funktionen zur Steuerung der elektronischen Drosselklappe direkt von der ME-Motronic übernommen. Vor der eigentlichen Umschaltung vom Schichtbetrieb in den Homogenbetrieb muss die Drosselklappe geschlossen werden.

Abgasnachbehandlung, Katalysatorsteuerung
Ein wesentlicher Gesichtspunkt bei der Benzin-Direkteinspritzung ist, dass im Schichtbetrieb die NO_X-Anteile in dem sehr mageren Abgas nicht durch einen Dreiwege-Katalysator reduziert werden können. Durch Abgasrückführung mit hoher Abgasrückführrate wird eine Reduzierung des NO_X-Anteils im Abgas um etwa 70 % erreicht. Zur Erfüllung der Abgasvorschriften ist zusätzlich eine Nachbehandlung der NO_X-Emission unumgänglich. Für eine Reduzierung dieses Abgasanteils bietet der NO_X-Speicher-Katalysator das größte Potenzial.

Motor-Prüftechnik

Moderne Fahrzeuge benötigen immer weniger Wartung und Inspektion, elektronische Systeme arbeiten weitgehend wartungsfrei. Trotzdem können Fehler auftreten. Die Funktion von Motor oder elektronischen Systemen kann durch Verschleiß, Verschmutzung und Korrosion beeinträchtigt werden oder Einstellwerte verändern sich. Deshalb gehört die rasche und sichere Diagnose im Fehlerfall zur wichtigsten Aufgabe im Kundendienst, wobei zwischen Prüfen und Diagnose zu unterscheiden ist. Beim Prüfen werden bestimmte Messwerte für den Vergleich mit Sollwerten ermittelt. Bei der Diagnose (z. B. des Motors) werden Abweichungen vom Sollzustand in Verbindung gesetzt mit Systemfunktionen, Fehlerzusammenhängen, Erfahrungswissen und zwar mit dem Ziel, Fehlerart oder defekte Komponenten zu ermitteln.

Motordiagnose

Motor, Zündung und Gemischaufbereitung werden immer komplexer und unzugänglicher. Universelle, automatisierte, von subjektiven Einflüssen freie Abläufe sind deshalb wesentliche Bestandteile computergesteuerter Prüftechnik in der Kfz-Werkstatt. Dazu gehören:

- Leistungsvergleich der Zylinder durch selektiven Kurzschluss der Zündung oder durch Rundlaufanalyse über die Momentandrehzahl,
- Kompressionsvergleich über den Verlauf des Starterstroms,
- Ermittlung der Gemischverteilung durch selektive Messung von HC im Abgas,
- Analyse des Primär- und Sekundärspannungsverlaufs der Zündung.

Elektronikprüfung

Speziell für die Prüfung elektronischer Systeme im Bereich des Motors werden Prüfeinrichtungen eingesetzt, die auf der vorhandenen Motor-Prüftechnik als Basis aufbauen.

Zur Prüfung wird die Steckverbindung zwischen Peripherie und Steuergerät gelöst und ein Universal-Prüfadapter dazwischengeschaltet. Soll nur die Systemperipherie (Sensoren, Stellglieder, Verkabelung und Stromversorgung) geprüft werden, genügt der Anschluss an den Peripheriestecker; für eine dynamische Funktionsprüfung wird auch das Steuergerät angeschlossen. Das einzelne Elektroniksystem erfordert nur ein auswechselbares, systemabgestimmtes Adapterkabel. In Verbindung mit den Programmschaltern des Universal-Prüfadapters ergibt sich ein logischer, auf das zu prüfende System zugeschnittener Prüfablauf.

Messwerte und Signale, wie Einspritz- oder Zündimpulse, lassen sich am angeschlossenen Testgerät ablesen.

Bei Funktionsprüfungen mit angeschlossenem Steuergerät können über Tasten Betriebszustände simuliert und deren Auswirkungen mit dem Testgerät ausgewertet werden.

Peripherie- und Funktionsprüfung.
1 Steuergerät, 2 Systemkabelbaum, 3 Systemadapterkabel, 4 Steckverbindung, 5 Universal-Prüfadapter, 6 Anschlussbuchsen für Testgerät.

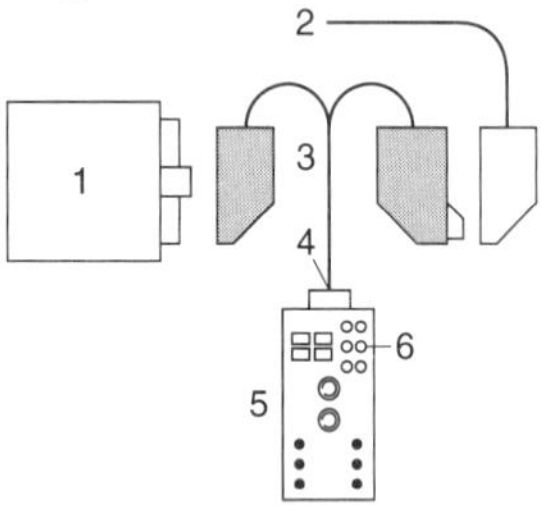

Systemtest mit Steuergeräte-Diagnose.
1 Testgerät, 2 Prüfling, 3 Informationssystem, 4 Modem, 5 Datenfernübertragung.

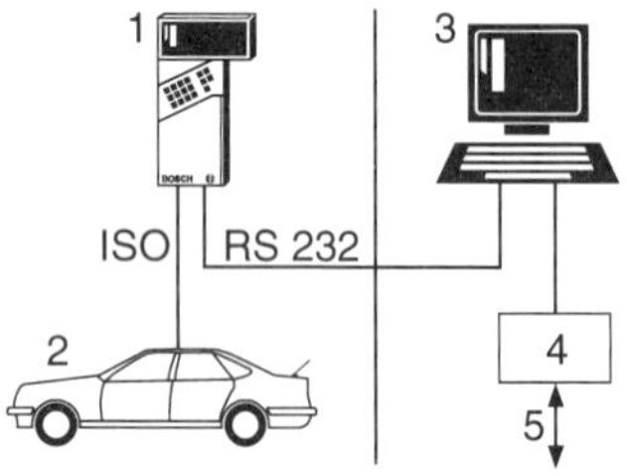

Steuergeräte-Diagnose

Die Durchdringung des Kraftfahrzeugs mit Elektronik erfordert die verstärkte Berücksichtigung von Servicebelangen. Darüber hinaus stellt die wachsende Abhängigkeit grundlegender Fahrzeugfunktionen von der Elektronik höchste Anforderungen an deren Zuverlässigkeit und bedingt Notlaufprogramme für den Fall von Fehlern.

Die Lösung liegt in der Steuergeräte-Diagnose des elektronischen Systems, d. h. in der Fähigkeit der ohnehin installierten elektronischen „Intelligenz", sich ständig selbst zu überwachen, Fehler zu erkennen, abzuspeichern und diagnostisch auszuwerten.

Das Steuergerät prüft sich selbst, indem z.B. Speicher mit Prüfmustern beschrieben und wieder gelesen werden. Bei Programmspeichern stellt ein Vergleich mit Prüfsummen sicher, dass Daten und Programme richtig abgespeichert sind; Daten- und Adressbus werden mitgeprüft.

Bei Sensoren werden die Signale innerhalb von Grenzwerten auf Plausibilität geprüft und Unterbrechung oder Kurzschluss erfasst. Die Prüfung von Stellgliedern kann anhand von Stromgrenzwerten während der Ansteuerung erfolgen.

Die Auswertung dieser „On-Board-Diagnose" durch „Off-Board-Testgeräte" erfordert eine Kommunikationsschnittstelle, wie sie verbindlich in ISO 9141 festgelegt ist. Diese serielle Schnittstelle mit freier Baudrate zwischen 10 Baud und 10 kBaud ist als Ein- oder Zweidraht-Schnittstelle so ausgelegt, dass sich mehrere Steuergeräte an einem zentralen Diagnosestecker zusammenfassen lassen.

Durch das Senden einer Reizadresse werden alle angeschlossenen Steuergeräte angesprochen. Ein System erkennt seine Adresse und sendet ein Baudraten-Erkennungswort zurück.

Anhand der Zeit zwischen den Impulsflanken ermittelt das Testgerät die Baudrate und stellt sich automatisch darauf ein. Die nachfolgenden Keybytes (zugeteilt vom DIN-Fachausschuss Kraftfahrzeuge) bestimmen, wie der weitere Datenaustausch zu erfolgen hat.

Die danach übermittelten Daten werden im programmierbaren Testgerät umgesetzt in Diagnoseabläufe und Informationen im Klartext, zugeschnitten auf das geprüfte System.

Die Steuergeräte-Diagnose ermöglicht damit:
- Identifikation von System und Steuergerät,
- Erkennen, Speichern und Auslesen von statischen und sporadischen Fehlern mit Fehlerpfad, Fehlerart und zugehörigen Parametern,
- Ausgabe von aktuellen Istwerten, Schaltzuständen, Spezifikationen,
- Stimulation von Systemfunktionen und
- Programmierung von Systemvarianten.

Programmspeicher des Testgeräts sind austauschbare Module; über eine Schnittstelle ist Updating oder Kommunikation mit Informationssystemen möglich.

Steuergeräte-Diagnose elektronischer Systeme.

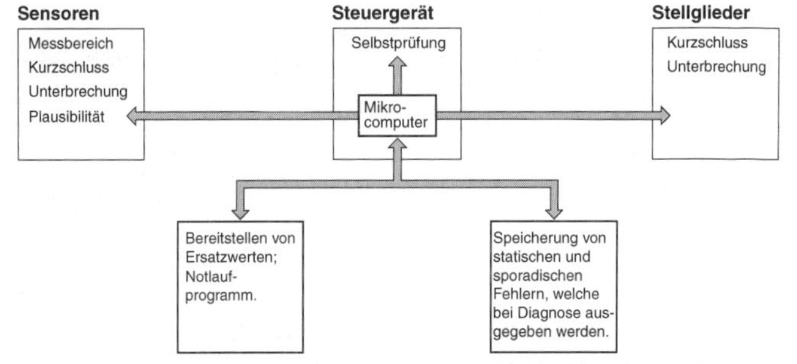

Autogasanlagen

Autogas

Autogas als Gemisch von Propan und Butan ist bei einem Druck von 2...20 bar (abhängig vom Verhältnis Propan/Butan und von der Temperatur) flüssig und wird deshalb auch Flüssiggas genannt (siehe auch Kapitel „Kraftstoffe“, S. 274).

Ende der 90er Jahre wurden jährlich etwa 10,3 Millionen t Autogas weltweit (davon 2,6 Millionen t in Europa) für den Betrieb von Verbrennungsmotoren eingesetzt. Diese Verbrauchsmengen lassen sich um ein Vielfaches steigern, falls es gelingt, im Erdöl gebundenes Gas zu nutzen. Der Mineralölsteuersatz ist entscheidend für die Rentabilität von Autogas.

Erdgas als Kraftstoff

Die großen und weit weniger als Erdöl genutzten Erdgasvorräte machen Erdgas auch für den Fahrzeugbetrieb interessant. Der Aufbau und die Emissionswerte der Autogasanlagen und der Erdgasanlagen sind nahezu identisch (siehe Bilder). Erdgas wird entweder als Hochdruckgas (160...200 bar) mit dem Nachteil der geringeren Reichweite oder in einem kältefesten Behälter als verflüssigtes Gas (–160 °C) mitgeführt.

Im Prinzip unterscheiden sich Autogas- und Erdgasanlagen nur in der Mitführung des Gases; außerhalb des Gasbehälters unterscheiden sie sich geringfügig.

Autogasbetrieb

Ein Umbau auf Autogasbetrieb ist bei allen Fahrzeugen mit Verbrennungsmotoren möglich. Überwiegend werden Ottomotoren auf bivalenten Betrieb (wahlweise Benzin- oder Autogasbetrieb) umgerüstet. Taxis und Omnibusse mit Autogasanlagen sind meistens für monovalenten Betrieb (nur Autogasbetrieb) ausgerüstet; bei Flurförderfahrzeugen ist

Schadstoffemission und -wirkung bei Betrieb mit Benzin, Autogas, Erdgas und Diesel.
Ermittelte Werte von jeweils fünf Otto- und fünf Dieselmotorfahrzeugen, Stand 1993 in Europa, einschließlich der indirekten Emissionen (Herstellung, Transport usw.).
a) Schadstoffemissionen, b) Schadstoffwirkung (Bewertung „Treibhausgas“, Stand 1998).

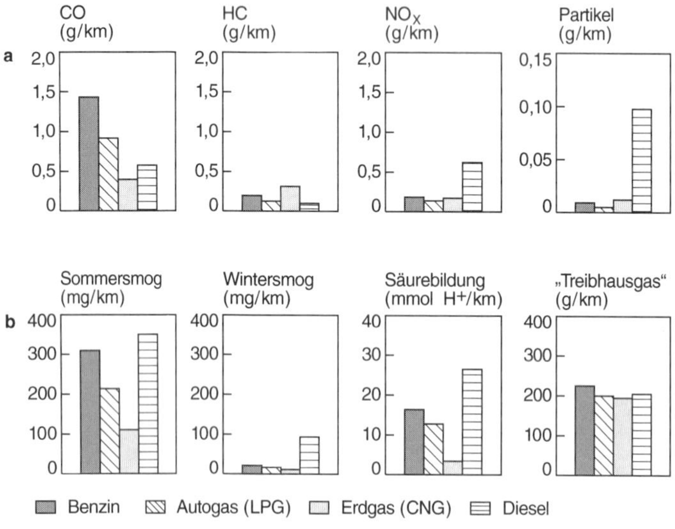

dies vorgeschrieben. Beim Umbau der Motoren ist jedoch zu berücksichtigen, dass diese bei Autogasbetrieb als Saugmotoren arbeiten und dadurch einen Mehrverbrauch in Liter gegenüber Benzinbetrieb von ca. 25 % haben.

Schadstoffemission

Da Autogas ein besonders gutes Gemisch mit Luft bildet, ist die Schadstoffemission (einschließlich CO_2 und anderen Komponenten, wie polyzyklische aromatische Kohlenwasserstoffe) deutlich niedriger als bei Benzinbetrieb, auch gegenüber Einspritzmotoren mit geregeltem Dreiwegekatalysator. Autogas ist nämlich frei von Blei- und Schwefelverbindungen und hat sehr gute Verbrennungseigenschaften bei ausgezeichneter Gemischbildung und -verteilung, was sich bei niedrigen Temperaturen noch stärker auswirkt.

Vorteile

– Für Vielfahrer sehr wirtschaftlich durch Antriebsenergie, die in anderen Bereichen wenig genutzt wird.

– Schadstoffemissionen sind deutlich niedriger als bei Betrieb mit Benzin oder Dieselkraftstoff, wenn eine gleichwertige Technik wie elektronische Regelung u.ä. eingesetzt wird.

Nachteile

– Gegenüber Benzinbetrieb geringere Reichweite und volumetrischer Mehrverbrauch (kein Energiemehrverbrauch gegenüber Benzin, niedrigster Verbrauch mit Dieselmotor).

– Sicherheitsvorschriften sind zu beachten, da Autogas unter Druck steht.

– Größerer Raumbedarf für zylindrisch runden Druckbehälter, da die zulässige Füllmenge nur 80 % des vorhandenen Rauminhaltes beträgt (der Restanteil wird als Expansionsraum für das Gas benötigt).

Schema einer Autogasanlage (Vergaserprinzip).
1 Belüftungsleitung für Behälterarmaturen, 2 Autogasbehälter, 3 Gehäuse mit Behälterarmaturen, 4 Außenfüllventil mit 80%-Füllstoppeinrichtung, 5 Gasabsperrventil, 6 Druckregler für Verdampfer, 7 Stellmotor für Gasregelung, 8 Steuergerät, 9 Gas-Benzin-Umschalter, 10 Venturi-Mischgerät, 11 Lambda-Sonde, 12 Unterdrucksensor, 13 Batterie, 14 Zünd-Start-Schalter, 15 Relais.

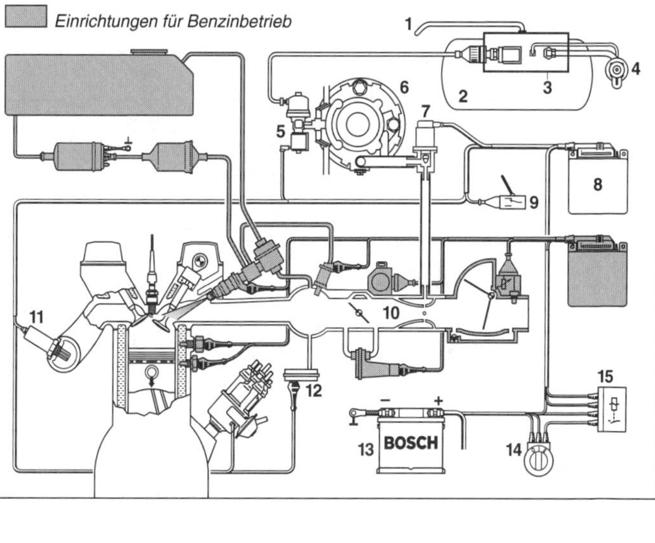

Autogasanlage

Nach dem Einbau der Autogas-Anlage durch eine Fachwerkstatt muss das Fahrzeug vom TÜV oder TÜA abgenommen werden. Maßgebend für Deutschland sind die „Richtlinien für die Prüfung von Fahrzeugen, deren Motor mit verflüssigten Gasen betrieben wird“ des Bundesministers für Verkehr. Eine einheitliche Regelung für Europa wird erstellt.

Eine moderne Autogasanlage besteht aus folgenden Komponenten:

- Autogasbehälter,
- Außenfüllventil mit 80 %-Füllstoppeinrichtung,
- Gasabsperrventil,
- Druckregler für Verdampfer (mit Kühlsystem),
- Venturi-Mischgerät/Einspritzdüse,
- elektronisches Steuergerät,
- Stellmotor für Gasregelung,
- Gas-Benzin-Umschalter.

Aus dem Autogasbehälter gelangt das Gas in den Druckregler des Verdampfers, der das flüssige Gas verdampft und im Druck reduziert. Das elektronische Steuergerät verarbeitet die Signale von Lambda-Sonde und Unterdrucksensor und regelt über einen Stellmotor die Gaszufuhr zum Venturi-Mischgerät.

Beim Ausschalten der Zündung sperrt das Absperrventil die Gaszufuhr. Der im Instrumentenfeld montierte Gas-Benzin-Umschalter ermöglicht die Wahl zwischen Gas- oder Benzinbetrieb.

Autogasbehälter

Autogasbehälter unterliegen als Druckgasbehälter den technischen Regeln Druckgase „TRG 380“ und erhalten bereits werksseitig eine TÜV-Abnahme und pro Behälter eine Abnahmebescheinigung.

Sie sind mit einem Außenfüllventil (mit 80 %-Füllstoppeinrichtung) und einem elektromagnetischen Entnahmeventil ausgerüstet und fassen für Pkw 40 ... 128 l.

Schema einer Autogasanlage (Einspritzprinzip).
1 Steuergerät, 2 Diagnosestecker, 3 Kraftstoffwahlschalter, 4 Relais, 5 Lufteinlass-Drucksensor, 6 Druckregler für Verdampfer, 7 Gasabsperrventil, 8 Verteiler mit Steppermotorbetätigung, 9 Drehzahlsignal, 10 Lambda-Sonde, 11 Gas-Einspritzdüse.

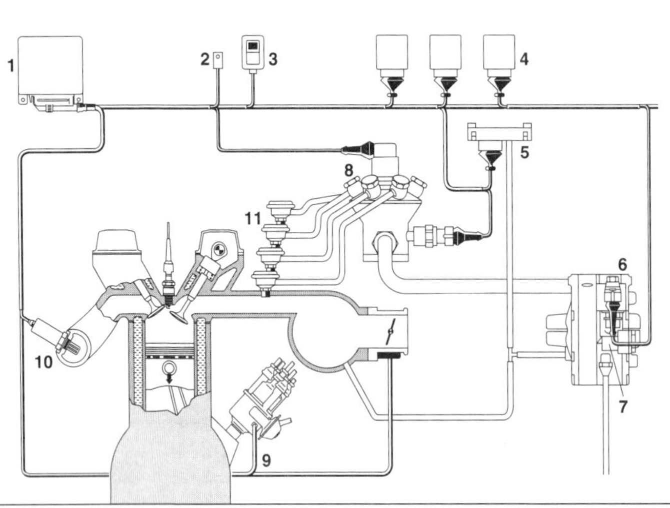

Erdgasbetrieb von Ottomotoren

Im Hinblick weltweiter Anstrengung zur Reduzierung der CO_2-Emission und zur Einhaltung immer strenger werdender Abgasgrenzwerte gewinnt Erdgas als alternativer Kraftstoff zunehmend an Bedeutung.

Eigenschaften und Speicherung von Erdgas

Der Hauptbestandteil von Erdgas ist Methan (CH_4) mit einem Anteil von 80...99 %. Der Rest besteht aus Inertgasen wie Kohlendioxid, Stickstoff und anderen niederwertigen Kohlenwasserstoffen. Je nach Gasqualität wird zwischen L-Gas (80...90 % Methan) und H-Gas (>90 %) unterschieden.

Erdgas kann sowohl flüssig bei –162 °C als LNG (Liquified Natural Gas) oder komprimiert bei Drücken von bis zu 200 bar als CNG (Compressed Natural Gas) gespeichert werden. Wegen des hohen Aufwands bei der Flüssigspeicherung wird Erdgas bei fast allen Anwendungen in komprimierter Form verwendet. Nachteilig wirkt sich die geringe Energiedichte von Erdgas aus. Es sind deshalb große Speichertanks notwendig.

Gemischbildung

In den meisten Systemen erfolgt die Gaseinblasung wie bei einer konventionellen Multipoint-Benzineinspritzung in das Saugrohr. Über ein Niederdruck-Common Rail werden die Einblasventile versorgt, die intermittierend in das Saugrohr „einspritzen“. Durch die vollständig gasförmige Kraftstoffeinbringung ist die Gemischbildung einfacher, da Erdgas an den Saugrohren nicht kondensiert und kein Wandfilm aufgebaut wird. Insbesondere während des Warmlaufs hat dies günstige Auswirkungen auf die Emissionen.

Der Erdgasmotor hat im Vergleich zum Benzinmotor eine um etwa 10...15 % reduzierte Leistung, bedingt durch die geringere Kraftstoffmasse, die für eine stöchiometrische Verbrennung (Verhältnis 17,2 : 1) notwendig ist, sowie einem geringeren Luftliefergrad aufgrund der Verdrängung durch das eingeblasene Erdgas. Eine höhere Verdichtung kann die Leistungseinbuße reduzieren und gleichzeitig den Wirkungsgrad erhöhen. Die extrem hohe Klopffestigkeit von Erdgas (120 ROZ) ermöglicht eine sehr hohe Verdichtung von ca. 13 : 1 (bei Normalbenzin 8 : 1). Dadurch ist der Erdgasmotor ideal für Turboaufladung geeignet. Mit kleineren Hubvolumen steigt der Wirkungsgrad durch zusätzliche Entdrosselung und Reibungsreduzierung.

Eine weitere Wirkungsgradverbesserung kann durch Magerbetrieb bis $\lambda = 1{,}7$ erzielt werden. Ein mageres Gemisch senkt die Verbrennungstemperaturen und darüber hinaus wird der Motor noch weiter entdrosselt.

Abgas

Erdgasfahrzeuge zeichnen sich durch niedrige CO_2-Emissionen aus, bedingt durch das günstige Wasserstoff-/Kohlenstoffverhältnis (H/C-Verhältnis) von nahezu 4 : 1 (Benzin: 2,3 : 1) und der daraus resultierenden Verschiebung der Hauptverbrennungsprodukte CO_2 und H_2O. Abgesehen von der nahezu partikelfreien Verbrennung entstehen in Verbindung mit einem geregelten Dreiwegekatalysator nur sehr geringe Emissionen der Schadstoffe NO_X, CO und NMHC („non-methane hydrocarbon“: Summe aller Kohlenwasserstoffe abzüglich Methan). Methan ist als nichttoxisch eingestuft und wird somit nicht zu den Schadstoffen gerechnet.

Im Magerbetrieb sind die NO_X-Emissionen höher als bei $\lambda = 1$-Betrieb mit Dreiwegekatalysator. Dieser Nachteil lässt sich genau wie beim Benzinbetrieb über aufwendigere Abgasnachbehandlungsmethoden (z. B. NO_X-Speicher-Kat) größtenteils kompensieren.

Einsatzgebiete von Erdgasmotoren

Aufgrund der geringen Reichweite hat sich der Erdgasbetrieb fast ausschließlich bei lokalen Flotten im öffentlichen Nahverkehr etabliert (z. B. Busse und Taxis). Im Pkw-Bereich sind hauptsächlich bivalente Systeme zu finden, die eine Umschaltung von Erdgas- auf Benzinbetrieb erlauben.

Alkoholbetrieb von Ottomotoren

Die begrenzte Verfügbarkeit fossiler Brennstoffe fördert verstärkt Entwicklungen von Motoren und Einspritzsystemen für Alkohole wie Ethanol und Methanol als alternative Kraftstoffe („Alternativkraftstoffe", S. 282). Wegen der Verfügbarkeit erfolgt der Ethanolbetrieb nahezu ausschließlich in Brasilien. Der zunehmend in den USA (speziell Kalifornien) geforderte Methanolbetrieb bietet zusätzlich Abgasvorteile: weniger NO_x- und CO_2-Ausstoß sowie weniger Ozon- und Smog-Bildung.

Da eine lückenlose Versorgung mit Methanol-Kraftstoffen nicht gewährleistet werden kann, müssen die Motoren und Motorsteuerungssysteme für flexiblen Mischbetrieb (von Rein-Benzin bis zur Beimischung von max. 85% Methanol) ausgelegt werden. Alkohol stellt an Motoren und Kraftstoff führende Bauteile spezielle, besonders kritische Anforderungen, denn zum Teil gefährden Wasser-, Säure- und Gum-Anteile im Kraftstoff die metallischen Werkstoffe, Kunststoffe sowie Gummi. Für Rein-Methanol ausgelegte Motoren haben wegen der hohen Klopffestigkeit des Methanols ein deutlich höheres Verdichtungsverhältnis und somit einen besseren Wirkungsgrad als Benzinmotoren. Der Kraftstoffverbrauch liegt wegen des niedrigeren Heizwertes nahezu doppelt so hoch, was die Vergrößerung des Tankvolumens, die Erhöhung der Kraftstofffördermenge sowie die Anpassung der Einspritzventile bedingt.

Geeignete Lambda-Sonden ermöglichen optimale Abgasreinigung durch Betrieb mit Katalysator. Spezielle Schmierstoffe verhalten sich trotz der Aggressivität des Methanols und seiner Verbrennungsprodukte langzeitstabil.

Die Vorsteuerung des Kraftstoffgemisches erfolgt mit Hilfe eines Kraftstoffsensors, der je nach Methanolanteil ein definiertes Signal an das Steuergerät gibt.

Geeignete Programme führen die für den entsprechenden Motorbetriebszustand nötigen Korrekturen für Gemisch und Zündung aus.

Wasserstoffbetriebener Pkw mit Ottomotor (Beispiel BMW 735i).
LH_2 *Flüssigwasserstoff,* GH_2 *gasförmiger Wasserstoff. 1 Ventilblock für* LH_2*-Betankung und* GH_2*-Entnahme (vakuumisoliert), 2 Wasserstoffrohrleitungen, vakuumisoliert, 3* LH_2*-Verdampfer, 4 Dosierventil zur Leistungssteuerung mit elektronischer Regelung, 5 Wasserstoffeinblasdüsen, 6 Überström- und Sicherheitsventile, 7 Flüssigwasserstofftank mit Vakuum-Superisolation, 8 Wasserstoffsensoren für automatische Lecküberwachung, 9 Drosselklappe für Benzinbetrieb mit elektronischer Steuerung, 10 mechanischer Kreisellader (MKL) mit Drehzahlvariator.*

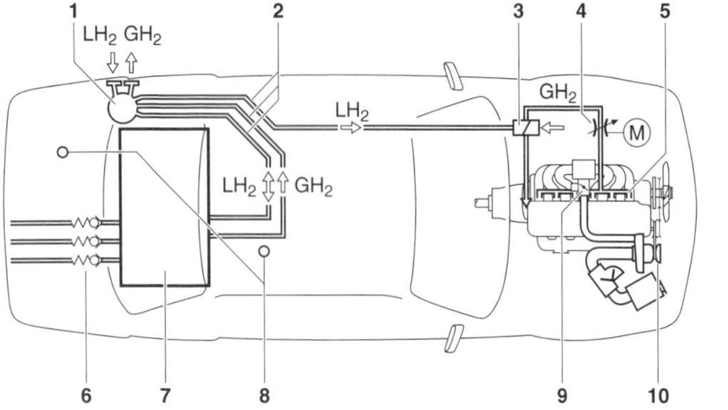

Wasserstoffbetrieb von Ottomotoren

Die Wasserstoffgewinnung, die zugehörige Infrastruktur sowie die Betankungstechnik sind aufwendig; technisch sinnvolle Lösungen sind aber in Sicht. Die Gewinnung des Wasserstoffs durch Elektrolyse setzt ausreichende Mengen elektrischer Energie in Form von Solarenergie oder Kernkraft voraus.

Speicherung von Wasserstoff im Fahrzeug

Gasförmige Speicherung in Druckbehältern
Die gasförmige Speicherung verlangt hohe Drücke (300 bar). Dies bedingt hohes Gewicht und führt zu Sicherheitsrisiken.

Flüssige Speicherung (Kryogentank)
Die flüssige Speicherung ist hinsichtlich Gewicht und Energiedichte (derzeitige Reichweite ca. 300 km) die günstigste Form der Speicherung. Die extrem tiefe Temperatur (–253 °C) stellt hohe Anforderungen an die thermische Isolierung. Durch Restwärmeeinfall entweicht Wasserstoff über Sicherheitsventile und verursacht so beim abgestellten Fahrzeug Verluste von 2% pro Tag. Im Betrieb regelt ein elektrischer Verdampfer den Behälterdruck auf seinen Sollwert.

Metallhydridspeicher
Metallpulver absorbiert Wasserstoff, wobei Hydride entstehen. Dieser Prozess ist exotherm, d.h. beim Betanken muss Wärme abgeführt werden. Die Speicherung erfolgt verlustfrei.

Den Nachteilen wie geringe Energiedichte (Reichweite 120 km) und hohe Materialkosten steht der Vorteil einer leicht beherrschbaren Sicherheitstechnik gegenüber.

Speicherung an Methylcyclohexan
Bei dieser Art der Speicherung wird die wasserstoffreiche Verbindung Methylcyclohexan bei 500 °C mit einem Katalysator dehydriert. Als Endprodukte entstehen Wasserstoff und wiederaufbereitbares Toluol.

Gemischbildung

Bei sämtlichen Speicherformen wird bisher gasförmiger Wasserstoff in das Saugrohr eingeblasen. Die direkte Einblasung tiefkalten Wasserstoffs in den Brennraum weist zwar eine Reihe von Vorteilen auf (erhöhte Leistung wegen besserer Füllung, geringere NO_x-Emission durch Gemischkühlung, keine Rückzündgefahr), lässt sich jedoch wegen der kurzen Standzeit der Einblasventile in absehbarer Zeit nicht realisieren.

Bei der äußeren Gemischbildung erfolgt derzeit eine kontinuierliche Einblasung, bei der ein zentrales elektrisch betriebenes Dosierventil und ein Wasserstoffverteiler den verdampften Wasserstoff den Einzelsaugrohren zuführen.

Mageres Gemisch oder zusätzliche Einspritzung von Wasser verhindern Rückzündungen ins Saugrohr. Beim mageren Betrieb lässt sich ein Teil der Leistungseinbuße durch Aufladung kompensieren.

Die Alternative einer intermittierenden, sequentiellen Wasserstoffeinblasung ins Saugrohr befindet sich zur Zeit in der Entwicklung.

Sie mindert auch bei fetten Gemischen weitgehend die Rückzündungsgefahr durch die freie Wahl des Zeitpunktes für das Einblasen.

Die Anforderungen an das Einblasventil sowie die zugehörige Steuerelektronik sind bezüglich Genauigkeit und kurzer Ventilöffnungszeiten sehr hoch.

Abgas

Reiner Wasserstoff (H_2) oxidiert bei der Verbrennung zu Wasser (H_2O). Es entsteht kein CO_2 als Verbrennungsprodukt. Somit ist H_2 der einzige Kraftstoff, mit dem sich jegliche CO_2-Emission vermeiden lässt, wenn dessen Gewinnung nicht durch Einsatz fossiler Primärenergieträger erfolgt.

Die einzige Alternative stellt in dieser Hinsicht der Elektroantrieb dar. Zukünftige NO_X-Emissionsgrenzwerte lassen sich durch entsprechend mageren Betrieb oder eine noch zu entwickelnde katalytische Abgasreinigung erfüllen.

Motorsport

Motronic im Rennsport

Zeitgleich mit der Einführung der Motronic im Serienfahrzeugbau wurden angepasste Varianten in Rennsportmotoren eingesetzt. Lauten die Entwicklungsziele in der Serienfertigung Komfort, Sicherheit, Langlebigkeit, Abgasgrenzwerte und Verbrauch, so liegt das Hauptaugenmerk im Motorsport auf kurzzeitiger Höchstleistung. Die Produktionskosten stehen bei der Materialwahl und Dimensionierung von Motorsportkomponenten im Hintergrund.

Bis heute basieren beide Motronic-Ausführungen auf identischen Fundamenten, denn in beiden Fällen führen ähnliche Funktionen zu diesen gegensätzlichen Zielen. Beispiele hierfür sind die Lambda- und die Klopfregelkreise.

Umweltauflagen sind auch im Motorsport in zunehmendem Maße zu berücksichtigen. So fahren z. B. die Autos der Deutschen Tourenwagen Masters (DTM) mittlerweile mit Abgaskatalysatoren. Geräusch- und Verbrauchsgrenzwerte sind in immer mehr Rennklassen einzuhalten. Verbrauchssenkende Entwicklungen der Serienproduktion finden schnell ihren Weg in den Motorsport, wo kürzere bzw. seltenere Tankstopps einen rennentscheidenden Vorteil liefern können. So siegte beim 24-Stunden-Langstreckenrennen im französischen Le Mans im Jahr 2001 erstmals ein Fahrzeug mit Bosch-Benzin-Direkteinspritzung.

Steuergerät/Software

Die Gehäuse der Motorsport-Steuergeräte werden mechanisch robust aus Kohlefaser oder Aluminium hergestellt. Besondere Maßnahmen zur Abdichtung gegen Staub und Feuchtigkeit sowie zur Vibrationsdämpfung erhöhen die Widerstandsfähigkeit gegen thermische und mechanische Beanspruchung. Zahlreiche Ein- und Ausgänge für Sensoren und Aktoren sowie Kommunikationsschnittstellen eröffnen hochkomplexe Einsatzmöglichkeiten. Die drehzahlbedingt hohe Taktfrequenz des Steuergerätes und die Vielzahl zu verarbeitender Informationen erfordern zunehmend die Verwendung von Mehrrechnersystemen.

Softwareseitig bietet die Motorsport-Motronic dem Fahrer die Möglichkeit, auch während der Fahrt per Schalter zwischen frei programmierbaren Kennfeldern für viele Funktionen auszuwählen. So kann das Fahrzeug einfach an Fahrer, Strecke und Witterung angepasst werden. Darüber hinaus verfügt die Motorsport-Motronic über beliebig darstellbare Softwarefunktionalitäten.

Eine weitere Besonderheit bilden – speziell bei V-Motoren – die Mehrbanksysteme. Hier werden beide Zylinderbänke steuerungstechnisch separat behandelt, d.h. jede Zylinderbank verfügt über einen eigenen Kraftstoffkreislauf sowie eigene Lambda- und Ladedruckregelung. Änderungen von Betriebsparametern (hier speziell der so genannte Airboxdruck) führen so z.B. zu bankindividuellen Korrekturen der Einspritzmenge.

Sensorik/Kabelbaum

Funktionell unterscheidet sich die Sensorik eines Rennsportfahrzeugs von der eines Serienfahrzeugs kaum, lediglich die Fahrwerksdatenerfassung fällt umfangreicher aus. Optimiert werden die Sensoren im Motorsport in Richtung minimales Gewicht und maximale Resistenz gegen hohe Vibrationen und Temperaturen. Die Stückzahlen sind in der Regel sehr klein, oft werden die Sensoren im Musterbau als Einzelanfertigung hergestellt.

Zur Übertragung der Signale vom Sensor eines Rennsportfahrzeugs zum Steuergerät sind Leitungen erforderlich, die im Kabelbaum eines Serienfahrzeugs zum Teil nicht vorgesehen sind. Deshalb werden für den Einsatz im Motorsport häufig spezielle Kabelbäume maßgeschneidert.

Die professionellste Verbindung vom Sensor oder Aktor zum Kabelbaum stellen Vielfachkupplungen nach Militärnorm dar, die sich leicht, häufig und schnell öffnen und schließen lassen, dabei aber sicheren Kontakt bieten.

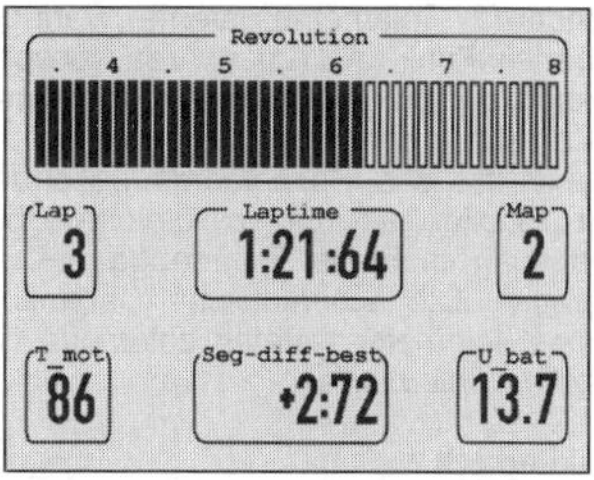

Displayseite.

Display

Im Cockpit liefert das Display dem Fahrer aktuelle Informationen über sein Fahrzeug. Da nicht alle Messwerte gleichzeitig auf dem kleinen Bildschirm angezeigt werden können, lassen sich – auch während der Fahrt – verschiedene Displayseiten umschalten. Ein Beispiel ist auf dem Bild *Displayseite* dargestellt.

Datenspeicherung und -auswertung

Je nach Ausstattung und Anforderungen werden die Sensormesswerte im Fahrzeug auf kleinen Speicherkarten mit einer maximalen Speicherkapazität von derzeit 250 MB gespeichert und/oder per Funk in die Box übertragen. Die Aufzeichnungsrate und die Anzahl der aufzuzeichnenden Betriebsparameter können dabei genauso frei gewählt werden wie die Aufzeichnungsgrenzwerte.

In der Box lassen sich am Rechner mit speziell entwickelten Auswertetools rundenbasiert die Aufzeichnungen unterschiedlicher Fahrer oder Trainingsfahrten vergleichen. Das Bild *Datenauswertung* zeigt einen Ausschnitt von Aufzeichnungen einer Trainingsfahrt mit Bezug zu dem aktuellen Streckenabschnitt.

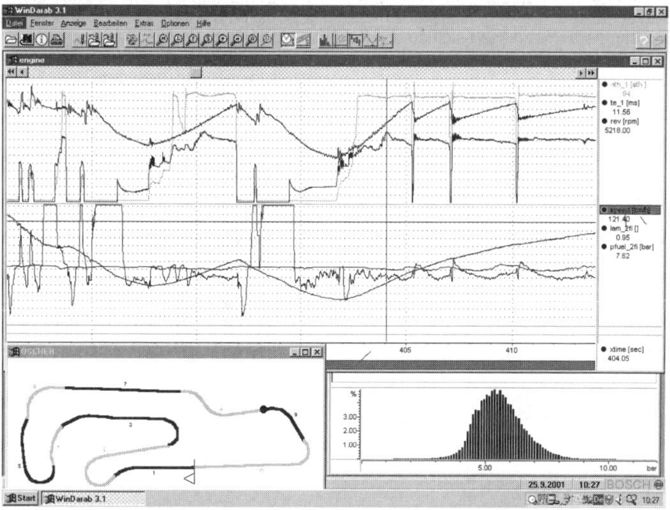

Datenauswertung.

Fahrzeugkomponenten (Aktoren)
Das hohe Drehzahlniveau minimiert die pro Arbeitsspiel zur Verfügung stehende Zeit. Neben dem Steuergerät müssen deshalb auch die Komponenten von Zündung und Einspritzung sehr schnell arbeiten. Dies verlangt Zündspulen mit kürzeren Ladezeiten und Kraftstoffkomponenten, die höhere Durchsätze und gesteigerte Drücke ermöglichen. Zündkerzen mit geringerem Gewindedurchmesser, hergestellt aus den Betriebstemperaturen angepassten Werkstoffen, erlauben hohe Verdichtungen. Die Starter werden bezüglich ihres Gewichtes und der Anlassdrehzahl an die besonderen Erfordernisse angepasst, je nach Motorkonzept wird die Verwendung eines Vorgelegegetriebes notwendig. In ähnlicher Weise werden die Generatoren vorbereitet: besondere Beachtung erfordert auch hier der konsequente Schutz vor Vibrationen und Hitze.

Telemetrie
Unter Telemetrie versteht man die Online-Übertragung verschiedener Betriebsparameter. Von der Rennstrecke können Daten aus dem Fahrzeug per Funk in die Box übertragen werden. Speziell Drücke und Temperaturen lassen sich so permanent überwachen. Durch Verminderung seiner Geschwindigkeit oder Boxenstopp kann der Fahrer nun schnell auf Abweichungen vom Sollzustand reagieren. Moderne Telemetriesysteme verfügen über ein Funk-LAN (Local Area Network), das in der Box per Tele-Server mehrere Clients bedienen kann. Dies erhöht die Flexibilität des Boxenteams besonders im Hinblick auf die zeitgleiche Überwachung mehrerer Fahrzeuge auf der Strecke. Die schematische Darstellung eines Telemetriesystems zeigt das Bild *System Telemetrie*.

System Telemetrie.

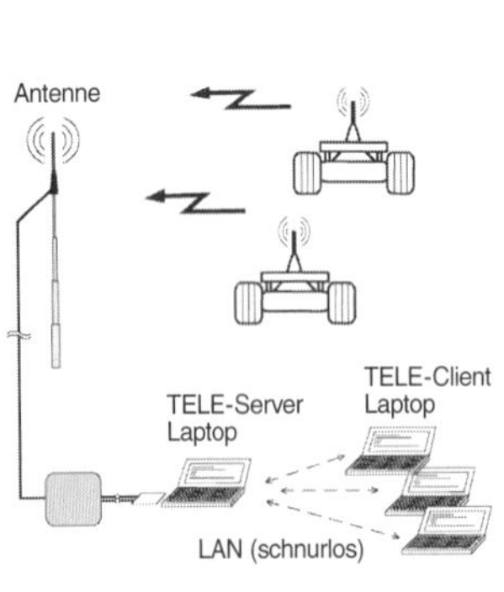

Reglement
Jede Motorsportklasse unterliegt einem Regelwerk, das die zuständige Motorsportbehörde jährlich aktualisiert. Auf nationaler Ebene ist dies der Deutsche Motorsportbund (DMSB), für international ausgetragene Rennen ist die FIA (Fédération Internationale de l'Automobile) verantwortlich.

Viele technische Merkmale der teilnehmenden Fahrzeuge einer Rennklasse werden dort genau definiert. Als Beispiel soll folgender Auszug aus dem Technischen Reglement der Deutschen Tourenwagen Masters des Jahres 2001 dienen. Zum Thema Einbauposition der Kurbelwelle heißt es dort:

„6.1.1.: Die Drehachse der Kurbelwelle muss, von oben gesehen, parallel zur Fahrzeuglängsachse verlaufen. Die Nummerierung der Zylinder wird durch die Zeichnung B10 verbindlich festgelegt.

Der Motor muss darüber hinaus so eingebaut sein, dass, bezogen auf die Fahrzeuglängsachse, die Mitte der Kurbelwelle 1075 mm vor der Radstandsmitte liegt. Das Toleranzmaß beträgt ±5 mm. Die Lage der Kurbelwellenmitte muss durch eine gut sichtbare und zugängliche Markierung (z. B. Angussteil) am Motorblock kenntlich gemacht werden."

Super-Race-Trucks

Der Motorsport beschränkt sich nicht nur auf spezielle Rennwagen oder modifizierte Pkw, die in der Regel von Ottomotoren angetrieben werden. Es werden auch Rennen mit Nkw gefahren. Die Dieselmotoren und Einspritzsysteme für die für Rennen präparierten Nkw – die Super-Race-Trucks – werden auf die besonderen Verhältnisse des Rennsports angepasst. Zum Beispiel werden die Motoren eines Serien-Nkw mit ca. 300 kW (410 PS) für die Rennen auf ca. 1100 kW (1500 PS) – das 3,7fache – getunt. Das bedeutet:

- höhere Drehzahlen,
- höhere Zylinderfüllung (Luftmasse) und damit
- höhere Einspritzmengen in kürzerer Zeit.

Anpassung der mechanischen Komponenten

Die Motoren werden im Rennen mit einem Luft-Kraftstoff-Verhältnis λ, das nur geringfügig >1 ist, betrieben. Deshalb werden größere Pumpenelemente und spezielle Einspritzdüsen verwendet. Auch die Einspritznocken – falls vorhanden – müssen steiler geformt sein.

Für ausreichend Luft sorgen zwei Turbolader, deren Turbinen bei den hohen Abgastemperaturen von ca. 1100 °C glühen. Diese Bedingungen machen auch speziell geschweißte Auspuffrohre erforderlich. Der Ladedruck beträgt bei Volllast ca. 4 bar. An das Ladeluft-Kühlsystem werden daher sehr hohe Anforderungen gestellt.

Die Änderungen, die für den Renneinsatz an den Fahrzeugen vorgenommen werden, gehen natürlich zulasten des Kraftstoffverbrauchs, der Abgaswerte und der Lebensdauer für alle Komponenten. Schwarzrauch ist nicht vorhanden, da alle Fahrzeuge mit Partikelfiltern ausgerüstet sind.

Anforderungen an die EDC

Die Elektronik muss – wie beim Serienfahrzeug – sehr exakt regeln. Das Reglement schreibt vor, dass die Maximalgeschwindigkeit von 160 km/h höchstens um 2 km/h (1,25 %!) überschritten werden darf. Dies erfordert im Bereich der Abregelung spezielle Regelfunktionen. Ansonsten entspricht die Elektronische Dieselregelung (EDC) der Serienausführung.

Drehmoment- und Leistungsverlauf eines Dieselmotors für Super-Race-Trucks.

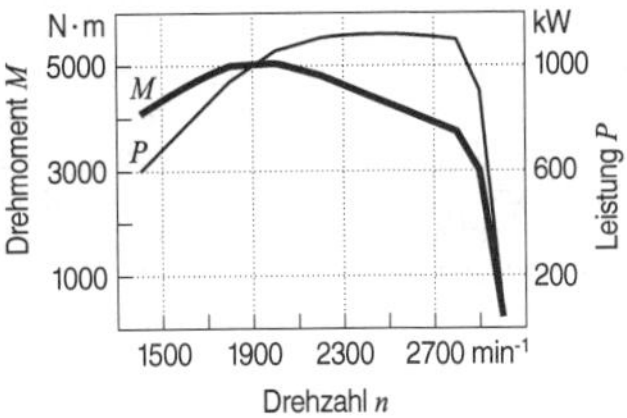

Luftsystem eines Super-Race-Trucks.
1 Ansaugluftfilter,
2 Rußfilter,
3 Abgasturbolader,
4 Dieselmotor,
5 Kühlluft,
6 Ladeluftkühler.

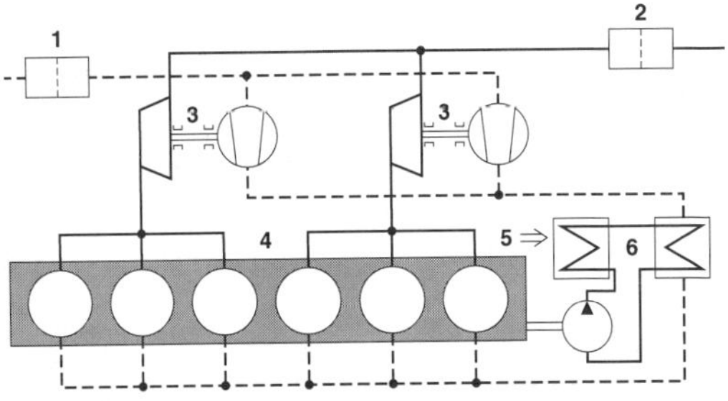

Schadstoffminderung beim Ottomotor

Die Maßnahmen zur Beeinflussung der Abgaszusammensetzung beim Ottomotor lassen sich in „motorische Maßnahmen" und „Nachbehandlungsmaßnahmen" einteilen. Die heute in den meisten Industrieländern gültigen scharfen Abgasgrenzwerte erfordern in der Regel eine Kombination von beiden Strategien.

Gemischbildung

Ottomotoren arbeiten mit leichter siedendem Kraftstoff als Dieselmotoren und bereiten das Luft-Kraftstoff-Gemisch bis zum Verbrennungsbeginn länger auf als Dieselmotoren. Ottomotoren erreichen so ein homogeneres Gemisch als Dieselmotoren.

Bei der Gemischbildung muss man beim Ottomotor zwischen direkt und indirekt einspritzenden Motoren unterscheiden. Der indirekt einspritzende Ottomotor wird heute – von wenigen Betriebspunkten abgesehen – mit stöchiometrischem Gemisch ($\lambda = 1$) betrieben. Beim direkt einspritzenden Ottomotor wird im Homogenbetrieb ebenfalls ein stöchiometrisches Gemisch eingestellt. Der Kraftstoff wird in dieser Betriebsart während des Ansaugtakts direkt in den Brennraum eingespritzt. Während der Kompressionsphase erfolgt dann eine weitgehende Homogenisierung des Gemischs.

Eine weitere Betriebsart des direkt einspritzenden Motors ist der Schichtbetrieb, in dem ähnlich wie beim Dieselmotor erst in den Kompressionstakt eingespritzt wird und ein insgesamt mageres Gemisch eingestellt wird.

Brennverlauf

Der Brennverlauf beschreibt den zeitlichen Verlauf der Verbrennung als Verhältnis von bereits umgesetztem zu umzusetzendem Kraftstoff. Dabei beeinflusst insbesondere die Lage der maximalen Energieumsetzung bezogen auf den oberen Totpunkt des Kolbens den Wirkungsgrad und die Verbrennungstemperatur und somit den Kraftstoffverbrauch und die NO_x-Bildung (Stickoxide).

Beim Ottomotor wird die Verbrennung durch den Zündzeitpunkt eingeleitet, beim Dieselmotor durch den Einspritzbeginn.

Motorische Maßnahmen

Gemischeinstellung

Die Luftzahl λ des dem Motor zugeführten Gemischs hat einen dominierenden Einfluss auf die Abgaszusammensetzung. Der Motor gibt sein maximales Drehmoment bei ungefähr $\lambda = 0{,}9$ ab. Deshalb wird bei Volllastbetrieb üblicherweise dieses Gemisch eingestellt. Eine Anfettung im Volllastbetrieb ist in vielen Fällen auch zur Absenkung der Abgastemperatur notwendig, um thermische Schädigungen von Auslassventilen, Abgaskrümmer und Katalysator zu vermeiden.

Für günstigsten Kraftstoffverbrauch ist ein gewisser Luftüberschuss optimal. Bei dieser Einstellung sind auch die Emissionen für CO (Kohlenmonoxid) und HC (Kohlenwasserstoffe) günstig. Die NO_x-Emission hat jedoch hier ihr Maximum.

Bei zu magerer Gemischeinstellung wird die Laufgrenze des Motors erreicht bzw. überschritten. Die HC-Emissionen steigen dann durch Verbrennungsaus-

Durch die Luftzahl* λ *werden beeinflusst:
Abgaszusammensetzung (CO, NO_x, HC), Drehmoment (M) und spezifischer Kraftstoffverbrauch (b). Die Werte gelten im Teillastbereich eines Ottomotors bei konstant gehaltener mittlerer Drehzahl und Zylinderfüllung (im Fahrzeugmotor werden je nach Betriebspunkt λ-Werte im Bereich von etwa 0,85...1,15 realisiert).

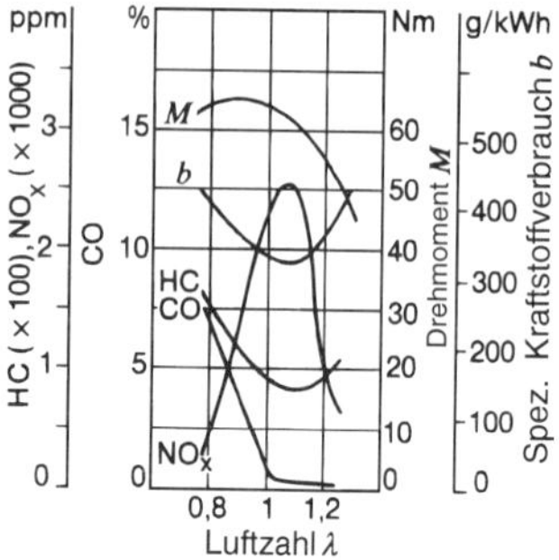

setzer stark an. Im Schub wird oberhalb des Leerlaufs die Kraftstoffzufuhr vollständig unterbrochen (Schubabschaltung).

Eine exakte Gemischeinstellung wird durch Einspritzanlagen erreicht (S. 505).

Gemischaufbereitung
Gemischaufbereitung umfasst neben der Einstellung auch die Qualität, mit der das Gemisch den Brennraum erreicht. Homogenität bzw. Schichtung des Kraftstoffs zum Zeitpunkt der Entflammung sowie die Gemischtemperatur haben einen wesentlichen Einfluss auf die Entflammbarkeit, den Verbrennungsablauf und damit auf die Abgaszusammensetzung. Homogene Gemischbildung oder gesteuerte Schichtung (fettes Gemisch an der Zündkerze, mageres Gemisch in Brennraumwandnähe) sind unterschiedliche Entwicklungsziele.

Gleichverteilung
Jeder Motorzylinder muss für optimalen Motorbetrieb mit der gleichen Luftzahl betrieben werden. Dazu muss sichergestellt sein, dass sowohl Luft als auch Kraftstoff gleichmäßig auf die einzelnen Zylinder verteilt werden.

Abgasrückführung
Das dem Brennraum nochmals zugeführte Abgas dient zur Absenkung der Verbrennungs-Spitzentemperatur. Da die NO_x-Bildung überproportional mit der Verbrennungstemperatur steigt, stellt die Abgasrückführung als temperatursenkende Maßnahme eine sehr wirkungsvolle Methode zur NO_x-Senkung dar. Durch weitergehende Optimierung der Abgasrückführraten kann auch eine Reduzierung des Kraftstoffverbrauchs erzielt werden. Abgasrückführung kann erreicht werden über
- innere Abgasrückführung durch entsprechende Ventilüberschneidung oder
- äußere Abgasrückführung durch entsprechend gesteuerte Abgasrückführungsventile (S. 544).

Ventilsteuerzeiten
Große Ventilüberschneidungen (frühes Öffnen des Einlassventils) erhöhen die innere Abgasrückführung und können daher zu einer NO_x-Absenkung beitragen. Da das rückgeführte Abgas Frischgas verdrängt, führt ein frühes Öffnen des Einlassventils aber auch zu einer Absenkung des maximalen Drehmoments. Außerdem kann eine zu hohe Abgasrückführung speziell im Leerlauf zu Verbrennungsaussetzern führen, die einen Anstieg der HC-Emissionen verursachen. Mit variablen Ventilsteuerzeiten (S. 427) kann durch betriebspunktabhängige Variation der Steuerzeiten ein Optimum gefunden werden.

Verdichtungsverhältnis
Hohe Verdichtung ist wegen des verbesserten thermischen Wirkungsgrads als Maßnahme zur Verbrauchsverbesserung bekannt. Jedoch wird über die Erhöhung der Verbrennungsspitzentemperatur auch die NO_x-Emission erhöht.

Brennraumgestaltung
Kompakte Brennräume mit kleiner Oberfläche ohne Spalten ergeben niedrige HC-Emissionen. Eine zentrale Lage der Zündkerze mit kurzen Flammwegen führt zu rascher, relativ vollständiger Umsetzung des Gemischs und damit zu geringen HC-Emissionen und niedrigem Kraftstoffverbrauch. Gezielte Ladungsbewegungen im Brennraum bewirken ebenfalls eine rasche Verbrennung. So optimierte Brennräume weisen günstige HC-Emissionen bei $\lambda = 1$ auf und verbessern die Magerlauffähigkeit des Motors.

Konsequente Optimierung des Brennraums, unterstützt durch äußere Maßnahmen (z.B. Einlassdrall), führen zum Magermotor, der bei Luftzahlen um $\lambda \approx 1{,}4...1{,}6$ betrieben werden kann. Der Magermotor zeichnet sich zwar durch niedrigere Abgasemission und günstigeren Kraftstoffverbrauch aus, er benötigt jedoch zur Einhaltung „scharfer" Abgasgrenzwerte auch eine katalytische Abgasnachbehandlung für CO, HC und NO_x. Insbesondere deshalb, weil die NO_x-Nachbehandlung in magerem Abgas noch in den Anfängen steht, konnte sich der Magermotor bisher nur in Japan und Europa bei wenigen Fahrzeugmodellen mit Mager-/Mix-Konzepten mit Kompromissen zwischen Emissionen und Kraftstoffverbrauch durchsetzen. Ein neuer Weg, die Magerlauffähigkeit des Ottomotors wesentlich zu verbessern, ist die direkte Einspritzung des Kraftstoffs in den Brennraum mit Schichtladung. Zur Nachbehandlung des Abgases werden hier Speicherkatalysatoren favorisiert.

Die durch Brennraumgestaltung und gezielte Turbulenz erreichte Magerlauffähigkeit lässt sich auch zur Anwendung von hohen Abgasrückführungsraten bei Konzepten mit $\lambda = 1$ einsetzen. Dadurch lässt sich der Kraftstoffverbrauch ohne Probleme bei der Abgasnachbehandlung senken, allerdings nicht so stark wie bei Magermotoren.

Zündsystem

Zündkerzenausführung, die Lage der Zündkerze im Brennraum sowie Funkenenergie und Funkendauer beeinflussen die Entflammung und damit über den Brennverlauf die Abgasemissionen. Dies wird umso bedeutsamer, je weiter man den Motor im mageren Bereich ($\lambda > 1{,}1$) betreiben möchte.

Eine sehr starke Beeinflussung sowohl der Abgasemissionen als auch des Kraftstoffverbrauchs wird durch den Zündzeitpunkt erreicht. Ausgehend vom verbrauchsoptimalen Zündzeitpunkt wird bei späterer Einstellung die Verbrennung so verschleppt, dass sie beim Öffnen des Auslassventils noch nicht abgeschlossen ist. Dadurch kann bei Sauerstoffüberschuss im Auslasssystem eine thermische Nachreaktion stattfinden, mit der sich zwar unverbrannte Kohlenwasserstoffe absenken lassen, der Kraftstoffverbrauch jedoch ansteigt. Die NO_x-Emissionen sind aufgrund der niedrigen Brennraumtemperaturen gering.

Verbrauch, NO_x- und HC-Emissionen steigen an, wenn gegenüber dem Optimum eine frühere Einstellung des Zündzeitpunkts erfolgt.

Kurbelgehäuseentlüftung (‚blowby')

Die Kurbelgehäusegase können, bezogen auf die Abgase des Motors, ein Vielfaches an Kohlenwasserstoffkonzentration enthalten. Kontrollsysteme führen diese Gase an geeigneter Stelle dem Ansaugsystem des Motors zu, wodurch sie in den Brennraum zur Verbrennung gelangen. Während in früheren Jahren die Gase unbehandelt in die Atmosphäre geleitet wurden, sind solche Systeme heute allgemein gesetzlich vorgeschrieben.

Kraftstoffverdunstungs-Rückhaltesystem

Um die gesetzlichen Grenzwerte für die Verdunstungsemission von Kohlenwasserstoffen einzuhalten, sind Fahrzeuge mit einem Kraftstoffverdunstungs-Rückhaltesystem ausgestattet. Dieses System verhindert, dass aus dem Kraftstoffbehälter ausdampfender Kraftstoff in die Umgebung gelangt (S. 546)

Abgasnachbehandlung

Thermische Nachverbrennung

Auf dem Weg zur heute üblichen katalytischen Nachbehandlung wurde zunächst versucht, die Abgasemission durch thermische Nachverbrennung zu senken. Mit diesem Verfahren lassen sich die im Abgas noch vorhandenen unverbrannten Bestandteile durch eine gewisse Verweilzeit bei hohen Temperaturen nachverbrennen. Bei fetter Motorabstimmung ($\lambda = 0{,}7...1{,}0$) ist dazu Lufteinblasung (Sekundärluft) erforderlich. Bei magerer Motorabstimmung ($\lambda = 1{,}05...1{,}2$) geschieht die Nachverbrennung durch den im Abgas noch vorhandenen Restsauerstoff.

Zur Sekundärlufteinblasung wurden in der Vergangenheit mechanische Pumpen verwendet, die über Riemen direkt vom Verbrennungsmotor angetrieben wurden. Da die Einblasung nur in der Warmlaufphase des Motors erforderlich ist, sind solche Pumpen mithilfe von Elektrokupplungen abschaltbar. Kostengünstige elektromotorisch angetriebene Gebläsepumpen verdrängen die mechanischen Pumpen zunehmend.

Wegen des nicht vorhandenen Potenzials, insbesondere zur Einhaltung niedriger NO_x-Grenzwerte, ist die thermische Nachbehandlung für sich allein derzeit bedeutungslos. Mit ihr kann jedoch die Emission von HC und CO in der Betriebsphase gesenkt werden, solange der Katalysator seine Betriebstemperatur noch

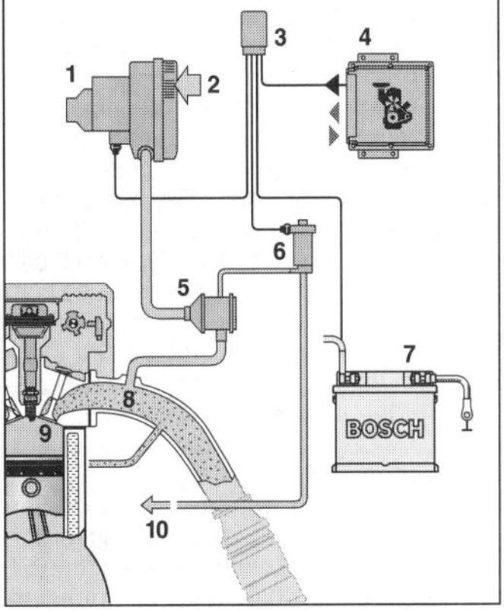

Sekundärluftsystem.
1 Sekundärluftpumpe, 2 angesaugte Luft, 3 Relais, 4 Motorsteuergerät, 5 Sekundärluftventil, 6 Steuerventil, 7 Batterie, 8 Einleitstelle ins Abgasrohr, 9 Auslassventil, 10 zum Saugrohranschluss.

nicht erreicht hat. Zur Einhaltung scharfer Abgasgrenzwerte spielt deshalb die Anwendung der thermischen Nachbehandlung mit Lufteinblasung während der Warmlaufphase des Motors in Kombination mit katalytischer Nachbehandlung eine wesentliche Rolle, um die Aufheizzeit bis zum Erreichen der Betriebstemperatur des Katalysators deutlich zu verkürzen.

Katalytische Nachverbrennung

Katalysatoren bestehen aus einem Trägermaterial mit aktiver Beschichtung und schüttelfester, temperaturisolierter Lagerung in einem Gehäuse. Als Trägermaterialien kommen Granulat und keramische oder metallische Monolithe zum Einsatz. Die Monolithform hat sich nach längerer Entwicklungszeit als fahrzeugtauglich erwiesen. Sie hat folgende Eigenschaften:

- bestmögliche Ausnützung der Katalysatoroberfläche,
- dauerhaltbar bei hoher mechanischer Festigkeit,
- geringe Wärmekapazität und
- kleiner Abgasgegendruck.

Die aktive Katalysatorschicht besteht aus kleinen Mengen Edelmetall (Pt, Rh, Pd) und ist bleiempfindlich. Um zu verhindern, dass die aktive Schicht durch Bleivergiftung unwirksam wird, dürfen Motoren mit Katalysatoren nur mit bleifreiem Kraftstoff betrieben werden.

Die Konvertierungsrate des Katalysators hängt ganz wesentlich von der Betriebstemperatur ab. Erst ab ca. 250 °C setzt eine nennenswerte Konvertierung der Schadstoffe ein. Ideale Betriebsbedingungen für hohe Umsetzungsraten und lange Lebensdauer herrschen bei ca. 400...800 °C.

Die hohe Abgastemperatur bei motornahem Einbau verkürzt die Zeit, bis die Betriebstemperatur erreicht wird. Außerdem verbessert sie den Wirkungsgrad. Sie führt jedoch zu einer stärkeren thermischen Belastung. Die maximal zulässigen Temperaturen liegen nur wenig über 1000 °C; daher wird heute meist der weniger kritische Einbau unter dem Fahrzeugboden gewählt. Fehlfunktion des Motors, z. B. durch Zündaussetzer, kann die Temperatur des Katalysators so hoch ansteigen lassen, dass er durch Schmelzen des Trägermaterials zerstört wird. Dies muss durch den Einsatz zuverlässiger und wartungsfreier elektronischer Zündsysteme verhindert werden.

Oxidationskatalysatoren werden entweder durch mageren Motorbetrieb oder durch zusätzliche Lufteinblasung mit Luftüberschuss betrieben, um CO und HC zu oxidieren. Reduktionskatalysatoren arbeiten ohne Lufteinblasung bei Luftmangel und reduzieren die Stickoxide.

Mit einer Reihenschaltung von Reduktions- und Oxidationskatalysator zum „Doppelbettkatalysator“ mit Lufteinblasung zwischen den beiden Katalysatoren können sowohl NO_x als auch HC und CO abgebaut werden. Nachteilig ist jedoch der verbrauchsungünstige Motorbetrieb ($\lambda = 0,9$) sowie der hohe Aufwand (zwei Katalysatoren, Lufteinblasung).

Als leistungsfähigstes Konzept für die Abgasnachbehandlung von Ottomotoren mit Saugrohreinspritzung hat sich der Dreiwege- oder Selektivkatalysator (S. 489) mit Lambda-Regelung erwiesen. Er ist in der Lage, alle drei Schad-

Katalysatorwirkung in Abhängigkeit von der Luftzahl λ.
1 Abgasemission vor Dreiwegekatalysator,
2 Abgasemission nach Dreiwegekatalysator,
3 elektrisches Signal der Lambda-Sonde.
U_λ Sondenspannung.

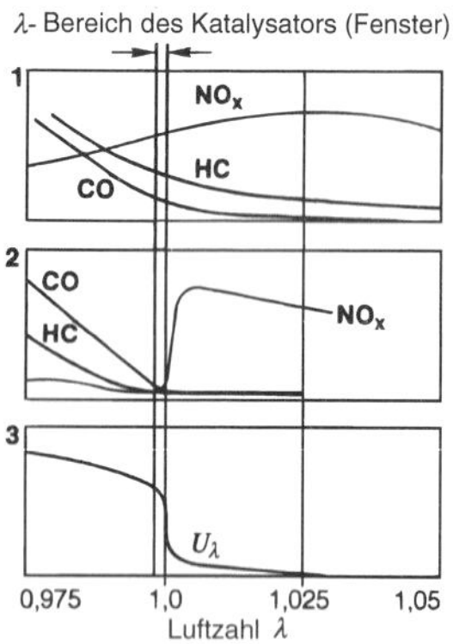

stoffkomponenten in ausreichendem Maß abzubauen, wenn der Motor mit einem stöchiometrischen Gemisch betrieben wird. Das „Fenster" für einen optimalen Abbau der drei Komponenten ist sehr eng. Deshalb kommt eine reine Gemischsteuerung für dieses Konzept nicht in Frage.

Für die Benzin-Direkteinspritzung werden NO_x-Speicherkatalysatoren eingesetzt. Gegenüber dem Dreiwegekatalysator weist dieser Katalysator in der Beschichtung zusätzliche Stoffe auf (z. B. Bariumoxid), die im mageren Schichtbetrieb die Stickoxide speichern können. Wenn die Speicherkapazität erschöpft ist, müssen bei fetter Gemischzusammensetzung die eingespeicherten Stickoxide abgebaut werden.

Lambda-Regelung

Für die Einhaltung der heute gültigen, niedrigen Emissionsgrenzwerte der Schadstoffe Kohlenmonoxid (CO), Stickoxid (NO_x) und Kohlenwasserstoff (HC) in USA, Europa und Japan hat sich die katalytische Nachbehandlung des Abgases mithilfe eines geregelten Dreiwegekatalysators durchgesetzt.

Für die vollständige Verbrennung von Kraftstoff ergibt sich ein Luftbedarf von ca. 14,7 kg Luft je 1 kg Kraftstoff. Zur Charakterisierung der Gemischzusammensetzung wurde die Luftzahl λ (Lambda) definiert. Sie ist das Verhältnis des aktuellen Luft-Kraftstoff-Verhältnisses zum stöchiometrischen Luft-Kraftstoff-Verhältnis. Im Wesentlichen werden beim Ottomotor zwei Regelkonzepte zur Abgasoptimierung angewandt:

Regelung λ = 1
Bei diesem Konzept mit der höchsten Effektivität der Schadstoffminimierung muss der Motor in einem sehr engen Bereich $\lambda = 1 \pm 0{,}005$ (Katalysatorfenster) betrieben werden. Diese Genauigkeit ist nur durch eine präzise Regelung des Gemischs mit einer Lambda-Sonde als Sensor vor dem Katalysator zu erreichen. Mit einer zweiten Sonde hinter dem Katalysator lässt sich die Präzision noch weiter steigern.

Regelung λ > 1 (Magerregelung)
Der wesentliche Vorteil liegt in der Reduzierung des Kraftstoffverbrauchs durch mageren, d. h. entdrosselten Betrieb. Der Erfolg dieses Regelkonzepts hängt weitgehend von der Verfügbarkeit der Katalysatoren ab, die bei magerem Betrieb NO_x reduzieren können. Die Laufgrenze von Ottomotoren im mageren Bereich ist trotz Einsatz motorischer Maßnahmen bei $\lambda \approx 1{,}7$ erreicht.

Lambda-Sonden

Zirkon-Dioxid-Sonde ($\lambda = 1$)
Diese Sonde arbeitet nach dem Prinzip der galvanischen Sauerstoff-Konzentrationszelle mit Festelektrolyt, dessen Keramik aus Zirkondioxid und Yttriumoxid besteht. Als nahezu reiner Sauerstoffionenleiter trennt dieses Mischoxid das Abgas und die Umgebungsluft.

An den Platin-Cermet-Elektroden entsteht eine elektrische Spannung entsprechend der Nernst'schen Gleichung:

$$U_s = R \cdot \frac{T}{4F} \cdot \ln\left(\frac{p_{O_2}''}{p_{O_2}'}\right)$$

R allgemeine Gaskonstante,
F Faraday-Konstante,
T absolute Temperatur,
p_{O_2}'' Sauerstoffpartialdruck der Referenzlast,
p_{O_2}' Sauerstoffpartialdruck im Abgas.

Ein Rückschluss auf den Lambda-Wert des Abgases über die Messung der Sauerstoffkonzentration ist nur möglich, wenn die katalytisch aktiven Elektroden ein thermodynamisches Gasgleichgewicht einstellen. In diesem Fall hat die Kennlinie dieser Sonde bei $\lambda = 1$ eine Sprungcharakteristik. Wenn hohe Konzentrationen von Abgaskomponenten, die nicht im thermischen Gleichgewicht sind, nur unvollständig umgesetzt werden, zeigt die Kennlinie der Sonde Verschiebungen der Luftzahl λ. Diese müssen in der motorischen Anwendung kompensiert werden. Mit einer elektrischen Beheizung der Sonde wird die Abhängigkeit der Kennlinie von der Temperatur minimiert.

Resistive Sonde
Oxidische Halbleiter wie Titandioxid oder Strontiumtitanat verändern wegen der Änderung der O_2-Leerstellenkonzentration des Oxids ihre Volumenleitfähigkeit.

Diesem Effekt überlagert sich die Temperaturabhängigkeit der Leitfähigkeit. Die Bestimmung des Lambda-Wertes hängt damit von der Qualität der erforderlichen Temperatursteuerung bzw. -regelung (über das Variieren der Heizleistung) ab.

Funktionsschema der Lambda-Regelung.
1 Luftmassenmesser, 2 Motor, 3a Lambda-Sonde 1, 3b Lambda-Sonde 2 (nur bei Bedarf), 4 Katalysator, 5 Einspritzventile, 6 Steuergerät.
U_S Sondenspannung, U_V Ventilsteuerspannung, V_E Einspritzmenge.

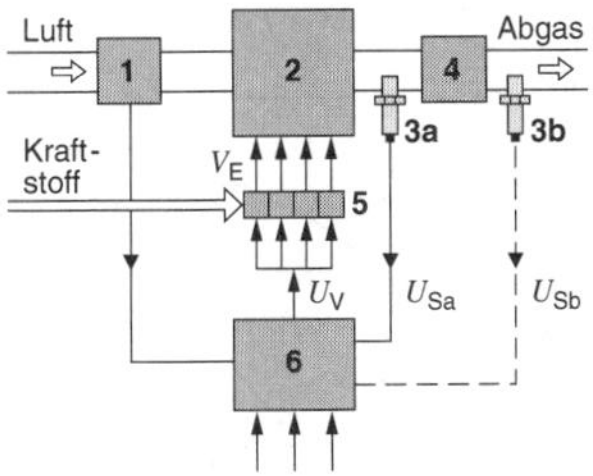

Zirkon-Dioxid-Sonde.
1 ZrO_2-Festelektrolyt, 2 Pt-Außenelektrode, 3 Pt-Innenelektrode, 4 Kontakte, 5 Gehäusekontaktierung, 6 Abgasrohr.

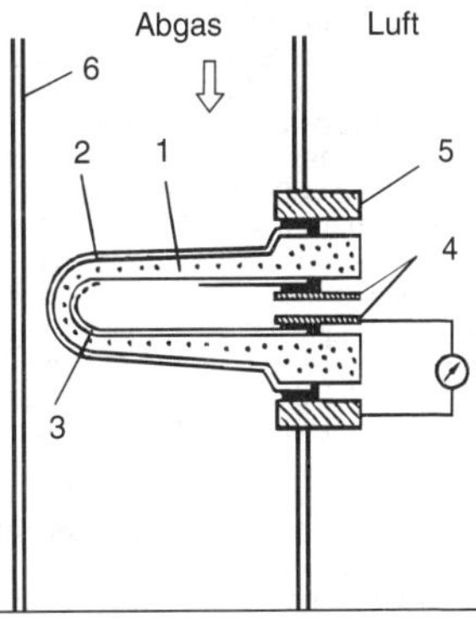

Magersonde

Die beschriebene „Sprungsonde" (Zirkon-Dioxid-Sonde) hat im mageren Bereich (Lambda nahe 1) nur eine beschränkte Anwendung gefunden. Spezielle Maßnahmen zum Stabilisieren der Sonde sowie der Einsatz eines leistungsstarken Heizers (18 W) erlauben den Einsatz bis ca. $\lambda \leq 1{,}5$. Die Magersonde nach dem Grenzstromprinzip erlaubt die Messung beliebiger Werte oberhalb $\lambda = 1$.

Bei Anlegen einer äußeren elektrischen Spannung an zwei auf einer ZrO_2-Keramik aufgebrachten Elektroden werden O_2-Ionen von der Kathode zur Anode gepumpt. Da eine Diffusionsbarriere das Nachfließen von O_2-Molekülen aus dem Abgas zur Kathode behindert, wird oberhalb eines Schwellwertes der Pumpspannung eine Stromsättigung erreicht. Der sich einstellende Grenzstrom ist näherungsweise proportional zur Sauerstoffkonzentration. Dieses Sondenprinzip lässt sich besonders bei Magerkonzepten anwenden. Bei Mager-/Mix-Konzepten, bei denen häufig ein Regelsollwert von $\lambda = 1$ erwünscht ist, eignet sich die Breitbandsonde jedoch besser.

Breitbandsonde

Diese Sonde ist eine Kombination aus einer Magersonde nach dem Grenzstromprinzip und der Zirkon-Dioxid-Sonde (Nernst-Konzentrationszelle). Als Zweizellen-Sensor liefert sie in Verbindung mit einer Regelelektronik in einem weiten Lambda-Bereich ($0{,}7 < \lambda < 4$) ein eindeutiges, linear ansteigendes Signal.

Die Pumpzelle und die Konzentrationzelle sind aus ZrO_2 mit je zwei porösen Platinelektroden beschichtet und so angeordnet, dass dazwischen ein Messspalt von 10...50 µm Höhe entsteht. Dieser Messspalt ist über eine Gaseinlassöffnung im Festelektrolyt mit der umgebenden Gasatmosphäre verbunden; er ist gleichzeitig die Diffusionsbarriere, die den Grenzstrom bestimmt. Eine elektronische Schaltung regelt die an der Pumpzelle anliegende Spannung so, dass die Zusammensetzung des Gases im Messspalt konstant bei $\lambda = 1$ liegt. Dies entspricht einer Spannung an der Konzentrationszelle von U_N = 450 mV. Bei magerem Abgas pumpt die Pumpzelle den Sauerstoff vom Messspalt nach außen. Bei fettem Abgas wird dagegen der Sauerstoff aus dem Abgas der Umgebung (durch Zersetzung von CO_2 und H_2O) in den Messspalt gepumpt und die Stromrichtung umgekehrt. Der Pumpstrom ist dabei proportional der Sauerstoffkonzentration bzw. dem Sauerstoffbedarf. Ein integrierter Heizer sorgt für die Betriebstemperatur von mindestens 600 °C.

Breitbandsonde.
a) Schematischer Aufbau, b) Pumpstrom in Abhängigkeit von Luftzahl λ.
I_p Pumpstrom, U_H Heizspannung, U_S Sondenspannung. 1 Heizer, 2 Luftreferenz, 3 Nernstzelle, 4 Pumpzelle, 5 Diffusionsbarriere, 6 Regelelektronik.

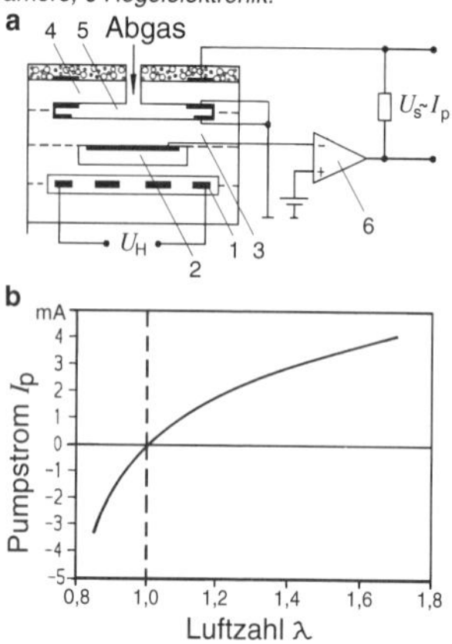

Regelarten

Zweipunkt-Regelung

Die beschriebene Zirkon-Dioxid-Sonde mit Sprungcharakteristik bei $\lambda = 1$ eignet sich für Zweipunkt-Regelungen. Eine Stellgröße, zusammengesetzt aus Spannungssprung und Rampe, verändert ihre Stellrichtung bei jedem Spannungssprung, der einen Wechsel fett/mager oder mager/fett anzeigt. Die Amplitude dieser Stellgröße wird hierbei typisch im Bereich von 2...3 % festgelegt. Hierdurch ergibt sich eine beschränkte Reglerdynamik, die vorwiegend durch die Summe der Totzeiten bestimmt ist.

Die typische „Fehlmessung“ dieser Sonde, bedingt durch die Variation der Abgaszusammensetzung, kann gesteuert kompensiert werden, indem der Stellgrößenverlauf gezielt asymmetrisch gestaltet wird. Bevorzugt wird hierbei das Festhalten des Rampenwertes beim Sondensprung für eine gesteuerte Verweilzeit t_v nach dem Sondensprung.

Zweipunkt-Regelung mit Führungssonde hinter dem Katalysator

Der beschriebene Störeinfluss auf die Genauigkeit bei $\lambda = 1$ im Sprungpunkt wurde durch eine veränderte Beschichtung minimiert. Trotzdem wirken sich Alterung und Umwelteinflüsse (Vergiftungen) aus. Eine Sonde hinter dem Katalysator ist diesen Einflüssen in wesentlich geringerem Maße ausgesetzt. Das Prinzip der Zweisonden-Regelung beruht darauf, dass die gesteuerte Fett- bzw. Magerverschiebung durch eine „langsame“ Korrekturregelschleife additiv verändert wird.

Die hiermit erzielte Langzeitkonstanz ist für die zurzeit in Kraft tretenden Abgasgesetze dringend erforderlich.

Stetige Regelung mit Breitbandsonde

Die festgelegte Dynamik einer Zweipunkt-Regelung kann nur verbessert werden, wenn die Abweichung von $\lambda = 1$ tatsächlich gemessen wird. Mit der Breitbandsonde lässt sich eine kontinuierliche Regelung für $\lambda = 1$ mit stationär sehr kleiner Amplitude in Verbindung mit hoher Dynamik erreichen. Die Parameter dieser Regelung werden in Abhängigkeit von den Betriebspunkten des Motors berechnet und angepasst. Vor allem die unvermeidlichen Restfehler der stationären und instationären Vorsteuerung können mit dieser Art der Lambda-Regelung deutlich schneller kompensiert werden. Eine weitere Optimierung der Abgasemission liegt im Potenzial der Regelsollwerte $\lambda \neq 1$, z. B. im mageren Bereich, falls motorische Bedingungen (z. B. Warmlauf) dies erfordern. Ein Ausbau zur Magerregelung mit den erwähnten Vor- und Nachteilen bedeutet lediglich die Festlegung anderer Regelsollwerte.

Stellgrößenverlauf mit gesteuerter Lambda-Verschiebung (Zweipunkt-Regelung).
t_v Verweilzeit nach Sondensprung.

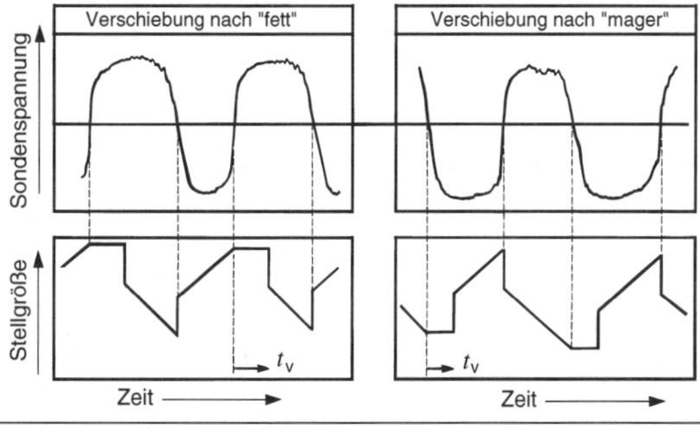

Motorsteuerung bei Dieselmotoren

Kraftstoffzumessung

Anforderungen

Für eine gute Aufbereitung des Luft-Kraftstoff-Gemischs muss der Kraftstoff, je nach Diesel-Verbrennungsverfahren, mit einem Druck zwischen 350 und 2000 bar in den Brennraum eingespritzt und dabei mit der größtmöglichen Genauigkeit pro Einspritzung dosiert werden. Um den Kompromiss zwischen geringem Kraftstoffverbrauch und der Einhaltung der Grenzwerte für Emissionen (Abgase und Geräusch) zu sichern, ist es erforderlich, den Spritzbeginn mit einer Genauigkeit von ca. ±1 °KW einzuhalten.

Zur Steuerung des Verbrennungsbeginns und zur Kompensation der Druckwellenlaufzeit in den Einspritzleitungen dient eine Verstellung des Spritzbeginns.

Bei mechanischer Regelung kann der Spritzbeginn mit einem vorgeschalteten Spritzversteller drehzahlabhängig mit einer obenliegenden Steuerkante am Förderkolben lastabhängig verstellt werden.

Bei EDC-Anlagen (Electronic-Diesel-Control) ist eine Spritzverstellerfunktion integriert, die den Förderbeginn der Einspritzpumpe in Abhängigkeit von Drehzahl, Last und Motortemperatur verstellen kann.

Die Last- und Drehzahlsteuerung des Dieselmotors erfolgt ohne Drosselung der Ansaugluftmenge über die eingespritzte Kraftstoffmenge. Bei ausreichender Einspritzmenge könnte daher die Drehzahl des unbelasteten Dieselmotors bis zur Selbstzerstörung ansteigen. Deshalb ist ein Regler für die Drehzahlbegrenzung unbedingt erforderlich. Ebenso ist eine Regelung auch zur Erzielung einer stabilen Leerlaufdrehzahl notwendig.

Einspritzvorgang

Der Kraftstoff ist bei hohem Druck und kurzer Förderzeit nicht mehr inkompressibel. Die Vorgänge bei der Einspritzung laufen daher nicht statisch (also nach den geometrischen Gesetzen der Verdrängung), sondern dynamisch (weitgehend nach Gesetzen der Akustik) ab.

Bei nockengetriebenen Systemen bewegt eine vom Motor angetriebene Welle den Pumpenkolben der Einspritzpumpe in Förderrichtung. Dadurch baut sich im Hochdruckraum des Pumpenelements ein Druck auf. Der steigende Druck öffnet das Druckventil, und eine Druckwelle läuft mit Schallgeschwindigkeit (ca. 1400 m/s) durch die Hochdruckleitung zur Einspritzdüse. Bei Erreichen des Düsenöffnungsdruckes hebt die Düsennadel gegen die Kraft der Düsenfeder vom Düsensitz ab und gibt die Austrittsbohrung für den Kraftstoff in Richtung Motorbrennraum frei. Die Förderung ist beendet, wenn die Absteuerbohrung durch die Steuerkante des Pumpenkolbens geöffnet wird. Zunächst bricht der Druck im Hochdruckraum zusammen. Das Druckventil schließt und senkt den Druck in der Einspritzleitung ab. Die Druckabsenkung bis auf den Standdruck zwischen zwei Einspritzungen ist so bemessen, dass

- die Einspritzdüse rasch und ohne Nachtropfen schließt,
- die verbleibenden Restschwingungen im Leitungssystem so gedämpft werden, dass die Druckspitzen einerseits kein zweites Öffnen der Düse verursachen und andererseits keine Kavitationsschäden durch Druckabsenkungen erzeugen können.

Einspritzsystem

Das Einspritzsystem dient der Kraftstoffversorgung des Dieselmotors und besteht aus einem Niederdruck- und einem Hochdruckteil.

Der Niederdruckteil besteht aus Kraftstoffbehälter, Kraftstofffilter, mechanisch oder elektrisch angetriebener Förderpumpe mit Überdruckventil sowie den Kraftstoffzuleitungen.

Der Hochdruckteil setzt sich aus der Hochdruckpumpe mit Druckventil, in der der zum Einspritzen benötigte Kraftstoffdruck erzeugt wird, den Druckleitungen und den Einspritzventilen (Düsenhalter und Einspritzdüse) zusammen. Bei EDC-Systemen kommt noch das Steuerventil hinzu. Dieses ist derzeit meist als Magnetventil, zukünftig auch als Piezoventil, ausgeführt.

Beim gegenwärtigen technischen Stand werden für Kraftfahrzeug-Dieselmotoren hauptsächlich folgende Hochdruck-Einspritzsysteme angewendet:

Reiheneinspritzpumpe mit mechanischem Drehzahlregler oder elektronischem Stellwerk und fallweise angebautem Spritzversteller.

Vor allem bei Nutzfahrzeugmotoren wird die Reiheneinspritzpumpe, auch Blockeinspritzpumpe genannt, eingesetzt. Hier wird eine der Zahl der Motorzylinder entsprechende Anzahl von Pumpenelementen in einem Gehäuse untergebracht und über eine gemeinsame Nockenwelle betätigt. Zu den Reiheneinspritzpumpen zählt auch die Hubschieber-Reiheneinspritzpumpe, bei der außer der Fördermenge auch der Förderbeginn frei verändert werden kann.

Verteilereinspritzpumpe mit mechanischem Drehzahlregler oder elektronischem Regler und integriertem Spritzversteller.

Insbesondere bei schnelllaufenden IDI- und bei DI-Dieselmotoren für Pkw und kleinere Nkw kommt die Axialkolben-Verteilereinspritzpumpe zum Einsatz. Bei ihr übernimmt ein zentraler Kolben, der über eine Hubscheibe angetrieben wird, sowohl die Druckerzeugung als auch die Verteilung auf die einzelnen Zylinder. Ein Hubschieber oder ein Magnetventil dosiert die Einspritzmenge.

Vor allem bei schnelllaufenden modernen DI-Dieselmotoren für Pkw und kleinere Nkw wird die Radialkolben-Verteilereinspritzpumpe verwendet. Die Druckerzeugung und Förderung erfolgt durch zwei bis vier radial angeordnete Kolben, die über einen Nockenring angetrieben werden. Ein Magnetventil dosiert die Einspritzmenge und steuert den Förderbeginn.

Neben den Reihen- und Verteilereinspritzpumpen gibt es noch, vorzugsweise bei großen Schiffsmotoren, Baumaschinen und Kleinmotoren, direkt von der Motornockenwelle angetriebene Einzeleinspritzpumpen, auch Steckpumpen genannt.

Ein weiteres modernes Einspritzsystem ist die Pumpe-Düse-Einheit (UIS Unit Injector System), bei der Einspritzpumpe und Einspritzventil eine Einheit bilden. Pro Motorzylinder wird eine Einheit in den Zylinderkopf eingebaut und entweder direkt über einen Stößel oder indirekt über einen Kipphebel von der Motornockenwelle angetrieben.

Das System Pumpe-Leitung-Düse (UPS Unit Pump System) arbeitet nach dem gleichen Prinzip wie die Pumpe-Düse-Einheit. Allerdings ist hier eine kurze Hochdruckleitung zwischen Pumpe und Düse angebracht und erlaubt dadurch mehr konstruktiven Freiraum für die Anordnung der Nockenwelle im Motorblock oder Zylinderkopf.

Allen diesen Systemen ist gemeinsam, dass der erforderliche Einspritzdruck jeweils zum Zeitpunkt der Einspritzung erzeugt wird. Bei den elektronisch gesteuerten Systemen ist der Einspritzmengenverlauf jedoch nicht nur durch die Auslegung der Nockenkontur, sondern auch von der Ansteuerung des Magnetventils beeinflussbar. Der erreichbare maximale Druck ist allerdings direkt von der Drehzahl und der Einspritzmenge abhängig.

Eine drehzahl- und lastunabhängige Einstellung des Einspritzdrucks ist mit einem Speichereinspritzsystem erreichbar. Bei dem Common-Rail-System genannten Speichereinspritzsystem sind Druckerzeugung und Einspritzung zeitlich und örtlich entkoppelt. Der Einspritzdruck wird von einer separaten Hochdruckpumpe erzeugt. Diese muss nicht zwingend synchron zu den Einspritzungen angetrieben werden. Der Druck kann unabhängig von der Motordrehzahl und der Einspritzmenge eingestellt werden. An die Stelle der druckgesteuerten Einspritzventile treten hier elektrisch betätigte Injektoren, mit deren Ansteuerzeitpunkt und -dauer der Einspritzbeginn und die Einspritzmenge bestimmt werden. Bei diesem System besteht auch eine große Freiheit bzgl. der Gestaltung von Mehrfach- oder geteilten Einspritzungen.

Alle Systeme müssen für die exakte Steuerung bzw. Regelung von Einspritzmenge und Einspritzzeitpunkt geringe Streuungen zwischen den einzelnen Zylindern und lange Lebensdauer aus hochpräzise gefertigten Einzelteilen mit engen Toleranzen aufgebaut sein.

Reiheneinspritzpumpe Größe P.
1 Druckventilhalter, 2 Federteller, 3 Druckventil, 4 Pumpenzylinder, 5 Pumpenkolben, 6 Hebelarm mit Kugelkopf, 7 Regelstange, 8 Regelhülse, 9 Kolbenfahne, 10 Kolbenfeder, 11 Federteller, 12 Rollenstößel, 13 Nockenwelle.

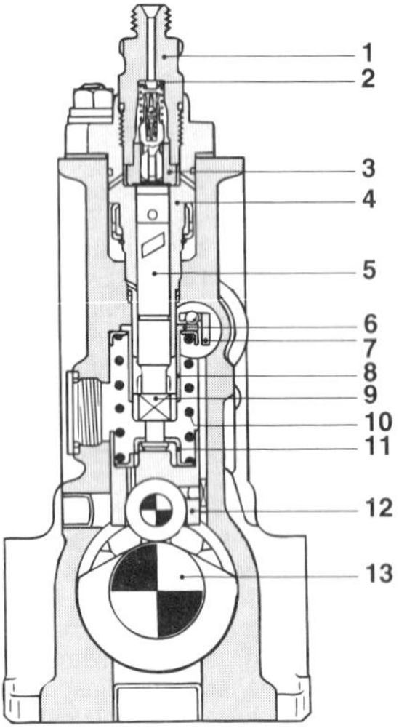

Reiheneinspritzpumpe (PE)

Förderpumpe

Eine Kolbenförderpumpe fördert den Kraftstoff mit 1...2,5 bar Überdruck in den Saugraum der Einspritzpumpe. Der Kolben der nockenbetätigten Pumpe wird bei jedem Hub bis zum oberen Totpunkt geführt. Er ist nicht starr mit dem Antriebselement verbunden, sondern wird durch Federdruck zurückgeführt. Steigt der Druck in der Förderleitung, so bewegt die Kolbenfeder den Kolben nur noch einen Teil des vollen Hubs zurück. Je größer der Druck in der Förderleitung ist, desto kleiner wird die Fördermenge.

Hochdruckpumpe

Alle Reiheneinspritzpumpen haben je Motorzylinder ein Pumpenelement, das aus Zylinder und Kolben besteht. Der Kolben wird durch eine vom Motor angetriebene Nockenwelle in Förderrichtung bewegt und durch die Kolbenfeder zurückgedrückt. Der Kolben ist so genau eingepasst (Spiel 3...5 µm), dass er auch bei hohem Druck und niedriger Drehzahl ohne Dichtelement weitgehend ohne Leckage arbeitet.

Der Hub des Pumpenkolbens ist unveränderlich. Durch Veränderung des Nutzhubes ändert sich die Fördermenge. Zu diesem Zweck sind in den Kolben schräge Steuerkanten eingearbeitet, so dass sich je nach Drehlage des Kolbens der gewünschte Nutzhub ergibt. Die Förderung

Fördermengensteuerung der Reiheneinspritzpumpe.
1 Vom Saugraum, 2 zur Düse, 3 Zylinder, 4 Kolben, 5 untenliegende Steuerkante (Schrägkante), 6 Stopnut.

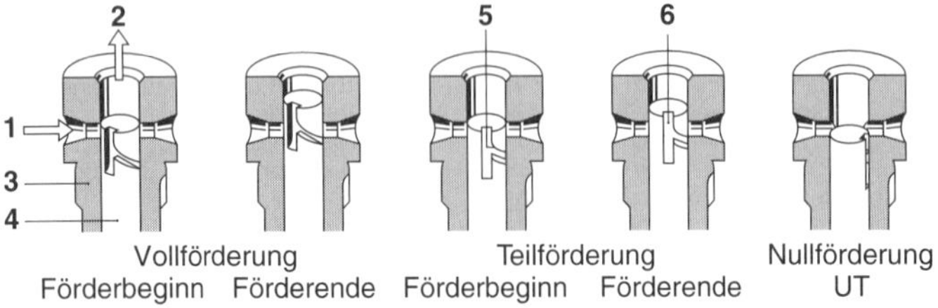

beginnt, wenn die Kolbenoberkante die Saugbohrung verschließt. Der Hochdruckraum über dem Kolben ist durch eine Stoppnut mit dem unterhalb der Steuerkante liegenden Raum verbunden. Deshalb ist die Förderung beendet, wenn die Steuerkante die Ansaugöffnung freigibt.

Die Steuerkanten des Pumpenkolbens können verschieden angeordnet sein. Bei Elementen mit nur unten liegender Schrägkante beginnt die Förderung stets beim gleichen Kolbenhub, endet aber je nach Drehlage früher oder später. Mit einer oben liegenden Schrägkante kann der Förderbeginn verändert werden. Daneben gibt es auch Pumpen-Elemente mit oben und unten liegender Schrägkante.

Die wesentlichen, derzeit gebräuchlichen Druckventil-Bauarten in der Reihenfolge ihrer Verwendbarkeit bei steigenden Einspritzdrücken sind:

- Gleichraumventil,
- Gleichraumventil mit Rückströmdrossel,
- Gleichdruckventil.

Die Druckventile müssen mit ihrem Entlastungsgrad sorgfältig für jeden Anwendungsfall ausgelegt sein. Bei der Rückströmdrossel bzw. dem Gleichdruckventil bewirkt eine zusätzliche Drossel eine Dämpfung der an der Einspritzdüse teilreflektierten Förderwelle und verhindert so ein zweites Öffnen der Einspritzdüse. Das Gleichdruckventil wird für Hochdruckeinspritzsysteme und bei schnelllaufenden kleinen Direkteinspritzmotoren verwendet, um eine stabile Hydraulik zu erzielen.

Bei Einspritzpumpen für mittleren Druck bis 600 bar (z. B. Größe A) ist das Pumpenelement in fixierter Lage in das Pumpengehäuse eingebaut und über das Druckventil und den Druckventilhalter befestigt.

Für Einspritzdrücke über ca. 600 bar sind Pumpenelement, Druckventil und Druckventilhalter zu einem Verband verschraubt. Dadurch müssen die hohen Dichtungskräfte nicht mehr vom Pumpengehäuse aufgenommen werden (z. B. Größen MW, P).

Reiheneinspritzpumpe und angebauter Drehzahlregler sind an den Motorschmieröl-Kreislauf angeschlossen.

Einspritzanlage mit mechanisch geregelter Reiheneinspritzpumpe.
1 Kraftstoffbehälter, 2 Drehzahlregler, 3 Förderpumpe, 4 Einspritzpumpe, 5 Spritzversteller, 6 Antrieb vom Motor, 7 Kraftstofffilter, 8 Entlüftung, 9 Düsenhalter mit Einspritzdüse, 10 Kraftstoffrückleitung, 11 Überströmleitung.

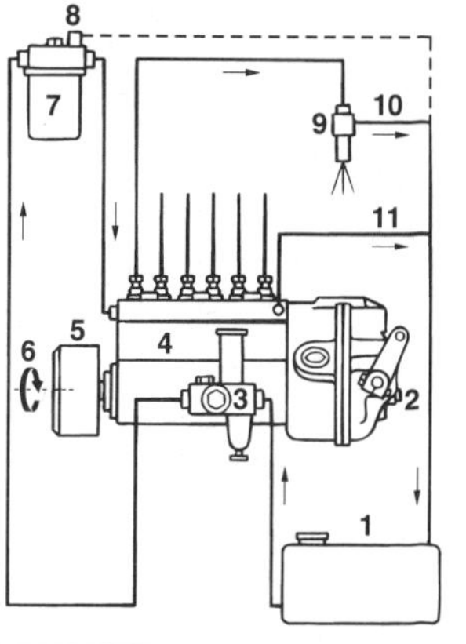

Druckventilhalter mit Druckventil.
a) mit Gleichraumventil und Rückströmdrossel, b) mit Gleichdruckventil.
1 Druckventilhalter, 2 Rückströmdrossel, 3 Totvolumen, 4 Entlastungskolben, 5 Ventilkegel, 6 Ventilträger, 7 Vorlaufventil, 8 Drosselbohrung, 9 Druckhalteventil.

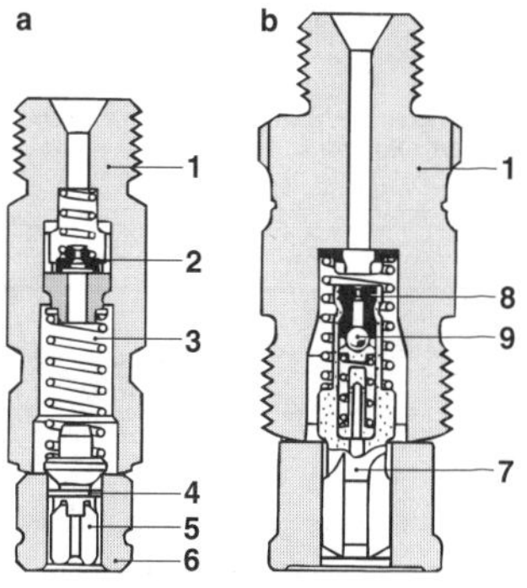

Drehzahlregler-Kennlinien.
a positive Angleichung im oberen Drehzahlbereich, b ungeregelter Bereich, c negative Angleichung.
1 Leerlaufeinstellpunkt, 2 Volllastlinie, 3 Volllastlinie Turbomotor, 4 Volllastlinie Saugmotor, 5 Volllastlinie Saugmotor mit Höhenkompensation, 6 Zwischendrehzahl-Regelung, 7 temperaturabhängige Startmenge.

Alldrehzahlregler.

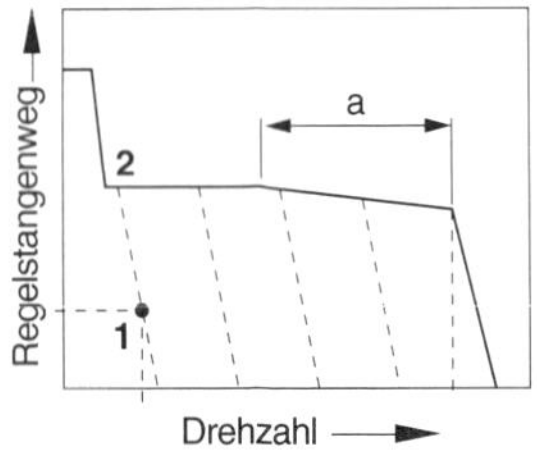

Leerlauf-Enddrehzahlregler.

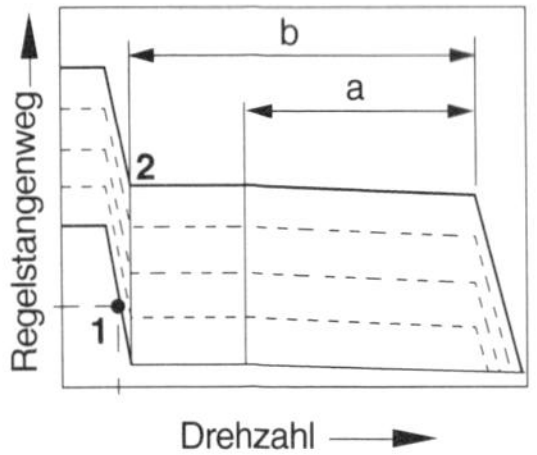

Komplexer Drehzahlregler mit weiteren Steuerfunktionen.

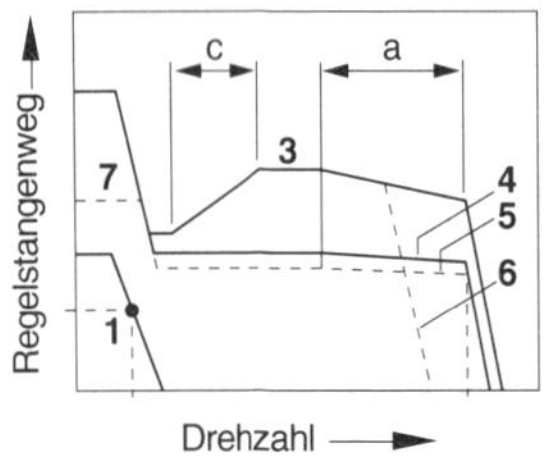

Drehzahlregelung

Der Regler hat als Hauptaufgabe die Begrenzung der Enddrehzahl, d. h. er muss dafür sorgen, dass der Dieselmotor die vom Hersteller zugelassene Höchstdrehzahl nicht überschreitet. Andere Aufgaben sind je nach Reglerart das Konstanthalten bestimmter Drehzahlen wie der Leerlaufdrehzahl bzw. der Drehzahlen innerhalb eines bestimmten Drehzahlbereichs zwischen Leerlauf- und Enddrehzahl. Weitere Aufgaben sind z. B. Veränderung der Volllastmenge abhängig von Drehzahl (Angleichung), Lade- und Atmosphärendruck oder die Bemessung der für das Starten notwendigen Kraftstoffmenge. Für diese Aufgaben bringt der Regler die Regelstange in die entsprechende Stellung und regelt damit die Fördermenge.

Mechanische Drehzahlregler

Die Nockenwelle der Einspritzpumpe treibt den mechanischen Drehzahlregler (fliehkraftgesteuert) an, der die nachfolgend beschriebenen Kennfelder ermöglicht. Die Fliehgewichte wirken auf Regelfedern und sind über ein Gestänge mit der Regelstange verbunden. Im stationären Betrieb stehen Fliehkräfte und Federkräfte im Gleichgewicht. Dabei hat die Regelstange die Stellung für eine Kraftstoffförderung entsprechend der Motorleistung des Betriebspunktes eingenommen. Sinkt die Drehzahl z. B. durch erhöhte Last, so sinkt auch die Fliehkraft und die Regelfedern schieben die Fliehgewichte und damit die Regelstange soweit in eine Stellung höherer Kraftstoffförderung, bis wieder Gleichgewichtszustand herrscht. Aus den verschiedenen Aufgaben ergeben sich folgende Reglerarten:

Alldrehzahlregler

Der Alldrehzahlregler regelt abhängig von der Stellung des Verstellhebels eine nahezu konstante Motordrehzahl ein. Anwendung: vorzugsweise für Nutzkraftwagen mit Nebenantrieben, Baumaschinen, Ackerschlepper, Boote und ortsfeste Anlagen.

Leerlauf-Enddrehzahlregler

Das Kennfeld des Leerlauf-Enddrehzahlreglers zeigt, daß der Regler nur im Leerlauf und bei Erreichen der Höchstdrehzahl des Motors arbeitet. Im Bereich dazwischen wird das Drehmoment ausschließlich von der Fahrpedalstellung bestimmt. Anwendung: für Straßenfahrzeuge.

Stufendrehzahlregler

Stufendrehzahlregler bilden Kombinationen der beiden vorangehenden Reglerarten. Je nach Verwendungszweck kann dabei die Verstellstufe im oberen oder unteren Drehzahlbereich liegen.

Regler-Bauarten

Beim RQ- und RQV-Regler wirken die Fliehgewichte direkt auf die Regelfedern; bei der Betätigung des Verstellhebels wird das Übersetzungsverhältnis am Regelhebel verändert.

Beim RSV- und RSF-Regler liegt die Regelfeder außerhalb der Fliehgewichte; das Übersetzungsverhältnis am Regelhebel bleibt annähernd konstant.

P-Grad

Ein Drehzahlregler ist im Wesentlichen durch die Neigung der Regelkennlinie oder den P-Grad charakterisiert:

$$\delta = \frac{n_{LO} - n_{VO}}{n_{VO}} \cdot 100\,\%$$

Je kleiner der Drehzahlunterschied zwischen der oberen Nulllast-Drehzahl (n_{LO}) und der oberen Volllast-Drehzahl (n_{VO}) ist, desto kleiner ist der P-Grad, d. h. desto genauer hält der Regler eine vorgegebene Drehzahl ein. Bei kleinen schnelllaufenden Motoren sind bei Alldrehzahlreglern und in der Endabregelung Werte von 6...10 % üblich.

Anwendungsbereiche der verschiedenen Reiheneinspritzpumpen.

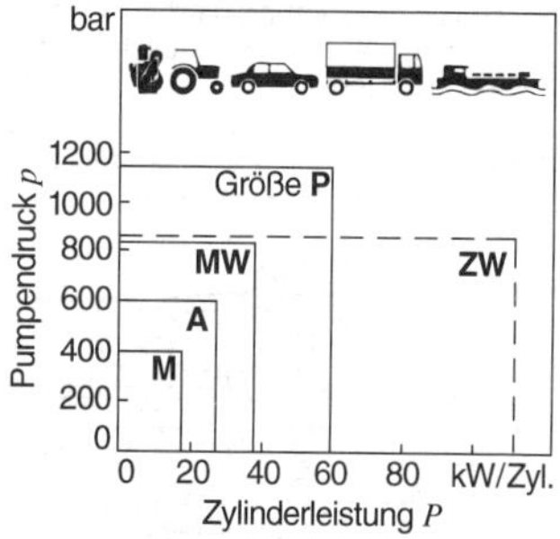

RQ-Leerlauf- und Enddrehzahlregler.
1 Pumpenkolben, 2 Regelstange, 3 Volllastanschlag, 4 Verstellhebel, 5 Nockenwelle der Einspritzpumpe, 6 Fliehgewicht, 7 Regelfeder, 8 Verstellbolzen.

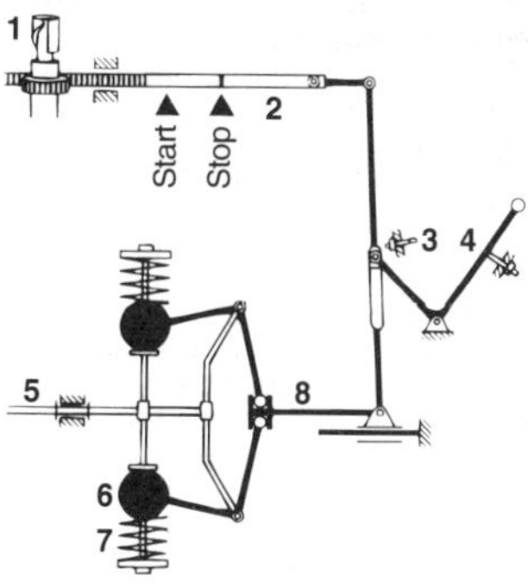

RSV-Alldrehzahlregler.
1 Pumpenkolben, 2 Regelstange, 3 Anschlag für Höchstdrehzahl, 4 Verstellhebel, 5 Startfeder, 6 Stopp- oder Leerlaufanschlag, 7 Regelfeder, 8 Leerlauf-Zusatzfeder, 9 Nockenwelle der Einspritzpumpe, 10 Fliehgewicht, 11 Verstellbolzen, 12 Angleichfeder, 13 Volllastanschlag.

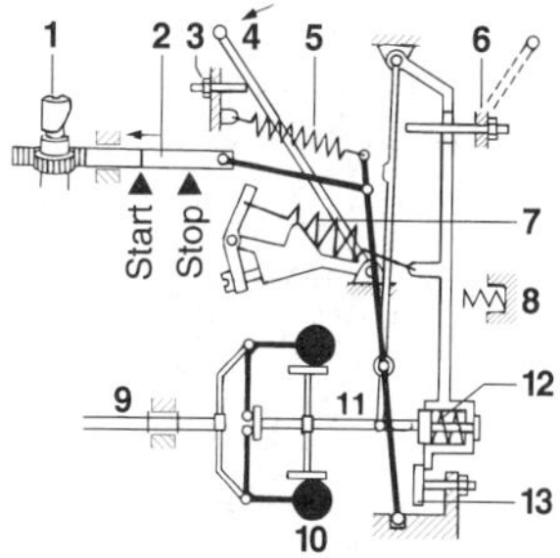

Mechanische Anpasseinrichtungen

Angleichvorrichtung
Die dem Volllast-Kraftstoffbedarf des Dieselmotors angepasste, mit steigender Drehzahl leicht fallende Volllastkennlinie bewirkt eine Zusatzfeder (Angleichfeder) an geeigneter Stelle in der Regler-Kinematik. Bei entsprechender Drehzahl weicht diese Feder etwas aus und bewirkt ein Verschieben der Regelstange in Richtung weniger Menge (positive Angleichung). Auch eine negative Angleichung, d. h. zunehmende Menge bei steigender Drehzahl ist realisierbar, hierfür ist jedoch ein deutlich höherer Teile- und Einstellaufwand erforderlich.

Ladedruckabhängiger Volllastanschlag.
1 Ladedruckanschluss, 2 Membran.

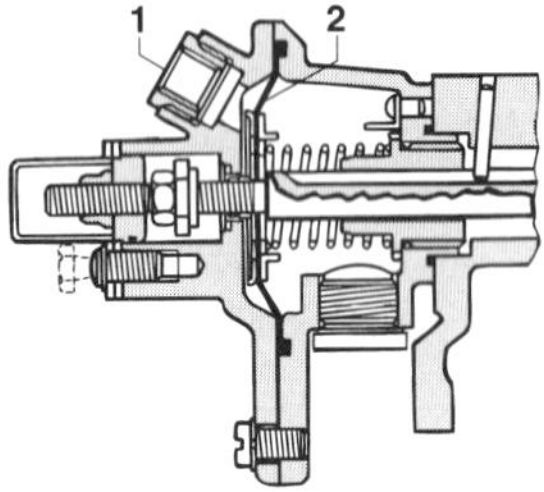

Atmosphärendruckabhängiger Volllastanschlag.
1 Druckdose, 2 Atmosphärendruckanschluss.

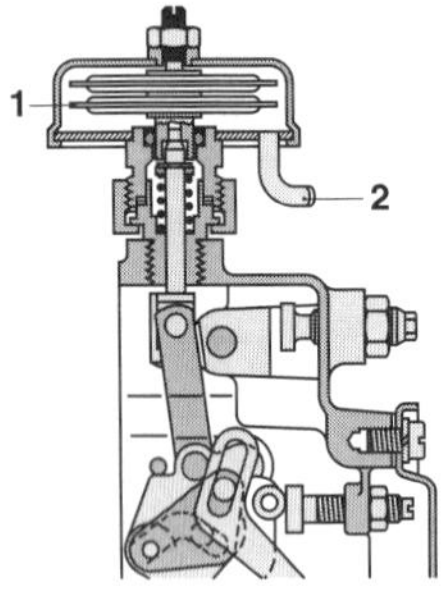

Ladedruckabhängiger Volllastanschlag (LDA)
Aufgeladene Motoren können durch die höhere Luftmasse mit steigendem Ladedruck eine höhere Kraftstoffmenge in Motordrehmoment umsetzen. Der LDA dient der entsprechenden Korrektur der Volllastmenge. Eine federbelastete Membran, auf deren Arbeitsseite der Ladedruck wirkt, ist so mit der Regelstange verbunden, dass mit steigendem Ladedruck die Einspritzmenge anwächst.

Atmosphärendruckabhängiger Volllastanschlag (ADA)
Der ADA, ein dem LDA ähnliches Gerät, reduziert die Volllastmenge bei niedrigem atmosphärischem Druck und damit geringerer Luftdichte in großer Höhe.

Er enthält eine Barometerdose, die ab einem bestimmten Luftdruckabfall die Regelstange in Richtung weniger Fördermenge verschiebt.

Temperaturabhängiger Startmengenanschlag (TAS)
Der kalte Motor benötigt zum Start eine bestimmte Mehrmenge, die beim warmen Motor nicht erforderlich ist und unter Umständen zu Rauchstoß führt.

Zur Abhilfe dient der TAS, dessen Regelstangenanschlag über ein Dehnstoffelement die Mehrmenge beim Warmstart verriegelt.

Regelweggeber (RWG)
Der RWG misst die jeweilige Regelstangenstellung induktiv.

Das von einer Auswertschaltung aufbereitete Signal lässt sich z. B. zur Steuerung hydraulischer oder mechanischer Getriebe, zur Kraftstoffverbrauchsmessung, für die Abgasrückführung oder zur Diagnose verwenden.

Förderbeginngeber (FBG)
Der induktiv arbeitende FBG kann den Förderbeginn bei laufendem Motor messen; auch die Prüfung des Spritzverstellers ist möglich.

Außerdem können hiermit ausgerüstete Einspritzpumpen mit in Förderbeginnstellung blockierter Nockenwelle geliefert werden, was eine einfache und genaue Montage am Motor gestattet.

Spritzversteller
Fliehkraftgesteuerte Spritzversteller sitzen im Antriebsstrang zwischen Motor und Einspritzpumpe. Mit zunehmender Drehzahl verdrehen die Fliehgewichte die Nockenwelle der Einspritzpumpe gegen die Antriebswelle in Richtung „frühere Förderung". Ausführungen: kupplungsangetriebene Vorbau- und zahnradangetriebene Einbauspritzversteller mit einem Verstellbereich von 3°...10° an der Pumpenwelle.

Abstellen
Eine mechanische (Stopp-Hebel), elektrische oder pneumatische Abstellvorrichtung stellt den Dieselmotor durch Unterbrechen der Kraftstoffzufuhr ab.

Elektronischer Regler
Bei der elektronischen Regelung der Reiheneinspritzpumpe ersetzt ein elektromagnetisches Stellwerk mit berührungslosem induktivem Rückmelder für die Regelstangenstellung den mechanischen Fliehkraftregler. Ein elektronisches Steuergerät steuert das Stellwerk an.

Der Mikroprozessor im Steuergerät errechnet aus Fahrpedalstellung, Drehzahl sowie einer Reihe von Korrekturgrößen in Verbindung mit im Speicher abgelegten Kennfeldern die Solleinspritzmengen bzw. den Sollwert der Regelstangenstellung.

Ein elektronischer Regler, der den Erregerstrom für den gegen eine Rückstellfeder arbeitenden Stellmagnet bestimmt, vergleicht den Sollwert mit dem rückgemeldeten Istwert der Regelstangenstellung. Bei Abweichungen wird der Erregerstrom so lange geändert, bis sich die Regelstange genau in der gewünschten Sollstellung befindet.

Ein induktiver Drehzahlsensor tastet ein auf der Nockenwelle befestigtes Impulsrad ab. Aus den zeitlichen Impulsabständen errechnet das Steuergerät die Motordrehzahl.

Durch die Möglichkeit, verschiedene Motor- und Fahrzeuggrößen zu erfassen und miteinander zur Einspritzmengenbestimmung zu verknüpfen, bietet die elektronische Regelung im Vergleich zur mechanischen viele Vorteile:

Temperaturabhängiger Startmengenanschlag.
1 Regelstange, 2 Startmengenanschlag mit Dehnstoffelement.

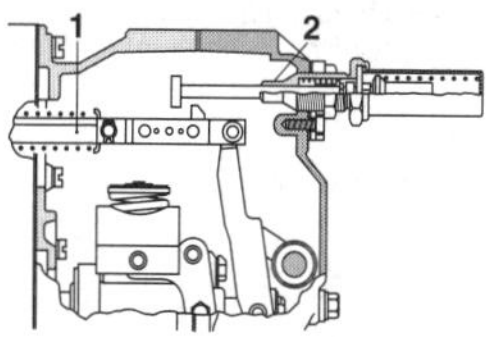

Regelweggeber.
1 Geblechter Eisenkern, 2 Referenzspule, 3 feststehender Kurzschlussring, 4 Regelstange, 5 Messspule, 6 beweglicher Kurzschlussring.

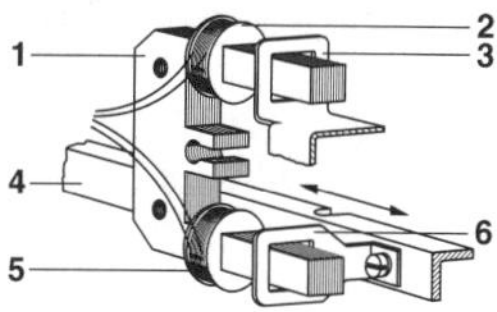

Förderbeginngeber.
a) Messen mit Geber, b) Blockieren.
1 Pumpennockenwelle, 2 Geber, 3 Rastbolzen.

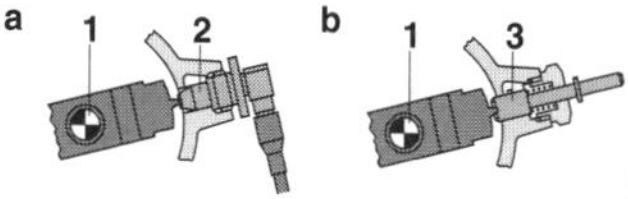

Spritzversteller.
Ruhestellung.

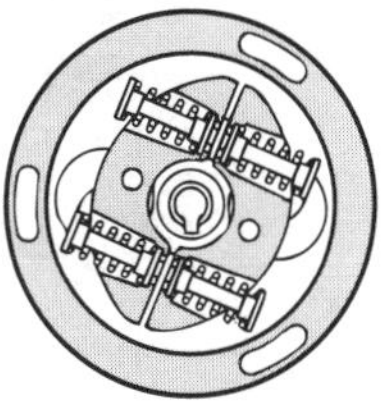

- Schlüssel-Start-Stopp,
- frei festlegbare Volllastcharakteristik,
- genaue Anpassung der maximalen Einspritzmenge an den Ladedruck zur Einhaltung der Rauchgrenze,
- Korrekturen durch Luft- und Kraftstofftemperatur,
- temperaturabhängige Startmenge,
- Drehzahlregelung für Nebenabtriebe,
- Fahrgeschwindigkeitsregelung,
- Höchstgeschwindigkeitsbegrenzung,
- niedrige und konstante Leerlaufdrehzahl,
- aktive Ruckeldämpfung,
- Eingriffsmöglichkeiten für Antriebsschlupfregelung/Automatikgetriebe,
- Signalausgänge für Verbrauchs- und Drehzahl-Anzeige,
- Service-Unterstützung durch eingebaute Fehler-Diagnose.

Hubschieber-Reiheneinspritzpumpe

Die Hubschieber-Reiheneinspritzpumpe macht eine elektronisch geregelte Förderbeginnverstellung möglich. Ein an jedem Element angeordneter beweglicher Schieber nimmt die herkömmliche gehäusefeste Absteuerbohrung auf. Eine Verstellwelle mit Anlenkhebeln, die in die Schieber eingreifen, verstellt alle Schieber gemeinsam.

Je nach Lage des Schiebers (unten oder oben) beginnt die Förderung relativ zum Nocken früher oder später. Ein elektromagnetisches Stellwerk, ähnlich dem der elektronisch geregelten Reiheneinspritzpumpe, verdreht wiederum die Verstellwelle, allerdings ohne Stellungsrückmeldung.

Ein Nadelbewegungsfühler (NBF) misst jetzt den Einspritzbeginn direkt an einer Einspritzdüse und führt dieses Signal einem Regler zu, der den Vergleich mit seinem Sollwert als Funktion von Drehzahl, Einspritzmenge usw. durchführt und den Erregerstrom für die Magnetspule so lange ändert, bis Soll- und Istwert des Spritzbeginns gleich sind.

Um eine exakte Information über den oberen Totpunkt und die Lage des Spritzbeginns relativ zum oberen Totpunkt zu erhalten, tastet der Drehzahlsensor die Impulsmarken am Kurbelwellen-Schwungrad ab.

Elektronische Regelung für Reiheneinspritzpumpen.
1 Regelstange, 2 Stellwerk, 3 Nockenwelle, 4 Drehzahlsensor, 5 Steuergerät. Ein-/Ausgangsgr.: a Redund. Abstellung, b Ladedruck, c Fahrgeschwindigkeit, d Temperatur (Wasser, Luft, Kraftstoff), e Mengeneingriff, f Drehzahl, g Regelweg, h Stellmagnetposition, i Verbrauchs-/Drehzahlanzeige, k Diagnose, l Fahrpedalstellung, m Geschwindigkeitsvorwahl, n Kupplung, Bremse, Motorbremse.

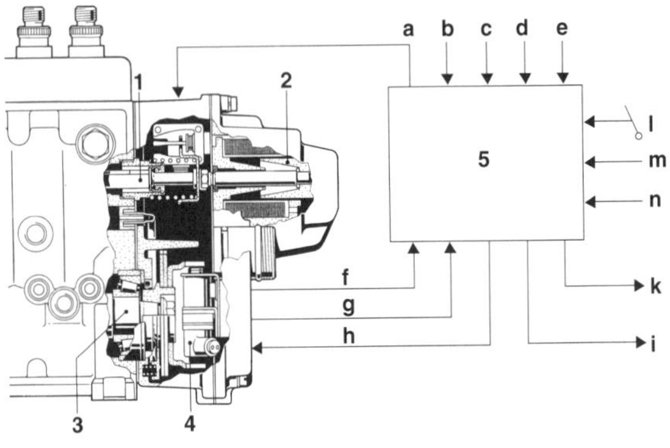

Verteilereinspritzpumpe (VE)

Anwendungsgebiete der Verteilereinspritzpumpen sind 3-, 4-, 5- und 6-Zylinder-Dieselmotoren in Pkw, Schleppern sowie leichten und mittleren Nkw mit einer Leistung bis zu 42 kW pro Zylinder, abhängig von Drehzahl und Verbrennungsverfahren. Verteilereinspritzpumpen für Direkteinspritzmotoren erreichen bei Drehzahlen bis 2400 min^{-1} in der Einspritzdüse bis zu 1950 bar Spitzendruck.

Pumpenelement mit Hubschieber.
a) Förderbeginn, b) Förderende.
1 Steuerkante, 2 Hubschieber, 3 Absteuerbohrung, 4 Steuernut, 5 Pumpenkolben.

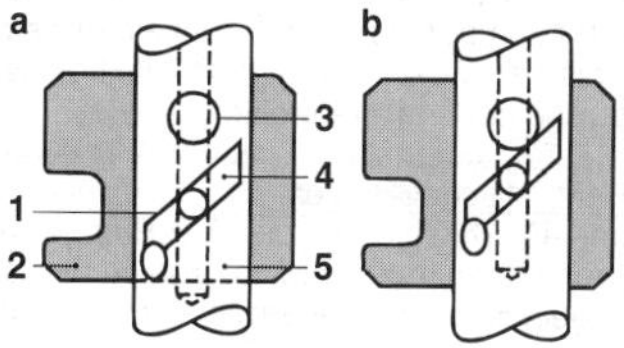

Hubschieber-Reiheneinspritzpumpe.
1 Pumpenkolben, 2 Hubschieber, 3 Hubschieber-Verstellwelle, 4 Regelstange.

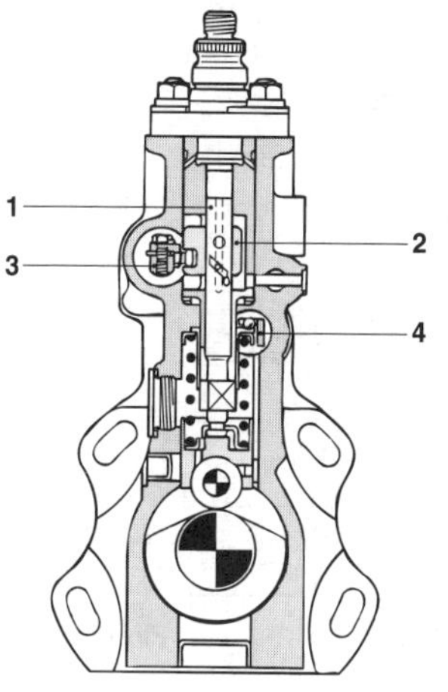

Man unterscheidet Verteilereinspritzpumpen mit mechanischer Regelung und mit elektronischer Dieselregelung, bei denen es Ausführungen mit Drehmagnetstellwerk und mit Magnetventilsteuerung gibt.

Mechanisch geregelte Axialkolben-Verteilereinspritzpumpen (VE)

Die Baugruppen der mechanisch geregelten Verteilereinspritzpumpen sind:

Förderpumpe

Sofern keine Vorförderpumpe vorhanden ist, saugt die integrierte Flügelzellen-Förderpumpe den Kraftstoff an und erzeugt in Verbindung mit einem Druckregelventil einen Pumpeninnenraumdruck, der mit zunehmender Drehzahl ansteigt.

Hochdruckpumpe

Die VE-Pumpe hat nur ein Pumpenelement für alle Zylinder. Der Kolben fördert den Kraftstoff durch eine Hubbewegung und verteilt ihn durch gleichzeitige Drehbewegung auf die einzelnen Auslässe. Während einer Umdrehung der Antriebswelle macht der Kolben so viele Hübe wie Motorzylinder zu versorgen sind. Die Antriebswelle der VE-Pumpe dreht über die Kreuzscheibe die Hubscheibe und den fest mit ihr verbundenen Pumpenkolben. Die Nockenerhebungen auf der Unterseite der Hubscheibe wälzen sich auf den Rollen des Rollenringes ab. Dadurch führen Hubscheibe und Kolben zusätzlich zur Drehbewegung eine Hubbewegung aus (Verteilung und Förderung). Solange während des Arbeitshubes die Absteuerbohrung im Kolben verschlossen ist, fördert die Pumpe. Die Förderung ist zu Ende, wenn die Absteuerbohrung aus dem Regelschieber austritt. Die Position des Regelschiebers bestimmt daher Nutzhub und Einspritzmenge. Der Drehzahlregler bestimmt die Stellung des auf dem Kolben verschiebbaren Regelschiebers.

Mechanischer Drehzahlregler

Über einen Kugelbolzen ist der Regelschieber mit den Reglerhebeln verbunden, und auf diese wirken die Fliehkraft aus den Fliehgewichten und die Regelfedern. Leerlauf, Übergangsbereiche und max. Drehzahl können den Motorbedürfnissen angepasst werden.

P-Grad, Reglerarten: Die Beschreibung von P-Grad und Reglerarten (Alldrehzahlregler, Leerlauf- und Enddrehzahlregler) für Reiheneinspritzpumpen trifft auch auf Regler für Verteilereinspritzpumpen zu.

Lastsignal: Bei Einspritzpumpen mit Leerlauf-Enddrehzahlregler lässt sich die Stellung des äußeren Verstellhebels über Mikroschalter oder Drehpotenziometer als Lastinformation nutzen.

Anpasseinrichtungen:
Zur Verarbeitung weiterer Betriebsparameter für die Fördermengensteuerung (z. B. ladedruckabhängiger Volllastanschlag, Startmenge, hydraulische und mechanische Volllastangleichung) und für die Förderbeginnverstellung (z. B. Kaltstartbeschleuniger, lastabhängiger Förderbeginn) steht eine Reihe von Aufschaltgeräten zur Verfügung.

Hydromechanisch gesteuerter Spritzversteller
Der drehzahlabhängige Förderpumpendruck (5...10 bar) wirkt über eine Drosselbohrung auf die Vorderseite eines federbelasteten Spritzverstellerkolbens. Letzterer verdreht den Rollenring damit drehzahlabhängig entgegen der Drehrichtung der Pumpe und verschiebt so den Förderbeginn in Richtung „früh“.

Abstellen
Eine elektrische Abstellvorrichtung (Magnetventil) stellt den Dieselmotor durch Unterbrechen der Kraftstoffzufuhr ab.

Elektronische Dieselregelung (EDC): Verteilereinspritzpumpen mit Drehmagnetstellwerk
Im Gegensatz zu der mechanisch geregelten VE-Pumpe verfügt die EDC-Pumpe mit Drehmagnetstellwerk über einen elektronischen Regler und einen elektronisch geregelten Spritzversteller.

Elektronischer Regler
Der Regelschieber der VE-Pumpe ist über einen exzentrisch angeordneten Kugelbolzen mit einem elektromagneti-

Verteilereinspritzpumpe VE (Grundausführung).
1 Flügelzellenförderpumpe, 2 Reglerantrieb, 3 Spritzversteller, 4 Hubscheibe, 5 Regelschieber, 6 Verteilerkolben, 7 Druckventil, 8 elektromagnetische Abstellvorrichtung, 9 Regelhebelgruppe, 10 Überströmdrossel, 11 mechanische Abstellvorrichtung, 12 Regelfeder, 13 Drehzahl-Verstellhebel, 14 Reglermuffe, 15 Fliehgewicht, 16 Druckregelventil.

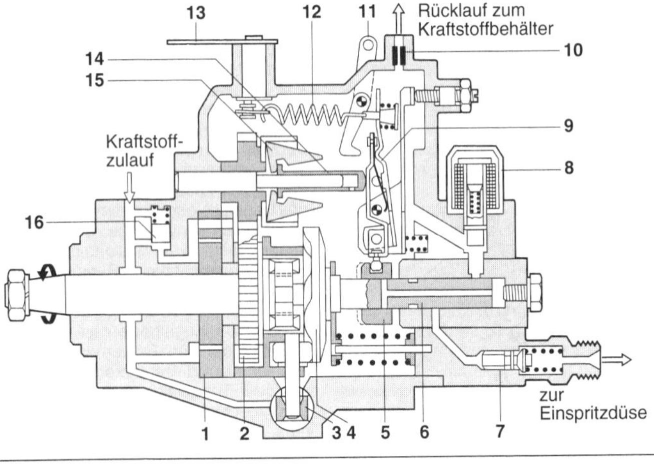

Elektronische Regelung für Verteilereinspritzpumpen.
1 Förderpumpe, 2 Magnetventil, 3 Spritzversteller, 4 Regelschieber, 5 Drehstellwerk mit Rückmelder, 6 Steuergerät. Ein-/Ausgangsgrößen: a Drehzahl, b Spritzbeginn, c Temperatur, d Ladedruck, e Fahrpedalstellung, f Kraftstoffrücklauf, g zur Einspritzdüse.

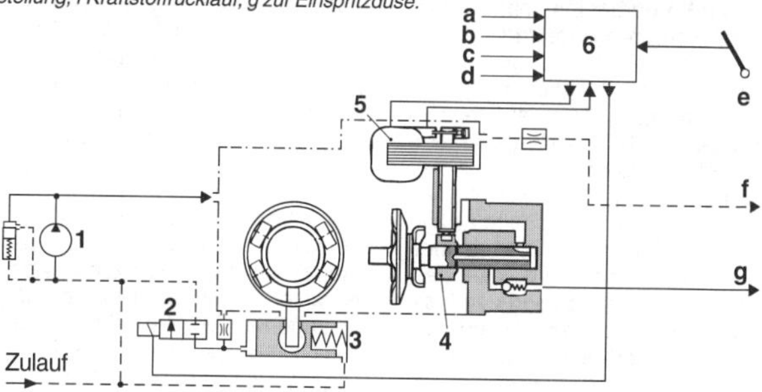

schen Drehstellwerk verbunden. Abhängig von der Drehstellung des Stellwerks verändert der Regelschieber seine Lage und damit den Nutzhub der Pumpe. Mit dem Drehstellwerk ist ein berührungsloser Stellungs-Rückmelder verbunden. Der Rechner im Steuergerät empfängt verschiedene Sensorsignale: Fahrpedalstellung, Motordrehzahl, Luft-, Wasser- und Kraftstofftemperatur, Ladedruck, Atmosphärendruck usw. Er bestimmt aus diesen Eingangsgrößen die richtige Einspritzmenge und rechnet diese über gespeicherte Kennfelder in eine Regelschieber-Stellung um. Nun verändert das Steuergerät so lange den Erregerstrom für das Drehstellwerk, bis der Rückmelder anzeigt, dass die Ist-Stellung des Schiebers der Soll-Stellung entspricht.

Elektronisch geregelter Spritzversteller
Hier wird das Signal eines Sensors im Düsenhalter, der den Beginn der Öffnung der Einspritzdüse anzeigt, mit einem programmierten Sollwert verglichen. Ein getaktetes Magnetventil, das an den Arbeitsraum des Spritzverstellerkolbens angeschlossen ist, beeinflusst den Druck über dem Kolben und damit die Stellung des Spritzverstellers. Das Ansteuer-Taktverhältnis des Magnetventils wird so lange verändert, bis Soll- und Ist-Wert übereinstimmen.

Vorteile der elektronischen gegenüber der mechanischen Regelung:

- Verbesserte Mengenregelung (Kraftstoffverbrauch, Leistung, Emissionen),
- verbesserte Drehzahlregelung (niedere Leerlaufdrehzahl, Anpassung an Klimaanlage usw.),
- verbesserte Komfortfunktionen (Ruckeldämpfung, Laufruheregelung),
- genauerer Spritzbeginn (Kraftstoffverbrauch, Emissionen),
- verbesserte Servicemöglichkeit (Diagnose).

Darüber hinaus sind aber noch weitere Funktionen wie geregelte oder gesteuerte Abgasrückführung (ARF), Ladedruckregelung, Glühkerzensteuerung usw. sowie Verknüpfungen mit anderen elektrischen Bordsystemen möglich.

Elektronische Dieselregelung (EDC): Magnetventilgesteuerte Verteilereinspritzpumpen

Bei den magnetventilgesteuerten VE-Pumpen übernimmt ein Hochdruck-Magnetventil, das direkt den Elementraum der Pumpe verschließt, die Kraftstoffzumessung. Dies erlaubt eine noch größere Flexibilität in der Kraftstoffzumessung und in der Spritzbeginnvariation (Prinzip siehe Bild). Die wesentlichen Baugruppen der VE-Pumpen der neuen Generation sind:

- das Hochdruck-Magnetventil,
- das elektronische Steuergerät und
- das Inkremental-Winkel-Zeitsystem zur Winkel-Zeitsteuerung des Magnetven-

tils durch einen in die Pumpe eingebauten Drehwinkelsensor (DWS).

Der Schließzeitpunkt des Magnetventils bestimmt den Förderbeginn, mit dem Öffnen ist das Förderende festgelegt. Die Schließdauer des Ventils bestimmt die Einspritzmenge. Die Magnetventilsteuerung macht unabhängig von der Drehzahl ein schnelles Aufsteuern des Elementraumes möglich. Durch die direkte Ansteuerung mittels Magnetventilen können gegenüber mechanisch geregelten Pumpen und EDC-Pumpen mit Drehmagnetstellwerk kleinere Totvolumina, eine bessere Hochdruckabdichtung und damit ein höherer Wirkungsgrad erreicht werden.

Zur exakten Förderbeginnregelung und Mengenzumessung ist die Einspritzpumpe mit einem eigenen, auf der Pumpe angebrachten Pumpensteuergerät ausgestattet. In diesem werden pumpenindividuelle Kennfelder und exemplarspezifische Abgleichdaten abgelegt.

Auf der Basis motorischer Betriebsparameter wird im Motorsteuergerät der Spritz- bzw. Förderbeginn ermittelt und über den Datenbus an das Pumpensteuergerät übertragen. Das System bietet sowohl die Möglichkeit der Spritzbeginn- als auch der Förderbeginnregelung.

Über den Datenbus erhält das Pumpensteuergerät ebenfalls das Einspritzmengensignal, das im Motorsteuergerät aufgrund des Fahrpedalsignals und anderer Mengenanforderungen erzeugt wird. Im Pumpensteuergerät bildet das Einspritzmengensignal und die Pumpendrehzahl bei vorgegebenem Förderbeginn die Eingangsgrößen für das Pumpenkennfeld, in dem die zugehörige Ansteuerdauer in Grad Nockenwinkel abgelegt ist.

Die Umsetzung der Ansteuerung des Hochdruckmagnetventils und der gewünschten Ansteuerdauer erfolgt schließlich auf Basis des in die VE-Pumpe integrierten Drehwinkelsensors.

Der in die Pumpe eingebaute Drehwinkelsensor zur Winkel-Zeitsteuerung besteht aus einem Feldplattensensor und einem Inkrementrad mit 3°-Winkel-Teilung, die von je einer Referenzmarke pro Zylinder unterbrochen wird.

Seine Aufgabe ist die exakte Bestimmung des Nockenwinkels, zu dem das Magnetventil schließt und öffnet. Dies erfordert im Pumpensteuergerät Zeit-Winkel- und Winkel-Zeit-Umrechnungen.

Die prinzipbedingten kleinen Förderraten der VE-Pumpe zum Einspritzbeginn, nochmals verringert durch den Einsatz eines Zweifeder-Düsenhalters, ermöglichen bei warmem Motor mit Turboladerdruck ein geringes Basisgeräusch.

Voreinspritzung

Durch Voreinspritzung kann das Verbrennungsgeräusch darüber hinaus weiter reduziert werden ohne die Auslegung auf höchste Leistung im Nennleistungspunkt aufzugeben. Voreinspritzung kann ohne zusätzliche Hardware realisiert werden. Die elektronische Steuerung steuert das Magnetventil der Pumpe innerhalb weniger tausendstel Sekunden zweimal an. Das Magnetventil dosiert die Einspritzmenge mit hoher Regelgenauigkeit und Mengendynamik (typische Kraftstoffmenge zur Voreinspritzung: 1,5 mm^3).

Magnetventilgesteuerte Axialkolben-Verteilereinspritzpumpen

Die Axialkolben-Verteilereinspritzpumpen arbeiten nach dem gleichen Prinzip der Druckerzeugung wie die EDC-Pumpen mit Drehmagnetstellwerk. Der düsenseitige Einspritzdruck kann je nach Applikation bis zu 1500 bar erreichen.

Durch Verlegen des Förderbeginns aus dem unteren Totpunkt des Pumpenkolbens in den Kolbenhub kann der Druck bei niedrigen Drehzahlen gesteigert werden und bei hohen Drehzahlen das max. Antriebsdrehmoment deutlich reduziert werden. Der variable Förderbeginn erlaubt für spezielle Anwendungen auch eine Spritzbeginnfrühverstellung schon bei Startdrehzahl.

Magnetventilgesteuerte Radialkolben-Verteilereinspritzpumpen

Radialkolben-Verteilereinspritzpumpen für Hochleistungsmotoren mit Direkteinspritzung erreichen Elementraumdrücke bis zu 1100 bar und Drücke in der Düse bis zu 1950 bar.

Der direkte Kraftfluss innerhalb des Nockentriebes hat geringe elastische Nachgiebigkeiten und damit ein höheres Leistungsvermögen zur Folge. Die För-

Einspritzanlage mit Radialkolben-Verteilereinspritzpumpe.
1 Motorsteuergerät,
2 Glühzeitsteuergerät,
3 Luftmassensensor,
4 Fahrpedalsensor,
5 Einspritzdüsen,
6 Glühstiftkerzen,
7 Radialkolben-Verteilereinspritzpumpe mit Pumpensteuergerät,
8 Kraftstofffilter,
9 Temperatursensor,
10 Drehzahlsensor.

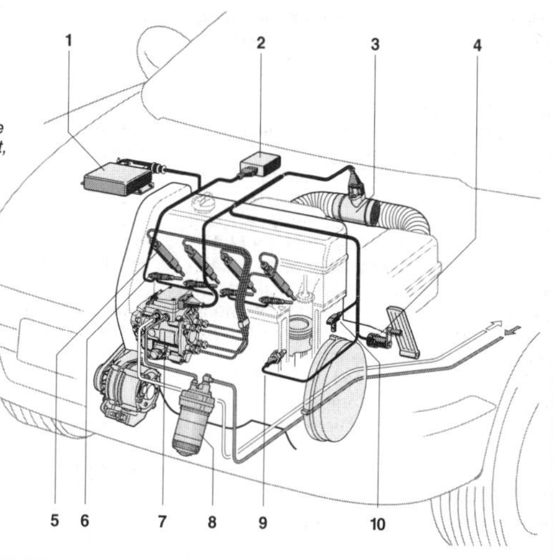

Magnetventilgesteuerte Radialkolben-Verteilereinspritzpumpe.
1 Sensor (Winkel/Zeit), 2 elektronisches Steuergerät, 3 Verteilerwelle, 4 Magnetventilnadel, 5 Verteilerkörper, 6 Spritzversteller, 7 Radialkolbenpumpe, 7.1 Nockenring, 7.2 Rolle, 7.3 Verteilerwelle, 7.4 Förderkolben, 7.5 Rollenschuh, 8 Spritzversteller-Taktventil, 9 Rückströmdrosselventil, 10 Druckmagnet.

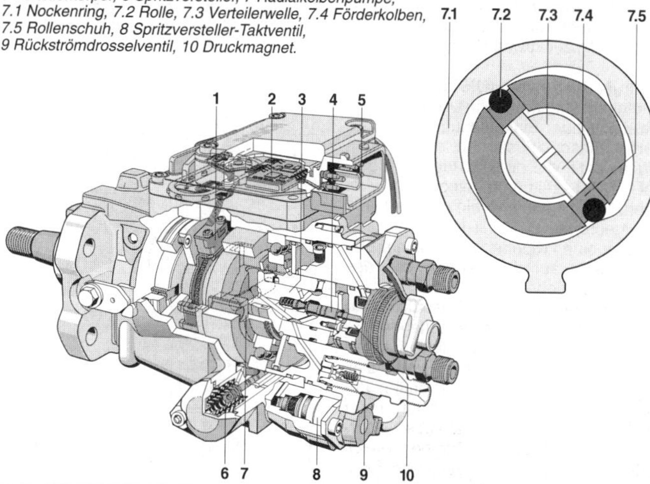

derleistung wird auf mindestens 2 radiale Förderkolben verteilt. Durch die kleinen Kräfte sind schnelle Nockenprofile möglich. Zur weiteren Förderratensteigerung kann die Stempelanzahl erhöht werden.

Magnetventilgesteuerte Verteilereinspritzpumpen mit Vollelektronik auf der Einspritzpumpe
Die Verteilerpumpen der neuesten Generation sind kompakte Gesamtsysteme mit einem elektronischen Steuergerät, das sowohl die Pumpen- als auch die Motorsteuerung übernimmt. Da ein zusätzliches Motorsteuergerät entfällt, lässt sich das Einspritzsystem mit weniger Steckverbindungen und einem reduzierten Kabelbaum einfach einbauen.

Der Motor mit komplettem Einspritzsystem lässt sich unabhängig vom Fahrzeug als Gesamtsystem montieren und testen.

Zeitgesteuerte Einzelpumpensysteme

Zu den neuen zeitgesteuerten, modular aufgebauten Einzelpumpensystemen gehören das elektronisch geregelte „Unit Injektor System (UIS)" sowie das „Unit Pump System (UPS)", die in modernen Nkw- und Pkw-Dieselmotoren mit Direkteinspritzung zur Anwendung kommen.

Unit Injector System (UIS) für Nkw
Der elektronisch geregelte Unit Injector ist eine Einzylinder-Einspritzpumpe mit integrierter Einspritzdüse und angebautem Magnetventil, die direkt in den Zylinderkopf des Dieselmotors eingebaut wird. Jedem Motorzylinder ist ein eigener Injektor zugeordnet. Die Unit Injectoren werden über einen Kipphebel von einem Einspritznocken auf der Nockenwelle des Motors angetrieben.

Einspritzbeginn und Einspritzmenge werden über das schnell schaltende Magnetventil bestimmt, wobei diese Größen im Kennfeld frei wählbar sind. Das Magnetventil ist im nichtbestromten Zustand geöffnet. Dadurch ist ein freier Durchlas vom Kraftstoffzulauf des Niederdrucksystems über den Pumpenbereich zurück zum Niederdrucksystem im Zylinderkopf des Motors gegeben, wodurch ein Befüllen des Pumpenraumes während des Saughubes des Pumpenkolbens ermöglicht wird. Durch Bestromen des Magnetventils während des Förderhubes des Pumpenkolbens wird dieser Bypass geschlossen. Dies führt zu einem Druckaufbau im Hochdruckbereich und nach Überschreiten des Düsenöffnungsdruckes zum Einspritzen von Kraftstoff in den Brennraum des Motors.

Durch die kompakte Bauweise ergibt sich ein sehr geringes Hochdruckvolumen und eine große hydraulische Steifigkeit. Dadurch werden Einspritzdrücke von

Unit Injector *(UI).*
1 Rückstellfeder, 2 Pumpenkörper, 3 Pumpenkolben, 4 Zylinderkopf, 5 Federhalter, 6 Spannmutter, 7 Stator, 8 Ankerplatte, 9 Magnetventilnadel, 10 Magnetventilspannmutter, 11 Hochdruckstopfen, 12 Niederdruckstopfen, 13 MV-Hubanschlag, 14 Drossel, 15 Kraftstoffrücklauf, 16 Kraftstoffzulauf, 17 Düsenfeder, 18 Druckbolzen, 19 Zwischenscheibe, 20 Einspritzdüse.

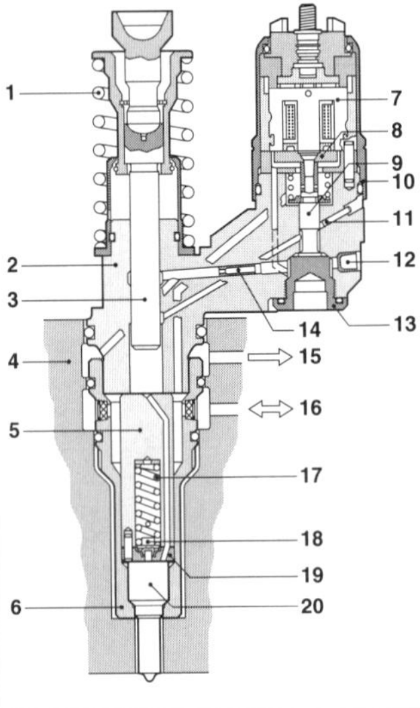

180 MPa (zukünftig 200 MPa) darstellbar.

Diese hohen Einspritzdrücke ermöglichen zusammen mit der elektronischen Kennfeldregelung eine deutliche Reduktion der Emissionen bei gleichzeitig niedrigem Kraftstoffverbrauch. Das Unit Injektor System besitzt die Voraussetzungen, dass sowohl die heute gültigen als auch die künftigen Emissionsgrenzwerte eingehalten werden können.

Durch die elektronische Regelung sind bei diesem Einspritzsystem weitere Funktionen darstellbar, die vor allem den Fahrkomfort deutlich verbessern.

Mit Hilfe einer adaptiven Zylindergleichstellung (AZG) kann die Drehungleichförmigkeit des gesamten Antriebsstrangs bis Nenndrehzahl reduziert werden, was zu hoher Laufruhe führt. Gleichzeitig ist mit dieser Funktion eine Mengengleichstellung der einzelnen Injektoren eines Motors möglich.

Durch eine elektrisch gesteuerte Voreinspritzung (zweifaches Ansteuern des Magnetventils) kann künftig das Verbrennungsgeräusch deutlich verringert und das Kaltstartverhalten verbessert werden.

Zudem ermöglicht das System ein Abschalten einzelner Zylinder, z. B. im Teillastbereich.

Unit Pump System (UPS) für Nkw

Das Unit Pump System ist ebenfalls ein modular aufgebautes, zeitgesteuertes Einzelpumpen-Einspritzsystem, das mit dem UIS eng verwandt ist. Jeder Motorzylinder wird von einem eigenen Modul versorgt, das aus folgenden Komponenten besteht:

- Hochdrucksteckpumpe mit integriertem, schnell schaltendem Magnetventil,
- kurze Hochdruckleitung und
- Düsenhalterkombination.

Die Unit Pump wird in den Motorblock des Dieselmotors integriert und von einem Einspritznocken auf der Motornockenwelle über einen Rollenstößel direkt angetrieben.

Das Ansteuerkonzept des Magnetventils entspricht dem des UIS.

Bei geöffnetem Magnetventil ist das Befüllen des Pumpenzylinders während des Saughubes des Pumpenkolbens und ein Rückströmen während des Förderhubes möglich. Erst wenn das Magnetventil bestromt und damit geschlossen wird, baut sich während des Förderhubes des Pumpenkolbens ein Druck im Hochdruckbereich zwischen Pumpenkolben und Einspritzdüse auf. Nach Überschreiten des Düsenöffnungsdrucks wird Kraftstoff in den Brennraum des Motors eingespritzt.

Das Schließen des Magnetventils bestimmt somit den Einspritzbeginn, das Öffnen des Ventils die Einspritzmenge.

Das Unit Pump System lässt Einspritzdrücke bis 180 MPa (künftig bis 200 MPa) zu. Mit Hilfe dieser hohen Ein-

Unit Pump *(UP).*
1 Magnetventilnadel-Hubanschlag, 2 Motorblock, 3 Pumpenkörper, 4 Pumpenkolben, 5 Rückstellfeder, 6 Rollenstößel, 7 Ankerplatte, 8 Stator, 9 Magnetventilnadel, 10 Filter, 11 Kraftstoffzulauf, 12 Kraftstoffrücklauf, 13 Rückhalteeinrichtung, 14 Fixiernut.

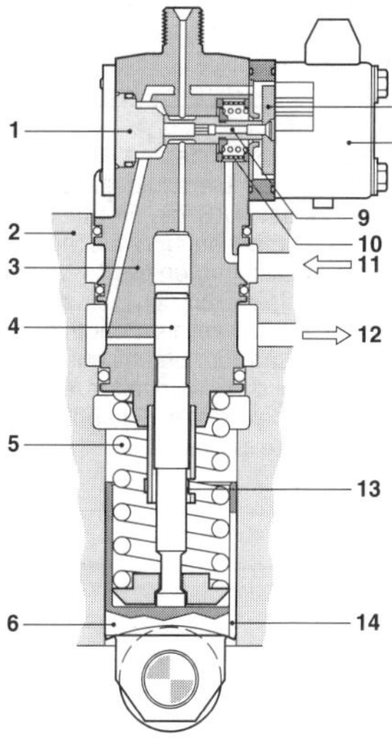

Unit Pump System *(UPS).*
1 Düsenhalter, 2 Motor, 3 Düse, 4 Magnetventil, 5 Zulauf, 6 Hochdruckpumpe, 7 Nocken.

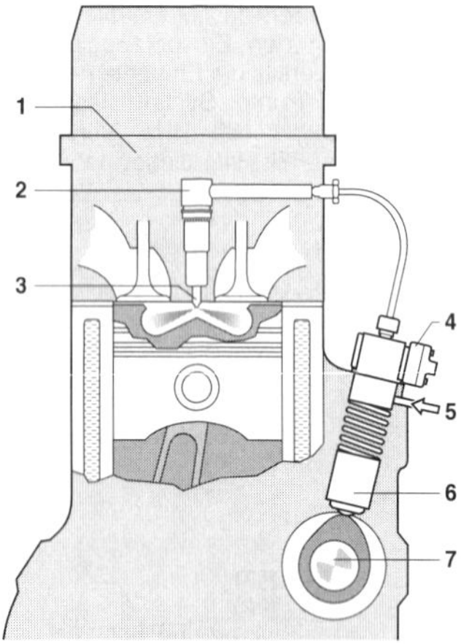

spritzdrücke und der elektronischen Kennfeldregelung bietet dieses Einspritzsystem wie das UIS die Voraussetzungen, sowohl die heutigen als auch die künftigen Emissionsgrenzwerte bei niedrigem Kraftstoffverbrauch einzuhalten. Zusatzfunktionen wie die adaptive Zylindergleichstellung, die elektrische Voreinspritzung oder das Abschalten einzelner Zylinder sind bei diesem Einspritzsystem ebenfalls darstellbar.

Unit Injector System (UIS) für Pkw
Das Unit Injector System für Pkw wurde für die Erfordernisse moderner direkteinspritzender Dieselmotoren mit hoher Leistungsdichte ausgelegt. Kennzeichnend sind eine kompakte Bauweise, hohe Einspritzdrücke bis 2000 bar sowie eine mechanisch/hydraulische Voreinspritzung im gesamten Kennfeldbereich, die eine erhebliche Reduzierung des Verbrennungsgeräusches bewirkt.

Das Unit Injector System für Pkw ist ebenfalls ein Einzelpumpen-Einspritzsystem, d. h. jedem Motorzylinder ist ein Injektor (bestehend aus Hochdruckpumpe, Einspritzdüse und Magnetventil) zugeordnet. Dieser ist zwischen den Ventilen im Zylinderkopf montiert, wobei die Düse in den Brennraum ragt. Die Injektoren werden von einer obenliegenden Ventilnockenwelle über Kipphebel angetrieben. Die querliegende Anordnung des Magnetventils ermöglicht eine kompakte Bauweise und ein minimales Hochdruckvolumen mit entsprechend hohem hydraulischen Wirkungsgrad.

Die Befüllung des Einspritzsystems erfolgt bei unbestromtem, geöffnetem Magnetventil während des Saughubes des Pumpenkolbens.

Die Einspritzperiode wird durch Bestromen und Schließen des Magnetventils während des Förderhubes des Pumpenkolbens eingeleitet. Nach Druckaufbau im Hochdruckbereich und Erreichen des Düsenöffnungsdruckes beginnt die Voreinspritzung. Das Ende der Voreinspritzung ergibt sich durch das Öffnen eines mechanischen Ventils (Ausweichkolben), das den Druck im Hochdruckraum schlagartig absenkt und die Düse schließt. Hub und Schaftdurchmesser des Ausweichkolbens bestimmen den Abstand zwischen Ende Voreinspritzung und Beginn Haupteinspritzung, d. h. die Spritzpause. Der Hub des Ausweichkolbens spannt die Düsenfeder zusätzlich vor, was ein schnelles Schließen der Einspritzdüse am Ende der Voreinspritzung bewirkt. Der Öffnungshub der Düsennadel bleibt während der Voreinspritzung sehr klein infolge einer starken hydraulischen Dämpfung mittels eines zwischen Düsennadel und Düsenfeder angeordneten Dämpfungselements. Die Haupteinspritzung beginnt mit dem Erreichen des Öffnungsdrucks der Einspritzdüse. Dieser Druck ist infolge der zusätzlichen Vorspannung der Düsenfeder allerdings jetzt doppelt so hoch als bei Beginn der Voreinspritzung. Die Einspritzperiode endet mit Entstromung und Öffnen des Magnetventils. Die Zeitdifferenz zwischen Wiederöffnen der Düse und Öffnen des Magnetventils bestimmt somit die Menge der Haupteinspritzung.

Durch die elektronische Regelung sind Einspritzbeginn und Einspritzmenge im Kennfeld frei wählbar. Dadurch und in Verbindung mit den hohen Einspritzdrücken sind sehr hohe Leistungsdichten bei sehr niedrigen Emissionen und niedrigstem Verbrauch möglich.

Durch weitere Reduzierung der Außenabmessungen können die Unit Injektoren in künftigen 4-Ventil-Motoren eingesetzt werden, wodurch eine weitere Reduktion der Emissonen ermöglicht wird. Dadurch und durch weitere Optimierung der Einspritzcharakteristik bietet das Unit Injektor System die Voraussetzungen zur Einhaltung künftiger Emissonsgrenzwerte.

Elektronisches Steuergerät

Die Ansteuerung der Magnetventile des Unit Injektors bzw. der Unit Pump erfolgt durch ein elektronisches Steuergerät. Dieses wertet alle im System erfassten relevanten Zustandsparameter im Motor und in der Umgebung aus und definiert exakt den für den jeweiligen Betriebszustand des Motors erforderlichen Spritzbeginn sowie die Einspritzmenge, so dass ein umweltfreundlicher und verbrauchsgünstiger Motorbetrieb ermöglicht wird. Der Einspritzbeginn wird zudem über ein BIP-Signal (begin of injection period) geregelt, um die Toleranzen im Gesamtsystem auszugleichen. Die Zuordnung des Spritzbeginns zur Motorkolbenstellung erfolgt durch exakte Auswertung eines inkrementalen Geberrades. Neben den Einspritzgrundfunktionen gibt es eine Vielzahl weiterer Funktionen zur Erfüllung der Anforderungen an den Fahrkomfort wie Ruckeldämpfer, Leerlaufdrehzahlregler und adaptiver Zylindergleichstellung. Um den hohen Sicherheitsanforderungen gerecht zu werden, korrigiert und kompensiert das Steuergerät selbstständig auftretende Fehler und Abweichungen der Systemkomponenten und ermöglicht bei Bedarf auch eine genaue Diagnose des Einspritzsystems sowie des Motors. Die Umsetzung mit anderen elektronischen Fahrzeugkomponenten, z. B. Antiblockiersystem, Antriebsschlupfregelung oder Getriebesteuerung, erfolgt über den schnellen CAN-Datenbus.

Common Rail System

Das Speichereinspritzsystem „Common Rail" macht es möglich, das Einspritzsystem zusammen mit Funktionserweiterungen in den Dieselmotor zu integrieren und zusätzliche Freiheitsgrade für die Verbrennungsentwicklung zu erzielen.

Das wesentliche Merkmal des Common Rail Systems ist, dass der Einspritzdruck unabhängig von der Motordrehzahl und der Einspritzmenge erzeugt werden kann.

Systemaufbau

Die Entkopplung von Druckerzeugung und Einspritzung geschieht mit Hilfe eines Speichervolumens. Dieses für die Funktion maßgebende Volumen setzt sich aus Bestandteilen in der gemeinsamen Verteilerleiste (Common Rail), in den Leitungen und im Injektor selbst zusammen.

Eine Kolbenpumpe in Hochdruckausführung erzeugt den Druck; sie ist bei Nkw als Reihenpumpe und bei Pkw als Radialkolbenpumpe ausgeführt. Die Pumpe kann mit geringen Spitzendrehmomenten arbeiten, was eine deutliche Entlastung des Pumpenantriebes zur Folge hat. Bei Pkw-Hochdruckpumpen wird der gewünschte Raildruck über ein an der Pumpe oder am Rail sitzendes Druckregelventil geregelt. Die Nkw-Hochdruckpumpe hat eine Mengenregelung. Für die neueste Pkw-Hochdruckpumpengeneration ist ebenfalls eine Mengenregelung vorgesehen. Dadurch wird die Kraftstofftemperatur im System abgesenkt.

Der von der Hochdruckpumpe erzeugte und über einen Druckregelkreis geregelte Systemdruck liegt an einer konventionellen Einspritzdüse an. Der Injektor als Kernstück des Systems hat die Aufgabe, den Kraftstoff korrekt in den

Brennraum einzubringen. Ein zum richtigen Zeitpunkt abgegebener Impuls des Steuergerätes an das Magnetventil im Injektor leitet den Einspritzvorgang ein. Öffnungsdauer und Systemdruck bestimmen die eingebrachte Kraftstoffmenge.

Steuergerät, Sensoren und weitgehend auch die Systemfunktionen sind bei dem Common Rail System gleich wie bei den anderen zeitgesteuerten Einzelpumpensystemen.

Hydraulisches Leistungspotential

Die Trennung der Funktionen „Druckerzeugung“ und „Einspritzung“ eröffnet einen weiteren Freiheitsgrad bei der Verbrennungsentwicklung: der Einspritzdruck kann im Kennfeld weitgehend frei gewählt werden. Das derzeitige Druckniveau beträgt bei Pkw-Systemen 1350 bar und bei Nkw-Systemen 1400 bar.

Die Voreinspritzung bzw. die Mehrfacheinspritzungen sind Maßnahmen, die weitere Absenkungen von Abgasemissionen und vor allem von Geräuschabstrahlungen ermöglichen.

Beim Common Rail System kann die Bewegung der Düsennadel und damit der Einspritzverlauf in einem bestimmten Bereich beeinflusst werden. Mit mehrmaligem Ansteuern des äußerst schnellen Magnetventils lassen sich Mehrfacheinspritzungen erzeugen. Die Düsennadel schließt mit hydraulischer Unterstützung und sichert so ein rasches Spritzende.

Systemapplikation am Motor

Bei der Applikation eines Common Rail Systems an den Dieselmotor kann dieser im Wesentlichen unverändert bleiben. Die Hochdruckpumpe tritt an die Stelle der Einspritzpumpe und der Injektor wird im Zylinderkopf wie eine Düsenhalterkombination integriert. Common Rail ist dadurch für moderne Dieselmotoren eine weitere Alternative zu anderen Einspritzsystemen.

Einspritzpumpen-Prüfstände

Nur mit genau geprüften und eingestellten Einspritzpumpen und Reglern lassen sich ein optimales Verbrauchs-Leistungsverhältnis des Dieselmotors und die Erfüllung der immer strenger werdenden Abgasvor-

Speichereinspritzsystem „Common Rail“.
1 Kraftstoffbehälter, 2 Filter, 3 Vorförderpumpe, 4 Hochdruckförderpumpe, 5 Druckregelventil, 6 Drucksensor, 7 Verteilerleiste, 8 Injektoren, 9 Sensoren, 10 elektronisches Steuergerät.

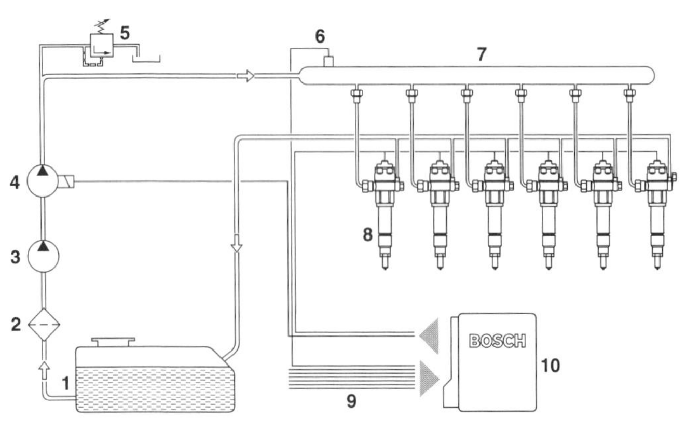

schriften erreichen. Hierfür ist der Einspritzpumpen-Prüfstand unentbehrlich. ISO-Normen legen wesentliche Rahmenbedingungen für Prüfung und Prüfstand fest und stellen besonders an Steifigkeit und Gleichförmigkeit des Antriebs hohe Anforderungen.

Die zu prüfende Einspritzpumpe wird auf das Prüfstandsbett gespannt und auf ihrer Antriebsseite mit der Kupplung des Prüfstands verbunden. Der Antrieb des Prüfstands erfolgt über einen Spezialmotor direkt auf die Schwungmasse. Die Regelung des Prüfstands wird von einem Frequenzumrichter mit vektoriellem Regelkreis ausgeführt. Über Prüfölzu- und -rücklauf wird die Einspritzpumpe mit der Prüfölversorgung des Prüfstands und über Druckleitungen mit der Fördermengen-Messeinrichtung verbunden. Diese besteht aus Prüfdüsen mit exakt eingestelltem Öffnungsdruck, die über Spritzdämpfer in das Messsystem einspritzen. Druck und Temperatur des Prüföls sind entsprechend den Prüfvorschriften einstellbar.

Kontinuierliches Mengenmesssystem.
1 Prüfölbehälter, 2 Einspritzpumpe, 3 Prüfdüse, 4 Messzelle, 5 Impulszähler, 6 Anzeige-Monitor.

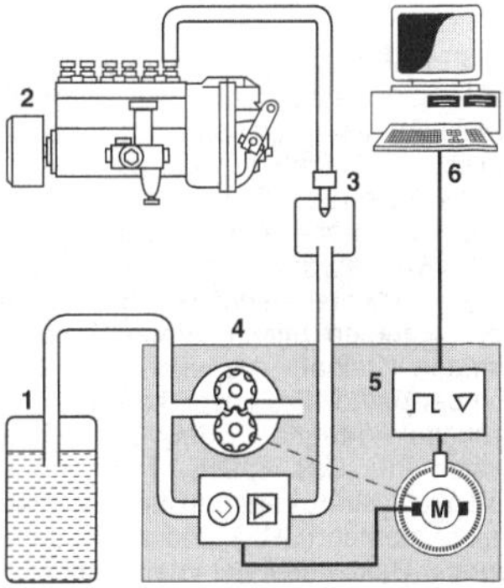

Kontinuierliche Mengenmessung

Bei der kontinuierlich arbeitenden Fördermengen-Messmethode werden die 12 Messeingänge mit einer hydraulischen Multiplexeinrichtung auf zwei Präzisions-Zahnradpumpen geschaltet. Die Drehzahl dieser Zahnradpumpe wird so geregelt, dass die von der Zahnradpumpe geförderte Kraftstoffmenge pro Zeiteinheit gleich ist mit der abgespritzten Prüfölmenge. Die Drehzahl der Pumpe ist damit ein Maß für die Fördermenge pro Zeiteinheit. Ein Mikroprozessor wertet die Messergebnisse aus und stellt sie auf einem Bildschirm in Balkenform dar. Kennzeichnend für diese Messmethode sind hohe Genauigkeit und gute Reproduzierbarkeit der Messergebnisse.

Mengenmessung mit Messgläsern

Bei der Mengenmessung mit Messgläsern läuft das abgespritzte Prüföl zuerst an den Messgläsern vorbei direkt zum Prüföltank zurück. Erst wenn nach Einstellen der vorgeschriebenen Hubzahl am Hub-Drehzähler der Messvorgang gestartet wird, gibt ein Trennschieber den Prüfölzulauf zu den Messgläsern frei und unterbricht ihn wieder nach Erreichen der eingestellten Hubzahl. Die abgespritzte Prüfölmenge ist an den Messgläsern ablesbar.

Motortester für Dieselmotoren

Mit Hilfe des Dieselmotortesters lässt sich die Pumpe exakt zum Motor einstellen. Dieses Gerät misst Förderbeginn, Spritzverstellung und zugehörige Motordrehzahl, ohne dass hierzu die Hochdruckleitungen geöffnet werden müssen. Ein Aufklemmgeber wird auf die Einspritzleitung des ersten Zylinders geklemmt. Zusammen mit Stroboskop oder OT-Geber für die Erfassung der Kurbelwellenposition ermittelt der Dieselmotortester dann Föderbeginn und Spritzverstellung.

Bei Anwendung eines Förderbeginn-Geber-Systems wird statt dessen ein induktiver Geber in das Reglergehäuse geschraubt. Dieser erhält seine Impulse von einem vorbeilaufenden Stift, der an der Fliehgewichtskapsel des Reglers sitzt. Diese Impulse erfolgen in einem zeitlichen Abstand zu den Signalen des OT-Gebers. Aus der Zeitdifferenz errechnet das Gerät den Förderbeginn.

Düsen und Düsenhalter

Aufgaben

Im Einspritzsystem eines Dieselmotors sind die Einspritzdüsen das Bindeglied zwischen der Einspritzpumpe und dem Motor. Ihre Aufgaben sind:
- das dosierte Einspritzen,
- das Aufbereiten des Kraftstoffs,
- das Formen des Einspritzverlaufs,
- das Abdichten gegen den Brennraum.

Bei Systemen mit separaten Einspritzpumpen (Reihen-, Verteiler- und Steckpumpen) sind die Einspritzdüsen in Düsenhalter integriert. Bei Unit-Injektor-Systemen (UIS, auch Pumpe-Düse-Einspritzsystem genannt) und Common-Rail-Systemen (CRS) sind die Düsen integraler Bestandteil der Injektoren.

Der Dieselkraftstoff wird unter hohem Druck eingespritzt. Der Spitzendruck für den Dieselkraftstoff beträgt bis zu 2000 bar, künftig sogar noch darüber. Unter solchen Bedingungen verhält sich der Kraftstoff nicht mehr wie eine starre Flüssigkeit; er ist vielmehr kompressibel. Während der kurzen Förderdauer (ca. 1 ms) wird das Einspritzsystem örtlich „aufgeblasen". Der Düsenquerschnitt bestimmt bei gegebenem Druck die Menge des Kraftstoffs, die in den Brennraum des Motors kommt.

Über Lochlänge und -durchmesser, die Strahlrichtung und (mit Einschränkung) die Lochform beeinflusst die Einspritzdüse die Kraftstoffaufbereitung und damit die Leistung sowie den Kraftstoffverbrauch bzw. die Schadstoffemission des Motors.

Der gewünschte Einspritzverlauf kann in gewissen Grenzen durch „richtige" Steuerung des Strömungsquerschnitts der Einspritzdüse (abhängig vom Düsennadelhub) und durch eine Steuerung der Düsennadelbewegung erreicht werden. Schließlich muss die Einspritzdüse das Einspritzsystem gegen die heißen, hoch gespannten Verbrennungsgase (bis ca. 1000 °C) abdichten. Um bei geöffneter Einspritzdüse ein Rückblasen von diesen Gasen zu vermeiden, muss der Druck in der Düsendruckkammer stets höher als der Verbrennungsdruck sein. Mit dieser Maßgabe ist insbesondere am Ende einer Einspritzung (bei bereits gesunkenem Einspritzdruck und stark ansteigendem Verbrennungsdruck) eine sorgfältige Abstimmung von Einspritzpumpe, Einspritzdüse und Druckfeder wichtig.

Bauarten

Die beiden Dieselmotor-Arten, die sich in die Gruppen der Motoren mit unterteiltem Brennraum (Vor- und Wirbelkammermotoren) und nicht unterteiltem Brennraum (Direkteinspritzmotoren) gliedern lassen, erfordern unterschiedliche Düsenkonstruktionen.

Für Vor- oder Wirbelkammermotoren mit unterteiltem Brennraum verwendet man Drosselzapfendüsen mit einem koaxialem Strahl und einer üblicherweise nach innen öffnenden Düsennadel.

Für Direkteinspritzmotoren mit nicht unterteiltem Hauptverbrennungsraum werden Lochdüsen verwendet.

Drosselzapfendüsen
Eine Einspritzdüse (Typ DN..SD..) und ein Düsenhalter (Typ KCA mit Einschraubgewinde) bilden die Standard-Düsenhalterkombination für Vor- und Wirbelkammermotoren. Der Düsenhalter hat in der Normalausführung ein M 24 x 2-Einschraubgewinde und eine Schlüsselweite von 27 mm. Meist kommen DN O SD..Einspritzdüsen mit einem Nadeldurchmesser von 6 mm und einem Strahlöffnungswinkel von 0° zur Anwendung. Seltener findet man Einspritzdüsen mit einem definierten Strahlkegelwinkel (z. B. 12° in Düsen DN 12 SD..). Für beengte Platzverhältnisse im Zylinderkopf gibt es kleinere Halterausführungen (z. B. KCE-Halter).

Ein Kennzeichen der Drosselzapfendüse ist die Steuerung des Ausflussquerschnitts, also der Durchflussmenge in einer direkten Abhängigkeit vom Nadelhub. Während bei der Lochdüse der Querschnitt unmittelbar nach dem Öffnen der Düsennadel stark ansteigt, zeigen Drosselzapfendüsen im Bereich kleiner Nadelhübe einen sehr flachen Querschnittsverlauf. In diesem Hubbereich verbleibt der Drosselzapfen, eine zapfenförmige Verlängerung der Düsennadel, noch im Spritzloch. Als Strömungsquerschnitt steht nur die kleine ringförmige Fläche zwischen dem etwas größeren Spritzloch und dem Drosselzapfen zur Verfügung. Bei großen Nadelhubwerten gibt der Drosselzapfen das Spritzloch vollends frei und der Strömungsquerschnitt nimmt stark zu.

Diese hubabhängige Querschnittsveränderung steuert bis zu einem gewissen Grad den Einspritzverlauf; mithin die eingespritzte Kraftstoffmenge je Zeiteinheit. Zu Beginn der Einspritzung tritt wenig Kraftstoff aus der Einspritzdüse aus, am Ende viel. Dieser Verlauf beeinflusst vor allem das Verbrennungsgeräusch positiv.

Es ist zu beachten, dass bei zu kleinen Querschnittswerten, d. h. bei zu geringen Nadelhüben, die Düsennadel von der Einspritzpumpe stärker in Richtung „Öffnen" beschleunigt wird und damit schnell aus dem Drosselhub austritt. Die zeitabhängige Kraftstoffmenge steigt damit rasch an; das Verbrennungsgeräusch nimmt zu.

Ähnlich negativ wirken sich zu kleine Querschnitte am Ende der Einspritzung aus, da beim Schließen der Düsennadel das verdrängte Kraftstoffvolumen nur langsam durch den engen Querschnitt abfließen kann. Das Spritzende wird dadurch ungünstig verschleppt. Es kommt also darauf an, den Querschnittsverlauf mit der Förderrate der Einspritzpumpe und den Besonderheiten des Verbrennungsverfahrens abzustimmen.

Entsprechende Fertigungsverfahren ermöglichen die Herstellung der Spritzlöcher nach geometrischen Sollmaßen mit engen Toleranzen. Beim Betrieb des Motors verkokt der Drosselspalt jedoch stark und sehr ungleichmäßig. Die Kraftstoffqualität und die Betriebsweise des Motors bestimmen den Grad der Verkokung. Vom Strömungsquerschnitt bleiben meist nur ca. 30 % des ursprünglichen Querschnitts frei.

Weniger und gleichmäßiger verkoken Flächenzapfendüsen, eine Sonderbauform der Drosselzapfendüse, deren Ringspaltgröße zwischen Spritzloch und Drosselzapfen annähernd Null ist. Der Drosselzapfen hat hier eine angeschliffene Fläche, die den Strömungsquerschnitt freigibt. Es entsteht ein Strömungskanal, der die Oberfläche, bezogen auf den Strömungsquerschnitt, kleiner und der den Selbstreinigungseffekt größer werden läßt. Die angeschliffene Fläche liegt häufig parallel zur Düsennadelachse. Mit zusätzlicher Neigung steigt der flache Kurventeil für die Durchflussmenge stärker an und bewirkt so einen sanfteren Übergang zum vollen Öffnen der Einspritzdüse. Dies beeinflusst das Teillastgeräusch und das Fahrverhalten günstig.

Temperaturen über 220 °C an den Einspritzdüsen bewirken ebenfalls starkes Verkoken. Wärmeschutzplättchen oder -schutzhütchen, die die aus dem Brennraum zufließende Wärme zum Zylinderkopf ableiten, schaffen hier Abhilfe.

Drosselzapfendüse.
1 Druckzapfen, 2 Düsenkörper, 3 Düsennadel, 4 Zulaufbohrung, 5 Druckkammer, 6 Spritzloch, 7 Spritzzapfen.

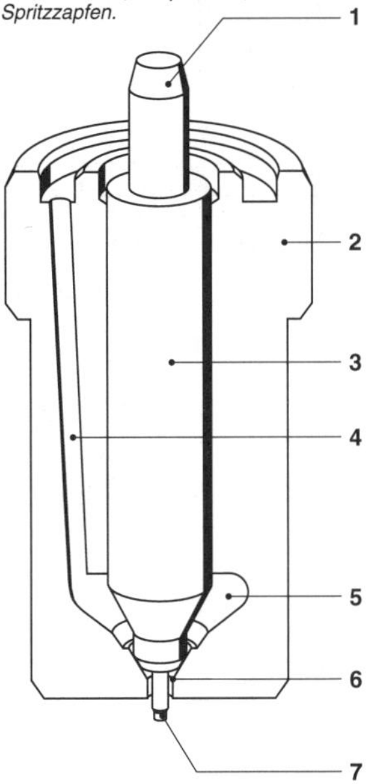

Lochdüsen
Die Düsenhalterkombinationen (DHK) für Lochdüsen weisen eine große Variantenvielfalt auf. Im Gegensatz zu den Drosselzapfendüsen ist bei den Lochdüsen die Einbauposition meist vorgegeben. Die unter verschiedenen Winkeln angebrachten Spritzlöcher in dem Düsenkörper müssen passend zum Brennraum ausgerichtet sein. Die Befestigung der Düsenhalterkombination erfolgt daher mit Pratzen oder Hohlschrauben im Zylinderkopf. Zusätzlich sorgt eine Drehfixierung für die richtige Stellung.

Lochdüsen sind mit Nadeldurchmessern von 4 mm (P-Größe) und von 5 bzw. 6 mm (S-Größe) vorhanden, wobei es die Sitzlochdüse nur in der P-Größe gibt. Die Druckfedern müssen den Nadeldurchmessern und den üblichen hohen Öffnungsdruckwerten, die über 180 bar liegen, angepasst sein. Besonders am Ende der Einspritzung ist die Abdichtfunktion von Bedeutung, denn es besteht die Gefahr, dass Verbrennungsgase in die Einspritzdüse zurückblasen, diese im Dauerbetrieb zerstören und somit hydraulische Instabilität verursachen. Eine

Lochdüse.
1 Druckzapfen, 2 Düsenkörper, 3 Düsennadel, 4 Zulaufbohrung, 5 Druckkammer, 6 Spritzloch, 7 Sackloch, δ Spritzlochkegelwinkel.

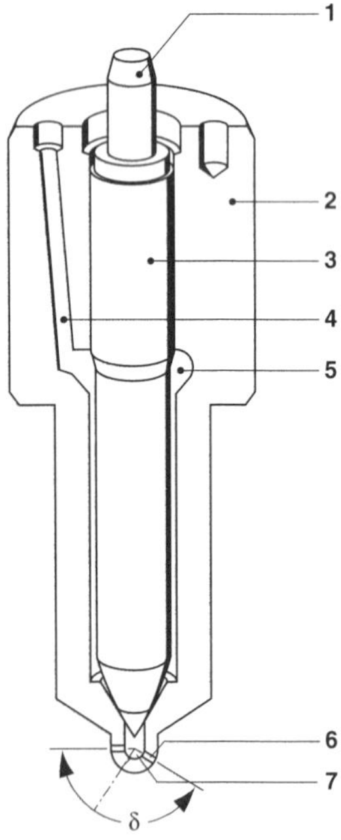

Düsenformen.
1 Drosselzapfendüse, 2 Drosselzapfendüse mit schräger Fläche, 2a Seitenansicht, 2b Vorderansicht, 3 Lochdüse mit konischem Sackloch, 4 Lochdüse mit zylindrischem Sackloch, 5 Sitzlochdüse.

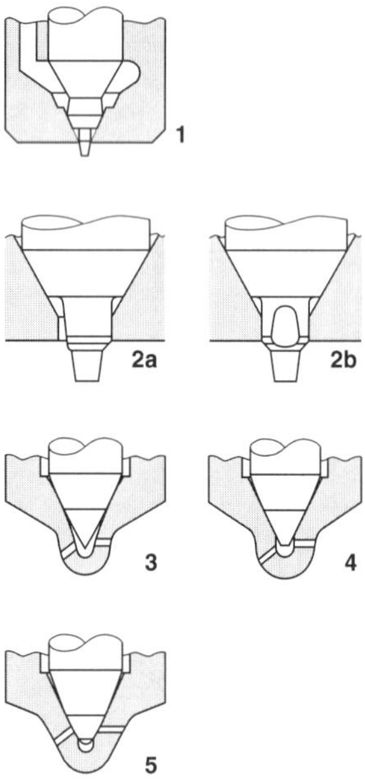

Feinabstimmung von Düsennadeldurchmesser und Druckfeder sorgt für diese Abdichtfunktion. In besonderen Fällen ist sogar eine Berücksichtigung der Druckfeder-Schwingungen nötig.

Für die Anordnung der Spritzlöcher in der Düsenkuppe der Lochdüsen gibt es drei Bauarten, die sich durch das Kraftstoffvolumen, das am Ende der Einspritzung ungehindert zum Brennraum hin ausdampfen kann, unterscheiden. Die Bauarten mit zylindrischem Sackloch, konischem Sackloch und die Sitzlochdüse haben in dieser Reihenfolge ein sinkendes Kraftstoffvolumen.

Dementsprechend sinkt auch die Kohlenwasserstoffemission des Motors, da weniger Kraftstoff ausdampft.

Die mechanische Festigkeit der Düsenkuppe begrenzt die Spritzlochlänge nach unten. Sie liegt zur Zeit bei zylindrischem und konischem Sackloch bei 0,6...0,8 mm. Bei der Sitzlochdüse beträgt die minimale Spritzlochlänge 1 mm, wobei dazu eine besondere Bearbeitungsart beim Einbringen der Spritzlöcher notwendig ist.

Die Entwicklung geht in Richtung kürzerer Lochlänge, da kürzere Löcher in der Regel etwas bessere Rauchwerte ergeben. Die durch Bohren herstellbaren Durchflusstoleranzen bei Lochdüsen liegen bei ± 3,5%. Durch zusätzliches, gezieltes Runden (hydroerosive Bearbeitung) der Spritzlocheinlaufkanten lassen sich Durchflusstoleranzen von ± 2% realisieren.

Insbesondere für den Einsatz in schadstoffarmen Pkw-Direkteinspritzmotoren wurde die Einspritzdüse weiter verfeinert. Durch Optimierung des Schadraumes im Düsenkörper und durch die Anpassung der Spritzlochgeometrie ist es gelungen, ein maximales Druckniveau am Spritzlochaustritt für eine optimale Gemischbildung zur Verfügung zu stellen. Eine Verbesserung der Strahlgleichverteilung bei sacklochlosen Düsen wird durch die Verwendung einer doppelten Nadelführung und einer komplexen Nadelspitzengeometrie erzielt, wobei letztere ebenfalls zu einer nochmals verbesserten Laufzeitstabilität beiträgt. Zur Umsetzung der genannten Maßnahmen waren Fortschritte bei den Fertigungsprozessen, aber auch insbesondere bei der zur Anwendung kommenden Messtechnik notwendig.

Bei Lochdüsen liegt die obere Temperaturgrenze wegen der Warmfestigkeit des verwendeten Materials im Bereich um ca. 300 °C. Für besonders schwierige Anwendungsfälle stehen Wärmeschutzhülsen oder für größere Motoren sogar gekühlte Einspritzdüsen zur Verfügung.

Düsenhalter

Standard-Düsenhalter

Der Grundaufbau einer Düsenhalterkombination (DHK) setzt sich jeweils aus Düsenhalter und Einspritzdüse zusammen. Die Einspritzdüse besteht aus dem Düsenkörper und der Düsennadel. Die Düsennadel ist in der Führungsbohrung des Düsenkörpers leichtgängig geführt. Sie dichtet jedoch gegen hohe Einspritzdrücke sicher ab. Die Düsennadel trägt an ihrem unteren Ende einen Dichtkonus, den die Druckfeder im Ruhezustand auf die ebenfalls konische Dichtfläche des Düsenkörpers drückt. Die beiden Dichtkegel haben geringfügig unterschiedliche Öffnungswinkel, so dass zwischen ihnen eine Linienberührung mit hoher Pressung und guter Dichtwirkung entsteht.

Der Durchmesser der Nadelführung ist größer als der Sitzdurchmesser. Der hydraulische Druck der Einspritzpumpe wirkt auf die Differenzfläche zwischen dem Nadelquerschnitt und der Fläche, die durch den Sitz abgedeckt ist. Übersteigt das Produkt aus Dichtfläche und Druck die Kraft der Druckfeder im Haltekörper, so öffnet die Einspritzdüse. Da bei diesem Vorgang die druckbelastete Fläche der Düsennadel schlagartig um die Sitzfläche vergrößert wird, „schnappt" die Einspritzdüse bei ausreichender Förderrate der Einspritzpumpe sehr schnell auf. Sie schließt aber erst wieder, wenn der im Vergleich zum Öffnungsdruck niedriger liegende Schließdruck unterschritten wird. Dieser Hysterese-Effekt ist für die Auslegung von Einspritzsystemen im Hinblick auf hydraulische Stabilität von besonderer Bedeutung.

Der Öffnungsdruck einer Düsenhalterkombination (ca. 110...140 bar bei einer Drosselzapfendüse und 150...250 bar bei einer Lochdüse) wird durch Beifügen von Unterlegscheiben unter die Druckfeder eingestellt.

Der Schließdruck ergibt sich dann aus der Geometrie der Einspritzdüse, dem Verhältnis von Nadelführungsdurchmesser zu Sitzdurchmesser, der so genannten Druckstufe.

Düsenhalterkombination.
Mit Drosselzapfendüse.
1 Zulauf, 2 Haltekörper, 3 Düsenspannmutter, 4 Zwischenscheibe, 5 Einspritzdüse, 6 Überwurfmutter mit Druckleitung, 7 Stabfilter, 8 Leckkraftstoff-Anschluss, 9 Druckeinstellscheiben, 10 Druckkanal, 11 Druckfeder, 12 Druckbolzen.

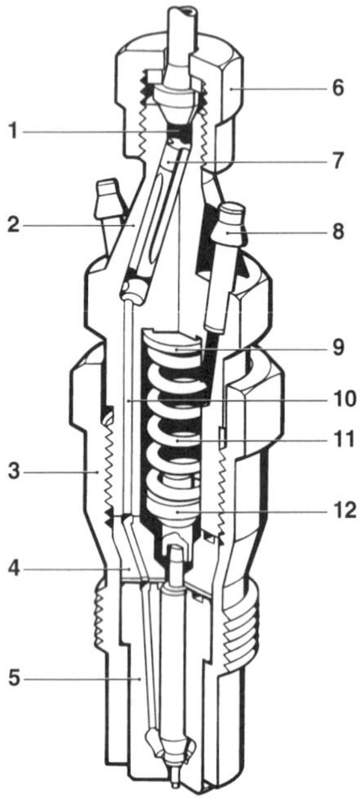

Zweifeder-Düsenhalter

Sie werden vornehmlich bei Direkteinspritzmotoren verwandt, für die die wichtigste Primär-Maßnahme zur Minderung des Verbrennungsgeräusches eine gezielte Voreinspritzung ist.

Die für einen vergleichsweise sanften Druckanstieg sorgende Voreinspritzung ermöglicht einen ruhigen und stabilen Leerlauf und reduziert die auftretenden Verbrennungsgeräusche.

Der Einsatz eines Zweifeder-Düsenhalters erzielt diesen gewünschten Effekt durch die verbesserte Form des Einspritzverlaufs, die sich durch Einstellung und Abstimmung von
- Öffnungsdruck 1,
- Öffnungsdruck 2,
- Vorhub und
- Gesamthub ergibt.

Die Einstellung des Öffnungsdruckes 1 wird wie beim Einfeder-Düsenhalter durchgeführt. Der Öffnungsdruck 2 ergibt sich aus der Summe der Vorspannung von Feder 1 und der zusätzlichen Feder 2. Die Feder 2 stützt sich auf einer Anschlaghülse ab, in die das Maß des Vorhubes eingearbeitet ist. Beim Einspritzvorgang öffnet die Düsennadel zunächst nur im Bereich des Vorhubes. Gängige Vorhubweiten liegen bei 0,03...0,06 mm. Bei einem weiteren Druckanstieg im Düsenhalter hebt die Anschlaghülse an und die Düsennadel öffnet auf vollen Hub. Für eine weitere Anwendung im Zweifeder-Düsenhalter gibt es Sonderdüsen, bei denen die Düsennadel keinen Druckzapfen trägt und die Nadelschulter plan mit dem Düsenkörper liegt.

Einfacher dargestellt: die Federn des Zweifeder-Düsenhalters sind so abgestimmt, dass erst eine geringe Menge Kraftstoff in den Verbrennungsraum abgegeben wird, die den Verbrennungsdruck leicht ansteigen lässt. Die dadurch verlängerte Einspritzzeit führt mit der folgenden größeren Restmenge zu der gewünschten weicheren Verbrennung.

Für Vor- und Wirbelkammermotoren sind ebenfalls Zweifeder-Düsenhalter verfügbar. Die Einstellwerte sind dem Einspritzsystem angepasst. So liegen die verschiedenen Öffnungsdrücke z.B. bei 130/180 bar und die Vorhübe bei ca. 0,1 mm.

Düsenhalterkombination.
Mit Lochdüse.
1 Zulauf, 2 Haltekörper, 3 Düsenspannmutter, 4 Zwischenscheibe, 5 Einspritzdüse, 6 Überwurfmutter mit Druckleitung, 7 Stabfilter, 8 Leckkraftstoff-Anschluss, 9 Druckeinstellscheiben, 10 Druckkanal, 11 Druckfeder, 12 Druckbolzen, 13 Fixierstifte.

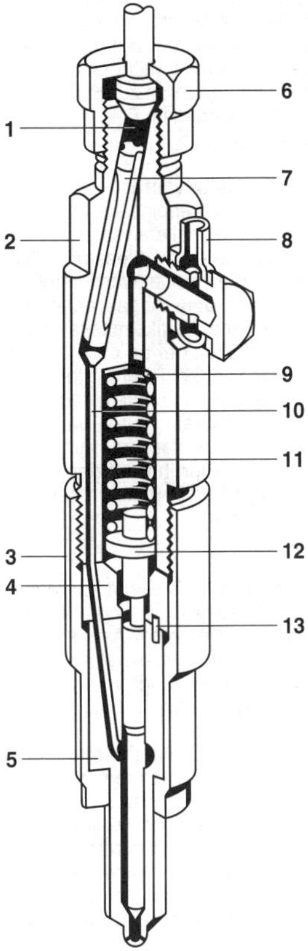

Zweifeder-Düsenhalter KBEL..P...
H_1 Vorhub, H_2 Haupthub, $H_{ges} = H_1 + H_2$ Gesamthub.
1 Haltekörper, 2 Ausgleichscheibe, 3 Druckfeder 1, 4 Druckbolzen, 5 Führungsscheibe, 6 Druckfeder 2, 7 Druckstift, 8 Federteller, 9 Ausgleichscheibe, 10 Anschlaghülse, 11 Zwischenscheibe, 12 Düsenspannmutter.

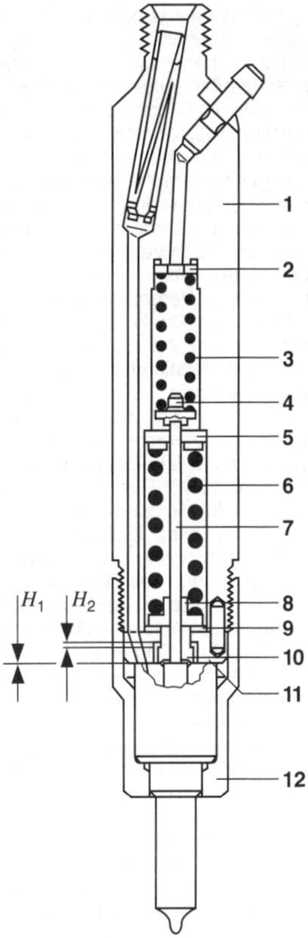

Schadstoffminderung beim Dieselmotor

Der gute Wirkungsgrad des Dieselmotors und die bei der dieselmotorischen Verbrennung entstehenden Schadstoffe sind eng miteinander verknüpft. Beim Diesel-Brennverfahren wird der Kraftstoff in kurzer Zeit in den Brennraum eingebracht. Die schnelle Verbrennung nahe OT ergibt einen guten Wirkungsgrad des Dieselmotors. Mit der schnellen Verbrennung des Kraftstoffs sind aber auch hohe Verbrennungs-Spitzentemperaturen verbunden, die ihrerseits die Bildung von Stickoxiden verursachen (NO und NO_2, zusammengefasst üblicherweise als NO_x bezeichnet). Die geringe Klopfneigung erlaubt ein hohes Verdichtungsverhältnis, was ebenfalls zum guten Wirkungsgrad einerseits aber auch zu hohen Verbrennungstemperaturen andererseits beiträgt.

Die schnelle Verbrennung nahe OT wird durch die Direkteinspritzung des Kraftstoffs in den Brennraum ermöglicht. Ein gewisser Anteil des eingespritzten Kraftstoffs verbrennt nach der Zündverzugszeit vorgemischt, der größte Anteil des Kraftstoffs verbrennt als Diffusionsflamme. Dabei ist lokaler Sauerstoffmangel unvermeidlich. Der Kraftstoff verbrennt unvollständig und es entsteht Ruß, die zweite wichtige Schadstoffkomponente des dieselmotorischen Abgases.

Eine Erhöhung des Einspritzdrucks führt zu einer besseren Gemischaufbereitung. Dadurch konnte der Rußanteil im dieselmotorischen Abgas in den letzten Jahren drastisch verringert werden. Die Abgasrückführung senkt durch den höheren Inertgasanteil und durch die verlangsamte Brenngeschwindigkeit die Verbrennungs-Spitzentemperatur und verringert damit die Entstehung von Stickoxiden. Der Dieselmotor zeichnet sich somit durch geringe Rohemissionen (Schadstoffkonzentration im Abgas vor Abgasnachbehandlungsmaßnahmen) bei gutem Wirkungsgrad aus. Dennoch werden angesichts der immer niedrigeren zulässigen Emissionen (Euro IV, ULEV usw.) Maßnahmen zur aktiven Abgasnachbehandlung in der Zukunft auch beim Dieselmotor unerlässlich sein.

Abgasnachbehandlung

Zur Entfernung der wichtigen Komponenten NO_x und Ruß aus dem Abgas befinden sich zur Zeit unterschiedliche Verfahren in der Entwicklung. Dabei werden NO_x und Ruß durch getrennte Verfahren in die ungiftigen unlimitierten Komponenten N_2 und CO_2 überführt. Eine Technik wie der Dreiwegekatalysator beim Ottomotor schließt sich beim Dieselmotor aus, da es kaum möglich ist, NO_x in Anwesenheit von O_2 zu reduzieren (Betrieb des Dieselmotors mit Luftüberschuss).

Gängige Verfahren zur Ruß- bzw. NO_X-Reduktion werden im Folgenden getrennt beschrieben.

Oxidationskatalysator

Bereits im Serieneinsatz befinden sich Diesel-Oxidationskatalysatoren (DOC), die teiloxidierten Kohlenstoff (CO) und unverbrannte Kohlenwasserstoffe (HC) effizient aus dem Abgas entfernen. Die ausgestoßene Partikelmasse wird dabei durch Oxidation der an den Rußpartikeln auskondensierten hochsiedenden Kohlenwasserstoffen ebenfalls reduziert.

Oxidationskatalysatoren werden möglichst motornah platziert, damit sie möglichst früh die für ihre effiziente Funktion notwendige Temperatur erlangen (Light-off Temperatur).

Partikelfilter

Die von einem Dieselmotor emittierten Partikel bestehen zu ungefähr gleichen Teilen aus Kohlenstoff, Asche und unverbrannten Kohlenwasserstoffen. Die genaue Aufteilung hängt vom Schwefelgehalt des Kraftstoffs und von der Abgastemperatur ab.

Die Partikel können durch Filter effizient aus dem Abgas entfernt werden. Zurzeit werden Filter aus porösen Keramiken favorisiert. Als keramische Materialien eignen sich Corderite und Siliziumkarbid. Partikelfilter sind üblicherweise ähnlich wie Keramikkatalysatoren aufgebaut und weisen eine große Anzahl von quadratischen parallelen Kanälen auf. Die Dicke der Kanalwände beträgt typischerweise 300...400 µm. Die Größe der Kanäle wird üblicherweise durch Angabe der Zelldichte pro Quadratinch (cpsi) angegeben (typischer Wert: 100...200 cpsi).

Bei Partikelfiltern sind benachbarte Kanäle an den jeweils gegenüberliegenden Seiten durch Keramikstopfen verschlossen. Das Abgas strömt durch die porösen Keramikwände hindurch. Die Rußpartikel werden durch Diffusion zu den Porenwänden transportiert, wo sie haften bleiben (Tiefenfilterung). Bei zunehmender Beladung des Filters mit Ruß bildet sich außerdem eine Rußschicht auf den Kanalwänden.

Wall-Flow-Filter speichern die Partikel auf der Oberfläche (Oberflächenfilterung). Partikelfilter zeichnen sich durch einen mehr als 90%igen Rückhaltegrad für Partikel des gesamten relevanten Größenspektrums (10...1000 nm) aus.

Das Hauptproblem der Partikelfiltertechnik ist nicht das Zurückhalten der Partikel in einem Filter, sondern das anschließende Abbrennen des gesammelten

Abgasnachbehandlung mit verschiedenen Methoden.
a Oxidationskatalysator (edelmetallbeschichtet),
b Rußfilter,
1 Gehäuse, 2 stranggepresste Wabenkeramik, 3 Keramikpropfen.

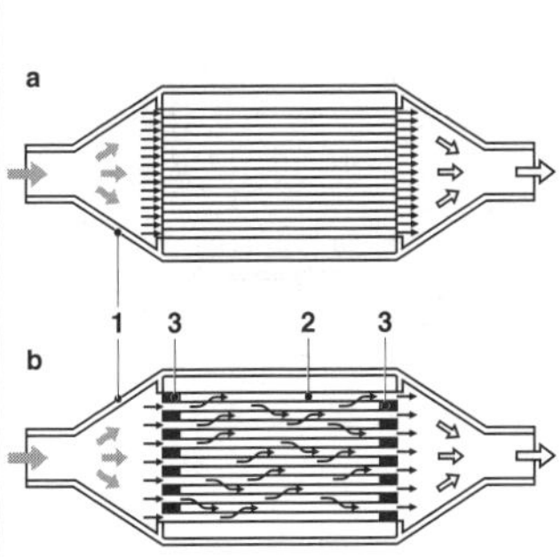

Rußes im Filter. Dieser Vorgang wird auch als Regeneration bezeichnet. Durch die anwachsende Rußbeladung des Filters steigt der Abgasgegendruck stetig an, die Ökonomie des Motors und die Fahrbarkeit werden dadurch negativ beeinträchtigt.

Der Kohlenstoffanteil der Partikel kann mit dem im Abgas stets vorhandenen Sauerstoff oberhalb von ca. 600 °C zu dem ungiftigen CO_2 oxidiert werden. Derartig hohe Temperaturen stellen sich im normalen Fahrbetrieb nicht ein, sodass gesonderte Maßnahmen ergriffen werden müssen.

CRT-System

Bei Nutzfahrzeugen bietet sich für die Regeneration des Partikelfilters das CRT-Prinzip (Continuously Regenerating Trap) an, das in ersten Flottenversuchen untersucht wird. Das Prinzip nutzt den Vorteil, dass Ruß mit NO_2 bereits bei Temperaturen von 250...350 °C gemäß der Reaktion

$$2NO_2 + C \rightarrow CO_2 + 2NO$$

verbrannt werden kann. Dieser Vorgang wird auch als passive Regeneration bezeichnet. Für die Nutzung des Verfahrens wird ein Oxidationskatalysator, der NO zu NO_2 oxidiert stromauf des Partikelfilters angeordnet. Derartige Katalysatoren sind auf den Betrieb mit schwefelarmem Kraftstoff angewiesen. Das Verfahren arbeitet oberhalb der genannten Temperaturen zuverlässig, wenn das Massenverhältnis NO_2/Ruß größer als 8:1. Diese Bedingungen sind bei Nutzfahrzeugen meistens gegeben.

Additivsystem

Bei Serieneinsatz von Partikelfiltern in Personenkraftwagen wird dem Dieselkraftstoff ein Additiv zugegeben, das die Ruß-Oxidationstemperatur mit O_2 von 600 °C auf ca. 450 °C absenkt. Auch diese Abgastemperatur wird im Normalbetrieb nicht erreicht, sodass der Ruß nicht kontinuierlich verbrennt. Der Beladungsgrad des Filters wird basierend auf der Messung des Druckabfalls über dem Partikelfilter mit einem Differenzdrucksensor berechnet, wobei oberhalb einer gewissen Rußbeladung der Rußabbrand durch aktive Maßnahmen eingeleitet wird (aktive Regeneration). Dabei wird der Motor in seiner Verbrennungsführung so betrieben, dass deutlich höhere Abgastemperaturen als im Normalbetrieb auftreten. Dies kann z. B. durch deutlich spätere Einspritzung, ggf. mit Nachverbrennung der unverbrannten Kraftstoffanteile an einem Katalysator, erreicht werden.

Sobald der Ruß seine Zündtemperatur erreicht, heizt sich das Filter durch die bei der Rußverbrennung frei werdende Wärme weiter selbsttätig auf. Durch die steigenden Temperaturen wird der Rußabbrand weiter beschleunigt und der Wärmeeintrag in das Filter und das Abgas weiter erhöht.

Die während der Regeneration eines Partikelfilters auftretenden Spitzentemperaturen (1000 °C und höher) können zur Zerstörung des Filters führen. Mit zunehmender Beladung steigt die Gefahr einer unzulässigen Temperaturüberhöhung, sodass eine Regeneration eingeleitet werden muss, bevor dieser kritische Beladungszustand erreicht wird. Je nach Filtermaterial werden 5...10 g Ruß pro Liter Filtervolumen als kritische Beladungsmenge angegeben.

Das dem Kraftstoff zugegebene Additiv (meist Cer- oder Eisenverbindungen) bildet eine Asche, die sich im Filter ablagert und nicht verbrannt werden kann. Diese Asche, wie auch zu geringeren Anteilen Asche aus Motoröl- oder Kraftstoffrückständen, setzt das Filter allmählich zu und erhöht zusätzlich den Abgasgegendruck. Es wird davon ausgegangen, dass das

Abgasnachbehandlung: Partikelfilter mit Additivsystem.
1 Additivsteuergerät, 2 Motorsteuergerät, 3 Additivpumpe, 4 Füllstandssensor, 5 Additivtank, 6 Additiveinspritzdüse, 7 Kraftstoffbehälter, 8 Dieselmotor, 9 Oxidationskatalysator, 10 Partikelfilter, 11 Temperatursensor, 12 Differenzdrucksensor.

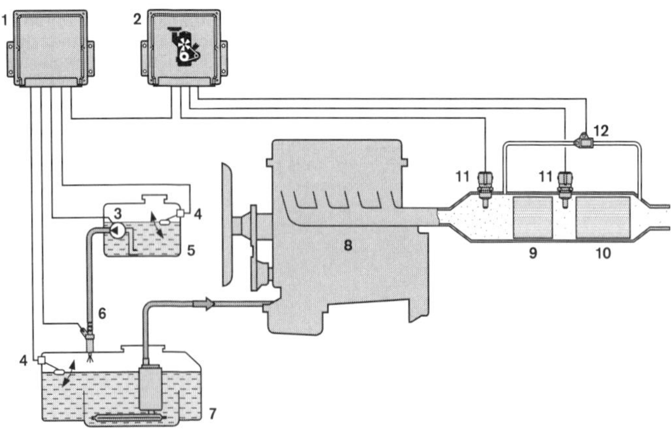

Filter ca. alle 100 000 km ausgebaut und mechanisch gereinigt werden muss. Daher wird nach Verfahren gesucht, die eine sichere diskontinuierliche Partikelfilterregeneration ohne Additiveinsatz ermöglichen. Vielversprechend ist dabei die katalytische Beschichtung des Filters, wodurch ebenfalls eine Absenkung der Zündtemperatur erreicht werden kann.

Katalytische Brenner

Katalytische Brenner sind zur Anhebung der Abgastemperatur bis zur Zündtemperatur des Rußes geeignet. Externe Brenner oder Teilstrombrenner, wie sie z. B. in Baumaschinen zum Einsatz kommen, oder die elektrische Beheizung der Partikelfilter haben für den Fahrzeugeinsatz nur eine untergeordnete Bedeutung.

Selektive katalytische Reduktion von Stickoxiden

Für die Reduktion von Stickoxiden befindet sich die selektive katalytische Reduktion (SCR) kurz vor der Serienreife. In Großfeuerungsanlagen hat sich die Technik seit einigen Jahren für die Abgasentstickung bewährt. Sie beruht darauf, dass ausgewählte Reduktionsmittel in Gegenwart von Sauerstoff selektiv die Stickoxide reduzieren. Selektiv bedeutet hierbei, dass die Oxidation des Reduktionsmittels bevorzugt (selektiv) mit dem Sauerstoff der Stickoxide und nicht mit dem im Abgas wesentlich reichlicher vorhandenen molekularen Sauerstoff erfolgt. Ammoniak (NH_3) hat sich hierbei als das Reduktionsmittel mit der höchsten Selektivität bewährt.

Da Ammoniak eine toxische Substanz darstellt, wird das eigentliche Reduktionsmittel bei Kfz-Anwendungen aus der ungiftigen Trägersubstanz Harnstoff gewonnen. Harnstoff [$(NH_2)_2CO$] wird großtechnisch als Dünge- und Futtermittel hergestellt, ist grundwasserverträglich

Abgasanlage mit katalytischer Reduktion von Stickoxiden (SCR).
1 Dieselmotor, 2 Temperatursensor, 3 Einspritzdüse für Reduktionsmittel, 4 NO_x-Sensor, 5 Hydrolysekatalysator, 6 SCR-Katalysator, 7 Oxidationskatalysator, 8 NH_3-Sensor, 9 Motorsteuergerät, 10 Reduktionsmittelpumpe, 11 Reduktionsmitteltank, 12 Füllstandssensor.

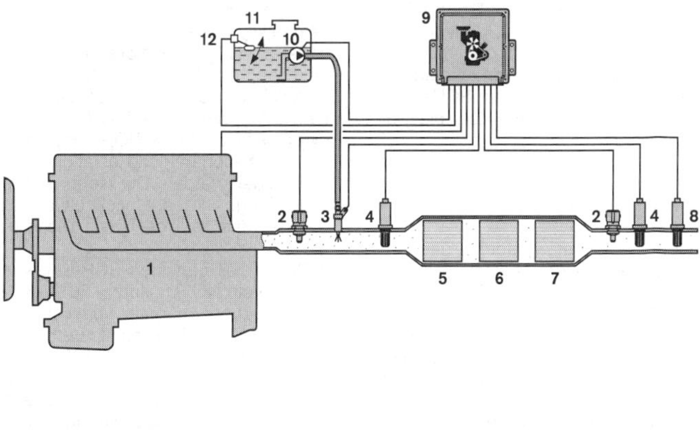

Vergleich der NO_x-Emission im europäischen Transienten-Fahrzyklus (ETC).
— ohne Zumischung einer Harnstoff-Wasser-Lösung: 10,9 g/kWh,
— mit Zumischung einer 32,5%igen Harnstoff-Wasser-Lösung: 1,0 g/kWh.

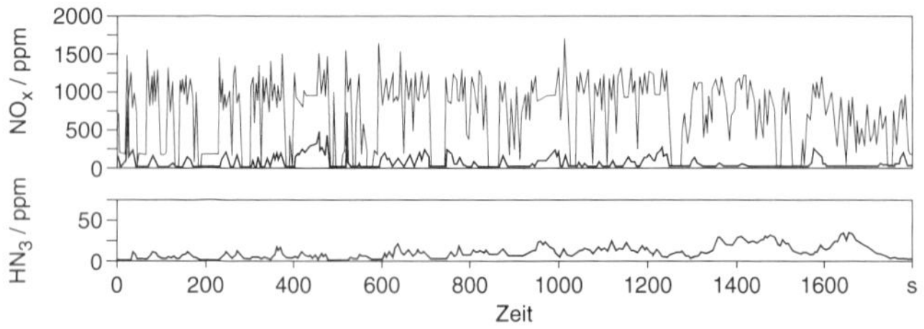

und bei Umweltbedingungen chemisch stabil. Harnstoff weist eine sehr gute Löslichkeit in Wasser auf, weswegen Harnstoff-Wasser-Lösung (HWL) der einfachen Dosierbarkeit wegen dem Abgas zugegeben wird. Hierbei wird wegen des niedrigsten Gefrierpunkts (Eutektikum bei −11 °C) eine 32,5%ige (Gewichtsprozent) Lösung verwendet.

Im Abgasstrang befindet sich in manchen Anwendungsfällen vor dem eigentlichen SCR-Katalysator ein Hydrolysekatalysator (H-Kat) an dem ein Harnstoffmolekül mit einem Wassermolekül in zwei Schritten zu zwei Molekülen Ammoniak und einem Molekül CO_2 zerfällt:

$(NH_2)_2CO$ -> $NH_3 + HNCO$ (Thermolyse)
$HNCO + H_2O$ -> $NH_3 + CO_2$ (Hydrolyse)

Das durch die Thermohydrolyse entstandene Ammoniak reagiert am SCR-Katalysator insbesondere nach den folgenden Gleichungen:

$4NO + 4NH_3 + O_2 \rightarrow 4N_2 + 6H_2O$
$NO + NO_2 + 2NH_3 \rightarrow 2N_2 + 3H_2O$

Moderne SCR-Katalysatoren können die Funktion des Hydrolysekatalysators mit übernehmen, sodass der Hydrolysekatalysator häufig entfällt.

Ein Oxidationskatalysator, der NO zu NO_2 oxidiert, bewirkt bis zu einem NO_2-Anteil am NO_x von 50 % eine Verbesserung des Umsatzes und führt zu einem optimalen Wirkungsgrad des SCR-Katalysators.

Beim Betrieb von SCR-Systemen ist der auftretende Ammoniak-Schlupf, d. h. das Hindurchtreten von NH_3 durch das Katalysatorsystem wegen der Toxizität von NH_3 zu begrenzen. Dies kann zum einen durch einen zusätzlichen Oxidationskatalysator hinter dem SCR-Katalysator erzielt werden. Dieser Sperr-Katalysator oxidiert das ggf. auftretende Ammoniak zu N_2 und H_2O. Zum anderen ist eine sorgfältige Applikation der HWL-Dosierung unerlässlich.

Eine für die Applikation wichtige Kenngröße ist das Feed-Verhältnis α, definiert als das molare Verhältnis von im Abgas vorhandenem NO_x und zudosiertem NH_3. Bei idealen Betriebsbedingungen (kein NH_3-Schlupf, keine Nebenreaktionen, keine NH_3-Oxidation) ist α direkt proportional zur NO_x-Reduktionsrate. Bei $\alpha = 1$ wird theoretisch eine vollständige NO_x-Reduktion erreicht. Im praktischen Einsatz kann bei einem NH_3-Schlupf von weniger als 20 ppm eine NO_x-Reduktion von 90 % im stationären und instationären Betrieb erzielt werden. Die hierfür erforderliche Menge HWL entspricht etwa 5% der Menge des eingesetzten Dieselkraftstoffs.

Bei zurzeit gängigen SCR-Katalysatoren wird ein NO_x-Umsatz > 50 % erst bei Temperaturen oberhalb von ca. 250 °C erreicht. Optimale Umsatzraten werden im Temperaturfenster 250...450 °C erzielt. Die Vergrößerung des Temperaturarbeitsbereichs, insbesondere eine verbesserte Niedertemperaturaktivität, ist Gegenstand der Katalysatorforschung.

NO_x-Speicherkatalysator

Der NO_x-Speicherkatalysator hat bei Motoren mit Benzin-Direkteinspritzung seine Markteinführung bereits erlebt. Diese Motoren werden aus Gründen der Kraftstoffökonomie wie beim Dieselmotor mit Luftüberschuss betrieben. Die Stickoxide werden bei Magerbetrieb nicht im konventionellen Dreiwegekatalysator reduziert, weshalb dieser Katalysator nicht zur Anwendung kommen kann. Bei Diesel-Pkw wird der NO_x-Speicherkatalysator gegenüber anderen Entstickungstechniken favorisiert, da ein zusätzlicher Betriebsstoff (z. B. HWL bei der SCR-Technik) unerwünscht ist.

Beim NO_x-Speicherkatalysator wird nach zwei unterschiedlichen Betriebsmodi unterschieden. Im normalen Magerbetrieb ($\lambda > 1$) wird NO zunächst zu NO_2 oxidiert und anschließend unter Nitratbildung (NO_3) an einem basischen Metalloxid (z. B. Bariumoxid) im Katalysator eingespeichert. Die Speicherung ist nur in einem materialabhängigen Temperaturintervall des Abgases zwischen 250...450 °C optimal. Darunter ist die Oxidation von NO zu NO_2 sehr langsam, darüber ist das NO_2 nicht stabil.

Wie beim Partikelfilter stellt auch beim NO_x-Speicherkatalysator die Regeneration, also das periodische Entleeren des Speichers, die eigentliche Herausforderung dar. Zur Regeneration des Speichers müssen im Abgas fette Bedingungen ($\lambda < 1$) eingestellt werden. Unter diesen Betriebsbedingungen ist im Abgas so viel Reduktionsmittel (CO, H_2 und verschiedene Kohlenwasserstoffe) vorhanden, dass die Nitratbindung schlagartig gelöst und direkt an dem edelmetallhaltigen Katalysator zu N_2 reduziert wird. Die Dauer der Beladungsphase beträgt betriebspunktabhängig 30...60 s, die Regeneration erfolgt in 1...2 s.

Bei Motoren mit Benzin-Direkteinspritzung können fette Betriebsbedingungen einfach durch Umschaltung vom mageren Schichtbetrieb auf fetten Homogenbetrieb eingestellt werden. Bei Dieselmotoren wird $\lambda < 1$ u. a. durch erhöhte Abgasrückführung, Späteinspritzung und Ansaugluftdrosselung bewirkt. Bei der Umschaltung von Mager- auf Fettbetrieb sind uneingeschränkte Fahrbarkeit, sowie Konstanz von Drehmoment, Ansprechverhalten und Geräusch einzuhalten.

Ein Problem von NO_x-Speicherkatalysatoren ist ihre Schwefelempfindlichkeit, da SO_2 wegen seiner chemischen Ähnlichkeit zu NO_2 ebenfalls im Katalysator eingespeichert wird. Die dabei gebildete Sulfat-(SO_4-)Bindung wird bei einer normalen Regeneration des Speichers nicht gelöst, sodass die Menge des gespeicherten SO_2 während der Betriebsdauer allmählich ansteigt. Dadurch sind weniger Speicherplätze für die NO_x-Speicherung vorhanden und der NO_x-Umsatz nimmt ab (bei Betrieb mit Kraftstoff mit einem Schwefelanteil von 50 ppm auf unter 50 % nach 5000 km Fahrstrecke). Der mit SO_2 beladene Katalysator kann ebenfalls regeneriert werden, wofür eine Dauer von mehr als 5 min bei Temperaturen oberhalb von 600 °C und $\lambda < 1$ erforderlich ist.

Prinzipdarstellung einer Abgasanlage mit NO_X-Speicherkatalysator.
1 Dieselmotor, 2 Abgasheizung (optional), 3 Oxidationskatalysator, 4 Temperatursensor, 5 Breitband-Lambda-Sonde LSU, 6 NO_x-Speicherkatalysator, 7 NO_x-Sensor oder Zweipunkt-Lambda-Sonde, 8 Motorsteuergerät.

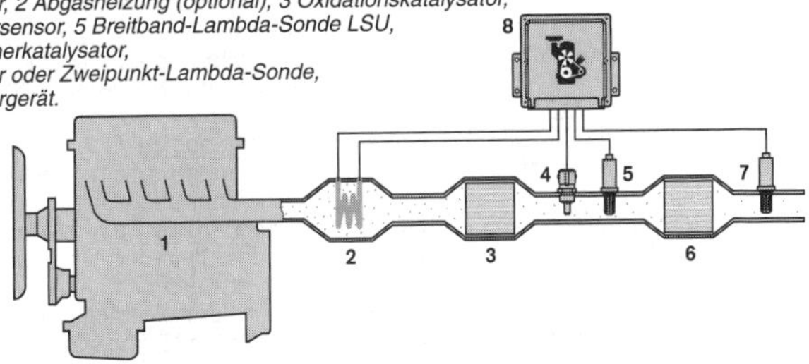

Schadstoffemission

Im Otto- und im Dieselmotor entstehen bei der Verbrennung des Kraftstoffs Abgase. Diese enthalten verschiedene Verbrennungsprodukte, von denen einige als Schadstoffe eingestuft werden.

Verbrennungsprodukte

Vollständige Verbrennung
Bei einer vollständigen, idealen Verbrennung reinen Kraftstoffs – d. h. bei der vollständigen Verbrennung des Kraftstoffs mit Sauerstoff ohne unerwünschte Nebenreaktionen – würde nur
- Wasser (H_2O) und
- Kohlendioxid (CO_2)

entstehen.

Unvollständige Verbrennung
Wegen der nicht idealen Verbrennungsbedingungen (z. B. nicht verdampfte Kraftstofftröpfchen oder flüssiger Kraftstofffilm auf der Wand des Brennraums), aber auch aufgrund der Kraftstoffzusammensetzung entstehen neben den hauptsächlichen Verbrennungsprodukten Wasser und Kohlendioxid auch zum Teil unerwünschte Nebenbestandteile:
- Unverbrannte Kohlenwasserstoffe:
  C_nH_m (Paraffine, Olefine, Aromaten)
- Teilverbrannte Kohlenwasserstoffe:
  z. B. $C_nH_m \cdot CHO$ (Aldehyde),
  $C_nH_m \cdot CO$ (Ketone),
  $C_nH_m \cdot COOH$ (Karbonsäuren),
  CO (Kohlenmonoxid).
- Thermische Crackprodukte sowie Folgeprodukte:
  z. B. C_2H_2 (Acetylen),
  C_2H_4 (Äthylen),
  H_2 (Wasserstoff),
  C (Ruß) und
  polyzyklische Kohlenwasserstoffe.

Nebenprodukte der Verbrennung
Ein geringer Teil des in der Ansaugluft enthaltenen Stickstoffs (N_2) reagiert bei hohen Verbrennungstemperaturen mit Sauerstoff (O_2) zu Stickstoffmonoxid (NO) und Stickstoffdioxid (NO_2), zusammengefasst auch als Stickoxide (NO_X) bezeichnet. Weitere Nebenprodukte entstehen in Form von Schwefeloxiden aufgrund des im Kraftstoff enthaltenen Schwefels.

Eigenschaften von Abgasbestandteilen

Hauptbestandteile
Das Abgas besteht überwiegend aus den ungiftigen Hauptbestandteilen
- Stickstoff (Bestandteil der angesaugten Luft),
- Wasserdampf und
- Kohlendioxid sowie
- Sauerstoff bei Dieselmotoren und mager betriebenen Ottomotoren.

Kohlendioxid ist als natürlicher Bestandteil der Luft in der Atmosphäre vorhanden und wird in Bezug auf die Abgasemissionen bei Kraftfahrzeugen nicht als Schadstoff eingestuft. Es gilt jedoch als Mitverursacher für den Treibhauseffekt und die damit zusammenhängende globale Klimaveränderung. Der CO_2-Gehalt in der Atmosphäre ist seit 1920 um ca. 20 % auf über 360 ppm im Jahr 1995 gestiegen.

Die Menge des freigesetzten Kohlendioxids ist direkt proportional zum Kraftstoffverbrauch. Die Maßnahmen zur Reduzierung des Kraftstoffverbrauchs werden deshalb immer bedeutender.

Nebenbestandteile
Der Anteil der bei der Verbrennung entstehenden Nebenbestandteile hängt sehr stark vom Motorbetriebszustand ab. Beim Ottomotor beträgt der Anteil im Rohabgas (Abgas nach der Verbrennung, vor der Abgasnachbehandlung) bei betriebswarmem Motor und stöchiometrischer Gemischzusammensetzung ($\lambda = 1$) rund 1 % der gesamten Abgasmenge. Die Zusammensetzung der Dieselabgase hängt stark vom Luftüberschuss ab (der Dieselmotor wird immer mit $\lambda > 1$ betrieben).

Tabelle 1 zeigt typische Werte für die Zusammensetzung der Abgase.

Kohlenmonoxid (CO)
Kohlenmonoxid ist ein farb-, geruch- und geschmackloses Gas. Es verringert beim Menschen die Sauerstoffaufnahmefähigkeit des Bluts und führt daher zur Vergiftung des Körpers. 0,3 Volumenprozent CO in der Atemluft können innerhalb 30 Minuten tödlich wirken.

Kohlenwasserstoffe (HC)
Kohlenwasserstoffe sind in großer Vielfalt im Abgas enthalten. Die aliphatischen Kohlenwasserstoffe (Alkane, Alkene, Alkine sowie ihre zyklischen Abkömmlinge) sind nahezu geruchlos. Ringförmige aromatische Kohlenwasserstoffe (z. B. Benzol, Toluol, polyzyklische Kohlenwasserstoffe) sind geruchlich wahrnehmbar.

Kohlenwasserstoffe gelten teilweise bei Dauereinwirkung als Krebs erregend. Teiloxidierte Kohlenwasserstoffe (z. B. Aldehyde, Ketone) riechen unangenehm und bilden unter Sonneneinwirkung Folgeprodukte, die bei Dauereinwirkung von bestimmten Konzentrationen an ebenfalls als Krebs erregend gelten.

Stickoxide (NO_x)
Stickstoffmonoxid (NO) ist ein farb-, geruch- und geschmackloses Gas, das sich in der Atmosphäre langsam in Stickstoffdioxid (NO_2) umwandelt. NO_2 ist in reiner Form ein rotbraunes, stechend riechendes, giftiges Gas. Bei hoher Konzentration kann NO_2 zur Schleimhautreizung führen.

Die Stickoxide sind mitverantwortlich für Waldschäden (saurer Regen) und zusammen mit den Kohlenwasserstoffen für die Smog-Bildung.

Oxidantien
Unter Einwirkung des Sonnenlichts entstehen aus den emittierten Kohlenwasserstoffen und Stickoxiden Oxidantien:
- Organische Peroxide,
- Ozon,
- Peroxiacylnitrate.

Ozon ist in normaler Konzentration für den Menschen lebenswichtig. In hohen Konzentrationen verursacht es Hustenreiz, Reizungen von Rachen und Hals sowie Augenbrennen.

Partikel
Partikel im Abgas entstehen vorwiegend beim Dieselmotor. Beim konventionellen ottomotorischen Brennverfahren (Saugrohreinspritzung) sind die Partikelemissionen vernachlässigbar gering.

Bei unvollständiger Verbrennung entstehen Feststoffe in Form von Partikeln. Sie bestehen – abhängig von Verbrennungsverfahren und Motorbetriebszustand – hauptsächlich aus einer Aneinanderkettung von Kohlenstoffteilchen (Ruß) mit einer sehr großen spezifischen Oberfläche. An den Ruß lagern sich unverbrannte oder teilverbrannte Kohlenwasserstoffe, zusätzlich auch Aldehyde mit aufdringlichem Geruch an. Am Ruß binden sich auch Kraftstoff- und Schmieröl-aerosole (in Gasen feinstverteilte feste oder flüssige Stoffe) sowie Sulfate.

Partikel stehen im Verdacht, Krebs erregend zu sein.

Tabelle 1: Zusammensetzung von Dieselabgas (Typische Werte).

Abgasbestandteil	bei Leerlauf	bei höchster Leistung
Stickoxide (NO_x)	50...200 ppm	600...2500 ppm
Kohlenwasserstoffe (HC)	50...500 ppm	< 50
Kohlenmonoxid (CO)	100...450 ppm	350...2 000
Kohlendioxid (CO_2)	...3,5 Vol.-%	12...16 Vol.-%
Wasserdampf (H_2O)	2...4 Vol.-%	...11 Vol.-%
Sauerstoff (O_2)	18 Vol.-%	2...11 Vol.-%
Stickstoff (N_2) u. a.	Rest	Rest
Schwärzungsziffer Pkw	SZ = < 0,5	SZ = 2...3
Abgastemperatur nach Auslassventil	100...200 °C	550...750 °C

Abgasgesetzgebung

Das ständig steigende Verkehrsaufkommen und die damit gestiegenen Umweltbelastungen, insbesondere durch den innerstädtischen Verkehr, wurden in der Vergangenheit zunehmend zu einem Problem. Die Abgasemissionen der Kraftfahrzeuge mussten deshalb begrenzt werden. Die Gesetzgeber legen die zulässigen Grenzwerte und die Prüfverfahren fest. Jeder neu zugelassene Fahrzeugtyp muss diesen gesetzlichen Bestimmungen genügen.

Übersicht

Vorreiter im Bestreben, die von den Kraftfahrzeugen verursachten Schadstoffemissionen gesetzlich zu begrenzen, war der US-Bundesstaat Kalifornien. Grund dafür ist, dass in den Großstädten wie Los Angeles aufgrund der geografischen Lage die Abgase nicht vom Wind weggetragen werden, sondern wie eine Dunstglocke über der Stadt liegen bleiben. Die dadurch hervorgerufene Smogbildung wirkte sich nicht nur negativ auf die Gesundheit der Bevölkerung aus, sie führte auch zu massiven Sichtbehinderungen.

Seit In-Kraft-Treten der ersten Abgasgesetzgebung für Ottomotoren Mitte der 1960er-Jahre in Kalifornien wurden dort die zulässigen Grenzwerte für die verschiedenen Schadstoffkomponenten immer weiter reduziert. Mittlerweile haben alle Industriestaaten Abgasgesetze eingeführt, die die zulässigen Grenzwerte für Otto- und Dieselmotoren sowie die Prüfmethoden festlegen. Zusätzlich zu den Abgasemissionen werden in einigen Staaten auch die Verdampfungsverluste aus dem Kraftstoffsystem begrenzt.

Es gibt im Wesentlichen folgende Abgasgesetzgebungen:
- CARB-Gesetzgebung (California Air Resources Board),
- EPA-Gesetzgebung (Environmental Protection Agency),
- EU-Gesetzgebung (Europäische Union),
- Japan-Gesetzgebung.

Prüfverfahren
Nach den USA haben die Staaten der EU und Japan eigene Prüfverfahren zur Abgaszertifizierung von Kraftfahrzeugen entwickelt. Andere Staaten haben diese Verfahren in gleicher oder auch modifizierter Form übernommen. Je nach Fahrzeugklasse und Zweck der Prüfung werden drei vom Gesetzgeber festgelegte Prüfverfahren angewendet:
- Typprüfung zur Erlangung der allgemeinen Betriebserlaubnis,
- Serienprüfung als stichprobenartige Kontrolle der laufenden Fertigung durch die Abnahmebehörde und
- Feldüberwachung zur Überprüfung bestimmter Abgaskomponenten von im Betrieb befindlichen Fahrzeugen.

Den größten Prüfungsaufwand erfordert die Typprüfung. Für die Feldüberwachung werden vereinfachte Verfahren angewendet.

Klasseneinteilung
In Staaten mit Kfz-Abgasvorschriften besteht eine Unterteilung der Fahrzeuge in verschiedene Klassen (s. S. 790):
- Pkw: Die Prüfung erfolgt auf einem Fahrzeug-Rollenprüfstand.
- Leichte Nkw: Je nach nationaler Gesetzgebung liegt die Obergrenze des zulässigen Gesamtgewichts bei 3,5...3,8 t. Die Prüfung erfolgt auf einem Fahrzeug-Rollenprüfstand (wie bei Pkw).
- Schwere Nkw: Zulässiges Gesamtgewicht über 3,5...3,8 t. Die Prüfung erfolgt auf einem Motorenprüfstand, eine Fahrzeugmessung ist nicht vorgesehen.
- Off-Highway (z.B. Baufahrzeuge, Land- und Forstwirtschaft): Prüfung auf Motorenprüfstand, wie bei schweren Nkw.

Typprüfung
Abgasprüfungen sind eine Voraussetzung für die Erteilung der allgemeinen Betriebserlaubnis für einen Fahrzeug- und Motortyp. Dazu müssen Prüfzyklen unter definierten Randbedingungen gefahren und Emissionsgrenzwerte eingehalten werden. Die Prüfzyklen (Testzyklen) und die Emissionsgrenzwerte sind länderspezifisch festgelegt.

Testzyklen
Für Pkw und leichte Nkw sind länderspezifisch unterschiedliche dynamische Testzyklen vorgeschrieben, die sich entsprechend ihrer Entstehungsart nach zwei Typen unterscheiden:

- aus Aufzeichnungen tatsächlicher Straßenfahrten abgeleitete Testzyklen (z. B. FTP-Testzyklus in den USA) und
- aus Abschnitten mit konstanter Beschleunigung und Geschwindigkeit konstruierte (synthetisch erzeugte) Testzyklen (z. B. MNEFZ in Europa).

Zur Bestimmung der ausgestoßenen Schadstoffmassen wird der durch den Testzyklus genau festgelegte Geschwindigkeitsverlauf „nachgefahren". Während der Fahrt wird das Abgas gesammelt und nach dem Ende des Fahrprogramms hinsichtlich der Schadstoffmassen analysiert. Für schwere Nkw werden auf dem Motorprüfstand stationäre Abgastests (z. B. 13-Stufen-Test in der EU) oder dynamische Tests (z. B. Transient Cycle in den USA) gefahren.

Serienprüfung
In der Regel führt der Hersteller selbst die Serienprüfung als Teil der Qualitätskontrolle während der Fertigung durch. Die Zulassungsbehörde kann beliebig oft Nachprüfungen anordnen. Die EU-Vorschriften und ECE-Richtlinien (Economic Commission of Europe) berücksichtigen die Fertigungsstreuung durch Stichprobenmessung an 3 bis maximal 32 Fahrzeugen. Die schärfsten Anforderungen werden in den USA angewandt, wo insbesondere in Kalifornien eine annähernd lückenlose Qualitätsüberwachung verlangt wird.

On-Board-Diagnose
Die Abgasgesetzgebung legt auch fest, wie die Einhaltung der Grenzwerte überwacht wird. Das Motorsteuergerät enthält Diagnosefunktionen (Softwarealgorithmen), die abgasrelevante Fehler im System erkennen. Die OBD-Diagnosefunktionen (On-Board-Diagnose) überprüfen alle Komponenten, die bei einem Ausfall zu einer Erhöhung der Schadstoffemissionen führen. Es werden länderspezifisch Grenzwerte für die Abgasemission festgelegt. Bei Überschreiten der Grenzwerte wird der Fahrer durch die Fehlerlampe auf den Defekt hingewiesen.

Geltungsbereiche der verschiedenen Abgasgesetzgebungen.
(Die Karte zeigt die Verhältnisse für Pkw.)

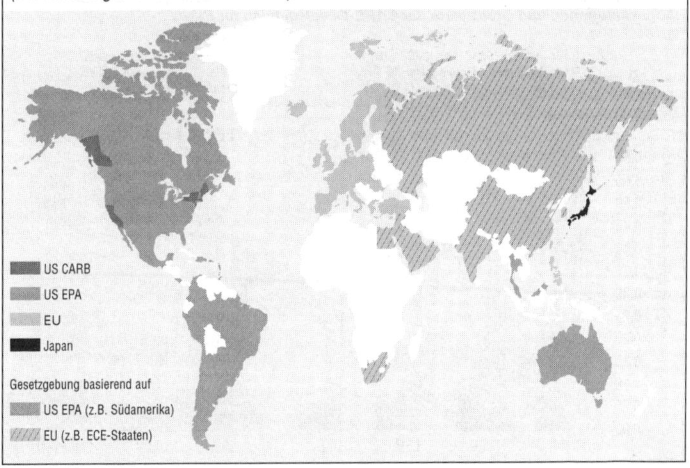

CARB-Gesetzgebung (Pkw/LDT)

Die Abgasgrenzwerte der kalifornischen Abgasgesetzgebung CARB (California Air Resources Board) für Pkw und leichte Nutzfahrzeuge (LDT, Light-Duty Trucks) sind festgelegt in den Abgasnormen
- LEV I und
- LEV II.

Die Norm LEV I gilt für Personenkraftwagen und leichte Nutzfahrzeuge bis 6000 lbs zulässigem Gesamtgewicht für die Modelljahre 1994 bis 2003. Zum 1. 1. 2004 tritt die Norm LEV II in Kraft, die für alle Neufahrzeuge ab Modelljahr 2004 bis zu einem zulässigen Gesamtgewicht von 8500 lbs (3,85 t) verbindlich ist.

Grenzwerte

Die CARB-Gesetzgebung legt Grenzwerte fest für
- Kohlenmonoxid (CO),
- Stickoxide (NO_x),
- NMOG (Nicht-Methanhaltige organische Gase),
- Formaldehyd (nur LEV II) sowie
- Partikel (Diesel: LEV I und LEV II; Otto: für LEV II geplant).

Die Schadstoffemissionen werden im FTP 75-Fahrzyklus (Federal Test Procedure) ermittelt. Die Grenzwerte sind auf die Fahrstrecke bezogen und in Gramm pro Meile festgelegt.

Abgaskategorien

Der Automobilhersteller kann unterschiedliche Fahrzeugkonzepte einsetzen, die nach ihren Emissionswerten für NMOG-, CO-, NO_x- und Partikelemissionen in folgende Abgaskategorien eingeteilt werden:
- Tier 1,
- TLEV (Transitional Low-Emission Vehicle),
- LEV (Low-Emission Vehicle, d. h. Fahrzeuge mit niedrigen Abgas- und Verdunstungsemissionen),
- ULEV (Ultra-Low-Emission Vehicle),
- SULEV (Super Ultra-Low-Emission Vehicle),
- ZEV (Zero-Emission Vehicle, d. h. Fahrzeuge ohne Abgas- und Verdunstungsemissionen) und
- PZEV (Partial ZEV, entspricht im Wesentlichen SULEV, jedoch höhere Anforderungen bezüglich Verdunstungsemissionen und Dauerhaltbarkeit).

Für LEV I sind die Kategorien Tier 1, TLEV,

Abgaskategorien und Grenzwerte der CARB-Gesetzgebung für Pkw.

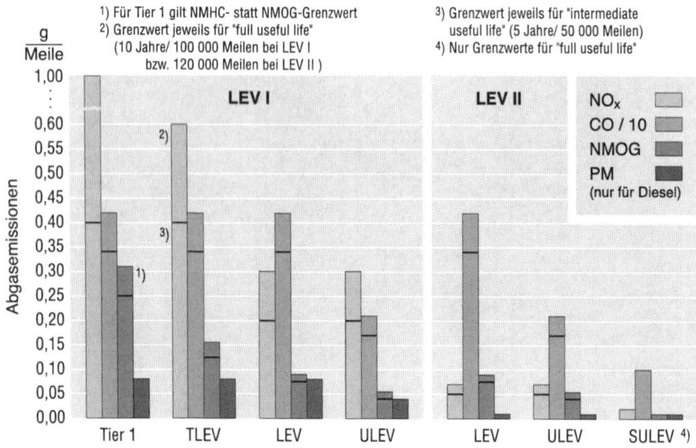

LEV und ULEV maßgebend. Ab 2004 gilt die Abgasnorm LEV II. Die Kategorien Tier 1 und TLEV entfallen und es kommt SULEV mit deutlich niedrigeren Grenzwerten hinzu. Die Kategorien LEV und ULEV bleiben bestehen. Die CO- und NMOG-Grenzwerte sind gegenüber LEV I unverändert, der NO_x-Grenzwert hingegen liegt für LEV II deutlich niedriger. Mit der LEV II-Norm werden zusätzlich Formaldehyd-Grenzwerte eingeführt.

Dauerhaltbarkeit
Für die Zulassung eines Fahrzeugtyps muss der Hersteller nachweisen, dass die in der Abgasgesetzgebung begrenzten Schadstoffemissionen die Grenzwerte über
- 50 000 Meilen oder 5 Jahre („intermediate useful life") bzw.
- 100 000 Meilen (LEV I) bzw. 120 000 Meilen (LEV II) oder 10 Jahre („full useful life")

nicht überschreiten. Für Fahrzeuge der Abgaskategorie PZEV gelten 150 000 Meilen oder 15 Jahre.

Optional kann der Fahrzeughersteller die Fahrzeuge auch für eine Laufleistung von 150 000 Meilen mit gleichen Grenzwerten wie für 120 000 Meilen zertifizieren. Dann erhält er einen Bonus bei der Bestimmung des NMOG-Flottendurchschnitts.

Der Hersteller muss für diese Dauerhaltbarkeitsprüfung zwei Fahrzeugflotten aus der Fertigung bereitstellen:
- Eine Flotte, bei der jedes Fahrzeug vor der Prüfung 4 000 Meilen gefahren sein muss.
- Eine Flotte für den Dauerversuch, mit der im Dauerlauf die Verschlechterungsfaktoren der einzelnen Komponenten ermittelt werden.

Für den Dauerversuch werden die Fahrzeuge über 50 000 bzw. 100 000 Meilen nach einem bestimmten Fahrprogramm gefahren. Im Abstand von 5 000 Meilen werden die Abgasemissionen gemessen. Inspektionen und Wartungen dürfen nur in den vorgeschriebenen Intervallen erfolgen.

Anwender der USA-Testzyklen (z. B. Schweiz) erlauben zur Vereinfachung auch die Anwendung von vorgegebenen Verschlechterungsfaktoren.

Phase-In
Nach Einführung der LEV II-Norm im Jahr 2004 müssen mindestens 25 % der neu zugelassenen Fahrzeuge nach dieser Norm zertifiziert sein. Die Phase-In-Regelung sieht vor, dass jedes Jahr zusätzlich 25 % der Fahrzeuge dem LEV II-Standard entsprechen müssen. Ab 2007 müssen alle Fahrzeuge nach LEV II-Norm zugelassen werden.

Flottendurchschnitt
Jeder Fahrzeughersteller muss dafür sorgen, dass seine Fahrzeuge im Durchschnitt einen bestimmten Grenzwert für die Abgasemissionen nicht überschreiten. Als Kriterium werden hierfür die NMOG-Emissionen herangezogen. Der Flottendurchschnitt ergibt sich aus dem Mittelwert des NMOG-Grenzwerts aller von einem Fahrzeughersteller stammenden Fahrzeuge. Die Grenzwerte für den Flottendurchschnitt sind für Personenkraftwagen und leichte Nutzfahrzeuge unterschiedlich.

Die Grenzwerte für den NMOG-Flottendurchschnitt werden jedes Jahr herabgesetzt. Das bedeutet, dass der Fahrzeughersteller immer mehr Fahrzeuge der besseren oder saubereren Abgaskategorien herstellen muss, um den niedrigeren Grenzwert einhalten zu können. Die Phase-In-Regelung hat auf den Flottendurchschnitt keinen Einfluss.

Flottenverbrauch
Der US-Gesetzgeber schreibt dem Autohersteller vor, wie viel Kraftstoff seine Fahrzeugflotte im Mittel verbrauchen darf bzw. wie viele Meilen mit einer Gallone Kraftstoff gefahren werden können. Der CAFE-Wert (Corporate Average Fuel Economy) liegt derzeit für Pkw bei 27,5 Meilen/Gallone. Das entspricht einem Verbrauch von 8,55 l/100 km. Für LDT gilt 20,3 Meilen/Gallone bzw. 11,6 l/100 km. Für schwere Nfz gibt es keine Werte.

Am Ende eines Jahres wird für jeden Autohersteller aus den verkauften Fahrzeugen die mittlere „Fuel Economy" berechnet. Für jede 0,1 Meile/Gallone, die er den Grenzwert unterschreitet, müssen pro Fahrzeug 5,50 US-$ Strafe an den Staat abgeführt werden. Für Fahrzeuge, die besonders viel Kraftstoff verbrauchen („Gasguzzler", Spritsäufer) bezahlt der Käufer eine Strafsteuer. Der Grenzwert liegt bei 22,5 Meilen/Gallone (entspricht 10,45 l/100 km).

Diese Maßnahmen sollen die Entwicklung von Fahrzeugen mit einem geringeren Kraftstoffverbrauch vorantreiben.

Zur Messung des Kraftstoffverbrauchs wird zusätzlich zum FTP 75-Testzyklus der Highway-Zyklus gefahren.

On-Board-Diagnose

Mit der Einführung von OBD II (1994) müssen alle neu zugelassenen Personenkraftwagen und leichte Nutzfahrzeuge mit einem zulässigen Gesamtgewicht bis 3,85 t und bis zu 12 Sitzen über eine Diagnose verfügen, die solche Fehler erkennt, die sich auf das Abgasverhalten des Fahrzeugs auswirken.

Die Abgasemissionen dürfen den 1,5-fachen Wert des für das Fahrzeug geltenden Grenzwerts der Abgaskategorie nicht überschreiten. Andernfalls muss spätestens nach dem zweiten Fahrzyklus mit Fehler die Fehlerlampe eingeschaltet werden. Nach drei Fahrten ohne erkannten Fehler kann die Fehlerlampe wieder ausgeschaltet werden.

Feldüberwachung

Nicht routinemäßige Überprüfung

Für im Verkehr befindliche Fahrzeuge (In-Use-Fahrzeuge) werden stichprobenartig eine Abgasemissionsprüfung nach dem FTP 75-Testverfahren sowie ein Verdampfungstest durchgeführt. Es werden nur Fahrzeuge mit Laufstrecken unter 50 000 bzw. 75 000 Meilen (je nach Art des Zertifizierungsverfahrens für die betroffenen Fahrzeuge) ausgewählt.

Fahrzeugüberwachung durch den Hersteller

Seit dem Modelljahr 1990 unterliegen die Fahrzeughersteller einem Berichtszwang hinsichtlich Beanstandungen bzw. Schäden an definierten Emissionskomponenten oder -systemen. Dieser Berichtszwang besteht über 5 bzw. 10 Jahre oder 50 000 bzw. 100 000 Meilen, je nach Garantiedauer des Bauteils bzw. der Baugruppe. Das Berichtsverfahren ist in die drei Berichtsstufen

- Emissions Warranty Information Report (EWIR),
- Field Information Report (FIR) und
- Emission Information Report (EIR)

Flottendurchschnitt für alle Fahrzeuge im Vergleich zum NMOG-Standard für Otto-Pkw.

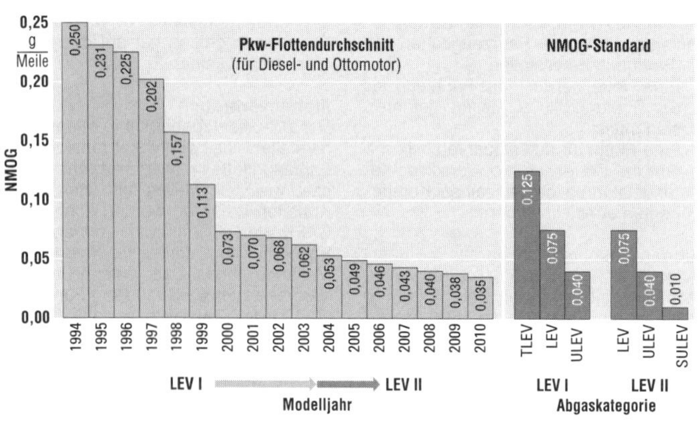

mit jeweils ansteigender Aussagedetaillierung angelegt. Dabei werden Informationen bezüglich
- Beanstandungen,
- Fehlerquoten,
- Fehleranalyse und
- Emissionsauswirkungen

an die Umweltbehörde weitergegeben. Der FIR dient der Behörde als Entscheidungsgrundlage für Recall-Zwänge (Rückruf) gegenüber dem Fahrzeughersteller.

Emissionsfreie Fahrzeuge
Ab 2003 müssen in Kalifornien 10 % der neu zugelassenen Fahrzeuge der Abgaskategorie ZEV (Zero-Emission Vehicle) zugeordnet werden. Diese Fahrzeuge dürfen im Betrieb keine Emissionen freisetzen. Es handelt sich deshalb vorwiegend um Elektroautos.

Fahrzeuge der Abgaskategorie PZEV (Partial zero emission vehicles) sind nicht abgasfrei, sie emittieren jedoch besonders wenig Schadstoffe. Der Anteil von 10 % an Fahrzeugen der Kategorie ZEV, die ab 2003 zugelassen werden müssen, kann auch mit PZEV abgedeckt werden. Diese Fahrzeuge werden je nach Emissionsminderungsaufwand mit einem Faktor 0,2...1 gewichtet. Für den Mindestfaktor 0,2 müssen folgende Anforderungen erfüllt werden:
- SULEV-Zertifizierung für eine Dauerhaltbarkeit von 150 000 Meilen oder 15 Jahre,
- Garantiedauer 150 000 Meilen oder 15 Jahre auf alle emissionsrelevanten Teile,
- keine Verdunstungsemissionen aus dem Kraftstoffsystem (0-EVAP, zero evaporation). Das wird durch eine aufwändige Kapselung des Tanksystems erreicht.

Besondere Bestimmungen gelten für Hybridfahrzeuge mit Otto- und Elektromotor. Auch diese Fahrzeuge können einen Beitrag zu dieser 10%-Quote leisten.

EPA-Gesetzgebung (Pkw/LDT)

Die EPA-Gesetzgebung (Environment Protection Agency) gilt prinzipiell für die Bundesstaaten der USA, ausgenommen Kalifornien, wo die CARB-Gesetzgebung angewandt wird. Die Gesetze der EPA für Pkw und leichte Nutzfahrzeuge (LDT, Light-Duty Trucks) sind weniger streng als die von CARB. Den US-Bundesstaaten ist jedoch freigestellt, die CARB-Gesetzgebung anzuwenden. In einigen Bundesstaaten wie z. B. Maine, Massachusetts oder New York wurde dieser Schritt vollzogen.

Grundlage hierfür ist der „Clean Air Act“: ein Gesetz, das viele Maßnahmen zum Schutz der Umwelt vorsieht und globale Ziele vorgibt, jedoch keine Grenzwerte bestimmt.

Für die EPA-Gesetzgebung gilt derzeit die Norm „Tier 1“ (Stufe 1). Im Jahr 2004 tritt die nächste Stufe, Tier 2 in Kraft.

NLEV (National Low Emission Vehicle) ist ein freiwilliges Programm der US-Bundesstaaten (mit Ausnahme Kaliforniens), die Abgasgrenzwerte zu reduzieren. Die Fahrzeuge werden in die vier Emissionsklassen Tier 1, TLEV, LEV und ULEV eingeteilt. Wie in Kalifornien wird daraus auf der Basis der NMOG-Emissionen der Flottendurchschnitt berechnet.

Mit Einführung der Abgasnorm Tier 2 ist das NLEV-Programm hinfällig.

Grenzwerte
Die EPA-Gesetzgebung legt Grenzwerte fest für die Schadstoffe
- Kohlenmonoxid (CO),
- Stickoxide (NO_x),
- Nicht-Methanhaltige organische Gase (NMOG),
- Formaldehyd (HCHO) und
- Feststoffe (Partikel).

Die Schadstoffemissionen werden im FTP 75-Fahrzyklus ermittelt. Die Grenzwerte sind auf die Fahrstrecke bezogen und in Gramm pro Meile angegeben.

Mit Einführung der Abgasnorm Tier 2 gelten für Fahrzeuge mit Otto- und Dieselmotoren die gleichen Abgasgrenzwerte.

Abgaskategorien

Für die Norm Tier 1 gilt für jeden limitierten Schadstoff ein Grenzwert. Für Tier 2 werden die Grenzwerte in 10 (Pkw) bzw. 11 (HLDT, schwere LDT) Emissionsstandards (Bin) aufgeteilt. Bin 10 und Bin 9 sind Interim-Bins, die nach 2007 wegfallen.

Mit der Umstellung auf Tier 2 ergeben sich folgende Änderungen:

- Einführung eines Flottendurchschnitts für NO_x,
- Formaldehyde (HCHO) werden als eigenständige Schadstoffe limitiert,
- Pkw und leichte Trucks bis 6000 lbs (2,72 t) werden zu einer Fahrzeugklasse zusammengefasst,
- zusätzliche Fahrzeugkategorie MDPV (Medium Duty Passenger Vehicle, bisher HDV zugeordnet),
- Full Useful Life wird auf 120000 Meilen (192000 km) erhöht.

Phase-In

Nach Einführung von Tier 2 im Jahr 2004 müssen mindestens 25 % der neu zugelassenen Pkw und LLDT (leichte LDT) nach dieser Norm zertifiziert sein. Die Phase-In-Regelung sieht vor, dass jedes Jahr zusätzlich 25 % der Fahrzeuge dem Tier 2-Standard entsprechen müssen. Ab 2007 dürfen nur noch Fahrzeuge nach Tier 2-Norm zugelassen werden. Für HLDT/MDPV ist das Phase-In im Jahr 2009 beendet.

Flottendurchschnitt

Für den Flottendurchschnitt eines Fahrzeugherstellers werden im Bereich der EPA-Gesetzgebung die NO_x-Emissionen herangezogen. Darin unterscheidet sich die Berechnung von den CARB-Bestimmungen, die für den Flottendurchschnitt die NMOG-Emissionen zugrunde legt.

Flottenverbrauch

Für die in den USA zugelassenen Neufahrzeuge gelten die gleichen Vorschriften zur Bestimmung des Flottenverbrauchs wie in Kalifornien. Für Pkw gilt auch hier der Grenzwert von 27,5 Meilen/Gallone (8,55 l/100 km), ab der der Fahrzeughersteller eine Strafsteuer entrichtet; und es gilt der Grenzwert von 22,5 Meilen/Gallone, ab der der Käufer eine Strafsteuer bezahlt.

Abgasgrenzwerte Tier 2 für die EPA-Gesetzgebung im Vergleich zu den CARB-Grenzwerten.
(Werte gelten für Otto- und Diesel-Pkw, PM-Werte nur für Diesel.)

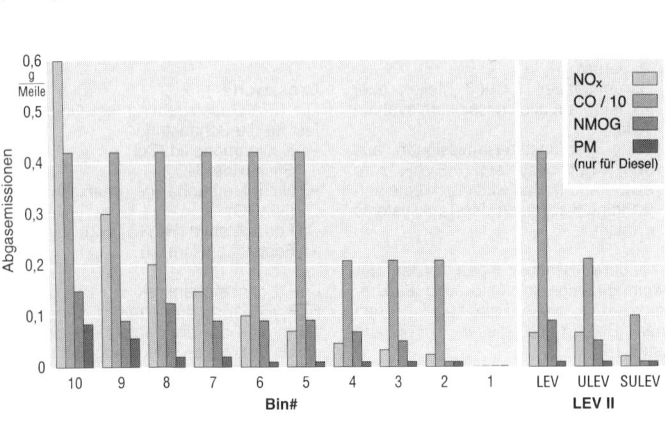

OBD
Die On-Board-Diagnose, die abgasrelevante Fehler entdeckt, entspricht bei der EPA-Gesetzgebung im Wesentlichen den Anforderungen der CARB.

Feldüberwachung
Nicht routinemäßige Überprüfung
Die EPA-Gesetzgebung sieht wie die CARB-Gesetzgebung für im Verkehr befindliche Fahrzeuge (In-Use-Fahrzeuge) eine stichprobenartige Abgasemissionsprüfung nach dem FTP-75-Testverfahren vor. Es werden Fahrzeuge mit niedriger Laufleistung (10 000 Meilen, ca. ein Jahr alt) und mit hoher Laufleistung (50 000 Meilen, mindestens aber ein Fahrzeug pro Testgruppe mit 75 000/90 000 Meilen, ca. vier Jahre alt) getestet. Die Anzahl der Fahrzeuge ist abhängig von der Verkaufsstückzahl. Mindestens ein Fahrzeug mit Ottomotor pro Testgruppe wird auch auf Verdunstungsverluste getestet.

Fahrzeugüberwachung durch den Hersteller
Seit dem Modelljahr 1972 unterliegen die Hersteller einem Berichtszwang hinsichtlich Schäden an definierten Emissionskomponenten oder -systemen. Dieser Berichtszwang besteht dann, wenn mindestens 25 gleichartige emissionsrelevante Teile eines Modelljahres einen Defekt aufweisen. Er endet nach Ablauf von fünf Jahren nach Modelljahresende. Die Berichtsform umfasst neben der Benennung der relevanten Komponenten auch eine Schadensbeschreibung, Wirkungsweise auf die Abgasemissionen sowie Angaben der Abhilfemaßnahmen durch den Hersteller. Der Bericht dient der Umweltbehörde als Entscheidungsgrundlage für Recall-Zwänge gegenüber dem Hersteller.

EU-Gesetzgebung (Pkw/LDT)

Die Richtlinien der europäischen Abgasgesetzgebung werden von der EU-Kommission festgelegt. Die Abgasgrenzwerte für Pkw und leichte Nutzfahrzeuge (LDT, Light-Duty Trucks) sind enthalten in den Abgasnormen
- EU 1 (ab 1. Juli 1992),
- EU 2 (ab 1. Januar 1996),
- EU 3 (ab 1. Januar 2000) und
- EU 4 (zukünftig ab 1. Januar 2005).

Eine neue Abgasnorm wird üblicherweise in zwei Stufen eingeführt. In der ersten Stufe müssen neu zertifizierte Fahrzeugtypen die neu definierten Abgasgrenzwerte einhalten (TA, type approval, Typzertifizierung). In der zweiten Stufe – üblicherweise ein Jahr später – muss jedes neu zugelassene Fahrzeug die neuen Grenzwerte einhalten (FR, first registration, Erstzulassung). Der Gesetzgeber kann Serienfahrzeuge auf die Einhaltung der Abgasgrenzwerte überprüfen (COP, conformity of production, Übereinstimmung der Produktion).

Für die Stufen EU 1 und EU 2 konnten die einzelnen EU-Mitgliedstaaten die Richtlinien in ein nationales Recht übernehmen. Für Deutschland wurden so die Stufen D 3 und D 4 geschaffen. Die Grenzwerte für die D 3-Norm waren strenger als die EU 2-Werte. Deutschland spielte damit innerhalb der EU eine Vorreiterrolle.

Seit dem In-Kraft-Treten der Stufe EU 3 am 1. Januar 2000 gelten in den Mitgliedstaaten der Europäischen Union nicht mehr die nationalen Richtlinien, sondern nur noch die EU-Normen. Zum 1. Januar 2005 tritt die Stufe EU 4 in Kraft.

In Deutschland gibt es abhängig von der Abgasnorm unterschiedliche Sätze für die Kfz-Steuer. Die EU-Richtlinien erlauben „Tax incentives“ (Steueranreiz), wenn Abgasgrenzwerte erfüllt werden, bevor sie zur „Pflicht“ werden.

Grenzwerte
Die EU-Normen legen Grenzwerte für folgende Schadstoffe fest:
- Kohlenmonoxid (CO),
- Kohlenwasserstoffe (HC),
- Stickoxide (NO_x) und
- Partikel, vorerst jedoch nur für Dieselfahrzeuge.

Die zulässigen Grenzwerte werden auf die zurückgelegte Fahrstrecke bezogen und in Gramm pro Kilometer (g/km) angegeben. Gemessen werden die Abgaswerte auf dem Fahrzeug-Rollenprüfstand, wobei seit EU 3 der MNEFZ (Modifizierter Neuer Europäischer Fahrzyklus) gefahren wird.

Für die Stufen EU 1 und EU 2 wurden die Werte für die Kohlenwasserstoffe und die Stickoxide als Summenwert zusammengefasst ($HC+NO_x$). Seit EU 3 gelten für diese Schadstoffe wie für das Kohlenmonoxid getrennte Grenzwerte.

Der CO-Grenzwert liegt bei Ottomotoren für EU 3 etwas höher als für EU 2. Diese „Verschlechterung“ des Grenzwerts ist darauf zurückzuführen, dass mit In-Kraft-Treten von EU 3 im Abgastest die Abgase auch während des Startvorgangs gemessen werden. Zuvor wurde der Startvorgang nicht berücksichtigt, die Messung setzte erst nach einem Vorlauf von 40 Sekunden ein. Aber gerade während dieser Phase sind die CO-Emissionen sehr hoch, sodass die CO-Grenzwerte für EU 2 und EU 3 nicht miteinander verglichen werden können.

EU-Grenzwerte für Pkw und leichte Nfz mit Ottomotor.

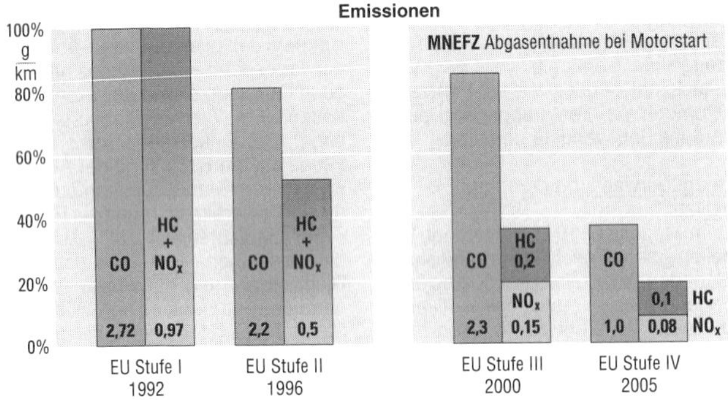

EU-Grenzwerte für Pkw und leichte Nfz mit Dieselmotor.

1) DI-Grenzwerte ab 1994 wie IDI.

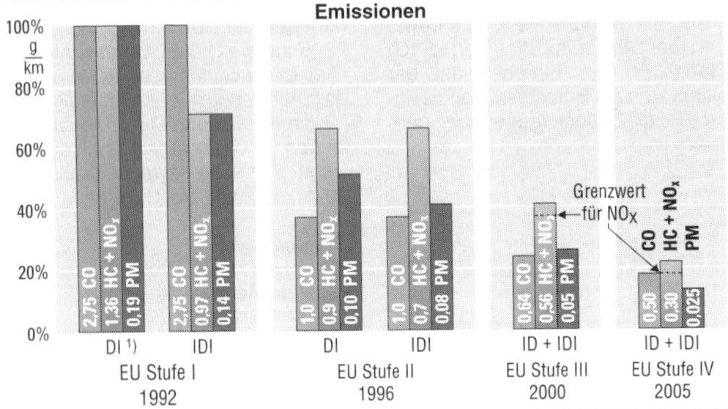

Die Grenzwerte sind für Fahrzeuge mit Otto- und Dieselmotoren unterschiedlich, sie sollen jedoch in Zukunft harmonisiert werden.

Die Grenzwerte für LDT sind nicht einheitlich. Es gibt drei Klassen (1...3), in die die LDT abhängig vom Fahrzeug-Bezugsgewicht (Leergewicht + 100 kg) eingeteilt sind. Die Grenzwerte der Klasse 1 entsprechen denen der Pkw.

Typprüfung

Die Typprüfung erfolgt ähnlich wie in den USA, mit folgenden Abweichungen: Es werden die Schadstoffe HC, CO, NO_X und für Dieselfahrzeuge die Partikel und die Abgastrübung gemessen. Die Einlaufstrecke des Prüffahrzeugs vor Testbeginn beträgt 3000 km. Die auf das Testergebnis anzuwendenden Verschlechterungsfaktoren sind für jede Schadstoffkomponente gesetzlich vorgegeben; alternativ können kleinere Faktoren im Zuge eines spezifizierten Dauerlaufs über 80000 km (ab EU 4: 100000 km) vom Fahrzeughersteller nachgewiesen werden.

Die festgelegten Grenzwerte müssen für eine Laufleistung von 80000 km (EU 3) bzw. 100000 km (EU 4) oder 5 Jahre eingehalten werden. Diese Forderung ist Bestandteil des Zertifizierungstests.

Richtlinien

Grundlage der Abgasgesetzgebung für Pkw/LDT ist die Richtlinie 70/220/EG, eine Richtlinie aus dem Jahr 1970. Diese Richtlinie legte zum ersten Mal Grenzwerte für die Abgasemissionen fest. Sie wird seitdem immer wieder aktualisiert.

Typ-Tests

In dieser Richtlinie sind sechs unterschiedliche Tests festgelegt:

Mit dem Typ I-Test werden die Auspuffemission nach dem Kaltstart ermittelt. Bei Dieselfahrzeugen wird zusätzlich die Trübung des Abgases erfasst. Neu zugelassene Fahrzeuge müssen derzeit den Anforderungen von EU 3 genügen, viele Fahrzeuge erfüllen aber schon die Grenzwerte für EU 4 (verbindlich ab 2005).

Mit dem Typ IV-Test (nur für Fahrzeuge mit Ottomotor) werden die Verdunstungsemissionen des abgestellten Fahrzeugs gemessen. Das sind im Wesentlichen die Kraftstoffdämpfe, die aus dem Kraftstoffbehälter ausdampfen.

Der Typ VI-Test (nur für Fahrzeuge mit Ottomotor) erfasst die Kohlenwasserstoff- und Kohlenmonoxidemissionen nach dem Kaltstart bei –7 °C. Für diesen Test wird der erste Teil (Stadtanteil) des MNEFZ gefahren. Dieser Test wird ab 2002 verbindlich.

CO_2-Emission

Für die in den EU-Staaten neu zugelassenen Fahrzeuge müssen die CO_2-Emissionen in Gramm pro Kilometer angegeben werden. Zur Begrenzung dieser Emissionen und damit des Kraftstoffverbrauchs gibt es keine gesetzlich festgelegten Grenzwerte, es besteht jedoch eine freiwillige Selbstverpflichtung der Fahrzeughersteller (ACEA, Association des Constructeurs Européens d'Automobiles). Bis zum Jahr 2003 soll der CO_2-Ausstoß für Fahrzeuge der Klasse M1 165...170 g/km betragen, das entspricht einem Kraftstoffverbrauch von 6,8...7,0 l/100 km). Ein CO_2-Ausstoß von 140 g/km (5,8 l/100 km) soll bis 2008 erreicht werden.

In Deutschland werden derzeit Fahrzeuge mit besonders niedrigen CO_2-Emissionen steuerlich entlastet.

On-Board-Diagnose

Mit der Einführung der Abgasnorm EU 3 wurde die EOBD (Europäische On-Board-Diagnose) für Ottomotoren eingeführt. Damit müssen alle neu zugelassenen Personenkraftwagen und leichte Nutzfahrzeuge mit einem zulässigen Gesamtgewicht bis 3,5 t und bis zu 9 Sitzen über eine Diagnose verfügen, die im Fahrzeug solche Fehler erkennt, die sich auf das Abgasverhalten des Fahrzeugs auswirken. Für Fahrzeuge mit Dieselmotoren gilt die EOBD ab dem 1. 1. 2003.

Als Fehlerschwellen sind für die Schadstoffkomponenten folgende absoluten Emissionsgrenzwerte festgelegt:

- Kohlenmonoxid (CO): 3,2 g/km,
- Kohlenwasserstoffe (HC): 0,4 g/km,
- Stickoxide (NO_X): 0,6 g/km (Otto) bzw. 2 g/km (Diesel),
- Partikel: 0,18 g/km (Diesel).

Werden Fehler diagnostiziert, die zum Überschreiten dieser Grenzwerte führen, muss spätestens nach dem dritten Fahrzyklus mit Fehler die Fehlerlampe eingeschaltet werden. Die seit der Fehleranzeige gefahrene Wegstrecke wird im Steuergerät gespeichert. Nach drei Fahrten ohne erkannten Fehler kann die Fehlerlampe wieder ausgeschaltet werden.

Feldüberwachung

Die EU-Gesetzgebung sieht eine Überprüfung der Konformität von in Betrieb befindlichen Fahrzeugen im Typ I-Test vor. Die Mindestzahl der zu überprüfenden Fahrzeuge beträgt drei, die Höchstzahl hängt vom Prüfverfahren ab. Die zu überprüfenden Fahrzeuge müssen bestimmte Kriterien erfüllen (z.B. Fahrzeugalter, Laufleistung, Nachweis durchgeführter Inspektionen).

Fällt ein Fahrzeug durch stark abweichende Emissionen auf, so ist die Ursache für die überhöhte Emission festzustellen. Weist mehr als ein Fahrzeug aus der Stichprobe aus dem gleichen Grund erhöhte Emissionen auf, gilt für die Stichprobe ein negatives Ergebnis. Bei unterschiedlichen Gründen wird die Probe um ein Fahrzeug erweitert, sofern die maximale Probengröße noch nicht erreicht ist.

Ist die Typgenehmigungsbehörde davon überzeugt, dass ein Fahrzeugtyp die Anforderungen nicht erfüllt, so fordert sie den Fahrzeughersteller auf, einen Plan für Maßnahmen zur Beseitigung der Mängel zu erstellen. Die Maßnahmen müssen sich auf alle Fahrzeuge beziehen, die vermutlich denselben Defekt haben. Zum Maßnahmen-Beseitigungsplan gehört gegebenenfalls auch eine Rückrufaktion.

Abgasuntersuchung (AU)

Abgas-Felduntersuchungen in der Bundesrepublik Deutschland werden in der Straßenverkehrszulassungsordnung (StVZO) geregelt. Nach §47a bzw. Anhang XI a muss jeder Pkw 3 Jahre nach der Erstzulassung und danach alle zwei Jahre zur Abgasuntersuchung. Bei Fahrzeugen mit Ottomotor steht die CO-Messung im Vordergrund, bei Dieselfahrzeugen die Trübungsmessung.

Japan-Gesetzgebung (Pkw/LDT)

In Japan werden die heute gültigen Emissionsgrenzwerte Ende 2002 durch strengere Grenzwerte ersetzt. Für 2005 ist eine weitere Verschärfung der Grenzwerte geplant.

Neben den Personenkraftwagen (bis 10 Personen) existieren in Japan noch die Fahrzeugklassen LDV (Light-Duty Vehicle) bis 1,7 t und MDV (Medium-Duty Vehicle) bis 2,5 t zulässigem Gesamtgewicht. Für die MDV gelten gegenüber den anderen beiden Fahrzeugklassen etwas höhere Grenzwerte für NO_x und Partikel.

Grenzwerte

Die japanische Gesetzgebung legt Grenzwerte für folgende Schadstoffe fest:
- Kohlenmonoxid (CO),
- Stickoxide (NO_x),
- Kohlenwasserstoffe (HC),
- Partikel (nur für Dieselfahrzeuge),
- Rauch (nur für Dieselfahrzeuge).

Die Schadstoffemissionen werden im 10 · 15-Mode und für Ottomotoren zusätzlich im 11-Mode-Test ermittelt. In Diskussion ist ein modifizierter 10 · 15-Mode-Test mit Kaltstart, der 2005 eingeführt werden soll.

OBD

Ab 10.2000 müssen alle neuen Pkw-Modelle und ab 09.2002 alle neuen Pkw über ein OBD-System verfügen. Notwendige Funktionen der Japan-OBD sind u. a. die Überwachung des Kraftstoffsystems, der Abgasrückführung und des Einspritzsystems.

Flottenverbrauch

In Japan sind Maßnahmen zur Reduzierung der CO_2-Emissionen von Pkw geplant. Ein Vorschlag sieht eine Festschreibung des mittleren Kraftstoffverbrauchs der gesamten Pkw-Flotte auf 33,5 Meilen/Gallone für das Jahr 2010 vor. Bei einem weiteren Vorschlag richtet sich dieser Wert nach dem Fahrzeuggewicht.

USA-Gesetzgebung (Nkw)

Schwere Nutzfahrzeuge sind in der EPA-Gesetzgebung Fahrzeuge mit einem zulässigen Gesamtgewicht über 8 500 lbs (entspricht 3850 kg). Mit der Einführung von Tier 2 (ab 2004) werden Fahrzeuge zwischen 8500 und 10 000 lbs für den Personentransport (MDPV, Medium Duty Passenger Vehicle) den leichten Nutzfahrzeugen zugeordnet und damit auf dem Rollenprüfstand zertifiziert. In Kalifornien sind alle Fahrzeuge über 14 000 lbs (entspricht 6350 kg) schwere Nutzfahrzeuge. Die kalifornische Gesetzgebung entspricht in wesentlichen Teilen der EPA-Gesetzgebung, es gibt jedoch ein Zusatzprogramm für Stadtbusse.

Grenzwerte

In den US-Normen sind für Dieselmotoren Grenzwerte für
- Kohlenwasserstoffe (HC),
- teilweise NMHC,
- Kohlenmonoxid (CO),
- Stickoxide (NO_x),
- Partikel und die
- Abgastrübung

festgelegt. Die zulässigen Grenzwerte werden auf die Motorleistung bezogen und in g/kW · h angegeben. Die Emissionen werden am Motorprüfstand im dynamischen Testzyklus mit Kaltstart (HDTC, Heavy-Duty Transient Cycle) ermittelt, die Abgastrübung im Federal Smoke Test.

Bis 2003 sind die Grenzwerte des Modelljahrs 1998 vorgeschrieben. Im gleichen Zeitraum läuft auch ein freiwilliges Programm („Clean Fuel Fleet Program"), in dem durch die Einhaltung niedrigerer Emissionsstandards Steuervergünstigungen erzielt werden können. Ab Modelljahr 2004 tritt die nächste Grenzwertstufe mit deutlich reduzierten NO_x-Grenzwerten in Kraft. Die Nichtmethan-Kohlenwasserstoffe und Stickoxide werden als Summenwert ($NMHC+NO_x$) zusammengefasst. Die CO- und Partikel-Grenzwerte bleiben auf dem Niveau von 1998.

Eine weitere, sehr drastische Grenzwertverschärfung greift ab dem Modelljahr 2007. Die neuen NO_x- und Partikelgrenzwerte sind um den Faktor 10 niedriger als die Vorgängerwerte. Sie sind ohne Abgasnachbehandlungs-Maßnahmen (z. B. NO_x-Katalysator oder Partikelfilter) nicht erreichbar. Für die NO_x- und NMHC-Grenzwerte gilt eine schrittweise Einführung (Phase-In) zwischen Modelljahr 2007 und 2010. Um die Einhaltung der strengen Emissionsvorschriften zu ermöglichen, wird der maximal zulässige Schwefelgehalt im Dieselkraftstoff ab Mitte 2006 von derzeit 500 ppm auf 15 ppm reduziert.

Bei schweren Nutzfahrzeugen sind – im Gegensatz zu Pkw und LDT – keine Grenzwerte für die durchschnittlichen Flottenemissionen und den Flottenverbrauch vorgeschrieben.

Emissionsgesetzgebung Diesel-Nkw: EU, USA, Japan.

1) PM-Grenzwerte 0,04...0,05 g/kW · h in Diskussion, 2) Selbstverpflichtung der Motorhersteller: ein Motortyp pro Hersteller ab 2003, 3) Averaging, Banking, Trading (Grundprinzip der US-Gesetzgebung).

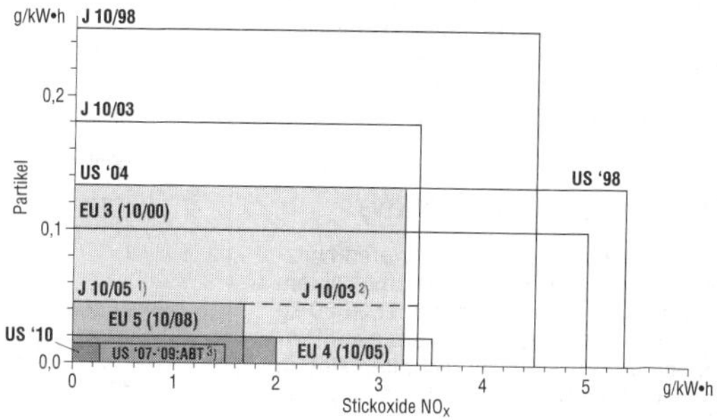

Consent Decree

1998 wurde zwischen EPA, CARB und mehreren Motorherstellern eine gerichtliche Einigung erzielt, die eine Bestrafung der Hersteller wegen unerlaubter verbrauchsoptimaler Motoranpassung im Highway-Fahrbetrieb und damit erhöhter NO_x-Emission beinhaltete. Hauptelemente des „Consent Decree" sind:

– Die betroffenen Motorhersteller müssen die Grenzwerte von MJ 2004 schon vorgezogen ab Oktober 2002 erfüllen.

– Die Emissionsgrenzwerte müssen zusätzlich zum dynamischen Testzyklus auch im stationären Europäischen 13-Stufentest unterschritten werden. Zudem dürfen die Emissionen innerhalb eines vorgegebenen Drehzahl-/Drehmomentbereichs („Not-to-Exceed"-Zone) bei beliebiger Fahrweise nur 25 % über den Grenzwerten von Modelljahr 2004 liegen. Diese zusätzlichen Tests sind ab Modelljahr 2007 für alle Diesel-Nkw vorgeschrieben.

Dauerhaltbarkeit

Die Einhaltung der Emissionsgrenzwerte muss über eine vorgegebene Fahrstrecke oder eine bestimmte Zeitdauer nachgewiesen werden. Dabei werden drei Gewichtsklassen mit zunehmenden Anforderungen an die Dauerhaltbarkeit unterschieden:

- leichte Nkw von 8500 (EPA) bzw. 14000 (CARB) bis 19500 lbs,
- mittelschwere Nkw von 19500 bis 33000 lbs,
- schwere Nkw über 33000 lbs.

Bei schweren Nkw muss derzeit beispielsweise eine Emissions-Dauerhaltbarkeit von 8 Jahren oder 290000 Meilen nachgewiesen werden. Ab dem Modelljahr 2004 steigt die Anforderung auf 13 Jahre oder 435000 Meilen.

EU-Gesetzgebung (Nkw)

In Europa zählen zu den schweren Nutzfahrzeugen alle Fahrzeuge mit einem zulässigen Gesamtgewicht über 3500 kg und einem Transport von mehr als 9 Personen. Die Emissionsvorschriften sind in der Richtlinie 88/77/EWG festgelegt, die laufend aktualisiert wird.

Wie bei Pkw und leichten Nutzfahrzeugen werden auch bei schweren Nutzfahrzeugen neue Grenzwertstufen in zwei Schritten eingeführt. Im Rahmen der Typgenehmigung (TA, Type Approval) müssen zunächst neue Motortypen die neuen Emissionsgrenzwerte einhalten. Ein Jahr später ist die Einhaltung der neuen Grenzwerte Voraussetzung für die Erteilung der Fahrzeugzulassung. Die Übereinstimmung der Produktion (COP, Conformity of Production) kann vom Gesetzgeber überprüft werden, indem Motoren aus der anlaufenden Serie entnommen und auf die Einhaltung der neuen Abgasgrenzwerte hin getestet werden.

Grenzwerte

In den EU-Normen sind für Nkw-Dieselmotoren Grenzwerte für Kohlenwasserstoffe (HC), teilweise NMHC, Kohlenmonoxid (CO), Stickoxide (NO_x), Partikel und die Abgastrübung festgelegt.

Die Grenzwertstufe Euro 3 gilt seit Oktober 2000 für alle neu zertifizierten Motortypen und seit Oktober 2001 auch für alle Serienfahrzeuge. Die Emissionen werden im stationären 13-Stufentest (ESC, European Steady-State Cycle) ermittelt, die Abgastrübung im Trübungstest (ELR, European Load Response). Dieselmotoren, die mit „fortschrittlichen Systemen" zur Abgasnachbehandlung (z. B. NO_x-Katalysator oder Partikelfilter) ausgerüstet sind, müssen darüber hin-

EU-Emissiongrenzwerte für Diesel-Nkw.
1) $V_{Zyl} \leq 0{,}75\ l$, $n_{Nenndrehzahl} \geq 3000\ min^{-1}$,
2) Enhanced Environmentally-Friendly Vehicle (freiwillig).

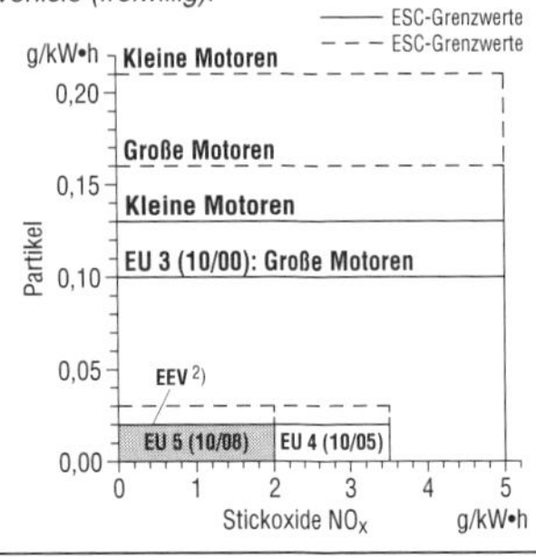

aus bereits im dynamischen ETC (European Transient Cycle) getestet werden. Die europäischen Testzyklen werden mit betriebswarmem Motor gestartet.

Bei kleinen Motoren, d.h. Motoren mit einem Hubraum unter 0,75 *l* pro Zylinder und einer Nenndrehzahl über 3000 U/min, sind etwas höhere Partikelemissionen zugelassen als bei großen Motoren. Für den ETC gelten eigene Emissionsgrenzwerte, z.B. sind die Partikelgrenzwerte – wegen der zu erwartenden Rußspitzen im dynamischen Betrieb – ca. 50 % höher als die ESC-Grenzwerte.

Ab Oktober 2005 tritt die Grenzwertstufe Euro 4 zunächst für Neuzertifizierungen in Kraft, ein Jahr später auch für die Serienproduktion. Gegenüber Euro 3 werden alle Grenzwerte deutlich reduziert, v.a. die Partikelgrenzwerte mit ca. 80 %. Mit der Einführung von Euro 4 ergeben sich zudem folgende Änderungen:

- Der dynamische Abgastest (ETC) gilt
- neben dem ESC und ELR – verbindlich für alle Dieselmotoren.
- Alle neue Fahrzeugtypen müssen mit einem On-Board-Diagnose-System (OBD) ausgestattet sein.
- Die Funktion emissionsrelevanter Bauteile muss während der Lebensdauer des Fahrzeugs nachgewiesen werden.

Die Grenzwertstufe Euro 5 wird ab Oktober 2008 für alle neu zertifizierten Motortypen eingeführt, ein Jahr später für die Serienproduktion. Gegenüber Euro 4 werden allein die NO_x-Grenzwerte reduziert. Damit beträgt die Verringerung der NO_x-Grenzwerte im Vergleich zu den Euro 3 Standards insgesamt ca. 80 %.

Besonders umweltfreundliche Fahrzeuge

Die EU-Richtlinien erlauben steuerliche Anreize für die vorzeitige Erfüllung der Grenzwerte einer Grenzwertstufe und für EEV-Fahrzeuge (Enhanced Environmentally Friendly Vehicle). Unter der Kategorie EEV sind freiwillige Grenzwerte für die Abgastests ESC, ETC und ELR festgeschrieben. Die NO_x- und Partikel-Grenzwerte ensprechen den ESC-Grenzwerten von Euro 5, die Standards für HC, NMHC, CO und die Abgastrübung sind strenger.

Japan-Gesetzgebung (Nkw)

In Japan sind schwere Nutzfahrzeuge alle Fahrzeuge mit einem zulässigen Gesamtgewicht über 2500 kg und einem Transport von mehr als 10 Personen.

Grenzwerte

Die derzeit in Japan gültige Grenzwertstufe wurde zwischen 1997 und 1999 eingeführt. Sie schreibt Grenzwerte für HC, NO_x, CO, Partikel und die Abgastrübung vor. Die Emissionen werden im stationären japanischen 13-Stufentest (Warmtest) ermittelt, die Abgastrübung im japanischen Rauchtest. Die Dauerhaltbarkeit der Emissionen muss über eine Fahrstrecke von 45000 km nachgewiesen werden.

Ab Oktober 2003 gilt die neue Grenzwertstufe („New Short-Term Regulation") mit reduzierten Emissionsgrenzwerten und erhöhten Anforderungen an die Dauerhaltbarkeit der Emissionen (80000... 650000 km je nach zulässigem Gesamtgewicht). Entsprechend einer Selbstverpflichtung der japanischen Motorhersteller soll bereits ein Motortyp pro Hersteller den Partikelgrenzwert der nächsten Grenzwertstufe erfüllen.

Die „New Long-Term Regulation" tritt voraussichtlich ab Oktober 2005 in Kraft. Die Vorschriften sind noch nicht verabschiedet. Generell ist eine Halbierung der Emissionen gegenüber 2003 vorgesehen, für die Partikelwerte sogar eine Reduzierung um 75 %. Zusätzlich wird die Einführung eines dynamischen japanischen Testzyklus diskutiert.

Regionale Programme

Neben den landesweit gültigen Vorschriften für Neufahrzeuge gibt es regionale Vorschriften für den Fahrzeugbestand, mit dem Ziel, die Emissionen im Feld durch Ersetzen oder Nachrüsten alter Dieselfahrzeuge zu senken (z.B. „Vehicle NO_x Law" oder Partikel-Gesetzgebung der Stadtregierung in Tokio).

USA-Testzyklen für Pkw und LDT

FTP 75-Testzyklus

Die Fahrkurve des FTP 75-Testzyklus (Federal Test Procedure) mit drei Testabschnitten setzt sich aus Geschwindigkeitsverläufen zusammen, die in den USA auf den Straßen von Los Angeles während des morgendlichen Berufsverkehrs tatsächlich gemessen wurden.

Konditionierung

Nach entsprechender Konditionierung (Abstellen des Fahrzeugs für 12 Stunden bei einer Raumtemperatur von 20...30 °C) wird das zu prüfende Fahrzeug gestartet und die vorgegebene Fahrkurve nachgefahren.

Sammeln der Schadstoffe

Die emittierten Schadstoffe werden während verschiedener Phasen getrennt gesammelt.

Phase ct:

Sammeln des verdünnten Abgases während der kalten Übergangsphase im Beutel 1 der Prüfanlage für den CVS-Test.

Phase s:

Umschalten der Probennahme auf Beutel 2 zu Beginn der stabilisierten Phase (nach 505 Sekunden) ohne Unterbrechen des Fahrprogramms. Am Ende der s-Phase, nach insgesamt 1365 Sekunden, wird der Motor für 600 Sekunden abgestellt.

Phase ht:

Der Motor wird zum Heißtest, dessen Geschwindigkeitsverlauf mit dem der kalten Übergangsphase (Phase ct) übereinstimmt, erneut gestartet. Währenddessen wird das Abgas in einem dritten Beutel gesammelt.

Auswertung

Die Beutelproben der vorhergehenden Phasen werden in der Pause vor dem Heißtest analysiert, da die Proben nicht länger als 20 Minuten in den Beuteln verbleiben sollten.

Nach dem Abschluss des Fahrzyklus wird die Abgasprobe des dritten Beutels ebenfalls analysiert. Für das Gesamtergebnis werden die Einzelergebnisse der drei Phasen mit den Faktoren 0,43 (ct-Phase), Faktor 1 (s-Phase) und Faktor 0,57 (ht-Phase) gewichtet. Die aus allen drei Beuteln gewichtet aufsummierten Schadstoffmassen (HC, CO und NO_x) werden auf die im Test zurückgelegte Fahrstrecke bezogen und als Schadstoffausstoß pro Meile ausgegeben.

Dieser Testzyklus wird außer in den USA einschließlich Kalifornien auch noch in anderen Staaten (z. B. Südamerika) angewandt.

SFTP-Zyklen

Die Prüfungen nach dem SFTP-Standard werden stufenweise zwischen 2001 und 2004 eingeführt. Sie setzen sich aus folgenden Fahrzyklen zusammen:
- dem FTP 75-,
- dem SC03- und
- dem US06-Zyklus.

Mit den erweiterten Tests sollen folgende zusätzlichen Fahrzustände überprüft werden:
- aggressives Fahren,
- starke Geschwindigkeitsänderungen,
- Motorstart und Anfahrt,
- Fahrten mit häufigen, geringen Geschwindigkeitsänderungen,
- Abstellzeiten und
- Betrieb mit Klimaanlage.

Beim SC03- und US06-Zyklus wird nach der Vorkonditionierung jeweils die ct-Phase des FTP 75-Zyklus gefahren, ohne die Abgase zu sammeln. Es sind aber auch andere Konditionierungen möglich.

Der SC03-Zyklus wird bei 35 °C und 40 % relativer Luftfeuchte gefahren (nur Fahrzeuge mit Klimaanlage). Die einzelnen Fahrzyklen werden folgendermaßen gewichtet:
- Fahrzeuge mit Klimaanlage:
  35 % FTP 75 + 37% SC03 + 28 % US06
- Fahrzeuge ohne Klimaanlage:
  72 % FTP 75 + 28% US06.

Der SFTP- und der FTP 75-Testzyklus müssen unabhängig voneinander bestanden werden.

Beim Start eines Fahrzeugs bei tiefen Temperaturen entstehen durch die notwendige Kaltstartanreicherung besonders hohe Schadstoffemissionen, die sich beim derzeit gültigen Abgastest (bei Umgebungstemperatur 20...30 °C) nicht erfassen lassen. Um diese Schadstoffe ebenfalls zu begrenzen wird für Fahrzeuge mit Ottomotor ein zusätzlicher Abgastest bei –7 °C durchgeführt. Ein Grenzwert für diesen Test ist jedoch nur für Kohlenmonoxid vorgegeben.

Testzyklen zur Ermittlung des Flottenverbrauchs

Jeder Fahrzeughersteller muss seinen Flottenverbrauch ermitteln. Überschreitet ein Hersteller bestimmte Grenzwerte, muss er Strafabgaben entrichten. Unterhalb bestimmter Grenzwerte erhält er einen Bonus.

Der Kraftstoffverbrauch wird aus den Abgasen zweier Testzyklen ermittelt: dem FTP 75-Testzyklus (55 %) und dem Highway-Testzyklus (45 %). Der Highway-Testzyklus wird nach der Vorkonditionierung (Abstellen des Fahrzeugs für 12 Stunden bei 20...30 °C) einmal ohne Messung gefahren. Anschließend werden die Abgase eines weiteren Durch-

USA-Testzyklen für Pkw und leichte Nkw.

	a	b	c	d
Testzyklus	**FTP75**	**SC03**	**US06**	**Highway**
Zykluslänge:	17,87 km	5,76 km	12,87 km	16,44 km
Zyklusdauer:	1877 s + 600 s Pause	594 s	600 s	765 s
Mittlere Zyklusgeschwindigkeit:	34,1 km/h	34,9 km/h	77,3 km/h	77,4 km/h
Maximale Zyklusgeschwindigkeit:	91,2 km/h	88,2 km/h	129,2 km/h	96,4 km/h

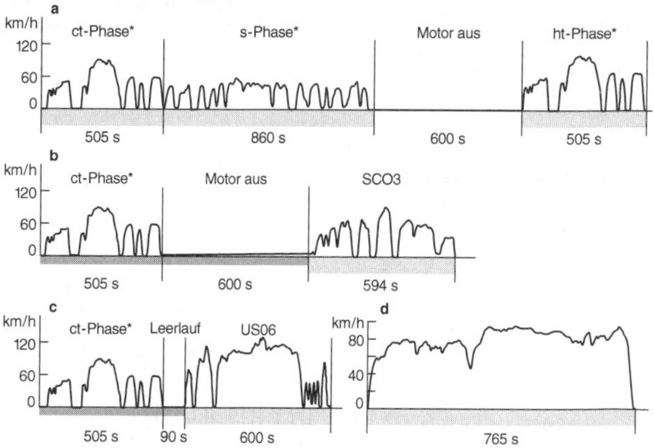

** ct Übergangsphase; s Stabilisierte Phase, ht Heißtest*
Phasen in denen das Abgas gesammelt wird
Konditionierung (auch andere Fahrzyklen sind möglich)

gangs gesammelt. Aus den Emissionen wird dann der Kraftstoffverbrauch hochgerechnet.

Weitere Testzyklen

FTP 72-Test

Der FTP 72-Test – auch als UDDS (Urban Dynamometer Driving Schedule) bezeichnet – entspricht dem FTP 75-Test ohne den *ht*-Testabschnitt (Heißtest). Dieser Zyklus wird beim Running-Loss-Test für Fahrzeuge mit Ottomotor gefahren.

New York City Cycle (NYCC)

Dieser Zyklus ist ebenfalls Bestandteil des Running-Loss-Test (für Fahrzeuge mit Ottomotor).

Europäischer Testzyklus für Pkw und LDT

Der EU-/ECE-Testzyklus (Economic Commission of Europe) – auch als Europäischer Fahrzyklus bezeichnet – wird mit einer Fahrkurve gefahren, die Fahrten im Innenstadtverkehr in guter Näherung simuliert (UDC, urban driving cycle). 1993 wurde der Zyklus um einen außerstädtischen Anteil mit Geschwindigkeiten bis zu 120 km/h ergänzt (EUDC, extra urban driving cycle). Der aus diesen Zyklen zusammengesetzte Testzyklus wird auch als NEFZ (neuer europäischer Fahrzyklus) oder NEDC (new european driving cycle) bezeichnet.

Mit der Stufe EU3 (2000) ist der Vorlauf von 40 Sekunden bis zum Beginn der Abgasmessung entfallen (MNEFZ, modifizierter NEFZ). Damit wird mit der Messung auch der Kaltstart erfasst.

Konditionierung

Für die Abgasprüfung muss das Fahrzeug bei einer definierten Temperatur mindestens 6 Stunden abgestellt sein. Die Temperatur liegt derzeit bei 20...30 °C. Ab 2002 ist für Fahrzeuge mit Ottomotor die Starttemperatur für den Typ VI-Test auf –7 °C herabgesetzt.

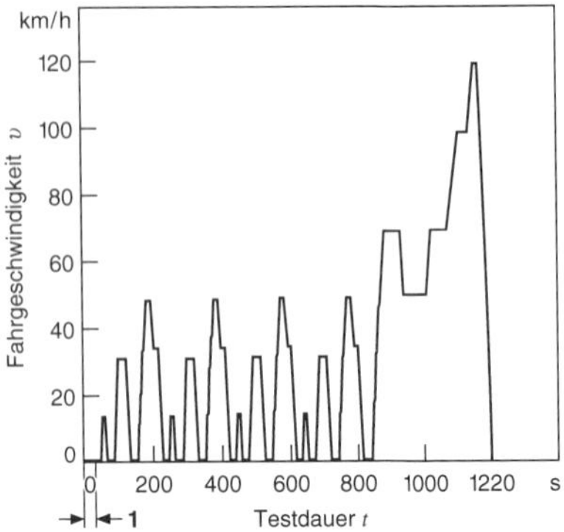

EU-/ECE-Testzyklus für Pkw und leichte Nkw.
1 Vorlauf (ohne Messung): bisher 40 s, mit EU Stufe III entfallen.

Zukluslänge: 11 km
Mittlere Geschwindigkeit: 32,5 km/h
Maximale Geschwindigkeit: 120,0 km/h

Innerstädtischer Zyklus

Der innerstädtische Zyklus besteht aus vier gleichen Abschnitten von jeweils 195 Sekunden, die ohne Pause durchfahren werden. Die Wegstrecke beträgt 4,052 km, daraus ergibt sich eine Durchschnittsgeschwindigkeit von 18,7 km/h. Die Höchstgeschwindigkeit beträgt 50 km/h.

Außerstädtischer Zyklus

Im Anschluss an den innerstädtischen Zyklus folgt eine Fahrt mit Geschwindigkeiten bis zu 120 km/h. Dieser Teil dauert 400 Sekunden, die Wegstrecke entspricht 6,955 km.

Japan-Testzyklen für Pkw und leichte Nkw.

a 11-Mode-Zyklus (Kalttest)

Zykluslänge:	*1,021 km*
Zyklenzahl/Test:	*4*
Mittlere Geschwindigkeit:	*30,6 km/h*
Maximale Geschwindigkeit:	*60 km/h*

b 10 · 15-Mode-Zyklus (Heißtest)

Zykluslänge:	*4,16 km*
Zyklenzahl/Test:	*1*
Mittlere Geschwindigkeit:	*22,7 km/h*
Maximale Geschwindigkeit:	*70 km/h*

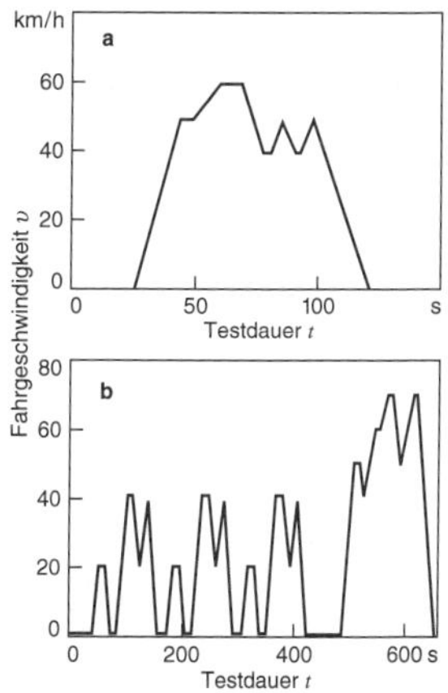

Auswertung

Während der Messung wird Abgas nach der CVS-Methode in einem Beutel gesammelt. Die durch die Analyse des Beutelinhalts ermittelten Schadstoffmassen werden auf die Wegstrecke umgerechnet.

Japan-Testzyklus für Pkw und LDT

Der Gesamttest setzt sich für Fahrzeuge mit Ottomotor aus zwei Testzyklen mit unterschiedlichen, synthetisch erzeugten Fahrkurven zusammen. Der 11-Mode-Zyklus (nur für Fahrzeuge mit Ottomotor) wird nach dem Kaltstart viermal durchfahren, wobei alle vier Zyklen bewertet werden. Der 10 · 15-Mode-Test (für Otto- und Dieselmotor) wird als Heißstart einmal durchfahren. Dieser Testzyklus simuliert das charakteristische Fahrverhalten in Tokio und wurde um einen Hochgeschwindigkeitsanteil ergänzt. Die Höchstgeschwindigkeit ist allerdings niedriger als beim europäischen Testzyklus, da in Japan aufgrund der höheren Verkehrsdichte in der Regel mit niedrigeren Geschwindigkeiten gefahren wird.

Die Vorkonditionierung für den Heißtest umfasst den ebenfalls vorgeschriebenen Leerlauf-Abgastest und verläuft nach folgendem Schema: Nach ca. 15 Minuten Warmfahren des Fahrzeugs bei 60 km/h werden die HC-, CO- und CO_2-Konzentrationen im Auspuffrohr gemessen. Nach einer weiteren Warmlaufphase von 5 Minuten bei 60 km/h beginnt der 10 · 15-Mode-Heißtest. Sowohl beim 11-Mode-Test als auch beim 10 · 15-Mode-Test erfolgt die Abgasanalyse über eine CVS-Anlage. Das verdünnte Abgas wird jeweils in einem Beutel gesammelt. Im Kalttest werden die Schadstoffe in g/Test angegeben, während sie im Heißtest auf die Fahrstrecke bezogen, d. h. in g/km umgerechnet werden.

In Japan schließen die Abgasvorschriften eine Begrenzung der Verdunstungsverluste ein, die nach der SHED-Methode bestimmt werden.

Testzyklen für Nkw

Für Nkw werden alle Testzyklen auf dem Motorprüfstand durchgeführt. Bei den instationären Testzyklen werden die Emissionen nach dem CVS-Prinzip gesammelt und ausgewertet, bei den stationären Testzyklen werden die Rohemissionen gemessen. Die Emissionen werden auf die Motorleistung bezogen und in g/kW · h angegeben.

Europa

Für Fahrzeuge mit mehr als 3,5 t zulässigem Gesamtgewicht und mehr als 9 Sitzplätzen wurde in Europa bis 2000 der 13-Stufentest nach ECE R49 angewendet. Mit Einführung der Stufe EU 3 (Oktober 2000) gilt der neue 13-Stufentest ESC (European Steady-State Cycle) mit veränderten Betriebspunkten. Die Betriebspunkte werden aus der Volllastkurve des Motors ermittelt. Das Testverfahren schreibt eine Folge von 13 stationären Betriebszuständen vor. Die gemessenen gasförmigen Emissionen und Partikel in den einzelnen Betriebspunkten werden über Faktoren gewichtet, ebenso die Leistung. Das Testergebnis in g/kW · h ergibt sich aus der Summe der gewichteten Emissionen dividiert durch die

13-Stufentest ESC (Europa).

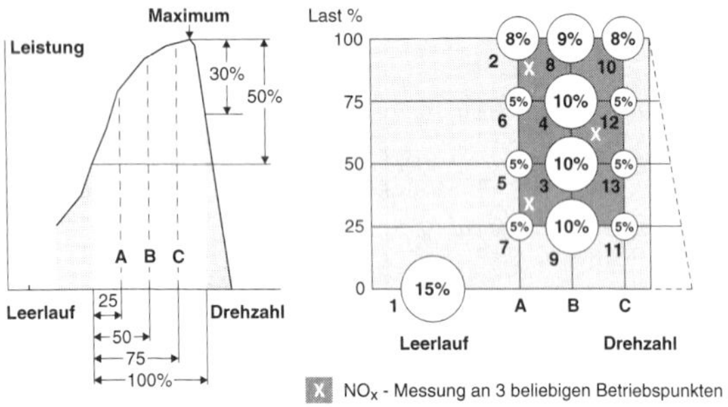

Transient-Fahrzyklus ETC (Europa).

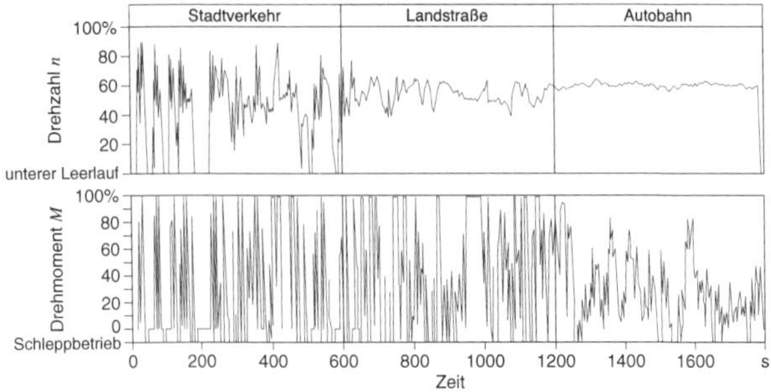

Summe der gewichteten Leistung. Bei der Zertifizierung können im Testbereich zusätzlich drei NO_x-Messungen durchgeführt werden. Die NO_x-Emissionen dürfen von denen der benachbarten Betriebspunkte nur geringfügig abweichen. Ziel der zusätzlichen Messung ist es, testspezifische Motoranpassungen zu verhindern.

Neben dem ESC wurden mit EU 3 auch der ETC (European Transient Cycle) zur Ermittlung der gasförmigen Emissionen und Partikel sowie der ELR (European Load Response) zur Bestimmung der Abgastrübung eingeführt.

Der ETC gilt in der Stufe EU 3 nur für Nkw mit „fortschrittlicher" Abgasnachbehandlung (NO_x-Katalysator, Partikelfilter), ab EU 4 (10/2005) ist er verbindlich für alle Fahrzeuge vorgeschrieben. Der Prüfzyklus ist aus realen Straßenfahrten abgeleitet und gliedert sich in drei Abschnitte – einem innerstädtischen Teil, einem Überlandteil und einem Autobahnteil. Die Prüfdauer beträgt 30 Minuten, in Sekundenschritten werden Drehzahl- und Drehmomentsollwerte vorgegeben.

Alle europäischen Testzyklen werden mit warmem Motor gestartet.

Japan

Die Schadstoffemissionen werden im japanischen 13-Stufentest (Warmtest) stationär ermittelt. Die Betriebspunkte, deren Abfolge und Gewichtung weichen jedoch vom europäischen 13-Stufentest ab. Der Testschwerpunkt liegt im Vergleich zum ESC bei niedrigeren Drehzahlen und Lasten, eine Folge der hohen Verkehrsdichte in Japan.

Für die Grenzwertstufe ab 2005 wird zusätzlich die Einführung eines dynamischen japanischen Testzyklus diskutiert.

USA

Motoren für schwere Nkw werden seit 1987 nach einem instationären Fahrzyklus (Transient Cycle) mit Kaltstart auf dem Motorprüfstand gemessen. Der Prüfzyklus ist dem Betrieb eines Motors im realen Straßenverkehr nachempfunden. Er hat deutlich mehr Leerlaufanteile als der ETC.

Daneben wird in einem weiteren Test (Federal Smoke Cycle) die Abgastrübung bei dynamischem und quasistationärem Betrieb geprüft.

Ab dem Modelljahr 2007 (für Unterzeichner des „Consent Decree" schon ab Oktober 2002) müssen die US-Grenzwerte zusätzlich im europäischen 13-Stufentest (ESC) erfüllt werden.

Transient-Fahrzyklus USA für schwere Nutzfahrzeugmotoren.
Sowohl die nominierte Drehzahl n^* als auch das nominierte Drehmoment M^* sind vom Gesetzgeber vorgegebene Tabellenwerte.

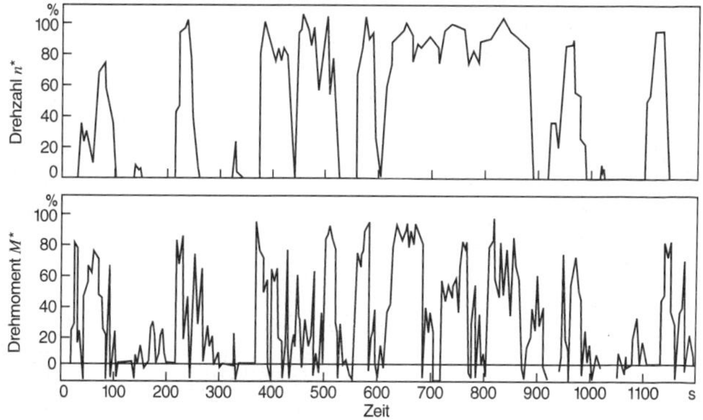

Abgas-Messtechnik

Abgasprüfung

Um die von einem Fahrzeug ausgestoßenen Schadstoffmengen exakt bestimmen zu können, muss das Fahrzeug unter Bedingungen getestet werden, die den praktischen Fahrbetrieb nachvollziehen. Der Test in einer Prüfzelle hat gegenüber Straßenfahrten den Vorteil, dass mit zeitlich genau vorbestimmten Geschwindigkeiten gefahren werden kann, ohne auf den Verkehrsfluss Rücksicht nehmen zu müssen. Nur so lassen sich miteinander vergleichbare und reproduzierbare Abgastests durchführen.

Prüfaufbau

Das zu testende Fahrzeug wird mit den Antriebsrädern auf drehbare Rollen gestellt. Damit bei der simulierten Fahrt auf dem Prüfstand mit der Straßenfahrt vergleichbare Emissionen entstehen, müssen die auf das Fahrzeug wirkenden Kräfte – die Trägheitskräfte des Fahrzeugs, der Roll- und der Luftwiderstand – nachgebildet werden. Dazu erzeugen Asynchronmaschinen, Gleichstrommaschinen oder auch noch Wirbelstrombremsen eine geeignete geschwindigkeitsabhängige Last. Diese wirkt auf die Rollen und muss vom Fahrzeug überwunden werden. Zur Trägheitssimulation kommt bei modernen Anlagen eine elektrische Schwungmassensimulation zum Einsatz. Ältere Prüfstände verwenden reale Schwungmassen unterschiedlicher Größe, die sich über Schnellkupplungen mit den Rollen verbinden lassen und die Fahrzeugmasse nachbilden. Der Verlauf

CVS-Testmethode für Pkw und leichte Nkw.
1 Kühlgebläse, 2 Monitor (für Testzyklus), 3 Rolle mit Dynamometer, 4 Luftbeutel, 5 Abgasbeutel, 6 Absaugung, 7 Filter, 8 Pumpe, 9 Ofen, 10 Eichgas, 11 Nullgas, 12 Luft, 13 Verdünnungstunnel, 14 Wärmetauscher/Erhitzer, 15 beheizte Leitung, 16 Gasanalysatoren, 17 Messfilter, 18 4fach-Venturi-Düsen, 19 Durchflussmesser, 20 Gaszähler, 21 Gebläse, 22 PC mit Monitor.

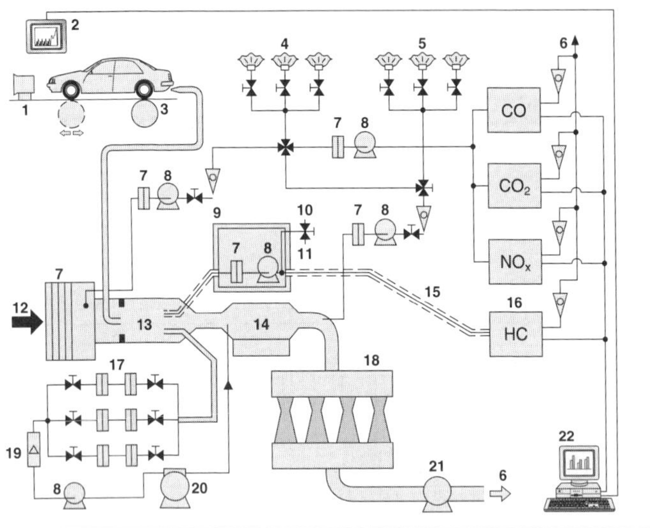

der Bremslast über der Geschwindigkeit und die geforderte Schwungmasse sind auf jeden Fall sehr genau einzuhalten. Abweichungen führen zu Messwertverfälschungen. Umgebungsbedingungen wie Luftfeuchte, Temperatur und Luftdruck beeinflussen ebenfalls die Messergebnisse.

Ein in geringer Entfernung vor dem Fahrzeug aufgestelltes Gebläse sorgt für die nötige Kühlung des Motors.

Verdünnungsverfahren (CVS)

Das CVS-Verdünnungsverfahren (Constant Volume Sampling) stellt eine Methode dar, die von einem Motor emittierten Abgase zu sammeln. Die CVS-Technik wurde erstmals 1972 in den USA für Pkw und leichte Nkw eingeführt und in mehreren Stufen verbessert. 1982 wurde auch in Europa auf die CVS-Technik umgestellt. Damit besteht weltweit ein im Prinzip einheitliches Verfahren der Abgassammlung.

Prinzip

Das Verdünnungsverfahren CVS arbeitet nach folgendem Prinzip: Das vom Prüffahrzeug ausgestoßene Abgas wird mit der Umgebungsluft in einem mittleren Verhältnis 1:5...1:10 verdünnt und über eine spezielle Pumpenanordnung so abgesaugt, dass der Volumenstrom aus Abgas und Verdünnungsluft konstant ist. Das heißt: Die Luftzumischung richtet sich nach dem momentanen Abgasausstoß. Dem verdünnten Abgasstrom wird während der gesamten Testdauer eine konstante Menge entnommen und in mehreren Beuteln gesammelt.

Nach dem Ende des Fahrzyklus entspricht die Schadstoffkonzentration in den Sammelbeuteln genau dem Mittelwert der Konzentrationen im gesamten abgesaugten Abgas-Luft-Gemisch. Da das geförderte Volumen des Abgas-Luft-Gemischs bestimmt werden kann, lassen sich aus den Konzentrationen der Schadstoffe die während des Tests emittierten Schadstoffmassen berechnen.

Vorteile des CVS-Verfahrens

Durch die Verdünnung wird die Kondensation des im Abgas enthaltenen Wasserdampfs vermieden, was eine deutliche Verminderung der Stickoxidverluste im Beutel bewirkt. Außerdem werden durch die Verdünnung die Nachreaktionen der Abgaskomponenten untereinander (vor allem der Kohlenwasserstoffe) deutlich herabgesetzt.

Durch die Verdünnung sinken jedoch die Schadstoffkonzentrationen im Verhältnis der mittleren Verdünnung: dies erfordert den Einsatz empfindlicher Messgeräte. Zur Analyse der Schadstoffe in den Beuteln stehen standardisierte Geräte zur Verfügung.

Merkmale des CVS-Verfahrens

Das CVS-Verfahren zeichnet sich durch folgende Merkmale aus:

- Berücksichtigung des tatsächlichen, vom jeweiligen Motor während des Tests emittierten Abgasvolumens,
- tatsächliche Erfassung aller stationären und instationären Fahrzustände,
- Vermeidung der Kondensation von Wasserdampf und von unverbrannten Kohlenwasserstoffen und
- messtechnisch eindeutige Bestimmung der Partikelemission.

Verdünnungsanlagen

Als Pumpeinrichtung zum Erzielen eines konstanten Volumenstroms während des Tests sind zwei verschiedene, gleichberechtigte Verfahren gebräuchlich. Beim ersten saugt ein normales Gebläse das Abgas-Luft-Gemisch über eine Venturi-Düse ab, während beim zweiten ein spezielles Drehkolbengebläse (Roots-Gebläse) verwendet wird. Beide Methoden lassen eine hinreichend genaue Bestimmung des Volumenstroms zu.

Messung von Dieselfahrzeugen

Seit 1975 sind in den USA alle Dieselfahrzeuge in die CVS-Testmethode einbezogen. Dafür mussten die Probeentnahme und die Analyseanlage für die Messung der Kohlenwasserstoffe modifiziert werden. Um die Kondensation von hochsiedenden Kohlenwasserstoffen im Probegas zu vermeiden oder die bereits im Dieselabgas kondensierten Kohlenwasserstoffe wieder zu verdampfen, ist die Aufheizung des kompletten Entnahmesystems für die Proben auf 190 °C erforderlich.

Durch das Einbeziehen von Partikelgrenzwerten in die Abgasgesetzgebung wurde die CVS-Methode modifiziert. Dafür wurde ein „Verdünnungstunnel" mit hoher innerer Strömungsturbulenz (Reynoldszahl >40 000) in die Messanlage integriert und mit entsprechenden Filtermessstellen zum Sammeln von Partikeln ergänzt.

Messprinzipien

Alle Staaten, die in ihre Abgasgesetzgebung die CVS-Testmethode einbezogen haben, verwenden einheitliche Messprinzipien für die Analyse der Abgas- und Schadstoffkomponenten:

- Bestimmung der CO- und CO_2-Konzentration mit nichtdispersiven Infrarot-(NDIR-)Analysatoren,
- Bestimmung der NO_x-Konzentration mit Geräten, die nach dem Chemolumineszenz-Prinzip CLD arbeiten,
- gravimetrische Bestimmung der Partikelemissionen (Konditionierung und Wägung der Partikelsammelfilter vor und nach der Beladung),
- Bestimmung der Gesamt-Kohlenwasserstoffkonzentration mit dem Flammenionisationsverfahren (FID).

Messung von Nfz

Die in den USA ab Modelljahr 1986 vorgeschriebene und in Europa ab 2000/2005 vorgesehene Transient-Testmethode für die Emissionsprüfung von Dieselmotoren in schweren Nkw über 8 500 lbs (USA) bzw. über 3,5 t (Europa) wird auf dynamischen Motorprüfständen durchgeführt und benutzt ebenfalls die CVS-Testmethode. Die Größe der Motoren erfordert jedoch zur Einhaltung gleicher Verdünnungsverhältnisse wie bei der CVS-Messmethode für Pkw und leichte Nkw eine Testanlage mit erheblich größerer Durchsatzkapazität. Die vom Gesetzgeber zugelassene doppelte Verdünnung (über Sekundärtunnel) trägt dazu bei, den apparativen Aufwand zu begrenzen.

Der verdünnte Abgasvolumenstrom kann wahlweise mit einem geeichten Rootsgebläse oder einem Venturi-Rohr im kritischen Zustand bestimmt werden.

Abgasmessgeräte

Der Gesetzgeber hat die Überprüfung der Abgasemissisonen auch bei den im Verkehr befindlichen Fahrzeugen in seine Vorschriften aufgenommen. Abgasmessgeräte werden bei Abgas-Felduntersuchungen (z. B. Abgasuntersuchung [AU]) eingesetzt, um die Einhaltung der vom Gesetzgeber vorgegebenen Abgasgrenzwerte überwachen zu können. In der Kundendienstwerkstatt sind Abgasmessgeräte darüber hinaus Voraussetzung für eine optimale Einstellung der Gemischaufbereitung und unentbehrliche Hilfsmittel bei der Fehlersuche am Motor.

Messverfahren

Die einzelnen Abgasbestandteile müssen selektiv mit großer Genauigkeit gemessen werden. In den Labors werden hierfür aufwändige Verfahren angewandt. In der Kundendienstwerkstatt hat sich zur Abgasprüfung letztlich nur das Infrarot-Verfahren durchgesetzt. Dieses Verfahren beruht auf dem Prinzip, dass Infrarotlicht von bestimmten Abgasbestandteilen stark absorbiert wird, und zwar bei einer für den jeweiligen Bestandteil charakteristischen Wellenlänge.

Je nach Ausführung gibt es Ein-Komponenten-Geräte (z. B. für CO) oder Mehr-Komponenten-Geräte (für CO/HC, CO/CO_2, $CO/HC/CO_2$ usw.).

Messkammer des Abgasmessgeräts

Ein auf ca. 700 °C erhitzter Strahler sendet Infrarot-Strahlung aus, die eine Messküvette durchstrahlt und in eine Empfängerkammer eintritt (s. Bild).

Beispiel für die CO-Messung:

Bei der CO-Messung ist in der Empfängerkammer Gas mit definiertem CO-Anteil fest eingeschlossen. Darin wird ein Teil der CO-spezifischen Strahlung absorbiert. Diese Absorption verursacht eine Temperaturerhöhung im Gas, die eine Gasströmung über einen Strömungssensor vom Volumen V_1 in das Ausgleichsvolumen V_2 zur Folge hat. Da die Strahlung durch eine rotierende „Chopperscheibe" rhythmisch unterbrochen wird, ergibt sich eine Wechsel-Grundströmung zwischen den beiden Volumen V_1 und V_2. Der Strömungssensor formt diese Strömung in ein elektrisches Wechselsignal um.

Ein Messgas mit veränderlichem CO-Anteil absorbiert beim Durchströmen der Messküvette je nach Höhe des CO-Anteils einen Teil der Strahlungsenergie, die damit der Empfängerkammer verloren geht. Als Folge davon verringert sich die Grundströmung in der Empfängerkammer. Somit ist die Abweichung vom Wechsel-Grundsignal ein Maß für den CO-Gehalt im Messgas.

Gasweg im Abgasmessgerät

Das zu messende Abgas wird am Auspuff des Kraftfahrzeugs mithilfe einer Sonde entnommen (s. Bild). Es wird über eine im Messgerät eingebaute Membranpumpe angesaugt und über Grobfilter in den Kondensatabscheider geführt. Angesaugtes Kondenswasser und grobe Schmutzteile werden hier abgeschieden, bevor das Messgas in einem weiteren Filter nochmals gereinigt wird. Eine zweite Membranpumpe führt das Kondensat

Messkammer nach dem Infrarot-Verfahren (Prinzip).
1 Empfängerkammer mit Ausgleichsvolumen V_1 und V_2, 2 Strömungssensor, 3 Messküvette, 4 rotierende Chopperscheibe mit Motor, 5 Infrarot-Strahler

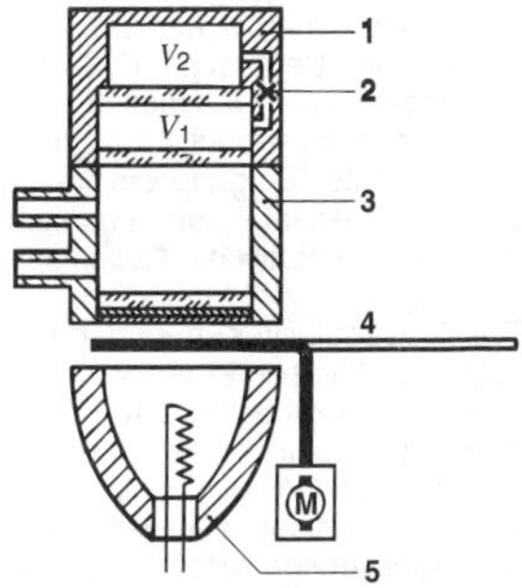

Gasweg im Mehr-Komponenten-Abgasmessgerät.
1 Entnahmesonde, 2 Grobfilter (Nassfilter), 3 Kondensatabscheider, 4 Luft, 5 Aktivkohlefilter, 6 Magnetventil, 7 Membranpumpe (Gaspumpe), 8 Membranpumpe (Kondensatpumpe), 9 Drucksensor (Innendruck/Dichtheit), 10 Gasanalysator GA1 (CO-, CO_2-Messkammer), 11 Gasanalysator GA2 (HC-Messkammer), 12 Drucksensor (Umgebungsdruck), 13 elektrochemischer Sensor (O_2-Sensor), 14 elektrochemischer Sensor (NO-Sensor), 15 Gasausgang, 16 Kondensatausgang.

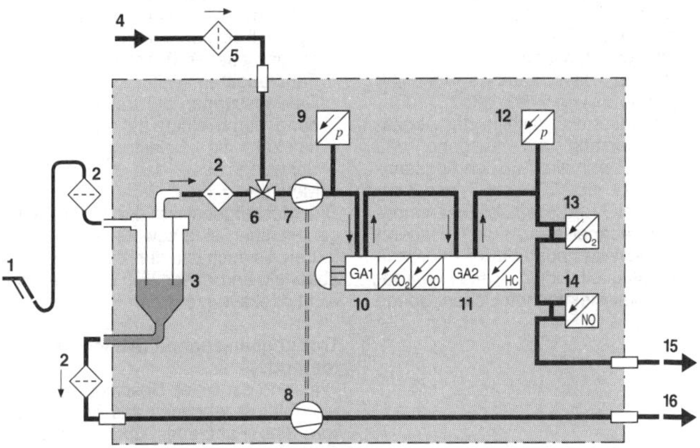

zum Kondensatausgang. Das zu messende Gas wird zunächst durch die Gasanalysekammer GA1 geführt. Hier werden die Gaswerte CO_2 und CO ermittelt. Anschließend kommt das Gas in die Gasanalysekammer GA2, die den HC-Anteil erfasst. Bevor das Gas das Messgerät über den Gasausgang verlässt, wird es über die elektrochemischen Sensoren geführt, die den Sauerstoff- (O_2) und den Stickstoffoxidanteil (NO) messen.

Mit dem Magnetventil vor der Gaspumpe wird der Eingang der Messkammer von Abgas auf Luft umgeschaltet, wenn die automatische Nullpunktjustierung erfolgt.

Das Aktivkohlefilter im Eingang für Luft schützt das Messgerät vor dem Eindringen von Kohlenwasserstoffen (HC) aus der Umgebungsluft.

Ein Drucksensor dient zur Dichtheitsprüfung des gesamten Gaswegs. Ein weiterer Drucksensor erfasst den Atmosphärendruck, der in die Berechnung mit einbezogen wird.

Katalysatorprüfung

Bei Fahrzeugen mit geregeltem Katalysator kann die mittelbare Funktionsprüfung des Katalysators mithilfe einer „Leitkomponente“ erfolgen. Sinnvollerweise eignet sich dafür CO, das hinter dem Katalysator einen Volumenanteil von 0,2 % nicht überschreiten darf. Voraussetzung ist allerdings, dass Lambda bei 1,00 (±0,01) liegt.

Lambda lässt sich mithilfe der Abgaszusammensetzung am Ausgang des Katalysators ermitteln. Aus den Abgasanteilen von CO, HC, CO_2 und O_2 und Konstanten für NO und Kraftstoffzusammensetzung errechnet das Abgasmessgerät den Wert von Lambda mit der erforderlichen Genauigkeit. Der O_2-Gehalt wird dabei mit einer elektrochemischen Sonde gemessen.

Trübungsmessung

Lange vor Einführung der Gesetzgebung zur Kontrolle gasförmiger Schadstoffe sind bereits separate Gesetzgebungen zur Rauchkontrolle von Dieselfahrzeugen in Kraft getreten. Sie sind auch heute noch unverändert gültig. In den Staaten mit gesetzlicher Dieselrauchkontrolle sind die Testmethoden nicht einheitlich. Alle existierenden Rauchtests sind eng an die verwendeten Messgeräte gekoppelt. Ein Maß für den Rauch (Rußausstoß, Partikel) ist die Schwärzungsziffer. Zur Messung dieses Werts sind im Wesentlichen zwei Verfahren üblich.

- Bei der Absorptionsmethode (Trübungsmessung) dient als Maß für die Abgastrübung die Schwächung eines Lichtstrahls, der durch das Abgas geschickt wird.
- Bei der Filtermethode (Reflexlichtmessung) wird eine definierte Menge Abgas durch ein Filterplättchen geleitet. Die Schwärzung des Filters dient dann als Maßstab für den Rußanteil im Abgas.

Eine Diesel-Rauchgasmessung ist nur unter Belastung des Motors sinnvoll, da nur in diesem Betriebsbereich nennenswerte Partikel emittiert werden. Auch hier sind zwei Methoden üblich:

- Die Messung unter Volllast, z. B. auf einem Rollenprüfstand oder auf einer ausgewiesenen Prüfstrecke, gegen die Fahrzeugbremsen.
- Die Messungen bei freier Beschleunigung durch einen definierten Gaspedalstoß mit Belastung durch die Schwungmasse des hochdrehenden Motors.

Die Messergebnisse der Diesel-Rauchgasmessung sind sowohl vom Messverfahren als auch von der Art der Belastung abhängig und lassen sich im Allgemeinen nicht direkt vergleichen.

Trübungsmessgerät (Absorptionsmethode)

Während der freien Beschleunigung wird ein Teil des Abgases aus dem Auspuffrohr des Fahrzeugs über eine Abgasentnahmesonde und einen Entnahmeschlauch der Messkammer zugeführt (ohne Saugunterstützung). Dieses Verfahren vermeidet insbesondere Einflüsse des Abgasgegendruckes und seiner Schwankungen auf das Messergebnis, da der Druck und die Temperatur geregelt werden (Hartridge-Gerät).

In der Messkammer durchläuft ein Lichtstrahl das Dieselabgas. Die Lichtschwächung wird fotoelektrisch gemessen und in % Trübung T oder als Absorbtionskoeffizient k an einem Anzeigeinstrument angezeigt. Eine exakt definierte Messkammerlänge und das Freihalten der optischen Fenster von Ruß (durch Luftvorhänge, d. h. tangential vorbeiströmende Spülluft) sind Voraussetzung für hohe Genauigkeit und eine gute Reproduzierbarkeit der Messergebnisse.

Bei Prüfungen unter Last wird kontinuierlich gemessen und angezeigt. Bei freier Beschleunigung kann die Messkurve digital abgespeichert werden. Der Tester wertet automatisch den Spitzenwert aus und bildet den Mittelwert aus mehreren Gasstößen.

Gasstoßmessung mit dem Trübungsmessgerät.

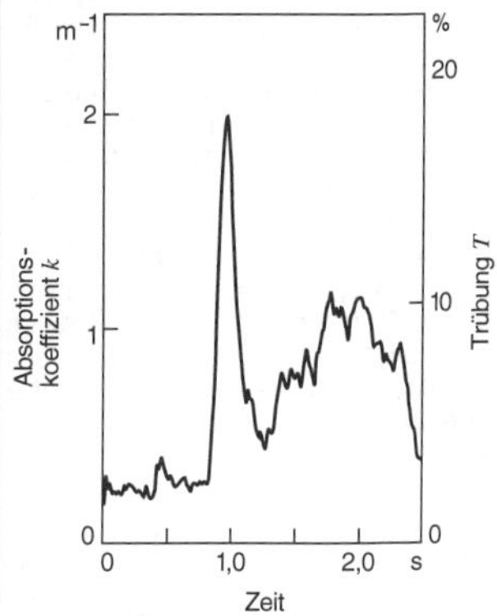

Trübungsmessgerät (Absorptionsmethode).
1 Entnamesonde, 2 grüne LED, 3 Lüfter, 4 Spülluft für den Abgleich, 5 Kalibrierventil, 6 Heizung, 7 Empfänger, 8 Auswerteelektronik und Anzeige.
➔ Weg des Abgases.

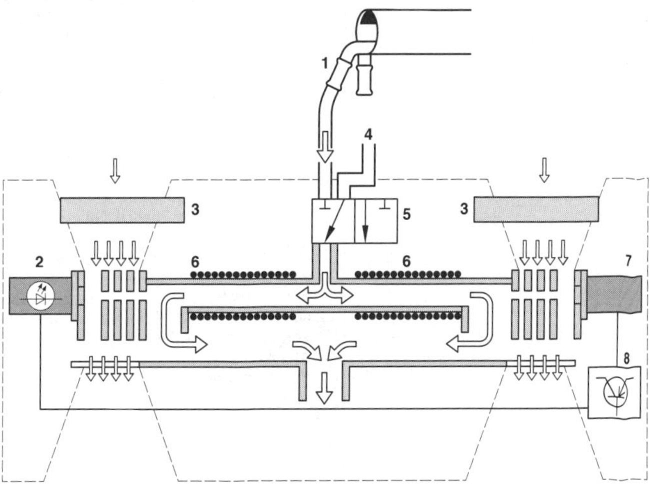

Rauchwertmessgerät (Filtermethode)
Das Messgerät saugt eine vorgegebene Menge (z. B. 0,1 oder 1 *l*) Dieselabgas durch einen Filterpapierstreifen. Als Voraussetzung für die exakte Reproduzierbarkeit der Ergebnisse wird das angesaugte Volumen bei jedem Messvorgang erfasst und auf Sollwert umgerechnet. Druck- und Temperatureinflüsse und das Totvolumen zwischen Entnahmesonde und Filterpapier werden mit berücksichtigt.

Die Auswertung des geschwärzten Filterpapiers geschieht optoelektronisch über ein Reflexfotometer. Die Anzeige erfolgt meist in Schwärzungszahl nach Bosch (SZ) oder als Massenkonzentration (mg/m³).

Rauchwertmessgerät (Filtermethode).
1 Filterpapier, 2 Gasdurchgang, 3 Reflexfotometer, 4 Papiertransport, 5 Volumenmessung, 6 Spülluft-Umschaltventile, 7 Pumpe.

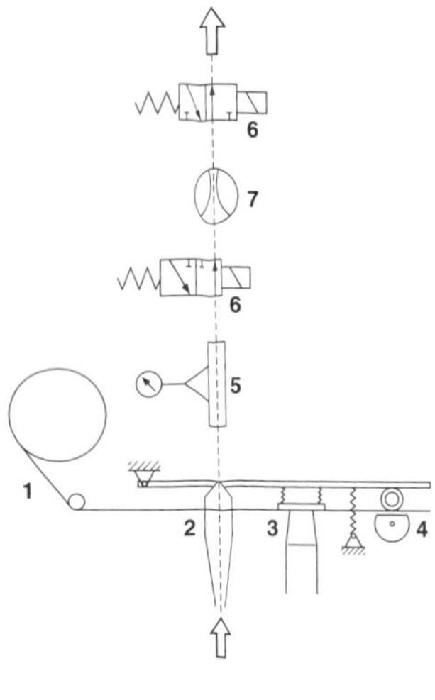

Verdunstungsprüfung

Unabhängig von den bei der Verbrennung im Motor entstehenden Schadstoffen emittiert ein Kraftfahrzeug mit Ottomotor weitere Mengen an Kohlenwasserstoffen (HC) durch Verdunsten des Kraftstoffs aus Kraftstoffbehälter und -kreislauf. Die Verdunstungsmengen sind abhängig von konstruktiven Auslegungen des Fahrzeugs und der Kraftstofftemperatur. In einigen Staaten (z. B. den USA und Europa) bestehen Vorschriften zur Begrenzung dieser Verdunstungsverluste.

Messprinzip
Die Bestimmung dieser Verdunstungsemissionen wird üblicherweise in einer gasdichten Klimakammer, der SHED-Kammer (Sealed House for Evaporation Determination) vorgenommen. Hierzu wird die HC-Konzentration zu Beginn und am Ende einer Prüfung erfasst und aus der Differenz die Verdunstungsverluste bestimmt.

Die Verdunstungsverluste müssen – je nach Staat – in einigen oder allen der folgenden Betriebszustände erfasst werden und Grenzwerten genügen:
- Verdunstungen aus dem Kraftstoffsystem infolge von Temperaturschwankungen im Tagesverlauf: „Tankatmungsprüfung“ oder „Diurnal-Test“ (EU und USA).
- Verdunstungen aus dem Kraftstoffsystem nach Abstellen des Fahrzeugs mit betriebswarmem Motor: „Heißabstellprüfung“ oder „Hot Soak“ (EU und USA).
- Verdunstungen während des Betriebs: „Running-Loss-Test“ (USA).

Die Messung der Verdunstungen erfolgt während eines detailliert vorgeschriebenen Prüfablaufs in mehreren Phasen. Nach einer Vorkonditionierung des Fahrzeugs einschließlich Vorbereitung des Aktivkohlefilters und definierter Befüllung des Kraftstoffbehälters (40 %) erfolgt die Prüfung.

Prüfungen

1. Prüfung: Heißabstellverluste

Zur Ermittlung der Verdunstungsemission in dieser Testphase wird das Fahrzeug vor dem Test durch den im jeweiligen Staat gültigen Testzyklus „heißgefahren“ und dann in der SHED-Kammer abgestellt. Die Messung erfasst die Erhöhung der HC-Konzentration über den Zeitraum einer Stunde beim Abkühlen des Fahrzeugs.

Während der gesamten Messung müssen Fenster und Heckklappe des Fahrzeugs geöffnet sein. Somit werden auch Verdunstungsverluste aus dem Fahrzeuginnenraum erfasst.

2. Prüfung: Tankatmungsverluste

Bei diesem Test wird in der hermetisch abgeschlossenen Klimakammer das Temperaturprofil eines warmen Sommertages (Maximaltemperatur für EU: 35 °C; EPA: 35,5 °C; CARB: 40,6 °C) nachgebildet und die dabei vom Fahrzeug abgegebenen Kohlenwasserstoffe gesammelt.

In den USA müssen sowohl ein 2-Day-Diurnal- (48 Stunden) als auch ein 3-Day-Diurnal-Test (72 Stunden) durchgeführt werden, während die EU-Gesetzgebung einen 24-Stunden-Test vorsieht.

Running-Loss-Test

Beim Running-Loss-Test, der der Heißabstellprüfung vorausgeht, werden die Kohlenwasserstoffemissionen während des Fahrbetriebs in vorgeschriebenen Testzyklen (1-mal FTP72, 2-mal NYCC, 1-mal FTP72; siehe Abschnitt „USA-Testzyklen“) erfasst.

Grenzwerte

EU-Gesetzgebung

Die Summe der Messergebnisse aus der ersten und zweiten Prüfung ergibt die Verdunstungsverluste. Diese Summe muss unter dem zurzeit geforderten Grenzwert von 2 g verdunsteten Kohlenwasserstoffen für die gesamte Messung liegen.

USA

In den USA (CARB und EPA-Tier 1) müssen die Verdunstungsverluste beim Running-Loss-Test kleiner als 0,05 g/Meile sein. Weitere Grenzwerte sind:

- 2-Day Diurnal: 2,5 g (Summe aus erster und zweiter Prüfung),
- 3-Day Diurnal: 2,0 g (Summe aus erster und zweiter Prüfung).

Diese Grenzwerte müssen über 100 000 Meilen eingehalten werden.

Im Rahmen der Tier-2-Gesetzgebung hat EPA eine weitere Verschärfung der Grenzwerte beschlossen:

- 2-Day Diurnal: 1,2 g (Summe aus erster und zweiter Prüfung),
- 3-Day Diurnal: 0,95 g (Summe aus erster und zweiter Prüfung).

Diese Grenzwerte müssen über 120 000 Meilen eingehalten werden. Sie werden stufenweise ab Modelljahr 2004 eingeführt und gelten zu 100 % ab Modelljahr 2007.

Weitere Prüfungen

Refueling-Test

Beim Refueling-Test werden die HC-Emissionen beim Betanken gemessen, um die Verdunstung der beim Betanken verdrängten Kraftstoffdämpfe zu überwachen (Grenzwert: 0,053 g HC pro Liter getankter Kraftstoff).

Dieser Test gilt in den USA sowohl für CARB als auch für EPA.

Spitback-Test

Beim Spitback-Test wird die verspritzte Kraftstoffmenge pro Betankungsvorgang gemessen. Der Kraftstoffbehälter muss dabei zu mindestens 85 % gefüllt sein.

Dieser Test wird nur durchgeführt, wenn der Refueling-Test nicht bestanden wurde (Grenzwert: 1 g HC pro Test).

Starthilfsanlagen

Die Startwilligkeit von Dieselmotoren sinkt bei niedrigen Temperaturen. Neben der Erhöhung des Reibmomentes senken Leck- und Wärmeverluste beim Verdichten der Luft den Kompressionsdruck und die Temperatur, bis ein Start ohne zusätzliche Einrichtungen nicht mehr möglich ist. Die Grenztemperatur für einen Start ist zusätzlich von der Konstruktion des Motors abhängig. Direkteinspritzmotoren (DI-Motoren mit einteiligem Brennraum) haben einen geringeren Wärmeverlust als Vor- bzw. Wirbelkammermotoren (mit geteiltem Brennraum) und damit ein verbessertes Startverhalten. Der Glühstift der Kerze ragt bei Vor- und Wirbelkammermotoren in die Kammer, bei DI-Motoren in den Brennraum des Motors.

Bei großvolumigen DI-Motoren findet eine Vorwärmung der angesaugten Luft mit Flamm- oder Anheizkerzen oder einem Heizflansch statt.

Glühstiftkerzen

Aufbau und Eigenschaften

Der Glühstift besteht aus einem Rohrheizkörper, der in ein Kerzengehäuse fest und gasdicht eingepresst ist. Der Rohrheizkörper besteht aus einem heißgas-/korrosionsbeständigen Rohr, das im Inneren eine in verdichtetem Magnesiumoxid-Pulver eingebettete Glühwendel trägt. Die Glühwendel selbst besteht aus zwei in Reihe geschalteten Widerständen, aus der in der Glührohrspitze untergebrachten Heizwendel, die einen von der Temperatur nahezu unabhängigen elektrischen Widerstand hat und einer Regelwendel aus einem Material mit positivem Temperaturkoeffizienten.

Die Heizwendel ist zur Kontaktierung masseseitig in die Kuppe des Glührohrs eingeschweißt, die Regelwendel ist am Anschlussbolzen kontaktiert, über den der Anschluss an das Bordnetz erfolgt.

Funktion

Beim Anlegen der Spannung an die Glühstiftkerze wird zunächst der größte Teil der elektrischen Energie in der Heizwendel in Wärme umgesetzt; die Temperatur an der Spitze der Kerze steigt damit steil an. Die

Glühstiftkerze GSK2.
1 Anschlussstecker, 2 Isolierscheibe, 3 Doppeldichtung, 4 Anschlussbolzen, 5 Gehäuse, 6 Heizkörperdichtung, 7 Heiz- und Regelwendel, 8 Glührohr, 9 Füllpulver.

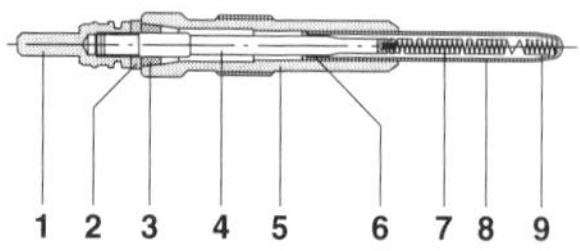

Temperatur der Regelwendel erhöht sich zeitlich verzögert und damit auch der Widerstand. Die Stromaufnahme und somit die Gesamtleistung der Glühstiftkerze verringert sich und die Temperatur nähert sich dem Beharrungszustand. Bei entsprechender Dimensionierung ergeben sich die dargestellten Aufheizcharakteristiken.

Startphase: Die Glühkerze muss in möglichst kurzer Zeit auf eine für den Start notwendige Temperatur (ca. 850 °C) erwärmt werden. Sie ist in einem Bereich des Brennraums angeordnet, in dem sich zündfähiges Gemisch bildet. Bei modernen Glühkerzen wird die erforderliche Temperatur nach etwa 4 s erreicht.

Nachglühphase: Nach dem Start des Motors wird die Glühkerze weiter betrieben, um den Hochlauf des Motors zu verbessern und die Blaurauch-Emissionen und die Verbrennungsgeräusche während des Warmlaufs zu verringern. Diese Zeiten betragen im Fahrbetrieb maximal 180 s.

Temperaturen der Glühstiftkerzen als Funktion der Zeit an ruhender Luft.
1 S-RSK, 2 GSK2.

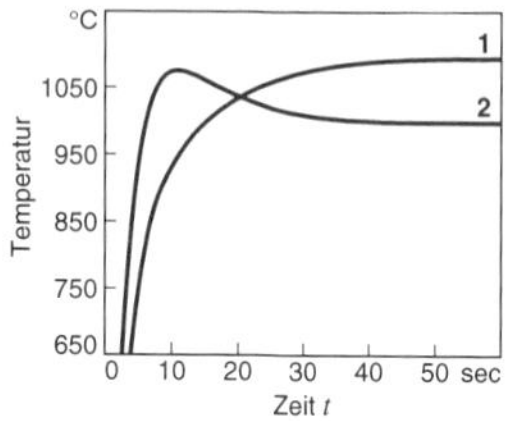

Glühstiftkerzenposition in Wirbelkammer.
1 Einspritzdüse, 2 Glühstiftkerze, 3 Wirbelkammer.

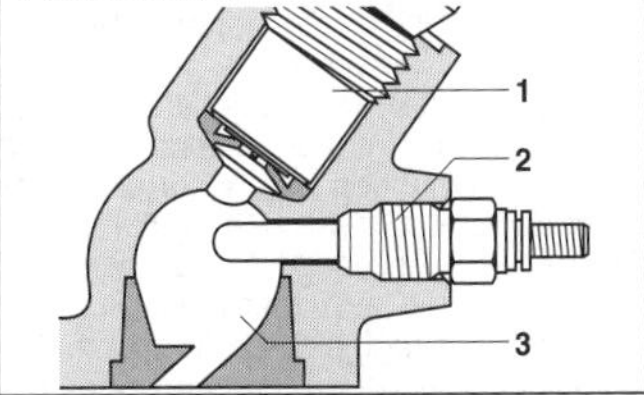

Glühstiftkerzen GSK2

Die Regelwendel besteht bei herkömmlichen S-RSK-Glühstiftkerzen aus Nickel, bei den GSK2 der 2. Generation aus einer CoFe-Legierung. Sie zeichnet sich durch schnelleres Erreichen der Starttemperatur und durch eine verringerte Beharrungstemperatur aus. Damit wurde die Vorglühzeit bis zum Start verringert und die Nachglühphase realisiert.

Temperaturen im Motor

Die Temperaturen an der Glühstiftkerze ändern sich mit dem Betriebszustand des Motors. Als Beispiel sind die stationären Betriebstemperaturen an einer mit 13,5 V betriebenen Glühstiftkerze in einem Direkteinspritzmotor dargestellt. Die maximalen Temperaturen treten bei niedriger Drehzahl und hoher Last auf (geringer Luftdurchsatz, geringe Abkühlung der GSK). Im Gegensatz dazu tritt im Vor- und Wirbelkammermotor die maximale Temperatur bei hoher Last und hoher Drehzahl auf.

Spezifischer Widerstand der Regelwendeln als Funktion der Temperatur.
1 S-RSK, 2 GSK2.

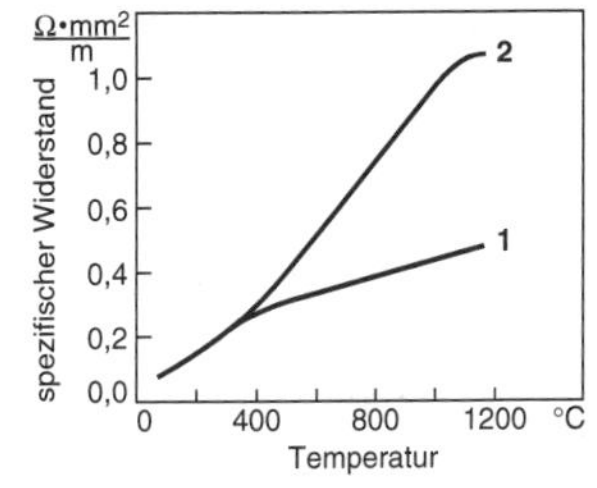

Glühzeitsteuergerät

Eine Glühanlage umfasst neben den Glühstiftkerzen (nur in seltenen Fällen Flammkerzen) ein Schaltelement für die hohen elektrischen Glühströme und eine Einheit zur Steuerung dieses Schalters. Sie besitzt weiterhin eine Anzeigelampe zum Signalisieren der Startbereitschaft, die ebenfalls von der Steuereinheit geschaltet wird.

Früher wurden einfache Bimetallschalter benutzt; heute verfügen Glühanlagen über elektronische Steuergeräte. In einfacheren Fahrzeugen werden autarke Glühzeitsteuergeräte verwendet, die alle Steuer- und Anzeigefunktionen selbst übernehmen; bei modernen Fahrzeugen werden diese von der zentralen Motorelektronik gesteuert. Die Geräte bieten zusätzlich Schutz- und Überwachungsfunktionen.

Aufbau

Ein Glühzeitsteuergerät besteht im Wesentlichen aus einem Leistungsrelais zum Schalten der Kerzenströme, einer Leiterplatte mit der Elektronik zur Steuerung der Glühdauer und Ansteuerung der Anzeige für Startbereitschaft sowie Elementen für Schutzfunktionen. Bei neuen Gerätegenerationen treten an die Stelle des elektromechanischen Relais zunehmend Halbleiterschalter (Power MOSFET). Ein Kunststoffgehäuse gewährt Schutz gegen Staub und Wasser (speziell beim Einbau im Motorraum).

Temperaturen der Glühstiftkerze im DI-Motor.
1 Volllast, 2 halbe Last, 3 ohne Last.

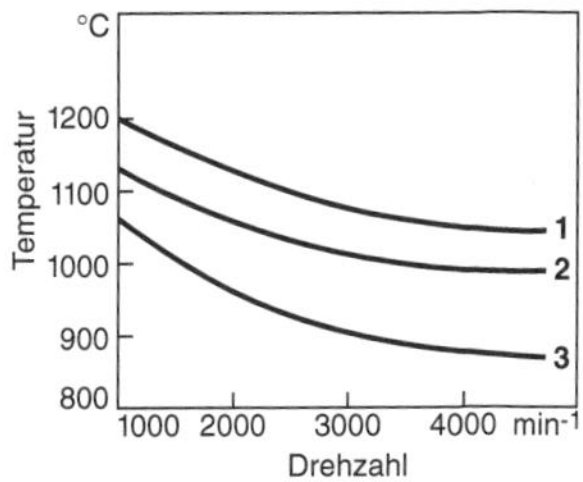

Typischer Glühzeitablauf.
1 Glüh-Start-Schalter, 2 Starter, 3 Kontrollleuchte, 4 Lastschalter, 5 Glühkerzen. t_V Vorglühzeit, t_S Startbereitschaft, t_N Nachglühzeit.

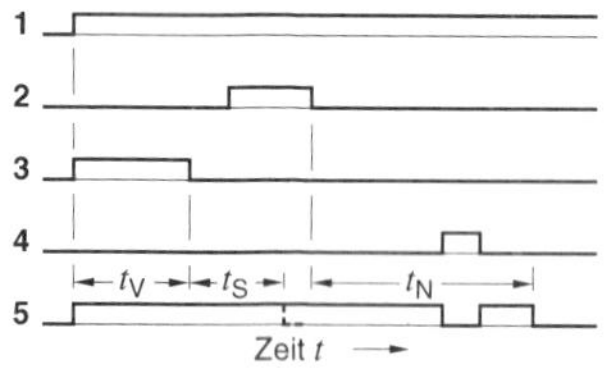

Funktion
Der Vorglüh- und Startvorgang wird analog zum Ottomotor über das Betätigen des Glüh-Start-Schalters ausgelöst. Bei der Schlüsselstellung „Zündung ein" beginnt der Vorglühvorgang.

Autarke Glühzeitsteuergeräte
Bei Geräten mit einfacher Funktion steuert ein Temperatursensor im Glühzeitsteuergerät die Vorglühzeit. Diese ist gemäß dem spezifischen Bedarf der zugehörigen Kombination Motor/Glühstiftkerze ausgelegt, um die für einen guten Start erforderliche Kerzentemperatur zu erreichen. Nach Ablauf der Vorglühzeit zeigt das Erlöschen der Glühkontrolllampe die Startbereitschaft an. Das Glühen dauert bis zum Ende der Starterbetätigung oder bis zum Ablauf einer Sicherheitsabschaltzeit, die die Belastung von Glühstiftkerzen und Batterie begrenzt. Vor Kurzschluss schützt eine Streifensicherung.

Bei autarken Geräten mit erweiterten Funktionen ermittelt ein Motortemperatursensor (Kühlwasser-NTC) genauer die benötigten Glühzeiten. Das Glühzeitsteuergerät berücksichtigt unterschiedliche Batteriespannungen durch Korrektur der Glühdauer. Nach dem Start fließt den Glühkerzen während der „Nachglühzeit" weiterhin Strom zu. Über einen von der Motorlast abhängigen Schalter lässt sich der Glühvorgang unterbrechen oder beenden. Gegen Überspannung und Kurzschluss schützt eine elektronische Abschaltung. Eine Überwachungsschaltung erkennt den Ausfall von Glühstiftkerzen oder Fehler des Relais und zeigt dies über die Kontrolllampe für Startbereitschaft an.

EDC-gesteuerte Glühzeitsteuergeräte
Diese Geräte erhalten die Information, wann geglüht werden muss bzw. wann nicht geglüht werden darf, direkt von der zentralen Motorelektronik. Dort sind die Informationen über den Betriebszustand des Motors (Kühlwassertemperatur, Drehzahl, Motorlast) für die optimale Ansteuerung der Glühstiftkerzen (statisch oder über ein serielles Datenprotokoll) vorhanden. Entsprechend meldet das Glühzeitsteuergerät die von ihm erkannten Fehler auch über eine Diagnoseleitung oder die serielle Schnittstelle zum Motorsteuergerät. Dort werden sie für den Service abgespeichert oder zur Erfüllung von OBD-Forderungen angezeigt.

EDC-gesteuertes Glühsystem am DI-Motor.
1 Glühstiftkerze, 2 Glühzeitsteuergerät, 3 Glüh-Start-Schalter, 4 Vorglühanzeige, 5 zur Batterie, 6 Steuerung, 7 Diagnose.

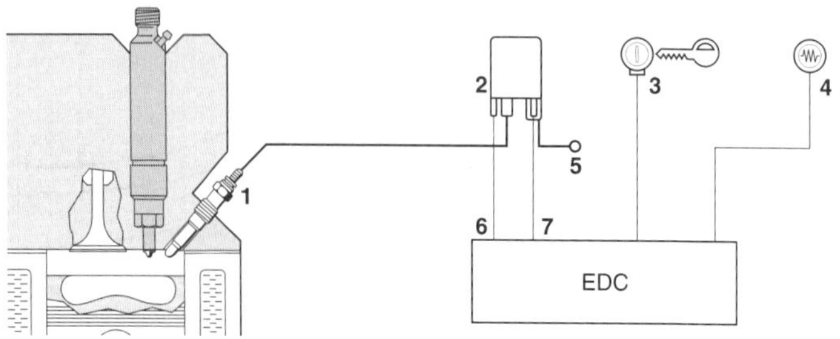

Startanlage

Startanlagen für Verbrennungsmotoren bestehen in der Regel aus einem batteriegespeisten Gleichstrommotor (Starter), Schalt- und Steuergeräten und der Verkabelung. Die zum Anspringen benötigten Drehzahlen des Motors (Ottomotoren etwa 60...100 min^{-1}; Dieselmotoren etwa 80...200 min^{-1}) sind wesentlich kleiner als die Starterdrehzahlen. Die Anpassung erfolgt durch geeignete Übersetzung (etwa $^1/_{10}$ bis $^1/_{20}$) des von Starterritzel und Motorzahnkranz gebildeten Getriebes.

Einflussgrößen

Das Kurbelwellen-Drehmoment und die Mindestdrehzahl hängen unter anderem von Motortyp, Hubvolumen, Zylinderzahl, Kompression, Lagerreibung, angehängten Zusatzlasten, Gemischaufbereitung, Motoröl und Temperatur ab.

Generell werden mit sinkenden Temperaturen steigende Drehmomente und steigende Startdrehzahlen, also eine wachsende Startleistung, benötigt.

Der Innenwiderstand der Batterie steigt mit sinkendem Ladezustand und sinkender Temperatur. Die Leerlaufspannung wird mit sinkenden Temperaturen kleiner. Die Batterieklemmenspannung ist also umso kleiner, je höher der entnommene Strom und je tiefer die Temperatur ist. Außerdem wird die Kapazität der Batterie mit sinkender Temperatur und wachsendem Entladestrom kleiner. Aus einer Batterie kann also umso weniger Leistung entnommen werden, je tiefer die Temperatur ist. Neben den durch die Konstruktion festgelegten Motoreigenschaften ist daher für die Dimensionierung einer Startanlage die benötigte tiefste Start-Grenztemperatur ein zentrales Merkmal.

Permanentfeldstarter mit Vorgelege.
1 Einrückhebel, 2 Einrückrelais, 3 Freilauf mit Ritzel, 4 Vorgelege (Planetengetriebe), 5 Anker, 6 Permanentmagnete.

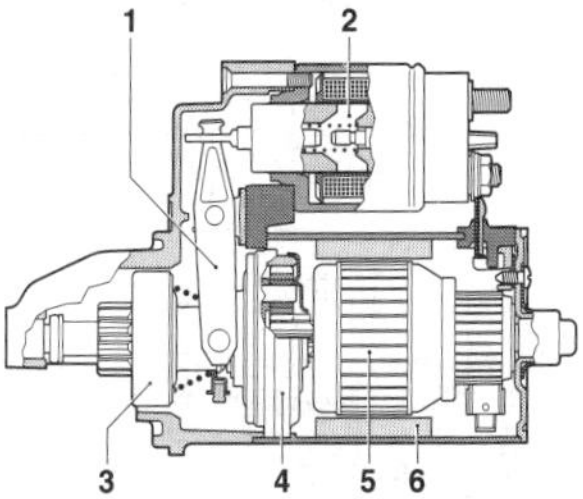

Starter

Ein Starter besteht aus Elektromotor, Einrückrelais und Einspurgetriebe, deren Aufgaben sich aus dem Ablauf des Startvorgangs ergeben.

Zu Beginn muss das Ritzel in den Zahnkranz einspuren. Nach dem Anspringen kann der Motor schnell auf hohe Drehzahlen beschleunigen. Ein Freilauf hebt den Kraftschluss zwischen Ritzel und Anker auf, wenn der Motor anspringt, das Ritzel aber noch eingespurt ist (Überholen).

Er verhindert so die Zerstörung des Ankers durch Fliehkräfte.

Elektromotor

Der heute erreichte Stand der Ferrit-Technologie erlaubt auch entmagnetisierungssichere Starter mit Permanenterregung. Bei Pkw-Startern ist dieses Erregersystem inzwischen weitgehend zum Standard geworden.

Gewichts- und Bauraumreduzierungen des Starters ergeben sich, wenn die Startleistung mit gesteigerter Drehzahl, aber kleinerem Ankerdrehmoment erzeugt wird. Dazu muss die Gesamtübersetzung Kurbelwelle/Starteranker erhöht werden. Da sich der Zahnkranzdurchmesser nicht steigern lässt, wird die Gesamtübersetzung durch eine zusätzliche, im Starter eingebaute Getriebestufe erzielt (Vorgelegestarter).

Bei größeren Ottomotoren und Pkw-Dieselmotoren sind weitgehend permanent erregte Vorgelegestarter in Verwendung. Bei Startleistungen im Bereich 2,2 kW bis 4 kW sind Vorgelegestarter mit Reihenschlussmotor dabei, die Direktstarter abzulösen.

Bei Startern größerer Leistung gibt es neben den Direktstartern mit Reihenschlussmotor auch Ausführungen mit Nebenschlusswicklung, was einen weichen Anlauf und eine Begrenzung der Ankerleerlaufdrehzahl bewirkt.

Einspursysteme

Schraubtrieb-Starter

Der Schraubtrieb ist das einfachste Einspursystem (z.B. für Rasenmäher). Ein Steilgewinde auf der Welle verschiebt den Freilauf bei Verdrehung gegenüber dem Anker.

Beim Einschalten des Starters läuft der Anker zunächst ohne Last an. Ritzel und Freilauf drehen sich wegen ihrer Massenträgheit noch nicht mit, wandern aber durch das Steilgewinde nach vorn. Sobald das Ritzel am Zahnkranz „anschnäbelt", wird es zusätzlich festgehalten und weiter vorgeschoben, bis es am Anschlagring anliegt. Von diesem Zeitpunkt an überträgt der Freilauf das Ankermoment über das Ritzel auf den Zahnkranz und der Motor wird durchgedreht.

Beim Überholen hebt der Freilauf den Kraftschluss auf; die Reibung im Freilauf versucht aber, diesen über die Ankerdrehzahl hinaus zu beschleunigen. Dann zieht das Steilgewinde den Freilauf mit Ritzel zurück. Dieser Ausspurvorgang wird durch die Rückstellfeder unterstützt, die das Ritzel außerdem bei stehendem Starter außer Eingriff hält.

Schubschraubtrieb-Starter

Ein Schubschraubtrieb spurt das Ritzel durch einen Einrückmagneten in den Zahnkranz ein.

Der Einrückmagnet enthält Schaltkontakte für den Starterstrom.

Beim Schließen des Zünd-Start-Schalters ist die Relaishaltewicklung H eingeschaltet und es fließt außerdem Strom durch die Reihenschaltung von Einzugswicklung E und Elektromotor. Der Einrückmagnet zieht an und bewegt über Einrückhebel und Einspurfeder den Freilauf mit Ritzel nach vorn.

Bei günstiger Stellung von Ritzel und Zahnkranz trifft ein Ritzelzahn sofort eine Zahnlücke. In diesem Fall spurt das Ritzel so weit ein, bis das Ende des Schubweges erreicht und die Kontaktbrücke im Einrückrelais an den Relaiskontakten anliegt. Der Startermotor ist jetzt eingeschaltet.

Falls jedoch das Ritzel nicht sofort eine Zahnlücke findet, wird es vom Zahnkranz am weiteren Vorrücken gehindert. Der Einrückhebel drückt dann die Einspurfeder zusammen und der Hauptkontakt schließt, ohne dass Ritzel und Zahnkranz im Eingriff sind.

Der Elektromotor dreht das Ritzel nun so lange auf der Zahnkranzstirnseite, bis eine Ritzelzahnlücke vor einem Zahnkranzzahn liegt und die vorgespannte Einspurfeder Ritzel und Freilauf nach vorn schiebt.

Bei Abschalten der Relaiswicklung drückt die Rückstellfeder den Relaisanker und das Ritzel mit Freilauf in die Ruhelage zurück.

Dieses Ausspuren wird beim Überholen durch das Steilgewinde unterstützt.

Schraubtrieb-Starter *(Schema).*
1 Zünd-Start-Schalter, 2 Startrelais, 3 Erregerwicklung, 4 Zahnkranz, 5 Freilauf mit Ritzel, 6 Steilgewinde, 7 Anker, 8 Batterie.

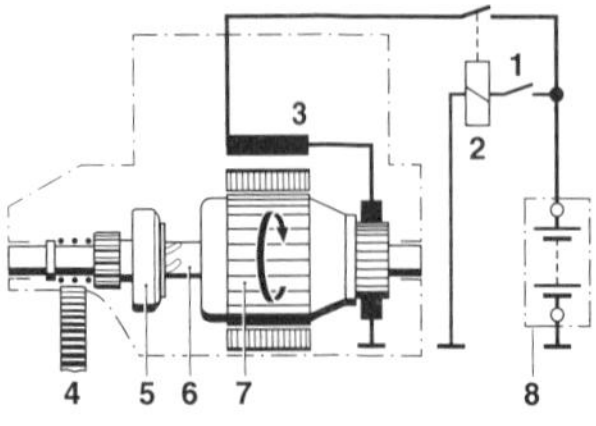

Schubschraubtrieb-Starter *(Schema).*
1 Zünd-Start-Schalter, 2 Einrückrelais, 3 Permamentmagnet, 4 Rückstellfeder, 5 Einrückhebel, 6 Zahnkranz, 7 Freilauf mit Ritzel, 8 Einspurfeder, 9 Steilgewinde, 10 Anker, 11 Batterie.

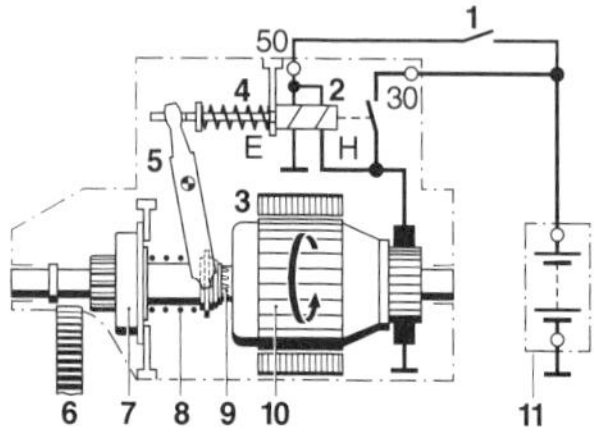

Schubtrieb-Starter
Das Schubtriebsystem schaltet den Starter in zwei Stufen ein.

Beim Schließen des Zünd-Start-Schalters werden die Haltewicklung H des Einrückmagneten und das Steuerrelais parallel an Batteriespannung gelegt. Das Steuerrelais zieht an, wird aber durch Sperrklinke und Raste in der Kontaktposition 1 festgehalten (erste Stufe). Einzugswicklung E des Einrückmagneten und Nebenschlusswicklung des Motors liegen parallel geschaltet in Reihe zum Anker an Batteriespannung. Der Starter beginnt zu drehen, kann aber wegen der großen Wicklungswiderstände vor der Ankerwicklung nur ein kleines Moment erzeugen. Gleichzeitig schiebt der Einrückmagnet das Ritzel in Richtung Zahnkranz und lässt es mit geringem Moment schonend einspuren. Kurz vor Ende des gesamten Einspurweges löst der Einrückmagnet die Sperre des Steuerrelais, das in Kontaktposition 2 (zweite Stufe) springt. Nun fließt der Starterstrom über Reihenschlusswicklung und Anker. Der Umschalter am Einrückmagneten legt die Nebenschlusswicklung parallel zu Anker und Reihenschlusswicklung. Der Starter entwickelt sein volles Moment.

Schubtrieb-Starter *(Schaltung).*
1 Zünd-Start-Schalter, 2 Steuerrelais, 3 Sperrklinke, 4 Ritzel, 5 Zahnkranz, 6 Umschalter, 7 Einrückmagnet, 8 Reihenschlusswicklung, 9 Nebenschlusswicklung, 10 Batterie.

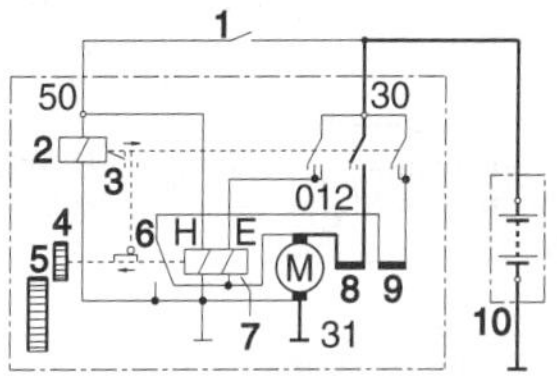

Rollenfreilauf.
1 Ritzel, 2 Freilaufring, 3 Rollenklemmkurve, 4 Rolle, 5 Ritzelschaft, 6 Feder.
a Drehrichtung.

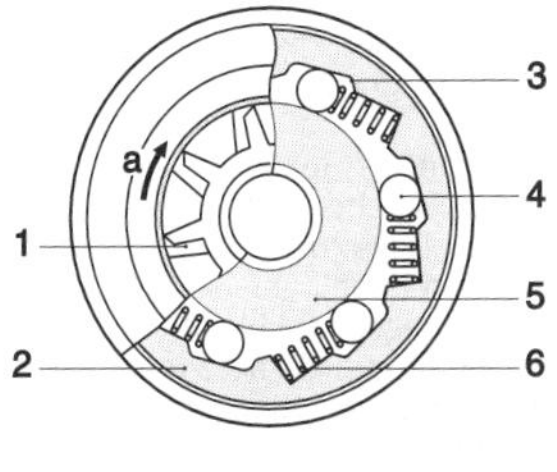

Freilaufsysteme

Freiläufe schützen die Starteranker vor zu hohen Drehzahlen.

Rollenfreilauf
Kleine und mittlere Starter haben in der Regel einen Freilauf, bei dem Rollen durch Stützfedern in Keilräume zwischen Freilaufring und Ritzelschaft gedrückt werden, sich bei Belastung des Starters dort festklemmen und das Drehmoment vom Ring auf den Ritzelschaft übertragen. Bei Umkehr der mechanischen Belastungsrichtung wird der Klemm-Kraftschluss aufgehoben.

Lamellenkupplung
Die Lamellenkupplung findet bei großen Startern für Nutzfahrzeuge Verwendung. Der Mitnehmer mit den Außenlamellen und der Starteranker bzw. die Abtriebswelle und das Ritzel sind formschlüssig verbunden. Die Innenlamellen sitzen auf einem Kuppelteil, das sich über ein Steilgewinde auf der Antriebswelle axial bewegen lässt. Ohne Belastung wird das Lamellenpaket durch die Vorspannfeder leicht vorgespannt und kann nur kleine Momente übertragen. Bei wachsender Belastung wandert das Kuppelteil, veranlasst durch das Steilgewinde, in Richtung Druckfeder oder Federteller, die damit stärker gespannt wird und die Lamellen fester zusammendrückt. Die Lamellenkupplung überträgt daher mit wachsender Belastung des Starters auch steigende Drehmomente.

Stirnzahnfreilauf
Auch der Stirnzahnfreilauf wird bei großen Nutzfahrzeugstartern eingesetzt.

Das gesamte System ist durch eine Geradverzahnung in der Lagerhülse mit der Ankerwelle verbunden und kann auf ihr axial verschoben werden (Einspuren). Die Lagerhülse hat außen ein Steilgewinde und überträgt das Drehmoment auf eine Kupplungsmutter, die es über die steilen Flanken einer sägezahnförmigen Stirnverzahnung an das Ritzel weitergibt. Im Überholbetrieb stößt das Ritzel mit Hilfe der flachen Stirnverzahnungsflanken die Kupplungsmutter zurück und trennt die Kupplung. Der Ausrückring wird durch die nach außen strebenden Fliehgewichte axial verschoben und hält dadurch die Stirnverzahnung offen. Bei kleineren Ritzeldrehzahlen reicht die Fliehkraft an den Gewichten nicht mehr aus, die Stirnzahnkupplung geöffnet zu halten und die Feder rückt die Kupplungsmutter wieder in das Ritzel ein.

Lamellenkupplung.
1 Abtriebswelle (mit Ritzel verbunden), 2 Druckfeder, 3 Mitnehmer mit Außenlamellen, 4 Pressmutter mit Innenlamellen, 5 Steilgewinde, 6 Antriebsseite (mit Anker verbunden).

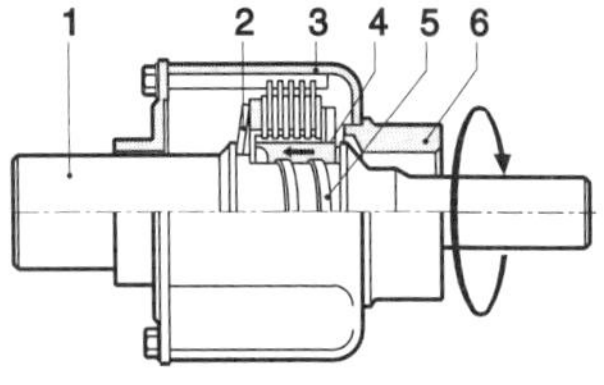

Stirnzahnfreilauf.
1 Ritzel, 2 Fliehgewicht, 3 Stirnverzahnung, 4 Ausrückring, 5 Kupplungsmutter, 6 Feder, 7 Steilgewinde, 8 Dämpfungspuffer, 9 Lagerhülse, 10 Geradverzahnung.

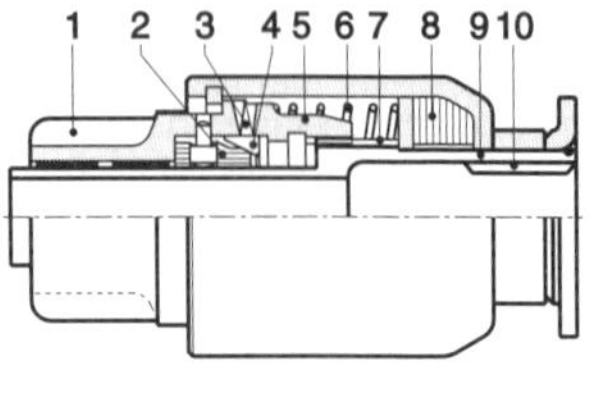

Starterschutz

Die Starterleistung ist auch von der Größe der Fahrzeugbatterie abhängig. Thermische Beanspruchung der stromdurchflossenen und mechanische Belastung der drehmomentübertragenden Teile steigen mit wachsender Batteriegröße. Daher ist in der Regel für jeden Startertyp eine maximal zulässige Batteriegröße festgelegt. Obwohl der Starter nur für kurze Betriebszeiten vorgesehen ist, muss bei tiefen Temperaturen mit langen Durchdrehzeiten und damit hohen thermischen Belastungen gerechnet werden.

Bei Verwendung großer Batterien sollten deshalb nach längeren Durchdrehzeiten angemessene Kühlpausen eingelegt werden.

Bei großen Startern unterbinden eingebaute Thermoschalter (z.B. in der Schleifkohle) zu lange Betriebszeiten. In Startanlagen mit Fernbedienung (z.B. Omnibusse mit Heckmotor, Notstromaggregate, Dieseltriebwagen usw.) lässt sich der Startvorgang nicht immer vom Fahrer überwachen.

Fehlbedienungen können Beschädigungen von Starter oder Zahnkranz verursachen.

Start-Sperr-Relais
Sie schützen gegen irrtümliches Einspuren bei laufendem Motor oder zu langes Überholen nach bereits erfolgtem Start. Dabei wird die bei Drehung des Motors ansteigende Generatorspannung als Meldegröße für den Motorlauf verwendet. Im Falle des auslaufenden Motors, wenn der Generator schon kein verwertbares Spannungs-„Signal" mehr liefert, sperrt ein Zeitglied im Start-Sperr-Relais für einige Sekunden die Anlage für weitere Einspurversuche.

Start-Wiederhol-Relais
Sie unterbrechen den Startvorgang, wenn das Ritzel trotz aller Einspurhilfen nicht in den Zahnkranz einrückt, aber der Starter eingeschaltet bleibt.

Sie verhindern damit zu lange Strombelastungen der Einzugswicklung des Einrückrelais.

Elektrische Antriebe

Der Elektroantrieb zeichnet sich durch Geräuscharmut, Abgasfreiheit und hohe Nutzungsgrade aus. Während bei reinen Elektrofahrzeugen der Elektroantrieb als einzige Antriebsart auf die Räder wirkt, sind bei Hybridfahrzeugen mindestens zwei unterschiedliche Antriebsarten wirksam, einer davon meistens ein Elektroantrieb.

Im Gegensatz zu Fahrzeugen mit Verbrennungsmotor ist bei reinen Elektrofahrzeugen im Allgemeinen der Energiespeicher für die Fahrleistungen verantwortlich. Die Leistung des Elektromotors wird der Maximalleistung des Energiespeichers angepasst. Als Energiespeicher kann z. B. eine elektrochemische Batterie oder eine Brennstoffzelle (S. 648) mit zugehörigem Kraftstoffbehälter Verwendung finden.

Je nach Aufgabengebiet lassen sich Batterie-Elektrofahrzeuge in Elektrostraßenfahrzeuge und Flurförderzeuge unterteilen. Flurförderzeuge sind für innerbetriebliche Transportaufgaben vorgesehen und im Allgemeinen nicht für den öffentlichen Straßenverkehr zugelassen. Ihre Höchstgeschwindigkeit liegt unterhalb von 50 km/h. Bei Batterie-Elektrostraßenfahrzeugen ist wegen der geringen Energiedichte der Batterien die Reichweite gegenüber verbrennungsmotorisch angetriebenen Fahrzeugen deutlich geringer. Auch ist die Höchstgeschwindigkeit üblicherweise auf ca. 130 km/h begrenzt. Während bei Flurförderzeugen bereits mehr als die Hälfte der Neufahrzeuge elektrisch angetrieben wird, ist der Anteil des Elektroantriebes bei Straßenfahrzeugen sehr gering.

Stromversorgung

Versorgungsengpässe für Elektrofahrzeuge, die aus dem Stromversorgungsnetz aufgeladen werden, gibt es nicht. In Deutschland können z. B. mehr als zehn Millionen Elektroautos mit Strom versorgt werden, ohne dass neue Kraftwerke hierfür gebaut werden müssten – wenn sie vorwiegend nachts aufgeladen werden. Diese Zahl an Elektroautos würde weniger als 5% der Stromproduktion Deutschlands benötigen.

Zur Aufladung der Batterien kann jede Haushaltssteckdose genutzt werden. Mit dieser stehen jedoch maximal 3,7 kW elektrische Leistung zur Verfügung, sodass pro Stunde Ladezeit nur für eine Fahrstrecke von bis zu 20 km nachgeladen werden kann. Kürzere Ladezeiten können über einen Drehstromanschluss (wie bei Flurförderzeugen) erreicht werden. Verglichen mit den Tankzeiten speziell von Dieselkraftstoff liegen die Nachladezeiten für Elektroautos bei gleichen Fahrstrecken und vergleichbaren Fahrzeugen auch bei sehr großen elektrischen Anschlussleistungen um etwa den Faktor 100 höher.

Elektroantrieb eines Batterie-Elektrostraßenfahrzeugs *(Blockschaltbild).*

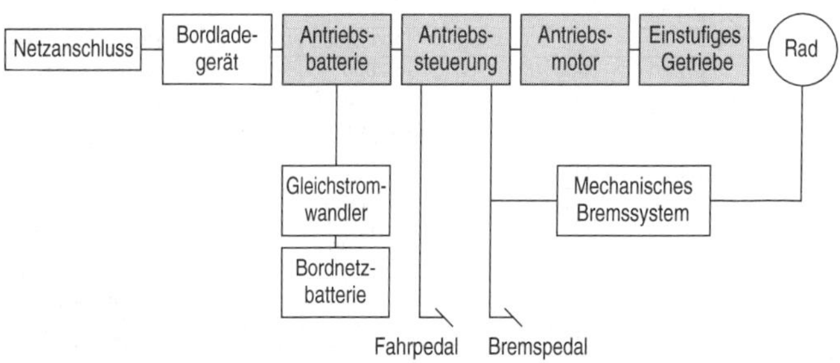

Batterien

Während bei Flurförderzeugen aus Kostengründen die Blei-Säure-Batterie dominiert, verdrängen bei Elektroautos zunehmend Nickel- und Lithium-Batteriesysteme die Blei-Säure-Batterie.

Blei-Säure-Batterie

Der prinzipielle Aufbau der Blei-Säure-Batterie entspricht dem einer Starterbatterie (S. 933), wobei die Materialzusammensetzung und die Ausführung der Batteriezelle den Traktionsanforderungen angepasst sind. Die im Flurförderbereich gebräuchlichen Batterien setzen sich aus einzelnen Zellen zusammen, während sich beim Elektrostraßenfahrzeug die Modulbauweise mit 3 oder 6 Zellen pro Einheit wegen der höheren Energiedichte durchgesetzt hat.

Bei Flurförderzeugen werden meist Bleibatterien mit flüssigem Elektrolyten eingesetzt, bei denen regelmäßig Wasser nachgefüllt werden muss. Bei Elektrostraßenfahrzeugen ist dieser Wartungsaufwand dem Fahrzeugnutzer nicht zumutbar. Hier hat sich die über die Lebensdauer wartungsfreie Bleibatterie mit festgelegtem Elektrolyten (Gel) durchgesetzt. Mit Bleibatterien ausgerüstete Straßenfahrzeuge haben im Stadtverkehr unter realistischen Fahrbedingungen Reichweiten von ca. 50...70 km pro Batterieladung. Durch Zwischenladung in den Standzeiten lassen sich höhere Tagesreichweiten erzielen.

Bei Bleibatterien nimmt die Bereitschaft zur Energieaufnahme mit fallender Temperatur ab. So ist bei Batterietemperaturen unter 0 °C eine Batterieheizung erforderlich, um die Batterie in angemessener Zeit vollständig aufzuladen. Die dafür benötigte Energie wird üblicherweise zusammen mit der Ladeenergie dem Netz entnommen. Entnehmbare Leistung und Energie nehmen ebenfalls mit fallender Temperatur ab. Dies bedeutet geringere Beschleunigung und Reichweite.

Wegen der Beteiligung des Elektrolyten an der chemischen Reaktion weisen Bleibatterien eine Abhängigkeit der entnehmbaren Kapazität vom Belastungsstrom auf. Ständige Volllast beim Fahren bedeutet deshalb eine Verkürzung der Reichweiten von 20 % und mehr.

Im Flurförderbereich sind 7...8 Jahre Lebensdauer bei 1200...1500 Zyklen möglich. Flottenversuche mit Elektro-Pkw haben nachgewiesen, dass mit der eingesetzten Bleibatterie eine Lebensdauer von ca. 5 Jahren bzw. 700 Zyklen möglich ist. Die Hauptursache für die kürzere Lebensdauer im Elektrostraßenfahrzeug

Batteriesysteme

Eigenschaften	**Blei-Säure-System** offen/geschlossen	**Nickel-Systeme** Nickel-Cadmium (Ni/Cd) Nickel-Metallhydrid (NiMH)	**Lithium-Systeme** Lithium-Ion Lithium-Polymer
Zellenspannung	2 V	1,2 V	3...4 V
Energiedichte	25...30 Wh/kg	35...80 Wh/kg	60...150 Wh/kg
Energetischer Wirkungsgrad ohne Heizung/Kühlung	75...80 %	60...85 %	85...90 %
Leistungsdichte	100...200 W/kg	100...1000 W/kg	300...1500 W/kg
Lebensdauer in Zyklen	600...900	> 2000	> 1000 projektiert
Betriebstemperatur	10...55 °C	–20...55 °C	–10...50 bzw. 60 °C
Wartungsfrei	je nach Ausführung	je nach Ausführung	ja

Kaufbare Fahrzeuge (Beispiele)

Fahrzeugtyp	Batterietyp	Motorleistung	Beschleunigung 0...50 km/h	Höchstgeschwindigkeit	Typische Reichweite pro Ladung	Typischer Netzenergieverbrauch
Pkw	Ni/Cd	21 kW	9 s	90 km/h	80 km	18 kWh/100 km
Pkw	NiMH	49 kW	7 s	130 km/h	200 km	26 kWh/100 km
Pkw	Lithium-Ion	62 kW	6 s	120 km/h	200 km	23 kWh/100 km
Transporter	Blei-Säure	80 kW	7 s	120 km/h	90 km	35 kWh/100 km

liegt in der wesentlich höheren spezifischen Beanspruchung der Batterie. Beim Elektrostraßenfahrzeug liegt die mittlere Entladezeit bei 2 Stunden oder darunter, wogegen beim Flurförderzeug 7...8 Stunden die Regel sind.

Nickel-Batterie-Systeme

Das Nickel-Cadmium- und zunehmend das Nickel-Metallhydrid-System mit alkalischem Elektrolyten finden weite Verbreitung in Gerätebatterien. Da Cadmium umweltschädlich ist, wird in absehbarer Zeit das Nickel-Metallhydrid-System das Nickel-Cadmium-System ersetzen. Während bei Gerätebatterien geschlossene Systeme Anwendung finden, eignet sich für Traktionsanwendungen häufig die offene Nickel-Cadmium-Zelle, bei der wie bei offenen Bleibatterien in regelmäßigen Abständen Wasser nachzufüllen ist. Nickel-Metallhydrid-Batterien sind systembedingt immer geschlossene Systeme. Die niedrige Zellenspannung von nur 1,2 V erfordert eine höhere Zahl an Zellen (für z. B. ein 6-V-Modul) als bei der Bleibatterie. Eine Batterielebensdauer von bis zu 10 Jahren bzw. 2000 Zyklen ist für eine Reihe von Anwendungen nachgewiesen. Die deutlich höhere Lebensdauer gegenüber Blei-Säure-Batterien kann auch einen Teil der höheren Kosten kompensieren, welche die relativ teuren Ausgangsmaterialien und der aufwändige Produktionsprozess verursachen.

Nickel-Cadmium- und Nickel-Metallhydrid-Batterien werden beim Einsatz in Elektrostraßenfahrzeugen gekühlt; eine Heizung ist nur bei Temperaturen unterhalb von –20 °C erforderlich. Die entnehmbare Kapazität ist nahezu unabhängig von der Entladezeit. Die höhere Energiedichte alkalischer Batterien lässt sich sowohl zur Erhöhung der Nutzlast als auch zur Vergrößerung der Reichweite einsetzen. Typische Reichweiten von Elektro-Pkw mit Nickel-Cadmium-Batterien liegen bei ca. 80...100 km.

Beim Nickel-Metallhydrid-System ersetzt eine Wasserstoff speichernde Metalllegierung das Cadmium. Gegenüber dem Nickel-Cadmium-System hat die Nickel-Metallhydrid-Batterie eine etwas höhere Energiedichte bei etwas längerer Lebensdauer. Nickel-Systeme sind wegen der generell hohen Leistungsdichte besonders für Hybridfahrzeuge interessant.

Lithium-Batterie-Systeme

Lithium-Systeme erlauben Energiedichten von mehr als 100 Wh/kg und Leistungsdichten von über 300 W/kg bei Traktionsbatterien. Sie sind bei Umgebungstemperatur oder geringfügig höheren Temperaturen betreibbar und weisen hohe Zellenspannungswerte von über 4 V auf. Im anspruchsvollen Gerätebatteriemarkt (wie z. B. für Laptops und Videorekorder) hat sich das Lithium-Ion-System bereits erfolgreich etabliert.

Lithium-Systeme zeigen keinen Memory-Effekt wie das Nickel-Cadmium-System. Nachteilig bei Lithium-Systemen ist der relativ hohe Aufwand, der für die Systemsicherheit erbracht werden muss. So ist wegen der fehlenden Überladefähigkeit jede einzelne Zelle zu überwachen. Auch ist die Batterie im Kurzschlussfall besonders zu schützen, um eine Gefährdung der Umgebung zu verhindern.

Lithium-Ion-Batterie

Bei der Lithium-Ion-Batterie lagern sich Lithium-Ionen auf der negativen Elektrode in ein Graphitgitter elektrisch reversibel ein. Bei den gängigen Gerätebatterien enthält die positive Elektrode als wesentlichen Bestandteil Cobaltoxid, was das System recht teuer macht. Man versucht deshalb, preiswertere Materialien wie z. B. Mangan- oder Nickeloxide einzusetzen. Als Elektrolyt dient organisches Material; wässrige Elektrolyten lassen sich wegen der starken chemischen Reaktion von Lithium mit Wasser nicht einsetzen.

Lithium-Polymer-Batterie

Ein weiteres sehr vielversprechendes Lithium-System ist die Lithium-Polymer-Batterie. Sie besteht aus einer dünnen Lithium-Folie, einem Polymerelektrolyten und einer positiven Folienelektrode mit dem Hauptbestandteil Vanadiumoxid. Dieser Film (Gesamtdicke ca. 0,1 mm) ist zu einzelnen Zellen gewickelt oder gefaltet. Die Betriebstemperatur beträgt ca. 60 °C. Darüber hinaus gibt es bei Lithium-Ion-Gerätebatterien Entwicklungen, den organischen Flüssigelektrolyten durch Polymerelektrolyte zu ersetzen.

Antriebe

Der Antriebsstrang eines Elektrofahrzeugs besteht im Allgemeinen aus Leistungssteller, Motor und Getriebe. Der Leistungssteller setzt die Fahrpedalstellung in die entsprechenden Strom- und Spannungswerte am Motor um. Meistens wird das Antriebsdrehmoment über das Fahrpedal vorgegeben (wie beim Verbrennungsmotor).

Da das geforderte maximale Moment wesentlich die Motorkosten bestimmt, ist eine möglichst hohe Untersetzung zwischen Motor- und Raddrehzahl vorteilhaft. Abhängig von der gewünschten Steigfähigkeit und Höchstgeschwindigkeit des Fahrzeugs bei gegebenem maximalem Drehmoment und Drehzahlstellbereich des verwendeten Antriebes kann die Untersetzung ein- oder auch mehrstufig gewählt werden. Aktuelle Elektroautos besitzen einstufige Untersetzungen.

Im Gegensatz zu Verbrennungsmotoren ist bei elektrischen Antrieben zwischen Kurzzeitleistung und über längere Zeit verfügbarer Leistung zu unterscheiden. Die Maximalleistung des Leistungsstellgliedes begrenzt meistens die Kurzzeitleistung. Zur Charakterisierung der über längere Zeiten verfügbaren Maximalleistung wird bei Antrieben für Elektrostraßenfahrzeuge die Halbstundenleistung verwandt. Diese ist im Allgemeinen durch die zulässige Motortemperatur begrenzt. Die Unterscheidung in Kurzzeit- und Dauerleistung ist auch bei den meisten Batteriesystemen erforderlich. Zwischen Kurzzeit- und Halbstundenleistung liegt je nach Antriebsart der Faktor 1 bis 3. Die maximale Antriebsleistung muss deshalb überwacht und gegebenenfalls entsprechend den thermischen Grenzkennlinien von Leistungsstellglied, Motor oder Batterie reduziert werden.

Die Unterscheidung bei Elektrostraßenfahrzeugen in Kurzzeit- und Halbstundenleistung führt unter anderem auch dazu, dass zwei Höchstgeschwindigkeitswerte angegeben werden: die Höchstgeschwindigkeit über eine Distanz von 2 x 1 km sowie die Maximalgeschwindigkeit über eine Zeitdauer von 30 Minuten.

Gleichstrom-Reihenschlussantrieb

Dieser Antrieb besitzt den einfachsten Aufbau des Leistungsstellers. Die Motorspannung wird entsprechend dem gewünschten Stromsollwert eingestellt, indem ein Leistungsschalter (Thyristor oder Transistor/-en) die Batteriespannung in einem veränderbaren Tastverhältnis und/oder Taktfrequenz auf den Motor schaltet (Tiefsetzsteller-Prinzip).

Zur Bremsenergierückgewinnung muss der Leistungssteller als Hochsetzsteller arbeiten, wozu zusätzliche Bauelemente erforderlich sind. Da Feld und Anker des Motors in Reihe geschaltet sind, fällt das Antriebsmoment bei voll durchgeschalteter Batteriespannung quadratisch mit der Drehzahl ab.

Wegen seines einfachen Aufbaus und seiner geringen Kosten werden gegenwärtig noch die meisten Flurförderzeuge mit diesem Antrieb ausgerüstet, obwohl die Wirkungsgrade dieses Antriebes relativ niedrig sind. Die geringe Höchstgeschwindigkeit der Flurförderzeuge erlaubt Antriebslösungen mit einstufiger Untersetzung.

Fremderregter Gleichstromantrieb

Bei diesem Antrieb wird die magnetische Erregung des Motors durch ein eigenes Stellglied (Feldsteller) eingestellt. Das Feld kann abhängig von der Motorgröße im Verhältnis bis etwa 1:4 geschwächt werden. Die Feldschwächung setzt bei der Eckdrehzahl ein. Die Eckdrehzahl wird bei voller Motorspannung am Anker und maximalem Feldstrom erreicht. Beim Anfahren begrenzt ein elektronischer Ankersteller bei maximalem Feldstrom den Motorstrom, bis bei der Eckdrehzahl die volle Motorspannung am Anker anliegt. Im Feldschwächbereich bleibt die Leistung der Maschine bei konstantem Ankerstrom annähernd konstant. Die mit kleiner werdendem Feldstrom schwieriger werdenden Kommutierungsverhältnisse erfordern meist vor Erreichen der Maximaldrehzahl eine Reduzierung des Ankerstroms.

Der Motor ist wegen der erforderlichen Wendepole aufwändiger als der Reihenschlussmotor. Die Grenzdrehzahlen sind bedingt durch den mechanischen Stromwender auf etwa 7000 min^{-1} begrenzt.

Drehmoment und Leistung in Abhängigkeit von der Drehzahl für verschiedene Antriebsarten.
a) Gleichstrom-Reihenschlussantrieb,
b) fremderregter Gleichstromantrieb,
c) Asynchronantrieb,
d) permanent erregter Synchronantrieb.
M_{max} *Maximales Drehmoment,*
P_{max} *maximale Leistung.*

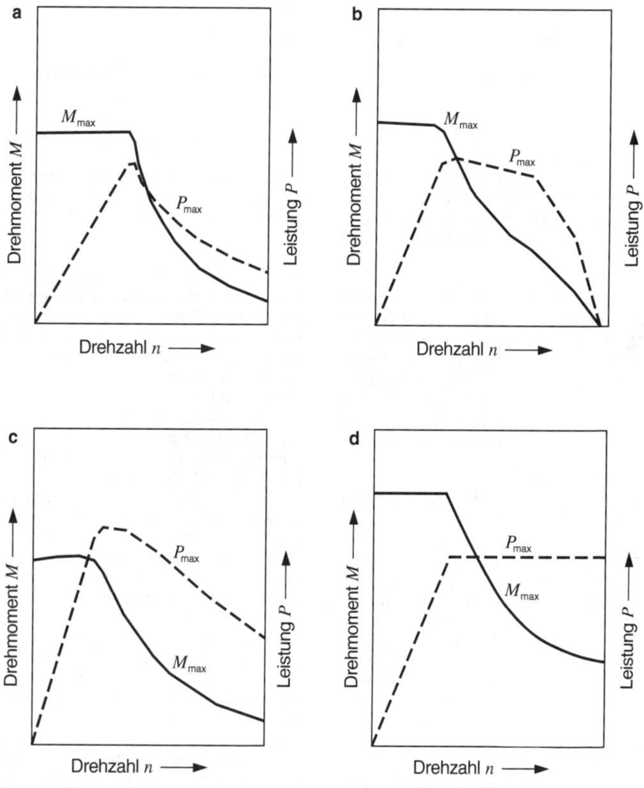

Wirkungsgradkennfelder.
a) Fremderregter Gleichstromantrieb, b) permanent erregter Synchronantrieb.
M_{max} Maximales Drehmoment.

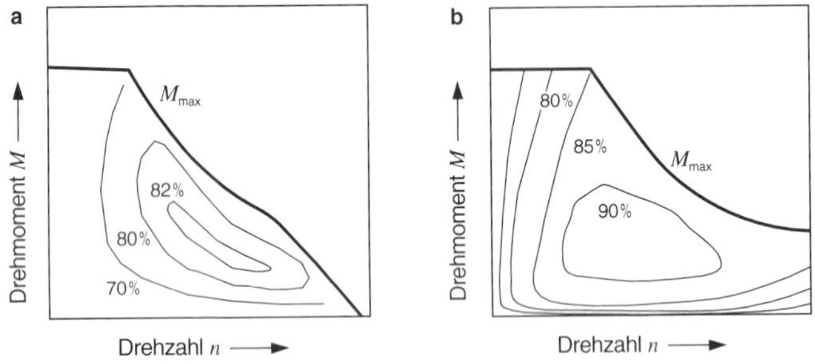

Um die Motorkosten oder das Motorgewicht niedrig zu halten, lässt sich dieser Antrieb mit einem mehrstufigen Getriebe kombinieren. Eine Rückspeisung der Bremsenergie ist mit gutem Wirkungsgrad ohne zusätzliche Bauelemente möglich. Aktuelle Elektroautos werden jedoch kaum noch mit Gleichstromantrieben ausgerüstet. Die Drehstromantriebe als Asynchron- oder Synchronantrieb haben sich auch wegen ihrer Wartungsfreiheit durchgesetzt. Bei Gleichstrommotoren ist, wenn auch in großen Intervallen, ein Wechsel der Kohlebürsten erforderlich.

Asynchronantrieb

Der Asynchronantrieb hat den einfachsten und preiswertesten Motoraufbau bei (gegenüber Gleichstromantrieben) deutlich reduziertem Volumen und Gewicht. Prinzipiell ist der Aufwand für den Leistungssteller bei Drehstromantrieben jedoch höher als bei Gleichstromantrieben. Ähnlich wie beim fremderregten Gleichstromantrieb ist Feldschwächbetrieb möglich. Da ein mechanischer Stromwender fehlt, lassen sich bei entsprechender Motorkonstruktion Drehzahlen bis zu 20 000 min^{-1} realisieren. Dies gestattet auch bei Elektrostraßenfahrzeugen Antriebskonzepte mit einstufiger Untersetzung. Die Wirkungsgrade liegen höher als bei Gleichstromantrieben, erreichen aber nicht ganz die von Synchronantrieben mit Permanentmagneten. Bremsenergierückgewinnung ist ebenfalls mit hohem Wirkungsgrad möglich.

Permanent erregter Synchronantrieb

Wegen des Einsatzes von Permanentmagneten zum Aufbau des Erregerfeldes erzielt diese Antriebsvariante auch im Teillastbereich sehr hohe Wirkungsgrade. Mit Seltenerdenmagneten (hohe Energiedichte) sind sehr kleine Bauvolumen bei hohen Drehmomenten realisierbar. Die Seltenerdenmagnete machen den Motor aber teuerer als z. B. Asynchronmotoren. Dieser Antrieb lässt keinen echten Feldschwächbetrieb zu. Ein Quasi-Feldschwächbetrieb kann durch Erhöhung der Längskomponente des Ständerstromes realisiert werden, indem der drehmomentbildende Anteil reduziert wird. Gegenwärtig stehen Motoren mit „vergrabenen" Magneten zur Verfügung, die wegen ihrer ausgeprägten Unsymmetrie Feldschwächfaktoren bis 1:3 erreichen. Alternativ werden Wicklungen mit besonders hoher Induktivität ausgelegt, die noch wesentlich höhere Feldschwächfaktoren zulassen. Da ein Betrieb mit annähernd konstanter Leistung möglich ist, reicht auch hier eine einstufige Untersetzung im Allgemeinen aus.

Hybridantriebe

Im weiteren Sinn werden unter der Bezeichnung „Hybridantriebe“ Fahrzeugantriebe mit mehr als einer Antriebsquelle verstanden. Dabei können mehrere, gegebenenfalls verschiedenartige Energiespeicher und/oder Leistungswandler vorhanden sein. Entwicklungsziel ist, verschiedenartige Antriebskomponenten so zu kombinieren, dass die jeweiligen Vorteile bei unterschiedlichen Betriebszuständen zum Tragen kommen und insgesamt gegenüber dem erhöhten technischen Aufwand von Hybridantrieben überwiegen.

Einteilung der Hybridantriebe

Der Verbrennungsmotor als Fahrzeugantrieb wird in Leistungsangebot und Reichweite von keiner anderen Antriebsart übertroffen. Die Nachteile und damit der Anstoß, den Verbrennungsmotor zu einem Hybridantrieb zu erweitern, liegen im Absinken des Wirkungsgrades bei Teillast sowie im nicht emissionsfreien Betrieb. Bei manchen Hybridantrieben wird deshalb der Verbrennungsmotor nur für die mittlere Fahrleistung bemessen. Die Leistungsunterschiede zur momentan benötigten Fahrleistung werden durch den zusätzlichen mechanischen oder elektrischen Energiespeicher gedeckt.

Hybridantrieb mit mechanischem Speicher

Der Hybridantrieb mit Verbrennungsmotor und Schwungrad ermöglicht durch Zu- und Abschalten der drei Kupplungen K1, K2 und K3 eine Vielzahl von Betriebsweisen. Der Verbrennungsmotor kann sowohl mit dem Eingang des Lastschaltgetriebes als auch mit dem Schwungrad direkt mechanisch gekuppelt werden.

Darüber hinaus kann der Verbrennungsmotor über das stufenlose Getriebe die beiden Speicher kinetischer Energie (Schwungrad und Fahrzeugmasse) aus dem Stillstand heraus starten. Ebenfalls ist mit dieser Struktur ein Parallelbetrieb mit den beiden Antriebsquellen Dieselmotor und Schwungrad möglich, bei dem nur die dem Schwungrad entnommene Leistung über das verlustbehaftete stufenlose Getriebe mit hydrostatischen Wandlern zum Lastschaltgetriebe übertragen wird, während die Motorleistung direkt dem Getriebeeingang zugeführt wird.

Einteilung der Hybridantriebe.
△ Studienvorschläge, ● Prototypfahrzeuge, ◆ Versuchsbetrieb im praktischen Einsatz.

Antriebsquellen	Verbrennungsmotor	●	●					◆	◆	◆
	Elektromotor			●	◆	△	△	◆	◆	◆
Mechanische Energiespeicher	Schwungrad	●			◆	△				◆
	Druckspeicher		●							
Elektrische Energiequellen	Batterie			●		△	△	◆		
	Brennstoffzelle						△			
	Externe Zufuhr (Trolley)			●	◆				◆	
Ausführungsbeispiele		Gyrobus MAN, MB	Hydrobus MAN	DUO-Bus Esslingen	Neoplan Trolleybus Basel			Hybrid-Elektrobus MB, Verteiler-Lkw MAN, MB	DUO-Bus Essen	Magnetmotorbus München

Hybridantrieb Verbrennungsmotor mit Schwungrad.
VM *Verbrennungsmotor,* SR *Schwungrad,* SRG *Schwungradreduziergetriebe,* NA *Nebenantrieb,* F *Freilauf,* K *Kupplung,* P *Planetengetriebe,* H1, 2 *stufenloses hydrostatisches Getriebe,* LSG *Lastschaltgetriebe (automatisch schaltendes Planetengetriebe),* A *Antriebsachse.*

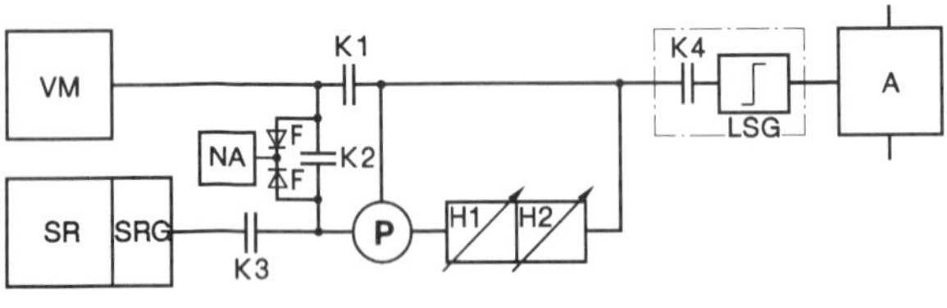

Hybridantrieb mit elektrischem Speicher

Hybridantriebe ohne Verbrennungsmotor mit ausschließlich elektrischen Antriebskomponenten sollen durch die hybride Komponente die Nachteile des rein batterieelektrischen Antriebs vermeiden. Die in der Batterie gespeicherte nutzbare Energiemenge lässt nur eine geringe Reichweite zu und vermindert sich darüber hinaus bei großer Leistungsentnahme.

Die Kombination mit einem mechanischen Energiespeicher soll Leistungsspitzen von der Batterie fernhalten und damit zu einer besseren Ausnutzung der Batterieenergie beitragen. Die Kombination von zwei verschiedenen elektrochemischen Energiequellen (Batterie, Brennstoffzelle) trennt die Energiequellen entsprechend einem Speicher mit hoher Belastbarkeit und einem Speicher mit gutem Energiespeichervermögen. Bei hybriden Elektroantrieben mit externer Energiezufuhr (Trolleysystem) dient der fahrzeugeigene Energiespeicher als Kurzzeitspeicher für fahrdrahtlose Streckenstücke. Damit lassen sich die hohen Kosten für die Fahrleitung verringern und es ist ein freizügigerer Fahrzeugverkehr möglich.

Ausgeführte Hybridantriebe

Eine größere Bedeutung haben bisher lediglich Hybridantriebe erlangt, die aus der Kombination eines Verbrennungsmotors und eines Elektroantriebs bestehen, der entweder aus einer mitgeführten Batterie oder aus einem Fahrdraht über Stromabnehmer versorgt wird. Die prinzipiell möglichen Antriebsanordnungen zeigt das Schema. Die darin angedeutete Batterie kann wahlweise durch die externe Stromversorgung ersetzt werden.

Hauptunterscheidungsmerkmal der verschiedenen Konfigurationen bildet die serielle, die parallele oder die gemischte Anordnung. Während in der seriellen Anordnung 1 die einzelnen Antriebskomponenten einander nachfolgend auf-

Hybride Antriebskonfigurationen.
1 Serielle Anordnung, 2 parallele Anordnung, 3 gemischte Anordnung. VM *Verbrennungsmotor,* EL *Elektroantrieb (motorische oder generatorische Betriebsart),* BA *Batterie bzw. externe Stromversorgung,* SG *Schaltgetriebe.*

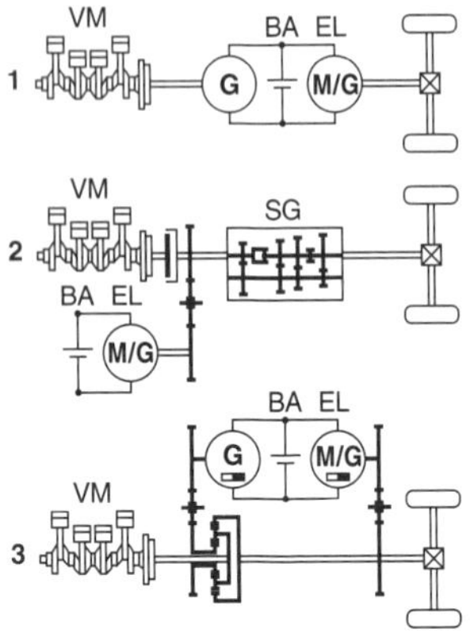

gereiht sind, sieht die Parallelanordnung 2 eine mechanische Addition der Antriebsleistung beider Antriebsquellen vor. Für die elektrischen Maschinen ist durch die Angabe M oder G die mögliche motorische oder generatorische Betriebsart bezeichnet.

Durch die mechanische Entkoppelung des Dieselmotors vom Fahrzeugantrieb bei der seriellen Anordnung ist es möglich, den Dieselmotor mit konstanter Drehzahl etwa nur in seinem Bestpunkt hinsichtlich seines Wirkungsgrades und seiner Emissionen zu betreiben. Den Vorteilen der seriellen Anordnung steht der Nachteil der mehrfachen Energieumwandlung gegenüber. Unter Einschluss des Speicherwirkungsgrades der Batterie werden als mechanischer Wirkungsgrad zwischen Dieselmotor und Antriebsachse kaum mehr als 55 % erreicht.

Vorteil der parallelhybriden Anordnung 2 ist es, dass sich in der Betriebsart mit Verbrennungsmotor keine Verschlechterung gegenüber dem normalen Fahrzeug ergibt. In der Anordnung 2 ist das für den dieselmotorischen Antrieb benötigte Wechselgetriebe auch in den elektrischen Antriebszweig mit einbezogen. Bei dieser Antriebsvariante genügt es deshalb, die Drehzahl der elektrischen Maschine analog dem Dieselmotor nur in einem Bereich oberhalb einer Grunddrehzahl zu variieren. Darüber hinaus profitiert in dieser Anordnung auch der Elektroantrieb von der Momentenwandlung durch das nachgeschaltete Getriebe, weshalb der Elektromotor nur für ein kleineres Antriebsmoment ausgelegt zu werden braucht. Im gleichen Maße verringert sich damit die Masse des Elektromotors, die dem Motormoment etwa proportional ist.

Die Struktur der gemischten Anordnung 3 gleicht der Überlagerung der Anordnungen 1 und 2 und entspricht einem Getriebe mit Leistungsverzweigung und stufenlos veränderlicher Übersetzung. Einerseits wird die Leistung des Verbrennungsmotors unmittelbar mechanisch den Antriebsrädern zugeführt und andererseits ist die Drehzahl des Verbrennungsmotors wegen der Drehzahlüberlagerung im Planetensatz von der Drehzahl der Antriebsräder entkoppelt.

Die Antriebsanordnung eines Hybrid-Elektrobusses gleicht der zuvor beschriebenen Variante 1. Um die gewünschte niedrige Bodenhöhe zu ermöglichen, wird der elektrische Antrieb durch Radnabenmotoren ausgeführt. Der elektrische Energiespeicher – eine Hochtemperaturbatterie – muss wegen der geringen Bodenhöhe einschließlich seiner Peripheriegeräte auf dem Fahrzeugdach untergebracht werden.

Hybrid-Elektrobus.
1 Radnabenmotoren, 2 Dieselmotor mit Generator, 3 Luftpresser und Lenkhilfpumpe, 4 Traktionsbatterien, 5 Bordnetzumrichter, 6 Wechselrichter, 7 Bremswiderstand.

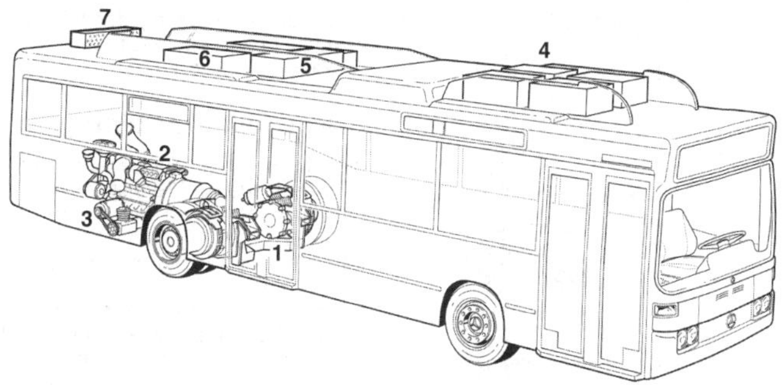

Brennstoffzellen

Brennstoffzellen (BZ) sind elektrochemische Zellen, mit denen die chemische Energie eines geeigneten Brennstoffs mit Sauerstoff (O_2) aus der Luft kontinuierlich in elektrische Energie gewandelt werden kann. Als Brennstoffe kommen hauptsächlich Wasserstoff (H_2), Methanol (CH_3OH) und bedingt auch Methan (bei sehr hohen Temperaturen) in Betracht. Da gewöhnliche Kraftstoffe nicht direkt einsetzbar sind, müssen sie durch eine chemische Reformierungsreaktion in H_2 umgewandelt werden. BZ arbeiten mit hohem Wirkungsgrad und niedrigen Schadstoffemissionen. Sie sind modular aufgebaut und daher in einem großen Leistungsbereich von einigen Watt bis zu Megawatt einsetzbar.

Aufgrund dieser Eigenschaften und neuer aussichtsreicher Entwicklungen auf dem Gebiet der Niedertemperatur-BZ sehen in letzter Zeit viele Automobilhersteller im BZ-Antrieb für Kfz eine ernsthafte Alternative zum Verbrennungsmotor. Hauptsächlich die großen Fahrzeughersteller arbeiten deshalb intensiv an der Entwicklung fahrzeugtauglicher BZ.

Polymerelektrolyt-Brennstoffzelle *(Prinzip).*
1 Wasserstoff, 2 elektrische Last,
3 Luft (Sauerstoff), 4 Katalysator, 5 Elektrolyt,
6 Bipolarplatte, 7 Wasserdampf und Restluft.

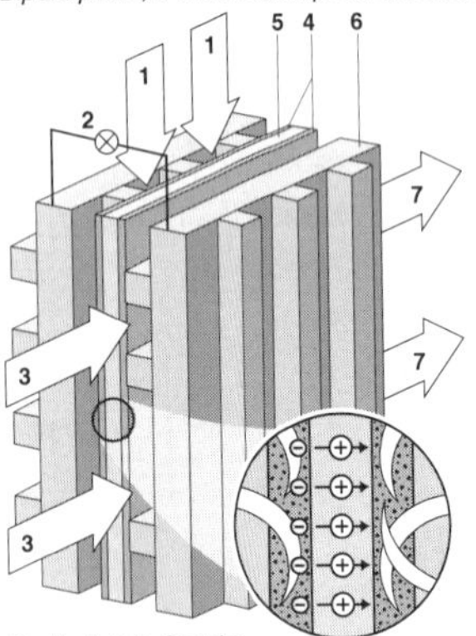

Quelle: DaimlerChrysler

Eine im Hinblick auf den Umwelt- und Kundennutzen realistische Einschätzung des BZ-Antriebs ist aber nur bei ganzheitlicher Betrachtungsweise möglich. Im Falle der Emissionen dürfen nicht nur die direkten, sondern müssen auch die indirekten, in der Vorkette der Brennstoffgewinnung anfallenden Emissionen berücksichtigt werden. Ähnliches gilt für den Wirkungsgrad, der mit anderen Antrieben nur dann vergleichbar ist, wenn er die gesamte Wirkungsgradkette von der Primärenergie bis zum Rad umfasst.

Der bislang wichtigste Einsatz der BZ ist die Erzeugung elektrischer Energie in Raumfahrzeugen und Unterseebooten.

Ausführungen

Im Unterschied zu Brennkraftmaschinen ist die Funktion von BZ nicht an eine bestimmte (hohe) Temperatur gebunden. Dadurch gibt es BZ für Raumtemperatur und solche für Temperaturen bis ca. 1000 °C (Tabelle 1). Je nach Temperatur unterscheiden sich die verschiedenen Ausführungen vor allem durch die Art des Elektrolyten, der bis ca. 90 °C wässrig bzw. wasserhaltig ist. Bei mittelhohen Temperaturen (500 ... 700 °C) haben sich schmelzflüssige Alkalikarbonatelektrolyte bewährt und bei hohen Temperaturen (800 ... 1000 °C) sind nur Festelektrolyte auf keramischer Basis (z. B. Zirkondioxid) einsetzbar. Außer durch den Elektrolyten unterscheiden sich die BZ auch durch die Art der verwendeten Elektrodenmaterialien.

Als Kurzbezeichnung der BZ werden Abkürzungen ihrer englischen Namen verwendet (Tabelle 1).

Brennstoffaufbereitung

Obwohl seit langer Zeit versucht wird, BZ mit verschiedenen Brennstoffen direkt zu betreiben, benötigen die heute verfügbaren BZ für den Betrieb H_2 als Energieträger. H_2 wird heute in der Regel aus Erdgas oder anderen fossilen Energieträgern durch eine chemische Reformierungsreaktion erzeugt. Für eine mobile Anwendung muss H_2 im Fahrzeug gespeichert oder an Bord aus einem anderen Energieträger gewonnen werden.

Wasserstoffspeicher

Zur Anwendung im Kfz kann H_2 gasförmig in Druckbehältern bis zu 300 bar oder flüssig in Kryotanks bei –253 °C gespeichert und transportiert werden. Für Anwendungen im Bereich kleiner Leistungen oder in U-Booten kommt auch die Speicherung in Metallhydriden oder eventuell in speziellen Kohlenstoffmodifikationen in Betracht. Bei der Druck- oder Flüssigspeicherung von H_2 ist zu beachten, dass ein erheblicher Teil der Primärenergie für die Kompression oder Verflüssigung des H_2 aufzuwenden ist. Außerdem ist die Energiedichte der H_2-Speicher im Vergleich zum Kraftstofftank geringer.

Methanolreformierung

CH_3OH wird technisch aus Erdgas mit einem Wirkungsgrad von ca. 65 % hergestellt. Es hat gegenüber H_2 den Vorteil, dass es in flüssiger Form, ähnlich den konventionellen Kraftstoffen, getankt werden kann. Allerdings muss für CH_3OH eine eigene Infrastruktur aufgebaut werden. Da es wesentlich stärker korrosiv wirkt als Benzin oder Diesel, kann es nicht in vorhandenen Kraftstofftanks gelagert werden. CH_3OH kann durch eine katalytische Reformierung mit Wasserdampf bei Temperaturen von 250...450 °C in H_2, CO_2 und CO umgesetzt werden. CO wird in einer nachfolgenden katalytischen Stufe mit Wasser in H_2 und CO_2 umgesetzt. Ein verbleibender Rest von CO muss in einer Gasfeinreinigung entfernt werden, weil es die Elektroden der BZ inhibiert.

Benzinreformierung

Benzin hat den Vorteil einer hohen Energiedichte und der Verfügbarkeit in einer existierenden Infrastruktur. Die Reformierung zu H_2 ist jedoch wesentlich schwieriger als z. B. bei CH_3OH. Die Umwandlung erfolgt mit Luft und Wasser bei Temperaturen von 800...900 °C in einer partiellen Oxidation zu H_2, CO_2 und CO. Das CO wird in zwei anschließenden katalytischen Stufen mit H_2O in H_2 und CO_2 umgesetzt. Ein verbleibender Rest von CO muss auch hier in einer Gasreinigung abgetrennt werden, weil es die Elektroden der BZ inhibiert. Die Probleme der Benzinreformierung liegen hauptsächlich in dem komplexen System, das bei hohen Temperaturen beherrscht werden muss, sowie in der Inhibierung der verwendeten Katalysatoren durch Koksbildung.

Thermodynamik und Kinetik

In BZ laufen grundsätzlich die gleichen elektrochemischen Reaktionen wie in galvanischen Zellen (z. B. in Batterien) ab. Im Unterschied dazu kommen in BZ aber ausschließlich gasförmige oder flüssige Brennstoffe zum Einsatz. Oxidationsmittel ist in der Regel O_2 oder Luftsauerstoff. Deshalb müssen in BZ spezielle, poröse Elektrodenstrukturen eingesetzt werden.

Tabelle 2 enthält die Reaktionsgleichungen und die berechneten BZ-Daten (theoretische Zellspannung E_0 und thermodynamischer Wirkungsgrad η_{th}) für die beiden interessanten Brennstoffe H_2 und CH_3OH bei verschiedenen Temperaturen. Die erste Reaktionsgleichung beschreibt

Tabelle 1. Brennstoffzellen-Typen.

Bezeichnung Brennstoffzelle		Elektrolyt	Temperatur °C	Wirkungsgrad Zelle (Last-Teillast) %	Einsatzbereich
Alkaline Fuel Cell	AFC	wässrige KOH	60...90	50...60	mobil, stationär
Polymer Elektrolyte Fuel Cell	PEFC	Polymer Elektrolyt	50...80	50...60	mobil, stationär
Direct Methanol Fuel Cell	DMFC	Membran	110...130	30...40	mobil
Phosphoric Acid Fuel Cell	PAFC	H_3PO_4	160...220	55	stationär
Molten Carbonate Fuel Cell	MCFC	Alkali-karbonate	620...660	60...65	stationär
Solid Oxide Fuel Cell	SOFC	ZrO_2	800...1000	55...65	stationär

die bekannte Knallgasreaktion, die in BZ nicht explosionsartig, sondern kontrolliert verläuft („kalte Verbrennung"). Entscheidend für den andersartigen Verlauf ist, dass in BZ die wichtigen Teilreaktionen (Oxidation des H_2 und Reduktion des O_2) an räumlich getrennten Elektroden bei verhältnismäßig niedriger Temperatur ablaufen (Bild und Tabelle 1). Dadurch ist es in BZ möglich, die chemische Energie, die der Abnahme der freien Enthalpie ΔG_R der Reaktion entspricht, direkt und vollständig nach Gleichung 1 in elektrische Arbeit A_e zu überführen:

$$A_\mathrm{e} = -\Delta G_\mathrm{R} = n \cdot F \cdot E_0 \qquad \text{(Gl. 1)}$$

(n Zahl der pro Brennstoffmolekül umgesetzten Elektronen, F Faraday-Konstante).

Da bei dieser Art der Energieumwandlung der sonst übliche Umweg über die Wärme vermieden wird, ist der Wirkungsgrad von BZ nicht durch den relativ schlechten Wirkungsgrad des Carnot'schen Kreisprozesses begrenzt.

Typische Strom-/Spannungskennlinien von Niedertemperatur Brennstoffzellen.

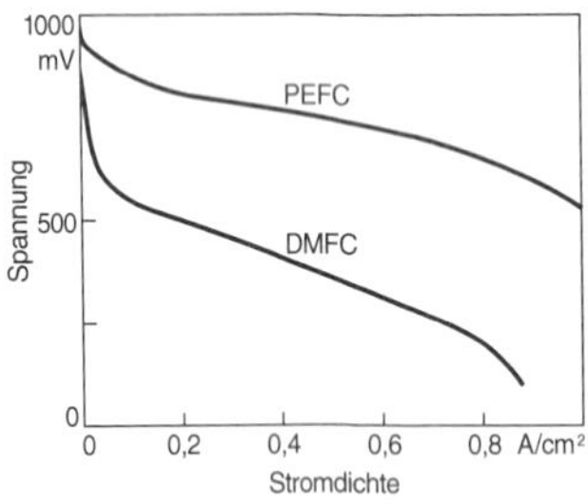

Tabelle 2 zeigt, dass die Zellspannungen E_0 für beide Brennstoffe nahe beieinanderliegen (ca. 1,2 V) und der nach Gleichung 2 berechnete thermodynamische Wirkungsgrad η_th ist auch für $CH_3OH < 1$, wenn als Reaktionsprodukt flüssiges Wasser entsteht:

$$\eta_\mathrm{th} = \Delta G_\mathrm{R} / \Delta H_\mathrm{R} \qquad \text{(Gl. 2)}$$

Die CH_3OH/O_2-BZ ist bei Temperaturen über 100 °C (wenn CH_3OH und H_2O gasförmig vorliegen) ein Beispiel dafür, dass der thermodynamische Wirkungsgrad von BZ prinzipiell auch > 1 sein kann.

In der Praxis werden die theoretischen BZ-Daten selbst bei hoher Temperatur mit keinem Brennstoff erreicht. Die Gründe dafür sind hauptsächlich in den kinetischen Hemmungen an beiden Elektroden (z. B. Ladungsdurchtritt und Stofftransport) sowie in der Mischpotenzialbildung an der positiven Elektrode und dem Elektrolytwiderstand zu sehen. Die dadurch bedingten Polarisationen können auch durch Einsatz von Edelmetallen (Platin, Ruthenium) als Katalysatoren, speziell strukturierten, porösen Elektroden und mit kleinen Elektrodenabständen nur verringert, aber nicht völlig beseitigt werden. Das gilt bereits für den stromlosen Zustand, in dem an einer H_2/O_2-PEFC anstatt der erwarteten 1,23 V lediglich ca. 1 V als Ruhespannung messbar sind. Bei Belastung nehmen Spannung und Wirkungsgrad von BZ mit steigendem Strom infolge zunehmender Polarisationen je nach Brennstoff unterschiedlich stark ab (Bild). Weitere wichtige Einflussgrößen, die den Verlauf der Strom-/Spannungskennlinie einer BZ bestimmen, sind Temperatur, Gasdruck (1,5 ... 3 bar) und die Edelmetallbelegung der Elektroden, die inzwischen auf 0,1 ... 0,5 mg Pt/cm² gesenkt werden konnte.

Tabelle 2. Reaktionsgleichungen und berechnete Daten für Wasserstoff (H_2) und Methanol (CH_3OH) als Energieträger für Brennstoffzellen.

Reaktionsgleichungen	Zustand H_2O/CH_3OH	Temperatur °C	E_0 V	η_th %
$H_2 + {}^1/{}_2O_2 \rightarrow H_2O$	flüssig	25	1,23	83
	flüssig	127	1,15	81
	gasförmig	127	1,16	92
	gasförmig	227	1,11	87
$CH_3OH + {}^3/{}_2O_2 \rightarrow$ $CO_2 + 2\,H_2O$	flüssig/flüssig	25	1,21	97
	flüssig/flüssig	127	1,20	99
	gasförmig/gasförmig	127	1,20	103
	gasförmig/gasförmig	227	1,21	104

Die typische Arbeitsspannung einer H_2/Luft-PEFC liegt im Bereich der Dauernennleistung (0,4 ... 0,5 W/cm^2 Elektrodenfläche) bei 0,75 ... 0,70 V (Bild), woraus sich nach Gleichung 2 ein Wirkungsgrad von 51 ... 48 % berechnet. Mit CH_3OH als Energieträger sind in PEFC trotz höherer Temperatur (110 ... 130 °C), geringerer Leistungsdichte (0,1 ... 0,2 W/cm^2) und höherer Pt-Belegung der Elektroden die Spannung mit 0,50 ... 0,35 V und der daraus berechnete thermodynamische Wirkungsgrad von 41 ... 30 % niedriger als bei einer H_2/Luft-PEFC. Dabei ist aber noch nicht berücksichtigt, dass im Falle von CH_3OH infolge seiner Permeation durch die Elektrolytmembran ein Verlust an der Anode eintritt, durch den sich der Wirkungsgrad einer Direkt-Methanol-BZ nochmals erniedrigt.

Brennstoffzellen im Kfz

BZ stellen als schadstoffarme Energiewandler mit hohem Wirkungsgrad unter dem Gesichtspunkt der Umwelt- und Ressourcenschonung eine interessante Alternative zu den klassischen Verfahren der Stromerzeugung dar. Von den hier vorgestellten BZ-Typen werden besonders den PEFC aufgrund ihrer niedrigen Arbeitstemperatur sowie der kompakten und robusten Bauweise sowohl für stationäre wie für mobile Anwendungen die größten Erfolgschancen eingeräumt. Im mobilen Bereich steht, angetrieben durch die zunehmend strengeren Abgasvorschriften in den USA und Europa, die Entwicklung von BZ-Antrieben eindeutig im Vordergrund. Daneben gibt es aber Überlegungen und erste Versuche, PEFC auch zur Stromerzeugung im Kfz mit konventionellem Antrieb einzusetzen. Eine vom Antriebsmotor unabhängige Bordnetzversorgung würde es erlauben, wünschenswerte zeit- oder fernsteuerbare Zusatzfunktionen (z. B. Motor-/Katalysatorvorwärmung, Standklimatisierung des Fahrzeuginnenraums) zu realisieren.

Im Mittelpunkt der umfangreichen BZ-Entwicklungsaktivitäten stehen bei allen damit befassten Automobilherstellern vor allem zwei Probleme, die im Prinzip alle BZ-Anwendungen betreffen: die hohen Kosten der PEFC und die Bereitstellung von reinem H_2, der für den Betrieb von PEFC unerlässlich ist und für den es derzeit keine Infrastruktur gibt, die zur Versorgung von BZ-Fahrzeugen genutzt werden könnte. Zudem hat H_2 als Treibstoff für BZ-Fahrzeuge den Nachteil, dass er nur als Druck- oder Flüssigwasserstoff mit befriedigender Energiedichte gespeichert werden kann. Gegenüber derartigen H_2-Speichern in Privat-Pkw bestehen schon aus Sicherheitsgründen erhebliche Vorbehalte.

Bei Einsatz von BZ zum Antrieb von Kfz sinkt der Wirkungsgrad vom H_2-Speicher bis zum Rad auf etwa 30 %. Zu dem Rückgang tragen einerseits die zur Überwachung und zum Betrieb von BZ benötigten Nebenaggregate (z. B. Luftkompressor, Kühlpumpen, Lüfterkühler, Steuer-/Regeleinrichtungen, ggf. auch Reformer) bei. Der elektrische Leistungsbedarf der Nebenverbraucher kann je nach Peripherie, Größe und Betriebspunkt der BZ bis zu 25 % der abgegebenen BZ-Leistung betragen. Zusätzlich zum Wirkungsgrad der BZ ist auch der Wirkungsgrad des elektrischen Antriebs zu berücksichtigen. Bei Betrachtung der gesamten Energiekette von der Primärenergie bis zum Rad für Fahrzeuge gleicher Fahrzeugleistungsmasse ergeben sich mit den heute verfügbaren Technologien vergleichbare Gesamtwirkungsgrade für moderne Diesel- und BZ-Fahrzeuge.

Zur Lebensdauer von PEFC unter den dynamischen Einsatzbedingungen im Kfz können derzeit noch keine Angaben gemacht werden. Wie bei allen Anwendungen unter Beteiligung von Katalysatoren ist auch bei BZ mit einer alterungsbedingten Abnahme der katalytischen Elektrodenaktivität zu rechnen. Daraus folgt eine allmähliche Verschlechterung von Spannungslage und Wirkungsgrad der BZ, die als Degradation bezeichnet wird. Man geht aber davon aus, dass mit BZ-Antrieben langfristig ähnlich lange Stand- und Betriebszeiten wie mit Verbrennungsmotoren erreichbar sind.

Literatur

Karl Kordesch, Günther Simander, Fuel Cells and Their Applications, VCH Weinheim 1996.

Triebstrang

Größen und Einheiten

Größe		Einheit
a	Beschleunigung	m/s²
c_w	Luftwiderstandsbeiwert	–
e	Massenfaktor	–
f	Rollwiderstandsbeiwert	–
g	Erdbeschleunigung	m/s²
i	Übersetzung	–
m	Fahrzeugmasse	kg
n	Drehzahl	1/min
r	Dynamischer Reifenradius	m
s	Schlupf	–
v	Fahrgeschwindigkeit	m/s
A	Stirnfläche	m²
D	Kreislauf-Durchmesser	m
I	Gesamtwandlungsbereich	–
J	Massenträgheitsmoment	kg · m²
M	Drehmoment	N · m
P	Leistung	kW
α	Steigungswinkel	°
φ	Schnellgangfaktor	–
η	Wirkungsgrad	–
λ	Leistungszahl	–
μ	Wandlung	–
ρ	Dichte	kg/m³
ω	Winkelgeschwindigkeit	rad/s
ν	Drehzahlverhältnis	–

Indizes:

eff	effektiv	m	Motor
ges	gesamt	o	zu Maximalleistg. geh.
hydr	hydraulisch	A	Triebsstrang
max	maximal	G	Getriebe
min	minimal	P	Pumpe
h	Achsgetriebe	R	Rad
		T	Turbine

Aufgabe

Der Triebstrang eines Automobils hat die Aufgabe, den Zug- und Schubkräftebedarf für die Fortbewegung sicherzustellen. Im Antriebsmotor wird chemische Energie (Kraftstoffe) oder auch elektrische Energie (Batterie, Solarzellen) in mechanische Energie gewandelt. Bevorzugte Antriebe sind Otto- und Dieselmotoren. Jede Antriebsmaschine arbeitet in einem bestimmten Drehzahlbereich, begrenzt durch Leerlauf- und Maximaldrehzahl. Die charakteristischen Werte von Leistung und Drehmoment werden nicht gleichmäßig angeboten; die Maximalwerte stehen nur in Teilbereichen zur Verfügung. Die Übersetzungen in den Antriebsaggregaten sorgen dafür, dass das Drehmomentangebot und der jeweilige Zugkraftbedarf einander angeglichen werden.

Auslegung

Der Fahrzustand eines Automobils wird durch die Fahrwiderstandsgleichung beschrieben. Sie setzt das Kraftangebot des Antriebsstrangs mit dem Kraftbedarf an den Antriebsrädern (Fahrwiderstand) ins Gleichgewicht.

Aus der Fahrwiderstandsgleichung können Beschleunigung, Höchstgeschwindigkeit, Steigfähigkeit und auch Gesamtwandlungsbereich I des Getriebes berechnet werden.

$$I = \frac{(i/r)_{\text{max}}}{(i/r)_{\text{min}}} = \frac{\tan \alpha_{\text{max}} \cdot v_{\text{o}}}{(P/(m \cdot g))_{\text{eff.}} \cdot \varphi}$$

Gleichgewichtsbeziehung zwischen Antrieb und Fahrwiderständen.

Die Gleichung für die Gleichgewichtsbeziehung zwischen Antrieb und Fahrwiderständen dient zur Bestimmung der verschiedenen Größen, wie z. B. Beschleunigung, Höchstgeschwindigkeit, Steigfähigkeit usw.

Kraftangebot = Fahrwiderstände an den Antriebsrädern (Kraftbedarf)

$$M_{\text{m}} \cdot \frac{i_{\text{ges}}}{r} \cdot \eta_{\text{ges}} = m \cdot g \cdot f \cdot \cos \alpha + m \cdot g \cdot \sin \alpha + e \cdot m \cdot \alpha + c_{\text{w}} \cdot A \cdot \frac{\rho}{2} \cdot v^2$$

treibende Kraft in der Reifenaufstandsfläche	Rollwiderstand	Steigungswiderstand	Beschleunigungswiderstand	Luftwiderstand

Dabei sind Massenfaktor $e = 1 + \dfrac{J}{m \cdot r^2}$ und Massenträgheitsmoment $J = J_{\text{R}} + i_{\text{h}}^2 \cdot J_{\text{A}} + i_{\text{h}}^2 \cdot i_{\text{G}}^2 \cdot J_{\text{m}}$

Der Schnellgangfaktor φ ist

$$\varphi = \frac{(i/r)_{min}}{\omega_0 / v_0}.$$

Bei der effektiven spezifischen Leistung darf nur die Leistung P eingesetzt werden, die tatsächlich zum Fahrzeugantrieb zur Verfügung steht (Abzüge für Hilfsantriebe, Verluste, Höheneinfluss). Das Gewicht $m \cdot g$ muss auch Sonderfälle wie z. B. Anhänger bei Pkw berücksichtigen. $\varphi = 1$ trifft zu, wenn im obersten Gang die Fahrwiderstandslinie gerade durch den Punkt maximaler Leistung geht. Der Faktor φ bestimmt die Lage der Fahrwiderstandslinie des obersten Ganges im Motorbetriebsfeld und damit auch die Wirkungsgrade, mit denen der Motor arbeitet.

$\varphi > 1$ schiebt den Motorbetrieb in den Bereich eines ungünstigen Wirkungsgrads, erhöht aber die Steigfähigkeits- und Beschleunigungsreserve im obersten Gang. Wird $\varphi < 1$ gewählt, so verringert sich der Kraftstoffverbrauch, allerdings bei deutlich geringerer Beschleunigungs- und Steigfähigkeitsreserve. Der geringste Verbrauch ergibt sich längs der Betriebslinie η_{opt}. $\varphi > 1$ verringert, $\varphi < 1$ vergrößert den erforderlichen Wandlungsbereich I des Getriebes.

Triebstrangvarianten

Der Antriebsstrang im Automobil ist unterschiedlich nach Lage des Motors und der Antriebsachse ausgeführt:

Antriebsart	Motorlage	Angetriebene Achse
Standard-antrieb	vorn	Hinterachse
Front-antrieb	vorn, längs oder quer	Vorderachse
Allrad-antrieb	vorn, seltener hinten oder Mitte	Vorder- und Hinterachse
Heckantrieb	hinten	Hinterachse

Elemente des Triebstrangs

Die Elemente des Triebstrangs müssen die folgenden Funktionen erfüllen:

- Stillstand auch bei laufendem Motor,
- Anfahren,
- Drehmoment und Drehzahl wandeln,
- Fahrbetrieb vorwärts und rückwärts ermöglichen,
- unterschiedliche Drehzahlen der Antriebsräder bei Kurvenfahrt zulassen,
- Betrieb der Antriebsmaschine im Verbrauchs- und Abgasoptimum des Kennfeldes ermöglichen.

Motorkennfeld mit Fahrwiderstandslinien.

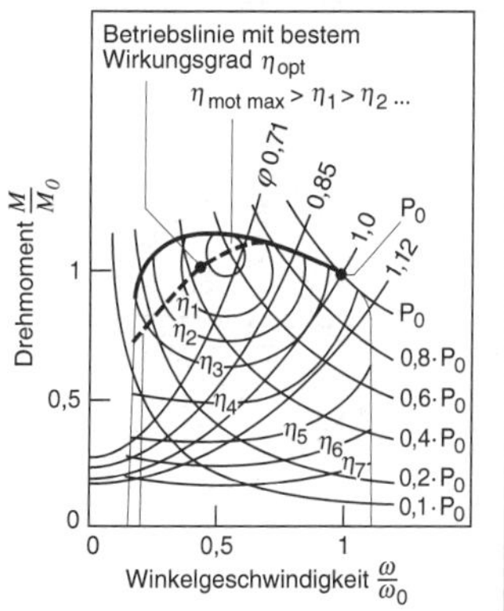

Zugkraft-Geschwindigkeits-Diagramm.

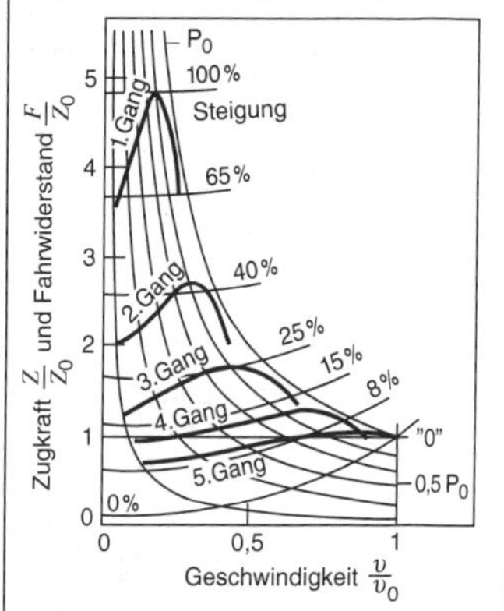

Stillstand, Anfahren und Kraftunterbrechung werden durch Betätigen der Kupplung ermöglicht. Während des Anfahrens schleift die Kupplung und überbrückt die Drehzahldifferenz zwischen Motor und Triebstrang. Wenn unterschiedliche Betriebszustände einen Gangwechsel erfordern, trennt die Kupplung den Triebstrang während des Schaltvorgangs. In automatischen Getrieben übernimmt der hydrodynamische Wandler den Anfahrvorgang. Motordrehmoment und -drehzahl werden im Getriebe entsprechend dem Zugkraftbedarf des Fahrzeugs gewandelt.

Die Gesamtwandlung des Triebstrangs ergibt sich – wenn nicht weitere Übersetzungsstufen vorhanden sind – als Produkt aus konstanter Übersetzung des Achstriebs und variabler Übersetzung des Getriebes. Die Getriebe sind überwiegend Mehrgang-Zahnradstufengetriebe und z. T. auch stufenlos.

Zwei Arten von Zahnradgetrieben dominieren: Stirnradgetriebe in Vorgelegebauweise für Handschaltgetriebe und Planetengetriebe für lastschaltbare Automatgetriebe. Die Getriebe ermöglichen außerdem die für Vorwärts- und Rückwärtsfahrt unterschiedlichen Drehrichtungen.

Das Differenzialgetriebe lässt unterschiedliche Achs- und Raddrehzahlen bei Kurvenfahrt zu und sorgt für gleichmäßige Verteilung der Antriebsmomente. Sperrdifferenziale bremsen den Ausgleich beim Durchdrehen eines Rades und treiben das haftende Rad mit einem erhöhten Moment an.

Torsionsdämpfer, hydrodynamische Übertragungselemente, schlupfgeregelte kraftschlüssige Kupplungen oder Massen-Federsysteme bauen hohe Schwingungsamplituden ab, schützen vor Überlastung und sorgen für Schwingungskomfort.

Anfahrelemente

Trockene Reibungskupplung

Die Reibungskupplung besteht aus einer Druckplatte, einer Kupplungsscheibe, auf die zwei axial zueinander gefederte Reibbeläge aufgeklebt oder aufgenietet sind, und einer weiteren Reibfläche, die vom Motorschwungrad gebildet wird. Schwungrad und Druckplatte mit der für die Reibarbeit der Kupplung notwendigen Wärmekapazität sind mit dem Antriebsmotor und die Kupplungsscheibe mit der Getriebeeingangswelle verbunden.

Zur Kraftübertragung bei „geschlossener" Kupplung spannen Federn (häufig eine zentrale Tellerfeder) die Kupplungsscheibe zwischen Druckplatte und Schwungrad ein. Zum Öffnen, z. B. für einen Schaltvorgang, entlastet ein mechanisch oder hydraulisch betätigtes Ausrücklager die Druckplatte von der Feder. Die Kupplung wird mit einem Fußpedal oder mit Stellern (elektrohydraulisch, elektropneumatisch oder elektromechanisch) betätigt. In die Kupplungsscheibe kann zur Schwingungsisolation ein ein- oder mehrstufiger Torsionsdämpfer, gegebenenfalls mit Vordämpfer, integriert sein.

Zur optimalen Schwingungsisolation kann auch ein zweiteiliges Schwungrad (Zweimassenschwungrad) mit einem zwischengeschalteten elastischen Element vor die Kupplung geschaltet sein. Die Resonanzfrequenz dieses Feder-Masse-Systems liegt unterhalb der Erregerfrequenz (Zündfrequenz) des Motorleerlaufs und damit außerhalb des Betriebsdrehzahlbereiches. Es wirkt als schwingungsisolierendes Element gegenüber den dem Motor nachgeschal-

Kupplung mit Zweimassenschwungrad.
1 Zweimassenschwungrad, 2 elastisches Element, 3 Druckplatte, 4 Tellerfeder, 5 Mitnehmerscheibe, 6 Ausrücklager.

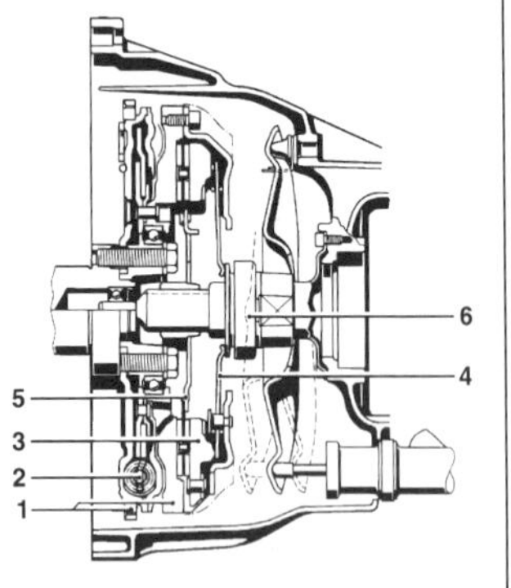

teten Triebwerkskomponenten (Tiefpassfilter).

Automatische Kupplungen bieten in Verbindung mit elektronischen Steuergeräten entweder einen automatisierten Anfahrvorgang oder zusammen mit servobetätigten Schaltgetrieben ein vollautomatisiertes Getriebe. Eingriffe zur Antriebsschlupfregelung oder zur Kraftunterbrechung bei Bremsvorgängen sind ebenso möglich.

Nasse Reibungskupplung

Die nasse Reibungskupplung hat gegenüber der trockenen Ausführung den Vorteil gesteigerter thermischer Leistungsfähigkeit, da sie für die Wärmeabfuhr mit Öl durchflutet werden kann. Ihre Schleppverluste sind im geöffneten Zustand jedoch deutlich höher als die einer trockenen Kupplung. Der Einsatz in Verbindung mit synchronisierten Getrieben ist wegen der erhöhten Synchronbelastung beim Schalten problematisch. Die nasse Kupplung ist beim stufenlosen Pkw-Getriebe in Serie eingeführt worden. Sie hat Bauraumvorteile, insbesondere wenn man ein oder mehrere ohnehin vorhandene kraftschlüssige Schaltelemente (Lamellenkupplung oder Lamellenbremse) für den Anfahrvorgang mitbenutzen kann.

Hydrodynamischer Drehmomentwandler

Der hydrodynamische Wandler besteht aus Pumpenrad als Antrieb, Turbinenrad als Abtrieb und Leitrad als Stützelement. Er hat eine Ölfüllung und überträgt das Motormoment durch die Strömungskräfte des Öls. Der Wandler überbrückt die Drehzahldifferenz zwischen Motor und Triebstrang und eignet sich daher sehr gut zum Anfahren. Im Pumpenrad wird mechanische Energie in Strömungsenergie umgewandelt und im Turbinenrad danach wieder in mechanische Energie zurückverwandelt.

Die Drehmomentaufnahme M_p und die Leistungsaufnahme P_p der Pumpe berechnen sich zu

$$M_\mathrm{p} = \lambda \cdot \rho \cdot D^5 \cdot \omega^2_\mathrm{p}$$
$$P_\mathrm{p} = \lambda \cdot \rho \cdot D^5 \cdot \omega^3_\mathrm{p}$$

λ Leistungszahl
ρ Dichte des Mediums (bei Öl $\approx$ 870 kg/m³)
D Kreislauf-Durchmesser in m
ω_P Winkelgeschwindigkeit der Pumpe

Das Leitrad zwischen Turbine und Pumpe lenkt das strömende Öl für den Wiedereintritt in das Pumpenrad um. Damit ist das abgegebene Drehmoment höher als

Automatisches Kupplungssystem mit reiner Kupplungsbetätigung.
1 Motor, 2 Motordrehzahlsensor, 3 Kupplung, 4 Getriebe, 5 Stellmotor, 6 Steuergerät, 7 Geschwindigkeitssensor, 8 Gaspedal, 9 Kupplungspedal.

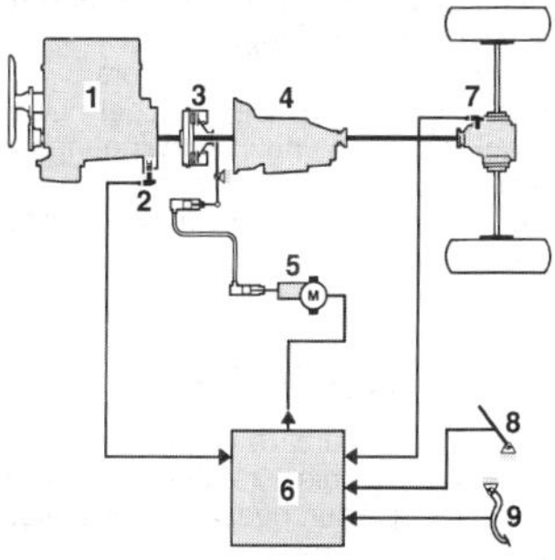

Hydrodynamischer Wandler mit Wandlerüberbrückungskupplung.
1 Überbrückungskupplung, 2 Turbinenrad, 3 Pumpenrad, 4 Leitrad, 5 Freilauf.

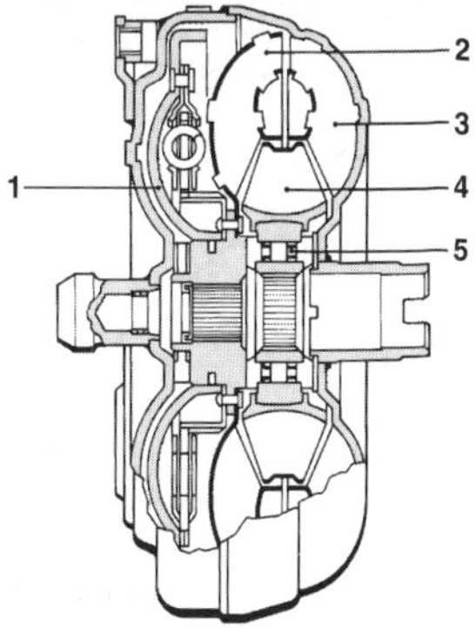

das vom Motor aufgenommene Pumpenmoment. Die Drehmomentwandlung beträgt

$\mu = -M_T/M_P$

Leistungszahl λ und Wandlung μ sind von der Kennzahl ν abhängig, die als Verhältnis Turbinendrehzahl zu Pumpendrehzahl definiert ist:

$\nu = \omega_T / \omega_P$.

Durch den Schlupf $s = 1 - \nu$ und die Momentenwandlung wird der hydraulische Wirkungsgrad bestimmt:

$\eta_{hydr} = \mu\,(1 - s) = \mu \cdot \nu$.

Bei $\nu = 0$, also bei festgebremster Turbine (Festbremspunkt, Anfahrpunkt), erreicht die Momentwandlung ihren Höchstwert und fällt annähernd linear mit steigender Turbinendrehzahl auf das Momentenverhältnis 1:1 im Kupplungspunkt ab. Oberhalb des Kupplungspunktes läuft das Leitrad, das sich über einen Freilauf am Gehäuse abstützt, momentenfrei in der Strömung (Kupplungsbereich).

Im Kraftfahrzeug hat sich der zweiphasige Föttinger-Wandler mit zentripetal durchströmter Turbine, der sog. „Trilokwandler", durchgesetzt. Dort sind die Schaufelgeometrien so gewählt, dass im Anfahrpunkt ($\nu = 0$) die Momentenerhöhung zwischen 1,7 und 2,5 liegt. Der hydraulische Wirkungsgrad $\eta_{hydr} = \nu \cdot \mu$ ähnelt im Wandlungsbereich einer Parabel. Oberhalb des Kupplungspunktes, der bei 10...15 % Schlupf liegt, ist der Wirkungsgrad gleich dem Drehzahlverhältnis ν und erreicht bei hoher Drehzahl Werte um 97 %.

Der hydrodynamische Wandler ist ein vollautomatisches stufenloses Getriebe, das praktisch verschleißfrei arbeitet, Schwingungsspitzen abbaut und Schwingungen ausgezeichnet dämpft.

Wandlungsbereich und Wirkungsgrad speziell bei größerem Schlupf sind allerdings für den Fahrzeugbetrieb nicht ausreichend, so dass der Wandler nur in Verbindung mit Mehrstufen- oder auch stufenlosen Getrieben sinnvoll betrieben werden kann.

Trilokwandler.
(Pkw-typisches Kennfeld).
$M_{P2000} = M_P$ bei n = 2000 min^{-1}

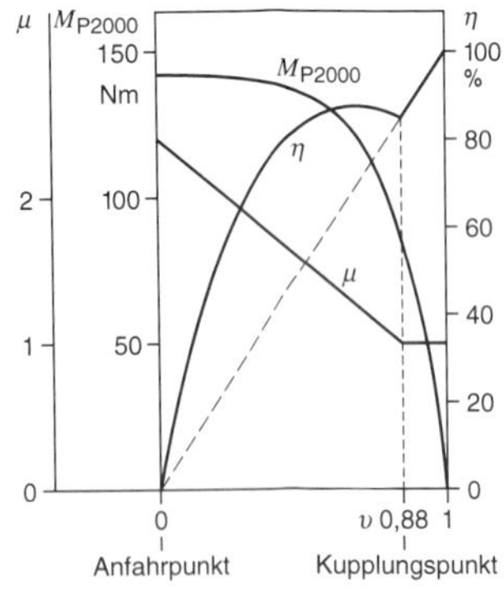

Wandlerüberbrückungskupplung

Zur Verbesserung des Wirkungsgrades können Turbinen- und Pumpenrad nach dem Anfahrvorgang kraftschlüssig durch die Wandlerüberbrückungskupplung verbunden werden. Die Überbrückungskupplung besteht aus einem Kolben mit Reibbelag, der mit der Turbinennabe verbunden ist. Die Öldurchflussrichtung durch den Wandler, bestimmt von der Getriebesteuerung, öffnet oder schließt die Überbrückungskupplung.

Die Überbrückungskupplung benötigt in der Regel zusätzliche Maßnahmen zur Schwingungsdämpfung:

- Einbau eines Torsionsdämpfers,
- schlupfgeregelter Betrieb der Überbrückungskupplung in schwingungskritischen Bereichen oder auch
- beide Maßnahmen miteinander kombiniert.

Mehrstufengetriebe

Mehrstufig schaltbare Zahnradgetriebe haben sich für die Kraftübertragung im Kraftfahrzeug durchgesetzt. Günstiges Wirkungsgradverhalten, abhängig von der Gangzahl und der Drehmomentcharakteristik des Motors, zufriedenstellende bis gute Anpassung an die Zugkrafthyperbel und gut beherrschbare Technologie sind die wesentlichen Gründe dafür.

Stufengetriebe werden entweder mit Zugkraftunterbrechung (Gangschaltung mittels Formschluss) oder unter Last kraftschlüssig geschaltet. Zur ersten Gruppe gehören die Handschaltgetriebe und die automatisierten Getriebe, zur zweiten Gruppe die Automatgetriebe.

Handschaltgetriebe sind bei Pkw und der Mehrzahl der Nkw als Zweiwellenvorgelegegetriebe aufgebaut. Die schweren Nkw-Getriebe haben z. T. Leistungsübertragung über zwei oder auch drei Vorgelegewellen. Hier sind dann spezielle konstruktive Maßnahmen zur gleichmäßigen Leistungsaufteilung auf alle Vorgelegewellen notwendig.

Automatgetriebe für Pkw und auch Nkw sind überwiegend mit Planetengetriebe und nur vereinzelt in Vorgelegebauweise konzipiert. Die Planetengetriebe sind in der Regel als Planetenkoppelgetriebe aufgebaut. Dabei finden häufig der Ravigneaux- oder der Simpson-Planetenradsatz Berücksichtigung.

Planetengetriebe
Einfache Planetengetriebe bestehen aus Sonnenrad, Hohlrad und Steg mit Planetenrädern, die jeweils Antrieb, Abtrieb oder festgehalten sein können. Die koaxiale Anordnung der drei Elemente erlaubt eine vorteilhafte Kombination mit reibschlüssigen Kupplungen und Bremsen zum wahlweisen Verbinden oder Festhalten dieser Elemente. Die hierdurch zu erzielenden Übersetzungsänderungen können unter Last geschaltet werden. Diese Eigenschaft wird vor allem in automatischen Getrieben genutzt.

Da mehrere Zahnräder unter Last parallel im Eingriff sind, bauen Planetengetriebe sehr kompakt. Sie haben keine freien Lagerkräfte, erlauben hohe Drehmomente, Leistungsverzweigung bzw. Summierung und haben einen sehr guten Wirkungsgrad.

Handschaltgetriebe

Wesentliche Baugruppen der handgeschalteten Getriebe sind:
– Anfahr- und Trennkupplung, aufgebaut als Ein- oder Zweischeibentrockenkupplung, bei hohen Betätigungskräften mit Servounterstützung,

Planetengetriebe mit Übersetzungsvarianten.
A *Sonnenrad,* B *Hohlrad,* C *Steg mit Planetenrädern,*
Z Zähnezahl.

Grundgleichung des einfachen Planetengetriebes: $n_A + (Z_B / Z_A) \cdot n_B - [1 + Z_B / Z_A] \cdot n_C = 0$

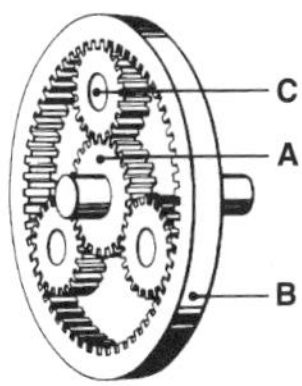

Eingang	Ausgang	Fest	Übersetzung	Bemerkung
A	C	B	$i = 1 + Z_B / Z_A$	$2{,}5 \leq i \leq 5$
B	C	A	$i = 1 + Z_A / Z_B$	$1{,}25 \leq i \leq 1{,}67$
C	A	B	$i = \frac{1}{1 + Z_B / Z_A}$	$0{,}2 \leq i \leq 0{,}4$ Schnellgang
C	B	A	$i = \frac{1}{1 + Z_A / Z_B}$	$0{,}6 \leq i \leq 0{,}8$ Schnellgang
A	B	C	$i = - Z_B / Z_A$	Standgetriebe mit Drehrichtungsumkehr $-0{,}4 \leq i \leq -1{,}5$
B	A	C	$i = - Z_A / Z_B$	Standgetriebe mit Drehrichtungsumkehr $-0{,}25 \leq i \leq -0{,}67$

Gangschaltung.
a) Mit Einfachkonussynchronisierung,
b) Mit Doppelkonussynchronisierung.

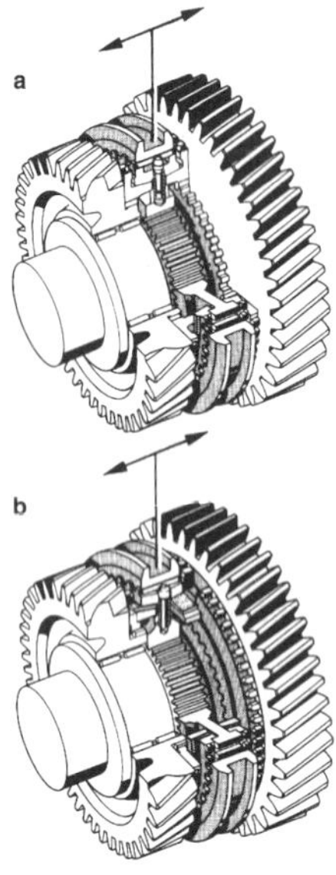

- Zahnradwechselgetriebe in Ein- oder Mehrgruppenbauweise mit Zahnrädern im Dauereingriff,
- Getriebeschaltung mit Schalthebel.

Die Bewegungsübertragung geschieht durch Schaltgestänge oder Kabelzug sowie Klauenkupplung oder Sperrsynchronisierung zur Koppelung der Zahnräder mit den Wellen. Zum Schalten müssen die miteinander zu verbindenden Getriebeelemente zunächst auf gleiche Drehzahl gebracht werden. Bei klauengeschalteten Getrieben (heute zum Teil noch in Getrieben für schwere Nkw), geschieht dies vom Fahrer aus durch Doppelkuppeln beim Hochschalten oder Zwischengas beim Rückschalten.

Pkw-Getriebe und die Mehrzahl der Nkw-Getriebe haben heute Sperrsynchronisierungen, die über eine Reibungsvorkupplung kraftschlüssig die Drehzahlangleichung herstellen und durch eine Sperreinrichtung das formschlüssige Schalten des Gangs erst nach Abschluss des Synchronisierungsvorgangs zulassen. Überwiegend werden Einfachkonus-Synchronisierungen verwendet. Bei besonders hohen Anforderungen an Leistungsfähigkeit und/oder Schaltkraftreduzierung werden auch Doppelkonus-, Dreifachkonus- sowie Lamellen-Synchronisierungen eingesetzt.

5-Gang-Getriebe für Pkw mit Standardantrieb *(ZF S5-31).*
1 Antriebswelle, 2 Hauptwelle, 3 Schaltschiene, 4 Vorgelegewelle, 5 Abtriebswelle.

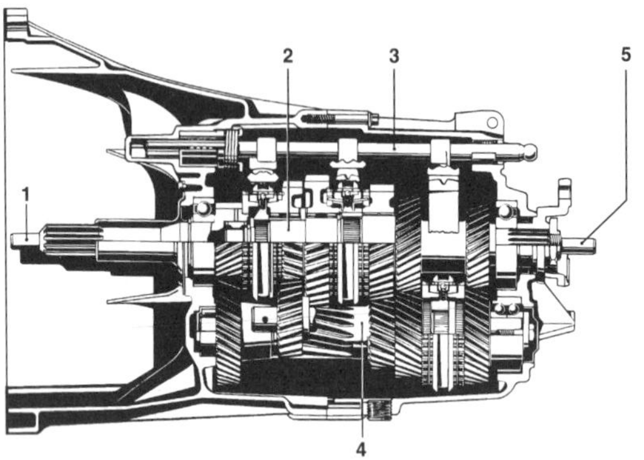

Pkw-Getriebe haben überwiegend 5, teilweise auch 6 Vorwärtsgänge. Der Übersetzungsbereich liegt (abhängig von Gangzahl und Getriebestufung) zwischen ca. 4 und 5,5, der Übertragungswirkungsgrad erreicht Werte bis 99 %. Der Getriebeaufbau orientiert sich an der Fahrzeugkonzeption (Standardantrieb, Frontantrieb mit längs oder quer eingebautem Motor, Allradantrieb). Er hat dementsprechend entweder koaxiale Lage von An- und Abtrieb oder Achsversatz und wird z. T. auch mit Achsantrieb und Differenzial kombiniert.

Nkw-Getriebe haben abhängig von Fahrzeugart und Einsatz 5 bis 16 Gänge. Bis einschließlich 6 Gänge werden die Getriebe in Eingruppenbauweise ausgeführt. Der Übersetzungsbereich liegt zwischen 4 und 9. Getriebe bis zu 9 Gänge sind Zweigruppengetriebe, wobei die Bereichsgruppe pneumatisch geschaltet wird. Der Übersetzungsbereich liegt bei 13.

Für noch höhere Gangzahlen bis 16 Gänge gibt es Dreigruppengetriebe (Splitgruppe, Hauptgruppe, Bereichsgruppe) mit pneumatisch betätigter Split- und Bereichsgruppe. Der Übersetzungsbereich liegt bei 16.

Nebenabtriebe
Nkw-Getriebe sind mit einer Reihe von Anschlussmöglichkeiten für Nebenabtriebe ausgestattet, um Zusatzaggregate anzutreiben. Man unterscheidet zwischen kupplungs- und motorabhängigen Nebenabtrieben. Die Auswahl ist von den Anforderungen abhängig.

Retarder
Hydrodynamische oder elektrodynamische Retarder sind verschleißfreie Zusatzbremsen zur thermischen Entlastung der Radbremsen bei Dauerbremsung. Sie können sowohl antriebsseitig (Primärretarder) als auch abtriebsseitig (Sekundärretarder) ins Getriebe integriert sein oder als Baugruppe zwischen Getriebeabtrieb und Antriebsachse eingefügt werden. Vorteile der integrierten Lösungen sind: kompakte Bauweise, geringes Gewicht, gemeinsamer Ölhaushalt mit dem Getriebe. Primärretarder haben besondere Vorteile bei Bremsvorgängen im niedrigen Geschwindigkeitsbereich und sind deshalb besonders in Stadtbussen weit verbreitet. Sekundärretarder haben besondere Vorteile in Fernverkehrs-Lkw bei Anpassungsbremsungen im höheren Geschwindigkeitsbereich sowie bei Bergabfahrten.

***5-Gang-Getriebe für Pkw, Motor längs, Allradantrieb** (Audi quattro).*
1 Antriebswelle, 2 Vorderachsantrieb, 3 Allradverteiler mit Torsen-Sperrdifferenzial, 4 Hinterachsantrieb.

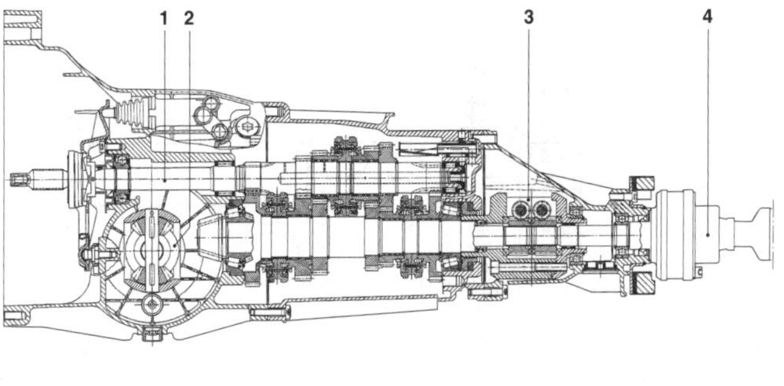

16-Gang-Gruppengetriebe für schwere Lkw mit integriertem Sekundärretarder
(ZF Ecosplit 16 S221).

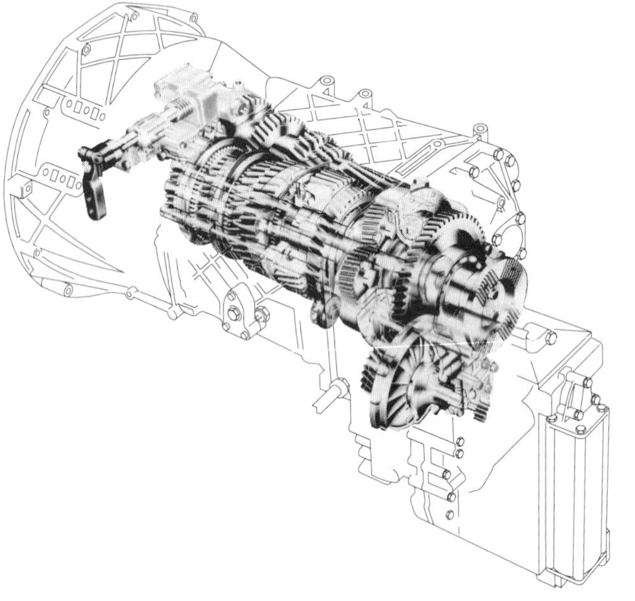

Automatisiertes Schaltgetriebe *(Systembild).*
1 Motorelektronik (EDC), 2 Getriebeelektronik, 3 Getriebesteller, 4 Dieselmotor, 5 Trocken-Trennkupplung, 6 Kupplungssteller, 7 Intarder-Elektronik, 8 Display, 9 Fahrschalter (Wählhebel), 10 ABS/ASR, 11 Getriebe, 12 Luftversorgung.
—— Elektrik, – – – – Pneumatik, ▬▬ CAN-Kommunikation.

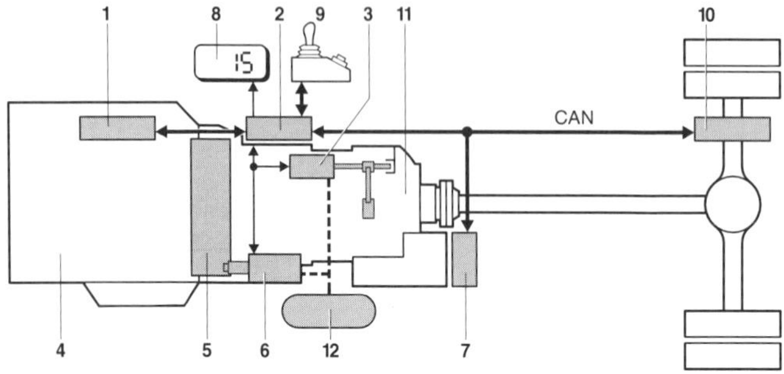

Automatische Getriebe

Bei den automatischen Getrieben unterscheidet man zwei in ihrer Auswirkung auf die Fahrdynamik unterschiedliche Konzepte:
– Automatisierte Getriebe sind Handschaltgetriebe, bei denen alle Vorgänge, die der Fahrer bei einem Schaltvorgang ausführt, von elektronisch gesteuerten Aktorsystemen übernommen werden. Fahrphysikalisch bedeutet dies, dass während des Schaltvorgangs stets eine Kupplung geöffnet und damit die Zugkraft unterbrochen wird.
– Lastschalt-Automatgetriebe, meist kurz als Automatgetriebe bezeichnet, schalten unter Last, d. h. auch während des Schaltvorgangs wird der Vortrieb des Fahrzeugs beibehalten.

Dieser Unterschied in der Fahrdynamik bestimmt maßgeblich die Anwendungsfelder dieser beiden Getriebekonzepte. Lastschalt-Automatgetriebe kommen dort zum Einsatz, wo die Zugkraftunterbrechung eine deutliche Beeinträchtigung des Komforts mit sich bringt (vor allem Pkw mit hohem Beschleunigungsvermögen) oder fahrphysikalisch nicht akzeptiert werden kann (vor allem bei Fahrzeugen im Geländeeinsatz). Automatisierte Getriebe sind in Fernverkehrsfahrzeugen zu finden, in Reisebussen und mittlerweile auch in kleinen Pkw, Rennsportwagen sowie sehr sportlichen Straßenfahrzeugen.

Automatisierte Getriebe

Teil- oder vollautomatisierte Schaltsysteme tragen wesentlich zur Vereinfachung der Getriebebedienung und zur Erhöhung der Wirtschaftlichkeit bei. Dem konzeptionsbedingten Nachteil der Zugkraftunterbrechung stehen besonders für Anwendungen im Lkw entscheidende Vorteile gegenüber:
– feine Gangabstufung mit bis zu 16 Gängen,
– höherer Übertragungswirkungsgrad,
– geringere Kosten,
– gleiche Technologie für Handschalt- und Automatgetriebe.

Wirkungsweise
Ein Stellermodul am Getriebe setzt die elektrischen Signale in pneumatische oder hydraulische Signale um und steuert die Schaltzylinder für den Schaltvorgang an. Die elektrischen Steuersignale werden von einer zwischengeschalteten Elektroniksteuerung erzeugt.

Ausführungen
Beim einfachsten System ersetzt eine Fernschaltung lediglich das mechanische Gestänge. Der Schalthebel gibt in diesem Fall nur noch elektrische Signale ab. Anfahrvorgang und Kuppeln erfolgen wie beim Handschaltgetriebe. Weiter gehende Ausführungen koppeln diese Systeme mit einer Schaltempfehlung.
Vorteile sind:
– Schalterleichterung,
– einfacher Einbau (Gestänge entfällt),
– Sicherung gegen Fehlbedienung (Überdrehen des Motors).

Bei vollautomatischen Systemen sind Getriebe und auch Anfahrelement automatisiert. Ein Hebel- oder Tastenschalter bildet das Bedienelement für den Fahrer. Mit einer Manuell-Stellung bzw. ±-Tasten kann der Fahrer die Automatik überspielen.

Um ein vielgängiges Getriebe automatisch zu steuern, bedarf es einer komplexen Schaltstrategie. Es genügt nicht, die Gänge nach festen Schaltmustern einzulegen. Um die Kriterien Fahrbarkeit und Kraftstoffökonomie aufeinander abzustimmen, ist der aktuelle Fahrwiderstand (bestimmt durch Beladung und Straßenprofil) zu berücksichtigen. Diese Aufgabe übernimmt eine Mikrocomputersteuerung, ebenso die Steuerung der Synchronisation bei Schaltvorgängen. Hierzu wird die Drehzahl des Motors von der elektronischen Motorleistungsregelung (EDC oder EGAS) auf die von der Getriebeelektronik über den Datenkommunikationsbus angeforderte Drehzahl eingeregelt. Dadurch können mechanische Synchronisierungen im Getriebe ganz oder teilweise entfallen.

Vorteile sind:
- verbrauchsoptimiertes Fahren durch computergesteuerte automatische Schaltung,
- Fahrerentlastung,
- Gewicht- und Bauraumreduzierung,
- hohe Sicherheit für Fahrer und Fahrzeug.

Lastschalt-Automatgetriebe
Automatische Lastschaltgetriebe übernehmen das Anfahren, die Auswahl der Übersetzungen und die Gangschaltung selbsttätig. Als Anfahrelement dient ausschließlich ein hydrodynamischer Wandler, bei Pkw-Getrieben überwiegend, bei Nkw-Getrieben generell mit Überbrückungskupplung. Prinzipbedingt ist der Übertragungswirkungsgrad derartiger Automatgetriebe etwas ungünstiger als der von Handschaltgetrieben und automatisierten Schaltgetrieben. Dieser Nachteil wird aber in vielen Anwendungen durch Schaltprogramme kompensiert, die den Motor stets in verbrauchsgünstigen Bereichen betreiben.
Die Bauelemente sind:
- Hydrodynamischer Drehmomentwandler (bei Pkw-Getrieben ausschließlich, bei Nkw-Getrieben überwiegend nach dem Trilok-Prinzip) zum Anfahren, zur Drehmomentsteigerung und zur Schwingungsdämpfung.
- Mehrere Sätze von Planetengetrieben, die dem hydrodynamischen Drehmomentwandler nachgeordnet sind. Zahl und Anordnung richten sich nach Gangzahl und Übersetzungen.
- Öldruckbetätigte Lamellenkupplungen, Lamellen- oder Bandbremsen, die den einzelnen Elementen der Planetengetriebe zur Durchführung der Gangwechsel ohne Unterbrechung der Zugkraft zugeordnet sind.
- Freiläufe in Verbindung mit den Schaltelementen zur Optimierung der Lastzuschaltung.
- Getriebesteuerung zur Definition von Gang und Schaltzeitpunkt sowie zur Durchführung der Lastschaltung, abhängig von Schaltprogrammwahl des Fahrers (Wählhebel), Fahrpedalstellung, Motorzustand und Fahrgeschwindigkeit. Die Getriebesteuerung arbeitet elektronisch-hydraulisch.
- Motorgetriebene Ölpumpe (in wenigen Fällen ergänzt um abtriebsseitig angetriebene Ölpumpe) zur Ölversorgung der Schaltelemente und der Getriebesteuerung sowie für den hydrodynamischen Drehmomentwandler, die Getriebeschmierung und die Kühlung.

Getriebeausführungen
Automatische Pkw-Getriebe besitzen 4 oder 5 und in Zukunft auch 6 Gänge. Der mechanische Übersetzungsbereich liegt zwischen ca. 3,5 (4-Gang-Getriebe) und 5,0 (5-Gang-Getriebe). Die Anfahrwandlung reicht von 1,7 bis 2,5.

Automatische Nkw-Getriebe haben zwischen 3 und 6 Gänge. Der mechanische Übersetzungsbereich reicht von 2 bis 8. Häufig besitzen diese Systeme integrierte hydrodynamische Retarder, da die dafür benötigten Elemente (Ölpumpe, großer Ölsumpf, Ölkühler) ohnehin vorhanden sind.

Elektronische Getriebesteuerung

Zur Steuerung von automatischen Getrieben werden heute fast ausschließlich elektronisch angesteuerte Hydraulik-Systeme eingesetzt. Dabei verbleibt der Hydraulik die Leistungsansteuerung der Kupplungen, während die Elektronik die Gangwahl und die Anpassung der Drücke an das zu übertragende Moment vornimmt. Die Vorteile sind:
- mehrere Schaltprogramme,
- besserer Schaltkomfort,
- flexible Anpassung an unterschiedliche Fahrzeugtypen,
- vereinfachte Hydrauliksteuerung und
- Wegfall von Freiläufen.

Sensoren erfassen Getriebeabtriebsdrehzahl, Lastzustand und Drehzahl des Motors, Wählhebelposition sowie die Stellungen des Programm- und Kickdown-Schalters. Das Steuersignal verarbeitet diese Informationen nach einem vorgegebenen Programm und bestimmt daraus die an das Getriebe auszugebenden Größen. Die Schnittstelle zwischen Elektronik und Hydraulik bilden elektrohy-

5-Gang-Automatgetriebe für Pkw *(ZF 5 HP24).*
1 Antrieb, 2 schlupfgeregelte Wandlerüberbrückungskupplung (GWK), 3 hydrodynamischer Drehmomentwandler, 4 5-Gang-Planetengetriebe mittels drei Lamellenbremsen, drei Lamellenkupplungen und einem Freilauf kraftschlüssig geschaltet, 5 elektronisch-hydraulische Getriebesteuerung, 6 Abtrieb.

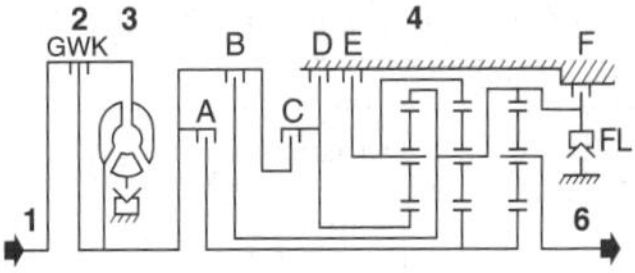

Gang	Kupplung			Bremse			Freilauf	Übersetzung
	A	B	C	D	E	F	FL	i
1	●					○	●	3,57
2	●				●			2,20
3	●			●				1,51
4	●	●						1,00
5		●		●				0,80
R			●			●		-4,10

○ je nach Betriebszustand

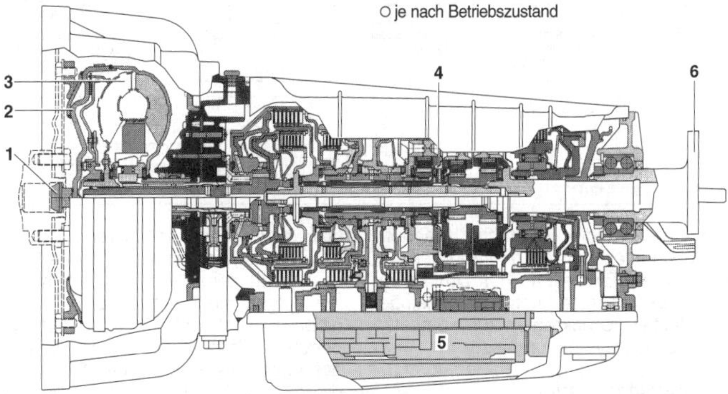

Automatgetriebe mit integriertem Primärretarder für Busse, Lkw und Sonderfahrzeuge *(ZF Ecomat 5HP 500).*
1 Hydrodynamischer Drehmomentwandler mit Überbrückungskupplung,
2 hydrodynamischer Retarder,
3 5-Gang-Planetengetriebe,
4 Ölpumpe,
5 Getriebesteuerung.

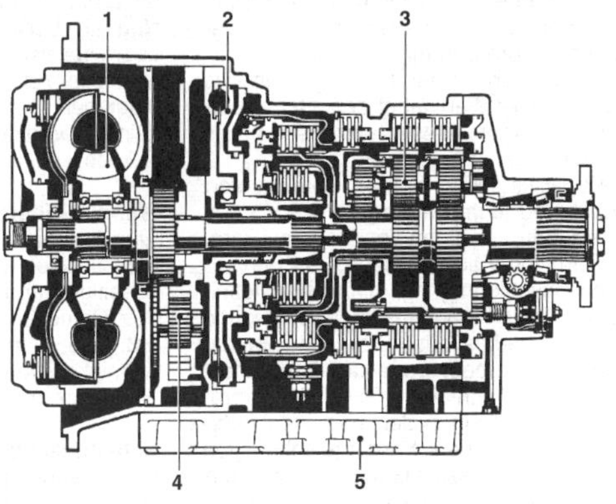

Tiptronic®-Schaltstrategien (Ablaufplan).

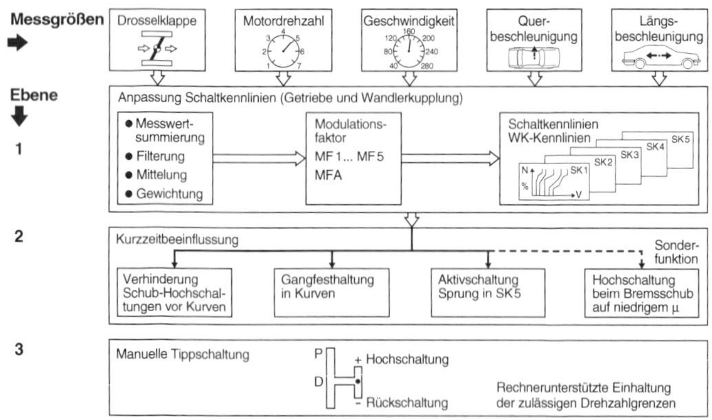

draulische Wandler. Einfache Magnetventile schalten Kupplungen zu oder ab. Zur genauen Einstellung des Drucks an den Reibelementen kommen analoge oder digitale Druckregler zum Einsatz. Ein typisches System umfasst:

Schaltpunktsteuerung
In Abhängigkeit von Getriebeabtriebsdrehzahl und Motorlast erfolgt die Auswahl des einzulegenden Gangs durch die Ansteuerung von Magnetventilen. Der Fahrer kann zwischen verschiedenen Fahrprogrammen wählen (z. B. für verbrauchs- oder leistungsoptimales Fahren). Der Wählhebel gestattet außerdem ein manuelles Beeinflussen des Getriebes.

Mit Hilfe sogenannter „intelligenter" Schaltprogramme lassen sich neben den in Standardsystemen verwendeten Parametern eine Vielzahl weiterer Größen wie Längsbeschleunigung, Querbeschleunigung, Geschwindigkeit der Betätigung des Fahrpedals oder Bremspedalbetätigung zur Verbesserung der Fahrbarkeit verarbeiten. Ein komplexes Steuerprogramm wählt einen der jeweiligen Fahrsituation und den Fahrergewohnheiten optimal angepassten Gang, d. h. es unterdrückt Hochschaltungen bei schnellem Gaswegnehmen vor Kurven, verhindert das Schalten in der Kurve und wählt bei sanft betätigtem Gaspedal ohne manuellen Eingriff ein Fahrprogramm, das bei niedrigen Drehzahlen hochschaltet. Weit gehende Verbreitung haben Konzepte gefunden, die den hohen Fahrkomfort dieser „intelligenten" Schaltprogramme mit den Möglichkeiten der individuellen aktiven Beeinflussung kombinieren. Die Wählhebel dieser Systeme verfügen dazu neben den üblichen Positionen für Neutral, Vorwärts- und Rückwärtsfahrt über eine zweite Parallelgasse, in der ein einfaches Antippen des Wählhebels den sofortigen Gangwechsel auslöst (sofern keine Drehzahlgrenzen überschritten werden).

Wandler-Überbrückung
Eine mechanische Überbrückung kann den Schlupf des Drehmomentwandlers beseitigen und somit den Wirkungsgrad des Getriebes verbessern. Die Ansteuerung der Wandlerkupplung erfolgt in Abhängigkeit von Motorlast und Getriebeabtriebsdrehzahl.

Schaltqualitätssteuerung
Die genaue Anpassung des Drucks in den Reibelementen an das zu übertragende

Moment (berechnet aus Lastzustand und Drehzahl des Motors) beeinflusst maßgebend die Schaltqualität. Ein Druckregler stellt den Druck ein. Eine weitere Verbesserung der Schaltqualität bewirkt die kurzzeitige Verringerung des Motormomentes während der Schaltvorgänge (z. B. durch eine Spätverstellung der Zündung). Diese Maßnahme reduziert außerdem die Verlustarbeit in den Kupplungen und erhöht damit die Lebensdauer.

Sicherheitsschaltungen

Überwachungsschaltungen verhindern Beschädigungen des Getriebes durch Fehlbedienung. Bei Störungen des elektrischen Systems geht die Anlage in einen betriebssicheren Zustand mit Notfahreigenschaften über.

Stellglieder

Die Schnittstelle zwischen Elektronik und Hydraulik bilden elektrohydraulische Wandler wie Magnetventile und Druckregler.

Stufenlose Getriebe

Stufenlose Getriebe können jeden Motorbetriebspunkt in eine Betriebslinie und jede Motorbetriebslinie in ein Betriebsfeld des Fahrkennfeldes wandeln. Damit lassen sich sowohl Vorteile in der Fahrleistung als auch im Kraftstoffverbrauch und bei der Abgasemission gegenüber Stufengetrieben erzielen (z. B. bei Motorbetrieb auf seiner Betriebslinie des günstigsten spezifischen Kraftstoffverbrauchs).

Stufenlose Getriebe können entweder mechanisch (Umschlingungsgetriebe, Wälzgetriebe), hydraulisch oder elektrisch ausgeführt sein. Am weitesten fortgeschritten sind mechanisch stufenlose Umschlingungsgetriebe mit Stahlband (im Pkw der unteren Leistungsklasse in Serie), deren achsversetzte Getriebeanordnung sich besonders gut in Pkw mit Frontantrieb und Quermotor einfügt. Ihr Wandlungsbereich liegt bei 5,5...6. Die wesentlichen Baugruppen der mechanisch stufenlosen Umschlingungsgetriebe für Pkw sind:

- Anfahrelement (entweder nasse Lamellenkupplung, hydrodynamischer Wandler oder Magnetpulverkupplung),
- Primär- und Sekundärscheiben mit axial verschiebbaren Kegelscheibenhälften und Kraftübertragung mittels Stahlband (CVT),
- elektronisch-hydraulische Getriebesteuerung,
- Wendestufe und
- Achsantrieb mit Differenzial.

Stufenloses Pkw-Getriebe *(ZF VT1).*
1 Antrieb,
2 Wendesatz mit Anfahrelementen,
3 axial verschiebbare Kegelscheiben (primärseitig),
4 Ölpumpe,
5 Achsantrieb mit Differenzial,
6 Zwischenwelle,
7 Stahlgliederband,
8 axial verschiebbare Kegelscheiben (sekundärseitig).

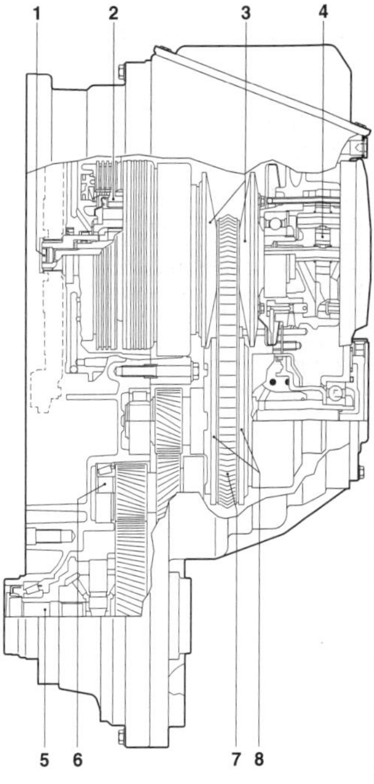

Direkttriebachse für Busse *(ZF A131).*
1 Radnabe,
2 Radlager,
3 Bremssattel (druckluftbetätigt),
4 Achsgetriebe,
5 Ausgleichsgetriebe.

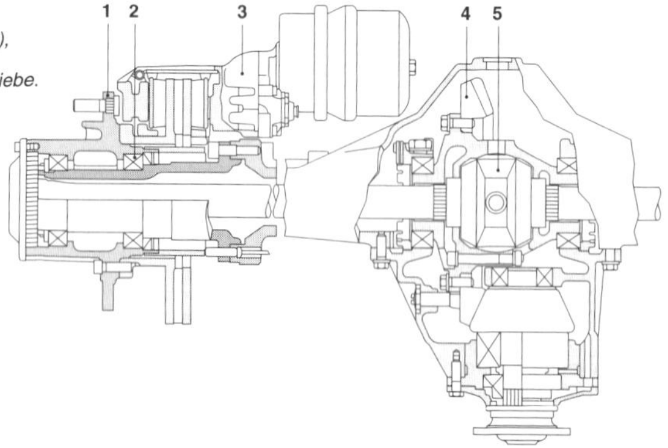

Es ist zu erwarten, dass die Umschlingungsgetriebe mit Stahlband (CVT) in absehbarer Zeit auch in leistungsstärkere Pkw Eingang finden werden.

Wälzgetriebe sind bisher in Fahrzeugen nicht in Serie. Sie sind von der Anordnung her eher für Fahrzeuge mit Heckantrieb geeignet.

Elektrische Getriebe werden in einigen Stadtomnibussen eingesetzt. Neben dem Dieselmotor können damit alternative Energieträger wie Batterie, Oberleitung oder künftig auch Brennstoffzelle genutzt werden. Weitere Vorteile des elektrischen Getriebes im Omnibus sind aufgelöste Bauweise des gesamten Antriebs, Einzelradantrieb und insbesondere einfache Realisierung der Niederflurtechnik.

Hydrostatisch-mechanisch leistungsverzweigte Getriebe sind in Ackerschleppern in Serie. Für Straßenfahrzeuge ist ihr Einsatz wegen der Geräuschemission nicht zu erwarten.

Achsantrieb

Getriebe mit variabler Übersetzung (Schaltgetriebe, Automatgetriebe), evtl. auch Zwischengetriebe (Allrad-Verteilergetriebe), und der Achsantrieb bilden im Kraftfahrzeug die Gesamtübersetzung zwischen dem Motor und den angetriebenen Rädern.

Gelenkwellen (ein- oder bei größerer Länge mehrteilig mit Zwischenlagern) überbrücken den Zwischenraum bei räumlicher Trennung von Getriebe und Achsantrieb. Winkelbewegungen durch nichtfluchtende Anschlussachsen gleichen Kardangelenke, Gleichlaufgelenke oder Gelenkscheiben aus.

Kernelement des Pkw-Achsantriebs ist je nach Anordnung des Motors entweder ein Kegelradsatz mit Hypoidverzahnung (Motor längs eingebaut) oder ein Stirnradsatz (Motor quer eingebaut), wobei die Anordnung der Komponenten sowohl in Form eines separaten Achsgetriebes (bei Standard- und Allradantriebskonzepten) als auch direkt im Getriebe integriert (bei Frontantriebskonzept) vorzufinden ist.

Ein Achsgetriebe besteht aus den wesentlichen Hauptkomponenten Kegelradsatz (Ritzel und Tellerrad), Differenzial, Lagerung, An- und Abtriebsflansche und Gehäuse. Die Übersetzung des Achstriebs liegt in der Regel zwischen 2,6 und 4,5.

Die kraftschlüssige Verbindung des Tellerrades mit dem Differenzialgehäuse wird üblicherweise mit einem Schraubverband erzeugt, die Lagerung von Ritzelwelle und Differenzial meist mit Kegelrollenlagern ausgeführt. Zur Reduzierung der Körperschallübertragung auf die Karosserie ist das Achsgetriebe über elastische Elemente (Gummilager) mit der Fahrzeugstruktur verbunden.

Neben Drehmomentübertragungsfähigkeit, Wirkungsgrad und Gewicht ist das Geräuschverhalten eines Achsgetriebes in der modernen Pkw-Entwicklung mittlerweile zum entscheidenden Kriterium geworden. Besondere Bedeutung kommt hierbei dem Kegelradsatz als primäre Geräuschquelle zu. Die Geräuschqualität hängt entscheidend vom Herstellverfahren der Verzahnung ab. Man unterscheidet zwischen konventionellen Fertigungsverfahren und dem Verzahnungsschleifen, wobei die bei der Wärmebehandlung (Einsatzhärten) entstehenden Verzüge durch die entsprechende Schleifbearbeitung eliminiert werden, so dass im Gegensatz zu konventionellen Verfahren (z. B. Läppen) exakte (d. h. größtmögliche Übereinstimmung zwischen berechneter Zahnflankentopografie und der tatsächlich auf der Maschine erzeugten Geometrie) und reproduzierbare Zahnflankentopografien geschaffen werden.

In Nutzfahrzeugen werden überwiegend Direkttriebachsen mit einem Kegeltrieb in Hypoid-Verzahnung eingebaut. Die Übersetzung des Achstriebs variiert zwischen 3 und 6. Bei hohen Anforderungen an die Laufruhe, z. B. im Omnibus, werden die Kegelräder geschliffen.

Bei Stadtbussen, die heute fast ausschließlich als Niederflurbusse gebaut werden, kommen Portalachsen zum Einbau, die eine sehr niedere Einstiegshöhe ermöglichen. Zusätzlich zum Spiralkegeltrieb ist eine leistungsverzweigte Stirn-

Portalachse für Busse *(ZF AV132).*
1 Radlager, 2 Bremssattel, 3 Portaltrieb, 4 Ausgleichsgetriebe, 5 Achsgetriebe.

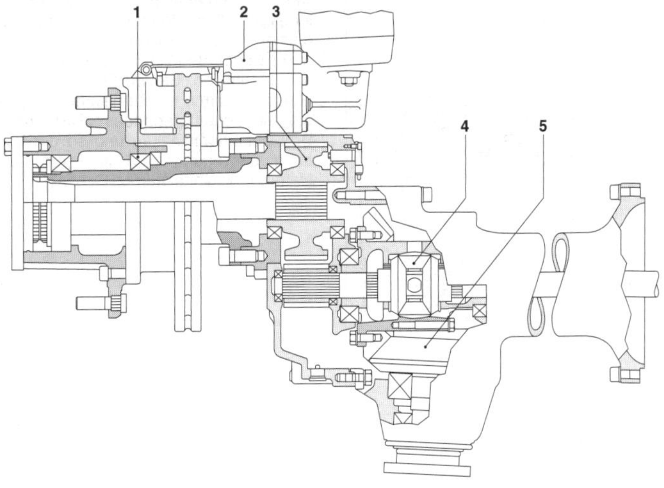

radstufe als Portaltrieb angebaut. Durch die verzweigte Anordnung lassen sich bei dem begrenzten Portalversatz die geforderten hohen Drehmomente übertragen.

Bei besonderen Anforderungen an die Bodenfreiheit (z. B. Baustellenfahrzeuge) werden Außenplanetenachsen eingesetzt. Mitteltrieb und Achswellen können durch die Aufteilung der Übersetzung kleiner ausgeführt sein; der verfügbare Raum nimmt zu.

Ausgleichsgetriebe

Das Ausgleichsgetriebe gleicht die unterschiedlichen Drehbewegungen der Antriebsräder aus: Zwischen kurvenäußerem und -innerem Rad während der Kurvenfahrt, zusätzlich beim Allradantrieb zwischen den angetriebenen Achsen.

Hinterachsgetriebe für Pkw
(ZF HAG210).
1 Gehäuse (zweiteilig),
2 Abtriebsflansch,
3 Differenziallagerung,
4 Differenzial,
5 Kegelradsatz,
6 Ritzellagerung,
7 Antriebsflansch.

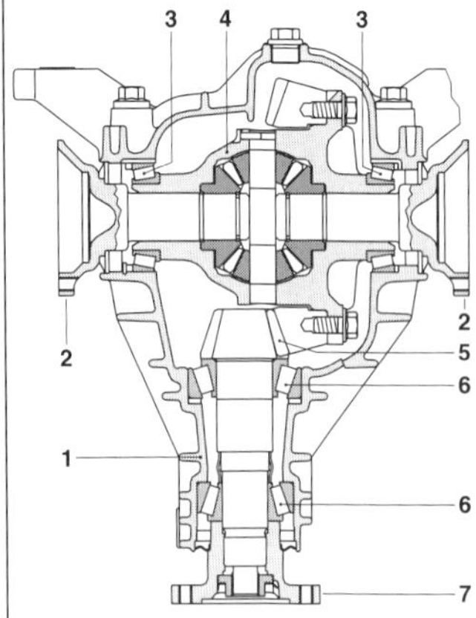

Von Sonderfällen abgesehen, werden Achs-Ausgleichsgetriebe in Kegelradbauweise bevorzugt. Die Ausgleichsräder wirken als Waagebalken und stellen ein Drehmomentgleichgewicht zwischen linkem und rechtem Antriebsrad her. Liegen an den Antriebsrädern Fahrbahnverhältnisse mit unterschiedlichen Reibwerten vor („μ-split"), so ist die übertragbare Vortriebskraft des Fahrzeugs wegen des Waagebalkeneffektes des Ausgleichsgetriebes begrenzt durch den doppelten Wert der Vortriebskraft des Rades mit dem niedrigsten Reibwert. Bei Antriebsmomentüberschuss dreht dann dieses Rad durch.

Dieser unerwünschte Effekt kann durch form- oder kraftschlüssiges Sperren des Ausgleichsgetriebes abgebaut werden. Formschlüssige Sperren werden vom Fahrer zugeschaltet. Nachteilig ist die Verspannung des Antriebsstrangs bei Kurvenfahrt. Kraftschlüssige Sperren arbeiten selbsttätig mit Reiblamellen, Reibkonus oder der Kombination von Schnecken- und Stirnradpaaren und haben dann eine drehmomentabhängige Sperrwirkung. Die kraftschlüssige Sperrwirkung kann auch mit einer Visco-Kupplung erzeugt werden und ist dann abhängig von der Differenzdrehzahl.

Die Bedeutung der Selbstsperrdifferenziale nimmt ab. Sie werden zunehmend verdrängt durch elektronische Systeme, die ein durchdrehendes Rad mittels Bremseneingriff halten und so die Leistungsübertragung zum Rad mit guter Haftung gewährleisten (z. B. ASR).

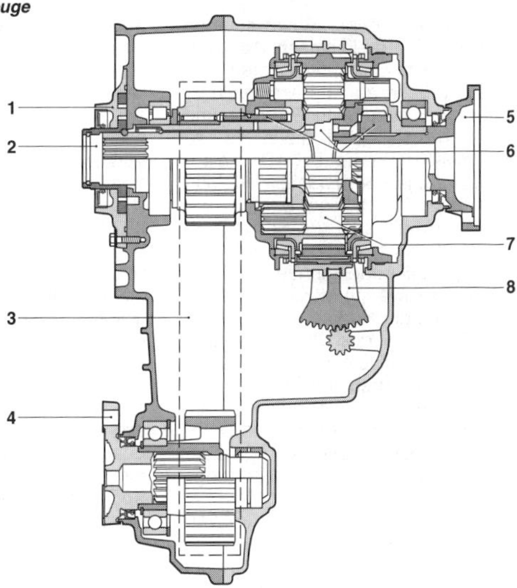

Zweistufiges Allradverteilergetriebe für leichte Geländefahrzeuge
(Steyr-Daimler-Puch ITC).
1 Pumpe,
2 Antrieb Verteilergetriebe,
3 Zahnkette,
4 Antrieb Vorderachse,
5 Antrieb Hinterachse,
6 Torque Sensing Verteilergetriebe,
7 2-Gang-Planetengetriebe,
8 Umschaltung Gelände-/Straßenübersetzungsstufe.

Allradantrieb und Verteilergetriebe

Der Allradantrieb verbessert die Traktion von Pkw, Geländewagen und Nkw insbesondere auf nasser und glatter Fahrbahn sowie im Gelände. Es gibt folgende Systeme:

– Zuschaltbarer Allradantrieb entweder mit starrer Koppelung von Vorder- und Hinterachse oder mit Verteilerdifferenzial. Verteiler- und Achsgetriebe können ebenfalls eine schaltbare Sperre haben. In geländegängigen Fahrzeugen findet man auch eine zusätzliche Übersetzung für geringe Fahrgeschwindigkeit und extreme Steigungen.

– Permanenter Allradantrieb, bei dem alle Räder ständig angetrieben werden. Zentrales Verteilergetriebe entweder offen oder kraftschlüssig gesperrt mittels drehmomentabhängiger Reibkraft, Torsen-Sperre oder Visco-Kupplung. Drehmomentverteilung Vorder-Hinterachse entweder 50:50 oder asymmetrisch. Zusätzliche Kriechgang-Übersetzungen sind ebenfalls möglich.

Lösungen mit Visco-Kupplung oder elektronisch geregelter Lamellenkupplung anstelle der zentralen Allrad-Verteilerdifferenziale werden ebenfalls dem permanenten Allradantrieb zugeordnet.

Bei neueren Fahrzeugen wird zunehmend auf zusätzliche Sperren des zentralen Allradverteilers oder der Achsdifferenziale verzichtet und dafür ein intelligent gesteuerter Bremseneingriff eingesetzt.

Antriebsschlupfregelung ASR

Beim Anfahren oder Beschleunigen hängt, wie auch beim Bremsen, die Kraftübertragung vom Schlupf zwischen Reifen und Fahrbahn ab. Die Kraftschluss-Schlupfkurven verlaufen für Bremsen und Antreiben prinzipiell gleich, siehe Bild. Die weitaus meisten Brems- bzw. Beschleunigungsvorgänge laufen bei kleinen Schlupfwerten im stabilen Bereich der Kurven ab. Erhöht sich der Schlupf, erhöht sich dadurch auch der nutzbare Kraftschluss. Mit zunehmendem Schlupf wird über das jeweilige Maximum der instabile Bereich der Kurven erreicht. Eine weitere Erhöhung des Schlupfes führt hier zu einer Verkleinerung des Kraftschlusses. Beim Bremsen blockiert das Rad in wenigen Zehntelsekunden; beim Beschleunigungen erhöht sich die Drehzahl eines oder beider Antriebsräder durch das wachsende überschüssige Drehmoment sehr schnell.

Im ersten Fall wird ABS aktiv und verhindert das Blockieren der Räder. Im letzteren Fall wird ASR aktiv, die ein Durchdrehen der Räder verhindert und den Antriebsschlupf auf zulässige Werte regelt. ASR erfüllt damit zwei Aufgaben:

- Erhöhung der Traktion und
- Sicherstellung der Fahrzeugstabilität (Spurtreue).

Kraftschluss-Schlupfkurven.
Haftreibungszahl Antrieb/Bremsen $\mu_{A,B}$, Schlupf Antrieb/Bremsen $\lambda_{A,B}$, Seitenkraftbeiwert μ_S,
1 Asphalt nass $\mu_{A,B}$,
2 Schnee festgefahren $\mu_{A,B}$,
3 Beton $\mu_{A,B}$,
4 Asphalt nass μ_S.

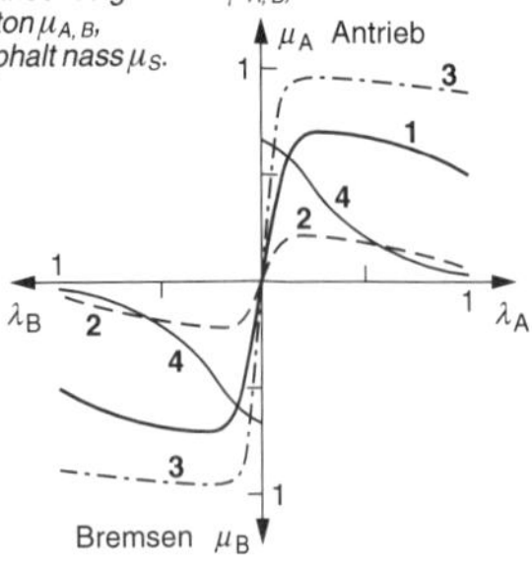

Antriebsschlupfregelung für Pkw

ABS/ASR 2I (Bosch)
Um die Antriebsmomente an den Antriebsrädern optimal zu regeln, tritt anstelle der mechanischen Verbindung zwischen Fahrpedal und Drosselklappe des Ottomotors oder Fahrpedal und Verstellhebel der Dieseleinspritzpumpe eine elektronische Motorleistungssteuerung („elektronisches Gaspedal", „EGAS"). Ein Pedalwertgeber wandelt die Stellung des Fahrpedals in ein elektrisches Signal um. Ein elektrischer Stellmotor empfängt die vom Steuergerät umgesetzte Steuerspannung, betätigt die Drosselklappe oder den Verstellhebel der Dieseleinspritzpumpe und meldet deren Position an das Steuergerät zurück. Ein gleichzeitiger Eingriff mit den Radbremsen kann kurzzeitig die Stellwirkung des EGAS unterstützen (Vortriebsverbesserung durch Sperrdifferenzialwirkung). Das ABS-Hydroaggregat ist durch den ASR-Teil erweitert, um zusätzlich hydraulische Energie für den Bremseneingriff bereitzustellen und ein Umschalten auf ASR-Betrieb zu ermöglichen. Ausgehend vom Niveau des Speicherdrucks sorgen die ABS-Magnetventile im Hydroaggregat mit den drei Stellungen „Druckaufbau", „Druckhalten" und „Druckabbau" für die schnelle und genaue Druckmodulation an den Radbremsen der Antriebsräder.

Elektronische Motorleistungssteuerung für ASR.
1 ABS/ASR-Steuergerät, 2 EGAS-Steuergerät, 3 Fahrpedal, 4 Stellmotor, 5 Drosselklappe, oder 6 Dieseleinspritzpumpe.

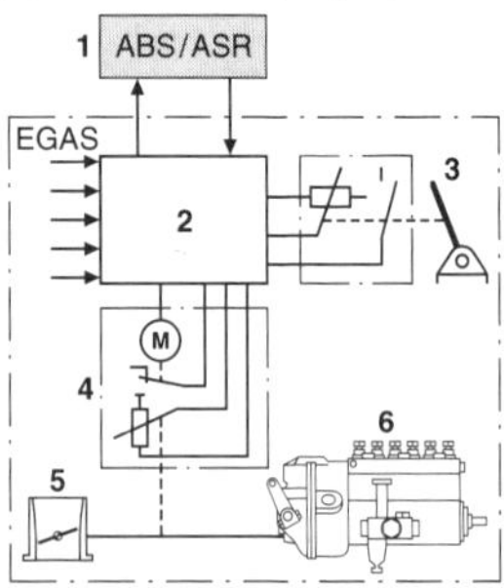

ABS/ASR Wirkungsschema für Pkw.
1 ABS/ASR-Steuergerät, 2 Motronic-Steuergerät, 3 EGAS-Steuergerät, 4 Motor, Kupplung, Getriebe, 5 Differenzial, 6 ASR-Druckversorgung, 7 ABS-Hydroaggregat, 8 Hauptzylinder mit Bremskraftverstärker, 9 Radbremsen, 10 Rad 1, 11 Rad 2, 12 Drehzahlsensor, 13 Straßenbelag Rad 1, 14 Straßenbelag Rad 2, 15 Fahrzeugmasse m_F, p Bremsdruck, υ Radgeschwindigkeit, υ_F Fahrzeuggeschwindigkeit, λ Schlupf, θ_R Radträgheitsmoment, M_A Antriebsmoment, M_B Bremsmoment, M_R Momentenbilanz des Antriebsrades, M_S Straßenmoment. Indizes 1, 2: Rad 1, 2.

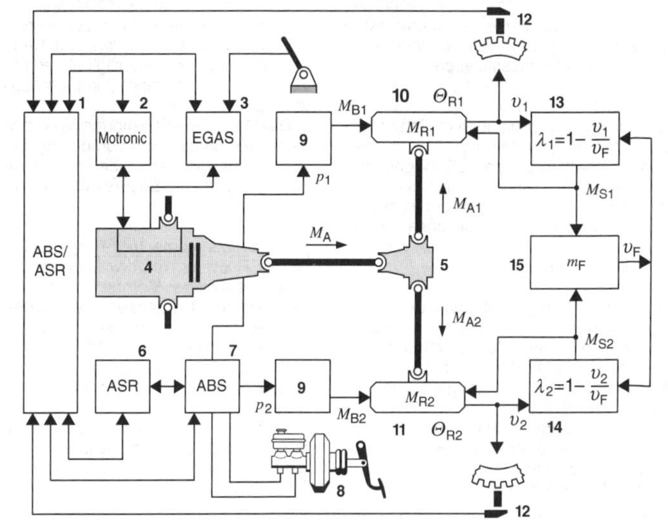

ABS/ASR Systemumfang für Pkw.
1 Drehzahlsensor, 2 ABS/ASR-Hydroaggregat, 3 ABS/ASR-Steuergerät, 4 EGAS-Steuergerät, 5 Drosselklappe Ottomotor/Verstellhebel Dieseleinspritzpumpe.

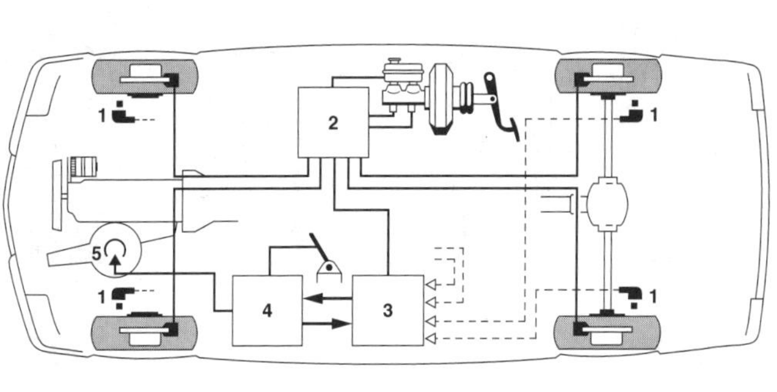

Das mit dem ABS/ASR-Steuergerät über eine Schnittstelle verbundene EGAS-Steuergerät übernimmt die Ansteuerung der Drosselklappe oder des Verstellhebels der Dieseleinspritzpumpe zur Regelung des Motordrehmoments.

Ein kurzzeitiges Verstellen des Zündwinkels bei Ottomotoren in Richtung „Spät" unterstützt die verhältnismäßig langsame Regelung des Motordrehmoments über die Drosselklappe.

ABS/ASR5 (Bosch)

Auf der Basis von Magnetventilen mit jeweils nur 2 hydraulischen Anschlüssen und 2 Schaltstellungen (2/2-Magnetventil) konnte der Aufwand für die ASR bezüglich Kosten und Gewicht weiter reduziert werden – bei gleichem Funktionsumfang und dem Vorteil von geschlossenen Bremskreisen.

Das Hydroaggregat ist nach dem Baukastenprinzip konstruiert und ermöglicht dadurch eine flexible Anwendung für die beiden gängigsten Bremskreisaufteilungen (II/X) und Fahrzeugantriebsarten (einschließlich Allradantrieb).

Die konstruktive Ausbildung der 2/2-Magnetventile ermöglicht ein Einschieben des geschlossenen Ventil-Hydraulikteils in ihre Erregerspule und vereinfacht damit erheblich die Konstruktion eines Anbausteuergerätes für das Hydroaggregat einschließlich der dadurch möglich gewordenen getrennten Prüfung von beiden Komponenten.

Diese direkte Verbindung des Steuergerätes mit den Magnetventilspulen vereinfacht den Aufbau des Kabelbaumes im Fahrzeug wesentlich durch geringere Anzahl von Steckerkontakten und Kabeln. Dadurch ist die Störanfälligkeit und damit die Ausfallwahrscheinlichkeit erheblich verringert.

Die Motorsteuerfunktionen sind im Wesentlichen unabhängig von der Hydraulik und konnten in der bereits entwickelten Form auch für ABS/ASR5 übernommen werden.

Motorschleppmomentregelung MSR

Das ASR-System für Pkw lässt sich durch eine zusätzliche Motorschleppmomentregelung MSR ergänzen. Beim Zurückschalten oder bei abruptem „Gaswegnehmen" auf glatter Fahrbahn können die Antriebsräder wegen der Bremswirkung des Motors einen zu hohen Bremsschlupf aufweisen.

Die MSR hebt das Motordrehmoment durch leichtes Gasgeben etwas an, um so die Räder für die Fahrstabilität optimal zu verzögern.

2/2-Magnetventile für ABS/ASR5.
a Einlassventil, b Auslassventil, c Ansaugventil, d Umschaltventil.
1 Manschette des Rückschlagventils.

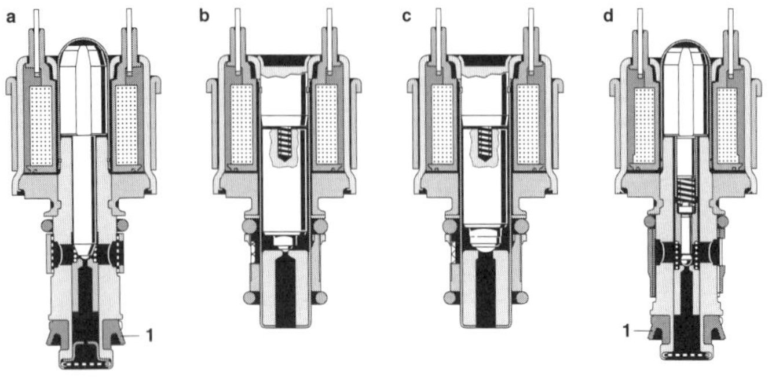

Schema einer ABS/ASR5-Hydraulik für eine X-Bremskraftaufteilung.
HZ1, 2 *Hauptzylinderleitungen,* ASV1, 2 *Ansaugventile,*
USV1, 2 *Umschaltventile,* sRFP1, 2 *selbstsaugende Rückförderpumpe,*
D1, D2 *Dämpferkammern,* Spk 1, 2 *Speicherkammern,*
RVR1, 2 *Unterdruck-Schutzventile,* EV (HR, HL, VR, VL) *Druckaufbauventile,*
AV (HR, HL, VR, VL) *Druckabbauventile,* HR, HL, VR, VL *Radbremsen.*

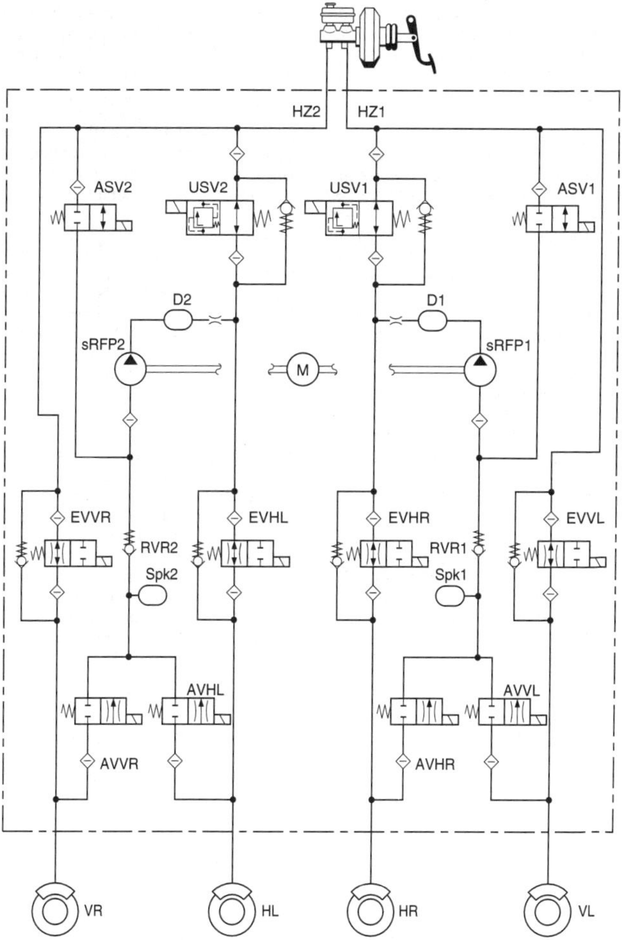

Antriebsschlupfregelung für Nkw
Die Antriebsschlupfregelung ist in die ABS-Steuergeräte integriert und nutzt auch ABS-Komponenten wie Drehzahlsensoren und Drucksteuerventile.

Die Regelanlage besteht aus einem Brems- und einem Motorregelkreis. Der ASR-Bremsregelkreis erfordert zusätzlich ein Zweiwegeventil und ein ASR-Ventil (2/2-Magnetventil), der Motorregelkreis eine Stelleinrichtung zur Reduzierung des Motormomentes.

Bremsregelkreis
Bei einem Anfahrvorgang auf niederem Reibwert oder auf „µ-split", d. h. auf unterschiedlichen Reibwerten rechts/links, dreht bei zu starkem Gasgeben oft nur ein Antriebsrad durch. Die Vortriebskraft für das Fahrzeug wird von dem niederen Reibwert am durchdrehenden Rad bestimmt und ist deshalb klein. In diesem Fall baut der Bremsregler an diesem Rad ein Bremsmoment auf, das über das Differenzial am noch stehenden Rad als Antriebsmoment wirkt.

Zum Anbremsen des Rades wird zunächst das ASR-Ventil vom Steuergerät auf Durchgang geschaltet und dann mit Hilfe des ABS-Drucksteuerventils der Druck im Bremszylinder in Abhängigkeit vom Radverhalten aufgebaut, gehalten oder abgebaut. Der Bremsdruck wird dabei so gesteuert, dass die Antriebsräder synchronisiert werden. Somit entsteht eine Art Sperrwirkung zwischen den Antriebsrädern, die sich mit der Wirkung einer mechanischen Differenzialsperre vergleichen lässt. Um den gleichen Vortrieb zu erreichen, muss allerdings das Antriebsmoment des Motors im Falle des ASR-Bremsreglers um das eingesteuerte Bremsmoment größer sein als für eine mechanische Differenzialsperre.

In schwerem Gelände (z. B. Großbaustellen) setzt man deshalb oft eine mechanische Differenzialsperre ein und nutzt die Bremsreglerfunktion dann, wenn ein Fahrer nur schwer erkennen kann, dass eine eingeleitete Sperrwirkung zwischen den Antriebsrädern Traktionsvorteile bringt. Bei einer Vielzahl von Fahrzeugen, die nicht in schwerem Gelände eingesetzt werden, kann eine mechanische Differenzialsperre entfallen.

Die Wirkung des Bremsreglers ist hauptsächlich beim Anfahren, Beschleunigen oder bei Bergfahrten auf „µ-split" vorteilhaft. Bei Bergfahrten auf extremem „µ-split" mit einem vollbeladenen Fahrzeug ist ein hoher Bremsdruck zur Abbremsung des durchdrehenden Rades notwendig. Um die Bremse in solchen Fällen thermisch nicht zu überlasten, verfügt die ASR über zwei Sicherheitsfunktionen:
a) Bei Geschwindigkeiten > 30 km/h wird der Bremsregler nicht mehr aktiviert,
b) Regleraktivität und jeweilige Radgeschwindigkeit bilden die Basis zur Schätzung der thermischen Belastung der Bremse; bei Überschreiten eines Grenzwertes schaltet der Regler ab.

Mit der beschriebenen Bremsregelfunktion können die Antriebsräder auch soweit synchronisiert werden, dass eine vorhandene mechanische Differenzialsperre automatisch, z. B. mit Hilfe eines Pneumatikzylinders, eingerückt werden kann. Das ABS/ASR-Steuergerät berechnet hierfür den richtigen Zeitpunkt und auch die Bedingungen zum Lösen der Differenzialsperre.

Motorregelkreis
Gibt der Fahrer zuviel Gas, drehen auf niederem, homogenem Reibwert beide Antriebsräder durch. Die Vortriebskraft für das Fahrzeug richtet sich nach dem kleiner werdenden Reibwert im instabilen Teil der Kraftschluss-Schlupfkurve (s. Bild „Kraftschluss-Schlupfkurven"). Auf Eis und Schnee macht sich bei noch stehendem oder sehr langsam fahrenden Fahrzeug ein „Poliereffekt" bemerkbar, der den Reibwert zusätzlich deutlich verkleinert. Gleichzeitig vermindert sich die Stabilität des Fahrzeugs. Der Motorregelkreis reduziert in diesem Fall den Antriebsschlupf auf zulässige Werte, erhöht somit die Traktion und stellt die Fahrzeugstabilität sicher.

Als Reduziereinrichtung für das Motormoment sind elektrische und pneumatische Steller verfügbar.

Hier sollen beispielhaft zwei Varianten der elektrischen Stellmöglichkeiten beschrieben werden:
- Schnittstelle zu elektronischen Motorsteuergeräten,
- direkte Ansteuerung eines elektrischen Stellmotors.

Antriebsschlupfregelung (ASR) für Nkw mit elektronischer Regelung der Einspritzpumpe (EDC).
1 Drehzahlsensor, 2 Impulsring, 3 ABS/ASR-Steuergerät, 4 Drucksteuerventil (Einkanal), 5 2/2-Magnetventil, 6 Zweiwegeventil, 7 Betriebsbremsventil, 8 Bremskraftregler, 9 Bremszylinder, 10 EDC-Steuergerät, 11 Fahrpedal, 12 Pedalwertgeber, 13 Einspritzpumpe.

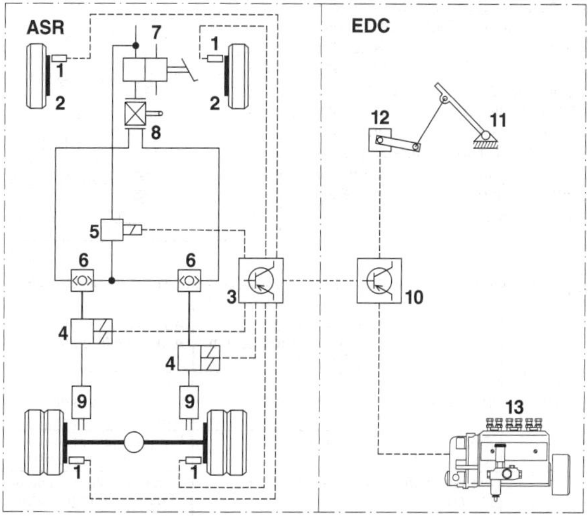

Schnittstelle (z. B. CAN, s. S. 988): Das ABS/ASR-Steuergerät erhält von einem Steuergerät für das Motormanagement ein Signal „Fahrerwunsch" (z. B. Gaspedalstellung oder gewünschte Einspritzmenge). Bezogen auf dieses Signal sendet das ABS/ASR-Steuergerät den aus dem Radschlupf und anderen Größen berechneten Reduzierwunsch, den die Motorsteuerung ausführt. Steuergeräte für das Motormanagement sind z. B. EMS (Elektronische Motorleistungssteuerung) und EDC (Elektronische Dieselregelung). Sie enthalten alle Funktionen des Motormanagements (z. B. Fahrgeschwindigkeitsregler, Drehzahlbegrenzer, Leerlaufregelung usw.) und führen den ASR-Reduzierwunsch sofort und mit der notwendigen Genauigkeit aus.

Stellmotor: Das ABS/ASR-Steuergerät steuert den Stellmotor direkt an. Der Stellmotor als Gleichstrommotor mit integrierter Positionsrückmeldung ermöglicht eine exakte Lageregelung, die die Regelqualität unabhängig von den Stellkräften an der Einspritzpumpe, der Reibung im Gasgestänge und weiteren Störgrößen macht. Die ASR kann über das Gestänge nur reduzieren und schließt damit ein fehlerhaftes Gasgeben aus. Ein im Steuergerät integrierter Fahrgeschwindigkeitsbegrenzer (FGB) regelt entweder die Fahrzeuggeschwindigkeit auf einen gesetzlich vorgeschriebenen Maximalwert (v_{max}-Regelung) oder auf einen vom Fahrer über einen Taster eingestellten Wert (v_{set}-Regelung). Der Fahrer muss hierbei mehr Gas geben, als es zum Halten der v_{max}- bzw. v_{set}-Geschwindigkeit notwendig wäre. Das „Zuviel" an Gas reduziert das ABS/ASR-Steuergerät. FGB sind seit 1. Januar 1994 für Busse (Gesamtgewicht > 10 t) und Lkw (> 12 t) gesetzlich vorgeschrieben.

Federung

Schwingungsarten

Federung und Dämpfung wirken sich vor allem auf die vertikalen Fahrzeugschwingungen aus. Sie sind maßgebend für den Fahrkomfort (Schwingungsbeanspruchung der Insassen und Ladung) und für die Fahrsicherheit bzw. die Fahrbahnbeanspruchung (Schwankungen der Radlast). Mit mehreren Feder-Dämpfer-Masse-Systemen lässt sich ersatzweise das Zusammenwirken der Fahrzeugelemente darstellen.

Zweimassen-Modell als Viertel-Fahrzeugmodell.
h Anregungsamplitude, z Schwingungsamplitude, c Federsteifigkeit, k Dämpfungskonstante, m Masse. Indizes: 1 Reifen und Achse, 2 Aufbau.

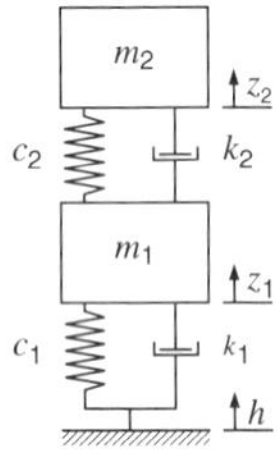

Tabelle 1.
Auswirkungen der Konstruktionsgrößen auf das vertikale Fahrzeugschwingverhalten.

Konstruktionsgröße	Auswirkung in Aufbaueigenfrequenz	Auswirkung im zwischenfrequenten Bereich	Auswirkung in Achseigenfrequenz
Aufbaudaten Federkonstante	auf Fahrkomfort groß	auf Fahrkomfort mittel	auf Fahrsicherheit gering
steifer	Frequenz und Amplitude steigen, Komfort fällt		Frequenz steigt, Amplitude sinkt leicht
weicher	Frequenz und maximale Amplitude sinken, Komfort steigt		Amplitude steigt leicht bei niedrigen Anregungsfrequenzen
Dämpferkonstante	auf Fahrkomfort groß Optimierung erforderlich		auf Radlastschwankung groß
größer (Dämpfer steifer)	Beschleunigung sinkt	Beschleunigung steigt	Beschleunigung steigt, dynamische Radlastschwankung sinkt
niedriger (Dämpfer weicher)	Beschleunigung steigt	Beschleunigung sinkt	Amplitude fällt leicht, dynamische Radlastschwankung steigt
Masse	auf Vergrößerungsfaktor der Radlastschwankung gering; mit zunehmender Beladung sinkt der Vergrößerungsfaktor der Beschleunigung (leeres Fahrzeug hat geringeren Fahrkomfort und eine höhere relative Radlastschwankung als beladenes Fahrzeug)		
Rad- und Reifendaten Federung (bei weicher werdendem Reifen)	Eigenfrequenz und Amplitude ändern sich nahezu nicht		Eigenfrequenz und Amplitude von Aufbaubeschleunigung und Radlastschwankung sinken etwa proportional zur Verringerung der vertikalen Reifensteifigkeit
Dämpfung	Frequenz und Amplitude ändern sich bei Änderung der Reifendämpfung nicht Wegen Erwärmung sollte die Reifendämpfung möglichst klein sein, um weichem Reifen stärkeres Einfedern zu ermöglichen		Amplitude bei Aufbaubeschleunigung und Radlastschwankung sinkt gering mit stärkerer Dämpfung
Radmasse	Verminderung der Radmasse beeinflusst den Fahrkomfort kaum		kleine Radmasse erhöht die Fahrsicherheit

Die Schwingungen des Aufbaus bestimmen im Wesentlichen den Fahrkomfort. Effektivwert der vertikalen Aufbaubeschleunigung:

$\overrightarrow{\ddot{z}_2} / \overrightarrow{h}$

Die Achsschwingungen (damit mittelbar die Radlastschwankungen) bestimmen die Fahrsicherheit. Effektivwert der vertikalen Achsschwingung:

$\overrightarrow{\ddot{z}_1} / \overrightarrow{h}$

Als Amplitudenverhältnisse ergeben sich in beiden Bewegungsgrößen charakteristische Frequenzabhängigkeiten.

Die Auswirkungen der Änderungen der Parameter im Zweimassen-Modell (auch im realen Fahrzeug) sind in Tabelle 1 zusammengestellt.

Aufbaufeder und Dämpfer beeinflussen neben dem vertikalen Schwingungsverhalten auch die Nick- und Wankbewegungen des Fahrzeugaufbaus.

Nicken: Drehung um die Fahrzeugquerachse z.B. beim Anfahren (vorn Ausfedern – hinten Einfedern). Anfahr- und Bremsnicken wird durch die gewählte Achskinematik (Lenkeranordnung) vermindert.

Wanken: Drehung um eine meist von vorn unten nach hinten oben verlaufende Fahrzeuglängsachse infolge von Lenkeingaben (Kurvenaußenseite einfedern – Kurveninnenseite ausfedern). Stabilisatoren an Vorder- und Hinterachse verringern diesen Einfluss.

Federungselemente
(siehe Tabelle 2)

Geregelte Federungssysteme

Niveauregelung

Teiltragende Systeme

Bei weichen Aufbaufedern (Fahrkomfort) treten z. B. bei Beladung große Federwege auf. Um ein zu starkes Absinken des Fahrzeugaufbaus zu vermeiden, werden zusätzlich Luftfedern oder hydropneumatische Federn eingesetzt.

Das Gasvolumen wird zur Federung genutzt. Die Niveaulage wird mechanisch an Fahrwerksteilen abgegriffen. Luft oder Hydrauliköl werden durch Ventile direkt in die Federn geleitet bzw. daraus abgelassen oder es wer-

Frequenzabhängigkeit der Bewegungsgrößen.
$\ddot{z}_1$ Amplitude Achsbeschleunigung, $\ddot{z}_2$ Amplitude Aufbaubeschleunigung, h Anregungsamplitude. 1 Aufbaueigenfrequenz, 2 Achseigenfrequenz.

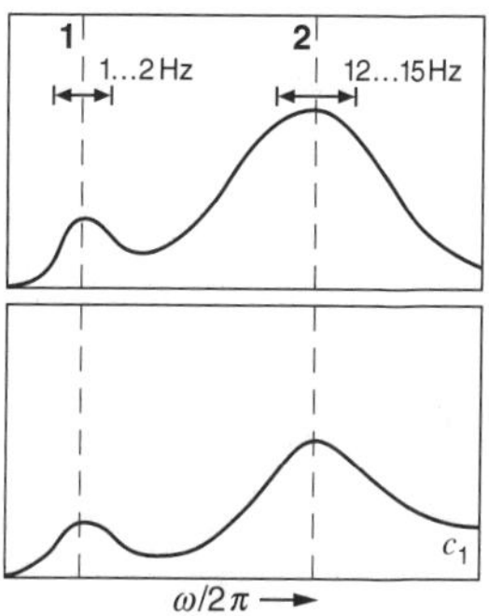

Luft-Niveauregelung (Teiltragendes System).
1 Luftanschluss, 2 Stahlfeder, 3 Zusatzluftfeder, 4 Gasvolumen, 5 Stoßdämpfer.

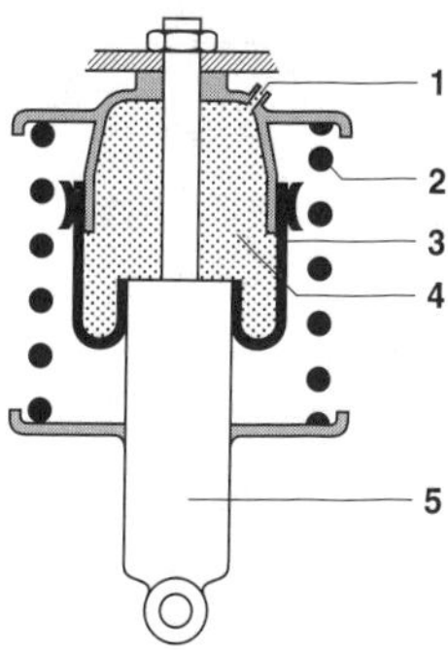

den elektronische Niveauregler zwischengeschaltet, die Magnetventile ansteuern.
Vorteile des elektronischen Systems:
- geringer Energiebedarf durch Vermeiden der Regelzyklen bei Bremsen, Beschleunigen oder Kurvenfahrt,
- geschwindigkeitsabhängiges Absenken des Fahrzeugaufbaus zur Kraftstoffeinsparung,
- Anheben des Fahrzeugaufbaus bei schlechten Wegstrecken,
- Verbesserung der Kurvenstabilität durch Quersperren der Federn einer Achse.

Zusätzliche Vorteile für Nfz:
- automatische Hubbegrenzung für Wechselpritschen und Container,
- beliebig einstellbare Niveaulage, z.B. zum Anpassen der Ladefläche an Laderampen,
- Liftachsensteuerung (automatische Niveauerhöhung beim Heben der Liftachse), automatisches Absenken beim Überschreiten der zulässigen Achslast der Antriebsachse, kurzzeitiges Anheben der Liftachse (2...3 Minuten) zur Lasterhöhung der Treibachse (Anfahrhilfe).

Hydropneumatische Niveauregelung (Teiltragendes System).
1 Ölanschluss, 2 Stahlfeder, 3 Federspeicher, 4 Gasvolumen, 5 Gummimembran, 6 Öl, 7 Schlauch, 8 Stoßdämpfer.

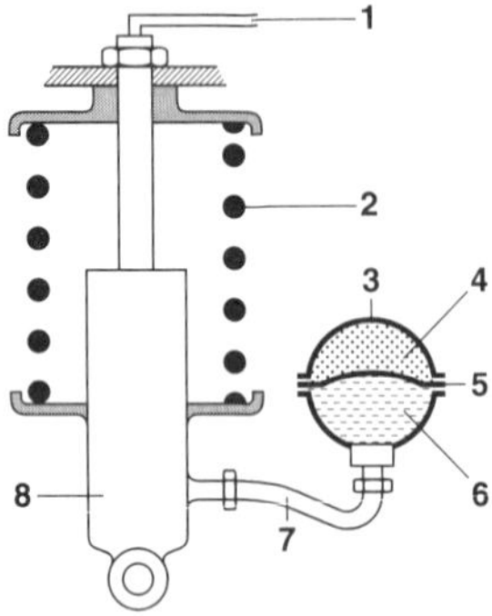

Volltragende Systeme
Die Gasfeder übernimmt die Federungsaufgabe allein, die Schraubenfedern entfallen. Regelung sowohl einer Achse (im allgemeinen die Hinterachse) als

Niveauregelung (Volltragende Systeme).
a) Offenes, b) geschlossenes System. 1 Filter, 2 Kompressor, 3 Trockner, 4 Wegeventil, 5 Federbalg, 6 Rückschlagventil, 7 Druckbehälter, 8 Druckschalter.

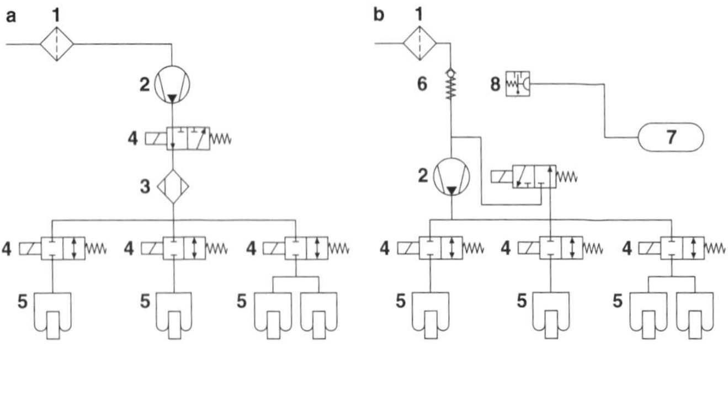

auch aller Achsen eines Fahrzeugs. Die Regelung aller Achsen erfordert eine Regelungsstrategie, die durch ein elektronisches Steuergerät festgelegt ist. Die Regelungsstrategie umfasst z.B. wechselnde Beeinflussung der Achsen, um einen schiefen Fahrzeugaufbau zu vermeiden, Überwachung der Regelzeiten, Erkennen von Systemfehlern.

Offenes System:
Vorteile: geringer Bauaufwand, einfache Steuerung.
Nachteile: hohe Kompressorleistung für kurze Regelzeiten, Lufttrockner erforderlich, Geräusche beim Ansaugen und Ablassen.

Geschlossenes System:
Vorteile: geringe Kompressorleistung (geringe Druckdifferenz zwischen Speicher und Feder), kaum Probleme mit Luftfeuchtigkeit.
Nachteile: erhöhter apparativer Aufwand (Speicher, Druckschalter, Rückschlagventil).
Luftfedern haben gegenüber hydropneumatischen Federn ein kleineres Gewicht.

Aktive Federung

Die aktive Federung umfasst die Regelung der Funktionen „Federung" und „Dämpfung". Sie wird durch drei unterschiedliche Ausführungsarten realisiert.

Ausführung mit Hydraulikzylinder
Sensoren verbinden die mit Hilfsenergie schnell verstellbaren Hydraulikzylinder mit dem Fahrzeugaufbau. Radlast-, Weg- und Beschleunigungssensoren geben Signale an ein elektronisches Steuergerät mit einem Regelungszyklus von wenigen Millisekunden.

Die Regelung erzielt fast konstante Radlast und eine mittlere konstante Fahrzeughöhe. Stahlfedern oder hydropneumatische Federn tragen die statische Radlast.

Aktive Federung.
a) Hydraulikzylinder,
b) hydropneumatische Federung,
c) Luftfederung.
1 Fahrzeugaufbau, 2 Radlastsensor, 3 Wegsensor, 4 Speicher, 5 Pumpenkreis, 6 Servoventil, 7 Stellzylinder, 8 Beschleunigungssensor, 9 Dämpfer, 10 Ventil, 11 Druckbehälter, 12 Kompressor, 13 Magnetventil.

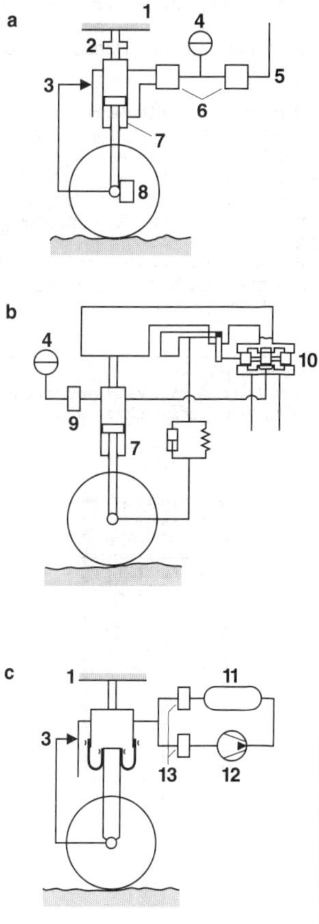

Ausführung mit hydropneumatischem Federungssystem (Ölregelung)
Eine gezielte Ölregelung im hydropneumatischen Federungssystem regelt die Aufbaubewegungen aus. Hydrauliköl wird in hydropneumatische Federn geleitet oder aus dem Federbein abgelassen. Zur Verminderung des Energiebedarfs werden nur langwellige Unebenheiten ausgeregelt. Ein Gasspeicher in der Nähe des Federbeins übernimmt die höherfrequenten Federungseigenschaften.

Das Dämpferelement lässt sich im wesentlichen auf die Radbewegungen abstimmen.

Ausführung mit Luftfedersystem
Eine gezielte Druckluftversorgung in Luftfederbälgen regelt die Aufbaubewegungen aus. Das geschlossene System der Luftfeder übernimmt nur langwellige Schwingungen und lenkungsbedingte Rollbewegungen.

Der Querkraftausgleich ermöglicht es, das System auch in Federbeinachsen einzusetzen.

Schwingungsdämpfer

Teleskopschwingungsdämpfer wandeln die Schwingungsenergie der Aufbau- und Radschwingungen in Wärme um. Sie sind am Aufbau und Achse mit elastischen Lagern zur Geräuschisolation befestigt.

Einrohrdämpfer
Einrohrdämpfer haben bewegliche Trennkolben und Gaspolster als Gasdruckdämpfer.

Vorteile: Günstige Einstellbarkeit, da wegen des großen Kolbendurchmessers der Arbeitsdruck im Dämpfer gering ist. Genügend Platz für Ventile und Kanäle. Die Wärme wird direkt über das Außenrohr abgeführt. Der Dämpfereinbau ist lagenunabhängig.

Nachteile: Große Baulänge. Außenrohr als Kolbenführung ist durch Steinschlag gefährdet. An Engstellen im Fahrwerk kann das Rohr nicht eingezogen werden. Die Kolbenstangendichtung ist dem Druck im Dämpfer ausgesetzt.

Einrohrdämpfer.
1 Atmosphärendruck, 2 Ventil, weiche Feder, 3 Ventil, harte Feder, 4 Rückschlagventil.

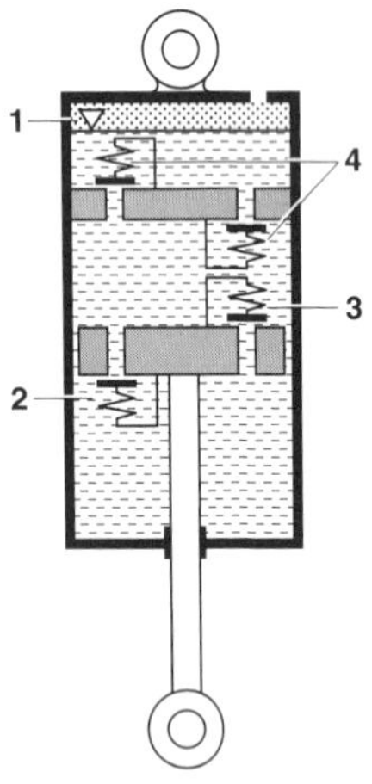

Zweirohrdämpfer.
1 Atmosphärendruck, 2 Reserveraum, 3 Bodenventil.

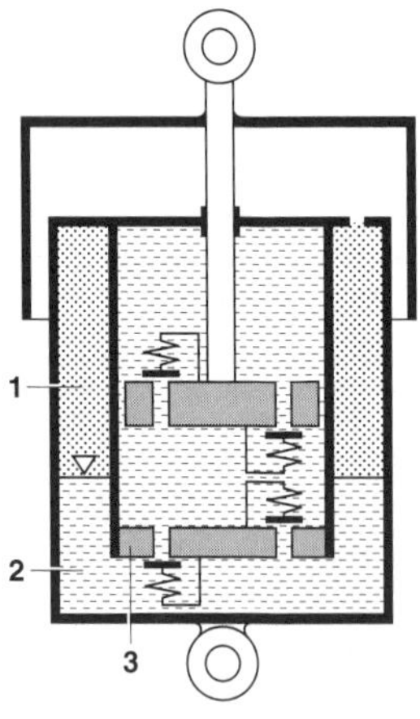

Zweirohrdämpfer
Diese Bauart gibt es als atmosphärischen Zweirohrdämpfer und als Niederdruck-Zweirohrdämpfer.

Vorteile: Unempfindlich gegen Steinschlag. Möglichkeit zum Einziehen des Rohres an Engstellen. Kurze Einbaulänge, da der Ausgleichraum neben dem Arbeitszylinder.

Nachteile: Dämpfer können leicht überlastet werden (keine Dämpferwirkung mehr). Es sind nur definierte Einbaulagen möglich.

Dämpfercharakteristik
Die Dämpfercharakteristik ergibt sich durch die gemeinsame Wirkung der Lochdämpfung und der auf der Kanalöffnung liegenden Feder, die mit zunehmendem Druck größere Abströmöffnungen freigibt. Durch Abstimmung von Kolbenbohrungen und Federplatten werden lineare bis degressive Dämpferkennlinien erzeugt. Mit im Dämpfer umschaltbaren Abstimmungen lassen sich mehrere Kennlinien mit einem Dämpfer realisieren. Die Druckstufenwerte betragen häufig nur 30 ... 50 % der Zugstufenwerte.

Mit elektronisch angesteuerten Verstelldämpfern (adaptive Anpassung an den Fahrzustand) lassen sich Fahrkomfort und die Fahrsicherheit verbessern. Feste Dämpferstufen erzeugen dagegen einen definierten Zusammenhang zwischen Komfort und Fahrsicherheit.

Als Regelgesetz dient häufig die semiaktive „Skyhook"-Dämpfung. Der Dämpfer wird in Abhängigkeit von der Aufbaugeschwindigkeit verstellt.

Schwingungstilger

Der Schwingungstilger ist eine am Fahrzeug federnd und dämpfend aufgehängte Zusatzmasse. Die Schwingungen des Hauptsystems werden vom Schwingungstilger übernommen, d. h. das Hauptsystem schwingt nicht mehr, nur der Tilger schwingt (siehe „Schwingungen" S. 31).

Schwingungstilger beeinflussen Karosserieschwingungen, die Wirkungen auf das Fahrwerk sind gering.

Dämpferkennlinien (Zugstufen).
1 Komfort, 2 normal, 3 Sport.

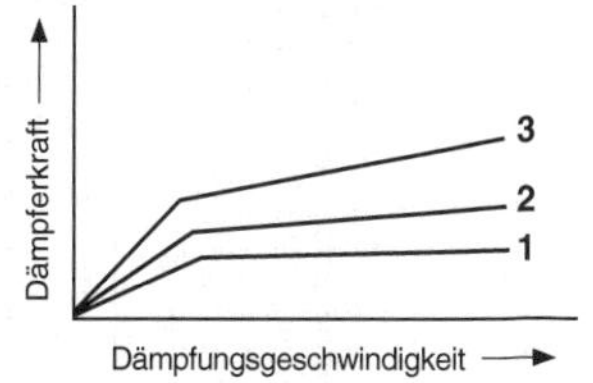

Vergrößerungsfunktion der Achsbeschleunigung.
1 Mit Tilger, 2 ohne Tilger.
a_1 Amplitude von z_1, h Anregungsamplitude.

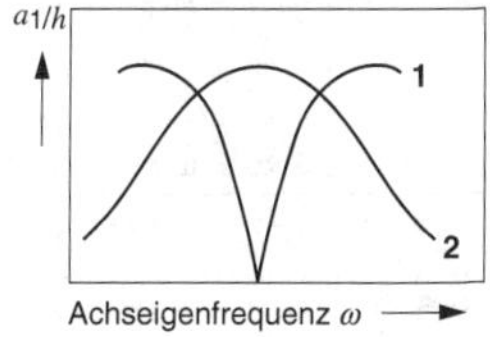

Schwingungstilgung.
a) Anordnung am Fahrzeug,
b) mechanisches Ersatzsystem.
1 Tilgerfeder und -dämpfung, 2 Tilgermasse,
3 Radmasse, 4 Reifenfeder.

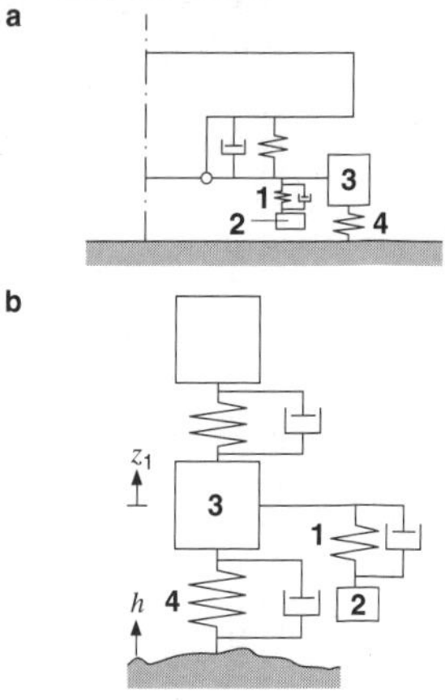

Tabelle 2. Federungselemente.

Federungs-elemente	Abbildung		Einfluss der Zuladung auf die Aufbau-Eigenfrequenz	Eigenschaften
Stahlfedern Blattfeder	Pkw-Blattfeder 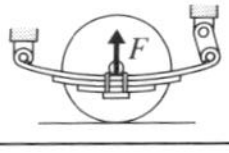	Lkw-Blatt- mit Zusatzfeder 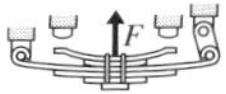	$\frac{v_{bel}}{v_{leer}} = \sqrt{\frac{m_{leer}}{m_{bel}}}$	Ein- oder mehrlagig. Übernimmt bei einigen Anwendungen die Radführung. Je nach Bauart reibungsbehaftet, wird durch Kunststoff-Zwischenlage vermindert (Geräusche möglich). Bei Lkw meist ohne Zwischenlage, Wartung erforderlich. Günstige Krafteinleitung in den Rahmen.
Schraubenfeder	Zylinderfeder 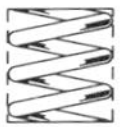	Tonnenfeder 	Eigenfrequenz sinkt mit Zuladung. Kennlinien sind im Allgemeinen linear.	Progressive Kennlinie durch unterschiedliche Steigung oder konischen Draht. Stoßdämpfer lässt sich innerhalb der Feder. anordnen. Keine Eigendämpfung, Federschwirren möglich. Vorteile: geringer Raumbedarf, geringes Gewicht, wartungsfrei. Nachteile: zur Radführung sind gesonderte Elemente erforderlich.
Drehstabfeder	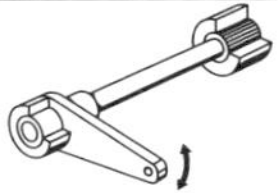			Aus Rund- oder Flachstahl (Rundstab geringeres Gewicht). Bauartabhängig ist Fahrzeughöhenverstellung möglich. Wartungs- und verschleißfrei. Bei zusätzlicher Biegebeanspruchung wird Flachstahlpaket eingesetzt.
Luftfedern Rollbalgfeder	Feder mit konstantem Gasvolumen. *1 Fahrzeugrahmen, 2 Rollbalg, 3 Kolben, 4 Luftzuführung, 5 Klemmplatte.*		$\frac{v_{bel}}{v_{leer}} = 1$ Eigenfrequenz bleibt bei Zuladung konstant. Kennlinien sind abhängig von Gaseigenschaft, Abrollkolbenform, Fadenwinkel im Balg.	Als Federbein oder als Einzelfeder vor allem bei Nfz und Omnibussen. Vermehrt Einsatz bei Pkw für Niveauregulierung der Hinterachse und Rundumfederung. Realisierung einer weichen vertikalen Federsteifigkeit (mehr Fahrkomfort). Radführung muss durch gesonderte Lenker erfolgen. Der Niederdruck (<10 bar) erfordert große Volumina. Niedrige vertikale Federrate durch geometrische Balggestaltung des Torusbalgs nicht zu erreichen.
Torusbalgfeder	Rollbalgfeder 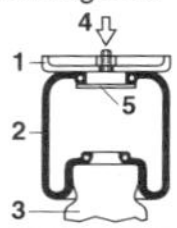	Torusbalgfeder 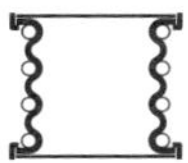		

Hydropneumatische Federn Membran-Hydrospeicher Kolbenspeicher	Feder mit konstanter Gasmasse. *1 Gas, 2 Öl, 3 Membran, 4 Stahlfeder.* Membran-Hydrospeicher 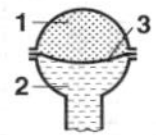 Kolbenspeicher 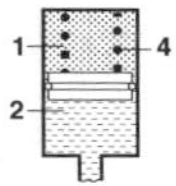	$\frac{v_{bel}}{v_{leer}} = \sqrt{\frac{m_{bel}}{m_{leer}}}$ Eigenfrequenz steigt mit Zuladung. Kennlinien sind progressiv und vom Ausgangsfülldruck des Speichers abhängig.	Das Gasvolumen in einem Speicher (durch einen Kolben vom Öl getrennt) bestimmt die Federungseigenschaften. Das Gas wird über das Hydrauliköl entsprechend der Radlast verdichtet. Dämpferventile sind im Stoßdämpfer und in der Verbindung zwischen Federbein und Speicher integriert. Die Gummimembran muss aufgrund der Gasdiffusion gewartet werden.
Gummifeder	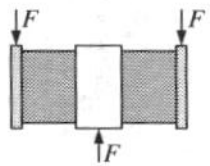 	Eigenfrequenz wird durch Zuladung wegen der nichtlinearen Federsteifigkeit beeinflusst.	Zwischen Metallteilen vulkanisierte Gummischubfeder, zunehmend mit integrierter hydraulischer Dämpfung. Wird als Aggregatlager (Motor-Getriebelager), als Lenkerlager und als Zusatzfeder verwendet.
Stabilisator	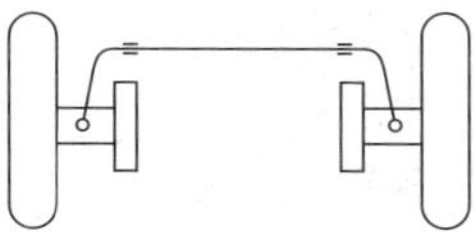	Bei gleichseitiger Federung kein Einfluss. Bei einseitiger Federung halbe, bei wechselseitiger Federung gesamte Stabilisatorsteifigkeit wirksam.	Rollneigung des Aufbaus wird verringert und das Kurvenverhalten des Fahrzeugs beeinflusst (Über- oder Untersteuern). Meist U-förmig gebogenes Vollrund- oder Rohrmaterial, Schenkel sind häufig wegen Biegebeanspruchung flachgewalzt. Um Stabilisatoren mit möglichst kleinem Durchmesser zu realisieren, müssen die Befestigungspunkte weit außen an der Achse liegen. Lenkerdrehachsen sind so auf die Stabilisatorlage abzustimmen, dass die Stabilisator-Beanspruchung nur Torsion und nicht Biegung ist.

Radaufhängung

Die Radaufhängung stellt die Verbindung zwischen Fahrzeugaufbau und Rad mit Reifen her. Das Rad kann sich im Wesentlichen vertikal bewegen, um Fahrbahnunebenheiten auszugleichen. Vorderräder werden gelenkt, bei Fahrzeugen mit Hinterachslenkung auch die Hinterräder. Infolge der Lenkbarkeit unterscheiden sich Vorder- und Hinterachs-Radaufhängungen. Durch geeignete Radführungsgeometrie und Federung werden neben vertikalen Aufbaubewegungen auch Wanken und Nicken gemindert.

Literaturvorschlag:
Wolfgang Matschinsky.
Radführungen der Straßenfahrzeuge.
2. Aufl.; Springer-Verlag 1998.

Kinematik

Vorderräder schwenken um die räumlich geneigte Achse, die durch Gelenke der Radaufhängung festgelegt wird.

Die folgenden kinematischen Daten sind für Radstellungen beim Lenkeinschlag und für die Übertragung der Kräfte zwischen Reifen und Fahrbahn auf das Lenkgestänge von Bedeutung:

Vorspur δ_{VS}
Vorspur pro Rad ist der Winkel zwischen Fahrzeuglängsachse und Reifenmittelebene bzw. die halbe Abstandsdifferenz zwischen Felgenhorn vorn und hinten am Rad. Sie beeinflusst den Geradeauslauf sowie das Anlenkverhalten und kompensiert bei angetriebenen Vorderrädern die dadurch entstehenden elastokinematischen Spuränderungen. Die Vorspur beträgt bei Standardantrieben ca. 5 ... 20', die Nachspur bei Frontantrieb bis –20' (Kompensation von Antriebskräften).

Störkrafthebelarm r_{st}
Störkrafthebelarm ist der kürzeste Abstand zwischen Radmitte und Spreizachse. Seine Länge ist Maß für Rückwirkungen von Antriebskräften bei Frontantriebsfahrzeugen und Rollwiderstandkräften auf die Lenkung.

Vorspur.
δ_{VS} Vorspurwinkel, Abstand der Räder: a vorn, b hinten, $b–a$ Vorspur (in mm), s Spurweite.

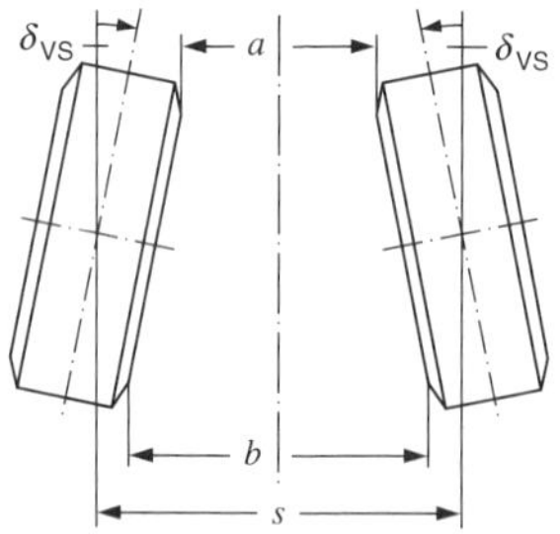

Radstellung.
M Radmittelpunkt, r_{st} Störkrafthebelarm, n_τ Nachlaufversatz, n Nachlaufstrecke, τ Nachlaufwinkel, r_σ Spreizungsversatz, r_s Lenkrollhalbmesser, γ Sturzwinkel, σ Spreizungswinkel.

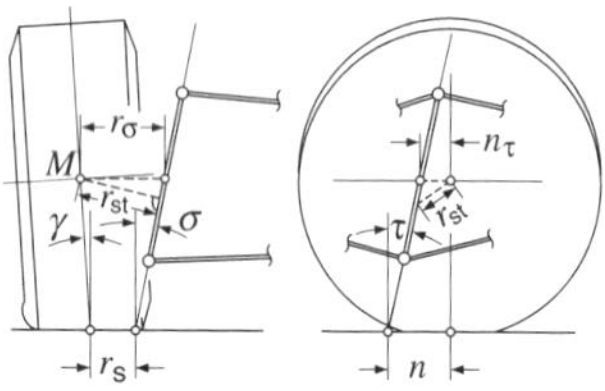

Nachlaufstrecke n
Nachlaufstrecke ist der Abstand zwischen Radaufstandspunkt und Durchstoßpunkt der Lenkachse durch die Fahrbahn, gemessen in der Seitenansicht. Sie bewirkt das Rückstellen der Räder in die Geradeausstellung und beeinflusst das Lenkmoment bei Kurvenfahrt und die Geradeauslaufstabilität.

Nachlaufwinkel τ
Nachlaufwinkel ist der Winkel zwischen Lenkachse und der Senkrechten in der Seitenansicht. Er beeinflusst zusammen mit dem Spreizungswinkel die Sturzänderung über dem Radeinschlag sowie das Lenkungs-Rückstellverhalten.

Lenkrollhalbmesser r_s
Lenkrollhalbmesser ist der Abstand zwischen Radaufstandspunkt und Durchstoßpunkt der Lenkachse durch die Fahrbahn. Er ist negativ, wenn der Durchstoßpunkt der Radlenkachse, bezogen auf den Radaufstandspunkt, auf der Fahrzeugaußenachse liegt. Bremskräfte erzeugen im Zusammenwirken mit dem Lenkrollhalbmesser Lenkbewegungen und Rückstellmomente am Lenkrad (Fahrerinformationen). Selbststabilisierende Lenkwinkel ergeben sich bei negativem Lenkrollhalbmesser.

Sturzwinkel γ
Sturzwinkel ist die Neigung der Radachse zur Fahrbahn in der senkrechten Ebene. Er ist negativ, wenn das Rad oben zur Fahrzeugmitte hin geneigt ist. Er beeinflusst die Seitenführung (mit Rücksicht auf die Reifen gelten heute im Allgemeinen geringe Sturzwerte von –3...0°; begrenzt durch Reifeneigenschaften).

Spreizungswinkel σ
Spreizungswinkel ist der Winkel zwischen Lenkachse und Fahrzeuglängsebene, ermittelt in Fahrzeugquerebene. Er beeinflusst das Lenkmoment (Lenkgefühl), zusammen mit Nachlaufwinkel, -strecke und Lenkrollhalbmesser.

Grundtypen

(Siehe Tabellen auf folgenden Seiten).

Elastokinematik

Die durch die Achslenker vorgegebenen kinematischen Eigenschaften einer Radaufhängung und die Änderung der kinematischen Daten beim Federn beeinflussen Spur und Sturz. Zusätzlich wirken sich die an der Radaufhängung angreifenden Kräfte (Antriebs-, Brems-, Seiten-, Rollwiderstands- und Vertikalkräfte) infolge von Elastizitäten der Lager und Bauteile auch auf die kinematischen Radstellungen aus (Kinematik aus elastischer Verformung: Elastokinematik). Im Allgemeinen werden durch kinematische und elastokinematische Effekte gezielte Radstellungsänderungen angestrebt. Dazu werden Kinematik und Elastizitäten einer Achse so ausgelegt, dass sich die Wirkung unter Kraft- und Federungseinflüssen gegenseitig entsprechend ergänzen. Mit angestellten Lenkerlagern entstehen beim Federn kardanische Winkel. Sie begrenzen (je nach Gummilagerauslegung) die Möglichkeiten zur Kompensation der Elastokinematik.

Bei einigen modernen Hinterachsaufhängungen wird elastokinematisches Lenken zur Verminderung von Lastwechselreaktionen eingesetzt. Unterschiedliche Längs- und Vertikalkräfte an den Rädern sorgen für ein Schwenken des elastisch aufgehängten Achsträgers bzw. einzelner Lenker. Die kurvenäußeren Räder werden dadurch mit mehr Vorspur versehen (stabilisierende Lenkeinschläge der Hinterräder).

Elastische Radstellung durch Längskraft F_x.
F_1, F_2 Lenkerlagerkräfte, a Achsabstand Rad/ Lenkerlager, b Lenkerlagerabstand, δ_{VS} Vorspurwinkel.

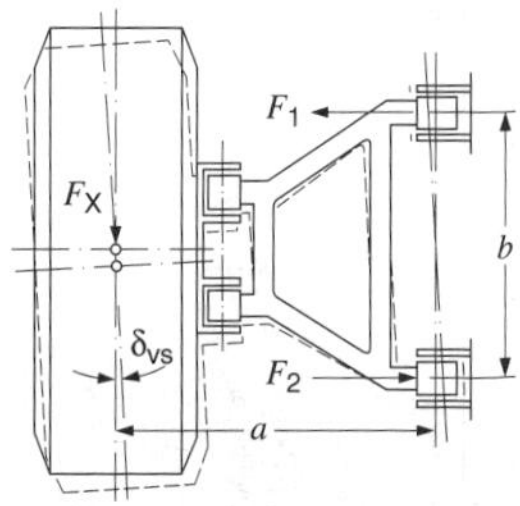

Anstellen der Lenkerlager zur Kompensation des elastischen Lenkeinschlages.
S_F Schwerpunkt (A Verminderung, B vollständige Kompensation), c_{ax}, c_{rad} Federkonstanten axial/radial, α Anstellwinkel.

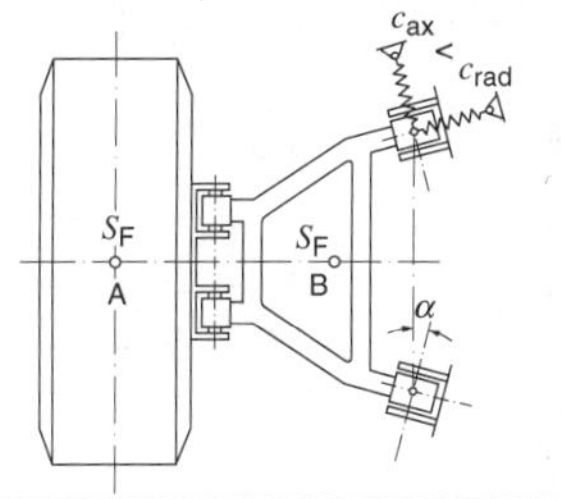

Grundtypen und Eigenschaften von Radaufhängungen

Starrachsen				
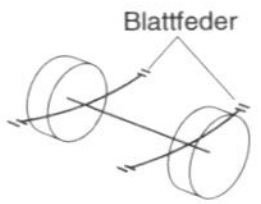	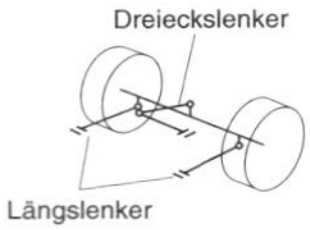	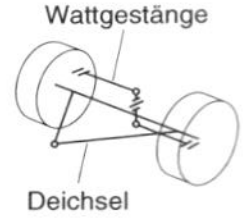	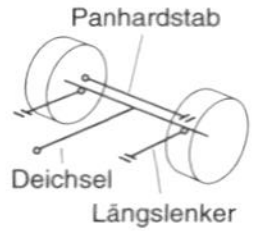	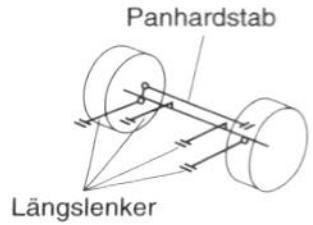
Anwendung als Hinterachse bei Standardantrieb; als Vorder- und Hinterachse bei Nutz- und Geländewagen				
Spurweite, Vorspur, Sturz stets konstant zur Fahrbahn, auch bei Aufbau-Seitenneigung, gute Spursicherheit				
Herstellkosten niedrig, Trampeln, ungefederte Massen hoch, ungünstige Verformung unter Seitenkraft und Moment	keine seitlichen Aufbaubewegungen beim Federn, keine ungünstigen Radstellungen durch Quer- und Längskräfte sowie Momente, hoher Raumbedarf			
	Nickpol frei wählbar Kosten und Gewicht hoch		Panhard-Stab verursacht beim Fahren seitliche Aufbaubewegungen	Nickpol frei wählbar
Halbstarrachsen				
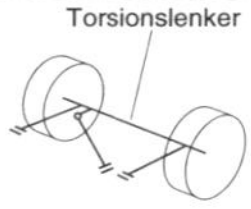	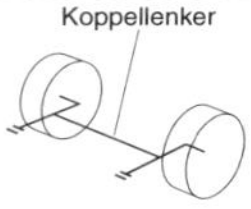	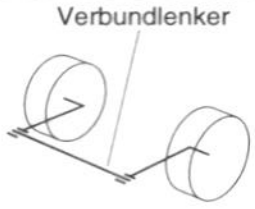		
Anwendung als Hinterachse bei Frontantrieb				
niedrige Karosseriekräfte durch großen Lagerbestand, günstige Krafteinleitung außen am steifen Längsträger, einfache Herstellung, zwei Lagerstellen, einfache Montage, sehr robust, kinematische Möglichkeiten eingeschränkt				
WZ nach Lage des Panhardstabes über Radmitte	WZ unter Radmitte (je nach Koppellage)	WZ auf der Fahrbahn (alle WZ in der Fahrzeugmitte)	WZ = Wankzentrum	

<table>
<tr><th colspan="5">Einzelradaufhängungen</th></tr>
<tr>
<td>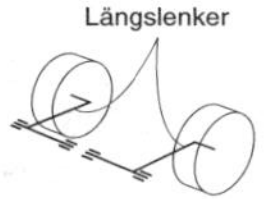
</td>
<td>
</td>
<td>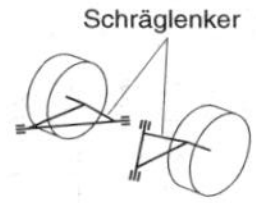
</td>
<td>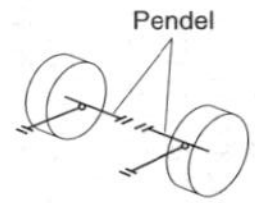
</td>
<td>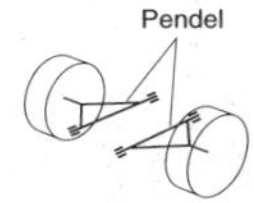
</td>
</tr>
<tr><td colspan="5">Anwendung als Hinterachse bei Front- oder Standardantrieb</td></tr>
<tr>
<td>geringer Platzbedarf, niedrige Kosten, kinematische Möglichkeiten eingeschränkt, Sturzänderung, große Nachlaufänderung, Lage des Momentpols, hohe Beanspruchungen</td>
<td>niedriger Bauaufwand, günstige kinematische Möglichkeiten, elastokinematisch ungünstig, Seitenkraft- und Umfangskraftübersteuern, hohe Lenkerkräfte</td>
<td colspan="3">niedrige Kosten, kinematisch eingeschränkte Möglichkeiten, bei Kurvenfahrt wird Aufbau durch Seitenkraft hochgedrückt, Aufstützeffekt mit positivem Sturz</td>
</tr>
<tr>
<td colspan="2">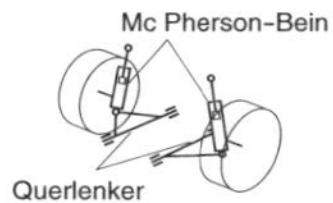
</td>
<td>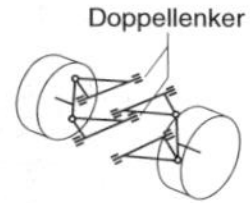
</td>
<td colspan="2">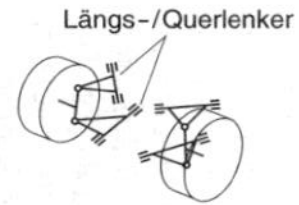
</td>
</tr>
<tr>
<td colspan="3">Anwendung als Vorder- oder Hinterachse bei Front- oder Standardantrieb;</td>
<td colspan="2">als Vorderachse bei Front- und Standardantrieb</td>
</tr>
<tr>
<td colspan="2">geringer Platzbedarf (Fahrzeugbreite), niedrige Karosseriekräfte durch große Abstützbasis, wenig Gelenke, gute Montierbarkeit, niedriges Gewicht, Toleranzunempfindlichkeit, kinematisch eingeschränkte Möglichkeiten bezüglich Sturzänderung, Spreizwinkel, Momentan- und Nickpol, Raumbedarf für Feder, Reifenbreite, Bauhöhe</td>
<td colspan="3">kinematisch größtmögliche Freizügigkeit, hohe Kosten durch große Gelenkanzahl, enge Aufbautoleranzen (ohne Fahrschemel),, wegen relativ kleinem Abstand der Lagerstellen steife Lagerung erforderlich zur Vermeidung starker Radstellungsänderungen (Abnahme des Komforts)</td>
</tr>
<tr>
<td colspan="2"></td>
<td></td>
<td colspan="2">Krafteinleitung des oberen Lenkers an der steifen Spritzwand</td>
</tr>
</table>

Räder

Moderne Fahrzeugräder bestehen im Allgemeinen aus Felge und Radschüssel bzw. Radscheibe. Die Felge dient zur Aufnahme des Reifens, die Radschüssel verbindet die Felge mit der Radnabe. Die Radgröße wird in erster Linie durch den Bremsendurchmesser und durch die Tragfähigkeit des Reifens bestimmt. Die wichtigsten Begriffe sind: Felgenmaulweite, Felgendurchmesser, Mittenloch, Lochkreisdurchmesser, Anzahl der Befestigungslöcher, Versenk- und Bolzenausführung, Einpresstiefe der Schüssel.

Felgenausführungen
Sie unterscheiden sich (abhängig von der Reifenart) durch Ein- und Mehrteiligkeit und Felgenquerschnittsform. Die wichtigsten Einzelheiten der Felge sind: Felgenhorn, Felgenschulter und Felgenbett. Es gibt folgende Felgenquerschnittsformen:
- Tiefbettfelgen,
- Flachbettfelgen,
- Schrägschulterfelgen und
- Steilschulterfelgen.

Radbefestigung
Sie hat zwei Aufgaben zu erfüllen: Zentrierung des Rades, um einen akzeptablen Rundlauf zu erzielen, sowie Übertragung der Radkräfte auf die Radnabe, was auf die Dauerfestigkeit des Radanlagebereiches Auswirkungen hat.

Räder für Pkw

Als Werkstoff werden Stahlblech für Massenräder sowie Aluminium und (seltener) Magnesium hauptsächlich für Sonderausstattungs- und Nachrüstungsräder in Schmiede- und Gussversion verwendet. Aluminiumblech hat sich bisher, trotz vereinzelter Anwendungen, aus Kostengründen nicht durchsetzen können.
Der Trend zum Leichtbau im Kfz bietet aber gerade bei den Rädern ein beträchtliches Potenzial. Sowohl das Aluminiumblechrad (mit Radblende als Vollabdeckung oder silberlackiert als Stylingvariante) als auch das vom klassischen Schmiederad abgeleitete Spaltrad gehören mit einem wirtschaftlichen Preis bezogen auf die Gewichtseinsparung zu den leichtesten Radausführungen.

***Scheibenrad** (z. B. 6J x 14 H 2).*
1 Felgenhorn (z. B. Form J), 2 Schrägschulter, 3 Hump (z. B. Doppelhump H 2), 4 Felge, 5 Tiefbett, 6 Belüftungsloch, 7 Radschüssel.
D Felgendurchmesser (z. B. 14"), L Lochkreisdurchmesser, M Felgenmaulweite (z. B. 6"), N Mittenloch, ET Einpresstiefe.

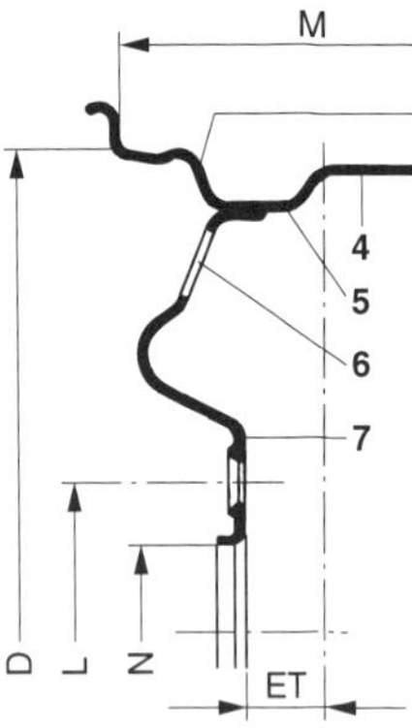

Felgensysteme.
a) Pkw-Humpfelge nach DIN 7817,
b) Lkw-Steilschulterfelge (schlauchlos) nach DIN 78 022,
c) Lkw-Schrägschulterfelge nach DIN 7820.
1 Horn, 2 Schrägschulter, 3 Hump, 4 Tiefbett, 5 Steilschulter. M Maulweite, D Durchmesser.

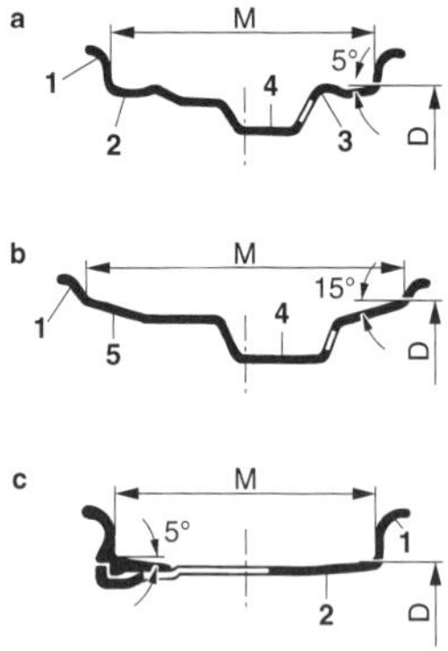

Während der Fertigungsprozess für das zweiteilige Aluminiumblechrad und für das Stahlrad weitgehend identisch ist, unterscheidet man beim einteiligen Spaltrad zwei Varianten:
1. Ein durch einen Schmiedevorgang verformtes Strangpressprofil, das an seinem Umfang gewalzt und gespalten wird.
2. Eine vom Coil ausgestanzte und tiefgezogene Blechronde.

Weitere, aber von der Verbreitung her noch nicht bedeutende Ausführungen von Leichträdern sind das Alugussrad mit druckgewalzter Felge und das Strukturrad, das nur auf die Kraftübertragung und nicht auf optische Wirkung ausgelegt ist. Da Blenden montiert werden können, die sich in Material, Form und Farbe unterscheiden, ergeben sich vielfältige Möglichkeiten für das Design.

Kunststoff befindet sich besonders wegen ungenügender Warmfestigkeit, problematischer Radbefestigung und Radfertigung noch im Entwicklungsstadium.

Radschüssel und Felge sind bei Blechrädern verschweißt, bei Leichtmetall-Schmiederädern und -Gussrädern in der Regel einteilig. Teilbare Ausführungen, auch mit unterschiedlichen Werkstoffen (z. B. Magnesiumschüssel und Aluminiumfelge), gibt es nur in Sonderfällen und bei Rennfahrzeugen. Pkw-Felgen werden fast ausschließlich als Tiefbettfelgen mit Doppelhump H 2 (selten mit Flathump FH), Schrägschulter und Felgenhornform J gebaut. An kleineren Fahrzeugen ist häufig die niedrigere Hornform B zu finden. Die höhere Hornform JK und K wird nur noch selten und nur bei höheren Fahrzeuggewichten verwendet.

Andere Felgenentwicklungen, die begrenzt Serienanwendung gefunden haben, sind von MICHELIN die TR-Felge (in metrischer Bezeichnung) mit angepassten TRX-Reifen, die mehr Bremsenraum zulassen. Felgen von DUNLOP mit Denloc-Rille benötigen ebenfalls angepasste Reifen und haben mit diesen zusammen sicherere Fahreigenschaften bei Luftverlust. Beide Rad-Reifen-Systeme sind im TD-System (TRX-Denloc) vereinigt. Von der bisherigen Praxis abweichend ist allen drei gemeinsam, dass Felge und Reifen mit jeweils anderen Ausführungen nicht oder nur sehr eingeschränkt kombinierbar sind.

Bei einem anderen Entwicklungskonzept greift der Reifen um die Felge herum (CONTINENTAL). Dieses Konzept ermöglicht die Unterbringung eines erheblich größeren Bremsendurchmessers, verändert aber auch die Zuordnung einiger Gebrauchseigenschaften zueinander und erlaubt bei luftleeren Reifen eine Weiterfahrt mit eingeschränkter Höchstgeschwindigkeit über mehrere hundert Kilometer. Hierbei könnte ein Reserverad entfallen. Auch dieses System hat sich am Markt nicht durchgesetzt und bleibt Sonderanwendungen vorbehalten.

Aus Gründen der Platzersparnis und – sehr eingeschränkt – der Gewichtsverminderung, wird, ausgehend von den USA, in Europa verstärkt ein Notrad als Ersatzrad eingeführt. Das Notrad ist mit einem angepassten Reifen geringer Leistungsfähigkeit ausgerüstet. Seine Nutzanwendung wird unterschiedlich beurteilt. Auslegungskriterien für Pkw-Räder sind u. a. hohe Bauteilfestigkeit, gute Bremskühlung, zuverlässige Radbefestigung, geringe Rundlauffehler, wenig Platzbedarf, guter Korrosionsschutz, niedriges Gewicht, geringe Kosten, problemfreie Reifenmontage, guter Reifensitz, guter Wuchtgewichtsitz und ansprechendes Design (besonders bei Leichtmetallrädern). In jüngster Zeit kommen vermehrt Anforderungen im Hinblick auf die Beeinflussung des c_W-Wertes des Fahrzeuges hinzu.

Die Radbefestigung am Fahrzeug erfolgt üblicherweise durch drei bis fünf Radschrauben oder -muttern, deren Anlagebund in Abstimmung mit dem in der Regel zentrierten Rad speziell ausgebildet ist. Ein guter Rundlauf wird über eine Mittenzentrierung an Radnaben mit einem Passbund erreicht. Eine Zentralbefestigung als Rudge-Nabe oder mit Mitnehmerbolzen wird nur noch bei Rennfahrzeugen verwendet.

Radblenden werden an die Räder geklipst oder (seltener) geschraubt
- aus optischen Gründen,
- um den c_W-Wert zu verbessern,
- zur Rad- und/oder Bremsenkühlung.

Werkstoffe waren traditionell Stahl und Aluminium. Aus Kosten- und Gewichtsgründen sind Kunststoffe jedoch stark in den Vordergrund getreten.

Räder für Nfz

Hauptanforderungen an eine moderne Nfz-Radkonzeption sind:
- hohe Dauerfestigkeit und Lebensdauer, um ein Höchstmaß an Verkehrssicherheit zu gewährleisten,
- geringstmögliches Radgewicht, da das Rad als ungefederte, rotierende Masse das Schwingungssystem „Fahrzeug" beeinflusst,
- hohe Tragfähigkeit durch zweckmäßige Radformgestaltung und Einsatz optimaler Werkstoffe,
- Verringerung der Scheibenunebenheiten,
- Reduzierung des Höhen- und Seitenschlages sowie der Radunwuchten und
- einfache Montage beim Fahrzeughersteller und im praktischen Einsatz.

Steilschulterfelge
Eine moderne technische Konstruktion ist die einteilige 15°-Steilschulterfelge für schlauchlose Nutzfahrzeugreifen.

Vorteile:
- Einteiliges Rad ermöglicht Reduzierung des Radgewichtes bis zu 10% gegenüber der zweiteiligen Felge sowie besseren Rund- und Planlauf,
- Vergrößerung des Felgendurchmessers,
- ausreichende Freiräume,
- einheitliches Ventil mit exakter Lage und ausreichendem Freigang zur Bremstrommel bzw. zum Bremssattel,
- einheitliche Auswuchtgewichtformen,
- Einführung der Mittenzentrierung und
- Einsatz von voll- oder halbautomatischen Montagemaschinen möglich.

Höhen und Seitenschlag, Unwuchten
Der Höhenschlag des Rades ist eine der Hauptursachen für Schwingungsanregungen am Fahrzeug. Die Reduzierung der zulässigen Rundlaufabweichung für die heute gebräuchlichen Steilschulterfelgen auf 1,25 mm (Spitze-Spitze-Werte) bringt eine deutliche Verbesserung gegenüber den Flachbettfelgen. Der Seitenschlag spielt gegenüber dem Höhenschlag eine untergeordnete Rolle. Die Radunwuchten sind gegenüber den größeren Reifenunwuchten unproblematisch. Die zulässigen statischen Unwuchten sind auf maximal 2000 cmg begrenzt.

Radzentrierung
Die Bolzenzentrierung durch Kugelsprengringe bzw. allein durch Kugelbundschrauben wurde wegen zu großer Rundlaufabweichungen durch die Mittenzentrierung abgelöst, die je nach Radgröße unterschiedlich große Maximal- und Minimalspiele zulässt (vor allem bei 22,5″-Felgen). Das erfordert eine Festlegung möglichst enger Toleranzen.

Planität der Anlagefläche
Die Ungleichförmigkeit der Radanlagefläche (z.B. Welligkeit, Neigung, Schirmung) überträgt sich beim Anziehen der Radmuttern auf die Bremstrommel, wodurch Bremskraftschwankungen über der Radumdrehung verursacht werden, die wiederum Schwingungen im Lenkungssystem erzeugen. Zulässige Grenzwerte für die Welligkeit von max. 0,15 mm und für die Neigung von max. 0,2 mm nach außen wurden durch Fahrversuche ermittelt.

Trilex-Radsystem
Das Trilex-Radsystem mit Stahlguss-„Speichenrädern" besteht aus Felge und Radstern. Die abnehmbaren Felgen werden mit dem Radstern durch Klemmteile und Schrauben verspannt. Die Felge ist aus Gründen der einfacheren Montage bzw. Demontage für Schlauchreifen dreiteilig mit Querteilung. Bei schlauchloser Bereifung kann auf dem gleichen Radstern die „Tublexfelge" montiert werden.

Eine neuere Entwicklung ist das einteilig gegossene MONOLEX-Steilschulter-

MONOLEX-Rad mit Einpresstiefe (links) und ohne Einpresstiefe (rechts).

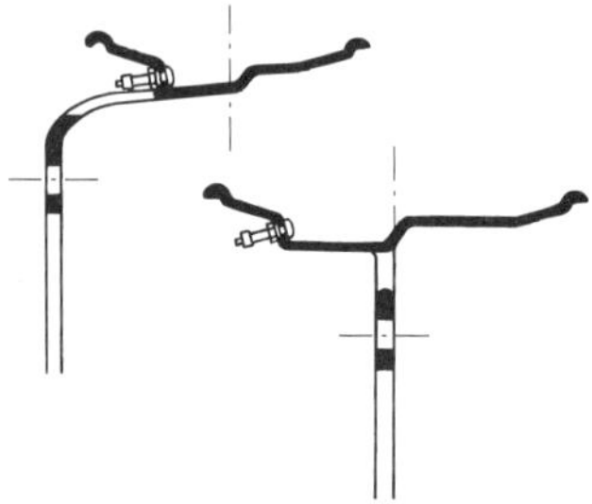

rad, das gegenüber gewichtsoptimierten Stahlrädern gewichtsneutral ist.

Leichtmetallräder
Ein Grund für die Verwendung von Leichtmetallrädern ist die Gewichtsreduzierung bei Steilschulterrädern. Es gibt gegossene und geschmiedete Räder. Trotz Gewichtsreduzierung und ausreichenden Festigkeitseigenschaften wird bei Nfz der Einsatz von Leichtmetallrädern aus Preisgründen auf Sonderfälle beschränkt bleiben.

Beanspruchung von Nfz-Rädern

Vorspannung
Entsteht durch Überlagerung der bei der Montage auftretenden Spannungen mit den durch das Aufpumpen der Reifen hervorgerufenen Spannungen.

Statische Rad-Nennspannung
Rollt das Rad unter der statischen Rad-Nennlast langsam auf völlig ebener Fahrbahn ab, dann ändert sich die Spannung in der betrachteten Radpartie periodisch mit der Radumdrehung.

Dynamische Zusatzspannungen
Diese im Verlauf ähnlichen Zusatzspannungen werden durch dynamische Radkräfte erzeugt, die bei Geradeausfahrt durch Überfahren von Straßenunebenheiten entstehen. Dabei werden quasistatische Radkräfte hervorgerufen, die bei Fahrzeugmanövern wie Kurvenfahrt, Lenken im Stand, Bremsen und Antreiben auftreten.

Das resultierende Spannungsgesamtkollektiv aus den vorgenannten Radbeanspruchungen wird heute als Maßstab und Ausgangsgrundlage für die Dimensionierung und Prüfung von Rädern zugrunde gelegt.

Signifikante Schwachstellen
Hochbeanspruchte und damit rissgefährdete Partien des Rades sind der Schüsselflansch oder -spiegel, die Lüftungslöcher, die Schweißverbindung zwischen Schüssel und Felge sowie der Felgentiefbettradius.

Besonders gefährdet ist die Flanschbefestigung. Mittenzentrierte Räder reißen vorwiegend tangential oberhalb des Lochkreises. Bei Bolzenzentrierung gehen die Anrisse vorwiegend radial von den Bolzenlöchern aus.

Radbeanspruchungsarten und Spannungsverteilungen.
a) Vorspannung σ_v
b) statische Radlast $\sigma_{a,stat}$
c) Geradeausfahrt mit Stoß $\sigma_{a,s}$
d) Kurvenfahrt $\sigma_{a,kr}$
e) Bremsen $\sigma_{a,br}$

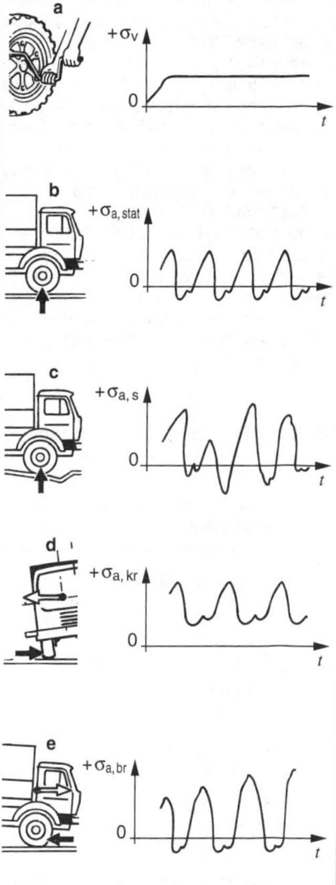

Reifen

Reifengruppen

Die Reifengruppen decken die Anforderungen für unterschiedliche Fahrzeugarten und -größen sowie Einsatzbedingungen ab. Hauptdaten für Reifenabmessungen, Tragfähigkeiten und erforderliche Luftdrücke sowie zulässige Geschwindigkeiten sind wegen der Austauschbarkeit genormt (Tabelle 1). Neben Luftreifen sind auch Vollreifen bis max. 25 km/h (ungefederte Treibräder bis zu 16 km/h) zulässig. Die Hauptunterscheidung erfolgt bei den Reifengruppen 1...4 nach fahrbahnabhängigen Einsatzbedingungen:
- „Standard"-Straßen-(Sommer)-Reifen,
- „Spezial"-Traktionsreifen für den Einsatz im Gelände oder den gemischten Einsatz auf und abseits der Straße,
- „M+S"(Winter)-Reifen.

Grundsätzlich gilt für alle Reifengruppen dasselbe Schema der Anforderungen an die Gebrauchseigenschaften (Tabelle 2), wobei beim Übergang zu schwereren Fahrzeugen der Schwerpunkt mehr auf den letzten drei Positionen liegt (insbesondere Nr. 6).

Reifenbauart

Pkw werden nur noch mit Radialreifen ausgerüstet. Diagonalreifen sind noch für Motorräder, Fahrräder, Erdbewegungsmaschinen, Industrie- und Landwirtschaftsfahrzeuge wichtig; für Nfz sind sie von abnehmender Bedeutung.

Die ursprünglich allein verwendete Diagonalbauweise erhielt ihren Namen von den „diagonal" (bias) zur Lauffläche verlaufenden Kordfäden der Karkasslagen, welche sich kreuzen (cross ply). Eine ausreichende Einzeloptimierung der heute insbesondere von Pkw- und Nfz-Reifen geforderten vielfältigeren Gebrauchseigenschaften gewährleistet jedoch nur die aufwendigere, aus zwei Hauptbaugruppen bestehende Radialbauweise.

Dabei verlaufen die Kordfäden der Karkasslage(n) auf kürzestem Wege „radial" von Wulst zu Wulst. Ein stabilisierender Gürtel (belt) umschließt die relativ dünne, elastische Karkasse. Bei der hauptsäch-

[1]) Das entsprechende europäische Normungshandbuch ist das „Datenbuch für Reifen und Felgen" der ETRTO (European Tyre and Rim Technical Organization, Brüssel).
[2]) Leitlinie des Wirtschaftsverbandes der deutschen Kautschukindustrie, Frankfurt.

Tabelle 1. Reifengruppen und zugehörige Normen.

Nr.	Reifenanwendung	Deutsche Normen (Auswahl)[1]) DIN	WdK[2])
1	**Krafträder** Motorrad, Motorroller, Kleinkraftrad, Moped	7801, 7802, 7810	119
2	**Personenkraftwagen** einschließlich Kombi und spezieller Reserveräder	7803	128, 203
3	**Leichte Nutzfahrzeuge** einschließlich Transporter	7804	132, 133
4	**Nutzfahrzeuge** einschließlich Mehrzweckfahrzeuge	7805, 7793	134, 135, 142, 143, 144, 153
5	**Erdbewegungsmaschinen** Transportfahrzeuge, Lader, Grader	7798, 7799	145, 146
6	**Flurförderzeuge** einschließlich Vollreifen	7811, 7845	171
7	**Landwirtschaft** Schlepper, Arbeitsmaschinen, Geräte, Anhänger	7807, 7808, 7813	156, 161

Beispiele für die Radialbauweise (schlauchlose Ausführung).
1 Hump, 2 Felgenschulter, 3 Felgenhorn, 4 Karkasse, 5 luftdichte Gummischicht, 6 Gürtel, 7 Lauffläche, 8 Seitengummi, 9 Wulst, 10 Wulstkern, 11 Ventil, 12 Abdeckring, 13 Auswuchtgewicht, 14 Felgenhochbett.

Pkw-Radialreifen
***Karkasse:** zwei radial verlaufende Lagen Rayoncord. **Gürtel:** zwei gekreuzte Lagen Stahlcord und zwei umlaufende Lagen Nyloncord.*

CT-Reifen

Nfz-Radialreifen
***Karkasse:** eine radial verlaufende Lage Stahlcord. **Gürtel:** vier gekreuzte Lagen Stahlcord.*

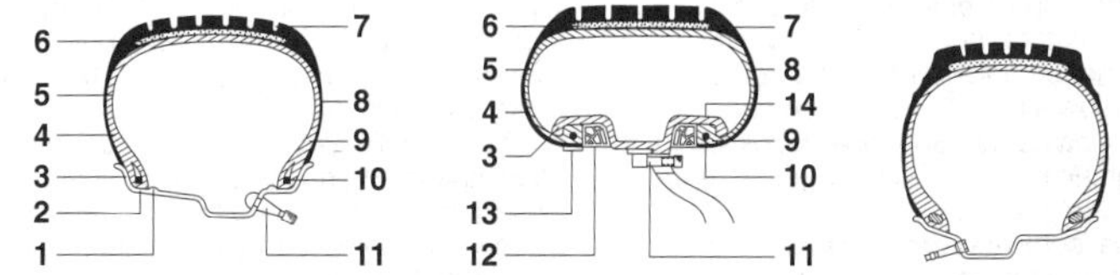

lich in den USA verwendeten „Bias-Belted-Bauweise" liegt über einer Diagonalkarkasse zusätzlich noch ein Gürtel. Die Gebrauchseigenschaften erreichen das Niveau der Radialreifen jedoch bei weitem nicht.

CT-Reifen haben Notlaufeigenschaften. Im luftleeren Zustand stützt sich der Reifen auf das Felgenhochbett ab und ermöglicht drucklos Laufstrecken von mehreren 100 km.

Das TRX-Denloc-System, bei dem im luftleeren Zustand eine speziell ausgebildete Wulstzehe, die in eine entsprechende Rille im Scheibenrad passt, das Hineinrutschen des Wulstes ins Felgentiefbett verhindert, hat eingeschränkte Notlaufeigenschaften.

Der schlauchlose Reifen setzt sich auch bei Nfz-Reifen immer mehr durch, soweit die Felgen einteilig und luftdicht sind bzw. mehrteilige Felgen verfügbar sind, die die notwendigen elastischen Felgendichtringe aufnehmen können. Schlauchlose Reifen haben eine einvulkanisierte luftdichte Innenschicht anstelle des Schlauches.

Der Wulst der schlauchlosen Reifen muss mit größerer Vorspannung auf der Felge sitzen, um dort die Dichtheit zu bewirken. Zum Teil werden zusätzlich besondere Wulstdichtringe aus Elastomeren benutzt.

Durch den Wegfall des Schlauches ergeben sich Gewichts- und Montagevorteile.

Tabelle 2. Anforderungen an Gebrauchseigenschaften.

Nr.	Hauptkriterien	Unterkriterien
1	Fahrkomfort	Federungskomfort, Geräuschkomfort, Laufruhe (rundlaufbedingt)
2	Lenkverhalten	Lenkkraft, Lenkpräzision[3])
3	Fahrstabilität	Geradeausstabilität[3]), Kurvenstabilität[3])
4	Fahrsicherheit	Reifensitz auf der Felge, Kraftschluss[3])
5	Haltbarkeit	Strukturelle Dauerhaltbarkeit, Geschwindigkeitstüchtigkeit, Platzdruck, Durchschlagfestigkeit
6	Wirtschaftlichkeit	Lebenserwartung (km-Leistung), Abnutzungsbild, Seitenwandabrieb, Rollwiderstand, Runderneuerbarkeit

[3]) Hauptkriterien für winterliche Fahrbahnen.

Felgendurchmesser, Felgengestaltung
Bei den Reifengruppen 3 und 4 haben sich z. B. die ungeteilten Steilschulterfelgen (für Schlauchlosreifen) gegenüber den geteilten Schrägschulterfelgen durchgesetzt. Sie sind an ihrem Durchmessercode (Einheit = 25,4 mm) mit Endzahl 0,5 zu erkennen wie bei 17,5, 19,5 und 22,5.

Wichtige Codes für Schrägschulterfelgen sind 16 und 20. Für Pkw-Reifen gibt es neben den üblichen Tiefbettfelgen mit ganzzahligem Durchmessercode 10, 12, 13 usw. auch Sonderkonstruktionen mit Durchmesserbezeichnungen in mm.

Querschnittsverhältnis H/B
H/B-Verhältnis = $(H/B) \cdot 100$
H Höhe des Reifenquerschnitts,
B Breite des Reifenquerschnitts.

Zur Zeit liegen für Pkw-Reifen die allgemein üblichen Werte für die relative Querschnittshöhe zwischen 80 und 50, bei Reifen für Sportwagen bis 25 und bei Nutzfahrzeugreifen zwischen 100 und 45.

Bei Pkw-Reifen haben die mit niedrigen H/B-Werten eine höhere Kurvenstabilität. Wegen der Austauschbarkeit werden unterschiedliche Querschnittsverhältnisse bei gleichem Außendurchmesser ausgeführt. Bei gleichem Durchmesser sind Reifen mit niedrigeren H/B-Werten auf gleichem Felgendurchmesser breiter, haben eine größere Aufstandsfläche und sind insbesondere auch optisch wirkungsvoller.

Bei Reifen mit niedrigem H/B-Wert kann bei gleicher Breite eine Felge größeren Durchmessers verwendet werden, was mehr Platz für die Radbremse schafft. Ein schlauchloser Nfz-Reifen mit niedrigerem H/B-Wert war Voraussetzung für die Einführung von einteiligen Steilschulter-Tiefbettfelgen, denn eine Verringerung des Bettdurchmessers war wegen der unverändert erforderlichen Bremstrommeldurchmesser nicht möglich.

Werden möglichst kleine Reifendurchmesser gefordert, um große Nutzhöhen, z. B. für den Containertransport, zu erzielen, bietet sich ebenfalls nur die größere Breite, d. h. ein niedriger H/B-Wert, an.

Reifenkennzeichnung

Die Reifenkennzeichnung an der Seitenwand des Reifens (s. Tabelle 5) erfolgt nach den Normen unter Berücksichtigung der in einigen europäischen Ländern gesetzlich vorgeschriebenen ECE-Regelungen Nr. 30 für Pkw-Reifen und Nr. 54 für Nutzfahrzeugreifen (Geschwindigkeit 80 km/h und darüber) sowie der ECE-Regelung Nr. 75 für Reifen an motorisierten Zweirädern (Fahrzeuge über 40 km/h oder Hubraum über 50 cm³).

Nach ECE geprüfte Reifen tragen in Wulstnähe einen „eingeheizten" Kreis mit großem „E" und Kennzahl der genehmigenden Behörde sowie nachfolgend eine Freigabenummer.

Beispiel: (E4) 020427.

Gleichwertig mit ECE können Pkw- und Nfz-Reifen auch nach der europäischen Reifenrichtlinie 92/23 mit einem kleinen „e" als Prüfzeichen zertifiziert werden.

Beispiel: (e4) 00321.

Für Landwirtschaftsreifen sind entsprechende europäische Reifenrichtlinien in Vorbereitung.

Die Reifenkennzeichnung enthält mindestens die Reifenbreite, die Reifenbauweise (R = Radial; „—" = Diagonal; B = Bias Belted) sowie den Felgendurchmesser. Auch der Reifendurchmesser ist bei Flurförderzeugreifen gebräuchlich. Insbesondere bei den Reifengruppen Kraftrad, Pkw und Nfz kann an die Breite nach einem schrägen Strich das H/B-Verhältnis in % angehängt sein. Bei den drei Gruppen wird dies nach den ECE-Regelungen für alle neu hinzukommenden Reifen gefordert. Bei Kraftrad- und Pkw-Reifen kann anschließend an das H/B-Verhältnis bzw. die Reifenbreite noch ein Kennbuchstabe für die Geschwindigkeit folgen, der jedoch für die ECE-gerechte Kennzeichnung nicht benötigt wird. Bei Diagonalreifen tritt er an die Stelle des waagerechten Striches. Bei VR-, VB-, ZR- und ZB-Reifen muss der Buchstabe immer in der Reifengröße ausgewiesen werden.

Die der Reifengröße nachgestellte PR-

Zahl (Ply Rating) ist heute ein Code für die Tragfähigkeit unterschiedlicher Ausführungen einer Reifengröße. Sie entsprach früher der Anzahl der Karkasslagen.

Die ebenfalls nachgestellte Betriebskennung aus Last-Index (LI) und Geschwindigkeitssymbol (GSY) ersetzt nach den ECE-Regelungen die PR-Zahl bzw. den Kennbuchstaben für die Geschwindigkeit in der Reifenkennzeichnung. Den Codes der Betriebskennung sind feste Werte zugeordnet (Tabelle 4).

Für Pkw-Reifen gilt:
Nenngeschwindigkeit = Höchstgeschwindigkeit. Bei bauartbedingter Fahrzeughöchstgeschwindigkeit von 60 km/h und darunter können erhöhte Tragfähigkeiten ausgenutzt werden.

Tabelle 3. Tragfähigkeitszuschlag.

km/h	Tragfähigkeitszuschlag in %	Luftdruckerhöhung in bar
60	10	0,1
50	15	0,2
40	25	0,3
30	35	0,4
25	42	0,5

Für Motorrollerreifen sowie für Nutzfahrzeugreifen dürfen in den meisten Fällen die Nenngeschwindigkeiten bei gleichzeitiger entsprechender Verringerung der Tragfähigkeit überschritten werden. Unterhalb der Nenn-(Referenz-)geschwindigkeit kann für beide Reifengruppen nahezu im ganzen Geschwindigkeitsbereich eine erhöhte Tragfähigkeit genutzt werden, wenn das Fahrzeug bauartbedingt langsamer ist. Erhöhte Tragfähigkeiten werden ferner zugelassen für Reifen an Pkw-Anhängern bis 100 km/h sowie an bestimmten Nutzfahrzeugen, die im Nahverkehr eingesetzt sind.

Die der Reifengröße + PR-Angabe bzw. der Betriebskennung zuzuordnenden Reifenluftdrücke sind den Normen oder den Handbüchern der Reifenhersteller zu entnehmen (Tabelle 1). Das nachgestellte Geschwindigkeitssymbol gibt immer die tatsächliche Nenngeschwindigkeit an.

Für spezielle Pkw-Reservereifen (raum- und gewichtsparend) ist an der Seitenwand ausgewiesen, dass sie nur für einen zeitlich und in der Höchstgeschwindigkeit begrenzten Einsatz vorgesehen sind.

M+S-Reifen für Pkw, Nfz- und Motorräder brauchen nicht der bauartbedingten Fahrzeughöchstgeschwindigkeit zu entsprechen, wenn im Sichtfeld des Fahrers durch einen Aufkleber die reifenbedingte niedrigere, zulässige Fahrgeschwindigkeit ausgewiesen ist. Folgende Reifengruppen können außerdem noch in Wulstnähe eingeheizte Angaben nach den Sicherheitsgesetzen der USA tragen, die auch für Kanada zutreffen und ebenfalls von Israel angewendet werden:
- Pkw-Reifen nach FMVSS 109,
- Kraftrad- und Nutzfahrzeugreifen nach FMVSS 119.

Die Angaben umfassen den Schriftzug „DOT" mit anschließendem Reifenidentifikationscode mit Herstelldatum sowie weiteren Angaben im Wesentlichen über die maximale(n) Tragfähigkeit(en) und den maximal zulässigen Fülldruck sowie die verwendeten Kordlagen für Karkasse und Gürtel.

Das Australische Sicherheitsgesetz ADR 23 für Pkw-Reifen nutzt die von dem US-Gesetz 109 sowie ECE-R30 verwendeten Kennzeichnungen.

Tabelle 4. Codes der Betriebskennung (Beispiele).
Last-Index

LI	50	51	88	89	112	113	145	149	157
kg	190	195	560	580	1120	1150	2900	3250	4125

Geschwindigkeitssymbol

GSY	F	G	J	K	L	M	N	P	Q	R	S	T	H	V	W	Y
km/h	80	90	100	110	120	130	140	150	160	170	180	190	210	240	270	300

Tabelle 5. Beispiele für die Reifenkennzeichnung.

Reifengruppe	für Fahrzeug	Kennzeichnungsbeispiel Reifenkennzeichnung	PR[3])-Zahl	Betriebskennung [4]) LI	[5]) GSY	Beispiel enthält die Angaben für: Reifen-Ø A	Reifenbreite B	H/B %	Felgen-Ø d
Kr	Moped	2¹/₄–16 Moped	–	–	–	–	Code	–	Code
	Kleinkraftrad	3–17 reinforced[2])	–	51	J	–	Code	–	Code
	Motorrad	3.00–17 reinforced[2])	–	50	P	–	Code	–	Code
		110/80 R 18	–	58	H	–	mm	80	Code
		120/90 B 18	–	65	H	–	mm	90	Code
	Motorroller	3.50–10	–	51	J	–	Code	–	Code
Pkw		165 R 14 M+S	–	84	Q	–	mm	–	Code
		195/65 R 15 reinforced[2])	–	95	T	–	mm	–	Code
		200/60 R 365	–	88	H	–	mm	60	mm
		205/60 ZR 15	–	91	W	–	mm	60	Code
		CT 235/40 ZR 475	–	–	–	–	mm	40	mm
Nfz	Transporter	185 R 14 C[1])	8 PR	102/100	M	–	mm	–	Code
	Leicht-Lkw	245/70R 17.5	–	143/141	J	–	Code	–	Code
	Lkw	11/70 R 22.5	–	146/143	K	–	Code	70	Code
	Anhänger	14/80 R 20	–	157	K	–	Code	80	Code
	Bus	295/80 R 22.5	–	149/145	M	–	mm	80	Code
MPT	Mehrzw.-Fzg.	10.5 R 20 MPT[8])	14 PR	134	G	–	Code	–	Code
EM	Transp.-Fzg.	18.00–25 EM[9])	32 PR	–	–	–	Code	–	Code
	Lader	29.5–29 EM[9])	28 PR	–	–	–	Code	–	Code
FFZ	Flurförderz.	6.50–10[6])	10 PR	–	–	–	Code	–	Code
	Lastkarren	21 x 4[6])	4 PR	–	–	Code	Code	–	–
	Flurförderz.	28 x 9–15[7])	14 PR	–	–	Code	Code	–	Code
		300 x 15[7])	18 PR	–	–	–	mm	–	Code
LW	Schlepper	480/70 R 34	–	143	A 8	–	mm	–	Code
		7.50–60 AS[10]) Front	6 PR	–	–	–	Code	–	Code
	Geräte[11])	11.0/65–12 Impl.	6 PR	–	–	–	Code	65	Code

Beispiel für Pkw-Reifen: **175/70R13 82S**
175 mm Reifen-Nennbreite, **70** % H/B-Verhältnis, **R**adialreifen, Code **13** Felgendurchmesser (ca. 330 mm [13 Zoll]), Lastindex **82** (475 kg), Geschwindigkeitssymbol **S** = 180 km/h.

[1]) C = Leicht-Lkw-(Transporter-)Reifen (auch für extrem tragfähige Motorrollerreifen). [2]) reinforced = Zusatzbezeichnung für verstärkte Zweirad- und Pkw-Reifen. [3]) PR = Tragfähigkeitsklasse. [4]) Tragfähigkeitscode für Einzel-/Zwillingsreifen. [5]) Geschwindigkeitscode für Fahrzeug-Nenn-(Referenz-)geschwindigkeit. [6]) Luftreifen. [7]) Vollreifen. [8]) MPT = Multi-Purpose-Tire (Mehrzweckreifen). [9]) EM = Erdbewegungsmaschinen. [10]) AS = Ackerschlepper. [11]) Reifen für Geräte und Anhänger.

Reifenanwendung

Die Voraussetzung für einen erfolgreichen Einsatz ist die richtige Reifenauswahl nach den Empfehlungen des Reifenherstellers. Wird ein Fahrzeug rundum mit Reifen gleicher Bauart bereift (z. B. mit Radialreifen), so garantiert dies optimale Fahreigenschaften. Dies ist bei Pkw vorgeschrieben. Bei Nkw über 2,8 t Gesamtgewicht müssen die Reifen auf einer Achse von gleicher Bauart sein. Bei einer eventuellen zwischenzeitlichen Lagerung der Reifen, Schläuche und Wulstbänder können diese in starker Sonne schneller altern und rissig werden. Bewegte Luft fördert diesen Vorgang. Besondere Gefahr besteht bei Schläuchen, wenn die Verpackung beschädigt ist. Ein Lagerraum soll daher möglichst kühl, trocken und dunkel sein. Der Kontakt des Reifens mit Ölen und Fetten muss verhindert werden. Besonders pfleglich muss bei der Reifenmontage vorgegangen werden. Nur maßlich einwandfreie, rostfreie Felgen sind zu verwenden, die weder beschädigt noch stark verschlissen sind. Besonders kritisch ist ggf. die lose Hornseite zu prüfen. Für neue Reifen sind immer neue Schlauchlosventile bzw. Schläuche und Wulstbänder zu verwenden. Auch nach Reifenreparaturen ist besondere Vorsicht geboten: Schläuche „wachsen" im Betrieb und können bei erneuter Montage gefährliche Falten bilden. Daher sind im Zweifelsfall neue Schläuche zu verwenden.

Reifenprofil (s. Beispiele)
Bei Kraftrad- und Pkw-Reifen ist das Nachschneiden des Reifenprofils gesetzlich verboten. Bei anderen Reifengruppen müssen die Vorschriften der Reifenhersteller beachtet werden.

Beispiele für Reifenprofile.
1 Pkw-Rundumbereifung, 2 Pkw-M+S-Rundumbereifung, 3 Nfz-Rundumbereifung, 4 Nfz-Traktionsprofil.

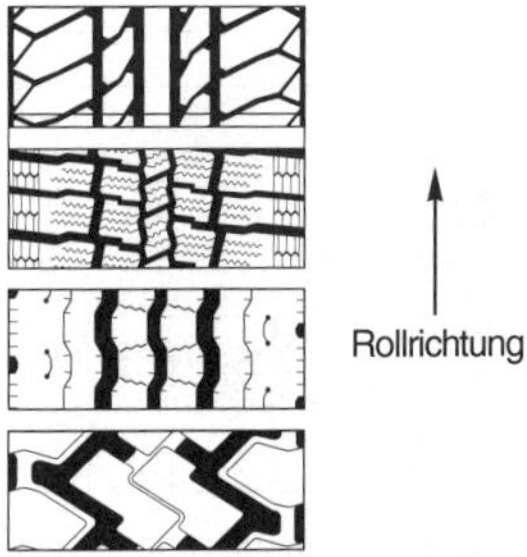

Bei achsweise unterschiedlich starkem Abrieb wird empfohlen, die Reifen gegeneinander auszutauschen. Wenn die Profiltiefe des Reifens gering geworden ist, dann steht auch entsprechend weniger Material für den Schutz des darunter liegenden Gürtels bzw. der Karkasse zur Verfügung. Dies ist vor harten, längerdauernden Einsätzen zu bedenken. Es kommen jedoch insbesondere bei Pkw und auch schnellen Nfz Aspekte des verminderten Kraftschlusses auf nasser Fahrbahn hinzu, denn der Bremsweg wächst mit abnehmender Profiltiefe überproportional. Für 100 km/h Ausgangsgeschwindigkeit ergeben sich z. B. für einen leichten Pkw mit Vorderachsantrieb im Vergleich zu einem schweren Pkw mit Hinterachsantrieb die Werte in Tabelle 6 (stark von Straßenoberfläche, Profil und Gummimischung des Reifens abhängig).

Tabelle 6. Profiltiefe und Bremsweg (Ausgangsgeschwindigkeit 100 km/h).

Fahrzeug		Leichter Pkw mit Vorderachsantrieb					Schwerer Pkw mit Hinterachsantrieb (ABS)			
Profiltiefe	in mm	8	4	3	2	1	8	3	1,6	1
Bremsweg	in m	76	99	110	129	166	59	63	80	97
	in %	100	130	145	170	218	100	107	135	165
Bremsweg-verlängerung pro mm Abrieb	in %	7	15	25	48		1,4	20	50	

Kraftübertragungseigenschaften von Reifen

Größen und Einheiten

Größe		Einheit
f	Frequenz	Hz
F_B	Bremskraft	kN
F_R	Radlast	kN
F_S	Seitenkraft	kN
M_R	Rückstellmoment	N · m
n_S	Reifennachlauf	mm
p_i	Reifeninnendruck	bar
υ_0	Prüfgeschwindigkeit	km/h
α	Schräglaufwinkel	°
γ	Sturzwinkel	°
λ	Schlupf	–

Zur Auslegung und Optimierung von Fahrverhalten und Fahrkomfort sowie Schwingungsverhalten des Antriebsstranges sind möglichst genaue Reifenkennfelder Voraussetzung.

Die typischen Reifenkennfelder für Pkw und Pkw-ähnliche Nutzfahrzeuge sind im wesentlichen bekannt und veröffentlicht [1, 3, 4]. Deshalb beziehen sich die im folgenden gemachten Aussagen auf Nutzfahrzeugreifen der Größe 11 R 22,5, wie sie für Nutzfahrzeuge serienmäßig in hoher Stückzahl eingesetzt werden [2].

Alle Daten in den Kennfeldern beziehen sich auf den Reifen Michelin XZA, Größe 11 R 22,5.

Reifenkennfeld nach Gough *(Bild B).*

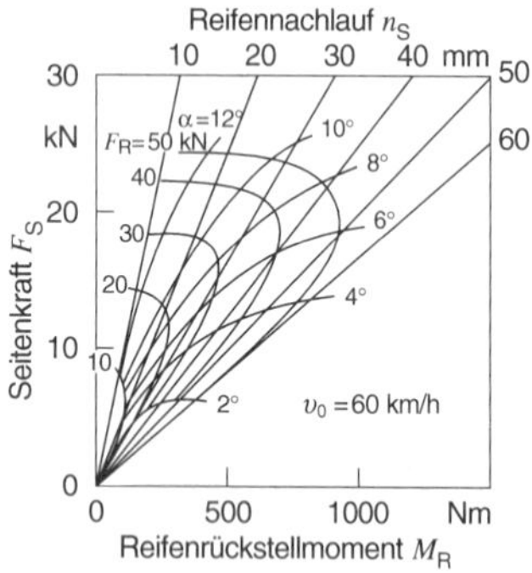

Seitenkraft und Rückstellmoment in Abhängigkeit vom Schräglaufwinkel *(Bild A).*
Parameter Geschwindigkeit
20 km/h ≤ υ_0 ≤ 100 km/h.

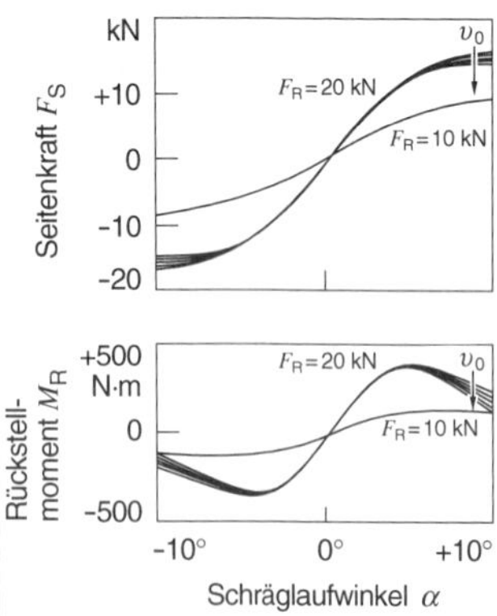

Seitenkraft in Abhängigkeit vom Schräglaufwinkel *(Bild C).*
Parameter Radlast und Sturzwinkel.

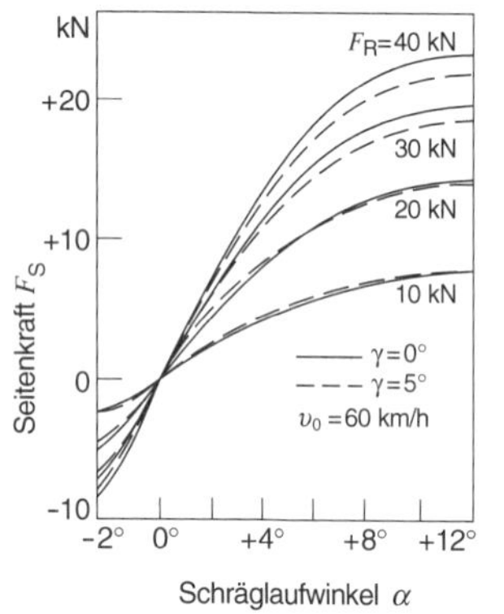

Frei rollendes Rad bei Schräglauf
Läuft ein Reifen unter einem Schräglaufwinkel, so entsteht eine von der Größe des Schräglaufs abhängige Seitenkraft. In Verbindung mit der Seitenkraft tritt gleichzeitig ein Rückstellmoment auf (Diagramm B). Eine bekannte Darstellungsform ist das Gough-Diagramm [3]. Die Seitenkraft in Abhängigkeit vom Schräglaufwinkel nimmt mit der Radlast degressiv zu (Diagramm C). Die maximal erreichbaren Seitenkräfte nehmen mit zunehmender Geschwindigkeit ab. Der Einfluss der Geschwindigkeit steigt mit zunehmender Radlast an (Diagramm A).

Wird einem unter Schräglauf rollenden Reifen ein zusätzlicher Sturzwinkel überlagert, so verschieben sich bei Reifen für Pkw und Pkw-ähnliche Nutzfahrzeuge die Seitenkraft/Schräglaufwinkel-Kennlinien aufgrund der Sturzseitenkräfte parallel. Für Reifen schwerer Nfz findet man aber auch Verschiebungen der Seitenkraft/Schräglaufwinkel-Kennlinien aufgrund der Sturzseitenkräfte, die sich nur bei größeren Schräglaufwinkeln auswirken. Es ergeben sich damit Kennlinien, die praktisch alle durch den Koordinatenursprung laufen (Diagramm C).

Abnehmende Reifenprofiltiefe führt auf trockener Straße zu einem steileren Verlauf der Seitenkraft/Schräglaufwinkel-Kennlinien und zu einer Anhebung der maximal übertragbaren Seitenkraft (Diagramm D).

Geradeaus rollendes Rad beim Antreiben und Bremsen
Der Reifen verhält sich bezüglich des Parameters „Schlupf" ähnlich wie bezüglich des Parameters „Schräglauf" (Diagramm E). Das Maximum der Umfangskraft (Bremskraft) liegt auf trockener Straße im Allgemeinen im Bereich zwischen 10 und 20 % Schlupf. Die Haftreibungszahl in Umfangsrichtung wächst in nicht so signifikanter Weise degressiv mit zunehmender Radlast wie die Haftreibungszahl in Seitenrichtung. Bei größeren Reifen ist der Einfluss der Geschwindigkeit auf die Höhe des Kraftschlusses in Längsrichtung im für Nutzfahrzeuge interessierenden Geschwindigkeitsbereich nicht so

Seitenkraft in Abhängigkeit vom Schräglaufwinkel *(Bild D).*
Parameter Profilzustand.

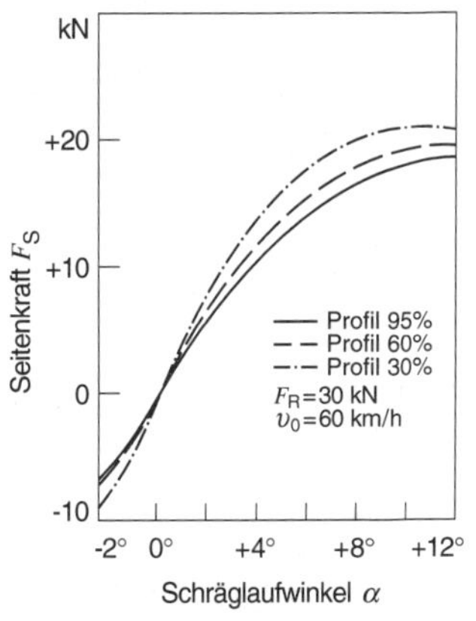

Bremskraft in Abhängigkeit vom Schlupf *(Bild E).*
Parameter Radlast und Geschwindigkeit.

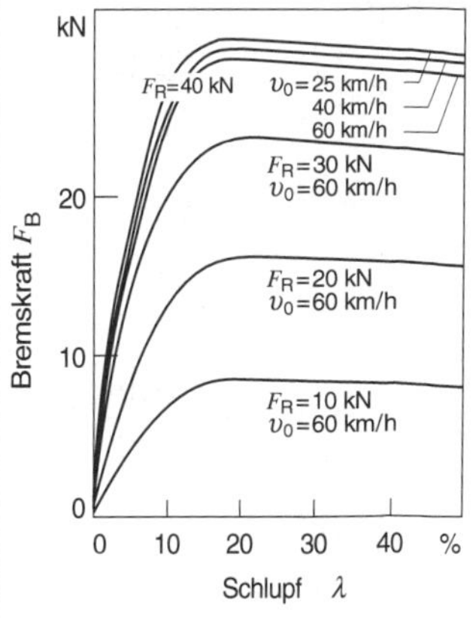

stark erkennbar wie bei Pkw-ähnlichen Reifen (Diagramm E).

Der Einfluss des Reifeninnendrucks auf die maximal übertragbaren Umfangskräfte ist bei kleinen Radlasten vernachlässigbar. Mit zunehmender Radlast nimmt das Maximum der Umfangskraft bei Absenkung des Reifeninnendrucks deutlich zu (Diagramm G).

Bei hochausgelasteten Reifen wirkt der Reifeninnendruck auf Seiten- und Umfangskraft entgegengesetzt (Diagramme F und G).

Reifen bei Schräglauf und Schlupf

Wird einem unter Umfangskraft bzw. Schlupf laufenden Reifen ein zusätzlicher Schräglaufwinkel überlagert, so werden mit zunehmenden Schräglaufwinkeln bei allen Schlupfwerten die ausnutzbaren Umfangskräfte kleiner. Mit zunehmendem Schräglaufwinkel verschiebt sich das Maximum der Umfangskraft zu höheren Schlupfwerten (Diagramm I).

Die elliptischen Seitenkraft/Bremskraft-Kennlinien ändern sich mit der Radlast (Diagramm H). Für eine bestimmte Radlast bildet diese Kurve die maximal ausnutzbaren Kraftschlussgrenzen für die Fahrdynamik bei Fahrzeugen mit ABS.

Das gemessene Reifenkennfeld zeigt den Verlauf der Seitenkraft über der Bremskraft im interessierenden Schräglaufwinkelbereich von 0...10° bei gleich bleibenden Parametern „Radlast“, „Geschwindigkeit“ und „Reifeninnendruck“ (Diagramm K).

Dynamische Reifenkennfelder

Den vorstehend behandelten Reifenkennfeldern liegen bei der Messung sich langsam verändernde Parameter, d.h. quasistatische Bedingungen zugrunde. Im Fahrbetrieb handelt es sich um dynamische Vorgänge. Mit zunehmender Verstellgeschwindigkeit der einzelnen Einflussparameter ergeben sich je nach Fahrmanöver gewisse Änderungen im Reifenverhalten, die nicht mehr vernachlässigt werden können.

***Seitenkraft in Abhängigkeit vom Schräglaufwinkel bei Reifen von schweren Nfz** (Bild F).*
Parameter Reifeninnendruck und Radlast.

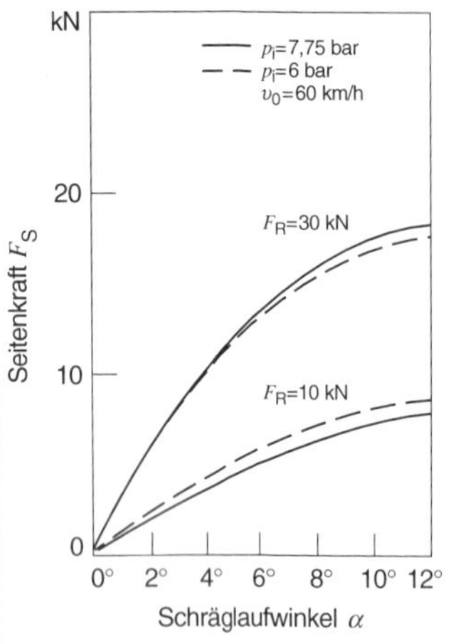

***Bremskraft in Abhängigkeit vom Schlupf bei Reifen von schweren Nfz** (Bild G).*
Parameter Reifeninnendruck und Radlast.

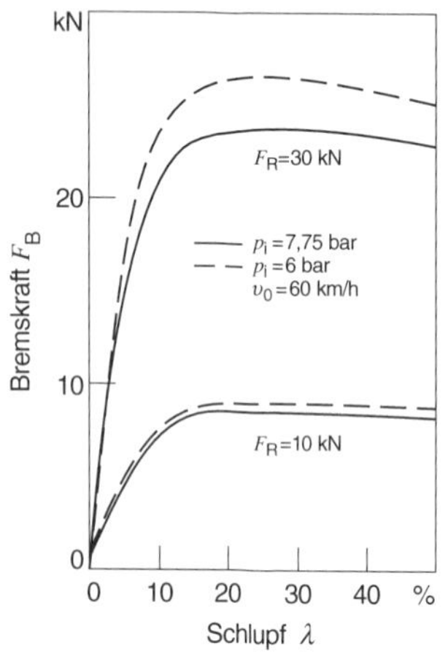

Seitenkraft in Abhängigkeit von der Bremskraft *(Bild H).*
Maximal möglicher Kraftschluss bei konstanter Radlast.

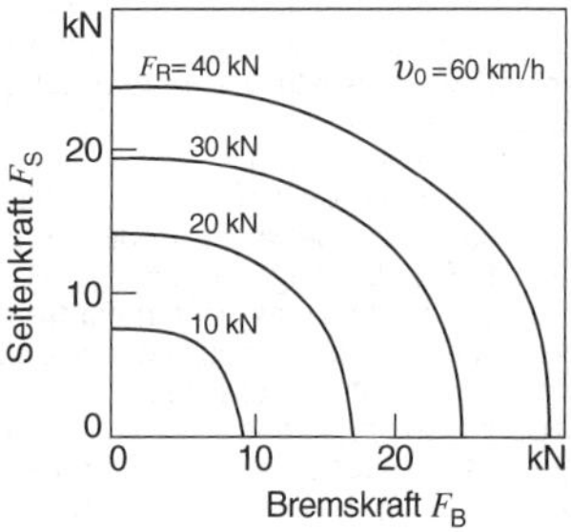

Gemessenes Reifenkennfeld bei einer Radlast von 30 kN *(Bild K).*
Seitenkraft in Abhängigkeit von der Bremskraft, Parameter Schräglaufwinkel.

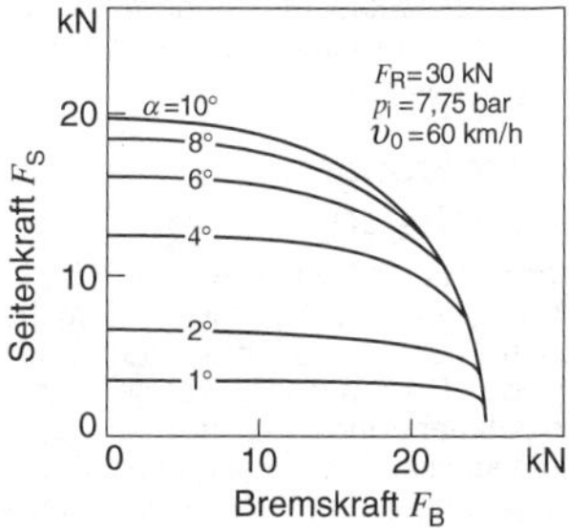

Die wichtigsten dynamischen Einflussgrößen sind:
- Schräglaufwinkeländerungen,
- Spurweitenänderungen,
- Sturzwinkeländerungen,
- Schlupfänderungen und
- Radlaständerungen.

Bremskraft in Abhängigkeit vom Schlupf *(Bild I).*
Parameter Schräglaufwinkel.

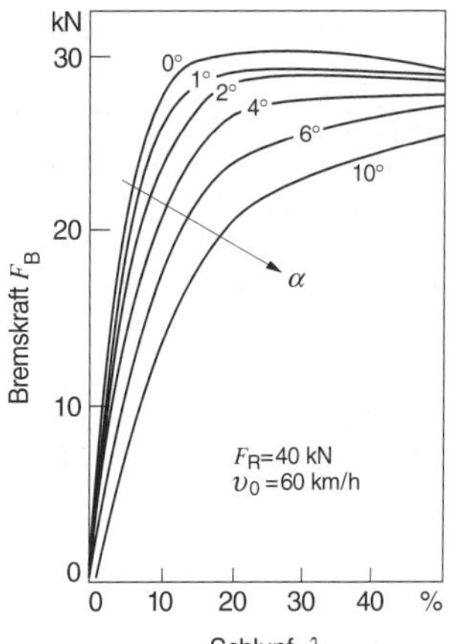

Die Reifenantwort auf diese sich zeitlich schnell verändernden Einflussparameter wird im Allgemeinen frequenzabhängig in Kennfeldern dargestellt, d. h. es werden frequenzabhängig Amplituden und Phasenwinkel der Reifenkräfte und -momente bezüglich des anregenden Parameters und zusätzlich der frequenzabhängige Verlauf der Mittelwerte der Reifenkräfte und -momente dargestellt [5, 6].

Literatur

[1] Gengenbach, W.: Experimentelle Untersuchung von Reifen auf nasser Fahrbahn. ATZ, 1968, Hefte 3, 8 und 9.
[2] von Glasner, E. C.: Einbeziehung von Prüfstandsergebnissen in die Simulation des Fahrverhaltens von Nutzfahrzeugen. Habilitation, Universität Stuttgart, 1987.
[3] Gough, V. E.: Cornering Characteristics of Tyres. Automobile Engineer, 1954, Heft 44.
[4] Weber, R.: Beitrag zum Übertragungsverhalten zwischen Schlupf- und Reifenführungskräften. AI, 1981, Heft 4.
[5] Fritz, G.: Seitenkräfte und Rückstellmomente von Personenwagenreifen bei periodischer Änderung der Spurweite, des Sturz- und Schräglaufwinkels. Dissertation, Universität Karlsruhe, 1978.
[6] Weber, R.: Reifenführungskräfte bei schnellen Änderungen von Schräglauf und Schlupf. Habilitation, Universität Karlsruhe, 1981.

Lenkung

Die Lenkung setzt die vom Fahrer am Lenkrad aufgebrachte Drehbewegung in eine Lenkwinkeländerung der gelenkten Fahrzeugräder um.

Anforderungen an Lenkanlagen

Nach der europäischen Richtlinie 70/311/EWG muss die Lenkanlage ein einfaches, sicheres Lenken des Fahrzeuges gewährleisten. Die höchstzulässige Betätigungsdauer und die höchstzulässige Betätigungskraft bei einer intakten Lenkanlage und bei einer fehlerbehafteten Lenkanlage sind diesen Vorschriften zu entnehmen (Tabelle). Sie müssen erfüllt werden, wenn das Fahrzeug bei einer Geschwindigkeit von 10 km/h von der Geradeausfahrt in eine Spirale gefahren wird.

Lenkverhalten

Die Forderungen an das Lenkverhalten lassen sich wie folgt zusammenfassen:
1. Stöße aus Fahrbahnunregelmäßigkeiten müssen möglichst gedämpft zum Lenkrad weitergeleitet werden. Durch die Dämpfung darf der Fahrer nicht den Kontakt zur Straße verlieren.
2. Die Grundauslegung der Lenkkinematik muss die Ackermann-Bedingungen erfüllen: Die Verlängerungen der Radachsen vom linken und rechten Vorderrad schneiden sich bei Einschlag auf einer Verlängerung der Hinterachse.
3. Durch entsprechende Steifigkeit des Lenksystems (besonders bei Verwendung von gummielastischen Verbindungen) muss das Fahrzeug auf geringste Lenkkorrekturen reagieren.
4. Die Räder müssen sich bei losgelassenem Lenkrad von selbst in die Mittellage zurückstellen und in dieser stabil bleiben (Geradeauslauf).

Vorschriften für die Lenkbetätigungskraft.

Fahrzeugklasse	Intakte Anlage			Gestörte Anlage		
	maximale Betätigungskraft in daN	Zeit in s	Wendekreisradius in m	maximale Betätigungskraft in daN	Zeit in s	Wendekreisradius in m
M_1	15	4	12	30	4	20
M_2	15	4	12	30	4	20
M_3	20	4	12	45	6	20
N_1	20	4	12	30	4	20
N_2	25	4	12	40	4	20
N_3	20	4	12[1])	45[2])	6	20

[1]) Oder Volleinschlag, falls dieser Wert nicht erreicht werden kann.
[2]) 50 daN bei Fahrzeugen ohne Gelenk mit zwei oder mehreren gelenkten Achsen, außer reibungsgelenkten Achsen.

Lenkung (Schema).
a) Grundprinzip, b) Zahnstangenlenkung.
1 Lenkhebel, 2 Lenkschubstange/Spurstange, 3 Zwischenhebel, 4 Spurstange/Zahnstange, 5 Lenkrad, 6 Lenkspindel, 7 Lenkgetriebe, 8 Lenkstockhebel.

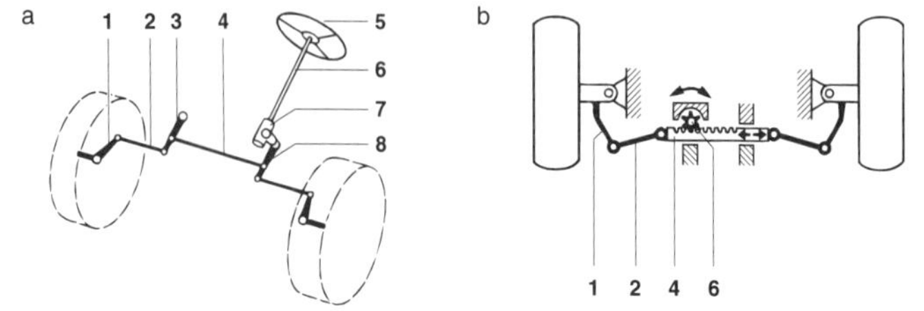

5. Die Lenkung soll eine möglichst kleine Übersetzung (Anzahl der Lenkradumdrehungen von Anschlag zu Anschlag) haben, um eine gute Handhabung zu erreichen. Die dabei auftretenden Lenkkräfte werden nicht nur von der Übersetzung bestimmt, sondern auch von der Vorderachsbelastung, der Größe des Wendekreises, der Radaufhängung (Nachlauf, Spreizung, Lenkrollhalbmesser), der Beschaffenheit des Reifenprofils und der Fahrbahn.

Bauformen der Lenkgetriebe

Ein Lenkgetriebe muss folgende Eigenschaften aufweisen:
- kein Spiel in Geradeausfahrtstellung,
- geringe Reibung, dadurch hoher Wirkungsgrad,
- hohe Steifigkeit,
- Nachstellbarkeit.

Aus diesen Gründen entsprechen heute nur zwei Bauformen den Fahrzeuganforderungen.

Zahnstangenlenkung

Die Zahnstangenlenkung besteht im Wesentlichen aus Ritzel und Zahnstange. Die Übersetzung ist durch das Verhältnis der Ritzeldrehungen (= Lenkraddrehungen) zum Zahnstangenhub definiert. Durch entsprechende Verzahnungen der Zahnstange lässt sich die Übersetzung über den Hub variabel gestalten. Diese Maßnahme reduziert die Betätigungskraft oder verringert die Wege bei Lenkkorrekturen.

Kugelumlauflenkung

Eine reibungsarme endlose Kugelreihe überträgt die Kräfte zwischen Lenkschnecke und Lenkmutter. Die Lenkmutter wirkt über eine Verzahnung auf die Lenkwelle. Bei diesem Lenkgetriebe ist eine variable Übersetzung möglich.

Lenkkinematik

Lenkkinematik und Achsbauart müssen so konzipiert sein, dass zwar Informationen über den Kraftschluss zwischen Rädern und Fahrbahn zum Fahrer gelangen, aber keine Kräfte aus der Federbewegung der Räder oder durch Antriebskräfte (bei Frontantrieb) auf das Lenkrad rückwirken (S. 684).

Die Spreizung bewirkt beim Einschlag ein Anheben des Wagenvorderteils, was zu einem einschlagabhängigen Rückstellmoment führt.

Die Vorspur (Nachspur) ist ein schon bei Geradeausfahrt vorhandener Schräglaufwinkel, der die Gestänge verspannt und bei Lenkeinschlägen einen schnellen Querkraftaufbau bewirkt.

Der Nachlauf erzeugt einen Hebelarm für Seitenkräfte: also ein geschwindigkeitsabhängiges Rückstellmoment.

Der Lenkrollhalbmesser bestimmt Rückwirkungen von Störkräften (ungleichmäßiges Bremsenziehen, Antriebskräfte im Zug-/Schubbetrieb bei Frontantrieb) auf das Lenksystem. Man strebt heute einen Lenkrollhalbmesser mit „Null“ bis „leicht negativ“ an.

Zahnstangenlenkung.
1 Ritzel, 2 Zahnstange.

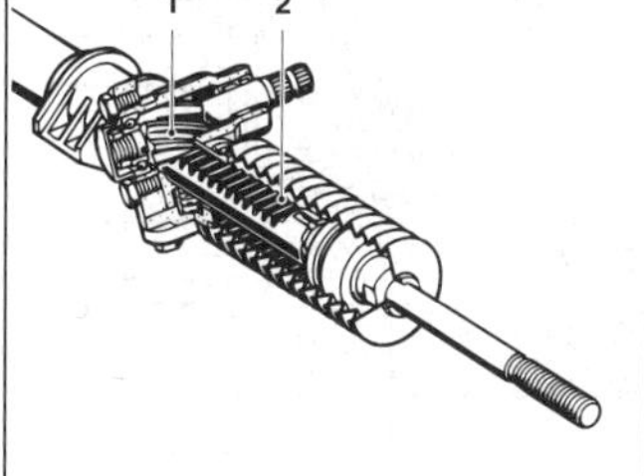

Kugelumlauflenkung.
1 Lenkschnecke, 2 Kugelumlauf, 3 Lenkmutter, 4 Lenkwelle mit Verzahnungssegment.

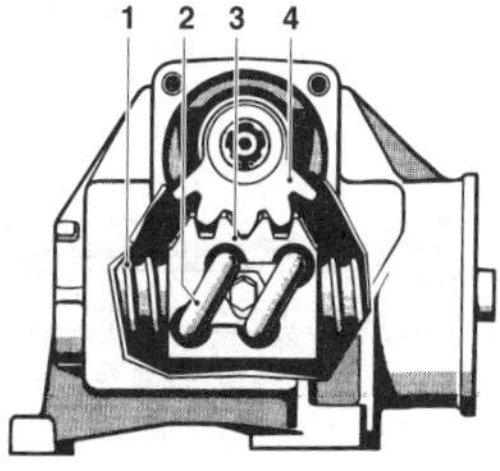

Gliederung von Lenkanlagen

Die Richtlinie 70/311/EWG unterscheidet drei Arten von Lenkanlagen für Vorderachsen:

– Muskelkraftlenkanlagen, bei denen die Lenkkraft ausschließlich vom Fahrer aufgebracht wird (siehe mechanisches Lenkgetriebe auf Seite 703).

– Fremdkraftlenkanlagen, bei denen die Lenkkraft ausschließlich von einer im Fahrzeug vorhandenen Energiequelle aufgebracht wird.

– Hilfskraftlenkanlagen, bei denen die Lenkkraft von der Muskelkraft des Fahrers und von einer Energiequelle aufgebracht wird (Verwendung für schnellfahrende Fahrzeuge).

Hydraulische Hilfskraftlenkung

Energiequelle

Die Energiequelle besteht aus einer, in der Regel vom Verbrennungsmotor angetriebenen Flügelzellenpumpe mit integrierter Ölstromregelung, einem Ölbehälter sowie aus Schlauch- und Rohrleitungen.

Die Pumpe muss so dimensioniert sein, dass sie bereits bei Motorleerlauf einen Ölstrom fördert, mit dem sich am Lenkrad eine Drehgeschwindigkeit von mindestens 1,5 n/s erreichen lässt.

Das für Hydraulikanlagen vorgeschriebene Druckbegrenzungsventil ist üblicherweise integriert.

Pumpe und Anlagenkomponenten müssen so ausgelegt sein, dass die Betriebstemperatur des Hydrauliköls nicht unzulässig hoch ansteigt (<100 °C), keine Geräuschentwicklung auftritt und das Öl nicht verschäumt.

Bei Pkws der Kleinwagenklasse werden vereinzelt auch elektromotorisch angetriebene Zahnrad- oder Rollenpumpen eingesetzt. Diese vom Bordnetz gespeiste Energiequelle lässt sich variabel anordnen und begünstigt die Fahrzeugmodulbauweise. Eine Steuerelektronik kann durch Variation der Drehzahl Energieeinsparungseffekte erzielen. Durch in Planung befindliche Bordnetzspannungserhöhungen könnten auch schwerere Pkws bedient werden.

Steuerventil

Das Steuerventil steuert einen der Drehbewegung des Lenkrads entsprechenden

Zahnstangen-Hydrolenkung mit Drehschieber.
a) Lenkung, b) Drehschieber im Schnitt (vergrößert), c) Ölversorgung (Energiequelle).
1 Arbeitszylinder, 2 Antriebsritzel, 3 Zahnstange, 4 Drehstab, 5 untere Lenkspindel, 6 Steuernut, 7 Drehschieber, 8 Steuerbüchse, 9 Rücklaufleitung, 10 Ölbehälter, 11 Druck- und Ölstrombegrenzungsventil, 12 Druckleitung, 13 Flügelpumpe.

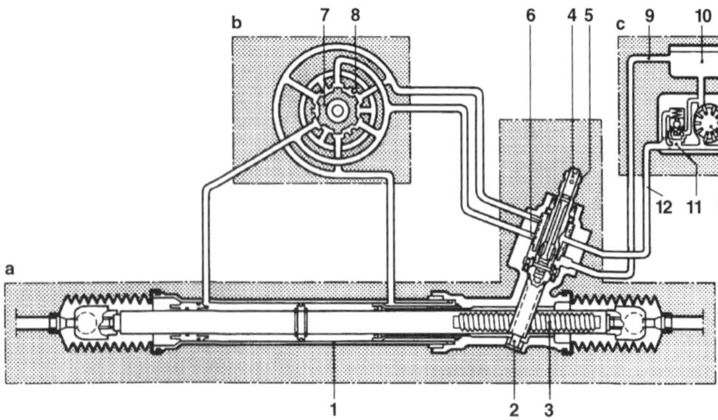

Öldruck in den Lenkzylinder. Ein elastisches Drehmomentmessglied (z. B. Drehstab, Spiralfeder, Blattfeder) ordnet das Betätigungsmoment meist proportional, exakt und spielfrei einem möglichst geringen Steuerweg zu. Durch den Steuerweg verschieben sich die als Fasen oder Fassetten ausgebildeten Steuerkanten und bilden so den entsprechenden Öffnungsquerschnitt für den Ölstrom.

Steuerventile sind meistens nach dem Prinzip der „offenen Mitte" gebaut, d. h. bei nicht betätigtem Steuerventil fließt das von der Pumpe geförderte Öl drucklos zum Ölbehälter zurück.

Lenkzylinder

Der doppelt wirkende Lenkzylinder wandelt den eingesteuerten Öldruck in eine auf die Zahnstange wirkende Hilfskraft um, die die vom Fahrer ausgeübte Lenkkraft verstärkt. In der Regel ist der Lenkzylinder in das Lenkgetriebe integriert. Da der Lenkzylinder besonders reibungsarm sein muss, werden an Kolben- und Stangendichtung besonders hohe Anforderungen gestellt.

Parametrierbare hydraulische Hilfskraftlenkung

Steigende Anforderungen an Bedienungskomfort und Sicherheit des Fahrzeugs führen zu modulierbaren Hilfskraftlenkungen. Ein Beispiel dafür ist eine elektronisch gesteuerte Zahnstangen-Hydrolenkung. Sie arbeitet geschwindigkeitsabhängig, d. h., die vom elektronischen Tachometer angezeigte Fahrgeschwindigkeit steuert die Betätigungskraft der Lenkung. Ein Steuergerät wertet die Geschwindigkeitssignale aus und bestimmt die Größe der hydraulischen Rückwirkung und damit die Betätigungskraft am Lenkrad. Diese Größe wird über einen elektrohydraulischen Wandler auf das Steuerventil der Lenkung übertragen, wobei sich die hydraulische Rückwirkung im Verhältnis zur Fahrgeschwindigkeit ändert. Die spezielle Auslegung der Lenkungscharakteristik bewirkt, dass im Parkierbereich und beim Lenken im Stand nur minimale Kräfte am Lenkrad aufzubringen sind, während sich mit zunehmender Geschwindigkeit die Größe der Hilfskraft reduziert. Somit wird bei hohen Geschwindigkeiten exaktes und zielgenaues Lenken ermöglicht. Dabei ist wichtig, dass Öldruck und Volumenstrom zu keinem Zeitpunkt reduziert werden und deshalb in Notsituationen sehr schnell abrufbar sind. Mit diesen Eigenschaften lassen sich eine außerordentlich hohe Lenkpräzision und Sicherheit bei gleichzeitig bestem Lenkkomfort erreichen.

Elektrische Hilfskraftlenkung

Für Pkw der Mittelklasse und kleiner wird derzeit die SERVOLECTRIC (Bezeichnung Bosch/ZF) entwickelt. Diese elektrische Hilfskraftlenkung ist gekennzeichnet durch einen vom Bordnetz versorgten Elektromotor, welcher in 3 Varianten als Lenksäulen-, Ritzel- oder Zahnstangenantrieb angeordnet werden kann.

Parametrierbare Hilfskraftlenkung *(Kennlinien).*
Der Kennlinienverlauf lässt sich den Fahrzeugdaten anpassen.

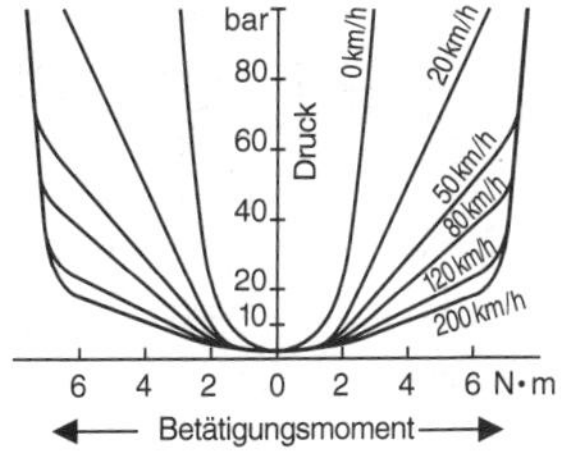

Geschwindigkeitsabhängige modulierbare Hilfskraftlenkung *(Schema).*
1 Druckölpumpe, 2 Lenkventilgehäuse, 3 elektrohydraulischer Wandler, 4 Steuergerät, 5 elektronischer Tachometer, 6 Batterie.

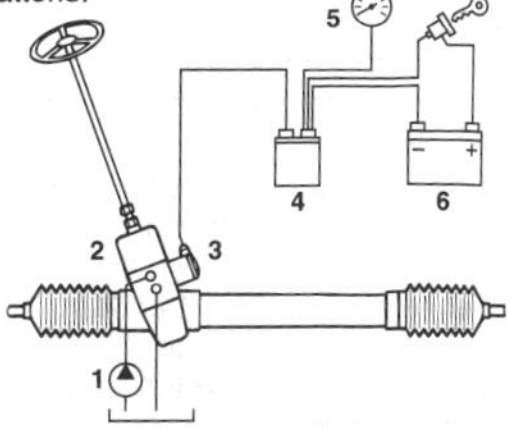

Funktionsaufbau der elektrischen Hilfskraftlenkung.
1 Drehmomentsensor, 2 Untersetzungsgetriebe, 3 Motorsensor, 4 Elektromotor.

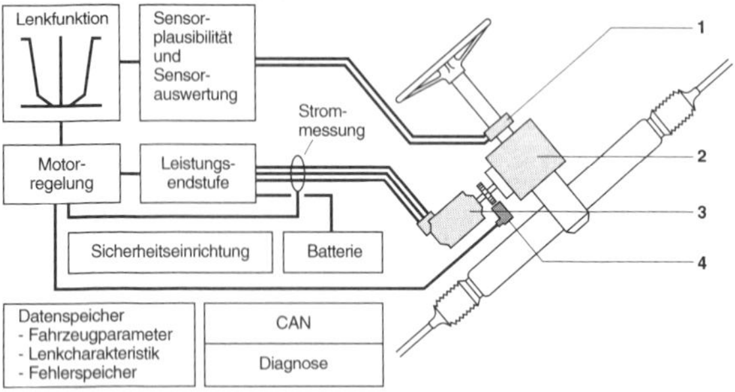

Die elektronische Steuerung der SERVOLECTRIC realisiert die Parametrierbarkeit (z. B. fahrdynamische Größen) und die automatische Lenkachsrückführungs-Verstärkung. Sie bietet erhebliche Lenkenergie-Einsparungspotenziale (ca. 85 % zur hydraulischen Hilfskraftlenkung mit fahrzeugmotorgetriebener Pumpe).

Die SERVOLECTRIC lenkt bei Ausfall der Hilfskraft in Verbindung mit einer erhöhten Betätigungskraft mechanisch.

Hilfskraftlenkung für Nutzfahrzeuge

Hilfskraftlenkung mit rein hydraulischer Übertragungseinrichtung

Bei der „hydrostatischen Lenkung" gibt es keine mechanische Verbindung zwischen Lenkrad und Rädern. Die Lenkkraft wird hydraulisch verstärkt und ausschließlich hydraulisch übertragen. Im Steuergerät befindet sich eine Dosierpumpe, die einen der Lenkbewegung entsprechenden Öldruck zum Lenkzylinder fördert. Wegen unvermeidlicher Leckverluste in der Dosierpumpe ist die Geradeausfahrtstellung des Lenkrades nicht mehr definiert. Deshalb ist die Verwendung dieser Lenkung auf Arbeitsmaschinen beschränkt.

Die zulässige Höchstgeschwindigkeit für Fahrzeuge mit dieser Lenkung beträgt in vielen europäischen Ländern 25 km/h und in Deutschland 50 km/h, wo sie bei zweikreisiger Bauart auch auf 62 km/h erhöht werden kann.

Hilfskraftlenkanlage in Zweikreisausführung für schwere Nutzfahrzeuge

Zweikreisige Lenkanlagen werden erforderlich, wenn bei Ausfall der Hilfskraft die Betätigungskräfte am Lenkrad 450 N übersteigen (EWG 70/311).

Diese Lenkanlagen sind durch eine hydraulische Redundanz gekennzeichnet. Beide Lenkungskreise einer Anlage wer-

Hilfskraftregelung mit rein hydraulischer Übertragungseinrichtung.
1 Ölbehälter, 2 Lenkungspumpe, 3 Steuergerät mit Dosierpumpe, 4 Lenkzylinder.
Anschlüsse: L *Ölstrom für Einschlag nach links,* R *Ölstrom für Einschlag nach rechts.*

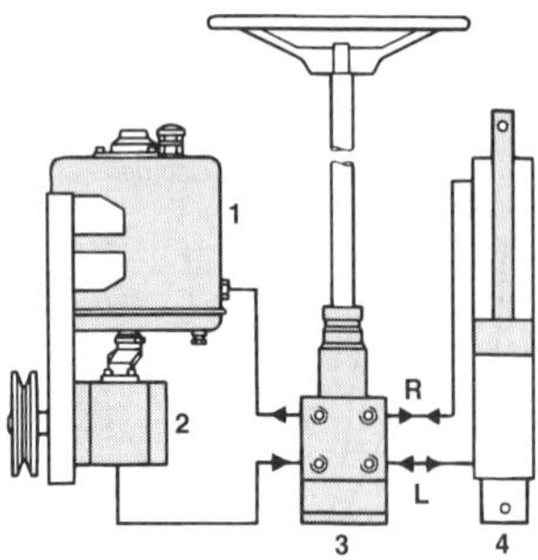

den mit einem Durchflussanzeiger auf Funktion überwacht. Die Pumpen zur Versorgung der Lenkungskreise müssen unterschiedlich angetrieben werden (z. B. motorabhängig, fahrgeschwindigkeitsabhängig oder elektrisch). Bei Motorausfall bzw. Ausfall eines Lenkungskreises kann das Fahrzeug entsprechend den gesetzlichen Vorschriften mit einem funktionsfähigen Kreis gelenkt werden.

Hilfskraftlenkanlage in Zweikreisausführung.
1 Ölbehälter, 2 motorgetriebene Pumpe, 3 radgetriebene Pumpe, 4 Durchflussanzeiger, 5 Zweikreis-Hydrolenkung, 6 Arbeitszylinder.

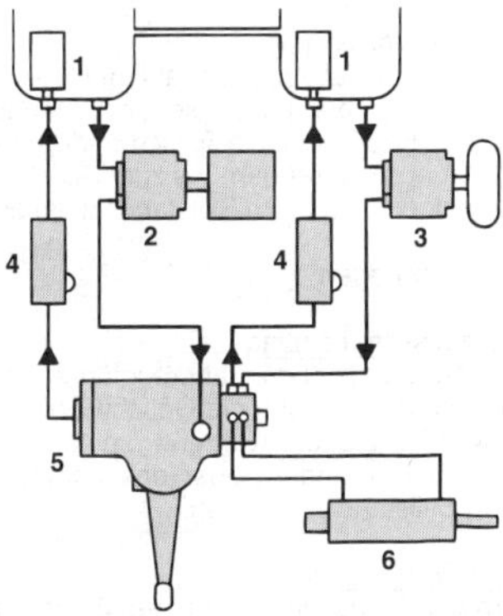

Hilfskraftlenkanlage in Einkreisausführung für Nutzfahrzeuge

Nutzfahrzeuge sind üblicherweise mit einer Kugelmutter-Hydrolenkung ausgestattet. Bei modernen Konzepten ist das Steuerventil in der Lenkschnecke integriert, was eine kompakte, gewichtsoptimierte Bauweise ermöglicht.

Durch geringfügige Modifikation der Steuerventilteile lässt sich bei modernen Kugelmutter-Hydrolenkungen die Betätigungskraft mit Hilfe einer Steuerelektronik an Fahrgeschwindigkeit und andere Parameter (z. B. Querbeschleunigung oder Beladungszustand) anpassen.

Kugelmutter-Hydrolenkung.
a) Lenkung, b) Drehschieber im Schnitt (vergrößert), c) Ölversorgung (Energiequelle). 1 Gehäuse, 2 Kolben, 3 Drehstab, 4 Drehschieber/Lenkspindel, 5 Steuerbüchse/Schnecke, 6 Segmentwelle, 7 Druckbegrenzungsventil, 8 Nachsaugventil, 9 Einlassschlitz, 10 Rücklaufschlitz, 11 Axialnut, 12 Rücklaufnut, 13 Flügelpumpe, 14 Druck- und Ölstrombegrenzungsventil, 15 Ölbehälter.

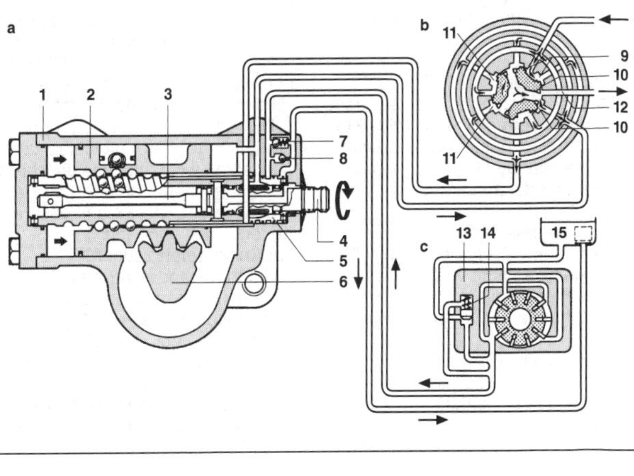

Bremssysteme

Begriffe, Grundlagen

(in Anlehnung an ISO 611 und DIN 70024)

Bremsausrüstung

Gesamtheit aller Bremsanlagen eines Fahrzeugs, die dazu dienen, die Geschwindigkeit oder die Geschwindigkeitsänderung zu verringern, es zum Stillstand zu bringen oder es im Stillstand zu halten.

Bremsanlagen

Betriebs-Bremsanlage
Ermöglicht es dem Fahrzeugführer, mit abstufbarer Wirkung die Geschwindigkeit eines Fahrzeugs während seines Betriebs zu verringern oder das Fahrzeug zum Stillstand zu bringen.

Hilfs-Bremsanlage
Ermöglicht es dem Fahrzeugführer, mit abstufbarer Wirkung die Geschwindigkeit eines Fahrzeugs bei einer Störung in der Betriebs-Bremsanlage zu verringern oder das Fahrzeug zum Stillstand zu bringen.

Feststell-Bremsanlage
Ermöglicht, ein Fahrzeug auch auf einer geneigten Fahrbahn und insbesondere in Abwesenheit des Fahrzeugführers mit mechanischen Mitteln im Stillstand zu halten.

Dauer-Bremsanlage
Gesamtheit der Bauteile, die es dem Fahrzeugführer ermöglichen, die Geschwindigkeit des Fahrzeugs insbesondere auf einem langen Gefälle gleichbleibend zu halten oder zu verringern.

Selbsttätige Bremsanlage
Gesamtheit der Bauteile, die bei gewollter oder zufälliger Trennung von Fahrzeugen eines Zuges eine automatische Bremsung des Anhängefahrzeugs bewirken.

Antiblockiersystem (ABS)
Gesamtheit der Bauteile einer Betriebs-Bremsanlage, die selbsttätig den Schlupf der Räder (oder eines Rades) in Drehrichtung beim Bremsen regeln. Die Regelung der Bremskraft eines direkt geregelten Rades erfolgt mit Hilfe der Daten des eigenen Sensors, während bei einem indirekt geregelten Rad Daten vom Sensor eines anderen Rades bzw. von Sensoren anderer Räder verwendet werden. Ein ABS mit „Select-High-Regelung“ hat direkt und indirekt geregelte Räder. Bei einem ABS mit „Select-Low-Regelung“ gelten alle sensierten Räder als direkt geregelt.

Bestandteile

Energieversorgungseinrichtung
Teile einer Bremsanlage, welche die zum Bremsen notwendige Energie liefern, regeln und eventuell aufbereiten. Sie endet dort, wo die Übertragungseinrichtung beginnt, d.h. dort, wo die einzelnen Kreise der Bremsanlagen einschließlich gegebenenfalls vorhandener Nebenverbraucherkreise entweder zur Energieversorgung hin oder untereinander abgesichert sind.

Die Energiequelle kann sowohl außerhalb des Fahrzeugs liegen (z.B. bei der Druckluft-Bremsanlage eines Anhängers) als auch die Muskelkraft einer Person sein.

Betätigungseinrichtung
Teile einer Bremsanlage, welche die Wirkung dieser Bremsanlage einleiten und steuern. Das Steuersignal kann innerhalb der Betätigungseinrichtung z.B. mit mechanischen, pneumatischen, hydraulischen oder elektrischen Mitteln übertragen werden, wobei die Verwendung von Hilfs- oder Fremdenergie möglich ist.

Die Betätigungseinrichtung beginnt an dem Teil, auf das unmittelbar die Betätigungskraft wirkt, und das geschieht:
– direkt mit dem Fuß oder der Hand,
– durch indirekten Eingriff des Fahrzeugführers oder ohne jeglichen Eingriff (nur bei Anhängefahrzeugen),
– durch Veränderung des Druckes oder des elektrischen Stromes in einer Verbindungsleitung zwischen Zug- und Anhängefahrzeug bei Betätigung einer der Bremsanlagen des Zugfahrzeugs oder im Falle einer Störung und
– durch Massenträgheit oder Gewicht des Fahrzeugs oder eines seiner wesentlichen Bauteile.

Die Betätigungseinrichtung endet dort, wo die zum Bremsen notwendige Energie verteilt oder wo ein Teil der Energie zum Steuern von Bremsenergie abgezweigt wird.

Übertragungseinrichtung
Teile einer Bremsanlage, welche die von der Betätigungseinrichtung gesteuerte Energie übertragen. Sie beginnt dort, wo einerseits die Betätigungseinrichtung oder andererseits die Energieversorgungseinrichtung endet. Sie endet an den Teilen der Bremsanlage, in denen die der Bewegung oder der Bewegungstendenz des Fahrzeugs entgegenwirkenden Kräfte erzeugt werden. Ihre Bauart kann z.B. mechanisch, hydraulisch-pneumatisch (Über- oder Unterdruck), elektrisch oder kombiniert (z.B. hydromechanisch oder hydropneumatisch) sein.

Bremse
Teile einer Bremsanlage, in denen die der Bewegung oder Bewegungstendenz des Fahrzeugs entgegenwirkenden Kräfte erzeugt werden, z.B. Reibungsbremsen (Scheibe oder Trommel) oder Retarder/Verlangsamer (hydrodynamischer oder elektrodynamischer Retarder, Motorbremse).

Zusatzeinrichtung des Zugfahrzeugs für ein Anhängefahrzeug
Teile einer Bremsanlage eines Zugfahrzeugs, die für die Energieversorgung und die Steuerung der Bremsanlagen des Anhängefahrzeugs bestimmt sind. Sie besteht aus den Teilen zwischen der Energieversorgungseinrichtung des Zugfahrzeugs und dem Kupplungskopf der Vorratsleitung (einschließlich), sowie aus den Teilen zwischen der oder den Übertragungseinrichtungen des Zugfahrzeugs und dem Kupplungskopf der Bremsleitung (einschließlich).

Arten von Bremsanlagen bezüglich der Energieversorgungseinrichtung

Muskelkraft-Bremsanlage
Bremsanlage, bei der die zur Erzeugung der Bremskraft benötigte Energie allein von der physischen Kraft des Fahrzeugführers ausgeht.

Hilfskraft-Bremsanlage
Bremsanlage, bei der die zur Erzeugung der Bremskraft benötigte Energie von der physischen Kraft des Fahrzeugführers und einer oder mehreren Energieversorgungseinrichtungen ausgeht.

Fremdkraft-Bremsanlage
Bremsanlage, bei der die zur Erzeugung der Bremskraft benötigte Energie von einer oder mehreren Energieversorgungseinrichtungen, ausgenommen der physischen Kraft des Fahrzeugführers, ausgeht. Diese dient nur zum Steuern der Anlage. Anmerkung: Eine Bremsanlage, bei der der Fahrzeugführer im Falle des Totalausfalls der Energie durch Betätigen dieser Bremsanlage die Bremskraft durch Muskelkraft aufbauen kann, fällt nicht unter diese Definition.

Auflauf-Bremsanlage
Bremsanlage, bei der die zur Erzeugung der Bremskraft benötigte Energie durch Annäherung des Anhängefahrzeugs an das Zugfahrzeug entsteht.

Fall-Bremsanlage
Bremsanlage, bei der die zur Erzeugung der Bremskraft benötigte Energie vom Absenken eines wesentlichen Bauteils des Anhängers (z.B. Deichsel) aufgrund der Schwerkraft ausgeht.

Arten von Bremsanlagen bezüglich des Aufbaus der Übertragungseinrichtung

Einkreis-Bremsanlage
Bremsanlage, die eine Übertragungseinrichtung mit einem einzigen Kreis hat. Die Übertragungseinrichtung ist einkreisig, wenn eine Störung in ihr zur Folge hat, dass sie die Energie zur Erzeugung der Spannkraft nicht mehr übertragen kann.

Mehrkreis-Bremsanlage
Bremsanlage, die eine Übertragungseinrichtung mit mehreren Kreisen hat. Die Übertragungseinrichtung ist mehrkreisig, wenn eine Störung in einem Kreis zur Folge hat, dass sie die Energie zur Erzeugung der Spannkraft noch voll oder teilweise übertragen kann.

Arten von Bremsanlagen bei Fahrzeugkombinationen

Einleitungs-Bremsanlage
Anordnung, bei der die Bremsanlagen der einzelnen Fahrzeuge so miteinander verbunden sind, dass eine einzige Leitung abwechselnd zur Energieversorgung oder zur Betätigung der Bremsanlage des Anhängefahrzeugs benutzt wird.

Zwei- oder Mehrleitungs-Bremsanlagen
Anordnung, bei der die Bremsanlagen der einzelnen Fahrzeuge so miteinander verbunden sind, dass die Energieversorgung und die Betätigung der Bremsanlage des Anhängefahrzeugs getrennt über mehrere Leitungen gleichzeitig erfolgen.

Durchgehende Bremsanlage
Kombination von Bremsanlagen der Fahrzeuge eines Zuges. Eigenschaften:
– Der Fahrzeugführer kann vom Führersitz aus mit einem einzigen Vorgang eine Betätigungseinrichtung im Zugfahrzeug direkt und eine Betätigungseinrichtung im Anhängefahrzeug indirekt mit abstufbarer Wirkung betätigen,
– die zur Bremsung der einzelnen Fahrzeuge eines Zuges benötigte Energie wird durch die gleiche Energiequelle (die die Muskelkraft des Fahrzeugführers sein kann) geliefert und
– gleichzeitige oder geeignet zeitlich verschobene Bremsung der einzelnen Fahrzeuge eines Zuges.

Teilweise durchgehende Bremsanlage
Kombination von Bremsanlagen der Fahrzeuge eines Zuges. Eigenschaften:
– Der Fahrzeugführer kann vom Führersitz aus mit einem einzigen Vorgang eine Betätigungseinrichtung im Zugfahrzeug direkt und eine Betätigungseinrichtung im Anhängefahrzeug indirekt abstufbar betätigen,
– die zur Bremsung der einzelnen Fahrzeuge eines Zuges benötigte Energie wird von mindestens zwei verschiedenen Energiequellen geliefert (die eine davon kann die Muskelkraft des Fahrzeugführers sein) und
– gleichzeitige oder geeignet zeitlich verschobene Bremsung der einzelnen Fahrzeuge eines Zuges.

Nicht durchgehende Bremsanlage
Kombination von Bremsanlagen der Fahrzeuge eines Zuges, die weder durchgehend noch teilweise durchgehend sind.

Leitungen in Bremsanlagen

Kabel, Leiter: Leitung zur Übertragung elektrischer Energie.
Rohrleitung: Starre, halbstarre oder flexible Rohrleitung zur Übertragung hydraulischer oder pneumatischer Energie.

Leitungen zur Verbindung der Bremsausrüstungen von Fahrzeugen eines Zuges

Vorratsleitung: Eine Vorratsleitung ist eine spezielle Versorgungsleitung, durch die die Energie vom ziehenden Fahrzeug in den Energiespeicher des gezogenen Fahrzeugs gelangt.
Bremsleitung: Spezielle Steuerleitung, durch die die zum Steuern benötigte Energie vom ziehenden zum gezogenen Fahrzeug gelangt.
Gemeinsame Brems- und Vorratsleitung: Leitung, die sowohl als Bremsleitung als auch als Vorratsleitung dient (Einleitungs-Bremsanlage).
Hilfsbremsleitung: Spezielle Arbeitsleitung, durch welche die für die Hilfsbremsung des Anhängefahrzeugs benötigte Energie vom ziehenden zum gezogenen Fahrzeug gelangt.

Bremsvorgang

Vorgänge zwischen Beginn der Betätigung der Betätigungseinrichtung und dem Ende der Bremsung.

Abstufbare Bremsung
Bremsung, bei der innerhalb des normalen Betätigungsbereiches der Betätigungseinrichtung der Fahrzeugführer zu jeder Zeit die Bremskraft durch Einwirkung auf die Betätigungseinrichtung hinreichend fein steigern oder reduzieren kann. Wenn durch eine gesteigerte Einwirkung auf die Betätigungseinrichtung eine Steigerung der Bremskraft erreicht wird, dann muss eine Umkehrung der Einwirkung eine Reduzierung dieser Kraft hervorrufen.

Hysterese der Bremsanlage: Unterschied der Betätigungskräfte beim Spannen und Lösen bei gleichem Bremsmoment.

Hysterese der Bremse: Unterschied der Spannkräfte beim Spannen und Lösen bei gleichem Bremsmoment.

Kräfte und Momente

Betätigungskraft F_c: Kraft, die auf die Betätigungseinrichtung ausgeübt wird.

Spannkraft F_s: Gesamtkraft, die in Reibungsbremsen auf einen Belag ausgeübt wird und die infolge sich ergebender Reibung die Bremskraft bewirkt.

Bremsmoment: Produkt aus den durch die Spannkraft hervorgerufenen Reibkräften und dem Abstand der Angriffspunkte dieser Kräfte von der Drehachse der Räder.

Gesamte Bremskraft F_f: Summe der in den Aufstandsflächen aller Räder wirkenden Bremskräfte, die durch die Wirkung der Bremsanlage entstehen und der Bewegung oder der Bewegungstendenz des Fahrzeugs entgegengerichtet sind.

Bremskraftverteilung: Angabe der Bremskraft jeder Achse in % bezogen auf die gesamte Bremskraft F_f, z. B.: Vorderachse 60 %, Hinterachse 40 %.

Bremsenkennwert C^*: Verhältnis aus der gesamten Umfangskraft und der Spannkraft einer jeweiligen Bremse:

$$C^* = F_u/F_s$$

F_u gesamte Umfangskraft, F_s Spannkraft. Wirken unterschiedliche Spannkräfte an den einzelnen Bremsbacken (Anzahl i), so ist der Mittelwert zu bilden:

$$F_s = \sum F_{si}/i$$

Zeiten (siehe Diagramm)

Reaktionsdauer
Zeitspanne zwischen Wahrnehmen der Entscheidungsauslösung und dem Beginn der Betätigung der Betätigungseinrichtung (t_0).

Bewegungsdauer der Betätigungseinrichtung
Zeit vom Beginn der Kraftwirkung auf die Betätigungseinrichtung (t_0) bis zur jeweiligen Endstellung entsprechend der Betätigungskraft oder des Betätigungsweges (dies gilt sinngemäß auch für das Lösen der Bremsen).

Ansprechdauer $t_1 - t_0$
Zeit, die vom Beginn der Kraftwirkung auf die Betätigungseinrichtung bis zum Einsetzen der Bremskraft vergeht.

Schwelldauer $t_{1'} - t_1$
Zeit, die vom Einsetzen der Bremskraft bis zum Erreichen eines gewissen Wertes vergeht (75% des asymptotischen Wertes des Druckes im Radzylinder lt. EU-Richtlinie 71/320 EWG Anh. III/2.4).

Ansprech- und Schwelldauer
Die Summe der Ansprech- und Schwelldauer dient der Beurteilung des Zeitverhaltens der Bremsanlage bis zum Erreichen der vollen Bremswirkung.

Zeiten und Verzögerung während einer Bremsung bis zum Fahrzeugstillstand.

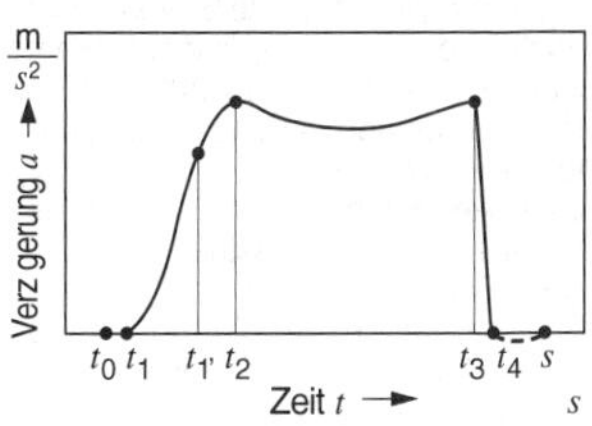

vor t_0: Reaktionsdauer
t_0: Beginn der Kraftwirkung auf die Betätigungseinrichtung
t_1: Beginn der Verzögerung
$t_{1'}$: Ende der Schwelldauer
t_2: Verzögerung voll ausgebildet
t_3: Ende der Vollverzögerung
t_4: Ende der Bremsung (Fahrzeugstillstand)
$t_1 - t_0$: Ansprechdauer
$t_{1'} - t_1$: Schwelldauer
$t_3 - t_2$: Bereich „mittlere Vollverzögerung“
$t_4 - t_1$: Bremswirkdauer
$t_4 - t_0$: Bremsdauer

Bremswirkungsdauer $t_4 - t_1$
Zeit, die vom Einsetzen der Bremskraft bis zu ihrem Verschwinden vergeht. Wenn das Fahrzeug bei bleibender Spannkraft zum Stillstand kommt, dann ist der Beginn des Stillstehens das Ende der Bremswirkungsdauer.

Lösedauer
Zeit, die vom Beginn der Bewegungsdauer der Betätigungseinrichtung beim Lösen bis zum Verschwinden der Bremskraft vergeht.

Bremsdauer $t_4 - t_0$
Zeit, die vom Beginn der Kraftwirkung auf die Betätigungseinrichtung bis zum Verschwinden der Bremskraft vergeht. Wenn das Fahrzeug bei bleibender Spannkraft zum Stillstand kommt, dann stellt der Beginn des Stillstehens das Ende der Bremsdauer dar (siehe Diagramm S. 711).

Bremsweg s
Weg, den ein Fahrzeug während der Bremsdauer zurücklegt. Wenn der Beginn des Stillstehens das Ende der Bremsdauer bestimmt, dann nennt man den bis dahin zurückgelegten Weg „Bremsweg bis zum Stillstand".

Bremsarbeit W
Integral des Produktes aus der augenblicklichen Bremskraft F_f und dem Bremswegelement d_s über den Bremsweg s:

$$W = \int_0^s F_f \cdot d_s$$

Augenblickliche Bremsleistung P
Produkt aus der augenblicklichen gesamten Bremskraft F_f und der Geschwindigkeit υ des Fahrzeugs:

$$P = F_f \cdot \upsilon$$

Bremsverzögerung
Durch die Bremsanlage erzeugte Verringerung der Fahrgeschwindigkeit in der Zeiteinheit t. Man unterscheidet:
Augenblickliche Verzögerung: $a = d\upsilon/dt$

Mittlere Verzögerung: $a_{ms} = \upsilon_0^2/(2 \cdot s_0)$

Mittelwert der Verzögerung über den Bremsweg, wobei υ_0 und s_0 sich auf den Zeitpunkt t_0 beziehen.

Mittlere Verzögerung a_{mt} über einem Zeitabschnitt:
Verzögerung zwischen zwei Zeitpunkten t_i und t_j. Diese Formel ist zur Ermittlung der Bremswirkung von Dauer-Bremsanlagen anwendbar:

$$a_{mt} = (\upsilon_i - \upsilon_j)/(t_j - t_i)$$

Mittlere Vollverzögerung a_{mf}:
Mittelwert (a_{mf}) der Verzögerung in einem Teilbereich $t_3 - t_2$ der voll entwickelten Verzögerung:

$$a_{mf} = \frac{1}{t_3 - t_2} \cdot \int_{t_2}^{t_3} a \cdot dt$$

Abbremsung z
Verhältnis zwischen gesamter Bremskraft F_f und der auf der Achse oder den Achsen des Fahrzeugs ruhenden statischen Gesamtgewichtskraft G_s:

$$z = F_f/G_s$$

Gesetzliche Vorschriften

Für die Erteilung der Allgemeinen Betriebserlaubnis eines Fahrzeuges kann die Prüfung der Bremsausrüstung nach Wahl des Fahrzeugherstellers erfolgen. Nach:
– nationalen Regeln § 41 StVZO und zugehörigen Richtlinien für die Bremsprüfung,
– Richtlinien der Europäischen Gemeinschaft EU-Richtlinie 71/320/EWG und den zugehörigen Anpassungsrichtlinien und Anhängen oder
– ECE-Regelungen 13, 13H und 78 der UN-Wirtschaftskommission in Genf.

§41 StVZO schreibt (mit Ausnahme spezieller Fahrzeuge) die Einführung der EU-Richtlinie oder der ECE-Regelung vor. Diese stimmen im wesentlichen überein. Die ECE-Regelungen 13 und 13H sind jedoch derzeit weiter fortgeschrieben und enthalten z. B. auch Vorschriften für Bremsanlagen mit elektrischer Steuerung (elektronisch geregelte Bremsanlagen).

Bremsausrüstungen nach § 41 StVZO, EU-Richtlinien und ECE-Regelungen 13 und 78 (Klasseneinteilung S. 791).

Kraftfahrzeuge der Klasse L (weniger als 4 Räder)
Zwei- und Dreiradfahrzeuge müssen mit

zwei voneinander unabhängigen Bremsanlagen ausgerüstet sein. Bei schweren Dreiradfahrzeugen der Klasse L_5 müssen die beiden Bremsanlagen gemeinsam auf alle Räder wirken. Außerdem muss eine Feststell-Bremsanlage vorhanden sein.

Kraftfahrzeuge der Klassen M und N

Kraftfahrzeuge der Klassen M und N müssen die für die Betriebsbremsung, die Hilfsbremsung und Feststellbremsung geltenden Bedingungen erfüllen. Die drei Bremsanlagen können gemeinsame Teile aufweisen. Es müssen mindestens zwei voneinander unabhängige Betätigungseinrichtungen vorhanden sein.

Die Bremskraftverteilung auf die einzelnen Achsen ist vorgeschrieben. Kraftfahrzeuge der Klassen ab M_2 und N_2 müssen mit Antiblockiersystem (ABS) ausgerüstet sein (eventuell bestehen noch Ausnahmen bei älteren Typzulassungen).

Zur Erfüllung der Bedingungen bei langen Gefällstrecken dürfen zusätzlich Dauer-Bremsanlagen eingesetzt werden. Fahrzeuge der Klasse M_3 für Zwischenorts- oder Fernverkehr müssen die Bedingungen solcher „Abfahrten" ausschließlich durch Betätigung einer Dauer-Bremsanlage erfüllen.

Anhängefahrzeuge der Klasse O

Anhängefahrzeuge der Klasse O_1 brauchen keine Bremsanlage, aber eine Sicherungsverbindung zum Zugfahrzeug. Anhängefahrzeuge ab Klasse O_2 müssen mit einer Betriebs- und Feststell-Bremsanlage ausgerüstet sein, die gemeinsame Teile aufweisen können. Die Feststell-Bremsanlage muss auch von einer Person neben dem Fahrzeug betätigt werden können. Die Bremskraftverteilung auf die einzelnen Achsen ist vorgeschrieben.

Bestimmte Anhängefahrzeuge ab Klasse O_3 müssen mit Antiblockiersystem (ABS) ausgerüstet sein.

Auflauf-Bremsanlagen sind für Anhängefahrzeuge bis Klasse O_2 zulässig.

Beim Abreißen der Verbindungseinrichtung während der Fahrt muss das Anhängefahrzeug selbsttätig gebremst werden oder (bei Anhängern $<1{,}5$ t) eine Sicherungsverbindung zum Zugfahrzeug haben.

Fahrzeuge mit Antiblockiersystem (ABS)

ABS-Systeme müssen dem Anhang X der EU-Richtlinie 71/320/EWG bzw. dem Annex 13 der ECE-Regelung 13 entsprechen (bei Fahrzeugen der Klassen M_2, M_3, N_2 und N_3 der Kategorie 1). Wesentliche Forderungen sind:

- ein Blockieren der direkt geregelten Räder beim Bremsen auf allen Straßenbelägen bei Geschwindigkeiten über 15 km/h muss verhindert werden,
- Fahrstabilität und Lenkfähigkeit sowie
- Kraftschluss bei Fahrbahnen mit gleichem und (bei Kategorie 1) seitenweise unterschiedlichem Kraftschluss (μ-Split) muss ausgenutzt werden und
- eine optische Warneinrichtung muss elektrische Fehler anzeigen.

Für Anhängefahrzeuge sind nur Mindestforderungen für ABS festgelegt. Aus Sicherheitsgründen und zur Reifenschonung sollten die Antiblockiersysteme von Zug- und Anhängefahrzeugen einander entsprechen.

Zugfahrzeuge und Anhängefahrzeuge mit Druckluft-Bremsanlagen

Die Druckluftverbindungen müssen nach der Zwei- oder Mehrleitungsbauart ausgeführt sein. Bei Betätigung der Betriebs-Bremsanlage des Zugfahrzeuges muss die Betriebs-Bremsanlage des Anhängefahrzeuges mit abstufbarer Wirkung betätigt werden. Bei einer beliebigen Störung in der Betriebs-Bremsanlage des Zugfahrzeuges muss der von der Störung nicht betroffene Teil den Anhänger mit abstufbarer Wirkung bremsen können. Bei Unterbrechung oder Undichtheit einer der Verbindungsleitungen zwischen Zugfahrzeug und Anhänger muss der Anhänger bremsbar sein oder selbsttätig einbremsen.

Die Bremswirkung des beladenen Fahrzeuges (ohne ABS auch die des unbeladenen) in Abhängigkeit vom Druck am Kupplungskopf der Bremsleitung ist vorgeschrieben. Die Betriebs-Bremsanlage des Anhängers darf nur zusammen mit der Betriebs-, Hilfs- oder Feststell-Bremsanlage des Zugfahrzeuges betätigt werden können.

Anforderung nach StVZO, EU-Richtlinie 71/320 EWG und ECE-Regelung 13

Fahrzeugklasse (Klasseneinteilung S. 791)		Pkw und KOM			Nkw			Anhängefahrzeuge			
		M_1	M_2	M_3	N_1	N_2	N_3	O_1	O_2	O_3	O_4
Betriebs-Bremsanlage		auf alle Räder wirkend, Bremskraftverteilung auf die Achsen vorgeschrieben						keine Bremsanlage oder wie O_2	Auflauf-Bremsanlage oder wie O_3		
ABS nach EG-RL oder ECE[1] ($v_{max} \geq 25$ km/h)		–	+	+	–	+	+	–	–	+	+
Typ O-Test (ausgekuppelt)											
Prüfgeschwindigkeit	km/h	80	60	60	80	60	60	–	60	60	60
Bremsweg	≤ m	50,7	36,7	36,7	61,2	36,7	36,7		$z \geq 0{,}50$, Sattelanhänger: $z \geq 0{,}45$		
Bremswegformel		$0{,}1v + \frac{v^2}{150}$	$0{,}15v + \frac{v^2}{130}$								
mittl. Vollverzögerung	≥ m/s²	5,8	5,0								
Betätigungskraft	≤ N	500	700						bei ≤ 6,5 bar		
Typ O-Test (eingekuppelt)		Verhalten des Fahrzeuges beim Bremsen aus 30 % – 80 % v_{max} und Bremswirkung									
Prüfgeschwindigkeit v = 80 % v_{max}, jedoch	≤ km/h	160	100	90	120	100	90	–	–	–	–
Bremsweg	≤ m	212,9	111,6	91,8	157,1	111,6	91,8				
Bremswegformel		$0{,}1v + \frac{v^2}{130}$	$0{,}15v + \frac{v^2}{103{,}5}$								
mittlere Vollverzögerung	≥ m/s²	5,0	4,0								
Betätigungskraft	≤ N	500	700								
Typ I-Test		wiederholte Bremsungen mit 3 m/s² beladen, eingekuppelt							dauernde Bremsung, beladen, 40 km/h, 7 % Gefälle, 1,7 km, $z \geq 0{,}36$ und $z \geq 60$ % des beim Typ O-Test bei 40 km/h gemessenen Wertes		
v_1 = 80 % v_{max}, jedoch $v_2 = 1/2\, v_1$	≤ km/h	120	100	60	120	60	60	–			–
Bremszyklus-Anzahl	n	15	15	20	15	20	20				
Bremszyklus-Dauer	s	45	55	60	55	60	60				
Heißbremswirkung am Ende von Typ I-Test		≥ 80 % der für Typ O-Test (ausgekuppelt) vorgeschriebenen Bremswirkung und ≥ 60 % der beim Typ O-Test (ausgekuppelt) erzielten Bremswirkung									
Typ II-Test auf langen Gefällstrecken		Energie entsprechend 30 km/h, 6 % Gefälle und 6 km, beladen, Motor eingekuppelt, Dauer-Bremsanlage betätigt.									
Heißbremswirkung am Ende von Typ II-Test		Messung wie Typ O-Test (ausgekuppelt)									bei 40 km/h
Bremswegformel		M_3: $0{,}15v + \frac{1{,}33v^2}{130}$			N_3: $0{,}15v + \frac{1{,}33v^2}{115}$			–	–	–	
Bremsweg	≤ m			45,8			50,6				
mittl. Vollverzögerung	≥ m/s²	–	–	3,75	–	–	3,3				$z \geq 0{,}33$

[1]) Bei älteren Typzulassungen sind ggf. noch Ausnahmen möglich.

Fahrzeugklasse (Klasseneinteilung S. 791)		Pkw und KOM			Nkw			Anhängefahrzeuge			
		M_1	M_2	M_3	N_1	N_2	N_3	O_1	O_2	O_3	O_4
Typ IIa-Test Für Dauer-Bremsanlagen		Energie entsprechend 30 km/h, 7 % Gefälle, 6 km, beladen, nur Dauer-Bremsanlage betätigt. Nur bei M_3 [2]) und zum Ziehen von O_4 zugelassen, N_3.									
Typ III-Test		–						–	–	–	[3])
Restbremswirkung nach Ausfall in der Übertragungseinrichtung/Kreisausfall, Motor ausgekuppelt								Die Bremsen des Anhängefahrzeugs müssen mit abstufbarer Wirkung voll oder teilweise betätigbar sein.			
Prüfgeschwindigkeit	km/h	80	60	60	70	50	40				
Bremsweg, beladen	≤ m	150,2	101,3	101,3	152,5	80,0	52,4				
Bremsweg, leer	≤ m	178,7	119,8	101,3	180,9	94,5	52,4				
mittlere Vollverzögerung, beladen	≥ m/s²	1,7	1,5	1,5	1,3	1,3	1,3				
leer	≥ m/s²	1,5	1,3	1,5	1,1	1,1	1,3				
Betätigungskraft	≤ N	700	700	700	700	700	700				
Hilfs-Bremsanlage (Prüfung wie Typ O-Test, ausgekuppelt)								Die Bremsen des Anhängefahrzeugs müssen mit abstufbarer Wirkung betätigt werden.			
Prüfgeschwindigkeit	km/h	80	60	60	70	50	40				
Bremsweg	≤ m	93,3	64,4	64,4	95,7	54,0	38,3				
Bremswegformel		$0{,}1v + \frac{2v^2}{150}$	$0{,}15v + \frac{2v^2}{130}$		$0{,}15v + \frac{2v^2}{115}$						
mittlere Vollverzögerung	≥ m/s²	2,9	2,5		2,2						
Betätigungskraft, von Hand	≤ N	400	600		600						
mit Fuß	≤ N	500	700		700						
Feststell-Bremsanlage (Prüfung beladen)											
Festhaltewirkung auf Steigung oder Gefälle	≥ %	18			18			–	18		
zusammen mit ungebremsten Fz. der Klasse O	≥ %	12			12			–	–		
Betätigungskraft, von Hand	≤ N	400	600		600			–	600		
mit Fuß	≤ N	500	700		700			–	–		
Typ O-Test [4]) (ausgekuppelt, beladen)											
Prüfgeschwindigkeit	km/h	80	60	60	70	50	40	–			
mittl. Vollverzögerung und Verzögerung vor Stillstand	≥ m/s²	1,5			1,5			–			
Selbsttätige Bremsanlage Bremsung bei Anhängefahrzeugen mit Druckluft-Bremsanlagen bei Druckverlust in der Vorratsleitung											
Prüfgeschwindigkeit	km/h							–	40		
Abbremsung	≥ %							–	13,5		

[2]) Außer Stadtomnibusse.
[3]) Wiederholte Bremsungen wie bei Typ I-Test für N_3. Danach Bremswirkung ≥ 40 und ≥ 60% der beim Typ O-Test erzielten Bremswirkung.
[4]) Mit Feststell-Bremsanlage oder über eine Hilfsbetätigungseinrichtung der Betriebs-Bremsanlage.

Aufbau und Gliederung einer Bremsanlage

Grundbestandteile einer Bremsanlage

Eine Bremsanlage besteht aus:
- Energieversorgung,
- Betätigungseinrichtung,
- Übertragungseinrichtung zur Bremskraftsteuerung und Aktivierung von Motor- und Feststell-Bremsanlage sowie Retarder,
- Zusatzeinrichtungen im Zugfahrzeug zum Bremsen eines Anhängefahrzeugs.
- Radbremsen.

Jeder dieser Bestandteile beeinflusst die für die Abbremsung des Fahrzeugs/Zuges maßgeblichen Bremskräfte.

Verschiedene Einsatzspektren und dementsprechend unterschiedliche Fahrzeugtypen stellen zum Teil erheblich unterschiedliche Anforderungen an die Bremsanlage, was zwangsweise zur Entwicklung voneinander abweichender Bremsanlagen führte. Sie unterscheiden sich im Verwendungszweck sowie in Art und Ausführung der Grundbestandteile.

Verwendungszweck einer Bremsanlage

Laut Bremsenvorschriften hat die Bremsausrüstung von Nfz zu bestehen aus:
- Betriebs-Bremsanlage,
- Hilfs-Bremsanlage,
- Feststell-Bremsanlage und ggf.
- Dauer-Bremsanlage sowie
- selbsttätiger Bremsanlage.

Die Betriebs- und die Feststell-Bremsanlage verfügen über voneinander getrennte Betätigungs- und Übertragungseinrichtungen. Die Betätigung der Betriebs-Bremsanlage erfolgt in der Regel mit dem Fuß und die der Feststell-Bremsanlage mit der Hand oder dem Fuß. Die Hilfs-Bremsanlage benutzt häufig Einrichtungen der Betriebs- oder der Feststell-Bremsanlage mit. So übernimmt z. B. ein Kreis einer zweikreisigen Betriebs-Bremsanlage die Aufgabe der Hilfs-Bremsanlage. Die Dauer-Bremsanlage dient als zusätzliche verschleißfreie Bremseinrichtung, welche die Betriebs-Bremsanlage insbesondere bei Bremsungen an Gefällen entlastet (siehe „Dauer-Bremsanlage", S. 746). Die selbsttätige Bremsanlage ist nur beim Anhängerbetrieb relevant.

Aufbau einer Bremsanlage *(Zugfahrzeug).*

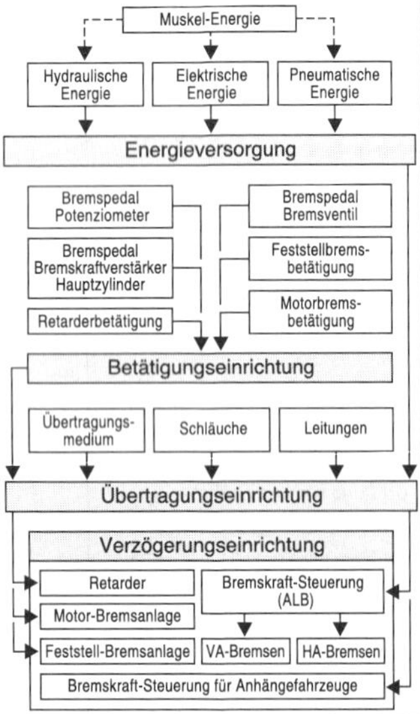

Art der Energie und verwendete Medien

Je nach Art der verwendeten Energie, die in die Steuerung der Bremsanlage eingeht, gibt es eine Unterscheidung in:
- Muskelkraft-Bremsanlage,
- Hilfskraft-Bremsanlage,
- Fremdkraft-Bremsanlage und
- Auflauf-Bremsanlage.

Diese Bremsanlagen können auch in Kombination auftreten. Im Gegensatz zur Fremdkraft-Bremsanlage enthält z. B. die Arbeitskraft einer Hilfskraft-Bremsanlage anteilig auch die Pedalkraft.

Außer der Energieart dienen bei Hilfskraft- und Fremdkraft-Bremsanlagen auch die verwendeten Energiemedien als Unterscheidungsmerkmal. Vornehmlich kommt pneumatische (Vakuum, Druckluft) und hydraulische, manchmal auch elektrische Energie, zur Anwendung.

Elektronisch-pneumatisches Bremssystem für 2-Achs-Zugfahrzeug.
1 Drehzahlsensor, 2 Bremsbelagverschleißsensor, 3 Regelventil, 4 Bremszylinder Vorderrad, 5 Bremszylinder Hinterrad, 6 Steuergerät, 7 Bremspedal, 8 Druckluftbehälter, 9 Druckluftversorgung Anhänger, 10 Anhängersteuerleitung, 11 Koppelkraftsensor, 12 Lenkradwinkelsensor, 13 Aktivierung von Retarder- und Motorbremssystem, 14 Giergeschwindigkeits-/Querbeschleunigungssensor.

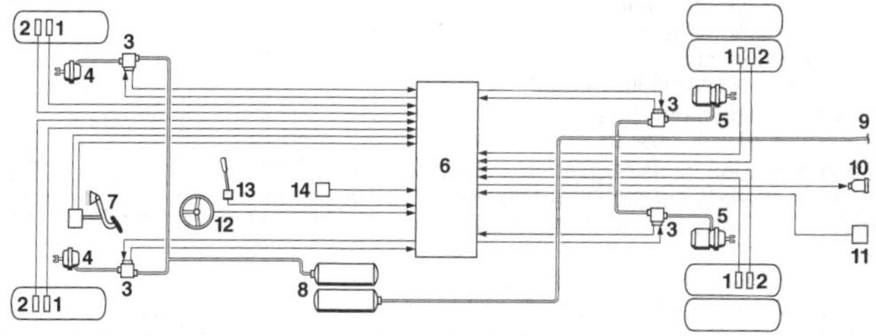

Art der Übertragungseinrichtung
Die Kraftübertragung in der Bremsanlage erfolgt auf mechanische, hydraulische, pneumatische und elektrische/elektronische Weise. Bei der Kraftübertragung in Richtung Radbremsen sind auch hybride Kombinationen möglich. Die elektrische/elektronische Übertragungseinrichtung wird vor allem bei den elektronisch-pneumatischen und elektronisch-hydraulischen Bremsanlagen der nächsten Fahrzeuggenerationen an Bedeutung gewinnen.

Bremsanlagenauslegung

Die Auslegung einer Bremsanlage erfolgt sowohl fahrzeug- oder aggregatebezogen. Bei fahrzeugbezogener Auslegung bestimmt die Lage des Fahrzeugschwerpunktes zusammen mit der gewählten Verteilung der Bremskräfte auf Vorder- und Hinterachse die bei vorgegebener Haftreibungszahl Reifen/Straße erzielbare blockierfreie Abbremsung. Das Verteilungsdiagramm für die Bremskraft stellt diesen Zusammenhang dar. Auf den Koordinatenachsen sind die gewichtsbezogenen Bremskräfte von Vorder- und Hinterachse aufgetragen. Die Schnittpunkte der Geraden gleicher Haftreibungszahl von Vorder- und Hinterachse bilden die Parabel der „idealen“ Bremskraftverteilung. Geraden konstanter Abbremsung vervollständigen das Diagramm.

Ist kein Bremskraftverteiler vorgesehen, so stellt die zu installierende Bremskraftverteilung ebenfalls eine Gerade dar. Die Steigung ergibt sich als Verhältnis der durch die Dimensionierung der Radbremsen festgelegten Bremskräfte von Vorder- und Hinterachse. Solange die Gerade der installierten Verteilung unterhalb der idealen Verteilung verläuft, blockiert stets die Vorderachse zuerst (stabile Bremskraftverteilung). Der Blockierpunkt der Vorderachse ergibt sich dabei als Schnittpunkt von „installierter Verteilung“ und der Geraden der jeweiligen Haftreibungszahl.

Bremskraftverteilung ohne Verteiler.
Ideale Bremskraftverteilung bei 1 zulässigem Gesamtgewicht, 2 fahrfertig (mit Fahrer), 3 installierte Bremskraftverteilung, 4 VA blockiert. F_{Bh} Bremskraft hinten, F_{Bv} Bremskraft vorne, G Gewichtskraft, a Abbremsung. Haftreibungszahlen: hinten μ_{HFH}, vorne μ_{HFV}.

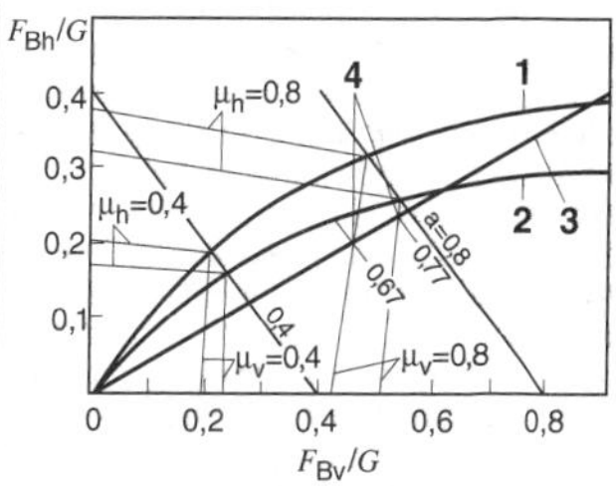

Wesentliche Auslegungskriterien sind:
- Gesetzliche Bestimmungen hinsichtlich blockierfreier Mindestabbremsung und Blockierreihenfolge,
- Beladungszustände,
- Einfluss von Bremsenfading,
- Motorbremsmoment,
- Bremskreisausfall,
- Bremskraftverteiler (falls vorhanden),
- Retarder (falls vorhanden).

Die aggregatebezogene Auslegung befasst sich vor allem mit der Dimensionierung von Radbremsen und Betätigungseinrichtungen.

Auslegungskriterien für die Radbremsen:
- Bremsenbauart (Scheiben-, Trommelbremse),
- Standfestigkeit (Verschleiß, Beanspruchung),
- vorhandener Einbauraum,
- zulässiges Druckniveau,
- Steifigkeit (Volumenaufnahme Bremsflüssigkeit bei hydraulischen Bremsen).

Auslegungskriterien für die Betätigungseinrichtung:
- Pedalweg und Pedalkraft bei normalen Bremsbetätigungen, Vollbremsungen und bei Ausfälle eines Bremskreises oder des Bremskraftverstärkers.
- Komfortansprüche,
- Einbauraum,
- Kombination mit Systemen für die Bremskraftregelung.

Bremskreisaufteilungen

Die gesetzlichen Vorschriften fordern eine zweikreisige Übertragungseinrichtung.

Von den fünf Möglichkeiten nach DIN 74 000 haben sich die II- und die X-Aufteilung durchgesetzt. Bei einem Minimalaufwand an Leitungen, Schläuchen, lösbaren Anschlüssen und statischen bzw. dynamischen Dichtungen sind sie hinsichtlich des Ausfallrisikos durch Leckagen mit einem einkreisigen Bremssystem vergleichbar. Bei Bremskreisausfall infolge thermischer Überbeanspruchung einer hydraulischen Radbremse sind insbesondere die Aufteilungen HI, LL und HH kritisch, da ein Ausfall beider Bremskreise an einem Rad zu einem Totalausfall der Bremse führen kann.

Varianten der Bremskreisaufteilung.
a) II-Aufteilung, b) X-Aufteilung, c) HI-Aufteilung, d) LL-Aufteilung, e) HH-Aufteilung.
1 Bremskreis 1, 2 Bremskreis 2.
← Fahrtrichtung.

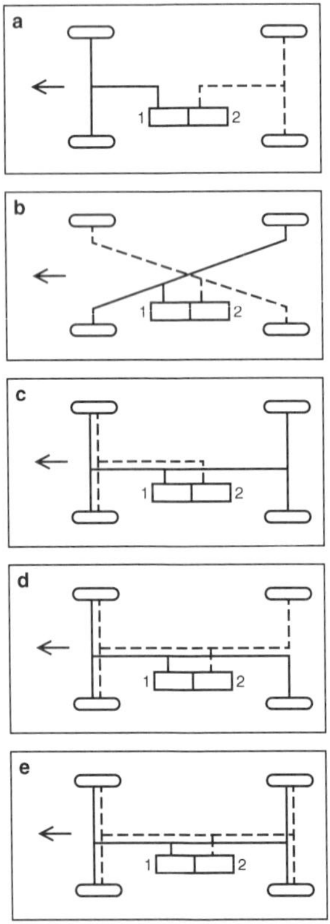

Um die gesetzlichen Vorschriften hinsichtlich der Hilfsbremswirkung zu erfüllen, werden frontlastige Fahrzeuge mit der X-Aufteilung ausgerüstet. Die II-Aufteilung eignet sich vorzugsweise für hecklastige Fahrzeuge sowie mittlere und schwere Nutzfahrzeuge.

II-Aufteilung
Vorderachs-/Hinterachs-Aufteilung. Ein Bremskreis wirkt auf die Vorderachse und ein Bremskreis wirkt auf die Hinterachse.

X-Aufteilung
Diagonale Aufteilung. Jeder Bremskreis wirkt auf ein Vorderrad und auf das diagonal gegenüberliegende Hinterrad.

HI-Aufteilung
Vorder- und Hinterachs-/Vorderachs-Aufteilung. Ein Bremskreis wirkt auf die Vorderachse und auf die Hinterachse und ein Bremskreis wirkt nur auf die Vorderachse.

LL-Aufteilung
Vorderachs- und Hinterrad-/Vorderachs- und Hinterrad-Aufteilung. Jeder Bremskreis wirkt auf die Vorderachse und auf ein Hinterrad.

HH-Aufteilung
Vorder- und Hinterachs-/Vorder- und Hinterachs-Aufteilung. Jeder Bremskreis wirkt auf die Vorderachse und auf die Hinterachse.

Unterdruck-Bremskraftverstärker.
Einfluss der Auslegungsparameter.
1 Hauptzylinderfläche, 2 Pedalübersetzung, 3 Verstärkungsfaktor (Pedalübersetzung), 4 Membranfläche, Unterdruckniveau, 5 Pedalkraftanteil, 6 Hilfskraftanteil, 7 Aussteuerpunkt.

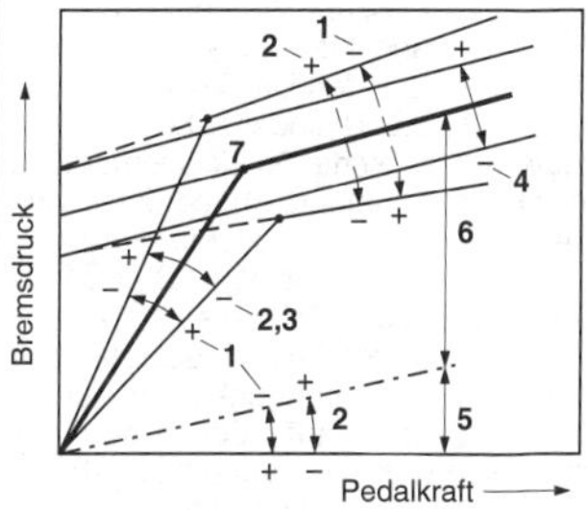

Unterdruck-Bremskraftverstärker.
1 Druckstange, 2 Unterdruckkammer mit Unterdruckanschluss, 3 Membran, 4 Arbeitskolben, 5 Doppelventil, 6 Luftfilter, 7 Kolbenstange, 8 Arbeitskammer, 9 Reaktionselement.

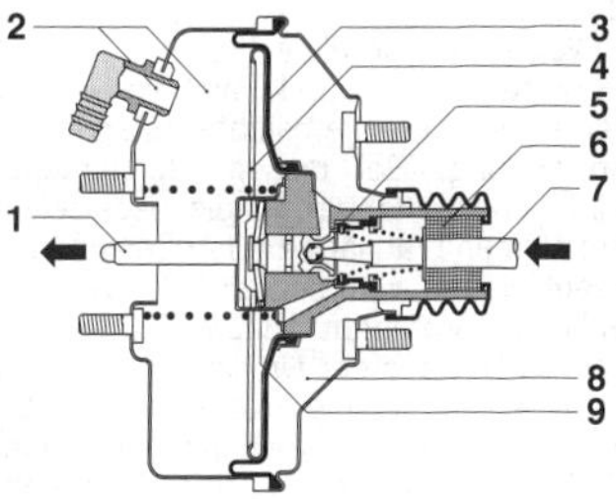

Hauptzylinder mit Zentralventil im Sekundärkreis.
1 Zylindergehäuse,
2 Druckraum,
3 Druckanschluss,
4 Anschluss für Ausgleichsbehälter,
5 Druckstangenkolben,
6 Zwischenkolben,
7 Zentralventil,
8 Anschlag für Zentralventil,
9 Primärmanschette,
10 Trennmanschette,
11 Ausgleichsbohrung.

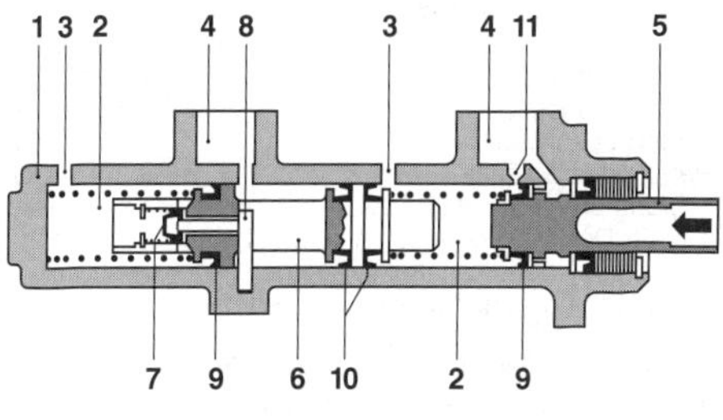

Bremsanlagen für Pkw und leichte Nfz

Betätigungseinrichtungen

Die Betätigungseinrichtung besteht aus:

- Bremspedal,
- Unterdruck-Bremskraftverstärker,
- Hauptzylinder,
- Bremsflüssigkeitsbehälter,
- Warneinrichtungen für den Ausfall eines Bremskreises und für den Verlust von Bremsflüssigkeit.

Neben dieser Standardanordnung kommen vereinzelt auch hydraulische Verstärker oder auch hydraulische Fremdkraft-Bremsanlagen zum Einsatz. Bei Fremdkraft-Bremsanlagen ersetzt ein Bremsventil den Bremskraftverstärker und den Hauptzylinder. In Abhängigkeit von der Pedalkraft regelt sich der gewünschte Bremsdruck ein. Für die Energiespeicherung und -erzeugung sind Hochdruckspeicher und entsprechende Pumpen zu installieren.

Wegen seiner einfachen und kostengünstigen Bauweise kommt vorwiegend der Unterdruck-Bremskraftverstärker zur Anwendung. Bei diesem Verstärkertyp wird pedalkraftabhängig die pedalseitige Arbeitsmembranfläche mit Außenluftdruck beaufschlagt, während auf der anderen Seite der Membran weiterhin Unterdruck anliegt. Die aus der Druckdifferenz resultierende Kraft auf die Arbeitsmembran bewirkt einen die Fußkraft unterstützenden Kraftanteil. Die vereinfachte Diagrammdarstellung zeigt qualitativ ohne Berücksichtigung von Wirkungsgraden und Verlustkräften die wesentlichen Einflussparameter auf den Bremsdruck:

- Pedalübersetzung,
- Verstärkungsfaktor,
- Membranfläche,
- Unterdruckniveau und
- Hauptzylinderfläche.

Der Bremsdruck resultiert aus Pedal- und Hilfskraft. Der Hilfskraftanteil nimmt dabei entsprechend dem konstruktiv festgelegten Verstärkungsfaktor bis zum Aussteuerpunkt stetig zu. Im Aussteuerpunkt ist die maximale Druckdifferenz Außenluftdruck/Unterdruck erreicht. Eine weitere Steigerung der Ausgangskraft ist nur durch eine ungewohnte Erhöhung der Pedalkraft möglich. Daher muss die Auslegung des Verstärkers sicherstellen, dass auch bei höheren Fahrzeugverzögerungen der Aussteuerpunkt nicht wesentlich überschritten wird.

Wesentlich für die Ausgangkraft ist die Membranfläche. Für hohe Anforderungen sind zwei Membranflächen in Tandembauweise angeordnet. Der technisch noch sinnvolle Membrandurchmesser liegt bei ca. 250 mm. Der maximale Unterdruck von ca. 0,8 bar stellt sich bei Ottomotoren bei geschlossener Drosselklappe im Saugrohr ein. Dieselmotoren benötigen eine Unterdruckpumpe.

Da insbesondere schwere Fahrzeuge höhere Bremsdrücke erfordern, sind dort hydraulische Verstärker sinnvoll, die nach dem gleichen Funktionsprinzip aufgebaut sein können.

Die Energieversorgung erfolgt vielfach von der Servolenkungspumpe mit einem zwischengeschalteten Hydrospeicher, um eine gegenseitige Beeinflussung von Bremse und Lenkung zu reduzieren.

Die Ausgangskraft wirkt über einen Stößel direkt auf den Druckstangenkolben im Tandemhauptzylinder. Der dabei erzeugte hydraulische Druck überträgt sich auf den „schwimmend" angeordneten Zwischenkolben, so dass sich in den Druckräumen für die beiden Bremskreise annähernd gleiche Drücke einstellen.

Bei Ausfall eines Bremskreises läuft entweder der Druckstangenkolben auf den Zwischenkolben auf oder der Zwischenkolben fährt hydraulisch angetrieben bis auf den Hauptzylinderboden vor. Dieser Vorgang macht sich am Pedal durch einen großen, fast kraftfreien Pedalweg bemerkbar.

Bei Fahrzeugen mit II-Bremskreisaufteilung hat sich ein gestufter Hauptzylinder bewährt. Der HA-Kreis wird vom Zwischenkolben beaufschlagt, der gegenüber dem Druckstangenkolben einen kleineren Durchmesser aufweist. Fällt der VA-Kreis aus, erhöht sich bei gleicher Pedalkraft der Druck im HA-Kreis im Verhältnis der Kolbenflächen von Druckstangen- und Zwischenkolben.

Zum Ausgleich von Bremsbelagverschleiß oder auch Leckagen ist der Hauptzylinder mit einem Bremsflüssigkeitsbehälter verbunden. Bei gelöster

Bremse öffnet sich entweder ein zentral im Hauptzylinderkolben angeordnetes Ventil oder die Dichtungsmanschette des Kolbens gibt eine Ausgleichsbohrung frei. Dies stellt sicher, dass die Bremse in Ruhestellung drucklos wird bzw. Bremsflüssigkeitsverluste ausgeglichen werden können. Der Nachteil dieser einfachen Anordnung liegt darin, dass sich, bei einer Dampfblasenbildung in der Bremsflüssigkeit wegen thermischer Überlastung, der betroffene Bremskreis bei gelöster Bremse entleert. Bei einer nachfolgenden Bremsung kann eventuell kein Druck mehr aufgebaut werden.

Um auch bei größeren Leckagen ein vollständiges Leerlaufen des Behälters zu vermeiden, sind diese zumindest ab einem bestimmten Flüssigkeitsstand ebenfalls zweikreisig aufgebaut. Sinkt der Flüssigkeitsstand zu weit ab, aktivieren ein oder auch zwei Schwimmerschalter eine optische Anzeige. Anstelle der Schwimmerschalter sind vereinzelt auch Druckdifferenzschalter am Hauptzylinder vorgesehen, um den Ausfall eines Bremskreises anzuzeigen.

Radbremsen

Eine Radbremse muss folgende Forderungen erfüllen:

- Gleichmäßige Wirkung,
- gute Dosierbarkeit,
- Unempfindlichkeit gegen Schmutz und Korrosion,
- hohe Zuverlässigkeit,
- Standfestigkeit,
- Verschleißfestigkeit und
- geringer Wartungsaufwand.

Während bei kleinen Pkw oder Nfz Trommelbremsen verschiedener Bauformen die wesentlichen Forderungen erfüllen, lassen sich bei schwereren und schnellen Pkw gleichmäßige Wirkung und gute Dosierbarkeit nur mit Scheibenbremsen realisieren.

In der Praxis hat sich die Graugussbremsscheibe mit außenumgreifendem Bremssattel durchgesetzt. Die Bremsscheibe sitzt im Allgemeinen in der Radschüssel. Diese Anordnung erfordert eine ausreichende Wärmeabfuhr durch Strahlung, Konvektion und Wärmeleitung. Zusätzliche Maßnahmen, wie innenbelüftete

Scheibenbremsen.
a) Festsattel, b) Faustsattel.
1 Bremsbeläge, 2 Kolben, 3 Bremsscheibe, 4 Gehäuse, 5 Träger.

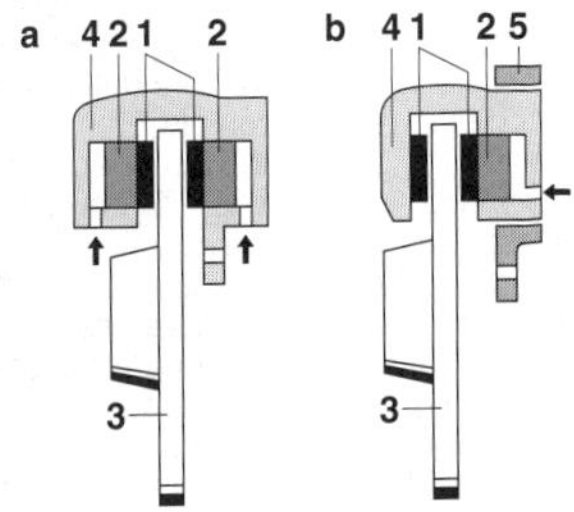

Bremsscheiben, Luftleitbleche und durchströmungsoptimierte Räder, reduzieren insbesondere bei Hochleistungsfahrzeugen die Scheibentemperaturen.

Bremssättel unterteilen sich in Festsättel und Schwimmsättel.

Die Festsättel umgreifen mit einem starren Gehäuse die Bremsscheibe. Gegenüberliegende Druckkolben pressen beim Bremsen die Bremsbeläge gegen die Bremsscheibe.

Bei den Schwimmsätteln haben sich zwei Grundbauformen durchgesetzt: Schwimmrahmensattel und Faustsattel. Bei beiden Bauformen wirken der oder die Druckkolben unmittelbar auf den zur Innenseite des Fahrzeugs gelagerten Bremsbelag. Über den verschiebbar gelagerten Schwimmrahmen oder über die die Bremsscheibe übergreifende Faust wird der äußere Belag gegen die Bremsscheibe gezogen. Schwimmsättel haben gegenüber Festsätteln folgende Vorteile:
– Geringerer Einbauraum zwischen Bremsscheibe und Radschüssel (vorteilhaft bei Achskonstruktionen mit kleinem oder negativem Lenkrollradius),
– günstige thermische Verhältnisse, da über der kritischen Aufheizzone oberhalb der Bremsscheibe keine hydraulischen Verbindungsleitungen verlaufen.

Bauformbedingte Nachteile (Klapperneigung, Tendenz zum Bremsenquietschen, Schrägverschleiß der Bremsbeläge sowie Korrosion in den Führungselementen) lassen sich durch konstruktive Maßnahmen ausgleichen.

Bremskraftverteiler

Bremskraftverteiler sind im Gegensatz zu Bremskraftreglern (Antiblockiersysteme) nur Steuerungselemente. Sie unterscheiden sich in ihrer Funktion als Bremskraftbegrenzer bzw. -minderer oder nach ihren Einflussparametern wie Bremsdruck, Achslast oder Verzögerung.

Ihre Aufgabe ist es, die durch die Dimensionierung der Radbremsen festgelegte Bremskraftverteilung zwischen VA- und HA-Bremsen besser an die ideale Bremskraftverteilung, d. h. an deren parabelförmigen Verlauf, anzupassen. Die ideale Bremskraftverteilung hängt nur von der Lage des Fahrzeugschwerpunkts und der jeweiligen Abbremsung ab. Diese Verhältnisse lassen sich im dimensionslosen Diagramm für die Bremskraftverteilung anschaulich darstellen. Auf den Koordinatenachsen sind die gewichtsbezogenen Bremskräfte an VA und HA aufgetragen. Linien gleicher Abbremsungen erscheinen als Geraden mit negativer Steigung (–1). Die idealen Bremskraftverteilungen für den Fahrzeuggewichtszustand „fahrfertig" und „zulässiges Gesamtgewicht" verlaufen parabelförmig. Diagramm „a" zeigt Bremskraftbegrenzer und Diagramm „b" Bremskraftminderer.

Druckabhängige Verteiler nähern sich bei „fahrfertig" gut an die ideale Verteilung an. Bei „zulässiges Gesamtgewicht" (obere Parabel) entfernen sie sich jedoch nach Einsetzen des Begrenzers oder Minderers (Knick), d. h. der Anteil der HA-Bremskraft an der gesamten Bremskraft nimmt mit zunehmender Hinterachslast ab.

Beim lastabhängigen Verteiler verschiebt sich der Einsatzpunkt mit zunehmender Beladung nach oben und ermöglicht so eine gute Annäherung an die ideale Bremskraftverteilung in allen Beladungszuständen.

Der verzögerungsabhängige Verteiler reagiert auf eine fest eingestellte Verzögerung und ist damit im Wesentlichen beladungsunabhängig.

Die Auslegung der Verteiler muss gewährleisten, dass die Bremskraftverteilung nicht oberhalb der idealen Bremskraftverteilung verläuft. Es sind auch die Einflüsse von Belagreibwertschwankungen, Motorbremsmoment und Toleranzen des Verteilers zu berücksichtigen, um ein mögliches Überbremsen der HA zu vermeiden. In der Praxis bedeutet dies, dass die installierte abgeknickte Verteilung deutlich unterhalb der idealen Verteilung liegen sollte.

Diagramm der Bremskraftverteilung.
a) Bremskraftbegrenzer, b) Bremskraftminderer.
F_{Bh} Bremskraft hinten, F_{Bv} Bremskraft vorne, G Gewichtskraft.
1 Beladen, 2 leer, 3 lastabhängig beladen, 4 druckabhängig leer, verzögerungsabhängig leer und beladen, lastabhängig leer, 5 druckabhängig beladen.

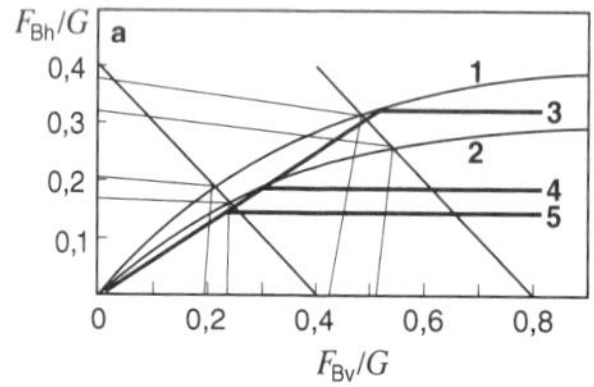

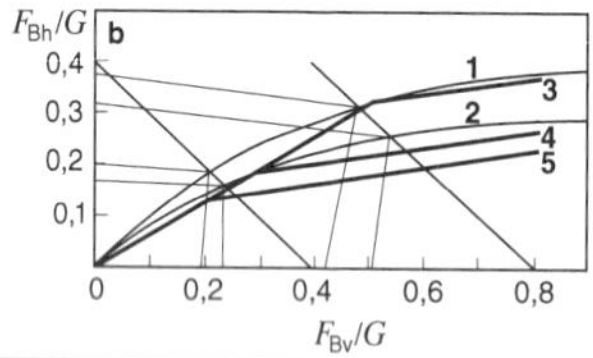

Die Festlegung des Verteilers erfolgt u. a. nach folgenden Kriterien:

- ABS-Tauglichkeit,
- Aufwand bei getrennten Bremskreisen an der HA (z. B. X-Aufteilung),
- Überbrückungsmöglichkeit bei Bremskreisausfall, insbesondere bei Begrenzern,
- Prüfmöglichkeit der korrekten Einstellung und Funktion.

Fahrzeuge mit ausgeglichenen Beladungsverhältnissen erhalten nicht unbedingt einen Verteiler, da die Nachteile eines unbemerkten Defekts des Verteilers die geringen Vorteile in der Bremskraftverteilung ausgleichen.

Antiblockiersysteme (ABS) für Pkw

Antiblockiersysteme (ABS) sind Regeleinrichtungen im Bremssystem, die das Blockieren der Räder beim Bremsen verhindern und damit die Lenkbarkeit und die Fahrstabilität erhalten. Die wesentlichen Komponenten des ABS sind:

Hydroaggregat, Raddrehzahlsensoren und Steuergerät zur Signalverarbeitung und Ansteuerung der Aktoren im Hydroaggregat und der Signallampe.

Prinzipieller Regelvorgang

Beim Anbremsen wird der Bremsdruck gesteigert, der Bremsschlupf λ nimmt zu und erreicht im höchsten Punkt der Kraftschluss-Schlupfkurve die Grenze zwischen stabilem und instabilem Bereich. Einer weiteren Erhöhung des Bremsdrucks bzw. Bremsmoments steht ab hier keine weitere Steigerung der Bremskraft F_B gegenüber. Im stabilen Bereich ist der Bremsschlupf weitgehend Formänderungsschlupf und im instabilen Bereich zunehmend Gleitschlupf.

Bremsschlupf $\lambda = (\upsilon_F - \upsilon_R)/\upsilon_F \cdot 100\,\%$
Radgeschwindigkeit $\upsilon_R = r \cdot \omega$
Bremskraft $F_B = \mu_{HF} \cdot G$
Seitenkraft $F_S = \mu_S \cdot G$
μ_{HF} Haftreibungszahl,
μ_S Seitenkraftbeiwert.

Je nach Verlauf der Schlupfkurve findet ein mehr oder weniger starker Abfall der Haftreibungszahl μ_{HF} statt. Das daraus resultierende Überschussmoment bewirkt ohne ABS ein Abbremsen des Rades bis zum Blockieren des Rades in kürzester Zeit, das sich in einem starken Ansteigen der Radverzögerung äußert.

Der Raddrehzahlsensor überwacht den Bewegungszustand des Rades. Tritt an einem Rad eine Blockierneigung auf, so nehmen Radumfangsverzögerung und Radschlupf stark zu. Wenn sie bestimmte kritische Werte überschreiten, gibt der Regler Befehle an die Magnetventileinheit, den Aufbau des Radbremsdrucks zu stoppen bzw. diesen Druck abzubauen, bis die Blockiergefahr beseitigt ist. Damit das Rad nicht unterbremst ist, muss der Bremsdruck dann erneut aufgebaut werden. Während der Bremsregelung muss wechselweise immer wieder die Stabilität und die Insta-

Kräfte am gebremsten Rad.
G Gewichtskraft, F_B Bremskraft,
F_S Seitenkraft, υ_F Fahrzeuggeschwindigkeit,
n Reifennachlauf, α Schräglaufwinkel,
ω Winkelgeschwindigkeit.

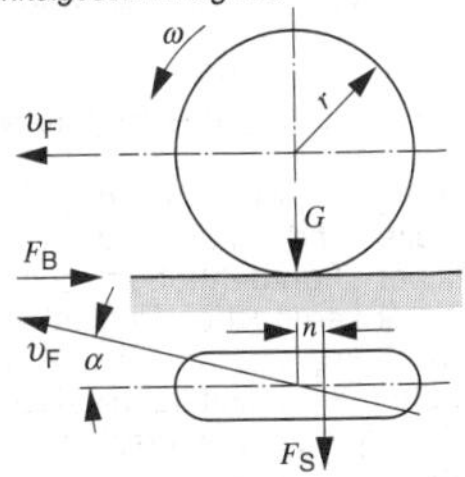

Kraftschluss-Schlupfkurve.
Kurvenverlauf je nach Straßenbeschaffenheit und Reifenzustand stark unterschiedlich.

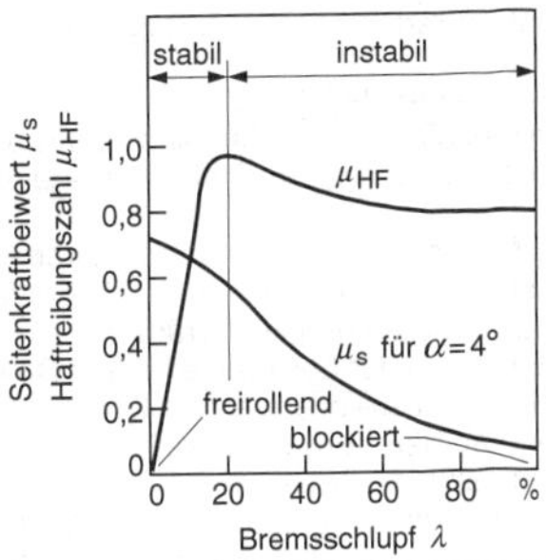

ABS-Regelkreis.
1 Magnetventileinheit, 2 Hauptzylinder,
3 Radzylinder, 4 elektronisches Steuergerät,
5 Raddrehzahlsensor.

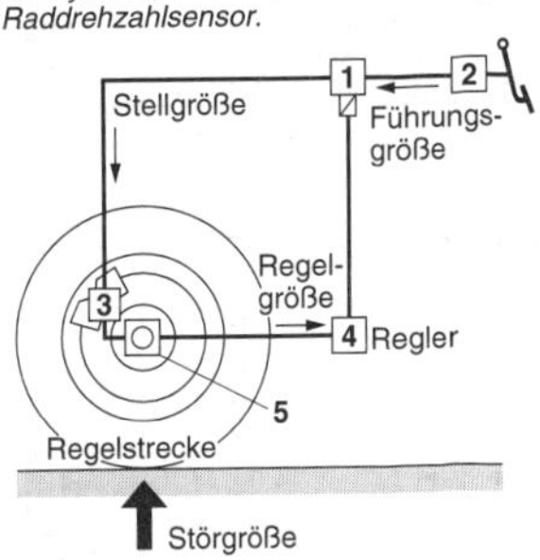

bilität der Radbewegung erkannt werden, und durch eine zyklische Folge von Druckaufbau-, Druckhalte- und Druckabbauphasen muss das Rad im Schlupfbereich mit maximaler Bremskraft geregelt werden.

Störgrößen im Regelkreis
Das ABS muss folgende Störgrößen berücksichtigen:
– Änderungen des Kraftschlusses zwischen Reifen und Fahrbahn wegen unterschiedlicher Fahrbahnoberflächen und durch Veränderung der Radlasten, z. B. bei Kurvenfahrt,
– Fahrbahnunebenheiten, die Rad- und Achsschwingungen hervorrufen,
– Unrundheit, Hysterese, Fading der Bremsen,
– unterschiedliche, vom Fahrer eingeleitete Drücke im Hauptzylinder und
– unterschiedliche Radumfänge, z. B. beim Notrad.

Kriterien der Regelgüte
Leistungsfähige Antiblockiersysteme müssen folgende Kriterien zur Regelgüte erfüllen:
– Erhaltung der Fahrstabilität durch Bereitstellung ausreichender Seitenführungskräfte an den Hinterrädern,
– Erhaltung der Lenkbarkeit durch Bereitstellung ausreichender Seitenführungskräfte an den Vorderrädern,
– Bremswegverkürzungen gegenüber Blockierbremsungen durch optimale Ausnutzung des Kraftschlusses zwischen Reifen und Fahrbahn,
– schnelle Anpassung des Bremsdruckes an unterschiedliche Haftreibungszahlen, z. B. bei Überfahren von Pfützen oder Schnee- und Eisplatten,
– Gewährleistung kleiner Regelamplituden des Bremsmoments zur Vermeidung von Fahrwerkschwingungen und
– hoher Komfort durch kleine Pedalrückwirkungen und niederes Geräuschniveau der Aktoren.

ABS-Systemvarianten

Abhängig von Bremskraftaufteilung, Fahrzeugantriebskonzept, Funktionsanforderung und Kostengesichtspunkten sind unterschiedliche Ausführungsformen darstellbar. Die Übersicht zeigt mögliche Systemvarianten, die – nach der Anzahl der Regelkanäle und Drehzahlsensoren gegliedert – nachfolgend beschrieben sind.

4-Kanal-Systeme (Varianten 1, 2)
Diese Systeme erlauben die individuelle Regelung des Radbremsdruckes von jedem Rad für vorn/hinten (II) und diagonale (X) Bremskreisaufteilung. Damit jedoch beim Bremsen auf asymmetrischen Fahrbahnen das auftretende Giermoment (Drehmoment der Bremskräfte um die Fahrzeughochachse) die Fahrstabilität nicht gefährdet, werden die Vorderräder einzeln, die Hinterräder nach der Methode „Select-low" (das Hinterrad mit der kleineren Haftreibungszahl bestimmt den gemeinsamen Bremsdruck beider Hinterräder) geregelt.

ABS-Systemvarianten.
⧅ Regelkanal, ◀ Sensor, ◁ Sensor (Alternative zum Differenzialsensor).

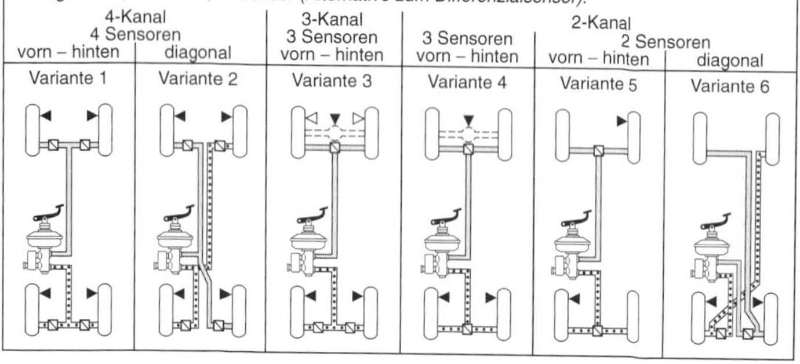

3-Kanal-System (Variante 3)
Beim Bremsen auf asymmetrischer Fahrbahn ist auch hier (bedingt durch das Prinzip des Systems) das Giermoment so weit herabgesetzt, dass dieser Bremszustand bei Pkw mit großem Radstand und großem Massenträgheitsmoment um die Hochachse gut beherrscht wird.

Bei Pkw mit kleinem Radstand und kleinem Massenträgheitsmoment ist bei 3- und 4-Kanal-Systemen eine zeitliche Verzögerung des Giermomentaufbaus erforderlich. Sie wird elektronisch erzeugt und bewirkt beim Bremsen auf asymmetrischer Fahrbahn einen verzögerten Aufbau des Bremsmomentes am Vorderrad mit großer Haftreibungszahl. Dadurch gewinnt der Fahrer genügend Zeit, um das Giermoment durch eine entsprechende Gegenlenkbewegung zu korrigieren.

2-Kanal-Systeme (Varianten 4, 5, 6)
Die 2-Kanal-Systeme weisen weniger Komponenten auf als die 3- und 4-Kanal-Systeme und sind damit kostengünstiger herstellbar; sie haben jedoch Funktionseinschränkungen.

Bei der Variante 4 in der Betriebsart „Select-high“ (das Vorderrad mit der größeren Haftreibungszahl bestimmt den gemeinsamen Druck der Vorderradbremsen) blockiert praktisch bei jeder Vollbremsung ein Vorderrad, was Reifenverschleiß sowie verminderte Lenkbarkeit bedeutet. Bei Variante 5 tritt dies immer auf, wenn das sensierte Vorderrad eine größere Haftreibungszahl vorfindet als das nicht sensierte. Die Variante 6 kann nur bei diagonalen Bremskreisaufteilungen verwendet werden. Bei dieser Ausführung werden die Vorderräder einzeln geregelt, während die Hinterrad-Bremsdrücke mitgesteuert werden. Da die Bremsabstimmung zwischen Vorder- und Hinterachse immer gewährleisten muss, dass die Hinterräder nicht blockieren, ist gegenüber den 3- und 4-Kanal-Systemen nur eine geringere Abbremsung erzielbar.

Anmerkung: Für einige Light-Truck-Typen des amerikanischen Fahrzeugmarktes mit Bremskraftaufteilung vorn/hinten gibt es ein einfaches System, bestehend aus einem Sensor am Hinterachsdifferenzial und einem Regelkanal (ohne Rückförderpumpe), der das Blockieren der Hinterachse verhindert. Die Vorderräder können bei entsprechend hohen Bremsdrücken blockieren mit dem Verlust der Lenkfähigkeit. Dieses System ist kein ABS mit eingangs beschriebenem Funktionsumfang und wird nur für einige spezielle Fahrzeugtypen verwendet.

ABS-Ausführungen

ABS 2S-3-Kanal/-4-Kanal (Bosch)
Bei dieser Ausführung sind ABS und Bremskraftverstärker baulich getrennt.

Das 3-Kanal-Hydroaggregat für die II-Bremskraftaufteilung (vorn/hinten) umfasst drei Magnetventile mit 3 möglichen Stellungen und eine Rückförderpumpe, angetrieben durch einen Elektromotor.

Funktionsschaltbilder.
a) 3-Kanal-Hydroaggregat, b) 4-Kanal-Hydroaggregat.
D *Dämpfer,* HZ *Hauptzylinder,* M *Elektromotor,* MV *Magnetventil,* P *Pumpe,* R *Regelkanal,* RZ *Radzylinder,* S *Speicher.*

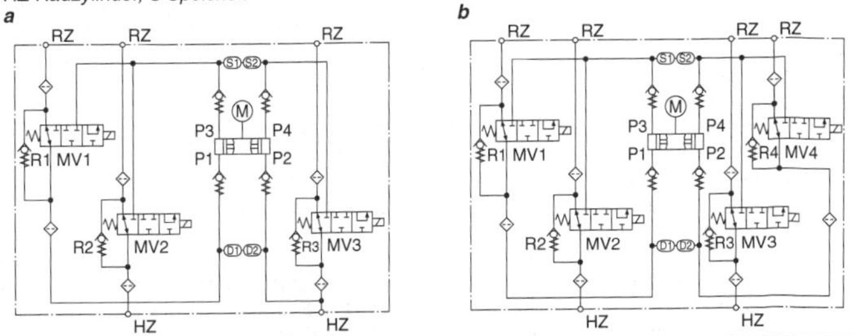

ABS-Regelzyklus bei großen Haftreibungszahlen.

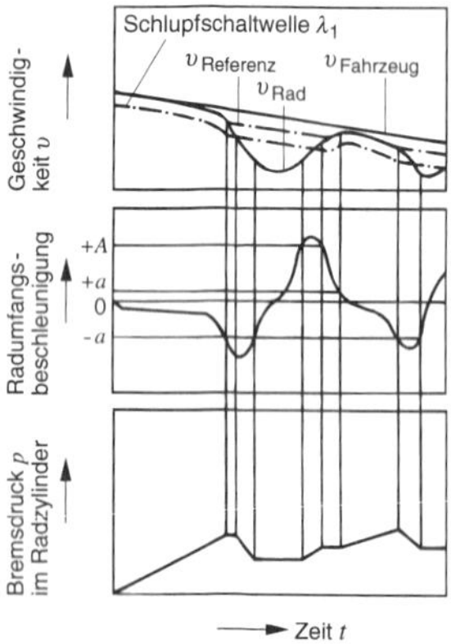

In der ersten, nicht erregten Stellung besteht ein ungehinderter Durchgang vom Hauptzylinder zum Radzylinder, so dass beim Anbremsen und während der Bremsregelung der Bremsdruck ansteigt. In der zweiten, mit halbem Maximalstrom erregten Stellung wird der Durchgang vom Hauptzylinder zum Radzylinder unterbrochen, so dass der Bremsdruck konstant gehalten wird. In der dritten, mit Maximalstrom erregten Stellung wird der Radzylinder mit dem Rücklauf verbunden, so dass der Bremsdruck sinkt.

Der Druckabbau dauert nur etwa 20 ms, damit das Rad nicht blockiert; der Druckaufbau geschieht in mehreren Stufen mit dazwischengeschalteten Haltephasen und dauert typischerweise etwa 200 ms.

Beim 4-Kanal-Hydroaggregat für diagonale Bremskreisaufteilung sind vier Magnetventile erforderlich, weil die Hinterradbremsen zu verschiedenen Bremskreisen gehören. Die beiden Hinterradventile werden jedoch gemeinsam angesteuert, so dass in den Hinterradbremsen derselbe Druck herrscht und damit die „Select-low"-Regelung einfach möglich ist.

Der abgebildete Regelzyklus zeigt eine Bremsregelung bei großer Haftreibungszahl. Das Steuergerät ermittelt die Raddrehzahländerung (Verzögerung). Nach Unterschreiten der $(-a)$-Schwelle wird die Ventileinheit des Hydroaggregates auf Druckhalten geschaltet. Unterschreitet dann die Radgeschwindigkeit zusätzlich die Schlupfschaltschwelle λ_1, so wird die Ventileinheit auf Druckabbau geschaltet, und zwar so lange, wie das $(-a)$-Signal ansteht. Während der nachfolgenden Druckhaltephase nimmt die Radumfangsbeschleunigung zu, bis die $(+a)$-Schwelle überschritten wird; der Bremsdruck wird daraufhin weiter konstant gehalten. Nach Überschreiten der verhältnismäßig großen $(+A)$-Schwelle wird der Bremsdruck gesteigert, damit das Rad nicht mit zu großer Beschleunigung in den stabilen Bereich der Kraftschluss-Schlupfkurve läuft. Nach dem Abfallen des $(+a)$-Signals wird der Bremsdruck langsam gesteigert, bis mit dem erneuten Unterschreiten der $(-a)$-Schwelle der zweite Regelzyklus, diesmal mit einem sofortigen Druckabbau, eingeleitet wird. Im ersten Regelzyklus war zur Filterung von Störungen zunächst eine kurze Druckhaltephase nötig. Bei großen Radträgheitsmomenten, kleiner Haftreibungszahl und langsamem Druckanstieg im Radzylinder (vorsichtiges Anbremsen, z. B. bei Glatteis) könnte das Rad ohne Ansprechen der Verzögerungsschaltschwelle blockieren. Daher wird hier der Radschlupf mit zur Bremsregelung herangezogen.

Bei Pkw-Typen mit Allradantrieb tritt bei eingelegter Differenzialsperre und bei bestimmten Fahrbahnzuständen beim ABS-Betrieb eine Blockiergefahr auf, die sich durch Stützen der Referenzgeschwindigkeit beim Regelvorgang, durch Verkleinerung der Radverzögerungsschwellen und durch Verkleinerung des Motorschleppmoments vermeiden lässt.

Bremsregelung mit Giermomentaufbauverzögerung

Beim Anbremsen auf asymmetrischen Fahrbahnen (z. B. die linken Räder laufen auf trockenem Asphalt, die rechten Räder auf Eis) entstehen an den Vorderrädern sehr unterschiedliche Bremskräfte, die ein Drehmoment um die Fahrzeughochachse (Giermoment) bewirken.

Giermomentaufbau bei stark unterschiedlichen Haftreibungszahlen.
M_{Gier} Giermoment, F_B Bremskraft, μ_{HF} Haftreibungszahl.
1 „High"-Rad, 2 „Low"-Rad.

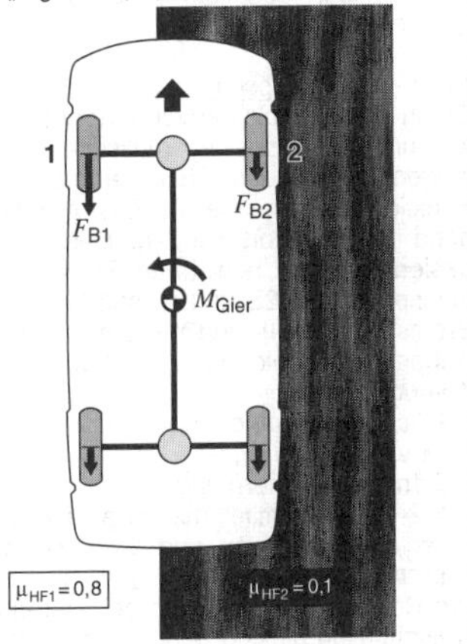

***Bremsdruck-/Lenkwinkelverlauf bei Giermomentaufbauverzögerung** (GMA).*
1 Hauptzylinderdruck p_{HZ}, 2 Bremsdruck p_{high} ohne GMA, 3 p_{high} mit GMA 1, 4 p_{high} mit GMA 2, 5 p_{low} am „Low"-Rad, 6 Lenkwinkel α ohne GMA, 7 Lenkwinkel α mit GMA.

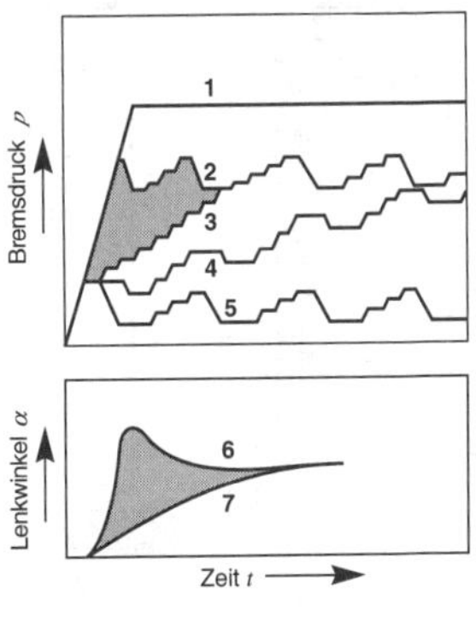

Bei schweren Pkw erfolgt das „Gieren" so langsam, dass der Fahrer die Gierbewegung beim Bremsen mit ABS durch Gegenlenken hinreichend schnell ausgleichen kann. Kleinere Pkw benötigen neben dem ABS eine zusätzliche Giermomentaufbauverzögerung (GMA), um bei Panikbremsungen auf asymmetrischen Fahrbahnen gut beherrschbar zu bleiben. Die GMA führt am Vorderrad, das auf der Fahrbahnseite mit der größeren Haftreibungszahl läuft („High"-Rad), zu einem zeitlich verzögerten Druckaufbau im Radzylinder.

Das Diagramm verdeutlicht das Prinzip der GMA: Kurve 1 zeigt den Hauptzylinderdruck p_{HZ}. Ohne GMA weist nach kurzer Zeit das Rad auf Asphalt den Druck p_{high} (Kurve 2), das Rad auf Eis den Druck p_{low} auf (Kurve 5); jedes Rad bremst mit der jeweils möglichen maximalen Verzögerung (Individualregelung).

Für Fahrzeuge mit weniger kritischem Fahrverhalten eignet sich das System GMA 1 (Kurve 3), für Fahrzeuge mit besonders kritischem Fahrverhalten das System GMA 2 (Kurve 4).

In allen Fällen der GMA wird das „High"-Rad zu Beginn unterbremst. Deshalb muss zur Begrenzung von Bremswegverlängerungen die GMA sehr sorgfältig an das jeweilige Fahrzeug angepasst werden.

ABS2E (Bosch)
Diese Ausführung bietet als kostengünstiges „Voll-ABS" (ein 3-Stellungs-Magnetventil mit elektronischer Ansteuerstufe wurde ersetzt durch eine Plunger- bzw. Schwimmkolbenanordnung) bei geringen Komforteinschränkungen bezüglich Bremspedalrückwirkung und Geräusch den gleichen Sicherheits- und Funktionsumfang wie das ABS2S.

Bei einer Normalbremsung ohne ABS strömt die Bremsflüssigkeit durch das Hinterachsmagnetventil (4) in das rechte Hinterrad (HR) und durch das Zentralventil (6) des Plungers in das linke Hinterrad (HL).

Bei einer Bremsung mit ABS regeln die beiden links angeordneten Magnetventile (2) je eine Vorderradbremse; das Hinterachsmagnetventil (4) wirkt direkt auf das rechte Hinterrad. Gibt das Steuergerät dem Hinterachsmagnetventil (4) z. B. den Befehl „Druckabbau", dann schaltet es in die 3. Ventilstellung. Aus dem Hinterrad (HR) wird dabei Fluid über das Ventil (4) in die Speicherkammer (3) abgelassen und somit der Druck in der Radbremse (HR) gesenkt. Diese Drucksenkung erfährt auch die Oberseite des Plungerkolbens (7), da dieser Raum mit der Radbremse (HR) hydraulisch verbunden ist. Die Unterseite des Kolbens (7) wird vom Druck des Hauptzylinders (1) beaufschlagt, was wegen der resultierenden Kraft auf den Kolben (7) nun zu einer Bewegung des Plungerkolbenverbandes nach oben führt. Hierbei fährt der obere Plungerkolben gegen den Zentralventilstößel (6), das Zentralventil schließt und nimmt bei der weiteren Bewegung nach oben Volumen aus der Hinterradbremse (HL) auf. Dabei senkt sich in gewollter Weise auch der Druck in der Bremse (HL) und an der Unterseite des oberen Plungerkolbens. Die Bewegung der Plungerkolben kommt dann zum Stillstand, wenn die resultierende Kraft auf den Kolbenverband null geworden ist: dies ist bei gleichen Drücken in den Radbremsen (HL) und (HR) der Fall. Das skizzierte Verhalten bei Druckabbau tritt sinngemäß auch bei Druckhalten und Druckaufbau auf und wird von den Schaltstellungen des Magnetventils (4) bestimmt.

ABS5-Familie (Bosch)

Durch die Entwicklung von Magnetventilen mit jeweils zwei hydraulischen Stellungen konnte das ABS bei gleichem Funktionsumfang wie ABS2S grundlegend revolutioniert werden. Das ABS5 basiert auf dem bewährten Rückförderprinzip wie ABS2S und enthält für jeden Bremskreis (bei II- und X-Bremskreisaufteilung) die folgenden hydraulischen Komponenten:

- Rückförderpumpe,
- Speicherkammer,
- Dämpferkammern und
- 2/2-Magnetventile mit zwei hydraulischen Stellungen und zwei hydraulischen Anschlüssen.

Pro Rad (bzw. Hinterachse bei II-Bremskreisaufteilung) sind ein Magnetventilpaar vorgesehen: ein stromlos offenes

Hydrauliksystem ABS2E *(X-Bremskreisaufteilung).*
1 Bremskraftverstärker, 2 Magnetventile, 3 Speicherkammern, 4 Hinterachsmagnetventil, 5 zweikreisige Rückförderpumpe, 6 Zentralventil, 7 Plungerkolben.
V vorn, H hinten, R rechts, L links.

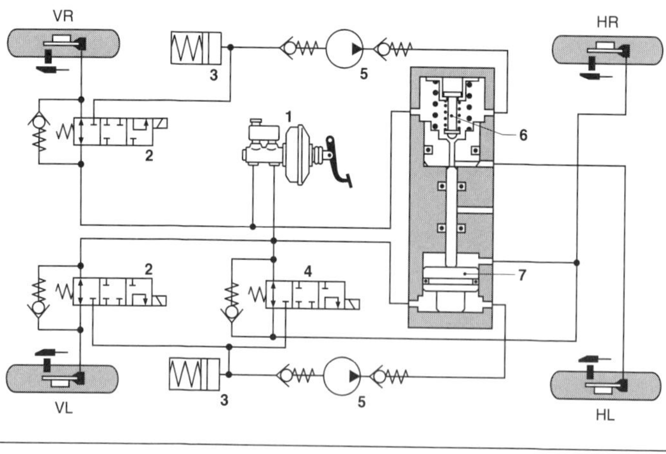

Magnetventil (EV) für den Druckaufbau (Einlass) und ein stromlos geschlossenes Ventil (AV) für den Druckabbau (Auslass). Zur schnellen Druckentlastung der Radbremsen beim Lösen der Bremse sind den Einlassventilen EV Rückschlagventile zugeordnet, die in die Ventilkörper integriert sind (z. B. Rückschlagventil-Manschetten oder federlose Rückschlagventile).

Die Zuordnung von Druckauf- und -abbau zu jeweils einem Magnetventil mit nur einer aktiven (stromdurchflossenen) Stellung führt zu kompakteren Ventilkonstruktionen mit nur zwei hydraulischen Anschlüssen, kleinerem Bauvolumen und Baugewicht, geringeren Magnetkräften und erlaubt damit die elektrische Ansteuerung mit nur einem Schalttransistor und resultierend kleinerer elektrischer Verlustleistung in den Magnetspulen und im Steuergerät. Der Ventilblock zur Aufnahme der 2/2-Magnetventile führt zu einem kleineren und leichteren Hydroaggregat und erlaubt damit auch den Anbau des Steuergerätes direkt am Hydroaggregat (Anbausteuergerät) mit dem Vorzug eines Kabelbaums mit kleinerer Anzahl von Leitungen im Fahrzeug. Die 2/2-Magnetventile ermöglichen wegen des kompakten Aufbaus kürzere elektrische Schaltzeiten bis hin zum pulsweitengesteuerten Taktbetrieb, was einen erheblichen Gewinn an Funktion (z. B. Anpassung an geänderte Haftreibungszahlen) und Regelkomfort (z. B. kleinere Verzögerungsschwankungen mit Hilfe von Druckstufen oder geringere Ventilgeräusche) zur Folge hat.

Durch gegenseitig abgestimmte Entwicklung von mechanischer Ventilkonstruktion und pulsweitenmodulierter Ansteuerung (mechatronische Optimierung) konnte ein ABS mit „leisen" Magnetventilen (LMV) realisiert werden, das hinsichtlich Geräuschentwicklung und Pedalrückwirkung einen neuen Komfortmaßstab darstellt.

Durch die Variation der elektrischen Antriebsmotoren, des Volumens der Speicherkammern und durch eine hydraulische Bedrosselung (Verengung) der Durchflussquerschnitte in den Magnetventilen ist mit der ABS5-Familie eine neue Generation von Antiblockiersyste-

Hydrauliksystem ABS5 *(X-Bremskreisaufteilung).*
1 Hauptzylinder, 2 Hydroaggregat, 3 Dämpferkammer, 4 Rückförderpumpe, 5 Motor, 6 Speicher, 7 Einlassventile, 8 Auslassventile.
V *vorn,* H *hinten,* R *rechts,* L *links.*

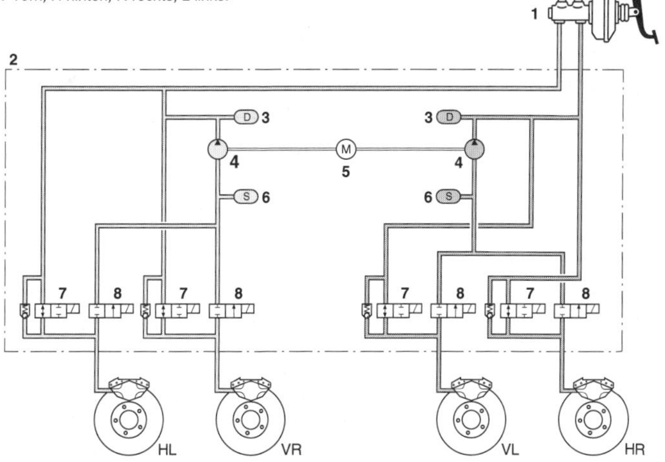

men geschaffen worden, die den Einsatz in allen gängigen Pkw ermöglicht.

ABS mit ASR (Bosch)
Siehe Kapitel „Antriebsschlupfregelung“, S. 606.

ABS und ESP Hydraulik (Bosch)
Für eine einwandfreie Regelung der Fahrdynamik (ESP, Elektronisches Stabilitäts-Programm) ist ein ausreichend schneller Bremskraftaufbau in den Radbremsen erforderlich. Da einerseits bei tiefen Außentemperaturen und kleinen Haftreibungszahlen die Fahrdynamikregelung häufiger zum Einsatz kommt, andererseits aber bei Kälte die Viskosität der Bremsflüssigkeit sehr deutlich zunimmt, muss das Hydraulikkonzept gegenüber ABS/ASR modifiziert werden (s. Bild). Als Basissystem wird ABS/ASR5 herangezogen, wie es im Kapitel ABS mit ASR (Bosch) beschrieben wird; die Sicherstellung der Förderleistung der Rückförderpumpen (RFP) bei Aktiveingriffen in der Kälte wird durch die Vorladepumpe (VLP) erreicht. Aus der Forderung nach geschlossenen und getrennten Bremskreisen heraus kann diese Vorladepumpe nicht direkt den Rückförderpumpen vorgeschaltet werden, sondern wirkt auf eine Ladekolbeneinheit (LKE), die zwischen dem Hauptzylinder und der ABS/ASR-Hydraulik angeordnet ist. Bei aktivem Bremsdruckbedarf wird die Vorladepumpe eingeschaltet (ebenso die Vorladeventile (VLV) sowie die Umschaltventile (USV)), die dann Bremsflüssigkeit zur Ladekolbeneinheit fördert und damit die beiden Kolben der Ladekolbeneinheit auseinanderbewegt.

Die Zentralventile der LKE-Kolben werden dadurch mechanisch geschlossen und das weiter verdrängte Volumen aus den beiden LKE-Zylindern wird über die geöffneten Vorladeventile zu den Rückförderpumpen der ABS/ASR-Hydraulik gepresst. Durch die Vorladung der Rückförderpumpen wird somit auch bei tiefen Temperaturen ein ausreichend schneller Druckaufbau in den Radbremsen sicher

Hydrauliksystem ABS und ESP.
VLP *Vorladepumpe,* VLV *Vorladeventil,* RFP *Rückförderpumpe,* RVR *Rückschlagventil,* LKE *Ladekolbeneinheit,* USV *Umschaltventil,* D *Dämpfer,* AV *Auslassventil,* EV *Einlassventil,* HZ *Hauptzylinder,* S *Speicher,* VA *Vorderachse,* HA *Hinterachse,* V *vorn,* H *hinten,* R *rechts,* L *links.*

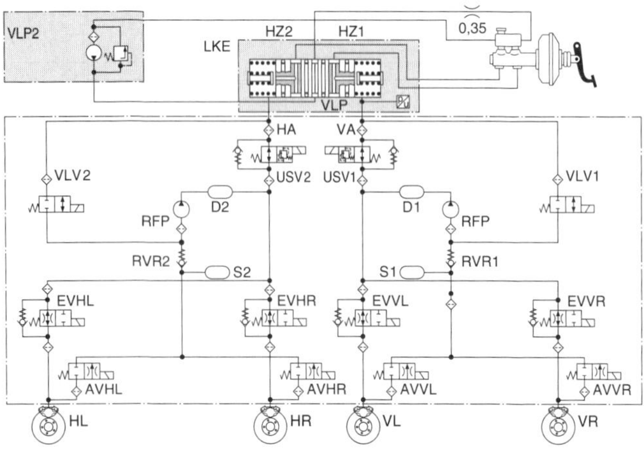

gestellt. Damit die Bremsflüssigkeit des Vorladekreises entlüftbar wird und die LKE-Kolben nach dem Abschalten der Vorladepumpe wieder in die Ausgangsstellung zurücklaufen, ist eine separate Leitung mit kleiner Drossel von der Ladekolbeneinheit zum Behälter vorgesehen.

Durch weitere Optimierung des Hauptzylinders und der ABS/ASR5-Ansaugventile hinsichtlich Vergrößerung des hydraulischen Durchflussquerschnittes konnte ein ESP-Hydroaggregat realisiert werden, das auch ohne Vorladepumpe bei tiefen Temperaturen eine ausreichende Druckaufbaudynamik ermöglicht und damit die Anzahl der Systemkomponenten weiter verringert.

MK 2 (Teves)
Die hydraulischen Komponenten, Bremskraftverstärker und ABS, sind integriert und als kompaktes Gerät an der Spritzwand befestigt. Bei normalem Bremsen drückt der Verstärkerkolben Bremsflüssigkeit direkt in die Hinterradbremsen und verschiebt den Hauptzylinderkolben nach links, der wiederum Bremsflüssigkeit in die Vorderradbremse drückt.

Bei Beginn einer ABS-Bremsung wird das Hauptventil geöffnet, das dann den Verstärkerraum mit der Primärseite des Hauptzylinderkolbens verbindet und die Verbindung von der Primärseite zum Vorratsbehälter sperrt. Dadurch strömt Bremsflüssigkeit vom Verstärkerraum über die Verbindungsleitung und die Manschette des Hauptzylinderkolbens zu den Vorderradbremsen. Während der ABS-Bremsung wirkt Verstärkerdruck von links auf die Positionierungshülse, so dass Hauptzylinder und Verstärkerkolben in einer mittleren Stellung verharren. Bei einem Ausfall des ABS ist dann ein ausreichender Kolbenweg zum Abbremsen der Vorderräder vorhanden.

Mit den Ein- und Auslassventilen werden bei ABS-Bremsungen die Radbremsdrücke optimal geregelt, wobei die von dem Radzylinder abgelassene Bremsflüssigkeit in den Vorratsbehälter fließt.

Schema des ABS MK 2 *(Teves).*
Bremse nicht betätigt.
1 Hauptventil, 2 Verbindungsleitung, 3 Hauptzylinderkolben, 4 Positionierungshülse, 5 Auslassventile, 6 Verstärkerraum, 7 Vorratsbehälter, 8 Druckspeicher, 9 Pumpe, 10 Bremsventil, 11 Verstärkerkolben, 12 Einlassventile.
VL/VR *Vorderachse links/rechts,* HA *Hinterachse.*

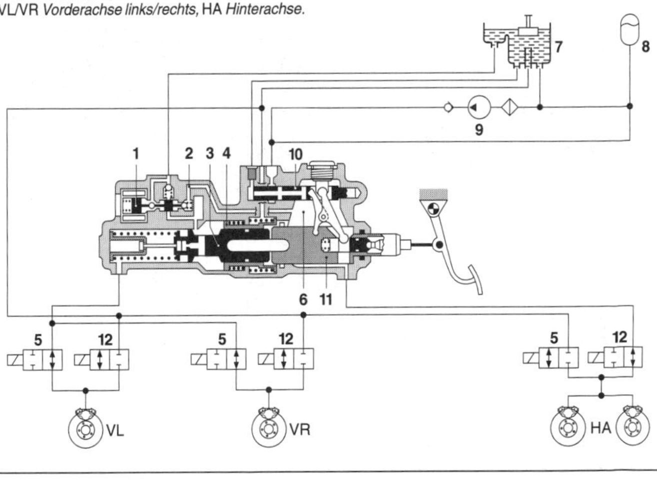

Die Vorderradbremsen werden einzeln und die Hinterradbremsen gemeinsam geregelt, wobei hier das Rad mit der kleineren Haftreibungszahl das gemeinsame Druckniveau bestimmt (Select-low).

MK 4 mit ASR (Teves)
Diese Ausführung wird als „separates ABS“ in Verbindung mit dem herkömmlichen Vakuumverstärker eingesetzt. Sie ist auch mit einer ASR erweiterbar.

Wenn beim ABS-Regelbeginn ein Druckabbau an einer Radbremse erforderlich ist, wird bei geschlossenem Einlassventil das Auslassventil geöffnet, so dass aus der Radbremse Bremsflüssigkeit in den Vorratsbehälter zurückfließt. Wird das Einlassventil zum Druckaufbau geöffnet, so fließt aus dem Hauptzylinderraum wieder Bremsflüssigkeit nach, und das Pedal fällt etwas durch. Ohne Nachförderung durch die hydraulische Energieversorgung würde nach mehreren Regelzyklen das Bremspedal unzulässig stark durchfallen.

Die hydraulische ABS-Energieversorgung erfolgt mit Hilfe einer elektromotorisch angetriebenen zweikreisigen Kolbenpumpe, die beim Erkennen einer Blockierneigung anläuft. Sie saugt Bremsflüssigkeit aus dem Vorratsbehälter an und fördert sie bei erforderlichem Druckaufbau über die offene Stellung des Einlassventils in die Radbremse.

Die überschüssige Fördermenge der Pumpe fließt in die Hauptzylinderräume und drückt die Hauptzylinderkolben und das Bremspedal wieder zurück. Der Stellungsgeber sorgt für die wechselweise Ansteuerung und Abschaltung der Pumpe derart, dass der intermittierende Pumpenförderstrom eine ausreichend komfortable Pedalstellung und -bewegung bewirkt.

Die Erweiterung der Hydraulik für den ASR-Betrieb erfolgt durch das Hinzufügen von 2 ASR-Magnetventilen, mit deren Hilfe die Hauptzylinder beim ASR-Betrieb abgetrennt werden, sowie den 2 Druckbegrenzungsventilen, mit denen der ASR-Systemdruck festgelegt wird.

Der Drehzahlsensor dient zur Überwachung der sicherheitsrelevanten Pumpenmotorfunktion.

Schema des ABS/ASR MK 4 *(Teves).*
1 Energieversorgung, 2 Drehzahlsensor, 3 Hauptzylinderkolben, 4 Stellungsgeber, 5 Druckbegrenzungsventile, 6 ASR-Magnetventile, 7 Einlassventil, 8 Auslassventil.
V *vorn,* H *hinten,* R *rechts,* L *links.*

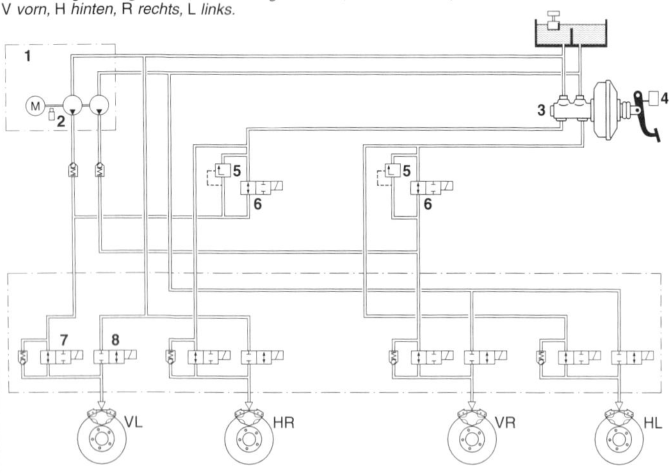

MK 20 – Familie (Teves)
Das MK 20-System arbeitet in Abweichung zu MK4 nach dem Rückförderprinzip mit geschlossenen Bremskreisen. Die Druckmodulation erfolgt mit einem Paar von 2/2-Magnetventilen EV, AV für jedes Rad und kann durch Hinzufügen von zwei Umschaltventilen USV und zwei Ansaugventilen zu ASR bzw. ESP erweitert werden. Die hydraulischen Komponenten entsprechen damit vollständig der Anordnung der ABS5-Familie von Bosch.

Pumpenloses ABS (Denso)
Für einen Teil des japanischen Automarktes wurde ein ABS entwickelt, das durch Weglassen von Dämpferkammern und Rückförderpumpen einschließlich Antriebsmotor und elektrischer Ansteuerung stark vereinfacht wurde. Es arbeitet nach folgendem Funktionsprinzip:

Erkennen bei einem Bremsvorgang die Raddrehzahlsensoren Blockierneigung von Rädern, so werden die entsprechenden Einlassventile EV geschlossen, um einen weiteren Druckaufbau in den Radzylindern RBZ zu verhindern. Reicht diese Maßnahme nicht aus, um die Blockierneigung zu stoppen, so wird das zugeordnete Abbauventil AV solange geöffnet, bis der Radschlupf wieder abnimmt, danach wird das AV wieder geschlossen. Die dabei aus den Radzylindern abgeströmte Bremsflüssigkeit wird von den Speicherkammern Spk aufgenommen. Nach Erreichen einer stabilen Radgeschwindigkeit werden die zugeordneten EV wieder geöffnet. Der beschriebene Vorgang wiederholt sich so lange, bis durch Fahrerwunsch die Bremsung beendet wird oder das Fahrzeug zum Stillstand kommt. Nach Lösen des Bremspedals durch den Fahrer strömt die von den Spk aufgenommene Bremsflüssigkeit durch die Speicherkammer-Federn über die Rückschlagventile RV in den Hauptzylinder HZ zurück. Damit ist das System erneut für eine ABS-Bremsung bereit.

Die gegenüber herkömmlichen Systemen geringere Anzahl von Komponenten bietet eine erhebliche Kostenersparnis, aber das System hat auch deutliche Funktionsschwächen. Unter anderem können bei lange andauernden ABS-Bremsungen (z. B. aus hohen Geschwin-

***Schema des ABS MK 20** (Teves).*
HZ 1,2 *Hauptzylinder 1,2,* D 1,2 *Dämpferkammer 1,2,* RFP 1,2 *Rückförderpumpe 1,2,*
Spk 1,2 *Speicherkammer 1,2,* EV HL,... *Einlassventile HL,...* , AV HL,... *Auslassventile HL,...* ,
HL *hinten links,* HR *hinten rechts,*
VL *vorne links,* VR *vorne rechts.*

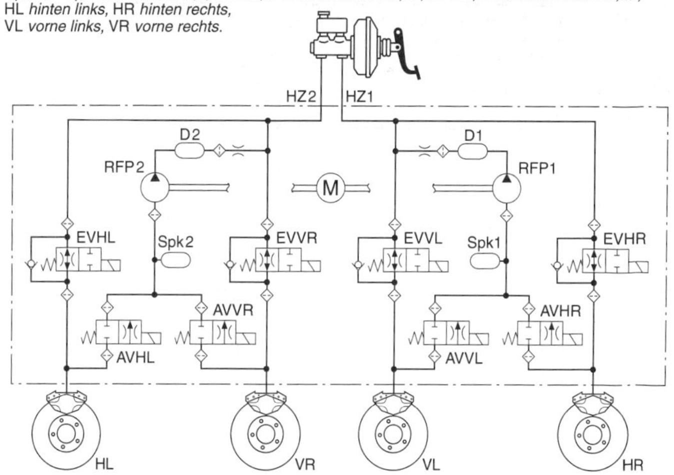

digkeiten bei niederen Fahrbahnreibwerten oder bei stark wechselnden Reibwerten) die Speicherkammern gefüllt werden, gleichzeitig wird der Bremspedalweg sich in ungewohnter Weise stark verlängern. Neben der Pedalkomforteinbuße ist damit kein weiterer Druckabbau aus den Radzylindern mehr möglich, und das kann zu blockierten Rädern führen. Aus diesem Grund wird dieses System nur für einige Fahrzeugtypen mit begrenztem Geschwindigkeitsbereich eingesetzt und hat sich bisher auf dem europäischen und amerikanischen Automarkt nicht durchgesetzt.

ABS-Komponenten (Bosch)

Drehzahlsensor
Der induktive Drehzahlsensor meldet die Radgeschwindigkeit an das Steuergerät.

Steuergerät mit fahrzeugspezifischen Großschaltkreisen
Das in Blockdarstellung gezeigte Steuergerät einer 4-Kanal-Anlage empfängt, filtert und verstärkt die Drehzahlsensorsignale und ermittelt daraus den Bremsschlupf und die Radbeschleunigung der einzelnen Räder sowie die Referenzgeschwindigkeit; das ist die bestmögliche Berechnung der Fahrzeuggeschwindigkeit.

Eingangsschaltung:
Die Eingangsschaltung besteht aus Tiefpassfilter und Eingangsverstärker zur Störungsunterdrückung und Verstärkung sämtlicher Drehzahlsensorensignale (Kanäle 1...4).

Digitaler Regler:
Der digitale Regler besteht bei ABS2S aus zwei identischen, voneinander unabhängigen digitalen, fahrzeugspezifischen Großschaltkreisen, die die Informationen von je zwei Rädern (Kanäle 1+2 bzw. 3+4) parallel verarbeiten und die logischen Prozesse durchführen. Ein nachgeschaltetes serielles Rechenwerk errechnet aus der so aufbereiteten Radfrequenz die Regelgrößen „Radschlupf“ und „Radumfangsverzögerung bzw. -beschleunigung“. Eine (in ihren wechselnden Funktionen adaptive) komplexe Reglerlogik wandelt die Regelsignale zu Stellbefehlen für die Magnetventile um. Eine serielle Schnittstelle, die über die Datenübertragung mit Eingangsstufe, Rechenwerk und Reglerlogik ver-

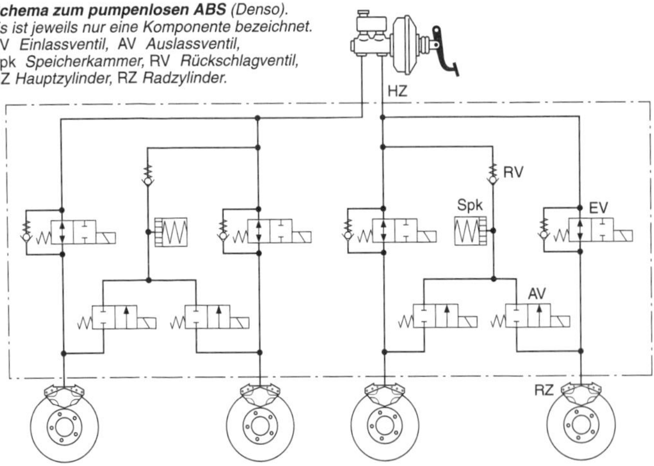

***Schema zum pumpenlosen ABS** (Denso).*
Es ist jeweils nur eine Komponente bezeichnet.
EV *Einlassventil,* AV *Auslassventil,*
Spk *Speicherkammer,* RV *Rückschlagventil,*
HZ *Hauptzylinder,* RZ *Radzylinder.*

bunden ist, dient der Kommunikation zwischen den beiden digitalen Großschaltkreisen.

Ein weiterer Funktionsblock umfasst die Überwachungsschaltung zur Fehlererkennung und Fehlerbewertung. Eine Sicherheitsleuchte zeigt dem Fahrer an, dass das Steuergerät und damit das ABS außer Betrieb ist. Nach Abschalten des ABS ist jedoch die Betriebs-Bremsanlage unvermindert einsatzbereit.

Ausgangsschaltungen:
Die beiden Ausgangsschaltungen wirken als Stromregler für die Kanäle 1+2 bzw. 3+4 und empfangen von den beiden Großschaltkreisen die Stellbefehle zur Erregung der Magnetventile.

Endstufe:
Die Endstufe steuert, beeinflusst durch die Stromregler in den beiden Ausgangsschaltungen, die jeweils erforderlichen Ströme zur Erregung der Magnetventile.

Spannungsstabilisator, Fehlerspeicher:
Dieser Funktionsblock dient zur Stabilisierung der Versorgungsspannung und zur Überwachung dieser Spannung hinsichtlich zuverlässiger Toleranzgrenzen; er enthält außerdem eine Unterspannungserkennung mit Abschaltung bei zu niedriger Bordnetzspannung, einen Fehlerspeicher sowie Relais und eine Schaltung für das Ansteuern der Sicherheitsleuchte.

Steuergerät mit Mikrocontrollern
Dieses Steuergerät verfügt anstelle der fahrzeugspezifischen Großschaltkreise über zwei Mikrocontroller, die die Signalaufbereitung, das „Abarbeiten“ des Reglerprogramms und die Selbstüberwachung des ABS übernehmen. Es nimmt eine Diagnose nach ISO-Norm vor, die es erlaubt, entweder über die Sicherheitsleuchte oder über einen „intelligenten“ Tester eventuelle Ausfälle von ABS-Komponenten zu lokalisieren.

Mit Einsatz von Mikrocontrollern konnte eine erhebliche Optimierung der Regelalgorithmen mit kunden- und fahrzeugspezifischer Anpassung erreicht werden. Z.B. ist durch genauere Ermittlung der Radschlupfwerte ein Überbremsen der Hinterräder frühzeitig erkennbar, was

***Steuergerät** (Bosch, 4-Kanal-Anlage).*
1 Drehzahlsensor, 2 Batterie, 3 Eingangsschaltung, 4 digitaler Regler, 5 Großschaltkreis 1, 6 Großschaltkreis 2, 7 Spannungsstabilisator/Fehlerspeicher, 8 Ausgangsschaltung 1, 9 Ausgangsschaltung 2, 10 Endstufe, 11 Magnetventile, 12 Sicherheitsrelais, 13 stabilisierte Batteriespannung, 14 Sicherheitsleuchte.

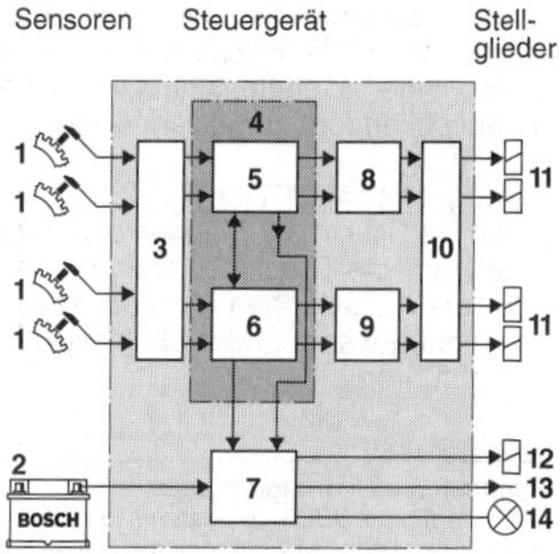

dann durch Bremsdruckänderung rechtzeitig stabilisiert wird, so dass bei einigen Fahrzeugtypen die Hinterachs-Druckminderer entfallen können. Dies führt zu einer insgesamt besseren Abbremsung des Fahrzeugs (EBV: Elektronische Bremskraftverteilung).

Durch weitere Hybridisierung der elektronischen Bauelemente konnte deren Anzahl erheblich verringert und damit auch die Baugröße des Steuergerätes stark verkleinert werden.

Hydroaggregat (für ABS2S und ABS5 mit X-Bremskreisaufteilung)
Das Hydroaggregat besteht pro Bremskreis aus:
- elektromotorisch angetriebener Rückförderpumpe P,
- Speicherkammer S,
- Dämpferkammer D und
- verschiedenen Magnetventilen.

Rückförderpumpe P:
Die Rückförderpumpe fördert die beim Druckabbau aus den Radzylindern ab-

strömende Bremsflüssigkeit in den Hauptzylinder zurück.

Speicher S:
Die Speicherkammern dienen dazu, die beim Druckabbau plötzlich anfallende große Bremsflüssigkeitsmenge vorübergehend aufzunehmen.

Dämpferkammer D:
Die Dämpfer mit den nachgeschalteten Drosseln dienen dazu, die hohen Druckpulsationen bei der Rückförderung in den Hauptzylinder zu glätten und damit hohen „Geräuschkomfort" zu gewährleisten.

3/3-Magnetventile MV bei ABS2S:
Jedem Rad ist ein 3/3-Magnetventil zugeordnet, um die Druckmodulation, bestehend aus 3 Zuständen (Aufbau, Halten, und Abbau), während der ABS-Regelung durchzuführen.

2/2-Magnetventile EV, AV bei ABS5:
Jedem Rad ist ein Ventilpaar EV/AV zugeordnet. Durch entsprechende Ansteuerung der Ventile können auch hiermit die oben angegebenen 3 Zustände der Druckmodulation für jede Radbremse erzeugt werden.

Zusätzlich zur Wirkung der Dämpferkammern kann durch Pulsweitensteuerung der 2/2-Magnetventile die bedarfsgerechte Druckänderung in den Radbremszylindern mit weiter gesteigertem Komfort hinsichtlich Geräusch, Anregung von Achsschwingungen und Pedalrückwirkung erzielt werden.

Schema des Hydroaggregates.
a) Systembild ABS2S, b) Systembild ABS5.
HZ *Hauptzylinder,* M *Elektromotor,* P *Kolbenpumpe,* D *Dämpfer,* S *Volumenspeicher,*
MV *3/3-Magnetventil,* EV *2/2-Einlassventile,* AV *2/2-Auslassventil,* RZ *Radzylinder.*

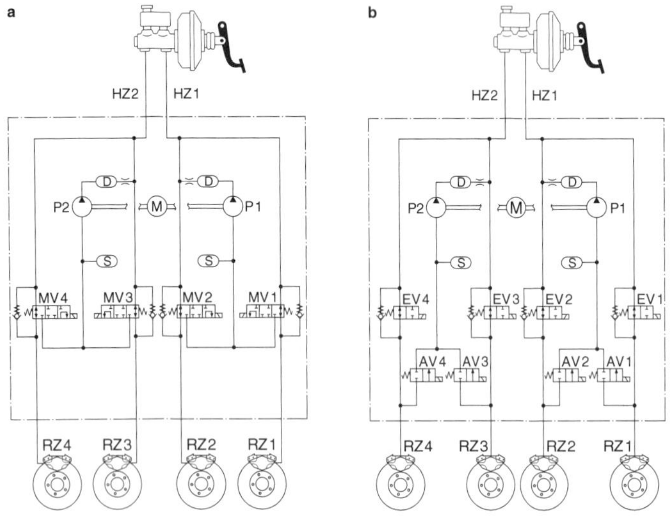

Elektrohydraulische Bremse EHB

Im Gegensatz zum Antiblockiersystem ABS kann die Antriebsschlupfregelung ASR und das Elektronische Stabilitäts-Programm ESP unabhängig vom Fahrer Druck in den Radzylindern aufbauen. Diese Eigenschaft bildet eine wichtige Basis für die elektrohydraulische Bremse.

Aufgabe

Bei den konventionellen Bremsanlagen für Pkw wird die Bremskraft des Fahrers mittels Hebelübersetzung des Bremspedals mechanisch auf den Unterdruck-Bremskraftverstärker und dann verstärkt weiter auf den Hauptzylinder übertragen. Mit dem erzeugten Druck wird die gewünschte Bremswirkung an den einzelnen Radbremsen erzielt. Bei der elektrohydraulischen Bremse ist diese rein mechanisch-hydraulische Wirkungskette unterbrochen und durch Sensoren, ein Steuergerät und eine Druckversorgung ersetzt. Es besteht im Normalbetrieb keine mechanische Verbindung zwischen dem Bremspedal und der Radbremse.

Aufbau

Die elektrohydraulische Bremse besteht aus folgenden Komponenten (s. Bild):
- Betätigungseinheit,
- Hydroaggregat,
- Sensoren (z. B. Raddrehzahlsensor),
- Anbausteuergerät (am Hydroaggregat) oder Wegbausteuergerät,
- Steuer- und Druckleitungen.

Arbeitsweise

Aus Sicherheitsgründen erfassen zwei unterschiedliche Sensoren – ein Sensor an der Betätigungseinheit für den Pedalweg und ein Drucksensor am Hydroaggregat – den „Bremswunsch" und übertragen ihn an das Steuergerät. In diesem Steuergerät sind auch die Funktionen Bremskraftverstärkung, ABS, ASR und ESP mittels Software integriert. Die weiteren Sensoren von ABS, ASR und ESP liefern dem Steuergerät Daten über den Fahrzustand wie Geschwindigkeit oder Kurvenfahrt und über den Bewegungszustand der Räder. Aus diesen Daten ermittelt das Steuergerät Signale für das Hydroaggregat, die in den Raddruckmodulatoren in die Bremsdrücke für die einzelnen Räder umgesetzt werden. Eine elektrisch angetriebene Hydraulikpumpe mit einem Hochdruckspeicher und Drucküberwachung bildet die Druckversorgung.

Aus Sicherheitsgründen wird bei eventuellen Fehlern im System in einen Zustand geschaltet, bei dem das Fahrzeug auch ohne Bremskraftunterstützung abgebremst werden kann.

Elektrohydraulische Bremse EHB.

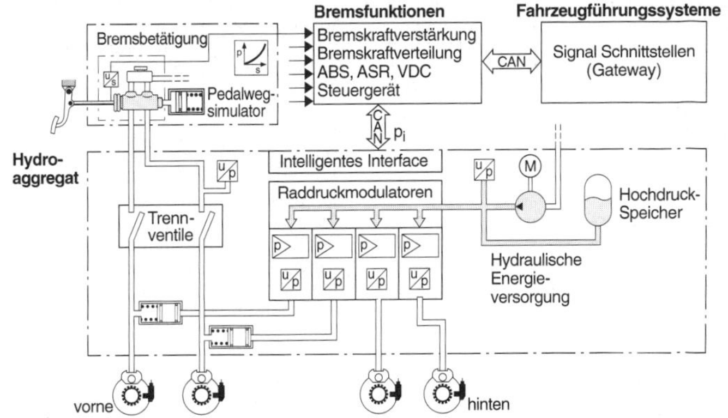

Bremsanlagen für Nutzfahrzeuge über 7,5 t Gesamtgewicht

Systematik und Konfiguration

Fremdkraft-Bremsanlagen mittelschwerer und schwerer Nutzfahrzeuge (Nfz) arbeiten meist

- mit Druckluft (Normaldruckniveau) als Medium für Energieversorgungs- und Übertragungseinrichtung,
- mit pneumatisch-hydraulischer Kraftübertragung in der Betriebs-Bremsanlage und pneumatischer Kraftübertragung in der Feststell-Bremsanlage oder
- mit pneumatischem Hochdruckniveau (Bild B, C).

Betriebs-Bremsanlage für Zugfahrzeuge

Bei mittelschweren und schweren Nfz reicht die Fußkraft des Fahrers alleine nicht aus, um eine für den praktischen Fahrbetrieb ausreichende Bremsverzögerung zu erzielen. Daher kommen vorzugsweise Druckluft-Fremdkraft-Bremsanlagen zum Einsatz, die Druckluft als gespeicherte Energie zur Betätigung der Betriebs-Bremsanlage verwenden. Membranzylinder erzeugen die Zuspannkräfte an den Radbremsen. „Air-over-hydraulic"-Bremsanlagen finden mit abnehmender Tendenz Verwendung, da der Luftdruck durch Bremsverstärker, Kompaktbremsgeräte oder Vorspannzylinder zur Betätigung der Radbremsen in hydraulischen Druck umgesetzt werden muss.

Eine moderne Zweikreis-Druckluft-Bremsanlage mit Anhänger-Bremsanschluss, Federspeicher, Hilfs- und Feststell-Bremsanlage besteht aus folgenden Hauptbaugruppen:

- Energieversorgung,
- Vorrat,
- Bremsventile,
- Bremskraftsteuerung,
- Radbremsen sowie
- Steuerung und Versorgung der Bremsanlage für Anhängefahrzeuge (Bild D).

Die Energieversorgung umfasst Kompressor und Druckregler. Dazu können fallweise Frostschützer, automatische Entwässerung, Luftfilter, Lufttrockner und Zwischenspeicher kommen, die für eine gereinigte und stark entwässerte Luft sorgen.

Da es beim modernen Nutzfahrzeugbetrieb zusätzlich zur Bremsanlage eine Vielzahl von luftverbrauchenden Einrichtungen in Zug- und Anhängefahrzeugen geben kann, ist es ratsam, wesentlich stärkere Kompressoren als z.B. nach den EU/ECE-Bremsenvorschriften gefordert, zu installieren.

An der Nahtstelle zwischen Energieversorgung und Vorrat liegt das Vierkreis-Schutzventil, das der Absicherung und Weiterversorgung einzelner Bremskreise sowie vorrangiger Nebenverbraucher bei Defekten dient.

Die Betätigungseinrichtung der Betriebs-Bremsanlage beginnt am Bremspedal und endet an den mechanisch betätigten Bauteilen des Zweikreisbremsventils.

Die Platzverhältnisse bei Nfz machen es manchmal erforderlich, das Bremsventil nicht im (kippbaren) Fahrerhaus, sondern am Rahmen hinter dem Fahrerhaus anzubringen. Die Problematik der Links- und Rechtslenker-Lkw bei gleicher Position des Bremsventils am Rahmen lässt sich durch eine zweikreisige hydraulische Übertragungseinrichtung für die Betätigungseinrichtung der Bremsanlage lösen. Dabei überwacht eine elektrische Warneinrichtung das Flüssigkeitsniveau in den Ausgleichsbehältern beider Kreise.

Zusatzeinrichtungen der Zugfahrzeug-Bremsanlage für das Mitführen von druckluftgebremsten Anhängern/Aufliegern (s. „Grundbestandteile einer Bremsanlage") helfen, die Bremsanlage des Anhängers/Aufliegers mit Luft zu versorgen und hinsichtlich Bremswirkung zu steuern (Anhängersteuerventil, Kupplungsköpfe etc.).

Zweileitungs-Bremsanlage für Anhängefahrzeuge

Bei der Zweileitungs-Bremsanlage als europäische Standardausführung verbindet eine Leitung (Vorratsleitung) die Energiespeicher im Zugfahrzeug mit denen im Anhänger/Auflieger; sie steht dauernd unter Druck. Die zweite Leitung (Bremsleitung) führt vom Anhängersteuerventil im Zugfahrzeug zum Anhängerbremsventil im Anhänger/Auflieger (Bild E). Das Bremsen erfolgt durch Druckanstieg. Die Aufgabe des selbsttätigen Bremsens bei ungewolltem Abreißen des Anhängers/

Aufliegers übernimmt bei diesem System die Vorratsleitung. Aus ihr strömt, wenn sie sich löst oder bricht, Luft aus und das Bremsventil im Anhänger/Auflieger aktiviert die Bremsen. Mit Hilfe eines zweikreisigen Anhängersteuerventils und des Vierkreisschutzventils ist es möglich, selbst bei Ausfall eines Kreises der zweikreisigen Betriebs-Bremsanlage des Zugwagens den Anhänger/Auflieger weiterhin mit Luft zu versorgen und die Bremswirkung zu steuern. Die genormten Kupplungsköpfe für „Vorrat" und „Bremse" sind mit einem automatischen Schließglied ausgerüstet, das sich beim Kupplungsvorgang öffnet.

Lastabhängige Bremskraftverteilung
Eine bei Nfz nahezu unentbehrliche Einrichtung in der Übertragungseinrichtung der Betriebs-Bremsanlage ist die automatisch lastabhängige Bremskraftsteuerung (ALB). Ventile, die die Bremskraftverteilung übernehmen, ermöglichen im teilbeladenen und im Leerzustand ein Anpassen der Bremskräfte an die geringeren Achslasten (z. B. durch Sensierung des Einfederungsweges der Achse) und damit eine Korrektur der Bremskraftverteilung an den Achsen eines Einzelfahrzeugs („abgeknickte lastabhängige Bremskraftverteilung") oder ein bestimmtes Abbremsniveau (wichtig bei Fahrzeugen für den Last- oder Sattelzugbetrieb). Es gibt zwei Arten von lastabhängigen Bremskraftverteilungsventilen (Bild A):

1. Bremskraftbegrenzer
Ein Bremskraftbegrenzer verhindert von einem „Umschaltpunkt" an die Steigerung der Bremskraft (z.B. an der Hinterachse), d. h. die Bremskraftverteilung „knickt ab".

2. Bremskraftminderer
Selbst im ungünstigsten Beladungszustand ermöglichen lastabhängige Bremskraftminderer ein Annähern an die Parabel der dynamischen (idealen) Bremskraftverteilung (s. „Auslegung einer Bremsanlage"). Im Bereich nach dem Umschaltpunkt werden die Bremskräfte an der betroffenen Achse gegenüber der ursprünglichen Bremskraftverteilung gemindert. Dabei hängt die installierte Bremskraftverteilung von der Übersetzung und vom Umschaltdruck (seinerseits abhängig von Achslast) des Bremskraftverteilungsventils ab.

***Lastabhängige Bremskraftverteiler** (Bild A).*

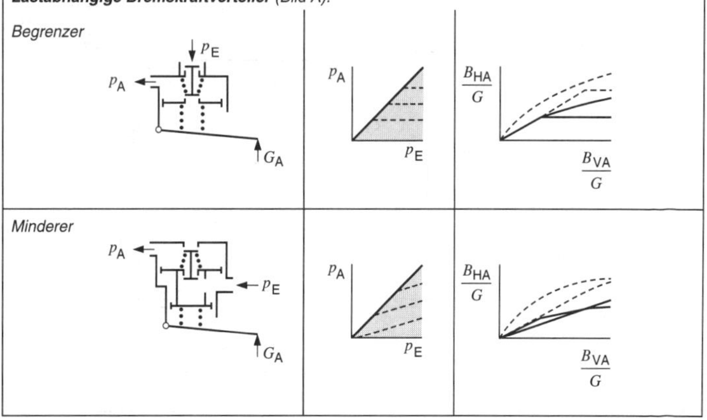

Druckluft-Bremsanlagen für Lkw.
1 Kompressor,
2 Druckregler,
3 Frostschutzpumpe,
4 Vierkreis-Schutzventil,
5 Luftbehälter,
6 Kupplungskopf mit automatischem Absperrventil,
7 Wasserablassventil,
8 Rückschlagventil,
9 Überprüfungsventil,
10 Feststellbremsventil,
11 Anhängersteuerventil,
12 Kupplungskopf ohne Absperrventil,
13 Federspeicherzylinder,
14 Vorderachse,
15 automatisch lastabhängige Bremskraftregelung (ALB),
16 Hinterachse,
17 Betriebsbremsventil,
18 Bremszylinder,

Fremdkraft-Zweikreis-Zweileitungs-Bremsanlage mit pneumatischer Übertragungseinrichtung *(Bild B).*

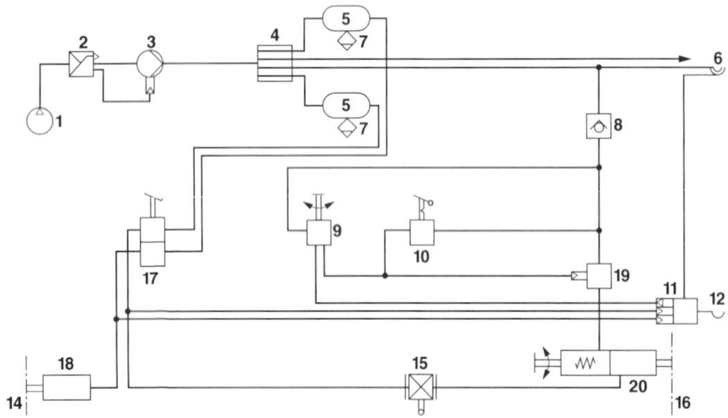

Fremdkraft-Zweikreis-Zweileitungs-Bremsanlage („Air-over-hydraulic"-Bremsanlage) mit hydraulischer Übertragungseinrichtung *(Bild C).*

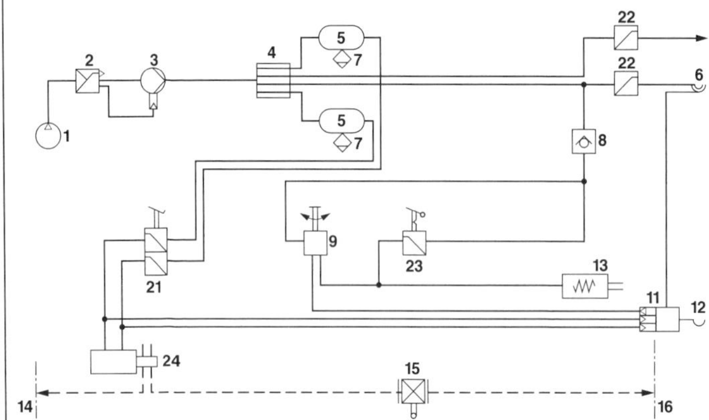

19 Relaisventil,
20 Kombibremszylinder,
21 Betriebsbremsventil mit Druckbegrenzung,
22 Druckbegrenzungsventil,
23 Feststellbremsventil mit Druckbegrenzung,
24 Vorspannzylinder, zweikreisig,
25 Anhängerbremsventil,
26 Last/Leerventil,
27 Nebenverbraucher (z.B. Motor-Bremsanlage).

Hauptbaugruppen einer modernen Druckluft-Fremdkraft-Bremsanlage *(Bild D).*
a) Energieversorgung, b) Vorrat, c) Bremsventile, d) Anhängersteuerung und -versorgung, e) Bremskraftsteuerung, f) Radbremsen.

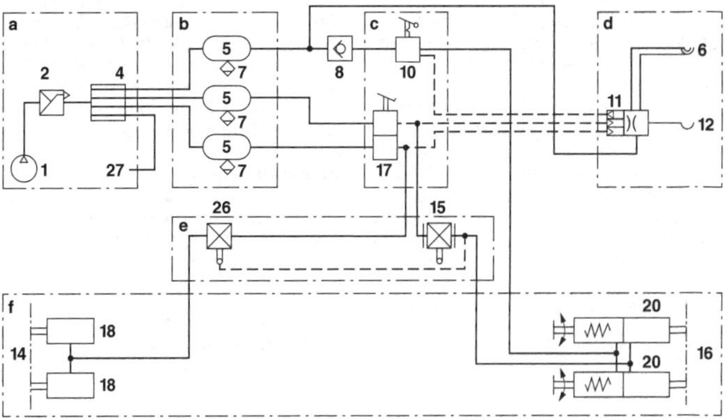

Zweileitungs-Bremsanlage für Anhänger/Auflieger *(Bild E).*

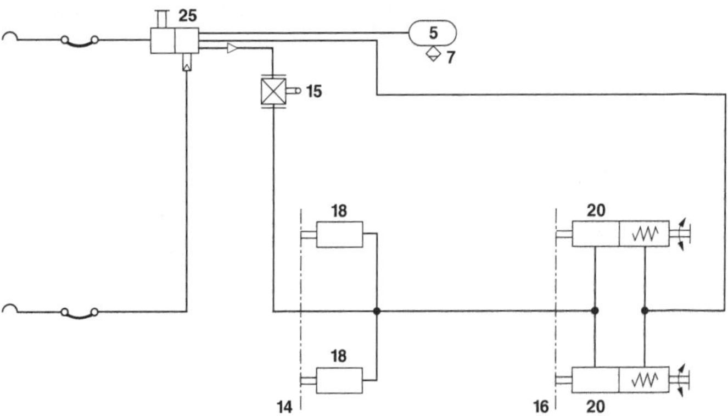

Grundsätzliche Anmerkungen zur abgeknickten Bremskraftverteilung

Lastabhängige Bremskraftverteiler passen die installierte Bremskraftverteilung an die dynamische (ideale) Bremskraftverteilung an und vermeiden das vorzeitige Blockieren der Räder einer Achse. Allerdings können bei niedrigem Kraftschluss und gering belasteter Hinterachse die Räder blockieren, da der Umschaltpunkt des Bremskraftverteilers dann im instabilen Bereich der Bremskraftverteilung liegen kann, wenn zusätzlich ein hohes Motorbremsmoment (Retarderbremsmoment), Toleranzschwankungen des Bremskraftverteilers und/oder hohe Kennwertschwankungen in den Radbremsen auftreten.

Nur durch eine umfangreiche Optimierung der lastabhängigen Bremskraftverteilung lässt sich eine unter allen Bremsbedingungen präzise arbeitende Bremsanlage realisieren. Nutzfahrzeuge mit extrem großen Beladungsunterschieden zwischen leerem und voll beladenem Fahrzeug benötigen Bremsanlagen mit automatisch lastabhängiger Bremskraftregelung (ALB) an der Hinterachse und Leer/Lastventile (zur Vergrößerung des Arbeitsbereiches der ALB, Bild F).

Radbremsen

Bei mittelschweren und schweren Nfz kommen zunehmend Scheibenbremsen (zumindest an den Vorderachsen der Zugfahrzeuge) zum Einsatz. Weltweit überwiegen noch Trommelbremsen.

Der Bremsenkennwert C^* als Beurteilungskriterium für die Leistungsfähigkeit von Bremsen gibt das Verhältnis von Bremskraft zu Spannkraft an. Dieser Wert umfasst den Einfluss der inneren Übersetzung der Bremse sowie des Reibbeiwertes, der wiederum hauptsächlich von den Parametern Geschwindigkeit, Bremsdruck und Temperatur abhängt (Bild G).

Trommelbremsen

Die Bauformen der Trommelbremsen ergeben sich aus der Gestaltung hinsichtlich Zuspannung, Abstützung und Nachstellung der Bremsbacken.

ALB-Funktionsschema für Zweiachsfahrzeuge *(Bild F).*
1 Betriebsbremsventil, 2 von Druckversorgung, 3 Last/Leerventil (VA), 4 ALB-Ventil (HA), 5 Membranzylinder (VA), 6 von der Feststellbremse, 7 Kombibremszylinder (HA).

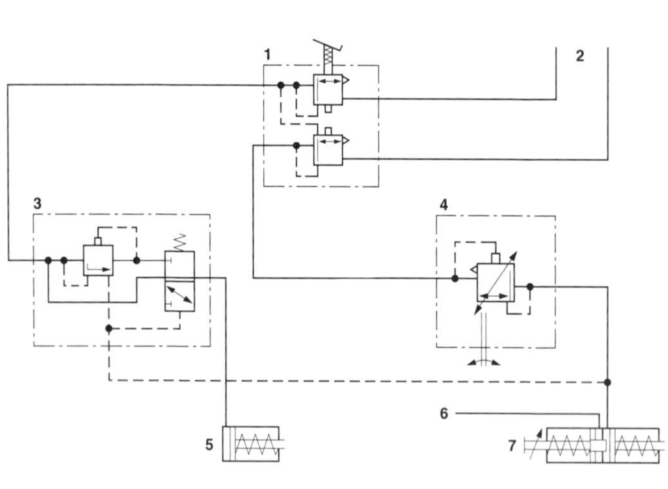

Simplex-Trommelbremsen (Bild H): Sie unterscheiden sich insbesondere durch Zuspannung (schwimmend, fest) und Abstützung (Drehbacken, Gleitbacken). Weit verbreitet sind Radbremsen mit schwimmender Zuspannung und Drehbackenabstützung. Die Zuspannung erfolgt z.B. bei hydraulischer Bremskraftaktivierung durch Druckkolben, die ohne wegmäßige Fixierung schwimmend angeordnet sind und gleich große Spannkräfte in beide Richtungen erzeugen. Eine Bremsbacke ist auflaufend, d. h. die Reibungskräfte zwischen Bremsbelag und Bremstrommel unterstützen die Spannkraft, während die Reibungskräfte bei der Ablaufbacke entgegen der Spannkraft wirken.

Für die Simplex-Trommelbremse ergibt sich C^* aus der Summe der Einzelbackenwerte und beträgt ≈ 2,0 (bezogen auf einen Reibwert von μ = 0,38; erscheint in den folgenden C^*-Betrachtungen immer als Basiswert). Nachteilig ist die stark unterschiedliche Bremswirkung der beiden Bremsbacken und der daraus resultierende, gegenüber der Ablaufbacke viel größere Belagverschleiß an der Auflaufbacke.

Oft wird deshalb die Ablaufbacke mit geringeren Belagstärken als die Auflaufbacke ausgerüstet.

Bremsenkennwert in Abhängigkeit von Reibwert und Ausgangsgeschwindigkeit *(Bild G).*
1 Duo-Servo-Trommelbremse, 2 Duo-Duplex-Trommelbremse, 3 Simplex-Trommelbremse, 4 Scheibenbremse.

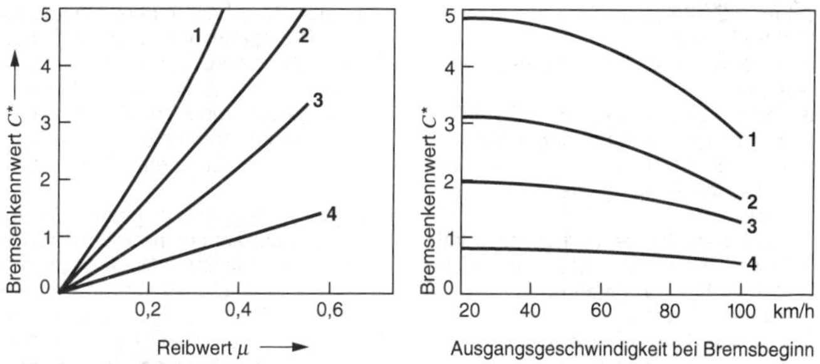

Simplex-Trommelbremsen *(Bild H).*

Bauform	Drehbacke	Spreizkeil	S-Nocken
Prinzipdarstellung	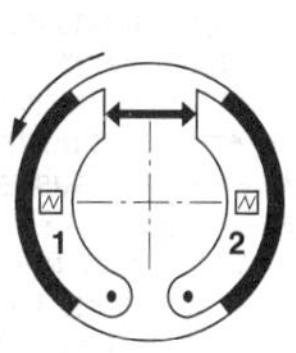	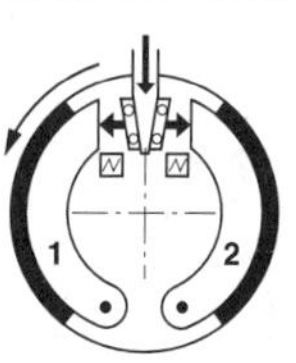	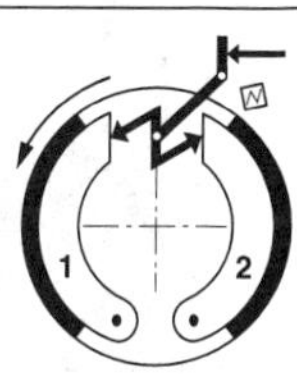
Kennwert	$C^* = C_1 + C_2$		$C^* = 4/(1/C_1 + 1/C_2)$
Bremsbacken	1 Auflaufbacke, 2 Ablaufbacke		

Mit dem Ansteuern durch eine Spreizkeileinheit (mit integriertem Nachstellmechanismus) lässt sich eine Simplex-Trommelbremse ebenfalls aktivieren. Sie hat sich vor allem bei druckluftgebremsten Nfz der leichten und mittelschweren Klasse immer mehr durchgesetzt (Bilder H, K).

Die bei schweren Nfz am meisten verwendete Radbremse ist die druckluftbetätigte S-Nocken-Simplex-Trommelbremse mit fester Zuspannung (Bild J).
Vorteile:

- Gleicher Belagverschleiß an Auflauf- und Ablaufbacke durch feste Zuspannung,
- hohe Belagstandzeiten,
- einfacher, zuverlässiger und thermisch unempfindlicher Zuspannmechanismus über Membranzylinder, automatischen Gestängesteller, Bremswelle und S-Nocken,
- geringe Änderung des Bremsenkennwertes C^*,
- einfache Darstellung der Feststell-Bremsanlage durch Federspeicher,
- präzise Nachstellmöglichkeit durch automatischen Gestängesteller.

Nachteile:

- Hohe innere Kräfte und damit relativ schwer bauend, weil ungleiche Nockenkräfte und damit hohe freie Lagerkräfte auftreten,
- relativ niedriger Bremsenkennwert C^*, d.h. viel Zuspannarbeit beim Bremsen,

Simplex-Trommelbremse mit S-Nocken
(Bild J).
1 Membranzylinder, 2 S-Nocken, 3 Bremsbacken, 4 Rückholfeder, 5 Bremstrommel.

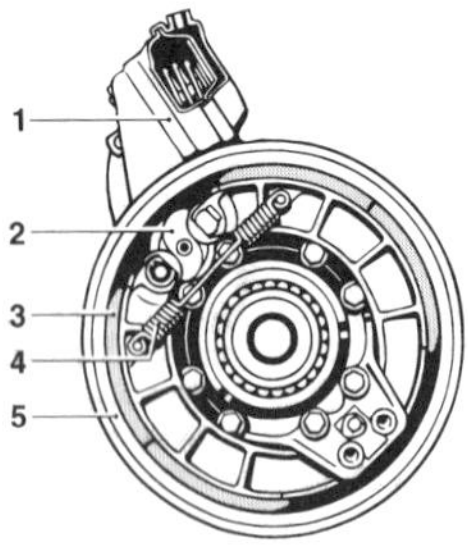

- bedingt durch näherungsweise gleichen Zuspannwege für Ablauf- und Auflaufbacke verhalten sich die Zuspannkräfte umgekehrt wie die Kennwerte der Einzelbacken,
- Bremsenkennwert C^* bei gleichem Reibwert etwas niedriger im Vergleich zu Simplex-Bremsen mit hydraulischer oder pneumatischer Zuspannung.

Duo-Duplex-Trommelbremsen: Nur noch wenig Verwendung findet die Duo-Duplex-Bremse (mit Spreizkeilansteuerung) mit zwei auflaufenden Backen (Bild K).

Merkmale dieser Bremse sind die schwimmende Zuspannung und die damit notwendige Gleitbackenabstützung. Vorteilhaft ist der nahezu gleiche Bremsbelagverschleiß an beiden Backen und die deutlich höhere innere Übersetzung dieser Bremse im Vergleich zu Simplex-Trommelbremsen. Zwei Auflaufbacken erzielen Kennwerte von $C^* \approx 3{,}0$, die sich allerdings aufgrund der Fadingempfindlichkeit dieser Trommelbremse nicht über längere Zeit konstant erreichen lassen.

Duo-Servo-Trommelbremsen: Duo-Servo-Trommelbremsen haben in der Vergangenheit in leichten Nfz (insbesondere an den Hinterachsen) weite Verbreitung gefunden. Wesentliches Merkmal dieser Bremse ist, dass sowohl bei Vorwärts- als auch bei Rückwärtsfahrt die Abstützkraft der Primärbacke als Spannkraft für die Sekundärbacke benutzt wird. Der Kennwert liegt bei $C^* \approx 5{,}0$.

Grund für die weite Verbreitung der Duo-Servo-Trommelbremsen ist die Möglichkeit, dass sich infolge der hohen Kennwerte auch verhältnismäßig schwere Transporter und leichte Lkw bis ca. 7,5 t noch mit einer Unterdruck-Hilfskraft-Bremsanlage betreiben lassen. Gleichzeitig erreicht eine mit Duo-Servo-Trommelbremsen ausgerüstete Feststell-Bremsanlage bei Betätigung durch Muskelkraft noch beträchtliche Bremsmomente. Allerdings treten bei thermischer Belastung der Duo-Servo-Trommelbremse starke Kennwertschwankungen auf, was die Möglichkeiten für ihren Einsatz wesentlich beeinträchtigt und eine präzise abgestimmte Bremskraftverteilung für das jeweilige Fahrzeug erfordert. Bei zukünftigen Radbremssystemen werden Duo-Servo-Trommelbremsen für die Betriebs-Bremsanlage kaum mehr Verwendung finden.

Scheibenbremsen
Abgesehen vom Einsatz in schnellen Reisebussen werden derzeit mittelschwere und schwere Nfz mit Scheibenbremsen bestückt.

Vorteile im Vergleich zur Trommelbremse:
- Bessere Stufbarkeit der Bremswirkung,
- bei richtiger Dimensionierung der Wärmebelastung gleicher Verschleiß der „Pads“ an Scheibeninnen- und -außenseite,
- geringere Neigung zu Bremsgeräuschen,
- relativ konstantes Kennwertverhalten bei geringer Fadingneigung.

Nachteile:
- Geringere Belagstandzeiten,
- meist höhere Anschaffungs- und Betriebskosten (gegenüber Trommelbremsen).

Scheibenbremsen bewältigen die bei hohen Geschwindigkeiten auf Autobahnen erforderlichen Anpassungsbremsungen besser, d.h. mit weniger Fading und geringerer Rissbildungstendenz der Scheibe als Trommelbremsen. Der Bremsenkennwert der Scheibenbremse liegt bei $C^* \approx 0{,}76$, bezogen auf den Basiswert von $\mu = 0{,}38$.

Anstelle der in der Vergangenheit verwendeten Festsattel-Scheibenbremsen kommen heute Schwimmsattel-Scheibenbremsen zum Einsatz. Maßgebend dafür sind die Bestrebungen, leichter und billiger zu bauen und die thermische Standfestigkeit der Radbremsen zu steigern. Bremsmomentfreie Sättel wirken sich positiv auf Stufbarkeit und Konstanz der Bremswirkung aus.

Automatische Nachstellung der Radbremsen

Der Verschleiß der Bremsbeläge vergrößert das Lüftspiel zwischen Bremsbelag und Bremstrommel, was den Bremsweg erhöht. Wird das Lüftspiel nicht korrekt nachgestellt, kann im Extremfall der Kolbenweg im Bremszylinder so groß werden, dass keine Bremswirkung mehr aufgebracht werden kann. Die automatische Nachstellung zurück auf das korrekte Lüftspiel erfolgt beim Lösen der Radbremse.

Bei einer Bremsung lässt sich der notwendige Kolbenweg im Bremszylinder zur Überbrückung des gesamten Lüftspiels in drei Abschnitte aufteilen:

Duo-Trommelbremsen und Scheibenbremse *(Bild K).*

Bauform	***Duo-Duplex*** *Spreizkeil*	***Duo-Servo*** *Zwangsgeführte Nachstellung*	***Scheibenbremse***
Prinzipdarstellung	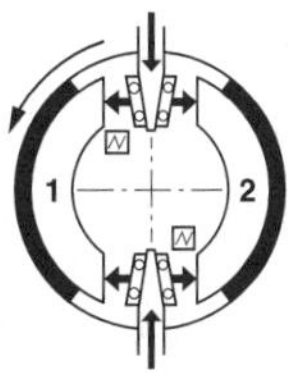	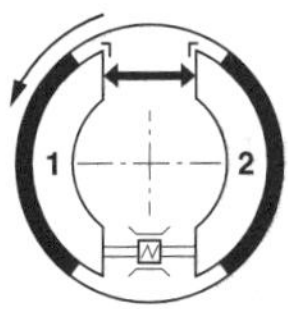	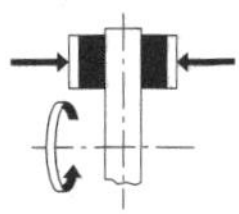
Kennwert	$C^* = C_1 + C_2$	$C^* = C_1 + C_2(k_1 + k_2 \cdot C_1)$	$C^* = 2 \cdot \mu$
Bremsbacken	1 Auflaufbacke, 2 Ablaufbacke		–

- Vorgegebenes konstruktives Lüftspiel zwischen Bremsbelag und Bremstrommel/-scheibe,
- Lüftspiel durch Belagverschleiß,
- Lüftspiel, das von der Elastizität der Bremstrommel/-scheibe/-beläge und von der Kraftübertragung zwischen Bremszylinder und Radbremse abhängt („Elastizitätsweg").

Ein Gestängesteller sorgt automatisch für die erforderliche Nachstellung (Bild L).

Feststell-Bremsanlage

Die bei Nfz über 7,5 t Gesamtgewicht üblichen Federspeicher-Bremsanlagen sind eine komfortable Ausführung von Feststell- und Hilfs-Bremsanlage. Dazu werden beim reinen Druckluftbremssystem Federspeicherbremszylinder der Feststell-Bremsanlage und Membranbremszylinder der Betriebs-Bremsanlage miteinander kombiniert.

In Lösestellung verbindet das Vierkreis-Schutzventil und das Handbremsventil die Vorratsbehälter der Betriebs-Bremsanlage mit dem Federkompressionsraum, wodurch die Feder gespannt gehalten wird. Bei Fahrzeugen mit Anschluss für das Anhänger-/Aufliegerbremssystem befindet sich in diesem Strang zusätzlich ein Pufferbehälter. Durch Betätigen des Handbremsventils wird der Druck im Kompressionsraum gesenkt. Es erfolgt dabei zunächst eine Teilbremsung und beim Weiterbetätigen eine Drucksenkung auf „Umweltbedingung" und dadurch die volle Bremsung der Federspeicher (Hilfsbremsung). Weiteres Betätigen fixiert eine bestimmte „Parkstellung". Mit Hilfe einer weiteren Handhebelstellung lässt sich bei Fahrzeugzügen nur der Motorwagen und nicht der gesamte Zug bremsen. Neben dieser Prüfstellung für die Wirkung der mechanischen Feststellbremswirkung im Zugbetrieb fordert z.B. die EU/ECE-Gesetzgebung eine gesicherte Vorratshaltung der Luft, das neunmalige Betätigen und Lösen aus der Energiereserve, eine Warneinrichtung zur Anzeige, dass der Federspeicher zu wirken beginnt, und eine Hilfslöseeinrichtung.

Dauer-Bremsanlagen

Die in Pkw und Nfz verwendeten Radbremsen sind nicht für Dauerbetrieb ausgelegt. Bei längerer Benutzungszeit (z. B. bei Bergabfahrten) kann thermische Überlastung der Bremsen auftreten, wodurch die Bremswirkung nachlässt („Fading"). Im Extremfall kann dabei die Bremsanlage (vor allem bei schlechter Wartung der Betriebs-Bremsanlage) völlig ausfallen. Insbesondere Fahrzeuge mit hohem Gesamtgewicht erhalten deshalb für die Dauerbeanspruchung bei Gefällefahrt häufig eine von den Radbremsen unabhängige, verschleißfreie Dauerbremseinrichtung. Diese Einrichtung wird auch für Anpassbremsungen verwendet.

Lüftspiele bei Bremsen *(Bild L).*
a Durch Elastizität. b durch Verschleiß. c konstruktiv. 1 Bremsbacke, 2 Membranzylinder, 3 automatischer Gestängesteller.

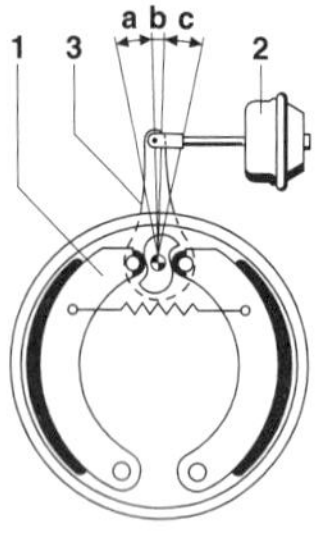

Auspuffbremse mit zusätzlichem Druckregelventil *(Bild M).*
1 Betätigung der Auspuffklappe (Druckluft), 2 Bypass, 3 Druckregelventil, 4 Auslass, 5 Einlass, 6 Kolben (4. Arbeitstakt).

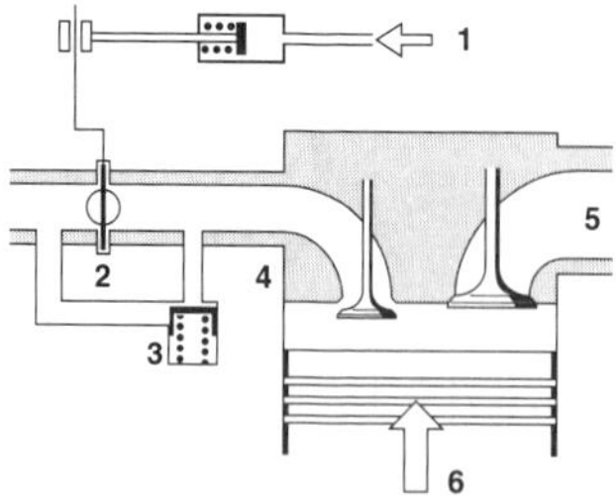

Dadurch kann der Belagverschleiß gemindert und der Bremskomfort verbessert werden. In Nfz kommen im Wesentlichen zwei Arten von Dauer-Bremsanlagen zum Einsatz:

1. Motorbremssystem

Die Motorbremsleistung setzt sich aus der Schleppleistung und der Bremsleistung (bewirkt durch die Drosselung der Abgasströmung im Ausschubtakt) zusammen. Die Schleppleistung von Serienmotoren beträgt hubraumspezifisch maximal 5...7 kW/*l*. Im Gegensatz dazu erreichen Serienmotoren mit konventioneller Motorbremse („Auspuffklappenbremse") Bremsleistungen von 14...20 kW/*l*. Eine weitere Steigerung der Motorbremsleistung ist nur durch zusätzlichen Bauaufwand möglich. Dekompressions-Motorbremsen (z. B. „C-Brake", „Jake Brake", „Dynatard" oder „Powertard") sowie eine Konstantdrossel können die Bremsleistung deutlich verbessern (Bild P).

Motorbremssystem mit Auspuffklappe:

Bis heute weist die Auspuffklappenbremse die weiteste Verbreitung auf. Dabei kann der Fahrer druckluftbetätigt eine (mit vergleichsweise geringem Aufwand) im Auspufftrakt installierte Drehklappe schliessen. Sie erzeugt im Abgassystem einen Gegendruck, gegen den jeder einzelne Kolben jeweils im 4. Arbeitstakt ausschieben muss (Bild M).

Durch den Einsatz eines Druckregelventils im Bypass lässt sich die Bremsleistung in Verbindung mit einer Auspuffklappe im unteren und mittleren Drehzahlbereich steigern. Bei höheren Drehzahlen verhindert das Druckregelventil jeden Druckanstieg über die Grenzen hinaus, die zu einer Gefährdung der Ventile bzw. des Ventiltriebs führen könnten.

Motorbremssystem mit Konstantdrossel:

Die herkömmliche Motorbremse mit Auspuffklappe nutzt ausschließlich die Arbeit in der Gaswechselschleife, d. h. während des 4. und 1. Arbeitstaktes. Gezielte Dekompression während des 2. und 3. Arbeitstaktes setzt einen Teil der Kompressionsarbeit frei. Die p-v-Diagramme zeigen die Druckverläufe in einem Zylinder für die Motorbremssysteme „Auspuffklappe" und „Konstantdrossel" sowie für die Kombination beider Systeme (Bild N). Die Bremsleistung bei Einsatz der Konstantdrossel wird im Gegensatz zur Motorbremsklappe vorwiegend in der Hochdruckschleife gewonnen.

Die Installation eines kleinen Drosselventils im Bypass zum Auslassventil ermöglicht eine Leistungssteigerung. Die Betätigung dieses Ventils erfolgt wie beim Stellzylinder der Motorbremsklappe mit Druckluft. Während des Motorbremsbetriebs lässt sich das Ventil kontinuierlich öffnen und gibt so einen konstanten Drosselquerschnitt frei (Bild O).

***Funktionsprinzip von Motorbremssystemen im** p-v-**Diagramm** (n_M = 1700 min^{-1}) (Bild N).*
a) Motorbremsklappe geschlossen, b) Konstantdrossel geschaltet,
c) Motorbremsklappe geschlossen und Konstantdrossel geschaltet.

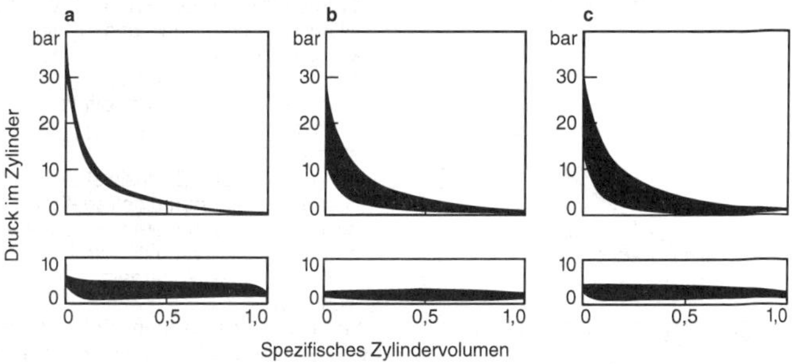

2. Retarder

Retarder dienen zunehmend als verschleißlose Dauerbremsen in Lkw und Bussen. Dadurch lassen sich gesetzliche Vorschriften erfüllen, die aktive Sicherheit der Fahrzeuge durch die Entlastung der Betriebs-Bremsanlage erhöhen und die Wirtschaftlichkeit der Fahrzeuge durch höhere Durchschnittsgeschwindigkeiten sowie durch Reduzierung des Bremsbelagverschleißes weiter verbessern.

Retarder können zwischen Motor und Getriebe (Primär-Retarder) oder zwischen Getriebe und Antriebsachse(n) (Sekundär-Retarder) eingesetzt werden. Primär-Retarder haben den Nachteil der unvermeidlichen Unterbrechung der Kraftübertragung und damit der Bremswirkung beim Gangwechsel mit Handschaltgetrieben. Primär-Retarder lassen sich in Verbindung mit Lastschaltgetrieben realisieren. Dies bringt bei steilen Gefälleabfahrten mit niedriger Geschwindigkeit gegenüber dem Sekundär-Retarder einen gewissen Vorteil (Bild R).

Stand der Technik bilden zwei verschiedene Grundkonzeptionen:

Hydrodynamischer Retarder: Dieser Retarder hat die gleiche Wirkungsweise wie die Föttinger-Kupplung (Bild S). Der Rotor wandelt die mechanische Energie der Antriebswelle in kinetische Energie einer Flüssigkeit um. Diese kinetische Energie wird am Stator wiederum in Wärme umgesetzt, was eine Kühlung der verwendeten Flüssigkeit erforderlich macht.

Ein Handhebel oder das Bremspedal (beim integrierten Retarder) gibt die fahrerseitig angeforderte Bremsleistung vor. In Verbindung mit einer elektronischen Regelung lässt sich ein definierter Steuerluftdruck einstellen, der über eine entsprechende Luftmenge eine dazu proportionale Ölmenge in den Arbeitsraum des Retarders zwischen Rotor und Stator drängt. Die durch die Fahrzeuggeschwindigkeit und die damit verbundene Rotorbewegung dem Öl zugeführte Strömungsenergie wird durch die feststehende Beschaufelung des Stators gebremst, was wiederum die Abbremsung des Rotors und damit die des gesamten Fahrzeugs bewirkt. Merkmale:

- Ausreichende Kühlkreislauf-Dimensionierung notwendig, um die erzeugte Bremswärme über einen Öl-Wasser-Wärmetauscher an den Motorkühlkreislauf abzuführen,
- relativ hoher Bauaufwand,
- niedriges Gewicht des direkt in das Getriebe integrierten hydrodynamischen Retarders,
- hohe spezifische Bremsleistungen,
- Bremsmoment stufenlos regelbar,
- auch bei abgeschaltetem Retarder vorhandene Lüfterverluste sind bei der Auslegung des Retarders zu berücksichtigen.

Beim hydrodynamischen Sekundär-Retarder steht über einen weiten Bereich der Gelenkwellendrehzahl ein nahezu kon-

Motorbremse mit Auspuffklappe und Konstantdrossel *(Mercedes-Benz) (Bild O).*
1 Druckluft, 2 Auspuffklappe, 3 Auslass, 4 Konstantdrossel, 5 Einlass, 6 Kolben (2. Arbeitstakt).

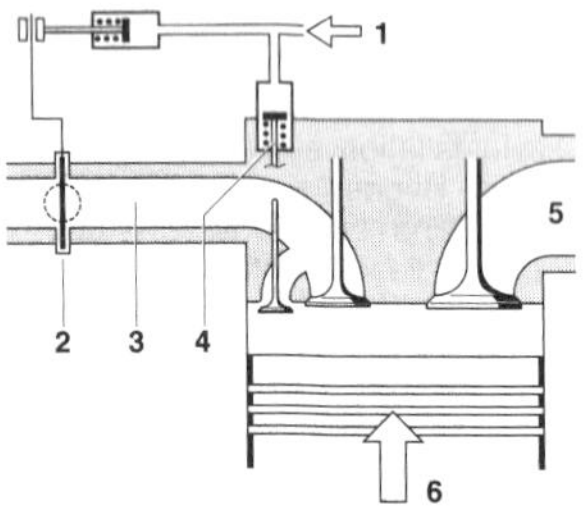

Bremsleistungskurven *(V8-Motor) (Bild P).*
1 Auspuffklappe und Konstantdrossel, 2 Konstantdrossel, 3 Auspuffklappe.

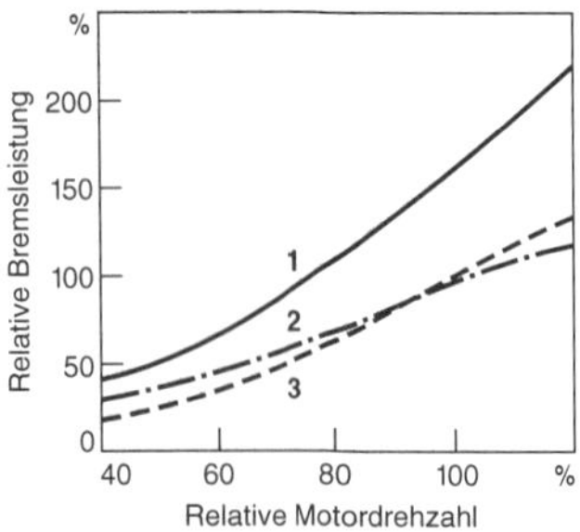

stantes Bremsmoment zur Verfügung (Bild T). Unterhalb von ca. 1000 min^{-1} fällt das Bremsmoment steil ab. Hydrodynamische Retarder konventioneller Bauart eignen sich aufgrund dieser Charakteristik besonders für Fahrzeuge mit hohen Transportgeschwindigkeiten (Überlandverkehr).

Neuartige Retarderkonzepte wirken der ungünstigen Bremsmomenten-Charakteristik der beschriebenen Sekundär-Retarderbauart entgegen, indem sie schon bei niedrigen Gelenkwellendrehzahlen hohe Bremsmomente bereitstellen. Eine Stirnradstufe mit einer Übersetzung von ca. 1:2 treibt solche, seitlich an das Getriebe angebaute „Hochtriebretarder" an (Bild S). Eine Mikroprozessorsteuerung sorgt über ein Proportionalventil auch im unteren Gelenkwellen-Drehzahlbereich für akzeptable Bremsmomenthöhen.

Bremsmomentcharakteristiken von Primär- und Sekundärretardern *(Bild R).*
1 Sekundärretarder, 2 Kühlleistungsgrenze bei Dauerbelastung (300 kW), 3 Primärretarder vor 16-Gang-Getriebe.

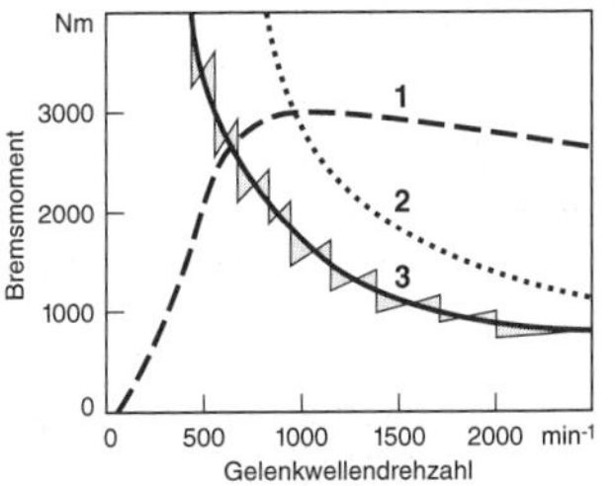

Kennfelder hydrodynamischer Retarder (Bild T).
1 Hochtriebretarder, 2 konventioneller Retarder, 3 Kühlleistungsgrenze bei Dauerbelastung (300 kW).

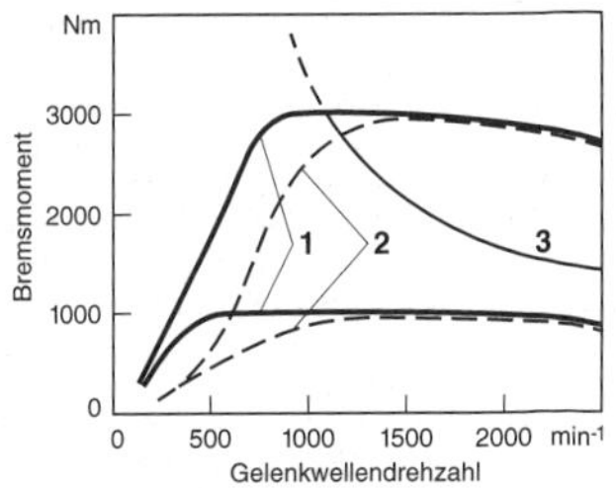

Hochtriebretarder *(Bild S).*
1 Getriebe, 2 Stirnverzahnung (Übersetzung), 3 Getriebeflansch, 4 Rotor, 5 Stator, 6 Druckluftbehälter, 7 Proportionalventil, 8 Kabelstecker.

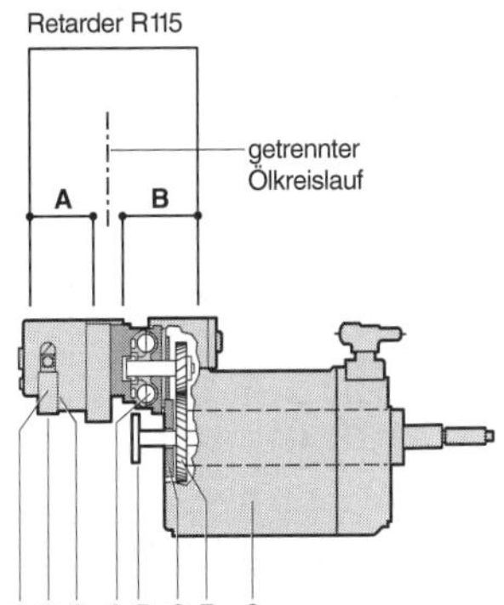

Elektrodynamischer Retarder *(Bild U).*
1 Haltestern, 2 Rotor getriebeseitig, 3 Distanzscheiben (Luftspalteneinstellung), 4 Stator mit Spulen, 5 Zwischenflansch, 6 Rotor hinterachsig, 7 Getriebedeckel, 8 Getriebeausgangswellen, 9 Luftspalt.

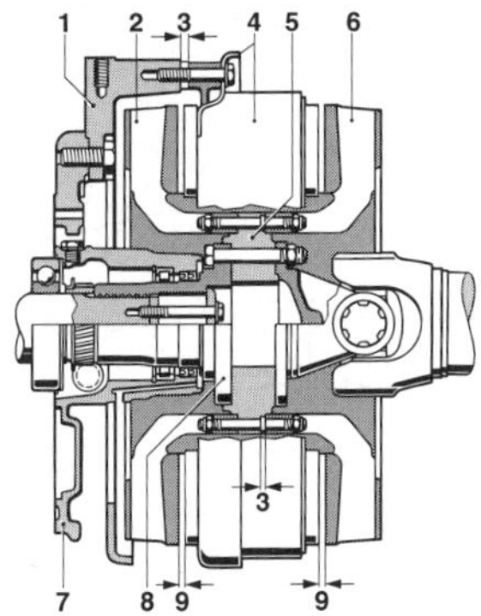

Hydrodynamische Retarder lassen sich in bestimmten Situationen nur zeitlich begrenzt als Dauer-Bremsanlage einsetzen. Die Kühlleistung moderner Dieselmotoren liegt bei maximal ca. 300 kW. Aufgrund der Kopplung der Kühlkreisläufe von Motor und Retarder kann es daher ohne zusätzliche Sicherungsmaßnahmen zu einer Gefährdung von Retarder und Motor kommen. Der Einsatz von Thermoschaltern begrenzt deshalb die Bremsleistung des Retarders derart, dass ein thermisches Gleichgewicht sichergestellt ist.

Elektrodynamische Retarder: Heute gebräuchliche elektrodynamische Retarder verfügen über eine als Stator ausgebildete Halterung mit daran befestigten Erregerspulen (Bild U). Auf der Antriebswelle beiderseits des Stators angeordnete Rotoren tragen Rippen zur besseren Wärmeabfuhr. Zum Bremsen werden die Erregerspulen mit Strom (aus Batterie bzw. Generator) gespeist und erzeugen so ein magnetisches Feld, das in den Rotoren beim Durchlaufen Wirbelströme induziert. Diese führen zu einem Bremsmoment, dessen Größe von der Erregung der Statorspulen und dem Luftspalt zwischen Rotor und Stator abhängt.

Merkmale:
- Abführung der entstehenden Wärme an die Umgebung,
- relativ geringer Bauaufwand,
- relativ hohes Gewicht,
- störungsfreier Betrieb nur mit ausreichender Stromversorgung,
- Erwärmung des Retarders führt zum Abfall des Bremsmomentes,
- hohe Bremsleistungen auch bei kleinen Fahrgeschwindigkeiten,
- Beeinflussung der Leistung durch Beschaufelung der Rotoren, Strömungsverhältnisse der Luft um die Wirbelstrombremse und Umgebungstemperatur.

Elektrodynamische Retarder weisen im Gegensatz zu den üblichen hydrodynamischen Sekundärretardern bei niedrigen Drehzahlen relativ hohe Bremsmomente auf (Bild V).

Die deutliche Reduzierung der Bremsmomente des elektrodynamischen Retarders mit zunehmenden Rotortemperaturen lässt sich auf die thermische Absicherung zurückführen (Bild W). Die Fahrzeugverzögerung nimmt mit zunehmender thermischer Belastung des elektrodynamischen Retarders ab.

Um temperaturbedingten Zerstörungen des Retarders beim Bremsen des Fahrzeugs zu begegnen, begrenzt ein Bimetallschalter bei einer Statortemperatur von ca. 250 °C die Stromzufuhr auf die Hälfte der acht Spulen (Bild W).

Bremsmomentcharakteristik eines elektrodynamischen Retarders *(Bild V).*
4a Bremsleistung bei Erreichen der Kühlleistungsgrenze (Schaltstufe 4).

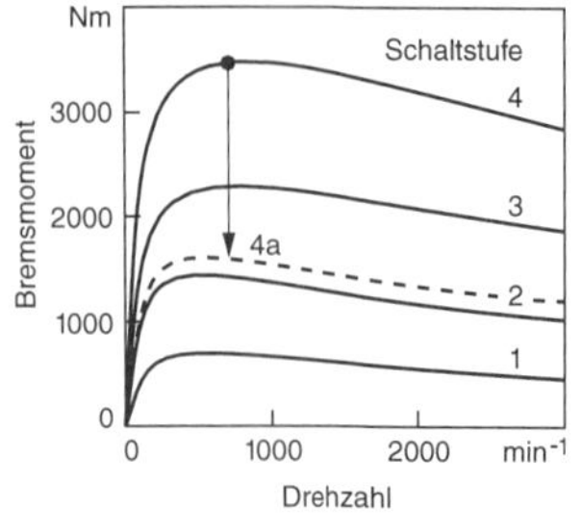

Einfluss von Übersetzung und Rotortemperatur auf die Leistung von elektrodynamischen Retardern *(17 t-Nfz, beladen) (Bild W).*

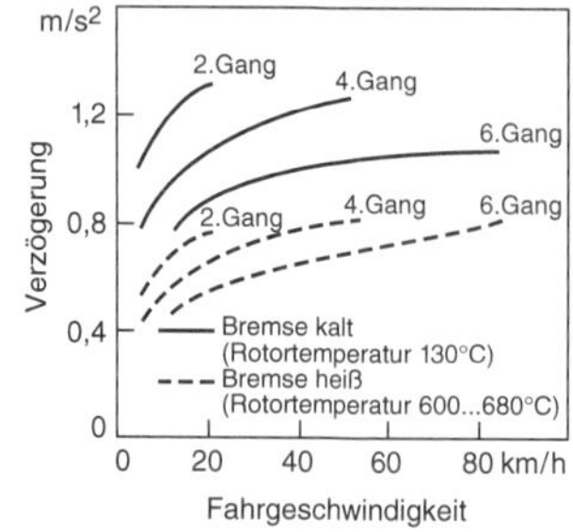

Luftkompressor (Verdichten und Fördern).
1 Zylinderkopf, 2 Lufteinlass, 3 Zwischenplatte (mit Ein- und Auslassventil), 4 Zylinder, 5 Kolben, 6 Pleuelstange, 7 Kurbelgehäuse, 8 Kurbelwelle, 9 zur Druckluftanlage.

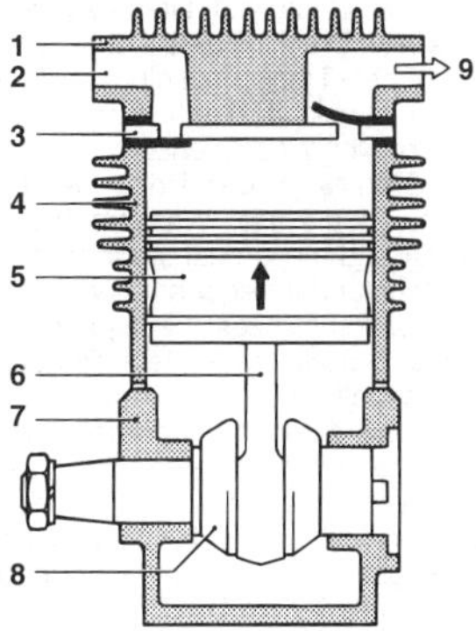

Druckregler.
1 vom Luftkompressor, 2 zu den Luftbehältern, 3 Entlüftung.

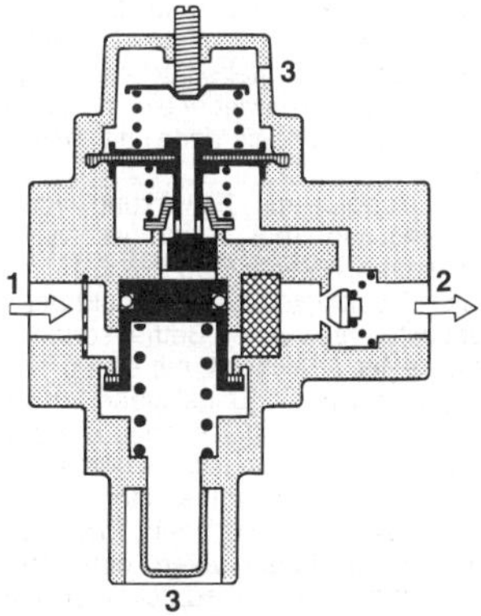

Komponenten für Druckluftbremsen

Energieversorgungseinrichtung
Die Energieversorgungseinrichtung setzt sich zusammen aus:
- Energiequelle,
- Druckregelung und
- Luftaufbereitung.

Energiequelle: Die Energiequelle ist ein Luftkompressor, der vom Fahrzeugmotor mit Keilriemen oder Zahnrädern angetrieben wird und dauernd mitläuft. Er besteht aus
- Kurbelgehäuse mit Kurbelwelle (Mitnehmer für Lenkhilfpumpe am freien Wellenende), Lagerung und Anschlüssen für die Motorumlaufschmierung,
- Zylinder mit Kolben und Pleuel,
- Zwischenplatte mit Einlassventil und Auslassventil,
- Zylinderdeckel mit Saug- und Druckanschluss für Luft und bei Ausführungen mit Flüssigkeitskühlung zusätzlich mit den entsprechenden Anschlüssen.

Um die Verluste im Leerlaufbetrieb (Öffnungs- und Strömungswiderstände in Ventilen, Leitungen und Druckregler) zu reduzieren, setzt man zunehmend Energiesparregelungen ein. Sie werden in der Ventilplatte integriert und pneumatisch über ein Stellglied betätigt. Im Leerlauf wird entweder ein Bypass vom Druckraum des Kompressors zur Einlassseite oder durch Verdrehen/Verschieben des Einlassventils die Einlassbohrung geöffnet.

Der Luftkompressor ist meist durch Fuß- oder Flanschbefestigung am Fahrzeugmotor angebaut; teilweise ist er bereits in das Motorgehäuse integriert.

In der Abwärtsbewegung saugt der Kolben Luft an, nachdem sich das Einlassventil durch den Unterdruck selbsttätig geöffnet hat. Zu Beginn der Gegenbewegung des Kolbens schließt das Einlassventil. Jetzt wird die Luft verdichtet und nach Erreichen eines bestimmten Druckes über das selbsttätig öffnende Auslassventil in die nachgeschaltete Druckluftanlage gefördert.

Bei der Fördermenge wird ein Liefergrad von 70 % und beim Ölverbrauch ein Wert von maximal 0,5 g/h angestrebt.

Druckregelung: Die Druckregelung sorgt für die Einhaltung des gewünschten Druckniveaus. Zwei Regelungsarten werden vornehmlich angewendet:

1. Druckregler ohne Einwirkung auf die Energiequelle (bei Kompressoren mit Höchstdrehzahlen >2500 min^{-1}).

Der Druckregler schaltet bei Erreichen des gewünschten maximalen Betriebsdruckes ab und leitet während der darauf folgenden Leerlaufperiode die vom Kompressor geförderte Druckluft ins Freie. Erreicht der Druck in den Luftbehältern den unteren Grenzwert des Betriebsdruckes, so schaltet der Druckregler wieder ein und leitet die vom Kompressor geförderte Luft in die Luftbehälter.

2. Druckregler mit Einwirkung auf die Energiequelle (bei Kompressoren mit Höchstdrehzahlen <2500 min^{-1}).

Der Druckregler öffnet, sobald der gewünschte maximale Betriebsdruck im Druckregler erreicht ist, mit einem druckgesteuerten Betätigungskolben im Kompressor dessen Einlassventil. Die angesaugte Luft wird nun jeweils wieder ohne Förderung in die Luftbehälter zum Ansaugstutzen ausgeschoben. Erreicht der Druck in den Luftbehältern den unteren Grenzwert des Betriebsdruckes, so schaltet der Regler um, das Einlassventil kann wieder selbsttätig öffnen und schließen und die Luftbehälter werden gefüllt.

Druckniveau: Im Zugfahrzeug werden Drücke zwischen 7 und 12 bar (Niederdruck) und zwischen 14 und 20 bar (Hochdruck) angewendet. In den Verbindungsleitungen zum Anhänger liegen die Drücke für die Zweileitungs-Bremsanlage zwischen 6 und 8 bar.

Luftaufbereitung: Sie soll eine einwandfreie Funktion der nachfolgenden Bremsanlagenteile gewährleisten. Verunreinigungen sind schädlich für die Dichtheit der Steuerventile und Wasser in der Druckluft führt zu Korrosion oder bei Frost zu Vereisung. Um dies zu vermeiden, wird dem Luftkompressor ein Lufttrockner nachgeschaltet. Eine Zugabe von Frostschutzmitteln ist bei dieser Anordnung nicht mehr erforderlich.

1-Box-Lufttrockner

Im wesentlichen besteht ein Lufttrockner aus einer Trockenmittelbox und einem Gehäuse, in dem sich neben der Luftdurchführung ein Entlüftungsventil sowie eine Steuerung zur Regeneration des Granulats befinden. Üblicherweise wird das Granulat durch Zuschalten eines Regenerationsluftbehälters mit integrierter Regenerationsdrossel regeneriert.

Funktion: Bei geschlossenem Entlüftungsventil strömt die vom Luftkompressor kommende Druckluft durch die Trockenmittelbox und von dort zu den Vorratsluftbehältern. Gleichzeitig wird ein Regenerationsluftbehälter von ca. 4...6 Liter Volumen mit getrockneter Druckluft gefüllt. Beim Durchströmen der Trockenmittelbox wird der feuchten Druckluft durch Kondensation und Adsorption Wasser entzogen.

Das Granulat in der Trockenmittelbox hat eine begrenzte Wasseraufnahmekapazität und muss deshalb in bestimmten Zeitabständen regeneriert werden. In einem Umkehrprozess entspannt sich trockene Druckluft aus dem Regenerationsluftbehälter über die Regenerationsdrossel auf Atmosphärendruck, durchströmt im Gegenstrom das feuchte Granulat, entzieht diesem die Feuchtigkeit und strömt als feuchte Luft über das geöffnete Entlüftungsventil ins Freie. Bei Lufttrocknern mit integriertem Druckregler ist dessen Steuerteil bei Anschluss 4 des Lufttrockner-Ventilgehäuses eingebaut.

Betätigungseinrichtung

Die Betätigungseinrichtung umfasst in der Regel das Bremspedal bis zu den Komponenten, die auf die Steuergeräte einwirken.

1-Box-Lufttrockner.
1 Trockenmittelbox, 2 vom Druckregler, 3 vom Luftkompressor, 4 Heizstab, 5 Entlüftungsventil, 6 Entlüftung, 7 zum Regenerationsluftbehälter, 8 zum Vorratsluftbehälter.

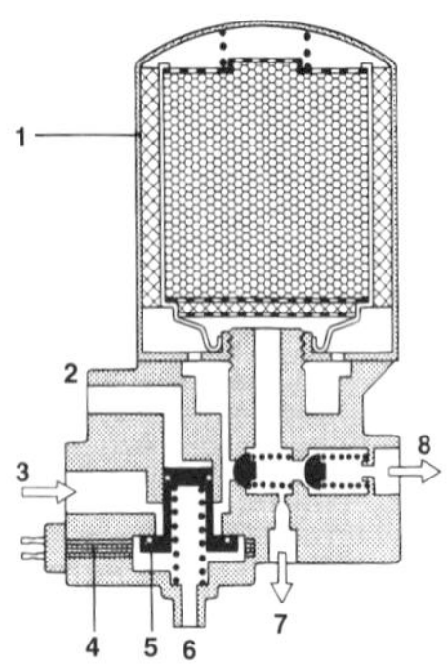

Übertragungseinrichtung

Diese Einrichtung besteht aus:

- Kreisabsicherung (z. B. Mehrkreisschutzventil),
- Energiespeicherung (z. B. Luftbehälter),
- Steuergeräte (z. B. Bremsventile),
- lastabhängige Bremskraftzumessung (z. B. automatisch lastabhängige Bremskraftregelung) und
- Brems- oder Stellzylinder.

Das unten abgebildete Blockschema zeigt, wie die Komponenten der Übertragungseinrichtung einer Fremdkraft-Bremsanlage mit einer zweikreisigen Betriebs-Bremsanlage zusammenwirken (s. a. Bremsenpläne S. 740). Aufgabe und Ausführung der Komponenten:

Kreisabsicherung: Bei einem Schaden in einem Kreis werden die Kreise voneinander getrennt sowie die intakten Kreise weiter versorgt.

Vorwiegend wird das durch eine in einem Gehäuse vereinte Kombination von Überströmventilen erreicht, deren Funktion sowohl bei kleinen als auch großen Fördermengen sichergestellt wird.

Energiespeicherung: Bereitstellung des erforderlichen Energievolumens für alle Kreise der Bremsanlage, auch wenn die Energiequelle ausfallen sollte. Hierfür werden handelsübliche Luftbehälter mit entsprechenden Sicherheitszuschlägen für Drucküberschreitung und Rost eingesetzt.

Übertragungseinrichtung einer Fremdkraft-Bremsanlage *(Blockschema).*
1 Energiezufuhr, 2 Kreisabsicherung, 3 Energiespeicherung, 4 Steuergeräte, 5 automatisch lastabhängige Bremskraftzumessung (ALB), 6 Brems- oder Stellzylinder, VA Vorderachse, HA Hinterachse.

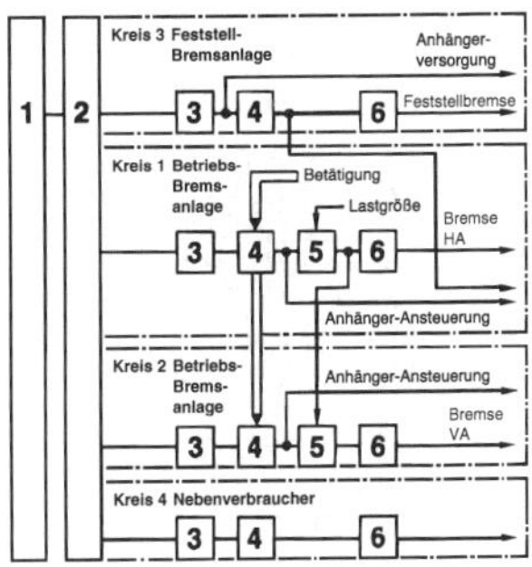

Steuergeräte

Steuerung des gewünschten Druckes in dem jeweiligen Anlagenteil. Mechanisch, hydraulisch oder pneumatisch betätigte oder gesteuerte Reaktionsventile steuern den Druck am Ausgang des jeweiligen Ventils in Abhängigkeit der Eingangsgröße. Aufgrund der vielfältigen Anwendungen sind entsprechend zahlreich unterschiedliche Geräte im Gebrauch. Unter anderem werden für zweikreisige Betriebs-Bremsanlagen auch zweikreisige Steuerventile benötigt. Zur Erfüllung der gestellten Aufgaben für die Beherrschbarkeit der Bremsanlagen sind gutes Steuerverhalten mit guter Dosierbarkeit bei schneller Reaktion ebenso erwünscht wie eine kleine Hysterese.

Automatisch lastabhängige Bremskraftregelung (ALB)

Automatische Steuerung des Druckes in Abhängigkeit von der Beladung. Häufig wird als Maß für die Beladung der Einfederungsweg (bei Stahlfederung) und der Balgdruck (bei Luftfederung) abgegriffen. Ein Steuerventil mit variabler Reaktionsfläche reduziert in Abhängigkeit des Federweges oder des Balgdruckes den Ausgangsdruck im Ventil zum Eingangsdruck.

Brems- oder Stellzylinder

Umsetzung des in die jeweilige Anlage eingesteuerten Druckes in Kraft. Es gibt sowohl Kolben- als auch Membranbauart. Dabei werden überwiegend für die Betriebs-Bremsanlage Membranzylinder und für die Feststell-Bremsanlage Federspeicherkolbenzylinder eingesetzt. Bei Achsen, an denen sowohl die Betriebs-Bremsanlage als auch die Feststell-Bremsanlage wirken, werden bei Bremsanlagen ohne hydraulische Kraftübertragung kombinierte Einkammer-Federspeicherzylinder verwendet (Kombizylinder).

Radbremsen (s. S. 742)

Betriebsbremsventil

Zwei hintereinander angeordnete Steuerventile werden von einer gemeinsamen Einrichtung (Bremspedal mit Übertragung) betätigt. Durch gleich große Feder- und Ventildichtkräfte sowie die mechanische Überwindung der Öffnungskräfte in beiden Steuerventilen wird ein synchrones Öffnen beider Kreise sichergestellt. Auf den zwischen den Steuerkreisen liegenden Wiegekolben wirken in Bremsstellung auf beide Seiten der eingesteuerte Bremsdruck (Gleichlauf zwischen den Kreisen). Durch die vorgespannte Wegfeder werden kleine Ansprechwege des Betriebsbremsventils erreicht. Das Zusammenwirken der Reaktionskolbenkraft mit der Wegfeder erlaubt dem System, die erforderlichen Steuerwege selbständig auszuführen. Eine zweikreisige Abdichtung des Wiegekolbens sorgt für die verlangte Sicherheit.

Feststellbremsventil

Wegen des engen Einbauraums im Armaturenbrett entstand die heute übliche sehr kleine Bauform des Feststellbremsventils. Es steuert die Bremszylinder grundsätzlich über Relaisventile an.

Ein handbetätigter Hebel (Betätigungshebel) verstellt einen inneren Ventilsitz über Exzenter und Anlenkungslasche. Dabei steuert er ein Doppelsitzventil, indem Druckluft von oben und die Kraft von Druckfedern von unten auf einen Ventilkolben wirken. In der Bremsstellung rastet der Betätigungshebel selbsttätig ein, wobei der Raum über dem Ventilkolben entlüftet ist. Beliebige Zwischenstellungen zwischen Fahr- und Bremsstellung sind möglich.

Bewegt man den Betätigungshebel über die Bremsstellung hinaus, so wird das Zusatzventil (Prüfventil) betätigt. Hierbei strömt Druckluft vom Vorratsluftbehälter in den Anschluss zum Anhängersteuerventil, wodurch die Bremswirkung für das Zugfahrzeug erhalten bleibt, jedoch für den Anhänger aufgehoben wird.

Automatisch lastabhängiger Bremskraftregler

Der Bremskraftregler wird zwischen das Betriebsbremsventil und die Bremszylinder geschaltet. Entsprechend der Fahrzeuglast regelt er den eingesteuerten Bremsdruck. Er hat eine Reaktionsmembran mit variabler Wirkfläche. Die Membran liegt auf zwei strahlenförmig radial verlaufenden und ineinander greifenden Rechen auf. Je nach Lage des Steuerventilsitzes in vertikaler Richtung ergibt sich eine große (Ventillage unten) oder eine kleine (Ventillage oben) Reaktionsfläche. Dadurch wird entweder ein geringer Druck (Leerlast) oder der gleich hohe

Betriebsbremsventil.
1 Betätigung, 2 Reaktionskolben, 3 Bremskreis 1, 4 Wiegekolben, 5 Bremskreis 2, 6 Entlüftung, 7 Wegfeder, 8 Vorratskreis 1, 9 Steuerventile, 10 Vorratskreis 2.

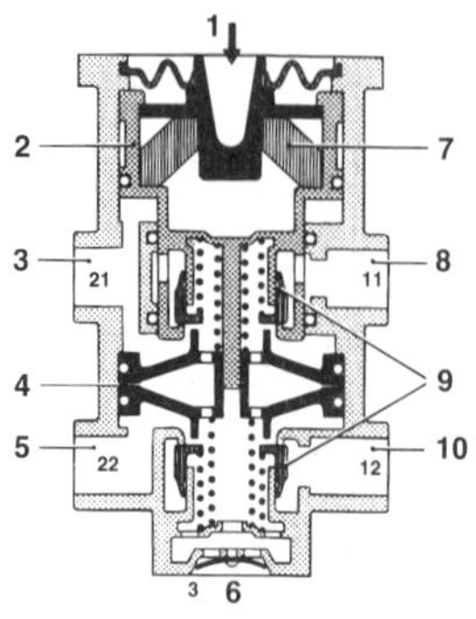

Automatisch lastabhängiger Bremskraftregler.
1 Entlüftung, 2 Rechen, 3 Reaktionsmembran, 4 vom Luftbehälter, 5 Entlüftung, 6 vom Betriebsbremsventil, 7 Steuerventil, 8 Relaiskolben, 9 zu den Bremszylindern, 10 Drehnocken.

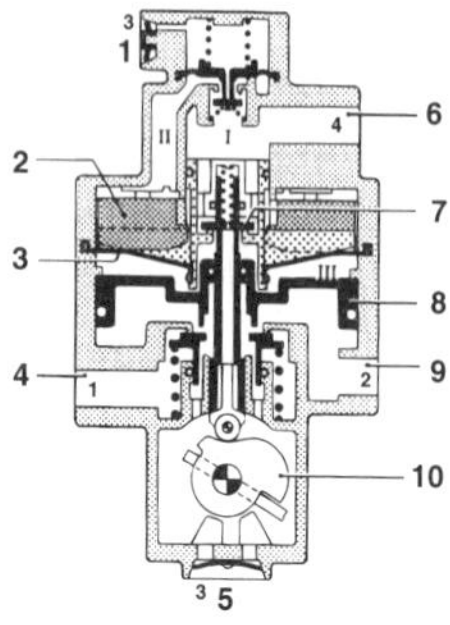

Druck (Volllast) wie vom Betriebsbremsventil kommend über ein integriertes Relaisventil in die Bremszylinder gesteuert. Der Regler ist am Fahrzeugrahmen befestigt und greift durch einen Drehhebel über Gestänge die Einfederung der Achse ab. Der Drehnocken verschiebt entsprechend das Ventilrohr in vertikaler Richtung und bestimmt damit die Ventillage. Der im Regler oben eingebaute Druckbegrenzer lässt einen geringen Teildruck auf der Membranoberseite einströmen. Damit tritt bis zu diesem Druck keine Reduzierung des Bremszylinderdrucks ein. Dies bewirkt ein synchrones Anlegen der Bremsen aller Fahrzeugachsen. Bei Bruch des Drehhebels strömt der eingesteuerte Druck im Verhältnis 2 : 1 zu den Bremszylindern.

Kombibremszylinder für Keilbremsen

Der Kombibremszylinder besteht aus einem Einkammer-Membranzylinder für die Betriebsbremse und einem Federspeicher-Kolbenzylinder für die Feststellbremse, die hintereinander angeordnet sind und auf eine gemeinsame Druckstange wirken. Sie können unabhängig voneinander betätigt werden. Bei gleichzeitiger Betätigung addieren sich ihre Kräfte. Die zentrale Löseschraube erlaubt das Spannen der Federspeicherfeder auch ohne Druckluft. Dies ist auch die Montageposition beim Einbau ins Fahrzeug. Nach dem Einbau wird die Löseschraube in den Federspeicherzylinder hineingedreht und die Feder wirkt über die Kolbenstange auf den Keilspreizmechanismus. Durch Einströmen von Druckluft vor den Federspeicherkolben (Lösen der Feststellbremse) bewegt sich dieser entgegen der Federkraft, spannt die Feder und gibt die Bremse frei (gezeichnete Darstellung). Beim Betätigen der Betriebsbremse strömt Druckluft hinter die Membran und drückt über Kolbenscheibe und Druckstange auf den Keilspreizmechanismus. Drucksenkung führt wieder zum Lösen der Bremse.

Für nockenbetätigte Trommelbremsen oder für Scheibenbremsen werden abgewandelte Ausführungen des beschriebenen Prinzips angewandt.

Anhängersteuerventil

Das im Zugfahrzeug eingebaute Anhängersteuerventil steuert bei Zweileitungs-Bremsanlagen die Betriebsbremse des Anhängers an. Dieses mehrkreisige Relaisventil wird von beiden Betriebsbremskreisen und von der Feststellbremse angesteuert.

Kombibremszylinder für Keilbremsen.
1 Bremsleitung Einkammerzylinder, 2 Bremsleitung Federspeicherzylinder, 3 Druckstange, 4 Kolbenstange, 5 Löseschraube.

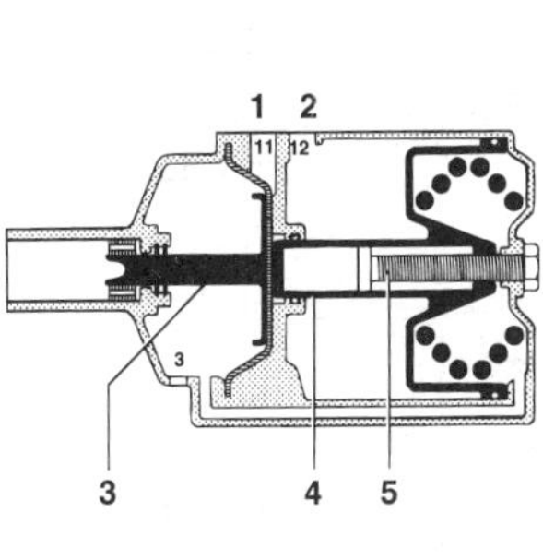

Anhängersteuerventil.
1 Betriebsbremskreis 1, 2 Feststellbremskreis, 3 Betriebsbremskreis 2, 4 Vorsteuerfeder, 5 Steuerkolben 1, 6 Bremsleitung zum Anhänger, 7 Steuerkolbeneinheit, 8 Vorratsleitung zum Anhänger, 9 Steuerkolben 2, 10 Entlüftung.

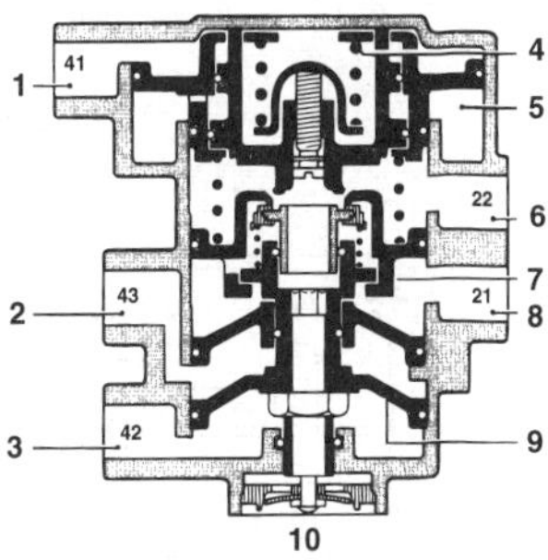

In Fahrstellung stehen Vorratskammer sowie die Kammer des Feststellbremskreises unter gleich hohem Druck und die Anhängerbremsleitung ist über die zentrale Entlüftung entlüftet. Druckanstieg vor dem Steuerkolben von Bremskreis 1 (oben) und/oder von Bremskreis 2 (unten) führt zu entsprechendem Druckanstieg in der Anhängerbremsleitung. Durch den größeren Steuerkolben von Bremskreis 1 ist dieser gegenüber dem Steuerkolben von Kreis 2 bevorrechtigt, was mit Erreichen des Vorsteuerdruckes endet (Vorsteuerfeder überwunden). Eine Drucksenkung in den Betriebsbremskreisen führt zur gleichen Senkung in der Anhängerbremsleitung. Bei Entlüftung des Feststellbremskreises (Bremsvorgang) erhöht sich der Druck in der Kammer zur Anhängerbremsleitung. Beim Belüften des Feststellbremskreises (Lösevorgang) wird die Anhängerbremsleitung wieder entlüftet.

Schalldämpfer

Heutigen und künftigen nationalen und internationalen Vorschriften entsprechend muss die Geräuschemission der Entlüftungen verschiedener Druckluftventile verringert werden. Dies geschieht mit Schalldämpfern, die überwiegend nach dem Absorptionsprinzip wirken. Ihre Größe richtet sich nach der zu entlüftenden Luftmenge, dem Luftdruck, der Entlüftungszeit und dem geforderten Geräuschpegel.

Der Schalldämpfer ist ein mit Dämmmaterial gefüllter Zylinder, der radiale und axiale Schlitze hat. Die Geräuschdämmung wird durch die Anströmgeometrie, die Dämmpatrone und die Entlüftungsschlitze mit sphärischer Abströmung erreicht. Schalldämpfer sind über Gewinde, Rohranschlüsse, Bajonett- oder Schnappverbindungen an die Druckluftventile angeschlossen. Bestimmte Ausführungen erfüllen die Bedingungen für das „lärmarme Fahrzeug“ [72 dB(A)].

Beispiele von ABS-Anlagen für Nutzfahrzeuge.
a) Einachsanlagen (Sattelauflieger),
b) Zweiachsanlagen,
c) Dreiachsanlagen (Gelenkbus).
1 Drehzahlsensor,
2 Steuergerät,
3 Drucksteuerventil,
4 Betriebsbremsventil,
5 Bremszylinder,
6 Impulsring.

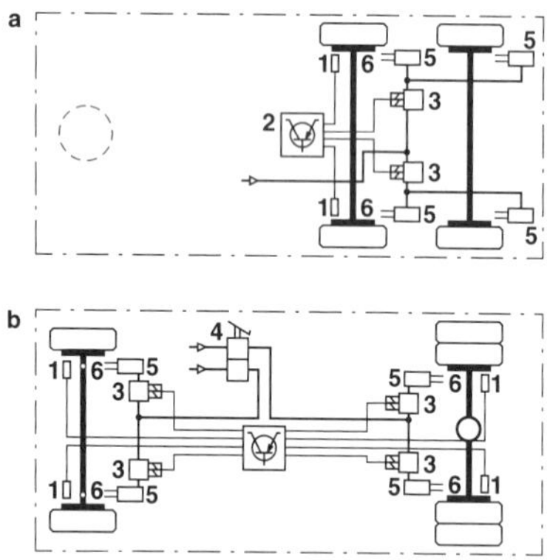

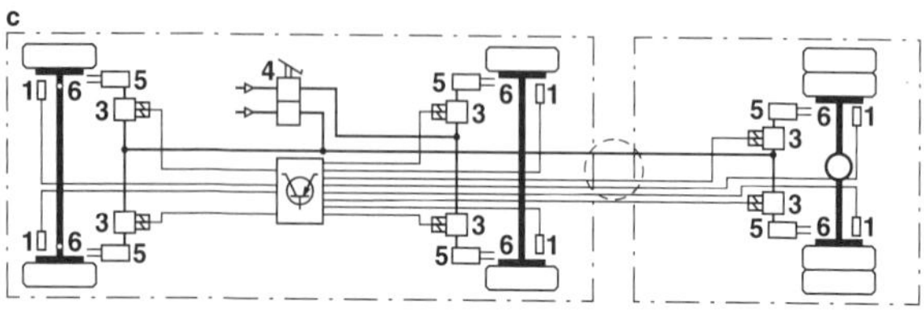

Antiblockiersysteme (ABS) für Nfz

Das ABS verhindert bei zu starkem Bremsen das Blockieren der Räder. Deshalb bleibt das Fahrzeug auch bei Vollbremsung auf glatter Fahrbahn richtungsstabil und lenkbar. Gegenüber einer Bremsung mit blockierten Rädern wird in vielen Fällen ein kürzerer Bremsweg erreicht. Bei Fahrzeugkombinationen verhindert das ABS das gefährliche Einknicken.

Nutzfahrzeuge (Nfz) haben im Unterschied zu Pkw pneumatische Bremsanlagen. Trotzdem gilt die Funktionsbeschreibung eines ABS-Regelvorganges bei Pkw (s. S. 723) sinngemäß auch für Nfz.

Das ABS für Nfz besteht aus Drehzahlsensoren, einem elektronischen Steuergerät und Drucksteuerventilen. Es regelt in jedem Bremszylinder den Bremsdruck, indem dieser aufgebaut, konstant gehalten oder durch Ablassen in die Umgebung abgebaut wird.

Individualregelung (IR)
Dieses Regelverfahren, das für jedes Rad individuell den optimalen Bremsdruck einregelt, ergibt die kürzesten Bremswege. Unter µ-split-Bedingungen (unterschiedlicher Kraftschluss rechts/links, z. B. Eis/Asphalt) entsteht aber um die Hochachse des Fahrzeugs ein großes Giermoment, das die Beherrschbarkeit insbesondere von Fahrzeugen mit kurzem Radstand erschwert. Außerdem entstehen durch die bei Nutzfahrzeugen üblichen großen positiven Lenkrollradien erhebliche Lenkmomente.

Select-Low-Regelung (SL)
Die Gier- und Lenkmomente sind bei Anwendung dieses Regelverfahrens null. Dies wird erreicht, indem für beide Räder einer Achse der gleiche Bremsdruck eingesteuert wird. Hierzu ist nur ein einziges Drucksteuerventil pro Achse notwendig. Das Druckniveau richtet sich dabei nach dem Rad auf niederem Reibwert (select low), das Rad auf hohem Reibwert wird im Vergleich zur Individualregelung schwächer gebremst. Unter μ-split-Bedingungen ergeben sich längere Bremswege, aber eine bessere Lenkbarkeit bzw. Spurstabilität des Fahrzeugs. Bei

ABS-Regelverfahren.
Beispiel: Bremsung auf μ-split.
a) Individualregelung (Hinterachse),
b) Individualregelung modifiziert (Lenkachse).
HV Halteventil, AV Auslassventil.
Indizes: FZ Fahrzeug, R Rad rechts, L Rad links, 0, 1, 2 Schwellen.

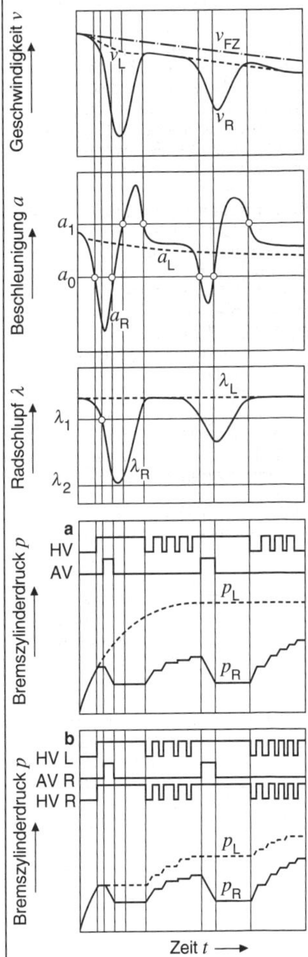

gleichen Reibwerten rechts/links sind Bremswege, Lenkbarkeit und Spurstabilität praktisch gleich denen der Individualregelung.

Ähnliche Regelverfahren mit im Vergleich zu SL höherem Druckniveau treiben das Rad auf niederem Reibwert in höheren Schlupf bis hin zu vollständigem Blockieren. Unter μ-split-Bedingungen ergeben sich im Vergleich zur reinen SL-Regelung kürzere Bremswege. Die Lenkbarkeit bzw. die Spurstabilität des Fahrzeugs können geringfügig abnehmen. Am blockierenden Rad entstehen infolge des niederen Reibwertes im Allgemeinen keine Reifenschäden.

Individualregelung modifiziert (IRM)
Dieses Regelverfahren erfordert an jedem Rad einer Achse ein Drucksteuerventil. Es reduziert die Gier- und Lenkmomente nur so weit als notwendig, indem es den Bremsdruckunterschied rechts/links auf ein zulässiges Maß begrenzt. Das Rad auf hohem Reibwert wird dadurch etwas schwächer gebremst. Diese Kompromisslösung ergibt einen nur wenig längeren Bremsweg im Vergleich zur reinen Individualregelung, stellt aber die Beherrschbarkeit auch von kritischen Fahrzeugen sicher.

ABS-Ausführungen für Nfz
Seit dem 1. Oktober 1991 ist im Geltungsbereich der EU-Mitgliedsstaaten bei Erstzulassungen von Lkw für Anhängerbetrieb und Sattelzugmaschinen (> 16 t), von Anhängern (> 10 t) und von Bussen (> 12 t) ABS gesetzlich vorgeschrieben. Diese Vorschrift wurde erweitert, so dass seit 1.10.1998 alle Busse und seit 1.10.1999 alle Lkw und Anhänger (> 3,5 t) mit ABS ausgerüstet sein müssen.

Das Gesetz lässt drei Kategorien von ABS-Anlagen zu. Sie unterscheiden sich in den Anforderungen bezüglich der Abbremsung sowie dem Rad- und Fahrzeugverhalten auf μ-split-Fahrbahnen. Die meisten europäischen Fahrzeughersteller verwenden ausschließlich ABS-Anlagen der Kategorie 1. Nur diese müssen alle Anforderungen der Richtlinie 71/320/EWG erfüllen.

Alle ABS-Anlagen müssen über eine Warnlampe verfügen, die nach „Fahrschalter ein" mindestens 2 s aufleuchtet und vom Fahrer durch Sichtprüfung kontrolliert werden muss. Leuchtet die Warnlampe während der Fahrt, wurde vom laufenden Selbsttest der Anlage ein Fehler erkannt; das ABS kann dann komplett abgeschaltet sein.

Zugfahrzeuge und Anhänger mit ABS-Anlagen verschiedener Hersteller lassen sich beliebig kombinieren. Die elektrische Verbindung zwischen Zugfahrzeug und Anhänger ist in DIN ISO 7638 genormt.

Alle Fahrzeugkombinationen (Sattelzüge, Lkw-Züge) sind bei Bremsungen im physikalischen Grenzbereich am besten beherrschbar, wenn Zugfahrzeug und Anhänger mit ABS ausgerüstet sind. Doch ergeben sich bereits bei einer ABS-Teilausrüstung (ABS nur im Zugfahrzeug oder Anhänger) wesentliche Verbesserungen im Vergleich zu einer Fahrzeugkombination ohne ABS.

ABS/ASR Steuergerät.
1 Drehzahlsensor, 2 Schnittstelle ASR-Motorregelung, 3 Eigendiagnose, 4 Bordspannung, 5 Spannungsversorgung, Schutzeinheit, 6 Eingangsstufen, 7 Mikrocomputer 1 und 2, 8 Endstufen, 9 Drucksteuerventil, 10 ASR-Magnetventil, 11 Warnlampe, 12 ASR-Infolampe, 13 Retarderrelais, 14 Ventilrelais.

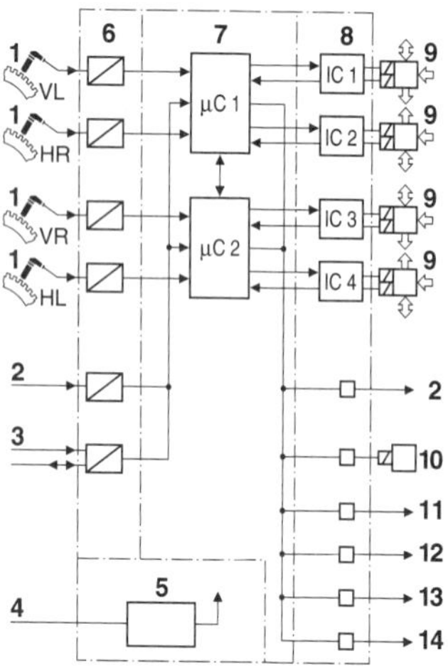

Um die vielfältigen Nfz-Typen leistungs- und kostenoptimal ausrüsten zu können, sind entsprechend der Anzahl geregelter Achsen Einachs-, Zweiachs- und Dreiachs-ABS-Anlagen verfügbar. Einachsanlagen, hauptsächlich für Sattelanhänger eingesetzt, regeln die Räder einer Achse individuell. Weitere Achsen werden mit dem gleichen Bremsdruck versorgt wie die geregelte Achse.

Zweiachsanlagen finden bei zweiachsigen Bussen, Lkw und Anhängern Verwendung. Auch dreiachsige Fahrzeuge können mit einer Zweiachsanlage bestückt werden, sofern zwei Achsen nahe beieinander liegen und wie bei Einachsanlagen mit gleichem Bremsdruck versorgt werden können. Dreiachsanlagen sind vorzugsweise für Fahrzeuge mit größerem Achsabstand (z. B. Gelenkbusse) bestimmt. Für Zwei- und Dreiachsanlagen wird an der Lenkachse entweder das Regelverfahren IRM oder, wenn diese Achse mit nur einem Drucksteuerventil ausgerüstet ist, SL wirksam. Für die Hinterachse wird bei Nfz immer die Individualregelung (IR) angewendet.

Die vorhandenen Steuergeräte ermöglichen weitere (hier nicht vollständig beschriebene) Reglerkombinationen. Beispiel: Verfügen zwei Achsen eines Sattelanhängers über Drehzahlsensoren, aber jede Fahrzeugseite nur über ein Drucksteuerventil, so werden die Räder einer Fahrzeugseite ähnlich der SL-Regelung geregelt. Eine Achse kann hierbei eine Liftachse sein, die in geliftetem Zustand automatisch von der Regelung ausgeschlossen wird.

Alle ABS-Anlagen lassen sich mit Einkanal-Drucksteuerventilen ausrüsten, ABS-Anlagen für Anhänger auch mit Drucksteuerventilen mit Relaiswirkung (s. Bild).

In leichten Nutzfahrzeugen mit pneumatisch/hydraulischen Umsetzern greift das ABS über Einkanaldrucksteuerventile im pneumatischen Anlagenteil ein und bestimmt damit den hydraulischen Bremsdruck. In anderen Ausführungen ist parallel zum pneumatisch/hydraulischen Umsetzer ein ABS-Druckmodulator mit integrierten Magnetventilen geschaltet. Die Modulatoren werden mit den gleichen Steuergeräten bedient wie die Einkanaldrucksteuerventile.

Eine betätigte Dauerbremse (Motorbremse oder Retarder) kann auf niederem Reibwert zu einem unzulässig hohen Schlupf an den Antriebsrädern führen. Die Fahrzeugstabilität wäre dadurch gemindert. Deshalb überwacht das ABS den Bremsschlupf und regelt ihn durch Zu- und Abschalten der Dauerbremse auf zulässige Werte.

ABS-Komponenten

Drehzahlsensor

In den meisten Anwendungen wird heute ein induktiver, am Achsrohr applizierter Sensor verwendet (Funktionsbeschreibung s. S. 143). Im Gegensatz zu Applikationen bei Pkw (fest angeschlagene Sensoren) ist bei Nfz der Sensor in einer Federhülse gehalten. Während der Fahrt bewirken das Radlagerspiel und die elastischen Verformungen der Achse ein Verschieben des Sensors in seiner Achsrichtung und somit ein selbsttätiges Einstellen des Luftspaltes Impulsring/Sensor. Wird der Luftspalt in Ausnahmefällen zu groß, schaltet das elektronische Steuergerät die Regelung an diesem Rad ab.

Zukünftig werden aus wirtschaftlichen Gründen vermehrt ins Radlager integrierte induktive sowie Halbleiter-Drehzahlsensoren verwendet.

Elektronisches Steuergerät

Die Eingangsstufen des elektronischen Steuergerätes formen die sinusähnlichen Drehzahlsensorsignale in Rechtecksignale um. Redundant angeordnete Mikrocomputer berechnen aus der Frequenz der Rechtecksignale die Radgeschwindigkeiten, aus denen eine Referenzgeschwindigkeit des Fahrzeugs geschätzt wird. Der Bremsschlupf eines jeden Rades wird aus der Referenzgeschwindigkeit und den einzelnen Radgeschwindigkeiten berechnet. Aus den Signalen „Radbeschleunigung“ und „Radschlupf“ wird eine evtl. vorhandene Blockierneigung der Räder erkannt. In diesem Fall steuern die Mikrocomputer über die Endstufen die Magnete der Drucksteuerventile an, mit denen der Bremsdruck in den einzelnen Bremszylindern beeinflusst wird.

Das elektronische Steuergerät enthält umfangreiche Vorkehrungen zur Fehler-

Drucksteuerventil (Schema).
1 Halteventil, 2 Auslaßventil, 3 Magnetventil für „Druckhalten", 4 Magnetventil für „Druckabbau", 5 Steuerkolben, 6 Ventilteller, 7 Druckfeder, 8 Bremszylinder, 9 Betriebsbremsventil, 10 Vorratsluft, 11 Entlüftung.

Einkanal-Drucksteuerventil ***Drucksteuerventil mit Relaiswirkung***

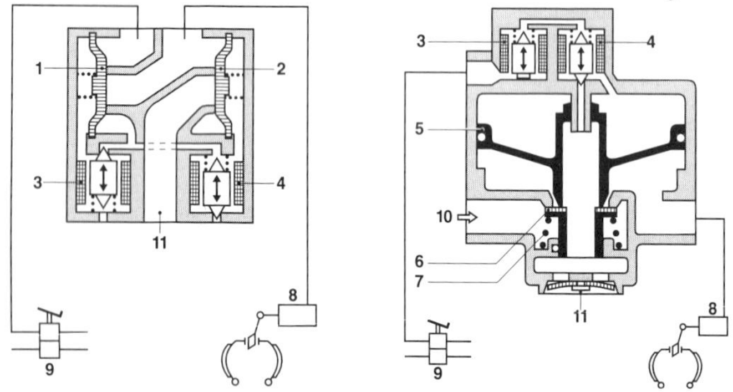

erkennung im gesamten Antiblockiersystem (Drehzahlsensor, Steuergerät, Drucksteuerventile, Kabelbaum). Wird ein Fehler erkannt, schaltet das Steuergerät den defekten Teil der Anlage ab und speichert einen Fehlercode, der den fehlerhaften Signalpfad charakterisiert. Dieser Code kann in einer Reparaturwerkstatt entweder über die Diagnoselampe (Blinkcode) oder mit einem intelligenten Testgerät (z. B. Personalcomputer) über genormte serielle Schnittstellen ausgelesen werden.

Die Steuergeräte einiger europäischer ABS-Hersteller enthalten nicht nur die ABS-Funktion, sondern auch eine Antriebsschlupfregelung (ASR) und zum Teil auch einen Fahrgeschwindigkeits-Begrenzer (FGB) (s. S. 675). Wesentlich ist, daß sich die Steuergeräte selbsttätig auf die verlangte Funktion konfigurieren. Ist ein Fahrzeug nur mit ABS-Komponenten aufgerüstet, führt das Steuergerät nur die ABS-Funktion aus; hat das Fahrzeug ASR-Komponenten, regelt das Steuergerät automatisch auch den Antriebsschlupf.

Drucksteuerventil

Es gibt Einkanal-Drucksteuerventile mit und ohne Relaiswirkung. Die Ventile mit Relaiswirkung werden in Sattelaufliegern und Deichselanhängern verwendet. Oft enthält die Standardbremsanlage von Anhängern Relaisventile, die dann durch die ABS-Ventile mit Relaiswirkung ersetzt werden können. Die ABS-Ventile ohne Relaiswirkung finden bei allen anderen Fahrzeugen Verwendung, d. h. bei Omnibussen, Lkw, Sattelzugmaschinen, ebenso bei Anhängern und Spezialfahrzeugen. Beide Ventilarten haben 3/2-Magnetventile. Bei den Ventilen ohne Relaiswirkung werden damit 2/2-Membranventile gesteuert, die für nahezu alle Anwendungen einen genügend großen Querschnitt aufweisen. Bei den Ventilen mit Relaiswirkung beeinflussen die 3/2-Magnetventile den Druck in der Steuerkammer eines Relaisventils. Die Elektronik steuert die Magnetventile in entsprechender Kombination an, so daß sich die notwendigen Funktionen „Druckhalten" bzw. „Druckabbau" ergeben. Keine Ansteuerung bedeutet „Druckaufbau".

Während einer Bremsung ohne Ansprechen von ABS (keine Blockierneigung eines Rades) durchströmt die Luft beim Be- und Entlüften der Bremszylinder die Ventile ungehindert in beiden Richtungen. Damit ist sichergestellt, daß die Funktion der Betriebs-Bremsanlage nicht durch die ABS-Ventile beeinflußt wird.

Elektronisch geregeltes Bremssystem (EBS) für Nfz

Aufgabe

Das elektronisch geregelte Bremssystem (EBS) erhöht und optimiert die Funktionalität im Brems- sowie im Antriebsfall gegenüber einer konventionell pneumatisch gesteuerten Bremsanlage.

Als Teilnehmer des CAN-Kommunikationsnetzwerks im Fahrzeug kann das EBS Informationen mit anderen Systemen austauschen und sie für das Realisieren von (unter Sicherheits-, Wirtschaftlichkeits- und Komfortaspekten) optimalen Beschleunigungs- oder Verzögerungsvorgängen nutzen (Bild H). Mit diesem „intelligenten“ Datenaustausch sind ferner komplexe Funktionen im Zusammenspiel von mehreren Steuergeräten zu realisieren sowie die Diagnosemöglichkeiten zu erweitern. Trotz der komplexen Funktionalität lässt sich eine EBS-Anlage gegenüber einer konventionellen Bremsanlage durch standardisierte Komponenten und reduziertem Verkabelungsaufwand einfacher gestalten.

Systemaufbau

Die Gerätegruppen „Druckluftversorgung“, „Druckluftaufbereitung“, „Kreissicherung“, „Energiespeicher“, „Bremszylinder“ und „Radbremsen“ gibt es baugleich in konventionellen Bremssystemen.

Bei EBS ist jedoch der bekannten pneumatischen Bremsanlage ein elektronischer Regelkreis überlagert, der die pneumatische Steuerung unterdrückt („back up“-Magnet). Die zwei Energiekreise (P1 und P2) bleiben unverändert erhalten (Bilder A, J).

Der Steuerdruck zum Anhänger wird dabei ebenfalls elektronisch geregelt. Für die Kommunikation mit den EBS-Anlagen des Anhängers steht die CAN-Schnittstelle entsprechend ISO 11992 zur Verfügung. Das unten stehende Bild stellt die gebräuchlichsten Anordnungen der EBS-Druckregelmodule dar (Bild B).

Zusammenspiel von pneumatischem und elektronischem Drucksteuerkreis *(Bild A).*
1 Fußbremsmodul, 2 Bremszylinder, 3 Druckregelmodul, 4 Drucksensor.

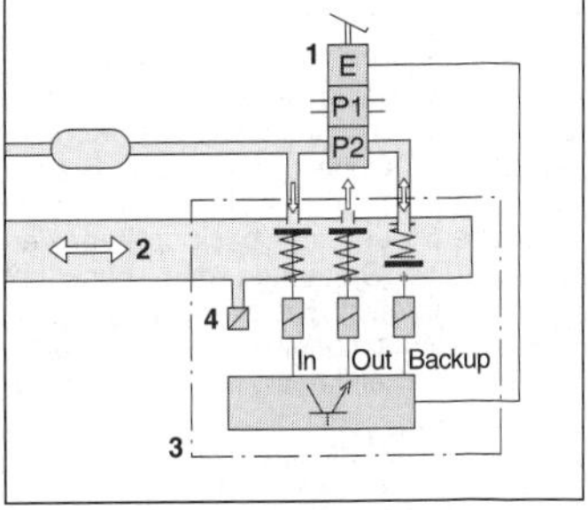

Anordnung der Druckregelmodule (DRM) im Zugfahrzeug *(Bild B).*

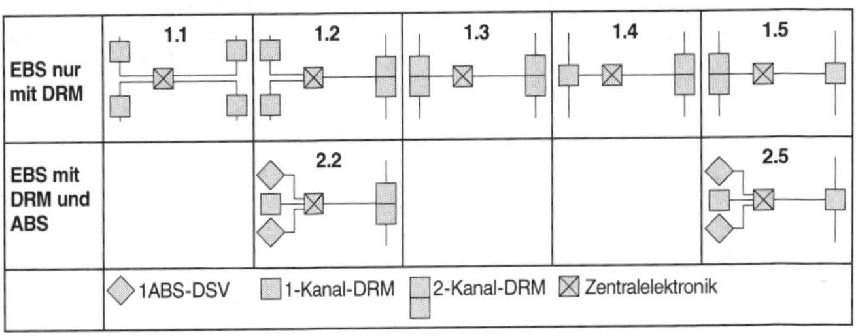

Ansteuerungen der „back up"-Kreise *(Bild C).*
1 „Back up" mit zwei Ansteuerkreisen (entspricht einer konventionellen Bremsanlage). 2 „Back up" mit je einem Ansteuerkreis für VA und Anhänger, HA rein elektrisch angesteuert. 3 „Back up" mit einkreisiger pneumatischer Ansteuerung für VA, HA und Anhänger. a Kreistrennung.

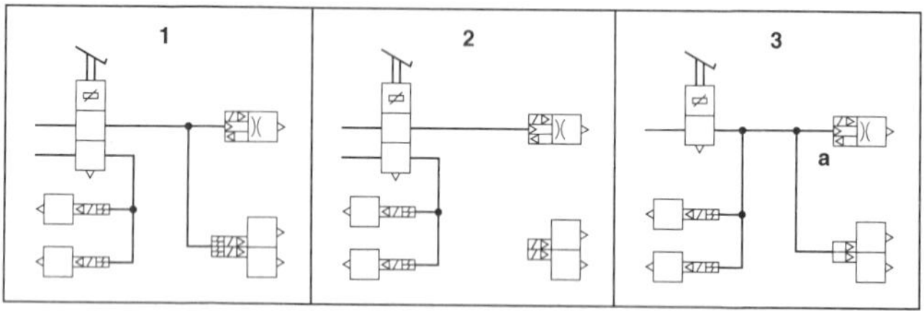

Je nach Option wird der Bremsdruck Achs- oder Rad-weise elektronisch geregelt. Systeme mit ESP benötigen eine Rad-individuelle Druckregelung. Eine Fehlererkennung löst in der elektrischen Bremsanlage eine selektive Abschaltung der betroffenen Funktionen oder Komponenten aus. Ohne elektronische Bremsregelung steht dann weiterhin die pneumatische Steuerung („back up") zur Verfügung. Die Steuerung des „back up" kann zweikreisig (Kreisverteilung analog einem konventionellen 2-Kreis-Bremssystem) oder einkreisig erfolgen (Bild C).

Fußbremsmodul FBM mit zwei pneumatischen Steuerkreisen *(Bild D).*
1 Bremswertgeber, 2 Betriebsbremsventil, 3 Anschluss Versorgung (5 V), 4 Anschluss Potentiometer, 5 Anschluss Masse.

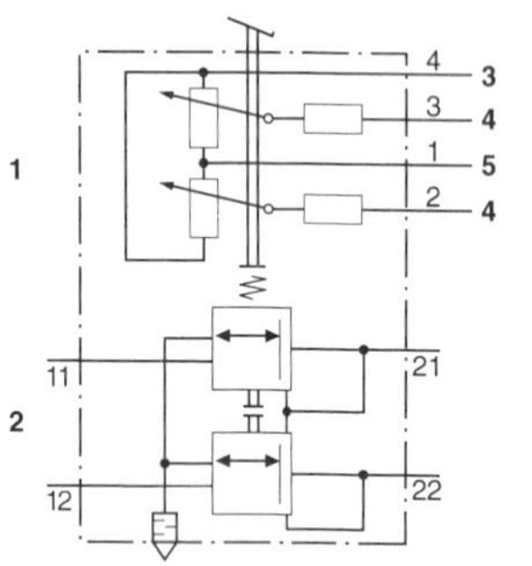

Die einkreisige Ansteuerung aller Achsen setzt eine Vorrichtung zum Trennen der pneumatischen Kreise voraus. Für eine rein elektrische Ansteuerung ohne pneumatischen „back up" („brake by wire") ist zukünftig das Problem der redundanten Stromversorgung zu lösen.

EBS-Komponenten

Elektronisches Steuergerät

Die zentrale Schaltstelle eines EBS besteht aus einem oder mehreren Steuergerät(en).

Derzeit sind sowohl Systeme mit zentralisierter Struktur (d.h. alle Softwarefunktionen laufen in einem Steuergerät ab) als auch Anlagen mit dezentral angeordneten Steuergeräten vorzufinden.

Fußbremsmodul (FBM, Bild D)

Das FBM realisiert zwei Funktionen: Zum einen erfassen zwei redundante elektrische Sensoren den Bremswunsch des Fahrers, indem sie den Betätigungsweg des FBM-Stößels messen. Sie übertragen den Messwert an das zentrale Steuergerät, das daraus eine Bremsanforderung berechnet. Zum anderen werden analog zu einem konventionellen Fußbremsventil ein bis zwei pneumatische Steuerdrücke („back up"-Kreise) entsprechend der Pedalbetätigung des Fahrers ausgesteuert (FBV-Teil).

Druckregelmodule DRM *(Bild E).*
a) 1-Kanal-Druckregelmodul,
b) 2-Kanal-Druckregelmodul.
1 Elektronisches Steuergerät,
2 Drehzahlsensor,
3 Bremsbelagsensor,
4 CAN+U-Mo,
5 „Back up"-Ventil,
6 Einlassventil,
7 Auslassventil,
8 Drucksensor,
9 Filter,
10 Relaisventil,
11 Schalldämpfer,
12 „Back up"-Kreis,
13 Versorgung,
14 Bremszylinder,
15 ALB.

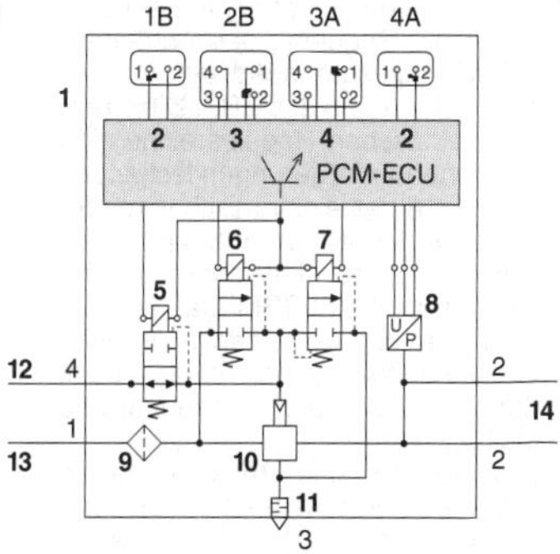

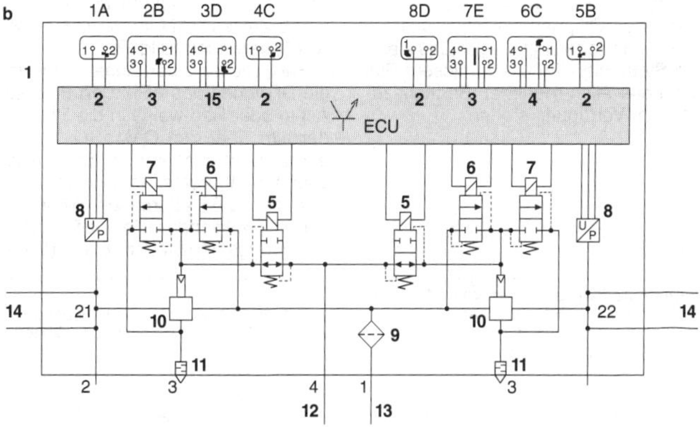

Druckregelmodule (DRM, Bild E)
Die Druckregelmodule bilden die Schnittstelle zwischen dem elektronischen Bremssystem und der pneumatischen Bremskraft. Sie setzen die über das Bremsen-CAN übertragenen Bremssolldrücke in pneumatische Drücke um. Die Umsetzung erfolgt mit „Proportionalmagneten" oder mit einer Ein-/Auslassmagnetkombination. Ein Drucksensor misst den ausgesteuerten Bremsdruck. Somit kann eine Bremsdruckregelung in einem geschlossenem Regelkreis stattfinden. Der elektrisch aktivierte „Back up"-Magnet sperrt die pneumatischen Steuerdrücke des FBM ab, um eine nicht beeinflusste elektrische Druckregelung zu ermöglichen.

Die Installation der Druckregelmodule in Radnähe ermöglicht den Anschluss der Sensoren für die Radgeschwindigkeit und den Bremsbelagverschleiß über kurze elektrische Leitungen. Diese Signale werden über den Bremsen-CAN zum zentralen Steuergerät übertragen. Der Aufwand für die Verkabelung im Fahrzeug lässt sich dadurch erheblich reduzieren.

Anhängersteuermodul (ASM)
Das elektronische Anhängersteuermodul ermöglicht die Regelung des Anhängersteuerdrucks entsprechend der funktionalen Anforderungen des EBS. Die Grenzen der elektrischen Regelbereiche sind in gesetzlichen Anforderungen festgelegt. Das Umsetzen des elektronisch vorgegebenen Sollwertes in einen ausgesteuerten Druck erfolgt mit einer ähnlichen Magnetanordnung wie im DRM. Das Sperren des „back up"-Druckes erfolgt je nach Konstruktionsprinzip über einen „back up"-Magnet oder durch pneumatische Rückhaltung.

Das Ansteuern des Anhängersteuermodules muss unter allen Normalbedingungen mit zwei unabhängigen Steuersignalen erfolgen. Dies können zwei pneumatische Signale aus zwei Steuerkreisen oder ein pneumatisches und ein elektrisches Steuersignal sein. Das elektrische Steuersignal muss in diesem Fall jedoch unter allen regulären Bertriebszuständen zu Verfügung stehen.

Ablauf einer elektropneumatischen Bremsung (Prinzip)
Mit dem Betätigen des Fahrtschalters wird das EBS initialisiert und einem Selbsttest unterzogen. Das Initialisieren des Bremssystems kann auch bei nicht aktiviertem Fahrtschalter aber betätigtem Fußbremsmodul erfolgen. Wird kein Fehler erkannt, erlöschen die Warnlampen und das EBS ist betriebsbereit.

Das Betätigen des FBM führt zu einer Berechnung des Bremswunsches im Steuergerät. Gleichzeitig werden die „back up"-Magneten in den DRM aktiviert und die pneumatischen Steuerdrücke abgesperrt. Das elektronische Steuergerät berechnet nun abhängig von Abbremsungswunsch, Fahrzeugmasse, Achslastverteilung usw. den optimalen Bremsdruck. Dieser Sollbremsdruck wird über den Bremsen-CAN an die DRM und das ASM übertragen (Bild F).

Entsprechend der Anordnung steuern die DRM und das ASM den Bremsdruck Achs- oder Rad-weise in die Bremszylinder ein. Über den CAN ISO 11992 wird ein dem Anhängersteuerdruck entsprechender Abbremsungswunsch an das Anhänger-EBS übermittelt (Bild H).

Für Funktionen wie ASR (Antriebsschlupfregelung) oder ESP (Elektroni-

***Informationsübertragung in einem EBS** (Bild F).*
1 Fußbremsmodul FBM, 2 Fahrerwunsch, 3 zentrales Steuergerät des EBS, 4 pneumatisches „back up", 5 Luftbehälter, 6 Lastinformation, 7 Bremsen-CAN-Bus, 8 Druckregelmodul DRM, 9 Membranzylinder, 10 Radgeschwindigkeitssensor.

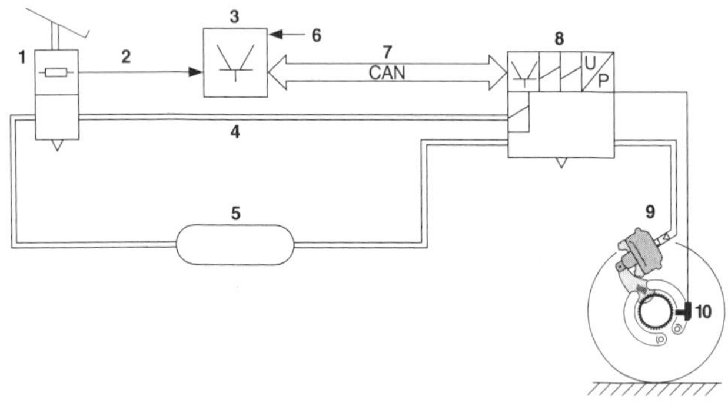

sches Stabilitäts-Programm) wird unabhängig von einem Fahrerwunsch Bremsdruck in dem DRM aufgebaut und in die Bremszylinder eingeregelt.

Die wichtigste Basisfunktion neben der elektronischen Druckregelung, ABS und ASR stellt in einem EBS die Regelung der Bremskraftverteilung zwischen den einzelnen Fahrzeugachsen dar. Für die Bestimmung der Bremskraftverteilung kommen derzeit die folgenden beiden Verfahren zur Anwendung:

Bremskraftverteilung basierend auf Achslastmessung
Bei diesem Verfahren wird die Achslast über einen Luftfederbalg-Drucksensor ermittelt. Für stahlgefederte Fahrzeuge stehen wegmessende Sensoren (Abstand Rahmen/Achse) zur Verfügung. Vorzugsweise wird die Last der Antriebsachse gemessen.

Als weitere Größe wird die Masse des Gesamtfahrzeugs ermittelt. Mit diesen Eingangsgrößen werden die Achslasten der nicht sensierten Achsen berechnet. Entsprechend der ermittelten Achslast wird jeder Achse eine festgelegte Bremskraft zugeordnet.

Bremskraftverteilung basierend auf einer Differenzschlupfbetrachtung
Diesem Verfahren liegt die Annahme zu Grunde, dass das Verhältnis zwischen Aufstandskraft und Bremskraft an Rädern mit gleichem Schlupf ebenfalls gleich ist. Damit ist sichergestellt, dass jedes Rad die seiner Aufstandskraft entsprechende Bremskraft überträgt. Die Bremsdrücke der einzelnen Räder oder Achsen werden nun so lange angepasst, bis keine Schlupfdifferenz mehr feststellbar ist. Als Messgrößen werden dabei die über die ABS-Raddrehzahlsensoren gemessenen Radgeschwindigkeiten und die aus den DRM ausgesteuerten Bremsdrücke verwendet.

Regelungs- und Managementfunktionen

Über die Funktionalität einer konventionellen Bremsanlage hinaus bietet ein EBS folgende weitere Funktionen:

Verzögerungsregelung
Für die Verzögerungsregelung wird jeder Stellung des Bremspedals eine feste Fahrzeugverzögerung zugeordnet. Diese Verzögerung wird unabhängig von der Fahrzeugmasse, dem Bremsenzustand und der Hangneigung realisiert. Das Gefühl beim Betätigen des Pedals ist somit reproduzierbar und von äußeren Parametern unabhängig.

Eine automatische Bremsüberwachung indiziert frühzeitig das Risiko einer Überbeanspruchung der Radbremsen.

Verschleißregelung
Für die Verschleißregelung müssen alle Radbremsen mit kontinuierlich arbeitenden Verschleißsensoren ausgerüstet sein. Die Messsignale dienen als Eingangsgrößen für die Verschleißregelung. Ziel dieser Regelung ist es, dass alle Bremsbeläge gleichzeitig verschlissen sind. Damit soll einerseits das Belagvolumen maximal genutzt und andererseits sollen Fahrzeugwartungszeiten reduziert werden. Sofern die Sensoren unterschiedliche Belagdicken an den Fahrzeugachsen ermitteln, werden die Bremsdrücke Achsweise bei kleinen Abbremsungswünschen (z <30 %) modifiziert (Bild G).

***Funktionsbereiche der Verschleißregelung in einem EBS** (Bild G).*
1 ABS-Aktivität, 2 Bremse adhäsionsoptimiert, 3 Bremse verschleißoptimiert, 4 Motorbremse, 5 ASR-Aktivität.

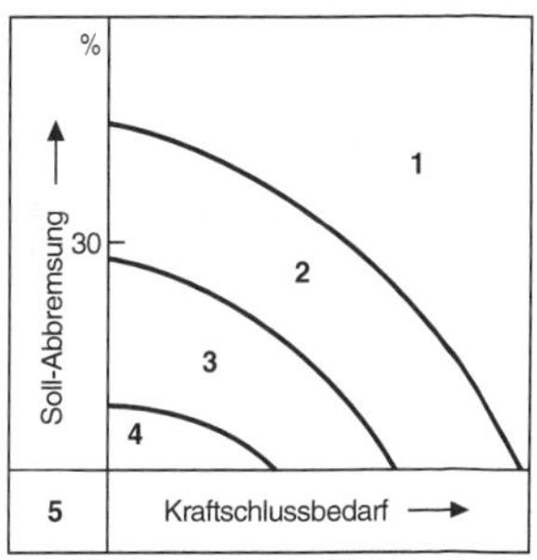

Bremsenmanagement und Blending
Die vom Fahrer gewünschte Bremskraft soll mit möglichst wenig Verschleiß an den mechanischen Bremsen erzeugt werden. Dazu wird angestrebt, die sehr schnell ansprechenden pneumatischen Bremsen nur zu Betätigungsbeginn einzusetzen und dann durch die verzögert einsetzende Bremskraft der Dauerbremsen (z. B. Retarder) zu ersetzen.

Der Übergang von der pneumatischen Bremse zur Dauerbremse wird als „Blending“ bezeichnet. Dieser Blending-Vorgang läuft für den Fahrer unbemerkt ab, da sich die Fahrzeugverzögerung während dieses Vorgangs nicht ändert.

Das Management für die Verteilung der Bremskräfte auf die zur Verfügung stehenden Bremsenarten (Motorbremse, Auspuffklappebremse, Retarder, pneumatische Bremsen) übernimmt die EBS-Elektronik.

Abstimmung Zugfahrzeug/Anhängefahrzeug
Das Zusammenspiel zwischen Zug- und Anhängefahrzeug regelt die Gesetzgebung mit dem „Kompatibilitätsdiagramm“. Doch auch innerhalb der gesetzlichen Grenzen kann das Zusammenwirken bestimmter Fahrzeugkombinationen zu kritischen Fahrzuständen bzw. zu einem ungleich verteilten Verschleiß zwischen Zugfahrzeug und Anhängefahrzeug führen.

Das EBS versucht nun, die Differenz zwischen der tatsächlichen und einer idealen Abstimmung zu ermitteln und auszuregeln. Ziel dabei ist es, die Koppelkräfte bei Sattelzügen auf die Sattellast und bei Gliederzügen auf null zu regeln.

Ist im Anhängefahrzeug ein EBS installiert und die Schnittstelle nach ISO 11992 verfügbar (Bild H), so steht die Radgeschwindigkeit aus dem Anhängefahrzeug zu Verfügung. Die Bremskraft lässt sich dann mit einer Betrachtung des Differenzschlupfes zwischen Zug- und Anhängefahrzeug abstimmen (siehe Bremskraftverteilung).

Rollsperre/Haltestellenbremse
Die Rollsperre bzw. die Haltestellenbremse wird über einen zusätzlichen Schalter betätigt. Ist die Funktion aktiviert, wird der vom Fahrer eingesteuerte Bremsdruck nach Fahrzeugstillstand auch ohne betätigtes Bremspedal aufrecht erhalten.

Wird ein Anfahrvorgang erkannt (Stellung des Kupplungssignals) und vom Motor ein Antriebsmoment geliefert, das dem Bremsmoment des Bremsdruckes entspricht, werden die Bremszylinder entlüftet. Über das Vergleichen des Bremsmomentes mit dem Antriebsmoment wird ein Rückwärtsrollen des Fahrzeugs an Steigungen verhindert. Die Rollsperre darf jedoch nicht als Feststellbremse verwendet werden.

Überwachungs- und Diagnosefunktionen

Neben den beschriebenen Funktionen können weitere Überwachungs- und Diagnosefunktionen realisiert werden:

Additionsverhinderung
Gleichzeitiges Betätigen der Betriebsbremse und der Feststellbremse führt zu mechanischer Überbeanspruchung der Radbremsen. EBS kann die parallele Betätigung erkennen und durch Senken des Betriebsbremsdruckes bei gleichzeitig betätigter Feststellbremse die Belastung der Radbremse herabsetzen.

Bremsüberwachung
Mit der Kenntnis von Radgeschwindigkeiten und Bremsdrücken lässt sich die Belastung (Energieaufnahme) der Radbremsen ermitteln. Sobald das System frühzeitig das Erreichen eines kritischen Belastungsniveaus feststellt, kann es den Fahrer informieren. Dieser erhält so einen größeren Spielraum, um Gefahrensituationen (z. B. Fading) zu vermeiden.

CAN-Vernetzung der Bremskomponenten und mit anderen Systemen im Fahrzeug *(Bild H).*
a) Zugfahrzeug,
b) Anhängefahrzeug.
1, 2, 3 CAN-Stationen (z.B. Information, Fahrwerk, Triebstrang),
4, 5 CAN-Stationen (EBS-Steuergerät),
6 CAN-Stationen (EBS-Druckregelmodule),
7 Steckverbindung ISO 7638 (7-polig).

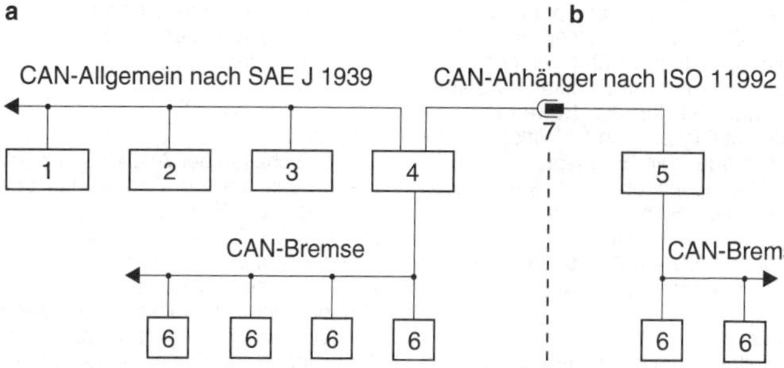

Betriebs-Bremsanlage einer EBS *(Bild J).*
a) Zugfahrzeug, b) Anhängefahrzeug.
1 Vierkreis-Schutzventil, 2 Luftbehälter, 3 Betriebsbremsventil mit Bremswertgeber, 4 Einkanal-Druckregelmodul (DRM), 5 Bremszylinder, 6 Drehzahlsensor, 7 Belagverschleißsensor, 8 EBS-Steuergerät im Zugfahrzeug, 9 Zweikanal-Druckregelmodul (2K-DRM), 10 Drucksensor, 11 Luftfederbalg, 12 Anhänger-Steuerventil, 13 Vorrats-Kupplungskopf, 14 Brems-Kupplungskopf, 15 Steckverbindung ISO 7638 (7-polig), 16 Leitungsfilter, 17 Anhängerbremsventil mit Löseeinrichtung, 18 EBS-Steuergerät im Anhängefahrzeug.

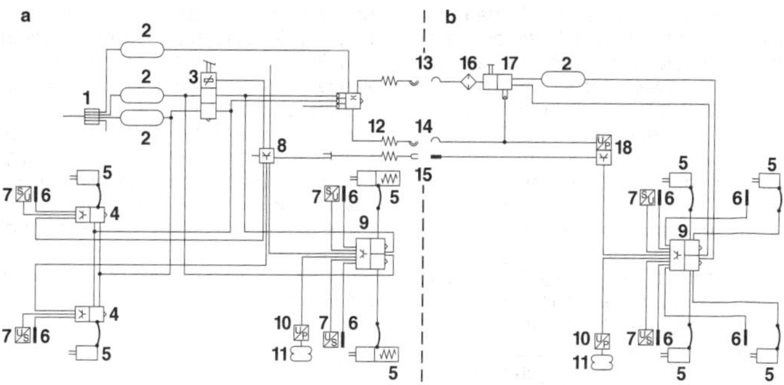

Bremsprüfstände

Die grundsätzliche sicherheitstechnische Bedeutung der Bremsanlagen von Kraftfahrzeugen erfordert regelmäßige Überprüfungen. Bei diesen Untersuchungen der Fahrzeuge nach §29 StVZO sowie bei Inspektionsarbeiten in der Kfz-Werkstatt oder Reparaturen beim Bremsendienst werden die Bremsprüfungen auf Bremsprüfständen (hauptsächlich Rollenprüfständen) durchgeführt. Die gemessenen Bremskräfte am Radumfang dienen als Grundlage für die Bewertung von Funktionsfähigkeit und Wirkung der Bremsanlage. Die Bremsprüfstände für die Untersuchungen nach §29 StVZO müssen den „Richtlinien für die Anwendung, Beschaffenheit und Prüfung von Bremsenprüfständen" des Bundesministers für Verkehr entsprechen.

Aufbau

Ein Rollen-Bremsprüfstand besteht im Wesentlichen aus zwei Rollensätzen für die rechte und linke Prüfstandsseite. Das Fahrzeug wird mit den Rädern der zu prüfenden Achse in diese Rollensätze gefahren.

Das Grundelement für die Rollensätze bildet ein stabiler Rahmen, auf den in Wälzlagern je eine Antriebs- und Auflaufrolle parallel zueinander montiert sind. Ein Kettenantrieb verbindet beide Rollen formschlüssig miteinander. Ein Drehstrommotor treibt die Antriebsrolle über ein Übersetzungsgetriebe an. Diese Antriebseinheit lagert pendelnd auf der verlängerten Welle der Antriebsrolle und stützt sich durch einen am Getriebe angeflanschten Hebel über eine Kraftmesseinrichtung am Rahmen ab. Die Messung der Bremskraft F_{Br} beruht auf der Messung des Reaktionsmoments M_R. Die Elektromotoren treiben die Laufrollen mit einer bestimmten Umlaufgeschwindigkeit an und halten diese auch dann nahezu konstant, wenn durch die auf den Laufrollenpaaren abgebremsten Fahrzeugräder ein Bremsmoment entgegenwirkt. Die pendelnd aufgehängte Antriebseinheit mit Hebelarm überträgt das beim Abbremsen wirkende Bremsmoment auf die Kraftmesseinrichtung. Die Kraftmesseinrichtung ist in Form eines Biegebalkens mit Dehnungsmessstreifen ausgeführt.

Die digitale Verarbeitung der Messwerte mit Rechner erfolgt bei diesen Systemen so, dass alle in der Bremskraftmessung enthaltenen Informationen wie Brems-kraftdifferenz oder Bremskraftschwankung getrennt ausgewertet und je nach Ausführung analog oder digital in übersichtlicher Form angezeigt und über einen angeschlossenen Drucker auch protokolliert werden.

Funktion

Das Einschalten der Antriebsmotoren für die Rollensätze des Prüfstandes erfolgt entweder über Fernbedienung oder aber über die Ein-Ausschalt-Automatik. Sichtbares Kennzeichen einer solchen Automatik sind die beweglich zwischen den Prüfrollen jedes Rollensatzes angeordneten Tastrollen. Das Fahrzeug drückt diese Tastrollen beim Einfahren in den Prüfstand mit den Rädern nach unten und schaltet den Prüstand ein. Verlässt das Fahrzeug den Prüfstand wieder, so schaltet es den Prüfstand beim Entlasten der Rollen automatisch wieder aus. Steigt beim Abbremsen die Bremskraft über die Reibungskraft zwischen Reifen und Prüfrollen an, beginnt das Rad zu schlupfen und will blockieren. Bei gleitenden Rädern wird jedoch nicht mehr die Bremskraft, sondern der für die Bremsprüfung unbrauchbare radlastproportionale Gleitwiderstand zwischen Reifen und Rollen gemessen. Diese Fehlmessungen und eine mögliche Beschädigung der Reifen verhindert die „automatische Schlupfabschaltung", die den Schlupf über die Drehzahl der Tastrolle erfasst und bei Überschreiten eines eingestellten Maximalwerts den Prüfstand abschaltet. Im Augenblick des Abschaltens zeigt die Bremskraftanzeige den maximale Bremswert an. Eine elektronische Speicherschaltung bewirkt, dass dieser Wert ausreichend lange für eine sichere Ablesung stehen bleibt.

Werden zusätzlich zu den Bremskräften auch Fahrzeug- bzw. Achsgewichte über Fernbedienung eingegeben oder am Prüfstand gemessen, errechnet der Prüfstand zusätzlich noch die Abbremsung.

Durch die automatischen Abläufe im Bremsprüfstand lässt sich der Prüfvorgang äußerst rationell ausführen. Der Prüfer kann vom Fahrzeug aus die gesamte Bremsprüfung der Vorder- und Hinterachsen durchführen.

Die Prüfung von Fahrzeugen mit permanentem Allradantrieb und variabler Momentenverteilung erfolgt auf speziellen Prüfständen. Dabei wird verhindert, dass Momente von der angetriebenen auf die stillstehende Achse übertragen werden.

Messwertsensor im Bremsprüfstand.
1 Justierplatte, 2 Zentrierstift, 3 Biegebalken mit Dehnungsmessstreifen, 4 Drucklager, 5 Drehmomenthebel.

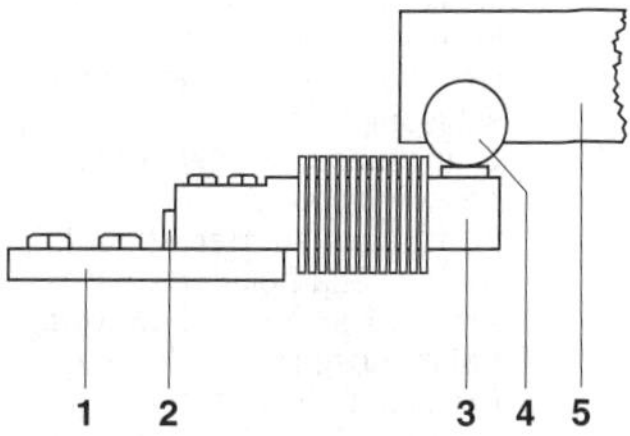

Bestimmung der Bremskraft F_{Br} durch Messen des Reaktionsmoments M_R.
1 Fahrzeugreifen,
2 Rollenpaar mit Abstand a,
3 Motor mit Getriebe,
4 Drehmomenthebel mit Länge l,
5 Messwertsensor,
6 Anzeigegerät.

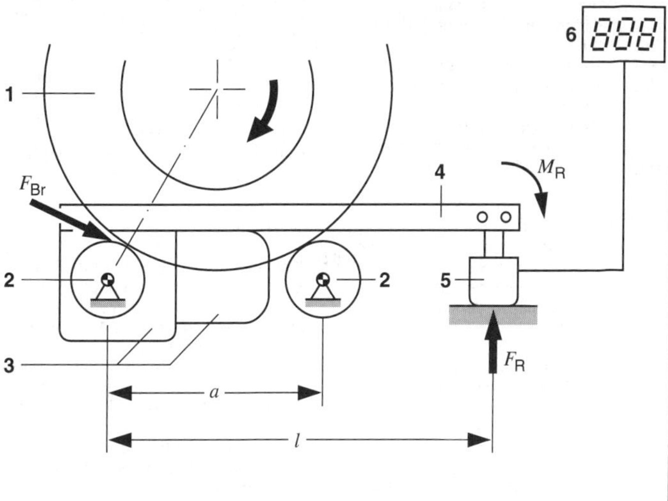

Elektronisches Stabilitäts-Programm (ESP) für Pkw

Größen und Begriffe

a	Abstand der Vorderräder vom Fahrzeugschwerpunkt
a_x	Geschätzte Fahrzeuglängsbeschleunigung
a_y	Gemessene Fahrzeugquerbeschleunigung
A_0, A_1, A_2	Konstanten zur Berechnung des Reifenarbeitspunktes
c	Abstand der Hinterräder vom Fahrzeugschwerpunkt
C_p	Bremsmomentübersetzung
C_λ	Reifensteifigkeit in Längsrichtung
D_T	Regelzykluszeit
D_λ	Antriebsschlupf-Toleranzband zwischen den Antriebsrädern
F_B	Reifenbremskraft
F_{BF}	Stationäre (gefilterte) Bremskraft
F_N	Reifenaufstandskraft
F_R	Resultierende Reifenkraft
F_S	Reifenseitenkraft
J_{Mot}	Motorträgheitsmoment
J_{Rad}	Radträgheitsmoment
K_p, K_d, K_i	Reglerverstärkungsfaktoren für die P-, D- und I-Anteile
M_{Dif}	Differenzsollmoment der Antriebsräder
M_{FV}	Fahrervorgabemotormoment
M_{SoGi}	Fahrzeuggiersollmoment
ΔM_{SoGi}	Kleine Änderung des Fahrzeuggiersollmomentes
M_{KaHalb}	Halbes Kardanwellenmoment
M_{Kar}	Kardanwellenmoment
M_{Mot}	Motoristmoment
M_{SoRad}	Bremssollmoment
M_{SoMot}	Motorsollmoment
$M_{SoSperr}$	Bremssperrsollmoment an den Antriebsrädern
M_{SoZWV}	Sollmoment, das über ZWV eingestellt werden soll
p_{Kreis}	Kreisdruck, der durch den Fahrer eingestellt wird
p_{Rad}	Radzylinderdruck
p_{RadPre}	Radzylindersolldruck
R	Radradius
T_{iAUS}	Einspritzausblendungszeit
$\ddot{U}_{Ge}$	Getriebeübersetzung
U_{Vent}	Ventilansteuermodus
υ_{CH}	Charakteristische Geschwindigkeit des Fahrzeugs
υ_{Dif}	Raddifferenzgeschwindigkeit der Antriebsräder
υ_F	Fahrzeuggeschwindigkeit
υ_{Kar}	Kardanwellengeschwindigkeit
υ_{Rad}	Gemessene Radgeschwindigkeit
υ_{Rad3}	Gemessene Radgeschwindigkeit hinten links
υ_{Rad4}	Gemessene Radgeschwindigkeit hinten rechts
$\upsilon_{RadFrei}$	Berechnete Radgeschwindigkeit (freirollend)
υ_{SoDif}	Raddifferenzsollgeschwindigkeit der Antriebsräder
υ_{SoKar}	Kardanwellen-Sollgeschwindigkeit
υ_x	Fahrzeug-Längsgeschwindigkeit
υ_y	Fahrzeug-Quergeschwindigkeit
x_1, x_2	Parameter des Hydraulikmodells
α	Reifenschräglaufwinkel
α_0, λ_0	Beliebiger Reifenarbeitspunkt
β	Fahrzeugschwimmwinkel
β_{So}	Fahrzeugsollschwimmwinkel
δ	Lenkradwinkel
δ_R	Lenkwinkel der Vorderräder
λ	Reifenschlupf
λ_{So}	Reifensollschlupf
λ_{MA}	Mittlerer Antriebsschlupfsollwert der Antriebsräder
μ_{HF}	Haftreibungszahl
μ_{Res}	Resultierende Haftreibungszahl aus den Radkraftschätzungen
$\dot{\psi}$	Giergeschwindigkeit
$\dot{\psi}_{So}$	Giersollgeschwindigkeit
m	Minimalwert des Bremssollmomentes der angetriebenen Räder
MIN	Minimalwertoperator
SUM	Ereignisgesteuerte Integration
ZWV	Zündwinkelverstellung

Aufgabe

Das Elektronische Stabilitäts-Programm ESP (Fahrdynamikregelung) ist ein Regelsystem im Bremssystem und im Antriebsstrang, das das seitliche Ausbrechen des Fahrzeugs verhindert. Das ABS verhindert das Blockieren der Räder beim Bremsen, ASR vermeidet das Durchdrehen der Räder beim Antreiben. ESP gewährleistet, dass das Fahrzeug beim Lenken nicht „schiebt" oder instabil wird.

ESP verbessert über die Vorteile von ABS und ASR hinaus die aktive Fahrsicherheit in folgenden Punkten:

– Aktive Unterstützung des Fahrers auch in querdynamisch kritischen Situationen.
– Erweiterte Fahrstabilität; Spur- und Richtungstreue im Grenzbereich in allen Betriebszuständen wie Vollbremsung, Teilbremsung, Freirollen, Antrieb, Schub und Lastwechsel.
– Erweiterte Fahrstabilität auch bei extremen Lenkmanövern (Angst- und Panikreaktionen) und damit drastische Reduzierung der Schleudergefahr.
– Verbessertes Fahrzeugverhalten auch im Grenzbereich und damit hinsichtlich des Erfahrungshorizonts des Fahrers vorhersehbar. Das Fahrzeug ist auch in kritischen Verkehrssituationen beherrschbar.
– Verbesserte, situationsabhängige Nutzung des Kraftschlusspotenzials bei ABS/ASR und dadurch Bremsweg-/Traktionsgewinne sowie verbesserte Lenkbarkeit.

Fahrzeugführung

Die Beschreibung der Fahrzeugquerdynamik (S. 390) definiert das Eigenlenkverhalten des Fahrzeugs und stellt anhand der stationären Kreisfahrt die Abhängigkeit der Reifenschräglaufwinkel α von der Fahrzeugquerbeschleunigung a_y und damit von den Reifenquerkräften dar. Weiter weist die Beschreibung von ABS (S. 723) und ASR (S. 670) bereits auf die Abhängigkeit der Reifenquerkräfte vom Reifenschlupf hin. Daraus folgt, dass das Eigenlenkverhalten des Fahrzeugs in Verbindung mit dem Reifenschlupf beeinflusst werden kann. ESP nutzt diese Eigenschaft der Reifen zum Realisieren einer Servoregelung für die Fahrzeugführung.

Wichtig für eine gute Fahrzeugführung ist, dass das Fahrzeug einer Fahrspur folgt, die möglichst präzise mit dem Lenkwinkelverlauf übereinstimmt (siehe Bild „Querdynamik eines Fahrzeugs", Kurve 2). Dies ist gewährleistet, wenn die Reifenquerkräfte während des Manövers deutlich unterhalb des Kraftschlusspotenzials der Reibwertpaarung Reifen/Fahrbahn bleiben. Der Giergeschwindigkeitsverlauf entspricht dann dem des Lenkwinkels.

Es reicht für die ESP jedoch nicht aus, die Gierbewegung entsprechend dem Lenkwinkel zu regeln: das Fahrzeug kann dennoch instabil werden (siehe Bild, Kurve 3).

Aus diesem Grund regelt die ESP sowohl die Giergeschwindigkeit als auch den Schwimmwinkel.

Die Fahrzeugführungsregelung der ESP ist nicht auf den ABS- und ASR/MSR-Betrieb beschränkt, sondern erstreckt sich auch auf den Bereich, in dem das Fahrzeug frei rollt und auf den Teilbremsbereich, in dem das Fahrzeug sich im fahrphysikalischen Grenzbereich bewegt.

Blockschaltbild des Reglers der ESP *(Prinzip).*

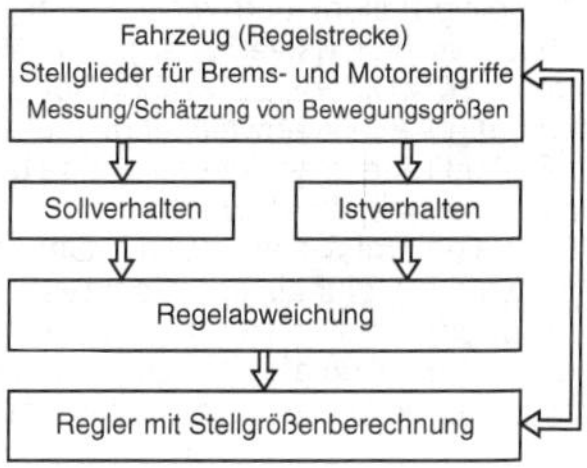

Querdynamik eines Fahrzeugs.
1 Lenksprung, Lenkradwinkel fest,
2 Fahrspur auf griffiger Fahrbahn,
3 Fahrspur auf glatter Fahrbahn bei „Open-Loop" Lenksprung mit Regelung der Giergeschwindigkeit,
4 Fahrspur auf glatter Fahrbahn mit zusätzlicher Regelung des Schwimmwinkels (ESP).

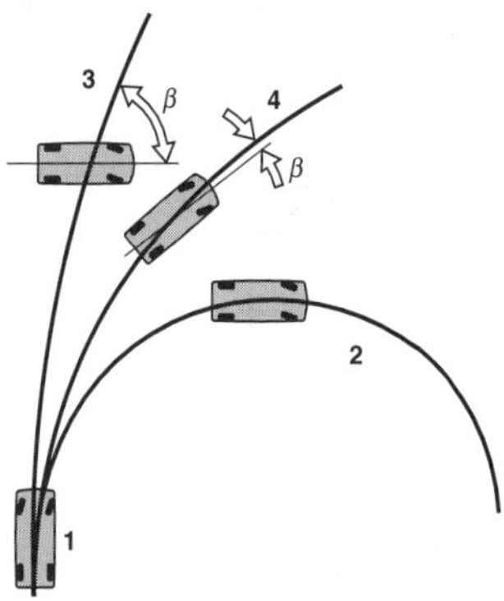

Regelungssystem des ESP

Regelung

Die Regelung des Fahrzeugverhaltens im fahrdynamischen Grenzbereich soll die drei Freiheitsgrade des Fahrzeugs in der Ebene (Längs-, Quer- und Giergeschwindigkeit um die Hochachse) im Sinne eines an den Fahrerwunsch und die Fahrbahn angepassten Fahrverhaltens beeinflussen. Hierzu muss, wie im Blockschaltbild dargestellt, zuerst bestimmt werden, wie sich das Fahrzeug im Grenzbereich entsprechend dem Fahrerwunsch verhalten soll (Sollverhalten) und wie es sich tatsächlich verhält (Istverhalten). Zur Verringerung der Differenz zwischen Soll- und Istverhalten (Regelabweichung) müssen die Reifenkräfte in geeigneter Weise über Stellglieder beeinflusst werden.

Das Gesamtsystem (Bild „Gesamtregelsystem") enthält das Fahrzeug als Regelstrecke, die Sensoren (1...5) zur Bestimmung der Reglereingangsgrößen, die Stellglieder (6 und 7) zur Beeinflussung der Brems- und Antriebskräfte sowie den hierarchisch strukturierten Regler, bestehend aus überlagertem Fahrdynamikregler und unterlagerten Schlupfreglern. Der überlagerte Regler gibt Sollwerte für den unterlagerten Regler in Form von Sollschlupf vor. Im „Beobachter" wird die geregelte Zustandsgröße (Schwimmwinkel β) ermittelt.

Zur Bestimmung des Sollverhaltens werden die den Fahrerwunsch beschreibenden Signale des Lenkradwinkelsensors (3, Lenkwunsch), des Vordrucksensors (2, Verzögerungswunsch) und des Motormanagements (7, Antriebsmomentenwunsch) ausgewertet. Zusätzlich gehen in die Berechnung des Sollverhaltens die Haftreibungszahlen und die Fahrzeuggeschwindigkeit ein, die aus den Signalen der Raddrehzahlsensoren (1), des Querbeschleunigungssensors (5), des Giergeschwindigkeitssensors (4) und des Vordrucksensors (2) geschätzt werden. In Abhängigkeit von der Regelabweichung wird das Giermoment berechnet, das

Gesamtregelsystem der ESP.
1 Raddrehzahlsensoren, 2 Vordrucksensor, 3 Lenkradwinkelsensor, 4 Giergeschwindigkeitssensor, 5 Querbeschleunigungssensor, 6 Druckmodulation, 7 Motormanagement, 8 Sensorsignale für ESP. α Reifenschräglaufwinkel, δ_R Lenkwinkel, λ_{So} Reifensollschlupf.

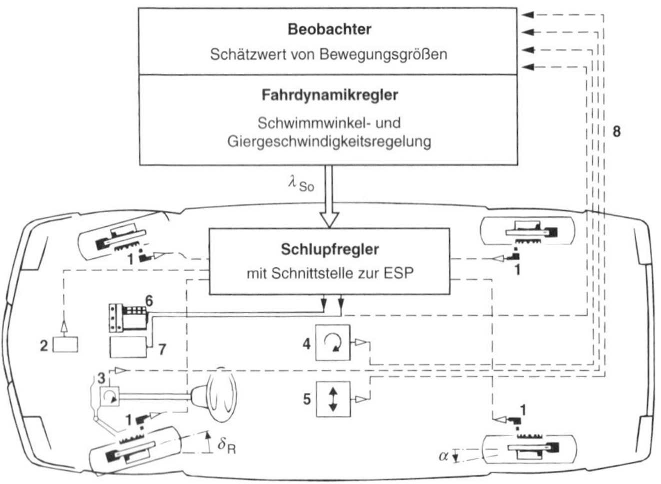

benötigt wird, um die Istzustandsgrößen den Sollzustandsgrößen anzugleichen.

Zur Erzeugung dieses Giersollmoments werden im Fahrdynamikregler die erforderlichen Sollschlupfänderungen an den geeigneten Rädern ermittelt. Sie werden über die unterlagerten Brems- und Antriebsschlupfregler und die Stellglieder „Bremshydraulik" (6) und „Motormanagement" (7) eingestellt.

Das System baut auf bewährten ABS- und ASR-Komponenten auf. Das ASR-Hydroaggregat (6), welches an anderer Stelle beschrieben ist, erlaubt eine aktive Bremsung aller Räder mit hoher Dynamik im gesamten auftretenden Temperaturbereich.

Durch das Motormanagement (7) mit CAN-Schnittstelle können das erforderliche Motormoment und damit die Antriebsschlupfwerte an den Rädern eingestellt werden.

Systemkomponenten

Fahrdynamikregler

Der bei stationärer Kreisfahrt (S. 395) bestehende Zusammenhang zwischen Lenkwinkel, Fahrzeuggeschwindigkeit und Giergeschwindigkeit bildet die Grundlage für die Fahrzeugsollbewegung sowohl bei stationärer Fahrt als auch beim Bremsen und Beschleunigen. Aus der Fahrzeuggeschwindigkeit und dem Lenkwinkel wird die Giersollgeschwindigkeit mit Hilfe des „Einspur-Fahrzeugmodells" berechnet:

$$\dot{\psi}_{So} = \frac{v_x \cdot \delta_R}{(a+c)\left(1+\frac{v_x^2}{v_{CH}^2}\right)}$$

Zur Schwimmwinkelregelung wird dieser Wert zuerst entsprechend der Haftreibungszahl der Fahrbahn begrenzt:

$$|\dot{\psi}_{So}| \le \mu_{HF} \cdot g / v_F$$

Blockschaltbild des Fahrdynamikreglers von ESP mit Ein- und Ausgangsgrößen.

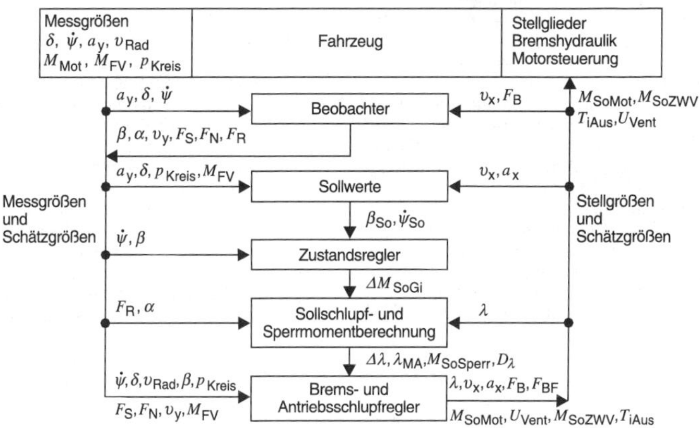

wobei g die Fallbeschleunigung ist und die Haftreibungszahl μ_{HF} und die Fahrzeuggeschwindigkeit v_F geschätzt werden.

Auf eine direkte Beeinflussung der Quergeschwindigkeit und damit auch des Schwimmwinkels über Seitenkraftänderungen wird verzichtet. Besser lässt sich die Querbewegung indirekt über Schräglaufwinkeländerungen einstellen, indem die Drehung des Fahrzeugs durch Erzeugen von Giermomenten eingeleitet wird.

Die Struktur des Fahrdynamikreglers ist in einem vereinfachten Blockschaltbild dargestellt. Im „Beobachter" werden modellgestützt aus den Messgrößen (Giersollgeschwindigkeit $\dot{\psi}_{So}$, Lenkradwinkel δ und Fahrzeugquerbeschleunigung a_y) sowie aus den Schätzgrößen (Fahrzeuglängsgeschwindigkeit v_x und Bremskräfte F_B) die Schräglaufwinkel α, der Schwimmwinkel β und die Fahrzeugquergeschwindigkeit v_y sowie die Radkräfte in Seiten- und Normalrichtung F_S, F_N und die resultierenden Radkräfte F_R ermittelt.

Die Sollwerte für den Schwimmwinkel β_{So} und die Giergeschwindigkeit $\dot{\psi}_{So}$ werden bestimmt aus den Fahrervorgaben Lenkradwinkel δ, Vorgabemotormoment M_{FV} (Gaspedalstellung) und Bremsdruck p_{Kreis}, der geschätzten Fahrzeuglängsgeschwindigkeit v_x und der Haftreibungszahl μ_{HF}, die mit Hilfe der geschätzten Längs- und der gemessenen Querbeschleunigung ermittelt wird. Dabei werden auch das Übertragungsverhalten des Fahrzeugs sowie Sondersituationen, wie geneigte Fahrbahn oder unterschiedliche Haftreibungszahlen an den Fahrzeugseiten (μ-Split), berücksichtigt.

Der Fahrdynamikregler ist als Zustandsregler ausgeführt. Die geregelten Zustandsgrößen sind der Schwimmwinkel und die Giergeschwindigkeit. Der Regler berücksichtigt den Schwimmwinkel mit steigenden Werten zunehmend. Die Ausgangsgröße des Zustandsreglers entspricht einem Giermoment M_{SoGi}.

Dieses Giermoment wird nun, ebenfalls mit Hilfe des linearisierten Zweispur-Fahrzeugmodells und den aktuellen Schlupfwerten λ, den resultierenden Radkräften F_R und den Schräglaufwinkeln α, in Sollschlupfänderungen an geeigneten Rädern umgerechnet. Wenn das Fahrzeug zum Beispiel beim freien Rollen in einer Rechtskurve übersteuert und die Giersollgeschwindigkeit überschritten wird, dann wird unter anderem am linken Vorderrad ein Sollbremsschlupf vorgegeben. Dadurch wirkt eine nach links drehende Giermomentänderung auf das Fahrzeug, welche die zu große Giergeschwindigkeit abbaut. Der Sollschlupf wird durch die unterlagerten ABS- bzw. ASR-Radregler verändert. Im ungebremsten Fall oder wenn der durch den Fahrer vorgegebene Vordruck nicht ausreicht, um den gewünschten Sollschlupf einzustellen (Teilbremsbereich), wird der Druck in den Bremskreisen aktiv erhöht.

Im ASR-Betrieb übergibt der Fahrdynamikregler neben einem mittleren absoluten Antriebsschlupfwert λ_{MA} und einem Antriebsschlupf-Toleranzband D_λ auch ein Bremssperrsollmoment $M_{SoSperr}$ zur Einstellung des erforderlichen Fahrzeuggiersollmoments M_{SoGi}. Um auch für die ABS- und ASR-Grundfunktionen spürbare Verbesserungen bei der situationsgerechten Ausnutzung des Kraftschlusspotenzials zu erreichen, werden alle vorliegenden Mess- und Schätzgrößen auch in den unterlagerten Reglern konsequent genutzt.

Unterlagerte Bremsschlupfregler (ABS) und Motorschleppmomentregler (MSR)

Für die Regelung des Radschlupfes auf einen vorgegebenen Sollwert muss der Schlupf hinreichend genau bekannt sein. Die Längsgeschwindigkeit des Fahrzeugs wird nicht gemessen, sondern aus den Radgeschwindigkeiten v_{Rad} bestimmt. Dazu werden während einer ABS-Regelung einzelne Räder „unterbremst", d. h. die Schlupfregelung wird unterbrochen, das aktuelle Radbremsmoment definiert gesenkt und eine Zeitlang konstant gehalten. Unter der Annahme, dass das Rad gegen Ende dieser Zeit stabil läuft, kann aus der momentanen Bremskraft F_B und der Reifensteifigkeit C_λ die (schlupffreie) Radgeschwindigkeit (frei rollend) $v_{RadFrei}$ berechnet werden.

$$v_{RadFrei} = v_{Rad} \cdot \frac{C_\lambda}{C_\lambda - \dfrac{F_B}{F_N}}$$

Die im Radkoordinatensystem bestimmte Radgeschwindigkeit (frei rollend) wird über die Giergeschwindigkeit $\dot{\psi}$, den Lenkwinkel δ_R, die Quergeschwindigkeit υ_y und die Fahrzeuggeometrie in den Schwerpunkt transformiert und daraus die Schwerpunktsgeschwindigkeit υ_x in Längsrichtung generiert. Anschließend wird υ_x auf die vier Radmittelpunkte zurücktransformiert, um die Radgeschwindigkeiten (frei rollend) aller vier Räder zu erhalten. Somit kann auch für die verbleibenden drei geregelten Räder der Istschlupf λ berechnet werden:

$$\lambda = 1 - \frac{\upsilon_{\text{Rad}}}{\upsilon_{\text{RadFrei}}}$$

Ausgehend von der stationären Bremskraft F_{BF} wird entsprechend der Schlupfregelabweichung über ein PID-Regelgesetz das Sollmoment am Rad gebildet.

$$M_{\text{SoRad}} = F_{BF} \cdot R + K_p(\lambda_{So} - \lambda)R + K_d\left(\frac{d}{dt}\,\upsilon_{\text{Rad}} - \frac{d}{dt}\,\upsilon_{\text{RadFrei}}\right)\frac{J_{\text{Rad}}}{R} + K_i \cdot C_p \cdot \text{SUM}\,\{(\lambda_{So} - \lambda) \cdot D_T\}$$

Für die angetriebenen Räder kann das Bremssollmoment M_{SoRad} teilweise oder im ungebremsten Fall vollständig vom Motor eingestellt werden, um eine Motorschleppmomentregelung (MSR) zu realisieren. Das Antriebsrad mit dem kleineren Radsollmoment wird in den erlaubten Grenzen über den Motoreingriff geregelt. Bei Heckantrieb gilt:

$$M_{\text{SoMot}} = -\frac{2m}{\ddot{U}_{Ge}} + \frac{J_{\text{Mot}} \cdot \ddot{U}_{Ge}}{R} \cdot \frac{d}{dt}\upsilon_x$$

$$m = \text{MIN}\,(M_{\text{SoRad3}}, M_{\text{SoRad4}})$$

Das Motorsollmoment M_{SoMot} ist bei negativen Werten durch das maximale Motorschleppmoment und im Antriebsfall (positive Werte) auf das vom Hersteller erlaubte maximale, aktive Antriebsmoment begrenzt. Für ein positives

Blockschaltbild des Bremsschlupfreglers für ABS und MSR mit Ein- und Ausgangsgrößen.

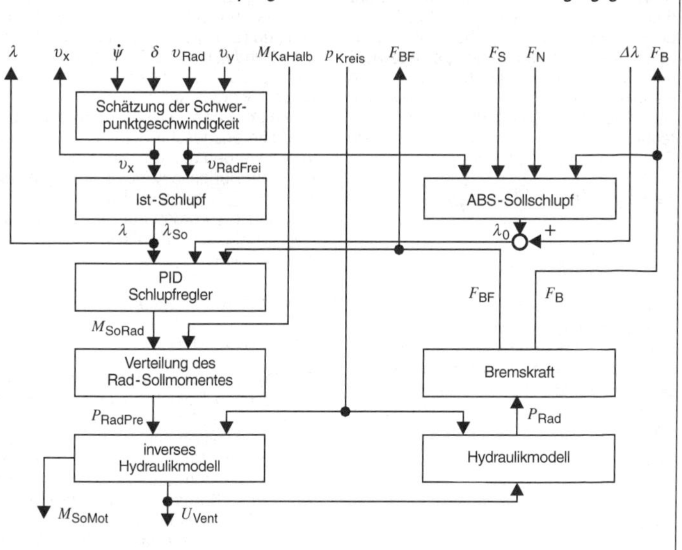

Bremssollmoment M_{SoRad} muss das eventuell verbleibende Bremsmoment über den Bremsdruck eingestellt werden.

$$p_{\text{RadPre}} = \frac{M_{\text{SoRad}} + M_{\text{KaHalb}}}{C_{\text{p}}}$$

Der vom Regler geforderte Druck in den Radzylindern p_{RadPre} wird über die Bremshydraulik und den zugehörigen Ventilansteuermodus U_{Vent} eingestellt. Mit einem inversen „Hydraulikmodell", dessen Parameter x_1, x_2 vorab bestimmt und im Regler abgelegt werden, wird die gewünschte Ventilzeit berechnet. Im Wesentlichen besteht das Modell aus dem Bernoulli-Ansatz für inkompressible Medien und einer Druck-Volumen-Kennlinie.

$$U_{\text{Vent}} = \frac{p_{\text{RadPre}} - p_{\text{Rad}}}{(x_1 + x_2 \cdot p_{\text{Rad}}) \sqrt{|p_{\text{Kreis}} - p_{\text{Rad}}|}}$$

$U_{\text{Vent}} > 0$ Druck aufbauen,
$U_{\text{Vent}} = 0$ Druck halten,
$U_{\text{Vent}} < 0$ Druck abbauen.

Da der Ventilansteuermodus U_{Vent} beschränkt und quantisiert wird, muss über das Hydraulikmodell der tatsächlich eingestellte Druck p_{Rad} berechnet werden. Über das Momentengleichgewicht am Rad können dann bei bekanntem Radbremsdruck und den gemessenen Radgeschwindigkeiten die aktuelle Reifenbremskraft F_{B} und die stationäre Bremskraft F_{BF} bestimmt werden:

$$F_{\text{B}} = C_{\text{p}} \cdot \frac{p_{\text{Rad}}}{R} - \frac{M_{\text{KaHalb}}}{R} + \frac{J_{\text{Rad}}}{R^2} \cdot \frac{\text{d}}{\text{d}t}\, \upsilon_{\text{Rad}}$$

$$F_{\text{B}} = T_{\text{i}} \cdot \frac{\text{d}}{\text{d}t} F_{\text{BF}} + F_{\text{BF}}$$

Die stationäre (gefilterte) Bremskraft F_{BF} dient nun als Bezugsgröße des PID-Reglers. Aus dem errechneten Arbeitspunkt λ_0 und der vom Fahrdynamikregler vorgegebenen Schlupfänderung errechnet der ABS-Regler den einzustellenden Reifensollschlupf λ_{So}.

$$\lambda_0 = A_0 \cdot \mu_{\text{Res}} + \frac{A_1}{\upsilon_{\text{RadFrei}}} + A_2$$

$$\mu_{\text{Res}} = \frac{\sqrt{F_{\text{B}} + F_{\text{S}}}}{F_{\text{N}}}$$

Antriebsschlupfregler (ASR)

Der Antriebsschlupfregler wird nur zur Schlupfregelung bei Hinterradantrieb eingesetzt. Aktiveingriffe an den Vorderrädern werden von dem Bremsschlupfregler direkt bestimmt. Abweichend von ABS erhält der Antriebsschlupfregler als Führungsgrößen vom Fahrdynamikregler den mittleren Antriebsschlupfsollwert λ_{MA} der beiden Antriebsräder und ein Bremssperrsollmoment M_{SoSperr} zur direkten Beeinflussung des Giermoments. Der Sollwert für die Differenzgeschwindigkeit der beiden Antriebsräder υ_{SoDif} ist die Differenz ihrer Radgeschwindigkeiten (frei rollend), wobei der Fahrdynamikregler zusätzlich noch ein Toleranzband D_{λ} für die Differenz der beiden Antriebsschlupfwerte vorgibt, die eine tote Zone für die Regelabweichung darstellt, damit ein Bremssperrsollmoment M_{SoSperr} aufgebaut werden kann.

Das ASR-Modul berechnet die Bremssollmomente M_{SoRad} für die beiden Antriebsräder, das Motorsollmoment M_{SoMot} für den Drosselklappeneingriff, den Sollwert M_{SoZWV} für die Motormomentreduzierung durch die Zündwinkelverstellung (ZWV) sowie optional die Anzahl der Zylinder und die Zeitdauer T_{iAUS}, für welche die Kraftstoffeinspritzung ausgeblendet werden soll.

Die Sollwerte für die Kardanwellen- und Raddifferenzgeschwindigkeit (υ_{SoKar} und υ_{SoDif}) werden aus den Sollschlupfwerten mit den Radgeschwindigkeiten (frei rollend) $\upsilon_{\text{RadFrei}}$ gebildet. Die Regelgrößen υ_{Kar} und υ_{Dif} werden bei Heckantrieb aus den Radgeschwindigkeiten υ_{Rad3} und υ_{Rad4} ermittelt:

$$\upsilon_{\text{Kar}} = \frac{1}{2}\,(\upsilon_{\text{Rad3}} + \upsilon_{\text{Rad4}})$$

$$\upsilon_{\text{Dif}} = \upsilon_{\text{Rad3}} - \upsilon_{\text{Rad4}}$$

Die Dynamik hängt von den sehr unterschiedlichen Betriebszuständen der Regelstrecke ab. Deshalb wird der Betriebszustand ermittelt, um die Reglerparameter an die Streckendynamik und die Nichtlinearitäten anpassen zu können. Auf die Kardanwellengeschwindigkeit υ_{Kar} wirkt das Trägheitsmoment des gesamten Antriebsstranges (Motor, Getriebe, Kardanwelle und Antriebsräder). Die

Kardanwellengeschwindigkeit wird deshalb durch eine relativ große Zeitkonstante (geringe Dynamik) beschrieben. Dagegen ist die Zeitkonstante der Raddifferenzgeschwindigkeit v_{Dif} relativ klein, weil die Dynamik von v_{Dif} fast ausschließlich durch die Trägheitsmomente der beiden Räder bestimmt wird. Außerdem wird v_{Dif} im Gegensatz zu v_{Kar} nicht direkt vom Motor beeinflusst. v_{Kar} und v_{Dif} werden deshalb als Regelgrößen verwendet, weil sie eine geeignete Zerlegung des gekoppelten Zweigrößensystems (gemessene Radgeschwindigkeit hinten links v_{Rad3} und rechts v_{Rad4}) in zwei Teilsysteme mit unterschiedlicher Dynamik und unterschiedlich starken Motoreinflüssen zulassen. Die Motoreingriffe und der „symmetrische" Anteil des Bremseneingriffs sind die Stellgrößen des Reglers für die Kardanwellengeschwindigkeit v_{Kar}. Der „asymmetrische" Anteil des Bremseneingriffs ist das Stellsignal des Reglers für die Raddifferenzgeschwindigkeit v_{Dif}.

Die Kardanwellengeschwindigkeit wird durch einen nichtlinearen PID-Regler geregelt, wobei insbesondere die Verstärkung des I-Anteils (vom Betriebszustand abhängig) in einem weiten Bereich variiert. Der I-Anteil ist stationär ein Maß für das auf die Fahrbahn übertragbare Moment. Reglerausgang ist das Kardanwellenmoment M_{Kar}.

Zur Regelung der Raddifferenzgeschwindigkeit v_{Dif} dient ein nichtlinearer PI-Regler. Die Reglerparameter sind von Fahrstufe und Motoreinflüssen unabhängig. Aus dem vom Fahrdynamikregler vorgegebenen Toleranzband D_{λ} für den Differenzschlupf der Antriebsräder wird eine tote Zone für die Regelabweichung berechnet. Der Fahrdynamikregler gibt bei „μ-Split" zur Sicherstellung der Traktion eine relativ schmale tote Zone vor und erhöht dadurch die Empfindlichkeit des Reglers für die Raddifferenzgeschwindigkeit v_{Dif}. Bei einem Eingriff auf das Bremssperrsollmoment M_{SoSperr} oder bei optionaler Select-low-Regelung gibt der Fahrdynamikregler ein breites Toleranzband vor, und der Regler für die Raddifferenzgeschwindigkeit v_{Dif} lässt dadurch größere

Blockschaltbild des Antriebsschlupfreglers mit den Ein- und Ausgangsgrößen.

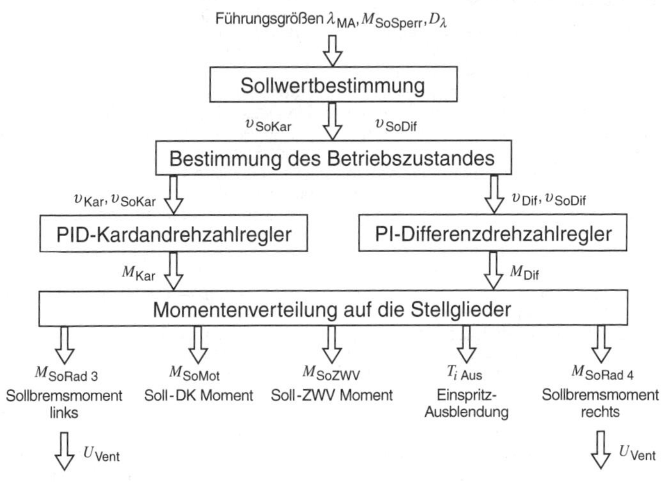

Geschwindigkeitsunterschiede an den Hinterrädern zu. Reglerausgang ist das Differenzsollmoment M_{Dif}.

Das Kardanwellenmoment M_{Kar} und das Differenzsollmoment M_{Dif} werden auf die Stellglieder verteilt. Das Differenzsollmoment M_{Dif} wird durch den Bremsmomentenunterschied zwischen linkem und rechtem Antriebsrad über einen entsprechenden Ventilansteuermodus U_{Vent} im Hydroaggregat eingestellt. Das Kardanwellensollmoment M_{Kar} wird sowohl durch die Motoreingriffe als auch durch einen symmetrischen Bremseneingriff aufgebracht. Der Drosselklappeneingriff ist nur mit relativ großer Verzögerung (Totzeit und Übergangsverhalten des Motors) wirksam. Als schneller Motoreingriff wird eine Zündwinkelspätverstellung und optional zusätzlich eine Einspritzausblendung vorgenommen. Der symmetrische Bremseneingriff dient dabei zur kurzfristigen Unterstützung der Motormomentreduzierung.

Der Antriebsschlupfregler kann in diesem Modul relativ einfach an die verschiedenen Motoreingriffsarten angepasst werden.

Systemausführung

Das Hydraulikaggregat und die Drehzahlsensoren eignen sich für Motorraumbedingungen. Drehratensensor, Querbeschleunigungssensor, Lenkradwinkelsensor und Steuergerät sind für den Einbau in die Fahrgastzelle oder den Kofferraum vorgesehen. Beispielhaft ist der dargestellte Fahrzeugeinbau der Komponenten mit den elektrischen und mechanischen Verbindungen.

Sensorik

Die Gestaltung der Sensorschnittstellen ist sehr stark von der Notwendigkeit und den Möglichkeiten der Schnittstellenüberwachbarkeit beeinflusst, die mit modernen Steuergeräten kostengünstig und wirkungsvoll ausgeführt werden kann (Sensoren s. S. 134).

Die Anforderungen an die Sensorik wurden durch Auswertung von Simulationsstudien und umfangreicher Fahrversuche ermittelt. Ebenso wurden die Auswirkungen von Sekundäreffekten (Einflüsse aus Einbaulagetoleranzen, Kreuzkopplungen und sonstige Sensorfehler) auf die ESP-Funktion untersucht. Hieraus resultiert ein mehrstufiges und damit sehr dichtes Überwachungsnetz, das die Aspekte der analytischen Redundanz umfasst. Dies ist eine Grundvoraussetzung, um komplexe, sicherheitsrelevante Systeme im Hinblick auf die geforderte Zuverlässigkeit zu beherrschen, wenn aus Kostengründen auf eine redundante Sensorik verzichtet werden muss.

Steuergerät

Das in konventioneller Leiterplattentechnik (vier Lagen) aufgebaute Steuergerät umfasst neben den beiden teilredundanten Rechnern sowohl alle Treiber zur Ventil- und Lampenansteuerung, Halbleiterrelais zur Ventil- und Pumpenansteuerung als auch Interface-Schaltungen zur Sensorsignalaufbereitung und entsprechende Schaltereingänge für Zusatzsignale, wie Bremslichtschalter und andere. Ferner ist für die Kommunikation mit anderen Systemen (z. B. Motormanagement und Getriebesteuerung) eine CAN-Schnittstelle integriert. Um die Abmessungen des Gehäuses wegen der großen Anzahl zusätzlicher Signalanschlüsse klein halten zu können, verfügt das Steuergerät über eine spezielle Steckverbindung.

Überwachungssystem

Ein lückenloses Sicherheitssystem ist von fundamentaler Bedeutung für die sichere Funktion des ESP. Es umfasst das Gesamtsystem einschließlich aller Komponenten mit allen Wechselwirkungen. Das Sicherheitssystem beruht auf sicherheitstechnischen Methoden wie z. B. FMEA, ETA und Fehlersimulationsstudien.

Daraus abgeleitet sind Maßnahmen zur Vermeidung von Fehlern mit sicherheitsrelevanten Auswirkungen realisiert. Umfangreiche Überwachungsprogramme gewährleisten, dass alle nicht ausschließbaren Fehler sicher erkannt werden. Basis dafür ist die bei ABS und ABS/ASR erprobte Sicherheitssoftware, die alle ans Steuergerät angeschlossenen Komponenten, ihre elektrischen Verbindungen, Signale und Funktionen überwacht. Diese wurde weiter durch die konsequente Nutzung der zusätzlichen Sensoren verbessert und an die Zusatzkomponenten und Zusatzfunktionen des ESP angepasst.

Die Sensoren werden mehrstufig überwacht:

In einer ersten Stufe werden die Sensoren während des ganzen Fahrbetriebs auf Leitungsbruch und nicht plausibles Signalverhalten (out-of-range-check, Einstreuerkennung, physikalische Plausibilität) überwacht.

In einer zweiten Stufe werden die wichtigsten Sensoren aktiv getestet. Der Giergeschwindigkeitssensor wird durch aktive Verstimmung des Sensorelements und Auswertung der Signalantwort geprüft. Auch der Beschleunigungssensor hat im Hintergrund eine interne Überwachung. Das Drucksensorsignal muss beim Einschalten einen vordefinierten Verlauf aufweisen und intern werden der Offset und die Verstärkung abgeglichen. Der Lenkwinkelsensor mit „lokaler Intelligenz“ hat eigene Überwachungsfunktionen und liefert direkt eine Fehlermeldung an das Steuergerät. Zusätzlich wird die digitale Signalübertragung an das Steuergerät ständig überwacht.

In einer dritten Stufe erfolgt die Überwachung der Sensoren während des ganzen stationären Fahrbetriebs durch „analytische Redundanz“, indem in einer Modellrechnung geprüft wird, ob die über die Fahrzeugbewegung determinierten Beziehungen zwischen den Sensorsignalen nicht verletzt werden. Die Modelle werden auch dazu genutzt, um die innerhalb der Sensorspezifikationen auftretenden Sensoroffsets zu berechnen und zu kompensieren.

Im Fehlerfall wird das System abhängig von der Fehlerart ganz oder teilweise abgeschaltet. Die Fehlerbehandlung ist auch davon abhängig, ob die Regelung aktiv ist oder nicht.

Das ESP-System mit elektrischen Verbindungen im Fahrzeug.
1 Radbremsen, 2 Raddrehzahlsensoren, 3 Steuergerät-Motormanagement mit CAN-Schnittstelle, 4 Drosselklappensteller, 5 Vorladepumpe mit Vordrucksensor, 6 Lenkradwinkelsensor, 7 Bremskraftverstärker mit Hauptzylinder, 8 Hydrauliksystem mit Bremsdrucksensor und angebautem Steuergerät, 9 Drehgeschwindigkeitssensor mit eingebautem Querbeschleunigungssensor.

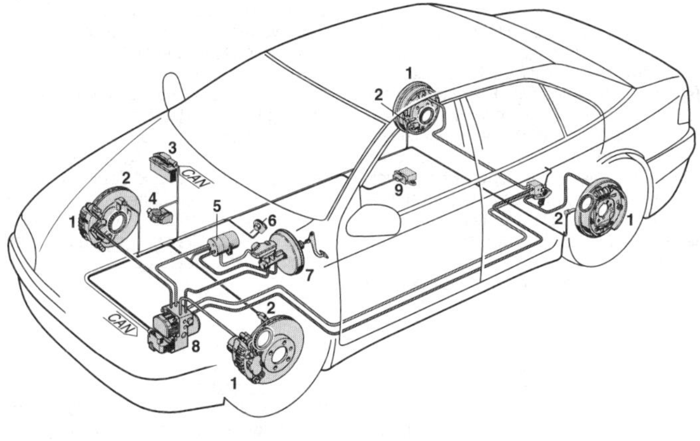

Elektronisches Stabilitäts-Programm (ESP) für Nfz

Aufgabe

Das Elektronische Stabilitäts-Programm ESP für Nutzfahrzeuge ist ein Fahrdynamikregelsystem, das das Antiblockiersystem ABS und die Antriebsschlupfregelung ASR wesentlich erweitert.

Die Sicherheitssysteme ABS und ASR regeln die einzelne Raddynamik beim Bremsen und Beschleunigen. Dabei werden die Raddrehzahlen als gemessene Istgrößen dem jeweiligen Regler zugeführt, dort mit den Sollgrößen verglichen und Abweichungen durch Bremsdruck- und/oder Motormomentveränderungen korrigiert. Das entschärft längsdynamisch kritische Situationen; das Fahrzeug bleibt z. B. beim Bremsen lenkbar.

Da der Regler jedoch keine Größen für die Fahrzeugbewegung berücksichtigt, hängt die Stabilisierung des Fahrzeugs von der Abstimmung des jeweiligen ABS oder ASR ab und ist somit z. B. beim ABS ein Kompromiss zwischen Bremsweg und Lenkbarkeit. Beim ASR liegt der Kompromiss zwischen Stabilität und Traktion.

Das ESP erweitert die Regelung um die Größen der Fahrzeugbewegung, d. h. um die Querdynamik. Zusätzlich zum Schleudern des Fahrzeugs (vgl. ESP für Pkw auf S. 771ff) gibt es für Nutzfahrzeuge aufgrund deren Besonderheiten (zusätzliche Freiheitsgrade durch den Anhänger oder Auflieger sowie hoher Schwerpunkt) weitere kritische Situationen, wie Einknicken oder Umkippen. Damit stellen sich für das ESP für Nutzfahrzeuge die folgenden Aufgaben:

– Aktive Unterstützung des Fahrers in querdynamisch kritischen Situationen, unabhängig davon, ob der Fahrer bremst oder beschleunigt.
– Erweiterte Fahrstabilität: Verbesserung der Spur- und Richtungstreue eines Einzelfahrzeugs sowie einer Fahrzeugkombination (z. B. Sattelkraftfahrzeug) im Grenzbereich unter allen Betriebs- und Beladungszuständen. Das schließt auch ein Verhindern des Einknickens der Fahrzeugkombination ein.
– Erweiterte Fahrstabilität: Verringern der Kippgefahr eines Einzelfahrzeugs und einer Fahrzeugkombination sowohl bei quasistationären als auch bei dynamischen Fahrmanövern.
– Verbessertes Ausnutzen des Kraftschlusses zwischen Reifen und Fahrbahn und damit Optimieren des ABS- und ASR-Verhaltens durch Einbeziehen der Informationen zur Fahrdynamik.

Funktionsgruppen

Aus den Aufgaben abgeleitet ergeben sich für das ESP die nachfolgend beschriebenen Funktionsgruppen.

Stabilisieren des Fahrzeugs bei Schleuder- und Einknickgefahr
Zum Stabilisieren eines Fahrzeugs muss eine kritische Situation zunächst als solche erkannt werden. Dazu vergleicht der Regler die aktuelle Fahrzeugbewegung in der Ebene unter Berücksichtigung der physikalischen Grenzen mit der vom Fahrer gewünschten Bewegung. Die ebene Bewegung wird bei einem Einzelfahrzeug durch drei Freiheitsgrade (Längs-, Quer- und Gierbewegung) beschrieben. Bei einem Sattelkraftfahrzeug ist die ebene Bewegung um den Knickwinkel zwischen Motorwagen und Anhänger als zusätzlichen Freiheitsgrad erweitert.

Die vom Fahrer gewünschte Fahrzeugbewegung wird im Steuergerät mit Hilfe von vereinfachten mathematisch-physikalischen Modellen im Wesentlichen aus dem Lenkradwinkel und der Fahrzeuggeschwindigkeit berechnet. So wird die Giersollgeschwindigkeit ω_{zsoll} des Motorwagens mit Hilfe eines Einspur-Fahrzeugmodells berechnet:

$$\omega_{zsoll} = (\delta_R \cdot \upsilon_x)/(l + EG \cdot \upsilon_x^2)$$

mit

δ_R Radlenkwinkel,
υ_x Fahrzeuggeschwindigkeit,
l Radstand sowie
EG Eigenlenkgradient, der das Eigenlenkverhalten des Fahrzeugs beschreibt (vgl. S. 399).

Das ESP ermittelt die aktuelle Fahrzeugbewegung aus den verfügbaren Messgrößen „Gierrate“ und „Querbeschleunigung“ sowie den „Raddrehzahlen“. Da der Knickwinkel nicht als Messsignal vorliegt, wird dieser aus den vorhandenen Messgrößen geschätzt. Dies ist nur unter Annahme einer stabilen Fahrt des Sattelaufliegers möglich.

Bei spürbaren Abweichungen zwischen der aktuellen Fahrzeugbewegung und der vom Fahrer erwarteten Bewegung nimmt das ESP zunächst eine grobe Klassifizierung der Situation in „Übersteuern“ und „Untersteuern“ vor.

„Übersteuern“ beschreibt Situationen, in denen das Heck des Fahrzeugs seitlich nach außen weggleitet, d. h. das Fahrzeug dreht schneller als für den gewünschten Kurvenradius erforderlich (vgl. S. 384). Diese Situation führt beim Sattelkraftfahrzeug häufig zum Einknicken und ist durch den Fahrer kaum beherrschbar.

Im Falle des „Untersteuerns“ schiebt das Fahrzeug über die Vorderräder nach außen zum Kurvenrand (vgl. S. 384), was insbesondere bei beladenen Dreiachsfahrzeugen mit nur einer gelenkten Achse vorkommt.

Nachdem das ESP die Situation klassifiziert hat, errechnet es ein korrigierendes Giermoment. Dieses korrigierende Giermoment wird dann in geeigneter Weise durch Bremsen einzelner oder mehrerer Räder in einen Radschlupf umgesetzt. Beispielhaft ist dies in der Abbildung auf Seite 764 für ein eindeutiges Über- bzw. Untersteuern dargestellt. Neben diesen eindeutigen Situationen gibt es noch weitere kritische Fahrzustände, in denen je nach gewünschtem Stabilisierungsmoment auch andere Räder bzw. Kombinationen von Rädern gebremst werden.

Das Schleudern und Einknicken eines Nutzfahrzeugs findet wegen der für Nutzfahrzeuge spezifischen Besonderheiten überwiegend bei niedrigen und mittleren Kraftschlussbeiwerten statt. Bei hohen Kraftschlussbeiwerten neigen Nutzfahrzeuge wegen des im Allgemeinen hohen Schwerpunkts eher zum Kippen als zum Schleudern.

Verringern der Kippgefahr

Die Kippgrenze eines Fahrzeugs hängt nicht nur von der Höhe des Schwerpunkts ab, sondern auch vom Fahrwerk (Achsaufhängung, Stabilisatoren, Federbasis usw.) und der Art der Beladung (feste oder bewegte Beladung). Eine näherungsweise Berechnung ist auf Seite 400 beschrieben.

Ursächlich für das Kippen eines Nutzfahrzeuges ist eine relativ geringe Kippgrenze in Verbindung mit einer zu großen Fahrzeuggeschwindigkeit während einer Kurvenfahrt.

Das ESP nutzt diese Zusammenhänge, um die Kippwahrscheinlichkeit zu mindern. Sobald sich das Fahrzeug der Kippgrenze annähert, wird es durch ein Reduzieren des Motormoments und ein Abbremsen verzögert. Die Kippgrenze wird dabei abhängig von der Beladung des Fahrzeugs und der Lastverteilung geschätzt und situationsabhängig modifiziert.

So wird die geschätzte Kippgrenze in schnellen dynamischen Fahrsituationen (z. B. bei Ausweichmanövern) reduziert, um ein frühzeitigeres Eingreifen zu ermöglichen. Dagegen wird die geschätzte Kippgrenze bei sehr langsamen Fahrmanövern (z. B. enge Serpentinenkehren bergauf) angehoben, um keine unnötigen und störenden ESP-Eingriffe zu erhalten.

Dem Schätzen der Kippgrenze liegen verschiedene Annahmen bezüglich der Höhe des Schwerpunkts und bezüglich des Fahrverhaltens der Fahrzeugkombination bei bekannter Achslastverteilung zugrunde. Sie decken den größten Teil der üblichen Fahrzeugkombinationen ab.

Um auch bei starken Abweichungen von diesen Annahmen noch eine Stabilisierung zu gewährleisten, detektiert ESP zusätzlich das Abheben der kurveninneren Räder. Dabei werden diese auf nicht plausibles Drehzahlverhalten hin überwacht. Gegebenenfalls wird dann die gesamte Fahrzeugkombination durch geeignete Bremseingriffe stark verzögert.

Das Abheben der kurveninneren Räder am Anhänger wird mit Hilfe des Anhänger-EBS (vgl. S. 763) über die CAN-Kommunikationsleitung (SAE J 11992, vgl. S. 762) durch Anlaufen des ABS-Reglers mitgeteilt. Für Kombinationen mit Anhänger, die ausschließlich mit ABS ausgerüstet sind, beschränkt sich das Erkennen des Rad abhebens auf die kurveninneren Räder des Motorwagens.

Aufbau

Das Elektronische Stabilitäts-Programm ESP für Nutzfahrzeuge basiert auf dem Elektronischen Bremssystem EBS (vgl. S. 761) und erweitert dieses um die Regelung der Fahrdynamik. ESP nutzt dazu die Möglichkeit des EBS, individuell für jedes Rad unabhängig vom Fahrer unterschiedliche Bremskräfte zu erzeugen.

Sensorik

Über die für EBS typischen Sensoren für die Raddrehzahlen und Bremsdrücke hinaus enthält ESP auch Sensoren für die Fahrzeugdynamik. Dies sind ein Gierratensensor mit integriertem Querbeschleunigungssensor sowie ein Lenkradwinkelsensor (siehe S. 134). Beide Sensoren enthalten je einen Mikrocontroller mit CAN-Schnittstelle zur Auswertung und Übertragung der Messdaten.

Der Lenkradwinkelsensor ist in der Regel unmittelbar unterhalb des Lenkrads befestigt und misst somit den Drehwinkel des Lenkrads.

Die Querbeschleunigung des Fahrzeugs sollte möglichst im Schwerpunkt des Motorwagens erfasst werden. Daher ist der Gierraten-/Querbeschleunigungssensor meist in der Nähe des Schwerpunkts am Fahrzeugrahmen montiert.

Steuergerät

Im Fahrzeugsystem gibt es neben dem EBS-Steuergerät nun ein weiteres Steuergerät in konventioneller Leiterplattentechnik für das Nfz-ESP der ersten Generation. Nachfolgesysteme integrieren die Funktionen des ESP im EBS-Steuergerät.

Ein CAN-Bus verbindet die ESP-Sensoren (ebenso wie die elektropneumatischen Modulatoren EPM) mit dem Steuergerät (vgl. S. 761ff). Die zuvor beschriebenen Funktionsgruppen im Steuergerät berechnen aus den eingegangenen Sensorinformationen den Bremsdruck bzw. den Radschlupf für jedes Rad und für den Anhänger sowie eine Motormomentreduzierung. Diese Daten werden dann über den Bremsen-CAN-Bus an die EPM bzw. über den Fahrzeug-CAN-Bus (CAN-Allgemein nach SAE J 1939) zur Umsetzung an das Motorsteuergerät übermittelt.

Über den Fahrzeug-CAN-Bus werden neben den Anforderungen des ESP an das Motormanagement zum Reduzieren des Motormoments auch in entgegengesetzter Richtung relevante Informationen des Motors und der Retarder übertragen. Dies sind im Wesentlichen aktuelle und gewünschte Motormomente und Motordrehzahlen, Retardermomente, die Fahrzeuggeschwindigkeit sowie Informationen verschiedener Bedienungsschalter und eines eventuell angekuppelten Anhängers.

Systemstruktur

Die Struktur des EBS ist auf Seite 763 dargestellt.

Sicherheits- und Überwachungsfunktionen

Die umfangreichen Eingriffsmöglichkeiten des ESP in das Fahrverhalten des Fahrzeugs bzw. der Fahrzeugkombination setzen ein lückenloses Sicherheitssystem für die ordnungsgemäße Funktion des Systems voraus. Dies umfasst sowohl das Basissystem EBS als auch die zusätzlichen ESP-Komponenten einschließlich aller Sensoren, Steuergeräte und Schnittstellen.

Eigenüberwachung der Komponenten

Wegen der Komplexität des Systems und der „Eigenintelligenz" der meisten Komponenten verfügt zunächst jede Komponente über Eigenüberwachungen aller internen Funktionen, Schnittstellen und angeschlossenen Sensoren. So beinhaltet das Basis-EBS die Überwachung aller für die EBS-Funktion relevanten Funktionen und Komponenten (siehe S. 763).

Auch die ESP-Sensoren enthalten interne Eigenüberwachungen und teilen eventuell auftretende Fehlfunktionen dem ESP-Steuergerät über den CAN-Bus mit.

Gegenseitige Überwachung der Mikrocontroller
Zusätzlich zu den internen Überwachungsfunktionen der einzelnen Steuergeräte gibt es eine gegenseitige Überwachung, bei der mit Hilfe von speziellen Algorithmen die Funktion der Mikrocontroller geprüft wird.

Überwachung der ESP-Sensoren
Neben den sensorinternen Überwachungen erfolgt im ESP eine physikalische Plausibilitätsprüfung der Sensorsignale (auf Signalgradient und Wertebereich).

Des Weiteren werden die Sensorsignale mit Hilfe einer modellbasierten Sensorüberwachung geprüft. Diese berechnet mit Hilfe von vereinfachten physikalischen Modellen aus den drei Sensorinformationen

- Raddrehzahlen der Vorderräder,
- Querbeschleunigung und
- Lenkradwinkel

jeweils eine Gierrate für das Fahrzeug. Die Ergebnisse aus dieser Berechnung zusammen mit der gemessenen Drehrate ermöglichen unter Berücksichtigung der Fahrsituation eine Beurteilung der einzelnen Sensorsignale.

Fehlerreaktionen
Das Auftreten von Fehlern führt abhängig von der Art und Bedeutung des Fehlers zu einem gestuften Abschalten einzelner Funktionsgruppen oder des kompletten ESP (Fail-Safe-Verhalten). Dadurch ist sichergestellt, dass es durch z. B. fehlerhafte Sensorinformationen nicht zu nicht plausiblen und eventuell gefährlichen Bremseingriffen kommen kann. Ein fehlerhafter Systemzustand wird dem Fahrer durch entsprechende Warneinrichtungen (z. B. Warnlampe oder Anzeige im Display) mitgeteilt, so dass er sich auf die Situation einstellen kann.

Prinzip des ESP-Bremseingriffs bei Sattelzügen.
a) Übersteuerndes Verhalten,
b) untersteuerndes Verhalten.

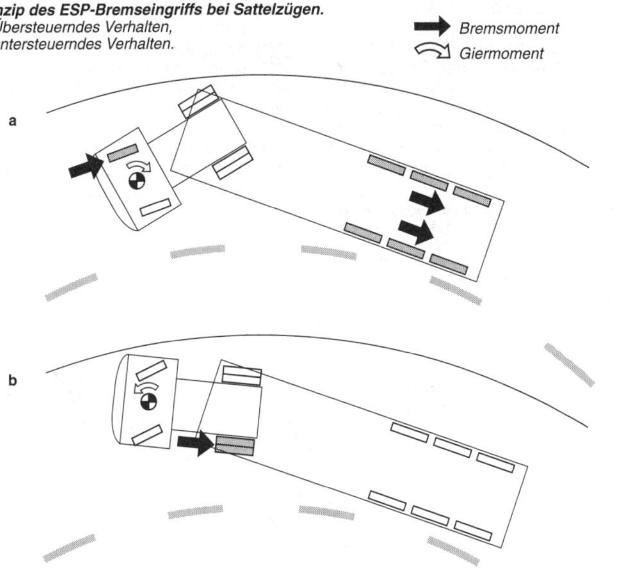

Adaptive Cruise Control (ACC) für Pkw

Funktion

Die Adaptive Geschwindigkeitsregelung ACC (Adaptive Cruise Control) basiert in ihrer Grundfunktion auf der konventionellen Fahrgeschwindigkeitsregelung (Tempomat), die eine vom Fahrer vorgegebene Wunschgeschwindigkeit hält. Darüber hinaus kann ACC die Geschwindigkeit durch selbsttätiges Beschleunigen, Gaswegnehmen oder Bremsen automatisch auch wechselnden Verkehrsbedingungen anpassen. Dieses System erlaubt damit die Einhaltung eines von der Geschwindigkeit abhängigen Abstands zum vorausfahrenden Fahrzeug.

Abstandssensor

Die wichtigste Komponente eines ACC-Systems ist ein Sensor, der den Abstand, die Relativgeschwindigkeit und die Winkellage vorausfahrender Fahrzeuge misst. Die größte Leistungsfähigkeit erreicht man – auch bei schlechtem Wetter – mit einem Radarsensor.

Der Radarsensor (S.141) arbeitet mit der für ACC freigegebenen Frequenz von 76 ... 77 GHz. Für die Messung werden drei Strahlen gleichzeitig emittiert. Die von vorausfahrenden Fahrzeugen reflektierten Strahlen werden bezüglich Laufzeit, Dopplerverschiebung und Amplitudenverhältnis analysiert und daraus Abstand, Relativgeschwindigkeit und Winkellage berechnet (Details siehe Seiten 141 ... 143).

Kursbestimmung

Für eine sichere Funktion von ACC müssen die vorausfahrenden Fahrzeuge in jeder Situation – z. B. auch in Kurven – der richtigen Fahrspur zugeordnet werden können. Hierzu werden zunächst die Informationen der ESP-Sensorik (Gierrate, Lenkradwinkel, Raddrehzahlen und Querbeschleunigung) bezüglich des eigenen Kurvenzustands ausgewertet. Weitere Informationen über den Verkehrsverlauf werden aus den Radarsignalen gewonnen.

Zur Unterstützung der Kursbestimmung sind für die Zukunft auch Videobildbearbeitung oder Navigationssysteme denkbar.

Motoreingriff

Für die Geschwindigkeitssteuerung ist eine elektronische Motorleistungssteuerung erforderlich (EGAS bzw. EDC). Damit kann das Fahrzeug auf die Sollgeschwindigkeit beschleunigt bzw. bei Auftauchen eines Hindernisses durch automatisches Gaswegnehmen verzögert werden.

Aktiver Bremseneingriff

Die Erfahrung hat gezeigt, dass Verzö-

Adaptive Cruise Control von Bosch *(Komponenten).*
1 Motormanagement-Steuergerät,
2 Radarsensor-Kontrolleinheit,
3 Aktiver Bremseingriff über ASR/ESP,
4 Bedien- und Anzeigeeinheit,
5 Motoreingriff,
6 Sensoren,
7 Getriebeeingriff (optional).

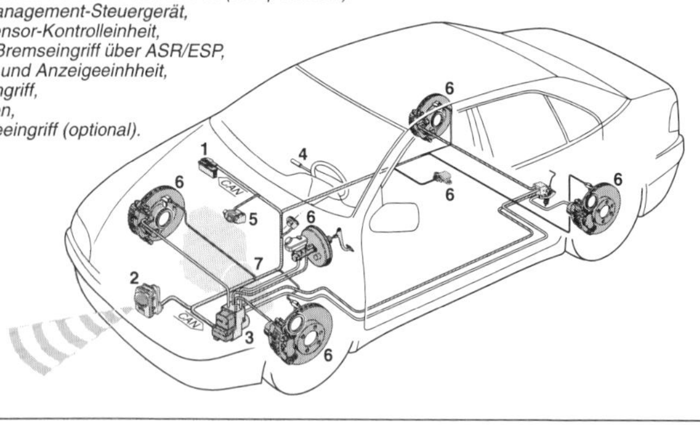

gern durch Gaswegnehmen für die Funktion des ACC nicht ausreichend ist. Erst mit einem Bremseneingriff sind längere Folgeregelungen mit ACC ohne allzu häufige Fahrereingriffe möglich. Die Möglichkeit, ohne Einwirkung des Fahrers zu bremsen, ist durch ESP gegeben.

ACC erlaubt nur „weiche" Bremseneingriffe. Notbremsungen aufgrund plötzlich auftauchender Hindernisse (z. B. Fahrspurwechsel des langsam vorausfahrenden Fahrzeugs) sind daher nicht möglich.

Einstellmöglichkeiten

Der Fahrer gibt die Sollgeschwindigkeit und die Sollzeitlücke vor, wobei ihm für letztere Werte von 1 ... 2 s angeboten werden.

Anzeigeelemente

Dem Fahrer muss ein Mindestmaß an Informationen angezeigt werden:
- Anzeige der Sollgeschwindigkeit,
- Anzeige des Einschaltzustands,
- Darstellung der vom Fahrer gewählten Sollzeitlücke,
- Anzeige des Folgemodus, die den Fahrer darüber informiert, ob das System den Abstand auf ein detektiertes Zielobjekt regelt oder nicht.

Ziel von ACC

Das Ziel von ACC ist die Entlastung des Fahrers von „stupiden" Fahrtätigkeiten wie das Einhalten von Geschwindigkeiten und das Hinterherfahren in dichtem Verkehr. Neben dem Komfort leistet dieses System auch einen Beitrag zur Verkehrssicherheit.

Systemgrenzen

Auch bei dieser Form der Fahrerunterstützung bleibt der Fahrer für die Fahrzeugführung voll verantwortlich. Für komplexe Entscheidungen bzgl. der Längsführung des Fahrzeugs bleibt er – wie selbstverständlich auch für die Lenkung – weiterhin zuständig. Die Abstimmung der Funktion in Richtung Komfort zieht eine eindeutige Grenze der Aufgaben zwischen Fahrer und ACC. So sind Sicherheitsfunktionen wie Notbremsung und Abstandserzwingung in diesem System nicht enthalten. Diese Funktionen liegen voll und ganz im Verantwortungsbereich des Fahrers, genauso wie die Wahl der Wunschgeschwindigkeit und der Wunschzeitlücke.

ACC erlaubt noch keine Regelung im Stadtbetrieb. Dieses System kann erst ab einer Geschwindigkeit über 30 km/h aktiviert werden.

Die Funktionserweiterung für den Betrieb in der Stadt benötigt eine deutlich höhere Leistungsfähigkeit der Umgebungssensorik, die nicht durch das 76,5-GHz-Radar allein erreicht werden kann.

Grundstruktur der ACC-Regelung.

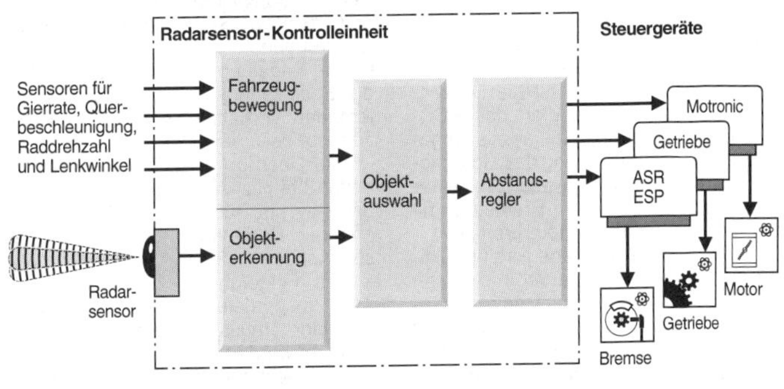

Adaptive Cruise Control (ACC) für Nfz

Funktion und Aufbau

ACC kann wie der seit Jahren serienmäßig verfügbare Fahrgeschwindigkeitsregler (FGR) in die Reihe der Fahrerassistenzsysteme eingereiht werden. Zusätzlich zur FGR-Funktion erfasst ACC den Abstand und die Relativgeschwindigkeit zum vorausfahrenden Fahrzeug sowie weitere Daten und nutzt diese zur Regelung der Zeitlücke zwischen den Fahrzeugen.

ACC ist ein Komfortsystem, das den Fahrer von Routineaufgaben entlastet, ihn aber nicht von seiner Verantwortung zur Fahrzeugführung entbindet. Der Fahrer kann die ACC-Funktion deshalb jederzeit durch eigenen Eingriff übersteuern oder abschalten.

Gegenwärtig verfügbare ACC-Systeme bestehen aus einem 77-GHz-Radarsensor (S. 141), der auch in ACC-Systemen für Pkw Verwendung findet (S. 784). Die Auswerte- und Regelelektronik ist im Sensorgehäuse integriert. Diese empfängt und sendet Daten über einen CAN-Datenbus (S. 988) von bzw. zu anderen elektronischen Steuergeräten, die das Motormoment und die Bremsen (Retarder, Motorbremse und Betriebsbremsanlage) beeinflussen.

Aus den Radarsignalen wird die Zeitlücke zum vorausfahrenden Fahrzeug berechnet und mit der vom Fahrer eingestellten Sollzeitlücke verglichen. Ist die Sollzeitlücke unterschritten, reagiert das ACC-System der Fahrsituation jeweils angepasst mit einer Reduzierung des Motormoments und, nur wenn notwendig, mit einer automatisch eingeleiteten Bremsung mit dem Retarder bzw. der Motorbremse.

Die Betriebsbremsanlage wird nur aktiviert, wenn z. B. der Retarder infolge seiner begrenzten und geschwindigkeitsabhängigen Bremsfähigkeit die vom Regler geforderte Fahrzeugverzögerung nicht mehr erzeugen kann. Dies kann bei niederer Geschwindigkeit und voll beladenem Fahrzeug zutreffen. Im Mittel werden die Bremsanlagen durch ACC nicht häufiger aktiviert als durch einen vorausschauend fahrenden Fahrer.

Ist die Sollzeitlücke überschritten, beschleunigt das Fahrzeug. Wird infolge einer Änderung der Verkehrssituation kein vorausfahrendes Fahrzeug mehr erkannt, beschleunigt das Fahrzeug bis maximal auf die Sollgeschwindigkeit des FGR.

Die vom Regler berechnete Verzögerung wird auf ca. 2 m/s^2 begrenzt, sodass auf trockener Straße keine automatische Vollbremsung eingeleitet werden kann. Beschleunigungsvorgänge sind energiesparend ausgelegt.

Auf glatten Straßen kann während einer Fahrzeugverzögerung bzw. -beschleunigung ABS (S. 667) bzw. ASR (S. 674) in gewohnter Weise aktiv werden.

Einsatzbereich

Grundsätzlich können für Omnibusse und Lastkraftwagen bzw. Sattelzugmaschinen gleichartige ACC-Systeme verwendet werden. Die unterschiedlichen Anforderungen bezüglich Antriebs- und Bremssysteme, manuell oder halbautomatisch geschaltete Getriebe sowie Automatikgetriebe werden abgedeckt. Ebenso werden die hohen Anforderungen an den Komfort bei Omnibussen erfüllt.

Bei ACC für Nfz bestehen im Vergleich zu ACC für Pkw (S. 784) abweichende Anforderungen:

- Die Regelung der Verzögerung bzw. der Beschleunigung muss die stark variierenden Verhältnisse „Beladung/Motorisierung" berücksichtigen.
- Die Überhol- und Einschervorgänge laufen bei Nfz dynamisch anders ab als bei Pkw und führen deshalb jeweils zu anderen Regleranforderungen und Abstimmungen.
- Das Folgefahren von mehreren mit ACC ausgerüsteten Fahrzeugen hintereinander muss regeldynamisch beherrscht werden.
- Vereinfachend für die ACC-Regelung ist der im Vergleich zu Pkw begrenzte Geschwindigkeitsbereich für Nfz.

ACC für Nfz (Funktionsblöcke).
1 Mögliche Funktionen des Radarsensors mit integrierter Elektronik. Block 4 kann in externen Steuergeräten realisiert sein,
1...3 identische Funktionen für Pkw- und Nfz-Anwendung,
4 spezifische Funktionen für Nutzfahrzeug und Fahrzeugtyp,
5 externe Steuergeräte der Antriebs- und Bremsregelung.

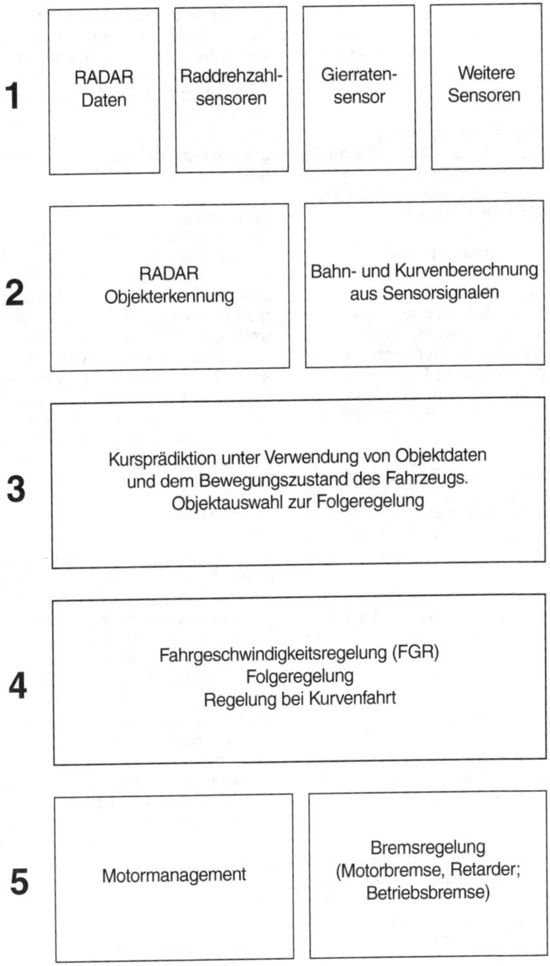

Regelalgorithmen

Grundsätzlich besteht die Regelung für Nfz (wie für Pkw) aus drei Regelmodulen:

Regelmodul 1: Fahrgeschwindigkeitsregelung (FGR)
Hat der Radarsensor keine vorausfahrenden Fahrzeuge erfasst, regelt das System auf die vom Fahrer eingestellte Sollgeschwindigkeit.

Regelmodul 2: Folgeregelung
Der Radarsensor hat vorausfahrende Fahrzeuge erkannt. Die Regelung hält im Wesentlichen die Zeitlücke zu dem nächsten Fahrzeug konstant.

Regelmodul 3: Regelung bei Kurvenfahrt
Beim Durchfahren enger Kurven kann der Radarsensor infolge seines begrenzten Blickwinkels das vorausfahrende Fahrzeug „aus den Augen“ verlieren. Bis zur Wiedererkennung dieses Fahrzeugs bzw. Umschalten auf die normale Geschwindigkeitsregelung werden Sondermaßnahmen wirksam.

Objekterkennung und Spurzuordnung
Die zentrale Aufgabe des Radarsensors mit integrierter Elektronik ist das Erkennen von Objekten und deren Zuordnung zu der eigenen oder zu(r) fremden Fahrspur(en).

Diese Spurzuordnung verlangt einerseits eine genaue Erfassung vorausfahrender Fahrzeuge und andererseits eine genaue Kenntnis der eigenen Fahrzeugbewegung. Letztere wird aus den Signalen von Sensoren, die auch für das Elektronische Stabilitäts-Programm ESP (S. 782) verwendet werden, berechnet. Es sind dies Raddrehzahlsensoren aller Räder, Drehrate-(Gierrate-) und Querbeschleunigungssensor sowie Lenkwinkelsensor.

Die Entscheidung, welches der erkannten Objekte zur Abstandsregelung herangezogen wird, ergibt sich im Wesentlichen aus dem Vergleich der Positionen und Bewegungen der erkannten Objekte mit den Bewegungsdaten des eigenen Fahrzeugs.

Elektronikstruktur
Die ACC-Regelung benötigt außer den beschriebenen Sensordaten noch weitere Daten von den Motor-, Retarder-, Getriebe- und Bremssteuergeräten, die via CAN-Datenbus übertragen werden. Diesen Steuergeräten werden ihrer Funktion entsprechend verschiedene Aufgaben zugeordnet. Die Regelung für Verzögerung und Beschleunigung kann z. B. in einem zentralen Fahrzeugsteuergerät erfolgen. Das Motor- und das Bremssteuergerät leiten die von der ACC-Regelung geforderten Antriebs- und Bremsmomente ein.

Justierung
Der Radarsensor wird im Frontbereich eines Fahrzeugs montiert und die Richtung seines Radarstrahls justiert. Eine Dejustage durch mechanischen Eingriff, Verformung der Halterung durch Unfall oder andere Einflüsse muss korrigiert werden. Dejustagen kleineren Ausmaßes werden automatisch durch die permanent wirkende, in der Software realisierten Korrektur ausgeglichen. Die Notwendigkeit einer Neujustierung wird dem Fahrer angezeigt.

Ausblick

ACC ist ein Mess- und Regelsystem, das erstmalig einen „sehenden“ Sensor verwendet. Charakteristisch für derzeit verfügbare Sensoren ist der begrenzte Objekterfassungsbereich, insbesondere im Nahbereich des eigenen Fahrzeugs.

Zur Verbesserung im Nahbereich sind Sensoren in Entwicklung, mit denen Funktionserweiterungen wie z. B. Stopp- & Roll-, und Stop-and-Go-Betrieb möglich werden.

Bei einer Erweiterung des Objekterfassungsbereichs mit „sehenden“ Sensoren (d. h. Radar-, Laser-, Ultraschallsensoren, Videokameras usw.) auf das gesamte Fahrzeugumfeld sind außer ACC weitere, den Fahrer entlastende Funktionen (Assistenzsysteme) möglich.

Zukünftige Ausbaustufen können sein:
– Assistenzsysteme, die den Fahrer informieren und vor Gefahren warnen. Bei-

spiel: Während ACC die Regelung in Fahrtrichtung des Fahrzeugs ausführt, kann eine Fahrspurdetektion den Fahrer warnen, sofern das Fahrzeug diese zu verlassen droht.
– Assistenzsysteme, die den Fahrer aktiv unterstützen. Beispiel: Wird mit Hilfe eines Radarsensors oder anderer Sensoren erkannt, dass sich ein Unfall nicht mehr vermeiden lässt, kann automatisch eine Vollbremsung zur Minimierung des Schadens eingeleitet werden. ACC gehört zu dieser Art von Assistenzsystemen.
– Assistenzsysteme, die automatisch bei Fahrsituationen, die als kritisch erkannt werden, unfallverhindernd eingreifen. Beispiel: Automatisch eingeleitete Lenkkorrekturen und/oder Bremsungen, wenn bei Abbiegevorgängen Hindernisse im „Toten Winkel" auftauchen und vom Fahrer nicht direkt erkannt werden können.

Die Entwicklung der ACC wurde im Rahmen des deutschen Forschungsprojekts PROMETHEUS begonnen. Im Rahmen des europäischen Forschungsprojekts CHAUFFEUR wird in einem Projekt das automatische hintereinander Fahren von Lastkraftwagen (ohne Fahrer in den Folgefahrzeugen) untersucht. Für eine kommerzielle Nutzung einer solchen Funktion sind zusätzlich zumindest Funkverbindungen zwischen den Fahrzeugen sowie zusätzliche Aufwendungen für Verkehrsleitsysteme notwendig.

ACC für Nfz. *Beispiel einer Elektronikstruktur mit Sensoren und Steuergeräten.*

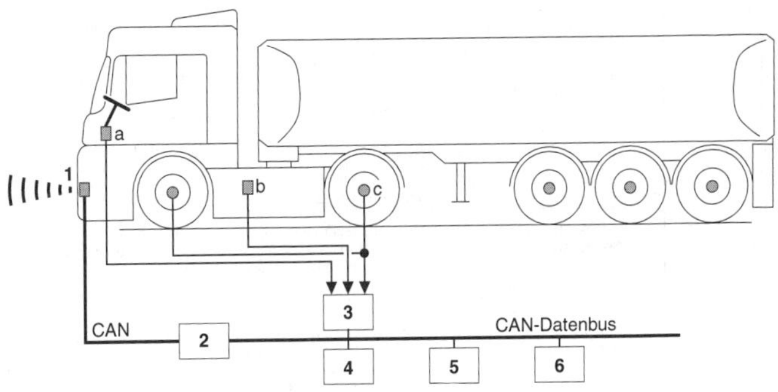

Pos.	Komponente	Aufgabe
1	Radarsensor mit integrierter Elektronik	Erfassen der Objekte, Spurdetektion und Auswahl der Objekte.
2	Zentrales Fahrzeugsteuergerät	Regeln auf die gewünschte Zeitlücke zwischen den Fahrzeugen. Berechnen des Antriebs- und Bremsmoments.
3	Elektronisches Bremssystem EBS mit integrierter ESP-Funktion	Bereitstellen der Fahrzeugbewegungsdaten: Lenkwinkel (a), Dreh- bzw. Gierrate und Querbeschleunigung (b), Raddrehzahlen aller Räder (c). Berechnen der Fahrzeugmasse, Steigung und Gefälle. Einleiten des berechneten Bremsmoments.
4	Motormanagement (z. B. EDC)	Bereitstellen von Antriebsdaten: Motormoment, Drehzahl usw. Einleiten des berechneten Antriebsmoments.
5	Retarder-Steuergerät	Bereitstellen des aktuellen Bremsmoments. Einleiten des berechneten Retarder-Bremsmoments.
6	Getriebe-Steuergerät	Aufgabe abhängig von der Getriebeart.

Systematik der Straßenfahrzeuge

Straßenfahrzeug	Definition, Beispiele
Kraftfahrzeug (Kfz)	maschinell angetriebenes Straßenfahrzeug
Kraftrad	einspuriges Kfz mit 2 Rädern, evtl. mit Beiwagen
Motorrad	mit festen Fahrzeugteilen (z. B. Tank) im Kniebereich
Motorroller	ohne feste Fahrzeugteile im Kniebereich
Fahrrad mit Hilfsmotor	mit Merkmalen von Fahrrädern (Moped, Mofa)
Kraftwagen	zwei- oder mehrspuriges Kfz
Personenkraftwagen (Pkw)	für max. 9 Personen
Limousine	geschlossener Aufbau, max. 4 Seitentüren
Kabrio-Limousine	Verdeck zum Öffnen, feststehende Seitenwandumrandung
Pullman-Limousine	verlängerter Innenraum, max. 6 Seitentüren
Coupé	geschlossener Aufbau, max. 2 Seitentüren
Kabriolett	offener Aufbau, evtl. mit Überrollbügel, 2 oder 4 Türen
Kombi	vergrößerter Innenraum mit Ladefläche
Nkw-Kombi	Transporter
Spezial-Pkw	Krankenwagen, Wohnmobil
Mehrzweck-Pkw	Geländewagen, Großraumlimousine
Nutzkraftwagen (Nkw)	Transport von Personen und Gütern
Kraftomnibus (KOM)	Transport von mehr als 9 Personen und Reisegepäck
Kleinbus	max. 17 Personen
Linienbus	Stadt- und Vorort-Linienverkehr, Sitz- und Stehplätze
Überlandlinienbus	Überland-Linienverkehr, ohne spezielle Stehplätze
Reisebus	Langstreckenverkehr, keine Stehplätze
Oberleitungsbus	elektrischer Antrieb, Fahrstrom aus Oberleitung
Gelenkbus	zwei winkelbewegliche Fahrzeugteile mit Durchgang
Spezialbus	besondere Aufbauten für z. B. Behinderte, Gefangene
Lastkraftwagen (Lkw)	Transport von Gütern
Vielzweck-Lkw	Lkw mit offenem oder geschlossenem Aufbau
Spezial-Lkw	Transport spezieller Güter (z. B. Tank-Lkw) oder für besondere Einsatzzwecke (z. B. Abschleppwagen)
Zugmaschine	Nkw zum Ziehen von Anhängefahrzeugen
Anhängerzugmaschine	Mitführen von Anhängern, Gütern auf Hilfsladefläche
Sattelzugmaschine	Mitführen von Sattelanhängern
Traktor	Zugmaschine, auch zum Schieben, Tragen oder Antreiben von auswechselbaren Geräten
Anhängefahrzeug	nicht selbstfahrendes Straßenfahrzeug
Gelenk-Deichselanhänger	
Starr-Deichselanhänger	
Zentralachsanhänger	
Sattelanhänger	
Lastanhänger	
Busanhänger	
Caravan	
Spezialanhänger	
Fahrzeugkombination	Kfz mit Anhänger
Personenkraftwagenzug	Pkw mit Anhänger
Omnibuszug	KOM mit Anhänger
Lastkraftwagenzug	Lkw mit Anhänger
Zugmaschinenzug	Zugmaschine mit Anhänger
Sattelkraftfahrzeug	Sattelzugmaschine mit Sattelanhänger
Sattelzug	Sattelkraftfahrzeug mit Anhänger
Brückenzug	Lkw oder Zugmaschine mit Spezialanhänger (Nachläufer), Last stellt Verbindung der beiden Fahrzeuge dar

Klasseneinteilung[1])

Klasse L
Kraftfahrzeuge mit weniger als 4 Rädern: Krafträder, Dreiräder.

Stufung	Bauart	Hubraum	Höchstgeschwindigkeit
L_1	zweirädrig	$\leq 50\ cm^3$	≤ 50 km/h
L_2	dreirädrig	$\leq 50\ cm^3$	≤ 50 km/h
L_3	zweirädrig	$> 50\ cm^3$	> 50 km/h
L_4	dreirädrig asymmetrisch zur Fahrzeuglängsachse	$> 50\ cm^3$	> 50 km/h
L_5	dreirädrig symmetrisch zur Fahrzeuglängsachse	$> 50\ cm^3$	> 50 km/h

Klasse M
Zur Personenbeförderung bestimmte Kraftfahrzeuge mit mindestens 4 Rädern .

Stufung	Führersitz + Sitzplätze	Gesamtgewicht
M_1	$1 \leq 9$	
M_2	> 9	≤ 5 t
M_3	> 9	> 5 t

Fahrzeuge der Klassen M_2 und M_3 werden noch weiter unterteilt (Fahrzeuge ausschließlich mit Sitzplätzen, Fahrzeuge mit Sitz- und Stehplätzen).

Klasse N
Zur Güterbeförderung bestimmte Kraftfahrzeuge mit mindestens 4 Rädern.

Stufung	Gesamtgewicht
N_1	$\leq 3{,}5$ t
N_2	$> 3{,}5$ t ≤ 12 t
N_3	> 12 t

Klasse O
Anhänger und Sattelanhänger.

Stufung	Gesamtgewicht
O_1	$\leq 0{,}75$ t
O_2	$> 0{,}75$ t $\leq 3{,}5$ t
O_3	$> 3{,}5$ t ≤ 10 t
O_4	> 10 t

Fahrzeuge der Klassen M, N oder O können für spezielle Aufgaben ausgerüstet sein (z. B. Caravan, Krankenwagen).
Weitere Klasseneinteilungen gibt es für Fahrzeuge für Land- und Forstwirtschaft, sowie für Off-Road-Fahrzeuge.

[1]) Die Klasseneinteilung erfolgt durch: Economic Commission of Europe (ECE), Consolidated resolution on the construction of vehicles (R.E.3).

Fahrzeugaufbau Pkw

Hauptabmessungen

Innenraummaße

Die Maßkonzeption ist abhängig von Aufbauform, Antriebsart, Aggregateumfang, gewünschter Innenraumgröße, Kofferraumvolumen und Randbedingungen wie z. B. Fahrkomfort, Fahr- und Bediensicherheit. Die Sitzpositionen werden nach ergonomischen Erkenntnissen und mit Hilfe von Schablonen oder 3D-CAD-Menschenmodellen (DIN, SAE, RAMSIS) festgelegt: Körperumrissschablone nach DIN 33408, für Männer 5, 50 und 95%, für Frauen 1, 5 und 95%. Die 5%-Schablone repräsentiert z.B. die Körpergröße „klein", d. h. nur 5% haben kleinere, 95% größere Körpermaße.

SAE-Schablone nach SAE J826 May 1987: Ober- und Unterschenkelsegmente in 10, 50 und 95%-Größen. Aus gesetzlichen Gründen müssen Kraftfahrzeughersteller für USA und Kanada den Sitzbezugspunkt mit der SAE-Schablone festlegen. Körperumrissschablonen nach DIN 33408 in akzelerierter Ausführung eignen sich gut zur maßlichen Auslegung von Sitzplätzen und Insassenräumen. Die Mehrzahl aller Kraftfahrzeughersteller weltweit wenden das 3D-CAD Menschenmodell „RAMSIS" in der Entwicklung an (RAMSIS: Rechnergestütztes anthropologisch-mathematisches System zur Insassensimulation).

Der Hüftpunkt (H-Punkt) ist der Schnittpunkt von Torso- und Oberschenkel-Mittellinie und entspricht etwa dem Hüftgelenkpunkt. Der Sitzbezugspunkt (Seating Reference Point, ISO 6549 und US-Gesetzgebung) oder R-Punkt (ISO 6549 und EWG-Richtlinien/ECE-Regelungen) gibt bei verstellbaren Sitzen die Lage des H-Punktes für die Konstruktion in der hintersten, normalen Sitzposition des Fahrers wieder. Hierfür wird von vielen Fahrzeugherstellern die Stellung des 95%-Mannes angewandt oder, falls letztere nicht erreicht wird, die hinterste einstellbare Sitzposition. Zur Überprüfung der Lage des gemessenen H-Punktes relativ zum Fahrzeug dient eine dreidimensionale SAE-Hüftpunkt-Messmaschine mit einem Gewicht von 75 kg. Der Sitzbezugspunkt, der Fersenpunkt, ihr vertikaler und horizontaler Abstand zueinander sowie vom Fahrzeughersteller festgelegte Körperwinkel bilden die maßliche Grundlage für die Sitzposition des Fahrers.

Vom Sitzbezugspunkt aus
- werden die Lage der Augenellipsen (SAE J 941) und der Augenpunkte (RREG 77/649) als Basis für die Festlegung der direkten Sicht des Fahrers definiert;
- werden Hüllflächen festgelegt, die den Greifraum zur Positionierung von Bedien- und Stellteilen beschreiben;
- wird der Fersenpunkt (AHP Accelerator Heel Point) als Bezugspunkt für die Anordnung der Pedale festgelegt.

Für die Festlegung der Fondsitzverhältnisse (Höhe Sitzbezugspunkt, Sitzraum hinten, Kopfraum) und damit der hinteren Dachkontur sind überwiegend der Platzbedarf der Hinterachse sowie Tanklage und -form bestimmend. Je nach zu entwickelndem Fahrzeugtyp, geplanten Hauptabmessungen und geforderten Insassengrößen ergeben sich unterschiedliche Körperwinkel angewandter 2D-Schablonen oder Körperhaltungen RAMSIS und unterschiedliche Abstände der Sitzbezugspunkte von Fahrer- und Fondsitz. Großen Einfluss auf die Längenmaße hat die Höhe des Sitzbezugspunktes über dem Fersenpunkt. Geringere Höhe erfordert eine gestrecktere Sitzposition der Insassen und damit einen längeren Innenraum.

Die Innenraumbreite hängt von der geplanten Außenbreite, der Seitenform („Fallung") und dem Platzbedarf für Türmechanismen, passive Rückhaltesysteme und Aggregate (Gelenkwellentunnel, Abgasanlage usw.) ab.

Kofferraummaße

Größe und Form des Kofferraumes sind abhängig von der Gestaltung des Wagenhecks, von der Position und vom Volumen des Kraftstoffbehälters, von der Ersatzradlage und von der Unterbringung des Hauptschalldämpfers.

Das Fassungsvermögen wird nach DIN-ISO 3832 oder, gebräuchlicher, nach der VDA-Methode mit dem VDA-Modul

Typische Innen- und Außenmaße *(nach DIN 70 020, Teil 1).*

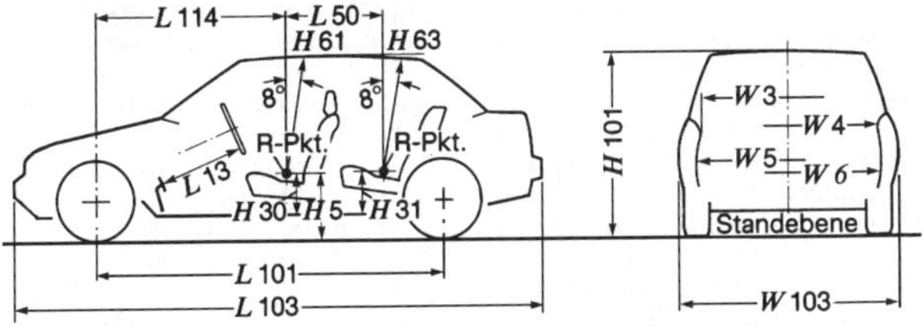

Maß			Kleinwagen mm	Oberklasse mm
H	5	R-Punkt bis Standebene vorn	460	510
H	30	R-Punkt bis Fersenpunkt vorn	240	300
H	31	R-Punkt bis Fersenpunkt hinten	300	310
H	61	Effektiver Kopfraum vorn	940	980
H	63	Effektiver Kopfraum hinten	920	950
H	101	Fahrzeughöhe	1360	1400
L	13	Lenkrad bis Bremspedal	480	630
L	50	R-Punkt-Abstand (Vorder- und Hintersitz)	710	830
L	101	Radabstand	2430	2880
L	103	Fahrzeuglänge über alles	3840	4930
L	114	Mitte Vorderrad bis R-Punkt	1250	1590
W	3	Schulterraum vorn	1310	1430
W	4	Schulterraum hinten	1290	1420
W	5	Hüftraum vorn	1260	1430
W	6	Hüftraum hinten	1240	1470
W	103	Fahrzeugbreite über alles	1620	1820

(Quader 200 x 100 x 50 mm – entspricht 1 dm³ Volumen) ermittelt.

Außenmaße

Zu beachten sind:
- Sitzkonzeption und Kofferraum,
- Motor, Getriebe, Kühler,
- Nebenaggregate, Sondereinbauten,
- Raumbedarf der eingefederten bzw. geschwenkten Räder (Zuschlag für Schneeketten),
- Art und Größe der Antriebsachse,
- Position und Volumen des Kraftstoffbehälters,
- Stoßfänger vorne und hinten,
- aerodynamische Gesichtspunkte,
- Bodenfreiheit (ca. 100...180 mm),
- Einfluss der Rohbaubreite auf die Wischeranlage (ADR 16, FMVSS 104).

Maßgebende Parameter für den Pkw-Fahrerplatz.

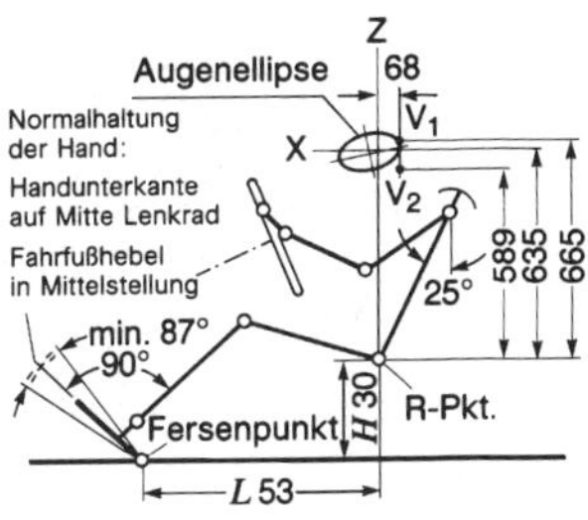

Sichtverhältnisse
Es ist ein Kompromiss zu finden zwischen optimalen Sichtverhältnissen und der funktionellen Auslegung von Bauteilen, die sichtbehindernd wirken.
Einflussgrößen sind:
- Sichtverdeckung durch Säulen, Dach, Motorhaube und Heckdeckel. Basis für Sichtfeldbeurteilungen sind die Augenellipse nach SAE J941 bzw. „Augenpunkte" nach RREG 77/649[1]),
- Anordnung, Größe und Form der Rückspiegel nach RREG 79/795,
- Scheibenwischer-Wischfeld nach FMVSS 104[2]) und RREG 78/318,
- Scheibenkrümmungsverhältnisse und
- Sicht auf Instrumente (Sichtverdeckung wegen des Lenkrades, ADR 18 A[3])).

Formgestaltung
Bei der Gestaltung der äußeren und inneren Form müssen folgende technische Anforderungen beachtet werden:
- mechanische Funktionen (Versenkbarkeit der Seitenscheiben, Öffnen von Motorhaube, Heckklappe und Schiebedach, Position der Leuchten),
- Fertigungs- und einfache Reparaturmöglichkeiten (Spaltbreiten, Zusammenbau der Karosserie, Scheibenform, Stoßschutzleisten, Lackabsetzkanten),
- Sicherheit (Lage und Form der Stoßfänger, keine scharfen Kanten oder Punkte),
- Aerodynamik (Luftwiderstand, Verschmutzung der Karosserie, Windgeräusche, Be- und Entlüftungsöffnungen, Scheibenwischerfunktion),
- Optik (Verzerrung durch Art und Neigung der Scheiben, Blendung infolge von Reflexion),
- gesetzliche Forderungen (Position und Größe von Leuchten, Rückspiegel, Kennzeichen),
- Gestaltung und Anordnung der Bedienelemente (Position, Form, Oberfläche) und
- Übersichtlichkeit (Einparken).

[1]) Richtlinien des Rates der Europäischen Union.
[2]) Federal Motor Vehicle Safety Standard (USA).
[3]) Australian Design Rule.

Aerodynamische Einflüsse auf Fahrzeugfunktionen.

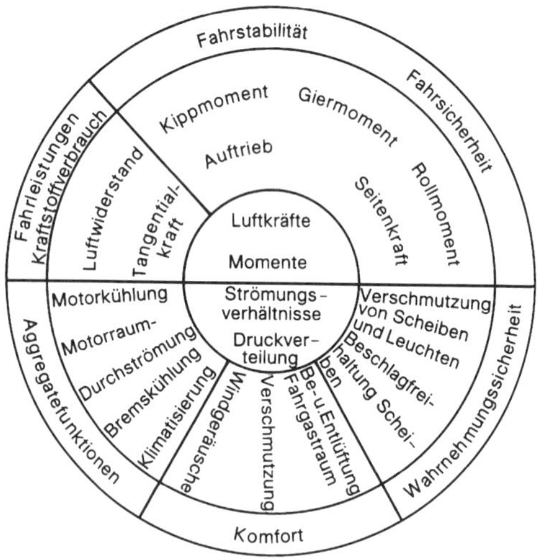

Aerodynamik

Die Aerodynamik befasst sich mit allen Vorgängen, die bei Um- und Durchströmung eines Fahrzeugs beobachtet werden.

Luftwiderstand $W = c_W \cdot A\, v^2 \cdot \frac{\varrho}{2}$

wobei c_W Luftwiderstandsbeiwert,
A Querschnittsfläche,
v Fahrgeschwindigkeit,
ϱ Luftdichte.

Vom Hersteller zu beeinflussende Faktoren sind der Luftwiderstandsbeiwert c_W als Maß für aerodynamische Formgüte und die projizierte Fahrzeugfläche A.

Tabelle 1.
c_w-Werte für verschiedene Fahrzeuge.

Fahrzeug (Beispiele)	c_W –	A m^2
Audi A8	0,29	2,25
Porsche 911	0,29	1,95
Mercedes C 200 D	0,30	2,05

Allgemeingültige Angaben zur Verringerung des c_W-Wertes durch Einzelmaßnahmen wie Spoiler, Unterbodenverkleidungen usw. sind nicht sinnvoll, da diese vom aerodynamischen Ausgangszustand des Fahrzeuggrundkörpers abhängig sind (Beispiele für Größenordnung siehe Tabelle). Moderne Fahrzeugkonzeptionen enthalten derartige Komponenten in optimierter Form. Daher sind weitere Verbesserungen des c_W-Wertes und der Achsauftriebsbeiwerte durch modifizierte Anbauteile nur gering. Häufig sind mit solchen Modifizierungen auch Einschränkungen der Alltagstauglichkeit durch kleinere Böschungswinkel oder geringere Bodenabstände verbunden. Anbauteile haben demnach vor allem optische und weniger technische Konsequenzen.

Veränderungen des c_W-Wertes ergeben sich durch aerodynamische bzw. konzeptionelle Einzelmaßnahmen. Durchströmungen des Fahrzeugs sowie Dachaufbauten verschlechtern stets den c_W-Wert (– Verbesserung, + Verschlechterung). Beispiele hierfür sind in der nachfolgenden Tabelle 2 aufgeführt.

Tabelle 2.
c_w-Werte für Fahrzeugmodifikationen.

Einfluss von	Δc_W in %
Niveausenkung um 30 mm	ca. –5
Glatte Radkappen	–1...–3
Breitreifen	+2...+4
Außenliegende Scheiben	ca. –1
Abdichtung von Spalten	–2...–5
Bodenverkleidungen	–1...–7
Klappscheinwerfer	+3...+10
Außenspiegel	+2...+5
Durchströmung von Kühler und Motorraum	+4...+14
Bremsenkühlung	+2...+5
Innenraumbelüftung	ca. +1
Geöffnete Fenster	ca. +5
Geöffnetes Schiebedach	ca. +2
Surfbrett-Dachtransport	ca. +40

Einfluss von $c_W \cdot A$ auf den Kraftstoffverbrauch (Mittelklassefahrzeug).

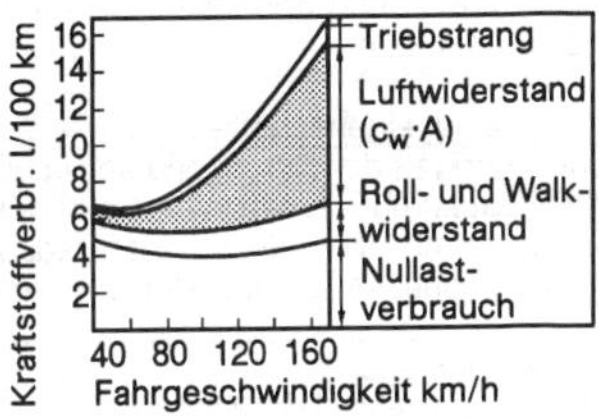

Einfluss der Windschutzscheibenneigung α auf den c_W-Wert.
– Verbesserung, + Verschlechterung.

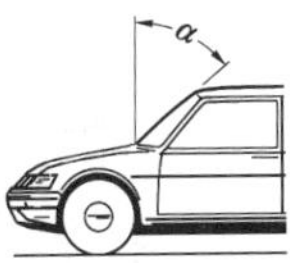

α	c_W	Δc_W in %
50°	0,345	–
55°	0,342	–0,8
65°	0,340	–1,4
40°	0,349	+1,1
30°	0,349	+1,1
0°	0,369	+7,0

Karosserie-Rohbau

Selbsttragende Karosserie

(Standardbauweise)
Die selbsttragende Karosserie besteht aus Blechen, Hohlkörpern und Schalen, die in Vielpunktschweißanlagen oder von Schweißrobotern verbunden werden. Die Einzelteile können auch verklebt werden.

Je nach Typ müssen ca. 5000 Schweißpunkte auf 120 ... 200 m Flanschlänge gesetzt werden. Die Flanschbreiten betragen 10 ... 18 mm. Die Anbauteile (vordere Kotflügel, Türen, Motorhaube und Heckklappe) werden mit dem Karosserietragwerk verschraubt. Andere Bauweisen sind Rahmen- und „Sandwich"-Konstruktionen.

Allgemeine Anforderungen:

Steifigkeit
Die Steifigkeit soll bezüglich Verwindung und Durchbiegung möglichst groß sein, um elastische Verformungen an den Ausschnitten für Türen und Klappen klein zu halten. Auswirkungen der Karosseriesteifigkeit auf Schwingungseigenschaften sind zu beachten.

Schwingungseigenschaften
Schwingungen der Karosserie sowie einzelner Baukomponenten infolge einer Anregung durch die Räder, die Radaufhängung, den Motor und den Antriebsstrang können im Resonanzfall den Fahrkomfort wesentlich beeinträchtigen.

Die Eigenfrequenz der Karosserie und ihrer schwingungsfähigen Komponenten muss durch Versickungen, Wanddicken- und Querschnittsänderungen so verstimmt werden, dass Resonanzen und deren Folgen minimiert werden.

Betriebsfestigkeit
Wechselbeanspruchungen, die im Fahrbetrieb auf die Karosserie einwirken, können zu Einrissen am Tragwerk oder zum Lösen von Schweißpunkten führen. Besonders gefährdete Zonen sind die Lagerstellen von Fahrwerk, Lenkung und Antriebsaggregaten.

Unfallbeanspruchungen
Bei Kollisionen muss die Karosserie in der Lage sein, möglichst viel kinetische Energie in Formänderungsarbeit umzuwandeln, ohne dass die Fahrgastzelle wesentlich verformt wird.

Einfache Reparaturen
Die im Falle kleiner Karambolagen besonders gefährdeten Bereiche sollten leicht ausgetauscht oder repariert werden können (Zugänglichkeit der Außenbleche von innen, Zugänglichkeit von Schrauben, günstige Lage von Verbindungsstellen, Absetzkanten für Teillackierung).

Rohbautragwerk.
1 Querträger unter Windschutz,
2 Dachrahmen vorn,
3 Dachrahmen seitlich,
4 Dachrahmen hinten,
5 C-Säule,
6 Heckmittelstück,
7 Heckboden und Ersatzradmulde,
8 Längsträger hinten,
9 B-Säule,
10 Querträger unter Fondsitz,
11 A-Säule,
12 Querträger unter Fahrersitz,
13 Längsträger seitlich,
14 Radeinbau,
15 Motorquerträger,
16 Längsträger vorn,
17 Querträger vorn,
18 Kühlerquerträger.

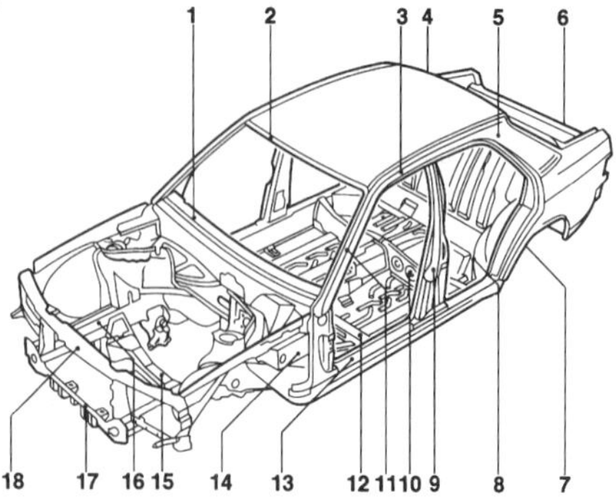

Karosserie-Werkstoffe

Stahlbleche

Für den Rohbau werden üblicherweise Stahlbleche mit unterschiedlichen Qualitäten verwendet (Tabelle S. 233).

Die Rohbaublechdicken betragen 0,6 ... 3,0 mm; den Hauptanteil stellen die Bleche der Dicke 0,75 ... 1,0 mm. Als Werkstoff für das Rohbautragwerk kann Stahl aufgrund der Summe seiner mechanischen Eigenschaften bezüglich Steifigkeit, Festigkeit und plastischer Verformbarkeit sowie seiner Wirtschaftlichkeit bis heute durch alternative Werkstoffe nicht substituiert werden.

Hochfeste mikrolegierte Stahlbleche (HSLA High Strength Low Alloy) werden für sehr beanspruchte Strukturteile verwendet. Die höhere Festigkeit erlaubt eine Reduzierung der Blechdicke.

Aluminium

Zur Gewichtsreduzierung kann Aluminium für Karosserieanbauteile wie Motorhaube, Heckdeckel usw. verwendet werden.

Für ein Serienfahrzeug der Oberklasse wird seit 1994 eine Aluminiumkarosserie eingesetzt. Die Rahmenkonstruktion wird von Aluminium-Strangpressprofilen gebildet, die Blechteile sind mittragend integriert (ASF Audi Space Frame). Die Realisierung erfordert den Einsatz geeigneter Aluminiumlegierungen, neuer Produktionsverfahren und spezieller Reparatureinrichtungen. Nach Herstellerangaben sind die Steifigkeits- und Deformationseigenschaften denen von Stahlblechkarosserien gleichwertig oder sogar überlegen.

Kunststoffe

Zur Substitution von Stahl werden Kunststoffe bei Anbauteilen eingesetzt (siehe Tabelle).

Tabelle 3. Beispiele für den Einsatz von alternativen Werkstoffen.

Anwendungsbeispiele	Werkstoff	Kurzzeichen	Verarbeitungsverfahren
Tragteile, z. B. Stoßfängerbiegeträger	Durch Glasmatten verstärkte Thermoplaste	PP-GMT	Spritzdruck
Verkleidungsteile/Blenden, z. B. Bugschürze, Spoiler, Bugteil, Kühlergrill, Radgehäuseverkleidung, Radkappen Rohbauteile, z. B. Motorhaube, Kotflügel, Heckklappe, Schiebedach	Durch Glasmatten verstärkte Thermoplaste	PP-GMT	
	Polyurethan	PUR	RIM (Reaction-Injection-Moulding) RRIM (Reinforced-Reaction-Injection-Moulding)
	Polyamid Polypropylen Polyethylen Acrylnitril-Butadien-Styrol-Copolymere Polycarbonat (mit Polybutylentherephthalat)	PA PP PE ABS PC-PBT	Spritzgießen, Glasfaseranteil bestimmt Elastizität
Elastische Stoß- und Rammschutzleisten	Polyvinylchlorid Ethylen-Propylen-Terpolymere Elastomermodifiziertes Polypropylen	PVC EPDM PP-EPDM	Spritzgießen/Extrudieren
Energieabsorbierender Schaum	Polyurethan Polypropylen	PUR PP	Reaktionsschäumen

Karosserie-Oberfläche

Korrosionsschutz

Korrosionsschutz muss bereits bei der Karosserie-Konstruktion berücksichtigt werden („Anti Corrosion Code", Kanada). Maßnahmen:

- Flanschverbindungen, scharfe Kanten und Ecken minimieren,
- Schmutz- und Feuchtigkeitsablagerungsstellen vermeiden,
- Löcher für Vorbehandlung und Elektrotauchlackierung vorsehen,
- Korrosionsschutzbehandlung durch gute Zugänglichkeit sicherstellen,
- Hohlraumdurchlüftung ermöglichen,
- Eindringen von Schmutz und Wasser weitgehend verhindern, Wasserablauföffnungen vorsehen,
- Angriffsfläche für Steinschlag und „Splittbeschuss" kleinhalten sowie
- Kontaktkorrosion verhindern.

Für besonders gefährdete Teile, z.B. Türen und Träger im Vorbaubereich, werden häufig vorbeschichtete Bleche (Zinkstaubfarbe, elektrolytisch verzinkt, feuerverzinkt) eingesetzt. Korrosiv besonders schwer zugängliche Strukturbereiche werden vor dem Zusammenbau mit Punktschweißpaste (PVC oder Epoxid-Kleber, pro Fahrzeug ca. 10...15 m Nahtlänge) beschichtet.

Lackierung (S. 264)

Nach einer Elektrotauchlackierung:

- Abdecken der Punktschweißnähte (etwa 90...110 m), Falze und Fugen mit PVC-Abdichtmasse,
- Beschichten des Unterbodens gegen Steinschlagbeschädigung mit PVC-Unterbodenschutz (0,3...1,4 mm dick, 10...18 kg je Fahrzeug), alternativ Verkleidungsteile aus Kunststoff,
- Konservierung von Hohlkörpern mit kriechfähigem, alterungsbeständigem Wasserbasiswachs,
- Einsetzen von korrosionsfesten Montageteilen aus Kunststoff in stark gefährdeten Bereichen, z.B. vordere Radkästen (PVC entfällt dort) und
- Konservierung von Unterboden und Motorraum nach Endmontage.

Tabelle 4. Lackdicke.

Lackauftrag, Gesamtdicke	≈ 120 µm
Zink-Phosphatschicht Elektrotauchlackierung (kathodisch) Füller Decklack	≈ 2 µm 13...18 µm ≈ 40 µm 35...45 µm
Klarlack (nur bei Metallic- und Wasserbasislack)	40...45 µm

Karosserie-Ausstattung

Stoßfänger

Die Karosserie soll im Bug- und Heckbereich so geschützt werden, dass Kollisionen bei niedrigen Geschwindigkeiten keine oder nur geringe Beschädigungen an den Fahrzeugen zur Folge haben. Vorgeschriebene Stoßfängertests (US-Part 581, Kanada CMVSS 215 und ECE-R42) legen Mindestanforderungen für das Energieabsorptionsvermögen sowie für die Bauhöhe des Stoßfängers fest. Stoßfängertests nach US-Part 581 (4 km/h-Barrierenaufprall, 4 km/h-Pendeltests) müssen mit einem Stoßfängersystem erfüllt werden, dessen Energieabsorber selbsttätig regeneriert. Zur Erfüllung der ECE-Norm genügen plastisch verformbare Halterelemente, die zwischen Biegeträger (Stoßstange) und Fahrzeugstruktur angeordnet sind. Als Halbzeug für Biegeträger werden neben Stahlblech vor allem faserverstärkte Kunststoffe und Aluminiumprofile verwendet.

Stoßfänger.
1 Pralldämpfersystem, 2 energieabsorbierendes PUR-Schaumsystem.

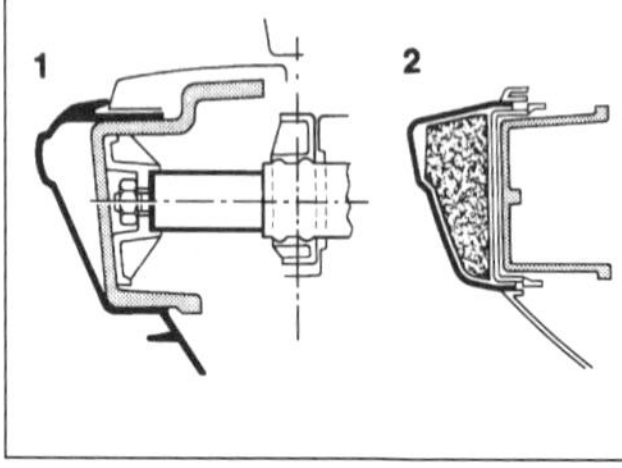

Verkleidungsteile, Stoßschutzleisten
Als Werkstoff für außenliegende Stoßschutzleisten, Verkleidungsteile, Schürzen und Spoiler, die insbesondere die aerodynamischen Eigenschaften des Fahrzeugs verbessern sollen, haben sich Kunststoffe durchgesetzt. Kriterien, die bei der Auswahl des Werkstoffes eine Rolle spielen, sind Flexibilität, Wärmeformbeständigkeit, Längenausdehnungskoeffizient, Kerbschlagzähigkeit, Kratzfestigkeit, Chemikalienbeständigkeit, Oberflächenqualität und Lackierbarkeit.

Verglasung
Front- oder Heckscheiben werden meist durch Gummiprofile gehalten und abgedichtet oder fest eingeklebt.

Verglasungsgewicht pro Fahrzeug 25...35 kg. Substitution von Glas durch Kunststoffe (PC, PMMA) zur Gewichtsreduzierung hat sich wegen verschiedener Nachteile noch nicht durchgesetzt. Für Türscheiben wird auch 2-Scheiben-Isolierglas zur Wärmeisolierung und Geräuschdämmung eingesetzt.

Türschlösser
Große Bedeutung für passive Unfallsicherheit (Vorschriften z.B. ECE-R11, FMVSS 206):
- Vollständig verriegelte und halbverriegelte Position,
- kein Ausreißen bei Längskraft bis 12 kN, Querkraft bis 10 kN (vollständig verriegelte Position),
- kein Öffnen bei Längs- oder Querbeschleunigung bis $30 \cdot g$.

Unterschiedliche Herstellerlösungen für Betätigungskomfort, Diebstahlsicherung, Kindersicherung.

Sitzanlage
Die aus Fahrzeugkollisionen resultierenden Festigkeitsanforderungen betreffen das Sitzgestell (Kissen, Lehne), die Kopfstütze, die Sitzverstellung und die Sitzverankerungen (Vorschriften: z.B. FMVSS 207 und 202; ECE-R17 und 25; sowie RREG 74/408 und 78/932). Eine Komponente zur aktiven Sicherheit ist der Sitzkomfort. Ziel der Sitzkonzeption ist es, dass Fahrzeuginsassen mit unterschiedlichen Körpermaßen ermüdungsfrei sitzen können.

Parameter:
- Stützwirkung auf einzelne Körperbereiche (Druckverteilung),
- seitliche Abstützung bei Kurvenfahrt,
- Sitzklima,
- Bewegungsfreiheit zur Veränderung der Körperhaltung ohne Verstellung des Sitzes,
- Schwingungs- und Dämpfungseigenschaften (Abstimmung der Eigenfrequenz mit Erregerfrequenzband) und
- Verstellbarkeit von Sitzkissen, Lehne und Kopfstütze.

Einfluss darauf haben:
- Abmessungen und Formen der Polsterung von Sitzkissen und Lehne,
- Verteilung der Federraten einzelner Polsterzonen,
- Gesamtfederrate und Dämpfungsvermögen vor allem des Sitzkissens,
- Wärmeleit- und Feuchtigkeitssaugvermögen von Bezug und Polsterung sowie
- Handhabung und Verstellbereich der Sitzverstellung.

Innenraum-Verkleidungsteile
Ein Verkleidungsteil besteht im Prinzip aus einem formstabilen Kern (Stahl-, Alublech oder Kunststoff) mit Befestigungselementen, einer energieabsorbierenden Polsterung aus Schaummaterial (z.B. PUR) und einer flexiblen Oberflächenschicht. Es gibt auch einteilige Kunststoffverkleidungen aus thermoplastischem Spritzgussmaterial.

Die Dachinnenauskleidung wird entweder als Spannhimmel oder als Fertighimmel ausgeführt. Die verwendeten Materialien dürfen nur schwer entflammbar und die Brenngeschwindigkeit sollte gering sein (FMVSS 302).

Schnitt durch die A-Säule mit Verkleidung *(Prinzip).*
1 Kern, 2 Schaum, 3 Folie, 4 Windschutzscheibe, 5 Seitenscheibe, 6 Türrahmen.

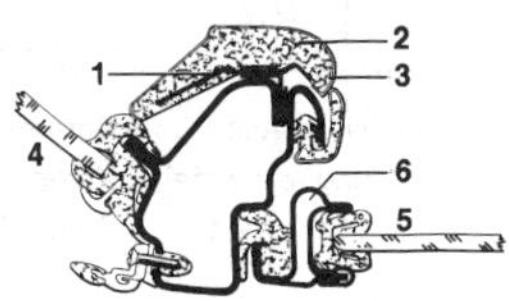

Sicherheit

Aktive Sicherheit:
Verhinderung von Unfällen.
Passive Sicherheit:
Verminderung der Unfallfolgen.

Aktive Sicherheit

Fahrsicherheit ist das Ergebnis einer harmonischen Fahrwerkskonzeption hinsichtlich Radführung, Federung, Lenkung und Bremsen und äußert sich in einem optimalen dynamischen Verhalten des Fahrzeugs.

Konditionssicherheit als Folge einer möglichst geringen physiologischen Belastung der Fahrzeuginsassen mit Schwingungen, Geräuschen und klimatischen Einflüssen trägt wesentlich dazu bei, die Wahrscheinlichkeit von Fehlhandlungen im Verkehr zu reduzieren.

Schwingungen im Frequenzbereich von 1...25 Hz (Stuckern, Zittern usw.), angeregt von Rädern und Antriebsaggregaten, erreichen die Insassen über Karosserie, Sitz und Lenkrad. Je nach Richtung, Amplitude und Dauer werden sie als mehr oder weniger starke Belastung empfunden.

Geräusche als akustische Störungen am Fahrzeug können innere Quellen (Motor, Getriebe, Gelenkwellen, Achsen) oder äußere Quellen (Reifen/Straße, Windgeräusche) haben und werden durch Luft- oder Körperschall übertragen. Der Schalldruckpegel wird in dB(A) gemessen (s. a. S. 92f).

Geräuschmindernde Maßnahmen zielen einerseits auf die Entwicklung geräuscharmer Aggregate bzw. die Isolierung von Störquellen (z.B. Motorkapselung) und andererseits auf die Dämmung von Geräuschen durch Dämmmatten oder Anti-Dröhnmittel ab.

Klimatische Einflüsse sind im Wesentlichen Lufttemperatur, Luftfeuchtigkeit, Luftdurchsatz und Luftdruck (weitere Angaben S. 404f).

Wahrnehmungssicherheit
Folgende Maßnahmen konzentrieren sich darauf, die Wahrnehmungssicherheit zu erhöhen:
– Beleuchtungseinrichtungen (S. 812),
– akustische Warneinrichtungen (S. 840) und
– direkte und indirekte Sicht (S. 794) (Sicht des Fahrers: Der für beide Augen des Fahrers – binokular – durch die A-Säulen entstehende Verdeckungswinkel darf nicht mehr als 6 Grad betragen).

Bedienungssicherheit
Um den Fahrer so wenig wie möglich zu beanspruchen und die Fahrsicherheit zu erhöhen, sollten alle Bedienelemente vom Fahrerplatz aus optimal zu erreichen und zu bedienen sein.

Sicherheit im Straßenverkehr. *Begriffe und Einflussfaktoren.*

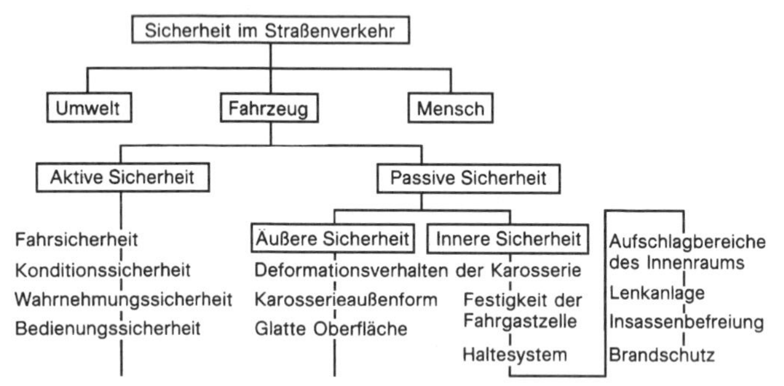

Passive Sicherheit

Äußere Sicherheit
Der Begriff „äußere Sicherheit“ umfasst alle fahrzeugbezogenen Maßnahmen, welche geeignet sind, Verletzungen der am Unfall beteiligten Verkehrsteilnehmer außerhalb des Fahrzeugs (Fußgänger und Zweiradfahrer) möglichst gering zu halten. Einflussfaktoren sind:
- Karosserie-Deformationsverhalten und
- Karosserie-Außenform.

Vorrangiges Ziel ist es, die Folgen der Primärkollision (Kollision äußerer Verkehrsteilnehmer mit dem Fahrzeug) durch geeignete Gestaltung möglicher Kontaktzonen zu mildern.

Die schwersten Verletzungen erleiden Fußgänger infolge von Kontakten mit der Fahrzeugfront, wobei der Unfallablauf stark von der Körpergröße abhängt. Die Unfallfolgen von Kollisionen zwischen Zweirädern und Pkw sind aufgrund des oftmals beträchtlichen Eigenenergieanteils des Zweiradfahrers sowie dessen hoher Sitzposition und der starken Streuung der Kontaktstellen nur schwer durch Maßnahmen am Pkw zu beeinflussen. Realisierbare Maßnahmen sind z. B.:
- verschiebbare Frontleuchte,
- versenkte Scheibenwischer,
- versenkte Regenrinnen und
- versenkte Türgriffe.

Siehe auch ECE-R26, RREG 74/483.

Innere Sicherheit
Die „innere Sicherheit“ umfasst Maßnahmen am Fahrzeug, deren Zweck es ist, die bei einem Unfall auf die Insassen wirkenden Beschleunigungen und Kräfte niedrig zu halten, ausreichenden Überlebensraum zu sichern und die zur Insassenbefreiung notwendigen Bauteile auch nach dem Unfall funktionsfähig zu erhalten.
Maßgebend für den Insassenschutz:
- Deformationsverhalten der Karosserie,
- Festigkeit der Fahrgastzelle und Größe des Überlebensraumes während des Aufpralls und danach,
- Rückhaltesysteme,
- Aufschlagbereiche im Innenraum (FMVSS 201),
- Lenksystem,
- Insassenbefreiung und
- Brandschutz.

Gesetze zur inneren Sicherheit (Frontalaufprall):
- Insassen-Unfallschutz, insbesondere Haltesysteme (FMVSS 208, ECE R94, Verletzungskriterien),
- Befestigung der Windschutzscheibe (FMVSS 212),
- Eindringen von Karosserieteilen in die Windschutzscheibe (FMVSS 219),
- Verschlussklappen von Ablagefächern (FMVSS 201).

Gefährdung von Fußgängern bei Kollisionen mit Pkw,
in Abhängigkeit von Anprallhäufigkeit und Verletzungsschwere (bei 246 Kollisionen).

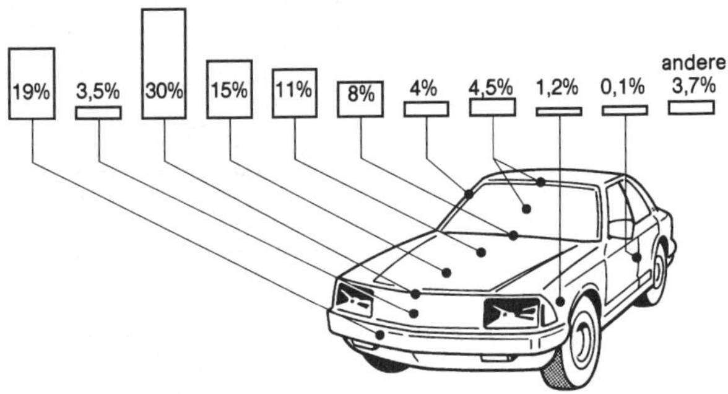

Rating-Tests:
- New Car Assessement Program (NCAP, USA, Europa, Japan, Australien),
- IIHS (USA, Versicherungstest),
- ADAC, ams, AUTO-BILD.

Deformationsverhalten der Karosserie

Wegen der Häufigkeit der Frontalkollisionen spielt der auch gesetzlich vorgeschriebene Frontalaufprallversuch mit 48,3 km/h bzw. 30 mph auf eine starre, senkrechte oder bis zu 30° schräge Barriere eine wichtige Rolle.

Weil 50 % der frontalen Kollisionen überwiegend die linke Hälfte des Vorderwagens betreffen (s. Bild), wird weltweit der linksseitig versetzte Frontalaufprall mit einer Überdeckung von 30 ... 50 % der Fahrzeugbreite durchgeführt.

Bei einer frontalen Kollision wird die kinetische Energie durch Deformation des Stoßfängers, des Vorbaues und in schweren Fällen auch der vorderen Zone der Fahrgastzelle (Stirnwandbereich) absorbiert. Achsen, Räder (Felgen) und Motor begrenzen die Deformationslänge. Für niedrige Beschleunigungen der Fahrgastzelle sind jedoch ausreichende Deformationslängen und verschiebbare Aggregate erforderlich. Je nach Fahrzeugkonzeption (Aufbauform, Antriebsart und Motorlage), Fahrzeugmasse und -größe entstehen beim frontalen Barrierenaufprall mit ca. 50 km/h bleibende Deformationen im Vorbaubereich von

Unfallverteilung auf Kollisionsarten,
symbolisiert durch gleichwertige Versuchsanordnungen.

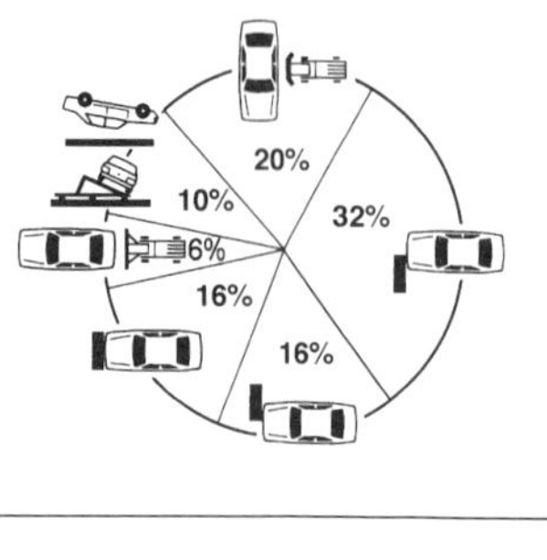

0,4 ... 0,7 m. Die Fahrgastzelle sollte im Wesentlichen erhalten bleiben. Dies betrifft vor allem
- die Stirnwandzone (Verschiebungen von Lenkanlage, Instrumentenfeld, Pedale, Einschränkung des Fußraums),
- die Bodenanlage (Senken bzw. Kippen der Sitze) und
- die Seitenwand (Türöffnen nach einem Unfall).

Beschleunigungsmessungen und Auswertungen von Hochgeschwindigkeitsfilmen erlauben die exakte Analyse des Deformationsverhaltens. Messpuppen (Dummies) in verschiedenen Größen simulieren die Insassen des Fahrzeugs und liefern Beschleunigungswerte von Kopf und Brust sowie Oberschenkelkräfte.

Aus den Kopfbeschleunigungen resultiert der Belastungswert „HIC“ (Head Injury Criterion) für den Kopf. Der Vergleich von Messwerten, die mit Messpuppen gewonnen werden, mit den zulässigen Grenzwerten nach FMVSS 208 (Kopf HIC 1000, Brustbeschleunigung 60 g/3 ms, Oberschenkelkraft 10 kN) erlaubt nur eingeschränkte Aussagen.

Der Seitenaufprall als nächsthäufige Unfallart birgt aufgrund des beschränkten Absorptionsvermögens der Struktur- und Verkleidungsteile und den daraus resultierenden großen Deformationen des Innenraums hohe Verletzungsrisiken.

Wesentlich beeinflusst wird das Risiko von der Strukturfestigkeit der Seitenwand (Verbindung der Säulen mit den Türen, Anschlüsse der Säulen nach oben/unten), der Belastbarkeit der Bodenquerträger und des Sitzes sowie der Gestaltung der Türinnenverkleidung (FMVSS 214, ECE R95, Euro-NCAP, US-SINCAP).

Beim Heckaufprallversuch dürfen im Bereich der Fahrgastzelle keine oder nur geringe Deformationen auftreten, Türen sollten sich noch öffnen lassen, die Heckdeckelkante sollte nicht durch die Heckscheibe in den Innenraum eindringen, und die Kraftstoffanlage muss dicht bleiben (FMVSS 301).

Mit Überschlagversuchen (Roll-Over-Tests) und quasistatischen Dacheindrücktests (FMVSS 216) werden Dachstrukturen untersucht.

Beschleunigung, Geschwindigkeit und Weg einer Fahrgastzelle bei einem 50 km/h-Barrierenaufprall.

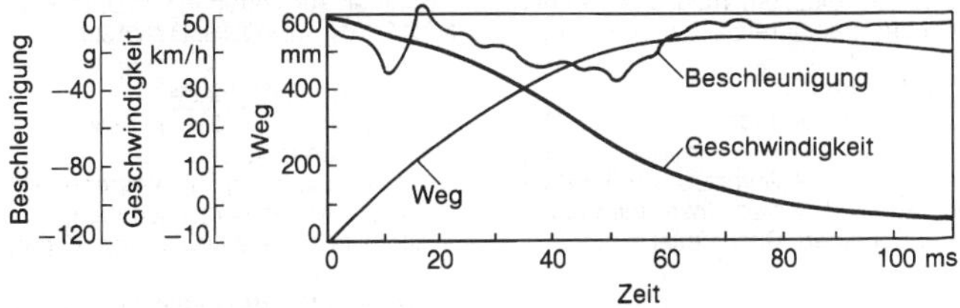

Darüber hinaus unterzieht mindestens ein Hersteller die Fahrzeuge einem Dachfalltest, um die Gestaltfestigkeit der Dachstruktur (Überlebensraum) unter extremen Bedingungen zu prüfen (Fahrzeug fällt aus 0,5 m Höhe auf die linke, vordere Dachecke).

Lenkanlage

Gesetzliche Forderungen (FMVSS 203 und 204) regeln den maximalen Verschiebeweg des oberen Endes der Lenksäule nach rückwärts (max. 127 mm, Frontalaufprall, 48,3 km/h) und die Grenze der Aufprallkraft eines Prüfkörpers auf die Lenkanlage (max. 1111 daN bei Aufprall mit 24,1 km/h). Das untere Spindelteil der Lenksäule wird bezüglich Längs- und Querverschiebungen deformierbar gestaltet, u. a. werden Gitterrohre, Wellrohre und Ausklinkelemente eingesetzt.

Insassen-Rückhaltesysteme (S. 885)

Automatik-Gurt (Manuelle Systeme)
Der am häufigsten eingebaute Dreipunktgurt mit Aufrollvorrichtung („Automatik-Gurt") ist ein guter Kompromiss zwischen effektiver Sicherheit, Anlege-, Tragekomfort und den Kosten. Bei Erreichen einer festgelegten Fahrzeugverzögerung blockiert eine eingebaute Schnellsperre die Wickelspule.

Gurtstraffer-Systeme
Gurtstraffer-Systeme sind als Erweiterung und Verbesserung der Dreipunkt-Automatik-Gurtsysteme anzusehen. Sie verringern durch Reduzierung der „Gurtlose" die bei schweren Unfällen zu großen Insassen-Vorverlagerungen. Dadurch wird die Differenzgeschwindigkeit Fahrzeuginsasse und damit auch die Belastung des Insassen reduziert.

Sperrprinzip eines Gurtwickelautomaten.
1 Gurt, 2 Sperrrad, 3 Aufrollachse, 4 Pendel, 5 Sperrklinke (in Sperrstellung).

Bauprinzip Gurtstraffer (Beispiel).
1 Vom Sensor,
2 Zündpille,
3 Treibsatz,
4 Drahtseil,
5 Zylinder,
6 Kolben,
7 Gurtband.

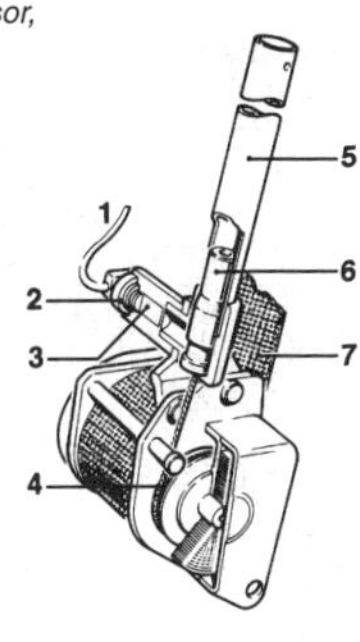

Integrierte Gurtkraftbegrenzer sorgen dafür, dass der Gurt nach der Straffung kontrolliert nachgibt, um mögliche Überlastungen im Brustbereich zu vermeiden.

Airbag-Systeme
Airbags (Frontairbags, Sidebags, Windowbags) dienen der Verhinderung bzw. Minderung eines Aufpralls auf Teile des Innenraums (Lenkrad, Instrumentenfeld, Türen, Scheiben, Dachsäulen).

Berechnung

Methode der Finiten Elemente

Statische, dynamische und akustische Eigenschaften von Bauteilen und ganzen Karosserien können mit der Methode der Finiten Elemente (FEM) berechnet werden. Sie beruht auf der Grundidee, ein beliebig kompliziertes Tragwerk in einfache Bauelemente (Balken, Schalen, Volumenelemente usw.) zu zerlegen, deren elastisches Verhalten bekannt und mathematisch leicht zu beschreiben ist. Diese Bausteine werden unter Berücksichtigung der Verträglichkeitsbedingungen zur Gesamtstruktur zusammengefügt.

Dadurch ist es möglich, mit Hilfe eines mathematischen Modells die elastischen Eigenschaften eines wirklichen Körpers hinreichend genau zu beschreiben. Für die praktische Durchführung der FE-Rechnung steht eine Vielzahl von Systemen zur Verfügung, z. B. PERMAS, NASTRAN, ABAQUS, DYNA3D.

Vorteile der FE-Methode:
- Behandlung beliebig komplizierter Strukturen möglich,
- Berücksichtigung anisotroper und nicht linearer Materialeigenschaften,
- schnelle Untersuchung von Varianten und
- ausgereifte Programmsysteme sind verfügbar (Einbindung in die CAD/CAM-Kette).

Grenzen der FE-Methode:
- Genauigkeit abhängig von Elementetyp und Feinheit der Elementeaufteilung,
- Änderung von Blechdicken und Werkstoffkennwerten durch den Tiefziehprozess werden nicht berücksichtigt,
- Schweißverbindungen nicht exaxt erfassbar.

Berechnung Gesamtkarosserie

Die Karosseriestruktur wird für die Berechnung je nach Problemstellung in der gewünschten Feinheit aufgeteilt (Stand 1999: bis ca. 300 000 Elemente mit über 1,8 Mio. Unbekannten). Als Ergebnisse bei statischer Belastung ergeben sich u. a. Verformungen, Spannungen und Formänderungsarbeiten.

Berechnung einer Karosserie-Struktur.

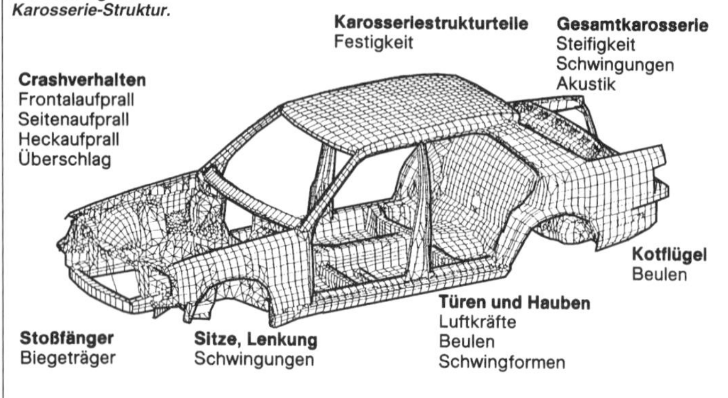

Ablauf der Strukturanalyse mit Finiten Elementen.

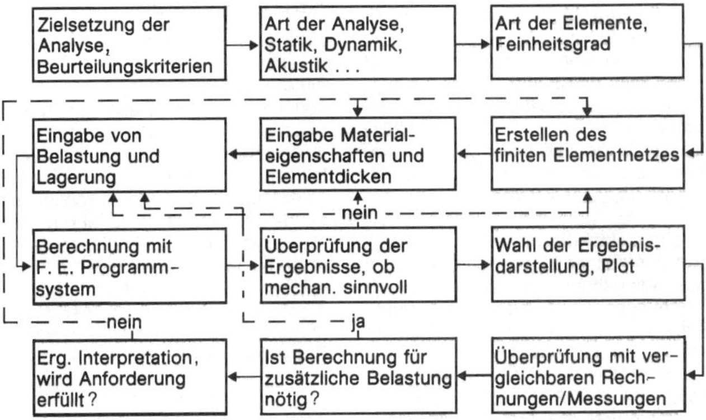

Berechnung Festigkeit
Detailuntersuchungen werden für Einzelteile und Karosseriebereiche durchgeführt, die speziellen Belastungen ausgesetzt sind, wie sie z. B. mit Haltesystemen oder Anhängelasten entstehen. Diese Untersuchungen haben das Ziel, ausreichende Festigkeit nachzuweisen oder durch Änderung der Konstruktion unzulässig hohe Spannungen zu reduzieren.

Berechnung dynamisches Verhalten
Sowohl für die Gesamtkarosserie als auch für einzelne Bauteile werden dynamische Analysen durchgeführt. Hierbei werden das Eigenschwingverhalten (Frequenzen, Schwingungsformen) und die Antwort des Systems auf periodische oder allgemein zeitabhängige Anregungen ermittelt. Damit können kritische Resonanzen identifiziert und die für die Betriebsfestigkeit maßgeblichen Lasten bestimmt werden.

Für die Untersuchung des Fahrkomforts und des akustischen Verhaltens im Fahrzeuginnenraum wird das Karosseriemodell durch FE-Modelle von Fahrwerk, Motor, Türen usw. und durch ein FE-Modell des Innenraums ergänzt.

Berechnung Crash-Verhalten
Unfallversuche der Automobilhersteller (Frontal-, Heck- und Seitenaufprall, Überschlag, Falltest) sowie Straßenverkehrsunfälle sind dynamische, größtenteils nicht lineare Prozesse, die sich mit den gängigen FE-Programmen nicht beschreiben lassen. Zur numerischen Simulation dieser Vorgänge sind spezielle FE-Programmsysteme (z. B. DYNA3D, PAM-CRASH) entwickelt worden, die mit Erfolg eingesetzt werden. Darin ist die Beschreibung großer plastischer Formänderungen ebenso enthalten wie die Erfassung der bei Crash-Vorgängen auftretenden Kontaktbereiche zwischen verschiedenen Fahrzeugteilen.

Berechnung Insassenschutzsysteme
Schwerpunktmäßig werden folgende Aufgaben mit Hilfe der rechnerischen Simulation durchgeführt:
- Auslegung/Optimierung von Rückhaltesystemen hinsichtlich Frontal- und Heckaufprall durch Schlittenversuchssimulationen in den Fällen, in denen die Interaktion Struktur–Dummy vernachlässigbar ist. Werkzeug dafür ist ein Mehrkörpersystem (z. B. Madymo-

3D) in Kopplung mit einem FE-Programmsystem (z. B. LS-DYNA-3D).
- Auslegung von Schutzkomponenten hinsichtlich Seitenprall in integrierten Simulationen, d. h. Gesamtfahrzeugsimulationen mit Dummy, Sitz und Verkleidungsteilen. Berechnung mit FE-Progammsystem (LS-DYNA-3D).
- Auslegung und Optimierung von Polstermaßnahmen (nach FMVSS 201) hinsichtlich der Erfüllung von Schutzkriterien. Berechnung mit FE-Progammsystem (LS-DYNA-3D).

Recycling, Umweltschutz
Die Automobilhersteller bemühen sich um die Reinhaltung von Wasser und Luft, den Schutz vor Lärm und das Recycling:
- Recycling-Quote bei metallischen Werkstoffen bei 95 %.
- Recycling-Quote bei Kunststoffen etwa 14 %, intensive Bemühungen um weitere Verbesserungen in der Zusammenarbeit mit Zulieferern von Kunststoffteilen und der chemischen Industrie.
- Abgasreinigung und Rückgewinnung hochwertiger Katalysator-Werkstoffe.
- Recycling von Batterie-Werkstoffen.
- Fluor-Chlor-Kohlenwasserstoffe (FCKW) werden als Treibmittel zur Kunststoffherstellung und als Kältemittel nicht mehr eingesetzt.
- Lösungsmittel zum Entfetten der Karosserie sind weitgehend frei von chlorierten Kohlenwasserstoffen; in der Tauchgrundierung Verwendung von Wasserlacken.
- Wasserbasislacke für die Decklackierung im Einsatz.
- Betriebsstoff-Aufbereitung, z. B. Öl, Kühlmittel, Frostschutzmittel.
- Wiederverwertung von Reststoffen (z. B. Metallabfälle, Altpapier, Leder-, Textil- und Holzabfälle) zu etwa 60 %.

Fahrzeugaufbau Nkw

Nutzkraftwagen

Nutzkraftwagen dienen dem sicheren und rationellen Transport von Personen und Gütern. Dabei bestimmt das Verhältnis von Nutzraum zu Gesamtbauraum und Nutzlast zu Gesamtgewicht den Grad der Wirtschaftlichkeit. Gesetzliche Vorschriften begrenzen Maße und Gewichte.

Konzeptionell sind Frontlenkerfahrzeuge (Motor unter dem Fahrerhaus) und Haubenfahrzeuge (Motor vor dem Fahrerhaus) zu unterscheiden.

Eine Vielzahl von Fahrzeugarten ermöglicht die Bewältigung der Transportaufgaben im Nah- und Fernverkehr, auf Baustellen sowie bei Sondereinsätzen.

Transporter

Transporter sind leichte Fahrzeuge (2...7 t), deren Einsatzbereich den Personentransport und die Güterverteilung im Nahverkehrsbereich umfasst. Dabei wer-

Übersicht Nutzkraftwagen

Transporter	
Lastkraftwagen	
Lastzug	
Großraumlastzug	
Sattelkraftfahrzeug	
Omnibus	

den hohe Anforderungen an Wendigkeit, Fahrleistungen, Bedienungskomfort und Sicherheit gestellt. Die Konzepte sehen Frontmotor, Front- oder Heckantrieb, Einzelradaufhängung oder Starrachse und ab 3,5 t Gesamtgewicht Zwillingsbereifung der Hinterachse vor.

Die Produktpalette umfasst geschlossene Aufbauten von Kombi- und Kastenwagen sowie Pritschenfahrzeuge als Hoch- und Tieflader mit Sonderaufbauten und Doppelkabinen.

Bei kleinen Transportern sind die Aufbauten durch Integralbauweise zu einem gemeinsamen Tragverband mit dem Unterbau verbunden.

Auf- und Unterbaugerippe bestehen aus Blechpressteilen und Abkantprofilen. Pritschenwagen haben als Haupttragstruktur ein Leiterrahmensystem mit offenen oder geschlossenen Längs- und Querträgern.

Große Transporter verfügen zumeist über einen eigenen Rahmen und einen separaten Aufbau.

Übersicht Transporter

Kasten-wagen	
Doppel-kabine Tieflader	
Pritschen-wagen Hochlader	
Fahrgestell	

Transporter-Tragverband.

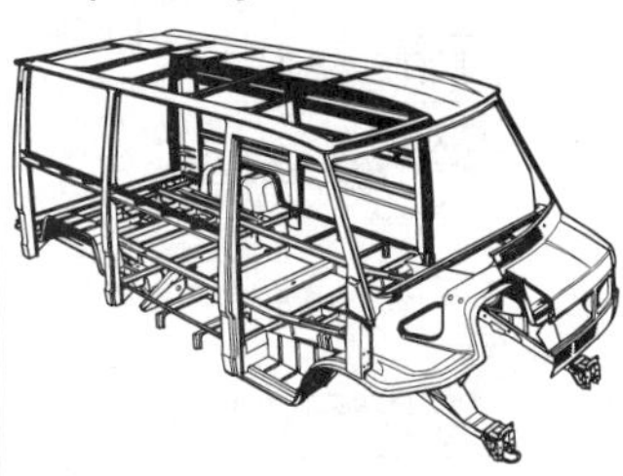

Lastkraftwagen und Sattelzugmaschinen

Hier hat sich die Aufteilung in tragendes Fahrgestell und nur teilweise mittragende Aufbauten durchgesetzt. Meist liegt der Motor vorn, selten ist er als Unterflurmotor zwischen den Achsen eingebaut. Der Antrieb erfolgt über die doppelbereifte(n) Achse(n). In Einzelfällen wird die Hinterachse mit einer Single-Bereifung ausgerüstet. Für Baustelleneinsätze (off road) mit hohen Traktionsanforderungen findet der Allradantrieb mit Längs- und Quersperrentechnik Verwendung.

Bezeichnung der Lkw-Fahrwerksart:
N x Z / L
N = Anzahl der Räder
Z = Anzahl der angetriebenen Räder
L = Anzahl der gelenkten Räder

(Zwillingsräder zählen als ein Rad)

Normalfahrgestelle haben blatt- oder luftgefederte starre Vorder- und Hinterachsen. Luftfederungen ermöglichen ein einfaches Auf- und Absetzen von Wechselaufbauten sowie das Absatteln der Sattelauflieger. Dreiachsfahrzeuge (6x2) sind mit Vor- oder Nachlaufachsen (vor bzw. hinter der Treibachse) zur Nutzlasterhöhung ausgerüstet. Traktionsstarke 6x4-Fahrzeuge für Baustelleneinsätze haben ein Doppelachsaggregat mit Achslastausgleich und Mittellagerung oder luftgefederten Einzelachsen.

Lkw-Fahrwerksarten (Beispiele).

Rahmen

Der Rahmen bildet das eigentliche Tragwerk der Nutzfahrzeuge. Er ist als Leiterrahmen, bestehend aus Längs- und Querträgern, ausgeführt. Die Wahl der Profile entscheidet über die Verdrehsteifigkeit. Verdrehweiche Rahmen werden bei mittleren und schweren Lastkraftwagen bevorzugt, weil sie für unebenes Gelände eine leichtere Anpassung der Federung ermöglichen. Verdrehsteife Rahmen eignen sich eher für kleinere Verteilerfahrzeuge.

Kritische Stellen der Rahmenkonstruktion sind neben den Krafteinleitungspunkten die Verbindungsknoten der Längs- und Querträger. Spezielle Knotenbleche oder gepresste Querträgerprofile bilden eine breite Anschlussbasis. Die Verbindungsstellen sind genietet, geschraubt und geschweißt. U- oder L-förmige Längsträger-Einlagen ergeben eine größere Rahmenbiegesteifigkeit und dienen der örtlichen Verstärkung.

Fahrerhaus

Je nach Fahrzeugkonzept gibt es unterschiedliche Fahrerhäuser. Im Verteilerverkehr sind niedrig liegende, bequeme Einstiege vorteilhaft; im Fernverkehr sind Großräumigkeit und Komfort wichtig. Baureihenkonzepte gestatten unter Beibehaltung von Front, Heck und Türen die Ausführung von Kurz-, Mittel- und Langfahrerhäusern.

Beim Frontlenkerfahrerhaus ist die Lenkung ganz nach vorn geschoben. Der Motor sitzt unter dem hoch gesetzten Fahrerhaus oder unter einem Motortunnel zwischen Fahrer und Beifahrer. Der Einstieg liegt vor oder über der Vorderachse. Eine mechanische (vorgespannte Drehstäbe) oder hydraulische Fahrerhaus-Kippeinrichtung gewährleistet die Motorzugänglichkeit.

Beim Haubenfahrerhaus befindet sich der Motor-Getriebe-Block vor der Fahrerhaus-Stirnwand unter einer (wegen der Zugänglichkeit meist kippbaren) Stahl- oder Kunststoffhaube. Der Einstieg liegt hinter der Vorderachse.

Leiterrahmen.

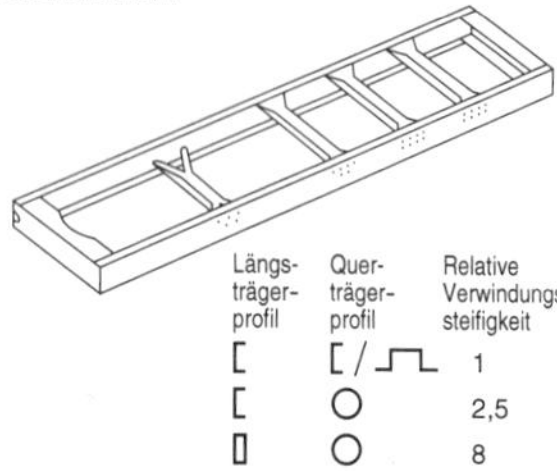

Rahmenknoten.
1 Hut-Querträger, 2 U-Querträger.

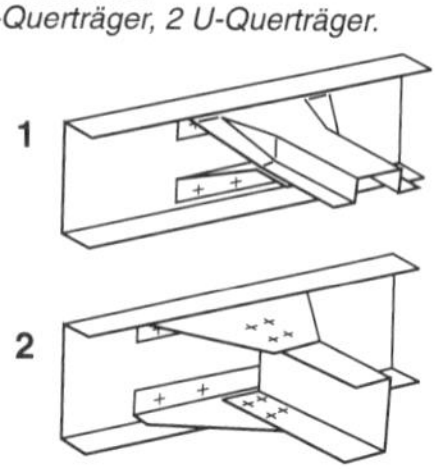

Aufbauten

Spezielle Aufbauten wie Pritschen, Kasten, Koffer, Kippermulden, Tankbehälter, Betonmischer usw. ermöglichen den rationellen und funktionsgerechten Transport der unterschiedlichsten Güter. Die Verbindung zum tragenden Rahmen erfolgt teilweise über Hilfsrahmen mit kraft- oder formschlüssigen Befestigungen.

Im Fernverkehr werden Last- und Sattelzüge eingesetzt. Mit wachsender Größe der Transporteinheit sinken die auf die Frachtmenge bezogenen Kosten.

Das Ladevolumen lässt sich durch Verringern der Freiräume zwischen Fahrerhaus, dem Ladegefäß und dem Anhänger erhöhen (Großraumlastzug). Vorteile des Sattelzugbetriebes sind die größere, nicht unterbrochene Ladelänge des Gefäßes und die kürzeren Standzeiten der Zugmaschinen. Zur Minimierung des Kraftstoffverbrauches werden strömungsverbessernde Maßnahmen wie Front- und Seitenverkleidung am Fahrzeug sowie speziell angepasste Luftleitkörper vom Fahrerhaus zum Aufbau vorgesehen.

Baugruppen am Lkw.
1 Aufbau, 2 Achse, 3 Rahmen, 4 Getriebe, 5 Motor, 6 Fahrerhaus.

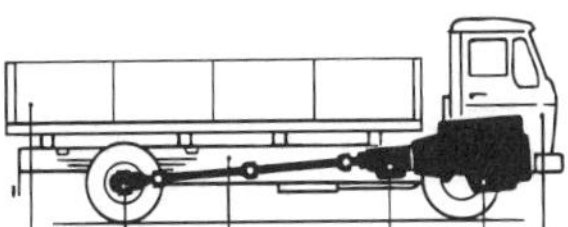

Fahrerhaus.
1 Frontlenkerfahrerhaus,
2 Haubenfahrerhaus.

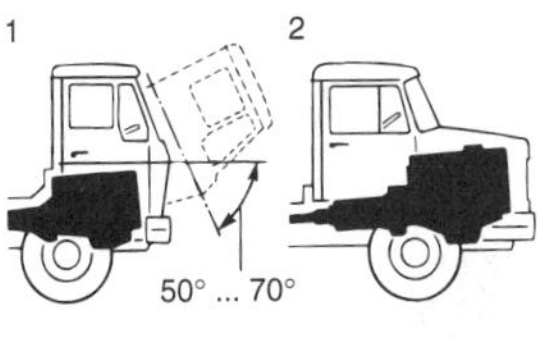

Omnibusse

Der Omnibusmarkt bietet fast für jeden Einsatz das spezielle Fahrzeug an. Dies führte zu vielen verschiedenen Omnibustypen, die sich durch ihre unterschiedlichen Außenabmessungen (Länge, Höhe, Breite) und Ausstattung (je nach Einsatz) unterscheiden.

Mikrobusse

Die Beförderungskapazität reicht bis ca. 19 Personen. Die Fahrzeuge sind von Transportern mit einem Fahrzeuggewicht bis ca. 4,5 t abgeleitet.

Minibusse

Die Beförderungskapazität reicht bis ca. 25 Personen. Die Fahrzeuge sind von Transportern mit einem Fahrzeuggewicht bis ca. 7,5 t abgeleitet. Vereinzelt wird auf Leiterrahmenfahrgestellen des Leicht-Lkw aufgebaut. Eine veränderte Federungsauslegung und spezielle Maßnahmen am Aufbau ermöglichen einen guten Fahrkomfort und Geräuschpegel.

Übersicht Omnibusse

Mikrobus	
Minibus	
Midibus	
Stadtomnibus	
Reiseomnibus	

Midibusse
Die Beförderungskapazität reicht (je nach Einsatzzweck) im Reisebus bis ca. 35 Personen und im Stadtbus bis ca. 65 Personen. Das Fahrzeuggewicht reicht bis ca. 12,5 t. Die Fahrzeuge werden überwiegend auf Leiterrahmenfahrgestellen des Leicht-Lkw aufgebaut. Teilweise gibt es auch Integralrahmenkonzepte. Eine veränderte Federungsauslegung und spezielle Maßnahmen am Aufbau ermöglichen einen guten Fahrkomfort und Geräuschpegel.

Stadtomnibusse
Ausgerüstet mit Sitz- und Stehplätzen für den Linienverkehr. Der kurze Haltestellenabstand im öffentlichen Nahverkehr erfordert einen raschen Fahrgastfluss. Dies wird durch breite, schnell öffnende und schließende Türen, geringe Einstiegshöhe (ca. 320 mm) und geringe Wagenbodenhöhe (ca. 370 mm) erreicht.

Hauptdaten für einen Standard-Linienomnibus (12 m):
Wagenlänge ca. 12 m,
Gesamtgewicht 18,0 t,
Sitzplatzzahl 32...44,
Gesamtkapazität ca. 105 Personen.

Der Einsatz von Doppeldeckerbussen (bei Wagenlänge 12 m bis ca. 130 Personen), dreiachsigen Solobussen (Wagenlängen bis 15 m bis ca. 135 Personen) und Gelenkbussen (ca. 160 Personen) führt zur Erhöhung der Beförderungskapazität.

Überlandomnibusse
Entsprechend dem Einsatz der Überlandomnibusse (bei $v > 60$ km/h kein Transport von stehenden Fahrgästen erlaubt) werden Niederflurausführungen mit den niedrigen Einstiegs- und Wagenbodenhöhen der Stadt-Linienomnibusse oder Omnibusse mit höherem Wagenboden und kleinem Kofferraum, die bereits Nähe zum Reisebus aufweisen, eingesetzt. Die Überlandbusse gibt es in Längen von 11...15 m als Solofahrzeuge oder als Gelenkomnibusse mit 18 m Länge.

Reiseomnibusse
Konzipiert für komfortables Reisen über mittlere und große Entfernungen. Die Vielfalt reicht vom niedrigen zweiachsigen Normalbus bis hin zum zweistöckigen Luxusbus. Die Reisebusse gibt es in Längen von ca. 10...15 m.

Selbsttragende Omnibuskarosserie.

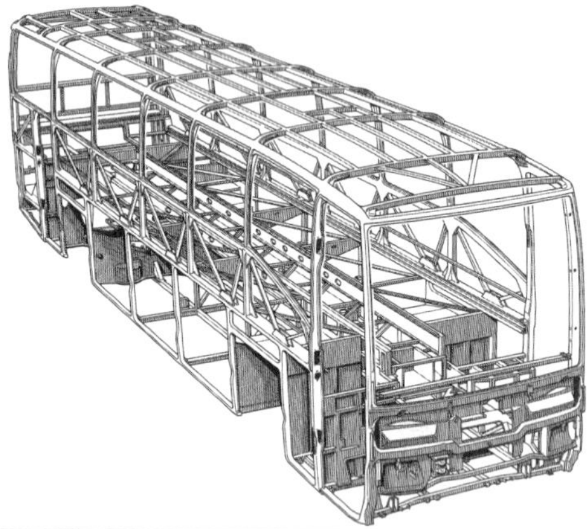

Aufbau
Leichtbauweise durch selbsttragende Karosserie. Die fest miteinander verschweißten Auf- und Unterbaugerippe bestehen aus Gitterträgerelementen mit Pressteilkonstruktionen und Vierkantrohren.

Fahrwerk
Der liegend oder stehend eingebaute Motor treibt die Hinterachse an. Luftfederung an allen Achsen ermöglicht Niveaustabilisierung und guten Fahrkomfort. Überwiegend werden Überland- und Reiseomnibusse mit Einzelradaufhängung an der Vorderachse ausgestattet. Scheibenbremsen werden an allen Achsen eingesetzt, häufig unterstützt durch Retarder.

Passive Sicherheit bei Nkw

Die passive Sicherheit soll Unfallfolgen begrenzen und den Partner im Straßenverkehr schützen. Systematische Unfallerfassung, Unfallversuche mit kompletten Nutzfahrzeugen sowie intensive rechnerische Optimierung helfen, Sicherheitsmaßnahmen zu erarbeiten.

Fahrerhaus und Fahrgastraum müssen im Kollisionsfall den Überlebensfreiraum für die Insassen gewährleisten. Dabei dürfen die auftretenden Verzögerungen nicht zu groß werden. Bauartbedingt ergeben sich unterschiedliche Lösungsansätze.

Bei Transportern wird die Frontpartie wie bei den Pkw energieaufnehmend gestaltet. Trotz geringerer Deformationswege und höheren auftretenden Energien lassen sich die physiologisch zulässigen Grenzwerte bei fast allen Pkw-Crashtest-Standards einhalten (gesetzliche Anforderungen und Rating-Tests).

Beim Lastkraftwagen reichen die Rahmenlängsträger bis zum Stoßfänger nach vorn und können hohe Längskräfte übertragen. Gestützt auf Unfallanalysen richten sich die Maßnahmen auf eine Verbesserung der Fahrerhausstruktur. Statische und dynamische Belastungs- und Schlagtests an der Fahrerhausfront und -rückseite sowie im Dachbereich simulieren die Beanspruchung bei Frontalaufprall, Umkippen, Überschlag und nachschiebender Ladung.

Nach statistischen Erhebungen ist der Omnibus das sicherste Personenbeförderungsmittel überhaupt. Statische Dachlasttests und dynamische Umsturz-Versuche weisen die Festigkeit der Aufbaukonstruktion nach. Schwer entflammbare und selbsterlöschende Materialien bei der Innenausstattung minimieren das Brandrisiko.

Im gemischten Straßenverkehr lassen sich Kollisionen zwischen leichten und schweren Fahrzeugen nicht vermeiden. Gewichtsunterschiede sowie teilweise Inkompatibilität in Geometrie und Struktursteifigkeit bedingen ein höheres Verletzungsrisiko im leichteren Fahrzeug. Geschwindigkeitsänderung beim zentralen plastischen Stoß für Frontal- oder Heck-Kollision zweier Fahrzeuge:

Fahrzeug 1 $\Delta c_1 = \dfrac{\mu \cdot \Delta v}{1+\mu}$

Fahrzeug 2 $\Delta c_2 = \dfrac{\Delta v}{1+\mu}$

mit $\mu = m_2/m_1$

m_1, m_2 Masse der beteiligten Fahrzeuge,
v Relativgeschwindigkeit vor dem Stoß.

Seiten-, Front- und Heckunterfahrschutzeinrichtungen helfen, das gefährliche Unterfahren des schweren Fahrzeuges durch das leichtere im Kollisionsfall zu vermeiden und dienen somit der Verbesserung des Partnerschutzes.

Heckunterfahrschutz für Nkw.

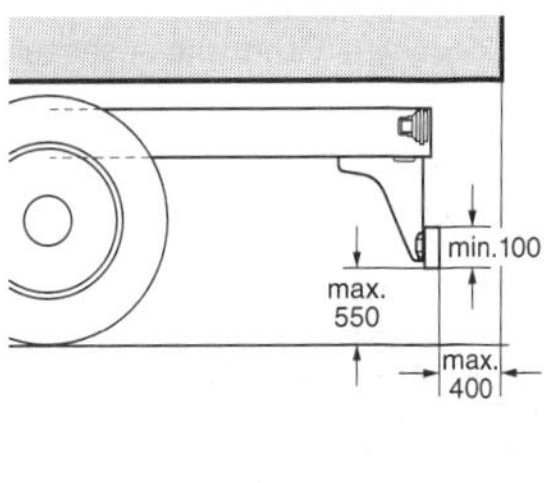

Lichttechnik

Aufgaben

Fahrzeugfront

Die Scheinwerfer an der Fahrzeugfront sind primär dafür bestimmt, die Fahrbahn auszuleuchten, damit der Fahrer das Verkehrsgeschehen erfassen und Hindernisse rechtzeitig erkennen kann. Zusätzlich sind sie das Erkennungsmerkmal für den Gegenverkehr. Die Blinkleuchten lassen die Absicht zur Änderung der Fahrtrichtung oder eine Gefahrensituation erkennen. Zu den Scheinwerfern und Leuchten an der Fahrzeugfront gehören:
- Fern-/Abblendscheinwerfer,
- Nebelscheinwerfer,
- Zusatz-Fernlichtscheinwerfer,
- Blinkleuchten (Fahrtrichtungsanzeiger),
- Parkleuchten,
- Begrenzungs-/Umrissleuchten (breite Fahrzeuge) und
- Tagfahrleuchten (soweit sie in einzelnen Ländern vorgeschrieben sind).

Fahrzeugheck

Die je nach Witterungsbedingungen geschalteten Leuchten am Fahrzeugheck signalisieren die Fahrzeugposition. Sie zeigen auch an, wie und in welche Richtung sich das Fahrzeug bewegt, z.B. ob es ungebremst geradeaus fährt, ob es bremst, ob eine Fahrtrichtungsänderung beabsichtigt ist oder ob eine Gefahrensituation vorliegt. Die Rückfahrscheinwerfer leuchten die Fahrbahn bei Rückwärtsfahrt aus. Zu den Leuchten bzw. Scheinwerfern am Fahrzeugheck gehören:
- Bremsleuchten,
- Schlussleuchten,
- Nebelschlussleuchten,
- Blinkleuchten (Fahrtrichtungsanzeiger),
- Parkleuchten,
- Umrissleuchten (breite Fahrzeuge),
- Rückfahrscheinwerfer und
- Kennzeichenleuchte.

Fahrzeuginnenraum

Im Fahrzeuginnenraum haben die Bedienungssicherheit der Schaltelemente und eine ausreichende Information über die Betriebszustände (bei geringer Ablenkung des Fahrers) Vorrang vor allen anderen Funktionen. Ein gut beleuchtetes Instrumentenfeld (S. 865) und die diskrete Beleuchtung verschiedener Funktionsgruppen, wie die des Radios oder eines Navigationssystems, sind Voraussetzung für entspanntes und sicheres Fahren. Optische und akustische Signale müssen nach ihrer Dringlichkeit gestuft an den Fahrer weitergegeben werden.

Vorschriften

Genehmigungszeichen

Für lichttechnische Einrichtungen am Kraftfahrzeug gelten nationale und internationale Bau- und Betriebsvorschriften, nach denen die Einrichtungen hergestellt und geprüft sein müssen. Für jeden Typ einer lichttechnischen Einrichtung ist ein besonderes Genehmigungszeichen festgelegt, das lesbar z.B. auf den Streuscheiben von Scheinwerfern bzw. auf den Lichtscheiben von Leuchten der jeweiligen Geräte angebracht sein muss. Dies gilt auch für typgeprüfte Ersatzscheinwerfer und -leuchten.

Ist eine Einrichtung mit einem derartigen Genehmigungszeichen versehen, so ist sie von einem technischen Dienst geprüft und von einer Genehmigungsbehörde (in Deutschland: Kraftfahrzeugbundesamt) zugelassen. Alle Einheiten, die in der Serie gefertigt werden und mit dem Genehmigungszeichen versehen sind, müssen mit dieser typgeprüften Einheit übereinstimmen. Beispiele für Genehmigungszeichen sind:

∩∪∩ K	nationales Prüfzeichen D,
(E1)	ECE-Prüfzeichen,
[e 1]	EU-Prüfzeichen.

Die den Buchstaben hinzugefügte Ziffer 1 weist beispielsweise die Genehmigung für Deutschland aus.

In Europa gelten für den Anbau aller Kfz-Beleuchtungs- und Lichtsignaleinrichtungen neben den nationalen Richtlinien die übergeordneten europäischen Richtlinien (ECE: ganz Europa, EU und Japan). Im Zuge der fortschreitenden Einigung Europas werden die Überführungsvorschriften durch die Harmonisierung von Richtlinien und Regeln immer mehr erleichtert. Scheinwerfer von Bosch entsprechen den geltenden ECE- und EU-Richtlinien und können somit unabhängig von dem Land, in dem sie erworben wurden, in allen ECE- und EU-Ländern eingesetzt werden.

In den USA gelten grundsätzlich andere Vorschriften als in Europa. Das Prinzip der Selbstzertifizierung zwingt jeden Hersteller als Importeur von lichttechnischen Einrichtungen sicherzustellen und im Notfall nachzuweisen, dass seine Erzeugnisse zu 100 % den im Federal Register (Bundesgesetzblatt) verankerten Vorschriften des FMVSS 108 entsprechen. Eine Typprüfung gibt es in den USA demzufolge nicht. Die Vorschriften des FMVSS 108 basieren teilweise auf dem Industriestandard der SAE.

Kraftfahrzeuge, die z. B. nach Europa reimportiert werden, müssen entsprechend den europäischen Richtlinien wieder umgerüstet werden.

Lichttechnische Begriffe

Reichweite eines Scheinwerfers
Entfernung, in der die Beleuchtungsstärke im Lichtbündel einen bestimmten Wert hat: meist die 1-Lux-Linie am rechten Fahrbahnrand.

Geometrische Reichweite eines Scheinwerfers
Entfernung des waagerechten Teils der Hell-Dunkel-Grenze auf der Fahrbahn. Bei Neigung des Abblendlichts um 1% oder 10 cm/10 m beträgt die geometrische Reichweite = 100 x Anbauhöhe des Scheinwerfers (gemessen Mitte Reflektor über Fahrbahn).

Sichtweite
Entfernung, in der ein in der Leuchtdichteverteilung des Gesichtsfeldes vorhandenes Objekt (Fahrzeug, Gegenstand usw.) noch sichtbar ist.

Form, Größe und Reflexionsgrad der Objekte, der Fahrbahnbelag, die technische Ausführung und Sauberkeit der Scheinwerfer und der Adaptionszustand der Augen beeinflussen die Sichtweite. Wegen dieser großen Anzahl von Einflussfaktoren können Zahlenwerte für die Sichtweite nicht festgelegt werden. Die Sichtweite kann z. B. bei extrem ungünstigen Verhältnissen unter 20 m (auf der linken Fahrbahnseite, Straße nass) und bei besonders günstigen Verhältnissen über 100 m (am rechten Fahrbahnrand) betragen.

Tragweite
Entfernung, in der ein Lichtsignal (z. B. Nebelschlussleuchte) durch die getrübte oder neblige Atmosphäre gerade noch erkannt werden kann.

Blendung, physiologisch
Messbare Einbuße an Sehleistung durch Blendlichtquellen, also die Verminderung der Sichtweiten bei Begegnung zweier Fahrzeuge.

Blendung, psychologisch
(Unannehmlichkeitsblendung)
Tritt auf, wenn eine Blendlichtquelle „stört" (ohne Verminderung der Sehleistung). Die Bewertung erfolgt nach einer Beurteilungsskala zwischen angenehm und unangenehm.

Brennweite eines Reflektors
Konventionelle Reflektoren für Scheinwerfer und Leuchten haben meist eine parabolische Form. Die Brennweite f (Abstand zwischen Parabolscheitel und Brennpunkt) liegt zwischen 15 u. 40 mm.

Freiflächen-Reflektoren
Bei modernen Reflektoren wird die geometrische Form mit Hilfe von mathematischen Berechnungen komplexer Art generiert (HNS Homogeneous Numerically Calculated Surface). Dabei wird eine mittlere Brennweite $\bar{f}$, bezogen auf den Ab-

Parabolischer Reflektor.
F Brennpunkt, S Parabelscheitel,
f Brennweite.

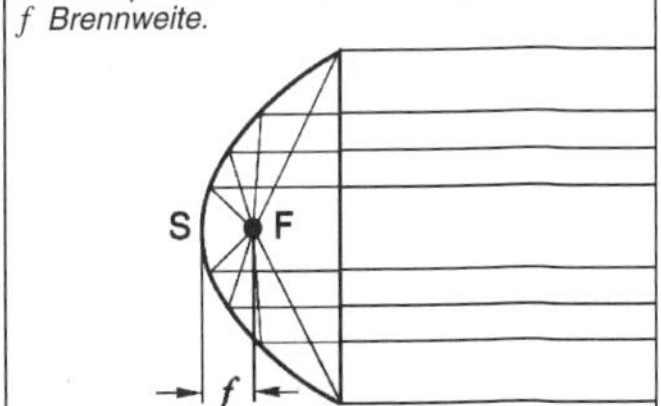

stand zwischen dem Reflektorscheitel und der Mitte der Wendel, angegeben. Die Werte liegen zwischen 15 und 25 mm.

Bei mit Stufen oder Facetten partitionierten Reflektoren (PD2 Partition Design 2) kann jede Partition mit einer eigenen mittleren Brennweite f erstellt werden.

Leuchtende Fläche eines Reflektors
Parallelprojektion der gesamten Öffnung des Reflektors auf eine Querebene. Diese Ebene liegt meist senkrecht zur Fahrtrichtung.

Wirksamer Lichtstrom, Wirkungsgrad eines Scheinwerfers
Teil des Lichtstroms der Lichtquelle, der über die reflektierenden oder lichtbrechenden Bauteile eines Gerätes wirksam werden kann (z. B. über den Scheinwerferreflektor auf die Fahrbahn). Kleine Brennweite bzw. kleine mittlere Brennweite eines Reflektors: günstige Ausnutzung der Lampe und hoher Wirkungsgrad, da der Reflektor die Lampe weit umfasst und somit ein großer Teil des Lichtstromes zum entstehenden Lichtbündel beitragen kann.

Winkel der geometrischen Sichtbarkeit
Die Winkel, gemessen zur Geräteachse, unter denen die leuchtende Fläche sichtbar sein muss.

Begriffe für Bauformen

Zusammenbau
Gehäuse gemeinsam, jedoch eigene Lichtscheiben und Lampen.
Beispiel: Mehrkammerleuchte mit verschiedenen Funktionen der Heckleuchte.

Kombination
Gehäuse und Lampe gemeinsam, jedoch eigene Lichtscheiben.
Beispiel: Schlussleuchte mit kombinierter Kennzeichenbeleuchtung.

Ineinanderbau
Gehäuse und Streuscheibe (oder Lichtscheibe) gemeinsam, jedoch eigene Lampen.
Beispiel: Ineinanderbau von Scheinwerfer und Begrenzungslicht.

Hauptscheinwerfer, europäisches System

Abblendlicht

Bei den heutigen Verkehrsdichten kann das Fernlicht nur noch in Ausnahmefällen verwendet werden. Das eigentliche Fahrlicht ist deshalb das Abblendlicht. Es konnte durch grundsätzliche Maßnahmen erheblich verbessert werden:
– Einführung des asymmetrischen Abblendlichtes mit größeren Sichtweiten am rechten Fahrbahnrand,
– Zulassung verschiedener Typen von Halogenlampen mit gesteigerter Leuchtdichte auf der Fahrbahn um 50 ... 80 %.
– Einführung neuer Scheinwerfersysteme mit komplexer Geometrie (PES, HNS, PD2) mit bis zu 50 % verbessertem Wirkungsgrad.
– Das Scheinwerfersystem „Litronic“ mit Gasentladungslampen (mit Lichtbogen) erhöht die erzeugte Lichtmenge auf mehr als das Doppelte im Vergleich zu Halogenlampen.

Scheinwerfer für Abblendlicht benötigen eine Hell-Dunkel-Grenze in der Lichtverteilung. Diese wird bei Halogen-Scheinwerfern mit H4-Lampen bzw. Litronic-Scheinwerfern mit D2R-Lampe durch die Abbildung der Kappe (H4) bzw. der Schatter (D2R) erzeugt. Bei Scheinwerfern mit Rundumnutzung (H1-, H7-, HB4-Lampe) wird die Hell-Dunkel-Grenze durch die gezielte Abbildung der Glühwendel gebildet.

Abblendlicht *(Strahlengang, H4-Lampe).*
1 Wendel für Abblendlicht, 2 Abdeckkappe.

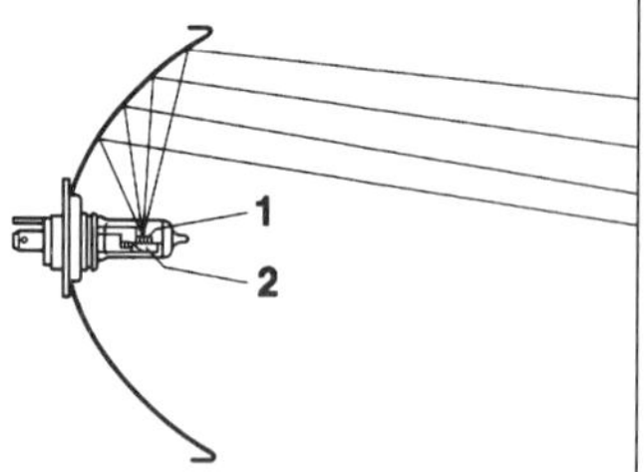

Durch die Hell-Dunkel-Grenze entsteht mit „oben dunkel/unten hell" eine Verteilung, die sich dazu eignet, akzeptable Sichtweiten in allen Verkehrssituationen zu erzielen. Einerseits kann die Blendung in Richtung des Gegenverkehrs in Grenzen gehalten werden, und andererseits gelingt es, unterhalb der Hell-Dunkel-Grenze relativ große Beleuchtungsstärken zu erzeugen.

Neben maximalen Sichtweiten und minimaler Blendwirkung muss die Lichtverteilung auch im Nahbereich den Anforderungen genügen. Kurven müssen sicher durchfahren werden können, d. h. die Lichtverteilung muss seitlich bis über die Fahrbahnränder hinaus reichen.

Die lichttechnischen Anforderungen, die an den Kfz-Scheinwerfer gestellt werden, müssen messtechnisch nachgewiesen werden. Dabei sind sowohl Mindestwerte für die Beleuchtungsstärke vorgeschrieben, um eine gute Fahrbahnbeleuchtung zu erzielen als auch Höchstwerte, um eine Blendung zu vermeiden (Messpunkte für Beleuchtungsstärken S. 816).

Scheinwerfer-Ausführungen

Konventionelle Scheinwerfer
Bei konventionellen Scheinwerfersystemen verbessert sich die Qualität des Abblendlichtes mit zunehmender Reflektorgröße. Ein möglichst hoher Anbau bewirkt eine große geometrische Reichweite. Im Gegensatz dazu muss die Fahrzeugfront aus aerodynamischen Gründen niedrig gehalten werden.

Lichtstärken eines Scheinwerfers zur Beleuchtung des rechten Fahrbahnrandes in Abhängigkeit vom horizontalen Durchmesser des Reflektors.

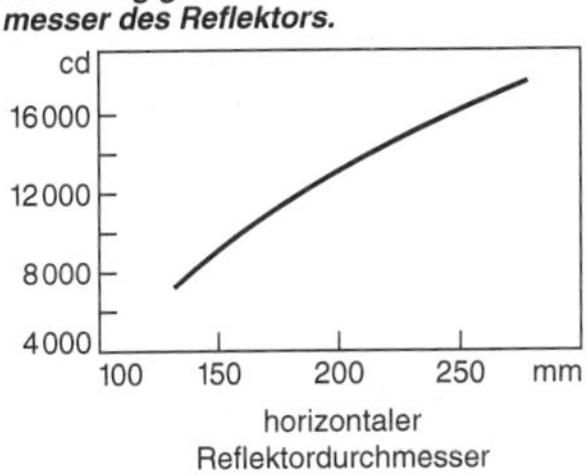

Unter diesen Voraussetzungen ergibt die Vergrößerung des Reflektors breite Scheinwerfer.

Bei gleichen Reflektorgrößen ergibt sich zusätzlich noch eine Abhängigkeit von deren Brennweite. Kleinere Brennweiten erzeugen breitere Lichtbündel mit besserer Vorfeld- und Seitenbeleuchtung. Dies ist besonders in Kurven von Vorteil.

Stufenreflektoren

Stufenreflektoren sind segmentierte Reflektoren aus Paraboloidteilen bzw. parelliptischen (Kombination aus Parabel und Ellipse) Reflektorteilen verschiedener Brennweite zusammengesetzt, so dass auch bei reduzierter Bautiefe die Vorteile tiefer Reflektoren erhalten bleiben.

Homofocal-Reflektor
Die sektorenförmigen Zusatzreflektoren des Homofocal-Reflektors mit einem gemeinsamen Brennpunkt haben eine kleinere Brennweite als der Grundreflektor und geben damit einen hohen Beitrag zum wirksamen Lichtstrom. Das Licht der Zusatzreflektoren verbessert die Vorfeld- und Seitenbeleuchtung, erhöht aber nicht die Reichweite.

Multifocal-Reflektor
Das Prinzip des Multifocal-Reflektors gleicht dem des Homofocal-Reflektors. Mit der Einführung parelliptischer Reflektorteile, die das Licht horizontal streuen, ergeben sich aus der mathematischen Beschreibung eine Vielzahl von Brennpunkten.

Reflektoren ohne Stufen

Speziell entwickelte lichttechnische Programme (CAL Computer Aided Lighting) ermöglichen die Realisierung stufenloser Reflektorformen mit nicht parabolischen Abschnitten. Der Brennpunkt der verschiedenen Zonen des Reflektors kann seine Lage zur Lichtquelle ändern. Mit diesem Prinzip lässt sich die gesamte Reflektorfläche ausnutzen.

Scheinwerfer mit klarer Abschlussscheibe Mit der erweiterten Reflektortechnik HNS (Homogeneous Numerically Calculated Surface) erreicht man heute bei Scheinwerfern einen Wirkungsgrad bis zu

Perspektivisches Bild mit Messpunkten für die Beleuchtungsstärken nach ECE-Regelung 8 bzw. 20.
Sollwerte in lx für Scheinwerfer mit Halogen-Lampe bei 25 m Entfernung.

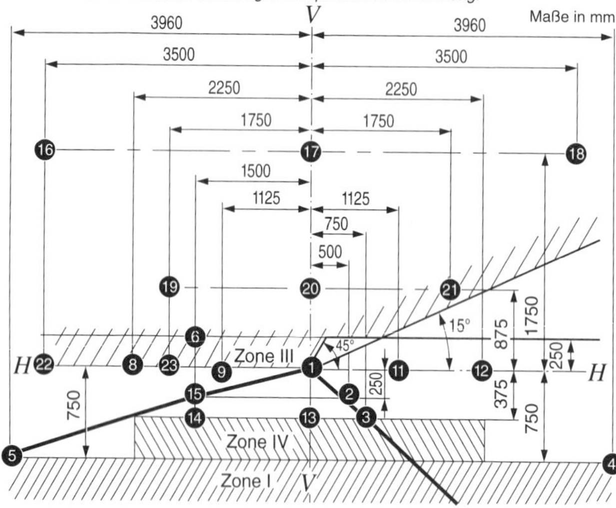

Tabelle 1. Messpunkte für die Messung von Abblend- und Fernlicht.

Abblendlicht			
Messpunkte	Sollwerte lx	Messpunkte	Sollwerte lx
1. E_{HV}	$\leq 0{,}7$	14. E_{50L}	≥ 2
2. E_{75R}	≥ 12	15. E_{75L}	≥ 12
3. E_{50R}	≥ 12	16. $E_{8L/4U}$	$\geq 0{,}1$; $\leq 0{,}7$
4. E_{25R}	≥ 2	17. $E_{V/4U}$	$\geq 0{,}1$; $\leq 0{,}7$
5. E_{25L}	≥ 2	18. $E_{8R/4U}$	$\geq 0{,}1$; $\leq 0{,}7$
6. E_{B50L}	$\leq 0{,}4$	19. $E_{4L/2U}$	$\geq 0{,}2$; $\leq 0{,}7$
Größtwert in Zone I	$\leq E_{50R}$	20. $E_{V/2U}$	$\geq 0{,}2$; $\leq 0{,}7$
Größtwert in Zone III	$\leq 0{,}7$	21. $E_{4R/2U}$	$\geq 0{,}2$; $\leq 0{,}7$
Kleinstwert in Zone IV	≥ 3	22. $E_{8L/H}$	$\geq 0{,}1$; $\leq 0{,}7$
13. E_{50V}	≥ 6	23. $E_{4L/H}$	$\geq 0{,}2$; $\leq 0{,}7$

Fernlicht	
Messpunkte	Sollwerte lx
7. E_{max}	> 48
	$< 16 \cdot E_{75R}$
	(< 240)
8. $E_{H-5,15°}$	≥ 6
9. $E_{H-2,55°}$	≥ 24
10. E_{HV}	$\geq 0{,}8\ E_{max}$
11. $E_{H+2,55°}$	≥ 24
12. $E_{H+5,15°}$	≥ 6

Messwerte für Prüflichtstrom der jeweiligen Lampe bei ca. 12 V.

50 %. Die gesamte Lichtverteilung wird ohne zusätzliche optische Elemente auf der Abdeckscheibe allein aus der Reflektorfläche erzeugt. Dies ermöglicht ein neues, unkonventionelles Scheinwerferdesign.

Scheinwerfer mit Facettenreflektor
Bei Facetten wird die Reflektorfläche partitioniert. Das Programm PD2 stellt die Module CAL und HNS zur individuellen Optimierung jedes Einzelsegments zur Verfügung. Wesentlich an den mit PD2 entwickelten Flächen ist, dass Unstetigkeiten und Stufen an allen Grenzflächen der Partition zulässig sind. Als Resultat ergeben sich frei gestaltete Reflektorflächen mit höchster Homogenität und Seitenausleuchtung.

PES-Scheinwerfer

Das mit PES (Poly-Ellipsoid-System) bezeichnete Scheinwerfersystem mit Abbildungsoptik weist lichttechnische Verbesserungen im Vergleich zum konventionellen Scheinwerfer auf. Eine Lichtaustrittsfläche von nur 28 cm^2 ermöglicht Lichtverteilungen wie mit bisherigen großflächigen Scheinwerfern. Das wird mit einem elliptischen Reflektor (mit CAL berechnet) und einer Projektionsoptik erreicht. Die mit dem Objektiv abgebildete Blende erzeugt eine exakt definierte Hell-Dunkel-Grenze, nach Bedarf mit hoher Schärfe, bewusster Unschärfe oder auch beliebigem Formenverlauf.

PES-Scheinwerfer können gemeinsam mit herkömmlichem Fernlicht, Begrenzungslicht und PES-Nebelscheinwerfern eine Lichtbandeinheit von nur etwa 80 mm Bauhöhe bilden.

PES-Reflektor *(optisches Prinzip).*
1 Objektiv, 2 Blende, 3 Reflektor, 4 Lampe.

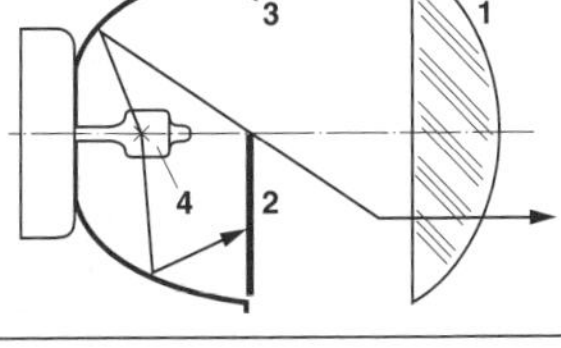

HNS-Reflektor bzw. Facettenreflektor.
Wendelbilddarstellung durch Spiegeloptik.

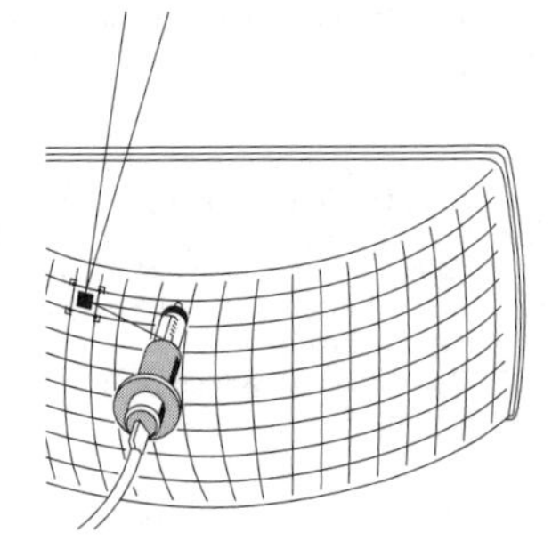

PES-Reflektoren *(Strahlengang).*
a) PES, b) PES mit Ringparabel und Streuscheibe, c) PES mit Ringparabel und teilverspiegeltem Tubus.
1 Reflektor, 2 Objektiv, 3 Zierblende,
4 profilierte Innenscheibe,
5 teilverspiegelte Innenscheibe.

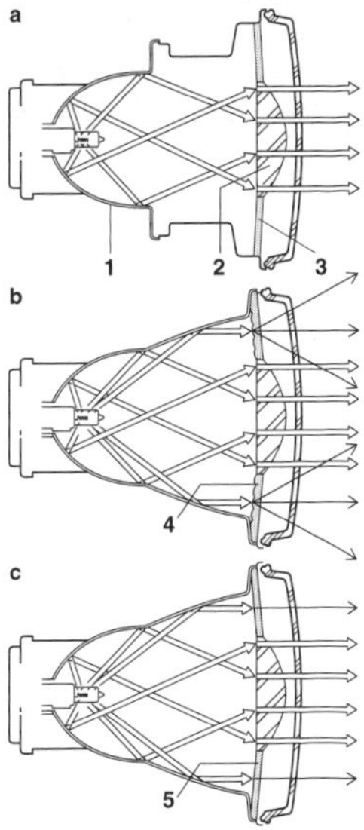

Bei PES-Scheinwerfern kann der Strahlengang so ausgelegt werden, dass als Signalbild die Umgebung um das Objektiv mit genutzt wird. Diese Vergrößerung des Signalbildes wird vor allem bei kleinen Objektivdurchmessern zur Reduzierung der psychologischen Blendung des Gegenverkehrs eingesetzt. Der Ringreflektor nutzt den Lichtanteil, der vom PES-Reflektor nicht erfasst wird und lenkt ihn am Objektiv vorbei nach vorn. Eine Innenblende, die den direkten Einblick auf die Lampe verhindert, kann als Streuscheibe oder als teilverspiegelte Blende ausgeführt sein.

Litronic

Das Scheinwerfersystem Litronic (Light-Electronic) mit einer Xenon-Gasentladungslampe als zentralem Bauteil ermöglicht hohe Lichtwirkung trotz geringstem Frontflächenbedarf für ein Fahrzeug-Styling mit günstigen c_w-Werten.

Der Lichtbogen der 35-W-Lampe D2S liefert im Vergleich zur H1-Lampe den zweifachen Lichtstrom bei höherer Farbtemperatur[1]) (4200 K), d.h. – ähnlich dem Sonnenlicht – stärkere Anteile von Grün und Blau. Die volle Lichtausbeute von ca. 90 lm/W ergibt sich, wenn die Betriebstemperatur des Quarzkolbens von über 900 °C erreicht ist. Kurzzeitig überhöhte Leistung und Ströme bis 2,6 A (Dauerbetrieb: ca. 0,4 A) erlauben jedoch „Sofortlicht". 1500 Stunden Lebensdauer reichen für die durchschnittlich erforderliche Gesamtbetriebsdauer in Pkw. Da kein plötzlicher Ausfall wie bei einem Glühfaden eintritt, ist Diagnose und rechtzeitiger Ersatz möglich.

Kfz-Gasentladungslampen sind mit hochspannungsfestem Sockel und UV-Schutzglaskolben ausgeführt:
– die D2S-Lampe für Scheinwerfer in PES-Bauart,
– D2R-Lampe für Scheinwerfer der Reflexionsbauart; mit integriertem „Schatter" zur Erzeugung einer Hell-Dunkel-Grenze; vergleichbar der Abdeckkappe für das Abblendlicht der H4-Lampe.

[1]) Temperatur des „Schwarzen Strahlers", dessen Strahlung dem Auge farbgleich oder farbähnlich erscheint.

Gasentladungslampe D2S.
1 UV-Schutzgaskolben, 2 elektrische Durchführung, 3 Entladungsraum, 4 Elektroden, 5 Lampensockel.

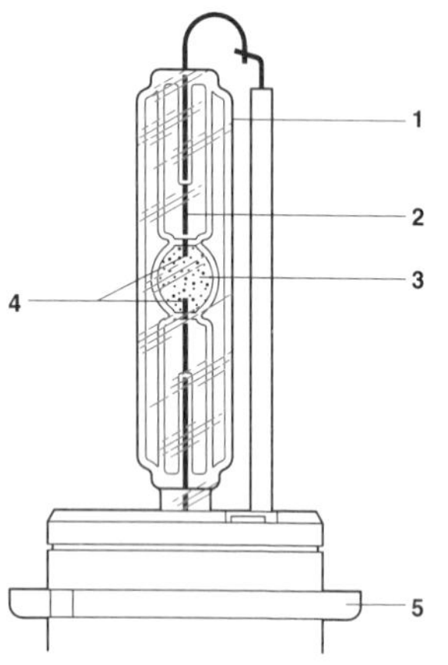

***Lichtverteilung** (Straßenverkehr).*
a) PES Halogenlampe,
b) Litronic PES D2S-Lampe.

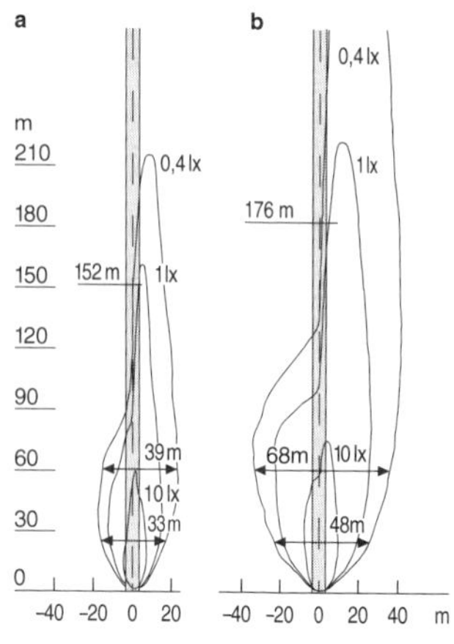

Elektronisches Vorschaltgerät (EVG) für 400 Hz Wechselstromversorgung und Impulszündung der Lampe.
1 Steuergerät (1a DC/DC-Wandler, 1b Shunt, 1c DC/AC-Wandler, 1d Mikroprozessor), 2 Zündgerät, 3 Lampenfassung, 4 D2S-Lampe, U_B Batteriespannung.

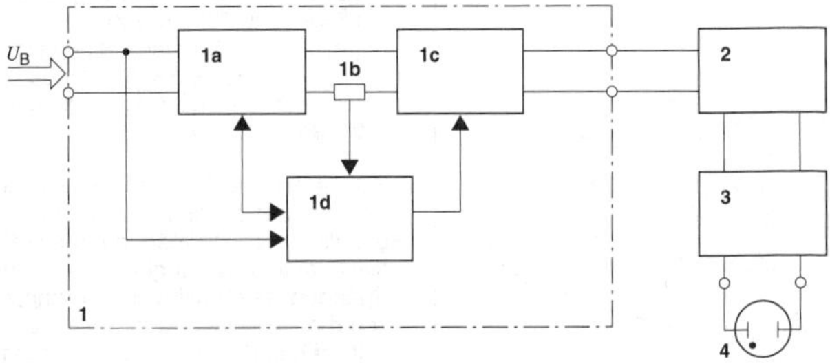

Systemkomponenten für Scheinwerfer in Reflexionsbauart mit integrierter dynamischer Leuchtweitenregelung.
1 Abschlussscheibe mit bzw. ohne Streuoptik,
2 Gasentladungslampe,
3 Zündgerät,
4 Steuergerät,
5 Schrittmotor,
6 Achssensor,
7 zum Bordnetz.

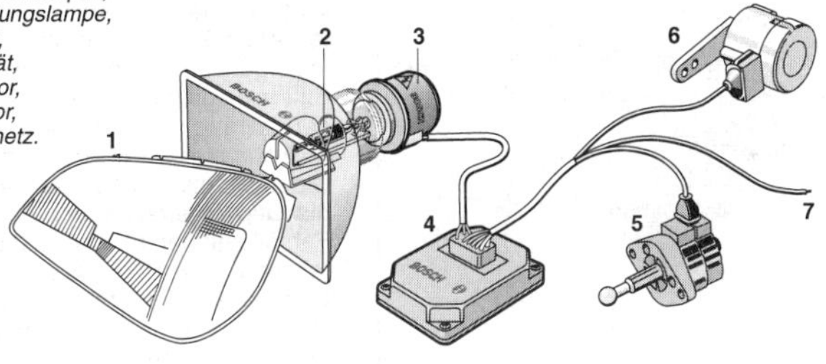

Systemkomponenten für Scheinwerfer in PES-Bauart.
1 Scheinwerfer (1a Linse, 1b D2S-Lampe, 1c Blende, 1d Reflektor),
2 Zündgerät,
3 Steuergerät,
4 zum Bordnetz.

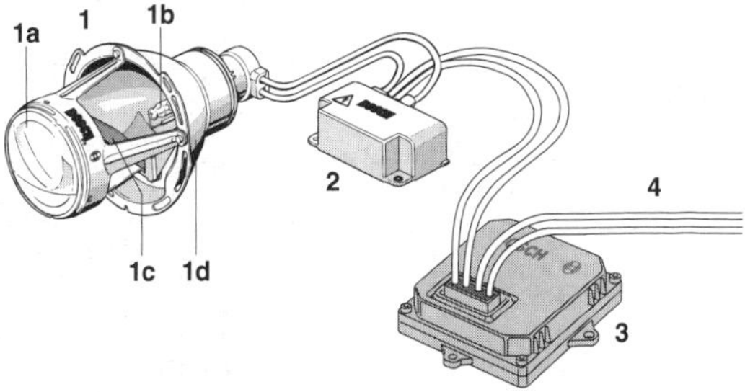

Vier-Scheinwerfersystem mit Litronic.
1 Bordnetz, 2 Steuergerät, 3 Zündgerät mit Lampenanschluss, 4 Scheinwerferoptik mit Gasentladungslampe, 5 Halogen-Fernlicht.

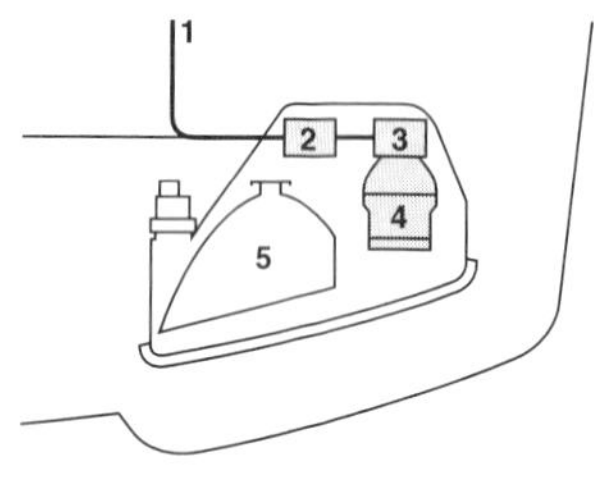

Bi-Litronic „Reflexion".
1 Abblendlicht, 2 Fernlicht.

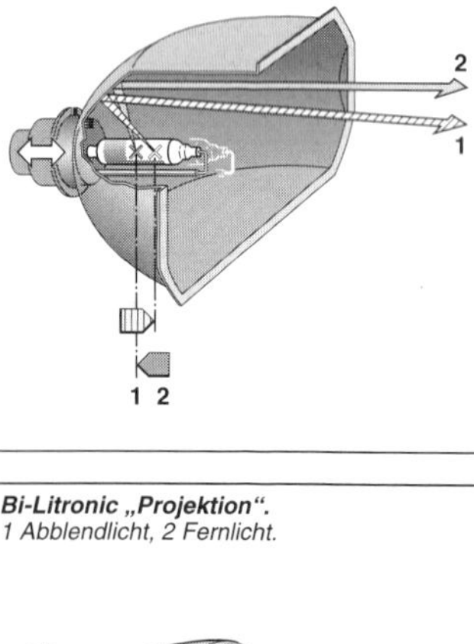

Bi-Litronic „Projektion".
1 Abblendlicht, 2 Fernlicht.

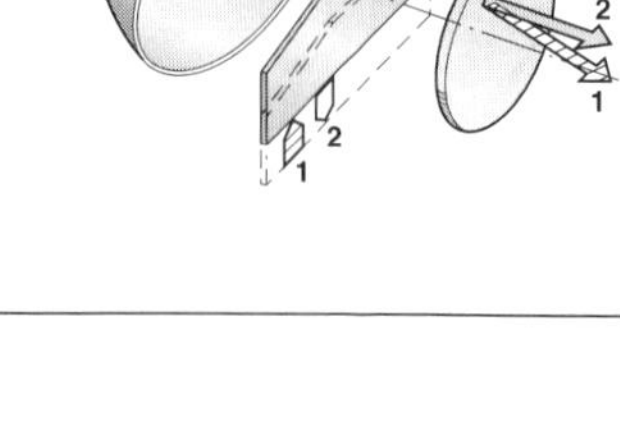

Ein elektronisches Vorschaltgerät (EVG) als Bestandteil des Scheinwerfers betreibt und überwacht die Lampe:

- Zünden der Gasentladung (Spannung 10...20 kV),
- gesteuerte Stromeinspeisung in der Anlaufphase der kalten Lampe und
- leistungsgeregelte Versorgung im stationären Betrieb.

Schwankungen der Bordnetzspannung werden weitgehend ausgeregelt; damit entfallen Lichtstromänderungen. Erlischt die Lampe z.B. wegen eines extremen Spannungseinbruchs im Bordnetz, wird sofort automatisch wiedergezündet.

Im Fehlerfall (z.B. bei beschädigter Lampe) unterbricht das elektronische Vorschaltgerät die Versorgung und gewährleistet damit einen Berührungsschutz.

Litronic wird zunächst für Abblendlicht in Vier-Scheinwerfersystemen für höchste Ansprüche eingesetzt, zusammen mit ergänzend ausgelegtem Halogenfernlicht in Simultanschaltung. Dadurch werden auch in der Kurve und bei sehr breiter Fahrbahn die Straßenränder sichtbar, wie dies mit Halogenscheinwerfern für die Gerade erreicht wird. In schwierigen Fahrsituationen und bei schlechtem Wetter sind sowohl die Sicht als auch die Orientierung wesentlich verbessert. Gemäß Anforderung nach ECE-R werden Litronic-Scheinwerfer mit selbsttätiger Leuchtweitenregelung und Scheinwerfer-Reinigungsanlage kombiniert, die jederzeit eine optimale Nutzung der hohen Reichweite und einen optisch einwandfreien Lichtaustritt gewährleisten.

Bi-Litronic „Reflexion"

Eine Sonderstellung nimmt die Bi-Litronic ein. Sie erlaubt es, mit nur einer Gasentladungslampe aus einem Zwei-Scheinwerfersystem sowohl das Abblend- als auch das Fernlicht zu erzeugen. Dazu bringt ein elektromechanischer Steller beim Betätigen des Fern-/Abblendlichtschalters die Gasentladungslampe im Reflektor in zwei verschiedene Positionen, die jeweils den Austritt des Lichtkegels für Fern- und Abblendlicht bestimmen. Die Vorteile der Bi-Litronic „Reflexion" sind dabei vor allem:

Lichtverteilungen der Bi-Litronic.
1 Abblendlicht, 2 Fernlicht.

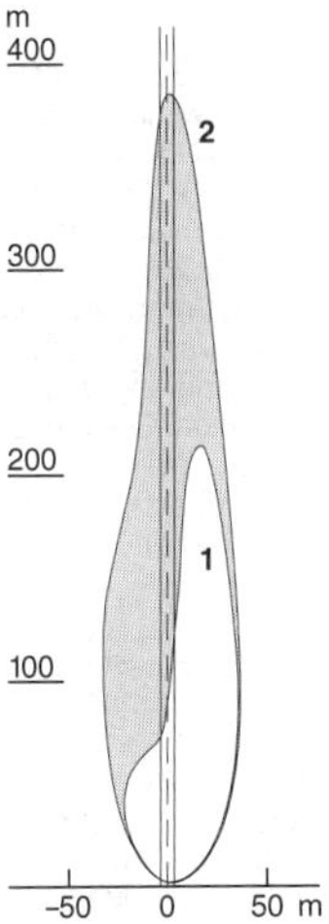

Scheinwerfersysteme.
a) Zwei-Scheinwerfersystem,
b) Vier-Scheinwerfersystem,
c) Sechs-Scheinwerfersystem.

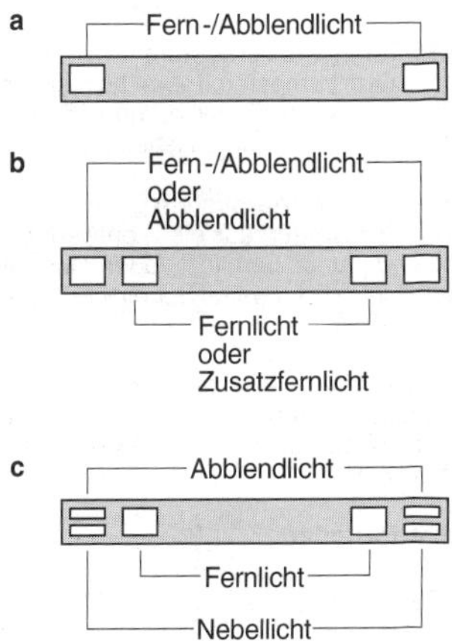

– Xenonlicht für den Fernlichtbetrieb,
– visuelle Führung durch kontinuierliche Verschiebung der Lichtverteilung vom Nah- in den Fernbereich,
– deutliche Minderung des Bauraums im Vergleich zu Vierkammersystemen,
– kostengünstiger durch Nutzung von nur einer Lampe und einem Vorschaltgerät.

Bi-Litronic „Projektion"

Die Bi-Litronic „Projektion" basiert auf einem PES-Litronic-Scheinwerfer. Dabei wird durch Verschieben eines Schatters für die Hell-Dunkel-Grenze Xenonlicht für das Fernlicht bereitgestellt. Die Bi-Litronic „Projektion" erlaubt mit Linsendurchmessern von 60 und 70 mm die derzeit kompakteste Form von Scheinwerfern mit kombiniertem Fern-/Abblendlicht bei gleichzeitig hervorragender Lichtleistung.

Fernlicht

Das Fernlicht wird üblicherweise durch eine Lichtquelle erzeugt, die im Brennpunkt des Reflektors angeordnet ist (Bild S. 813). Dadurch wird das Licht so reflektiert, dass es in Richtung der Reflektorachse austritt. Die maximal mit Fernlicht zu erreichenden Lichtstärken hängen im wesentlichen von der leuchtenden Fläche des Reflektors ab. Neben den rein parabelförmigen Fernlichtreflektoren werden vor allem bei Vier- und Sechs-Scheinwerfersystemen auch komplexe Reflektorgeometrien berechnet, die zu einem „aufgesetzten" Fernlicht führen.

Die reine Fernlichtverteilung ist hier so ausgelegt, dass sie zusammen mit der reinen Abblendlichtverteilung zu einer harmonischen Fernlichtverteilung (Simultanschaltung) führt. Das reine Fernlicht wird quasi auf das Abblendlicht aufgesetzt. Der sonst übliche störende Überlappungsbereich im vorderen Feld der Lichtverteilung entfällt hier.

Bauarten
Weltweit gültige Verordnungen schreiben für jedes zweispurige Straßenfahrzeug zwei Scheinwerfer für Abblendlicht und mindestens zwei Scheinwerfer (auch vier zulässig) für Fernlicht vor.

Zwei-Scheinwerfersystem
Es benutzt Lampen mit zwei Lichtquellen (Bilux, Duplo) für Fernlicht- und Abblendlicht über gemeinsame Reflektoren.

Vier-Scheinwerfersystem
Ein Scheinwerferpaar dient entweder für Abblend- und Fernlicht oder nur Abblendlicht, das zweite Scheinwerferpaar für Fernlicht.

Sechs-Scheinwerfersystem
Zusätzlich zum Vier-Scheinwerfersystem ist der Nebelscheinwerfer in den Hauptscheinwerfer integriert.

Bauartgruppen:

Streuscheibe in der Karosserie beweglich
Streuscheibe und Reflektor sind miteinander verbunden und bilden einen Scheinwerfereinsatz. Bei der Einstellung des Lichtbündels wird der ganze Einsatz geschwenkt. Das kann in ungünstigen Fällen zu einer leichten Schräglage der Streuscheibe im Karosserieverlauf führen. Scheinwerfereinsätze haben meist im Lampenbereich Dichtungskappen und spezielle Belüftungssysteme.

Streuscheibe zur Karosserie fest
Der Reflektor ist ohne Verbindung zur Streuscheibe im Gehäuse angeordnet und wird bei Einstellung allein bewegt (Gehäusebauart). Die Streuscheibe steht fest und kann deshalb vollständig dem Karosserieverlauf angepasst sein. Der gesamte Scheinwerfer ist abgedichtet oder mit Belüftungsorganen versehen.

Bauelemente

Reflektor
Ein Reflektor besteht aus Stahlblech oder Kunststoff.
Die Herstellungsfolge bei Stahlblech ist:
– Tiefziehen mit parabolischer oder komplizierterer Formgebung,
– Schützen gegen Korrosion durch Verzinken oder Pulverbeschichten,
– Glätten durch Lackieren,
– Aufbringen der Reflexionsschicht durch Bedampfen mit Aluminium und
– Schützen des Aluminiums durch das Aufdampfen einer Spezialschicht.
Das Stahlblech wird durch diese Behandlung hermetisch versiegelt und erhält hervorragende Glätteeigenschaften mit einer noch verbleibenden Unebenheit von maximal 1/10 000 mm.

Der Kunststoffreflektor wird durch Spritzgießen geformt (Duroplast, Thermoplast); eine Behandlung gegen Korrosion ist nicht erforderlich. Die Genauigkeit der Formwiedergabe wird deutlich verbessert. Darüber hinaus lassen sich auch gestufte Reflektoren realisieren.

Streuscheibe
Ein hoher Anteil an Streuscheiben besteht aus Glas mit hohem Reinheitsgrad (blasen- und schlierenfrei). Bei der Herstellung durch Pressen wird besonderer Wert auf gute Oberflächenbeschaffenheit gelegt, um Lichtablenkungen nach oben (Blendung des Gegenverkehrs) zu vermeiden. Die Art und Anordnung der prismatischen Streumittel auf dem Scheibenfeld hängen von der Größe und der Brennweite des Reflektors und von der gewünschten Lichtverteilung ab. Mit der Verbesserung der Berechnungsmethoden können auch Scheinwerfer entwickelt werden, bei denen die komplette Lichtverteilung an dem Reflektor bestimmt wird. Damit entfallen sämtliche Streuelemente auf der Streuscheibe, die damit zur „klaren Abdeckscheibe“ wird. 1992 ging die erste Kunststoff-Streuscheibe in Serie. Neben dem Gewicht sind vor allem die Möglichkeiten der Formgebung und der Gestaltung von Scheinwerfern, die sich aus dem Einsatz der Kunststoff-Streuscheibe ergeben, für die Fahrzeugtechnik von Bedeutung.

Hauptscheinwerfer, amerikanisches System

Abblendlicht

Die Ansprüche an die Lichtverteilung im amerikanischen Verkehrsraum unterschieden sich von Europa. Seit 1. 5. 1997 sind in den USA allerdings ebenfalls Scheinwerfer mit Hell-Dunkel-Grenze zugelassen, die visuell eingestellt werden müssen. Damit können Scheinwerfer entwickelt werden, die beiden gesetzlichen Anforderungen entsprechen.

Fernlicht

Die Lichtquelle ist, wie beim europäischen System, üblicherweise im Brennpunkt des parabolischen Reflektors angeordnet. Es werden Zwei-, Vier- und Sechs-Scheinwerfersysteme verwendet.

Bauarten

Sealed Beam
Bei dieser nicht mehr gebräuchlichen Bauart muss der mit Aluminium bedampfte Reflektor aus Glas wegen der nicht gekapselten Lichtquellen gasdicht mit der Streuscheibe verschlossen sein. Die gesamte Einheit ist verschmolzen und mit einem Inertgas (reaktionsträges Gas) gefüllt. Sie muss bei Ausfall einer Lichtquelle vollständig ersetzt werden. Auch Einsätze mit Halogenlampen werden angewandt. Das begrenzte Typenprogramm von Sealed-Beam-Scheinwerfern engte die Möglichkeiten der Scheinwerfergestaltung für die Vorderfront stark ein.

Amerikanische Sealed-Beam-Scheinwerfer.
a) Abblendlicht, b) Fernlicht.
1 Wendel für Abblendlicht, 2 Brennpunkt, 3 Wendel für Fernlicht (im Brennpunkt).

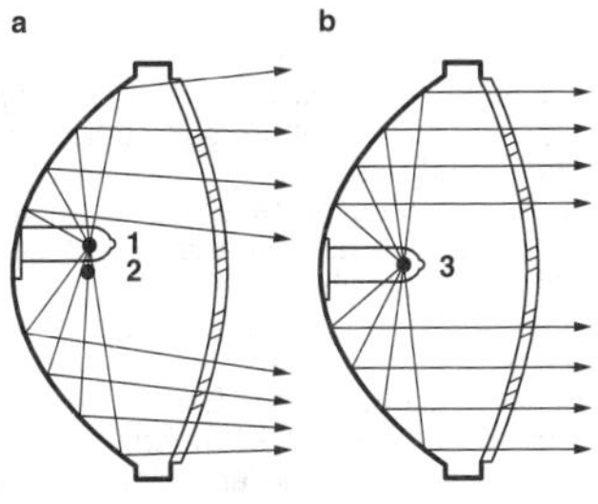

Replaceable Bulb Headlamp (RBH)
Die in Europa entwickelten lichttechnischen Verbesserungen auf der Basis der auswechselbaren Lampe griffen ab 1983 auch auf das amerikanische System über. Die in Größe und Form anpassbaren Scheinwerfer ermöglichen eine verbesserte Scheinwerfergestaltung (Styling). Im Normalfall werden Reflektoren und Streuscheiben aus Kunststoff verwendet.

Vehicle Headlamp Aiming Device (VHAD)
Hierbei handelt es sich um RBH-Scheinwerfer, die mechanisch mit Hilfe einer im Scheinwerfer integrierten Wasserwaage (Libelle) vertikal und über ein System aus Zeiger und Skala horizontal einzustellen sind: das „On-Board-Aiming".

Scheinwerfersysteme

Wie in Europa werden in Nordamerika ebenfalls Zwei-, Vier- und Sechs-Scheinwerfersysteme verwendet.

Hauptscheinwerfer, Vorschriften Europa

Verordnungen und Richtlinien für Hauptscheinwerfer

76/761/EWG und ECE-R1 und R2: Scheinwerfer für Fern- und Abblendlicht sowie deren Glühlampen.
ECE-R8: Scheinwerfer mit H1-, H2-, H3-, H7-, H8-, H9-, H11-, HIR1-, HIR2-, HB3- und HB4-Lampen.
ECE-R20: Scheinwerfer mit H4-Lampen.
StVZO §50: Scheinwerfer für Fern- und Abblendlicht.
76/756/EWG und ECE-R48: für Anbau und Anwendung.
ECE-R 98/99: Scheinwerfer mit Gasentladungslampe.

Abblendlicht, Anbau

Vorgeschrieben sind zwei Abblendscheinwerfer für mehrspurige Fahrzeuge, Farbe weiß.

Abblendlicht, Lichttechnik
Für symmetrisches Abblendlicht werden im Bereich von Deutschland die Technischen Anforderungen (TA) der StVZO angewendet. Für asymmetrisches Abblendlicht gibt es nur internationale Richtlinien und Verordnungen, die genaue Vorschriften für die photometrische Messung der Arten des Abblendlichts (mit normaler Lampe oder Halogenlampe) enthalten.

Die Prüfung zur Zulassung eines Scheinwerferlichts wird mit Prüflampen durchgeführt, die gegenüber den handelsüblichen Serienlampen eingeengte Toleranzen haben.

Bei der Kontrolle der Blendwirkung eines Scheinwerfers ist StVZO § 50 (6) anzuwenden. Danach gilt die Blendung als behoben, wenn die Beleuchtungsstärke in einer Entfernung von 25 m in Höhe der Scheinwerfermitte nicht mehr als 1 lx beträgt. Bei dieser Kontrolle sollte der Motor mit mittlerer Drehzahl laufen.

Abblendlicht, Schaltung
Beim Abblenden müssen alle Scheinwerfer für Fernlicht gleichzeitig erlöschen. Dimmen (verzögertes Abschalten) ist zulässig. Die Dimmzeit darf maximal 5 s betragen. Damit der Dimmvorgang nicht beim Lichthupen stattfindet, muss eine Ansprechverzögerung von 2 s gewährleistet sein. Das Abblendlicht darf in der Schaltstellung „Fernlicht" zusammen mit den Scheinwerfern für Fernlicht brennen (Simultanschaltung). Im Allgemeinen sind H4-Lampen für einen kurzzeitigen Zwei-Wendel-Betrieb geeignet.

Europäisches Scheinwerfersystem *(Abblendlicht).*

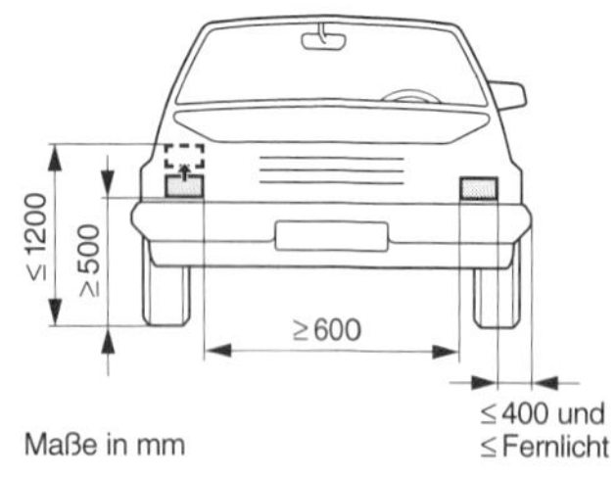

Fernlicht, Anbau
Es sind mindestens zwei, höchstens vier Fernscheinwerfer zulässig.

Vorgeschriebene Kontrolleuchte im Fahrzeuginnern: Farbe blau oder gelb.

Fernlicht, Lichttechnik
Die Lichtverteilung des Fernlichtes wird in den Regelungen und Richtlinien im Zusammenhang mit dem Abblendlicht beschrieben.

Die wichtigsten vorgeschriebenen Merkmale sind: symmetrische Verteilung zur Mittelsenkrechten, Lichtmaximum in der Mittelachse der Scheinwerfer.

Höchste zulässige Lichtstärke als Summe der Einzellichtstärken aller am Fahrzeug angebauten Fernlichtscheinwerfer ist 225 000 cd. Dieser Wert wird durch Referenzziffern kontrolliert, die sich bei jedem Scheinwerfer in der Nähe des Genehmigungszeichens befinden. 225 000 cd entspricht der Ziffer 75. Die Lichtstärke des Fernlichtes ist z. B. durch die Ziffer 20 rechts neben dem runden ECE-Prüfzeichen angegeben.

Wenn ein Fahrzeug nur mit diesen Scheinwerfern ausgerüstet ist (keine Zusatz-Fernlichtscheinwerfer), so beträgt die Summenlichtstärke etwa 40/75 von 225 000 cd, also 120 000 cd.

Einstellungen für Abblend- und Fernlicht

Bedingungen für die Einstellung
– Der Reifendruck muss der Vorschrift entsprechen.
– Das Fahrzeug muss (je nach Fahrzeugtyp) beladen werden:
Pkw: eine Person oder 75 kg auf dem Fahrersitz;
Lkw: unbelastet;
einspurige Fahrzeuge und einachsige Zugmaschinen: eine Person oder 75 kg auf dem Fahrersitz.
– Das Fahrzeug muss einige Meter rollen, damit sich die Federung nach dem Beladen ausgleicht.
– Das Fahrzeug muss auf eine ebene Fläche gestellt werden.
Bei der Einstellung ohne Einstellprüfgerät ist eine Prüffläche in 10 m Abstand vom Fahrzeug so aufzustellen, dass sich die Zentralmarke in Fahrtrichtung vor dem je-

weils einzustellenden Scheinwerfer befindet (s. Bilder).
– Die Scheinwerfer sind einzeln einzustellen, die anderen Scheinwerfer müssen abgedeckt werden.

Tabelle 2. Einstellmaß „e“ für die Scheinwerfereinstellung, Europa.[1])

Fahrzeugart	Scheinwerfer cm	Nebelscheinwerfer cm
1 Kfz, bei denen der höchste Punkt der leuchtenden Fläche der Scheinwerfer nicht höher als 140 cm über der Standfläche liegt.		
1a Pkw (auch Kombi-Kfz)	12	20
1b Kfz mit niveauregelnder Federung oder automatischem Neigungsausgleich des Lichtbündels.[2]) 1c Mehrachsige Zug- oder Arbeitsmaschinen. 1d Einspurige Kfz. 1e Lkw mit vorn liegender Ladefläche.	10	20
1f Lkw mit hinten liegender Ladefläche.[3]) 1g Sattelzugmaschinen.[3]) 1h Kraftomnibusse.[3])	30	40
2 Kfz, bei denen der höchste Punkt der leuchtenden Fläche der Scheinwerfer höher als 140 cm über der Standfläche liegt.[4])	$H/3$	$(H/3)+7$
3 Einachsige Zug- oder Arbeitsmaschinen mit dauerabgeblendeten Scheinwerfern, auf denen die erforderliche Neigung der Lichtbündelmitte angegeben ist.[5])	2 N	20
4 Fahrzeug mit Genehmigung nach Richtlinie 76/756/EWG bzw. ECE-R48	Einstellmaß am Fahrzeug	s. oben

[1]) Die mit Hilfe von Einstellprüfgeräten für Scheinwerfer erzielten Ergebnisse müssen den Werten der Tabelle entsprechen.
[2]) Eigenheiten dieser Einrichtungen sind nach den Anweisungen der Hersteller sorgfältig zu beachten.
[3]) Ausgenommen Kraftfahrzeuge nach 1b.
[4]) H Höhe der Scheinwerfermitte über der Standfläche in cm.
[5]) N Sollmaß für die Neigung der Lichtbündelmitte auf 5 m Entfernung.

– Bei Fahrzeugen mit Leuchtweite-Handverstellung ist die Einrichtung in die vorgeschriebene Stellung zu bringen (Angaben des Herstellers beachten).

Hinweise zur Einstellung:
Die Anordnung der Einstellmarken und -linien gilt für Hauptscheinwerfer normaler Anbauhöhe. Dabei wird die Zentralmarke auf Höhe H der Scheinwerfermitte gestellt. Das Einstellmaß e = 10 cm gibt den vertikalen Abstand zwischen Zentralmarke und Trennstrich an.

Bei Scheinwerfern mit e > 10 cm wird der Trennstrich auf die entsprechend tiefere Lage gebracht. Die Zentralmarke liegt in diesen Fällen naturgemäß nicht auf Höhe der Scheinwerfermitte. Sie dient aber zur Überprüfung der Lage des Fernlichtes (wenn vorhanden).

Prüffläche für Scheinwerferlicht.
1 Trennstrich, 2 Zentralmarke, 3 Prüffläche, 4 Knickpunkt.
H Höhe der Scheinwerfermitte über der Standfläche in cm.
h Höhe des Trennstrichs der Prüffläche über der Standfläche in cm.
$e = H - h$ Einstellmaß.

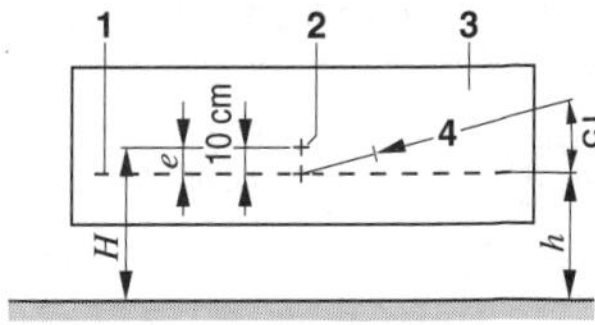

Anordnung der Prüffläche zur Fahrzeuglängsachse.
1 Zentralmarke,
2 Prüffläche.
A Abstand von Mitte Scheinwerfer zu Mitte Scheinwerfer.

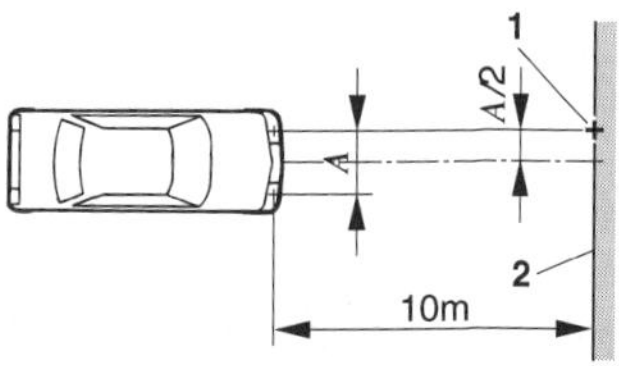

Tabelle 3. Geometrische Reichweite für den waagerechten Teil der Hell-Dunkel-Grenze des Abblendlichtes. Anbauhöhe der Scheinwerfer 65 cm.

Neigung der Hell-Dunkel-Grenze (1 % = 10 cm/10 m)	1 %	1,5 %	2 %	2,5 %	3 %
Einstellmaß e	10 cm	15 cm	20 cm	25 cm	30 cm
Geometrische Reichweite für den waagerechten Teil der Hell-Dunkel-Grenze	65 m	43,3 m	32,5 m	26 m	21,7 m

Der linke (horizontale) Teil der Hell-Dunkel-Grenze muss auf den Trennstrich eingestellt werden.

Einstellmaß e siehe Tabelle 2.

Bei Änderungen und Maßnahmen am Fahrzeug, die die Scheinwerfereinstellung beeinflussen (z. B. Federung), muss erneut eingestellt werden. Das gleiche empfiehlt sich nach einem Wechsel der Lampe.

Ist das Fernlicht mit dem asymmetrischen Abblendlicht ineinandergebaut (Bilux-, Duplolampen), so wird es durch die Ausrichtung des Abblendlichtes in die gewünschte Stellung gebracht.

Separate Fernlichtscheinwerfer werden horizontal und symmetrisch, bezogen auf Scheinwerfermitte und Zentralmarke, ausgerichtet.

Einstellprüfgerät für Scheinwerfer. *1 Ausrichtspiegel, 2 Fahrgriff, 3 Luxmeter, 4 Umlenkspiegel, 5 Markierungen für Linsenmitte.*

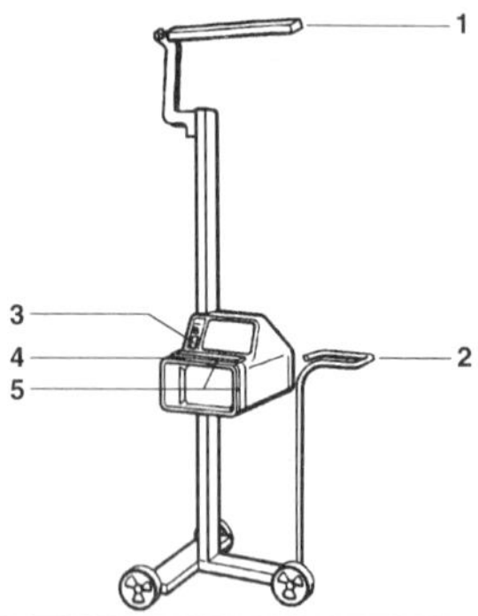

Einstellprüfgeräte für Scheinwerfer

Aufgabe

Die richtige Einstellung von Scheinwerfern an Kfz soll eine möglichst gute Fahrbahnausleuchtung durch das Abblendlicht bei möglichst geringer Blendung entgegenkommender Verkehrsteilnehmer sicherstellen. Dazu muss die Neigung der Scheinwerferbündel zu einer ebenen Grundfläche und deren Richtung zur senkrechten Fahrzeuglängsmittelebene die Richtlinien erfüllen.

Geräteaufbau

Einstellprüfgeräte für Scheinwerfer sind fahrbare Abbildungskammern, bestehend aus einer einfachen Linse (Objektiv) und einem mit dieser Linse starr verbundenen Auffangschirm in der Brennebene der

Sichtfenster im Einstellprüfgerät. *a) Begrenzungslinie für Hell-Dunkel-Grenze bei asymmetrischem Abblendlicht, b) Zentralmarke für Fernlichtmitte.*

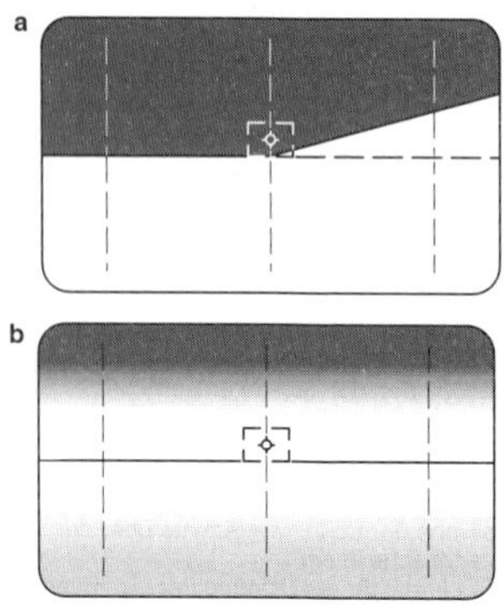

Linse. Der Auffangschirm trägt die für die Einstellung notwendigen Markierungen und kann durch geeignete Vorrichtungen, z. B. Sichtfenster oder bewegliche Umlenkspiegel, vom Bediener betrachtet werden.

Das vorgeschriebene Einstellmaß für die Scheinwerfer, d. h. die Neigung zur Mittelachse des Scheinwerfers, angegeben in cm in 10 m Abstand, wird mit einem Drehknopf durch Verstellen des Auffangschirms eingestellt.

Für das Ausrichten des Prüfgeräts zur Fahrzeugachse dient eine Visiereinrichtung, z. B. in Form eines Spiegels mit Visierlinie. Durch Drehen wird das Prüfgerät so ausgerichtet, dass die Visierlinie zwei äußere Bezugsmarken des Fahrzeugs gleichmäßig berührt. Zum Einrichten auf Scheinwerferhöhe kann die Kammer in einer Vertikalführung bewegt und festgestellt werden.

Prüfen der Scheinwerfer
Ist auf diese Weise das optische System vor die Streulinse des zu überprüfenden Scheinwerfers gebracht, wird die Lichtverteilung des Scheinwerfers auf dem Auffangschirm abgebildet. Bei dafür eingerichteten Geräten kann dazu noch die Beleuchtungsstärke mit Hilfe einer Photodiode mit Anzeigeinstrument gemessen werden.

Bei Scheinwerfern mit asymmetrischem Abblendlicht muss die Hell-Dunkel-Grenze die waagerechte Begrenzungslinie berühren; der Schnittpunkt zwischen waagerechtem und ansteigendem Teil muss auf der Senkrechten durch die Zentralmarke liegen. Nach vorschriftsgemäßer Einstellung der Hell-Dunkel-Grenze des Abblendlichts muss die Lichtbündelmitte des Fernlichts (bei gemeinsamer Einstellung Fernlicht – Abblendlicht) innerhalb der Begrenzungsecken um die Zentralmarke liegen.

Hauptscheinwerfer, Vorschriften Nordamerika

Verordnungen und Richtlinien
Federal Motor Vehicle Safety Standard (FMVSS) No. 108 und SAE Ground Vehicle Lighting Standards Manual (Standards and Recommended Practices).

Die Vorschriften für Anbau und Schaltung von Hauptscheinwerfern sind mit den europäischen vergleichbar. Seit 1. 5. 1997 sind in den USA ebenfalls Scheinwerfer mit Hell-Dunkel-Grenze zugelassen.

Hauptunterschiede bestanden zuvor in den Scheinwerfersystemen. Bis 1983 waren in den USA lediglich die folgenden Größen in Sealed-Beam-Bauart zulässig:

Zwei-Scheinwerfersysteme:
- 178 mm Durchmesser (rund),
- 200 x 142 mm, rechteckig.

Vier-Scheinwerfersysteme:
- 146 mm Durchmesser (rund),
- 165 x 100 mm, rechteckig.

Seit 1983 ist es durch Ergänzung des FMVSS No. 108 möglich, Scheinwerfereinsätze beliebiger Größe und Form mit auswechselbaren Lampen zu verwenden (RBH Replaceable Bulb Headlamps).

Scheinwerfer nach ECE-Regelungen oder EWG-Richtlinien sind, wenn sie auch die amerikanischen Anforderungen an die Lichttechnik und Einstellbarkeit (visuell) erfüllen, in den USA für zweispurige Fahrzeuge zulässig. Für Motorräder sind sie uneingeschränkt zulässig.

Bedingungen für die Einstellung
Während in Europa Scheinwerfer immer visuell nach dem Lichtbündel ausgerichtet werden, hat sich in den USA überwiegend die mechanische Einstellmethode eingebürgert. Die Scheinwerfereinsätze sind dazu mit drei Nocken auf der Streuscheibe versehen, die die Einstellebenen bilden. Ein Einstellgerät wird auf diese Nocken aufgesetzt. Die Einstellung geschieht mit Wasserwaagen.

Mit der Einstellmethode VHAD (Vehicle Headlamp Aiming Device) wird der Scheinwerfer zur festen Referenzachse des Fahrzeugs eingestellt. Dies geschieht mit einer fest am Scheinwerfer montierten Wasserwaage. Die drei Nocken auf der Streuscheibe sind nicht mehr erforderlich.

Seit Mitte 1997 setzt sich jedoch auch in den USA zunehmend die seit dem 1. 5. 1997 zulässige visuelle (nur vertikale) Einstellung durch. Auf eine horizontale Einstellung wird hierbei verzichtet.

Leuchtweiteneinstellung

Die Tabelle 3 gibt die geometrischen Reichweiten bei verschiedenen Scheinwerferneigungen für die Anbauhöhe der Scheinwerfer 65 cm an. Bei Kontrollen werden Neigungen bis 2,5 % (1,5 % unter Normaleinstellung) akzeptiert. Das EU-Recht fordert für die Leuchtweiteeinstellung: Die Grundeinstellung nach Einstellmaß e beträgt (10...15 cm)/10 m, wobei eine Person auf dem Fahrersitz das Fahrzeug belastet. Der Hersteller gibt die Grundeinstellung an.

In Europa müssen alle neu in den Verkehr kommenden Fahrzeuge seit dem 1. 1. 1998 eine Leuchtweitenregelung oder eine handbetätigte Leuchtweiteneinstellung aufweisen, wenn nicht andere Mittel (z. B. Niveauregelung) die Toleranzen der Lichtbündelneigung garantieren. Andere Länder fordern diese Ausrüstung noch nicht, lassen jedoch die Anwendung zu.

Automatische Leuchtweitenregelungen müssen für alle Beladungszustände die Senkung oder Anhebung des Abblendlichtbündels zwischen 5 cm/10 m (0,5 %) und 25 cm/10 m (2,5 %) gewährleisten.

Handbetätigte Leuchtweiteneinstellung (vom Fahrersitz aus) benötigt in der Grundeinstellung eine Raststellung, bei der auch die Lichtbündeleinstellung vorgenommen wird. Bei stufenlosen und gestuften Geräten müssen sich Markierungen für die Belastungszustände, die eine Lichtbündelverstellung erfordern, in der Nähe des Handschalters befinden. Bei allen Bauarten der Leuchtweiteneinstellung bewegen Stellelemente den Scheinwerferreflektor (Gehäusebauart) bzw. Scheinwerfereinsatz in vertikaler Richtung.

Bei handbetätigten Anlagen bewirkt ein Schalter am Fahrersitz die Bewegung. Bei automatischen Anlagen übertragen die Niveaugeber an den Fahrzeugachsen ein der Einfederung proportionales Signal an die Stellelemente.

Hydromechanische Anlagen

Bei diesen Anlagen wird eine Flüssigkeitsmenge entsprechend der Verstellgröße in den Verbindungsschläuchen zwischen Handschalter (Niveaugeber) und Stellelementen bewegt.

Vakuum-Anlagen

Hier wird vom Handschalter (Niveaugeber) der Unterdruck des Saugrohres als modulierter Druck den Stellelementen zugeführt.

Elektrische Anlagen

Sie verwenden elektrische Getriebemotoren als Stellelemente mit den entsprechenden Schaltern im Innenraum oder Gebern an den Achsen.

Automatische Leuchtweitenregelung *(Prinzip).*
1 Stellelement, 2 Additionsstelle, 3 Niveaugeber.

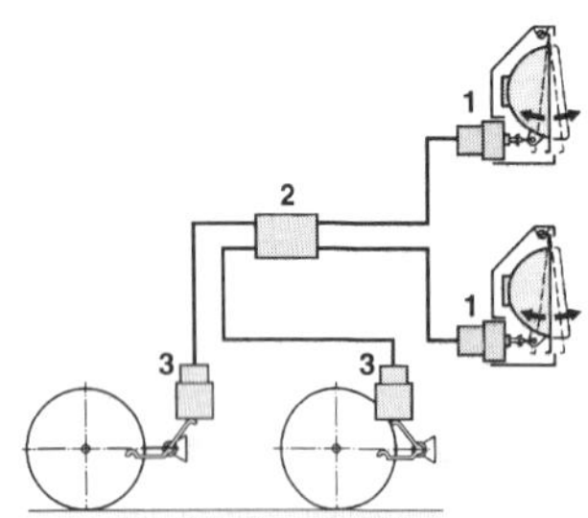

Leuchtweiteneinstellung von Hand *(Prinzip).*
1 Stellelement, 2 Handschalter.

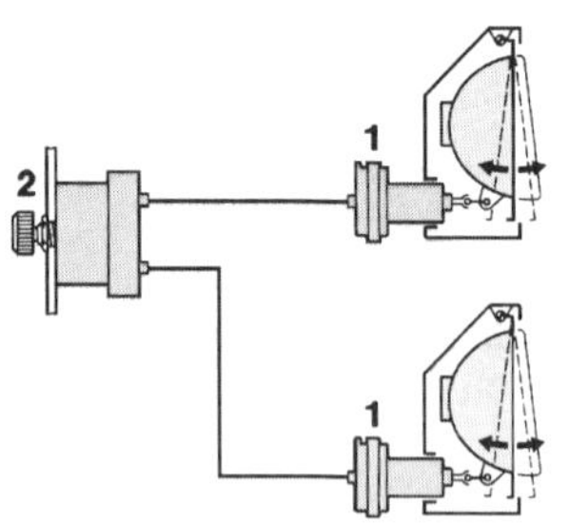

Scheinwerferreinigung

Scheinwerfer-Reinigungsanlagen beseitigen den Schmutz auf den Streuscheiben der Hauptscheinwerfer. Hierdurch wird eine Ausleuchtung der Fahrbahn ohne Lichteinbuße gewährleistet und die Blendung des Gegenverkehrs vermieden. Es gibt zwei Reinigungssysteme:

Wisch-Waschanlage
Ihr Einsatz beschränkt sich auf Glasstreuscheiben, da die Oberfläche der Kunststoffstreuscheiben trotz Beschichtung mit hoher Kratzfestigkeit für eine mechanische Reinigung zu empfindlich ist.

Hochdruck-Waschanlage
Die Hochdruck-Waschanlage (s. Bild) hat immer mehr an Bedeutung gewonnen, da sie sowohl für Glas- als auch für Kunststoffstreuscheiben einsetzbar ist. Die Reinigungswirkung wird hauptsächlich durch den Reinigungsimpuls der Wassertropfen bestimmt. Maßgebend dafür sind:
– Abstand zwischen Düse(n) und Streuscheibe,
– Größe, Auftreffwinkel und Auftreffgeschwindigkeit der Wassertropfen und
– Wassermenge.
Neben den auf den Stoßfängern feststehenden Düsenhaltern (Hörner) gibt es über Teleskop ausfahrbare Düsenhalter. Da das Teleskop eine optimale Abspritzposition anfahren kann, verbessert sich die Reinigungswirkung erheblich. Zudem lässt sich der inaktive Düsenhalter z. B. innerhalb des Stoßfängers verbergen.
Hochdruck-Waschanlagen bestehen aus
– Wassertank, Pumpe, Schlauch und Rückschlagventil sowie
– Düsenhalter (Horn), der zusätzlich über ein Teleskop ausfahrbar sein kann, mit einer oder mehreren Düsen.

Nebelscheinwerfer

Nebelscheinwerfer sollen die Fahrbahnbeleuchtung bei Nebel, Schneefall, starkem Regen oder Staubwolken verbessern.

Optisches Prinzip

Paraboloid
Ein parabolischer Reflektor mit Lichtquelle im Brennpunkt reflektiert achsenparalleles Licht (wie Fernlicht), das durch die Streuscheibe zu einem horizontalen Band auseinandergezogen wird. Eine Strahlenblende begrenzt die Lichtabstrahlung nach oben.

Freiform-Technik
Mit Hilfe neuer Berechnungsmethoden (CAL Computer Aided Lighting) lassen sich Reflektoren so gestalten, dass sie das Licht direkt (d. h. ohne optische Profilierung der Streuscheibe) streuen und gleichzeitig (ohne separate Abschattung)

Hochdruck-Waschanlage für Scheinwerfer.
1 Wassertank, 2 Pumpe, 3 Rückschlagventil, 4 T-Anschluss, 5 Düsenhalter (Horn), 6 Schlauch.

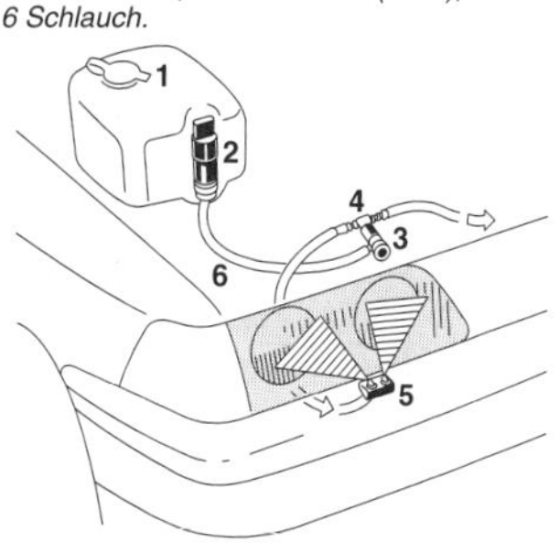

Nebelscheinwerfer mit Freiform-Reflektor.

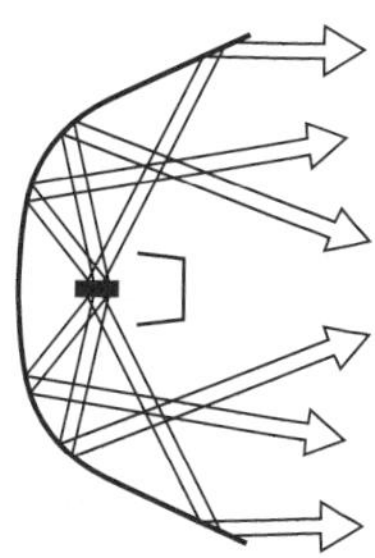

eine scharfe Hell-Dunkel-Grenze erzeugen.

Durch die starke Umfassung der Lampe ergibt sich ein sehr hohes Lichtvolumen bei maximaler Streubreite.

PES-Nebelscheinwerfer
Mit dieser Technik wird die Eigenblendung für den Fahrer bei Nebel minimiert. Die Blende, die mit Hilfe der Linse auf der Straße abgebildet wird, erzeugt einen maximalen Kontrast der Hell-Dunkel-Grenze.

Bauarten
Anbau-Nebelscheinwerfer mit optischem Einsatz im Gehäuse werden stehend auf oder hängend unter dem Stoßfänger angebaut.

Immer häufiger werden die Scheinwerfer aus stilistischen und aerodynamischen Gründen als Einbaueinheit dem Karosserieverlauf angepasst oder sie sind Teil einer Leuchteinheit (bei Zusammenbau mit Hauptscheinwerfern sind die Reflektoren für die Einstellung beweglich).

Die Mehrzahl der Nebelscheinwerfer ist für weißes Licht eingerichtet. Vorzüge von Gelblicht lassen sich aus physiologischer Sicht nicht begründen. Die lichttechnische Wirkung von Nebelscheinwerfern hängt von der Größe der leuchtenden Fläche und von der Brennweite des Reflektors ab. Bei gleicher leuchtender Fläche und Brennweite weisen runde oder rechteckige Scheinwerferformen nur unbedeutende lichttechnische Unterschiede auf.

Vorschriften
Bauvorschriften gemäß ECE-R19, Anbau gemäß 76/756/EWG, ECE-R48, StVZO §52; zwei Nebelscheinwerfer, Farbe weiß oder gelb, sind zulässig. Die Schaltung der Nebelscheinwerfer muss unabhängig von Fern- und Abblendlicht möglich sein. Nach StVZO (national) können Nebelscheinwerfer mehr als 400 mm von der breitesten Stelle des Fahrzeugumrisses entfernt angebaut werden, wenn die Schaltung sicherstellt, dass sie nur zusammen mit dem Abblendlicht brennen können. Nebelscheinwerfer werden wie Hauptscheinwerfer eingestellt. Die Einstellmaße e sind in Tabelle 2 angegeben.

Zusatz-Fernlichtscheinwerfer

Zusatz-Fernlichtscheinwerfer dienen zur Verbesserung der Fernlichtwirkung von Zwei-, Vier- und Sechs-Scheinwerfersystemen. Das optische Prinzip ist ähnlich wie bei Nebelscheinwerfern; die Streuscheibe ist jedoch auf die lichttechnischen Forderungen des Fernlichtes abgestimmt. Größen und Formen von Zusatzfernlicht- und Nebelscheinwerfern sind oft identisch.

Nebelscheinwerfer *(parabolischer Reflektor, stehender Anbau).*
1 Strahlenblende, 2 Streuscheibe, 3 Reflektor, 4 Achse für Vertikaleinstellung.

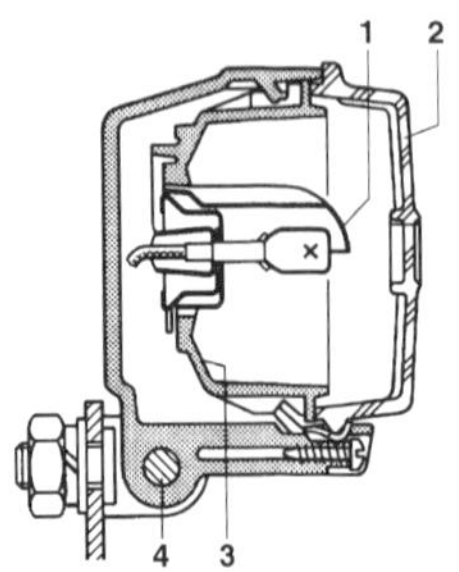

Nebelscheinwerfer *(Anordnung).*

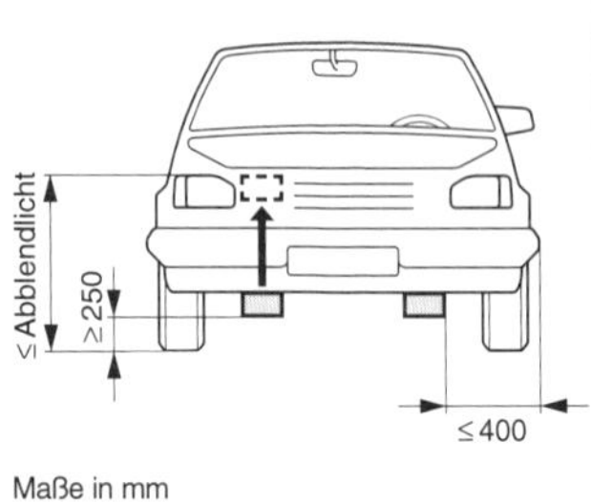

Anbau, Lichttechnik und Einstellung entsprechen den Angaben für Fernlicht. Auch Zusatz-Fernlichtscheinwerfer unterliegen den Bestimmungen für maximal zulässige Lichtstärken am Fahrzeug, wobei die Summe der Referenzziffern aller am Fahrzeug angebrachten Fernscheinwerfer höchstens 75 sein darf. Bei älteren Scheinwerfern ohne Ziffer im Genehmigungszeichen wird Ziffer 10 angenommen.

Leuchten

Die Bauvorschriften gemäß ECE R6, R7 und R38 und Anbau gemäß 76/756/EWG, ECE-R48 und StVZO § 49a.

Mit Leuchten soll das Fahrzeug und dessen Bewegungsabsicht erkannt werden. Prinzipiell gibt es zwei bauartbedingte Möglichkeiten, die lichttechnischen Forderungen an Leuchten zu realisieren.

Leuchten mit Reflektoroptik

Das Licht der Lampe wird über einen Reflektor beliebiger Form (oft parabolisch) in achsennahe Richtungen umgelenkt und von einer Lichtscheibe mit optischen Streuelementen verteilt.

Leuchten mit Fresnel-Optik

Das Licht der Lampe fällt ohne Umlenkung des Reflektors direkt auf die Lichtscheibe und wird von einer Fresnel-Optik in die gewünschten Richtungen gebrochen.

Leuchte mit Reflektoroptik *(Prinzip).*
1 Gehäuse, 2 Reflektor,
3 Lichtscheibe mit zylindrischen Streulinsen.

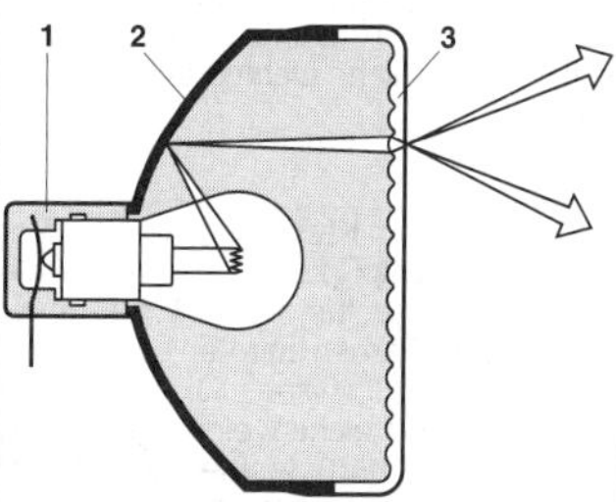

Fresnel-Optiken haben meist geringere Wirkungsgrade als Reflektoroptiken.

Leuchten mit Reflektoroptik und Fresnel-Optik

Auch Kombinationen aus beiden der vorgenannten Prinzipien werden erfolgreich angewandt. Mit dem GP-Reflektor (GP Gedrehte Parabel) wird z. B. bei gleichem Lichtstrom eine Verkleinerung des Bauvolumens, also der Austrittsfläche und der Bautiefe des Reflektors, erreicht. Dabei wird der Lampenlichtstrom zunächst durch einen besonders gestalteten Reflektor (gedrehte Parabel) mit möglichst

Leuchte mit Fresnel-Optik *(Prinzip).*
1 Gehäuse, 2 Lichtscheibe mit Fresnel-Optik.

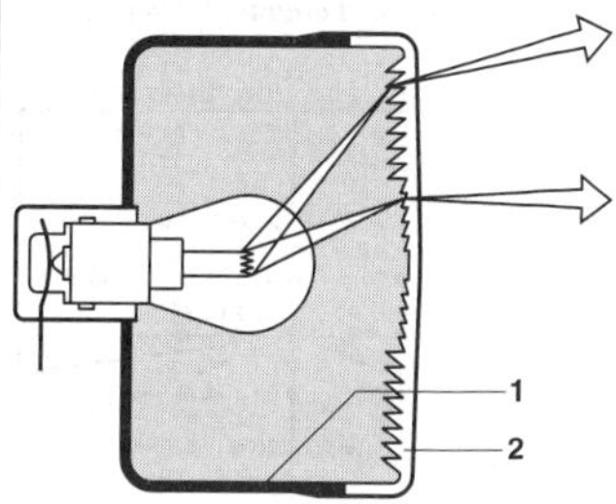

Reflektor mit gedrehter Parabel.
1 GP-Reflektor, 2 Fresnel-Linse.

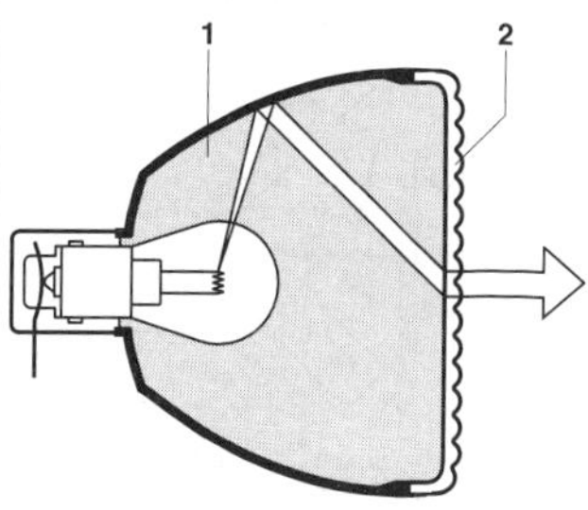

Freiformleuchte mit klarer Abdeckscheibe.
1 Reflektor, 2 klare Abdeckscheibe.

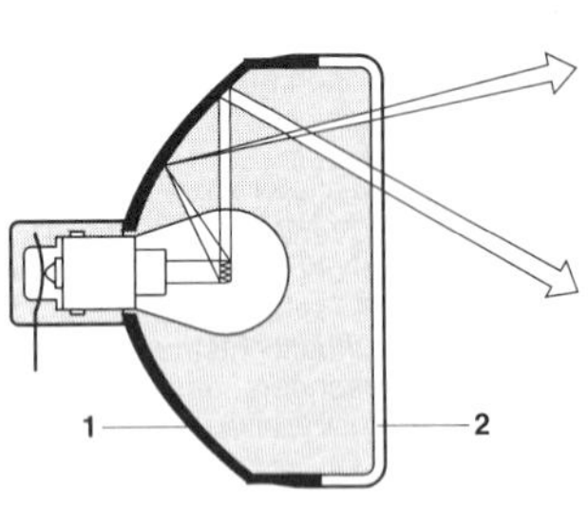

ECE-Messschirm „Leuchten" *(Werte in %).*

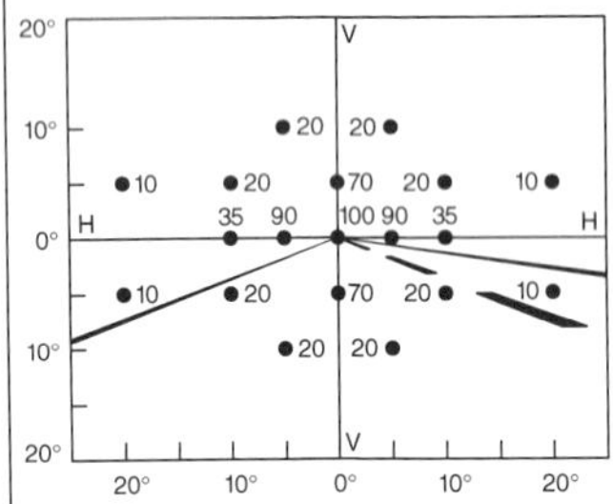

Genormte Farbskala *(Farbort).*
1, 2 Bereiche für Gelb/Orange und Rot.

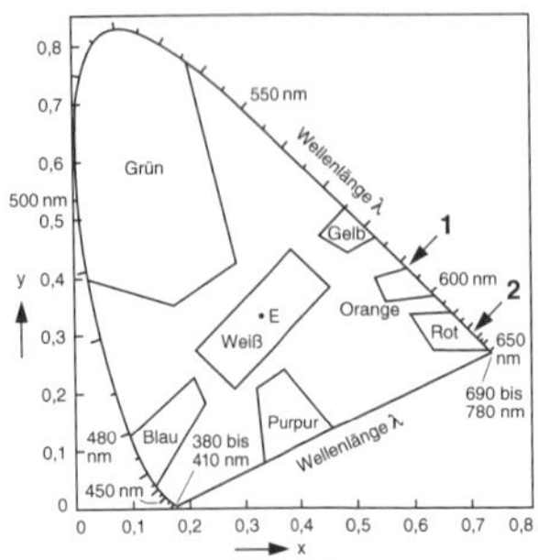

großem Umfangswinkel eingefangen. Anschließend wird das Licht über eine Fresnel-Optik homogenisiert und in die gewünschte Richtung dirigiert. Eine Freiformleuchte mit Fresnel-Kappe verbindet einen guten lichttechnischen Wirkungsgrad mit verschiedenen stilistischen Umsetzungsmöglichkeiten. Das Licht der Lampe wird über den Reflektor umgelenkt. Dabei wird die erforderliche Ausdehnung der Lichtverteilung komplett oder zum Teil vom Reflektor erzeugt. Die Außenscheibe kann damit als klare Scheibe realisiert oder mit zylindrischen Streulinsen in horizontaler oder vertikaler Richtung ergänzt werden. Die Fresnel-Linse führt zur Verbesserung des lichttechnischen Wirkungsgrades, da durch diese ein weiterer Teil des Lichtes, der sonst nicht zur Funktion der Leuchte beitragen würde, in die gewünschte Richtung umgelenkt wird. Beide Ausführung sind hauptsächlich in den vorderen Blinkleuchten realisiert. Ihre jeweilige Anwendung hängt von der Karosserieform und damit vom verfügbaren Bauraum, von den stilistischen Anforderungen sowie von den erforderlichen Lichtwerten ab.

Lichttechnik/Lichtstärken

Für alle Leuchten sind in Richtung der Bezugsachse Mindest- und Höchstlichtstärken gefordert, die einerseits die Auffälligkeit des Signals gewährleisten, andererseits Blendbelästigungen anderer Verkehrsteilnehmer vermeiden sollen.

Nach diesem Bezugsachsenwert darf die Lichtstärke seitlich sowie oben und unten davon geringere Werte annehmen. Hierfür ist ein Prozentschema („vereinheitlichte räumliche Lichtverteilung") festgelegt.

Farbfilter

Die Leuchten am Kfz müssen je nach Verwendungszweck (z. B. Brems-, Blink-, Nebelschlussleuchte) einheitliche, unverwechselbare Farben im roten oder gelben Farbbereich aufweisen. Diese sind in bestimmten Bereichen einer genormten Farbskala (Farbort) festgelegt. Da sich das weiße Licht aus verschiedenen Farben zusammensetzt, kann mit Filtern die Strahlung unerwünschter Spektralbereiche (Farben) abgeschwächt oder ganz herausgefiltert werden. Als Farbfilter dienen entweder die eingefärbten Lichtscheiben der Leuchte oder eine farbige Schicht auf dem Glaskolben der Lampe (z. B. gelbe Lampe in Blinkleuchten mit farbneutraler Lichtscheibe).

Mit der Filtertechnik lassen sich die Lichtscheiben der Leuchten auch so anpassen, dass z. B. bei nicht eingeschalteter Leuchte die Farbe an die Fahrzeuglackierung angepasst ist und trotzdem die bestehenden Zulassungsvorschriften bei eingeschalteter Leuchte eingehalten werden. Für den Bereich der EU sind Farborte festgelegt, die z. B. bei Blinkleuchten mit der Farbe „Gelb/Orange" einer Wellenlänge von 592 nm entsprechen und bei Brems- und Schlussleuchten mit der Farbe „Rot" einer Wellenlänge von 625 nm (s. Bild).

Fahrtrichtungsanzeiger

76/759/EWG, ECE-R6, StVZO § 54.
Für zweispurige Fahrzeuge sind Gruppe 1 (vordere), Gruppe 2 (hintere) und Gruppe 5 (seitliche Fahrtrichtungsanzeiger) vorgeschrieben. Für Krafträder genügen Fahrtrichtungsanzeiger der Gruppe 2. Die Farbe der Funktionskontrollleuchte ist frei wählbar. Die Blinkfrequenz beträgt 90 ± 30 Perioden pro Minute.

Vordere Fahrtrichtungsanzeiger
Es sind zwei Leuchten, Farbe gelb, vorgeschrieben. Die Funktionskontrolle ist vorgeschrieben.

Hintere Fahrtrichtungsanzeiger
Es sind zwei Leuchten, Farbe gelb, vorgeschrieben.

Seitliche Fahrtrichtungsanzeiger
Es sind zwei Leuchten, Farbe gelb, vorgeschrieben.

Vordere Fahrtrichtungsanzeiger.
(Anordnung, Maße in mm).
[1]) kleiner 2100 mm, wenn die Art des Fahrzeugaufbaus die Einhaltung der maximalen Höhe nicht zulässt.

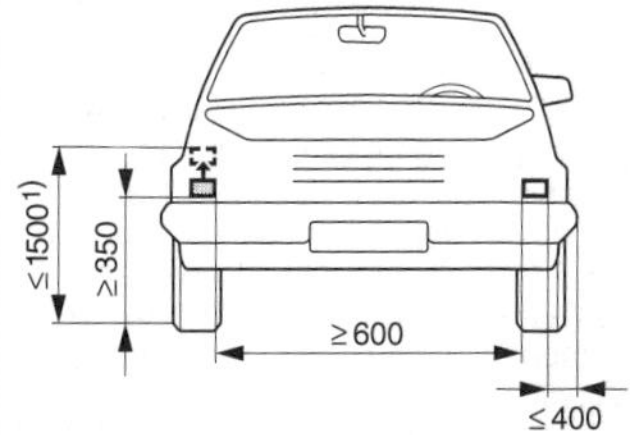

Hintere Fahrtrichtungsanzeiger.
(Anordnung, Maße in mm). 1 Schlussleuchte. Höhe und Breite wie vordere Fahrtrichtungsanzeiger.

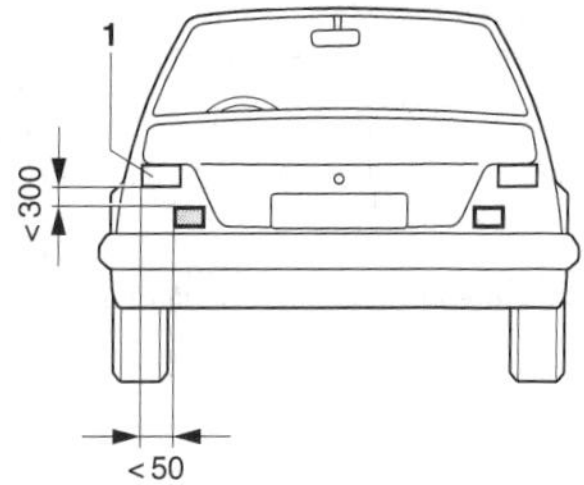

Seitliche Fahrtrichtungsanzeiger.
(Anordnung, Maße in mm).
[1]) oder 2500 mm, [2]) oder 2300 mm – wenn die Art des Fahrzeugaufbaus die Einhaltung der maximalen Maße nicht zulässt.

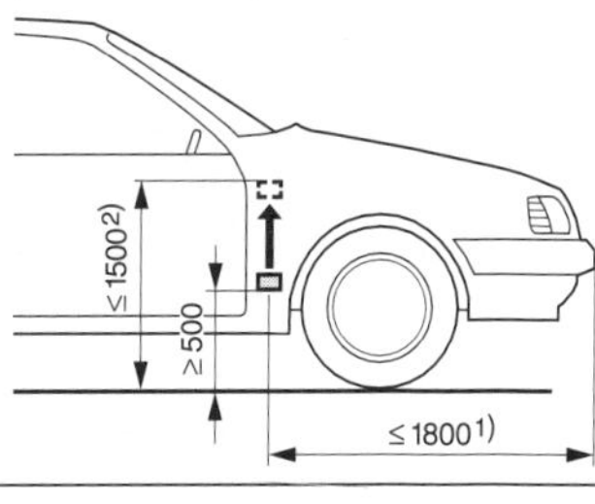

Blinkanlage

Vorschriften

Für Kraftfahrzeuge mit einer Höchstgeschwindigkeit über 25 km/h sind nach StVZO und EU-Richtlinie 76/756/EWG neben Beleuchtungseinrichtungen auch optische Signaleinrichtungen für Fahrtrichtungs- und Warnblinken vorgeschrieben.
Blinksignale: Signale mit 60...120 Impulsen pro min und einer relativen Hellzeit von 30...80 %. Beim Einschalten muss nach $<1{,}5$ s Licht abgestrahlt werden. Nach Ausfall einer Leuchte müssen die verbleibenden Leuchten noch wahrnehmbare Signale abstrahlen.
Fahrtrichtungsblinken: Synchrones Signal aller Blinkleuchten einer Fahrzeugseite. Die Leuchten sind elektrisch überwacht. Eine Funktionsstörung wird angezeigt.
Warnblinken: Synchrones Blinken aller Blinkleuchten, auch bei abgestelltem Motor. Einschaltkontrolle ist vorgeschrieben.

Blinkanlage für Kraftfahrzeuge ohne Anhänger

Der elektronische Warnblinkgeber enthält einen Taktgeber, der die Lampen über ein Relais einschaltet, und eine stromgesteuerte Kontrollschaltung, die beim Ausfall der ersten Leuchte die Blinkfrequenz verändert. Der Blinkerschalter schaltet das Fahrtrichtungsblinken, der Warnblinkschalter das Warnblinken ein.

Blinkanlagen für Kraftfahrzeuge ohne/mit Anhänger

Dieser Warnblinkgeber unterscheidet sich von dem für Kraftfahrzeuge ohne Anhänger in der Art der Funktionskontrolle der Blinkleuchten beim Fahrtrichtungsblinken.
Einkreis-Kontrolle
Zugfahrzeug und Anhänger haben einen gemeinsamen Kontrollkreis, der zwei Kontrollleuchten im Rhythmus der Blinkfrequenz ansteuert. Eine Lokalisierung der Leuchtenstörung ist nicht möglich. Die Blinkfrequenz bleibt unverändert.
Zweikreis-Kontrolle
Zugfahrzeug und Anhänger haben getrennte Kontrollkreise. Das Dunkelbleiben von Kontrollleuchten erlaubt eine Lokalisierung der Leuchtenstörung. Die Blinkfrequenz bleibt unverändert.

Blinkanlage eines Pkw für Richtungs- und Warnblinken.
1 Warnblinkgeber mit integriertem Schaltkreis IS bzw. Taktgeber G und Kontrollstufe H, 2 Blinkerschalter, 3 Kontrollleuchte, 4 Blinkleuchten, 5 Warnblinkschalter mit Einschaltkontrolle.

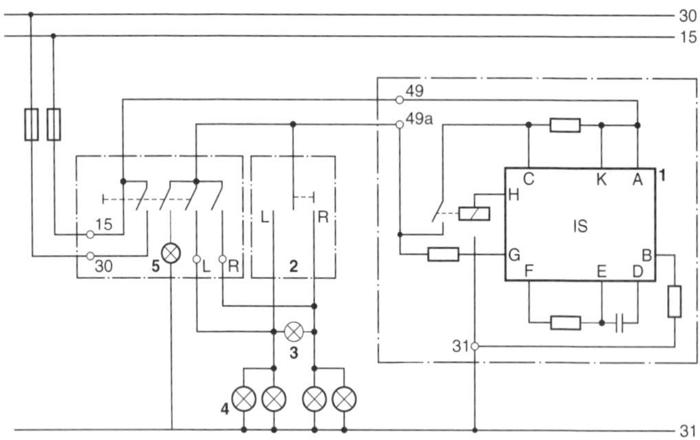

Leuchten für Fahrzeugbegrenzung

76/758/EWG, ECE-R7, StVZO §§ 51 und 53. Über 1600 mm breite Kraftfahrzeuge und Anhänger benötigen Begrenzungsleuchten (nach vorn). Bei Schlussleuchten (nach hinten) gilt Ausrüstungspflicht für alle Fahrzeugbreiten. Ist die Fahrzeugbreite größer als 2100 mm (z. B. Lkw), so müssen zusätzlich nach vorn und hinten wirkende Umrissleuchten angebaut sein.

Begrenzungsleuchten

Es sind zwei Begrenzungsleuchten, Farbe weiß, vorgeschrieben.

Schlussleuchten

Zwei Schlussleuchten, Farbe rot.

Bei Ineinanderbau von Schluss- und Bremsleuchte muss das tatsächliche Lichtstärkenverhältnis der Einzelfunktionen mindestens 1 : 5 betragen. Schlussleuchten müssen zusammen mit den Begrenzungsleuchten brennen.

Umrissleuchten

Zwei Leuchten, Farbe weiß, nach vorn, zwei Leuchten, Farbe rot, nach hinten. Anordnung: in der Breite möglichst weit außen und so hoch wie möglich.

__Bremsleuchten__ (Anordnung, Maße in mm).
1 Zentrale Bremsleuchte (Kat. S3),
2 Bremsleuchten (Kat S1/S2).
1) ≥ 400 mm (wenn Breite < 1300 mm),
2) ≤ 2100 mm (wenn Einhaltung der max. Höhe nicht möglich) oder
3) ≤ 150 mm unterhalb der Unterkante des Heckfensters,
4) jedoch muss die Unterkante der zentralen Bremsleuchte höher sein als die Oberkante der (Haupt) Bremsleuchten.

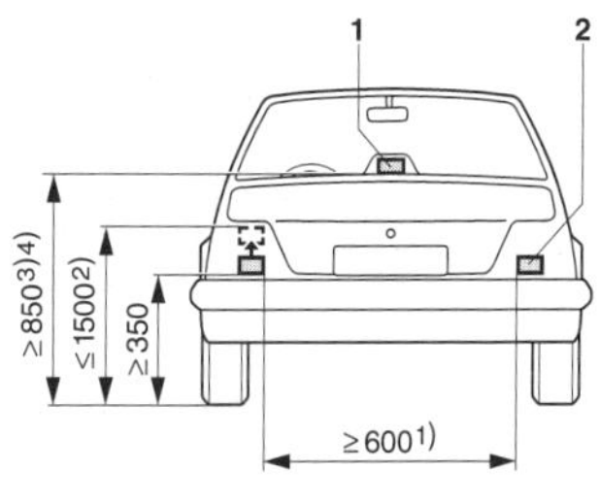

Parkleuchten

77/540/EWG, ECE-R77, StVZO § 51.
Es sind entweder je zwei Parkleuchten vorn und hinten oder eine Parkleuchte auf jeder Seite zulässig. Die Farbe Weiß nach vorn, Rot nach hinten. Die Farbe Gelb ist nach hinten zulässig, wenn die Parkleuchten mit seitlichen Fahrtrichtungsanzeigern zusammengebaut sind.

Parkleuchten müssen leuchten können, ohne dass andere Leuchten (oder Scheinwerfer) eingeschaltet werden. In den meisten Fällen wird die Funktion der Parkbeleuchtung von den Schluss- und Begrenzungsleuchten übernommen.

Kennzeichenleuchte

76/760/EWG, ECE-R4, StVZO § 60.
Das hintere Kennzeichen muss so beleuchtet sein, dass es bei Nacht auf 25 m Entfernung lesbar ist.

Auf der gesamten Kennzeichenfläche muss die Leuchtdichte mindestens 2,5 cd/m² betragen. Über die Fläche des Kennzeichens sind Messpunkte verteilt, zwischen denen der Leuchtdichtegradient 2 x B_{min}/cm nicht überschritten werden darf. Dabei ist B_{min} die kleinste in den Messpunkten gemessene Leuchtdichte.

Bremsleuchten

76/758/EWG, ECE-R7, StVZO § 53.
Für jeden Pkw sind zwei Bremsleuchten Kat. S1 oder S2 und eine Bremsleuchte Kat. S3, Farbe rot vorgeschrieben.

Beim Ineinanderbau von Brems- und Schlussleuchte muss das tatsächliche Lichtstärkeverhältnis der Einzelfunktionen mindestens 5:1 betragen.

Die Bremsleuchte Kat. S3 (zentrale Bremsleuchte) darf nicht mit einer anderen Leuchte ineinandergebaut sein.

Nebelschlussleuchten

77/538/EWG, ECE-R38, StVZO § 53d.
In den Ländern der EU sind eine oder zwei Nebelschlussleuchten, Farbe rot, für neu in den Verkehr kommende Fahrzeuge vorgeschrieben.

Der Abstand zur Bremsleuchte muss mindestens 100 mm betragen.

Die sichtbare leuchtende Fläche in Richtung Bezugsachse darf 140 cm² nicht übersteigen. Die Schaltung muss sicherstellen, dass Nebelschlussleuchten nur eingeschaltet werden können, wenn Abblend-, Fern- oder Nebellicht in Funktion ist. Außerdem müssen sie unabhängig von Nebelscheinwerfern ausgeschaltet werden können.

Vorgeschriebene Kontrollleuchte: Farbe gelb (Fahrzeuge mit Zulassung vor Januar 1981 auch grün).

Nebelschlussleuchten
(Anordnung, Maße in mm).
1 Bremsleuchte,
2 Nebelschlussleuchten (2 Stück),
3 Nebelschlussleuchte (1 Stück).
Anordnung für Anzahl 1 im Rechtsverkehr dargestellt.

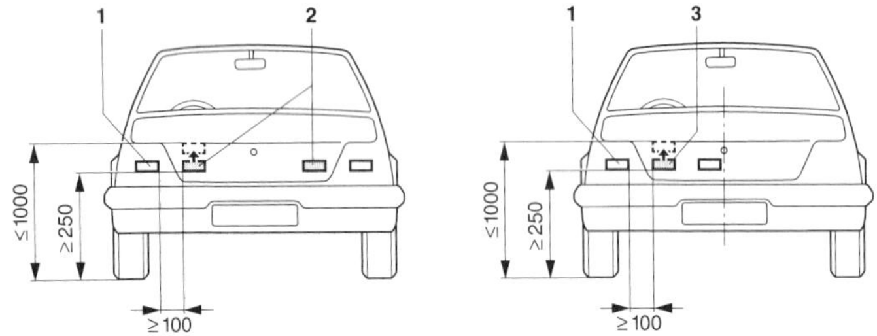

Rückfahrscheinwerfer
(Anordnung, Maße in mm).
Anzahl: 1 oder 2.

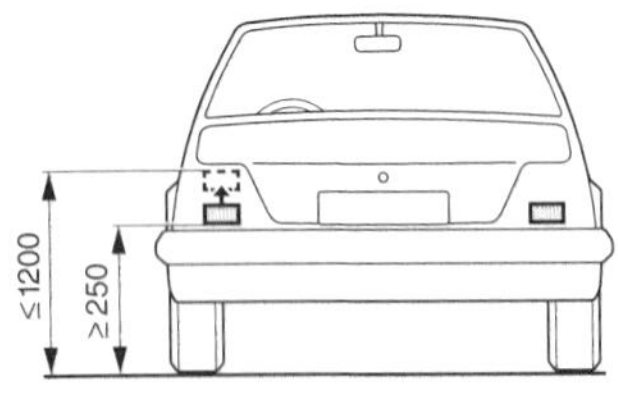

Tagfahrleuchten
(Anordnung, Maße in mm).

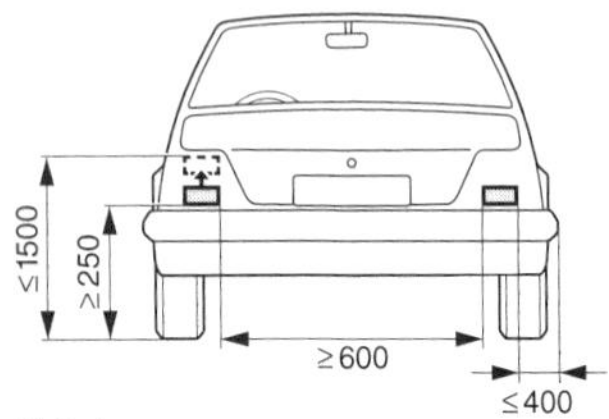

Maße in mm

Rückfahrscheinwerfer

77/539/EWG, ECE-R23, StVZO § 52.
Es sind ein oder zwei Rückfahrscheinwerfer, Farbe weiß, zulässig.

Die Schaltung muss sicherstellen, dass Rückfahrscheinwerfer nur bei eingelegtem Rückwärtsgang und eingeschalteter Zündung leuchten können.

Tagfahrleuchten/Tagfahrlicht

ECE-R87.
In Europa ist der Anbau von Tagfahrleuchten nach ECE-R87 erlaubt. Ihre Benutzung oder die Benutzung von Abblendscheinwerfern zur Erzeugung von Tagfahrlicht sind in Dänemark, Norwegen, Finnland und Schweden vorgeschrieben. Polen und Ungarn verlangen tagsüber außerorts „Abblendlicht an".

Weitere lichttechnische Geräte

Kennleuchten StVZO § 52, ECE-R65.
Kennleuchten müssen rundum wirken und den Eindruck des Blinkens ergeben. Die Blinkfrequenz f liegt zwischen 2 und 5 Hz. Blaue Kennleuchten sind für die Ausrüstung von bevorrechtigten Fahrzeugen zugelassen. Gelbe Kennleuchten sollen vor Gefahr oder gefährlichen Transporten warnen.

Suchscheinwerfer
Suchscheinwerfer erzeugen ein schmales Lichtbündel mit hoher Lichtstärke. Dadurch kann in großer Entfernung eine kleine Fläche beleuchtet werden.

Tabelle 4.
Vorgeschriebene Mindestblinkstärken für Kennleuchten.

Messbereich		Blinkstärke cd blau	Blinkstärke cd gelb
Parallel zur Fahrbahnebene		> 20	> 40
Innerhalb des Lichtbündels, Winkel zur Fahrbahn-ebene	± 4°	> 10	
	± 8°		> 30

Arbeitsscheinwerfer
Arbeitsscheinwerfer dürfen während der Fahrt nur verwendet werden, wenn die Fahrt zum Arbeitsvorgang gehört, z. B. bei Zugmaschinen für Land- und Forstwirtschaft, selbstfahrenden Arbeitsmaschinen, Unfallhilfswagen.

Kraftfahrzeuglampen

Lampen für Kraftfahrzeugbeleuchtung nach ECE-R37 gibt es für 6 V, 12 V und 24 V (s. Tabelle folgende Seiten). Unterschiedliche Lampentypen sind durch unterschiedliche Sockelformen gekennzeichnet, um Verwechslungen auszuschließen. Lampen unterschiedlicher Betriebsspannung sind mit dieser beschriftet, um bei gleicher Sockelform ein Verwechseln auszuschließen. Der jeweils passende Lampentyp muss auf dem Gerät angegeben sein.

Die Lichtausbeute (Lumen pro Watt) ist der lichttechnische Wirkungsgrad in Bezug auf die eingespeiste elektrische Leistung. Die Lichtausbeute von Vakuumlampen beträgt 10...18 lm/W. Die höhere Lichtausbeute der Halogenlampen von ungefähr 22...26 lm/W ist primär eine Folge der Erhöhung der Wendeltemperatur. Gasentladungslampen D2S und D2R (Litronic) tragen mit 85 lm/W zu einer weiteren Verbesserung des Abblendlichtes bei.

Austauschbare Lampen müssen nach ECE-R 37 typgeprüft sein. Andere Lichtquellen, die dieser Regelung nicht entsprechen (LED, Neon, Glühlampen), können nur als fester Bestandteil einer Leuchte eingesetzt werden. Im Reparaturfall muss die gesamte Einheit getauscht werden.

Tabelle 5. Daten der Kfz-Lampen (ohne Lampen für Krafträder).

Verwendung	Kategorie	Spannung Nennwerte V	Leistung Nennwerte W	Lichtstrom Sollwerte Lumen	Sockeltyp IEC	Bild
Fernlicht, Abblendlicht	R2	6 12 24	45/40[1]) 45/40 55/50	600 min/ 400-550[1])	P 45 t-41	
Nebel-, Fern-, Abblend-licht in 4-SW	H1	6 12 24	55 55 70	1350[2]) 1550 1900	P14,5 e	
Nebellicht, Fernlicht	H3	6 12 24	55 55 70	1050[2]) 1450 1750	PK 22s	
Fernlicht/ Abblendlicht	H4	12 24	60/55 75/70	1650/ 1000[1]), [2]) 1900/1200	P 43 t – 38	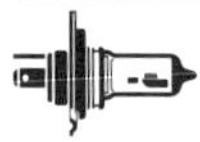
Fernlicht, Abblendlicht in 4-SW, Nebellicht	H7	12	55	1500[2])	PX 26 d	
Nebellicht	H10	12	55	1250(?)	PY 20 d	
Abblendlicht in 4-SW	HB4	12	55	1100	P 22 d	
Fernlicht/ Abblendlicht	HIR2	12	55	1875	PX 22 d	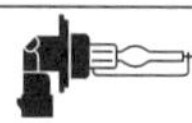
Fernlicht in 4-SW	HB3	12	60	1900	P 20 d	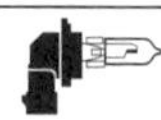
Fernlicht/ Abblendlicht	HIR1	12	65	2500	PX 20 d	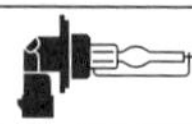
Brems-, Blink-, Nebelschluss-, Rückfahrlicht	P 21 W PY 21 W[6])	6 12 24	21	460[3])	BA 15 s	
Bremslicht/ Schlusslicht	P 21/5 W PY 21 W[7])	6 12 24	21/5[4]) 21/5 21/5	440/35[3]), [4]) 440/35 440/40[3])	BAY 15d	
Begrenzungs-licht, Schlusslicht	R 5 W	6 12 24	5	50[3])	BA 15 s	

Tabelle 5. Fortsetzung.

Verwendung	Kategorie	Spannung Nennwerte V	Leistung Nennwerte W	Lichtstrom Sollwerte Lumen	Sockeltyp IEC	Bild
Schlusslicht	R 10 W	6 12 24	10	125[3])	BA 15 s	
Brems-, Blink-, Nebelschluss-, Rückfahrlicht	P 27 W	12	27	475[3])	W2,5x16d	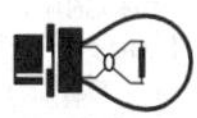
Bremslicht/ Schlusslicht	P 27/7 W	12	27/7	475/36[3])	W2,5x16q	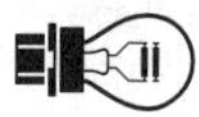
Kennzeichen-beleuchtung, Schlusslicht	C 5 W	6 12 24	5	45[3])	SV 8,5	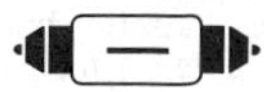
Rückfahrlicht	C 21 W	12	21	460[3])	SV 8,5	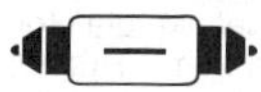
Begrenzungs-licht	T 4 W	6 12 24	4	35[3])	BA 9 s	
Begrenzungs-licht, Kennzeichen-beleuchtung	W 5 W	6 12 24	5	50[3])	W 2,1 x 9,5 d	
Begrenzungs-licht, Kennzeichen-beleuchtung	W 3 W	6 12 24	3	22[3])	W 2,1 x 9,5 d	
Abblendlicht in 4-SW	D1S	85 12[5])	35 ca. 40[5])	3200	PK 32 d-2	
Abblendlicht in 4-SW	D2S	85 12[5])	35 ca. 40[5])	3200	P 32 d-2	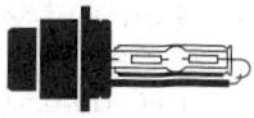
Abblendlicht in 4-SW	D2R	85 12[5])	35 ca. 40[5])	2800	P 32 d-3	

[1]) Fernlicht/Abblendlicht. [2]) Sollwerte bei Prüfspannung 6,3; 13,2 bzw. 28,0 V.
[3]) Sollwerte bei Prüfspannung 6,75; 13,5 bzw. 28,0 V. [4]) Hauptwendel/Nebenwendel.
[5]) Mit Vorschaltgerät. [6]) Gelbe Variante.

Akustische Signalgeräte

Vorschriften
Die international gültige ECE-Regelung Nr. 28 schreibt vor, dass Schallzeichen in Kraftfahrzeugen einen gleichförmigen und gleich bleibenden Klang abgeben müssen, dessen akustisches Spektrum während des Betriebes sich nicht merklich ändern darf. Der Einsatz von Sirenen, Läutwerken o. ä. ist unzulässig, ebenso das Abspielen von Melodien durch zeitlich nacheinander angesteuerte Schallgeber.

Einbau
Elektrisch betriebene Hörner und Fanfaren müssen durch federnde Aufhängung von der Karosserie entkoppelt sein, da sonst mitschwingende Karosserieteile die Tonreinheit und Lautstärke durch Rückwirkung beeinträchtigen. Hörner und Fanfaren sind empfindlich gegen Vorwiderstände in den Zuleitungen. Beim paarweisen Einbau sollte die Steuerung über zwischengeschaltete Relais erfolgen.

Horn

Normaltonhorn
Beim Horn bildet die Masse des Ankers zusammen mit der federnden Membran ein schwingfähiges System. Beim Anlegen von Spannung an die über den Unterbrecher gesteuerte Magnetspule schlägt der Anker mit der Grundfrequenz des Horns auf den Magnetkern auf. Durch diese starken periodischen Stöße wird der mit dem Anker starr verbundene Schwingteller zum Abstrahlen von Oberwellen angeregt, deren höchste Schallenergie gesetzlichen Vorschriften entsprechend im Frequenzband zwischen 1,8 und 3,55 kHz liegt. Daraus erklärt sich der verhältnismäßig harte Klang der Hörner, der vorwiegend in der Hornachse nach vorne abgestrahlt wird, sowie das gute Durchdringen des Verkehrslärms auf große Entfernung.

Die Größe eines Horns ist mitentscheidend für Grundfrequenz und Lautstärke.

Starktonhorn
Starktonhörner besitzen neben größerem Durchmesser eine stärkere elektrische Leistung. Ihre Warnsignale sind deshalb unter Extrembedingungen (Lkw-Fahrerkabine mit hohem Geräuschpegel) noch wahrnehmbar.

Fanfare

Die elektropneumatische Fanfare besitzt das gleiche Funktionssystem wie das Horn, jedoch schwingt der Anker ohne Aufschlag frei vor dem Magnetsystem. Die schwingende Membran bringt in einem Rohr eine Luftsäule zum Schwingen. Die Resonanzfrequenz der Membran und der Luftsäule sind aufeinander abgestimmt. Sie bestimmen die Tonhöhe des Signals. Zur Erzielung eines günstigen Wirkungsgrades beim Abstrahlen des Tones erweitert sich das Rohr an seinem Ende trichterförmig. Um kleine Baugrößen zu erhalten, ist das Trichterrohr meist schneckenförmig aufgewickelt.

Das Vorhandensein vieler Obertöne im unteren Bereich des Frequenzspektrums gibt der Fanfare einen vollen, melodischen Klang. Die Durchdringungsfähigkeit ist wegen der gleichmäßigen Verteilung der Schallenergie auf ein breites Spektrum geringer als die des Horns.

Auswahl geeigneter Horntypen
Bei häufigem Fahren auf Überlandstrecken mit Lkw-Verkehr sind Aufschlaghörner wegen der besseren Warnwirkung den Fanfaren vorzuziehen. Im Stadtverkehr sind jedoch Fanfaren besser geeignet, denn der Klang der Hörner wird von Fußgängern oft als zu laut und belästigend empfunden. Für diese unterschiedlichen Anforderungen können beide Systeme mit Umschalter für Stadt- und Überlandfahrt eingebaut werden. Die Frequenzen von Hörnern und Fanfaren sind standardisiert. Die Kombination von Hochton- und Tieftonhorn ergibt einen harmonischen Zweiklang.

Diebstahl-Alarmanlagen

Vorschriften

Diebstahl-Alarmanlagen in Kraftfahrzeugen müssen die Forderungen nach § 38b StVZO und der Regelung ECE-R18 erfüllen. Eine scharf geschaltete Alarmanlage löst bei unbefugtem Eingriff am Fahrzeug Warnsignale aus.

Zulässige Warnsignale
– Intermittierende Schallsignale max. 30 s lang über das serienmäßige oder ein zusätzliches Signalhorn.
– Optische Blinksignale max. 5 min lang über die Fahrtrichtungsanzeiger (StVZO) oder 30 s Blinken des Abblendlichtes (ECE).

Bei mehrmaliger Manipulation am Fahrzeug darf ein weiterer akustischer Alarm erst nach Ablauf des vorhergehenden ausgelöst werden. Die Abschaltung eines Alarmes muss für den Berechtigten ohne Zeitverzug möglich sein. Alarmanlagen dürfen nicht aktiv werden, wenn der Motor läuft. Nicht zum Einbruch führende Manipulationen am Fahrzeug (z.B. Erschütterungen oder dergleichen) dürfen keinen Alarm auslösen.

Auto-Alarmsystem

Basissystem
Ein Beispiel aus der Praxis zeigt das Blockschaltbild. Die Zentraleinheit wertet die Signale an den Eingängen aus, aktiviert das System und schaltet über die Ausgänge die Warnsignale ein (Signalhorn, optische Signale).

Die Schaltung „scharf/nicht scharf" geschieht durch eine Infrarot- oder Funkfernbedienung, die mit individuell codierten Signalen arbeitet. Dies sichert das Fahrzeug gegen unberechtigte Benutzung. Nur bei ausgeschalteter Zündung lässt sich die Anlage scharfschalten.

Diebstahl-Alarmanlage.
1 Batterie, 2 Starterschalter, 3 Radio, 4 Zündung, 5 Startermotor, 6 Fernbedienungssystem (6.1 Sender, 6.2 Empfänger), 7 Steuergerät Alarmanlage, 8 Alarmhorn, 9 Ultraschall-Innenraumüberwachung, 10 Neigungsalarm, 11 Innenlicht, 12 Fahrtrichtungsanzeiger, 13 Türkontaktschalter, 14 Kontaktschalter für Motorhaube und Kofferraum, 15 Statusanzeige.

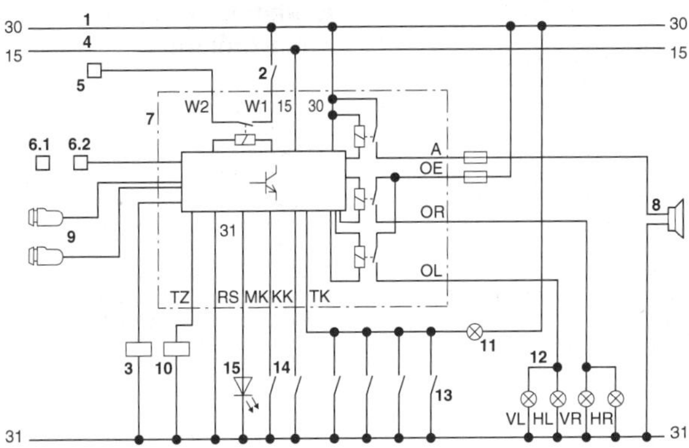

Ultraschall-Innenraumschutz.
1 Ultraschalldetektor, 2 Ultraschallfeld.

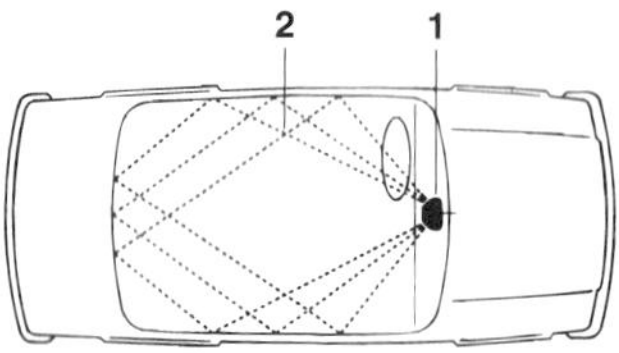

Die Eingänge TK, MK, KK dienen als Anschlüsse für die Schalter der Türen und Hauben des Fahrzeuges. Ein Öffnen löst unverzögert Alarm aus. Dies erfolgt auch bei Unterbrechen der Überwachungsschleife für das Radio und beim Einschalten der Zündung bei „scharfer" Anlage. Der Ausgang Z aktiviert die externen Zusatzgeräte, die über den Eingang TZ Alarm auslösen.

Alle voneinander unabhängigen Eingänge können nacheinander Alarme auslösen. Die Startersperre verhindert die unbefugte Inbetriebnahme des Motors.

Eine Leuchtdiode am Ausgang RS blinkt bei scharfgeschalteter Anlage und zeigt damit den Status des Systems an.

Ultraschall-Innenraumschutz

Bei Anlagen mit Ultraschall-Innenraumschutz wird im Innenraum des Fahrzeuges ein Ultraschallfeld erzeugt. Ein Ultraschalldetektor erkennt Bewegungen oder Druckschwankungen (z. B. durch Hineingreifen oder Einschlagen einer Scheibe), die zu Veränderungen dieses Feldes führen. Die Auswerteelektronik löst sofort Alarm aus. Zur Optimierung der Schutzwirkung ist die Ansprechschwelle einstellbar.

Zur Auswertung des Ultraschallfeldes werden das Amplitudenverfahren, das Puls-Echo-Verfahren oder das auf dem Dopplereffekt basierende Verfahren angewandt.

Elektronischer Rad- und Abschleppschutz.

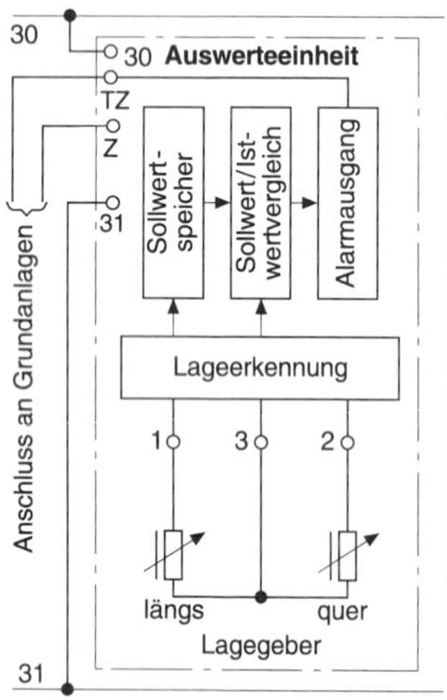

Erweiterung durch Zusatzanlagen

Elektronischer Rad- und Abschleppschutz

Die Anlage für den elektronischen Rad- und Abschleppschutz besteht aus Lagesensor und Auswertelektronik. Die Lage des Fahrzeuges bei Abstellen auf ebener oder schräger Fläche wird mit dem Einschalten der Alarmanlage als Null-Lage einprogrammiert. Ein Überschreiten festgelegter Grenzwerte bezüglich Lage und Änderungsgeschwindigkeit löst Alarm aus. Normale Lageänderungen (z. B. Luftverlust in den Reifen, bewusstes Schaukeln des Fahrzeuges oder aufweichender Untergrund) lösen keinen Alarm aus, da die Elektronik diese erkennt.

Wegfahrsperren

Zur Sicherung von Fahrzeugen gegen unbefugte Benutzung werden – neben Zünd- und Lenkradschloss – elektronische Wegfahrsperren eingesetzt.

Nach dem Abstellen der Zündung, spätestens jedoch beim Verschließen des Fahrzeuges, aktiviert sich die Wegfahrsperre automatisch und setzt eine oder mehrere betriebsrelevante Einrichtungen des Fahrzeuges außer Funktion. Beim System mit Unterbrechungskreisen werden den betriebsrelevante Einrichtungen mit einem Relais stillgelegt. Meist werden drei Kreise unterbrochen:

- Starter,
- Kraftstoffzufuhr und
- Zündung bzw. Dieseleinspritzpumpe.

Beim System mit codiertem Eingriff werden eine oder mehrere Einheiten des Fahrzeuges durch Eingabe eines Codes gesperrt oder freigeschaltet.

Zum Deaktivieren werden folgende Systeme verwendet:

Funk-/Infrarotsysteme
Mit einem Handsender wird ein codiertes Signal an die Wegfahrsperre gesendet. Die Möglichkeit, die Zentralverriegelung damit auch von außen betätigen zu können, trägt zu einer Verbesserung des Komforts bei.

Transpondersysteme
Ein am oder im Schlüssel angebrachter Transponder überträgt über kurze Entfernung ein codiertes Signal zu einer (z.B. um das Zündschloss herum angeordneten) Empfangsspule. Das System schaltet die Wegfahrsperre automatisch frei, sobald der Transponder in den Empfangsbereich der Spule eingebracht wird.

Elektronischer Schlüssel
Nach der galvanischen Kopplung von elektronischem Schlüssel und Wegfahrsperre wird das System deaktiviert.

Codetastaturen
Eine Geheimziffer wird über ein Tastenfeld eingegeben und schaltet das System frei.

System mit Unterbrechungskreisen.
1 Batterie, 2 Zentralverriegelung, 3 Anzeigeeinheit, 4 Zündung, 5 Motorsteuergerät, 6 Fernbedienungssystem (6.1 Sender, 6.2 Empfänger), 7 Steuergerät Wegfahrsperre, 8 Starterschalter, 9 Startermotor, 10 Elektrokraftstoffpumpe.

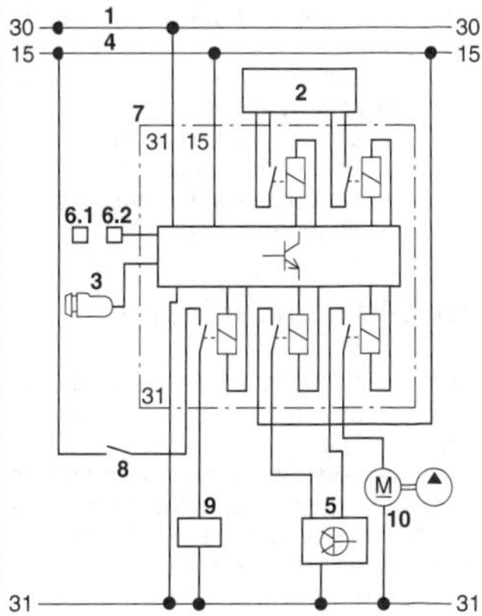

System mit codiertem Eingriff.
1 Batterie, 2 Zentralverriegelung, 3 Anzeigeeinheit, 4 Zündung, 5 Motorsteuergerät, 6 Fernbedienungssystem (6.1 Sender, 6.2 Empfänger), 7 Steuergerät Wegfahrsperre, 8 Codiereinheit.

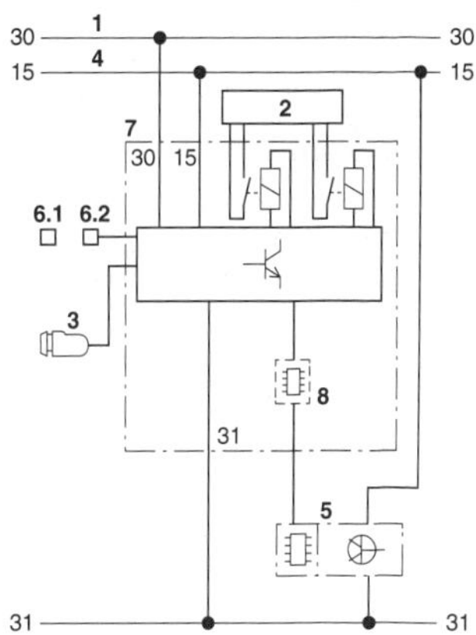

Scheibenreinigung

Anlagen für die Scheibenreinigung haben die Aufgabe, die gesetzliche Forderung nach stets ausreichender Rundumsicht im Kraftfahrzeug zu erfüllen. Sie gliedern sich auf in:
- Front-Wischeranlagen,
- Heck-Wischeranlagen,
- Scheinwerfer-Wischeranlagen,
- Scheinwerfer-Waschanlagen,
- Waschanlagen in Kombination mit Wischeranlagen.

Front-Wischeranlagen

Auf der Basis gesetzlich vorgeschriebener Sichtflächen (Europa, USA, Australien) sind nachfolgend die wichtigsten Reinigungssysteme für die Frontscheibe am Pkw dargestellt. Die Wischfelder können durch zusätzliche Steuerung des Wischblattes (Parallelogramm, allgemeines Gelenkviereck) verändert werden.
Anforderungen an Wischeranlagen sind:
- Beseitigung von Wasser, Schnee,
- Beseitigung von Schmutz (mineralisch, organisch, biologisch),
- Betrieb bei Wärme (+80 °C) und Kälte (–30 °C),
- Korrosionsbeständigkeit gegen Säuren, Basen, Salze (240 h), Ozon (72 h),
- Lebensdauer $1{,}5 \cdot 10^6$ Wischperioden für Pkw, $3 \cdot 10^6$ Wischperioden für Nkw,
- Blockiertest.

Getriebe
Als Getriebe werden Gelenkvierecke in Reihen- oder Parallelschaltung eingesetzt, bei großen Wischwinkeln oder schwierigen Übertragungsverhältnissen auch Kreuzlenker oder nachgeschaltete oder gesteuerte Zweischläge.

Wichtig ist die Optimierung der Getriebe. Durch Angleichung der Extremwerte der Winkelbeschleunigung und/oder der Kraftangriffswinkel nahe der Umkehrlage des Wischers wird ein weitgehend harmonischer Lauf erzielt.

Trend ist, die Kurbel nicht mehr umlaufen zu lassen, sondern sie nur (knapp) eine halbe Umdrehung ausführen zu las-

Reinigungssysteme für die Frontscheibe.

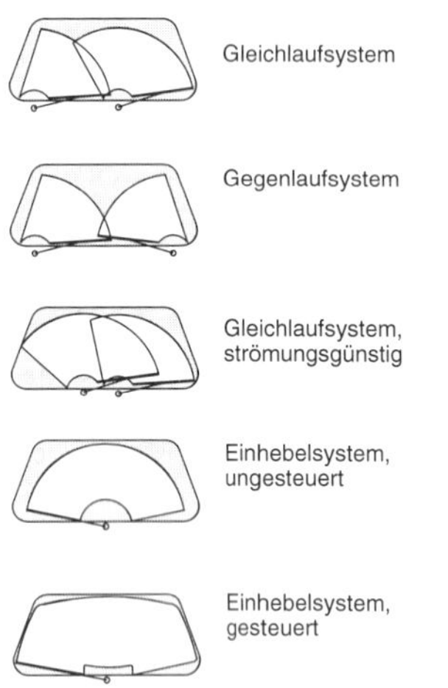

Prinzip der Wischeranlagen-Gelenkgetriebe.
1 Reihenschaltung, 2 Parallelschaltung.
α Kurbelwinkel. β, γ Wischwinkel.
ν_T tangentialer Kraftangriffswinkel.

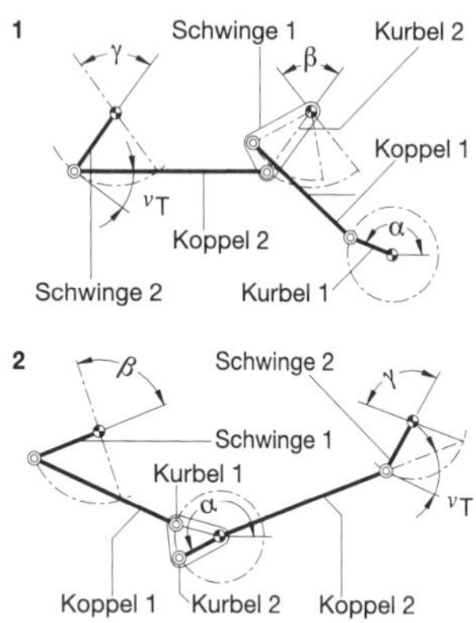

sen (Reversiertechnik). Dadurch wird der erforderliche Bewegungsraum für das Gestänge erheblich reduziert. Der Antriebsmotor wird dazu elektronisch gesteuert und seine Drehrichtung im Takt der Wischbewegung umgekehrt.

Mit nur geringem Mehraufwand lassen sich damit auch eine „erweiterte Parkstellung", eine „Schnee(überlast)sicherung", eine stufenlos variable Wischgeschwindigkeit und, trotz variierender Betriebsbedingungen, ein konstantes großes Wischfeld realisieren.

Bei Problemen mit dem Unterbringen des Gestänges lässt sich mit der vorgenannten Technik ein großes Gestänge durch zwei wesentlich kleiner bauende Einheiten mit jeweils eigenem (kleineren) Antriebsmotor ersetzen (Zweimotoren-Wischeranlage).

Ein zweiter Optimierungsschritt bezieht sich auf die Arbeitsstellung der Wischlippe zur Scheibenoberfläche. Durch richtige Winkellage der Wischerlager zur Scheibe und durch zusätzliche Torsion der Wischarme wird die Stellung der Wischblätter so vorgegeben, dass sie in ihren Umkehrlagen zur Winkelhalbierenden des Wischfeldes hin seitlich geneigt sind und damit die Wischgummis eine Umlegehilfe in die neue Arbeitsstellung erfahren.

Wischarme

Der Wischarm ist das Verbindungsglied zwischen Wischergetriebe und Wischblatt. Er hält das Wischblatt und führt es über die Scheibe. Mit seinem Befestigungsteil, meist aus Zink- oder Aluminium-Druckguss, wird er auf dem Konus der Wischerlagerwelle aufgeschraubt. Das andere Ende besteht in der Regel aus Stahlband, ist meist zu einem Haken gebogen („Hakenbefestigung") und trägt das Wischblatt. Neben der Standardausführung des Wischarms gibt es verschiedene, stilistisch variierte Ausführungen. Darüber hinaus gibt es aber auch Sonderbauformen, die zusätzliche Funktionen ausführen, z. B:
– Wischarm mit Viergelenkhubsteuerung,
– Wischarm mit Wischblattsteuerung und
– Parallelogrammwischarm.

Gleichlauf-Wischeranlage *(Reihenschaltung). Rechtes Teilgetriebe ausgeführt als: 1 Schwinge, 2 Kreuzlenker, 3 nachgeschalteter Zweischlag, 4 gesteuerter Zweischlag.*

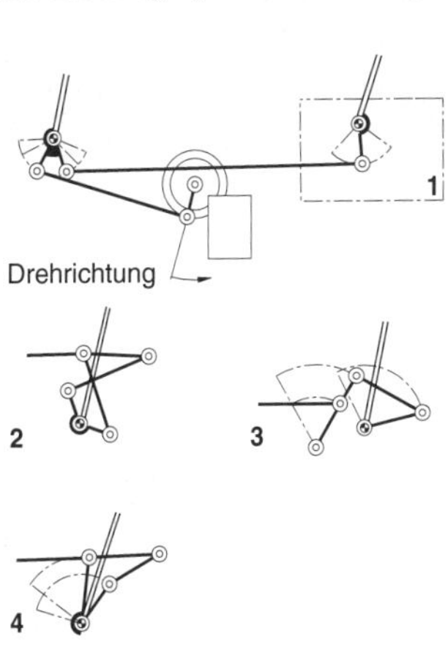

Wischarm *(Drauf- und Seitenansicht). 1 Stahlband mit Hakenbefestigung, 2 Gelenkteil, 3 Zugfeder, 4 Befestigungsteil mit Konus zur Befestigung auf Wischerlagerwelle.*

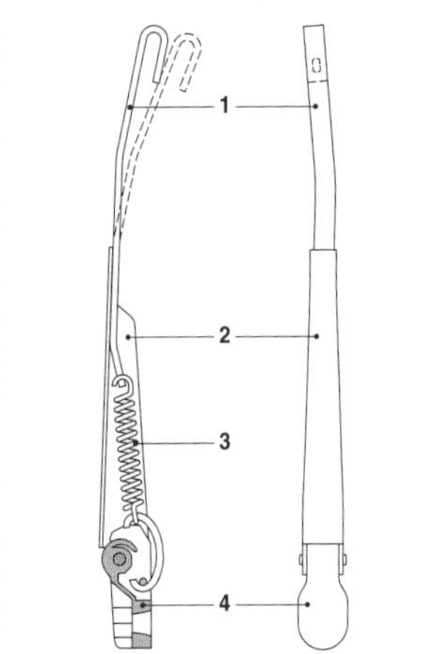

Wischarm mit Viergelenkhubsteuerung
Der Wischarm mit Viergelenkhubsteuerung bewirkt auf der Scheibe eine gezielte Wischarmverlängerung, um den ungewischten Bereich der einen Windschutzscheibenecke zu verkleinern.

Wischarm mit Wischblattsteuerung
Der Wischarm mit Wischblattsteuerung bewirkt normalerweise eine zusätzliche Drehbewegung des Wischblatts gegenüber dem Wischarm, z. B. um optisch „schön" parallel zur A-Säule zu wischen.

Parallelogrammwischarm
Der Parallelogrammwischarm ist eine Sonderbauform des Wischarms mit Wischblattsteuerung. Er hält das Wischblatt über die gesamte Wischbewegung auf der Scheibe in z. B. senkrechter Lage (z. B. bei Nahverkehrsomnibussen).

Konventionelles Wischblatt.
a) Wischblatt belastet, b) entlastet, c) Schnitt. 1 Wischgummi mit Federschiene, 2 Krallenbügel, 3 Gelenk, 4 Mittelbügel, 5 Adapter.

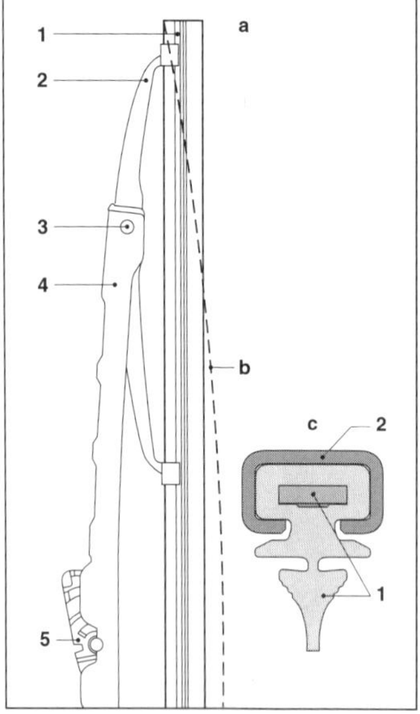

Wischblätter

Das Wischblatt hält den Wischgummi und führt ihn über die Scheibe. Wischblätter werden in Längen von 260...1000 mm angewandt. Anschlussmaße für die Befestigung (z. B. Haken-, Steckbefestigung) sind genormt. Maßnahmen zum Ausgleich der Spiele in Einhängung und Gelenken sorgen für verschleißarmen Betrieb. Zur Verminderung des Auftriebs bei hoher Fahrgeschwindigkeit sind die Mittelbügel auf dem Rücken gelocht. In Sonderfällen sind Windleitschaufeln zur Erhöhung der Anpresskraft in die Arme oder Blätter integriert.

Wischgummi

Wichtigstes Element der Wischeranlage ist der Wischgummi. Belastet über die Krallen des Bügelsystems und gestützt durch Federschienen, berührt die Mikro-Doppelkante der Wischlippe mit einer Breite von nur 0,01...0,015 mm die Scheibe. Bei Trockenreibwerten von 0,8...2,5 (abhängig von der Luftfeuchte) und Nassreibwerten von 0,6...0,1 (abhängig von der Reibgeschwindigkeit) muss durch die richtige Paarung von Profil und technischen Eigenschaften des Gummis die Lippe im gesamten Wischfeld unter etwa 45° über die Scheibe gezogen werden.

Der „Twin-Wischer" mit einem Zweikomponenten-Wischgummi aus synthetischem Kautschuk besteht aus einer besonders harten, abriebfesten Wischlippe, die in einen extraweichen Wischrücken übergeht. Der weiche Rücken sorgt bei jeder Temperatur für optimales Umlegeverhalten und ruhigen Lauf.

Wischgummi in Arbeitsstellung.
1 Kralle, 2 Federschiene, 3 Wischlippe, 4 Windschutzscheibe, 5 Mikro-Doppelkante.

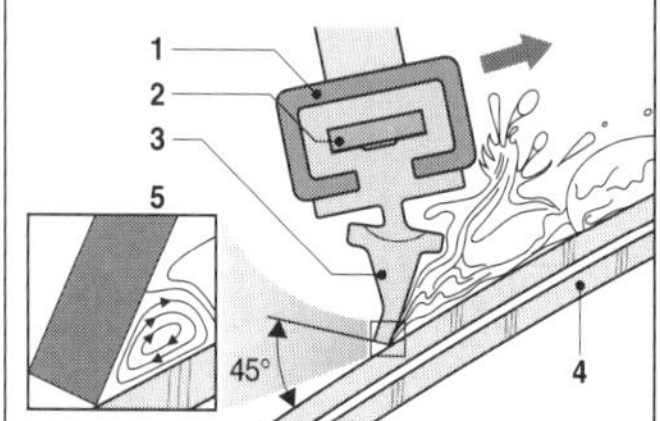

Gelenkfreies Wischblatt
(Aero-Wischblatt)
Das gelenkfreie Wischblatt (Aero-Wischblatt) entspricht dem aktuellen Entwicklungstrend bei den Wischblättern. Die Verteilung der Auflagekraft auf den Wischgummi übernehmen nicht mehr die Krallen der Wischblattbügel, sondern zwei speziell auf die Scheibe abgestimmte, vorgebogene Federschienen (Blattfedern). Sie bewirken einen noch gleichmäßigeren Anpressdruck der Wischlippe gegen die Scheibe. Dies mindert den Verschleiß der Wischlippe und erhöht die Wischqualität. Mit dem Wegfall des Bügelsystems tritt außerdem kein Gelenkverschleiß mehr auf und es ergeben sich eine wesentlich geringere Bauhöhe, ein geringeres Gewicht und eine geringere Geräuschbildung (auch weniger Windgeräusche).

***Gelenkfreies Wischblatt** (Aero-Wischblatt).*
a) Wischblatt belastet, b) entlastet, c) Schnitt.
1 Endclip, 2 Federschiene, 3 Wischgummi,
4 Spoiler, 5 Wischarm.

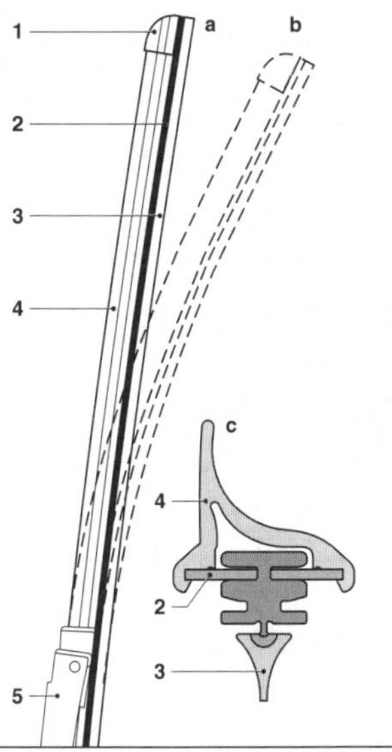

Die Oberseite des Wischblatts ist als Spoiler (Windleitschaufel) ausgebildet und lässt ohne weitere Hilfsmittel sehr hohe Geschwindigkeiten zu. Das elastische Material dieses Spoilers ist ein idealer Verletzungsschutz bei einem möglichen Unfall mit einem Fußgänger.

Eine angepasste einfache Verbindung zum Wischarm sorgt für sicheren Halt des Wischblatts im Betrieb und für einfachsten Wischblattwechsel bei einem notwendigen Austausch.

Regensensor
Mit dem Einsatz des Regensensors ist ein weiterer Schritt in Richtung zur „vollautomatischen Scheibenwischeranlage" vollzogen. Der Regensensor registriert die Regenintensität, die er in ein entsprechendes Signal an den Wischermotor umwandelt. Dieser wird automatisch eingeschaltet und je nach Bedarf in den Arbeitsstufen 2 oder 1 oder in der Intervallstufe betrieben.

Optimal genutzt werden die Möglichkeiten des Regensensors aber erst mit einem Elektronikmotor, dessen Wischgeschwindigkeit der Regenintensität dann stufenlos nachgeregelt werden kann (s. a. S. 162, „Sensoren").

Heck-Wischeranlagen

Das Betriebsverhalten der Wischeranlagen für die Heckscheibe gleicht dem der Frontscheiben-Anlagen. Allerdings ist ihre Lebensdauer auf $0{,}5 \cdot 10^6$ Wischperioden begrenzt. Für Rechtsverkehr wird vorwiegend das Wischfeld mit Rechtsablage (in Fahrtrichtung gesehen) gewählt, bei entsprechenden Scheibenabmessungen das 180°-Wischfeld.

Das Getriebe ist im Allgemeinen in den Wischermotor integriert, sodass die Abtriebswelle bereits eine oszillierende Bewegung ausführt. Der Wischarm ist direkt auf diese Welle geschraubt, meist mit Hilfe einer Rändelkegelbefestigung.

Um ein einheitliches Aussehen zu gewährleisten, bestehen sowohl Wischarme als auch Wischblätter für Heckscheiben-Wischeranlagen oft aus Kunststoff.

Scheinwerfer-Reinigungsanlagen

Für die Reinigung der Scheinwerfer haben sich die Wisch-Wasch-Anlage und die reine Waschanlage (S. 847) durchgesetzt. Bei der Wisch-Wasch-Anlage wird ein Wischhebel von einem Motor mit Übersetzungsgetriebe direkt angetrieben; das benötigte Wasser wird dem Behälter für die Frontscheiben-Waschanlage entnommen.

Die Vorteile der Scheinwerfer-Waschanlage sind einfache Bauweise und oftmals die stilistisch bessere Anpassung. Wichtig ist die richtige Anordnung der Düsen, sodass der Scheinwerfer bei allen Fahrgeschwindigkeiten gut vom Reinigungsstrahl getroffen wird.

Das Gesetz fordert, dass ein verschmutzter Scheinwerfer mit nur noch 20 % seiner Leuchtstärke innerhalb von 8 s wieder 80 % der Leuchtstärke erreichen muss. Die Anlage muss in der Lage sein, mindestens 50 Zyklen mit einer Füllung Reinigungsmittel auszuführen.

Heckscheiben-Wischfelder.
Die dunklen Felder kennzeichnen den Sichtmangel zur Beobachtung des Überholverkehrs.

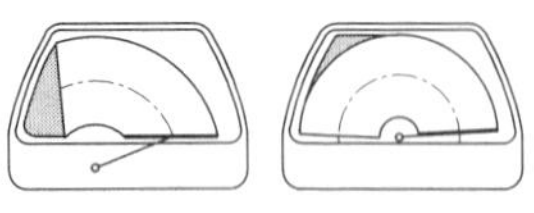

Anordnung der Scheinwerfer-Reinigungsanlagen *(Waschanlage bzw. Motor mit Wischhebel).*

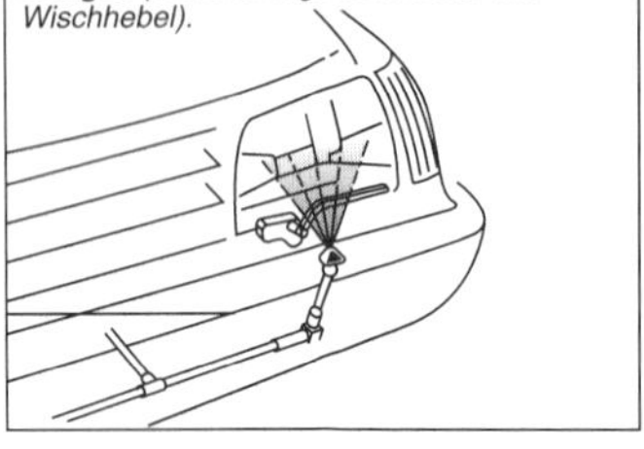

Antriebsmotoren

Als Antriebsmotoren dienen permanent erregte Gleichstrommotoren. Sie enthalten bei Wischeranlagen zusätzlich ein Schneckengetriebe, bei Heckscheiben- und Scheinwerfer-Reinigungsanlagen oft auch das Getriebe für die Umsetzung der rotierenden in die oszillierende Bewegung (Gelenk-, Zahnstangen- oder Räderkurbelgetriebe).

Die Leistungsbestimmung für die Antriebsmotoren weicht von der für übliche elektrische Antriebe ab. Aufgrund gesetzlicher Regelungen und Anwendungsvorschriften wird die Betriebsdrehzahl der ersten Wischerstufe meist mit $n_{B1} = 45\,\text{min}^{-1}$, für die zweite Wischerstufe mit $n_{B2} = 65\,\text{min}^{-1}$ vorgegeben. Aus der maximalen Gummireibung ergibt sich pro Wischhebel ein Drehmoment, das der Motor bei einer Mindestdrehzahl von $n_A = 5\,\text{min}^{-1}$ aufbringen muss. Dieses Anzugsmoment M_{An} in Nm für den Betrieb <u>eines</u> Wischhebels errechnet sich zu:

$$M_{An} = F_{WFN} \cdot \mu_{max} \cdot f_S \cdot f_T \cdot L_A \cdot (\omega_{Hmax}/\omega_{Mot}) \cdot (1/\eta_{Getr}) \cdot (R_{Aw}/R_{Ak})$$

F_{WFN} fallende Nennauflagekraft des Wischarms in N (ca. 15 N pro m Wischblattlänge bei Bewegung zur Scheibe hin),

μ_{max} maximaler Trockenreibwert des Wischgummis (2,5 bei $\varphi = 93\,\%$ relative Luftfeuchtigkeit),

f_S Steigungsfaktor zur Berücksichtigung der Gelenkreibung des Wischarms (meist 1,15),

f_T Toleranzfaktor zur Berücksichtigung der Auflagekraft-Toleranz (meist 1,12),

Wischermotor mit Schneckengetriebe.
1 permanent erregter Gleichstrommotor, 2 Schneckengetriebe, 3 Wellenende.

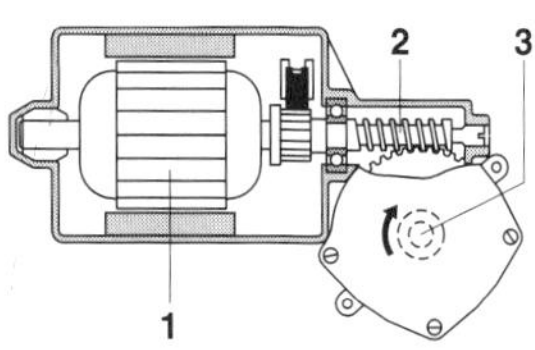

Kennlinien eines Wischermotors.
n Drehzahl, I Strom, P Abgabeleistung, η Wirkungsgrad, M Moment. Die Indizes beziehen sich auf Wischerstufen 1 und 2.

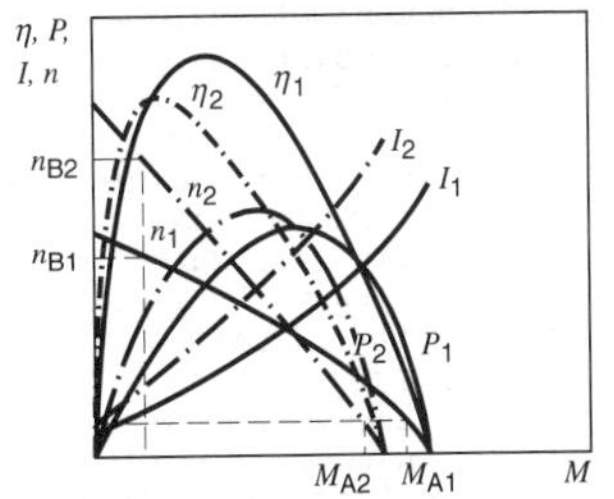

Waschanlagen-Elektropumpe mit Kennlinie.
1 Ansaugstutzen mit Ansaugsporn, 2 Flügelrad, 3 Pumpengehäuse, 4 Druckstutzen, 5 Gleichstrommotor.

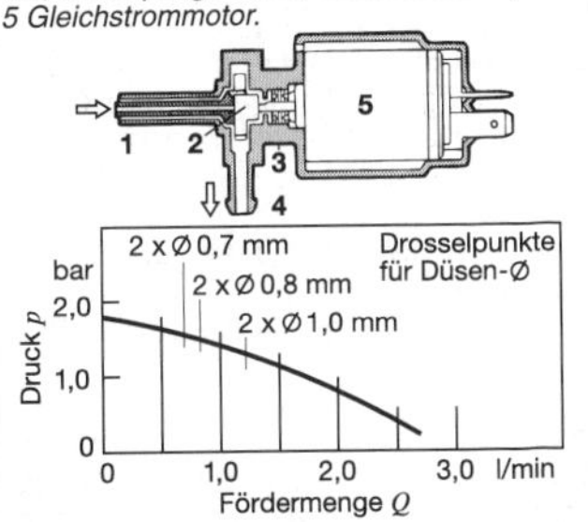

L_A Länge des Wischarms in m,
ω_{Hmax} maximale Winkelgeschwindigkeit des Wischhebels,
ω_{Mot} mittlere Winkelgeschwindigkeit der Wischermotor-Kurbel,

$$\omega_{Hmax}/\omega_{Mot} \approx 0{,}15 \cdot (0{,}01 \cdot \omega_W)^2 + \sin(\omega_W/2)$$

ω_W = Wischwinkel β bzw. γ,
η_{Getr} Wirkungsgrad des Getriebes, meist zu 0,8 angenommen; muss bei Einsatz besonderer Getriebeelemente (z. B. Kreuzlenker, nachgeschalteter Zweischlag, Mehrfach-O-Ring-Dichtung) gesondert gemessen werden,
R_{Aw} elektrischer Widerstand der durch Nennbetrieb erwärmten Ankerwicklung,
R_{Ak} elektrischer Widerstand der kalten Ankerwicklung,
R_{Aw}/R_{Ak} meist 1,25.

Ein weiterer Faktor für die Motorauslegung ist die Kurzschlussfestigkeit. Das ist die Zeit, die der Motor im blockierten Zustand an voller Prüfspannung ohne Wicklungsüberhitzung überstehen muss (meist mit t_K = 15 min festgelegt).

Aus der Reibungsbelastung und dem Übersetzungsverhältnis ergibt sich das Betriebsmoment an nasser Scheibe mit 0...20 % des Anzugsmoments. Bei sehr großen Wischeranlagen und steil stehender Scheibe (z. B. bei Omnibussen) muss auch noch das Drehmoment des Wischhebels infolge des Eigengewichts berücksichtigt werden (besonders berechneter Zuschlag).

Bei Antriebsmotoren mit Pendelgetriebe (Heckscheiben-Anlagen, Scheinwerfer-Reinigungsanlagen) wird das erforderliche Anzugsmoment an der oszillierenden Welle bestimmt.

Es errechnet sich zu:

$$M_H = F_{WFN} \cdot \mu_{max} \cdot f_S \cdot f_T \cdot L_A \cdot (R_{Aw}/R_{Ak})$$

Waschanlagen

Waschanlagen sind für eine gute Reinigung der Wischfelder unentbehrlich. Dazu werden elektrisch angetriebene Kreiselpumpen einfacher Bauart verwendet (charakteristische Pumpenkennlinie), die Wasser mit Reinigungszusatz über 2...4 Düsen mit punktförmigem Strahl auf die Scheibe bringen. Der Inhalt der Wasserbehälter beträgt üblicherweise 1,5...2 *l*. Werden aus demselben Behälter auch die Scheinwerfer gereinigt, so wächst der Inhalt auf bis zu 7 *l* an.

Für Heckscheiben kann ein separater Behälter vorgesehen sein. Oft ist die Waschanlage mit der betreffenden Reinigungsanlage durch eine elektronische Steuerung so gekoppelt, dass für die Zeit eines Knopfdrucks die Wasserbesprühung erfolgt und danach die jeweilige Wischeranlage noch einige Perioden nachwischt.

Glasscheiben

Werkstoff Glas

Scheiben für den Kfz-Einsatz bestehen aus Silikatglas. Die chemischen Grundbestandteile sind mit einem Anteil von
- 70...72% Kieselsäure (SiO_2) als Glasbildner,
- ca. 14% Natriumoxid (Na_2O) als Flussmittel und
- ca. 10% Kalziumoxid (CaO) als Stabilisator.

Diese Substanzen werden in Form von Quarzsand, Soda und Kalk eingesetzt. Dem Gemisch werden bis zu 5% weitere Oxide wie Magnesium- und Aluminiumoxid beigefügt. Die Zusatzstoffe verbessern die physikalischen und chemischen Eigenschaften des Glases.

Herstellung von Flachglas
Die Scheiben werden aus dem Glas-Grundprodukt Flachglas gefertigt. Es wird Flachglas verwendet, das nach dem Floatglas-Verfahren gegossen wird. Bei diesem Verfahren wird das Gemenge bei 1560 °C geschmolzen. Die Schmelze durchläuft anschließend eine Läuterungszone von 1500 °C bis 1100 °C und schwimmt dann auf das so genannte Floatbad aus flüssigem Zinn auf. Das Flüssigglas wird von oben geheizt (Feuerpolitur). Durch die ebene Zinn-Oberfläche entsteht Flachglas mit planparallelen Oberflächen von sehr hoher Güte (unten Zinnbad-Oberfläche, oben Oberfläche durch Feuerpolitur). Das Glas wird bis auf 600 °C abgekühlt. Nach weiterem langsamen und spannungsfreien Abkühlen erfolgt der Zuschnitt auf Bandmaße von 6,10 x 3,20 m^2.

Zinn ist für das Floatglas-Verfahren geeignet, weil es das einzige Metall ist, das bei 1000 °C noch keinen Dampfdruck erzeugt und bei 600 °C flüssig ist.

Werkstoff-Eigenschaften und physikalische Daten von Glas und fertigen Scheiben.

Eigenschaft	Dimension	ESG	VSG
Dichte	kg/m^3	2500	2500
Härte	Mohs	5...6	5...6
Druckfestigkeit	MN/m^2	700...900	700...900
E-Modul	MN/m^2	68000	70000
Biegebruchfestigkeit			
vor Vorspannung	MN/m^2	30[2])	30[1])
nach Vorspannung	MN/m^2	50[2])	
spezifische Wärme	kJ/kgK	0,75...0,84	0,75...0,84
Wärmeleitzahl	W/mK	0,70...0,87	0,70...0,87
Wärme-Ausdehnungs-Koeffizient	m/mK	$9{,}0 \cdot 10^{-6}$	$9{,}0 \cdot 10^{-6}$
Dielektrizitätszahl		7...8	7...8
Lichtdurchlässigkeit (DIN 52 306) klar[3])	%	≈ 90	≈ 90[1])
Brechungsindex[3])		1,52	1,52[1])
Ablenkwinkel d. Keiligkeit[3])	Bogenminute	< 1,0 plan < 1,5 gebog.	≤ 1,0 plan[1]) ≤ 1,5 gebog.[1])
dioptr. Abweichung DIN 52 305[3])	Dptr.	< 0,03	≤ 0,03[1])
Temperatur-Beständigkeit	°C	200	90[1]) (max. 30´)
Temperatur-Wechselbeständigkeit	K	200	

[1]) Eigenschaften des fertigen Verbund-Sicherheitsglases. Bei Berechnung der zulässigen Biegebeanspruchung ist Kopplungswirkung der PVB-Folie zu vernachlässigen.

[2]) Rechenwerte, enthalten bereits die erforderlichen Sicherheitsfaktoren.

[3]) Werte für optische Eigenschaften hängen sehr stark vom jeweiligen Scheibentyp ab.

Automobilverglasung

Die Automobilverglasung besteht aus
- Einscheiben-Sicherheitsglas (ESG), das vorzugsweise für Seiten-, Rückwand- und Dachverglasung eingesetzt wird, sowie
- Verbund-Sicherheitsglas (VSG), das vorwiegend für Windschutz- und Rückwandscheiben, aber auch für die Dachverglasung verwendet wird. Zunehmend kommt VSG auch im Seiten- und Heckbereich von Fahrzeugen zum Einsatz.

Die Ausgangsprodukte für ESG- und VSG-Scheiben sind die Basisgläser
- Floatglas klar: Dieses Glas bietet die bestmögliche Lichtdurchlässigkeit.
- Floatglas gefärbt: Dieses Glas ist in der Masse homogen in Grün oder Grau eingefärbt, die Einfärbung hat eine Sonnenschutz-Funktion.
- Floatglas beschichtet: Die Scheiben sind einseitig mit Edelmetall- und Metalloxid beschichtet, die Beschichtung sorgt für Sonnen- und UV-Schutz sowie für Wärmedämmung.

ESG-Scheibe
ESG-Scheiben unterscheiden sich von VSG-Scheiben durch höhere mechanische und thermische Belastbarkeit und im Bruch- und Splitterverhalten. Sie durchlaufen einen thermischen Abschreckprozess, durch den die Oberfläche des Glases eine starke Druckvorspannung erhält. Bei Bruch zerfallen diese Scheiben in viele kleine stumpfkantige Glaskrümel.

Eine nachträgliche Behandlung (Schleifen, Bohren) ist ausgeschlossen.

Die Standarddicken für ESG-Scheiben sind 3, 4 und 5 mm.

VSG-Scheibe
Bei der VSG-Scheibe sind zwei Scheiben über eine reißfeste, dehnbare Kunststoff-Zwischenschicht aus Polyvinylbutyral (PVB) miteinander verklebt. Im Glas entstehen bei Schlag oder Stoß spinnennetzartige Sprünge. Die Kunststoff-Zwischenschicht hält Glasbruchstücke zusammen. Der Gesamtverbund und die Durchsicht bleiben nach Scheibenbruch erhalten.

Die Standarddicken für VSG-Scheiben sind 4,5...5,6 mm.

Krümelbildung (bei ESG) und Folienverklebung (bei VSG) dienen der Verminderung der Verletzungsgefahr.

Optische Eigenschaften
Die Anforderungen an die optische Qualität der Fahrzeugscheiben sind:
- ungehinderte Sicht,
- störungsfreie Sicht und
- verzerrungsfreie Sicht.

Die Erfüllung der optimalen optischen Qualität muss in Einklang gebracht werden mit konstruktiven Vorgaben und dem Karosseriedesign:
- großflächige Verglasungen,
- flachliegend eingebaute Verglasungen
- zylindrische oder sphärische Scheiben,
- stark gebogene Scheiben.

Mögliche Beeinträchtigungen ergeben sich aus
- optischer Ablenkung,
- optischer Verzerrung und
- Doppelbildern.

Die optische Ablenkung verstärkt sich
- mit zunehmendem Einfallswinkel, d. h. bei flacherem Einbau,
- mit zunehmender Dicke der Scheibe,
- mit abnehmenden Krümmungsradius (stark gebogene Scheiben),
- mit der Abweichung von der idealen Planparallelität des Ausgangsglases.

Grün oder grau eingefärbte Scheiben werden als Wärmeschutzglas eingesetzt, um die Transmission im Infrarotbereich (Wärmestrahlung) stärker als für die kürzeren Wellenlängen zu beschränken. Allerdings geht dabei auch der Transmissionsgrad im sichtbaren Lichtbereich zurück. Die PVB-Folie sorgt beim VSG für eine Absorption des Lichts im ultravioletten Bereich.

Die optischen Eigenschaften von ESG- und VSG-Scheiben sind etwa gleich, da auch die Kunststoff-Zwischenschicht beim VSG-Glas in ihren optischen Eigenschaften im sichtbaren Bereich sehr genau auf Glas abgestimmt ist.

Lichtdurchlässigkeit (Transmission) von Kfz-Scheiben.
1 Floatglas und ESG-Scheiben, Dicke 4 mm, farblos,
VSG-Scheiben verschiedener Einfärbung, Gesamtdicke 5,5 mm, 2 farblos, 3 grün.

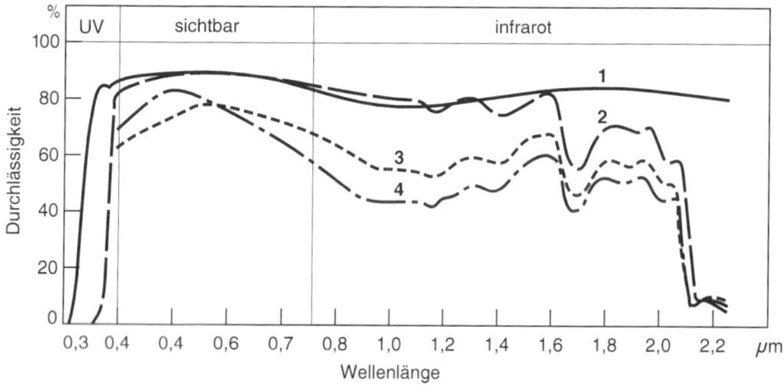

Funktionsverglasungen

Die Anforderungen an die Verglasung steigen ständig. Plane Scheiben dienten früher nur dazu, die Insassen vor Wind und Wetter zu schützen. Mittlerweile erfüllt die Verglasung die vielfältigsten Funktionen.

Eingefärbte Verglasung

Als Basismaterial wird bei dieser Verglasung in der Masse eingefärbtes Glas verwendet, das die direkte Sonneneinstrahlung in den Fahrzeuginnenraum verringert.

Die Verringerung der Transmission (Durchlässigkeit) der Sonnenenergie erfolgt hauptsächlich im langwelligen Bereich (Infrarot), sodass vorwiegend die Energiedurchlässigkeit reduziert wird. Das führt zu einer Verringerung der Erwärmung des Fahrzeuginnenraums. Die Beeinflussung der Durchlässigkeit im sichtbaren Bereich hängt von der Stärke der Einfärbung sowie von der Glasdicke ab.

Für Windschutzscheiben muss die Lichtdurchlässigkeit mindestens 75% betragen. Stark eingefärbte Verglasungen mit geringerer Lichtdurchlässigkeit als 70% können ab der B-Säule eingesetzt werden, wenn das Fahrzeug zwei Außenspiegel hat. Für die Dachverglasung werden eingefärbte Scheiben mit einer wesentlich geringeren Lichtdurchlässigkeit und einer UV-Durchlässigkeit $\leq$ 2% verwendet.

Beschichtete Verglasung

Auf das Glas wird eine Metall-Metalloxid-Beschichtung aufgebracht. Je nach Fertigungsprozess erfolgt die Beschichtung vor dem Biegen oder aber auf das fertig gebogene und vorgespannte Glas. Die Beschichtung befindet sich auf der inneren Glasoberfläche der VSG-Scheibe.

Bei dieser beschichteten Verglasung ergibt sich eine Lichtdurchlässigkeit von weniger als 70%. Diese Scheiben können ab der B-Säule eingesetzt werden, wenn das Fahrzeug zwei Außenspiegel hat.

Diese beschichteten Scheiben können auch als Dachverglasung eingesetzt werden. Eine weitere Variante der Dachverglasung stellen pyrolytisch beschichtete Scheiben dar, die erst nach der Beschichtung weiterverarbeitet werden.

Beschichtete Scheiben verringern die direkte Sonneneinstrahlung und absorbieren die Sonnenenergie vorwiegend im Infrarot- sowie im Ultraviolett-Bereich.

Beschichtete Sonnenschutz-Windschutzscheibe

Auf der innen liegenden Oberfläche der äußeren bzw. inneren Scheibe der Verbundglasscheibe ist eine Beschichtung aufgebracht. Es handelt sich dabei um ein

Mehrschichtinterferenzsystem mit Silber als Basisschicht. Dadurch, dass die Beschichtung im Verbund liegt, ist sie dauerhaft vor Korrosion und Verkratzung geschützt.

Die Beschichtung hat die Aufgabe, die Transmission der Sonnenenergie um mehr als 50% zu reduzieren. Das führt zu einer Verringerung der Erwärmung des Fahrzeuginnenraums. Die Verringerung der Transmission erfolgt hauptsächlich im Infrarot-Bereich, sodass die Lichtdurchlässigkeit kaum beeinflusst wird. Die Reduktion erfolgt vorwiegend durch Reflexion, sodass die Sekundärabstrahlung nach innen gering ist. Die Durchlässigkeit im UV-Bereich ist bei dieser Scheibe mit weniger als 1% sehr gering.

Bedruckte Dachverglasung

Vor dem Biegen und Vorspannen wird im Siebdruckverfahren die Bedruckung auf das plane, eingefärbte Glasdach aufgebracht. Durch den nachfolgenden Biege- und Vorspannprozess erfolgt das Einbrennen der Siebdruckfarbe, wodurch eine dauerhafte Verbindung mit dem Glas gewährleistet ist.

Die Bedruckung bildet ein Punktraster, deren Dichte und Größe die optischen Daten bestimmen.

Verbund-Sicherheitsglas-Dachverglasung

Das gebogene Verbund-Sicherheitsglasdach besteht aus zwei eingefärbten Scheiben, die zur Erhöhung der mechanischen Festigkeit thermisch teilvorgespannt sind. Sie sind über eine hochreißfeste und speziell getönte Folie miteinander verbunden. Die Gesamtdicke ist abhängig von der Glasfläche und Konstruktion des gesamten Glasdachmodells.

Aufgrund der Absorption der Sonnenenergie vorwiegend im Infrarot-Bereich ist eine minimale Wärmeeinstrahlung gewährleistet. Die Beschichtung bewirkt auch eine geringe Lichtdurchlässigkeit sowie eine vollständige Filterung der UV-Strahlung.

Fahrzeug-Isolierglas

Das Fahrzeug-Isolierglas besteht aus zwei planen oder gebogenen Einscheibensicherheitsgläsern (3 mm), die durch einen Luftspalt (3 mm) getrennt sind. Dieses Isolierglas verringert – insbesondere in der Kombination mit einer Farbbeschichtung – die Erwärmung des Fahrzeuginnenraums. Die Verringerung der Transmission erfolgt hauptsächlich im Infrarotbereich, sodass die Lichtdurchlässigkeit kaum beeinflusst wird.

Die Isolierverglasung führt zusätzlich zu einer besseren Wärmedämmung im Winter sowie zu einer Verbesserung der Schalldämmung.

Heizbares Verbundsicherheitsglas

Heizbares Verbund-Sicherheitsglas kann in der Verbundglas-Windschutzscheibe oder Rückwandscheibe eingesetzt werden. Diese Gläser verhindern das Vereisen und Beschlagen der Scheibe auch bei extremen winterlichen Temperaturen und sorgen so für klare Sicht.

Das heizbare Verbund-Sicherheitsglas besteht aus zwei oder mehreren Einzelgläsern, die durch eine PVB-Folie verbunden sind. In der Folie verlaufen Heizdrähte, die – abhängig von der benötigten Heizleistung – weniger als 20 µm dick sein können. Der Verlauf der Heizdrähte kann wellenförmig oder gerade sein. Die Heizdrähte können vertikal oder horizontal angeordnet sein. Das Heizfeld kann vollflächig oder in mehrere Heizzonen mit unterschiedlicher Heizleistung unterteilt sein. Damit kann z. B. verhindert werden, dass die Scheibenwischer bei Frost an der Scheibe anfrieren.

Heizbare Verglasungen sind auch über Schichten darstellbar.

Fahrzeug-Antennenscheibe

Die Fahrzeugantenne ist bei dieser Verglasung in der Scheibe integriert. Bei Einscheibensicherheitsglas (Dach- und Seitenscheiben) ist die Antenne aufgedruckt und befindet sich – fast unsichtbar – auf der inneren Glasoberfläche. Bei Verbundsicherheitsglas (Windschutzscheiben) ist das Leitersystem der Antenne in der Folie einlaminiert oder aufgedruckt.

Heizung und Klimatisierung des Fahrgastraums

Aufgabe

Die Anlage zur Heizung und Klimatisierung eines Fahrzeugs (Klimaanlage) hat die Aufgaben:

- ein behagliches Klima für alle Insassen zu schaffen,
- dem Fahrer ein belastungs- und ermüdungsfreies Umfeld zu bieten,
- bei neueren Entwicklungen die Klimatisierungsluft durch Filter von Partikeln (Pollen, Stäube) und sogar Gerüchen zu reinigen,
- gute Sicht durch alle Scheiben sicherzustellen.

Die Funktion der Heizung, besonders in Verbindung mit dem Freihalten der Scheiben von Beschlag und Eis, ist in vielen Ländern gesetzlich geregelt (z.B. im EU-Bereich durch die Richtlinie EWG 78/317, in USA durch die Sicherheitsnorm MVSS 103).

Behagliche Innenraumtemperatur und Luftdurchsatz als Funktion der Außentemperatur.

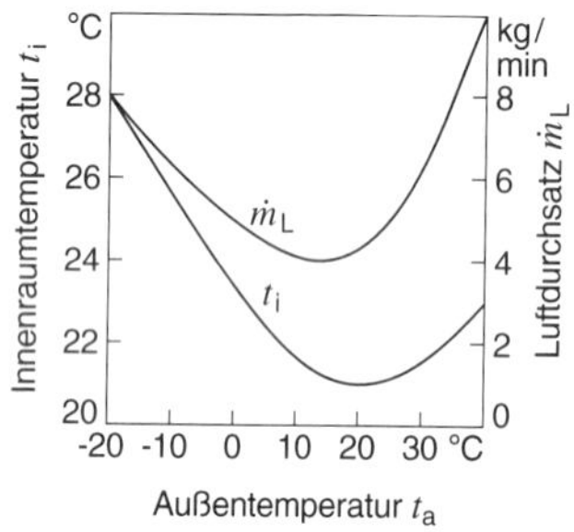

Anlagen mit motorabhängiger Heizung

Bei Fahrzeugen mit flüssigkeitsgekühlten Motoren erfolgt die Beheizung des Innenraums durch die im Kühlmittel enthaltene Abwärme des Motors, bei luftgekühlten Motoren durch Nutzung der im Abgas oder vereinzelt auch der im Motoröl enthaltenen Abwärme. Ein aus Rohren und Rippen bestehender Heizkörper (dem Kühlmittelkühler grundsätzlich ähnlich) wird einerseits vom Kühlmittel, andererseits von der eintretenden Luft durchströmt. Die Steuerung der Heizleistung erfolgt entweder wasser- oder luftseitig.

Wasserseitig gesteuerte Heizungen

Bei diesen Anlagen strömt während des Heizbetriebs meist die gesamte Luftmenge durch den Heizkörper. Die Heizleistung wird über die durchgesetzte Kühlmittelmenge durch ein Ventil gesteuert. Die exakte Steuerung geringer Leistungen, z.B. in der Übergangsjahreszeit, erfordert eine wiederholbare und stabile Einstellung sehr geringer Durchflussmengen und stellt hohe Anforderungen an die verwendeten Ventile. Nachteilig wirkt sich die Abhängigkeit der Heizleistung über Kühlmitteldruck und -temperatur von der momentanen Drehzahl und Belastung des Motors aus.

Luftseitig gesteuerte Heizungen

Bei diesen Anlagen strömt stets die volle, der Heizung zugemessene Kühlmittelmenge durch den Heizkörper. Zur Leistungssteuerung wird die Luftmenge vor dem Heizkörper aufgeteilt: ein Teilstrom wird durch den Heizkörper, der andere um ihn herum geleitet. Anschließend werden die Teilströme in einer Mischkammer wieder vereint. Das Teilungsverhältnis und damit die dem Kühlmittel entnommene Wärmemenge lässt sich mithilfe einer Luftklappe stufenlos verstellen. Die Abhängigkeit dieser Steuerung vom Betriebszustand des Motors ist geringer und die Veränderung der Lufttemperatur erfolgt verzögerungsfrei. Bei abgestellter Heizung wird die unerwünschte Restaufwärmung durch den heißen Heizkörper durch wasserseitige und/oder luftseitige Absperrung unterbunden.

Bedingt durch den Umgehungskanal und den Mischraum haben luftseitig gesteuerte Anlagen den Nachteil des größeren Bauraums.

Die Belüftung erfolgt durch mehrstufig oder stufenlos einstellbare elektrische

Gebläse; bei zunehmender Fahrgeschwindigkeit kann zusätzlich der Staudruck wirken. Der stündlich durchgesetzte Luftstrom soll pro Person mindestens 30 m^3 betragen (nur Anhaltswert). Das Erreichen eines behaglichen Klimas wird von den Einflussgrößen Innentemperatur, Außentemperatur, Luftdurchsatz und z.T. auch Strahlung bestimmt (siehe Bild). Die quantitative Zuordnung dieser Größen weicht von Fahrzeug zu Fahrzeug sehr stark ab und lässt sich nur durch Versuche feststellen.

Da ein Fahrzeug einen relativ kleinen Innenraum aufweist, herrschen für die Heizung und Klimatisierung bezüglich Zugerscheinungen und Strahlungseinfluss durch die Fenster sehr schwierige Verhältnisse. Zum Wohlbefinden der Insassen ist über die im Oberkörperbereich anzustrebende Temperatur hinaus eine Schichtung erforderlich, die im Fußraum 4...8 °C höhere Temperaturen vorsieht.

Elektronische Heizungsregelung

Wechselnde Außentemperatur und Fahrgeschwindigkeit verursachen Temperaturschwankungen im Innenraum, die ein ständiges Nachregulieren von Hand erforderlich machen. Die elektronische Heizungsregelung hingegen hält die gewünschte und eingestellte Raumtemperatur weitgehend konstant.

Bei wasserseitig geregelten Heizungen messen Temperatursensoren die Temperatur des Fahrzeuginnenraumes und der austretenden Luft. Die Ergebnisse werden bewertet und vom Regler mit dem eingestellten Sollwert verglichen. Der Regler gibt in regelmäßigem Rhythmus Impulse an ein im Kühlmittelkreislauf liegendes Magnetventil, das dadurch mit einer bestimmten Taktfrequenz öffnet und schließt. Die Veränderung des Öffnungsanteils innerhalb gleich bleibender Taktdauer ermöglicht die Regelung des Durchflusses von Null bis zum Maximum. In luftseitig geregelten Anlagen wird die Temperatur-Mischklappe meist über einen elektrischen Stellantrieb (seltener auch über pneumatische Linearantriebe) stufenlos verstellt. Für besondere Ansprüche gibt es Anlagen, die eine getrennte Regelung für den rechten und linken Fahrzeugbereich ermöglichen.

Klimaanlagen

Die Heizung kann die Aufgabe, Behaglichkeit zu erzeugen, nur zum Teil erfüllen. Bei Außentemperaturen über 20 °C lassen sich die erforderlichen Innentemperaturen nur durch Kühlung der Luft erzielen. Hierzu sind Kompressionskälteanlagen mit dem Kältemittel R 134a (bis 1992 Kältemittel R 12) im Einsatz.

Der vom Motor angetriebene Kompressor verdichtet das dampfförmige Kältemittel. Dieses erhitzt sich dabei und wird anschließend in den Kondensator weitergeleitet. Dort wird das Medium abgekühlt und es verflüssigt sich. Die im Kompressor zugeführte Energie samt der im Verdampfer aufgenommenen Wärme wird dabei an die Umgebung abgeführt.

Ein Expansionsventil spritzt die abgekühlte Flüssigkeit in den Verdampfer ein. Das Medium verdampft und entzieht dabei der eintretenden Frischluft die erforderliche Verdampfungswärme. Dadurch kühlt die Luft ab. Der gekühlten Luft wird die mitgeführte Feuchtigkeit als Kondenswasser entzogen und so die gewünschte Trocknung erzielt. Verdampfer und Kondensator sind meist Rippenrohrwärmetauscher. Der Verdampfer befindet sich im Frischluftstrom vor dem Heizkörper und kühlt die Luft auf ca. 3...5 °C ab. Die dadurch entfeuchtete Luft wird im Heizkörper wieder auf den gewünschten Wert erwärmt.

Klimaanlagen mit Regelung

Besonders bei Fahrzeugen mit Heiz- und Kälteanlagen ist eine Klimaautomatik vorteilhaft, denn für die Insassen ist es sehr schwierig, alle erforderlichen Einstellmaßnahmen für ein angenehmes Klima zu erkennen und vorzunehmen. Das gilt besonders für Busfahrer, die selbst nur das Klima im Frontbereich des Fahrzeugs empfinden. Automatische Regelungen mit Programmwahl sorgen selbsttätig für richtige Innentemperatur, Luftmenge und Luftverteilung. Diese Größen sind stets miteinander verknüpft und nicht frei veränderbar. Ein Temperaturregelkreis für die Innenraumtemperatur bildet das Herzstück der Anlage. Das elektronische Steuergerät erfasst sowohl alle wichtigen Einfluss- und Störgrößen als auch die von den Insassen gewählte Temperatur und bildet daraus laufend einen Sollwert t_i. Der Sollwert wird mit der Isttemperatur verglichen und die festgestellte Differenz erzeugt im Steuergerät Führungsgrößen für die Heizungs-, Kühlungs- und Luftmengenregelung. Eine weitere Funktion aktiviert die Klappensteuerung für die Luftverteilung – abhängig vom Programm, das die Insassen eingestellt haben. Alle Regelkreise lassen sich über Handeingabe beeinflussen.

Der von der Regelung ermittelte Sollwert der Temperatur wird (wie bei „Elektronische Heizungsregelung" beschrieben) durch wasser- oder luftseitige Regelung erreicht.

Die Luftmenge kann durch Einstellung verschiedener Gebläsestufen oder stufenlos auf den Sollwert gebracht werden. Im Allgemeinen handelt es sich um eine Steuerung ohne Istwert-Verarbeitung. Bei hohen Geschwindigkeiten reicht diese Einrichtung nicht aus, weil der dabei auftre-

Elektronisch, wasserseitig geregelte Klimaanlage (Prinzip).
1 Gebläse, 2 Verdampfer, 3 Verdampfertemperatursensor, 4 Heizkörper, 5 Magnetventil, 6 Ausblastemperatursensor, 7 Sollwertsteller, 8 Innenfühler (belüftet), 9 Regelgerät, 10 Kompressor; a) Frischluft, b) Umluft, c) Entfrostung, d) AC-Bypass, e) Belüftung, f) Fußraum, g) Entwässerung.

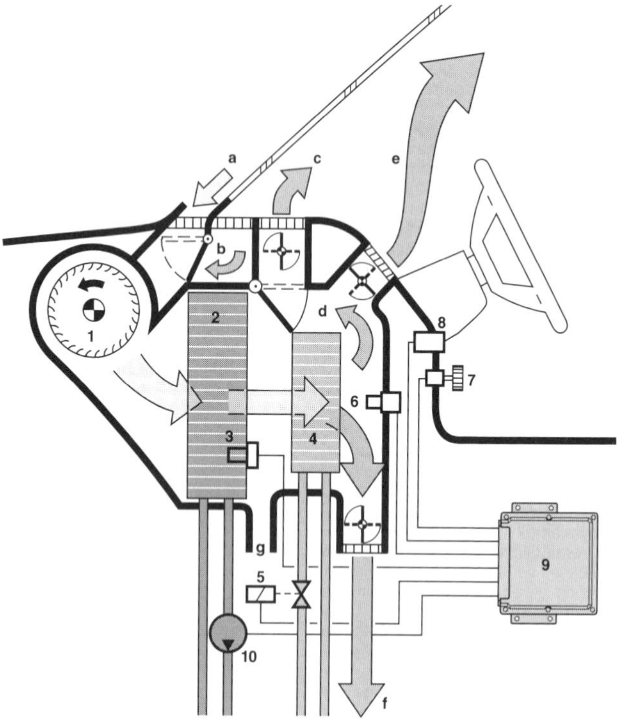

tende Staudruck die Fördermenge erhöht. Eine spezielle Steuerung kann mit zunehmender Fahrgeschwindigkeit zunächst die Gebläsedrehzahl bis zum Stillstand verringern und bei noch weiter steigendem Staudruck den eintretenden Luftstrom über eine Drosselklappe begrenzen.

Die Luftverteilung wird über die drei Ebenen der Entfroster-, Mittel- und Fußraumdüsen entweder manuell, programmiert oder vollautomatisch vorgenommen. Sehr verbreitet sind programmierte Bedienschalter, mit denen sich jeweils durch einen Tastendruck bestimmte Aufteilungen der Luft auf die drei Ebenen einstellen lassen.

Ein Sonderfall ist der Entfrostungsbetrieb. Um beschlagene oder vereiste Scheiben möglichst schnell frei zu bekommen, muss der Temperaturregler auf höchste Heizleistung, das Gebläse auf höchste Drehzahl und die Luftverteilung auf „oben“ verstellt werden. Bei Programmschaltern und Vollautomatik geschieht dies durch einen einzigen Tastendruck, wobei bei Temperaturen über 0 °C zur Trocknung der Luft auch die Kälteanlage mitläuft. Um bei Kaltstart im Winter Zugerscheinungen durch die noch ungeheizte Luft zu vermeiden, wird das Gebläse durch elektronische Verriegelung bis zum Erreichen mittlerer Kühlmitteltemperaturen angehalten, ausgenommen bei Einstellung „DEF“ und Kühlung.

Die beschriebenen Ausführungen gelten sowohl für Pkw als auch für Lkw. Besonders aufwändig ist die Klimaregelung für Busse. Der Innenraum dieser Fahrzeuge kann in Regelzonen aufgeteilt werden, deren Temperatur getrennt durch elektronische Drehzahlregelung der jeweils zugeordneten Wasserpumpe beeinflussbar ist.

Kältemittelkreislauf einer Klimaanlage.
1 Kompressor, 2 Elektrokupplung (für Kompressor ein/aus), 3 Kondensator, 4 Zusatzgebläse, 5 Hochdruckschalter, 6 Flüssigkeitsbehälter mit Trocknereinsatz, 7 Niederdruckschalter, 8 Temperaturschalter bzw. Zweipunktregelung (für Kompressor ein/aus), 9 Temperatursensor, 10 Kondenswasserwanne, 11 Verdampfer, 12 Verdampfergebläse, 13 Gebläseschalter, 14 Expansionsventil.

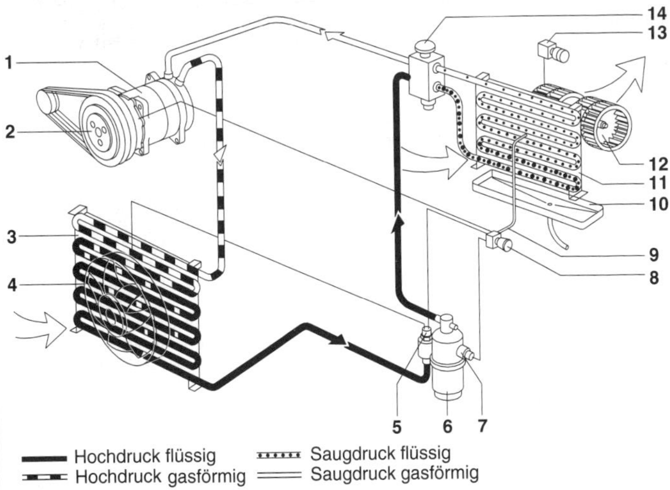

Motorunabhängige Heizungen

Aufgabe und Typen

Motorunabhängige Heizungen werden mit dem Kraftstoff des Fahrzeugs (bei sehr großen Fahrzeugen auch mit einer eigenen Kraftstoffversorgung) betrieben. Eine elektrische Pumpe fördert den Kraftstoff über einen Verdampfer oder Zerstäuber zur Brennkammer, wo er sich mit Luft mischt und verbrennt.

Ob es sich dabei um Luftheizgeräte oder Wasserheizgeräte handelt, hängt von der Art und Weise ab, wie die entstehende Wärme weitergegeben wird. Beide Gerätetypen erwärmen unabhängig vom Fahrzeugmotor den Fahrzeuginnenraum und (im Falle eines Wasserheizgeräts) den Motor.

Die Vorteile motorunabhängiger Heizungen sind:
- Eisfreie Scheiben reduzieren das Unfallrisiko durch bessere Sicht.
- Das Fahrzeug bietet zu jedem Zeitpunkt optimalen Wärmekomfort.
- Ein vorgeheizter Motor startet verschleiß- und emissionsärmer.
- Der Katalysator ist deutlich schneller wirksam, der Motor verbraucht weniger Kraftstoff.

Ein wichtiger Sicherheitsaspekt ist, dass die Verbrennungsluft und die Kabinenluft vollständig voneinander getrennt geführt werden müssen. Auf diese Weise können keine Abgase in die Kabinenluft strömen.

Thermostate und Sensoren regeln die Heizleistung. Ist die gemessene Temperatur niedriger als am Bedienelement (Potenziometer) eingestellt, steigt die Leistung des Heizgeräts in gleitenden Stufen bis zum Maximalwert an. Bei Erreichen der gewünschten Temperatur regelt die Heizleistung ab. Das Steuerelement registriert darüber hinaus auftretende Defekte (z. B. Überhitzung) und schaltet bei Bedarf rechtzeitig ab.

Luftheizgeräte

Anwendung

Luftheizgeräte dominieren besonders im Lkw- und Nfz-Sektor. Ihre Hauptvorzüge sind:
- Günstige Kosten,
- schneller Einbau sowie
- geringer Strom- und Kraftstoffverbrauch.

Arbeitsweise

Luftheizgeräte operieren gegenüber separaten Systemen unabhängig vom fahrzeugeigenen Wärmehaushalt. Ein Verbrennungsluftgebläse fördert die zur Verbrennung notwendige Luft aus der Umgebung des Fahrzeugs in die Brennkammer. Das Heizluftgebläse saugt die zu erwärmende Luft an und fördert sie über einen Wärmetauscher in die Fahrzeugkabine.

Einbau

Luftheizgeräte für Nfz lassen sich meist direkt in der Arbeits-/Fahrerkabine anbringen. Im Lkw z. B. wird die Heizung bevorzugt im Beifahrerfußraum, an der Fahrerhausrückwand, unter der Liege, außerhalb an der Kabinenwand oder in Staukästen platziert. Die Abgasleitung verläuft stets unter Flur (entweder in den Radlauf oder zur Kabinenrückwand). Ein Großteil der Geberarmaturen im Kraftstoffbehälter des Fahrzeugs besitzt bereits einen freien Anschluss für die Brennstoffversorgung. Bei Bedarf wird eine zusätzliche Tankarmatur installiert. Eine Kraftstoffreserve für den Fahrbetrieb muss dabei gewährleistet sein.

Wasserheizgeräte

Anwendung

Wasserheizgeräte kommen bevorzugt in Pkw zum Einsatz. Sie sind direkt im Kühlmittelkreislauf des Motors (Vorlaufleitung zwischen Motor und Wärmetauscher der Fahrgastzelle) zwischengeschaltet. Darüber hinaus nutzen sie bestehende Vorrichtungen wie Gebläse, Luftklappen und Ausströmdüsen. Man unterscheidet zwischen Standheizgeräte und Zuheizer.

Arbeitsweise

Standheizgeräte:

Die Umwälzpumpe in Standheizgeräten pumpt Kühlwasser zum Wärmetauscher der Heizung, der das Wasser im Wasser-

Luftheizgerät *(Schnitt).*
1 Heizluftgebläserad,
2 Steuergerät,
3 Verbrennungsluftgebläserad,
4 Glühstiftkerze,
5 Wärmetauscher,
6 Sensor für Flammüberwachung/Überhitzung,
7 Moduluhr,
8 Umschalter Heizen/Lüften,
9 Sicherungshalter,
10 Elektromotor,
11 Brennkammer,
12 Dosierpumpe,
13 Abgasschalldämpfer.

F Frischluft,
W Warmluft,
A Abgas,
B Brennstoff,
V Verbrennungsluft.

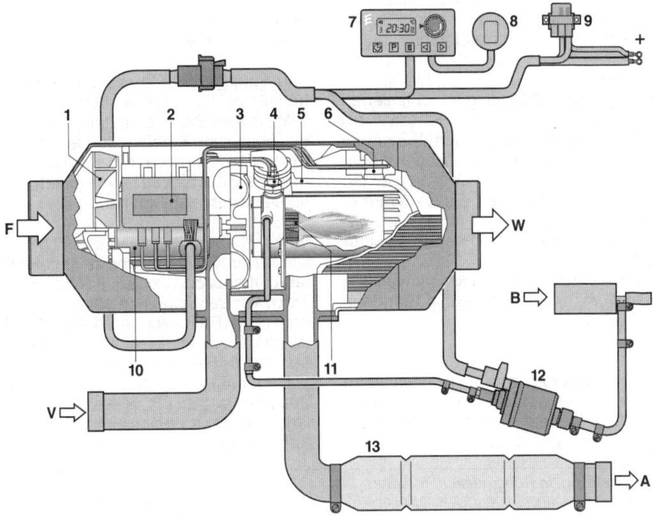

Standheizung, in Kühlkreislauf integriert *(Standardausführung).*
1 Fahrzeugmotor, 2 Wasserheizgerät, 3 Wärmetauscher des Fahrzeugs mit Gebläse.

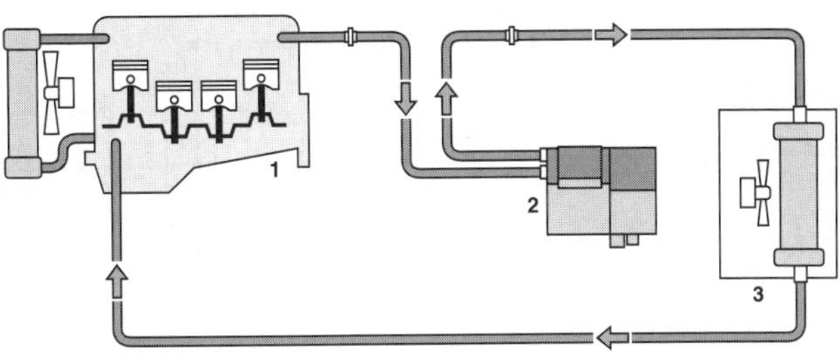

mantel erhitzt. Das aufgeheizte Wasser wärmt einerseits den Motor vor. Andererseits nimmt der fahrzeugeigene Wärmetauscher die Heizenergie ab. Die Warmluft gelangt über vorhandene Lüftungsvorrichtungen dosierbar in die Kabine. Die Bedienung erfolgt mithilfe einer Zeitschaltuhr (für den manuellen Sofortbetrieb und für das Programmieren von Einschaltzeiten und Heizdauer) oder via Funk-Fernbedienung, neuerdings auch per Mobil- oder Festnetztelefon.

Zuheizer:
Die in ihrem Wirkungsgrad optimierten direkt einspritzenden Dieselmotoren erzeugen wegen ihres hohen Wirkungsgrads zu wenig Abwärme für die Innenraumheizung. Zuheizer für den Betrieb mit Brennstoff gleichen dieses Wärmedefizit aus. Sie arbeiten nur bei laufendem Motor und Außentemperaturen unter +5 °C.

Zuheizer lassen sich aber mit wenigen Zusatzkomponenten zu einer Standheizung aufrüsten.

Einbau
Wasserheizgeräte sind üblicherweise im Motorraum eingebaut. Einfachste Variante für die Integration in das fahrzeugeigene Kühlsystem ist die Reihenschaltung zwischen Motor und Fahrzeugwärmetauscher (großer Kreislauf). Ein Nachteil bei Motoren über ca. 2,5 *l* Hubraum ist, dass die Aufheizung des Motors die Aufheizung des Innenraums verzögert. In diesem Fall kann vorrangig die Fahrgastzelle über einen zusätzlichen kleinen Kreislauf mit Rückschlagventil und Thermostat beheizt und erst nach Öffnen eines Thermostaten bei Erreichen einer hohen Wassertemperatur der Motor angeströmt werden.

Alle Standheizgeräte und mit Brennstoff betriebene Zuheizer verfügen über eine „Allgemeine Bauartgenehmigung“ (ABG) des deutschen Kraftfahrtbundesamts. Die Einbauanleitungen der Hersteller sind zu beachten; der Einbau ist von einem Sachverständigen abzunehmen.

Vorschriften
Die Nutzung von Standheizungen für Gefahrguttransporte regelt ADR/TRS 003/TMD. Vor der Einfahrt in einen Gefahrenbereich (z. B. Raffinerie oder Tankstelle) ist das Gerät auszuschalten. Außerdem schaltet die Heizung automatisch aus, sobald der Fahrzeugmotor abgestellt, ein Zusatzaggregat (z. B. Hilfsantrieb für Entladepumpe o. ä.) eingeschaltet oder eine Fahrzeugtür geöffnet wird.

Standheizung, in Kühlkreislauf integriert
(aufgeteilt in „kleinen“ und „großen“ Kreislauf).
1 Fahrzeugmotor, 2 Rückschlagventil,
3 Wasserheizgerät, 4 Heizungsthermostat,
5 Wärmetauscher des Fahrzeugs mit Gebläse.

Trennung durch Heizungsthermostat und Rückschlagventil in kleinen Wasserkreislauf (Vorzug für Innenraumbeheizung) und großen Wasserkreislauf (mit Motor).

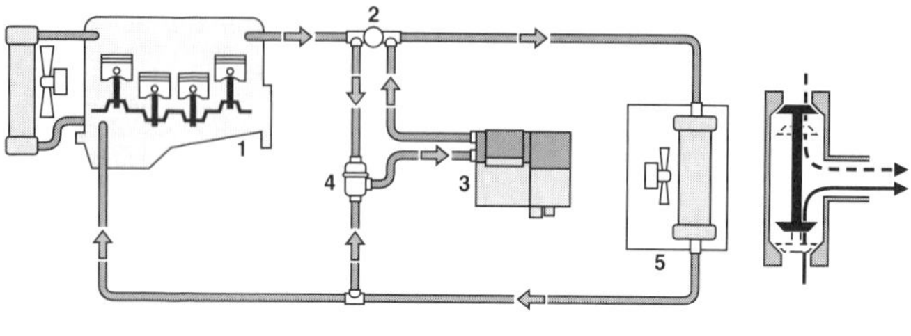

Innenraumfilter für Pkw

Heizungs- und Klimaanlagen in Kraftfahrzeugen saugen die Außenluft an. Nach der Konditionierung wird die mit partikel- bzw. gasförmigen Verunreinigungen belastete Luft in den Fahrgastraum eingeleitet. Diese Luftverunreinigungen können zu allergischen Reaktionen führen. Deshalb ist die Filtration von kritischen Partikeln und Gasen sinnvoll. Ein Filter verringert auch die Verschmutzung an Gebläse, Heizung, Instrumententafel und Frontscheibe.

Je nach Anforderung werden entweder Partikel- oder Kombifilter eingesetzt. Kombifilter haben neben der normalen Partikelfiltrierung den Vorteil, unangenehme Gerüche aus dem Fahrgastraum fernzuhalten. Dies geschieht durch gezielte Einlagerung von Aktivkohlekörnern (bis 300 g/m^2) auf dem Partikelfiltermedium, welche die Geruchsstoffe eliminieren. Außerdem entfernt die Aktivkohle z. B. Ozon, Benzol und Tuluol.

Filtermedien

Waren früher die Filtermedien vorwiegend auf Papierbasis aufgebaut, so hat sich dies durch den steigenden Anspruch an das Filtersystem geändert (Abscheidung bis unter 0,001 mm). Die heutigen Filtermedien bestehen meist aus Vliesstoffen auf Basis von Polyester bzw. Polypropylen. Das Partikel-Filter ist aus drei aufeinander abgestimmten Faserschichten aufgebaut: Vorfilter, Mikrofaservlies mit elektrostatisch gesponnene Mikrofasern und Trägervlies. Beim Aktivkohlefilter ist neben den drei Schichten eine weitere Aktivkohleschicht aufgebracht.

Bei der Konfektionierung des Filtermaterials zu einem Filter muss auf eine Reihe spezifischer Parameter Rücksicht genommen werden. Es besteht eine komplexe gegenseitige Abhängigkeit zwischen dem benutzten Filtermaterial, der Höhe der Falten und dem Abstand der Falten des Filters. Das Zusammenspiel dieser Parameter ist wichtig für die Leistung des Filters während des Einsatzes.

Auslegung

Grundlegend müssen Innenraumfilter in drei Richtungen optimiert werden:

- Abscheidung,
- Druckverlust und
- Staubspeicherfähigkeit.

Der Anwendungsfall bestimmt, welches der drei Ziele in erster Linie erreicht werden soll.

Der „beste" Filter kann beispielsweise ein Filter sein, der eine möglichst hohe Abscheidung erreicht, wobei Kompromisse in Druckverlust und Staubspeicherfähigkeit in Kauf genommen werden müssen. Eine andere Auslegung kann ein Filter sein, der eine lange Betriebszeit als Resultat einer hohen Staubspeicherfähigkeit bei definierter Abscheidung erreicht.

Die Laufleistung der Filter im Pkw beträgt ca. 20 000 km, d. h. bei den heutigen Wartungsintervallen werden die Filter bei der jeweiligen Inspektion ausgetauscht.

Vorherrschende Partikelgrößen x im Straßenverkehr.

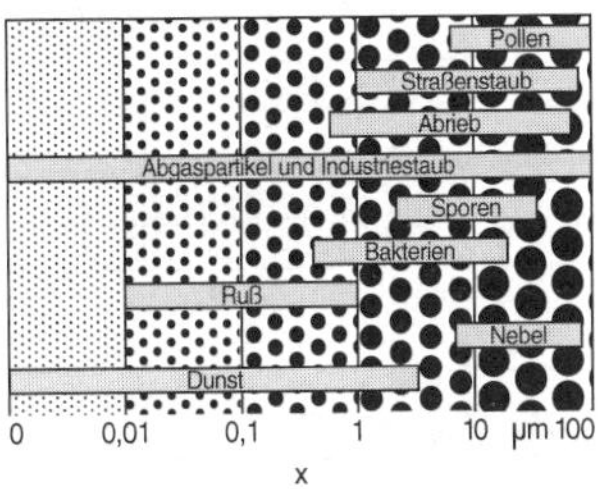

Druckdifferenzverläufe eines micronAir Filtertyps unter realen Bedingungen im Fahrzeug.

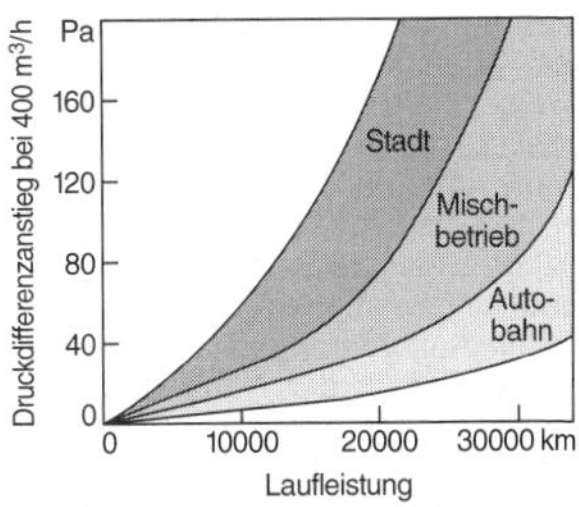

Instrumentierung

Der Autofahrer muss eine ständig wachsende Flut von Informationen verarbeiten, die vom eigenen und von fremden Fahrzeug(en), von der Straße und über Telekommunikationseinrichtungen auf ihn einwirken. Diese Informationen müssen ihm in den Informations- und Kommunikationsbereichen des Fahrzeugs mit geeigneten Anzeigemedien und unter Beachtung ergonomischer Erfordernisse übermittelt werden. Neben Autoradio und Fahrzeugüberwachung werden in Zukunft auch Autotelefone, Navigationssysteme und Abstandswarnsysteme häufiger zur Serienausstattung gehören.

Informations- und -Kommunikationsbereiche

Im Fahrzeug gibt es vier Informations- bzw. Kommunikationsbereiche mit unterschiedlichen Anforderungen an die Eigenschaften der jeweiligen Anzeige:
- das Kombiinstrument (KI),
- die Windschutzscheibe,
- die Mittelkonsole und
- der Fahrzeugfond.

Das verfügbare Informationsangebot und die für den jeweiligen Insassen notwendige, zweckmäßige oder wünschenswerte Information bestimmen ihre Eigenschaften.

Dynamische Informationen und Überwachungsinformationen (z. B. Tankanzeige), auf die der Fahrer reagieren soll, stellt das Kombiinstrument (KI) also möglichst nahe des primären Sichtfelds dar.

Um eine besonders hohe Aufmerksamkeit zu erregen (z. B. bei Warnungen aus einem Abstandswarnradar oder Wegleithinweise), eignet sich die Darstellung mit Hilfe eines Head up Displays (HUD), das die Information in die Windschutzscheibe einspiegelt. Eine akustische Ergänzung bildet die Sprachausgabe.

Statusinformationen oder Bediendialoge mit Aufforderungscharakter werden vorzugsweise in der Nähe der Bedieneinheit in der Mittelkonsole dargestellt.

Unterhaltende Information gehört, fern vom primären Sichtbereich, in den Fahrzeugfond. Dort ist auch der ideale Ort für das mobile Büro. Die Rückenlehne des Beifahrersitzes ist ein geeigneter Einbauort für Display und Bedienteil eines Laptops.

Fahrerinformationssysteme

Der Fahrerinformationsbereich im Fahrzeugcockpit und die angewandten Anzeigetechnologien haben folgende Entwicklungsstufen durchlaufen:

Einzelne und kombinierte Instrumente
Herkömmliche Einzelinstrumente für die optische Ausgabe von Information wurden zunächst durch kostengünstigere Kombiinstrumente (Zusammenfassung mehrerer Informationseinheiten in einem Gehäuse) mit guter Beleuchtung und Entspiegelung verdrängt. Mit der Zeit entstand im vorhandenen Bauraum bei ständigem Informationszuwachs das moderne Kombiinstrument (KI) mit mehreren Zeigerinstrumenten und zahlreichen Kontrollleuchten (Bild Pos. 1).

Fahrerinformationsbereich *(Entwicklung). 1 Zeigerinstrument, 2 Zeigerinstrument mit TN-LCD und separatem AMLCD in Mittelkonsole, 3 Zeigerinstrument mit (D)STN und integriertem AMLCD, 4 freiprogrammierbares Instrument mit zwei AMLCD-Komponenten.*

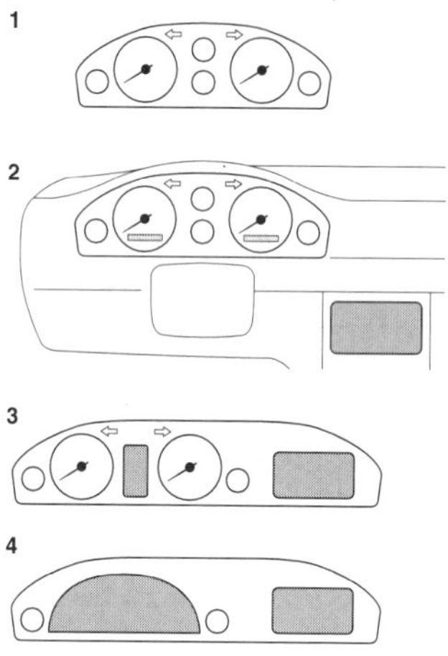

Digitale Anzeigen

Digitalinstrumente
Die zuerst weltweit mehrfach eingesetzten Digitalinstrumente mit Informationsdarstellung in Vakuumfluoreszenztechnik (VFD), später in Flüssigkristalltechnik (LCD), sind nun in Japan und USA vornehmlich in Oberklassefahrzeugen anzutreffen. Sie fanden in Europa geringe Akzeptanz und sind weitgehend wieder verschwunden. Hier hält die Tendenz zu Zeigerinstrumenten ungebrochen an, aber mit einem erheblichen technischen Umbruch in der Ansteuerung (Bild Pos. 2).

Zentrale Anzeige- und Bedieneinheit in der Mittelkonsole
Mit den Navigations- und Fahrerinformationssystemen (S. 796/798) etablierten sich auch Bildschirm und Tastatur in der Mittelkonsole. Solche Systeme vereinen alle Zusatzinformation aus Funktionseinheiten und Informationskomponenten (z. B. auch Autotelefon, Autoradio/CD, Bedienelemente für Heizung/Klimatisierung und – wichtig für Japan – die Funktion „Fernsehen“) in einer zentralen Anzeige- und Bedieneinheit. Die Komponenten sind untereinander vernetzt und dialogfähig.

Die Anordnung dieses für Fahrer und Beifahrer universell nutzbaren Terminals in der Mittelkonsole ist aus ergonomischer und technischer Sicht zweckmäßig und notwendig. Die optische Information erscheint auf einer grafikfähigen Anzeige. Die Anforderungen der Fernsehwiedergabe und des Navigationssystems an die Bild-/Landkartendarstellung bestimmen deren Auflösung und Farbwiedergabe.

Grafikmodule

Die Serienausstattung der Fahrzeuge mit Airbag und Servolenkung hat eine kleinere Durchblicköffnung durch die obere Lenkradhälfte zur Folge. Gleichzeitig wächst die im vorhandenen Einbauraum darzustellende Informationsmenge. Dies erfordert zusätzliche grafikfähige Anzeigemodule, deren Anzeigeflächen beliebige Informationen, flexibel und nach Prioritäten geordnet, darstellen können.

Diese Tendenz führt zur Instrumentierung mit klassischem Zeigerinstrument, aber ergänzt mit einer Grafikanzeige. Auch der Zentralbildschirm befindet sich auf der Höhe des KI. Wichtig für alle optischen Darstellungen ist, dass sie im primären Blickfeld des Fahrers oder dessen Nähe leicht ablesbar sind, ohne lange Blickabwendung wie z. B. bei der Anordnung im unteren Bereich der Mittelkonsole (Bild Pos. 3).

Die Grafikmodule im KI gestatten vorzugsweise die Darstellung von fahrer- und fahrzeugrelevanten Funktionen wie z. B. Service-Intervalle, Check-Funktionen über den Betriebszustand des Kfz oder auch Fahrzeugdiagnose für die Werkstatt. Sie können auch Wegleitinformationen aus dem Navigationssystem darstellen (keine digitalisierten Kartenausschnitte, nur Wegleitsymbole wie Pfeile als Abbiegehinweis oder Kreuzungssymbole). Den zunächst monochrom ausgeführten Module dürften in einem zweiten Schritt Farbdisplays folgen, deren Ablesegeschwindigkeit und -sicherheit durch die Farbdarstellung höher sind.

Beim zentralen Bildschirm mit integriertem Informationssystem geht die Tendenz vom Bildschirm mit einem Seitenverhältnis 4:3 zu einem breiteren Format mit Seitenverhältnis 16:9 (Kinofilmformat), das neben der Landkarte noch die Darstellung zusätzlicher Wegleitsymbole zulässt. Neuere Entwicklungen des Zentraldisplays gehen dahin, gleichzeitig zwei Bilder im Display darzustellen: das eine Bild ist nur vom Fahrer abzulesen und zeigt fahrerrelevante Information; das andere Bild kann nur vom Beifahrer gesehen werden und zeigt z. B. einen Kinofilm.

Einzelmodul mit Computerbildschirm

Ab etwa 2003 werden wohl auch die restlichen mechanischen Messwerke verschwinden und die gesamte Fläche des KI von einem beliebig adressierbaren grafikfähigen Bildschirm ersetzt sein (günstige Preisentwicklung großflächiger LCD-Computerbildschirme vorausgesetzt). Ein solcher Einheitsmodul würde eine Vielfalt von Darstellungsmöglichkeiten für Informationen bieten. Denkbar ist dabei eine individuell wählbare Form der Darstellung, die sich an den speziellen Bedürfnissen einzelner Benutzergruppen (z. B. Vielfahrer, ältere oder sportliche Fahrer) orientiert (Bild Pos. 4).

Kombiinstrumente (KI)

Aufbau

Die Mikrocontroller-Technologie und die fortschreitende Vernetzung im Kfz haben Kombiinstrumente inzwischen von feinmechanischen zu elektronisch dominierten Geräten gewandelt. Ein typisches KI (LED-beleuchtet, mit leitgummikontaktierten Segment-LCDs in TN-Technik, s. Bild) ist sehr flach gebaut (Elektronik, flache Schrittmotoren) und fast alle Bauelemente (überwiegend SMT) sind direkt auf eine Leiterplatte kontaktiert.

Arbeitsweise

Während die Grundfunktionen in den meisten KI ähnlich ablaufen (s. typisches Blockschaltbild), unterscheidet sich die Partitionierung der Funktionsblöcke in (teils anwendungsspezifische) Mikrocontroller, ASICs und Standard-Peripherie teilweise erheblich (Produktspektrum, Anzeigeumfang, Display-Typen).

Elektronische Kombiinstrumente zeigen Messgrößen dank Schrittmotor-Technik sehr genau an und übernehmen zusätzlich noch „intelligente" Funktionen wie drehzahlabhängige Öldruckwarnung, prioritätsgesteuerte Fehleranzeige auf Matrix-Displays oder Serviceintervall-Anzeige. Auch Online-Diagnosefunktionen sind üblich und belegen einen beträchtlichen Teil des Programmspeichers.

Da Kombiinstrumente zur Grundausstattung aller Fahrzeugvarianten gehören und ohnehin alle Bussysteme hier zusammenlaufen, etablieren sie sich zunehmend als Gateways, also Brücken zwischen verschiedenen Bussystemen im Kfz (z.B. Motor-CAN, Karosserie-CAN und Diagnosebus).

Kombiinstrument *(Aufbau).*
1 Kontrollleuchte, 2 Leiterplatte, 3 Schrittmotor, 4 Reflektor, 5 Stecker, 6 Deckscheibe, 7 Zeiger, 8 LED, 9 Zifferblatt, 10 Lichtleiter, 11 LCD.

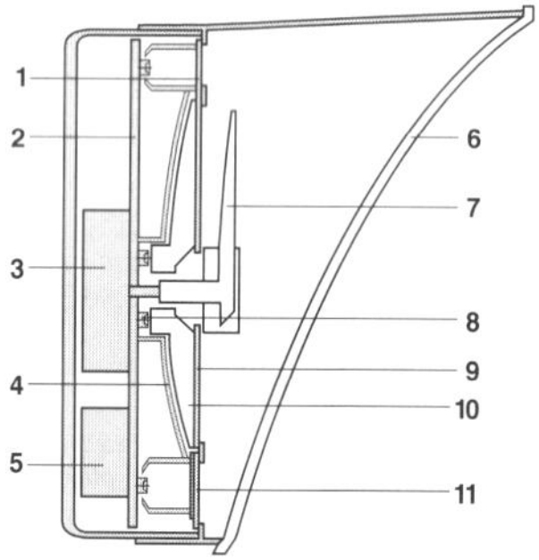

Messwerke

In Europa besteht eine ungebrochene Tendenz zum klassischen Instrument mit mechanischem Zeiger und Zifferblatt, wobei zunächst das kompakte, elektronisch ansteuerbare Drehmagnetquotientenmesswerk den voluminösen Wirbelstromtachometer ersetzte. Aktuell sind Getriebe-Schrittmotoren mit sehr gerin-

Kombiinstrument *(Blockschaltbild).*

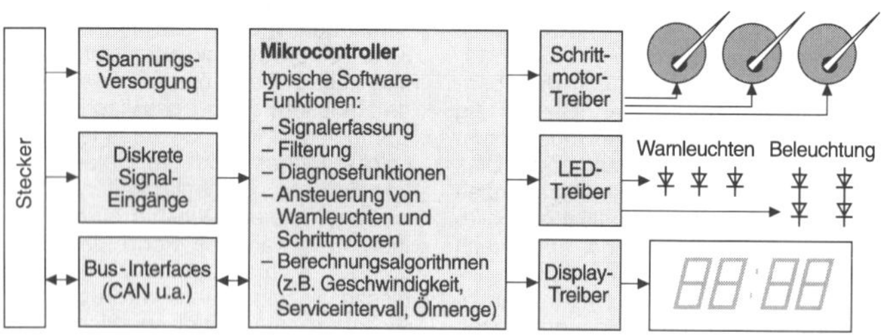

ger Bautiefe und noch höherer Anzeigegenauigkeit. Sie erlauben dank kompaktem Magnetkreis und (meist) 2stufigem Getriebe mit nur etwa 100 mW Leistung eine schnelle und sehr präzise Zeigerpositionierung.

Beleuchtung

Ursprünglich wurden Kombiinstrumente in Auflichttechnik mit Glühlampen beleuchtet. Inzwischen hat sich die Durchlichttechnik wegen des ansprechenden Erscheinungsbildes weitgehend durchgesetzt. Glühlampen wurden von Leuchtdioden (LED, s. S. 183) mit hoher Lebensdauer verdrängt. LED eignen sich auch für Warnleuchten und für die Hinterleuchtung von Skalen, Displays und (über Kunststoff-Lichtleiter) Zeigern (s. Tabelle „Übersicht Leuchtmittel").

Sehr effiziente LEDs in InAlGaP-Technologie sind inzwischen in den Farben Gelb, Orange und Rot verfügbar. Die neuere InGaN-Technologie führt derzeit zu erheblichen Effizienzsteigerungen bei den Farben Grün, Blau und Weiß. Dabei wird die Farbe Weiß durch die Kombination eines blauen LED-Chips mit einem orangefarbig emittierenden Leuchtstoff (Yttrium-Aluminium-Granulat) erzielt.

Für spezielle Gestaltungsformen werden jedoch auch neue Techniken eingesetzt:

– CCFL (Kaltkathoden-Fluoreszenz-Lampen): hauptsächlich für „Black Screen"-Instrumente, die im ausgeschalteten Zustand schwarz erscheinen. Die Kombination einer getönten Deckscheibe (z. B. 25 % Transmission) mit diesen sehr hellen Lampen (hohe Leuchtdichte, Hochspannung) ergibt ein brillantes Erscheinungsbild mit ausgezeichnetem Kontrast. Auch für die Hinterleuchtung von Farb-LCDs sind wegen deren geringer Transmission (typisch ca. 6 %) zur Erzielung eines guten Kontrastes auch bei Tageslicht zwingend CCFLs erforderlich.

– EL-(Elektrolumineszenz-)Folien: die mit Wechselspannung zum Leuchten gebrachten flachen Folien mit sehr gleichmäßiger Lichtverteilung sind erst seit kurzem auto-mobiltauglich. Sie bieten große Gestaltungsfreiheit für Farbkombinationen bzw. Überlagerung von Display-Flächen mit Zifferblatt-Bereichen.

Übersicht Leuchtmittel.

Leuchtmittel	Mögliche Farben	Typische Daten[1])	Eignung technisch für	Konventionelle KI	Black Screen Instrum.	Lebensdauer[2]) in h	Ansteuerung
Glühlampe	Weiß (mit Filter jede Farbe möglich)	2 lm/W 65 mA 14 V	Zifferblatt Zeiger Display	+ o +	– – o	$B_3 \approx 4500$	Keine spezielle Ansteuerung erforderlich
SMD-LED Lumineszenzdiode	Rot, Orange, Gelb (InAlGaP)	8 lm/W 25 mA 2 V	Zifferblatt Zeiger Display	o + +	– + –	$B_3 \gg 10\,000$	Vorwiderstände bzw. Regelung erforderlich
	Blau, Grün (InGaN) Weiß (mit Konverter)	2...5 lm/W 20 mA 3,6 V	Zifferblatt Zeiger Display	o o o	– o –	$B_3 > 10\,000$	
EL-Folie Elektrolumineszenz	Blau, Violett, Gelb, Grün, Orange, Weiß	2 lm/W 100 V~ 400 Hz	Zifferblatt Zeiger Display	+ – –	– – –	ca. 10 000	Hochspannung erforderlich
CCFL Kaltkathodenlampe	Weiß (je nach Leuchtstoff jede Farbe möglich)	25 lm/W 2 kV~ 50...100 kHz	Zifferblatt Zeiger Display	+ – +	+ o +	$B_3 \approx 10\,000$	Hochspannung erforderlich

[1]) Effizienz in lm/W (Lumen pro Watt), Strom in mA, Spannung in V bzw. kV, Ansteuerfrequenz in kHz. [2]) B_3 Zeitpunkt mit 3 % Ausfallwahrscheinlichkeit. Eignung: + bevorzugt, o bedingt, – keine Anwendung.

Display-Ausführungen

TN-LCD

Die TN-LCD-Technik („Twisted Nematic-Liquid Crystal Display", s. S. 183) ist bei hohem Entwicklungsstand am weitesten verbreitet. Der Begriff stammt von der verdrillten Anordnung der länglichen Flüssigkristallmoleküle zwischen den begrenzenden Glasplatten mit transparenten Elektroden. Eine solche Schicht bildet ein „Lichtventil", indem es polarisiertes Licht sperrt oder durchlässt, je nachdem ob Spannung anliegt oder nicht. Der Einsatzbereich ist –40 °C...+85 °C. Bedingt durch die hohe Viskosität des Flüssigkristallmaterials sind die Schaltzeiten bei tiefen Temperaturen relativ lang.

Das TN-LCD kann im Positivkontrast (dunkle Zeichen im hellen Umfeld) oder Negativkontrast (helle Zeichen im dunklen Umfeld) betrieben werden. Positivkontrastzellen eignen sich für Auflicht- und Durchlichtbetrieb, Negativkontrastzellen lassen sich nur mit kräftiger Beleuchtung von hinten mit zufriedenstellendem Kontrast ablesen. Die TN-Technik eignet sich im Kombiinstrument nicht nur für kleinere Anzeigemodule, sondern auch für größere Anzeigeflächen, modular aufgebaute oder sogar ganzflächig realisierte LCD-Kombiinstrumente.

Grafikanzeigen für KI

Beliebig darstellbare Information erfordert grafikfähige Punktrasteranzeigen. Sie werden zeilenweise angesteuert, benötigen also Multiplexeigenschaften. Bei den Bedingungen im Kfz sind mit konventionellen TN-LCD heute Multiplexraten bis 1:4 mit gutem Kontrast und bis 1:8 mit mäßigem Kontrast realisierbar. Für höhere Multiplexraten sind andere LCD-Anzeigetechnologien erforderlich. Für Module mit mittlerer Auflösung kommen die STN- und die DSTN-Technik zum Einsatz. Die DSTN-Technik kann monochrom oder mehrfarbig realisiert werden.

STN-LCD und DSTN-LCD

Die Molekülstruktur der STN-(Super Twisted Nematic-)Anzeige ist im Zellinneren stärker verdrillt als bei der konventionellen TN-Anzeige. STN-LCD gestatten nur eine monochrome Bilddarstellung; gewöhnlich im Kontrast blau-gelb. Farbneutralität ist bei aufgebrachter „Retarderfolie" erreichbar, allerdings nicht im gesamten Temperaturbereich des Kfz.

Wesentliche bessere Eigenschaften zeigt das DSTN-LCD (Doppelschicht-STN), das eine farbneutrale Schwarzweiß-Wiedergabe über weite Temperaturbereiche mit Negativ- und Positivdarstellung ermöglicht. Farbe entsteht durch Hinterleuchten mit farbigen Leuchtdioden. Mehrfarbigkeit entsteht durch Einbringen von roten, grünen und blauen Farbfiltern in Dünnschichttechnik auf eines der beiden Glassubstrate. Graustufen sind unter den Bedingungen im Kfz nur sehr eingeschränkt möglich, so dass sich der Farbumfang auf Schwarz, Weiß, die reinen Farben Rot, Grün und Blau sowie deren Mischfarben Gelb, Cyan und Magenta beschränkt.

AMLCD

Für die optisch anspruchsvolle und zeitlich rasch veränderliche Darstellung komplexer Information im Bereich des KI und der Mittelkonsole mit hochauflösenden, videofähigen Flüssigkristall-Bildschirmen eignet sich nur die AMLCD (aktiv adressierte Flüssigkristallanzeige).

Am höchsten entwickelt und am weitesten verbreitet sind die mit Dünnfilmtransistoren adressierten TFT-LCD (Thin Film Transistor-LCD). Für Kfz sind Bildschirme mit Diagonalen von 4″...7″ im Mittelkon-

Dünnfilmtransistor-LCD (TFT-LCD).
1 Zeilenleitung, 2 Dünnschichttransistor, 3 Spaltenleitung, 4 Frontplane-Elektrode, 5 Farbschichten, 6 Black Matrix, 7 Glassubstrat, 8 Bildpunktelektrode.

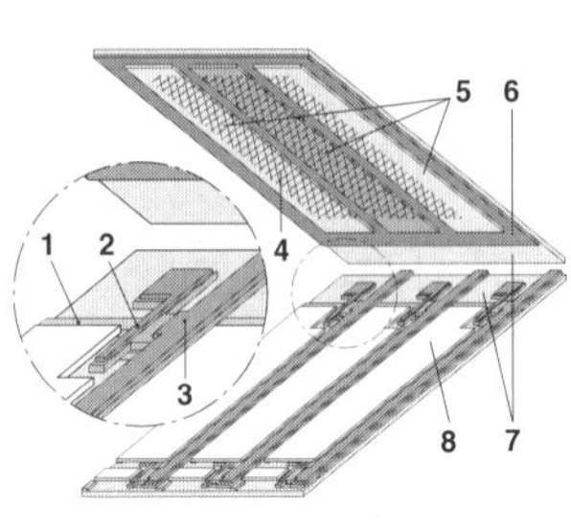

solenbereich und erweitertem Temperaturbereich (–25 °C...+85 °C) verfügbar. Für das frei programmierbare Kombiinstrument (FPK) sind Formate von 10″...14″ mit noch weiterem Temperaturbereich (–40 °C...+95 °C) vorgesehen.

TFT-LCD bestehen aus dem „Aktiven" Glassubstrat und der Gegenplatte mit den Farbfilterstrukturen. Auf dem aktiven Substrat befinden sich die Bildpunktelektroden aus Zinn-Indium-Oxid, die metallischen Zeilen- und Spaltenleitungen und die Halbleiterstrukturen. An jedem Kreuzungspunkt von Zeilen- und Spaltenleitung befindet sich ein Feldeffekttransistor, der in mehreren Maskenschritten aus einer zuvor aufgebrachten Schichtenfolge herausgeätzt ist. Ebenso wird an jedem Bildpunkt auch ein Kondensator erzeugt.

Auf der gegenüberliegenden Glasplatte befinden sich die Farbfilter und eine „Black Matrix"-Struktur, die zu einer Verbesserung des Kontrastes der Anzeige führt. Diese Strukturen werden in einer Abfolge photolithographischer Prozesse auf das Glas aufgebracht. Darüber liegt eine durchgehende Gegenelektrode für alle Bildpunkte. Die Farbfilter werden entweder in Form durchgehender Streifen (gute Wiedergabe von Grafikinformation) oder als Mosaikfilter aufgebracht (besonders geeignet für Videobilder).

Head up Display (HUD)

Herkömmliche KI haben einen Betrachtungsabstand von 0,8...1,2 m. Zum Ablesen einer Information im Bereich des KI muss der Fahrer seine Augen von Unendlich (Beobachtung der Straßenszene) auf den kurzen Betrachtungsabstand für das Instrument akkomodieren. Dieser Akkomodationsprozess dauert gewöhnlich 0,3...0,5 s. Für die ältere Autofahrergeneration ist er anstrengend, je nach Konstitution mitunter sogar unmöglich. HUD, eine Projektionstechnik, kann diesen Mangel beheben. Sein optisches System erzeugt ein virtuelles Bild in einem so großen Betrachtungsabstand, dass das menschliche Auge auf unendlich akkomodiert bleiben kann. Dieser Abstand beginnt bei etwa 2 m. Außerdem ist die Information ohne Blickabwendung zum Kombiinstrument mit geringer Ablenkung ablesbar.

Aufbau

Das HUD enthält ein Display mit Ansteuerung zur Bilderzeugung, eine Beleuchtung, eine Abbildungsoptik und einen „Combiner", an dem das Bild in das Auge des Betrachters reflektiert wird. An die Stelle des Combiners kann auch die unbehandelte Windschutzscheibe treten. Als Display für HUDs werden aktive Displays (Lichtemitter) wie CRT oder VFD und passive Displays (Lichtmodulatoren) eingesetzt. Geeignet sind PDLC-Displays oder DSTN-Displays, die jedoch eine sehr helle Beleuchtung benötigen, weil sie ca. 70 % des durchfallenden Lichts wegen der notwendigen Polarisatoren absorbieren.

Darstellung der HUD-Information

Das virtuelle Bild soll die Straßenszene nicht überdecken, um Ablenkung vom Verkehrsgeschehen zu vermeiden. Es wird deshalb in einer Region mit niedrigem Informationsgehalt dargestellt.

Um eine Reizüberflutung im primären Blickfeld zu vermeiden, darf das HUD nicht mit Information überladen werden und ist daher kein Ersatz für das konventionelle Kombiinstrument. Seine Darstellung eignet sich aber sehr gut für sicherheitsrelevante Informationen wie Warnanzeigen, die Anzeige des Sicherheitsabstandes oder von Wegleitinformationen.

***Head up Display HUD** (Prinzip).*
1 Virtuelles Bild, 2 Reflexion in Windschutzscheibe, 3 LCD und Beleuchtung (oder CRT, VFD), 4 optisches System, 5 Elektronik.

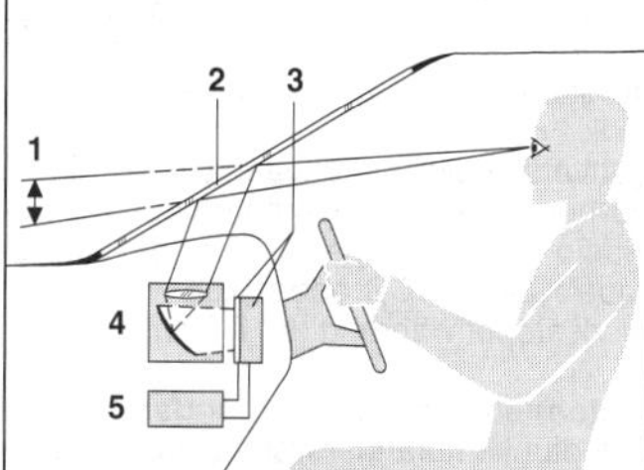

Autoradio

Empfangsbedingungen

Kritische Empfangslagen treten bei UKW z.B. bei kurzzeitiger „Abschattung“ des Sendersignals durch Berge oder Gebäude (Folge: Aufrauschen) oder bei zeitverzögertem Empfang von Senderwellen auf, die von diesen Hindernissen reflektiert werden (Folge: Verzerrungen). Weitere Störfaktoren: Übersprechen von starken Nachbarkanalsendern, Intermodulationsprodukte aus zwei starken Sendern auf einer dritten – dann gestörten – Frequenz.

Fachausdrücke

ARI: Von Blaupunkt gemeinsam mit dem ADAC und den ARD-Rundfunkanstalten entwickeltes Verkehrs-Informationssystem, welches in D, CH, A und LUX installiert ist: Autofahrer-Rundfunk-Information.

Die UKW-„Verkehrsfunksender“ geben sich dem mit ARI-Dekoder ausgerüsteten Autoradio durch ein ständig ausgestrahltes Signal (SK) zu erkennen. Ist die ARI-Taste gedrückt, hält der Sendersuchlauf des Radios ausschließlich auf Verkehrsfunksendern.

Die zusätzlich ausgestrahlte Bereichskennung (BK) kennzeichnet die Region, auf welche sich die Verkehrsnachrichten des Senders beziehen. Bei Geräten mit BK-Auswertung erscheint ein entsprechender Bereichsbuchstabe („A“ bis „F“) auf dem Display (vgl. Buchstaben auf blauen Hinweisschildern an Fernstraßen).

Ein drittes Signal wird dann aufgeschaltet, wenn eine Verkehrsdurchsage erfolgt: die Durchsagekennung (DK). Sie sorgt dafür, dass bei aktivierter Verkehrsfunk-Funktion jede Verkehrsmeldung in gut verständlicher Lautstärke (einstellbar) zu hören ist, unabhängig davon, ob das Radio ganz leise gestellt ist oder ob gerade Kassette/CD abgespielt wird (Laufwerk stoppt während der Durchsage).

Antennendiversity-Empfänger: Dieses Rundfunkempfängersystem mit mehreren – meist zwei – Fahrzeugantennen (z.B. Scheibenantennen) dient primär zur Verbesserung des Empfangsverhaltens bei Mehrwegeempfang durch Senderwellenreflexion. Da Reflexionsstörungen („Multipath“) im lokalen Bereich von 50...100 cm zu starker Ortsabhängigkeit der Feldstärke führen, befindet sich – bei hinreichendem Abstand zwischen den Antennen am Fahrzeug – meist eine der Antennen im störfreien Bereich. Das Diversitysystem schaltet jeweils automatisch auf die störärmere Antenne um. Dies lässt sich mit unterschiedlich hohem technischen Aufwand realisieren.

a) <u>Konventionelles Scanning-Verfahren (1-Tuner-Diversity)</u>:
Sinkt die Empfangsqualität von Antenne „A“ unter ein vorgegebenes Mindestmaß, wird versuchsweise auf Antenne „B“ umgeschaltet. Ist „B“ noch schlechter, wird auf „A“ zurückgeschaltet. Ist „B“ besser, wird „B“ beibehalten, usw.

b) <u>Auswahlverfahren (Mehr-Tuner-Diversity)</u>:
Jede Antenne arbeitet mit einem getrennten Tuner. Dadurch ist permanenter Qualitätsvergleich zwischen den Antennen möglich, und es kann die jeweils optimale Antenne ausgewählt werden.

ADA (Auto-Directional-Antenna): Von Blaupunkt entwickeltes Mehr-Antennen-Empfangssystem, bei dem wie beim Auswahlverfahren b) jede Antenne mit separatem Tuner arbeitet. Es erfolgt jedoch keine alternative Umschaltung zwischen den Antennen, sondern vielmehr eine Aufsummierung aller – bis zu vier – Antennen-/Tunersignale nach geeigneter Modifikation ihrer Amplituden- und Phasenlagen. Die Amplituden- und Phasensteuerung wird automatisch durch einen speziellen Regelalgorithmus in der Weise durchgeführt, dass das gebildete Summensignal möglichst frei von Störungen ist. Somit lassen sich bestimmte Empfangsrichtungen gezielt ausblenden und es ergibt sich zudem der Effekt einer elektronischen Richtantenne.

ADA wurde konzipiert für den Einsatz mehrerer Scheibenantennen und/oder einfacher Draht- bzw. Folienantennen in Stoßfängern.

ASU: Automatische UKW-Störunterdrückung in Autoradios zur Unterdrückung von Zündstörungen.

Ausgangsleistung: Verstärkerleistung, die ein Autoradio oder zusätzlicher Verstärker („Amplifier", „Booster") an die Lautsprecher abgibt. DIN 45324 unterscheidet nach Sinusleistung (Dauerleistung mit Sinuston) und Musikleistung (Dauerleistung mit komplexem Mustersignal) in Watt. Beim Vergleich von Geräten im Markt wird in der Regel max. Power (kurzfristige maximale Ausgangsleistung) angegeben. Zwischen „Lautstärke" und „Leistung" besteht ein exponentieller Zusammenhang. Eine Verdoppelung der Leistung führt lediglich zu einer gerade wahrnehmbaren Lautstärkeerhöhung (3 dB). Entscheidender ist der Wirkungsgrad der Lautsprecher (Pegel in dB/1W/1m). Während „Leistungsunterschiede in Watt" für die Praxis eine untergeordnete Rolle spielen, kann die Installation besonders leistungsstarker Systeme im Interesse verzerrungsfreier Tiefenwiedergabe durchaus technisch sinnvoll sein (→ Autolautsprecher → Subwoofer).

CD (Compact Disc): 12-cm- oder 8-cm-Schallplatte mit digital gespeicherten Signalen (u. a. Tonsignalen) und hoher Spieldauer (über 60 min. möglich). Die Abtastung erfolgt berührungslos optisch durch Laserstrahl. Trifft der Strahl in der reflektierenden Informationsschicht auf eine Erhebung („pit"), wird der von einem Prisma aufgenommene Reflexionsstrahl gedämpft. Dies wird von einer Fotodiode registriert, welche die derart ausgelesenen „Null-Eins-Informationen" an einen Digital-Analog-Wandler weitergibt. 44100 mal pro Sekunde wird ein neuer 16-bit-Amplitudenwert gemeldet. Daraus setzt der D/A-Wandler das ursprüngliche Tonsignal „scheibchenweise" wieder zusammen.

DigiCeiver: neue Technik von Blaupunkt, bei der vom Empfangsteil bis zum Vorstufenausgang das Signal digital verarbeitet wird. Dies bringt deutliche Vorteile hinsichtlich Empfangsverhalten und Klangbeeinflussung. Ein Bestandteil des DigiCeiver-Konzeptes ist Sharx, ein digitaler variabler Filter zur Optimierung der Trennschärfe. Dicht beieinander liegende Sender werden damit sauber voneinander getrennt.

DPE (Digital Parametric Equalizing): Steilflankiger zweistufiger Equalizer mit frei wählbaren Einsatzfrequenzen und Filterstärken, mit denen unerwünschte Raumresonanzen wirkungsvoll unterdrückt werden können bzw. Frequenzgangeinbrüche von Lautsprechern linearisiert werden. Der Klang wird sehr viel homogener und stimmiger.

DSA (Digital Signal Adaptation) besteht aus einem digitalen 4-Kanal-9-Band-Equalizer (selbsteinmessend oder manuell einstellbar) und einer DNC-Komponente (Dynamic Noise Covering). DNC analysiert permanent über ein externes Mikrofon das Fahrgeräusch und passt dementsprechend frequenzselektiv die Lautstärke und den Klang des Autoradios an. Die Wirkungsweise ist in drei Stufen einstellbar.

RDS (Radio Data System): Digitales Datenübertragungssystem für UKW-Sender. Das Format des RDS-„Datentelegrammes" liegt in Europa einheitlich fest. Es werden folgende Informationen übertragen, die von Autoradios (oder auch Heimempfängern) mit RDS-Dekoder ausgewertet werden können:
– Name des empfangenen Programmes (z. B. „BAYERN 3" oder „BBC 1") zur Anzeige auf dem Display des Radios (PS-Code).
– Liste alternativer Frequenzen, auf denen das gerade empfangene Programm ebenfalls ausgestrahlt wird (AF-Code). Verschlechtert sich die Empfangsqualität der bisherigen Frequenz, springt der RDS-Empfänger versuchsweise auf eine der Alternativfrequenzen der AF-Liste. Ist diese Frequenz besser empfangbar, bleibt er dort. Ist sie schlechter, versucht er es mit einer anderen Alternativfrequenz. Dieser Vorgang ist – je nach Gerätekonzept – im Idealfall unhörbar.
– Zur Kontrolle hat jedes Programm eine Identifikationsnummer (PI-Code). Bisher empfangener und nach Frequenzwechsel empfangener PI-Code müssen übereinstimmen, anderenfalls liegt ein unzulässiger Programmwechsel vor.
– Verkehrsfunk-Programmkennung und Durchsagekennung (TP- und TA-Code). Der RDS-Empfänger wertet TP und TA ver-

gleichbar ARI-SK und -DK aus (→ ARI). Da in den meisten europäischen Ländern bislang kein Verkehrsfunksystem installiert war, lag die Implementierung bei RDS nahe. Das bisherige ARI-System in D, CH, A und LUX bleibt jedoch parallel zu RDS noch bis voraussichtlich 2005 bestehen. In allen nord-, süd- und westeuropäischen Ländern sind Programme der nationalen Sendeanstalten und der meisten Privatsender mit den o.g. RDS-Diensten empfangbar.

Das RDS-Format enthält weitere Optionen, z. B.:
– PTY-Code (Programme Type): Kennzeichnet bis zu 16 verschiedene Programmarten wie Nachrichten, klassische E-Musik usw.
– „PTY 31“: Steuersignal für Aufschaltung von Warnmeldungen für die Bevölkerung (ähnlich TA). Die PTY31-Funktion ist nicht deaktivierbar.
– EON-Code (Enhanced Other Networks): Der Empfänger erfährt durch „EON“, wenn auf einem Parallelprogramm einer Senderkette eine Verkehrsnachricht durchgegeben wird und kann für die Dauer dieser Durchsage auf das Parallelprogramm wechseln.
– TMC-Code (Traffic Message Channel): Dient der Übertragung formalisierter Standardinformationen, z. B. Staumeldungen. Diese lassen sich per Sprachgenerator – in beliebiger Landessprache – jederzeit abrufen. In Navigationssystemen können die Hindernismeldungen zur Neuberechnung einer optimalen Wegstrecke umgehend berücksichtigt werden.
– CT-Code (Clock/Time): Uhrzeit, Datum.
– RT-Code (Radio Text): Textübertragung für Empfänger mit geeignetem Display, z. B. Anzeige des laufenden Musiktitels.

Zusatzgeräte

– **Amplifier, Booster:** Separater Zusatzverstärker (→ Ausgangsleistung).
– **Equalizer:** Equalizer werden zur Klangbeeinflussung eingesetzt, indem sie eine differenzierte Anhebung oder Absenkung einzelner Tonlagen (Frequenzbereiche) ermöglichen. Durch die spezifischen akustischen Gegebenheiten des Fahrzeuginnenraums hervorgerufene Über- und Unterbetonungen (Unlinearitäten) können daher mit einem Equalizer ausgeglichen werden. Er wird heute in der Regel als digitaler Baustein in Top-Autoradios eingebaut → DPE, DSA.
– **CD-Wechsler:** CD-Abspielgerät zur Montage im Kofferraum. CD-Wechsler werden mit Plattenmagazinen geladen, die sich in der Regel mit bis zu zehn Discs bestücken lassen. Die Auswahl der abzuspielenden CD und Titelwahl erfolgt ferngesteuert über ein entsprechend eingerichtetes Autoradio oder über eine separate Wechsler-Fernbedienung.

Autolautsprecher

Die akustischen Eigenschaften des Fahrzeuginnenraums, die Lautsprecher und deren Einbaubedingungen bestimmen die Wiedergabequalität. Je größer die Lautsprecher, desto besser die Basswiedergabe (z. B. vier 160-mm-Systeme). Für anspruchsvolle Audioanlagen werden zunehmend separate Tiefbasslautsprecher (Subwoofer) eingesetzt, die z. B. verdeckt unter der Heckablage oder an der Trennwand zum Kofferraum installiert werden. Subwoofersysteme bedingen in der Regel den Einsatz leistungsstarker → Amplifier.

Antennen

Kraftfahrzeugantennen sind um so wirksamer, je weiter sie von den Masseteilen des Fahrzeugs entfernt sind. Gute Ergebnisse gewährleisten die teleskopartig ausziehbaren, freistehenden Stabantennen, die auch als motorbetriebene „Automatikantennen“ angeboten werden. Eine Alternative dazu sind Scheibenantennen. Sie sind entweder werksseitig in Front- und/oder Heck- und Seitenscheiben eingelassen oder werden als Nachrüstung auf den Scheibeninnenseiten aufgebracht. Aufgrund ihrer Richtcharakteristik ist die Scheibenantenne einer Stabantenne geringfügig unterlegen, hat jedoch den Vorteil der Verschleiß- und Wartungsfreiheit. Sie bildet im Gegensatz zur Stabantenne keinen Luftwiderstand und beansprucht keinen Versenk-Einbauraum im Fahrzeug. Eine dritte Alternative sind flexible Kurzstabantennen, die einen technischen Mittelweg bilden.

Digital Audio Broadcasting DAB

Merkmale

Das neue digitale Rundfunksystem DAB ist die entscheidende Weiterentwicklung der Rundfunktechnik im Rahmen des europäischen Projekts EUREKA 147 seit der Einführung von FM. Es bietet folgende Eigenschaften:

- sicherer und störungsfreier Empfang sowohl mobil als auch portabel,
- mit CD vergleichbare Tonqualität,
- frequenzökonomisch durch Tondatenreduktion und Gleichwellennetze,
- leistungsökonomisch durch geeignetes Übertragungsverfahren und Codierung,
- Eignung für internationalen, nationalen, regionalen und lokalen Rundfunk und
- zukunftssicher durch Multimedia-Tauglichkeit.

Das vom Eureka 147 DAB-Projekt entwickelte und durch das Europäische Institut für Fernmeldenormen (ETSI European Telecommunications Standards Institute) standardisierte System ist bislang das einzige, das diese Anforderungen erfüllt und für das die internationale Fernmeldeunion (ITU International Telecommunications Union) eine Empfehlung ausgesprochen hat.

Typischerweise werden 5...7 Hörfunkprogramme und einige Datenkanäle zu einem Ensemble zusammengefasst. Ein Programmensemble, z. B. alle Programme einer deutschen ARD-Rundfunkanstalt (z. B. BR, WDR), werden landesweit in einem Gleichwellennetz ausgestrahlt, so dass die Sender überall auf der gleichen Frequenz empfangen werden können. Für die landesweite Ausstrahlung ist das Band III (175...239 MHz) vorgesehen, während im L-Band (1453...1491 MHz) lokaler Rundfunk geplant ist.

Durch die flexible Aufteilung eines Ensembles ist es möglich, statt der Hörfunkprogramme andere Daten, wie Video/Fernsehen oder Internetseiten, zu übertragen. Diese Anwendungen des DAB-Systems sind unter dem Begriff DMB (Digital Multimedia Broadcasting) eingeführt. Die guten mobilen Empfangseigenschaften machen es möglich, intelligente Telematikdienste für den Autofahrer anzubieten (DAB/ITS). Unter dem Titel MEMO (Multimedia Environment for Mobiles) wird ein Rückkanal über GSM für das DAB-System angeboten. Dies ermöglicht die Übertragung von Internet oder anderen Datendiensten mit hoher Datenrate und interaktiver Bedienung durch den Nutzer.

Prinzipien des Eureka 147-DAB-Systems

Das DAB-System beruht im Wesentlichen auf drei Komponenten:

- dem Tondatenreduktionsverfahren nach MPEG-1 (ISO 11172-3) bzw. MPEG-2 (ISO 13818-3), jeweils Layer II,
- dem Übertragungsverfahren Coded Orthogonal Frequency Division Multiplexing (COFDM) und
- einer flexiblen Aufteilung der Übertragungskapazität auf eine Vielzahl von Teilkanälen, die unabhängig voneinander Ton- und Datenprogramme unterschiedlicher Datenrate und mit unterschiedlich starkem Fehlerschutz übertragen können (DAB-Multiplex).

Die einzelnen Hörfunkprogramme werden mit Audio-Codern datenreduziert. Dann wird durch die Kanalcodierung die für die Fehlerkorrektur im Empfänger benötigte Redundanz hinzugefügt. Mehrere Datendienste können in einem Paket-Multiplexer zusammengeführt werden. Dieser Paket-Multiplex wird dann ebenfalls der Kanalcodierung zugeführt. Die kanalcodierten Daten der Teilkanäle werden mit den Fast Information Channel (FIC)-Daten, die den Aufbau des Multiplex und Programminformationen enthalten, zusammengeführt und COFDM-moduliert. Dies erfolgt in der Regel digital durch eine Fast-Fourier-Transformation (FFT). Das Signal wird digital/analog gewandelt, auf die entsprechende Sendefrequenz gemischt, verstärkt, gefiltert und abgestrahlt.

Das Antennensignal wird im Hochfrequenzteil in die Zwischenfrequenzlage gebracht, gefiltert und digitalisiert. Anschließend werden die Informationen auf den einzelnen COFDM-Trägern zurückgewonnen (in der Regel wiederum durch eine FFT). Hier braucht im Prinzip nur der Teil der Daten ausgewertet werden, der die gewünschten Programme enthält.

Nach der Fehlerkorrektur (i. Allg. durch Viterbi-Decodierung) werden die Daten entweder dem Audio-Decoder weitergeleitet, der daraus das Tonsignal wiedergewinnt, oder aber über eine geeignete Datenschnittstelle zur weiteren Nutzung ausgegeben. Die FIC-Daten werden zur Steuerung und Bedienung des Empfängers genutzt.

Für die Tondatenreduktion hat sich Eureka 147 für das Verfahren nach MPEG-1 Layer II und einige Erweiterungen aus dem Folgestandard MPEG-2 Layer II entschieden, das auch manchmal (nicht ganz korrekt) als „Musicam-Verfahren" bezeichnet wird. Dieses Verfahren bietet den Vorteil, dass es bei überschaubarer Komplexität und relativ kurzer Verzögerungszeit bei der Codierung und Decodierung einen hohen Kompressionsfaktor ermöglicht. Für eine Stereo-Übertragung bietet es bei Datenraten von 160...256 kBit/s eine mit CD vergleichbare Qualität.

Das COFDM-Verfahren ist besonders gut geeignet, um sicheren Empfang bei Mehrwegeempfang und Gleichwellenbetrieb von Sendernetzen zu ermöglichen. Die Idee des Verfahrens besteht darin, den gesamten Datenstrom auf viele Teildatenströme aufzuteilen (192...1536). Jeder Teildatenstrom wird jeweils auf einem Unterträger mit geringer Datenrate und damit langer Symboldauer (Größenordnung 100 µs...1 ms) übertragen. Die Symboldauer ist also bei COFDM wesentlich größer als die typischen Laufzeitdifferenzen der empfangenen Signalanteile (Größenordnung 10...100 µs). Dadurch und durch das zusätzlich vorhandene Schutzintervall kann Intersymbolinterferenz sogar ganz vermieden werden. Zur Beseitigung verbliebener Bitfehler wird eine Fehlerschutzcodierung verwendet.

Für DAB wurde eine Bandbreite von 1,536 MHz gewählt. Es gibt vier Parametersätze für das COFDM-Verfahren, um sowohl terrestrische Gleichwellennetze im Band III und L-Band, als auch Satellitenausstrahlung bis 3 GHz realisieren zu können. Die Anzahl der COFDM-Unterträger beträgt dabei 1536, 768, 384 bzw. 192 und der Trägerabstand dementsprechend 1, 2, 4 bzw. 8 kHz.

Durch die Wahl der Bandbreite bietet das DAB-System eine erheblich höhere Datenrate als für die Übertragung eines Hörfunkprogramms erforderlich ist. Daher werden mehrere Programme und Datendienste zu einem Multiplex zusammengefasst, der dann übertragen wird. Die Gesamtheit der auf einem DAB-Multiplex übertragenen Programme nennt man Ensemble. Der Ensemble-Multiplex ist flexibel, und zwar sowohl im Hinblick auf die Anzahl und Datenrate der einzelnen Teilkanäle als auch im Hinblick auf ihren Fehlerschutz, d. h. die für die Übertragung hinzugefügte Redundanz. Mit geringster Redundanz kann die Übertragungsrate des DAB-Systems bis zu 1,84 MBit/s betragen, für Mobilempfang kann man von ca. 1,2 MBit/s ausgehen.

Da der Multiplex flexibel ist, muss den Empfängern mitgeteilt werden, wie der Multiplex des gerade empfangenen DAB-Ensembles konfiguriert ist bzw. wann und wie er umkonfiguriert wird. Dies geschieht im Fast Information Channel (FIC). Dort werden auch alle sonstige Daten übertragen, die für die Bedienung und Steuerung des Empfängers erforderlich sind, z. B. Sendernamen und alternative Frequenzen.

Die beschriebene Kombination von Tondatenreduktion, COFDM und flexiblem Multiplex macht aus DAB ein vielseitig verwendbares System, dessen Anwendungen weit über den klassischen Hörfunk hinausgehen können und letztlich zum digitalen Multimedia-Rundfunk führen werden, der auch im Auto und mit tragbaren Geräten empfangen werden kann.

Einparksysteme

Einparkhilfe mit Ultraschallsensoren

Einleitung

Bei nahezu allen Fahrzeugen werden die Karosserien so entwickelt, dass möglichst kleine Luftwiderstandsbeiwerte erreicht werden, um den Kraftstoffverbrauch zu reduzieren. In der Regel entsteht dadurch eine leichte Keilform, die die Sicht beim Rangieren stark einschränkt. Vorhandene Hindernisse sind nur schlecht – wenn überhaupt – erkennbar.

Einparkhilfen mit Ultraschallsensoren liefern eine wirkungsvolle Unterstützung des Einparkvorgangs. Sie überwachen einen Bereich von ca. 30 cm bis 150 cm hinter oder vor dem Fahrzeug. Hindernisse werden erkannt und durch optische und/oder akustische Mittel zur Anzeige gebracht.

Erfassungsbereich des Einparksystems mit Rundumüberwachung.

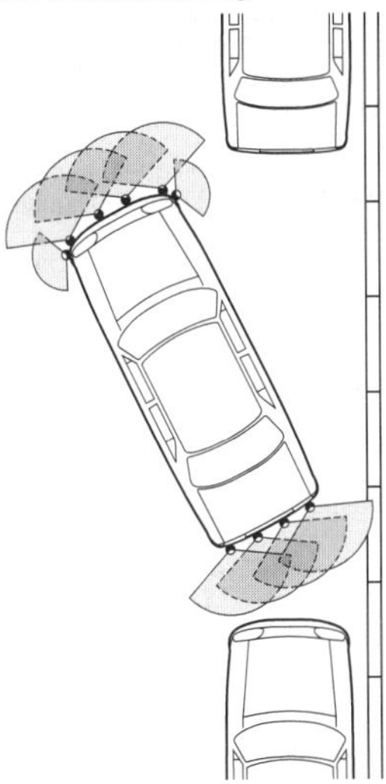

System

Das System besteht aus den Komponenten Steuergerät, Warnelement und Ultraschallsensoren.

Bei Fahrzeugen mit reiner Heckabsicherung werden in der Regel 4 Ultraschallsensoren in den hinteren Stoßfänger montiert.

Eine zusätzliche Frontabsicherung erhält man durch den Einbau weiterer 4 bis 6 Ultraschallsensoren in den vorderen Stoßfänger.

Die Aktivierung erfolgt selbsttätig mit dem Einlegen des Rückwärtsgangs bzw. bei Systemen mit zusätzlicher Frontabsicherung mit dem Unterschreiten einer Geschwindigkeitsschwelle von ca. 15 km/h. Während des Betriebes gewährleistet die Selbsttestfunktionalität eine permanente Überwachung aller Systemkomponenten.

Ultraschallsensor

Analog zum Echolotverfahren senden die Sensoren Ultraschallimpulse mit einer Frequenz von ca. 40 kHz und detektieren die Zeitdauer bis zum Eintreffen der von Hindernisssen reflektierten Echoimpulse. Der Abstand des Fahrzeugs zum nächstgelegenen Hindernis ergibt sich aus der Laufzeit des zuerst eintreffenden Echoimpulses entsprechend der Formel:

$$a = 0{,}5 \cdot t_e \cdot c$$

t_e Laufzeit des Ultraschallsignals (s)
c Schallgeschwindigkeit in Luft (ca. 340 m/s).

Die Sensoren selbst bestehen aus einem Kunststoffgehäuse mit integrierter Steckverbindung, einer Aluminiummembran, auf deren Innenseite eine Piezokeramikscheibe eingeklebt ist und einer Leiterplatte mit Sende- und Auswerteelektronik. Der elektrische Anschluss am Steuergerät erfolgt über drei Leitungen, von denen zwei der Spannungsversorgung dienen. Über die dritte, bidirektionale Signalleitung wird die Sendefunktion eingeschaltet und das ausgewertete Empfangssignal an das Steuergerät zurückgeliefert. Empfängt der Sensor vom Steuergerät einen digitalen Sendeimpuls, regt die elektronische Schaltung die Aluminiummembran mit Rechteckimpul-

Montageprinzip des Ultraschallsensors im Stoßfänger.
1 Sensor, 2 Entkopplungsring, 3 Einbaugehäuse, 4 Stoßfänger.

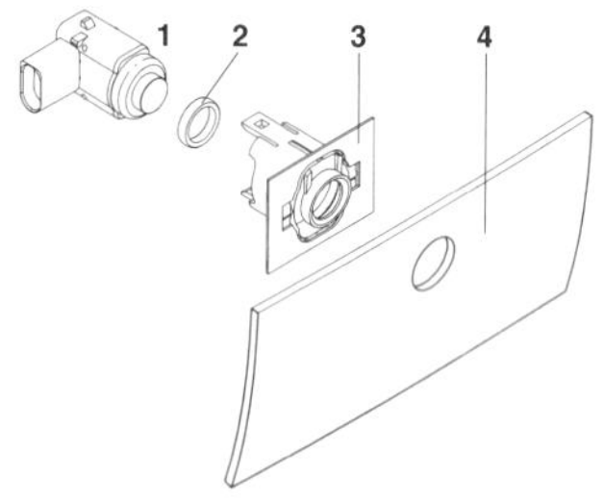

Antennenabstrahldiagramm eines Ultraschallsensors.
1 vertikal, 2 horizontal.

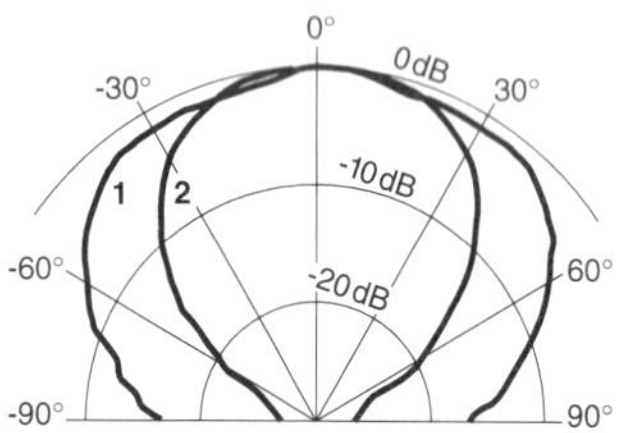

Blockschaltbild des Sensors.

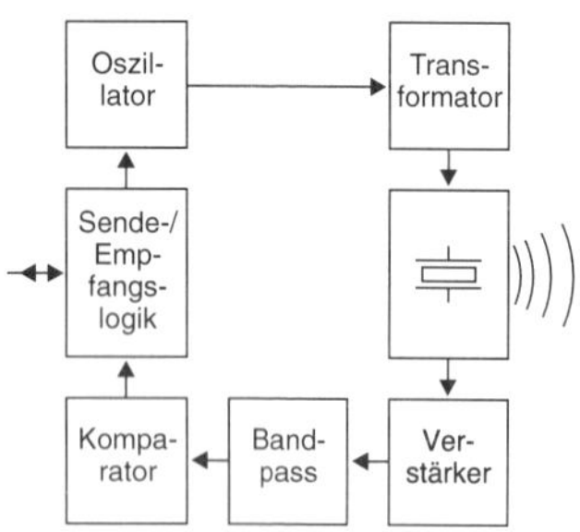

sen in der Resonanzfrequenz zum Schwingen an – Ultraschall wird ausgesendet. Der vom Hindernis reflektierte Schall versetzt die inzwischen beruhigte Membran wiederum in Schwingungen. Diese werden durch die Piezokeramik in ein analoges elektrisches Signal gewandelt. Die Sensorelektronik verstärkt und wandelt es in ein digitales Signal um.

Um einen möglichst großen Bereich erfassen zu können, muss die Detektionscharakteristik spezielle Anforderungen erfüllen. Im horizontalen Bereich ist ein großer Erfassungswinkel erwünscht. Im vertikalen Bereich ist dagegen ein kleinerer Winkel erforderlich, um störende Bodenreflektionen zu vermeiden. Hier ist ein Kompromiss erforderlich, um vorhandene Hindernisse sicher zu erkennen.

Spezifisch angepasste Einbauhalter fixieren die Sensoren an den jeweiligen Positionen innerhalb des Stoßfängers.

Steuergerät

Das Steuergerät enthält eine Spannungsstabilisierung für die Sensoren und den eingebauten Mikroprozessor sowie alle erforderlichen Interfaceschaltungen zur Anpassung der unterschiedlichen Ein- und Ausgangssignale. Die Software übernimmt die Aufgaben:

- Sensoransteuerung und Echoempfang,
- Laufzeitauswertung und Berechnung des Hindernisabstandes,
- Ansteuerung der Warnelemente,
- Auswertung der Eingangssignale vom Fahrzeug,
- Überwachung der Systemkomponenten inkl. Fehlerspeicherung und
- Bereitstellung der Diagnosefunktion.

Warnelemente

Über die Warnelemente wird der Abstand zu einem Hindernis angezeigt. Ihre Ausführung ist fahrzeugspezifisch geprägt und besteht in der Regel aus einer Kombination von akustischer und optischer Anzeige. Aktuell kommen optische Anzeigen sowohl mit LED als auch in LCD-Technik zum Einsatz.

In dem hier gezeigten Beispiel eines Warnelements ist die Anzeige des Abstandes zum Hindernis in 4 Hauptbereiche eingeteilt (siehe Tabelle).

Bereich	Abstand s	opt. Anzeige LED	akust. Anzeige
I	< 1,5 m	grün	Intervallton
II	< 1,0 m	grün + gelb	Intervallton
III	< 0,5 m	grün + gelb + rot	Dauerton
IV	< 0,3 m	alle LED's blinken	Dauerton

Absicherungsbereich

Der Absicherungsbereich ist bestimmt durch die Reichweite und die Anzahl der Sensoren sowie deren Abstrahlcharakteristik.

Die bisherige Erfahrung hat gezeigt, dass für die Heckabsicherung 4 Sensoren und für die Frontabsicherung 4 bis 6 Sensoren ausreichend sind. Die Sensoren sind in die Stoßfänger integriert, womit der Abstand zum Boden fest vorgegeben ist.

Der Einbauwinkel und die Abstände der Sensoren werden fahrzeugspezifisch ermittelt. Diese Daten sind in den Berechnungsalgorithmen des Steuergeräts berücksichtigt. Bis zum Redaktionsschluss wurden mehr als 150 verschiedene Fahrzeugtypen appliziert. So können auch ältere Fahrzeuge nachgerüstet werden.

***Abstandsberechnung für ein Einzelhindernis** (Beispiel).*
a Abstand Stoßfänger/Hindernis,
b Abstand Sensor 1/Hindernis,
c Abstand Sensor 2/Hindernis,
d Abstand Sensor 1/ Sensor 2.
1 Sende- und Empfangssensor,
2 Empfangssensor, 3 Hindernis.

$$a = \sqrt{c^2 - \frac{(d^2 + c^2 - b^2)^2}{4d^2}}$$

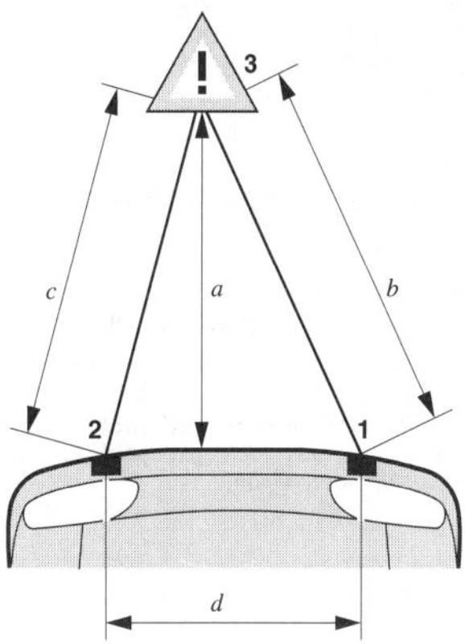

Blockschaltbild des Steuergeräts.

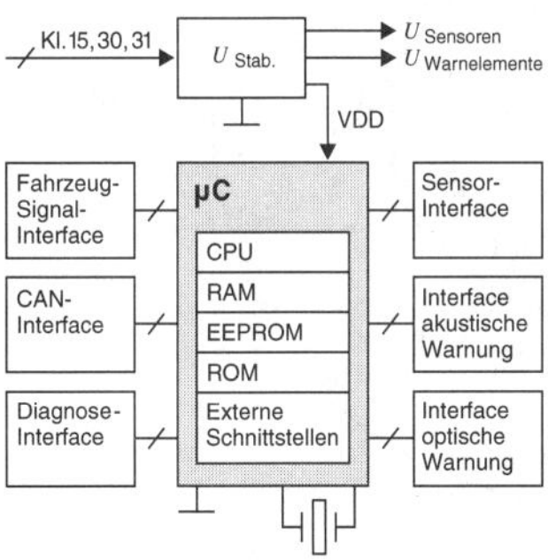

Beispiel eines Warnelements.
1 LED-Warnleuchten,
2 Austrittsöffnung Tonsignal.

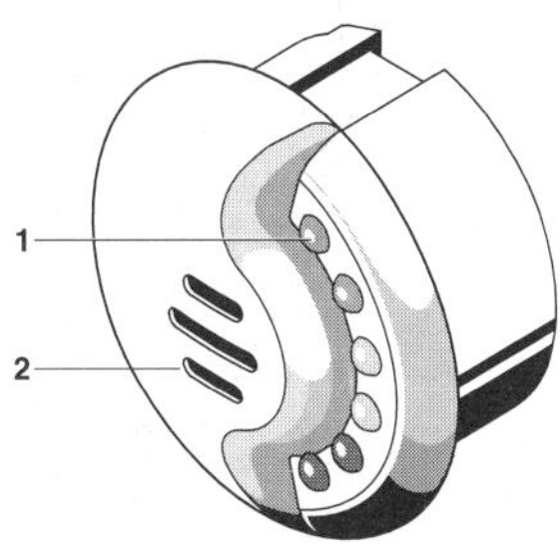

Fahrtschreiber

Angezeigt werden die Fahrgeschwindigkeit, die zurückgelegte Wegstrecke (Kilometerzähler), die Uhrzeit und das Überschreiten einer eingestellten Geschwindigkeit durch Aufleuchten einer Warnlampe (z. B. bei der zulässigen Höchstgeschwindigkeit oder bei einer festgelegten Höchstgrenze für wirtschaftliche Fahrweise). Darüber hinaus werden folgende Daten auf einer Diagrammscheibe uhrzeitrichtig aufgezeichnet: Geschwindigkeitsverlauf, Fahr- und Haltezeiten, gefahrene Wegstrecken. Der Fahrtschreiber ist eichfähig und gemäß § 57b StVZO für bestimmte Fahrzeugkategorien im nationalen Verkehr vorgeschrieben. In verschiedenen Ländern bestehen ebenfalls Vorschriften für die Verwendung von Fahrtschreibern.

Arbeitsweise

Als EC-Tachographen werden Fahrtschreiber bezeichnet, die zusätzlich eine Einrichtung für die Registrierung von Arbeits- und Ruhezeiten (Zeitgruppenaufschrieb) haben, und zwar je nach Ausführung für einen oder zwei Fahrer. Der EC-Tachograph erfüllt alle Forderungen der Verordnung EWG 3821/85, d. h. die EC-Diagrammscheiben sind der Tagesnachweis für den Fahrer. Er ist für bestimmte Fahrzeugkategorien in den Ländern der Europäischen Union obligatorisch und dient der Überwachung der in Verordnung EWG 3820/85 festgelegten Arbeits- und Ruhezeiten. Zur ergänzenden Ausstattung des EC-Tachographen gehören eine Funktionsanzeige für das Uhrwerk sowie eine Kontrolldiode, die dem Fahrer anzeigt, dass Diagrammscheiben eingelegt sind und sämtliche Schreibstifte richtig arbeiten.

Einige Geräte bieten zusätzlich die Anzeige und den Aufschrieb der Motordrehzahl. Mit Zusatzeinrichtungen sind Funktionssteuerungen und weitere Registrierungen möglich. Dazu gehören ein zweistufiger Zusatzschreiber (z. B. zum Registrieren des Kraftstoffverbrauchs)

Diagrammscheibe eines EC-Tachographen.
1 Zeitskala, 2 Geschwindigkeitsaufzeichnungen, 3 Fahr- und Haltezeiten (Zeitgruppenaufschrieb), 4 Wegstreckenaufschrieb.

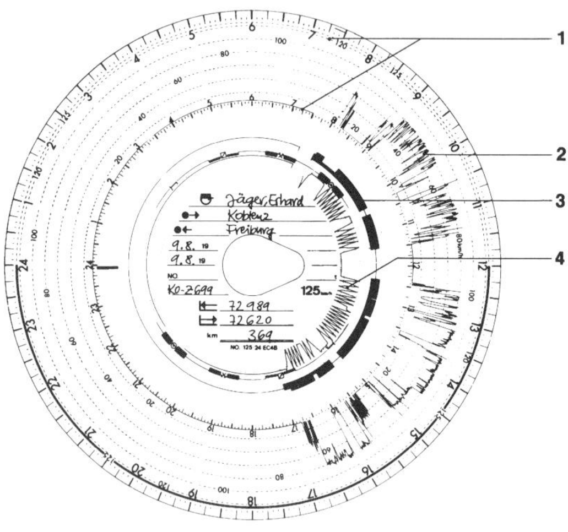

und geschwindigkeits- oder drehzahlabhängige Kontakte für zusätzliche Warn- oder Steuereinrichtungen.

Die Fahrtschreiber und EC-Tachographen unterliegen strengen Toleranzvorschriften, die in der Eichordnung, in § 57b StVZO und in der Verordnung EWG 3821/85 geregelt sind. Darunter fällt auch die periodische Nachprüfung von Gerät und Anlage durch autorisierte Werkstätten.

Die Auswertung von Diagrammscheiben kann als Sichtauswertung und als elektronische oder mikroskopische Auswertung erfolgen. Die Sichtauswertung ist die einfachste Methode, denn die Scheibe ermöglicht es, den gesamten Tagesablauf mit einem Blick zu erfassen und zu überprüfen. Eine systematische Sichtauswertung umfasst folgende Überprüfungen: handschriftliche Eintragungen, Arbeitszeiten, Pausen, Ruhezeiten, Beurteilung der Fahrweise, Kraftstoffverbrauch und Drehzahl sowie manipulierte oder fehlerhafte Registrierungen. Das mikroskopische Auswerteverfahren erfolgt mit einem Spezialmikroskop und zwar meter- und sekundengenau. Mit der Darstellung der Daten in Weg-Zeit-Diagrammen (siehe Abbildung) lässt sich so z.B. der Fahrtverlauf vor einem Unfall sehr genau rekonstruieren.

Im Rahmen eines Fuhrpark-Management-Systems können Diagrammscheiben auch halb- oder vollautomatisch ausgewertet und die Daten im Computer verarbeitet werden.

Geräte mit elektronischem Messsystem werden über Impulse betrieben. Die Impulse werden von einem im Fahrzeug eingebauten Impulsgeber oder von einem am Getriebeanschluss angeordneten Impulsgeber erzeugt, der die mechanischen Umdrehungen des Tachometerritzels in elektronische Impulse umwandelt.

Bei elektronischen Fahrtschreibern oder EC-Tachographen moderner Bauart erfolgt die Angleichung auf unterschiedliche Impulszahlen pro Kilometer Fahrweg am Gerät selbst. Es werden keine separaten Angleichmittel benötigt. Bei Fahrzeugen mit schaltbarer Hinterachse wird die Anpassung an die veränderliche Hinterachsübersetzung mit einem Umschaltgetriebe erzielt, das den Antrieb zum Gerät im gleichen Verhältnis verändert.

Unfall-Diagrammscheibe mit mikroskopisch ermitteltem Geschwindigkeitsverlauf.

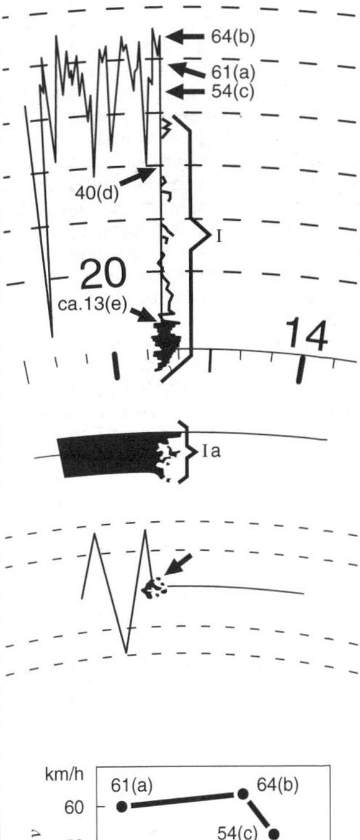

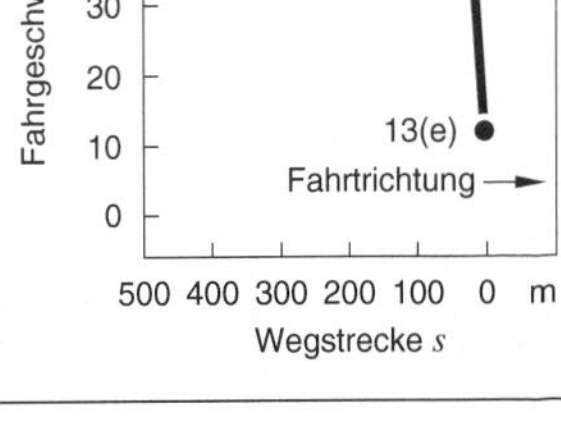

Navigationssysteme

Navigationssysteme haben in den letzten Jahren eine weite Verbreitung gefunden. Anfänglich waren vorwiegend Systeme zur Nachrüstung verfügbar. Inzwischen sind hauptsächlich Systeme als Option beim Neuwagenkauf erhältlich, die längst nicht mehr nur wenigen Typen von Luxuslimousinen vorbehalten sind. Diese Entwicklung ermöglichte eine bessere Integration in das Fahrzeug. Sensoren können von mehreren Systemen des Fahrzeugs gemeinsam genutzt werden. Anzeigen im Kombiinstrument bringen wichtige Informationen der Zielführung in das primäre Blickfeld des Fahrers.

Die Navigation wurde außerdem bei einigen Fahrzeugherstellern Teil eines kompletten Fahrerinformationssystems mit Audio- und Telefonfunktionen. Diese Entwicklung wird sich weiter fortsetzen.

Einfachsysteme, die dem Fahrer nicht mehr bieten, als lediglich die Position in einer Karte und die Luftlinienrichtung zum Ziel, sind weitgehend vom Markt verschwunden.

Allen Systemen gemeinsam sind die Grundfunktionen „Ortung", „Zielauswahl", „Routenberechnung" und „Zielführung". Geräte des oberen Leistungsspektrums bieten zusätzlich eine farbige Kartendarstellung. Für alle Funktionen ist eine digitale Karte des Straßennetzes erforderlich, die allgemein auf einer CD-ROM untergebracht ist.

Ortung

Positionsbestimmung

Zur Positionsbestimmung wird die Koppelortung eingesetzt, bei der Wegelemente zyklisch nach Betrag und Winkel addiert (gekoppelt) werden. Hierdurch akkumulieren Fehler, die jedoch durch einen ständigen Vergleich der Position mit dem Straßenverlauf der digitalen Karte (Map Matching) kompensiert werden. Das Satellitenortungssystem GPS ermöglicht auch nach vorübergehenden Fahrten außerhalb des digitalisierten Straßennetzes oder nach Transport des Fahrzeuges mit Schiff oder Bahn eine problemlose Funktion der Systeme.

Sensoren

Für die Ortung wurden häufig zwei Radsensoren zur Ermittlung des Weges und der Richtungsänderung sowie eine Erdmagnetfeldsonde zur Bestimmung der absoluten Fahrtrichtung verwendet. GPS diente im Wesentlichen zur Korrektur starker Sensorstörungen oder um nach Fahrten außerhalb der digitalen Karte die Wiedereinfahrt in das gespeicherte Straßennetz zu finden. Neuere Systeme kommen mit einem einfachen Wegsignal aus, wie es für die geschwindigkeitsabhängige Lautstärkeregelung von Autoradios bereits häufig verfügbar ist. Die Richtungsänderung wird durch einen Drehratensensor (Gyrometer) bestimmt. Die Erdmagnetfeldsonde erübrigt sich, da sich die absolute Fahrtrichtung inzwischen über den Dopplereffekt aus den GPS-Signalen bestimmen lässt.

Zielauswahl

Verzeichnisse

Die digitale Karte der CD enthält Verzeichnisse, um ein Fahrziel als Adresse eingeben zu können. Hierzu sind Listen aller auf der CD verfügbaren Orte erforderlich. Zu allen Orten existieren wiederum Listen mit den Namen der gespeicherten Straßen. Zur weiteren Präzisierung von Zielen können dann auch Kreuzungen von Straßen oder Hausnummern ausgewählt werden. Die Verfügbarkeit von Hausnummern ist wegen des sehr hohen Aufwandes zur Erhebung solcher Daten jedoch bisher noch sehr begrenzt. Für Ziele wie Flughäfen, Bahnhöfe, Tankstellen, Parkhäuser und vieles mehr sind dem Fahrer in der Regel keine Adressen bekannt. Daher gibt es hierfür thematische Verzeichnisse, in denen diese häufig auch als Points-of-Interest (POI) bezeichneten Ziele aufgelistet sind. Mit diesen Verzeichnissen lässt sich z. B. auch eine Tankstelle im Umkreis des Fahrzeuges finden. Das Markieren eines Zieles in der Kartenanzeige oder der Abruf von Zielen, die zuvor in einem Zielspeicher abgelegt wurden, sind weitere Auswahlmöglichkeiten.

Reiseführer

Als konsequente Weiterentwicklung der

Auswahl von POIs sind CDs mit Reiseführern erhältlich, die in Kooperation zwischen Verlagen und den Herstellern der digitalen Karte entstehen. Mit diesen CDs lassen sich z. B. Hotels im Umkreis des Fahrzieles suchen. Informationen über Größe, Preise und Einrichtung der POIs sind auch auf der CD enthalten.

Routenberechnung

Zielauswahl
Die Routenberechnung muss den Wünschen des Fahrers anzupassen sein. Einstellungen für die Optimierung der Route nach Fahrzeit oder Fahrstrecke sind in vielen Systemen verfügbar. Das Meiden von Autobahnen, Fährverbindungen oder mautpflichtigen Straßen sollte die Routenberechnung erfüllen. Die erstmalige Berechnung der Route nach der Zielauswahl muss in weniger als einer halben Minute möglich sein. Noch zeitkritischer ist die Neuberechnung, wenn der Fahrer die empfohlene Route verlässt. Die Möglichkeit zur Anforderung einer alternativen Route auf Tastendruck ist hilfreich, um vorausliegende Staus umfahren zu können.

Dynamisierte Routen
Eine automatische Stauumfahrung ist bereits auch durch Auswertung von RDS-TMC-codierten Verkehrsmeldungen möglich. Diese können über RDS oder GSM empfangen werden.

Zielführung

Bestimmung der Route
Die Zielführung erfolgt durch Vergleich der aktuellen Position mit der berechneten Route. Aus der Folge des gerade befahrenen Straßenabschnittes und der weiteren auf der Route liegenden Strecken kann entschieden werden, ob der Fahrer einen Abbiegevorgang ausführen muss oder einfach dem Straßenverlauf weiter folgen kann.

Fahrtrichtungsempfehlung
Die Fahrtrichtungsempfehlungen werden in erster Linie akustisch ausgegeben. Der Fahrer kann dann den Empfehlungen ohne Ablenkung vom Verkehr folgen. Einfache Grafiken, möglichst im primären Blickfeld (Kombiinstrument), unterstützen die Verständlichkeit. Die Prägnanz dieser akustischen und grafischen Empfehlungen sind ausschlaggebend für die Qualität der Zielführung. Das Erkennen von Fahrmanövern aus einer Karte auf dem Display kommt wegen der Ablenkung des Fahrers vom Verkehr nicht als primäre Möglichkeit in Frage.

Dynamisierte Routen
Ausgewertete codierte Verkehrsmeldungen, die über den Traffic-Message-Chanel des Radio-Data-Systems (RDS-TMC) parallel zum Rundfunk unhörbar übertragen werden, lassen eine automatische Stauumfahrung zu. Sie stehen bereits auch GSM-Diensten zur Verfügung.

Kartendarstellung

Die Darstellung der Karte auf einem Farbbildschirm kann je nach System über einen Maßstabsbereich von ca. 1 : 8000 bis 1 : 16 Mio. erfolgen. Sie ist hilfreich, um je nach Maßstab einen Überblick über die Route im näheren oder weiteren Umfeld zu erhalten. Die Orientierung wird durch topographische Informationen wie Gewässer, bebaute Gebiete, Eisenbahnen und Wälder erleichtert.

Straßenplanspeicher

Als Straßenplanspeicher hat sich die CD-ROM durchgesetzt. Die Strukturen der auf ihr gespeicherten Daten sind herstellerspezifisches Know-how und beeinflussen die Leistungsfähigkeit der Systeme wesentlich. Aus diesem Grund sind die am Markt befindlichen CDs für Systeme unterschiedlicher Hersteller bisher nicht miteinander kompatibel. Es gibt jedoch Bemühungen, Navigations-CDs zu standardisieren.

Die ursprünglich sehr groß erscheinende Kapazität der CD-ROM wird mit der Größe der digitalisierten Gebiete, der Vollständigkeit der Erfassung des Straßennetzes und der wachsenden Fülle von Zusatzinformationen in absehbarer Zeit erschöpft sein. Die Digital Versatile Disc (DVD) mit vielfacher Kapazität der CD-ROM ist als Nachfolger bereits in Sicht.

Verkehrstelematik

Das Wort „Telematik" entsteht durch die Zusammenziehung der Wörter „Telekommunikation" und „Informatik". Anwendungen zur Übertragung verkehrsrelevanter Informationen von und zu Fahrzeugen und deren nachfolgende meist automatische Auswertung fasst man entsprechend unter dem Begriff „Verkehrstelematik" zusammen.

Übertragungswege

Als Übertragungswege für die Telekommunikation stehen heute in erster Linie der Rundfunk sowie die Mobilfunknetze zur Verfügung.

Der Rundfunk ermöglicht nur den Weg ins Fahrzeug und dient nicht der Übermittlung individueller Nachrichten. Mittels GSM können Informationen zwischen Fahrzeugen und Zentralen von Diensteanbietern in beiden Richtungen ausgetauscht werden. Die Informationsmenge ist jeweils durch die Bandbreite der verfügbaren Übertragungskanäle begrenzt. Deshalb ist eine möglichst redundanzfreie Codierung standardisierter Nachrichteninhalte erforderlich.

Standardisierung

Die Standardisierung von Inhalten bezieht sich bei Meldungen von Verkehrsstörungen, z.B. auf die Art der Störung (wie „Stau", „Vollsperrung"), auf Ursachen (wie „Unfall", „Glatteis") sowie auf die Ausdehnung und die voraussichtliche Dauer. Außerdem ist die Codierung des Ortes einer Störung erforderlich.

Während der Mensch gesprochene Nachrichten mit seiner geographischen Erfahrung und z.B. der Beschilderung in seinem Umfeld interpretieren kann, bietet sich diese Möglichkeit nicht für eine rechnergesteuerte Auswertung von Informationen.

Eine standardisierte Codierung von Bezeichnungen für geographische Regionen, längere Autobahnabschnitte (Segmente) und einzelne Verkehrsknoten (Locations), wie Autobahnanschlussstellen und -kreuze wurde für die Übertragung über den Traffic-Message-Channel des Radio-Data-Systems (RDS-TMC) vorgenommen.

Für Anwendungen der Verkehrstelematik über den Short-Message-Service (SMS) in GSM-Netzen haben Diensteanbieter den Global Automotive Telematics Standard (GATS) entworfen, der für Pannenruf, Notruf, Auskunftsdienste und Verkehrsdatenerfassung nach dem weiter unten beschriebenen Floating-Car-Data-Prinzip vorgesehen ist.

Selektion

Die Selektion der für den Fahrer relevanter Meldungen aus einer häufig großen Informationsflut ist eine der Stärken der Verkehrstelematik. Mikrorechner im Fahrzeug können z.B. durch Auswertung der Position ermitteln, welche Verkehrsmeldung die Route des Fahrzeugs betreffen könnte.

Decodierung von Verkehrsmeldungen

Die Decodierung und Selektion TMC-codierter Verkehrsmeldungen ist heute bereits in 1-Block-Autoradios, wie dem Blaupunkt „VIKING TMC 148", integriert. Der Fahrer kann bis zu 5 Autobahnen, Bundesstraßen oder Gebiete eingeben, für die eine Selektion der Meldungen erfolgen soll. Die ausgewählten Meldungen werden durch einen Sprachausgabebaustein in hörbare Meldungen umgesetzt. Da die Meldungen standardisierten Informationsgruppen entsprechen, ist auch eine Umsetzung in verschiedene Sprachen kein Problem.

Telematikdienste

Geräte wie das Blaupunkt „Gemini GPS 148" verfügen über ein GSM-Modul und einen Empfänger für das Global Positioning System (GPS). Das GSM-Modul ermöglicht neben normalen Telefonfunktionen auch die bidirektionale Übertragung von Meldungen über SMS. Das GPS-Modul ermöglicht die Bestimmung der Fahrzeugposition mit einer Genauigkeit von ca. 100 m. Mit solchen Geräten kann man

Telematikdienste wie „Verkehrsinformation“, „Pannenruf“ und „Hilferuf“ nutzen.

Die Auswahl von Verkehrsmeldungen kann relativ zum eigenen Standort und zur Fahrtrichtung sowie durch Auswahl von Autobahnen und Bundesstraßen erfolgen. Bei einer Panne kann auf Knopfdruck eine Telefonverbindung zur einer Zentrale aufgebaut werden. Parallel wird über SMS die Position des Fahrzeuges übertragen.

Für zukünftige GSM-Dienste können die Geräte durch Einspielen neuer Software funktional erweitert werden.

Dynamische Zielführung

Die am weitesten automatisierte Auswertung von Verkehrsinformationen erfolgt zur dynamischen Zielführung. Durch die standardisierte Codierung von Locations (siehe „Standardisierung“), Ereignissen sowie deren örtliche Ausdehnung und voraussichtliche Dauer ist es Rechnern in Zielführungssystemen möglich, die Auswirkung einer Verkehrsstörung auf den Routenverlauf zu bewerten und dann zu berechnen, ob eine günstigere Alternativroute existiert.

In diesem Fall bekommt der Fahrer den Hinweis, dass die Route aufgrund von Verkehrsmeldungen neu berechnet wurde. Entsprechend der neuen Route folgen dann die weiteren Richtungsempfehlungen.

Für die dynamische Zielführung ist auf den CDs, die üblicherweise die digitale Karte von Zielführungssystemen tragen, eine Referenztabelle zu den Locations der Verkehrsmeldungen erforderlich.

Der Empfang der Verkehrsmeldungen erfolgt entweder über einen FM-Empfänger mit RDS-Decoder oder über SMS aus GSM-Netzen.

Systeme mit dynamischer Zielführung sind seit 1998 erhältlich und werden wegen des Komforts für den Fahrer schnelle Verbreitung finden.

Informationserfassung

Der Nutzen der Verkehrstelematik kann für den Fahrer nur so gut sein, wie die verwendeten Informationen. Insbesondere die Aktualität der Meldungen ist bis heute nicht unproblematisch.

Erfassung durch Infrastruktur an den Straßen

Informationen über den Verkehrsfluss auf wichtigen Straßenabschnitten werden bereits seit vielen Jahren durch Induktionsschleifen in den Fahrbahnen erfasst. Mit Hilfe von Schleifen können die Anzahl und die Geschwindigkeit von Fahrzeugen gemessen und daraus Verkehrsdichte (Fahrzeug pro km) und Verkehrsstärke (Fahrzeug pro Stunde) berechnet werden. Die Installation solcher Schleifen wurde in den letzten Jahren intensiviert, ist aber aufwendig und teuer.

Alternativ werden von GSM-Diensteanbietern Sensoren an Autobahnbrücken installiert, die mit Solarzellen betrieben werden und ihre Informationen drahtlos übertragen können. Sie sind leicht und kostengünstiger zu installieren; ihr Messprinzip beschränkt sie aber auf die Zählung von Fahrzeugen und eine grobe Geschwindigkeitseinstufung.

Floating Car Data

Eine weitere Möglichkeit der Erfassung von Verkehrsinformationen besteht im Floating-Car-Data-Prinzip.

Ein Auto „fließt“ (floating car) im Verkehrsstrom mit und überträgt zyklisch seine Position und Geschwindigkeit in eine Zentrale. Dort können durch statistische Auswertung der individuell erfassten Daten aktuelle Meldungen über die Verkehrssituation generiert werden. Für diese Methode kommen alle Fahrzeuge mit einer bidirektionalen Verbindung (wie SMS) in Frage. Voraussetzung für statistisch abgesicherte Meldungen ist jedoch ein prozentual hoher Anteil von entsprechend ausgerüsteten Fahrzeugen. Da diese Voraussetzung noch nicht gegeben ist, kam dieses Verfahren bisher nur in Feldversuchen zum Einsatz. Die endgültige Bewährungsprobe steht noch aus, da auch in den Versuchen der Fahrzeuganteil nicht hoch genug war.

Mobilfunk

Der Mobilfunkbereich lässt sich in die Funktelefonnetze (z. B. Autotelefonnetze) und die Betriebsfunknetze unterteilen. Während die Funktelefonnetze öffentliche Netze und damit wie die Drahttelefonnetze für jeden zugänglich sind, stehen die Betriebsfunknetze jeweils nur einem bestimmten Personenkreis zur Verfügung. Mobilfunknetze bestehen aus den mobilen Funkgeräten (Mobiltelefone) und aus der Infrastruktur (Systemsteuerung und ortsfeste Funkstellen, Basisstationen). Überlegungen zur ökonomischen Belegung der Frequenzen haben bei den Mobilfunknetzen zu zellularen Netzen geführt, so dass gleiche Frequenzen in größeren Zellabständen wiederverwendet werden können. Die Anzahl der ortsfesten Funkstellen (Funkzellen) eines Funknetzes richtet sich nach der Größe des zu versorgenden Gebietes und/oder nach der Anzahl der Funkteilnehmer.

Verbindungssteuerung im C-Netz.
1 Sprache, 2 komprimierte Sprache,
3 digitales Telegramm,
4 komprimierte Sprache + digitales Telegramm.

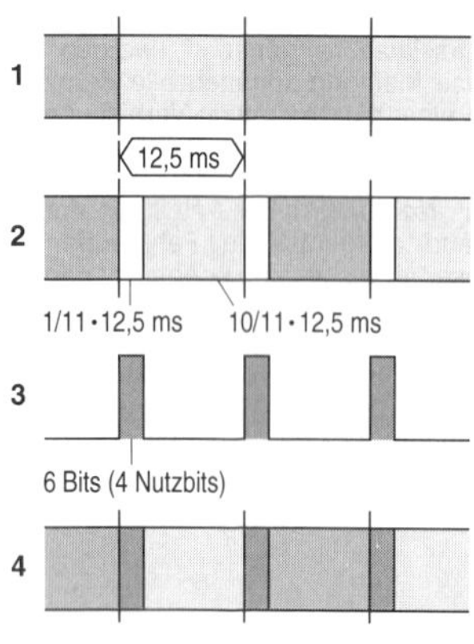

Funktelefonnetze

In Funktelefonnetzen werden die Verbindungen stets über die ortsfesten Funkstellen hergestellt und sind dann nicht nur zwischen den Mobilstationen, sondern auch zum bzw. vom öffentlichen Netz möglich. Derzeit sind in Europa technisch unterschiedliche analoge (C-Netz) und digitale Funktelefonnetze (D- und E-Netze [GSM]) in Betrieb.

C-Netz

Das analoge Funktelefonnetz (meist 450 MHz) überträgt die Sprache durch analoge Modulation. Spezielle Organisationskanäle steuern die Verbindungen mit digitalen Telegrammen. Die Systemsteuerung überwacht auf den Sprachkanälen ständig eine bestehende Verbindung. Dazu werden digitale Telegramme in die Sprache eingeblendet. Die Sprache wird in Blöcke von 12,5 ms unterteilt. Diese werden vor dem Aussenden auf einen zeitlichen Wert von 10/11 x 12,5 ms komprimiert. In die entstehenden Lücken von 1/11 x 12,5 ms werden die digitalen Telegramme eingelagert. Das übertragene Signal wird auf der Empfangsseite in umgekehrter Weise wieder getrennt und die Sprache auf den ursprünglichen Wert von 12,5 ms expandiert. In den letzten Jahren wurden die analogen Netze zugunsten der digitalen Netze weitgehend verdrängt. Das deutsche C-Netz wurde Ende 2000 abgeschaltet.

D- und E-Netz

Das europaweite digitale zellulare Mobilfunksystem GSM (Global System for Mobile Communication) im 900-MHz-Bereich (E-Netze im 1,86-GHz-Bereich) sollte die Inkompatibilität der europäischen analogen Funknetze überwinden. Im Gegensatz zum analogen Funktelefonnetz wird die Sprache im D- und E-Netz digital übertragen. Dabei werden acht Sprachkanäle zu je 16 kBit/s bzw. 16 Sprachkanäle zu je 8 kBit/s („Halfrate") auf einem Hochfrequenzkanal mit einer Bandbreite von 200 kHz übertragen. Der Sprachkanalzugriff innerhalb des Hochfrequenzkanals erfolgt im Zeitvielfachverfahren (TDMA: Time Division Multiplex Access).

Betriebsfunknetze

Betriebsfunknetze sind Funknetze, die auf die speziellen betrieblichen Belange verschiedener Personengruppen ausgerichtet sind. Wesentliches Merkmal ist eine gute Funkausleuchtung innerhalb eines abgeschlossenen Gebietes, wodurch eine hohe Erreichbarkeit der Mobilstationen gewährleistet ist. Die typische Verbindungsaufbauzeit beträgt bei analogen Betriebsfunknetzen weniger als 1 s. In speziellen Betriebsarten („offener Kanal") wird hingegen keine Verbindungsaufbauzeit benötigt.
Die wichtigsten Teilnehmergruppen sind:
- Energieversorgungsunternehmen,
- öffentliche Verkehrsbetriebe,
- Behörden und Organisationen mit Sicherheitsaufgaben,
- Benutzer von Gemeinschaftsfrequenzen,
- Taxi- und Mietwagenunternehmen.

Für die Verbindungssteuerung kommen unterschiedliche analoge und digitale Signalisierungsverfahren zur Anwendung. Die Möglichkeit, gezielt einzelne Teilnehmer zu erreichen, bieten die „Selektivrufnetze". Die wichtigsten Signalisierungsverfahren sind das 5-Tonfolge- und das Digital-Rufverfahren. Die fünf Stellen der 5-Tonfolge enthalten in kodierter Form die Geräteadresse des gerufenen Teilnehmers. Jede Stelle enthält entsprechend der Adresse eine Ziffer 0...9. Jeder Ziffer ist eine Frequenz zugeordnet.

Nach dem Empfang und der Auswertung der 5-Tonfolge sendet das gerufene Gerät eine 5-Tonfolge als Quittung und erzeugt als Aufmerksamkeitszeichen einen Anrufton. Damit ist die Verbindung hergestellt.

Funksysteme mit Digital-Rufverfahren sind eine Weiterentwicklung der Tonfolgesysteme. Die Informationen in den Ruf- und Quittungstelegrammen sind binär kodiert. Den beiden Bits „0" und „1" sind die Frequenzen 1800 Hz und 1200 Hz zugeordnet. Gegenüber den Tonfolge-Rufverfahren lassen sich in einem Digitaltelegramm neben der gerufenen Teilnehmeradresse noch weitere Statusinformationen übertragen.

Bündelfunknetze

Bündelfunknetze der Deutschen Telekom im 400-MHz-Bereich sollen in Deutschland die zunehmende Frequenzknappheit in den Betriebsfunknetzen beheben. Durch die gemeinsame Nutzung und Verwaltung mehrerer Funkkanäle wird ein Kanalbündelgewinn erzielt. Dadurch lassen sich unter gleichen Voraussetzungen gegenüber den herkömmlichen Funknetzen mehr Funkteilnehmer pro Funkkanal unterbringen. Neben der guten Erreichbarkeit innerhalb eines Bündelfunknetzes und der Exklusivität der Verbindungen ist die Zugangsmöglichkeit der Mobilstationen zum öffentlichen Drahtfernmeldenetz zu erwähnen.

Die Verbindungssteuerung erfolgt über einen speziellen Funkkanal des Kanalbündels (Organisationskanal) nach der Spezifikation MPT1327 (MPT, Ministry of Post and Telecommunication). Das digitale Bündelfunknetz TETRA-25 (Trans European Trunked Radio) wurde vom European Telecommunication Standard Institute (ETSI) spezifiziert. Dieses Zeitmultiplex-Übertragungsverfahren (TDMA, Time Division Multiplex Access) nutzt ein Kanalraster von 25 kHz mit je vier Zeitschlitzen im 400-MHz-Bereich. Die Übertragungsrate beträgt 36 kBit/s (brutto) je Trägerfrequenz.

Ein weiteres digitales Bündelfunknetz TETRAPOL wendet das Frequenzmultiplex-Verfahren (FDMA, Frequency Division Multiplex Access) an und nutzt ein schmalbandiges Kanalraster von 10 bzw. 12,5 kHz. Die Übertragungsrate liegt hier bei 8 kBit/s (brutto) je Trägerfrequenz.

Die europäischen Bahnen planen ein auf der GSM-Technik beruhendes Funkübertragungsverfahren (GSM 2+, GSM-Railway) für ihren Betriebsfunk zu realisieren.

Kfz-Informations-system

Zusätzlich zu den Anzeige- und Bedienelementen für die überwiegend fahrzeugbezogenen Funktionen gibt es immer mehr Informations-, Kommunikations- und Komfortanwendungen im Kraftfahrzeug. Das Radio gehört nahezu zur Standardausrüstung. Telefon, Navigationssystem usw. folgen diesem Trend. Jede dieser weiteren Anwendungen würde eine eigenständige Anzeige, speziell gestaltete Bedienelemente und eine unterschiedliche Vorgehensweise bei der Bedienung erfordern. Diese Vielfalt würde den Fahrer zusätzlich belasten und genügt u. a. auch wegen der Verkehrssicherheit nicht mehr den künftigen Anforderungen an Sicherheit und Komfort. Das Kfz-Informationssystem bietet dem Fahrer eine einheitliche „Benutzeroberfläche“ für mehrere unterschiedliche Anwendungen. Das Kfz-Informationssystem fasst die Anzeige und Bedienung mehrerer Anwendungen in einer zentralen Anzeige- und Bedieneinheit zusammen. Die in der Summe deutlich reduzierte Zahl an Ein- und Ausgabeelementen kann damit leichter nach ergonomischen Gesichtspunkten im Kraftfahrzeug angeordnet werden. Mit diesem Kfz-Informationssystem lässt sich außerdem die Fahrzeuginstrumentierung (trotz zusätzlicher Anwendungen) für den Fahrer übersichtlich gestalten, was letztlich auch der Verkehrssicherheit zugute kommt. Die Anzeige- und Bedieneinheit tauscht über ein Bus-System (z. B. CAN) mit den angeschlossenen Komponenten gegenseitig (bidirektional) Informationen zur Steuerung und zur Darstellung entsprechender Informationen auf der Anzeige aus.

Die Eingabe der wichtigsten Bedienfunktionen erfolgt vorzugsweise über im unmittelbaren Greifraum des Fahrers „blind findbare“ Eingabeelemente, auch über Bedienelemente am Lenkrad. Umfangreichere Eingaben (z. B. Erstellen einer Telefonkurzwahlliste) werden aus Sicherheitsgründen nur bei stehendem Fahrzeug zugelassen.

Die Zentralanzeige dient der Darstellung unterschiedlichster Bildinhalte wie z. B. Texte, Bilder, Videos. Für den Fahrer während der Fahrt wichtige Informationen (wie z. B. Name des empfangenen Verkehrsfunksenders oder ein Richtungspfeil als Navigationsanweisung) können auf einer Anzeige im Kombiinstrument dargestellt werden. Eine Sprachausgabe kann die optische Anzeige zusätzlich unterstützen. In Zukunft wird eine Spracheingabe für beliebige Systemfunktionen den Fahrer zusätzlich entlasten können.

Struktur eines Kfz-Informationssystems.

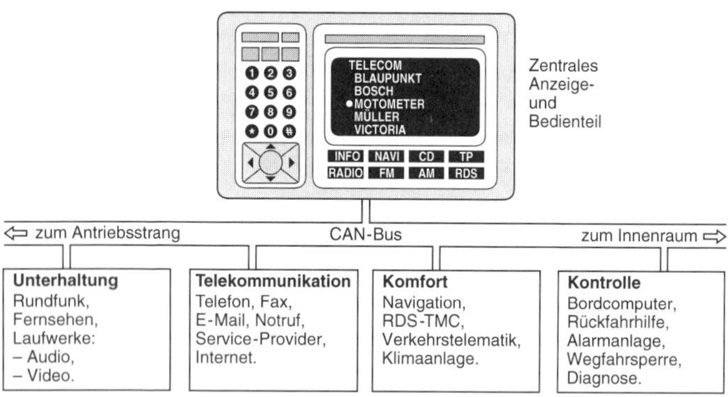

Sicherheitssysteme

Sicherheit am Kraftfahrzeug

Aktive und passive Sicherheit
Aktive Sicherheitssysteme helfen, Unfälle zu vermeiden und tragen damit vorbeugend zur Sicherheit im Straßenverkehr bei. Ein Beispiel für die aktive Fahrsicherheit ist das Antiblockiersystem ABS mit Elektronischem Stabilitäts-Programm ESP von Bosch, das das Fahrzeug auch in kritischen Bremssituationen stabilisiert und die Lenkbarkeit dabei aufrechterhält.

Passive Sicherheitssysteme dienen dem Schutz der Insassen vor schweren oder gar tödlichen Verletzungen. Ein Beispiel für die passive Sicherheit sind die Airbags, die die Insassen schützen, wenn ein Aufprall nicht vermieden werden konnte.

Insassenschutzsysteme

Sicherheitsgurte und Gurtstraffer

Aufgabe
Sicherheitsgurte haben die Aufgabe, die Insassen eines Fahrzeuges im Sitz zurückzuhalten, wenn dieses auf ein Hindernis aufprallt.

Gurtstraffer verbessern die Rückhalteeigenschaften eines Dreipunkt-Automatikgurtes und erhöhen den Schutz vor Verletzungen. Sie ziehen bei einem Frontalaufprall die Sicherheitsgurte enger an den Körper und halten den Oberkörper damit möglichst dicht an der Sitzlehne. So wird eine zu weite, durch die Massenträgheit verursachte Vorverlagerung der Insassen verhindert (s. Bild).

Arbeitsweise
Bei einem Frontalaufprall auf ein festes Hindernis mit 50 km/h müssen die Gurte eine Energie absorbieren, die der Wucht vergleichbar ist, die ein Mensch beim freien Fall aus dem 4. Stockwerk eines Hauses erreicht.

Aufgrund eines lockeren Gurtes („Gurtlose"), der Gurtdehnung und der zeitverzögerten Wirkung der Aufrollvorrichtung („Filmspuleneffekt") haben Dreipunkt-Automatikgurte beim Frontalaufprall mit Geschwindigkeiten von über 40 km/h gegen feste Hindernisse nur eine begrenzte Schutzwirkung, da sie ein Auftreffen von Kopf und Körper auf das Lenkrad bzw. auf das Instrumentenbrett nicht mehr sicher verhindern können. Ein Insasse erfährt ohne Rückhaltesysteme eine sehr große Vorverlagerung (s. Bild nächste Seite).

Insassenschutzsysteme mit Gurtstraffer und Frontairbags.
1 Gurtstraffer, 2 Frontairbag für Beifahrer, 3 Frontairbag für Fahrer, 4 Steuergerät.

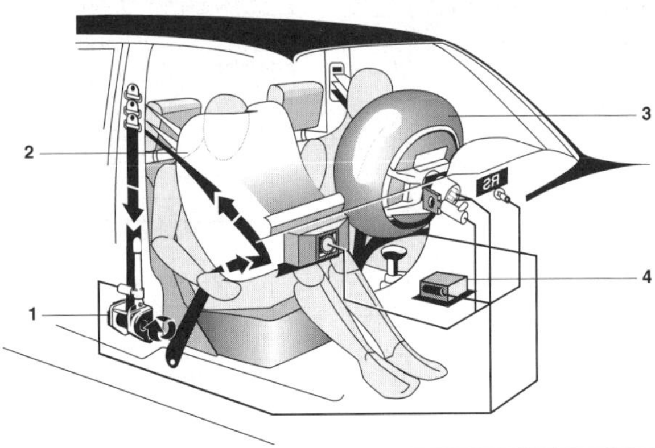

Der Schultergurtstraffer beseitigt bei einem Aufprall die „Gurtlose" und den „Filmspuleneffekt", indem er das Gurtband aufrollt und strafft. Seine volle Wirkung erreicht dieses System bei einem Aufprall mit einer Geschwindigkeit von 50 km/h innerhalb der ersten 20 ms nach Aufprallbeginn; es unterstützt damit den nach ca. 40 ms voll aufgeblasenen Airbag. Danach bewegt sich der Insasse noch etwas nach vorn und drückt dabei auf den sich entleerenden Airbag. Auf diese Weise werden die Insassen vor Verletzungen geschützt.

Für die optimale Schutzwirkung müssen die Fahrzeuginsassen nach möglichst geringer Vorverlagerung aus den Sitzen an der Fahrzeugverzögerung teilnehmen. Dafür sorgt die Aktivierung der Gurtstraffer bereits kurz nach Aufprallbeginn und stellt damit die frühestmögliche Rückhaltung der Insassen auf den vorderen Plätzen sicher. Die maximale Vorverlagerung bei gestrafften Gurten beträgt ca. 1 cm und die mechanische Straffungsdauer liegt bei 5...10 ms.

Bei der Aktivierung wird ein pyrotechnischer Treibsatz elektrisch gezündet. Der explosionsartig ansteigende Druck wirkt auf einen Kolben, der über ein Stahlseil die Gurtrolle so dreht, dass sich der Gurt straff an den Körper anlegt (s. Bild).

Verzögerung bis Stillstand und Vorverlagerung eines Insassen bei einer Aufprallgeschwindigkeit von 50 km/h.
① Aufprall, ② Zündung Gurtstraffer/Airbag, ③ Gurt gestrafft, ④ Airbag gefüllt.
- - - ohne/ —— mit Rückhaltesystemen.

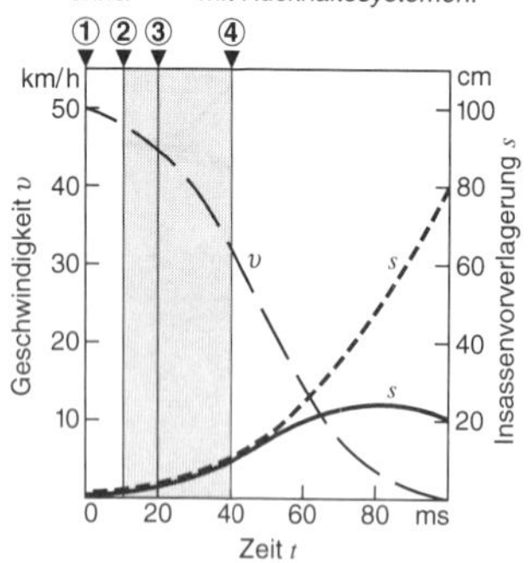

Varianten

Neben den beschriebenen Schultergurtstraffern zum Rückwärtsdrehen der Gurtrolle gibt es Varianten, die das Gurtschloss nach hinten ziehen (Schlossstraffer) und dadurch gleichzeitig Schulter- und Beckengurt straffen. Die Rückhaltewirkung und der Schutz davor, unter dem Gurt hindurchzurutschen („Submarining Effect"), werden mit Schlossstraffern noch weiter verbessert. Die Straffung geht bei beiden Systemen in der gleichen Zeit vonstatten wie bei Schultergurtstraffern.

Neben pyrotechnisch angetriebenen gibt es auch mechanische Gurtstraffer. Hierbei entriegelt ein mechanischer oder elektrischer Sensor eine vorgespannte Feder, die das Gurtschloss zurückzieht. Der einzige Vorteil dieser Systeme liegt in den geringeren Kosten.

Weiterentwicklung

Die Straffungsleistung pyrotechnischer Gurtstraffer wird laufend weiter verbessert: „Hochleistungsstraffer" sind in der Lage, ca. 18 cm Gurtauszugslänge in ungefähr 5 ms zurückzuziehen.

Schultergurtstraffer.
1 Zündleitung,
2 Zündelement,
3 Treibladung,
4 Kolben,
5 Zylinder,
6 Drahtseil,
7 Gurtrolle,
8 Gurtband.

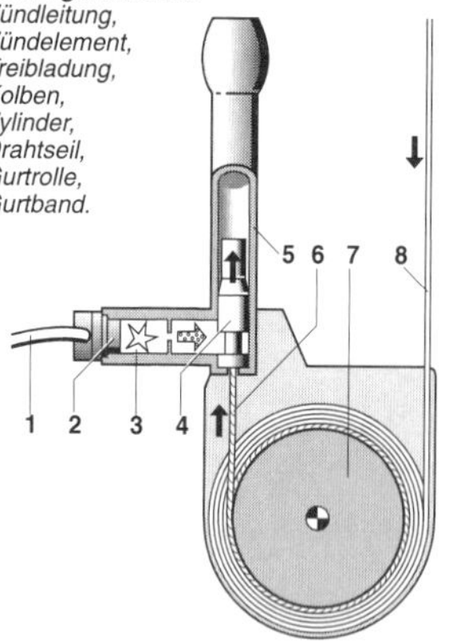

Frontairbag

Aufgabe

Frontairbags haben die Aufgabe, mit je einem Airbag den Fahrer und den Beifahrer vor Kopf- und Brustverletzungen bei einem Fahrzeugaufprall auf feste Hindernisse mit Geschwindigkeiten bis zu 60 km/h zu schützen. Bei einem Frontalaufprall zwischen zwei Fahrzeugen schützen die Frontairbags bis zu Relativgeschwindigkeiten von 100 km/h. Ein Gurtstraffer allein kann bei einem schweren Aufprall das Aufschlagen des Kopfes auf das Lenkrad nicht verhindern. Airbags haben zur Erfüllung dieser Aufgabe je nach Einbauort, Fahrzeugart und Strukturdeformationsverhalten unterschiedliche, den Fahrzeugverhältnissen angepasste Füllmengen und Druckaufbauverläufe.

Frontairbags arbeiten in einigen wenigen Fahrzeugtypen auch mit „aufblasbaren Kniepolstern" zusammen, die den „Ride Down Benefit", d. h. den Geschwindigkeitsabbau der Insassen zusammen mit dem Geschwindigkeitsabbau der Fahrgastzelle gewährleisten. Somit wird die rotationsförmige Vorwärtsbewegung von Oberkörper und Kopf, die für einen optimalen Airbagschutz eigentlich benötigt wird, sichergestellt. Dies ist vor allem für Länder ohne Anschnallpflicht von Vorteil.

Arbeitsweise

Zum Schutz von Fahrer und Beifahrer blasen nach einem von Sensoren erkannten Fahrzeugaufprall je ein pyrotechnischer Gasgenerator Fahrer- und Beifahrerairbag pyrotechnisch hochdynamisch auf. Um für einen betroffenen Insassen die maximale Schutzwirkung zu erhalten, muss ein Airbag ganz gefüllt sein, bevor der Insasse ihn berührt. Durch das Auftreffen des Oberkörpers wird das Luftkissen teilweise wieder entleert und dabei die Energie, mit der die zu schützende Person auftrifft, mit verletzungsunkritischen Flächenpressungs- und Verzögerungswerten „sanft" absorbiert. Verletzungen an Kopf und Brust werden so deutlich gemildert oder gar verhindert.

Die maximal zulässige Vorverlagerung, bis der Airbag auf der Fahrerseite gefüllt ist, beträgt ca. 12,5 cm, was einer Zeit von ca. 10 ms + 30 ms = 40 ms nach Aufprallbeginn (bei einem Aufprall mit 50 km/h auf ein hartes Hindernis) entspricht (s. Bild „Vezögerung bis Stillstand"). 10 ms dauert es bis zur elektronischen Zündung, 30 ms beträgt die Aufblasdauer für den Airbag.

Der Airbag ist bei einem 50 km/h-Crash nach ca. 40 ms voll aufgeblasen und entleert sich nach weiteren 80...100 ms durch die Abströmöffnungen. Der gesamte Vorgang dauert somit nur etwas mehr als eine Zehntelsekunde, d. h. als ein Wimpernschlag.

Aufprallerkennung

Die bestmögliche Insassenschutzwirkung bei einem Front-, Offset-, Schräg- oder Pfahlaufprall wird durch ein abgestimmtes Zusammenspiel von pyrotechnischen, elektronisch gezündeten Frontairbags und Gurtstraffern erzielt. Um die Wirkung beider Schutzeinrichtungen zu maximieren, werden sie von einem gemeinsamen, in der Fahrgastzelle eingebauten, elektronischen Steuergerät (Auslösegerät) zeitoptimiert aktiviert. Hierbei misst das elektronische Steuergerät mit einem oder zwei elektronischen Beschleunigungssensoren die beim Aufprall entstehende Verzögerung und errechnet daraus die Geschwindigkeitsänderung. Zusätzlich muss der Aufprall bewertet werden. Ein Hammerschlag in der Werkstatt, leichte Rempler, Fahren über die Bordsteinkante oder über ein Schlagloch dürfen den Airbag nicht auslösen. Die Sensorsignale werden dazu in digitalen Auswertealgorithmen verarbeitet, deren Empfindlichkeitsparameter mit Hilfe von Crashdatensimulationen optimiert wurden. Die erste Auslöseschwelle wird je nach Aufprallart innerhalb von 5...60 ms erreicht. Die z. B. durch die Ausstattung und das Deformationsverhalten der Karosserie beeinflussten Beschleunigungsverläufe sind für jedes Fahrzeug anders. Sie bestimmen die Einstellparameter, die für die Empfindlichkeit beim Auslösealgorithmus (Rechenvorgang) und schließlich für die Airbag- und Gurtstrafferzündung maßgebend sind. Je nach Fertigungskonzept des Fahrzeugherstellers können die Auslöseparameter und der Fahrzeugausrüstungsgrad auch am Ende des Montagebandes in das Steuergerät programmiert werden („Bandendeprogrammierung“).

Zur Vermeidung airbagbedingter Verletzungen oder Tötungen „Out-Of-Position“ befindlicher Insassen oder von Kleinkindern in Reboard-Kindersitzen muss die Auslösung des Frontairbags und dessen Befüllung situationsangepasst erfolgen. Zu diesem Zwecke gibt es folgende Verbesserungsmaßnahmen:

1. Deaktivierungsschalter. Mit ihnen können der Fahrer- oder der Beifahrerairbag außer Funktion gesetzt werden. Die Funktionszustände des Airbags werden über extra Lampen angezeigt.
2. In den USA, wo es z. Zt. ca. 130 airbagbedingte Todesfälle gibt, wird versucht, die Aufblasaggresivität mit der Einführung von „Depowered Airbags“ zu reduzieren. Dies sind Airbags mit um 20...30 % reduzierter Gasgeneratorleistung, durch die die Aufblasgeschwindigkeit und Aufblashärte reduziert und die Verletzungsgefahr „Out-Of-Position“ befindlicher Insassen verringert werden. „Depowered Airbags“ können von großen und schweren Insassen dadurch auch leichter durchgedrückt werden, d. h. sie haben ein reduziertes Energieabsorptionsvermögen und erfordern – vor allem bei harten Frontalaufprallen – angeschnallte Insassen.
3. „Intelligente Airbagsysteme“. Das Verletzungsrisiko soll durch verbesserte und zusätzliche Sensierungsfunktionen und Steuermöglichkeiten des Airbagaufblasvorgangs bei gleichzeitiger Verbesserung der Schutzwirkung Schritt für Schritt verkleinert werden. Derartige Funktionsverbesserungen sind:

– Aufprallschwereerkennung durch Verbesserung des Auslösealgorithmus, bzw. durch Verwendung von ein oder zwei Upfrontsensoren. Letzteres sind in der Knautschzone (z. B. auf dem Kühlerquerträger) eingebaute Beschleunigungssensoren, die eine frühzeitige Erkennung schwierig zentral zu sensierender Aufpralle, z. B. ODB (Offset Deformable Barrier Crashs, Offset gegen weiche Barrieren), Pfahl- oder Unterfahraufpralle, ermöglichen. Mit ihnen ist auch eine Erkennung der Aufprallenergie möglich:
– Gurtbenutzungserkennung.

„Hochdynamische“ Entfaltung eines Fahrerairbags.

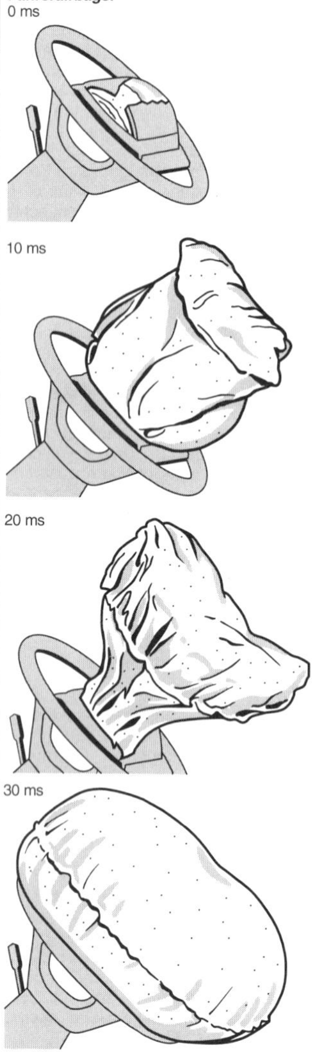

– Insassenpräsenz-, Positions- und Gewichtserkennung.
– Sitzpositions- und Lehnenneigungserkennung.
– Einführung von bis zu zehn und mehr verschiedenen Auslöseschwellen (Gurtstraffer Stufe 1 und Stufe 2, Fahrer-Airbag Stufe 1 unangeschnallt, Fahrer-Airbag Stufe 2 unangeschnallt, Fahrer-Airbag Stufe 1 angeschnallt, Fahrer-Airbag Stufe 2 angeschnallt, Beifahrer-Airbag Stufe 1 unangeschnallt, Beifahrer-Airbag Stufe 2 unangeschnallt, Beifahrer-Airbag Stufe 1 angeschnallt, Beifahrer-Airbag Stufe 2 angeschnallt, Heckaufprall Stufe 1 und Stufe 2).
– Verwendung von Airbags mit zweistufigen Gasgeneratoren oder mit einstufigem Gasgenerator und pyrotechnisch aktivierbarem Gasauslassventil.
– Verwendung von Gurtstraffern mit vom Insassengewicht abhängiger Gurtkraftbegrenzung.
– CAN-Busvernetzung des Insassenschutzsystems zur Kommunikation von Daten (Diagnoseinformationen, Warnlampenansteuerung usw.) zur synergetischen Nutzung von Sensordaten anderer Systeme (Fahrgeschwindigkeits-, Bremsbetätigungs-, Gurtschlossschalter- und Türkontaktinformationen).

Zur Absetzung von Notrufen nach einem Aufprall und zur Aktivierung „Sekundärer Sicherheitssysteme“ (Warnblinker, Öffnen der Zentralverriegelung, Abschalten der Kraftstoffpumpe usw.) wird der „Crashausgang“ verwendet (s. Bild „Kombiniertes Steuergerät“).

Seitenairbag

Aufgabe

Der Anteil der seitlichen Kollisionen am gesamten Unfallgeschehen beträgt etwa 20 %. Damit ist die Seitenkollision nach dem Frontalaufprall die zweithäufigste Aufprallart. Deshalb werden immer mehr Fahrzeuge zusätzlich zu Gurtstraffern und Frontairbags auch mit Seitenairbags ausgestattet. Seitenairbags, die sich zum Schutz von Kopf und Oberkörper entlang des Dachausschnitts (z. B. Inflatable Tubular Systems, Window Bags, Inflatable Curtains) bzw. aus der Tür oder der Sitzlehne (Thoraxbags) entfalten, sollen die Insassen weich abfangen und sie so vor Verletzungen beim Seitenaufprall schützen (s. Bild).

Arbeitsweise

Ein rechtzeitiges Entfalten der Seitenairbags gestaltet sich wegen der fehlenden Knautschzone und dem kleinen Abstand zwischen den Insassen und den seitlichen Fahrzeugstrukturteilen besonders schwierig. Die Zeit für die Aufprallerken-

Seitenaufprallschutzsysteme.
1 Kombisteuergerät,
2 Beschleunigungssensoren (PAS),
3 Gasgeneratoren,
4 Seitenairbags.

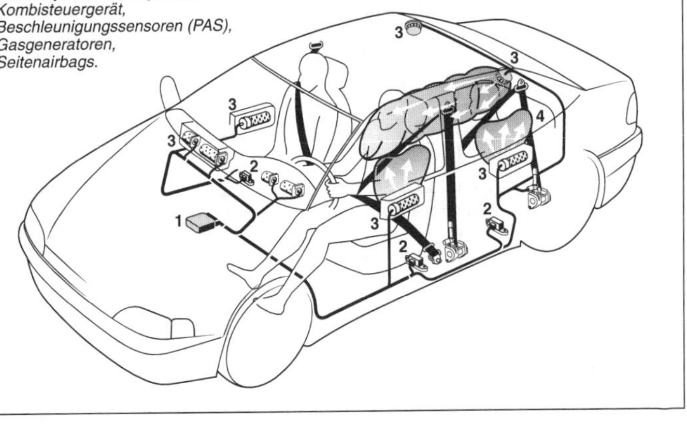

nung und Aktivierung der Seitenairbags muss deshalb bei harten Seitenaufprallen bei ca. 3...5 ms liegen, und die Aufblasdauer der ca. 12 l großen Thoraxbags darf maximal 10 ms betragen.

Bosch bietet folgende Möglichkeit zur Erfüllung obenstehender Anforderungen: Ein Kombisteuergerät, das die Eingangssignale peripherer (an geeigneten Stellen der Karosserie liegender), lateral (seitlich) messender Beschleunigungssensoren verarbeitet und zusätzlich zu den Gurtstraffern und den Frontairbags auch Seitenairbags auslösen kann.

Komponenten

Beschleunigungssensoren

Beschleunigungssensoren zur Aufprallerkennung sind direkt im Steuergerät integriert (Gurtstraffer, Frontairbag), an ausgewählten Stellen der rechten und linken Karosserieseite (Seitenairbag) oder im Verformungsbereich des Fahrzeugvorderteils (Upfrontsensoren für „Intelligente Airbagsysteme") angebracht. Ihre Präzision ist lebenswichtig. Bei diesen Beschleunigungssensoren handelt es sich meistens um oberflächenmikromechanische Sensoren, die aus feststehenden und beweglichen Fingerstrukturen und Federstegen bestehen. Das „Feder-Masse-System" ist mit einem speziellen Verfahren auf die Oberfläche eines Siliziumwafers aufgebracht. Da die Sensoren nur kleine Arbeitskapazitäten haben (≈ 1 pF), muss die Auswertelektronik wegen Vermeidung von Streukapazitäts- und anderen Störeinflüssen im gleichen Gehäuse untergebracht werden.

Kombinierte Steuergeräte für Gurtstraffer, Front- und Seitenairbags

Im zentralen elektronischen Steuergerät, auch Auslösegerät genannt, sind folgende Funktionen integriert (aktueller Stand):
- Aufprallerkennung durch Beschleunigungssensor und Sicherheitsschalter oder durch zwei Beschleunigungssensoren ohne Sicherheitsschalter (redundante, vollelektronische Sensierung).
- Zeitrichtige Ansteuerung von Frontairbags und Gurtstraffern bei unterschiedlichen Aufprallarten in Fahrzeuglängsrichtung (z.B. Front, Schräg, Offset, Pfahl, Heck). Die Beschleunigung wird dabei an einer zentralen Stelle im Fahrgastraum erfasst und vom Auslösealgorithmus ausgewertet.
- Für die Seitenairbags arbeitet das Steuergerät mit einem zentralen Quer- und zwei bzw. vier peripheren Beschleuni-

Kombiniertes Steuergerät für Gurtstraffer, Front- und Seitenairbags.

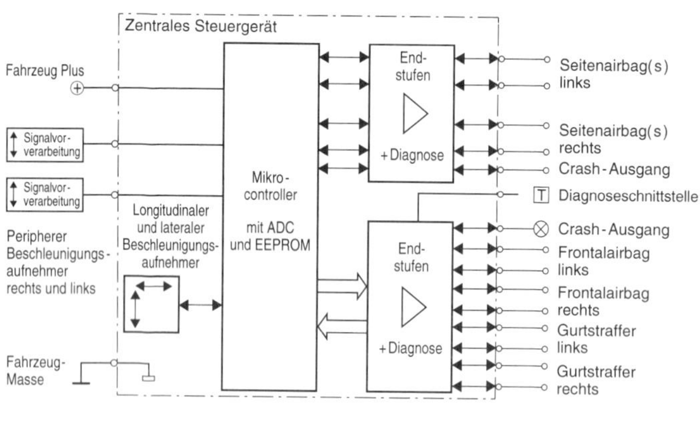

gungssensoren zusammen. Diese sind an die Sitzquerträger oder an die B-Säulen, bzw. an die B- und C-Säulen montiert. Die peripheren Beschleunigungssensoren (PAS = Peripheral Acceleration Sensor) übertragen den Auslösebefehl an das zentrale Steuergerät über eine digitale Schnittstelle. Das zentrale Steuergerät löst die Seitenairbags aus, sofern der interne Quersensor durch eine Plausibilitätskontrolle einen Seitenaufprall bestätigt hat.

– Spannungswandler und Energiespeicher für den Fall, dass die Versorgung durch die Fahrzeugbatterie verloren geht.
– Selektive Auslösung der Gurtstraffer, abhängig von den Gurtschlossabfragen: Zündung nur bei gestecktem Gurtschloss.
– Einstellung von bis zu zehn und mehr Auslöseschwellen für zweistufige Gurtstraffer und zweistufige Frontairbags abhängig vom Gurtbenutzungs- und Sitzbelegungszustand.
– Anpassung an die unterschiedlichen Fahrzeugmerkmale (Energieabsorption und Schwingungsverhalten der Fahrzeugstruktur).
– Diagnose geräteinterner und -externer Funktionen bzw. Systemkomponenten.
– Abspeicherung von Fehlerarten und -dauern mit Crashrecorder; Auslesen über die Diagnose- bzw. CAN-Busschnittstelle.
– Warnlampenansteuerung.

Gasgeneratoren

Die pyrotechnischen Treibladungen der Gasgeneratoren zur Erzeugung des Airbagfüllgases (in erster Linie Stickstoff) und zur Gurtstrafferbetätigung werden von einem elektrisch gezündeten Anzündelement aktiviert.

Der betreffende Gasgenerator füllt den Airbag mit Stickstoff. Der in der Lenkradnabe eingebaute Fahrerairbag (Volumen 35...67 l) bzw. der an der Stelle des Handschuhfachs eingebaute Beifahrerairbag (70...150 l) ist ca. 30 ms nach der Zündung gefüllt.

Wechselstromzündung

Um versehentliche Auslösungen durch einen Kontakt des Anzündelements mit der Bordnetzspannung (z. B. fehlerhafte Isolation im Kabelbaum) zu vermeiden, erfolgt bei der Wechselstromzündung („AC-Firing") die Zündung durch Wechselstromimpulse mit ca. 80 kHz. Ein in den Zündkreis eingefügter Kondensator im Zündelementestecker trennt den Anzünder galvanisch von Gleichstrom. Diese Trennung von der Bordnetzspannung verhindert eine ungewollte Auslösung, selbst wenn nach einem Unfall ohne Airbagauslösung die Insassen mit der Rettungsschere aus der deformierten Fahrgastzelle befreit und dabei bei im Lenksäulen-Kabelbaum vorhandenen Dauerplus Zündleitungen durchtrennt werden müssen.

Überrollschutzsysteme

Aufgabe

Bei offenen Kraftfahrzeugen wie Kabrioletts, Geländewagen u. ä. fehlt bei einem Unfall mit Überschlag die schützende und abstützende Dachstruktur der geschlossenen Fahrzeuge. Deshalb gab es Überrollsensierungs- und Schutzsysteme zunächst nur für Kabrioletts und Roadster ohne fest installierte Schutzbügel.

Heute wird die Überrollsensierung auch für den Einsatz in Pkw entwickelt. Hier besteht die Gefahr, dass nicht angeschnallte Insassen vorwiegend durch die Seitenfenster herausgeschleudert und vom eigenen Fahrzeug überrollt oder dass Körperteile angeschnallter Insassen wie Arme, Kopf und Oberkörper aus dem Fahrzeug ragen und schwer verletzt werden.

Als Schutz dagegen werden sowieso schon vorhandene Rückhalteeinrichtungen wie Gurtstraffer und Kopfairbags aktiviert. In Kabrioletts werden zusätzlich die ausfahrbaren Überrollbügel oder Kassetten, das sind hochfahrbare Kopfstützen, angesteuert.

Arbeitsweise

Bei den früheren Sensierungskonzepten (Serie ab Mitte 1989) ging man von einer omnidirektionalen Sensierungsaufgabe aus. D. h. man wollte Überschläge in jeder Richtung erkennen. Dazu wurden rundum sensierende Beschleunigungssensoren und mit UND-Schaltern verbundene Kippsensoren oder aber Libellen-

(Wasserwaagenprinzip) und Gravitationssensoren (Sensor schließt einen „Reedkontakt" federunterstützt, wenn der Bodenkontakt verlorengegangen ist) verwendet.

Heutige Sensierungskonzepte lösen nicht mehr bei einer festen, sondern bei einer situationskonformen Schwelle und nur bei einem Fahrzeugüberrollen, d.h. einem Überschlag um die Längsachse, der weitaus am häufigsten vorkommt, aus.

Die Sensierung geschieht beim Bosch-Konzept mit einem oberflächenmikromechanischen Drehratensensor (s. Bild) und hochauflösenden Beschleunigungssensoren in Fahrzeugquer- und -hochrichtung (y- und z-Achse).

Der Drehratensensor ist der Hauptsensor, die y- und z-Beschleunigungssensoren dienen in erster Linie der Plausibilitätsüberprüfung erkannter Überrollsituationen. Diese Sensoren sind mit in das Airbagauslösegerät integriert.

Je nach Überrollsituation (Böschungs-, Abhangs- oder Untergrundverhakungsüberschlag), Drehrate und Querbeschleunigung werden die Insassenschutzeinrichtungen situationsangepasst, d.h. unter automatischer Wahl und Anwendung des für den entsprechenden Überrollvorgang passenden Algorithmusmoduls nach 30...3000 ms ausgelöst.

Innenraumsensierung

Mit Insassenklassifizierungsmatten, die das Druckprofil auf dem Sitz messen, wird die Sitzbelegung durch einen Menschen von der Belegung durch einen Gegenstand unterschieden. Außerdem lassen die Druckverteilung und der Beckenknochenabstand auf die Insassengröße und damit indirekt auf das Insassengewicht schließen. Die Matten bestehen aus einzeln adressierbaren Kraftmesspunkten, die ihren Widerstand nach dem FSR-Prinzip (Force Sensing Resistor) mit zunehmenden Druck verringern.

Darüber hinaus wird eine Absolutgewichtsmessung mit zwei bis vier piezoresistiven oder Dehnungsmessstreifen-Sensoren am Sitzgestell entwickelt.

Zur „Out-Of-Position"-Erkennung mit Triangulation wird mit Aktivinfrarot- oder Ultraschall-Sensorarrays gearbeitet.

Es hat sich noch kein einheitlicher Standard für die Innenraumsensierung durchgesetzt. Deshalb werden Insassenklassifizierungsmatten bisweilen auch mit Ultraschallsensoren kombiniert.

Funktionsprinzip des Drehratensensors.
1 Detektionskapazität, 2 Antriebskapazität, 3 Detektionskapazität, 4 Sensierachse.
F_c Corioliskraft,
υ Antriebsgeschwindigkeit,
Ω Drehrate.

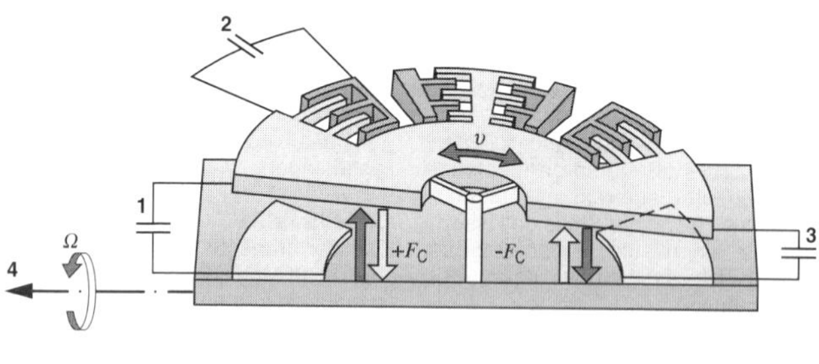

Ausblick

Neben der Frontairbagabschaltung mit Deaktivierungsschaltern wird es in naher Zukunft Kindersitze mit genormten Verankerungen, sog. ISOFIX-Kindersitze geben. In den zwei Verankerungsschlössern eingebaute Schalter bewirken automatisch eine Beifahrerairbagabschaltung, die über eine spezielle Lampe angezeigt werden muss.

Zur weiteren Verbesserung der Auslösefunktion und für eine bessere Früherkennung der Aufprallart („Precrash"-Erkennung) sollen Relativgeschwindigkeit, Abstand und Aufprallwinkel bei einem Frontalaufprall mit Mikrowellenradarsensoren aufgenommen werden.

Im Zusammenhang mit Precrash-Sensierung werden wiederverwendbare Gurtstraffer („Reversible Seatbelt Pretensioners") entwickelt. Sie sind elektromechanisch betätigt, d. h. sie haben eine längere Straffungszeit und müssen früher, d. h. vor Aufprallbeginn, alleine durch die Precrash-Sensierung ausgelöst werden.

Für eine weitere Verbesserung der Rückhaltewirkung wird es im Thoraxteil des Gurtes integrierte Airbags geben („Air Belts" oder „Inflatable Tubular Torso Restraints"), die die Gefahr von Rippenbrüchen bei älteren Insassen verringern werden.

In die gleiche Richtung der Schutzfunktionsverbesserung geht die Entwicklung von „Inflatable Headrests" (Vermeidung des Schleudertraumas und von Halswirbelverletzungen), von „Inflatable Carpets" (Vermeidung von Fuß- und Knöchelverletzungen) und von zweistufigen Gurtstraffern.

Zur Verringerung der Kabelbaumdicke und -komplexität wird an der Zündkreisvernetzung mit einem Aktorenbus oder Firing Bus entwickelt. In diesem Zusammenhang gibt es als Gemeinschaftsentwicklung zwischen Bosch und Temic den „BOTE-ACT", das Bosch-Temic-Aktuatorenbuskonzept. Es ist ein Daisy Chain-Prinzip, das z.B. bei Kurzschluss zwischen den beiden Busleitungen eine komplette Abtrennung des betroffenen Leitungsteils und wegen der Busringstruktur die volle Funktion aller Busteilnehmer erlaubt. Signale langsamer Sensoren oder Schalter, z.B. der Gurtschloss- oder der ISOFIX-Schalter, sind auch mit dem BOTE-ACT-Bus übertragbar.

Z. Zt. laufen in den USA Bemühungen, ein Firing Bus Konzept aus einer Angebotspalette fünf verschiedener Hersteller heraus zu standardisieren. Zur Marktdurchdringung und wegen der Verwendbarkeit einheitlicher Zündelemente mit einheitlicher Busteilnehmerelektronik ist eine Standardisierung unabdingbar. Bemühungen sind im Gang, die Empfängerelektronik ohne Durchmesservergrößerung und mit einer maximalen Hütchenverlängerung von 5 mm in die Zündelemente zu integrieren. Dies würde die weitere Verwendbarkeit von Standardgasgeneratoren ermöglichen.

Am aussichtsreichsten und kostengünstigsten ist die Verwendung von „Semiconductor Based Bridgewires (SCB)", d.h. von in Silizium integrierten Zündwiderständen, die monolithisch mit der Busteilnehmerelektronik auf einem Chip integriert werden.

Neben dem Firing Bus wird es – aber erst längerfristig – einen „Sensoren Bus" zur Vernetzung der Signale schneller Sensoren geben.

An der Verwendbarkeit von Stereo-Videokamaras in CMOS-Technik für die Innenraumsensierung wird entwickelt. Diese Technik wird eine ausreichende Informationsfülle zu einer sicheren Erfassung des Innenraumzustandes bringen, eventuell zusammen mit einem zusätzlichen „Hilfssensor", dessen Art noch ungeklärt ist. Außerdem gewinnt man durch eine Videokamara noch die Realisierungsmöglichkeit zahlreicher Komfortfunktionen (Frage der Rechnerleistung) und damit die benötigte Kostenaufteilung.

Da der Fußgängerschutz u. U. in einigen Jahren gesetzlich gefordert werden kann, wird an Fußgängererkennungen und -schutzeinrichtungen gearbeitet. Zur Erkennung untersucht man verschiedene Sensierungskonzepte, z.B. Foliendrucksensoren an den Stoßstangen. Als Schutzmaßnahme denkt man an Stoßstangenairbags oder hochstellbare Motorhauben, die den darauf fallenden Fußgänger federnd abfangen.

Schließsysteme

Aufgabe

Schließsysteme haben die Aufgabe, die Zugangsberechtigung jederzeit sicherzustellen. Obwohl ein Kraftfahrzeugschloss über Jahre hinweg erheblichen Belastungen aus Kälte, Nässe und Schmutz ausgesetzt ist, soll es doch Fahrzeug und Insassen zuverlässig schützen und leichtgängig zu bedienen sein.

Struktur

Die Struktur eines Schließsystems weist folgende Bestandteile auf (Beispiel Fahrertür):
- Schließbügel an den Karosseriesäulen,
- Seitentüren mit den Türschlössern und den übrigen mechanischen und elektrischen Systembestandteilen sowie
- elektrische Komponenten der Zugangsberechtigung und Funkfernbedienung, die häufig dem Schließsystem zugeordnet sind.

Abhängig vom Einbauort unterscheiden sich des Weiteren folgende Baugruppen (mit unterschiedlichem Funktionsumfang):
- Baugruppe Seitentür,
- Baugruppe Gepäckraum und
- Baugruppe Motorhaube.

Arbeitsweise

Die wichtigste Komponente des Schließsystems ist das Türschloss. Seine Hauptfunktionen sind:
- Übertragung der Strukturkräfte zwischen der Tür und der Karosserie,
- zuverlässiges Schließen bzw. Öffnen des Sperrwerks,
- Auswertung der mechanischen bzw. elektrischen Befehle und
- Speicherung der logischen Zustände (mechanischer Computer).

Entsprechend dieser Unterteilung ist das Schloss in Baugruppen gegliedert, die folgende Funktionen ausführen:

Das Sperrwerk sorgt für die Kraftleitung bzw. das Öffnen und das Schließen. Es besteht aus Drehriegel, Sperrklinke und Fanglager.

***Struktur** (Beispiel Seitentür).*
■ *mechanische Verbindung,*
— *elektrische Signale.*

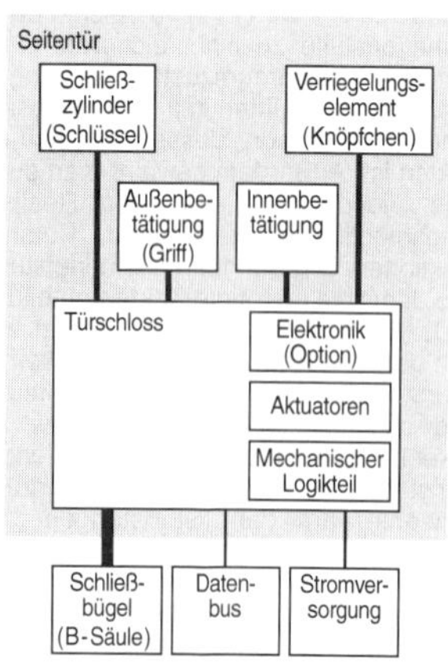

Mechanisches Türschloss.
1 Rückblech mit Sperrwerk, 2 Drehriegel, 3 Elektrische Schnittstelle, 4 Bowdenzug zum Innengriff.

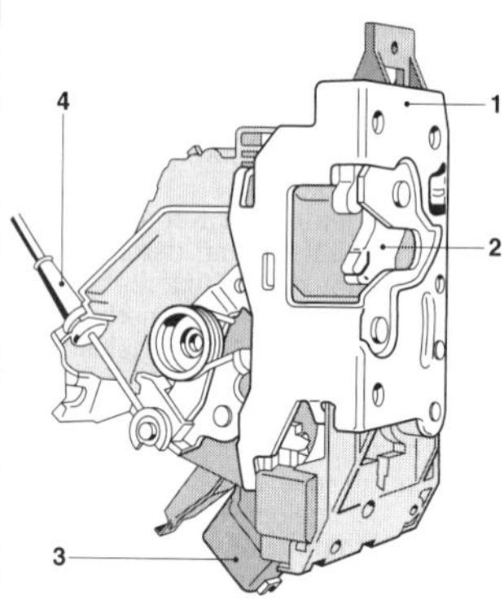

Der zugehörige Schließkeil ist an der Karosseriesäule befestigt. Beim Schließvorgang läuft der Schließkeil in das Fanglager des Schlosses ein, zentriert somit die Tür und wird abschließend vom Drehriegel in der geschlossenen Position gehalten (Hauptraste). Der Drehriegel ist dann mithilfe der Sperrklinke formschlüssig fixiert.

Beim Öffnungsvorgang ist zunächst diese Sperrung aufzuheben. Die Bedienkräfte des Türinnen- bzw. Türaußengriffs werden hierzu auf die Sperrklinke geleitet. Gibt nun die Sperrklinke den Drehriegel frei, lässt sich die Tür aufschwenken. Der Schließkeil ist fix, der Drehriegel schwenkt in seine Offenstellung.

Mechanisches Schließsystem

Logische Zustände des Schlosses

Der Logikteil des Schlosses ermöglicht es, den Türaußengriff, den Innenöffner und das Verriegelungselement mechanisch abzukoppeln. So zieht der Türaußengriff bei verriegeltem Schloss ins Leere, sodass das Öffnen von außen nicht möglich ist.

Bei der Diebstahlsicherung sind zusätzlich der Innenöffner (Öffnen von innen) und das Verriegelungselement (Entriegeln von innen) ohne Funktion.

Bei eingelegter Kindersicherung lassen sich die Fondschlösser von innen nicht öffnen. Der Insasse kann aber wohl von innen entriegeln, um z. B. eine Hilfsperson die Tür von außen öffnen zu lassen. (Der Unterschied zur Diebstahlsicherung ist dabei zu beachten!) Die folgende Zustandsmatrix zeigt die Grundfunktionen einer Hintertürvariante.

Tabelle 1: Grundfunktion einer Hintertürvariante (Typ „Einhubiger Sicherungsauswurf").

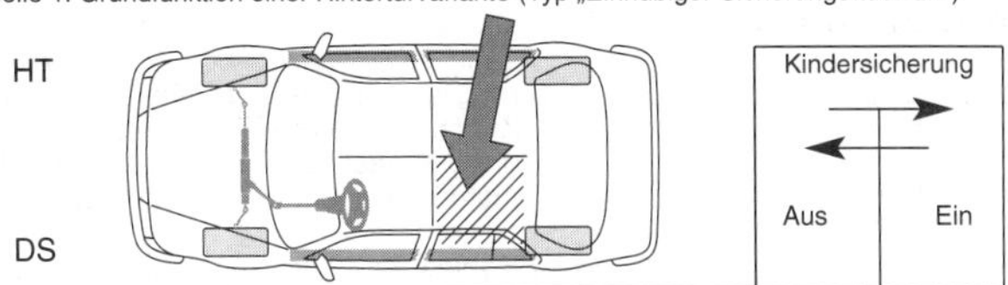

	TAG	BUS	CLC	KNOPF	TIG
Befehl	TÜR-außen-griff	LIN oder CAN	Zentral-verriegelungs-schalter	Verriegelungs-knopf	TÜR-innen-griff
	Öffnen	–	–	–	Öffnen
	–	Entriegeln	Entriegeln	–	Entriegeln (einhubiger Auswerfer)
	–	Verriegeln	Verriegeln	–	–
	–	Diebstahl sichern	–	–	–

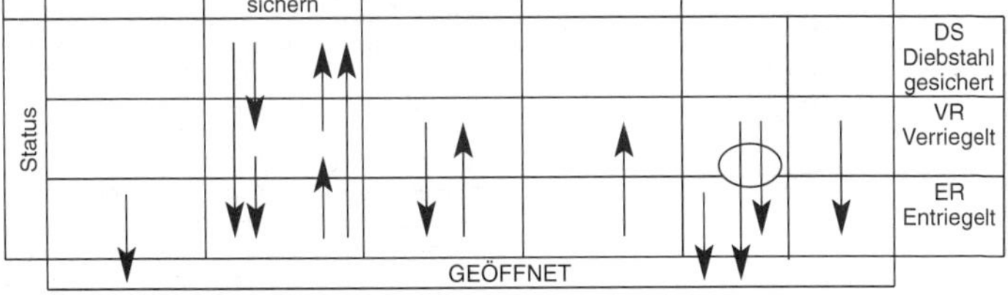

Konstruktive Merkmale
Der Einbauort des Schlosses befindet sich im Nassraum der Innentür. Die Einwirkung von Wasser und Staub, erhebliche Stoßbelastungen beim Zuschlagen der Tür und nicht zuletzt die Anforderungen an den Diebstahlschutz erfordern eine robuste konstruktive Gestaltung.

Die typischen Sperrteile und Hebelwerke bestehen gegenwärtig aus Stahlwerkstoffen (Feinstanzteile, Federn, Niettechnik). Zunehmend gelangen auch Kunststoffbauteile zum Einsatz, die jedoch ihre Funktion auch nach einem Seitencrash oder bei Fahrzeugbrand erfüllen müssen. Korrosion, Reibung und Verschleiß bedingen eine aufwändige Oberflächenbehandlung an den metallischen Bauteilen (Trowalisieren, Galvanisieren, Coatings).

Um den hohen Anforderungen an das Schließgeräusch zu entsprechen, sind die Sperrteile von hochdämpfenden Kunststoffen ummantelt. Umfangreiche Dämpfungsmaßnahmen in den Hebelmechanismen und an den Aktoren sind bei höherwertigen Schlössern üblich.

Sperrwerk *(Prinzip).*
1 Sperrklinke,
2 Drehriegel im Schloss,
3 Schließkeil an der B- oder C-Säule.

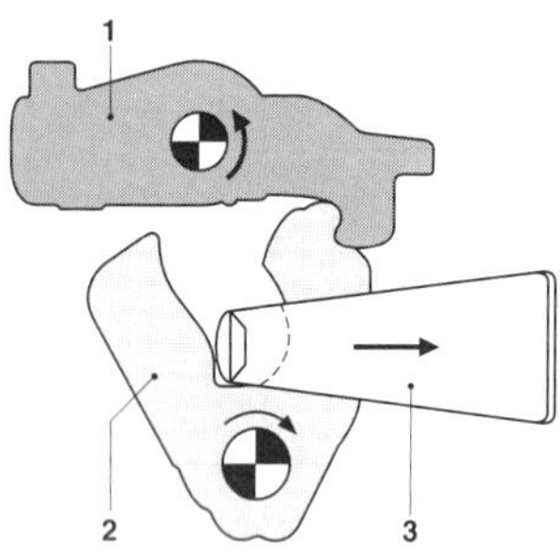

Historisch bedingt arbeiteten Automobilschlösser zunächst rein mechanisch. Die Zentralverriegelung wurde dann mithilfe angeflanschter Verriegelungsaktoren realisiert (elektrische und pneumatische Stellelemente).

Bei neueren Schlössern sind diese Aktoren in das Schlossgehäuse integriert. Kleinstmotoren setzen die elektrischen Befehle der Zugangsberechtigung in mechanische Stellbewegungen um. Der Verriegelungszustand ist in den Hebelwerken mechanisch gespeichert.

Die Wandlung der hochtourigen Antriebe übernehmen Schneckengetriebe, mehrstufige Stirnradgetriebe oder Umlaufgetriebe (Kunststoffwerkstoffe). Auch Spindeltriebe sind im Einsatz.

Sensoren im Schloss erlauben die elektrische Auswertung des Schlosszustandes. Dafür haben sich Hall-Sensoren und Mikroschalter durchgesetzt.

Open by wire
Mit der Verbreitung elektrischer Lösungen im Automobil wurde zunächst die Zentralverriegelung ermöglicht. Die Diebstahlsicherung und die Funkfernbedienung kamen hinzu. Auch die Kindersicherung lässt sich bereits elektrisch schalten. Zum Schließen der Tür gibt es Lösungen, die den Drehriegel oder den Schließkeil motorisch zuführen (Servoschließung).

So liegt es nahe, zuletzt auch noch die Öffnungsfunktion, d.h. das Wegschwenken der Sperrklinke, elektromotorisch zu realisieren („Open by wire").

Beim Schloss setzt sich damit der Entwicklungstrend „x-by wire" konsequent fort.

Der wesentliche Vorteil der „Open by wire"-Funktion liegt im Zusammenwirken mit der Zugangsberechtigung – dann, wenn „Passive Entry"-Systeme zum Einsatz kommen. Denn diese erfordern entweder sehr schnelle Entriegelungsaktoren oder „überholende" Lösungen.

Beim „Überholprinzip" beginnt der Aktor den Öffnungsvorgang am Sperrwerk, obwohl die Entriegelung der Schlosslogik noch nicht vollständig beendet ist. Wartezeiten für den Benutzer lassen sich auf diese Weise vermeiden. Das „Selbsteinsperren“ wird durch konstruktive Maßnahmen zuverlässig verhindert.

Elektrisches Schließsystem

Die Anforderungen an die Qualität und die Zuverlässigkeit sowie der Kostendruck zwingen dazu, die Anzahl der mechanischen Komponenten des Schließsystems künftig auf ein Minimum zu reduzieren und durch elektrische Bauteile zu ersetzen. Am Ende dieser Entwicklung steht schließlich das elektrische Schließsystem.

Das Schloss besteht hierbei nur noch aus Sperrwerk, Öffnungsaktor und Elektronik. Die Türgriffe und die übrigen Bedienteile sind mit Sensoren bestückt. Elektrische Leitungen ersetzen die mechanischen Verbindungen zum Schloss.

Die Vorteile eines elektrischen Schließsystems sind erheblich:
- geringe Baugröße und Gewicht des Schlosses,
- symmetrische Bauform,
- nur eine Schlossvariante pro Fahrzeug (Variantencodierung am Ende des Montagebandes),
- Griffe nicht mehr beweglich (bzw. Griffe können ganz entfallen).

Zusatzfunktionen wie Innenraumbeleuchtung, Zustandsanzeige und vieles mehr sind mit elektrischen Schließsystemen dann leicht zu realisieren, denn das Schloss ist mit Elektronik bestückt, welche diese Funktionen ausführen kann.

Die Kommunikation der Schlösser, der Zugangsberechtigung und der Energieversorgung erfolgt über Datenbus-Schnittstellen. Fehlerbaumprognosen zeigen, dass das elektrische Schließsystem mindestens ebenso zuverlässig ist, wie konventionelle Systeme. Spätestens mit Etablierung des 42-V-Bordnetzes (aktive redundante Energieversorgung) ist mit wirtschaftlichen Systemen zu rechnen.

Elektromechanisches Türschloss *(Prinzip).*
1 Sperrwerk, 2 Elektronik, 3 Elektromotor, 4 Getriebe, 5 elektrische Schnittstelle.

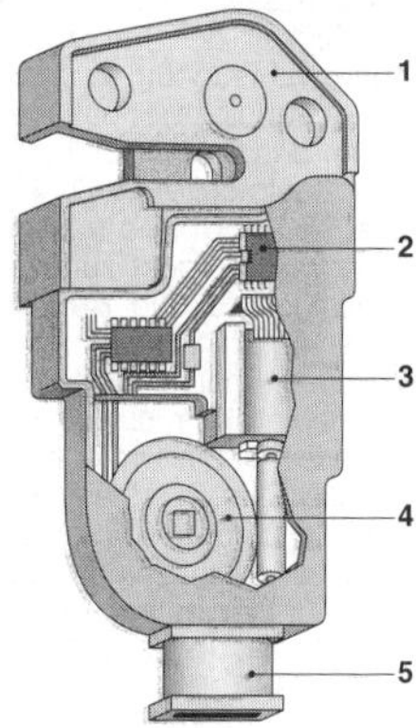

Open by wire *(Prinzip).*
1 Elektromotor, 2 Sperrklinke, 3 Drehriegel, 4 Schließkeil.

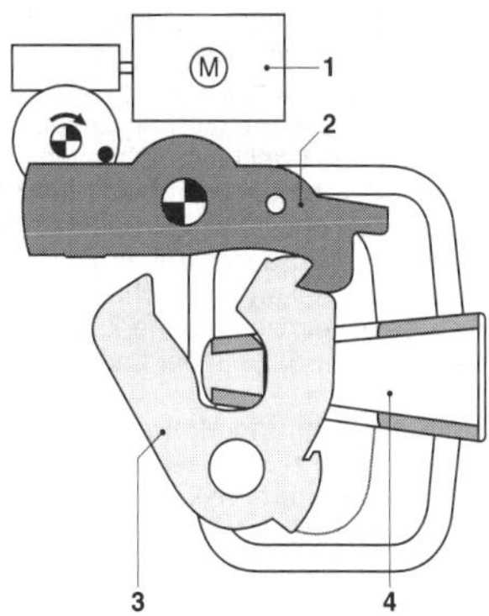

Elektronische Rundumsicht mit Fahrerassistenzsystemen

Kritische Fahrsituationen

Ein wichtiger Aspekt bei der Entwicklung aktiver und passiver Sicherheitssysteme ist die Fähigkeit des Fahrzeugs, seine Umgebung wahrzunehmen und zu interpretieren, gefährliche Situationen zu erkennen und den Fahrer bei seinen Fahrmanövern bestmöglich zu unterstützen. Ziel dabei ist es, Unfälle im besten Fall ganz zu vermeiden oder zumindest aber die Unfallfolgen für die Betroffenen so gering wie möglich zu halten.

In kritischen Fahrsituationen entscheiden häufig lediglich Bruchteile von Sekunden, ob es zu einem Unfall kommt oder nicht. Gemäß Studien wären ca. 60 % der Auffahrunfälle und nahezu ein Drittel der Frontalzusammenstöße vermeidbar, wenn der Fahrer nur eine halbe Sekunde früher reagieren könnte. Jeder zweite Unfall auf Kreuzungen ließe sich durch eine schnellere Reaktion verhindern.

Diese Erkenntnis führte Ende der 1980er-Jahre zur Vision eines hocheffizienten und in Teilen automatisch ablaufenden Straßenverkehrs, wie z. B. in dem von der Europäischen Union unterstützten Projekt „Prometheus“ demonstriert werden konnte. Zu diesem Zeitpunkt gab es keine dafür geeigneten elektronischen Komponenten. Die in der Zwischenzeit verfügbaren hochempfindlichen Sensoren und extrem leistungsfähigen Mikrorechner rücken die Realisierung des „sensitiven“ Fahrzeugs in greifbare Nähe:

Sensoren ertasten die Fahrzeugumgebung; aus den ermittelten Objekten leitet das System Warnungen ab oder führt unmittelbar die notwendigen Fahrmanöver aus. Dies alles geschieht um die entscheidenden Sekundenbruchteile schneller, als selbst ein sehr aufmerksamer und geübter Fahrer dazu in der Lage wäre.

Unfallursachen und Maßnahmen

Eine statistische Analyse der Ursachen von Unfällen außerhalb geschlossener Ortschaften in Deutschland zeigt, dass mehr als ein Drittel aller Unfälle auf einen Spurwechsel oder auf unbeabsichtigtes Verlassen der Fahrspur zurückzuführen sind. In diesen Fällen können Systeme Abhilfe schaffen, die zum einen den „toten“ Winkel des Autofahrers überblicken und zum anderen die Spurhaltung des Fahrzeugs überwachen. Bei einem weiteren Drittel der Unfälle handelt es sich entweder um frontale Zusammenstöße oder Auffahrunfälle, die durch Kollisionswarnsysteme vermieden werden könnten. Auch die Kollisionsvermeidung (z. B. durch einen aktiven Bremseneingriff) ist denkbar. Die adaptive Fahrgeschwindigkeitsregelung, ACC (S. 784), ist bereits ein erster Schritt in diese Richtung.

Eine hohe Komplexität weisen Unfälle mit Fußgängern und Zusammenstöße an Kreuzungen auf. Solche komplizierte Unfallsituationen können nur vernetzte Sensorsysteme mit Szeneninterpretationen bewältigen. Damit beschäftigt sich gegenwärtig die Forschung.

Einsatzgebiete für Fahrerassistenzsysteme

Die Anwendung der verschiedenen Sensortechniken eröffnet mehrere Einsatzgebiete für künftige Fahrerassistenzsysteme. Diese lassen sich in Sicherheitssysteme und Komfortsysteme unterteilen. Hierbei unterscheidet man zwischen aktiven Systemen (mit automatischem Fahrzeugeingriff) und passiven Systemen (zur Fahrerinformation und zum Insassenschutz).

Aktive Systeme

Die Funktionen der aktiven Sicherheit reichen von der einfachen Einparkbremse, die das Fahrzeug beim Einparken vor einem Hindernis automatisch abbremst, bis hin zur rechnergestützten Steuerung von komplexen Fahrmanövern zur Kollisionsvermeidung. In der höchsten Ausbaustufe greifen aktive Systeme in Lenkung, Bremse und Motormanagement ein, um einem Hindernis auszuweichen.

Zu den aktiven Komfortsystemen gehört das bereits in Fahrzeugen eingebaute ACC (S. 784 ff). Eine weiterentwickelte Variante dieses Systems soll den Fahrer auch bei langsamem Kolonnenverkehr entlasten – im Extremfall mit vollständigem Abbremsen und Wiederanfahren („Stop-and-go“-Funktion). Im letzten Entwicklungsschritt ist durch das Zusammenspiel von 77-GHz- und 24-GHz-Radarsensoren sowie eines zusätzlichen Videosensors eine Version mit vollständiger Längsführung in jedem Geschwindigkeitsbereich und im Stadtverkehr denkbar. Eine Ergänzung mit der Funktion eines Spurhalteassistenten (ein ebenfalls videobasiertes System zur Querführung) macht im Prinzip autonomes Fahren möglich.

Passive Systeme

Die den Fahrer unterstützenden passiven Systeme (also ohne aktiven Eingriff) können als Vorstufe zur Fahrzeugführung angesehen werden. Sie warnen den Fahrer lediglich oder schlagen Fahrmanöver vor. Ein Beispiel dafür ist der Einparkassistent, der dem Fahrer während des Einparkens Empfehlungen für Lenkmanöver gibt. Damit ist es möglich, optimal in eine zuvor automatisch ausgemessene Parklücke einzuparken. Mit Short-Range-Radar-Sensoren (SRR) lassen sich Gegenstände im „toten" Winkel erfassen: Der Fahrer erhält einen optischen Hinweis z. B. über eine Leuchtdiode im Bereich des Außenspiegels und eine akustische Warnung. Stehende Hindernisse lassen sich ausblenden, um den Fahrer nicht mit Signalen zu überfluten.

Beim Spurverlassenswarner, einem weiteren fahrerunterstützenden System, extrahiert eine Videokamera den Spurverlauf vor dem Fahrzeug und warnt den Fahrer bei einem Spurwechsel ohne gesetzten Blinker. Die Warnung kann über die Lautsprecher des Autoradios akustisch oder in Form eines leichten Lenkmoments mechanisch erfolgen.

Rundumsicht-Sensierung

Die elektronische Rundumsicht ist die Basis für zahlreiche Fahrerassistenzsysteme – sowohl für warnende als auch für aktiv eingreifende Systeme.

Nahbereich

Wegen der eingeschränkten Verfügbarkeit von Sensoren konnten sich bisher nur wenige Fahrerassistenzsysteme am Markt etablieren. Eines davon ist der Parkpilot (S. 873), der mit Hilfe der Ultraschalltechnik den Nahbereich überwacht. In den Stoßfänger des Fahrzeugs integrierte Sensoren sorgen beim Annähern des Fahrzeugs an ein Hindernis dafür, dass der Fahrer eine akustische und/oder optische Warnung erhält. Dieses System ist mittlerweile weit verbreitet, hat eine hohe Akzeptanz bei den Anwendern gefunden und gehört in einigen Fahrzeugmodellen bereits zur Serienausstattung.

Systeme der Fahrzeug-Rundumsicht.
1 Fernbereichsradar 77 GHz, Serie (Fernbereich ≤ 120 m), 2 Fern-/Nahbereichs-Infrarotsichtgerät (Nachtsicht), 3 Außenbereich-Video (Nachtsicht, mittlerer Bereich ≤ 40 m), 4 Nahbereichsradar 24 GHz (Nahbereich ≤ 10 m), 5 Innenraum-Video, 6 Ultraschall, Serie (Ultranahbereich ≤ 1,5 m).

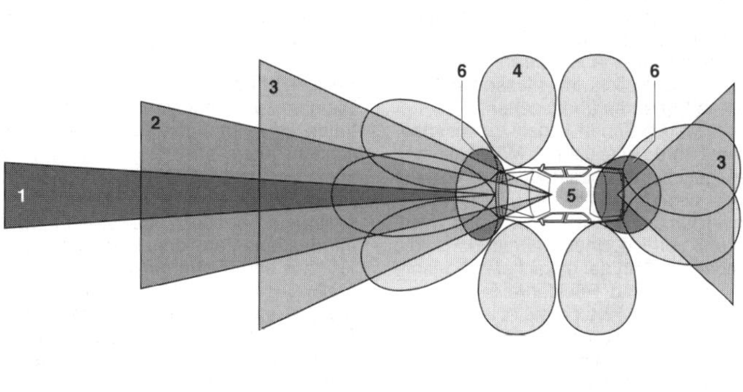

Fernbereich
Für den Fernbereich kommen bereits jetzt ACC-Systeme mit Long-Range-Radar-Sensoren (LRR) zum Einsatz. Sie nutzen eine Arbeitsfrequenz von ca. 77 GHz bei einer Reichweite von ca. 120 m. Dabei tastet eine sehr schmale Radarkeule den Raum vor dem Fahrzeug ab, um den Abstand zu vorausfahrenden Fahrzeugen zu ermitteln. Die Information des ACC wird entweder dazu benutzt, den Fahrer bei zu dichtem Auffahren zu warnen oder automatisch den Sicherheitsabstand zum vorausfahrenden Fahrzeug einzuhalten. Der Fahrer gibt die angestrebte Geschwindigkeit wie bei einem Tempomaten vor. Die aktuelle ACC-Version von Bosch (S. 141, 784) hält diese Vorgaben ein, indem sie bei Geschwindigkeiten von >30 km/h selbstständig in das Bremssystem und in das Motormanagement eingreift.

Virtueller Sicherheitsgürtel
Die Entwicklung von Radar- und Videosensoren zum Erfassen des Fahrzeugumfelds schreitet in großen Schritten voran. Neue Funktionen werden aufgrund ihrer hohen Relevanz für Sicherheit und Komfort rasch integriert.

Im ersten Schritt werden Short-Range-Radar-Sensoren (SRR) eingeführt, die im Frequenzbereich von 24 GHz arbeiten. Sie bilden einen „virtuellen Sicherheitsgürtel" um das Fahrzeug, mit dem sich zahlreiche Funktionen realisieren lassen. Die Signale aus diesem Sicherheitsgürtel warnen zum einen den Fahrer vor Gefahrensituationen und dienen zum anderen als Datenbasis für aktive Sicherheits- und Komfortsysteme. Auch die für den Autofahrer „toten" Blickwinkel lassen sich mit solchen Sensoren überwachen.

Im zweiten Schritt folgen Videosensoren mit ihren vielfältigen Möglichkeiten. Dies geschieht, sobald Sensorchips mit hoher Leistungsfähigkeit (Helligkeitsdynamik) für die Großserie verfügbar sind. Im Heckbereich eines Fahrzeugs ist die Videosensorik in der einfachsten Variante als Einpark- und Rückfahrhilfe denkbar. Einen höheren Nutzen bietet eine Heckkamera, wenn die erfassten Objekte per Bildverarbeitung interpretiert werden und der Fahrer in kritischen Situationen gewarnt wird. Dies ist z. B. der Fall, wenn ein beabsichtigter Spurwechsel wegen eines auf der Überholspur sich rasch nähernden Fahrzeugs gefährlich werden könnte.

Eine Frontkamera kann als Unterstützung des ACC-Sensors dienen, um nicht nur die Entfernung zu einem Objekt zu messen, sondern dieses auch noch zu klassifizieren. Darüber hinaus sollen künftig Funktionen wie z. B. „Spurerkennung" (mit Warnung bei unbeabsichtigtem Verlassen der Spur) oder „Verkehrszeichenerkennung" realisiert werden. Diese Kamera könnte außerdem auch zur Verbesserung der Nachtsicht angewandt werden.

Precrash-Sensierung

Fahrzeugausrüstung
Funktionen der passiven Sicherheit sind ein wichtiger Bestandteil eines ganzheitlichen Sicherheitsansatzes im Automobil. Crashoptimierte Fahrzeugstrukturen und Fahrgastzellen sind bei Neufahrzeugen ebenso eine Selbstverständlichkeit wie ein darauf abgestimmtes Rückhaltesystem, bestehend aus Gurtstraffern und Airbags (S. 885). Außerdem steigt der Ausrüstungsgrad von Seiten- und Kopf-Airbags steil an; Fuß- und Knie-Airbags sowie reversible Gurtstrammer stehen kurz vor der Serieneinführung. Im Mittelpunkt der Airbag-Entwicklung steht deren situations- und bedarfsgerechte Aktivierung mithilfe einer „intelligenten" Sensierungs- und Auslöse-Elektronik. Das Ausmaß der Aktivierung hängt sowohl von Unfallschwere und -verlauf als auch von der Sitzbelegung ab.

Auslösestrategie
Die gängige Airbagsteuerung ist mit zentralen bzw. im Fahrzeug verteilten Beschleunigungssensoren verknüpft, die zum Zeitpunkt des Crashs Informationen liefern. Für eine weiter verbesserte Auslösestrategie benötigt das System jedoch Informationen aus der „Precrash-Phase", also aus dem Zeitraum kurz vor dem Aufprall. Die Precrash-Sensierung umfasst die drei unterschiedlichen Funktionsstufen „Preset", „Prefire" und „Preact". Für die Realisierung dieser Funktionsstufen eignet sich besonders die bereits erwähnte Short-Range-Radar-Plattform.

Preset (Precrash Setting of Algorithm Thresholds)
In der ersten Stufe (Preset) liefern Radarsensoren zusätzliche Informationen (z. B. Relativgeschwindigkeit zum Hindernis und erwarteter Aufprallzeitpunkt), die das System in die Auslöseentscheidung mit einbezieht. Die eigentliche Auslösung der Rückhaltemittel entscheidet das System weiterhin auf der Basis der Beschleunigungssensoren, da die Radarsensoren keine Informationen über Masse und Beschaffenheit des Hindernisses liefern können.

Mit dieser Preset-Funktion lassen sich z. B. die Gurte früher straffen oder der Auslösezeitpunkt für die zweite Airbagstufe optimieren. Darüber hinaus verhindern diese Zusatzinformationen eine nicht erwünschte Airbag-Auslösung bei Bagatellunfällen. Insgesamt verbessert die Preset-Funktion das Erkennen der Crash-Schwere und des Unfalltyps.

Prefire (Precrash Firing of Reversible Restraints)
Mit der zweiten Stufe (Prefire) ist vorgesehen, dass sich Rückhaltesysteme mithilfe von Precrash-Informationen schon vor dem Aufprall bedarfsgerecht auslösen lassen. Da jedoch vor dem Crash noch keine Informationen über die Masse des Hindernisses bekannt ist, bedarf es der Entwicklung neuer Rückhaltemittel (z. B. reversible Gurtstraffer), die mehrmals funktionieren.

Preact (Precrash Engagement of Active Safety Devices)
Die dritte Stufe (Preact) hat zum Ziel, die Crash-Schwere zu mildern und letztendlich den Unfall durch einen aktiven Eingriff des Systems (z. B. durch eine automatisch eingeleitete Notbremsung) zu vermeiden. Dies ist innerhalb der Precrash-Evolution sicherlich die Stufe mit den anspruchsvollsten Zielen. Zur Realisierung gehört neben der Videosensorik und dem Long-Range-Radar auch die Vernetzung aller zuvor beschriebenen Teilsysteme. Die Umsetzung dieser Vision erfordert eine völlig neue, ganzheitliche Systemarchitektur und Sicherheitsstrategie.

Ausblick
Nach der Short-Range-Radar-Technik wird die Videosensorik mit ihren vielfältigen Möglichkeiten in einem zweiten Evolutionsschritt Einzug ins Automobil halten. Auf der Basis einer aufwändigen Bildauswertung mit Hochleistungsrechnern steht künftig ein Informationspaket als Datenquelle zur Verfügung, das die Perspektive für zahlreiche, hochkomplexe Fahrerassistenzsysteme eröffnet, die in letzter Konsequenz erst durch die Fusion der Sensordaten mehrerer Sensortypen erschlossen werden können.

Den endgültigen Einsatzzeitpunkt der einzelnen Komfort- und Sicherheitssysteme bestimmen jedoch nicht nur die verfügbaren technischen Komponenten und Systeme, sondern auch die Rahmenbedingungen des Gesetzgebers und nicht zuletzt die Akzeptanz des Autofahrers.

Precrash-Sensierung.
Die Precrash-Sensierung berechnet schon vor dem Aufprall die Richtung, die relative Geschwindigkeit und den Abstand zum Hindernis.
a Dopplermessung innerhalb der „virtuellen Barriere“.

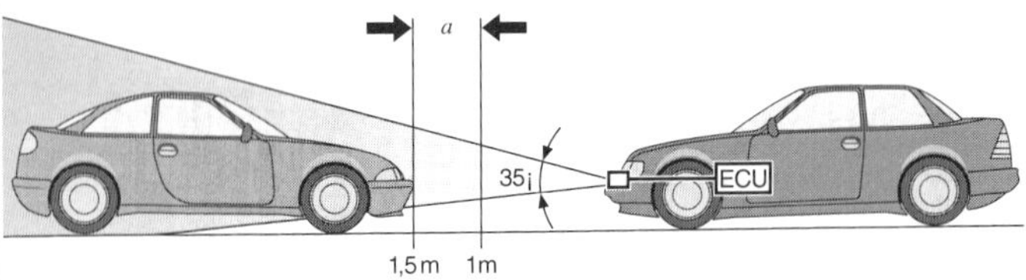

Komfortsysteme

Fensterantriebe

Bei fremdkraftbetätigten Fenstern handelt es sich um elektromotorisch angetriebene Anlagen. Dabei unterscheidet man zwischen zwei Systemen. Die Wahl der einzelnen Systeme hängt neben anderen Kriterien sehr stark von dem zur Verfügung stehenden Einbauraum ab.

Gelenkgetriebe: (Einsatz rückläufig)
Der Antriebsmotor treibt über ein Stirnrad ein Zahnsegment an, das mit einem Gelenkgetriebe verbunden ist.

Seilzug:
Der Antriebsmotor treibt eine Seilzuganlage an.

Fensterantriebsmotoren
Die Platzverhältnisse in den Türen zwingen zu einer flachen Bauweise (Flachmotoren). Das Untersetzungsgetriebe ist ein Schneckengetriebe, das selbsthemmend ausgeführt ist. Damit wird ein selbstständiges, ungewolltes und gewaltsames Öffnen des Fensters verhindert. Für ein gutes Dämpfungsverhalten in den Endpositionen sorgen Dämpfungselemente, die im Getriebe integriert sind.

Fensterantriebssteuerung
Der manuelle Betrieb erfolgt mit Hilfe eines Wippenschalters. Zur Erhöhung des Komforts können Fensterantriebe mit einer zentralen oder dezentralen Schließanlage gekoppelt sein, bei denen die Fenster beim Verlassen des Fahrzeuges automatisch geschlossen bzw. in eine Lüftungsstellung gefahren werden.

Beim Schließen ist eine Kraftbegrenzung, auch Überschusskraftbegrenzer genannt, vorgesehen. Dadurch soll ein Einklemmen von Körperteilen vermieden werden. Nach § 30 StVZO muss bei der Aufwärtsbewegung des Fensters in dem Verstellbereich 200...4 mm (von der oberen lichten Fensteröffnung gemessen) der Einklemmschutz wirksam sein.

Im Fensterantrieb integrierte Hall-Sensoren überwachen während des Betriebes

Fensterantriebe.
a) System 1 mit Gelenkgetriebe,
b) System 2 mit Seilzug.
1 Elektrogetriebemotor, 2 Führungsschiene,
3 Mitnehmer, 4 Gelenkgetriebe,
5 Antriebsseil.

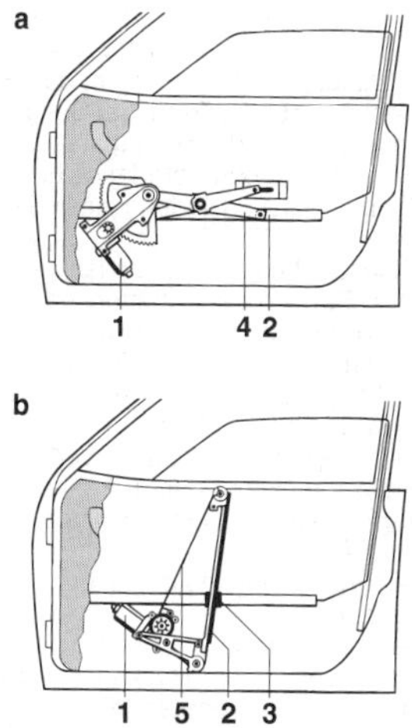

Fensterantriebsmotor mit integrierter Elektronik (Überschusskraftbegrenzung).

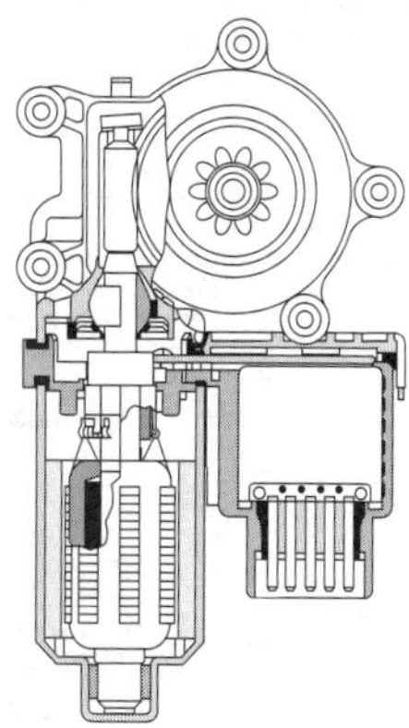

die Motordrehzahl. Wird eine Drehzahlverzögerung erkannt, so wird die Motordrehrichtung sofort umgekehrt. Die Einklemmkraft darf 100 N bei einer Federrate von 10 N/mm nicht überschreiten. Um das Fenster jedoch bei jeder Aufwärtsbewegung schließen zu können, wird vor dem Einfahren in die Türdichtung der Einklemmschutz automatisch abgeschaltet und der Motor bis in die Blockierung gefahren. Hierbei erfolgt jeweils die Rückmeldung der Fensterposition.

Die elektronische Steuerung kann in einem zentralen Steuergerät zusammengefasst oder – um den Verkabelungsaufwand zu minimieren – dezentral in den Fensterhebermotoren integriert sein. Diese Steller erlauben eine Mehrfachausnutzung der Leitungen (Einsatz von Multiplexsystemen).

Dachantriebe

Dachantriebe vereinigen die Funktionen eines Hebe- und Schiebedaches. Hierfür sind spezielle Steuerungen erforderlich, die entweder elektronisch oder elektromechanisch ausgeführt sein können. Bei der elektromechanischen Steuerung (s. Bild) sorgt eine mechanische Verriegelung der Endschalter a und b dafür, dass aus der geschlossenen Dachposition je nach Polarität an den Klemmen I und II das Dach entweder geöffnet oder angehoben werden kann. Ein Polaritätswechsel bei geöffnetem bzw. angehobenem Dach leitet jeweils den Schließ- bzw. Absenkvorgang ein. Soll das Hebe- und Schiebedach an eine zentrale Schließanlage angeschlossen werden, bietet eine elektronische Steuerung mit integrierter Kraftbegrenzung Vorteile. Die elektronische Steuerung ist mit einem Mikrocomputer ausgestattet, der die Signaleingänge auswertet und die Position des Schiebedaches überwacht. Die Nullstellung und Endstellung des Schiebedaches werden mit Hilfe von Mikroschaltern oder Hall-Sensoren kontrolliert. Zusatzfunktionen wie

- vorwählbare Positionssteuerung,
- Schließen durch Regensensor,
- Motordrehzahlsteuerung und
- elektronischer Motorschutz

lassen sich mit relativ geringem Zusatzaufwand realisieren.

Fensterantriebssteuerung mit elektronischer Kraftbegrenzung.
1 Mikrocomputer, 2 Relais-Endstufe, 3 Stellbefehle, 4 Multiplexbus, 5 Hall-Sensoren.

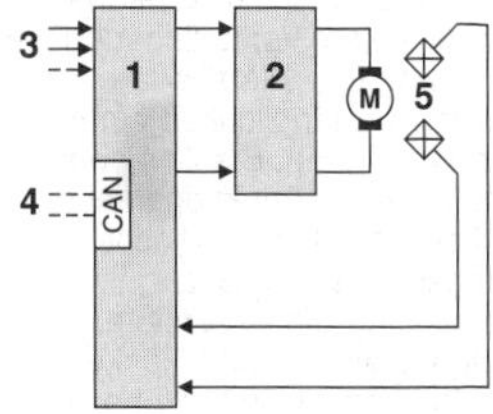

Schiebedachantrieb mit elektromechanischer Steuerung der Öffnungs- und Schließ- sowie der Hebe- und Absenkfunktionen.

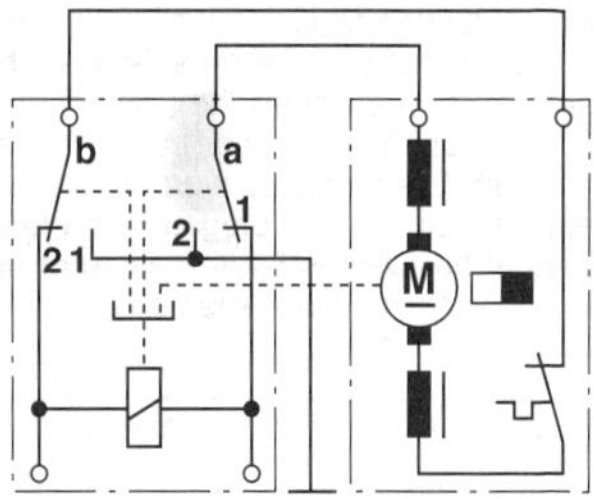

Der Antrieb des Daches erfolgt über Seilzüge oder zug- und drucksteife Bedienungskabel. Der Antriebsmotor ist vorwiegend im Dach direkt oder im Heckbereich des Fahrzeuges (z.B. im Kofferraum) untergebracht. Als Antriebsmotoren dienen permanenterregte Schneckengetriebemotoren mit einer Abgabeleistung von ca. 30 W. Die Motoren sind durch einen Thermoschutzschalter (rückläufig) oder Software-Thermoschutz (hauptsächlich) vor thermischer Überlastung gesichert.

Bei Ausfall der elektrischen Anlage muss sichergestellt sein, dass sich das Dach mit einfachen Bordwerkzeugen (z.B. Kurbel) schließen lässt.

Sitz- und Lenkradverstellung

Die elektrische Sitzverstellung ist noch vorwiegend in Pkw der Ober- und Mittelklasse eingebaut. Der Einsatz erfolgt unter dem Hauptaspekt Komfortsteigerung, bei den vielen Verstellebenen verstärkt auch wegen Platzbedarf oder erschwerter Zugänglichkeit einer mechanischen Betätigung. Bis zu sieben Motoren führen folgende Funktionen aus:

- Höhenverstellung Sitzfläche vorn/hinten,
- Längsverstellung Sitz,
- Verstellung Sitzkissentiefe,
- Neigungsverstellung Rückenlehne,
- Lordosenverstellung Höhe/Wölbung,
- Lehnenknickung (oberes Lehnendrittel),
- Höhenverstellung Kopfstütze.

Ein gebräuchliches Sitzuntergestell hat vier Motoren, die ein Höhenverstell- und ein kombiniertes Längs-/Höhenverstellgetriebe antreiben. Die Einheit zur Sitzkissentiefenverstellung fehlt bei einfachen Sitzen. Ein weiteres System besteht aus drei gleichen Getriebemotoren mit vier Höhen- und zwei Längsverstellgetrieben. Die Getriebe werden von den Getriebemotoren mit biegsamen Wellen angetrieben. Dieses System ist sehr universell und an keine spezielle Sitzkonstruktion gebunden.

Bei modernen Sitzkonzepten (insbesondere für Sportwagen) ist nicht nur der Beckengurt am Sitzgestell, sondern auch der Schultergurt einschließlich Höhenverstellung, Gurtaufroller und Gurtstraffer an der Sitzlehne befestigt. Dieser Sitzaufbau gewährleistet einen optimalen Gurtverlauf sowohl für unterschiedliche Insassengrößen als auch für alle einstellbaren Sitzpositionen und bildet einen wesentlichen Beitrag zur Insassensicherheit. Dieses Konzept verlangt eine Versteifung des Sitzgestelles und eine Verstärkung der Getriebekomponenten einschließlich der Verbindung zum Sitzgestell.

Die programmierbare elektrische Sitzverstellung als Ausbaustufe ermöglicht die Wiederholung mehrerer zuvor eingestellter Sitzpositionen. Die Positionsrückmeldung erfolgt über Potentiometer oder Hall-Sensor. Als Einstiegshilfe kann bei zweitürigen Fahrzeugen für den Einstieg zum Rücksitz der Sitz vollständig vorgefahren werden.

Zur weiteren Erhöhung des Sitzkomforts haben Pkw zunehmend elektrisch verstellbare Lenksäulen. Die Verstelleinrichtung, bestehend aus je einem selbsthemmenden Getriebe mit Elektromotor pro Verstellebene, ist in der Lenksäule integriert. Die gesamten auf die Lenksäule wirkenden „Crashkräfte" müssen von dem

Elektromechanische Sitzverstellung *(Quelle: Brose Fahrzeugteile).*
1 Elektromotoren,
2 Längs-/Höhenverstellgetriebe,
3 Höhenverstellgetriebe,
4 Getriebe für Sitzkissentiefenverstellung.

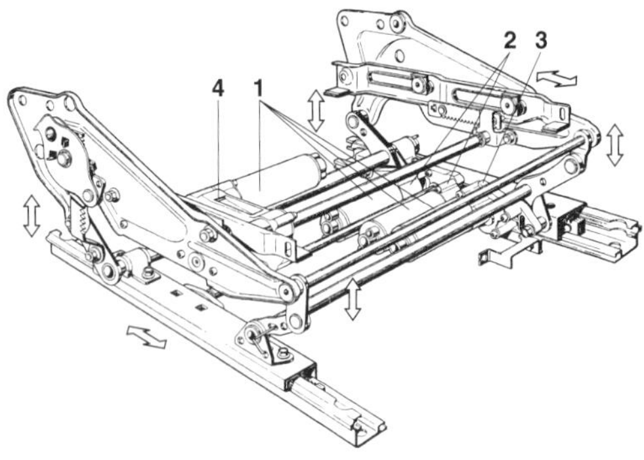

Längsverstellgetriebe abgefangen werden. Die Verstellung erfolgt wahlweise durch manuelle Betätigung eines Positionsschalters oder durch Kopplung mit der programmierbaren Sitzverstellung. Als Hilfe zum Ein- und Aussteigen kann bei ausgeschalteter Zündung die Lenksäule hochgeschwenkt werden.

Zentralverriegelung

Die zentrale Verriegelung der Fahrzeugtüren, des Gepäckraumes und der Tankverschlussabdeckung erfolgt entweder mit pneumatischen oder elektromotorischen Aktoren.

Bei dem pneumatischen System sorgt eine Bidruckpumpe, die in beiden Drehrichtungen von einem Elektromotor betrieben wird, für den Systemdruck (Unter- bzw. Überdruck). Die Anlage lässt sich mit einem zentralen Positionsschalter im Fahrzeuginnenraum und durch das Fahrerschloss ein- und ausschalten. Auf Wunsch ist eine Mehrstellenbedienung (von der Fahrer-, der Beifahrertür sowie vom Gepäckraumdeckel aus) möglich.

Verbreiteter als die pneumatische ist die elektromotorische Zentralverriegelung. Je nach Funktionsumfang und Schlossausführung gibt es verschiedene technische Lösungen, die aber im Prinzip alle auf einem einheitlichen Grundkonzept aufbauen: Ein kleiner Elektromotor mit Untersetzungsgetriebe treibt einen Verstellhebel an, der das Schloss verriegelt und entriegelt. Bei Stromausfall muss sich die Tür mit dem mechanischen Schlüssel und dem Türinnengriff jederzeit öffnen lassen. Bei Zentralverriegelungen mit integriertem Diebstahlschutz ist die manuelle Betätigung aus der Position „Diebstahlschutz" ausschließlich mit dem Fahrzeugschlüssel möglich.

Für erhöhten Bedienungskomfort gibt es Zentralverriegelungen, die mit einer Infrarot- oder Ultraschallfernbedienung von außerhalb des Fahrzeuges angesteuert und damit ent- bzw. verriegelt werden können.

Elektromotorische Zentralverriegelung.
1 Zentraler Schalter, 2 Kontakte in den Türschlössern, 3 Steuereinheit, 4 Stellmotoren.

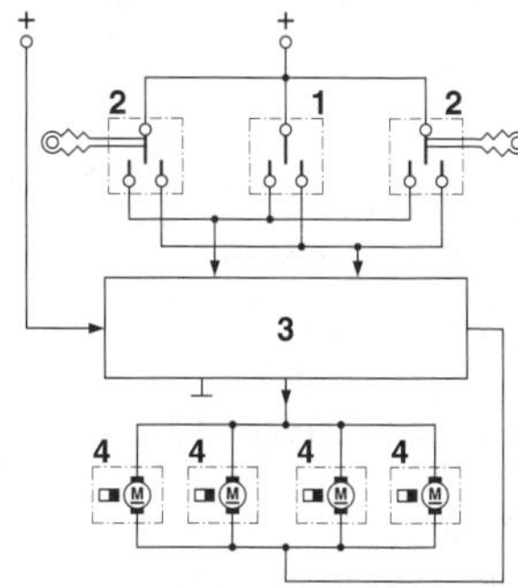

Stelleinheit für Zentralverriegelung.
1 Kabelanschluss, 2 elastische Endlagenkupplung, 3 Getriebe, 4 Elektromotor, 5 Verstellhebel. h Hub.

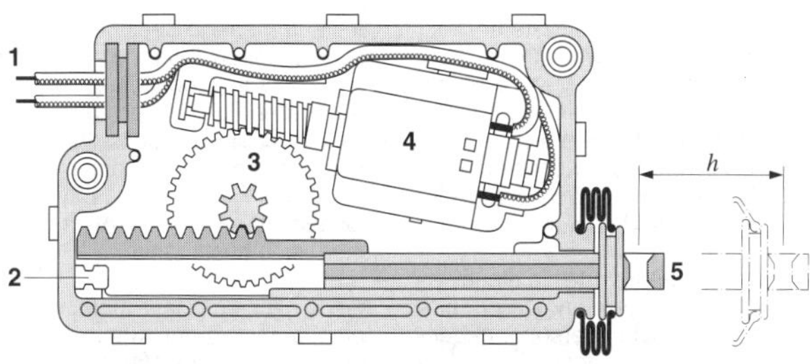

Biometrische Systeme

Aufgabe

„Biometrische Systeme“ haben die Aufgabe, die Identität von Personen mithilfe „biometrischer“ Merkmale festzustellen oder zu bestätigen.

Gegenwärtig sind etwa zehn biometrische Verfahren bekannt, wie z. B.

- Fingerabdruckerkennung,
- Gesichtserkennung,
- Iriserkennung und
- Sprechererkennung.

Biometrische Systeme im Kfz

Für das Kraftfahrzeug etabliert sich die Fingerabdruckerkennung, da sich aus der Kriminalistik ein grundlegendes Verständnis über die Unterscheidung von Fingerabdrücken entwickelt hat.

Da die Fingerabdruckerkennung auch als Passwortersatz bei Rechnern, bei Zeiterfassungs- und Zutrittskontrollsystemen sowie bei Mobiltelefonen eingesetzt werden soll, hat eine breite Sensor- und Algorithmenentwicklung stattgefunden. Im Fahrzeug ist aufgrund der beschränkten Platzverhältnisse auch der Bauraum für den Sensor beschränkt.

Biometrische Merkmale

Biometrische Merkmale sind personengebunden, d. h. untrennbar mit der Person des Nutzers verbunden. Biometrische Merkmale können entweder physiologische Merkmale (wie das Linienmuster des Fingerabdrucks) oder Verhaltensmerkmale (wie die Art zu gehen oder zu unterschreiben) sein.

Der Vorteil biometrischer Systeme liegt zum einen im Komfortgewinn für den Nutzer. Da die biometrischen Merkmale fest mit der Person des Nutzers verbunden sind, führt er diese stets mit sich, d. h. er kann sie weder vergessen noch verlieren. Er muss deshalb keinen Schlüssel oder keine Transponderkarte mit sich führen.

Zum anderen liegt der Vorteil in einem erzielbaren Sicherheitsgewinn. Da die biometrischen Merkmale personengebunden sind, können sie weder willentlich weitergegeben werden noch lassen sie sich im klassischen Sinne entwenden. Es besteht also ein sehr hohes Maß an Vertrauen darin, dass tatsächlich ein bekannter Fahrer das Fahrzeug nutzt.

Enrollment

Um einen Nutzer erkennen zu können, muss das biometrische System zunächst einmal die Fingerabdruckmuster dieses Nutzers lernen. Dieser Vorgang heißt „Enrollment“. Dazu legt der Nutzer seinen Finger auf einen Fingerabdrucksensor auf, der ein Grauwertbild liefert (typische Größe: 64 000...96 000 Bildpunkte mit einer Auflösung von 8 Bit/Pixel).

Mithilfe von Signalverarbeitungsalgorithmen berechnet ein Prozessor in diesem Bild charakteristische Merkmale, z. B. Verzweigungen oder Endpunkte im Linienmuster. Das biometrische System speichert dann diese Merkmale – nicht jedoch das Fingerabdruckmuster selbst – in einer permanenten Datenbasis, typischerweise in einem EEPROM-Speicher (Speicherbedarf: 250...600 Bytes pro Fingerabdruck).

Erfasst das biometrische System später das Fingerabdruckmuster einer Person, so berechnet es wiederum die Merkmale im Fingerabdruck und durchsucht die Datenbasis nach einem übereinstimmenden Merkmalsatz. Findet es einen solchen, so ist die Person als berechtigter Nutzer erkannt.

Anwendungsbeispiele

Viele Fahrzeuge verfügen bereits über eine programmierbare Sitzverstellung. Im Bedienteil gibt es dafür typischerweise drei nummerierte Speichertasten, die drei verschiedenen Fahrern zugeordnet werden können, sowie eine Lerntaste. Die Fahrer des Fahrzeugs müssen sich über die Zuordnung „Speichertaste – Fahrer“ verständigen und sich diese merken. Die Anzahl der Fahrer, die das System nutzen können, ist durch die Anzahl der Speichertasten beschränkt.

Mit dem Einsatz eines biometrischen Systems lässt sich der Komfort bei der Personalisierung wesentlich steigern. Dazu ersetzt ein Fingerabdrucksensor die

Speichertasten der programmierbaren Sitzverstellung. Der Fahrer legt zum Abspeichern oder Abrufen einen Finger auf den Sensor auf, statt eine Speichertaste zu betätigen.

Da biometrische Merkmale personengebunden sind, kann das biometrische System immer eindeutig auf die Person des Fahrers schließen und damit die richtigen Einstellungen verwenden.

Präsentiert ein Fahrer erstmalig seinen Finger zum Speichern der Einstellungen, so führt das biometrische System automatisch ein Enrollment durch und übernimmt die gegenwärtigen Einstellungen. Ist ein Fahrer erst einmal dem biometrischen System bekannt, so werden nur noch die aktuellen Einstellungen beim Speichern übernommen.

Der Vorteil für die Nutzer liegt in der vereinfachten Mensch-Maschine-Schnittstelle. Die Nutzer müssen sich nicht mehr über die Verwendung der Speichertasten verständigen und sich auch nicht mehr eine ihnen zugeordnete Speichertaste merken. Auch stellt die Anzahl vorhandener Speichertasten keine Begrenzung der maximalen Anzahl von Nutzern dar. Letztendlich ist die Anzahl der Nutzer wegen der Speicherkapazität des biometrischen Systems und die Speicherkapazität für Einstellungen begrenzt.

Die Personalisierung lässt sich über die Anwendungen „Sitzverstellung“, „Spiegelverstellung“ und „Lenkradverstellung“ hinaus erweitern. Prinzipiell lassen sich alle konfigurierbaren Systeme im Fahrzeug an das biometrische Personalisierungssystem anschließen. Denkbar ist die Einstellung der Klimaanlage und des Verhaltens des Automatikgetriebes (sportlich/ökonomisch). Für das Autoradio können die persönliche Sendertabelle und die Klangcharakteristik ausgewählt werden und für die Navigation persönliche Ziellisten. Ebenso können bei Verfügbarkeit konfigurierbarer Displays die nach persönlichen Präferenzen konfigurierte Anzeigeelemente abgerufen werden.

Bei selbstlernenden Assistenzsystemen, die sich an das Verhalten des Fahrers adaptieren, kann der letzte „Kenntnisstand“ bezüglich des Fahrerverhaltens über das Personalisierungssystem sofort bei Fahrtbeginn abgerufen werden.

Biometrische Systeme können im Kraftfahrzeug auch für den Motorstart zur Realisierung einer Wegfahrsperre und für den Fahrzeugzugang eingesetzt werden. Derart ausgestattete Fahrzeuge lassen sich dann völlig schlüssellos betreiben. Für den Einsatz als Wegfahrsperre steht noch der Nachweis aus, dass die gleiche Sicherheit wie bei den aktuellen transponderbasierten Ausführungen erzielbar ist.

Für den Fahrzeugzugang muss die Sensorik zur Erfassung der Fingerabdruckmuster in der Außenhaut des Fahrzeugs untergebracht sein. Die technische Herausforderung besteht darin, eine ausreichend robuste Sensorik so gegen Verschmutzung geschützt zu integrieren, dass eine komfortable Nutzung – auch im Winter – gewährleistet ist.

Fingerabdrucksensor nach dem Direct Optical Scanning (DiOS™)-Verfahren *(Beispiel).*
a) CMOS-Bildsensor mit Fingerkuppe, b) Detail.
1 Licht aus Umgebung, 2 Haut mit Fingerlinienmuster, 3 LED-Zusatzbeleuchtung, 4 Glasfaserbündel, 5 lichtempfindlicher Bildsensor.

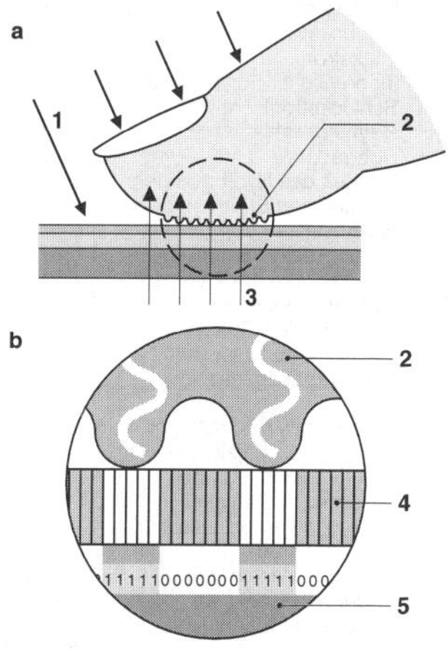

Fahrzeughydraulik

Größen und Einheiten[1])

Größen		Einheiten
A	Fläche Strömungsquerschn.	cm^2
A_D	Drosselquerschnittsfläche	cm^2
A_K	Kolbenfläche	cm^2
A_R	Rohrquerschnittsfläche	cm^2
b	Spaltbreite	mm
d	Rohrdurchmesser	mm, cm
E_{Fl}	Elastizitätsmodul Flüssigkeit	$N \cdot mm^{-2}$
$E_{Öl}$	Kompressionsmodul Öl	$N \cdot mm^{-2}$
e	Exzentrizität, Mittenversatz	mm
F	Kraft	N
g	Erdbeschleunigung	$m \cdot s^{-2}$
H	Zylinderhub	cm, mm
h	Spalthöhe	µm, mm
l	Spaltlänge, Rohrlänge	mm, m
l_o	Ausgangslänge	cm
M_1	Antriebsdrehmoment	$N \cdot m$
M_2	Abtriebsdrehmoment	$N \cdot m$
M_{th}	theoretisches An- oder Abtriebsdrehmoment	$N \cdot m$
M_{verl}	Verlustmoment	$N \cdot m$
n	Drehzahl	min^{-1}
P_{an}	Antriebsleistung	kW
P_{ab}	Abtriebsleistung	kW
p_z	Zylinderdruck	bar
Δp	Druckdifferenz	bar
Q	Förderstrom der Hydropumpe bzw. Schluckstrom des Hydromotors oder Hydrozylinders	$l \cdot min^{-1}$
Q_1	Förderstrom	$l \cdot min^{-1}$
Q_2	Schluckstrom	$l \cdot min^{-1}$
Q_L	Leckstrom	$l \cdot min^{-1}$
Q_{th}	theoretischer Förder- oder Schluckstrom	$l \cdot min^{-1}$
Re	Reynoldszahl	—
r	Rohrradius	mm
t	Hubzeit des Hydrozylinders	s
U	Umfang des Strömungsquerschnitts	cm
V_{Fl}	Flüssigkeitsvolumen	cm^3
V_H	Hubvolumen des Hydrozyl.	cm^3
V_o	Ausgangsvolumen	cm^3
V_{th}	theor. Förder-/Schluckvolumen pro Umdrehung	cm^3
υ	Rohrströmungsgeschwindigkeit	$m \cdot s^{-1}$
υ_1	Hubgeschwindigkeit	$m \cdot s^{-1}$
α_D	Durchflusskoeffizient von z.B. Drosseln, Blenden	—
η	dynamische Zähigkeit	$Ns \cdot m^{-2}$
η_{hm}	hydraulisch-mechanischer Wirkungsgrad	—
η_{vol}	volumetr. Wirkungsgrad	—
λ	Widerstandszahl	—
ν	kinematische Zähigkeit	$m^2 \cdot s^{-1}$
ϱ	Dichte	$kg \cdot dm^{-3}$
ω	Winkelgeschwindigkeit	s^{-1}

Berechnung der Widerstandszahl λ

$\lambda = \frac{64}{Re}$ für laminare Strömung und isotherme Zustandsänderung

$\lambda = \frac{75}{Re}$ für laminare Strömung und adiabate Zustandsänderung

$\lambda = \frac{0{,}316}{Re^{0{,}25}}$ für turbulente Strömung bis $Re = 80\,000$ und glatte Rohre

$Re = \upsilon \cdot D_{H/\nu}$ mit $D_H = A/U$

Begriffe und Formeln
(Größengleichungen)

Hydropumpe

Förderstrom

$$Q_1 = V_{th} \cdot n \cdot \eta_{vol}$$

Abtriebsleistung

$$P_{ab} = Q_1 \cdot \Delta p$$

Antriebsdrehmoment

$$M_1 = \frac{V_{th} \cdot \Delta p}{2\pi} \cdot \frac{1}{\eta_{hm}}$$

Antriebsleistung

$$P_{an} = M_1 \cdot \omega$$

volumetrischer Wirkungsgrad

$$\eta_{vol} = \frac{Q_1}{Q_{th}} = \frac{Q_{th} - Q_L}{Q_{th}} = 1 - \frac{Q_L}{Q_{th}}$$

hydraulisch-mechan. Wirkungsgrad

$$\eta_{hm} = \frac{M_{th}}{M_1} = \frac{M_{th}}{M_{th} + M_{verl}}$$

Hydromotor

Schluckstrom

$$Q_2 = V_{th} \cdot n/\eta_{vol}$$

Abtriebsleistung

$$P_{ab} = M_2 \cdot \omega$$

Abtriebsdrehmoment

$$M_2 = \frac{V_{th} \cdot \Delta p}{2\pi} \cdot \eta_{hm}$$

volumetrischer Wirkungsgrad

$$\eta_{vol} = \frac{Q_{th}}{Q_2} = \frac{Q_{th}}{Q_{th} + Q_L}$$

hydraulisch-mechan. Wirkungsgrad

$$\eta_{hm} = \frac{M_2}{M_{th}} = \frac{M_{th} - M_{verl}}{M_{th}}$$

Hydrozylinder

Zylinderdruck $p_z = F/(A_K \cdot \eta_{hm})$

Hubvolumen $V_H = A_K \cdot H$

Hubzeit $t = V_H/Q_1$

Hubgeschwindigkeit $\upsilon_1 = Q_1/A_K$

[1]) Bei den Einheiten handelt es sich um gebräuchliche Einheiten, nicht um SI-Einheiten.

Strömung in Rohrleitungen und Spalten

erforderlicher Rohrquerschnitt

$A_R = Q_1/\upsilon$

Druckverlust in geraden Rohrleitungen

$$\Delta p = \lambda \cdot \frac{l}{d} \cdot \frac{\varrho}{2} \cdot \upsilon^2$$

Strömung durch ein Rohr (nach Hagen-Poiseuille)

$$Q = \frac{\pi \cdot r^4}{8 \cdot \eta \cdot l} \cdot \Delta p$$

Strömung (laminar) durch einen ebenen Spalt

$$Q = \frac{b \cdot h^3}{12 \cdot \eta \cdot l} \cdot \Delta p$$

Strömung (laminar) durch einen exzentrischen Dichtspalt

$$Q = \frac{d \cdot \pi \cdot \Delta r^3}{12 \cdot \eta \cdot l} \cdot \left[1 + 1{,}5 \cdot \left(\frac{e}{\Delta r}\right)^2\right] \cdot \Delta p$$

($2 \cdot \Delta r$ = Passungsspiel zwischen Kolben und Bohrung)

Strömung durch Drosseln und Blenden

$$Q = \alpha_D \cdot A_D \cdot \sqrt{2\, \Delta p/\varrho}$$

(α_D an Steuerschiebern 0,6 bis 0,8)

Kompressibilität einer Druckflüssigkeit

$\Delta V_{Fl} = A_K \cdot \Delta l = V_o \cdot \Delta p/E_{Fl}$

wobei das Ausgangsvolumen

$V_o = A_K \cdot l_o$

und der Kompressionsmodul für Öl

$E_{Öl} \approx 1{,}6 \cdot 10^9\ \mathrm{N \cdot m^{-2}}$

Zahnradpumpen

Zahnradpumpen sind entweder mit je einem außen- und innenverzahnten Rad oder mit zwei außenverzahnten Rädern aufgebaut. Außenverzahnte Pumpen lassen sich kostengünstiger herstellen und werden daher überwiegend eingesetzt. Das Fördervolumen pro Umlauf ist konstant und wird durch Zahnraddurchmesser, Achsabstand und Zahnbreite bestimmt. Die rotierenden (im Eingriff befindlichen) Zahnräder transportieren die Hydraulikflüssigkeit in den Zahnlücken von der Niederdruck- zur Hochdruckseite, die eintauchenden Zähne verdrängen sie in die Druckleitung. Nahezu spielfrei im Gehäuse laufende Zahnköpfe sorgen für die radiale Abdichtung des Druckraumes. Hydraulisch gegen die Zahnräder gedrückte Platten oder Buchsen begrenzen den Pumpenraum axial und dienen bei der Buchsenpumpe gleichzeitig der Lagerung der Zahnräder. Auf diese Weise werden die bei Hochdruckpumpen üblichen guten Wirkungsgrade erzielt. Antriebsdrehzahlen bis 4000 min^{-1}, zulässige Drücke bis ca. 300 bar und hohe Leistungsdichte (6 kW/kg) machen Zahnradpumpen für den Einsatz in der Fahrzeughydraulik besonders geeignet. Die benötigten Förderströme von 0,5...300 l/min werden mit 4...5 Pumpenbaugrößen erzielt.

Zahnradpumpen und -motoren *(Dreh- und Stromrichtung für Pumpenbetrieb).*

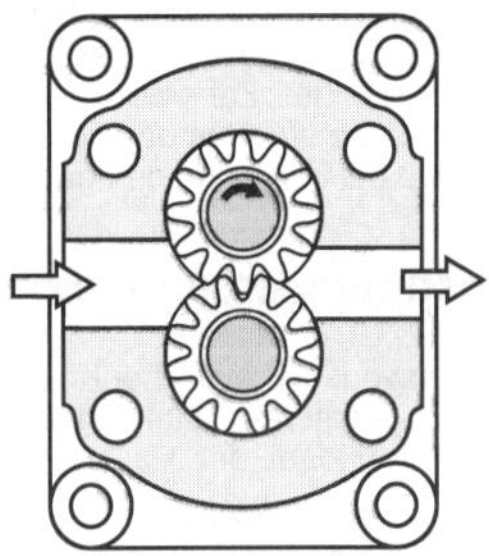

Buchsenpumpe.
Volumetrischer Wirkungsgrad η_v und Gesamtwirkungsgrad η_t in Abhängigkeit vom Förderstrom bei Δp = 210 bar.

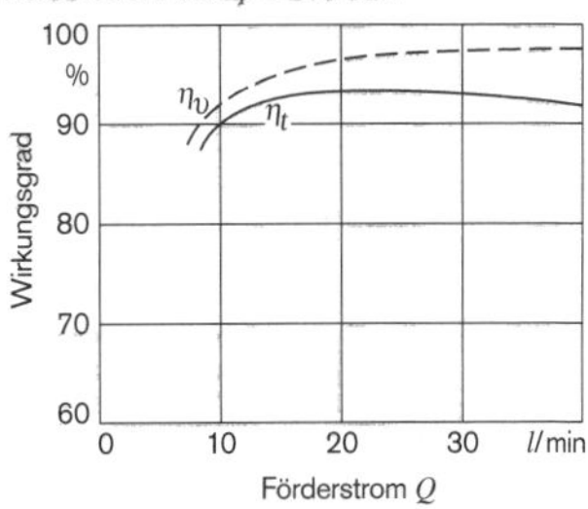

Zahnradmotoren

Zahnradmotoren sind in der einfachsten Bauweise für den Betrieb in nur einer Drehrichtung wie Zahnradpumpen aufgebaut. Entsprechend der Richtung des Ölstromes von der Hoch- zur Niederdruckseite ändert sich die Drehrichtung der Zahnräder gegenüber der Pumpenausführung. Für Fahrantriebe geeignete, d.h. in beiden Richtungen betreibbare und rücklaufbelastbare Motoren sind ebenfalls von Zahnradpumpen durch Anpassung des Axialdruckfeldes und der Leckölführung abgeleitet worden. Die Vorteile der außenverzahnten Pumpen, wie hohe Leistungsdichte, kleiner Einbauraum und niedrige Herstellkosten, gelten ebenso für Zahnradmotoren. Sie werden daher bevorzugt bei Straßenfahrzeugen, Bau- und Landmaschinen zum Antrieb von Kühlluft- und Reinigungsgebläsen, Förderschnecken, Besen, Streutellern, Rüttlern usw. eingesetzt. Das gute Anlaufverhalten der Zahnradmotoren wird für den Antrieb von Pumpen und Verdichtern sowie bei Fahrantrieben genutzt.

Kolbenpumpen und -motoren

Das Triebwerk hydraulischer Kolbenpumpen und -motoren unterscheidet sich deutlich von dem der klassischen Kolbenmaschine. Das hohe Druckniveau (Standardwert hydrostatischer Antriebe 350...400 bar) ergibt große Kolbenkräfte und erfordert eine starre und robuste Mechanik. Trotzdem bauen moderne Triebwerke sehr kompakt, besonders dank der hydrostatischen Kraftübertragung zwischen den ortsfesten und den rotierenden huberzeugenden Elementen. Die gute Schmier- und Kühlwirkung der Druckflüssigkeit begünstigt diese Platz sparende Bauweise. Hydraulische Kolbenmaschinen können so eine maximale Leistungsdichte von mehr als 5 kW/kg erreichen.

Um einen Volumenstrom mit guter Gleichförmigkeit zu erzielen, werden hydraulische Kolbenmaschinen mit einer ungeraden Zahl von Kolbenelementen gebaut. Je nach Triebwerksanordnung unterscheidet man zwischen Radial- und Axial-Kolbenmaschinen. Beide gibt es als Pumpen und Motoren mit konstantem oder verstellbarem Verdrängungsvolumen, geeignet für offene und geschlossene Kreisläufe. Da sich die Phasensteuerung hydraulischer Maschinen nicht bewährt hat, ist eine stetige Verstellung nur über die Änderung des Kolbenhubs möglich. Rotierende huberzeugende Triebwerksteile, wie Kurbel- oder Exzenterwelle (radial) und Taumelscheibe (axial), sind dafür ungeeignet und finden nur bei einigen Konstantmaschinen Verwendung. Für alle Verstell- und viele

Axialkolbenmaschine.
(Schwenkscheibeneinheit).
1 Antriebswelle, 2 Schwenkscheibe, 3 Zylindertrommel (rotiert), 4 Rückhalteplatte, 5 Gleitschuhe, 6 Kolben, 7 Steuerplatte.

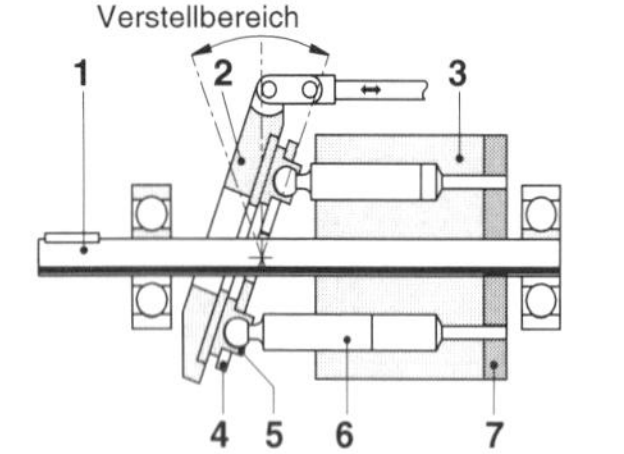

Radialkolbenmaschine.
1 Steuer- bzw. Regelorgan, 2 Gleitschuhe, 3 Steuerzapfen, 4 Hubring, 5 Stellkolben 1, 6 Kolben, 7 Zylinderstern (rotiert), 8 Stellkolben 2.

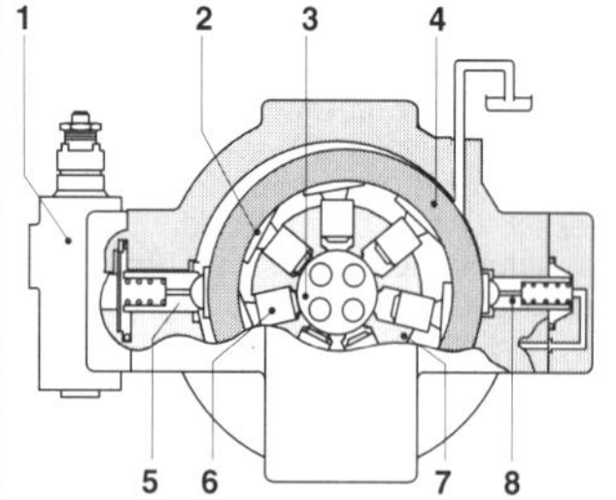

Konstanteinheiten benutzt man andere – hydraulikspezifische – Triebwerke. Bei diesen Bauarten rotiert der Zylinderkörper und bildet zusammen mit einer feststehenden Steuerplatte oder einem Steuerzapfen einen Drehschieber, der die Zylinderräume abwechselnd mit dem Zulauf und dem Ablauf verbindet. Axialkolbenmaschinen baut man als Schwenkscheiben- oder Schwenkachseneinheiten.

Als Radialbauart hat sich die innenbeaufschlagte Maschine durchgesetzt. Der Zylinderstern dreht sich auf dem Steuerzapfen. Die Lagerkräfte werden über hydrostatische Druckfelder am Zapfen abgestützt. Ebenso übertragen Druckfelder die Kräfte zwischen den mitrotierenden Kolbengleitschuhen und dem stillstehenden Hubring. Dessen veränderbar exzentrische Lage zum Steuerzapfen erzeugt den Kolbenhub. Bei Pumpen mit umkehrbarer Förderrichtung kann der Hubring über seine Verstellkolben in beide Richtungen ausgelenkt werden. Alle Verstellelemente liegen im Stator und erlauben eine schnelle und exakte Veränderung des Fördervolumens durch hydraulische oder elektrohydraulische Steller und Regler. Sowohl über Proportionalventile im Regelkreis als auch mit einer elektrohydraulischen Verstellung wird eine hydraulische Kolbenmaschine in elektronische Steuerungen integriert.

Elektrohydropumpen und Kleinaggregate

Elektrohydropumpen sind eine Kombination von Hydropumpe und Elektromotor. Für den überwiegenden Einsatzfall Mobilhydraulik wird ein Gleichstrommotor verwendet, doch gibt es auch Wechsel- bzw. Drehstrommotoren für den Stationärbetrieb.

Zahnradpumpen als pulsationsarme und leise Hydraulikkomponenten haben sich in Elektrohydropumpen als Druckerzeuger bewährt. Sie werden in den Baugrößen B und F mit Fördervolumina von 1...22,5 cm^3/U eingesetzt und erreichen Betriebsdrücke bis ca. 280 bar. Zusammen mit den Elektromotoren der Baugrößen I bis T, die eine maximale Nennleistung von 8 kW aufweisen, kommen sie in der Mobilhydraulik zu zahlreichem Einsatz.

Elektrohydropumpen liefern die hydraulische Energie für die Funktionen „Heben“ und „Lenken“ an Fahrzeugen aller Art, insbesondere an Flurförderfahrzeugen (Gabelstapler, Palettenhubwagen), fahrbaren Hebebühnen, Lastkraftwagen, Sonderfahrzeugen im Bau-, Transport- und Rettungswesen sowie in Pkw. Dort werden Elektrohydropumpen und zunehmend auch Klein- und Miniaggregate für Nebenfunktionen wie Niveauregulierung, Lenk- bzw. Parkierhilfen eingesetzt. Ein Sondergebiet ist die Sicherheit an Brems- und Anfahrsystemen. ABS und ASR haben als Kernstück im Regelfall ein Hydroaggregat als Öldruckquelle.

Für umfangreiche Steuerfunktionen in den Fahrzeugen müssen neben den Elektrohydropumpen noch verschiedene Ventile oder Ventilblöcke installiert werden. Dies hat zur Entwicklung kleiner kompakter Hydraulikeinheiten bis zu einem Leistungsbereich von 4 kW geführt. Diese Aggregate vereinen neben Elektromotor und Hydropumpe noch einen Steuerblock, einen Ölbehälter sowie Öl- und Luftfilter. Das konstruktive Konzept lässt die Realisierung individueller Steuerfunktionen zu. Ventile in Sitz- und Schieberbauart können in einem kompakten Ventilblock oder an einer Schnittstelle addiert werden. Die Klein- bzw. Minieinheiten werden überall dort eingesetzt, wo trotz geringem Raumangebot ein hoher Energiebedarf besteht. Beispiele sind Funktionen an Kommunalfahrzeugen (Kehrmaschine, Schneefräse, Kleinschlepper, Flur- und Sonderfahrzeuge, Fahrzeuge für den Personentransport wie Krankenwagen mit Behindertenliften und Schwenkvorrichtungen).

Neue Einsatzbedingungen sind Funktionen im Pkw. Fortschrittliche Cabrios werden mit hochwertigen Hydrauliksystemen zum Betätigen des Verdecks, zum Verriegeln, zum Falten und Verschließen in einer vorgesehenen Senkung ausgerüstet.

Ventile

Wegeventile

OC-Ventile (open center)
Der Pumpenstrom fließt in Neutralstellung durch bis zu 10 Ventile einer Anlage (Neutralumlauf). Bei Betätigung eines Ventils wird der Ölstrom angedrosselt, bevor die Verbindung zum Verbraucheranschluss öffnet.
Nachteile:
- hoher Druckverlust = Energieverlust in Neutralstellung,
- Feinsteuerung vom Lastdruck abhängig.

LS-Ventile (load sensing)
Anwendung in Systemen mit Verstellpumpe oder Konstantpumpe mit zusätzlicher Druckwaage. In Neutralstellung ist die Pumpe bzw. die Druckwaage über die LS-Steuerleitung entlastet. In Arbeitsstellung hält der Pumpenregler bzw. die Druckwaage das Druckgefälle am Steuerschieber konstant, d.h. der Ölstrom zum Verbraucher ist unabhängig vom Lastdruck.
Vorteile:
- niedriger Neutralverlust,
- bessere Feinsteuerung unabhängig vom Lastdruck.

OC-Wegeventil.
1 Neutralumlauf.

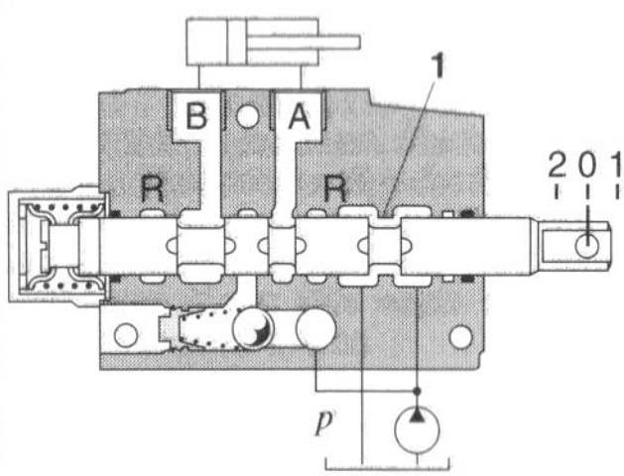

LS-Wegeventil.
1 Messblende, 2 Druckwaage, 3 Konstantpumpe, 4 Verstellpumpe.

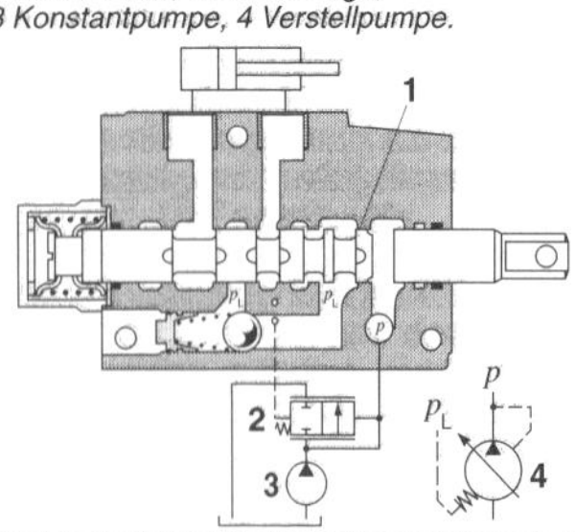

Stromventile

Drosselventile
In Drosselventilen wird der Ölstrom durch Veränderung des Strömungsquerschnittes eingestellt. Nach dem Strömungsgesetz ist diese Strombegrenzung druckabhängig und wird deshalb nur für einfache Geschwindigkeitssteuerungen eingesetzt. Für druckunabhängige Strombegrenzung sind Regelventile notwendig.

Stromregelventil
Um bei 2-Wege-Stromventilen den Ölstrom Q unabhängig vom Lastdruck p_3 einstellen zu können, wird das Druckgefälle $(p_1 - p_2)$ an der Messdrossel durch eine variable Drossel (Druckwaage) konstant geregelt. Das Druckgefälle $p_1 - p_2$ entspricht der auf die Druckwaage wirkenden Federkraft. Bei dieser Steuerung fließt der überschüssige Ölstrom über das Druckbegrenzungsventil der Anlage ab.

Geringere Verluste erreicht man bei 3-Wege-Stromregelventilen mit einer zusätzlichen Ablauföffnung, über die der Reststrom zum Tank oder anderen Verbrauchern fließt.

Drosselventil.

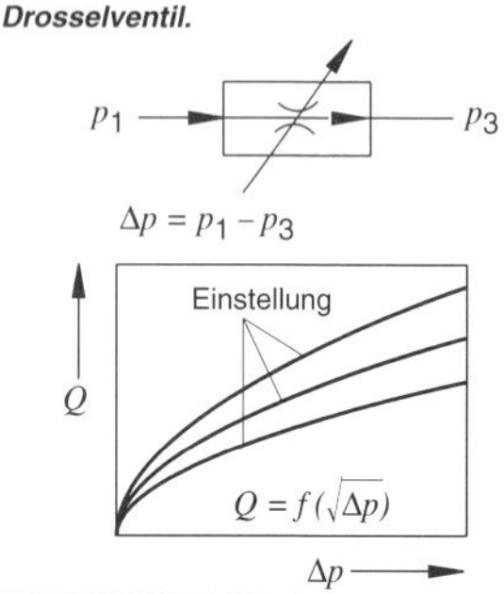

Druckventile

Druckbegrenzungsventil

Zum Schutz der Bauteile und für die Betriebssicherheit der Anlage enthalten Hydraulikkreise ein Druckbegrenzungsventil (DBV). Erreicht der am Sitzdurchmesser wirkende Druck den der Federvorspannung entsprechenden Wert, öffnet der Ventilkegel, und das Öl fließt zum Tank ab. Für größere Ölströme und vom Durchfluss unabhängige Kennlinien werden vorgesteuerte Druckbegrenzungsventile verwendet. Das Vorsteuerventil entlastet den Federraum des Hauptventils, das die Verbindung zum Tank steuert.

Elektrische Proportionalwegeventile

In mobilen Arbeitsmaschinen der Land- und Fördertechnik, wie Ackerschlepper und Gabelstapler, werden heute zunehmend elektrisch betätigte Wegeventile eingesetzt. Die Gründe dafür sind höhere Produktivität, geringere Belastung des Fahrers und reduzierte Einbaukosten durch frei wählbare Anordnung der Ventile im Fahrzeug. Die Elektronik ermöglicht komfortable und sichere Steuerungen bis hin zu automatischen Bewegungsabläufen.

Direkte Magnetbetätigung

In Anwendungen mit kleiner bis mittlerer hydraulischer Leistung (Stellbewegungen im Mähdrescher, Neigefunktion im Gabelstapler) wird der Wegeventilschieber mit Hubmagneten gegen eine Rückstellfeder proportional zum Erregerstrom ausgelenkt. Die Magnetkraft bestimmt die Einsatzgrenze, z.B. 30 l/min, 200 bar. Wegen des kurzen Magnethubes sind nur 3-Stellungsventile möglich.

2-Wege-Stromregelventil.
1 Feder, 2 Messdrossel,
3 Regeldrossel (Druckwaage).

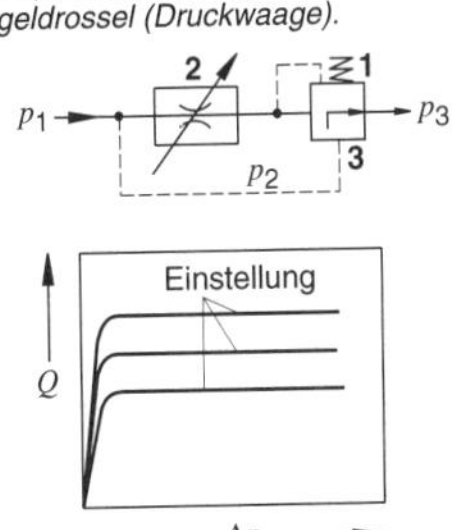

3-Wege-Stromventil.
1 Druckwaage, 2 Messblende.

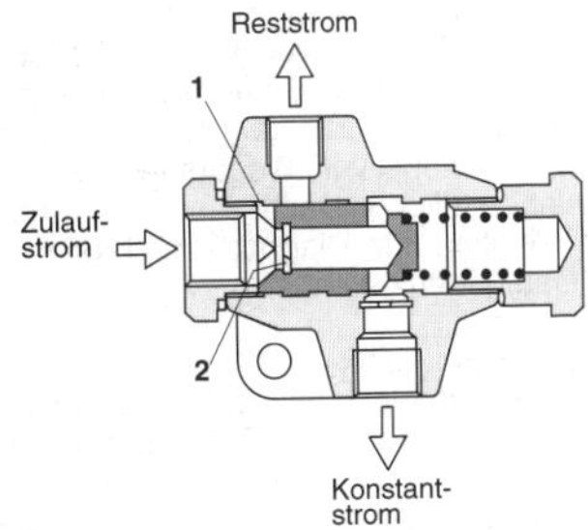

Direktgesteuertes Druckbegrenzungsventil.
1 Ventilsitz, 2 Dämpfungskolben.

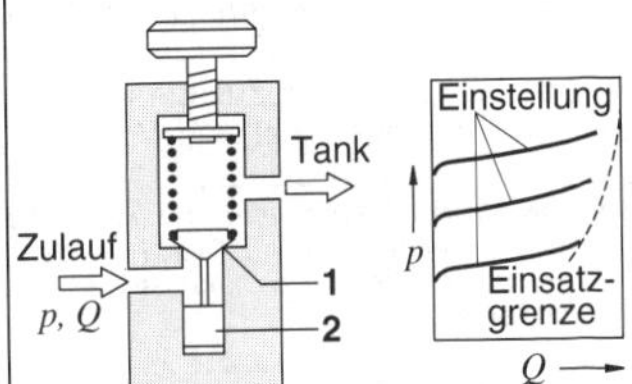

Vorgesteuertes Druckbegrenzungsventil.
1 Vorsteuerventil, 2 Hauptventil.

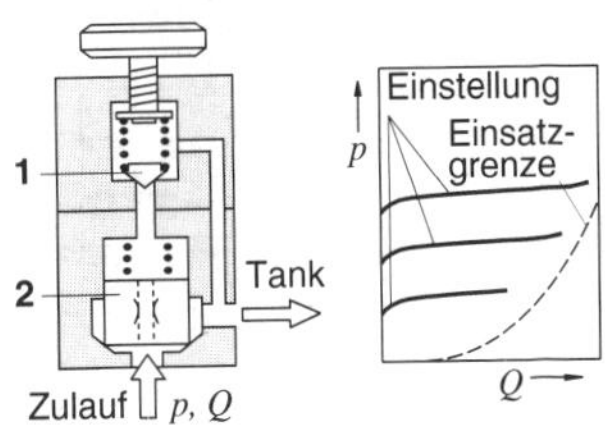

Elektrohydraulische Betätigung
Die neue „Elektrohydraulische Stelleinheit" EHSe erzeugt eine hohe Betätigungskraft für hohe Schaltleistung wie sie im Ackerschlepper für den Frontlader oder im Lkw-Ladekran für den Ausleger benötigt wird. Zur Kraftverstärkung dient ein Stellkolben, der den Ventilschieber in die vom Sollwertgeber vorgegebene Position verstellt. Ein Lageregelkreis kompensiert Störeinflüsse durch Strömungskräfte für geringe Hysterese. Das 4/3-Wege-Vorsteuerventil mit Doppelhubmagnet wird mit Steuerdruck von ca. 20 bar versorgt. Zur Lageregelung sensiert ein induktiver Wegaufnehmer die Schieberstellung. Damit lässt sich auch die Position für Diagnose und Sicherheitsaufgaben erkennen.

Ansteuerelektronik
Die Auswerteelektronik des Wegsensors (ASIC) und die digitale Steuerungselektronik mit serieller CAN-Bus-Schnittstelle sind im Gehäuse der Stelleinheit untergebracht. Durch die Verwendung eines Mikrocontrollers mit EEPROM ist das Ventilverhalten programmierbar. Die Ventilkennlinie und das Zeitverhalten lassen sich anwendungsbezogen auswählen und anpassen. Gespeichert sind statische Kennlinien, die den Zusammenhang zwischen Eingangssignal und Volumenstrom festlegen (Feinsteuerung) und Zeitrampen für definierte Beschleunigung und Verzögerung von hydraulischen Antrieben.

Neben der wichtigsten Ansteuerungsmöglichkeit mit CAN-Bus ist auch eine Ansteuerung mit analogem oder mit pulsweitenmoduliertem (PWM) Spannungssignal vorgesehen. Bei Funktionsfehlern im Wegeventil, z. B. klemmender Ventilschieber, fehlender Steuerdruck, wird je nach Schweregrad der Fehler angezeigt (Blinkcode, CAN-Botschaft) oder die Stelleinheit abgeschaltet.

Zylinder

Zylinder erzeugen aus hydraulischer Leistung (Druck, Ölstrom) eine geradlinige Bewegung (Kraft, Geschwindigkeit). Sie zeichnen sich durch große Leistungsdichte und geringen konstruktiven Aufwand aus. Ihr Wirkungsgrad ist abhängig von den Dichtungen, der Oberflächengüte und dem Druck. Neben Kraft und Geschwindigkeit ist die Knicksicherheit ein wichtiges Auslegungskriterium. Durch sie werden die Abmessungen und die Ausfahrlänge bestimmt. Als Anlenkungselement an Zylinderkopf und -boden dienen Bohrungen, Gabelköpfe, Gelenklager und Gewinde.

Wegeventil SB23LS mit elektrohydraulischer Betätigung EHSe.
1 Induktiver Wegaufnehmer, 2 Digital-Elektronik, 3 Sollwert: CAN, PWM oder Potenziometer, 4 Diagnose: Fehlersignal, 5 Diagnose: optische Anzeige, 6 Vorsteuerventil, 7 Sperrventil, 8 Druckwaage.

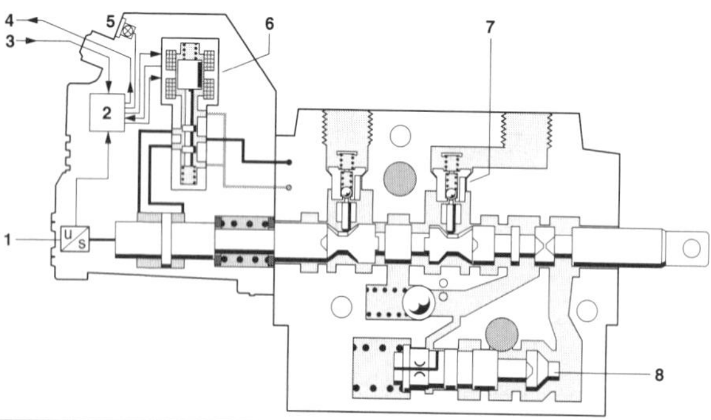

EHSe – elektrohydraulische Stelleinheit für Mobilwegeventile. Programmierbare Kennlinien.

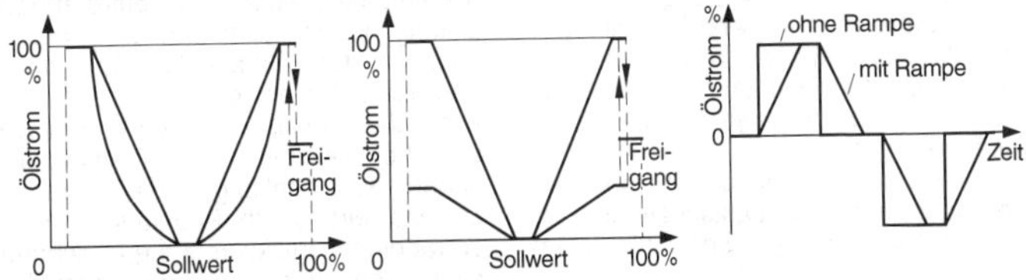

Programmierbare Kennlinienform
- *Linear (x) bis progressiv (x^3)*
- *Individuell für beide Richtungen*
- *Zur Anpassung des Feinsteuerverhaltens.*

Programmierbare Kennliniensteigung
- *0...100%*
- *Individuell für beide Richtungen*
- *Zur Anpassung an jeweiligen Hydromotor oder Zylinder*

Programmierbares Zeitverhalten
- *Rampen 0,07...4 s*
- *Individuell für beide Richtungen*
- *Zur Anpassung von Beschleunigungen und Verzögerungen an unterschiedliche Lastverhältnisse*

Zylinder.
1 Dichtelement, 2 Abstreifring, 3 Gelenkkopf, 4 Kolben, 5 Zylinderrohr, 6 Führungsbuchse, 7 Kolbenstange.

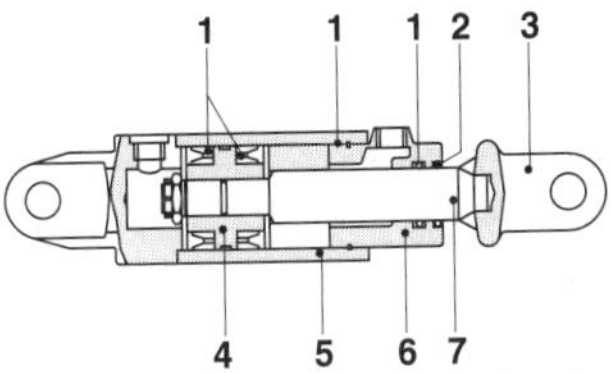

Bauformen	Bemerkung
Einfach wirkend 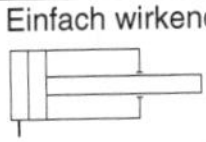	Antrieb nur in eine Richtung möglich.
Doppelt wirkend 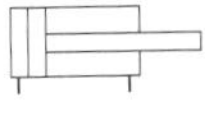	Zwei Antriebsrichtungen, unterschiedliche druckbeaufschlagte Flächen auf der Kolben- und Stangenseite.
Doppelt wirkend 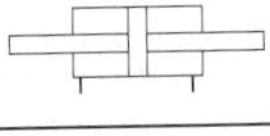	Zwei Antriebsrichtungen, gleiche Flächen, durchgehende Kolbenstange.

Schlepperhydraulik

Die Ölhydraulik macht den Schlepper zu einem universellen und mobilen Fahrzeug für die Land- und Forstwirtschaft. Die vielfältigen Anbaugeräte können mit Hilfe der Hydraulik schnell vom Schlepper am Heck, im Front- und Zwischenachsbereich aufgenommen werden und zur Arbeit in entsprechende Stellung gesteuert oder geregelt werden. Über hydraulische Steckkupplungen werden weitere lineare und rotierende Motoren am Anbaugerät selbst gesteuert. Die Handhabung des Schleppers wird durch hydraulische Servounterstützung für Lenkung (s. auch Kapitel Lenkung), Bremsen, Kupplungen und Getriebeschaltungen erleichtert. Überbeanspruchungen des Schleppers durch die Anbaugeräte werden durch Druckbegrenzungsventile verhindert. Anhänger lassen sich – abgestimmt auf die Schlepperbremse – hydraulisch bremsen.

Der Grund für die verbreitete Anwendung der Hydraulik im Schlepper ist die hohe Leistungsdichte und Flexibilität. Die vielfältigen Einsatzbereiche vom kleinen Weinbergschlepper mit einer Leistung von etwa 20 kW über den Geräteträger, Standard-, Forst- und Bauschlepper bis zum knickgelenkten Großschlepper mit etwa 300 kW stellen an Leistung, System und Funktion der Hydraulik unterschiedliche Anforderungen.

Hydrauliksysteme für Schlepper
Die Hydrauliksysteme am Schlepper haben in der Regel drei Druckkreise:
- Hochdruck- oder Arbeitskreis mit Drücken bis 250 bar und Ölströmen bis 120 l/min für Lenkung, Anhängerbremse, Hubwerksregelung und sonstige Verbraucher,
- Steuerdruckkreis mit ca. 20 bar und etwa 30 l/min für Lastschaltgetriebe, Zapfwellenkupplung, Sperrdifferenzial usw.,
- Schmierkreis mit ca. 3...5 bar.

Wesentliche Unterschiede gibt es im Hochdruckkreis, der im nachfolgenden erläutert wird. Wichtige Auswahlkriterien sind Funktion, Kosten, Energieverluste, Komplexität und Bedienkomfort.

Konstantstromsystem, Open Center System (OC) (Q konstant, p variabel)
Dieses System ist auf Grund seines günstigen Preis-Leistungs-Verhältnisses am stärksten verbreitet. Als Druckversorgung finden vor allem Zahnradpumpen Verwendung. Bei nicht betätigter Stellung der Ventile wird der nur über die Drehzahl der Pumpe veränderbare Volumenstrom im Neutralumlauf zum Tank gefördert. Zum Betätigen eines oder mehrerer Verbraucher wird der Neutralumlauf im Ventil angedrosselt und entsprechend der Auslenkung des Ventilschiebers Öl zum Verbraucher geleitet. Für Sicherheitsfunktionen wie Lenkung oder Anhängerbremse wird durch Prioritätsventile die vorrangige Druckversorgung sichergestellt. Den prinzipbedingten hohen Verlustleistungen im Neutralumlaufsystem kann durch eine geeignete Aufteilung des Arbeitskreises und eine Druckversorgung mit zwei und mehr Pumpen begegnet werden.

Konstantdrucksystem, Closed Center System (CC) (Q variabel, p konstant)
Eine volumenstromveränderbare Pumpe (Regelpumpe) arbeitet in Konstantdruckregelung. Bei Neutralstellung der Ventile regelt die Pumpe ihre Fördermenge bis auf die Leckverluste zurück. Bei Betätigung eines Ventils stellt sich die

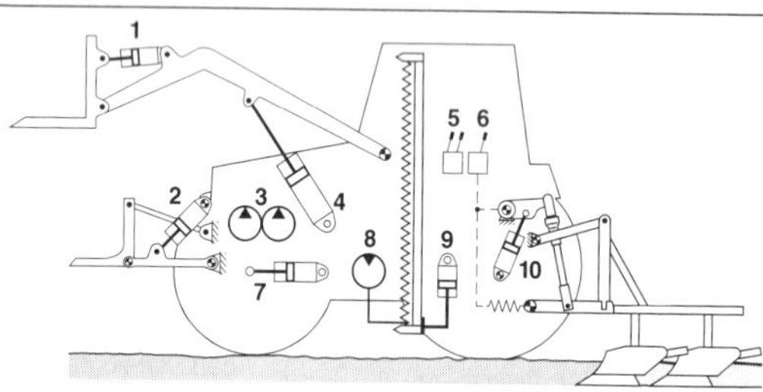

Schlepperhydraulik.
1 Frontgabel,
2 Fronthubwerk,
3 Tandempumpe,
4 Frontlader,
5 Wegeventil,
6 Regelventil,
7 Lenkung,
8 Mähmotor,
9 Mähaushub,
10 Heckhubwerk.

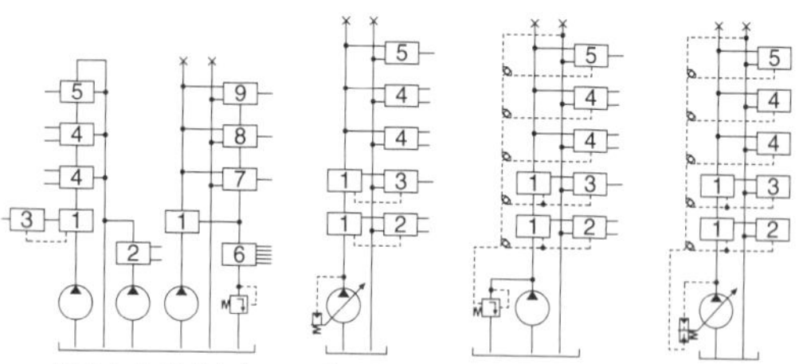

Hydrauliksysteme für Schlepper.
1 Prioritätsventil,
2 Lenkung,
3 Anhängerbremse,
4 Zusatzverbraucher,
5 Hubwerksregelung,
6 Getriebeschmierung,
7 Getriebeschaltung,
8 Zapfwellenkupplung,
9 Differenzialsperre.

Pumpe automatisch auf den vom Verbraucher benötigten Volumenstrom ein. Mit Prioritätsventilen wird die bevorzugte Ölstromversorgung von Sicherheitsfunktionen erreicht. Dieses System hat in der Mobilhydraulik keine wesentliche Bedeutung.

Lastkompensiertes System mit Konstantpumpe, Open Center Load Sensing System (OC-LS) (Q konstant, p variabel)
Mit Hilfe eines Regelelementes (Druckwaage) wird in diesem System der Differenzdruck über dem veränderbaren Ventilquerschnitt (Messblende) konstant gehalten. Damit ist der dem Verbraucher zufließende Ölstrom proportional der Ventilöffnung und unabhängig vom Lastdruck. Über Wechselventile und Steuerleitungen wird der höchste an der Steuerung beteiligte Lastdruck ausgewählt und an die Druckwaage weitergeleitet. Der überschüssige Pumpenölstrom wird durch die Druckwaage wieder dem Tank zugeführt. Soll auch bei Parallelbetrieb die Lastkompensation für jeden Verbraucher erhalten bleiben, wird für jeden Verbraucher ein weiterer Zweiwege-Stromregler (Individualdruckwaage) verwendet.

Dieses System ist technisch sehr aufwendig, wird aber auf Grund des hohen Bedienungskomforts in der Mobilhydraulik (Fördertechnik, Landtechnik) zunehmend eingesetzt. Die Energieverluste sind nur unwesentlich geringer als im Konstantstromystem.

Lastkompensiertes System mit Verstellpumpe, Closed Center Load Sensing System (CC-LS) (Q variabel, p variabel)
Dieses System entspricht dem OC-LS-System. Die Druckversorgung erfolgt jedoch durch eine Verstellpumpe mit Druck-Stromregelung anstelle einer Konstantpumpe mit Druckwaage. Zusätzlich zum Komfortgewinn kommen hier wesentlich verringerte Energieverluste im Teillastbereich hinzu. Bei hoher installierter Hydraulikleistung (Baumaschinen, große Traktoren) nimmt der Einsatz dieses Systems zu.

Heckhubwerksregelung
Das Heckhubwerk mit seiner genormten 3-Punkt-Kupplung ist die häufigst gebrauchte Aufnahmeeinrichtung für Arbeitsgeräte. Die Geräte lassen sich heben, senken und halten sowie auf konstante Zugkraft im Anlenkgestänge oder konstante Lage zum Schlepper regeln. Zugkraftregelung wird hauptsächlich bei der Bodenbearbeitung, z. B. Pflügen, eingesetzt (konstante Zugkraft ergibt konstante Tiefe bei homogenem Boden). Hohe Regelgüte, d. h. kleine Zugkraftabweichungen sind maßgebend für volle Ausnutzung der Motorleistung, kraftstoffsparenden Betrieb im optimalen Bereich des Motorkennfeldes und kleine Tiefenschwankungen. Weil die Geräte von der Hubwerksregelung geführt, also weitgehend getragen werden, wirken die Einzugskräfte als zusätzliche Belastung auf die Triebräder. Dies bedeutet weniger Reifenschlupf und damit weniger Energieverluste. Die Lageregelung wird hauptsächlich für Geräte eingesetzt, die nicht in den Boden eindringen. Außerdem kann ein Lageanteil der Zugkraftregelung beigemischt werden (Mischregelung), um Tiefenschwankungen bei stark wechselnden Böden einzuschränken.

Mechanische Hubwerksregelung (MHR)
Die Messsignale werden in Form mechanischer Wege ermittelt und verarbeitet. Die Zugkraft wird als Federweg im Oberlenker oder in den Unterlenkern gemessen. Der Lage-Istwert kann an einer Kurvenscheibe auf der Hubwelle abgenommen werden. Über ein Regel-

***Elektronische Hubwerksregelung** (EHR–D).*
1 Elektronik, 2 Bedienpult, 3 Lagesensor, 4 Kraftmessbolzen, 5 Heckbetätigung, 6 Pumpe, 7 Regelventil, 8 Zylinder, 9 externer Sensor, 10 Radarsensor, 11 Drehzahlsensor.

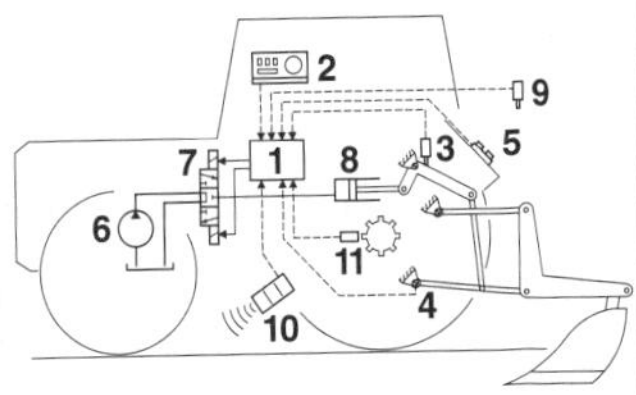

gestänge werden die Signale – dem eingestellten Mischungsverhältnis entsprechend – zum Regelventil übertragen und dort mit dem vom Fahrer eingestellten Sollwert verglichen. Durch Heben oder Senken des Hubwerks wird eine Regelabweichung beseitigt.

Elektronische Hubwerksregelung (EHR)
Wesentliches Merkmal der elektronischen Hubwerksregelung ist die Gewinnung, Übertragung und Verarbeitung der notwendigen Mess- und Steuersignale auf elektrischem Wege. Die Zugkraft wird mit Kraftmessbolzen direkt im Gestängeanlenkpunkt gemessen. Je nach Ausbaustufe des elektronischen Reglers und der Sensorik lassen sich zusätzlich zur Lage- und Kraftregelung weitere Funktionen hinzufügen. Die Heckbetätigung erleichtert das Ankuppeln von Geräten. Für die Lageregelung eines Arbeitsgerätes zur Bodenoberfläche (z. B. Rübenroder) kann ein externer Sensor angeschlossen werden. Ein Geschwindigkeitssensor (Radar) und ein Raddrehzahlsensor ermöglichen die Ermittlung des Schlupfes und damit eine Grenzschlupfregelung. Bei Transportfahrt mit schwerem Anbaugerät ist zur Verbesserung von Fahrkomfort und -sicherheit eine aktive Schwingungsdämpfung wirksam.

Hubwerksregelung mit hydraulischer Signalübertragung
Das Grundschema ist eine hydraulische Brückenschaltung, bei der die Soll- und Istwerte der Regelgröße über Drosselglieder in die Brückenzweige eingegeben werden und das Regelventil bei Regelabweichung mit dem diagonal abgegriffenen Differenzdruck gegen Federkraftvergleich ausgelenkt wird.

Wegeventile für Schlepper
Entsprechend dem jeweiligen Hydrauliksystem haben die Wegeventile für den Hochdruckkreis offene oder geschlossene Neutralstellung mit Lastabgriff. Um schwere Lasten über längere Zeit halten zu können – und aus Sicherheitsgründen – werden häufig Sitzventile oder Schieberventile (s. Kap. Wegeventile) mit im Arbeitsanschluss nachgeschalteten mechanisch oder hydraulisch entsperrbaren Sitzventilen verwendet. Neben den drei Stellungen für Einfahren, Ausfahren und Halten der Last haben die Ventile oft eine vierte Stellung (Freigangstellung), um Bodenführung des Arbeitsgerätes, z. B. über Stützräder, zu ermöglichen. Rasteinrichtungen mit hydraulischer Maximaldruckentrastung sorgen für eine automatische Rückstellung eines ausgelenkten Ventils nach Neutralstellung bei Überlastung und beim Zylinderanschlag (Bedienhilfe). Integrierte Stromregler erlauben druckunabhängige Parallelschaltung und Geschwindigkeits- bzw. Drehzahlkonstanz von Linear- bzw. Rotationsmotoren. Eingebaute Schockventile schützen den Schlepper vor Überlastung bei geschlossenem Arbeitsanschluss.

Für die Betätigung mehrerer Hydraulikfunktionen am Arbeitsgerät werden Elektromagnetventile eingesetzt, die vom Schlepper aus über Kabel anzusteuern sind (z.B. Rübenernter).

Die Hydraulikversorgung erfolgt über hydraulische Steckkupplungen oder eine separate, von der Schlepperzapfwelle angetriebene Pumpe. Zur Getriebeschaltung und Betätigung verschiedener Kupplungen im Schlepper werden vermehrt elektromagnetische Schaltventile im Niederdruckkreis eingesetzt.

Zum Bremsen von Anhängern wird in den Hochdruckkreis ein Bremsventil geschaltet, das von der Schlepperbremse angesteuert wird und einen entsprechenden Bremsdruck zum Anhänger regelt.

Hydrospeicher

Aufgaben: Energiespeicherung, Stoß- und Pulsationsdämpfung und Federelement.

Hydrospeicher bestehen aus einem Behälter, dessen Innenraum durch eine elastische oder starre, bewegliche Trennwand in einen Gas- und einen Flüssigkeitsraum geteilt wird. Es werden im Wesentlichen drei Bauarten unterschieden: Blasen-, Membran- und Kolbenspeicher.

Als Füllgas wird Stickstoff verwendet. Bei Betrieb des Hydrospeichers wird das Gas durch den Druck der Flüssigkeit komprimiert. Der niedrigste Betriebsdruck p_1 sollte mindestens 10 % über dem Gas-Vorspanndruck p_0 liegen. Das Druckverhältnis zwischen dem Gas-Vorspanndruck und dem höchsten Betriebsdruck p_2 sollte bei Membranspeichern sowie bei Blasenspeichern 1:4 und bei Kolbenspeichern 1:10 nicht überschreiten. Die drei im Diagramm abgebildeten Betriebszustände unterliegen den Gesetzen der polytropen Zustandsänderung:

$$p_0 \cdot V_0^n = p_1 \cdot V_1^n = p_2 \cdot V_2^n$$

Für Stickstoff beträgt der Polytropenexponent bei isothermer Zustandsänderung n = 1 und bei adiabater Zustandsänderung n = 1,4. Das verfügbare Flüssigkeitsvolumen zwischen den Betriebsdrücken ergibt sich aus der Volumendifferenz:

$$\Delta V = V_1 - V_2.$$

Zusatzantriebe

Als Antriebseinheit für zahlreiche Zusatzfunktionen an Fahrzeugen werden Elektrohydroaggregate eingesetzt. Neben dem Vorteil einer sehr hohen Leistungsdichte bieten sie die Möglichkeit eines flexiblen Einbaus. Elektrohydroaggregate steuern Hubeinrichtungen, Nachlaufachsen, und sie heben Schlepperachsen an. Ebenso werden sie für Lenk- und Hebeeinrichtungen an Flurförderzeugen und anderen Transportmitteln eingesetzt. Einsatzschwerpunkte für Elektrohydroaggregate sind Ladebordwände mit Nutzlasten von 500 bis 5000 kg.

Die Gesamtbewegung der Ladebordwand unterteilt sich in Heben und Senken. Während die Hubbewegung über einen zentralen oder zwei außen liegende Zylinder erfolgt, werden zum Neigen in der Regel zwei Zylinder eingesetzt. Sie sind entweder als einfach wirkende Zylinder mit Federrückzug oder als doppelt wirkende Zylinder ausgeführt. In der Regel erfolgt die Lösung der Schrägstellung hydraulisch. Als wesentliche Steuerfunktionen sind neben „Heben" und „Senken" eine „Schwimmstellung" für das Beladen an einer festen Rampe, Positionieren in jeder beliebigen Lage (Neigen unter voller Belastung) sowie das Einhalten vorgeschriebener Geschwindigkeiten für „Heben" und „Senken" zu nennen.

Hydrostatischer Lüfterantrieb

Die luftseitige Regelung der Kühlmitteltemperatur erfolgt durch thermostatische Beeinflussung der Lüfterdrehzahl des Kühlers. Bei der Notwendigkeit einer flexiblen, nicht an den Verbrennungsmotor gebundenen Anordnung des Kühlers im Fahrzeug (Bauraum, Motorkapselung) werden vorwiegend bei höheren Leistungen (Bus, Lkw, Bau- und Landmaschinen, stationäre Anlagen) hydrostatische Lüfterantriebe eingesetzt. Neben flexibler Kühleranordnung bieten sie den Vorteil hoher Leistungsdichte (geringes Gewicht, kleiner Raumbedarf der Bauelemente), einfache Regel- und Steuerbarkeit sowie

Membranspeicher.
1 Verschlussschraube, 2 Gasraum, 3 Membran, 4 Flüssigkeitsraum, 5 Schließknopf, 6 Stahlbehälter.

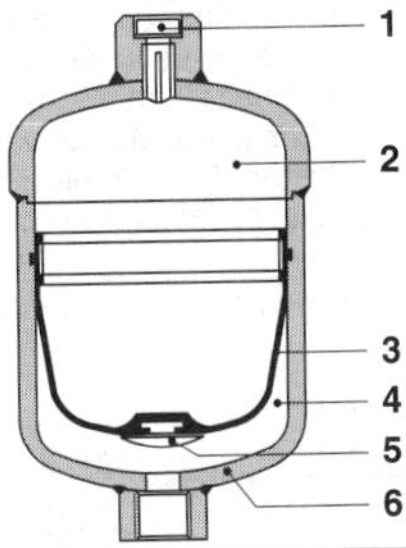

Betriebszustände beim Hydrospeicher.
p_0 Gas-Vorspanndruck, p_1 niedrigster Betriebsdruck, p_2 höchster Betriebsdruck, V_0 Volumen bei Gas-Vorspanndruck, V_1 Volumen bei niedrigstem Betriebsdruck, V_2 Volumen bei höchstem Betriebsdruck.

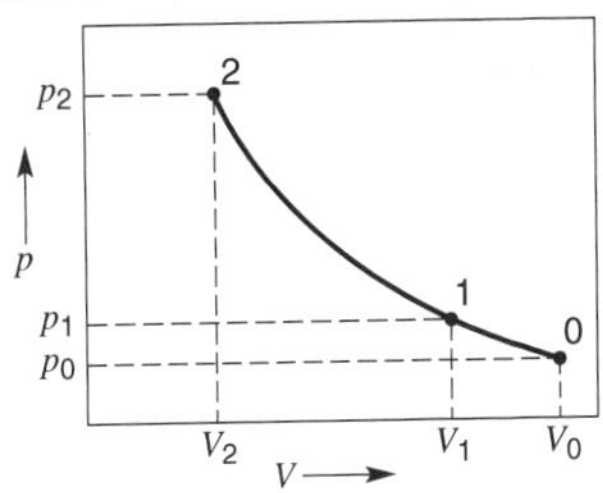

hohe Zuverlässigkeit und geringer Verschleiß der Bauelemente durch Selbstschmierung über die Betriebsflüssigkeit.

Der hydrostatische Lüfterantrieb besteht im Wesentlichen aus Hydropumpe und -motor (Hochdruckzahnrad- oder Kolbenmaschinen) sowie einem temperaturgesteuerten Ventil im Bypass zum Hydromotor zur Beeinflussung der Lüfterdrehzahl. Die Hydropumpe wird vom Verbrennungsmotor direkt oder über Keilriemen (Übersetzung) angetrieben. Sie treibt den mit dem Lüfter gekoppelten Hydromotor, dessen Drehzahl nach der Lüftercharakteristik ($n_L \sim \sqrt{\Delta p_M}$) vom wirkenden Druckgefälle (Δp_M) und bei Vernachlässigung von Verlusten im Übertragungssystem direkt vom Systemdruck (p) abhängt.

Für die Regelung der Motorkühlmitteltemperatur werden stetige oder unstetige Regler eingesetzt. Bei der 2-Punkt-Regelung (unstetig) ist das Bypassventil ein elektrisch ansteuerbares Wegeventil, das durch Thermoschalter im Motorkühlmittelstrom zu- oder abgeschaltet wird. Der eingestellte Systemdruck (meist 200 bar) an einem parallel geschalteten Druckventil bestimmt bei geschlossenem Wegeventil die maximale Lüfterdrehzahl bzw. Kühlleistung. Bei der stetigen Regelung ist das Bypassventil ein Druckventil oder ein Drosselventil mit zusätzlichem Bypassdruckventil zur Systemdruckbegrenzung. Von einer temperaturproportional arbeitenden Stelleinrichtung verstellt, ändert es stufenlos den Systemdruck (beim Drosselventil über den abfließenden Bypassstrom). Die Stelleinrichtung kann ein thermostatisches Arbeitselement (Dehnstoffelement mit Wachsfüllung) sein, das vom Kühlmittelstrom umspült wird. Zunehmende Bedeutung erhalten elektrohydraulische Systeme, bei denen das Ventil über einen Stellmagnet (Proportionalmagnet oder pulslängenmoduliert angesteuerter Schaltmagnet) verstellt wird. Das Ausgangssignal eines elektrischen Temperatursensors im Kühlmittelstrom steuert diesen Stellmagnet. Innerhalb des Regelbereiches von ±2,5 °C bewirkt diese temperaturproportionale Systemdruckänderung eine stufenlose Anpassung der Lüfterdrehzahl an den Kühlleistungsbedarf. Der Zeitanteil maximaler Lüfterdrehzahl beträgt nur

Hydrostatischer Lüfterantrieb kombiniert mit hydrostatischer Lenkung.
1 Kühler,
2 Lüfter,
3 Hydromotor,
4 Bypassventil,
5 hydrostatische Lenkung,
6 Stelleinrichtung,
7 Druckventil,
8 Verbrennungsmotor,
9 Kühlmittelregler (Thermostat),
10 Kühlmittelpumpe,
11 Übersetzung,
12 Hydro-Pumpe (Tandemausführung),
13 Hydro-Pumpenteil 1 für Lüfterbetrieb,
14 Pumpenteil 2,
15 Luftfilter,
16 Filter,
17 Ölbehälter.

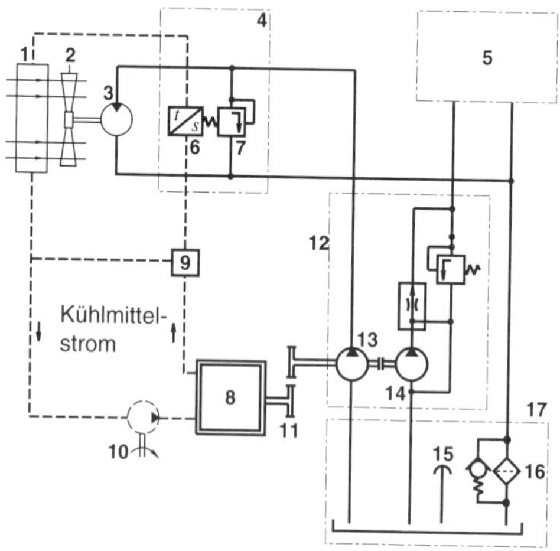

etwa 5 %. Im vorwiegenden Bedarfsbereich arbeitet der Lüfter mit reduzierter Drehzahl. Dadurch wird der Kraftstoffbedarf und die Geräuschemission reduziert. Die systembedingten Verluste bei dieser Schlupfregelung betragen im Maximum etwa 15 % der Lüfterantriebsleistung und sind daher wirtschaftlich vertretbar. Um die Belüftung des Motorraums besonders bei gekapselten Motoren geräuschoptimierter Fahrzeuge über eine Grunddrehzahl sicherzustellen, wird der Systemdruck zusätzlich auf einen minimalen Wert begrenzt. Je nach Ausbau der Steuerelektronik lassen sich weitere analoge (z. B. interne oder externe Temperaturen) oder digitale Eingangssignale verarbeiten, die über ein entsprechendes Ausgangssignal den Stellmagnet bzw. die Lüfterdrehzahl beeinflussen. Ein Beispiel hierfür ist die kombinierte Anwendung des Lüfterantriebs zur Regelung der Kühlwasser-, Ladeluft- und Motorraumtemperatur bzw. die Zuschaltung der maximalen Lüfterdrehzahl bei Retarderbetrieb. Bei elektrohydraulischen Systemen ist die Einbindung in das Motormanagementsystem möglich. Hydrostatische Lüfterantriebe bieten auch die Möglichkeit für die Versorgung weiterer Systeme bzw. die Kombination mit zusätzlichen Nebenantrieben wie z. B. Kupplung, Getriebe, Kompressor, Wasserpumpe, Generator, hydraulische Lenkhilfe, Hinterachslenkung, Arbeitshydraulik für Kipper usw. Durch geeignete Schaltungstechnik oder Mehrfachpumpen-Kombinationen können u. a. Funktionsprioritäts- und sicherheitstechnische Forderungen erfüllt werden.

Elektrohydraulischer Lüfterantrieb.
1 Zahnradmotor mit Proportionaldruckventil, 2 Steuergerät, 3 Stromregler, 4 Spannungsregler, 5 Retarderbetrieb.
Temperatursensoren für: 6 Kühlmittel, 7 Ladeluft, 8 Umgebung.
U_B Batteriespannung.

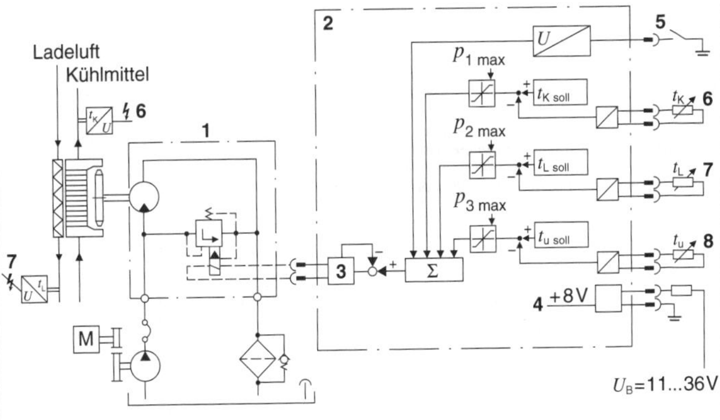

Hydrostatische Antriebe

Verbindet man den Druckanschluss einer verstellbaren Hydraulikpumpe mit einem konstanten oder ebenfalls verstellbaren Hydraulikmotor (Kolben- oder Zahnradmotor), so erhält man ein stufenlos verstellbares Getriebe. Die mechanische Eingangsleistung (Drehmoment × Drehzahl) steht an anderem Ort wieder als mechanische Ausgangsleistung zur Verfügung. Das jeweilige Übersetzungsverhältnis ist durch den Quotienten aus eingestelltem Pumpenfördervolumen und Motorschluckvolumen bestimmt. Dabei ist auch Parallelschaltung mehrerer Motoren (Differenzialwirkung) oder Serienschaltung möglich (Gleichlauf). Ein Einfachgetriebe im offenen Kreis kann allerdings ohne Zusatzeinrichtung weder die Drehrichtung ändern noch Bremsmoment übertragen. Es ist jedoch gut für verstellbare Nebenantriebe wie Lüfter, Streuteller und dgl. geeignet.

Hauptantriebe

Für den hydrostatischen Antrieb von Fahrzeugen ist Wendebetrieb und Bremsmöglichkeit unerlässlich. Deshalb hat sich hier überwiegend der geschlossene Kreislauf durchgesetzt. Die Hauptpumpe (Förderrichtung umkehrbar) wird mit einer – meist angeflanschten – Speisepumpe kombiniert, die durch Einspeisen in den jeweiligen Niederdruckstrang Leckage- und Kompressionsvolumen ersetzt. Durch die damit verbundene Druckvorspannung der Niederdruckseite wird die zulässige Maximaldrehzahl der Hauptpumpe gegenüber dem Saugbetrieb erhöht. Bei konstant gehaltenem Übersetzungsverhältnis ist ein solches Getriebe fast ebenso starr wie ein mechanisches und dadurch ganz besonders zum Antrieb von Arbeitsmaschinen geeignet. Für Fahrantriebe mit Pkw-ähnlichem Verhalten (z. B. Flurförderfahrzeuge) wurden „automotive" Steuerungen entwickelt, die Verbrennungsmotor

Hydrostatischer Antrieb im offenen Kreis.
1 Verbrennungsmotor, 2 verstellbare Hydraulikpumpe, 3 Hydraulikmotor, 4 Druckbegrenzungsventil, 5 Abtrieb, 6 Ölbehälter.

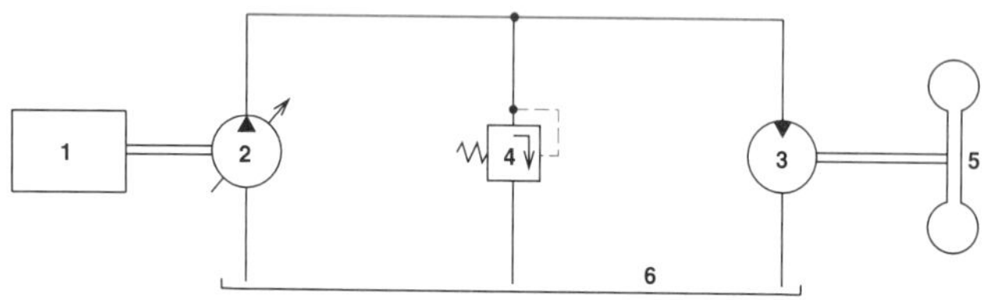

Grundschaltung für geschlossenen Kreis.
1 Verbrennungsmotor, 2 verstellbare Hydraulikpumpe, 3 Speisepumpe, 4 Speisedruck-Begrenzungsventil, 5 Hochdruck-Begrenzungsventil, 6 Einspeise-Rückschlagventil, 7 reversierbarer Hydraulikmotor, 8 Abtrieb.

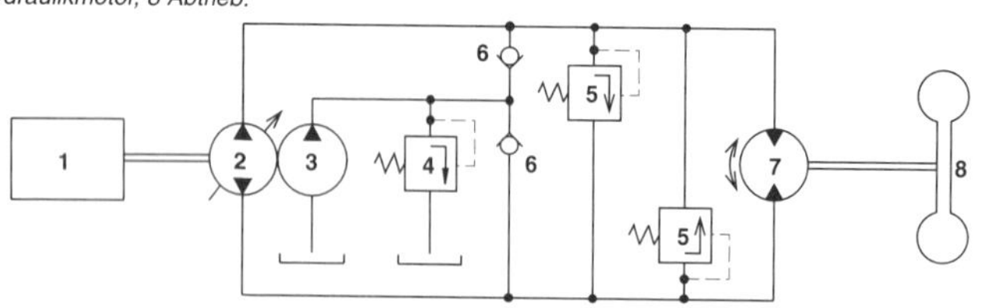

und Getriebeübersetzung über ein gemeinsames Fahrpedal beeinflussen. Am bekanntesten sind Schaltungen, bei denen der Fahrer über das Pedal nur die Drehzahl des Verbrennungsmotors vorgibt. Aus dieser Drehzahl wird über eine Hilfspumpe und ein – meist mehrgliedriges – Drosselnetzwerk ein der Motordrehzahl zugeordneter Steuerdruck gewonnen. Dieser bestimmt wiederum das Fördervolumen der Hauptpumpe über eine druckproportionale Verstelleinrichtung. Dieses Steuerungsprinzip ist einfach und „abwürgsicher", weil bei Drückung der Antriebsdrehzahl die Pumpe auf geringere Förderung bzw. geringeres Antriebsdrehmoment zurückgestellt wird. Für hohe Ansprüche an Leistungsanpassung und günstigen Kraftstoffverbrauch sind aber aufwendigere Schaltungen notwendig. Elektrisch verstellbare Pumpen und moderne Sensortechnik ermöglichen auch elegante elektronische Lösungen.

Hilfsantriebe

Ein weiterer Anwendungszweig hydrostatischer Antriebe ist der Hilfsantrieb sonst freilaufender Lkw-Achsen bei langsamer Fahrt in schwierigem Gelände. Hier soll im Bedarfsfall die Funktion von Kardanwelle und Verteilergetriebe über große räumliche Entfernung hydrostatisch dargestellt werden. Zusatzforderung ist eine verlustarme Abschaltmöglichkeit dieses Antriebs bei normaler Straßenfahrt. Diese Aufgabe wird motorseitig von einer in Stufen schaltbaren auskuppelbaren Konstantpumpe gelöst. An der Hilfsantriebsachse sitzen langsamlaufende Radnabenmotoren, deren Kolben bei Straßenfahrt durch Federn eingezogen werden. So kann die Auslegung des Hydraulikkreises auf geringe Fahrgeschwindigkeit erfolgen. Bei Normalfahrt entstehen weder Umlaufverluste noch wesentliche Reibungsverluste durch den Zusatzantrieb.

Grundschaltung für „automotives" Getriebe.
1 Fahrpedal, 2 Verbrennungsmotor mit Drehzahlregler, 3 druckproportional verstellbare Hydraulikpumpe, 4 Hilfspumpe, 5 Drosselnetzwerk für drehzahlabhängigen Steuerdruck, 6 Hydraulikmotor, 7 Abtrieb.

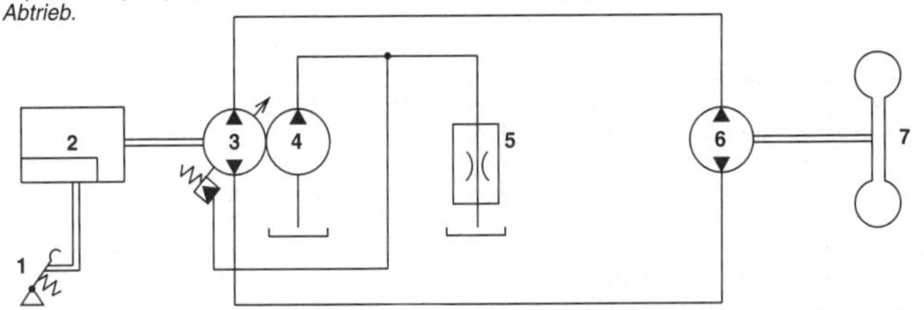

Hydrostatischer Hilfsantrieb.
1 Elektrische Steuerung für Straßenfahrt/Hilfsantrieb, 2 auskuppelbare Konstantpumpe, in Stufen schaltbar, 3 Ölbehälter, 4 lösbare Schlauchverbindungen, 5 Hydraulikleitungen, 6 Radnabenmotoren.

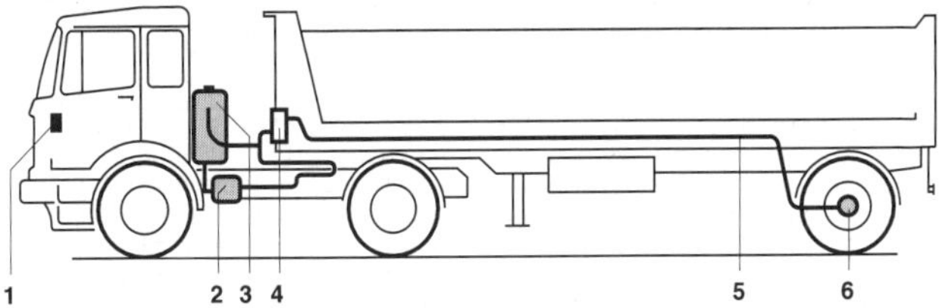

Fahrzeugpneumatik

Im Fahrzeugbau wird die Pneumatik als Energieträger für folgende Zwecke eingesetzt:
- Öffnen, Schließen und Verriegeln von Türen, Klappen usw.,
- Betätigen und Steuern von Bremsanlagen (Bremsausrüstung) S. 738 und
- Niveauregelung S. 677.

Türbetätigung bei Omnibussen

Die Türen bei Omnibussen werden pneumatisch mit doppelt wirkenden Arbeitszylindern betätigt. Die Kolbenbewegung wird auf den Türflügel übertragen. Durch wechselweises Be- und Entlüften der beiden Zylinderkammern öffnet und schließt die Tür. Drei Antriebssysteme werden angewandt:
- Die Kolbenstange des Arbeitszylinders ist mit einem an der Türspindel befestigten Hebel verbunden. An dieser Türspindel ist auch die Tür befestigt. Beim Betätigen des Zylinders dreht die ausgefahrene Kolbenstange die Türspindel und öffnet somit die Tür.
- Der Arbeitszylinder ist axial an die Türspindel angeflanscht. Die Hubbewegung seiner Kolbenstange wird innerhalb der Türspindel in eine Drehbewegung umgesetzt. Die angeflanschte Außenschwingtür wird durch das Drehen geöffnet bzw. geschlossen.
- Der Arbeitszylinder (Drehantrieb) ist eine Kombination aus Zylinder und Drehspindel. Die Hubbewegung seines Kolbens wird als Drehbewegung an die angeflanschte Achse der Tür weitergegeben.

Ein hartes Anschlagen des Türflügels in der Endlage ist beim Öffnen oder Schließen der Tür zu vermeiden. Dazu wird mit Hilfe druck- oder wegabhängiger Dämpfungseinrichtungen die Türgeschwindigkeit verringert, bevor eine solche Endlage erreicht wird. Die Wirkung dieser Endlagendämpfung ist mit einer Drosselschraube einstellbar.

Die Türbewegung wird z. B. durch ein 4/2-Wege-Magnetventil umgesteuert. Mit einem Stromimpuls, der z. B. mit dem Türtaster am Fahrerplatz ausgelöst wird, bewegt der Magnetanker mit einem Stößel die Schaltwippe in die entgegengesetzte Wippenstellung. Dabei wird durch die Wippe das Einlassventil der einen Zylinderseite geschlossen und der Auslass geöffnet, für die andere Zylinderseite der Auslass geöffnet und der Einlass geschlossen. Zusätzliche Ventil- und Steuerfunktionen sind in Deutschland durch die Sicherheitsbestimmungen der Straßenverkehrs-Zulassungsordnung § 35 e StVZO, die Richtlinien für kraftbetätigte Fenster, Türen und Tore ZH 1/494 des Hauptverbandes der gewerblichen Berufsgenossenschaften, die Richtlinien des Verbandes der öffentlichen Verkehrsbetriebe (VÖV) für Standardlinienbusse und durch Anforderungen der Fahrzeughersteller bedingt.

Die schließende Tür muss beim Einklemmen eines Fahrgastes die Bewegung umkehren (VÖV-Standard-Linienbus) oder die Schließkraft aufheben. Bei der öffnenden Tür muss die Öffnungskraft auf 150 N begrenzt sein oder bei Auftreten eines Widerstandes aufgehoben werden. Nach Betätigung des Nothahns muss sich die Tür durch Aufheben der Öffnungs- bzw. Schließkraft von Hand bewegen lassen. Nach dem Umschalten des Nothahns von Hand- auf Kraftbetrieb darf die Türbewegung erst einsetzen, wenn ein vom Nothahn getrennter Taster (am Fahrerplatz oder im Türkasten) betätigt wird oder ausreichende Sicherheitsfunktionen in Betrieb sind. Es dürfen keine schlagartigen Türbewegungen auftreten.

Anlagen in Stadtlinienbussen

Die Bewegungsumkehr der Türen im Stadtlinienbus wird durch Druckwellen im Türgummi, Differenzdruckschalter, Lichtschranken, elastische Türwellen oder Potentiometer erreicht: Beim Einklemmen eines Fahrgastes wird ein elektrischer Schaltimpuls ausgelöst und dadurch das Türventil umgesteuert. Beim Öffnen der Tür kann die Anlage in solch einem Fall mit diesen Einrichtungen drucklos geschaltet werden oder in beiden Kammern des Türzylinders kann der Druck wirken.

Bei Omnibussen mit mehr als zwei Türen muss die hintere dritte Tür automatisch gesteuert werden. Der Fahrer erteilt nur die Türfreigabe. Türöffnen, Offenhaltezeit und Türschließen werden zusammen mit den Fahrer- und Fahrgastinformationen elektronisch gesteuert.

Bei der Vordertür ist es oft erwünscht, dass zeitweise nur der vordere Türflügel geöffnet wird und der andere geschlossen bleibt. Dies kann mit einem 2/2-Wege-Magnetventil erreicht werden, das in der Schließleitung des Zylinders für den zweiten Türflügel angeordnet ist.

Anlagen bei Reiseomnibussen
Ist der Nothahn vor dem Türventil angeordnet (s. Bild), wird beim Betätigen des Türtasters der Ventilstößel für die Rückstellung elektromagnetisch entriegelt.

Bei dieser Inbetriebnahme des Kraftbetriebs wird das Türschlagen durch die Anlaufdrossel vermieden. Im Normalbetrieb wird die Anlaufdrossel durch Sekundärdruck offengehalten.

Ist der Nothahn nach dem Türventil in die Leitung zur Schließkammer des Arbeitszylinders eingebaut, wird der Riegel am Nothahn pneumatisch betätigt. Bei Erreichen eines mittleren Druckes wird der Steuerschieber pneumatisch entriegelt und das Ventil umgeschaltet.

Tür- und Klappenverriegelung
Bei großen Außenschwingtüren von Reisebussen ist eine Verriegelung der Tür während der Fahrt erforderlich. Dies wird entweder durch Anheben der Tür im Anschluss an den Schließvorgang oder durch zusätzliche Verriegelungseinrichtungen mit im Türrahmen angebrachten einfach wirkenden Betätigungszylindern erreicht. Diese werden am Ende des Schließvorgangs durch die Tür selbst, beispielsweise mit Hilfe eines 3/2-Wege-Umschaltventils, geschaltet und unterstützen dabei den Türantrieb am Ende des Schließvorgangs. Diese Zuzieh- und Verriegelungseinrichtung ist dabei so geschaltet, dass sie bei Druckabfall die Verriegelung freigibt. Die Tür wird dann nur noch durch das Türschloss gehalten, das im Notfall von Hand geöffnet werden kann.

Kofferklappen werden dagegen bei Druckabfall durch Federkraft verriegelt.

Türbetätigungsanlage (Schaltung).
1 Luftbehälter, 2 Nothahn mit elektromagnetischer Entriegelung, 3 Anlaufdrossel, 4 Türventil, 5 Druckbegrenzer, 6 Arbeitszylinder, 7 Taster, 8 elektrischer Schalter für akustisches Signal.

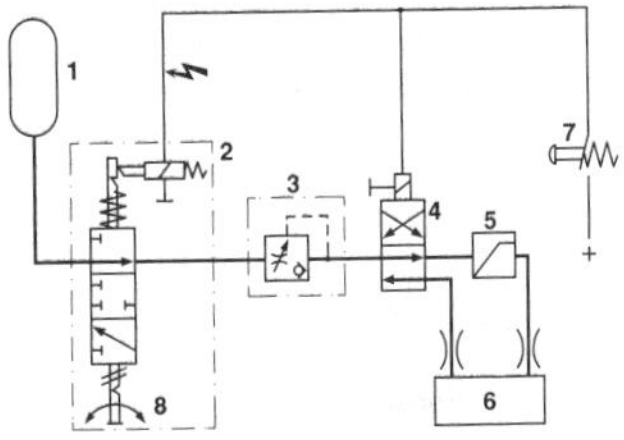

Zuzieh- und Verriegelungseinrichtung für Reisebusse.
1 Verriegelungsbolzen, 2 Schwingtür, 3 Sperrklinke, 4 Schwinghebel, 5 Betätigungszylinder.

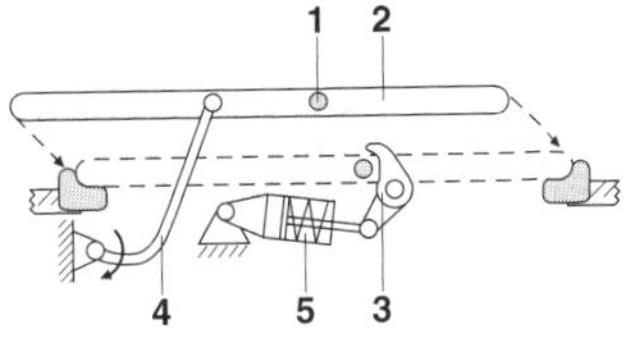

Bordnetze

Elektrische Energieversorgung im herkömmlichen Kfz-Bordnetz

Das Bordnetz eines Kfz besteht im Grundsatz aus einem Energiespeicher (Batterie), einem Energiewandler (Generator) und Energieverbrauchern (elektrische/elektronische Geräte).

Mit Hilfe der Energie aus der Batterie (Speicher) wird der Fahrzeugmotor über den Starter (Verbraucher) gestartet und über die motorspezifischen Steuergeräte (Verbraucher) bei Selbstlauf an die Erfordernisse des Betriebes angepasst.

Bei laufendem Motor liefert der Generator (Wandler) Strom, der je nach Spannungslage im Bordnetz (abhängig von Generatordrehzahl und zugeschalteten Verbrauchern) im günstigsten Fall ausreicht, die Verbraucher zu versorgen und zusätzlich noch die Batterie zu laden. Führen die zugeschalteten Verbraucher zu einem höheren als dem vom Generator erzeugten Strom, sinkt die Bordnetzspannung auf Batteriespannungsniveau und die Batterie wird entsprechend entladen. Über die abgestimmte Auswahl von Batterie, Starter, Generator und Bordnetzverbrauchern ist eine ausgeglichene Ladebilanz der Batterie sicherzustellen, so dass

- immer ein Starten des Verbrennungsmotors gewährleistet ist und
- im abgestellten Zustand bestimmte elektrische Verbraucher noch angemessene Zeit betrieben werden können.

Die Optimierungs-Kriterien für die günstigste Kombination sind neben niedrigem Gewicht und kleinem Volumen auch ein niedriger Kraftstoffverbrauch und damit weniger Schadstoffemission durch die Energiewandlung im Generator. Folgendes ist dabei zu beachten:

Startgrenztemperatur

Die Temperatur, bei welcher der Motor noch gestartet werden kann, ist u. a. abhängig von der Batterie (Kapazität, Kälteprüfstrom, Ladezustand, Innenwiderstand usw.) und dem Starter (Bauart, Baugröße und Leistung). Soll der Motor z. B. bei –20 °C gestartet werden können, so muss ein Mindestladezustand p der Batterie vorhanden sein.

Generatorstromabgabe

Die Stromabgabe des Generators ist drehzahlabhängig. Bei Motorleerlaufdrehzahl n_L kann der Generator bei gängigen Übersetzungsverhältnissen (Kurbelwelle zu Generator) von 1:2 bis 1:3 nur einen Teil seines Nennstroms abgeben. Der Nennstrom ist definiert bei der Generatordrehzahl 6000 min^{-1}.

Mögliche Starttemperatur in Abhängigkeit vom Batterie-Ladezustand.
p Mindestladezustand.

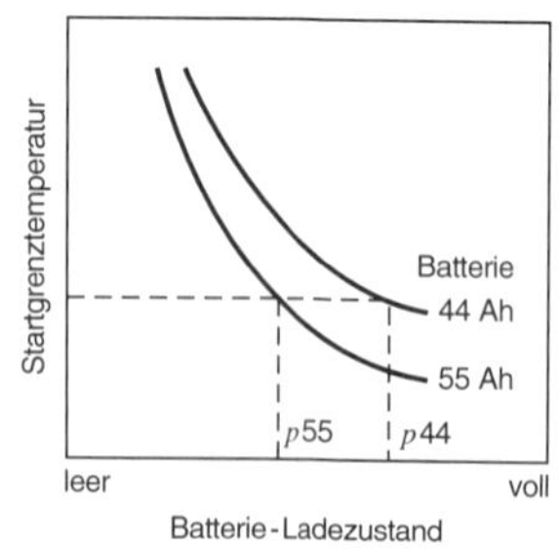

Generatorstromabgabe I_G in Abhängigkeit von der Generatordrehzahl.
I_V Verbraucherstrom,
n_L Motorleerlaufdrehzahl.

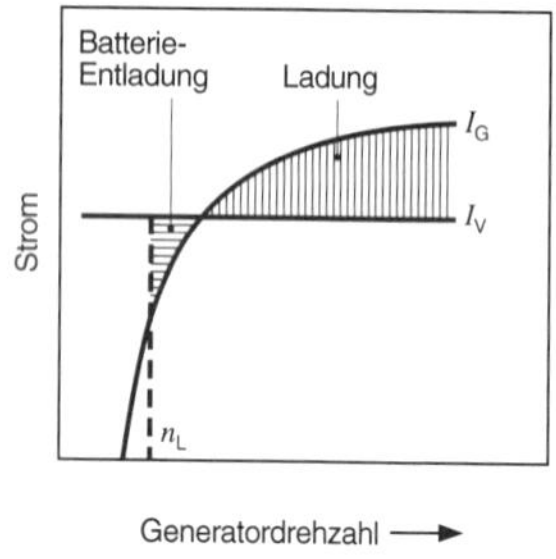

Installierte Verbraucher mit Berücksichtigung der Einschaltdauer (Beispiele).

Verbraucher	Leistungs-aufnahme	Mittlere Verbraucherleistung
Motronic, Elektrokraftstoffpumpe	250 W	250 W
Radio	20 W	20 W
Standlicht	8 W	7 W
Abblendlicht	110 W	90 W
Kennzeichenleuchte, Schlussleuchte	30 W	25 W
Kontrollleuchte, Instrumente	22 W	20 W
Beheizbare Heckscheibe	200 W	60 W
Innenraumheizung, Gebläse	120 W	50 W
Elektrischer Kühlerventilator	120 W	30 W
Scheibenwischer	50 W	10 W
Bremslicht	42 W	11 W
Blinklicht	42 W	5 W
Nebelscheinwerfer	110 W	20 W
Nebelschlussleuchte	21 W	2 W
Summe		
Installierte Verbraucherleistung	1145 W	
Mittlere Verbraucherleistung		600 W

Ist der Verbraucherstrom I_V im Bordnetz größer als der Generatorstrom I_G (z. B. bei Motorleerlauf), so wird die Batterie entladen. Die Bordnetzspannung sinkt auf das Spannungsniveau der belasteten Batterie.

Ist der Verbraucherstrom I_V kleiner als der Generatorstrom I_G, so fließt ein Teil der Stromdifferenz als Batterieladestrom I_B in die Batterie.

Fahrbetrieb

Die dem Generator angebotene Drehzahl (und damit die Generatorstromabgabe) hängt vom Einsatz des Fahrzeugs ab.

Summenhäufigkeit der Motordrehzahl bei Stadt- und Autobahnfahrt.

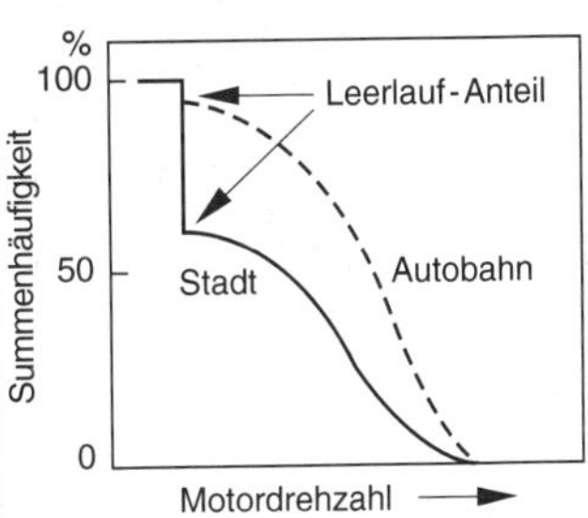

Die Summenhäufigkeitsdarstellung der Motordrehzahl gibt an, wie häufig eine bestimmte Motordrehzahl bei einem festgelegten Fahrbetrieb erreicht bzw. überschritten wird.

Ein Pkw hat bei Stadtfahrt im Berufsverkehr einen hohen Anteil an Motorleerlaufdrehzahl, bedingt durch häufigen Halt an Ampeln und hohe Verkehrsdichte. Bei einer Fahrt auf der Autobahn ist der Motorleerlaufanteil in der Regel klein. Ein Stadtbus im Linienverkehr hat zusätzliche Leerlaufanteile wegen der Fahrtunterbrechungen an Haltestellen. Auf die Ladebilanz der Batterie wirken sich außerdem Verbraucher negativ aus, die bei abgestelltem Motor betrieben werden (z.B. nicht abschaltbare Verbraucher an Endhaltestellen). Omnibusse im Reiseverkehr haben im Allgemeinen nur einen geringen Leerlaufanteil, aber unter Umständen bei Pausen hohe Stillstandsverbraucher.

Verbraucherleistungen

Die elektrischen Verbraucher haben unterschiedliche Einschaltdauern. Man unterscheidet zwischen Dauerverbrauchern (Zündung, Kraftstoffeinspritzung usw.), Langzeitverbrauchern (Beleuchtung, heizbare Heckscheibe usw.) und Kurzzeitverbrauchern (Blinklicht, Bremslicht usw.). Die Benutzung mancher elektrischer Verbraucher hängt von der Jahreszeit ab (Klimaanlage im Sommer, Sitzheizung im

Winter). Die Einschalthäufigkeit elektrischer Kühlerventilatoren hängt von der Temperatur und vom Fahrbetrieb ab. Bei Berufsverkehr im Winter wird überwiegend mit Beleuchtung gefahren. Die benötigte Verbraucherleistung ist während einer Fahrt nicht konstant. Sie ist insbesondere in den ersten Minuten nach dem Start sehr hoch und sinkt dann ab:

1. Die elektrische Frontscheibenheizung benötigt zukünftig zum Abtauen der Scheibe für 1...3 min nach dem Start bis zu 2 kW.
2. Die Sekundärluftpumpe, die Zusatzluft direkt nach dem Brennraum zum Nachverbrennen des Abgases einbläst, läuft bis zu 3 min nach dem Start.
3. Weitere Verbraucher wie Heizung (Heckscheibe, Sitze, Spiegel usw.), Gebläse und Beleuchtung sind je nach Situation kürzer oder länger eingeschaltet, während das Motormanagement ständig in Betrieb ist.

Ladespannung

Die Batterieladespannung muss mit Rücksicht auf die chemischen Vorgänge in der Batterie bei Kälte höher, bei Wärme niedriger sein. Die Gasungsspannungskurve gibt die maximal zulässige Spannung an, bei der die Batterie nicht „gast". Verbraucher benötigen eine möglichst konstante Spannung. Für Glühlampen muss die Spannung eng toleriert sein, damit Lebensdauer und Lichtstärke innerhalb vorgegebener Grenzen liegen. Der Regler begrenzt das Spannungsniveau dann nach oben, wenn der mögliche Generatorstrom I_G größer ist als die Summe aus benötigtem Verbraucherstrom I_V und möglichem Batterieladestrom I_B. Regler sind üblicherweise an den Generator angebaut.

Bei größeren Abweichungen zwischen Reglertemperatur und Batterie-Säure-Temperatur ist es von Vorteil, die Temperatur für die Spannungsregelung direkt an der Batterie zu erfassen. Der Spannungsfall auf der Ladeleitung Generator/Batterie kann durch einen Regler mit unmittelbarer Messung des Spannungs-Istwertes an der Batterie (über eine zusätzliche Leitung) kompensiert werden.

Dynamische Systemkennlinie

Das Zusammenwirken der Komponenten Batterie, Generator, Verbraucher, Temperatur, Drehzahl und Übersetzung Motor/Generator führt zur Systemkennlinie. Sie ist spezifisch für jede Kombination und jede Betriebsbedingung und damit eine dynamische Angabe. Die dynamische Systemkennlinie kann an den Klemmen der Batterie gemessen und mit Messsystemen aufgezeichnet werden.

Verbraucherleistung in Abhängigkeit von der Fahrzeit.
1 Frontscheibenheizung, 2 Sekundärluftpumpe, 3 Heizung, Gebläse, Motormanagement usw.

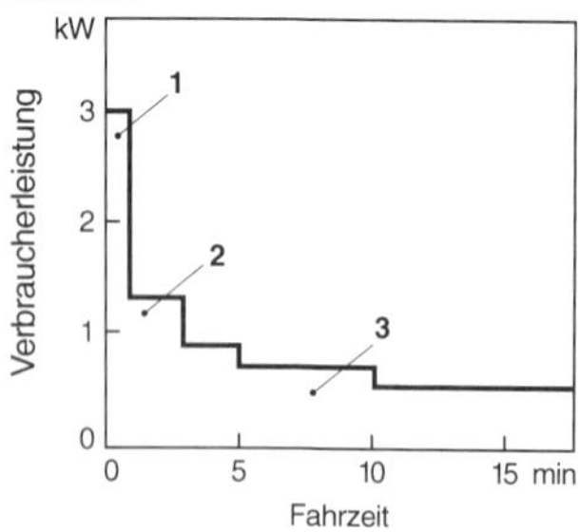

Dynamische Systemkennlinien.
(Hüllkurve bei Stadtfahrt),
1 bei großem Generator und kleiner Batterie,
2 bei kleinem Generator und großer Batterie.

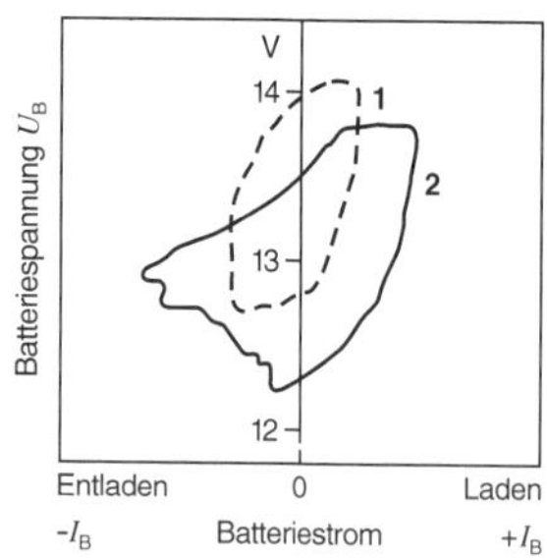

Ladebilanzrechnung

Bei der Ladebilanzrechnung sind die vorstehenden Einflussgrößen zu berücksichtigen. Mit Hilfe eines Computerprogramms wird der Batterieladezustand am Ende eines typischen Fahrzyklus ermittelt. Ein üblicher Zyklus für Pkw ist „Berufsverkehr" (niedriges Drehzahlangebot) kombiniert mit „Winterbetrieb" (geringe Ladestromaufnahme der Batterie). Für Fahrzeuge mit Klimaanlage (hoher Stromverbrauch) kann unter Umständen Sommerbetrieb ungünstiger sein. Der Batterieladezustand am Ende eines Fahrzyklus sollte mindestens so hoch sein, dass der folgende Start bei der vorhandenen Temperatur möglich ist.

Bordnetzsimulation

Im Gegensatz zur summarischen Betrachtung bei Ladebilanzrechnungen lässt sich die Situation der Bordnetzenergieversorgung mit modellgestützten Simulationen zu jedem Betriebszeitpunkt berechnen. Hiermit können auch Bordnetz-Managementsysteme mit einbezogen und in ihrer Auswirkung beurteilt werden.
Neben der reinen Batteriestrombilanzierung ist es möglich, den Bordnetzspannungsverlauf und die Batteriezyklisierung zu jedem Zeitpunkt einer Fahrt zu registrieren. Berechnungen mit Hilfe von Bordnetzsimulationen sind immer dann sinnvoll, wenn es um den Vergleich von Bordnetztopologien, um die Auswirkungen hochdynamischer Verbraucher oder um Verbraucher mit kurzer Einschaltdauer geht.

Bordnetz mit Anschluss der Verbraucher an Generator und Batterie.
1 Generator, 2 Verbraucher mit höherer Leistungsaufnahme, 3 Verbraucher mit geringer Leistungsaufnahme, 4 Batterie.

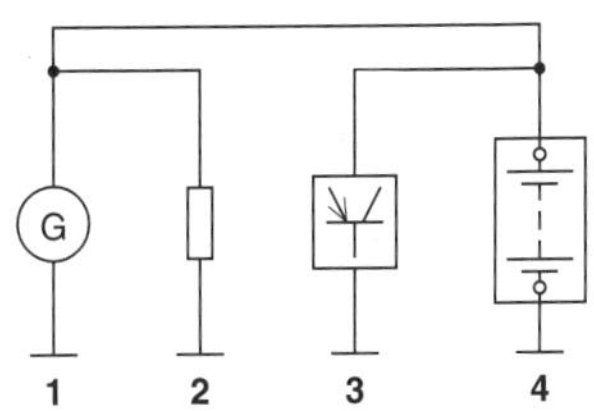

Bordnetzausführung

Die Art der Verkabelung zwischen Generator, Batterie und Verbrauchern beeinflusst ebenfalls das Spannungsniveau und damit den Batterieladezustand. Sind alle Verbraucher batterieseitig angeschlossen, fließt auf der Ladeleitung der Gesamtstrom $I_G = I_B + I_V$.

Bedingt durch den hohen Spannungsfall ist die Ladespannung niedriger. Sind dagegen alle Verbraucher generatorseitig angeschlossen, ist der Spannungsfall kleiner, die Ladespannung höher. Dabei können Verbraucher, die empfindlich sind gegen Spannungsspitzen oder Spannungswelligkeit (Elektronik) benachteiligt sein. Es empfiehlt sich, spannungsunempfindliche Verbraucher mit höherer Leistungsaufnahme in Generatornähe und spannungsempfindliche Verbraucher mit kleinerer Leistungsaufnahme in Batterienähe anzuschließen.

Geeignete Leitungsquerschnitte und gute Verbindungsstellen, deren Übergangswiderstände sich auch nach längerer Betriebszeit nicht verschlechtern, halten Spannungsfälle klein.

Künftige Bordnetze

Zwei-Batterien-Bordnetze

Im 12-V-Bordnetz von Serienfahrzeugen ist die Batterie ein Kompromiss zwischen sich zum Teil widersprechenden Anforderungen: sie muss sowohl für den Startvorgang als auch für die Bordnetzversorgung dimensioniert sein. Während des Startvorganges wird die Batterie mit hohen Strömen (300...500 A) belastet. Der damit verbundene Spannungseinbruch wirkt sich nachteilig auf bestimmte Verbraucher aus (z. B. Geräte mit Mikrocontroller) und sollte so gering wie möglich sein. Bei Fahrbetrieb fließen dagegen nur noch vergleichsweise geringere Ströme; dabei ist die Kapazität der Batterie maßgebend. Beide Eigenschaften lassen sich in einer Batterie nicht gleichzeitig optimieren.

Bei künftigen Bordnetzausführungen mit zwei Batterien (Startspeicher und Versorgungsbatterie) werden die Batteriefunktionen „Bereitstellung hoher Leistung für den Startvorgang" und „Versorgung des Bordnetzes" getrennt, um den Spannungseinbruch im Bordnetz beim Start zu vermeiden und einen sicheren Kaltstart auch bei einem niedrigen Ladezustand der Versorgungsbatterie zu sichern.

Bordnetz-Steuergerät
Das Steuergerät (SG) im Zwei-Batterien-Bordnetz trennt den Startspeicher und den Starter vom übrigen Bordnetz. Es verhindert damit, dass sich der vom Startvorgang verursachte Spannungseinbruch im Bordnetz auswirkt.

Bei abgestelltem Fahrzeug verhindert es eine Entladung des Startspeichers durch eingeschaltete Verbraucher bei Motorstillstand und durch Stillstandsverbraucher.

Durch die konsequente Trennung der Startseite vom übrigen Bordnetz besteht auf der Startspeicherseite prinzipiell keine Einschränkung beim Spannungsniveau. Damit kann der Startspeicher über DC/DC-Wandler optimal und an die Batterie angepasst, d.h. in der kürzest möglichen Zeit, nachgeladen werden.

Bei leerer Versorgungsbatterie ist das Steuergerät in der Lage, beide Bordnetzbereiche vorübergehend zu verbinden und damit das Bordnetz über den vollen Startspeicher zu stützen. Zusätzlich lässt sich eine entsprechende Information über eine CAN-Schnittstelle an den Bordrechner absetzen.

In einer weiteren möglichen Ausführung schaltet das Steuergerät nur die startrelevanten Verbraucher auf die jeweils volle Batterie.

Startspeicher
Der Startspeicher muss nur für eine begrenzte Zeit (Startvorgang) einen hohen Strom liefern. Weil er ein kleines Volumen hat, kann er in der Nähe des Starters eingebaut und mit diesem über eine kurze Zuleitung verbunden sein. Die Kapazität ist ebenfalls reduziert.

Versorgungsbatterie
Die Versorgungsbatterie ist ausschließlich für das Bordnetz (ohne Starter) vorgesehen. Sie liefert relativ geringe Ströme (z.B. ca. 20 A für das Motormanagement), ist aber stark „zyklisierbar", d.h. sie kann bei entsprechender Kapazität und der zulässigen Entladetiefe große Energiemengen bereitstellen und wieder speichern. Die Dimensionierung richtet sich im Wesentlichen nach der Kapazitätreserve für eingeschaltete Verbraucher (z.B. Parklicht, Warnblinklicht), den Ruhestromverbrauchern und der zulässigen Entladetiefe.

Zwei-Batterie-Bordnetz.
1 Starter, 2 Startspeicher, 3 Bordnetzsteuergerät, 4 Generator, 5 Verbraucher, 6 Motorsteuergerät, 7 Versorgungsbatterie.

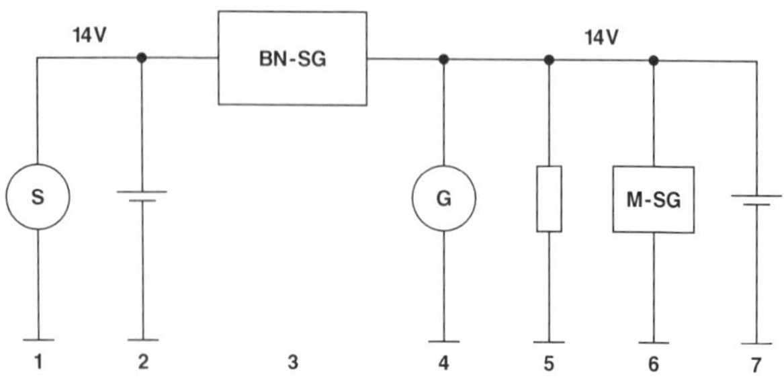

42-V-Bordnetze

Im Kfz-Bordnetz ist ein komplexes Zusammenspiel von Energieerzeugern und -verbrauchern zu koordinieren. Aus dem Kraftstoff wird nicht nur Bewegungsenergie, sondern auch elektrische Energie gewonnen. Das Ziel der Entwicklung ist, die gesamte Energieerzeugung und den gesamten Energieverbrauch im Fahrzeug so effizient wie möglich zu gestalten. Dazu können z.B. hydraulische Energieverbraucher (wie eine Servolenkung) durch elektrische ersetzt werden. Diese nutzen die eingesetzte Energie besser aus.

Mehr Sicherheit, Sparsamkeit und Komfort haben auch mehr elektrische Verbraucher zur Folge. Beispiele dafür sind: beheizbare Windschutzscheibe für mehr Sicherheit und PTC-Innenraumzuheizung für mehr Komfort bei sparsamen Dieselmotoren. Die elektrische Spitzenleistung wird sich so auf über 10 kW nahezu verfünffachen. Verbraucherleistungen in dieser Größenordnung sind mit 14-V-Bordnetzen nicht mehr beherrschbar.

Vom Verband der deutschen Automobilindustrie (VDA) wurde daher in Zusammenarbeit mit Zulieferen, Hochschulen und internationalen Gremien eine Bordnetzspannung von 42 V für die zukünftige Energieversorgung in Kfz-Bordnetzen festgelegt.

Zwei-Spannungs-Bordnetz mit Elektrischem Energie Management EMM

Ein erster Schritt hin zu höherer Bordnetzspannung ist das Zwei-Spannungs-Bordnetz mit 14-V- und 42-V-Teilnetzen. Vorteil: Bereits vorhandene kostengünstige Komponenten auf 14-V-Basis können weiterhin verwendet werden. In diesem Bordnetz versorgt der Generator die 42-V-Hochleistungsverbraucher direkt. Die übrigen Verbraucher sind über einen Gleichspannungswandler an das 14-V-Teilnetz angeschlossen. Getrennte Batterien für beide Teile des Netzes lassen sich so dimensionieren, dass sie zusammengenommen nicht wesentlich schwerer sind als die gegenwärtig eingesetzten Batterien.

Ein Elektrisches Energie Management EEM koordiniert während der Fahrt das Zusammenspiel von Generator, Spannungswandler, Batterien und elektrischen Verbrauchern. Bei abgestelltem Fahrzeug überwacht das EEM die Batterien und schaltet Stillstands- und Ruhestromverbraucher ab, sobald die Batterieladung eine kritische Grenze erreicht. Der EEM-Koordinator regelt den gesamten elektrischen Energiehaushalt. Er vergleicht die Leistungsanforderung der Verbraucher mit dem Leistungsangebot des Bordnetzes und sichert jeweils ein Gleichgewicht zwischen Leistungserzeugung

Zwei-Spannungs-Bordnetz
(Datenleitungen nicht gezeichnet).
42-V-Netzteil: 1 Generator, 2 Starter, 3 Verbraucher, 4 Batterie, 5 Wandler (42/14V).
14-V-Netzteil: 6 Motor, 7/8 Verbrauchergruppen, 9 EEM, 10 Batterie.

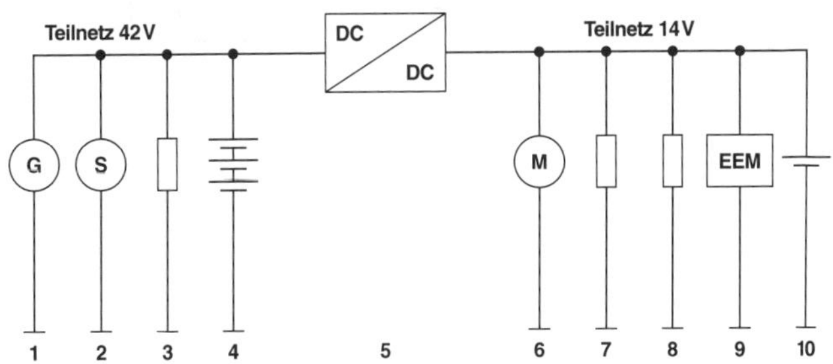

und Leistungsabgabe. Leistungsspitzen, wie sie durch das gleichzeitige Einschalten mehrerer Verbraucher entstehen, kann der EEM-Koordinator verhindern, indem er die Leistungszufuhr zeitlich staffelt.

Das Zwei-Spannungs-Bordnetz wird von vielen Anwendern allerdings lediglich als Übergangslösung gesehen. Als Ziel wird ein reines 42-V-Bordnetz angestrebt.

Startergenerator

Für 42-V-Bordnetze mit hohem Energiebedarf stellen Startergeneratoren eine Alternative zu Generator und Starter als Einzelmaschinen dar. Sie sind gleichzeitig Energieerzeuger und Energieverbraucher.

Der Integrierte Kurbelwellen-Startergenerator ISG erhöht die Effizienz des elektrischen Systems. Er ist ein als permanenterregte Synchronmaschine ausgelegter Elektromotor und ist zwischen Verbrennungsmotor und Getriebe angeordnet.

Während der Fahrt erzeugt der ISG elektrische Energie. Der hohe Wirkungsgrad des Startergenerators trägt dabei zu einer Kraftstoffeinsparung von ca. 0,5 % bei. Das Potenzial zur Kraftstoffeinsparung lässt sich auf 4...6 % steigern, wenn mit dem ISG auch noch Start-Stopp-Funktionen realisiert werden. Diese schalten den Motor beim Stillstand des Fahrzeugs automatisch ab (z. B. beim Stopp an einer Ampel). Tritt der Fahrer die Kupplung, wird der Motor über den ISG schnell und geräuscharm wieder gestartet.

Beim Bremsen des Fahrzeugs und beim Abschalten des Motors kann der Generator die verbleibende Schwungenergie in elektrische Energie umsetzen (Rekuperation). Diese Energie lässt sich z. B. zur elektrischen Anfahrunterstützung nutzen. Hierbei ergeben sich zusätzliche Einsparpotenziale.

Kraftstoffverbrauch

Nur ein kleiner Teil des vom Fahrzeug verbrauchten Kraftstoffs wird zum Antrieb des Generators sowie zum Transport des Gewichts von Starter, Batterie und Generator benötigt (ca. 5 % bei einem Mittelklasse-Pkw).

Durchschnittlicher Kraftstoffverbrauch auf 100 km Fahrstrecke: für 10 kg Gewicht ca. 0,1 *l*, für 100 W Antriebsleistung ca. 0,1 *l*.

Generatoren mit höherem Teillastwirkungsgrad leisten deshalb trotz eines geringen Mehrgewichts einen Beitrag zur Kraftstoffeinsparung.

Integrierter Startergenerator ISG.
1 ISG-Steuergerät, 2 Elektrisches Energie Management EEM, 3 Motor-Steuergerät, 4 Verbrennungsmotor, 5 Integrierter Startergenerator ISG, 6 Getriebe.

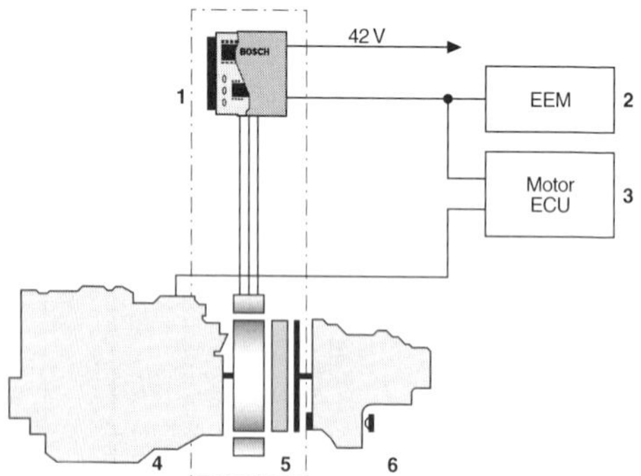

Starterbatterien

Anforderungen

Moderne Kraftfahrzeuge stellen an die Starterbatterie immer höhere Anforderungen: Dieselmotoren benötigen eine hohe Kaltstartleistung (hohe Ströme, insbesondere bei tiefen Temperaturen) und Fahrzeuge mit elektrischer Ausrüstung für hohe Ansprüche große Mengen an elektrischer Energie während der Fahrt und – nicht zu vernachlässigen – auch bei Stillstand. Erschwert wird eine positive Ladebilanz für die Batterie durch häufige Stadtfahrten im Winter bei gleichzeitig erheblichem Strombedarf.

Die Starterbatterie hat im Bordnetz die Funktion eines chemischen Speichers für die elektrische Energie, die der Generator erzeugt. Sie muss in der Lage sein, sowohl kurzfristig hohe Ströme für den Kaltstart zu liefern als auch über begrenzte Zeit, insbesondere bei Motorleerlauf bzw. -stillstand, andere wichtige Komponenten des Bordnetzes ganz oder teilweise mit elektrischer Energie zu versorgen. Diese Anforderungen erfüllt im Allgemeinen der Blei/Säure-Akkumulator. Typische Bordnetzspannungen sind 12 V bei Pkw und 24 V bei Nkw (durch Reihenschaltung von zwei 12-V-Batterien realisiert).

Neben den an das jeweilige Bordnetz angepassten Eigenschaften der Batterie wie Startleistung, Kapazität und Ladestromaufnahme über einen Temperaturbereich von ca. –30...+70 °C gibt es weitere Spezifikationen der Batterie, die bei bestimmten Anwendungsfällen erfüllt werden müssen (z. B. Wartungsfreiheit, Rüttelfestigkeit usw.).

Bleibatterie

Ladung und Entladung

Die aktiven Materialien der Bleibatterie sind das Bleioxid (PbO_2) der Plusplatte, das schwammige, hochporöse Blei (Pb) der Minusplatte und der Elektrolyt, verdünnte Schwefelsäure (H_2SO_4). Der Elektrolyt ist gleichzeitig Ionenleiter für Ladung und Entladung. PbO_2 und Pb nehmen gegenüber dem Elektrolyten jeweils typische elektrische Spannungen (Einzelpotenziale) an, deren Beträge (ohne Berücksichtigung der Vorzeichen) als Summe die von außen messbare Zellspannung ergeben. Sie beträgt ca. 2 V in Ruhe, steigt bei Ladung an und sinkt bei Belastung. Bei der Entladung werden PbO_2 und Pb mit H_2SO_4 zu $PbSO_4$ (Bleisulfat) umgesetzt; daher verarmt der Elektrolyt an SO_4-(Sulfat-)Ionen, die Säuredichte sinkt. Bei der Ladung werden die aktiven Materialien PbO_2 und Pb aus $PbSO_4$ wieder aufgebaut.

Temperatureinfluss auf Starterdrehzahl und Mindestanfangsdrehzahl des Motors.
Beispiel: 1a Starterdrehzahl, Batterie um 20 % entladen; 1b Starterdrehzahl, Batterie stark entladen; 2 Mindestanfangsdrehzahl des Motors. S_1, S_2 Kaltstartgrenze.

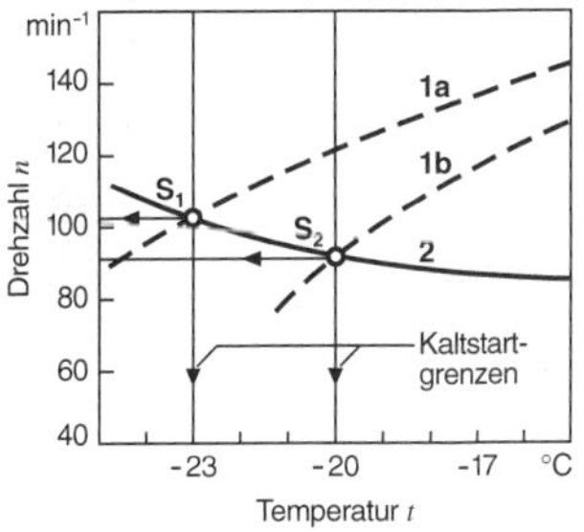

Elektrische Größen in und an der Batterie.
I_E Entladestrom, R_i Innenwiderstand, R_V Verbraucherwiderstand, U_0 Ruhespannung, U_K Klemmenspannung, U_i Spannungsfall am Innenwiderstand.

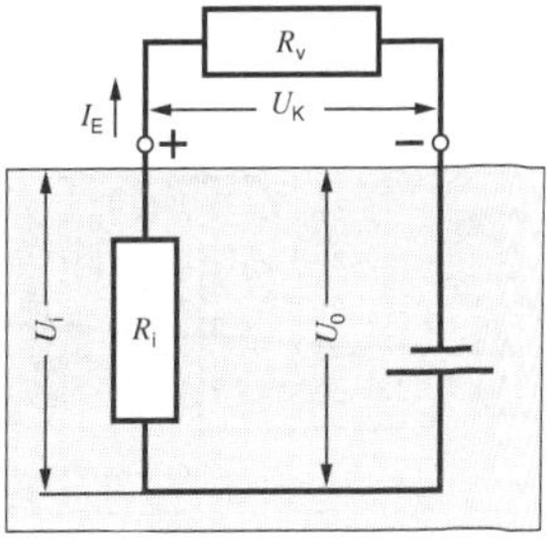

Wenn nach vollständiger Ladung weiter geladen wird, findet nur noch elektrolytische Wasserzersetzung unter Bildung von Knallgas statt (Sauerstoff an Plusplatte, Wasserstoff an Minusplatte). Die Säuredichte kann als Maß für den Ladezustand verwendet werden. Unsicherheiten ergeben sich hierbei konstruktionsbedingt (s. Tabelle „Säurewerte") sowie durch Säureschichtung und Batterieverschleiß mit teilweise irreversibel sulfatierten und/oder stark abgeschlammten Platten.

Entladene Zelle vor dem Laden.

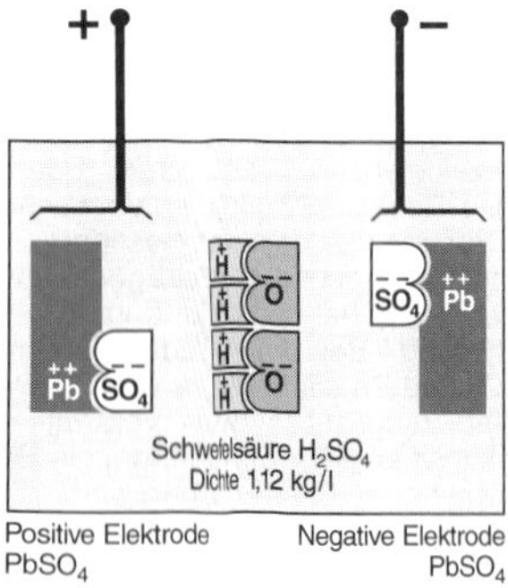

Im Einzelnen laufen folgende Vorgänge ab (Bildfolge):

Entladene Zelle vor dem Laden: An beiden Elektroden befindet sich $PbSO_4$ aus den Ionen Pb^{++} und SO_4^{--}. Der Elektrolyt besteht aus H_2SO_4 niedriger Dichte, da sich bei der vorangegangenen Stromentnahme H_2O gebildet hat.

Ladevorgang: An der Pluselektrode wandelt sich durch „Absaugen" von Elektronen Pb^{++} in Pb^{++++} um. Dieses verbindet sich mit O_2 aus H_2O zu PbO_2. Im Gegenzug entsteht an der Minuselektrode Pb. Frei gewordene Ionen SO_4^{--} aus $PbSO_4$ beider Elektroden und Ionen H^+ aus H_2O bilden H_2SO_4 neu und erhöhen die Säuredichte.

Geladene Zelle: $PbSO_4$ an der Pluselektrode hat sich in PbO_2 und $PbSO_4$ an der Minusdiode hat sich in Pb umgewandelt. Die Ladespannung sowie die Säuredichte steigen nicht mehr weiter an.

Entladevorgang: Die Stromrichtung und die elektrochemischen Vorgänge kehren sich beim Entladen gegenüber dem Laden der Batterie um, so dass als Entladeprodukt aus den Ionen Pb^{++} und SO_4^{--} an beiden Elektroden wieder $PbSO_4$ entsteht.

Ladevorgang.

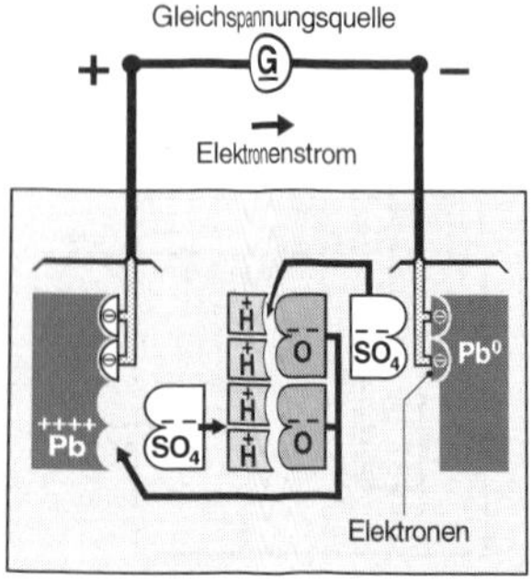

Geladene Zelle.

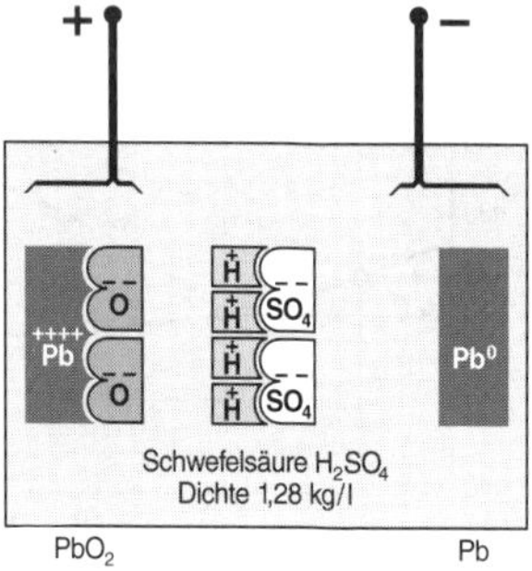

Säurewerte der verdünnten Schwefelsäure.

Ladezustand	Batterieausführung	Säuredichte kg/l[1])	Gefrierschwelle °C
geladen	normal	1,28	–68
	für Tropen	1,23	–40
halb geladen	normal	1,16/1,20[2])	–17...–27
	für Tropen	1,13/1,16[2])	–13...–17
entladen	normal	1,04/1,12[2])	–3...–11
	für Tropen	1,03/1,08[2])	–2...–8

[1]) Bei 20 °C: Die Säuredichte sinkt bei steigender Temperatur und steigt bei sinkender Temperatur um etwa 0,01 kg/l je 14 K Temperaturänderung.

[2]) Niedriger Wert: Hohe Säureausnutzung. Hoher Wert: Niedrige Säureausnutzung.

Element	geladen	entladen
Plusplatte	PbO_2	$PbSO_4$
Elektrolyt	$2 \times H_2SO_4$	$2 \times H_2O$
Minusplatte	Pb	$PbSO_4$

Verhalten bei Kälte

Grundsätzlich laufen die chemischen Reaktionen im Akkumulator bei tiefen Temperaturen langsamer ab. Die Startleistung einer Batterie nimmt somit auch im voll geladenen Zustand mit sinkender Temperatur ab. Je weiter die Entladung fortschreitet, desto mehr wird die Säure verdünnt. Damit ist ein Gefrieren des Elektrolyten in einer entladenen Batterie sehr wahrscheinlich. Eine solche Batterie kann nur noch niedrige Ströme abgeben und ist zum Starten nicht mehr verwendbar.

Batteriekenngrößen

Bezeichnung

Neben mechanischen Merkmalen wie Abmessungen, Befestigungsart und Endpolausführung sind es hauptsächlich charakteristische elektrische Werte, die nach bestimmten Prüfnormen (z. B. DIN EN 60 096-1, bisher DIN 43 539-2) gemessen werden. Die in Deutschland hergestellten Starterbatterien sind nach DIN EN 60 095-1/A11 durch eine 9-stellige Typnummer, die Nennspannung, die Nennkapazität und den Kälteprüfstrom gekennzeichnet.

Entladevorgang.

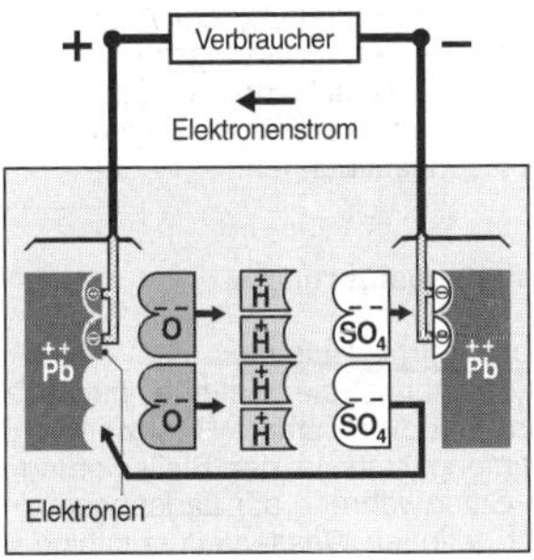

Batteriespannungsverlauf in Abhängigkeit von der Entladezeit bei verschiedenen Entladeströmen.

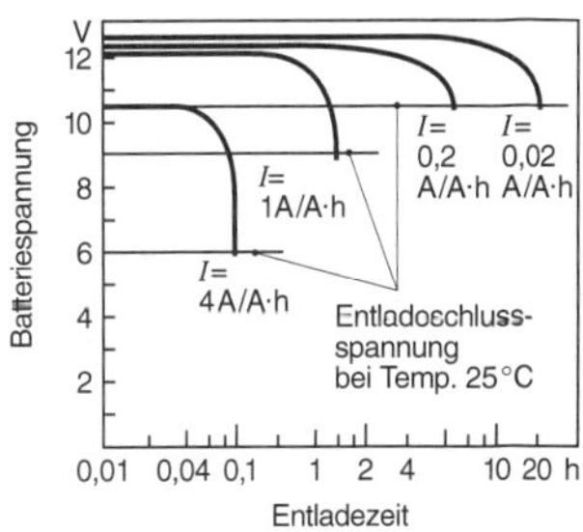

Beispiel: 555 059 042 bedeutet 12 V, 55 A·h, eine spezielle Bauform (059) und den Kälteprüfstrom von 420 A. Zukünftig wird zur Charakterisierung der Starterbatterie diese Euronorm (EN) verstärkt Einzug halten.

Kapazität
Sie ist die unter bestimmten Bedingungen entnehmbare Strommenge in A·h. Sie sinkt mit steigendem Entladestrom und sinkender Temperatur.

Nennkapazität K_{20}
Sie ist nach DIN EN definiert als die Ladungsmenge, die innerhalb von 20 h bis zu einer Entladeschlussspannung von 10,5 V (1,75 V/Zelle) mit konstantem Entladestrom entnommen werden kann. Die Nennkapazität ergibt sich aus den eingesetzten Mengen an aktivem Material (Plus-, Minusmasse und Säure) und hängt nur relativ wenig von der Plattenanzahl ab.

Kälteprüfstom I_{CC} (früher I_{KP})
Er kennzeichnet die Stromabgabefähigkeit der Batterie bei Kälte. Nach DIN EN muss die Klemmenspannung bei Entladung mit I_{CC} und −18 °C 10 s nach Entladebeginn mindestens 7,5 V (1,25 V/Zelle) betragen. Weitere Einzelheiten zur Entladedauer sind obiger Norm zu entnehmen. Maßgeblich für das durch I_{CC} gekennzeichnete Kurzzeitverhalten sind die Plattenzahl, die Plattenfläche, der Plattenabstand und das Separatorenmaterial. Eine weitere das Startverhalten kennzeichnende Größe ist der Innenwiderstand R_i.

Für −18 °C und eine volle Batterie (12 V) gilt: $R_i \leq 4000 / I_{CC}$ (mΩ), wobei I_{CC} in A einzusetzen ist. Der Innenwiderstand der Batterie bestimmt zusammen mit den übrigen Widerständen des Starterstromkreises die Durchdreh-Drehzahl beim Start.

Entnehmbare Kapazität in Abhängigkeit von Entladestrom und Temperatur.

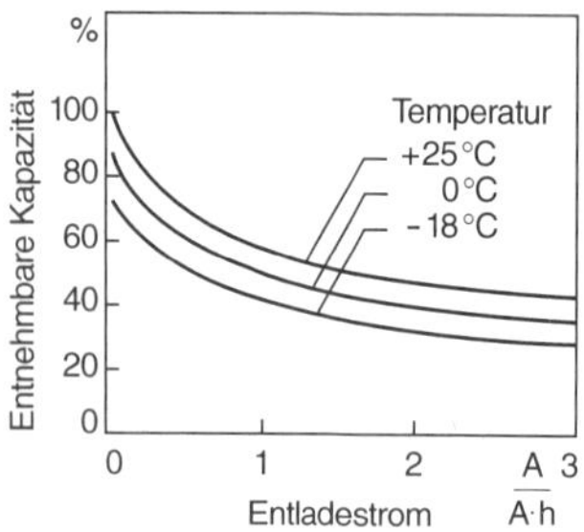

Batterieaufbau

Eine 12-V-Starterbatterie verfügt über sechs in Reihe geschaltete Zellen, die in einen durch Trennwände unterteilten Blockkasten aus Polypropylen eingebaut sind. Eine Zelle besteht aus je einem positiven und einem negativen Plattensatz, aufgebaut aus Platten (Bleigitter und aktive Masse), sowie mikroporösem Isoliermaterial (Separatoren) zwischen Platten verschiedener Polarität. Als Elektrolyt dient verdünnte Schwefelsäure, die den freien Zellenraum und die Poren von Platten und Separatoren ausfüllt. Endpole, Zellen und Plattenverbinder bestehen aus Blei; die Zellverbinder sind durch die Zellentrennwand abgedichtet hindurchgeführt. Der Blockdeckel, im Heißsiegelverfahren auf den Blockkasten aufgebracht, verschließt die Batterie nach oben. In konventionellen Batterien hat jede Zelle einen Stopfen, der der Erstfüllung, der Wartung und der Ableitung der Ladegase dient. Wartungsfreie Batterien werden häufig scheinbar völlig verschlossen geliefert, trotzdem benötigen auch sie Entgasungsöffnungen.

Batterieausführungen

Wartungsfreie Batterie
Die wartungsfreie Batterie nach DIN-Norm hat durch starke Reduzierung des Antimongehalts in der Bleilegierung für die Gitter während der Ladephase einen sehr geringen Wasserverlust infolge verminderter Gasbildung. Deshalb beschränkt sich eine Elektrolytkontrolle

- bei wartungsarmer Batterie auf alle 15 Monate oder 25 000 km und
- bei wartungsfreier Batterie (nach DIN) auf alle 25 Monate oder 40 000 km.

Die absolut wartungsfreie Batterie (Blei-Kalzium-Batterie) erfordert keine Säurestandskontrolle mehr (und bietet dazu in der Regel auch keine Möglichkeit); sie ist, bis auf zwei Entgasungsöffnungen, dicht verschlossen. Unter normalen Bordnetzbedingungen (U = konstant) ist die Wasserzersetzung so weit reduziert, dass der Elektrolytvorrat über den Platten für die Gesamtlebensdauer ausreicht. Eine derartige Blei-Kalzium-Batterie hat zusätzlich den Vorteil sehr geringer Selbstentladung. Dies ermöglicht eine Lagerung über Monate im allerdings zu Anfang vollgeladenen Zustand. Sofern eine wartungsfreie Batterie außerhalb des Bordnetzes nachgeladen wird, darf die Ladespannung 2,3...2,4 V pro Zelle nicht übersteigen; denn ein Überladen mit konstantem Strom oder Ladegeräten mit W-Kennlinie verbraucht bei allen Blei-Akkumulatoren zwangsläufig Wasser.

Eine weiter verbesserte Bleilegierung für die Gitter der positiven Platte enthält neben einem reduzierten Kalziumgehalt und einem erhöhten Zinnanteil auch das Element Silber. Diese Legierung hat sich selbst unter dem die korrosive Zerstörung beschleunigenden Einfluss hoher Temperaturen als sehr langlebig erwiesen – sowohl nach schädlicher Überladung bei hoher Säuredichte als auch während der ebenfalls zu vermeidenden Standzeit mit niedriger Säuredichte. Ein nach Tragwerksgesichtspunkten konstruiertes Gussgitter mit zusätzlich optimierter elektrischer Leitfähigkeit verstärkt diesen Effekt noch. Diese Technik hat das Potenzial, die Platten noch dünner (aber stabiler) zu gestalten und damit ihre Anzahl zu erhöhen. So lässt sich eine nochmalige Steigerung der Kaltstartleistung ohne Qualitätseinbuße verwirklichen.

Zyklenfeste Batterie

Starterbatterien eignen sich aufgrund ihrer Bauweise (dünne Platten, leichtes Separatorenmaterial) nur bedingt für Einsatzfälle mit wiederholten Tiefentladungen, da hierbei ein starker Verschleiß der Plusplatten (insbesondere durch Lockerung und „Abschlammung“ der aktiven Masse) eintritt. In der zyklenfesten Starterbatterie stützen Separatoren mit Glasmatten die Plusmasse ab und verhindern dadurch ein vorzeitiges „Abschlammen“.

Wartungsfreie Starterbatterie.
1 Blockdeckel,
2 Polabdeckkappe,
3 Direktzellenverbinder,
4 Endpol,
5 Fritte,
6 Plattenverbinder,
7 Blockkasten,
8 Bodenleiste,
9 Plusplatten in Folienseparatoren eingetascht,
10 Minusplatten.

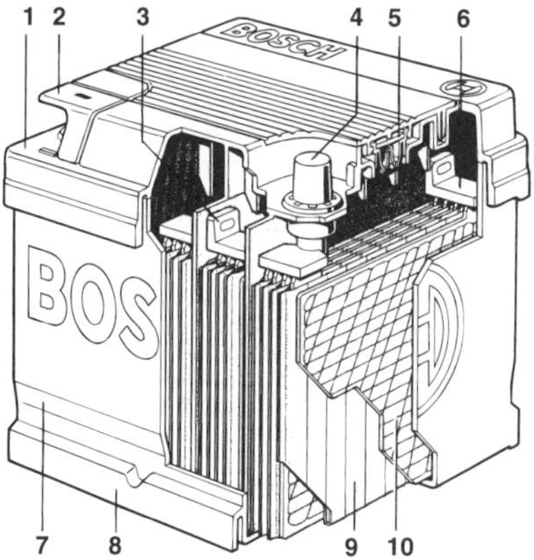

Die in Lade-/Entladezyklen gemessene Lebensdauer ist etwa doppelt so lang wie bei der Standardbatterie. Die zyklenfeste Starterbatterie mit Taschenseparatoren und Vliesauflage hat eine noch höhere Gebrauchsdauer.

Rüttelfeste Batterie
In der rüttelfesten Batterie hindert eine Fixierung mit Gießharz und/oder Kunststoff die Plattenblöcke an Relativbewegungen gegenüber dem Blockkasten. Diese Batterie muss nach DIN-Vorschrift eine 20-stündige Sinus-Rüttelprüfung (Frequenz 22 Hz) und eine Maximalbeschleunigung von $6 \cdot g$ bestehen. Damit liegen die Anforderungen etwa um den Faktor 10 höher als bei der Standardbatterie. Die rüttelfeste Batterie wird hauptsächlich eingesetzt in Nutzfahrzeugen, Baumaschinen, Schleppern usw. Kennzeichnung durch „Rf".

HD-Batterie
Die HD-Batterie weist eine Kombination von Maßnahmen für zyklenfeste und rüttelfeste Batterien auf. Sie wird eingesetzt in Nutzfahrzeugen, bei denen hohe Rüttelbeanspruchungen und zyklische Belastungen auftreten. Kennzeichnung durch „HD".

„Kt"-Batterie
Die „Kt"-Batterie gleicht im Aufbau der zyklenfesten Batterie, verfügt jedoch über dickere aber dafür über weniger Platten. Für die „Kt"-Batterie wird kein Kälteprüfstrom angegeben; ihre Startleistung liegt jedoch deutlich niedriger (um 35...40 %) als die gleich großer Starterbatterien. Anwendung findet sie bei Einsatzgebieten mit sehr starker zyklischer Belastung, z. T. sogar für Traktionszwecke (S. 576, „Blei-Säure-Batterie").

Betriebszustände

Ladung
Im Kfz-Bordnetz wird die Batterie mit Spannungsbegrenzung geladen. Dies entspricht der IU-Lademethode, bei der der Ladestrom automatisch zurückgeht, wenn die Batteriespannung steigt. Die IU-Lademethode verhindert ein schädliches Überladen und stellt eine lange Gebrauchsdauer der Batterie sicher.

Werkstatt- und Heimlader arbeiten hingegen teilweise noch mit konstantem Strom oder nach der W-Kennlinie (s. Bild „Ladung nach W-Kennlinie"). In beiden Fällen wird auch nach Erreichen des vollen Ladezustandes mit nur wenig vermindertem oder gar konstantem Strom weitergeladen, was zu erheblichem Wasserverbrauch und zur Korrosion der positiven Gitter führt.

Entladung
Kurz nach Beginn der Entladung geht die Spannung des Akkumulators auf einen Wert zurück, der sich bei Fortsetzung der Entladung nur noch relativ langsam än-

Ladung nach IU-Kennlinie.
1 Ladespannung, 2 Ladestrom.

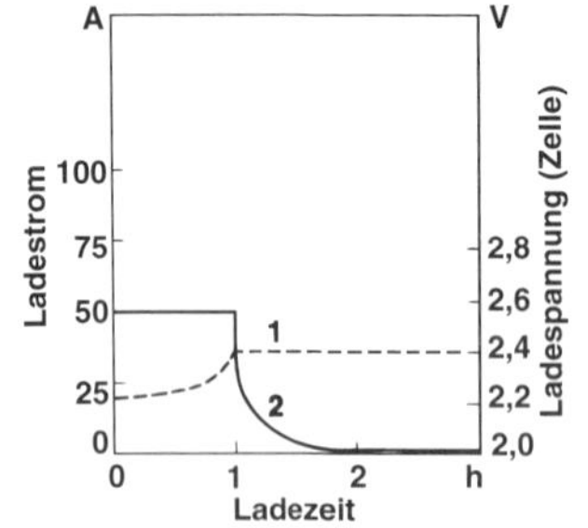

Ladung nach W-Kennlinie.
1 Ladespannung, 2 Ladestrom.

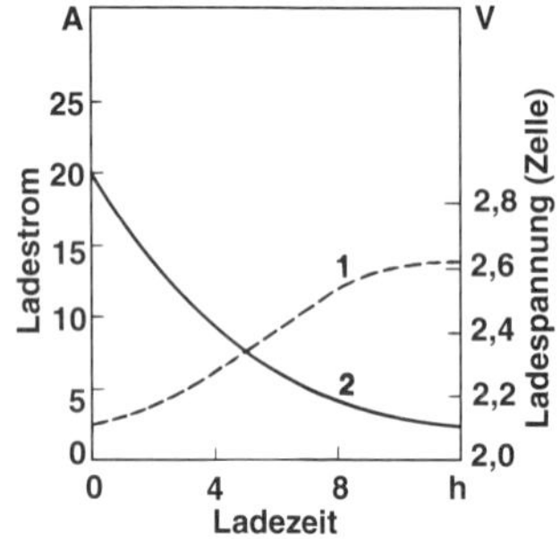

dert. Erst unmittelbar vor Ende der Entladung, das durch die Erschöpfung eines oder mehrerer der aktiven Bestandteile (Plusmasse, Minusmasse, Säure) bedingt ist, bricht die Spannung schnell zusammen.

Selbstentladung (s. a. „Batteriepflege")
Batterien entladen sich im Laufe der Zeit, auch dann, wenn sie nicht belastet sind, d. h. keine Verbraucher angeschlossen sind. Moderne antimonarme Batterien verlieren bei Raumtemperatur im Neuzustand täglich ca. 0,1...0,2 % ihrer Ladung. Mit zunehmendem Batteriealter kann dieser Wert infolge von Antimonwanderung zur Minusplatte und durch sonstige Verunreinigungen bis auf 1 % pro Tag und mehr ansteigen und letztlich auch zum Batterieausfall führen. Faustregel für Temperatureinfluss: Je 10 °C Temperaturerhöhung verdoppelt sich die Selbstentladung.

Blei-Kalzium-Batterien haben eine wesentlich geringere Selbstentladung (Faktor 1/5), die über die gesamte Lebensdauer annähernd konstant bleibt.

Batteriepflege
Bei wartungsarmen Batterien sollte der Elektrolytstand gemäß Betriebsanleitung kontrolliert werden und bei Bedarf mit destilliertem oder demineralisiertem Wasser bis zur vom Batteriehersteller angegebenen „Max.-Marke" aufgefüllt werden. Im Interesse geringer Selbstentladung ist die Batterie sauber und trocken zu halten. Vor Beginn der kalten Jahreszeit empfiehlt sich noch eine Kontrolle des Batteriezustands durch Messung der Säuredichte oder, wo nicht möglich, der Ruhespannung. Liegt die Säuredichte unter 1,20 g/ml bzw. die Ruhespannung unter 12,2 V, sollte die Batterie nachgeladen werden. Endpole, Anschlussklemmen und Befestigungsteile sind mit Säureschutzfett einzufetten.

Batterien, die vorübergehend außer Betrieb gesetzt werden, sind kühl und trocken zu lagern. Säuredichte bzw. Ruhespannung sind im Abstand von ca. drei bis vier Monaten zu kontrollieren. Sofern die Werte unter 1,20 g/ml bzw. 12,2 V liegen, ist nachzuladen. Für wartungsarme und wartungsfreie Batterien am besten geeignet ist die IU-Ladung (s. Abschnitt „Ladung") mit einer maximalen Spannung von 14,4 V, da hierbei ohne Risiko der Überladung eine Ladezeit von z. B. 24 h für sichere Vollladung eingestellt werden kann. Sofern mit konstantem Strom oder mit W-Kennlinie geladen wird, sollte der Strom in A beim Eintreten der sichtbaren Gasentwicklung nicht mehr als 1/10 der Nennkapazität betragen, z. B. bei einer 66-Ah-Batterie 6,6 A. Anschließend (nach ca. 1 h) ist die Ladung zu beenden. Laderaum lüften (Knallgasbildung, Explosionsgefahr, keine offene Flamme, Vorsicht vor Funkenbildung).

Batteriestörungen
Funktionsstörungen, deren Ursache Schäden im Innern der Batterie sind (z. B. Kurzschlüsse durch Separatorenverschleiß oder ausgefallene aktive Masse, Unterbrechung von Zellen- und Plattenverbindern u. a.) lassen sich im Allgemeinen nicht durch eine Reparatur beseitigen. Die Batterie muss ersetzt werden. Ein Kennzeichen für innere Kurzschlüsse sind von Zelle zu Zelle stark schwankende Säuredichtewerte (Differenz zwischen Minimum und Maximum >0,03 g/ml). Bei Verbinderunterbrechung kann die Batterie häufig noch mit kleinen Strömen entladen und auch geladen werden; beim Start jedoch bricht auch bei vollem Ladezustand die Spannung sofort zusammen.

Sofern kein Batteriedefekt festzustellen ist, die Batterie aber trotzdem permanent tief entladen ist (Kennzeichen: niedrige Säuredichte in allen Zellen, keine Startleistung) oder überladen wird (Kennzeichen: hoher Wasserverbrauch), liegt ein Fehler im Bordnetz vor (Generator defekt, elektrische Verbraucher bleiben bei Motorstillstand, z. B. durch schadhafte Relais, eingeschaltet, Generatorregler zu hoch oder zu niedrig eingestellt oder ohne Funktion). In Batterien, die längere Zeit tief entladen stehen, vergröbern sich die $PbSO_4$-Kristalle in der aktiven Masse. Die Wiederaufladung ist dadurch erschwert. Zur Regenerierung muss mit kleinem Ladestrom (ca. 1/40 der Nennkapazität in A) etwa 50 h lang geladen werden.

Sicherheitshinweise

Handhabung
Vor dem Ein- oder Ausbau einer neuen Starterbatterie sollte die Betriebsanleitung beachtet werden, um ein Sicherheitsrisiko wegen unsachgemäßer Handhabung auszuschließen. Die Gefahren gehen von der Schwefelsäure der Batterie und von dem bei der Ladung entstehenden Knallgas (Gemisch aus Wasserstoff und Sauerstoff) aus: Lang anhaltendes Kippen der Batterie oder nicht fachgerechte Säurestandskontrolle können zu Verätzungen mit Schwefelsäure führen. Auch wegen einer möglichen Knallgasverpuffung ist besondere Vorsicht während des Ladevorgangs oder unmittelbar danach sowie beim An- und Abklemmen eines Starthilfekabels geboten.

Auslöser für eine Knallgasverpuffung bei Anwesenheit von Ladegas ist eine ausreichend hohe thermische Zündenergie. Deshalb darf in der Nähe von Batterien nicht mit offenen Flammen hantiert werden. Funkenbildung z. B. durch plötzlich unterbrochene oder kurzgeschlossene Stromkreise ist zu vermeiden und die Erzeugung statischer Elektrizität durch Übertragung (Teppichböden) oder durch Reiben mit Woll- oder Kunststofflappen ist ebenfalls auszuschließen. Aus den zuvor genannten Gründen empfiehlt es sich, Räume, in denen Batterien geladen werden, gut zu belüften und beim Umgang mit Batterien vorsorglich eine Schutzbrille und Handschuhe zu tragen.

Um Funkenbildung beim An- und Abklemmen der Batterie zu vermeiden, müssen elektrische Verbraucher abgeschaltet und die Kontaktierungsreihenfolge eingehalten werden. Daraus ergeben sich folgende Regeln:

- Beim Einbau der Batterie zuerst die Plusleitung, dann die Minusleitung anschließen. Beim Ausbau zuerst die Minusleitung, dann die Plusleitung lösen (sofern Minus an Masse).
- Zum Laden mit einem Ladegerät oder bei der „Starthilfe" mit einer zweiten Batterie stets den Pluspol der zu ladenden eingebauten Batterie mit dem Pluspol der Fremdstromquelle und den Minuspol des Ladegeräts bzw. der Starthilfebatterie mit einer metallisch blanken Stelle am Kraftfahrzeug im Abstand von mindestens 0,5 m zur Batterie verbinden.
- Vor Beginn von Arbeiten an der elektrischen Anlage von Kraftfahrzeugen oder in Batterienähe das Massekabel lösen, da Kurzschlüsse (mit dem Werkzeug) Funken erzeugen und Verletzungen durch Verbrennungen möglich sind.

Prüfung von Starterbatterien
DIN EN 60095-1 legt Kenngrößen und Prüfmethoden für Starterbatterien fest. Diese Prüfungen eignen sich zur Bestimmung und Überwachung der Qualität neuer Starterbatterien, erheben jedoch keinerlei Anspruch auf völlige Übereinstimmung mit den vielfältigen Beanspruchungen der Praxis.

Batterietester

Beim Batterietest werden Aussagen zur Startleistung, zum Batteriezustand, zum Ladezustand und zur Batteriespannung gemacht. Bei Testern für Starterbatterien wird zwischen dem belastenden und dem nicht belastenden Testverfahren unterschieden.

Belastetes Testverfahren
Beim belastenden Testverfahren wird die Batterie mit einem Strom in der Größenordnung des beim Startvorgang fließenden Stromes (bis zu einigen 100 A) belastet. Der Spannungseinbruch ΔU während dieser Belastung und der Spannungsanstieg ΔU in der Erholungsphase nach der Belastung sind ein Kriterium für die Startleistung und den Zustand der Batterie. Um eine prozentuale Aussage über die Startleistung machen zu können, wird das gemessene ΔU mit dem Sollwert einer guten Batterie verglichen. Dieser Sollwert ist von der Batteriegröße abhängig und wird vom Bediener durch Eingabe der Batteriekapazität bzw. des Kälteprüfstromes vorgewählt. Der Ladezustand wird über die Batteriespannung ermittelt.

Vorteil des belastenden Testverfahrens ist die sichere Erkennung auch feinster Haarrisse in den Verbindungsschienen und Bleiplatten der Batterie.

Die Belastungsdauer von ca. 30 Sekunden entspricht der Stromentnahme mehrerer Startvorgänge, was sich nachteilig auf den Ladezustand der Batterie auswirkt.

Nicht belastetes Testverfahren
Beim nicht belastenden Testverfahren wird die Batterie wenige Sekunden mit einem niederfrequenten, rechteckförmigen Strom von ca. 0,25 A bis 2 A belastet. Durch die Belastung wird der Batteriegleichspannung eine Wechselspannung im Millivoltbereich überlagert. Anhand der Auswertung der Signalamplitude und der Signalform dieser Wechselspannung kann eine Aussage über die Startleistung und den Zustand der Batterie gemacht werden. Zur Beurteilung des Batteriezustands und der Startleistung ist beim nicht belastenden Testverfahren die Eingabe des Kälteprüfstroms der zu prüfenden Batterie erforderlich.

Vorteil des nicht belastenden Testverfahrens ist eine minimale Entladung der zu prüfenden Batterie und eine kurze Testzeit.

Batterieladegeräte

Ladekennlinien
Die meistgebrauchte Ladekennlinie ist die W-Kennlinie. Es handelt sich hierbei in den meisten Fällen um ungeregelte Geräte. Der Ladestrom nimmt aufgrund des Batterie- und des Geräteinnenwiderstands mit steigender Batteriespannung stetig ab (Ladezeiten 12...24 h).

Für wartungsfreie Batterien sind Geräte mit W-Kennlinie aufgrund der fehlenden Ladespannungsbegrenzung nur bedingt geeignet. Hierfür sind vorzugsweise Geräte mit IU-, IWU- oder WU-Kennlinie einzusetzen.

Bei der Ladung nach der IU-Kennlinie wird bis zur Gasungsspannung der Bleibatterie (2,4 V/Zelle) mit konstantem Strom (Geräteschutz vor Überlastung) geladen. Danach bleibt die Ladespannung konstant (Batterieschutz vor Überladung) und der Ladestrom geht stark zurück. Bei genügend hohem Anfangsladestrom sind mit IU-Ladegeräten Ladezeiten (bis 80 % Vollladung) von < 5 h zu erzielen.

Sowohl die IU- als auch die W-Kennlinie gibt es mit speziellem Verlauf (z. B. Wa, WoW, IUW usw.). Mit diesen aneinander gesetzten Kennlinien können bestimmte Anforderungen an Ladezeit/Füllungsgrad und Wartungsfreiheit erreicht werden.

Ladestrom- und Spannungseinstellung
Bei geregelten Geräten (z. B. IU-Kennlinie) werden die momentanen Istwerte von Ladestrom und Ladespannung (ggf. auch der Umgebungstemperatur) einem Regler zugeführt. Dieser vergleicht die Istwerte mit den batteriespezifischen Sollwerten, um die Regelabweichung über ein Stellglied auf null zu regeln. Bei geregelten Geräten sind die sonst üblichen Ladestromänderungen durch Netzspannungsänderungen usw. ausgeregelt. Dies wirkt sich unter anderem positiv auf die Batterielebensdauer und die Wartungsintervalle aus.

Ladestrom
Bei der Normalladung ($I_L = 1 \cdot I_{10}$) wird mit einem Strom, der etwa 10 % des Zahlenwertes der Nennkapazität der Batterie (A · h) beträgt, geladen. Die Ladezeit bis zur Vollladung beträgt mehrere Stunden. Durch Schnellladen ($I_L = 5 \cdot I_5$) können entladene Batterien ohne Schaden auf ca. 80 % ihrer Nennkapazität aufgeladen werden. Bei Erreichen der Gasungsspannung muss der Ladestrom entweder abgeschaltet (z. B. Wa-Kennlinie) oder auf geringere Werte zurückgenommen werden (z. B. IU-Kennlinie). Dies geschieht durch eine „Abschaltautomatik". Durch Einsatz spezieller elektronischer Überwachungsschaltungen kann der Vollladezustand auch über batteriespezifische Spannungsverläufe in Verbindung mit der Ladezeit ermittelt werden (die Batteriespannung beginnt bei einer Überladung wieder zu sinken).

Drehstromgenerator

Stromerzeugung

Der Drehstromgenerator soll bei allen im Fahrbetrieb vorkommenden Betriebsbedingungen genügend Strom an das Bordnetz liefern und somit sicherstellen, dass die Batterie als Energiespeicher immer ausreichend geladen ist. Ziel der Auslegung ist eine ausgeglichene Ladebilanz, d. h. der Generator soll entsprechend seiner Kennlinie und seiner Verteilung der Drehzahlhäufigkeit im praktischen Fahrbetrieb mindestens so viel Energie erzeugen, wie alle Verbraucher zusammen im gleichen Zeitraum verbrauchen.

Generatoren erzeugen zunächst Wechselstrom. Die Autoelektrik benötigt jedoch Gleichstrom zum Nachladen der Batterie und zum Betreiben der elektronischen Baugruppen und Geräte. Folglich muss dem Bordnetz Gleichstrom zugeführt werden.

Wesentliche Anforderungen sind:

- Versorgung aller angeschlossenen Verbraucher mit Gleichstrom,
- zusätzliche Leistungsreserven zum schnellen Auf- bzw. Nachladen der Batterie, selbst bei eingeschalteten Dauerverbrauchern,
- Konstanthalten der Generatorspannung über den gesamten Drehzahlbereich des Fahrzeugmotors unabhängig vom Lastzustand des Generators,
- robuster Aufbau, der allen äußeren Beanspruchungen standhält, z. B. Schwingungen, hohe Umgebungstemperaturen, Temperaturwechsel, Verschmutzung, Feuchtigkeit usw.,
- geringes Gewicht, einbaugünstige Abmessungen und hohe Lebensdauer,
- geringes Geräusch und
- günstiger Wirkungsgrad.

Einflussgrößen

Drehzahlen

Die Leistungsfähigkeit eines Generators (d. h. die je kg Masse der aktiven Teile erzeugbare Leistung) nimmt mit steigender Drehzahl zu. Aus dieser Sicht ist ein möglichst hohes Übersetzungsverhältnis zwischen Kurbelwelle des Verbrennungsmotors und Generator anzustreben.

Einschränkende Faktoren:

- Fliehkräfte bei hohen Motordrehzahlen,
- Generator- und Lüftergeräusch,
- abnehmender Wirkungsgrad bei hohen Drehzahlen,
- Rückwirkungen hoher Drehzahlen auf die Gebrauchsdauer der Verschleißteile (Lager, Schleifringe, Kohlebürsten),
- auf die Kurbelwelle bezogenes Massenträgheitsmoment des Generators und die dadurch hervorgerufene Beanspruchung des Riementriebs.

Typische Werte im Pkw-Bereich liegen zwischen 1 : 2 und 1 : 3, im Nkw-Bereich bis zu 1 : 5.

Motorleerlauf bildet etwa ein Drittel der Drehzahlhäufigkeiten des Generators.

Temperaturen

Die Verluste, die in jeder Maschine bei Energieumwandlung auftreten, führen zu erhöhten Temperaturen der Komponenten.

Je nach Anbau am Motor erzeugen Motorkomponenten (Abgasanlage oder Abgasturbolader) zusätzlich durch Strahlung hohe Temperaturen am Generator, typischerweise bei hohen Drehzahlen und Motorvolllast (Heißfahrt). Die Kühlluft wird meist aus dem Motorraum angesaugt.

Im Zuge von Motorraumkapselungen, die immer häufiger zur Geräuschminderung vorgesehen werden, ist Frischluftzufuhr für den Generator eine geeignete Maßnahme zur Senkung der Bauteiltemperaturen. Für extreme Motorraumtemperaturverhältnisse steht die Generatorausführung mit Flüssigkeitskühlung zur Verfügung.

Äußere Einflüsse

Durch den Anbau des Generators am Verbrennungsmotor treten hohe mechanische Belastungen auf. Je nach Anbaubedingungen und Vibrationscharakteristik des Motors können am Generator örtlich Schwingbeschleunigungen von 500...800 $m \cdot s^{-2}$ auftreten. Hierdurch werden die Befestigungsteile und alle Komponenten des Generators mit sehr hohen Kräften beansprucht, wobei kritische Eigenfrequenzen im Generatoraufbau unbedingt zu vermeiden sind.

Weitere Einflüsse sind Spritzwasser, Schmutz, z. T. Öl- oder Kraftstoffnebel, im

Winter zusätzlich Streusalz. Diese Einflüsse beanspruchen alle Teile auf Korrosion. Es ist wichtig, dass sich keine Kriechwege zwischen spannungsführenden Teilen bilden, damit funktionswichtige Komponenten durch Elektrolyse nicht vorzeitig ausfallen.

Merkmale und Arbeitsweise

Drehstromgeneratoren für Kraftfahrzeuge sind für Ladespannungen von 14 V, 28 V bei Nutzfahrzeugen und zukünftig 42 V ausgelegt, damit 12-V-, 24-V- oder 36-V-Batterien ausreichend geladen werden.

Da die Aufladung des Energiespeichers Gleichstrom erfordert, muss ein Dioden-Gleichrichter den dreiphasigen Wechselstrom gleichrichten. Die Dioden verhindern außerdem eine Entladung der Batterie bei stehendem Fahrzeug.

Die Maximalstromkennlinie ist gekrümmt. Erst oberhalb der „0-Ampere-Drehzahl" gibt der Generator Strom ab. Bei höheren Drehzahlen steigt die Kennlinie durch die Wirkung des vom Laststrom erzeugten Gegenmagnetfeldes nicht weiter an. Dadurch kann auch bei Überlastung kein größerer Generatorstrom fließen und der Generator ist somit gegen thermische Schäden bei elektrischer Überlastung geschützt.

Kennlinie bei maximalem Generatorstrom.
Spannung konstant.
n_L Leerlaufdrehzahl,
n_{max} Höchstdrehzahl.

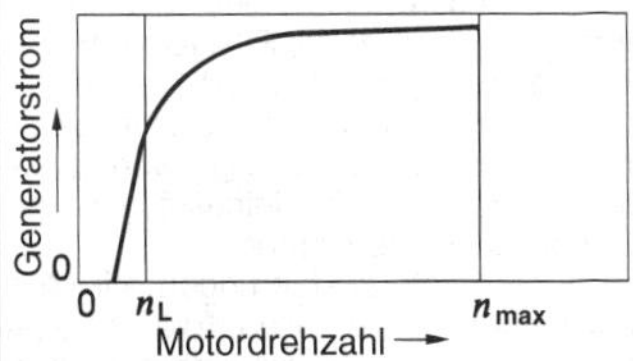

Drehstromgeneratoren sind selbsterregte 12- oder 16-polige Synchrongeneratoren. In den Nuten des Ständers ist die Drehstromwicklung und im Läufer die Erregerwicklung untergebracht. Die Erregerwicklung wird von Gleichstrom durchflossen, der über Schleifkontakte auf den rotierenden Läufer übertragen wird. Der in der Drehstromwicklung erzeugte Strom verzweigt sich: Der größere Teil fließt über die Plusdioden der Hauptgleichrichterbrücke in das Bordnetz und von da über die Minusdioden wieder zurück.

Drehstromgenerator mit Standardregler *(Schaltung).*
1 Erregerdioden, 2 Leistungsdioden (alternativ Leistungszenerdioden),
3 Bordnetz, 4 Regler.

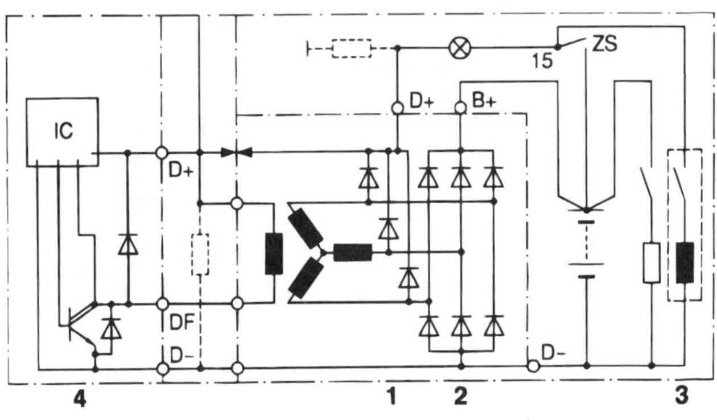

Der Erregerstrom wird je nach Ausführung vom Generator und Regler
a) über Erregerdioden bei Standardregler
b) direkt von B+ bei Multifunktionsregler
geführt.

Bei Standardreglern fließt ein Teil des erzeugten Stromes als Erregerstrom über die drei Erregerdioden zur Klemme D+ sowie durch Regler und Schleifringe zur rotierenden Feldwicklung und von da wieder über die drei Minusdioden des Hauptgleichrichters zurück.

Bei Generatorausführungen mit Multifunktionsregler entfallen die Erregerdioden, der Erregerstrom wird direkt nach dem Hauptgleichrichter abgezweigt. Der Spannungsregler schaltet den Erregerstrom mittels Drehzahlerkennung erst bei Inbetriebnahme des Verbrennungsmotors ein und verhindert so ein Entladen der Batterie bei abgestelltem Motor.

Durch Variation des Erregerstroms wird die Abgabeleistung des Generators an den Bedarf des elektrischen Bordnetzes angepasst. Der Regler arbeitet dabei pulsbreitenmoduliert auf das Kriterium konstanter Klemmenspannung.

Der Anschluss D+ hat mehrere Funktionen: Zum einen erfolgt vom Anschluss B+ der Batterie über die Generatorkontrolllampe und die Klemme D+ die Vorerregung des Generators. Zum anderen liegt die Klemme D+ nach Erregung des Generators auf einem Spannungsniveau ähnlich B+; über ein Relais können bestimmte Verbrauchergruppen mit Spannung versorgt werden.

Die sich bei der erstmaligen Erregung nach dem Startvorgang aufgrund des Vorerregerstroms einstellende „Angehdrehzahl" liegt deutlich über der „0-Ampere-Drehzahl" und hängt stark von der Leistung der Kontrolllampe ab.

Die Kontrolllampe muss vor dem Start bei Einschaltung der Zündung aufleuchten (Lampenkontrolle) und mit dem Hochlaufen des Motors erlöschen.

Schaltung mit Fehleranzeige bei Unterbrechung im Erregerkreis.
1 Generator, 2 Generatorkontrolllampe, 3 Widerstand R, 4 Zünd- bzw. Fahrtschalter, 5 Batterie.

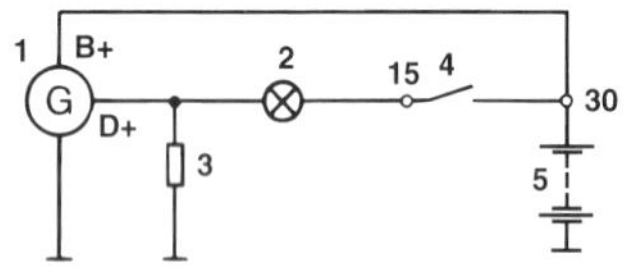

Drehstromgenerator mit Multifunktionsregler.
Netzanschlüsse L, DFM.
1 Regler-IC, 2 Gehäuse, 3 Generator, 4 Bordnetz, 5 Auswertung/Monitoring.

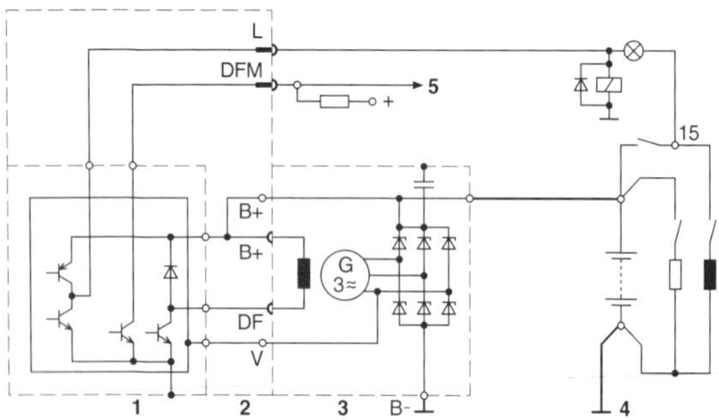

Ausführungsvarianten

Klauenpolgenerator

Dieses schon sehr lange bekannte Maschinenprinzip hat den in Kraftfahrzeugen früher üblichen Gleichstromgenerator völlig verdrängt. Der Klauenpolgenerator wiegt bei gleicher Leistung weniger als 50 % und lässt sich zudem kostengünstiger fertigen. Seine Einführung in großem Umfang wurde erst durch die Verfügbarkeit kleiner, leistungsfähiger und kostengünstiger Siliziumdioden mit ausreichender Zuverlässigkeit ermöglicht.

Die Streuflüsse zwischen den Klauenpolen begrenzen bei diesem Generatorprinzip mit gegebenem Durchmesser seine Längenausdehnung und damit seine Leistung. Zur Leistungssteigerung können in Einzelfällen zwei Systeme in einem gemeinsamen Gehäuse untergebracht werden.

Wesentliches Merkmal der klassischen Ausführung ist die einflutige, axiale Belüftung durch einen einzigen, außen liegenden Lüfter (Topfbauweise).

Klauenpolgenerator *(Topfbauweise).*
1 Schleifringlagerschild, 2 Gleichrichterkühlkörper, 3 Leistungsdiode, 4 Erregerdiode, 5 Antriebslagerschild mit Befestigungsflanschen, 6 Riemenscheibe, 7 außen liegender Lüfter, 8 Ständer, 9 Klauenpolläufer, 10 Transistorregler.

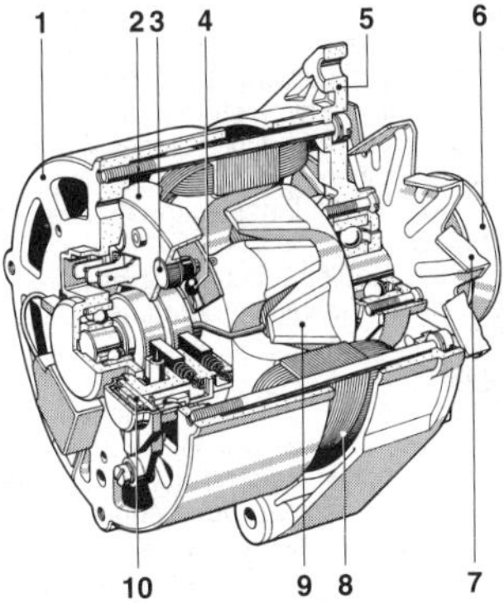

Compact-Generator.
1 Gehäuse,
2 Ständer,
3 Läufer,
4 elektronischer Spannungsregler mit Bürstenhalter,
5 Schleifringe,
6 Gleichrichter,
7 Lüfter.

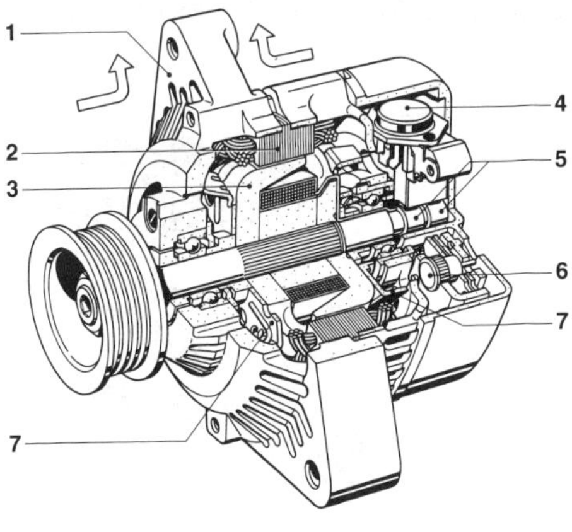

Compact-Generator (luftgekühlt)
Der Compact-Generator ist eine neue Ausführung des Klauenpolgenerators, die auf einer zweiflutigen Belüftung durch zwei kleinere innenliegende Lüfter basiert. Die Kühlluft wird jeweils axial angesaugt und verlässt den Generator radial im Bereich der Ständerwickelköpfe, jeweils im Antriebs- und Schleifringlagerschild. Die wesentlichen Vorteile des Compact-Generators sind:
- höhere Ausnutzung durch höhere mögliche Maximaldrehzahlen,
- reduziertes aerodynamisches Geräusch durch kleinere Lüfterdurchmesser,
- deutlich reduziertes magnetisches Geräusch und
- höhere Kohlebürstenstandzeit durch reduzierten Schleifringdurchmesser.

Einzelpolgenerator
In Sonderfällen mit extrem hohem Leistungsbedarf (z. B. bei Reisebussen) ist der Einsatz von Generatoren in Einzelpolbauart erforderlich. Der Läufer hat einzelne, mit je einer Feldwicklung versehene Magnetpole. Diese Bauart ermöglicht eine deutlich größere Länge des Ständers (bezogen auf seinen Durchmesser) als beim Klauenpolgenerator. Dadurch lassen sich bei gleichem Durchmesser größere Leistungen verwirklichen. Die erreichbaren Höchstdrehzahlen sind jedoch gegenüber Klauenpolbauarten reduziert. Aufgrund des im Vergleich zum Klauenpolgenerator wesentlich größeren Erregerstroms (Erwärmung) ist der elektronische Regler in einem gesonderten Gehäuse vom Generator weggebaut.

Generator mit Leitstückläufer
Leitstückläufergeneratoren sind eine Sonderbauform der Klauenpolausführung, bei denen nur die Klauenpole rotieren, während die Erregerwicklung feststeht. Eines der beiden Polräder ist nicht direkt mit der Welle verbunden, sondern wird über einen nicht magnetischen Zwischenring vom gegenüberliegenden Polrad gehalten. Der Magnetfluss muss zusätzlich zum Arbeitsluftspalt zwei weitere Luftspalte überwinden. Bei dieser Bauart versorgt der Gleichrichter die Erregerwicklung direkt über den Regler mit Strom; Schleifkontakte sind nicht erforderlich. Damit entfällt die Verschleißkomponente Schleifring-Kohle-System; die Generatoren lassen sich für deutlich längere Lebensdauern auslegen, z. B. für Bau-

Einzelpolgenerator.
1 Schleifringlagerschild, 2 Schleifkontakte, 3 Erregerwicklung, 4 Gehäuse, 5 Ständer, 6 Antriebslagerschild, 7 Riemenscheibe, 8 Radialgebläse, 9 Einzelpolläufer, 10 Schleifringe, 11 Leistungsdiode, 12 Kühlkörper, 13 Entstörkondensator, 14 Steckdose für Verbindungsleitungen zum Regler.

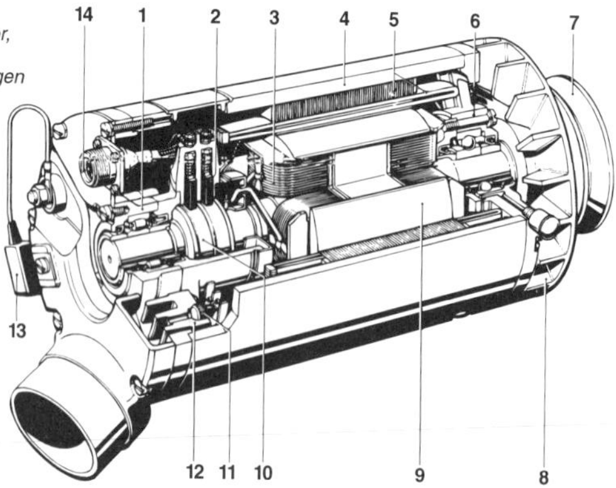

maschinen oder Bahngeneratoren. Das Gewicht ist etwas höher als bei leistungsgleichen Klauenpolgeneratoren, da die Führung des magnetischen Flusses über zwei zusätzliche Luftspalte mehr Eisen erfordert.

Die Leitstückläufervariante wird auch in flüssigkeitsgekühlter Bauform (Bauart LIF-B) ausgeführt. Das Generatorgehäuse ist an der Mantelfläche und der Rückseite komplett vom Motorkühlwasser umspült. Die elektronischen Komponenten sind auf dem antriebsseitigen Lagerschild montiert.

Randbedingungen für die Applikation

Kühlung

Luftgekühlte Pkw-Drehstromgeneratoren werden praktisch immer von an- bzw. eingebauten Radiallüftern mit Kühlluft versorgt. Bei sehr hohen Motorraumtemperaturen findet in Einzelfällen Frischluftansaugung Anwendung. Die Dimensionierung der Kühlung muss so ausgelegt sein, dass die Temperaturen der Komponenten unter allen möglichen Randbedingungen spezifische Grenzwerte nicht überschreiten.

Bei Generatoren für Nutzfahrzeuge wird üblicherweise der gesamte Schleifringraum einschließlich Schleifkontakte gegen Staub, Schmutz und Spritzwasser gekapselt. Frischluftansaugungen sind hier, vor allem bei höheren Leistungen, fast immer zweckmäßig. In Einzelfällen kommen geschlossene Generatoren mit Kühlrippen zur Oberflächenkühlung zum Einsatz. In Sonderfällen sind geschlossene Generatoren mit Flüssigkeitskühlung (z. B. Öl) erforderlich.

Flüssigkeitsgekühlte Generatoren mit Wassermantelkühlung zeichnen sich insbesondere aus durch:
- fehlendes aerodynamisches Strömungsgeräusch (–20 dBA),
- Applikation unter hohen Motorraumtemperaturen,
- Möglichkeit zum Einbau in das Motorgehäuse,
- Watfähigkeit durch Vollkapselung und
- Beitrag zur Beheizung des Motorkühlwassers durch die Generatorabwärme.

Die kundenseitigen elektrischen Anschlüsse befinden sich im Gegensatz zu luftgekühlten Generatoren auf der Riemenscheibenseite. Wird der flüssigkeits-

Generator mit Leitstückläufer *(luftgekühlt).*
1 Riemenscheibe,
2 Lüfter,
3 Antriebslagerschild mit feststehendem Innenpol,
4 Ständer,
5 feststehende Erregerwicklung,
6 Leitstückläufer,
7 hinteres Lagerschild,
8 Regler,
9 Leistungsdiode,
10 Schwenkarme,
11 Leitstück.

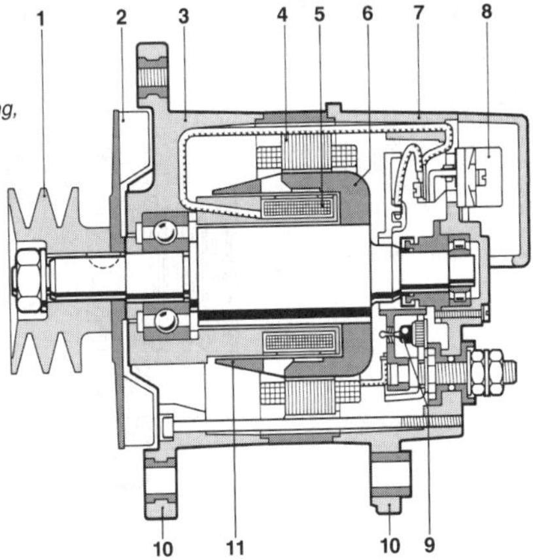

gekühlte Generator mit eigenem Gehäuse seitlich am Motor angebaut, sind zusätzlich Kühlwasseranschlüsse (z. B. über Schläuche) notwendig. Die Kühlmittelbereitstellung ist im Rahmen der Applikation sicherzustellen.

Mechanischer Einbau im Fahrzeug
Fast alle über Normalkeilriemen vom Verbrennungsmotor angetriebene Generatoren sind so an Haltevorrichtungen angebracht, dass ein Nachspannen des Riemens durch Schwenken um einen Befestigungsarm möglich ist. Im Fall von Keilrippenriemen („Poly-V-Riemen") ist der Generator üblicherweise starr eingebaut und die Riemenspannung erfolgt über ein separates Riemenspannelement. In Sonderfällen sind größere Generatoren direkt in einer sattelförmigen Aussparung am Motor befestigt. Die Dimensionierung des antriebsseitigen Kugellagers eines Generators wird von der Beanspruchung durch den Keilriemen entscheidend geprägt. Die Riemenkräfte ergeben sich durch die Geometrie des Riementriebes und den Leistungsbedarf aller, mit diesem Riemen angetriebenen Aggregate. Ein weiterer Einflussfaktor ist die Ausladung der Riemenscheibe, die zu einem beträchtlichen Hebelarm zwischen dem Angriffspunkt der Riemenlast und der Position des antriebsseitigen Kugellagers führen kann. Neben den statischen Kräften bilden die aufgrund von Drehmoment- und damit Drehzahlschwankungen hervorgerufenen dynamischen Kräfte einen weiteren Einflussfaktor, den es für eine ausreichende Dimensionierung des Kugellagers und bei der Erprobung des Generators zu berücksichtigen gilt.

Riemenscheiben mit Klemmkörperfreilauf („Freilauf-Riemenscheiben") ermöglichen eine Schwingungsentkopplung zwischen Kurbelwelle und Generatorwelle, was zu starker Beruhigung des Riementriebs bei großen Generatorbaugrößen mit hoher Massenträgheit führt.

Antrieb
Neben dem meist verwendeten Antrieb über Normalkeilriemen sind zunehmend auch Keilrippenriemen im Einsatz. Der hier mögliche kleinere Biegeradius erlaubt kleinere Riemenscheiben am Generator und damit höhere Übersetzungsverhältnisse. Bahngeneratoren werden

Flüssigkeitsgekühlter Compact-Generator mit Leitstückläufer.
1 Riemenscheibe,
2 Gleichrichter,
3 Regler,
4 Antriebslagerschild,
5 Generatorgehäuse,
6 Kühlflüssigkeitsmantel,
7 Einschubgehäuse für Motoranbau bzw. Motorgehäuse,
8 feststehende Erregerwicklung,
9 Ständereisenpaket,
10 Ständerwicklung,
11 Leitstückläufer,
12 unmagnetischer Zwischenring,
13 Leitstück.

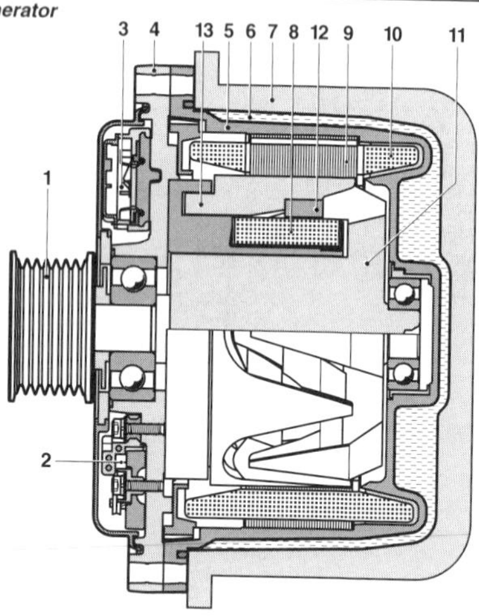

Verlustaufteilung (Drehstromgenerator).
P_1 aufgenommene, P_2 abgegebene Leistung,
V_{mech} Luft- und Lagerreibung,
$V_{Cu\ Ständ}$ Kupferverluste im Ständer,
V_{Fe+Zus} Eisen- und Zusatzverluste,
V_{Dioden} Gleichrichterverluste,
$V_{Cu\ Feld}$ Erregerverluste.

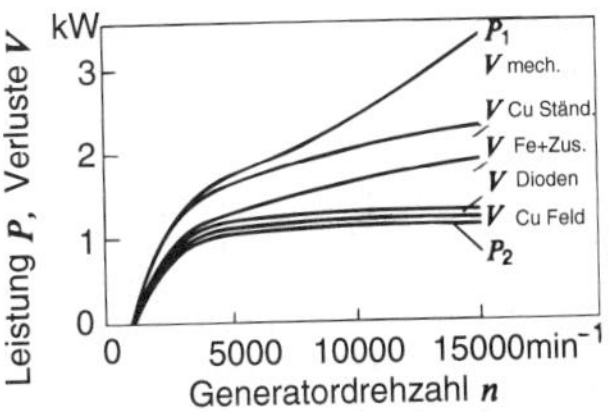

Wirkungsgradkennfelder der Baugrößen NCB1 und KCB1 *(Compact-Generatoren).*
Beispiel für Wirkungsgrad bei Teillast:
I = 70 A, U = 14 V, n = 6000 min^{-1}.
η_{KCB1} = 57 % bei 5,2 kg,
η_{NCB1} = 65 % bei 6,3 kg.

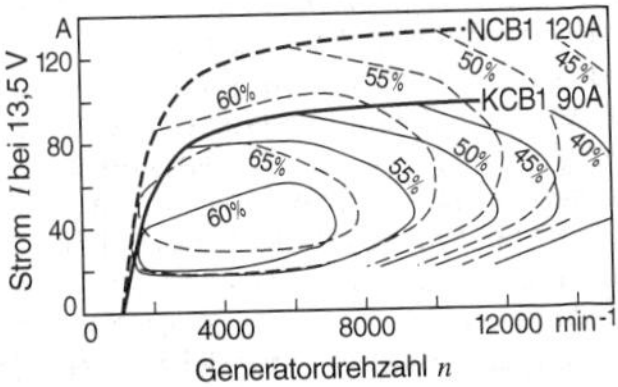

über ein Schraubenradgetriebe direkt von der Drehachse aus angetrieben. Der Direktantrieb ohne Zwischenschaltung eines Keilriemens, z. B. zentral an der Kurbelwelle oder über Zahräder, erfordert zwingend Maßnahmen zur Dämpfung der Drehschwingungen.

Wirkungsgrad

Bei der Umwandlung von mechanischer in elektrische Energie sind Verluste unvermeidbar. Der Wirkungsgrad ergibt sich als das Verhältnis von abgegebener zu aufgenommener Leistung. „Eisenverluste" entstehen durch den Wechsel des magnetischen Feldes im Eisen des Ständers und des Läufers durch Hysterese- und Wirbelstromeffekte. „Kupferverluste" sind die Ohm'schen Verluste in den Läufer- und Ständerwicklungen. Sie sind um so größer, je höher die Ausnutzung, also je größer das Verhältnis der erzeugten elektrischen Leistung zur Masse der aktiven Teile ist. Zu den mechanischen Verlusten gehören die Reibungsverluste in den Wälzlagern und an den Schleifkontakten, die Luftreibung des Läufers und vor allem die mit steigender Drehzahl stark ansteigenden Verluste des Lüfters.

Im praktischen Betrieb im Fahrzeug arbeitet der Drehstromgenerator im Teillastbereich. Der Wirkungsgrad bei mittlerer Drehzahl liegt dann bei ca. 50 %. Der Einsatz eines größeren (und schwereren) Generators ermöglicht bei gleicher Belastung den Betrieb in einem günstigeren Teillast-Wirkungsgradbereich. Der sich einstellende Wirkungsgrad bei einem größeren Generator wiegt den Nachteil des größeren Gewichts auf den Kraftstoffverbrauch bei weitem auf. Zu berücksichtigen ist allerdings das erhöhte Massenträgheitsmoment.

Als typisches Aggregat im Dauerbetrieb ist der Generator bezüglich eines minimalen Kraftstoffverbrauchs vor allem nach Wirkungsgrad und weniger nach seiner Masse zu optimieren.

Geräusch

Die Geräuschentwicklung von Generatoren gewinnt bei zunehmend leiser werdenden Fahrzeugen immer mehr an Bedeutung. Das Generatorgeräusch setzt sich aus magnetisch und aerodynamisch angeregten Anteilen zusammen.

Das magnetisch angeregte Geräusch mit hohem tonalen Charakter tritt vornehmlich bei niedrigen Drehzahlen (< 4000 min^{-1}) auf. Es lässt sich durch Optimierung des magnetischen Kreises und der Schwingungs- und Abstrahlcharakteristik des Generators beeinflussen.

Das aerodynamische Geräusch tritt hauptsächlich bei hohen Drehzahlen auf. Es lässt sich durch optimierte, z. B. asymmetrische Lüfter und durch eine abgestimmte Luftführung beeinflussen.

Generatorregelung (Spannung)
Grundsätzlich haben auch hier die beiden Systeme
– Standardregler und
– Multifunktionsregler
unterschiedliche Ansprüche. Der Standardregler hat die Aufgabe, die Spannung auch bei stark schwankender Drehzahl und veränderlicher Belastung des Generators etwa konstant zu halten. Der Sollwert ist üblicherweise temperaturabhängig. Im Winter liegt er etwas höher, um die durch Kälte erschwerte Batterieladung zu verbessern. Im Sommer wird die Bordnetzspannung vom Regler auf einem niedrigeren Niveau begrenzt, da sonst die Gefahr der Batterieüberladung bestehen würde. Bei niedrigen Drehzahlen und großen Verbraucherströmen kann die Bordnetzspannung unter die Regulierspannung des Reglers sinken.

Während früher Regler aus diskreten Bauelementen aufgebaut waren, werden heute Hybrid- oder Monolithschaltungen eingesetzt. Bei einem Regler in Monolithtechnik befinden sich Steuer- und Regel-IC, Leistungstransistor und Freilaufdiode auf einem gemeinsamen Chip.

Bei Multifunktionsreglern sind neben der normalen Spannungsregelung noch Sonderfunktionen realisiert.

Besonders zu erwähnen ist hier die „Load-Response-Funktion" (LR). Durch begrenzte Steigerungsrate der Abgabeleistung über der Zeit wird damit das Lauf- und Abgasverhalten des Verbrennungsmotors unterstützt. Man unterscheidet LR-Fahrt und LR-Start (Generator nach dem Start für definierte Zeit inaktiv).

Steigenden Anforderungen an die Abstimmung zwischen Motorsteuerung und Generatorregelung trägt der Spannungsregler mit digitaler Schnittstelle Rechnung. Hauptsächlich wird hier die bitsynchrone Schnittstelle eingesetzt. Die Codierung erfolgt über die Signaldauer statt der -amplitude und ist mit einem festen Protokoll hinterlegt. Vorteile liegen in der Störsicherheit und Temperaturunempfindlichkeit der Schnittstellenelektronik.

Schnittstellenregler ermöglichen Feinabstimmung der LR-Funktionen an den Motorbetriebszustand, Optimierung der Momentenstruktur zur Verbrauchsreduzierung und Ladespannungsanpassung zur Verbesserung des Batterieladezustands.

Überspannungsschutz
Generatoren und Regler sind in der Regel so spannungsfest, dass die eingebauten Halbleiterbauelemente bei Betrieb mit Batterie störungsfrei und sicher arbeiten. Batterieloser Notbetrieb hat hohe Spannungsspitzen zur Folge; vor allem im Fall des Load-Dumps, d. h. beim „Abwurf" größerer Verbraucherlasten. Störungs-

Funktion des Reglers.
I_{err} Erregerstrom, I_m mittlerer Erregerstrom, T_E Einschaltdauer, T_A Ausschaltdauer, n_1 niedrigere Drehzahl, n_2 höhere Drehzahl.

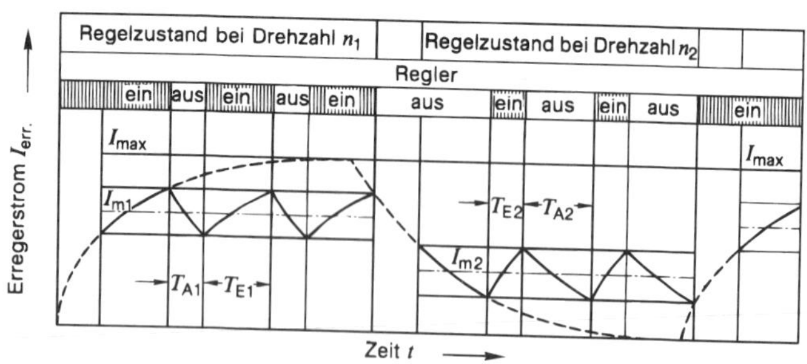

freier Betrieb ist dabei nur mit Zusatzaufwand möglich.

Zum Schutz vor Überspannungen gibt es drei Alternativen:

Schutz durch Zenerdioden
Anstelle der Leistungsdioden des Gleichrichters können Leistungs-Zenerdioden eingesetzt werden. Zenerdioden begrenzen auftretende Spannungsspitzen, so dass sie für Generator und Regler unschädlich sind. Zenerdioden bieten darüber hinaus Fernschutzmöglichkeit für weitere spannungsempfindliche Verbraucher im Bordnetz. Die Ansprechspannung eines mit Zenerdioden ausgerüsteten Gleichrichters beträgt bei einem 14-V-Generator 25...30 V. Compact-Generatoren sind 100 % mit Zenerdioden ausgerüstet.

Generator und Regler in spannungsfester Ausführung
In spannungsfesteren Generatoren und Reglern haben die Halbleiterbauelemente höhere Spannungsfestigkeit. Spannungsfestere Generatoren und Regler haben nur Eigenschutzfunktion; sie bieten also keinen Fernschutz für andere spannungsempfindliche Verbraucher.

Überspannungsschutzgeräte
Hierbei handelt es sich um Geräte mit Halbleiterschaltungen, die mit den Generatorklemmen D+ und D– (Masse) verbunden werden. Bei Auftreten von Spannungsspitzen wird der Generator über die Erregerwicklung kurzgeschlossen. Überspannungsschutzgeräte schützen primär Generator und Regler und erst in zweiter Linie spannungempfindliche Verbraucher. Die Kombination von Überspannungsschutzgeräten mit einem Folgeschadenschutz verhindert ein Auskochen der Batterie bei leitend defektem Regler.

Drehstromgeneratoren haben üblicherweise keinen Verpolungsschutz. Eine Verpolung der Batterie (z. B. bei Starthilfe mit Fremdbatterie) führt zur Zerstörung der Dioden im Generator und gefährdet Halbleiterbauelemente anderer Komponenten im Fahrzeug.

Überspannungsschutzgerät mit Einschaltautomatik *(Schaltung).*
1 Batterie, 2 Überspannungsschutzgerät, 3 Fahrtschalter, 4 Regler, 5 Generator.

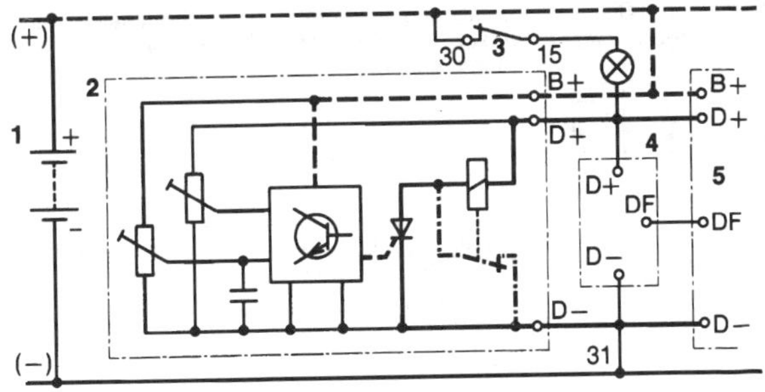

Schaltzeichen der Kraftfahrzeugelektrik

Norm: DIN 40 900

Schaltzeichen allgemein (Auswahl aus den Stromlaufplänen S. 957ff.)

Verbindungen

Leitung; Leitungskreuzung, ohne bzw. mit Verbindung

Leitung; Leitungskreuzung, ohne bzw. mit Verbindung

Mechanische Wirkverbindung; elektrische Leitung (nachträglich verlegt)

Kreuzungen (ohne/mit Verbindungen)

Verbindung, allgemein; lösbare Verbindung (wenn Darstellung notwendig)

Steckverbindung; Buchse; Stecker; 3fach-Steckverbindung

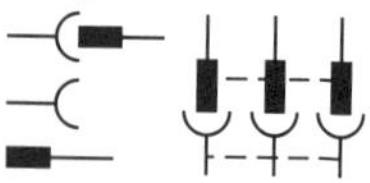

Masse (Gehäusemasse, Fahrzeugmasse)

Mechanische Funktion

Schaltstellungen (Grundstellung: Ausgezogene Linie)

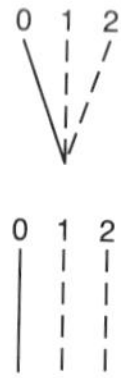

Betätigen von Hand, durch Fühler (Nocken), thermisch (Bimetall

Raste; nicht selbsttätiger/selbsttätiger Rückgang in Pfeilrichtung (Taste)

Betätigung, allgemein (mech., pneum., hydraul.); Kolbenantrieb

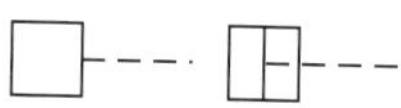

Betätigung durch Drehzahl n, Druck p, Menge Q, Zeit t, Temp. $t°$

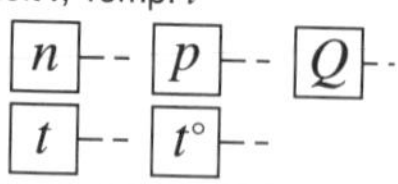

Veränderbarkeit, nicht eigen (von außen), allgemein

Veränderbarkeit eigen, unter dem Einfluss einer physik., Größe, linear/nichtlinear

Einstellbarkeit, allgemein

Schalter

Tastschalter, Schließer/Öffner

Stellschalter, Schließer/Öffner

Wechsler, mit/ohne Unterbrechung schaltend

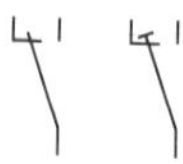

Schalter	Verschiedene Bauelemente	
Zweiwegschließer mit drei Schaltstellungen (z.B. Blinkerschalter) 	Antriebe mit einer Wicklung 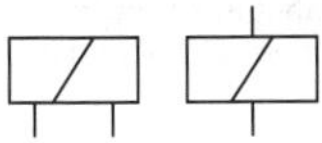	Widerstand 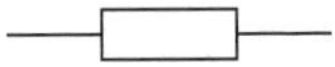
Schließer-Öffner 	Antrieb mit zwei gleichsinnig wirkenden Wicklungen 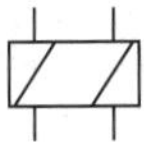	Potentiometer (mit drei Anschlüssen) 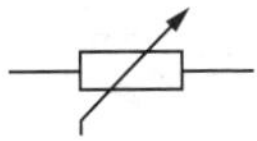
Zwillingsschließer 	Antrieb mit zwei gegensinnig wirkenden Wicklungen 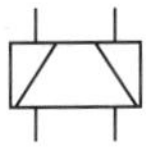	Heizwiderstand, Glühkerze, Flammkerze, Heizscheibe 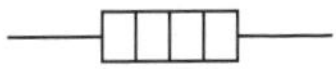
Mehrstellenschalter 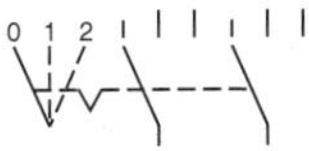	Elektrothermischer Antrieb, Thermorelais 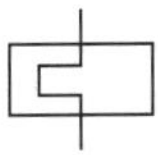	Antenne 
Nockenbetätigter Schalter (z.B. Unterbrecher) 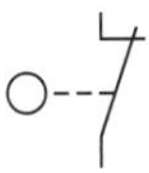	Elektrothermischer Antrieb, Hubmagnet 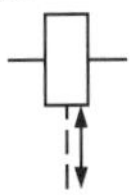	Sicherung 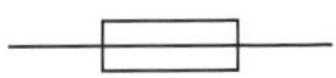
Thermoschalter 	Magnetventil, geschlossen 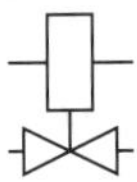	Dauermagnete 
Auslöser 	Relais (Antrieb und Schalter), Beispiel: unverzögerter Öffner und verzögerter Schließer 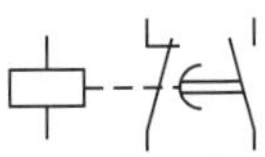	Wicklung, induktiv 

Verschiedene Bauelemente

Kaltleiter (PTC)-Widerstand

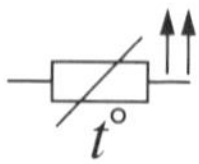

Heißleiter (NTC)-Widerstand

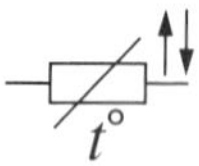

Diode, allgemein, Stromdurchlass in Richtung der Dreieckspitze

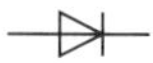

PNP-Transistor
NPN-Transistor

E = Emitter (Pfeil zeigt in Durchlassrichtung)
C = Kollektor
B = Basis

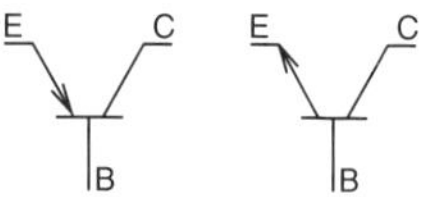

Leuchtdiode (LED)

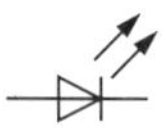

Hallgenerator

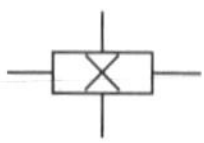

Geräte im Kraftfahrzeug

Strich-Punkt-Linie zur Abgrenzung oder Umrahmung zusammengehöriger Schaltungsteile

Geschirmtes Gerät, Umrahmung mit Masse verbunden

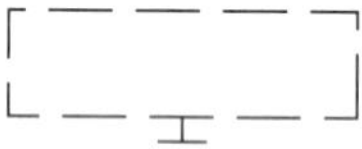

Regler allgemein

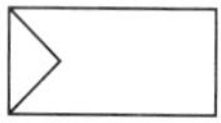

Steuergeräte

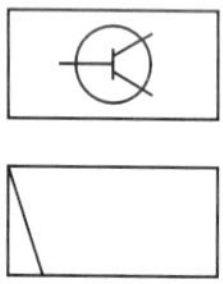

Anzeigeelement allgemein; Spannungsmesser; Uhr.

Drehzahlanzeige; Temperaturanzeige; Geschwindigkeitsanzeige

Batterie

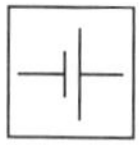

Steckanschluss

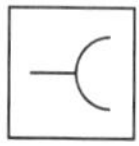

Leuchte, Scheinwerfer

Signalhorn, Fanfare

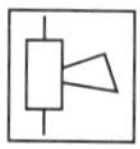

Heizbare Heckscheibe (allgemein Heizwiderstand)

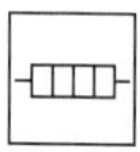

Schalter, allgemein ohne Anzeigelampe

Schalter, allgemein mit Anzeigelampe

Geräte im Kraftfahrzeug

Druckschalter

Relais, allgemein

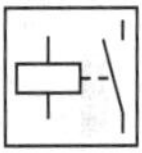

Magnet-, Einspritz-, Kaltstartventil

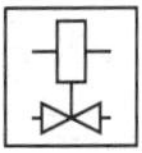

Thermozeitschalter

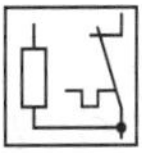

Drosselklappenschalter

Drehsteller

Zusatzluftventil mit elektrothermischem Antrieb

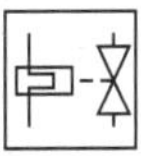

Zündkerze

Zündspule

Zündverteiler, allgemein

Spannungsregler

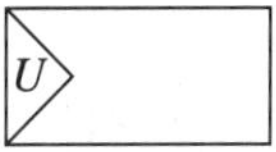

Drehstromgenerator mit Regler (ohne / mit Innenschaltung).

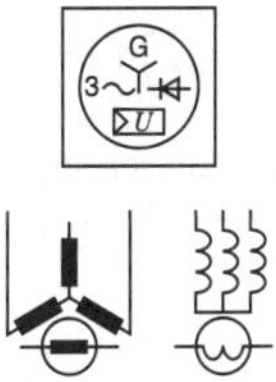

Elektrokraftstoffpumpe, Motorantrieb für Hydraulikpumpe

Motor mit Gebläse, Lüfter

Startermotor mit Einrückrelais (ohne / mit Innenschaltung)

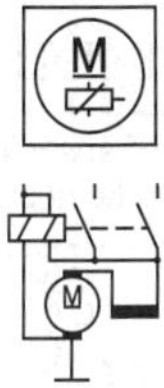

Wischermotor (eine/ zwei Wischgeschwindigkeiten)

Wischintervallrelais

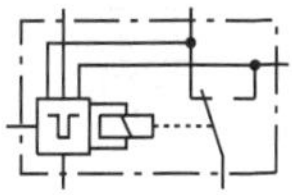

Autoradiogerät

Geräte im Kraftfahrzeug

Lautsprecher

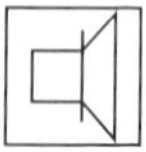

Piezoelektrischer Sensor

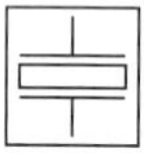

Geschwindigkeitssensor

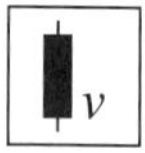

Spannungskonstanthalter, Stabilisator

Widerstandsstellungsgeber

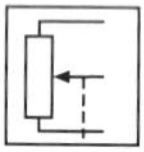

ABS-Drehzahlsensor

Induktiver Sensor, mit Bezugsmarke gesteuert

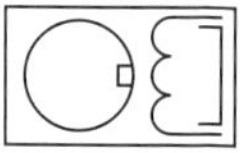

Luftmengenmesser

Hallgeber

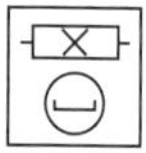

Blink-, Impulsgeber, Intervallrelais

Luftmassenmesser

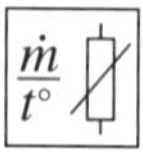

Umsetzer, Umformer (Menge, Spannung)

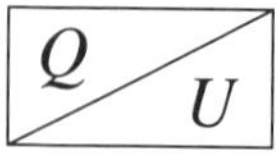

Lambda-Sonde (nicht beheizt/beheizt)

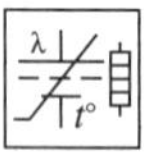

Mengensensor, Kraftstoffstandssensor

Temperaturschalter, Temperatursensor

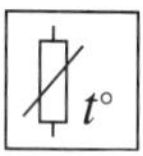

Induktiver Sensor

Kombi-Gerät (Armaturenbrett)

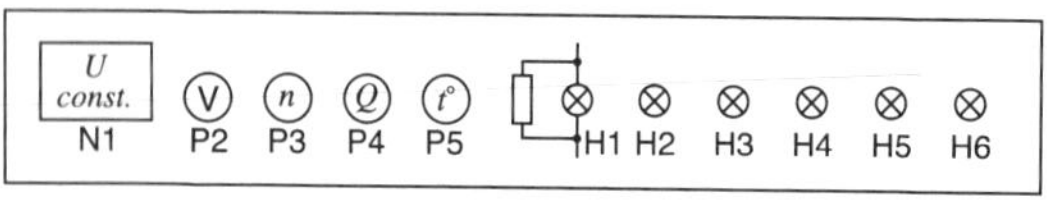

Schaltpläne

Der Schaltplan ist die zeichnerische Darstellung elektrischer Geräte durch Schaltzeichen, gegebenenfalls durch Abbildungen oder vereinfachte Konstruktionszeichnungen.

Er zeigt die Art, in der verschiedene elektrische Geräte zueinander in Beziehung stehen und miteinander verbunden sind. Tabellen, Diagramme und Beschreibungen können den Plan ergänzen. Die Art des Schaltplanes wird bestimmt durch seinen Zweck (z. B. Darstellung der Funktion einer Anlage) und durch die Art der Darstellung.

Der Schaltplan muss normgerecht dargestellt sein, Abweichungen sind zu erläutern.

Die Stromwege müssen vorzugsweise so angeordnet sein, dass die Wirkung bzw. der Signalfluss von links nach rechts und/oder von oben nach unten verläuft.

In der Kraftfahrzeugelektrik sind die Übersichtsschaltpläne in meist einpoliger Darstellung ohne gezeichnete Innenschaltung ausgeführt.

Stromlaufpläne

Aufgabe

Der Stromlaufplan ist die ausführliche Darstellung einer Schaltung in ihren Einzelheiten. Er zeigt durch übersichtliche Darstellung der einzelnen Stromwege die Wirkungsweise einer elektrischen Schaltung. Im Stromlaufplan darf diese übersichtliche Darstellung der Funktion, die das Lesen der Schaltung erleichtert, durch die Wiedergabe gerätetechnischer und räumlicher Zusammenhänge nicht beeinträchtigt werden.

Aufbau

Die folgenden Stromlaufpläne zeigen Beispiele von Fahrzeugschaltungen. Die Pläne dienen zur Erläuterung des Textes und sind nicht als Grundlage für Konstruktion oder Einbau gedacht.

Beispiele für Bezeichnungen

G1 Gerätekennzeichnung (DIN 40 719)
15 Klemmenbezeichnung (DIN 72 552)
1 Abschnittskennzeichnung (DIN 40 719)

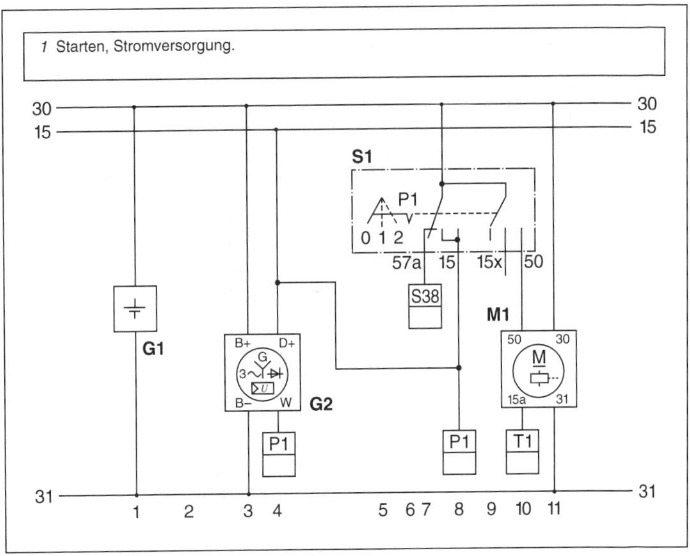

2 Beleuchtung, Signalanlage.

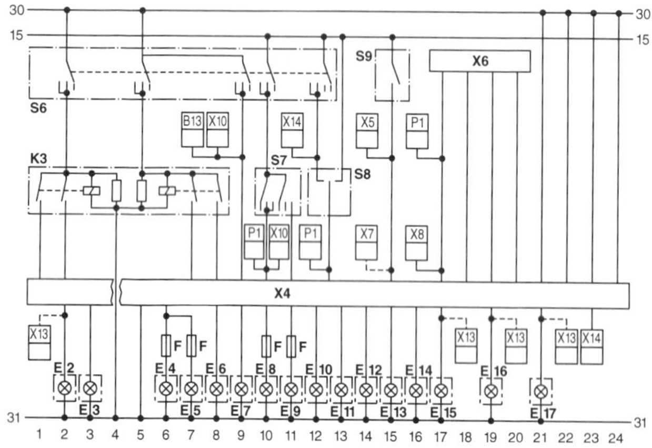

2 Fortsetzung Beleuchtung, Signalanlage.

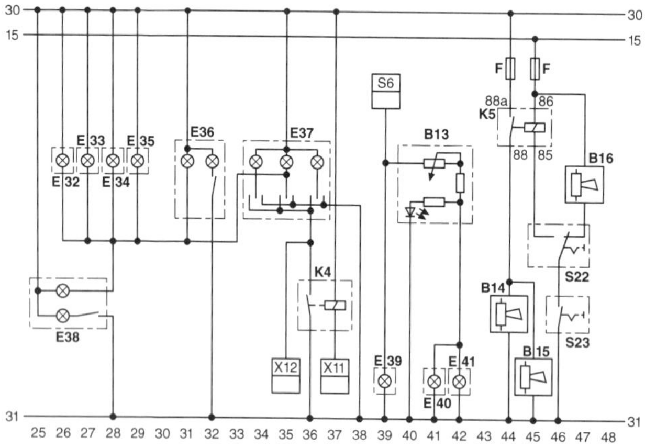

2 Fortsetzung Beleuchtung, Signalanlage.

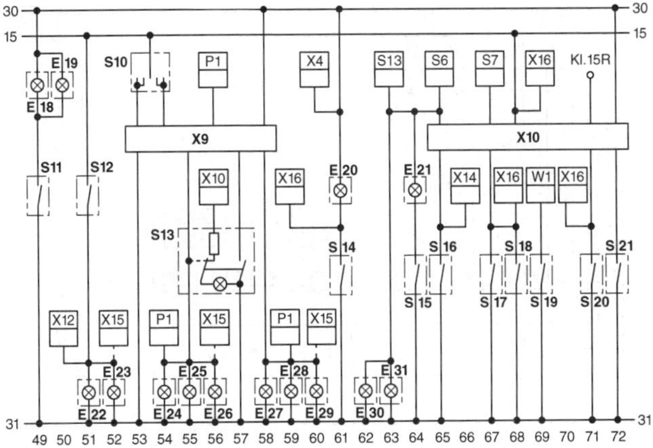

3 Uhr, Radio.

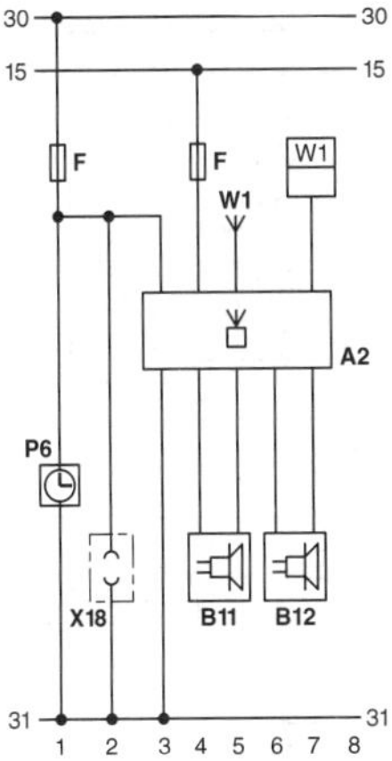

4 Anzeigegerät (Kombiinstrument).

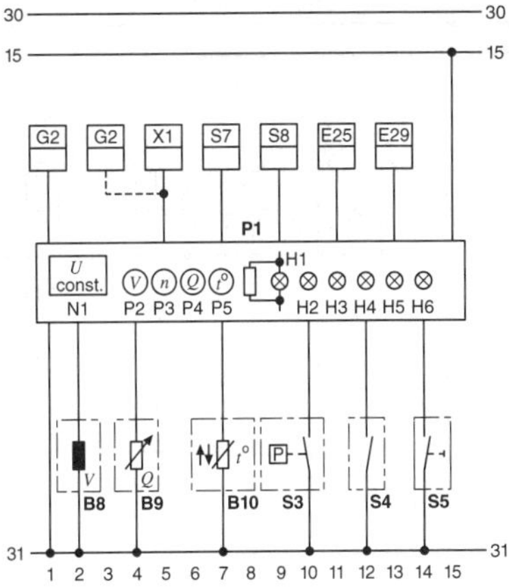

5 ABS mit CAN-Bus.

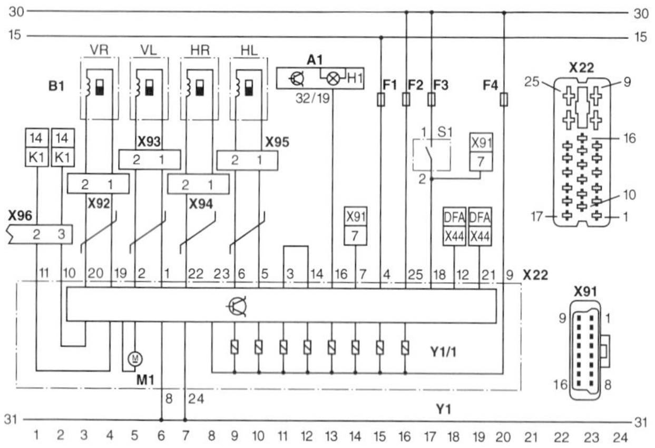

6 M-Motronic.

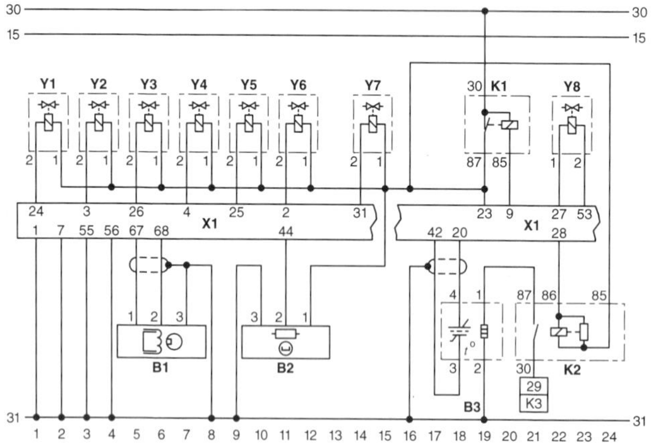

6 Fortsetzung M-Motronic.

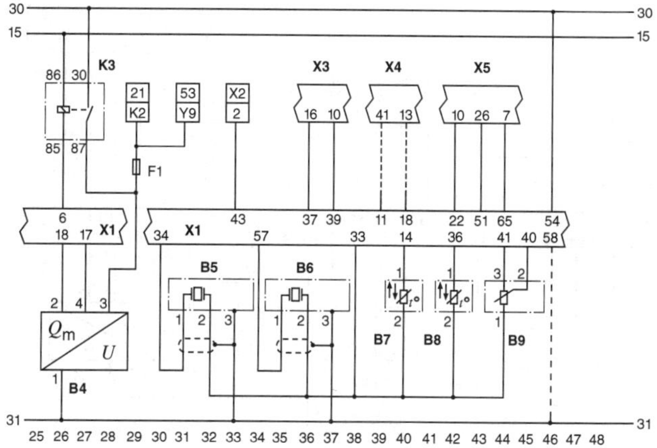

6 Fortsetzung M-Motronic.

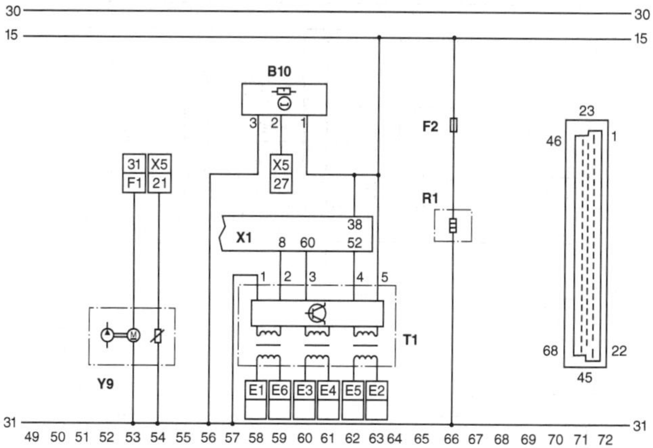

7 Verteilereinspritzpumpe VE/EDC.

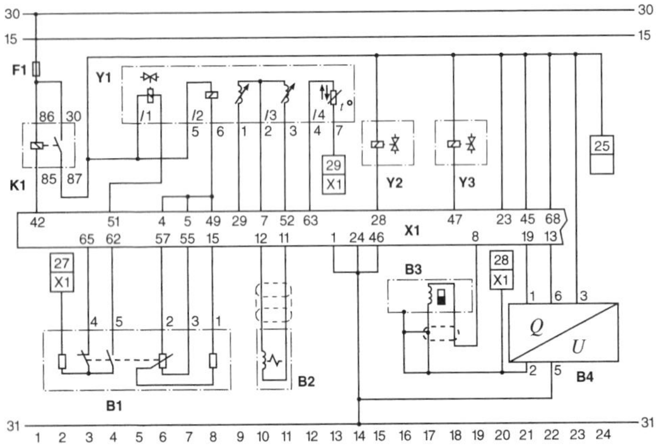

7 Fortsetzung Verteilereinspritzpumpe VE/EDC.

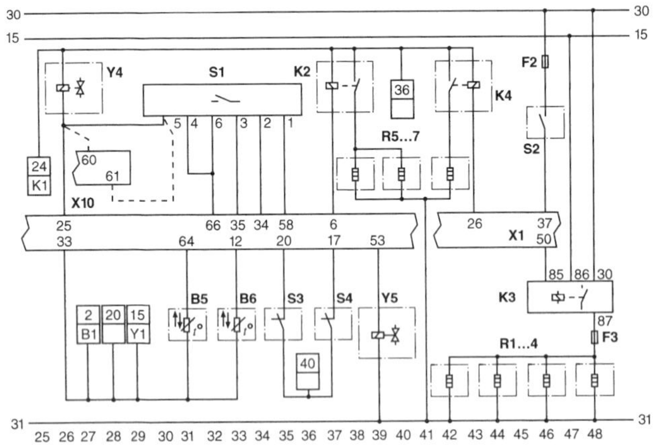

7 Fortsetzung Verteilereinspritzpumpe VE/EDC.

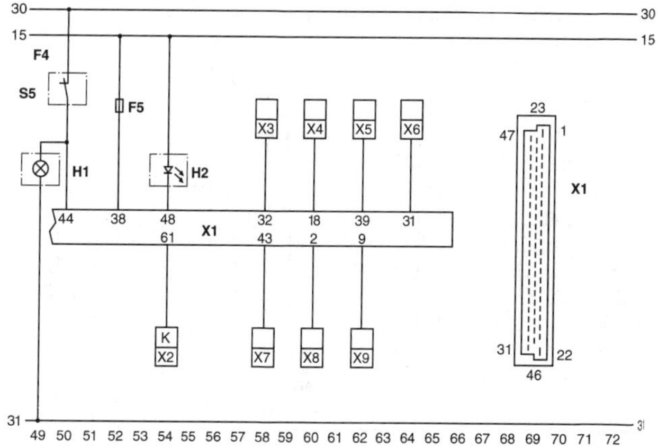

8 Starthilfsanlage, Diesel.

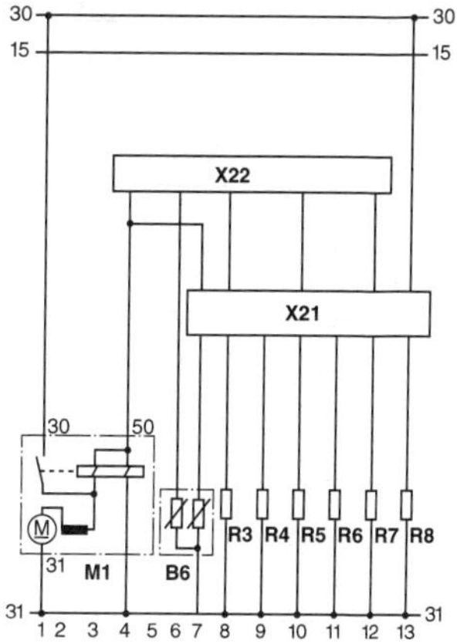

9 Autoalarm.

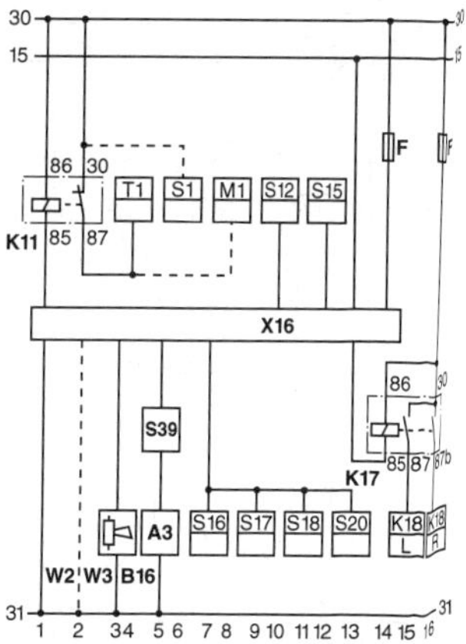

10 Wisch- und Spülanlage.

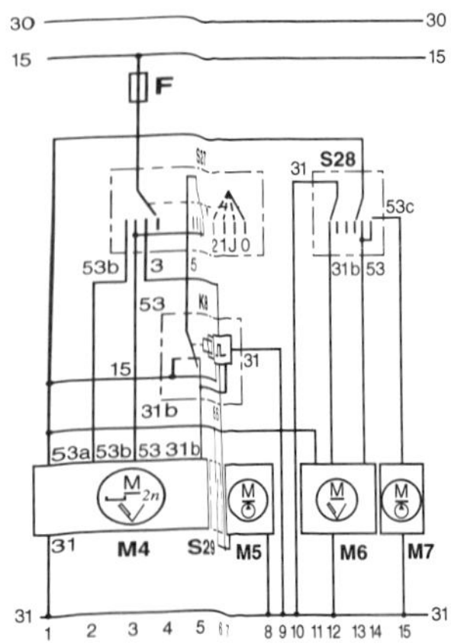

11 Gebläse, Lüftung, Heizung.

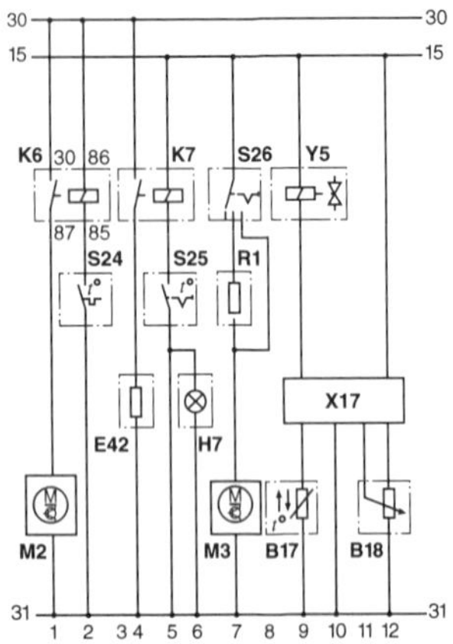

12 Klimaautomatik Climatronic.

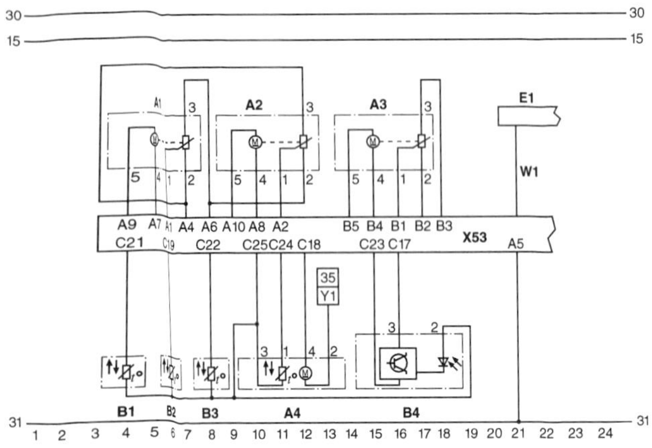

12 Fortsetzung Klimaautomatik Climatronic.

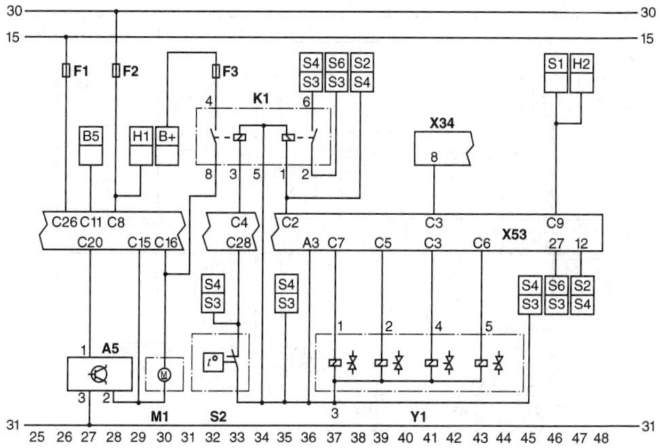

12 Fortsetzung Klimaautomatik Climatronic.

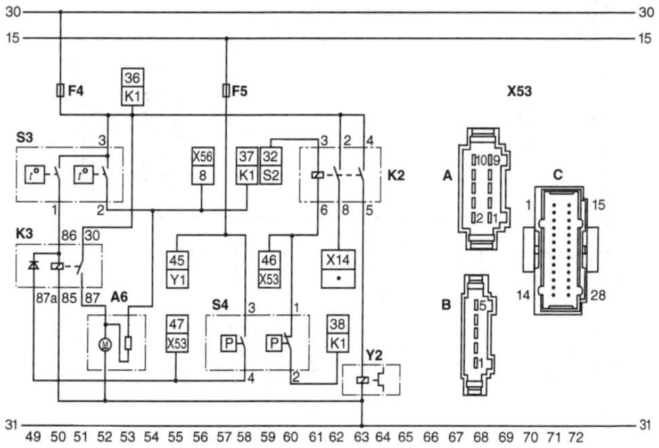

13 Getriebesteuerung AG 4.

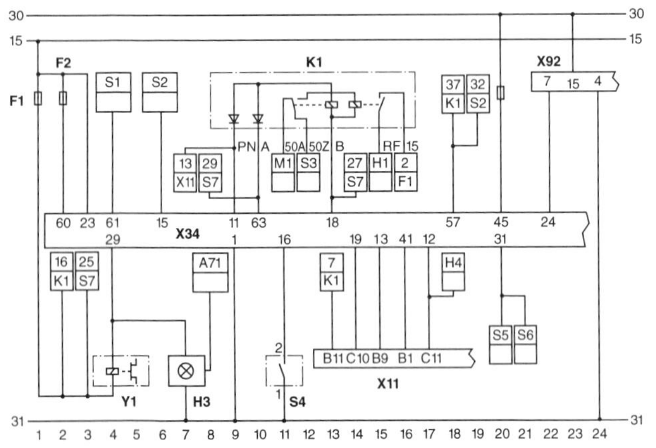

13 Fortsetzung Getriebesteuerung AG 4.

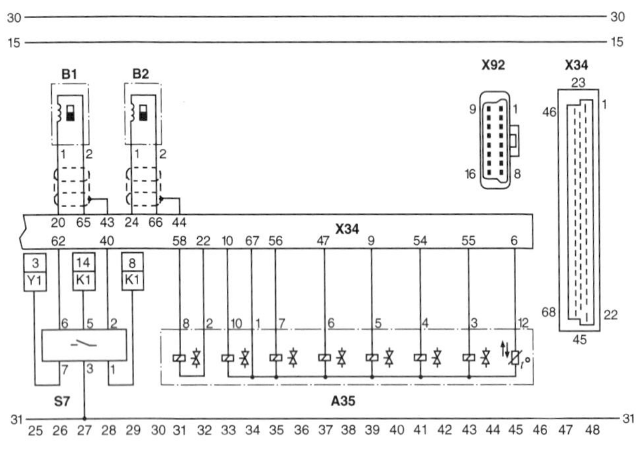

Abschnittsbezeichnungen und Gerätezuordnung

In Tabelle 1 sind alle Abschnittsbezeichnungen aus dem Kapitel „Pkw-Stromlaufpläne" (ab Seite 957) aufgeführt. Die Abschnitte bezeichnen definierte Bereiche innerhalb der Stromlaufpläne, in denen eine bestimmte Anlage untergebracht ist.

Tabelle 2 enthält Geräte und ihre Kennzeichen mit zugehöriger Abschnittsnummer für den Pkw-Stromlaufplan.

Tabelle 1. Abschnitte.

Abschnitt	Anlage
1	Starten, Stromversorgung
2	Beleuchtung, Signalanlage
3	Uhr, Radio
4	Anzeigegerät (Kombiinstrument)
5	ABS mit CAN-Bus
6	Motronic M
7	Verteilereinspritzpumpe VE/EDC
8	Starthilfsanlage, Diesel
9	Autoalarm
10	Wisch- und Spülanlage
11	Gebläse, Lüftung, Heizung
12	Klimaautomatik Climatronic
13	Getriebesteuerung AG4

Tabelle 2. Gerätezuordnung.

Kennzeichen	Gerät	Abschnitt
A1	Anzeige-Einheit Warnlampe	*5*
A1	Stellmotor für Zentralklappe	*12*
A2	Radio	*3*
A2	Stellmotor für Staudruckklappe	*12*
A3	Zündung mit Klopfregelung (EZ-K)	*9*
A3	Stellmotor für Temperaturklappe	*12*
A4	Schalttafeltemperatursensor mit Gebläse	*12*
A5	Gebläse-Steuergerät	*12*
A6	Kühlerlüfter	*12*
A35	Getriebeeinheit, elektrisch	*13*
B1	Drehzahl-/Bezugsmarkensensor	*5, 6*
B1	Pedalwertgeber	*7*
B1	Kühlmittel-Temperatursensor	*12*
B1, 2	Fahrgeschwindigkeitssensor	*6, 13*
B2	Nadelbewegungssensor	*7*
B2	Außentemperatursensor	*12*
B2	Getriebeeingangs-Drehzahlsensor	*13*
B3	Lambda-Sonde	*6*
B3	Drehzahl-/ Bezugsmarkensensor	*7*
B3	Ansaugluft-Temperatursensor	*12*
B4	Luftmassenmesser	*6, 7*
B4	Fotosensor	*12*
B5	Klopfsensor 1	*6*
B5, 7	Kühlmittel-Temperatursensor	*6, 7*
B6	Klopfsensor 2	*6*
B6	Kraftstoff-Temperatursensor	*7, 8*
B8	Geschwindigkeitssensor	*4*
B8	Ansaugluft-Temperatursensor	*6*
B9	Kraftstoffstandsensor	*4*
B9	Drosselklappenpotentiometer	*6*
B10	Kühlmittel-Temperatursensor	*4*
B10	Zylindererkennungssensor	*6*
B11, 12	Lautsprecher	*3*
B13	Helligkeitsregler Instrumentenbeleuchtung	*2*
B14, 15	Starktonhorn	*2*
B16	Signalhorn	*2, 9*
B17	Innenraum-Temperatursensor	*11*
B18	Sollwerteinsteller	*11*
E1	Anzeigeeinheit Climatronic	*12*
E2, 3	Nebelschlussleuchte L, R	*2*
E4, 5	Fernscheinwerfer L, R	*2*
E6, 7	Nebelscheinwerfer L, R	*2*
E8, 9	Abblendscheinwerfer L, R	*2*
E10, 11	Standlicht L, R	*2*
E12, 13	Kennzeichenleuchte L, R	*2*
E14, 17	Bremsleuchte L, R	*2*
E15, 16	Schlussleuchte L, R	*2*
E18	Heckklappenleuchte	*2*
E19	Gepäckraumleuchte	*2*
E20	Handschuhfachleuchte	*2*
E21	Motorraumleuchte	*2*
E22, 23	Rückfahrscheinwerfer L, R	*2*
E24, 26	Blinkleuchte VL, HL	*2*
E25, 28	Zusatzblinkleuchte L, R	*2*
E27, 29	Blinkleuchte VR, HR	*2*
E30, 31	Aschenbecherleuchte V, H	*2*
E32, 33	Fußraumleuchte VL, HL	*2*
E34, 35	Fußraumleuchte VR, HR	*2*
E36, 38	Fondsleseleuchte R, L	*2*
E37	Innenleseleuchte	*2*
E39	Leuchte Kosmetikspiegel	*2*
E40	Instrumentenbeleuchtung	*2*
E41	Armaturenbrettbeleuchtung	*2*
E42	Heckscheibenheizung	*11*
F..	Sicherungen	
G1	Batterie	*1*
G2	Generator	*1*
H1	Generatorkontrollleuchte	*4*

Kennzeichen	Gerät	Abschnitt
H1	ABS-Warnlampe	*5*
H1	Glühkontrolllampe	*7*
H2	Öldruckwarnleuchte	*4*
H2	Bremslicht	*7*
H3	Handbremskontrollleuchte	*4*
H3	Wählhebelbeleuchtung	*13*
H4	Bremsbelagverschleiß-warnleuchte	*4*
H5	Fernlichtkontrollleuchte	*4*
H6	Blinkerkontrollleuchte	*4*
H7	Kontrollleuchte Heckscheibenheizung	*11*
K1	Hauptrelais	*6, 7*
K1	Klimaanlagen-Relais	*12*
K1	Anlasssperr-Relais	*13*
K2	Relais für Lambda-Sonden-Heizung	*6*
K2	Relais für kleine Heizleitung	*7*
K2	Klimakompressor-Relais	*12*
K3	Standlichtabfrage-Relais	*2*
K3	Elektrokraftstoffpumpen-Relais	*6*
K3	Glühkerzen-Relais	*7*
K3	Kühlerlüfternachlauf-Relais	*12*
K4	Relais Innenlichtsteuerung	*2*
K4	Relais Heizleitung	*7*
K5	Relais Starktonhorn	*2*
K6	Motorlüfterrelais	*11*
K7	Relais Heckscheibenheizung	*11*
K8	Wischerintervallrelais	*10*
K11	Relais Startsperre/ Zündstartsperre	*9*
K17	Relais optischer Alarm	*9*
M1	Startermotor	*1, 8*
M1	Pumpenmotor Hydroaggregat	*5*
M1, 3	Frischluftgebläsemotor	*11, 12*
M2	Kühlgebläsemotor	*11*
M4	Wischermotor	*10*
M5	Scheibenspülermotor	*10*
M6	Motorlüfterrelais	*10*
M7	Heckscheibenspülermotor	*10*
N1	Spannungskonstanthalter	*4*
P1	Kombiinstrument	*4*
P2	Elektrischer Tachometer	*4*
P3	Drehzahlmesser	*4*
P4	Kraftstoffanzeige	*4*
P5	Motortemperaturanzeige	*4*
P6	Zeituhr	*3*
R1	Heizwiderstand	*6*
R1..4	Glühkerzen	*7*
R1	Gebläsewiderstand	*11*
R5..7	Zusatzheizung (Schaltgetr.)	*7*
R3..8	Glühstiftkerzen	*8*

Kennzeichen	Gerät	Abschnitt
S1	Zünd-Start-Schalter	*1*
S1	Bremslichtschalter	*5*
S1	Bedienteil Fahrgeschwindigkeitsregelung	*7*
S1	Lichtschalter	*12*
S2	Klimaanlagenschalter	*7*
S2	Verdampfer-Temperaturschalter	*12*
S3	Öldruckschalter	*4*
S3	Bremspedalschalter	*7*
S3	Kühlerlüfter-Temperaturschalter	*12*
S4	Handbremsschalter	*4*
S4	Kupplungspedalschalter	*7*
S4	Klimaanlagen-Druckschalter	*12*
S4	Kickdown-Schalter	*13*
S5	Bremsbelagverschleißkontakt	*4*
S5	Bremslichtschalter	*7*
S6	Lichtschalter	*2*
S7	Nebellichtschalter	*2*
S7	Multifunktionsschalter	*13*
S8	Abblendschalter	*2*
S9	Bremslichtschalter	*2*
S10	Blinkerschalter	*2*
S11	Schalter Heckklappenleuchten	*2*
S12	Schalter Rückfahrscheinwerfer	*2*
S13	Schalter Warnblinkanlage	*2*
S14	Schalter Handschuhfachleuchte	*2*
S15	Schalter Motorraumleuchte	*2*
S16...18	Türendschalter VL, HR, HL	*2*
S19	Stoßschalter	*2*
S20	Türendschalter VR	*2*
S21	Türgriffschalter	*2*
S22	Hornumschalter	*2*
S23	Horntaster	*2*
S24	Thermoschalter	*11*
S25	Schalter Heckscheiben-heizung	*11*
S26	Gebläseschalter	*11*
S27	Wischerschalter	*10*
S28	Heckwischer-Spülerschalter	*10*
S29	Spülerschalter	*10*
S39	Codierschalter Alarmanlage	*9*
T1	Zündspule	*6*
W1	Autoantenne	*3*
W1	Steckverbindung für 16poliges Flachbandkabel	*12*
W2, 3	Codierleitung	*9*
X1	Steuergerätestecker Motronic/VE/EDC	*6, 7*

Kenn-zeichen	Gerät	Abschnitt
X3	Steuergerätestecker Klimaanlage	*6*
X4	Stecker Lampenkontroll-modul	*2*
X4	Steuergerätestecker Getriebesteuerung	*6*
X5	Anschlussstecker Kombiinstrument	*6*
X6	Stecker Check-Control	*2*
X9	Stecksockel Warnblinkrelais	*2*
X10	Stecker Grundmodul zentrale Karosserieelektronik	*2, 7*
X11	Steuergerätestecker Motorsteuerung	*13*
X16	Steuergerätestecker Alarmanlage	*9*
X17	Steuergerätestecker Klimaanlage/Heizungsregelung	*11*
X18	Diagnosesteckdose	*3*
X21	Stecker Glühzeitsteuergerät	*8*

[1]) ABS = Anti-Blockier-System
ABD = Automatisches Brems-Differential

Kenn-zeichen	Gerät	Abschnitt
X22	Steuergerätestecker ABS/ABD[1])	*5*
X22	Diagnosesteckdose	*8*
X34	Steuergerätestecker Getriebesteuerung	*12, 13*
X44	Stecker Navigationsanlage	*5*
X53	Stecker Klimaautomatik	*12*
X91, 92	Diagnosesteckdose	*5, 13*
Y1	Hydroaggregat	*5*
Y1	Einspritzventil 1	*6, 7*
Y1	Ventilleiste	*12*
Y1	Schaltsperren-Magnet	*13*
Y2	Klimaleistungssteuerung	*7*
Y2	Klimakompressor-Magnetkupplung	*12*
Y2..5	Einspritzventile 2..5	*6, 7*
Y5	Heißwasserventil	*11*
Y6	Einspritzventil 6	*6*
Y7	Tankentlüftungsventil	*6*
Y8	Leerlaufsteller	*6*
Y9	Elektrokraftstoffpumpe	*6*

Anschlussplan in aufgelöster Darstellung

Bei der aufgelösten Darstellung entfallen die durchgehenden Verbindungsleitungen von Gerät zu Gerät. Die einzelnen Geräte sind durch Quadrate, Rechtecke, Kreise und Schaltzeichen oder auch bildlich dargestellt und entsprechend DIN 40719 Teil 2 gekennzeichnet. Die Klemmenbezeichnung des Geräts ist angegeben. Alle von einem Gerät abgehenden Leitungen erhalten einen Zielhinweis, der das Kennzeichen und die Klemmenbezeichnung des Zielgerätes und, falls erforderlich, die Leitungsfarbe enthält.

Beispiel: Generator.
a) Gerätekennzeichen (Kennbuchstabe und Zählnummer),
b) Klemmenbezeichnung am Gerät,
c) Gerät an Masse,
d) Zielhinweis (Kennbuchstabe und Zählnummer, Klemmenbezeichnung, Leitungsfarbe).

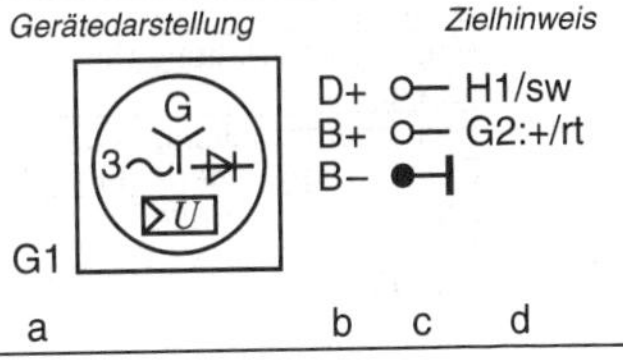

Klemmenbezeichnungen

Das in der Norm DIN 72552 für die elektrische Anlage im Kraftfahrzeug festgelegte System der Klemmenbezeichnungen soll ein möglichst fehlerfreies Anschließen der Leitungen an den Geräten, vor allem bei Reparaturen und Ersatzeinbauten, ermöglichen. Die Klemmenbezeichnungen sind nicht gleichzeitig Leitungsbezeichnungen, da an den beiden Enden einer Leitung Geräte mit unterschiedlicher Klemmenbezeichnung angeschlossen sein können. Die Klemmenbezeichnungen brauchen infolgedessen nicht an den Leitungen angebracht zu werden. Neben den aufgeführten Klemmenbezeichnungen können auch Bezeichnungen nach DIN-VDE-Normen bei elektrischen Maschinen verwendet werden.

Mehrfach-Steckverbindungen, für die die Klemmenbezeichnungen nach DIN 72552 nicht mehr ausreichen, erhalten fortlaufende Zahlen oder Buchstabenbezeichnungen, die keine durch eine Norm festgelegte Funktionszuordnung haben.

Klemme	Bedeutung
	Zündspule, Zündverteiler
1	Niederspannung
	Zündverteiler mit zwei getrennten Stromkreisen
1a	zum Zündunterbrecher I
1b	zum Zündunterbrecher II
	Zündspule, Zündverteiler
4	Hochspannung
	Zündverteiler mit zwei getrennten Stromkreisen
4a	von Zündspule I, Klemme 4
4b	von Zündspule II, Klemme 4
15	Geschaltetes Plus hinter Batterie (Ausgang Zündschalter)
15a	Ausgang am Vorwiderstand zur Zündspule und zum Starter
	Glühstartschalter
17	Starten
19	Vorglühen
	Batterie
30	Eingang von Batterie Plus (direkt)
	Batterieumschaltung 12/24 V
30a	Eingang von Batterie II Plus
31	Rückleitung ab Batterie Minus oder Masse (direkt)
31b	Rückleitung an Batterie Minus oder Masse über Schalter oder Relais (geschaltetes Minus)
	Batterieumschaltrelais 12/24 V
31a	Rückleitung an Batterie II Minus
31c	Rückleitung an Batterie I Minus
	Elektromotoren
32	Rückleitung[1]
33	Hauptanschluss[1]

[1]) Polaritätswechselklemme 32/33 möglich.

Klemme	Bedeutung
33a	Endabstellung
33b	Nebenschlussfeld
33f	für zweite kleinere Drehzahlstufe
33g	für dritte kleinere Drehzahlstufe
33h	für vierte kleinere Drehzahlstufe
33L	Drehrichtung links
33R	Drehrichtung rechts
	Starter
45	Getrenntes Starterrelais, Ausgang; Starter, Eingang (Hauptstrom)
	Zwei-Starter-Parallelbetrieb Startrelais für Einrückstrom
45a	Ausgang Starter I, Eingang Starter I und II
45b	Ausgang Starter II
48	Klemme am Starter und Startwiederholrelais (Überwachung des Startvorganges)
	Blinkgeber (Impulsgeber)
49	Eingang
49a	Ausgang
49b	Ausgang zweiter Blinkkreis
49c	Ausgang dritter Blinkkreis
	Starter
50	Startersteuerung (direkt)
	Batterieumschaltrelais
50a	Ausgang für Startersteuerung
50b	Startersteuerung bei Parallelbetrieb von zwei Startern mit Folgesteuerung
	Startrelais für Folgesteuerung des Einrückstroms bei Parallelbetrieb von zwei Startern
50c	Eingang in Startrelais für Starter I

Klemme	Bedeutung
50d	Eingang in Startrelais für Starter II
	Startsperrrelais
50e	Eingang
50f	Ausgang
	Startwiederholrelais
50g	Eingang
50h	Ausgang
	Wischermotoren
53	Wischermotor, Eingang (+)
53a	Wischer (+), Endabstellung
53b	Wischer (Nebenschluss-wicklung)
53c	Elektrische Scheibenspüler-pumpe
53e	Wischer (Bremswicklung)
53i	Wischermotor mit Permanent-magnet und dritter Bürste (für höhere Geschwindigkeit)
	Lichttechnik
55	Nebelscheinwerfer
56	Scheinwerfer
56a	Fernlicht und Fernlichtkontrolle
56b	Abblendlicht
56d	Lichthupenkontakt
57a	Parklicht
57L	Parklicht links
57R	Parklicht rechts
58	Begrenzungs-, Schluss-, Kenn-zeichen- und Instrumenten-leuchten
58L	links
58R	rechts
	Generator und Regler
61	Generatorkontrolle
B+	Batterie Plus
B–	Batterie Minus
D+	Dynamo Plus
D–	Dynamo Minus
DF	Dynamo Feld
DF1	Dynamo Feld 1
DF2	Dynamo Feld 2
U,V,W	Drehstromklemmen
	Tontechnik
75	Radio, Zigarettenanzünder
76	Lautsprecher
	Schalter
	Öffner/Wechsler
81	Eingang
81a	1. Ausgang, Öffnerseite
81b	2. Ausgang, Öffnerseite
	Schließer
82	Eingang
82a	1. Ausgang

Klemme	Bedeutung
82b	2. Ausgang
82z	1. Eingang
82y	2. Eingang
	Mehrstellenschalter
83	Eingang
83a	Ausgang, Stellung 1
83b	Ausgang, Stellung 2
83L	Ausgang, Stellung links
83R	Ausgang, Stellung rechts
	Stromrelais
84	Eingang, Antrieb und Relaiskontakt
84a	Ausgang, Antrieb
84b	Ausgang, Relaiskontakt
	Schaltrelais
85	Ausgang, Antrieb (Wicklungsende Minus oder Masse)
86	Eingang, Antrieb (Wicklungsanfang)
86a	Wicklungsanfang oder 1. Wicklung
86b	Wicklungsanzapfung oder 2. Wicklung
	Relaiskontakt bei Öffner und Wechsler:
87	Eingang
87a	1. Ausgang (Öffnerseite)
87b	2. Ausgang
87c	3. Ausgang
87z	1. Eingang
87y	2. Eingang
87x	3. Eingang
	Relaiskontakt bei Schließer:
88	Eingang
	Relaiskontakt bei Schließer und Wechsler (Schließerseite):
88a	1. Ausgang
88b	2. Ausgang
88c	3. Ausgang
	Relaiskontakt bei Schließer:
88z	1. Eingang
88y	2. Eingang
88x	3. Eingang
	Fahrtrichtungsanzeige (Blinkgeber)
C	1. Kontrolllampe
C0	Hauptanschluss für vom Blinker getrennte Kontrollkreise
C2	2. Kontrolllampe
C3	3. Kontrolllampe (z. B. beim Zwei-Anhänger-Betrieb)
L	Blinkleuchten links
R	Blinkleuchten rechts

Wirkschaltpläne

Für die Fehlersuche bei komplexen und vielfach vernetzten Systemen mit Eigendiagnose-Funktion hat Bosch die systemspezifischen Stromlaufpläne entwickelt. Für weitere Systeme in einer Vielzahl von Kraftfahrzeugen stellt Bosch Wirkschaltpläne über eine CD-ROM „P“ zur Verfügung. Sie sind voll in ESI, das Elektronische Service System von Bosch, integriert. Damit haben Kfz-Werkstätten eine wertvolle Hilfe, um Fehler zu lokalisieren oder zusätzliche Einbauten sinnvoll anzuschließen. Auf der folgenden Seite ist ein Wirkschaltplan abgebildet.

Abweichend von den Stromlaufplänen enthalten die Wirkschaltpläne amerikanische Schaltsymbole, die durch zusätzliche Beschreibungen ergänzt werden (Bild unten). Hierzu gehören Komponentencodes, z. B. „A28“ (Diebstahlschutzsystem), die auf Tabelle 1 erläutert sind sowie die Erläuterung der Leitungsfarben (Tabelle 2). Beide Tabellen lassen sich über die CD-ROM „P“ aufrufen.

Zusätzliche Beschreibungen in den Wirkschaltplänen.
1 *Leitungsfarbe,* **2** *Verbindernummer,*
3 *Pin-Nummer (eine gestrichelte Linie zwischen den Pins zeigt, dass alle Pins zu demselben Stecker gehören).*

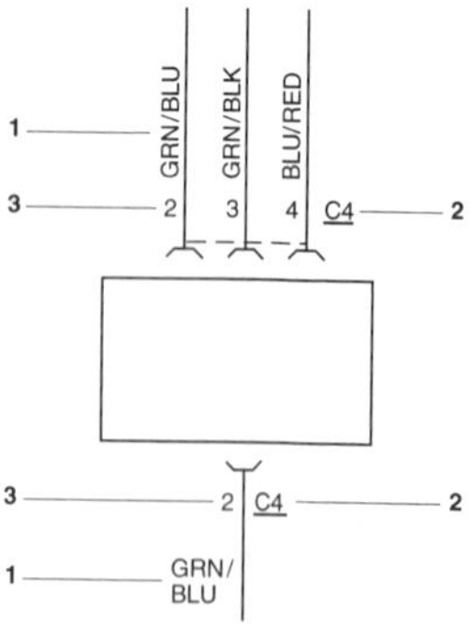

Tabelle 1. Erläuterung der Komponentencodes.

Position	Benennnung
A1865	Elektrisch verstellbares Sitzsystem
A28	Diebstahlschutzsystem
A750	Sicherungs-/ Relaiskasten
F53	Sicherung C
F70	Sicherung A
M334	Förderpumpe
S1178	Warnsummerschalter
Y157	Unterdruck-Stellglied
Y360	Stellglied Tür VR
Y361	Stellglied Tür VL
Y364	Stellglied Tür HR
Y365	Stellglied Tür HL
Y366	Stellglied Tankdeckel
Y367	Stellglied Kofferraum-/ Heckklappendeckel

Tabelle 2. Erläuterung der Leitungsfarben.

Position	Benennnung
BLK	schwarz
BLU	blau
BRN	braun
CLR	transparent
DKBLU	dunkelblau
DKGRN	dunkelgrün
GRN	grün
GRY	grau
LTBLU	hellblau
LTGRN	hellgrün
NCA	Farbe nicht bekannt
ORG	orange
PNK	rosa
PPL	purpur
RED	rot
TAN	hautfarben
VIO	violett
WHT	weiß
YEL	gelb

Wirkschaltplan eines Türverriegelungssystems *(Beispiel).*

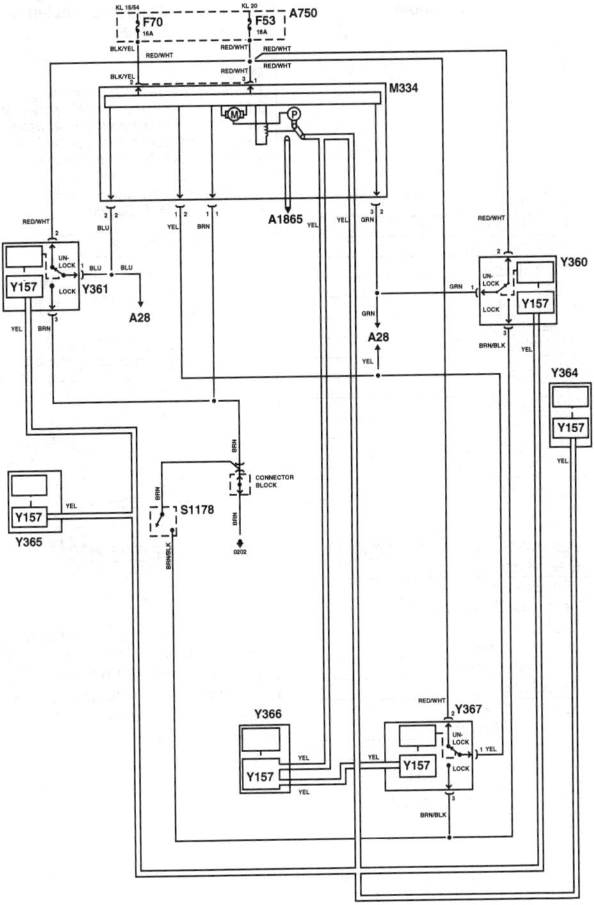

Die Wirkschaltpläne sind nach Systemkreisen und gegebenenfalls auch nach Subsystemen gegliedert (Tabelle 3). Wie bei anderen Systemen innerhalb ESI gibt es auch bei den Systemkreisen eine Zuordnung zu vier Baugruppen:
- Motor,
- Karosserie,
- Fahrwerk und
- Triebstrang.

Tabelle 3. Systemkreise.

1	Motorsteuerung
2	Starten/Laden
3	Klima/Heizung
4	Kühlergebläse
5	ABS
6	Tempomat
7	Fensterheber
8	Zentralverriegelung
9	Armaturenbrett
10	Wisch-/Waschanlage
11	Scheinwerfer
12	Außenbeleuchtung
13	Stromversorgung
14	Masseverteilung
15	Datenleitung
16	Schaltsperre
17	Diebstahlsicherung
18	Passive Sicherheitssysteme
19	Elektrische Antenne
20	Warnanlage
21	Heizbare Scheibe/Spiegel
22	Zusätzliche Sicherheitssysteme
23	Innenbeleuchtung
24	Servolenkung
25	Spiegelverstellung
26	Verdeckbetätigung
27	Signalhorn
28	Kofferraum, Heckklappe
29	Sitzverstellung
30	Elektronische Dämpfung
31	Zigarettenanzünder, Steckdose
32	Navigation
33	Getriebe
34	Aktive Karosserieteile
35	Schwingungsdämpfung
36	Mobiltelefon
37	Autoradio/Hi-Fi
38	Wegfahrsperre

Besonders bei zusätzlichen Einbauten ist es wichtig, die Massepunkte zu kennen. Deshalb enthält die CD-ROM „P“ als Ergänzung zu den Wirkschaltplänen für ein bestimmtes Kraftfahrzeug auch den fahrzeugspezifischen Lageplan der Massepunkte (Bild unten).

Massepunkte.
1 *Kotflügel vorne links,* **2** *Fahrzeugvorbau,* **3** *Motor,* **4** *Stirnwand,* **5** *Kotflügel vorne rechts,* **6** *Fußraumwand bzw. Armaturenbrett,* **7** *Vordertür links,* **8** *Vordertür rechts,* **9** *Fondtür links,* **10** *Fondtür rechts,* **11** *A-Säulen,* **12** *Fahrgastraum,* **13** *Dach,* **14** *Fahrzeug-Heckteil,* **15** *C-Säulen,* **16** *B-Säulen.*

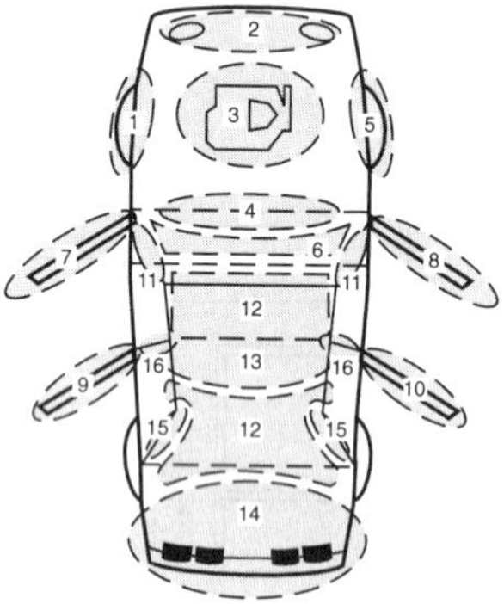

In den Wirkschaltplänen wurden amerikanische Schaltzeichen verwendet, die von den Schaltzeichen nach DIN bzw. IEC abweichen. Ein Auszug dieser amerikanischen Schaltzeichen ist auf der folgenden Seite abgebildet.

Auszug aus den amerikanischen Schaltzeichen.

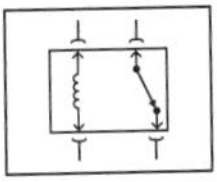
Relais

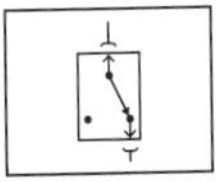
Öffner

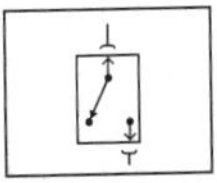
Schließer

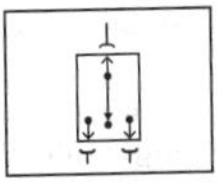
Wechselschalter mit Nullstellung

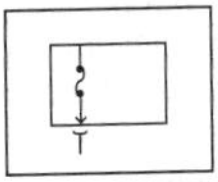
Sicherung

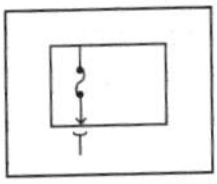
Leistungssicherung

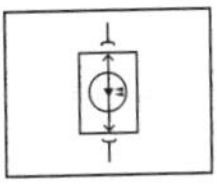
LED (lichtemittierende Diode)

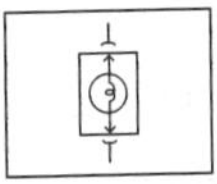
Glühlampe

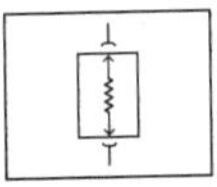
Widerstand

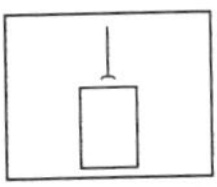
Steck-, Schraub- oder Lötverbindung

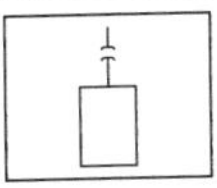
Komponente mit festem Kabelbaum

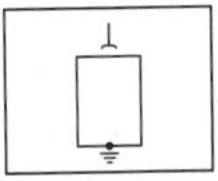
Verbinderkasten mit Masseanschluss

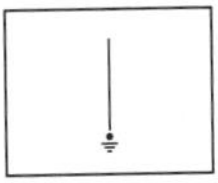
Masseleitung

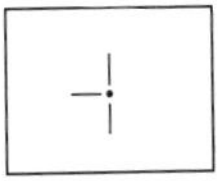
Leitungsverbindung

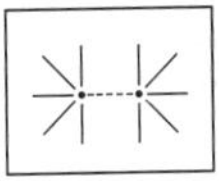
Gestrichelte Linie: Hinweis auf eine einzige Verbindungsstelle

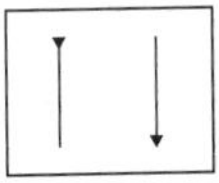
Schaltung wird in einem anderen Schaltplan fortgeführt.

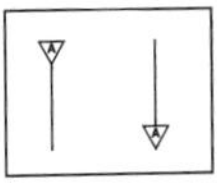

Schaltung wird an anderer Stelle fortgeführt. Zusammengehörigkeit wird durch gleiche Buchstaben gekennzeichnet.

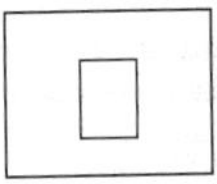
Das gesamte Bauteil ist abgebildet.

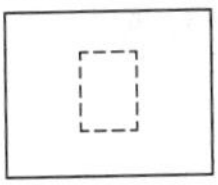
Nur der für das System relevante Teil des Bauteils ist abgebildet.

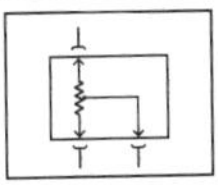
Potenziometer

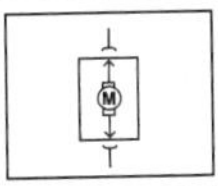

Motor

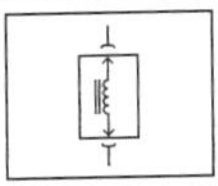
Spule

Leitungsdimensionierung

Größen und Einheiten

Größe		Einheit
A	Leiterquerschnitt	mm^2
I	Stromstärke	A
l	Leitungslänge	m
P	Leistungsbedarf des Verbrauchers	W
R	Widerstand (Verbraucher)	Ω
S	Stromdichte in der Leitung	A/mm^2
U_N	Nennspannung	V
U_{vl}	zulässiger Spannungsfall der isolierten Leitung	V
U_{vg}	zulässiger Spannungsfall im gesamten Stromkreis	V
ϱ	spezifischer elektrischer Widerstand	$\Omega \cdot mm^2/m$

Berechnung

Beim Festlegen des Leiterquerschnitts Spannungsfall und Erwärmung berücksichtigen.

1. Stromstärke I des Verbrauchers ermitteln

$$I = P/U_N = U_N/R$$

2. Leiterquerschnitt A mit U_{vl}-Werten aus Tabelle 2 (für Kupfer ϱ = 0,0185 $\Omega \cdot mm^2/m$) ausrechnen

$$A = I \cdot \varrho\, l/U_{vl}$$

3. Leiterquerschnitt A aufrunden auf den nächstgrößeren Wert entsprechend Tabelle 1.

Einzelleitungen unter 1 mm^2 Querschnitt sind wegen zu geringer mechanischer Festigkeit nicht zu empfehlen.

4. Tatsächlicher Spannungsfall U_{vl} ausrechnen

$$U_{vl} = I \cdot \varrho\, l/A \quad \text{und}$$

5. Stromdichte S überprüfen zur Vermeidung unzulässiger Erwärmung (bei Kurzzeitbetrieb S < 30 A/mm^2, Werte für Nennleiterquerschnitte siehe Tabelle 1).

$$S = I/A$$

Tabelle 1.1. Elektrische Kupferleitung für Kraftfahrzeuge.
Einadrige, unverzinnte, PVC-isolierte Leitung mit normaler Wandstärke, Typ FLY.

Nennleiterquerschnitt mm^2	Ungefähre Anzahl der Einzeldrähte[1])	Maximaler Widerstand je Meter[1]) bei +20 °C mΩ / m	Maximaler Leiterdurchmesser[1]) mm	Nennwanddicke der Isolation[1]) mm	Maximaler Leitungs-Außendurchmesser[1]) mm
0,5	16	37,1	1,1	0,6	2,3
0,75	24	24,7	1,3	0,6	2,5
1	32	18,5	1,5	0,6	2,7
1,5	30	12,7	1,8	0,6	3,0
2,5	50	7,60	2,2	0,7	3,6
4	56	4,71	2,8	0,8	4,4
6	84	3,14	3,4	0,8	5,03
10	80	1,82	4,5	1,0	6,5
16	126	1,16	6,3	1,0	8,3
25	196	0,743	7,8	1,3	10,4
35	276	0,527	9,0	1,3	11,6
50	396	0,368	10,5	1,5	13,5
70	360	0,259	12,5	1,5	15,5
95	475	0,196	14,8	1,6	18,0
120	608	0,153	16,5	1,6	19,7

[1]) Nach DIN ISO 6722, Teil 3.

Versorgungsleitungen sind üblicherweise PVC-Leitungen vom Typ FLY mit normaler Wanddicke bzw. FLRY mit reduzierter Wanddicke, die einen Einsatzbereich bis zu +105 °C haben. Bis 2,5 mm² werden meist FLRY-Leitungen verwendet, größer 2,5 mm² hauptsächlich FLY-Leitungen.

Der Aufbau der FLY-Leitungen ist der Tabelle 1.1 und der Aufbau der FLRY-Leitungen ist Tabelle 1.2 zu entnehmen (siehe auch Bild rechts).

In neuen Fahrzeugen werden, mit Ausnahme des Starters, meist alle Verbraucher abgesichert.

Starterleitungen können wegen der Stromkennlinien des Starters nicht mit herkömmlichen Schmelzsicherungen abgesichert werden. Starterleitungen werden daher entweder nicht abgesichert oder mit Hilfe eines pyrotechnischen Trennelements im Crashfall stromlos geschaltet.

Zudem nimmt die Starterleitung in der Auslegung eine Sonderstellung ein, da der Spannungsfall auf der Leitung auf das Kaltstartverhalten des Motors einen erheblich stärkeren Einfluss hat, als die normale Auslegung nach dem zu erwartenden Spitzen- bzw. Dauerstrom.

Alle anderen Verbraucher werden mit Schmelzsicherungen bzw. bei elektronischer Ansteuerung meist auch elektronisch abgesichert.

Vergleichbare Leitungsquerschnitte elektrischer Kupferleitungen für Kraftfahrzeuge.
a) Typ FLY mit normaler Wanddicke,
b) Typ FLRY mit reduzierter Wanddicke.
1 Isolierung, 2 Leiter mit Einzeldrähten,
d_1 Leiterdurchmesser, d_2 Leitungsaußendurchmesser.

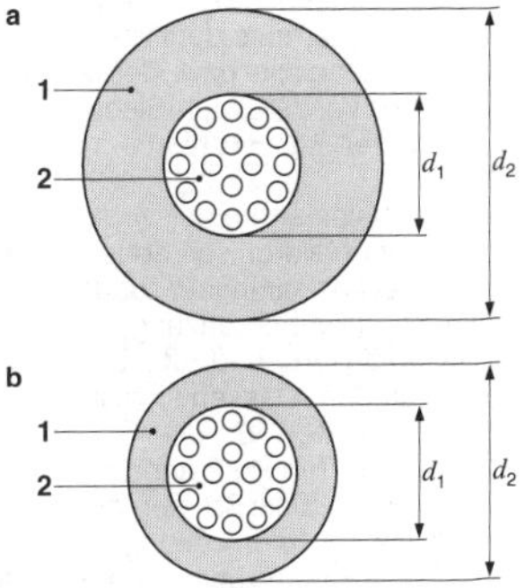

Für die Dimensionierung von Standardversorgungsleitungen ist die Art der Absicherung zu berücksichtigen.

Bei Schmelzsicherungen sollte der maximale Dauerstrom des Verbrauchers unter dem 0,8fachen Nennstrom der Schmelzsicherung liegen.

Tabelle 1.2. Elektrische Kupferleitung für Kraftfahrzeuge.
Einadrige, unverzinnte, PVC-isolierte Leitung mit reduzierter Wandstärke, Typ FLRY.

Nennleiterquerschnitt mm²	Ungefähre Anzahl der Einzeldrähte[2])	Maximaler Widerstand je Meter[2]) bei +20 °C mΩ / m	Maximaler Leiterdurchmesser[2]) mm	Nennwanddicke der Isolation[2]) mm	Maximaler Leitungs-Außendurchmesser[2]) mm
0,35	12	52	0,9	0,25	1,4
0,5	16	37,1	1	0,3	1,6
0,75	24	24,7	1,2	0,3	1,9
1	32	18,5	1,35	0,3	2,1
1,5	30	12,7	1,7	0,3	2,4
2,5	50	7,6	2,2	0,35	3,0
4	56	4,7	2,75	0,4	3,7
6	84	3,1	3,3	0,4	4,3

[2]) Nach DIN ISO 6722, Teil 4.

Der Tabelle 2 sind typische Sicherungswerte für die Absicherung von Standard-PVC-Leitungen zu entnehmen.

Der Spitzenstrom sollte dabei den Nennstrom der Sicherung nicht überschreiten, um eine frühzeitige Auslösung oder mögliche Alterung der Sicherung zu vermeiden. Falls dies doch der Fall ist, muss die Zeitdauer des maximal anliegenden Spitzenstroms deutlich unterhalb der Auslösekennlinie bzw. des Auslösekorridors der verwendeten Sicherung liegen. Sicherheit können hierbei nur Tests geben.

Die Dimensionierung der Versorgungsleitung ist bei elektronisch abgesicherten Leitungen etwas einfacher, denn sie ermöglichen Strombegrenzung, definierte Auslösekennlinien und Kurzschlusserkennung. Dadurch lassen sich die Dauerstromwerte weiter an die Sicherungsnennwerte aus Tabelle 2 annähern.

Zusätzlichen Einfluss auf die Sicherungsauslegung bzw. Leitungsdimensionierung haben außerdem die gewählten Kontaktsysteme, besondere Verlegesituationen im Fahrzeug oder Verlegung im Bündel mit Versorgungsleitungen. Dadurch kann die Stromtragfähigkeit erheblich eingeschränkt werden. Die tatsächliche Stromtragfähigkeit ist im Einzelfall zu prüfen.

Neben der Stromtragfähigkeit ist ebenfalls der maximale Spannungsfall auf der Leitung von Bedeutung. Tabelle 3 dient hierbei als Richtwert. Sehr oft sind aber die genauen Spezifikationen der Komponentenhersteller einzuholen, um einen sicheren Betrieb zu gewährleisten. Insbesondere durch den Einsatz hochohmiger Leistungshalbleiter ist der Spannungsfall im gesamten Stromkreis deutlich höher als beim Einsatz von Relais.

Alle Angaben sind lediglich Richtwerte und Empfehlungen. Werksnormen der Automobilhersteller können durchaus davon abweichen. In jedem Fall sind die Werksnormen des entsprechenden Automobilherstellers bindend.

Strom-Zeit-Kennlinien.
Die Strom-Zeit-Kennlinie einer Leitung muss oberhalb und der Verbraucherstrom muss unterhalb der Kennlinie der vorgeschalteten Sicherung liegen.
1 Sicherungskennlinie (mit Streubereich),
2 Leitungskennlinie.

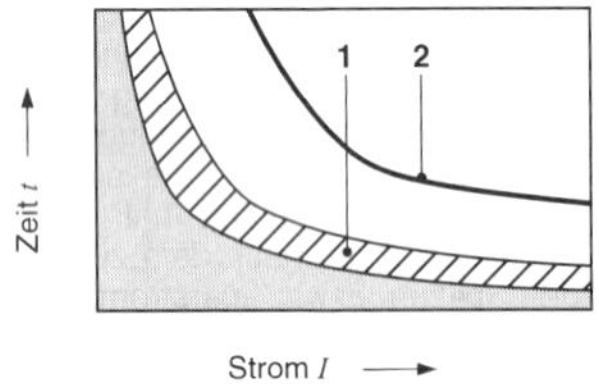

Tabelle 2. Typische Sicherungswerte für Schmelzsicherungen.
Gültig für unverzinnte, PVC-isolierte, einadrige FLY- und FLRY-Leitungen mit einer maximalen Dauertemperaturbeständigkeit von +105 °C bei einer maximalen Umgebungstemperatur von +70 °C.

Leitungsquerschnitt mm²	Sicherungsnennwert A	maximaler Dauerstrom A
0,35	5	4
0,5	7,5	6
0,75	10	8
1	15	12
1,5	20	16
2,5	30	24
4	40	32
6	50	40
10	70	56
16	100	80
25	125	100
35	150	120
50	200	160
70	250	200

Die in der Tabelle 3 angegebenen Werte für U_{vl} dienen zur Berechnung der Plusleitung. Der Spannungsfall der Masserückführung bleibt unberücksichtigt. Bei isolierter Masseleitung ist jedoch in der Regel als Leitungslänge Hin- und Rückleitung einzusetzen.

Die angegebenen U_{vg}-Werte sind Prüfwerte und können zur Leitungsberechnung nicht verwendet werden, da sie außer den Leitungen auch Kontaktwiderstände von Schaltern, Sicherungen usw. einbeziehen.

Anmerkungen

1 *In Sonderfällen mit sehr langer Starterhauptleitung kann bei verminderter Startgrenztemperatur der U_{vl}-Wert gegebenenfalls überschritten werden.*

2 *Bei isolierter Rückführung der Starterhauptleitung soll der Spannungsverlust in der Rückleitung den der Hinleitung nicht übersteigen, zulässig sind jeweils 4 % der Nennspannung, zusammen 8 %.*

3 *Die U_{vl}-Werte gelten für Einrückrelaistemperaturen von 50 bis 80 °C.*

4 *Leitung vor dem Startschalter gegebenenfalls mitberücksichtigen.*

Tabelle 3. Empfohlener maximaler Spannungsfall.

Art der Leitung	Spannungsfall der Plus-Leitung U_{vl}		Spannungsfall im gesamten Stromkreis U_{vg}		Bemerkungen
Nennspannung U_N	12 V	24 V	12 V	24 V	
Lichtleitungen von Lichtschalter Klemme 30 bis Leuchten < 15 W bis Anhängersteckdose von Anhängersteckdose bis Leuchten	0,1 V	0,1 V	0,6 V	0,6 V	Strom bei Nennspannung und Nennleistung
von Lichtschalter Klemme 30 bis Leuchten > 15 W bis Anhängersteckdose	0,5 V	0,5 V	0,9 V	0,9 V	
von Lichtschalter Klemme 30 bis Scheinwerfer	0,3 V	0,3 V	0,6 V	0,6 V	
Ladeleitung von Drehstromgenerator Klemme B + bis Batterie	0,4 V	0,8 V	—	—	Strom bei Nennspannung und Nennleistung
Starterhauptleitung	0,5 V	1,0 V	—	—	Starterkurzschlussstrom bei + 20 °C (Anm. 1 und 2)
Startersteuerleitung von Startschalter bis Starter Klemme 50 Einrückrelais mit Einfachwicklung	1,4 V	2,0 V	1,7 V	2,5 V	Maximaler Steuerstrom (Anm. 3 und 4)
Einrückrelais mit Einzug- und Haltewicklung	1,5 V	2,2 V	1,9 V	2,8 V	
Sonstige Steuerleitungen von Schalter bis Relais, Horn usw.	0,5 V	1,0 V	1,5 V	2,0 V	Strom bei Nennspannung

Steckverbindungen

Aufgaben und Anforderungen

Elektrische Steckverbindungen müssen eine zuverlässige Verbindung zwischen verschiedenen Systemkomponenten schaffen und damit die sichere Funktion der Systeme unter allen Einsatzbedingungen gewährleisten. Sie sind so gestaltet, dass sie den vielfältigen Belastungen während der gesamten Lebensdauer des Kraftfahrzeugs gewachsen sind. Beispiele für solche Belastungen sind:

- Schwingbeschleunigungen,
- Temperaturschwankungen,
- hohe und tiefe Temperaturen,
- Feuchtebelastung, Schwallwasser,
- aggressive Flüssigkeiten und Schadgase, sowie
- Mikrobewegungen der Kontaktstellen mit daraus folgender Reibkorrosion.

Diese Belastungen können die Übergangswiderstände der Kontakte erhöhen bis hin zu totaler Unterbrechung. Auch die Isolationswiderstände können sich verringern und dadurch zum Kurzschluss benachbarter Leitungen führen.

Elektrische Steckverbindungen müssen somit folgende Eigenschaften aufweisen:

- geringe Übergangswiderstände der Strom führenden Teile,
- hohe Isolationsfestigkeit zwischen den Strom führenden Teilen verschiedenen Spannungspotenzials,
- hohe Dichtheit gegen Wasser, Feuchte und Salznebel.

Zusätzlich zu den physikalischen Eigenschaften müssen Steckverbindungen für den Anwendungsbereich noch weitere Anforderungen erfüllen, wie:

- leichte, fehlerfreie Handhabung in der Kfz-Montage, sicherer Verpolschutz,
- sichere und spürbare Verriegelung, leichte Entriegelung,
- Robustheit und Automatenfähigkeit bei der Kabelbaumfertigung sowie dessen Transport.

Aufbau und Bauarten

Für die unterschiedlichen Einsatzgebiete der Bosch-Steckverbindungen gibt es verschiedene Typenreihen. In diesen sind je nach Einsatzbedingungen die speziell dafür geeigneten Kontakte eingesetzt. Hierzu an zwei Beispielen deren Eigenschaften.

BMK (Bosch-Mikro-Kontakt)
Dieser zinn- oder goldbeschichtete Kontakt, passend auf einen 0,6 mm Kontaktstift, wurde speziell für ein Rastermaß von 2,5 mm, hohe Temperaturbeständigkeit (155 °C) und hohe Schüttelfestigkeit entwickelt. Er eignet sich für hochpolige Steckverbindungen, weil er eine sehr Platz sparende Bauart ermöglicht.

Der Kontakt besteht aus zwei Teilen. Ein Teil für die Stromleitung und ein zweites Teil (Stahlüberfeder) für die Erzeugung der Kontaktanpresskraft (Kontaktnormalkraft).

Durch die Stahlüberfeder bleibt die Kontaktanpresskraft auch bei hohen Temperaturen und während der gesamten Fahrzeuglebensdauer erhalten. Die dadurch zwangsläufig entstehenden größeren Betätigungskräfte werden bei der Steckverbindung durch eine besondere Einziehhilfe reduziert. Diese sorgt auch für eine exakte axiale Führung der Steckverbindung, so dass keine Kontakt- oder Stiftbeschädigungen durch Kippen oder Verkanten vorkommen können.

Bosch-Mikro-Kontakt.
1 Stahlüberfeder, 2 Rastfeder (Primärfeder), 3 Einzelader (Litze), 4 Einlaufradius, 5 Kontaktkörper, 6 Leitercrimp, 7 Isolationscrimp.

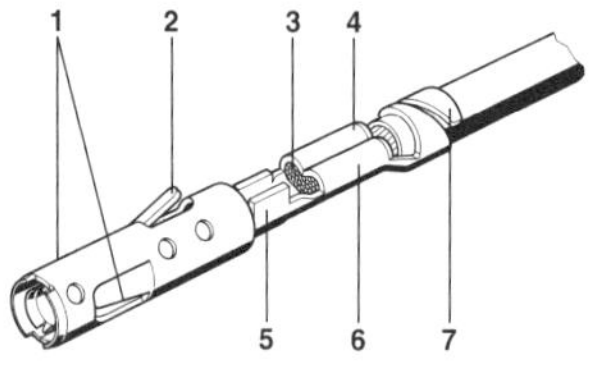

Die gesamte Steckverbindung ist zur Stiftleiste des zugehörigen Steuergerätes durch eine umlaufende Radialdichtung im Steckergehäuse abgedichtet. Sie sorgt mit drei Dichtlippen für eine sichere Funktion am Dichtkragen des Steuergerätes.

Der Schutz der Kontaktstelle gegen eindringende Feuchtigkeit entlang des Kabels erfolgt durch eine Dichtungsplatte, durch welche die Kontakte mit angecrimmter Leitung geführt werden. Hierfür wird eine Silikongelplatte eingesetzt, die eine handelsübliche Einzeladerabdichtung ersetzt, gleichzeitig aber auch wesentlich kleinere Bauformen und Varianten in der Belegung (unterschiedliche ausgenutzte Polzahl) erlaubt.

Die Dichtplatte schließt sich innig an die Isolation der Leitung an und dichtet dadurch zuverlässig ab.

Bei der Montage des Steckers werden Kontakt und Leitung durch die im Stecker vormontierte Dichtplatte geschoben und der Kontakt gleitet in seine Endposition im Kontaktträger. Hier verriegelt er sich selbsttätig durch die Rastfeder. Sind alle Kontakte in der Endposition, wird über einen Schiebestift eine so genannte Sekundärverriegelung geschaffen. Dies ist eine zusätzliche Sicherung und erhöht den Widerstand gegen ungewolltes Herausreißen des Kabels samt Kontakt.

BSK (Bosch-Sensor/Steller-Kontakt)
Der BSK wird eingesetzt für 2...7polige Kompaktsteckverbindungen, welche die Komponenten im Motorraum (Sensoren und Steller) mit dem Steuergerät verbinden. Das Rastermaß von 5 mm ermöglicht die hierfür erforderliche mechanische Robustheit.

Der BSK verhindert durch seine interne mäanderförmige Gestaltung zuverlässig die Schwingungsübertragung aus dem Kabelbereich in die Kontaktzone. Damit ist sichergestellt, dass keine Relativbewegungen an den Kontaktoberflächen entstehen und zu Korrosion führen.

Die Kompaktsteckverbindung hat Einzeladerabdichtungen, die das Eindringen von Feuchte in die Kontaktzone verhindern. Drei Dichtlippen am Steckergehäuse gewährleisten durch die Anpresskraft Dichtheit bei Schwallwasser und sonstigen Feuchteeinwirkungen.

Die selbstrastenden Schnappverbindungen mit zusätzlicher Entriegelungsfunktion sorgen für eine leichte Handhabung bei Kraftfahrzeugmontage und Kundendienstarbeiten. Die Entriegelung geschieht durch Drücken eines durch eine geriffelte Oberfläche gekennzeichneten Punktes.

Zu den typischen Anwendungen zählen Steckverbindungen an den Komponenten eines Dieselmotors (z. B. Raildrucksensor, Injektorventile) oder eines Ottomotors (z. B. Einspritzventile, Klopfsensor).

***Vielpolige Steckverbindung mit Mikro-Kontakten** (Schnitt).*
1 Druckplatte, 2 Dichtplatte, 3 Radialdichtung, 4 Schiebestift (Sekundärverriegelung), 5 Kontaktträger, 6 Kontakt.

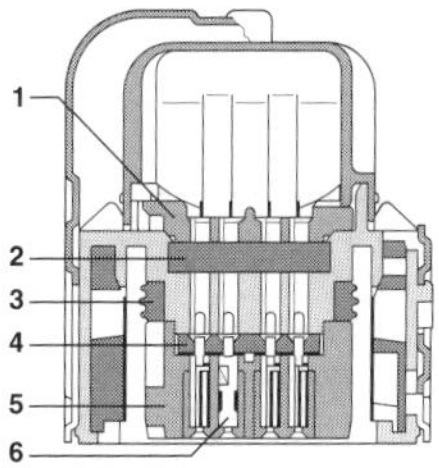

Bosch-Sensor/Steller-Kontakt.
1 Stahlüberfeder, 2 Einzelader (Litze), 3 Leitercrimp, 4 Isolationscrimp, 5 Mäander.

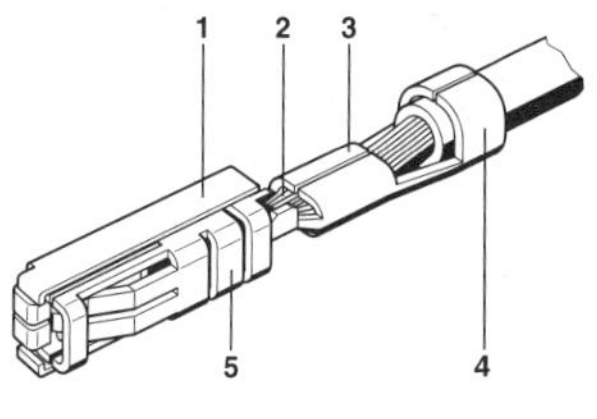

Datenverarbeitung und Kommunikationsnetze im Kfz

Anforderungen

Die Anforderungen an die Vielzahl spezifischer Teilsysteme im Kfz bezüglich Funktion, Sicherheit, Umweltverträglichkeit und Komfort können nur durch hochentwickelte Steuer- und Regelkonzepte erfüllt werden. Die mit Sensoren erfassten Führungs- und Regelgrößen setzt ein Steuergerät in die zur Ansteuerung der Aktoren erforderlichen Signale um. Die Eingangssignale können analog (z. B. Spannungsverlauf am Drucksensor), digital (z. B. Schalterstellung) oder pulsförmig (d. h. Informationsgehalt im zeitlichen Auftreten, z. B. Drehzahlsignal) sein. Die Verarbeitung dieser Eingangssignale erfolgt nach entsprechender Aufbereitung (Filterung, Verstärkung, Pulsformung) und Wandlung (analog/digital) bevorzugt mit Methoden der digitalen Signalverarbeitung.

Mit der modernen Halbleitertechnik lassen sich leistungsfähige Rechner mit den zugehörigen Programm- und Datenspeichern sowie spezielle, für die Echtzeitanwendung konzipierte Peripherieschaltkreise auf wenigen Bausteinen integrieren.

Moderne Fahrzeugausstattungen umfassen zwischen 20 und 60 elektronische Steuergeräte, z. B. für Motorsteuerung, Antiblockiersystem (ABS) und Getriebesteuerung. Vorteilhafte Eigenschaften und zusätzliche Funktionen lassen sich dadurch realisieren, dass die von den einzelnen Steuergeräten kontrollierten Prozesse synchronisiert und ihre Parameter laufend, d. h. in Echtzeit aufeinander abgestimmt werden. Ein Beispiel für eine solche Funktion ist die Antriebsschlupfregelung (ASR), die bei durchdrehenden Antriebrädern das Antriebsmoment reduziert.

Der Informationsaustausch zwischen den Steuergeräten (im Beispiel ABS/ASR und Motorsteuerung) erfolgte ursprünglich über Einzelleitungen. Solche Punkt-zu-Punktverbindungen lassen sich jedoch nur für eine begrenzte Anzahl von Signalen vorteilhaft einsetzen. Die Einführung von automobiltauglichen Kommunikationsnetzen zur seriellen Übertragung von Informationen und Daten zwischen den Steuergeräten erweitert die Übertragungsmöglichkeit und stellt die logische Weiterentwicklung autarker „Mikrocomputer" im Kfz dar.

Signalverarbeitung im Steuergerät.
1 Digitale Eingangssignale, 2 analoge Eingangssignale, 3 Schutzbeschaltung, 4 Verstärker, Filter, 5 A/D-Wandler, 6 digitale Signalverarbeitung, 7 D/A-Wandler, 8 Leistungsschalter, 9 Leistungsverstärker.

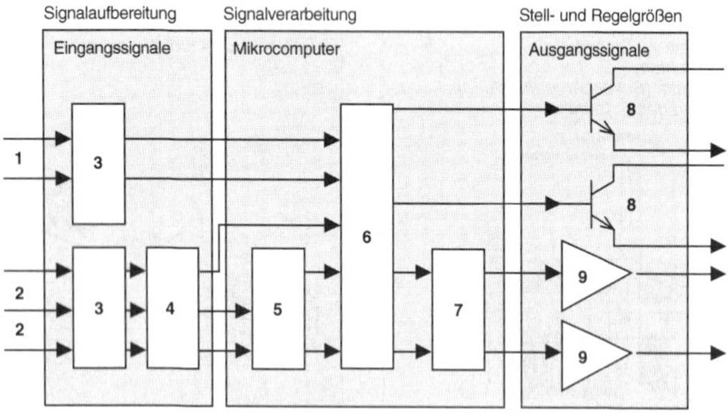

Steuergerät

Die für den Einsatz im Kfz entwickelten Steuergeräte sind in ähnlicher Weise aufgebaut. Ihre Struktur lässt sich in die Aufbereitung der Eingangssignale, deren logische Verarbeitung im Mikrocomputer und die Bereitstellung von Logik- und Leistungspegeln als Regel- oder Steuersignale unterteilen (s. Bild).

Digitale Eingangssignale
Erfassen einer Schalterstellung oder digitaler Sensorsignale (z. B. Drehzahlimpulse eines Hallsensors).

Analoge Eingangssignale
Signale von analogen Sensoren (Lambda-Sonde, Drucksensor).

Pulsförmige Eingangssignale
Signale von induktiven Drehzahlsensoren. Nach Signalaufbereitung Weiterverarbeitung als digitales Signal.

Signalaufbereitung
Die Eingangssignale werden mit Schutzbeschaltungen (passiv: R-, RC-Beschaltungen; aktiv: spezielle spannungsfeste Halbleiter-Bauelemente) auf zulässige Spannungspegel (Betriebsspannung des Mikrocomputers) begrenzt. Das Nutzsignal wird durch Filterung weitgehend von überlagerten Störsignalen befreit und durch Verstärkung an die Eingangsspannung des Mikrocomputers angepasst.

Signalverarbeitung
In Steuergeräten erfolgt die Signalverarbeitung meist digital. Schnelle, periodisch wiederkehrende Signale mit Echtzeitbezug werden in Hardwaremodulen verarbeitet, die speziell auf die jeweilige Funktion zugeschnitten sind. Ergebnisse, z. B. ein Zählerstand oder der Zeitpunkt eines Ereignisses, werden in Registern an die Zentraleinheit zur weiteren Bearbeitung übergeben. Durch diese Vorgehensweise werden die Anforderungen an die Interrupt-Antwortzeit einer Zentraleinheit erheblich reduziert (µs-Bereich).

Die für die Rechenabläufe zur Verfügung stehende Zeit wird durch die Steuer- bzw. Regelstrecke bestimmt (z. B. ms-Bereich im Motormanagement). Die eigentlichen Steuer- und Regelalgorithmen werden in der Software realisiert. Es können datenabhängig nahezu beliebige logische Verknüpfungen realisiert und Datensätze in Form von Parametern, Kennlinien und mehrdimensionalen Kennfeldern gespeichert und verarbeitet werden. Für steigende Anforderungen im Bereich der Bildverarbeitung werden zunehmend Digitale Signal-Prozessoren (DSP) eingesetzt.

Stell- und Regelgrößen
Die Stell- und Regelgrößen stellen im Ausgangsblock die erforderlichen logischen Pegel oder Leistungspegel für verteilte Aktoren (z. B. Elektromotoren für Sitzverstellung, Fensterheber oder elektrisch unterstützte Servolenkung) bereit. Durch Leistungsschalter und -verstärker werden die Ausgangssignale des Mikrocomputers (0...5V, einige mA) auf die für die jeweiligen Stellglieder erforderlichen Leistungspegel angehoben (z. B. für Motorkühlung kurzzeitig bis 100A).

Architektur

Die Strukturblöcke werden durch die Verwendung gleicher Bauelemente (Chipsatz) zu Hardware-Plattformen oder Baukästen. Diese Baukästen werden zunehmend auch anwendungsübergreifend (z. B. Motormanagement für Otto- und Dieselmotor) eingesetzt.

Die gleiche Vorgehensweise bietet sich auch für Funktionsblöcke der Regelalgorithmen an, die dann zu modularen, wiederverwendbaren Komponenten im Gesamtsystem werden. Zur Umsetzung dieses Methodik-Transfers sind im Wesentlichen zwei Elemente wichtig:
- Ein Konzept zur Ordnung und Strukturierung der Funktionalität im Fahrzeug (CARTRONIC).
- Kommunikationsnetze, mit denen Steuergeräte miteinander kommunizieren können.

Der Bauplan für Funktion, Netzwerk, Hardware und Software wird als Architektur bezeichnet. Die derart aufgebaute Systemarchitektur beschreibt die Gesamtheit des strukturellen und dynamischen Verhaltens verteilter Systeme.

CARTRONIC®

Vernetzte Fahrzeugsysteme

Steigende Anforderungen bestimmen die Weiterentwicklung elektronischer Systeme im Kraftfahrzeug. Dazu gehören: Sicherheit, Komfort und Umweltverträglichkeit, verschärfte gesetzliche Anforderungen und Richtlinien, Integration von Funktionen aus der Informations- und Unterhaltungselektronik („Infotainment") sowie Verbindung mit externen Rechnern und Diensten über Mobilfunk.

Unter dem Einfluss dieser Anforderungen und dem unveränderten Kostendruck haben sich Einzelsysteme im Fahrzeug (Benzineinspritzung, ABS, Radio) zu einem vernetzten, fahrzeugweiten Systemverbund entwickelt, in dem Informationen über Datenbusse (z.B. CAN) ausgetauscht werden und gegenseitige Beeinflussungen möglich sind. Die herstellerübergreifende Standardisierung von einzelnen Komponenten, Subsystemen und Teilfunktionen in einem solchen Verbund ist Voraussetzung für die Verkürzung der Entwicklungszeiten bei Erhöhung von Zuverlässigkeit und Systemverfügbarkeit sowie Einsparung einzelner Komponenten durch Nutzung von Informationen aus anderen Fahrzeugsystemen.

Systemverbunde (Beispiel)

Bereits jetzt gibt es Systemverbunde in Kraftfahrzeugen, z.B. die Antriebsschlupfregelung (ASR) und die darauf aufbauende Fahrdynamikregelung (ESP). Die übergreifenden Funktionen dieser Systeme werden dadurch realisiert, dass beim Durchdrehen der Räder das ASR-Steuergerät mit der Motorsteuerung kommuniziert und dort eine entsprechende Verringerung des Antriebsmoments durchsetzt. Ebenso informiert eine Klimaregelung die Motorsteuerung vom bevorstehenden Einschalten und dem daraus resultierenden Bedarf an höheren Motormomenten bzw. Drehzahlen.

Anforderungen

Die Realisierung solcher übergreifender Funktionen durch das Zusammenspiel von Teilsystemen erfordert Vereinbarungen über Schnittstellen und Funktionalitäten der Teilsysteme. Es muss festgelegt werden, welche Informationen ein Teilsystem braucht und welche Einflussgrößen damit zu steuern sind. Dies ist um so wichtiger, als diese Teilsysteme getrennt (oft auch von mehreren Zulieferern) entwickelt werden und eine Anpassung an das jeweilige Fahrzeugmodell bzw. an die Anforderungen des jeweiligen Herstellers aufwändig und fehleranfällig ist.

Die zunehmende Umsetzung der Funktionalität durch Software erfordert es, die Schnittstellenvereinbarung und -standardisierung auch auf die Software anzuwenden.

Konzept

Aus diesen Anforderungen entstand die CARTRONIC als ein Ordnungs- und Beschreibungskonzept für alle Steuerungs- und Regelungssysteme eines Fahrzeugs. Es enthält feste Regeln für die Zusammenarbeit von Teilsystemen sowie modular erweiterbare Architekturen für „Funktion", „Sicherheit" und „Elektronik" auf der Basis dieser formalen Regeln. Damit wird das Gesamtsystem Fahrzeug beschreibbar. Ohne Kenntnis der inneren Abläufe von Teilsystemen können Zulieferer das Zusammenspiel ihrer Produkte aufeinander abstimmen, ohne dass hersteller- oder modellabhängige Änderungen in großem Maßstab auftreten.

Strukturierung, Architektur

Erforderlich ist eine universelle Strukturierungssystematik und deren konkrete Umsetzung in einer abgeleiteten, formalisierten Struktur. Die Funktionsarchitektur auf Fahrzeugebene umfasst sämtliche im Fahrzeug vorkommenden Steuerungs- und Regelungsaufgaben. Es werden logische Komponenten definiert, die Aufgaben des Systemverbunds repräsentieren. Die Schnitt- bzw. Verbindungsstellen der Komponenten und ihr Zusammenwirken werden gemäß der Anforderungsanalyse festgelegt. Die damit erzielte realisierungsunabhängige Systemarchitektur ist durch eine Sicherheitsarchitektur zu erweitern, die zusätzliche Elemente zum sicheren und zuverlässigen Betrieb des Gesamtsystems garantieren. Der Systemverbund wird dann durch das Umsetzen der verschiedenen logischen und funktionalen Komponenten auf Hardwarekomponenten (Elektronik, Steuergeräte, Mikrocomputer) realisiert. Die daraus entstehende optimierte Hardware-Topologie ist durch die Besonderheiten des Fahrzeugmodells geprägt (z. B. vorgegebene Abmessungen und räumliche Verteilung).

Architekturregeln
Die Regeln der Funktions- oder Domänenarchitektur dienen der Ableitung und Organisation des Systemverbundes aus den Anforderungen, unabhängig von der spezifischen Hardware- oder Netzwerktopologie. Sie entsteht ausschließlich aufgrund logischer, funktionaler und nicht funktionaler (z. B. Kosten, Zuverlässigkeit) Gesichtspunkte. Deshalb definieren die Regeln im Wesentlichen Komponenten sowie die jeweils erlaubten Wechselwirkungen im Sinne von Kommunikationsbeziehungen.

Anforderungsanalyse
Begrifflich startet die Anforderungsanalyse eines geplanten oder bestehenden Systemverbundes mit der Analyse der Funktionalität und weiterer Randbedingungen (Qualities) der bisher autarken Einzelsysteme und ihrer Umgebung (z. B. Fehlertoleranz bei sicherheitsrelevanten Systemen). Diese Nebenbedingungen werden als „nichtfunktionale Anforderungen" bezeichnet. Da auch dies auf funktionaler Ebene (noch unabhängig von der konkreten Hardwarerealisierung und -partitionierung) geschieht, sind die Aussagen noch unabhängig von fahrzeugspezifischen Ausprägungen und erlauben daher weitgehend allgemein gültige Aussagen. Eine gründliche Strukturierung auf dieser Ebene ermöglicht es, die Vielfalt der Hard- und Software zu begrenzen und gleiche Elektronikeinheiten (Grundmodule) für die Grundfunktionen vieler Fahrzeugtypen zu verwenden.

Strukturierungselemente
Elemente der Architekturen sind Systeme, Komponenten und Kommunikationsbeziehungen zur formalen Beschreibung eines Systemverbundes sowie die Strukturierungs- und Modellierungsregeln für die Gestaltung des Zusammenspiels und der Beschreibung von Abhängigkeiten.

CARTRONIC: Unterscheidung in logische Fahrzeugdomänen und deren physikalische Umsetzung.

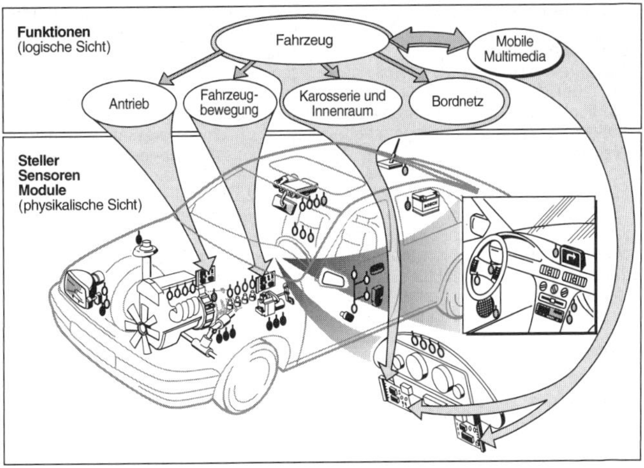

Die Feinheit der Detaillierung von Komponenten wird hauptsächlich durch ihre Wiederverwendbarkeit in anderen Systemen bestimmt (so grob wie möglich, so fein wie nötig).

Systeme, Komponenten, Schnittstellen
In diesem Sinne ist ein System eine Zusammenstellung von Komponenten, die über Kommunikationsmechanismen miteinander in Verbindung stehen und eine übergeordnete Funktion jenseits der Einzelfunktionen erfüllen. Der Begriff Komponente ist ausdrücklich nicht auf eine physikalische Einheit (d.h. ein Bauteil) beschränkt, sondern wird als Funktionseinheit verstanden. CARTRONIC kennt drei Typen von Komponenten:
- Komponenten mit überwiegend koordinierenden Aufgaben,
- Komponenten mit hauptsächlich operativen Aufgaben und
- Komponenten, die ausschließlich Informationen generieren, bereitstellen und weitergeben.

Schnittstellen von Komponenten beschreiben mögliche Kommunikationsbeziehungen, die mit anderen Komponenten aufgenommen werden können. Wo immer möglich, werden physikalische Größen als Schnittstellen definiert (z.B. Antriebs- oder Motormomente).

Systembescheibung
Die Beschreibung eines Systems geschieht daher durch die Darstellung aller funktionaler Komponenten mit ihren Kommunikationsbeziehungen und gegenseitigen Wechselwirkungen.

Strukturierungsregeln
Die Strukturierungsregeln beschreiben erlaubte Kommunikationsbeziehungen zwischen verschiedenen Komponenten innerhalb der Systemarchitektur. Entsprechend der beim Gesamtfahrzeug beginnenden Struktur bis hin zu Einzelkomponenten wird ein hierarchisches Systemkonzept erstellt. Entsprechend gibt es Strukturierungsregeln für Kommunikationsbeziehungen zwischen Komponenten der gleichen und zwischen Komponenten verschiedener Ebenen. Außerdem gibt es Strukturierungsregeln für die Weiterleitung von Kommunikationen von einem Teilsystem in ein anderes.

Modellierungsregeln
Die Modellierungsregeln beinhalten Muster, die Komponenten und Kommunikationsbeziehungen für die Lösung spezieller, mehrfach im Fahrzeug vorkommender Aufgaben zusammenfassen. Diese Muster können dann an verschiedenen Stellen innerhalb der Struktur des Fahrzeugs wiederverwendet werden.

Architekturmerkmale
Eine mit den angegebenen Strukturierungs- und Modellierungsregeln dargestellte Struktur zeigt einheitliche Merkmale und Eigenschaften:
- hierarchischer Auftragsfluss (Aufträge werden nur von gleicher oder höherer Ebene angenommen),
- klare Unterscheidung zwischen Koordinatoren und Informationsgebern (Bedienelemente, Sensoren) und
- klare Abgrenzung der einzelnen Komponenten nach Black-box-Prinzip (so sichtbar wie nötig und so unsichtbar wie möglich).

Integration in den Entwicklungsprozess
Das CARTRONIC-Konzept unterstützt im Entwicklungsprozess (s. Bild) systematisch die Integration der Anforderungen des Fahrzeugherstellers in Funktionsstrukturen mit einfachen Kommunikationsbeziehungen (Anforderungsanalyse). In einem zweiten Schritt wird die Funktionsstruktur genauer spezifiziert, indem sie mittels einer Modellierungssprache (z.B. Unified Modelling Language UML) in ein Struktur- und Verhaltensmodell überführt wird (Analysemodell). Bei der weiteren Präzisierung des Analysemodells fließen funktionale Anforderungen (z.B. Regelzeiten) und nichtfunktionale Anforderungen (wie Sicherheit, Kosten usw.) in ein objektorientiertes Designmodell ein. Die Implementierung kann aus anwendungsorientierten Entwicklungswerkzeugen (z.B. Statemate, ASCET, Matlab/Simulink) durch Code-Rahmen-Generierung oder Codegenerierung dargestellt werden.

Konsequenzen

Mit CARTRONIC ist ein einheitliches Beschreibungskonzept entstanden, das es erlaubt, alle Fahrzeugfunktionen zu beschreiben. Durch die Möglichkeit der Definition generischer Funktionen gelingt eine einheitliche Beschreibung aller gängigen Fahrzeugsteuerungs- und -regelsysteme in einer einheitlichen Sprache. Neue Funktionen erfordern eine entsprechende Erweiterung dieser Funktionsklassen. Ein nächster Schritt ist die herstellerübergreifende Festlegung von Schnittstellen zwischen Komponenten bzw. Teilsystemen auf funktionaler und physikalischer Ebene. Dies ermöglicht eine Realisierung komplexer Funktionsverbunde im Fahrzeug im Zusammenspiel mehrerer Zulieferer.

Ausblick

Die Funktionalitäten heutiger Fahrzeugsysteme werden zunehmend durch Software bestimmt, ein Systemverbund wird zum Rechnernetzwerk. Durch die Standardisierung von Betriebssystemen werden Softwareapplikationen portierbar, d. h. sie können auf verschiedenen Steuergeräten zum Einsatz kommen. Damit löst sich die Softwarearchitektur von der Hardwaretopologie. Um einzelne Softwaremodule austauschbar bzw. wiederverwendbar zu halten, sind Architektur- und Schnittstellenregeln der CARTRONIC weiter zu verfeinern und zu präzisieren. Wie im Bereich der Rechnerapplikationen werden Schnittstellen von verschiedenen Funktionen über „APIs“ (Application Programmer Interface) festgelegt, die dann die Kommunikationsbeziehungen der CARTRONIC präzise definieren. Dieser Weg erfordert eine Abstimmung zwischen verschiedenen Herstellern und Zulieferern im Sinne von Branchenstandards. Mit CARTRONIC sind die ersten Voraussetzungen dafür geschaffen.

Software-Entwicklungsprozess.

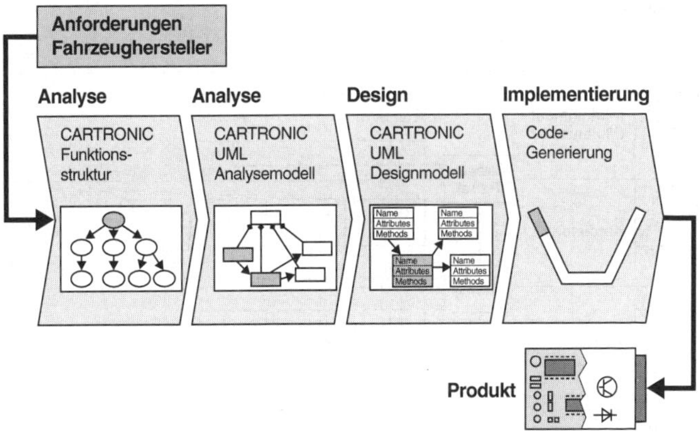

Kommunikationsnetze

Derzeitige Kraftfahrzeuge sind mit einer Vielzahl elektronischer Steuergeräte ausgestattet, die zur Realisierung ihrer Funktionen einen intensiven gegenseitigen Informations- und Datenaustausch benötigen. Die herkömmliche Methode, diesen über einzeln zugeordnete Datenleitungen zu organisieren, stößt an die Grenze des Machbaren. Einerseits ist so die Komplexität des Kabelbaums kaum noch zu handhaben, andererseits wird die begrenzte Pinzahl der Steckverbinder zum limitierenden Faktor der Steuergeräte-Entwicklung. Die Lösung liegt im Einsatz spezifischer, kfz-tauglicher serieller Bussysteme, von denen sich CAN als ein Standard etabliert hat. Die Kommunikationsnetze und ihr Bauplan – die Netzwerkarchitektur – stellen neben der Funktionsarchitektur (CARTRONIC) eine der wichtigsten Komponenten zur Realisierung moderner Elektroniksysteme im Kfz dar.

Es gibt vier Einsatzgebiete mit unterschiedlichen Anforderungen im Kraftfahrzeug:

Multimedia-Vernetzung
Mobile Kommunikationsanwendungen verbinden Komponenten wie Navigationssysteme, Telefon oder Audio/Videoanlage mit zentralen Anzeige- und Bedieneinheiten. Das Ziel ist dabei, Bedienabläufe möglichst zu vereinheitlichen sowie Statusinformationen zusammenzufassen, um die Ablenkung des Fahrers zu minimieren. Um weitere Fahrzeugsysteme vor unberechtigtem Zugriff und Manipulation durch externen Zugriff (CD, Mobil-Kanal, Internet) zu schützen, werden die Netzwerkdomänen durch Zugangsbeschränkungen (Firewall) getrennt.

Die Datenraten für die Steuerung von Komponenten in dieser „Infotainment"-Domäne liegen im Bereich bis 125kBit/s. Die direkte Übertragung von Audio- oder Videodaten erfordert Bandbreiten zwischen 10MBit/s und mehr als 100MBit/s.

Vernetzungskonzept
Mit dem Einzug von Multimedia-Systemen in das Kfz kommen immer mehr Elemente aus der klassischen Computer- bzw. Kommunikationswelt in das Kfz (Beispiel: Komponenten des Mobilfunks wie GSM-Geräte oder GSM-Module, Com-

Netzwerkarchitektur.

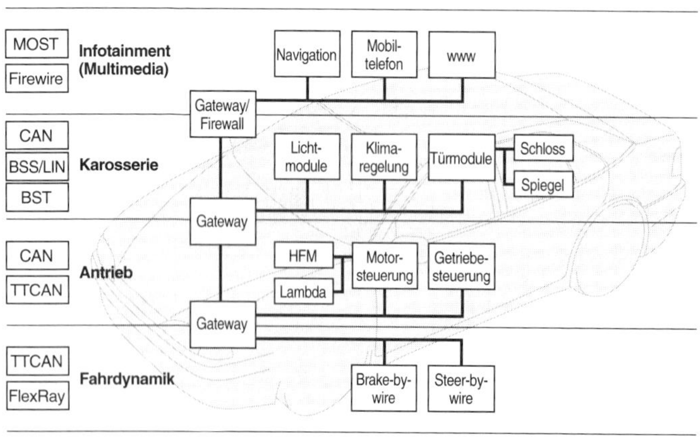

puter-ähnliche Architekturen in Navigations- und Fahrerinformationssystemen). In einem gut ausgerüsteten Kfz muss deshalb statt des für die Aufnahme des Radios genormten 1-DIN-Schachts ein doppelt so großer 2-DIN-Schacht vorgesehen werden. Für weitere Ausbaustufen, oder um flexible Erweiterungen des Systems während des Produkt-Lebenszyklus zu ermöglichen (z. B. Geräte wie DVD-Player, CDC, Rear-Seat Einheiten), ist die Einführung eines leistungsfähigen Netzwerks notwendig.

Außerdem verursachen die stark divergierenden Produktlebenszyklen von Computer- bzw. Kommunikationsgeräten (im Extremfall nur einige Monate) und dem Kraftfahrzeug (über 10 Jahre) den Wunsch, Geräte für die Nachrüstung bequem austauschen zu können. Eine genormte Vernetzung über Kabel, zum Teil auch über drahtlose Funksysteme, ist daher unumgänglich.

Deshalb hat vor einigen Jahren die Entwicklung spezieller Multimedia-Datenbusse begonnen. Diese Busse müssen Steuerdaten sowie Audio- und Videosignale übertragen, wobei sich die Daten hinsichtlich ihrer Charakteristika (Bandbreite, kontinuierliche/variable Bitrate, unkomprimierte/komprimierte Daten usw.) stark unterscheiden.

Die Vielzahl unterschiedlicher Datentypen stellt dabei besondere Anforderungen an ein Vernetzungskonzept.

Multiplex-Anwendung

Die Multiplex-Anwendung eignet sich für Applikationen zur Steuerung und Regelung von Komponenten im Bereich der Karosserie- und Komfortelektronik, wie beispielsweise die Klimaregelung, Zentralverriegelung und Sitzverstellung. Die Übertragungsraten liegen typisch zwischen 1kBit/s und 125kBit/s. Aufgrund des in dieser Anwendungsdomäne hohen

Vernetzung im Kraftfahrzeug.

Kasosserie/Multiplex:
1 Beleuchtung,
2 Klimaregelung,
3 Diebstahlwarnung,
4 Steller und Sensoren,
5 Türen, Schlösser, Spiegel,
6 Innenraumsensierung,
7 Energiemanagement,
8 weitere Optionen.

Infotainment/Multimedia:
9 Navigation, Positionserkennung/Gateway/Firewall,
10 Mensch-Maschine-Schnittstelle (z. B. Anzeigeinstrumente),
11 Gateway/Firewall,
12 Audio/Video,
13 mobile Kommunikation,
14 weitere Optionen.

Fahrfunktionen:
15 Motormanagement,
16 Bremsmanagement (z. B. ESP),
17 Getriebesteuerung,
18 Lenkung,
19 Fahrwerk,
20 Umfeldsensorik, Adaptive Cruise Control (ACC),
21 Fahrerrückhaltesysteme (Airbag, Gurtstraffer u. a.),
22 weitere Optionen,
23 Diagnoseschnittstelle.

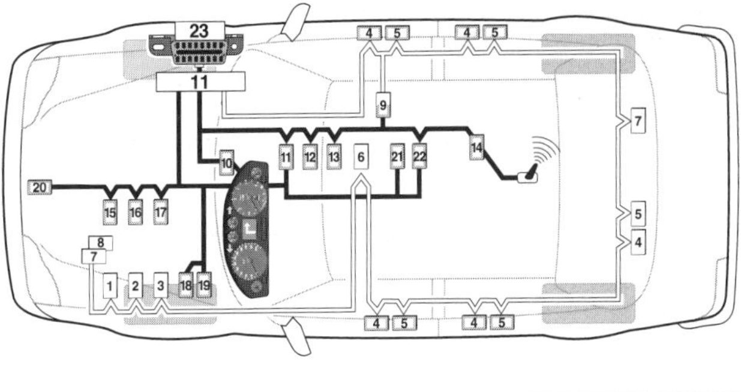

Kostendruckes werden innerhalb der Domäne verschiedene Wege beschritten. Kostengünstige Punkt-zu-Punkt-Verbindungen wie die Bit-Synchrone Schnittstelle (BSS) werden z. B. zwischen Generator und Motormanagement eingesetzt, lokale Subnetze wie Fahrzeugtüren mit dem Local Interface Network (LIN) mit bis zu 20 kBit/s erstellt.

Das obere Ende der Anwendungen einschließlich der Fahrzeugdiagnose bildet aufgrund seiner Leistungsfähigkeit und Verbreitung das Controller Area Network CAN).

Echtzeit-Anwendungen

Echtzeitanwendungen, bei denen elektronische Systeme wie Motronic, Getriebesteuerung und Fahrdynamikregelung miteinander vernetzt werden, dienen zur Regelung des Antriebs und der Fahrzeugbewegung. Charakteristisch sind Übertragungsraten zwischen 125kBit/s und 1MBit/s, um das geforderte Echtzeitverhalten zu garantieren.

Controller Area Network (CAN)

Beim CAN handelt es sich um ein Bussystem, das sich im Kfz-Einsatz als Standard etabliert hat. Die Steuergeräte der verschiedenen elektronischen Systeme sind nicht mehr durch eine Vielzahl einzelner Kabel miteinander verbunden, sondern über einen Bus vernetzt. Hierdurch entfällt eine Vielzahl von elektrischen Verbindungsstellen mit dem Ergebnis einer reduzierten Ausfallwahrscheinlichkeit des Geräteverbundes.

Buskonfiguration

CAN arbeitet nach dem „Multi-Master"-Prinzip, bei dem mehrere gleichberechtigte Steuereinheiten durch eine lineare Busstruktur miteinander verbunden sind. Diese Struktur hat den Vorteil, dass das Bussystem bei Ausfall eines Teilnehmers für alle anderen weiterhin voll verfügbar ist. Im Vergleich zu anderen logischen Anordnungen (wie Ring- oder Sternstrukturen) wird damit die Wahrscheinlichkeit für einen Gesamtausfall wesentlich verringert. Bei Ring- bzw. Sternstrukturen führt der Ausfall eines Teilnehmers bzw. der Zentraleinheit bereits zum Gesamtausfall.

Inhaltsbezogene Adressierung

Die Adressierung erfolgt bei CAN botschaftsbezogen. Dazu wird jeder Botschaft ein fester „Identifier" zugeordnet. Der Identifier kennzeichnet den Inhalt der Botschaft (z. B. Motordrehzahl). Eine Station verwertet ausschließlich diejenigen Daten, deren zugehörige Identifier in der

Adressierung und Akzeptanzprüfung.
Station 2 sendet, Station 1 und 4 übernehmen die Daten.

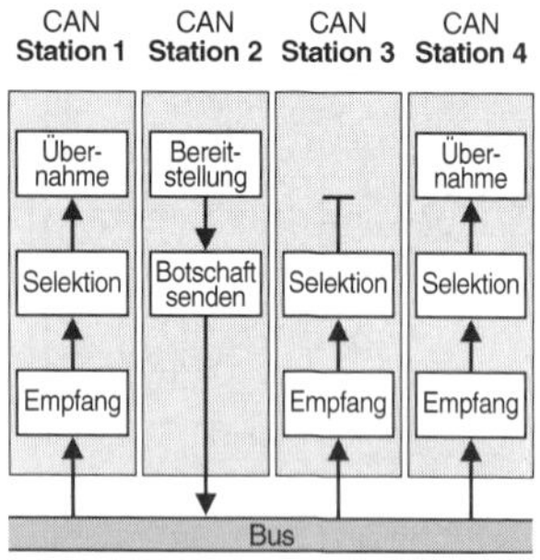

Bitweise Arbitrierung (Zuteilung der Busvergabe bei mehreren Botschaften).
Station 2 setzt sich durch (Signal auf dem Bus = Signal von Station 2).
0 Dominanter Pegel, 1 rezessiver Pegel.

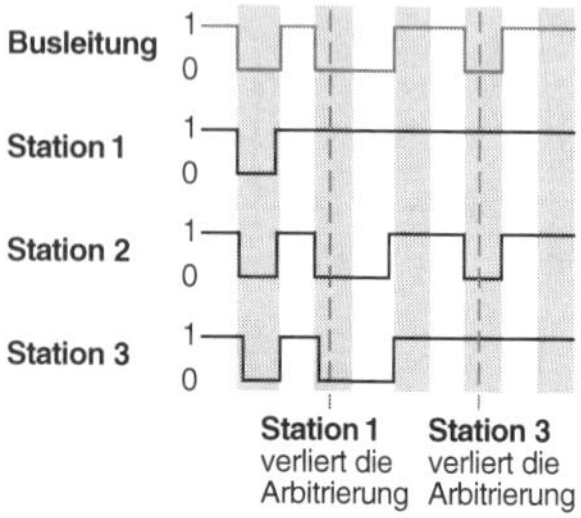

Liste entgegenzunehmender Botschaften gespeichert sind (Akzeptanzprüfung). Dadurch benötigt CAN keine Stationsadressen für die Datenübertragung und die Knoten brauchen die Systemkonfiguration nicht zu verwalten. Ausstattungsvarianten lassen sich so leichter beherrschen.

Logische Buszustände

Das CAN-Protokoll basiert auf zwei logischen Zuständen: Die Bits sind entweder „rezessiv“ (logisch 1) oder „dominant“ (logisch 0). Wird ein dominantes Bit von mindestens einer Station ausgesendet, dann werden rezessive Bits, die andere Stationen gleichzeitig senden, überschrieben.

Priorisierung

Der Identifier bestimmt neben dem Dateninhalt gleichzeitig die Priorität der Botschaft beim Senden. Ein Identifier, der einer niederen Binärzahl entspricht, besitzt eine hohe Priorität und umgekehrt.

Busvergabe

Bei freiem Bus kann jede Station beginnen, ihre wichtigste Botschaft zu übertragen. Beginnen mehrere Stationen gleichzeitig zu senden, dann wird zur Auflösung der resultierenden Buszugriffskonflikte ein „Wired And“-Arbitrierungsschema verwendet, bei dem sich die Botschaft mit der höchsten Priorität durchsetzt, ohne dass ein Zeit- bzw. Bitverlust eintritt. Jeder Sender, der die Arbitrierung verliert, wird automatisch zum Empfänger und wiederholt seinen Sendeversuch, sobald der Bus frei ist.

CAN Botschaftsformat.
0 Dominanter Pegel, 1 rezessiver Pegel.
** Anzahl der Bit.*

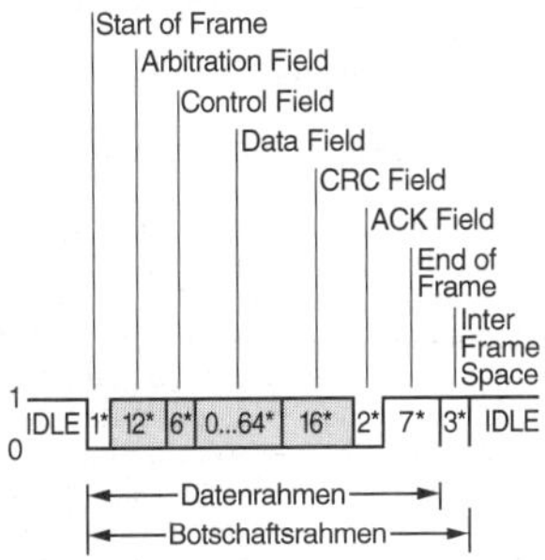

Botschaftsformat

CAN unterstützt zwei verschiedene Formate von Botschaftsrahmen, die sich ausschließlich in der Länge der Identifier (ID) unterscheiden. Die Länge des ID ist 11 Bit im Standard-Format und 29 Bit im erweiterten Format. Somit ist der zu übertragende Datenrahmen maximal 130 Bit (Standard-Format) bzw. 150 Bit (erweitertes Format) lang. Damit ist sichergestellt, dass die Wartezeit bis zur nächsten, möglicherweise sehr dringlichen Übertragung stets kurz gehalten wird. „Data Frame“ besteht aus sieben aufeinander folgenden Feldern:

„Start of Frame“ markiert den Beginn einer Botschaft und synchronisiert alle Stationen.

„Arbitration Field“ besteht aus dem Identifier der Botschaft und einem zusätzlichen Kontrollbit. Während der Übertragung dieses Feldes prüft der Sender bei jedem Bit, ob er noch sendeberechtigt ist oder ob eine andere Station mit höherer Priorität sendet. Das Kontrollbit entscheidet, ob es sich bei der Botschaft um einen „Data Frame“ oder einen „Remote Frame“ handelt.

„Control Field“ enthält den Code für die Anzahl der Datenbytes im „Data Field“.

„Data Field“ verfügt über einen Informationsgehalt zwischen 0 und 8 Bytes. Eine Botschaft der Länge 0 lässt sich zur Synchronisation verteilter Prozesse verwenden.

„CRC Field“ enthält ein Rahmensicherungswort zur Erkennung von etwa auftretenden Übertragungsstörungen.

„Ack Field“ enthält ein Bestätigungssignal aller Empfänger, die die Botschaft fehlerfrei empfangen haben.

„End of Frame“ markiert das Ende der Botschaft.

Senderinitiative
In der Regel initiiert der Sender eine Datenübertragung, indem er einen „Data Frame" abschickt. Es besteht aber auch die Möglichkeit, dass ein Empfänger die Daten beim Sender abruft. Dazu ist von einer Empfangsstation ein „Remote Frame" abzusetzen. „Data Frame" und zugehöriger „Remote Frame" haben denselben Identifier. Die Unterscheidung zwischen beiden erfolgt mit dem auf den Identifier folgenden Bit.

Störungserkennung
CAN verfügt über eine Reihe von Kontrollmechanismen zur Störungserkennung. Dazu gehören:

15 Bit CRC (Cyclic Redundancy Check): Jeder Empfänger vergleicht die empfangene CRC-Sequenz mit der berechneten.

Monitoring: Jeder Sender vergleicht gesendetes und abgetastetes Bit.

Bit Stuffing: In jedem „Data Frame" oder „Remote Frame" dürfen zwischen „Start of Frame" und dem Ende des „CRC Field" maximal 5 aufeinander folgende Bits dieselbe Polarität besitzen. Nach jeweils 5 gleichen Bits in Folge fügt der Sender ein Bit der entgegengesetzten Polarität in den Bitstrom ein, und die Empfänger eliminieren diese Bits nach dem Botschaftsempfang wieder.

Rahmensicherung: Das CAN-Protokoll enthält einige Bitfelder mit festem Format, das von allen Stationen überprüft wird.

Störungsbehandlung
Stellt ein CAN-Controller eine Störung fest, so bricht er die laufende Übertragung durch das Senden eines „Fehlerflags" ab. Ein Fehlerflag besteht aus 6 dominanten Bits; seine Wirkung beruht auf der gezielten Verletzung der Stuffing-Regel bzw. der Verletzung von Formatregeln.

Fehlereingrenzung bei Ausfällen
Defekte Stationen können den Busverkehr erheblich belasten. Deshalb sind CAN-Controller mit Mechanismen ausgestattet, die gelegentlich auftretende Störungen von anhaltenden Störungen unterscheiden und Stationsausfälle lokalisieren. Dies geschieht über eine statistische Auswertung von Fehlersituationen.

Implementationen
Um hinsichtlich der CPU-Unterstützung den unterschiedlichen Anforderungen gerecht zu werden, sind von Halbleiterherstellern unterschiedlich leistungsfähige Implementationen auf den Markt gebracht worden. Die verschiedenen Implementationen unterscheiden sich nicht hinsichtlich des erzeugten Botschaftsformats und der Fehlerbehandlung, sondern nur bezüglich der CPU-Unterstützung, die für die Botschaftsverwaltung erforderlich ist.

Die Steuergeräterechner sind in der Regel voll ausgelastet, so dass ein Schnittstellencontroller eine größere Zahl von Botschaften verwalten und die Datenübertragung so weit wie möglich ohne Belastung der CPU durchführen muss. Hier kommen meist sehr leistungsfähige CAN-Controller zum Einsatz.

Beim Multiplex und derzeit auch bei Steuerungsaufgaben der mobilen Kommunikation sind die Anforderungen an die Controller geringer. Daher werden dort einfachere und kostengünstigere Bausteine bevorzugt.

Standardisierung
CAN wurde sowohl von der ISO als auch von der SAE für den Datenaustausch im Kraftfahrzeug standardisiert; für Low-Speed-Applikationen bis 125 kBit/s als ISO 11519-2 und für High-Speed-Applikationen größer 125 kBit/s als ISO 11898 und SAE J 22584 (passanger cars) bzw. SAE J 1939 (truck and bus). Darüber hinaus ist eine ISO-Norm zur Diagnose über CAN in Vorbereitung (ISO 15765).

Erweiterungen für zeitbestimmte Systeme (neu)
In aktuellen Entwicklungen fahrdynamischer Systeme wie Bremse und Lenkung werden mechanische und hydraulische Komponenten zunehmend durch elektronische Systeme (X-by-Wire) abgelöst. Um die Anforderungen nach Zuverlässigkeit, Sicherheit und Fehlertoleranz erfüllen zu können, sind Netzwerke mit zeitlich nachweisbarem Verhalten erforderlich. Bei diesen Protokollen werden den im Kommunikationsnetz teilnehmenden Steuergerä-

ten (Knoten) und deren Kommunikation bei der Netzwerkplanung Zeitfenster in einer Kommunikationsmatrix zugewiesen.

Hierdurch sind die zeitliche Aktualität der Daten und die Verfügbarkeit der Knoten jederzeit bestimmbar, die Kommunikationspartner können mit minimalen Zeitdifferenzen aufeinander synchronisiert werden. Derartige Protokolle werden im Vergleich zu den ereignisgesteuerten Protokollen als zeitgesteuert (time triggered) bezeichnet. Sie unterstützen verteilte Entwicklungen unterschiedlicher Entwicklungspartner durch „Zusammensetzbarkeit" der Einzelsysteme mit vorhersagbarem Verhalten des Gesamtsystems.

Die Erweiterung des CAN Protokolls um die Option, es zeitgesteuert zu betreiben heißt „Time Triggered CAN" (TTCAN). Es ist in der Aufteilung der zeitgesteuerten- zu ereignisgesteuerten Kommunikationsanteile frei konfigurierbar und damit voll kompatibel zu CAN-Netzen. TTCAN ist als Erweiterung der CAN-ISO-Standardisierung beantragt (ISO 11898-4).

Erweiterungen bezüglich Bandbreite auf bis zu 10 MBit/s und Protokoll (z. B. FlexRay) werden derzeit in Konsortien mit Teilnehmern aus Automobil- und Zulieferindustrie gemeinsam entwickelt.

Zeitsteuerung und zeitliche Zusammensetzbarkeit.

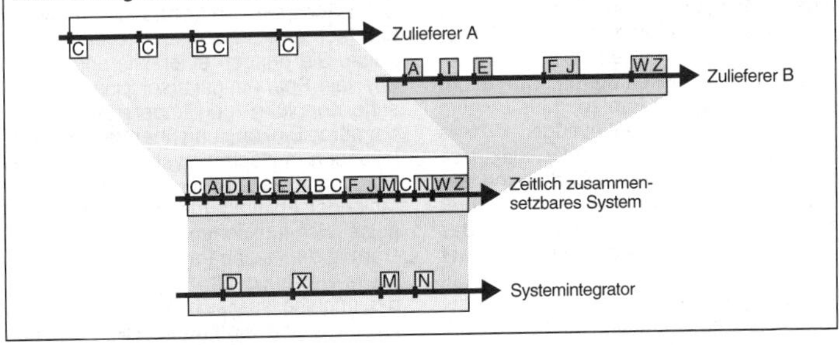

TTCAN-Kommunikationsmatrix.

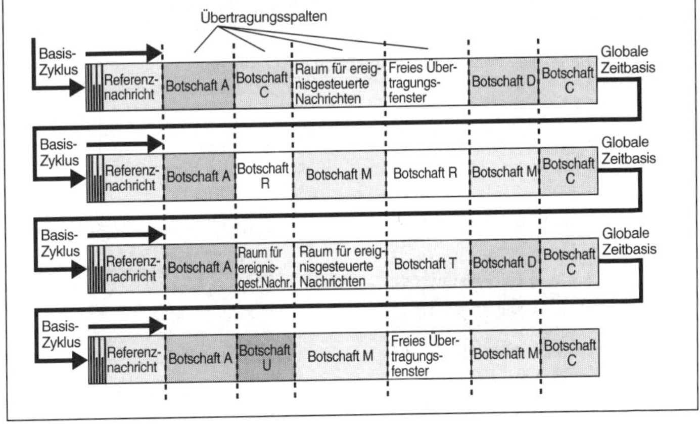

Elektromagnetische Verträglichkeit EMV und Funkentstörung

Elektromagnetische Verträglichkeit (EMV) ist die Eigenschaft eines elektrischen Systems, sich in Nachbarschaft anderer Systeme neutral zu verhalten: es stört diese Systeme nicht und lässt sich umgekehrt von diesen nicht beeinflussen. Angewandt auf das Kraftfahrzeug bedeutet dies zum einen, dass die verschiedenen dort eingebauten elektrischen und elektronischen Systeme wie die Zündanlage, elektronisches Einspritzsystem, ABS/ASR, Airbag, Autoradio, Autotelefon, Navigationssystem usw. in enger räumlicher Nachbarschaft nebeneinander funktionieren müssen und sich gegenseitig nicht unzulässig beeinflussen dürfen. Zum anderen muss sich das Fahrzeug als System neutral in seine Umwelt einfügen, d. h. es darf weder andere Fahrzeuge elektrisch beeinflussen, noch die Übertragung des Rundfunks, Fernsehens und anderer Funkdienste stören. Umgekehrt muss das Fahrzeug in Gegenwart starker Felder (z. B. in der Nähe von Sendern) voll funktionsfähig bleiben.

Aus diesen Gründen müssen elektrische Systeme für Kraftfahrzeuge und auch Kraftfahrzeuge als Ganzes so ausgestattet sein, dass sie elektromagnetisch verträglich sind.

Störquellen

Bordnetz, Welligkeit

Der Generator des Fahrzeug speist in das Bordnetz einen gleich gerichteten Drehstrom ein. Trotz Glättung durch die Fahrzeugbatterie bleibt eine Restwelligkeit bestehen. Ihre Amplitude hängt von der Belastung des Bordnetzes und der Verkabelung ab. Ihre Frequenz ändert sich mit der Drehzahl des Generators, bzw. Motors. Die Grundschwingung liegt im kHz-Bereich. Auf galvanischem oder induktivem Wege in Audiosysteme eingekoppelt, macht sich die Welligkeit als Heulton im Lautsprecher bemerkbar.

Bordnetz, Impulse

Beim Schalten von Verbrauchern entstehen auf den Versorgungsleitungen Impulse. Sie dringen einerseits unmittelbar über die Spannungsversorgung (galvanische Kopplung) und andererseits mittelbar durch Einkopplung über Verbindungsleitungen in Nachbarsysteme ein (induktive und kapazitive Kopplung). Bei fehlender Abstimmung können diese Impulse Fehlfunktionen bis hin zur Zerstörung der Nachbarsysteme auslösen.

Die Vielzahl der im Fahrzeug auftretenden Impulse lässt sich im Wesentlichen in fünf Gruppen einordnen. Die nach den Amplituden der Impulse gestaffelte Klasseneinteilung erlaubt eine optimale Abstimmung von Störquellen (Stellen, die Störungen verursachen) und Störsenken

Einfluss der Bordnetzgestaltung auf die Welligkeit der Spannung.
Beispiel: I_{Gen} = 130 A, n_{Gen} = 18000 min^{-1}, Batterie 12 V 55 A · h.

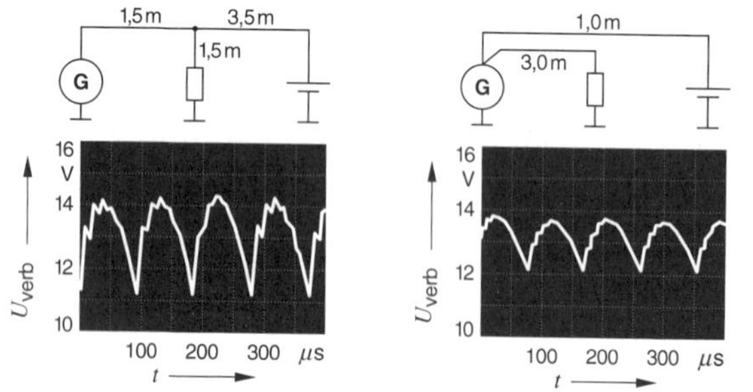

(Stellen mit besonderer Störempfindlichkeit) für jedes Fahrzeug.

Diese Abstimmung kann z. B. so erfolgen, dass für alle Störquellen eines Fahrzeugs die Klasse II vorgesehen wird und alle Störsenken (z. B. Steuergeräte), unter Berücksichtigung eines Störsicherheitsabstandes, für die Klasse III ausgelegt werden. Eine Verschiebung zu den Klassen I/II ist dann angebracht, wenn die Entstörung der Quellen günstiger ist als es die entsprechenden Schutzmaßnahmen an den Senken sind.

Sind umgekehrt Schutzmaßnahmen bei den Senken einfach und kostengünstig zu erreichen, so ist eine Verschiebung zu den Klassen III/IV sinnvoll.

Breit- und Schmalbandstörer.
a) Zeitlicher Verlauf eines Signals $y(t)$,
b) zugehöriges Spektrum $\tilde{y}(f)$,
c) Beobachtung des Spektrums mit einem Messgerät der Bandbreite B: bei $B \cdot T < 1$ (wie im Diagramm dargestellt) einzelne Balken „Schmalband"störer, bei $B \cdot T > 1$ kontinuierlicher Verlauf, „Breitband"störer.

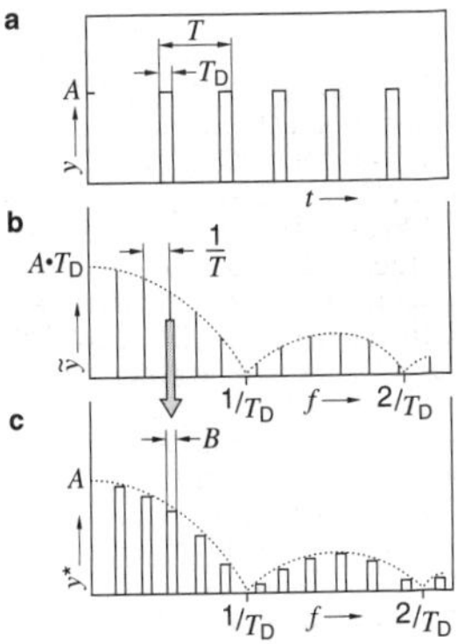

Bordnetz, Hochfrequenz

Im Innern vieler elektromechanischer und elektronischer Komponenten werden durch Schalten von Spannungen und Strömen (Digitalschaltungen, Ansteuerung von Endstufen, Kommutierungsvorgänge) hochfrequente Schwingungen angeregt. Über die angeschlossenen Leitungen, besonders die Versorgungsleitungen, gelangen diese Schwingungen mehr oder weniger gedämpft in das Bordnetz.

Je nachdem, ob das gemessene Spektrum der Störspannung einen kontinuierlichen Verlauf hat oder sich aus einzelnen Linien zusammensetzt, spricht man von „Breitbandstörern" (Elektromotoren, z. B. Wischerantrieb, Lüfter, Kraftstoffpumpe, Generator) oder von „Schmalbandstörern" (elektronische Steuergeräte mit Mikroprozessoren). Diese Zuordnung hängt von der Bandbreite des verwendeten Messgerätes ab.

Prüfimpulse nach DIN 40839, Teil 1 für 12-V-Bordnetze.

Prüfimpulse				Klassifizierung der zulässigen Impulsamplituden			
Impulsform	Ursache	Innen-widerstand	Impuls-dauer	I	II	III	IV
1 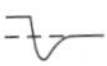	Abschalten induktiver Verbraucher, z.B. Relais oder Ventil.	10 Ω	2 ms	– 25 V	– 50 V	– 75 V	– 100 V
2 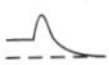	Abschalten motorischer Verbraucher, z.B. Lüftermotor, der durch Nachlaufen positive Überspannung erzeugt.	10 Ω	50 µs	+ 25 V	+ 50 V	+ 75 V	+ 100 V
3a  3b 	Überspannungen als Folge von Schaltvorgängen.	50 Ω	0,1 µs	– 40 V + 25 V	– 75 V + 50 V	– 110 V + 75 V	– 150 V + 100 V
4 	Verlauf der Versorgungsspannung während des Startvorganges.	10 mΩ	bis 20 s	+ 12 V – 3 V	+ 12 V – 5 V	+ 12 V – 6 V	+ 12 V – 7 V
5 	„Lastabwurf" (engl.: load dump)[1]	1 Ω	bis 400 ms	+ 35 V	+ 50 V	+ 80 V	+ 120 V

[1]) „Lastabwurf" (engl.: load dump), d.h. der Generator lädt die Batterie mit großem Strom und die Verbindung zur Batterie bricht plötzlich ab.

Die hochfrequenten Schwingungen können benachbarte Kommunikationssysteme im Fahrzeug nachhaltig stören, weil sie von der Frequenz und Amplitude her in deren Nutzsignalbereich liegen und direkt vom „Sensor" des Kommunikationssystems – der Antenne – aufgefangen oder über die Antennenleitung eingekoppelt werden können. Besonders kritisch sind dabei die Schmalbandstörungen, da sie eine dem Spektrum von Sendern sehr ähnliche Signalcharakteristik aufweisen.

Für Breitbandstörer, wie Elektromotoren, Lüfter, usw. erfolgt die Beurteilung der Störaussendung über die auf den Versorgungsleitungen auftretenden Störspannungen in einem definierten Prüfaufbau nach CISPR 25, bzw. DIN/VDE 0879-2. Die dort angegebenen Abstufungen der Störspannungen durch Entstörgrade erleichtert die Abstimmung von Störquellen und Störsenken in der Erstausrüstung des Fahrzeugs.

Sollten sich bei der späteren Nachrüstung eines Fahrzeugs mit zusätzlichen Kommunikationssystemen die für die Erstausrüstung zugelassenen Störpegel als zu hoch erweisen, so sind nachträgliche Maßnahmen zur Funkentstörung in begrenztem Umfang möglich.

– Wird die Störquelle über einen ausreichend dimensionierten Schalter direkt von Klemme 15 oder 30 versorgt, können fahrzeugtaugliche Entstörkondensatoren und Filter den Störpegel senken. Hierzu werden diese mit möglichst kurzer Masseleitung unmittelbar an den Klemmen der Störquelle angebracht. Die Überkopplung von störspannungsführenden Leitungen auf andere Leitungen kann durch ein beidseitig kurz auf Masse gelegtes Schirmgeflecht reduziert werden.

– Wird die Störquelle von einem elektronischen Steuergerät aus angesteuert, ist eine nachträgliche Beschaltung der Störquelle in der Regel nicht erlaubt, weil sich dadurch die Schalteigenschaften (Löschung) des Steuergeräts verändern würden.

– Die in den Steuergräten eingebauten Mikroprozessoren mit ihren Taktsignalen wirken als schmalbandige Störquellen. Eine nachträgliche Entstörung ist bei diesen Komponenten in der Regel nicht mehr möglich. Daher wird bei der Auslegung der Schaltungen und Geräte durch eine Vielzahl von Schaltungsmaßnahmen (z.B. Entstörkondensatoren) und durch die Anordnung der Bauelemente und der Leitungsführung im Layout die Störaussendung möglichst minimiert. Wenn diese Entstörmaßnahmen nicht ausreichen, muss versucht werden, mit Hilfe einer geeigneten Bordnetzauslegung und durch die Wahl eines günstigen Antennenstandpunkts sowie der Verlegung der Antennenleitung zufrieden stellende Verhältnisse herzustellen.

Die Beurteilung des Störverhaltens der elektronischen Komponenten im Labor erfolgt entweder ebenfalls leitungsgebunden (z.B. durch die Störspanungsmessung auf den Versorgungsleitungen) oder über Antennenmessungen in Absorberräumen. Die endgültige Beurteilung, ob ein Funkempfang im Fahrzeug möglich ist (Rundfunkempfang oder mobile Kommunikation), wird durch die Messung der Störspannung am Empfängeranschluss des Antennenkabels vorgenommen. Dies

Zulässige Funkstörspannungspegel in dBμV der Entstörgrade in den einzelnen Frequenzbereichen nach DIN/VDE 0879-2 für Breitbandstörungen (B) und Schmalbandstörungen (S).

Entstörgrade	Funkstörspannungspegel									
	0,15 ... 0,3 MHz (LW)		0,53 ... 2,0 MHz (MW)		5,9 ... 6,2 MHz (KW)		30 ... 54 MHz		70 ... 108 MHz (UKW)	
	B	S	B	S	B	S	B	S	B	S
1	100	90	82	66	64	57	64	52	48	42
2	90	80	74	58	58	51	58	46	42	36
3	80	70	66	50	52	45	52	40	36	30
4	70	60	58	42	46	39	46	34	30	24
5	60	50	50	34	40	33	40	28	24	18

Grenzwerte der Störstrahlung für Fahrzeuge nach CISPR 12 und 95/54/EG.
Breitband- und Schmalbandgrenzwerte, Messentfernung 10 m.

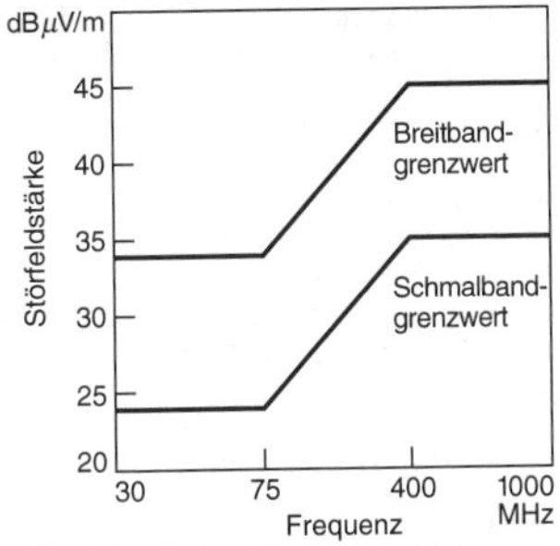

geschieht mit Hilfe einer geeigneten Messschaltung zur Anpassung der Eingangsimpedanz des Messempfängers auf die Eingangsimpedanz des Empfangsgeräts. Um eine realistische Aussage zu bekommen, müssen diese Messungen möglichst mit Originalantennen am Originalantenneneinbauort durchgeführt werden. Zur Entkopplung von den externen elektromagnetischen Sender- und Störsignalen werden solche Messungen in geschirmten, mit Hochfrequenzabsorbern ausgestatteten EMV-Hallen durchgeführt.

Fahrzeug als Störquelle

Zur Abstrahlung des Fahrzeugs als Ganzes trägt vor allem die Zündanlage bei. Mit Rücksicht auf den störungsfreien Rundfunk- und Fernsehempfang anderer Fahrzeuge und Anwohner der Straßen ist die maximal zulässige Abstrahlung von Kraftfahrzeugen gesetzlich begrenzt (EU-Richtlinie 95/54/EG). Es sind sowohl für Breitband- als auch für Schmalbandstörungen Grenzwerte festgeschrieben.

Die Anforderungen der in der Richtlinie festgelegten Werte stellen Mindestanforderungen dar. Die knappe Einhaltung der dort festgeschriebenen Grenzwerte reicht in der Praxis für einen störungsfreien Funkempfang im selben Fahrzeug nicht aus. Deshalb muss die Entstörung abhängig vom Fahrzeugtyp für den Bordnetzfunkempfang (Radio, Telefon usw.) weiter verbessert werden. Zündanlagen werden z. B. mit entsprechenden Entstörelementen (wie Entstörwiderständen in den Hochspannungssteckverbindungen) und Widerstandszündkerzen weiter abgesenkt. Für Spezialfahrzeuge (z. B. mit Behördenfunk) kann es sogar erforderlich sein, die Zündanlage teilweise oder ganz zu schirmen. Diese Entstörmaßnahmen wirken sich teilweise negativ auf das Spannungsangebot des Zündsystems aus und erfordern daher eine umfangreiche Untersuchung, ob die Maßnahmen zulässig sind.

Störsenken

Elektronische Steuergeräte und Sensoren sind Störsenken für von außen in das System eindringende Störsignale. Die Störsignale stammen entweder aus benachbarten Systemen im Fahrzeug oder aus der Umgebung des Fahrzeugs, z. B. wenn sich dieses in der Nähe starker Sender befindet. Fehlfunktionen treten auf, wenn das System nicht in der Lage ist, Nutz- und Störsignale zu trennen.

Die Möglichkeiten der Beeinflussung hängen von den Eigenschaften von Nutz- und Störsignal ab.

Ist die Signalcharakteristik eines Störsignals ähnlich der Charakteristik eines Nutzsignals (z. B. pulsförmiges Störsignal mit einer Frequenz, wie sie auch bei einem Drehzahlsignal auftritt), kann bei der Auswertung in den elektronischen Steuergeräten nicht zwischen Nutz- und Störsignal unterschieden werden. Kritisch sind dabei Frequenzen im Bereich der Nutzsignalfrequenzen ($f_S \approx f_N$) und im Bereich weniger Vielfacher der Nutzfrequenz.

Unmodulierte oder mit NF modulierte sinusförmige Hochfrequenzsignale (Senderfeldstärken) können an den pn-Übergängen in den elektronischen Schaltungen demoduliert werden. Dies kann zu Pegelverschiebungen wegen des Gleichanteils oder zu Überlagerung von zeitlich veränderlichen Störsignalen wegen der demodulierten NF-Anteile des Störsignals führen. Die Trägerfrequenz beträgt meist ein Vielfaches der Nutzfrequenzen ($f_{S,HF} >> f_N$). Die NF-Anteile des Störsignals sind besonders kritisch, wenn

$$U_b = \frac{k \cdot R_2 \cdot \sinh(\gamma \cdot l)}{(R_1 + R_2) \cdot \cosh(\gamma \cdot l) + W\,(k_a + \frac{R_1 \cdot R_2}{W^2} \cdot k_b) \cdot \sinh(\gamma \cdot l)} \cdot (\frac{R_1}{W} \cdot U - W \cdot I)$$

sie im Bereich der Nutzfrequenzen liegen ($f_{S,NF} = f_N$). Auch Störsignale mit sehr viel niedrigeren Frequenzen ($f_S << f_N$) als die Nutzsignale können zu Störungen aufgrund von Intermodulationen führen.

Die notwendige Störfestigkeit gegenüber elektromagnetischen Feldern ist ebenfalls in der EU-Richtlinie 95/54/EG festgeschrieben. Die dort angegebenen Feldstärken, gegenüber denen ein Fahrzeug immun sein muss, stellen ebenso, wie die Anforderungen bezüglich der Störaussendung, Mindestanforderungen dar. In der Praxis wird von den Fahrzeugherstellern und Zulieferern eine wesentlich höhere Störfestigkeit vorgesehen.

Störeinkopplung

Signale von Störquellen gelangen auf drei Arten in die Störsenke:

– Galvanische Kopplung tritt auf, wenn Störquelle und -senke gemeinsame Strompfade haben, was bei gemeinsamer Spannungsversorgung zwangsweise der Fall ist. Bei der Auslegung des Kabelbaums für das Fahrzeug muss darauf geachtet werden, die galvanische Kopplung möglichst klein zu halten. Ob dafür eine parallele, serielle oder multi-point-Struktur der Versorgungsleitungen am besten geeignet ist, hängt von der Stromstärke, Frequenzbereich, den Impedanzen der Komponenten und dem Konzept des anzuschließenden Systems ab.

– Überkopplung auf Verbindungsleitungen tritt bei zwischen Störquelle und Störsenke parallel geführten Leitungen auf. Im Modell berechnet sich die in die Störsenke eingekoppelte Spannung U_b nach oben stehender Formel mit den Kenngrößen

$$k = C/C_0;\; k_a = (C_a + C)/C_0;\; k_b = (C_b + C)/C_0$$
$$C_0 = \sqrt{C_a \cdot C_b + C \cdot (C_a + C_b)}$$

$$\gamma \cdot l = j(\omega/c) \cdot l;\; W = 1/(c \cdot C_0)$$
$c = 3 \cdot 10^8$ m/s (Lichtgeschwindigkeit)

U_b setzt sich aus einem von der Spannung U abhängigen kapazitiven und einem vom Strom I abhängigen induktiven Anteil zusammen. Ist die Wellenlänge des Störsignals größer als die geometrische Ausdehnung l, so gilt die Vereinfachung:

$$U_b \approx k \cdot (\gamma \cdot l) \cdot [U(R_1 \cdot R_2)/(R_1 + R_2) - W \cdot I \cdot R_2/(R_1 + R_2)]$$

Daraus lässt sich erkennen, dass die Überkopplung um so geringer gehalten werden kann, je kürzer l und je kleiner die normierte Koppelkapazität k ist.

Beeinflussungsmodell.
Elektronisches System: S *Sensor(en),* V_1 *Signalverstärkung und Aufbereitung,* SV *Signalverarbeitung,* V_2 *Leistungsverstärkung,* A *Aktor(en).*
Dem Nutzsignalfluss überlagert sich ein Störsignalfluss. ($U_1 ... U_3$) *galvanische Kopplung,* ($L_1 ... L_4$) *Überkopplungen auf Verbindungsleitungen,* (D_1, D_2) *direkte Einkopplung in Sensor und Aktor.*

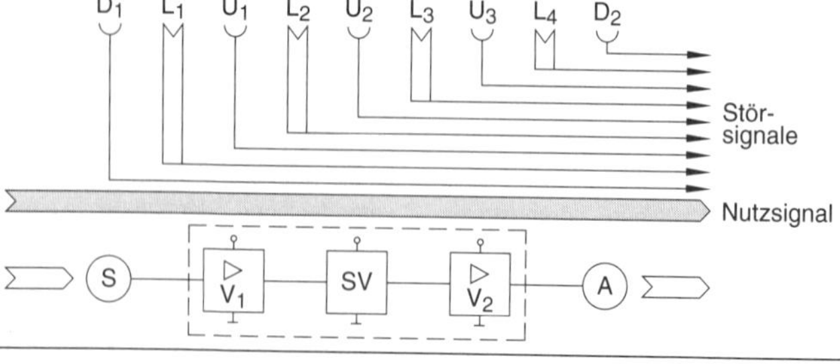

k nimmt mit wachsendem Abstand zwischen den Leitern ab und kann mit einem beidseitig an Masse liegendem Schirm zusätzlich verringert werden.

– Direkte Einkopplung ist möglich, wenn der Sensor S oder der Aktuator A unmittelbar auf elektromagnetische Felder reagieren, z. B., wenn S eine Empfangsantenne, ein Mikrofon oder der Magnetkopf eines Kassettengeräts ist. In diesem Fall gilt es, durch räumliche Trennung von der Störquelle und -senke die Einkopplung soweit zu reduzieren, dass keine Störbeeinflussung auftritt.

Elektrostatische Entladungen

Das Themengebiet „Gefährdung von Bauelementen und elektronischen Schaltungen durch elektrostatische Entladungen (ESD)" gehört ebenfalls zum Arbeitsgebiet EMV. Hier geht es darum, die Bauelemente und Geräte vor Zerstörung durch Aufladung des Menschen oder von Maschinenteilen in der Produktion zu schützen. Dazu müssen einerseits bei der Handhabung entsprechende Maßnahmen getroffen werden und andererseits die Geräte so ausgelegt werden, dass die durch elektrostatische Aufladungen auftretenden Spannungen von mehreren Tausend Volt auf verträgliche Spannungen reduziert werden.

Messtechnik

Für die Überprüfung der Störfestigkeit und der Störaussendung ist eine Vielzahl von Messmethoden gebräuchlich. Sie lassen sich grob nach der Art der Beurteilung der Störphänomene einteilen in Verfahren, die im Zeitbereich arbeiten (Impulsgeneratoren, Oszilloskope) und in Verfahren, die im Frequenzbereich arbeiten (Sinusgeneratoren, Messempfänger, Spektrumanalysatoren).

– Die Störsignale werden in der Messtechnik für die Störaussendung üblicherweise als bezogene Größen in dB (Dezibel) angegeben. Für Störspannungen ist die Bezugsgröße 1 µV, für die elektrische Feldstärke 1 µV/m, für die Leistung 1 mW, d. h. es ist

$$u^* = 20 \cdot \lg U$$
$$e^* = 20 \cdot \lg E$$
$$p^* = 10 \cdot \lg P$$

mit u^*, e^*, p^* in dB; U in µV; E in µV/m; P in mW. In der Messtechnik für die Störbeeinflussung werden die Größen (Impulsamplituden, Senderfeldstärken) meist direkt angegeben (E in V/m; U in V; I in A).

EMV-Messungen werden an einzelnen Systemen im Labor und im Fahrzeug durchgeführt.

Labormessverfahren

– Netznachbildungen dienen zur Erfassung der von einem Gerät ausgeleiteten Impulse oder hochfrequenter Störspannungen unter genormten Bedingungen.

– Die Störfestigkeit gegenüber impulsförmigen Störgrößen wird mit speziellen Impulsgeneratoren durchgeführt, mit denen die Prüfimpulse nach DIN 40839, Teil 1,

Modell für den Kopplungsmechanismus leitungsgeführter elektromagnetischer Wellen.
a) Leiter, auf dem sich eine von der Störquelle erzeugte elektromagnetische Welle ausbreitet, b) beeinflusster Leiter, Bestandteil der Störsenke.

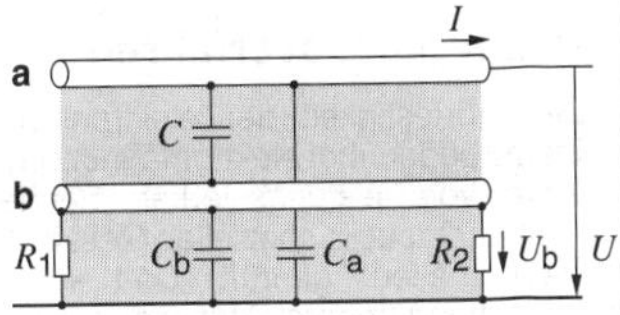

Prinzipschaltplan Kfz-Bordnetznachbildung nach DIN/VDE 0879-2.
P-B Anschluss Prüfling, A-B Anschluss Stromversorgung, M-B Anschluss Funkstörmessempfänger, S Schalter, B Bezugsmasse (Blechplatte, Schirmung der Netznachbildung).

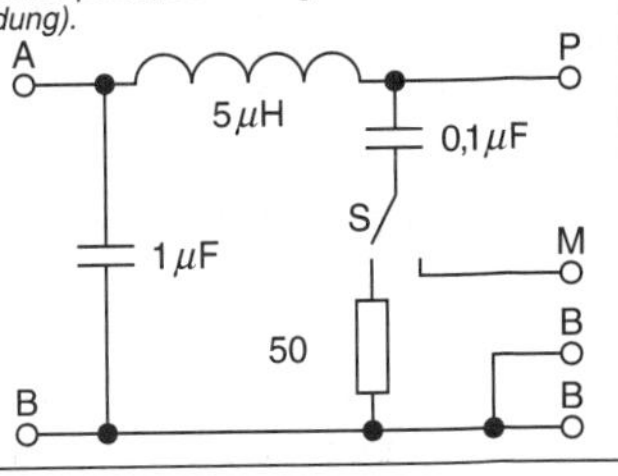

bzw. ISO 7637, Teil 1 und 2 durchgeführt werden können.
– Leitungsgeführte Störwellen zur Einkopplung auf den Kabelbaum eines zu untersuchenden elektrischen Systems, werden mit Hilfe einer Stripline, einer TEM-Zelle (transversales elektromagnetisches Feld) oder durch BCI (Bulk Curent Injection) erzeugt. Bei der Stripline wird der Kabelbaum zwischen einem streifenförmigen Leiter und einer Grundplatte in Ausbreitungsrichtung der elektromagnetischen Welle angeordnet. Bei der TEM-Zelle wird das Steuergerät mit einem Rumpfkabelbaum quer zur Ausbreitungsrichtung der elektromagnetischen Welle positioniert. Beim BCI-Verfahren wird mit Hilfe einer Stromzange ein Strom auf dem Kabelbaum eingeprägt.
– Für höhere Frequenzen (> 400 MHz) wird der Prüfling und Kabelbaum mit Antennen bestrahlt und so direkt einem elektromagnetischen Feld ausgesetzt.
– Die ausgesandte Störstrahlung wird mit Breitbandantennen in geschirmten, mit Absorbern ausgekleideten, Messzellen gemessen.

Fahrzeugmessverfahren

– Die Störfestigkeit der elektronischen Systeme gegenüber elektromagnetischen Feldern von leistungsstarken Sendern wird im Fahrzeug in speziellen Messhallen (Absorberhallen) geprüft. Dort können entsprechend hohe elektrische und magnetische Feldstärken erzeugt werden, denen das gesamte Fahrzeug ausgesetzt wird.
– Die Störwirkung der Fahrzeugelektrik und -elektronik auf den Funkbetrieb wird mit empfindlichen Messempfängern, möglichst mit original eingebauten Fahrzeugantennen am Empfängeranschluss der Funkempfangsgeräte vermessen.

Vorschriften und Normen

Die Funkentstörung des Fahrzeugs (Schutz des ortsfesten Funkempfangs) ist bereits seit 1972 in Europa gesetzlich vorgeschrieben (EC-Regelung ECE 10, bzw. EU-Richtlinie 72/245/EWG). Seit 1.1.1996 gibt es verbindliche gesetzliche Vorschriften für die elektromagnetische Verträglichkeit (EU-Richtlinie, bzw. national das EMV-Gesetz) für alle elektrischen Geräte und Anlagen, die in den Verkehr gebracht werden. Für das Kraftfahrzeug wurde die spezielle EG-Richtlinie 95/54/EG erarbeitet, die als Nachfolgerichtlinie die Richtlinie 72/245/EWG ersetzt und den Schutz des ortsfesten Funkempfangs und die Störfestigkeit der Kraftfahrzeuge gegenüber elektromagnetischen Feldern regelt. Diese Richtlinie umfasst neben den Ausführungsvorschriften, wie ein Fahrzeug oder eine Komponente in den Verkehr gebracht wird, auch die Messverfahren und einzuhaltenden Grenzwerte.

Die EMV-Messverfahren sind in einer Vielzahl von nationalen und internationalen Normen angegeben. Die nationalen Normen (DIN/VDE) entsprechen im wesentlichen den internationalen Normen (ISO/IEC-CISPR) und decken den gesamten Themenkreis der EMV für das Kraftfahrzeug ab.

Normen
Störfestigkeit
DIN 40839, Teil 1, ISO 7637-0/-1/-2,
DIN 40839, Teil 3, ISO 7637-3,
DIN 40839, Teil 4, ISO 11451/11452,
ISO/TR 10605.

Funkentstörung
DIN/VDE 0879-2.
CISPR 12, CISPR 25.

Alphabete und Zahlen

Deutsches Alphabet

Fraktur

𝔄	𝔞	a	𝔍	𝔧	j	𝔖	𝔰	s
𝔅	𝔟	b	𝔎	𝔨	k	𝔗	𝔱	t
ℭ	𝔠	c	𝔏	𝔩	l	𝔘	𝔲	u
𝔇	𝔡	d	𝔐	𝔪	m	𝔙	𝔳	v
𝔈	𝔢	e	𝔑	𝔫	n	𝔚	𝔴	w
𝔉	𝔣	f	𝔒	𝔬	o	𝔛	𝔵	x
𝔊	𝔤	g	𝔓	𝔭	p	𝔜	𝔶	y
ℌ	𝔥	h	𝔔	𝔮	q	ℨ	𝔷	z
ℑ	𝔦	i	ℜ	𝔯	r			

Griechisches Alphabet

Buchstabe		Name	Buchstabe		Name
A	α	Alpha	N	ν	Ny
B	b	Beta	Ξ	ξ	Xi
Γ	γ	Gamma	O	o	Omikron
Δ	δ	Delta	Π	π	Pi
E	ε	Epsilon	P	ϱ	Rho
Z	ζ	Zeta	Σ	σ ς	Sigma
H	η	Eta	T	τ	Tau
Θ	ϑ	Theta	Y	υ	Ypsilon
I	ι	Jota	Φ	φ	Phi
K	κ	Kappa	X	χ	Chi
Λ	λ	Lambda	Ψ	ψ	Psi
M	μ	My	Ω	ω	Omega

Alphabet mit Buchstabierwörtern

	Deutsch	International	Sprechfunk
A	Anton	Amsterdam	Alpha
Ä	Ärger	–	–
B	Berta	Baltimore	Bravo
C	Cäsar	Casablanca	Charlie
CH	Charlotte	–	–
D	Dora	Danmark	Delta
E	Emil	Edison	Echo
F	Friedrich	Florida	Foxtrott
G	Gustav	Gallipoli	Golf
H	Heinrich	Habana	Hotel
I	Ida	Italia	India
J	Julius	Jerusalem	Juliett
K	Kaufmann	Kilogramm	Kilo
L	Ludwig	Liverpool	Lima
M	Martha	Madagaskar	Mike
N	Nordpol	New York	November
O	Otto	Oslo	Oscar
Ö	Ökonom	–	–
P	Paula	Paris	Papa
Q	Quelle	Quebec	Quebec
R	Richard	Roma	Romeo
S	Samuel	Santiago	Sierra
Sch	Schule	–	–
T	Theodor	Tripolis	Tango
U	Ulrich	Uppsala	Uniform
Ü	Übermut	–	–
V	Viktor	Valencia	Victor
W	Wilhelm	Washington	Whiskey
X	Xanthippe	Xanthippe	X-Ray
Y	Ypsilon	Yokohama	Yankee
Z	Zeppelin	Zürich	Zulu

Russisches Alphabet

Buchstabe		Aussprache	Buchstabe		Aussprache
А	а	a	Р	р	r
Б	б	b	С	с	ss
В	в	w	Т	т	t
Г	г	g	У	у	u
Д	д	d	Ф	ф	f
Е	е	je	Х	х	ch
Ё	ё	jo	Ц	ц	z
Ж	ж	sch (weich)	Ч	ч	tsch
З	з	s	Ш	ш	sch (hart)
И	и	i	Щ	щ	schtsch
Й	й	i (kurz)	Ъ	ъ	Härtezeichen
К	к	k	Ы	ы	ü
Л	л	l	Ь	ь	Weichheitsz.
М	м	m	Э	э	ä
Н	н	n	Ю	ю	ju
О	о	o	Я	я	ja
П	п	p			

Römische Zahlen

I	1	XXX	30
II	2	XL	40
III	3	L	50
IV	4	LX	60
V	5	LXX	70
VI	6	LXXX	80
VII	7	XC	90
VIII	8	C	100
IX	9	CC	200
X	10	CD	400
XI	11	D	500
XX	20	DC	600
XXI	21	M	1000
XXIX	29	MVM	1995

Nationalitätszeichen

A	Österreich
AFG	Afghanistan
AL	Albanien
AND	Andorra
ANG	Angola
AUS	Australien
AZ	Aserbaidschan
B	Belgien
BD	Bangladesch
BDS	Barbados
BF	Burkina Faso
BG	Bulgarien
BH	Belize
BIH	Bosnien und Herzegowina
BOL	Bolivien
BR	Brasilien
BRN	Bahrain
BRU	Brunei Darussalam
BS	Bahamas
BY	Belarus (Weißrussland)
C	Kuba
CD	Kongo, Demokratische Republik
CDN	Kanada
CH	Schweiz
CI	Côte d'Ivoire
CO	Kolumbien
CR	Costa Rica
CY	Zypern
CZ	Tschechische Republik
D	Deutschland
DK	Dänemark
DOM	Dominikanische Republik
DZ	Algerien
E	Spanien
EAK	Kenia
EAT	Tansania
EAU	Uganda
EC	Ecuador
ER	Eritrea
ES	El Salvador
EST	Estland
ET	Ägypten
ETH	Äthiopien
F	Frankreich
FIN	Finnland
FJI	Fidschi
FL	Liechtenstein
FR	Färöer
GB	Vereinigtes Königreich
GBA	Alderney
GBG	Guernsey
GBJ	Jersey
GBM	Insel Man
GBZ	Gibraltar
GCA	Guatemala
GE	Georgien
GH	Ghana
GR	Griechenland
GUY	Guyana
H	Ungarn
HK	Hongkong
HN	Honduras
HR	Kroatien
I	Italien
IL	Israel
IND	Indien
IR	Iran
IRL	Irland
IRQ	Irak
IS	Island
J	Japan
JA	Jamaika
JOR	Jordanien
K	Kambodscha
KS	Kirgisistan
KSA	Königreich Saudi Arabien
KWT	Kuwait
KZ	Kasachstan
L	Luxemburg
LAO	Demokratische Volksrepublik Laos
LS	Lesotho
LT	Litauen
LV	Lettland
M	Malta
MA	Marokko
MAL	Malaysia
MC	Monaco
MD	Moldau
MEX	Mexiko
MGL	Mongolei
MK	Mazedonien (ehemalige jugoslawische Republik)
MOC	Mosambik
MS	Mauritius

MW	Malawi
MYA	Myanmar
N	Norwegen
NA	Niederländische Antillen
NAM	Namibia
NIC	Nicaragua
NL	Niederlande
NZ	Neuseeland
OM	Oman
P	Portugal
PA	Panama
PE	Peru
PK	Pakistan
PL	Polen
PY	Paraguay
Q	Katar
RA	Argentinien
RB	Botsuana
RC	China (Taiwan)
RCA	Zentralafrikanische Republik
RCB	Kongo
RCH	Chile
RH	Haiti
RI	Indonesien
RIM	Mauretanien
RL	Libanon
RM	Madagaskar
RMM	Mali
RN	Niger
RO	Rumänien
ROK	Korea (Republik)
ROU	Uruguay
RP	Philippinen
RSM	San Marino
RT	Togo
RUS	Russische Föderation
RWA	Ruanda
S	Schweden
SD	Swasiland
SGP	Singapur
SK	Slowakische Republik
SLO	Slowenien
SME	Suriname
SN	Senegal
SP	Somalia
SU	Sowjetunion (ehemalige)
SY	Seychellen
SYR	Syrien
THA	Thailand
TJ	Tadschikistan
TM	Turkmenistan
TN	Tunesien
TR	Türkei
TT	Trinidad und Tobago
UA	Ukraine
UAE	Vereinigte Arabische Emirate
USA	Vereinigte Staaten
UZ	Usbekistan
V	Vatikanstadt
VN	Vietnam
WAG	Gambia
WAL	Sierra Leone
WAN	Nigeria
WD	Dominica
WG	Grenada
WL	Santa Lucia
WS	Samoa
WV	St. Vincent und die Grenadinen
YU	Jugoslawien (Serbien/Montenegro)
YV	Venezuela
Z	Sambia
ZA	Südafrika
ZW	Simbabwe

Quelle: Bundesministerium für Verkehr, Bau- und Wohnungswesen der Bundesrepublik Deutschland, Verkehrsblatt (VkBl. Amtlicher Teil, Heft 24 – 1999, Nr. 204)
Aktueller Stand: Dezember 1999

Sachwortverzeichnis

A

B

F

G

H

I

J

K

L

M

N

O

W

Abkürzungen

A:

A/D: Analog/Digital-Wandler
ABD: Automatisches Brems-Differenzial
ABS: Antiblockiersystem
ACC: Adaptive Cruise Control (Adaptive Geschwindigkeitsregelung)
ACEA: Association des Constructeurs Européens de l'Automobile (Verband europäischer Kraftfahrzeug-Entwickler)
ADA(1): Atmosphärendruckabhängiger Volllastanschlag)
ADA(2): Auto-Directional Antenna (Mehr-Antennen-Empfangssystem)
ADR: Australian Design Rule (Australische Konstruktions-Vorschrift)
AF-Code: Alternative Frequencies Code (Alternativfrequenzen-Kennung)
AGR: Abgasrückführung
AHP: Accelerator Heel Point (Fersenpunkt des Gaspedals)
ALB: Automatisch lastabhängige Bremskraftregelung
AM-LCD: Active Message Liquid Crystal Display (Aktiv adressierte Flüssigkristallanzeige)
AMR-Sensor: Sensor aus anisotrop magnetoresistiven dünnen NiFe-Schichten
AOS: Automotive Occupancy Sensing (Passagier-Erkennung im Kraftfahrzeug)
API: Application Programmer Interface
API-Klassifikation: American-Petroleum-Institute Classification (Klassifikation des amerikanischen Erdöl-Institutes)
ARF: Abgasrückführung
ARI: Autofahrer-Rundfunk-Information
AS: Ackerschlepper
ASF: Audi Space Frame (Aluminium-Rahmenkonstruktion aus mittragend integrierten Blechteilen der Firma Audi)
ASIC: Application Specific Integrated Circuit (Anwendungsspezifische Integrierte Schaltung)
ASM: Anhängersteuermodul
ASR: Antriebsschlupfregelung
ASTM: American Society of Testing and Materials (Amerikanische Gesellschaft für Prüftechnik und Materialwesen)
ASU: Automatische Störunterdrückung
AT: Aufkohltiefe
ATF: Automatic-Transmission Fluid (Schmierstoff für automatische Getriebe)
ATL: Abgasturbolader
AU: Abgasuntersuchung
AV: Abbauventil (ABS)

B:

BCD-Mischprozess: Bipolar/CMOS/DMOS-Mischprozess (Herstellungsprozess für MOS-Leistungsbauelemente)
BCI: Bulk Current Injection
BDE: Benzin-Direkteinspritzung
BEM: Boundary-Elemente-Methode
BiCMOS: Bipolar Complementary MOS-Transistors (Schaltung mit Bipolar- und CMOS-Komponenten)
BIP-Signal: Beginning of Injection Period Signal (Signal der Förderbeginnerkennung)
BK: Bereichskennung
BMK: Bosch-Mikro-Kontakt
BMM: Bulk-Mikromechanik (Ätzprozess von der Rückseite des Wafers)
BOTE-ACT: Bosch-Temic-Aktuatorenbusprinzip
BSK: Bosch-Sensor/Steller-Kontakt
BSS: Bit-Synchrone Schnittstelle
BZ: Brennstoffzelle

C:

CAD: Computer-Aided Design (Computerunterstütztes Entwerfen)
CAE: Computer-Aided Engeneering (Computerunterstütztes Entwickeln)
CAFE: Corporate Average Fuel Economy

CAL: **C**omputer-**A**ided **L**ighting (Computerunterstützte Lichttechnik)
CAN: **C**ontroller **A**rea **N**etwork (Multiplex-System)
CARB: **C**alifornia **A**ir **R**esource **B**oard
CARTRONIC: Ordnungs- und Beschreibungskonzept aller Steuerungs- und Regelungssysteme eines Fahrzeugs
CCD: **C**harge-**C**oupled **D**evice (Schaltkreis in ladungsgekoppelter Anordnung)
CCFL: **C**old-**C**athode **F**luorescence **L**amp (Kaltkathoden-Fluoreszenz-Lampe)
CC-LS-System: **C**losed-**C**enter **L**oad **S**ensing System (Lastkompensiertes System mit Verstellpumpe)
CCMC: **C**omité des **C**onstructeurs d'Automobile du **M**arché **C**ommun (Gesellschaft der Kraftfahrzeug-Konstrukteure des Gemeinsamen Marktes)
CC-System: **C**losed-**C**enter System (Konstantdruck-System)
CD: **C**ompact **D**isc
CDC: **C**ompact **D**isc **C**harger (Compact-Disc-Wechsler)
CFI: **C**entral (Single-Point) **F**uel **I**njection (Zentraleinspritzung)
CFPP: **C**old **F**ilter **P**lugging **P**oint (Grenzwert der Filtrierbarkeit)
CGPM: **C**onférence **G**énérale des **P**oids et **M**ésures (Generalkonferenz für Maße und Gewichte)
CISC: **C**omplex-**I**nstruction-**S**et **C**omputing (Prozessor mit vollständigem Befehlsinhalt für den Computer)
CMOS: **C**omplementary **MOS**-Transistors (PMOS- und NMOS-Transistoren paarweise im selben Silizium-Chip hergestellt)
CMVSS: **C**anadian **M**otor **V**ehicle **S**afety **S**tandard (Kanadische Verordnung für Sicherheit von Kraftfahrzeugen)
CNG: **C**ompressed **N**atural **G**as (Druckgespeichertes Erdgas)
COFDM: **C**oded **O**rthogonal **F**requency **D**ivision **M**ultiplexing (Multiplex-Übertragungsverfahren mit codierter gerichteter Frequenzaufteilung)
COP: **C**onformity **o**f **P**roduktion (Übereinstimmung der Production)
CPU: **C**entral **P**rocessing **U**nit (Zentrale Recheneinheit)
CRC: **C**yclic **R**edundancy **C**heck (Zyklische Redundanz-Prüfung bei CAN)
CRS: **C**ommon **R**ail **S**ystem
CRT: **C**ontinuously **R**egenerating **T**rap
CT-Code: **C**lock/**T**ime Code (Kennung zur Anzeige von Uhrzeit und Datum)
CVD: **C**hemical **V**apor **D**eposition (Chemische Beschichtung durch Dampf)
CVT: **C**ontinuously **V**ariable **T**ransmission (Kontinuierliche variable Kraftübertragung)
CZ: **C**etan**z**ahl

D:

D/F-Verhältnis: **D**ampf-/**F**lüssigkeits-Verhältnis
DAB: **D**igital **A**udio **B**roadcasting (Digitales Rundfunksystem)
DBV: **D**ruck**b**egrenzungs**v**entil
DFS: **D**auer**f**estigkeits**s**chaubild
DHK: **D**üsen**h**alter**k**ombination
DI: **D**irect **I**njection (Direkteinspritzung)
DigiCeiver: **Digi**tal Re**ceiver** (Digitaler Empfänger)
DIN: **D**eutsches **I**nstitut für **N**ormung
DK(1): **D**ielektrizitäts**k**onstante
DK(2): **D**urchsage**k**ennung
DKA: **D**rossel**k**lappen**a**nsteller
DKG: **D**rossel**k**lappen**g**eber
DMB: **D**igital **M**ultimedia **B**roadcasting (Digitales Multimedia Rundfunksystem)
DME: **D**i**m**ethyl**e**ther (Alternativkraftstoff)
DMOS: **D**igital **MOS** Transistor (Digitaler Metalloxid-Halbleiter)
DMS: **D**ehn**m**ess**s**treifen oder Dehnmesswiderstand
DMSB: **D**eutscher **M**otor**s**port**b**und

DNC: Dynamic Noise Covering (Dynamische Geräusch-Überdeckung)
DOHC: Double Overhead Camshaft (Zwei oben liegende Nockenwellen)
DOT: Department of Transportation (Verkehrsministerium in USA)
DPE: Digital Parametric Equalizing (Digitaler parametrischer Equalizer)
DPR: Dual Port RAM (Schreib-Lese-Speicher)
DRAM: Dynamic RAM (Dynamischer Schreib-Lese-Speicher)
DRM: Druckregelmodul
DRO: Dielectric Resonance Oscillator (Dielektrischer Resonanzoszillator)
DSA: Digital Sound Adjustment (Digitale Lautstärke-Anpassung)
DS-L: Ladedrucksensor
DSP: Digitaler Signal-Prozessor
DS-S: Saugrohrdrucksensor
DS-U: Umgebungsdrucksensor
DTM: Deutsche Tourenwagen Masters
DVD: Digital Versatile Disc (vielseitige digitale Compactdisc)
DWS: Drehwinkelsensor

E:

E/A: Eingabe-/Ausgabeeinheit
EBS: Elektronisches Bremssystem
ECE: Economic Commission for Europe (Regionale Wirtschaftskommission der Vereinten Nationen für Europa)
ECL: Emitter-Coupled Logic (Bipolare integrierte Digitalschaltung)
EC-Motor: Electrically Commutated Direct Current Motor (Elektrisch kommutierter Gleichstrommotor)
EDC: Electronic Diesel Control (Elektronische Dieselregelung)
EEPROM: Electrically Erasable Programmable Read Only Memory (Elektrisch löschbarer programmierbarer Nur-Lese-Speicher)
EEV: Enhanced Environmentally-Friendly Vehicle (Besonders umweltfreundliches Fahrzeug)
EG(1): Europäische Gemeinschaft
EG(2): Eigenlenkgradient (beschreibt das Eigenlenkverhalten eines Fahrzeugs)
EGAS: Elektronisches Gaspedal
EHB: Elektrohydraulische Bremse
EHR: Elektronische Hubwerksregelung
EHSe: Elektrohydraulische Stelleinheit für Mobilwegeventile
EHT: Einsatzhärtungstiefe
EHVS: Elektrohydraulisch betätigte Ventilsteuerungen
EIR: Emissions Information Report
EIS: Elektrochemische Impedanzspektroskopie
EKP: Elektrokraftstoffpumpe
EL-Folie: Elektroluminiszenz-Folie
ELR: European Load Response
EM: Einmodenfaser (Glasfaser)
EM: Erdbewegungsmaschine
EMK: Elektromotorische Kraft
EMS: Elektronische Motorsteuerung
EMV: Elektromagnetische Verträglichkeit
EN: Euronorm
EOBD: On Board Diagnose, angepasst für Europa
EON-Code: Enhanced Other Networks (Kennung für eine Verkehrsnachricht auf einem Parallelprogramm)
EPA: Environment Protection Agency (Umweltschutz-Behörde)
EPM: Elektropneumatischer Modulator
EPROM: Erasable Programmable Read Only Memory (Löschbarer programmierbarer Nur-Lese-Speicher)
EP-Schmierstoff: Extreme-Pressure-Schmierstoff (Hochdruckschmierstoff)
ESC: European Steady-State Cycle
ESI[tronic]: Elektronische Service Information
ESD: Electrostatic Discharge (Elektrostatische Entladung)
ESG: Einscheiben-Sicherheitsglas
ESP: Elektronisches Stabilitäts-Programm
ESV(1): Experimental Safety Vehicle (Experimental-Sicherheitsfahrzeug)
ESV(2): Elektronische Spätverstellung
ETC: European Transient Cycle

ETRTO: **E**uropean **T**ire and **R**im **T**echnical **O**rganization (Europäische technische Gesellschaft für Reifen und Felgen)
ETSI: **E**uropean **T**elecommunication **S**tandards **I**nstitute (Europäisches Institut für Fernmeldenormen)
EU: **E**uropäische **U**nion
EUDC: **E**xtra **U**rban **D**riving **C**ycle
EV: **E**inlass**v**entil (ABS)
EVG: **E**lektronisches **V**orschalt**g**erät
EWG: **E**uropäische **W**irtschafts**g**emeinschaft
EWIR: **E**missions **W**arranty **I**nformation **R**eport
EZ: **E**lektronische **Z**ündanlage

F:

FAME: **F**etts**ä**ure**m**ethyl**e**ster (Alternativkraftstoff)
FBG: **F**örder**b**eginn**g**eber
FBM: **F**uß**b**rems**m**odul
FDMA: **F**requency **D**ivision **M**ultiplex **A**ccess (Frequenzmultiplex-Verfahren für Sprachkanalzugriff)
FE: **F**inite **E**lemente
FEM: **F**inite-**E**lemente-**M**ethode
FET: **F**eld**e**ffekt-**T**ransistor
FFT: **F**ast **F**ourier **T**ransformation (Schnelle Fourier-Umformung)
FGB: **F**ahr**g**eschwindigkeits**b**egrenzer
FH-Felge: **F**lat**h**ump-Felge
FIA: **F**éderation **I**nternationale de l'**A**utomobile (Internationaler Automobil-Verband)
FIC: **F**ast **I**nformation **C**hannel (Schneller Informations-Kanal)
FIFO: **F**irst **I**n **F**irst **O**ut
FIR: **F**ield **I**nformation **R**eport
Flash memory: **Flash** EEPROM (Elektrisch löschbarer programmierbarer Nur-Lese-Speicher)
FM: **F**requenz-**M**odulation
FMCW: **F**requency-**M**odulated **C**ontinuous **W**ave (Frequenzmodulierte kontinuierliche Welle)
FMEA: **F**ailure **M**ode and **E**ffects **A**nalysis (Analyse der Art und Wirkung von Fehlern)
FMVSS: **F**ederal **M**otor **V**ehicle **S**afety **S**tandard (Bundesverordnung für Sicherheit von Kraftfahrzeugen in USA)
FPK: **F**rei **p**rogrammierbares **K**ombiinstrument
FR: **F**irst **R**egistration (Erstzulassung)
FSI: **F**uel **S**tratified **I**njection (Benzin-Direkteinspritzung mit Schichtladung)
FSR(1): **F**ull-**S**cale **R**ange (Vollständige Bandbreite)
FSR(2): **F**orce-**S**ensing **R**esistor (Kraftmesspunkt-Widerstand)
FTA: **F**ault **T**ree **A**nalysis (Fehlerbaumanalyse)
FTP: **F**ederal **T**est **P**rocedure

G:

GATS: **G**lobal **A**utomotive **T**elematics **S**tandard (Norm für globale Kfz-Telematik)
GDI: **G**asoline **D**irect **I**njection (Benzin-Direkteinspritzung)
GH: **G**estaltänderungsenergie**h**ypothese (Festigkeitsrechnung)
GKZ: **G**lühen auf **k**örnigem **Z**ementit
GMA: **G**ier**m**oment**a**ufbauverzögerung
GOT: **G**aswechsel-**OT** (Oberer Totpunkt im Ausstoßtakt)
GP: **G**edrehte **P**arabel (Reflektor)
GPS: **G**lobal **P**ositioning **S**ystem (Globales Satellitenortungssystem)
GSK: **G**lüh**s**tift**k**erze
GSM: **G**lobal **S**ystem for **M**obile Communication (Globales System für Fahrzeugkommunikation)
GSY: **G**eschwindigkeits**sy**mbol (Reifen)
GTO: **G**ate **T**urn **O**ff (Abschaltthyristor)

H:

H/B-Verhältnis: **H**öhe-/**B**reite-Verhältnis des Reifenquerschnitts
HD-Öl: **H**eavy-**D**uty Oil (Öl für schwere Betriebsbedingungen)
HD-Stufe: **H**och**d**ruck-Stufe
HFM: **H**eiß**f**ilm-Luftmassen**m**esser
HIC: **H**ead **I**njury **C**riterion (Belastungswert für den Kopf bei Frontaufprall)
HKZ: **H**ochspannungs-**K**ondensator**z**ündung
HNS: **H**omogeneous **N**umerically Calculated **S**urface (Homogene nummerisch berechnete Oberfläche)

HSLA: **H**igh **S**trength **L**ow **A**lloy (Hochfest mikrolegiert)
HUD: **H**ead-**u**p **D**isplay

I:

I/A: **I**nput/**O**utput (Eingabe-/Ausgabeeinheit)
I²L: **I**ntegrated **I**njection **L**ogic (Bipolare integrierte Digitalschaltung)
IC: **I**ntegrated **C**ircuit (Integrierte Schaltung)
ID: **Id**entifier
IDB-M: **I**ntelligent **D**ata **B**us **M**ultimedia (Intelligenter Multimedia-Datenbus)
IDI: **I**n**d**irect **I**njection (Indirekte Einspritzung)
IEC: **I**nternational **E**lectrotechnical **C**ommission
IR(1): **I**nfra**r**ot
IR(2): **I**ndividual**r**egelung der Räder durch das ABS
IRM: **I**ndividual**r**egelung **m**odifiziert (ABS)
IS: **I**ntegrierte **S**chaltung
ISO: **I**nternational **O**rganization for **S**tandardization (Internationale Gesellschaft für Normung)
ITU: **I**nternational **T**elecommunications **U**nion (Internationale Fernmeldeunion)

J:

JFET: **J**unction-**Fe**ld**e**ffekt-**T**ransistor (Sperrschicht-Feldeffekt-Transistor)

K:

KE-Jetronic: Mechanisch gesteuerte **k**ontinuierliche Einzeleinspritzung mit **e**lektronischem Steuergerät
KE-Motronic: Motormanagementsystem Motronic auf Basis der kontinuierlichen Einzeleinspritzung **KE**-Jetronic
Kfz: **K**raft**f**ahr**z**eug
KI: **K**ombi**i**nstrument
K-Jetronic: Mechanisch gesteuerte **k**ontinuierliche Einzeleinspritzung
KOM: **K**raft**om**nibus
KW: **K**urbel**w**elle

L:

LAN: **L**ocal **A**rea **N**etwork (Netzwerk für geringe Entfernungen)
LCD: **L**iquid **C**rystal **D**isplay (Flüssigkristallanzeige)
LCF: **L**ow **C**ycle **F**atigue
LDA: **L**ade**d**ruck**a**bhängiger Volllastanschlag
LED: **L**ight-**E**mitting **D**iode (Leuchtdiode)
LGS: **L**uft**g**üte**s**teuergerät
LH-Jetronic: Elektronisch gesteuerte Einzeleinspritzung mit **H**itzdraht-**L**uftmassenmesser
LI: **L**ast-**I**ndex (Reifen)
LIN: **L**ocal **I**nterface **N**etwork
Lidar: **Li**cht **d**es nahen Infr**ar**otbereiches
L-Jetronic: Elektronisch gesteuerte intermittierende Einzeleinspritzung
LKE: **L**ade**k**olben**e**inheit
Lkw: **L**ast**k**raft**w**agen
LLK: **L**ade**l**uft**k**ühlung
LNG: **L**iquified **N**atural **G**as (Flüssiges Erdgas)
LPG: **L**iquified **P**etroleum **G**as (Flüssiggas; Autogas)
LR: **L**oad-**R**esponse-Funktion
LRR-Sensor: **L**ong-**R**ange **R**adar Sensor (Fernbereichs-Radar-Sensor)
LSB: **L**east **S**ignificant **B**it (Niedrigstwertiges Bit)
LSF: **L**ambda-**S**onde (**F**ingersonde)
LSI: **L**arge **S**cale **I**ntegration (Großer Integrationsgrad)
LSU: **L**ambda-**S**onde (**U**niversal- bzw. Breitbandsonde)
LS-Ventil: **L**oad-**S**ensing-Ventil (Pumpe bzw. Druckwaage in Neutralstellung entlastet)
LWL: **L**icht**w**ellen**l**eiter

M:

M+S-Reifen: „**M**atsch-und-**S**chnee"-Winterreifen
MCM: **M**ulti-**C**hip **M**odule (Bauelement aus mehreren „unverpackten" integrierten Schaltkreisen)

MDPV: Medium-Duty Passenger Vehicle
ME: Miner Elementar (Wöhlerlinienverlauf, Festigkeitsrechnung)
MED-Motronic: Motormanagementsystem Motronic mit EGAS und Benzin-Direkteinspritzung
MEMO: Multimedia Environment for Mobiles (Multimedia-Kanal für Fahrzeuge mit DAB)
ME-Motronic: Motormanagementsystem Motronic mit EGAS
MEZ: Mitteleuropäische Zeit
MHR: Mechanische Hubwerksregelung
MI: Main Injection (Haupteinspritzung)
MIL-Spezifikation: Militär-Spezifikation
MIN: Minimaloperator (ESP)
MKL: Mechanischer Kreisellader
ML: Miner Liu/Zenner (Wöhlerlinienverlauf, Festigkeitsrechnung)
MM(1): Mehrmodenfaser (Glasfaser)
MM(2): Miner Modifiziert (Wöhlerlinienverlauf, Festigkeitsrechnung)
M-Motronic: Motormanagementsystem Motronic auf Basis der Einzeleinspritzung L-Jetronic
MNEFZ: Modifizierter Neuer Europäischer Fahrzyklus)
Mono-Jetronic: Elektronisch gesteuerte Zentraleinspritzung
MO: Miner Original (Wöhlerlinienverlauf, Festigkeitsrechnung)
Mono-Motronic: Motormanagementsystem Motronic auf Basis der intermittierenden Zentraleinspritzung Mono-Jetronic
MOS: Metal-Oxide Semiconductor (Metalloxid-Halbleiter)
MOSFET: MOS-Feldeffekt-Transistor
MOST: Media-Oriented Systems Transport
MPT(1): Multi-Purpose Tire (Mehrzweckreifen)
MPT(2): Ministry of Post and Telecommunications (Ministerium für Post und Telekommunikation)
MSB: Most Significant Bit (Höchstwertiges Bit)
MSI: Medium-Scale Integration (Mittlerer Integrationsgrad)
MSR: Motorschleppmomentregler
MTTF: Mean Time To Failure (Augenblickliche mittlere Lebensdauer)
MVL: Mechanischer Verdrängerlader
MVSS: Motor Vehicle Safety Standard (Verordnung für Sicherheit von Kraftfahrzeugen in USA)

N:

NA: Nummerische Apertur (Lichtwellenleiter)
NBF: Nadelbewegungsfühler
NBS: Nadelbewegungssensor
ND-Stufe: Niederdruck-Stufe
NEDC: New European Driving Cycle (Neuer Europäischer Fahrzyklus)
NEFZ: Neuer Europäischer Fahrzyklus
NH: Normalspannungshypothese
NHT: Nitrierhärtetiefe
NLEV: National Low Emission Vehicle
NMHC: Non-Methane Hydrocarbon
NMOG: Nicht-methanhaltige organische Gase
NMOS: N-Kanal-MOS-Transistor
NTC: Negative Temperature Coefficient (Negativer Temperatur-Koeffizient)
NYCC: New York City Cycle

O:

OBD: On-Board Diagnose
OC-LS-System: Open-Center Load Sensing System (Lastkompensiertes System mit Konstantpumpe)
OC-System: Open-Center System (Konstantstrom-System)
OC-Ventil: Open-Center-Ventil (Konstantstrom in Neutralstellung)
ODB: Offset Deformable Barrier Crash (Aufprall gegen weiche Barrieren)
OEZ: Osteuropäische Zeit
OHC: Overhead Camshaft (Oben liegende Nockenwelle)
OHV: Overhead Valves (Hängende Ventile)
OMM: Oberflächen-Mikromechanik
OP: Operational Amplifier (Operationsverstärker)
OP: Operationsverstärker
OT: Oberer Totpunkt (Kolben des Verbrennungsmotors)

OTP: **O**n-**T**ime **P**rogrammable PROM (Zeitgleich programmierbarer Nur-Lese-Speicher)

P:

PAS: **P**eripheral **A**cceleration **S**ensor (Peripherer Beschleunigungssensor)
PC: **P**ersonal **C**omputer
PDLC: **P**assive-**D**isplay **L**iquid **C**rystal (Passive Flüssigkristallanzeige)
PE-Pumpe: Reiheneinspritz**p**umpe mit **E**igenantrieb
PES: **P**oly-**E**llipsoid **S**ystem (Scheinwerfer)
PF-Pumpe: Einzeleinspritz**p**umpe mit **F**remdantrieb
P-Grad: Regelkennlinie für Drehzahlregler
PI: **P**ilot **I**njection (Voreinspritzung)
PI-Code: **P**rogram **I**dentifying Code (Programmidentifikations-Kennung)
Pkw: **P**ersonen**k**raft**w**agen
PLD: **P**rogrammable **L**ogic **D**evices (Programmierbare Logikbausteine)
PMOS: **P**-Kanal-**MOS**-Transistor
POI(1): **P**oints **o**f **I**nterest (Interessante Ziele)
POI(2): **Po**st **I**njection (Nacheinspritzung)
Preact: **Pre**crash Engagement of **Act**ive Safety Devices (Aktiver Eingriff des Systems vor einem Aufprall)
Prefire: **Pre**crash-**Fi**ring of **Re**versible Restraints (Auslösung von Rückhaltesystemen vor einem Aufprall)
Preset: **Pre**crash-**Set**ting of Algorithm Thresholds (Erfassung sicherheitsrelevanter Informationen vor einem Aufprall)
PROM: **P**rogrammable **R**ead **O**nly **M**emory (Programmierbarer Nur-Lese-Speicher)
PR-Zahl: **P**ly **R**ating Zahl (Tragfähigkeitsklasse bei Reifen)
PS-Code: **P**rogram **S**ervice Code (Sendernamen-Kennung)
PTC: **P**ositive **T**emperature **C**oefficient (Positiver Temperatur-Koeffizient)
PTY-Code: **P**rogram **Ty**pe **C**ode (Programm-Typ-Kennung)
PVD: **P**hysical **V**apor **D**eposition (Physikalische Beschichtung durch Dampf)
PWM: **P**uls**w**eiten**m**oduliertes Ansteuersignal

Q:

QM: **Q**ualitäts-**M**anagement

R:

RAM: **R**andom **A**ccess **M**emory (Schreib-Lese-Speicher)
RAMSIS: **R**echnerunterstütztes **a**nthropologisch-**m**athematisches **S**ystem zur **I**nsassen**s**imulation
RBH: **R**eplaceable **B**ulb **H**eadlamp (Frontscheinwerfer mit austauschbarer Lampe)
RDS: **R**adio **D**ata **S**ystem (Rundfunkzusatzdienst)
RFP: **R**ück**f**örder**p**umpe
RG-Management: **R**eliability-**G**rowth Management (Zuverlässigkeitswachstums-Management)
RIM: **R**eaction-**I**njection **M**oulding (Formgebung durch Injektion mit anschließender Reaktion des Werkstoffs)
RISC: **R**educed **I**nstruction-**S**et **C**omputing (Prozessor mit unvollständigem Befehlsinhalt für den Computer)
RLFS: **R**ück**l**auf**f**reies Kraftstoff**s**ystem
RME: **R**aps**m**ethyl**e**ster (Alternativkraftstoff)
RNT: **R**adio**n**ukleidmess**t**echnik
ROM: **R**ead **O**nly **M**emory (Nur-Lese-Speicher)
ROZ: **R**esearch **O**ktan**z**ahl
RREG: **R**ichtlinie des **R**ates der **E**uropäischen **G**emeinschaft (heute: Europäische Union)
RRIM: **R**einforced **R**eaction-**I**njection **M**oulding (Formgebung durch Injektion mit anschließender Reaktion des verstärkten Werkstoffs)
RT-Code: **R**adio **T**ext Code (Kennung zur Textübertragung auf der Anzeige)
RUV: **Ru**hende Spannungs**v**erteilung
RWG: **R**egel**w**eg**g**eber

S:

SAE: **S**ociety of **A**utomotive **E**ngeneers (Gesellschaft der Kraftfahrzeug-Ingenieure in USA)
SCB: **S**emi**c**onductor Base **B**ridge Wires (In Silizium integrierte Zündwiderstände)
SCR(1): **S**ilicon **C**ontrolled **R**ectifier (Thyristortriode)
SCR(2): **S**elective **C**atalytic **R**eduction (Selektive katalytische Reduktion)
SERVOLEKTRIC: Elektrische Hilfskraftlenkung
SH: **S**chubspannungs**h**ypothese (Festigkeitsrechnung)
SI: **S**ystème **I**nternational d'Unités (Internationales Einheitensystem)
SK: **S**ignal**k**ennung
SL: **S**elect-**L**ow-Regelung (Regelung nach dem Rad mit niederem Reibwert durch das ABS)
SMD: **S**urface-**M**ounted **D**evice (Oberflächenmontiertes Bauteil)
SMK: **S**chwung**m**assen**k**lasse
SMS: **S**hort-**M**essage **S**ervice (Visuelle Kurzmitteilungen über Mobilfunk)
SMT: **S**urface-**M**ount **T**echnology (Oberflächenmontagetechnik)
SPC: **S**tatistic **P**rocess **C**ontrol (Statistische Prozessregelung)
SPI: **S**ingle-**P**oint **I**njection (Zentraleinspritzung)
SRAM: **S**tatic **RAM** (Statischer Schreib-Lese-Speicher)
SRET: **S**canning **R**eference-**E**lectrode **T**echniques
SRR-Sensor: **S**hort-**R**ange **R**adar Sensor (Nahbereichs-Radar-Sensor)
SSI: **S**mall-**S**cale **I**ntegration (Geringer Integrationsgrad)
StVZO: **St**raßen**v**erkehrs**z**ulassungs**o**rdnung
SUM: Ereignisgesteuerte Integration (ESP)
SZ: **S**pulen-**Z**ündanlage

T:

TA: **T**ype **A**pproval (Typzertifizierung)
TA-Code: **T**raffic **A**nnouncement Code (Verkehrsfunk-Durchsagekennung)
TAS: **T**emperatur**a**bhängiger **S**tartmengenanschlag
TBI: **T**hrottle-**B**ody **I**njection (Zentraleinspritzung)
TDMA: **T**ime **D**ivision **M**ultiplex **A**ccess (Zeitvielfachverfahren für Sprachkanalzugriff)
TEM: **T**ransversales **e**lektro**m**agnetisches Feld
TETRA: **T**rans **E**uropean **T**runked **Ra**dio (Weltweites digitales Bündelfunknetz)
TFT-LCD: **T**hin-**F**ilm **T**ransistor **L**iquid-**C**rystal **D**isplay (Dünnschicht-Transistor-Flüssigkristallanzeige)
TMC-Code: **T**raffic **M**essage **C**hannel Code (Kennung zur Übertragung formalisierter Verkehrsinformationen)
TP-Code: **T**raffic **P**rogramm Code (Verkehrsfunk-Programmkennung)
Triac: **Tri**ode **A**lternating **C**urrent Switch (Zweirichtungs-Thyristor-Triode)
TSZ-K: **K**ontaktgesteuerte **T**ransistor-**S**pulen**z**ündung
TTCAN: **T**ime **T**riggered **CAN**
TTL: **T**ransistor-**T**ransistor **L**ogic (Bipolare integrierte Digitalschaltung)
TÜA: **T**echnische **Ü**berwachungs-**A**nstalt
TÜV: **T**echnischer **Ü**berwachungs-**V**erein
TZ: **T**ransistor-**Z**ündanlage
TZ-H: **T**ransistor-**Z**ündanlage mit **H**allgeber
TZ-I: **T**ransistor-**Z**ündanlage mit **I**mpulsgeber

U:

UDC: **U**rban **D**riving **C**ycle
UDDS: **U**rban **D**ynamometer **D**riving **S**chedule
UIS: **U**nit **I**njector **S**ystem (Pumpe-Düse-Einheit)
UKW: **U**ltra**k**urz**w**ellen

ULSI: **U**ltra **L**arge **S**cale **I**ntegration (Äußerst großer Integrationsgrad)
ÜOT: **Ü**berschneidungs-**OT** (Oberer Totpunkt im Ausstoßtakt)
UPS: **U**nit **P**ump **S**ystem (Pumpe-Leitung-Düse)
USV: **U**m**s**chalt**v**entil
UT(1): **U**niversal **T**ime (Weltzeit)
UT(2): **U**nterer **T**otpunkt (Kolben des Verbrennungsmotors)
UTC: **U**niversal **T**ime **C**oordinated (Koordinierte Weltzeit)
UV: **U**ltra**v**iolett

V:

VCI: **V**olatile **C**orrosion **I**nhibitor (Flüchtiger Korrosionsinhibitor)
VDA: **V**erband **d**eutscher **A**utomobilhersteller
VDE: **V**erein **d**eutscher **E**lektrotechniker
VDI: **V**erein **d**eutscher **I**ngenieure
VE-Pumpe: **V**erteiler**e**inspritzpumpe
VFD: **V**acuum **F**luorescence **D**esign (Vakuumfluoreszenztechnik)
VHAD: **V**ehicle **H**eadlamp **A**iming **D**evice (Einstellvorrichtung für Frontscheinwerfer)
VHD: **V**ertical **H**all **D**evice (Vertikal angeordnetes Hall-Bauelement)
VLI: **V**apor-**L**ock-**I**ndex (Kenngröße des Kraftstoff-Dampfdrucks)
VLP: **V**or**l**ade**p**umpe
VLSI: **V**ery **L**arge **S**cale **I**ntegration (Sehr großer Integrationsgrad)
VÖV: **V**erband der **ö**ffentlichen **V**erkehrsbetriebe
VPI: **V**apor-**P**hase **I**nhibitor (Dampfphaseninhibitor)
VRAM: **V**ideo **RAM** (Schreib-Lese-Speicher)
VSG: **V**erbund-**S**icherheits**g**las
VST: Turbine mit **v**er**st**ellbarem Regelschieber
VTG: **V**ariable **T**urbinen-**G**eometrie (Turbolader)
VZ: **V**ollektronische **Z**ündanlage

W:

WEZ: **W**est**e**uropäische **Z**eit
WS: **W**ork **S**tation

Z:

ZOT: **Z**ünd-**OT** (Oberer Totpunkt im Arbeitstakt)
ZRAM: **Z**ero-Power **RAM** (Schreib-Lese-Speicher)
ZWV: **Z**ünd**w**inkel**v**erstellung